中国晚古生代孢粉化石

—— 上册 ——

The Late Paleozoic Spores and Pollen of China

欧阳舒　卢礼昌　朱怀诚　刘　锋 编著

资助项目

中华人民共和国科学技术部基础性工作专项（2006FY120400，2013FY113000）

中国科学技术大学出版社

内 容 简 介

本书是对我国晚古生代(包括少量晚志留世)孢粉化石研究成果的首次系统总结,收集了1960—2008年间公开发表的孢粉属种(294属,2270种),先按地层时代进行分工编撰,再按《国际植物命名法规》有关条款和R. Potonié分类系统进行系统厘定、归纳整理和汇总统一。本书分为五章,第一章是晚古生代化石孢子、花粉系统分类下的属种描述;第二至四章分别总结了我国泥盆纪、石炭纪和二叠纪孢粉组合的演替序列,包括泥盆-石炭系、石炭-二叠系以及二叠-三叠系的孢粉地层界线;第五章探讨若干理论上和生物地层上的问题,包括陆生维管束植物起源于早志留世的孢粉证据、我国石炭纪—二叠纪孢粉植物群分区、裸子植物花粉优势组合在我国石炭纪—二叠纪出现的时间和空间分布序列及其在植物学、地质学上的意义,以及华夏孢粉植物群的主要特征、组合序列及某些孢粉属的首现层位。

本书内容丰富、资料全面而新颖,书中含6幅图,11张图表,书末附168个图版,可供科研、生产单位和高等教育部门相关人员参考使用。

图书在版编目(CIP)数据

中国晚古生代孢粉化石/欧阳舒,卢礼昌,朱怀诚,刘锋编著.—合肥:中国科学技术大学出版社,2017.9
ISBN 978-7-312-04080-1

Ⅰ.中… Ⅱ.①欧… ②卢… ③朱… ④刘… Ⅲ.晚古生代—孢粉—微体化石—研究 Ⅳ.Q913.84

中国版本图书馆CIP数据核字(2016)第251111号

出版 中国科学技术大学出版社
安徽省合肥市金寨路96号,230026
http://press.ustc.edu.cn
印刷 合肥华苑印刷包装有限公司
发行 中国科学技术大学出版社
经销 全国新华书店
开本 787 mm×1092 mm 1/16
印张 69.75
插页 84
字数 2491千
版次 2017年9月第1版
印次 2017年9月第1次印刷
定价 398.00元

前　　言

孢粉学的研究历史悠久，随着基础和应用研究越来越深入广泛，遂形成了两大分支：现孢粉学（Actuopalynology），包括现代植物孢粉形态学、空气孢粉学、医学孢粉学、蜂蜜孢粉学等；古孢粉学（Paleopalynology），这是古植物学和地层学之间的交叉学科，重点是研究古生代、中生代和新生代地层中的化石孢子花粉及其他有机壁微体化石。介于现孢粉学和古孢粉学之间的则是与人类起源、演化和历史相关的环境考古孢粉学。

20 世纪 60 年代以来，中国科学院南京地质古生物研究所编著的多套中国各门类化石书籍已相继出版；孢粉方面，《中国孢粉化石》新生代和中生代两卷由宋之琛研究员等编著，分别于 2000，2001 年出版；本书是上述两卷的续卷，旨在总结我国半个多世纪以来发表的古生代（志留纪—二叠纪）的孢粉属种（大孢子及疑源类属种基本未纳入）。同样由于篇幅限制，欧阳舒、王智等（2003）著的《新疆北部石炭纪—二叠纪孢子花粉研究》一书中描述的 566 种中的绝大部分种不再收入本书，在这个意义上，可将其当作本书的先行卷。

徐仁院士是我国古孢粉学的奠基人，也是我国古生代孢粉研究的先行者。早在 1944 和 1950 年，他就发表了我国西南地区泥盆纪孢子研究成果摘要；1954 年，他在原地质部地质研究所开办孢粉训练班，实验、教学需要的岩石样品皆采自河南平顶山的二叠纪煤矿，这实际上标志着我国解放后古生代孢粉研究的开始。正式具孢粉描述的著作出现于 20 世纪 60 年代初（Imgrund，1960；欧阳舒，1962）。之后，中国科学院、地质矿产部、煤炭工业部、石油工业部的有关研究所和若干高等院校相继开展了这方面的工作，60 年代起尤其改革开放以来，陆续发表了有关论文或著作；至 21 世纪初，涉及作者 70 余人，发表论文数百篇，还出版了一些专著。然而，主要从事古生代孢粉研究的工作者不足 20 人，其中老一辈的如高联达、周和仪、王蕙、廖克光、侯静鹏、王智、詹家桢、谌建国、蒋全美、陈永祥等皆为我国古生代孢粉学做出了重要贡献，他们的论著是本书进行总结的重要资料来源，在此向他们表示衷心的感谢。本书出自宋之琛研究员主持的“中国孢粉化石”课题的动议，在他退休以前，一直关心我们的工作进展，在此也深表谢意。

本书内容为古生代孢粉，基本上仿照前两卷体例，共包括五章。其中第一章为中国晚古生代化石孢粉的形态分类系统及属种描述，收集了 1960 年至 2008 年间发表的古生代化石孢粉的属种。由于种种原因，如有些著作中只有属种名和图片，没有描述者，只能选择部分种纳入书中并据图片描述，本章包含三大类：① 化石孢子大类，总计 217 属：其中三缝孢共计 186 属（包括光面系 21 属、粒面系 2 属、瘤面系 7 属、刺面系 17 属、烛饰系 8 属、棒瘤系 3 属、网穴面系 19 属、耳环系 8 属、带环系 40 属、盾环系 5 属、膜环系 21 属、栎环系 8 属、具腔类 18 属、周壁和假囊类 9 属），单缝孢类 29 属，无缝孢类 2 属；② 化石花粉大类，共计 75 属：其中包括单囊亚类 25 属（无缝单囊系 4 属、单缝单囊系 5 属、三缝单囊系 15 属、具沟单囊系 1 属），双囊亚类 25 属（包括单缝双囊系 8 属、无缝双囊系 10 属、具沟双囊系 6 属、具脊双囊系 1 属），多囊亚类 3 属，具肋纹超亚类 15 属，具沟类 7 属；③ 菌藻大类 2 属。三大类共计 294 属，2270 种，其中新种 30 个。化石孢粉的分类，大致按 R. Potonié（1956，1958，1960）的形态系统，略有其他学者和笔者的补充。此外，分布于我国西南地区的冈瓦纳区孢粉，还有在陆生植物起源上有重要意义的早志留世的某些孢子属种，最早发表时，皆未描述。本书选择其中一些重要属种作为插图附于书末，以供参考。

本书的编写分工如下：第一章，泥盆纪兼及少量志留纪属种，共计 111 属，851 种（卢礼昌）；石炭纪共计 118 属，700 种（刘锋、朱怀诚、欧阳舒）；二叠纪共计 119 属，760 种（欧阳舒、刘锋、朱怀诚）。三个时代有部分共有属种重叠。第二章，中国泥盆纪孢粉组合序列（卢礼昌）及泥盆 - 石炭系孢粉界线（欧阳舒、卢礼昌、朱怀诚）。第三章，中国石炭纪孢粉组合序列，兼论石炭系的中间界线（朱怀诚、刘锋、欧阳舒）。第四章，中国二叠纪孢粉组合序列，兼论石炭 - 二叠系及二叠 - 三叠系孢粉界线（欧阳舒、刘锋、朱怀诚）。第五章，关于古生代孢粉植物群几个重要演化事件的讨论（欧阳舒、刘锋），包括：① 关于陆生维管束植物起源于早志留世的孢粉证据；② 关于我国石炭纪—二叠纪孢粉植物群分区；③ 裸子植物花粉优势组合在我国石炭纪—二叠纪出现的时间和空间分布序列及其在植物学、地质学上的意义；④ 华夏孢粉植物群的主要特征、组合序列及某些孢粉属的首现层位。

本书文字编写及电脑输录工作分工如下：卢礼昌手稿，即泥盆纪和志留纪孢子文字描述、泥盆纪孢子组合序列，泥盆纪图版说明（娄占云），石炭纪（刘锋、欧阳舒），二叠纪（欧阳舒、刘锋），石炭纪—二叠纪的图版制作及图版说明（刘锋），化石孢粉属及以上分类系统、全书统稿、文献目录及英文摘要（欧阳舒），泥盆纪 40 余种孢子描述的补引、全书属种索引及插图、输录（刘锋）。

在电脑图文处理上还得到了黎文本研究员的帮助，全书初步编辑和修改由编审王俊庚完成。还应提及的是我所前所长沙金庚研究员在本书编写过程中给予的支持和周志炎研究员对本书部分章节的文字表达提出的有益的改进建议。本书中项目的科研经费除来自于宋之琛主持的“中国孢粉化石”课题、朱怀诚的国家自然科学基金课题（Nos. 40523004，40072005）、刘锋的国家自然科学青年基金课题（41102001/D0201）外，主要出自于沙金庚主持的“中国各门类化石系统总结与志书编研”（2006FY120400）及杨群主持的“古生物志书编研及门类系统总结”（2013FY113000）等课题基金。没有这些支持帮助，本书不可能顺利出版，这里特致谢忱。

目　录

上　册

下　册

第一章　中国晚古生代化石孢粉的形态分类系统及属种描述

第一节　中国晚古生代化石孢粉的形态分类系统

化石孢子大类 Sporites H. Potonié, 1893 = Proximegerminantes R. Potonié,1970
　三缝孢类 Triletes Reinsch (1881) R. Potonié and Kremp, 1954
　　无环三缝孢亚类 Azonotriletes (Luber, 1935) Dettmann, 1963
　　　光面或近光面系 Laevigati (Bennie and Kidston) R. Potonié, 1956
　　　　赤道轮廓三角形,边平直,凸出或强烈凹入
　　　　　光面三缝孢属 *Leiotriletes* (Naumova) Potonié and Kremp, 1954
　　　　　匙唇孢属 *Gulisporites* Imgrund, 1960
　　　　　瓦尔茨孢属 *Waltzispora* Staplin, 1960
　　　　　里白孢属 *Gleicheniidites* (Ross, 1949) Delcourt and Sprumont, 1955
　　　　　网叶蕨孢属 *Dictyophyllidites* Couper, 1958
　　　　　伊拉克孢属 *Iraqispora* Singh, 1964
　　　　　厚唇孢属 *Auritulinasporites* Nilsson, 1958
　　　　　凹边孢属 *Concavisporites* (Pflug, 1952) Delcourt and Sprumont, 1955
　　　　　楔唇孢属 *Cuneisporites* Ravn, 1979
　　　　　金毛狗孢属 *Cibotiumspora* Chang, 1965
　　　　赤道轮廓圆形—亚圆形,部分具弓形脊
　　　　　芦木孢属 *Calamospora* Schopf, Wilson and Bentall, 1944
　　　　　圆形光面孢属 *Punctatisporites* (Ibrahim, 1933) Potonié and Kremp, 1954
　　　　　盾壁孢属 *Peltosporites* Lu, 1988
　　　　　卜缝孢属 *Leschikisporites* R. Potonié, 1958
　　　　　杯叶蕨孢属 *Phyllothecotriletes* Luber 1955 ex R. Potonié, 1958
　　　　　三堤孢属(修订) *Trimontisporites* (Urban, 1971) Ouyang and Zhu emend. nov.
　　　　　弓脊孢属 *Retusotriletes* (Naumova) Streel, 1964
　　　　　三瘤孢属 *Trirhiospora* Ouyang and Chen, 1987
　　　　赤道轮廓接近于三角形—圆三角形,但赤道或角部具特殊凸出
　　　　　三巢孢属 *Trinidulus* Felix and Paden, 1964
　　　　　胀角孢属 *Scutulispora* Ouyang and Lu, 1979
　　　　　枕凸孢属 *Pulvinispora* Balme and Hassel, 1962
　　凸饰亚类 Apiculati (Bennie and Kidston, 1886) R. Potonié, 1956
　　　粒面系 Infraturma Granulati Dybova and Jachowicz, 1957
　　　　　三角粒面孢属 *Granulatisporites* (Ibrahim) Potonié and Kremp, 1954
　　　　　圆形粒面孢属 *Cyclogranisporites* Potonié and Kremp, 1954
　　　瘤面系 Infraturma Verrucati Dybova and Jachowicz, 1957
　　　　　坚壁孢属 *Hadrohercos* Felix and Burbridge, 1967

三角块瘤孢属 *Converrucosisporites* (Ibrahim) Potonié and Kremp, 1954
圆形块瘤孢属 *Verrucosisporites* (Ibrahim) Potonié and Kremp, 1954
稀圆瘤孢属 *Cycloverrutriletes* Schulz, 1964
中体冠瘤孢属 *Grumosisporites* Smith and Butterworth, 1967
夏氏孢属 *Schopfites* Kosanke, 1950
瘤面弓脊孢属 *Verruciretusispora* Owens, 1971

刺面系 Infraturma Nodati Dybova and Jachowicz, 1957

赤道轮廓多呈三角形

三角刺面孢属 *Acanthotriletes* (Naumova) Potonié and Kremp, 1955
刺棒孢属 *Horriditriletes* Bharadwaj and Salujha, 1964
隆茨孢属 *Lunzisporites* Bharadwaj and Singh, 1964
三角细刺孢属 *Planisporites* (Knox) emend. R. Potonié, 1960
三角刺瘤孢属 *Lophotriletes* (Naumova) Potonié and Kremp, 1954
开平孢属 *Kaipingispora* Ouyang and Lu, 1979
雪花孢属 *Nixispora* Ouyang, 1979
印度孢属 *Indospora* Bharadwaj, 1962
稀锥瘤孢属 *Pustulatisporites* Potonié and Kremp, 1954

赤道轮廓基本为圆形

圆形刺面孢属 *Apiculatasporites* Ibrahim, 1933
圆形背刺孢属 *Anaplanisporites* Jansonius, 1962
视饰孢属 *Videospora* Higgs and Russell, 1981
圆形刺瘤孢属 *Apiculatisporis* Potonié and Kremp, 1956
背刺瘤孢属 *Anapiculatisporites* Potonié and Kremp, 1954
心形孢属 *Cadiospora* (Kosanke) Venkatachala and Bharadwaj, 1964
纹饰弓脊孢属 *Apiculiretusispora* Streel emend. Streel, 1967
盔顶孢属 *Corystisporites* Richardson, 1965

烛饰系 Infraturma Biornati Infrat. nov.

锚刺孢属 *Hystricosporites* McGregor, 1960
尼氏大孢属 *Nikitinsporites* (Chaloner) Lu and Ouyang, 1978
棒刺孢属 *Bullatisporites* Allen, 1965
叠饰孢属 *Biornatispora* Streel, 1969
双饰孢属 *Dibolisporites* Richardson, 1965
二型棒刺孢属 *Umbonatisporites* Hibbert and Lacey, 1969
莓饰孢属 *Acinosporites* Richardson, 1965
沟刺孢属 *Ibrahimispores* Artüz, 1957

棒饰系 Infraturma Baculati Dybova and Jachowicz, 1957

叉瘤孢属 *Raistrickia* (Schopf, Wilson and Bentall) Potonié and Kremp, 1954
新叉瘤孢属 *Neoraistrickia* R. Potonié, 1956
棒瘤孢属 *Baculatisporites* Thomson and Pflug, 1953

凹穴面系 Infraturma Murornati Potonié and Kremp, 1954

辐脊孢属 *Emphanisporites* McGregor, 1961
假网穴面孢属 *Pseudoreticulatispora* Bharadwaj and Srivastava, 1969

细网孢属 *Microreticulatisporites* (Knox) Potonié and Kremp, 1954
织网孢属 *Periplecotriletes* Naumova ex Oshurkova, 2003
平网孢属 *Dictyotriletes* (Naumova) Potonié and Kremp, 1954
皱面孢属 *Rugulatisporites* Pflug and Thompson, 1953
蠕瘤孢属 *Convolutispora* Hoffmeister, Staplin and Malloy, 1955
曲饰孢属 *Crissisporites* Gao emend. Wang, 1996
背穴孢属 *Acritosporites* (Obonizkaja) Lu, 1988
大穴孢属 *Brochotriletes* (Naumova) ex Ischenko, 1952
疏穴孢属 *Foveosporites* Balme, 1957
真穴孢属 *Eupunctisporites* Bharadwaj, 1962 emend. Ouyang and Li, 1980
冠脊孢属 *Camptotriletes* (Naumova) Potonié and Kremp, 1954
石盒子孢属 *Shihezisporites* Liao, 1987
囊盖孢属 *Vestispora* (Wilson and Hoffmeister, 1956) emend. Wilson and Venkatachala, 1963
央脐三缝孢属 *Psomospora* Playford and Helby, 1968
粗网孢属 *Reticulatisporites* (Ibrahim, 1933) Potonié and Kremp, 1954
陆氏孢属 *Knoxisporites* Potonié and Kremp, 1954
球棒孢属 *Cordylosporites* Playford and Satterthwait, 1985

周壁三缝孢亚类 Perinotrileti Erdtmann, 1947

周壁三缝孢属 *Perotrilites* (Erdtmann, 1945,1947) ex Couper, 1953
周壁三瘤孢属 *Peritrirhiospora* Ouyang and Chen, 1987
网面周壁孢属(新修订) *Peroretisporites* (Lu) Lu emend. nov.
膜壁孢属 *Velamisporites* Bharadwaj and Venkatachala, 1962
异皱孢属 *Proprisporites* Neves, 1958

有环三缝孢亚类 Zonotriletes Waltz, 1935

耳环系 Infraturma Auriculati (Schopf, 1938) Potonié and Kremp, 1954

三肩孢属 *Tantillus* Felix and Burbridge, 1967
星状孢属 *Stellisporites* Alpern, 1958
耳角孢属 *Ahrensisporites* Potonié and Kremp, 1954
厚角孢属 *Triquitrites* (Wilson and Coe) Potonié and Kremp, 1954
长汀孢属 *Changtingispora* Huang, 1982
叉角孢属 *Mooreisporites* Neves, 1958
三瓣孢属 *Trilobosporites* (Pant, 1954) ex R. Potonié, 1956
三片孢属 *Tripartites* (Schemel, 1950) Potonié and Kremp, 1954

带环系 Infraturma Cingulati Potonié and Klaus, 1954

环形弓脊孢属 *Ambitisporites* Hoffmeister, 1959
无脉蕨孢属 *Aneurospora* Streel, 1964
背饰盾环孢属 *Streelispora* Richardson and Lister, 1969
杂饰盾环孢属 *Synorisporites* Richardson and Lister, 1969
窄环孢属 *Stenozonotriletes* (Naumova, 1937) emend. Hacquebard, 1957
沙氏孢属 *Savitrisporites* Bharadwaj, 1955
齿环孢属 *Bellispores* Artüz, 1957
鳞木孢属 *Lycospora* (Schopf, Wilson and Bentall) Potonié and Kremp, 1954

糙环孢属 *Asperispora* Staplin and Jansonius, 1964
皱脊具环孢属 *Camptozonotriletes* Staplin, 1960
背网环孢属 *Bascaudaspora* Owens, 1983
异孔孢属 *Heteroporispora* Jiang, Hu and Tang, 1982
网环孢属 *Retizonospora* Lu, 1980
背饰波环孢属 *Callisporites* Butterworth and Williams, 1958
套环孢属 *Densosporites* (Berry) Butterworth, Jansonius, Smith and Staplin, 1964
链环孢属 *Monilospora* Hacquebard and Barss, 1957
墙环孢属 *Murospora* Somers, 1952
维斯发孢属 *Westphalensisporites* Alpern, 1958
盖环孢属 *Canthospora* Winslow emend. Lu, 1981
凹环孢属 *Simozonotriletes* (Naumova, 1939) Potonié and Kremp, 1954
波氏孢属 *Potoniespores* Artüz, 1957
整环孢属 *Cingulatisporites* (Thompson and Pflug) emend. R. Potonié, 1956
瘤环孢属 *Lophozonotriletes* (Naumova, 1953) emend. R. Potonié, 1958
瘤面具环孢属 *Verrucizonotriletes* Lu, 1988
肋环孢属 *Costazonotriletes* Lu, 1988
葛埂孢属 *Gorganispora* Urban, 1971
繁瘤孢属 *Multinodisporites* Khlonova, 1961
杯环孢属 *Patellisporites* Ouyang, 1962
波环孢属 *Sinulatisporites* Gao, 1984
泡环孢属 *Vesiculatisporites* Gao, 1984
原始凤尾蕨孢属 *Propterisispora* Ouyang and Li, 1980
棒环孢属 *Clavisporis* Bharadwaj and Venkatachala, 1962
耳瘤孢属 *Secarisporites* Neves, 1961
具环锚刺孢属 *Ancyrospora* Richardson (1960) emend. Richardson, 1962
埃伦娜孢属 *Elenisporis* Archangelskaya in Byvscheva, Archangelskaya et al. , 1985
壕环孢属 *Canalizonospora* Li, 1974
夹环孢属 *Exallospora* Playford, 1971
远极环圈孢属 *Distalanulisporites* Klaus, 1960
背光孢属 *Limatulasporites* Helby and Foster, 1979
多环孢属 *Polycingulatisporites* Simoncsicus and Kedves, 1961

盾环系 Infraturma Crassiti Bharadwaj and Venkatachala, 1961
盔环孢属 *Galeatisporites* Potonié and Kremp, 1954
盾环孢属 *Crassispora* Bharadwaj, 1957
剑环孢属 *Balteusispora* Ouyang, 1964
壮环孢属 *Brialatisporites* Gao, 1984
丽环孢属 *Callitisporites* Gao, 1984

膜环系 Infraturma Zonati Potonié and Kremp, 1954
膜环孢属 *Hymenozonotriletes* (Naumova) Potonié, 1958
褶膜孢属 *Hymenospora* Neves, 1961
梳冠孢属 *Cristatisporites* (Potonié and Kremp) Butterworth, Jansonius, Smith and Staplin, 1964

稀饰环孢属 *Kraeuselisporites* (Leschik) Jansonius, 1962
墩环孢属 *Tumulispora* Staplin and Jansonius, 1964
丘环孢属 *Clivosispora* Staplin and Jansonius, 1964
缘环孢属 *Craspedispora* Allen, 1965
刺环孢属 *Spinozonotriletes* (Hacquebard, 1957) Neves and Owens, 1966
穴环孢属 *Vallatisporites* Hacquebard, 1957
垒环孢属 *Vallizonosporites* Doring, 1965
辐脊膜环孢属 *Radiizonates* Staplin and Jansonius, 1964
陡环孢属 *Cingulizonates* (Dybova and Jachowicz) Butterworth, Jansonius, Smith and Staplin, 1964
坑穴膜环孢属 *Cirratriradites* Wilson and Coe, 1940
楔膜孢属 *Wilsonisporites* (Kimyai,1966) emend. Ouyang, 1986
翅环孢属 *Samarisporites* Richardson, 1965
原冠锥瘤孢属 *Procoronaspora* (Butterworth and Williams) emend. Smith and Butterworth, 1967
厚膜环孢属 *Pachetisporites* Gao, 1984
楔环孢属 *Rotaspora* Schemel, 1950
具饰楔环孢属 *Camarozonotriletes* Naumova, 1939 ex Staplin, 1960
辐间棘环孢属 *Diatomozonotriletes* Naumova, 1939 ex Playford, 1962
鳍环孢属 *Reinschospora* Schopf, Wilson and Bentall, 1944

栎环系 Infraturma Patinati Butterworth and Williams, 1958

栎环孢属 *Tholisporites* Butterworth and Williams, 1958
网栎孢属 *Chelinospora* Allen, 1965
光面栎环孢属 *Leiozonotriletes* Hacquebard, 1957
古栎环孢属 *Archaeozonotriletes* (Naumova) emend. Allen, 1965
杯栎孢属 *Cymbosporites* Allen, 1965
新栎腔孢属 *Neogemina* Pashkevich in Dubatolov, 1980
弓凸孢属 *Cyrtospora* Winslow, 1962
角状孢属 *Cornispora* Staplin and Jansonius, 1961

具腔三缝孢亚类 Cavatitriletes Oshurkova and Pashkevich, 1990 (s. s.)

菱环孢属 *Angulisporites* Bharadwaj, 1954
皱脊孢属 *Rugospora* Neves and Owens,1966
束环三缝孢属(修订) *Fastisporites*(Gao, 1980)emend. Zhu and Ouyang
科拉特孢属 *Colatisporites* Williams in Neves et al. , 1973
卵囊孢属 *Auroraspora* Hoffmeister, Staplin and Malloy, 1955
透明孢属 *Diaphanospora* Balme and Hassell, 1962
腔壁孢属 *Diducites* vanVeen, 1981
厚壁具腔孢属 *Geminospora* Balme emend. Playford, 1983
棒面具腔孢属 *Rhabdosporites* Richardson (1960) emend. Marshall and Allen, 1982
蕾囊孢属 *Calyptosporites* Richardson, 1962
碟饰孢属 *Discernisporites* Neves, 1958
大腔孢属 *Grandispora* Hoffmeister, Staplin and Malloy, 1955
网膜孢属 *Retispora* Staplin, 1960
隆德布拉孢属 *Lundbladispora* (Balme, 1963) Playford, 1965

假鳞木孢属 *Pseudolycospora* Ouyang and Lu, 1979
刻纹孢属 *Glyptispora* Gao, 1984
异环孢属(新修订) *Dissizonotriletes* (Lu, 1981) Lu emend. nov.
腔网孢属 *Orbisporis* Bharadwaj and Venkatachala, 1962
假囊三缝孢亚类 Pseudosaccitriletes Richardson, 1965
单囊假囊系 Infraturma Monopseudosaccitii Smith and Butterworth, 1967
斯潘塞孢属 *Spencerisporites* Chaloner, 1951
环囊孢属 *Endosporites* Wilson and Coe, 1940
腔状混饰孢属 *Spelaeotriletes* Neves and Owens, 1966
多囊假囊系 Infraturma Polypseudosaccitii Smith and Butterworth, 1967
三翼粉属 *Alatisporites* Ibrahim, 1933
单缝孢类 Monoletes Ibrahim, 1933
无环单缝孢亚类 Azonomonoletes Luber, 1935
光面单缝孢系 Laevigatimonoleti Dybova and Jachowicz, 1957
光面单缝孢属 *Laevigatosporites* Ibrahim, 1933
横圆单缝孢属 *Latosporites* Potonié and Kremp, 1954
双褶单缝孢属 *Diptychosporites* Chen, 1978
具纹饰单缝孢系 Infraturma Sculptatomonoleti Dybova and Jachowicz, 1957
粒面单缝孢属 *Punctatosporites* Ibrahim, 1933
外点穴单缝孢属 *Extrapunctatosporites* Krutzsch, 1959
穴面单缝孢属 *Foveomonoletes* van der Hammen, 1954 ex Mathur, 1966
细网单缝孢属 *Hazaria* Srivastava, 1971
网面单缝孢属 *Reticulatamonoletes* Lu, 1988
大网单缝孢属 *Schweitzerisporites* Kaiser, 1976
盾环单缝孢属 *Crassimonoletes* Singh, Srivastava and Roy, 1964
湖南单缝孢属 *Hunanospora* Chen, 1978
云南孢属 *Yunnanospora* Ouyang, 1979
和丰单缝孢属 *Hefengitosporites* Lu, 1999
刺面单缝孢属 *Tuberculatosporites* Imgrund, 1952
密刺单缝孢属 *Spinosporites* Alpern, 1958
赘瘤单缝孢属 *Thymospora* (Wilson and Venkatachala) Alpern and Doubinger, 1973
瘤面斧形孢属 *Thymotorispora* (Jiang, 1982) Ouyang emend. nov.
凸瘤水龙骨孢属 *Polypodiidites* Ross, 1949
斧壁单缝孢系 Infraturma Crassomonoleti Dybova et Jachowicz, 1957
斧形孢属 *Torispora* (Balme, 1952) emend. Alpern and Doubinger, 1973
大斧形孢属 *Macrotorispora* (Gao ex Chen, 1978) emend. Ouyang and Lu, 1980
条纹单缝孢系 Infraturma Striamonoleti nov. Infraturma
细纹单缝孢属 *Stripites* Habib, 1968
条纹单缝孢属 *Striolatospora* Ouyang and Lu, 1979
线纹单缝孢属 *Stremmatosporites* Gao, 1984
周壁单缝孢系 Infraturma Perinomonoleti Erdtman,1947
周壁单缝孢属 *Perinomonoletes* Krutzsch, 1967

梯纹单缝孢属 *Striatosporites* Bharadwaj emend. Playford and Dino, 2000
肋纹单缝孢属 *Taeniaetosporites* Ouyang, 1979
具环单缝孢亚类 Zonomonoletes Naumova, 1937
具环粒面单缝孢属 *Speciososporites* Potonié and Kremp, 1954
具腔单缝孢亚类 Cavatomonoletes Oshurkova and Pashkevich, 1990
古周囊孢属 *Archaeoperisaccus* (Naumova) Potonié, 1958
离层单缝孢属 *Aratrisporites* (Leschik) Playford and Dettmann, 1965
无缝类 Aletes Ibrahim, 1933
网面无缝孢属 *Maculatasporites* Tiwari, 1964
套网无缝孢属 *Reticulatasporites* (Ibrahim 1933) Potonié and Kremp, 1954
化石花粉大类 Pollenites H. Potonié, 1931 = Varigerminantes R. Potonié, 1970
具囊类 Saccites Erdtman, 1947
无条纹超亚类 Non-Striatiti (Hart, 1965)
单囊亚类 Monosaccites (Chitaley) Potonié etKremp, 1954
无缝单囊系 Infraturma Aletisacciti Leschik, 1955
科达粉属 *Cordaitina* Samoilovich, 1953
弗氏粉属 *Florinites* Schopf, Wilson and Bentall, 1944
脐粉属 *Umbilisaccites* Ouyang, 1979
连脊粉属 *Iunctella* Kara-Murza, 1952
单缝单囊系 Infraturma Vesiculomonoraditi (Pant) Bharadwaj, 1956
十字粉属 *Crucisaccites* Lele and Maithy, 1964
井字双囊粉属 *Corisaccites* Venkatachala and Kar, 1966
滴囊粉属 *Guttulapollenites* Goubin, 1965
波托尼粉属 *Potonieisporites* Bharadwaj, 1954
萨氏粉属 *Samoilovitchisaccites* Dibner, 1971
三缝单囊系 Infraturma Triletisacciti Leschik, 1955
许氏孢属 *Schulzospora* Kosanke, 1950
内袋腔囊孢属 *Endoculeospora* Staplin, 1960
匙叶粉属 *Noeggerathiopsidozonotriletes* (Luber,1955) emend. Ouyang and Wang, 2000
雷氏孢属 *Remysporites* Butterworth and Williams, 1958
威氏粉属 *Wilsonites* (Kosanke, 1950) Kosanke, 1959
顾氏粉属 *Guthoerlisporites* Bharadwaj, 1954
洁囊粉属 *Candidispora* Venkatachala, 1963
瓣囊孢属 *Bascanisporites* Balme and Hennelly, 1956
侧囊粉属 *Parasaccites* Bharadwaj and Tiwari, 1964
维尔基粉属 *Virkkipollenites* Lele, 1964
棋盘粉属 *Qipanapollis* Wang, 1985
铁杉粉属 *Tsugaepollenites* Potonié and Venitz, 1934 ex R. Potonié, 1958
努氏粉属 *Nuskoisporites* (Potonié and Klaus,1954) emend. Klaus, 1963
辐脊单囊粉属 *Costatascyclus* Felix and Burbridge, 1967
葛蕾孢属 *Grebespora* Jansonius, 1962
具沟单囊系 Infraturma Sulcatimonosacciti Ouyang,2003

聚囊粉属 *Vesicaspora*（Schemel, 1951）Wilson and Venkatachala, 1963

双囊亚类 Disaccites Cookson, 1947

单缝双囊系 Infraturma Disaccitrileti Leschik, 1955

桑尼粉属 *Sahnisporites* Bharadwaj, 1954

残缝粉属 *Vestigisporites*（Balme and Hennelly, 1955）Tiwari and Singh, 1984

直缝二囊粉属 *Limitisporites* Leschik, 1956

折缝二囊粉属 *Jugasporites*（Leschik, 1956）Klaus, 1963

假二肋粉属 *Gardenasporites* Klaus, 1963

尼德粉属 *Nidipollenites* Bharadwaj and Srivastava, 1969

对囊单缝粉属 *Labiisporites*（Leschik, 1956）emend. Klaus, 1963

瓦里卡尔粉属 *Walikalesaccites* Bose and Kar, 1966

无缝双囊系 Infraturma Disacciatrileti R. Potonié, 1958

皱囊粉属 *Parcisporites* Leschik, 1956

开通粉属 *Vitreisporites*（Leschik, 1955）emend. Jansonius, 1962

克氏粉属 *Klausipollenites* Jansonius, 1962

单束松粉属 *Abietineaepollenites* Potonié 1951 ex Potonié, 1958

葵鳞羊齿粉属 *Pteruchipollenites* Couper, 1958

镰褶粉属 *Falcisporites*（Leschik, 1956）emend. Klaus, 1963

云杉粉属 *Piceaepollenites* R. Potonié, 1931

雪松粉属 *Cedripites* Wodehouse, 1933

松型粉属 *Pityosporites*（Seward, 1914）Manum, 1960

蝶囊粉属 *Platysaccus*（Naumova, 1939）Potonié and Klaus, 1954

具沟双囊系 Infraturma Disaccisulcati Ouyang, 2003

具沟双囊粉属 *Sulcatisporites*（Leschik, 1956）Bharadwaj, 1962

阿里粉属 *Alisporites*（Daugherty）Jansonius, 1971

原始松粉属 *Protopinus*（Bolchovitina, 1952）ex Bolchovitina, 1956

休伦粉属 *Scheuringipollenites* Tiwari, 1973

逆沟粉属 *Anticapipollis* Ouyang, 1979

棒形粉属 *Bactrosporites* Chen, 1978

具脊双囊系 Infraturma Disaccichordati Ouyang, 2003

单脊粉属 *Chordasporites* Klaus, 1960

多囊亚类 Subturma Polysaccites Cookson, 1947

无缝多囊系 Infraturma Polysacciatrileti Ouyang, 2003

拟罗汉松三囊粉属 *Podosporites* Rao, 1943

角囊粉属 *Triangulisaccus* Ouyang and Zhang, 1982

假贝壳粉属 *Pseudocrustaesporites* Hou and Wang, 1990

具肋纹超亚类 Striatiti（Pant, 1954）

单囊肋纹亚类 Monosaccistriatiti Ouyang, 2003

条纹单囊粉属 *Striomonosaccites* Bharadwaj, 1962

多肋勒巴契粉属 *Striatolebachiites* Varljukhina and Zauer in Varjukhina, 1971

双囊肋纹亚类 Disaccistriatiti sensu Hart, 964

多肋纹系 Infraturma Multistriatiti Ouyang, 1991

单束多肋粉属 *Protohaploxypinus* (Samoilovich, 1953) emend. Hart, 1964

冷杉型多肋粉属 *Striatoabieites* Sedova (1956) emend. Hart, 1964

罗汉松型多肋粉属 *Striatopodocarpites* Sedova, 1956

哈姆粉属 *Hamiapollenites* (Wilson, 1962) emend. Zhan, 2003

金缕粉属 *Auroserisporites* Chen, 1978

伊利粉属 *Illinites* (Kosanke, 1950) emend. Jansonius and Hills, 1976

叉肋粉属 *Vittatina* (Luber, 1940; Samoilovich, 1953) Wilson, 1962

绕肋粉属 *Weylandites* Bharadwaj and Srivastava, 1969

缘囊叉肋粉属 *Costapollenites* Tschudy and Kosanke, 1966

少肋纹系 Infraturma Raristriatiti Ouyang, 1991

二肋粉属 *Lueckisporites* (Potonié and Klaus, 1954) emend. Jansonius, 1962

盾脊粉属 *Scutasporites* Klaus, 1963

四肋粉属 *Lunatisporites* (Leschik, 1956) emend. Scheuring, 1970

三囊肋纹亚类 Trisaccistriatiti Ouyang, 2003

贝壳粉属 *Crustaesporites* Leschik, 1956

具沟类 Plicates (Naumova) R. Potonié, 1958

原始沟亚类 Praecolpates Potonié and Kremp, 1954

夏氏粉属 *Schopfipollenites* Potonié and Kremp, 1954

袋粉属 *Marsupipollenites* Balme and Hennelly, 1956

单沟亚类 Monocolpates Iversen and Troels-Smith, 1950

苏铁粉属 *Cycadopites* (Wodehouse 1935) Wilson and Wibster, 1946

唇沟粉属 *Cheileidonites* Doubinger, 1957

宽沟粉属 *Urmites* Djupina, 1974

横纹单沟粉属 *Decussatisporites* Leschik, 1956

多沟亚类 Polyplicates Erdtman, 1952

麻黄粉属 *Ephedripites* Bolchovitina, 1953 ex Potonié, 1958 emend. Krutzsch, 1961

菌藻大类 Fungi/Algae Incertae sedis

蜂状藻属 *Reduviasporonites* Wilson, 1962

环圈藻属 *Chomotriletes* Naumova, 1939 ex Naumova, 1953

化石孢粉的属以上的人为形态分类,主要根据 R. Potonié 和 Kremp (1954, 1956), R. Potonié (1956, 1958, 1960)的系统,尽管这个分类系统具有很多缺陷,也受到一些专家的批评,但至少对古中生代的化石孢粉而言,目前仍然是最行之有效的分类方案。此分类系统建立后,立即在古孢粉学界被广泛采用;后人也做了这样那样的补充修改。如得到不少人支持的 Dettmann(1963)对孢子的分类,就在有环亚类、无环亚类之上,根据孢壁分层建立了无腔(Acavatitriletes)、有腔(Laminatitriletes 或 Cavatitriletes)2 个超亚类(Suprasubturma),并将假囊亚类(Pseudosaccitriletes)、周壁亚类(Perinotriletes)提升为超亚类与之并列。这样一来,无腔、有腔超亚类之下,再分别辖无环、有环 2 个亚类,共 4 个亚类,即把有环孢子被无环有腔孢子人为地隔开了,如实践上,就在 *Rotaspora* 和 *Crassispora*(她认为有腔)之间,夹了一个 *Grumosispora*(具外壁内层或多或少脱离外层成中孢体)。笔者认为,这种内层多多少少脱离外层的现象,在一些无环孢子形态属如 *Calamospora*, *Verrucosisporites*, *Convolutispora*, *Camptotriletes* 的某些种内的稳定出现,对种的划分也许有一定意义,但作为一个超亚类未必合适。有环孢子亚类也有这种情况,如对于 *Kraeuselisporites*,争议就很大,所以本书并未采用。Neves 和 Owens (1966)也建立无腔(Acameratitriletes)、有腔(Cameratitriletes)2 个超亚类,不同的是,他们把有腔超亚类分为离腔(Solutitriletes,下再分无饰和有饰 2 个小类）和膜腔（Membranitriletes，下再分为无环有腔和环腔 2 个小亚类），实践上操作起来也困难。所以本书将孢子具腔者分别归入具腔三缝孢和假囊三缝 2 个亚类，与具环三缝孢亚类等并列。

在属级命名上，有些人急于将古中生代分散孢子与现代植物挂钩，效果好的不多，误导的反而不少，如原始单束松粉（多肋）*Protohaploxypinus*、钱苔孢 *Riccisporites*、杜仲粉 *Eucommiidites* 等，后来证明都与这些植物无关；那些多肋双囊花粉，大多出自种子蕨类（如盾籽蕨目），而非松柏类（如松科）。所以 R. Potonié 力主形态分类，并称探讨分散化石孢粉的植物亲缘关系是古植物学追求的目标，但走直路不行，得走弯路。他对原位孢子的研究极为重视，有关专著的出版就是证明。

第二节　中国晚古生代化石孢粉属种描述

光面三缝孢属 *Leiotriletes*（Naumova）Potonié and Kremp，1954

模式种　*Leiotriletes sphaerotriangulus*（Loose）Potonié and Kremp，1954；德国鲁尔（Rhur），上石炭统下部。

属征　三缝同孢子或小孢子，赤道轮廓三角形，三边平直、凹入或微弱甚至强烈凸出，角部钝圆或微尖；三射线大多长于孢子半径的 1/2；外壁厚薄依种而变化，表面平滑无纹饰或具细内结构，如点穴、内网等，轮廓线平整；模式种大小 40—60μm。

比较与讨论　本属以三角形轮廓与 *Punctatisporites* 属区别，二者都是形态属；*Leiotriletes* 的某些种接近 *Deltoidospora* 或 *Cyathiidites* 的模式，假如要把这几个属合并，则可归入较先建立的 *Deltoidospora*（Miner，1935）Potonié，1956；*Alsophilidites* 三射线伸达赤道，且其变化幅度不同。*Cyathiidites* 和 *Alsophilidites* 等三角形光面孢子，相对而言，更像是器官属（即其植物亲缘较窄，大体不超过科的范围）。

分布时代　世界分布，主要是古、中生代。

侧生光面三缝孢 *Leiotriletes adnatus*（Kosanke）Potonié and Kremp，1955

（图版 87，图 1，2）

1950 *Granulati-sporites adnatus* Kosanke，p. 20，pl. Ⅲ，fig. 9.

1955 *Leiotriletes adnatus*（Kosanke）Potonié and Kremp，p. 39，pl. Ⅱ，fig. 3.

1962 *Leiotriletes adnatus* Kosanke，欧阳舒，81 页，图版Ⅰ，图 2，3。

1980 *Leiotriletes adnatus* Kosanke，周和仪，13 页，图版 1，图 1—6。

1980 *Leiotriletes tangyiensis* Zhou，周和仪，14 页，图版 1，图 13。

1984 *Leiotriletes adnatus*（Kosanke）Potonié and Kremp，王蕙，图版Ⅰ，图 5。

1986 *Leiotriletes adnatus* Kosanke，欧阳舒，32 页，图版Ⅰ，图 2。

1986 *Leiotriletes* cf. *tenuis*（Peppers）Ouyang，欧阳舒，33 页，图版Ⅱ，图 8。

1987 *Leiotriletes adnatus* Kosanke，周和仪，15 页，图版 1，图 4，5。

1990 *Leiotriletes adnatus*（Kosanke）Potonié and Kremp，张桂芸，294 页，图版Ⅰ，图 1，2，5，6。

1993 *Leiotriletes adnatus*，朱怀诚，226 页，图版 50，图 17—19。

1995 *Leiotriletes adnatus* Kosanke，吴建庄，334 页，图版 49，图 5。

描述　赤道轮廓三角形，三边微凹入，角部浑圆，大小 25—45μm；三射线长 2/3—3/4R，偶为 1/2R，或微开裂；外壁薄或可达 2μm 厚，光面或具微细内结构，如内颗粒；黄—棕黄色。

比较与讨论　本种初描述大小 32—39μm，与 *Granulatisporites*（al. *Leiotriletes*）*adnatoides*（Potonié and Kremp）Smith and Butterworth，1967 的区别是后者表面具细颗粒纹饰；与 *Leiotriletes exiguus* Ouyang and Li，1980 的区别是后者孢子三边常直，尤其射线较短（1/3—1R），但二者之间存在过渡形式。

产地层位　内蒙古准格尔旗龙王沟，本溪组；浙江长兴，龙潭组；安徽太和，上石盒子组；山东沾化、河南范县，太原组—石盒子组；湖南邵东、宁乡，龙潭组；云南富源，宣威组；甘肃靖远，红土洼组—羊虎沟组；宁夏横山堡、灵盐，羊虎沟组—太原组。

折角光面三缝孢 *Leiotriletes cibotiidites* Liao, 1987

（图版87,图5, 6）

1987a *Leiotriletes cibotiidites* Liao,廖克光,552页,图版133,图11,13。

描述 赤道轮廓三角形,三边中等程度凹入,角部膨大成穹隆状或近平截,大小25.5—34.0μm(全模34μm,图版87,图6;本书代指定);三射线长约3/4R,具唇,并向射线末端减低,沿射线两侧、角部中下方,远极面有一与射线方向垂直的约10μm宽的隆起加厚带或褶皱;外壁薄,光滑无纹饰。

比较与讨论 本种以射线具发达的唇、穹隆状的角部形态及垂直于射线的孢壁褶皱或增厚系统而区别于*Leiotriletes*属其他种。与主要见于中生代的*Cibotiumspora*属下的某些种如鉴定为*C. dicksoniaeformis*(Kara-Murza) Zhang W. P., 1984和*C. jurienensis*(Balme) Filatoff, 1975的有的标本(宋之琛、尚玉珂,2000;图版7, 图21;图版7,图15)略相似,但综合来看,还是不同的,如本种三边凹入较深、角部形态也多少不一样。

产地层位 山西宁武,太原组(3号煤顶板)、下石盒子组。

凹边光面三缝孢 *Leiotriletes concavus* (Kosanke) Potonié and Kremp, 1955

（图版87,图38, 39）

1950 *Granulatisporites concavus* Kosanke, p. 20, pl. 3, fig. 4.

1955 *Leiotriletes concavus* (Kosanke) Potonié and Kremp, p. 37.

1976 *Leiotriletes concavus* (Kosanke), Kaiser, p. 92, pl. 1, fig. 3.

1982 *Leiotriletes concavus* (Kosanke), Ouyang, p. 72, pl. 2, fig. 21.

1986 *Leiotriletes concavus* (Kosanke),欧阳舒,32页,图版Ⅰ,图35。

1993 *Leiotriletes adnatus* (Kosanke) Potonié and Kremp,朱怀诚,226页,图版50,图18,19。

描述 赤道轮廓三角形,三边略凹入,角部浑圆,大小47—55μm;三射线清楚,具窄唇或微开裂,长约2/3R或近达角部,末端尖锐;外壁1—3μm,表面平滑或在高倍镜下微粗糙;黄色。

比较与讨论 当前标本与Kosanke(1950)从美国伊利诺伊州(Illinois)上石炭统Pennsylvanian (Westphalian D)首先描述的这个种(全模55.0×58.8μm)略相似,但边凹入、角浑圆程度及外壁厚度有时有些差别。

产地层位 山西保德,下石盒子组;云南富源,宣威组;甘肃靖远,红土洼组—羊虎沟组。

密集光面三缝孢 *Leiotriletes confertus* McGregor, 1960

（图版2,图18）

1960 *Leiotriletes confertus* McGregor, p. 27, pl. 11, fig. 2.

1996 *Leiotriletes confertus*,王怿,图版1,图8。

描述 赤道轮廓钝角、凸边三角形,大小33.8μm;三射线清楚,直,微开裂,两侧微具唇,单片唇宽≥1μm,伴随射线伸达赤道附近,外壁表面光滑,厚约1μm,赤道附近偶见褶皱;浅棕色。

注释 当前标本与*Leiotriletes confertus* McGregor (1960)颇相似,区别是后者略大(35—55μm)。

产地层位 湖南锡矿山,邵东组。

厚实光面三缝孢 *Leiotriletes crassus* Lu, 1994

（图版2,图26—28）

1994 *Leiotriletes crassus* Lu,卢礼昌,169页,图版1,图29—31。

1995 *Leiotriletes crassus*,卢礼昌,图版1,图24。

Non *Leiotriletes crassus* Lu, 1980, 5页,图版10,图1。

描述 赤道轮廓亚三角形,角部宽圆,三边近平直或微内凹,罕见外凸,大小46.8—96.0μm;三裂缝清楚,窄,两侧具唇[加厚(?)],单片唇宽2.0—3.5μm,略长于1/2R;外壁厚1.5—2.3μm,表面微粗糙,具点穴状—细颗粒状结构，三射线区内尤其明显；赤道区外壁较其余部位外壁厚（暗）许多，尤似盾环状；浅—深棕色。

比较与讨论 本种以赤道区外壁较其他部位外壁厚实为特征。*Leiotriletes involutus* Ouyang and Chen, 1987 虽具类似的赤道轮廓，但以唇较发育（最宽达 9—12μm），三角部多少隆起甚至卷曲等而有别。

注释 卢礼昌（1980）建立的 *Leiotriletes crassus*, 1980 应作废，置于该种名下描述的标本（卢礼昌，1980，5 页，图版 10，图 1）已改归 *Gulisporites torpidus* Playford, 1963。

产地层位 江苏句容，五通群擂鼓台组下部；江苏南京龙潭，五通群擂鼓台组上部；湖南界岭，邵东组。

拟桫椤光面三缝孢 *Leiotriletes cyathidites* Zhou, 1980

（图版 87，图 42，43）

1978 *Leiotriletes* sp. 3，谌建国，394 页，图版 116，图 8。

1980 *Leiotriletes cyathidites* Zhou，周和仪，13 页，图版 1，图 14—17。

1982 *Leiotriletes* sp. 2，蒋全美等，596 页，图版 397，图 17。

描述 赤道轮廓三角形，三边微凹入，角部浑圆，大小 48—66μm（全模 60μm，图版 87，图 42）；三射线长，大于或等于 2/3R 或近等于 R，常开裂；外壁厚约 1μm，表面无纹饰；浅黄—黄色。

比较与讨论 本种与中生代尤其侏罗系常见的莎椤孢属 *Cyathidites* Couper, 1953 的确颇为相似，例如后者的模式种 *C. australis* Couper（全模 75μm）（宋之琛、尚玉珂等，2000），仅因其出自古生界，仿原作者，归入 *Leiotriletes* 也是可以的。对植物大化石也有类似处理，例如古生代的 *Pecopteris* 与中生代常见的 *Cladophlebis*，小羽片的形态也颇相似。

产地层位 山东沾化、垦利，石盒子组；河南范县，石盒子组；湖南邵东保和堂，龙潭组；云南富源，宣威组。

厚实光面三缝孢 *Leiotriletes densus* Lu, 1999

（图版 2，图 6—8）

1999 *Leiotriletes densus* Lu，卢礼昌，34 页，图版 12，图 9，10；图版 28，图 16，17。

描述 赤道轮廓宽圆三角形—亚圆形，大小 31.2—37.4μm，全模标本 34.3μm；三射线清楚，伸达赤道或赤道附近，唇颇粗壮，微凸，直或曲，宽 4—5μm，末端加厚、加宽、凸起，并略超出赤道；赤道与远极外壁相当厚实，且厚度均匀，可达 3.0—4.5μm，表面光滑或具细颗粒状结构；接触区外壁明显较薄（亮），表面光滑或微粗糙；唇与外壁浅棕—深棕色。

比较与讨论 本种以其体小、壁厚、唇粗为特征而与 *Leiotriletes* 属的其他种不同。*Archaeozonotriletes* 的外壁加厚不均匀，*Aneurospora* 的外壁加厚限于近极—赤道区，且加厚程度在同一标本上亦不同。

产地层位 新疆和布克赛尔，黑山头组 5，6 层。

泥盆光面三缝孢 *Leiotriletes devonicus* Naumova, 1953

（图版 2，图 24）

1953 *Leiotriletes devonicus* Naumova, p. 22, pl. 1, fig. 5.

1983 *Leiotriletes devonicus*，高联达，484 页，图版 106，图 5。

描述 赤道轮廓钝—圆三角形，大小 35—45μm；三射线清楚，直，简单或微开裂，两侧具窄唇，单片唇宽约 1.5μm，伴随射线伸达赤道或赤道附近；外壁光滑至微粗糙，点穴状结构明显，厚约 2μm，偶见褶皱，黄棕色。

注释 该种首见于俄罗斯地台下—中泥盆统（Naumova, 1953），大小 20—28μm。主要特征为：三射线清晰，微裂，伸达赤道；赤道外壁略具不规则加厚，孢壁点状结构明显，罕见褶皱。

产地层位 云南禄劝，坡脚组；甘肃迭部，当多组。

不相似光面三缝孢 *Leiotriletes dissimilis* McGregor, 1960

（图版2,图36—38）

1960 *Leiotriletes dissimilis* McGregor, p. 27, pl. 11, fig. 1.

1987 *Leiotriletes dissimilis*,高联达、叶晓荣,381页,图版171,图5。

1988 *Leiotriletes dissimilis*,卢礼昌,121页,图版1,图4—6。

描述 赤道轮廓圆三角形,角部宽圆,三边微凸,大小45.2—57.5μm;三射线清楚,有时开裂,两侧具窄唇,或被唇遮盖,唇低矮,均匀,透明,单片唇宽约1.5μm,伴随射线伸达3/4R(或稍长);外壁表面光滑,薄(厚仅1μm左右),具褶皱;浅棕黄色。

比较与讨论 当前孢子与McGregor (1960)描述的加拿大梅尔维尔(Melville)半岛泥盆系的*Leiotriletes dissimilis*形态特征与大小幅度均十分相似,当为同种。

产地层位 云南沾益史家坡,海口组;甘肃迭部,下吾那组。

钳唇光面三缝孢(新联合) *Leiotriletes divaricatus* (Felix and Burbridge) Ouyang comb. nov.

（图版87,图12）

1967 *Punctatisporites divaricatus* Felix and Burbridge, p. 355, pl. 53, fig. 8.

1984 *Punctatisporites labis* Gao,高联达,395, 396页,图版150,图3。

描述 赤道轮廓三角形,三边微凸,角部浑圆,大小55—70μm,全模60μm;三射线细长,两侧具唇,至射线1/2处逐渐膨大,向末端分叉形成钳形弓形脊,射线可穿过弓形脊,伸至外壁内沿;外壁较厚,具细点状结构;褐色。

比较与讨论 本种原被归入*Punctatisporites*,但以孢子三角形和特殊的唇区别于*Punctatisporites*属其他种,故将其迁入*Leiotriletes*属。

产地层位 山西宁武,上石盒子组。

短缝光面三缝孢 *Leiotriletes exiguus* Ouyang and Li, 1980

（图版87,图14, 15）

1980 *Leiotriletes exiguus* Ouyang and Li,欧阳舒、李再平,125页,图版Ⅰ,图4,5。

1982 *Leiotriletes adnatus* (Kosanke) Potonié and Kremp,蒋全美等,595页,图版397,图7。

1982 *Leiotriletes exiguus* Ouyang and Li,蒋全美等,595页,图版397,图9—16。

1986 *Leiotriletes exiguus* Ouyang and Li,欧阳舒,33页,图版Ⅰ,图10—13。

描述 赤道轮廓三角形,三边平直至微凹,偶尔微凸,角部钝圆;大小30—48μm,全模标本40μm;三射线单细但清楚,长1/3—1/2R,接触区略呈三角形;外壁常微增厚,故颜色较其余外壁深,一般薄,厚约1μm,偶可达2.0—2.5μm,表面无纹饰,轮廓线平滑;黄—棕黄色。

比较与讨论 本种以三射线短、接触区内颜色常稍暗,轮廓接近于正三角形而区别于*Leiotriletes adnatus* Kosanke及*Granulatisporites adnatoides* (Potonié and Kremp),后者还具细颗粒纹饰;以个体较大区别于*Leiotriletes minor* Jiang,1982。

产地层位 湖南长沙、邵东、宁乡,龙潭组;云南富源,宣威组—卡以头组。

曲缝光面三缝孢 *Leiotriletes flexuosus* Lu, 1980

（图版2,图23）

1980b *Leiotriletes flexuosus* Lu,卢礼昌,6页,图版10,图2。

描述 全模标本赤道轮廓圆三角形,大小52μm;三射线清楚,简单,顶部弯曲(约1/3射线长),其余部分直并伸达赤道;外壁表面光滑,厚度不可量,三射线顶部区外壁较薄(较亮)并呈小三角形;棕色。

比较 孢子较少,以其射线顶部具较亮小三角形区与区内射线清楚、弯曲为特征而与*Leiotriletes*属的其他种有别。

产地层位 云南沾益龙华山,徐家冲组。

分叉光面三缝孢 *Leiotriletes furcatus* Naumova, 1953

(图版2,图32)

1953 *Leiotriletes furcatus* Naumova, p. 22, pl. 1, fig. 4.

1983 *Leiotriletes furcatus*,高联达,485 页,图版 106,图 3。

描述 赤道轮廓三角形,大小 30—35μm;三射线简单,长为 R,末端偶见分叉,孢壁较厚,表面平滑。

注释 被 Naumova (1953, p. 22)归入 *Leiotriletes furcatus* 名下的标本(pl. 1, fig. 4)的主要特征是三射线末端两分叉明显。

产地层位 云南曲靖,翠峰山组西山村段。

纤细光面三缝孢 *Leiotriletes gracilis* (Imgrund,1952) Imgrund, 1960

(图版87,图8, 9)

1960 *Leiotriletes gracilis* (Imgrund) Imgrund, p. 153, pl. 13, figs. 8, 9.

1960 *Leiotriletes sporadicus* (Imgrund 1952) Imgrund, p. 153, pl. 13, fig. 11; pl. 14, figs. 40,41.

1984 *Leiotriletes gracilis* (Imgrund) Imgrund,高联达, 320 页,图版 133,图 5。

1985a *Gulisporites discersus* Geng,耿国仓,211 页,图版 I,图 18。

1986 *Leiotriletes sporadicus* (Imgrund) Potonié and Kremp, 1955,欧阳舒,图版 I,图 5。

1986 *Leiotriletes gracilis* (Imgrund),欧阳舒,32 页,图版 I,图 6。

1986 *Leiotriletes* sp. ,欧阳舒,34 页,图版 I,图 6。

1986 *Leiotriletes directus* Balme and Hennelly,杜宝安,289 页,图版 I,图 1。

1987a *Leiotriletes* cf. *concavus* (Kosanke) Potonié and Kremp,廖克光,552 页,图版 133,图 9。

1987a *Leiotriletes gracilis* (Imgrund),廖克光,552 页,图版 133,图 3,4。

1989 *Leiotriletes gracilis* (Imgrund) Imgrund, Zhu Huaicheng, pl. I,fig. 2.

描述 赤道轮廓三角形,三边直或微凹凸,角部一般近浑圆,大小通常 24—30μm,全模 26μm(图版 87,图 8);三射线清楚,或微具唇或开裂,近等于 R,常裂开,形成加厚的深色接触区;外壁厚约 1μm,表面平滑,或因具内结构而微粗糙;黄—棕黄色。

比较与讨论 本种以三射线长与 *L. minor* Jiang, 1982 有别;以角部通常稍浑圆与欧、美石炭纪常见的 *L. parvus* Gunnel, 1958 (Smith and Butterworth, 1967, p. 122, pl. I, figs. 3, 4) 区别。Imgrund (1960, p. 153) 建立 2 个新种,即 *L. gracilis* 和 *L. sporadicus*,前者全模标本(图版 13,图 8)具唇,这一特征在后一种 2 个标本(图版 14,图 40—41)中也可见到,与后者大小(全模 25μm)也相近。试图以唇的微细结构不同加以区别,实践上很困难,故将这 2 个种合并,因 *L. gracilis* 描述在前,所以采用此种名。本种与 *L. minor* 相近,仅以三边不明显凹入、三射线较长而与之区别。

产地层位 河北开平,唐家庄组—唐山组;山西宁武,太原组中上部—下石盒子组,孙家沟组;云南富源,宣威组—卡以头组;甘肃平凉,山西组;甘肃靖远,靖远组;甘肃环县,太原组。

纤细光面三缝孢(比较种) *Leiotriletes* cf. *gracilis* Imgrund, 1960

(图版87,图10, 11)

1993 *Leiotriletes* cf. gracilis,朱怀诚,226 页,图版 50,图 4, 5。

描述 赤道轮廓三角形,边部平直—外凸,角部钝圆—浑圆,大小 30(34) 40μm(测 3 粒);三射线简单,细直,有时微开裂,长 3/4R—1R;接触区外壁微隆起,沿射线两侧具排列较密的细孔穴;外壁厚 1.5—2.0μm,轮廓线平整,表面光滑。

比较与讨论 当前标本在形态特征上与 *L. gracilis* Imgrund (1960, p. 153, p1. 13, figs. 8,9) 相似,区别在于后者个体略小(24—30μm),沿射线两侧未见外壁有排列较密的细孔。

产地层位　甘肃靖远，红土洼组。

颈凸光面三缝孢　*Leiotriletes gulaferus* Potonié and Kremp, 1955

（图版 87，图 7，13）

1955 *Leiotriletes gulaferus* Potonié and Kremp, p. 40, pl. 11, figs. 116—118.

1978 *Leiotriletes gulaferus* Potonié and Kremp，谌建国，393 页，图版 116，图 5，6。

1982 *Leiotriletes gulaferus*，蒋全美等，596 页，图版 397，图 29，30。

1984 *Leiotriletes pseudolevis* Peppers, 1970，高联达，393 页，图版 149，图 3，6。

1993 *Leiotriletes gulaferus*，朱怀诚，226 页，图版 50，图 21，27。

1995 *Leiotriletes gulaferus*，吴建庄，335 页，图版 49，图 11。

描述　赤道轮廓三角形，三边至少两边凸出，近极面较平，远极面强烈凸出，常偏一侧保存，大小 46—80μm；三射线清楚，简单或具窄唇，长 1/2—2/3R；外壁薄，厚 1.0—1.5μm，在一支射线末端大致与之平行方向，常具 2 条褶皱，凸起宛如喉管状，表面平滑；黄色。

比较与讨论　本种以远极面强烈凸出、一支射线末端有颈状突起而与 *Leiotriletes* 其他种区别。原被高联达（1984）归入 *L. pseudolevis* Peppers 的一个标本远极面凸出明显，喉管状褶皱也隐约可见，故迁入本种。

产地层位　山西宁武、河南临颍，上石盒子组；山西保德，太原组；湖南邵东、湘潭，龙潭组；甘肃靖远，红土洼组。

无饰光面三缝孢　*Leiotriletes inermis* (Waltz) Ischenko, 1952

（图版 87，图 16，17；图版 92，图 19）

1938 *Azonotriletes inermis* Waltz, Luber and Waltz, p. 11, pl. 1, fig. 3; pl. 5, fig. 58; pl. A, fig. 2.

1952 *Leiotriletes inermis* (Waltz) Ischenko, p. 9, pl. 1, figs. 2，3.

1955 *Asterocalamotriletes inermis* (Waltz) Luber, p. 40, pl. 1, figs. 20，21.

1955 *Leiotriletes inermis* (Waltz) Ischenko, in Potonié and Kremp, p. 37.

1984 *Leiotriletes levis* (Kosanke) Potonié and Kremp，高联达，图版 149，图 4。

1988 *Leiotriletes inermis*，高联达，图版 1，图 2。

1988 *Punctatisporites flectus* Gao，高联达，195 页，图版 1，图 3。

1993 *Leiotriletes inermis* (Waltz) Ishchenko，朱怀诚，226 页，图版 50，图 37，38，41。

1997 *Leiotriletes inermis*，朱怀诚，49 页，图版 I，图 2。

描述　赤道轮廓三角形，边部微凹凸，角部尖，微钝或钝圆，大小 38.5—52.0μm；三射线明显，简单，直，开裂，长 3/4—4/5R 或伸达角部；接触区外壁沿射线两侧微陡起，因轻微增厚而色暗，暗带宽 4—6μm；外壁厚 0.5—1.5μm，表面光滑或具点状结构，轮廓线平整；棕黄色。

比较与讨论　本种以其个体较大（一般 40—65μm）和无纹饰而区别于 *Granulatisporites adnatoides* (Potonié and Kremp)。同义名表中所列 *P. flectus* 为典型的三角形孢子，大小 50μm，仅以三射线稍短，表面具不清晰的点状结构与当前种区别，但由于仅见 *P. flectus* 的一粒标本，保存欠佳，建立新种存疑，故暂时归入当前种。

产地层位　山西宁武，上石盒子组；甘肃靖远，臭牛沟组、红土洼组；新疆塔里木盆地，下二叠统棋盘组。

卷角光面三缝孢　*Leiotriletes involutus* Ouyang and Chen, 1987

（图版 2，图 21，22）

1987a *Leiotriletes involutus* Ouyang and Chen，欧阳舒、陈永祥，24 页，图版 1，图 24—27。

1994 *Leiotriletes involutus*，卢礼昌，图版 1，图 32。

描述　赤道轮廓三角形，三边微凹或近平直，角部钝圆或微尖，近极面较低平，仅角部略隆起甚至卷曲；大小 54—68μm，全模标本 54μm；三射线清楚，长约 4/5R 至伸达外壁内沿；具颇发达的唇，唇强烈隆起，最宽可达 9—12μm，有时由形状、大小不一的瘤连合而成，有时唇较窄；三角形增厚，沿射线且为射线长的 1/2—3/4；外壁厚 2.0—3.5μm，偶尔角部稍厚，表面（除唇区外）光滑至内颗粒状，个别孢子具褶皱；棕黄—深棕色。

比较与讨论 当前孢子略可与苏联早石炭世杜内期的 *Stenozonotriletes rasilis* Kedo,1960(p. 83, pl. 10, fig. 227)比较,但后者较小(53μm),孢子三边较为凸出,外壁("环")较厚(3—8μm),近极面角部似不隆起。

产地层位 江苏句容,五通群擂鼓台组下部;江苏南京龙潭,五通群擂鼓台组上部。

弓堤光面三缝孢 *Leiotriletes kyrtomis* Du, 1986

(图版 87,图 18)

1986 *Leiotriletes kyrtomis* Du,杜宝安,289 页,图版 I,图 5。

描述 赤道轮廓三角形,三边微凹,角部浑圆或微钝尖,大小 30—48μm,全模 46μm;三射线具窄唇,微高起,几伸达角端,射线旁具宽而低平的拱缘增厚,但似乎不伴随射线延伸至角端;外壁不厚,表面平滑;棕黄色。

比较与讨论 一方面,本种孢子以具拱缘增厚不同于 *Leiotriletes* 属的其他种;另一方面,这样的增厚亦不像 *Concavisporites* 属下种那样长达角端。

产地层位 甘肃平凉,山西组。

具唇光面三缝孢 *Leiotriletes labiatus* Ouyang and Chen, 1987

(图版 2,图 1—3)

1987 *Leiotriletes labiatus* Ouyang and Chen,欧阳舒、陈永祥,23 页,图版 1,图 3—6,9。

1994 *Leiotriletes labiatus*,卢礼昌,图版 1,图 2。

描述 赤道轮廓三角形,三边略凸出,角部浑圆或微尖,大小 15—32μm,全模标本 24μm;三射线清楚,唇颇粗壮,宽 1.5—3.0μm;中缝窄,直,或因唇微弯曲而随之弯曲,唇末端微变尖或略变宽,或偶显伪二分叉,长 3/4—1R;外壁厚 1.0—1.5μm,罕见褶皱,表面光滑或微粗糙;棕黄—棕色。

注释 本种以孢体小、三射线长、唇粗壮以及外壁相对厚实为特征。

产地层位 江苏句容,五通群擂鼓台组下部;江苏南京龙潭,五通群上部。

光滑光面三缝孢 *Leiotriletes laevis* Naumova, 1953

(图版 2,图 4, 5)

1953 *Leiotriletes laevis* Naumova, p. 21, pl. 1, fig. 3.

1983 *Leiotriletes laevis*,高联达,485 页,图版 106,图 1,2。

1987 *Leiotriletes laevis*,高联达、叶晓荣,380 页,图版 169,图 2。

1987a *Leiotriletes laevis*,欧阳舒、陈永祥,21 页,图版 1,图 1,2。

1993 *Leiotriletes laevis*,文子才、卢礼昌,图版 1,图 4,5。

1994 *Leiotriletes laevis*,卢礼昌,图版 1,图 3。

1999 *Leiotriletes laevis*,卢礼昌,33 页,图版 1,图 1。

描述 赤道轮廓三角形,三边平直或微凸,角端宽钝圆或微尖,大小 26—27μm;三射线清楚,或具窄唇,有时微开裂,长 2/3—5/6R,在同一孢子上可不等长;外壁厚 1—2μm,表面光滑或微粗糙,沿赤道边缘常具一弧形褶皱;黄—棕黄色。

产地层位 江苏南京龙潭,五通群擂鼓台组上部;江苏句容,五通群擂鼓台组下部;贵州独山,龙水洞组;云南禄劝,坡脚组;甘肃迭部,羊路沟组;新疆和布克赛尔,黑山头组 3,4 层。

光面光面三缝孢 *Leiotriletes levis* (Kosanke) Potonié and Kremp, 1955

(图版 87,图 19, 22)

1950 *Granulati-sporites levis* Kosanke, p. 21, pl. 3, fig. 5.

1955 *Leiotriletes levis* (Kosanke) Potonié and Kremp, p. 38.

1976 *Leiotriletes levis* (Kosanke) Potonié and Kremp, Kaiser, p. 92, pl. 1, fig. 2.

1984 *Leiotriletes gulaferus* Potonié and Kremp，高联达，393 页，图版 149，图 5。

1986 *Leiotriletes pulvinulus* Ouyang，欧阳舒，33 页，图版Ⅰ，图 1。

1993 *Leiotriletes levis* (Kosanke) Potonié and Kremp，朱怀诚，227 页，图版 50，图 6—13，15，16。

描述 赤道轮廓圆三角形，三边多凸出，或平直至微凹入，角部圆钝—浑圆，大小 27.5—65.0μm；三射线清楚，偶尔开裂，长 2/3—3/4R 或伸达近角部，边上附以隐约可见的平而宽的弓形堤，宽 2.5—5.0μm；外壁厚 0.5—1.0μm，偶有小褶皱，表面点状—平滑；黄—黄褐色。

比较与讨论 Kosanke(1950)最初描述的美国石炭系全模标本，大小 48×50μm，射线长 2/3—3/4R，其他特征与本种相近；被高联达鉴定为 *Leiotriletes gulaferus* Potonié and Kremp 的标本，弓形堤亦隐约可见，但轮廓为圆三角形；被欧阳舒(1986)归入 *L. pulvinulus* 的一个标本，微弱的弓形堤紧挨射线，与其全模标本不同，更接近 *L. levis*，故二者亦暂被归入此种。本种与 *Dictyophillidites* 有点相似，只不过弓形堤不如后者那么发达或清楚。

产地层位 河北开平煤田，赵各庄组(煤 9)；山西保德，山西组—石盒子组；山西宁武，太原组、上石盒子组；云南富源，宣威组；甘肃靖远，红土洼组。

大疣光面三缝孢 *Leiotriletes macrothelis* Wen and Lu, 1993

(图版 2，图 9—13)

1988 ?Detached intexinal body of tripapillate spore, McGregor and McCutchon, pl. 1, fig. 4.

1993 *Leiotriletes macrothelis* Wen and Lu，文子才、卢礼昌，312 页，图版 1，图 6—9。

1995 *Leiotriletes macrothelis*，卢礼昌，图版 1，图 4。

描述 赤道轮廓宽圆三角形—近圆形，大小 12.5—18.7μm；三裂缝清楚，长 1/2—4/5R，顶部 3 个小瘤状或乳头状突起相当粗大与明显；小瘤基部轮廓近圆形，直径 2.5—3.2μm，1/5—2/5R；外壁厚 1.0—1.5μm，表面微粗糙，褶皱细条带状，多数位于赤道附近，多呈弧形；浅黄色。

比较与讨论 本种以其相当粗大与明显的顶部突起及孢体甚小为特征，它与比利时晚泥盆世晚期的 *Leiotriletes velatus* Streel (Becker et al., 1974)有些相似，但后者的三射线具唇，且外壁为 2 层。

产地层位 江西全南，翻下组至刘家塘组；湖南界岭，邵东组。

具缘光面三缝孢 *Leiotriletes marginalis* McGregor, 1960

(图版 3，图 7)

1960 *Leiotriletes marginalis* McGregor, p. 28, pl. 11, fig. 3.

1987 *Leiotriletes marginalis*，高联达、叶晓荣，380 页，图版 171，图 1。

描述 赤道轮廓三角形，大小 33—54μm；三射线简单，常开裂，长等于 2/3R；三射线区外壁加厚并略呈小三角形；孢壁厚约 0.5μm，表面光滑或偶具细点状结构。

产地层位 甘肃迭部，当多组。

小疣光面三缝孢 *Leiotriletes microthelis* Wen and Lu, 1993

(图版 2，图 14—17)

1993 *Leiotriletes microthelis* Wen and Lu，文子才、卢礼昌，312 页，图版 1，图 10—12。

1995 *Leiotriletes microthelis*，卢礼昌，图版 1，图 5。

1995 *Leiotriletes velatus* (Caro-Moniez) Streel，卢礼昌，图版 1，图 6。

1996 *Leiotriletes microthelis* Wen and Lu，朱怀诚，146 页，图版Ⅰ，图 7。

1999 *Leiotriletes microthelis*，朱怀诚，64 页，图版 1，图 18。

描述 孢子赤道轮廓较 *L. macrothelis* 更接近于三角形，大小 25—48μm；三射线甚少开裂，具唇，宽 1.5—2.5μm，伸达赤道；顶部小瘤状突起相对较小，基部直径(1.5—2.5μm)仅为孢子半径长的 1/8 左右；褶皱更不规则，其他特征与 *L. macrothelis* 基本相同。

比较 本种与 *L. velatus* (Caro-Moniez) Streel in Becker et al., 1974 颇相似,但后者以外壁光滑无饰而与前者有所不同。

注释 *L. macrothelis* 与 *L. microthelis* 的外壁表面似均具颇为柔弱的小纹饰,鉴于研究手段有限,又仅发现极压的标本,所以在此暂描述为"表面微粗糙",并置于 *Leiotriletes* 属,若有更好的标本可作进一步鉴定。

产地层位 江西全南,翻下组;湖南界岭,邵东组;新疆塔里木盆地,巴楚组;新疆塔里木盆地莎车,奇自拉夫组。

较小光面三缝孢 *Leiotriletes minor* Jiang, 1982

(图版 87,图 20, 21)

1980 *Leiotriletes tangyiensis* Zhou,周和仪,14 页,图版 1,图 7—13。

1982 *Leiotriletes minor* Jiang, 1982,蒋全美,596 页,图版 397,图 18,19。

1984 *Leiotriletes adnatus* Kosanke,高联达,393 页,图版 149,图 2。

1987 *Leiotriletes tangyiensis* Zhou,周和仪,8 页,图 1,2。

1995 *Leiotriletes adnatus* (Kosanke) Potonié and Kremp,吴建庄,334 页,图版 49,图 1—4。

描述 赤道轮廓三角形,三边略凹入,角部浑圆或微截形—棱角状,大小 21—30μm,全模 26μm(图版 87,图 21);三射线短而直,长≤1/2R,有时三射线之间微暗;外壁厚 1—2μm,表面光滑或鲛点状,或具极细微内颗粒,轮廓线平滑;黄色。

比较与讨论 本种与周和仪的 *L. tangyiensis* Zhou, 1980 的大部分标本很相似,当属同种,但她指定的全模标本(1980,图版 1,图 13,即 1987,图版 1,图 3)三射线较长且个体较大,应归入 *L. adnatus*。当前种以小的个体、三射线短而区别于 *L. adnatus*;以三边略凹入、角部有时呈棱角状而与 *Leiotriletes exiguus* Ouyang and Li 区别。吴建庄(1995,334 页)归入 *L. adnatus* 的有些标本(如图版 49,图 4)肯定可归入此种,但其他几个标本(图 1—3)射线较长,因个体小与 *L. adnatus* 有别,暂亦归入 *L. minor*。

产地层位 山西宁武,上石盒子组;安徽、山东、河南,上石盒子组;湖南长沙,龙潭组。

显著光面三缝孢 *Leiotriletes notatus* Hacquebard, 1957

(图版 2,图 33)

1957 *Leiotriletes notatus* Hacquebard, p. 307, pl. 1, figs. 1, 2.

1994a *Leiotriletes notatus*,卢礼昌,图版 1,图 1。

注释 Hacqueberd (1957)首次描述该种的主要特征为:轮廓亚三角形,三边直—微凸,角部钝尖;三射唇凸起,等于孢子半径长;外壁表面光滑,厚约 2μm;大小 41—54μm。当前标本形态、大小颇接近该特征,当为同种。

产地层位 江苏南京龙潭,五通群擂鼓台组上部。

锐角光面三缝孢 *Leiotriletes notus* Ischenko, 1952

(图版 88,图 10)

1952 *Leiotriletes notus* Ischenko, pl. 1, fig. 8.

1956 *Leiotriletes notus* Ischenko, p. 37, pl. 1, fig. 11.

1985 *Leiotriletes notus* Ischenko,高联达,50 页,图版 3,图 1。

描述 赤道轮廓三角形,壁较厚,黄褐色,大小 50—65μm;三射线简单,直,等于孢子半径的 2/3,常裂开;孢子表面平滑。

产地层位 贵州睦化,打屋坝组底部。

聂拉木光面三缝孢 *Leiotriletes nyalumensis* Hou, 1999

(图版 87,图 23, 24)

1999 *Leiotriletes nyalumensis* Hou, in Hou and Ouyang, p. 24, pl. Ⅰ, figs. 1, 2.

描述 赤道轮廓三角形,三边近直或微凹入,角部浑圆,大小 27.5—35.0μm(测 6 粒),全模 32.5μm(图版 87,图 24);三射线清楚,简单,但具加厚的缘边,宽 2.4—5.0μm,常开裂,长 3/4—1R;外壁薄,具大小不规则褶皱,表面光滑或具不清楚点穴。

比较与讨论 本种以不规则大小的褶皱和宽缘、开裂的射线与属内其他种区别。

产地层位 西藏聂拉木色龙村,曲布组。

具唇光面三缝孢 *Leiotriletes ornatus* Ischenko, 1956

(图版 2,图 34, 35;图版 87,图 25, 26)

1956 *Leiotriletes ornatus* Ischenko, p. 22, pl. 2, figs. 18—21.

1962 *Leiotriletes ornatus* Ischenko,欧阳舒,89 页,图版Ⅰ,图 4,5。

1982 *Leiotriletes* cf. *ornatus* Ischenko,蒋全美等,596 页,图版 397,图 24。

1984 *Leiotriletes inflatus* (Schemel) Potonié and Kremp,高联达,320 页,图版 133,图 4。

1984 *Gulisporites laevigatus* Gao,359 页,图版 139,图 15。

1984 *Gulisporites laevigatus* Gao,高联达,359 页,图版 139,图 22。

1986 *Leiotriletes ornatus* Ischenko,欧阳舒,33 页,图版Ⅰ,图 25。

1987a *Leiotriletes ornatus*,廖克光,552 页,图版 133,图 5。

1989 *Leiotriletes ornatus*, Zhu Huaicheng, pl. Ⅰ, fig. 5。

1990 *Gulisporites laevigatus* Gao,张桂芸,见何锡麟等,322 页,图版Ⅵ,图 22。

1995 *Leiotriletes ornatus*,卢礼昌,图版Ⅰ,图 1。

1996 *Leiotriletes ornatus*,朱怀诚,146 页,图版Ⅰ,图 1。

1999 *Leiotriletes ornatus*,卢礼昌,33 页,图版 1,图 2,3。

描述 赤道轮廓三角形—圆三角形,大小 30—50μm;射线长等于半径,沿裂缝有唇,宽 2—4μm,两边平直或微弯曲;外壁薄,厚 1.0—1.5μm,表面平滑无纹饰;黄色。

比较与讨论 当前标本形态特征与乌克兰顿涅茨克盆地石炭系的 *L. ornatus* (Ischenko,1956)一致,差别仅为后者大小 30—45 μm。*L. trivialis* Naumova (1950) 的三裂缝亦有与半径等长的唇,但较简单,且末端尖,大小仅 25—30μm。

产地层位 山西宁武,本溪组—石盒子群;内蒙古准格尔旗黑岱沟,山西组;浙江长兴,龙潭组;湖南长沙,龙潭组;湖南界岭,邵东组;云南富源,宣威组—卡以头组;云南曲靖,徐家冲组;甘肃靖远,靖远组;新疆和布克赛尔,黑山头组;新疆塔里木盆地,巴楚组。

片状光面三缝孢(比较种) *Leiotriletes* cf. *pagius* Allen, 1965

(图版 4,图 19)

1965 *Leiotriletes pagius* Allen, p. 691, pl. 94, figs. 1, 2.

1987 *Leiotriletes pagius*,高联达等,381 页,图版 171,图 6。

注释 本种主要特征为:赤道轮廓为宽圆角凸边三角形,大小 46 (54) 63μm;三射线清楚,简单,直,几乎伸达赤道边缘;外壁厚 2.5—4.0μm,同质,光滑(Allen, 1965, p. 691)。置于该种名下的甘肃迭部当多组标本(高联达等,1987)的赤道轮廓与三射线特征似乎更接近 *Leiotriletes pullatus* Naumova (1953, pl. 1, fig. 7)。

产地层位 甘肃迭部,当多组。

小光面三缝孢 *Leiotriletes parvus* Guennel, 1958

(图版 87,图 27, 28)

1958 *Leiotriletes parvus* Guennel, p. 57, pl. 2, figs. 9—18, text-fig. 14.

1987 *Leiotriletes parvus* Guennel,高联达,380 页,图版 169,图 1。

1984 *Leiotriletes parvus*,王蕙,图版Ⅰ,图 4。

1993 *Leiotriletes parvus*,朱怀诚,227 页,图版 50,图 1—3。

描述 赤道轮廓三角形,边部近直—微凸,角部钝;大小 30μm(测 3 粒);三射线清晰,简单,细直,具窄唇,微呈脊状,长 3/4—1R;外壁薄,厚 0. 5—1. 5μm,轮廓线平整,表面点状—光滑,偶见褶皱。

比较与讨论 *L. sporadicus* Imgrund (1960, p. 153, p1. 13, fig. 11; p1. 14, figs. 40, 41)以角部通常稍浑圆与本种区别。

产地层位 甘肃靖远,红土洼组—羊虎沟组中段;甘肃迭部,下吾那沟、羊路沟组;宁夏横山堡,上石炭统。

褶皱光面三缝孢 *Leiotriletes plicatus* (Waltz) Naumova, 1953

(图版 2,图 19, 20)

1941 *Azonotriletes plicatus* Waltz, in Luber and Wlatz, p. 139, pl. 14, fig. 226.

1953 *Leiotriletes plicatus* (Waltz) Naumova, p. 104, pl. 16, fig. 4.

1997b *Leiotriletes plicatus*,卢礼昌,图版 1,图 2,3。

描述 赤道轮廓凸边三角形,大小 48—53μm;三射线细长或具窄唇,几达赤道;外壁坚实,厚约 2μm,光面,有少量褶皱。

产地层位 新疆准噶尔盆地,呼吉尔斯特组。

隆唇光面三缝孢 *Leiotriletes prominulus* Ouyang and Chen, 1987

(图版 87,图 29, 30)

1987 *Leiotriletes prominulus* Ouyang and Chen,欧阳舒、陈永祥,24 页,图版 I,图 21,22。

描述 赤道轮廓三角形,三边略凸出,角部浑圆或微尖,大小 42—49μm(测 5 粒),全模标本 42μm(图版 87,图 30);三射线清楚,长为 R,具发达且强烈隆起的唇,在射线两侧总宽可达 4—14μm,向末端逐渐变窄,可显出伪二分叉;外壁厚 1—2μm,表面光滑;棕黄色。

比较与讨论 当前标本与美国艾奥瓦州维宪期地层(Independence Shale)的 *Punctatisporites incomptus* Felix and Burbridge(Urban, 1971, p. 137, pl. 38, figs. 7, 8)颇为相似,但后者大于 70μm;与俄克拉荷马州早、中石炭世这个种(Felix and Burbridge 1967, p. 357, pl. 53, fig. 12)的相似程度则较低,后者的孢子大小 60—90μm,三射线长仅 3/4—4/5R,唇较窄,外壁较厚(3—5μm)。

产地层位 江苏句容,高骊山组。

深色光面三缝孢 *Leiotriletes pullatus* Naumova, 1953

(图版 2,图 31)

1953 *Leiotriletes pullatus* Naumova, p. 22, pl. 1, fig. 7.

1975 *Leiotriletes pullatus*,高联达、侯静鹏,183 页,图版 1,图 8。

1983 *Leiotriletes pullatus*,高联达,485 页,图版 106,图 6。

描述 赤道轮廓宽圆三角形,大小 40—50μm;三射线微裂,长 2/3—4/5R,外壁近光面,厚约 2μm,具皱,黄褐色。

产地层位 贵州独山、都匀,丹林组上段;云南禄劝,坡脚组。

小堤光面三缝孢 *Leiotriletes pulvinulus* Ouyang, 1986

(图版 87,图 31, 32)

1984 *Leiotriletes gracilis* (Imgrund) Imgrund, 高联达,320 页,图版 149,图 1。

1986 *Leiotriletes pulvinulus* Ouyang,欧阳舒,33 页,图版 I,图 3。

描述 赤道轮廓三角形,三边平直或微凹凸,角部浑圆偶微尖,大小 26—47μm,全模 47μm(图版 87,图 31);三射线细,呈单脊状,至少顶部明显隆起,长约 2/3R 或接近角部,末端尖,在接触区内,伴随射线(但不紧贴,即有间距)具窄的弓形堤(kyrtom),宽 1. 5—2. 0μm;外壁薄,厚约 1μm,表面平滑,轮廓线基本平整;淡黄—黄色。

比较与讨论　当前标本接近 *Leiotriletes* 的程度较甚于 *Dictyophyllidites*，故将其归入前一属。本种以窄且与射线有间距的弓形堤与 *Leiotriletes* 的其他种或 *Dictyophyllidites* 属的种不同。

产地层位　山西宁武，上石盒子组；云南富源，宣威组。

点饰光面三缝孢 *Leiotriletes punctatus* Zhu, 1993

（图版 87，图 33，34）

1993 *Leiotriletes punctatus*, Zhu，朱怀诚，228 页，图版 50，图 26，32。

描述　赤道轮廓三角形，边部直—外凸，角部尖—略钝，大小 35—45μm（测 2 粒），全模标本 45μm（图版 87，图 34）；三射线明显，简单，直—微弯，略伸达赤道，射线两侧外壁轻微加厚，至射线末端渐明显；外壁厚 2.0—2.5μm，轮廓线平整，外壁明显分为内、外 2 层，外层均质色浅，内层呈密集的点粒状，色深，具内点—内颗粒结构。

产地层位　甘肃靖远，红土洼组。

塔形光面三缝孢 *Leiotriletes pyramidalis* (Luber) Allen, 1965

（图版 2，图 25）

1941 *Azonotriletes pyramidalis* Luber, in Luber and Waltz, p. 54, pl. 12, fig. 182.

1955 *Filicitriletes pyramidalis* Luber, p. 60, pl. 3, fig. 70.

1965 *Leiotriletes pyramidalis* (Luber) Allen, p. 691.

1987 *Leiotriletes pyramidalis*，高联达、叶晓荣，381 页，图版 171，图 7。

1997b *Leiotriletes pyramidalis*，卢礼昌，图版 1，图 4。

描述　赤轮廓亚三角形，角部窄—宽钝凸，三边微凸至明显外凸，大小 43.5—51.0μm；三射唇发育，宽 4—6μm，高约 6μm，至末端略变窄、降低，伸达赤道附近；外壁近光面或具内点状结构，厚常小于 1.5μm。

注释　Allen (1965) 描述西斯匹次卑尔根的 *L. pyramidalis* 标本大小 54 (70) 95μm，单片唇宽 3—4μm，高 4—9μm。

产地层位　甘肃迭部，当多组；新疆准噶尔盆地，呼吉尔斯特组。

尖塔形光面三缝孢 *Leiotriletes pyramidatus* Sullivan, 1964

（图版 2，图 29，30；图版 87，图 35）

1964a *Leiotriletes pyramidatus* Sullivan, p. 357, pl. 57, figs. 2, 3.

1995 *Leiotriletes pyramidatus*，卢礼昌，图版 1，图 2。

1997b *Leiotriletes pyramidatus*，卢礼昌，图版 1，图 5。

1984 *Leiotriletes pyramidatus*，王蕙，图版 1，图 3。

描述　赤道轮廓钝角三角形，三边几乎平直至微外凸，大小 46—54μm；三射线清楚，裂缝外侧被颇发育且厚实的弓脊状唇(?)所围绕，唇宽 4.0—7.5μm，末端突起高约 4.5μm，伸达角部或赤道；外壁表面光滑或具内点状结构，赤道外壁厚 0.5—4.5μm。

比较与讨论　当前描述标本的特征与 *L. pyramidatus* Sullivan，1964 十分接近，区别仅为前者的大小幅度略大于后者(25—38μm)；与 *L. pyramidalis* (Luber) Allen, 1965 也较相似，但后者的唇不如前者厚实，且孢子较大(54—95μm)。

注释　本种以近极区呈显著的角锥状与三弓形褶皱围绕三射线为特征。

产地层位　湖南界岭，邵东组；宁夏横山堡，羊虎沟组；新疆准噶尔盆地，呼吉尔斯特组。

辐痕光面三缝孢 *Leiotriletes radiastriatus* Kaiser, 1976

（图版 87，图 40，41）

1976 *Leiotriletes radiastriatus* Kaiser, p. 92, pl. 1, fig. 4.

1976 *Dulhuntyispora* sp., Kaiser, p. 116, pl. 9, fig. 2.

1986 *Leiotriletes pulvinulus* Ouyang,欧阳舒,33 页,图版Ⅰ,图 4.

描述 赤道轮廓三角形,三边凹入,角部浑圆,大小 55—80μm,全模标本 55μm(图版 87,图 40);三射线清楚,或微脊状,直,长 1/2—3/4R,或开裂;射线近顶部周围外壁略增厚,或呈现 3 个较大的暗区[(接触点(?)],这里具浅而细密的辐射状条痕,宽 0.2—0.5μm,间距 0.5—1.0 μm,外壁厚 1.0—1.5 μm;黄色。

比较与讨论 Kaiser (1976) 所谓的辐射状条痕,在他鉴定的标本中,虽 *Dulhuntyispora* sp. 的标本比 *L. radiastriatus* 的全模标本更为清楚(故将前者选作此种的副模,图版 87,图 41),但二者其他形态大小相近,应归入同一种内。此种与冈瓦纳大陆的 *Dulhuntyispora* Potonié, 1956 毫无关系,这是因为后者的 3 个肿胀物是在孢子赤道上。暂将此种归入 *Leiotriletes* 属内,因我国作者多年研究尚未发现类似标本,建新属的标本太少。

产地层位 山西保德,石盒子组。

粗糙光面三缝孢 *Leiotriletes scabratus* Ouyang and Chen, 1987

(图版 3,图 1—3)

1987a *Leiotriletes scabratus* Ouyang and Chen,欧阳舒、陈永祥,23 页,图版 3,图 11—13。

1999 *Leiotriletes scabratus*,朱怀诚,64 页,图版 2,图 1。

描述 赤道轮廓三角形,近极面低平,远极面凸出,三边常微凹入,偶见微凸,角端钝圆或不对称微尖,大小 54 (64) 75μm,全模标本 67μm;三射线清楚,具窄唇,或微开裂,长约 4/5R 或伸达外壁内沿,末端有时具小结节状隆起,顶部区外壁常微增厚,延伸长度约为射线长的 1/2,但无明显边界(即与其余外壁为过渡关系);外壁厚 2—3μm,内沿清楚,表面微粗糙至点状至内颗粒状纹饰,轮廓线基本平滑;棕黄—棕色。

产地层位 江苏句容,五通群擂鼓台组下部;新疆塔里木盆地莎车,奇自拉夫组。

朔县光面三缝孢 *Leiotriletes shuoxianensis* Ouyang and Li, 1980

(图版 88,图 35)

1980 *Leiotriletes shuoxianensis* Ouyang and Li, p. 6, pl. Ⅰ, fig. 1.

描述 赤道轮廓圆三角形,角部宽圆,全模 73μm;三射线清楚,具粗壮唇,宽 3—5μm,长约 3/4R,射线末端尖指;在射线顶部区,略变暗的接触区可见;外壁厚约 1μm,具次生褶皱,表面光滑;棕黄色。

比较与讨论 本种与 *L. grandis*(Kosanke)及 *Calamospora flexilis* Kosanke 略可比较,但 *L. grandis* 以其个体较小、外壁较厚及唇不那么发达而与本种不同,而 *C. flexilis* 以较短的三射线(长约 1/2R)与本种区别;此外,这两种皆未显示色暗的接触区。

产地层位 山西朔县,本溪组。

简单光面三缝孢 *Leiotriletes simplex* Naumova, 1953

(图版 62,图 23, 24)

1953 *Leiotriletes simplex* Naumova, p. 21, pl. 1, fig. 2.

1987a *Leiotriletes simplex*,欧阳舒、陈永祥,22 页,图版 1,图 11,12。

1987 *Leiotriletes simplex*,高联达、叶晓荣,380 页,图版 171,图 2。

1993 *Leiotriletes simplex*,文子才、卢礼昌,图版 1,图 15。

1996 *Leiotriletes simplex*,王怿,图版 1,图 5。

描述 赤道轮廓圆三角形—亚圆形,大小 29 (33) 38μm;三射线清晰,简单,细直,常微开裂,长 2/3—4/5R;外壁厚 1.0—2.5μm,表面光滑至微粗糙;黄—棕黄色。

比较与讨论 当前孢子特征与 *Leiotriletes simplex* Naumova (1953) 颇相似,大小幅度也颇接近,为 30—35μm。

产地层位 江苏句容,五通群擂鼓台组下部;江西全南,翻下组;湖南锡矿山,邵东组;甘肃迭部,薄莱组。

圆三角形光面三缝孢 *Leiotriletes sphaerotriangulus* (Loose) Potonié and Kremp, 1954

(图版 87,图 36, 37)

1932 *Sporonites sphaerotriangulus* Loose, in Potonié, Ibrahim and Loose, p. 451, pl. 18, fig. 45.

1933 *Laevigati-sporites sphaerotriangulus* (Loose), Ibrahim, p. 20.

1944 *Punctati-sporites sphaerotriangulus* (Loose), Schopf, Wilson and Bentall, p. 31.

1954 *Leiotriletes sphaerotriangulus* (Loose) Potonié and Kremp, p. 120.

1955 *Leiotriletes sphaerotriangulus*, Potonié and Kremp, p. 41, pl. 11, figs. 107—109.

1984 *Leiotriletes sphaerotriangulus* (Loose) Potonié and Kremp, 高联达, 320 页,图版 133,图 1。

1984 *Leiotriletes sphaerotriangulus*,王蕙,图版 I,图 3。

1980 *Leiotriletes sphaerotriangulus*,周和仪,14 页,图版 1,图 20—22。

1989 *Leiotriletes sphaerotriangulus*,朱怀诚,图版 I,图 8。

1993 *Leiotriletes sphaerotriangulus*,朱怀诚,227 页,图版 50,图 22,23,30,31。

描述 赤道轮廓圆三角形,三边凸或直,角部钝圆,大小 38—55μm;三射线清楚,简单或两侧具不等长增厚,长 2/3—3/4R 或近达角部;外壁厚 0.5—2.0μm,表面无纹饰;浅黄—黄色(从福建长汀梓山组和甘肃靖远臭牛沟组鉴定的此种因非圆三角形,未列入同义名表)。

比较与讨论 本种以轮廓圆三角形及有时射线两侧具不等长增厚而与 *Leiotriletes* 属其他种区别。

产地层位 山西宁武,本溪组—太原组;山东沾化,太原组—石盒子组;甘肃靖远,红土洼组—羊虎沟组;宁夏横山堡,上石炭统。

亚扭光面三缝孢圆形变种 *Leiotriletes subintortus* (Waltz) Ischenko, 1952 var. *rotundatus* Waltz, 1941

(图版 88,图 3)

1938 *Azonotriletes subintortus* Waltz, in Luber and Waltz, p. 11, pl. 1, fig. 11.

1941 *Azonotriletes subintortus* Waltz var. *rotundatus* Waltz in Luber and Waltz, p. 13, 14, pl. 2, fig. 15b.

1952 *Leiotriletes subintortus* (Waltz) Ischenko var. *rotundatus* Waltz, Ischenko, p. 11, pl. 1, fig. 7.

1958 *Leiotriletes subintortus* (Walz) Ischenko var. *rotundatus* Waltz, Ischenko, p. 40, pl. Ⅱ, figs. 18, 19.

1962 *Leiotriletes subintortus* (Waltz) Ischenko var. *rotundatus* Waltz, Playford, p. 574, pl. 78, figs. 5, 6.

1982 *Leiotriletes* sp.,黄信裕,图版 1,图 1。

1999 *Leiotriletes subintortus* var. *roundatus*,朱怀诚,65 页,图版 1,图 6,9;图版 2,图 6。

描述 赤道轮廓三角形,三边微凹入,角部浑圆,大小 40—45μm;三射线清楚,开裂,长 2/3—1R;外壁厚 1—2μm,表面光滑。

比较与讨论 当前标本形态大小与 Playford (1962)从斯匹次卑尔根下石炭统采集的此种标本(26—50μm,平均 38μm)颇为相似,仅后者射线可能稍长;不过 Ischenko (1958)本人描述的射线略短于 2/3R (48—55μm)。

产地层位 福建陂角,梓山祖;新疆塔里木盆地莎车,奇自拉夫组。

普通光面三缝孢 *Leiotriletes trivialis* Naumova, 1953

(图版 62,图 22)

1953 *Leiotriletes trivialis* Naumova, p. 45, pl. 5, fig. 14; p. 104, pl. 16, fig. 6; p. 121, pl. 18, figs. 7, 8.

1975 *Leiotriletes trivialis*,高联达、侯静鹏,183 页,图版 1,图 4,5。

1987 *Leiotriletes trivialis*,高联达、叶晓荣,381 页,图版 171,图 4。

1987a *Leiotriletes trivialis*,欧阳舒、陈永祥,22 页,图版 1,图 7。

描述 赤道轮廓三角形,三边微凸,角部略尖,大小 28—45μm;三射线具唇,宽约 2μm,长与孢子半径等长,末端不变窄或仅微变窄,外壁厚约 1μm,多褶皱,表面光滑至内点状;黄色。

比较与讨论 上述中国标本与苏联中、上泥盆统常见的 *L. trivialis* 颇为相似,后者 25—35μm,从其绘图上看,三射线也是具窄唇的;与 *L. labiatus* 的区别在于孢子角部较尖,三射线唇较不发育以及外壁具褶皱。

产地层位 江苏句容,五通群擂鼓台组下部;贵州独山,龙洞水组;甘肃迭部,下吾那组;

膨胀光面三缝孢 *Leiotriletes tumidus* Butterworth and Williams, 1958

(图版88,图1,2)

1958 *Leiotriletes tumidus* Butterworth and Williams, p. 359, pl. Ⅰ, figs. 5, 6.

1967 *Leiotriletes tumidus*, Smith and Butterworth, p. 124, pl. 1, figs. 1, 2.

1984 *Leiotriletes tumidus* Butterworth and Williams,高联达,321页,图版133,图6。

1986 *Leiotriletes tumidus*,唐善元,图版1,图2。

1988 *Leiotriletes tumidus*,高联达,图版1,图1。

1993 *Leiotriletes tumidus* Butterworth and Williams,朱怀诚,227页,图版50,图14,20。

1996 *Leiotriletes tumidus*,朱怀诚,见孔宪祯等,256页,图版44,图1,5。

描述 赤道轮廓三角形,边部近直—外凸,角部略钝,大小30(36)40μm(测3粒);三射线清晰,简单,长几乎达赤道,沿射线两侧外壁呈唇状加厚,不等长,在射线一侧宽1—2μm,长略短于射线长,末端不明显或明显,外壁厚1.0—1.5μm,轮廓线平整,表面光滑。

产地层位 山西宁武,本溪组;湖南中部,测水组;甘肃靖远,臭牛沟组、红土洼组—羊虎沟组中段。

匙唇孢属 *Gulisporites* Imgrund, 1960

模式种 *Gulisporites cochlearius* (Imgrund 1952) Imgrund, 1960;开平盆地,唐家庄组(层3)。

属征 赤道轮廓亚三角形,三边略凸出,模式种大小50—90μm;三射线略凸出,近伸达赤道;射线在近顶部升高,常沿射线棱开裂,故在射线互相分离的外壁(即唇)最靠近顶部处构成匙状图案,外壁通常1—2μm厚,表面基本光滑;黄—棕黄色。

比较与讨论 与大孢子属 *Lagenicula* 有点相似,后者三射线高高隆起成颈状体(gula),小孢子属中迄今未发现类似特征。以上属征与比较皆据Imgrund(1960);但唇的高度和宽度没有界定,故实践上这个属除模式种外很难把握,与 *Leiotriletes* 的某些种有过渡形态,与乔木石松类大孢子 *Lagenicula* 未必有什么关联;还有,模式种为光面,但我国有些作者把有纹饰、唇较发达的一些种也归入此属内,实际上扩大了这个属的内涵。Imgrund将本属归入无环三缝孢类,从模式种和我国大多数作者定为此属的标本看,多数种也是无环的,有的作者(高联达,1984)之所以将其归入有环类,是因为模式种描述未注明外壁厚度[难以在光切面上测量(?)],而照片上孢子沿赤道一圈颜色稍暗,但这种现象很可能是近极面外壁较薄且低凹造成的(高联达,1984,图版139,图5,6)。本书将真正具环且具粗壮或扭曲唇的孢子归入别的种或属内。

分布时代 主要在华夏植物群区,石炭纪—二叠纪。

弧脊匙唇孢(比较种) *Gulisporites* cf. *arcuatus* Gupta, 1969

(图版88,图4,5)

1976 *Gulisporites arcuatus* Gupta, Kaiser, p. 170, pl. 11, figs. 4, 5.

描述 赤道轮廓近圆三角形—微多边形,大小35—40μm;具粗壮的隆脊,宽3—5μm,高≤5μm,主要分布在远极面,但也可延至近极面,有时微弯曲的脊互相连接,或突然消失,部分隆脊宽平,以致向两侧逐渐消失;在近极面隆脊可与三射线相连,Y线亦为隆脊状,伸达2/3R;外壁厚约3μm,除隆脊外光滑。

比较与讨论 Gupta(1969)从美国得克萨斯州(Texas)Pennsylvanian上部描述的 *G. arcuatus* (p. 170, pl. 32, fig. 61)与 *Knoxisporites hederatus* (Ischenko) Playford, 1962相近,但后者缺乏隆脊;*K. literatus* 有环。

注释 Gupta的全模外壁隆脊不如此发达,故对Kaiser的属种鉴定应作保留。

产地层位 山西保德,山西组—下石盒子组。

粗糙匙唇孢 *Gulisporites cereris* Gao, 1984

（图版88,图6, 7）

1984 *Gulisporites cereris* Gao,高联达,359 页,图版139,图13, 14。

1990 *Gulisporites verrucosus* Zhang,张桂芸,见何锡麟等,323 页,图版Ⅶ,图8, 9。

描述 三射线小孢子,赤道轮廓三角形,三边微向外凸出,大小40—58μm,全模58μm(图版88,图6);具窄的、不平整的赤道环(?),环厚4—6μm,黄褐色;三射线直伸至赤道,射线两侧具不平整加厚的唇,宽5—6μm,前端呈拳头状;孢子表面覆以分布均匀的细粒状纹饰,细粒排列紧密。

比较与讨论 张桂云(1990)建立的种 *G. verrucosus* 以其具有不同于 *Sinulatisporites sinensis* 的由瘤状纹饰组成的"环"为特征,但高联达(1984)建立的 *Gulisporites cereris* 也具有瘤状纹饰的"环",并且两者大小、唇以及纹饰的形态都较为接近,故将前者合并入后者。

产地层位 山西宁武,太原组;内蒙古准格尔旗,山西组。

标准匙唇孢 *Gulisporites cochlearius* (Imgrund) Imgrund, 1960

（图版88,图8, 9, 14, 15）

1960 *Gulisporites cochlearius* (Imgrund) Imgrund, p. 156, pl. 13, figs. 12—15.

1980 *Gulisporites cochlearius* (Imgrund) Imgrund,周和仪,39 页,图版14,图1—7。

1980 *Gulisporites crassus* Zhou,周和仪,39 页,图版14,图8—12。

1980 *Gulisporites zhanhuaensis* Zhou,周和仪,39 页,图版14,图18,19。

1982 *Leiotriletes ornatus* Ischenko,蒋全美等,596 页,图版397,图20—23。

1982 *Gulisporites crassus* Zhou,周和仪,144 页,图版14,图1,2。

1984 *Gulisporites cochlearius*,王蕙,25 页,图版Ⅰ,图20, 21。

1984 *Gulisporites cochlearius*,高联达,358 页,图版139,图3—8,10, 11。

1984 *Gulisporites cerevus* Gao,高联达,359 页,图版139,图9。

1984b *Gulisporites oblatus* Wang,王蕙,96 页,图版Ⅰ,图10。

1984 *Gulisporites oblatus* Wang,王蕙,图版1,图18,19。

1986 *Gulisporites cochlearius* (Imgrund) Imgrund,欧阳舒,34 页,图版Ⅰ,图26—30。

1986 *Gulisporites cochlearius*,杜保安,图版Ⅰ,图7。

1987a *Gulisporites cochlearius*,廖克光,560 页,图版133,图16, 17。

1987a *Gulisporites crassus* Zhou,廖克光,560 页,图版133,图21。

1987 *Trimontisporites anguisus* Geng,耿国仓,26 页,图版1,图34。

1989 *Gulisporites*? sp. ,侯静鹏、沈百花,103 页,图版11,图13。

1990 *Gulisporites cochlearius*,张桂芸,见何锡麟等,322 页,图版Ⅵ,图13,16,21。

1990 *Gulisporites cerevus* Gao,张桂芸,见何锡麟等,323 页,图版Ⅵ,图25。

1993 *Gulisporites cochlearius*,朱怀诚,图版Ⅰ,图23,25。

1993 *Gulisporites cerevus* Gao,朱怀诚,图版Ⅰ,图24;图版Ⅱ,图27。

1993 *Gulisporites cerevus*,唐锦秀,图版20,图13,14。

1993 *Gulisporites cochlearius*,朱怀诚,228 页,图版50,图46a, b,47.

1994 *Gulisporites cochlearius*,高联达,358 页,图版139,图3—8,10, 11。

1995 *Gulisporites cochlearius*,吴建庄,图版53,图25。

1996 *Gulisporites cochlearius*,朱怀诚,见孔宪桢等,图版45,图10—12,16。

1997 *Gulisporites cochlearius*,唐锦秀,见尚冠雄等,图版20,图8,12。

描述 赤道轮廓亚三角形—圆三角形,角部钝尖,大小42—90μm;三射线未伸达赤道,但至少长3/4R,末端分叉,射线部分开裂,三射线顶部开裂时呈3个变圆的壶嘴状(tullenformige)或匙状裂片,高约1.5μm,因而唇略向上开裂,唇宽约6μm;外壁厚2—4μm,表面光滑或细点状,轮廓线平滑;黄—棕黄色。

比较与讨论 *Punctatisporites obesus* Loose, 1934 的三射线也常开裂,但无 *Gulisporites cochlearius* 那样特征的匙状唇;本种以外壁相对较薄、光面和典型的匙状唇与属内其他种区别。耿国仓(1987)建立的 *Trimontisporites anguisus* 由于其串珠状唇在当前种的众多标本中均有表现,并不是一个稳定的形态特征,因此被归入当前种；王蕙（1984）建立的种 *Gulisporites oblatus* Wang，从照片观察可能是 *G. cochlearius* 的变形保存，因此也归入当前种。

产地层位 河北开平，唐家庄组—赵各庄组；山西太原、宁武，本溪组—太原组—石盒子组；山西柳林，太原组；山西左云，太原组；山西保德，下石盒子组；内蒙古准格尔旗，本溪组—山西组；山东沾化，河南范县、临颍，湖南长沙，龙潭组；云南富源，宣威组上段；甘肃环县、平凉，山西组；甘肃靖远，红土洼组—羊虎沟组中段；宁夏横山堡、灵盐地区，羊虎沟组—山西组。

蠕皱匙唇孢 *Gulisporites convolvulus* Geng, 1987

（图版 88，图 12，13）

1987 *Gulisporites convolvulus* Geng，耿国仓，27 页，图版 2，图 18，19，21。

1987 *Gulisporites microrugosus* Geng，耿国仓，27 页，图版 2，图 15—17。

1995 *Gulisporites cerevus* Gao，吴建庄，347 页，图版 54，图 1，4。

1996 *Gulisporites rugosus* Zhu，朱怀诚，257 页，图版 45，图 15。

描述 赤道轮廓三角形，三边凸出，角部钝圆，大小 45—62μm，全模 50μm（图版 88，图 13）；三射线伸达角部，伴以颇粗壮的唇，宽或高 4—10μm，略弯曲，常在末端膨大；外壁厚 1.5—2.5μm，表面具蠕状脊—亚网状纹饰，脊宽 1.5—2.5μm，间距或“穴”径 0.5μm，轮廓线微波状；黄—棕黄色。

比较与讨论 耿国仓（1987）建立的 2 种，大小、形态相近，仅 *G. convolvulus* 以蠕瘤为主，*G. microrugosus* 以皱脊为主，实践鉴定中有时难以区别，故将二者合并，因前一种描述在前，故采用之。本种以具蠕脊—亚网状纹饰与 *Gulisporites* 属其他种区别。吴建庄从河南临颍山西组采集的 *G. cerevus* Gao 似具脊—瘤状凸饰，与后者（已合并至 *G. cochlearius* 种内）的光面不同，暂归入本种。

产地层位 山西左云，下石盒子组；山西柳林，陕西米脂，甘肃环县、华池，宁夏盐池、灵武，山西组—下石盒子组。

波状匙唇孢 *Gulisporites curvatus* Gao, 1984

（图版 88，图 11，16）

1984 *Gulisporites curvatus* Gao，高联达，359 页，图版 139，图 12。

1996 *Gulisporites curvatus* Gao，朱怀诚，见孔宪桢等，图版 46，图 10，11，14。

描述 三射线小孢子，赤道轮廓三角形，三边向外凸出；具窄的赤道环，环呈波状凸起，厚 5—7μm，褐色，大小 38—45μm，全模 40μm（图版 88，图 11）；三射线细，直，伸至环的内缘，射线两侧具加厚的弯曲的唇，并延伸至环的内缘，前端有时增大呈拳头状；孢子表面覆以内点状结构。

比较与讨论 描述标本以具波状环和分叉的匙唇而与 *G. cochlearius* Imgrund，1960 相区别。

产地层位 山西宁武，太原组；山西左云，太原组。

叉唇匙唇孢 *Gulisporites divisus* Zhou, 1980

（图版 88，图 22，23）

1980 *Gulisporites divisus* Zhou，周和仪，39 页，图版 14，图 13—15。

描述 赤道轮廓三角形，三边凸出，角部钝圆，大小 60—78μm，副模标本 60μm（本书代指定，即图版 88，图 22）；三射线长达赤道，在顶端增高，具开裂即分离的唇，宽 1.0—2.5 μm，多少扭曲，近顶端微呈匙状；外壁厚约 2μm，表面平滑或微粗糙；黄—棕黄色。

比较与讨论 本种与 *G. cochlearius* 相似，仅以唇沿射线两侧分离而与后者和属内其他种区别。

产地层位 山东沾化，下石盒子组。

粒刺匙唇孢 *Gulisporites graneus* (Ischenko) Zhu, 1993

(图版88,图17, 18)

1956 *Trachytriletes graneus* Ischenko, p. 25, pl. 3, fig. 30.

1993a *Gulisporites graneus* (Ischenko) Zhu,朱怀诚,118 页,图版 I,图13。

1993b *Gulisporites graneus* (Ischenko) Zhu,朱怀诚,228 页,图版50,图33—36。

1987a *Granulatisporites angularis* Staplin,廖克光,555 页,图版134,图6。

描述 赤道轮廓三角形,边部近直、微凸或微凹,角部钝尖,大小36.5(40.2)47.5μm(测5粒);三射线明显,具发达的薄唇,丝带状,隆起,高(压平时为宽)2—5μm,略伸达赤道;外壁薄,厚0.5—1.0μm,轮廓线微齿状,表面密布点—微粒—微刺状纹饰,基径0.5μm左右,小于1μm,可辨别,间距<1μm;外壁透明。

比较与讨论 Ischenko(1956)描述标本大小为40—45μm,当前标本在形态特征及大小上均与其相符。鉴于此类标本具有发达而稳定的膜状唇,朱怀诚(1993)将其归入 *Gulisporites*;*G. graneus* 以其赤道轮廓多少呈正三角形、薄唇、刺粒纹饰而与属内其他种区分;从廖克光(1987a)描述的 *Granulatisporites angularis* 照片看,其三射线具粗壮的唇,与其描述不符,迁入当前种可能较为合适。

产地层位 山西宁武,山西组;甘肃靖远,红土洼组—羊虎沟组中段。

开裂匙唇孢 *Gulisporites hiatus* Lu, 1997

(图版5,图6—8)

1997a *Gulisporites hiatus* Lu,卢礼昌,198 页,图版2,图1—3。

描述 赤道轮廓近三角形,角部宽圆或钝凸,三边微凸,大小58.5—79.8μm,全模标本69.2μm;三射线清楚,唇颇薄并呈叶片状凸起,几乎等高(7.5—10.0μm),光滑,半透明,顶部至末端,长等于或略小于孢子半径;外壁薄,厚≤1μm,近极外壁常沿三射线开裂,甚者可延伸至远极面,表面光滑,具内细颗粒状结构与窄条带状褶皱;射线顶部常具3个小突起(基宽4.0—6.7μm);棕黄色。

比较与讨论 本种以其唇薄并呈叶片状凸起为特征;四川大麦地晚泥盆世早期的 *G. intropunctus* Lu(卢礼昌,1981)的形态特征与本种较相似,但该种孢子唇较发育、厚实(暗),且顶部较高(6—9μm),末端较低,同时,也不具小突起。

产地层位 湖南界岭,邵东组。

壮唇匙唇孢 *Gulisporites incomptus* Felix and Burbridge, 1967

(图版88,图19, 20)

1967 *Gulisporites incomptus* Felix and Burbridge, p. 357, pl. 53, fig. 12.

1993 *Gulisporites incomptus* Felix and Burbridge,朱怀诚,228 页,图版50,图48, 49。

描述 赤道轮廓三角形—亚三角形,边部外凸,角部略钝,大小50—80μm(测3粒);三射线明显,具粗壮的唇,一侧宽6—7μm,近极点最宽可达10μm,高3—4μm,长达赤道;外壁厚1.5—3.5μm,多为1.5—2.0μm,轮廓线平整,表面光滑。

比较与讨论 当前标本与美国下石炭统与上石炭统之交(Goddard 组—Morrow 组)的 *G. incomptus* 颇为相似,但后者唇更发达,宽达13—15μm,外壁厚≤2.5μm。

产地层位 甘肃靖远,红土洼组。

内点状匙唇孢 *Gulisporites intropunctatus* Lu, 1981

(图版5,图5)

1981 *Gulisporites intropunctatus* Lu,卢礼昌,96 页,图版1,图1。

描述 赤道轮廓三角形,三边多少凸出,角部钝圆或宽圆,大小56—76μm,平均62.3μm,全模标本63μm;三射线清楚,长约4/5R或稍长,唇发育,明显高起,顶部高6—9μm,朝末端逐渐降低,颜色较孢子其余部分深许多;外壁厚1.0—1.5μm,表面近光滑,内点状结构明显;浅黄(外壁)—浅棕色(唇)。

比较与讨论 河北开平二叠纪的 *G. cochlearis* Imgrund (1960, p. 156)唇高仅 1.5μm。

产地层位 四川渡口,上泥盆统下部。

方形匙唇孢 *Gulisporites squareoides* Zhang, 1990

(图版 88,图 21, 26)

1990 *Gulisporites squareoides* Zhang,张桂芸,见何锡麟等,322 页,图版 6,图 23, 24。

描述 三缝小孢子,极面轮廓因一侧内凹而近长方形,大小 50—58 × 38—48μm,全模标本 57.6 × 48.0μm(图版 88,图 26);三射线微弯、具唇,宽 2—8μm,长为 3/4R,直达赤道环内缘;具外厚内薄的赤道环,宽 6μm;孢子表面光滑;黄色。

比较与讨论 当前标本以其近长方形的外形、射线稍弯及唇较平直而不同于属内其他种,故另建一种。

注释 描述中提及唇宽 2—8μm,8μm 是指唇末端膨大,从本书图版 88 图 21 照片上未见。

产地层位 内蒙古准格尔旗房塔沟,太原组;内蒙古准格尔旗黑岱沟,山西组。

粗强匙唇孢 *Gulisporites torpidus* Playford, 1963

(图版 5,图 3, 9;图版 88,图 27, 28)

1963 *Gulisporites torpidus* Playford, p. 8, pl. 1, fig. 13, 14.

1967 *Gulisporites torpidus* Playford, Barss, pl. Ⅰ, fig. 10.

1978 *Gulisporites* cf. *torpidus* Playford,谌建国,395 页,图版 116, 图版 10。

1978 *Azonotriletes pyramidalis* auct. non Luber,谌建国,395 页,图版 116,图 9。

1980b *Leiotriletes crassus* Lu,卢礼昌,5 页,图版 10,图 1。

1982 *Gulisporites pyramidalis* (Luber) Chen,蒋全美等,596 页,图版 397,图 27。

1982 *Gulisporites* cf. *torpidus* Playford,蒋全美等,596 页,图版 397,图 28。

?1987a *Gulisporites* cf. *torpidus* Playford,廖克光,560 页,图版 134,图 12。

1993 *Gulisporites torpidus*,文子才等,图版 1,图 1。

描述 赤道轮廓三角形,三边略凸出,角部钝圆或微尖,大小 50—120μm;三射线长等于孢子半径,具粗壮的唇,宽达 3—9μm,有时微扭曲,顶部隆起高约 12μm,向末端或变宽;外壁厚一般为 2—5μm,偶尔较薄,表面无纹饰,光面或微粗糙,或具内颗粒;黄—棕黄色。

比较与讨论 当前标本较为接近最初描述的澳大利亚石炭系的 *G. torpidus* Playford (1963),后者全模标本大小为 70μm,但表面完全光滑;被谌建国(1978)和蒋全美等(1982)定为 *G. pyramidalis* Luber(*Azonotriletes pyramidalis* Luber, in Luber and Waltz, p. 134, pl. Ⅻ, fig. 182)的标本与他归入 *Gulisporites* cf. *torpidus* Playford 的大小形态极为相似,应属同种;Luber 描述的苏联石炭系的 *Azonotriletes pyramidalis*,固然也有颇粗壮的唇,但其孢子较大,近极面呈金字塔形,此种在新疆北部有发现,已被归入别的属(欧阳舒等,2003)。本种与 *Gulisporites crassus* Zhou 很相似,仅以外壁较薄与其有别。

产地层位 山西宁武,下石盒子组;江西全南,翻下组;湖南邵东、石门,龙潭组;云南沾益翠峰山,徐家冲组(Emsian)。

匙唇孢(未定种) *Gulisporites* sp.

(图版 5,图 4)

1988 *Gulisporites* sp.,卢礼昌,121 页,图版 1,图 3。

描述 赤道轮廓圆三角形,大小 57.7μm;三射线清楚,柔弱,具唇,透明,光滑,呈三叶片状凸起,顶部高约 7μm,朝末端逐渐降低,伴随射线伸达过赤道附近;外壁厚约 1μm,表面光滑,具细内点穴状结构,近极—赤道部位似具 3 条弓脊,但分布不甚规则;浅—深黄色。

产地层位 云南沾益史家坡,海口组。

瓦尔茨孢属 *Waltzispora* Staplin, 1960

模式种 *Waltzispora lobophora* (Waltz) Staplin, 1960;俄罗斯(Kizelovsky 盆地),下石炭统。

同义名 *Acutangulisporites* Virbitskas, 1983(Oshurkova, 2003, p. 64).

属征 辐射对称,极面观三角形,侧面观透镜形;孢子在三射线末端方向反折并膨胀成蘑菇状、鞍状或 T 形轮廓,三边凹入;三射线清楚,具或不具唇;外壁较厚,表面光滑或具极细纹饰;已知大小 36—55μm (Staplin, 1960, p. 18)。

比较与讨论 波脱尼(R. Potonié, 1966)倾向于将此属与 *Stellisporites* Alpern, 1958 合并;但后一属三边极为深凹,角部稍膨大,略呈三瓣状,还是分开为好。从 *Waltzispora* 与 *Triancoraesporites* E. Schulz (1962)各自的模式种看,两者形态大致相似,但后者具网纹,且时代相距较远(石炭纪; Rhaetic—Liassic),似应分开。*Cornutisporites* E. Schulz 1962,尽管角部亦具 T 形结构,然与 *Waltzispora* 差别仍较大,如赤道三边中部具规则圆圈状凹入等。

艾伯塔瓦尔茨孢 *Waltzispora albertensis* Staplin, 1960

(图版 88,图 29, 30)

1960 *Waltzispora albertensis* Staplin, p. 18, pl. 4, figs. 2, 3.

1961 *Waltzispora albertensis* Staplin, Playford, p. 582, pl. 79, figs. 8—11.

1979 *Waltzispora albertensis*,黄信裕,图版 I,图 28, 29。

描述 据 Playford (1962),本种孢子亚三角形,三边深凹,角端对称膨胀,略呈 T 形,端部平凸或微凹入;大小 23(29)37μm;三射线直,偶具细唇,长为孢子半径的 3/4—4/5;外壁厚 1. 5—2. 0μm,基本光滑。

比较与讨论 福建标本大小 15—25μm,略小于北欧早石炭世孢子大小,但总体形态特征颇为一致。

产地层位 福建长汀陂角,梓山组。

粒面瓦尔茨孢 *Waltzispora granularis* Zhu, 1989

(图版 88,图 24, 25)

1989 *Waltzispora granularis* Zhu, p. 219, pl. 2, figs. 25, 31.

描述 赤道轮廓亚三角形,三边凹入,角部略圆;大小 35 (40) 50μm(测 4 粒),全模 38μm;三射线清楚,简单,直,长 2/3—3/4R;近极面光滑,远极面密布颗粒和少量锥刺,基径 0. 5—1. 0μm,基部几乎相连;外壁厚(不包括纹饰)1. 5—2. 0μm,偶有褶皱,轮廓线大多平滑,但在角端有少量小锥刺。

比较与讨论 本种以裂瓣长,颗粒较明显区别于 *W. lobophora*;以裂瓣之间凹入较深,三射线较长区别于 *W. granulata* Wu。

产地层位 甘肃靖远,红土洼组。

颗粒瓦尔茨孢 *Waltzispora granulata* Wu, 1995

(图版 88,图 31, 36)

1995 *Waltzispora granulata* Wu,吴建庄,337 页,图版 50,图 6, 7,11—13,15, 16。

描述 赤道轮廓三角形,三边中等程度凹入,角端宽钝圆—近平截,全模标本大小 28μm,副模 35μm(本书代指定,图版 88,图 31);三射线清晰,具窄唇,常微开裂,末端尖,长约 1/2R,射线之间常具颜色较深且近三角形的接触区;外壁薄,表面具细匀颗粒状纹饰;轮廓线微不平整或近平滑;棕黄色。

比较与讨论 本种与 *W. strictura* Ouyang and Li (1980)略相似,但以具明显颗粒纹饰和色较暗的小三角区与后者有别;与 *Granulatisporites brachyatus* Zhou (1980)最相似,仅以三边凹入较深、色暗接触区特点较稳定而与后者有别。*G. adnatoides* (Ibrahim)个体较大,三射线长且伸达角部。

产地层位 河南临颍、安徽太和,上石盒子组。

瓣状瓦尔茨孢(比较种) *Waltzispora* cf. *lobophora* (Waltz) Staplin, 1960

(图版 88,图 32, 37)

1938 *Azonotriletes lobophorus* Waltz, in Luber and Waltz, pl. Ⅰ, fig. 5.

1941 *Azonotriletes lobophorus* Waltz, in Luber and Waltz, p. 38, figs. 31, 32.

1993 *Waltzispora* sp. ,朱怀诚,247 页,图版 55,图 31, 32。

描述 赤道轮廓亚三角形,三边凹入,角部略圆;大小 35 (40) 50μm(测 4 粒),全模 38μm;三射线清楚,简单,直,长 2/3—3/4R;近极面光滑,远极面密布颗粒和少量锥刺,基径 0. 5—1. 0μm,基部几乎相连;外壁厚(不包括纹饰)1. 5—2. 0μm,偶有褶皱,轮廓线大多平滑,但在角端有少量小锥刺。

比较与讨论 当前标本大小、形态和具细颗粒纹饰与 *W. lobophora* 颇为相似,仅角部裂瓣两边角凸出不那么明显、典型,故定为比较种;此外与 *W. priscus* (Kosanke) Sullivan(1964, p. 362, p1. 57, fig. 24)相近,但从 Kosanke 对 *Triquitrites priscus* Kosanke(1950, p. 39, p1. 8, fig. 4)的文字描述及图片来看,孢子角部加厚明显,并见一加厚带,且其瓣状不明显,仍以归入 *Triquitrites* 为妥。当前标本兼有 *Waltzispora* 和 *Triquitrites* 两属的特征,目前暂据其角部加厚不明显和孢子赤道轮廓特征置于 *Waltzispora* 属。

产地层位 甘肃靖远,红土洼组。

矢端瓦尔茨孢 *Waltzispora sagittata* Playford, 1962

(图版 88,图 33, 34)

1962 *Waltzispora sagittata* Playford, p. 582, pl. 79, fig. 12.

1982 *Waltzispora sagittata* Playford,黄信裕,图版 1,图 30。

1986 *Waltzispora sagittata*,杜宝安,图版Ⅰ,图 9。

1986 *Waltzispora* sp. ,欧阳舒,35 页,图版Ⅰ,图 21。

描述 赤道轮廓三角形,三边深凹,角部宽钝圆,犹如弓背状,其中部或微尖出,大小 30—37μm;三射线清楚,微开裂,长 3/4—1R;外壁厚 1. 5—2. 0μm,表面平滑,或具细内点状结构;黄色。

比较与讨论 据 Playford,此种全模 27μm;三边中等凹入;Y 线几达赤道;外壁表面具细匀的稀颗粒,但轮廓线上不显。

产地层位 福建长汀陂角,梓山组;云南富源,宣威组上段—卡以头组;甘肃平凉,山西组。

收缩瓦尔茨孢 *Waltzispora strictura* Ouyang and Li, 1980

(图版 89,图 15, 26)

1980 *Waltzispora strictura* Ouyang and Li,欧阳舒、李再平,126 页,图版Ⅰ,图 9,11。

1982 *Waltzispora strictura* Ouyang and Li, Ouyang, p. 70, pl. Ⅰ, fig. 3.

1986 *Waltzispora strictura* Ouyang and Li,欧阳舒,35 页,图版Ⅰ,图 14—19。

描述 赤道轮廓三角形,三边深凹至微凹,角部膨大略呈鞋楦状,中端微尖出,在与凹入的边交接处收缩多显出棱角,亦偶有平滑过渡者;大小 30(39)52μm(测 10 粒),全模 43μm(图版 89,图 26);三射线清楚,具窄唇,长 1/2—2/3R,至末端或极微弱;外壁厚约 1μm, 具细点状—内颗粒结构,轮廓线平滑;棕黄—黄色。

比较与讨论 本种与欧美石炭纪的 *W. polita* (Hoffmeister, Staplin and Malloy) Smith and Butterworth, 1967 (p. 159, pl. 6, fig. 14) 略相似,但后者较小(26—38μm),且三射线较长,唇较发育;*W. albertensis* Staplin, 1960 (Tschudy and Scott, 1969, p. 228, fig. 3) 较大,三瓣端部更为宽展、平截,凹入部亦较深;*W. lobophorus*(Waltz)射线亦较长(Luber and Waltz, 1938, p. 12, pl. 1, fig. 5)。

产地层位 云南宣威,宣威组下段—卡以头组。

太和瓦尔茨孢 *Waltzispora taiheensis* Wu, 1995

(图版 89,图 3)

1995 *Waltzispora taihensis* Wu,吴建庄,337 页,图版 49,图 9。

描述 赤道轮廓三角形,三边深凹,呈三瓣状,角部呈圆球形凸出,在凹区中央微收缩,全模大小 42μm;三射线清晰,具窄唇,长约 1/2R,末端极微弱,在射线之间接触区内,各具一新月形拱缘加厚,宽约 3μm,向端略变细;外壁薄,厚约 1μm,具细粒状结构,轮廓线光滑;黄色。

比较与讨论 本种与 *W. yunnanensis* Ouyang and Li 略相似,但以角部膨胀成球形、射线之间具拱缘增厚而与后者有别。

产地层位 安徽太和,上石盒子组。

云南瓦尔茨孢 *Waltzispora yunnanensis* Ouyang and Li, 1980

(图版 89,图 4, 5)

1980 *Waltzispora yunnanensis* Ouyang and Li,欧阳舒、李再平,126 页,图版 I ,图 10。

1982 *Waltzispora yunnanensis* Ouyang and Li, Ouyang, p. 74, pl. 3, fig. 11.

1986 *Waltzispora yunnanensis*,欧阳舒,35 页,图版 II ,图 16。

描述 赤道轮廓三角形,三边深凹,略呈三瓣状,角部呈弧形凸出,中端微凹入或近似蘑菇形;大小 25—30μm(测 4 粒),全模 30μm(图版 89,图 4);三射线清晰,具不明显的唇,或开裂,末端尖,接近伸达边沿;外壁厚 1.5—3.0μm,表面光滑;黄一棕黄色。

比较与讨论 本种与 *W. sagittata* Playford,1962 较接近,但后者内凹不如本种强烈,角部凸出,在中端略尖出,且可具细颗粒纹饰,故不同;归入本种的有的孢子与 *Stellisporites inflatus* Alpern 亦略近似,但后者角部强烈膨大,呈超半球形,且外壁局部增厚,厚度不均匀。

产地层位 云南富源,宣威组下段一卡以头组。

里白孢属 *Gleicheniidites* (Ross, 1949) Delcourt and Sprumont, 1955

模式种 *Gleicheniidites senonicus* Ross,1949;瑞典南部,上白垩统(Santon 上部或 Campan 下部)。

属征 赤道轮廓三角形,三边微凹,或平直一微凸,角部略呈锐弧形;孢子小,全模标本 27μm;三射线等于或接近半径全长,其外侧或近赤道边常具褶边;外壁光滑。

比较与讨论 本属以无明显弓形加厚与 *Concavisporites* 区别,而与 *Cyathidites* Couper, 1953 的区别是,后者射线较短。

亲缘关系 里白科(?)。

注释 我国西南晚二叠世宣威组有 2 种 *Gleichenidites*,原未定种名,鉴于此属孢子通常见于中生代,其在二叠系的发现在植物学上有一定参考价值,故录入本书,因定新种标本太少,所以定为已知种的比较种为妥。

旋转里白孢(比较种) *Gleicheniidites* cf. *circinidites* (Cookson) Dettmann, 1963

(图版 89,图 6, 7)

1963 *Gleicheniidites* cf. *circinidites* (Cookson) Dettmann, p. 65, pl. 13, figs. 6—10.

1984 *Gleicheniidites* cf. *circinidites* (Cookson),苗淑娟等,464 页,图版 194,图 9,10。

1986 *Gleicheniidites* sp. 2, 欧阳舒,34 页,图版 II ,图 2。

2000 *Gleicheniidites* cf. *circinidites* (Cookson),宋之琛、尚玉珂等,19 页,图版 4,图 12。

描述 赤道轮廓三角形,三边略凹入,角部钝圆或微截形,大小 35μm;三射线单细,微开裂,或具窄唇,伸达角部;外壁厚约 1μm,2 层,表面平滑,在近极辐间区作弧形收缩、凹入,至角部汇合;微棕一黄色。

比较与讨论 产自云南富源的标本与同义名表所列其他标本略相似,但以辐间区弧形褶边在角部汇合而有点不同,故定为比较种。

产地层位 云南富源,宣威组下段(在我国中生代的分布见宋之琛等,2000)。

喜悦里白孢(比较种) *Gleicheniidites* cf. *laetus* (Bolkhovitina) Bolkhovitina, 1968

(图版89,图1, 2)

1953 *Gleichenia laeta* Bolkhovitina, p. 22, pl. 2, figs. 5—7.

1968 *Gleicheniidites laetus* (Bolkhovitina) Bolkhovitina, p. 40, pl. 6, figs. 35—46.

1986 *Gleicheniidites* sp. 1,欧阳舒,34页,图版Ⅰ,图7。

2000 *Gleicheniidites laetus* (Bolkhovitina) Bolkhovitina,宋之琛、尚玉珂等,20页,图版4,图1—3。

描述 赤道轮廓三角形,三边平或微凹凸,大小29μm;近极接触区外缘内凹略成弓形堤状,在角部汇合或不明显;三射线单细,伸达角部;外壁薄,小于1μm,光面;黄色。

比较与讨论 当前标本形态、大小和弓堤等特征与我国侏罗系—白垩系的这个种颇为相似,仅以射线不具窄唇而与后者有些差别,故定为比较种。

产地层位 云南富源,宣威组上段(在我国中生代的分布见宋之琛等,2000)。

网叶蕨孢属 *Dictyophyllidites* Couper, 1958

模式种 *Dictyophyllidites harrisii* Couper, 1958;英国约克郡(Yorkshire),中侏罗统(Bajocian)。

属征 赤道轮廓三角形,大多具微凹边,模式种全模标本大小50μm;三射线长而粗,伸达赤道,两侧伴以拱缘增厚(margo);远极明显凸出,近极面较平;外壁较薄,平滑。

比较与讨论 与 *Cyathidites* 等的区别在于,在 *Dictyophyllidites* 中极轴长等于或略微长于赤道轴,近极半球不如远极半球凸出。本属与 *Triplanosporites* 的模式种(古新世)非常接近,目前尚不能区别。与其他近似属的比较参见欧阳舒、李再平(1980)。

亲缘关系 与双扇蕨科(Dipteridaceae,如 *Dictyophyllites*)或马通科(Matoniaceae)有关,特别是在中生代。

弓缘网叶蕨孢 *Dictyophyllidites arcuatus* Zhou, 1980

(图版89,图8, 9)

1980 *Dictyophyllidites arcuatus* Zhou,周和仪,14页,图版1,图26。

1980 *Dictyophyllidites cocooniformis* Zhou,周和仪,15页,图版1,图25。

1987 *Dictyophyllidites arcuatus* Zhou,周和仪,8页,图版1,图7。

1987 *Dictyophyllidites cocooniformis* Zhou,周和仪,图版1,图8。

?1987a *Dictyophyllidites* cf. *mortoni* (de Jersey),廖克光,552页,图版133,图1。

描述 赤道轮廓三角形,角部钝圆,大小26—37μm,全模(图版89,图8)37μm;三射线细,长约2/3R,其两侧具近弓形的拱缘增厚,宽3—5μm;外壁厚1—2μm,表面微粗糙,具细内颗粒—颗粒纹饰;棕黄色。

比较与讨论 本种以三射线略短、外壁微粗糙或具细颗粒纹饰与 *D. intercrassus* Ouyang and Li, 1980 相区别;但二者之间存在着过渡形式,如廖克光(1987a,图版133,图7,8)鉴定的上石盒子组的 *D. intercrassus*。周和仪(1980)原以拱缘增厚的形态差别建立2种,即 *D. arcuatus* 和 *D. cocooniformis*,但有点勉强,这是因为二者产地层位相同,孢子总的特征相近,似乎分得太细,故合并之,并取最前面描述的种名。廖克光(1987a)鉴定的宁武的 *D.* cf. *mortoni* 相对更接近此种,但个体偏大(57—60μm),暂存疑归入本种。

产地层位 山西宁武,石盒子组;山东沾化,太原组。

整洁网叶蕨孢(新联合) *Dictyophyllidites bullus* (Jiang) Ouyang comb. nov.

(图版87,图3, 4)

1978 *Leiotriletes* sp. 1,谌建国,394页,图版116,图7。

1982 *Leiotriletes bullus* Jiang, 蒋全美等,595页,图版397,图6,26。

描述 赤道轮廓圆三角形—三角形,大小46—52μm,全模(图版87,图3)52μm;三射线清楚,具细窄唇,长近2/3—1R,或微开裂,沿射线两侧具发达的弓缘增厚,在顶部或与射线分离,宽6—8μm,向射线末端变窄并汇合;外壁厚约2μm,表面光滑;黄色。

比较与讨论 本种以圆三角形轮廓、孢子较大、弓缘增厚较长且发达而与 *Dictyophyllidites* 属其他种有别。鉴于弓缘增厚与射线分离,与 *Leiotriletes* 等属唇的性质不同,故迁入 *Dictyophyllidites* 属。

产地层位 湖南邵东、韶山、长沙,龙潭组。

离缘网叶蕨孢 *Dictyophyllidites discretus* Ouyang, 1986

(图版 89,图 10, 11)

1986 *Dictyophyllidites discretus* Ouyang,欧阳舒,36 页,图版Ⅰ,图 23, 24。

描述 赤道轮廓三角形,三边近平或微凸,角部多钝圆,大小 31—40μm,全模(图版 89,图 11)38μm;三射线清楚,具微高起的窄唇,顶端高达 1μm,一般伸达角部,其外侧为壁较薄的狭窄间隔,再外即为明显的弓形堤,伴随射线发育,但向末端逐渐消失;外壁厚达 1.5—2.0μm,偶具褶皱;棕黄色。

比较与讨论 本种以其弓形堤向射线末端逐渐消失且与射线之间明显分离而与 *D. mortoni* (de Jersey) 和 *D. harissii* Couper 不同,形状也有差别;*D. intercrassus* 以远离射线的拱缘增厚为特征。

产地层位 云南富源,宣威组上段。

内垫网叶蕨孢 *Dictyophyllidites intercrassus* Ouyang and Li, 1980

(图版 89,图 12, 13)

1980 *Dictyophyllidites intercrassus* Ouyang and Li,欧阳舒、李再平,127 页,图版Ⅰ,图 16, 17。

1986 *Dictyophyllidites intercrassus* Ouyang and Li,欧阳舒,36 页,图版Ⅱ,图 4。

1987a *Dictyophyllidites intercrassus* Ouyang and Li,廖克光,553 页,图版 133,图 7,8。

描述 赤道轮廓三角形,三边微凹凸至近乎平直,角部钝圆或微尖,大小 29—35μm,全模(图版 89,图 13)35μm;三射线单细,具微高起窄唇,末端偶见小的二分叉,伸达或接近赤道,在两两射线之间具一枕状或新月形拱缘增厚,宽 5—7μm,长 15—20μm;外壁厚 1.0—1.5μm,局部微增厚可达 3μm,光面,轮廓线基本平滑;棕—黄色。

比较与讨论 本种以射线较长、外壁光面与 *D. arcuatus* Zhou 相区别。

产地层位 山西宁武,上石盒子组;云南富源,宣威组—卡以头组。

莫顿网叶蕨孢 *Dictyophyllidites mortoni* (de Jersey) Playford and Dettmann, 1965

(图版 89,图 14, 16)

1965 *Dictyophyllidites mortoni* (de Jersey) Playford and Dettmann, p. 132, pl. 12, figs. 1, 2.

1986 *Dictyophyllidites mortoni* (de Jersey),欧阳舒,图版Ⅰ,图 31—34。

描述 赤道轮廓三角形,三边近平直,角部钝圆,大小 33(40)48μm;三射线具高起、略扭曲的膜状唇,宽或高 2—3μm,伸达或接近角部,向末端变细弱,包围射线的是颇发达的弓形堤,呈三臂—三角状,其外侧轮廓线清楚,每条臂宽达 6μm 或更宽,至角部减弱或可膨大,偶呈套结状,其余接触区部位略凹入;外壁厚1—2μm,光面,轮廓线平滑;棕—黄棕色。

比较与讨论 *D. mortoni* 与 *D. harrisii* 的区别在于前者较小,仅 28(36)45μm,角部相对要锐些;后一种达 36(45)56μm,弓形堤不那么发育,当前标本显然更接近前一种。

产地层位 云南富源,宣威组(在我国中生代的分布见宋之琛、尚玉珂,2000)。

伊拉克孢属 *Iraqispora* Singh, 1964

模式种 *Iraqispora labrata* Singh, 1964;伊拉克,二叠系。

属征 小型孢子,轮廓三角形—亚三角形,角部狭圆或宽圆;射线总是显著的,伸达或近达赤道,特征性地在近顶部弯曲,在三射线附近辐间区有加厚的宽脊;外壁在赤道较厚,有时在角部更厚,别处较薄而透光些,隐约可见细内点穴或外点穴纹饰;模式种全模大小 48μm。

比较与讨论　*Dictyophyllidites* 和 *Paraconcavisporites* 赤道附近无外壁增厚；*Gleicheniidites* 和 *Concavisporites* 通常有凹入的三边，直的射线以及外壁增厚的位置不同。

三角伊拉克孢？ *Iraqispora*？ *triangulata* Geng, 1985

（图版 89，图 17）

1985b *Iraqispora triangulatus* Geng，耿国仓，656 页，图版 I，图 9。

描述　赤道轮廓凸边三角形，大小 30—32μm，全模 32μm；射线不明显，简单，长达赤道；赤道环厚度不均，在角部收缩，凸出轮廓之外，辐射区间增宽、变厚；接触区光滑，远极面和环具粗糙—微粒状纹饰。

比较与讨论　只发现 2 粒标本。同 *I. laburuta* Singh 比较，特征接近，只是后者具三射线唇，弓形弯曲，表面平整。因标本少，属的鉴定作了保留。

产地层位　宁夏灵武，羊虎沟组。

厚唇孢属　*Auritulinasporites* Nilsson, 1958

模式种　*Auritulinasporites scanicus* Nilsson, 1958；瑞典舍讷（Schonen），下侏罗统（Lias，*Thomatopteris* 带）。

属征　无环三缝小孢子，赤道轮廓三角形；三射线长 > 2/3R；唇强烈加厚，构成三射线的三角形或三瓣形区；外壁光滑或内点状。

比较与讨论　本属与 *Concavisporites* 和 *Dictyophyllidites* 等属的区别在于后两属的弓形堤与射线之间常有一些距离。

宁夏厚唇孢　*Auritulinasporites ningxiaensis* Geng, 1983

（图版 89，图 18）

1985a *Auritulinasporites ningxiaensis* Geng，耿国仓，211 页，图版 1，图 26。

描述　孢子轮廓三角形，三边近直，大小 37—46μm，全模 46μm；射线简单，直，有时微弯，具粗壮唇，包围射线；外壁厚 3—5μm，表面光滑。

比较与讨论　本种以孢子外壁很厚、唇凸起区别于其他种。

产地层位　陕西吴堡、宁夏石嘴山，太原组。

凹边孢属　*Concavisporites* (Pflug, 1952) Delcourt and Sprumont, 1955

模式种　*Concavisporites rugulatus* Pflug, 1953；德国，古新统—下始新统。

属征　赤道轮廓三角形，三边或凹入；三射线长约 2/3R；外壁大多光面，罕有纹饰，具弓形褶皱，可在射线末端外近赤道处汇合；模式种全模标本大小约 32μm。

比较与讨论　本属略可与 *Ahrensisporites* Potonié and Kremp, 1954 比较，但后者的弓形褶皱强烈发育。本属只能包括具弓形褶皱的孢子，无此种褶皱的分子当归入别的属。

坚实凹边孢　*Concavisporites densus* (Alpern) Kaiser, 1976

（图版 89，图 19，27）

1958 *Polymorphisporites densus* Alpern, p. 79, pl. 1, fig. 28.

1976 *Concavisporites densus* (Alpern) Kaiser, p. 91, pl. 1, fig. 1.

1986 *Concavisporites* cf. *densus* (Alpern)，杜宝安，图版 I，图 8。

描述　赤道轮廓三角形，三边凹入，角部宽钝圆或微尖出，大小 43—50μm；三射线清楚，长近等于半径；外壁在赤道厚 1.0—1.5μm，在近极面略呈弓形堤—平台状，表面光滑—微粗糙；黄色。

比较与讨论　*Waltzispora agitatta* Playford, 1962 (p. 582, pl. 79, fig. 12) 具相似赤道轮廓，但三射线周围无弓形堤状外缘。由于类似弓形堤的存在，故将本种迁入 *Concavisporites* 属。杜宝安鉴定的 *C.* cf. *densus*

与当前种相比，特征相近，但轮廓为圆三角形，三边凹入浅得多。

产地层位 山西保德，下石盒子组；甘肃平凉，山西组。

楔唇孢属 *Cuneisporites* Ravn, 1979

模式种 *Cuneisporites rigidus* Ravn, 1979；美国艾奥瓦州，上石炭统（Pennsylvanian）。

属征 小型孢子，三缝，辐射对称，强烈三角形—楔形；三边直—微凸，角锐圆；外壁厚且暗，在赤道和角部较厚，致使压扁时呈三角形，常沿一个方向拉长，产生两侧对称楔形轮廓；"压褶"与赤道平行，尤其远极面，给人以"环"的印象；三射线直，近达赤道；模式种大小40—50μm。

比较与讨论 本属以不具环而具宽比较一致的亚赤道加厚与其他强烈呈三角形的属区别，如 *Zosterosporites* 的带状赤道加厚比 *Cuneisporites* 的加厚明显得多。

天津楔唇孢 *Cuneisporites tianjinensis* Zhu and Ouyang, 2002

（图版89，图28，29）

2002 *Cuneisporites tianjinensis* Zhu and Ouyang，朱怀诚、欧阳舒，60页，图版Ⅱ，图1，2。

描述 赤道轮廓三角形，三边微凸，角部浑圆或微尖出，有时向一角方向拉长而略呈两侧对称的楔形；大小66—72μm，全模（图版89，图28）72μm；三射线清楚，常开裂或裂缝状，近达角端，顶区三角形的内、外壁薄，表面粗糙或不规则细粒状；外壁厚1—2μm，至角顶可达4—5μm，微呈厚角状；近极面（?）沿三射线外侧具外壁增厚的弓形堤，宽6—8μm，向角部汇合；外壁表面微粗粒—不规则细粒—鲛点状，轮廓线平整或微不平整；黄棕色。

注释与比较 当前标本兼具 *Cuneisporites*，*Dictyophyllidites* 和 *Triquitrites* 等属特征，但以弓形堤性质不明，外壁具明显纹饰特别是在角部微增厚而与 *Dictyophyllidites* 不同；以近（?）极面具弓形条带、厚角不发达与 *Triquitrites* 区别；而 *Cuneisporites* 外壁赤道边之内有远极面的3条加厚带（原解释为压褶或带状假环）的性质尚待确定，以孢子角部微增厚以及孢子压扁时有向一端拉长为楔形而稍呈两侧对称趋势，勉强可用于天津标本，暂使用之。

产地层位 天津，张贵庄组。

金毛狗孢属 *Cibotiumspora* Chang, 1965

模式种 *Cibotiumspora paradoxa*（Malyavkina）Chang, 1965；河南渑池，中侏罗统义马组。

属征 赤道轮廓三角形—圆三角形；外壁2层，外层厚于内层，表面光滑或具颗粒、细瘤或细网等纹饰；三射线简单而且细长，三角形的3个角部具有与三射线正交或斜交的褶皱；模式种大小20—40μm。

植物关系 蚌壳蕨科（Dicksoniaceae）。

比较与讨论 *Trivolites* Peppers, 1964（模式种 *T. laevigata* Peppers 1964，全模图版7图7，产自美国伊利诺伊州上石炭统 Modesto 组 Trivoli 段）。主要特征是：近极面接触区大大加厚，角端窄圆，沿射线方向超出孢壁远极边沿，接触区外缘加厚带清楚，但向射线方向变薄[他所说的接触区外缘加厚带，实际上就是射线外沿的弓形堤，在 *Cibotiumspora* 的有些种也明显出现，如 *C. jurienensis*（Balme）Filatoff（宋之琛等，2000，图版7，图19，20）]。Peppers 的图版7图8即归入模式种的另一标本，角端远极面也有与射线垂直的褶皱，所以与 *Cibotiumspora* 很相似；不过作者在属征中未提此特征：*Trivolites* 与 *Cibotiumspora* 究竟如何区别，有待将来研究。鉴于下面耿国仓的种更接近 *Cibotiumspora*，所以本书未采用 *Trivolites* 属名。

粗糙金毛狗孢（新联合） *Cibotiumspora scabrata*（Geng）Zhu and Ouyang comb. nov.

（图版89，图24，25）

1985a *Trivolites scabratus* Geng，耿国仓，210页，图版Ⅰ，图12—14。

描述 赤道轮廓三角形,三边微凹,角端钝圆或微尖,大小22—29μm,全模29μm(图版89,图24);三射线清楚或不清楚,几伸达角端;射线外缘接触区内外壁或加厚略呈三角形,孢子远极面在射线长的1/3—1/2处有与射线垂直的加厚褶皱;外壁厚1—2μm,表面粗糙。

比较与讨论 *Trivolites laevigatus* Peppers, 1964 (p. 41, pl. 7, figs. 7, 8)个体较大,达29—44μm,外壁厚(4—6μm),其弓形堤或三角盘增厚特别明显,远极面与射线正交的褶皱有时不明显,显然是不同的。耿国仓(1985a)亦鉴定出 *T. laevigatus*,但照片显示不出此种特征,本书未列。

产地层位 陕西、宁夏,太原组。

芦木孢属 *Calamospora* Schopf, Wilson and Bentall, 1944

模式种 *Calamospora hartungiana* Schopf, 1944;美国伊利诺伊州,上石炭统(McLeansboro 中部)。

属征 三缝小孢子或大孢子,赤道轮廓圆形,三射线一般不长于或稍长于孢子半径的1/2,大多更短,偶尔不清楚,有时沿缝开裂;接触区常见,色较暗,但无弓形脊;无纹饰或偶有微弱内结构,外壁很薄,常有许多褶皱,轮廓线平滑。

比较与讨论 本属与 *Punctatisporites* 的区别在于其三射线较短,有小接触区,外壁较薄,大多有强烈褶皱;*Retusotriletes* 的外壁很厚,弓形脊大多明显。

亲缘关系 主要出自古生代尤其石炭纪—二叠纪的芦木类(如 *Calamites*)和其他楔叶类植物(如 *Sphenophyllum*)及木贼类(如 *Paleostachya*);少量可能与某些真蕨类(如 *Scolecopteris*)甚至泥盆纪的某些原始蕨类有关。

原始芦木孢 *Calamospora atava* (Naumova) McGregor, 1964

(图版1,图20, 23)

1953 *Leiotriletes atavus* Naumova, p. 23, pl. 1, fig. 8.

1964 *Calamospora atava* (Naumova) McGregor, p. 6, pl. 2, fig. 19.

1983 *Calamospora atava*,高联达,189页,图版1,图4。

1987 *Calamospora atava*,高联达、叶晓荣,383页,图版171,图18,19,22。

描述 赤道轮廓圆形或椭圆形,大小50—62μm;三射线清楚,柔弱,简单或微开裂,1/4—1/3R;接触区明显,外壁厚约1μm,表面近光面或具点穴状,具皱;黄棕色(高联达,1983;高联达、叶晓荣,1987)。

产地层位 西藏聂拉木,波曲组上部;甘肃迭部,当多组—下吾那组。

短脊芦木孢 *Calamospora breviradiata* Kosanke, 1950

(图版89,图32, 33)

1950 *Calamospora breviradiata* Kosanke, p. 41, pl. 9, fig. 4.

1960 *Calamospora breviradiata* Kosanke, Imgrund, p. 155, pl. 13, fig. 10.

1983 *Calamospora breviradiata* Kosanke,高联达,484页,图版114,图4;图版117,图1。

1984 *Calamospora breviradiata* Kosanke,高联达,322页,图版133,图12,14。

1986 *Calamospora flexilis* Kosanke,杜宝安,图版Ⅰ,图14。

1987a *Calamospora breviradiata* Kosanke,廖克光,553页,图版113,图19。

1988 *Calamospora mutabilis* (Loose), identified by Gao,高联达,图版1,图6。

1988 *Calamospora liquida* Kosanke, identified by Gao,高联达,图版1,图7。

1989 *Calamospora breviradiata* Kosanke, Zhu Huaicheng, pl. 1, fig. 20.

1990 *Calamospora rugosa* Zhang,张桂云,294页,图版Ⅰ,图7—9。

1990 *Calamospora hartungiana* S., W. and B. identified by Zhang G. Y.,张桂云,295页,图版Ⅰ,图10,20。

1993 *Calamospora breviradiata* Kosanke,朱怀诚,233页,图版54,图10,12。

1994 *Calamospora breviradiata*,唐锦秀,图版19,图7, 8。

1996 *Calamospora breviradiata* Kosanke,朱怀诚,见孔宪桢等,图版44,图7。

1997 *Calamospora breviradiata* Kosanke,朱怀诚,50 页,图版Ⅰ,图6。

描述 赤道轮廓圆形,或因保存位置而呈亚圆形—卵圆形,大小40—100μm;三射线清楚,具脊状唇,长约1/3R,射线之间外壁或增厚而变暗,或具接触区;外壁薄,厚1.0—1.5μm,具不多的褶皱,常趋向同心状分布,表面平滑或具细内颗粒结构,轮廓线平整;浅黄—黄色。

比较与讨论 Kosanke(1950, p.41)原指定的 *C. breviradata*,大小52—71μm,全模标本65μm。本种与 *C. microrugosa* 的主要区别是后者射线较长,次生褶皱较多。杜宝安(1986)定的 *C. flexilis* 与原全模标本相差较大,相对更接近 *C. breviradiata*,故迁入后一种内。*C. rugosa* Zhang 大小50—56μm,与本种交叉,褶皱分布也相似,从照片看射线没有描述的(1/2—2/3R)那么长,她鉴定的 *C. hartungiana* 大小也仅52—58μm,故迁入本种。

产地层位 河北开平,本溪组—赵各庄组(煤9)以及下石盒子组;山西宁武,本溪组、太原组、下石盒子组;山西左云,太原组;山西保德,太原组;内蒙古准格尔旗,本溪组;贵州贵阳乌当,旧司组;甘肃靖远,臭牛沟组、红土洼组—羊虎沟组、靖远组;甘肃平凉,山西组;新疆塔里木盆地叶城,棋盘组。

腔状芦木孢 *Calamospora cavumis* Ouyang, 1964

(图版89,图22, 31)

1964 *Calamospora? cavumis* Ouyang,欧阳舒,491 页,图版Ⅱ,图6—12。

1990 *Calamospora cavumis*,张桂芸,见何锡麟等,296 页,图版Ⅰ,图16, 17。

描述 赤道轮廓近圆形,大小70—106μm,平均88μm,全模(图版89,图22)70μm;三射线清楚,唇薄,长1/2—2/3R,末端尖锐;外壁2层,颇厚,约3μm,内层较薄,常与外层或多或少脱离,构成一明显的 Mesospore(中孢体),外层无纹饰,但密布3—4μm 宽的条带状褶皱,分布不规则,常弯曲相交,末端多钝,微高起;轮廓线平整或微波状;棕(中孢体)或淡黄—黄色。

比较与讨论 本种以外壁内层或多或少脱离外层而与 *Calamospora* 的其他种及相近属(如 *Punctatisporites* 等)的种区别。

注释 本种自发表后,被 Good(1977)引用为 *Calamospora* 形态多变的例子之一。根据对芦木类某种原位孢子的研究,他认为此分散孢子形态属的一些形态特征诸如射线长短、外壁厚薄、大小等都难以作为划分种的标准,这当然是一种极端的意见,何况他的原位孢子有代表不同成熟程度甚至受孢子囊挑样围岩污染的可能。

产地层位 山西河曲,下石盒子组;内蒙古准格尔旗,山西组(43层)。

密褶芦木孢 *Calamospora densirugosa* Hou and Wang, 1986

(图版89,图23)

1986 *Calamospora densirugosus* Hou and Wang,侯静鹏、王智,78 页,图版21,图2。

描述 赤道轮廓亚圆形,大小47—59μm,全模59μm;三射线清楚或因多褶皱而不易辨别,射线直,微开裂,同一标本上长短不一,最长约3/4R,两侧具唇,顶端略伸高,最宽约5μm,末端变窄;外壁薄,约1.5μm,表面无纹饰,具细内颗粒结构,有不少褶皱,其长短、宽窄和分布都不规则;黄色。

比较与讨论 本种孢子以褶皱多而归入 *Calamospora* 属,以射线长短在同一标本上不同而与该属其他种区别。

产地层位 新疆吉木萨尔大龙口,梧桐沟组。

开裂芦木孢 *Calamospora divisa* Gao and Hou, 1975

(图版1,图13, 14)

1975 *Calamospora divisa* Gao and Hou,高联达、侯静鹏,184 页,图版1,图11。

1976 *Punctatisporites divisus* (Gao and Hou) Lu and Ouyang,卢礼昌、欧阳舒,24 页,图版1,图1,2。

1984 *Calamospora divisa*，湖南省地矿局区调队，147 页，图版 27，图 3。

1996 *Calamospora divisa*，王怿，图版 1，图 2。

描述 赤道轮廓亚圆形—宽钝角三角形，大小 53—95μm；三射线沿顶部开裂至 2/5—2/3R 处，并成一锐角三角形空白区；外壁表面光滑，罕见褶皱，赤道外壁厚约 2μm；棕黄色。

比较与讨论 本种以其接触区外壁沿三射线开裂呈三角形而有区别于 *Calamospora* 或 *Punctatisporites* 的其他种。

注释 鉴于 *C. divisa* 的外壁相对较厚，且罕见褶皱，我们曾将其归入 *Punctatisporites*，但为了保留 *P. divisus* Jiang, 1982 这一（晚出异物同名）种名，本书仍用 *Calamospora* 属。

产地层位 湖南锡矿山，邵东组与孟公坳组；贵州独山、都匀，舒家坪组；云南曲靖，徐家冲组。

短缝芦木孢 *Calamospora exigua* Staplin, 1960

（图版 89，图 20，21）

1960 *Calamospora exigua* Staplin, p. 7, pl. 1, fig. 5.

1987 *Calamospora exigua* Staplin，欧阳舒、陈永祥，29 页，图版 2，图 16—18。

描述 赤道轮廓圆形—亚圆形，大小 41—51μm（测 4 粒）；三射线清楚，细直，微开裂，长一般小于1/2R，偶尔不等长，射线之间外壁微增厚，故颜色较暗；外壁厚约 1μm，具一定数量褶皱，略作同心状分布，表面平滑—细点状；浅黄色。

比较与讨论 当前孢子与加拿大上密西西比统的 *C. exigua* Stapl.，1960 特征基本一致，仅后者稍小（34—43μm）；与德国萨尔盆地中石炭统的 *C. saarina* Bharadwaj, 1957（p. 181, pl. 22, figs. 13—15）亦颇相似，但后者大小达 50—65μm；以三射线较短、射线之间具明显暗色区而与 *C. parva* 有别。

产地层位 江苏句容，高骊山组。

黄色芦木孢 *Calamospora flava* Kosanke, 1950

（图版 89，图 30，36）

1978 *Calamospora flava* Kosanke，谌建国，396 页，图版 116，图 18。

1978 *Calamospora liquida* Kosanke，谌建国，397 页，图版 116，图 22。

1982 *Calamospora liquida* Kosanke，蒋全美等，599 页，图版 400，图 9。

1984 *Calamospora flava* Kosanke，高联达，395 页，图版 149，图 20。

描述 赤道轮廓圆形—圆三角形，大小 50—94μm；三射线不长，1/2—1/3R，具唇，宽 1—4μm，有时微弯曲，向末端略膨大；外壁颇厚，达 2.4—3.0μm，甚至更厚，具少量褶皱，表面无纹饰，或具细内颗粒，轮廓线平整；黄褐色。

比较与讨论 Kosanke（1950, p. 41, pl. 9, fig. 2）原描述此种特征为：大小 98—123μm，外壁厚 3.5—5.2μm，波状唇长约 1/2R；与 *C. liquida* 的区别是后者外壁薄、褶皱多，射线唇很窄。由于所据标本数量未注明，大小等变化幅度似不够充分，所以实际对比鉴定颇难掌握。谌建国鉴定的 *C. liquida* 外壁不厚，接近 *C. liquida*，但褶皱不多，尤其是唇的特征更似 *C. flava*，故迁入后一种内。

产地层位 山西宁武，上石盒子组；湖南长沙、邵东，龙潭组。

弯柔芦木孢 *Calamospora flexilis* Kosanke, 1950

（图版 89，图 35，38）

1950 *Calamospora flexilis* Kosanke, p. 41, pl. 9, fig. 5.

1976 *Calamospora flexilis* Kosanke, Kaiser, p. 93, pl. 1, fig. 7.

1978 *Calamospora flexilis*，谌建国，396 页，图版 116，图 20。

1982 *Calamospora flexilis*，蒋全美等，598 页，图版 400，图 6。

1983 *Calamospora breviradiata* Kosanke，高联达，484 页，图版 114，图 3。

1989 *Calamospora breviradiata*, Zhu Huaicheng, pl. 2, fig. 35.

描述 赤道轮廓圆三角形,大小60—86μm;三射线细短,长≤1/2R,常因平行射线的褶皱而变得模糊;外壁薄,厚约1μm,有少量褶皱,表面平滑或具细内结构;黄色。

比较与讨论 原描述孢子具很细窄的唇,但部分被褶皱所遮掩,从图片判断,这种褶皱部分似为高起的膜状唇倒伏所致,所以才常与射线伴随。膜状唇在Kaiser鉴定的此种标本上可以明显看出。

产地层位 山西保德,下石盒子组;湖南湘潭、浏阳,龙潭组;贵州贵阳乌当,旧司组;甘肃靖远,靖远组。

哈通芦木孢 *Calamospora hatungiana* Schopf, 1944

(图版89,图37;图版90,图17)

1944 *Calamospora hatungiana* Schopf, in Schopf, Wilson and Bentall, p. 51, text-fig. 1.

1960 *Calamospora hartungiana* Schopf, Imgrund, p. 154, pl. 13, fig. 5, 6.

1984 *Calamospora hartungiana*,高联达,322页,图版133,图11。

描述 赤道轮廓亚圆形,大小80—170μm;三射线清楚,短,长约1/3R,射线和唇简单,有时开裂,接触区常暗;外壁很薄,或具少量褶皱,表面平滑,有时微点穴状,轮廓线平整;黄色。

比较与讨论 本种以个体较大(初描述大小80—100μm)区别于 *C. breviradiata*;*C. flava* 无暗色接触区。

产地层位 河北开平煤田,赵各庄组—开平组;内蒙古清水河煤田,太原组。

内点状芦木孢 *Calamospora intropunctata* Lu, 1988

(图版1,图10—12)

1988 *Calamospora intropunctata* Lu,卢礼昌,122页,图版1,图7,8,14,15。

描述 赤道轮廓圆形或因褶皱原因而呈不规则圆形;大小39.8—57.7μm,全模标本57.5μm;三射线清楚,简单,弱,直,不等长,为1/5—2/5R,顶部无明显深色(加厚)区;外壁表面光滑,厚1.0—1.5μm,内点—细颗粒状结构明显,具褶皱,条带状,两端罕见尖。

比较与讨论 本种特征与 *C. microrugosa* (Ibrahim)有些近似,但后者个体大许多。

产地层位 云南沾益史家坡,海口组。

准噶尔芦木孢(新联合) *Calamospora junggarensis* (Hou and Shen) Ouyang comb. nov.

(图版89,图34)

1989 *Punctatisporites junggarensis* Hou and Shen,侯静鹏、沈百花,100页,图版13,图2。

描述 赤道轮廓近圆形,全模大小71μm;三射线细而清楚,长1/3—1/2R,射线两侧具唇,宽6—7μm,末端微分叉;外壁薄,厚约1μm,具少量褶皱,表面光滑无纹饰或具细内颗粒结构,轮廓线平滑;浅黄色。

比较与讨论 此种孢子因壁薄、表面平滑而被迁入 *Calamospora* 属。*C. flava* 个体较大,外壁较厚;*C. flexilis* 为圆三角形,三射线较长,可能具高起的膜状唇。

产地层位 新疆乌鲁木齐芦草沟,锅底坑组。

光滑芦木孢 *Calamospora laevis* Zhu, 1993

(图版90,图14,15)

1962 *Punctatisporites* sp., Bharadwaj and Venkatachala p. 20, p1. 1, fig. 2.

1967 *Punctatisporites* sp., Barss, p. 26, p1. 5, fig. 10.

1989 *Calamospora? liquida* Kosanke, Zhu Huaicheng, p1. 1, fig. 22.

1993 *Calamospora laevis* Zhu,朱怀诚,235页,图版54,图4,9。

描述 赤道轮廓卵圆形—圆形,常因外壁褶皱致使孢子轮廓多变;大小95—200μm,全模95μm(图版90,图14);三射线明显,具发达的唇,呈带状,射线一侧宽3.0—4.5μm,厚约2μm,长2/3—3/4R;外壁厚2.0—2.5μm,轮廓线平整,表面光滑—内点状,外壁多褶皱,且较宽,宽4—15μm,长可超过孢子半径。

比较与讨论 Bharadwaj 和 Venkatachala(1962, p. 20)在描述斯匹次卑尔根群岛下石炭统孢子时,将此类标本归入 *Punctatisporites* 属,大小 180—200μm,除个体较当前标本大外,其余特征一致。Barss(1967, p. 26)图示的加拿大滨海省(Maritime)维宪阶(Visean)的标本在形态特征及大小上亦与当前标本相当。另外,在靖远磁窑靖远组上部(相当于菊石 E 带),亦有类似标本发现(Zhu H. C. ,1989, pl. 1, fig. 22)。当前标本外壁略厚,射线较长,接触区不明显且外壁具点状纹饰,前人多置入 *Punctatisporites* 属,现据其外壁多褶皱、外壁相对较薄,将其置入 *Calamospora* 属。本种以其外壁较薄、褶皱发育、个体较大区别于 *Punctatisporites punctatus* Ibrahim, *P. obesus* (Loose) Potonié and Kremp 等及 *Punctatisporites* 属个体较大的孢子。*Calamospora perrugosa* (Loose) Schopf, Wilson and Bentall, 1944(Potonié and Kremp, 1955, p. 51, pl. 12, fig. 135)射线较短,缺少发达的唇,易于区别;*C. laevigata* (Ibrahim) Schopf, Wilson and Bentall, 1944(Potonié and Kremp, 1955, p. 48, pl. 12, fig. 136a, b)以个体较大(250—500μm)与射线短(不大于 1/3R)而有别;*C.* cf. *laevigata* (Ibrahim) Schopf, Wilson and Bentall(Smith and Butterworth, 1967, p. 132, pl. 2, figs. 10, 11)在大小(150—260μm)上接近当前标本,但射线较短(约 1/3R),易与本种区分。

产地层位 甘肃靖远,红土洼组—羊虎沟组下段。

舌袋芦木孢 *Calamospora lingulata* (Yao and Lü) emend. Zhu and Ouyang, 2002

(图版 90,图 16)

1997 *Calamospora lingulata* Yao and Lü,姚俊岳、吕玉文,图版 1,图 8。

2002 *Calamospora lingulata* ex Yao and Lü emend. Zhu and Ouyang,朱怀诚、欧阳舒等,60 页,图版 I,图 8。

描述 极面轮廓亚圆形,远极面强烈凸出并拉长,使子午轮廓呈袋(舌)形,经常侧面保存;天津全模标本大小 54—78μm;近极面具短三射线,不易察觉;外壁薄,光面;黄色。

比较与讨论 本种以孢子向远极面拉长而与属内其他种区别。

注释 姚峻岳等建立此种时未描述,也未指定全模标本,故笔者(2002)予以补充。

产地层位 天津张贵庄,上石盒子组—孙家沟组;安徽淮北煤田,下石盒子组。

透明芦木孢 *Calamospora liquida* Kosanke, 1950

(图版 90,图 18, 19)

1950 *Calamospora liquida* Kosanke, p. 45, pl. 9, fig. 1.

1984 *Calamospora liquida* Kosanke,高联达,322 页,图版 133,图 9,13。

1985 *Calamospora liquida*,高联达,图版 1,图 4。

1989 *Calamospora liquida*, Zhu Huaicheng, pl. 1, fig. 22.

1987 *Calamospora liquida*,高联达,图版 1,图 3。

1990 *Calamospora liquida*,张桂芸,见何锡麟等,296 页,图 1,图 15。

描述 赤道轮廓圆形,大小 70—120μm;三射线清楚,长 1/2—2/3R,有时具接触区,但常不易见;孢壁薄,约 1μm,有时变厚,常形成与孢子轮廓相一致的褶皱;表面平滑或偶具内点状结构。

产地层位 河北开平,开平组(煤 13)、赵各庄组;山西宁武,本溪组;内蒙古准格尔旗,太原组(7 煤);甘肃靖远,靖远组。

龙潭芦木孢 *Calamospora longtaniana* Chen, 1978

(图版 90,图 12, 13)

1976 *Calamospora mutabilis* (Loose) Schopf, Wilson and Bentall, in Kaiser, p. 93, pl. 1, figs. 5, 6.

1978 *Calamospora luntaniana* (sic) Chen,谌建国,397 页,图版 117,图 2。

1982 *Calamospora luntaniana* (sic) Chen,蒋全美等,599 页,图版 400,图 3。

描述 赤道轮廓近圆形,或因保存关系呈卵圆形,大小 80—170μm,全模 96μm(图版 90,图 12);三射线短,具唇,微高起,宽 1. 5—4. 0μm,长 1/4—1/3R,三射线之间的外壁呈发达的枕状增厚,与射线微游离或几乎接触,但总轮廓不超出接触区之外;外壁薄,厚约 1μm,具较多褶皱,方向不定;浅黄—黄色。

比较与讨论 Kaiser (1976) 鉴定的 *C. mutabilis* 与 *C. luntaniana* 当属同种。本种与 *C. mutabilis* (Loose) 的区别是后者射线稍长(约 1/2R),其接触区为射线末端的一圈界线所界定,接触区内孢壁均匀地或多或少变暗(Potonié and Kremp, 1954, p. 49, pl. 11, figs. 129—133,其中 fig. 129 为 Loose 于 1932 的命名标本),与本种孢子的枕状增厚明显不同,故保留 *C. luntaniana*(*luntan* 指龙潭,错拼,故改作 *longtaniana*)一种名。

产地层位 山西保德,下石盒子组;湖南邵山,龙潭组。

膜状芦木孢 *Calamospora membrana* Bharadwaj, 1957

(图版 90,图 1)

1957 *Calamospora membrana* Bharadwaj, p. 81, pl. 22, fig. 11.

1986 *Calamospora membrana* Bharadwaj,杜宝安,图版 I,图 12。

描述 赤道轮廓近圆形,大小 45μm;三射线清楚,短,长约 1/4R,包围三射线的为一明亮度较暗的近圆形接触区;外壁薄,厚约 1μm,主要特点是绕周边具褶皱;黄色。

比较与讨论 *C. minuta* Bharadwaj 个体也小,但以接触区不如本种明显而有些差别。Bharadwaj 原描述的大小达 52—75μm,射线也较长(1/2R)。

产地层位 甘肃平凉,山西组。

膜状芦木孢(比较种) *Calamospora* cf. *membrana* Bharadwaj, 1957

(图版 90,图 2, 3)

1987 *Calamospora* cf. *membrana* Bharadwaj,欧阳舒、陈永祥,29 页,图版 2,图 19,20。

描述 赤道轮廓圆形,常因多褶皱而变形,大小 51—60μm (测 4 粒);三射线清楚,常微开裂,长 1/2—2/3R,射线之间外壁微微增厚,颜色稍深;外壁很薄,小于 1μm 厚,多方向不定褶皱,表面光滑;浅黄色。

比较与讨论 此种孢子与德国萨尔煤田中石炭统的 *Calamospora membrana* Bharadwaj, 1957 (p. 81, p1. 22, fig. 1)颇为相似,后者大小 52—75μm,但其三射线稍粗壮,射线之间的外壁增厚更明显。本种又以其孢子较大,三射线较长区别于 *C. exigua* Staplin。

产地层位 江苏句容,高骊山组。

小皱芦木孢 *Calamospora microrugosa* (Ibrahim) Schopf, Wilson and Bentall, 1944

(图版 90,图 10, 11)

1932 *Sporonites microrugosus* Ibrahim, in Potonié, Ibrahim and Loose, p. 447, pl. 14, fig. 9.

1944 *Calamospora microrugosa* (Ibrahim) Schopf, Wilson and Bentall, p. 52.

1955 *Calamospora microrugosa* (Ibrahim) Schopf, Wilson and Bentall, Potonié and Kremp, p. 49, pl. 12, figs. 138, 139.

1960 *Calamospoora microrugosa*, Imgrund, p. 154, pl. 13, fig. 1.

1962 *Calamospora* cf. *microrugosa*,欧阳舒,83 页,图版Ⅸ, 图 3。

1978 *Calamospora microrugosa*,谌建国,397 页,图版 117,图 3。

1980 *Calamospora microrugosa*,周和仪,18 页,图版 4,图 2,3,5—8。

1980 *Calamospora microrugosa*, Ouyang and Li, pl. 1, fig. 3.

1980 *Calamospora microrugos*,高联达,55 页,图版 I,图 3。

1982 *Calamospora microrugosa*,蒋全美等,599 页,图版 400,图 7。

1984 *Calamospora pallida*,高联达,322 页,图版 133,图 10。

1984 *Calamospora microrugosa*,高联达,322 页,图版 133,图 15。

1985 *Calamospora microrugosa*, Gaolianda, pl. 1, fig. 5.

1986 *Calamospora microrugosa*,欧阳舒,37 页,图版Ⅱ,图 26, 27。

1987a *Calamospora microrugosa*,廖克光,553 页,图版 133,图 18。

1987 *Calamospora microrugosa*,高联达,图版 1,图 2。

1989 *Calamospora microrugosa*, Zhu Huaicheng, pl. 1, fig. 26.

1993 *Leiotriletes microrugosa* (Ibrahim) Naumova, 文子才等,图版1,图2,3。

1993 *Calamospora microrugosa*,朱怀诚,233 页,图版54,图2,3,5—7。

1995 *Calamospora microrugosa*,高联达,图版1,图5。

1997 *Calamospora microrugosa*,朱怀诚,50 页,图版Ⅰ,图7,9。

描述 Potonié 等(1955)给的本种特征是:赤道轮廓近圆形,由于褶皱而很不规则,大小 70—100μm,全模 77μm;三射线较短,约 1/3R 或稍长,唇很细,缝多封闭;外壁很薄,厚不足 1μm,具强烈褶皱。全模标本上射线之间的接触区不变暗,但 Potonié 和 Kremp (1955, p. 49, pl. 12, fig. 139)的另一标本上有此现象。我国发现的此种孢子,除个别个体较小或较大[周和仪(1980)提及其大小为 58—127μm]、有的三射线唇稍发育(朱怀诚,1997)外,其他特征基本一致。

比较与讨论 *C. pallida* (Loose) 个体较小(55—70μm);*C. liquida* Kosanke 射线较长。

产地层位 河北开平煤田,开平组、赵各庄组;山西宁武,本溪组—太原组、上石盒子组;山西朔县,本溪组;内蒙古清水河,本溪组—太原组;浙江长兴,龙潭组;江西全南,翻下组;山东沾化,河南范县,本溪组—石盒子组;湖南韶山、邵东、宁乡,龙潭组;云南富源,宣威组;甘肃靖远,前黑山组、臭牛沟组、靖远组、红土洼—羊虎沟组中部;新疆塔里木盆地叶城棋盘,棋盘组。

细小芦木孢 *Calamospora minuta* Bharadwaj, 1957

(图版90,图4, 9)

1957 *Calamospora minuta* Bharadwaj, p. 80, pl. 22, figs. 8, 9.

1984 *Calamospora minuta* Bharadwaj,高联达,393 页,图版149,图7。

1984 *Calamospora minuta*,侯静鹏、沈百花,104 页,图版16,图8。

1984 *Calamospora minuta*,王蕙,图版Ⅰ,图9。

1993 *Calamospora minuta*,朱怀诚,234 页,图版55,图16—18。

描述 赤道轮廓近圆形,大小 27—45μm;三射线长 1/3—2/3R,接触区内颜色变暗;外壁薄,约 1μm 厚,表面平滑或具内点状结构,具多少不一的褶皱;浅黄—黄色。

比较与讨论 据原描述(Bharadwaj, 1957a, p. 80),本种仅以外壁稍薄区别于 *C. breviradiata*, Peppers (1970, p. 85),因 Bharadwaj 所示的照片中有的标本壁薄多皱,认为二者可能同种。

产地层位 河北开平煤田,大苗庄组;山西保德,太原组;甘肃靖远,红土洼组—羊虎沟组;宁夏横山堡,上石炭统;新疆塔里木盆地库车比尤勒包谷孜,比尤勒包谷孜群。

线形芦木孢 *Calamospora mitosobuobuta* Gao and Hou, 1975

(图版1,图3)

1975 *Calamospora mitosobuobuta* Gao and Hou,高联达、侯静鹏,185 页,图版Ⅰ,图15。

描述 赤道轮廓近圆形,大小 58μm;三射线的长相当于孢子半径的 1/3—1/2,接触区不显著;外壁较薄,表面平滑或偶尔有细点状纹饰,具有细条带褶皱。

产地层位 贵州独山,舒家坪组。

柔软芦木孢 *Calamospora mollita* Gao, 1984

(图版90,图6)

1984 *Calamospora mollita* Gao,高联达,394 页,图版149,图14。

描述 赤道轮廓近圆形,大小 60—70μm;三射线清楚,具柔软、近膜状的唇,宽 2—3μm,长 2/3R,末端微分叉;外壁薄,厚 1. 0—1. 5μm,表面平滑或具细点状内结构,偶有褶皱;黄褐色。

比较与讨论 本种与 *C. flexilis* Kosanke 相比,后者外壁稍厚,其褶皱伴随三射线,如为膜状唇,则更发达与高起。

产地层位　山西宁武,山西组。

易变芦木孢　*Calamospora mutabilis* (Loose) Schopf, Wilson and Bentall, 1944

(图版90,图7, 8)

1932 *Calamiti?-sporonites mutabilis* Loose in Potonié, Ibrahim and Loose, p. 451, pl. 19, fig. 50a—c.

1934 *Calamiti?-sporonites mutabilis*, Loose, p. 145.

1944 *Calamospora mutabilis*, Schopf, Wilson and Bentall, p. 52.

1955 *Calamospora mutabilis*, Potonié and Kremp, p. 49, pl. 11, figs. 129—133.

1993 *Calamospora mutabilis* (Loose) Schopf, Wilson and Bentall,朱怀诚,234页,图版54,图16—18。

描述　赤道轮廓近圆形—圆形,大小67.5(73.4)81.0μm(测5粒);三射线明显,简单,细直,具窄唇,微呈脊状,长1/2—2/3R;接触区微弱加厚,多不明显;外壁厚0.5—1.5μm,表面平滑,褶皱数条,有些平行于赤道周边。

比较与讨论　当前标本特征与Potonié和Kremp (1955)描述标本的特征除射线较长外,其余一致。另据Bharadwaj(1957a, p. 82)对本种全模标本的研究,认为本种常有一不明显的弓形脊,接触区不明显,并以其射线较长区别于*C. microrugosa*,以其接触区不明显区别于射线亦较长的*C. hartungiana*。

产地层位　甘肃靖远,红土洼组—羊虎沟组。

易变芦木孢(比较种)　*Calamospora* cf. *mutabilis* (Loose) Schopf, Wilson and Bentall, 1944

(图版1,图4, 5)

1981 *Calamospora* cf. *mutabilis* (Loose) Schopf et al.,卢礼昌,97页,图版1,图6,7。

描述　大小58—63μm,三射线柔弱,顶部略加厚,长<1/2R;壁薄(约1μm)多皱,表面光滑或具点状结构。

注释　*C. mutabilis*的模式种大小65—130μm,全模标本126μm;三射线长约1/2R,顶部略弯曲,接触区明显(Potonié and Kremp, 1955, p. 49)。

产地层位　四川渡口,上泥盆统下段。

窄褶芦木孢　*Calamospora neglecta* (Imgrund) Imgrund, 1960

(图版90,图5)

1960 *Calamospora neglecta* (Imgrund) Imgrund, p. 154, pl. 13, fig. 2.

描述　赤道轮廓圆形,大小70—125μm,全模125μm;三射线长约1/2R,射线棱线形,常不太直,接触区不变暗;外壁薄,具很多细窄、大多直的褶皱,顶视未见外壁结构,轮廓线平滑;黄色。

比较与讨论　与*C. hartungiana*相似,但后者接触区变暗;*C. flexilis* Kosanke, 1950较小(58—70μm),具唇,且显示出外壁点穴状结构;*C. microrugosa*射线较短,褶皱形态不同。

注释　本种名原为“忽视”之意,现按形态改译为“窄褶”。

产地层位　河北开平煤田,赵各庄组。

暗色芦木孢　*Calamospora nigrata* (Naumova) Allen, 1965

(图版1,图8, 9;图版91,图6)

1953 *Leiotriletes nigratus* Naumova, p. 23, pl. 1, fig. 9.

1958 *Leiotriletes nigratus* Ischenko, p. 35, pl. 1, fig. 5.

1965 *Calamospora nigrata* (Naumova) Allen, p. 693.

1975 *Calamospora ?nigrata*,高联达、侯静鹏,184页,图版1,图10。

1983 *Calamospora nigrata*,高联达,190页,图版1,图5。

1983 *Calamospora nigrata*,高联达,484页,图版106,图8。

1985 *Calamospora ?nigrata*,高联达,51 页,图版 3,图 7。

1987 *Calamospora nigrata*,高联达、叶晓荣,383 页,图版 171,图 20。

描述 赤道轮廓近圆形或不规则圆形,大小 70—85μm;三射线柔弱或仅可识别,短,约 1/3R;射线两侧具深色的三角形接触区,呈塔形凸起;外壁薄(厚约 1μm),多皱,表面光滑;浅黄色(接触区较深)。

产地层位 贵州独山,龙洞水组;贵州睦化,打屋坝组底部;云南曲靖,西下村组;西藏聂拉木,波曲组;甘肃迭部,鲁热组。

正常芦木孢 *Calamospora normalis* Lu, 1988

(图版 1,图 15—17)

1988 *Calamospora normalis* Lu,卢礼昌,122 页,图版 3,图 1—4。

描述 大孢子,赤道轮廓圆形或近圆形,大小 208.0—249.6μm,全模标本 225μm;三射线通常清楚,简单,微弯曲,不等长,绝大多数接近或等于(极少数略微大于)1/2R;外壁表面光滑—微粗糙,具明显的内点状结构或负网状结构,透明,较薄,厚仅 1.6—2.0μm,常不足孢子直径的 1/100,具两端尖的条带状褶皱,分布不规则,或在赤道附近较显著;深色接触区罕见,黄—浅棕色。

比较与讨论 本种大小与被黎文本(1974)描述为 *Calamospora tricristata* 的标本(200μm)较接近,但后者以在接触区内(射线夹角间)具明显的鸡冠状突起而不同。

注释 这些分子壁薄,多褶,射线较短,按 *Calamospora* 的定义可含小孢子和大孢子,故将上述标本归入 *Calamospora* 内。

产地层位 云南沾益史家坡,海口组。

苍白芦木孢 *Calamospora pallida* (Loose) Schopf, Wilson and Bentall, 1944

(图版 91,图 5, 9)

1932 *Sporonites pallidus* Loose in Potonié, Ibrahim and Loose, pl. 18, fig. 31.

1934 *Punctatisporites pallidus* Loose, p. 146.

1944 *Calamospora pallida* (Loose) Schopf, Wilson and Bentall, p. 52.

1955 *Calamospora pallida*, Potonié and Kremp, p. 50, p1. 12, figs. 142—146.

1960 *Calamospora ovalis* (Imgrund) Imgrund, p. 155, pl. 13, fig. 16.

1962 *Calamospora pedata* Kosanke,欧阳舒,84 页,图版Ⅱ,图 3, 4。

1978 *Calamospora pallida*,谌建国,397 页,图版 117,图 6。

1984 *Calamospora pallida*,王蕙,图版Ⅰ,图 15。

1987a *Calamospora pallida*,欧阳舒、陈永祥,28 页,图版Ⅱ,图 11,12。

1986 *Calamospora pallida*,侯静鹏、王智,78 页,图版 25,图 8。

1989 *Calamospora pallida*, Ouyang and Chen, pl. 5, fig. 1.

1990 *Calamospora pallida*,张桂芸、何锡麟等,295 页,图版Ⅰ,图 11—13。

1993 *Calamospora pallida*,朱怀诚,235 页,图版 55,图 1—4。

描述 赤道轮廓圆形,或因褶皱而呈卵圆形—圆三角形,大小 46—71μm;三射线清楚,单细,多封闭,很短,不大于 1/3R,偶尔近 1/2R,未见接触区;外壁薄,厚约 1μm,偶达 1.5—2.0μm,具少量褶皱;灰—黄色。

比较与讨论 除个别标本在大小、射线长度、外壁厚薄上略有差异外,本书归入此种的孢子包括欧阳舒(1962)、Imgrund(1960)原定为别的种的孢子,基本上与 Potonié 和 Kremp (1955, p. 50) 描述的 *C. pallida* 的特征(大小 58—70μm)一致。本种与 *Calamospora pedata* 的主要区别是后者射线长达 2/3R。我国有的标本特征介于这二者之间,如欧阳舒(1986,37 页,图版Ⅱ,图 7)从云南宣威组—卡以头组获得的 *Calamospora* cf. *pedata* Kosanke。

产地层位 河北开平煤田,赵各庄组;山西宁武,太原组;内蒙古准格尔旗房塔沟,太原组;江苏句容,高骊山组;浙江长兴,龙潭组;湖南邵东,龙潭组;甘肃靖远,红土洼组—羊虎沟组;宁夏横山堡,上石炭统;新疆吉木萨尔大龙口,锅底坑组。

褶皱芦木孢 *Calamospora pannucea* Richardson, 1965

（图版1,图21, 22）

1965 *Calamospora pannucea* Richavdson, p. 563, pl. 88, fig. 3.

1975 *Calamospora pannucea*,高联达等,184 页,图版1,图12。

1981 *Calamospora* cf. *microrugosa*,卢礼昌,图版1,图8,9。

1987 *Calamospora pannucea*,高联达等,383 页,图版171,图21(部分)。

描述 赤道轮廓近圆形,大小63—86μm;三射线或三裂缝常可见,长常小于1/2R;外壁厚约1μm,多褶皱,且朝两端逐渐变窄,至末端尖,表面光滑无纹饰;接触区常可见,呈凸边三角形—亚圆形,其范围常不超越三射线的长度,区内外壁较其余外壁更薄;浅黄—浅棕黄色。

比较 标本特征与首见于苏格兰老红砂岩中的 *C. pannucea* Richardson, 1965 极为相似,仅个体较后者(62—146μm)略小,但不影响将它归为同种。

注释 *C. pannucea* 的接触区内外壁常较其余外壁更薄(Richardson, 1965, p. 563)。

产地层位 四川渡口,上泥盆统下部;甘肃迭部,当多组—下吾那组。

褶皱芦木孢(比较种) *Calamospora* cf. *pannucea* Richardson, 1965

（图版1,图1, 2）

1976 *Clamospora* cf. *pannucea*,卢礼昌、欧阳舒,图版1,图9,10。

注释 该种全模标本110—123μm;其主要特征为:壁薄多皱;三射线长1/3—1/2R,具三角形接触区,且区内外壁较其余外壁薄(Richardson, 1965, p. 563)。本书标本大小47—78μm;三射线长不短于1/2R,常开裂,小三角形开裂区外围外壁加厚(色较深);外壁厚约1μm,多褶皱,带状分布不规则。与上述特征不尽一致,故种的鉴定有保留。

产地层位 云南曲靖翠峰山,徐家冲组。

小芦木孢 *Calamospora parva* Guennel, 1958

（图版91,图1, 2）

1958 *Calamospora parva* Guennel, p. 71, fig. 16.

1967 *Calamospora parva* Guennel, Smith and Butterworth, p. 136, p1. 3, figs. 7, 8.

1987a *Calamospora parva*,欧阳舒、陈永祥,28 页,图版Ⅱ,图14,15。

1989 *Calamospora parva*, Zhu Huaicheng, pl. 1, fig. 6.

1993 *Calamospora parva*,朱怀诚,236 页,图版55,图19,25。

描述 赤道轮廓圆形,大小33—40μm(测4粒);三射线清楚,具细脊或微高起窄唇,长约1/2R;外壁薄,厚0.5—1.0μm,多少有些褶皱;表面光滑;浅黄—黄色。

比较与讨论 当前孢子与在欧、美中石炭统中常见的 *C. parva* Guennel 1958(Smith and Butteworth, 1967, p. 136, p1. 3, figs. 7, 8)无论在大小还是其他形态特征方面都很相似,后者以有些标本三射线之间有暗色区而略有差别。德国萨尔盆地中石炭统的 *C. minuta* Bharadwaj, 1957(p. 80, p1. 22, figs. 8, 9)射线稍长且微弯曲,射线之间具明显暗区(参见 *C. exigua* Staplin 种下比较)。

产地层位 江苏句容,高骊山组、五通群擂鼓台组下部;甘肃靖远,靖远组,红土洼组—羊虎沟组中段。

延迹芦木孢 *Calamospora pedata* Kosanke, 1950

（图版91,图17, 21）

1950 *Calamspora pedata* Kosanke, p. 42, pl. 9, fig. 3.

1984 *Calamospora pedata* Kosanke,高联达,321 页,图版133,图8。

1990 *Calamospora pedata*,张桂芸,见何锡麟等,295 页,图版1,图14。

1993 *Calamospora pedata*,朱怀诚,236 页,图版55,图9,11。

描述 赤道轮廓卵圆形—圆形;大小64.5(75.0)82.5μm (测5粒);三射线清晰,简单,细直,唇不明显,2/3—3/4R,外壁薄,1.0—2.5μm,具点状纹饰或光滑,常见有一条较窄的褶皱,宽可达15μm。

产地层位 河北开平,赵各庄组;内蒙古准格尔旗房塔沟,山西组;甘肃靖远磁窑,红土洼组—羊虎沟组。

超皱芦木孢 *Calamospora perrugosa* (Loose) Schopf, Wilson and Bentall, 1944

(图版91,图22)

1934 *Laevigati-sporites perrugosus* Loose, p. 145, pl. 7, fig. 13.

1944 *Calamospora perrugosus* (Loose) Schopf, Wilson and Bentall, p. 52.

1955 *Calamospora perrugosa*, Potonié and Kremp, p. 51, pl. 12, fig. 135.

1962 *Calamospora* cf. *perrugosa*,欧阳舒,84页,图版Ⅱ,图12。

1987a *Calamospora perrugosa*,廖克光,553页,图版133,图15。

1987 *Calamospora perrugosa*,高联达,图版1,图4。

1987a *Calamospora perrugosa*,廖克光,553页,图版133,图15。

描述 赤道轮廓近圆形,常因褶皱变形,大小112—162μm;三射线长约1/3R,或具唇,未见接触区;外壁薄,具或多或少的褶皱,方向不定;棕黄色。

比较与讨论 Potonié和Kremp (1955) 给的特征是:大小130—160μm,射线为1/3R或稍长,外壁较薄,强烈褶皱。本书描述标本与之基本一致。本种以其个体较大、射线短等与*Calamospora*的其他种区别。

产地层位 山西宁武,本溪组—太原组;浙江长兴,龙潭组;甘肃靖远,红土洼组。

厚壁芦木孢 *Calamospora plana* Gao and Hou, 1975

(图版1,图6,7)

1975 *Calamospora plana* Gao and Hou,高联达、侯静鹏,183页,图版1,图9a,b。

描述 赤道轮廓圆形或亚圆形,大小50—70μm;三射线长1/2—2/3R,常开裂,具加厚接触区;外壁厚2—3μm,表面平滑,具褶皱,黄褐色。

比较与讨论 本种形态特征与Naumova (1953)首次描述的*Stenozonotriletes calamites* Naumova颇近似,但后者射线长<1/4R。

产地层位 贵州独山,舒家坪组。

极小芦木孢 *Calamospora pusilla* Peppers, 1964

(图版91,图3,4)

1964 *Calamospora pusilla* Peppers, p. 15, pl. 1, figs. 7—9.

1978 *Calamospora pusilla* Peppers,谌建国,397页,图版116,图19,21。

1982 *Calamospora pusilla*, Ouyang, p. 72, pl. 2, fig. 23.

1986 *Calamospora pusilla*,欧阳舒,36页,图版Ⅱ,图12,17。

1995 *Calamospora pusilla*,吴建庄,336页,图版50,图3,4。

描述 赤道轮廓近圆形,常因壁薄及具褶皱而变形,大小29—44μm;三射线细弱,有时不易见到,长1/3—1/2R,未见接触区;外壁薄,小于1μm,多褶皱,具细内点状结构;浅黄—黄色。

比较与讨论 Peppers (1964) 描述的美国上石炭亚系的这个种大小为23(30)39μm,外壁厚约1μm,具极细皱纹,三射线细弱,不易见到。在我国主要见于上二叠统,大多数标本的射线可以见到,有的甚至具窄唇,鉴于其他特征颇相似,暂归入同一种内。与*C. minuta*的区别是后者个体稍大,三射线之间具暗色区。

产地层位 安徽太和,上石盒子组;湖南邵东、宁乡,龙潭组;云南富源,宣威组。

萨尔芦木孢 *Calamospora saariana* Bharadwaj, 1957

(图版91,图7,8)

1957 *Calamospora saariana* Bharadwaj, p. 81, pl. 22, figs. 13—15.

1989 *Calamospora saariana* Bharadwaj, Zhu H. C., p. 136, pl. 3, figs. 7, 8.

1993 *Calamospora saariana*，朱怀诚，236 页，图版Ⅱ，图 5—8，10，13，14。

2000 *Calamospora saarina*，詹家祯，图版 2，图 1。

描述 赤道轮廓卵圆形—圆形，常因褶皱呈不规则圆形；大小 51(56)61μm(测 10 粒)；三射线清晰，简单，细直，微呈脊状，长 1/3—1/2R，接触区发育；外壁厚 1.0—1.5μm，表面光滑，细条状窄褶皱发育。

比较与讨论 本种(原描述大小 50—65μm)以其外壁较薄，三射线脊状不明显区别于 *C. breviradiata* Kosanke；*C. pallida* (Loose) Schopf, Wilson and Bentall 无明显接触痕，易于区别。

产地层位 甘肃靖远，红土洼组—羊虎沟组；新疆塔里木盆地和田河井区，卡拉沙依组。

选形芦木孢 *Calamospora selectiformis* Gao, 1984

(图版 91，图 14)

1984 *Calamospora selectiformis* Gao，高联达，321 页，图版 133，图 7。

描述 赤道轮廓圆形，孢子大小 80—110μm，全模标本 90μm；三射线长约 2/3R，射线两侧具唇，前端偶见分叉，呈波浪形；孢壁薄，常具刀形褶皱，呈黄色，表面平滑。

比较与讨论 描述种与 *C. flava* Kosanke(1950, p. 41, pl. 9, fig. 2)在射线两侧均具唇，但后者个体略大(大小 98—123μm)，孢壁也比前者厚(3.5μm，有的厚达 5.2μm)。

产地层位 山西宁武，本溪组。

强壮芦木孢 *Calamospora sterrosa* Chen, 1978

(图版 91，图 24)

1978 *Calamospora sterrosa* Chen，谌建国，398 页，图版 117，图 11。

描述 近球形，近极面相对较低平，远极面强烈凸出，赤道轮廓因褶皱而呈近圆三角形，全模大小 123μm；三射线粗壮，即具唇，末端膨大如杵状，较短，长约 1/2R；包围射线一圈的外壁似稍厚(色较深的宽带，但无明显边界)，即具明显接触区，区内外壁较薄，区外的外壁亦薄，厚约 1μm，赤道和远极面具大褶皱，表面平滑；棕色。

比较与讨论 本种以接触区内外壁变薄区别于 *Calamospora* 其他种；与之略相似的 *Laevigatisporites* 为大孢子属。

产地层位 湖南邵东，龙潭组。

显构芦木孢 *Calamospora straminea* Wilson and Kosanke, 1944

(图版 91，图 12，13)

1944 *Calamospora straminea* Wilson and Kosanke, p. 329, fig. 1.

1958 *Punctatisporites stramineus* Guennel, p. 68, pl. 4, figs. 5—8.

1967 *Calamospora straminea*, Smith and Butterworth, p. 137, pl. 3, figs. 10, 11.

1986 *Calamospora straminea* Wilson and Kosanke，杜宝安，图版Ⅰ，图 11。

1987a *Calamospora straminea*，廖克光，553 页，图版 133，图 22。

1993 *Calamospora straminea*，朱怀诚，236 页，图版 55，图 12，15，20，21。

描述 赤道轮廓近圆形，大小 45—51μm；三射线可见，具窄唇，长 1/2—2/3R；外壁厚约 2μm，具内颗粒或明显点穴状结构；黄色。

比较与讨论 当前孢子与美国上石炭亚系的 *C. straminea* 特征近似；与 *C. minuta* 在大小上相近，但以具较明显的唇和内结构而与后者有别。

产地层位 山西宁武，本溪组下部；甘肃平凉，山西组；甘肃靖远磁窑，红土洼组—羊虎沟组中段。

梁唇芦木孢 *Calamospora trabecula* Gao, 1984

(图版 91，图 11)

1984 *Calamospora trabecula* Gao，高联达，394 页，图版 149，图 17。

描述 赤道轮廓圆形—亚圆形,大小 60—68μm,全模 68μm;三射线短,约为 2/5R,两侧具粗厚的唇,宽 4—5μm,末端不分叉;外壁薄,厚约 1μm,表面平滑或具内点状结构,具少量褶皱;黄色。

比较与讨论 本种与 *C. junggarensis* (Hou and Shen) 颇为相似,仅后者以唇较宽、不那么坚实且末端微分叉而有些差别。

产地层位 山西宁武,山西组。

三球芦木孢 *Calamospora tritrochalosa* Gao, 1989

(图版 91,图 10)

1989 *Calamospora tritrochalosa* Gao,高联达等,8 页,图版 1,图 3。

描述 赤道轮廓近圆形,大小 55—70μm,全模 62μm;三射线长 1/2—3/5R,常开裂,具深色三角形接触区,三射线之间具 3 个圆形的瘤状体,直径 3—5μm;外壁厚约 2μm,表面平滑或具内点状结构,近周边偶具长条形褶皱;黄褐色。

比较与讨论 本种与 *C. longtaniana* Chen 相似,但以外壁较厚、射线之间瘤状物较小且为球形而与后者有别。

产地层位 贵州凯里,梁山组。

不等缝芦木孢 *Calamospora unisofissus* Ouyang and Chen, 1987

(图版 91,图 15, 18)

1987a *Calamospora unisofissus* Ouyang and Chen,欧阳舒、陈永祥,30 页,图版 2,图 21,23。

描述 赤道轮廓亚圆形,大小 56—92μm (测 6 粒),全模标本大小 75μm(图版 91,图 18);三射线清楚,细直,长 13—20μm,即 2/5—1/2R,在同一孢子上往往两支较短、一支较长;外壁厚 1.0—1.5μm,具若干褶皱,大多呈同心状分布,表面具点状或极细颗粒状纹饰;黄—深黄色。

比较与讨论 当前孢子与下列各种在不同程度上相似,但仍有区别:① 欧、美石炭纪常见的 *C. microrugosa* 大小 70—100μm (Potonié and Kremp, 1955, p. 49),其三射线较短(约 1/3R),但在同一孢子上等长,外壁较薄,褶皱多且方向不定,表面光滑;② *C. liquida* Kosanke, 1950(p. 41, pl. 9, fig. 1)三射线较长(大于 1/2R),外壁光滑;③ 苏联早石炭世的 *Leiotriletes mitis* Ischenko, 1956 (p. 18, pl. 1, fig. 4)三射线较短(1/3R),外壁光滑;④ 加拿大新斯科舍维宪期 Visean 的 *Cyclogranisporites palaeophytus* Neves and Ioannides (Utting, 1980, pl. 1, fig. 11),其三射线不清楚,颗粒纹饰更明显。*Calamospora* 种的划分是个难题,在很大程度上是人为的,分类意义不大(Good, 1977)。尽管如此,本书仍按照传统作了较细的划分,以利于实际工作。

产地层位 江苏句容,高骊山组、五通群擂鼓台组下部。

异形芦木孢 *Calamospora vulnerata* Gao, 1984

(图版 91,图 19)

1984 *Calamospora vulnerata* Gao,高联达,394 页,图版 149,图 15。

描述 赤道轮廓圆形或因褶皱而变形,大小 80—90μm,全模约 80μm;三射线长约 2/3R,两侧伴以窄唇,末端或分叉,主要在唇外侧具大小、排列不规则的小瘤,有连成带状的趋势,并与唇一起构成一凹边三角形[接触区(?)];外壁薄,厚约 1μm,表面平滑或具细内结构,亚赤道位具几条披针形褶皱;黄色。

比较与讨论 本种以窄唇、外侧具瘤状带而与 *Calamospora* 属其他种不同。

产地层位 山西宁武,上石盒子组。

圆形光面孢属 *Punctatisporites* (Ibrahim, 1933) Potonié and Kremp, 1954

模式种 *Punctatisportes punctatus* Ibrahim, 1933;德国鲁尔,上石炭统(Westfal 中部)。

属征 三缝同孢子或小孢子，赤道轮廓圆形或近圆形；三射线大多长于孢子半径的1/2；外壁表面平滑无纹饰，或具微弱内部结构（颗粒、网、穴等），轮廓线平整。

比较与讨论 与 *Calamospora* 的区别是射线较长，无接触区，孢壁较厚，褶皱少；本属三射线末端具蹼状、棒状增厚或开叉的种以外壁表面无纹饰区别于 *Trimontisporites* 属。

注释 本属名前缀词根 *Punctati* 本为"细点"或"点状"之意，鉴于归入该属下的大多数种皆为光面，故译为光面孢。

分布时代 世界分布，主要是古、中生代。

币状圆形光面孢 *Punctatisporites aerarius* Butterworth and Williams, 1958

（图版91，图20，23）

1958 *Punctatisporites aerarius* Butterworth and Williams, p. 360, pl. 1, figs. 10, 11.

1981 *Punctatisporites aerarius*，卢礼昌，96页，图版1，图2，3。

1984 *Punctatisporites aerarius*，王蕙，图版Ⅰ，图10。

1990 *Punctatisporites aerariu*，张桂芸，见何锡麟等，297页，图版Ⅱ，图2。

1993 *Punctatisporites aerarius*，朱怀诚，229页，图版53，图1—4。

1996 *Punctatisporites aerarius*，朱怀诚，见孔宪桢等，图版44，图17，18。

描述 赤道轮廓圆形，大小59(74)90μm（测19粒）；三射线清晰，简单，细直，有时微开裂，偶尔具唇，长1/2—2/3R；外壁厚1.5—4.0μm，多为2—3μm，轮廓线平整，常见1—2条细褶皱；棕黄色。

比较与讨论 据Butterworth和Williams(1958)描述，此种主要特征是：总是圆形，大小55(74)95μm，全模83μm；三射线明显，缘微隆起，长略大于1/2R；外壁厚，达4μm，一般光滑，偶尔粗糙—内点穴状。此种与 *P. punctatus* Ibrahim的区别是外壁较厚，射线较短，总是圆形；与 *P. obesus* 的区别是，后者个体较大（100—130μm），射线较短（不大于1/2R），外壁颇厚实。被我国作者鉴定为此种的标本，有的三射线具粗壮唇，有的外壁薄，具显著褶皱，有的是三角形，故上列同义名表中仅列出了一部分。

产地层位 山西左云，山西组；内蒙古准格尔旗黑岱沟，山西组；四川渡口，上泥盆统下部（Frasnian）；甘肃靖远磁窑，红土洼组—羊虎沟组；宁夏横山堡，上石炭统。

不等圆形光面孢 *Punctatisporites anisoletus* Ouyang and Chen, 1987

（图版1，图18，19；图版92，图6，10）

1987a *Punctatisporites anisoletus* Ouyang and Chen；欧阳舒、陈永祥，210页，图版Ⅱ，图6—8；图版Ⅳ，图1。

描述 赤道轮廓圆形—亚圆形，大小64—96μm（测4粒），全模大小73μm（图版92，图10）；三射线清楚，呈窄细单脊状（宽<2μm）或微开裂，末端常尖，长12—29μm，即1/3—3/4R，在同一孢子上常不等长；外壁厚1.5—2.5μm，一般平滑，偶见极细颗粒状纹饰，近极面大致在接触区范围内外壁微增厚；棕—深棕色。

比较与讨论 当前孢子与下列各种在不同程度上相似，但仍有区别：① 加拿大霍顿群（Horton Group）的 *Punctatisporites viriosus* Hacquebard, 1957 (Playford, 1963, p. 8, pl. 1, fig. 11)，大小65—82μm，三射线不等长；② *P. planus* (Hacquebard, 1957, p. 308, pl. 1, fig. 12; Playford, 1963, p. 7, pl. 1, figs. 9, 10)外壁较厚，三射线在同一标本上大致等长；③ 加拿大霍顿群（Horton Group）和爱尔兰法门期—杜内期的 *P. irrasus* Hacquebard, 1957 (Higgs, 1975, p. 403, pl. 1, fig. 3)三射线略短，外壁稍薄，常具较多褶皱；④ 加拿大西北部维宪期的 *P. aerarius* Butterworth and Williams (Barss, 1967, pl. 7, fig. 12) 外壁较厚，据Smith和Butterworth (1967, p. 125, pl. 1, figs. 17, 18)，此种孢子具极细颗粒状纹饰；⑤ 苏联俄罗斯地台晚泥盆世早期的 *Leiotriletes pullatus* Naumova, 1953 (p. 44, pl. 5, fig. 12)射线较短且在同一孢子上等长；⑥ 本种与前述 *Calamospora unisofissus* 在大小和形态方面颇为接近，仅以外壁略厚，不具或具少量褶皱而与后者区别。

产地层位 江苏句容，高骊山组、五通群擂鼓台组下部。

短辐射圆形光面孢 *Punctatisporites breviradiatus* Geng, 1985

（图版 92，图 8）

1985b *Punctatisporites breviradiatus* Geng，耿国仓，655 页，图版 I，图 1。

描述 赤道轮廓圆形，大小 80μm；三射线短，长为 1/2R；射线唇盘状，沿射线方向出；极面均饰以内斑纹，赤道面增粗；外壁厚 1.0—1.5μm。

比较与讨论 此种三射线短，唇呈盘状区别于 *P. cochlearius*，*P. incomptus*。属内其他种射线和唇均较长。

产地层位 内蒙古鄂托克旗，羊虎沟组。

短脉圆形光面孢 *Punctatisporites brevivenosus* Kaiser, 1976

（图版 92，图 7，12）

1976 *Punctatisporites brevivenosus* Kaiser, p. 94, pl. 1, figs. 12, 13.

1987a *Punctatisporites brevivenosus* Kaiser，廖克光，553 页，图版 133，图 28。

1993 *Punctatisporites brevivenosus*，朱怀诚，见孔宪祯等，图版 44，图 13。

描述 赤道轮廓圆形—亚三角形，大小 60—90μm，全模大小 64μm（图版 92，图 12）；三射线长 1/2—2/3R，具膜状唇，颇高（6—8μm），全模标本上顶部微呈匙状，末端具蹼状增厚；外壁厚 2—3μm，光面或射线周围具次生不规则的细颗粒等，高倍镜下见细穴（kanalchen）；黄—棕黄色。

比较与讨论 本种颇似 *P. incomptus* Felix and Burbridge，1967（p. 355，pl. 53，fig. 12），但以外壁内具细短的穴道与之有别；与 *P. palmipedites* Ouyang，1962 也极相似，仅以唇在顶部较高且粗壮与后者区别。

产地层位 山西保德、宁武，石盒子组；山西左云，山西组。

硬壁圆形光面孢 *Punctatisporites callosus* Hoffmeister, Staplin and Malloy, 1955

（图版 92，图 11，13）

1955 *Punctatisporites callosus* Hoffmeister, Staplin and Malloy, p. 392, pl. 39, fig. 37.

1993 *Punctatisporites callosus* Hoffmeister, Staplin and Malloy，朱怀诚，229 页，图版 53，图 5—7，10，13。

1996 *Punctatisporites callosus*，朱怀诚，见孔宪桢等，图版 44，图 19。

描述 赤道轮廓近圆形—圆形；大小 60（70）91μm（测 8 粒）；三射线清晰，简单，细直，偶尔微开裂，长 1/3—2/3R；外壁厚 1.0—3.5μm，轮廓线平整，表面点状—光滑，常具 3—5 条窄条状加厚带或褶皱，或多或少与赤道平行，皱宽 2—4μm。

比较与讨论 本种以表面具明显的褶皱带（一般多于 3 条）区别于 *P. aerarius* Butterworth and Williams。当前标本除个体稍大外，与最初描述的 *P. callosus*（大小 50—65μm）的形态基本一致。

产地层位 甘肃靖远，红土洼组—羊虎沟组。

拱顶圆形光面孢 *Punctatisporites camaratus* Ouyang and Chen, 1987

（图版 4，图 6，7）

1987a *Punctatisporites camaratus* Ouyang and Chen，欧阳舒等，26 页，图版 1，图 13，14；图版 2，图 4。

1994a *Punctatisporites camaratus*，卢礼昌，图版 1，图 12。

1996 *Punctatisporites camaratus*，王怿，图版 1，图 7。

描述 赤道轮廓近圆形或宽圆三角形，大小 34—53μm，全模 39μm；三射唇粗壮，顶部微拱，末端略加宽—减窄，边缘平整—微曲，宽 2.5—4.0μm，不等长，为 3/5—1R；外壁厚 1.5—3.0μm，偶见褶皱，表面光滑无饰；棕黄—深棕色。

产地层位 江苏句容、江苏南京龙潭，五通群擂鼓台组下部；湖南锡矿山、邵东组（下部）。

华夏圆形光面孢 *Punctatisporites cathayensis* Ouyang, 1962

（图版 92，图 9；图版 93，图 12）

1962 *Punctatisporites cathayensis* Ouyang，欧阳舒，82 页，图版Ⅱ，图 2；图版Ⅸ，图 2。

1978 *Punctatisporites cathayensis* Ouyang，谌建国，395 页，图版 116，图 14。

1979 *Punctatisporites cathayensis* Ouyang，蒋全美等，图版 398，图 10，16。

描述 赤道轮廓亚圆形，大小 60—91μm，全模 80μm（图版 93，图 12）；三射线清楚，长常大于 1/2R，具颇强的唇，其边缘或不平整，末端微分叉成弓形脊或变尖；接触区外壁稍变薄，下凹；外壁厚 3—4μm，偶有少量褶皱；高倍镜下表面具极明显且标致的细密规则的条痕状结构；棕—深棕色。

比较与讨论 本种与 *P. palmipedites* 近似，主要以其外壁具细密规则条痕状结构与后者有别。

产地层位 浙江长兴，龙潭组；河南平顶山，二叠纪煤系；湖南长沙、邵东、宁乡、韶山、浏阳，龙潭组。

西尼亚圆形光面孢 *Punctatisporites ciniae* Turnau, 1978

（图版 5，图 18，19）

1978 *Punctatisporites ciniae* Turnau, p. 5, pl. 1, fig. 3.

1999 *Punctatisporites ciniae*，卢礼昌，34 页，图版 7，图 7，8。

描述 赤道轮廓圆形，子午轮廓近圆形，大小 89—101.4μm；三射线柔弱；呈颇窄缝裂状，长 3/5—4/5R；外壁厚 3.5—5.5μm，似具颗粒—小瘤状结构；棕—深棕色。

产地层位 新疆和布克赛尔，黑山头组 5 层。

匙唇状圆形光面孢 *Punctatisporites cochlearoides* Zhou, 1980

（图版 92，图 1，2）

1980 *Punctatisporites cochlearoides* Zhou，周和仪，15 页，图版Ⅰ，图 30，31。

1987 *Punctatisporites cochlearoides* Zhou，周和仪，8 页，图版Ⅰ，图 9，10。

描述 赤道轮廓近圆形，大小 38.0(53.0)59.5μm，全模 52μm（图版 92，图 2）；三射线长 >1/2R，具唇，宽约 4μm，顶端隆起，扭曲，颇似匙唇状结构，但在射线两侧不分离，末端微膨大，常在 1/2R 处分叉；外壁厚 1.5—2.0μm，表面光滑；黄—棕黄色。

比较与讨论 本种以其轮廓圆形、个体较小且三射线稍短与 *Gulisporites cochlearius* 相区别。

产地层位 河南范县，上石盒子组。

王冠圆形光面孢 *Punctatisporites coronatus* Butterworth and Williams, 1958

（图版 5，图 16）

1958 *Punctatisporites coronatus* Butterworth and Williams, p. 360, pl. 1, fig. 12.

1996 *Calamospora* cf. *microrugosa*，王怿，图版 1，图 3。

1997 *Punctatisporites cornatus* (sic)，卢礼昌，图版 1，图 2。

描述 赤道轮廓圆形，大小 56.3—83.0μm；三射线清楚，直，常具窄唇，单片唇宽 1—2μm，长约 4/5R；外壁厚约 3μm，表面光滑，条带状褶皱常沿赤道附近分布并呈带环状；标本多呈偏极压状保存；棕黄—深棕色。

注释 Butterworth 和 Williams (1958) 给予该种的大小幅度为 75—116μm，中等大小 102μm。显然，当前孢子较小，但主要特征即沿赤道附近具条带状褶皱并呈带环状与其相同。此外，王怿（1996）报道的 *Calamospora* cf. *microrugosa* 也具该特征，彼此当属同一种。

产地层位 湖南锡矿山、湖南界岭，邵东组。

粗壮圆形光面孢 *Punctatisporites crassus* Zhu, 1993

（图版 92，图 3，4）

1993 *Punctatisporites crassus* Zhu，朱怀诚，232 页，图版 51，图 9a，b，16a，b，19a，b。

1993 *Punctatisporites crassus* Zhu, Zhu Huaicheng, pl. 3, figs. 7, 8.

描述 赤道轮廓圆三角形—亚圆形,大小40.0(50.6)57.5μm(测4粒),全模(图版92,图3)55μm;三射线明显,直,伸达赤道,唇发育,侧压标本上可见明显隆起,总宽5—8μm(含射线),向赤道方向渐宽,末端变粗呈拳状,总宽10.0—12.5μm;外壁较厚,2.5—5.0μm(含纹饰),一般3.0—4.5μm,轮廓线呈缓波状,近极面点状—光滑,远极面及赤道为低平的瘤,基部近圆形,最大直径5.0—12.5μm,多为9—12μm,高1—2μm,基部多分离;棕色。

比较与讨论 本种与 *Sinulatisporites*, *Vesiculatisporites*, *Gulisporites*, *Gravisporites* 等属的某些种均有相似之处,区别在于:*Sinulatisporites*(高联达,1984,411页)具赤道环,外壁表面为点状结构;*Vesiculatisporites*(高联达,1984,412页)具赤道环,唇不很发育;*Gulisporites* 不具环,但唇相当发育,且较均匀;*Gravisporites* 轮廓线不呈波状。本种除无明显环外,其特征兼具 *Sinulatisporites* 属和 *Vesiculatisporites* 属的特征,目前暂置于 *Punctatisporites* 属。

产地层位 甘肃靖远,红土洼组。

侧偏圆形光面孢 *Punctatisporites curviradiatus* Staplin, 1960

(图版93,图23)

1960 *Punctatisporites curviradiatus* Staplin, p. 7, pl. 1, figs. 17, 20.

1993 *Punctatisporites curviradiatus* Staplin,朱怀诚,229页,图版53,图8。

描述 赤道轮廓卵圆形—圆形,大小37.5μm;三射线清晰,简单,细,直或微曲,长3/4R;外壁厚1.0—1.5μm,轮廓线平整,辐间区微弱加厚,色暗,表面点状—光滑。

比较与讨论 本种以其个体略大(27—43μm)区别于 *P. minutus*, Kosanke(1950, p. 15, p1. 16, fig. 3)(27—33μm)。Staplin(1960, p. 7)描述当前种标本由于侧压,常使2条射线显现弯曲现象。我们认为该特征为次生所致,不足以作为一种的稳定特征。Playford(1962)认为本种和 *P. callosus* 都是 *P. glaber* (Naumova)的同义名。

产地层位 甘肃靖远,红土洼组。

柔弱圆形光面孢 *Punctatisporites debilis* Hacquebard, 1957

(图版4,图8,14;图版92,图18)

1957 *Punctatisporites debilis* Hacquebard, p. 308, pl. 1, figs. 5, 6.

1989 *Punctatisporites debilis* Hacquebard, in Ouyang and Chen, pl. 4, fig. 2.

1994 *Punctatisporites debilis*,卢礼昌,图版1,图8。

1995 *Punctatisporites debilis*,卢礼昌,图版1,图11。

描述 赤道轮廓圆形—亚圆形,大小39—58μm(测12粒);孢子表面时常裂开或具褶皱,三射线清晰简单,长1/3—1/2R;外壁薄,表面光滑。

比较与讨论 当前标本与初描述的加拿大泥盆系—下石炭统霍顿群(Horton Group)的此种颇相似;与 *Asterocalamotriletes glabratus* Luber, 1955 (p. 39, pl. 1, figs. 13,17,19) 也略相似,但后者外壁较厚。

产地层位 江苏宝应,五通群擂鼓台组最上部;江苏南京龙潭,五通群擂鼓台组中部;湖南界岭,邵东组。

杰西圆形光面孢 *Punctatisporites dejerseyi* Foster, 1979

(图版92,图14, 15)

1979 *Punctatisporites dejerseyi* Foster, p. 29, pl. 1, fig. 10.

1982 *Punctatisporites gretensis* Balme and Hennelly, 1956,杜宝安,图版Ⅰ,图22。

描述 赤道轮廓亚圆形,大小约95μm;三射线长约2/3R,具窄唇,宽2—3μm,末端无或具不明显分叉;外壁厚约1μm,具少量褶皱,表面平滑,具细内颗粒结构,轮廓线平整;黄色。

比较与讨论 当前标本形态介于 *P. dejerseyi* Foster 和 *P. priscus* Bharadwaj and Salujha, 1965 之间,

P. priscus 外壁厚度变化较大,个体相对较小(45—81μm),*P. dejerseyi* 达66—105μm,外壁厚约1μm(Foster, 1979, p.29),故归入前一种内。山西标本原被杜宝安(1982)定为 *P. gretensis* Balme and Hennelly,但后者外壁较厚(2—4μm)有所不同。

产地层位 甘肃平凉,山西组。

密穴圆形光面孢 *Punctatisporites densipunctatus* Ouyang and Chen, 1987

(图版4,图25, 26)

1987a *Punctatisporites densipunctatus* Ouyang and Chen,欧阳舒、陈永祥,27页,图版Ⅲ,图20, 21。

描述 赤道轮廓近圆形,大小68—73μm,全模标本73μm;三射线清楚,长3/5—2/3R,具窄唇,宽1—2μm,末端微显不对称二分叉;外壁厚2.0—2.5μm,偶具褶皱,具十分致密的穴纹,穴圆—椭圆形,穴径1.0—1.5μm,多穿透外壁层,穴间距常窄于穴径,轮廓线微不平整;深黄—棕色。

产地层位 江苏句容,五通群擂鼓台组上部。

暗色圆形光面孢 *Punctatisporites densus* Geng, 1985

(图版92,图5, 22)

1985b *Punctatisporites densus* Geng,耿国仓,655页,图版Ⅰ,图14, 15。

描述 赤道轮廓圆形—圆三角形,暗黑色,大小68—92μm,全模92μm(图版92,图22);三射线常开裂,长1/2—2/3R;外壁厚4—6μm,表面近光滑,有时可见小斑。

比较与讨论 本种以外壁厚,暗黑色和具短而开裂的三射线区别于属内其他种。

产地层位 内蒙古鄂托克旗、甘肃环县、宁夏盐池,羊虎沟组。

背饰圆形光面孢 *Punctatisporites distalis* Ouyang, 1986

(图版92,图17)

1986 *Punctatisporites distalis* Ouyang,欧阳舒,39页,图版Ⅶ,图33。

描述 赤道轮廓近圆形,全模标本大小36μm;三射线细弱,沿顶部呈三角形不等距开裂,延伸至边沿;外壁厚约1μm,表面点状或内颗粒状,远极面大部分略呈亚圆形的位置上具不规则皱脊或亚网状纹饰,在边沿一圈有相互连接趋势,其轮廓线近平滑或微齿状;微棕黄—黄色。

比较与讨论 本种与英国石炭系的 *Discernisporites* 的模式种 *D. irregularis* Neves (1958, p.4, pl.3, fig.5)略相似,但后者轮廓三角形,据说近极具一亚三角形区,饰以内结构或纹饰,形态不能确切对比,故将此种归入 *Punctatisporites* 属。

产地层位 云南富源,宣威组上段。

叉缝圆形光面孢 *Punctatisporites divisus* Jiang, 1982

(图版92,图21, 24)

1964 *Punctatisporites* cf. *palmipedites* Ouyang,欧阳舒,488页,图版Ⅰ,图8, 9。

1978 *Punctatisporites palmipedites* Ouyang,谌建国,396页,图版116,图16。

1982 *Punctatisporites divisus* Jiang,蒋全美等,597页,图版398,图4, 5。

?1984 *Punctatisporites palmipedites* Ouyang,高联达,395页,图版150,图2。

描述 赤道轮廓圆形—亚圆形,大小95—115μm,全模115μm(图版92,图24);三射线明显,长为1/2R,伸入所谓弓形脊的加厚带,具窄唇,在射线末端处略分叉并微变宽,往往一支分叉更明显;接触区外壁变薄,较透亮,凹入;外壁厚2—3μm,表面无纹饰,轮廓线平滑;黄棕色。

比较与讨论 本种以个体较大、射线末端分叉不均一或较长且不呈蹼状而与 *P. palmipedites* 区别,尽管它们很相近。从山西宁武获得的 *P. palmipedites*(高联达,1984),大小55—115μm,但图片标本较小,其唇分叉特征则接近本种,暂归入本种;从山西河曲采集的标本,大小60—99μm(欧阳舒,1964),同此处理。

注释 严格讲,此名为 *Punctatisporites* (al. *Calamospora*) *divisus* (Gao and Hou) Lu and Ouyang, 1976 的晚出异物同名;但与其为二叠纪标本另起新种名,不如仍保留泥盆纪种 *C. divisa* 的原归属。

产地层位 山西宁武,上石盒子组;湖南湘潭韶山、长沙跳马涧,龙潭组。

华丽圆形光面孢 *Punctatisporites elegans* Ouyang, 1986

(图版92,图23;图版93,图14)

1982 *Punctatisporites gigantus* Jiang,蒋全美,597页,图版399,图5。

1986 *Punctatisporites elegans* Ouyang,欧阳舒,39页,图版Ⅲ,图3,4,9,10。

描述 赤道轮廓近圆形,常呈近极—远极方向保存,近极面不如远极面凸出强烈,大小83(95)107μm,全模96μm(图版92,图23);三射线清楚,具发育或颇强壮的唇,有时微开裂,末端或微分叉;射线棱清楚,末端亦分叉,长1/2—4/5R甚至接近半径长;外壁厚度均匀,一般2—3μm,表面具极细密且均匀的内颗粒或细颗粒,直径<0.5μm,轮廓线有时微显,在近极面接触区内此种结构或减弱,常具少量不大褶皱;棕黄—黄棕色。

比较与讨论 此种孢子以其直径较大、外壁稍厚、唇颇发育以及近极较平凸而与 *P. pistilus* Ouyang 相区别;以唇分叉前仍较粗壮、外壁具细匀内颗粒结构而与 *P. palmipedites* 等不同。新西兰上白垩统的所谓的 *Trilites fragelis* Couper (1953, p. 30, pl. 2, fig. 19)孢子略小、射线较长且末端不分叉,外壁亦较薄。安徽界首石千峰组的一个种 *Punctatisporites elegans* Wang(王蓉,1987)为本种的异物同名(homonym),因发表较晚,无效;其特征是唇在顶部增宽,末端不分叉,至少不明显。因标本保存欠佳,亦不宜另建种名。从湖南龙潭组采集并归入 *Punctatisporites gigantus* Jiang, 1982 的一个标本(蒋全美,图版399,图5,非全模标本)大小130μm,射线棱清楚,末端也微分叉,与其全模标本不同,却与本种很相似,故迁入当前种。此外,*P. gigantus* Jiang, 1982(拉丁文种名拼写有误,应为 *giganteus*),且为下面描述的 *P. gigantus* Neves, 1961 和 *P. gigantus* Zhou, 1980 的晚出异物同名,无效,故为之另起一新名 *P. paragiganteus* nom. nov. (见64页)。

产地层位 湖南邵东、长沙,龙潭组;云南富源,宣威组。

毛区圆形光面孢 *Punctatisporites fimbriatus* Liao, 1987

(图版91,图16;图版93,图20)

1987a *Punctatisporites fimbriatus* Liao, 554页,图版134,图1—3。

描述 赤道轮廓圆形—圆三角形,大小115—133μm,全模133μm(图版91,图16),侧面观亦近球形;三射线长等于或稍大于1/2R,具唇,最宽达13μm,隆起,尤在顶部呈颈椎状,末端不分叉或微分叉;射线之间近三角形接触区内具海绵状结构,典型地还具刺毛状突起,刺长2—5μm,基径约1μm;外壁厚6—10μm,具细匀内颗粒或点穴状结构,光切面上显示垂直柱状肌理,轮廓线基本平整;黄棕色。

比较与讨论 本种以射线之间的区域具刺毛状纹饰、孢子近极面凸出、孢壁较厚等特征区别于属内其他种。

注释 原作者未指定全模标本,本书代为指定,原书图版134的图2可作为副模标本。

产地层位 山西宁武,上石盒子组。

黄色圆形光面孢 *Punctatisporites flavus* (Kosanke) Potonié and Kremp, 1955

(图版92,图16, 20)

1950 *Calamospora flava* Kosanke, p. 41, p. 9, fig. 2.

1955 *Punctatisporites flavus* Potonié and Kremp, p. 42.

1993 *Punctatisporites flavus* (Kosanke) Potonié and Kremp,朱怀诚,230页,图版53,图11,14,15。

描述 赤道轮廓圆三角形、亚圆形、圆形,大小82(99)123μm (测5粒);三射线清晰,直,偶因受挤压而微曲；具窄唇，射线一侧宽 1.0—2.5μm，向射线末端方向渐宽，唇末端不明显，呈过渡状，射线长 1/3—2/3R；外壁厚 1.5—2.5μm，轮廓线平滑，接触区略内凹，区内外壁较薄（色常略浅）；外壁其点状纹饰，常轻微褶皱。

产地层位 甘肃靖远，红土洼组—羊虎沟组。

曲唇圆形光面孢（比较种） *Punctatisporites* cf. *flexuosus* Felix and Burbridge, 1967

（图版 93，图 1）

1986 *Punctatisporites flexuosus* Felix and Burbridge，杜宝安，图版 I，图 17。

描述 赤道轮廓亚圆形，大小约 44μm；射线长约 4/5R，几延伸至外壁内沿，具近中央部位扭曲的唇，在中央连接处窄，宽 <2μm，向末端变宽，可达 5μm，或多或少分叉，但分叉不长；外壁厚约 2.5μm，基本光面，轮廓线平滑；棕黄色。

比较与讨论 与首见于美国石炭纪中期（Springer Formation）的 *P. flexuosus* Felix and Burbridge, 1967（p. 356, pl. 53, fig. 9）确颇相似，但后者各方面特征都要强或大一号，其大小达 55（60—75）80μm，外壁较厚（3.5—5.0μm），唇较宽，末端分叉较长（5.0—7.5μm），故改定为比较种。*Gulisporites* 为三角形，其唇在顶部较宽且高，向末端则有变窄趋势。

产地层位 甘肃平凉，山西组。

甘肃圆形光面孢 *Punctatisporites gansuensis* Geng, 1985

（图版 93，图 18，22）

1985a *Punctatisporites gansuensis* Geng，耿国仓，210 页，图版 I，图 8—10。

描述 赤道轮廓圆形，大小 43—52μm，全模大小 52μm（图版 93，图 18）；射线具薄唇，几达赤道内沿；近极面光滑，有些标本有时可见小的假三缝；远极面具内斑，自外壁内层向内生出 4—10 条辐射状裂痕，直或微弯；外壁厚 2.5—4.0μm，光滑。

比较与讨论 *Todisporites marginalis* Bharadwaj and Singh（1963）赤道辐射脊细，并向外缘凸出，呈丁字形，长；而 *P. gansuensis* 辐射脊不凸出外缘，也不呈丁字形。

产地层位 甘肃环县，太原组。

光秃圆形光面孢 *Punctatisporites glaber*（Naumova）Playford, 1962

（图版 3，图 4；图版 93，图 4，16）

1938 *Aptera glaber* Naumova, p. 27, pl. 13, fig. 7.

1938 *Azonotriletes glaber*（Naumova）Waltz in Luber and Waltz, p. 8, pl. 1, fig. 2; pl. A, fig. 3.

1952 *Leiotriletes glaber*（Waltz）Ischenko, p. 13, 14, pl. 2, figs. 15, 16.

1955 *Calamospora glaber*（Naumova）Potonié and Kremp, p. 47.

1955 *Punctatisporites nitidus* Hoffmeister, Staplin and Malloy, p. 393, pl. 36, fig. 4.

1955 *Punctatisporites? callosus* Hoffmeister, Staplin and Malloy, p. 392, pl. 39, fig. 7.

1956 *Leiotriletes glaber* Naumova, Ischenko, pp. 18, 19, pl. 1, figs. 7, 8.

1958 *Punctatisporites* cf. *nitidus* Hoffmeister, Staplin and Malloy, Butterworth and Williams, p. 361, pl. 1, figs. 7, 8.

1960 *Punctatisporites curviradiatus* Staplin, p. 7, pl. 1, figs. 17, 20.

1962 *Punctatisporites glaber*（Naumova）Playford, p. 576, pl. 78, fig. 15, 16.

1984 *Punctatisporites glaber*（Naumova）Playford，王蕙，图版 I，图 8，9。

1984 *Calamospora glaber*，高联达，323 页，图版 133，图 16。

1989 *Punctatisporites glaber*, Zhu Huaicheng, pl. 1, figs. 14, 21.

1994 *Punctatisporites glaber*，卢礼昌，图版 1，图 6。

1996 *Punctatisporites glaber*，王怿，图版 1，图 10。

描述 赤道轮廓圆形，大小 32—70μm（测 17 粒）；三射线清晰，简单，直，长 1/3—2/3R。孢子表面光滑，很少具有褶皱，外壁厚 1.5—2.0μm。

产地层位　山西保德，本溪组—山西组；江苏南京龙潭，五通群擂鼓台组下部；湖南锡矿山，邵东组与孟公坳组；甘肃靖远，靖远组；宁夏横山堡，上石炭统。

秃边圆形光面孢　*Punctatisporites glabrimarginatus* Owens, 1971

（图版4，图15，16）

1971 *Punctatisporites glabrimarginatus* Owens, p. 9, pl. 1, figs. 1—3.

1987 *Punctatisporites glabrimarginatus*，高联达、叶晓荣，382 页，图版 171，图 10。

1988 *Punctatisporites glabrimarginatus*，卢礼昌，123 页，图版 1，图 9，11，16。

描述　赤道轮廓近圆形，大小 56.2—64.0μm；三射线微弱或不清楚，直，简单或开裂，约为 3/4R 或稍长；近极外壁较远极外壁略薄，表面具细颗粒状纹饰，分布致密，但彼此常不接触，粒径约 0.5μm，三射线顶部色较深（加厚）区或不明显；某些标本，纹饰在接触区边缘一般较发育，拉长，甚者呈刺状凸起；远极外壁表面较光滑，具内颗粒状结构，厚 1.0—1.5μm；常见褶皱，呈短脊状，两头多半钝凸；浅棕黄色。

比较与讨论　*P. glabrimarginatus* 有两个主要特征：一是 2 条射线间的夹角部位外壁具较深色的三角形区；二是近极外壁表面具细颗粒状纹饰。当前标本，虽然三角形暗色区不甚明显，但总的面貌仍与 *P. glabrimarginatus* 的特征最为接近。

产地层位　云南沾益史家坡，海口组；甘肃迭部，当多组。

薄皱圆形光面孢　*Punctatisporites gracilirugosus* Staplin, 1960

（图版93，图5）

1984 *Punctatisporites gracilirugosus* Staplin，高联达，324 页，图版 133，图 21。

描述　赤道轮廓圆形，大小 60—70μm；三射线细，长，等于 3/4R；孢壁薄，常具与孢子边缘平行的褶皱，表面覆以不规则的细点状纹饰，突起在孢子的边缘呈点状。

产地层位　山西宁武，太原组。

粗大圆形光面孢（新联合）　*Punctatisporites grossus* (Wang) Ouyang and Zhu comb. nov.

（图版93，图15，21）

1984 *Trimontisporites globatus* Wang，王蕙，96 页，图版Ⅰ，图 13。

1984 *Trimontisporites grossus* Wang，王蕙，96 页，图版Ⅰ，图 16。

1984 *Trimontisporites protuberans* Wang，王蕙，97 页，图版Ⅰ，图 17。

描述　赤道轮廓亚圆形，近极面明显凹入，远极面强烈凸出，大小 68—112μm，全模 112μm（图版 93，图 15）；三射线可见，见时呈裂缝状，射线末端或分叉，具粗壮的唇，边缘微弯曲或不平整，总宽达 8—14μm，末端常膨大隆起，有时呈超半球状，最宽达 20μm，长 1/2—2/3R；外壁厚 2—4μm，表面光滑—微粗糙。

比较与讨论　本种孢子构形和唇特征与 *P. micipalmipedites* 或 *P. parapalmipedites* 相似，但后者大小仅 32—56μm。同义名表中列的 3 种，主要是根据唇末端增厚的形状划分的，其实，*T. grossus* 的唇端形态介于 *T. globatus* 和 *T. protuberans* 之间，说明此特征不稳定，所以将它们合并为一种。按《国际植物命名法规》，本书选用 *T. grossus* 而非 *T. globatus* 或 *T. protuberans*，是因为最后一种原描述的“表面粗糙具不规则穴饰”很可能是一种保存次生状态，这在 *T. grossus* 的照片上局部也可见到。

产地层位　宁夏横山堡，上石炭统。

壮实圆形光面孢　*Punctatisporites hadrosus* Gao, 1984

（图版93，图7）

1984 *Punctatisporites hadrosus* Gao，高联达，396 页，图版 150，图 9。

描述　赤道轮廓近圆形，大小 65—75μm，全模 68μm；三射线清楚，常开裂，长 2/3—1R；外壁颇厚，厚达 4—6μm，偶有褶皱，表面具不规则的粒状—点穴状结构［远极面近似纹饰（?）］，轮廓线平滑或微波状；棕黄色。

比较与讨论 本种与美国伊利诺伊州上石炭统的 *P. edgarensis* Peppers, 1970 (p. 82, pl. 1, figs. 16,17)有些相似,但后者个体大(90—153μm),外壁更厚(5—12μm),远极面具低平的不明显的脊—块瘤—蠕瘤状纹饰,但与其余外壁平缓过渡,外壁总体上光面—内点穴状,显然是不同的种。

产地层位 山西宁武,上石盒子组。

开裂圆形光面孢 *Punctatisporites hians* Wang, 1984

(图版94,图1)

1984 *Punctatisporites hians* Wang,王蕙,图版Ⅰ,图13, 14。

描述 孢子浅黄色,赤道轮廓圆形或亚圆形,大小26—32μm,全模26μm;三射线呈三角形的开裂,长为2/3—3/4R;外壁薄,小于1μm,表面微粗糙,细点状纹饰,常具小褶皱。

比较与讨论 当前孢子以个体小、射线呈三角形开裂区别于属内其他种。

产地层位 宁夏横山堡,羊虎沟组—太原组。

红土沟圆形光面孢 *Punctatisporites hongtugouensis* Gao, 1980

(图版93,图10, 11)

1980 *Punctatisporites hongtugouensis* Gao,高联达,55页,图版Ⅰ,图9—11。

描述 赤道轮廓三角形—亚圆形,壁薄,常具平行于孢子边缘的褶皱,淡黄色;孢子大小60—75μm;三射线细长,两侧具加厚的唇,宽4μm左右,长约2/3R,顶端具三角形凸起的接触区,接触区内斑点状纹饰十分清楚,其余孢子表面平滑无纹饰。

比较与讨论 与 *Trachytriletes punctulus* Kedo (1963, p. 33, pl. Ⅰ, fig. 21)比较,二者很相似,但后者为细网点纹饰,无接触区;依据当前标本放大500倍的照片测得的大小与其描述的大小相差较大,由于未见原标本,本书未作修改。

产地层位 甘肃靖远,前黑山组。

无饰圆形光面孢 *Punctatisporites incomptus* Felix and Burbridge, 1967

(图版93,图6, 9)

1967 *Punctatisporites incomptus* Felix and Burbridge, p. 357, pl. 53, fig. 12.

1976 *Punctatisporites incomptus* Felix and Burbridge, Kaiser, p. 93, pl. 1, figs. 10, 11.

1984 *Trimontisporites claviformis* Wang,王蕙,97页,图版Ⅰ,图18。

1986 *Punctatisporites incomptus* Felix and Burbridge,杜宝安,图版Ⅰ,图19。

1987 *Punctatisporites incomptus*,周和仪,图版1,图33—35。

?1987a *Punctatisporites incomptus*,廖克光,553页,图版133,图25。

1995 *Punctatisporites incomptus*,吴建庄,335页,图版49,图14。

描述 赤道轮廓圆三角形—亚圆形,近极面较低凹,远极面强烈凸出,大小50—93μm;三射线长1/2—2/3R,具粗壮唇,长3/4R或接近半径,唇宽或高3—8μm,微弯曲或边沿微波状,多向末端膨大,膨大的长度达射线的1/3以上,并形成角度不大的分叉;外壁厚2—3μm,表面平滑无纹饰;棕黄色。

比较与讨论 本种(原作者描述大小60—90μm,壁厚3—5μm)与 *P. palmipedites* 相似,但以轮廓相对接近于三角形,唇较发达、边沿不平整、膨大部分较长等而与之不同。廖克光(1987a)鉴定的宁武山西组—下石盒子的此种似有极细刺,存疑。

产地层位 山西保德,石盒子组;河南范县、项城,石盒子组;甘肃平凉,山西组;宁夏横山堡,上石炭统。

厚壁圆形光面孢 *Punctatisporites inspirratus* (Owens) McGregor and Camfield, 1982

(图版4,图18)

1971 *Stenozonotriletes inspirratus* Owens, p. 37, pl. 10, figs. 3, 6, 10.

1982 *Punctatisporites inspirratus* (Owens) McGregor and Camfield, p. 56, pl. 16, figs. 1, 2.

1997b *Punctatisporites inspirratus*,卢礼昌,图版1,图7。

描述 赤道轮廓近圆形,大小55μm;三射线简单,伸达赤道附近;外壁厚约4.5μm,表面光滑;棕色。

注释 描述标本粘有深色圆瘤状外来物。

产地层位 新疆准噶尔盆地,呼吉尔斯特组。

卷边圆形光面孢 *Punctatisporites involutus* Lu, 1994

(图版25,图21, 22)

1994 *Punctatisporites involutus* Lu,卢礼昌,170页,图版1,图4,5,23。

描述 赤道轮廓因褶皱呈不甚规则圆形,大小28.1(36.6)39.0μm,全模标本37.5μm;三射线清楚,微具唇,长1/3—3/5R;外壁薄,厚仅0.5μm左右,细内结构不明显,赤道外壁常朝内卷,甚者几乎呈窄环状,宽达2μm左右,其余部位的外壁罕见褶皱;黄色或稍深。

比较 本种以其赤道外壁内卷或具假环状结构为特征而与属内其他种区别。

注释 若将归入本种的任意一块标本置于水介质中并压上盖玻片,然后用笔尖轻敲盖玻片,即可见原先卷曲的赤道外壁逐渐朝辐射方向或朝外翻展,壁厚可测(不足1μm),因此这类孢子不宜归入窄环孢属(*Stenozonotriletes*)。此外,虽然它们的三射线较短,但外壁在三射线区不具任何形式的加厚或接触区,也不宜归入 *Calamospora* 或 *Phyllothecotriletes* 属内。

产地层位 江苏南京龙潭,五通群擂鼓台组下部。

坚固圆形光面孢 *Punctatisporites irrasus* Hacquebard, 1957

(图版5,图20;图版93,图8, 17)

1957 *Punctatisporites irrasus* Hacquebard, p. 308, p1. 1, figs. 7, 8.

1980 *Punctatisporites irrasus* Hacquebard, Ouyang and Li, pl. 1, p. 2.

1980 *Punctatisporites irrasus* Hacquebard,高联达,图版Ⅰ,图7。

1981 *Calamospora* sp.,卢礼昌,图版1,图10。

1988 *Punctatisporites irrasus*,卢礼昌,见蔡重阳等,图版1,图29。

1989 *Punctatisporites* sp., Ouyang and Chen, pl. 3, fig. 10.

1990 *Punctatisporites irrasus* Hacquebard,高联达,图版Ⅰ,图1。

1995 *Punctatisporites irrasus*,卢礼昌,图版1,图7。

1993 *Punctatisporites irrasus* Hacquebard,朱怀诚,230页,图版53,图9,12。

1999 *Punctatisporites irrasus*,卢礼昌,35页,图版1,图23。

描述 赤道轮廓卵圆形—圆形;大小55.0(70.5)104.5μm(测10粒);三射线明显,简单,细直,长1/2—2/3R,偶达3/4R;外壁厚1.0—2.5μm,轮廓线平整,表面光滑—点状纹饰,常具较宽的弓形褶皱。

比较与讨论 归入此种的新化标本原未描述,从图片看,与全模颇近似,但射线稍长;与江苏五通群擂鼓台组上部标本特征相近,但射线稍短。

产地层位 山西朔县,本溪组;江苏宜兴(丁山)、句容,五通群擂鼓台组上部(下石炭统底部);湖南界岭,邵东组;湖南新化,孟公坳组;四川渡口,上泥盆统下部;甘肃靖远,前黑山组,红土洼组—羊虎沟组;新疆和布克赛尔,黑山头组5,6层。

江苏圆形光面孢 *Punctatisporites jiangsuensis* Ouyang and Chen, 1987

(图版4,图1—3)

1987a *Punctatisporites jiangsuensis* Ouyang and Chen,欧阳舒等,26页,图版1,图17—19。

1993 *Punctatisporites jiangsuensis*,文子才等,图版1,图14。

描述 赤道轮廓近圆形,大小27—38μm,全模标本33μm;三射线清楚,长约4/5R,顶部开裂成一小三角区(角顶继续呈窄缝状延伸至射线末端),裂缝外沿伴以外壁增厚的弧形带,宽达4—5μm,向端部常略变窄;

外壁厚 2.0—2.5μm，全模标本上外壁分为 2 层，大致等厚，表面光滑无纹饰；棕黄—棕色。

比较与讨论 前述 *Punctatisporites divisus* 以近极外壁沿三射线开裂成一较大的三角形区，角顶终止于较短射线（2/5—2/3R）的末端，且孢体较大（53—95 μm）而与 *P. jiangsuensis* 不同。

注释 当前种以其三射线顶部开裂成一小三角区，其角顶继续呈窄缝状延伸至射线末端为特征。

产地层位 江苏句容，五通群擂鼓台组下部；江西全南，翻下组。

具唇圆形光面孢 *Punctatisporites labiatus* Playford, 1962

（图版 93，图 13）

1962 *Punctatisporites labiatus* Playford, p. 578, pl. 78, figs. 12, 13.

1993 *Punctatisporites labiatus* Playford，朱怀诚，230 页，图版 53，图 16。

描述 赤道轮廓圆三角形—圆形，大小 67μm；三射线明显，直，具发达的唇，唇平整，微抬起，一侧宽 4—5μm，宽度稳定，对应射线末端截状，射线长 2/3—3/4R；外壁厚 2.5—3.0μm，轮廓线平整，外壁呈点—内颗粒状。

产地层位 甘肃靖远，红土洼组。

坑穴圆形光面孢较大亚种 *Punctatisporites lacunosus* (Ischenko) *maximus* Gao, 1983

（图版 93，图 19，24）

1983 *Punctatisporites lacunosus* (Ischenko) *maximus* Gao，高联达，486 页，图版 114，图 5，6。

描述 孢子赤道轮廓三角形，三边微向外凸，角部圆，大小 70—90μm；射线细长，直伸角部；孢壁薄，具不规则的褶皱，表面具细穴状纹饰。

比较与讨论 此亚种与 *Trachytriletes lacunosus gigantea* Ischenko，1958 有些相似，但后者三角形的三边明显向外凸出。

产地层位 贵州贵阳乌当，旧司组。

平滑圆形光面孢 *Punctatisporites laevigatus* (Naumova) Lu, 1980

（图版 4，图 22，23）

1953 *Stenozonotriletes laevigatus* Naumova, p. 70, pl. 10, figs. 9, 10.

1980b *Punctatisporites laevigatus*，卢礼昌，6 页，图版 1，图 2，3。

描述 赤道轮廓圆形或近圆形，大小 45—76μm；近极和远极面同样强烈凸出；三射线清楚，简单，多半直，末端尖，有时不等长，2/3—7/9R，近顶部或微具唇；外壁厚实，厚 2.5—3.5μm，表面光滑，或具不明显的内点—细颗粒状结构，偶见褶皱；黄棕色。

产地层位 云南沾益龙华山，海口组。

碟状圆形光面孢 *Punctatisporites lancis* Lu, 1999

（图版 25，图 19，20）

1975 *Punctatisporites famenensis* (Naumova) Gao and Hou，高联达、侯静鹏，187 页，图版 2，图 4。

1994 *Punctatisporites lancis* Lu，卢礼昌，图版 1，图 26。

1999 *Punctatisporites lancis* Lu，卢礼昌，36 页，图版 1，图 5，6。

描述 赤道轮廓圆形或近圆形，大小 31.2—43.7μm，全模标本 41.3μm；三射线清楚，直，简单或具薄唇，长 4/7—7/10R；外壁光滑—微粗糙，细颗粒状结构，中等厚（内界不清楚），三射线区外壁明显加厚，界线清楚，轮廓与赤道近乎一致，范围约等于射线区；加厚区与近极—赤道之间为一连续的窄环状较亮圈（外壁较薄），极面观孢子呈圆盘形或碟形，罕见褶皱；浅棕—深棕色。

比较与讨论 本种以其三射线区外壁呈圆形加厚为特征而与 *Punctatisporites* 属的其他种不同；*Calamospora* 的各种也多有加厚区，但限于三射线顶部且多呈小三角形；*Phyllothecotriletes* 的分子，其加厚区虽也呈圆形，但范围颇小（尚不足1/2R），故将本种置于 *Punctatisporites* 属内。

注释 卢礼昌(1994)早先用的 *P. lancis* 种名，应无效，因为该种名的正式问世时间为1999年。被高联达等(1975)置于 *P. famenensis* 种名下描述的标本（图版2，图4）正好具备 *P. lancis* 的特征，似不接近 *Trachytriletes famenensis* Naumova, 1953 的特征。

产地层位 江苏南京龙潭，五通群擂鼓台组上部；贵州独山，丹林组上段；新疆和布克赛尔，黑山头组5层。

豆点圆形光面孢 *Punctatisporites lasius* (Waltz) Gao, 1980

（图版4，图27；图版93，图2，3）

1938 *Azonotriletes lasius* Waltz, in Luber and Waltz, p. 11, pl. 1, fig. 4; pl. A, fig. 4.

1941 *Azonotriletes lasius* Waltz in Luber and Waltz, pl. 2, fig. 17.

1953 *Trachytriletes lasius* (Waltz) Naumova, p. 46, pl. 5, fig. 20.

1980 *Punctatisporites lasius* (Waltz) Gao，高联达，55页，图版Ⅰ，图5，6。

1983 *Punctatisporites lasius*，高联达，189页，图版1，图8。

1985 *Punctatisporites lasius*，高联达，51页，图版3，图6。

描述 赤道轮廓近圆形，大小35—65μm；三射线短，约等于1/2R；孢子表面覆以不清晰的细豆点纹饰。

比较与讨论 此种最初描述的标本来自俄罗斯下石炭统，轮廓圆形，大小50—95μm，三射线长约2/3R，外壁坚实少皱，表面呈鲛点状。Playford (1962)曾将此种归入 *Cyclogranisporites* 属。

产地层位 贵州睦化，王佑组格董关层底部；西藏聂拉木，波曲组；甘肃靖远，前黑山组。

宽唇圆形光面孢 *Punctatisporites latilus* Ouyang, 1986

（图版94，图11，12）

1986 *Punctatisporites latilus* Ouyang，欧阳舒，38页，图版Ⅱ，图19，20。

描述 赤道轮廓亚圆形—亚三角形，大小45—48μm，全模标本48μm（图版94，图12）；三射线具强烈发育的宽唇，宽5—7μm，两侧大致平行或弯曲，顶部略扭曲隆起，近末端处微微或强烈分叉；射线棱可见，伸达唇端开叉处，唇延伸至外壁内沿或稍短一些；外壁层清楚，厚2.0—2.5μm，无纹饰，轮廓线平整；棕色。

比较与讨论 本种孢子以其延伸至外壁内沿的宽唇及其形状和大小而与 *Punctatisporites* 属各种特别是 *P. palmipedites* 有别。

产地层位 云南富源，宣威组。

宽带圆形光面孢（新联合） *Punctatisporites latus* (Wang) Ouyang and Zhu comb. nov.

（图版94，图14）

1984 *Trimontisporites latus*，王蕙，97页，图版1，图21。

描述 轮廓近圆形；大小42—51μm；裂缝三射线，直，细，伸达角部边缘，射线具宽唇，一侧近6μm宽，宽度变化不大；外壁厚6—7μm，致密光滑；深黄色。

比较与讨论 本种形态大小和发达的唇与 *P. latilus* 相似，但以特厚的外壁与后者不同。

产地层位 宁夏横山堡，上石炭统。

具缘圆形光面孢 *Punctatisporites limbatus* Hacquebard, 1957

（图版4，图28，29）

1957 *Punctatisporites limbatus* Hacquebard, p. 308, pl. 1, figs. 9—11.

1997a *Punctatisporites limbatus*，卢礼昌，图版1，图3。

描述 赤道轮廓圆形，大小86.0—97.5μm；三射线常开裂成三裂缝，伸达约4/5R处；外壁表面光滑—微粒状或明显的细内颗粒状，在赤道具一缘状结构，缘的宽度不尽相同（在同一标本上），一般宽4μm左右；

沿三裂缝边缘或周围常见窄长的褶皱(唇)。

比较与讨论 本种以其近极中央区外壁常沿三射线开裂与赤道外壁具一缘状结构为特征有别于 *Punctatisporites* 属的其他种。当前标本完全具有该特征,仅个体较大(111—206μm),但不影响它的归属。

产地层位 湖南界岭,邵东组。

大瓣圆形光面孢(新联合) *Punctatisporites macropetalus* (Wang) Ouyang and Zhu comb. nov.

(图版 94,图 9)

1984 *Trimontisporites macropetalus* Wang,王蕙,96 页,图版Ⅰ,图 14。

描述 轮廓亚圆形,大小 71—97μm,全模 97μm;三射线裂缝状,长 1/2R 或更长,射线末端有两瓣深色的加厚,向外张开;外壁厚 5—7μm,表面光滑—微粗糙,射线间接触区外壁减薄;黄色。

比较与讨论 本种与被同一作者鉴定为 *P. trifidus* Felix and Burbridge 的标本颇为相似,但以个体较大、外壁较厚、唇末端分叉不那么粗壮而与后者有别。

产地层位 宁夏横山堡,上石炭统。

清晰圆形光面孢(新联合) *Punctatisporites manifestus* (Wang) Ouyang and Zhu comb. nov.

(图版 94,图 10, 20)

1984 *Trimontisporites manifestus* Wang,王蕙,96 页,图版Ⅰ,图 15。

1984 *Trimontisporites radiatus* Wang,王蕙,97 页,图版Ⅰ,图 20。

1984 *Trimontisporites globatus* Wang,王蕙,96 页,图版Ⅰ,图 13。

描述 赤道轮廓圆形—亚圆形,大小 40—85μm,全模约 80μm(图版 94,图 20);三射线略棱状,具唇,宽(高)4—6μm,长 2/3R 至接近半径长,射线总长约 1/3 处显帚状膨大,末端或略分叉;外壁厚 1—2μm,偶有褶皱,光面—微粗糙—细内粒状,轮廓线平整;黄—棕黄色。

比较与讨论 同义名中 3 种差别甚微,故合并为一种。此种以射线较长、唇不是特别发达、末端膨大不很显著与属内其他种区别。

产地层位 宁夏横山堡,上石炭统。

小蹼端圆形光面孢 *Punctatisporites micipalmipedites* Zhou, 1980

(图版 94,图 4, 5)

1980 *Punctatisporites micipalmipedites* Zhou,周和仪,16 页,图版 1,图 36, 37。

1982 *Punctatisporites micipalmipedites*,周和仪,143 页,图版Ⅰ,图 18, 19。

1987 *Punctatisporites micipalmipedites*,周和仪,图版 1,图 14, 15。

1987a *Stenozonotriletes micipalmipedites*,廖克光,562 页,图版 137,图 23。

1990 *Punctatisporites* sp. ,张桂芸,见张锡麒等,299 页,图版Ⅱ,图 5。

1993 *Punctatisporites micipalmipedites* Zhou,朱怀诚, 230 页,图版 50,图 43—45。

1993 *Punctatisporites micipalmipedites* Zhou,朱怀诚,见孔宪桢,图版 44,图 4。

描述 赤道轮廓圆形—亚圆形,大小 32—38μm,全模 38μm(图版 94,图 4);三射线长约 1/2R,唇宽约 2μm,弯曲,顶部高起,末端分叉且显著加厚;外壁薄,约 1.5μm,表面光滑;黄—棕黄色。

比较与讨论 本种以孢子个体小、外壁薄与 *P. palmipedites* 相区别。被廖克光鉴定为此种的另一标本(1987a,图版 137,图 22),大小达 56μm,具颇厚的赤道环,不宜归入此种。

产地层位 山西宁武、左云,上石盒子组;内蒙古准格尔旗黑岱沟,本溪组 16 层;河南范县,上石盒子组;甘肃靖远,红土洼组—羊虎沟组中段。

小圆形光面孢(新联合) *Punctatisporites minor* (Ouyang and Chen) Ouyang comb. nov.

(图版 32,图 21, 22)

1987a *Trimontisporites minor* Ouyang and Chen,欧阳舒等,25 页,图版 1,图 8。

1994 *Trimontisporites minor*,卢礼昌,图版 1,图 7。

描述 赤道轮廓圆形,大小 21—31μm,全模标本 24μm;三射线清楚,具窄唇,微弯曲,长约 2/3R,末端各具一蹼状加厚;外壁厚约 1μm,表面光滑无饰;棕色。

注释 本种以其个体小、唇微曲且末端具一蹼状加厚为特征而与 *Punctatisporites* 属的其他种不同。

产地层位 江苏句容、南京龙潭,五通群擂鼓台组下部。

细小圆形光面孢 *Punctatisporites minutus* Kosanke,1950

(图版 94,图 2, 3)

1950 *Punctatisporites minutus* Kosanke, p. 15, pl. 16, fig. 3

1962 *Punctatisporites minutus* Kosanke,欧阳舒,83 页,图版 Ⅱ,图 9。

1978 *Punctatisporites minutus*,谌建国,395 页,图版 116,图 11。

1980 *Punctatisporites minutus*,周和仪,图版 2,图 2, 3。

1982 *Punctatisporites minutus*,蒋全美等,597 页,图版 398,图 3。

1984 *Punctatisporites minutus*,高联达,133 页,图版 133,图 19。

1985 *Punctatisporites minutus*,高联达,图版 1,图 2。

1987 *Punctatisporites minutus*,周和仪,图版 1,图 24。

1990 *Punctatisporites minutus*,张桂芸,见何锡麟等,298 页,图版 Ⅱ,图 13。

1993 *Punctatisporites minutus*,朱怀诚,230 页,图版 52,图 5, 6。

1995 *Punctatisporites kankaeensis* Peppers,吴建庄,335 页,图版 49,图 18。

描述 赤道轮廓圆形,大小 20—40μm,通常 25—35μm;三射线微弱但清楚,长 1/2—3/5R;外壁薄,厚≤1μm,偶具褶皱,表面平滑或鲛点状—极细颗粒状;浅黄色。

比较与讨论 本种孢子以其个体较小(初描述大小 27.0—32.5μm)、射线较短而简单区别于 *Punctatisporites* 属其他种;与苏联石炭—二叠系的 *Leiotriletes glaber* Naumova 也相似,但据有的作者描述(Ischenko,1956),后者三射线呈锚形;以不具明显纹饰与 *Cyclogranisporites minutus* Bharadwaj 区别,但二者之间有时存在过渡形式。吴建庄(1995)鉴定的河南柘城上石盒子组的 *Punctatisporites kankakeensis* Peppers, 1970 很可能与后者不同种,因为原描述孢子大小达 47.0—71.5μm,外壁厚达 5.5—7.5μm;从其照片上看,大小形态与 *P. minutus* 相近,故迁入此种内。

产地层位 河北开平,开平组;山西宁武,本溪组;内蒙古准格尔旗,太原组—山西组;浙江长兴,龙潭组;山东博兴,太原组;河南柘城,上石盒子组;湖南邵东,龙潭组;甘肃靖远,红土洼组—羊虎沟组。

宁夏圆形光面孢 *Punctatisporites ningxiaensis* (Wang) Geng, 1987

(图版 94,图 8, 13)

1983 *Trimontisporites ningxiaensis* Wang,王蕙,97 页,图版 11,图 3。

1987 *Punctatisporites ningxiaensis* (Wang),耿国仓,25 页,图版 1,图 28。

1987a *Punctatisporites* cf. *nitidus* Hoffmeister, Staplin and Malloy,廖克光,554 页,图版 133,图 26。

描述 赤道轮廓圆形,大小 45—56μm;三射线清楚,具窄唇,细而直,长为 1/2R,末端微膨大或微分叉;外壁厚 1.5—2.0μm,光滑或微粗糙—内颗粒状;棕黄色。

比较与讨论 本种唇细窄,具内颗粒而无外层纹饰,归入修订后的 *Trimontisporites* 欠妥,以此特征和孢子较小与 *P. palmipedites* 和 *P. incomptus* 等种区别;以具内颗粒纹饰且孢子稍大而与 *P. micipalmipedites* 不同;与 *P. nitidus* 的区别是射线具窄唇。

产地层位 甘肃环县、山西宁武,山西组。

光亮圆形光面孢 *Punctatisporites nitidus* Hoffmeister, Staplin and Malloy, 1955

(图版 94, 图 6, 7)

1955 *Punctatisporites nitidus* Hoffmeister, Staplin and Malloy, p. 393, pl. 36, fig. 4.

1989 *Punctatisporites nitidus* Hoffmeister, Staplin and Malloy, Ouyang and Chen, pl. 4, fig. 1.

1993 *Punctatisporites labiatus*, 朱怀诚, 231 页, 图版 51, 图 17, 20, 21。

描述 赤道轮廓亚圆形—圆形; 大小 37.5(40.0)43.0μm(测 4 粒); 三射线可见, 简单, 细直, 长 1/2—2/3R; 外壁厚 1.0—1.5μm, 轮廓线平整, 点状—微弱颗粒纹饰, 偶见褶皱。

比较与讨论 当前标本(33—34μm, 测 3 粒)与最初从美国下石炭统上部(Hardinsburg Formation)采集的此种颇为相似, 仅后者射线稍短(2/3R)。*P. glaber* (Naumova) Playford 个体较大(约 70μm, 据 Luber and Waltz, 1941), 且轮廓为圆形。

产地层位 江苏宝应, 五通群擂鼓台组最上部; 甘肃靖远磁窑, 红土洼组—羊虎沟组。

肥大圆形光面孢 *Punctatisporites obesus* (Loose) Potonié and Kremp, 1955

(图版 94, 图 18, 27)

1934 *Laevigatisporites obesus* Loose, p. 145.

1955 *Punctatisporites obesus* (Loose) Potonié and Kremp, p. 43, pl. 11, fig. 124.

1955 *Punctatisporites obesus* (Loose) Potonié and Kremp, Hörst, p. 154, pl. 21, fig. 30.

1964 *Punctatisporites obesus*, 欧阳舒, 489 页, 图版 I, 图 5。

1964 *Punctatisporites* cf. *obesus* (Loose) Potonié and Kremp, 欧阳舒, 489 页, 图版 I, 图 1—3。

1976 *Punctatisporites obesus*, 卢礼昌等, 24 页, 图版 1, 图 6。

1984 *Punctatisporites obesus*, 王蕙, 图版 I, 图 12。

1987a *Punctatisporites obesus*, 廖克光, 554 页, 图版 133, 图 20。

1993a *Punctatisporites obesus*, 朱怀诚, 231 页, 图版 51, 图 1, 2, 5。

1993b *Punctatisporites obesus*, 朱怀诚, 图版 1, 图 9, 11。

1995 *Punctatisporites obesus*, 吴建庄, 335 页, 图版 49, 图 22。

描述 赤道轮廓圆三角形—亚圆形, 大小 98—131μm, 平均 122μm; 三射线明显, 简单, 长 1/2—2/3R, 或开裂; 外壁较厚, 达 3—6μm, 表面无纹饰, 或具细内颗粒—微粗糙结构; 黄色。

比较与讨论 据 R. Potonié 等(1955), 此种特征如下: 大小 100—130μm, 全模标本 117μm, 三射线长 1/2R, 内斑点状外壁很厚。当前标本特征基本与之一致, 故归入这个种内; 与 *P. vastus* Imgrund 1960 (86—94μm)的区别是本种个体较大, 轮廓相对不呈正圆形。

产地层位 山西河曲, 下石盒子组; 山西宁武, 太原组、石盒子组; 安徽太和, 上石盒子组; 云南曲靖, 徐家冲组; 甘肃靖远磁窑, 红土洼组—羊虎沟组; 宁夏横山堡, 上石炭统。

拟斜压圆形光面孢 *Punctatisporites obliquoides* Zhou, 1980

(图版 94, 图 15, 16)

1976 *Punctatisporites obliquus* Kosanke, Kaiser, p. 94, pl. 1, fig. 9.

1978 *Punctatisporites obliquus* Kosanke, 谌建国, 395 页, 图版 117, 图 1。

1980 *Punctatisporites obliquoides* Zhou, 周和仪, 17 页, 图版 3, 图 10, 13, 14。

1987 *Punctatisporites obliquoides* Zhou, 周和仪, 9 页, 图版 1, 图 20—22。

1990 *Punctatisporites obliquus* Kosanke, 张桂云, 见何锡麟等, 297 页, 图版 I, 图 22; 图版 II, 图 1。

1995 *Punctatisporites obliquus*, 吴建庄, 335 页, 图版 49, 图 17。

描述 赤道轮廓近圆形, 大小 46—67μm; 三射线长约 1/2R, 多斜置, 常具明显唇, 宽 2—3μm, 微弯曲, 顶端微隆起, 末端尖或微膨大, 无明显分叉; 外壁厚约 2μm, 表面平滑或细点状; 黄—黄棕色。

比较与讨论 本种以唇常较发育尤其是孢子个体较大(大于 46μm), 与下面描述的 *P. obliquus* (31—46μm)相区别, 但二者之间存在过渡形式。这种以大小作为种的划分标志在一定程度上是人为的, 不过, 古中生代孢粉分类中不乏先例。

产地层位 山西保德,上石盒子组;内蒙古准格尔旗黑岱沟,山西组;河南范县、临颖,上石盒子组。

斜压圆形光面孢 *Punctatisporites obliquus* Kosanke, 1950

(图版94,图17, 21)

1950 *Punctatisporites obliquus* Kosanke, p. 16, pl. 2, fig. 5.

1980 *Punctatisporites obliquus* Kosanke,周和仪,图版3,图1—9(部分)。

1984 *Punctatisporites obliquus*,高联达,396页,图版150,图6,8。

1986 *Punctatisporites obliquus*,杜宝安,图版Ⅰ,图16。

1990 *Punctatisporites* cf. *obliquus*,张桂芸,见何锡麟等,图版Ⅰ,图21。

1990 *Punctatisporites obliquus*,张桂芸,见何锡麟等,297页,图版Ⅰ,图22;图版Ⅱ,图1。

描述 赤道轮廓近圆形,大小40—45μm;三射线清楚,具细窄唇,偶可达2—3μm宽,长约1/2R,因孢子近球形,故射线常斜置;外壁薄,厚1.0—1.5μm,偶具褶皱,表面无明显纹饰,但显斑点状外观;黄色。

比较与讨论 Kosanke (1950)原描述大小31—46μm,三射线唇很窄,射线呈裂缝状,其他特征与当前标本近似;本种与*P. obliquoides* Zhou的区别仅在于后者个体稍大,唇常较宽。张桂云鉴定的*P. obliquus*大小达62—78μm,似介于二者之间。

产地层位 河北开平,大苗庄组;山西宁武,上石盒子组;内蒙古准格尔旗黑岱沟,本溪组、山西组;山东垦利、沾化、博兴,太原组—石盒子组;甘肃平凉,山西组。

蹼端圆形光面孢 *Punctatisporites palmipedites* Ouyang, 1962

(图版94,图19, 33)

1962 *Punctatisporites palmipedites* Ouyang,欧阳舒,82页,图版Ⅰ,图4,5;图版Ⅸ,图1。

1980 *Punctatisporites palmipedites*,周和仪,17页,图版3,图11,18。

1982 *Punctatisporites palmipedites*,蒋全美等,598页,图版398,图6—9,11,14;图版399,图8,11。

1986 *Punctatisporites* cf. *palmipedites* Ouyang,欧阳舒,38页,图版Ⅱ,图18。

1986 *Punctatisporites palmipedites*,杜宝安,图版Ⅰ,图20。

1987 *Punctatisporites palmipedites*,周和仪,图版1,图33。

1987a *Punctatisporites palmipedites*,廖克光,554页,图版133,图29。

1995 *Punctatisporites palmipedites*,吴建庄,335页,图版49,图10,12,13,15,16,23。

描述 赤道轮廓圆形—近圆形,大小47—115μm,全模标本102μm(图版94,图33);三射线细而清楚或具很窄的唇,直或微弯曲,长1/3—1/2R,一直伸入至弓形脊加厚带,往往穿出或末端分叉,加厚处常呈蹼状;明显的接触区内外壁变薄且凹入,较外壁其他部位透亮;外壁厚3—4μm,平滑无纹饰或呈细鲛点状,轮廓线平整;棕黄—深棕色。

比较与讨论 本种与*P. brevisenosus* Kaiser (1976, p. 94, pl. 1, figs. 12, 13)很相似,区别仅在于后者的唇自射线顶部已较发育,显然二者的关系是密切的;与*P. trifidus* Felix and Burbridge (1967, p. 358, pl. 53, fig. 15) 略相近,但后者较小(50—75μm),孢壁较薄,特别是射线在其总长1/2处已具分叉的很粗壮的唇;与*Calamospora flava* Kosanke (1950, p. 41, pl. 9, fig. 2) 在大小、壁厚、具唇等方面也有点相似,但后者无明显弓形脊和蹼端增厚,唇自射线顶部起已较发育。

产地层位 山西宁武,石盒子组;山西保德,下石盒子组;浙江长兴,龙潭组;山东沾化,太原组—石盒子组;湖南长沙,龙潭组;河南临颖、项城,上石盒子组;云南富源,宣威组—卡以头组;甘肃平凉,山西组。

副大型圆形光面孢(新名) *Punctatisporites paragiganteus* Ouyang and Jiang nom. nov.

(图版94,图31, 32)

1982 *Punctatisporites gigantus* Jiang,蒋全美等,597页,图版399,图6。

描述 赤道轮廓近圆形,近极面凸出不如远极面强烈,全模标本103μm(图版94,图32);射线清楚,直,长约 2/3R，具窄唇，微高起，末端尖；外壁厚 2—3μm，表面光滑，具细内颗粒；棕黄色。

比较与讨论 本种以外壁薄、唇较窄且不分叉与 *P. pseudogiganteus* com. nov. 区别，在后一种的讨论中已提及为何需建此新种；以唇简单、较窄细且射线棱与唇无明显分异而与 *P. elegans* Ouyang 不同。

产地层位 湖南邵东、长沙，龙潭组。

具唇圆形光面孢（新名、新联合） *Punctatisporites paralabiatus* (Gao) Ouyang nom. nov. comb. nov.

（图版 94，图 25，26）

1984 *Calamospora labiata* Gao，高联达，395 页，图版 149，图 18，19。

1986 *Calamospora liquida* Kosanke，杜宝安，图版 I，图 13。

描述 赤道轮廓圆形—亚圆形，大小 55—68μm，全模 55μm（图版 94，图 25）；三射线长≥2/3R，具唇，微弯曲，宽或高 1.5—4.0μm，末端或略分叉；外壁厚 1.5—2.5μm，偶见褶皱，表面平滑或具内点状结构，轮廓线平整；黄褐色。

比较与讨论 因本种孢子射线较长，壁相对偏厚，少褶皱，故迁入 *Punctatisporites* 内；与 *P. edgarensis* Peppers（1970，p. 82，pl. 1，fig. 16，17）有些相似，但后者以个体大（90—152μm）而不同。*Calamospora liquida* 孢子稍大（76—94μm），褶皱多，唇窄细，有所不同。本种新名与 Playford（1962）鉴定的 *Punctatisporites labiatus* 为异物同名，所以另取种名为 *Punctatisporites paralabiatus*。

产地层位 山西宁武，上石盒子组；甘肃平凉，山西组。

副蹼端圆形光面孢 *Punctatisporites parapalmipedites* Zhou，1980

（图版 4，图 9，10；图版 94，图 23，24）

1980 *Punctatisporites parapalmipedites* Zhou，周和仪，17 页，图版 3，图 12，15，16。

1982 *Punctatisporites parapalmipedites*，周和仪，143 页，图版 I，图 16，17。

1986 *Punctatisporites* cf. *palmipedites* Ouyang，欧阳舒，38 页，图版 II，图 5。

1987 *Punctatisporites parapalmipedites*，周和仪，图版 1，图 16。

1987a *Trimontisporites flexuosus* Ouyang and Chen，欧阳舒等，25 页，图版 2，图 5，9。

1993 *Punctatisporites parapalmipedites*，朱怀诚，231 页，图版 51，图 14—15b。

1994 *Trimontisporites flexuosus* Ouyang and Chen，卢礼昌，图版 1，图 15。

1996 *Punctatisporites parapalmipedites*，朱怀诚，见孔宪桢等，图版 44，图 3。

描述 赤道轮廓圆三角形—圆形，大小 34—58μm，通常 40—47μm，全模 45μm（图版 94，图 23）；三射线长约 1/2R，具唇，宽 2—3μm，弯曲或强烈弯曲，末端较宽，最宽达 10μm，分叉；外壁厚 2.5—5.0μm，表面平滑；黄棕色—棕色。

比较与讨论 本种以个体小、外壁厚、唇在顶部较粗壮区别于 *P. palmipedites* 等种；*P. trifidus* 孢壁较薄，个体稍大。云南富源被定为 *P.* cf. *palmipedites* 的标本除外壁稍薄（2μm 强）外，形态、大小接近本种，故迁入本种。按本书对 *Trimontisporites* 的修订，*T. flexuosus* Ouyang and Chen，1987 应迁入 *Punctisporites*，但这样一来，就成了 *P. flexuosus* Felix and Burbridge，1967 的晚出异物同名（无效），因其大小、形态相对与 *P. parapalmipedites* 较为相似，晚泥盆世的标本中也有射线蹼端加厚，宽达 5—12μm 的，故迁入此种，而不另起新名。

产地层位 山西左云，太原组；江苏句容，五通群擂鼓台组下部；江苏南京龙潭，擂鼓台组上部；河南范县，上石盒子组；云南富源，宣威组；甘肃靖远，红土洼组—羊虎沟组下段。

副坚实圆形光面孢 *Punctatisporites parasolidus* Ouyang，1964

（图版 94，图 29，30）

1964 *Punctatisporites parasolidus* Ouyang，欧阳舒，489 页，图版 I，图 6，7。

描述 极面圆形，大小 58—84μm，平均 69μm（测 10 粒），全模 66μm（图版 94，图 30）；三射线清晰，长约

1/2R，在同一标本上有时不等长，末端或具不规则的两分叉，薄唇微高起；表面平滑无纹饰，外壁厚4—6μm，两层，内层极薄；棕黄色。

比较与讨论 此种孢子与 *P. solidus* Hacquebard（加拿大 Nova Scotia，下石炭统）颇相似，后者大小50—64μm，外壁较薄（3—4 μm），射线末端不分叉。*P. obliquus* Kosanke，大小仅31—46μm，外壁很薄，仅1.5μm。本种略可与 *Leschikisporites* Potonié 的分子比较，唯后者三射线的一支与另两支几乎垂直，呈典型的不对称。

产地层位 山西河曲，下石盒子组。

隐瘤圆形光面孢 *Punctatisporites parvivermiculatus* Playford, 1962

（图版94，图22；图版95，图1）

1962 *Punctatisporites parvivermiculatus* Playford, p. 577, pl. 78, fig. 14.

1988 *Punctatisporites parviverrrucatus*（sic!）Playford，高联达，图版Ⅰ，图9。

1989 *Punctatisporites parvivermiculatus*, Zhu Huaicheng, pl. 1, fig. 17.

1993 *Punctatisporites parvivermiculatus*，朱怀诚，231页，图版52，图1—4。

描述 赤道轮廓近圆形—圆形，大小45.0（65.7）85.0μm（测7粒）；三射线明显，简单，细直，唇很窄，不明显，2/3—3/4R；外壁厚1.5—2.5μm，轮廓线平—细齿状，表面饰以细粒，细瘤，彼此相连或分离，外侧多平，排列紧密，凸纹间为宽度较窄且稳定的细沟、槽，呈负网状，赤道附近常有一褶皱。

比较与讨论 当前标本与初描述的 *P. parvivermiculatus* 的大小（55—88μm，平均74μm）、形态和纹饰（细的蠕瘤—壕穴）颇相似，但纹饰较明显且多变化。

产地层位 甘肃靖远，红土洼组、臭牛沟组。

孔壁圆形光面孢 *Punctatisporites perforatus* Lu, 1980

（图版4，图11—13）

1980b *Punctatisporites perforatus* Lu，卢礼昌，6页，图版1，图4—6。

描述 赤道轮廓和子午轮廓均为圆形，大小44—60μm，平均51.6μm，全模标本49μm；三射线多半清楚，微具唇，同一标本上或不等长，长3/5—2/3R；外壁1层，厚实，细孔状或点穴状结构显著，分布致密，穴径<0.5μm，穿过整个外壁，因此外壁又呈细小、均匀的内棒状；外壁内缘界线不分明，表面光滑，厚3.0—3.5μm；棕褐色。

比较与讨论 *Geminospora punctata*（Owens, 1970）的外壁（外层）结构近似当前标本，但其外壁为2层。

产地层位 云南沾益龙华山，海口组。

杵唇圆形光面孢 *Punctatisporites pistilus* Ouyang, 1986

（图版94，图28；图版95，图4）

1986 *Punctatisporites pistilus* Ouyang，欧阳舒，1986，38页，图版Ⅲ，图1，2。

描述 赤道轮廓近圆形，近极、远极皆强烈凸出，故射线保存方向不定，大小59（65）75μm（测6粒），个别可达92μm，全模标本63μm（图版94，图28）；三射线具略高起的颇发育的唇，宽达2.5—5.0μm甚至6μm，有时在射线一侧颇发育，边缘不甚平整或微波状，末端常不尖或微开叉；射线棱清楚，长2/3—4/5R；外壁一般厚1.2—2.0μm，平均约1.6μm，个别标本上可达2.5μm，常具极细密内颗粒；棕黄色。

比较与讨论 湖南浏阳龙潭组被定为 *Cadiospora glabra* Chen（谌建国，1978，410页，图版119，图21）的标本，其所谓“环”可能是外壁（3.2μm），如此，则与本种略可比较，但以其唇较发达、分叉强烈、接触区内凹而有重大不同。本种与荷兰中三叠统的 *Punctatisporites* sp.（Visscher and Commissaris, 1958, p. 410, pl. 119, fig. 21）亦略近似，但后者外壁较厚，唇较细弱。

产地层位 云南富源，宣威组上段。

平坦圆形光面孢 *Punctatisporites planus* Hacquebard, 1957

（图版95，图2，19）

1957 *Punctatisporites planus* Hacquebard, p. 308, pl. 1, fig. 12.

1964 *Punctatisporites planus* Hacquebard，欧阳舒，488页，图版Ⅰ，图4。

1986 *Punctatisporites planus* Hacquebard，杜宝安，图版Ⅰ，图18。

1986 *Punctatisporites planus*，唐善元，图版Ⅰ，图3。

1988 *Punctatisporites planus*，卢礼昌，123页，图版6，图16，17。

1988 *Punctatisporites planus*，卢礼昌，图版3，图11，12。

1995 *Punctatisporites planus*，卢礼昌，图版1，图9。

1999 *Punctatisporites planus*，卢礼昌，35页，图版1，图4。

描述 赤道轮廓近圆形，大小40.5—62.0μm；三射线清楚，单细，长1/2—3/4R，末端似微分叉；射线间有一不明显的微凹的接触区；外壁薄，厚1—2μm，表面平滑无纹饰，无或少有褶皱；棕色。

比较与讨论 此种孢子形态上与 *P. planus* Hacquebard 基本一致，后者外壁厚约2μm，射线长2/3—3/4R，大小50—64μm。此外，*P. planus* Virbitskaya，1983（Oshurkova, 2003, p. 62）为晚出同名，无效。

产地层位 山西河曲，下石盒子组；江苏南京龙潭，五通群擂鼓台组；湖南（湘中），测水组；云南沾益，海口组；甘肃平凉，山西组；新疆和布克赛尔，黑山头组5，6层。

假大型圆形光面孢（新名） *Punctatisporites pseudogiganteus* (Zhou) Ouyang nom. nov.

（图版95，图17，21）

1980 *Punctatisporites giganteus* Zhou，周和仪，15页，图版2，图1，5。

描述 赤道轮廓圆形，远极面凸出较强烈，大小148—158μm，全模148μm（图版95，图21）；三射线长约1/2R，具粗壮唇，宽10—12μm，或略弯曲，末端变宽或分叉；外壁厚6—8 μm，具内颗粒结构；黄棕色。

比较与讨论 本种是 *P. giganteus* Neves, 1961 的晚出异物同名，因此另起新名。本种大小接近 *P. paragiganteus* nom. nov. 和 *P. giganteus* Neves, 1961（p. 252, pl. 30, fig. 4），但以唇粗壮、外壁较厚与后两者区别；以个体特大而不同于 *P. palmipedites* 等种。

产地层位 山东沾化，太原组。

伪饰圆形光面孢 *Punctatisporites pseudolevatus* Hoffmeister, Staplin and Malloy, 1955

（图版95，图6）

1955 *Punctatisporites pseudolevatus* Hoffmeister, Staplin and Malloy, p. 349, pl. 36, fig. 5.

1972 *Punctatisporites pseudolevatus* Hoffmeister, Staplin and Malloy, Bertelsen, p. 27, pl. 2, fig. 1.

1985 *Punctatisporites pseudolevatus*，高联达，50页，图版3，图3。

描述 赤道轮廓圆三角形，大小50—70μm；三射线常弯曲，几等于半径长，射线两侧具加厚的唇，宽1—3μm；孢子表面似具细颗粒纹饰。

产地层位 贵州睦化，打屋坝组底部。

假点饰圆形光面孢 *Punctatisporites pseudopunctatus* Neves, 1961

（图版95，图14，15）

1961 *Punctatisporites pseudopunctatus* Neves, p. 255, pl. 30, fig. 3.

1989 *Punctatisporites pseudopunctatus* Neves, Zhu H. C., pl. 1, fig. 9.

1993 *Punctatisporites pseudopunctatus* Neves，朱怀诚，231页，图版52，图11—14。

1993b *Punctatisporites pseudopunctatus* Neves, Zhu H. C., pl. 1, figs. 18, 19.

描述 赤道轮廓近圆形—圆形，大小84.0（98.3）107.5μm（测6粒）；三射线明显或不明显，简单，细直，1/2—3/4R；外壁厚2.5—6.0μm，轮廓线平整，外壁明显分为内、外2层，外层薄，厚0.5—2μm，均质透明，内层相对较厚，颜色较深，为紧密排列的小柱，外壁表面具紧密排列的点状纹饰，直径不超过1μm，多在0.5—

1.0μm,彼此分离,赤道处外壁内层呈栅栏状,常有1—2条小褶皱。

比较与讨论 据Neves描述,此种大小90—120μm,全模116μm,赤道轮廓亚圆形;三射线短,接近1/2R;外壁为粗而密的内点穴状,但外壁分2层现象是模式标本所缺乏的。

产地层位 甘肃靖远,红土洼组—羊虎沟组中段。

点饰圆形光面孢 *Punctatisporites punctatus* Ibrahim, 1933

(图版95,图3, 5)

1932 *Sporonites punctatus* Ibrahim, in Potonié, Ibrahim and Loose, p. 448, pl. 15, fig. 18.

1933 *Punctatisporites punctatus* Ibrahim, p. 21, pl. 2, fig. 18.

1955 *Punctatisporites punctatus*, Potonié and Kremp, p. 44, pl. 11, fig. 122.

1967 *Punctatisporites punctatus*, Butterworth and Williams, p. 129, pl. 1, figs. 19, 20.

1980 *Punctatisporites punctatus*,周和仪,17页,图版3,图17。

1982 *Punctatisporites inconspicus* Jiang and Hu,蒋全美等,597页,图版395,图25—27。

1983 *Punctatisporites punctatus*,高联达,486页,图版114,图8。

1984 *Punctatisporites punctatus*,高联达,323页,图版133,图18。

1990 *Punctatisporites punctatus*,张桂芸,见何锡麟,298页,图版Ⅱ,图3。

1993 *Punctatisporites punctatus*,朱怀诚,232页,图版52,图5,6。

1999 *Punctatisporites punctatus*,卢礼昌,35页,图版1,图19,20。

描述 赤道轮廓圆形—圆三角形,大小40—70μm;三射线一般明显,简单,细直,长1/2—2/3R或稍长些,或开裂;外壁厚1.0—2.5μm,表面点状—微粗糙或具细内颗粒,偶具褶皱;黄—棕色。

比较与讨论 当前标本与国外石炭系中常见的*P. punctatus*大小形态基本一致,二者被定为同种;原描述大小50—80μm,全模标本77μm,射线几达赤道。根据湖南石炭系所发现的标本建立的种*P. inconspicus* Jiang and Hu,孢子大小上限在本种大小变化范围内,其他特征一致,且标本保存欠佳,不足以建新种。

产地层位 河北开平,赵各庄组;山西宁武,本溪和太原组;内蒙古准格尔旗,本溪组;内蒙古清水河,太原组;山东垦利,上石盒子组;湖南邵东,石磴子组;贵州贵阳乌当,旧司组;甘肃靖远,红土洼组—羊虎沟组;新疆准噶尔盆地,呼吉尔斯特组。

细点圆形光面孢 *Punctatisporites punctulus* (Kedo) Gao, 1983

(图版95,图7)

1963 *Trachytriletes punctulus* Kedo, p. 33, pl. 1, fig. 21.

1983 *Punctatisporites punctatus* (Ibrahim) Ibrahim,高联达,486页,图版114,图9。

描述 孢子赤道轮廓三角形,三边微向外凸,角圆,大小60—75μm;三射线细长,直伸角常裂开;孢壁薄,沿孢子边缘的褶皱形成条带。

比较与讨论 此标本与*P. punctatus*(Ibrahim) Ibrahim, Loose(1934, pl. 7, fig. 27)比较类似,唯后者为三角形,无接触区。

产地层位 贵州贵阳乌当,旧司组。

壳皮圆形光面孢 *Punctatisporites putaminis* McGregor, 1960

(图版3,图5, 6)

1960 *Punctatisporites putaminis*, McGregor, p. 29, pl. 11, fig. 7.

1988 *Punctatisporites putaminis*,卢礼昌,123页,图版1,图1,2。

描述 赤道轮廓圆形或近圆形,大小45.2—51.5μm;三射线清楚至可见,直,具唇,低矮,透明,末端常较发育(略粗壮),全宽可达6μm左右,伸达赤道附近;外壁厚2.5—3.2μm,表面光滑—粗糙,具明显的内颗粒状结构;罕见褶皱,浅黄棕色。

产地层位 云南沾益史家坡,海口组。

薄区圆形光面孢 *Punctatisporites recavus* Ouyang and Chen, 1987

（图版 4，图 4，5）

1987a *Punctatisporites recavus* Ouyang and Chen，欧阳舒、陈永祥，26 页，图版 1，图 15，16。

1996 *Punctatisporites recavus*，王怿，图版 1，图 6。

描述 赤道轮廓近圆形—近三角形，大小 34—39μm，全模标本 34μm；三射线清楚，简单或具窄唇，宽约 1.5μm，有时微开裂，长约 4/5R 至达外壁内沿，沿射线长 2/3 至近全长的接触区内外壁较薄，形成一较透亮的近圆形或三角形区；其余部位外壁较厚，2.0—3.5μm，表面光滑或细鲛点状；棕色。

比较与讨论 本种孢子以其近极接触区内外壁变薄、无弓形脊和外壁颇厚等特征与 *Punctatisporites* 的其他种或 *Retusotriletes* 属的种不同。

产地层位 江苏句容，五通群擂鼓台组下部；湖南锡矿山，邵东组。

圆形圆形光面孢 *Punctatisporites rotundus* (Naumova) Pashkevich, 1971

（图版 27，图 20，21）

1953 *Leiotriletes rotundus* Naumova, p. 43, pl. 5, figs. 3, 4; p. 120, pl. 18, figs. 4, 5.

1971 *Punctatisporites rotundus* (Naumova) Pashkevich, Oshurkova, 2003, p. 60.

1987a *Punctatisporites rotundus* (Naumova) Ouyang and Chen，欧阳舒、陈永祥，25 页，图版 2，图 1—3。

1994 *Punctatisporites rotundus* (Naumova) Pashkevich，卢礼昌，图版 1，图 11。

描述 赤道轮廓圆形，或因褶皱而呈亚圆形，大小 35—42μm（测 3 粒）；三射线清楚，长 3/4—7/9R，在同一孢子上常不等长，最短者仅约 1/3R，具窄唇，或开裂；外壁厚 2.0—2.5μm，表面平滑，赤道边沿常具一明显的弧形褶皱；深黄—棕黄色。

比较与讨论 在大小、形态上，当前孢子较为接近 *Leiotriletes rotundus* Naumova 1953，后者大小 25—35μm，三射线略短于孢子半径长。*P. minutus* Kosanke, 1950 (p. 15, pl. 16, fig. 3)，外壁较薄（1.5μm），呈细点穴状。

产地层位 江苏句容，五通群擂鼓台组下部；江苏南京龙潭，五通群擂鼓台组上部。

优雅圆形光面孢 *Punctatisporites scitulus* Jiang, 1982

（图版 95，图 8，16）

1982 *Punctatisporites scitulus* Jiang，蒋全美等，598 页，图版 399，图 1，3。

描述 赤道轮廓近圆形，近极面平坦或微凹入，远极面强烈凸出，大小 70—90μm，全模 70μm（图版 95，图 8）；三射线清楚，具微发育的唇，宽 2—3μm，有时微开裂，偶见末端微弱分叉，长 1/2—2/3R；外壁厚颇均匀，一般 2—3μm，具细内颗粒结构；棕黄色。

比较与讨论 本种与 *P. paragiganteus* Ouyang and Jiang nom. nov. 略相似，但以个体较小、唇末端微分叉而与后者区别。

产地层位 湖南长沙跳马涧，龙潭组。

离层圆形光面孢 *Punctatisporites separatus* Lu, 1981

（图版 4，图 24）

1981 *Punctatisporites separatus* Lu，卢礼昌，96 页，图版 1，图 4。

描述 赤道轮廓圆形，大小 68—83μm，全模标本 72μm；三射线清楚，简单，直，有时开裂，长约 3/4R；外壁 2 层，内层甚薄，厚 <1μm，点状结构明显，至少在赤道区与外层多少分离或因收缩而破裂，外层在赤道厚 3—4μm，透明，轮廓线光滑；黄棕色。

注释 有关是外壁厚还是赤道缘的问题，有待进一步确认。

产地层位 四川渡口，上泥盆统下部。

曲皱圆形光面孢 *Punctatisporites sinuatus* (Artüz) Neves, 1961

（图版 95，图 9，10）

1957 *Sinuspores sinuatus* Artüz, p. 254, pl. 7, fig. 48.

1958 *Punctatisporites densoarcuatus* Neves, p. 5, pl. 2, fig. 7.

1958 *Punctatisporites coronatus* Butterworth and Williams, p. 360, pl. 1, fig. 12.

1961 *Punctatisporltes sinuatus* Artüz, Neves, p. 252.

1967 *Punctatisporites sinuatus*, Smith and Butterworth, p. 129, pl. 2, figs. 1, 2.

1987 *Punctatisporites sinuatus*，高联达，图版 1，图 6。

1993 *Punctatisporites sinuatus*，朱怀诚，232 页，图版 52，图 8，9。

1993b *Punctatisporites sinuatus*, Zhu Huaicheng, pl. 1, figs. 13, 16.

描述 赤道轮廓亚圆形—圆形；大小 70.0(77.8)95.0μm(测 6 粒)；三射线清晰，简单，直，多少开裂，唇窄而不明显，有时外壁沿射线两侧褶皱，呈宽唇状，长 3/4—4/5R；外壁较厚，3—5μm，轮廓线多平整，表面光滑—点—内颗粒状，沿孢子赤道周边有一特征性的宽而低平的褶皱，平缓或弯曲延伸，有时似赤道环状，皱宽 5—18μm，一般 10—15μm。

比较与讨论 根据原作者描述，此种孢子大小 90—130μm，全模 120μm；三射线长约 3/4R，直，开裂；最特别的是孢子边沿是环带状的暗色环，宽达 15—17μm，孢子表面具耳曲状内结构(外壁内层)，显示为透亮的弯曲形态配之以暗色背景。在我国被鉴定为此种的标本后一特征不明显，属种的鉴定似应作保留。

产地层位 甘肃靖远，红土洼组。

坚实圆形光面孢 *Punctatisporites solidus* Hacquebard, 1957

（图版 4，图 17；图版 95，图 20；图版 96，图 25）

1957 *Punctatisporites solidus* Hacquebard, p. 308, pl. 1, fig. 13.

1980 *Punctatisporites solidus* Hacquebard，高联达，图版 I，图 8。

1988 *Punctatisporites solidus*，卢礼昌，123 页，图版 1，图 12，13。

1996 *Punctatisporites irrasus* Hacquebard，朱怀诚，146 页，图版 II，图 1。

1997b *Punctatisporites solidus*，卢礼昌，图版 1，图 8。

描述 赤道轮廓亚圆形—圆形；大小 39.8—60.0μm；三射线明显，简单，直，微开裂，长 2/3—3/4R；外壁厚 2—4μm，表面光滑或具强烈点状结构，轮廓线平整。

比较与讨论 当前标本除点状纹饰强烈外，其余特征与 Haequebard(1957)所记述的新斯科舍(Nova Scotia)地区 Horton Group 的标本特征一致；本种以其孢子较小及外壁坚实而有别于孢子较大(111—206μm)并具赤道缘的 *P. limbatus* Hacquebard (1957)。

产地层位 山西保德，下石盒子组；云南沾益龙华山，海口组；甘肃靖远，前黑山组；新疆准噶尔盆地，呼吉尔斯特组；新疆塔里木盆地，巴楚组。

壮唇圆形光面孢 *Punctatisporites stibarosus* Ouyang, 1986

（图版 95，图 13）

1986 *Punctatisporites stibarosus* Ouyang，欧阳舒，38 页，图版 II，图 28。

描述 赤道轮廓近圆形，全模标本 105μm；三射线具发达粗壮而平直的唇，宽 10—13μm，端部浑圆，边沿平整或微波状，有时其外沿与外壁逐渐过渡，射线棱清楚，裂缝状，末端多少分叉，长 32—35μm，即约 2/3R；外壁厚约 2.5μm，光面，偶具小褶皱；棕色。

比较与讨论 本种以孢子较大，具粗壮的、边沿平直的唇与 *Punctatisporites* 属其他种区别。

产地层位 云南富源，宣威组上段。

亚小圆形光面孢 *Punctatisporites subminor* (Naumova) Gao and Hou, 1975

(图版95,图18)

1953 *Trachytriletes subminor* Naumva, p. 47, pl. V, fig. 23.

1975 *Punctatisporites subminor* (Naumva) Gao and Hou,高联达等,185页,图版1,图17。

1985 *Punctatisporites subminor* (Naumova) Gao and Hou,高联达,51页,图版3,图5。

描述 赤道轮廓亚三角形,三边约向外凸出;大小40—50μm,全模48μm;三射线简单,长为孢子半径;外壁表面粗糙。

产地层位 贵州独山,舒家坪组;贵州睦化,王佑组格董关层底部。

略损圆形光面孢 *Punctatisporites subtritus* Playford and Helby, 1968

(图版4,图30,31)

1968 *Punctatisporites subtritus* Playford and Helby, p. 107, pl. 9, figs. 11, 12.

1995 *Punctatisporites subtritus*,卢礼昌,图版1,图8。

1997b *Punctatisporites subtritus*,卢礼昌,图版1,图15。

1999 *Punctatisporites subtritus*,卢礼昌,36页,图版29,图8—10。

描述 赤道轮廓亚圆形,大小70.2—80.0μm;三射线可识别至清楚,细长或微具窄唇,长3/4—4/5R;赤道外壁厚2.0—3.5μm,轮廓线光滑,但常具细密的内点穴—颗粒状结构,沿赤道附近常具弧形带状甚至酷似环状褶皱,颜色较其余外壁深暗许多。

比较与讨论 *P. subtritus* 与 *P. coronatus* Butterworth and Williams, 1958可比较;彼此均具类似的褶皱特征及其相同的分布位置,且大小幅度相差无几,分别为65—126μm与75—116μm,但前者外壁呈细小致密的内点穴—颗粒状。

产地层位 湖南界岭,邵东组;新疆准噶尔盆地,呼吉尔斯特组;新疆和布克赛尔,黑山头组4—6层。

三角圆形光面孢 *Punctatisporites triangularis* Ouyang, 1964

(图版96,图33)

1964 *Punctatisporites triangularis* Ouyang,欧阳舒,490页,图版Ⅰ,图12。

描述 赤道轮廓圆三角形,大小83—109μm,平均94μm,全模83μm;三射线清楚,末端尖锐,不分叉,长1/2—2/3R,常开裂,宽5—10μm;外壁厚4μm,无纹饰,轮廓线平整;黄—棕黄色。

比较与讨论 此种孢子与Potonié和Winslow(1959, p. 64)鉴定的 *P.* cf. *obesus* 略相似,但三角形倾向较明显;而且 *P. obesus* 的全模标本为圆形,大小达100—150μm。Hörst(1955)曾将大小为57—127μm的孢子归入 *P.* cf. *obesus*,但未必合适。

产地层位 山西河曲,下石盒子组。

叉唇圆形光面孢 *Punctatisporites trifidus* Felix and Burbridge, 1967

(图版95,图11;图版96,图39)

1967 *Punctatisporites trifidus* Felix and Burbridge, 1967, p. 358, pl. 53, fig. 15.

1971 *Trimontisporites trifidus* (Felix and Burbridge) Urban, p. 145.

1983 *Trimontisporites glaber* Ouyang,欧阳舒等,31页,图版Ⅰ,图1—3。

1984 *Trimontisporites trifidus* (Felix and Burbridge) Wang,王蕙,96页,图版Ⅰ,图12。

1986 *Trimontisporites triarcuatus* (Staplin) Urban Auct. non Staplin,杜宝安,图版Ⅰ,图43。

1993 *Punctatisporites trifidus* Felix and Burbridge, 朱怀诚,232页,图版50,图42。

描述 赤道轮廓圆形—亚圆形,大小48—73μm;三射线具不同程度发育的唇,最宽可达5μm,有时呈膜状,高达3—4μm,顶部偶见一低矮的颈状体,延伸1/2—1/3R,随后(或覆以)增厚并分叉,构成一粗壮的、略呈三角形的弓形脊(?),其总长1/2—2/3R,分叉末端可延伸至外壁内沿;外壁厚1.5—2.5μm,光滑无纹饰,接触区凹入;棕黄—棕色。

比较与讨论　当前孢子与 *T. trifidus* 基本特征相同，后者最初描述为：大小 50—75μm，圆形，三射线长 1/2—2/3R，末端分叉，其长等于分叉前射线长度，唇粗壮，外壁厚 1.5—2.5μm，光面。本种孢子以其射线（唇）在 1/3—1/2R 处分叉且较发达区别于属内其他种。*P. palmipedites* Ouyang 较大，达 75—115μm。

产地层位　山西保德，下石盒子组；山东兖州，山西组；甘肃平凉，山西组；甘肃靖远磁窑，红土洼组—羊虎沟组中段；宁夏横山堡，羊虎沟组—太原组。

变异圆形光面孢　*Punctatisporites varius* Lu, 1994

（图版 4，图 20，21）

1994 *Punctatisporites varius* Lu，卢礼昌，170 页，图版 1，图 33，34。

描述　赤道轮廓圆形或近圆形，大小 53.2—87.8μm，全模标本 58.5μm；三射线清楚，唇发育，但不强烈隆起，宽度均匀，总宽 2.8—4.2μm，长 1/2—3/5R；外壁近光面，厚 2.0—3.5μm，粗颗粒状结构稀疏，表面或具少许低矮的圆瘤状突起，高约 0.5μm（或不足），基径常在 2.5—6.0μm 之间，分布不规则，外壁具条带状褶皱或脊状加厚（?），其数量有限，分布方向不定，但很少位于赤道区；棕或深棕色。

比较与讨论　本种以其唇发育、外壁较厚、褶皱[加厚（?）]明显与具少许低圆瘤为特征，与下列种的主要区别是：*P. solidus* Hacquebard, 1957 的三射线（在同一标本上）不等长（1 长、2 短），且外壁无明显褶皱或加厚；*P. sinuatus*（Artuz）Neves, 1961 的外壁虽也具类似的瘤状突起，但其褶皱常沿近极—赤道区分布，甚者呈环状分布，同时孢子也大得多（90—130μm）。鉴于圆瘤状突起少而低（在孢子轮廓线上几乎无突起），因此与其归入 *Pustulatisporites*，还不如归入 *Punctatisporites* 较适合。

产地层位　江苏南京龙潭，五通群擂鼓台组上部。

厚壁圆形光面孢　*Punctatisporites vastus*（Imgrund）Imgrund, 1960

（图版 95，图 12；图版 96，图 38）

1960 *Punctatisporites vastus*（Imgrund）Imgrund, p. 153, pl. 13, fig. 7.

1990 *Punctatisporites obesus*（Loose）identified by Zhang G. Y.，张桂云，见何锡麟等，298 页，图版 Ⅱ，图 4。

描述　赤道轮廓圆形—亚圆形，大小 77—94μm，全模 86μm（图版 96，图 38）；三射线的射线长 1/2—2/3R，裂缝细，多开裂，具窄唇，略弯曲；外壁厚（厚不可测，但据照片，似达 5μm 左右），无次生褶皱，具点穴—微粗糙结构，偶呈网状，轮廓线平滑；棕—红棕色。

比较与讨论　*P. punctatus* Ibrahim 外壁很薄，常具次生褶皱。

产地层位　山西保德，下石盒子组；河北开平，唐家庄组—赵各庄组；内蒙古准格尔旗黑岱沟，山西组（6 煤下）。

透臂圆形光面孢　*Punctatisporites vernicosus* Chen, 1978

（图版 96，图 26）

1978 *Punctatisporites vernicosus* Chen，谌建国，396 页，图版 116，图 15。

1982 *Punctatisporites vernicosus* Chen，蒋全美等，598 页，图版 398，图 1。

描述　赤道轮廓亚圆形，近极面低平，远极面强烈凸出，全模 67μm；三射线细窄，微弯曲，长为 1/2—2/3R，末端具蹼状—弓形脊状增厚，平行射线两侧有一宽约 12μm 的外壁变薄区，呈透明三臂状；外壁厚 1.5—2.0μm，表面平滑；暗黄色。

比较与讨论　本种以其射线两侧具透明的三臂状外壁而与类似种如 *P. palmipedites* 等区别。

产地层位　湖南邵东保和堂，龙潭组。

盾壁孢属　*Peltosporites* Lu, 1988

模式种　*Peltosporites imparilis* Lu, 1988；云南沾益，中泥盆统。

属征 辐射对称三缝小孢子,赤道轮廓宽圆三角形—近圆形,三射线一般长于2/3R,不伸达赤道边缘;外壁异常厚实,其厚度常大于孢子大小的1/10,且基本等厚,表面光滑或具柔弱小纹饰,内结构不常见;模式种大小67. 1—74. 9μm。

比较 本属的形态与*Leiotriletes*和*Punctatisporites*的某些种有些相似,但它们的外壁要薄许多;与栎型类各属的不同是,外壁无明显加厚或减薄现象。

注释 除个别种外壁厚度在辐射区略薄于辐间区外,其他种的分子,无论是近极、远极外壁,还是赤道外壁,其厚度在同一标本上彼此均无明显差异。

不等厚盾壁孢 *Peltosporites imparilis* Lu, 1988

(图版3,图10, 11)

1988 *Peltosporites imparilis* Lu,卢礼昌,125页,图版27,图4,5;插图3。

描述 赤道轮廓钝角三角形,角顶钝凸,三边常略外凸,大小67. 1—74. 9μm,全模标本74. 9μm;三射线清楚,简单,伸达赤道边缘或赤道附近,射线末端两侧或具微弱的接触痕迹;外壁相当厚实,赤道外壁常不等厚:辐射区较薄,厚6. 2—9. 4μm,辐间区稍厚,可达9. 4—15. 6μm,远极外壁或较近极外壁略厚,表面光滑,近极表面微粗糙—细颗粒状;外壁里表面界线清楚至仅可识别,极面观由其构成的中央区,常呈锐角三角形(角顶锐,三边平直或微凸),致使赤道外壁结构略似呈楔环状;赤道轮廓线除角顶小部分平滑外,其余大部分粗糙—细刺—粒状;未见褶皱,棕—深棕色。

比较与讨论 本种形态和大小与北极加拿大晚泥盆世(弗拉期)的*Stenozonotriletes notatus*(Owens, 1971, p. 36)颇为相似,但后者外壁被描述为2层;不过,其图版10的图2,5,9似乎表明:外壁并非2层,所谓的"内孢体(inner body)",很可能是外壁里表面界线的反映,并非由真正的内层所形成;通常有这种情况:外壁相当厚实的标本,其赤道外壁厚(极面观)常貌似宽带环,在侧压标本佐证下,它确实是壁厚,而非环宽,故未将这类分子归入任何具环孢的属内。

产地层位 云南沾益史家坡,海口组。

近圆盾壁孢 *Peltosporites rotundus* Lu, 1988

(图版3,图8, 9)

1988 *Peltosporites rotundus* Lu,卢礼昌,125页,图版3,图10,11。

描述 赤道轮廓宽圆三角形—近圆形,大小60. 8—68. 6μm,全模68. 6μm;三射线清楚至可见,直,或具唇,微开裂或微弯曲,单片唇宽1. 0—2. 3μm,伴随射线伸达赤道附近或不及;射线末端两侧,或具微弱的接触印痕;外壁相当厚实,赤道外壁基本等厚,6. 2—7. 8μm,近极中央常具界线不清楚的三角形较亮区,其角顶接近射线末端或与之重叠;近极表面微粗糙、远极面光滑;赤道轮廓线除角顶小部分圆滑外,其余大部分略微凹凸不平;棕—深棕色。

比较与讨论 本种的大小和外壁厚度与同产地、同层位的*P. imparilis*极为相似,但后者赤道轮廓常是钝角三角形,并且赤道外壁明显不等厚;*Retusotriletes spissus* Lu,1988的孢子外壁虽然也很厚实(最厚可达10—11μm),但近极外壁常略厚于远极外壁,同时还具弓形脊,孢体也较大(平均87. 5μm)。

产地层位 云南沾益史家坡,海口组。

柔皱盾壁孢 *Peltosporites rugulosus* Lu, 1988

(图版3,图12, 13)

1988 *Peltosporites rugulosus* Lu,卢礼昌,126页,图版3,图7, 8。

描述 赤道轮廓钝角三角形—近圆形,侧面轮廓远极面明显圆凸,近极面低锥角形(顶部微微内凹),大小74. 9—85. 8μm,全模74. 9μm;三射线清楚或可见,简单或具窄唇,单片唇宽约1μm,微波状,伸达赤道附近,末端两侧或具微弱的接触印痕;外壁厚6. 2—8. 7μm,远极表面光滑,近极表面具细皱纹状或微波纹状纹饰，分布致密、不规则，或局部连接成网脊—皱纹状图案，在赤道边缘反映甚微；未见褶皱；棕—深棕色。

比较与讨论 本种的标本所具有的细皱纹状纹饰与 *Trimontisporites rugosus*（Urban, 1971, p. 147）颇为相似，但后者纹饰不仅分布于近极面，而且远极面也有，同时孢体较小（34—46μm），外壁较薄（全模标本，外壁厚仅 2.5μm）；与前述 *Peltosporites imparilis* 的形态特征颇相似，彼此主要区别在于后者近极表面不具细皱纹状纹饰。

产地层位 云南沾益史家坡，海口组。

卜缝孢属 *Leschikisporites* R. Potonié, 1958

模式种 *Leschikisporites*（al. *Punctatisporites*）*aduncus*（Leschik, 1955）R. Potonié, 1958；瑞士巴塞尔（Basel）；上三叠统（Keuper）。

属征 模式种全模大小 43μm，赤道轮廓圆形，子午轮廓豆形，远极面颇凸出；三射线不对称，一条射线较另两条短，后述两条几乎构成一直线，只在顶部有一很钝的角，以致第三条射线近乎垂直于另两条射线的接触处；外壁平滑—颗粒状。

比较与讨论 本属以不对称的“卜”状射线区别于光面或具细纹饰孢子其他各属。

厚壁卜缝孢 *Leschikisporites callosus* Jiang, 1982

（图版 96，图 23，30）

1982 *Leschikisporites callosus* Jiang，蒋全美等，617 页，图版 409，图 1，2。

1982 *Leschikisporites* sp.，蒋全美等，617 页，图版 409，图 7。

描述 赤道轮廓近圆形或卵圆形，大小 47—52×37—46μm，全模 50×46μm；三射线清晰，不对称，两条射线几乎成直线，长约孢子长轴的 2/3，另一条较短，小于前者长的 1/2，并与之斜交或垂直，略呈“卜”字形；外壁厚 2—4μm，具内颗粒，表面光滑；黄棕色。

比较与讨论 本种孢子以外壁较厚、个体较小和多为卵圆形与 *L. stabilis* 区别。

产地层位 湖南长沙跳马涧，龙潭组。

坚实卜缝孢 *Leschikisporites stabilis* Ouyang and Li, 1980

（图版 96，图 31，32）

1980 *Leschiksporis stabilis* Ouyang，欧阳舒、李再平，128 页，图版 I，图 28。

1982 *Leschiksporis stabilis* Ouyang, p. 70, pl. I, fig. 7.

1986 *Leschiksporis stabilis* Ouyang，欧阳舒，39 页，图版 II，图 22—25。

描述 赤道轮廓近圆形，孢子中等大小，大小 50—68μm，全模 65μm；三射线清楚，具顶部高可达 3μm 的唇，两支接近平直，夹角 165°—170°，另一支几乎与之垂直，较短，长 18—22μm（1/2—2/3R），末端颇尖；外壁较厚，达 2.5—4.0μm，偶尔 1—2μm，坚实，2 层（?），内层稍薄，表面平滑无纹饰；棕黄色。

比较与讨论 本种略可与本属模式种 *Leschikisporites*（*Punctatisporites*）*aduncus*（Leschik）比较，但后者大小仅 43μm，外壁较薄，1μm，表面具极细鲛点—颗粒状结构。

产地层位 云南宣威，宣威组下段—卡以头组。

杯叶蕨孢属 *Phyllothecotriletes* Luber, 1955 ex R. Potonié, 1958

模式种 *Phyllothecotriletes nigritellus*（Luber）Luber；哈萨克斯坦，上石炭统。

属征 赤道轮廓圆形；三射线很短，短于 1/2R，接触区色暗；外壁坚实，次生褶皱小或无，纹饰细或缺乏；孢子小，模式种大小 30—40μm。

比较与讨论 以孢子小、外壁较厚实区别于 *Calamospora*；Streel（1967）认为此属为 *Retusotriletes* 的晚出同义名。

坚实杯叶蕨孢 *Phyllothecotriletes rigidus* Playford, 1962

（图版96,图24, 29）

1962 *Phyllothecotriletes rigidus* Playford, p. 580, pl. 79, figs. 5, 6.

1987a *Phyllothecotriletes rigidus*,欧阳舒、陈永祥,28页,图版Ⅱ,图10,13。

描述 赤道轮廓圆形—亚圆形,大小46—51μm(测3粒);三射线清楚,有时微弯曲,长1/3—1/2R,在同一孢子上常不等长;外壁厚2.0—2.5μm,偶尔稍薄些,在三射线之间区域常增厚,颜色稍深,表面微粗糙—细颗粒状;黄—棕色。

比较与讨论 当前孢子与斯匹次卑尔根群岛早石炭世的 *P. rigidus* Playford, 1962颇为相似,仅个体稍大(55—77μm),外壁略厚些(2.0—4.5μm)。*P.* ? *belloyensis* Staplin,1960 (p. 9, pl. 1, fig. 23)孢子较小,三射线较长,具明显接触区。

产地层位 江苏句容,高骊山组。

三堤孢属(新修订) *Trimontisporites* (Urban, 1971) Ouyang and Zhu emend. nov.

模式种 *Trimontisporites granulatus* Urban, 1971;美国艾奥瓦州,下石炭统上部(Upper Mississippian)。

同义名 *Batillumisporites* Geng, 1987.

属征 辐射对称三缝小孢子;赤道轮廓圆三角形—圆形,模式种大小53(66)70μm;外壁颇厚,但非赤道环,表面具颗粒状—皱纹状等纹饰;三射线长1/2—2/3R,具窄唇,其末端增厚、膨大甚至可微分叉,伸达外壁内沿。

注释 以上属征是我们根据原作者给的属征及比较、种的描述和照片显示特征重新编写的。原属征比较令人费解,为供读者参考,将形状等之外的特征直译如下:"……三射构造为外壁盖层隆起(tectate),裂缝短,位于显著的外壁褶(exine folds)或脊(ridges)之下。三射脊末端靠着涉及所有层次的外壁褶(trilete ridges terminate against exine folds involving all layers),大的褶延伸至赤道边沿,且向孢子体的内部开放(and are open to the interior of the spore body)"……在模式种描述中他又提及:"在全模上,外壁厚均匀,为4.5μm,在较小标本上较薄,三射线长约1/2R,上覆的脊高2—4μm,透光镜下三射线似乎在近周边的球茎状隆起前分叉,但这是一种光学假象(optical illusion)。"在比较中,他又说:"*Jugisporis* 有唇,但不延伸至赤道,且无 *Trimontisporites* 属中靠三射线末端的肿胀(bulging inflations)。"可见,原作者所说的"外壁褶"或"脊"即通常所谓的"唇",他所谓的"大褶"或"肿胀"或"球茎状隆起"即唇在末端的膨大;至于他说的分叉乃"光学假象"也未必可信,因为唇末端分叉现象颇为常见。我国有的作者将本属理解为具环孢子,从模式种特征看,是不正确的。既然是无环孢子,本属是否有成立的价值就是一个问题,因为无环类孢子的分属(形态属)主要是根据纹饰类型和孢子形状的不同,唇在光面和具纹饰的各属中都在不同程度上存在,其末端是否膨大或分叉并非属级特征;光面的如 *Punctatisporites obesus* (Loose) Potonié and Kremp (Smith and Butterworth, 1967, pl. 1, fig. 23)等;但本书仍采用了这一属名,不过将光面分子仍归入 *Punctatisporites*。

比较与讨论 *Jugisporis* 具唇,但不延伸至赤道,且无末端肿胀或膨大。耿国仓(1987)以 *Batillumisporites microreticulatus* Geng为模式种建立的铲唇孢属 *Batillumisporites* Geng,在模式种中描述为"带环匀称,平滑,宽近4μm",从其大多数照片看,所谓的"带环"实为外壁,当为无环孢子,属征也与 *Trimontisporites* 相近,故本书视其为后者的晚出同义名。被我国作者归入本属下的种还包括 *T. triarcuatus* (Staplin) Urban, 1971。

颗粒三堤孢 *Trimontisporites granulatus* Urban, 1971

（图版96,图40）

1986 *Trimontisporites granulatus* Urban,杜宝安,图版Ⅰ,图31。

描述 赤道轮廓三角形,三边凸或近平直,角部宽钝圆,大小66μm;三射线清楚,具窄唇,延伸长到近1/2R之后更为加厚,或不等长分叉,延伸至外壁内沿;外壁厚3—4μm,表面具细颗粒纹饰,颇均匀致密,粒径

0.5—1.0μm；棕黄色。

产地层位 甘肃平凉，山西组。

细网三堤孢（新联合） *Trimontisporites microreticulatus* (Geng) Ouyang comb. nov.

（图版96，图27，28）

1987 *Batillumisporites microreticulatus* Geng，耿国仓，28页，图版2，图22，23，25，29。

描述 赤道轮廓圆三角形，大小44—54μm；三射线细，具薄唇，大多细窄，有时微弯曲，伸达外壁内沿或延至赤道，唇在其总长1/2—2/3处开始膨大，呈铲状或蹼状；外壁层清楚，平滑，厚颇均匀，厚约4μm，近极面粗糙，远极面具规则细网、粒状纹饰；棕黄色。

比较与讨论 本种以外壁在远极面具细网—粒状纹饰区别于属内其他种。

产地层位 甘肃环县，下石盒子组。

细点三堤孢 *Trimontisporites punctatus* Gao, 1984

（图版96，图7，8）

1984 *Trimontisporites punctatus* Gao，高联达，413页，图版154，图18，19。

描述 赤道轮廓圆三角形—三角形，大小30—40μm；三射线两侧具薄唇，向末端膨大并分叉，微呈三角洲状，伸达外壁[环(?)]内沿；外壁颇厚，全模标本在赤道上厚薄不很均匀，厚4—6μm（原归入本种的另一标本，图版154，图19，外壁较薄，3—4μm，不像环），表面显示细密点状纹饰；深棕色。

比较与讨论 与 *T. granulatus* Urban 有些相似，但后者个体较大（53—70μm），唇在末端呈砣状，分叉不明显，且具明显细颗粒纹饰。

产地层位 山西宁武，上石盒子组。

细皱纹三堤孢（新联合） *Trimontisporites rugatus* (Gao) Ouyang and Zhu comb. nov.

（图版96，图35）

1984 *Punctatisporites rugatus* Gao，高联达，396页，图版150，图4。

描述 赤道轮廓圆三角形，大小80—100μm，全模约90μm；三射线细，两侧具颇发达的唇，宽5—6μm，微弯曲，末端微分叉似弓形脊，长1/2—2/3R；外壁厚，表面具细密颗粒—皱纹状突起，轮廓线波纹状；棕褐色。

比较与讨论 本种孢子按纹饰特征，可以归入修订后的 *Trimontisporites* 属，与 *Vestispora* (Wilson and Hoffmeister) Wilson and Venkatachala, 1963 的纹饰有点相似，但后者即使具凹穴，还常有不规则大网，尤其是三射线区具典型的圆形孔盖（operculum）。

产地层位 内蒙古清水河煤田，山西组。

弓脊孢属 *Retusotriletes* (Naumova) Streel, 1964

模式种 *Retusotriletes simplex* Naumova, 1953, p. 29, pl. 2, fig. 9 (Potonié 于1958年选定)；俄罗斯地台，中泥盆统（Gevitian）。

属征 孢子辐射对称，赤道轮廓圆形—亚三角形；以弓形脊为界的接触区清楚；外壁表面光滑。

比较与讨论 *Apiculiretusispora* (Streel) Streel, 1967 和 *Verruciretusispora* Owens, 1971 两属虽然都有弓形脊，但外壁有纹饰，前者为刺、粒，后者为瘤。Naumova（1953）建立这个属时，光面和具纹饰的分子都包括在内，且描述简单，又无模式种，很不完善。Potonié（1958）选她描述的10个种中的第一个即 *Retusotriletes simplex* 作为模式种；后来，Streel（1964）正式修订了该属，明确定义 *Retusotriletes* 属只包括光面的弓脊孢子，同时另立一属 *Apiculiretusispora*，以包括“远极和近极—赤道部位具不同纹饰”的弓脊孢子。此外，Richardson（1965）也将 *Retusotriletes* 属作了修订，并改选 *R. pychovii* 为模式种。目前，多数孢粉工作者赞同将光面的和具纹饰的弓脊孢子分别建属，但国外也有人嫌这种划分太窄，而主张将“外壁光滑的和具颗粒、锥刺和块瘤等纹饰”(Lanninger, 1968, p. 108)的弓脊孢子都归到 *Retusotriletes* 属中。我们认为，保留具饰弓脊孢属 *Apiculiretusispora* 对地层划分与对比来说更可取。

分布时代 世界各国，主要是泥盆纪。

艾文弓脊孢 *Retusotriletes avonensis* Playford, 1963

(图版25，图1, 2, 10)

1963 *Retusotriletes avonensis* Playford, p. 9, pl. 1, figs. 15, 16; pl. 2, figs. 1, 2.

1987a *Retusotriletes avonensis*，廖克光，554页，图版134，图13。

1988 *Retusotriletes avonensis*，卢礼昌，127页，图版4，图10。

1994 *Retusotriletes avonensis*，卢礼昌，图版3，图13。

1995 *Retusotriletes avonensis*，卢礼昌，图版1，图3。

描述 赤道轮廓宽圆三角形或近圆形，大小50.0—90.5μm；三射线清楚，有时微开裂，简单或具窄唇，并朝赤道方向逐渐增宽，近末端宽2—4μm，顶部宽1.0—1.5μm，长1/2—4/5R；弓形脊清楚，完全，于射线末端部位明显增厚并内凹；外壁表面光滑，具内点状结构，弓形脊外侧或近极—赤道外壁较接触区外壁厚许多，赤道外壁厚2—6μm，远极外壁厚约2μm，接触区清楚，区内外壁较薄，沿接触区边缘常褶皱；浅棕—棕色。某些标本可见很薄的外壁外层。

比较与讨论 本种以弓形脊外侧或近极—赤道外壁明显增厚且较接触区外壁厚实许多为特征。*R. pychovii* Naumova (1953)虽也具类似特征，但其增厚较弱，且不甚规则。

注释 Playford(1963)首次描述的加拿大早石炭世 *R. avonensis* 的标本稍大：全模标本76μm，种的大小62—104μm。

产地层位 山西宁武，本溪组底部；湖南界岭，邵东组；云南沾益，海口组；新疆准噶尔盆地，呼吉尔斯特组。

宽弓脊孢(比较种) *Retusotriletes* cf. *abundo* Rodriguoz, 1978

(图版25，图8)

1978 *Retusotriletes abundo* Rodriguoz, p. 419, pl. 1, figs. 6, 11.

1997 *Retusotriletes* cf. *abundo*，王怿、欧阳舒，227页，图版1，图14。

描述 赤道轮廓三角形，角部浑圆，三边凸出，大小42—46μm；三射线清楚，开裂，直，长2/3—4/5R，末端与弓形脊相连；弓形脊清楚，多沿近极—赤道延伸，在射线末端略内凹，宽1.0—2.0μm；外壁厚1.0—1.4μm，表面光滑；棕色。

比较与讨论 当前标本与Rodriguoz (1978)所定的 *R. abundo* (pl. Ⅰ, fig. 6)相比，主要的差异在于后者的赤道轮廓呈圆形，射线的唇较宽(宽6—8μm)，两边平行，但是它们在孢子的大小、射线的长短、弓形脊、外壁厚度等特征上均具有一定的相似性，故将其定为比较种(王怿等，1997，227页)。

产地层位 贵州凤岗，下志留统(Llandoverian上部)。

常见弓脊孢 *Retusotriletes communis* Naumova, 1953

(图版25，图15, 16)

1953 *Retusotriletes communis* Naumova, p. 97, pl. 15, figs. 15—17; p. 110, pl. 16, fig. 42.

1976 *Retusotriletes communis*，卢礼昌、欧阳舒，26页，图版1，图16。

1981 *Retusotriletes communis*，卢礼昌，97页，图版1，图12。

1983 *Retusotriletes communis* Naumova，高联达，487页，图版114，图13。

1985 *Retusotriletes communis* Naumova，高联达，52页，图版3，图8。

1986 *Retusotriletes communis*，叶晓荣，图版1，图11，12。

1987 *Retusotriletes communis*,高联达等,385 页,图版 172,图 8,12。

1987a *Retusotriletes communis*,欧阳舒等,31 页,图版 3,图 4—6。

1988 *Retusotriletes communis*,卢礼昌,126 页,图版 4,图 12。

1989 *Retusotriletes communis*, Hou , p. 130, pl. 41, fig. 8.

1994 *Retusotriletes communis*,卢礼昌,图版 1,图 20。

1996 *Retusotriletes communis*,王怿,图版 1,图 18。

描述 赤道轮廓圆形或近圆形,大小 35—88μm;三射线常清楚,直,简单或具窄唇(近末端部位有时较宽),宽 1.5—3.0μm,末端常与弓形脊连接,长 3/4—4/5R(或稍长);弓形脊不完全清楚;以弓形脊为界的接触面较其他部位的表面更粗糙或内结构更明显;外壁厚(不含接触区)一般为 2μm 左右,某些标本可达 3.5—4.7μm,表面具明显的鲛点状,罕见褶皱;多呈棕色。

比较与讨论 *R. communis* 以外壁表面具特征性的鲛点状而与 *Retusotriletes* 属中大部分表面光滑的那些种不同。

产地层位 江苏句容、南京龙潭,五通群;湖南锡矿山、界岭,邵东组;四川渡口,上泥盆统下部;贵州睦化,王佑组格董关层底部—睦化组;贵州贵阳乌当,旧司组;云南曲靖翠峰山,徐家冲组;云南沾益史家坡,海口组;甘肃迭部,当多组。

常见弓脊孢适度变种 *Retusotriletes communis* Naumova var. *modestus* Tchibrikova, 1962

(图版 25,图 11)

1962 *Retusotriletes communis* Naumova var. *modestus* Tchibrikova, p. 399, pl. 3, figs. 1—6.

1975 *Retusotriletes communis* Naumova var. *modestus*,高联达、侯静鹏,191 页,图版 2,图 19。

描述 赤道轮廓圆三角形,大小 50—80μm;三射唇清楚,直,宽 3.0—4.5μm,伸达赤道附近;弓形脊发育完全,清楚,除三射线末端两侧小部分外,其余大部分与赤道重叠;接触区清晰,表面微粗糙;外壁表面平滑或具内点状结构,厚约 1.5μm;黄色(高联达、侯静鹏,1975;参照:图版 2,图 19 显示)。

比较与讨论 描述标本与 *R. biarelis* McGregor(1972, pl. Ⅰ, figs. 13—15)外形轮廓相似,但后者个体略大(92—127μm)。

产地层位 贵州独山、都匀,丹林组上段。

区粒弓脊孢 *Retusotriletes confossus* (Richardson) Streel, 1967

(图版 25,图 6, 7)

1965 *Punctatisporites confossus* Richardson, p. 516, pl. 8, fig. 2.

1967 *Retusotriletes confossus* (Richardson) Streel, p. 25, pl. 1, fig. 10.

1976 *Retusotriletes confossus* (Richardson) Lu and Ouyang,卢礼昌、欧阳舒,26 页,图版 1,图 20,21。

1980b *Retusotriletes confossus*,卢礼昌,8 页,图版 1,图 16—18。

1988 *Retusotriletes confossus*,卢礼昌,129 页,图版 5,图 1,2。

描述 赤道轮廓圆形或亚圆形,大小 45—90μm;近极面低锥形,远极面近半圆球形;三射线常清楚,直,微具唇,顶部或微开裂,末端与弓形脊连接,长 3/4—1R(或稍短);弓形脊发育完全,柔弱—稍壮,最宽 1.0—2.5μm;以弓形脊为界的接触区表面覆以致密的小刺—粒状纹饰,基宽常不大于 1μm,高略小于宽,间距 1μm 左右,罕见彼此接触,接触区中央或具浅—深色三角区;接触区以外的外壁表面光滑,厚 1.5—2.0μm,较接触区内的外壁略厚;偶见褶皱,浅棕—棕色。

比较与讨论 *R. confossus* 以其接触区具小颗粒—锥刺状纹饰为特征而与 *Retusotriletes* 属的其他种相区别。

注释 本种以刺—粒状小突起限于接触区为特征。因 *R. confossus* (Richardson) Lu and Ouyang(卢礼昌、欧阳舒,1976)为 *R. confossus* (Richardson) Streel,1967 的晚出新联合,故以 Streel 的为准。

产地层位 云南曲靖翠峰山,徐家冲组;云南沾益龙华山、史家坡,海口组。

厚实弓脊孢 *Retusotriletes crassus* Clayton, Johnston, Sevastopulo and Smith, 1980

（图版 25，图 3，4）

1975 *Retusotriletes parrimammatus*，高联达、侯静鹏，188 页，图版 2，图 8。

1980 *Retusotriletes crassus* Clayton et al.，p. 97，pl. 3，figs. D，G，H.

1980 *Retusotriletes crassus*，高联达，图版 1，图 2。

1984 *Retusotriletes yunnanensis* Gao，高联达，129 页，图版 1，图 12。

1987 *Retusotriletes aureoladus*，高联达、叶晓荣，388 页，图版 169，图 20。

1993 *Retusotriletes crassus*，文子才等，图版 1，图 18。

1992 *Retusotriletes crassus*，高联达，图版 1，图 3。

1994 *Retusotriletes crassus*，卢礼昌，图版 1，图 17。

1995 *Retusotriletes crassus*，卢礼昌，图版 1，图 16。

描述 赤道轮廓圆形—椭圆形，罕见圆三角形，大小 35—66μm；三缝标志常开裂，裂缝宽 2—5μm，长约 3/4R 或稍长；以裂缝与弓形脊为界的 3 个小接触区因具厚块状或肩状加厚而特别明显，该加厚区与近极—赤道外壁之间具一环形较亮圈，宽 3—5μm，甚者可达 7—8μm；外壁表面光滑，常具内点状或细颗粒状结构，赤道外壁厚 2. 0—3. 5μm；浅棕—深棕色。

比较与讨论 *R. crassus* 以其 3 个小接触区内各具一相当大且十分显眼（黑）的扇形加厚为特征而与 *Retusotriletes* 的其他种不同。

注释 高联达建立的云南曲靖下泥盆统桂家屯组的 *R. yunnanensis* Gao，1984 可能为 *R. crassus* 的晚出同义名。

产地层位 江苏南京龙潭，五通群擂鼓台组下部；江西全南，三门滩组；湖北长阳，梯子口组；湖南界岭，邵东组；四川若尔盖，下普通沟组；云南曲靖翠峰山，桂家屯组。

柔弱弓脊孢 *Retusotriletes delicatus* Gao, 1978

（图版 26，图 18）

1978 *Retusotriletes dilicatus*（sic）Gao，高联达，353 页，图版 43，图 10。

1987 *Retusotriletes dilicatus*（sic）Gao，高联达等，388 页，图版 169，图 19。

描述 赤道轮廓亚椭圆形，大小 61—90μm；三射线细长，柔弱，简单，长 3/4—4/5R，顶部具深色加厚区，沿三射线末端两分叉并与弓形脊连接；弓形脊完全，明显，均匀，宽约 1. 5μm［据照片（高联达，1978，图版 43，图 10）测量］；外壁厚约 1μm（或不足），常见 1—2 条大型带状或弧形褶皱，两端钝或尖，中部最宽可达 10μm；外壁表面光滑—微粗糙，具内点状结构；棕黄—棕色。

比较与讨论 本种以外壁单薄、具大型带状或弧形褶皱为特征区别于属内其他种。

注释 本种的全模标本（高联达，1978，图版 43，图 10）表明，弓形脊不仅完全，而且相当明显，粗细均匀，其宽度（约 1. 5μm）还略大于外壁厚度（约 1μm，或不足）；拉丁种名应拼为 *delicatus*。

产地层位 广西六景，那高岭段；四川若尔盖，下普通沟组。

厚顶弓脊孢 *Retusotriletes densus* Lu, 1988

（图版 26，图 10，11）

1965 *Retusotriletes distinctus* Richardson，p. 565，pl. 88，fig. 8.

1971 *Retusotriletes distinctus*，Owens，p. 11，pl. Ⅰ，figs. 4—7.

1988 *Retusotriletes densus* Lu，卢礼昌，130 页，图版 3，图 5，6。

描述 赤道轮廓多呈近圆形，罕见正圆形，大小 71. 8—86. 3μm，全模标本 73. 2μm；三射线常清楚，直，简单，有时微开裂，长 3/4—4/5R；弓形脊发育完全，绝大部分位于或略超出赤道（除射线末端两侧小部分外）；外壁厚实，表面光滑，同质或具细内点状结构，赤道外壁或不等厚，一般厚 3—5μm，最厚可达 7—8μm［因弓形脊延伸所致（?）］；近极中央区外壁具类似于 *R. triangulatus* 的小三角形加厚区；罕见褶皱；浅—深棕色。

比较与讨论 *R. triangulatus*（Streel）Streel, 1967 虽也具小三角形加厚区,但接触区明显小于近极面,同时外壁薄许多。本种以外壁厚实与弓形脊位于或略超出赤道为特征(除辐射区极小部分外)。之所以将Richardson（1965）与 Owens（1971）描述的 *R. distinctus* 的部分标本置于该种名下,是因为这些标本的近极中央区为小三角形加厚区,而非减薄区。

产地层位 云南沾益史家坡,海口组。

分离弓脊孢 *Retusotriletes digzessus* Playford, 1976

(图版 25,图 12)

1976 *Retusotriletes digzessus* Playford, p. 9, pl. 1, figs. 1—10.

1992 *Retusotriletes digzessus*,王怿,90 页,图版 3,图 7—9。

1996 *Retusotriletes digzessus*,王怿,图版 1,图 24。

描述 赤道轮廓圆形—近圆形,大小 52—74μm;三射线清楚,有时微开裂,唇发育,单片唇宽 1. 8—3. 7μm,不等长,长 1/2—2/3R,末端与弓形脊连接;弓形脊发育完全,且颇粗壮,明显,宽达 2—7μm,于射线末端明显内凹;外壁表面光滑,厚 2—5μm,未见褶皱;浅棕色。

注释 Playford(1976, p. 9)描述 *R. digzessus* 的标本中包括不对称或接近对称的三缝、双缝或几乎单缝的孢子。湖南标本仅发现三缝孢子。

产地层位 湖南锡矿山,邵东组。

清楚弓脊孢 *Retusotriletes distinctus* Richardson, 1965

(图版 25,图 17, 18)

1965 *Retusotriletes distinctus* Richardson, p. 656, pl. 88, fig. 7; text-fig. 2.

1983 *Retusotriletes distinctus*,高联达,488 页,图版 107,图 1。

1987 *Retusotriletes distinctus*,高联达等,384 页,图版 172,图 1,2,4。

1988 *Retusotriletes distinctus*,卢礼昌,127 页,图版 4,图 7,11;图版 5,图 12,18。

描述 赤道轮廓近圆形—圆形,大小 80. 0—110. 8μm,三射线清楚,直,简单,微开裂—明显开裂,长 3/4—7/8R(或稍长);弓形脊清楚,完全,厚实,绝大部分与赤道重叠,甚者可略超出赤道边缘辐间区,宽可达 7—10μm(或稍宽);外壁表面光滑—微粗糙(接触区),内点状—细颗粒状结构明显,近极中央常见一小三角形较亮区;外壁相当厚实,赤道外壁厚可达 5. 5—7. 8μm,未见褶皱;浅棕—橙棕色。

比较与讨论 虽然前述 *R. densus* 的形态、外壁及三射线的特征与当前种颇相似,但其近极中央区外壁常见一明显的小三角形加厚区,此特征恰与当前种的相反,即三射线顶部或三射线两侧外壁减薄。

产地层位 云南沾益史家坡,海口组;甘肃迭部,当多组。

可疑弓脊孢 *Retusotriletes dubiosus* McGregor, 1973

(图版 25,图 13, 14)

1944 *Triletes dubius* Eisenack, p. 115, pl. 2, fig. 7; text-fig. 14.

1965 *Retusotriletes dubius*（Eis.）Richardson, p. 564, pl. 88, fig. 5.

1973 *Retusotriletes dubiosus* McGregor, p. 21, pl. 2, fig. 1.

1985 *Retusotriletes dubius*,高联达,见侯鸿飞等,52 页,图版 3,图 9。

1987 *Retusotriletes dubius*,高联达等,385 页,图版 169,图 14;图版 172,图 13。

1988 *Retusotriletes dubius*,高联达,201 页,图版 1,图 4。

1988 *Retusotriletes dubiosus*,卢礼昌,128 页,图版 4,图 8(部分)。

描述 赤道轮廓宽圆三角形—近圆形,大小 76. 4—90. 5μm;三射线简单、微裂或具窄唇,单片唇宽约 1μm,长 3/4—4/5R;弓形脊,除射线末端两侧小部分外,其余大部分位于赤道,甚者略超出赤道(于辐间区);

外壁表面光滑,相当厚实,辐间区外壁略厚于辐射区外壁,厚4.0—7.8μm,最厚可达9μm左右;接触区外壁较薄(亮),在近极区或具一深色三角区;罕见褶皱;浅棕—橙棕色。

注释 因*R. dubius*(Eisenack) Richardson, 1965是*R. dubius* Tschibrikova, 1959的晚出异物同名,故McGregor(1973)以*R. dubiosus* McGregor取代之,其主要特征为孢壁厚,缺皱纹。

产地层位 四川若尔盖,下普通沟组;贵州睦化,王佑组格董关层底部;云南沾益,海口组;西藏聂拉木,亚里组;甘肃迭部,当多组。

分叉弓脊孢 *Retusotriletes furcatus* Gao and Hou, 1975

(图版26,图13)

1975 *Retusotriletes furcatus* Gao and Hou,高联达、侯静鹏,191页,图版2,图20。

描述 赤道轮廓圆形或近圆形,大小95—100μm;三射线清楚,直,具窄唇,伸达赤道附近,末端分叉并与弓形脊连接;弓形脊发育完全,几乎位于赤道;以弓形脊为界的接触区表面较其余外壁更为粗糙或呈粗颗粒状,赤道外壁厚约1.5μm;黄棕色。

注释 该种全模标本(高联达等,1975,图版2,图20)的接触区内(?)似具圆形大块瘤群抑或外来黏附物。

产地层位 贵州独山,丹林组上段。

舌形弓脊孢 *Retusotriletes glossatus* Lu, 1980

(图版26,图8,9)

1980b *Retusotriletes glossatus* Lu,卢礼昌,10页,图版2,图1,2。

描述 赤道轮廓近圆形—圆形,大小63—70μm,全模标本70μm;三射线清楚(在变薄区内)至可见(超越变薄区的延长部分),直,简单或微开裂,总长3/4—4/5R;弓形脊发育完全、清楚、低矮、颇窄(宽<1μm),除三射线末端两侧小部分外,其余大部分位于赤道或与之重叠;以弓形脊为界的接触区内外壁沿三射线两侧呈舌形或竹叶片形变薄,单个变薄区长为射线的4/5—5/6,宽为其长的3/10—2/5,末端钝尖,界线清楚,与周围外壁呈突变关系;外壁表面光滑,具内点状结构,赤道与远极外壁厚2.0—2.5μm,近极外壁较薄;未见褶皱;浅棕色。

比较与讨论 *R. glossatus*以其接触区外壁具三辐射状舌形或竹叶片状变薄区为特征而与*Retusotriletes*属的其他种不同。

产地层位 云南沾益龙华山,海口组。

印痕弓脊孢 *Retusotriletes impressus* Lu, 1980

(图版26,图12)

1980b *Retusotriletes impressus* Lu,卢礼昌,11页,图版2,图12。

1988 *Retusotriletes impressus* Lu,卢礼昌,129页,图版3,图9。

描述 赤道轮廓略呈圆形,大小53—85μm,全模标本70μm;三射线可见至清楚,直,简单,长约4/5R;外壁薄,厚约1.5μm,具不规则褶皱,三射线区具三角形带状加厚(深色),其余外壁常具形状多变的印痕图案,形状包括直线状、三放射状与弧状,并以后者为主;外壁表面光滑无饰,厚约1.5μm;浅棕黄—浅棕色。

比较与讨论 当前种的印痕图案与*Dictyotriletes admirabilis* Playford(1963)的宽网纹图案有些近似,但该种的标本不具弓形脊,三射线区外壁也不具加厚。

注释 本种的标本常呈孢子堆或堆叠状产出,以弧状为主的印痕图案是否与此有关,尚不明了。

产地层位 云南沾益龙华山、史家坡,海口组。

不完全弓脊孢 *Retusotriletes incohatus* Sullivan, 1964

（图版26,图1, 2）

1964 *Retusotriletes incohatus* Sullivan, p. 1251, pl. 1, figs. 5—7.

1974 *Aneurospora incohatus* (Sullivan) Streel in B. B. S. T. , p. 24, pl. 16, fig. 4.

1983 *Aneurospora incohatus*,高联达,198 页,图版3,图11。

1985 *Aneurospora incohatus*,高联达,70 页,图版6,图9,10。

1988 *Aneurospora incohatus*,卢礼昌,见蔡重阳等,图版1,图1,2。

1990 *Aneurospora incohatus*,高联达,图版1,图4。

1994a *Retusotriletes incohatus*,卢礼昌,图版1,图18。

1999 *Retusotriletes incohatus*,卢礼昌,37 页,图版1,图10,11。

1999 *Retusotriletes incohatus*,朱怀诚,65 页,图版1,图10。

描述 赤道轮廓钝圆三角形—近圆形,大小36—70μm;三射线常清楚,微曲,具窄唇(宽1.0—1.5μm),末端两分叉并加厚、加宽,与弓形脊连接,长3/5—5/6R;弓形脊完全或不完全;接触区界线模糊或清楚,区内外壁较薄(亮)并微下凹;接触区外侧外壁较厚(暗),但厚度不均匀,在射线末端前及其两侧最厚(外缘界线不清);赤道外壁厚约1.5μm,罕见褶皱;浅棕—棕色。

比较与讨论 本种与 *R. communis* 及 *R. pychovii* 较近似,但 *R. communis* 的弓形脊较发育,外壁内点状或鲛点状结构颇明显;*R. pychovii* 接触区更显著。同时,彼此层位也不尽相同:*R. incohatus* 常为泥盆-石炭系界线层孢子组合中的分子之一,而后两种则常见于中—上泥盆统,其层位较前一种的略低。

注释 本种的外壁在弓形脊外侧部位加厚明显,但颇不规则,同时外壁表面不具纹饰,故不宜置于 *Aneurospora* 内。

产地层位 江苏宜兴丁山、南京龙潭,五通群擂鼓台组上部;湖南涟源,邵东组;贵州睦化,王佑组格董关层底部;西藏聂拉木,波曲组上部;新疆和布克赛尔,黑山头组5,6层;新疆塔里木盆地莎车,奇自拉夫组。

独特弓脊孢(比较种) *Retusotriletes* cf. *inimitabilis* Tschibrikova, 1962

（图版26,图3, 4）

1962 *Retusotriletes inimitabilis* Tschibrikova, p. 392, pl. 1, fig. 7.

1975 *Retusotriletes inimitabilis*,高联达等,189 页,图版2,图11。

1987 *Retusotriletes inimitabilis*,高联达等,385 页,图版172,图11。

注释 本种以其弓形脊相当宽或呈条带状以及接触区以外的外壁表面具颇稀散并相对较大的圆瘤(直径1.0—1.5μm)为特征(Tschibrikova, 1962, p. 392)。归入该种的甘肃迭部当多组的标本(高联达等,1987)具窄带状弓形脊,但三射线较短(约为2/3R),外壁表面不具相当稀散的圆瘤纹饰;归入该种的贵州独山丹林组的标本(高联达等,1975)三射线较短(仅为2/3R),且顶部开裂,而非加厚,同时,也未提及外壁表面具圆瘤。基于上述原因,该两地标本种的鉴定在此有保留。

产地层位 贵州独山,丹林组;甘肃迭部,当多组。

内粒弓脊孢 *Retusotriletes intergranulatus* Lu and Ouyang, 1976

（图版26,图6, 7）

1976 *Retusotriletes intergranulatus* Lu and Ouyang,卢礼昌、欧阳舒,28 页,图版2,图12—14。

描述 赤道轮廓圆形或亚圆形,子午轮廓近极面高锥角形,远极面半圆球形;大小68—92μm,全模标本68μm;极轴长约72μm;三射标志于加厚区内清楚,微开裂,于该区以外的延长部分内柔弱或不甚清楚,伸达赤道附近,末端与弓形脊连接;弓形脊窄而低,但发育完全,靠近赤道或几乎与赤道重叠,近极表面(接触区)微粗糙,远极表面光滑,厚约1μm,常具1—2条窄带状褶皱;本种最主要的特征为孢壁具致密又颇明显的内颗粒状结构。

比较与讨论 本种以其孢壁具明显的内颗粒状结构为特征。*R. confossus*（Richardson）Streel, 1967 以接触区内表面覆以致密的小刺—粒状纹饰而与之不同;*Apiculiretusispora plicata*（Allen）Streel, 1967 的所有外壁均具细颗粒状纹饰,所以这类标本的归属与之不同。

注释 上述"加厚区"可能是三射线两侧的唇所致。

产地层位 云南曲靖翠峰山,徐家冲组。

薄顶弓脊孢 *Retusotriletes levidensus* Lu, 1980

（图版 26,图 14—16）

1980b *Retusotriletes levidensus* Lu,卢礼昌,10 页,图版 1,图 22,23。

1981 *Retusotriletes levidensus*,卢礼昌,98 页,图版 1,图 16,17。

1988 *Retusotriletes levidensus*,卢礼昌,129 页,图版 4,图 5,6。

1993 *Retusotriletes* sp. cf. *R. leptocentrum*, Playford and McGregor, p. 21, pl. 9, figs. 7, 8.

描述 赤道轮廓圆形或近圆形,子午轮廓近极面平凸,中央略内凹,远极面半圆球形;大小 58.0—101.4μm,一般为 70—89μm,全模标本 72μm;三射线不完全清楚,即于顶部外壁较薄区内清楚,超越该区的延长部分常不是很清楚或较柔弱,直,微开裂或具窄唇,长 2/3—4/5R,末端与弓形脊连接;弓形脊柔弱,完全,除三射线末端小部分内凹,其余大部分常位于或接近赤道;近极中央为一外壁较薄的小三角形区,界线清楚,三边内凹或微凸,角顶锐尖或钝尖;外壁厚实,内点状,表面光滑—粗糙,赤道外壁厚 3—4μm,罕见褶皱;浅棕—棕色。

比较与讨论 本种三射线顶部外壁的特征与 *R. triangulatus* 恰好相反,不是增厚,而是减薄;*R. glossatus* 的三射线区外壁虽也减薄,但不是小三角形,而是呈长舌形或竹叶片状。Playford 和 McGregor（1993）描述 *Retusotriletes* sp. cf. *R. leptocentrum* 的两未定种标本（p. 21, pl. 9, figs. 7, 8）与 *R. levidensus* 的形态及大小（66—73μm）极为相似,很可能与之同种。

产地层位 四川渡口,上泥盆统下部;云南沾益龙华山、史家坡,海口组。

线形弓脊孢 *Retusotriletes linearis* Lu, 1988

（图版 27,图 12, 13）

1988 *Retusotriletes linearis* Lu,卢礼昌,129 页,图版 21,图 2,3。

描述 赤道轮廓圆形—近圆形—宽圆三角形,大小 74.0—93.6μm,全模标本 74μm;三射线清楚,直,简单,长 2/3—5/6R;弓形脊柔弱,除射线末端两侧小部分外,其余大部分位于赤道;外壁表面光滑,具明显的内点状或细颗粒状结构,赤道外壁厚 1.0—2.5μm;近极中央三角形区由 3 条窄沟（或缝）围成,三角顶各自沿射线延伸,约终止于射线长的 1/2 处,区内外壁无明显异化现象;轮廓线光滑;橙棕色—棕色。

比较与讨论 本种以其小三角形区系由 3 条窄沟（或缝）围成,且区内外壁无加厚或减薄现象为特征而与具三角形加厚区的 *R. triangulatus* 及三角形减薄区的 *R. levidensus* 不同。

产地层位 云南沾益史家坡,海口组。

禄劝弓脊孢 *Retusotriletes luquanensis* Gao, 1983

（图版 28,图 18）

1983 *Retusotriletes luquanensis* Gao,高联达,488 页,图版 107,图 5。

1983 *Retusotriletes communis* major Schultz,高联达,487 页,图版 106,图 19。

描述 赤道轮廓圆三角形,大小 80—100μm;三射线长 1/3—3/4R,末端与弓形脊连接,弓形脊完全;壁薄,色黄,表面具内点状纹饰（据高联达,1983,488 页,略有修改）。

注释 被高联达（1983,107 页）归入 *R. communis major* Schultz（1968）的标本（图版 106,图 19）,其特征与 *R. luquanensis* 十分相似,大小幅度也接近一致（分别为 85—105μm 与 80—100μm）,且都产自同一地点与

层位。故将其改归为 *R. luquanensis* 名下。

产地层位 云南禄劝,坡脚组。

大三角弓脊孢(新种) *Retusotriletes macrotriangulatus* Lu sp. nov.

(图版28,图6—8)

1975 *Retusotriletes* cf. *distinctus* Richardson,高联达、侯静鹏,191 页,图版2,图16。

1981 *Retusotriletes triangulatus* (Streel) Streel var. *major* Lu and Ouyang,卢礼昌,97 页,图版1,图13—15。

1983 *Retusotriletes triangulatus*,高联达,489 页,图版107,图4。

1988 *Retusotriletes triangulatus*,卢礼昌,127 页,图版1,图10;图版5,图3—5。

描述 赤道轮廓多呈圆形,大小51—93μm,全模标本60μm(图版28,图6);近极面低锥角形,远极面近半圆球形;三射线清楚,直,简单或具窄唇(宽1.0—1.5μm),有时微开裂,长7/10—3/4R,末端与弓形脊连接,并呈雏鸡嘴状凸起;弓形脊清楚,完全且颇典型;以弓形脊为界的接触区十分清楚,中央具相对较大的三角形加厚区(深色)或为中心亮、外围暗的三角区,与邻近外壁常呈突变关系,角顶位于或接近于射线末端;外壁表面光滑,同质或具内点状结构,厚1.5—2.5μm,罕见褶皱;浅棕—棕色。

比较与讨论 本新种以其近极中央区三角形加厚范围较大,以及弓形脊发育完全、清楚等典型等特征而与 *R. triangulatus*,*R. rotundus* 等不同。

产地层位 四川渡口,上泥盆统下部;贵州独山,龙洞水组;云南禄劝,坡脚组;云南沾益史家坡,海口组。

中等弓脊孢(新种) *Retusotriletes medialis* Lu sp. nov.

(图版28,图3, 21)

1980b *Retusotriletes delicatus* Lu,卢礼昌,9 页,图版10,图13。

1980b *Retusotriletes* cf. *delicatus* Lu,卢礼昌,10 页,图版10,图12。

描述 赤道轮廓近圆形—圆形,大小81—139μm,全模标本(图版28,图3)85μm;三射线常清楚,简单,直,伸达赤道或赤道附近;弓形脊颇宽或柔弱,发育完全,除射线末端两侧极小部分外,其余绝大部分位于赤道;接触区几乎等于近极面,区内外壁表面光滑—微粗糙,不具增厚或减薄现象;远极外壁厚2.0—4.5μm,甚者可达6μm,表面光滑,具内点状结构,罕见褶皱;棕黄—浅棕色。

比较与讨论 当前新种的标本可与 Richardson (1965)描述苏格兰老红砂岩中 *R. distinctus* 的标本比较,后者个体较大(113—218μm),弓形脊更宽厚,在侧压标本上呈楔状凸出,外壁也较厚,可达6—15μm,彼此差异明显,不宜为同种。

注释 因 *R. delicatus* Lu, 1980 为 *R. delicatus* Gao, 1978 的晚出异物同名,故前者应予废弃,并将归于该种名下的标本另立一新名,即 *R. medialis* Lu sp. nov. 。

产地层位 云南沾益龙华山,海口组。

奇异弓脊孢 *Retusotriletes mirabilis* (Neville) Playford, 1978

(图版96,图43)

1973 ?*Stenozonotriletes mirabilis* Neville in Neville et al., p. 36, 37, pl. 2, figs. 5—7.

1978 *Retusotriletes mirabilis* (Neville) Playford, p. 113, pl. 2, figs. 2—10.

1996 *Retusotriletes mirabillis* (Neville),朱怀诚,147 页,图版Ⅰ,图16。

描述 赤道轮廓亚三角形,边部外凸,角部圆钝;大小88μm;三射线明显,直,几乎伸达赤道,唇极窄而不明显;弓形脊可辨,但不明显,接触区内外壁薄而色浅;外壁厚3—5μm,表面光滑—粗点状,赤道轮廓线平整。

比较与讨论 当前标本的弓形脊及唇发育程度均不及澳大利亚昆士兰(Queensland)早石炭世的同种标本(Playford, 1978),其余特征与之相符。

产地层位 新疆塔里木盆地,巴楚组。

奇特弓脊孢 *Retusotriletes mirificus* Ouyang and Chen, 1987

（图版 168，图 1）

1987 *Retusotriletes? mirificus* Ouyang and Chen，欧阳舒、陈永祥，32 页，图版 3，图 9。

描述 赤道轮廓圆三角形，全模大小 53μm；三射线清楚，具窄唇，伸达外壁内沿，末端与弓形脊连接；弓形脊微弱但可见，除在射线末端处凹入外，其余部分沿赤道延伸，近极面具一圈褶皱状结构，真实性质不明；黄色。

比较与讨论 这一孢子因其远极面具一封闭的圆圈状结构而与 *Retusotriletes* 的其他种不同，属的鉴定原亦作了保留。

产地层位 江苏句容，五通群擂鼓台组下部。

光洁弓脊孢 *Retusotriletes nitidus* Gao, 1983

（图版 26，图 19）

1983 *Retusotriletes nitidus* Gao，高联达，488 页，图版 107，图 3。

描述 赤道轮廓近三角形或钝角凸边三角形，大小 80—100μm；三射线清楚，直，两侧具窄唇，单片唇宽 2—3μm，长约 4/5R，末端与弓脊连接；弓形脊清楚，完全，略微凸起，高 1.5μm；外壁表面光滑，同质（厚约 1.5μm），壁薄多皱，且不规则；赤道轮廓线圆滑；黄色。

产地层位 云南禄劝，坡脚组。

扁平弓脊孢 *Retusotriletes planus* Dolby and Neves, 1970

（图版 26，图 5）

1970 *Retusotriletes planus* Dolby and Neves, p. 635, pl. 1, fig. 2.

1980 *Retusotriletes planus*，高联达，图版 1，图 3。

1983 *Retusotriletes? planus*，高联达，190 页，图版 1，图 7。

1996 *Retusotriletes planus*，朱怀诚，图版 1，图 11。

1996 *Retusotriletes planus*，朱怀诚，147 页，图版 1，图 9。

1999a *Retusotriletes planus*，朱怀诚，65 页，图版 1，图 4。

描述 赤道轮廓圆三角形—亚圆形，大小 37—70μm；三射线明显，有时开裂，并且因顶部外壁由中央朝辐射方向翻卷而呈空缺状三角形，唇颇窄或不明显，长约 3/4R；弓形脊可辨别至清楚，窄，位于赤道附近；外壁厚约 1.5μm，表面点状—光滑，褶皱常见，细长，不规则，有时可见 1—3 条或较多，或多或少平行赤道。

比较与讨论 当前标本与 Dolby 和 Neves（1970）首次描述英格兰南部泥盆-石炭系界线层的 *Retusotriletes planus* 的标本特征一致，同种无疑。

产地层位 西藏聂拉木，波曲组；甘肃靖远，前黑山组；新疆塔里木盆地北部草 2 井，东河砂岩组；新疆塔里木盆地莎车，奇自拉夫组；新疆塔里木盆地，巴楚组。

皮氏弓脊孢 *Retusotriletes pychovii* Naumova, 1953

（图版 28，图 12）

1953 *Retusotriletes pychovii* Naumova, p. 88, pl. 14, fig. 5; p. 123, pl. 18, fig. 18.

1976 *Retusotriletes pychovii*，卢礼昌、欧阳舒，26 页，图版 1，图 13—15。

1980b *Retusotriletes pychovii*，卢礼昌，7 页，图版 1，图 14；图版 10，图 5，6。

1999 *Retusotriletes pychovii*，卢礼昌，37 页，图版 1，图 8，9。

描述 赤道轮廓圆形或亚圆形，大小 32—50μm；三射线清楚，直，有时具窄唇，单片唇宽约 1.5μm，长 3/4—7/8R；弓形脊完全或不甚完全，多少加厚，在射线末端部位及其两侧尤其显著；外壁表面光滑，厚 2.0—3.5μm，最厚（弓形脊与赤道重叠部位）可达 5μm 左右，罕见褶皱；浅棕—深棕色。

比较与讨论 本种与前述 *R. incohatus* 特征颇接近，但 *R. pychovii* 的弓形脊较发育，加厚常限于弓形脊本身及其外侧外壁的局部。

产地层位 云南曲靖翠峰山,徐家冲组;云南沾益龙华山,海口组;新疆和布克赛尔,黑山头组5,6层。

皮氏弓脊孢大变种 *Retusotriletes pychovii* Naumova var. *major* Naumova, 1953

(图版28,图14)

1953 *Retusotriletes pychovii* Naumova var. *major* Naumova, p. 123, pl. 18, fig. 19.

1975 *Retusotriletes pychovii*,高联达、侯静鹏,188页,图版2,图10。

1980b *Retusotriletes pychovii*,卢礼昌,7页,图版1,图15(部分)。

1987a *Retusotriletes pychovii* Naumova var. *major* Naumova,欧阳舒、陈永祥,32页,图版3,图10。

描述 赤道轮廓圆形或亚圆形,大小60—75μm;三射线清楚,直或微曲,具窄唇(宽1.5—2.5μm),长3/5—2/3R,末端与弓形脊连接;弓形脊发育完全且宽厚,最宽可达4.5μm,在与射线连接处凹入然后明显隆起;以弓形脊为界的接触区略下凹,区内外壁较薄(亮),其余外壁较厚(暗),厚约2.5μm(或更厚),表面光滑无饰,罕见褶皱;棕色。

比较与讨论 *R. pychovii* 的标本通常较小,Naumova (1953)描述该种的标本大小为45—50μm(p. 88)与35—40μm(p. 123);*R. pychovii* var. *major* 较大,为65—70μm(Naumova, 1953, p. 123)。

产地层位 江苏句容,五通群擂鼓台组下部;贵州独山、都匀,舒家坪组;云南沾益龙华山,海口组。

脆弱弓脊孢 *Retusotriletes reculitus* Lu and Ouyang, 1976

(图版27,图14, 15)

1976 *Retusotriletes reculitus* Lu and Ouyang,卢礼昌、欧阳舒,27页,图版1,图18,19。

描述 赤道轮廓亚圆形—圆形,大小56—80μm,全模标本70μm;三射线常开裂,几乎伸达赤道;弓形脊通常仅在射线末端两侧较清楚;外壁2层,外层常脱落或仅局部保留,外层表面光滑,内层表面粗糙;外壁厚3.0—4.5μm,少见褶皱;褐棕色。

比较与讨论 本种以具外壁2层,外层脆弱易脱落而有别于 *Retusotriletes* 属的其他种。

产地层位 云南曲靖翠峰山,徐家冲组。

圆形弓脊孢 *Retusotriletes rotundus* (Streel) Lele and Streel, 1969

(图版28,图4, 5)

1964 *Phyllothecotriletes rotundus* Streel, p. 236, pl. 1, figs. 1, 2.

1967 *Retusotriletes rotundus* (Streel) Streel, p. 25, pl. 1, fig. 11.

1969 *Retusotriletes rotundus*, Lele and Streel, p. 94, pl. 1, figs. 18—20.

1986 *Retusotriletes rotundus*,叶晓荣,图版1,图13(未描述)。

1987 *Retusotriletes rotundus*,高联达、叶晓荣,284页,图版172,图5—7。

1987a *Retusotriletes rotundus*,欧阳舒、陈永祥,31页,图版3,图2(部分)。

1987a *Retusotriletes triangulatus*,欧阳舒、陈永祥,30页,图版2,图25,26。

1988b *Calamospora* cf. *nigrata*,卢礼昌,见蔡重阳等,图版2,图1(部分)。

1994 *Retusotriletes rotundus*,王怿,图版1,图3。

1995 *Retusotriletes triangulatus*,卢礼昌,图1,图20(部分)。

1997 *Retusotriletes triangulatus*,王怿、欧阳舒,226页,图版1,图6(部分)。

1997b *Retusotriletes triangulatus*,卢礼昌,图版1,图22(部分)。

1996 *Retusotriletes* cf. *triangulatus*, Wang et al., pl. 1, figs. 9, 12.

描述 赤道轮廓多近圆形,大小52—67μm;外壁厚1.0—1.5μm,表面光滑—微粗糙,在赤道附近常具宽窄不一的弧形褶皱;黄—棕黄—棕色。其他特征可参见 *R. triangulatus*。

注释 Lele 和 Streel(1969)认为,*R. rotundus* 的顶区可分化为2个不同的带,即内部较亮带与外部较暗带,并且较亮带的外壁较其余外壁更薄,较暗带的外壁较其余外壁更厚。同时,他们认为,*R. rotundus* 与

R. triangulatus 的区分在于,后者顶部区缺失(前者的)内部较亮带。然而,他们又认为,该2种之间的区分是很不明显的。确实如此,我们的鉴定工作常因此而举棋不定,甚至混淆不清。故在此建议并试用:凡顶部加厚区外缘轮廓呈圆形或倾向于圆形的这类分子都置于 *R. rotundus* 内,而轮廓呈三角形或接近于三角形的则归于 *R. triangulatus* 名下。

产地层位 江苏句容,五通群擂鼓台组下段;江苏宜兴丁山,五通群擂鼓台组上段;湖南界岭,邵东组;四川若尔盖、甘肃迭部,下普通沟组、当多组—鲁热组;贵州凤冈,秀山组;云南文山,坡松冲组;新疆准噶尔盆地,呼吉尔斯特组。

皱纹弓脊孢 *Retusotriletes rugulatus* Riegel, 1973

(图版28,图15)

1965 *Retusotriletes dubius* (Eisenack) Richardson, pl. 88, fig. 6(pars).

1973 *Retusotriletes rugulatus* Riegel, p. 28, pl. 10, figs. 2—5.

1975 *Retusotriletes radiatus* Gao and Hou,高联达、侯静鹏,190页,图版2,图17。

1975 *Retusotriletes raise*,高联达、侯静鹏,191页,图版3,图1。

1980b *Retusotriletes radiatus*,卢礼昌,9页,图版10,图10,11。

1988 *Retusotriletes radiatus*,卢礼昌,128页,图版5,图8,9。

描述 赤道轮廓圆形—近圆形—宽圆三角形,大小62—114μm;三射线可见至清楚,直,简单或具窄唇(宽约1.5μm),长约3/4R或稍短;弓形脊窄,但发育完全,在辐间区多半位于赤道;接触区清楚,表面具不规则细网脉状图案,网脉窄,宽仅约1.5μm,有时呈辐射状排列,并伸达弓形脊内侧部位;接触区以外的外壁表面光滑,具内点状结构,壁厚1.0—2.5μm,少见褶皱;棕色。

注释 本种以接触区外壁具"细皱纹状"纹饰,并略呈辐射状排列(Riegel,1973,p.82)为特征;此特征在 *R. raise* Gao and Hou(1975)及 *R. radiatus* Gao and Hou(1975)2种标本上反映明显,故在此将它们合并于 *R. rugulatus* 名下。

产地层位 贵州独山,丹林组上段;云南曲靖翠峰山,徐家冲组;云南沾益史家坡、龙华山,海口组。

粗糙弓脊孢 *Retusotriletes scabratus* Lu, 1980

(图版28,图16, 17)

1980b *Retusotriletes scabratus* Lu,卢礼昌,10页,图版2,图3,4。

1997b *Retusotriletes scabratus* Lu,卢礼昌,图版4,图2。

描述 赤道轮廓圆形或亚圆形,大小58—78μm;三射线仅在顶部三角形加厚区清楚,并微开裂,其延长部分不甚清楚,全长2/3—4/5R;弓形脊完全,柔弱,几乎全部与赤道重叠;近极中央常具一三角形或三角带状加厚区,其加厚程度与延伸范围多变,一般角部沿射线方向延伸至射线长度的2/3—3/4处,与周围外壁为突变或渐变关系;外壁薄,厚仅1.5μm或不足,表面相当粗糙,局部具小刺—粒状突起,在赤道附近常见1—2条不规则的大型带状褶皱;棕黄色。

比较与讨论 *R. triangulatus* 与 *R. macrotriangulatus* Lu sp. nov. 也具类似的加厚区,但它们以外壁较平滑,表面无小刺—粒状突起而与当前种不同。

产地层位 云南沾益龙华山,海口组;新疆准噶尔盆地,呼吉尔斯特组。

半带环弓脊孢 *Retusotriletes semizonalis* McGregor, 1964

(图版27,图1, 2)

1964 *Retusotriletes semizonalis* McGregor, p. 20, pl. 2, figs. 1—5, 7, 8.

1969 *Aneurospora semizonalis* (McGregor) Lele and Streel, p. 96, pl. 2, fig. 29.

1980b *Retusotriletes semizonalis*,卢礼昌,8页,图版1,图20,21。

1988 *Retusotriletes semizonalis* (McGregor) Lele and Streel,高联达,201页,图版1,图6。

描述 赤道轮廓亚圆形,大小57—62μm;三射线长4/5—7/8R,常被唇掩盖,唇粗壮,厚实,表面光滑,偶微曲,宽3—5μm,顶部略高起,末端或较低、较宽并与弓形脊连接;弓形脊发育完全,宽1.5—2.5μm(极面观),位于赤道附近,并几乎完全平行于赤道;以弓形脊为界的接触区近圆形,区内外壁无加厚或减薄现象;其余外壁表面光滑,厚约1μm,或具内点状—细颗粒状结构;浅棕色。

比较与讨论 高联达(1988)描述该种的标本较小(34—46μm),接触区也较小。

注释 该种的主要特征为:赤道轮廓亚三角形—亚圆形,大小50—67μm;三射线简单或具窄唇,伸达或几乎伸达赤道;弓形脊略加厚(约3μm),位于或接近位于赤道(除与三射线末端连接的小部分外),形成一假环状;外壁约1μm(McGregor, 1964, pl. 10)。归入 *R. semizonalis* 的云南沾益标本(卢礼昌,1980b,8页,图版1,图20,21;57—62μm)与上述特征颇相近,仅唇较发育(3—5μm宽)而略异,但无碍其归属。

产地层位 云南沾益龙华山,海口组;西藏聂拉木,章东组。

简单弓脊孢 *Retusotriletes simplex* Naumova, 1953

(图版25,图5, 9)

1953 *Retusotriletes simplex* Naumova, p. 29, pl. 2, fig. 9; p. 97, pl. 15, fig. 14.

1976 *Retusotriletes simplex*,卢礼昌、欧阳舒,25页,图版1,图11, 12.

1978 *Retusotriletes simplex*,潘江等,图版11,图4。

1980b *Retusotriletes simplex*,卢礼昌,7页,图版1,图12,13;图版10,图3,4。

1981 *Retusotriletes simplex*,卢礼昌,97页,图版1,图11。

1984 *Retusotriletes simplex*,高联达,图版1,图3,4。

1987 *Retusotriletes simplex*,高联达、叶晓荣,385页,图版169,图22;图版172,图9。

1988 *Retusotriletes simplex*,高联达、叶晓荣,190页,图版1,图8。

1988 *Retusotriletes simplex*,卢礼昌,126页,图版5,图6,7。

1993 *Retusotriletes simplex*,文子才、卢礼昌,图版1,图24,25。

1994 *Retusotriletes simplex*,卢礼昌,图版1,图21。

1996 *Retusotriletes simplex*,王怿,图版1,图9。

1999 *Retusotriletes simplex*,卢礼昌,37页,图版2,图4。

描述 赤道轮廓近圆形—圆形,大小常在30—67μm之间,大者可达80—90μm;三射线简单,直,伸达赤道附近或稍短;弓形脊常不完全或不甚清楚(除三射线末端两侧小部分外);外壁表面光滑,厚略小于2μm,褶皱不常见。

比较与讨论 本种首见于俄罗斯地台中、上泥盆统(Naumova, 1953),其特征与 *R. pychovii* 及 *R. communis* 有些近似,但该两种分别以具弓形脊加厚及外壁较厚实而与之不同。

产地层位 江苏南京龙潭,五通群;江西全南,三门滩组、翻下组、荒圹组、刘家圹组;湖南邵东、新华,邵东组(组);四川若尔盖,下普通沟组;四川渡口,上泥盆统;贵州独山、都匀,丹林组、舒家坪组;云南曲靖、沾益,桂家屯组、徐家冲组、海口组;甘肃迭部,当多组;新疆和布克赛尔,黑山头组3,4层。

厚壁弓脊孢 *Retusotriletes spissus* Lu, 1988

(图版27,图9—11)

1988 *Retusotriletes spissus* Lu,卢礼昌,130页,图版4,图1—4;图版5,图10,11。

描述 赤道轮廓宽圆三角形或近圆形,罕见正圆形,大小67.0—107.6μm,全模标本81μm,副模标本88μm;三角形清楚,简单,常开裂至射线末端,长2/3—4/5R;弓形脊发育完全,但较柔弱,大部分与赤道重叠或紧靠赤道(除射线末端两侧小部分外);外壁相当厚实,与众不同的是近极外壁常略厚于远极外壁,一般厚6.7—9.0μm,最厚可达10—11μm,表面光滑—微粗糙,具内点状—细颗粒状结构;近极外壁常沿三射线微开裂—明显开裂;未见褶皱,橙棕—深棕色。

比较与讨论 本种以外壁相当厚实,且近极外壁常略厚于远极外壁为特征而与 *Retusotriletes* 属的其他种不同：如 *R. simplex* 虽具类似特征性的三射线与弓形脊，但其外壁厚度常不超过 2μm；*R. distinctus* 的外壁虽也相当厚实，但孢体颇大，大小达 113—218μm，全模标本 170×180μm（Richardson，1965，p. 656）。

产地层位 云南沾益，海口组。

离层弓脊孢 *Retusotriletes stratus* Lu, 1980

（图版 27，图 6—8）

1980b *Retusotriletes stratus* Lu，卢礼昌，11 页，图版 2，图 5—8。

描述 赤道轮廓近圆形，大小 70—80μm，全模标本 72μm；子午轮廓近极面低锥角形（极区微内凹），远极面半圆球形；三射线清楚，微弯曲，常具窄唇，单片唇宽 1.0—1.5μm，长约 4/5R 或稍长，末端与弓形脊连接；弓形脊发育完全，清楚，除三射线末端两侧小部分外，其余大部分位于或略超出赤道且凸起，高约 3μm，宽 2—4μm；以弓形脊为界的接触区清楚，区内外壁尤其中央区较薄（亮）；外壁 2 层，内层与外层不同程度地分离（除在三射线区彼此紧贴外），在赤道部位尤其明显，内层较外层略厚，1.5—2.5μm，外层内点状—颗粒状结构显著，远极外层厚 1—2μm，近极区则较薄，赤道区因弓形脊的存在而略显厚，表面光滑无饰；浅棕—棕色。

比较与讨论 *R. ypsiliformis* Lu sp. nov. 虽也具类似特征性的弓形脊与外壁，但其弓形脊更为宽厚（4.5—7.0μm），并在辐射区与射线两侧的唇构成 Y 字形图案；再者外层（3.5—4.5μm）较内层略厚。*R. stratus* 以其外壁 2 层，且内层略厚于外层为特征而与 *Retusotriletes* 属的其他种不同。

产地层位 云南沾益龙华山，海口组。

厚三角弓脊孢 *Retusotriletes triangulatus* (Streel) Streel, 1967

（图版 28，图 13，20）

1964 *Phyllothecotriletes triangulatus* Streel, p. 237, pl. 1, figs. 3—5.

1967 *Retusotriletes triangulatus* (Streel) Streel, p. 24, pl. 2, figs. 18—20.

1969 *Retusotriletes triangulatus* (Streel) Lele and Streel, p. 94, pl. 1, fig. 21.

1987a *Retusotriletes rotundus* (Streel) Streel，欧阳舒、陈永祥，31 页，图版 3，图 1，3（部分）。

1988 *Retusotriletes triangulatus*，卢礼昌，127，128 页，图版 1，图 10；图版 5，图 3—5。

1994 *Retusotriletes triangulatus*，卢礼昌，图版 1，图 16，19。

1995 *Retusotriletes triangulatus*，卢礼昌，图版 1，图 19（部分）。

1997b *Retusotriletes triangulatus*，卢礼昌，图版 1，图 21（部分）。

1999 *Retusotriletes triangulatus*，卢礼昌，图版 1，图 7。

描述 赤道轮廓多呈近圆形，少量呈圆形，大小 40—69μm；三射线在顶部小三角形加厚区内较清楚或微开裂（常不超过加厚区），超过该区的延长部分较柔弱，甚至模糊不清，全长 1/2—7/8R，末端与弓形脊连接；小三角形加厚区明显，其角顶沿射线延伸至射线长的 2/3—3/4 处；以弓形脊为界的接触区常仅可辨别，罕见清楚；外壁表面光滑，厚约 1μm（或不足），常见细长褶皱；棕黄—深棕（加厚区）色。

比较与讨论 *R. triangulatus* 与 *R. rotundus* 两种的全模标本的不同区分是，前者加厚区外缘轮廓略呈三角形，后者则接近于圆形。

产地层位 江苏句容、南京龙潭，五通群擂鼓台组下部；湖南界岭，邵东组；云南曲靖翠峰山，桂家屯组、徐家冲组；云南沾益龙华山、史家坡，海口组；新疆准噶尔盆地，呼吉尔斯特组；新疆和布克赛尔，黑山头组 5，6 层。

厚三角弓脊孢较大变种

Retusotriletes triangulatus (Streel) Streel var. *major* Lu and Ouyang, 1976

（图版 28，图 1，2）

1976 *Retusotriletes triangulatus* (Streel) Streel var. *major* Lu and Ouyang，卢礼昌、欧阳舒，27 页，图版 1，图 7；图版 2，图 11。

1980b *Retusotriletes triangulatus* (Streel) Streel cf. var. *major*,卢礼昌,9 页,图版 1,图 10,11。

1984 *Retusotriletes triangulatus* (Streel) Streel cf. var. *major*,高联达,图版 1,图 14,15。

描述 赤道轮廓圆形—亚圆形,大小 63—134μm(量 32 粒),平均 94μm,全模标本 100μm;三射线在顶部加厚区清楚,常不超过 1/2 射线长,该区以外微弱,甚至模糊不清,全长 4/5—7/8R;弓形脊微弱,总是位于近极面;以弓形脊为界的接触区一般不明显,顶部呈三角形或三角形带状加厚,其范围约延至 1/2 孢子半径处,中部较亮,外部较暗并较外壁其余部分加厚,与其周围外壁多半为渐变关系;外壁厚约 3μm,同质或具内点状—内颗粒状结构,轮廓线平滑,具褶皱;黄棕—深棕色。

比较与讨论 当前标本以其体积较大和加厚区较小而区别于孢体较小、外壁较薄与内结构明显的 *R. triangulatus* (Streel) Streel var. *minor*。

产地层位 云南曲靖翠峰山,桂家屯组、徐家冲组;云南沾益龙华山,海口组。

厚三角弓脊孢小变种(新变种)

Retusotriletes triangulatus (Streel) Streel var. *minor* Lu var. nov.

(图版 28,图 19)

1976 *Retusotriletes triangulatus* (Streel) Streel var. *triangulatus* Lu and Ouyang,卢礼昌、欧阳舒,27 页,图版 2,图 1—4。

1976 *Retusotriletes triangulatus* (Streel) Streel var. *microtriangulatus* Lu and Ouyang,卢礼昌、欧阳舒,28 页,图版 2,图 5—8。

1980b *Retusotriletes triangulatus* var. *microtriangulatus*,卢礼昌,8 页,图版 1,图 19;图版 10,图 7。

1999 *Retusotriletes triangulatus*,卢礼昌,37 页,图版 1,图 7。

描述 赤道轮廓亚圆形—圆形,大小 45—58μm,全模标本 47μm;三射线不完全清楚,即在加厚区内清楚或微开裂,在该区以外的延长部分仅隐约可见,伸达赤道附近;三射线顶部加厚区多呈三角形,且范围小,其三角顶延伸常不超过射线长的 1/2;弓形脊柔弱,以其为界的接触区常模糊不清;外壁薄,厚≤1μm,多褶皱,内颗粒状结构于远极外壁尤其明显,表面光滑或局部见刺—粒状小纹饰;棕黄—棕色。

注释 本种以其孢子相对较小以及三射线不完全清楚、接触区常模糊不清与外壁薄、多褶皱、内颗粒状结构相当明显为特征。与下列种不同的是:*R. triangulatus* (Streel) Streel var. *major* Lu and Ouyang(83—134μm,全模标本 100μm)的孢体大许多,其最大量度(134μm)为前者(63μm)的 2 倍有余;*R. communis* Naumova 的外壁虽也具类似的内结构,但壁厚实,且接触区不具三角形加厚区;*R. macrotriangulatus* Lu sp. nov. 的孢体虽较小(51—93μm),但其近极中央区的三角形加厚范围较大,且弓形脊发育较清楚与完全。

产地层位 云南曲靖翠峰山,徐家冲组;云南沾益龙华山,海口组;新疆和布克赛尔,黑山头组 5,6 层。

三叶弓脊孢 *Retusotriletes trilobatus* Gao and Hou, 1975

(图版 26,图 17)

1975 *Retusotriletes trilobatus* Gao and Hou,高联达等,191 页,图版 3,图 2。

描述 赤道轮廓宽圆三角形,角部浑圆或宽圆,三边(中部)凹入,大小 70—80μm;三射线在顶部加厚区内微开裂,但不完全,长仅为射线长度的 1/2 左右,其延长部分不甚清楚,全长约为 3/4R;弓形脊发育完全,且加厚加宽明显,宽 3—5μm,凸出部分位于赤道;以弓形脊为界的接触区清楚,中央区外壁小,三角形加厚区明显,三边(中部)内凹,角部沿射线延伸,但不及末端;外壁中等厚,表面平滑;棕色。

比较与讨论 *R. triangulatus* 也具类似的三角形加厚区,但赤道轮廓线在三辐间区不凹入。

产地层位 贵州独山,丹林组上段。

瓦氏弓脊孢 *Retusotriletes warringtonii* Richardson and Lister, 1969

(图版 27,图 16, 17)

1969 *Retusotriletes warringtonii* Richardson and Lister, p. 216, pl. 37, figs. 7, 8.

1993 *Retusotriletes warringtonii*,高联达,图版 1,图 3。

1994 *Retusotriletes warringtonii*,王怿,图版 1,图 6—8。

1997 *Retusotriletes warringtonii*，王怿、欧阳舒，226 页，图版 1，图 12。

注释 本种以其赤道轮廓三角形—亚三角形，个体小（17—45μm），表面光滑以及弓形脊完全且大部分与赤道重叠为特征。

归入 *R. warringtonii* 的贵州凤冈早志留世与滇东南文山早泥盆世的标本[（王怿、欧阳舒（1997）与王怿（1994）]与 Richardson 和 Lister（1969）首次描述的大不列颠早志留世的同种标本的特征基本一致：轮廓三角形或亚三角形，大小 38—42μm；三射线长等于或略小于孢子半径长；弓形脊明显，完全，多沿赤道延伸；外壁厚 1—2μm，表面光滑；棕色。

产地层位 云南文山，坡松冲组、坡脚组；贵州凤冈，下志留统（Llandoverian）；新疆西准噶尔，吐布拉克组。

Y 形弓脊孢（新种） *Retusotriletes ypsiliformis* Lu sp. nov.

（图版 27，图 3—5）

1980b *Retusotriletes crassus* Lu，卢礼昌，11 页，图版 2，图 9—11。

描述 赤道轮廓近圆形或亚圆形，近极面微内凹，远极面明显外凸—接近半圆球形，大小 70—91μm，全模标本 70μm；三射线清楚，微开裂，两侧具唇，直—微曲，单片唇宽 1. 5—2. 5μm，于射线末端增宽，并与弓形脊汇合，长等于或略短于 R；弓形脊发育完全，宽厚，并明显超出赤道，甚者呈不规则的带环状，一般宽 4. 5—7. 0μm，因于射线末端两侧与唇重合而显得最厚（可达 11μm），并在辐射区与三裂缝两侧的唇构成 Y 字形图案；外壁 2 层，彼此紧贴或略有不同程度的局部分离（近极区除外）；内层厚 3—4μm，同质，外层较内层略厚，为 3. 5—4. 5μm，表面光滑、同质或内点状；未见褶皱；浅棕—深棕色。

比较与讨论 本种以其弓形脊完全、宽厚，并明显超越赤道延伸而呈带环状，以及三射唇与末端两侧的弓形脊所构成的 Y 形图案等特征而与 *R. stratus* Lu，1980 不同。

注释 *R. crassus* 这一种名几乎同时在 Clayton 等（1980）与卢礼昌（1980b）的各自的文章中出现，但后者略晚，为前者的异物同名，故 *R. crassus* Lu，1980 应予废弃，并以新种名 *R. ypsiliformis* Lu sp. nov. 取代之。

产地层位 云南沾益龙华山，海口组。

Y 形弓脊孢大变种（新种、新变种） *Retusotriletes ypsiliformis* Lu sp. nov. var. *major* Lu var. nov.

（图版 27，图 18，19）

1999 *Retusotriletes* cf. *crassus* Lu，卢礼昌，38 页，图版 2，图 12，15。

描述 侧压标本，近极面低锥角形，远极面近半圆形，大小约 136μm（全模标本）；三射唇呈山脊状隆起，顶部高约 16μm，朝辐射方向逐渐降低与增宽，近末端宽可达 9μm 左右，伸达或略超出赤道，末端两侧与弓形脊联合；弓形脊发育颇完全，朝赤道扩展，宽达 8—15μm，并明显超越赤道，呈不规则契环状，边缘不规则，微凹凸不平，并具稀散与细小的锥刺（扫描照片上）；以弓形脊为界的接触区略内凹，表面凹凸不平；远极半球外壁相当厚实，厚可达 4. 5—6. 0μm，表面微粗糙，局部或具极细小而稀疏的刺，近极外壁薄许多（不可量）；深棕色。

比较与讨论 当前标本与置于 *R. ypsiliformis* Lu sp. nov. 的那些标本的主要特征颇相似，但孢体要大许多，故另立一新变种。

注释 仅见一粒侧压标本，外壁局部具细小的刺，仅在扫描照片上有所反映，在透光照片上则无此显示，故仍将其置于 *Retusotriletes* 属内。

产地层位 新疆和布克赛尔，黑山头组 4 层。

带状三角弓脊孢（新种） *Retusotriletes zonetriangulatus* Lu sp. nov.

（图版 28，图 9—11）

1978 *Calamospora* A.，高联达，见潘江等，图版 42，图 4。

1978 *Retusotriletes* cf. *distinctus* Richardson,高联达,见潘江等,图版43,图2。

1980b *Retusotriletes triangulatus* cf. var. *major*,卢礼昌,图版10,图8,9。

1996 *Tetraledraletes* sp. of Wang et al., pl. 2, fig. 5.

1997 *Retusotriletes* cf. *triangulatus*,王怿等,226页,图版1,图7。

描述 赤道轮廓因褶皱呈不规则圆形,大小61—85μm,全模标本75μm;三射线在顶部加厚区中央清楚,在超出该区的延长部分则模糊不清或颇柔弱,全长4/5—5/6R,末端与弓形脊连接;弓形脊颇弱,且常发育不完全或不清楚;三射线顶部具一颇明显的带状三角形加厚区;加厚区三边十分宽厚并呈条带状,长25—36μm,宽7—10μm,三角部钝凸,封闭,位于三射线长的1/2—3/5处,与周围外壁呈突变关系,加厚区中央为一透亮的小三角形;外壁单薄,厚仅1μm左右,常在赤道或亚赤道区具1—2条大型条带状或弧形褶皱,表面光滑、粗糙或具细颗粒结构;棕—深棕色。

比较与讨论 本新种以其三射线顶部三角形加厚明显、界线清晰、三边带状且宽厚、三角部钝凸、中央小三角区明亮,以及外壁在赤道附近常具1—2条大型条带状或弧形褶皱而与形态特征类似的 *R. triangulatus* 及 *R. rotundus* 等很不同。

注释 归入 *R. zonetriangulatus* 的标本不仅特征明显,且分布广泛,在我国华北、华南与西南地区均相继有报道,且层位也较稳定,主要产于下泥盆统,具有一定的时代意义。

产地层位 广西六景,那高岭阶;贵州凤冈,下志留统(Llandoverian);云南沾益翠峰山,徐家冲组。

三瘤孢属 *Trirhiospora* Ouyang and Chen, 1987

模式种 *Trirhiospora plicata* Ouyang and Chen, 1987;江苏句容,五通群。

属征 无环三缝小孢子,赤道轮廓三角形—亚三角形,三边凸出或凹入,角部钝圆或微尖;三射线清楚,具唇或不具唇,长在2/3R以上,在三射线之间的接触区内共具3个瘤状突起,瘤一般单生,但有时可由数个颇大的小瘤组成一个复合体;外壁厚度中等,赤道或亚赤道部位可有隆起,但不构成真正的环,表面光滑—点穴状,无明显的突起纹饰,亦无周壁;模式种大小54—68μm。

讨论 在江苏句容擂鼓台组下部组合中,见到大量近极面具3个大瘤状突起[接触点(?)]的孢子,考虑到它们可能是某类植物的特定产物,且无法归入已知分散孢子属内,故原作者建新属。这类孢子可划分为2个形态属,即 *Trirhiospora* 和 *Peritrirhiospora*,前一个属无周壁,后一个属有周壁。这2个属与澳大利亚昆士兰早石炭世的 *Racemospora* Playford (1978, p. 136, pl. Ⅱ, figs. 8—15)的区别在于,后者具赤道环(cingulum),且其接触区的3个大的瘤状集合体是由许多小瘤组成的所谓的葡萄状集合体(botryoidal aggregations)。西班牙早泥盆世的 *Leonispora* Cramer and Diez(1975, p. 342, pl. Ⅰ, fig. 3)近极亦有3个突起[厚隆(inspissations)],但它们是在外壁内层的表面,与外层相连,而且这个属是腔状孢子,与当前这2个属是很不同的。

厚角三瘤孢 *Trirhiospora furva* Ouyang and Chen, 1987

(图版5,图10, 11)

1987a *Trirhiospora furva* Ouyang and Chen,欧阳舒、陈永祥,33页,图版Ⅸ,图19;图版Ⅹ,图11。

描述 赤道轮廓三角形,三边微凹,角部钝圆或微尖,已知大小61—68μm,全模大小61μm(图版Ⅸ,图19);三射线清楚,或开裂,长约4/5 R;接触区内三射线之间具3个椭圆形瘤,大小可达12—15×8—10μm;外壁厚1.5—2.0μm,向角部逐渐增厚达6μm,表面光滑;深棕色。

比较与讨论 本种孢子以外壁在角部增厚而与 *Trirhiospora plicata*, *T. subracemis* 和 *T. strigata* 区别。

产地层位 江苏句容,五通群擂鼓台组下部。

具裙三瘤孢 *Trirhiospora plicata* Ouyang and Chen, 1987

(图版5,图13, 17)

1987a *Trirhiospora plicata* Ouyang and Chen,欧阳舒、陈永祥,33页,图版Ⅸ,图20, 21。

描述 赤道轮廓圆三角形—亚三角形，角部钝圆，近极面较低平，远极面强烈凸出，大小46—68μm（测7粒），全模54μm；三射线清楚，简单或具很窄的唇，直，或开裂，长3/4—4/5 R；近极接触区三射线之间具3个亚圆形的瘤，直径5—15μm；外壁厚1.5—3.0μm，在同一孢子上厚度无大变化，表面光滑—微点状，远极具或多或少同心状的褶皱圈，几乎封闭；棕色。

比较与讨论 本种孢子以不具厚角而与 *T. furva* 区别；以外壁较薄、在近极边沿不隆起而与 *T. strigata* 区别。

产地层位 江苏句容，五通群擂鼓台组下部。

双壁三瘤孢 *Trirhiospora strigata* Ouyang and Chen, 1987

（图版5，图12）

1987a *Trirhiospora strigata* Ouyang and Chen，欧阳舒、陈永祥，33页，图版Ⅸ，图22。

描述 赤道轮廓三角形，三边略凹入，角部钝圆或微尖，大小63—80μm（测10粒），全模标本63μm；三射线清楚，单细或具唇，唇宽约2μm，几乎伸达外壁内沿；接触区内三射线之间具3个瘤（每个可由数个小瘤组成），近椭圆形或不规则形，大小可达8.5×12μm；外壁厚5—7μm，由2层组成，大致等厚，表面光滑或具细密鲛点状或颗粒状突起，轮廓线基本平滑；深棕色。

比较与讨论 当前标本与 *Simozonotriletes duploides* Ouyang and Chen（1987，图版ⅩⅣ，图3—6）颇相似，仅以接触区具3个大的瘤状突起而与后者有别。

产地层位 江苏句容，五通群擂鼓台组下部。

亚葡三瘤孢 *Trirhiospora subracemis* Ouyang and Chen, 1987

（图版5，图14，15）

1987a *Trirhiospora subracemis* Ouyang and Chen，欧阳舒、陈永祥，34页，图版Ⅹ，图1—3。

描述 赤道轮廓三角形，三边中部略凹入，角部宽圆或微尖，大小54—85μm（测18粒），全模标本75μm；三射线清楚，常开裂，裂缘不平整，长约3/4R至接近R，末端尖锐；在三缝顶部区外壁略增厚，在射线之间具3组瘤状突起，各由若干小瘤组成，成堆或沿射线方向松散分布，瘤堆直径约28μm；外壁厚约2μm，具致密点穴状结构，穴径0.5—1.0μm，轮廓线基本平滑；棕黄—深棕色。

比较与讨论 本种孢子以其顶部区不定形小瘤堆的存在以及无周壁而与 *Peritrirhiospora punctata* 等区别。

产地层位 江苏句容，五通群擂鼓台组下部。

三巢孢属 *Trinidulus* Felix and Paden, 1964

模式种 *Trinidulus diamphidios* Felix and Paden, 1964；美国（Anadarko Basin, Texas and Oklahoma），上石炭统下部（Morrowan Formation）。

同义名 *Vesicatispora* Gao, 1983，*Strumiantrospora* Tang, 1986.

属征 辐射对称三缝孢子，赤道轮廓近三角形，子午轮廓近极面不如远极面强烈凸出，模式种大小39—53μm；三射线清楚，微具唇，有时裂缝状，未伸达角部边沿；外壁在近极面和远极面基本光滑，高倍镜下微颗粒状；近极面辐射区具3个大小基本一致、等距离分布的浅凹巢，每一凹巢内具一卵球体，它们以整个基部相连生［不育孢子残留体（?）］；承载三射线的外壁呈三臂即三瓣状，宽度由中央部位向端部变宽成弓形，此区边沿外壁较其余部位稍厚。

比较与讨论 本属以近极三射线之间辐间区内具3个凹巢且每一凹巢内有一卵球体区别于所有其他三缝孢子属。依据在湖南测水发现的 *Strumiantrospora tribulla* 建立的属 *Strumiantrospora* Tang, 1986，近极面射线之间的凹巢内也有3个大瘤，虽然原作者将这3个大瘤解释为远极面纹饰，但由于其形态与 *Trinidulus* Felix and Paden, 1964 较为接近,是后者晚出同义名的可能性还是较大。如果将来发现更多标本并经扫描摄影加以证实,这个属还是可以成立的;本书暂将 *Strumiantrospora* Tang, 1986 置于当前属的同义名中,理由是测水组的时代大体属早石炭世晚期(Visean),较 *Trinidulus* 模式种出现的时代虽稍早一些,但此种在我国甘肃靖远臭牛沟组(Visean—Namurian A)也有存在,而且唐善元当时似乎并未注意到这个属,因他仅将其新属与 *Foveosporites* 等属作过比较。

双隔三巢孢 *Trinidulus diamphidios* Felix and Paden, 1964

(图版 96,图 21, 37)

1964 *Trinidulus diamphidios* Felix and Paden, p. 330—332, text-figs. 1—7.

1976 *Trinidulus diamphidios* Felix and Paden, Kaiser, p. 130, pl. 12, fig. 5.

1983 *Trinidulus diamphidios*,邓茨兰等,图版 1,图 6。

1984 *Trinidulus diamphidios*,高联达,354 页,图版 138,图 13。

1987 *Trinidulus diamphidios*,高联达,图版 6,图 19。

1987a *Trinidulus diamphidios*,廖克光,574 页,图版 145,图 3。

1987b *Trinidulus diamphidios*,廖克光,图版 26,图 20。

1987c *Trinidulus diamphidios*,廖克光,图版 2,图 22。

1988 *Trinidulus diamphidios*,高联达,图版 4,图 20。

1993 *Trinidulus diamphidios*,朱怀诚,237 页,图版 55,图 28—30,33—35。

1993 *Trinidulus diamphidios*,Zhu H. C., pl. 1, figs. 2, 7.

1996 *Trinidulus diamphidios*,朱怀诚,见孔宪桢,237 页,图版 55,图 28—30,33—35。

描述 Kaiser 照片标本大小 40μm,形态、特征与本属模式种完全一致,参见属征。

注释 本属孢子在美国主要见于上石炭统下部(Springer Formation),但在我国甘肃靖远,在早石炭世臭牛沟组已出现;除上纳缪尔阶(朱怀诚,1993)和本溪组、羊虎沟组外,亦见于山西下石盒子组(Kaiser, 1976;廖克光,1987a),是否为再沉积所致,值得注意。Kaiser 将此属归入假多囊类(Polypseudosacciti Smith and Butterworth, 1967),我们认为不妥。

产地层位 山西宁武,本溪组、下石盒子组下部;山西平朔矿区,本溪组;山西西山煤田,本溪组;山西保德,太原组;鄂尔多斯北部,羊虎沟组;甘肃靖远,臭牛沟组、红土洼组—羊虎沟组。

贵州三巢孢(新联合) *Trinidulus guizhouensis* (Gao) Ouyang and Zhu comb. nov.

(图版 96,图 41, 42)

1983 *Vesicatispora guizhouensis* Gao,高联达,509 页,图版 116,图 15。

1983 *Vesicatispora circumligus* (Staplin, 1960) Gao,高联达,509 页,图版 116,图 13,14。

描述 赤道轮廓亚圆形—圆三角形,大小 70—78μm;本体轮廓三瓣状(即相当于 *Trinidulus* 原属征中的"承载三射线的外壁呈三臂状"),角端浑圆—近平截,三射线伸达角部,常开裂;辐间区有 3 个大小相近的凹巢,巢内各有一椭圆体(泡囊),中间薄或中空,边缘加厚但不与三角顶部连接;外壁表面光滑—细点状。

比较与讨论 *Vesicatispora* 的模式种,其基本结构与 *Trinidulus* 相同,所谓的"泡囊"等只是解释问题,故作一新联合。本种以个体大、3 个椭圆体的长轴与赤道轮廓一致而非长轴朝向三射线顶部与 *Trinidulus* 的模式种(39—53μm)*T. diamohidios* 相区别。同义名表中原定的新联合种 *Vesicatispora circumligus* (Staplin) Gao,一般形态、大小(70—85μm)与 *V. guizhouensis* 一致,只不过"泡囊"中空(实际上很可能是三椭圆体脱落所致)而有差别,产出层位亦相同,故未用此联合种;更重要的原因是出自加拿大下石炭统的 *Carmarozonotriletes circumligus* Staplin, 1960(p. 23, pl. 4, figs. 31,35)大小仅 28—37μm,是构造较复杂的具带环孢子,带环周边一角部具 2—4 行的明显锥刺纹饰,与此旧司组标本不相干。

产地层位 贵州贵阳乌当,旧司组。

具唇三巢孢　*Trinidulus labiatus* Geng, 1985

（图版96，图22）

1985b *Trinidulus labiatus* Geng, p. 656, pl. Ⅰ, fig. 4.

描述　赤道轮廓三角形，大小32—47μm；近极面具3个深凹的腔，其内各嵌入1个圆形球体，紧贴腔壁，球体直径大小9—12μm；三射线不显，伴生很发育的唇，唇自中部开裂，反转扭曲；外壁薄，轮廓线光滑。

比较与讨论　*T. diamphidios* 轮廓线圆三角形，3个卵形球体几乎充填坑穴之中，三角部扩大呈宽弓形，可与当前种区别。

产地层位　宁夏盐池，羊虎沟组。

裂片三巢孢　*Trinidulus schismatosus* Gao, 1988

（图版96，图18，19）

1988 *Trinidulus schismatosus* Gao，高联达，198页，图版4，图19，21。

描述　三射线小孢子，赤道轮廓三角形—亚三角形，本体三角形，角部近浑圆，或近平截，或中部微凹陷，大小48—65μm；壁较厚，褐色；三射线简单，长等于2/3R；孢子近极面间三射线三边具不规则的锥体，顶部近圆形；孢子表面覆以不清晰的小颗粒纹饰。

比较与讨论　本种与 *T. diaphidios* Felix and Paden（1964）的主要区别是，后者外部形态和孢子表面具小点纹饰。

产地层位　甘肃靖远，臭牛沟组。

三瘤三巢孢（新联合）　*Trinidulus tribulus* (Tang) emend. Ouyang and Zhu comb. nov.

（图版96，图16，17）

1986 *Strumiantrospora tribulla* Tang，唐善元，198页，图版1，图25，26。

1986 *Strumiantrospora shuangfengensis* Tang，唐善元，198页，图版1，图27，28。

描述（修订）　无环三缝小型孢子，赤道轮廓三角形，三边微凸，角部锐圆—微尖，大小38—58μm，全模标本46μm；三射线具唇，颇粗壮，直或微弯曲，伸达角端；三射线间具3个近圆形浅坑，坑内各有1个圆瘤，直径约10μm；孢子（包括瘤）表面密布小穴，穴径1—2μm。

比较与讨论　本种与 *T. diamphidios* 有些相似，区别在于后者坑巢特大，使孢子三边间断，三射线区呈三臂状，而不像此种是在近极面辐间区之内且其表面为穴状。*Strumiantrospora shuangfengensis* 仅以瘤、穴都不及 *S. tribulla* Tang 清晰和规则与后者区别。我们认为这是保存好坏的差别，不足以另立新种，故合并之。

产地层位　湖南双峰测水，测水组。

胀角孢属　*Scutulispora* Ouyang and Lu, 1979

模式种　*Scutulispora gibberosa* Ouyang and Lu, 1979；山西河曲，下石盒子组。

属征　具三缝的同孢子或小孢子，赤道轮廓圆三角形—近圆形，模式种大小113—140μm；在每一角部即三射线末端所指方向，具一明显的外壁外层的圆锥形膨胀（scutula）；外层或外层与内层之间的离层厚，无纹饰，但具清楚的细密辐射状排列的内棒结构，顶视呈颗粒状或点穴状；轮廓线基本平滑。

比较与讨论　仅有少数属的孢子具赤道膨胀，如 *Dulhuntyispora* R. Potonié 和 *Kuylisporites* R. Potonié，但前者的膨胀是在辐间区的赤道中部，且其表面具辐射状细脊纹饰，而后者同样在两射线之间的赤道中部具3个大的膨胀，但在化石材料中膨胀可变为近圆形的孔洞。特别值得注意的是，Inosova 等（1976，pl. Ⅱ，fig. 39，Spore Type B）报道的乌克兰顿涅茨克盆地下二叠统的孢子类型B，大小约104μm，形态和结构与本属一致，三射线朝角部圆锥形肿胀体延伸，肯定同属甚至同种，此标本证明，我们原推想开平标本为三缝孢子是正确的。

驼峰胀角孢 *Scutulispora gibberosa* Ouyang and Lu, 1979

（图版 97，图 31，32）

1976 Spore Type B, Inosova et al., pl. Ⅱ, fig. 39.

1979 *Scutulispora gibberosa* Ouyang and Lu, p. 2, pl. Ⅰ, figs. 14,15.

描述 参见属征；大小 113—140μm，全模 140μm（图版 97，图 31）；三射线在全模标本上似乎隐约可见，伸达角部；3 个膨胀等距离发育，圆锥形，高 10—16μm；离层厚 6—10μm，不厚实，具细密内棒，顶视显内颗粒或点穴状结构；轮廓线平滑；黄色。

比较与讨论 见属下。

产地层位 河北开平，赵各庄组（煤 12）。

枕凸孢属 *Pulvinispora* Balme and Hassel, 1962

模式种 *Pulvinispora depressa* Balme and Hassel, 1962；西澳大利亚，上泥盆统上部（upper Famennian）。

属征 辐射对称三缝孢子，赤道轮廓亚圆形，三射线清楚，直并几乎伸达赤道边缘；以弓形脊为界的 3 个小半圆形接触区略微低凹；每条射线末端各具一发育的耳状体或半圆球形突起且与弓形脊合并；外壁相当厚实、粗糙，偶见不规则分布的颗粒；模式种大小 44—68μm（Balme and Hassel, 1962）。

比较与讨论 本属以其轮廓圆形及射线末端具耳状体或半圆球形突起为特征而与其他具耳状体且轮廓三角形的诸属不同；*Retusotriletes* 虽具弓形脊但不具耳状体或半圆球形突起。

不等厚枕凸孢（新联合） *Pulvinispora imparilis* (Lu) Lu comb. nov.

（图版 14，图 24，25）

1981 *Retusotriletes imparilis* Lu，卢礼昌，98 页，图版 2，图 1，2。

描述 赤道轮廓亚圆形，大小 76.2—87.4μm，全模标本 76.2μm；三射线简单，清楚，顶部常微开裂，长约 3/4R；弓形脊不完全，常仅在射线末端两侧可辨或清楚；接触区界线模糊不清，区内外壁较薄（亮），其余外壁较厚（暗），射线末端前部位最厚（最暗），甚者呈半圆球形；赤道外壁厚约 4.5μm，表面光滑，具内点状结构，罕见褶皱；黄褐色（局部棕色）。

注释 重新审核表明，与其将本种置于 *Retusotriletes* 名下，还不如改归 *Pulvinispora* 属更妥。

产地层位 四川渡口，上泥盆统下部。

刺饰枕凸孢（?） *Pulvinispora*? *spinulosa* Ouyang and Chen, 1987

（图版 14，图 27，28）

1987a *Pulvinispora*(?) *spinulosa* Ouyang and Chen，欧阳舒等，42 页，图版 4，图 2，11。

描述 赤道轮廓亚圆形，大小 78—98μm，全模标本 98μm；三射线清楚，具粗壮的唇，宽 3—5μm，强烈隆起，高可达 7—9μm，伸达赤道边沿，在全模标本上，其末端圆锥形凸出成小耳状体；外壁颇厚（厚度不易测），表面覆以颇致密、均匀的小刺纹饰，基部直径不足 1μm，一般约 0.5μm，高 0.5—1.0μm，末端尖锐，在轮廓线上清楚可见；具少量褶皱（全模标本上远极面为 3 条大褶，大致与三射线方向垂直）；棕黄—棕色。

产地层位 江苏句容，五通群擂鼓台组下部；云南禄劝，下泥盆统坡脚组。

扁平枕凸孢（比较种） *Pulvinispora* cf. *depressa* Balme and Hassell, 1962

（图版 14，图 20）

1962 *Pulvinispora depressa* Balme and Hassell, p. 11, pl. 2, fig. 1.

1983 *Pulvinispora depressa* Balme and Hassell，高联达，192 页，图版 1，图 17。

描述 赤道轮廓圆三角形，大小为 50—60μm；三射线细，直，长约 4/5R，射线两侧具加厚的薄条带，射线前端分叉，形成不完全的弓形脊；孢壁厚，褐色，表面覆以粉刺状纹饰。

注释 原描述中未提及本种重要特征,即射线末端的耳状突起,故种的鉴定应作保留。

产地层位 西藏聂拉木,波曲组。

三角粒面孢属 *Granulatisporites* (Ibrahim) Potonié and Kremp, 1954

模式种 *Granulatisporites granulatus* Ibrahim, 1933;德国鲁尔,上石炭统(Westfal B/C 交界)。

属征 三缝同孢子或小孢子;赤道轮廓三角形,三边微凹入或凸出;三射线长短不一;表面覆以颇密的颗粒纹饰,颗粒相当圆,大小颇均匀,光切面上颗粒表面平或圆。

比较与讨论 相同纹饰但为圆形的孢子归入 *Cyclogranisporites* 属。

混饰三角粒面孢(比较种) *Granulatisporites* cf. *absonus* Foster, 1979

(图版 96,图 1,2)

1979 *Granulatisporites absonus* Foster, p. 31, pl. 2, figs. 1—9.

1983 *Granulatisporites absonus* Foster, Zhang L. J., pl. 1, figs. 2—10.

1990 *Granulatisporites absonus* Foster, Zhang L. J., p. 183, pl. 1, fig. 1.

描述 赤道轮廓亚三角形,三边凸出,大小 29—37μm;三射线清楚,具薄而窄的唇,几伸达赤道;外壁厚约 1.5μm,表面纹饰混杂,具不同比例的小颗粒、锥刺。

比较与讨论 当前标本与澳大利亚昆士兰二叠纪的 *G. absonus* Foster, 1979 (p. 31)有些相似,但后者纹饰更杂,除颗粒、锥刺外,还有棒瘤和小块瘤,且后两者主要限于赤道区,轮廓线上表现明显,与新疆标本有重要差别,所以种的鉴定至少要作保留。其实,此新疆标本最为接近库兹涅茨克上二叠统的被定为 *G. micracanthus* (Andreyeva) Dryagina 的标本(Faddeeva, 1990, pl. 26),但后一种名的鉴定似乎也有问题,因为最初描述的 *Azonotriletes micranthus* Andreyeva, 1956 (p. 244, pl. 47, fig. 35)三射线无唇,且其长度仅 1/3R。为避免起更多的新种名,本书暂有保留地采用原鉴定名。

产地层位 新疆北部,百口泉组、上芨芨槽群芦草沟组。

暗顶三角粒面孢 *Granulatisporites adnatoides* (Potonié and Kremp) Smith and Butterworth, 1967

(图版 96,图 4,20)

1955 *Leiotriletes adnatoides* Potonié and Kremp, p. 38, pl. 11, figs. 112—115.

1964 *Leiotriletes* cf. *adnatoides* Potonié and Kremp,欧阳舒,487 页,图版Ⅰ,图 1。

1967 *Granulatisporites adnatoides* (Potonié and Kremp) Smith and Butterworth, p. 139, pl. 3, figs. 12—14.

1982 *Leiotriletes adnatoides*,蒋全美等,595 页,图版 397,图 1—5。

1984 *Leiotriletes adnatoides*,高联达,320 页,图版 133,图 2。

1986 *Leiotriletes adnatoides*,杜宝安,图版Ⅰ,图 3。

1986 *Granulatisporites adnatoides*,欧阳舒,40 页,图版Ⅰ,图 8;图版Ⅱ,图 9,10。

1987a *Leiotriletes adnatoides* Potonié and Kremp,廖克光,38 页,图版 133,图 2。

1993a *Leiotriletes adnatoides*,朱怀诚,图版Ⅰ,图 1,6。

?1997 *Leiotriletes adnatoides*,朱怀诚,49 页,图版Ⅰ,图 3。

1993 *Leiotriletes adnatoides*,朱怀诚,225 页,图版 50,图 24,25,28。

描述 赤道轮廓三角形,三边微凸或凹,角部宽缓浑圆或锐圆,大小 31—50μm;三射线单细但清楚,常不同程度开裂,伸达或近达角部,末端尖锐,顶部区或射线两侧外壁颜色较深;外壁薄,约 1μm 厚,表面具中等密度的细弱颗粒纹饰,粒径和高约 0.5μm,轮廓线上无明显表现;黄—棕黄色。

比较与讨论 Potonié 和 Kremp (1955) 建立该种时,此种孢子仅具内点状结构,故将其归入 *Leiotriletes* 属,它与 *L. adnatus* (Kosanke) 的区别主要在于前者三边比较凹入。Smith 和 Butterwoth (1967) 则称前一种孢子实际上是有细颗粒纹饰的,故将其归入 *Granulatisporites* 属,鉴于被 Potonié 和 Kremp (1955)归入此种的孢子大小 30—40μm,大多数标本确有细颗粒,我们同意这样处理。

产地层位 山西宁武，本溪组—山西组；山西柳林，太原组；山西河曲，下石盒子组；湖南邵东、湘潭、长沙，龙潭组；云南富源，宣威组；甘肃靖远，靖远组、红土洼组—羊虎沟组；甘肃平凉，山西组；新疆塔里木盆地叶城，棋盘组。

深黑三角粒面孢 *Granulatisporites atratus* (Naumova) Lu, 1995

（图版 10，图 16）

1953 *Archaeozonotriletes atratus* Naumova, p. 99, pl. 15, fig. 25.

1995 *Granulatisporites atratus* (Naumova) Lu，卢礼昌，图版 1，图 14。

注释 本种以其三射唇粗壮、厚实，纹饰细小、均匀且致密为主要特征；湖南标本的特征与其颇一致，仅具褶皱而与之略异。

产地层位 湖南界岭，邵东组。

短缝三角粒面孢 *Granulatisporites brachytus* Zhou, 1980

（图版 96，图 5，6）

1980 *Granulatisporites brachytus* Zhou，周和仪，19 页，图版 5，图 9—18。

1982 *Granulatisporites brachytus* Zhou，周和仪，144 页，图版 1，图 26，27。

1986 *Granulatisporites politus* Hoffmeister, Staplin and Malloy，杜宝安，图版 I，图 28，29。

1987 *Granulatisporites brachytus* Zhou，周和仪，图版 1，图 12，13。

1995 *Granulatisporites brachytus* Zhou，吴建庄，337 页，图版 50，图 10，14，18。

描述 赤道轮廓三角形，三边微凹，角部钝圆，大小 19—36μm，全模约 30μm（图版 96，图 6）；三射线清楚，短，为 1/2R，有时具颜色较暗的小接触区；外壁厚约 1μm，具颇密的细颗粒纹饰，直径 <1μm；黄色。

比较与讨论 本种以三射线较短区别于 *G. microgranifer* Ibrahim, 1933 和 *G. piroformis* Loose, 1934，后者颗粒亦较粗；*G. parvus* (Ibrahim) Potonié and Kremp, 1955 射线亦较长，三边基本上不凹入；*G. granulatus* Ibrahim, 1933 颗粒较粗。与 *G. politus* Hoffmeister, Staplin and Malloy, 1955 (p. 389, pl. 36, fig. 13) 大小相近，但后者三边凹入稍深，三射线较长（2/3—3/4R），表面颗粒不明显（Hoffmeister 等描述为"光面—内点穴状"，"如按 Potonié and Kremp, 1954 分类，会归入 *Leiotriletes*"）。

产地层位 山东堂邑、河南范县、临颍，上石盒子组；甘肃平凉，山西组。

凸边三角粒面孢（比较种） *Granulatisporites* cf. *convexus* Kosanke, 1950

（图版 96，图 36）

1950 *Granulatisporites convexus* Kosanke, p. 20, pl. 3, fig. 6.

1990 *Granulatisporites* cf. *convexus* Kosanke，张桂芸，见何锡麟等，299 页，图版 II，图 6。

描述 三缝小孢子，赤道轮廓三角形，三边外凸，孢子大小为 48—52μm；三射线清楚，微开裂，具唇，每边宽 4—7μm；射线长约等于半径；表面具不均匀的颗粒状纹饰，粒径为 1—3μm，排列亦不甚规则，边缘呈不明显的微波状；外壁厚 2.5—3.0μm；棕黄色。

比较与讨论 当前标本与该种模式比较，前者略小，外壁稍厚，表面粒状纹饰明显；其余特征一致。

产地层位 内蒙古准格尔旗黑岱沟，山西组 6 煤上部。

强唇三角粒面孢 *Granulatisporites crassus* Ouyang and Chen, 1987

（图版 10，图 19）

1987a *Granulatisporites crassus* Ouyang and Chen，欧阳舒等，34 页，图版 3，图 8。

描述 赤道轮廓三角形，三边浅凹，角部浑圆，全模标本 48μm；三射线清楚，具粗壮的唇，宽 3.5—5.0μm，边缘波状，在射线末端略增宽，伸达角部边沿；外壁厚 4.0—4.5μm，2 层，近等厚，表面具致密、均匀的细颗粒纹饰，粒径多小于 1μm，在远极面稍粗；棕黄色（据欧阳舒等，1987a，略有修改）。

比较与讨论 当前标本的唇(3.5—5.0μm)不如前述 *G. atratus* 的唇宽厚(8—12μm),且三边微内凹,而非外凸。

产地层位 江苏句容,五通群擂鼓台组下部。

丰盛三角粒面孢 *Granulatisporites frustulentus* (Balme and Hassell) Playford, 1971

(图版10,图14, 15;图版64,图34, 35)

1962 *Granulatisporites frustulentus*, Balme and Hassell, p. 6, pl. 1, figs. 8, 9.

1971 *Granulatisporites frustulentus*, Playford, p. 13, pl. 2, figs. 1—8.

1999 *Granulatisporites frustulentus*,卢礼昌,38 页,图版3,图15—17。

注释 按 Playford (1971, p. 13,14)的修订定义,本形态种似乎远超出了 *Granulatisporites* 属的定义,不仅纹饰组成多样,而且赤道特征多变。本书仍将新疆标本置于该种下,主要考虑到同一种的标本具有多类型的纹饰和多变的赤道,这是一种连续变化或暗示了某种过渡关系(卢礼昌,1999)。大小27—54μm。

产地层位 新疆和布克赛尔,黑山头组4层。

模式三角粒面孢 *Granulatisporites granulatus* Ibrahim, 1933

(图版96,图3, 9)

1933 *Granulatisporites granulatus* Ibrahim, p. 22, pl. 6, fig. 51.

1953 *Granulatisporites granulatus* Ibrahim, p1. 6, fig. 51.

1955 *Granulatisporites granulatus* Ibrahim, Potonié and Kremp, p. 58, pl. 12, figs. 157—160.

1960 *Granulatisporites piroformis* Loose, Imgrund, p. 157, pl. 14, fig. 30.

1964 *Granulatisporites* cf. *granulatus* Ibrahim,欧阳舒,492 页,图版Ⅲ,图9。

1967 *Granulatisporites granulatus*, Barss, p. 40, pl. 12, fig. 4.

1976 *Granulatisporites politus* Hoffmeister, Staplin and Malloy, Kaiser, p. 96, pl. 2, fig. 9.

1980 *Granulatisporites granulatus*,周和仪,18 页,图版1,图20,21。

1982 *Granulatisporites granulatus*,黄信裕,图版1,图6。

1983 *Granulatisporites granulatus*,高联达,492 页,图版114,图21。

?1984 *Granulatisporites granulatus*,高联达,324 页,图版133,图22。

1984 *Granulatisporites granulatus*,王蕙,图版Ⅱ,图7,8。

1984 *Granulatisporites granulatus*, Gao, p. 324, p1. 139, fig. 22.

1986 *Granulatisporites* cf. *piroformis* Loose,欧阳舒,41 页,图版Ⅲ,图7。

1986 *Granulatisporites granulatus*,侯静鹏、王智,78 页,图版25,图15。

1988 *Granulatisporites granulatus*,高联达,图版1,图13。

1990 *Granulatisporites granulatus*,张桂芸,见何锡麟等,300 页,图版Ⅱ,图9,10。

描述 赤道轮廓三角形,三边几不凹入或微凹入,多微凸出,角部钝圆,大小25—47μm,全模31μm;三射线清楚,长约2/3R,末端尖,有时微开裂;外壁薄,1—2μm,表面具均匀细颗粒纹饰,直径约1μm,绕轮廓线约55枚;黄色。

比较与讨论 本种孢子即使三边凹入,也很微弱,其颗粒较 *G. piroformis* 的稍小,而比 *G. microgranifer* 和 *G. parvus* 的稍大。我国记载的此种孢子与 Potonié 和 Kremp (1955) 描述的标本显示出这样那样的微细差别,如颗粒大小、密度、三射线长度等方面的差别,但总体上颇相似,不影响其归入同一种。Imgrund 描述的开平的 *G. piroformis* Loose 的两个标本中,有一个三边凸出,迁入此种较好。Kaiser(1976)描述的 *G. politus* 与原作者描述的大小为26—38μm 且外壁表面为光滑—内点穴状的全模标本差异较大,将其迁入 *G. granulatus* 较为合适。

产地层位 河北开平,赵各庄组(煤4,9);山西河曲,下石盒子组;山西宁武、内蒙古清水河,本溪组—太原组;内蒙古准格尔旗黑岱沟,本溪组16层;福建长汀,陂角组;山东肯利、沾化,山西组—石盒子组;贵州贵阳乌当,旧司组;云南富源,宣威组上段;甘肃靖远,臭牛沟组;宁夏横山堡,上石炭统;新疆吉木萨尔大龙口,锅底坑组。

肩角三角粒面孢 *Granulatisporites humerus* Staplin, 1960

(图版7,图20)

1960 *Granulatisporites humerus* Staplin, p. 16, pl. 3, 图24.

1995 *Granulatisporites humerus*,卢礼昌,图版1,图10。

注释 本种以其赤道轮廓角部宽圆、三边内凹以及颗粒细小、清楚为特征。大小34—42μm。

产地层位 湖地界岭,邵东组。

原样三角粒面孢 *Granulatisporites incomodus* Kaiser, 1976

(图版96,图10,11)

1976 *Granulatisporites incomodus* Kaiser, p. 97, pl. 2, fig. 10.

1980 *Planisporites granifer* (Ibrahim) Knox,周和仪,25页,图版8,图21。

描述 赤道轮廓三角形,三边近平或微凸出,角部近浑圆,大小45—60μm,全模55μm(图版96,图10);三射线简单,直,长2/3—1R;外壁厚约2μm,表面密布细瘤状颗粒,宽1—2μm,高0.5—1.0μm,轮廓稍多角形,常弯凸—微蠕瘤状,纹饰被亮坑所隔离;棕黄色。

比较与讨论 本种以其纹饰介于 *Granulatisporites* 和 *Convolutispora* 之间为特征。山东沾化的 *P. granifer* (59μm)具粒—瘤纹饰,勉强可归入此种。

产地层位 山西保德,石盒子群(H,L层);山东沾化,山西组。

大三角粒面孢 *Granulatisporites magnus* (Naumova) Gao and Hou, 1975

(图版7,图21)

1953 *Lophotriletes magnus* Naumova, p. 58, pl. 7, fig. 20.

1975 *Granulatisporites magnus* (Naumova) Gao and Hou,高联达、侯静鹏,194页,图版3,图16。

1987 *Granulatisporites magnus*,高联达、叶晓荣,393页,图版173,图11。

描述 赤道轮廓圆三角形,大小56—80μm;三射线清楚,直或朝末端逐渐变窄(尖),近顶部宽3—4μm,伸达赤道,外壁表面覆以颗粒状纹饰,基部轮廓近圆形,粒径1.0—1.5μm,高0.5—1.0μm,顶部圆—钝凸—尖,基部彼此分离—不完全相连,赤道轮廓线上反映颇弱;外壁中等厚,偶见褶皱;棕黄—黄褐色。

注释 在 *G. magnus* 种名下的甘肃迭部当多组的标本较贵州独山、都匀丹林组上段及舒家坪组的标本更接近 Naumova (1953)描述的俄罗斯地台中、上泥盆统的 *Lophotriletes magnus*,仅后者纹饰较密且孢体较大。

产地层位 贵州独山、都匀,丹林组上段、舒家坪组;甘肃迭部,当多组。

细粒三角粒面孢 *Granulatisporites micrognanifer* Ibrahim, 1933

(图版96,图12,14)

1933 *Granulatisporites microgranifer* Ibrahim, p. 22, pl. 5, fig. 32.

1955 *Granulatisporites microgranifer* Ibrahim, Potonié and Kremp, p. 58, pl. 12, figs. 149—151.

1960 *Granulatisporites microgranifer* Ibrahim, Imgrund, p. 156, pl. 14, figs. 36—38.

1984 *Granulatisporites microgranifer*,王蕙,图版Ⅰ,图22。

1987a *Granulatisporites brachytus* Zhou,廖克光,555页,图版134,图7。

1989 *Granulatisporites microgranifer* (Ibrahim), Hou J. P., p. 135, pl. 41, figs. 10—12.

描述 赤道轮廓三角形,三边略凹入,角部钝圆,大小20—40μm;三射线长约2/3R或近达赤道,有时开裂;外壁不厚,表面密布细颗粒纹饰,直径<1μm,轮廓线微显;浅黄色。

比较与讨论 *G. granulatus* 以边部即使偶尔凹入亦较浅尤其颗粒较粗而清楚与本种有别。

产地层位 河北开平,唐家庄组(3,4层);山西保德,下石盒子组(层I);山西宁武,上石盒子组;贵州代化,打屋坝组底部;宁夏横山堡,上石炭统。

最小三角粒面孢 *Granulatisporites minimus* Wen and Lu, 1993

(图版15,图4, 5)

1993 *Granulatisporites minimus* Wen and Lu,文子才等,313页,图版1,图28,29。

描述 赤道轮廓凸边三角形—宽圆三角形,大小11—18μm,全模标本12.4μm;三射线具唇,唇相对粗壮,宽约1μm,伸达赤道附近;顶部3个小突起模糊—清楚,基部轮廓近圆形,直径一般不足1μm,大者可达1.0—1.5μm;纹饰分布限于远极半球,以低矮、柔弱的细颗粒为主,彼此分离或仅局部接触,粒径小于1μm,高不足0.5μm,在赤道轮廓线上几乎无反映;近极面无纹饰;外壁厚约1μm,偶见褶皱;浅黄棕色。

比较 本种以其个体小、射线长、纹饰弱与具顶部突起为特征。*Granulatisporites minutus* 的孢子虽然也较小[16—27μm (Smith et al., 1967, p. 141)],但孢子赤道轮廓为凹边三角形,且接触区仅有时加厚,而无顶突。

产地层位 江西全南,三门滩组—刘家塘组。

微小三角粒面孢 *Granulatisporites minutus* Potonié and Kremp, 1955

(图版96,图13, 15)

1955 *Granulatisporites minutus* Potonié and Kremp, p. 59, pl. 12, figs. 147, 148.

1960 *Granulatisporites* cf. *pallidus* Kosanke, Imgrund, p. 156, pl. 13, figs. 27, 28.

1960 *Granulatisporites* cf. *parvus* (Ibrahim) Potonié and Kremp, Imgrund, p. 157, pl. 13, figs. 25, 26.

1982 *Granulatisporites minutus* Potonié and Kremp,蒋全美等,600页,图版396,图1—4。

1982 *Granulatisporites minutus*,张桂芸,见何锡麟等,299页,图版Ⅱ,图7,11—12。

1986 *Granulatisporites minutus*,唐善元,图版1,图7。

1987 *Granulatisporites minutus*,高联达,图版1,图15。

1990 *Granulatisporites minutus*,张桂芸,见何锡麟等,299页,图版Ⅱ,图7,11,12。

1993 *Granulatisporites minutus*,朱怀诚,237页,图版55,图26。

描述 赤道轮廓三角形,边微凹入—平直—凸出,角部浑圆,大小15—22μm;三射线细长,伸达赤道;外壁薄,具细密均匀颗粒纹饰,粒径<1μm,轮廓线微不平整。

比较与讨论 本种以个体特小[Potonié and Kremp(1955)确定为20—25μm]区别于属内其他种,但与 *Cyclogranisporites minutus* Bharadwaj, *C. pressoides* Potonié and Kremp 有过渡形式存在。一方面,Imgrund(1960)描述的开平的2个比较种(见同义名表)大小仅22—24μm,而 *G. pallidus* Kosanke 达35—42μm,*G. parvus* 全模38.5μm,大小显然不是同一等级的;另一方面,却与 *G. minutus* 大小一致,其他特征亦相似,故应并入后一种内。*G. minor* (Naumova) Luber 大小20—25μm,但颗粒稍粗壮,三射线较短(Naumova, 1953, p. 55, pl. 7, fig. 10)。

产地层位 河北开平,赵各庄组;内蒙古准格尔旗黑岱沟、龙王沟,本溪组、太原组、山西组(6煤);湖南宁远冷水铺、测水,测水组;甘肃靖远,红土洼组—羊虎沟组。

奇异三角粒面孢 *Granulatisporites mirus* Ouyang, 1986

(图版96,图34)

1982 *Granulatisporites* sp. A, Ouyang, p. 72, pl. 2, fig. 26.

1986 *Granulatisporites mirus* Ouyang, 欧阳舒,41页,图版Ⅲ,图18。

描述 赤道轮廓三角形,三边微凸,全模85μm;三射线长约3/4R,具颇粗壮的唇,或开裂,射线微高起,单细,两侧外壁微增厚(无唇部位);外壁厚约2μm,表面[主要在远极面(?)]具稀颗粒,直径约1μm,间距一般3—5μm,轮廓线上很少,其余外壁具极细密均匀的内颗粒,粒径约0.5μm;棕黄色。

比较与讨论 本种以其孢子较大、纹饰较为特殊而与属内其他种有别。

产地层位 云南富源,宣威组上段。

宁远三角粒面孢 *Granulatisporites ningyuanensis* Jiang and Hu, 1982

(图版97,图1,2)

1982 *Granulatisporites ningyuanensis* Jiang and Hu,蒋全美等,600页,图版395,图2—5。

描述 赤道轮廓三角形,三边平或微凸,角部钝圆或锐圆,大小25—28μm,全模27μm;三射线粗壮,具唇,宽2—3μm,伸达赤道;外壁厚1.5—2.0μm,表面覆以均匀、规则排列的颗粒,粒径1.0—1.5μm,轮廓线微波状;黄色。

比较与讨论 本种以三射线粗壮、伸达赤道,个体小,颗粒均匀且规则排列区别于属内其他种。

产地层位 湖南宁远,测水组。

规则三角粒面孢 *Granulatisporites normalis* (Naumova) Gao, 1983

(图版97,图3)

1953 *Lophotriletes normalis* Naumova, p. 57, pl. 7, fig. 18.

1983 *Lophotriletes normalis* Naumova,高联达,493页,图版114,图18。

描述 孢子赤道轮廓圆三角形,三边向外凸出,角圆,大小35—40μm;三射线细长,伸至角部,常裂开;外壁表面覆以规则的、大小相等的颗粒状纹饰。

产地层位 贵州贵阳乌当,旧司组。

细粒三角粒面孢 *Granulatisporites parvus* (Ibrahim) Potonié and Kremp, 1955

(图版97,图4,10)

1932 *Sporonites parvus* Ibrahim in Potonié, Ibrahim and Loose, pl. 15, fig. 21.

1933 *Punctati-sporites parvus* Ibrahim, pl. 2, fig. 21.

1934 *Reticulati-sporites parvus*, Loose, p. 154, pl. 7, fig. 18.

1955 *Granulatisporites parvus*, Potonié and Kremp, p. 59, pl. 12, figs. 161—171.

1990 *Granulatisporites parvus* (Ibrahim) Potonié and Kremp,张桂芸,见何锡麟等,300页,图版Ⅱ,图8,14。

1993 *Granulatisporites parvus* (Ibrahim) Potonié and Kremp,朱怀诚,237页,图版55,图22—24。

描述 赤道轮廓三角形,边部微凸,角部钝圆,大小30.0(37.0)42.5μm(测5粒);三射线清晰,简单,细直,有时微开裂,长几达赤道边缘;外壁厚0.5—1.0μm,表面饰以微粒,轮廓线微齿状,粒径约0.5μm,基部分离,间距<1.5μm。

产地层位 内蒙古准格尔旗黑岱沟,本溪组、太原组;甘肃靖远,红土洼组—羊虎沟组。

细粒三角粒面孢(比较种) *Granulatisporites* cf. *parvus* (Ibrahim) Potonié and Kremp, 1955

(图版97,图11,12)

1932 *Sporonites parvus* Ibrahim in Potonié, Ibrahim and Loose, pl. 15, fig. 21.

1950 *Granulatisporites pallidus* Kosanke, p. 21, pl. 3, fig. 3.

1955 *Granulatisporites parvus* (Ibrahim) Potonié and Kremp, p. 59, pl. 12, figs. 161—171.

1978 *Granulatisporites* cf. *parvus* (Ibrahim),谌建国,399页,图版117,图8。

1982 *Granulatisporites* cf. *parvus* (Ibrahim),蒋全美等,600页,图版401,图9—11。

1984 *Granulatisporites piroformis* Loose,高联达,397页,图版150,图12。

描述 赤道轮廓三角形,边凸出或微凹入,角部宽钝圆,大小38—42μm(山西标本)或52—60μm(湖南标本);三射线清楚,长1/2—2/3R,有时开裂;外壁薄,表面具细密均匀颗粒纹饰,粒径和高≤1μm,顶端钝或微尖;黄色。

比较与讨论 按 Potonié 和 Kremp (1955), *G. parvus* 大小 35—50μm,全模仅 38. 5μm,湖南标本较大,纹饰亦较发达(较粗而密),可能为不同种,暂仿原作者定为比较种。

产地层位 山西宁武,上石盒子组;湖南邵东、长沙、宁乡,龙潭组。

梨形三角粒面孢 *Granulatisporites piroformis* Loose, 1934

(图版 97,图 5, 6)

1934 *Granulati-sporites piroformis* Loose, p. 147, pl. 7, fig. 19.

1950 *Granulatisporites granularis* Kosanke, p. 22, pl. 3, fig. 2.

1955 *Granulatisporites piroformis* Loose, Potonié and Kremp, p. 60, pl. 12, figs. 152—156.

1960 *Granulatisporites piroformis*, Imgrund, p. 157, pl. 14, fig. 29.

1978 *Granulatisporites piroformis*,谌建国,399 页,图版 117,图 7。

1982 *Granulatisporites piroformis*,蒋全美等,601 页,图版 401,图 6;图版 403,图 4—7。

1987 *Granulatisporites granularis* Kosanke,廖克光,555 页,图版 134,图 4。

1989 *Granulatisporites pallidus* Kosanke,高联达,59 页,图版 12,图 161—171。

1989 *Granulatisporites piroformis* Loose, Zhu Huaicheng, pl. 2, fig. 14.

1989 *Granulatisporites granulatus* Ibrahim, Zhu Huaicheng, pl. 2, fig. 16.

1993 *Granulatisporites piroformis*,朱怀诚, 237 页,图版 55,图 22—24。

1993 *Granulatisporites piroformis*,朱怀诚,图版 1,图 5。

1995 *Granulatisporites piroformis*,吴建庄,337 页,图版 49,图 6;图版 50,图 8,9,17。

1990 *Granulatisporites piroformis*,张桂芸,见何锡麟,300 页,图版Ⅱ,图 15。

描述 赤道轮廓三角形,三边略凹入,角部浑圆,大小 25—40μm, 全模 28. 5μm;三射线具窄唇,长约 2/3R或近达赤道,有时开裂;外壁厚 1. 0—1. 5μm,表面具均匀细颗粒纹饰,直径约 1μm,轮廓线上微显突起;灰—黄色。

比较与讨论 Kosanke (1950, p. 22) 提及 *G. granularis* 与 *G. pallidus* Kosanke, 1950 很相似,区别仅在于孢子大小和颗粒大小,*G. granularis* 比 *G. pallidus* 小 4—7μm,后者达 35—42μm,颗粒亦较细;但从其照片看,前者颗粒似稍粗,射线亦较粗壮。但 Potonié 和 Kremp (1955) 视 *G. granularis* 为 *G. piroformis* Loose, 1934 的晚出同义名,且其包括范围较宽,本书采纳之。从山西采集的标本大小近 *G. granularis*,射线似 *G. pallidus*,但稍长,亦迁入 *G. piroformis*,此种全模标本 3 边明显凹入,但我国归入此种的孢子有些 3 边凹入程度较深,包括所定的浙江长兴龙潭组中此种比较种的标本(欧阳舒,1962,85 页,图版Ⅱ,图 10)。

产地层位 河北开平,赵各庄组(煤 4,9);山西宁武、柳林,太原组;内蒙古准格尔旗龙王沟,本溪组;安徽太和,河南临颍、项城,上石盒子组;湖南湘潭、长沙,龙潭组;甘肃靖远,红土洼组—羊虎沟组地段。

扁平三角粒面孢 *Granulatisporites planiusculus* (Luber) Playford, 1962

(图版 10,图 17, 18)

1955 *Filicitriletes planiusculus* Luber, p. 60, pl. 3, fig. 71.

1962 *Granulatisporites planiusculus* (Luber) Playford, p. 583, pl. 73, fig. 18.

1980b *Granulatisporites planiusculus*,卢礼昌,12 页,图版 11,图 12,13。

描述 赤道轮廓圆三角形,角部浑圆,三边凸出,大小 45—63μm,三射线清楚,唇粗壮,一般宽 4—6μm,接近或伸达赤道边缘;近极面无明显纹饰,远极面覆以颗粒;颗粒鲕状,多半圆,密度中等,分布均匀,基部多不相连,粒径 0. 5—1. 0μm,低矮,在孢子轮廓线上反映微弱;外壁薄,厚约 1μm,射线末端或赤道附近偶见带状褶皱;浅棕黄色。

比较与讨论 当前标本与哈萨克斯坦早石炭世的 *Filicitriletes planiusculus* Luber (1955, p. 60, pl. 3, fig. 71)的全模标本相当近似,但与西德下泥盆统上部(Lanninger, 1968)的 *Granulatisporites planiusculus* 更为接近。

产地层位 云南沾益龙华山,徐家冲组。

糙粒三角粒面孢(比较种) *Granulatisporites* cf. *rudigranulatus* Staplin, 1960

(图版168, 图2)

1960 *Granulatisporites rudigranulatus* Staplin, p. 15, pl. 3, fig. 10.

1987 *Granulatisporites* cf. *rudigranulatus* Staplin,欧阳舒、陈永祥,34页,图版3,图7。

描述 赤道轮廓三角形,三边中部凹入,角部浑圆或微尖,大小49μm;三射线清楚,微开裂,伸达外壁内沿,射线之间顶部区及其附近外壁微增厚;外壁厚约2μm,表面覆以致密的大小不一的颗粒纹饰,粒径≤1μm,基部常互相连接,微呈负网或穴状;棕黄色。

比较与讨论 当前标本略与加拿大戈拉达(Golata)上密西西比统的 *G. rudigranulatus* Staplin 1960 (p. 15, pl. 3, fig. 10)相似,但后者颗粒纹饰较粗,射线之间外壁不增厚,故种的鉴定作了保留;与爱尔兰杜内期(Tournaisian)的 *G. micrograniferr* Ibrahim (Higgs, 1975, pl. 2, fig. 9)亦略可比较,唯后者孢子较小(37μm),纹饰较细。

产地层位 江苏句容,五通群擂鼓台组下部。

准三角粒面孢 *Granulatisporites triangularis* Gao, 1983

(图版10,图13)

1983 *Granulatisporites triangularis* Gao,高联达,493页,图版107,图7。

描述 赤道轮廓三角形,角部宽圆,三边微内凹,大小50—60μm;三射线清楚,长约1/3R;壁薄,表面覆以不规则的粒瘤状纹饰。

产地层位 云南禄劝,海口组。

弱饰三角粒面孢(新种) *Granulatisporites unpromptus* Ouyang and Chen, 1987

(图版168,图3)

1987 *Granulatisporites unpromptus* Ouyang and Chen,欧阳舒、陈永祥,35页,图版4,图10。

描述 赤道轮廓圆三角形,角部钝圆,大小36—49μm(测3粒),全模标本36μm;三射线清楚,具窄唇,宽1.5—2.5μm,长4/5 R或延伸至外壁内沿,末端不变窄;外壁颇厚,厚1.5—2.0μm,在接触区微增厚,表面覆以细密均匀颗粒—点状结构,粒径≤1μm,在远极面较为显著;孢子近极面微凹,远极面凸出;深棕色。

比较与讨论 当前标本与加拿大霍通群的 *G. inspissatus* Playford, 1964 (p. 11, pl. Ⅱ, figs. 6, 7)略微相似,但后者以三射线无明显的唇、接触区外壁增厚显著、呈三角形而有别。

产地层位 江苏句容,五通群擂鼓台组上部。

圆形粒面孢属 *Cyclogranisporites* Potonié and Kremp, 1954

模式种 *Cyclogranisporites leopoldii* (Kremp) Potonié and Kremp, 1954;德国鲁尔煤田,上石炭统。

属征 三缝同孢子或小孢子;赤道轮廓近正圆形,其余特征与 *Granulatisporites* 属相同。

亲缘关系 蕨类植物,尤其是真蕨类,还有种子蕨。

空区圆形粒面孢 *Cyclogranisporites areolatus* Ouyang and Chen, 1987

(图版97,图16, 17)

1987a *Cyclogranisporites areolatus*,欧阳舒、陈永祥,37页,图版4,图6,7。

描述 赤道轮廓亚圆形,大小48—75μm(测6粒),全模标本63μm(图版97,图17);三射线清楚,具唇,宽(高)可达4.5μm;末端略膨大,长约3/4R至伸达外壁内沿;接触区明显,但未见弓形脊(接触区范围在全模标本上未达射线全长);外壁厚2.0—2.5μm,表面点状—细颗粒状,在远极面颗粒较粗,达1.0—1.5μm,甚至为不规则细瘤,较低平,稀疏,接触区内纹饰减弱;棕—深棕色。

比较与讨论 当前孢子以具接触区和颇粗壮的唇等特征而区别于 *Cyclogranisporites* 属其他种。

产地层位 江苏句容,五通群擂鼓台组上部—高骊山组。

灿烂圆形粒面孢 *Cyclogranisporites aureus* (Loose) Potonié and Kremp, 1955

(图版 10,图 5;图版 97,图 15, 18)

1934 *Reticulati-sporites aureus* Loose, p. 155, pl. 7, fig. 24.

1944 *Punctati-sporites aureus*, Schopf, Wilson and Bentall, p. 30.

1950 *Plani-sporites aureus*, Knox, p. 315.

1955 *Cyclogranisporites aureus* (Loose) Potonié and Kremp, p. 61, pl. 13, figs. 184—186.

1960 *Cyclogranisporites aureus*, Imgrund, p. 158, pl. 13, figs. 19—21.

1980 *Cyclogranisporites aureus*, Ouyang and Li, pl. 1, fig. 12.

1984 *Cyclogranisporites aureus*,高联达,325 页,图版 134,图 4。

1984 *Cyclogranisporites aureus*,王蕙,图版Ⅱ,图 9。

1986 *Cyclogranisporites aureus*,侯静鹏、王智,78 页,图版 21,图 4;图版 25,图 13。

1986 *Cyclogranisporites* cf. *aureus*,欧阳舒,42 页,图版Ⅲ,图 11。

1989 *Cyclogranisporites aureus*,侯静鹏、沈百花,104 页,图版 16,图 6。

1990 *Cyclogranisporites aureus*,张桂芸,见何锡麟等,302 页,图版Ⅱ,图 21;图版Ⅳ,图 19,20。

1993 *Cyclogranisporites aureus*,朱怀诚,238 页,图版 56,图 5,7,8,11,12。

1996 *Cyclogranisporites aureus*,朱怀诚,148 页,图版Ⅰ,图 6。

1996 *Cyclogranisporites aureus*,朱怀诚,见孔宪桢等,图版 44,图 8,9。

1994 *Cyclogranisporites aureus*,唐锦秀,图版 19,图 3,4。

1997 *Cyclogranisporites aureus*,朱怀诚,50 页,图版Ⅰ,图 4,5,8。

1999 *Cyclogranisporites aureus*,卢礼昌,38 页,图版 1,图 21。

描述 赤道轮廓圆形,常因褶皱略变形,大小 50—80μm,全模 55. 5μm;三射线清楚或微高起,长 1/2—2/3R,或具唇;外壁不厚,表面具颇密的颗粒纹饰,粒径通常大于 1μm,绕周边 70—100 枚;浅棕黄色(Potonié and Kremp, 1955)。我国归入此种的标本主要特征与之一致,但有的标本较小(40—42μm),有的部分颗粒纹饰稍小且与锥刺混生(如新疆标本)。

比较与讨论 *C. micaceus* 最大 58μm,以射线简单、颗粒较细且密与本种有别。

产地层位 河北开平,赵各庄组;山西保德,太原组;山西左云,太原组上部;山西朔县,本溪组;内蒙古准格尔旗房塔沟,太原组;内蒙古准格尔旗黑岱沟,本溪组—山西组;云南富源,宣威组下段;甘肃靖远磁窑,红土洼组—羊虎沟组;宁夏横山堡,上石炭统;新疆塔里木盆地,巴楚组;新疆塔里木盆地叶城,棋盘组;新疆塔里木盆地皮山杜瓦,普司格组中上部;新疆塔里木盆地库车,比尤勒包谷孜群;新疆准噶尔盆地吉木萨尔大龙口,梧桐沟组—锅底坑组;新疆和布克赛尔,黑山头组 4 层。

宝应圆形粒面孢 *Cyclogranisporites baoyingensis* Ouyang and Chen, 1987

(图版 10,图 1, 2)

1987b *Cyclogranisporites baoyingensis* Ouyang and Chen,欧阳舒等,204 页,图版 1,图 21—25。

1995 *Cyclogranisporites baoyingensis*,卢礼昌,图版 1,图 12。

描述 赤道轮廓圆形—亚圆形,大小 42—51μm,全模标本 51μm;三射线清楚,具窄唇或唇颇粗壮,有时开裂,长 3/4—4/5R,最长可达 R,在同一标本上常不等长(多为两短一长);外壁厚 1. 0—1. 5μm,亚赤道部位常具同心状或弧形褶皱,表面覆以细密颗粒状纹饰,粒径≤1μm,偶尔可达 1. 5μm,高 <1μm,顶端常钝圆,少量微尖;黄—深黄色。

注释 本种以其特征性的三射线和大小不甚均匀的纹饰与 *Cyclogranisporites* 的其他种不同。

产地层位 江苏宝应,下石炭统(Tn1b—Tn2);湖南界岭,邵东组。

美饰圆形粒面孢 *Cyclogranisporites commodus* Playford, 1964

(图版 168,图 4)

1964 *Cyclogranisporites commodus* Playford, p. 12, pl. Ⅱ, figs. 3—5.

1977 *Cyclogranisporites commodus*, Owens et al., pl. 1, fig. 8.

1987 *Cyclogranisporites commodus*,欧阳舒、陈永祥,37 页,图版 4,图 9。

描述 赤道轮廓近圆形,大小 38μm;三射线清晰,细直,长约 2/3R;外壁厚 <1μm,表面覆以均匀细密的颗粒或锥刺状纹饰,粒径(基部)和高约 0.5μm,具少量褶皱;浅黄色。

比较与讨论 当前孢子与加拿大霍通群的 *C. commodus* Playford, 1964 最为接近,仅以颗粒纹饰较细而与后者有些差别;与萨尔煤田中石炭世的 *C. minutus* Bharadwaj, 1957 (p. 83, pl. 22, figs. 22, 23)亦颇相近,但后者除纹饰较粗外,三射线尚有一支不明显。

产地层位 江苏句容,五通群擂鼓台组下部。

柔弱圆形粒面孢 *Cyclogranisporites delicatus* Lu, 1980

(图版 10,图 3, 4)

1980b *Cyclogranisporites delicatus* Lu,卢礼昌,12 页,图版 1,图 7,8。

描述 赤道轮廓圆形,大小 72—81μm,全模标本 81μm;三射线颇柔弱、细长,伸达赤道附近;外壁覆以细颗粒—锥刺状纹饰,基径不足 0.5μm,分布致密,均匀,呈负网状结构,低矮,轮廓线上反映甚弱;外壁很薄(厚约 0.5μm),多褶皱,浅黄色。

比较与讨论 本种以其三射线柔弱、细长且外壁很薄、多皱为特征而区别于 *Cyclogranispirites* 属的其他种。

产地层位 云南沾益,海口组。

齿状圆形粒面孢 *Cyclogranisporites densus* Bharadwaj, 1957

(图版 97,图 21)

1957 *Cyclogranisporites densus* Bharadwaj, p. 85, pl. 23, figs. 1, 2.

1984 *Cyclogranisporites densus* Bharadwaj,高联达,326 页,图版 134,图 5。

描述 赤道轮廓圆形,大小 50—65μm,描述标本大小为 60μm;三射线粗壮,长 4/5R,射线常裂开;孢壁厚 1.5—2.0μm,沿孢子边缘常出现褶皱,褐黄色;表面密布细颗粒状或乳头状纹饰,颗粒的高和基部相等,1.0—1.5μm,颗粒顶端变尖,在孢子边缘呈齿状凸起。

产地层位 山西宁武,本溪组。

渡口圆形粒面孢 *Cyclogranisporites dukouensis* Lu, 1981

(图版 10,图 26, 27)

1981 *Cyclogranisporites dukouensis* Lu,卢礼昌,99 页,图版 2,图 5,6。

1999 *Cyclogranisporites dukouensis*,卢礼昌,38 页,图版 2,图 8,9。

描述 赤道轮廓圆形或不规则圆形(因褶皱所致),大小 84.2—105μm,全模标本 105μm;三射线可见—清楚,简单或具窄唇,单片唇宽 0.5—1.5μm,长约 2/3R 或稍长;外壁表面具柔弱又致密的小颗粒,基部宽与突起高皆不足 0.5μm,间距常不大于粒径,偶见局部接触,孢子轮廓线上反映甚微,外壁颇薄(不大于 1μm)、多皱(条带状、不规则);浅棕黄色。

比较与讨论 云南沾益龙华山,中泥盆世晚期的 *C. delicatus* Lu (卢礼昌,1980b)具有类似的形态特征和纹饰组成,但较本种孢子小、射线更长而有别。

产地层位 四川渡口,上泥盆统;新疆和布克赛尔,黑山头组 5 层。

具唇圆形粒面孢 *Cyclogranisporites labiatus* Wang, 1985

（图版 97，图 13，20）

?1976 *Granulatisporites parvus* (Ibrahim) Potonié and Kremp, Kaiser, p. 96, pl. 2, fig. 8.

1985 *Cyclogranisporites labiatus* Wang，王蕙，667 页，图版 I，图 1，2。

1986 *Cyclogranisporites* cf. *congestus* Leschik 1955，欧阳舒，42 页，图版Ⅲ，图 12，13。

描述 赤道轮廓圆形，或因褶皱而变形，大小 40—66μm，全模 52μm（图版 97，图 20）；三射线清楚，略弯曲，具高起的唇，宽约 2μm，高 2—3μm，长 1/2—2/3R；外壁厚约 1μm，表面具粒—刺纹饰，粒径 0.8—1.0μm，均匀、颇密分布。云南个别标本唇较宽，外壁较厚（2.5μm），暂归入此种。

比较与讨论 *C. aureus* 有时亦具唇，但不如此种明显。Kaiser（1976）鉴定的山西保德的 *Granulatisporites parvus*（Ibrahim）轮廓近圆形，归入 *Granulatisporites* 欠妥。因具明显的唇，大小 30—40μm，唇长近达赤道，暂存疑地归入本种内。

产地层位 云南富源，宣威组下段；新疆塔里木盆地叶城，棋盘组。

多毛圆形粒面孢 *Cyclogranisporites lasius* (Waltz) Playford, 1962

（图版 97，图 14）

1938 *Azonotriletes lasius* Waltz, in Luber and Waltz, p. 11, pl. 1, fig. 4; pl. A, fig. 4.

1955 *Filicitriletes lasius* (Waltz) Luber, p. 55, pl. 2, fig. 50.

1962 *Cyclogranisporites lasius* (Waltz) Playford, p. 585, pl. 79, figs. 19, 20.

1983 *Cyclogranisporites lasius* (Waltz) Playford，高联达，492 页，图版 114，图 12。

描述 赤道轮廓圆形，大小 45—50μm；三射线细，长约 2/3R；孢壁薄，常有褶皱，表面覆以密而均匀的细颗粒状纹饰。

比较与讨论 该种与 *C. minutus* Bharadwaj, 1957 的区别是前者壁薄、多褶皱，个体也略大。

产地层位 贵州贵阳乌当，旧司组。

勒氏圆形粒面孢 *Cyclogranisporites leopoldii* (Kremp) Potonié and Kremp, 1954

（图版 97，图 7，8）

1952 *Granulatisporites leopoldi* Kremp, p. 348, pl. 15b, figs. 15, 16.

1954 *Cyclogranisporites leopoldi* (Kremp) Potonié and Kremp, p. 126, pl. 20, fig. 103.

1955 *Cyclogranisporites leopoldi* (Kremp) Potonié and Kremp, p. 62, pl. 13, figs. 174—178.

1955 *Cyclogranisporites aspersus* (Imgrund, 1952) Potonié and Kremp, p. 60.

1960 *Cyclogranisporites leopoldi*, Imgrund, p. 158, pl. 13, figs. 22—24.

1990 *Cyclogranisporites aureus* (Loose) Potonié and Kremp，张桂芸，见何锡麟等，302 页，图版Ⅱ，图 24—26。

1993 *Cyclogranisporites aureus*，朱怀诚，238 页，图版 56，图 15—18。

1996 *Cyclogranisporites aureus*，朱怀诚，见孔宪桢等，图版 44，图 2。

描述 赤道轮廓近圆形，大小 26—42μm；三射线可见，直，长约 2/3R 或近达赤道，有时开裂；外壁薄，具次生褶皱，整个表面具细密颗粒，轮廓线亦然；黄色。

比较与讨论 当前标本颇典型的特征是其很微弱的三射线和细密均匀的颗粒纹饰，这些与 *C. leopoldii* 一致，虽原描述大小为 25—35μm，射线长仅 1/2R。*C. minutus* Bharadwaj, 1957 原作者描述大小为 34—43μm。

产地层位 河北开平，开平组；山西左云，太原组；内蒙古准格尔旗黑岱沟，本溪组；甘肃靖远，红土洼组中段—羊虎沟组。

大圆形粒面孢 *Cyclogranisporites maximus* Gao, 1984

（图版 97，图 29，30）

1984 *Cyclogranisporites maximus* Gao，高联达，324 页，图版 133，图 23。

1984 *Punctatisporites maximus* Gao，高联达，397 页，图版 150，图 11。

1993 *Cyclogranisporites maximus* Gao,朱怀诚,240 页,图版 57,图 7,10,12。

描述 赤道轮廓圆形,侧面观球形,大小 120—150μm,全模 125μm(图版 97,图 29);三射线短,直,具窄唇,或微开裂,长 1/3—2/3R;外壁厚 2—4μm,表面覆以细密颗粒纹饰,粒径约 1μm,轮廓线上具不平整的小齿状突起;棕褐色。

比较与讨论 同义名表中所列两种,仅颗粒纹饰有明显的差别,大小一致,故归入同种。本种以个体大,孢子球形区别于属内其他种;*Punctatisporites edgarensis* Peppers (1970, p. 82, pl. 1, figs. 16, 17) 的脊条和块瘤位于远极面,其余外壁光面,归入 *Punctatisporites* 属是可以的,但本种以颗粒纹饰与之有别。

产地层位 山西宁武,本溪组、上石盒子组;甘肃靖远,红土洼组。

闪耀圆形粒面孢 *Cyclogranisporites micaceus* (Imgrund) Potonié and Kremp, 1955

(图版 97,图 22, 33)

1955 *Cyclogranisporites micaceus* (Imgrund, 1952) Potonié and Kremp, p. 61.

1960 *Cyclogranisporites micaceus* (Imgrund) Imgrund, p. 158, pl. 13, figs. 17, 18.

1984 *Cyclogranisporites micaceus* (Imgrund) Potonié and Kremp,高联达,325 页,图版 134,图 2,3。

1986 *Cyclogranisporites micaceus* (Imgrund),欧阳舒,42 页,图版Ⅲ,图 14。

1990 *Cyclogranisporites micaceus*,张桂芸,见何锡麟等,301 页,图版Ⅱ,图 18,19。

描述 赤道轮廓圆形,常因褶皱而变形,大小 50—68μm,全模 55μm (Imgrund, 1960, pl. 13, fig. 17);三射线直,射线棱细,有时开裂,长≥1/2R 或近达赤道;外壁薄,不大于 1μm,表面具细密均匀颗粒,直径和高约 0.5μm,间距颇窄,0.5—1μm,轮廓线上微显;黄—浅黄色。

比较与讨论 *C. aureus* (Loose) 部分个体较大,射线具唇,颗粒较不均匀,多大于 1μm;与 *C. provectus* (Kosanke) 亦颇相似,但后者大小达 73—84μm。

产地层位 河北开平,开平组(煤 14)和赵各庄组;内蒙古准格尔旗房塔沟,太原组 8 煤;内蒙古准格尔旗黑岱沟,山西组 35 层;云南富源,宣威组下段—卡以头组。

细粒圆形粒面孢 *Cyclogranisporites microgranus* Bharadwaj, 1957

(图版 10,图 9, 10)

1957 *Cyclogranisporites microgranus* Bharadwaj, p. 84, pl. 22, figs. 29—32.

1987b *Cyclogranisporites microgranus*,欧阳舒等,36 页,图版 3,图 19,22—24。

描述 孢子原为球形,赤道轮廓圆—亚圆形,大小 58—66μm;三射线清楚,具窄唇,宽 1.5—2.0μm,末端常不变尖,长 1/2—2/3R,偶尔在同一孢子上三射线长度差异明显(3/8—4/5R);外壁厚 1.5—2.0μm,具少量褶皱,有时呈同心状分布并相互连接,表面具均匀细密的颗粒纹饰,基部常相互连接,略呈负网状,粒径 1.0—1.5μm,纹饰在接触区减弱,轮廓线微波状;棕色。

比较与讨论 当前孢子与萨尔煤田中石炭世的 *C. microgranus* Bharadwaj, 1957 在大小和其他特征方面均颇相似,仅后者粒径较小(0.5μm)而有些差别。

产地层位 江苏句容、宝应,五通群擂鼓台组下部、高骊山组。

细粒圆形粒面孢(比较种) *Cyclogranisporites* cf. *microgranus* Bharadwaj, 1957

(图版 97,图 19, 23)

1957 *Cyclogranisporites microgranus* Bharadwaj, p. 84, pl. 22, figs. 22, 23.

1976 *Cyclogranisporites uncatus* Kaiser, p. 95, pl. 2, fig. 2.

1978 *Cyclogranisporites microgranus* Bharadwaj,谌建国,399 页,图版 117,图 13。

1982 *Cyclogranisporites microgranus*,蒋全美等,601 页,图版 401,图 2, 3,7。

1984 *Cyclogranisporites microgranus*,高联达,325 页,图版 134,图 1。

1987a *Verrucosisporites donarii* Potonié and Kremp,廖克光,556 页,图版 135,图 4。

?1987b *Cyclogranisporites microconifer* Liao,廖克光,69 页,图版 1,图 23。

1987a *Cyclogranisporites microgranus* Bharadwaj,欧阳舒、陈永祥,36 页,图版Ⅲ,图 19,22—24。

1990 *Cyclogranisporites microgranus*,张桂芸,何锡麟等,302 页,图版Ⅱ,图 22,23。

1993 *Cyclogranisporites microgranus*,朱怀诚,239 页,图版 56,图 28,29。

1995 *Cyclogranisporites microgranus*,吴建庄,337 页,图版 50,图 22,23。

描述 赤道轮廓近圆形,偶有褶皱,大小 60—82μm;三射线细弱,或具窄细唇,长 1/2—2/3R,有时 3 支不等长;外壁厚 1.0—1.5μm,表面密布细颗粒纹饰,粒径≤1.5μm,偶尔稍大,顶部钝圆或微尖;黄褐—棕黄色。

比较与讨论 以往被鉴定为 *C. microgranus* 的我国标本,实际上大多应该作保留,因为仅在大小和三射线特征上勉强可以比较,Bharadwaj (1957, p. 84) 给的大小幅度为 55—70μm,全模 60μm,三射线长近 2/3R,但颗粒很细,粒径 <0.5μm,绕周边达 160—180 枚。在其描述中还提及本种一重要特征是 3 支射线中有 1 支较细弱,美国伊利诺伊州这个种仅少数标本显示这一特征,且大小仅 50μm (Peppers, 1970, p. 89),颗粒也很细。廖克光(1987b)建立的种 *C. microconifer* Liao 与本种特征相近,但较大(75—90μm),然种名起得不好,拉丁文 *conifer* 意为"生球果的",通常指松柏类植物,尤其其照片不清楚,所以存疑地归入本种。

产地层位 河北开平,赵各庄组(煤 9);山西宁武,本溪组、太原组、石盒子组;内蒙古准格尔旗黑岱沟、房塔沟,本溪组;江苏句容,五通群擂鼓台组下部;河南林颖、项城,上石盒子组;湖南长沙、邵东,龙潭组;甘肃靖远磁窑,红土洼组—羊虎沟组。

细三角圆形粒面孢 *Cyclogranisporites microtriangulus* (Akyol) Geng, 1985

(图版 97,图 9, 26)

1985a *Cyclogranisporites microtriangulus* (Akyol) Geng,耿国仓,211 页,图版Ⅰ,图 6。

1990 *Cyclogranisporites hians* Zhang,张桂芸,见何锡麟等,301 页,图版Ⅱ,图 27。

描述 轮廓圆三角形—圆形,大小 25—36μm;孢子三缝呈三角形开裂,射线长为孢子半径的 2/3—3/4;表面覆以细粒状纹饰,粒径 <2μm,高 <1μm,大小均一,排列紧密均匀;边缘呈细微波状;外壁薄 <1μm;表面有时具小褶皱;孢子呈黄色。

比较与讨论 本种三射线常开裂,形成三角形明亮区。外壁明显粒纹,故与 *Punctatisporites* 和 *Leiotriletes* 两属属征不同。

产地层位 甘肃环县、宁夏灵武、陕西吴堡,太原组;内蒙古准格尔旗黑岱沟,太原组。

极小圆形粒面孢 *Cyclogranisporites minutus* Bharadwaj, 1957

(图版 97,图 24, 25)

1957a *Cyclogranisporites minutus* Bharadwaj, p. 83, pl. 22, figs. 22, 23.

1987a *Cyclogranisporites minutus* Bharadwaj,廖克光,554 页,图版 134,图 8。

1993 *Cyclogranisporites microgranus*,朱怀诚,239 页,图版 56,图 3, 4。

1993 *Cyclogranisporites* cf. *minutus*,朱怀诚,239 页,图版 56,图 6,9,10,13,14。

描述 赤道轮廓圆形,或因褶皱而变形,大小 38—45μm;三射线可见—清楚,长约 1/2 R 或接近半径长,或呈细脊状;外壁薄,厚多小于 1μm,表面具细密颗粒,粒径≤0.5μm;黄色。

产地层位 山西宁武,太原组—山西组;甘肃靖远,红土洼组—羊虎沟组。

微粒圆形粒面孢 *Cyclogranisporites multigranus* Smith and Butterworth, 1967

(图版 97,图 28, 34)

1967 *Cyclogranisporites multigranus* Smith and Butterworth, p. 144, pl. 4, figs. 10—13.

1987 *Cyclogranisporites multigranus* Smith and Butterworth,高联达,图版 1,图 17。

1993 *Cyclogranisporites multigranus*，朱怀诚，239 页，图版 56，图 19—22，26，27。

2000 *Cyclogranisporites multigranus*，詹家祯，见高瑞祺等，图版 2，图 2。

描述 赤道轮廓卵圆形—圆形；大小 54.0(67.1)77.5μm（测 10 粒）；三射线简单，细直，长 1/2—2/3R，常因表面纹饰掩盖而不明显；外壁厚 1.5—2.0μm，赤道轮廓线微齿状，表面饰以紧密排列的颗粒，粒径及高均小于 0.5μm，周边齿突多于 100 个，有时赤道齿突不明显；窄条状梭形褶皱 1—6 条。

比较与讨论 除个体稍大外，当前标本与此种初描述［大小 38（47）55μm］的其他特征颇为相似。*C. parvus* 外壁较薄，且射线周围外面有暗区。

产地层位 甘肃靖远，红土洼组—羊虎沟组；新疆塔里木盆地和田河井区，卡拉沙依组。

正圆圆形粒面孢 *Cyclogranisporites orbicularis* (Kosanke) Potonié and Kremp, 1955

（图版 97，图 27；图版 98，图 10）

1950 *Punctatisporites orbicularis* Kosanke, p. 16, pl. 2, fig. 9.

1955 *Cyclogranisporites orbicularis* (Kosanke) Potonié and Kremp, p. 61.

?1960 *Cyclogranisporites* cf. *orbicularis* (Kosanke) Potonié and Kremp, Imgrund, p. 159, pl. 14, fig. 31.

1984 *Cyclogranisporites orbicularis*，高联达，398 页，图版 150，图 15。

1989 *Cyclogranisporites orbiculus* Potonié and Kremp，侯静鹏、沈百花，100 页，图版 13，图 5。

描述 赤道轮廓圆形，大小 35—50μm，全模 37.8μm；三射线清楚，具窄唇，长约 2/3R 或稍长些；外壁厚约 2μm，表面具极细密颗粒纹饰，粒径≤0.5μm，轮廓线上微显；黄褐色。

比较与讨论 本种孢子和颗粒较 *C. aureus* 小；个体较 *C. orbiculus* 大；外壁较同等大小的其他种厚。*C. orbiculus* Potonié and Kremp (1955, p. 63, pl. 13, figs. 179—183) 的大小为 25—35μm，但其全模标本为圆三角形，从新疆采集的标本大小 31μm，正圆形，更接近于 *C. orbicularis*。被 Imgrund (1960) 有保留地定为此种的孢子外壁亦厚，但纹饰较粗（小于 2μm），暂归入此种。

产地层位 河北开平，赵各庄组；山西宁武，上石盒子组；新疆乌鲁木齐芦草沟，锅底坑组。

古植圆形粒面孢 *Cyclogranisporites palaeophytus* Neves and Ioannides, 1974

（图版 98，图 11，12）

1974 *Cyclogranisporites palaeophytus* Neves and Ioannides, p. 75, pl. 5, fig. 12.

1985 *Cyclogranisporites palaeophytus* Neves and Ioannides，高联达，53 页，图版 3，图 12。

1996 *Cyclogranisporites palaeophytus*，朱怀诚，148 页，图版 I，图 4。

描述 赤道轮廓圆形—亚圆形，大小 64μm；三射线简单，直，长 2/3—3/4R，有时微开裂；近极面外壁常因加厚而呈不规则轮廓的暗色区域；外壁薄（1.0—1.5μm），表面覆盖排列较密的细粒或微粒纹饰，基径 0.5—1.5μm，高 0.5—1.5μm，基部分离，赤道轮廓线细齿形，常见 2—4 条褶皱。

比较与讨论 当前标本与苏格兰上石炭统该种的标本（Neves and Ioannides，1974）形态特征完全相符。本种以近极面外壁不规则区域加厚区别于 *C. aureus* Potonié and Kremp。

产地层位 贵州睦化，打屋坝组底部；新疆塔里木盆地，巴楚组。

真正圆形粒面孢 *Cyclogranisporites pisticus* Playford, 1978

（图版 10，图 8）

1978 *Cyclogranisporites pisticus* Playford, p. 114, pl. 2, figs. 11—16.

1987 *Cyclogranisporites pisticus*，欧阳舒、陈永祥，35 页，图版 3，图 15—17。

1994 *Cyclogranisporites pisticus*，卢礼昌，图版 2，图 13。

1995 *Cyclogranisporites pisticus*，卢礼昌，图版 1，图 15。

注释 本种以其颗粒相当细小（粒径平均约 0.7μm，高 0.2—0.3μm），以致在赤道轮廓线上几乎无反映为特征。本书标本大小 38—54μm；Playford (1978, p. 114) 描述该种大小 34(48)60μm，全模 38μm。

产地层位　江苏南京龙潭，五通群擂鼓台组下部、高骊山组；湖南界岭，邵东组。

多粒圆形粒面孢　*Cyclogranisporites plurigranus* (Imgrund) Imgrund, 1960

(图版98，图1，2)

1960 *Cyclogranisporites plurigranus* (Imgrund) Imgrund, p. 160, pl. 14, figs. 34, 35.

1986 *Cyclogranisporites plurigranus* (Imgrund) Imgrund，杜宝安，图版Ⅰ，图34，35。

描述　赤道轮廓圆形—卵圆形，大小24—36μm，全模30μm（原图版14，图34）；三射线具窄唇，宽约2μm，长≥1/2R，微开裂，有时微波状；外壁薄，偶有褶皱，颗粒细，不太密，轮廓线上亦显示；黄色。

比较与讨论　*C. leopoldi* 颗粒很细，三射线几乎不能见。

产地层位　河北开平，赵各庄组；甘肃平凉，山西组。

极小圆形粒面孢　*Cyclogranisporites pressus* (Imgrund) Potonié and Kremp, 1955

(图版98，图3，4)

1952 *Granulatisporites pressus* Imgrund, figs. 50, 51.

1955 *Cyclogranisporites pressus* (Imgrund) Potonié and Kremp, p. 61.

1955 *Cyclogranisporites pressoides* Potonié and Kremp, p. 62, pl. 13, figs. 187—190.

1960 *Cyclogranispotites pressus* (Imgrund) Potonié and Kremp, Imgrund, p. 159, pl. 14, figs. 32, 33.

1980 *Cyclogranisporites pressoides* Potonié and Kremp，周和仪，20页，图版5，图30，31。

1986 *Cyclogranisporites pressoides*，杜宝安，图版Ⅰ，图36。

1986 *Cyclogranisporites pressus* (Imgrund) Potonié and Kremp，欧阳舒，42页，图版Ⅲ，图8。

1987a *Cyclogranisporites minutus* Bharadwaj，廖克光，554页，图版134，图8—10。

1993 *Cyclogranisporites pressoides* Potonié and Kremp，朱怀诚，240页，图版56，图23，24。

描述　赤道轮廓圆形—亚圆形，大小20—26μm，全模26μm；三射线直，简单，或具细窄唇，长≥2/3R，有时开裂；外壁薄，表面具细密颗粒纹饰，高倍镜下几呈细网状—穴状；浅黄—棕黄色。

比较与讨论　*C. minutus* Bharadwaj (1957) 大小达34—43μm，全模40μm，三射线长1/2—2/3R，一支较细弱，从山西采集的这个种的标本大小20—30μm，三射线亦较长（甚至伸达赤道），故迁入 *C. pressus* 之内。Imgrund 认为 *C. pressoides* Potonié and Kremp, 1955 与 *C. pressus* Imgrund, 1952 大小形态一致，应为后者的同义名，本书仿照之。

产地层位　河北开平，赵各庄组；山西宁武，太原组—山西组；山东沾化，山西组—石盒子群；云南富源，宣威组—卡以头组；甘肃平凉，山西组；甘肃靖远，红土洼组。

向前圆形粒面孢　*Cyclogranisporites provectus* (Kosanke) Potonié and Kremp, 1955

(图版98，图20)

1950 *Punctatisporites provectus* Kosanke, p. 17, pl. 2, fig. 11.

1955 *Cyclogranisporites provectus* (Kosanke) Potonié and Kremp, p. 61.

1978 *Cyclogranisporites provectus*，谌建国，399页，图版117，图9。

1982 *Cyclogranisporites provectus*，蒋全美等，601页，图版401，图1。

1990 *Cyclogranisporites* cf. *provectus*，张桂芸，见何锡麟等，303页，图版Ⅱ，图30。

描述　赤道轮廓圆形，大小64—82μm；三射线细直，等长，1/2—2/3R或稍长；外壁薄，具亚同心状褶皱，表面具颇均匀颗粒纹饰，粒径<2μm；淡黄—黄色。

比较与讨论　当前标本与从美国上石炭统获得的这个种大小形态一致，仅颗粒较后者明显，与 *C. sinensis* (Imgrund) Zhu, 1993 也较为相似，但当前种的颗粒纹饰较小，且稀疏。

产地层位　内蒙古准格尔旗房塔沟，山西组（6煤）；湖南邵东，龙潭组。

假环圆形粒面孢 *Cyclogranisporites pseudozonatus* Ouyang, 1986

(图版10,图11, 12;图版98,图5, 6)

1982 *Cyclogranisporites* sp. A, p. 79, pl. 4, fig. 4.

1986 *Cyclogranisporites pseudozonatus* Ouyang,欧阳舒,43 页, 图版 V,图10,11。

1987b *Cyclogranisporites pseudozonatus*,欧阳舒等,37 页,图版4,图3—5,8。

描述 赤道轮廓近圆形,大小一般29 (33) 59μm(测7粒),全模32μm(图版98,图5);三射线清楚,具微高起的窄唇,直,或微开裂,长1/2—2/3R;外壁薄,约1μm厚,常具少量褶皱,部分标本外壁在赤道或微偏远极局部增厚,甚至略呈环状,这时孢子颇坚实,表面具细密均匀颗粒纹饰,粒径约1μm, 高0.5μm,有时很细,几不能辨;黄—棕色。

比较与讨论 与河北开平的 *C. plurigranus* (Imgrund) 有些相似,但后者三射线微波状或具较粗的唇,且无外壁增厚现象;*C. leopoldi* (Kremp) 射线微弱,常不易见,且较短,可与本种区别。

产地层位 江苏宝应,五通群擂鼓台组上部;云南富源,宣威组下段。

似网圆形粒面孢 *Cyclogranisporites retisimilis* Riegel, 1963

(图版10,图7)

1963 *Cyclogranisporites retisimilis* Riegel, pl. 17, figs. 1,2.

1975 *Cyclogranisporites retisimilis*,高联达、侯静鹏,195 页,图版4,图4。

1983 *Cyclogranisporites retisimilis*,高联达,492 页,图版107,图8。

描述 孢子轮廓圆形,大小66μm;三射线粗壮,光滑,宽约5μm,顶部高略大于宽,末端稍低,等长,最长接近孢子半径长;孢壁薄,无褶皱,表面细颗粒状;颗粒甚弱,分布致密,宽和高均不足0.5μm[各数据(除大小外)均据原照片(高联达等,1975,图版4,图4)所测]。

比较与讨论 *C. delicatus* 与 *C. dukouensis* 均具类似特征的纹饰,但不具粗壮的唇,而与之有别。

产地层位 贵州独山,舒家坪组;云南禄劝,海口组。

多皱圆形粒面孢 *Cyclogranisporites rugosus* (Naumova) Gao and Hou, 1975

(图版10,图6;图版98,图13)

1950 *Lophotriletes rugosus* Naumova, pl. 2, fig. 6(Naumova, 1953).

1975 *Cyclogranisporites rugosus* (Naumova) Gao and Hou,高联达、侯静鹏,195 页,图版4,图30。

1985 *Cyclogranisporites rugosus*,高联达,53 页,图版3,图13。

描述 赤道轮廓圆形,大小60—70μm;三射线简单,长等于3/4R,常裂开;表面具细密颗粒纹饰,大小均等,轮廓线上呈微波状,壁较厚,偶有褶皱。

注释 该种的主要特征为:壁薄多皱;纹饰致密,大小均匀;三射线简单,柔弱,长$<$R;大小40—50μm。

产地层位 贵州独山、都匀,丹林组上段、舒家坪组;贵州睦化,王佑组格董关层底部。

半透明圆形粒面孢 *Cyclogranisporites semilucensis* (Naumova) Oshurkova, 2003

(图版7,图9)

1953 *Lophotriletes semilucensis* Naumova, p. 54, pl. 7, fig. 2.

1983 *Cyclogranisporites magnus* (Naumova) Gao,高联达,192 页,图版1,图19。

2003 *Cyclogranisporites semilucensis* (Naumova) Oshurkova, 2003, p. 67.

注释 在 *C. magnus* 名下描述的西藏聂拉木标本(高联达,1983),其照片特征——孢子赤道轮廓近圆形,纹饰组成(小瘤)与大小幅度(60—65μm)——均与 Naumova (1953)首次描述的俄罗斯地台的 *Lophotriletes semilucensis* 更为接近,故在此将该标本移置该种名下。

产地层位 西藏聂拉木,中、上泥盆统波曲组。

中华圆形粒面孢 *Cyclogranisporites sinensis* (Imgrund) Zhu, 1993

（图版98，图22，23，29；图版101，图6，7）

1952 *Verrucosisporites sinensis* Imgrund, p. 33.

1957a *Cyclobaculisporites sinensis* Bharadwaj, p. 90, pl. 24, figs. 5, 6.

1960 *Verrucosisporites sinensis* Imgrund, p. 161, pl. 14, figs. 47, 48.

1964 *Verrucosisporites sinensis* Imgrund，欧阳舒，493页，图版Ⅲ，图14。

1964 *Verrucosisporites* cf. *sinensis*，欧阳舒，494页，图版Ⅲ，图15。

1980 *Verrucosisporites sinensis*，周和仪，22页，图版6，图32—33；图版7，图1—6。

1984 *Cyclobaculisporites sinensis* (Imgrund) Bharadwaj，高联达，326页，图版135，图19。

1986 *Cyclogranisporites* sp. 1，侯静鹏、王智，79页，图版25，图16。

1987 *Verrucosisporites sinensis*，周和仪，图版1，图31，32。

1987a *Verrucosisporites microtuberosus* (Loose) Smith and Butterworth，廖克光，556页，图版135，图14。

1988 *Verrucosisporites verrucosus* (Ibrahim) Ibrahim，高联达，图版1，图17。

1990 *Verrucosisporites sinensis* Imgrund，张桂芸，见何锡麟等，306页，图版Ⅲ，图13，14。

1993 *Cyclogranisporites sinensis* (Imgrund) Zhu，朱怀诚，240页，图版57，图1—3，7，8。

1995 *Verrucosisporites sinensis*，吴建庄，339页，图版51，图9，10。

描述 赤道轮廓圆形—亚圆形，大小(58)70—90μm，全模80μm(Imgrund，1960，图版14，图47)；三射线清晰，简单，细直，1/2—3/4R；外壁厚1.5—2.5μm，多为2.0—2.5μm，轮廓线细齿形，表面饰以排列紧密的颗粒，粒径0.5—1.5μm，高0.5—1.0μm，基部多分离，间距<1.5μm，偶见褶皱。

比较与讨论 Bharadwaj(1957a, p. 90)重新研究 *Verrucosisporites sinensis* Imgrund(1952)的孢子，发现外壁突起均不超过2μm，一般0.5—2.0μm，平均1μm，并将该类孢子新联合于 *Cyclobaculisporites* 属下。考虑到 *Cyclobaculisporites* 属和 *Verrucosisporites* 属难以严格区分，多数孢粉学家很少用 *Cyclobaculisporites* 属名，朱怀诚依据Imgrund(1960)命名标本颗粒感明显，将此类孢子置于 *Cyclogranisporites* 属。*C. sinensis* 与下述种相似，分别以外壁较厚，轮廓线细齿状区别于 *Punctatisporites punctatus* Ibrahim；以外壁很少褶皱区别于 *Cyclogranisporites aureus* (Loose)；以个体较大区别于 *C. minutus* Bharadwaj；与 *C. microgranus* Bharadwaj 和 *C. multigranus* Smith and Butterworth 的差别在于当前种颗粒相当粗。臭牛沟组的 *V. verrucosus*，宜迁入此种。瘤纹饰较细，但归入此种的有些标本有包围三射线的圆盖或接触区圆形边脊(朱怀诚，1993，图版57，图2=本书图版98，图23)，似可归入 *Vestispora*。

产地层位 河北开平，赵各庄组；山西河曲，下石盒子组；山西宁武，本溪组；内蒙古准格尔旗黑岱沟、龙王沟、房塔沟，太原组(8煤、9煤)，山西组6煤下部；山东沾化、博兴，太原组—石盒子群；河南临颖，石盒子群；甘肃靖远，臭牛沟组、红土洼组—羊虎沟组上段；新疆吉木萨尔大龙口，锅底坑组。

模糊圆形粒面孢 *Cyclogranisporites vagus* (Kosanke) Potonié and Kremp, 1955

（图版98，图21）

1950 *Punctatisporites vagus* Kosanke, p. 18, pl. 16, fig. 4.

1955 *Cyclogranisporites vagus* (Kosanke) Potonié and Kremp, p. 61.

1987a *Cyclogranisporites* cf. *naevulus* Hacquebard 1957，廖克光，554页，图版134，图14。

描述 赤道轮廓近圆形，大小69μm；三射线可见，长约1/2μm；外壁厚3.0—3.5μm，表面具细密的颗粒—点穴状纹饰，轮廓线上平整或微粗糙；棕黄色。

比较与讨论 当前标本与首见于美国上石炭统的 *Punctatisporites vagus* Kosanke (1950) 在大小、射线长短、纹饰等特征上皆颇相似，仅外壁可能稍厚(原Kosanke描述为"厚度难测，或不大于2.5μm")。高联达(1984，398页，图版150，图14)鉴定的宁武上石盒子组的 *C. vagus*，大小50μm，射线较长(2/3R)且清楚，纹饰亦较发达[间以锥刺(?)]，似不同种。

产地层位 山西宁武，山西组。

坚壁孢属 *Hadrohercos* Felix and Burbridge, 1967

模式种 *Hadrohercos stereon* Felix and Burbridge, 1967；美国（Oklahoma）；下石炭统-上石炭统之交（U. Mississippian-L. Pennsylvanian Boundary; Springer Formation）。

属征 辐射对称三缝孢，亚三角形，角部浑圆；射线直，具明显的无纹饰的唇；孢壁由2层构成：内层由紧挤的、偶尔融合的块瘤组成，基部不规则，外层像鞘壁那样直接覆盖在块瘤层之上，外壁外层因含壕隙，故很容易剥蚀，常可大块脱落，露出下面块瘤之间的负网。本属主要特征是：显著的唇，很特殊的外壁结构。该属模式种大小126—150μm。

比较与讨论 本属以其块瘤层之上还有一鞘状覆盖层而与 *Verrucosisporites* 等属区别。国内文献中将本属译为“坚环三缝孢”，与原作者（明确将其归入无环三缝孢亚类）的解释不同。

高氏坚壁孢?（新种） *Hadrohercos*? *gaoi* Ouyang and Zhu sp. nov.

（图版98，图32，33）

1984 *Hadrohercos stereon* Felix and Burbridge，高联达，370页，图版142，图1，2，6。

描述 赤道轮廓圆三角形，大小100—130μm，全模（同上，图版142，图2）约130μm，副模（图版142，图1）约125μm；三射线清楚，两侧或强或弱具唇，射线近伸达环（?）的内沿；外壁2层：内层致密，色较深，外层较疏松，一般较内层厚，从图版142的图6看，本种可能是栎环孢，即外壁在远极面（小于或等于20μm）和赤道（8—16μm）较厚，在近极面较薄；本种的特征是整个外壁似乎由致密的辐射纹理组成，或为较规则的辐射穴道（punctate canals）穿透整个外壁（类似 *Schopfipollenites shansiensis* 的外壁结构），故极面观呈点—穴状或细粒—瘤状。

比较与讨论 Felix 和 Burbridge 在建立 *Hadrohercos* 属时，明确将其归入无环孢类，其模式种 *H. stereon* 内层具低平块瘤，其上为鞘状覆盖层，丝毫未见辐射纹理，所以将宁武这些标本归入 *H. stereon* 欠妥；勉强可比的是孢子大小相当、孢壁分2层，但与原属征相差甚远，无论如何，需另建种名，故名为高氏坚壁孢，以志其最先发现的贡献。

产地层位 山西宁武，本溪组。

小坚壁孢 *Hadrohercos minutus* Gao, 1983

（图版98，图14）

1983 *Hadrohercos minutus* Gao，505页，图版115，图32。

描述 赤道轮廓圆三角形—亚圆形，大小62—70μm，全模62μm；三射线细长，直伸外壁的内缘，射线两侧具加厚的唇；壁不厚，常具褶皱；孢子表面覆以不规则的粒瘤状纹饰，粒瘤大小不等，基部彼此连接或分离。

比较与讨论 此种与 *H. stereon* Felix and Burbridge, 1967 相似，但后者个体大、外壁内层具块瘤纹饰。

产地层位 贵州贵阳乌当，旧司组。

宁武坚壁孢 *Hadrohercos ningwuensis* Gao, 1984

（图版98，图27，28）

1984 *Hadrohercos ningwuensis* Gao，高联达，371页，图版142，图3，4。

描述 赤道轮廓圆三角形—亚圆形，大小80—100μm，全模80μm；三射线直伸至环的内缘，射线两侧具加厚的唇；具类环状外壁，厚6—8μm，褐色，表面具密颗粒纹饰，基部彼此连接，在轮廓线上呈齿状。

比较与讨论 描述的标本与 *H. stereon* Felix and Burbridge（1967）有些相似，但前者个体小，环也较窄。

产地及层位 山西宁武，本溪组。

山西坚壁孢 *Hadrohercos shanxiensis* Gao, 1984

（图版 98，图 15）

1984 *Hadrohercos shanxiensis* Gao，高联达，371 页，图版 142，图 5。

描述 赤道轮廓亚三角形—亚圆形，大小 65—75μm；三射线直伸至外壁的内缘，射线两侧具窄唇，常裂开；外壁厚 4—5μm，褐色；表面具密颗粒纹饰，其基部彼此连接。

比较与讨论 本种与 *H. stereon* 和 *H. ningwuensis* 有些相似，但前者个体小，后者个体大，前者环窄，后者环宽；本种又与 *H. minutus* Gao 相似，但后者颗粒小而分布稀疏。

产地层位 山西宁武，本溪组。

三角块瘤孢属 *Converrucosisporites* (Ibrahim) Potonié and Kremp, 1954

模式种 *Converrucosisporites* (Ibrahim) Potonié and Kremp, 1954；德国，上石炭统 (Westfal C)。

属征 赤道轮廓略呈三角形的三缝小孢子；外壁具块瘤状纹饰，块瘤的宽度大于高度，形状不太规则，有时彼此连接，无分叉现象。

比较与讨论 纹饰与此相似的圆形孢子属于 *Verrucosisporites* (Ibrahim) Potonié and Kremp, 1954。

具饰三角块瘤孢 *Converrucosisporites armatus* (Dybova and Jachowicz) Gao, 1984

（图版 98，图 9）

1957 *Converrucitriletes armatus* Dybova and Jachowicz, p. 341, pl. 32, fig. 1.

1984 *Converrucosisporites ornatus* (sic!) (Dybova and Jachowicz) Gao，高联达，341 页，图版 136，图 8。

描述 赤道轮廓三角形，三角呈圆角，三边微向内凹入或凸出，大小 40—55μm，描述的标本大小 42μm；三射线细长，直伸至三角顶，常裂开；孢壁厚，黄褐色，表面覆以不规则的多角形或盘形的块瘤，块瘤有时彼此连接，高 4—6μm(多数 4—5μm)，基部直径 4—7μm，凸出于孢子边缘，呈波浪形。

比较与讨论 原作描述用的种名是 *Converrucitriletes armatus* 而非 *C. ornatus*，大小 30μm，块瘤颇粗，直径 3.5—6.0μm，粒径≤2μm。

产地层位 山西轩岗，太原组。

头棒三角块瘤孢 *Converrucosisporites capitatus* Ouyang, 1986

（图版 98，图 8）

1986 *Converrucosisporites capitatus* Ouyang，欧阳舒，43 页，图版Ⅳ，图 4。

描述 赤道轮廓三角形，边微凹凸，角部宽缓或锐圆，全模 47μm(不包括纹饰)；三射线单细，尚可见，略弯曲，或微开裂，长约 3/4R；外壁厚 1.5—2.0μm，表面颇具特征性的棒瘤—块瘤纹饰，高一般 3—5μm，末端宽 2.0—7.5μm，大多为 4—5μm，端部径围常略小于基部，类似头状(capitate)，末端近平截，少数中部微凹，偶尔分叉或钝尖或近浑圆；纹饰可能向近极减弱，间距不甚规则，小于 1μm，大至 3μm 不等，绕周边约 20 枚；棕色。

比较与讨论 本种以其 3 边不深凹尤其是其特别的纹饰而与 *Converrucosisporites* 属的其他种或 *Neoraistrickia* 属的种不同。

产地层位 云南富源，宣威组上段。

凹边三角块瘤孢 *Converrucosisporites concavus* Zhou, 1980

（图版 98，图 16）

1980 *Converrucosisporites concavus* Zhou，周和仪，21 页，图版 6，图 16。

描述 赤道轮廓三角形，三边内凹，角部圆，全模大小 49μm；三射线不明显，长约 2/3R；外壁厚约 1.5μm，表面具块瘤纹饰，形状大小不一，多数 2—7μm，一般低矮，个别可高达 4μm，末端偶尔微锥瘤状，轮廓线多少有所显示，排列紧密，几呈负网状；棕黄色。

比较与讨论 本种以三边深凹及块瘤粗大、相对低平、排列紧密等特征区别于属内其他种。

产地层位 山东沾化，石盒子群。

不匀三角块瘤孢 *Converrucosisporites confractus* Ouyang, 1986

（图版 98，图 19，30）

1986 *Converrucosisporites confractus* Ouyang，欧阳舒，44 页，图版Ⅳ，图 7，8。

描述 赤道轮廓三角形，三边基本平直或微凹，大小 39—49μm，全模 49μm（图版 98，图 19）；三射线清楚，略开裂，伸达角部外壁内沿；外壁厚度不匀，1—4μm 不等，中等厚约 2μm，表面（主要是远极面和赤道）具大小很不规则的瘤—块瘤，一般低矮，基宽 2—10μm，不少低平的小瘤直径 <2μm，高可达 3μm，末端多宽钝圆，大瘤基部有时相连，形成脊状或近壕沟状结构，轮廓线不规则波状，绕周边可见达 15—20 枚较粗的瘤；黄棕色。

比较与讨论 本种以瘤或块瘤低矮、大小颇不规则、外壁厚度不均匀而与 *Converrucosisporites* 属其他种区别；以瘤末端不变尖而与 *Lophotriletes* 各种区别。

产地层位 云南富源，宣威组上段。

低矮三角块瘤孢 *Converrucosisporites humilis* Lu, 1997

（图版 11，图 26，28，29）

1997b *Converrucosisporites humilis* Lu，卢礼昌，303 页，图版 2，图 24—26。

描述 赤道轮廓宽圆三角形（常不等边，即一边短于另外两边），大小 73.5—87.5μm，全模标本 82.5μm；三射线可见—清楚，伸达赤道边缘，唇粗壮，顶部最宽，可达 5.0—6.5μm，朝赤道方向逐渐变窄，末端宽 2.4—4.5μm；远极面覆以分散、致密的块瘤纹饰；纹饰分子基部轮廓呈多角形，宽 3.3—5.5μm，高约 1μm（或不足），表面光滑，顶部微凸，间距颇窄（约 0.5μm），形成明显的负网状结构；近极表面光滑无饰；外壁厚度多变：远极区较厚（不可量），近极区（至少是中央区）较薄（较亮）；罕见褶皱；赤道轮廓线近平滑或呈浅而窄的凹槽状。

比较与讨论 本种以纹饰分布规则、间距颇窄并形成完全的负网状结构为特征。*Verrucosisporites polygonalis* Lanninger, 1968 的纹饰间距也呈负网状，但其赤道轮廓为圆形。

产地层位 新疆准噶尔盆地，呼吉尔斯特组。

湖南三角块瘤孢（新种） *Converrucosisporites hunanensis* Ouyang and Jiang sp. nov.

（图版 98，图 18，31）

1982 *Converrucosisporites* sp.，蒋全美等，602 页，图版 402，图 13，14。

描述 赤道轮廓三角形，三边微凹或稍深凹入，角部宽浑圆，大小 80—85μm，全模 85μm（图版 98，图 31）；三射线清楚，或具窄唇并规则开裂，末端颇尖，长约 3/4R 或近达外壁内沿；外壁厚度颇均匀，达 2—3μm，表面尤其远极面具低而密的块瘤，形状不规则，基径 2—4μm，彼此紧靠或近乎相连，其间距通常小于 1μm，呈穴状或狭壕沟状，轮廓线上表现不明显或近乎平整；棕黄色。

比较与讨论 本新种以个体较大、三角宽浑圆的形状、致密低矮的块瘤纹饰区别于属内其他种。

产地层位 湖南长沙，龙潭组。

不完全三角块瘤孢 *Converrucosisporites imperfectus* Lu, 1999

（图版 9，图 5，6）

1999 *Converrucosisporites imperfectus* Lu，卢礼昌，39 页，图版 8，图 7，8。

描述 赤道轮廓钝角凸边三角形；大小 28.0—37.5μm，全模标本 35μm；三射线清楚，直或曲，伸达赤道边缘,唇发育不完全,常较射线略短,或仅 2 条较发育,一般宽 1. 5—2. 5μm;纹饰在近极—赤道区与远极面较发育,以小块瘤为主,彼此分散或局部连接,呈脊状,宽 1. 5—3. 0μm,略大于高,顶部钝凸,光滑;近极面尤其三射线区纹饰较弱小而稀散;外壁相对厚实,赤道外壁厚达 1. 5μm(纹饰除外),罕见褶皱;赤道轮廓线凹凸不平,突起 29—40 枚;浅棕色。

比较与讨论 本种以其赤道轮廓呈钝角凸边三角形以及体小、壁厚为特征而与下列各种不同:*C. mosaicoides* Potonié and Kremp, 1955 的三边内凹,而非外凸;*C. triquetrus* (Ibrahim) Potonié and Kremp, 1954 的轮廓更接近于三角形。

产地层位 新疆和布克赛尔,黑山头组 5,6 层。

小瘤三角块瘤孢 *Converrucosisporites microgibbosus* (Imgrund) Potonié and Kremp, 1955

(图版 98,图 24, 26)

1952 *Converrucosisporites microgibbosus* Imgrund, p. 37, fig. 88a.

1955 *Converrucosisporites mosaicoides* Potonié and Kremp, p. 64, pl. 13, fig. 192.

1960 *Converrucosisporites microgibbosus* (Imgrund) Imgrund, p. 160, pl. 14, fig. 57.

描述 赤道轮廓三角形,三边略凹入,角部宽圆,大小 25—30μm,全模 27μm(图版 98,图 26);外壁薄,厚约 1μm,偶有小褶皱,表面具块瘤,宽和高约 2μm,轮廓线上显示出分异;三射线清楚可见,长 >2/3R,常开裂,因纹饰而呈微波状;棕色。

比较与讨论 本种与 *C. mosaicoides* Potonié and Kremp, 1955 (p. 64) 难以区别,故后者被 Imgrund (1960) 视为晚出同义名;以个体小、三边凹入、壁薄等特征与属内其他种区别。

产地层位 河北开平,赵各庄组;山西宁武,本溪组。

杂饰三角块瘤孢 *Converrucosisporites mictus* Ouyang, 1986

(图版 99,图 9)

1962 *Converrucosisporites* sp. ,欧阳舒,86 页,图版Ⅲ,图 1。

1986 *Converrucosisporites mictus* Ouyang,欧阳舒,44 页,图版Ⅳ,图 5。

描述 赤道轮廓三角形,三边凸出,角部大致钝圆,大小 45—54μm, 全模 54μm;三射线可见,具薄唇,约 2/3R 或更长;外壁厚,厚度不明,远极—近极周边覆以不规则的粗块瘤—碎瘤,顶部钝圆或近截形,末端粗糙,直径大者 6—7μm,小者 2—3μm, 与相邻瘤无明显分界,高可达 3μm,大多低平,瘤之间构成穴或壕沟状结构,整个轮廓线粗糙,略呈大波状,近极接触区内无纹饰或极微弱,故较低平;深棕—棕黄色。

比较与讨论 本种与从阿尔卑斯二叠系发现的 *C. dejerseyi* Klaus (1960, p. 249, pl. 1, fig. 1) 略可比较,后者块瘤亦主要见于远极面和近极面周边部,但较细(约 3μm),密而均匀;见于河北开平下二叠统的 *C. triquetrus* (Ibrahim) (Imgrund, 1960, p. 160, pl. 14, figs. 54—56) 孢子较小,三射线较长,块瘤覆于整个外壁,其基径仅 3—4μm,末端颇浑圆。

产地层位 浙江长兴,龙潭组;云南富源,宣威组上段。

小三角块瘤孢 *Converrucosisporites minutus* Gao, 1984

(图版 98,图 25)

1984 *Converrucosisporites minutus* Gao,高联达,341 页,图版 136,图 10。

描述 赤道轮廓三角形,三边微凹或凸,角部宽圆或微尖,大小 25—28μm;三射线长约 2/3R,有时不易见;外壁较厚,表面具不规则、多角形、彼此连接或不连接的块瘤,基径 3—5μm,高 2—3μm,在轮廓线上呈波状;黄褐色。

比较与讨论 本种以个体和锥瘤均小、唇即使有也不明显而与属内其他种区别;*Microreticulatisporites nobilis* 个体稍大,纹饰为细网,网脊(瘤凸)在轮廓线上凸出不如此种明显。

产地层位 山西宁武，太原组。

特别三角块瘤孢 ***Converrucosisporites pseudocommunis* Hou and Song, 1995**

（图版99，图10）

1995 *Converrucosisporites pseudocommunis* Hou and Song，侯静鹏等，175页，图版21，图4。

描述 赤道轮廓三角形，三边平或微凸，角部钝圆或微尖，全模48μm；三射线细，直，微开裂，伸达角部内沿；外壁厚，包括纹饰在内达7.4μm，由于赤道部位瘤较发育，且基部常相连，构成"环带"；表面主要是远极面，具较小的大小不等的细瘤与块瘤，基宽1.0—2.5μm，高≤2.5μm，末端钝圆或锥凸，绕周边约30枚，轮廓线波状，棕—黄色。

比较与讨论 本种与上述云南富源宣威组的 *C. mictus*（欧阳舒，1986）特征略相似，仅以外壁较厚和具稍规则的小瘤而与之区别。

产地层位 浙江长兴，堰桥组。

斯氏三角块瘤孢（新种） ***Converrucosisporites szei* Ouyang sp. nov.**

（图版98，图17，34）

1964 *Converrucosisporites* sp. a，欧阳舒，493页，图版Ⅲ，图3，4。

1964 *Converrucosisporites* sp. b，欧阳舒，493页，图版Ⅲ，图5。

描述 赤道轮廓三角形，三边凸，角部浑圆，近极面较低平，远极面颇强烈凸出，大小69—80μm，全模69μm（图版98，图17）；三射线清楚，具窄唇，因纹饰而微弯曲，长约2/3R；外壁厚约4μm（包括纹饰），具形状不规则的大小不一的块瘤，宽1—5μm，高1—4μm，通常向末端变细，顶部浑圆—微尖，偶尔截形，瘤密，其间为狭缝状，偶尔间距达5μm，有时为浅穴甚至直径达数微米的略呈漏斗状的穴，轮廓线波状或锯齿状；棕黄色。

比较与讨论 本新种以孢子形状、外壁较厚尤其形状、大小多变的密块瘤纹饰、轮廓线波状而与属内其他种区别，如 *C. hunanensis* 三边微凹，外壁较薄，块瘤在轮廓线上不明显。本属大多数种的孢子直径<60μm。

产地层位 山西河曲，下石盒子组。

模式三角块瘤孢 ***Converrucosisporites triquetrus* (Ibrahim) Potonié and Kremp, 1954**

（图版98，图7；图版100，图1）

1933 *Verrucosi-sporites triquetrus* Ibrahim, p. 26, pl. 7, fig. 61.

1952 *Verrucosisporites baccatus* Imgrund, p. 37, fig. 84.

1955 *Converrucosisporites triquetrus* (Ibrahim) Potonié and Kremp, p. 65, pl. 13, fig. 191.

1955 *Converrucosisporites baccatus* (Imgrund) Potonié and Kremp, p. 63.

1960 *Converrucosisporites triquetrus* (Ibrahim) Imgrund, p. 160, pl. 14, figs. 54—56.

描述 赤道轮廓三角形—亚三角形，大小35.0—42.5μm；三射线清楚，线状，直，几乎伸达赤道；外壁厚约2μm，几乎无褶皱，表面密布3—4 μm大小的有时略平压的球形凸起纹饰，瘤之间隙很窄，轮廓线上不规则分异，绕周边25—28枚块瘤；棕—黄色。

比较与讨论 本种以个体稍大、外壁较厚尤其纹饰相对较粗与 *C. variolaris* (Imgrund) 区别。据Imgrund的意见，*C. baccatus* (Imgrund) 为本种晚出同义名。

产地层位 河北开平，赵各庄组。

变化三角块瘤孢 ***Converrucosisporites varietus* (Imgrund) Potonié and Kremp, 1955**

（图版99，图1，11）

1952 *Verrucosisporites varietus* Imgrund, p. 39, fig. 89.

1955 *Converrucosisporites varietus* (Imgrund) Potonié and Kremp, p. 64.

1960 *Converrucosisporites varietus*, Imgrund, p. 161, pl. 15, figs. 62, 63.

1984 *Converrucosisporites microgibbosus* Imgrund,高联达,341 页,图版 136,图 9。

1985 *Converrucosisporites varietus*, Gao, pl. 2, fig. 6.

描述 赤道轮廓近三角形,大小 38—52μm,全模 40μm(图版 99,图 11);三射线近达赤道,常开裂,具清楚的唇,宽约 3μm,因纹饰而微呈波状;外壁厚,表面密布约 2μm 宽 1μm 高的近圆形块瘤,在轮廓线上明显分异;黄棕色。

比较与讨论 高联达(1984)鉴定的 *C. microgibbosus* 大小达 38μm,三边微凸,具粗唇,改定为 *C. varietus* 较为合适。*C. varietus* 较 *C. variolaris* 个体要大些,纹饰较密。

产地层位 河北开平,赵各庄组。

斑瘤三角块瘤孢 *Converrucosisporites variolaris* (Imgrund) Potonié and Kremp, 1955

(图版 99,图 2, 3)

1952 *Verrucosisporites variolaris* Imgrund, p. 39, figs. 92, 93.

1955 *Converrucosisporites variolaris* (Imgrund) Potonié and Kremp, p. 64.

1960 *Converrucosisporites variolaris* (Imgrund), Imgrund, p. 161, pl. 15, figs. 64, 65.

1987a *Triquitrites mamosus* Bharadwaj,廖克光,561 页,图版 136,图 27。

描述 赤道轮廓三角形,或因褶皱而变形,全模大小 30μm(图版 99,图 3);三射线伸达赤道,具唇,其上有颗粒,射线棱明显,向顶部高起,在全模标本一角部表现尤为清楚;外壁薄,厚 <1μm,表面具不均匀的多角形及平坦—钝球形的块瘤,基宽可达 3μm,顶点宽约 0.5μm,高约 2μm;棕黄色。

比较与讨论 *C. minutus* Gao 与本种相近,但无高起的唇;廖克光(1987a)鉴定的 *Triquitrites mamosus*,从照片来看,标本角部没有明显加厚,归入 *Converrucosisporites variolaris* 较为合适。

产地层位 河北开平,赵各庄组;山西宁武,太原组。

圆形块瘤孢属 *Verrucosisporites* (Ibrahim) Potonié and Kremp, 1954

模式种 *Verrucosisporites verrucosus* Ibrahim, 1933;德国鲁尔煤田,上石炭统(Westfal)。

同义名 *Cyclobaculisporites* Bharadwaj, 1955.

属征 三缝同孢子或小孢子;赤道轮廓圆形—近圆形;三射线长短不一;外壁以块瘤为主要纹饰,块瘤大小不一,无明显分化现象,基部宽,形状多不规则,有时互相连接或密挤。

比较与讨论 见 *Converrucosisporites*。Bharadwaj(1955)对上述属征作了修订,特别强调瘤的基部宽于顶部、顶端浑圆或微尖等特点;对于瘤的基宽与顶宽基本一致的种,他以 *Punctatisporites grandiverrucosus* Kosanke, 1943 作模式种,另建立属名 *Cyclobaculisporites*;Bharadwaj(1957)还将 *Verrucosisporites ovimammus* 和 *V. sinensis* 归入该属内。本书同意 R. Potonié (1956) 的意见,这种划分实际上很困难,而且从中国首先记载的这 2 个种,瘤的末端大多是圆的,并不平截,所以本书宁可将 *Verrucosisporites* 作为形态属使用,而不用其属名。必须指出,Smith (1971) 一方面承认 *Cyclobaculisporites* 这个属名,另一方面又将其模式种 *Punctatisporites granidiverrucosus* Kosanke 仍归入 *Verrucosisporites* 属,显然矛盾,但客观上也否定了 Bharadwaj 的属名。

注释 在古生代微体植物群国际委员会(CIMP)组织下,Smith 等(1962)和 Smith (1963, 1964, 1965, 1971)发表了关于 *Verrucosisporites* 的归纳整理报告, 1971 的最后版本,再次对 Smith 等(1964)的本属特征作了如下扩充:"无环无腔三缝同孢子或小孢子;轮廓圆形、亚三角形或圆三角形;边沿通常呈锯齿状,但亦可呈波状—不规则瓣瘤状;射线通常简单,若具缘,唇不超过纹饰高度,长 1/2—1R;外壁块瘤状为主,但可包括小部分的皱瘤、锥瘤或棒瘤,纹饰分布于孢子整个表面,但大小可在接触区内减小;顶视纹饰呈圆形、多角形、豆荚形或不规则形;侧面观圆顶形,或两侧向上徐徐变窄,顶部缓平、斜截或颇圆,高

≤宽;纹饰多密布但间距不一,通常不大于块瘤最大直径;轮廓线上突起10—100枚甚至超过100枚(很少)(多在25—65枚之间);外壁厚(包括纹饰)很少大于10μm。”本书觉得这个形态属属征过于详细,仅录入供读者参考。

经过多年工作,Smith(1971)把一些他认为“描述不当的种”取消了,仅表列了32种,其中,29种列了照片,对25种还做了特征检索表。他取舍的标准,主要是围绕全模标本确实同种的且原描述较准确的;块瘤分类则主要根据纹饰大小划分为3个等级(小:2—5μm;中大:5—10μm;大:>10μm),小块瘤高度也分3个等级(<1μm,1.0—2.5μm,2.5—5.0μm),分种则依轮廓线上瘤突数目/孢子大小、块瘤形状(包括末端形态、长宽比和间距等);此外,很可能为别的种的晚出同义名的有5种,应归入其他属的有15种,可能属于此属的约有8种:总共涉及约50种。应该说,这是CIMP对古生代几个属的整理中比较成功的,从其图版看,Smith保留的这些种是相对较易区别的。遗憾的是,他未列出那些因“描述不当”(inadequately,亦可译为“不合格”)而被取消的种。Oshurkova(2003)在此属下共列了62种。

亲缘关系 真蕨类。

轮环状圆形块瘤孢 *Verrucosisporites annulatus* Zhang, 1990

(图版99,图12, 21)

1990 *Verrucosisporites annulatus* Zhang,张桂芸,见何锡麟等,308页,图版Ⅳ,图1,2。

描述 赤道轮廓圆三角形—圆形,大小48—60μm,全模60μm(图版99,图21);三射线清楚,微弯曲,具窄唇,唇宽2μm,在射线末端加宽包围射线,射线长为1/3—4/5R;在孢子表面远极赤道附近有一圈近方形的、排列紧密的、大小近等的块瘤,块瘤直径5—7μm,顶较平坦,高2μm,有时一圈不连续,表面除此圈块瘤外的其余部分光滑或粗糙;外壁厚2.0—2.5μm,环瘤部位有褶皱;棕黄色。

比较与讨论 当前标本以其在远极赤道内缘具一圈瘤区别于其他种。标本的形状及在赤道附近有一排瘤的特征与Kar和Bose(1976)创建的*Aleverrucosispora*属相近,但最大的区别是该属无射线,而前者可见射线,因此不能归入该属,而应放在*Verrucosisporites*属内。

产地层位 内蒙古准格尔旗龙王沟,本溪组。

粗糙圆形块瘤孢 *Verrucosisporites aspratilis* Playford and Helby, 1968

(图版11,图1, 2)

1968 *Verrucosisporites aspratilis* Playford and Helby, p. 108, pl. 9, figs. 3—5.

1999 *Verrucosisporites aspratilis*,卢礼昌,40页,图版3,图18,19。

注释 本种以其块瘤分布稀疏、基部轮廓近圆形为特征而与*Verrucosisporites*的其他种不同;圆瘤基径1.5—3.0μm,高常不超过2μm,间距常在1—5μm之间;赤道轮廓亚圆形,大小43.0—51.5μm;赤道轮廓线呈不规则低波状,突起30—40枚。

产地层位 新疆和布克赛尔,黑山头组4,5层。

暗色圆形块瘤孢 *Verrucosisporites atratus* (Naumova) Byvscheva, 1985

(图版11,图15, 16)

1953 *Lophotriletes atratus* Naumova, p. 123, pl. 18, fig. 17.

1983 *Verrucosisporites omalus* Gao,高联达,194页,图版1,图24,25。

1985 *Verrucosisporites atratus* (Naumova) Byvscheva, p. 90.

1995 *Lophotriletes atratus* Naumova,卢礼昌,图版2,图15。

描述 赤道轮廓圆形,大小50—65μm;三射线清楚、微裂,两侧或加厚[唇(?)],长3/4—4/5R;外壁厚约1.5μm,表面覆以细齿状纹饰;纹饰分子两侧近于平行,顶端平截,罕见微胀或尖,基部宽1.0—1.5μm,高1.5—2.5μm,彼此常不接触,表面光滑;某些标本的赤道内缘附近具一宽的不完全带状褶皱,赤道轮廓线细齿状;浅棕色。

比较 在此描述的中国标本与 Naumova (1953) 首次描述的俄罗斯地台 *Lophotriletes atratus* 的那些标本,彼此的形态特征与纹饰组成极为相近,当属同种。

产地层位 湖南界岭,邵东组;西藏聂拉木,波曲组。

浆果状圆形块瘤孢 *Verrucosisporites baccatus* Staplin, 1960

(图版 99,图 32)

1960 *Verrucosisporites baccatus* var. *baccatus* Staplin, p. 12, pl. 2, figs. 4,10.

1971 *Verrucosisporites baccatus* Staplin, in Smith, p. 52, pl. 1, figs. 1—7.

1987a *Verrucosisporites baccatus* Staplin,廖克光,556 页,图版 135,图 5。

描述 赤道轮廓亚圆形,远极面强烈凸出,大小 88μm;三射线清楚,或具窄唇,微开裂,长接近赤道;外壁不厚,具褶皱,表面具颇密的瘤—块瘤纹饰,与孢子大小相比,瘤不大,基径大多为 1.5—3.0μm,末端圆或微尖,绕周边 80 枚左右;棕黄色。

比较与讨论 原作者描述大小 70—104μm,粒—瘤状纹饰大小、分布不规则,近极区纹饰减弱,射线长 1/2—2/3R;山西标本纹饰较密而明显。

产地层位 山西宁武,太原组(4 号煤底板)。

腊质圆形块瘤孢
Verrucosisporites cerosus (Hoffmeister, Staplin and Malloy) Butterworth and Williams, 1958

(图版 99,图 13, 14)

1955 *Punctati-sporites*? *cerosus* Hoffmeister, Staplin and Malloy, p. 392, pl. 36, fig. 6.

1958 *Verrucosisporites cerosus* (Hoffmeister, Staplin and Malloy) Butterworth and Williams, p. 363, pl. Ⅰ, figs. 42, 43.

1967 *Verrucosisporites cerosus*, Smith and Butterworth, p. 148, pl. 5, figs. 1—3.

1971 *Verrucosisporites cerosus*, Smith, p. 53, pl. 2, figs. 1—17.

1976 *Verrucosisporites cerosus*, Kaiser, p. 99, pl. 3, figs. 13, 14.

1984 *Verrucosisporites cerosus*,高联达,337 页,图版 135,图 13,16。

1985 *Verrucosisporites cerosus*,高联达,60 页,图版 4,图 17。

1986 *Verrucosisporites cerosus*,杜宝安,图版 Ⅰ,图 49。

1989 *Verrucosisporites cerosus*,侯静鹏、沈百花,102 页,图版 11,图 3。

1993 *Verrucosisporites cerosus*,朱怀诚,242 页,图版 57,图 4,5,9a, b。

描述 赤道轮廓圆形,大小 36—85μm;三射线清楚,直,简单或具发达的唇,长 1/2—2/3R;孢壁厚,不超过 2.5μm,表面具密集的瘤—块瘤纹饰,基径 1—3μm,偶尔可达 7μm,瘤之间或呈负网状,有时互相连接,轮廓线波状;黄褐色。

比较与讨论 原作者 Hoffmeister 等(1955) 描述此种时提到其大小为 37—53μm,以外壁腊质光泽及不规则、不平整的表面与其他种区别,其块瘤在轮廓线上表现不明显,可见被定为此种的我国标本至少部分是应作保留的。

产地层位 山西宁武,太原组;山西保德,下石盒子组;贵州睦化,打屋坝组底部;新疆乌鲁木齐,梧桐沟组。

具唇圆形块瘤孢 *Verrucosisporites chilus* Lu, 1988

(图版 11,图 3, 4)

1988 *Verrucosisporites chilus* Lu,卢礼昌,132 页,图版 11,图 13,14。

1999 *Verrucosisporites chilus*,卢礼昌,40 页,图版 3,图 28,29。

描述 三缝小孢子,赤道轮廓圆形—圆三角形,侧面观近极面低锥角形,远极面半圆球形,大小 40.6—51.5μm,全模标本 45.8μm;三射线常清楚,直,具唇、微开裂,单片唇宽 2.5—3.0μm,微波状,近顶部突起高约 4μm，朝末端逐渐变窄，减低，长 3/5—3/4R；外壁覆以不规则小圆丘状—块瘤状纹饰，主要分布于近极—赤道部位与整个远极面，基部多少接触至局部融合，单个纹饰分子基宽一般为 3—6μm，高 3.0—4.5μm，顶部钝凸或浑圆，表面光滑；三射线区纹饰较稀、较小，赤道外壁（不含纹饰）厚 1.5—2.0μm，三射线区外壁因唇发育而显得略厚（色较深）些；赤道轮廓线呈微波状或略凹凸不平，罕见褶皱；橙棕—深棕色。

比较与讨论 本种的形态特征与 *V. nitidus*（Naumova）Playford（1964）较为近似，但后者以三射线不具唇、纹饰较粗大（2—12μm）且排列较紧密而非同种。

产地层位 云南沾益史家坡，海口组；新疆和布克赛尔，黑山头组 5 层。

旋转圆形块瘤孢 *Verrucosisporites circinatus* Gao, 1984

（图版 99，图 26，29）

1984 *Verrucosisporites circinatus* Gao，高联达，402 页，图版 152，图 2，3。

描述 赤道轮廓圆形，大小 80—95μm；三射线被纹饰掩盖常不易见，长约 2/3R，常微开裂；外壁不是很薄，一般无褶皱，表面具较密的圆形—亚圆形瘤—块瘤，局部稀疏，可能乃纹饰脱落所致，大小不均，大者 4—6μm，小者 2—3μm，高多 2—3μm，个别可达 5μm，轮廓线多呈半圆形凸起；黄褐色。

比较与讨论 本种与 *V. verrucosus* Ibrahim 的全模标本（Potonié and Kremp, 1955, p. 69, pl. 13, fig. 196）略相似，但后者纹饰很密而均匀，绕周边 45—50 枚以上。

产地层位 山西宁武，上石盒子组。

稠密圆形块瘤孢 *Verrucosisporites confertus* Owens, 1971

（图版 12，图 12）

1971 *Verrucosisporites confertus* Owens, p. 19, pl. 4, figs. 3—6.

1980b *Verrucosisporites confertus*，卢礼昌，14 页，图版 4，图 7。

1985 *Verrucosisporites confertus*，刘淑文、高联达，图版 2，图 4。

描述 孢子赤道轮廓近圆形，大小 62—74μm；三射线可识别，简单，微曲，长 3/5—3/4R；外壁覆以致密的块瘤状纹饰，纹饰分子基部轮廓近圆形、多角形或不规则形，顶部略钝凸或平圆，彼此或多少接触，或被窄"沟"隔开；三射线区纹饰似较弱小与稀疏；在块瘤之间有时可见次一级的小瘤状突起；外壁厚实（不可量），罕见褶皱；棕色。

比较与讨论 与 Owens（1971）首次在加拿大上泥盆统发现的全模标本相似，区别仅在于后者赤道轮廓较圆且三射线较清楚；*V. nitidus* 的瘤纹，除较粗大外，以其间隙常呈负网状图案而与当前种不同。

产地层位 湖北长阳，黄家磴组；云南沾益龙华山，海口组。

密饰圆形块瘤孢 *Verrucosisporites conflectus* Gao, 1984

（图版 99，图 22）

1984 *Verrucosisporites conflectus* Gao，高联达，402 页，图版 152，图 6。

描述 赤道轮廓圆形—亚圆形，大小 45—50μm，全模 50μm；三射线常被纹饰遮掩不易见，长 1/2—2/3R，或微开裂；外壁厚约 3μm（包括纹饰），表面覆以排列紧密、大小不均、形状不规则的块瘤，直径 2—4μm，轮廓线上呈半圆形凸起或凹凸状；褐色。

比较与讨论 本种与 *V. sinensis* Imgrund 略相似，但后者个体大（70—90μm），外壁较薄，具褶皱。

产地层位 山西宁武，上石盒子组。

锥状圆形块瘤孢 *Verrucosisporites conulus* Gao, 1984

（图版 99，图 23）

1984 *Verrucosisporites conulus* Gao, 1984，高联达，402 页，图版 152，图 5。

描述 赤道轮廓圆形，大小 40—55μm，全模约 50μm；三射线可见，长约 2/3R，常开裂；外壁薄，表面具圆形瘤—亚圆形瘤—块瘤状纹饰，不很密，间距可等于瘤的直径，大小不均，直径一般 3—5μm，高 3—4μm，末端钝圆，有些则钝尖呈锥形，绕周边 25—30 枚；黄褐色。

比较与讨论 本种与 *V. racemus*（Peppers）Smith（1971）有些相似，但后者块瘤排列紧密，且大小也不相同；与 *V. firmus*（Loose）Potonié and Kremp（1955）也略相似，但后者孢子稍大（60—70μm），块瘤亦较密且粗大。

产地层位 山西宁武，上石盒子组。

蠕状圆形块瘤孢 *Verrucosisporites convolutus* Gao, 1984

（图版 99，图 28）

1984 *Verrucosisporites convolutus* Gao，高联达，402 页，图版 152，图 4。

描述 赤道轮廓圆形，大小 60—75μm，全模 70μm；三射线因纹饰干扰不易见，长约 2/3R，常微开裂；孢壁厚，表面具密的形状不规则的但多接近于长椭圆形的块瘤，常呈蠕瘤状，基部不连接，但间距狭窄，似亚负网状，轮廓线上波状；褐色。

比较与讨论 本种特征介于 *Convolutispora* 和 *Verrucosisporites* 之间，以瘤不强烈扭曲、不连接与前一属的种不同，以瘤多长椭圆形、类似蠕脊与后一属其他种不同。

产地层位 山西宁武，上石盒子组。

厚壁圆形块瘤孢 *Verrucosisporites crassoides*（Chen）Ouyang, 1982

（图版 99，图 20，24）

1978 *Lophozonotriletes crassoides* Chen，谌建国，411 页，图版 119，图 18，23。

1982 *Verrucosisporites crassoides*（Chen）Ouyang, p. 72, pl. 2, fig. 17.

1986 *Verrucosisporites crassoides*（Chen）Ouyang，欧阳舒，72 页，图版Ⅳ，图 2。

描述 赤道轮廓亚圆形，近圆形的接触区略凹入，远极面强烈凸出，大小 52—75μm，全模 52μm（图版 99，图 20）；三射线清楚，具唇，宽 1—2μm，微弯曲，或开裂，长可达 3/4R，末端微分叉；外壁厚约 2.5μm，远极和赤道具较稀的近圆形的瘤，直径一般 5—8μm，最大可达 15μm，有些互相连接成肠结状，在接触区外沿局部构成假环状，宽可达 9μm，纹饰高 3—5μm，与外壁融合无明显分界，端部浑圆，间距 3—6μm不等，在接触区周围和射线末端纹饰较发育，接触区内光滑或至少纹饰减弱；深棕色。

比较与讨论 本种以其接触区外沿瘤在局部呈假环状而与属内其他种区别。

产地层位 湖南邵东、浏阳，龙潭组；云南富源，宣威组上段。

柱瘤圆形块瘤孢 *Verrucosisporites cylindrosus* Gao, 1984

（图版 99，图 15）

1984 *Verrucosisporites cyclindrosus* Gao，高联达，401 页，图版 151，图 11。

描述 赤道轮廓圆形—亚圆形，大小 60—70μm，全模 65μm；三射线因纹饰干扰常不易见，细弱，长约 2/3R；外壁厚（据照片测，可能为 5—8μm，包括纹饰），具紧密排列的柱瘤状块瘤纹饰，深裂，基部有时连接，顶部近平或钝圆，高倍镜下孢子中部呈块瘤状，基径 3—4μm，绕周边约 80 枚，轮廓线齿状—微波状；棕褐色。

比较与讨论 本种以孢子个体较小、外壁较厚［光切面上看，其大部仿佛由圆柱状的瘤—基棒构成（?）］而与 *V. sinensis* Imgrund（70—90μm）区别。

产地层位 山西宁武，上石盒子组。

低平圆形块瘤孢 *Verrucosisporites depressus* Winslow, 1962

（图版 11, 图 27）

1962 *Verrucosisporites depressus* Winslow, p. 63, pl. 19, fig. 7.

1985 *Verrucosisporites depressus*, 高联达, 见侯鸿飞等, 59 页, 图版 4, 图 9, 10。

描述 赤道轮廓圆形, 大小 50—75μm; 三射线微裂, 长约 2/3R 或稍长; 纹饰以低矮的圆瘤为主, 基径 2. 0—2. 5μm, 高 0. 5—1. 2μm, 基部彼此常接触, 赤道轮廓微波状; 外壁厚实; 黄褐色。

比较与讨论 当前标本与 *V. depressus* Winslow (1962) 较接近, 不同的是后者纹饰分布较密, 但彼此罕见接触, 且其间距构成窄(宽 < 1μm)的负网状图案。

产地层位 贵州睦化, 王佑组格董关层底部。

困惑圆形块瘤孢 *Verrucosisporites difficilis* Potonié and Kremp, 1955

（图版 11, 图 7, 8; 图版 99, 图 4, 5）

1955 *Verrucosisporites difficlis* Potonié and Kremp, p. 66, pl. 13, fig. 205.

1971 *Verrucosisporites difficilis*, Smith, p. 56.

1993a *Verrucosisporites difficilis*, 朱怀诚, 242 页, 图版 56, 图 30—32。

1996 *Verrucosisporites difficilis*, 朱怀诚, 见孔宪桢等, 图版 45, 图 2。

1999 *Verrucosisporites difficilis*, 卢礼昌, 40 页, 图版 3, 图 8, 9。

描述 赤道轮廓近卵圆形—圆形, 大小 32. 0—48. 4μm; 三射线因纹饰遮掩难以见到, 简单, 细直, 长 3/4R; 外壁 1—2μm, 表面覆盖块瘤, 赤道轮廓线为不规则波形, 瘤基部不规则, 圆形、多边形或不规则圆形, 最大直径 1—8μm, 多数 2—4μm, 高 0. 5—5. 0μm, 多为 0. 5—2. 0μm, 外侧多圆钝, 基部分离, 排列紧密, 间距 0. 5—2μm, 多数小于 1μm。

比较与讨论 参见 *V. minor* Jiang, 1982 种下。

产地层位 山西左云, 山西组; 甘肃靖远, 红土洼组—羊虎沟组; 新疆和布克赛尔, 黑山头组 4—6 层。

东纳圆形块瘤孢 *Verrucosisporites donarii* Potonié and Kremp, 1955

（图版 99, 图 33, 34）

1955 *Verrucosisporites donarii* Potonié and Kremp, p. 67, pl. 13, fig. 193.

1971 *Verrucosisporites donarii*, Smith, p. 56, pl. 4, figs. 1—16; pl. 5, fig. 7.

1976 *Verrucosisporites donarii*, Kaiser, p. 100, pl. 3, figs. 16, 17.

1984 *Verrucosisporites donarii*, 高联达, 340 页, 图版 136, 图 4。

1985 *Verrucosisporites donarii*, Gao, pl. 1, fig. 7.

1986 *Verrucosisporites donarii*, 杜宝安, 图版 Ⅱ, 图 2。

1987a *Verrucosisporites donarii*, 廖克光, 556 页, 图版 135, 图 4。

1990 *Verrucosisporites donarii*, 张桂芸, 见何锡麟等, 307 页, 图版 Ⅲ, 图 18—20。

1993 *Verrucosisporites donarii*, 朱怀诚, 242 页, 图版 58, 图 3, 7, 8, 10。

1996 *Verrucosisporites donarii*, 朱怀诚, 见孔宪桢, 242 页, 图版 58, 图 3, 7, 8, 10。

描述 据 Potonié 和 Kremp (1955), 赤道轮廓圆形, 大小约 70μm, 全模 71μm; 三射线清楚, 直, 长约 2/3R, 末端不清楚, 有时开裂; 外壁不厚[2—3μm(?)], 表面具不规则形状的块瘤, 直径 2—3μm, 颇密, 其间几呈负网状, 顶端平圆, 有时微尖, 绕周边约 50 枚。

比较与讨论 Kaiser (1976) 鉴定的山西保德的此种标本未给描述, 根据照片, 大小 40—74μm, 大者与全模相近, 但瘤在整个表面似发育得更致密, 绕周边 80 枚以上; 不过, Potonié 和 Kremp 只根据一个标本建立新种, 描述难免有局限, Smith (1971) 给的大小范围 40—100μm, 绕周边突起 55—80 枚, 故本书仍采用了 Kaiser 的鉴定。本种与 *V. sinensis* 亦相似, 仅以外壁稍厚、块瘤稍粗大与后者有别。Smith 还提到, 本种与 *V. grandiverrucosus* 和 *V. verrucosus* 很相似, 三者之间存在过渡类型。

产地层位 河北开平, 开平组; 山西保德, 山西组—石盒子群; 山西宁武, 太原组; 山西左云, 山西组;

内蒙古准格尔旗黑岱沟，山西组；甘肃平凉，山西组；甘肃靖远，红土洼组—羊虎沟组；宁夏横山堡，上石炭统。

耶弗那圆形块瘤孢 *Verrucosisporites evlanensis* (Naumova) Gao and Hou, 1975

(图版12，图11)

1953 *Lophotriletes evlanensis* Naumova, p. 58, pl. 7, fig. 13.

1975 *Verrucosisporites evlanensis* (Naumova) Gao and Hou，高联达、侯静鹏，203页，图版6，图1。

注释 *Lophotriletes evlanensis* Naumova, 1953 以其外壁满布大小近乎均等的圆瘤纹饰为特征。高联达、侯静鹏(1975)描述的贵州独山丹林组 *Verrucosisporites evlanensis* 的标本为：赤道轮廓圆形，大小70—85μm；三射线简单，伸达赤道附近；纹饰圆瘤，基部少有接触，宽3—4μm，高2—3μm，顶部钝凸，赤道轮廓线上反映不甚明显；外壁厚实；黄褐色。

比较与讨论 *V. evlanensis* (Naumova) Obukhovskaya, 1986 (见 Avkhimovitch et al., 1993)为当前种的晚出同名异物种。

产地层位 贵州独山，丹林组上段。

坚实圆形块瘤孢 *Verrucosisporites firmus* Loose, 1934

(图版99，图16, 17)

1934 *Verrucosi-sporites firmus* Loose, p. 154, pl. 7, fig. 30.

1955 *Verrucosisporites firmus* Loose, in Potonié and Kremp, p. 67, pl. 13, figs. 203, 204.

1982 *Verrucosisporites firmus* Loose，蒋全美等，601页，图版402，图6, 7。

描述 据 Potonié 和 Kremp，赤道轮廓近圆形，大小60—70μm；三射线不易见到，全模上可见，长约2/3R或近达赤道，微开裂；外壁厚约2μm，表面具粗壮块瘤纹饰，很密，其间几呈负网状，块瘤形态、大小不一，直径4—8μm不等，端部平穹圆、平截或乳凸状，基宽通常大于高，绕轮廓线约30枚突起；棕黄色。

比较与讨论 本种以块瘤绕周边的数量(30枚左右)较多而与 *V. perverrucosus* (Loose) Potonié and Kremp(少于25枚)区别。据湖南龙潭组照片定为这个种的标本，在大小、粗壮块瘤等特征上与全模有些相似，但块瘤在轮廓线上表现得没有那么明显。

产地层位 湖南长沙，龙潭组。

大瘤圆形块瘤孢 *Verrucosisporites grandiverrucosus* (Kosanke) Smith et al., 1964

(图版99，图27)

1943 *Punctatisporites grandiverrucosus* Kosanke, p. 127, pl. 3, fig. 4.

1955 *Cylobaculisporites grandiverrucosus* (Kosanke) Bharadwaj, p. 123, pl. 3, fig. 4.

1964 *Verrucosisporites grandiverrucosus* (Kosanke) Smith et al., p. 1073, pl. 1, figs. 12, 13.

1971 *Verrucosisporites grandiverrucosus* (Kosanke) Smith et al., p. 59, pl. 7, figs. 1—5.

1984 *Verrucosisporites grandiverrucosus*，高联达，338页，图版135，图14。

描述 赤道轮廓圆形，大小约85μm；三射线简单，清楚可见，长大致相当于2/3R；孢壁厚达3—4μm，黄褐色；表面覆以不规则紧密排列并呈圆顶状的块瘤纹饰，块瘤高约2μm，宽度不一，在轮廓线边缘大约排列有70枚并呈齿状。

比较与讨论 按原作者描述，此种大小73—92μm，全模78μm，三射线约2/3R，具窄唇；外壁厚1—3μm，密布低平块瘤，形状不规则，直径2—7μm不等，中等直径4—5μm，绕周边约50枚，但轮廓线上表现得不太明显。

产地层位 山西宁武，太原组；内蒙古清水河，太原组。

徐氏圆形块瘤孢(新种) *Verrucosisporites hsui* Ouyang sp. nov.

(图版 100,图 16, 22)

1978 *Verrucosporites* cf. *verrucosus* Ibrahim,谌建国,400 页,图版 117,图 14。

1984 *Verrucosisporites setulosus* (Kosanke) Gao,高联达,401 页,图版 151,图 19。

描述 赤道轮廓圆形,大小 70—85μm,全模约 70μm(图版 100,图 22);三射线清楚,直,具发达的唇,宽 4—6μm,两侧平行,几乎伸达赤道;外壁不太厚,厚度不详,偶具个别褶皱,表面具中等密度的块瘤,全模标本上形状多不规则,少数呈亚圆—椭圆形,有些因基部相连而微拉长,低矮,大小一般 2—4μm,高 1—2μm,绕周边约 50 个,轮廓线上突起不明显;棕色。

比较与讨论 记载的湖南标本除纹饰稍密外,其他特征与全模相近,故归入同一种内。*V. setulosus* (Kosanke 1950, p. 15, pl. 2, fig. 1) 外壁具相对稀的"短钝的棒刺",宽 1.5—2.5μm,长 > 3μm,射线长 1/2—2/3R,与宁武标本区别很明显,所以将后者定为一新种。*V. verrucosus* 以三射线无明显唇、瘤在轮廓线上明显凸出与本种区别。

产地层位 山西宁武,上石盒子组;湖南韶山、邵东,龙潭组。

畸形圆形块瘤孢 *Verrucosisporites informis* Gao, 1988

(图版 12,图 1a, b)

1988 *Verrucosisporites informis* Gao,高联达,208 页,图版 2,图 6。

描述 赤道轮廓宽圆三角形—近圆形,大小 50—70μm;三裂缝两侧,颜色较深,长 3/5—2/3R;纹饰以圆瘤状为主,大小近乎均匀,基宽 2.5—3.0μm,顶部拱圆形,高略小于基宽,间距宽窄不一,但常小于基部宽或局部接触。

产地层位 新疆准噶尔盆地,呼吉尔斯特组;西藏聂拉木,章东组。

容克氏圆形块瘤孢 *Verrucosisporites jonkerii* (Jansonius) Ouyang and Norris, 1999

(图版 99,图 6, 7)

1962 *Tsugaepollenites jonkeri* Jansonius, p. 51, pl. 12, figs. 4—6.

1985 *Tsugaepollenites jonkeri* Jansonius, Tuzhikova, pl. 19, fig. 17; pl. 7, figs. 8, 9.

1985 *Tsugaepollenites*(?) sp., Tuzhikova, pl. 52, fig. 7.

1986 *Verrucosisporites* sp. 1,侯静鹏、王智,79 页,图版 25,图 21。

1986 *Tsugaepollenites jonkeri* Jansonius,曲立范,159 页,图版 33,图 21, 22。

1999 *Verrucosisporites jonkeri* (Jansonius) Ouyang and Norris, p. 21, pl. Ⅱ, figs. 6—8.

描述 赤道轮廓圆形—亚圆形,大小 29 (34) 39μm;三射线一般难见,但偶尔清楚可见,长 1/3—1/2R,有时见不完全弓形脊;外壁厚 2.0—2.5μm,表面尤其远极面和赤道具不规则低平的块瘤,大小变化大,0.5—6.0μm 不等,平均 3—5μm,高 1.0—1.5μm,间距约 1μm;最特别的是瘤的边缘不平整,表面观像花菜。

比较与讨论 本种以其特征性的纹饰区别于属内其他种。Ouyang 和 Norris (1999) 之所以将此种由 *Tsugaepollenites* 属迁入 *Verrucosisporites*,是因为在有些标本上可以见到三射线,包括原 Jansonius 所拍照片的个别标本(1962, pl. 12, fig. 5)。事实上,他本人也提及"偶尔见到微弱完整的三射线",而 *Tsugaepollenites* 是无射线的,且通常被认为是裸子植物花粉。

产地层位 新疆吉木萨尔大龙口,锅底坑组、韭菜园组、烧房沟组。

开平圆形块瘤孢 *Verrucosisporites kaipingensis* (Imgrund) Imgrund, 1960

(图版 99,图 30, 37)

1960 *Verrucosisporites kaipingensis* Imgrund, p. 162, pl. 14, fig. 51; pl. 15, fig. 59.

1984 *Verrucosisporites kaipingensis* Imgrund,高联达,339 页,图版 135,图 20。

1990 *Verrucosisporites kaipingensis*,张桂芸,见何锡麟等,307 页,图版Ⅲ,图 10—12。

描述 赤道轮廓近圆形,大小 67—122μm,全模 122μm(图版 99,图 37);三射线不易见到,长可能为 1/2—2/3R,直,或微开裂;外壁颇厚,但厚度不详[4—6μm 或 6—8μm(?)],表面具粗细不匀的块瘤,很密,在赤道及其附近似较粗大,其宽 3—10μm,表端钝圆或截形,高不大于宽,轮廓多变,圆形—豆形—裂片状,局部为较小的块瘤,间隙很窄,轮廓线上齿凸状—不规则波状突起 50—60 枚;红棕色。

比较与讨论 *Schopfites cochesterensis* Kosanke 1950 (p. 53, pl. 13, fig. 4) 瘤的形态、大小与本种相近,但前者个体较小,近极面无瘤。被高联达(1984,339 页,图版 136,图 1)归入此种的另一标本更接近 *V. verrucosus*。

产地层位 河北开平,赵各庄组;山西宁武,太原组;内蒙古准格尔旗龙王沟,山西组。

具缘圆形块瘤孢 *Verrucosisporites marginatus* Gao, 1988

(图版 11,图 30)

1988 *Verrucosisporites marginatus* Gao,高联达,208 页,图版 2,图 12。

描述 赤道轮廓圆形或近圆形,大小 40—60μm;三射线不清楚或仅可辨别,简单,微曲,长约 2/3R;外壁覆以近圆形块瘤,分布致密,但彼此常不接触;纹饰分子基部宽 1.5—3.0μm,高不大于基宽,顶部钝圆或钝凸,罕见尖;赤道轮廓线微波状;赤道外壁厚 2—3μm。

注释 当前标本的形态特征、纹饰及其分布概况均与 Naumova (1953)首次描述的俄罗斯地台(D13)的 *Lophotriletes evlanensis* 的标本(pl. 7, fig. 13)颇接近,仅后者孢体较大(60—80μm)而已。

产地层位 西藏聂拉木,章东组。

较大圆形块瘤孢 *Verrucosisporites maximus* Gao, 1984

(图版 100,图 29)

1984 *Verrucosisporites maximus* Gao,高联达,338 页,图版 135,图 17。

描述 赤道轮廓圆形,大小 120—150μm,全模约 130μm;三射线长 2/3R,常开裂;孢壁厚,深褐色;表面覆以连瘤状的块瘤,块瘤彼此连接并围绕三射线的顶点呈旋转形排列,块瘤高 3—4μm,宽 12—14μm,块瘤间的空隙 2—3μm。

比较与讨论 本种以孢子外壁分化成低平的块瘤、不规则狭窄的壕分隔、轮廓线上无瘤突而与归入 *Verrucosisporites*, *Convolutispora* 或 *Grumosisporites* 属的其他种不同,有待发现更多标本证实纹饰的性质。

产地层位 山西宁武,本溪组。

中粒状圆形块瘤孢 *Verrucosisporites mesogrumosus* (Kedo) Byvscheva, 1985

(图版 11,图 13, 14)

1963 *Lophotriletes mesogrumosus* Kedo, p. 51, pl. 4, fig. 82.

1985 *Verrucosisporites mesogrumosus* (Kedo) Byvscheva, p. 90, pl. 17, fig. 27.

1995 *Verrucosisporites mesogrumosus*,卢礼昌,图版 4,图 8。

1997b *Verrucosisporites mesogrumosus*,卢礼昌,图版 1,图 17。

描述 赤道轮廓圆形或近圆形,大小 54—68μm;三射线单细,直,有时微裂,长约 3/5R;外壁厚 1.5—2.0μm,偶见褶皱,细内点状,表面覆以致密的块瘤状纹饰;纹饰分子基部很少接触,轮廓多呈长椭圆形,基部宽 1.5—4.0μm(大于 4.5μm 者罕见),高 1.0—2.5μm,顶部宽圆或钝凸,间距 0—2.5μm;赤道边缘突起 42—52 枚;近棕色。

产地层位 湖南界岭,邵东组;新疆准噶尔盆地,呼吉尔斯特组。

阿格圆形块瘤孢(比较种) *Verrucosisporites* cf. *microverrucosus* Ibrahim, 1933

(图版99,图18, 31)

1933 *Verrucosi-sporites microverrucosus* Ibrahim, p. 25, pl. 7, fig. 60.

1955 *Verrucosisporites microverrucosus* Ibrahim, Potonié and Kremp, p. 68, pl. 13, figs. 200—202.

1986 *Verrucosisporites microverrucosus* Ibrahim,杜宝安,图版Ⅰ,图48。

1987a *Verrucosisporites* cf. *microverrucosus* Ibrahim,廖克光,556页,图版135,图15。

1990 *Verrucosisporites verrucosus* (Ibrahim), identified by Zhang G. Y.,张桂云,见何锡麟等,307页,图版Ⅲ,图15—17。

描述 据Potonié和Kremp (1955),赤道轮廓近圆形,大小45—75μm,全模56.5μm;三射线近达赤道,或开裂;外壁不厚,表面具圆形—微拉长的块瘤,大小3—7μm,在全模上末端钝圆、近平截或微尖,轮廓线明显凹凸;黄—棕黄色。

比较与讨论 我国被定为此种的标本未描述,大小50—64μm,但块瘤偏小,故归此种宜作保留(种名*microverrucosus*意为小瘤,实际上比*V. verrucosus*中的瘤还大,名不符实,为避免误导,按全模产地Agir,改译为阿格)。本种以赤道轮廓上更为高隆的末端、多钝圆的块瘤与*V. difficilis*区别。

产地层位 山西宁武,太原组、山西组;内蒙古准格尔旗黑黛沟,本溪组、山西组;甘肃平凉,山西组。

小瘤圆形块瘤孢 *Verrucosisporites microtuberosus* (Loose) Smith and Butterworth, 1967

(图版100,图25, 28)

1932 *Sporonites microtuberosus* Loose in Potonié, Ibrahim and Loose, p. 450, pl. 18, fig. 33.

1934 *Tuberculatisporites microtuberosus*, Loose, p. 147.

1944 *Punctatisporites microtuberosus*(Loose)Schopf, Wilson and Bentall, p. 31.

1950 *Plani-sporites microtuberosus*, Knox, p. 316, pl. 17, fig. 211.

1955 *Microreticulatisporites microtuberosus*, Potonié and Kremp, p. 100, pl. 15, figs. 273—277.

1967 *Verrucosisporites microtuberosus*, Smith and Butterworth, p. 149, pl. 5, figs. 9—11.

1971 *Verrucosisporites microtuberosus* (Loose), Smith, p. 63, pl. 9, figs. 1—15; pl. 10, figs. 1—7.

1984 *Verrucosisporites microtuberosus*,高联达,338页,图版135,图15。

1985 *Verrucosisporites microtuberosus*,高联达,60页,图版4,图16。

1993 *Verrucosisporites microtuberosus*,朱怀诚,243页,图版58,图4, 5a, b, 9, 11, 12。

描述 赤道轮廓卵圆形—圆形,大小50.0(69.2)90.0μm(测12粒);三射线简单,细直,长1/2—2/3R,偶达3/4R,有时由于表面纹饰掩盖而不明显;外壁厚2—3μm(含纹饰),赤道轮廓线细齿形,表面覆盖细瘤,基部圆形、多边形、不规则形,宽及高均不超过2μm,多小于1.5μm;外侧圆钝或尖,长不超过5μm,基部分离,瘤间通道窄而稳定,宽1μm左右,常显示出负网状,褶皱数条。

比较与讨论 本种与*V. verrucosus*和*V. donarii*很相似,区别在于前者块瘤更加细密,轮廓线上瘤突更多(60—100枚),且无皱瘤。

产地层位 河北开平,赵各庄组;山西保德,下石盒子组;贵州睦化,打屋坝组底部;甘肃靖远,红土洼组—羊虎沟组。

小圆形块瘤孢 *Verrucosisporites minor* Jiang, 1982

(图版99,图8)

1982 *Verrucosisporires minor* Jiang,蒋全美等,602页,图版402,图8。

描述 赤道轮廓近圆形,全模35μm;三射线因纹饰干扰不易见到,可见时单细,伸达近赤道;外壁表面具密集的块瘤,有些基部相连略呈串珠状,瘤基宽大于高,大小不太均匀,但多数直径5—6μm,高2—3μm,末端近浑圆,绕周边约20枚;黄棕色。

比较与讨论 本种与德国鲁尔煤田上石炭统的*V. difficilis* Potonié and Kremp, 1955 (p. 66, pl. 13, fig. 205)颇为相似,后者大小25—44μm,全模38×44μm (Smith, 1971, p. 56),但其块瘤形状较不规则,基部直径较小,末端形态多变(平缓、微凸或半球形),绕周边达35枚,可以区别。

产地层位 湖南长沙,龙潭组。

念珠状圆形块瘤孢 *Verrucosisporites moniliformis* Gao and Hou, 1975

(图版 11,图 9)

1975 *Verrucosisporites moniliformis* Gao and Hou,高联达、侯静鹏,204 页,图版 6,图 6a, b。

描述 赤道轮廓近圆形,大小约 48μm;三射线长约 2/3R,顶部开裂,形成三角形的"空白"区;外壁中等厚,表面覆以大小不等、形状多变的瘤状纹饰;瘤状纹饰基部宽 2—4μm,高不足 2μm,顶部微凸—平截,彼此多呈短(2—3 粒)串珠状接触,或不相连。

注释 本种以其纹饰常呈短串珠状接触为特征。

产地层位 贵州独山,丹林组上段。

桑椹圆形块瘤孢 *Verrucosisporites morulatus* (Knox) Smith and Butterworth, 1967

(图版 11,图 10—12;图版 99,图 19, 25)

1948 Type 20K Knox, text-fig. 23.

1950 *Verrucoso-sporites morulatus* Knox, p. 318, pl. 17, fig. 235.

1955 *Verrucosisporites morulatus* (Knox) Potonié and Kremp, p. 65.

1967 *Verrucosisporites morulatus* (Knox) Smith and Butterworth, p. 152 , pl. 5, figs. 15, 16.

1971 *Verrucosisporites morulatus*, Smith, p. 65, pl. 13, figs. 1—16.

1976 *Verrucosisporites morulatus*, Kaiser, p. 101, pl. 4, fig. 4.

1986 *Verrucosisporites morulatus*,杜宝安,图版Ⅱ,图 1。

1999 *Verrucosisporites morulatus*,卢礼昌,40 页,图版 3,图 10—12。

描述 据 Kaiser (1976) 所附照片标本,赤道轮廓圆形,大小 37. 5—60. 0μm;三射线不易见到,开裂,长 1/2—2/3R;外壁厚 2—3μm,具少量褶皱,表面具中等密度的瘤,轮廓以圆形为主,个别卵圆形—多角形,大小大多 2—4μm,高多 1—3μm,末端多圆,间距局部达 2—4μm,有些几乎相连,绕周边 36—50 枚;棕黄色。

比较与讨论 杜宝安(1986)鉴定的山西此种,从照片看,与上述特征相近,但纹饰较密。Smith 和 Butterworth (1967)指定了一个选模标本(pl. 5, fig. 15, 58μm),并修订了本种种征:孢子大小 50—80μm,外壁表面具分离但相当密的块瘤,瘤两侧略平行,末端平圆,大小不均一,最大径围 6μm,高 4μm,绕周边 30—40 枚。但 Smith (1971)图示的种有相当大变异幅度:此种与 *V. firmus* 相似,但以块瘤稍小、排列较规整与后者有别;与 *V. aspratilis* 的区别在于前者纹饰更密集、更规则; *V. nitidus* 的纹饰分布虽也致密,但更为粗壮(基宽 4. 7—11. 0μm)与规则(基部轮廓圆形或圆多边形)。

产地层位 山西保德,上石盒子组;甘肃平凉,山西组;新疆和布克赛尔,黑山头组 4—6 层。

镶嵌圆形块瘤孢 *Verrucosisporites mosaicus* Zhu, 1993

(图版 99,图 35, 36)

1993 *Verrucosisporites mosaicus* Zhu,朱怀诚,243 页,图版 58,图 16—18。

描述 赤道轮廓圆三角形—卵圆形—圆形;大小 40. 0—47. 5μm,全模标本 36. 0 ×47. 5μm(图版 99,图 36);三射线简单。细直,长 3/4R,几达赤道,常由于表面纹饰掩盖而不明显;外壁厚 1. 0—1. 5μm,轮廓线呈不规则波形,表面饰以形态及大小变化较大的瘤(棒瘤、块瘤、蠕瘤),可依大小及形态分为 2 类:一类瘤基部较大,粗壮,有时呈蠕瘤状,宽 4—6μm,有时可达 8μm;另一类直径较小,分布于第一类瘤之间,直径多为 1. 0—2. 5μm,间距 <1. 5μm,瘤外侧多圆钝或向外均匀收缩,偶尔为粗棒瘤状,长(高)1. 0—2. 5μm;少褶皱。

比较与讨论 本种以其表面瘤明显分为 2 类为特征。本种与 *Secarisporites remotus* Neves(1961, p. 262, p1. 32, figs. 8, 9)在大小及形态上相似,不同点在于,前者瘤不呈瘤状或叶瓣状,基部不收缩。*Raistrickia fulva* Artüz(Smith and Butterworth, 1967, p. 180, p1. 8, figs. 17—20)在形态上与当前标本相似,区别在于前者瘤末端多钝截。

产地层位 甘肃靖远，红土洼组—羊虎沟组。

光泽圆形块瘤孢 *Verrucosisporites nitidus* (Naumova) Playford, 1963

（图版11，图5，6，20—23；图版100，图2，15）

1953 *Lophotriletes grumosus* Naumova, p. 57, pl. 7, fig. 14.

1963 *Verrucosisporites nitidus* (Naumova) Playford, p. 13, pl. 3, figs. 3—6.

1977 *Verrucosisporites nitidus* (Naumova) Playford, Clayton et al., pl. 5, fig. 6.

1985 *Verrucosisporites nitidus* (Naumova) Playford，高联达，59页，图版4，图11，14。

1988 *Verrucosisporites nitidus*，高联达，图版1，图15。

1989 *Verrucosisporites nitidus*, Ouyang and Chen, p. 468, pl. 4, fig. 4.

描述 极面轮廓亚三角形—亚圆形，大小35—100μm；壁厚，褐黄色；三射线常被纹饰覆盖，常不易见，见时长1/2—2/3R；孢子表面覆以表面平滑的块瘤，形体呈圆形或近于圆形，排列无方向性，在轮廓线上10—40粒。

产地层位 江苏宝应，擂鼓台组最上部；贵州睦化，王佑组格董关层底部、打屋坝组底部；新疆和布克赛尔，黑山头组5层。

卵瘤圆形块瘤孢 *Verrucosisporites ovimammus* Imgrund, 1952

（图版100，图26，30）

1952 *Verrucosisporites ovimammus* Imgrund, p. 34.

1960 *Verrucosisporites ovimammus* Imgrund, p. 162, pl. 14, figs. 49, 50.

1962 *Cyclobaculisporites ovimammus* (Imgrund) Bharadwaj，欧阳舒，86页，图版Ⅲ，图5；图版Ⅸ，图5。

1978 *Cyclobaculisporites ovimammus* (Imgrund)，谌建国，401页，图版118，图1。

1982 *Cyclobaculisporites ovimammus* (Imgrund)，蒋全美等，602页，图版402，图2—4。

1984 *Verrucosisporites ovimammus*，高联达，401页，图版151，图14。

1986 *Verrucosisporites* cf. *ovimammus*，欧阳舒，图版Ⅳ，图1。

1987a *Verrucosisporites ovimammus*，廖克光，555页，图版134，图18。

描述 赤道轮廓近圆形，子午轮廓接近于卵圆形，大小92—108μm，全模约100μm（图版100，图30）；三射线细而短，似直，不小于1/3R；外壁厚3—4μm，整个表面具卵圆形—亚圆形的瘤，大小4—8μm，部分互相过渡，因而变形或呈钩状，瘤间隙颇窄，一般高度不如基径，绕周边约40枚；棕红色。

比较与讨论 *V. kaipingensis* 纹饰较密，尤其是从照片上看，瘤多互相连接。被我国不同作者归入 *V. ovimammus* 的标本在大小、纹饰粗细、射线长短等特征上与Kaiser的上述描述（他说的射线长度是不可靠的，至少1/2R甚至2/3R）有些差别，但可归入同一种内。

产地层位 河北开平，赵各庄组或大苗庄组；山西宁武，下石盒子组；浙江长兴，龙潭组；湖南邵东、长沙，龙潭组；云南富源，宣威组。

乳凸圆形块瘤孢 *Verrucosisporites papillosus* Ibrahim, 1933

（图版100，图3，17）

1933 *Verrucosi-sporites papillosus* Ibrahim, pl. 5, fig. 44.

1960 *Verrucosisporites papillosus* Ibrahim, Kaiser, p. 100, pl. 3, figs. 9—12.

1971 *Verrucosisporites papillosus*, Smith, p. 79, pl. 15, figs. 1—6.

1987a *Verrucosisporites papillosus*，廖克光，556页，图版134，图16；图版135，图1。

描述 赤道轮廓圆形—圆三角形，大小40—50μm；三射线细弱难见，直或弯曲，长2/3R；外壁厚2—3μm（包括纹饰），整个表面具蠕瘤—块瘤状纹饰，蠕脊宽2—3μm，高1—3μm，弯曲，顶部圆，构成不完全网纹，其间为相对较小的网穴，常呈坑穴状，有些互相沟通，形状因脊而弯曲多变，纹饰也有呈块瘤图案者，三射线周围的蠕脊较平坦；棕黄色。

比较与讨论 Kaiser认为 *V. papillosus* 与 *Convolutispora florida* Hoffmeisteret al. (p. 384, figs. 5, 6) 很相

似，后者可能为前者的同义名。

产地层位 山西保德、宁武，石盒子群。

疹瘤圆形块瘤孢 *Verrucosisporites papulosus* Hacquebard, 1957

（图版 11，图 17，18；图版 100，图 20，21）

1957 *Verrucosisporites papulosus* Hacquebard, p. 25, pl. 2, fig. 14.

1987a *Verrucosisporites papulosus* Hacquebard，廖克光，图版 135，图 5。

1980 *Verrucosisporites papulosus*，高联达，57 页，图版 I，图 20。

1999 *Verrucosisporites papulosus*，卢礼昌，41 页，图版 18，图 13，14。

描述 赤道轮廓圆形，大小 43—66μm（测 5 粒）；三射线简单，细直，长 1/2—2/3R，有时由于表面纹饰掩盖而不明显；赤道轮廓线为不规则齿状，表面覆盖圆形和拉长圆形的块瘤纹饰，块瘤的高度一般小于 2μm，直径 1—5μm，分布紧密但在近极相对稀疏，顶部较尖。

比较与讨论 由于描述个体的块瘤在近极面相对稀疏，导致瘤间负网状结构的宽度不一致，而与如 *Verrucosisporites verrucosus* Ibrahim, 1933 具宽度较为一致的负网状结构的种有较大区别。

产地层位 山西宁武，太原组 4 煤层底板；山西保德，太原组；新疆和布克赛尔，黑山头组 5 层。

椭圆圆形块瘤孢 *Verrucosisporites paremecus* Gao, 1983

（图版 10，图 28）

1983 *Verrucosisporites paremecus* Gao，高联达，496 页，图版 108，图 12。

描述 孢子赤道轮廓圆形，大小 80—100μm；射线长约为 2/3R；壁厚，黄褐色；孢子表面覆以较规则的圆形瘤，排列紧密，基部相连接。

比较与讨论 此种与 *V. polygondis* Lanninger, 1968 相比，前者个体稍大，块瘤不规则。

产地层位 云南绿劝，坡脚组。

超粒圆形块瘤孢 *Verrucosisporites pergranulus* (Alpern) Smith and Alpern, 1971

（图版 100，图 23，24）

1958 *Cyclogranisporites pergranulus* Alpern, p. 75, pl. I, fig. 1.

1964 *Verrucosisporites pergranulus* (Alpern) Venkatachala and Bharadwaj, p. 171, pl. 6, fig. 60.

1971 *Verrucosisporites pergranulus* (Alpern) Smith and Alpern, p. 69, pl. 16, figs. 1—10; pl. 17, figs. 1—10.

1984 *Verrucosisporites pergranulus* (Alpern) Smith and Alpern，高联达，338 页，图版 135，图 18。

描述 赤道轮廓圆形，大小 70—110μm；三射线简单，长 1/2—2/3R，常不易见；孢壁厚 1.5—2.0μm，黄褐色，表面覆以高度不均匀的块瘤，极面观块瘤呈圆形、多角形或形状不规则，块瘤直径一般为 2—3μm，最大直径可达 4μm，块瘤近乎平行排列，常呈圆形脊的盘状体，块瘤之间的空隙大小一般为 1—2μm，在轮廓线上有 65—80 枚。

比较与讨论 原作者描述，本种全模 70μm，外壁具大颗粒纹饰，粒径 2—3μm；三射线微弱不易见，纹饰颇密，相互之间为不规则的坑穴，有些被充填物连接，绕周边约 65 枚。

产地层位 山西宁武，本溪组。

疣瘤圆形块瘤孢 *Verrucosisporites perverrucosus* (Loose) Potonié and Kremp, 1955

（图版 100，图 4，5）

1932 *Sporonites perverrucosus* Loose in Potonié, Ibrahim and Loose, p. 45, pl. 18, fig. 48.

1934 *Verrucosisporites perverrucosus* Loose, p. 157.

1943 *Triletes* (*Verrucosi*) *perverrucosus* (Loose) Hörst, pl. 8, figs. 75, 76.

1955 *Verrucosisporites papillosus* Loose, in Potonié and Kremp, p. 68, pl. 13, fig. 194.

1971 *Verrucosisporites papillosus* Loose, Smith, p. 72, pl. 18, figs. 1—15.

1984 *Verrucosisporites perverrucosus* (Loose) Potonié and Kremp,高联达,340 页,图版 136,图 6。

1990 *Verrucosisporites perverrucosus*,张桂芸,见何锡麟等,308 页,图版Ⅳ,图 3。

1993 *Verrucosisporites perverrucosu*,朱怀诚,308 页,图版Ⅳ,图 3。

1993 *Verrucosisporites* sp. ,朱怀诚,244 页,图版 58,图 1。

描述 赤道轮廓圆三角形—圆形;大小 37. 5—55. 0μm;三射线简单,细直,长 2/3R,常因表面纹饰掩盖而不明显;外壁厚 1. 5—5. 0μm(不含纹饰),轮廓线波形,表面饰以排列紧密的瘤,基部多圆形,直径 2—11μm,高 1. 0—3. 5μm,外侧浑圆,基部分离或相连。

比较与讨论 原作者描述,此种大小 50—80μm,全模 52. 5μm,赤道轮廓亚圆形,三射线很难见到,具顶部浑圆且较低矮的圆—亚圆形块瘤,直径 2—11μm,多 4—5μm,高 2—4μm,多 2μm,绕周边 14—20 枚。我国被鉴定为此种的标本个体多较小,瘤的大小、形状较不规则,但朱怀诚(1993)鉴定的 *Verrucosisporites* sp. 似可归入本种。

产地层位 山西宁武,本溪组;山西保德,石盒子群;甘肃靖远,红土洼组—羊虎沟组;内蒙古准格尔旗黑岱沟,本溪组。

平瘤圆形块瘤孢 *Verrucosisporites planiverrucatus* (Imgrund,1952) Imgrund, 1960

(图版 100,图 31)

1960 *Verrucosisporites planiverrucatus* Imgrund, p. 162, pl. 15, fig. 60.

描述 赤道轮廓圆形,或因褶皱而呈亚圆形—卵圆形,全模标本 102μm;三射线线形,长约为 R;外壁不厚,厚度不详,表面具密的块瘤,顶视平圆,直径 2—3μm,最大者 4μm,轮廓多变,瘤间距窄,轮廓线因平瘤而呈近似齿状,绕轮廓线约 120 枚;棕黄色。

比较与讨论 *V. sinensis* 孢子个体较小,瘤也较小,*V. ovimammus* 块瘤大得多。

产地层位 河北开平,赵各庄组。

多角圆形块瘤孢? *Verrucosisporites*? *polygonalis* Lanninger, 1968

(图版 11,图 19)

1968 *Verrucosisporites polygonalis* Lanninger, p. 128, pl. 22, fig. 19.

1975 *Verrucosisporites polygonalis*,高联达、侯静鹏,203 页,图版 6,图 3a, b。

1997b *Verrucosisporites polygonalis*,卢礼昌,图版 1,图 18。

注释 据 Lanninger (1968, p. 128)的定义,*V. polygonalis* 的纹饰为块瘤,分布均匀,致密,间距颇窄(小于 1μm);轮廓多边形,并构成相对规则的负网状图案;三射线具相当发育的唇(高约 10μm)。三射线区内无任何纹饰,更无颇明显的顶部加厚。归入该种名下的贵州独山标本(高联达等,1975,203 页,图版 6,图 3a, b)三裂缝甚宽,顶部加厚相当显著;块瘤分布不均,间距宽窄不一;负网状图案颇不规则。新疆准噶尔盆地的标本亦然。即这些标本与 *V. polygonalis* 的定义不尽相符,故此种的鉴定予以保留。

产地层位 贵州独山,丹林组上段、舒家坪组;新疆准噶尔盆地,呼吉尔斯特组。

葡瘤圆形块瘤孢 *Verrucosisporites racemus* (Peppers) Smith, 1971

(图版 100,图 6, 7)

1964 *Verrucosisporites racemus* Peppers, p. 31, pl. 4, figs. 10,11.

1971 *Verrucosisporites racemus* (Peppers) Smith, p. 74, pl. 19, figs. 4—6.

1976 *Verrucosisporites racemus*, Kaiser, p. 101, pl. 3, fig. 15; text-fig. 13.

1989 *Verrucosisporites* sp. , Zhu H. C. , pl. 3, fig. 3.

描述 赤道轮廓亚圆形,大小 35—40μm;三射线具粗壮唇,射线棱细弱,长约 2/3R;外壁厚约 1. 5μm,整个表面具粗块瘤,高 2—4μm,基部互相连接,以致呈皱瘤状图案,在近极区块瘤高度减弱且较平坦,其余部位块瘤侧面观末端变圆或微尖；棕黄色。

比较与讨论　当前标本与 Smith (1971) 描述的 *V. racemus* 颇相似，故定为此种；与 *V. difficilis* Potonié and Kremp, 1955 (p. 66, pl. 13, fig. 205) 也颇接近，但后者(全模 38×44μm, 块瘤直径2.5μm，绕周边约35枚)可能是 *V. verrucosus* 的小标本(Smith, 1971)。

产地层位　山西保德，下石盒子组；甘肃靖远，靖远组。

希氏圆形块瘤孢 *Verrucosisporites schweitzerii* Kaiser, 1976

(图版100，图8，9)

1976 *Verrucosisporites schweitzeri* Kaiser, p. 103, pl. 4, figs. 6, 7.

1980 *Verrucosisporites schweitzeri* Kaiser，周和仪，22页，图版6，图26，27。

1987 *Verrucosisporites schweitzeri* Kaiser，周和仪，图版1，图27，28。

1993 *Verrucosisporites schweitzeri*，朱怀诚，244页，图版58，图6，13，15，19。

描述　赤道轮廓圆形—微三角形，近极面不如远极面强烈凸出，大小45—77μm，全模68μm(图版100，图9)；近极接触区微凹入，其间块瘤减弱或缺失；三射线具粗壮唇，部分地方亦具块瘤状边缘，末端膨大，射线长2/3—3/4R；外壁厚2—3μm，整个表面具较小、被透亮的细坑穴—负网分隔的块瘤纹饰，顶视为圆形、多角形或弯曲，侧面观平丘状，基宽2—3μm，高0.5—1.5μm，轮廓线波状；棕黄色。

比较与讨论　本种与 *V. hsui* Ouyang sp. nov. 相似，但后者较大(70—100μm)，三射线的唇两侧平行，向末端不膨大，轮廓线上纹饰不明显。

产地层位　山西保德，下石盒子组；山东沾化，石盒子群；甘肃靖远，红土洼组—羊虎沟组下段。

山西圆形块瘤孢(新种) *Verrucosisporites shanxiensis* Ouyang sp. nov.

(图版101，图24)

1964 *Verrucosisporites* sp. b (sp. nov.)，欧阳舒，图版Ⅲ，图17。

描述　赤道轮廓圆形，大小172—183μm，全模172μm；三射线明显，具发达的唇，宽10—13μm，末端微分叉，长1/2—2/3R；外壁厚5—8μm，易破裂，表面具稀圆瘤纹饰，直径一般约4μm，偶尔3μm或6μm，基部较宽，低矮，高约2μm，顶端平圆，小瘤高与直径皆约1μm，轮廓线上仅10枚以上的粗瘤，小瘤不易察觉；深棕色。

比较与讨论　本种以孢子个体大、外壁厚尤其颇稀的圆瘤纹饰与属内其他种区别。

产地层位　山西河曲，下石盒子组。

邵东圆形块瘤孢(新种) *Verrucosisporites shaodongensis* Ouyang and Chen sp. nov.

(图版100，图10，11)

1978 *Verrucosisporites* sp. 1，谌建国，400页，图版117，图15，17。

1978 *Verrucosisporites* sp. 2，谌建国，400页，图版117，图16。

1982 *Verrucosisporites* sp. 1，蒋全美等，602页，图版402，图10，11。

1982 *Verrucosisporites* sp. 2，蒋全美等，602页，图版402，图9。

描述　赤道轮廓近圆形，大小50—60μm，全模60μm(图版100，图11)；三射线可见，长1/2—2/3R，全模上具唇，向端部膨大；外壁厚2—4μm，局部赤道部位微增厚，宽达7μm；表面具多为圆形—卵圆形的粗大而且坚实的块瘤，直径或宽一般6—10μm，高度多低于宽度，个别可达4μm，末端多圆或微成锥瘤状，有少数瘤相连而呈肠结状，瘤之间狭缝状，轮廓线微缓波状，或少于10枚的粗壮突起，纹饰在接触区减弱；棕色。

比较与讨论　本新种与 *V. perverrucosus* (Loose) Potonié and Kremp, 1955 (p. 68, pl. 13, fig. 194) 有些相似，但后者近圆形的瘤结构较疏松，且大小均匀(约8μm)，三射线不易见。新疆吉木萨尔大龙口梧桐沟组的 *V.* sp. cf. *V. scrurus* (Luber) (侯静鹏、王智，1986，79页，图版21，图15) 与本新种全模标本也略相似，仅以个体稍小(48μm)、三射线不明显而有差别，暂定为比较种。首见于库兹涅茨克盆地上石炭统的 *V. scrurus*

(Luber) in Luber and Waltz, 1941 (p. 170, pl. 14, fig. 242), 其低平的块瘤较小, 且较致密。

产地层位 湖南邵东, 龙潭组。

低平圆形块瘤孢 *Verrucosisporites sifati* (Ibrahim) Smith and Butterworth, 1967

(图版 100, 图 18, 27)

1933 *Reticulati-sporites sifati*, Ibrahim, p. 35, pl. 8, fig. 67.

1955 *Microreticulatisporites sifati* Potonié and Kremp, p. 102, pl. 15, figs. 282—285.

1967 *Verrucosisporites sifati* Smith and Butterwirth, p. 152, pl. 6, fig. 1.

1984 *Verrucosisporites sifati* (Ibrahim) Smith and Butterworth, 高联达, 340 页, 图版 136, 图 5。

1993 *Verrucosisporites sifati*, 朱怀诚, 244 页, 图版 59, 图 1, 2, 4。

描述 赤道轮廓卵圆形或椭圆形; 大小为 97.5(104.8)110.0μm (测 4 粒); 三射线简单, 细直, 长 2/3—3/4R, 时微开裂, 闭合时常因表面纹饰掩盖而不明显; 外壁厚 1—2μm (不含纹饰), 表面覆盖排列紧密的低瘤, 基部圆形、椭圆形、多边形、不规则形, 宽 0.5—2.5μm, 高 1—2μm, 末端(外侧)圆或钝尖, 赤道线具不规则齿突, 基部分离, 间距 0.5—1.5μm, 大小掺杂, 周边突起多于 50 个, 褶皱常见。

比较与讨论 原作者描述: 亚圆形—卵圆形, 全模 100μm, 大小幅度 80—140μm; 网纹, 网穴穴径 2—3μm; 三射线长 1/3— > 1/2R; 外壁有褶皱。但 Smith 和 Butterworth (1967) 认为全模标本乃相对较宽且具低矮的块瘤纹饰, 大小 1—4μm, 高 0.5—1μm, 瘤间距 2—5μm, 绕轮廓线上有 40—80 枚, 而非网状纹饰, 故迁入 *Verrucosisporites* 属, 我国作者鉴定的此种在赤道轮廓上表现不那么明显。

产地层位 山西宁武, 本溪组; 山西保德, 太原组; 甘肃靖远, 红土洼组—羊虎沟组中段。

似瘤圆形块瘤孢 *Verrucosisporites similis* Gao, 1980

(图版 100, 图 12, 13)

1980 *Verrucosisporites similis* Gao, 高联达, 56 页, 图版 1, 图 16, 17。

1980 *Verrucosisporites irragulus* Gao, 高联达, 56 页, 图版 1, 图 18, 19。

1995 *Verrucosisporites similis* Gao, 阎存凤、袁剑英, 图版 1, 图 5。

描述 赤道轮廓近圆形, 大小 35—55μm, 全模 35μm, 副模约 55μm; 三射线细直, 或呈裂缝状, 长约 2/3R, 有时末端分叉, 或微呈弓形脊状加厚; 外壁颇厚, 表面尤其极区具不规则细瘤—脊瘤纹饰, 有时基部连接且呈曲脊状, 小者 1—2μm, 大者直径可达 4—6μm, 偶尔在射线两侧对称发育, 轮廓线上微凹凸或近平整; 棕色。

注释 原作者建立的前黑山组相同层位的 2 种 *V. similis* Gao 与 *V. irragulus* Gao, 仅大小、纹饰粗细上有些差别, 本书将其并入同一种内, 并将原指定的全模标本作为正模和副模。*V. irragulus* 种名应为 *irregularis*。

比较与讨论 本种大小、形态与 *V. facierugosus* (Loose) Butterworth and Williams1954 相似, 但后者瘤显著凸出。

产地层位 甘肃靖远, 前黑山组; 新疆准噶尔盆地, 滴水泉组。

峰饰圆形块瘤孢 *Verrucosisporites tumulentis* Clayton and Graham, 1974

(图版 7, 图 10)

1974 *Verrucosisporites tumulentis* Clayton and Graham, p. 574, pl. 1, figs. 12—14.

1987 *Verrucosisporites tumulentis*, 高联达、叶晓荣, 398 页, 图版 174, 图 15。

1997b *Verrucosisporites tumulentis*, 卢礼昌, 图版 4, 图 18 (未描述)。

描述 赤道轮廓宽圆三角形—近圆形, 大小 42.9—53.0μm; 三射线简单或具唇, 伴随射线伸达 3/4—5/6R; 多角形—圆形块瘤状纹饰主要分布于近极—赤道部位与整个远极面, 致密, 间距常小于 1μm (或稍宽), 甚者拥挤(于赤道区)、相连呈瘤脊状, 宽一般为 2—3μm, 高 2—5μm, 顶端钝凸, 罕见尖; 赤道轮廓线上突起39—51枚;外壁厚2—3μm,罕见褶纹;棕—深棕色。

产地层位 甘肃迭部当多沟,当多组;新疆准噶尔盆地,呼吉尔斯特组。

模式圆形块瘤孢 *Verrucosisporites verrucosus* (Ibrahim) Ibrahim, 1933

(图版100,图14, 19)

1932 *Sporonites verrucosus* Ibrahim in Potonié, Ibrahim and Loose, p. 448, pl. 15, fig. 17.

1933 *Verrucosi-sporites verrucosus* Ibrahim, p. 25, pl. 2, fig. 17.

1938 *Azonotriletes verrucosus* Luber in Luber and Waltz, p1. 7, fig. 95.

1944 *Punctati-sporites verrucosus*, Schopf, Wilson and Bentall, p. 32.

1950 *Verrucosi-sporites verrucosus*, Knox, p. 319, p1. 17, fig. 230.

1955 *Verrucosisporites verrucosus* Ibrahim, in Potonié and Kremp, p. 69, pl. 13, figs. 196—199.

1964 *Verrucosisporites verrucosus* Ibrahim, 欧阳舒,494页,图版Ⅲ,图6, 7。

1976 *Verrucosisporites verrucosus*, Kaiser, p. 102, pl. 4, fig. 5.

1984 *Verrucosisporites kaipingensis*,高联达,339页,图版136,图1。

1986 *Verrucosisporites verrucosus*,杜宝安,图版Ⅱ,图3。

1987a *Verrucosisporites verrucosus*,廖克光,555页,图版134,图15。

1993 *Verrucosisporites verrucosus*,朱怀诚,244页,图版59,图5—7。

1999 *Verrucosisporites verrucosus*,卢礼昌,42页,图版32,图8。

1996 *Verrucosisporites verrucosus*,朱怀诚,见孔宪桢,244页,图版44,图15,16。

2000 *Verrucosisporites verrucosus*,詹家祯,见高瑞祺等,图版2,图3。

2000 *Verrucosisporites medius* Yan in Zheng et al., p. 259, pl. 1, fig. 4.

描述 赤道轮廓圆形—亚圆形,大小57—96μm;三射线清楚,具宽窄不一的唇,长约2/3R或更长,因纹饰而弯曲;外壁厚3. 5—5. 0μm,表面密布不定形块瘤,直径2—5μm,一般基宽大于顶部,端常浑圆或微尖或截形,瘤间隙狭窄,绕周边50—60枚,轮廓线波纹状;棕黄色。

比较与讨论 据Potonié和Kremp (1955)描述,本种大小70—100μm, 射线长2/3R, 绕轮廓线具45—50枚以上块瘤,直径2—4μm, 可见与*V. sinensis*有些相似,但后者外壁薄,特别是纹饰细得多。

产地层位 河北开平,开平组;河北深泽,山西组;山西宁武、河曲、保德, 太原组、下石盒子组;内蒙古清水河,本溪组和太原组;甘肃平凉,山西组;甘肃靖远,红土洼组—羊虎沟组;新疆塔里木盆地和田河井区,卡拉沙依组;新疆和布克赛尔,黑山头组5层。

真实圆形块瘤孢 *Verrucosisporites verus* (Potonié and Kremp) Smith et al., 1964

(图版101,图8, 10)

1955 *Microreticulatisporites verus* Potonié and Kremp, p. 102, pl. 15, fig. 286.

1971 *Verrucosisporites microtuberosus* (Loose), in Smith, p. 63, pl. 9, figs. 1—15; pl. 10, figs. 1—7.

1971 *Verrucosisporites verus* (Potonié and Kremp) Smith, p. 64, pl. 11, figs. 1—10(pars).

1984 *Verrucosisporites verus* (Potonié and Kremp),高联达,329页,图版136,图3。

1995 *Verrucosisporites verus* (Potonié and Kremp),吴建庄,339页,图版51,图1,11。

描述 赤道轮廓圆形—椭圆形,大小50—90μm;三射线细,直,长1/2—2/3R;外壁薄,偶有褶皱,表面具相对较稀、形状不规则、有时多角形—圆形的块瘤,基宽1—4μm,多为1. 0—2. 5μm,瘤间距2—5μm,一般2—4μm,轮廓线锯齿状,绕周边瘤60—80枚;黄褐色。

比较与讨论 当前标本以其较薄的外壁以及较低平的块瘤与*V. microtuberosus* (Loose) Smith and Butterworth, 1967相区别,以其基径较小的块瘤与*V. sifati* (Ibrahim) Smith and Butterworth, 1967相区别。Smith (1971)认为本种为*V. microtuberosus*的同义名。

产地层位 河北开平,赵各庄组;山西宁武、内蒙古清水河,太原组;山西保德,下石盒子组。

文安圆形块瘤孢 *Verrucosisporites wenanensis* Zheng, 2000

（图版 101,图 2）

2000 *Verrucosisporites wenanensis* Zheng in Zheng et al. , p. 258, pl. 1, fig. 1.

描述 赤道轮廓圆三角形—亚圆形,全模大小 53. 8μm;三射线单细,长约 2/3R;外壁具粗大块瘤纹饰,大小、形状不规则,分布不均匀,顶视块瘤孤立或互相连接,彼此间细穴—壕状,在近极面稍小,向赤道变大而密,基宽 3—9μm,高多为 2—4μm,末端平截—钝圆,绕周边瘤约 30 枚,轮廓线多齿状。

比较与讨论 本种形态介于 *Verrucosisporites*, *Converrucosisporites* 和 *Convolutispora* 之间,以纹饰粗大、末端多齿状与其他 3 属的种不同。较为相似的有 *Convolutispora triangularis*,参见该属种下。

产地层位 河北文安,山西组。

圆形块瘤孢（未定种） *Verrucosisporites* sp.

（图版 12,图 16, 17）

1984 *Corystisporites* sp. , Higgs and Streel, pl. 3, figs. 1, 2.

1999 *Verrucosisporites* sp. , 卢礼昌,42 页,图版 6,图 10,11。

描述 赤道轮廓亚圆形,近极面低锥角形,远极面超半圆球形,大小 106. 0—121. 7μm,极轴长 102μm;三射唇明显,呈膜状凸起,高约 20μm,伸达赤道,表面粗糙—低矮的小瘤状;纹饰主要分布于远极半球与赤道区,并在赤道区最发育(更粗大、密集),甚者构成不规则的带环状;纹饰以不规则的块瘤为主,其形态、大小与密度均多变,一般以近似圆瘤—长瘤为主,基部宽 2. 5—4. 0μm,在赤道区较宽大,长 3. 5—6. 0μm,彼此多分散或不规则接触;近极面相当粗糙,无明显突起纹饰;远极外壁厚约 4μm;棕—深棕色。

比较与讨论 当前标本尤其侧压标本,与 Higgs 和 Streel (1984)记载的 *Corystisporites* sp. (pl. 3, figs. 1, 2)在形态特征与纹饰等均颇相似,可能同属一种。将其归入 *Verrucosisporites* 属,主要考虑到其纹饰为瘤而非刺。

产地层位 新疆和布克赛尔,黑山头组 5 层。

稀圆瘤孢属 *Cycloverrutriletes* Schulz, 1964

模式种 *Cycloverrutriletes presselensis* Schulz, 1964;德国,中三叠统。

属征 三缝小孢子,赤道轮廓圆形—近圆形;三射线清楚,长约 3/5R;外壁覆以稀疏分布的个体较大的圆瘤纹饰。

比较与讨论 本属以具稀疏分布且个体较大的圆瘤纹饰区别于 *Verrucosisporites*, *Granulatisporites*, *Cyclogranisporites* 属。

稀圆瘤孢(未定种) *Cycloverrutriletes* sp.

（图版 59,图 23, 24）

1997a *Cycloverrutriletes* sp. ,卢礼昌,图版 1,图 12。

描述 三缝小孢子,赤道轮廓亚圆形—圆三角形,大小 74μm;三射线粗壮具唇,伸达赤道边缘;外壁覆以稀疏分布的圆瘤纹饰,圆瘤基径约 6μm。

比较与讨论 当前标本的纹饰特征与从德国中三叠统发现的 *C. presselensis* Schulz, 1964 较接近,但后者的圆瘤纹饰在孢子赤道轮廓线上表现明显,而从当前标本的扫描照片看,圆瘤纹饰似乎仅分布于孢子远极面(未达赤道);并且当前标本轮廓更接近于三角形,与模式标本有较大差别,因此属的鉴定应作保留。

产地层位 湖南界岭,邵东组。

中体冠瘤孢属 *Grumosisporites* Smith and Butterworth, 1967

模式种 *Grumosisporites verrucosus* (Butterworth and Williams) Smith and Butterworth, 1967；苏格兰(Scotland)，下石炭统(Namurian A)。

属征 三缝、无周壁的腔状孢子，具简单的射线；外壁外层中厚，具块瘤状、皱瘤—块瘤状或冠瘤—块瘤状纹饰；纹饰高度与宽度的比值较小，平面观因块瘤基部融合的程度而形状多变，甚至可呈微网状；外壁内层薄，常具窄而尖出的压缩褶皱；外壁内层的边沿因收缩或多或少像射线的末端。

比较与讨论 以往归入 *Verrucosisporites*, *Camptotriletes*, *Dictyotriletes* 的某些种，只凭其外壁内层脱离外层单独成形者，皆可迁入此属内。

粗糙中体冠瘤孢(新联合) *Grumosisporites cereris* (Wu) Ouyang comb. nov.

(图版101，图9，11)

1995 *Densosporites cereris* Wu，吴建庄，345页，图版53，图8—10。

描述 赤道轮廓亚圆形，大小50—60μm，全模约55μm(图版101，图11)；三射线单细，长约1/2R；外壁颇厚，厚4—6μm，近极面可能微微变薄；外壁内层薄，常局部脱离外层，呈中孢体状；外壁表面尤其远极面具低矮、不规则瘤状纹饰，基径2—3μm，其下部多连接，末端多钝圆，顶视不规则瘤—坑穴状，纹饰向近极面减弱，轮廓线微波状—齿状；棕色。

比较与讨论 本种以外壁厚、中孢体大(仅由内层局部脱离外层)、三射线短且细及瘤状纹饰低矮而不规则与属内其他种区别。

注释 原作者将此种孢子的厚壁解释为“环”，恐不妥，从整个孢子色调一致、中间部位并不透明等判断，该孢子并非真正的具环孢子。如按放大倍数(550)测算孢子大小，似应为60—70μm。

产地层位 河南项城，上石盒子组。

粒网中体冠瘤孢 *Grumosisporites granifer* Gao, 1987

(图版101，图17)

1987 *Grumosisporites granifer* Gao，高联达，213页，图版4，图3。

描述 赤道轮廓三角形—亚三角形，外壁内层厚，同外层分离，形成似三角形的中孢体，大小60—80μm；三射线长等于本体半径之长，射线两侧具窄唇；本体与接触区处具不规则的条纹，呈不规则的彼此交叉状；孢子表面覆以不规则的小颗粒，连接成似网纹，轮廓线上凹凸不平。

比较与讨论 本种与 *G. verrucosus* (Butterworth and Williams) Smith and Buttterworth, 1967 (p. 232, pl. 18, figs. 1—6)外形相似，但后者以具粗瘤纹饰而不同。

产地层位 甘肃靖远，靖远组。

不等中体冠瘤孢 *Grumosisporites inaequalis* (Butterworth and Williams) Smith and Butterworth, 1967

(图版101，图20，23)

1958 *Verrucosisporites inaequalis* Butterworth and Williams, p. 362, pl. 1, figs. 46, 47.

1967 *Grumosisporites inaequalis* (Butterorth and Williams) Smith and Butterworth, p. 229, pl. 16, figs. 1—8.

1987a *Grumosisporites inaequalis*，廖克光，559页，图版136，图20。

1993 *Grumosisporites inaequalis*，朱怀诚，283页，图版72，图8。

描述 赤道轮廓圆形，大小42μm；据Smith和Butterworth(1967)，大小29—47μm，三射线直，长约2/3R，常被纹饰遮掩；外壁内层薄，不清楚；外壁外层具不规则形状的块瘤，直径2—4μm，绕周边突起15—20枚。

比较与讨论 廖克光(1987a)只提及孢子大小，未给描述，据其照片看，当前标本与欧洲纳缪尔期(Namurian)的本种全模相比，颇为相似，原全模的瘤末端变尖者在赤道轮廓上也有4—5枚，但顶端钝圆者较多，不过，该种变化幅度颇大，不影响种的鉴定。

产地层位 山西宁武,本溪组;甘肃靖远,羊虎沟组。

乳瘤中体冠瘤孢 *Grumosisporites papillosus* (Ibrahim) Smith and Butterworth, 1967

(图版101,图12,13)

1933 *Verrucosisporites papillosus* Ibrahim, p. 25, pl. 5, fig. 44.

1944 *Punctati-sporites papillosus*, Schopf, Wilson and Bentall, p. 31.

1950 *Verrucosi-sporites papillosus*, Knox, p. 318, pl. 17, fig. 229.

1955 *Verrucosisporites papillosus*, Potonié and Kremp, p. 66, pl. 13, fig. 206.

1967 *Grumosisporites papillosus* (Ibrahim) Smith and Butterworth, p. 230, pl. 16, figs. 9—13.

1987 *Grumosisporites papillosus* (Ibrahim) Smith and Butterworth,高联达,图版4,图8。

1993 *Grumosisporites papillosus*,朱怀诚,281页,图版72,图2, 4a, b。

描述 赤道轮廓卵圆形—圆形;大小68—100μm;三射线简单,细直,长2/3—3/4R;外壁除接触区外分层明显,外壁内层薄,外壁外层表面饰以低平的瘤(蠕瘤、块瘤),宽2.5—12.0μm,高1—5μm,末端钝或平,基部相连或分离,纹饰呈不完全网状,周边突起20个左右,外壁外层厚4—5μm(含纹饰)。

比较与讨论 当前标本与欧洲上石炭统(Westphalian A—B)的 *G. papillosus* (68—98μm)的大小、形态相近,仅外壁内层脱离外层形成的腔状不那么典型。

产地层位 甘肃靖远,红土洼组—羊虎沟组中段。

网纹中体冠瘤孢 *Grumosisporites reticulatus* Gao, 1987

(图版101,图18)

1987 *Grumosisporites reticulatus* Gao,高联达,214页,图版4,图4。

描述 赤道轮廓圆形—亚圆形,大小80—100μm;外壁内层与外层区分离,形成亚三角形的本体,深褐色;三射线被纹饰覆盖,常不见,见时其长等于本体半径之长;孢子表面具多角形网状的网瘤纹饰,网脊加厚不均匀,厚2—5μm,网穴直径10—20μm,轮廓线边缘呈脊状凸起。

比较与讨论 此种与 *G. varioreticulatus* (Naumova) Smith and Butterworth (1967, p. 232, pl. 17, figs. 8—10)的主要差异是后者由瘤连接成网。

产地层位 甘肃靖远,红土洼组、靖远组上段。

拟网中体冠瘤孢 *Grumosisporites reticuloides* Zhu, 1993

(图版101,图3, 4)

1993 *Grumosisportes reticuloides* Zhu,朱怀诚,282页,图版71,图26—29。

1993 *Grumosisportes reticuloides* Zhu, pl. 5, figs. 5, 10, 12.

描述 赤道轮廓圆三角形—亚圆形—圆形;大小40—65μm(测4粒);三射线简单,细直,长2/3—3/4R;外壁除接触区外分层明显,外壁内层腔近极面呈三角形,边部外凸,角部略钝,其半径与射线长相当,外壁外层表面饰以蠕瘤,彼此叠交或相连成拟网状,网脊宽2—3μm,高0.5—1.5μm,网孔不规则,直径多为3—5μm,外壁外层厚2.5—3.5μm。

比较与讨论 当前种与 *G. varioreticulatus* (Neves) Smith and Butterworth (1967, p. 232, pl. 17, figs. 8—10)外壁形态特征相似,区别在于后者个体较大(70—100μm)。

产地层位 甘肃靖远,羊虎沟组中段。

赤色中体冠瘤孢

Grumosisporites rufus (Butterworth and Williams) Smith and Butterworth, 1967

(图版101,图5, 22)

1958 *Verrucosisporites rufus* Butterworth and Williams, p. 363, pl. 1, figs. 44, 45.

1967 *Grumosisporites rufus* (Butterworth and Williams) Smith and Butterworth, p. 231, pl. 17, figs. 1—7.

1985 *Verrucosisporites rufus* Butterworth and Williams,高联达,59 页,图版 4,图 12, 15。

1987a *Grumosisporites rufus* (Butterworth and Williams) Smith and Butterworth,廖克光,559 页,图版 136,图 20。

1987 *Verrucosisporites rufus*,高联达,图版 1,图 18。

1993 *Grumosisporites rufus*,朱怀诚,282 页,图版 72,图 9,11—13。

描述 赤道轮廓亚圆形,大小 50μm;据 Smith 和 Butterworth (1967),本种特征是:三射线简单,直,等于或近等于半径长;外壁外层与内层分离,外层厚,饰以不规则低矮脊和块瘤;轮廓线上不平整。

比较与讨论 当前标本与上述特征基本一致,但外壁外层较欧洲石炭系的标本要薄些。

产地层位 山西宁武,山西组;贵州睦化,打屋坝组底部;甘肃靖远,红土洼组—羊虎沟组。

异网中体冠瘤孢 *Grumosisporites varioreticulatus* (Neves) Smith and Butterworth, 1967

(图版 101,图 19, 21)

1958 *Dictyotriletes varioreticulatus* Neves, p. 8, pl. 2, fig. 1a, b.

1967 *Grumosisporites varioreticulatus* (Neves) Smith and Butterworth, p. 232, pl. 27, figs. 8—10.

1987 *Grumosisporites varioreticulatus* (Neves) Smith and Butterworth,高联达,图版 4,图 7。

1993 *Grumosisporites varioreticulatus*,朱怀诚,282 页,图版 72,图 5, 6, 7a, b, 10。

1993 *Grumosisporites varioreticulatus*, Zhu, pl. 5, figs. 2, 4.

描述 赤道轮廓卵圆形—圆形;大小 67.5(88.6)110.0μm(测 4 粒),三射线简单,直,长 3/4R,外壁除接触区外分层明显,内层收缩,近极面呈三角形,边部外凸,角部尖或钝尖,半径与射线长相符,外壁外层表面饰以不完全网状纹饰,系由宽度稳定的蠕瘤叠交或相连而成,脊宽 2—4μm,高 0.5—2.5μm,网孔形状及大小多变,直径一般 3—5μm,最大可达 15μm,网脊汇合处呈锥瘤状外凸,外壁外层厚 5—7μm(含纹饰)。

比较与讨论 甘肃靖远标本与欧洲上石炭统(纳缪尔 B—威斯发 B)记录的 *G. varioreticulatus* 在大小、构型和纹饰特征上皆颇相似,仅网脊在赤道轮廓上有时呈锥瘤状而与后者有些差别。*Dictyotriletes maculatus* (Ibrahim) Potonié and Kremp, 1955 (p. 110, pl. 16, fig. 305)的个体较小(53—70μm),具较粗壮网脊。

产地层位 甘肃靖远,红土洼组下段—羊虎沟组中段。

夏氏孢属 *Schopfites* Kosanke, 1950

模式种 *Schopfites dimorphus* Kosanke, 1950;美国伊利诺伊州,上石炭统(Westfal D)。

属征 三缝同孢子或小孢子;赤道轮廓近圆形,三射线短于 2/3R,近极面大部或全部光滑,远极面具块瘤或瘤状纹饰,模式种大小 78—115μm。

比较与讨论 本属纹饰与 *Verrucosisporites* 相似,但以近极面光滑而与后者有别。

二型夏氏孢(比较种) *Schopfites* cf. *dimorphus* Kosanke, 1950

(图版 101,图 16)

1950 *Schopfites dimorphus* Kosanke, p. 52, 53, pl. 13, figs. 1—3.

1980 *Schopfites* cf. *dimorphus* Kosanke, in Ouyang and Li, pl. Ⅰ, fig. 6.

描述与比较 Kosanke (1950)采自美国上石炭统(略相当 Westphalian D)的此种为辐射对称三缝孢,球形,略呈近—远极方向压扁;大小 78—115μm;近极面约 4/5 面积为光面,远极面具颇密的有时微呈叠瓦状的块瘤(末端钝或圆凸起),基宽 3—15μm,高 3—12μm;近极面外壁厚至少 3μm,向具纹饰交界处增厚,远极面厚≥4μm;三射线清楚,长 >1/2R,微具唇。朔县标本大小(高 × 直径)110 × 85μm,赤道—远极亦具颇密块瘤(局部脱落呈光面或块瘤稀疏),近极面开裂的三射线周围光面,外壁厚 2—4μm;纹饰特征与 *S. colchesterensis* Kosanke(p. 53, pl. 13, fig. 4)更相似,但此种极轴明显短于赤道轴。此外,它与 *S. dimorphus* 同种可能性也存在,所以虽以极轴较长而与 *S. dimorphus* 不同,还是定为其比较种较好。

产地层位 山西朔县,本溪组。

秃顶夏氏孢 *Schopfites phalacrosis* Ouyang, 1986

（图版 102，图 51，52）

1986 *Schopfites phalacrosis* Ouyang，欧阳舒，45 页，图版Ⅲ，图 15—17，19，20。

描述 赤道轮廓圆形，大小 58（75）90μm，全模 77μm（图版 102，图 52），不等极，近极不如远极凸出强烈；三射线具薄唇，或宽达 2—3μm，常微开裂，长 1/2—2/3R，在同一标本上往往不等长；外壁厚 1.5—4.0μm，一般 2—3μm，偶具褶皱，表面具颇密且较低平的大小、形状不规则的块瘤—锥瘤纹饰，直径一般 2—4μm，高 1—3μm，顶端近钝圆或近平截，偶尔微尖，瘤基部常互相连接成分叉、弯曲的岛屿状结构，其间具狭壕状或穴状结构，并有细瘤或小颗粒相间，轮廓线波状—齿状，接触区内纹饰减弱成细瘤、小颗粒甚至近光面；深棕—棕黄色。

比较与讨论 本种与 *S. dimorphus* 相似，但以极轴不长于赤道轴、纹饰较细而矮、不呈叠瓦状排列等而与后者有别。

产地层位 云南富源，宣威组。

瘤面弓脊孢属 *Verruciretusispora* Owens, 1971

模式种 *Verruciretusispora robusta* Owens, 1971；加拿大（北极群岛），中泥盆统（Givetian）。

属征 辐射对称三缝孢子；赤道轮廓亚圆形—圆三角形；三射线通常清楚，具唇或外壁外层褶皱，末端与弓形脊连接；弓形脊清楚，低矮，窄或者宽并呈脊状；接触区外壁光滑或纹饰退化，接触区以外的外壁覆以瘤状纹饰，其顶端或许具小的乳头状锥刺和刺；模式种大小 59—75μm。

比较与讨论 *Apiculiretusispora* 虽也具弓形脊与纹饰，但其纹饰组成限于颗粒、锥刺、刺或尖的“双型”分子，而不含块瘤状纹饰；*Verrucosisporites* 虽具块瘤但无弓形脊。

杯形瘤面弓脊孢 *Verruciretusispora cymbiformis* Lu, 1997

（图版 32，图 12—15）

1997b *Verruciretusispora cymbiformis* Lu，卢礼昌，303 页，图版 2，图 1—4。

描述 赤道轮廓近圆形—正圆形，子午轮廓近极中央区（接触区）微下凹，远极面近半圆球形，大小 65—85μm，全模标本 75μm；三射线常清楚，微裂，两侧具唇，厚实，单片唇宽 2.0—3.5μm，长 2/3—3/4R，末端两侧与弓形脊连接；弓形脊发育完全，以其为界的接触区界线清楚，区内外壁较薄，并略凹陷，表面无纹饰，其余外壁表面覆以块瘤纹饰；纹饰分子，即使在同一标本上，也大小不一，形状各异：大者基部轮廓常呈多角形，宽 3—5μm，高 1.5—3.0μm，顶部宽圆，小者则多为圆形或近圆形，宽约 2μm（或稍小），高 0.5—1.8μm，表面光滑，顶端微凸或宽圆，基部罕见接触，间距一般为 1.0—1.2μm；外壁厚度因纹饰遮盖而不可量，罕见褶皱；赤道轮廓线呈宽微波状；浅—深棕色。

比较与讨论 本种的形态特征与云南下、中泥盆统的 *V. megaplatyverruca* Lu and Ouyang, 1976 较接近，但后者的弓形脊不清楚，外壁常具大型带状褶皱，且个体较大（全模标本 130μm）。

产地层位 新疆准噶尔盆地，呼吉尔斯特组。

大瘤面弓脊孢 *Verruciretusispora grandis*（McGregor）Owens, 1971

（图版 32，图 8，9）

1960 *Verrucosisporites grandis* McGregor, p. 31, pl. 11, fig. 11.

1971 *Verruciretusispora grandis* Owens, p. 25.

1997b *Verruciretusispora grandis*，卢礼昌，图版 1，图 23，24。

描述 赤道轮廓圆三角形—圆形，大小 55—72μm；三射线清楚，直，具窄唇，宽 1.2—2.5μm，伸达赤道或赤道附近；弓形脊至少在射线末端两侧清楚，并略有加厚；接触区微下凹，区内表面无纹饰；纹饰限于远极面，以分散的圆瘤为主；纹饰分子基部宽 1.5—2.2μm，高约 2μm，顶部钝凸或圆凸，间距 1μm 左右；赤道外壁厚近 2μm；黄—棕色。

注释 该种的弓形脊至少有部分与赤道重合;远极面覆以粗大且致密的块瘤状纹饰,形状为圆形或不规则,其直径可达3.5—2.0μm。

产地层位 新疆准噶尔盆地,呼吉尔斯特组。

大平瘤瘤面弓脊孢 *Verruciretusispora megaplatyverruca* Lu and Ouyang, 1976

(图版32,图17—19)

1976 *Verrucivetusispora megaplatyverruca* Lu and Ouyang,卢礼昌等,31页,图版3,图3—6。

1995 *Verrcuivetusispora megaplatyverruca*,卢礼昌,17页,图版11,图10。

描述 赤道轮廓圆形—近圆形,大小90—189μm;三射线常因纹饰稠密和大型褶皱而不清楚,或具唇,长3/4—4/5R;弓形脊微弱或甚窄;接触区通常仅在较小的标本上可见,表面无纹饰;接触区以外的外壁具平瘤纹饰,低矮、颇密而互不接触,因此间距颇窄并常呈不规则负网状;纹饰分子基部轮廓不规则或多角形,大小一般约3μm,高常小于1μm,顶部多少平圆或具不规则突起;外壁厚约3μm,常具不规则、大型带状褶皱;棕色。

比较与讨论 本种与下列各种的区别为:*V. pallida* 弓形脊明显、厚实;*V. magnifica* (McGregor) var. *magnifica* 纹饰以为瘤为主,基部彼此常连接,呈粗蠕虫状。

产地层位 湖南界岭,邵东组;云南曲靖翠峰山、沾益龙华山,徐家冲组。

乳凸瘤面弓脊孢(新联合) *Verruciretusispora papillosa* (Gao and Hou) Lu comb. nov.

(图版11,图24, 25)

1975 *Verrucosisporites papillosus* Gao and Hou,高联达、侯静鹏,203页,图版5,图15,16。

描述 赤道轮廓圆形或近圆形,大小55—70μm;三裂线颇宽(宽5—6μm),长约3/4R,末端与弓形脊连接;三扇形小接触区相当明显,区内纹饰较区外纹饰更粗壮与致密,纹饰分子基部轮廓近圆形,基宽常为2.5—4.0μm,高度常不可量,间距甚窄或局部接触;中央接触区与近极—赤道外壁之间具一明显在赤道的环形亮圈(宽约5μm);纹饰在赤道轮廓线上反映甚微;赤道外壁厚约2μm(或不足);棕黄色。

注释 归入 *V. papillosus* 的贵州独山标本清楚地显示,孢子具弓形脊且接触区颇明显,因此,将其改归入 *Verruciretusispora*。

产地层位 贵州独山,舒家坪组。

参照:乳凸瘤面弓脊孢(新联合)
Cf.: *Verruciretusispora papillosa* (Gao and Hou) Lu comb. nov.

(图版12,图8, 15)

1968 *Verrucosisporites polygonalis* Lanninger, p. 128, pl. 22, fig. 19.

1975 *Verrucosisporites polygonalis*,高联达等,203页,图版4,图3a, b。

注释 原种征(Lanninger, 1968),赤道轮廓圆形,三射线两侧具颇发育的唇,外壁表面具多角形块瘤(除三射线区无纹饰外),贵州独山的两粒标本(高联达等,1975,图版6,图3a, b)表明,其轮廓接近于三角形,不具颇发育的唇,三射线区具颇明显的、加厚的接触区,纹饰形状不规则;这些特征与原种征不太相近,而与本书描述的 *V. papillosa* (Gao and Hou) Lu comb. nov. 较接近,但弓形脊难以识别,故鉴定有保留。

产地层位 贵州独山,舒家坪组、丹林组下段。

平瘤瘤面弓脊孢 *Verruciretusispora platyverruca* Lu and Ouyang, 1976

(图版32,图6, 7)

1976 *Verruciretusispora platyverruca* Lu and Ouyang,卢礼昌、欧阳舒,30页,图版3,图1,2。

1988 *Verruciretusispora platyverruca*,卢礼昌,133页,图版6,图10,11。

1997b *Verruciretusispora platyverruca*,卢礼昌,图版1,图20。

描述 赤道轮廓圆形—亚圆形,大小65.0—87.4μm,全模标本65μm;三射线清楚,具唇,几乎伸达赤道,末端与弓形脊连接;弓形脊清楚,完全,厚实,宽约3μm,位于赤道附近,在射线末端部位微微内凹;接触区明显,表面光滑或无明显纹饰;接触区以外,表面覆以平瘤纹饰,分布稠密,以致基部相互接触或呈多角形,基宽1.5—2.5μm,高约0.5μm,顶端微平;远极外壁较近极外壁略厚,约4μm;罕见褶皱;轮廓线微波状;深棕色。

比较与讨论 在形态特征及纹饰组成方面,本种与*V. megaplatyveruca*颇相近,但后者以孢体大许多(全模标本130μm)而与前者不同;*V. robusta*以纹饰为圆瘤、分布较稀、分子较大(基宽1.5—9.2μm)而与当前种不同。

产地层位 云南曲靖翠峰山,徐家冲组;云南沾益史家坡,海口组;新疆准噶尔盆地,呼吉尔斯特组。

首个瘤面弓脊孢 *Verruciretusispora primus* Chi and Hills, 1976

(图版32,图16)

1976 *Verruciretusispora primus* Chi and Hills, p. 697, pl. 1, figs. 7—11.

1994 *Verruciretusispora primus*,徐仁、高联达,图版1,图1。

注释 *V. primus*为一大孢子种。"三射线简单,直或具唇(宽与高达4μm),长约为3/4R,末端与加厚的弓形脊连接;以弓形脊为界的接角区表面光滑;近极—赤道与远极面纹饰主要为锥刺,罕见块瘤和棒(长2—5μm,基宽2—3μm);纹饰分子末端常为一单个的小刺或锥刺,即双型纹饰分子;大小幅度204.0—354.0μm。"(Chi and Hills, 1976, p. 697)记录在该种名下的标本未描述,其照片显示:三射线较长(大于3/4R),以弓形脊为界的接触区较大,孢子约280μm(据图像×125测量),但纹饰组成不明,其属种的鉴定似应有所保留。

产地层位 云南沾益,海口组。

块瘤瘤面弓脊孢 *Verruciretusispora verrucosa* Gao, 1983

(图版32,图20)

1983 *Verruciretusispora verrucosa* Gao,高联达,496页,图版109,图1。

1983 *Verruciretusispora macrotuberculata* (Schultz, 1968) Gao,高联达,496页,图版109,图2,3。

1991 *Verruciretusispora dubia* (Eisenack) Richardson and Rasul,徐仁等,图版1,图10。

描述 赤道轮廓圆形,大小85—115μm;三射线可识别,长约3/5R,末端与弓形脊连接,弓形脊发育完全,于辐射区(射线末端)强烈内凹,于辐间区明显外凸;以弓形脊为界的接触区明显,区内外壁表面无纹饰,其余外壁表面覆以分布不均、大小不等的块瘤状纹饰;纹饰分子基部轮廓多呈多边形,很少呈圆形,基部宽一般为4—8μm,甚者可达12μm,顶部钝凸,顶宽总是小于基部,高1.5—3.5μm,基部间距常小于纹饰基宽;外壁相对较薄,厚约2μm,罕见褶皱;棕黄—黄棕色。

比较与讨论 本种可与云南曲靖下泥盆统徐家冲组的*V. megaplatyverruca* Lu and Ouyang, 1976对比,但后者以弓形脊不清楚、块瘤低平(高<1μm)、分布较稀、外壁常具大型带状褶皱而有别。

注释 同义名表中所列种产自云南禄劝,并且先后被归入*V. macrotuberculata* (Schultz) Gao与*V. dubia* (Eisenack) Richardson and Rasul的孢子,实为同一粒标本。

产地层位 云南禄劝,坡脚组。

三角刺面孢属 *Acanthotriletes* (Naumova) Potonié and Kremp, 1955

模式种 *Acanthotriletes ciliatus* (Knox) Potonié and Kremp, 1955;德国鲁尔,上石炭统(Westfal C)。

同义名 据Oshurkova(2003):*Acanthotriletes* Naumova, 1939(部分),*Spinoso-sporites* Knox, 1950(部分);*Spinositriletes* Dybova and Jachowicz, 1957,*Petambojisporites* Virbitskas, 1983.

属征 三缝同孢子和小孢子，模式种全模 44μm；赤道轮廓三角形—圆三角形，三射线长短不一；整个外壁覆以刺，刺密，相互间无或只有很小的空隙；刺尖端几不变钝，依比例逐渐变细，其长超过基宽的2倍。

比较与讨论 本属以其纹饰形态或/和三角形轮廓区别于多少与其类似的属，如 *Lophotriletes*, *Apiculatisporis*, *Planisporites* 等属。

钝刺三角刺面孢(比较种) *Acanthotriletes* cf. *aculeolatus* (Kosanke) Potonié and Kremp, 1955

(图版 100，图 32)

1950 *Granulati-sporites aculeolatus* Kosanke, p. 22, pl. 3, fig. 8.

1987a *Acanthotriletes aculeolatus* (Kosanke) Potonié and Kremp，廖克光，556 页，图版 135，图 12。

描述 赤道轮廓三角形，三边微凹凸，大小 36μm；三射线可见，具窄唇，微开裂，长约 3/4；外壁不厚，表面具刺，长 2—3μm，有些较低矮，末端钝尖，间距 2—3μm；黄色。

比较与讨论 与 *A.* (al. *Granulatisporites*) *aculeolatus* (Kosanke) 比较，大小相近，但后者刺较坚实(所谓钝刚刺 blunt setae)，且从照片看，较长而稀，故定为比较种。

产地层位 山西宁武，山西组。

粗糙三角刺面孢 *Acanthotriletes asperatus* (Imgrund) Potonié and Kremp, 1955

(图版 100，图 33)

1952 *Apiculatisporites asperatus* Imgrund, 1952, p. 41.

1955 *Acanthotriletes asperatus* (Imgrund) Potonié and Kremp, p. 84.

1960 *Acanthotriletes spinosus* (Kosanke) Imgrund, p. 166, pl. 14, fig. 58.

描述 赤道轮廓圆形—多角形，大小 18—28μm，全模 28μm(Potonié and Kremp，1955，pl. 106，fig. 33)；三射线清楚，微弧形，长略大于 2/3R，外壁厚 1—2μm，有时具次生褶皱，表面具刺，常在基部脱落，基宽约 1.2μm，高 2—5μm；黄色。

比较与讨论 此种被 Potonié 和 Kremp (1955)归入 *Acanthotriletes*，但 Imgrund(1960)认为他的这个种与 *Granulatisporites spinosus* Kosanke, 1950(p. 22, pl. 3, fig. 7)相同，故改定为后者，不过，按 Kosanke 的原描述，此种孢子为三角形，且刺分布均匀、不密，末端尖，长大多为 4.5μm，在有些标本上接触区内无刺，开平标本与之相比，差别较大，故仍恢复原 Imgrund 所建种名。

产地层位 河北开平煤田，唐家庄组(3，4 层)。

棒饰三角刺面孢 *Acanthotriletes baculatus* Neves, 1961

(图版 105，图 16, 17)

1961 *Acanthotriletes baculatus* Neves, p. 254, pl. 31, fig. 1.

1993 *Raistrickia baculata* (Neves) Zhu，朱怀诚，253 页，图版 62，图 4—7，12，13。

描述 赤道轮廓三角形，边部直—微凸，角部略钝；大小 23.0(25.4)28.0μm(测 10 粒)；三射线简单，细直，长 2/3—3/4R，常由于表面纹饰掩盖而不明显；外壁薄，厚 1.0—1.5μm，表面覆盖细棒—刺，基径 1.0—1.5μm，偶达 2μm，长 2—4μm，末端直径与基部近等，时微膨大浅裂，呈冠状，偶变细，末端截钝—圆钝，偶尖，基部分离，间距 1—5μm，周边具突起 16—22 枚。

比较与讨论 除个体略小外，当前标本与 Neves(1961)描述的特征相当。与 *Raistrickia pilosa Kosanke* (1950, p. 48, pl. 11, fig. 4)亦略相似，不同在于前者棒刺更长且基部多膨胀。

产地层位 甘肃靖远，红土洼组。

栗刺三角刺面孢 *Acanthotriletes castanea* Butterworth and Williams, 1958

（图版 100,图 34;图版 101,图 14）

1948 Knox, p. 158, fig. 18.

1958 *Acanthotriletes castanea* Butteworth and Williams, p. 365, pl. 1, fig. 35.

1967 *Acanthotriletes castanea* Butterworth and Williams, Smith and Butterworth, p. 177, pl. 8, figs. 7, 8.

1984 *Acanthotriletes castanea*,高联达,327 页,图版 134,图 9。

1987a *Acanthotriletes castanea*,廖克光,556 页,图版 135,图 8。

1988 *Acanthotriletes castanea*,高联达,图版Ⅰ,图 21。

1993 *Acanthotriletes castanea*,朱怀诚,252 页,图版 60,图 23,24,27,28。

描述 赤道轮廓三角形,三边微凸,角部钝圆—微锐圆,大小 36μm;三射线不易见到,长似达 2/3R;外壁不厚,表面具刚刺,基宽 2—2.5μm,长 3—6μm,有些基部膨大,末端常尖锐,绕周边约 35 枚;黄棕色。记载的靖远本种大小 30.0—37.5μm,纹饰基宽和长短变化较大;河北开平的此种标本纹饰稍细弱,刺高仅 3—4μm。

比较与讨论 按 Smith and Butterworth, 1967 (p. 177) 描述,本种孢子大小 31—47μm,圆形或宽圆三角形,刺基部膨大明显,长普遍较均匀,达 8μm,刺间距为 2—3μm,所以与山西本种相比有一定差别。

产地层位 河北开平煤田,赵各庄组;山西宁武,本溪组中段;甘肃靖远,臭牛沟组、红土洼组—羊虎沟组。

刺毛三角刺面孢(比较种) *Acanthotriletes* cf. *ciliatus* (Knox) Potonié and Kremp, 1955

（图版 101,图 15）

1986 *Acanthoriletes* cf. *ciliatus* (Knox) Potonié and Kremp,欧阳舒,47 页,图版Ⅳ,图 17。

描述 赤道轮廓亚圆形,大小 31μm;三射线单细,不甚清楚,接近半径长;外壁薄,约 1μm 厚,具少量褶皱,表面具颇密的细刺,偶呈锥刺状,基宽约 1μm,向末端变锐,高 1.0—1.5μm,绕周边锥刺约 60 枚;淡黄色。

比较与讨论 此标本与欧洲上石炭统的 *A. ciliatus* (Knox) Potonié and Kremp, 1955 (p. 84, pl. 14, fig. 257)略相似,但后者稍大(40—50μm),且纹饰略稀而纤细些,故定为比较种。

产地层位 云南富源,宣威组下段—上段。

尖端三角刺面孢 *Acanthotriletes crenatus* Naumova, 1953

（图版 6,图 4）

1953 *Acanthotriletes crenatus* Naumova, p. 50, pl. 5, fig. 35.

1997b *Acanthotriletes crenatus*,卢礼昌,图版 2,图 18。

描述 赤道轮廓钝角凸边三角形,大小约 42μm;三射线被唇遮盖,唇宽约 3μm,朝末端略变窄,至末端尖,长约 4/5R;纹饰以锥刺为主,基宽 1—2μm,高略小于宽,顶端尖;外壁厚约 1.5μm,罕见褶皱。

注释 仅见 1 粒标本,其特征与首次描述的俄罗斯地台上泥盆统(Frasnian)的 *A. crenatus* Naumova 极为相似,仅后者纹饰略较粗密。

产地层位 新疆准噶尔盆地,呼吉尔斯特组。

齿刺面三角刺面孢 *Acanthotriletes dentatus* Naumova, 1953

（图版 6,图 5）

1953 *Acanthotriletes dentatus* Naumova, p. 51, pl. 6, fig. 1.

1997b *Acanthotriletes dentatus*,卢礼昌,图版 2,图 17。

描述 赤道轮廓亚三角形,角部宽凸或浑圆,三边略外凸,大小 36.5μm;三射线清楚,微开裂,两侧略具窄唇,伸达赤道附近;纹饰以大小不一、高低不齐且分布不均的刺状突起为主,突起基部宽 1.5—3.5μm,高等于或略大于基宽;赤道外壁厚 1.5μm 左右。

注释 仅见 1 粒标本,其特征(包括大小)与 *A. dentatus* Naumova 颇相似,当属同种。

产地层位 新疆准噶尔盆地,呼吉尔斯特组。

细齿三角刺面孢 *Acanthotriletes denticulatus* Naumova, 1953

(图版 6,图 9, 10;图版 24,图 25)

1953 *Acanthotriletes denticulatus* Naumova, p. 49, pl. 5, fig. 33.

1982 *Acanthotriletes* sp.,侯静鹏,图版 1,图 14。

1993 *Acanthotriletes denticulatus*,文子才、卢礼昌,313 页,图版 1,图 20—22。

1994 *Acanthotriletes denticulatus*,卢礼昌,图版 1,图 37,38。

1995 *Acanthotriletes denticulatus*,卢礼昌,图版 2,图 2。

描述 赤道轮廓钝角—宽圆三角形,大小 14.0—31.5μm;三射线可识别至清楚,简单或具窄唇(宽 1.0—1.5μm),有时开裂(甚者呈三角形空缺区),伸达赤道或赤道附近;纹饰主要分布于赤道与远极面,以小锥刺或小短刺占优势;纹饰分子分布不均,间距常在 0.8—1.5μm 之间,偶见基部接触,基宽约 1μm,高等于或略小于基宽,赤道轮廓线上突起 33—54 枚,并略呈细锯齿状;外壁近极面近光滑无饰;外壁厚约 1μm,常具 1—3 条窄细的小褶皱,分布不规则;浅黄—浅棕色。

比较与讨论 当前标本,在形态特征及纹饰组成上,与首次描述的俄罗斯地台上泥盆统的 *A. denticulatus* Naumova 颇接近,当属同种。

产地层位 江苏南京龙潭,五通群观山段—擂鼓台组(下部);江西全南,三门滩组;湖南锡矿山、湖南界岭,邵东组。

刺状三角刺面孢 *Acanthotriletes echinatoides* Artüz, 1957

(图版 102,图 1, 54)

1957 *Acanthotriletes echinatoides* Artüz, p. 245, pl. 3, fig. 18a, b.

1982 *Acanthotriletes* sp.,黄信裕,图版 I,图 10, 11。

1986 *Acanthotriletes echinatoides* Artüz,杜宝安,图版 I,图 37。

1987c *Acanthotriletes echinatus* (Knox) Potonié and Kremp,廖克光,图版 1,图 24。

描述 赤道轮廓三角形,三边凸出,角部浑圆,大小 26—34μm(不包括刺);三射线可见,具窄唇,接近伸达边沿;外壁不厚,或具小褶皱,表面具中等密度的刺—锥刺,基宽 1.5—2.0μm,高多在 2.0—2.5μm,末端常尖锐,绕周边不足 20 枚;黄棕色。

比较与讨论 本种与欧洲石炭系的 *A. echinatus* (Knox) Potonié and Kremp,1955 (Smith and Butterworth, 1967, p. 178, pl. 8, figs. 9, 10)略相似,但后者(大小 25—28μm)新模标本为圆形;*A. echinatoides* 原描述 22—30μm(全模 23μm),亚圆形—圆三角形,三射线不易见。黄信裕鉴定的福建梓山组的 *Acanthotriletes* sp. (22—28μm)以及廖克光鉴定的太原组的 *A. echinatus*,三角形,三边微凹(约 23μm),似可改定为 *A. echinatoides*。

产地层位 山西太原,太原组;福建长汀陂角,梓山组;甘肃平凉,山西组。

坚刺三角刺面孢 *Acanthotriletes edurus* Ouyang and Chen, 1987

(图版 6,图 29)

1987a *Acanthotriletes edurus* Ouyang and Chen,欧阳舒等,44 页,图版 16,图 14。

描述 赤道轮廓三角形,三边凸出,角部钝圆,大小(不包括刺)56—63μm,全模标本 63μm;三射线清楚,具唇,宽约 2.5μm,末端稍变窄,几伸达赤道;孢子近极面无刺状纹饰,大刺在远极面及赤道部位特别发育,基宽 3—8μm,高 7—17μm,自基部向上逐渐收缩,末端钝尖或微膨大,在赤道排列较密,基部相邻或间距可达 3—5μm,绕赤道轮廓线约 25 枚;刺之间外壁表面具不规则穴纹—鲛点状结构,穴圆形—多边形,直径

1.0—1.5μm;外壁在赤道部位厚达4μm;深棕色。

比较与讨论 本种孢子以其大小和特征性的大刺等而区别于 *Acanthotriletes* 属的其他种,以刺基部在远极面不连接而区别于 *Acinosporites* 属的种。

产地层位 江苏句容,五通群擂鼓台组下部。

镰刺三角刺面孢 *Acanthotriletes falcatus* (Knox) Potonié and Kremp, 1955

(图版102,图2,3)

1950 *Spinoso-sporites falcatus*, Knox, p. 313, pl. 17, fig. 205.

1955 *Acanthotriletes falcatus* (Knox), Potonié and Kremp, p. 84.

1967 *Acanthotriletes falcatus* (Knox) Potonié and Kremp, Smith and Butterworth, p. 178, pl. 8, figs. 11, 12.

1985 *Acanthotriletes falcatus*, Gao, pl. 1, fig. 12.

1984 *Acanthotriletes falcatus*,高联达,328页,图版134,图12。

1988 *Acanthotriletes falcatus*,高联达,图版Ⅰ,图20。

1989 *Acanthotriletes falcatus*,Zhu H. C., pl. 2, fig. 11.

1989 *Acanthotriletes echinatus*, Zhu H. C., pl. 1, figs. 24, 25.

描述 赤道轮廓三角形,三边向内凹入或微向外凸出,大小21—40μm;三射线一般常延伸至三角顶,常裂开;孢壁较厚,褐黄色,表面覆以较规则的刺状纹饰,刺长4—5μm,基部宽2—3μm,刺前端弯曲呈镰刀形。

比较与讨论 本种按Knox(1950)原描述,全模55μm,三角形,三射线几等于R,刺颇稀(间距3—5μm)而长(5—7μm),Smith 和 Butterworth (1967)指定一个新模标本(42μm),他们鉴定的 *A. falcatus*,大小幅度29(36)47μm,纹饰较密而粗壮,有些刺突然变尖;山西和甘肃靖远的标本大小约40μm,除纹饰稍短,其他主要特征与模式种基本一致。本种与 *A. echinatus* 的区别是后者个体很小,Smith 和 Butterworth(1967)给出的大小幅度是12(20)28μm。

产地层位 山西宁武,本溪组;山西保德,太原组;甘肃靖远,臭牛沟组、靖远组。

高贵三角刺面孢 *Acanthotriletes fastuosus* (Naumova) Lu, 1995

(图版6,图11,12)

1953 *Lophotriletes fastuosus* Naumova, p. 27, pl. 2, fig. 4.

1995 *Acanthotriletes fastuosus* (Naumova) Lu,卢礼昌,图版1,图22(未描述)。

描述 赤道轮廓宽圆三角形,大小约44μm;三射线柔弱,至少伸达赤道附近;纹饰以小钝刺为主,偶见小锥刺,相邻基部常接触,基部宽1μm左右,高等于或略大于或小于基宽;外壁厚约1μm。

比较与讨论 湖南标本的特征与首见于俄罗斯地台中泥盆统的 *Lophotriletes fastuosus* Naumova 颇为相似,仅后者个体略偏大(60—65μm),归入该种应不成问题。

注释 *Lophotriletes fastuosus* Naumova (1953, pl. 2, fig. 4)的照片显示,纹饰似为钝锥刺或钝刺,故将其迁移至 *Acanthotriletes* 属内。

产地层位 湖南界岭,邵东组。

纤刺三角刺面孢 *Acanthotriletes filiformis* (Balme and Hennelly) Tiwari, 1965

(图版102,图4,5)

1956 *Apiculatisporites filiformis* Balme and Hennelly, pl. 2, fig. 22.

1965 *Acanthotriletes filiformis* (Balme and Hennelly) Tiwari, p. 173, pl. 1, figs. 19, 20.

1983 *Acanthotriletes* sp., Zhang L. J., pl. 1, figs. 11, 12.

1990 *Acanthotriletes filiformis* (Balme and Hennelly) Tiwari, Zhang L. J., p. 183, pl. 1, figs. 3, 4, 8, 12.

描述 赤道轮廓亚圆形—圆三角形,大小40—50μm;三射线纤细或不清楚,接近伸达赤道;外壁不厚,偶有褶皱,表面具颇稀的刺,基宽一般1—2μm,高多为2.5—4μm,末端尖或钝尖,偶有钝圆者;黄色。

产地层位 新疆准噶尔盆地,百口泉组、芦草沟组。

异刺三角刺面孢 *Acanthotriletes heterochaetus* (Andreyeva) Hart, 1965

(图版102,图10)

1956 *Azonotriletes heterochaetus* Andreyeva, p. 242, pl. 45, fig. 27.

1956 *Azonotriletes acinaciformis* Andreyeva, p. 245, pl. 47, fig. 39.

1965 *Acanthotriletes heterochaetus* (Andreyeva) Hart, p. 145, text-fig. 383.

1984 *Acanthotriletes papillaris* (Andreyeva) Naumova,高联达,328页,图版134,图11。

描述 赤道轮廓三角形,三边平整或微弯曲,大小30—42μm;射线长2/3R,常裂开;孢壁薄,偶见褶皱,黄色,表面覆以稀疏的凸棘刺纹饰,棘刺长3—4μm,基部宽2.0—2.5μm,绕赤道有16—20个刺。

比较与讨论 *Azonotriletes papillarius* Andreyeva 的纹饰,原描述为乳头状(颇稀),同义名表中的 *Acanthotriletes papillaris*,纹饰非乳头状,更接近 *A. heterochaetus* (Andreyeva) 和 *A. acinaciformis* (Andreyeva),而这两种,Hart(1965)合并为一种,本书采用之。

注释 此种种名最初拼为 *A. papillarius*,但高联达(1984)拼为 *A. papillaris* (Andreyeva) Naumova, 1953,然而 Naumova (1953)中无此属种;不过,Oshurkova (2003, p. 339)却同时列了 *Azonotriletes papillaris* Andr. in litt. (Medvedeva, 1960, p. 28, pl. 3, fig. 10) = *Apiculatisporis papillaris* (Andr.) Oshurkova, comb. nov. 和 *Azonotriletes papillarius* Andr. = *Neoraistrickia papillaria* (Andr.) Drjagina。

产地层位 山西宁武,本溪组。

硬毛三角刺面孢 *Acanthotriletes hirtus* Naumova, 1953

(图版6,图8)

1953 *Acanthotriletes hirtus* Naumova, p. 51, pl. 5, figs. 38—40.

1995 *Acanthotriletes hirtus*,卢礼昌,图版2,图9(未描述)。

描述 赤道轮廓近圆形,大小47.5μm;三射线可识别,略短于孢子半径长;外壁覆以稀疏的刺状纹饰;纹饰分子在赤道部位较坚实、粗壮与修长,基宽可达1.5—3.0μm,长(高)2.2—4.0μm,顶端钝尖或锐尖,基部彼此罕见接触,且间距常为基宽的1—3倍;外壁厚约1μm。

比较与讨论 湖南界岭的标本,其特征及大小与俄罗斯地台上泥盆统下部的 *A. hirtus* Naumova 极为相似,应为同种。

Oshurkova (2003)将 *Acanthotriletes hirtus* Ischenko, 1952 归入 *Iugisporis* Bhradwaj and Venkatachala, 1961,因其轮廓更趋圆形;她又将 *A. hirtus* Naumova,1953 迁入 *Spinosisporites*。

产地层位 湖南界岭,邵东组。

多刺三角刺面孢 *Acanthotriletes horridus* Gao, 1987

(图版102,图6)

1987 *Acanthotriletes horridus*,高联达,212页,图版2,图8。

描述 赤道轮廓三角形,大小20—30μm,全模28μm;三射线简单,长等于本体半径,常裂开;外壁较薄,黄色,表面覆以小棘刺纹饰,棘刺基部不连接,轮廓线上高2—3μm;在辐间区三边具锥刺纹饰,每边10—12粒,向三角顶部变小,呈小棒粒,基部宽2—3μm,高4—6μm。

产地层位 甘肃靖远,榆树梁组。

未知三角刺面孢(比较种) *Acanthotriletes* cf. *ignotus* Kedo, 1957

(图版6,图17)

1993 *Acanthotriletes* cf. *intonsus*,何圣策等,图版3,图1,5。

注释 *A. ignotus* Kedo (1957)首见于白俄罗斯普里皮亚季盆地法门阶,我国江苏丁山上泥盆统擂鼓台组也记载有类似标本(蔡重阳等,1988,图版1,图22)。

产地层位 浙江富阳,西湖组。

粗糙三角刺面孢 *Acanthotriletes impolitus* Naumova, 1953

(图版6,图24)

1953 *Acanthotriletes impolitus* Naumova, p. 25, pl. 1, fig. 18.

1987 *Acanthotriletes impolitus*,高联达等,395页,图版173,图24。

1997a *Acanthotriletes impolitus*,卢礼昌,图版2,图8。

描述 赤道轮廓亚三角形,角部浑圆,三边多少外凸,大小40—62μm;三射线常不甚清楚,长约2/3R或稍长;外壁具锥刺状纹饰,基部宽1.0—2.5μm,高常小于基宽,顶端钝凸,罕见锐尖,基部间距常大于基宽;除刺外,还见不规则的蠕虫状皱脊;皱脊粗壮,基宽达2.5—4.0μm,顶部宽圆,弯曲,分叉,长短不一;赤道外壁厚约3μm。

比较与讨论 当前标本与首见于俄罗斯地台中泥盆统上部的 *A. impolitus* Naumova 颇相似,仅后者皱脊稍弱、较短而略异。

产地层位 湖南界岭,邵东组;甘肃迭部,当多组。

三脊三角刺面孢 *Acanthotriletes liratus* Ouyang and Chen, 1987

(图版6,图1)

1987a *Acanthotriletes liratus* Ouyang and Chen,欧阳舒等,43页,图版5,图21。

描述 赤道轮廓三角形,三边略凸,角部微尖,全模标本36μm;三射线具唇,强烈高起,宽3.5—4.0μm,向末端变窄,微弯曲,伸达孢子角部;外壁厚1.0—1.5μm,近极外壁微增厚,孢子表面覆以稀刺纹饰,刺基部宽约1.5μm,高2—3μm,末端尖锐,间距多在4—6μm之间,此特征在赤道轮廓上略有所表现;棕黄色。

比较与讨论 本种孢子以其稀刺和具粗壮的唇等特征而与 *Acanthotriletes* 属的其他种不同。

产地层位 江苏句容,五通群擂鼓台组下部。

浏阳三角刺面孢 *Acanthotriletes liuyangensis* Chen, 1978

(图版101,图1)

1978 *Acanthotriletes liuyangensis* Chen,谌建国,403页,图版118,图9。

1982 *Acanthotriletes liuyangensis* Chen,蒋全美,604页,图版403,图20。

描述 赤道轮廓三角形,三边凹入,角钝圆,大小60—63μm;三射线长,几等于孢子半径,开裂;外壁厚1.5—2.0μm,表面具颇均匀的刺—锥刺,基宽约2μm,高3—4μm,末端微尖或略钝,沿轮廓线有45—60枚;黄色。

比较与讨论 本种与 *A. piruliformis* 有些相似,但后者个体略小,射线短,刺的密度也要小些。本种与欧阳舒(1986,如图版V,图22)鉴定的 *Neoraistrickia irregularis* Ouyang and Li 之间有过渡形态。

产地层位 湖南浏阳、邵东,龙潭组。

条带三角刺面孢 *Acanthotriletes loratus* Gao, 1983

(图版6,图26)

1983 *Acanthotriletes loratus* Gao,高联达,489页,图版108,图4。

描述 赤道轮廓亚三角形,大小45—55μm;三射线几乎伸达赤道,唇近似膜片状并凸起,顶部高达6—8μm,朝末端略低,近末端高3.5—5.0μm;孢壁表面覆以柔弱的小刺,分布致密并接近均匀;小刺基宽约1μm,高约2μm,基部一般不接触,其间距常不超过基宽,顶端锐尖,在赤道轮廓线上反映颇弱;外壁厚约

1μm 或稍厚。

注释 按原描述标本的照片，唇为膜片状，且凸起，系凸起高而不像"射线两侧具加厚的唇"。

产地层位 云南禄劝，坡脚组。

细刺三角刺面孢 *Acanthotriletes microspinosus* (Ibrahim) Potonié and Kremp, 1955

(图版 102，图 11，12)

1933 *Apiculatisporites microspinosus* Ibrahim, p. 24, pl. 6, fig. 52.

1955 *Acanthotriletes microspinosus* (Ibrahim) Potonié and Kremp, p. 84, pl. 14, fig. 258.

1976 *Acanthotriletes microspinosus* (Ibrahim) Potonié and Kremp, Kaiser, p. 106, pl. 5, fig. 8.

1978 *Acanthotriletes microspinosus*，谌建国，403 页，图版 118，图 12。

1982 *Acanthotriletes microspinosus*，蒋全美等，604 页，图版 403，图 19。

1983 *Acanthotriletes microspinosus*，邓茨兰等，图版 1，图 7。

1984 *Acanthotriletes triquetrus* Smith and Butterworth，高联达，328 页，图版 134，图 10。

1984 *Raistrickia brevistriata* Gao，高联达，336 页，图版 135，图 8。

1986 *Acanthotriletes microspinosus*，欧阳舒，46 页，图版Ⅳ，图 9，10。

1987c *Acanthotriletes microspinosus*，廖克光，图版 1，图 17。

1990 *Acanthotriletes* cf. *microspinosus*，侯静鹏、王智，25 页，图版 3，图 20。

描述 赤道轮廓三角形，三边直或微凹凸，角部钝圆，大小 31—50μm；三射线单细，清楚，直或微弯曲，等于或接近 2/3R，有时微开裂，两侧外壁可微增厚；外壁厚 1.0—1.5μm，表面具不很密的刺，基宽 1.5—2.5μm，高 2.5—4.0μm，末端多尖锐，少数纹饰较细，间距 3—5μm，绕周边 30—40 枚；浅黄—棕黄色。

比较与讨论 据 Potonié 和 Kremp, 1955 描述，本种大小 35—45μm，全模 39μm，三射线长约 2/3R，外壁表面具颇密的长刺，基宽约 2μm，高约 4μm，我国二叠纪地层中被鉴定为此种的标本，在刺的大小形态上与全模相比有这样那样的差别，但对于这样的形态种也只能将尺度稍放宽一点，否则将无所适从；与石炭系的此种，则较为相近。*A. hastatus* Sullivan and Marshall, 1966 (p. 267, pl. 1, figs. 7—9) 产自苏格兰维宪阶，与本种相似，但以刺明显较小而与本种有所不同。

产地层位 山西太原、保德，太原组、山西组—石盒子群；内蒙古鄂托克旗，本溪组；湖南邵东，龙潭组；云南富源，宣威组上段；甘肃靖远，臭牛沟组；新疆吉木萨尔大龙口，芦草沟组。

小型三角刺面孢 *Acanthotriletes minus* Gao and Hou, 1975

(图版 40，图 12)

1975 *Acanthotriletes minus* Gao and Hou，高联达等，196 页，图版 4，图 9。

描述 孢子赤道轮廓圆三角形或亚三角形，大小 20—25μm，射线微开裂，长 1/3—1/2R，其周边为深色三角形加厚区；外壁相对较厚，表面具锥刺状纹饰；罕见褶皱，黄褐色（据高联达等，1975，196 页，略作修订）。

比较与讨论 此种与 *Anapiculatisporites minutus* Lu and Ouyang, 1976 相似，但以射线短、纹饰基宽大于高而与后者不同；贵州标本近极面有无纹饰有待确定。

产地层位 贵州独山，龙洞水组。

奇异三角刺面孢三角变种 *Acanthotriletes mirus* var. *trigonalis* Ischenko, 1958

(图版 6，图 13—15)

1958 *Acanthotriletes mirus* var. *trigonalis* Ischenko, p. 46, pl. 3, fig. 37.

1987a *Acanthotriletes mirus* var. *trigonalis*，欧阳舒等，42 页，图版 5，图 4—9。

描述 赤道轮廓三角形—圆三角形，子午轮廓略呈透镜形，大小（不包括刺）38—66μm；三射线一般清楚,具窄唇,宽多为1.5—2.5μm,偶可达3—4μm,直或微弯曲,有时开裂,长等于或接近孢子半径长;外壁厚1—2μm,在近极面较薄,远极面和赤道部位具颇粗壮的刺状纹饰;纹饰分子基宽一般为3—5μm,少数可达7.5μm,高多为7—12μm,偶见15—20μm,间距2—12μm,一般为3—6μm,在赤道部位较密,甚至基部相邻,多数情况下,刺向上逐渐收缩,至2/3—4/5处略微膨大,后再强烈收缩变尖,末端尖锐,少数刺向上逐渐变尖或至近末端突然收缩并变尖而无膨大,绕周边不超过20枚长刺;此外,长刺之间的外壁表面(包括近极)常具细而密的颗粒状纹饰,偶具小刺,粒径 <1μm,高≤0.5μm;棕黄—深棕色。

比较与讨论 当前孢子与苏联德涅伯-顿河盆地杜内期的 *Acanthotriletes mirus* Ischenko var. *trigonalis* Ischenko,1958 在大小和纹饰特征(包括刺之间的外壁表面纹饰)方面颇为相似,虽然根据 Ischenko 的绘图难作详细比较,但这里仍采用了他的种名。

注释 浙江富阳西湖组泥盆-石炭系过渡层中的 *Acanthotriletes* cf. *ignotus*(何圣策等,1993,图版3,图1,5)的标本与五通群变种的标本尤其图5颇近似。

产地层位 江苏句容,五通群擂鼓台组下部。

多刺三角刺面孢(比较种) *Acanthotriletes* cf. *multisetus* (Luber) Naumova ex Medvedeva, 1960

(图版102,图30)

1938 *Azonotriletes multisetus* Luber in Luber and Waltz, pl. V, fig. 61.

1941 *Azonotriletes multisetus* Luber in Luber and Waltz, p. 95, pl. Ⅷ, fig. 122.

1960 *Acanthotriletes multisetus* (Luber) Naumova ex Medvedeva, p. 29, pl. 3, fig. 11.

1986 *Acanthotriletes multisetus* (Luber) Naumova,侯静鹏、王智,80页,图版21,图10。

描述 赤道轮廓圆三角形,大小33μm;三射线清晰,直,微开裂,长约等于半径;外壁薄,表面具长刺,偶尔具细棒纹饰,基宽1.0—2.5μm,高一般为2.5—3.0μm,间距3—5μm,绕轮廓线约30枚;黄色。

比较与讨论 当前孢子与 *A. multisetus* (Luber)(Medvedeva, 1960)较相似,但后者个体较小(20—22μm);Luber(见 Luber and Waltz, 1941)原描述为40—60μm,圆形,三射线长仅1/3R,尤为不同的是其刺较密而纤细,长可达5μm:所以 Medvedeva 的鉴定也未必正确。福建陂角梓山组的 *A. multisetus* 标本大小约22μm,刺纹饰密(黄信裕,1982,图版Ⅰ,图9),但很短[保存关系(?)],是否同种有待确定。

产地层位 新疆吉木萨尔大龙口,梧桐沟组。

小针棘三角刺面孢 *Acanthotriletes parvispinosus* (Luber) Jushko in Kedo, 1963

(图版102,图14)

1941 *Azonotriletes parvispinus* Luber in Luber and Waltz, p. 67, pl. 14, fig. 236.

1963 *Acanthotriletes parvispinosus* (Luber) Jushko in Kedo, p. 41, pl. Ⅱ, fig. 45.

1985 *Acanthotriletes parvispinosus* (Luber) Gao (sic!),高联达,55页,图版3,图19。

描述 极面轮廓圆三角形,大小42μm;三射线简单,等于半径之长,射线两侧具唇;壁厚,黄褐色,表面具密棘刺状纹饰,基部不连接,基宽1.5—2.0μm,高2—3μm,前端锐尖。

比较与讨论 本种与首见于俄罗斯库兹涅茨克下二叠统的 *Azonotriletes parvispinus* 略相似,后者描述大小30—40μm,从绘图上看,三射线几乎延伸至赤道边缘,表面具中等密度的小锥刺。

产地层位 贵州睦化,打屋坝组底部。

梨刺三角刺面孢 *Acanthotriletes piruliformis* (Kara-Murza) Chen, 1978

(图版102,图15, 19)

1952 *Spinosella piruliformis* Kara-Murza, p. 55, pl. 11, fig. 10.

1978 *Acanthotriletes piruliformis* (Kara-Murza) Chen,谌建国,403页,图版118,图11。

1982 *Acanthotriletes piruliformis*,蒋全美等,604页,图版403,图21。

1986 *Acanthotriletes piruliformis*,侯静鹏、王智,80页,图版21,图6。

描述 赤道轮廓三角形,三边微凹,角部浑圆,大小64μm;三射线细长,长2/3—1R;外壁不厚,表面具颇稀而均匀的长刺,基宽1.5—2.0μm,有些刺基部膨大,高一般4.5μm,末端尖,偶尔微钝,刺间距多达5—7μm,绕周边约25枚;黄色。

比较与讨论 本种与*A. falcatus* (Knox) Potonié and Kremp (Smith and Butterworth, 1967, p. 178, pl. 8, figs. 11, 12)有些相似,后者大小29—55μm,三射线长2/3—1R,但其刺较密,基部明显膨大(4μm),长可达7μm。

产地层位 湖南韶山区韶山、浏阳官渡桥,龙潭组;新疆吉木萨尔大龙口,梧桐沟组。

梨形三角刺面孢 *Acanthotriletes pyriformis* Gao and Hou, 1975

(图版6,图16)

1975 *Acanthotriletes pyriformis* Gao and Hou,高联达、侯静鹏,197页,图版4,图14,15。

1983 *Acanthotriletes pyriformis*,高联达,490页,图版108,图2。

描述 赤道轮廓梨形,即一角明显凸出,另两角近圆形,大小40—50μm;三射线伸达角部,两侧具加厚的条带,宽4—5μm;孢壁表面具刺状纹饰,刺基宽3—5μm,高6—8μm,顶端尖,刺间距6—8μm;刺之间的外壁厚约1.5μm,其表面尚具次一级的细颗纹饰;偶见褶皱。

注释 本种以其梨形赤道轮廓为特征而与*Acanthotriletes*的其他种不同。

产地层位 贵州独山,丹林组上段。

稀刺三角刺面孢 *Acanthotriletes rarus* Ouyang and Chen, 1987

(图版6,图25)

1987a *Acanthotriletes rarus* Ouyang and Chen,欧阳舒等,43页,图版5,图3。

描述 赤道轮廓圆三角形,大小75—80μm,全模标本75μm;三射线清楚,或明显开裂,长等于R;外壁厚不足1μm,表面具稀刺,刺基宽2—3μm,高3—7μm,间距可达8—10μm或以上,末端微尖或钝;刺之间外壁表面无明显纹饰;棕色。

比较与讨论 本种以其大小、特征性的稀刺纹饰等而与*Acanthotriletes*属的其他种不同。前述*A. pyriformis*也具类似特征性的纹饰,但其赤道轮廓为梨形。

产地层位 江苏句容,五通群擂鼓台组下部。

齿棘三角刺面孢 *Acanthotriletes serratus* Naumova, 1953

(图版102,图20)

1953 *Acanthotriletes serratus* Naumova, p. 25, pl. 1, figs. 19,20.

1985 *Lophotriletes atratus* Naumova,高联达,57页,图版4,图4。

1985 *Acanthotriletes serratus*,高联达,55页,图版3,图21。

描述 赤道轮廓亚圆形,大小40—50μm;三射线常被纹饰覆盖,见时等于R;外壁表面具小刺状纹饰,排列紧密,本体中部呈瘤状,轮廓线边缘呈尖刺状,前段弯曲,彼此交错,基部宽1—2μm,高1—4μm。

注释 Naumova (1953)描述*Lophotriletes atratus*的标本赤道轮廓为近圆形,纹饰分子为短棒状突起;高联达(1985)描述*L. atratus*的标本为"圆三角形"及"刺瘤"纹饰,故在此将后者迁至*Acanthotriletes serratus*名下。

产地层位 江苏丁山,擂鼓台组;贵州睦化,王佑组格董关层底部。

硬棘刺三角刺面孢 *Acanthotriletes socraticus* Neves and Ioannides, 1974

(图版102,图17)

1974 *Acanthotriletes socraticus* Neves and Ioannides, p. 75, pl. 5, figs. 14—16.

1985 *Acanthotriletes socraticus* Neves and Ioannides，高联达，55 页，图版 3，图 20。

描述 极面轮廓亚圆形，圆三角形，大小 30—55μm；三射线被纹饰覆盖，常不见，可见时等于 R；孢子表面覆以中等大小的棘刺纹饰，基部 3.0—4.5μm，高 5—7μm，在轮廓线上呈锥刺状；壁厚，黄褐色。

产地层位 贵州睦化，打屋坝组底部。

针刺三角刺面孢 *Acanthotriletes spiculus* Zhou，1980

（图版 102，图 47）

1980 *Acanthotriletes spiculus* Zhou，周和仪，25 页，图版 8，图 17。

描述 赤道轮廓三角形，三边微凹，角部浑圆，全模大小 61μm；三射线细直，微裂，长约 3/4R；外壁厚约 2μm，表面密布细刺，基宽约 1μm，高 2.5μm，末端变尖—钝尖，多从孢子中心向外作放射状排列；棕黄色。

比较与讨论 本种与 *A. triquetrus* Smith and Butterworth，1967（p. 179，pl. 8，figs. 13，14）略相似，但后者个体较小（19—37μm），外壁很薄。

产地层位 山东沾化，山西组。

星点三角刺面孢 *Acanthotriletes stellarus* Gao，1984

（图版 103，图 13，38）

1984 *Acanthotriletes stellarus* Gao，高联达，328 页，图版 134，图 14。

1986 *Acanthotriletes stellarus* Gao，侯静鹏、王智，80 页，图版 25，图 18。

描述 赤道轮廓三角形，三角呈圆角，三边向外强烈凸出，大小 40—50μm，全模 40μm（图版 103，图 38）；三射线直伸至三角顶端，常裂开；外壁厚 2—3μm，黄褐色；表面覆以稀疏的星点状的刺纹，基宽 2—3μm，刺的基部彼此不连接，刺顶端尖锐，三角形的每边约有 10 个刺。

比较与讨论 描述的标本与 *Apiculatisporis mirus*（Ischenko）Agrali and Konyali（1969，pl. ⅠX，p. 6）有些相似，但后者的刺短小而粗壮。

产地层位 河北开平煤田，赵各庄组；新疆吉木萨尔大龙口，锅底坑组。

强壮三角刺面孢 *Acanthotriletes stiphros* Ouyang and Chen，1987

（图版 6，图 27，28）

1987a *Acanthotriletes stiphros* Ouyang and Chen，欧阳舒等，43 页，图版 5，图 1，2。

描述 赤道轮廓亚圆形，大小 54—73μm，全模标本 73μm；三射线常模糊不清，约等于 R；外壁厚 1.5—2.0μm，远极面和赤道部位具坚实粗壮的刺状纹饰，刺基宽 2.5—8.0μm，大多为 4—6μm，高 7—18μm，一般为 8—12μm，分布疏密不一，间距多在 2—8μm 间，最宽可达 20μm 以上，局部丛生，基部紧挨，从基部向上逐渐收缩，末端常尖锐；刺之间外壁以及近极面为致密颗粒或小锥刺纹饰，刺基宽约 1μm，高≤1—2μm；黄—棕黄色。

注释 本种与 *A. edurus*（Ouyang and Chen，1987，p. 44，pl. 16，fig. 14）在大小幅度（54—73μm 与 56—63μm）及其纹饰的粗壮程度（高分别为 7—18μm 与 7—17μm；基宽分别为 2.5—8.0μm 与 3—8μm）等方面都有较明显差别。

产地层位 江苏句容，五通群擂鼓台组下部。

苏南三角刺面孢 *Acanthotriletes sunanensis* Ouyang and Chen，1987

（图版 6，图 21）

1987a *Acanthotriletes sunanensis* Ouyang and Chen，欧阳舒等，44 页，图版 6，图 1。

描述 赤道轮廓近圆形，全模标本大小 61μm；三射线清楚，开裂明显，伸达赤道边缘；外壁厚约 1μm，远极和赤道部位具较稀的刺状纹饰，基宽 2.0—3.5μm，高大多在 3.5—4.5μm 之间，偶尔可达 9μm，刺末端尖或钝尖,偶见在中部变细后往上又渐膨大,间距一般5—8μm,少数刺基部相邻;近极表面为颗粒状纹饰,分布致密、均匀,粒径不足1μm,高≤0.5μm,因密集而微呈负网状结构;深黄色。

比较与讨论 本种孢子以其大小和特征性的纹饰等而与 *Acanthotriletes* 属其他种及 *Anapiculatisporites* 属的种不同。

产地层位 江苏句容,五通群擂鼓台组下部。

钝刺三角刺面孢 *Acanthotriletes tenuispinosus* Naumova, 1953

(图版6,图30;图版103,图12)

1953 *Acanthotriletes tenuispinosus* Naumova, p. 25, pl. 1, fig. 17; pl. 5, fig. 32.

1975 *Acanthotriletes tenuispinosus*,高联达、侯静鹏,197页,图版4,图13。

1983 *Acanthotriletes tenuispinosus* Kedo,高联达,490页,图版114,图19。

1987 *Acanthotriletes tenuispinosus*,高联达、叶晓荣,395页,图版173,图22。

1996 *Acanthotriletes tenuispinosus*,王怿,图版1,图19。

描述 赤道轮廓圆三角形—近圆形,大小30—50μm;三射线长,简单或具窄唇,长2/3—1R;表面覆以排列致密、分布均匀、中等大小的棘刺,刺基宽1.5—4.0μm,高3—8μm,基部分离,间距小于至略大于(局部)基宽,刺的顶部多数变纯,少数变尖。

比较与讨论 当前标本与 Naumova (1953)描述的俄罗斯地台中泥盆统上部(Givetian)的 *A. tenuispinosus* 颇相似,仅后者的纹饰似乎略致密与规则(pl. 1, fig. 17)。*A. denticulatus* 较小(14.0—31.5μm),纹饰以小锥刺或短刺(而非长刺)为主。该种与 *A. minor* Kedo, 1963 的区别在于后者刺粗壮,数目也较少。

产地层位 湖南锡矿山,邵东组;贵州贵阳乌当,旧司组;贵州独山,丹林组上段与舒家坪组;甘肃迭部,当多组。

宝绿三角刺面孢 *Acanthotriletes thalassicus* (Imgrund) Potonié and Kremp, 1955

(图版102,图16, 18)

1955 *Acanthotriletes thalassicus* (Imgrund,1952) Potonié and Kremp, p. 84.

1960 *Acanthotriletes thalassicus* (Imgrund) Potonié and Kremp, Imgrund, p. 165, pl. 15, figs. 69, 70.

描述 赤道轮廓圆形,微接近于三角形,大小40—50μm,全模40μm(图版102,图18);三射线几伸达边沿,顶部近点穴状,射线棱很细,微弯曲,向下聚焦时显示出很窄的唇,其宽约1μm,内射线略宽于唇;外壁薄,厚约1μm,表面具长刺,其长大于基宽3—4倍(在其长度1/2处仍未变尖细),基部颇宽,向上呈棒状—柱状,末端尖、钝尖或钝圆,刺饰颇密,仅在三射线区变短些,外壁其余表面光滑;棕黄色。

比较与讨论 *Raistrickia grovensis* Schopf, 1944 (p. 55, fig. 3) 以较短的钝棒瘤与本种有别;*R. crinita* Kosanke, 1950 (p. 40, pl. 11, fig. 7)的纹饰主要为棒瘤,孢子较大(54—62μm),射线较短。

产地层位 河北开平煤田,赵各庄组。

凹边三角刺面孢 *Acanthotriletes triquetrus* Smith and Butterworth, 1967

(图版102,图8, 21)

1967 *Acanthotriletes triquetrus* Smith and Butterworth, p. 179, pl. 8, figs. 13, 14.

1984 *Acanthotriletes triquetrus* Smith and Butterworth,王蕙,图版Ⅰ,图29。

1986 *Acanthotriletes triquetrus*,杜宝安,图版Ⅰ,图38。

描述 赤道轮廓三角形,三边凹入,角部钝圆,大小20—38μm;三射线清楚,微开裂,长≥3/4R;外壁薄,约1μm,偶有褶皱,表面具小刺纹饰,长≤2μm,末端尖或微钝;黄色。

比较与讨论 据原描述,当前标本与 *A. triquetrus* 在大小、形态上颇为相似,但三射线稍长,纹饰较后者(间距2—3μm)密些;与我国上石炭统被鉴定为此种的标本更为相似;*A. echinatus* 以个体较小,刺较短而与本种区别。

产地层位 甘肃平凉,山西组;宁夏横山堡,上石炭统。

刺棒孢属 *Horriditriletes* Bharadwaj and Salujha, 1964

模式种 *Horriditriletes curvibaculosus* Bharadwaj and Salujha, 1964;印度(Bihar),上二叠统(Raniganj Formation)。

属征 三缝小孢子,赤道轮廓三角形,三边平直或微凹入,角部浑圆;三射线清楚,长1/2—3/4R,多数标本射线末端变钝;外壁表面具长大于宽的棒—刺状突起,模式种上纹饰较稀;模式种大小26—40μm。

比较与讨论 *Acanthotriletes* 具锥刺—尖刺;*Neoraistrickia* 为圆三角形,以清楚且颇密的棒瘤为主要纹饰。Oshurkova (2003) 修改了本属的定义,将其作为与圆形的 *Cyclobaculisporites* Bharadwaj, 1955 对应的三角形棒瘤孢子属,因原模式种是棒与刺混生的。

细尖刺棒孢 *Horriditriletes acuminatus* Gao, 1984

(图版102,图22)

1984 *Horriditriletes acuminatus* Gao,高联达,404页,图版152,图13。

描述 赤道轮廓三角形,三边凹入颇深,角部钝圆,大小36—44μm,全模36μm;三射线长为3/4R或近达角端,常开裂;外壁不厚,表面具中等密度刺—棒纹饰,顶部尖或增厚变粗,常弯曲,基宽2.0—2.5μm,高5—6μm,少数6—8μm,绕轮廓线上有25—30枚;棕黄色。

比较与讨论 本种与 *H. ramosus* (Balme and Hennelly) Bharadwaj and Salujha, 1964 近似,但后者刺棒粗壮且稀疏;与 *H. curvibaculosus* Bharadwaj and Salujha, 1964 也有些相似,但后者的刺棒粗而少。

注释 原照片标本轮廓线上并未显示出长5—8μm的棒刺纹饰。

产地层位 山西宁武,上石盒子组。

凹边刺棒孢 *Horriditriletes concavus* Maheshwari, 1967

(图版102,图48)

1984 *Horriditriletes concavus* Maheshwari,高联达,403页,图版152,图11。

描述 赤道轮廓三角形,三边略凹入,角部钝圆,大小64μm;三射线直,长为3/4R,具窄唇,常开裂;外壁不厚,表面具排列较密的小棒—刺,基宽2—3μm,高4—5μm,末端钝圆或平截;黄色。

产地层位 山西宁武,上石盒子组。

华美刺棒孢 *Horriditriletes elegans* Bharadwaj and Salujha, 1964

(图版102,图39,43)

1976 *Horriditriletes elegans* Bharadwaj and Salujha, Kaiser, p. 115, pl. 8, fig. 7.

1984 *Horriditriletes elegans* Bharadwaj and Salujha,高联达,404页,图版152,图12。

描述 赤道轮廓三角形,三边平或微凹凸,角部宽钝圆,大小45—65μm;三射线简单,或具窄脊,并不总是很清楚,直,长约2/3R或伸达赤道附近,有时开裂;外壁薄,厚约1μm,整个表面具小锥刺、棒瘤(基宽0.7—1.5μm或2—3μm,高1—2μm或3—4μm)和颗粒纹饰,纹饰成分单个分布,仅偶尔呈2—3个较密集群;黄—棕黄色。

产地层位 山西保德,山西组—石盒子群(层F, I, K);山西宁武,上石盒子组。

隆茨孢属 *Lunzisporites* Bharadwaj and Singh, 1964

模式种 *Lunzisporites lunzensis* Bharadwaj and Singh, 1964;奥地利,上三叠统。

属征 三角形小孢子,同一孢子上往往具块瘤、棒瘤或刺等不同比例的纹饰,特别是射线之间具弓形外壁增厚。

比较与讨论 本属以同一孢子上具杂多形状的纹饰、射线之间具弓形外壁增厚与其他属区别。

平凉隆茨孢 *Lunzisporites pingliangensis* Du, 1986

（图版102，图7）

1986 *Lunzisporites pingliangensis* Du，杜宝安，287页，图版Ⅰ，图40。

描述 赤道轮廓三角形，边近平，角部圆，大小28—35μm，全模32μm；三射线直，几达角部，其外侧弓形堤宽平，其外缘微增厚；外壁薄，厚约0.5μm，远极面和赤道具锥刺和细瘤纹饰，直径和高一般约2μm，末端钝尖或圆，纹饰在近极面减弱；黄色。

比较与讨论 本种与 *L. lunzensis* 相比，后者纹饰为分散的块瘤间以棒瘤，*L. pallidus* 纹饰为密集块瘤—棒瘤，因而不同。

产地层位 甘肃平凉，山西组。

云南隆茨孢 *Lunzisporites yunnanensis* Ouyang, 1986

（图版102，图25）

1986 *Lunzisporites yunnanensis* Ouyang，欧阳舒，47页，图版Ⅳ，图12。

描述 赤道轮廓三角形，三边多微凹入，角部钝圆或微尖，大小28—40μm，全模40μm；三射线单脊状，宽<1μm，长1/2—2/3R，其外侧具清楚甚至很发育的弓形堤，宽4—5μm，内、外缘边界一般清晰，末端不汇合，伴随射线（但有明显间距）多少呈凹边状；外壁厚1.0—1.5μm，表面具锥刺或细锥刺—颗粒纹饰，高0.5—1.5μm，基宽可达0.5—2.0μm，末端多尖或钝尖，绕周边约35枚或表现不明显；棕黄色。

比较与讨论 本种以锥形纹饰为主混以颗粒、弓形堤及射线有间距等特征而与本属模式种和其他种不同。

产地层位 云南富源，宣威组上段。

三角细刺孢属 *Planisporites* (Knox) emend. R. Potonié, 1960

模式种 *Planisporites granifer* (Ibrahim, 1933) Knox, 1950；德国鲁尔，上石炭统（Westfal B/C）。

属征 三缝同孢子或小孢子，赤道轮廓明显三角形，外壁表面具疏密不一、较细的锥刺—刺（而非Ibrahim种名所示的颗粒），刺低矮，轮廓线微齿状；模式种全模大小96μm。

比较与讨论 参考 *Apiculatasporites* 属征。*Acanthotriletes* 以较长的锥刺—刺、长为基宽的2倍以上而与本属区别。

粒状三角细刺孢 *Planisporites granifer* (Ibrahim) Knox, 1950

（图版102，图41，46）

1933 *Granulati-sporites granifer* Ibrahim, p. 22, pl. 8, fig. 2.

1944 *Punctati-sporites granifer*, Schopf, Wilson and Bentall, p. 31.

1950 *Planisporites granifer* (Ibrahim) Knox, p. 315, pl. 17, fig. 210.

1955 *Planisporites granifer*, Potonié and Kremp, p. 71, pl. 13, fig. 207.

1993 *Planisporites granifer* (Ibrahim) Potonié and Kremp，朱怀诚，249页，图版60，图40，41。

描述 赤道轮廓三角形—圆三角形，大小58.5—65.0μm；三射线清晰，简单、细直，长3/4—1R；外壁厚2.0—2.5μm，轮廓线不规则波形，表面覆以粗粒、瘤，基部多为不规则圆形，基径1—3μm，高1.0—1.5μm，末端尖或圆钝，基部分离，偶有褶皱。

比较与讨论 据 Potonié 和 Kremp（1955），本种全模大小96μm，主要为锥刺纹饰。

产地层位 甘肃靖远，羊虎沟组。

大三角细刺孢 *Planisporites magnus* (Naumova) Lu, 1994

(图版 8,图 19, 20)

1953 *Lophotriletes magnus* Naumova, p. 58, pl. 7, fig. 20.

1994a *Planisporites magnus* (Naumova) Lu,卢礼昌,174 页,图版 1,图 41。

1995 *Planisporites magnus*,卢礼昌,图版 2,图 8。

描述 赤道轮廓亚三角形,大小 48—56μm;三射线明显开裂,且两两射线之间的外壁向赤道翻转,致使三射线区外壁呈一显著的三角形空缺区,其角顶延至 2/3—4/5R;外壁厚约 1μm 或不足,多褶皱,呈带状,并常沿赤道或赤道附近分布;外壁表面覆以小锥刺纹饰,分布致密且均匀;纹饰分子基部轮廓近圆形,宽与高均不超过 1μm,顶端尖,基部间距约 1μm,罕见 2μm,赤道轮廓线上反映甚微;浅黄棕色。

产地层位 江苏南京龙潭,五通群擂鼓台组上部;湖南界岭,邵东组。

塔里木三角细刺孢(新种) *Planisporites tarimensis* Ouyang and Hou sp. nov.

(图版 102,图 32, 33)

1989 *Planisporites* sp. 1,侯静鹏、沈百花,105 页,图版 16,图 10—12。

描述 赤道轮廓三角形—圆三角形,大小 43—46μm,全模 43μm(图版 102,图 32);三射线清楚,具窄唇,顶部微高起,近达赤道;外壁薄,具细褶皱,表面具颇细密的锥刺纹饰,基宽和高 1.0—1.2μm,轮廓线上密细齿状。

比较与讨论 本种以个体不大、射线具唇尤其是细密的锥刺与属内其他种不同。*Azonotriletes tenuispinosus* Waltz(Andreyeva, 1956, p. 243, pl. 46, fig. 31a,b)包括的孢子(30—50μm)变异很大,有圆形、圆三角形、三角形,射线和刺有长有短, 列了 20 个手绘图,其中左下方一个图与当前标本有点像,但其刺较为纤细,射线无明显唇。

产地层位 新疆塔里木盆地库车,比尤勒包谷孜群。

三角刺瘤孢属 *Lophotriletes* (Naumova) Potonié and Kremp, 1954

模式种 *Lophotriletes gibbosus* (Ibrahim) Potonié and Kremp, 1954;德国鲁尔,上石炭统(Westfal B/C 之交)。

属征 三缝同孢子或小孢子;赤道轮廓三角形,三边凸出或凹入;三射线长为 2/3—1R;外壁纹饰与 *Apiculatisporis* 同。

比较与讨论 赤道轮廓圆形、外壁纹饰与本属相似的孢子归入 *Apiculatisporis*。Oshurkova (2003)不赞成用 *Lophotriletes* 而主张以她修订的 *Iugisporis* (Bharadwaj and Venkatachala) emend. 代替之。理由是,当初 Naumova (1937)起用 *Lophotriletes* 一名是指瘤面而非锥刺孢子;但这一理由难以站住脚,因为 Potonié 等指定了他们的模式种,而且 *Iugisporis* 的模式种 *I. limpidus* Bhardwaj and Venkatachala,1961 射线具粗壮唇,纹饰为很小的锥刺,轮廓线上不明显:故本书仍采用多数作者的办法处理。

连接三角刺瘤孢 *Lophotriletes commisuralis* (Kosanke) Potonié and Kremp, 1955

(图版 102,图 26, 27)

1950 *Granulatisporites commisuralis* Kosanke, p. 20, pl. 3, fig. 1.

1952 *Apiculatisporites microsaetosus* (Loose) Imgrund, p. 42.

1955 *Lophotriletes commisuralis* (Kosanke) Potonié and Kremp, p. 73, pl. 14, figs. 222,223.

1960 *Lophotriletes commisuralis* (Kosanke) Potonié and Kremp, Imgrund, p. 164, pl. 15, figs. 66—68.

1987a *Lophotriletes commisuralis*,廖克光,556 页,图版 135,图 7。

1989 *Lophotriletes commisuralis*,侯静鹏、沈百花,101 页,图版 11,图 4。

描述 据 Potonié 和 Kremp (1955) 描述,赤道轮廓三角形,三边微凹入,角部钝尖;孢子大小 25—35μm,全模 29.5μm;三射线 2/3—3/4R;整个表面周边具小锥刺,轮廓线上约 45 枚,基宽和高近相等。同义名表中所列我国归入此种的孢子在大小、射线长度与此描述有些差别,但可归入此形态种。

比较与讨论　本种以其个体和锥刺很小与属内其他种区别。

产地层位　河北开平，赵各庄组；山西宁武，本溪组；山西保德，太原组；新疆乌鲁木齐，梧桐沟组。

常见三角刺瘤孢(比较种)　*Lophotriletes* cf. *communis* Naumova，1953

(图版14，图4)

1953 *Lophotriletes communis* Naumova，p. 55，pl. 7，figs. 6，7.

1994 *Lophotriletes communis*，卢礼昌，图版3，图5，6。

注释　此标本的形态特征与大小幅度均与 Naumova (1953) 首次描述的 *L. communis* 非常接近，仅前者纹饰较细小与密集，故种的鉴定作了保留。

产地层位　江苏南京龙潭，五通群擂鼓台组上部。

稠密三角刺瘤孢　*Lophotriletes confertus* Ouyang，1986

(图版102，图24)

1986 *Lophotriletes confertus* Ouyang，欧阳舒，50页，图版V，图2。

描述　赤道轮廓三角形，三边微凹，角部钝圆或微尖，全模40μm(包括纹饰)；三射线可见并具唇，微裂，长>1/2R，可能接近半径全长；外壁颇厚，但厚度不明，表面具密的以短棒瘤为主的纹饰，基宽可达2μm，高约1.5μm，末端近平截或微凹入，少数为锥刺—锥瘤，偶尔末端很尖，纹饰基部常不规则相连，构成蜿蜒曲折的狭壕或小穴，只在三边中部游离成分稍多，但仍相当密，绕周边约50枚；黄棕色。

比较与讨论　本种以其纹饰较细弱而且特别密与一些略可比较的种如 *L. gibbosus* 有别。

产地层位　云南富源，宣威组上段。

多刺三角刺瘤孢　*Lophotriletes copiosus* Peppers，1970

(图版102，图42)

1970 *Lophotriletes copiosus* Peppers，p. 97，pl. 5，figs. 25，26.

1993 *Lophotriletes copiosus* Peppers，朱怀诚，245页，图版59，图3。

描述　赤道轮廓三角形，边部近直，微凹或微凸，角部圆钝；大小54μm；三射线简单，细直，长几达赤道，有时由于表面纹饰掩盖而不明显；外壁厚约2μm，表面覆盖紧密排列的锥瘤—锥刺，基宽及高均为1—3μm，末端多尖，少圆钝，基部分离，间距1—3μm。

比较与讨论　当前标本与描述的美国上石炭统的这个种大小(42.3—55.3μm)、纹饰基宽和高(2—3μm)颇相似，但轮廓线上锥刺不如后者显著(40—65枚)。

产地层位　甘肃靖远，红土洼组—羊虎沟组。

皱脊三角刺瘤孢　*Lophotriletes corrugatus* Ouyang and Li，1980

(图版102，图23，40)

1980 *Lophotriletes corrugatus* Ouyang and Li，欧阳舒、李再平，130页，图版Ⅱ，图6—13。

1986 *Lophotriletes corrugatus* Ouyang and Li，欧阳舒，50页，图版V，图1。

描述　赤道轮廓三角形，三边微凹或近平直，角部浑圆或微尖至平截；大小37(45)59μm，全模55μm(图版102，图40)；三射线清楚，长2/3—1/2R，或具微高起窄唇，厚<1μm，末端尖；外壁厚1—2μm，表面具中等密度的低平锥瘤—锥刺—细瘤纹饰，高1.0—1.5μm，基宽1—3μm，末端多钝圆或微尖；纹饰在三角部常相连而略呈冠状—皱瘤状，在近极射线之间较小甚至不发育，绕周边25—35枚突起；棕黄—黄色。

比较与讨论　以纹饰常在角部相连而呈冠状—皱瘤状而与此属其他种区别，以若干单个锥瘤的存在和三边多凹入而与 *Camptotriletes* 属区别。

产地层位　云南富源，宣威组上段—卡以头组。

粗强三角刺瘤孢 *Lophotriletes cursus* Upshaw and Creath, 1965

（图版 102，图 34，35）

1965 *Lophotriletes cursus* Upshaw and Creath, p. 434 ,pl. 1, figs. 25—27.

1976 *Lophotriletes curvatus* (sic!) Upshaw and Creath, Kaiser, p. 104, pl. 5, figs. 1, 2.

描述 赤道轮廓三角形，三边微凹或近平直，大小 45—50μm；三射线简单，直，近伸达赤道，常开裂；外壁较薄，表面具棒瘤状—少量乳凸状的瘤，宽和高 1.5—3.0μm，少量呈锥刺状，末端尖锐，在靠近三射线周围亦不减弱，瘤的顶视呈圆形、卵圆形或多角形，很密，间距小于瘤直径；棕黄色。

比较与讨论 本种与首次描述的美国上石炭统的 *L. cursus* 有些相似，但纹饰小一些，而密度几乎大 1 倍。

产地层位 山西保德，下石盒子组。

泥盆三角刺瘤孢

Lophotriletes devonicus (Naumova ex Tschibrikova) McGregor and Camfield, 1982

（图版 14，图 7）

1959 *Diatomozonotriletes devonicus* Naumova in litt., Tschibrikova, p. 80, pl. 14, fig. 4.

1982 *Lophotriletes devonicus* (Naumova ex Tschibrikova) McGregor and Camfield, p. 54, pl. 15, figs. 5—11; text-fig. 86.

1997 *Lophotriletes devonicus*，卢礼昌，图版 2，图 16。

描述 赤道轮廓近三角形，大小 42μm；三射线微曲，两侧略具唇，伸达赤道附近；赤道外壁厚约 2μm，远极与赤道区外壁具钝锥刺或锥瘤纹饰，基部常不接触（除赤道外），基部轮廓近圆形，直径 2.0—3.5μm，高略小于宽，顶部钝凸或宽圆，表面光滑；浅棕—棕（纹饰）色。

比较与讨论 纹饰特征与 McGregor 和 Camfield (1982) 描述 *L. devonicus* 的标本（pl. 15, figs. 7, 8）最为相似，孢体大小幅度也在其范围内。

产地层位 新疆准噶尔盆地，呼吉尔斯特组。

刺猬三角刺瘤孢 *Lophotriletes erinaceus* (Waltz ex Naumova) Zhou, 2003

（图版 6，图 2，3）

1941 *Azonotriletes erinaceus* Waltz, in Luber and Waltz, p. 35, 36, pl. 2, fig. 26.

1953 *Acanthotriletes erinaceus* (Waltz) Naumova, p. 49, pl. 5, figs. 29, 30.

1996 *Lophotriletes erinaceous* (Waltz ex Naumova) Zhang (sic!)，王怿，图版 2，图 16。

2003 *Lophotriletes erinaceus* (Waltz ex Naumova) Zhou，周宇星，见欧阳舒等，192 页，图版 6，图 20，21；图版 89，图 1。

描述 赤道轮廓近三角形，角部浑圆，大小 21—44μm；三射线或可见，长达赤道；外壁厚约 1μm，远极面和赤道具锥瘤状纹饰，基宽 1.0—2.5μm，高 0.5—2.5μm，顶部浑圆或钝圆，分布较均匀，间距 0.5—2.5μm，大多 1μm 左右；浅棕黄—黄色。

比较与讨论 由于当前标本纹饰的长度未达到基宽的 2 倍，以归入 *Lophotriletes* 为宜。

产地层位 湖南锡矿山，邵东组；新疆和布克赛尔俄姆哈，和布克河组上段。

弯曲三角刺瘤孢 *Lophotriletes flexus* Gao, 1984

（图版 102，图 9）

1984 *Lophotriletes flexus* Gao，高联达，399 页，图版 151，图 8。

描述 赤道轮廓三角形，三边微凸，大小 30—38μm；三射线清楚，具唇，宽 3—4μm，伸达角部；外壁厚，表面具大小不匀的刺瘤或块瘤状纹饰，基宽 3—5μm，高 4—6μm，端部钝圆或锥刺状，有时微弯曲，轮廓线呈波状或齿状；褐色。

比较与讨论 本种以刺瘤状纹饰和无环[或不明显(?)]区别于 *Lycospora*；与 *Brevitriletes hennellyi* Foster, 1979 (p. 35, 36, pl. 5, figs. 14, 15) 外形特征有些相似，但后者刺瘤高和宽仅 0.5—3.0μm，分布稀疏；与

Granulatisporites frustulentus (Balme and Hennelly) Playford 也略相似,但后者以刺粒状纹饰稀疏、端部锐尖,而与前者不同;又与 *Zingisporites zonalis* Hart, 1963 (p. 16, pl. 1, fig. 11) 类似,但后者三射线简单、无唇,纹饰基部在赤道部位相互融合,几呈类环状。

产地层位 山西宁武,上石盒子组。

隆凸三角刺瘤孢 *Lophotriletes gibbosus* (Ibrahim) Potonié and Kremp, 1955

(图版 102,图 13, 29)

1933 *Verrucosi-sporites gibbosus* Ibrahim, p. 25, pl. 6, fig. 49.

1955 *Lophotriletes gibbosus* (Ibrahim) Potonié and Kremp, p. 74, pl. 14, figs. 220, 221.

1960 *Lophotriletes gibbosus* (Ibrahim) Potonié and Kremp, Imgrund, p. 164, pl. 15, fig. 61.

?1982 *Lophotriletes gibbosus*,蒋全美等,603 页,图版 403,图 8,9,11。

1987a *Lophotriletes* cf. *gibbosus*,廖克光,556 页,图版 135,图 17。

1993 *Lophotriletes gibbosus*,朱怀诚,245 页,图版 60,图 25。

描述 据 Potonié 和 Kremp (1955)描述,赤道轮廓三角形,三边略凹入,角部浑圆,大小 40—50μm,全模 46μm;三射线约 2/3R,微弯曲,射线棱尖;外壁表面具末端钝圆、偶尔微平的大小不匀的锥瘤,较密,其间几呈负网状,绕周边约 40 枚;棕黄色。归入此种的我国标本大小 35—52μm,有些锥瘤稍尖,射线或开裂,但主要特征一致。

比较与讨论 与 *L. pseudaculeatus* Potonié and Kremp 的区别主要在于后者射线较长,特别是其锥刺较细而尖。

产地层位 河北开平,赵各庄组;山西宁武,本溪组;湖南长沙,龙潭组;甘肃靖远,羊虎沟组。

矮小三角刺瘤孢 *Lophotriletes humilus* Hou and Wang, 1986

(图版 102,图 31, 49)

1986 *Lophotriletes humilus* Hou and Wang,侯静鹏、王智,80 页,图版 21,图 7,29。

描述 赤道轮廓三角形,三边平直或微凹入,角部浑圆,大小 33μm;三射线清楚,长 1/2—2/3R,具窄唇,顶部微伸高,向末端逐渐变窄;外壁厚约 1.5μm,表面密布分散均匀的锥刺,基宽与高约 1μm;浅棕黄色。

比较与讨论 本种与 *L. corrugatus* Ouyang and Li, 1980 相似,但后者纹饰在角部常相连,呈脊条—皱瘤状,末端尖的较少。

产地层位 新疆吉木萨尔大龙口,梧桐沟组。

伊氏三角刺瘤孢 *Lophotriletes ibrahimii* (Peppers) Pi-Radony and Doubinger, 1968

(图版 102,图 36, 37)

1964 *Lophotriletes ibrahimi* Peppers, p. 20, pl. 2, figs. 9, 10.

1968 *Lophotriletes ibrahimi* (Peppers) Pi-Radondy and Doubinger, p. 413, 414, pl. 1, fig. 2.

1976 *Lophotriletes ibrahimi*, Kaiser, p. 104, pl. 5, fig. 4.

描述 赤道轮廓三角形,三边凹入,大小 45μm(不包括纹饰);三射线简单,直,伸达赤道;外壁厚约 1μm,整个表面具锥刺和锥瘤,基宽 2—3μm,高 2—4μm,纹饰不密,间距与纹饰直径相近,局部较密,基部靠近;棕黄色。

比较与讨论 本种与 *L. microsaetosus* (Loose) Potonié and Kremp, 1955 以及 *L. mosaicus* Potonié and Kremp, 1955 皆非常相似,但后两者锥刺较密,且锥刺基宽较小。

产地层位 山西保德,下石盒子组。

不完全三角刺瘤孢 *Lophotriletes incompletus* Lu, 1988

（图版 14，图 18，19）

1988 *Lophotriletes incompletus* Lu，卢礼昌，134 页，图版 22，图 10，11。

描述 赤道轮廓宽圆三角形，角部宽圆，三边平直或微凸；大小 59.3—71.8μm，全模标本 59.3μm；三射线仅可识别至不完全清楚，微弱简单，直，常不等长，长约 2/3R 或稍长；外壁较厚，赤道外壁厚 1.6—3.5μm；纹饰主要由锥刺组成，夹杂着次一级的小刺或刺—粒状突起，主要分布于近极—赤道区和整个远极面；锥刺低矮，分布致密，基部彼此不接触，或在某些标本上局部连接成不规则短脊，但不连接成网；锥刺基部轮廓和大小多变，一般基宽 2.3—5.0μm，大者可达 5.0—7.8μm，高 1.6—2.3μm，偶见较大锥刺（基宽 3.0—4.5μm，高 4—5μm），顶端呈鹰嘴状（长约 2μm），极少数末端两分叉；近极面尤其三射线区表面微粗糙；无明显纹饰；孢子赤道轮廓线呈不规则锯齿状，突起 22—32 枚；罕见褶皱；棕黄或浅棕色。

比较与讨论 本种的形态特征与 Smith 和 Butterworth（1967）描述的英国石炭系的 *Planisporites granifer*（Ibrahim）Knox 颇接近，但它的外壁纹饰主要由颗粒和末端钝尖的小刺瘤组成，而不是锥刺。

讨论 归入当前种的标本，除个别分子外，虽然角部（或角顶）较宽圆，但三边并不强烈凸出，即赤道轮廓仍接近于三角形，所以将它们置于 *Lophotriletes* 较归入 *Apiculatisporis* 或 *Apiculatasporites* 更恰当。

产地层位 云南沾益，海口组。

明显三角刺瘤孢 *Lophotriletes insignitus*（Ibrahim）Potonié and Kremp, 1955

（图版 14，图 3）

1933 *Apiculati-sporites insignitus* Ibrahim, p. 24, pl. 6, fig. 54.

1955 *Lophotriletes insignitus* Potonié and Kremp, p. 74, pl. 14, figs. 224—226.

1999 *Lophotriletes insignitus*，卢礼昌，46 页，图版 4，图 1。

注释 当前标本大小（量 7 粒）31.2（38.9）43.6μm，其形态特征和纹饰组成（锥刺—小锥瘤）与 *L. insignitus* 的全模标本（Potonié and Kremp, 1955, pl. 14, fig. 224）最为相似，仅后者略大（58μm）且不具唇。

产地层位 新疆和布克赛尔，黑山头组 5 层。

具唇三角刺瘤孢 *Lophotriletes labiatus* Sullivan, 1964

（图版 102，图 38，50）

1964 *Lophotriletes labiatus* Sullivan, p. 360, pl. 57, figs. 19, 20.

1984 *Lophotriletes gibbosus*（Ibrabim）Potonié and Kremp，王蕙，图版Ⅱ，图 15。

1993 *Lophotriletes labiatus* Sullivan，朱怀诚，245 页，图版 59，图 8a，b，9—11，36。

描述 赤道轮廓三角形，边部直—外凸，角部尖，偶微钝；大小 30.0（35.7）40.0μm（测 10 粒）；三射线明显，具发达的唇，长几达赤道，唇在一侧宽 2.5—6.0μm，多为 3—5μm，大多隆起呈脊状，高 2—3μm，向射线末端方向渐低；外壁厚 1.5—2.0μm（不含纹饰），表面覆盖排列较密的锥刺—锥瘤，基部多圆形，直径 0.5—2.0μm，大多 1μm 左右，高 0.5—1.5μm，末端尖或圆钝，基部分离，间距 <1.5μm，向近极面纹饰渐弱。

比较与讨论 当前标本大小、形态和纹饰特征与首见于英国上石炭统（Westphalian D）的标本基本一致，当属此种。

产地层位 甘肃靖远，红土洼组—羊虎沟组。

篱刺三角刺瘤孢 *Lophotriletes microsaetosus*（Loose）Potonié and Kremp, 1955

（图版 102，图 44，45）

1932 *Sporonites microsaetosus* Loose in Potonié, Ibrahim and Loose, p. 450, pl. 18, fig. 40.

1934 *Setosi-sporites microsaetosus* Loose, p. 148.

1944 *Granulatisporites microsaetosus*, Schopf, Wilson and Bentall, p. 33.

1950 *Spinoso-sporites microsaetosus*, Knox, p. 314, p1. 17, fig. 203.

1955 *Lophotriletes microsaetosus* (Loose) Potonié and Kremp, p. 74, pl. 14, figs. 229—231.

1976 *Lophotriletes microsaetosus* (Loose) Potonié and Kremp, Kaiser, p. 104, pl. 5, fig. 3.

1984 *Lophotriletes microsaetosus*,王蕙,图版Ⅱ,图13,14。

1986 *Lophotriletes microsaetosus*,杜宝安,293页,图版Ⅰ,图46。

1989 *Lophotriletes microsaetosus*, Zhu H. C., pl. 2, fig. 6, 7.

1990 *Lophotriletes microsaetosus*,张桂芸,见何锡麟等,306页,图版Ⅲ,图8。

1993 *Lophotriletes microsaetosus*,朱怀诚,245页,图版59,图12—17。

描述 据Potonié和Kremp(1955)描述,赤道轮廓三角形,三边多少凹入,角部钝圆,大小25—40μm,全模39μm;三射线近达赤道,射线棱微弯曲;外壁表面具锥刺,末端有时尖,基宽和高2.0—2.5μm,颇密,其间几呈负网状,绕周边约35枚;黄色。

比较与讨论 我国被归入此种的孢子仅Kaiser(1976)、杜宝安(1986)鉴定的标本与全模标本较为接近,其他作者如高联达(1984,333页,图版134,图33—34)、侯静鹏、沈百花(1986,80页,图版25,图19)鉴定的标本则相差甚远,或者纹饰在轮廓线上难以对比,或者纹饰太稀,似应归入别的种;产自华北石炭系的某些标本如同义名表中所列更相似些;*L. gibbosus*与本种相近,但大小较后者稍大,纹饰末端较圆。

产地层位 山西宁武,太原组;内蒙古准格尔旗龙王沟,山西组;甘肃平凉,山西组;甘肃靖远,红土洼组—羊虎沟组、靖远组;宁夏横山堡,上石炭统。

小疣三角刺瘤孢 *Lophotriletes microthelis* Wang, 1984

(图版102,图53)

1984 *Lophotriletes microthelis* Wang,王蕙,97页,图版Ⅰ,图28;图版Ⅱ,图16。

描述 赤道轮廓三角形,三边凸出或呈亚圆形,大小68—100μm,全模近100μm;三射线呈粗棱状凸起,宽3.4—5.0μm,长为2/3R或直达角部边缘;外壁厚<1μm,表面具颗粒、乳头状、瘤状突起,突起的直径长1—4μm,近极面纹饰变细,孢子轮廓线略有起伏,无中孢体;深黄色。

比较与讨论 当前孢子比*L. gibbosus* (Ibrahim) Potonié and Kremp, 1954个体大且纹饰细。

产地层位 宁夏横山堡,上石炭统。

杂饰三角刺瘤孢 *Lophotriletes mictus* Ouyang, 1986

(图版102,图56)

1986 *Lophotriletes mictus* Ouyang,欧阳舒,50页,图版V,图5。

描述 赤道轮廓三角形,三边凸出,全模61μm(不包括纹饰);三射线具唇,宽可达3μm,射线棱直,长=R;外壁厚约2μm,表面具密钝刺—短棒瘤,基宽1.0—2.5μm,高可达1—3μm,大小、形状很不规则,往往粗细相间,细的较多而密,主要为细瘤—锥瘤,低矮,基部常相邻或相连,少量末端具较尖的刺,粗纹饰在角部稍多些;棕黄色。

比较与讨论 本种以孢子较大、同一标本上纹饰多变而区别于*Lophotriletes*属其他种;与奥地利上三叠统的*Conbaculatisporites mesozoicus* Klaus, 1960 (p. 126, pl. 29, fig. 15) 略相似,但后者孢子较小(39—48μm),锥刺或棒瘤纹饰,大小、高差较均匀,且三射线柔弱,较短,明显不同。

产地层位 云南富源,宣威组上段。

小型三角刺瘤孢 *Lophotriletes minor* Naumova, 1953

(图版14,图1,2)

1953 *Lophotriletes minor* Naumova, p. 55, pl. 7, fig. 10; p. 96, pl. 15, fig. 8; p. 108, pl. 16, fig. 32.

1988 *Lophotriletes minor*,卢礼昌,134页,图版16,图17—19;图版18,图16—18。

1994 *Lophotriletes minor*,卢礼昌,图版3,图29,30。

描述 赤道轮廓凸边三角形—宽圆三角形,大小17.2—28.1μm;三射线清楚,具唇,唇宽1.5—2.0μm,

伸达赤道边缘;外壁具小圆瘤—锥刺状纹饰,主要限于远极面与赤道部位,分布致密,彼此接触或不接触,基部宽约 1.5μm,高 1μm;三射线区微粗糙,无明显突起;赤道轮廓线呈微波状—细锯齿状,边缘突起 33—42 枚;罕见褶皱,浅棕色。

产地层位 江苏南京龙潭,五通群鼓擂台段(上部);云南沾益史家坡,海口组。

镶嵌三角刺瘤孢 *Lophotriletes mosaicus* Potonié and Kremp, 1955

(图版 102,图 28, 55)

1955 *Lophotriletes mosaicus* Potonié and Kremp, p. 75, pl. 14, figs. 227, 228.

1976 *Lophotriletes mosaicus* Potonié and Kremp, Kaiser, p. 105, pl. 4, figs. 8—10.

1976 *Lophotriletes commissuralis* (Kosanke) Potonié and Kremp, Kaiser, p. 105, pl. 4, fig. 11.

1986 *Lophotriletes mosaicus*,杜宝安,图版 I,图 45。

1993 *Lophotriletes mosaicus*,朱怀诚,246 页,图版 59,图 22,27—29。

1997 *Lophotriletes mosaicus*,朱怀诚,51 页,图版 I,图 1。

2008 *Lophotriletes mosaicus*, Liu Feng, fig. 1. 32.

描述 据 Potonié 和 Kremp (1955)描述,赤道轮廓三角形,三边常微凹入,角部浑圆,大小 30—40μm,全模 35μm;三射线长 >1/2R 或近赤道,射线棱细,不高,波状;外壁不厚,表面具钝锥刺,基宽与高相当,宽 1—3μm,高 1.5—2.0μm,很密,其间几呈不规则负网状,绕周边约 30 枚;黄色。

比较与讨论 Kaiser(1976)鉴定的山西的此种标本大小 40—50μm,其他特征与前述基本一致;他鉴定 *L. commissuralis* 的标本,其大小(40—55μm)远大于 *L. commissuralis* 的模式标本,后者仅 25—35μm,故迁入 *L. mosaicus* 之内。本种与 *L. microsaetosus* 相似,但后者纹饰稍细长一点,末端有时变尖。

产地层位 山西保德,本溪组—下石盒子组;甘肃平凉,山西组;甘肃靖远磁窑,红土洼组—羊虎沟组;新疆塔里木盆地叶城棋盘,棋盘组。

新三角刺瘤孢 *Lophotriletes novicus* Singh, 1964

(图版 103,图 14)

1964 *Lophotriletes novicus* Singh, p. 247, pl. 44, figs. 24, 25.

1970 *Lophotriletes novicus* Singh, Balme, p. 322, pl. 6—9.

1984 *Lophotriletes novicus* Singh,高联达,399 页,图版 151,图 4。

描述 赤道轮廓三角形,三边微凹或平直,角部浑圆,大小 27—37μm;三射线清楚,长约 2/3R,或微开裂,接触区颜色稍暗;外壁薄,厚约 1μm,表面具不密的刺—锥刺纹饰,基宽 1—2μm,高 2—3μm,间距 1—4μm 不等;偏浅黄色。

比较与讨论 我国标本与 Singh (1964) 描述的伊拉克二叠系的模式标本颇为相似,不过,山西标本接触区可见,但颜色变暗的特征不明显,然而这一特征是否有分类意义还很难说(Balme, 1970, p. 324),所以按纹饰类似应归入同一种内。*L. rarus* Bharadwaj and Salujha 纹饰较稀。

产地层位 山西宁武,上石盒子组。

乳瘤三角刺瘤孢 *Lophotriletes papillatus* Gao, 1984

(图版 103,图 60)

1984 *Lophotriletes papillatus* Gao,高联达,400 页,图版 151,图 10。

描述 赤道轮廓亚三角形,三边凸,角部浑圆,大小 40—55μm;三射线直,伸达角部外壁内沿,两侧具薄唇;外壁厚,表面[近极面和远极面(?)]具稀疏的大小颇均匀的圆形乳瘤,直径 3—5μm,基部不连接,轮廓线上仅偶有表现;黄褐色。

比较与讨论 本种与 *Lophotriletes* sp. 2 (Ravn, 1979, p. 29, pl. 6, figs. 14, 15) 有些相似,但后者射线两侧无唇,瘤也小(1—3μm)且较密。不过,本种特征还需发现更多的标本加以补充,因从原作者提供的唯一扫描电镜照片上看不清楚,纹饰在赤道部位无明显表现,是否在远极面也有,有待证明,即使按原描述,归属仍有问题。

产地层位 山西宁武,山西组。

副杂饰三角刺瘤孢 *Lophotriletes paramictus* Ouyang, 1986

(图版 103,图 44)

1986 *Lophotriletes paramictus* Ouyang,欧阳舒,50 页,图版 V,图 15。

描述 赤道轮廓三角形,三边平或微凸,角部钝圆或锐圆,大小 40—47μm(不包括纹饰),全模 47μm;三射线单细,接近半径长,微弯曲,有时几不能辨;外壁薄,或具褶皱,整个表面具大小、高低很不规则的纹饰,以棒瘤为主,夹少量锥刺,高 1—5μm 不等,一般约 3μm,基宽 1—5μm,大多约 2μm,末端形状不规则,或钝或圆或近平截或微尖至颇尖;纹饰间距多为 2—3μm,绕周边纹饰数量少于 40 枚;微棕—黄色。

比较与讨论 本种以孢子外壁薄,射线纤细,纹饰较粗壮而与 *L. mictus* Ouyang 区别。

产地层位 云南富源,宣威组上段。

拟三瓣三角刺瘤孢 *Lophotriletes paratrilobatus* Hou and Song, 1995

(图版 103,图 39)

1995 *Lophotriletes paratrilobata* Hou and Song,侯静鹏等,74 页,图版 21,图 6。

描述 赤道轮廓三角形,边内凹,呈三瓣状,角部圆形,全模 49.5μm;三射线因纹饰遮掩而不清楚,长约 2/3R;外壁厚 1—2μm,表面具均匀密布的锥刺或圆形的细瘤,显著,但大小不等,刺高 2.5—3.5μm,基宽≤3.5μm,间距约 2.5μm,绕周边约 42 枚;棕黄色。

比较与讨论 本种以边沿内凹较深近三瓣状和锥刺显著等特征而与属内其他种不同。

产地层位 浙江长兴,龙潭组。

矮小三角刺瘤孢 *Lophotriletes perpusillus* Naumova, 1953

(图版 14,图 5)

1953 *Lophotriletes perpusillus* Naumova, p. 28, pl. 2, fig. 6.

1988 *Lophotriletes perpusillus*,高联达,207 页,图版 2,图 4。

1994 *Lophotriletes perpusillus*,卢礼昌,图版 3,图 7。

描述 赤道轮廓圆三角形,大小 30—45μm;三射线被唇遮盖,微曲,长 2/3—4/5R;外壁厚约 2μm,表面覆以稀散的小瘤状纹饰;纹饰基部轮廓近圆形,基径一般长 0.8—1.5μm,并略大于高,表面光滑,顶端钝凸,赤道轮廓线上反映明显;基部间距从局部接触到小于至大于基宽的均存在;浅棕色。

注释 Naumova (1953)描述 *L. perpusillus* 的标本,大小为 25—30μm,孢子轮廓似乎接近于圆形,纹饰较粗壮,较均一,且呈分散状(pl. 2, fig. 6)。Oshurkova (2003)将此种归入 *Verrucosisporites*。

产地层位 江苏南京龙潭,五通群擂鼓台组上部;西藏聂拉木,章东组。

伪尖三角刺瘤孢 *Lophotriletes pseudaculeatus* Potonié and Kremp, 1955

(图版 103,图 15, 46)

1955 *Lophotriletes pseuaculeatus* Potonié and Kremp, p. 75, pl. 14, figs. 232—234.

1962 *Lophotriletes* cf. *pseudaculeatus* Potonié and Kremp,欧阳舒,图版Ⅲ,图 7。

1980 *Lophotriletes pseudaculeatus*,欧阳舒、李再平,图版Ⅱ,图 2,3。

1982 *Lophotriletes* cf. *pseudaculeatus*,蒋全美等,603 页,图版 403,图 12。

1986 *Lophotriletes microsaetosus* (Loose) Potonié and Kremp,侯静鹏等,80 页,图版 25,图 19。

1986 *Lophotriletes tuberifer* (Imgrund) Potonié and Kremp,杜宝安,图版Ⅰ,图 44。

?1986 *Lophotriletes pseudaculeatus*,侯静鹏等,79 页,图版 21,图 5。

1995 *Lophotriletes pseudaculeatus*,吴建庄,338 页,图版 50,图 19。

描述 据 Potonié 和 Kremp(1955)描述,赤道轮廓三角形,三边略凹入,角部浑圆,大小 45—60μm,全模 52μm;三射线具窄唇,有时开裂,几伸达赤道;外壁不厚,整个表面具偏稀的锥刺,高约 1. 5μm,基部有时颇宽,末端尖或钝,绕周边约 40 枚;黄色。

比较与讨论 同义名表中所列我国此种标本与此描述相比,在大小、形态、纹饰粗细等特征上有些差别,暂归入同种内。新疆上二叠统的这个种,孢子三边平或微凹,轮廓线上纹饰细弱,归入此种更应保留;同样,被鉴定为 *L. microsaetosus* 的标本纹饰大小、稀疏程度更接近于 *L. pseudaculeatus*,虽轮廓线并不凹入,但被 Peppers(1970, pl. 6, fig. 2)鉴定为该种的标本三边亦不凹入甚至一边凸出更强烈,*L. microsaetosus* 的锥刺较密而大,末端不太尖,大小也不太均匀。

产地层位 浙江长兴,龙潭组;河南临颍,上石盒子组;湖南长沙,龙潭组;甘肃平凉,山西组;新疆吉木萨尔,锅底坑组。

稀刺三角刺瘤孢 *Lophotriletes rarispinosus* Peppers, 1970

(图版 103,图 16, 17)

1970 *Lophotriletes rarispinosus* Peppers, p. 96, pl. 5, figs. 20—22.

1993 *Lophotriletes rarispinosus* Peppers,朱怀诚,246 页,图版 59,图 23—25。

描述 赤道轮廓三角形,边部直或内凹,角部尖或略钝;大小 30. 0—37. 5μm;三射线可见,简单,细直,长 3/4R,偶达赤道;外壁厚 1. 0—1. 5μm(不含纹饰),表面覆盖稀疏的锥瘤、锥刺,基部圆形、椭圆形,最大直径 1—3μm,高 1—3μm,末端截形或圆钝,有时尖,基部间距 1. 5—6. 0μm,大多 4—5μm,赤道周边具刺突 15—35 枚,一般约 20 枚。

比较与讨论 当前标本除个体稍大外,其他射线特征与首见于美国上石炭统的 *L. rarispinosus* (19. 5—28. 3μm,全模 26μm)颇为相似。

产地层位 甘肃靖远,红土洼组—羊虎沟组下段。

稀少三角刺瘤孢 *Lophotriletes rarus* Lu, 1999

(图版 14,图 10—12)

1999 *Lophotriletes rarus* Lu,卢礼昌,46 页,图版 4,图 22—24。

描述 赤道轮廓近三角形—宽圆三角形,大小 37. 4—47. 6μm;三射线可见,简单,直,伸达赤道附近;外壁厚 2. 0—3. 5μm,表面光滑—微粗糙,纹饰由锥瘤状突起及其连接的脊组成,主要分布于赤道与远极面;锥瘤状突起较粗大,基部宽 3. 5—7. 8μm,顶端钝凸,不规则,偶见锐尖,高 4. 7—9. 4μm,分布稀疏,赤道边缘突起 9—15 枚;脊状突起呈山脊状或板状,分布不规则,也不构成网状图案,基宽 3. 0—6. 2μm,长 6—14μm,脊背窄,凹凸不平;近极面纹饰明显退化,仅见柔弱的皱脊,且稀疏、低矮;孢壁浅棕色,突起棕—深棕色。

比较与讨论 本种以其纹饰粗大、稀少为特征而与属内其他种不同。

注释 Oshurkova (2003)将 *Filicitriletes rarus* Luber, 1955 (部分,如 pl. 3, fig. 72)迁入 *Lophotriletes*,定为 *L. rarus*,为本种的晚出异物同名,无效。

产地层位 新疆和布克赛尔,黑山头组 4,5 层。

直刺三角刺瘤孢三角变种 *Lophotriletes rectispinus* (Luber) var. *triangulatus* (Andreyeva) Chen, 1978

(图版 103,图 47, 57)

1956 *Lophotriletes rectispinus* Luber forma *triangulata* Andreyeva, p. 250, pl. 49, fig. 54.

1978 *Lophotriletes rectispinus* var. *triangulata* (Andreyeva),谌建国,401 页,图版 118,图 7,10。

1982 *Lophotriletes rectispinus* var. *triangulata* (Andreyeva),蒋全美等,603 页,图版 403,图 14—18,25。

描述 赤道轮廓三角形,三边微凹凸或平,角部浑圆,大小40—60μm;三射线可见,或具窄唇,因纹饰而显微弯曲,近达赤道;外壁不厚,约1μm,表面具密集的锥刺,间有乳头状瘤,基径多在2μm左右,高2—3μm,末端钝尖、尖或钝圆,轮廓线上多呈锥刺状;黄褐色。

比较与讨论 当前标本与俄罗斯库茨涅茨克二叠系的种模(Andreyeva,1956)颇为相近,但后者纹饰稍稀,且为手绘图,难以确切比较;与前面描述的 *L. microsaetosus* 也略可比较,但后者小于40μm。

产地层位 湖南长沙、邵东,龙潭组。

不平三角刺瘤孢法门变种 *Lophotriletes salebrosus* Naumova var. *famenensis* Naumova, 1953

(图版14,图8)

1953 *Lophotriletes salebrosus* Naumova var. *famenensis* Naumova, p. 109, pl. 16, figs. 37, 38.

1997 *Lophotriletes salebrosus*,卢礼昌,图版2,图24。

1997 *Lophotriletes trivialis* Naumova,卢礼昌,图版2,图23。

描述 赤道轮廓近三角形,角部宽圆—钝凸,三边外凸,大小55—67μm;三射唇粗壮,近顶部宽约12μm,顶部高14.5μm,朝赤道略变窄且端钝或尖,伸达赤道附近;外壁覆以致密的块瘤状纹饰;纹饰分子基部轮廓近圆形—不规则形,基部宽1.5—4.0μm(多为2.5μm左右),高1.5—2.0μm(多为2μm左右),顶部钝凸,彼此间距一般小于1μm,局部连接。

比较与讨论 当前标本形态特征、大小幅度及纹饰性质与Naumova (195)描述的 *L. salebrosus* Naum var. *famenensis* Naumova,1953 十分接近,应为同一种。Oshurkova (2003)将本种归入 *Converrucosisporites*。

产地层位 新疆准噶尔盆地,呼吉尔斯特组。

中华三角刺瘤孢 *Lophotriletes sinensis* Zhu, 1993

(图版103,图10, 11)

1993 *Lophotriletes sinensis* Zhu,朱怀诚,246页,图版59,图18—21。

描述 赤道轮廓三角形,边部多少外凸,角部略钝;大小28.0(30.2)32.0μm(测5粒),全模标本(图版103,图11)28μm;三射线简单,细直,偶微曲,常由于表面纹饰掩盖而不明显,接近伸达赤道,有时沿射线可见外壁窄带状加厚;外壁厚2.0—2.5μm,表面覆盖稀疏锥刺,基部近圆形,基径1—3μm,多为2.0—2.5μm,高1—3μm,末端圆钝或略钝,向末端尖化收缩渐快,基部分离,间距2—3μm,周边具刺突15—17枚。

比较与讨论 本种以外壁较厚、锥刺粗短为特征;以边部多外凸区别于 *L. mosaicus*;以锥瘤基部圆形、外壁较厚区别于 *L. rarispinosus*。

产地层位 甘肃靖远,红土洼组—羊虎沟组中段。

小刺三角刺瘤孢 *Lophotriletes spinosellus* (Waltz) Chen, 1978

(图版103,图36)

1941 *Azonotriletes spinosellus* Waltz, in Luber and Waltz, p. 164, pl. 14, fig. 232.

1978 *Lophotriletes spinosellus* (Waltz) Chen,谌建国,401页,图版118,图2。

1982 *Lophotriletes spinosellus*,蒋全美等,603页,图版403,图1。

描述 赤道轮廓三角形,边微凸,角部宽圆,大小77—80μm;三射线具薄唇,或开裂,长2/3—3/4R;外壁厚1—2μm,表面具较稀的小锥刺,高和基宽约1.5μm,顶端微尖或钝,绕周边约40余枚;黄色。

比较与讨论 当前标本与伯绍拉盆地二叠系的这个种(Luber and Waltz, 1941)形态、纹饰特征颇为相似,仅后者个体稍小(66μm),射线稍短。

产地层位 湖南邵东,龙潭组。

开平三角刺瘤孢 *Lophotriletes triangulatus* Gao, 1984

(图版 103,图 37)

1984 *Lophotriletes triangulatus* Gao,高联达,333 页,图版 134,图 32。

描述 赤道轮廓三角形,大小 40—50μm,全模 50μm;三射线细长,直伸至三角顶;孢壁厚 3—4μm,褐色,表面覆以不规则的刺瘤,刺瘤长 4—5μm,基部宽 6—7μm,基部有时连接。

比较与讨论 描述的标本与 *Acanthotriletes ignotus* Kedo(1957,图版Ⅰ,图 18)有些相似,但后者以刺前端锐尖而与前者不同。

产地层位 河北开平煤田,赵各庄组。

普通三角刺瘤孢 *Lophotriletes trivialis* Naumova, 1953

(图版 14,图 9)

1953 *Lophotriletes trivialis* Naumova, p. 57, pl. 7, fig. 17.

1997b *Lophotriletes trivialis*,卢礼昌,图版 2,图 23。

注释 当前新疆标本与 Naumova (1953)描述的 *L. trivialis* 在形态特征与纹饰组成等方面均颇接近,唯前者孢体(52.3μm)较后者(20—40μm)稍大,三射线具唇,但归属同一种似无疑问。

产地层位 新疆准噶尔盆地,呼吉尔斯特组。

锥饰三角刺瘤孢 *Lophotriletes tuberifer* (Imgrund) Potonié and Kremp, 1955

(图版 103,图 40)

1952 *Tuberculatisporites tuberifer* Imgrund, p. 64.

1955 *Lophotriletes tuberifer* (Imgrund) Potonié and Kremp, p. 73.

1960 *Lophotriletes tuberifer* (Imgrund) Potonié and Kremp, Imgrund, p. 163, pl. 14, fig. 42.

描述 赤道轮廓亚三角形,三边凸,角部浑圆,大小 44—70μm,全模 46μm;三射线直,具唇,多开裂,长约 2/3R;外壁不厚,整个表面具颇稀的锥刺,宽和高约 2μm,间距≤4μm,轮廓线上微显突起;黄棕色。

比较与讨论 较为接近此种的是 *L. pseuaculeatus*,略有差别的是后者三边凹入。而从甘肃平凉获得的 *L. tuberifer* 标本,因边凹,故迁入 *L. pseuaculeatus* 内。

产地层位 河北开平,唐家庄组—唐山组。

钩状三角刺瘤孢 *Lophotriletes uncatus* (Naumova) Kedo, 1963

(图版 14,图 6)

1953 *Acanthotriletes uncatus* Naumova, p. 26, pl. 1, figs. 23, 24.

1963 *Lophotriletes uncatus* (Naumova) Kedo, p. 50, pl. 3, fig. 78.

1999 *Lophotriletes uncatus*,卢礼昌,46 页,图版 15,图 13。

描述 赤道轮廓三角形,三射线长 3/5—4/5R;大小 36—42μm;锥刺基宽 1.5—4.0μm,高 2.0—4.5μm,顶端钝或尖,分布不规则且相当稀散,间距可为基宽的 1.5—4.0 倍;边缘突起 13—19 枚;外壁厚约 2μm;橙棕色。

比较与讨论 描述的标本,其形态、纹饰、大小均与 Kedo (1963)描述的 *L. uncatus* 颇接近,但与 Naumova (1953)描述的 *Acanthotriletes uncatus* 特征不尽相同,其纹饰除锥刺—锥瘤状突起外,似乎尚夹杂有块瘤状突起。

产地层位 新疆和布克赛尔,黑山头组 4 层。

兖州三角刺瘤孢 *Lophotriletes yanzhouensis* Ouyang, 1983

(图版 103,图 48, 49)

1980 *Apiculatisporites aculeatus* (Ibrahim) Smith and Butterworth, Ouyang in Li and Ouyang, pl. 3, fig. 16.

1983 *Lophotriletes yanzhouensis* Ouyang,欧阳舒、黎文本,33 页,图版Ⅰ,图 19—24。

描述 赤道轮廓近三角形—亚圆形,大小 44.0(46.0)57.5μm(纹饰除外),全模 45μm(图版 103,图 49);三射线清楚,具窄唇,直,伸达或近达外壁内沿,常略开裂;外壁厚 3—6μm,在同一标本上颇均匀,较疏松,表面具稀疏—颇密的锥刺—微钩刺为主的纹饰,一般基部较膨大,基宽和高 2—6μm 不等,常在近顶部或 1/2 处开始急剧收缩变细尖,有些变成二型纹饰,端部钝或颇尖,少数呈三角状或棒状、齿状,纹饰在远极和赤道较发育,有些基部相邻甚至相连;浅棕黄—深棕色。

比较与讨论 本种与山西保德的 *Apiculatisporites aculeatus* (Ibrahim) Smith and Butterworth (Kaiser, 1976, p. 109, pl. 6, figs. 11, 12) 颇为相似,但后者个体较小(35—45μm),纹饰基部在远极面常相连,呈冠状;本书图版 103 图 48 的标本,因呈亚圆形,在未掌握变异幅度的情况下,曾被我们归入 *A. aculeatus* 这一种内,现改归 *Lophotriletes* 属内,可见三角形和圆形作为形态属的划分主要标准之一也只有相对的意义。

产地层位 山东兖州,山西组。

开平孢属 *Kaipingispora* Ouyang and Lu, 1979

模式种 *Kaipingispora ornata* Ouyang and Lu, 1979;开平煤田赵各庄,赵各庄组最上部。

属征 无环三缝小孢子或同孢子,赤道轮廓三角形;三射线清楚或可见;整个外壁表面具小锥刺—颗粒纹饰;远极面与三射线方向相应地具 3 条辐射状的饰带(sash),由不完全网纹或不规则脊所组成。

比较与讨论 在凸饰类无环三缝孢子中,无相应的属可比较。*Acanthotriletes* (Naumova) Potonié and Kremp 和 *Granulatisporites* (Ibrahim) Potonié and Kremp 除锥刺或颗粒外,远极面无其他纹饰分化;此外,这 2 个属是广义的形态属,而本属为器官属。本属模式种标本中,有少量标本角部外壁有点加厚,但这一特征很不稳定,故与 *Triquitrites* 属有重要区别。

饰带开平孢 *Kaipingispora ornata* Ouyang and Lu, 1979

(图版 103,图 41, 43)

1979 *Kaipingispora ornatus* Ouyang and Lu in Ouyang, p. 1, 2, pl. Ⅰ, figs. 1, 2.

1980 *Kaipingispora ornatus*,周和仪,20 页,图版 6,图 3—6,8—12,17。

1984 *Kaipingispora ornatus*,高联达,334 页,图版 134,图 35。

1985 *Kaipingispora acantha* Gao, pl. 1, fig. 22.

描述 赤道轮廓三角形,三边微凹,大小 30(39)44μm(测 10 粒),全模 44μm(图版 103,图 41);三射线简单,清楚,近达赤道或约 3/4R 长;外壁薄(角部偶尔微增厚),整个表面具小锥刺—颗粒,基宽≤1μm,高 0.5—1.0μm,绕赤道 30—45 枚;远极面与三射线对应方向具 3 条辐射状的饰带,饰带由不完全网纹组成,网脊细窄,饰带向角部外沿变宽;轮廓线微齿状或近平滑;淡黄—黄色。

比较与讨论 参见属征。

产地层位 河北开平煤田,赵各庄组顶部;山西宁武,太原组;山东沾化、博兴,太原组—下石盒子组。

雪花孢属 *Nixispora* Ouyang, 1979

模式种 *Nixispora sinica* Ouyang, 1979;云南富源,宣威组上段。

属征 无环三缝小孢子或同孢子,赤道轮廓三瓣状,其端部近平截,但具略凹入的中部;三射线清楚,简单,长 1/2—2/3R;外壁较薄,表面具明显纹饰,如锥刺或/和短棒瘤等。

比较与讨论 本属与 *Waltzispora Staplin*, 1960 比较接近,但以兼备凹入的瓣端和特征性纹饰与后者有别。*Waltzispora* 中包括了光面和具纹饰的种(Sullivan, 1964),其中,只有一种即 *W. albertensis Staplin* 常显示出"凹入的端部",但该种是光面的。

华夏雪花孢 *Nixispora sinica* Ouyang, 1979

（图版 103，图 2，3）

1979 *Nixispora sinica* Ouyang, p. 6, pl. Ⅱ, figs. 17—20.

1986 *Nixispora sinica* Ouyang，欧阳舒，48 页，图版Ⅴ，图 6—9。

描述 参见属征。三瓣中部有时深凹，使整个孢子呈六瓣状，有点像雪花；大小 23(28)33μm，全模 30μm(图版 103，图 3)；三射线单细或微弯曲，长 1/2—2/3R，一般 1/2R，或微裂，偶见其外侧外壁微增厚；外壁薄，厚约 1μm，以锥刺为主纹饰，基宽 1—2μm，高 1.0—2.5μm，端部颇尖，锥刺或兼以棒瘤，基宽最大达 3μm，高 4.5μm，末端钝圆或略膨大，纹饰大多较疏，间距 2—4μm，个别标本上颇密，且粗细不匀；棕黄—灰黄色。

产地层位 云南富源，宣威组下段—卡以头组。

印度孢属 *Indospora* Bharadwaj, 1962

模式种 *Indospora clara* Bharadwaj, 1962；印度，上二叠统(Raniganj Stage)。

同义名 *Shanxispora* Gao, 1984, *Benxiesporites* Liao, 1987.

属征 三角形小孢子，角部宽圆，角端具一细而钝的突起；三边直或微凸；三射线清楚，射线未达赤道，唇薄，光滑；外壁薄，光面，或具颗粒状、块瘤状、棒瘤状或锥刺状纹饰，远极面有 3 条高脊从近极面赤道角部到远极中央区，在此相连，呈三射状，或有时连成简单而大的个别网穴或不完全—完全网纹状结构；1—3 个角部具尖、钝尖至平截等突起是由上述远极脊延伸至近极面所致，在近极面角部，远极脊迅速消失；模式种大小 50—64μm(纹饰和角部突起变异据 Foster, 1979 补充)。

比较与讨论 本属与 *Shanxispora* Gao, 1984(模式种 *S. cephalata* Gao，全模 38μm)相比，正如高联达指出的二者“具有相似的特征”，他说“至于我国能否出现 *Indospora* 是值得进一步研究的问题”。考虑到植物地理区的不同，这种谨慎态度是可取的。然而，如果将高联达(1984)归入 *Shanxispora* 的 7 个种(图版 134，图 20，24—30)的照片仔细观察，可以看到：如图版 134 的图 20，24，三射线开裂，而类似三射线的三射脊是在远极面；图 23，27 近极三裂缝与远极三射脊不同程度错离，焦距明显不在同一面；图 30 是远极面观，三射脊的中央为简单的亚三角形的网穴与 *Indospora* 的模式种 *I. clara* Bhradwaj, 1962 的全模(pl. 3, fig. 54)，尤其与 Bharadwaj 归入 *Indospora* spp. 的一个标本[pl. 3, fig. 55，此标本被 Foster(1979)归入 *I. clara*，虽 Bharadwaj 本人在 p. 83 描述中也注明 *I. clara* sp. nov. (pl. 3, figs. 54, 55)，但与他在图版说明上标的 pl. 3, figs. 54, 56, 57 矛盾：文字描述中所标当为笔误]颇为相似。把这样的构造解释为近极面的“三射线两侧具加厚的脊”显然是不适宜的，所以本书将 *Shanxispora* 当作 *Indospora* 的晚出同义名。那么，“冈瓦纳型”的孢子为何出现在华夏区和欧美区(Peppers, 1970)呢？可以有两种解释：一种可能是，同孢植物的孢子经风力等因素远距离搬运，在别的植物地理区萌发成同样的植物(但这最好有植物大化石的佐证)；另一种可能是，植物和孢粉的平行演化，如冈瓦纳的种子蕨 *Glossopteris* 能产生 *Protohaploxypinus* s. l. 型花粉，而北半球的盾籽蕨 Peltaspermaleans 也能产生此型和 *Vittatina* 型花粉。此外，与 *Indospora* 类似的远极三射状亚网饰带亦见于我国的 *Kaipingispora*。

粒面印度孢(新联合) *Indospora granulata* (Gao) Ouyang and Liu comb. nov.

（图版 103，图 31，42）

1984 *Shanxispora granulata* Gao，高联达，331 页，图版 134，图 24，30。

1984 *Shanxispora tricheila* Gao，高联达，331 页，图版 134，图 20。

1984 *Shanxispora cephalata* Gao，高联达，331 页，图版 134，图 23。

1986 *Ahrensisporites* sp.，杜宝安，图版Ⅱ，图 31。

1987a *Ahrensisporites apiculatus* Liao，廖克光，561 页，图版 136，图 5，6。

描述 赤道轮廓三角形，3 条边近平直或 1—2 条边略凹入，角部多钝圆，但因远极脊延伸至轮廓线外而尖凸;大小35—56μm,全模约35μm(图版103,图31),副模约45μm(图版103,图42);三射线细长,伸达或近达角端,呈细缝状,有时开裂;远极面与近极面三射线方向大致一致,具三射脊,隆起,宽1.5—3.0μm,色较暗,直或微弯曲,偶尔也开裂略呈近三角形弓脊状,或在远极面中央具一亚三角形网穴区,延伸至2—3个角端并尖出3—6μm;外壁薄,表面具细颗粒—粒瘤状纹饰;黄色。

比较与讨论 由于标本数量少,种的变异幅度不明,种的划分也就难以掌握。就本属而言,各家对种的理解大相径庭,如Foster(1979,p.48)鉴定的本属模式种 *I. clara*,就包括了纹饰和远极脊形态变化很大的分子,与Bharadwaj的原模式标本差别很大。本书以纹饰等作为分种的主要特征,将高联达(1984)描述的7种合并为4种,种名取 *I. granulata* 而非 *I. tricheila* 原因即在此。本种以纹饰较细,主要为颗粒而非棒瘤或块瘤、远极三射脊相对较简单而与 *I. clara* 区别。

产地层位 河北开平,赵各庄组(煤9);山西宁武,太原组—山西组;甘肃平凉,山西组。

小型印度孢(新联合) *Indospora minuta* (Gao) Ouyang and Liu comb. nov.

(图版103,图1)

1984 *Shanxispora minuta* Gao,高联达,332页,图版134,图27。

描述 赤道轮廓三角形,三边凸出,角部钝圆或微尖,大小26—35μm,全模约30μm;三射线简单,微开裂,长约3/4R;远极面三射脊宽3—4μm,沿三射线方向直伸至三角赤道之外3—4μm,顶部汇聚成小三角形暗色区,端部有时加厚;外壁稍厚,表面具凸刺纹饰,刺长3.0—3.5μm,基部宽2—3μm,向端部逐渐变尖;棕黄色。

比较与讨论 本种纹饰与 *I. spinosa* 基本一致,但以孢子较小、轮廓凸边三角形而与后者不同。

产地层位 河北开平煤田,赵各庄组。

辐脊印度孢(新联合) *Indospora radiatus* (Liao) Ouyang and Liu comb. nov.

(图版103,图32,33)

1987a *Benxiesporites radiatus* Liao,廖克光,558页,图版136,图39,40。

描述 孢子赤道轮廓三角形,大小50—52μm,本书代指定全模52μm(图版103,图32);三射线可见,常开裂,远极面沿三射线方向具增厚、发达的辐射脊,宽2—3μm,高3—4μm,延伸至角端甚至微伸出角外,呈指状,在远极面中部汇合成暗色三角形区;外壁表面具棒状纹饰。

比较与讨论 廖克光(1987a)所描述的标本,纹饰以块瘤为主,与属内其他种不同,因此她建立的种应予以采用;从照片上看近极面有清楚的三射线,远极面有清楚的沿三射线方向的辐射脊,因此改归 *Indospora* 属。廖克光(1987a)描述的标本大小仅26—33μm,但从其放大500倍的照片来测,应为50—52μm。

产地层位 山西宁武,本溪组。

刺面印度孢(新联合) *Indospora spinosa* (Gao) Ouyang and Liu comb. nov.

(图版103,图34,35)

1984 *Shanxispora spinosa* Gao,高联达,332页,图版134,图25。

1984 *Shanxispora acuta* Gao,高联达,332页,图26。

描述 赤道轮廓三角形,3条边近平直或1—2条边略凹入,角部钝圆或微尖;大小45—60μm,全模约50μm(图版103,图35);三射线细直,简单,伸达角端,有时因远极脊遮掩而不易见;远极脊明显,较宽,臂宽可达4—5μm,甚至更宽,在顶部形成一暗色小三角区,延伸至角端外3—6μm,末端钝尖或近平截;外壁稍厚,表面具刺状纹饰,基宽2—3μm,刺长3—7μm,刺端偶尔弯曲;黄褐色。

比较与讨论 本种与美国伊利诺伊州上石炭统的 *I. boletus* Peppers, 1970有些相似(如远极三射脊较粗,顶部呈暗色三角区,另一标本纹饰部分为锥刺—刺),但后者个体较小(26—31μm),全模外壁表面具略呈蘑菇状的瘤突;*I. stewarti* Peppers, 1964的纹饰为两型(突起末端双或多分叉与小锥刺)混生。

产地层位 山西宁武,本溪组—太原组。

肿胀印度孢(新联合) *Indospora tumida* (Gao) Ouyang and Liu comb. nov.

(图版103,图27, 28)

1984 *Shanxispora tumida* Gao,高联达,332页,图版134,图28, 29。

描述 赤道轮廓三角形,三边平直或微内凹,大小35—45μm,全模约45μm;三射线简单,多少开裂,延伸至角端;远极面具颇发达的三射脊,宽5—6μm,隆起颇高,不很直,沿三射线方向伸至角端之外达3—5μm,多呈拳状肿胀,末端或微呈喇叭状变粗;外壁薄,表面具细刺纹饰,在不同标本上疏密程度不一,全模上基宽和高1—2μm;黄色。

比较与讨论 本种以远极三射脊发达、末端肿胀以及刺状纹饰较细区别于 *I. spinosa*。

产地层位 河北开平煤田,赵各庄组。

稀锥瘤孢属 *Pustulatisporites* Potonié and Kremp, 1954

模式种 *Pustulatisporites pustulatus* Potonié and Kremp, 1954;德国鲁尔煤田,上石炭统(Westfal B/C)。

属征 三缝同孢子或小孢子,赤道轮廓三角形;三射线长约2/3R;外壁表面覆以稀疏的锥瘤—钝刺或颗粒—块瘤;模式种全模标本大小66μm。

比较与讨论 本属以纹饰颇稀疏而与 *Lophotriletes* 等属区别。

凹边稀锥瘤孢 *Pustulatisporites concavus* Hou and Song, 1995

(图版103,图45)

1995 *Pustulatisporites concavus* Hou and Song,侯静鹏等,175页,图版21,图2。

描述 赤道轮廓三角形,三边凹入,角部宽圆,全模44μm;三射线清楚,具窄唇,长3—4μm;外壁厚度均匀,厚约2.5μm,在近极面、赤道和远极面具分布不均匀的颗粒和低平的瘤状纹饰,瘤不密,基宽与高度近相等,约2.5μm,颗粒直径1—2μm,绕周边偶尔能见少数凸起的圆瘤;棕—黄色。

比较与讨论 本种与英国上石炭统煤系地层中的 *P. papillosus* (Knox) Potonié and Kremp(Smith and Butterworth, 1967)有些相似,但与 Potonié 和 Kremp (1955, p. 83) 原引证的文字说明相比,差别较大,后者三边仅微凹入,纹饰较粗大(大者直径>4μm)。

产地层位 浙江长兴,龙潭组。

远极稀锥瘤孢 *Pustulatisporites distalis* Lu, 1981

(图版16,图9—11)

1981 *Pustulatisporites distalis* Lu,卢礼昌,100页,图版2,图13,14;图版10,图12。

1995 *Pustulatisporites distalis*,卢礼昌,图版2,图23。

描述 孢子赤道轮廓宽圆三角形—近圆形,大小134.4—246.4μm,全模标本134.4μm,副模标本178μm,内孢体84μm;三射线柔弱,或具唇,但不发育,伸达赤道;大多数标本外壁2层:内层薄,厚约1μm,表面光滑,具细内颗粒状结构,极面观明显收缩或与外层分离,并呈"中孢体"状,轮廓与孢子赤道轮廓基本一致,大小84—116μm,外层也薄,厚1μm左右,表面光滑或具细小与密集的刺—粒状纹饰,在亚赤道区或具多少与赤道平行的弧形褶皱;圆瘤状纹饰限于远极面,并常集中在与三射线区相对应的部位,圆瘤分子直径4.5—9.0μm,高常不足2μm,总数40—60枚,表面微粗糙,间距略小于至略大于圆瘤直径长;浅黄色。

产地层位 湖南界岭,邵东组;四川渡口,上泥盆统下部。

烟色稀锥瘤孢 *Pustulatisporites fumeus* Hou and Shen, 1989

（图版 103,图 5）

1989 *Pustulatisporites fumeus* Hou and Shen,侯静鹏、沈百花,101 页,图版 11,图 2。

描述 赤道轮廓圆三角形,个体小,大小 28—30μm;三射线清楚,微开裂,射线长短不一,微波状,伸达赤道;外壁薄,局部微增厚,表面具不密的块瘤纹饰,基部不规则多角形—亚圆形,直径 3.3—4.0μm,间距小于或等于基宽,轮廓线上微波状;黄色。

比较与讨论 本种以个体偏小、轮廓圆三角形、射线伸达赤道尤其是特征性的纹饰区别于属内其他种和相关属的种。

产地层位 新疆乌鲁木齐芦草沟,梧桐沟组。

驼凸稀锥瘤孢 *Pustulatisporites gibberosus* (Hacquebard) Playford, 1964

（图版 14,图 21）

1957 *Raistrickia? gibberosa* Hacquebard, p. 310, pl. 2, fig. 1.

1964 *Pustulatisporites gibberosus* (Hacquebard) Playford, p. 18, pl. 3, figs. 18—20.

1999 *Pustulatisporites gibberosus*,卢礼昌,47 页,图版 10,图 9。

描述 孢子赤道轮廓近圆形,大小 59—67μm;三射线可见,具窄裂缝,伸达赤道附近;外壁覆以瘤状突起纹饰,分布稀疏,在赤道与远极面较发育,近极面尤其三射线区纹饰显示退化;突起基部轮廓略呈圆形,基径 3.5—5.5μm,两侧近于平行或向上收缩(变窄),高 2.5—6.0μm,表面粗糙,顶端平或宽圆,或具次一级小纹饰,彼此间距略小于至略大于基宽,赤道边缘突起 16—24 枚;外壁表面相当粗糙至小凸起状,赤道外壁厚约 3.5μm,棕色。

注释 Hacquebard (1957)和 Playford (1964)先后描述的加拿大东部密西西比系的 *Pustulatisporites gibberosus* 与 Sullivan (1968)描述的苏格兰杜内阶的同种标本,彼此不尽相同。前者赤道轮廓更接近于三角形,纹饰分子较粗大;后者则更接近于圆形,纹饰分子相对较细小。本书的新疆标本则与后者的更为接近。

产地层位 新疆和布克赛尔,黑山头组 6 层。

乳头稀锥瘤孢 *Pustulatisporites papillosus* (Knox) Potonié and Kremp, 1955

（图版 103,图 24, 25）

1950 *Triquitrites papillosus* Knox, pl. 17, fig. 234.

1955 *Pustulatisporites papillosus* (Knox) Potonié and Kremp, p. 82.

1958 *Puslulalisparilis papillosus*, Butterworth and Williams, p. 365, pl. 1, figs. 40, 41.

1967 *Pustulatisporites papillosus*, Smith and Butterworth, p. 168, pl. 7, figs. 9, 10.

?1976 *Pustulatisporites papillosus* Smith and Butterworth, Kaiser, p. 106, pl. 5, figs. 5, 6.

1980 *Pustulatisporites papillosus*,周和仪,24 页,图版 8,图 8, 9。

1980 *Pustulatisporites papillosus*, Ouyang and Li, pl. Ⅰ, fig. 10.

?1984 *Pustulatisporites papillosus*,高联达,333 页,图版 134,图 31。

1987 *Pustulatisporites papillosus* (Knox) Potonié and Kremp,周和仪,图版 1,图 26。

1987a *Pustulaisporites papillosus*,廖克光,556 页,图版 135,图 9,10。

1993 *Pustulatisporites papillosus*,朱怀诚,249 页,图版 60,图 7,8,14。

描述 赤道轮廓三角形,边凸或微凹,角部平截—浑圆,大小 34—50μm;三射线简单,微裂,长几乎达边缘,或具宽唇,高起,顶部尤其明显;外壁偏薄,表面具大小不一的较稀锥瘤—乳瘤—锥刺,基宽 1.5—4.0μm,高 2—6μm,末端钝尖或乳状端部急剧收缩或钝圆,个别锐尖,绕周边约 25 枚;纹饰在近极面减弱。棕黄—黄色。

比较与讨论 与 *P. pustulatus* Potonié and Kremp (1955, p. 83, pl. 14, fig. 256; 70μm) 相比,本种个体较小,纹饰较密,且大小不规则;Knox(1950)原将此种归入 *Triquitrites*,其"厚角",如当前标本所见,是有时纹饰在角部较发育、基部微相连而造成的假象,所以本书同意 Potonié 和 Kremp (1955)的处理意见,将本种迁入

Pustulatisporites 属。Knox 最初描述的标本大小 40—45μm,三边凹入较明显。Kaiser 鉴定的山西保德的此种标本大小 48μm,三射线膜状,至顶部高约 5μm,外壁厚 2. 0—2. 5μm,远极面和赤道具较稀的棒瘤或钝锥刺,基宽 2—3μm,高 2. 0—3. 5μm,三角部纹饰较密并伸到近极区,瘤之间有细颗粒,与周和仪鉴定的这个种的标本差别明显,故暂存疑地归入本种内。

产地层位 山西宁武、保德,本溪组—太原组;山西朔县,本溪组;山东沾化,石盒子群;甘肃靖远,臭牛沟组、羊虎沟组。

奇异稀锥瘤孢 *Pustulatisporites paradoxus* Ouyang, 1986

(图版 103,图 7, 26)

1982 *Pustulatisporites* sp. A, p. 72, pl. 2, fig. 9.

1986 *Pustulatisporites paradoxus* Ouyang,欧阳舒,44 页,图版Ⅳ,图 30,31。

描述 赤道轮廓三角形,三边平或微凸,角部颇狭细,大小 28(33)39μm,全模 30μm(图版 103,图 7);三射线单细,直,或开裂,伸达角部,其外侧具隐约可见至颇发育的弓形堤,可达数微米宽,有时互相联合,形成所谓的盘状结构,其汇合端伸达角部甚至微伸出轮廓线,使角部微增厚或作瘤状凸出;在全模上弓形堤的中部具直径 2—3μm 的近圆形—椭圆形的瘤,宛如 3 个接触点,但这一特征不稳定,在有的标本的 3 条弓形堤上只偶尔见到个别瘤状突起;外壁薄,约 1μm 厚,局部具少量稀疏的瘤,基宽可达 2—3μm,低矮,其余外壁近光面,具细匀内(?)颗粒,直径 0. 5μm,轮廓线上微不平整;灰黄—黄色。

比较与讨论 本种以其弓形堤区别 *Pustulatisporites* 属内其他种。*Toripustulatisporites Krutzsch*, 1959 是具弓形堤的,但其模式标本产自始新统。所以这里仍用了前一属名。后一属模式种具细小的锥瘤,弓形堤上则无明显纹饰。

产地层位 云南富源,宣威组。

疏刺稀锥瘤孢 *Pustulatisporites paucispinus* Lu, 1988

(图版 14,图 15—17)

1988 *Pustulatisporites paucispinus* Lu,卢礼昌,136 页,图版 1,图 17—19。

描述 孢子赤道轮廓圆三角形,角顶宽圆,三边平直或微凸,大小 56. 2—63. 2μm,全模标本 56. 2μm;三射线清楚,直或微弯曲,简单或具唇,长 4/7—1R;纹饰限于远极面和赤道区,以锥刺为主,分布稀疏,基部常不连接,锥刺基部宽 2. 5—4. 5μm,高 2. 0—2. 5μm,顶部钝凸;赤道边缘突起较弱,27—36 枚;近极外壁较薄,厚约 1. 5μm,表面无明显纹饰;远极和赤道外壁较厚,达 2. 0—2. 5μm,罕见褶皱;浅棕—棕黄色。

比较与讨论 四川渡口上泥盆统的 *P. triangulatus*(卢礼昌,1981)的个体(138. 9—145. 6μm)较本种大许多,且纹饰多为圆瘤,唇也颇发育,与本种不同。

产地层位 云南沾益史家坡,海口组。

三角形稀锥瘤孢 *Pustulatisporites triangulatus* Lu, 1981

(图版 16,图 7, 8)

1981 *Pustulatisporites triangulatus* Lu,卢礼昌,110 页,图版 2,图 11,12。

描述 赤道轮廓窄—宽锐角三角形,三边微凸(或其中一边近乎平直),大小 139. 0—145. 6μm,全模标本 139μm;三射线常因唇掩盖而不甚清楚,唇发育,略凸起,高 9. 0—11. 2μm,宽 4. 5—11. 2μm,两侧呈不规则微波状,伸达赤道;纹饰组成、分布范围及其特征等均与 *P. distalis* 极为相似,甚至相同;圆瘤突起高 1. 5—2. 0μm,基部直径 4. 5—6. 7μm,总数 27—45 枚,棕色;外壁相当薄,厚仅 1μm 左右,表面光滑,具细内颗状结构,常见不规则的小型褶皱;浅黄色。

比较与讨论 本种与 *P. distalis* 的纹饰组成及其分布特征颇为相似或相同;但后者以赤道轮廓接近于圆形、外壁多为 2 层与唇不发育而有别于前者。

产地层位 四川渡口,上泥盆统下部。

威廉姆斯稀锥瘤孢 *Pustulatisporites williamsii* Butterworth and Mahdi, 1982

(图版 14,图 13, 14)

1953 *Lophotriletes salebrosus* Naumova var. *famenensis* Naumova, p. 109, pl. 16, figs. 37, 38.

1971 *Pustulatisporites* sp. A, in Williams, p. 112, pl. 4, fig. 17.

1981 *Planisporites granifer*, Knox, in Mahdi, p. 131, pl. 8, fig. 2.

1982 *Pustulatisporites williamsii* Butterworth and Mahdi, p. 488, pl. 1, figs. 9, 10.

1999 *Pustulatisporites williamsii*,卢礼昌,47 页,图版 3,图 13,14。

描述 赤道轮廓钝—宽圆三角形,大小 40.6—53.0μm;三射线可辨别,直,具唇[加厚(?)],伸达赤道附近;外壁覆以颗粒、圆瘤和小锥刺纹饰,基部常不接触;远极面(尤其极区)纹饰较近极面(尤其三射线区)的纹饰发育(较粗大);颗粒与锥刺基宽 0.8—1.5μm,锥刺高略大于基宽,小圆瘤基宽 1.5—3.0μm,高常小于 1μm(赤道轮廓线上反映甚微);外壁厚 1.5—2.0μm,罕见褶皱;棕色。

比较与讨论 当前种与模式种 *P. pustulatus* Potonié and Kremp, 1955 的形态特征颇相似,但其纹饰为锥刺,粗大且稀疏,二者不同;与本书前述的 *P. gibberosus* 的主要区别是,后者赤道轮廓更接近于圆形,纹饰为明显的瘤状突起。

产地层位 新疆和布克赛尔,黑山头组 5 层。

圆形刺面孢属 *Apiculatasporites* Ibrahim, 1933

模式种 *Apiculatasporites spinulistratus* (Loose 1932) Ibrahim, 1933;德国,上石炭统 (Westfal)。

属征 辐射对称,三缝同孢子或小孢子,赤道轮廓圆形,模式种大小 45—75μm;外壁表面具大小颇均匀的细锥刺,大小比颗粒稍大,但较 *Apiculatisporis* 的小(Smith and Butterworth, 1967, p. 176)。

比较与讨论 *Apiculatasporites* Ibrahim sensu R. Potonié,1960 和 *Apiculatisporis* Potonié and Kremp, 1956 都包括了构造简单(无腔无环)、具锥形纹饰的三缝小孢子,区别仅在于,后者纹饰较粗壮:这两个属,尽管按纹饰大小区别难以令人满意,但仍得到不少作者的认可,包括 Smith 和 Butterworth (1967),后者强调其纹饰较颗粒略大,而比 *Apiculatisporis* 的小,与 R. Potonié (1960) 原意相近;Ravn(1986)则将这两个属合并,并认为 *Apiculatisporis* 是 *Apiculatasporites* 的晚出同义名。Playford 和 Dino (2000) 理解 Ravn,但仍保留这两个属名,本书仿之。按形状、大小、纹饰粗细等来划分形态属,是不得已的做法,其缺陷并不只表现在这两个属上。

注释 圆形刺面孢子以往被归入 *Planisporites*,但该属的模式种的形状后经重新观察,被证明为三角形而非圆形,而 *Apiculatasporites* 不是如拉丁属名所示的无缝孢子,而是有缝的(R. Potonié, 1960)。

柔弱圆形刺面孢 *Apiculatasporites delicatus* Lu, 1981

(图版 9,图 1, 2)

1981 *Apiculatasporites delicatus* Lu,卢礼昌,98 页,图版 2,图 3,4。

1988 *Apiculatasporites delicatus*,卢礼昌,图版 22,图 8,9。

描述 赤道轮廓圆形或近圆形,大小 54—63μm,全模标本 58μm;三射线不清楚或甚弱,微裂,不等长,两侧或略加厚,长约 1/2R;外壁薄,厚 <1μm,多皱,表面覆以致密的小刺;纹饰柔弱,基宽约 0.5μm,顶端尖,高不足 1μm,基部不或仅局部接触,不接触者间距甚窄,并呈细网状;突起在赤道轮廓线上反映颇弱;浅黄色。

比较与讨论 本种以三射线较短与纹饰柔弱为特征而区别于该属其他种。

产地层位 四川渡口,上泥盆统;云南沾益史家坡,海口组。

湖南圆形刺面孢(新联合) *Apiculatasporites hunanensis* (Jiang) Ouyang comb. nov.

(图版 103,图 52, 59)

1982 *Planisporites hunanensis* Jiang,蒋全美等,604 页,图版 401,图 13,16。

描述 赤道轮廓圆形,大小 50—60μm,全模 50μm(图版 103,图 52);三射线单细,长为 1/2R;外壁不厚,表面具细密低矮的锥刺,基宽和高常为 1μm 左右,末端尖或钝,轮廓线上微锯齿状。

比较与讨论 本种与 *A. perirugosus* 颇相似,但以射线无唇、纹饰以锥刺为主(基部较粗壮)特别是远极无变薄区或绕周边褶皱而与之区别。

产地层位 湖南长沙,龙潭组。

细齿圆形刺面孢 *Apiculatasporites microdontus* Gupta, 1969

(图版 103,图 8)

1969 *Apiculatasporites microdontus* Gupta, p. 162, pl. 31, figs. 34, 35.

1976 *Apiculatasporiytes microdontus* Gupta, Kaiser, p. 106, pl. 5, fig. 7.

描述 赤道轮廓近圆形,大小 20—30μm;三射线伸达赤道附近,具低平、色微暗的唇,宽约 1. 5μm;外壁厚约 1. 5μm,整个表面具很细的锥刺,基宽和高 0. 5—1. 0μm;棕黄色。

比较与讨论 当前标本与产自美国得克萨斯州上石炭统(Westphalian D)的 *A. microdontus* Gupta, 1969 (p. 162, pl. 31, figs. 34, 35)全模标本(fig. 34)颇为一致,当属同种。

产地层位 山西保德,山西组—石盒子群。

小圆形刺面孢(新联合) *Apiculatasporites minutus* (Gao) Ouyang comb. nov.

(图版 103,图 9)

1984 *Planisporites minutus* Gao,高联达,327 页,图版 134,图 7。

描述 赤道轮廓近圆形,大小 35—42μm,全模 38μm;三射线细弱,长约 2/3R;外壁薄,常见褶皱;表面密布微刺纹饰,基宽约 0. 5μm,高 1. 0—1. 5μm,轮廓线呈细齿状凸起;黄色。

比较与讨论 高联达(1984)为石炭纪、二叠纪的两种小型孢子分别建立同种名的种而归入不同属,即 *Planisporites minutus* Gao 和 *Apiculatisporis minutus* Gao,因二者皆呈圆形且具细刺,故本书将这两个种都迁入 *Apiculatasporites*。这样作新联合后,属种名都相同了,无论是异物同名还是同物同名(同义名),二者中只能选择一名,因前者在同一专著中出现在前,故以 *Apiculatasporites* (*Planisporites*) *minutus* 为有效名,而将 *Apiculatisporis minutus* 归入 *Apiculatasporites nanus* Ouyang 的同义名表内。本种以个体较大、纹饰稍长、三射线细弱与 *A. nanus* 区别。

产地层位 河北开平煤田,太原组。

很小圆形刺面孢 *Apiculatasporites nanus* Ouyang, 1986

(图版 103,图 4, 18)

1982 *Apiculatasporites* sp. A, Ouyang Shu, p. 70, pl. 1, fig. 17.

1984 *Apiculatisporis minutus* Gao,高联达,398 页,图版 150,图 22。

1986 *Apiculatasporites nanus* Ouyang,欧阳舒,49 页,图版Ⅳ,图 15, 16,18, 19。

描述 赤道轮廓近圆形,常沿近—远极方向保存,大小 26 (32) 37μm,全模 32μm(图版 103,图 4);三射线单细但清楚,直,长 1/2—2/3R,有时在同一标本上不等长,微裂缝状或单脊状,其间或具不明显的接触区;外壁薄,小于 1μm,偶具小褶皱,表面密布极细弱刺,或混生少量细颗粒,直径和高约 0. 5μm,几不能辨,轮廓线上微显;淡黄色。

比较与讨论 产自河北开平的 *A. minutus*(Gao),大小 24—28μm(照片标本 28μm),大小和纹饰特征与本种很相似。参见 *A. minutus* 种下的讨论。

产地层位 河北开平煤田,大苗庄组;云南富源,宣威组。

细刺圆形刺面孢(比较种,新联合)
Apiculatasporites cf. *parvispinosus* (Leschik) Ouyang comb. nov.

(图版103,图6)

1955 *Apiculatisporites parvispinosus* Leschik, p. 17, pl. 2, figs. 1—4.

1986 *Apiculatisporites parvispinosus*,侯静鹏等,82页,图版25,图23。

描述 据Leschik (1955),赤道轮廓三角形—圆三角形,大小23—28μm;三射线可见,但长仅5 μm (1/3—1/2R);外壁厚约1μm,外层0.5μm,表面具细长尖刺纹饰,但非毛刺,端部可见,有时为圆颗粒,特别是在射线区。我国新疆二叠—三叠系中被鉴定为此种的标本三射线具窄唇,长伸达赤道,与原作者描述差别较大,故改定为比较种。

产地层位 新疆吉木萨尔,锅底坑组(本种在我国中生代的分布见宋之琛、尚玉珂,2000,145页)。

周褶圆形刺面孢 *Apiculatasporites perirugosus* (Ouyang and Li) Ouyang, 1982

(图版103,图55, 56)

1960 *Acanthotriletes multisetus* auct. non Luber, Kara-Murza, pl. 3, fig. 1.

1980 *Planisporites perirugosus* Ouyang and Li,欧阳舒、李再平,131页,图版Ⅱ,图15—17。

1982 *Apiculatasporites perirugosus* (Ouyang and Li) Ouyang, p. 70, pl. 1, fig. 18.

1982 *Planisporites perirugosus* Ouyang and Li,蒋全美等,605页,图版401,图14。

1986 *Apiculatasporites perirugosus* (Ouyang and Li) Ouyang,欧阳舒,49页,图版Ⅳ,图20,23—26,28。

描述 赤道轮廓圆形,或因褶皱而变形,大小41 (52) 64μm,全模51μm(图版103,图56);三射线一般清楚,单细或具窄唇,长1/2—2/3R;外壁不厚,1—2μm,表面具细密低矮的锥刺—刺状纹饰,刺高和基宽0.5—1.0μm,偶有超出1μm者,向末端徐徐变尖或钝,亦有突然变尖呈毛发状而几不能辨者,纹饰近乎密挤,个别较大标本上间距可达1.5—2.0μm;远极具较大外壁变薄区,轮廓不甚规则,大多标本上未见变薄区,但常有绕赤道—远极的圆圈状褶皱,推想为变薄区的边缘褶皱;因孢壁较薄,间或有方向不定的其他褶皱;黄色—棕黄色。

比较与讨论 本种与苏联哈坦克斯克盆地中三叠统中所谓的*Acanthotriletes multisetus* Luber (Kara-Murza, 1960) 颇为相似,但后者的鉴定是不合适的,因Luber (in Luber and Waltz, 1941, pl. 3, fig. 1) 最初发表的*A. multisetus*的刺要长得多,且图上未见三缝,亦无周边褶皱,所以将Kara-Murza鉴定的种归入同义名表内。

产地层位 云南富源,宣威组下段—卡以头组。

极矮小圆形刺面孢 *Apiculatasporites perpusillus* (Naumova ex Tschibrikova) McGregor, 1973

(图版8,图9)

1953 *Apiculatasporites perpusillus* Naumova, pl. 22, fig. 122 (nomen nudum).

1959 *Apiculatasporites perpusillus* Naumova ex Tschibrikova, p. 42, pl. 1, fig. 9.

1973 *Apiculatasporites perpusillus* (Naumova ex Tschibrikova) McGregor, p. 23, pl. 2, figs. 8, 10—12.

1991 *Apiculatasporites perpusillus*,徐仁、高联达,图版1,图17。

注释 本种与*A. brevidenticulatus*的特征彼此颇为接近,主要差别是前者个体较小(5—18μm,平均26μm)。归入*A. perpusillus*的云南标本,与加拿大北极区梅尔维尔岛中泥盆统的同种标本(McGregor and Camfield, 1982, pl. 3, figs. 6, 7)在形态、纹饰及大小等方面最为接近。

产地层位 云南东部,穿洞组。

山西圆形刺面孢(新种) *Apiculatasporites shanxiensis* Ouyang sp. nov.

(图版103,图58)

1964 *Planisporites* sp. a,欧阳舒,495页,图版Ⅲ,图13。

描述 赤道轮廓圆形，全模 74μm；三射线清晰，简单，直，末端尖锐，长 1/3—1/2R，在同一标本上不等长；外壁厚 3—4μm，表面密布极细、均匀的刺—粒纹饰，基宽和高皆小于 1μm，高倍镜下刺较明显，轮廓线上微齿状—近平整；黄色。

比较与讨论 本新种以外壁层清楚、三射线短，尤其以极细匀刺—粒纹饰区别于属内其他种以及 *Cyclogranisporites*属的种。

产地层位 山西河曲，下石盒子组。

微刺圆形刺面孢 *Apiculatasporites spinulistratus* (Loose) R. Potonié, 1960

（图版 103，图 50，51）

1932 *Sporonites spinulistratus* Loose in Potonié, Ibrahim and Loose, p. 450, pl. 18, fig. 47.

1933 *Apiculata-sporites spinulistratus* (Loose) Ibrahim, p. 37.

1934 *Apiculati-sporites spinulistratus* Loose, p. 153.

1934 *Apiculati-sporites globosus* Loose, p. 152, pl. 7, fig. 14.

1955 *Planisporites spinulistratus* (Loose) Potonié and Kremp, p. 71, pl. 14, figs. 214—219.

1967 *Apiculatasporites spinulistratus* (Loose) Ibrahim, in Smith and Butterworth, p. 176, pl. 8, figs. 4—6.

1984 *Planisporites spinulistratus* (Loose) Potonié and Kremp，高联达，327 页，图版 134，图 6。

1986 *Apiculatasporites spinulistratus* (Loose)，欧阳舒，49 页，图版Ⅳ，图 21。

1993 *Apiculatasporites spinulistratus*，朱怀诚，252 页，图版 62，图 14。

描述 赤道轮廓圆形，大小 62(70)77μm；三射线单细，尚可见，长约 2/3R，或微开裂；外壁薄，厚约 1μm，常具不同方向褶皱，表面覆以中等密度的较小锥刺或锥瘤纹饰，基宽 1—2μm，偶达 3μm，高 0.8—1.5μm，偶达 2μm，末端尖或钝尖—钝圆，间距 2—5μm 不等，绕周边 50—60 枚；棕黄—金黄色。

比较与讨论 当前标本与欧洲石炭系的 *A. spinulistratus* 很相似，Potonié 和 Kremp (1955) 给的特征是：大小 45—75μm，全模 53μm；三射线长约 2/3R；圆形赤道轮廓上有 90 多个锥刺，刺长约 1μm。但英国的这个种的标本(Smith and butterworth, 1967)刺长有时达 2.5μm，从其照片看，其纹饰疏密并不太一致，有时绕周边远少于 90 枚，所以将描述的云南的标本归入此种内。河南临颍上石盒子组中被鉴定为此种的标本(吴建庄，1995，图版 50，图 29；未给描述)，个体偏小[不超过 50μm(?)]，纹饰也细密得多，归入此种至少应作保留。本种以孢子直径大、锥刺稍粗而稀、一般无周边褶皱而与 *A. perirugosus* 区别。靖远的此种标本个体较小(42.5μm)，纹饰稍稀。Bharadwaj (1957a, p. 86) 认为此种大小幅度应限于 40—54μm。

产地层位 内蒙古清水河煤田，太原组；云南富源，宣威组上段；甘肃靖远，红土洼组—羊虎沟组。

圆形背刺孢属 *Anaplanisporites* Jansonius, 1962

模式种 *Anaplanisporites telephorus* (Klaus) Jansonius, 1962；奥地利，上三叠统。

属征 三缝同孢子和小孢子，赤道轮廓圆形—亚圆形；三射线清楚，长多大于 1/2R；外壁相对较薄，远极面具许多瘤、颗粒或低矮锥刺，通常不高于 2μm，纹饰规则散布，大小形态一致，在赤道轮廓上有显示，但很少延伸至近极面，开裂区相对大，无纹饰。

比较与讨论 *Planisporites* 和 *Cyclogranisporites* 的远极面和近极面大部分区域都有纹饰，*Anapiculatisporites* 纹饰较粗大。

凸细圆形背刺孢 *Anaplanisporites atheticus* Neves and Ioannides, 1974

（图版 8，图 1，2；图版 103，图 19，20）

1983 *Anaplanisporites atheticus* Neves and Ioannides，高联达，491 页，图版 114，图 23，25。

1988b *Anaplanisporites atheticus*，卢礼昌，见蔡重阳等，图版 1，图 17，18。

描述 孢子赤道轮廓亚圆形或圆三角形，角圆，大小 19—35μm；三射线柔弱，微裂，长等于孢子半径，两侧具加厚的唇，射线末端分叉，形成不完全的弓形脊；远极面与赤道区具稀疏与低矮的锥刺纹饰；纹饰分子基宽 1.0—1.5μm,高约 0.5μm,间距一般较基宽略大,赤道轮廓线呈微弱且稀疏的小齿状,未见褶皱。

产地层位 江苏宜兴丁山,五通群上部;贵州贵阳乌当,旧司组。

细齿圆形背刺孢 *Anaplanisporites denticulatus* Sullivan, 1964

(图版 8,图 13—16)

1964 *Anaplanisporites denticulatus* Sullivan, p. 363, pl. 58, figs. 1—3.

1999 *Anaplanisporites denticulatus*,卢礼昌,43 页,图版 35,图 12—15。

描述 赤道轮廓钝角凸边三角形,大小 20.0—32.8μm;三射线清楚,简单或具唇(宽 3—4μm),几乎伸达赤道;不完全弓形脊少见;赤道外壁厚 1.0—1.5μm;锥刺分子基部宽 1—2μm(或不足),高 < 宽;赤道轮廓线细齿状,突起 22—27 枚。其他特征与前述 *A. athelicus* 近似,但其赤道轮廓更接近于圆形。

产地层位 新疆和布克赛尔,黑山头组 5,6 层。

小球圆形背刺孢

Anaplanisporites globulus (Butterworth and Williams) Smith and Butterworth, 1967

(图版 8,图 21;图版 103,图 30)

1958 *Apiculatisporis globulus* Butterworth and Williams, p. 248.

1967 *Anaplanisporites globulus* Smith and Butterworth, p. 167, pl. 7, figs. 6—8.

1993 *Anaplanisporites globulus* (Butterworth and Williams) Smith and Butterworth,朱怀诚,248 页,图版 60,图 1。

1995 *Anaplanisporites globulus*,卢礼昌,图版 2,图 7。

描述 赤道轮廓三角形—圆三角形,角部圆钝;大小 47.5—54.0μm;三射线清晰,简单,细直,时微开裂,长 2/3—3/4R;外壁厚 1.5—2.0μm,远极面覆盖排列规则的锥瘤、锥粒,基部多圆形,基径 1—4μm,高 0.5—2.5μm,末端多圆钝,偶尖,基部分离,周边具突起 20—30 枚,近极面光滑。

比较与讨论 这里描述的标本的形态、纹饰组成及其分布特征与 Butterworh 和 Williams (1958, p. 343) 描述 *A. globulus* 的标本极为相似,除孢子略大且外壁稍厚;后者大小 35—46μm,全模标本 38μm。

产地层位 湖南界岭,邵东组;甘肃靖远,羊虎沟组中段。

柄状圆形背刺孢 *Anaplanisporites stipulatus* Jansonius, 1962

(图版 103,图 54)

1962 *Anaplanisporites stipulatus* Jansonius, p. 45, pl. 11, figs. 17, 18.

1986 *Anaplanisporites stipulatus* Jansonius,侯静鹏、王智,82 页,图版 21,图 3。

描述 赤道轮廓圆形,因褶皱而呈近椭圆形,大小 46μm;三射线清楚,长≥1/2R,接触区不显著;外壁不厚,表面具小锥刺纹饰,刺基宽与高近相等,约 1μm,刺低平,末端圆或钝尖,远极面刺粒直径 1.5—3.0μm,大小不匀,绕周边约 42 枚;黄色。

产地层位 新疆吉木萨尔大龙口,梧桐沟组。

佳美圆形背刺孢 *Anaplanisporites telephorus* (Klaus) Jansonius, 1962

(图版 103,图 53)

1960 *Anapiculatisporites telephorus* Klaus, p. 124, pl. 29, fig. 17.

1962 *Anaplanisporites telephorus* (Klaus) Jansonius, p. 45.

1984 *Anaplanisporites telephorus* (Klaus) Jansonius,高联达,398 页,图版 150,图 23。

描述 赤道轮廓圆形,大小 35—42μm,照片标本 36μm;三射线细,直,长约 2/3R,常裂开;外壁较薄,表面具小锥刺纹饰,相对稀疏规则分布,其基部彼此不连接,刺在远极面较粗而明显,在近极面则变小或消失;黄褐色。

比较与讨论 当前标本与 Jansonius (1962) 重新描述的这个种的形态、大小、纹饰特征颇相似,仅纹饰在轮廓线上表现稍不明显,略有差别,但此种纹饰不明显,很可能正是纹饰主要限于远极面所致,故定为同种。

产地层位 山西宁武,上石盒子组。

视饰孢属 *Videospora* Higgs and Russell, 1981

模式种 *Videospora glabrimarginata* (Owens, 1971) Higgs and Russell, 1981;加拿大,上泥盆统。

属征 无腔三缝小孢子,赤道轮廓亚圆形—圆三角形;纹饰限于近极面,纹饰由锥刺、颗粒、尖刺、小棒或块瘤组成,分布规则或不规则,分散和/或联合;远极面光滑无饰;三射线简单或具唇,长 1/2—1R;外壁薄,常褶皱,近极区或具加厚。

注释 本属以其纹饰仅限于近极面为特征而与具类似纹饰的无腔孢子诸属不同。

秃缘视饰孢 *Videospora glabrimarginata* (Owens) Higgs and Russell, 1981

(图版 10,图 23)

1971 *Punctatisporites glabrimarginatus* Owens, p. 9, pl. 1, figs. 1—3.

1981 *Videospora glabrimarginata* (Owens) Higgs and Russell, p. 26.

1988 *Videospora glabrimarginata*, Higgs et al. , p. 53, pl. 2, figs. 11, 15.

1995 *Videospora glabrimarginata*,卢礼昌,图版 4,图 5。

注释 该种以其三射线顶部区外壁加厚并呈一暗色小三角形及细粒纹饰也仅限于近极面极区为特征。

比较与讨论 当前标本(大小约 90μm)虽略有破损,但其特征颇明显,并与 Higgs 等(1988)描述爱尔兰上泥盆统 *V. glabrimarginata* 的标本(pl. 2, figs. 11, 15)尤其是与图 15 最为相似,稍有不同的是,当前标本的纹饰似较后者(0.5μm)略粗。

产地层位 湖南界岭,邵东组。

圆形刺瘤孢属 *Apiculatisporis* Potonié and Kremp, 1956

模式种 *Apiculatisporis* (al. *Apiculatisporites*) *aculeatus* (Ibrahim) R. Potonié, 1956;德国鲁尔,上石炭统 (Westfal B/C)。

属征 三缝同孢子和小孢子,赤道轮廓圆形,全模大小 53μm;三射线不等长;外壁覆以较大的锥刺,基部宽,可略超过其高,一般低矮,但有时可超过基宽的 2 倍,同一标本上的纹饰大小、形状不甚规则,颇密,有时密集而使基部呈多角形。

比较与讨论 本属纹饰与 *Lophotriletes* 相同,仅以圆形轮廓与后者区别。这个属名为 *Apiculatisporis*,而非 *Apiculatisporites* (Potonié and Kremp, 1954, 1955), Ibrahim 在 *Apiculatisporites* 属内同时包括了大孢子和小孢子,他将大孢子 Triletes VI Bennie and Kidston 作为 *Tuberculatisporites* 的模式种。据《国际植物命名法规》,属名总是跟着模式种的,所以 Potonié (1956) 认为 *Apiculatisporites* 应并入大孢子 *Tuberculatisporites* 属内,并为原 *Apiculatisporites* 属内的其他孢子种取一新属名 *Apiculatisporis*。

粗强圆形刺瘤孢 *Apiculatisporis abditus* (Loose) Potonié and Kremp, 1955

(图版 9,图 7, 8;图版 103,图 29;图版 104,图 37)

1932 *Sporonites abditus* Loose in Potonié, Ibrahim and Loose, p. 451, pl. 19, fig. 53.

1934 *Verrucosi-sporites abditus* Loose, p. 154.

1955 *Lophotriletes abditus* (Loose) Potonié and Kremp, p. 78, pl. 14, figs. 237—239.

1986 *Lophotriletes abditus* (Loose) Potonié and Kremp,杜宝安,图版 I,图 42。

1988 *Apiculatisporis abditus*,卢礼昌,136 页,图版 10,图 12,13;图版 28,图 5。

1993 *Apiculatisporis abditus*,朱怀诚,250 页,图版 61,图 1—7,12,13,17,18。

1993 *Apiculatisporitus* cf. *abditus*,朱怀诚,250 页,图版 60,图 15,19。

描述 赤道轮廓亚圆形,全模标本大小 78μm;据 Potonié 和 Kremp (1955) 提供的原模式标本的照片

(未给描述),三射线因纹饰遮掩而不甚清楚,简单,或开裂,长 1/2—3/4R;外壁厚 2—3μm,表面具粗壮锥刺—锥瘤,偶尔兼以圆形瘤,基宽 4—7μm,高低不一,一般 2—6μm,末端钝尖,尖或圆,分布局部颇稀,但基部相邻,至少间距颇窄,绕周边 20—30 枚;棕黄色。

比较与讨论 从甘肃平凉采集的此种标本,形态、纹饰特征介于 *A. abditus* 和 *A. grumosus* 之间,按照原作者处理办法,归入前一种。靖远的此种,大小 61(74)100 μm(测 17 粒),与模式标本类似,但外壁尤其远极面较厚(3—6μm)纹饰大小、形态也多变;朱怀诚(1993)鉴定的 *Apiculatisporitus* cf. *abditus* 个体较大,为 79.5—97.5μm,外壁也较薄(1.5—2.5μm),纹饰与本种全模相似,但稍稀,且向近极面减弱,相对而言,更接近当前种。本种与 *Apiculatisporis grumosus* (Ibrahim) Potonié and Kremp, 1955 (p. 79, pl. 14, figs. 242—243)相近,但以轮廓亚三角形—亚圆形、射线较长与后者区别。Kaiser(1976, p. 108, pl. 6, fig. 5)鉴定的 *A. abditus* 为三角形,大小不足 40μm,但他显然把纹饰特征看得比形态(圆形、三角形)更重要,并认为山西标本与 Smith 和 Butterworth(1967)鉴定的此种(p. 170, pl. 7, figs. 17)颇为一致,他还提到,锥刺顶端或有一小刺,纹饰基部有时相连,故顶视呈蠕瘤—块瘤状;本书未将其列入同义名表,山西保德的标本至多归为当前种的相似种。

产地层位 云南沾益,海口组;甘肃平凉,山西组;甘肃靖远,红土洼组—羊虎沟组。

尖刺圆形刺瘤孢(比较种) *Apiculatisporis aculeatus* (Ibrahim) Smith and Butterworth, 1967

(图版 8,图 25, 26;图版 104,图 10, 14)

1933 *Apiculati-sporites aculeatus* Ibrahim, p. 23, pl. 6, fig. 57.

1955 *Apiculatisporites aculeatus* Ibrahim, in Potonié and Kremp, p. 78, pl. 14, figs. 235, 236, 241.

1967 *Apiculatisporis aculeatus* (Ibrahim) emend. Smith and Butterworth, p. 170, pl. 7, figs. 12, 13.

1976 *Apiculatisporis aculeatus* (Ibrahim), Kaiser, p. 109, pl. 6, figs. 11, 12.

1980b *Apiculatisporis aculeatus*,卢礼昌,13 页,图版 3,图 19—22。

1981 *Apiculatisporis aculeatus*,卢礼昌,99 页,图版 2,图 7,8。

1984 *Apiculatisporis aculeatus*,高联达,329 页,图版 134,图 15。

1988 *Apiculatisporis aculeatus*,卢礼昌,137 页,图版 7,图 6,7;图版 20,图 11。

1989 *Apiculatisporis aculeatus*, Zhu H. C., pl. 2, fig. 12.

1993 *Apiculatisporis aculeatus*,朱怀诚,250 页,图版 60,图 18。

1999 *Apiculatisporis aculeatus*,卢礼昌,44 页,图版 7,图 1—3。

描述 赤道轮廓圆形,大小 35—45μm;外壁厚约 1.5μm,表面具较稀的锥刺,基宽 1—2μm,高 1.0—1.5μm;锥刺多互相远离,其间还可容 1—2 颗纹饰;三射线单细,长约 1/2R。

注释 Kaiser 如上的描述不准确,从照片上看,基本上为三角形,很难说呈圆形或圆三角形,锥刺纹饰至少局部不稀,甚至有些纹饰基部相连,呈冠状;他还说,描述标本的鉴定仿 Smith 和 Butterworth, 1967(p. 170, pl. 7, figs. 12, 13)修订的此种定义,与其图版 7 的图 12 标本颇为一致,也与 Potonié 和 Kremp(1955)所给的 3 个标本照片中的 2 个一致,但实际上,此属种的鉴定都成问题。归入 *Lophotriletes* 显然更好,本书不宜改定太多,姑且仿原作者,特作说明。华北的此种,以同义表中的 1984(图版 104,图 14)、1989 年的华北标本(50μm)材料较为接近全模,但刺较纤细且密,绕周边达 35—50 枚;而 1993 年被鉴定为此种的标本(图版 104,图 10,45μm)呈圆三角形,纹饰较粗壮(锥刺—锥瘤),基径 2—5μm,高 2—6μm,绕周边约 25 枚。泥盆系的标本,个体有时较大(41—83μm),其他特征相似。

比较与讨论 按 Smith 和 Butterworth(1967)给的特征,孢子圆形—亚圆形—圆三角形,大小 32—53μm;锥刺末端尖,高达约 2.5μm,绕周边多在 25—30 枚之间。但实际上,他们所示照片几乎皆呈正圆形。

产地层位 河北开平,赵各庄组;山西保德,下石盒子组(层 G);四川渡口,上泥盆统下部;甘肃靖远,靖远组、红土洼组;云南沾益,海口组;新疆和布克赛尔,黑山头组 4,5 层。

长兴圆形刺瘤孢 *Apiculatisporis changxingensis* Hou and Song, 1995

（图版 104，图 31, 53）

1995 *Apiculatisporits changxingensis* Hou and Song，侯静鹏等，174 页，图版 20，图 10，11。

描述 赤道轮廓圆形—亚圆形，大小 56—67μm，全模 56μm（图版 104，图 31）；三射线清楚，直或开裂，长约 3/4R；外壁厚约 2μm，偶有褶皱，表面具均匀细锥刺，排列稀疏，高 2.0—3.5μm，基宽≤刺高，顶部变尖，轮廓线上显细刺；棕黄色。

比较与讨论 本种与美国伊利诺伊州上石炭统的 *A. triangularis*（Kosanke）Potonié and Kremp 略相似，但以刺纹饰细而稀疏与后者有别。

产地层位 浙江长兴，龙潭组。

普通圆形刺瘤孢 *Apiculatisporis communis*（Naumova）Lu, 1999

（图版 8，图 6，7）

1953 *Lophotriletes communis* Naumova, p. 55, pl. 7, figs. 6, 7.

1999 *Apiculatisporis communis*（Naumova）Lu，卢礼昌，44 页，图版 6，图 16，17。

描述 赤道轮廓圆形或近圆形，大小 31.2—42.1μm；三射线不清楚—清楚，简单或具唇（不规则），宽 2.0—3.5μm，伸达赤道附近（或较短）；纹饰以锥刺为主并（或）夹杂少许锥瘤状突起，分布稀散—拥挤或局部彼此重叠成堆，大小不一；锥刺基宽 1.0—1.5μm，罕见超过 2μm，常略大于高，顶端尖或钝，锥瘤状突起两侧近于平行，宽 1—2μm，高 1.5—3.0μm，顶部圆或钝凸；纹饰在三射线区或较弱、较稀；外壁厚 1.5—2.5μm，罕见褶皱；浅棕—深棕色。

比较与讨论 本种与前述 *A. aculeatus* 的纹饰特征较相似，但后者的锥刺相对较粗大（基宽为 1.0—3.5μm），顶端较钝且高略大于宽，同时孢体也较大（47—83μm）。

注释 基于 Naumova（1953）归入 *Lophotriletes communis* 的标本（pl. 7, figs. 6, 7）赤道轮廓为圆形且她的描述过于简单（如纹饰分子的量度等缺失），因此将其重新组合的同时，也作了相应的补充描述。

产地层位 新疆和布克赛尔，黑山头组 5 层。

细齿圆形刺瘤孢 *Apiculatisporis crenulatus* Hou and Shen, 1989

（图版 104，图 1）

1989 *Apiculatisporis crenulatus* Hou and Shen, 1989，侯静鹏等，101 页，图版 13，图 10。

描述 赤道轮廓圆形，全模 40μm；三射线明显，长约 3/4R，具窄唇，宽窄不一，末端稍宽；外壁较厚，约 1.5μm（不包括纹饰），表面具颇密但均匀分布的锥刺—棒刺纹饰，长约 2μm，基宽约 2.5μm，末端或钝尖或偏宽或圆形，刺基有时相连，尤其在赤道部位形成窄的瘤基连接带（非环），轮廓线上 45—50 枚齿—刺状突起；黄褐色。

比较与讨论 本种以纹饰大小、高低较均匀尤其是其基部在赤道部位相连形成一窄带而与属内其他种区别。

产地层位 新疆乌鲁木齐，锅底坑组。

华美圆形刺瘤孢 *Apiculatisporis decorus* Singh, 1964

（图版 103，图 21）

1964 *Apiculatisporis decorus* Singh, p. 248, pl. 44, fig. 27.

1984 *Apiculatisporis decorus* Singh，曲立范，495 页，图版 167，图 18。

1986 *Apiculatisporis decorus*，侯静鹏、王智，81 页，图版 21，图 9。

描述 赤道轮廓亚圆形，大小 31—33μm；三射线清楚，具唇，接近伸达赤道；外壁厚 1.0—1.5μm，表面具小锥刺，基径或高 1.0—1.5μm，末端钝圆或微尖，局部稍稀，锥刺之间可容纳 1—2 枚纹饰；黄色。

产地层位　山西兴县，和尚沟组；新疆吉木萨尔，梧桐沟组。

奇巧圆形刺瘤孢　*Apiculatisporis eximius*（Naumova）Gao and Hou，1975

（图版13，图20）

1953 *Acanthotrilates eximius* Naumova, p. 51, pl. 5, figs. 41, 42.

1975 *Apiculatisporites*（sic）*eximius*（Naumova）Gao and Hou，高联达等，200页，图版5，图3a，b（未描述）。

描述　赤道轮廓近圆形，大小50—65μm；三射线可见至清楚，微开裂，简单或具唇，单片唇宽约2μm，长约3/5R；孢壁表面覆以分布不均匀的刺状纹饰；纹饰分子基宽1.0—2.5μm，一般高1.5—2.5μm，顶端钝凸或尖，赤道轮廓线上呈不规则锯齿状；外壁厚≤2μm；黄色。

注释　唇宽、壁厚与纹饰大小等数据系测自原照片（高联达等，1975，图版5，图3a，b）。另外，"*Apiculatisporites*"早已作废，故在此改用*Apiculatisporis*这一属名。

产地层位　贵州独山、都匀，丹林组。

不规则圆形刺瘤孢　*Apiculatisporis irregularis*（Alpern）Smith and Butterworth，1967

（图版104，图44）

1959 *Granulatisporites irregularis* Alpern, p. 139, pl. 1, figs. 7—9.

1967 *Apiculatisporis irregularis*（Alpern）Smith and Butterworth, p. 171, pl. 7, figs. 18, 19.

1984 *Apiculatisporis irregularis*（Alpern）Smith and Butterworth，高联达，329页，图版134，图18。

描述　赤道轮廓近圆形，大小60—75μm；三射线细长，直伸至赤道；外壁厚约2μm，黄色，表面覆以不规则的点刺状纹饰，刺长3—4μm，基宽2—3μm，刺顶端变尖，绕赤道轮廓有60—80枚刺。

比较与讨论　当初Alpern将此种的纹饰描述为颗粒，直径0.5—1.5μm；Smith和Butterworth（1967）描述的该种肯定为三缝，具小锥刺孢子，锥刺宽和高多小于1.5μm，当前标本三射线较清楚，纹饰较密。

产地层位　山西宁武，本溪组。

侧锥圆形刺瘤孢　*Apiculatisporis latigranifer*（Loose）Potonié and Kremp，1955

（图版104，图45）

1932 *Sporonites latigranifer* Loose in Potonié, Ibrahim and Loose, p. 452, pl. 19, fig. 54.

1934 *Granulati-sporites latigranifer* Loose, p. 147.

1950 *Punctati-sporites latigranifer*（Loose）Kosanke, pl. 1, fig. 5.

1976 *Apiculatisporis latigranifer*（Loose）Potonié and Kremp, Kaiser, p. 109, pl. 6, figs. 7, 8.

描述　据Kaiser（1976），赤道轮廓圆形，大小50—80μm；三射线简单，直或微弯曲，长1/2—2/3R；外壁厚约1.5μm，整个表面具颇密的单个小锥刺，基宽约1μm，高1.0—1.5μm，末端在电镜扫描照片上见钝尖—钝圆—端部突然变细尖多种形态；黄色。

比较与讨论　山西标本与本种全模标本（Potonié and Kremp, 1955, pl. 14, fig. 244）相比，纹饰显得细密些，但大小、总的形态相近，故归入此种。*A. maculosus*（Knox）个体大（127μm），纹饰也较粗壮。

产地层位　山西保德，上石盒子组。

长刺圆形刺瘤孢　*Apiculatisporis longispinosus* Gao，1983

（图版8，图27）

1983 *Apiculatisporis longispinosus* Gao，高联达，491页，图版108，图5。

描述　赤道轮廓圆形，大小60—70μm；射线长1/2—2/3R，较厚，黄褐色；孢子表面具长刺，基宽3—4μm，高8—10μm，前端弯曲，基部不连接（据高联达，1983，491页，略有修订）。

比较　此种与*A. rigispinus* Gao and Hou, 1975的区别在于，前者刺细长、前端弯曲，后者个体略小（大小40—45μm）。

产地层位 云南禄劝,西冲组。

大瘤圆形刺瘤孢(新联合) *Apiculatisporis megaverrucosus* (Zhang) Ouyang comb. nov.

(图版104,图11, 13)

1990 *Apiculatisporites*(sic!) *megaverrucosus* Zhang,张桂芸,见何锡麟等,303页,图版Ⅲ,图2, 3。

描述 赤道轮廓圆三角形,角钝圆,三边外凸,大小45—50μm,全模50.6μm(图版104,图13);三射线清晰,细,直,长4/5—1R,有时沿射线孢子外壁折叠;外壁厚1—2μm,赤道及远极面具较大的锥瘤,近极面稀少;锥瘤在极面可见,呈圆形或椭圆形,直径4—10μm,大小不等,小者2—3μm,大者可达12μm,一般6—8μm,分布均匀;边缘有锥瘤15—20枚,呈不等距的齿状;棕黄色。

比较与讨论 本种与*A. grumosus* (Ibrahim) 颇为相似,但后者大小65—85μm, 全模达77μm, 其锥瘤较低平,轮廓线上略呈波状。

产地层位 内蒙古准格尔旗黑岱沟,山西组。

小刺圆形刺瘤孢 *Apiculatisporis microechinatus* Owens, 1971

(图版16,图13)

1971 *Apiculatisporis microechinatus* Owens, p. 14, pl. 2, figs. 4, 6, 7.

1987 *Apiculatisporis microechinatus*,高联达、叶晓荣,394页,图版173,图16。

描述 辐射对称三缝孢子,赤道轮廓圆形—亚圆形—宽圆三角形,大小68.8—88.1μm;三射线清楚,简单或具窄唇,长1/3—3/4R;外壁薄,常见厚1—2μm,多褶皱(朝末端逐渐变尖),除接触区外,其余外壁具致密、细小与分离的锥刺、刺并偶见小棒或小桩,纹饰基径约0.5μm,高达1.5μm;黄—橙色。

比较 当前标本除外壁较薄(0.3—0.5μm)与纹饰较稀(间距常大于基宽)外,其余特征与首见于北极加拿大梅尔维尔岛中泥盆统的*A. microechinatus* Owens, 1971基本一致。

产地层位 甘肃迭部,当多组。

乳头圆形刺瘤孢 *Apiculatisporis papilla* Wu, 1995

(图版104,图42, 43)

1995 *Apiculatisporis papilla* Wu,吴建庄,338页,图版51,图2,3。

描述 赤道轮廓圆形,大小60—69μm,全模60μm(图版104,图42);三射线细但清楚,长1/2—2/3R;外壁层清楚,厚1.0—1.5μm,表面尤其是远极面[和近极面(?)]具稀疏、大小不等的圆形乳头状突起,在往上1/2处强烈收缩,末端浑圆,形似乳头,直径3—6μm,高4—8μm,但在轮廓线上多为不太明显的低矮突起;黄褐色。

比较与讨论 本种以稀疏的乳头状纹饰区别于属内其他种。

产地层位 河南临颍,上石盒子组。

松果圆形刺瘤孢 *Apiculatisporis pineatus* (Hoffmeister, Staplin and Malloy) Potonié and Kremp, 1956

(图版104,图12, 30)

1955 *Apiculatisporites pineatus* Hoffmeister, Staplin and Malloy, p. 381, pl. 38, fig. 3.

1956 *Apiculatisporis pineatus* (Hoffmeister, Staplin and Malloy) Potonié and Kremp, p. 78.

1987a *Apiculatisporis pineatus*,欧阳舒、陈永祥,41页,图版Ⅴ,图14—18。

1989 *Apiculatisporis pineatus*, Ouyang and Chen, pl. 5, fig. 4.

1993 *Apiculatisporis pineatus*,朱怀诚,251页,图版60,图30—32。

描述 句容标本赤道轮廓圆形—圆三角形,大小36.0(45.7)54.0μm(测10粒);三射线尚可见,单细,长3/4—1R;外壁厚约2μm,表面覆以颇密的锥瘤—棒瘤纹饰,基宽1.5—8.0μm,大多2—4μm,高2—6μm,

一般 4—6μm，末端常钝圆或微尖，在大多数标本上纹饰间距很小（1—2μm），局部可达 4—6μm，绕周边锥，棒瘤约 20 枚；黄—棕色。

比较与讨论 当前标本与最初描述的美国下石炭统上部的此种在大小、纹饰特征上颇相似，仅后者射线可能稍短。

产地层位 江苏句容，高骊山组；甘肃靖远，红土洼组。

梨饰圆形刺瘤孢 *Apiculatisporis pyriformis* Ouyang, 1986

（图版 103，图 22，23）

1986 *Apiculatisporis pyriformis* Ouyang，欧阳舒，53 页，图版XIV，图 5—7。

描述 赤道轮廓近圆形，大小 22（37）48μm，全模 48μm（图版 103，图 23）；大多标本上隐约可见短的三射线或一个三角亮区；外壁薄，厚难测，表面具锥刺或梨形的刺或瘤，基宽 2—4μm，高可达 2.0—4.5μm，基盘较大，轮廓亚圆形—不整齐多边形，向上徐徐变尖细，或在 1/2 以上部位突然变尖，或呈梨形变细，末端钝尖或颇尖细，或微分叉，个别具二型纹饰，顶部有时弯曲，间距 1—4μm 不等，绕周边刺、瘤 19—40 枚，纹饰似在近极面中部减弱；黄色—棕色。

比较与讨论 与本种较为相近的是见于苏联上石炭统—二叠系的 *Azonotriletes obtusosetosus* Luber（in Luber and Waltz, 1941, fig. 239a, b），但后者的纹饰（锥刺或棒瘤）较长，末端皆钝，长宽比值较大，三射线长可能大于 2/3R。

产地层位 云南富源，宣威组。

规则圆形刺瘤孢 *Apiculatisporis regularis* Lu, 1988

（图版 9，图 3，4）

1988 *Apiculatisporis regularis* Lu，卢礼昌，137 页，图版 20，图 13，14。

描述 赤道轮廓圆形或近圆形，大小 57.7—65.5μm，全模标本 60.8μm；三射线清楚至仅可识别，简单，微弯曲，或不等长，长 3/5—7/8R；外壁厚实，除近极中央区较薄（1.5—2.5μm）外，其余外壁厚可达 3.9—6.2μm；近极—赤道区和整个远极面具明显的大锥刺或锥瘤纹饰，大小较均匀，分布较致密且规则，基部彼此很少接触，无论如何不连接成蠕瘤或粗脊；锥刺基部轮廓为不规则圆形，近底部宽 4.9—9.4μm，突起高 2.3—4.5μm，顶端钝凸或尖，表面光滑；三射线区纹饰显著减弱或基本缺失（三射线顶部区）；赤道轮廓线上突起 7—24 枚，呈较规则的锯齿状或钝齿状；罕见褶皱；棕—深棕色。

比较与讨论 本种以其明显的大锥刺及其形态规则、大小均匀与分布致密为特征而与 *Apiculatisporis* 属的其他种不同。

产地层位 云南沾益史家坡，海口组。

刚刺圆形刺瘤孢 *Apiculatisporis rigidispinus* Gao and Hou, 1975

（图版 13，图 11，12）

1975 *Apiculatisporites rigidispinus* Gao and Hou，高联达等，200 页，图版 5，图 4a，b。

1987 *Apiculatisporites rigidispinus*，高联达等，394 页，图版 173，图 15。

描述 赤道轮廓近圆形，大小 40—50μm；三射线或开裂，且两侧加厚，长 2/3—4/5R；外壁厚约 1.5μm，表面覆以锥刺状纹饰，分布稀疏，不甚规则；纹饰分子颇坚实，基部宽 1—2μm，往上逐渐变窄，至顶端尖或凸，高略小于至略大于基宽，间距为基宽的 4/5—3/2；不常具褶皱。

比较与讨论 本种以其纹饰稀疏、坚实为特征而与 *Apiculatisporis* 属的其他种不同。

产地层位 贵州独山，丹林组、舒家坪组；甘肃迭部，当多组。

结实圆形刺瘤孢 *Apiculatisporis salvus* Zhou, 1980

（图版 104，图 2）

1980 *Apiculatisporis salvus* Zhou，周和仪，24 页，图版 8，图 16。

描述 赤道轮廓近圆形，全模 29μm；三射线隐约可见，长近达赤道；外壁厚约 1.2μm，表面具颇密锥瘤状纹饰，锥瘤结实，基宽约 2μm，高约 3μm，末端钝，绕周边不足 30 枚；棕黄色。

比较与讨论 本种孢子以个体较小尤其锥瘤纹饰较单纯而区别于 *A. pyriformis*。

产地层位 河南范县，上石盒子组。

色龙圆形刺瘤孢 *Apiculatisporis selongensis* Hou, 1999

（图版 104，图 47）

1999 *Apiculatisdporis selongensis* Hou, in Hou and Ouyang, p. 24, pl. Ⅰ, fig. 30.

描述 赤道轮廓圆形，大小 24.3—29.2μm（测 10 粒），全模 24.3μm；三射线简单，窄细，长 3/4—1R，因纹饰密掩常不清楚；外壁厚度不一，2.4—3.6μm，表面具锥刺或锥瘤，高度略小于基宽，远极面基部分离或互相连接，呈假网状，绕周边突起 25—33 枚。

比较与讨论 本种以个体小、远极面具假网状纹饰图案与属内其他种区别。

产地层位 西藏聂拉木色龙村，曲部组。

锯齿圆形刺瘤孢 *Apiculatisporis serratus* Du, 1986

（图版 104，图 38）

1976 *Apiculatisporis* sp. A, Kaiser, p. 111, pl. 7, figs. 1, 2.

1986 *Apiculatisporis serratus* Du，杜宝安，289 页，图版 1，图 41。

描述 赤道轮廓三角圆形，全模 64μm；三射线细但清楚，伸达赤道外壁内沿，可能具唇；外壁厚约 4μm，赤道和远极面具粗壮锥刺，基宽 4—6μm，高 3—4μm，略弯曲，尖或钝，纹饰间距≤3μm，近极面和赤道局部较稀，绕轮廓线约 25 枚；棕黄色。

比较与讨论 本种与 *A. variocorneus* 近似，但以圆三角形轮廓、外壁较厚尤其是三射线长与后者有别。

产地层位 山西保德，下石盒子组；甘肃平凉，山西组。

发状圆形刺瘤孢 *Apiculatisporis setaceformis* Hou and Wang, 1986

（图版 104，图 32）

1986 *Apiculatisporis setaceformis* Hou and Wang，侯静鹏、王智，81 页，图版 21，图 18。

描述 赤道轮廓近圆形，全模 66μm；射线不显著，长约 3/4R，微波状，隐约可见包围射线的亚圆形接触区，有无弓形脊难以判断；外壁薄，偶有小褶皱，表面密布细刺—锥刺纹饰，基部多相邻，或间距 1.0—1.5μm，基宽≤刺高，高 1—2μm，顶端尖，偶尔圆，绕周边约 80 枚；黄色。

比较与讨论 本种与俄罗斯库兹涅茨克上二叠统的 *Azonotriletes tenuispinosus* Waltz（Andreyeva, 1956, p. 243, pl. XLVI, fig. 31a）略相似，但后者个体较小（30—50μm），刺纤细，主要似非锥刺，因为是绘图，所以难以确切对比。假如本种确有弓形脊，则应迁入 *Apiculiretusispora* 属。

产地层位 新疆吉木萨尔，锅底坑组中下部。

钝刺圆形刺瘤孢（比较种） *Apiculatisporis* cf. *setulosus* (Kosanke) Potonié and Kremp, 1955

（图版 104，图 3, 50）

1976 *Apiculatisporis setulosus* (Kosanke) Potonié and Kremp, Kaiser, p. 109, pl. 6, fig. 9.

1986 *Apiculatisporis* cf. *setulosus* (Kosanke) Potonié and Kremp，欧阳舒，52 页，图版Ⅳ，图 22。

1995 *Apiculatisporis setulosus*，吴建庄，338 页，图版 50，图 21。

描述 据 Kosanke (1950)，赤道轮廓圆形，大小 20—79μm，全模 73.5μm；三射线清楚，微见唇，长

1/2—2/3R，在同一标本上不等长；外壁厚约 2μm，偶尔有褶皱，表面具较稀疏的锥刺—棒刺，宽 1.5—2.5μm，长约 3μm；黄—棕黄色。

比较与讨论 我国被归入此种的标本，如同义名表中所列，在大小、纹饰特征、射线长短等方面与全模标本相比，有这样那样的较大差别，如 Kaiser (1976) 鉴定的这个种纹饰较原全模细密、低矮，所以种的鉴定应作保留。本种纹饰密度与 *A. aculeatus* 相近，但后者个体较小(50—60μm)，全模标本上锥刺或刺较纤细，末端多尖；与 *Raistrickia* 属其他种的区别在于后者纹饰粗大、较高，末端可分叉。

产地层位 山西保德，下石盒子组(层 G)；河南临颍，上石盒子组；云南富源，宣威组上段。

韶山圆形刺瘤孢(新种) *Apiculatisporis shaoshanensis* Ouyang and Chen sp. nov.

(图版 104，图 4，19)

1978 *Ibrahimispores* sp.，谌建国，402 页，图版 118，图 4。

1978 *Apiculatisporites* cf. *spinosus* Loose，谌建国，402 页，图版 118，图 8。

1982 *Apiculatisporites* cf. *spinosus* Loose，蒋全美等，604 页，图版 401，图 12。

描述 赤道轮廓圆形—亚圆形，大小 42—50μm，全模 50μm(图版 104，图 19)；三射线可见，常开裂，长约 2/3R；外壁厚 1.5—2.0μm，表面具中等密度的锥刺，基宽≤高度，高 2.5—3.0μm，锥瘤之间外壁表面粗糙—点穴状，向近极面纹饰变稀，绕轮廓线 35—40 枚；棕黄色。

比较与讨论 本新种全模(谌建国，1978，图版 118，图 4b)原被定名为 *Ibrahimispores* sp.，但该属三射线难见，尤其纹饰多为钩刺状；产自同一地点相同地层的另一标本(又见蒋全美等，1982)原被定名为 *Apiculatisporites* cf. *spinosus* Loose，但后者为圆三角形，其全模三射线不明显，近极面似具外壁变薄区，纹饰之间外壁光滑。而这两个标本都显示出如上面描述的特征，所以另建一新种。

产地层位 湖南韶山，龙潭组。

棘状圆形刺瘤孢 *Apiculatisporis spiniger* (Leschik) Qu，1980

(图版 104，图 5，23)

1955 *Apiculatisporites spiniger* Leschik，p. 18，pl. 2，figs. 6，7.

1980 *Apiculatisporis spiniger* (Leschik) Qu，p. 130，pl. 689，fig. 15；pl. 70，fig. 9.

1986 *Apiculatisporis* cf. *spiniger* (Leschik) Qu，侯静鹏、王智，81 页，图版 25，图 22。

1999 *Apiculatisporis spiniger*，in Ouyang and Norris，p. 25，26，pl. 2，figs. 13—16.

2004 *Apiculatisporites spiniger*，侯静鹏，图版 2，图 5，6。

描述 赤道轮廓圆形—圆三角形，大小 43μm；三射线细长，长短不一，开裂，最长伸达赤道；外壁厚约 1μm，表面具中等密度的小锥刺，基宽 1.0—1.5μm，高≤2.5μm，间距 1.2—2.5μm，刺末端尖—钝尖，绕周边约 40 枚；浅黄棕色。

比较与讨论 无论是曲立范(1980，1984)鉴定的山西的还是 Ouyang 和 Norris (1999)或侯静鹏(2004)鉴定的新疆的 *A. spiniger*，其锥刺基部都略膨大，而这一特点从 Leschik 最先(1955)于瑞士巴塞尔(Basel)上三叠统(Keuper)发现的标本照片上看是非常明显的，其全模标本亦近 40μm。

产地层位 新疆吉木萨尔，锅底坑组中上部—韭菜园组。

篱状圆形刺瘤孢 *Apiculatisporis spinosaetosus* (Loose) Smith and Butterworth，1967

(图版 104，图 21，33)

1932 *Sporonites spinosaetosus* Loose in Potonié，Ibrahim and Loose，p. 452，pl. 19，fig. 55.

1933 *Apiculati-sporites spinososaetosus*，Ibrahim，p. 24.

1944 *Raistrickia spinososaetosus*，Schopf，Wilson and Bentall，p. 56.

1955 *Apiculatisporites spinosaetosus* Potonié and Kremp，p. 80，pl. 14，figs. 249，250.

1967 *Apiculatisporis spinosaetosus* (Loose) Smith and Butterworth，p. 173，pl. 7，figs. 22，23.

1976 *Apiculatisporis spinosaetosus*, in Kaiser, p. 110, pl. 6, figs. 13, 14.

1989 *Apiculatisporis spinososaetosus*, Zhu, pl. 2, fig. 27.

1993 *Apiculatisporis spinososaetosus*,朱怀诚,251 页,图版 61,图 8—11。

描述 轮廓圆形,大小 45μm;外壁厚约 2μm,整个表面具锥刺和棒瘤,高 1.5—3.0μm,有时呈乳头状或颗粒状,在射线区纹饰减弱;三射线短,低矮,长 1/3—1/2R。

比较与讨论 与模式标本(50—80μm,全模 74μm)相比,当前标本多偏小,但形态、大小、纹饰特征与 Smith 和 Butterworth (1967)修订的特征一致。

产地层位 山西保德,下石盒子组(层 G);甘肃靖远,红土洼组—羊虎沟组。

刺饰圆形刺瘤孢 *Apiculatisporis spinosus* (Loose) Potonié and Kremp, 1955

(图版 104,图 6, 7)

1934 *Apiculatisporistes spinosus* Loose, p. 153, pl. 7, fig. 20.

1955 *Apiculatisporites spinosus* Potonié and Kremp, p. 80, pl. 14, fig. 240.

1993 *Apiculatisporis spinosus* (Loose) Potonié and Kremp,朱怀诚,251 页,图版 61,图 15, 16,19—21。

描述 赤道轮廓圆三角形、亚圆形;大小 29.5(34.8)39.0μm(测 9 粒);三射线简单,细直,长 2/3—3/4R,有时由于表面纹饰掩盖而不明显;外壁厚 1.0—1.5μm,表面饰以锥刺,基宽 0.5—3.0μm,高(或长) 0.5—2.0μm,末端尖或圆钝,基部分离,间距 0.5—3.0μm,周边具刺突 20—40 枚。

比较与讨论 当前标本形态大小、纹饰特征与此种模式标本(36—41μm)颇为相似,仅个别标本上三射线似乎具唇,且具有明显的接触区。

产地层位 甘肃靖远,红土洼组—羊虎沟组。

坚硬圆形刺瘤孢 *Apiculatisporis tesotus* Ouyang, 1986

(图版 104,图 24, 52)

1986 *Apiculatisporis tesotus* Ouyang,欧阳舒,53 页,图版Ⅳ,图 32。

描述 赤道轮廓近圆形,全模 75μm(图版 104,图 52);三射线清楚,开裂,长约 1/2R;外壁薄,厚约 1μm,具小褶皱,表面密布坚实的锥刺纹饰,基宽可达 1.5μm,高约 1μm,末端钝尖,少数近平截,密挤,基部常相邻甚至相连,绕周边约 140 枚;深黄色。

比较与讨论 本种与吉林早白垩世乌林组的孢子 *Sphaerina wulinensis* Li(黎文本,1984)颇相似,但以射线较短、刺稍低矮而与后者有别。

产地层位 山西保德,下石盒子组;云南富源,宣威组上段。

三点圆形刺瘤孢 *Apiculatisporis trinotatus* Du, 1986

(图版 104,图 40)

1986 *Apiculatisporis trinotatus* Du,杜宝安,290 页,图版Ⅰ,图 47。

描述 赤道轮廓亚圆形,大小 21—27μm,全模 24μm;三射线凸起,窄,几达赤道,末端增厚并扩大;外壁稍厚,远极面和赤道具高、宽约 1.5μm 的锥瘤,末端钝或偶尖,近极面略稀,绕周边 30—40 枚。

比较与讨论 本种以个体特小、三射线末端增厚膨大与属内其他种区别;与产自滇东上二叠统的 *Lycospora* sp. (Ouyang, 1982, pl. 2, fig. 24)标本有些相似,但后者具赤道环。

产地层位 甘肃平凉,山西组。

多变圆形刺瘤孢 *Apiculatisporis variabilis* Lu, 1980

(图版 8,图 33, 34)

1981 *Apiculatisporis variabilis* Lu,卢礼昌,99 页,图版 2,图 9,10。

描述 赤道轮廓亚圆形—圆形,大小 67—81μm,全模标本 72μm;三射线清楚,直,简单或微开裂,伸达赤道附近；纹饰以小锥刺为主并夹有少数大锥刺或锥瘤，锥瘤基宽9—14μm，高常小于基宽，顶端钝凸或锐尖，表面光滑；在三射线区内纹饰显著减弱；外壁厚2.0—3.5μm。其他特征与 *A. aculeatus* 大体相同。

比较与讨论　本种以纹饰分布较稀、形态多变，并常具少数大锥刺或锥瘤为特征而与 *A. aculeatus* 及属内其他种相区别。

产地层位　四川渡口，上泥盆统。

杂饰圆形刺瘤孢　*Apiculatisporis variocorneus* Sullivan, 1964

（图版104，图22，41）

1964 *Apiculatisporis variocorneus* Sullivan, p. 363, pl. 58, fig. 48.

1967 *Apiculatisporis variocorneus* Sullivan, Smith and butterworth, p. 173, pl. 7, figs. 24, 25.

1982 *Apiculatisporis variocorneus* Sullivan, Ouyang, p. 70, pl. Ⅰ, fig. 11.

?1982 *Apiculatisporis* sp. 2，蒋全美等，604页，图版401，图17。

1986 *Apiculatisporis variocorneus*，欧阳舒，52页，图版Ⅵ，图1，2，5，10。

1993 *Apiculatisporis variocorneus*，朱怀诚，251页，图版60，图13，17。

描述　赤道轮廓近圆形，大小65(71)76μm；三射线可见，单细，长约1/2R；外壁厚1.5—2.5μm，偶具褶皱，表面具颇密的刺或锥刺状，部分为二型的纹饰，基宽1—5μm，大多为2—4μm，高可达2—5μm，基部轮廓亚圆或亚椭圆形—多角形，往往在刺高2/3或3/4处突然收缩变尖，端部极为尖锐，少量为二分叉或细齿状，间或近平截，纹饰间距2—5μm，分布不均匀，尤其是向近极接触区内减弱，绕轮廓线30—55枚；黄棕色。从靖远鉴定的此种，大小47.5—57.0μm，射线长约3/4R，其他特征与上述相近。

比较与讨论　云南标本与英国石炭系(Namurian A—Westphalian B)的 *A. variocorneus* 颇为一致，仅射线可能比后者稍短，归入这一种的标本纹饰特征差别亦大。

产地层位　湖南湘潭，龙潭组；云南富源，宣威组下段—卡以头组；甘肃靖远，红土洼组—羊虎沟组。

威氏圆形刺瘤孢　*Apiculatisporis weylandii* Bharadwaj and Salujha, 1965

（图版104，图26）

1976 *Apiculatisporis weylandii* Bharadwaj and Salujha, Kaiser, p. 110, pl. 6, fig. 10.

描述　赤道轮廓圆形，大小50μm；三射线简单，并不常见，直，长约1/2R；外壁厚1—2μm，常褶皱，整个表面具稀小的单个锥刺，基宽和高约1μm，间距内可容同样大小的纹饰1—3枚；棕黄色。

产地层位　山西保德，上石盒子组。

小龙口圆形刺瘤孢　*Apiculatisporis xiaolongkouensis* Hou and Wang, 1986

（图版104，图20，25，34）

1986 *Apiculatisporis xiaolongkouensis* Hou and Wang，侯静鹏等，81页，图版21，图20，21，30。

描述　赤道轮廓圆三角形—圆形，近极面接触区低平，远极面强烈凸出，中等大小，大小45—60μm，全模55μm(图版104，图20)；三射线清楚，长短不一，长约3/4R或近达赤道，具窄唇，总宽约2μm，顶端微升高，向末端渐变窄，末端微分叉，全模标本上微波状；外壁稍厚，表面具细而均匀的锥刺纹饰，基宽常小于高，刺高1.5—2.0μm，顶端常尖，沿赤道更密集，因基部相连，几呈环圈状，轮廓线细锯齿状，纹饰在近接触区内减弱；棕黄色。

比较与讨论　本种以射线具唇、唇末端微分叉、外壁厚实、远极面和赤道具密集均匀的锥刺而与属内其他种区别。与巴西上石炭统—下二叠统的 *Apiculatasporites daemonii* Playford and Dino, 2000 (p. 16, pl. 1, figs. 7—9, 11—13; pl. 2, figs. 4—6) 在大小、具唇和纹饰等特征上颇相似，但后者呈近圆形，外壁较薄，纹饰末端不如此尖锐；*A. tesotus* 射线较短，纹饰较细。

产地层位　新疆吉木萨尔，梧桐沟组。

西藏圆形刺瘤孢 *Apiculatisporis xizangensis* Gao, 1983

(图版 9, 图 20, 21)

1983 *Apiculatisporis xizangensis* Gao, 高联达, 193 页, 图版 1, 图 21—23。

描述 赤道轮廓圆形或近圆形, 大小 50—60μm; 三射线常不清楚, 可见时长约 3/4R; 纹饰以细小的刺状突起为主; 突起基宽与高约 1μm 或不足(据照片测量), 顶端钝尖或锐尖, 基部常不连接, 间距最大可为基宽的 3—4 倍; 外壁或具褶皱; 黄棕色。

比较与讨论 本种以细小的刺状突起纹饰为特征, 此特征与 *A. microechinatus* Owens, 1971 及 *A. microconus* Richardson, 1965 可比较, 但它们较大, 大小分别为 68.8—89.1μm 与 100—164μm。

产地层位 西藏聂拉木, 波曲组上部。

背刺瘤孢属 *Anapiculatisporites* Potonié and Kremp, 1954

模式种 *Anapiculatisporites isselbergensis* Potonié and Kremp, 1954; 德国鲁尔, 上石炭统(Westfal B)。

属征 三缝同孢子或小孢子, 赤道轮廓圆三角形—圆形, 在子午面压扁的标本上, 远极面强烈凸出; 近极面三射线区多少平滑, 远极面具刺—锥瘤状纹饰(Smith and Butterworth, 1967 修订: 孢子三角形, 偶尔圆形, 具颗粒、锥刺、刚刺, 不延伸至赤道辐间区), 在无纹饰区周围或较小, 往往向远极变大。

比较与讨论 本属孢子纹饰与 *Apiculatisporis*, *Lophotriletes* 和 *Acanthotriletes* 类似, 但以近极面射线区基本无纹饰而与后 3 属区别。

刺状背刺瘤孢 *Anapiculatisporites acanthaceus* (Naumova) Lu, 1999

(图版 8, 图 28, 29)

1953 *Acanthotriletes acanthaceus* Naumova, p. 122, pl. 18, fig. 14.

1999 *Anapiculatisporites acanthaceus* (Naumova) Lu, 卢礼昌, 42 页, 图版 10, 图 5, 6。

描述 赤道轮廓钝角—圆角凸边三角形, 大小 42.0—62.4μm; 三射线可见至清楚, 简单, 长短不一, 长 1/3—4/5R; 纹饰主要限于赤道与远极面, 并以锥刺—小锥瘤状突起为主, 分布相当稀疏, 间距常大于纹饰基宽, 基宽一般为 2.5—4.5μm, 突起高 2.5—6.0μm, 上部(突起较高者)常断落, 末端钝尖或锐尖(锥刺); 突起间或具稀散的次一级小纹饰, 如颗粒或小刺, 宽与高约 1μm; 赤道边缘突起 15—27 枚; 近极面尤其三射线区无明显突起纹饰; 外壁厚实, 赤道外壁厚 3.5—5.0μm; 棕—深棕色。

比较与讨论 当前描述的标本与 Naumova (1953) 首次描述的俄罗斯地台上泥盆统下部的 *Acanthotriletes acanthaceus* 在形态特征与纹饰组成上极为相似, 仅后者个体较小(20—25μm)。

产地层位 新疆和布克赛尔, 黑山头组 6 层。

长瓶状背刺瘤孢 *Anapiculatisporites ampullaceus* (Hacquebard) Playford, 1964

(图版 8, 图 24; 图版 104, 图 8)

1957 *Raistrickia ampullaceus* Hacquebard, p. 310, pl. 1, figs. 23, 24.

1957 *Raistrickia* sp. A, Hacquebard, p. 311, pl. 2, fig. 3.

1964 *Anapiculatisporites ampullaceus* (Hqcquebard) Playford, p. 16, pl. 3, figs. 16, 17.

1990 *Anapiculatisporites ampullaceus*, 张桂芸, 见何锡麟等, 304 页, 图版 Ⅲ, 图 1。

1999 *Anapiculatisporites ampullaceus*, 卢礼昌, 43 页, 图版 4, 图 25。

描述 赤道轮廓三角形, 三边外凸, 大小 40.0—56.2μm; 三射线不清; 孢子表面具锥刺, 基部圆形, 基径 2.5—6.0μm, 一般为 3—4μm, 高 3—8μm, 顶部突然变尖, 顶尖高 2μm 左右; 瘤刺间距 3—5μm, 基部不相连, 锥刺大小较均匀, 分布亦较规则, 边缘因锥刺而呈犬齿状; 外壁厚 1.0—1.5μm; 呈黄色。

比较与讨论 本种原描述大小 47—54μm, 刺状纹饰限于远极面。本种以其瓶状(flask-shaped)突起纹饰为特征而与属内其他种不同。Playford (1964) 以其纹饰基本是刺状突起为理由将该种归入 *Anapiculatisporites*

属是可取的。

产地及层位 内蒙古准格尔旗黑岱沟，本溪组；新疆和布克赛尔，黑山头组4层。

整齐背刺瘤孢 *Anapiculatisporites concinnus* Playford, 1962

（图版104，图46，48）

1962 *Anapiculatisporites concinnus* Playford, p. 587, pl. 80, figs. 9—12.

1985 *Anapiculatisporites concinnus*，高联达，54页，图版3，图16。

1986 *Anapiculatisporites concinnus*，唐善元，图版1，图15—17。

1989 *Anapiculatisporites concinnus*，Zhu H. C., pl. 1, figs. 18, 19; pl. 2, fig. 3.

1989 *Anapiculatisporites concinnus*，Hou J. P., p. 135, pl. 41, fig. 16.

描述 据Playford描述，三角形，三边平直或微凸，角部浑圆，大小23—44μm；三射线简单，长3/4—4/5R；主要特征是：均匀的锥瘤（刺）基宽1.0—1.5μm，长1—2μm，间距2—3μm，主要在远极面，边部平滑或很少，角端稍显些。

比较与讨论 靖远标本（19—48μm）尤以个体小与本种主要特征一致，当属同种。

产地层位 湖南中部，测水组；贵州睦化、代化，打屋坝组底部；甘肃靖远，靖远组—红土洼组。

弱背刺瘤孢 *Anapiculatisporites dilutus* Lu, 1980

（图版8，图10—12）

1980b *Anapiculatisporites dilutus* Lu，卢礼昌，14页，图版3，图23—27。

1988 *Anapiculatisporites dilutus*，卢礼昌，135页，图版2，图3—5。

描述 赤道轮廓圆三角形—亚圆形，三边或平直或微内凹，角部宽圆，大小27.0—40.6μm，全模标本38μm；三射线清楚，直，或具唇或微加厚，长3/5—1R；近极面光滑无饰，远极面具颗粒—刺状纹饰，致密、低矮，粒径1.0—1.5μm，刺高约1.5μm，常大于基宽（约1μm），顶端近圆或尖，基部彼此多不接触，多少呈负网状；有的标本远极面纹饰较赤道区的略粗，另一些标本角部纹饰较小、较稀；赤道轮廓线在三角部多半平滑，而三边（中段）则呈微齿状—微波状；外壁一般厚约1μm，于三射线区间较厚实，褶皱少；棕黄—浅棕色。

比较与讨论 *A. minutus* Lu and Ouyang (1976)的个体较小、三边明显凸出，纹饰较稀并以锥刺为主，且纹饰在角部无减少与变小现象。

产地层位 云南沾益龙华山、史家坡，海口组。

矮小背刺瘤孢 *Anapiculatisporites dumosus* (Staplin) Huang, 1982

（图版104，图9）

1960 *Granulatisporites dumosus* Staplin, p. 16, pl. 3, figs. 15, 17.

1982 *Anapiculatisporites dumosus* Huang，黄信裕，157页，图版Ⅰ，图8。

描述 极面轮廓三角形或圆三角形，大小25—30μm；三射线有时开裂，长1/2—2/3R；外壁覆以不规则的锥瘤状纹饰，基宽1.5—2.0μm，高1.0—1.5μm。

产地层位 福建长汀陂角，梓山组。

华美背刺瘤孢 *Anapiculatisporites epicharis* Ouyang and Chen, 1987

（图版104，图51）

1987a *Anapiculatisporites epicharis* Ouyang and Chen，欧阳舒、陈永祥，49页，图版Ⅷ，图20。

描述 赤道轮廓亚三角形—亚圆形，近极面凹入，远极面凸出，全模大小102μm；三射线清楚，具唇，宽或高可达4—5μm，向末端稍变窄，长3/4—5/6R；外壁厚约1.5μm，偶具褶皱，表面尤其远极面和赤道具稀刺纹饰，基宽2.0—2.5μm，高7—9μm，末端尖锐，直或微弯曲，刺间距8—12μm；在长刺之间为细密均匀颗粒或小锥刺纹饰，大小约1μm；高0.5—1μm；深棕色。

比较与讨论 本种孢子以大小特别是刺之间的明显纹饰等特征区别于 *Anapiculatisporites* 属的其他种，它与澳大利亚昆士兰的 *Crassispora scrupulosa* Playford, 1978(p. 135, pl. 10, figs. 12—14)亦有些相似,但后者可能具盾环,且长刺之间无第二类纹饰。

产地层位 江苏句容,高骊山组。

法门背刺瘤孢 *Anapiculatisporites famenensis* (Naumova) Ouyang and Chen, 1987

(图版 8,图 8)

1953 *Acanthotriletes famenensis* Naumova, p. 107, pl. 16, figs. 22, 23.

1987b *Anapiculatisporites famenensis* (Naumova) Ouyang and Chen,欧阳舒等,48 页,图版 5,图 19。

描述 赤道轮廓圆三角形,大小 30μm;三射线清楚,开裂,伸达赤道;外壁薄,厚不足 1μm,远极面和近极—赤道区具锥瘤或锥刺或圆瘤纹饰,基宽 2.0—3.5μm,高 2.0—2.5μm,末端钝圆或略尖,在远极面分布稀疏,在赤道较密,甚者基部相互接触或融合;约在近极面 2/3 的范围内光滑无纹饰;深黄色。

比较与讨论 当前孢子与俄罗斯地台下法门阶的 *A. famenensis* Naumova (1953)的特征颇为相似,后者大小 20—30μm,从原作者绘图看,近极面似乎也是无纹饰的,差别在于其纹饰在赤道部位并不太密。

产地层位 江苏宝应,五通群擂鼓台组下部。

粗毛背刺瘤孢(比较种) *Anapiculatisporites* cf. *hispidus* Butterworth and Williams, 1958

(图版 104,图 27)

1958 *Anapiculatisporites hispidus* Butterworth and Williams, p. 364, pl. 1, figs. 30, 31.

1987a *Anapiculatisporites* cf. *hispidus* Butterworth and Williams,廖克光,557 页,图版 136,图 38。

1987c *Anapiculatisporites hispidus*,廖克光,图版 1,图 19。

描述 赤道轮廓三角形,三边近平或微凹,大小 38—43μm;三射线具发达的唇宽 4—5μm,伸达赤道;外壁薄,远极面和近极亚赤道部位具小而颇密的锥瘤—锥刺,基宽和高 1.0—1.5μm,仅在射线周围纹饰减弱或近光面;黄色。

比较与讨论 当前标本与最初描述的英国石炭系的 *A. hispidus* Butterworth and Williams, 1958 (25—45μm)有些相似,但以纹饰较短小而与后者有一定的差别,故定为比较种。

产地层位 山西宁武,太原组—上石盒子组。

刺棘背刺瘤孢 *Anapiculatisporites hystricosus* Playford, 1964

(图版 8,图 17, 18;图版 104,图 28)

1964 *Anapiculatisporites hystricosus* Playford, p. 16, pl. 3, figs. 13—15.

1974 *Anapiculatisporites hystricosus*, Becken et al., pl. 17, fig. 7.

1985 *Anapiculatisporites hystricosus*,高联达,55 页,图版 3,图 18.

1987a *Anapiculatisporites hystricosus*,欧阳舒、陈永祥,49 页,图版 9,图 6—9。

1995 *Anapiculatisporites hystricosus*,卢礼昌,图版 2,图 14。

1999a *Anapiculatisporites hystricosus*,朱怀诚,67 页,图版 2,图 4,8。

描述 赤道轮廓三角形或圆三角形,大小 36—55μm;三射线常被纹饰覆盖,不易见,见时直,具窄唇,长 3/4—1R;近极面平整或微下凹,表面无明显突起纹饰,远极面及赤道区分布排列均匀的刺和少量锥瘤,基部分离,间距最大可达 5μm,基宽 2—3μm,高 1.5—4.0μm,在轮廓线边缘呈棘刺状。

产地层位 江苏句容,五通群擂鼓台组下部;湖南界岭,邵东组;贵州睦化,打屋坝组底部;新疆塔里木盆地莎车,奇自拉夫组。

句容背刺瘤孢 *Anapiculatisporites juyongensis* Ouyang and Chen, 1987

(图版 104,图 29, 36)

1987a *Anapiculatisporites juyongensis* Ouyang and Chen,欧阳舒、陈永祥,49 页,图版Ⅵ,图 2—4。

描述　赤道轮廓圆形—亚圆形，大小39—54μm（测17粒），全模54μm（图版104，图36）；三射线清楚或可见，具很窄的唇，常微开裂，末端尖锐，长达3/5—lR；外壁厚1—2μm，在远极和赤道表面具颇密的锥刺或锥瘤（偶尔为块瘤）纹饰，基宽一般为1.5—2.5μm，偶可达3—4μm，间距1—6μm不等，大多为2—4μm，但纹饰的基部常互相连接构成亚网状图案，瘤刺的高与基宽相当，末端多钝尖或浑圆，偶尔微平截，绕周边25—35枚；在近极接触区内纹饰变细；黄—棕黄色。

比较与讨论　当前孢子与德国鲁尔煤田维斯发B期的 *A. isselburgensis* Potonié and Kremp，1955（S. 81，Taf. 14，Abb. 252）相似，但后者大小50—80μm，以锥刺纹饰较稀、基部相互连接成不甚明显的亚网状图案、近极接触区光滑而与本种不同。爱尔兰晚泥盆世末期或早石炭世早期的 *Camptotriletes prionatus* Higgs，1975（p. 397，pl. 3，figs. 1，2，6）纹饰较为粗壮且多样，高可达2—7μm，与本种有别。

产地层位　江苏句容，高骊山组。

周刺背刺瘤孢　*Anapiculatisporites marginispinosus* Staplin, 1960

（图版104，图18）

1960 *Anapiculatisporites marginispinosus* Staplin，p. 247，pl. 59，figs. 31—33.

1990 *Anapiculatisporites marginispinosus* Staplin，张桂芸，见何锡麟等，304页，图版Ⅱ，图29。

描述　赤道轮廓三角形，三边强烈外凸，三角顶圆，大小28.8μm；三射线细，直，简单，长1/2R；表面具棒刺状纹饰，刺的基部宽1.5—2.0μm，顶部钝尖，近棒状，间距3—5μm，基部分离；边缘有刺35枚，外壁1.0—1.5μm厚，表面具褶皱；孢子呈黄棕色。

产地层位　内蒙古准格尔旗黑岱沟，太原组。

小锥刺背刺瘤孢　*Anapiculatisporites minor* Butterworth and Williams, 1958

（图版104，图17，39）

1967 *Anapiculatisporites minor*（Butterworth and Williams）Smith and Butterworth，p. 161，pl. 6，figs. 21—24.

1984 *Anapiculatisporites minor* Butterworth and Williams，高联达，330页，图版134，图21，22。

描述　赤道轮廓三角形，三角呈圆角，大小25—32μm；三射线长为R；间三射线边缘凸出、平直或明显凹入；孢壁薄，黄色，常见褶叠，表面具锥刺纹饰或在本体中部呈颗粒状，在赤道边缘呈锥刺状，刺长2.5μm，基部宽1.5—2.0μm。

产地层位　山西宁武，本溪组—太原组。

小背刺瘤孢（比较种）　*Anapiculatisporites* cf. *minor* Butterworth and Williams, 1958

（图版104，图16，49）

1938 *Anapiculatisporites minor* Butterworth and Williams，p. 365，pl. Ⅰ，figs. 32—34.

1983 *Anapiculatisporites minor*（Butterworth and Williams）Smith and Butterworth，高联达，490页，图版114，图22，24。

比较与讨论　据Smith和Butterworth（1967）重新修订，本种孢子大小14—29μm，大多20—25μm，小刺纹饰在远极面，近极面大部分光滑；我国被鉴定为此种的标本皆未提及纹饰只限于远极面，照片上也难以分辨，故此种的鉴定应作保留。

产地层位　贵州贵阳乌当，旧司组。

细小背刺瘤孢　*Anapiculatisporites minutus* Lu and Ouyang, 1976

（图版8，图3—5）

?1975 *Acanthotriletes* sp. 高联达等，197页，图版4，图12。

1976 *Anapiculatisporites minutus* Lu and Ouyang，卢礼昌等，31页，图版3，图9，10。

1980b *Anapiculatisporites minutus*，卢礼昌，13页，图版4，图1，2；图版11，图11。

1983 *Acanthotriletes minus*，高联达，490页，图版108，图3。

1987 *Acanthotriletes minus*,高联达等,395 页,图版 173,图 20,21。

1987a *Cyclogranisporites delicatus* Ouyang and Chen,欧阳舒等,38 页,图版 6,图 5。

1988 *Anapiculatisporites minutus*,卢礼昌,135 页,图版 22,图 16—19。

描述 赤道轮廓圆三角形—近圆形,大小 13—31μm;三射线常开裂成窄缝,两侧具窄唇或呈小三角形加厚,裂缝长≥2/3R;纹饰限于远极面与赤道部位,以短锥刺或颗粒—锥刺状纹饰为主,基宽约 0.5μm,并略大于高,分布较稀,间距略小于至略大于基宽,基部罕见接触,赤道轮廓线上突起常在 16—23 枚之间;赤道外壁厚 1.0—1.5μm,罕见褶皱;浅棕—棕(加厚区)色。

注释 归入 *Anapiculatisporites* 属的分子,其外壁具锥刺或锥瘤,长不超过基宽的 2 倍;而 *Acanthotriletes* 属的分子,外壁具长刺,长可超过基宽的 2 倍。据此,将 *Acanthotriletes minus* 的部分具锥刺和锥瘤的标本迁入 *Anapiculatisporites minutus* 种名下较适合。

产地层位 江苏句容,五通群擂鼓台组上部;云南曲靖翠峰山,徐家冲组;云南沾益龙华山、史家坡,海口组;贵州独山,丹林组上段—龙洞水组。

顶刺背刺瘤孢 *Anapiculatisporites mucronatus* Ouyang and Chen, 1987

(图版 8,图 22, 23)

1987a *Anapiculatisporites mucronatus* Ouyang and Chen,欧阳舒等,50 页,图版 9,图 1—5。

1994 *Anapiculatisporites mucronatus*,卢礼昌,图版 3,图 20。

描述 赤道轮廓近三角形—近圆形,近极面较低平,远极面强烈凸出,大小 41—61μm(不含纹饰),全模标本 60μm,副模标本 53μm;三射线清楚,具唇,宽一般为 1.5—3.0μm,直或微弯曲,有时开裂,伸达环(?)内沿;赤道偏近极处具一盾环(?),边界不分明,即与其余外壁为过渡关系,宽 3—5μm;外壁厚 1.0—1.5μm,近极面尤为薄,偶具褶皱,远极面和赤道部位具颇稀的瘤、刺二型纹饰,瘤基宽 2.5—7.0μm,一般为 3—5μm,轮廓圆形—近圆形,高 2—4μm 或稍长,顶端常具一刺,刺长 2—5μm,偶可达 7μm,末端锐尖,瘤基部间距 5—10μm,在赤道部位有时稍密(甚者相接触);刺之间外壁和近极面呈近光滑—细密鲛点状;棕黄—棕色。

比较与讨论 本种与 *A. acanthaceus* 有些近似,但后者外壁厚实,纹饰以锥刺—小锥瘤为主。

产地层位 江苏句容,五通群擂鼓台组下部;江苏南京龙潭,五通群擂鼓台组上部。

弱刺背刺瘤孢(比较种) *Anapiculatisporites* cf. *reductus* Playford, 1978

(图版 168,图 5)

1978 *Anapiculatisporites reductus* Playford, p. 117, pl. 4, figs. 1—7.

1987 *Anapiculatisporites* cf. *reductus* Playford,欧阳舒、陈永祥,48 页,图版 5,图 20。

描述 赤道轮廓圆三角形,大小 34μm;三射线清楚,具唇,宽约 2.5μm,近极面微凹入;远极和赤道部位具颇密而均匀的小刺状纹饰,基宽约 1μm,高约 2μm,末端钝尖,轮廓线上表现明显;深黄色。

比较与讨论 当前标本与澳大利亚德鲁曼德(Drummond)盆地早石炭世的 *A. reductus* Playford, 1978 略微可以比较,后者 24—45μm,但其纹饰较稀且粗壮,长可达 4μm;*A. semisentus* Playford, 1971 (p. 17, pl. 4, figs. 8—11) 刺状纹饰亦颇密,但此种孢子较大(70—100μm)。

产地层位 江苏句容,五通群擂鼓台组上部。

刺面背刺瘤孢 *Anapiculatisporites spinosus* (Kosanke) Potonié and Kremp, 1955

(图版 104,图 15, 35)

1950 *Granulati-sporites spinosus* Kosanke, p. 22, pl. 3, fig. 7.

1955 *Anapiculatisporites spinosus* (Kosanke) Potonié and Kremp, p. 82, pl. 14, figs. 253—255.

1967 *Anapiculatisporites spinosus*, Smith and Butterworth, p. 162, pl. 6, figs. 19, 20.

1980 *Anapiculatisporites spinosus* (Kosanke) Potonié and Kremp,周和仪,24 页,图版 8,图 5, 6, 11, 12。

?1990 *Anapiculatisporites spinosus*,张桂芸,见何锡麟等,304 页,图版Ⅱ,图 29。

1996 *Anapiculatisporites spinosus*,朱怀诚,见孔宪祯等,图版 45,图 1。

1993 *Anapiculatisporites spinosus*,朱怀诚,247 页,图版 59 页,图 31—33。

描述 赤道轮廓三角形,三边凸,角部钝或微尖,大小 33—36μm;三射线清楚,或具细窄唇,长几乎等于半径;外壁厚约 1μm,远极面和赤道具不密的锥刺纹饰,基宽≤1.5μm,高 2—3μm,近极面大部分纹饰减弱或消失;黄色。

比较与讨论 与本种全模(Kosanke,1950)相比,当前标本纹饰较短、稍密,但与 Potonié 和 Kremp(1955)所列照片相比,却很相似;*A. isselburgensis* 个体较大(50—80μm),接近于圆形,刺与直径相对较短。张桂云鉴定的这个种,标本大小仅 22μm,表面(没说明限于远极面)具锥刺,故存疑。

产地层位 山西左云,太原组;内蒙古准格尔旗黑岱沟,太原组;山东沾化,太原组。

背刺瘤孢(未定种) *Anapiculatisporites* sp.

(图版 8,图 30—32)

1999 *Anapiculatisporites atisporites* sp. ,卢礼昌,43 页,图版 7,图 4—6。

描述 大小 50(67)78μm(量 9 粒)。

注释 归入 *Anapiculatisporites* 属的还有 *A. vitilis* Gao and Ye (高联达等,1987,403 页,图版 175,图 18)。

产地层位 新疆和布克赛尔,黑山头组 4 层。

心形孢属 *Cadiospora* (Kosanke) Venkatachala and Bharadwaj, 1964

模式种 *Cadiospora magna* Kosanke, 1950;美国伊利诺伊州,上石炭统(McLeansboro)。

同义名 *Gravisporites* Bharadwaj, 1954.

属征 辐射对称小孢子,赤道轮廓亚圆形—圆三角形;三射线清楚,长达 3/4R,末端明显二分叉,接触区因外壁稍薄而略显,唇颇发育;外壁表面光滑,点穴—内点穴状,通常厚达 5—10μm,一般在射线末端之外较厚并发育成一个或多个肿胀物(mounds)(Venkatachala and Bharadwaj, 1964, p. 166; Smith and Butterworth, 1967, p. 144)。

比较与讨论 R. Potonié(1958)称此属具环,并将其与具环孢子诸属比较,如 *Lycospora* 孢子个体小得多等;但现在一般将本属理解为不具环的厚壁孢子,同样,*Gravisporites* 属(模式种 *Cadiospora sphaera* Butterworth and Williams, 1954)也不像原作者说的那样具厚的赤道环,故被视为 *Cadiospora*(及其模式种 *C. magna*)的同义名(Smith and Butterworth, 1967, p. 145)。

光滑心形孢 *Cadiospora glabra* Chen, 1978

(图版 105,图 13, 15)

1978 *Cadiospora glabra* Chen,谌建国,410 页,图版 119,图 21。

1982 *Cadiospora glabra* Chen,蒋全美等,611 页,图版 404,图 9。

1987a *Cadiospora magna* (Kosanke),廖克光,555 页,图版 134,图 11。

描述 赤道轮廓亚圆形—微三角圆形,全模大小 78μm(图版 105,图 15);三射线长约 2/3R,具粗壮唇,在射线末端分叉,微显不完全弓形脊;外壁厚约 3.2μm,平滑或具内颗粒,在近极面变薄;棕色。

比较与讨论 本种以孢子个体小、外壁较薄等区别于 *C. magna* Kosanke。廖克光(1987a)鉴定的 *C. magna*,大小(72—82μm)、形态与上述基本一致,但描述为"壁薄",且高倍镜下有"细颗粒或点穴状结构",无论如何,其接近 *C. glabra* 的程度甚于 *C. magna*。

产地层位 山西宁武,山西组—下石盒子组;湖南浏阳官渡桥,龙潭组。

偏大心形孢 *Cadiospora magna* Kosanke, 1950

（图版 105，图 22，23）

1950 *Cadiospora magna* Kosanke, p. 50, pl. 16, fig. 1.

1984 *Cadiospora magna* Kosanke，高联达，367 页，图版 141，图 3。

1993 *Cadiospora magna* Kosanke，朱怀诚，57 页，图版 57，图 13a，b，14。

描述 赤道轮廓圆三角形—圆形；大小 83—95μm（测 2 粒）；三射线明显，直，具发达的唇，一侧宽 3—5μm，长 2/3—3/4R，接触区因外壁变薄而明显，射线末端分叉，侧向与外缘脊相连，呈弓形脊状；外壁厚 5—10μm，轮廓线平整—波形，表面光滑—点—细粒纹饰，偶见有细瘤。

产地层位 河北开平，开平组；甘肃靖远，红土洼组—羊虎沟组中段。

偏大心形孢（比较种） *Cadiospora* cf. *magna* Kosanke, 1950

（图版 105，图 14，24）

1950 *Cadiospora magna* Kosanke, p. 50, pl. 16, fig. 1.

1976 *Cadiospora magna* Kosanke, Kaiser, p. 123, pl. 10, fig. 7.

1987 *Cadiospora magna*，高联达，图版 1，图 13。

1988 *Cadiospora magna*，高联达，图版 1，图 11。

2000 *Cadiospora* sp.，詹家祯，见高瑞祺等，图版 2，图 12。

描述 赤道轮廓亚圆形—圆形，大小 70—120μm；三射线具很粗壮的隆起的唇，宽 10—15μm，高 15μm，向端部膨大略呈匙形，并微分叉，伸达赤道；外壁厚实，厚 5—10μm，光滑—不规则颗粒状；深棕—棕黄色。

比较与讨论 按 Kosanke, 1950（p. 50, pl. 16, fig. 1），本种全模大小 117.6μm，轮廓圆三角形，外壁较厚（6—8μm），三射线唇虽宽，但似较低平，尤其是末端分叉呈弓形脊状，所以山西此标本与之相比，未见弓形脊，差别显著，最多只能定为比较种；此同样实用于靖远靖远组标本（约 94μm），虽无环、壁厚、有弓形脊等与 *C. magna* 颇相似，但轮廓线呈低矮大波状；臭牛沟组标本（高联达，1988）三射线唇很窄，尤其完全弓形脊包围的 3 个接触区很明显，可能属 *Retusotriletes*。塔里木标本除个体较小（约 75μm）外，形态似 *C. magna* 或 *Punctatisporites densoarcuatus* Neves, 1958（p. 6, pl. 2, fig. 7；110μm）。后两者也颇相似，二者中前者仅以轮廓更趋圆形、射线无发达的唇而与前者有所不同。

产地层位 山西保德，山西组—石盒子群（层 F，L）；甘肃靖远，靖远组、臭牛沟组；新疆塔里木盆地，卡拉沙伊组。

褶纹心形孢 *Cadiospora plicata* Gao, 1984

（图版 105，图 31）

1984 *Cadiospora plicata* Gao，高联达，415 页，图版 149，图 21。

描述 赤道轮廓近圆形，大小 100—120μm；三射线直，长约 2/3R，两侧具发达的唇，总宽 9—14μm，向端部渐膨大、微分叉，呈扇形；外壁颇厚，约 5μm，远极面（?）近周边偶尔具一大褶皱，表面具不甚规则的坑穴，轮廓线上具明暗相间的城垛状结构，明处由外壁上部变薄或缺失所致，相对暗处可微凹；棕黄色。

比较与讨论 本种在大小、形态及具宽唇方面与 *Cadiospora magna* Kosanke, 1950（p. 50, pl. 16, fig. 1）有某些相似，后者外壁厚 6—8μm，唇宽 8—10μm，但外壁结构较细，为细点穴—细颗粒状，尤其射线末端分叉呈弓形脊状。

产地层位 山西宁武，上石盒子组。

粗糙心形孢 *Cadiospora scabra* Du, 1986

（图版 105，图 8，9）

1986 *Cadiospora scabra* Du，杜宝安，290 页，图版 Ⅱ，图 40，41。

描述 赤道轮廓圆三角形，近极面较低凹，大小 42—57μm，全模 57μm（图版 105，图 8）；三射线细，具窄唇,波状,末端分叉变宽,微呈弓形脊状,伸达外壁内沿;外壁厚3—5μm,在赤道局部可能增厚达9μm(?),远极面光滑,近极面微粗糙;棕黄色。

比较与讨论 本种与 *Cadiospora glabra* Chen 有些相似,但后者以个体较大、具粗壮唇而与前者有别。

产地层位 甘肃平凉,山西组。

纹饰弓脊孢属 *Apiculiretusispora* Streel emend. Streel, 1967

模式种 *Apiculiretusispora brandtii*, 1964;比利时,中泥盆统。

属征 辐射不等极三缝小孢子,赤道轮廓圆形—亚三角形;常以弓形脊(完全或不完全)为界的近极面光滑或具变弱小的纹饰;远极与近极—赤道外壁,在单个标本上,被颇多变的纹饰——颗粒和/或刺或其他双型分子——所覆盖,所有这些纹饰分子均小于1μm。

比较与讨论 *Cyclogranisporites*, *Planisporites* 与 *Granulatisporites* 等3属的分子,虽也具类似的纹饰,但不具弓形脊;*Retusotriletes* 虽具弓形脊,但不具纹饰。具弓形脊又具块瘤的分子归于 *Verruciretusispora*。纹饰通常在弓形脊上较发育:更密集、更粗壮与更修长,甚至具双型纹饰。本属其他种的纹饰大小 > 1μm 的也常见。

分布时代 世界各地,主要为泥盆纪,特别是早、中泥盆世。

微尖纹饰弓脊孢 *Apiculiretusispora aculeolata* (Tschibrikova) Gao and Ye, 1987

(图版30,图22)

1962 *Retusotriletes aculeolatus* Tschibrikova, p. 400, pl. 4, figs. 1—3.

1987 *Apiculiretusispora aculeolata* (Tschibrikova) Gao and Ye,高联达、叶晓荣,393页,图版173,图8。

注释 本种以其弓形脊发育不甚完全,接触区总是小于近极面,粒刺状刺顶部尖锐、粒径细小(0.5μm左右)、分布致密均匀、基部分离以及外壁薄且常具一条带状褶皱等为特征。赤道轮廓不甚规则圆形,大小40—90μm(Tschibrikova, 1962, p. 400, figs. 1—4)。

产地层位 甘肃迭部当多沟,当多组。

渐尖纹饰弓脊孢 *Apiculiretusispora acuminata* Gao, 1984

(图版30,图21)

1984 *Apiculiretusispora acuminata* Gao,高联达,130页,图版1,图24,31。

描述 赤道轮廓近圆形,大小54—62μm;三射线微开裂、两侧具加厚[唇(?)],厚3/5—4/5R,末端与弓形脊连接;弓形脊柔弱,于射线末端内凹;接触区以外的外壁具稀疏的刺状纹饰;纹饰分子基部宽1—2μm(或不足),高2.0—3.2μm,向顶部逐渐变窄,至顶端钝尖,间距常为基宽的1—3倍;外壁薄(厚<1.5μm),多皱;黄棕色。

产地层位 云南曲靖,桂家屯组。

布氏纹饰弓脊孢(比较种) *Apiculiretusispora* cf. *brandtii* Streel, 1964

(图版30,图25, 26)

1964 *Apiculiretusispora brandtii* Streel, p. 240, pl. Ⅰ, figs. 6—10.

1975 *Apiculiretusispora* cf. *brandtii*,高联达、侯静鹏,192页,图版3,图3。

1984 *Apiculiretusispora* cf. *brandtii*,欧阳舒,75页,图版1,图13。

1987 *Apiculiretusispora* cf. *brandtii*,高联达、叶晓荣,390页,图版170,图6—8。

1987 *Apiculiretusispora brandtii*,高联达、叶晓荣,390页,图版172,图18,19。

描述 赤道轮廓近圆形或圆三角形,大小57—80μm;三射线简单,长2/3—3/4R;弓形脊柔弱,常不甚清楚;近极中央区或具小三角形加厚区,表面无纹饰;接触区以外的外壁具细小的刺—粒状纹饰;纹饰分子基宽约1μm，高1.0—1.5μm；外壁厚约1μm，有时具皱；黄色—棕色。

注释 比利时中泥盆世晚期的 *A. brandtii* Streel (1964) 的弓形脊较清楚且完全，上列中国的该种标本，除贵州独山龙洞组的 *A.* cf. *brandtii* Gao and Hou, 1975（高联达、侯静鹏，1975，图版3，图3）外，其余标本保存均欠佳。

产地层位 黑龙江密山，黑台组；四川若尔盖，普通沟组；贵州独山，龙洞水组；甘肃迭部，当多组。

短刺纹饰弓脊孢 *Apiculiretusispora brevidenticulata* (Tschibrikova) Gao and Ye, 1987

（图版30，图23）

1962 *Retusotriletes brevidenticulatus* Tschibrikova, p. 407, pl. 5, fig. 7.

1987 *Apiculiretusispora brevidenticulata* (Tschibrikova) Gao and Ye，高联达等，392页，图版173，图5。

描述 孢子赤道轮廓圆形，大小42μm；三射线清楚，常裂开，长度约2/3R，两侧加厚形成三角形暗色加厚区；弓形脊完全，沿孢子边缘呈条带状分布；孢壁厚约1μm，表面覆以密集的刺粒纹饰，刺粒高1.0—1.5μm，基部直径0.5—1.0μm，在孢子边缘轮廓线上可见尖锐的小刺粒突起。

注释 Tschibrikova 的素描图（1962, pl. 5, fig. 7）显示：孢子形态反映较柔弱；三射线窄细；弓形脊完全、细弱；纹饰细小、稀散；外壁单薄，褶皱罕见；大小35—45μm。

产地层位 甘肃迭部，当多组。

沾点纹饰弓脊孢 *Apiculiretusispora colliculosa* (Tschibrikova) Gao, 1983

（图版31，图30）

1962 *Retusotriletes colliculosus* Tschibrikova, p. 408, pl. 6, fig. 2.

1983 *Apiculiretusispora colliculosa* (Tschibrikova) Gao，高联达，482页，图版107，图12。

描述 赤道轮廓圆三角形，大小85—100μm；三射线清楚，微具唇，长3/4—4/5R；弓形脊发育完好，几乎平行于赤道；近极—赤道区与远极表面覆以规则的刺粒状纹饰，其基部很少接触，粒径1.0—1.5μm，低矮，在赤道轮廓线上反映甚微；外壁厚约2μm；黄棕色。

产地层位 云南禄劝，下泥盆统坡脚组。

组合纹饰弓脊孢（新种） *Apiculiretusispora combinata* Lu sp. nov.

（图版31，图26）

1999 *Apiculiretusispora* sp.，卢礼昌，45页，图版12，图13。

描述 三缝小孢子或大孢子；赤道轮廓近圆形，大小163—255μm，全模标本163μm；三射线清楚，唇粗壮，表面粗糙，于射线近末端处最宽，可达8μm，一般宽为5—6μm，末端与弓形脊连接，长约5/7R；弓形脊清楚，发育完全，宽厚，在射线末端处明显内凹，并略有加厚与突起，最宽（厚）可达10μm；小接触区呈扇形，区内外壁较薄，表面具小突起纹饰，其余外壁表面为细小的颗粒—锥刺状纹饰，分布致密、分散或局部接触，刺—粒基部宽与突起高一般约为2μm（或不足），但在弓形脊上（纹饰分子）高可达3—4μm；赤道外壁厚4.5—6.0μm；浅—深棕色。

比较与讨论 当前描述标本的形态特征及纹饰组成均与 Owens (1971, p. 18) 描述的 *Apiculiretusispora* sp. A 的两粒标本较为相似，仅其个体略大（分别为207×180μm 与255×217μm）而已。

产地层位 新疆和布克赛尔，黑山头组6层。

混合纹饰弓脊孢 *Apiculiretusispora commixta* Lu, 1994

（图版30，图1—4）

1994 *Apiculiretusispora commixta* Lu，卢礼昌，170页，图版2，图4—7。

描述 赤道轮廓宽圆三角形—近圆形，侧面观近极面微凸—微凹，远极面半圆球形，大小31.9—

40.0μm,全模标本36μm;三射线常清楚,接近伸达赤道,常具窄唇(宽1.0—1.5μm);弓形脊发育完全,绝大部分位于赤道,并略有加厚或突起;接触区清楚,几乎等于近极面,区内外壁较薄,表面无纹饰,其余外壁较厚(1.0—1.5μm),表面具纹饰;纹饰成分主要为小刺与短棒,致密或分散,弓形脊上纹饰较密、较粗且较长,但突起高一般不超过1μm,并略大于基宽;标本多为侧压保存,罕见褶皱;棕黄—浅棕色。

比较与讨论 本种以其具多种纹饰(在同一标本上)为特征;*A. conica* 及 *A. granulata* 的纹饰组成较单一,分别为锥刺与颗粒。

注释 在以短棒为主的标本上,纹饰分布常呈辐射状排列;纹饰组成除小刺和短棒外,有时还掺杂少许粗颗粒或小瘤。

产地层位 江苏南京龙潭,五通群擂鼓台组上部。

密挤纹饰弓脊孢 *Apiculiretusispora conflecta* Ouyang and Chen, 1987

(图版30,图32)

1987a *Apiculiretusispora conflecta* Ouyang and Chen,欧阳舒、陈永祥,39页,图版8,图5,6。

描述 赤道轮廓圆三角形—圆形,大小75—82μm,全模标本76μm;三射线清楚,细,长3/5—3/4R,两侧常具唇,总宽可达4—8μm,末端与弓形脊连接,弓形脊大多可辨,完全,其边界常不清楚,近极面略凹入;外壁颇疏松,厚2—3μm,有时可见由2层组成,内层较外层薄,外层表面具复杂、致密的纹饰;纹饰为虫饰状—凸饰状,穴纹不甚规则,有近圆、椭圆—狭壕沟状,穴径0.5—1.0μm,穴纹之间有时为细棒—粗颗粒状,基部直径一般小于1μm,高1—2μm,有时互相连接,末端微膨大或钝尖,轮廓线上呈微缺刻状—明显凸饰状;接触区外壁较薄,区内纹饰减弱或近光滑;棕黄—深棕色。

比较与讨论 本种以其复杂的虫饰状纹饰等特征区别于 *Apiculiretusispora* 属的其他种。

产地层位 江苏句容,五通群擂鼓台组下部。

锥刺纹饰弓脊孢 *Apiculiretusispora conica* Lu and Ouyang, 1976

(图版30,图5—7)

1976 *Apiculiretusispora conica* Lu and Ouyang,卢礼昌等,30页,图版2,图25—27。

1994 *Apiculiretusispora conica*,卢礼昌,图版2,图8,9。

描述 赤道轮廓近圆形—圆形,大小36—54μm,全模标本38μm;射线长短不一,长者略大于4/5R,且末端与弓形脊连接,短者为1/2—2/3R;弓形脊不完全,通常仅在一射线末端两侧较明显;接触区不甚清楚,表面纹饰显著退化;接触区以外的纹饰以锥刺为主,大小不一,一般高1.5—2.5μm,基宽1.0—1.5μm,顶端尖或钝,少数圆,或稀或密,基部常不相连,绕周边20—40枚;外壁中等厚,偶见褶皱;浅棕—深棕色。

比较与讨论 本种与 *A. minor* 的区别在于体积较大,射线长短不一,弓形脊不完全,纹饰以锥刺为主;*A. flexuosa* 虽也具锥刺纹饰,但基径较大,分布较稀疏,且弓形脊发育完好。

产地层位 江苏南京龙潭,五通群擂鼓台组;云南曲靖翠峰山,徐家冲组。

厚区纹饰弓脊孢 *Apiculiretusispora crassa* Lu, 1980

(图版31,图28,29)

1980b *Apiculiretusispora crassa* Lu,卢礼昌,16页,图版2,图17,18。

1981 *Apiculiretusispora crassa*,卢礼昌,103页,图版4,图2。

1988 *Apiculiretusispora crassa*,卢礼昌,139页,图版6,图18,19。

描述 赤道轮廓圆形,大小94—134μm,全模标本94μm;三射线清楚,直或微弯曲,唇低矮,宽1.5—4.0μm,长2/3—4/5R,末端与弓形脊连接;弓形脊清楚,完全,略加厚,外缘界线通常较内缘清楚;以弓形脊为界的接触区的外壁略有加厚,但纹饰减弱;近极—赤道和整个远极面具颗粒纹饰,致密,低矮,粒径<0.5μm,在赤道轮廓线上反映微弱;外壁厚约1μm,常具大型带状褶皱,向两头逐渐变尖,多数标本的褶皱

似乎限于远极面或赤道部位,并略平行于赤道;黄棕—棕色。

比较与讨论 本种以其接触区内的外壁略有加厚(而不是减薄)为特征而与 *Apiculiretusispora* 属的其他种明显不同,如后述 *A. granulata* 的接触区外壁较其余外壁略薄,同时赤道外壁较厚,不具大型带状褶皱。

产地层位 四川渡口,上泥盆统;云南沾益龙华山、史家坡,海口组。

致密纹饰弓脊孢 *Apiculiretusispora densa* Lu, 1988

(图版30,图11—13, 33)

1988 *Apiculiretusispora densa* Lu,卢礼昌,139 页,图版21,图17;图版24,图6—8。

描述 赤道轮廓宽圆三角形—近圆形,大小35.9—46.8μm,全模标本39μm,三射线简单,两侧或加厚或具唇,某些标本唇发育不甚完全(在同一标本上仅见1条或2条较发育),三射线长2/3—3/4R,唇一般宽3.0—6.3μm;弓形脊窄、微弱,有时仅可识别或发育不完全;以弓形脊为界的接触区不甚清楚,区内表面光滑无纹饰;接触区以外的外壁具颗粒、锥刺或小刺—粒状纹饰,分布致密,但彼此基部很少接触,纹饰在辐间区有时显得较发育,颗粒和锥刺纹饰基部宽1.0—1.5μm,高常小于1μm;外壁一般较薄,厚仅1μm左右;某些标本外壁在赤道辐间区略有增厚,而另外一些标本则在辐射区显得更厚实,褶皱罕见;纹饰突起在赤道轮廓上反映常不一致:辐射区较弱,辐间区较强,呈细齿状或微波状;浅棕—棕色。

比较与讨论 本种与 *A. minuta* Lu and Ouyang, 1976 相似,但后者的个体较小(仅16—31μm),且三射线顶部常具小三角形加厚区,弓形脊较清楚,发育较完全、较厚实且几乎全部位于赤道。

产地层位 云南沾益史家坡,海口组。

遍布纹饰弓脊孢 *Apiculiretusispora divulgata* (Tschibrikova) Gao and Ye, 1987

(图版30,图24)

1962 *Retusotriletes divulgatus* Tschibrikova, p. 398, pl. 2, fig. 7.

1987 *Apiculiretusispora divulgata* (Tschibrikova) Gao and Ye,高联达等,390 页,图版172,图15。

注释 赤道轮廓圆三角形,大小45—85μm;三射线单细,微曲,略短于孢子半径长;弓形脊除射线末端两侧少部分外,其余大部分不常见或缺失;纹饰小刺粒状或呈短桩状,分布均匀,间距略小于或略大于基部宽(据 Tschibrikova, 1962, pl. 2, fig. 7 描图显示与测量)。

高联达等(1987)描述 *A. divulgata* 的标本大小42μm;三射线微开裂,长略大于1/2R;弓形脊不完全;刺粒状纹饰不清楚,赤道轮廓线上似无反映。

产地层位 甘肃迭部,当多组。

主要纹饰弓脊孢 *Apiculiretusispora dominans* (Kedo) Turnau, 1978

(图版105,图1)

1962 *Acanthotriletes dominans* Kedo, p. 43, pl. 2, figs. 53, 54.

1966 *Acanthotriletes dominans* Kedo, p. 55, pl. 1, figs. 34, 35.

1978 *Apiculiretusispora dominans* (Kedo) Turnau, p. 6, pl. 1, fig. 1.

1989 *Apiculiretusispora dominans* (Kedo), Hou J. P., p. 134, pl. 41, fig. 14.

2003 *Apiculatisporis dominans* (Kedo) Oshurkova, p. 95.

描述 赤道轮廓亚圆形,大小36.6μm;三射线具很窄的唇,通常清楚,简单,长2/3R;近极面弓形脊完全,位于近赤道边,宽2—3μm;外壁表面具细锥刺纹饰,近极面壁薄,接触区大部分可能无纹饰。

比较与讨论 最初描述的白俄罗斯普里皮亚季(Pripyat)盆地下石炭统的此种,大小约46μm;Turnau 从波兰下石炭统发现的标本,据描述,大小37(49)52μm,外壁薄,饰以锥刺,基宽和长约1μm,间距1—3μm,近极接触面无纹饰;未提及弓形脊:这也许是 Oshurkova 将此种归入 *Apiculatisporis* 的原因。Turnau 将她的组合与 Kedo 的孢子属种(绘图无照相)进行对比时,也承认鉴定有困难。

产地层位 贵州代化,打屋坝组底部。

曲唇纹饰弓脊孢 *Apiculiretusispora flexuosa* Hou, 1982

(图版30,图8—10)

1982 *Apiculiretusispora flexuosa* Hou,侯静鹏,87页,图版1,图11。

1994 *Apiculiretusispora flexuosa*,卢礼昌,图版2,图11,12。

1995 *Apiculiretusispora flexuosa*,卢礼昌,图版3,图2。

描述 赤道轮廓圆三角形—圆形,大小25—50μm;三射线清楚,唇弯曲,末端常略加厚、增宽,一般宽2—3μm,最宽可达4—6μm,长3/4—4/5R;弓形脊发育完好,并略加厚;接触区清楚,区内外壁较薄,表面无纹饰,其余外壁较厚实,表面具较稀散的锥刺;纹饰分子基部轮廓近圆形,直径1.8—2.3μm,高1.0—1.5μm,顶部尖,间距3—6μm;偶见褶皱;浅棕色。

比较与讨论 本种与前述*A. conica*较近似,但又以个体较小、纹饰较稀而与之不同。

产地层位 江苏南京龙潭,五通群擂鼓台组;湖南锡矿山、界岭,邵东组。

结实纹饰弓脊孢 *Apiculiretusispora fructicosa* Higgs, 1975

(图版30,图30,31)

1975 *Apiculiretusisora fructicosa* Higgs, p. 395, pl. 1, figs. 22—25.

1996 *Apiculiretusisora fructicosa*,王怿,图版2,图10,11。

1996 *Apiculiretusisora fructicosa*,朱怀诚,图版1,图4。

1999 *Apiculiretusisora fructicosa*,朱怀诚,67页,图版2,图7。

1999 *Apiculiretusisora fructicosa*,卢礼昌,44页,图版2,图10,11。

描述 赤道轮廓近圆形,大小41—70μm;三射线清楚,具唇,直,长3/4—4/5R,末端与弓形脊连接;接触区清楚,表面光滑,略下凹;其余外壁表面具锥刺、小桩与短棒等纹饰,分布稀或密,但基部常不接触,基径常不足2μm,高1.5—4.0μm,顶部钝凸或尖;外壁厚约2μm;浅棕或棕色。

比较与讨论 本种以其纹饰组成较复杂而不同于组成较单一的*A. conica*,*A. granulata*等种。

产地层位 湖南锡矿山,邵东组;新疆塔里木盆地莎车,奇自拉夫组;新疆和布克赛尔,黑山头组4层。

赣南纹饰弓脊孢 *Apiculiretusispora gannanensis* Wen and Lu, 1993

(图版31,图8—12)

1978 *Cymbosporites parvibasilaris* (Naumova) Gao,高联达,见潘江等,256页,图版14,图11—13(部分)。

1987a *Apiculiretusispora hunanensis* (Hou),欧阳舒等,39页,图版8,图16,17(部分)。

1993 *Apiculiretusispora gannanensis* Wen and Lu,文子才等,313页,图版2,图1—6。

1994 *Apiculiretusispora gannanensis*,卢礼昌,图版2,图1—3。

1995 *Apiculiretusispora gannanensis*,卢礼昌,图版2,图1。

描述 赤道轮廓宽圆三角形—近圆形,大小15.6—20.8μm,全模标本19.2μm;三射线清楚,常具窄唇,宽0.8—1.5μm,直,伸达赤道或赤道附近;顶部3个小瘤状突起模糊至清楚,基部轮廓近圆形,基径1—2μm;弓形脊柔弱但发育完全,与赤道重叠(除射线末端两侧的极小部分外);接触区外壁较薄,表面无纹饰,其余外壁表面覆以小锥刺,纹饰大小均匀,分布致密,基部宽约1μm,彼此很少接触,突起高略小于基部宽,在赤道轮廓线上反映甚弱;赤道外壁厚约1μm,或具窄细的褶皱,并沿赤道呈弧形分布;浅棕色。

比较与讨论 当前种与*A. hunanensis* (Hou) Ouyang and Chen, 1987较相似,但其赤道轮廓更接近于三角形,三射线顶部不具小瘤状突起,弓形脊与接触区均不清楚,纹饰较致密并呈负网状结构。再者,“弓形脊……大致沿赤道延伸,形成类环状结构”的那些标本,归入*Cymbosporites*较归入*Apiculiretusispora*似更适合。

产地层位 江苏句容、江苏南京龙潭,五通群擂鼓台组;江西全南,三门滩组与翻下组;湖南界岭,邵东组。

高拉特纹饰弓脊孢 *Apiculiretusispora golatensis* (Staplin) Lu and Ouyang, 1976

(图版31,图5—7)

1960 *Retusotriletes golatensis* Staplin, p. 22, pl. 4, figs. 21—23。

1976 *Apiculiretusispora golatensis* (Staplin) Lu and Ouyang,卢礼昌等,29页,图版2,图28—31。

描述 赤道轮廓圆形—亚圆形,大小29—49μm;三射线清楚,长3/4—4/5R,某些标本具唇或顶部加厚;弓形脊完全,窄,接近赤道;接触区外壁无纹饰;其余外壁以颗粒—锥刺状纹饰为主,稠密,细小,一般高约0.5μm,略大于基宽;有些标本,纹饰在弓形脊上尤其在与射线连接处似有稍大、稍密的趋势;外壁一般厚约1μm,当弓形脊接近赤道时,该处外壁显得略厚,厚达2μm,偶见褶皱;浅黄棕色。

注释 *Retusotriletes golatensis* Staplin, 1960既具弓形脊,又具纹饰,其大小幅度等均与云南曲靖的标本所显示的特征颇接近或一致,彼此同种应不成问题;鉴于纹饰的存在,理当改归*Apiculiretusispora*。

产地层位 云南曲靖,徐家冲组。

颗粒纹饰弓脊孢 *Apiculiretusispora granulata* Owens, 1971

(图版30,图27—29)

1968 *Retusotriletes granulatus* Lanninger, p. 113, pl. 20, fig. 3.

1971 *Apiculiretusispora granulata* Owens, p. 15, pl. 3, figs. 2, 3, 6, 8.

1975 *Apiculiretusispora homogranulata* Gao and Hou,高联达等,192页,图版3,图4,5。

1976 *Apiculiretusispora granulata*,卢礼昌等,29页,图版2,图18—20。

1980 *Apiculiretusispora granulata*,卢礼昌,15页,图版11,图1—5,9。

1981 *Apiculiretusispora granulata*,卢礼昌,102页,图版4,图1。

1983 *Apiculiretusispora granulata*,高联达,191页,图版1,图11。

1985 *Apiculiretusispora granulata*,高联达,52页,图版3,图10。

1985 *Apiculiretusispora granulata*,刘淑文等,图版2,图2。

1987a *Apiculiretusispora granulata*,欧阳舒等,38页,图版8,图3,4。

1994 *Apiculiretusispora granulata*,卢礼昌,图版2,图10。

1999 *Apiculiretusispora granulata*,卢礼昌,45页,图版2,图13。

1999 *Apiculiretusispora granulata*,朱怀诚,67页,图版2,图16。

描述 赤道轮廓圆形—近圆形,大小50.0—96.7μm;三射线清楚,简单或具窄唇(总宽约1μm),长2/3—4/5R;弓形脊完全,多数较窄,也有加厚;接触区外壁较薄(亮),表面无明显纹饰;其余外壁厚1—2μm(或稍厚),表面主要覆以细颗粒纹饰,其间或为小刺—粒状突起,分布致密,或多或少均匀,基部常不接触,粒间常呈负网状;纹饰分子基宽可达1.5μm左右,高常小于基宽,赤道轮廓线上反映甚微;黄棕—棕色。

比较与讨论 中国标本与在加拿大北极群岛晚泥盆世地层中发现的*A. granulata* Owens, 1971,在形态特征及大小幅度方面均颇相似;与*A. plicata*的主要区别为,后者轮廓较接近于三角形,弓形脊通常较弱,接触区较大。

产地层位 江苏句容、南京龙潭,五通群擂鼓台组;湖北长阳,黄磴组;四川渡口,上泥盆统下部;云南曲靖翠峰山,徐家冲组;云南沾益龙华山,海口组;贵州独山,丹林组上部;西藏聂拉木,波曲组上部;新疆和布克赛尔,黑山头组4层;新疆塔里木盆地莎车,奇自拉夫组。

湖南纹饰弓脊孢 *Apiculiretusispora hunanensis* (Hou) Ouyang and Chen, 1987

(图版6,图18,19;图版31,图1—4;图版45,图3,23)

1978 *Cymbosporites parvibasilaris*,潘江等,图版14,图11—16(部分)。

1982 *Granulatisporites hunanensis*,侯静鹏,83页,图版Ⅰ,图12,13。

?1983 *Geminospora parvibasilaris*,高联达,200页,图版3,图19。

?1983 *Geminospora nanus*,高联达,200页,图版3,图20—23(部分)。

1987a *Apiculiretusispora hunanensis* (Hou) Ouyang and Chen,欧阳舒等,39 页,图版 8,图 15—19。

1993 *Apiculiretusispora hunanensis*,何圣策,37 页,图版 1,图 7。

1996 *Acanthotriletes intonsus* Playford, 1971,王怿,图版 1,图 16,17。

1999 *Apiculiretusispora hunanensis*,朱怀诚,67 页,图版 2,图 11。

2000 *Apiculiretusispora hunanensis*,朱怀诚,图版 1,图 14,15。

描述 赤道轮廓凸边三角形—亚圆形;侧面观近极面低凹,远极面凸出,大小 24—34μm;三射线清楚,具唇,宽 1.0—1.5μm,高达 1.5—2.5μm(偶可达 4μm),向末端不变细或微变细,直或微弯曲,末端与弓形脊连接,长 4/5—1R;弓形脊清楚,完全,很单细,宽 1.0—1.5μm,大致沿赤道延伸,形成类环状结构(实际上不是真正的环),在射线末端处略增厚并凹入;外壁薄,不超过 1.0μm,接触区光面,其余表面覆以均匀小刺—颗粒状纹饰,轮廓线上其末端大多尖或钝尖,基部直径≤1.0μm,高≤1.0μm,因纹饰致密,其间常构成负网状图案;深黄—棕色。

比较与讨论 当前标本与在湖南锡矿山晚泥盆世地层中发现的 *Granulatisporites hunanensis* Hou(侯静鹏,1982)特征是一致的,无疑属于同一种;之所以将此种迁入 *Apiculiretusispora* 属内是因为这类孢子具清楚的弓形脊,这在侯静鹏(1982)的原照片上也可以辨别。

产地层位 江苏句容,五通群擂鼓台组下部;浙江富阳,西湖组;湖南锡矿山,马牯脑段—邵东组;西藏聂拉木,波曲组;新疆塔里木盆地,东河矿组,东河砂岩段;新疆塔里木盆地莎车,奇自拉夫组。

特形纹饰弓脊孢 *Apiculiretusispora idimorphusa* (Tschibrikova) Gao, 1983

(图版 32,图 4, 5)

1962 *Retusotriletes idimorphus* Tschibrikova, p. 402, pl. 4, fig. 6.

1975 *Apiculiretusispora microperforata* (Tschibrikova) Gao and Hou,高联达等,193 页,图版 3,图 7。

1983 *Apiculiretusispora idimorphusa* (Tschibrikova) Gao,高联达,482 页,图版 107,图 10。

描述 赤道轮廓近圆形,大小 45—50μm;三射唇发育,三射线区呈深色小三角形加厚区,长约 3/4R;弓形脊发育完全,以弓形脊为界的接触区清楚,微内凹,表面近光面;其余外壁表面覆以细刺粒状纹饰,在孢子轮廓线上反映甚微;外壁厚约 1μm;黄褐色。

比较与讨论 当前标本与 Tschibrikova (1962)首次描述 *Retusotriletes idimorphus* 的标本特征颇接近,仅后者顶部三角形加厚区略小,纹饰较明显而略异。

产地层位 云南禄劝,坡脚组;贵州独山,丹林组。

完曲纹饰弓脊孢 *Apiculiretusispora kurta* Gao, 1983

(图版 31,图 14, 15)

1983 *Apiculiretusispora kurta* Gao,高联达,191 页,图版 1,图 12,13。

1985 *Apiculiretusispora kurta*,高联达,见侯静鹏等,53 页,图版 3,图 11。

描述 赤道轮廓圆形或亚圆形,大小 50—80μm;全模标本大小 62μm;三射线长 3/4R,两侧具窄唇,宽 2—3μm,高 1—2μm,射线前端分叉,沿孢子轮廓线边缘形成完全弓形脊,弓形脊粗厚,黄褐色;孢子表面覆以锥刺纹饰;壁薄,常褶皱;黄色。

产地层位 贵州睦化,王佑组格董关层底部;西藏聂拉木,波曲组。

小粒纹饰弓脊孢 *Apiculiretusispora microgranulata* Gao, 1983

(图版 105,图 2)

1983 *Apiculiretusispora microgranulata* Gao,高联达,482 页,图版 114,图 17。

描述 孢子赤道轮廓圆三角形,大小 35—40μm;三射线长,伸至角部顶,射线末端分叉,形成不完全的弓形脊;孢壁薄,常有褶皱,表面有细的颗粒状纹饰。

比较与讨论 此种与 *Anaplanisporites delicatus* Neves and Ioannides, 1974 有些相似,但后者无明显的弓形

脊,个体也略小(大小仅21—35μm)。

产地层位 贵州贵阳乌当,旧司组。

小皱纹饰弓脊孢 *Apiculiretusispora microrugosa* Zhu, 1999

(图版31,图20, 21)

1999 *Apiculiretusispora microrugosa* Zhu,朱怀诚,68页,图版1,图2,5,11。

描述 赤道轮廓亚圆形—圆形,大小45—65μm,全模标本60μm;三射线清楚,直,简单,唇窄,长4/5R,末端与弓形脊连接;弓形脊可辨别,除射线末端小部分外,与赤道几乎重叠;外壁厚1—2μm,接触区外壁较薄,表面光滑,射线末端前及其两侧外壁有明显加厚,远极面及近极—赤道区外壁覆以排列紧密的小锥刺或锥粒,基宽1—2μm,高约等于宽,基部分离或相连;外壁褶皱一般为2—5条。

比较与讨论 本种以其接触区相对较大、射线末端前及其两侧外壁明显加厚以及褶皱常见等为特征。*A. fructicosa* 以具棒瘤纹饰与当前种区别。

产地层位 新疆塔里木盆地莎车,奇自拉夫组。

较小纹饰弓脊孢 *Apiculiretusispora minor* McGregor, 1973

(图版37,图21)

1973 *Apiculiretusispora minor* McGregor, p. 27, pl. 2, figs. 19, 23, 24.

1987 *Apiculiretusispora minor*,高联达、叶晓荣,389页,图版170,图5。

描述 赤道轮廓亚三角形或亚圆形,大小24—42μm;三射线长2/3—4/5R,简单,有时裂开,两侧具加厚的唇;弓形脊完全,沿孢子赤道分布;孢壁厚约1.5μm,近极表面平滑,远极及赤道区具粒状或小锥状纹饰;棕色。

产地层位 四川若尔盖羊路沟,上志留统羊路沟组。

细小纹饰弓脊孢 *Apiculiretusispora minuta* Lu and Ouyang, 1976

(图版54,图12—14)

1975 *Retusotriletes laevigatus* Gao and Hou,高联达、侯静鹏,188页,图版2,图9。

1975 *Retusotriletes sterlibaschevensis* var. *denticulatus* Tschibrikova,高联达、侯静鹏,184页,图版2,图12a,b。

1976 *Apiculiretusispora minuta* Lu and Ouyang,卢礼昌等,29页,图版2,图21—24。

1978 *Apiculiretusispora minuta*,高联达,353页,图版43,图17。

1980b *Apiculiretusispora minuta*,卢礼昌,14页,图版2,图14。

描述 赤道轮廓圆三角形—亚圆形,子午轮廓近极面钝锥角形,远极面半圆球形,大小16—35μm,全模标本25μm;三射线长2/3—1R,多数标本顶部具小三角形加厚区,并延伸至射线末端,沿射线多少开裂,少数标本不具加厚而具唇,宽约1μm,末端与弓形脊连接;弓形脊清楚,完全,厚实,除射线末端两侧小部分外,其余大部分位于赤道;接触区颇显著,其内3个小接触区近乎相等,微微内凹,表面光滑或纹饰显著减弱;接触区以外的纹饰以小颗粒、短刺或锥刺为主,基宽一般小于1μm,并略大于高,分布致密或稀疏;外壁薄,0.5—1.0μm,褶皱少,以弓形脊为界的接触区外壁略薄;棕黄—棕色。

比较与讨论 *A. minor* McGregor, 1973的个体较大(24—42μm),三射线简单,外壁厚度在辐间区较辐射区的略厚。

注释 高联达(1978)以广西六景下泥盆统产出的标本命名的 *Apiculiretusispora minuta* 是晚出异物同名,应予废弃。

产地层位 广西六景,那高岭段;贵州独山,舒家坪组;云南曲靖翠峰山,徐家冲组;云南沾益龙华山,海口组。

那高岭纹饰弓脊孢 *Apiculiretusispora nagaolingensis* Gao, 1978

(图版12,图7)

1978 *Apiculiretusispora nagaolingensis* Gao,高联达,534 页,图版44,图1。

1987 *Apiculiretusispora nagaolingensis*,高联达、叶晓荣,391 页,图版173,图1。

描述 赤道轮廓圆三角形,大小45—60μm;三射线细长,约5/6R;弓形脊发育完全,宽约2μm;接触区外壁表面无明显纹饰,其余外壁表面覆以密集的小刺粒状纹饰,基径一般不足0.5μm,于赤道轮廓线上反映甚弱;外壁薄,常具与弓形脊平行的褶皱。全模标本接触区颜色较深,大小50μm,刺粒纹饰高 <0.5μm(据高联达,1973,图版44,图1测量)。

比较与讨论 广西六景的孢子与 *A. plicata* (Allen) Streel (1976,33 页,图版31,图31—34)的主要差别是,后者射线较短,一般仅为孢子半径长的1/2—2/3,弓形脊较窄,孢子较大(51—82μm),纹饰也不甚相同。

产地层位 广西六景,那高岭段;甘肃迭部,鲁热组。

整洁纹饰弓脊孢 *Apiculiretusispora nitida* Owens, 1971

(图版31,图22, 23)

1971 *Apiculiretusispora nitida* Owens, p. 17, pl. Ⅲ, figs. 9—11.

1983 *Apiculiretusispora nitida*,高联达,191 页,图版1,图14,15。

1987a *Apiculiretusispora nitida*,欧阳舒等,39 页,图版8,图1。

1988 *Apiculiretusispora nitida*,卢礼昌,139 页,图版6,图1—4;图版10,图2。

1993 *Apiculiretusispora nitida*,何圣策,图版1,图17。

1999 *Apiculiretusispora nitida*,朱怀诚,68 页,图版1,图7。

描述 赤道轮廓圆形或近圆形,大小48—70μm;三射线可识别,简单,直,长约2/3R;弓形脊很窄,微弱,常仅可识别;以弓形脊为界的接触区外壁表面无纹饰,其余外壁覆以细颗粒—锥刺状纹饰,分布密集,彼此几乎接触或不完全接触,粒径不完全相等,一般约0.5μm,锥刺高1.0—1.5μm;外壁厚约1μm或稍厚,具次生褶皱;浅棕色。

比较与讨论 中国标本与Owens(1971)首次描述的加拿大北极群岛 *A. nitida* 的特征颇为接近,应为同一种。

产地层位 江苏句容,五通群擂鼓台组;浙江富阳,西湖组;云南沾益史家坡,海口组;西藏聂拉木,波曲组上部;新疆塔里木盆地莎车,奇自拉夫组。

脑纹纹饰弓脊孢(新联合) *Apiculiretusispora ornata* (Gao) Zhu and Ouyang comb. nov.

(图版105,图33)

1987 *Cadiospora ornata* Gao,高联达,211 页,图版1,图14。

描述 赤道轮廓圆形—亚圆形,大小100—140μm,全模120μm;三射线长约3/4R,对称开裂,两侧具唇,深棕色,颇宽,但边界不清楚,高2—3μm,射线末端分叉,沿亚赤道呈弧形弯曲,在射线端处向心地尖凸,构成完整的弓形脊和界线分明的3个接触区,区内外壁较薄;外壁表面主要在接触区表面具不规则脑纹状纹饰;轮廓线基本平滑。

比较与讨论 原作者将他的种与美国上石炭统的 *Cadiospora magna* Kosanke, 1950 (p. 50, pl. 16, fig. 1)和 *C. fithiana* Peppers, 1964 (p. 14, pl. 1, figs. 3, 4)比较,的确,它们之间多少有些相似,但 *C. magna* (100.0—117.6μm, 全模117.6×111.3μm)外壁很厚[6—8μm, 故 R. Potonié(1956)将其归入有环类,Venkatachala 和 Bharadwaj (1963)也发现"厚外壁造成假环状外观"],具细点穴—细颗粒状纹饰,唇粗壮,总宽达8—10μm,末端分叉;*C. fithiana* 大小54.4—84.2μm,油镜下亦呈细点—细粒状:两个种都有粗壮的唇,边界清楚,基本上等宽延伸,描述中虽皆提及弓形脊,但其接触区不如 *C. ornata* 的典型,显然是不同的。

注释 本种具清楚的3个接触区和射线末端分叉，沿孢子边缘呈弯曲分布(即完全弓形脊)，而这两个特征在 *Cadiospora* 并不那么明显或典型(所以似乎没有哪位作者将其归入 *Retusotriletes* 或 *Apiculiretusispora*)，故迁入 *Apiculiretusispora*。

产地层位 甘肃靖远，靖远组。

欧家冲纹饰弓脊孢 *Apiculiretusispora oujiachongensis* Hou, 1982

(图版31，图13)

1982 *Apiculiretusispora oujiachongensis* Hou，侯静鹏，87页，图版1，图9，10。

描述 赤道轮廓近圆形，大小30—35μm；三射线清楚，简单或微具唇，长1/2—3/4R；接触区明显，区内外壁较薄(亮)，表面光滑无饰，其余外壁较厚(暗)，表面具小锥刺纹饰，分布稀疏，均匀，间距常大于纹饰分子基宽，基部近圆形，基径1μm左右，赤道轮廓线上反映甚微；偶见褶皱；黄棕色。

比较与讨论 本种与同产地同层位的 *A. flexuosa* Hou, 1982 较相似，但后者唇最宽可达4—6μm，纹饰较粗(基宽1.8—2.3μm)，且间距较大(3—6μm)。

产地层位 湖南锡矿山，邵东组。

皱粒纹饰弓脊孢 *Apiculiretusispora plicata* (Allen) Streel, 1967

(图版31，图24，25)

1965 *Cyclogranisporites plicatus* Allen, p. 695, pl. 94, figs. 6—9.

1967 *Apiculiretusispora plicata* (Allen) Streel, p. 33, pl. 2, fig. 31.

1976 *Apiculiretusispora plicata*，卢礼昌等，29页，图版2，图18—20。

1982 *Apiculiretusispora plicata*，侯静鹏，图版1，图8。

1983 *Apiculiretusispora plicata*，高联达，192页，图版1，图18。

1987 *Apiculiretusispora plicata*，高联达等，392页，图版173，图6，7，10。

1991 *Apiculiretusispora plicata*，徐仁等，图版1，图10。

1994 *Apiculiretusispora plicata*，王怿，325页，图版2，图1—3。

1995 *Apiculiretusispora plicata*，卢礼昌，图版2，图22。

1997b *Apiculiretusispora plicata*，卢礼昌，图版1，图11。

描述 赤道轮廓近三角形—近圆形，大小38—81μm；三射线可见至清楚，简单或具唇，总宽1.0—3.5μm，伴随射线伸达赤道或赤道附近，末端与弓形脊连接；弓形脊较窄或较弱，几乎位于赤道；接触区表面无明显纹饰，远极外壁覆以细颗粒—小锥刺状纹饰，分布致密，但基部彼此很少接触，基宽不足1μm，高略小于基宽；外壁厚约1μm，有时具褶皱；浅棕色。

注释 原种征(Allen，1965)弓形脊不完全，纹饰以细颗粒为主，外壁多皱；与 *A. granulata* Owens, 1971 的主要区别在于其轮廓更接近于圆形且外壁较厚实。

产地层位 湖南锡矿山，欧家冲组—邵东组；湖南界岭，邵东组；云南曲靖，徐家冲组；云南禄劝，坡脚组；云南文山，坡松冲组、坡脚组；西藏聂拉木，波曲组上部；甘肃迭部，当多组—鲁热组；新疆准噶尔盆地，呼吉尔斯特组。

假环纹饰弓脊孢 *Apiculiretusispora pseudozonalis* Lu, 1980

(图版31，图17—19)

1980b *Apiculiretusispora pseudozonalis* Lu，卢礼昌，16页，图版3，图11—13。

1995 *Apiculiretusispora pseudozonalis*，卢礼昌，图版2，图12。

描述 赤道轮廓亚圆形—圆三角形，子午轮廓近极面微下凹，远极面半圆球形，大小42—58μm，全模标本52μm；三射线清楚，具唇，向赤道逐渐加宽和隆起，一般宽1.0—2.5μm，末端在赤道部位与加厚的弓形脊合并，弓形脊位于赤道，并常因加厚而略微超出赤道或构成一界线不清楚的“带环”，宽5—6μm；3个小接触区明显内凹,其总面积不小于近极面,区内表面光滑;远极外壁表面覆以小颗粒,分布致密,大小均匀,粒径约0.5μm,低矮,基部有时相互接触;外壁薄,偶见褶皱;浅棕色。

比较与讨论 本种以其弓形脊宽、厚并位于或略超出赤道为特征而与 *Apiculiretusispora* 属的其他种不同。

产地层位 湖南界岭,邵东组;云南沾益龙华山,海口组。

矮刺纹饰弓脊孢 *Apiculiretusispora pygmaea* McGregor, 1973

(图版31,图16)

1973 *Apiculiretusispora pygmaea* McGregor, p. 29, pl. 3, figs. 5—7.

1994 *Apiculiretusispora pygmaea*,王怿,325页,图版2,图19—21。

描述 赤道轮廓圆三角形,大小22—35μm;三射线清楚,直,具唇,宽1—2μm,长约2/3R,射线两侧外壁具三角形加厚带;外壁厚1.0μm,赤道和远极表面具锥刺,基部轮廓圆形,直径0.5—1.0μm,高0.5—1.0μm,间距1.0—2.0μm,近极区纹饰更细小,不清楚;棕黄色。

注释 当前标本较加拿大下—中泥盆统的 *A. pygmaea* McGregor, 1973 的标本个体偏大(原描述为19—27μm),纹饰相对较粗,锥刺相对较明显而略微有别。

产地层位 云南文山,坡松冲组。

曲靖纹饰弓脊孢 *Apiculiretusispora qujingensis* Gao, 1983

(图版12,图9)

1983 *Apiculiretusispora qujingensis* Gao,高联达,483页,图版107,图14。

描述 大小55—70μm,三射线开裂呈锐角凹边三角形,长约4/5R;弓形脊柔弱且不完全;壁薄,具皱;纹饰粒刺状(高联达,1983,483页)。

产地层位 云南曲靖,翠峰山组西山村段。

稀刺纹饰弓脊孢 *Apiculiretusispora raria* Zhu, 1999

(图版31,图27)

1999a *Apiculiretusispora raria* Zhu,朱怀诚,69页,图版Ⅰ,图1,3。

描述 赤道轮廓圆三角形,大小50—82μm,全模标本64μm;三射线清楚,简单,唇极窄或不明显,长3/4—4/5R,射线开裂时常呈三角形开口;射线末端与弓形脊连接,弓形脊不明显,或可辨别,射线末端弓形脊内凹处外壁多少加厚(色深),弓形脊几乎完全与赤道重合(除射线末端小部分外);外壁厚1.0—1.5μm,接触区外壁薄,表面光滑(?),其余外壁覆以不规则稀疏分布的小锥刺和锥粒,基径及高0.5—1.0μm,间距不等,最大可达10μm,赤道轮廓线上纹饰突起微弱,外壁时有次生褶皱。

比较与讨论 本种以外壁表面饰以稀疏锥刺区别于形态相似但不具弓形脊的 *Retusotriletes planus* Dolby and Neves;以赤道轮廓明显呈三角形、褶皱少见区别于同产地、同层位的 *Apiculiretusispora microrugosa* Zhu, 1999。

产地层位 新疆塔里木盆地莎车,奇自拉夫组。

疏少纹饰弓脊孢 *Apiculiretusispora rarissima* Wen and Lu, 1993

(图版30,图14—16)

1993 *Apiculiretusispora rarissima* Wen and Lu,文子才等,314页,图版2,图7—10。

1998 *Apiculiretusispora rarissima*,朱怀诚,图版1,图5,6,15。

1999a *Apiculiretusispora rarissima*,朱怀诚,68页,图版2,图9,14。

描述 赤道轮廓多数为近圆形,很少正圆形,大小34.3—48.4μm,全模标本42.1μm;三射线可见至清楚,直,有时略弯曲,简单或具窄唇,唇宽 1. 0—1. 5μm,少见超过 2μm,长≤R,末端与弓形脊连接;顶部常见 3 个小突起,其最大基径达 3μm 左右,弓形脊几乎与赤道重叠;接触区外壁表面无纹饰,较薄,其余外壁较厚,最厚 1. 5—2. 5μm;纹饰主要分布于远极面,以小锥刺为主,基宽常在 0. 8—2μm 之间,并略大于高,间距为纹饰基宽的 1—4 倍,赤道轮廓线呈细锯齿状,突起 20—32 枚;褶皱明显,位置不定,数目不等;浅黄—棕色。

比较与讨论 本种以其纹饰稀疏与顶部常具 3 个小突起为特征。与湖南锡矿山上泥盆统上部的 *A. oujiachongensis* Hou(侯静鹏,1982)的主要区别是后者的接触区较小但较清楚,不具顶部突起;与常见于石炭系的 *Crassispora kosankei* (Potonié and Kremp) Bharadwaj,1957 也有些近似,但后者以其赤道外壁加厚呈盾环状而有别。

产地层位 江西全南,三门滩组;新疆塔里木盆地,东河砂岩段;新疆塔里木盆地莎车,奇自拉夫组。

稀刺纹饰弓脊孢 *Apiculiretusispora sparsa* Wang and Ouyang, 1997

(图版 32,图 10)

1997 *Apiculiretusispora sparsa* Wang and Ouyang,王怿等,228 页,图版 1,图 9。

描述 赤道轮廓亚三角形,大小 42—52μm,全模标本 50. 2μm;三射线清楚,具唇,宽 1—4μm,向末端渐减,长 3/4—4/5R,末端与弓形脊相连;弓形脊可见,沿赤道延伸,宽 1. 2—2. 2μm;外壁厚 0. 8—1. 2μm,近极外壁略薄,表面光滑,赤道和远极外壁具粒或刺纹饰,分布稀疏;纹饰分子细弱,基部轮廓圆形,宽与高均小于 0. 5μm,末端尖或钝,间距 3. 5—5. 0μm;棕黄色。

比较与讨论 本种以稀疏分布的细弱纹饰为特征而有别于 *Apiculiretusispora* 的其他种。

产地层位 贵州凤冈,韩家店组上部。

隔离纹饰弓脊孢 *Apiculiretusispora septalis* (Jushko) Gao, 1983

(图版 32,图 11)

1960 *Retusotriletes septalis* Jushko, pl. 2, figs. 38, 39.

1963 *Retusotriletes septalis*, Kedo, p. 38, pl. 2, fig. 38.

1983 *Apiculiretusispora septala*(sic.)(Kedo) Gao,高联达,192 页,图版 1,图 16。

注释 Kedo (1963, p. 38)描述当前种的纹饰为“密集的小瘤”,但紧接着又说:“这种纹饰及其排列特性让人想起现代松柏类花粉气囊的结构。”其照片(pl. 2, fig. 38)显示也确似如此,即纹饰甚弱,于赤道轮廓线上近乎无反映。由于 Kedo (1963)对 *R. septalis* 的描述提及该种具有纹饰,且该种的两个变种皆具明显的刺、粒纹饰,故认为高联达(1983)建立的新联合 *A. septalis* (Jushko) Gao 是可取的。

产地层位 西藏聂拉木,波曲组上部。

刺凸纹饰弓脊孢 *Apiculiretusispora setosa* (Kedo) Gao, 1983

(图版 105,图 10, 18)

1963 *Retusotriletes setosa* Kedo, p. 36, pl. 2, figs. 32, 33.

1983 *Apiculiretusispora setosa* (Kedo) Gao,高联达,483 页,图版 114,图 14—16。

描述 赤道轮廓圆三角形或亚圆形,大小 40—55μm;三射线直,伸至角部,两侧具窄的唇,射线末端分叉并加厚形成不完全的弓形脊;孢子表面具密而小的凸刺状纹饰,刺的基部彼此连接。

比较与讨论 本种与江苏句容五通群下部的 *A. nitidus* Owens, 1971(欧阳舒等,1987,39 页,图版 8,图 1)亦颇相似,仅后者三射唇微弯曲、射线末端弓形脊更发达而有些差别。

产地层位 贵州贵阳乌当,旧司组。

锥刺纹饰弓脊孢 *Apiculiretusispora spicula* Richardson and Lister, 1969

(图版 12,图 10)

1969 *Apiculiretusispora spicula* Richardson and Lister, p. 220, pl. 38, figs. 3, 4.

1986 *Apiculiretusispora spicula*, Richardson and McGregor, pl. 2, fig. 14.

1997 *Apiculiretusispora spicula*,王怿、欧阳舒,227 页,图版 Ⅰ,图 10。

描述 赤道轮廓三角形,三边凸出,角部浑圆;大小 45—48μm(测 2 粒);三射线清楚,直,具窄唇,宽 1—2μm,长 3/4—4/5R,末端与弓形脊相连;弓形脊较完全,在射线末端内凹;外壁厚 1—2μm,近极区的外壁略薄,表面纹饰减弱或近光滑,远极和赤道部位具有锥刺纹饰,基部呈圆形,直径 0. 5—1. 0μm,高相当于基部直径的 2 倍,为 1—2μm,纹饰分布较密,间距 1—3μm;棕黄色。

比较与讨论 当前标本与产自大不列颠的 *A. spicula* (Richardson and Lister, p. 220, pl. 38, figs. 3, 4)在形态、射线、弓形脊和纹饰等特征上基本一致,仅后者的个体稍小(原描述为 30—46μm)。与 *A. brandtii* Streel (1964, pl. 1, figs. 6—10)相比,后者的个体较大(原描述为 60—101μm)。据目前的资料,本种最早出现于北非的罗德洛统,而 *Apiculiretusispora* 属的已知最早记录是罗德洛统下部。此属种在本组合中的出现,表明 *Apiculiretusispora* 属的时限可以下延至兰多维列期(Llandovery)晚期。

产地层位 贵州凤岗,下志留统。

凸圆纹饰弓脊孢头状变种
Apiculiretusispora subgibberosa Naumova var. *capitellata* (Tschibrikova) Gao and Hou, 1975

(图版 12,图 14)

1962 *Retusotriletes subgibberosus* Naumova var. *capitellatus* Tschibrikova, p. 395, pl. Ⅰ, figs. 13, 14.

1975 *Apiculiretusispora subgibberosa* Naumova var. *capitellatus* (Tschibrikova) Gao and Hou,高联达、侯静鹏,193 页,图版Ⅲ,图 11。

描述 孢子赤道轮廓椭圆形,个体较大,孢子大小 80—130μm,深黄色,壁厚,三射线具唇,沿孢子边缘形成完全弓形脊,孢子表面覆盖不规则的瘤,瘤顶端变尖,分布较密。

比较与讨论 描述的孢子外形轮廓与 *Retusotriletes apsagus* Tschibrikova(1962, pl. Ⅴ, fig. 3)很相似,但后者个体大(100—180μm),边缘厚,瘤状纹饰略大。与 *R. subgibberosus* Naumova var. *capitellatus* Tschibrikova (1962, pl. Ⅰ, figs. 13, 14)极相似,但后者的轮廓近于圆三角形,瘤也较前者描述的略大。

产地层位 贵州独山、都匀,丹林组上段和舒家坪组。

?相同纹饰弓脊孢 ?*Apiculiretusispora synorea* Richardson and Lister, 1969

(图版 12,图 6)

1969 *Apiculiretusispora synorea* Richardson and Lister, p. 221, pl. 38, figs. 5, 6.

1987 *Apiculiretusispora synorea*,高联达、叶晓荣,389 页,图版 170,图 4。

1993 *Apiculiretusispora synorea*,高联达,图版 1,图 4。

注释 据 Richardson 和 Lister (1969)描述,本种纹饰由又粗又密的锥刺组成;接触区在辐间区明显凸出,区内外壁具柔弱与不规则的皱纹。而四川若尔盖被鉴定为 *A. synorea* 的标本(高联达等,1987)具"刺粒纹饰,接触区具粗糙或颗粒状结构,孢壁上的褶常沿孢子边缘分布"。显然,该描述与原种征不甚吻合。

产地层位 四川若尔盖普通沟,普通沟组;新疆准噶尔盆地,吐布拉克组。

柔弱纹饰弓脊孢 *Apiculiretusispora tenera* Wen and Lu, 1993

(图版 30,图 17—20)

1988 *Crassispora parva* (Butterworth et al.),卢礼昌,见蔡重阳等,图版 2,图 18。

1993 *Apiculiretusispora tenera* Wen and Lu,文子才、卢礼昌,314 页,图版 2,图 11—16。

描述 赤道轮廓圆形或近圆形,大小 18. 5—24. 7μm,全模标本 23. 4μm;三射线常清楚,直或微开裂,具唇,宽 1. 5—2. 5μm,几乎等于孢子半径长,顶部具 3 个小突起;弓形脊发育完全,绝大部分位于赤道,并略有加厚,甚者呈类环状,宽 1.5—3.0μm;接触区表面光滑无饰,其余外壁表面具颇柔弱的刺—粒状纹饰,其高与宽均不超过 0.5μm,分布密度中等;外壁厚约 1μm,常具不规则的细条带状褶皱;黄—棕黄色。

比较与讨论 本种以其刺—粒状纹饰颇柔弱,弓形脊发育完全,位于赤道且加厚或呈类环状为特征;这些特征与云南沾益龙华山中泥盆统上部的 *A. pseudozonalis* Lu(卢礼昌,1980b)颇为接近,但该种弓形脊加厚更为明显,其类环状的宽可达 5—6μm;与 *A. gannanensis* 的形态特征及大小幅度颇相似或相近,但纹饰组成不相同,前者为刺—粒,后者为锥刺。

注释 卢礼昌(蔡重阳等,1988)置于 *Crassipora parva* 种名下的标本,经再次观察与对比,确定不具盾环,而是弓形脊在赤道略有加厚所致,故将其转移至 *Apiculiretusispora* 属内。

产地层位 江苏南京龙潭,五通群擂鼓台组上段;江西全南,三门滩组、荒塘组。

文山纹饰弓脊孢 *Apiculiretusispora wenshanensis* Wang, 1994

(图版 32,图 1—3)

1994 *Apiculiretusispora wenshanensis* Wang,王怿,326 页,图版 2,图 14—18。

描述 赤道轮廓圆三角形,大小 28—38μm,全模标本 29.7μm;三射线清楚,微曲,具唇,宽 1.0—2.4μm,或向末端变窄,长 4/5—1R,末端与弓形脊连接;弓形脊清楚,完全,大致沿赤道分布(除射线末端前内凹小部分外)与加厚,并略呈类环状,宽 0.8—1.5μm;以弓形脊为界的接触区外壁较薄,表面无纹饰,赤道部位和远极面外壁较厚,厚 1.2—2.0μm;纹饰主要分布于赤道部位和远极区,以锥刺为主,分布密度中等,大小均匀,基部呈圆形,直径 1.0—1.5μm,高 1.0—1.8μm,间距 0.5—2.0μm,一般为 1.5μm,末端钝尖,基部分离,少许连接;棕黄色。

比较与讨论 本种以唇宽厚、弓形脊发育完全且加厚或呈类环状和锥刺纹饰发育为特征。具类环状结构这一特征与 *A. tenera* 颇近似,但后者以孢体较小(18.5—24.7μm)、三射线顶部有发育的 3 个小突起而不同;同时,它们的层位也各不相同,前者为下泥盆统,后者为上泥盆统顶部—下石炭统底部。

产地层位 云南文山,坡松冲组—坡脚组。

纹饰弓脊孢(未定种) *Apiculiretusispora* sp. (Cf. *Retusotriletes attenuatus* Tschibrikova, 1962)

(图版 37,图 19,20)

1962 *Retusotriletes attenuatus* Tschibrikova, p. 394, pl. 1, fig. 10.

1980b *Apiculiretusispora* sp.,卢礼昌,16 页,图版 2,图 15,16。

描述 赤道轮廓三角形,大小 36μm;三射线微开裂,长约为 5/6R,顶部具小三角形加厚区;弓形脊不完全清楚,接触区表面无纹饰,其余外壁表面覆以细颗粒状纹饰,粒径 1.0—1.5μm,略大于高,基部常互不接触,赤道轮廓线上反映微弱;外壁厚约 1μm;浅棕色。

注释 *Retusotriletes attenuatus* 大小 28—35μm;纹饰为稀散与不规则的小刺。

产地层位 云南沾益龙华山,海口组。

盔顶孢属 *Corystisporites* Richardson, 1965

模式种 *Corystisporites multispinosus* Richardson, 1965;英国,中泥盆统(Givetian)。

属征 辐射对称无环三缝小孢子;三射线具唇并隆起而形成一顶突或颈状体;纹饰由刺组成,刺顶端尖、钝至微膨胀。

比较与讨论 隆起唇的特征在 *Lagenicula*, *Hystricosporites* 与 *Nikitinsporites* 的某些种中也存在,但不同的是,前一属为大孢子属,后两属为泥盆纪特有形态属,其刺状纹饰的末端两分叉或多分叉(少数),呈锚刺状。

分布时代 西欧与中国等地区,主要为中、晚泥盆世。

锥刺盔顶孢 *Corystisporites conicus* Lu, 1981

（图版15,图11, 12）

1981 *Corystisporites conicus* Lu,卢礼昌,105页,图版5,图4。

1988 *Corystisporites conicus*,卢礼昌,138页,图版15,图6。

描述 赤道轮廓近圆形,子午轮廓瓶形,即具较高的颈状突起和半圆球形远极面,大小73.3—91.8μm,极轴长85.6—123.2μm;纹饰以锥刺为主,大小不一,分布不均。全模标本:大小91.8μm,极轴长123.2μm（包括颈状突起高41.1μm）,基宽51.5μm,表面具细脉状条纹,但很不规则,局部具极细小的刺;外壁纹饰以大锥刺和锥瘤为主,分布和形状均不规则,基部彼此很少连接,其间可见少数次一级的小锥刺和小颗粒突起,顶端钝尖或宽圆,一般基宽4.5—11.2μm,高7.8—12.4μm;浅棕黄（颈状突起物）—棕色（孢壁）。

产地层位 四川渡口,上泥盆统下部;云南沾益史家坡,海口组。

圆锥形盔顶孢 *Corystisporites conoideus* Lu, 1988

（图版15,图9, 10）

1988 *Corystisporites conoideus* Lu,卢礼昌,138页,图版15,图5,9。

描述 赤道轮廓多为近圆形,常呈侧压标本保存,大小78—104μm,全模标本101.4μm;三射唇强烈隆起,并呈圆锥体状,近基部宽常略大于孢子赤道直径长,高44—64μm,顶端钝尖,表面微粗糙或具不规则细条纹（沿极轴方向排列）,似海绵状（或囊状）结构,常沿三射线部位开裂;纹饰限于远极面与赤道区,以钝锥刺为主,大小和形态在同一标本上基本一致,全模标本刺长12.5—14.0μm,基宽8.0—9.4μm,顶端钝凸（或尖）,表面光滑、透明;浅棕黄—深棕色。

比较与讨论 本种与 *C. conicus* Lu, 1981 的形态特征十分接近,但后者近极中央区较小,隆起较窄,纹饰形态和大小多变。

产地层位 云南沾益史家坡,海口组。

长刺盔顶孢 *Corystisporites longispinosus* Lu, 1981

（图版15,图1）

1981 *Corystisporites longispinosus* Lu,卢礼昌,105页,图版5,图3。

描述 赤道轮廓圆形—近圆形,侧面观近极面金字塔形,远极面半圆球形。全模标本:大小138μm,极轴长146μm;三射线具唇,强烈隆起,高约78μm,基部几乎占据整个近极面,宽约101μm,顶部钝尖,表面微粗糙,似囊状;近极—赤道区和整个远极面覆以刺状纹饰;刺干修长,表面光滑,长25—35μm,宽4.5—5.5μm,基部微膨胀,宽7—11μm,顶端尖指状,并具一小针状突起,其高1.0—1.5μm;浅棕黄（近极面）—棕色。

比较与讨论 前述 *C. conicus* Lu, 1981 也具类似的形态特征,但其纹饰以锥刺为主。

产地层位 四川渡口,上泥盆统。

细小盔顶孢? *Corystisporites*? *minutus* Gao, 1988

（图版15,图13, 14）

1988 *Corystisporites minutus* Gao,高联达,230页,图版8,图8,9。

描述 孢子"具加厚的膜环……表面密布棘刺,刺基部彼此连接,前端锐尖,弯曲,基部宽1—3μm,高3—5μm……孢子大小30—40μm"（高联达,1988）。

注释 若标本真的具膜环,则不宜置于 *Corystisporites* 属内。其图像（高联达,1988,图版8,图8,9）表明,纹饰主要限于远极面与近极—赤道区;接触区表面粗糙或纹饰明显退化;三射线仅可辨别,未见隆起的唇;亚赤道区外壁因纹饰密集似较厚[“膜环”（?）],故属的鉴定应有所保留。

产地层位 西藏聂拉木,上泥盆统章东组、波曲组。

尖刺盔顶孢 *Corystisporites mucronatus* Ouyang, 1984

(图版 15,图 3)

1984 *Corystisporites mucronatus* Ouyang,欧阳舒,74 页,图版 3,图 6。

描述 赤道轮廓亚三角形,三边略凸出,角部微尖或钝圆,全模标本 130μm(纹饰除外);三射线具颇发达的唇,宽可达 10μm,在顶部隆起形成不很高的颈状体,伸达孢子角部;外壁颇厚,表面具刺,基宽一般 3—4μm,高 5—7μm,间距 5—10μm,基部常膨大,往上 1/3 处才突然变细,末端多尖锐;暗棕黄色。

比较与讨论 本种孢子与西班牙西北部下泥盆统(Siegenian—Emsian)的 *Anapiculatisporites chistosus* Cramer, 1966 (p. 38, pl. 2, fig. 45)颇为相似,但后者孢子小得多(38—56μm),纹饰相对较细弱(基宽 0.5μm,高 2—3μm),从图版上看去,全模标本似亦具颈状体,虽原作者描述中未提及。无论如何,黑台组的这类孢子代表另一种是没有问题的。

产地层位 黑龙江密山,黑台组。

多刺盔顶孢多刺变种

Corystisporites multispinosus (Richardson) var. *multispinosus* McGregor and Camfield, 1982

(图版 7,图 14)

1965 *Corystisporites multispinosus* Richardson, p. 570; text-fig. 4.

1983 *Corystisporites multispinosus*,高联达,206 页,图版 6,图 20;图版 8,图 8,9。

1991 *Corystisporites multispinosus* var. *multispinosus* McGregor and Camfield,徐仁、高联达,图版 1,图 12。

1996 *Corystisporites multispinosus*,王怿,图版 4,图 6,7。

注释 本种以其三射脊(唇)膜状、隆起甚者形成一顶突与外壁具密集的刺为特征。McGregor 和 Camfield (1982, p. 27)认为,本种孢子的直径、刺的长度以及刺长与孢子直径的比例变异均颇大,故另立一变种,即 *C. multispinosus* var. *multispinosus*,其大小在 126—172μm(不含刺长)之间,平均 149μm;云南东部中泥盆统的该种标本(徐仁等,1991)不足 90μm(据照片测量),刺也较短,故归入 *C. multispinosus* 似较合适。

产地层位 湖南锡矿山,邵东组与孟公坳组;云南东部,穿洞组—海口组下部;西藏聂拉木,波曲组。

锚刺孢属 *Hystricosporites* McGregor, 1960

模式种 *Hystricosporites delectabilis* McGregor, 1960;加拿大(北极 Melville),上泥盆统(Frasnian)。

属征 三缝小孢子和/或大孢子;外壁具末端两分叉的锚刺状纹饰;纹饰分布于近极—赤道区与整个远极面,并于赤道区最为发育,甚者相邻基部连接或融合,但不构成带环或假环;3 个小接触区几乎为颇发育并隆起的三射脊[唇(?)]基部所占领或为辐射状排列的脊所覆盖;模式种大小(不含纹饰)145—340μm。

比较与讨论 *Ancyrospora* 与 *Nikitinsporites* 虽也具类似的锚刺状纹饰,但前者具明显的带环,后者的孢子大许多(模式种 390—610μm)。

分布时代 世界各地,泥盆纪,以中泥盆世晚期—晚泥盆世早期为主。

顶凸锚刺孢 *Hystricosporites corystus* Richardson, 1962

(图版 49,图 1, 2)

1962 *Hystricosporites corystus* Richardson, p. 173, pl. 25, figs. 1, 2; text-fig. 2.

1975 *Hystricosporites corystus*,高联达、侯静鹏,199 页,图版 12,图 8。

1987 *Hystricosporites corystus*,高联达、叶晓荣,423 页,图版 181,图 5—7。

1987 *Lagenicula bulbosus* (Chi and Hills) Chi and Hills,高联达、叶晓荣,425 页,图版 184,图 10,11。

描述 三射线显著—强烈隆起,远极面半圆球形—超半圆球形,大小 68—75μm(不含刺),极轴长 78—95μm[含顶突高(38—56μm)];近极—赤道区及整个远极面覆以锚刺状纹饰,刺基部微膨胀,宽 6.5—11.0μm,刺干往上逐渐变窄,至中、上部两侧近乎平行,宽 2.5—4.0μm,长 18—42μm,顶端微变宽,至末端两分叉,叉长 1.5—3.5μm;外壁厚实(常不可量),表面微粗糙—细粒状。

比较与讨论　当前标本的特征与 Richardson(1962)首次描述的苏格兰老红砂岩中的 *H. corystus* 颇接近，仅后者的个体较大(129—213μm)而略有不同。

注释　高联达、叶晓荣(1987)置于 *Lagenicula bulbosus* 名下描述的那些标本因"孢子远极具稀疏的长锚形刺","顶部平秃或二分叉成锚"等特征，将其改归于 *Hystricosporites corystus* 似较适合。*Lagenicula bulbosus* 以其坚实的突起中部缩小以及基部与顶部均呈球茎状为特征。

产地层位　四川渡口，上泥盆统；贵州独山，龙洞水组；云南沾益新高路，海口组；甘肃迭部，当多组。

泥盆锚刺孢　*Hystricosporites devonicus* (Naumova) Gao, 1985

(图版 49，图 3)

1953 *Archaeotriletes devonicus* Naumova, p. 53, pl. 6, fig. 7.

1985 *Hystricosporites devonicus* (Naumova) Gao，刘淑文、高联达，121 页，图版 2，图 19。

描述　原照片(刘淑文、高联达，1985，图版 2，图 19；×560)显示：标本略破损，赤道轮廓亚圆形，大小 67.8μm；三射线标志不清楚；锚刺坚实，基部喇叭状，宽 5.4—10.7μm，向顶端逐渐变窄，约至刺干的中上部两侧近乎平行，近顶端最窄，宽 1.5—2.0μm，刺长 16—28μm，表面近光面，末端两分叉，绝大多数断脱(未见)，刺间距多半大于刺基宽；外壁内点状(?)或弱鲛点状结构明显，壁厚约 2μm。

注释　俄罗斯地台上泥盆统(Frasnian)的 *Archaeotriletes devonicus* Naumova, 1953 的图片(pl. 6, fig. 7)似乎表明：壁薄多皱，具点状结构；锚刺柔弱且短(长 <10μm)，两侧平行，分叉明显。

产地层位　湖北长阳，黄家磴组。

叉状锚刺孢　*Hystricosporites furcatus* Owens, 1971

(图版 49，图 5)

1971 *Hystricosporites furcatus* Owens, p. 28, pl. 6, figs. 7—9; text-fig. 6.

1994 *Hystricosporites furcatus*，徐仁、高联达，图版 2，图 12。

描述　赤道轮廓圆形，大小 156μm(徐仁、高联达，1994，图版 2，图 12)；三射线可辨别，长约 2/3R；近极—赤道区与远极面具分散的锚刺状纹饰；纹饰分子基宽 4—7μm，刺干长 18—34μm，朝末端逐渐变窄，末端两分叉柔弱或不明显，叉长约 2μm，但常断落不见；远极外壁表面微粗糙—细颗粒状，厚 3.0—4.5μm；赤道边缘突起 24—28 枚。

比较与讨论　上述标本与 Owens(1971)从北极加拿大上泥盆统报道的 *H. furcatus* 的特征极为相似，当属同种。

注释　Owens(1971)描述该种标本的大小为 82.0(108.9)174.9μm；接触区内具辐射状排列的粗脊；赤道边缘突起 18—57 枚；远极外壁厚 4—7μm。

产地层位　云南沾益，海口组。

花蕾形锚刺孢　*Hystricosporites germinis* Lu, 1981

(图版 50，图 1—3)

1981 *Hystricosporites germinis* Lu，卢礼昌，106 页，图版 5，图 5，6。

1988 *Hystricosporites germinis* Lu，卢礼昌，185 页，图版 8，图 2，7，插图 9。

描述　赤道轮廓近圆形—圆三角形，大小(锚刺除外)54.6—121.0μm；子午轮廓近极半球大于远极半球，形似盛开的花朵；三射线通常不清楚(因外壁厚实不透明或唇覆盖)，具唇，强烈隆起，侧面观圆球形，大小约 72μm，表面粗糙或颗粒状，颗粒或沿极轴方向排列，呈不规则细条纹状或串珠状；锚刺限于赤道和远极面，刺基部略膨大或呈球茎状，宽 5—25μm，刺干大部分两侧近于平行，表面光滑，长 20—38μm，顶端较窄(宽 2—3μm)，延伸呈小茎状，末端略微膨大并呈两分叉，叉长一般可达 2.5—3.5μm；赤道边缘突起 29—34 枚；远极外壁厚实(常不可量)；浅棕黄—深棕色。

比较与讨论 本种以其近极半球强烈隆起并呈花朵形为特征而与 *Hystricosporites* 属的其他种不同。

注释 本种全模标本(卢礼昌,1981,图版Ⅴ,图5)为一侧压标本,后增补一极压标本为它的副模标本(卢礼昌,1988,图版Ⅷ,图2)。

产地层位 四川渡口,上泥盆统下部;云南沾益史家坡,海口组。

大体锚刺孢 *Hystricosporites grandis* Owens, 1971

(图版49,图6)

1971 *Hystricosporites grandis* Owens, p. 30, pl. 7, figs. 5, 6.

1994 *Hystricosporites grandis*,徐仁、高联达,图版2,图2。

注释 照片(徐仁等,1994,图版2,图2)显示:孢子赤道轮廓亚三角形,大小约220μm;三射唇隐约可见,唇粗壮,伸达赤道附近;锚刺坚实,长刺状,刺干长96—132μm,基部喇叭状,宽20—30μm,向顶部逐渐变窄,顶端宽6—8μm,末端两分叉突起绝大多数断落不见。

比较与讨论 上述特征与 Owens(1971)首次描述的 *H. grandis* 的标本特征基本接近。

产地层位 云南禄劝,中泥盆统穿洞组。

笨重锚刺孢(比较种) *Hystricosporites* cf. *gravis* Owens, 1971

(图版50,图10)

1971 *Hystricosporites gravis* Owens, p. 31, pl. 8, figs. 1—3.

1988 *Hystricosporites* cf. *gravis*,卢礼昌,186页,图版3,图7。

描述 赤道轮廓近圆形或圆形,大小74—83μm(测2粒);侧压标本,近极面略微隆起,高16.0—20.3μm;远极面近半圆球形;三射线通常不清楚;远极外壁厚实,三射线区外壁表面毛糙,常具小刺突起,高2—3μm,赤道和整个远极面具锚刺状突起纹饰,分布稀疏,表面光滑,具内点状结构,刺基部较宽(或呈球茎状),宽约7μm,往上逐渐变窄,至顶端向两侧延伸并形成倒弯状锚刺。

比较与讨论 当前标本与从加拿大中泥盆统上部发现的 *H. gravis* Owens, 1971 较为相似,但大小幅度不同;后者个体较大(92.4—171.0μm),锚刺较粗壮(基宽7.6—19.9μm)且较长(26.4—89.1μm),并且接触区具辐射状的粗肋脊,所以本书将当前标本鉴定为后者的比较种。

产地层位 云南沾益史家坡,海口组。

小锚锚刺孢 *Hystricosporites microancyreus* Riegel, 1973

(图版49,图7—10)

1973 *Hystricosporites microancyreus* Riegel, p. 88, pl. 12, figs. 6—8; pl. 13, figs. 1—3.

1980b *Hystricosporites* cf. *microancyreus*,卢礼昌,19页,图版4,图14,15。

1988 *Hystricosporites* cf. *microancyreus*,卢礼昌,184页,图版26,图13,14。

描述 赤道轮廓近圆形,大小(锚刺除外)72—92μm,三射线常不清楚,伸达赤道附近;侧面观近极面微凸起,高20—25μm,远极面宽半圆球形—超半圆球形,孢子极轴长78—105μm;赤道外壁和整个远极外壁表面覆以锚刺状纹饰,分布稀疏,基部彼此常不接触,一般基部较宽,为4.9—7.8μm,往上逐渐变窄,至顶端宽仅1.0—2.3μm,末端两分叉柔弱、短小,或仅具两分叉趋势;刺干表面光滑,透明至半透明,较短,常不足孢子半径长的1/3,长仅15—20μm,赤道轮廓线光滑,边缘突起15—21枚;外壁厚实,不透明,不可量,罕见褶皱;橙棕—棕色。

比较与讨论 本种的形态与 *H. germinis* 较接近,但后者近极隆起更强烈,最高可大于近极—远极极轴长,并且锚刺较修长(20—38μm),末端分叉较明显;与德国早泥盆世晚期的同种标本(Riegel, 1973)在形态和大小方面都可比较,只是当前标本的外壁未见2层。

产地层位 四川渡口,上泥盆统下部;云南沾益龙华山、史家坡,海口组。

帆船形锚刺孢(新种) *Hystricosporites navicularis* Lu sp. nov.

(图版 50,图 4, 12)

1980b *Hystricosporites* sp. 1,卢礼昌,19 页,图版 4,图 17。

1988 *Hystricosporites* sp. 2,卢礼昌,186 页,图版 11,图 15。

?1987 *Hystricosporites corystus* Richardson 1962,高联达、叶晓荣,423 页,图版 181,图 5—7。

描述 赤道轮廓近圆形,大小 54.6—84.0μm(不含纹饰),子午轮廓似帆船形或高锥角形,极轴长 72—97μm;全模标本(图版 50,图 4)大小 72μm,极轴长 86μm;近极外壁伴随三射唇强烈隆起,高达 41.5—52.0μm,顶端钝凹或平,表面点穴状;远极面与赤道边缘具锚刺状纹饰;锚刺基部略微增大,宽 5—12μm,刺干两侧近乎平行,宽 2.5—4.0μm,长 18—29μm,表面微粗糙,顶端两分叉明显,叉长 3—5μm,叉尖下弯,间距 4.0—8.5μm;赤道边缘突起 12—28 枚;远极外壁厚实(不可量),表面光滑至微粗糙;深棕色。

比较与讨论 本新种以其子午轮廓呈帆船形或高锥角形为特征而不同于 *Hystricosporites* 的其他种;*H. corystus Richardson* 虽也具类似特征,但其孢体大许多(129—213μm),锚刺相对较长(26—66μm)。

产地层位 云南沾益,海口组;甘肃迭部,当多组。

下弯锚刺孢 *Hystricosporites reflexus* Owens, 1971

(图版 50,图 8)

1971 *Hystricosporites reflexus* Owens, p. 29, pl. 7, figs. 1—4; text-fig. 7.

注释 该种主要特征是:外壁厚实,接触区厚总是小于近极面厚,3 个小接触区表面具辐射状的脊;刺状突起,基部球茎状,刺干坚实或较柔弱,朝顶端逐渐变窄,末端两分叉下弯。首见于北极加拿大梅尔维尔岛(Gripe Bay Formation 的 *H. reflexus* (Owens, 1971)孢子的大小 92.4(128.7)158.4μm,刺干长 9—35μm,球茎宽 4—12μm,边缘突起 18—50 枚。归于该种的四川渡口标本(卢礼昌,1981)的特征与其相符,唯刺基部球茎相对较大,而刺干则相对较短,但种的归属应可取。

产地层位 四川渡口,上泥盆统下部。

三角形锚刺孢 *Hystricosporites triangulatus* Tiwari and Schaarschmidt, 1975

(图版 49,图 11, 12)

1975 *Hystricosporites triangulatus* Tiwari and Schaarschmidt, p. 30, pl. 13, fig. 6; text-fig. 21.

1983 *Radiatispinospora longispinosa* Gao,高联达,494 页,图版 109,图 7。

1980b *Hystricosporites* sp. 3,卢礼昌,19 页,图版 4,图 16。

1983 *Ancyrospora simplex*,高联达,502 页,图版 112,图 6。

1988 *Hystricosporites triangulatus*,卢礼昌,185 页,图版 23,图 8,10。

1999b *Hystricosporites triangulus* Zhu,朱怀诚,330 页,图版 2,图 4,11。

描述 赤道轮廓亚三角形,三边直至微内凹,角部窄或锐凸;大小 57.7—93.0μm;三射线伸达赤道或赤道附近,但常因三射唇的发育与遮盖而不清楚,唇粗壮,表面相当粗糙或呈海绵状,最宽可达 7.8—15.6μm,高 7.8—23.4μm;外壁近极表面无明显突起纹饰,其余外壁表面覆以锚刺状纹饰;锚刺基部彼此常接触,基宽 7.0—12.5μm,向上逐渐变窄或迅速变窄,近顶部宽 2.3—3.1μm,刺干长 15.6—23.4μm,表面较光滑,具内结构,末端两分叉明显,叉长 3.0—6.2μm;赤道边缘突起 19—26 枚;远极外壁厚实(不可量),具鲛点状结构,棕黄—深棕色。

比较与讨论 本种以其赤道轮廓三角形为特征而与 *Hystricosporites* 的其他种不同,当前标本明显具此特征,只是锚刺较短,基部较宽。Tiwari 和 Schaarschmidt (1975)首次描述的德国中泥盆统(Eifelian)*H. triangulatus* 的标本锚刺长 40—50μm(典型的),基部宽 6—10μm,刺干特别是其上半部具膨大或节瘤状结构。

注释 高联达(1983)在 *Radiatispinospora longispinosa* Gao(1983)名下描述的标本(图版 109,图 7),其特征与 *Hystricoporites triangulatus* 颇相似,并很可能与之同种。另外,为避免混淆,将 *H. triangulus* Zhu(朱怀诚,1999)与 *H. triangulatus* 合并为妥。

产地层位 云南婆兮,中泥盆统;云南禄劝,坡脚组;云南沾益史家坡,海口组;新疆塔里木盆地北部,东河塘组。

变形锚刺孢(新种) *Hystricosporites varius* Lu sp. nov.

(图版 50,图 9)

1988 *Hystricosporites* sp. 4,卢礼昌,187 页,图版 23,图 4。

描述 三缝大孢子;赤道轮廓亚圆形,大小 224.6—291.2μm,全模标本 224.6μm(图版 50,图 9);三射唇相当发育,强烈隆起,呈超半圆球状(高 56.0—85.8μm),基部近乎占据整个近极面,表面多少光滑,粗颗粒状—细圆瘤状结构明显;远极面凸出表面光滑;赤道区与整个远极面覆以粗细不一、形态多变的锚刺状纹饰;粗刺分子较少,喇叭状,基部宽 37—42μm,向上逐渐变窄约 1/3,于中—上部两侧近乎平行,宽 14.0—17.5μm,顶部微膨胀、加厚且末端延伸呈两分叉;两分叉近于平行或微下弯,叉长 9.5—13.5μm,锚刺全长 85—115μm,表面光滑至微粗糙,上半部(多为顶部)内点状、半透明至透明;细刺分子较多,基部宽 12.5—17.5μm,向上略微变窄或两侧近于平行,长 50.2—87.5μm,末端两分叉,叉长约 7.5μm;远极外壁相当厚实,不透明。

比较与讨论 本新种以其锚刺粗细不一与形态多变为特征。该特征与 Owens(1971)描述加拿大梅尔维尔岛中泥盆统的 *Hystricosporites* sp. A 的标本相似,仅后者个体较小(116.2μm)。

产地层位 云南沾益史家坡,海口组。

锚刺孢(未定种) *Hystricosporites* sp.

(图版 50,图 11)

1980b *Hystricosporites* sp. 2,卢礼昌,19 页,图版 4,图 18。

注释 仅 1 粒,大小约 80μm(不含刺);锚刺粗壮,基部宽 10—14μm,朝顶部逐步变窄,至顶端两分叉(常断落不见),刺长 28—42μm;孢壁厚实,不透明。

产地层位 云南沾益龙华山,海口组。

尼氏大孢属 *Nikitinsporites* (Chaloner) Lu and Ouyang, 1978

模式种 *Nikitinsporites canadensis* Chaloner, 1959;北极加拿大梅尔维尔岛(Melville Island),上泥盆统[Frasnian(?)]。

修订属征 辐射对称三缝大孢子,三射唇相当发育,强烈隆起并几乎占据整个近极面;锚刺状突起十分粗壮,长且宽窄均匀,分布限于远极面,并于远极—赤道部位最为发育,其基部或膨大并彼此融合,构成不规则的环状结构或假环;远极外壁较近极外壁厚许多;模式种大小 390(525)610μm。

比较与讨论 *Nikitinsporites* 与 *Hystricosporites* McGregor(1960)及 *Ancyrospora* Richardson emend. Richardson(1962)等三属都具末端分叉的锚刺状纹饰,但前者以锚刺相当粗壮、修长,顶部骤然变窄再延伸呈茎状,其末端分叉颇为细小与柔弱为特征而与后两属不同。

注释 Chaloner(1959)以加拿大埃尔斯米尔岛(Ellesmere Island)上泥盆统的标本为基础建立了 *Nikitinsporites* 属。卢礼昌、欧阳舒(1978)在观察大量标本的基础上,指出归入该属的绝大多数的分子具类环状结构或假环,而且 Chaloner 的全模标本(1959, pl. 55, fig. 5)也显示出此特征。Winslow(1962)在建立 *Dicrospora* 属时没有提及 *Nikitinsporites*,但他的属征和某些照片表明,至少部分是与 *Nikitinsporites* 同义的。

分布时代 北半球,主要为中泥盆世晚期—晚泥盆世早期。

短角状尼氏大孢 *Nikitinsporites brevicornis* Lu, 1988

(图版 57,图 2—6)

1988 *Nikitinsporites brevicornis* Lu,卢礼昌,188 页,图版 8,图 4,5;图版 9,图 2;图版 27,图 6;插图 12。

1994 *Nikitinsporites sinensis* Xu and Gao,徐仁、高联达,125 页,图版 2,图 11。

描述 大孢子,赤道轮廓亚圆形或不规则圆形,大小(含锚刺)280—450μm,全模标本345.5μm,副模标本359.6μm;三射唇强烈隆起,并呈颈锥体状,高68—95μm,宽等于或略大于高,顶部钝圆或钝凸,具海绵状细颗粒状结构,颗粒或连接,呈蠕虫状,排列方向与极轴方向基本一致;近极—赤道区与整个远极面具刺—突起,突起相当粗壮,形似短喇叭状或牛角状,基部宽31.3—46.8μm,高(长)40.6—85.6μm,表面具细条纹并沿刺干延伸,顶部钝凸并骤然收缩与延伸,呈一小茎状体,小茎光滑,透明,柔弱易断,宽约1.5μm,长3μm左右,末端两分叉尖细,倒转,长2.0—3.5μm;突起物分布致密,基部彼此或连合,甚者或明显融合,并在赤道部位形成不规则、不完全的环状结构或假环,最宽可达36.0—57.7μm,周边突起参差不齐,呈长齿或犬齿状,突起28—34枚;外壁厚实;不透明或呈深棕色。

比较与讨论 本种以其刺干粗壮以及其末端分叉细弱为特征而与 *Nikitinsporites* 属其他种不同。

注释 高联达(1994)整理与描述的 *N. sinensis* Xu and Gao(1994)的分子,其形态与纹饰的特征甚至大小均与 *N. brevicornis* Lu, 1988 十分相似,且又产自同一产地与层位,故在此视其为后者的晚出同义名。

产地层位 云南沾益,海口组。

华夏尼氏大孢 *Nikitinsporites cathayensis* Lu and Ouyang, 1978

(图版57,图1,8)

1978 *Nikitinsporites cathayensis* Lu and Ouyang,卢礼昌、欧阳舒,78页,图版1,图1,7。

1980a *Nikitinsporites cathayensis*,卢礼昌,图版1,图1。

描述 大孢子,赤道轮廓亚三角形—亚圆形,大小208—450μm,全模标本450μm;侧面观孢子不等极,近极半球略大于远极半球;三射唇颇发育并强烈隆起,几乎占据整个近极面,呈不规则半椭圆形,高74—105μm,具海绵—鲛点状结构;刺状突起限于赤道区与整个远极面,突起从基部向顶部缓慢变窄或两侧近于平行,顶端急剧收缩并呈小茎状,延伸至末端两分叉;突起基部宽16—27μm,高(长)56—90μm,表面粗糙或为鲛点状,小茎多断落或残缺不全,长7—11μm,宽3—4μm,末端两分叉甚弱并常随小茎断落而缺失;远极外壁厚实,鲛点状,于亚赤道部位显著加厚,呈类环状或假环状;棕或深棕色。

比较与讨论 归入 *N. cathayensis* 种名下的标本与 Chaloner(1959)首次描述的北极加拿大上泥盆统的 *N. canadensis* Chaloner, 1959 较相似,但后者以孢体较大(大小610μm,最大极轴长710μm)、锚刺也相对较长(典型的200μm)而与前者有区别。

产地层位 云南沾益龙华山,海口组。

最大尼氏大孢 *Nikitinsporites maximus* Xu and Gao, 1994

(图版57,图7)

1994 *Nikitinsporites maximus* Xu and Gao,徐仁等,125页,图版3,图9。

描述 大孢子,赤道轮廓三角形—亚三角形,大小1000—1500μm(含棒刺),描述标本1250μm;三射线两侧伴有加厚与突起的唇;接触区内表面平滑;近极赤道区和整个远极面具长棒形刺,棒刺基部宽50—60μm,高400—500μm,刺干两侧近乎平行,顶端微膨胀呈三角形并延伸呈两分叉,叉长7—9μm;外壁厚5—15μm;深褐色(据徐仁、高联达,1994,125页,略有修改)。

产地层位 云南沾益,海口组。

假环尼氏大孢 *Nikitinsporites pseudozonatus* Lu and Ouyang, 1978

(图版57,图9,10)

1978 *Nikitinsporites pseudozonatus* Lu and Ouyang,卢礼昌、欧阳舒,73页,图版1,图2,3。

1980a *Nikitinsporites pseudozonatus*,卢礼昌,图版1,图11。

描述 大孢子,赤道轮廓接近于圆形或不甚规则(因环的宽度不均匀所致),大小285—317μm,全模标本285μm;三缝标志常因外壁厚实或不透明而不清楚(极压标本);刺状突起在赤道部位较远面的更密集,基部也较宽大,彼此常接触、融合并延伸成环状结构或假环,宽度不甚均匀,一般宽为50—60μm;假环内缘界线不清楚,外缘轮廓线呈不规则齿状,突起28—35枚,环表面粗糙,具明显的颗粒状结构;突起表面粗糙,高(长)一般为30—45μm,基部膨大,宽15—27μm,向顶部逐渐变窄,至顶端急剧收缩(宽6—9μm),末端两分叉甚小,叉长3—4μm,基宽约2μm,绝大多数断脱未见;外壁厚实,多半不透明,内颗粒状结构明显;棕—深棕色。

比较与讨论 本种以其明显的假环、低矮的突起与甚小的分叉而有别于 *Nikitinsporites* 属的其他种。

注释 *Ancyrospora ancyrea* var. *ancyrea* (Eis.) Richardson, 1962 也存在类似的环状结构,但其环是"在极压情况下……外壁外层适度至显著延伸"(Richardson,1962)的结果。

产地层位 云南沾益龙华山,海口组。

棒状尼氏大孢 *Nikitinsporites rhabdocladus* Lu, 1988

(图版58,图4—8)

1988 *Nikitinsporites rhabdocladus* Lu,卢礼昌,188页,图版23,图2—4;图版32,图4—6;插图11。

描述 大孢子,赤道轮廓亚圆形或不规则圆形,大小117.0—175.6μm(纹饰除外),全模标本132.6μm,副模标本175.6μm;三射线常因唇覆盖而不清楚,唇发育,表面光滑、微凸或波状,两侧微弯曲,高度与宽度均较均匀,分别为21μm与20—25μm;锚刺状突起限于赤道区与整个远极面;锚刺粗壮、坚硬,酷似棒状,基部宽20—36μm,刺干长75.0—124.8μm(常大于孢体半径长),表面光滑或具条纹状结构,下半部两侧近乎平行,上半部向顶端逐渐变窄(宽3—8μm),末端两分叉常清楚、柔弱,叉长2—5μm;赤道轮廓线呈超长型犬齿状,突起19—34枚;外壁厚实,多不透明;棕色。

比较与讨论 本种以其孢体小、锚刺粗壮又修长(常大于孢体半径长)为特征而不同于 *Nikitinsporites* 属的其他种。

注释 描述标本的大小尚不足200μm,但其锚刺状突起高常大于孢体(不含纹饰)半径长,且其特征与 *Nikitinsporites* 的定义完全吻合,故仍将此类标本归入该属。

产地层位 云南沾益,海口组。

简单尼氏大孢? *Nikitinsporites*? *simplex* Chi and Hills, 1976

(图版51,图15)

1976 *Nikitinsporites simplex* Chi and Hills, p. 741, pl. 10, figs. 4—9.

1994 *Nikitinsporites simplex*,徐仁、高联达,图版1,图14。

描述 三缝大孢子,赤道轮廓(突起物除外)圆形—亚圆形;极轴长240—306μm,唇高92—114μm;突起物长72—99μm,基部宽9—30μm,顶部宽4.5—18.0μm,锚刺宽9—24μm;近极面平至微凹,远极面半圆球形;三射线标志明显,伸达接触区边缘,被强烈高起的唇所覆盖;外壁厚14μm,接触区、唇以及突起之间的表面光滑,近极—赤道区与远极面被突起物覆盖,突起物基部略微膨大,两侧平行,顶部骤然变窄并形成一发育良好的乳头状小突起,其末端具两分叉或发育欠佳的多分叉状锚钩(fluke)(Chi and Hills, 1976, p. 741)。

注释 归入 *N. simplex* 的云南标本(徐仁、高联达,1994)赤道轮廓钝角三角形,大小约192μm(不含刺);锚刺长24—40μm,基部宽13.7—20.0μm,顶部宽3—7μm,末端两分叉难以辨别或断落(上列数值,均按照片放大125倍测量所得)。很明显,该标本的形态、大小及其纹饰的各项量度均与Chi和Hills(1976)描述的北极加拿大泥盆系的标本相去甚远,甚至不宜置于 *Nikitinsporites* 属内。该标本的归宿,建议参照 *Hystricosporites triangulatus* Tiwari and Schaarschmidt, 1975。

产地层位 云南沾益,海口组。

细纹尼氏大孢 *Nikitinsporites striatus* Lu and Ouyang, 1978

（图版 58，图 1—3）

1978 *Nikitinsporites striatus* Lu and Ouyang，卢礼昌、欧阳舒，72 页，图版 1，图 4—6。

1980a *Nikitinsporites striatus*，卢礼昌，图版 1，图 12。（未描述）

描述 大孢子，赤道轮廓亚圆形，大小 298—301μm，全模标本 310μm；标本多为侧压保存，三射唇强烈隆起，并几乎占据整个近极面，呈半圆球形或超半圆球形，高 130—136μm，表面粗糙，质地疏松，纵向细条纹状结构明显；远极面接近半圆球形，表面覆以修长的锚刺状纹饰；除远极面外，赤道区也具此类纹饰，且较之略发育；锚刺纹饰基部膨大，基宽 7—16μm，彼此多连接，向顶部缓慢变窄，至顶部附近急剧收缩，呈小茎状，茎长 5—7μm，末端两分叉，叉长 5—8μm，小茎常断脱未见，致使锚刺顶端呈钝凸状；锚刺表面近光面，具细条纹状或不规则颗粒状内结构，细条纹沿刺干长轴方向自基部直至顶部排列，刺干长 67—90μm；远极外壁厚实、不透明；棕黄—深棕色。

比较与讨论 *N. canadensis* Chaloner, 1959 和 *N. cathayensis* Lu and Ouyang, 1978 两种的分子均具类似的三射唇突起，但前者孢体较大（大小：340—610μm；极轴长：390—710μm），锚刺较长（典型的为 200μm）且较粗（宽 30μm），后者三射唇呈海绵状—鲛点状，赤道外壁明显加厚，并呈类环状结构。因此这两种与当前种不同。

产地层位 云南沾益龙华山，海口组。

棒刺孢属 *Bullatisporites* Allen, 1965

模式种 *Bullatisporites bullatus* Allen, 1965；斯匹次卑尔根，下泥盆统（Emsian）。

属征 三缝小孢子，赤道轮廓圆形—亚圆形；外壁覆以桩形或大头棒形纹饰，其头顶常着生一小刺；近极纹饰略有减弱；接触区偶见下陷，有时以弓脊状褶皱为界。

比较 常见于上古生界的 *Apiculatisporis* 与 *Apiculatisporites* 两属的纹饰分别为较大的锥刺或锥瘤与密集的细锥刺，*Dibolisporites* 的纹饰以双型纹饰占优势。

模式棒刺孢 *Bullatisporites bullatus* Allen, 1965

（图版 16，图 6）

1965 *Bullatisporites bullatus* Allen, p. 703, pl. 96, figs. 5—7.

1975 *Bullatisporites bullatus*，高联达、侯静鹏，204 页，图版 6，图 7。

1983 *Bullatisporites bullatus*，高联达，491 页，图版 108，图 15（=高联达等，1975，图版 6，图 7）。

1991 *Dibolisporites bullatus*，徐仁等，图版 1，图 9。

注释 本种全模标本大小 98μm，首次见于斯匹次卑尔根的埃姆斯期沉积中（Allen, 1965），其主要特征是，近极—赤道区和远极面具致密分布的大头棒状纹饰，且其头顶常长一小刺，为双型纹饰，纹饰分子头宽，1—2μm，棒宽 0.5—1.5μm，高 1—3μm；接触区纹饰略有减弱；弓形脊在辐射区有时可见；常具大型和小型褶皱。当前标本，其大小、形态与纹饰等特征均与原种征几乎相同，无疑为同一种。

产地层位 贵州独山，舒家坪组；云南东部，穿洞组。

叠饰孢属 *Biornatispora* Streel, 1969

模式种 *Biornatispora* (*Verrucosisporites*) *dentata* (Streel) Streel, 1969；比利时，中泥盆统。

属征 圆三角形—圆形三缝孢子，以双型纹饰为特征，形成网状图案，即高度不一的低脊（muri），脊上具凸饰（锥刺、块瘤、棒瘤），其形状、大小不一，此类双型纹饰主要发育于远极面，可延伸至近极—赤道区；三射线简单，长 2/3—3/4R，常被纹饰遮掩；次生褶皱不常见。在断续的细脊和颇发育的网纹之间可见不同程度的过渡形态；有些凸饰之上长一小尖刺；模式种大小 36—58μm。

比较 *Acinosporites* 以弯曲的蠕脊，脊上有双型纹饰为特征；*Camptotriletes* 具相对稀疏的冠脊。

紧凑叠饰孢 *Biornatispora compactilis* Ouyang and Chen, 1987

（图版20,图6, 7）

1987a *Biornatispora compactilis* Ouyang and Chen,欧阳舒等,52 页,图版5,图12,13。

描述 赤道轮廓亚三角形—亚圆形,大小38—50μm,全模标本44μm;三射线尚清楚,具窄唇,宽≤2μm,向末端变窄,伸达赤道边沿,可能具弓形脊;外壁颇薄,表面具由低矮脊条包围且不甚规则的网状图案,网脊宽1—2μm,网穴亚圆形—多角形,穴径2—4μm不等,网脊上、网脊交汇处或网穴内有时有小刺,刺高和基宽1—2μm,末端尖锐;棕黄—棕色(欧阳舒、陈永祥,1987a)。

比较与讨论 本种以其较纤细紧凑的网状纹饰和刺的着生特点而与本属模式种 *B. dentata*(Streel)(Streel, 1969, p. 97, pl. 2, figs. 37, 38)和 *Chelinospora* Allen 属下的种不同。

产地层位 江苏句容,五通群擂鼓台组下部。

小叠饰孢 *Biornatispora pusilla* Ouyang, 1984

（图版29,图39—41）

1984 *Biornatispora pusilla* Ouyang,欧阳舒,75 页,图版2,图3—5。

描述 赤道轮廓近三角形—亚圆形,大小22—32μm,全模标本32μm;三射线为脊状隆起,宽常小于1μm,接近伸达角部,接触区略凹下,为一假环状的赤道隆起[弓形脊(?)]所包围,颜色较深,宽2—4μm;远极面和赤道具大小形状(多角形—圆形)多变的坑穴,但在有的标本上仅偶尔见到,此外,轮廓线上常见稀疏至中等密度的锥刺—细刺,一般基宽0. 5—1. 0μm,高0. 5—2. 0μm,末端尖—微尖—平截,个别似显二分叉;接触区内无明显纹饰;微黄—灰黄—灰黑色。

比较与讨论 本种孢子以个体小、纹饰稀疏以及网脊不甚发育而不同于本属模式种 *B. dentata*(Streel)及其他种。

产地层位 黑龙江密山,黑台组。

双饰孢属 *Dibolisporites* Richardson, 1965

模式种 *Dibolisporites echinaceus*(Eisenack)Richardson, 1965;德国,中泥盆统。

属征 辐射对称无环三缝小型孢子;赤道轮廓亚圆形—圆三角形;纹饰组成以二型为主但很多变,由锥刺、棒突、乳突、块瘤和长刺组成;模式种大小92—204μm,全模170μm,三射线长2/3—1R,接触区明显,基本光面或内粒状,偶尔具弓形脊,其余部位纹饰以烛焰状长棒刺为主。

比较与讨论 *Biharisporites* 具类似纹饰,但为大孢子。Playford(1976)将 *Umbonatisporites* Hibbert and Lacey, 1969 作为本属的同义名,本书认为不无道理;但有些作者不同意,认为除纹饰特征不同以外,*Dibolisporites* 接触区明显,甚至具弓形脊。

分布时代 中国、英国和澳大利亚等国,主要为中、晚泥盆世,也见于早石炭世。

两分叉双饰孢 *Dibolisporites bifurcatus* Lu, 1988

（图版9,图11, 12）

1988 *Dibolisporites bifurcatus* Lu,卢礼昌,140 页,图版7,图10,11,14,16。

描述 赤道轮廓近圆或因外壁局部加厚而不规则,大小67. 1—81. 0μm,全模标本81μm;三射线常因纹饰密挤而不清楚,可见者简单,伸达赤道附近;外壁表面纹饰以锥刺或锥瘤状突起为主,突起基部宽3. 1—10. 9μm,高2. 3—6. 2μm,锥刺顶端尖或钝,锥瘤顶端凹凸不平;绝大多数纹饰顶部具小茎状突起(2枚或多枚)并微弯曲,末端常见极小两分叉,或微微膨胀呈两分叉趋势,小茎高1. 5—4. 0μm,宽0. 5—1. 6μm;似乎有这样的倾向:纹饰突起愈高,其顶部次一级小突起也愈明显,数量也愈多,有时多达3—4枚;纹饰在三射线区略有减弱;孢子赤道边缘常呈低矮和不规则锯齿状,突起32—40枚;外壁厚3. 1—5. 0μm,有时可见局部随纹饰加密而增厚,罕见褶皱;棕—深棕色。

比较与讨论 本种的主要纹饰与 *D. diaphanus* Lu, 1988 颇为相似,但后者锥刺较稀少(边缘突起仅16—22 枚),且次一级小突起以小刺为主,因此两者差异仍较大,易于区分。

产地层位 云南沾益史家坡,海口组。

双层双饰孢 *Dibolisporites bilamellatus* Lu, 1999

(图版9,图15, 16)

1999 *Dibolisporites bilamellatus* Lu,卢礼昌,45 页,图版5,图1—5。

描述 赤道轮廓圆形或近圆形,子午轮廓近极面低锥角形,远极面半圆球形;大小63.0—98.3μm,全模标本78.8μm;三射线清楚,唇发育,但不强烈隆起,单片唇宽1.5—5.0μm,高2—4μm,向末端逐渐变窄,长7/10—4/5R;外壁2层:内层常清楚,薄(厚不足1μm),多皱,无细小纹饰或结构,极面观与外层无明显分离或因褶皱而局部分离,外层较厚,赤道外层厚1.5—3.0μm,表面具明显突起纹饰且分异较显著,远极面与近极—赤道区或赤道边缘为双型纹饰,远极面纹饰分子主要由基部小圆瘤或栉瘤与顶部小刺组成,基部分离或局部接触,小圆瘤基部宽2.5—4.0μm,高1.5—2.5μm,表面光滑,顶端小刺长约1μm,易断落;赤道边缘(或附近)纹饰最为发育与致密,为棒刺状或藕莲状—长串珠状突起,顶端骤然变窄并延伸呈小茎或小刺状(常难以保存),突起高4—6μm,宽2.0—2.5μm(最宽处),小刺(或茎)长不足1μm;近极面纹饰明显减弱,常呈较稀疏与细小的锥刺状突起;棕色。

比较与讨论 本种以其外壁2层与纹饰分异明显为特征而不同于属内其他种。虽然 *D. conoideus* 的形态特征及纹饰类型与本种的颇近似,但其射线微弱且不具唇,纹饰分布致密、赤道区纹饰仅呈单一的短棒状。

注释 虽然本种外壁为2层,但不具腔,所以仍符合 *Dibolisporites* 的属征。

产地层位 新疆和布克赛尔,黑山头组4层。

球茎双饰孢 *Dibolisporites bulbiformis* Zhu, 1999

(图版13,图7)

1999 *Dibolisporites bulbiformis* Zhu,朱怀诚,329 页,图版2,图9。

描述 赤道轮廓三角形—圆三角形,近极面低平,远极面凸出,大小87μm(含纹饰);三射线一般清楚,具窄唇,直或微曲,伸达赤道;外壁厚2—3μm,表面覆盖均匀分布的锥形瘤,瘤基部微收缩(在赤道轮廓线上最清楚),最大基径3.0—6.5μm,多为4—5μm,高3—6μm,末端常具一小的顶刺,高和宽0.5—1.0μm,间距<7.5μm,在赤道区相对较密,基部分离。

比较与讨论 本种以其锥瘤基部多少收缩为特征。

产地层位 新疆塔里木盆地,东河塘组。

连接双饰孢 *Dibolisporites coalitus* Ouyang and Chen, 1987

(图版13,图9, 10)

1987a *Dibolisporites coalitus* Ouyang and Chen,欧阳舒、陈永祥,47 页,图版9,图10,11。

描述 赤道轮廓亚圆形,大小(不含纹饰)39—48μm,全模标本42μm;三射线可见,伸达赤道;外壁薄(厚不足1μm),远极面和赤道部位具粗大而密集的瘤、刺二型纹饰,瘤基部轮廓圆形—亚圆形,直径5—9μm,高4—6μm,侧面观近乎球形,顶部具一颇长的刺,刺长2—5μm(大部已脱落),瘤在远极面颇为密集(局部空白可能是纹饰脱落所致),在赤道部位基部彼此相邻或相连,但不构成环;瘤之间外壁和近极面均呈极细颗粒—鲛点状;棕色。

比较与讨论 本种孢子以其特征性纹饰区别于 *Dibolisporites* 的其他种和 *Anapiculatisporites* 属的种。

产地层位 江苏句容,五通群擂鼓台组下部。

锥刺双饰孢 *Dibolisporites coniculus* Gao and Hou, 1975

（图版13,图21）

1975 *Dibolisporites coniculus* Gao and Hou,高联达、侯静鹏,198页,图版4,图19。

1975 *Dibolisporites wetteldofensis* Lanninger,高联达、侯静鹏,199页,图版4,图20,21。

描述 赤道轮廓宽圆三角形,大小89—98μm;三射线单细,长近等于R;外壁单薄,表面具双型纹饰,基部为颇稀疏、低矮的块瘤,轮廓不规则,基宽2.5—8.5μm,高1.0—3.5μm,间距通常略小于至大于基宽,顶部为一小锥刺,其宽与高 <2μm,末端锐尖,微弯曲,但常断落不见;赤道轮廓线上(描述标本)突起不足20枚;黄色。

注释 *D. wetteldofensis* Lanninger, 1968 (p. 127, pl. 22, fig. 17)以其外壁覆以多种形状与不同大小的纹饰为特征;火柴棒形的分子,头顶还着生一小刺;三射线具宽且明显发育的唇。归入 *D. wetteldofensis* 名下的贵州独山的标本(高联达等,1975,图版4,图20,21)其纹饰组成似缺乏上述的特征,其形态特征与纹饰组成及其排列图案与产地层位相同的 *D. coniculus* Gao and Hou, 1975 颇相似。

比较与讨论 本种以其基部纹饰为稀疏、低矮与不规则的块瘤为特征而与基部纹饰由近半圆形的粗颗粒或小瘤和少数短棒组成的 *D. conoideus* 相区别。

产地层位 贵州独山,丹林组上段。

锥形双饰孢 *Dibolisporites conoideus* Lu, 1981

（图版9,图17, 18）

1981 *Dibolisporites conoideus* Lu,卢礼昌,104页,图版4,图13,14。

描述 赤道轮廓圆形,大小74—92μm,全模标本78μm;三射线微弱或可见,长2/3—3/4R;接触区表面粗糙,微内凹;接触区以外的外壁覆以致密的双型纹饰,基部纹饰由近半圆形的粗颗粒或小瘤和少数短棒组成,直径1.5—3.0μm,顶部为一小锥刺,高 <1μm;赤道区纹饰通常略粗,较长(呈短棒状)且更密;外壁2层,彼此紧贴,或仅在赤道区稍微分离,内层薄(厚不足1μm),外层厚1.0—1.5μm,常见局部(射线末端)略有加厚,内颗粒状结构明显,褶皱少见;浅棕色。

比较与讨论 前述 *D. biamellatus* 虽也具类似的形态特征,但其远极面纹饰主要由基部小圆瘤或栉瘤和顶部小刺组成,而赤道区基部的纹饰则由棒刺状或藕莲状—长串珠状突起组成,而顶部由小刺组成。

产地层位 四川渡口,上泥盆统。

透明双饰孢 *Dibolisporites diaphanus* Lu, 1988

（图版6,图22, 23）

1988 *Dibolisporites diaphanus* Lu,卢礼昌,140页,图版7,图8,9。

描述 赤道轮廓近圆形—宽圆三角形,大小45.2—71.8μm,全模标本51.5μm;三射线柔弱,且常不清楚或仅可识别,伸达赤道附近;外壁表面纹饰以锥刺为主,其上常具次一级小突起,构成明显的双型纹饰;锥刺分布不均,大小不等,基部宽5—12μm,高3—8μm,其上小突起形态多变,常以小刺或小茎为主,高1—2μm,或稍长,上部常弯曲,末端扁平或微膨胀(极少数两分叉);三射线区纹饰显著减弱或缺失;赤道外壁厚约2μm,但常因纹饰密挤而不可量;赤道轮廓线呈不规则锯齿状,边缘突起16—22枚;浅棕—深棕色。

比较与讨论 就纹饰基部形态及其分布等特征而言,本种与 *Apiculatisporis abditus* 颇相似,但纹饰类型各不相同,即前者为双型纹饰,后者为单型纹饰。

产地层位 云南沾益史家坡,海口组。

特异双饰孢 *Dibolisporites distinctus* (Clayton) Playford, 1976

（图版105,图3, 11）

1960 *Apiculatisporites* sp., Balme, p. 28, pl. 4, figs. 10, 11.

1971 *Umbonatisporites distinctus* Clayton, p. 591, 592, pl. 4, figs. 4—6.

1971 *Acanthotriletes turriculaeformis* Playford, p. 20, pl. 6, figs. 7—15.

1972 *Umbonatisporites distinctus*, Playford, p. 305, figs. 2—13, 23b.

1975 *Umbonatisporites distinctus*, Higgs, pl. 2, fig. 5.

1976 *Dibolisporites distinctus* (Clayton) Playford, p. 16, pl. 2, figs. 9—12.

1980 *Dibolisporites distinctus*, van der Zwan, pl. Ⅵ, figs. 4, 5.

1985 *Umbonatisporites distinctus*,高联达,58 页,图版 4,图 5—7。

1987a *Dibolisporites distinctus*,欧阳舒、陈永祥,45 页,图版 7,图 6a, b。

1989 *Dibolisporites distinctus*, Ouyang and Chen, p. 455, pl. 4, fig. 8; pl. 5, fig. 12.

描述 赤道轮廓亚圆形—圆三角形,大小 39—80μm;三射线常可见,有时微开裂,长 1/3—2/3R;外壁薄,厚约 1μm,具少量褶皱,远极面和近极亚赤道具精致的多为长刺状的二型纹饰,基宽 2—4μm,高 8—14μm,自基部向上至 4/5 处宽度变化不大(多徐徐变窄),再往上则突然膨大成鼓槌形,然后突然收缩变尖成一小刺,长刺间距多为 3—7μm;近极面大部分平滑;深黄—黄色。

比较与讨论 无论是 Clayton 最先建立的 *Umbonatisporites distinctus* (1971)的全模标本还是后来记载的这个种(见同义名表),我国的有关标本形态均极相似,只不过普通生物镜下见不到扫描镜下能见到的刺状纹饰的更细微形态。本种先后发现于英国、美国、丹麦、爱尔兰和澳大利亚等地,在北半球主要见于下石炭统下部,在澳大利亚见于杜内阶—维宪阶。

产地层位 江苏句容,五通群擂鼓台组最上部、高骊山组;贵州睦化,打屋坝组底部。

刺粒双饰孢 *Dibolisporites echinaceus* (Eisenack) Richardson, 1965

(图版 13,图 8)

1944 *Triletes echinaceus* Eisenack, p. 113, pl. 2, fig. 5.

1965 *Dibolisporites echinaceus* (Eisenack) Richardson, p. 568, pl. 89, figs. 5, 6.

1991 *Dibolisporites echinaceus*,徐仁等,图版 1,图 2。

1994 *Dibolisporites echinaceus*,王怿,329 页,图版 1,图 23。

描述 赤道轮廓亚圆形,大小 45—85μm;三射线清楚,直,具唇,宽 1—2μm,长 4/5R;外壁厚 1μm,表面具乳粒和双型瘤刺纹饰,基部呈圆形,宽 1.0—2.5μm,高 0.5—2.0μm,自基部向上至高 1/2 处突然收缩,末端尖刺,钝圆或平圆,间距 0.5—2.0μm,赤道轮廓线呈细锯齿状;棕黄色(王怿,1994)。

比较与讨论 当前标本在形态、大小、射线和纹饰等特征上均与此种原全模标本(Richardson, 1965, p. 568, pl. 89, figs. 5, 6)相似,故将其归于此种。与 *D. mammatus* Brideaux and Radforth, 1970 相比,后者的外壁较厚。

产地层位 云南东部,穿洞组、海口组;云南文山,坡松冲组—坡脚组。

艾菲尔双饰孢 *Dibolisporites eifeliensis* (Lanninger) McGregor, 1973

(图版 13,图 15, 16)

1968 *Anapiculatisporites eifeliensis* Lanninger, p. 124, pl. 22, fig. 11.

1973 *Dibolisporites eifeliensis* (Lanninger) McGregor, p. 31, pl. 3, figs. 17—22, 26.

1975 *Dibolisporites eifeliensis*,高联达等,198 页,图版 4,图 17。

1981 *Dibolisporites eifeliensis*,高联达,图版 2,图 21。

1994 *Dibolisporites eifeliensis*,王怿,329 页,图版 1,图 21,22。

描述 赤道轮廓圆三角形,三边凸出,角部浑圆或钝尖;大小 32—41μm,大者 60—65μm;三射线清楚,直,有时开裂,约等于孢子半径长;外壁厚 1—2μm,远极区和赤道部位具有瘤状纹饰,基部圆形,直径 2—4μm,高 1—2μm,末端尖,圆或平截,间距 2—3μm;赤道轮廓线呈齿状;棕黄色(王怿,1994)。

比较与讨论 当前描述标本与产自加拿大加斯佩(Gaspe)早泥盆世地层的 *Anapiculatisporites eifeliensis* Lanninger, 1968 在形态、射线和纹饰结构上相似,唯当前标本个体偏小(原描述为 32—82μm),纹饰的基部扩大不十分明显，但仍属于种的变异范围。

产地层位 贵州独山，舒家坪组；云南文山，坡松冲组—坡脚组。

大型双饰孢 *Dibolisporites giganteus* Gao and Hou, 1975

（图版 13，图 22，23）

1975 *Dibolisporites giganteus* Gao and Hou，高联达、侯静鹏，198 页，图版 3，图 8，9。

描述 赤道轮廓圆形，大小 90—125μm；三射线长约 3/4R，两侧具唇，宽 4—5μm，末端分叉，并向两侧延伸，形成弯曲的条带状，形似弓形脊；外壁厚（不可量），表面覆以不规则的双型刺瘤纹饰，刺瘤基部彼此连接，呈蠕虫状；刺瘤高 4—6μm，宽 2—4μm；褐黄色。

产地层位 贵州独山，丹林组上段。

黑台双饰孢 *Dibolisporites heitaiensis* Ouyang, 1984

（图版 13，图 13，14）

1984 *Dibolisporites heitaiensis* Ouyang，欧阳舒，75 页，图版 1，图 1，12，14，18。

描述 赤道轮廓近三角形—圆三角形，大小（除纹饰外）72—97μm，全模标本 74μm；外壁厚 2—3μm，分 2 层：内层薄，有时局部脱离外层，外层具棒刺—锥刺，以双型分子为主，基宽 1—4μm，长 2—3μm，高 2—7μm，一般 3—5μm，末端形状多变，从略平截—钝尖—微齿状至微膨大者皆有，部分呈烛焰状，顶端细尖，绕周边 60—70 粒；三射线常开裂，伸达角部；暗灰—暗棕黄—近黑色（欧阳舒等，1984）。

比较与讨论 当前孢子与俄罗斯地台吉维特阶的 *Acanthotriletes usitatus* Naumova，1953（p. 24，pl. 1，fig. 15）相似，然而该种孢子较小（30—35μm），纹饰相对更粗壮。有趣的是，比较而言，本种孢子更接近美国纽约州吉维特阶的石松纲 *Leclercqia complexa* Banks et al.，1972［pl. 1，figs. 39，41 或 Streel，1972，pl. 1，figs. 1，3 的 *Aneurospora* cf. *heterodonta*（Naumova）］的孢子，不同的是，后者纹饰基部较大，末端较尖锐。

产地层位 黑龙江密山，黑台组。

密山双饰孢 *Dibolisporites mishanensis* Ouyang, 1984

（图版 13，图 19）

1984 *Dibolisporites mishanensis* Ouyang，欧阳舒，76 页，图版 1，图 10。

描述 赤道轮廓近圆形，大小 77—110μm，全模标本 77μm；外壁厚 2—3μm，表面覆以颇细而致密的以棒瘤为主的纹饰，有时夹些锥刺或少量尖刺，基宽 1—2μm，偶可达 2.5μm，高 1.0—2.5μm，基部稍大，末端多平截，高倍镜下常可见呈微齿状的双型纹饰，有时钝尖或尖锐，纹饰分子颇密，间距常小于 1μm，局部可达 2—4μm，纹饰在接触区内减弱；三射线具窄唇，或开裂，长 >1/2R，近极面可能低凹，三射线末端具微弱弓形脊或外壁隆起包围接触区；纹饰分子绕周边在 100 粒以上；灰棕黄—暗棕黄色。

比较与讨论 此种孢子与 *Bullatisporites* Allen，1965 的模式种 *B. bullatus* Allen（斯匹茨堡根，Emsian）略相似，但后者纹饰以大头棒状突起（末端或具小刺）为主，且较稀。Jansonius（1976）（Card 329）认为 *Bullatisporites* 可能为 *Dibolisporites* 的同义名。本种以其特征性的纹饰和存在接触区而有别于 *Dibolisporites* 和 *Raistrickia* 的各种，*Raistrickia* 的纹饰常较粗大。

产地层位 黑龙江密山，黑台组。

尖顶双饰孢 *Dibolisporites mucronatus* Ouyang and Chen, 1987

（图版 13，图 1—3）

1987a *Dibolisporites mucronatus* Ouyang and Chen，欧阳舒、陈永祥，47 页，图版 8，图 8—14。

1987a *Dibolisporites uncinulus* Ouyang and Chen，欧阳舒、陈永祥，46 页，图版 7，图 9。

描述 赤道轮廓三角形—圆三角形，近极面微凹下，远极面略外凸，大小 37—54μm，全模标本 51μm；三射线清楚，唇窄，宽 1—2μm，高 2—4μm，多少弯曲，长 4/5R 至接近孢子半径长，末端与弓形脊连接；弓形脊清楚，在射线末端略凹入；外壁薄，远极和赤道表面具较稀的瘤、刺双型纹饰，基宽 1.5—4.0μm，高 2—5μm，在同一标本上大小颇均匀，瘤在纹饰总高的 1/2—2/3 处突然收缩变尖成一小刺；纹饰间距 3—8μm，绕赤道轮廓 20—30 枚；接触区表面光滑至鲛点状；黄—棕黄色。

产地层位 江苏句容，五通群擂鼓台组下部。

东方双饰孢 *Dibolisporites orientalis* Ouyang and Chen, 1987

（图版 9，图 19）

1987a *Dibolisporites orientalis* Ouyang and Chen，欧阳舒、陈永祥，46 页，图版 8，图 7。

描述 赤道轮廓近圆形，近极面凹入，远极面凸出，大小 51—75μm，全模标本 75μm；三射线具唇，宽约 3μm，微弯曲，长约 2/3R，末端与弓形脊连接；弓形脊尚清楚，完全，宽 <1μm，在射线末端处凹入；外壁厚 1.5—2.0μm，除接触区外，其余表面具颇稀的瘤、刺双型纹饰，瘤基宽 2.5—4.0μm，间距 2—7μm 不等，高 3—5μm，其顶端［在整个纹饰高（6—8μm）的 1/2—2/3 处］具一尖刺，长 2—3μm，末端尖锐；接触区表面为极细鲛点状纹饰；深棕色。

比较与讨论 本种孢子以其大小、轮廓圆形和特征性纹饰区别于 *Dibolisporites* 及其相关属的各种。

产地层位 江苏句容，五通群擂鼓台组下部。

小刺双饰孢 *Dibolisporites parvispinosus* Gao, 1983

（图版 14，图 26）

1983 *Dibolisporites parvispinosus* Gao，高联达，492 页，图版 108，图 6。

描述 赤道轮廓近圆形—圆三角形，大小 75—90μm；射线长约 2/3R；孢子表面覆以不规则的锥刺和颗粒状两种纹饰，刺基宽 4—6μm，高 8—10μm，基部颗粒不显著；孢壁较厚，棕色（高联达，1983，492 页）。

比较与讨论 此种与 *D. echinaceus*（Eis.）Richardson，1965 的区别在于，前者双型纹饰分布较稀疏、基部不连接，后者个体大（80—142μm）、纹饰较密、具不规则的块瘤且在轮廓线上呈凸刺状。

产地层位 云南禄劝，下泥盆统坡脚组。

茅刺双饰孢 *Dibolisporites spiculatus* Ouyang and Chen, 1987

（图版 13，图 17，18）

1987a *Dibolisporites spiculatus* Ouyang and Chen，欧阳舒、陈永祥，46 页，图版 7，图 1—5。

描述 赤道轮廓三角形—亚圆形，大小（不含纹饰）52—80μm，全模标本 70μm；三射线清楚，常具唇，总宽 2.0—4.5μm，伸达孢子角部附近；外壁厚 2.0—2.5μm，长茅刺状双型纹饰，主要分布在远极面和赤道区。纹饰分子基宽 4.5—10.0μm，偶尔更小（2.5μm），高 7—24μm 不等，一般在 12μm 以上，自基部向上强烈收缩，至 1/2—2/3 高度处再膨大，然后急剧收缩变尖，末端尖锐不分叉，基部间距在远极面多为 5—10μm，在赤道部位较密，相邻甚至互相接触；长刺之间外壁和近极面具稀密不等的颗粒或细锥刺纹饰，直径 1.0—1.5μm，高 1—2μm，有时因纹饰致密而略呈负网状；棕—深棕色。

比较与讨论 当前标本与苏格兰或爱尔兰杜内阶的 *Raistrickia corynodes* Sullivan, 1968 的标本略微相似，但后者的长棒刺纹饰较多而密，且其末端形状多变，有些近平截、膨大或呈锯齿状，显然是不同的。

产地层位 江苏句容，五通群擂鼓台组下部。

鳍刺双饰孢 *Dibolisporites upensis*（Jushko in Kedo）Ouyang and Chen, 1987

（图版 13，图 4—6）

1963 *Archaeozonotriletes upensis* Jushko, Kedo, p. 72, pl. 7, figs. 168, 169.

1987a *Dibolisporites upensis*，欧阳舒、陈永祥，45 页，图版 7，图 10—12。

描述 赤道轮廓亚三角形—亚圆形，大小(不含刺)44—56μm；三射线一般清楚，具唇，宽1.0—2.5μm，直或微曲，伸达外壁内沿；外壁厚2—3μm，远极面和赤道部位具中等密度的锥形瘤刺纹饰，瘤基宽2.5—6.0μm，大多为4—5μm，高3—6μm，向上急剧变钝尖，使刺的轮廓略呈三角形，末端常具一小顶刺，高1—2μm，纹饰间距2—7μm；赤道部位纹饰常较密，瘤基部相邻或相连而构成类环状构造，以致外壁厚可达3—5μm；近极面鲛点状；棕黄—深棕色。

比较与讨论 当前种与白俄罗斯普里皮亚季(Pripyat)盆地杜内阶 *Archaeozonotriletes upensis* Jushko[in Kedo (1963)]的大小、形态基本一致，原描述中未提及刺状纹饰具顶刺，但从Kedo的绘图看，顶刺在部分锥刺上是存在的。

产地层位 江苏句容，五通群擂鼓台组下部。

维特双饰孢 *Dibolisporites wetteldofensis* Lanninger, 1968

(图版6，图6，7)

1968 *Dibolisporites wetteldofensis* Lanninger, p. 127, pl. 22, fig. 17.

1975 *Dibolisporites wetteldofensis*，高联达、侯静鹏，127页，图版Ⅱ，图30。

描述 孢子赤道轮廓圆角三角形，三边略向外凸出，大小46—70μm；三射线简单，约为1/2R，射线具唇，宽2—4μm，深褐色，向三角顶端逐渐消失；孢子近极面表面底层具点状或细粒状纹饰，上层具刺状纹饰，远极面增大变为不规则的刺瘤纹饰，沿孢子轮廓边缘具刺瘤突起，基部宽2—4μm，高约5μm。

比较与讨论 当前描述的孢子与Naumova(1953)描述的 *Acanthotriletes serratus* (1953, pl. Ⅰ, figs. 19, 20)的主要区别在于当前标本具双型纹饰。

产地层位 贵州独山，丹林组上段。

双饰孢(未定种) *Dibolisporites* sp.

(图版7，图3)

1997b *Dibolisporites* sp.，卢礼昌，图版4，图9。

描述 孢子大小约40μm；纹饰小锥瘤，顶端小刺；锥瘤基宽常在2.4—6.0μm之间，高略小于至略大于宽，顶端小刺长约0.5μm(或不足)，分布致密，基部接触或间距甚窄；赤道边缘突起约22枚；色深。

产地层位 新疆准噶尔盆地，呼吉尔斯特组。

二型棒刺孢属 *Umbonatisporites* Hibbert and Lacey, 1969

模式种 *Umbonatisporites variabilis* Hibbert and Lacey, 1969；英国英格兰，下石炭统。

属征 辐射对称三缝小孢子或同孢子，无腔，轮廓圆形—亚圆形，或少数为亚三角形；射线直，常不清楚，长1/6—2/3R；外壁纹饰明显，主要为复合成分(双型)，其总长一般超过基宽；较长的下部边多少平行(即棒状)，或有变化地膨大、收缩或直径逐渐变小(锥状)或有明显的膨大(头棒状)；相对短的上部(顶部)由一至多个小刺或锥刺组成，它们规则地从基部向顶部变尖，或显示明显的基部变宽，互相近乎相邻；在某同一标本上纹饰组成相似或多变(包括下部形态、顶部刺/锥刺的数目)；双型成分之间可有小的简单突起，如锥刺、长刺、棒、头棒或颗粒；在接触区纹饰缺乏或强烈减弱；模式种大小95—135μm。

比较与讨论 本属以复杂的特征性的二型纹饰、其间还有其他纹饰和接触区纹饰减弱或缺失而与其他具双型纹饰的属区别。

注释 本属建立后，Clayton(1971)曾修订了属征，Playford (1972) 在复述后者的属征时，加了最重要的一句，即"接触区纹饰缺失或强烈减弱"，所以他不仅是复述，还客观上再次修订了此属属征。上述属征主要依据Playford (1972)。

梅达二型棒刺孢 *Umbonatisporites medaensis* Playford, 1972

（图版 105,图 12）

1972 *Umbonatisporites medaensis* Playford, p. 307, figs. 14—22, 23A.

1976 *Umbonatisporites medaensis* Playford, Kaiser, p. 115, pl. 8, fig. 6.

描述 赤道轮廓圆形,少数为亚三角形,大小 40—69μm;射线直,常不清楚,长 1/6—2/3R;外壁纹饰明显,主要为复合成分(双型),其总长一般超过基宽;较长的下部边多少平行(即棒状)或有变化地膨大、收缩或直径逐渐变小(锥状)或有明显的膨大(头棒状),和相对短的上部(顶部)由一至多个小刺或锥刺组成,它们规则地从基部向顶部变尖,或显示明显的基部变宽,互相近乎相邻;在某同一标本上纹饰组成相似或多变(包括下部形态、顶部刺/锥刺的数目);双型成分之间可有小的简单突起,如锥刺、长刺、棒、头棒或颗粒;在接触区纹饰缺乏或强烈减弱,赤道轮廓圆形。

产地层位 山西保德,山西组。

莓饰孢属 *Acinosporites* Richardson, 1965

模式种 *Acinosporites acanthomammillatus* Richardson, 1965;英国英格兰,中泥盆统(Givetian)。

属征 辐射对称三缝孢子,赤道轮廓近圆形—近三角形,纹饰由一系列蠕虫状的且互相连接的脊所组成,脊背上具块瘤,块瘤上又具刺状突起或锥刺。

注释 属征将纹饰分为"三级":脊、脊上的瘤和瘤上的长刺。但观察表明,按这种区分去描述是困难的,因为这种"脊"常常是难以观察到的,因此,本书描述时系采用"蠕瘤",而代替属征中的"脊"和"瘤"。

Acinosporites 是泥盆纪的一个形态属,其特征与多见于石炭系的 *Convolutispora* 颇为相似,归入这两属的分子几乎都具类似的蠕瘤状的脊。前一属分子的纹饰为复式纹饰(脊背上长有次一级的小刺或锥刺);而后一属的分子,则仅限于单型纹饰。

分布时代 英国、中国等,主要为中泥盆世。

疣刺莓饰孢 *Acinosporites acanthomammillatus* Richardson, 1965

（图版 7,图 6;图版 15,图 6—8）

1965 *Acinosporites acanthomammillatus* Richardson, p. 577, pl. 91, figs. 1, 2.

1981 *Acinosporites acanthomammillatus*,卢礼昌,102 页,图版 3,图 7,8。

1983 *Acinosporites acanthomammillatus*,高联达,194 页,图版 2,图 4。

1983 *Acinosporites acanthomammillatus*,高联达,490 页,图版 108,图 13。

1987 *Acinosporites acanthomammillatus*,高联达,396 页,图版 173,图 27。

1988 *Acinosporites acanthomammillatus*,卢礼昌,145 页,图版 7,图 12,13。

1991 *Acinosporites acanthomammillatus*,徐仁等,图版 1,图 8;图版 2,图 9。

描述 赤道轮廓近三角形—近圆形,子午轮廓,近极面锥角形,远极面半圆球形,大小 50—89μm(略小于或大于极轴长);三射线可见至清楚,伸达赤道,唇发育,粗壮,不规则波状,表面光滑,自末端向顶端逐渐隆起,顶部钝凸,突起高 31—56μm;纹饰限于近极—赤道部位与整个远极面,纹饰分子以蠕瘤状突起为主,弯曲,致密,彼此交错或连接,基部宽 4.5—6.8μm,突起高 2.5—4.5μm(赤道边缘稍高),顶部圆凸或钝圆,其上长有次一级的小刺(常脱落不见),小刺基宽约 1μm,长约 2μm;蠕瘤在赤道区尤其在射线末端前常较粗壮与密集;近极外壁较薄,表面无明显突起纹饰或常被一膜状物(?)覆盖,远极外壁厚凸,但因致密纹饰覆盖而不可量;浅棕黄—黄棕色。

比较与讨论 当前标本与首次见于英国苏格兰老红砂岩的 *A. acanthomammillatus* 在形态特征与纹饰组成方面,彼此接近一致,仅后者的个体较大(85—141μm)且次一级纹饰较长(1.5—5.0μm)而略不同。

产地层位 湖南新化,邵东组(上部);四川渡口,上泥盆统;贵州独山,舒家坪组;云南禄劝,坡脚组;云南沾益,海口组;西藏聂拉木,波曲组;甘肃迭部,鲁热组。

齿形莓饰孢 *Acinosporites dentatus* Gao and Ye, 1987

(图版7,图1, 19)

1987 *Acinosporites dentatus* Gao and Ye,高联达、叶晓荣,396页,图版174,图1,3。

描述 赤道轮廓三角形或圆三角形,大小38—45μm,平均41.5μm;三射线简单,细,直伸至三角顶部;孢壁厚,褐色,表面覆以不规则的刺状纹饰,刺的基部有时彼此连接,上部呈齿状,顶端尖,常弯曲;单个刺基部直径1.5—3.0μm,高1—2μm。

产地层位 甘肃迭部,当多组。

刚毛莓饰孢 *Acinosporites hirsutus* (Brideaux and Radforth) McGregor and Camfield, 1982

(图版7,图11)

1965 *Acinosporites* sp. A, Richardson, p. 579, pl. 91, fig. 9.

1970 *Corystisporites hirsutus* Brideaux and Radforth, p. 39 (part).

1982 *Acinosporites hirsutus* (Brideaus and Radforth) McGregor and Camfield, p. 11, pl. 1, figs. 7, 8, 12, 13.

1987 *Acinosporites hirsutus*,高联达、叶晓荣,397页,图版174,图1。

描述 孢子赤道轮廓亚三角形,描述标本大小52μm;三射线长约2/3R;孢壁表面具锥刺或刺瘤纹饰,刺基部直径5—6μm,基刺高2.5μm,顶部具毛刺,毛刺高约2.5μm,毛刺有时弯曲成钩状(据高联达等,1987,略有修订)。

产地层位 甘肃迭部当多沟,擦阔合组。

林德莓饰孢林德变种

***Acinosporites lindlarensis* Riegel var. *lindlarensis* McGregor and Camfield, 1976**

(图版7,图8)

1968 *Acinosporites lindlarensis* Riegel, p. 89, pl. 19, figs. 11—16.

1976 *Acinosporites lindlarensis* Riegel var. *lindlarensis* McGregor and Camfield, p. 6, pl. 5, figs. 2, 3.

1987 *Acinosporites lindlarensis* var. *lindlarensis*,高联达、侯静鹏,394页,图版174,图7。

描述 赤道轮廓亚圆形或亚三角形,三边向外凸出;描述标本大小48μm;三射线细,直,长约4/5R,两侧具窄的唇状加厚;孢壁薄,黄褐色,表面覆以刺状纹饰;纹饰分布均匀,基部圆形或块状,宽2μm左右,高1.5—2.0μm,顶部变尖,末端尖刺状,有时弯曲。

注释 McGregor和Camfield (1976)首次描述该变种的标本,除个体较大(57—107μm)、纹饰较粗(基宽1.5—5.0μm,高1—4μm)外,其他特征均与当前标本相似。

产地层位 甘肃迭部,当多组。

大刺莓饰孢? *Acinosporites*? *macrospinosus* Richardson, 1965

(图版15,图2)

1965 *Acinosporites macrospinosus* Richardson, p. 578, pl. 91, figs. 3—6.

1983 *Acinosporites*? *macrospinosus*,高联达,194页,图版2,图17。

描述 赤道轮廓圆三角形,大小50—70μm;三射线细,直,长4/5R,三射线偶见开裂;孢壁厚,黄褐色,表面覆以不规则的剑刺状纹饰,刺排列不规则,有时彼此交叉,刺顶端呈弯曲的锥状,基部常连接,刺高5—6μm,宽3—4μm(高联达,1983)。

注释 *A. macrospinosus* 的外壁覆以相互交织的脊,脊上具刺,刺长10—50μm,基部坚实,常膨胀或呈球茎状,顶端尖(Richardson, 1965, p. 579)。西藏标本的纹饰似乎不具此特征,故种的鉴定应作保留。

产地层位 西藏聂拉木,波曲组。

塔形莓饰孢 *Acinosporites pyramidatus* Lu, 1981

(图版7,图15—18)

1981 *Acinosporites pyramidatus* Lu,卢礼昌,102页,图版3,图9—11。

1987 *Lagenicula verracosa* Gao and Ye,高联达等,425页,图版184,图9。

1988 *Acinosporites pyramidatus*,卢礼昌,146页,图版7,图15,17—19。

描述 赤道轮廓近圆形,子午轮廓近极面高金字塔形—拱圆形,远极面半圆球形,大小112—141μm,全模标本130μm,副模标本141μm,极轴长98—127μm;三射线常因唇掩盖而不清楚,长为R,唇发育,膜状,具细颗粒状结构,表面近光滑,自赤道边缘随射线向顶部强烈隆起,高81—90μm,极压标本,三射线呈扭曲的褶皱状;近极表面无明显纹饰,几乎全为唇所占据,远极外壁覆以蠕瘤状纹饰;纹饰分子相当粗壮、弯曲、拥挤,彼此连接或相互交错,基部宽5.6—11.2μm,高4.5—9.0μm,表面近光滑,顶部宽圆,其上(或其间)具小刺,小刺稀少、弯曲,基宽1.5—2.0μm,高3.0—4.5μm;大多数标本具一中孢体,与孢子赤道轮廓基本一致,大小约为孢子直径的3/4,甚薄,常因外壁纹饰遮盖而不太清楚;赤道边缘呈不规则波状;浅棕—棕色。

比较与讨论 前述*A. acanthomammillatus*,唇不很发育且未见中孢体;苏格兰老红砂岩(Upper Eifelian和Givetian)的*A. macrospinosus* Richardson, 1965三射线明显,小刺较长(10—50μm)。

注释 甘肃迭部下、中泥盆统当多组的*Lagenicula verrucosa* Gao and Ye(高联达等,1987)的标本可能为*Acinosporites pyramidatus*的同物异名,因为彼此的形态特征与大小幅度均十分相似。

产地层位 四川渡口,上泥盆统下部;云南沾益史家坡,海口组;甘肃迭部,当多组。

新颖莓饰孢 *Acinosporites recens* Gao and Ye, 1987

(图版7,图4, 5)

1987 *Acinosporites recens* Gao and Ye,高联达、叶晓荣,397页,图版174,图5,6,24。

描述 赤道轮廓三角形或亚圆形,大小34—45μm,平均39.5μm;三射线长约4/5R或更长;孢壁厚,淡褐色,近极面覆以细颗粒状纹饰,远极及赤道区具刺瘤,刺瘤基部圆形或不规则状,直径2—5μm,顶部收缩成棘刺状,前端呈钩形;刺瘤高2—4μm,其中顶刺高0.5—1.0μm,少数刺顶部分叉,形状不规则(高联达、叶晓荣,1987)。

注释 在此将"刺瘤"理解为瘤上具次一级小刺或刺基部膨胀呈球茎状。

产地层位 甘肃迭部,下、中泥盆统当多组。

舒家坪莓饰孢? *Acinosporites*? *shujiapingensis* Gao and Hou, 1975

(图版7,图2, 7)

1975 *Acinosporites*? *shujiapingensis* Gao and Hou,高联达、侯静鹏,212页,图版8,图13,14。

描述 孢子赤道轮廓圆三角形,大小60—80μm;外壁表面覆以双型纹饰,由不规则的脊条彼此连接形成网,偶有脊条彼此不连接,网孔直径8—15μm,网脊2μm,凸起于孢子边缘,前端变尖,并有的变弯曲,网孔内有不规则的颗粒,三射线长2/3R(高联达等,1975)。

注释 上述描述及其照片显示,这些标本似乎不属于*Acinosporites*属,而更接近*Dictyotriletes*的特征。

产地层位 贵州独山,丹林组上段。

钩刺孢属 *Ibrahimispores* Artüz, 1957

模式种 *Ibrahimispores microhorridus* Artüz;土耳其(宗古尔达克煤盆地),上石炭统(Namurian中部)。

属征 三缝小型孢子或大孢子,轮廓圆形—宽卵圆形或圆三角形;三射线很少清楚,射线长>1/2R;整个外壁表面具不密的蔷薇刺状纹饰,多少弯曲且尖指,其长远大于宽,分布不规则,其余表面点穴状;模式种大小92—110μm,刺长8—10μm,基宽2—3μm,绕周边30—35枚。

注释 本属最初为单型属,其后Artüz (1971)在此属内收入8种,并修订了属征,强调纹饰的多样性(实刺或中空,刺光平或分节,末端增厚或锥形或尖指甚至二分叉)。

比较与讨论 Artüz (1971)修订本属后,与1957年的属征差别颇大,如新提及的刺有时"中空"、"分节":如以新定义为准,则除Artüz (1971)归入该属的8种外,其他作者的鉴定似乎都应作保留。Jansonius和Hills (1976, Card 1294)怀疑此属有可能为*Grandispora*的晚出同义名。

分布时代 土耳其、英国,石炭纪;中国甘肃靖远,石炭纪。

短刺钩刺孢 *Ibrahimspores* cf. *brevispinosus* Neves, 1961

(图版105,图19, 20)

1961 *Ibrahimspores brevispinosus* Neves, p. 254, pl. 31, fig. 2.

1993 *Ibrahimspores* cf. *brevispinosus* Neves,朱怀诚,253页,图版63,图9,14。

描述 赤道轮廓近圆形,大小80.0(81.3)84.0μm(测3粒);三射线简单,细直,长3/4R,常不明显;外壁厚2.5—4.0μm,表面覆以矛刺,基部近圆形,基径1—8μm,长(或高)1—8μm,近末端刺尖化较快,末端尖,少圆钝,刺多弯曲,近极面纹饰减弱,刺间外壁点状—光滑,偶见有褶皱。

比较与讨论 据Neves,本种大小70—100μm,全模80μm,赤道轮廓圆三角形;外壁饰以粗大、中空且尖指的刺,刺的末端加厚,靖远标本似非中空,故定为比较种。

产地层位 甘肃靖远,羊虎沟组。

大刺钩刺孢 *Ibrahimispores magnificus* Neves, 1961

(图版105,图21, 27)

1961 *Ibrahimispores magnificus* Neves, p. 255, pl. 31, fig. 3.

1993 *Ibrahimspores magnificus* Neves,朱怀诚,253页,图版63, 图10a,b,20。

描述 赤道轮廓圆三角形、圆形;大小64.0(73.5)84.0μm(测3粒);三射线简单,细直,长2/3—3/4R;外壁厚2—4μm,表面饰以矛刺,向近极面逐渐减弱,刺可分为两类:一类刺较粗,基径10—15μm,高(或长)10—20μm,向末端收缩,尖化速率一致,有时末端呈斜切状;另一类为棒状刺,基部收缩或不收缩,基径2.5—3.5μm,长6—10μm,末端锥刺状,有时可见兼具两种类型的复合刺,刺直或弯曲;刺间外壁点状—光滑。

比较与讨论 据Neves(1961),此种大小75—90μm,全模81μm,特征与*I. brevispinosus*相似,但刺更粗且较长,基宽3—8μm,长15—20μm,有时末端二分叉。

产地层位 甘肃靖远,红土洼组。

叉瘤孢属 *Raistrickia* (Schopf, Wilson and Bentall) Potonié and Kremp, 1954

模式种 *Raistrickia grovensis* Schopf, 1944;美国伊利诺伊州,石炭系。

属征 三缝同孢子和小孢子,赤道轮廓略三角形—圆形;三射线长短不一;外壁常覆以棒瘤,即多少呈圆柱形的纹饰,部分或为刚毛(setae)状纹饰,棒瘤之间有时夹以锥瘤,棒瘤基部不大或略大于其余部分,有时亦可大于或小于其上端的2倍;末端一般截形,亦有微尖、微圆、微凹或微齿状分裂者,个别种棒瘤上端分叉。

比较与讨论 具锥刺(瘤)或刺状纹饰的分子被归入*Apiculatisporis*等属;参见*Neoraistrickia*属下比较。

轮辐叉瘤孢 *Raistrickia acoincta* Playford and Helby, 1967

(图版17,图3)

1967 *Raistrickia acoincta* Playford and Helby, p. 109, pl. 9, figs. 13, 14.

1999 *Raistrickia acoincta*,卢礼昌,48页,图版4,图16。

描述 孢子赤道轮廓近圆形,大小43.7—51.5μm;三射线常不清楚;纹饰主要呈不规则鼓锤状或锤棒状(clavate),即使在同一标本上,其形状、大小与疏密等均变化不定;赤道与远极面纹饰较粗大、较密集,一般基部宽1.2—5.0μm,顶部微膨大,宽1.7—6.2μm,长3.0—6.2μm,赤道轮廓线上突起19—27枚;近极面尤以三射线区纹饰较弱小、稀疏;外壁厚1.5—2.0μm;棕—深棕色。

比较与讨论 本种在大小与纹饰变化方面与 *R. pinguis* Playford, 1971 相似,但前者纹饰主要为锤棒状,而不是一般的棒状。

产地层位 新疆和布克赛尔,黑山头组6层。

钝尖叉瘤孢 *Raistrickia aculeata* Kosanke, 1950

(图版105,图4)

1950 *Raistrickia aculeata* Kosanke, p. 46, pl. 10, fig. 9.

1989 *Raistrickia aculeata*, Zhu H. C., pl. 2, fig. 30.

描述 据 Kosanke(1950),赤道轮廓近圆形,大小62—74μm(不包括纹饰),全模69.3μm;三射线纹饰不清楚,长在1/2—2/3R之间,唇不发育;外壁厚2.0—2.5μm,刺长而密,长7.3—10.5μm,宽2.0—2.7μm;常有小褶皱。

比较与讨论 靖远标本个体稍小(近50μm),外壁似乎稍薄,其纹饰特征则颇相似。参见 *R.* cf. *aculeolata* 种下。

产地层位 甘肃靖远,靖远组。

棒刺叉瘤孢(比较种) *Raistrickia* cf. *aculeata* Kosanke, 1950

(图版105,图5)

1950 *Raistrickia aculeata* Kosanke, p. 46, pl. 10, fig. 9.

1967 *Raistrickia aculeata* Kosanke, in Smith and Butterworth, p. 180, pl. 8, figs. 15, 16.

1970 *Raistrickia* cf. *aculeata* Kosanke, Peppers, p. 102, pl. 7, fig. 1.

1995 *Raistrickia aculeata* Kosanke,吴建庄,340页,图版51,图13。

描述 据 Kosanke (1950),赤道轮廓圆形,大小62—74μm,全模69.3μm(不包括纹饰);三射线因纹饰干扰常不清楚,长1/2—2/3R;外壁厚2.0—2.5μm,常具小褶皱,表面具许多长且较密的钝棒刺,不或微变尖,宽2.0—2.7μm,长7.3—10.5μm。

比较与讨论 吴建庄(1995)鉴定的这个种(未给描述),仅从照片看,与原作者的描述相比差别很明显,如棒刺短、有些突起末端急剧变尖,这里勉强作为比较种处理。如按 Peppers (1970, p. 102, pl. 7, fig. 1, 2),*R. aculeata* 以棒刺相对较窄细、有时末端急剧变尖而与 *R. aculeolata* 相区别,不过,他也将前者鉴定为比较种。

产地层位 河南柘城,上石盒子组。

略尖叉瘤孢(比较种) *Raistrickia* cf. *aculeolata* Wilson and Kosanke, 1944

(图版106,图23, 25)

1944 *Raistrickia aculeolata* Wilson and Kosanke, p. 332, fig. 5.

1970 *Raistrickia aculeolata* Wilson and Kosanke, p. 102, pl. 7, fig. 2.

1978 *Raistrickia* cf. *aculeolata* Wilson and Kosanke,谌建国,403页,图版118,图16。

1987a *Raistrickia aculeolata*,廖克光,557页,图版135,图26。

描述 赤道轮廓亚圆形—圆三角形,大小61—68μm;三射线细直,长约2/3μm;外壁不很厚,表面具棒瘤—棒刺纹饰,长2—16μm或6—7μm,基宽2—10μm或2—3μm,顶部平截或浑圆或微膨大。

比较与讨论 当前标本个体较 *R. aculeolata* 小,纹饰较稀或细,故定为比较种。

注释 Wilson 和 Kosanke (1944) 描述此种时标明为 *R. aculeolata*,但在图下又标为 *R. aculeata*,Kosanke 后给《Catalog of Fossil Spores and Pollen》(Pennsylvania State Univevsity)提供了与原图同一标本的全模,亦名为 *R. aculeata*;Kosanke(1950)又建一种 *R. aculeata*,其全模与 *R. aculeolata* 不是同一标本,且其纹饰特征不

同，当为不同种，前者为 *R. aculeolata* Wilson and Kosanke，后者为 *R. aculeata* Kosanke。

产地层位　山西宁武，山西组；湖南浏阳，龙潭组。

坚实叉瘤孢　*Raistrickia atrata* (Naumova) Gao, 1988

（图版 17，图 21）

1953 *Lophotriletes atratus* Naumova, p. 123, pl. 18, fig. 17.

1988 *Raistrickia atrata* (Naumova) Gao，高联达，210 页，图版 2，图 17。

描述　赤道轮廓近圆形，大小 32.6μm；三射线清楚，简单，直，长约 3/5R；外壁覆以短棒瘤状纹饰，三射线区纹饰相对较稀少；纹饰分子基宽 1.0—1.5μm，高 1.0—2.5μm，顶部钝凸或钝圆，间距一般为基宽的 1—3 倍，或大于基宽的 3 倍，或彼此局部接触；棒瘤之间常夹杂着次一级的小突起；外壁表面光滑，孢子轮廓线呈不规则钝齿状（上述数据，均据原照片测量）。

比较与讨论　描述标本的面貌、纹饰形态及其分布等特征，与其说像 *Lophotriletes atratus* Naumova, 1953（赤道纹饰突起多于 30 枚，顶部近似平截），还不如说更接近于 *L. communis* Naumova, 1953（仅 10 枚左右，顶部钝凸或钝圆）。

产地层位　西藏聂拉木，章东组。

棒叉瘤孢　*Raistrickia bacula* Zhou, 1980

（图版 105，图 25；图版 106，图 38）

1980 *Raistrickia bacula* Zhou，周和仪，26 页，图版 8，图 24。

1987 *Raistrickia bacula* Zhou，周和仪，9 页，图版 1，图 39，43。

描述　赤道轮廓圆形，大小 37—52μm，全模 52μm（图版 106，图 38）；三射线简单，长约 2/3R；外壁厚 1.5μm，表面具棒瘤状纹饰，宽 1—3μm，长 1—8μm，末端收缩或膨大，棒瘤之间偶尔间以锥瘤—锥刺；黄色。

比较与讨论　本种与 *R. solaria* Wilson and Hoffmeister, 1956 (p. 22, pl. 1, figs. 18, 19) 略可比较，但后者个体较大（51.0—63.5μm），尤其是棒瘤较宽（2—6μm）且较长（7—12μm）。

产地层位　山东沾化，石盒子群。

棒状叉瘤孢　*Raistrickia baculata* Gao, 1983

（图版 17，图 20）

1983 *Raistrickia baculata* Gao，高联达，495 页，图版 109，图 5。

1983 *Raistrickia ressulata* Gao，高联达，495 页，图版 109，图 4。

描述　赤道轮廓不规则近圆形，大小 70—100μm；三射线不完全清楚或仅可辨别，简单，伸达外壁内沿附近；外壁厚实，近极面尤其三射线区外壁较薄（较亮，常不可量），近极—赤道部位外壁略厚，为 4—6μm，赤道—远极外壁更厚，可达 8μm，具内颗粒结构，表面（纹饰之间）光滑至粗糙；外壁表面覆以相当明显的棒瘤状突起，突起在三射线区相对较小、较稀，且基部轮廓多呈近圆形或不规则形，高 3.0—6.5μm，宽 4.5—12.0μm，间距 1.5—9.0μm；一般为 2—5μm；顶部较（基部）窄或略膨大（呈“大头”状），顶端近平截或钝凸，其上小刺或小分叉不明显，突然在近极—赤道与远极区较粗大致密，甚者拥挤（局部）；基宽常在 8.0—12.5μm 之间，更多的是基部相互连续，甚至融合呈“土块”状（高 5.0—8.5μm），顶部多为平截且两侧略拉长呈分叉状或具 1—2 枚至多枚小刺（长 2—3μm 或稍长）；棕—深棕色。

比较与讨论　当前标本与 Naumova (1953) 描述的 *Lophozonotriletes lebidianensis* 有些近似，但后者突起顶部钝圆、光滑无任何分叉或小刺。*Raistrickia ressulata* 与 *R. baculata* 特征基本一致，且产自同产地、同层位，将它们分别描述，还不如归于同一种名下（参见 *Acanthotriletes baculatus* Neves 种下）。

产地层位　云南禄劝，坡脚组。

锤形叉瘤孢 *Raistrickia clavata* (Hacquebard) Playford, 1964

(图版17,图13;图版105,图6)

1957 *Raistrickia clavata* Hacquebard, p. 310, pl. 1, fig. 25.

1964 *Raistrickia clavata* (Hacquebard) Playford, p. 24, pl. 6, figs. 5—10.

1988 *Raistrickia clavata* (Hacquebard) Playford,高联达,图版2,图16。

1989 *Raistrickia* cf. *clavata* (Hacquebard) Playford, Ouyang and Chen, pl. 4, fig. 5.

1996 *Raistrickia clavata*,王怿,图版2,图25。

1999 *Raistrickia clavata*,卢礼昌,49页,图版10,图13。

1999 *Raistrickia clavata*,朱怀诚,69页,图版2,图10。

2000 *Raistrickia clavata*,詹家祯,见高瑞祺等,图版1,图6。

描述 赤道轮廓圆形—亚三角形,角部钝圆,三边外凸,大小30—67μm;三射线简单,窄细,常因纹饰遮盖而不清楚,长2/3—3/4R;孢子表面被稀疏的短棒状纹饰覆盖,棒状纹饰的基部直径2—8μm,顶部直径3—4μm,高2.5—10.0μm,赤道轮廓可见7—15枚棒瘤纹饰;外壁厚1—3μm。

比较与讨论 本种全模62μm,圆三角形,具大头棒状纹饰,基宽3—4μm,末端6—7μm,高7.0—8.5μm,我国石炭纪地层中记录的标本中,以臭牛沟组者最为接近。

产地层位 江苏句容,擂鼓台组上部;甘肃靖远,臭牛沟组;新疆和布克赛尔,黑山头组5层;新疆塔里木盆地莎车,奇自拉夫组;新疆北部,车排子组。

短节叉瘤孢 *Raistrickia condycosa* Higgs, 1975

(图版16,图16,17;图版106,图24)

1975 *Raistrickia condycosa* Higgs, p. 396, pl. 2, fig. 4.

1985 *Raistrickla condycosa* Higgs,高联达,56页,图版3,图24。

1999 *Raistrickia condylosa*,卢礼昌,49页,图版5,图12,13。

描述 赤道轮廓三角形,三边微凸出或凹入,三角为圆角,大小60—80μm;三射线偶被纹饰覆盖,不常见,见时长3/4—1R,有时裂开;近极面无明显突起纹饰,远极和赤道区具节棒状纹饰;纹饰分子自基部至顶部常具2—4个节状隆起,基宽1.5—4.0μm,长5—10μm,顶部近圆凸,末端常呈鳞茎状(bulbous),弯曲、易断,宽约1μm,长2—3μm;基部罕见接触,间距一般为3—4μm;赤道外壁厚2μm左右,表面颗粒状;浅棕—深棕色。

产地层位 贵州睦化,打屋坝组底部;新疆和布克赛尔,黑山头组4层。

曲棒叉瘤孢 *Raistrickia corynoges* Sullivan, 1968

(图版16,图14,15)

1968 *Raistrickia corynoges* Sullivan, p. 119, pl. 25, figs. 6—8.

1999 *Raistrickia corynoges*,卢礼昌,49页,图版5,图14,15。

描述 仅见1粒,大小78μm;细棒状突起纹饰,于近极面较弱、远极面较稀,赤道区较密;纹饰分子基部球茎状,宽2.3—6.2μm,往上逐渐变窄,至顶端尖并延伸呈鹰嘴状(长2.3—4.0μm),棒杆一般宽1.3—2.0μm,长约6μm;外壁厚约2μm。

产地层位 新疆和布克赛尔,黑山头组4层。

齿瘤叉瘤孢 *Raistrickia crassidens* Zhu, 1993

(图版106,图27,28)

1993 *Raistrickia crassidens* Zhu,朱怀诚,255页,图版62,图32,33a,b。

描述 赤道轮廓卵圆形—圆形,有时由于表面纹饰掩盖而不明显;外壁厚5—7μm(不含纹饰),表面覆盖低矮粗壮的瘤,基部多数膨大,基径1—10μm,多为5—7μm,长1—8μm,近基部收缩快,近末端渐趋缓慢,顶端多截钝,浅齿裂,呈肥厚齿状,基部多分离,偶相连,近极面纹饰较柔弱。

比较与讨论 本种以其外壁较厚、瘤基部较宽大为特征而区别于属内其他种。

产地层位 甘肃靖远,红土洼组—羊虎沟组中段。

厚壁叉瘤孢 *Raistrickia crassa* Lu, 1988

(图版 17,图 16, 17)

1988 *Raistrickia crassa* Lu,卢礼昌,141 页,图版 14,图 8;图版 21,图 4,8。

描述 赤道轮廓圆形或近圆形,侧面观近极面低锥角形,远极面半圆球形,极轴长略小于大小,大小 76.4—98.7μm,全模标本 76.4μm;三射线简单,柔弱,不等长或不清楚,总是小于孢子半径长;除三射线区外,外壁覆以棒瘤状纹饰,分布致密、拥挤,不规则,棒瘤低矮,形状较规则,粗细较均匀,大小略不同,一般基宽常略大于高,宽 4.5—7.0μm,高 4—6μm,表面光滑,顶端平截、微凸,偶见小刺,赤道边缘突起 38—54 枚;外壁厚实,并常具不规则的加厚,一般厚 5.2—7.0μm,甚者呈似栎状结构,最大厚度可达或超过 15μm,三射线区纹饰显著减弱或光滑无饰;浅棕—深棕色。

比较与讨论 本种以其外壁厚实、不规则加厚明显和棒瘤低矮等为主要特征与下列各种不同:*R. incompleta* 的棒瘤较高(6.7—7.8μm)并常略大于基宽(4.5—6.7μm),外壁厚度较均一,但较薄(3—5.6μm);*R. major* 孢体较大(105—140μm),外壁较薄(4μm),棒瘤相对较长(为宽的 2 倍),且末端参差不齐(撕裂状)。

产地层位 四川渡口,上泥盆统下部;云南沾益史家坡,海口组。

毛发叉瘤孢 *Raistrickia crinita* Kosanke, 1950

(图版 106,图 22)

1950 *Raistrickia crinita* Kosanke, p. 46, 47, pl. 11, fig. 7.

1984 *Raistrickia crinita* Kosanke,高联达,335 页,图版 135,图 3。

描述 赤道轮廓圆三角形,大小 60—70μm;三射线很长,长约 3/4R,射线两侧无条带加厚;孢壁厚,黄褐色,表面覆以较密的棒刺和棒瘤纹饰,棒刺长 7—10μm,基部宽 4—5μm,前端尖,呈棒瘤状时前端微凸。

产地层位 内蒙古清水河,太原组。

条带叉瘤孢(比较种) *Raistrickia* cf. *crocea* Kosanke, 1950

(图版 105,图 32)

1950 *Raistrickia crocea* Kosanke, p. 47, pl. 11, fig. 6.

1986 *Raistrickia crocea* Kosanke, 杜宝安,图版Ⅱ,图 10。

描述 据 Kosanke (1950),赤道轮廓圆形,大小 63—77μm;射线不很清楚,长 >1/2R,或具窄唇;外壁厚约 2μm,表面具丝(条)带状棒瘤,宽 7.3—9.4μm,长 11.5—15.7μm,平压或偶扭曲,每一突起顶端具微锯齿状分裂,呈细刺状,多可达 6 枚,长 >1μm,宽 <0.5μm;黄色。

比较与讨论 当前标本纹饰较 Kosanke 描述的 *R. crocea* 更粗壮坚实,且有些棒饰向末端渐变细甚至变尖,从照片上难以辨别顶部是否有小分裂,所以定为比较种,有可能为一新种。

产地层位 甘肃平凉,山西组。

不等叉瘤孢(比较种) *Raistrickia* cf. *dispar* Peppers, 1970

(图版 105,图 7)

1970 *Raistrickia dispar* Peppers, p. 105, pl. 8, figs. 1, 2.

1995 *Raistrickia dispar* Peppers,吴建庄,340 页,图版 51,图 12。

描述 据 Peppers (1970),轮廓圆三角形—卵圆形,大小 47.8(54.6)61.8μm;三射线因纹饰常不清楚,长 2/3—3/4R,具窄唇,宽约 2μm;外壁厚 1—2μm,常有小褶皱,表面具中等密度的形状、大小不一的突起,向上变尖或边平行,末端平截,刚刺(setae)基宽和高近相等,具窄而尖指的刺,块瘤和锥刺 (coni) 常存在,锥刺基宽可大于其高,刚刺或锥刺末端偶尔具1—2枚小刺,长≤1μm;突起基宽2—6μm,长平均4μm,最长可达7μm,绕周边20—30枚。

比较与讨论 当前标本,吴建庄(1995)未给描述,照片亦欠清楚,与最初从美国上石炭统发现的这个种相比,虽大小、形态和纹饰密度等特征上有些相似,但纹饰的多样性及长度和末端分异情况差别较大,故只能定为比较种。

产地层位 河南临颍,上石盒子组。

镰状叉瘤孢 *Raistrickia falcis* Gao, 1984

(图版105,图28, 30)

1984 *Raistrickia falcis* Gao, 高联达,402页,图版152,图7,8。

描述 赤道轮廓三角形,三边平或凸出,角部钝圆,大小34—40μm;三射线细,直,长2/3—3/4R,常开裂;外壁薄,表面具稍稀的锥形刺瘤,基宽2—3μm,高4—6μm,末端钝圆或微尖,有些突起上端作镰形弯曲;棕黄色。

比较与讨论 本种与Kaiser (1976) 记载的山西的*R. superba* (Ibrahim) Potonié and Kremp, 1955有点相似,但后者刺瘤较密、个体大、末端常膨大或平截。

产地层位 河北开平煤田,大苗庄组。

法门叉瘤孢 *Raistrickia famenensis* (Naumova) Lu, 1999

(图版17,图18, 19)

1953 *Acanthotriletes famenensis* Naumova, p. 107, pl. 16, figs. 22, 23.

1999 *Raistrickia famenensis* (Naumova) Lu,卢礼昌,50页,图版4,图7—9。

描述 赤道轮廓不规则三角形—近圆形;大小29.0—41.7μm;三射线不清楚或仅可识别,长3/5—7/8R;纹饰由短棒瘤状突起组成,或稀或密,在赤道常较发育;纹饰分子粗细不一、长短不齐,基部一般较上部略宽,宽2.2—6.5μm,长3.2—7.8μm,顶端平截或钝凸,罕见锐尖;外壁表面光滑,厚1.5—3.5μm,罕见褶皱,赤道轮廓线为不规则齿状,突起9—22枚;浅棕—深棕色。

比较与讨论 本种以其孢体较小,纹饰分布不规则且粗细不一、长短不齐为特征而与*Raistrickia*属其他种不同。

产地层位 新疆和布克赛尔,黑山头组4,5层。

纤状叉瘤孢 *Raistrickia fibrata* (Loose) Schopf, Wilson and Bentall, 1944

(图版106,图15)

1932 *Sporonites fibratyus* Loose in Potonié, Ibrahim and Loose, p. 451, pl. 19, fig. 52.

1944 *Raistrickia fibratus* (Loose) Schopf, Wilson and Bentall, p. 55.

1955 *Raistrickia fibrata* (Loose), Potonié and Kremp, p. 86, pl. 15, figs. 259, 260.

1987a *Raistrickia fibrata* (Loose),廖克光,557页,图版135,图18。

描述 赤道轮廓近圆形,大小44μm;三射线简单,长约1/2R;外壁中厚,表面具形状、大小不一的短棒或低矮锥瘤—锥刺,棒长3—4μm,基宽1—3μm,顶端平截、微尖或分叉;棕黄色。

比较与讨论 据Potonié和Kremp (1955),轮廓近圆形,大小45—65μm;三射线长约2/3R;外壁表面具棒瘤,宽约2μm,长4μm,末端近平截或微丝裂;棕黄色(但从其全模照片看,有些突起为较长锥形棒),当前标本与此描述相近,但纹饰似较密且偏小。本种较*R. saetosa*个体小,棒瘤较短。杜宝安(1986,图版Ⅱ,图5)记载的山西的*R. fibrata*纹饰长远大于宽,末端多膨大,不宜归入此种。

产地层位 山西宁武,石盒子群。

花状叉瘤孢 *Raistrickia floriformis* Zhou, 1980

(图版106,图16, 17)

1980 *Raistrickia floriformis* Zhou,周和仪,27页,图版8,图29。

描述 赤道轮廓圆形,全模76μm(周和仪,图版8,图29);三射线长约为R;外壁厚约1μm,表面密布棒瘤状纹饰,宽1—2μm,高约5μm,末端可扩大至4μm左右,且多细分叉,外观呈小花朵状;棕黄色。

比较与讨论 本种孢子的外形和棒瘤的细分叉颇像叉瘤大孢属 *Singhisporites*,但后者是大孢子。由于周和仪的照片太暗,故本书采用刘锋提供的此种照片。

产地层位 山西保德,下石盒子组;山东垦利,上石盒子组。

闪烁叉瘤孢 *Raistrickia fulgida* Chen, 1978

(图版106,图10)

1978 *Raistrickia fulgida* Chen,谌建国,404页,图版118,图14。

1982 *Raistrickia fulgida* Chen,蒋全美等,605页,图版403,图28。

描述 赤道轮廓圆三角形,全模大小52×58μm(不包括纹饰);三射线简单,有时难见,长≤2/3R;外壁薄,约1μm厚,有时具褶皱,表面具棒瘤间以少数锥瘤,棒瘤宽较一致,约3μm,长6—11μm,末端截形或偶尔近浑圆或钝尖,在远极面较发育,向接触区减弱;浅黄色。

比较与讨论 *R. superba* (Ibrahim) 是圆形的,三射线长,棒瘤形态多变;*R. aculeolata* 的棒瘤为长柱形,形态也颇有变化。

产地层位 湖南邵东、浏阳,龙潭组。

金黄叉瘤孢 *Raistrickia fulva* Artüz, 1957

(图版106,图1, 9)

1957 *Raistrickia fulvus* Artüz, p. 246, pl. 3, fig. 19.

1977 *Raistrickia fulva*, in Clayton et al., pl. 17, fig. 3; pl. 18, fig. 8.

1986 *Raistrickia fulva*,杜宝安,图版Ⅱ,图9。

?1987a *Raistrickia fulva*,廖克光,558页,图版135,图16。

1993 *Raistrickia fulva*,朱怀诚,254页,图版62,图15,17。

描述 赤道轮廓三角形—圆三角形,大小48.5—60.0μm;三射线可见,长2/3—3/4R;外壁厚1.5—2.5 μm,或具褶皱,表面具较稀疏的锥瘤—瘤或棒瘤—指状叉瘤,间夹少许锥刺和块瘤,基宽3—5μm或3.0—12.5μm(多4—10μm),高一般2—4μm,偶尔1—6μm,末端平截或钝尖—钝圆,或微浅裂,绕周边大多15—20枚,偶尔多于30枚;黄色。

比较与讨论 原作者描述大小40—55μm,指状瘤大小4—5μm,较低矮。我国被定为此种的靖远标本纹饰稍粗壮且明显凸出轮廓线;廖克光(1987a)描述的山西山西组的同种标本(46μm)外壁较厚(4μm),棒瘤—锥瘤基径变化大(2—6μm),还有些较尖的刺,存疑地归入本种。*R. rubis* 以锥瘤和块瘤为主。朱怀诚(1993)定的 *R.* cf. *fulva* 可能为一新种。

产地层位 山西宁武,山西组;甘肃靖远,红土洼组—羊虎沟组;甘肃平凉,山西组。

金黄叉瘤孢(比较种) *Raistrickia* cf. *fulva* Artüz, 1957

(图版105,图26, 29)

1993 *Raistrickia* cf. *fulva*,朱怀诚,254页,图版62,图1—3,21—23,27。

描述 赤道轮廓三角形、圆三角形、亚圆形;大小25.0(32.2)39.0μm(测7粒);三射线简单,细直,长3/4—1R;外壁厚1.0—1.5μm,表面饰以棒瘤、锥瘤,基部圆形、椭圆形或不规则圆形,直径1—5μm,多为1—3μm,末端多膨大呈蘑菇状,浅裂呈冠状或截平,偶见变尖,基部分离,间距1—5μm,周边具突起15—35枚。

比较与讨论 当前标本除个体较 *R. fulva* Artüz(1957, p. 246, p1. 3, fig. 19)(40—55μm)明显偏小外,

其余特征两者基本相当。

产地层位 甘肃靖远，红土洼组—羊虎沟组。

分叉叉瘤孢 *Raistrickia furcula* Gao, 1988

（图版106，图2，3）

1985 *Raistrickia* sp.，高联达，图版3，图22。

1988 *Raistrickia furcula* Gao，高联达，195页，图版2，图13。

描述 赤道轮廓三角形，三边微凸，角部钝圆，大小30—45μm，全模标本38μm；壁较厚，褐色；三射线常被纹饰覆盖，不常见，见时长2/3—3/4R；孢子表面覆以不规则的、排列较紧密的棒刺瘤纹饰，基部不常连接，但偶例外，基宽2—3μm，极面观呈不规则的瘤状，轮廓线上形态各异，一般呈棒形，顶端平整或分叉，有时变锐尖。

比较与讨论 本种与 *Acanthotriletes triquetrus* Smith and Butterworth (1967, p. 175, pl. 8, figs. 13, 14) 外形相似，但后者呈棘刺状。

产地层位 贵州睦化，打屋坝组底部；甘肃靖远，臭牛沟组。

格罗夫叉瘤孢 *Raistrickia grovensis* Schopf, 1944

（图版17，图6，7）

1944 *Raistrickia grovensis* Schopf, in Schopf, Wilson and Bentall, p. 55; text-fig. 3.

1999 *Raistrickia grovensis*，卢礼昌，50页，图版4，图26，27。

描述 赤道轮廓三角形，大小57.7—62.8μm；纹饰分异较明显：赤道区与远极面以大小不一的棒为主，近极面以小锥瘤与低矮的脊为主；棒两侧平行，宽2.5—5.5μm，长4.7—7.8μm，表面微粗糙，顶端平或钝凸，在赤道边缘突起22—27枚；小锥瘤基宽1.5—3.0μm，高2.5—4.0μm，顶端钝凸；脊由小突起连接而成，宽2—3μm，突起高3.0—5.4μm，长5.5—12.5μm，分布稀疏、不规则；外壁厚2—3μm；浅棕—深棕色。

注释 当前标本的纹饰类型似乎介于 *R. grovensis* 与 *R. baculosa* 之间，但孢子赤道轮廓更接近于三角形（而非圆形）。

产地层位 新疆和布克赛尔，黑山头组4，5层。

不完全叉瘤孢 *Raistrickia incompleta* Lu, 1981

（图版17，图14，15）

1981 *Raistrickia incompleta* Lu，卢礼昌，101页，图版3，图1—3。

1988 *Raistrickia incompleta*，卢礼昌，141页，图版28，图6，7。

描述 赤道轮廓圆形或近圆形，大小72.0—116.5μm，全模标本80.6μm；三射线柔弱，可识别或不清楚，有时微裂开，长约2/3R或稍长；纹饰以棒瘤为主，其间夹杂着低矮的小锥刺或小突起；纹饰分子在三射线区较稀且较小，主要为不规则小锥瘤或突起；在近极—赤道部位与远极区较粗且较长，局部还颇密集，一般基宽4.5—6.7μm，最宽可达9.0—12.5μm，长6.5—7.8μm，除局部密集外，基部间距（赤道区）4—9μm，顶端平截或钝凸或不规则拱凸，一般顶宽略小于基宽，赤道边缘突起12—19枚；外壁厚实，赤道外壁厚3.5—5.6μm；浅—深棕色。

比较与讨论 本种的纹饰与 *Raistrickia saetsa* (Loose) Schopf et al., 1944 以及 *Reticulatisporites fimbricatus* var. *spathulatus* Winslow, 1962 的棒状突起颇相似，但它们的纹饰组成较单一，纹饰分子较修长。

注释 基部具颇宽（9.0—12.5μm）的突起，其顶宽常略大于基宽，且末端多为微拱或微凸。

产地层位 四川渡口，上泥盆统；云南沾益史家坡，海口组。

奇异叉瘤孢 *Raistrickia insignata* Gao, 1987

（图版 106,图 39）

1987 *Raistrickia insignata* Gao,高联达,213 页,图版 3,图 2。

描述 赤道轮廓近圆形—圆三角形,大小 90—110μm,全模 105μm;三射线长 3/5—2/3R,常因纹饰掩盖不易见;外壁厚 2—3μm,褐色,表面具形体不规则的棒瘤和少量锥瘤—钝刺,基部多连接,呈亚网状,网穴大小形态很不规则,网结处多为棒凸之所在,顶视倒伏者略呈冠状,棒基宽 4—6μm,长 6—14μm,间距 6—15μm,顶端形状多变,有浑圆、近平截、微分叉或钝尖,绕赤道或亚赤道约 20 枚突起。

比较与讨论 本种与 *R. corynoges* Sullivan, 1964 有些相似,但后者以棒瘤多且较粗长而有别。另外,此种名与 *R. insignis* Drjagina, 1980(50—60μm,俄罗斯下石炭统)不同,不能混淆。

产地层位 甘肃靖远,红土洼组。

不规则叉瘤孢 *Raistrickia irregularis* Kosanke, 1950

（图版 106,图 14, 35）

1950 *Raistrickia irregularis* Kosanke, p. 47, pl. 11, fig. 5.

1955 *Apiculatisporites* (Raistrickia) *irregularis* (Kosanke) Potonié and Kremp, p. 77.

1960 *Raistrickia irregularis* Kosanke, Imgrund, p. 166, pl. 15, fig. 73.

1984 *Raistrickia irregularis*,高联达,337 页,图版 135,图 11。

描述 赤道轮廓三角形—圆三角形,大小 55—70μm;三射线具窄唇,宽 1—2μm,开裂,长约 2/3R;外壁厚约 3μm,表面具相距约 10μm 的棒瘤,最大者宽 8—10μm,长 8—14μm,末端多平截,偶尔有锥状突起;轮廓线上因 13 枚突起而呈城垛状;棕黄色。

比较与讨论 保德标本与最先描述的美国伊利诺伊州上石炭统的 *R. irregularis* Kosanke 基本特征一致,后者大小 66—77μm,只不过个体稍小(49—55μm),其棒瘤宽长比值稍低,棒瘤末端平截者较少。本种以外壁偏厚、棒瘤较稀疏而与属内其他种区别。

产地层位 河北开平煤田,开平组(煤 12);山西宁武、保德,太原组。

开平叉瘤孢 *Raistrickia kaipingensis* Gao, 1984

（图版 106,图 40）

1984 *Raistrickia kaipingensis* Gao,高联达,335 页,图版 135,图 5。

描述 赤道轮廓圆三角形,三角呈圆角,三边向外强烈凸出,大小 80—95μm,全模 90μm(包括纹饰);由于棒瘤密集,三射线常不易见,可见时长 2/3—3/4R;孢壁厚,褐色,表面覆以密的且有时彼此交叉甚至重叠的棒瘤,棒瘤高 15—24μm,基部宽 6—7μm,棒瘤顶端具扁平、微凸、微尖等多种形状,标本保存完好。

比较与讨论 描述的标本与 *R. crinita* Kosanke, 1950 有些相似,尽管两者均具有棒瘤多(数目和构造上都有些接近)的特点,但后者远不及前者。迄今为止,与 *Raistrickia* 属中发现的其他种均有不同。

产地层位 河北开平煤田,赵各庄组。

细管叉瘤孢 *Raistrickia leptosiphonacula* Hou and Song, 1995

（图版 106,图 11, 12）

1995 *Raistrickia leptosiphoncula* Hou and Song,侯静鹏等,175 页,图版 21,图 3。

描述 赤道轮廓三角形,三边凸出,角部浑圆,全模 46μm(图版 106,图 12);三射线清楚,直,两侧具窄唇,顶部微升高,向末端延伸渐变细,同一标本上射线长度不一,长 1/2—2/3R;外壁较薄,约 1.5μm,表面具均匀的棒柱,高一般 10.0—12.4μm,基宽约 2.5μm,末端呈分节状或截形,个别的渐变尖,棒基间距 1.0—4.6μm,绕周边约具 20 枚长突起;棕黄色。

比较与讨论 本种与美国伊利诺伊州上石炭统的 *R. aculeolata* Wilson and Kosanke(62—74μm)有些近

似，但以个体较小、射线具脊状唇、棒瘤较长而坚实与后者有别。

产地层位 山西保德，太原组上部；浙江长兴，龙潭组。

光面叉瘤孢 *Raistrickia levis* Lu, 1981

（图版17，图8，9）

1981 *Raistrickia levis* Lu，卢礼昌，100页，图版2，图15，16。

描述 赤道轮廓圆形或近圆形，大小51.5—62.7μm，全模标本51.5μm；三射线清楚、柔弱、弯曲、不等长，有时微开裂，伸达赤道附近；纹饰在远极面尤其在赤道区较近极面更发育，并以大棒瘤为主，分布稀疏或局部密集，其间常有少数小锥刺或不规则小突起；同一标本上的棒瘤大小不一，但形状规则，一般宽5.6—9.0μm，高6.7—13.0μm，两侧近于平行，顶部不或微微膨大，末端平截或宽圆，表面光滑；近极面纹饰显著减弱、减少；外壁厚约2μm，表面光滑、同质；极压标本轮廓线常呈不规则齿轮状，边缘突起约10枚；浅棕色。

比较与讨论 加拿大下石炭统（Mississippian）的 *R. clavata* Hacquehard, 1957 虽也为棒瘤，但赤道轮廓为明显三角形，而且棒瘤顶端膨大为似乳头状突起。

产地层位 四川渡口，上泥盆统下部。

大叉瘤孢（新种） *Raistrickia major* Ouyang and Chen sp. nov.

（图版106，图41）

1978 *Raistrickia* sp. 2，谌建国，404页，图版118，图18。

描述 赤道轮廓近圆形，已知大小118—129μm，全模118μm；三射线细直，长略小于孢子半径；外壁厚约6μm，表面具疏密不一且大小不规则的棒瘤—少量锥刺纹饰，棒瘤基宽2.5—8.5μm，长7—12μm，末端多浑圆，有的端部扩大可达12μm，锥刺基宽4—8μm，末端钝尖至颇尖，绕轮廓线约15枚（可能局部脱落）；深棕色（据谌建国，1978，并根据照片稍作补充）。

比较与讨论 本种以孢子个体大、外壁厚、纹饰分布很不均匀而与 *Raistrickia* 属其他种不同。

产地层位 湖南邵东保和堂，龙潭组。

中等叉瘤孢 *Raistrickia media* Zhou, 1980

（图版106，图5，6）

1980 *Raistrickia media* Zhou，周和仪，27页，图版9，图2—4.

1986 *Raistrickia fibrata* (Loose) Schopf, Wilson and Bentall，杜宝安，图版Ⅱ，图5。

描述 赤道轮廓圆形，大小37—41μm；三射线简单，细直，长近R；外壁厚约1.5μm，表面具棒瘤状纹饰，其大小不一，宽1—3μm，长2—8μm，末端多样：膨大、收缩、浑圆、截形等；棕黄色。

比较与讨论 本种与 *R. solaria* Wilson and Hoffmeister, 1956（p. 22, pl. 1, figs. 18, 19）近似，但后者棒瘤较宽（2—6μm），较长（7—12μm），且个体也较大。杜宝安鉴定的 *R. fibrata* 与原全模比相差太远，而与本种较为接近，故迁入之。

产地层位 山西保德，太原组；山东沾化，石盒子组；甘肃平凉，山西组。

小头叉瘤孢 *Raistrickia microcephala* Gao, 1984

（图版106，图4）

1984 *Raistrickia microcephala* Gao，高联达，335页，图版135，图10。

描述 赤道轮廓三角形，三边微内凹入，三角呈圆角，三射线小孢子，全模大小40×38μm；三射线开裂，直伸至三角顶部，常裂开；孢壁薄，黄色，表面具稀疏的棒瘤，棒瘤高4—6μm，基宽2.5—3.5μm，前端扁平或微凸，偶见有增大，在轮廓线边缘有30—35枚。

比较与讨论 本种较 *R. brevistriata* 个体略小，棒瘤粗壮而前端扁平。

产地层位 河北开平煤田，赵各庄组；山西宁武，太原组。

小型叉瘤孢(比较种) *Raistrickia* cf. *minor* (Kedo) Neves and Dolby, 1967

(图版40，图11)

1963 *Acanthotriletes minor* Kedo, p. 46, pl. 3, fig. 63.

1967 *Raistrickia* (*Acanthotriletes*) *minor* (Kedo) Neves and Dolby, p. 610.

1994a *Raistrickia minor* (Kedo) Neves and Dolby，卢礼昌，图版6，图30。

注释 Kedo (1963)首次发表的*Acanthotroletes minor*的照片(pl. 3, fig. 63)表明，纹饰分子为近圆形的棒或呈喇叭状，下粗上细、顶端钝凸，而江苏南京龙潭标本的纹饰为顶端近于平截的短棒，故其种的鉴定有保留。

产地层位 江苏南京龙潭，五通群擂鼓台组上部。

大叉瘤孢? *Raistrickia*? *macrura* (Luber) Dolby and Neves, 1970

(图版7，图13)

1941 *Azonotriletes macrurus* Luber in Luber and Waltz, pl. 10, fig. 158.

1950 *Acanthotriletes macrurus* (Luber) Ishchenko, pl. 4, fig. 65.

1970 *Raistrickia macrura* (Luber) Dolby and Neves, p. 634, pl. 1, fig. 7.

1988 *Raistrickia macrura*，高联达，210页，图版2，图18。

注释 孢子大小85—95μm。*R. macrura*的纹饰主要由棒组成，其穴由棒的基部延伸并相互连接而成。归入该种名下的西藏标本，其纹饰与模式标本差别较大，故对此种的鉴定有所保留。

产地层位 西藏聂拉木，章东组。

小叉瘤孢 *Raistrickia minuta* Gao, 1987

(图版106，图7)

1987 *Raistrickia minuta* Gao，高联达，213页，图版2，图24。

描述 赤道轮廓三角形，三边向外凸出，大小30—48μm，全模44μm；三射线简单，长约3/4R，常裂开；表面饰以棒形瘤，基部一般不连接，宽3—4μm，高4—8μm，顶端平截，浑圆或个别呈锥刺状；壁较薄，黄褐色。

比较与讨论 本种与*R. siliqua*颇相似，但以个体稍大且纹饰多呈棒状、较粗壮、略稀(绕周边约10枚)而与后者区别。

产地层位 甘肃靖远，靖远组下段。

多彩叉瘤孢 *Raistrickia multicoloria* (Andreyeva) Hou and Wang, 1986

(图版106，图18)

1956 *Azonotriletes multicolorius* Andreyeva, p. 248, pl. 48, fig. 49.

1986 *Raistrickia* cf. *multicoloria* (Andreyeva) Hou and Wang，侯静鹏、王智，83页，图版21，图16。

描述 赤道轮廓卵圆形—圆形，大小62μm(包括纹饰)；三射线因纹饰遮掩不清楚；外壁不厚，表面具棒状—刺状纹饰，高一般约3μm，宽1.5—3.0μm，棒刺排列疏密不一，间距1.5—5.0μm，末端截形或浑圆，有些颇尖；黄棕色。

比较与讨论 当前标本与苏联库兹涅茨克盆地上二叠统上部的*Azonotriletes multicolorius* Andreyeva, 1956大小、形态基本一致，仅末端尖者的比例较后者稍低，但Andreyeva仅描述一个标本，其中也提到“三射线被遮掩”，所以归入同一种内。

产地层位 新疆吉木萨尔大龙口，梧桐沟组。

多杆叉瘤孢(比较种) *Raistrickia* cf. *multipertica* Hoffmeister, Staplin and Malloy, 1955

(图版 106,图 33)

1955 *Raistrickia multipertica* Hoffmeister, Staplin and Malloy, p. 395, pl. 38, fig. 8.

1985 *Raistrickia multipertica* Hoffmeister, Staplin and Malloy,高联达,57 页,图版 4,图 2。

描述 赤道轮廓三角形—亚圆形,大小 40—55μm;三射线长为 R,常裂开;外壁厚,褐色,表面覆以不规则的棒瘤,呈密集分布,基部不连接,基宽 3—4μm,高 6—8μm,前端钝圆,扁平或锐尖,一般不分叉。

比较与讨论 当前标本保存欠佳,勉强归入 *R. multipertica*。按原作者描述,此种以棒瘤为主,末端多为膨胀体,少数为钝刺,但当前标本似以尖刺为主。与 *R. pilosa* Kosnake (1950, p. 48, pl. 11, fig. 4)也有些相似,但后者棒刺长在 10μm 以上。

产地层位 贵州睦化,打屋坝组底部。

暗色叉瘤孢 *Raistrickia nigra* Love, 1960

(图版 106,图 13)

1977 *Raistrickia nigra* Love, in Clayton et al., pl. 10, fig. 8; pl. 11, fig. 12; pl. 12, fig. 2.

1984 *Raistrickia nigra*,高联达,337 页,图版 135,图 11。

1987 *Raistrickia nigra*,欧阳舒等,41 页,图版 4,图 12,13。

描述 赤道轮廓三角形或圆三角形,大小 50—60μm;三射线粗壮,长约 3/4R,射线两侧具唇,宽 3—4μm;外壁较厚,褐色,表面覆以稀疏的规则棒瘤状纹饰,棒瘤高 5—8μm,基部宽 3—5μm,顶端扁平或凸起,偶见顶端变尖。

比较与讨论 与欧洲下石炭统(Visean 中期—Namurian A)的此种相比,纹饰较纤细,且分布较密。

产地层位 山西宁武,太原组;江苏句容,擂鼓台组下部。

宁武叉瘤孢 *Raistrickia ningwuensis* Gao, 1984

(图版 106,图 19)

1984 *Raistrickia ningwuensis* Gao,高联达,335 页,图版 135,图 2。

描述 赤道轮廓三角形,三角呈圆角,三边微向内凹入或微向外凸出,大小 55—65μm,全模约 60μm;三射线细长,直伸至三角顶部,偶见裂开;孢壁较薄,黄褐色,表面覆以不规则的棒瘤和棒刺 2 种纹饰,从整体观,棒刺居优势,刺的基部宽等于刺长的 1/3(刺长 10—12μm、宽 4—5μm)或 1/2,棒刺顶端呈锐刺状;棒瘤顶端微凸出,不平整,在轮廓线上有 30—35 枚瘤刺。

比较与讨论 本种与 *R. crinita* Kosanke(1950, p. 46, pl. 11, fig. 7)在棒瘤纹饰方面有些相似,但前者孢子轮廓三角形,后者圆三角形,并具较粗壮棒刺纹。

产地层位 山西宁武,本溪组。

细小叉瘤孢(新名) *Raistrickia parva* Liu nom. nov.

(图版 106,图 21)

1984 *Raistrichia minor* Wang,王蕙,图版 I,图 30。

描述 孢子三角形,三边平直或微有凹凸,大小 22—32μm;三射线不清楚,长为 2/3R;外壁薄,厚 <1μm,表面具棒状、锥刺和颗粒状突起,纹饰基径 <1μm,棒长近 4μm,顶部平截或微膨大,锥刺高近 2μm;黄色。

比较与讨论 王蕙(1984)建立的 *R. minor* 与 *R.* (*Acanthotriletes*) *minor* (Kedo) Neves and Dolby (1967)为异物同名,因此本书另起新种名。本种以其个体小、纹饰细小为特征,与属内其他种区别。

产地层位 宁夏横山堡,上石炭统。

柔毛叉瘤孢 *Raistrickia pilosa* Kosanke, 1950

（图版 107，图 32）

1950 *Raistrickia pilosa* Kosanke, p. 48, pl. 11, fig. 4.

1984 *Raistrickia pilosa* Gao，高联达，335 页，图版 135，图 4。

1985 *Raistrickia pilosa* Gao, pl. 1, fig. 14.

1999a *Raistrickia pilosa*，朱怀诚，69 页，图版 2，图 5。

描述 赤道轮廓圆形或圆三角形，孢子本体（不包括刺）40—50μm，孢壁厚约 2μm，黄褐色；三射线细长，由于纹饰掩盖常不明显，可见时长为 3/4R；孢子表面具稀疏的棒刺状纹饰，开平标本刺高（长）10—12μm，基宽 3—5μm，棒刺渐尖形，偶见前端不尖而呈扁平者，在轮廓线上有棒刺 15—20 枚。

比较与讨论 新疆标本种的鉴定应保留，参阅下一种比较与讨论。

产地层位 河北开平，开平组；新疆塔里木盆地莎车，奇自拉夫组。

柔毛叉瘤孢（比较种） *Raistrickia* cf. *pilosa* Kosanke, 1950

（图版 106，图 30）

1950 *Raistrickia pilosa* Kosanke, p. 48, pl. 11, fig. 4.

1978 *Raistrickia pilosa* Kosanke，谌建国，404 页，图版 118，图 15。

描述 赤道轮廓圆三角形，大小 44μm，包括纹饰 68×58μm；三射线不清楚；外壁颇厚，表面具细长棒瘤，柱状，长 9—13μm，宽 2—3μm，基部稍膨大，顶部浑圆或微膨大，间距颇宽，绕周边 10 枚以上；黄褐色。

比较与讨论 与首见于美国伊利诺伊州上石炭统的 *R. pilosa* Kosanke 相似，但后者个体较小（37—43μm），特别是其长棒末端少数呈烛焰状尖出，这一特征在当前标本上未见，故只定比较种。

产地层位 湖南邵东，龙潭组。

壮实叉瘤孢 *Raistrickia pinguis* Playford, 1971

（图版 16，图 18—20）

1971 *Raistrickia pinguis* Playford, p. 22, pl. 5, figs. 9—12.

1999 *Raistrickia pinguis*，卢礼昌，49 页，图版 4，图 12—15。

描述 大小 42.0—57.7μm；三射线常不清楚，伸达赤道附近；纹饰形状以单一的较粗棒状突起为特征；纹饰分子在赤道区较发育、较致密与粗壮，基宽 2.3—4.0μm，突起高 3.0—4.7μm，表面光滑，顶部宽圆或钝凸，边缘突起 26—32 枚；外壁厚约 2μm，棕—深棕色。

比较与讨论 本种纹饰形状与 *R. baculosa* Hacquebard, 1957 颇相似，但后者的纹饰除棒外，尚有锥刺，并且孢子也大（72—107μm）许多；与 *R. clavata* 的主要区别在于，后者的纹饰分子呈蘑菇状。

产地层位 新疆和布克赛尔，黑山头组 4，5 层。

阔饰叉瘤孢 *Raistrickia platyraphis* Zhu, 1999

（图版 17，图 10—12）

1999b *Raistrickia platyraphis* Zhu，朱怀诚，328 页，图版 2，图 12，14，15。

描述 赤道轮廓圆三角形—亚圆形；大小 64—95μm，全模标本 85μm；三射线可辨，常因纹饰掩盖而不明显，简单，直，具窄唇，伸达赤道；外壁厚 1.5—3.0μm，表面着生铲状、棒状及少量矛刺状突起；铲状突起两侧多平行，向末端略收缩，棒状突起末端微收缩或呈矛刺状，末端圆钝、截钝或不规则形状；铲状突起表面有时可见平行排列的纵向细条纹，末端中央的锥刺常较为明显；突起基部宽 3—25μm，多为 7—18μm，有时彼此多分离，偶见融合，长 5—25μm；次一级纹饰即颗粒及锥刺基宽与高一般小于 2μm；外壁及突起表面常有不均匀分布的小粒和锥刺。

比较与讨论 本种纹饰以粗壮的铲状、棒状及少量矛刺状突起为特征；*R. spathulata* (Winslow) Higgs, 1975（p. 396, pl. 2, fig. 11）与当前种相似，区别在于，当前种的铲状突起不分叉，基部不呈脊状相连或融合。

产地层位 新疆塔里木盆地北部,东河塘组。

苯重叉瘤孢 *Raistrickia ponderosa* Playford, 1964

(图版17,图4,5)

1964 *Raistrickia ponderosa* Playford, p. 25, pl. 6, figs. 11, 12; pl. 7, fig. 1.

1999 *Raistrickia ponderosa*,卢礼昌,50页,图版4,图28,29。

描述 大小53.0—62.4μm;纹饰主要由棒状突起组成,并夹有次一级的瘤状或刺状突起;棒结实、光滑、形态多变,通常下半部较上半部略粗,基部轮廓多为圆形,宽2.3—4.7μm,高3.0—7.8μm,顶端宽圆或微膨胀;赤道轮廓线上突起26—36枚;外壁厚2.0—3.5μm;棕—深棕色。

比较与讨论 *R. accincta* 的纹饰特征恰好相反,系顶部(膨胀)较下部粗大;前述 *R. pingus* 的纹饰组成较单一,未见次一级的瘤或刺状突起。

产地层位 新疆和布克赛尔,黑山头组4,5层。

原始叉瘤孢 *Raistrickia prisca* Kosanke, 1950

(图版106,图29)

1950 *Raistrickia prisca* Kosanke, p. 48, pl. 10, fig. 8.

1993 *Raistrickia prisca* Kosanke,朱怀诚,254页,图版61,图22。

描述 赤道轮廓圆三角形—圆形,大小45—50μm;三射线不明显,简单,细直,长2/3—3/4R,常因表面纹饰掩盖而不易看见;外壁厚约2μm,表面饰以粗短棒瘤,末端一般截钝,与基部相比,等粗、微膨大或微收缩,基部近圆形—椭圆形,基径1.5—6.0μm,1.0—3.5μm,长宽比值≤1.5,赤道周边具突起18—22枚。

比较与讨论 Kosanke原描述大小48.0—57.8μm,三射线长1/2—2/3R(14—20μm),具窄唇,射线接触区似微增厚,纹饰在此变细。

产地层位 甘肃靖远,红土洼组。

伸长叉瘤孢(比较种) *Raistrickia* cf. *protensa* Kosanke, 1950

(图版106,图34)

1950 *Raistrickia protensa* Kosanke, p. 46, pl. 11, figs. 1—3.

1987a *Raistrickia protensa* Kosanke,廖克光,557页,图版135,图11。

描述 据Kosanke (1950, p. 46),赤道轮廓近圆形,大小54.5—63.8μm,全模60.9μm;三射线长1/2—2/3R,具薄唇,或开裂;外壁2—3μm,偶有小褶皱,表面具棒瘤突起,长12.5—17.9μm,基部较窄,宽4—7μm,顶部宽12.0—14.7μm,常在中部有一稍深开裂,两边端部各具5—6个小裂部或乳头状结节。

比较与讨论 廖克光(1987a)记载的山西本溪组此种孢子(未给描述),与原作者描述的美国上石炭统的标本相比,大小(55μm)相近,微掌状棒瘤亦相似,但棒瘤细、短得多,末端分裂情况不详,故定为比较种。

产地层位 山西宁武,本溪组。

辐射叉瘤孢 *Raistrickia radiosa* Playford and Helby, 1967

(图版10,图20—22)

1967 *Raistrickia radiosa* Playford and Helby, p. 109, pl. 9, figs. 8—10.

1999 *Raistrickia radiosa*,卢礼昌,50页,图版4,图10,11,17。

描述 大小40.6—48.4μm;纹饰短棒,分布稀疏,并自极区向赤道呈辐射状排列,在赤道和远极面较粗壮,近极面尤其三射线区较弱小;棒杆宽1.5—2.3μm,高2.3—4.0μm,表面光滑,两侧近于平行,顶部平截至宽圆,但不明显膨大呈"头"状;赤道轮廓线呈轮齿状,突起28—36枚;外壁厚2.0—2.5μm,橙棕色。

比较与讨论 本种以其纹饰呈辐射状排列为特征,并在赤道轮廓线上呈相对规则的轮齿状。

产地层位 新疆和布克赛尔,黑山头组5,6层。

网形叉瘤孢 *Raistrickia retiformis* Zhu, 1999

(图版17,图1, 2)

1999b *Raistrickia retiformis* Zhu,朱怀诚,328页,图版1,图18,22。

描述 赤道轮廓圆三角形—圆形;大小56—80μm,全模标本65μm;三射线可辨,常因表面纹饰掩盖而不明显,简单,直,长约2/3R;外壁厚2.5—4.5μm,表面着生棒瘤与锥瘤状纹饰;纹饰分子基部宽2—13μm,突起高0.5—7.0μm,末端多圆钝或截钝,瘤表面及瘤间外壁具次一级的细小锥粒;个别突起末端膨大呈蘑菇状;瘤饰基部较宽,在大的突起纹饰间常有低的脊相连,呈网状,脊高1—3μm(据朱怀诚,1999b,328页,略有修订)。

注释 当前种以其棒瘤末端不规则形状及其脊连接呈网状为特征与 *Raistrickia* 的其他种不同。

产地层位 新疆塔里木盆地北部,东河塘组。

栅状叉瘤孢 *Raistrickia saetosa* (Loose) Schopf, Wilson and Bentall, 1944

(图版106,图36, 37)

1932 *Sporonites saetosus* Loose in Potonié, Ibrahim and Loose, p. 452, pl. 19, fig. 56.

1933 *Setosisporites saetosus*, Ibrahim, p. 26.

1944 *Raistrickia saetosa* (Loose) Schopf, Wilson and Bentall, p. 56.

1955 *Raistrickia saetosa* (Loose), Potonié and Kremp, p. 87, pl. 15, figs. 264—266.

?1976 *Raistrickia saetosa* (Loose) Schopf, Wilson and Bentall, Kaiser, p. 114, pl. 7, fig. 13.

1980 *Raistrickia saetosa* (Loose),周和仪,27页,图版9,图8,9。

1984 *Raistrickia* cf. *saetosa*,王蕙,图版Ⅱ,图19。

1984 *Raistrickia saetosa*,高联达,334页,图版135,图1。

1987 *Raistrickia saetosa* ,周和仪,图版I,图40,44。

?1988 *Raistrickia saetosa*,高联达,图版Ⅱ,图14,15。

1990 *Raistrickia saetosa*,张桂芸,见何锡麟等,305页,图版3,图5,6。

1993 *Raistrickia saetosa*,朱怀诚,254页,图版62,图19a,b,24a,b。

?1995 *Raistrickia saetosa*,吴建庄,341页,图版51,图16,17。

?1996 *Raistrickia saetosa*,朱怀诚,见孔宪祯等,图版45,图13。

描述 赤道轮廓圆形—卵圆形,大小(不包括纹饰)48—72μm;三射线不明显,有时仅见沿射线的破裂,长2/3—3/4R;外壁厚1.5—3.0μm,表面具棒瘤状纹饰,多呈圆柱形,大小不一,宽2.5—6.0μm,长7—14μm,有些基部膨大,末端平截或微尖出,有时膨大,顶端或不规则凹凸,偶尔浑圆;黄棕色。

比较与讨论 据 Potonié 和 Kremp (1955),本种大小60—90μm,全模78μm,三射线常不可见,约2/3R,外壁厚1.5—2.0μm,棒瘤长可达14μm,顶端部分微开叉;黄色。与此相比,仅周和仪鉴定的太原组的此种较为相似,同义名表中列入的其他几个种的鉴定似应作保留。*R. grovensis* Schopf, 1944 的棒瘤短得多。Potonié 和 Kremp (1955) 认为此种与 *R. crocea* Kosanke 似难以区别,但据 Kosanke 描述,称棒瘤突起"肋条状"(ribbon-like),末端较规则开裂成5—6枚小刺(长×宽约1.0×0.5μm),从其照片看,此肋条上还有若干平行的细横纹。

产地层位 山西保德,本溪组—下石盒子组;山西宁武,太原组;内蒙古准格尔旗房塔沟,太原组;山东沾化,太原组;河南临颖、柘城,上石盒子组;甘肃靖远,臭牛沟组、羊虎沟组;宁夏横山堡,上石炭统。

荚角叉瘤孢 *Raistrickia siliqua* Gao, 1987

(图版106,图8, 20)

1987 *Raistrickia siliqua* Gao,高联达,212页,图版Ⅱ,图23,25。

描述 赤道轮廓三角形,大小32—45μm,全模36μm(图版106,图8);三射线简单,长2/3—3/4R,偶开裂;表面饰以稀疏的角状叉瘤纹饰,基部不连接,宽 2—4μm,高 4—6μm,顶端平截或钝刺形,绕赤道轮廓可见 18—24 枚;黄色。

比较与讨论 本种与 *Acanthotriletes baculata* Neves 有些相似,后者以个体较小(23—28μm)尤其棒刺纹饰具尖端者较多而与本种不同。

产地层位 甘肃靖远,靖远组下段。

星点叉瘤孢 *Raistrickia stellata* Gao, 1987

(图版 106,图 31)

1987 *Raistrlckla stellata* Gao,高联达,213 页,图版Ⅲ,图 4。

描述 赤道轮廓三角形,三边平或微凸出,大小 24—36μm,全模 28μm;三射线简单,长 3/5—4/5R,偶有裂开;表面覆以稀疏的星点状叉瘤纹饰,基部不连接,宽 3—4μm,高 4—6μm,顶端钝圆或变凸;壁较薄;黄色。

比较与讨论 本种与 *R. brevispinosus* Neves, 1958 外形相似,后者以个体大、棒瘤粗壮而不同;与 *R. bacula* Zhou 差别不大,是否为同种有待更多标本的详细研究。

产地层位 甘肃靖远,靖远组下段。

薄壁叉瘤孢 *Raistrickia strigosa* Wu, 1995

(图版 106,图 26;图版 107,图 10)

1995 *Raistrickia strigosus* Wu,吴建庄, 340 页,图版 51,图 14,15。

描述 赤道轮廓近圆形—卵圆形,全模大小 47. 5 × 32. 0μm(图版 106,图 26);三射线不清晰,约为 1/2R;外壁薄,表面具颇稀疏且不规则的棒瘤,基部宽 0. 5—2. 0μm,长 1. 4—3. 5μm,顶端钝圆或变尖;棕黄色。

比较与讨论 本种孢子以外壁薄、表面具稀疏而不规则的棒瘤区别于属内其他种。

产地层位 河南临颍,上石盒子组。

亚毛发叉瘤孢 *Raistrickia subcrinita* Peppers, 1970

(图版 107,图 33)

1970 *Raistrickia subcrinita* Peppers, p. 106, pl. 8, figs. 3—6.

1984 *Raistrickia subcrinita* Peppers,高联达,336 页,图版 135,图 9。

描述 赤道轮廓圆三角形,三边凸出,大小 45—65μm;三射线直,长约 2/3R,射线两侧具窄唇,宽 1—2μm;孢壁薄,常见褶皱,黄色,表面覆以较密的棒瘤,棒高 4—6μm,基部宽 2. 0—2. 5μm,绕轮廓线有 25—30 枚。

比较与讨论 本种以外壁较厚、刺棒突起较小区别于 *R. crinita* Kosanke, 1950。

产地层位 河北开平,赵各庄组。

亚圆形叉瘤孢 *Raistrickia subrotundata* (Kedo) Gao, 1983

(图版 106,图 32)

1963 *Acanthotriletes subrotundatus* Kedo, p. 40, pl. Ⅱ, fig. 44.

1983 *Raistrickia subrotundata* (Kedo) Gao,高联达,495 页,图版 114,图 20。

描述 赤道轮廓圆三角形,三边向外强烈凸出,大小 30—35μm;射线简单,几乎延伸至赤道边缘;孢子表面覆以棒瘤状纹饰,棒瘤呈柱状,末端截平或钝圆。

产地层位 贵州贵阳乌当,旧司组。

华丽叉瘤孢 *Raistrickia superba* (Ibrahim) Schopf, Wilson and Bentall, 1944

(图版 107,图 11, 47)

1933 *Setosi-sporites superbus* Ibrahim, p. 27, pl. 5, fig. 42.

1944 *Raistrickia superba* (Ibrahim) Schopf, Wilson and Bentall, p. 56.

1955 *Raistrickia superba* (Ibrahim) Schopf, Wilson and Bentall, Potonié and Kremp, p. 88, figs. 262, 263.

1976 *Raistrickia superba* (Ibrahim) Potonié and Kremp, Kaiser, p. 114, pl. 7, figs. 7—9.

1987a *Raistrickia superba*,廖克光,557 页,图版 135,图 23。

1993 *Raistrickia superba*,朱怀诚,254 页,图版 62,图 9,11,16。

描述 赤道轮廓近圆形—圆三角形,大小 32.5—57.0μm;三射线简单,细直,长 2/3—3/4R,有时不易见到;外壁厚 1.0—2.5μm,局部稍厚些,表面具棒瘤纹饰,直,基径多 2—4μm,长 4—8μm,长宽比大于 2μm,向末端直径变化不大,有时微收缩或膨大,端部钝截、钝圆或微尖,有些甚至见浅齿裂;棒瘤相对稀,但局部颇密。

比较与讨论 据 Potonié 和 Kremp (1955),赤道轮廓近圆形,大小 40—60μm,全模 54μm,三射线近达赤道,棒瘤长 4—8μm,部分颇粗壮,宽 2—5μm,有时锥形,棕色。与上述描述相比,我国被鉴定此种的孢子表现出这样那样的差别(如大小、纹饰稀密),但可视为同种的变异幅度。

产地层位 山西保德,本溪组—太原组、石盒子群;山西宁武,下石盒子组;甘肃靖远,红土洼组、羊虎沟组。

变异叉瘤孢 *Raistrickia variabilis* Dolby and Neves, 1970

(图版 107,图 34)

1970 *Raistrickia variabilis* Dolby and Neves, p. 636, pl. 1, fig. 6.

1985 *Raistrickia variabilis* Dolby and Neves,高联达,56 页,图版 3,图 23。

描述 赤道轮廓三角形,三边外凸,角部圆钝,大小 55—65μm;壁厚,黄褐色;三射线直伸至三角顶,常裂开;孢子表面具规则的棒瘤,粗壮,直,有的棒瘤前端增粗变厚,扁平或钝圆,一般不分叉,基宽 2—3μm,高 4—6μm。

产地层位 贵州睦化,打屋坝组底部。

新叉瘤孢属 *Neoraistrickia* R. Potonié, 1956

模式种 *Neoraistrickia* (al. *Triletes*) *truncatus* (Cookson 1953) R. Potonié, 1956;澳大利亚,古近系(古新统)。

属征 赤道轮廓圆三角形;三射线略伸达赤道;外壁具不很密的棒瘤,部分棒瘤末端扩大,形态基本一致;模式种全模标本大小 31.7μm(不包括纹饰)。

比较与讨论 本属以轮廓接近于三角形,尤其棒瘤较细长、形态相对一致而与 *Raistrickia* 区别,但实际应用上有点乱。

迟钝新叉瘤孢 *Neoraistrickia amblyeformis* Hou and Wang, 1986

(图版 107,图 12, 13)

1986 *Neoraistrickia amblyeformis* Hou and Wang,侯静鹏、王智,82 页,图版 21,图 11,12。

描述 赤道轮廓圆三角形,三边凸出,大小 40—45μm(不包括纹饰),全模 42μm;三射线清楚,微裂开,直伸达三角顶部,在有的标本上呈微波状;外壁厚 1.5—2.0μm,表面具棒瘤纹饰,圆柱状,末端大部分扩大变粗,呈圆头状,棒瘤长 1.6—5.0μm,一般为 3μm,基部宽 1.5—3.0μm,棒瘤粗细与长短都不一致,围绕轮廓线 27—32 枚。

比较与讨论 本种与 *N. ramosa* (Balme and Hennelly)相比,后者角部较尖,棒瘤略密而相区别;与 *Raistrickia pilata* Singh (1964, p. 248, pl. 44, fig. 28) 的区别是后者三边凹入。

产地层位 新疆吉木萨尔大龙口,梧桐沟组。

双饰新叉瘤孢(新联合) *Neoraistrickia biornatis* (Zhou) Ouyang comb. nov.

(图版 107,图 1,2)

1980 *Raistrickia biornatis* Zhou,周和仪,26 页,图版 8,图 27,28。

1987 *Raickia biornatis* Zhou,周和仪,9 页,图版 1,图 37,38。

描述 赤道轮廓三角形,三边略凹,角部钝,全模大小约 30μm;三射线可见,或微开裂,长为 R;外壁薄,厚约 1μm,表面具中等密度的棒瘤—锥刺状纹饰,宽 1.0—3.7μm,长多在 2.0—3.5μm 之间,末端膨大或收缩微变尖或平截,绕周边约 25 枚;黄色。

比较与讨论 本种以个体小、三边略凹的三角形轮廓、较矮的双型纹饰区别于 *Neoraistrickia* 的其他种和 *Raistrickia* 的种。因孢子三边凹入,归入 *Raistrickia* 属欠妥,故迁入 *Neoraistrickia* 属。

产地层位 山东沾化,太原组—山西组。

芽状新叉瘤孢 *Neoraistrickia cymosa* Higgs, Clayton and Keegan, 1988

(图版 37,图 12)

1966 *Raistrickia* sp., in Doubinger and Rauscher, pl. 4, fig. 4.

1975 *Schopfites* sp. A, in Higgs, pl. 2, fig. 8.

1988 *Neoraistrickia cymosa* Higgs, Clayton and Keegan, p. 55, pl. 4, figs. 3—5; text-fig. 28b.

1999 *Neoraistrickia cymosa*,卢礼昌,51 页,图版 11,图 7。

描述 孢子赤道轮廓钝角,凸边三角形,大小 49μm;三射线可识别,伸达赤道附近;赤道外壁厚约 1.5μm;纹饰以不规则形状的低棒瘤为主,其次为小块瘤,主要分布于远极面,稀疏散落,大小不均,基宽一般 3.5—7.0μm,高 1.5—2.5μm,近极面无明显突起纹饰;浅棕色。

比较与讨论 归入 *N. cymosa* 的新疆标本,其特征及大小与 Higgs 等(1981)描述的同种标本颇接近,应为同种。

产地层位 新疆和布克赛尔,黑山头组 3 层。

美丽新叉瘤孢 *Neoraistrickia dedovina* Hou and Shen, 1989

(图版 107,图 31)

1989 *Neoraistrickia dedovina* Hou and Shen,侯静鹏、沈百花,102 页,图版 11,图 11。

描述 赤道轮廓圆三角形—近圆形,大小 18—28μm,全模 28μm;三射线清楚,长约 2/3R,末端分叉;外壁薄,表面具棒瘤纹饰,宽 1.5—2.0μm,长 2.5—3.5μm,顶端微分叉或膨大,呈圆头状,棒瘤稀疏不很匀,绕轮廓线约 21 枚;浅黄色。

比较与讨论 本种以个体小、射线分叉,棒瘤相对稀疏而区别于 *Neoraistrickia* 属其他种和 *Raistrickia* 属的种。

产地层位 新疆乌鲁木齐芦草沟,梧桐沟组。

德莱布鲁克新叉瘤孢 *Neoraistrickia drybrookensis* Sullivan, 1964

(图版 107,图 3,4)

1964 *Neoraistrickia drybrookensis* Sullivan, p. 365, pl. 58, figs. 11, 12.

1976 *Neoraistrickia drybrookensis* Sullivan, Kaiser, p. 115, pl. 8, figs. 4, 5.

1987a *Neoraistrickia drybrookensis* Sullivan,廖克光,558 页,图版 135,图 13。

描述 赤道轮廓三角形,3 条边直或 1—2 条边微凸凹,大小 30μm;三射线简单,长约 2/3R;外壁厚约 1μm,近极面具少量稀锥刺和颗粒(约 10 枚),远极面和赤道具密棒瘤和锥刺,高 2.5—4.0μm,总数达 60 枚。据廖克光(1987a)描述,大小达 44μm(图版 107,图 4),三射线具薄唇,伸达角部,棒瘤或锥刺顶端分叉、平截或微尖,一般顶部略膨大,直径 1.0—2.5μm,长 4μm:暂归入同种内。

比较与讨论 据 Kaiser(1976),当前标本与 Sullivan(1964)描述的种尤其图版 58 的图 12 颇为一致,但后者略小;本种与前述的 *N. biornatis* (Zhou) comb. nov. 也颇相似,但后者三射线长,三边凹入较明显,纹饰相对较粗壮。

产地层位 山西保德,山西组(层 F);山西宁武,山西组。

纤细新叉瘤孢(比较种) *Neoraistrickia* cf. *gracilis* Foster, 1979

(图版 107,图 14)

1979 *Neoraistrickia gracilis* Foster, p. 43, pl. 8, figs. 2—4.

1984 *Neoraistrickia gracilis* Foster,高联达,404 页,图版 152,图 15。

描述 赤道轮廓三角形,三边平直或微凸凹,大小 38—48μm;三射线长约 3/4R 或伸达角顶,射线两侧具薄唇,宽 0.5μm;外壁不厚,表面具棒瘤,偶尔为锥状瘤,基宽 0.5—2.0μm,高 1—2μm。

比较与讨论 据 Foster(1979),此种大小 25(31)46μm,纹饰形态、大小与前面描述的标本相近似,但澳大利亚二叠系的这种孢子,角部为宽圆形,纹饰总体上较均匀纤细,故将山西标本定为比较种。

产地层位 山西宁武,上石盒子组。

不规则新叉瘤孢 *Neoraistrickia irregularis* Ouyang and Li, 1980

(图版 107,图 42, 50)

1980 *Neoraistrickia irregularis* Ouyang and Li,欧阳舒、李再平,132 页,图版Ⅱ,图 8,9。

1982 *Neoraistrickia irregularis* Ouyang and Li, p. 70, pl. 1, fig. 26.

1986 *Neoraistrickia irregularis* Ouyang and Li,欧阳舒,54 页,图版 V,图 19—22。

描述 赤道轮廓三角形,三边微凹入—平直,角部浑圆—锐圆,大小 40(50)59μm,全模 59μm(不包括纹饰,图版 107,图 50);三射线一般清楚,长 2/3R 至接近半径,或具唇,宽可达 2.0—2.5μm,有时微开裂,个别标本上微弯曲;外壁厚 2—3μm,偶尔 1.0—1.5μm,整个表面具棒瘤—锥刺—刺状纹饰,大小形状很不规则,棒瘤宽大多 2—4μm,高 3.0—6.5μm 不等,末端平截、微斜截或钝圆,个别膨大,或呈细齿状,偶有不同程度二分叉者;锥刺和刺基宽和高 1—4μm,末端颇尖或钝尖,个别纹饰呈圆丘状,顶部凸出一小刺;纹饰在角部有稍变粗壮的趋势,基部有时相连,绕轮廓线 30—46 枚;棕色—黄棕色。

比较与讨论 本种与 *N. trilobata* Ouyang and Li 相似,仅以轮廓不呈三瓣状、纹饰一般较粗壮且更不规则而与后者有别;伊拉克上二叠统的 *N. pilata* Singh (1964, p. 248, pl. 44, fig. 28) 与本种也略相似,但后者外壁较薄,纹饰较为单一。

产地层位 云南富源,宣威组下段—卡以头组。

僵硬新叉瘤孢 *Neoraistrickia rigida* Ouyang, 1986

(图版 107,图 35, 51)

1986 *Neoraistrickia rigida* Ouyang,欧阳舒,55 页,图版 V,图 26,27。

描述 赤道轮廓三角形,三边浅凹,大小 53—63μm(不包括纹饰),全模 63μm(图版 107,图 51);三射线清楚,近达角部,或开裂;外壁坚实,厚度不明,表面覆以很密的锥刺—棒瘤纹饰,基宽多为 1.5—4.0μm,偶达 6.5μm,长 2.5—6.0μm,偶达 8μm,末端多钝尖、近平截或分叉,有些末端尖锐或微膨大,纹饰大小、长短在同一标本上相对较均匀,在角部稍发育,绕周边 60—70 枚;棕黄色—深棕色。

比较与讨论 本种与 *N. irregularis* Ouyang 略相似,但以纹饰特别密集、坚实,直径和高度相对规则而与后者有别;与苏联上古生界的所谓的 *Zonotriletes rigidispinosus* Luber (Luber and Waltz, 1941, pl. 12, fig. 184) 亦略相似,但后者以孢子角部较狭细,外壁较薄,纹饰末端不尖出而有区别。

产地层位 云南富源,宣威组上段—卡以头组。

强壮新叉瘤孢 *Neoraistrickia robusta* Ouyang, 1986

（图版 107，图 43，46）

1986 *Neoraistrickia robusta* Ouyang，欧阳舒，54 页，图版 V，图 13，17，18。

描述 赤道轮廓三角形，三边凹入，角部钝圆，大小 49—55μm（不包括纹饰），全模 55μm（图版 107，图 46）；三射线清楚，开裂，伸达外壁内缘；外壁厚 1—2μm，角部稍厚，或因纹饰基部相连而明显增厚，表面具以颇粗壮的棒瘤或锥瘤为主的纹饰，基宽 3—5μm，个别达 8μm，甚至融合达 15μm，自基部向上直径或无大变化或逐渐变狭细或在中上部突然变细，长达 5—7μm，末端近浑圆或平截或微尖或小齿状或明显分叉，纹饰在角部较发育，粗大，在远极部较低矮，在辐间区尤其在边部纹饰减弱，绕周边 25—30 枚，其余外壁为极细匀颗粒；棕黄—黄色。

比较与讨论 本种与 *N. trilobata* Ouyang 略相似，但以孢壁较厚、表面具细颗粒、棒瘤纹饰粗壮而与后者有别；有的标本与从山西保德采集的所谓 *Lophotriletes ibrahimii*（Peppers, 1964）Pi-Radony and Doubinger 1968（Kaiser, 1976, pl. 5, fig. 4）的孢子亦略相似，但后者在辐间区亦具粗大纹饰，有些锥刺末端很尖，而且与 Peppers（1964）最初建立的这个种未必是同种。

产地层位 云南富源，宣威组下段。

稀饰新叉瘤孢 *Neoraistrickia spanis* Ouyang, 1986

（图版 107，图 36）

1986 *Neoraistrickia spanis* Ouyang，欧阳舒，55 页，图版 V，图 24。

描述 赤道轮廓三角形，三边略凹入，角部略钝圆，已知大小 45—46μm，全模 45μm（不包括纹饰）；三射线细直或微裂，2/3R 至接近半径长；外壁薄，约 1μm 厚，表面具颇稀疏的棒瘤纹饰，宽一般 2—3μm，个别达 5μm，长多为 6—9μm，偶尔可达 12μm，末端平截或斜截或钝尖或不规则齿状，偶尔膨大且二分叉或尖刺状，纹饰在三角部相对较密而长，绕周边少于 15 枚；棕黄—淡黄色。

比较与讨论 本种以其纹饰较稀疏、修长且主要发育于角部而与 *N. irregularis* Ouyang 和 *N. robusta* Ouyang 等相区别。

产地层位 云南富源，宣威组下段—上段。

柱饰新叉瘤孢（新联合） *Neoraistrickia stratuminis*（Gao）Ouyang comb. nov.

（图版 107，图 38）

1984 *Raistrickia stratuminis* Gao，高联达，402 页，图版 152，图 9。

描述 赤道轮廓三角形，三边微凸，角部浑圆，大小 60—75μm，全模 72μm；三射线清楚，长约 2/3R，常裂开；外壁薄，常褶皱，表面具大小颇均匀、中等密度的柱棒状瘤—长刺，不分叉，基宽 2.0—2.5μm，长 8—12μm，顶部微膨大或变尖，棒瘤端部浑圆或近平截；纹饰似在近极面变矮小，且以刺为主，绕周边 40—50 枚；黄色。

比较与讨论 本种与记载的美国上石炭统的种 *Raistrickia* sp. 2（Peppers, 1970, p. 107, pl. 8, fig. 11）相似，但后者的棒瘤粗壮且数量较少。因本种孢子轮廓三角形尤其纹饰较均一修长，故迁入 *Neoraistrickia* 属内。

产地层位 山西宁武，上石盒子组。

华丽新叉瘤孢（新联合，比较种） *Neoraistrickia* cf. *superba*（Virbitskas）Ouyang comb. nov.

（图版 107，图 5）

1983 *Kikshorisporites superbus* Virbitskas, pl. 42, figs. 12, 13.

1982 *Neoraistrickia* sp. 1，蒋全美等，605 页，图版 403，图 24。

1990 *Kikshorisporites superbus* Virbitskas, in Karaschnikov et al., pl. 43, fig. 5.

描述 赤道轮廓三角形,三边略凹入,角部浑圆,大小约 40μm;三射线可见,长约 2/3R;外壁不厚,表面具比中等密度偏稀的小棒瘤间以少量锥刺,基宽 1.5—2.5μm,高多为 2—3μm,末端微圆、平截或微尖—钝尖,绕周边近 30 枚,纹饰在远极面似较密;棕黄色。

比较与讨论 当前标本较为接近俄罗斯伯朝拉盆地二叠系(Ufimian)的所谓的 *Kikshorisporites superbus* Virbitskas (Karaschnikov et al., 1990),仅后者三边凹入稍深。Virbitskas(1983)在研究该盆地二叠系孢子时建立了 14 个属,虽多代表了安加拉区土著的刺面—瘤面—棒瘤—锥刺的三缝孢子,可能因为属的划分太细,并未得到大多数苏联孢粉学家的赞同(Panova et al., 1990),故本书亦采用通行的形态属,将她的这个种迁入 *Neoraistrickia* 属内。因未查到 Virbitskas 原文,且蒋全美等(1982)未给描述,所以保留地定为比较种。

产地层位 湖南邵东保和堂,龙潭组。

细节新叉瘤孢 *Neoraistrickia tuberculoides* Ouyang, 1986

(图版 107,图 21)

1986 *Neoraistrickia tuberculoides* Ouyang,欧阳舒,54 页,图版 V,图 16。

描述 赤道轮廓三角形,三边凹入使孢子略呈三瓣状,大小 42(50)55μm,全模 50μm(不包括纹饰);三射线单细但一般清楚,常不同程度开裂,有时不直,伸达或近达角部外壁内缘;外壁厚 1—2μm,有时达 3—4μm,偶见局部(尤其在角部)达 6μm,表面(主要在远极、赤道和角部)具亚圆形基部较宽的瘤,基宽约 2(3)4μm, 高 2—4μm,多为 2μm 或更低平,末端多浑圆或钝圆,绕周边 20—40 余枚;其余外壁表面为极细匀颗粒纹饰;棕色—棕黄色。

比较与讨论 归入本种的有些标本显示出 *N. robusta* Ouyang 的过渡形态,故归入 *Neoraistrickia* 属,本种以其全模标本的特征性形态与该属其他种容易区别。

产地层位 云南富源,宣威组下段。

棒瘤孢属 *Baculatisporites* Thomson and Pflug, 1953

模式种 *Baculatisporites* (al. *Sporites*) *primarius* (Wolff, 1934) Thomson and Pflug, 1953;瑞士,上新统。

属征 三缝小孢子,赤道轮廓圆形,模式种全模大小 47μm;三射线长;外壁表面具短棒瘤—锥刺,末端多钝截,局部较稀疏,轮廓线呈城垛状。

比较与讨论 本属以棒瘤纹饰相对较短小且均一区别于 *Raistrickia*, *Neoraistrickia* 等属。

分布时代 全球,晚古生代—新生代。

黑圈棒瘤孢 *Baculatisporites atratus* (Naumova) Lu, 1999

(图版 16,图 2—5)

1953 *Lophotriletes atratus* Naumova, p. 123, pl. 18, fig. 17.

1999 *Baculatisporites atratus*,卢礼昌,48 页,图版 4,图 18—21。

描述 赤道轮廓宽圆三角形—近圆形,大小 51.7—60.8μm;三射线清楚、简单或具窄唇,约等于孢子半径长;赤道区与远极面具分散的棒状纹饰,棒粗细与长短皆近乎均匀,顶端平截或宽圆;远极面棒纹较细、分布较均,间距常为宽的 2—3 倍,赤道区纹饰较粗、较密,基宽一般 1.5—2.5μm,长 3.5—4.7μm;近极面纹饰显著减弱或退化为短而窄的脊;外壁表面光滑,厚 1.5—2.5μm,罕见褶皱;赤道轮廓线棒齿状,突起 30—44 枚;浅棕色。

注释 Naumova (1953, p. 123)给予 *Lophotriletes atratus* 的描述及其绘图(pl. 18, fig. 17),表明了孢子赤道轮廓近圆形;纹饰棒状,其长略大于宽,且长短较一致,粗细较均匀,顶部无变异(即不膨大,也不分叉),末端较平整。显然这类分子归入 *Lophotriletes* 还不如归入 *Baculatisporites* 更适合。

产地层位 新疆和布克赛尔,黑山头组 4—6 层。

小棒状棒瘤孢(新联合) *Baculatisporites bacilla* (Huang) Zhu and Ouyang comb. nov.

(图版 107,图 28, 30)

1982 *Raistrickia bacilla* Huang,黄信裕,157 页,图版 1,图 12,13。

描述 赤道轮廓圆三角形—圆形,大小 27—30μm,全模 30μm(图版 107,图 30);三射线长为 2/3R。外壁覆以密集的小棒瘤,棒瘤末端一般呈圆球形或截形,基部大于棒瘤的上端;长 1.5—2.5μm。

比较与讨论 本种与新疆北部二叠-三叠系之交的 *B. uniformis* 颇为相似,但以小棒末端形态较为多样而与后者有所区别。

产地层位 福建长汀陂角,梓山组。

科茅姆棒瘤孢 *Baculatisporites comaumensis* (Cookson) Potonié, 1956

(图版 107,图 15)

1953 *Triletes comaumensis* Cookson, p. 470, pl. 2, fig. 28.

1956 *Baculatisporites comaumensis* (Cookson) Potonié, p. 33, pl. 3, fig. 31.

1957 *Osmundacidites comaumensis* (Cookson) Balme, p. 25, fig. 56.

1960 *Baculatisporites comaumensis* (Cookson) Potonié, Klaus, p. 125, pl. 29, fig. 13.

1982 *Baculatisporites comaumensis*, Ouyang, p. 72, pl. 2, fig. 25.

1986 *Baculatisporites comaumensis*,欧阳舒,56 页,图版Ⅳ,图 3。

2000 *Baculatisporites comaumensis*,宋之琛、尚玉珂,158 页,图版 39,图 9,10。

描述 赤道轮廓近圆形,大小约 55μm,具个别大褶皱,整个表面具中等密度的短棒瘤(少数锥瘤),基部稍粗壮,但向末端无大变化,棒径约 1μm,高可达 1—2μm,末端近平截或钝圆,纹饰间距不规则,多为 2—3μm,绕周边约 50 枚;淡黄—黄色。

比较与讨论 南澳大利亚科茅姆(Comaum)钻孔中前第三系所产的 *Triletes comaumensis* Cookson 的描述与当前标本颇一致,提供的照片虽不甚清楚,但短棒瘤这一特征清楚。云南宣威标本更接近奥地利上三叠统的这个种的标本,其大小约 50μm,三射线亦细弱,伸达赤道,略有差别的是除棒瘤外似乎锥刺稍多。

产地层位 云南宣威,宣威组上段。

棍状棒瘤孢 *Baculatisporites fusticulus* Sullivan, 1968

(图版 10,图 24, 25)

1968 *Baculatisporites fusticulus* Sullivan, p. 117, pl. 25, figs. 1, 2.

1997a *Baculatisporites fusticulus*,卢礼昌,图版 1,图 1。

描述 赤道轮廓近圆形,大小 80μm;三射线可辨别至清楚,微曲,短且有时长短不一(在同一标本上),长 7.5—16.0μm(不足 1/2R);外壁厚约 1.5μm,近极—赤道区和整个远极面覆以棒状纹饰,棒纹短棍状,分布稀疏或致密;纹饰分子长 1.5—2.2μm,宽(小于 1.5μm)略小于高,末端平截;接触区内纹饰或较其余部位的稀疏与柔弱,区内外壁较薄并具皱纹或皱脊,分布不规则。

产地层位 湖南界岭,邵东组。

小棒瘤孢 *Baculatisporites minor* Hou and Song, 1995

(图版 107,图 16)

1995 *Baculatisporites minor* Hou and Song,侯静鹏、宋平,174 页,图版 20,图 6。

描述 赤道轮廓圆形,大小 42μm;三射线简单,微开裂,长约 1/3R;外壁薄,厚约 1.5μm,表面具短棒瘤纹饰,分布颇均匀,棒高略大于基宽,高 2—3μm,末端平截或微膨大,呈圆头状,少量呈钝刺状,绕轮廓线 40 枚以上;棕黄色。

比较与讨论 本种与山西三叠系的 *B. versiformis* Qu(曲立范,1984)较相似,但以棒瘤分布较均匀、射线开裂而与后者区别。

产地层位　浙江长兴煤山，龙潭组。

均匀棒瘤孢　*Baculatisporites uniformis* Ouyang and Norris, 1999

（图版107，图6，7）

1989 *Neoraistrickia* sp.，侯静鹏、沈百花，102页，图版13，图11。

1999 *Baculatisporites uniformis* Ouyang and Norris, p. 26, pl. Ⅱ, figs. 17—19.

描述　赤道轮廓圆形，大小27μm；三射线短，长约1/2R，顶部微显颜色较深的三角形增厚区；外壁不厚，表面具颇均匀的棒瘤—锥刺，排列不很密，末端多平截、膨大或钝尖，宽1.3—1.8μm，长2.5—3.0μm，间距1.9—2.3μm，绕周边约30枚；黄色。

比较与讨论　据Ouyang和Norris（1999, p. 26），韭菜园组的这个种特征为：大小29—35μm；射线近达赤道；外壁厚1.5—2.0μm.，表面具颇密而均一的棒瘤，基宽1.0—1.5μm，高2—3μm，末端微膨大、钝尖或不平整至微二型外观，绕周边40—60枚。从侯静鹏等的描述和照片看，与此种颇近似，故归入该种内，虽然因三射线较短、纹饰稍稀而有些差别，但因纹饰以棒瘤为主，故归入*Baculatisporites*属。

产地层位　新疆乌鲁木齐芦草沟、吉木萨尔大龙口，锅底坑组—韭菜园组。

毛状棒瘤孢　*Baculatisporites villosus* Higgs and Russell, 1981

（图版16，图1，12）

1981 *Baculatisporites villosus* Higgs and Russell, p. 25, pl. 1, figs. 10, 11; text-fig. 6A.

1997a *Baculatisporites villosus*，卢礼昌，187页，图版1，图13。

1997a *Raistrickia* sp.，卢礼昌，图版3，图18。

描述　赤道轮廓亚圆形，大小51.0—69.2μm；三裂缝可识别，长约3/4R；外壁厚约1.5μm，表面覆以细棒、小桩状纹饰（偶见小刺）；纹饰分子在赤道凸起，高（长）1.5—2.0μm，宽≤1μm，顶部平、圆或尖（少），分布稀疏或基部常不连接。

比较与讨论　本种类似于*Schopfites delicatus* Higgs, 1975，不同的是后者的纹饰仅限于远极面。

产地层位　湖南界岭，邵东组。

宣威棒瘤孢　*Baculatisporites xuanweiensis* Ouyang, 1986

（图版107，图17，19）

1982 *Baculatisporites* sp. A, Ouyang, p. 72, pl. 2, fig. 19.

1986 *Baculatisporites xuanweiensis* Ouyang，欧阳舒，56页，图版Ⅵ，图6，7。

描述　赤道轮廓近圆形，因褶皱而变形，大小（不包括纹饰）37—44μm，全模44μm（图版107，图19）；三射线单细、微裂，长约2/3R；外壁薄，厚约1μm，表面纹饰以棒瘤为主，宽1.5—2.5μm，长6—8μm或2—3μm，两侧大致平行，末端平截或钝圆，少数为棒刺，亦有较小而低矮的锥刺或棒瘤，直径约1μm，高约2μm，间距一般3—4μm，长棒间距变化较大，绕周边15—25枚；黄色。

比较与讨论　无论是*Baculatisporites*还是*Raistrickia*属中皆未发现相似的种。

产地层位　云南宣威，宣威组上段。

辐脊孢属　*Emphanisporites* McGregor, 1961

模式种　*Emphanisporites rotatus*（McGregor）McGregor, 1973；加拿大，下泥盆统。

属征　辐射对称三缝孢子，无环，赤道轮廓圆形或三角圆形；三射线简单，长1/2—2/3R；外壁颇厚，具点状结构，近极面具辐射状肋条纹饰，肋条之间为凹条，远极面无纹饰或具颗粒、刺、瘤或穴网等，轮廓线不平整。

比较　本属以其辐射状的肋纹（辐射脊）限于近极面为特征，*Hystricosporites*属的某些种也显示出这种特征，但纹饰为末端两分叉的锚刺。

注释 *Emphanisporites* 的分子以其近极面具辐射脊而显的形态特征易于识别。长期以来,该属曾被普遍视为典型的下泥盆统的属。虽然某些地区的晚泥盆世—早石炭世的沉积中也曾有过该属分子的报道,但被认为,它们的存在不是(时代)分布广泛的结果,而很可能代表再沉积(Richardson, 1975, p. 1)。当今资料表明,该属的分子不仅地理范围分布广泛,而且地质时代的延续也较长,志留纪、早泥盆世—早石炭世地层中均有记载或报道,并似乎有这样一种倾向,即孢子的大小、辐射脊的粗细随其地层层位的变新而分别存在逐步增大与加粗的趋势。

产地层位 世界各地,主要为泥盆纪,在我国偶尔为二叠纪。

环状辐脊孢 *Emphanisporites annulatus* McGregor, 1961

(图版 24,图 3, 14)

1961 *Emphanisporites annulatus* McGregor, p. 3, pl. 1, figs. 5, 6.

1962 *Radiaspora* sp. Balme, p. 6, pl. 2, fig. 13.

1963 *Emphanisporites erraticus* (Eisenack) McGregor, in Chaloner, p. 103, pl. 1, fig. 10.

1967 *Emphanisporites erraticus* McGregor, in Daemom et al., p. 106, pl. 1, fig. 10.

1975 *Emphanisporites annulatus*,高联达等,210 页,图版 8,图 5。

1983 *Emphanisporites annulatus*,高联达,198 页,图版 3,图 7。

1997b *Emphanisporites annulatus*,卢礼昌,图版 2,图 11。

描述 赤道轮廓圆三角形—近圆形,大小 35—62μm;三射线可识别,简单或具唇,单片唇宽 1—2μm,几乎伸达赤道;近极面辐射脊发育完全,并延伸至赤道,每个辐间扇形区 5—7 条,条脊宽 2. 0—4. 8μm,有时朝辐射方向增宽或两分叉;远极外壁具一同心环状加厚,宽 3—4μm,约位于半径辐射方向的 2/3 处;赤道外壁厚 2—3μm,罕见褶皱;浅—深棕色。

比较与讨论 本种以其远极面具一同心环状加厚为特征而有别于 *Emphanisporites* 属的其他种。贵州的孢子与 *Emphanisporites annulatus* McGregor (1961, p. 3, pl. 1, figs. 5, 6)略不同的是有显著的接触区,放射状的肋条略细。

产地层位 贵州独山,丹林组;西藏聂拉木,波曲组上部;新疆准噶尔盆地,呼吉尔斯特组。

凹纹辐脊孢 *Emphanisporites canaliculatus* Ouyang, 1986

(图版 107,图 18)

1986 *Emphanisporites canaliculatus* Ouyang,欧阳舒,40 页,图版Ⅱ,图 21。

描述 赤道轮廓近圆形,全模标本 43μm;近极面具明显的略高起的弓形脊,所包围的面积几乎等于整个近极面,在三射线末端处脊较发育,在此处与外壁结合的宽可达 3—4μm,强且微内凹;三射线具发达的唇,宽约 5μm,向端部逐渐变窄,但不尖,并与弓形脊连接,射线棱清楚,直,长接近半径;接触区内具辐射条痕,痕细但明显,每个小区内 5—7 条,自中央或唇的臂部辐射伸出,大多颇直,个别分叉或较短;外壁不厚,其余表面平滑;棕色。

比较与讨论 本种以孢子个体小、具弓形脊、近极面的辐射纹是凹痕(canali)而非肋脊(muri)与属内其他种不同。

产地层位 云南富源,宣威组上段。

具饰辐脊孢 *Emphanisporites decoratus* Allen, 1965

(图版 24,图 4)

1965 *Emphanisporites decoratus* Allen, p. 708, pl. 97, figs. 15—18.

1993 *Emphanisporites decoratus*,高联达,图版 1,图 16。

描述 赤道轮廓宽圆三角形,大小 31μm;三射线可辨别,伸达赤道附近;赤道外壁厚约 2μm;近极面具辐射条脊,脊宽约 1. 5μm,每个辐间扇形区 10—12 条,远极外壁具小锥刺;小锥刺彼此分散且低矮,基部宽

1.0—1.8μm，高不足1μm；棕色。

比较与讨论 本种以远极面具小锥刺为特征而与 *Emphanisporites* 属其他种不同。当前标本可能因保存欠佳，纹饰在轮廓线上的反映（仅局部）不如西斯匹次卑尔根下泥盆统 *Emphanisporites decoratus* 那些标本（Allen，1965）的明显。

产地层位 新疆准噶尔盆地，乌吐布拉克组。

护顶辐脊孢 *Emphanisporites epicautus* Richardson and Lister，1969

（图版24，图8—10）

1969 *Emphanisporites epicautus* Richardson and Lister，p. 223，pl. 38，figs. 13—15.

1980b *Emphanisporites epicautus*，卢礼昌，18页，图版11，图21，22。

1983 *Emphanisporites* sp.，高联达，500页，图版110，图15。

描述 赤道轮廓圆形—近圆形，大小63—78μm；三射线清楚，简单，顶部常具三角形带状加厚，长接近孢子半径；弓形脊发育完全，颇窄，绝大部分位于赤道；以弓形脊为界的接触区约等于近极面，表面具辐射状肋纹；肋纹相当柔弱，宽约0.5μm，略大于高，每个辐间区10—15条，有时微弯曲并分叉，伸达弓形脊；远极面无纹饰；外壁厚1.0—1.5μm，常具条带状褶皱；黄—浅棕色。

比较与讨论 当前标本与英国下泥盆统下部（Gedinnian）的 *Emphanisporites epicautus* Richardson and Lister（1969）颇接近，仅后者个体较小（25—40μm）。

产地层位 云南沾益，徐家冲组；云南禄劝，坡脚组。

厚环辐脊孢 *Emphanisporites euryzonatus* Ouyang and Chen，1987

（图版24，图1，2）

1987b *Emphanisporites euryzonatus* Ouyang and Chen，欧阳舒等，207页，图版3，图24，25。

描述 赤道轮廓三角形，三边微凹入，角部钝圆，大小46—54μm，全模标本46μm，本体（外壁内层）轮廓大致与孢子轮廓一致，大小41—43μm；三射线细、直，几乎伸达本体角部边沿；本体厚2.5—3.0μm，在角部明显增厚（达4—8μm），在近极面每个辐间区有4—6条脊，由极点向外呈辐射状分布，每条脊宽2.0—2.5μm，伸达本体三边边沿甚至超出其轮廓线而略呈齿状；外壁外层薄，厚可能不超过1μm，在赤道部位增厚并膨胀，构成赤道环，环宽3.0—4.5μm，在角部尤厚，可达4—7μm，表面平滑—微显凹凸，但无纹饰；浅棕色（欧阳舒等，1987b）。

比较与讨论 本种以其三角形轮廓、特别是明显的赤道环而区别于 *Emphanisporites* 属的其他种或 *Emphanizonosporites* 属的种。

产地层位 江苏宝应，五通群擂鼓台组。

和布克赛尔辐脊孢 *Emphanisporites hoboksarensis* Lu，1997

（图版24，图15—18）

1997b *Emphanisporites hoboksarensis* Lu，卢礼昌，304页，图版2，图10。

1999 *Emphanisporites densus* Lu，卢礼昌，56页，图版6，图5—9。

描述 赤道轮廓宽圆三角形，大小51.5—73.3μm；三射线常被唇遮盖，唇相当发育，但不强烈隆起，向赤道方向逐渐加宽、增厚，近末端部位最宽，可达7.5—13.7μm，一般宽4.7—6.2μm，高（厚）2—5μm，至少伸达赤道附近；辐射状排列的条脊明显且限于近极面，由三射线顶部朝赤道延伸，并逐渐加宽或分叉（部分）至赤道附近，每个辐间区4—5条，罕见超过6条，表面光滑、厚实，宽3—5μm，高1—2μm；其余外壁无纹饰；赤道与远极外壁厚3—4μm，罕见褶皱，具细内颗粒状结构；棕—深棕色。全模标本大小68.6μm。

比较与讨论 当前种以其唇相当发育，辐射脊宽厚、稀疏为特征而与 *Emphanisporites* 属的其他种不同。

注释 卢礼昌（1999）的 *Emphanisporites densus* 一名应予废弃，因该种名早已被 Tiwari 和 Schaarschmidt

(1975)所使用。

产地层位 新疆准噶尔盆地,呼吉尔斯特组;新疆和布克赛尔,黑山头组3—6层。

忽视辐脊孢 *Emphanisporites neglectus* Vigran, 1964

(图版24,图5,6)

1964 *Emphanisporites neglectus* Vigran, p. 10, pl. 1, figs. 14—16.

1975 *Emphanisporites neglectus*,高联达、侯静鹏,211页,图版7,图9b。

1993 *Emphanisporites neglectus*,高联达,图版1,图15。

注释 当前标本尤其是西准噶尔标本(高联达,1993,图版1,图15),显示的特征与Vigran (1964)给予*E. neglectus*的定义不尽相似,孢子也大许多[最大量度(据图测量)可达40μm]。

产地层位 贵州独山,丹林组下段;新疆准噶尔盆地,克克雄库都克组。

聂拉木辐脊孢 *Emphanisporites nyalamensis* Gao, 1988

(图版24,图21,22)

1988 *Emphanisporites nyalamensis* Gao,高联达,213页,图版3,图18,19。

注释 本种以每个三射线间区具8—10条辐射脊及脊间表面具细点或细粒状纹饰为特征而与*E. rotatus* McGregor, 1960等不同(高联达,1988)。

产地层位 西藏聂拉木,章东组。

不明显辐脊孢 *Emphanisporites obscurus* McGregor, 1961

(图版24,图23,24)

1961 *Emphanisporites obscurus* McGregor, p. 5, pl. 1, fig. 14.

1999 *Emphanisporites obscurus*,卢礼昌,55页,图版6,图1,2。

描述 孢子赤道轮廓圆三角形,大小65.4—79.6μm;三射线清楚,直,具唇,唇宽1.5—2.5μm,近末端或稍加宽、增厚,伸达赤道;近极面辐射脊常不清楚或仅隐约可见,从近极点(或三射线顶部)向赤道延伸至赤道附近,每个辐间区内脊常略多于10条,脊窄细,一般宽仅1.0—1.5μm;其余外壁表面光滑—微粗糙;外壁相当厚实,赤道外壁厚约3μm,罕见褶皱;深棕色。

比较与讨论 *Emphanisporites hibernicus* Clayton et al., 1977的辐射脊也不清楚,但它以辐射脊与射线相交即脊的辐射起点不在近极点(三射线顶部)而与当前种不同。

产地层位 新疆和布克赛尔,黑山头组4,5层。

碟形辐脊孢 *Emphanisporites patagiatus* Allen, 1965

(图版24,图7)

1965 *Emphanisporites patagiatus* Allen, 709页,图版97,图21。

1997 *Emphanisporites patagiatus*,卢礼昌,图版2,图8。

描述 孢子赤道轮廓近圆形—圆三角形,大小42—56μm;三射线简单,直,伸达赤道附近;近极辐射脊,每个辐间区3—5条,伸达或略超出赤道,并自近极点向赤道逐渐增宽,末端最宽,可达4—9μm,一般宽4—5μm;远极与近极—赤道区光滑无饰,赤道外壁厚约4μm;赤道轮廓呈波状碟形;浅—深棕色。

比较与讨论 新疆标本的形态特征与斯匹次卑尔根下泥盆统上部(Emsian)的*E. patagiatus* Allen (1965)颇为相似,仅后者近极极区光滑无脊而略异。

产地层位 新疆准噶尔盆地,呼吉尔斯特组。

轮状辐脊孢 *Emphanisporites rotatus* (McGregor) McGregor, 1973

(图版 24,图 11—13)

1961 *Emphanisporites rotatus* McGregor, p. 3, pl. 1, figs. 1—4.

1973 *Emphanisporites rotatus* (McGregor) McGregor, p. 46, pl. 6, figs. 9—13.

1983 *Emphanisporites rotatus*,高联达,197 页,图版 3,图 5。

1983 *Emphanisporites rotatus*,高联达,499 页,图版 110,图 13。

1983 *Emphanisporites hibernicus*,高联达,197 页,图版 3,图 1—4。

1983 *Emphanisporites cerchnus* Gao,高联达,198 页,图版 3,图 6。

1985 *Emphanisporites rotatus*,高联达,66 页,图版 5,图 17。

1985 *Emphanisporites rotatus*,高联达,见侯鸿飞等,197 页,图版 3,图 5。

1997b *Emphanisporites rotatus*,卢礼昌,图版 2,图 9。

1999 *Emphanisporites rotatus*,卢礼昌,56 页,图版 14,图 16,17。

描述 孢子赤道轮廓圆形或近圆形,大小 45—85μm;三射线清楚,微开裂,直,简单或具窄唇,伸达赤道附近;辐射脊从三射线顶部延至赤道附近,每个辐间区 8—10 条,每条宽窄近乎均匀,末端不见或罕见两分叉,宽 2—3μm;远极面外壁无纹饰,赤道轮廓线圆滑,赤道外壁厚约 2μm,罕见褶皱;橙棕或浅棕色。

比较与讨论 *Emphanisporites annulatus* 虽具类似特征的辐射脊,但其远极面有一个加厚的同心环;*E. hibernicus* Clayton et al. ,1977 的脊是沿射线作扇形排列的,且脊单薄(宽 1. 0—1. 5μm)而稀少(每个辐间扇形区仅 3 或 4 条)。

注释 据 McGregor (1973, p. 47)的修订特征,本种还包括那些近极顶部缺失脊或纹饰的分子在内。此外,三射线两侧常伴有脊。

产地层位 贵州睦化,王佑组格董关层底部;云南禄劝,坡脚组;西藏聂拉木,波曲组上部;新疆准噶尔盆地,呼吉尔斯特组;新疆和布克赛尔,黑山头组 3—6 层。

似环辐脊孢 *Emphanisporites subzonalis* Lu, 1999

(图版 24,图 19, 20)

1997b *Emphanisporites subzonalis* Lu (MS.),卢礼昌,图版 2,图 5。

1999 *Emphanisporites subzonalis* Lu,卢礼昌,57 页,图版 6,图 3,4。

描述 赤道轮廓钝角、凸边三角形,大小 54. 6—82. 7μm,全模标本 63μm;三射线清楚,但常为唇遮盖,唇发育,宽厚,末端或较宽,一般宽 4. 7—6. 2μm,高 2—3μm,伸达赤道附近;接触区清楚,区内外壁较薄(明亮),并具辐射状脊,每辐间区 3—5 条,伸达赤道附近;脊低矮而单薄、顶端较窄,朝末端(近赤道)逐渐加宽、减薄,末端不分叉,近顶部宽 3—4μm,末端界线常较模糊,宽 9—17μm;近极—赤道外壁明显加厚并呈假环状,宽可达 5. 0—6. 2μm,远极外壁光滑无纹饰,厚 3—4μm,罕见褶皱;棕—深棕色。

比较与讨论 本种以其接触区清楚,区内脊单薄、稀少与近极—赤道外壁明显加厚并呈假环状为特征而与 *Emphanisporites* 其他种不同。*E. annulatus* 虽也具"环",但它位于远极半球的赤道区,而非近极—赤道区。

产地层位 新疆准噶尔盆地,呼吉尔斯特组;新疆和布克赛尔,黑山头组 5 层。

假网穴面孢属 *Pseudoreticulatispora* Bharadwaj and Srivastava, 1969

模式种 *Pseudoreticulatispora barakarensis* Bharadwaj and Srivastava, 1969;印度,下二叠统。

属征 三缝小型孢子,赤道轮廓圆三角形;三射线清楚,射线等长,通常长≥3/4R,唇厚,射线棱高,一般伴随粗大次生褶皱;外壁厚,点穴状,点穴的基部在外壁之内互相连接,呈穴网状(假网);模式种大小 51—88μm。

比较与讨论 *Microfoveolatispora* 具凸出但低矮的正网,而本属油镜下才显穴—网,不用油时呈块瘤—颗粒状。

鄂尔多斯假网穴面孢(新联合) *Pseudoreticulatispora ordosense* (Deng) Ouyang comb. nov.

(图版107,图25, 26)

1983 *Foveosporites ordosensis* Deng,邓茨兰等,33页,图版1,图9,10。

1984 *Foveolatisporites pemphigosus* Gao,高联达,405页,图版152,图25。

描述 赤道轮廓圆形,大小70—87μm,全模87μm(图版107,图25);三射线细、直,长约2/3R,常开裂;外壁颇厚,厚达2.5—5.0μm,偶有褶皱,表面具颇均匀、细小的穴,近圆形—卵圆形,直径1.0—2.5μm,穴间距2—3μm,在轮廓线上微波状;棕色。

比较与讨论 本种孢子与*P. rhantusa* (Gao)有些相似,但以圆形轮廓、外壁表面穴间距较窄且较少沟连、穴径较均匀与后者有别。一方面,宁武的*Foveolatisporites pemphigosus* Gao, 1984显然不能归入*Vestispora*,另一方面,除个体稍小(70μm)外,与*Foveosporites ordosensis* Deng, 1983(87μm)亦颇相似,故合并在同一种内,改归本属并作新联合处理。*Foveosporites*模式种[澳大利亚,白垩系(?)]穴颇稀。

产地层位 山西宁武,上石盒子组;内蒙古准格尔旗,石盒子群。

斑点假网穴面孢(新联合) *Pseudoreticulatispora rhantusa* (Gao) Ouyang comb. nov.

(图版107,图41)

1984 *Foveolatisporites rhantusus* Gao,高联达,1984,406页,图版152,图26。

描述 赤道轮廓亚圆形,大小50—60μm,全模56μm;三射线长约2/3R,有时微开裂;外壁厚2—3μm,表面具斑状穴,穴径1—2μm,多呈圆形,有些互相沟通,穴间距3—4μm,轮廓线上穴间脊微齿状,其间的穴尚清楚;棕黄色。

比较与讨论 鉴于当前孢子未见圆盖、具较长三射线,归入*Vestispora*似欠妥,故改归本属并作新联合处理。

产地层位 山西宁武,上石盒子组。

山西假网穴面孢(新种) *Pseudoreticulatispora shanxiensis* Ouyang sp. nov.

(图版107,图37)

1964 *Foveolatisporites* cf. *fenestratus* (Kosanke and Brokaw) Bharadwaj,欧阳舒,497页,图版V,图6。

1964 *Foveolatisporites* sp.,欧阳舒,497页,图版V,图5。

描述 赤道轮廓圆形,大小58—94μm,全模94μm,副模58μm(图版107,图37);三射线清晰,长1/2—2/3R,末端尖;外壁厚1—2μm,表面具细密外"网"状纹饰,穴径1—2μm,偶尔达3—4μm,中央有时具一小穴,或圆或扁;网脊低平,高1—2μm,宽2—4μm,有时向末端变细,在光切面上微凸出,轮廓线略波状;淡黄色—黄色。

比较与讨论 此种孢子原被鉴定为*Foveolatisporites* cf. *fenestratus* (Kosanke and Brokaw),但该种已证明是并迁入*Vestispora*属,鉴于当前孢子未见圆盖、中央本体及射线较长,故改归*Pseudoreticulatispora*属并定为一新种。

产地层位 山西河曲,下石盒子组。

细网孢属 *Microreticulatisporites* (Knox) Potonié and Kremp, 1954

模式种 *Microreticulatisporites lacinosus* (Ibrahim) Knox, 1950;德国鲁尔,上石炭统(Westfal B/C)。

属征 三缝同孢子或小孢子。赤道轮廓三角形—圆形,三射线长短不一;外壁具外网状纹饰,网穴一般颇细,最大直径不超过6μm,网有时不完全且分叉,网具相应形态;轮廓线呈锯齿状—微波状。Bharadwaj (1955)给本属的重新定义与上述属征基本一致,但他提及网穴直径不超过3μm。

比较与讨论 本属以轮廓三角形、清楚的三射线和网纹特征而区别于*Foveosporites*。

凹边细网孢 *Microreticulatisporites concavus* Butterworth and Williams, 1958

（图版 107,图 8, 22）

1958 *Microreticulatisporites concavus* Butterworth and Williams, p. 367, pl. 1, fig. 567.

1984 *Microreticulatisporites concavus* Butterworth and Williams,高联达,346 页,图版 137,图 8。

1984 *Microreticulatisporites concavus*,王蕙,图版 2,图 5。

1989 *Microreticulatisporites concavus*, Zhu, pl. 2, fig. 5.

1993 *Microreticulatisporites concavus*,朱怀诚,258 页,图版 64,图 14。

1996 *Microreticulatisporites concavus*,朱怀诚,见孔宪桢,图版 45,图 4。

描述 赤道轮廓三角形,三角呈圆角,三边向内凹入,大小 30—40μm;三射线直伸至三角顶,常裂开;孢壁薄,黄色,表面覆以不规则的多角形的网穴,网穴直径 3—4μm,网脊不规则,厚 2μm 左右。

比较与讨论 原全模大小 44μm,本种大小 30(40)50μm;三射线长约 2/3R;细网规则(穴径 2μm,脊宽 ≤3μm),绕周边脊突 40—60 枚。

产地层位 山西宁武,本溪组;甘肃靖远,红土洼组—羊虎沟组;宁夏横山堡,下石炭统。

明显细网孢 *Microreticulatisporites distinctus* (Naumova in Kedo) Lu, 1997

（图版 35,图 19）

1963 *Dictyotriletes distinctus* Naumova in Kedo, p. 53, pl. 4, fig. 91.

1997a *Microreticulatisporites distinctus* (Naumova in Kedo) Lu,卢礼昌,图版 1,图 7。

描述 赤道轮廓圆三角形或近圆形,大小 46. 4μm;三射线柔弱,微裂,不等长,长 1/3—8/9R;整个外壁表面具细而密的网状纹饰;网脊宽 1. 0—2. 3μm,高 1. 5—2. 8μm,顶端钝凸,罕见锐尖;网穴多边形—近圆形,穴径 1. 5—2. 5μm;绕孢子周边约具 33 枚细齿状突起。

比较与讨论 描述标本的特征与 *Dictyotriletes distinctus* Naumova in Kedo(1963, pl. 4, fig. 91)较为接近,仅后者孢体略大(66μm)。将 *D. distinctus* 的归属改为 *Microreticulatisporites*,主要是它的网穴颇小(<3μm)。

产地层位 湖南界岭,邵东组。

多管细网孢 *Microreticulatisporites fistulus* (Ibrahim) Knox, 1950

（图版 107,图 9）

1933 *Reticulati-sporites fistulosus* Ibrahim, p. 36, pl. 5, fig. 35.

1950 *Microreticulatisporites fistulosus* (Knox) Knox, p. 320, pl. 18, fig. 246.

1978 *Microreticulatisporites fistulosus* (Ibrahim) Knox,谌建国,405 页,图版 118,图 17。

1982 *Microreticulatisporites fistulosus*,蒋全美等,606 页,图版 403,图 23。

描述 赤道轮廓三角形,三边凸出,角部浑圆,大小 39—41μm;三射线较粗,几达边沿,由于受网脊影响而略呈波状;外壁不厚,表面具不规则细网状纹饰,网脊宽 1—2μm,高约 2μm,顶尖,网穴直径 2—3μm,镜筒向下时纹饰如蠕瘤状;绕赤道轮廓有网脊约 35 条;黄色。

比较与讨论 按 Potonié 和 Kremp 描述,本种以个体稍大(40—50μm),三射线较粗壮(宽 5—6μm)区别于 *M. nobilis*。

产地层位 湖南浏阳官渡桥,龙潭组。

细小细网孢 *Microreticulatisporites gracilis* Wang, 1984

（图版 107,图 39）

1984 *Microreticulatisporites gracilis* Wang,王蕙,98 页,图版 2,图 4。

描述 赤道轮廓亚圆形,大小 48—78μm;三射线裂缝状,具薄唇,长为 2/3R;外壁厚 <1μm,具细小网纹,网脊薄,网眼直径约为 0. 5μm;轮廓线平滑—微波状;孢子棕黄色。

比较与讨论 本种以细小的网纹为特征与属内其他种区别。

产地层位 宁夏横山堡,上石炭统。

赫里松细网孢 *Microreticulatisporites harisonii* Peppers, 1970

(图版107,图23, 40)

1970 *Microreticulatisporites harrisonii* Peppers, p. 110, pl. 9, fig. 1.

1976 *Microreticulatisporites harrisonii* Peppers, Kaiser, p. 117, pl. 8, fig. 10.

1982 *Microreticulatisporites fistulosus* (Ibrahim) Knox,黄信裕,图版1,图15。

1995 *Microreticulatisporites harisonii* Peppers,吴建庄,338页,图版50,图24。

描述 据 Peppers (1970),赤道轮廓三角形,三边平直或微凹,角部浑圆,大小28.3—33.8μm;三射线清楚,直,长约2/3R,无唇;外壁厚约1μm,多具小褶皱,在射线外边颜色较深,近、远极面皆为细网状,网穴穴径0.5—1.0μm,颇均匀,网脊宽(高)约0.5μm,绕周边近60个穴。我国被定为此种的标本,除个体较大(45—70μm)外,其他特征与前述一致,暂归入同一种内;但从福建采集的 *M. fistulus*,因三边微凹,更似 *M. harisonii* 的全模,大小约27μm。

比较与讨论 *M. concavus* Butterworth and Williams 网纹较粗,个体一般较大 (32—52 μm)。

产地层位 山西保德,山西组(层F);福建长汀陂角,梓山组;河南临颍,上石盒子组。

甘肃细网孢 *Microreticulatisporites kansuensis* Gao, 1980

(图版107,图44, 45)

1980 *Microreticulatisporites kansuensis* Gao,高联达,58页,图版2,图12—13。

描述 赤道轮廓圆三角形,角部钝圆,三边略外凸,大小70—80μm;外壁薄,常褶皱,黄色;三射线等于孢子半径长,射线两侧具唇,宽4—6μm;外壁表面具多边形的小网穴,穴径3—5μm,网脊宽1.0—1.5μm。

比较与讨论 描述的孢子与 *Microreticulatisporites hortonensis* Playford (1963, p.28, pl.8, figs.3, 4)比较,有很大的差异,前者个体较大,后者个体大小在4l—58μm之间变化,网穴亦有差异,后者为虫迹纹饰。

产地层位 甘肃靖远,前黑山组。

窝穴细网孢 *Microreticulatisporites lunatus* Knox, 1950

(图版108,图18, 19)

1950 *Microreticulatisporites Lunatus* Knox, p. 320, fig. 4.

1984 *Microreticulatisporites Lunatus* Knox,高联达,58页,图版137,图12,13。

描述 赤道轮廓三角形,角部呈圆角,三边外凸,大小50—60μm;三射线细长,不易见,可见时长2/3R;外壁薄,黄色,表面具不规则的小网,网穴呈多角形,直径3—4μm,网脊不规则,宽2—3μm,凸出在轮廓线边缘,呈齿状。

比较与讨论 据 Knox (1950)描述,此种全模大小45μm,圆形;三射线延伸至赤道边缘;外壁细网状,网穴规则,穴径2—4μm,网脊宽1—2μm;轮廓线呈波状。高联达鉴定的此种,孢子稍大,且网脊在轮廓线上波突不明显。

产地层位 河北开平煤田,开平组;内蒙古清水河煤田,太原组。

小穴细网孢 *Microreticulatisporites microreticulatus* Knox, 1950

(图版108,图20, 21)

1950 *Microreticulatisporites microreticulatus* Knox, p. 321, fig. 42.

1986 *Microreticulatisporites microreticulatus* Knox,杜宝安,图版Ⅱ,图7。

1993 *Microreticulatisporites microreticulatus*,朱怀诚,258页,图版63,图22。

1995 *Maculatasporites punctatus* Peppers Auct. non Peppers,吴建庄,339页,图版51,图4,5。

描述 赤道轮廓圆形,大小48—50μm;三射线清楚,简单,长约3/4R;外壁厚1.5—2.0μm,表面饰以网状纹饰,网穴近圆形,穴径0.5—2.0μm,网脊外侧膨大,呈瘤状,脊宽1.5—3.5μm,高0.5—1.5μm,末端多钝圆或微尖,轮廓线波状;棕黄色。

比较与讨论 本种以个体略大、网脊膨大区别于 *M. punctatus* Knox, 1950(原描述30—35μm)。吴建庄(1995)鉴定安徽太和上石盒子组的一个种孢子为 *M. punctatus* Peppers, 1970;但却未用此作者的原属种名 *Maculatasporites punctatus* Peppers, 也未标明是新联合,即 *M. punctatus* (Peppers) Wu comb. nov., 显然是不合适的。*Maculatasporites* Tiwari, 1964 (模式种 *M. indicus* Tiwari)是无缝孢子,而 *Microreticulatisporites* 是三缝孢,从照片上看,上述太和的孢子是有三缝的,且与 *M. microreticulatus* Knox 大小、纹饰略似,故暂存疑地归入此种内。*M. punctatus* Peppers, 1970 无缝,原为圆形,外壁厚达4.0—4.5μm,穴径2—4μm,间距约3μm,穴深凹,绕周边25—30个穴,太和的标本显然不属于此种。

产地层位 安徽太和,上石盒子组;甘肃靖远,红土洼组;甘肃平凉,山西组。

小瘤细网孢 *Microreticulatisporites microtuberosus* (Loose) Potonié and Kremp, 1955

(图版107,图20, 24)

1932 *Sporonites microtuberosus* Loose, p. 450, pl. 18, fig. 33.

1955 *Microreticulatisporites microtuberosus* (Loose) Potonié and Kremp, p. 100, pl. 15, figs. 273—277.

1984 *Microreticulatisporites microtuberosus* (Loose) Potonié and Kremp,高联达,346页,图版137,图4。

1989 *Microreticulatisporites microtuberosus*,侯静鹏等,103页,图版11,图7。

1990 *Microreticulatisporites microtuberosus*,张桂芸,见何锡麟等,312页,图版Ⅴ,图1,2。

描述 赤道轮廓三角形,三边强烈凸出,角部钝圆,大小43—60μm;三射线细长,直,伸达角部;外壁厚约1.5μm,表面具颇规则或不甚规则的网穴,穴径1.0—1.5μm,大者达3—5μm,网脊不甚规则,略似小串珠状,交汇处高出呈小瘤状,高2—3μm,轮廓线波状—齿状;黄棕色。

比较与讨论 按原描述,本种大小55—85μm,全模67.5μm。当前标本与 *Dictyotriletes danvillensis* Peppers, 1970 (p. 111, pl. 9, figs. 6, 7)有些相似,但后者网穴较大(2.0—2.5μm)、分布均匀,网脊低平。

产地层位 河北开平,赵各庄组(煤8);山西宁武,太原组;内蒙古准格尔旗黑岱沟、龙王沟,本溪组;新疆乌鲁木齐,梧桐沟组。

高贵细网孢 *Microreticulatisporites nobilis* (Wicher, 1934) Knox, 1950

(图版107,图48, 49)

1934 *Sporites nobilis* Wicher, p. 186, pl. 8, fig. 30.

1944 *Punctati-sporites nobilis* (Wicher) Schopf, Wilson and Bentall, p. 31.

1950 *Microreticulatisporites nobilis* (Wicher) Knox, p. 321, pl. 18, fig. 242.

1955 *Microreticulatisporites nobilis* (Wicher), in Potonié and Kremp, p. 101, pl. 15, fig. 279.

1967 *Microreticulatisporites nobilis* (Wicher), Smith and Butterworth, p. 192, pl. 11, figs. 7, 8.

1970 *Microreticulatisporites nobilis* (Wicher), Peppers, p. 111, pl. 9, fig. 5.

1980 *Convolutispora nobilis* (Wicher), Ouyang and Li, pl. 1, fig. 4.

1980 *Converrucosisporites regularis* Zhou,周和仪,21页,图版8,图20。

1984 *Microreticulatisporites nobilis*,高联达,346页,图版137,图5, 6。

1984 *Microreticulatisporites nobilis*, in Gao, p. 345, p1. 137, fig. 6, 7.

1984b *Microreticulatisporites nobilis*,王蕙,图版Ⅱ,图6。

?1987a *Microreticulatisporites novicus* (Wilson and Kosanke) Smith and Butterworth,廖克光,558页,图版136,图19。

1987 *Converrucosisporites regularis* Zhou,周和仪,9页,图版1,图25。

1989 *Microreticulatisporites nobilis*, Zhu H. C., pl. 2, fig. 4.

1989 *Microreticulatisporites novicus* Bharadwaj, Zhu H. C., pl. 2, fig. 2.

1990 *Microreticulatisporites nobilis*,张桂芸,见何锡麟等,313页,图版5,图3,4。

1993 *Microreticulatisporites nobilis*,朱怀诚,258页,图版64,图3—5,9。

描述 赤道轮廓三角形,三边外凸,大小 26—40μm;三射线清楚,直,简单,几乎伸达孢子赤道;外壁不厚,为 1.5—2.0μm,表面具细网纹饰,网脊基宽 1.0—2.5μm,高 0.5—1.5μm,末端微尖或钝圆,网穴穴径约 1μm,偶尔稍大,穴多边形、椭圆形—圆形,绕周边网脊突起 30—40 枚;黄色。

比较与讨论 Bharadwaj(1957a)建立了 *M. novicus*,他以此种的三射线微波状和网脊顶部较尖出而与 *M. nobilis* 相区别。但 Peppers (1970, p. 111) 根据网脊顶部钝尖或钝圆在同一标本上可以见到的现象,认为前者难以与 *M. nobilis* 划分开来。鉴于我国定为这两个种的标本射线都直,故亦合并为一种。

产地层位 河北开平,本溪组;山西朔县,本溪组;山西宁武,太原组—山西组;山西保德,太原组;内蒙古准格尔旗黑岱沟,本溪组、山西组;甘肃靖远,靖远组、红土洼组—羊虎沟组;宁夏横山堡,羊虎沟组—太原组。

点饰细网孢 *Microreticulatisporites punctatus* Knox, 1950

(图版 108,图 10, 11)

1950 *Microreticulati-sporites punctatus*, Knox, p. 321, fig. 43.

1958 *Microretculatisporites punctatus*, Butterworth and Williams, p. 368.

1967 *Microreticulatisporites punctatus*, Smith and Butterworth, p. 192, p1. 11, figs. 11—13.

1989 *Microreticulatisporites punctatus*, Zhu H. C., pl. 2, fig. 10.

1985 *Microreticulatisporites* cf. *nobilis* (Wicher) Knox, Gao, pl. 2, fig. 2.

1993 *Microreticulatisporites punctatus* Knox,朱怀诚,258 页,图版 64,图 6—8,11—13。

描述 赤道轮廓卵圆形—圆形;大小 29(37.7)45μm(测 18 粒);三射线简单,细直,长 2/3—3/4R,有时因表面纹饰掩盖而不明显;外壁厚 1—2μm(含纹饰),轮廓线齿形,表面网状纹饰,网穴圆形、卵圆形,穴径 1.0—1.5μm,脊宽 1—3μm,多为 1—2μm,宽度多稳定。

比较与讨论 鉴于 Knox 确定的全模(35μm)欠理想,Butterworth 和 Williams(1958)错误地另选全模,后 Smith 和 Butterworth(1967)将后者称为新模式(34μm,圆形—卵圆形,细网穴,网脊不大于 2μm,三射线长约 2/3R,轮廓线为波状),此种网穴较 *M. microreticulatus* 小且规则。

产地层位 山西宁武,本溪组;甘肃靖远,红土洼组—羊虎沟组。

规则细网孢 *Microreticulatisporites regulatus* Wang, 1996

(图版 21,图 29)

1996 *Microreticulatisporites regulatus* Wang,王怿,27 页,图版Ⅲ,图 5。

描述 赤道轮廓亚圆形,全模标本大小 62μm;三射线清楚,直,具唇,宽 2—3μm,向末端略变粗,唇边缘不平整;弓形脊发育,完全,沿近赤道部位延伸,宽 2.5—3.5μm,在射线末端内凹;外壁厚 2μm,远极表面具网状纹饰,网脊宽约 1μm,网穴呈六角形—三角形—亚圆形,穴径 2—5μm,分布比较规则,大小基本一致,近极面表面光滑,轮廓线呈缓波状,较平;棕色。

比较与讨论 Smith 和 Butterworth(1967, p. 189)认为网穴穴径 <6μm 的网状纹饰孢子应归入 *Microreticulatisporites*,故当前标本归入 *Microreticulatisporites*。与 *Microreticulatisporites* 的其他种相比,当前标本网穴穴径大(2—4μm),特别是具弓形脊。*Dictyotriletes* 的网穴穴径一般大于 6μm。*Retusotriletes* 的种以表面光滑或细小的颗粒状纹饰区别于当前标本。

产地层位 湖南锡矿山,邵东组和孟公坳组。

拟网细网孢 *Microreticulatisporites reticuloides* (Kosanke) Potonié and Kremp, 1955

(图版 21,图 20, 21)

1950 *Punctatisporites reticuloides* Kosanke, p. 18, pl. 1, fig. 7.

1955 *Microreticulatisporites reticuloides* (Kosanke) Potonié and Kremp, p. 102, pl. 15, fig. 281a—c.

1997 *Microreticulatisporites reticuloides*,卢礼昌,图版 1,图 14。

描述 赤道轮廓宽圆三角形或近圆形,大小 48—60μm;三射线有时不清楚(因纹饰密集所致),长 1/2—

2/3R;外壁厚约 1.5μm,表面覆以致密细网状纹饰;网穴为不甚规则的小多边形、长条形,穴径宽一般为 1.5—2.0μm,最长可达 3.5—5.5μm(宽 1.0—1.5μm),最小略不足 1μm,网脊基宽常为 1—3μm,突起高 1.0—2.5μm(赤道轮廓线上),顶端多呈锐尖;罕见褶皱。

注释 Kosanke(1950)给予 *Punctatisporites reticuloides* 的大小幅度为 45—61μm,全模标本 50.4×52.5μm;三射线长略大于 1/2R;穴可大于 5μm(较大者);标本一般略呈偏压状保存。

产地层位 江西全南,翻下组;湖南界岭,邵东组。

多皱细网孢 *Microreticulatisporites rugosus* Gao, 1984

(图版 108,图 47, 48)

1984 *Microreticulatisporites rugosus* Gao,高联达,345 页,图版 136,图 29;图版 137,图 1。

描述 赤道轮廓圆形,大小 80—110μm;三射线细,由于纹饰覆盖,常不易见,见时等于 2/3R;外壁薄,多褶皱,黄色,表面覆以多角形的小网纹,穴径 1.5—2.0μm,网脊宽 1μm 左右,凸出于孢子边缘,呈小齿状。

比较与讨论 本种与 *Microreticulatisporites microtubercosus* (Loose) Potonié and Kremp, 1955 和 *M. nobilis* Knox, 1950 有些相似,但以个体大、网穴排列紧密与后者区别。

产地层位 山西轩岗煤田,太原组;河北开平,开平组。

瘤脊细网孢 *Microreticulatisporites sulcatus* (Wilson and Kosanke) Smith and Butterworth, 1967

(图版 108,图 12, 22)

1944 *Punctati-sporites sulcatus* Wilson and Kosanke, p. 331, pl. 1, fig. 4.

1955 *Converrucosisporites sulcatus* (Wilson and Kosanke) Potonié and Kremp, p. 64.

1967 *Microreticulatisporites sulcatus* (Wilson and Kosanke) Smith and Butterworth, p. 193, pl. 11, figs. 9, 10.

1987a *Microreticulatisporites sulcatus* (Wilson and Kosanke) Smith and Butterworth,廖克光,558 页,图版 136,图 28。

1989 *Microreticulatisporites sulcatus*, Zhu, pl. 2, fig. 13.

1993 *Microreticulatisporites sulcatus*,朱怀诚,259 页,图版 63,图 21,23。

描述 赤道轮廓三角形,大小 29—55μm;三射线清楚,细直或微弯,长 3/4—1R;外壁厚 1—2μm(不包括纹饰),表面具细网纹饰,网脊向外呈锥瘤状,脊宽 1—4μm,高 0.5—2.0μm,网穴圆、椭圆、多边形,穴径 1—2μm,在轮廓线上细齿—波状,绕周边突起 25—35 枚;棕黄色。

比较与讨论 本种以网脊在赤道轮廓线上呈锥瘤—刺状而与其他种区别。

产地层位 山西宁武,本溪组;山西保德,太原组;甘肃靖远,红土洼组—羊虎沟组。

真细网孢(比较种) *Microreticulatisporites* cf. *verus* Potonié and Kremp, 1955

(图版 168,图 9)

1955 *Microreticulatisporites verus* Potonié and Kremp, s. 102, Taf. 15, Abb. 286.

1987 *Microreticulatisporites* cf. *verus*,欧阳舒、陈永祥,52 页,图版 3,图 26。

描述 赤道轮廓亚圆形,大小 73μm;三射线清楚,呈窄脊状,长约 2/3R;外壁厚约 2μm,表面覆以细密穴状纹饰,穴径≤1μm,网脊宽约 1μm,轮廓线上微凹凸不平;棕色。

比较与讨论 当前标本与德国鲁尔煤田中石炭统(维斯发 B 期)的 *M. verus* Potonié and Kremp, 1955 颇为相似,仅后者网脊稍粗而略有差别。

产地层位 江苏句容,五通群擂鼓台组下部。

织网孢属 *Periplecotriletes* Naumova, 1939 ex Oshurkova, 2003

模式种 *Periplecotriletes amplectus* (Naumova) Waltz, in Luber and Waltz, 1938;苏联莫斯科盆地附近,下石炭统。

属征 赤道轮廓近圆形,大小 40—95μm;三射线直,具唇,长约 2/3R,无接触区或弓形脊;外壁厚实,整个表面具不规则缠绕的脊条,轮廓线因这些脊条而微呈不规则低矮大波状(Oshurkova,2003)。

比较与讨论 本属1939年命名时为裸名,Naumova当时给了很简单的特征(无环三缝孢,具互相缠绕的条凸),但未指明是属级单位,也无模式种,无照片;Ischenko(1952)首次将他的 *P. crassus* Ischenko 归入此属,从而使此属有效化;该种也被 Jansonius 和 Hills (1976)指定为选模种;不过,*P. crassus* 显然是属于 *Vestispora* 的。Archangelskaya(1976)选了 *P. amplectus* 作模式种,并给了属征。Oshurkova (2003)认为与网穴类孢子诸属相比,本属以孢子表面不规则缠绕的脊条为特征,与具相似纹饰的属以圆形轮廓和纹饰分布于孢子整个表面相区别。

旋脊织网孢 *Periplecotriletes amplectus* Naumova, 1938

(图版23,图11;图版112,图6)

1938 *Periplecotriletes amplectus* Naumova, in Luber and Waltz, p. 12, pl. Ⅰ, fig. 7.

1941 *Azonotriletes amplectus* (Naumova) Waltz, in Luber and Waltz, p. 31, pl. 2, fig. 18.

1955 *Filicitriletes amplectus* (Waltz) Luber comb. nov., p. 63, pl. 4, figs. 81—83.

1963 *Archaeozonotriletes amplectus* (Naumova) Kedo, p. 75, pl. 8, figs. 186, 187.

1980 *Corbulispora amplecta* (Naumova) Gao comb. nov.,高联达,图版Ⅲ,图13。

1983 *Convolutispora amplecta* (Naumova) Gao,高联达,195页,图版2,图9。

1997a *Reticulatisporites amplectus* (Naumova) Lu,卢礼昌,图版3,图19。

描述 赤道轮廓圆三角形,壁厚,黄褐色,大小39.2—60.0μm;孢子表面具不规则的筐形网脊,穴径5.8—15.0μm,脊宽3.0—9.5μm,高1.7—6.0μm,描述的孢子网脊类似蠕虫迹状;三射线清楚,微曲,具窄唇(宽约1.5μm),长1/2—2/3R。

比较与讨论 与Waltz新联合的 *Azonotriletes amplectus* 不太相似,后者大小约75μm,尤其是网脊粗平、数量少,轮廓线上无棒(脊)突,三射线具粗壮唇,高联达建立的种 *Corbulispora minuta* 倒是略似卢礼昌定的 *Reticulatisporites amplectus*。

产地层位 湖南界岭,邵东组;西藏聂拉木,波曲组上部;甘肃靖远,前黑山组。

旋脊织网孢(比较种) *Periplecotriletes* cf. *amplectus* Naumova, 1939

(图版108,图13)

1938 *Periplecotriletes amplectus* Naumova, in Luber and Waltz, p. 12, pl. 1, fig. 7.

1941 *Azonotriletes amplectus* (Naumova) Waltz, in Luber and Waltz, p. 31, pl. Ⅱ, fig. 18.

1986 *Convolutispora* cf. *amplecta* (Luber) Naumova, Medvedeva, 1960,侯静鹏、王智,83页,图版25,图17。

描述 赤道轮廓亚圆形,大小53μm;三射线因受纹饰影响不很清楚,长2/3—1R;外壁厚约1.5μm,表面具不规则蠕瘤—块瘤状纹饰,局部互相连接,包围不规则穴或壕,基宽>高,宽4—10μm,高多小于4μm,末端平圆,个别呈锥状;棕黄色。

比较与讨论 当前标本与 *Lophotriletes amplecta* (Waltz) Naumova (Medvedeva, 1960, p. 23, pl. 2, fig. 10) 近似,但后者个体小,仅定为比较种。同义名表中第1938项的列法仿 Oshurkova(2003, p. 111)。

产地层位 新疆吉木萨尔大龙口,锅底坑组。

细肋织网孢 *Periplecotriletes tenuicostatus* Ouyang, 1986

(图版108,图23)

1986 *Periplecotriletes tenuicostatus* Ouyang,欧阳舒,60页,图版Ⅵ,图9。

描述 赤道轮廓亚圆形,全模大小51μm;三射线粗壮,具唇,宽3—5μm,微高起,末端或分叉,等于或接近孢子半径长;孢壁不厚,整个表面具疏密不等、但粗细较均匀的条带,散乱、不规则缠绕分布,宽约1μm,不构成网纹,在轮廓线上微凸出,高<1μm;微棕黄—黄色。

比较与讨论 本种以轮廓亚圆形、外壁肋纹颇细密、宽度均匀且交叉而与早三叠世卡以头组的

P. glomeratus Ouyang and Li, 1980 不同。

产地层位 云南富源,宣威组。

平网孢属 *Dictyotriletes* (Naumova) Potonié and Kremp, 1954

模式种 *Dictyotriletes bireticulatus* (Ibrahim) Potonié and Kremp, 1955;德国鲁尔,上石炭统中下部(Westfal B/C)。

属征 三缝小孢子,赤道轮廓三角形—近圆形,具平直或凹入的三边,角部浑圆;三射线略伸达赤道;外壁具由低平网脊组成的网状纹饰,轮廓线微波状;模式种大小40—60μm,一般34—47μm。

比较与讨论 本属以其网脊低平、无连接网脊的膜而与 *Reticulatisporites* 区别。Smith 和 Butterworth (1967)修订了本属属征,认为网脊之间膜环的有无不是主要的,*Reticulatisporites* 属的模式种 *R. reticulatus* 具带环(cingulum),这才是与本属的根本区别,所以他们把原先被归入 *Reticulatisporites* 属的一些种(包括那些具网膜的种)如 *R. muricatus* Kosanke 迁入到 *Dictyotriletes* 属中:本书未采用这一建议,因为 *R. reticulatus* Ibrahim(Potonié and Kremp, pl. 16, fig. 310)的所谓带环(即并不均一的周边暗带)主要由网脊叠压而成。

植物亲缘关系 真蕨类(Filices)?

奇异平网孢 *Dictyotriletes admirabilis* Playford, 1963

(图版108,图45, 46)

1963 *Dictyotriletes admirabilis* Playford, p. 27, pl. 8, figs. 5—8.

1987a *Dictyotriletes admirabilis* Playford,廖克光,559页,图版136,图7。

1993 *Dictyotriletes admirabilis* Playford,朱怀诚,261页,图版64,图37,38a,b。

描述 赤道轮廓三角形,三边微凹,角部近平截或缓平圆,大小90μm;三射线清楚,多少开裂,伸达或近达外壁内沿;外壁厚约3μm,但局部[远极至辐间区(?)]增厚,可达6μm左右,包围外壁变薄部位,构成很平而宽的网脊和大而浅的网穴;黄—棕黄色。

比较与讨论 当前标本与Playford(1963)从加拿大东部早石炭世地层中发现的 *D. admirabilis*(平均大小65μm)在网穴和网基方面较为相似,但后者未见清楚的三射线;廖克光(1987a)描述的标本,外壁较厚,归入本属种,更是问题,不排除属 *Knoxisporites* 的可能。

产地层位 山西宁武,上石盒子组;甘肃靖远,羊虎沟组。

网饰平网孢 *Dictyotriletes bireticulatus* (Ibrahim) Potonié and Kremp, 1955

(图版108,图24, 25)

1932 *Sporonites bireticulatus* Ibrahim, Potonié, Ibrahim and Loose, p. 447, pl. 14, fig. 1.

1933 *Reticulati-sporites bireticulatus*, Ibrahim, p. 35, pl. 1, fig. 1.

1934 *Reticulata-sporites bireticulatus*, Loose, pl. 7, fig. 28.

1955 *Dictyotriletes bireticulatus* (Ibrahim) Potonié and Kremp, p. 108, pl. 16, fig. 296.

1967 *Dictyotriletes bireticulatus*, Smith and Butterworth, p. 194, pl. 11, figs. 14, 15.

1983 *Dictyotriletes bireticulatus*,邓茨兰等,图版1,图8。

1984 *Dictyotriletes bireticulatus*,高联达,350页,图版37,图21,22。

1984 *Dictyotriletes bireticulatus*,王蕙,图版3,图8—10。

1985 *Dictyotriletes bireticulatus*, Gao, pl. 2, fig. 8.

?1987b *Dictyotriletes bireticulatus*,廖克光,图版24,图25。

1989 *Dictyotriletes bireticulatus*, Zhu, pl. 2, fig. 26.

1990 *Dictyotriletes bireticulatus*,张桂芸,见何锡麟等,315页,图版2,图9。

1993 *Dictyotriletes bireticulatus*,朱怀诚,259页,图版64,图16—20。

1995 *Dictyotriletes bireticulatus*, Zhu, pl. 1, figs. 7—9。

描述 赤道轮廓三角形、圆三角形,大小32.5(37.0)43.0μm(测6粒),大者可达50—60μm;三射线微弱或不明显,简单,细直,约伸达赤道;外壁薄,厚0.5—1.0μm,轮廓线不规则波形,近极面光滑,远极面具网状纹饰,网穴多边形,穴径5—18μm,脊宽0.5—2.0μm,高1—2μm,远极面赤道共12—25个,有时孔内中部外壁轻微加厚而形成多边形暗色区。

比较与讨论 据Potonié和Kremp(1955),赤道轮廓圆形—微三角形,大小27—60μm,全模57.5μm;三射线微弱可见,近达赤道;外壁厚1—1.5μm,主要在远极面和近极亚赤道具多角形—亚圆形大网,穴径7—15μm,多可达23—25个,大穴内可见细内网结构;轮廓线光滑,仅网脊处或有低缓脊突。我国的鉴定为此种的标本大小、形态和网纹的情况大致与之相近,只是孢子大多偏小,网穴总数变化更大,大穴数目偏少,如邓茨兰等鉴定的标本(约40μm),大穴仅13个;廖克光(1987c)鉴定的此种标本网脊稍粗壮,轮廓线上脊突明显,应保留。本种最先从德国鲁尔煤田上石炭统(Westphalian A—B)发现,广泛见于欧洲(Namurian C—Westphalian)。此种在欧洲基本上限于维斯发期地层(从Namurian C晚期开始,Clayton et al., 1977),但在我国却可见于红土洼组—太原组。

注释 Smith和Butterworth(1967, p. 194, 195)修订了本种定义,并说明之所以这样"是因为不清楚Potonié和Kremp是否认识到此种网状纹饰是限于远极面的",这一点似乎言过其实,在Potonié和Kremp(1954, p. 144, pl. 8, figs. 29, 30)中附了2幅插图,有一幅是侧面观,其近极面显然是无纹饰的。所以严格地讲,他们并未修订其定义。值得注意的是,某些作者鉴定的而非据原模式定义的*Reticulatisporites mediareticulatus* Ibrahim, 1933(p. 34, pl. 7, fig. 62;65.5μm,亚圆形—多角形)被Smith等当作*Dictyotriletes bireticulatus*的同义名。

产地层位 河北开平煤田,赵各庄组;山西宁武,本溪组、太原组;山西保德,本溪组—太原组;内蒙古清水河煤田、准格尔旗,太原组;内蒙古鄂托克旗,本溪组;甘肃靖远,红土洼组—羊虎沟组;宁夏横山堡,羊虎沟组。

纵沟平网孢 *Dictyotriletes canalis* Lu, 1994

(图版21,图14—16)

1994 *Dictyotriletes canalis* Lu,卢礼昌,171页,图版2,图27—29。

描述 赤道轮廓宽圆三角形—近圆形,大小50.5—60.0μm;全模标本53.2μm;三射线甚不清楚,简单或具窄唇(约1μm宽),长3/5—4/5R;网状纹饰主要分布于近极—赤道区和整个远极面,三射线区(或接触区)常仅见不连接且柔弱的短脊;网脊最明显的特征是:被一窄的纵沟一分为二(呈双轨型网脊),单脊表面光滑,相当低矮,宽0.8—1.2μm,高略小于宽,纵沟宽0.3—1.4μm;网穴封闭或近似封闭,呈不规则多角形或不定形轮廓,穴宽一般为4.5—12.0μm,最大可超越20μm;赤道外壁厚1.0—1.5μm,无纹饰外壁表面光滑,常具1—3条不规则的条带状褶皱;浅棕色。

比较与讨论 本种以其网脊被一纵向窄沟一分为二(或称双轨型脊)为特征而与*Dictyotriletes*的其他种不同,如俄罗斯地台晚泥盆世地层中的*D. varius* Naumova, 1953的网脊不具任何纵沟,并且网穴较完全(封闭)与规则;我国云南沾益中泥盆统上部的*D. destudineus* Lu, 1980的网穴相当规则且多为六边形。

产地层位 江苏南京龙潭,五通群擂鼓台组上部。

格窗平网孢 *Dictyotriletes cancellothyris* (Waltz) Zhu, 1999

(图版21,图30, 31)

1941 *Azonotriletes cancellothyris* Waltz, Luber and Waltz, pl. 2, fig. 19.

1963 *Archaeozonotriletes cancellothyris* (Waltz), Kedo, p. 27, pl. 3, fig. 15.

1978 *Reticulatisporites planus* Hughes and Playford, Turnan, pl. 2, fig. 17.

1999 *Dictyotriletes cancellothyris* (Waltz) Zhu,朱怀诚,330页,图版1,图20,21。

描述 赤道轮廓亚圆形—圆形,大小75—105μm;三射线清晰,简单,直,长1/2—2/3R;外壁厚2—3μm,远极面及赤道覆盖粗网;网孔圆形—不规则圆形,孔径5—20μm,网脊宽4—8μm,近极面为内颗粒结构;赤道轮廓呈不规则大波形(朱怀诚,1999)。

比较与讨论 *D. cancellothyris* 以完全的网及赤道轮廓线呈大波形区别于 *Foveosporites distinctus* Zhu, 1999;以射线两侧不具发达的唇区别于 *Corbulispora cancellata* (Waltz) Bharadwaj and Venkatachala。Turnau (1978)归入 *C. cancellata* 的波兰杜内阶孢子与该种的种征不符,似可归入当前种(朱怀诚,1999)。

产地层位 新疆塔里木盆地北部,东河塘组。

栗形平网孢 *Dictyotriletes castaneaeformis* (Hörst) Sullivan, 1964

(图版 107,图 27, 29)

1943 *Aletes castaneaeformis* Hörst (thesis), p. 124, fig. 82.

1955 *Reticulatisporites castaneaeformis* (Hörst) Potonié and Kremp, p. 111.

1955 *Reticulatisporites castaneaeformis*, Hörst, p. 169.

1964 *Dictyotriletes castaneaeformis* (Hörst), Sullivan, p. 367.

1967 *Dictyotriletes castaneaeformis* (Hörst) Sullivan, in Smith and Butterworth, p. 195, pl. 11, figs. 16—18.

1993 *Dictyotriletes castaneaeformis* (Hörst) Sullivan,朱怀诚,259 页,图版 64,图 25a,b,26。

描述 赤道轮廓近圆形,大小 27—29μm;三射线微弱,长 2/3R;外壁厚约 1μm,远极面及近极面均饰以网状纹饰,脊宽 0. 5—1. 0μm,偶达 1. 5μm,高 0. 5—3. 0μm,网孔多边形,孔内外壁光滑。

比较与讨论 原描述轮廓圆—卵圆形,大小 11—32μm,全模 20μm;似无射线;外壁不规则网状,网常不清楚,穴径 2—7μm,脊宽约 0. 5μm,在网的连接点脊高可达 2μm,边缘可见网穴较小。

产地层位 甘肃靖远,红土洼组—羊虎沟组。

格形平网孢 *Dictyotriletes clatriformis* (Artüz) Sullivan, 1964

(图版 108,图 1, 6)

1957 *Reticulatisporites clatriformis* Artüz, p. 248, pl. 64, fig. 25a, b.

1964 *Dictyotriletes* cf. *clatriformis* (Artüz) Sullivan, p. 367, pl. 58, fig. 20; pl. 59, figs. 1, 2.

1986 *Dictyotriletes clatriformis* (Artüz) Sullivan,唐善元,图版 I,图 18。

1987a *Dictyotriletes clatriformis*,廖克光,559 页,图版 136,图 34。

1993 *Dictyotriletes clatriformis*,朱怀诚,260 页,图版 64,图 15。

描述 赤道轮廓亚三角形,大小 29μm;三射线单细欠清晰;外壁薄,厚约 1μm,表面具少量低平稍宽的网脊,宽约 2μm,高多小于 2μm,包围多边形或格状的大网穴;轮廓线上网脊常微凸出;黄—棕色。

比较与讨论 Sullivan (1964)认为 *D. clatriformis* 与 *Reticulatisporites crassireticulatus* 很可能同种。本种仅以个体较大(30—45μm)与 *Dictyotriletes castaneaeformis* 区别。

产地层位 山西宁武,下石盒子组;湖南中部,测水组;甘肃靖远,羊虎沟组。

厚网平网孢 *Dictyotriletes crassireticulatus* (Artüz) Smith and Butterworth, 1967

(图版 108,图 14, 15)

1957 *Reticulatisporites crassireticulatus* Artüz, p. 248, pl. 4, fig. 26.

1967 *Dictyotriletes crassireticulatus* (Artüz) Smith and Butterworth, p. 195.

1987a *Dictyotriletes crassireticulatus* (Artüz) Smith and Butterworth,廖克光,559 页,图版 136,图 32,33。

描述 赤道轮廓近圆形,大小 38μm;三射线单细,长约 3/4R;外壁不厚,但表面具宽厚低平的网脊,宽 4—6μm,在网脊汇合处更宽,包围亚圆形—不规则的网穴,较大者穴径 4—7μm,有些则呈狭壕状且互相沟通,在轮廓线上平缓波状;棕—黄色。

比较与讨论 本种以网脊较宽厚、网穴略小区别于 *D. clatriformis*。

产地层位 山西宁武,本溪组底部。

密网平网孢 *Dictyotriletes densoreticulatus* Potonié and Kremp, 1955

（图版108,图41, 42）

1955 *Dictyotriletes densoreticulatus* Potonié and Kremp, p. 109, pl. 16, fig. 313.

1970 *Dictyotriletes densoreticulatus* Potonié and Kremp, Peppers, p. 112, pl. 9, fig. 8.

1976 *Dictyotriletes densoreticulatus*, Smith and Butterworth, p. 196, pl. 11, fig. 19.

1984 *Reticulatisporites* sp. ,高联达,347 页,图版 137,图 9。

1987a *Dictyotriletes densoreticulatus*,廖克光,559 页,图版 136,图 29。

1993 *Dictyotriletes densoreticulatus*,朱怀诚,260 页,图版 64,图 33,34。

2003 *Reticulatisporites densoreticulatus* (Potonié and Kremp) Oshurkova, p. 103.

描述 赤道轮廓圆形,大小 76μm;三射线单细可见,伸达赤道;外壁厚约 2μm,表面具网状纹饰,网脊宽 2—3μm,汇合处更宽,高 2—3μm,包围大小、形状不甚规则的并不深凹的网穴,在赤道和近极面穴可能较大,最大直径可达 10μm,远极面穴较窄细,甚至呈狭壕状互相沟通,穴表面可有颗粒等纹饰,网脊在赤道轮廓上多少凸出,在 25 枚以上;棕黄色。

比较与讨论 当前标本与全模相比,网穴形状较不规则,表面亦不那么光滑“洁净”,可能与保存状况相关。本种与 *D. mediareticulatus* (Ibrahim) Potonié and Kremp, 1955 (p. 110, pl. 16, figs. 314, 315)相似,但后者网穴较大且轮廓线上网脊和网穴数目皆较少。

产地层位 山西宁武,太原组—下石盒子组。

龟壳状平网孢 *Dictyotriletes destudineus* Lu, 1980

（图版21,图6, 7）

1980b *Dictyotriletes destudineus* Lu,卢礼昌,20 页,图版 4,图 5,6。

描述 赤道轮廓近圆形,全模标本大小 37μm;三射线简单,长约为 2/3R;除三射线区域外,外壁覆以网状纹饰,网穴较规则且多为六边形,网脊低矮,高不足 1R,基宽约 1μm,顶端钝尖,网穴浅平,直径 7—9μm;外壁厚约 1μm;轮廓线较平滑,呈宽微波状;浅棕色。

注释 本种以网穴较规则且多为六边形为特征而与 *Dictyotriletes* 属的其他种不同。

产地层位 云南沾益,海口组。

泥盆平网孢 *Dictyotriletes devonicus* Naumova, 1953

（图版21,图22）

1953 *Dictyotriletes devonicus* Naumova, p. 59, pl. 7, fig. 25.

1987 *Dictyotriletes devonicus*,高联达等,402 页,图版 175,图 12。

1994 *Dictyotriletes devonicus*,卢礼昌,图版 2,图 34。

描述 赤道轮廓近圆或不甚规则圆形,大小 55—62μm;三射线颇弱或不易见,长 2/3—4/5R;外壁厚实,赤道外壁厚 1. 5—2. 5μm,表面具网状纹饰,网穴多边形—近圆形,穴径 6. 0—17. 5μm,网脊粗壮,脊宽常为 1. 5—2. 5μm,甚者可达 4μm,脊背微凸—宽平,突起高 1. 0—1. 5μm;赤道轮廓线呈不规则宽微波状。

比较与讨论 当前标本的形态特征及大小幅度与首次见于俄罗斯地台上泥盆统下部的 *D. devonicus* Naumova, 1953 的标本颇为相似,仅后者的描图(pl. 7, fig. 25)显示其网纹似较密而略异。与 *D. destudineus* Lu(卢礼昌,1980)的区别是后者网纹较规则、网穴多为六边形。

产地层位 江苏南京龙潭,五通群擂鼓台组中—上部;甘肃迭部,擦阔合组。

清楚平网孢 *Dictyotriletes distinctus* Naumova in Kedo, 1963

（图版21,图28）

1963 *Dictyotriletes distinctus* Naumova in Kedo, p. 53, pl. 4, fig. 91.

1996 *Dictyotriletes distinctus*,王怿,图版 3,图 6。

描述　赤道轮廓宽圆三角形—近圆形,大小41—46μm;三射线不清楚;外壁厚约1.5μm,表面覆以致密的网状纹饰;网穴多边形或不规则,穴径2.0—4.4μm,网脊宽1.0—1.5μm,高2—3μm,脊背钝凸;赤道轮廓线呈不规则窄波状。

比较与讨论　本种与 *D. devonicus* 的区别在于它的网穴较小且网脊高略大于网脊宽。

产地层位　江苏句容,五通群擂鼓台组中部;湖南锡矿山,邵东组—孟公坳组下部。

扭脊平网孢　*Dictyotriletes distortus* Peppers, 1970

(图版108,图5)

1970 *Dictyotriletes distortus* Peppers, p. 112, pl. 9, figs. 9—11; text-fig. 24.

1986 *Dictyotriletes distortus* Peppers,唐善元,图版Ⅰ,图19。

描述　孢子圆形,大小32—39μm;三射线清楚,直,长约2/3R;壁厚约1μm,整个表面具不完全网纹,网脊厚不规则(1.0—2.5μm),高2—3μm,常扭曲,网穴多不封闭,穴径≤5,绕周边15—20个脊突(Peppers,1970)。

比较与讨论　湘中标本大小约26μm,扭曲的网脊颇相似,但网穴较小。

产地层位　湖南中部,测水组。

雅致平网孢　*Dictyotriletes elegans* Zhou, 1980

(图版108,图35)

1980 *Dictyotriletes elegans* Zhou,周和仪,30页,图版9,图23。

1987 *Dictyotriletes elegans* Zhou,周和仪,10页,图版2,图18。

描述　赤道轮廓近圆形,近极面较平,远极面强烈凸出,全模68μm;三射线清楚,具窄唇,长约2/3R,微开裂,末端尖;外壁除接触区外厚约3μm,表面光滑—细颗粒状,远极面具多角形网纹,网脊平坦,宽2—4μm,直或微弯曲,网穴浅平,大小不一,直径5—20μm,大的网纹仅5—6个,在近极沿赤道处的网脊多为放射状,其两侧往往相连,呈窄边缘状,其内缘也多少成为接触区的界线,可能为弓形脊;棕黄色。

比较与讨论　本种与 *D. mediareticulatus* (Ibrahim) Smith and Butterworth, 1967 有些相似,但以具大小颇不同的两类网纹以及近极接触区外壁较薄并可能具弓形脊而与后者有别。本种也可归入 *Reticuliretusispora* Oshurkova, 2003 属。

产地层位　山东沾化,太原组。

伪饰平网孢　*Dictyotriletes falsus* Potonié and Kremp, 1955

(图版108,图16, 26)

1955 *Dictyotriletes falsus* Potonié and Kremp, p. 109, pl. 16, figs. 303, 304.

1967 *Dictyotriletes falsus* Potonié and Kremp, Smith and Butterworth, p. 196, pl. 11, figs. 20, 21.

1984 *Reticulatisporites falsus* (Potonié and Kremp) Gao,高联达,348页,图版37,图12。

1993 *Dictyotriletes falsus* Potonié and Kremp,朱怀诚,261页,图版64,图22—24。

描述　赤道轮廓近圆形,大小37.5(38.6)40μm;三射线微弱或不明显,简单,细直,长2/3—3/4R;外壁厚1.0—1.5μm,在轮廓线上呈不规则波形,表面均被网纹所包围,网孔多边形—不规则圆形,孔径5—13μm,网脊宽2—4μm,多为2—3μm,高1—2μm,外侧圆钝,有时在网脊汇合处微弱外延,周边具脊突15—19个。

比较与讨论　据原描述,大小45—55μm,全模48μm,轮廓线上具14—17个脊突,网脊颇宽,在网结处有时呈结节状,在轮廓线上呈不规则微波状,靖远标本与此种颇为相似,但个体稍小,尤其是朱怀诚(1993)鉴定的比较种(27.5—32.5μm)。

产地层位　山西宁武煤田,太原组;山西保德,太原组;甘肃靖远,红土洼组—羊虎沟组。

法门平网孢 *Dictyotriletes famenensis* Naumova, 1953

(图版21,图8, 9)

1953 *Dictyotriletes famenensis* Naumova, p. 109, pl. 16, fig. 39.

1975 *Dictyotriletes famenensis*,高联达等,209页,图版7,图13a, b。

1993 ?*Dictyotriletes rotundatus* Naumova,文子才、卢礼昌,图版2,图17。

1993 *Foveosporites* sp. ,文子才、卢礼昌,图版2,图18。

1995 *Dictyotriletes famenensis*,卢礼昌,图版1,图23。

描述 赤道轮廓近圆形,大小31—62μm;三射线不清楚至可见,微开裂,两侧具窄唇,约3/5R或稍长;网脊凸起与网穴凹下在孢子轮廓线上反映不明显,网脊宽常为2—4μm,脊背平—微凹,网穴多边形—近圆形,穴底微下凹,穴径一般为2. 5—4. 5μm,最大可达7μm左右;赤道外壁厚2—3μm。

比较与讨论 当前标本的特征与首次见于俄罗斯地台上泥盆统的*D. famenensis* Naumova(1953)的标本颇相似,仅当前标本更倾向于三角形。

产地层位 江西全南,翻下组;湖南界岭,邵东组;贵州独山,丹林组上段。

蜂巢平网孢 *Dictyotriletes faveolus* Wang, 1984

(图版108,图37)

1984 *Dictyotriletes faveolus* Wang,王蕙,98页,图版2,图11。

描述 孢子黄色,亚圆形,大小42—70μm;三射线未见;外壁薄,厚<1μm;表面具五—六边形蜂巢状网纹,网脊宽0. 5μm,低矮,轮廓线上无明显脊突,网眼直径5—7μm;表面具大型褶皱。

比较与讨论 当前孢子未见射线,具五—六边形蜂巢状网纹,以此特征与属内其他种区别。

产地层位 宁夏横山堡,羊虎沟组—太原组。

葛梗平网孢? *Dictyotriletes*? *gorgoneus* Cramer, 1966

(图版21,图1, 2)

?1966a *Dictyotriletes gorgoneus* Cramer, p. 265, pl. 3, figs. 69, 72.

1973 *Dictyotriletes*? *gorgoneus* McGregor, p. 43, pl. 5, figs. 12, 17.

1975 *Dictyotriletes gorgoneus*,高联达、侯静鹏,208页,图版7,图9。

1987 *Dictyotriletes gorgoneus*,高联达、叶晓荣,401页,图版175,图6。

1991 *Dictyotriletes gorgoneus*,徐仁、高联达,图版1,图15。

描述 孢子轮廓圆三角形,三边向外微凸起,呈波纹状,大小30—36μm;三射线伸达角顶;孢壁厚3—4μm,黄褐色,表面覆以多角形的网,网穴宽6—8μm,脊厚2—4μm,脊高2μm。

注释 本种以其孢体较小,网穴相对较大(最大可为孢子直径的1/10—1/6),并且孢壁较厚为特征与*Dictyotriletes*属的其他种不同。

McGregor(1973)认为,归入*D. gorgoneus*的西班牙下泥盆统(Emsian)的标本存疑问,因为Cramer(1966a)未观察到三射线标本,这就是McGregor(1973)在*Dictyotriletes*属名后加"?"号的由来。

产地层位 云南东部,海口组;贵州独山,丹林组下段;甘肃迭部,鲁热组。

粒饰平网孢 *Dictyotriletes granulatus* Zhu, 1993

(图版108,图8, 17)

1993 *Dictyotriletes falsus* Potonié and Kremp,朱怀诚,261页,图版64,图21,27。

描述 赤道轮廓亚圆形,轮廓线不规则波状,大小30—40μm,全模标本(图版108,图17)33×34μm;三射线微弱或不明显,简单,细直,长3/4—1R;外壁厚适中,表面饰以网纹,网孔大,不规则圆形—圆形,最大直径7—13μm,网脊低平,宽3—5μm,高2—3μm,外侧圆或平,赤道周边具脊突6—9个,孔内外壁饰以明显颗粒纹饰,粒径1. 0—1. 5μm,间距1—2μm,高0. 5—1μm。

比较与讨论　当前种以其网孔相对孢子直径较大、孔内外壁具颗粒纹饰等特征区别于属内其他种。

产地层位　甘肃靖远,红土洼组—羊虎沟组中下段。

湖南平网孢(新名)　*Dictyotriletes hunanensis* Zhu and Ouyang nom. nov.

(图版 108,图 2, 3)

1982 *Dictyotriletes minor* Jiang and Hu,蒋全美等,606 页,图版 395,图 11,12。

描述　赤道轮廓近圆形—亚三角形,大小 28—30μm,全模 28μm(图版 108,图 3);三射线微弱难见;外壁颇厚,但不构成环,表面具网状纹饰,网脊低平,宽 2—3μm,网穴浅平,多边形,直径 7—10μm,具内颗粒,轮廓线较平滑或微齿状,无连接网脊的膜;黄棕色。

比较与讨论　本种孢子个体小、网穴浅平,易与属内其他种区别;*D. bireticulatus* (Ibrahim) Potonié and Kremp 最小达 40μm。

注释　*D. minor* Jiang and Hu, 1982 一种名为 *D. minor* Naumova, 1953 (p. 28)的晚出异物同名(homonym),无效,故另起新名。

产地层位　湖南宁远冷水铺煤矿,大塘阶测水段。

靖远平网孢(新名)　*Dictyotriletes jingyuanensis* Ouyang and Zhu nom. nov.

(图版 108,图 9, 33)

1993 *Dictyotriletes elegans* Zhu,朱怀诚,260 页,图版 64,图 28—32。

1993 *Dictyotriletes elegans* Zhu, Zhu, pl. 1, figs. 10—13.

描述　赤道轮廓近圆形,大小 34. 5(41. 2)49. 5μm(测 6 粒),全模 37. 5 × 46. 0μm(图版 108,图 33);三射线清晰,简单,细直,具窄唇,有时因表面纹饰掩盖而不明显,长 3/4—4/5R;外壁厚适中,远极面较近极面外凸强,呈半圆球状,远极面及赤道表面饰以网纹,网孔多边形,有时呈不规则圆形,孔径 5—13μm,多数 6—10μm,网脊低平,宽 2. 5—5. 0μm,多数 3—4μm,高 1—2μm,脊外侧圆或平,脊中间有一条等分脊的浅纵沟,近极面光滑。

比较与讨论　本新种与 *D. bireticulatus* (Ibrahim) Smith and Butterworth 形态相似,两者均在远极面具网状纹饰,区别在于前者赤道轮廓多呈圆形,网脊较宽,脊具浅纵沟;当前标本与周和仪(1980)建立的种 *D. elegans* Zhou, 1980 为同名异物,因此另取新种名。

产地层位　甘肃靖远,红土洼组—羊虎沟组。

中网平网孢　*Dictyotriletes mediareticulatus* (Ibrahim) Potonié and Kremp, 1955

(图版 108,图 43, 44)

1933 *Reticulatisporites mediareticulatus* Ibrahim, p. 34, p1. 7, fig. 62.

1938 *Azonotriletes mediareticulatus* Ibrahim, Luber and Waltz, p1. 8, fig. 107.

1941 *Azonotriletes mediareticulatus* Ibrahim, Luber and Waltz, p1. 10, fig. 162.

1944 *Reticulatisporites mediareticulatus*, Schopf, Wilson and Bentall, p. 35.

1955 *Dictyotriletes mediareticulatus* (Ibrahim) Potonié and Kremp, p. 110, p1. 16, figs. 314, 315.

1990 *Dictyotriletes mediareticulatus* (Ibrahim) Potonié and Kremp,张桂芸,见何锡麟等,315 页,图版 5,图 10。

1993 *Dictyotriletes mediareticulatus*,朱怀诚,262 页,图版 65,图 15,19a,b,25a,b。

1996 *Dictyotriletes mediareticulatus*,朱怀诚,见孔宪桢,图版 45,图 18。

描述　赤道轮廓卵圆形—圆形,大小 80(88. 3)100μm(测 3 粒);三射线简单,细直,具窄唇,微呈脊状,长 2/3R,有时因表面纹饰掩盖而不明显;外壁厚 1. 5—2. 0μm,轮廓线因脊突呈波形,表面除接触区外均饰以网状纹饰,网孔多角形,网脊直或微曲,宽 1—3μm,在边缘超出赤道 1—3μm,外侧圆或棱状,孔径 7—17μm,赤道周边具网脊突 13—19 个,孔内外壁光滑。

比较与讨论　据原描述,此种大小 50—80μm,全模 65. 5μm,三射线长约 2/3R,圆形赤道轮廓上具约 17

个脊突，网脊较窄，交接处具结节。本种以个体较小、网脊相对较窄区别于 *D. falsus*。

产地层位 甘肃靖远，羊虎沟组。

小网平网孢 *Dictyotriletes microreticulatus* Gao, 1983

（图版 21，图 3）

1983 *Dictyotriletes microreticulatus* Gao，高联达，498 页，图版 110，图 7。

描述 赤道轮廓宽圆三角形，大小 35—45μm；三射线细长，伸达赤道；外壁厚约 1μm，表面覆以不规则网纹，网穴多角形，穴径 2—5μm，网脊宽 1μm 左右，高略小于宽；浅黄色。

比较与讨论 当前标本的纹饰特征与 *Microreticulatisporites aranuem* Higgs et al., 1988 较接近，但后者的孢壁较厚（1.5—2.4μm），赤道轮廓更倾向于圆形。

产地层位 贵州独山，丹林组下段。

小平网孢 *Dictyotriletes minor* Naumova, 1953

（图版 108，图 4）

1953 *Dictyotriletes minor* Naumova, p. 28, pl. 2, fig. 7.

1982 *Dictyotriletes minutus* Huang，黄信裕，157 页，图版 I，图 16。

描述 赤道轮廓三角形—圆三角形，大小 20—25μm（原图版 I，图 16；20μm）；三射线清楚，简单，直，长约 2/3R 或稍长；外壁具网状纹饰，网脊低平，而顶部微尖出，网穴亚圆形—多角形，浅平，穴径 3—6μm；轮廓线上微齿凸状，无网膜。

比较与讨论 若以 20μm 标本为全模，则黄信裕的新种与最初从俄罗斯地台中泥盆统（Gevitian）描述的 *D. minor* 颇为相似，后者大小 20—30μm，三角形，网穴大小≤6μm，稍有差别的是其网脊在轮廓线上凸出较明显。

产地层位 福建长汀，梓山组。

编织平网孢 *Dictyotriletes pactilis* Sullivan and Marshall, 1966

（图版 108，图 38，39）

1966 *Dictyotriletes pactilis* Sullivan and Marshall, p. 270, pl. 2, figs. 3, 4.

1986 *Dictyotriletes pactilis* Sullivan and Marshall，唐善元，图版 I，图 20，21。

1993 *Dictyotriletes pactilis*，朱怀诚，262 页，图版 65，图 16，17。

描述 赤道轮廓圆形，大小 35—40μm；三射线简单，细直，长 1/2—2/3R，有时因表面纹饰掩盖而不明显；外壁厚 1.0—1.5μm，轮廓线为不规则波状，表面覆盖网纹，网孔多边形，少椭圆形，孔径 7—13μm，多数 9—10μm，脊宽不等，宽 1—3μm，连接处最宽（亦最高），赤道周边具脊突 18 个左右，孔内外壁光滑。

比较与讨论 原模式标本上本体赤道有不甚规则颜色较深的一圈，在湘中标本上未见，且赤道膜没有那么高，种的鉴定似应保留。

产地层位 湖南中部，测水组；甘肃靖远，红土洼组—羊虎沟组。

网面平网孢 *Dictyotriletes rencatus* Gao, 1984

（图版 108，图 27）

1984 *Dictyotriletes rencatus* Gao，高联达，350 页，图版 137，图 23。

描述 赤道轮廓三角形，大小 45μm；三射线细弱，常不易见，见时延伸至三角顶，微弯曲；孢壁厚，黄色，表面尤其远极面—赤道覆以不规则的多角形—椭圆形的网纹，穴径 8—12μm，网脊厚 4—5μm，不平整，在轮廓线上呈脊状凸起。

比较与讨论 当前的标本与 *Reticulatisporites* sp. 1（Peppers 1964, p. 32, pl. 6, fig. 5）有些相似，但后者轮

廓呈亚圆形、网脊(18 条)凸出于孢子边缘且轮廓线呈不规则形;网孔直径仅 3.0—4.5μm。

产地层位 山西宁武,本溪组。

网带平网孢 *Dictyotriletes reticulocingulum* (Loose) Smith and Butterworth, 1967

(图版 108,图 28, 29)

1932 *Sporonites reticulocingulum* Loose, in Potonié, Ibrahim and Loose, p. 450, pl. 18, fig. 41.

1934 *Reticulati-sporites reticulocingulum* Loose, p. 156.

1944 ?*Punctati-sporites reticulocingulum* (Loose) Schopf, Wilson and Bentall, p. 31.

1950 *Microreticulatisporites reticulocingulum* (Loose) Knox, p. 321.

1955 *Reticulatisporites reticulocingulum* (Loose) Potonié and Kremp, p. 113, pl. 16, figs. 306—308.

1967 *Dictyotriletes reticulocingulum* (Loose) Smith and Butterworth, p. 198, pl. 11, figs. 27—29.

1989 *Dictyotriletes reticulocingulum* (Loose) Smith and Butterwortrh, Zhu H. C., pl. 3, figs. 7, 8.

1993 *Dictyotriletes reticulocingulum*,朱怀诚,263 页,图版 65,图 5—10,14。

1993 *Dictyotriletes reticulocingulum*,朱怀诚,图版Ⅱ,图 6。

1997 *Dictyotriletes reticulocingulum*,朱怀诚,51 页,图版Ⅰ,图 12,14。

描述 赤道轮廓圆三角形—圆形,大小 52—58μm;三射线简单,细直,有时因纹饰遮掩而不明显,长约 2/3R;外壁厚 1.0—1.5μm,表面具网状或似网状纹饰,网穴多边形,穴内平整;赤道轮廓线上网脊略凸出或呈锥状;棕黄色。

比较与讨论 原全模标本(Potonié and Kremp,1955, pl. 16, fig. 306; 45μm)的赤道上,网脊之间并无网膜相连形成所谓环带状,故此种其后被迁入 *Dictyotriletes*(Smith and Butterworth, 1967)。靖远石炭系标本形态与此种颇为接近,但稍小(30—45μm,平均 35.9μm)。

产地层位 山西柳林,太原组;山西保德,下石盒子组;甘肃靖远,红土洼组—羊虎沟组;新疆塔里木盆地,棋盘组。

鱼网平网孢 *Dictyotriletes sagenoformis* Sullivan, 1964

(图版 108,图 32, 36)

1964 *Dictyotriletes sagenoformis* Sullivan, p. 367, pl. 59, figs. 5, 6.

?1986 *Reticulatisporites bellulus* aucto non Zhou,1980,杜宝安,图版Ⅱ,图 11。

1987a *Dictyotriletes sagenoformis* Sullivan,廖克光,559 页,图版 136,图 17,23。

描述 赤道轮廓亚三角形,大小 68—76μm;三射线单细,或因纹饰遮掩不易见,伸达外壁内沿;外壁颇厚,表面具粗大网纹,网脊多宽,宽 10—20μm,末端近平截或偶有不规则突起,包围大小不一并以多边形为主的网穴,穴径 10—16μm,轮廓线上网脊突起≤10 枚;网脊之间似有网膜相连;黄棕色。

比较与讨论 杜宝安(1986)从山西组获得的 *Reticulatisporites bellulus* 的标本外壁不厚实,有无网膜难以肯定,似乎更接近廖克光从太原组获得的 *Dictyotriletes sagenoformis* Sullivan, 暂存疑归入同一种内。

产地层位 山西宁武,太原组;甘肃平凉,山西组。

疏松平网孢 *Dictyotriletes subamplectus* Kedo, 1963

(图版 21,图 23;图版 109,图 24)

1963 *Dictyotriletes subamplectus* Kedo, p. 53, pl. 4, fig. 89.

1994 1996 *Dictyotriletes subamplectus*,卢礼昌,图版 2,图 3。

1996 *Dictyotriletes subamplectus*,朱怀诚、詹家祯,150 页,图版 2,图 2。

描述 赤道轮廓亚圆形—圆形,大小 75μm;三射线简单,细直,常因表面纹饰掩盖而不明显,长 3/4R;外壁厚 2—3μm,表面饰以宽度稳定的蠕瘤,末端相连或游离似网状;脊宽 3—5μm,外侧圆钝,高 3—5μm,在赤道处可高达 10μm,孔径 4.2—12.0μm,轮廓线呈不规则波形。

产地层位 江苏南京龙潭,五通群擂鼓台组中—上部;新疆塔里木盆地,巴楚组。

稍大平网孢 *Dictyotriletes subgranifer* McGregor, 1973

（图版 21,图 4, 5）

1973 *Dictyotriletes subgranifer* McGregor, p. 43, pl. 5, figs. 16, 18—20.

1987 *Dictyotriletes subgranifer*,高联达等,40 页,图版 175,图 9。

1991 *Dictyotriletes subgranifer*,徐仁等,图版 1,图 13,14。

1994 *Dictyotriletes subgranifer*,王怿,328 页,图版 2,图 7,8。

描述 赤道轮廓呈圆三角形—亚圆形,三边凸出,角部浑圆,大小 32—47μm;三射线清楚,直,具唇,宽 2—3μm,长 1R,外壁在赤道部位厚 2—5μm,远极面和赤道部位具网状纹饰,网脊基部宽 1. 0—1. 2μm,高 2—3μm,顶脊呈齿状,网眼呈多角形或圆形,直径 5—14μm,赤道部位具 12—15 个网眼,远极面具 12—21 个网眼,轮廓线略波状;棕黄色。

产地层位 云南东部,穿洞组—海口组下部;云南文山,坡松冲组上部—坡脚组;甘肃迭部,蒲莱组。

次缘平网孢 *Dictyotriletes submarginatus* Playford, 1964

（图版 108,图 7, 34）

1964 *Dictyotriletes submarginatus* Playford, p. 29, pl. 8, figs. 9—13.

1985 *Dictyotriletes submarginatus* Playford,高联达,64 页,图版 5,图 10, 11;图版 10,图 7。

1986 *Dictyotriletes submarginatus*,唐善元,图版 1,图 22。

1989 *Dictyotriletes submarginatus*, Zhu, pl. 3, fig. 12.

1996 *Dictyotriletes submarginatus*,朱怀诚,150 页,图版 I,图 2,3。

描述 赤道轮廓三角形,边部外凸,角部圆钝或钝尖,大小 40—48μm;外壁在赤道处加厚似盾环,宽约为孢子半径的 1/5;三射线清晰,具窄唇,微呈脊状,长几达赤道或环内缘;外壁厚约 1μm,近极面具平滑—点状纹饰,远极面自环向远极延伸数条宽度稳定的蠕瘤带,相互连接或游离呈网状,蠕瘤宽 1. 5—2. 5μm,外侧平或圆钝。

比较与讨论 本种与 *Densosporites reticuloides* Ouyang and Li 相似,区别在于后者外壁为实环且可分化为内、外两带,而前者外壁为盾环。*Dictyotriletes submarginatus* 以其网状或似网状纹饰区别于具盾环的 *Crassispora* 属内分子;以其无囊形构造区别于 *Rugospora* 属内分子。目前依据其具网状纹饰暂维持置于 *Dictyotriletes* 属,但此类孢子均具有似环状结构,是否应置于当前属还有待今后进一步研究。

产地层位 湖南中部,测水组;贵州睦化,打屋坝组底部;新疆塔里木盆地,巴楚组。

结瘤平网孢 *Dictyotriletes tuberosus* Neves, 1961

（图版 108,图 40）

1961 *Dictyotriletes tuberosus* Neves, p. 258, pl. 32, fig. 1.

1993 *Dictyotriletes tuberosus* Neves,朱怀诚,263 页,图版 65,图 1。

描述 赤道轮廓圆三角形—圆形,大小 70. 0 ×77. 5μm;三射线直,窄唇,长 3/4R,常因表面纹饰掩盖而不明显,外壁厚度适中,表面覆盖粗壮的网,网脊粗,宽 7—15μm,高 8—10μm,外侧宽圆或平,网孔多角形—圆形,孔径 7. 5—13. 0μm。

比较与讨论 与英国纳缪尔阶的此种孢子(90—120μm)颇为相似,但较后者个体略小,网脊相对原标本较小。

产地层位 甘肃靖远,红土洼组。

变网平网孢 *Dictyotriletes* cf. *varioreticulatus* Neves, 1955

（图版 109,图 14）

1990 *Dictyotriletes* cf. *varioreticulatus* Neves,张桂芸,见何锡麟等,316 页,图版 5,图 11。

描述 赤道轮廓圆形,大小 60 ×48μm;射线因纹饰而不清;表面具网状纹饰,网穴多边形,穴径 8—12μm,大小近等;网脊宽 1. 5—2. 0μm,高 2—8μm;外壁厚 1. 5—2. 5μm;呈棕色。

比较与讨论 当前标本与全模标本比较，前者个体稍小，脊稍窄，外形呈半圆形，后者 70—110μm，脊宽 2—4μm，椭圆形，因此暂作为比较种。

产地层位 内蒙古准格尔旗房塔沟，太原组。

变异平网孢 *Dictyotriletes varius* Naumova, 1953

（图版 21，图 10—12）

1953 *Dictyotriletes varius* Naumova, p. 110, pl. 16, fig. 40.

1988 *Dictyotriletes varius*，高联达，213 页，图版 3，图 13。

1988 *Dictyotriletes varius*，卢礼昌，143 页，图版 7，图 5。

1999 *Dictyotriletes varius*，卢礼昌，54 页，图版 9，图 8，9。

描述 赤道轮廓圆形或近圆形，大小 35.9—48.0μm；三射线可辨别至清楚，直，柔弱、简单或具薄又窄的唇，长 7/9—4/5R 或稍长；外壁厚约 1.5μm，表面主要在近极—赤道和远极面，覆以网状纹饰，网穴多呈不规则四边形或五边形，偶见六边形，穴径 6—11μm；网脊低平，基宽一般为 1.0—1.5μm，最宽可达 2—3μm，高约 1μm，最高（网脊交结处）可达 1.5—3.0μm；近极中央区网纹柔弱且不完全，赤道轮廓线呈凹凸不平的低齿状，凹穴 9—26 个；浅棕色。

比较与讨论 本种与 *D. destudineus* Lu（卢礼昌，1980b）有些近似，主要区别是后者网穴较规则，且多为六边形。

产地层位 云南沾益史家坡，海口组；西藏聂拉木，纳兴组；新疆和布克赛尔，黑山头组 4 层。

平网孢（未定种） *Dictyotriletes* sp.

（图版 59，图 20）

1976 *Dictyotriletes* sp.，卢礼昌、欧阳舒，32 页，图版 2，图 7。

注释 仅见 1 粒，大小 60μm；三射线不甚清楚，长约 3/4R；外壁一层，三射线区近似光面，远极和近极—赤道部位覆以网状纹饰，网脊高约 1μm，宽略大于高，网穴呈不规则多边形，穴宽 6—10μm；壁薄，具皱；浅棕黄色。

产地层位 云南曲靖翠峰山，徐家冲组。

皱面孢属 *Rugulatisporites* Pflug and Thompson, 1953

模式种 *Rugulatisporites quintus* Thompson and Pflug, 1953；欧洲（Ville），第三系。

属征 赤道轮廓亚圆形，模式种全模大小 70μm；三射线细或具窄唇，长约 2/3R；外壁具短而弯曲的脊至瘤，不规则，但颇密。

比较与讨论 *Camptotriletes* 轮廓比较接近三角形，且其外壁脊相对较宽并呈冠状；*Rugulispora* Oshurkova, 2003 的模式种为 *R.*（*Azonotriletes*）*nodosus*（Luber）Oshurkova（据 Luber 原图）。虽然 Oshurkova 认为当前属以其轮廓三角形与 *Camptotriletes* 不同，但作为形态属如何与后者区别仍是问题。

亲缘关系 紫萁科（Cf. *Osmunda regalis*）。

细皱皱面孢 *Rugulatisporites finoplicatus* Kaiser, 1976

（图版 108，图 30，31）

1976 *Rugulatisporites finoplicatus* Kaiser, p. 99, pl. 3, figs. 5—8.

描述 赤道轮廓圆形，大小 45—55μm（测 12 粒），全模 55μm（图版 108，图 30，31）；三射线直，其突起高度略有变化，棱变尖，近达赤道，末端与弓形脊融合；外壁两层，内层光滑，厚 1.5—2.0μm，比柔弱的外层厚得多；外层厚 0.1—0.2μm，表面具皱瘤，宽和高约 1μm，常连接成细脊并包围大网穴（直径多 5—10μm）而呈不完全的网纹状，在射线末端纹饰常延伸至近极区内，但几乎整个近极面略凹入且无纹饰，并由粗壮的不完全或完全弓形脊包围一接触区，弓形脊处仍有纹饰；黄色。

比较与讨论 本种以皱脊构成不完全网纹、具弓形脊及近极面基本无纹饰而与属内其他种不同。

产地层位 山西保德，石盒子群。

蠕瘤孢属 *Convolutispora* Hoffmeister, Staplin and Malloy, 1955

模式种 *Convolutispora florida* Hoffmeister, Staplin and Malloy, 1955；美国伊利诺伊州，下石炭统（Mississippian）。

属征 三缝孢子，赤道轮廓圆形—亚圆形，模式种全模标本大小49μm；外壁具蠕虫状且通常为较粗的蠕瘤状的网脊，互相连接成不完全的网纹。

比较与讨论 *Rugulatisporites* 中的蠕虫状纹饰不如当前属显著，且不构成网纹结构。

大蠕瘤孢 *Convolutispora ampla* Hoffmeister, Staplin and Malloy, 1955

（图版18，图9；图版109，图25）

1955 *Convolutispora ampla* Hoffmeister, Staplin and Malloy, p. 384, pl. 38, fig. 12.

1984 *Convolutispora tessellata* Hoffmeister, Staplin and Malloy，高联达，343页，图版136，图21。

1985 *Convolutispora ampla* Hoffmeister, Staplin and Malloy，高联达，61页，图版4，图24。

1990 *Convolutispora tessellata* Hoffmeister, Staplin and Malloy，张桂芸，见何锡麟等，310页，图版6，图11。

1993 *Convolutispora ampla*，朱怀诚，图版62，图30，31。

1995 *Convolutispora ampla*，卢礼昌，图版2，图13。

描述 赤道轮廓圆形—亚圆形，大小46—80μm；三射线简单，细直，有时开裂，长约2/3R；外壁厚1.5—2.0μm（不含纹饰），具相对细窄的蠕瘤状纹饰，瘤脊宽一般1.5—3.0μm，相互连接，包围许多小坑穴，穴径1—2μm，或相互连通，脊顶部浑圆，故轮廓线呈微波状。

比较与讨论 同义名表中所列标本接近 *C. ampla* 的程度远甚于 *C. tessellata*，因后者蠕瘤纹饰全模（Hoffmeister et al., 1955, pl. 38, fig. 9）宽达2.8—6.5μm，高2.0—5.6μm，顶部呈颇粗块瘤状，相互之间呈负网状，而非为 *C. ampla* 中的细坑穴状。

产地层位 山西宁武，本溪组；内蒙古准格尔旗，太原组；内蒙古清水河，太原组；湖南界岭，邵东组；贵州睦化，王佑组格董关层底部；甘肃靖远，红土洼组—羊虎沟组。

环绕蠕瘤孢 *Convolutispora amplecta* (Naumova) Gao, 1983

（图版18，图17）

1963 *Archaeozonotriletes amplectus* (Naumova) in Kedo, p. 75, pl. 8, figs. 186, 187.

1983 *Convolutispora amplectus* (Naumova) Gao，高联达，195页，图版2，图9。

注释 原标本照片显示：轮廓近圆形，大小（据图测量）约74μm；三射线不可辨别；绝大部分外壁表面覆以粗壮的蠕瘤状纹饰；纹饰分子基宽4.0—6.5μm，高2—3μm，顶部钝圆，多连接，罕见孤立，彼此间距1.5—3.0μm，最长可达20—30μm（扭曲，不规则），表面呈点粒状；大部分轮廓线呈圆丘状，凹凸不平；深色（高联达，1983，195页）。

产地层位 西藏聂拉木，波曲组上部。

弯脊蠕瘤孢 *Convolutispora arcuata* Gao, 1984

（图版109，图9，10）

1984 *Convolutispora arcuata* Gao，高联达，343页，图版136，图18—20。

描述 赤道轮廓圆形—亚圆形，大小40—55μm，全模（原图19 = 18）约48μm；三射线因纹饰掩盖不易见，长约2/3R；外壁厚，表面具颇规则的长圆形的带状蠕瘤，基部多互相连接，构成不完全、欠规则的网纹，网穴颇大或长，呈长椭圆形或多角形—亚圆形；轮廓线波状；黄褐色。

比较与讨论 本种与 *C. mellita* Hoffmeister, Staplin and Malloy, 1955 和 *C. venusta* Hoffmeister et al., 1955 有些相似,但前者孢子个体较小,蠕瘤形状亦不同。吴建庄(1995,图版 51,图 6)从河南临颍上石盒子组获得的此种标本轮廓三角形,蠕瘤较多且密,三射线清楚,最多只能定为比较种。

产地层位 河北开平,赵各庄组;山西宁武,本溪组。

亚洲蠕瘤孢 *Convolutispora asiatica* Ouyang and Li, 1980

(图版 109,图 12, 13)

1980 *Convolutispora asiatica* Ouyang and Li,欧阳舒、李再平,132 页,图版Ⅱ,图 23,29。

1986 *Convolutispora* cf. *asiatica* Ouyang and Li,欧阳舒,57 页,图版Ⅳ,图 6;图版Ⅷ,图 4。

描述 赤道轮廓亚圆形—圆三角形,大小 37—45μm,全模 40μm(图版 109,图 13);三射线清楚,单细或微具唇,长 2/3—3/4R 或伸达外壁内沿;外壁总厚达 4μm,内层厚 1.0—1.5μm,外层即纹饰层厚(高)2.5—3.0μm,但两层无明显分界;纹饰为略呈圆形—椭圆形且大小不一的瘤,直径 2—4μm,偶可达 7μm,顶端平而略圆,有时相连,呈蠕虫状—拐枣状,瘤纹之间具较大空白区,在远极面有时蠕瘤连成一圈,包围一中央瘤,或排列颇密,偶呈穴状;纹饰在赤道—远极较密而粗壮,至近极减小、减弱或缺失,绕周边 15—30 枚突起;棕黄—黄棕色。

比较与讨论 本种与罗马尼亚里阿斯期的 *C. microrugosa* Schulz (Antonescu, 1973, pl. 1, fig. 24) 略相似,但后者个体较大,射线较短,纹饰较细密且多相连,与前者有所不同。

产地层位 云南宣威,宣威组上段—卡以头组。

莓状蠕瘤孢 *Convolutispora baccata* Zhou, 1980

(图版 109,图 8)

1980 *Convolutispora baccatus* Zhou,周和仪,28 页,图版 9,图 10,11。

描述 赤道轮廓圆三角形—亚圆形,大小 31—35μm,全模 35μm(图版 9,图 11),由于全模不够清楚,本书提供一副模标本,大小约 32μm;三射线细,长达角部,微弯曲;外壁厚度不明,表面密布瘤状纹饰,宽 2.5—4.0μm,高≤2μm,顶端多平圆,基部常互相连接,略呈蠕瘤状并包围细而形状不规则的穴,穴径≤2μm,绕轮廓线约 30 枚突起;棕色。

比较与讨论 本种以个体很小、蠕瘤致密低平而与属内其他种不同。

产地层位 山西保德,下石盒子组;山东沾化、博兴,太原组—石盒子群。

连接蠕瘤孢 *Convolutispora caliginosa* Clayton and Keegan, 1982

(图版 109,图 26)

1982 *Convolutispora caliginosa* Clayton and Keegan, in Clayton, Keegan and Sevastopulo, pl. 1, figs. 5, 6, 8, 9.

1988 *Convolutispora caliginosa*, Clayton and Keegan, Higgs, p. 63, pl. 6, figs. 9—11.

1996 *Convolutispora caliginosa* Clayton and Keegan,朱怀诚,150 页,图版 2,图 3。

描述 赤道轮廓亚圆形—圆形,大小 80μm;三射线简单,细直,长 2/3—3/4R,有时因表面纹饰掩盖而不明显;外壁厚 1.5—3.0μm,表面覆盖排列紧密的蠕瘤,偶见块瘤,瘤基部圆形或不规则形,结网,瘤宽 3—6μm,高 2—5μm,近极面接触区纹饰减弱,瘤基部以弯曲的细沟相分离,沟宽 <3μm,轮廓线呈不规则波状。

产地层位 新疆塔里木盆地,巴楚组。

脑纹蠕瘤孢 *Convolutispora cerebra* Butterworth and Williams, 1958

(图版 109,图 11, 34)

1958 *Convolutisporites cerebra* Butterwarth and Williams, p. 391, pl. 2, figs. 18, 19.

1967 *Convolutispora cerebra*, Smith and Butterworth, p. 184. pl. 9, figs. 5, 6.

1984 *Convolutisporites cerebra*,高联达,343 页,图版 136,图 17。

1988 *Convolutispora cerebra*,高联达,图版Ⅰ,图19。

描述 据 Smith 和 Butterworth (1967)描述,赤道轮廓圆—亚圆形,大小55(72)92μm,轮廓线光滑—波状,缺刻少或无;三射线简单,长3/4R或达外壁内沿;外壁厚5—9μm,近、远极皆具密布的低矮、弯曲且分叉的宽度不一的脊,隔之以蠕壕和包围的小穴,脊宽2—5μm,高约2μm,顶部圆,蠕壕宽<1μm,穴径多2—3μm,外壁外缘宽约2μm,似无结构。

比较与讨论 与苏格兰下石炭统(Visean—Namurian A)的这个种相比:臭牛沟组标本在大小、形态和纹饰特征上颇为相似,仅外壁似乎稍薄些;山西宁武本溪组中发现的该种则个体偏小。

产地层位 山西宁武,本溪组;甘肃靖远,臭牛沟组。

磁窑蠕瘤孢 *Convolutispora ciyaoensis* Gao, 1980

(图版109,图20)

1980 *Convolutispora ciyaoensis* Gao,高联达,57页,图版Ⅱ,图6。

描述 赤道轮廓亚圆形,大小45—60μm,全模约60μm;三射线细长,长约2/3R;孢子表面覆以不规则蠕瘤状网脊,相互连接为亚网状纹饰,网穴形态大小不规则,穴径2—4μm,有些相互沟连,在轮廓线上呈不规则波状;壁较厚;黄褐色。

比较与讨论 靖远的孢子与澳大利亚坎宁盆地(Canning Basin)上泥盆统的 *C. formensis* Balme and Hassell(1962, p. 8, pl. Ⅰ, figs. 14—16)有相似之处,但后者纹饰由不规则的瘤组成,网穴较靖远的大。

产地层位 甘肃靖远,前黑山组。

杂饰蠕瘤孢 *Convolutispora composita* Ouyang and Chen, 1987

(图版18,图15, 16)

1987a *Convolutispora composita* Ouyang and Chen,欧阳舒等,51页,图版6,图6,7。

描述 赤道轮廓三角形,三边略凸出,角部钝圆,大小44—66μm,全模标本58μm;三射线不清楚,可能单细,伸达"环"内沿;外壁薄,表面覆以不规则的蠕脊状纹饰,蠕脊本身又由小的单位(颗粒至细瘤)连接而成,组成不完全网纹,"网穴"宽2—8μm不等,常互相沟通,在蠕脊上或交汇处或其边缘有细瘤—锥刺状突起,基宽和高可达2μm,轮廓线上明显可见;纹饰在赤道部位较为密集,基部甚至融合成类环状结构,"环"宽5—7μm,蠕脊之间的外壁和近极面具粗糙—点穴状纹饰;棕黄—深棕色。

比较与讨论 当前标本与加拿大东部 Horton Group 中的 *Convolutispora submarginatus* Playford (1964, p. 29, pl. Ⅷ, figs. 9—13; Clayton et al., 1977, pl. 5, fig. 16)较为相似,但后者原全模标本上三射线具粗壮的唇,蠕脊状纹饰较粗壮且其组成相对较单纯,应为不同的种。此外,熊岛上法门阶的 *Convolutispora* sp. A (Kaiser, 1971, S. 142, Taf. 37, Abb. 9, 10)与本种亦略可比较,但前者网脊较粗壮,完整,强烈弯曲,网穴较大。

产地层位 江苏句容,五通群擂鼓台组下部。

厚实蠕瘤孢 *Convolutispora crassa* Playford, 1962

(图版3,图16, 17)

1962 *Convolutispora crassa* Playford, p. 594, pl. 81, figs. 10—12.

1995 *Convolutispora crassa*,卢礼昌,图版2,图26。

注释 孢壁厚实,蠕脊光滑、低矮、弯曲、顶平、互不交结等是 *C. crassa* 的主要特征。湖南界岭的标本与该特征基本一致。

产地层位 湖南界岭,邵东组。

皱波蠕瘤孢 *Convolutispora crispata* Wang, 1984

（图版109,图35）

1984 *Convolutispora crispata* Wang,王蕙,98页,图版2,图2。

描述 孢子棕黄色,亚圆形,大小56—88μm;三射线简单,细弱,长为1/2R;外壁厚3—4μm,表面具似波状起伏的不规则瘤皱,远极面粗大,近极面纹饰减弱,呈粗粒状。

比较与讨论 该种以大的不规则皱纹状瘤面突起为特征,与属内其他种区别。

产地层位 宁夏横山堡,上石炭统。

网纹蠕瘤孢 *Convolutispora dictyophora* Wang, 1984

（图版109,图36）

1984 *Convolutispora dictyophora* Wang,王蕙,98页,图版2,图3。

1984 *Convolutispora dictyophora* Wang,王蕙,图版2,图23。

描述 孢子棕黄色,亚圆形,大小62—90μm,全模约90μm;三射线明显,裂缝状,长达孢子角部边缘;外壁和突起厚8—10μm,表面覆以形状极不规则的瘤状突起,瘤之间连接形成粗大不规则的网脊,远极面纹饰粗壮,近极面纹饰略有减弱,由于网脊突起,孢子轮廓线呈大波浪状起伏。

比较与讨论 本种以似网脊状的瘤面突起与属内其他种区别。

产地层位 宁夏横山堡,上石炭统。

不等蠕瘤孢 *Convolutispora disparalis* Allen, 1965

（图版18,图5, 21, 22）

1965 *Convolutispora disparalis* Allen, p. 704, pl. 96, figs. 9—13.

1987 *Convolutispora disparalis*,高联达等,401页,图版175,图3。

1999 *Convolutispora disparalis*,卢礼昌,52页,图版3,图23—25。

描述 孢子赤道轮廓多呈近圆形,大小40.6—56.3μm;三射线不清楚或仅可辨别,长1/2—2/3R;接触区依稀可见,区内纹饰较弱,其余外壁覆以明显的冠脊状突起纹饰,分布致密甚至相互拥挤与交织;脊宽2.0—4.5μm,波状起伏并延伸,高(脊峰)略大于宽,表面光滑,顶部宽圆—钝凸,罕见尖;网穴因纹饰拥挤而极不规则,以致难以辨别,穴宽一般不大于脊宽,较典型的穴宽为2.0—4.5μm;赤道轮廓线不规则钝齿状或凹凸不平,突起22—36枚;外壁厚度不可量;棕—深棕色。

比较与讨论 当前标本与首次从斯匹次卑尔根中泥盆统晚期地层中获得的 *C. disparalis* (Allen, 1965) 的标本特征及大小幅度颇为相似,应为同一种。

产地层位 新疆和布克赛尔,黑山头组5层。

清楚蠕瘤孢 *Convolutispora distincta* Lu, 1981

（图版19,图13, 14）

1981 *Convolutispora distincta* Lu,卢礼昌,101页,图版3,图4,5。

描述 孢子赤道轮廓亚三角形—亚圆形,大小109.8—116.5μm,全模标本116.5μm;三射线清楚,细长,伸达赤道,唇叶片状、光滑、透明、垂起,顶部高24.6μm,朝辐射方向逐渐降低,近末端高11.2μm,末端略超出赤道边缘;蠕瘤状的脊限于远极面和近极—赤道区,分布致密、不规则,基部宽5.5—7.0μm,(赤道边缘)突起高1.5—4.5μm,表面光滑,脊背浑圆或拱圆;脊间距窄,宽1.0—1.5μm,罕见大于或等于2μm,呈不规则壕沟状,彼此沟通或不完全沟通;赤道区纹饰较粗壮与密集,并形成一环状结构,边缘钝齿状或凹凸不平;三射线区外壁较薄(亮),表面无明显纹饰;外壁厚度不可量(因纹饰覆盖);橙棕色。

注释 本种以其蠕瘤状的脊颇粗壮、致密为特征而与 *Convolutispora* 的其他种不同。

产地层位 四川渡口,上泥盆统下部(Frasnian)。

凹穴蠕瘤孢 *Convolutispora faveolata* Gao, 1984

（图版 109，图 6）

1984 *Convolutispora faveolata* Gao，高联达，405 页，图版 152，图 17。

描述 赤道轮廓圆三角形，大小 45—55μm，模式标本约 50μm；三射线细，长为 R，常开裂；外壁厚，表面具不规则的蠕瘤纹饰，宽多在 2—6μm 之间，较低平，末端多浑圆，常互相连接，包围形状不规则的凹穴或狭长的壕，绕轮廓线蠕突约 25 枚；棕黄色。

比较与讨论 本种与 *C. venusta* Hoffmeister, Staplin and Malloy, 1955 有些相似，但后者蠕瘤较小，凹穴也不清楚。

产地层位 河北开平煤田，大苗庄组。

扁平蠕瘤孢 *Convolutispora flata* Geng, 1987

（图版 109，图 1，2）

1987 *Convolutispora flata* Geng，耿国仓，28 页，图版 2，图 11，12。

描述 赤道轮廓亚圆形，大小 44—54μm，全模（新指定，图版 109，图 1）44μm；三射线因纹饰不易见到，长可能在 1/2—2/3R 之间；外壁不厚，表面具较规则的扁平脊，宽 2—3μm，高 1—2μm，端部多平圆，基部多互相连接，呈不完全的蠕脊—网状，网穴或壕大小长短不一，在轮廓线上呈微波状；黄色。

比较与讨论 本种以个体较小、蠕瘤相对低平而与属内其他种区别。

产地层位 宁夏盐池、灵武、贺兰，山西组。

华美蠕瘤孢 *Convolutispora florida* Hoffmeister, Staplin and Malloy, 1955

（图版 18，图 3，4；图版 109，图 3，4）

1955 *Convolutispora florida* Hoffmeister, Staplin and Malloy, p. 384, pl. 38, figs. 5, 6.

1971 *Convolutispora florida*, Playford, p. 24, pl. 6, fig. 3.

1980 *Convolutispora* cf. *florida*，高联达，图版 2，图 8。

1984 *Convolutisporites florida*，高联达，343 页，图版 136，图 16，22。

1987a *Convolutispora* cf. *florida*，廖克光，559 页，图版 136，图 35。

1988 *Convolutispora florida*，高联达，图版 Ⅱ，图 20，21。

1988 *Convolutispora florida*，卢礼昌，145 页，图版 26，图 2，3。

1993b *Convolutispora florida*，朱怀诚，255 页，图版 62，图 25，26，28，29。

1993b *Convolutispora* cf. *florida*，朱怀诚，256 页，图版 63，图 3—5。

描述 赤道轮廓圆三角形、圆形，大小 27.5(33.3)37.5μm（测 5 粒）；三射线简单，细直，长 2/3R，常因表面纹饰掩盖而不明显；外壁厚 1.5—2.0μm，表面覆盖不规则蠕瘤，基宽 2—7μm，高 1—4μm，外侧多浑圆，基部排列较密，间距 <3μm。

比较与讨论 本种初描述大小 39—50μm，蠕脊宽 2.8—6.3μm，低矮，顶部常平圆，以其相对较粗、宽的蠕脊和较小的个体区别于属内其他种。同义名表中以廖克光（1987a）鉴定的此种相对较为接近。

产地层位 山西宁武，太原组；山西保德，下石盒子组；内蒙古清水河煤田，太原组；云南沾益史家坡，海口组；甘肃靖远，前黑山组、羊虎沟组。

华美蠕瘤孢（比较种） *Convolutispora* cf. *florida* Hoffmeister, Staplin and Malloy, 1955

（图版 109，图 5，19）

1987a *Convolutispora* cf. *florida*, Hoffmeister et al.，廖克光，559 页，图版 136，图 35。

1988 *Convolutispora florida*，高联达，图版 Ⅱ，图 20—21。

1993 *Convolutispora* cf. *florida*，朱怀诚，256 页，图版 63，图 3—5。

描述 赤道轮廓圆形—圆三角形，大小 41—48μm；三射线简单，细直，长约 3/4R，或因纹饰干扰而不易见到；外壁厚 1.5—2.0μm（不包括纹饰），表面具蠕瘤，肠结状，基宽 1—3μm，高 0.5—3.0μm，顶端浑圆或平圆,或在赤道上拉长,轮廓线波状—齿状;棕黄色。

比较与讨论 当前标本除瘤基部不如 *C. florida* Hoffmeister, Staplin and Malloy, 1955 (p. 384, pl. 38, figs. 5, 6)宽外,其余特征大体与后者相似。靖远臭牛沟组标本(52—55μm)更接近本种模式标本。而同样从臭牛沟组获得的 *C. varicosa* Butterworth and Williams,1958(高联达,1988,图版Ⅱ,图22),大小仅约50μm,与模式标本大小77(101)136μm相差太大,纹饰也不很像(Smith and Butterworth,1967, pl. 10, figs. 4—7),种的鉴定至少应作保留。

产地层位 山西宁武,太原组;甘肃靖远,臭牛沟组,红土洼组—羊虎沟组。

弗洛姆蠕瘤孢 *Convolutispora fromensis* Balme and Hassell, 1962

(图版18,图1, 2, 12)

1962 *Convolutispora fromensis* Balme and Hassell, p. 8, pl. 1, figs. 14—16.

1994 *Convolutispora fromensis*,卢礼昌,图版2,图20,21,31。

1999 *Convolutispora fromensis*,卢礼昌,53页,图版3,图26,27。

描述 孢子赤道轮廓近圆形,大小28.0—43.8μm;三射线颇柔弱或不清楚,长约2/3R;外壁主要覆以致密的脊状纹饰;脊不规则,分叉弱,顶部圆,表面光滑,基部宽1.5—2.0μm,高罕见超过宽;近极面纹饰较远极面的略弱;外壁厚约1.5μm;浅棕—棕色。

比较与讨论 *C. fromensis* 是常见于澳大利亚(Balme and Hassell, 1962; Playford, 1971, 1976, 1978, 1982; Playford and Satterthwait, 1985)上泥盆统—下石炭统的一个形态种,其特征与最初见于美国的层位略高(韦先阶—纳缪尔阶)的 *C. ampla* Hoffmeister, Staplin and Malloy, 1955 颇接近,两者均以细而密的脊状纹饰为特征,但后者的脊较窄,宽仅1.0—1.8μm(前者为2—4μm)。从各自的全模标本看,前者的纹饰图案较为规则。

产地层位 江苏南京龙潭,五通群擂鼓台组;新疆和布克赛尔,黑山头组5层。

齿龈蠕瘤孢 *Convolutispora gingina* Gao, 1989

(图版109,图27)

1989 *Convolutispora gingina* Gao,高联达等,8页,图版1,图12。

描述 赤道轮廓近圆形,大小70—85μm,全模80μm;三射线常被纹饰所掩而不易见到,长约1/2R;外壁颇厚,表面具颇粗密的蠕瘤,基宽达4—8μm,向上变窄,高3—8μm,多为5—6μm,赤道上显示呈锥瘤—锥刺状,末端多钝尖或浑圆,基部常互相连接,其间为不规则凹穴,绕周边约30枚齿突;棕色。

比较与讨论 本种与 *C. mellita* Hoffmeister, Staplin and Malloy, 1955 (p. 384, pl. 38, fig. 10) 比较,外形轮廓相似,但后者以蠕瘤较小(2.8—5.6μm)且在轮廓线上呈波状而与前者明显不同;与 *C. tessellata* 的区别是后者蠕瘤亦小(2.8—6.5μm),更接近网状图案。

产地层位 贵州凯里,梁山组。

厚脊蠕瘤孢 *Convolutispora inspissata* Jiang, 1982

(图版109,图21)

1982 *Convolutispora inspissatus* Jiang,蒋全美等,605页,图版402,图5。

描述 赤道轮廓圆形,全模61μm;三射线因纹饰遮掩不易见;外壁颇厚,具粗壮的蠕瘤纹饰,宽通常达6—8μm,高3—5μm,顶端平圆或近平截,常互相连接并包围不完全网纹,即形状不规则的穴或壕,绕周边约25枚蠕突;棕黄色。

比较与讨论 本种以粗而厚的蠕脊、其顶端平圆即轮廓线上无明显高突起及个体稍大而区别于属内其他种。

产地层位 湖南长沙跳马涧,龙潭组。

具唇蠕瘤孢 *Convolutispora labiata* Playford, 1962

(图版 18,图 13, 14)

1962 *Convolutispora labiata* Playford, p. 595, pl. 82, figs. 1—13.

1995 *Convolutispora balmei*,卢礼昌,图版 2,图 24。

1995 *Foveosporites insculptus*,卢礼昌,图版 2,图 16。

描述 赤道轮廓圆形或近圆形,大小 54—70μm;三射线常微开裂而呈三裂缝状,并延至赤道附近,两侧伴随有厚实(颜色颇深)的唇,单片唇宽 3—4μm,外壁表面覆以粗壮、光滑、多少弯曲的脊,或分叉但从不相互交织,末端钝凸;脊宽 1.5—6.0μm(常见 3.0—4.5μm),高 1.5—2.0μm,顶部略拱凸,间距 1—3μm(偶见 4—5μm);外壁厚 3.5—7.0μm(含纹饰);赤道轮廓线微凹凸不平。

注释 卢礼昌(1995)分别置于 *Convolutispora balmei* 与 *Foveosporites insculptus* 名下的标本因具厚实的唇与粗壮的脊而更接近 *Convolutispora labiata* 的特征,故将它们改归 *C. labiata* 名下。

产地层位 湖南界岭,邵东组。

较大蠕瘤孢 *Convolutispora major* (Kedo) Turnau, 1978

(图版 18,图 18)

1963 *Dictyotriletes major* Kedo, p. 55, pl. 4, fig. 97.

1978 *Convolutispora major* (Kedo) Turnau, p. 8, pl. 2, figs. 18, 19.

1983 *Convolutispora major*,高联达,196 页,图版 2,图 13。

1995 *Convolutispora major*,卢礼昌,图版 2,图 19。

注释 本种以其致密、粗壮、宽圆、蠕瘤状的脊且有时形成不规则与不完全的网状图案为特征。本书记载的标本较 Kedo(1963)的标本(112μm)略偏小。

产地层位 湖南界岭,邵东组;西藏聂拉木,波曲组。

蜂穴蠕瘤孢 *Convolutispora mellita* Hoffmeister, Staplin and Malloy, 1955

(图版 109,图 29, 37)

1955 *Convolutispora mellita* Hoffmeister et al., p. 384, pl. 38, fig. 10.

1967 *Convolutispora* spp. Barss, pl. 28, figs. 18, 19.

1980 *Convolutispora mellita*,高联达,图版 Ⅱ,图 9。

1984 *Convolutispora mellita*,高联达,342 页,图版 136,图 12,13。

1985 *Convolutispora mellita*,高联达,62 页,图版 4,图 26;图版 10,图 3。

1987 *Convolutispora mellita*,高联达,图版 3,图 9;图版 11,图 9。

1987 *Convolutispora mellita*,欧阳舒、陈永祥,51 页,图版 6,图 18,19。

1989 *Convolutispora mellita*, Ouyang and Chen, pl. 3, fig. 13(63—73μm).

1990 *Convolutispora mellita*,张桂芸,见何锡麟等,310 页,图版 4,图 10。

1993 *Convolutispora mellita*,朱怀诚,256 页,图版 63,图 7a,b。

1995 *Convolutispora mellita*,高联达,62 页,图版 4,图 26;图版 10,图 3。

2000 *Convolutispora mellita*,詹家祯,见高瑞祺等,图版 2,图 6。

描述 赤道轮廓近圆形,大小 52.5—80.0μm;三射线简单,细直,长 1/2—3/4R,常因纹饰遮掩不明显;外壁厚 4—5μm(含纹饰),表面具不规则形状紧密排列的蠕瘤,宽 3—6μm,高 1—4μm,彼此交叉或平行相连,呈不完全网纹;黄棕色。

比较与讨论 当前标本与 *C. mellita* Hoffmeister, 1955 相似,仅后者个体多较大(60—85μm);*C. usitata* Playford, 1962 (p. 595, pl. 82, figs. 7, 8) 与此种相似,但前者个体更大(84—112μm)。

产地层位 河北开平,赵各庄组;山西宁武,本溪组—太原组;山西保德,下石盒子组;内蒙古准格尔旗黑岱沟,太原组(9 煤);江苏句容,五通群擂鼓台组上部;贵州睦化,打屋坝组底部;甘肃靖远,前黑山组、红土洼组、羊虎沟组;新疆塔里木盆地和田河井区,卡拉沙依组。

微小蠕瘤孢 *Convolutispora minuta* Zhu, 1989

（图版 110,图 1, 2）

1989 *Convolutispora minuta* Zhu, p. 219, pl. 2, fig. 17.

1993 *Convolutispora minuta* Zhu, pl. 1, fig. 8.

1993 *Convolutispora minuta* Zhu,朱怀诚,256 页,图版 63,图 11,12,15,16。

描述 赤道轮廓卵圆形—圆形,大小 29(32.6)34μm(测 7 粒);三射线简单,细直,长 3/4—1R,常因表面纹饰掩盖而不明显,近极面有时因微加厚而色暗;外壁厚 1—2μm(不含纹饰),轮廓线齿刻状,表面覆盖蠕瘤,短轴长 1—3μm,低平,赤道处凸出 1—2μm,彼此平行或叠交结网,孔径 <2.5μm。

比较与讨论 本种以个体较小,蠕脊高低、宽窄、曲连不规则,坑穴较细而与 *C. radiata* Zhu, 1989 区别。

产地层位 甘肃靖远,红土洼组—羊虎沟组中段。

米梅尔蠕瘤孢 *Convolutispora mimerensis* (Vigran) Allen, 1965

（图版 18,图 10, 11）

1964 *Reticulatisporites mimerensis* Vigran, p. 17, pl. 2, figs. 16, 17.

1965 *Convolutispora mimerensis* (Vigran) Allen, p. 704, pl. 97, figs. 1—3.

1994a *Reticulatisporites polygonalis*,卢礼昌,图版 2,图 24,25。

描述 赤道轮廓不规则,近圆形,大小 50—54μm;三射线不清楚;外壁厚约 2.5μm,表面光滑,其上具光滑、低矮与微弯曲的脊,宽 2—4μm,高 1—2μm;大多数脊相交成不完全的网状图案,穴形不规则,宽(或长)2.5—12.0μm;赤道轮廓线稀串珠状。

注释 当前标本与 Allen(1965)从西斯匹次卑尔根中泥盆统上部(Givetian)获得的 *C. mimerensis* 的特征更为接近。

产地层位 江苏南京龙潭,五通群擂鼓台组上部。

乳凸蠕瘤孢 *Convolutispora papillosa* (Ibrahim) Du, 1986

（图版 109,图 23, 28）

1933 *Verrucosi-sporites papillosus* Ibrahim, p. 25, pl. 5, fig. 44.

1955 *Verrucosisporites papillosus* Ibrahim, in Potonié and Kremp, p. 66, pl. 13, fig. 206.

1986 *Convolutispora papillosus* (Ibrahim) Du,杜宝安,图版Ⅱ,图 4。

1964 *Convolutispora* sp. b,欧阳舒,496 页,图版Ⅴ,图 4。

描述 赤道轮廓圆形,大小 62—87μm;三射线清楚,长 1/2—2/3R;外壁中厚,包括纹饰 4—6μm,表面具相对均匀的蠕瘤状纹饰,基宽 2—6μm,高 2—3μm,顶端多钝圆,互相连接成不完全网纹,网穴形态不规则,或小的椭圆—圆形,直径 2.5—4.0μm,或狭长,宽 1—2μm,或连成岛屿状,轮廓线上具约 35 枚乳头状突起;棕色—棕黄色。

比较与讨论 当前标本大小、形态与同义名表所列模式标本相似,从 Ibrahim 和 R. Potonié 等提供的绘图或照片看,归入 *Convolutispora* 较好。此种与 *C. shanxiensis* Ouyang sp. nov. 颇相似,但以脊较发育且排列更紧密、隙缝较窄、孢壁较厚,射线易见而与后者有别;与 *Foveolatisporites distinctus* Ouyang, 1964 也有些相似,区别是后者脊若断若续,略呈蠕虫状弯曲。

产地层位 山西河曲,下石盒子组;甘肃平凉,山西组。

平坦蠕脊孢 *Convolutispora planus* Hughes and Playford, 1961

（图版 168,图 7,8）

1961 *Convolutispora planus* Hughes and Playford, p. 31, pl. 1, figs. 5, 6.

1962 *Convolutispora planus* Hughes and Playford, Playford, p. 598, figs. 6, 7.

1987 *Convolutispora planus*,欧阳舒、陈永祥,48 页,图版 5,图 20。

描述 赤道轮廓近圆形,直径 68μm(测 2 粒);三射线清楚,单细,微弯曲,伸达或近达外壁内沿;外壁(较薄处)厚约 2μm,局部增厚成蠕脊状网纹,脊宽 2.5—12.0μm,大多为 4—7μm,高 3—6μm,顶面一般平坦,包围着形状不规则的网穴,穴径 7—17μm 不等;轮廓线多少呈波状—城垛状;棕色。

比较与讨论 当前标本与斯匹次卑尔根群岛早石炭世的 *C. planus* Hughes and Playford (1962, pl. 83, fig. 6)在大小和形态上基本一致,属于同一种;与熊岛晚法门期的 *Dictyotriletes retiformis* (Naumova) Kaiser, 1971 (S. 143, Taf. 38, Abb. 6) 亦略相似,但后者三射线较短[1/3R(?)],网穴形状相对较规则。

产地层位 江苏句容,五通群擂鼓台组上部。

褶皱蠕瘤孢 *Convolutispora plicata* Gao, 1988

(图版 18,图 23)

1988 *Convolutispora plicata* Gao,高联达,210 页,图版 3,图 1。

描述 赤道轮廓圆角凸边三角形,大小 40—60μm;三射线微开裂,长 2/3—3/4R;外壁表面覆以致密的蠕瘤状纹饰,电子扫描照片清晰显示:蠕瘤粗大,宽圆,低凸,相互拥挤甚至融合或交织,并构成不规则不完全的近似网状图案;蠕瘤宽 2.5—5.0μm,高常明显小于宽,顶部宽圆,表面光滑;外壁具内点穴状结构。

比较与讨论 当前种与 *C. major* (Kedo) Turnan, 1978 的形态特征和纹饰组成相似,但后者个体较大(112μm, 69.5—119.5μm),且网状图案更不规则与不完全。

产地层位 西藏聂拉木,章东组。

放射蠕瘤孢 *Convolutispora radiata* Zhu, 1989

(图版 109,图 31, 32)

1989 *Convolutispora radiata* Zhu, p. 219, pl. 2, figs. 32—34.

1993 *Convolutispora radiata* Zhu, pl. 1, fig. 8.

1993 *Convolutispora radiata* Zhu,朱怀诚,256 页,图版 63,图 17,19。

描述 赤道轮廓亚圆形—圆形,大小 36—40μm;三射线简单,细直,接近伸达赤道,有时由于表面纹饰掩盖而不明显,外壁在近极点附近常因轻微加厚而色暗;外壁厚 2—3μm(含纹饰),轮廓线波形,表面覆盖蠕瘤,在近极面多少呈放射状排列,在赤道区多少平行于赤道,瘤短轴长(宽)2.5—3.5μm,高约 2μm,很少达 3μm,结网,孔径 <3μm,周边具突起 17—21 枚。

比较与讨论 本种以个体较小区别于 *C. usitatas*,以接触区外壁稍厚、色较深和纹饰在近极面的排列特点与属内其他种不同。

产地层位 甘肃靖远,红土洼组—羊虎沟组。

强壮蠕瘤孢 *Convolutispora roboris* Gao, 1984

(图版 109,图 22, 30)

1984 *Convolutispora permiana* Gao,高联达,405 页,图版 152,图 19。

1984 *Convolutispora roboris*,高联达,405 页,图版 152,图 20—22。

1995 *Convolutispora roboris*,吴建庄,340 页,图版 51,图 7,8。

描述 赤道轮廓圆形—圆三角形,大小 55—80μm,全模约 75μm(图版 109,图 30);三射线因纹饰遮掩不易见,长约 2/3R;外壁颇厚,表面具块瘤纹饰,有些互相连接成肠结状—拐枣状蠕瘤,直径或宽 5—12μm 不等,高 3—4μm,顶端多浑圆或平圆,纹饰之间构成很清楚的、互相多连通的不规则且不完全负网(壕穴),其宽多在 1—2μm 间,在赤道或亚赤道蠕瘤偶尔有互相连接呈同心状的趋势,在轮廓线上波状—齿突状;褐—棕褐色。

比较与讨论 与 *C. pseudohirtus* Inosova, 1974 有些相似,但后者在块瘤的排列上有所不同。本种以块瘤—蠕瘤之间的清楚的、不规则的负网区别于属内其他种。原作者另建一种 *C. permiana* Gao,因大小、形态、纹饰与 *C. roboris* Gao 相似,且产出层位相同,故归入同一种内。考虑到在 *C. roboris* 种下描述的标本较多,所以不机械选"同一文献中第一个描述的种",而选用 *C. roboris* 作种名。

产地层位 山西宁武,上石盒子组;河南临颍、项城,上石盒子组。

粗壮蠕瘤孢 *Convolutispora robusta* Lu, 1999

(图版 19,图 15—18)

1999 *Convolutispora robusta* Lu,卢礼昌,52 页,图版 7,图 7—12。

描述 赤道轮廓亚圆形或不规则圆形,子午轮廓近椭圆形,大小 81.7—109.0μm,全模标本 89μm,副模 98.3μm;三射线常因唇遮盖而不清楚,唇低矮,但有时明显凸起,高可达 10.0—15.6μm,总宽 3—6μm,长 3/5—4/5R;外壁颇厚(不可量),具点穴状结构,表面具相当粗壮的蠕瘤状纹饰(脊);纹饰分子分布稀疏,不规则,弯曲或分叉,但不连接成网状图案;蠕瘤有时具粗大的圆瘤状突起或加厚,直径 6.0—8.5μm,高约 3μm,顶部圆凸,纹饰在近极亚赤道区及整个远极面较发育,基部宽达 6.2—12.5μm,局部高可达 2.5—7.8μm,顶部宽圆或钝凸,具细小而稀疏的点穴状结构,表面近光滑或微粗糙;三射线区纹饰明显退化,区内表面仅具不规则小突起纹饰或相当粗糙;孢子赤道轮廓线呈不规则低波状;棕—浅棕色。

比较与讨论 前述的 *C. distincta* 虽个体也较大,纹饰也颇粗,但以轮廓倾向于三角形,且纹饰相当拥挤而有别于当前种。

产地层位 新疆和布克赛尔,黑山头组 4,5 层。

山西蠕瘤孢(新种) *Convolutispora shanxiensis* Ouyang sp. nov.

(图版 110,图 48)

1964 *Convolutispora* sp. a,欧阳舒,496 页,图版 V,图 1。

描述 赤道轮廓圆形,大小 70—81μm,全模 81μm;三射线因纹饰不易见,可能单细;外壁薄,整个表面具蠕瘤状纹饰,宽 3—5μm,高约 4μm,端部浑圆或近平截,强烈扭曲,彼此连接成带状蠕脊—不完全网纹,包围狭壕或不规则的穴,直径大者 5—8μm,在轮廓线上呈宽窄不一的穹窿状突起;棕黄色。

比较与讨论 本种形态颇似加拿大新斯科舍下石炭统的 *C. flexuosa* f. *major* Hacquebard, 1957(p. 311, pl. 2, figs. 8, 9),但后者较大(124—255μm);*C. flexuosa* f. *minor* Hacquebard, 1957(p. 312, pl. 2, fig. 10)在大小上与本种相近(72μm),唯其脊较宽(4—6μm)而稀,穴较大(4—8μm),脊在轮廓线上凸出不如本种明显。

产地层位 山西河曲,下石盒子组。

华夏蠕瘤孢 *Convolutispora sinensis* Ouyang and Li, 1980

(图版 109,图 33)

1980 *Convolutispora sinensis* Ouyang and Li, p. 7, pl. Ⅰ, fig. 9.

描述 赤道轮廓近圆形,大小 44(56)69μm(测 4 粒),全模 68μm(图版 109,图 33);三射线细弱可见,长 ≤2/3R;外壁(纹饰包括在内)厚 3—4μm,外部分化为低矮的脊,包围漏斗形的穴,脊高 1—1.5μm,基部宽 3—4μm,顶端圆或微尖,穴径 2—5μm(顶部),底部 ≤1μm;绕周边 23—35 枚突起;棕黄色。

比较与讨论 本种略似 *Foveolatisporites distinctus* Ouyang, 1964,但后者个体大得多(81—113μm),且其脊更高、更宽;与美国下石炭统的 *Convolutispora ampla* Hoffmeister, Staplin and Malloy(1955)和 *C. venusta* 也有些相似,然而,后两者的弧状脊部分相连且与孢子轮廓平行,而前者的穴较细密。

产地层位 山西朔县,本溪组。

细弱蠕瘤孢 *Convolutispora subtilis* Owens, 1971

(图版 19,图 6—8)

1971 *Convolutispora subtilis* Owens, p. 35, pl. 9, figs. 3—6.

1975 *Verrucosisporites pseudoreticulatus* Gao and Hou，高联达、侯静鹏，202 页，图版 5，图 13。

1985 *Convolutispora subtilis* Owens，刘淑文等，图版 2，图 5。

1997a *Convolutispora subtilis* Owens，卢礼昌，图版 1，图 11。

1997b *Convolutispora subtilis* Owens，卢礼昌，图版 2，图 26。

1999 *Microreticulatisporites punctatus*，卢礼昌，图版 8，图 9，10。

描述 赤道轮廓宽圆三角形—近圆形，大小 37.5—56.0μm；边缘呈不规则细钝齿状—微波状；三裂缝标志可识别至清楚，简单或具窄唇，顶部宽可达 5.5—8.0μm，近末端宽约 3μm，长 1/2—3/5R；外壁厚约 2μm（赤道区），表面覆以致密的卷曲状—蠕瘤状的脊，脊宽 0.8—1.5μm，高略小于宽，表面光滑，顶部多钝凸，罕见锐尖；脊弯曲、延伸，相互接触或交织，并构成不规则与不完全的网状图案，穴宽一般约 1μm，最长可达 3μm 左右；纹饰在三射线区略减弱，甚至缺失。

比较与讨论 描述的标本与 Owens（1971）首次从北极群岛上泥盆统获得的 *C. subutibis* 特征甚为相似，应同为一种。

产地层位 湖北长阳，黄家磴组；湖南界岭，邵东组；新疆准噶尔盆地，呼吉尔斯特组；新疆和布克赛尔，黑山头组 4 层。

宽平蠕瘤孢 *Convolutispora superficialis* Felix and Burbridge, 1967

（图版 109，图 17，18）

1967 *Convolutispora superficialis* Felix and Burbridge, p. 373, pl. 57, fig. 1.

1993 *Convolutispora superficialis* Felix and Burbridge，朱怀诚，256 页，图版 63，图 8，13。

描述 赤道轮廓圆三角形—圆形，轮廓线呈波状；大小 57.5—62.0μm；三射线简单，细直或微弯，长 2/3—3/4R；外壁厚 2.0—3.5μm，近极面接触区有时因变薄而明显呈圆形内凹，远极面及赤道饰以低平、宽的蠕瘤，宽度变化大，高度不易测量，基部彼此分离或相连似网状。

产地层位 甘肃靖远，红土洼组。

方格蠕瘤孢 *Convolutispora tessellata* Hoffmeister, Staplin and Malloy, 1955

（图版 19，图 1，2；图版 110，图 29，46）

1955 *Convolutispora tessellata* Hoffmeister, Staplin and Malloy, p. 385, pl. 38, fig. 9.

1984 *Convolutispora tesselata*，高联达，343 页，图版 136，图 21。

1987a *Convolutispora tesselata* Hoffmeister et al.，廖克光，558 页，图版 136，图 21。

1993 *Convolutispora tessellata* Hoffmeister et al.，朱怀诚，257 页，图版 63，图 6。

1993 *Convolutispora tessellata* Hoffmeister et al.，王怿，图版 2，图 19，20。

描述 赤道轮廓圆三角形—圆形，大小 47—57μm；射线常因纹饰遮掩不易见，长约 3/4R，偶尔开裂；外壁颇厚，表面具块瘤—蠕瘤，短轴长（宽）1.5—4.0μm，高 1—2μm，最长可达 8μm，端部钝圆，排列紧密，间距 <1.5μm，有时呈方格状，绕周边约 30 枚蠕突；棕黄色。

比较与讨论 本种初描述大小 45—86μm，全模 86μm，蠕脊宽 2.8—6.0μm，高 2.0—5.6μm；从模式照片上看，蠕脊密，相互之间呈狭壕—负网状，绕周边 30—40 枚。

产地层位 山西宁武，本溪组、山西组、下石盒子组；山西保德，下石盒子组；内蒙古清水河、黑岱沟（9 煤），太原组；湖南锡矿山，邵东组；甘肃靖远，羊虎沟组。

三角蠕瘤孢 *Convolutispora triangularis* Ouyang and Li, 1980

（图版 110，图 39，40）

1980 *Convolutispora triangularis* Ouyang and Li, p. 7, pl. 1, figs. 7, 8.

1990 *Convolutispora triangularis*，张桂云，见何锡麟等，309 页，图版Ⅳ，图 6，7。

描述 赤道轮廓三角形，三边微凸，大小 51（62）73μm（测 10 粒），全模 69μm（图版 110，图 40）；三射线清楚或因纹饰遮掩而模糊，伸达外壁内沿；外壁（包括纹饰）厚2—8μm，大多在3—5μm（包括纹饰层），分化为颇宽但不很规则的弯曲的且互相连接的脊，包围漏斗形穴，顶部直径2—5μm，底部1—2μm，脊高2—7μm，大多3—5μm，基宽5—10μm；穴形状不规则，或互相连接成弯曲的壕状结构；赤道轮廓线略呈齿状或波状，绕周边25—30枚；微金黄色—棕黄色。

比较与讨论 本种以其三角形轮廓和特征性纹饰区别于原归入 *Convolutispora* 或 *Foveolatisporites*（旧义）的其他种。*Convolutispora* 的模式种为圆形。河北山西组的 *Verrucosisporites wenanensis* Zheng，2000 大小53.8μm，纹饰形态与本种颇为相似，但以极面观以块瘤孤立状态较多，互相连接成蠕瘤者罕见与当前种有所不同。张桂芸鉴定的标本较小（40—50μm）。

产地层位 山西朔县，本溪组；内蒙古准格尔旗黑岱沟，本溪组。

疣瘤蠕瘤孢 *Convolutispora tuberosa* Winslow，1962

（图版19，图11，12）

1962 *Convolutispora tuberose* Winslow，p. 71，pl. 7，figs. 20，22.

1988 *Convolutispora tuberosa*，卢礼昌，145页，图版XIV，图6，7。

描述 辐射对称三缝小孢子，赤道轮廓圆—近圆形或近三角形；大小68.7（74.9）81.1μm（量3粒）；三射线清楚至可见，简单，伸达孢子赤道边缘；外壁具棒瘤纹饰，分布致密，低矮，粗大，局部连接成脊，并呈蠕瘤状；侧面观棒瘤两侧近于平行，顶部略微膨胀或否，末端多少平凸或拱凸，偶见钝尖，表面光滑，大小略有差别，一般基宽5.6—6.7μm，高3.0—9.4μm；三射线区纹饰明显减小且变稀；外壁厚实，但常因纹饰粗大、拥挤而不可量；多呈棕或深棕色。

产地层位 云南沾益史家坡，海口组。

普通蠕瘤孢 *Convolutispora* cf. *usitata* Playford，1962

（图版110，图23，24）

1962 *Convolutispora usitata* Playford，p. 595，pl. 82，figs. 4，7，8.

1964 *Convolutispora* sp. 2 Peppers，p. 17，pl. 1，fig. 17.

1967 *Convolutispora* cf. *usitata* Playford，pl. 9，fig. 7.

1990 *Convolutispora* cf. *usitata* Playford，张桂芸，见何锡麟等，310页，图版4，图8，9。

描述 赤道轮廓圆形，大小50—60μm；三射线明显，细，直，简单或微具窄唇，接触区有外壁加厚现象，射线长为1/4—3/4R；表面覆以大小均一、排列规则、形似长枕状的瘤，基部相连，呈藕节状，单个瘤大小为3—4×6—7μm，高2μm，排列的方向与赤道边缘一致；轮廓线波状，外壁厚1.0—1.5μm，棕黄色。

比较与讨论 当前标本与Peppers（1964）的 *Convolutispora* sp. 2（pl. 1，fig. 17）相似，可能为同一种。与 *C.* cf. *usitata* Smith and Butterworth，1967（pl. 9，fig. 7）基本一致。

产地层位 内蒙古准格尔旗黑岱沟，太原组、山西组。

曲管蠕瘤孢 *Convolutispora varicosa* Butterworth and Williams，1958

（图版111，图16，20）

1967 *Convolutispora varicosa* Butterworth and Williams，p. 372，pl. 2，figs. 22，23.

1967 *Convolutispora varicosa* Butterworth and Williams，Smith and Butterworth，p. 188，pl. 10，figs. 4—7.

1993 *Convolutispora varicosa* Butterworth and Williams，朱怀诚，257页，图版63，图1，2。

描述 赤道轮廓近圆形—圆形，大小77.5—85.0μm；三射线简单，细直，长2/3—3/4R，常因表面纹饰掩盖而不明显；外壁厚3—4μm（不含纹饰），表面饰以锥瘤，肠结状蠕瘤，外侧较圆，基部短轴长（宽）3—5μm，超出赤道1—3μm，瘤基部相互平行或叠覆，呈松散结构，似网状，赤道周边具突起25—35枚。

比较与讨论 本种原描述大小77—136μm，全模96μm，蠕脊宽3—5μm，高1—3μm；轮廓线上瘤顶部平圆—近浑圆，故呈缓波状，较规则。当前标本蠕脊端部偶尔显示为近平截或似锥瘤状，与前者有些差别。

产地层位 甘肃靖远,羊虎沟组下段。

风雅蠕瘤孢 *Convolutispora venusta* Hoffmeister, Staplin and Malloy, 1955

(图版 110,图 25, 30)

1955 *Convolutispora venusta* Hoffmeister et al. , p. 385, pl. 38, fig. 11.

1980 *Convolutispora venusta*,高联达,图版Ⅱ,图 7。

1983 *Convolutispora venusta*,高联达,498 页,图版 114,图 29,30。

1984 *Convolutispora venusta*,高联达,342 页,图版 136,图 14,15。

1985 *Convolutispora venusta*,高联达,61 页,图版 4,图 21—23;图版 10,图 4,5。

1987a *Convolutispora venusta*,廖克光,559 页,图版 136,图 30。

1988 *Convolutispora venusta*,高联达,图版Ⅱ,图 19。

1989 *Convolutispora venusta*, Hou J. P. , p. 137, pl. 42, fig. 17.

描述 赤道轮廓圆三角形—亚圆形,大小 52—60μm;三射线长约 2/3R,常开裂;外壁中厚,表面具蠕瘤纹饰,短轴宽 2—4μm 不等,高 1. 5—3. 0μm,侧面观多呈锥瘤状,端部钝圆或平圆,互相连接,其间多呈不规则坑穴状,一般 1. 5—2. 0μm 宽,有些拉长,轮廓线浅波状—微齿状;黄褐色。

比较与讨论 本种最初描述大小 44—66μm,蠕脊宽 2. 8—5. 6μm,高 1—3μm;绕周边波突约 30 枚;从贵州乌当、睦化获得的此种标本大小仅 35—48μm。

产地层位 山西宁武本溪组,下石盒子组;内蒙古清水河,太原组;贵州乌当,旧司组;贵州睦化、代化,打屋坝组底部;甘肃靖远,前黑山组、臭牛沟组。

蠕虫蠕瘤孢(比较种) *Convolutispora* cf. *vermiculata* (Kosanke) Chen, 1978

(图版 110,图 5)

1950 *Punctatisporites vermiculatus* Kosanke, 1950, p. 19, pl. 2, fig. 4.

1978 *Convolutispora vermiculatus* (Kosanke) Chen,谌建国,405 页,图版 118,图 20。

1982 *Convolutispora vermiculatus*,蒋全美等,606 页,图版 401,图 18。

描述 赤道轮廓圆形,大小 50μm;三射线因纹饰遮掩不易见,可能单细,长约 3/4R;外壁不厚,表面具小瘤—锥瘤状纹饰,基宽多不超过 2μm,高 1—2μm,末端钝圆或微尖,基部多相连成窄条带状的蠕瘤,形状和长短不一,或连接,或分叉,构成不完全负网,绕周边约 30 枚突起;暗黄色。

比较与讨论 与原 Kosanke (1950) 建立的美国石炭系的种比,当前标本纹饰较密,赤道轮廓上突起明显得多,故改定为比较种。

产地层位 湖南邵东保和堂,龙潭组。

弯曲蠕瘤孢 *Convolutispora vermiformis* Hughes and Playford, 1961

(图版 19,图 9, 10;图版 110,图 47)

1961 *Convolutispora vermiformis* Hughes and Playford, p. 30, pl. 1, figs. 2—4.

1985 *Convolutispora verriformis* (sic),高联达,62 页,图版 4,图 25。

1995 *Convolutispora vermiformis*,卢礼昌,图版 2,图 18。

描述 赤道轮廓圆形—圆三角形,大小 60—80μm,照片大小 78μm;壁厚,褐色;三射线简单,直,长为 3/4R。孢子表面具网状的瘤状纹饰,瘤宽 5—8μm,高 4—5μm,连接成不规则的多角形网瘤,在轮廓线上呈波浪形突起。

产地层位 湖南界岭,邵东组;贵州睦化,打屋坝组底部。

薯瘤蠕瘤孢(新联合) *Convolutispora verrucosus* (Gao) Ouyang comb. nov.

(图版 109,图 7)

1984 *Secarisporites verrucosus* Gao,高联达,400 页,图版 151,图 9。

描述 赤道轮廓近圆形,大小30—38μm;三射线因被纹饰遮掩而常不易见,见时长约1/2R,细弱;外壁(包括纹饰)厚,表面为蠕虫状—球茎状瘤,瘤常互相连接,其间为弯曲的互相沟联的壕或不规则形穴,宽或穴长多不超过2μm,在轮廓线上呈微波状,波峰多缓圆,波谷浅,至少不深凹;棕褐色。

比较与讨论 原作者已指出,本种与 *Secarisporites lobatus* Neves, 1961 虽在纹饰特征上有些相似,但后者"球茎状瘤组成一假环"(该属的种名拉丁文明确指明,其赤道为裂片状或深缺刻状),这一特征在高联达描述的标本中未见,但他提及"瘤常深裂……,有些像 *Convolutispora*", 故本书将其迁入后一属中。

产地层位 山西宁武,上石盒子组。

曲饰孢属 *Crissisporites* Gao emend. Wang, 1996

模式种 *Crissisporites guangxinensis* (Gao) Wang, 1996;广西六景,下泥盆统。

属征 无环三缝小孢子,赤道轮廓圆三角形—三角形;三射线清楚,长2/3—1R;外壁厚度中等,近极面具颗粒状纹饰,远极面和赤道部位具卷曲纹饰,紧依排列,构成同心网纹,轮廓线呈波纹状[据王怿(1996)修订]。

比较 王怿(1996)描绘的 *C. guangxinensis* (Gao)的插图1.2 显示:该属是以近极—赤道区与远极外壁覆以马蹄形或超半圆形的曲纹并呈辐射状排列为特征而与上古生界具皱纹或网纹的其他属不同。

分布时代 湖南、广西与西藏,泥盆纪。

广西曲饰孢 *Crissisporites guangxiensis* (Gao) Wang, 1996

(图版20,图8—12)

1978 *Convolutispora guangxiensis* Gao,高联达,305页,图版45,图16—19。

1978 *Crissisporites minutus* Gao,高联达,305页,图版45,图15。

1983 *Crissisporites nidus* Gao,高联达,197页,图版2,图15,16。

1996 *Crissisporites guangxiensis* (Gao) Wang,王怿,25页,图版3,图8,9。

描述 赤道轮廓圆三角形—三角形,三边凸出,角部浑圆或微尖,大小20—60μm;三射线清楚,直,简单或开裂,长2/3—1R;外壁厚1.0—1.5μm,远极面和赤道部位表面覆以规则的近圆形的卷曲纹饰,相互紧依并呈辐射状排列,构成马蹄形同心状曲纹,穴径3—8μm,赤道轮廓线呈波浪状;近极面具细颗粒状纹饰,粒径<0.5μm,分布致密均匀;棕黄色。

注释 王怿(1996)认为,*C. guangxiensis* Gao, 1978, *C. minutus* Gao, 1978 与 *C. nidus* Gao, 1983 彼此的特征并无多大差异,仅大小幅度略有不同(分别为30—45μm,20—26μm 与45—60μm),故将它们一并置于他修订后的 *C. guangxinensis* (Gao) Wang 名下。它们都以赤道部位与远极面具同心状马蹄形曲纹图案为特征。

产地层位 湖南锡矿山,邵东组与孟公坳组;广西六景,下泥盆统那高岭段、蚂蝗岭段;西藏聂拉木,波曲组上部。

背穴孢属 *Acritosporites* (Obonizkaja) Lu, 1988

模式种 *Acritosporites aralensis* Obonizkaja, 1964;俄罗斯西伯利亚,上白垩统下部(Cenomanian—Turonian)。

修订属征 辐射对称三缝小孢子;赤道轮廓圆形—圆三角形,侧面观近极面低锥角形,远极面外凸;三射线可见至清楚,简单或具唇,伸达赤道附近;弓形脊发育完全,除射线末端两侧极小部分外,其余绝大部分位于或略超出赤道;外壁1层或2层相当厚实,表面光滑,近极外壁常沿三射线开裂或减薄,远极外壁中央区具一明显的圆形洞穴,穴底外壁较其余外壁薄许多。

比较与讨论 *Retusotriletes* Naumova emend. Streel, 1964 外壁不具任何凹穴;其他具穴孢属如 *Brochotriletes* Naumova ex Ischenko, 1952 的外壁多孔穴状。*Acritosporites* Obonizkaja, 1964 为苏联上白垩统一形态属,

其模式种的全模标本绘图(Jansonius and Hills, 1976)表明:一方面,近极面"三椭圆形变薄区"似乎是由相当发育的三射唇外缘和弓形脊所组成,因此,三射线与弓形脊之间的外壁自然显得较薄;另一方面,在此描述的标本,其形态特征与 *Acritosporites* (Obonizkaja) Lu, 1988 基本相符。

分布时代 苏联,晚白垩世;中国,晚泥盆世。

双层背穴孢 *Acritosporites bilamellatus* Lu, 1988

(图版 20,图 13, 14)

1988 *Acritosporites bilamellatus* Lu,卢礼昌,146 页,图版 24,图 1,2。

描述 赤道轮廓宽圆三角形—近圆形,大小 62.4—67.1μm,全模标本 62.4μm;三射线清楚或可见,直,简单或具唇,末端尖,伸达赤道边缘;弓形脊微弱,但发育完全,除三射线末端两侧小部分外,其余绝大部分位于赤道边缘或与赤道重叠,甚者可略超出赤道延伸,以弓形脊为界的接触区表面微粗糙;外壁明显分为 2 层,互相紧贴:内层表面微粗糙,在赤道区呈深色内环状,宽度均匀,宽 5—8μm;外层在近极面常沿三射线开裂,甚者可呈现明显三角形减薄区,区内三边微微内凹或直,角顶与射线末端重叠,外层厚度在赤道不甚均匀,辐射区较薄,厚约 3μm,辐间区较厚,6.0—7.8μm;孢子远极区具一明显的、略呈圆形的洞穴,穴径可达 23.4—29.6μm,穴底外壁较其余外壁薄许多;在正压标本上,洞穴中心与三射线顶点重合;常呈浅棕—深棕色。

产地层位 云南沾益史家坡,海口组。

单层背穴孢 *Acritosporites singularis* Lu, 1988

(图版 20,图 15—19)

1988 *Acritosporites singularis* Lu,卢礼昌,147 页,图版 24,图 7—11。

注释 孢子大小 54.6—78.0μm,全模标本 73.3μm;远极极区的洞穴直径 20.3—25.0μm;外壁仅一层,相当厚实,赤道外壁(辐间区)厚可达 6.2—9.4μm;其余特征与前述 *A. bilamellatus* 基本相同。

产地层位 云南沾益史家坡,海口组。

背穴孢(未定种) *Acritosporites* sp.

(图版 20,图 20, 21)

1988 *Acritosporites* sp. 卢礼昌,147 页,图版 24,图 12。

描述 赤道轮廓圆形,大小 81.2μm(仅见 1 粒);三射线清楚,简单,末端两分叉明显,射线长 22μm,分叉长 4.7—7.0μm;外壁仅一层,表面光滑,相当厚实,赤道壁厚约 9μm,近极外壁以三射线为平分线,绕其周围呈现 3 个狭长条带或薄区,薄条带区界线明显,宽 12—18μm(末端因射线分叉而稍宽),长略大于射线长;远极中央区外壁具一明显的圆形洞穴,穴径可达 40μm;孢壁深棕色。

产地层位 云南沾益史家坡,海口组。

大穴孢属 *Brochotriletes* (Naumova) ex Ischenko, 1952

模式种 *Brochotriletes magnus* Ischenko, 1952.

产地层位 乌克兰顿涅茨克盆地,上石炭系。

属征 三缝小孢子,赤道轮廓亚三角形,三射线约等于孢子半径;外壁具凹穴,较稀,即穴之间所留外壁相对颇宽,穴较圆,偶呈多角形。

比较与讨论 与 *Reticulisporites*, *Reticulatisporites* 和 *Dictyotriletes* 等属比较,本属以其穴较圆,穴之间的外壁(脊)较宽而区别。本属的形态特征与 *Convolutispora* 颇接近,但后者的脊通常由纹饰突起所组成,并常呈蠕瘤状延伸;而前者的"脊",实际上是外壁凹穴和穴窝之间的"间距"相互串连而成的,其高度常是外壁的厚度。从这个意义讲,晚古生代这一形态属 *Brochotriletes* 的"脊"与其他具网纹各孢属的脊也是不相同的。

注释 Oshurkova (2003)为本属另行指定了一个模式种 *B. foveolatus* Naumova f. *minor* Naumova, 1953,而将本属原模式种归入 *Foveolatisporites* 属这显然是不妥的,因为她忽略了后一属的模式种 *F. fenestratus* (Kos. and Brok.) Bharadwaj 已被归入 *Vestispora* 属。

凹窝大穴孢 *Brochotriletes foveolatus* Naumova, 1953

(图版19,图3—5)

1953 *Brochotriletes foveolatus* var. *major* Naumova, p. 59, pl. 7, fig. 24.

1975 *Brochotriletes foveolatus*,高联达等,206 页,图版7,图1。

1983 *Brochotriletes foveolatus* var. *minor*,高联达,467 页,图版109,图12。

1983 *Brochotriletes globosus* Gao,高联达,467 页,图版109,图11。

1987 *Brochotriletes foveolatus*,高联达等,401 页,图版175,图5。

1994 *Brochotriletes ?foveolatus*,王怿,图版1,图11。

1995 *Brochotriletes ?foveolatus*,卢礼昌,图版2,图29。

描述 赤道轮廓近圆形,大小35—60μm;三射线细长,直,简单或具窄唇(宽约1μm),伸达或接近赤道;外壁厚2—4μm,表面具凹穴,穴轮廓近圆—圆形,穴直径一般为2—6μm,最大可达10μm左右,穴间距1—4μm,甚者8μm;赤道轮廓微波状—凹凸不平;黄棕色。

产地层位 湖南界岭,邵东组;贵州独山,龙洞水组;云南文山,坡脚组;云南禄劝,坡脚组;甘肃迭部,蒲莱组。

山西大穴孢(新种) *Brochotriletes shanxiensis* Ouyang sp. nov.

(图版110,图26)

1964 *Brochotriletes* sp., 欧阳舒,498 页,图版V,图9。

描述 赤道轮廓亚三角形,全模大小51μm;三射线清晰,短,1/4—1/3R,也可能是因为部分被纹饰遮掩了;外壁中厚,约3μm,表面为互相连接的低平块瘤包围的不规则凹穴,穴深1.0—2.5μm,穴径1.5—5.0μm,形状多变,有时彼此互相沟通,轮廓线微凹或呈粗缓平波状;棕黄色。

比较与讨论 本种以其纹饰介于 *Brochotriletes* 属及 *Verrucosisporites* 属之间而与这2属其他种区别。

产地层位 山西河曲,下石盒子组。

疏穴孢属 *Foveosporites* Balme, 1957

模式种 *Foveosporites canalis* Balme, 1957;西澳大利亚,下白垩统。

属征 赤道轮廓圆形或圆三角形;三射线伸达或近达赤道;外壁具很细的孔穴状网穴,网穴有时以短的穴痕相连且不规则分布。

比较与讨论 *Foveotriletes* 属中穴密而规则,孢子轮廓三角形。鉴于穴面三缝孢子属内现已有20种以上,但定义较窄或有这样那样的不同,不大适合我国已知的一些种,而 *Foveolatisporites* 属的模式种已被证明近极面是具圆形口盖的,所以本书将 *Foveosporites* 作广义的形态属使用,勉强译为疏穴孢。

联合疏穴孢 *Foveosporites appositus* Playford, 1971

(图版20,图24)

1971 *Foveosporites appositus* Playford, p. 28, pl. 10, figs. 1—8.

1994a *Foveosporites appositus*,卢礼昌,图版3,图3,4,38。

1995 *Foveosporites appositus*,卢礼昌,图版3,图6。

1999 *Foveosporites appositus*,卢礼昌,57 页,图版32,图6。

描述 赤道轮廓近圆形—圆形,大小40.6—58.0μm;三射线可见,柔弱,长2/3—4/5R;外壁图案由小穴、窄而短的壕穴以及将穴隔开的宽“脊”组成，且“脊”宽常大于穴宽；穴大小不一、形状多变，穴宽1.0—1.5μm，长3—5μm，“脊”宽2.0—3.8μm；穴浅，底平，在赤道轮廓线上反映甚微。

注释 本种以其外壁图案由小穴、窄而短的壕穴以及将穴隔离的宽“脊”组成，且脊宽常大于穴宽为特征。

产地层位 江苏南京龙潭，擂鼓台组上部；湖南界岭，邵东组；新疆和布克赛尔，黑山头组5层。

增厚疏穴孢 *Foveosporites crassus* Gao, 1980

（图版110，图27，31）

1980 *Foveosporites crassus* Gao，高联达，58页，图版2，图10，11。

描述 赤道轮廓圆形或圆三角形，大小45—55μm，全模52μm（图版110，图31）；外壁厚2—3μm，黄褐色；三射线细长，长约2/3R，微弯曲；孢子表面具中等深度不规则凹穴，穴径多1—2μm，有时拉长达2—3μm。

产地层位 甘肃靖远，前黑山组。

筛状疏穴孢 *Foveosporites cribratus* Zhou, 1980

（图版109，图15，16）

1980 *Foveosporites cribratus* Zhou，周和仪，29页，图版9，图19—21，25。

1987 *Foveolatisporites cribratus* Zhou，周和仪，10页，图版2，图2—5。

描述 赤道轮廓圆三角形，大小38(43)50μm，全模43μm（图版109，图15）；三射线细长，几乎接近赤道或长为2/3R；外壁厚约1.5μm，偶具小褶皱，表面具孔穴状纹饰，穴椭圆形—圆形，穴径1.5—2.0μm；黄色。

比较与讨论 本种以圆三角形轮廓、孢子偏小、三射线单细、穴稍密且大小均匀而与属内其他种区别。

产地层位 山东沾化，太原组。

丹维尔疏穴孢（新联合） *Foveosporites danvillensis* (Peppers) Zhu and Ouyang comb. nov.

（图版110，图15，16）

1970 *Dictyotriletes danvillensis* Peppers, p. 111, pl. 9, figs. 6, 7.

1987a *Vestispora* cf. *quaesita* (Kosanke) Wilson and Venkatachala，廖克光，566页，图版139，图1。

1990 *Foveolatisporites danvillensis* (Peppers) Zhang，张桂芸、何锡麟等，312页，图版4，图16，17。

1993 *Dictyotriletes danvillensis* Peppers，朱怀诚，260页，图版64，图36。

描述 赤道轮廓圆三角形—圆形，大小38×48μm；三射线清晰，简单，直，具窄唇，微呈脊状，长3/4—1R；外壁厚1.0—1.5μm，轮廓线细波形，远极面具均匀分布的穴，穴径0.5—1.0μm，间距1.0—2.5μm，多为2μm左右，近极面光滑。

比较与讨论 据原描述，孢子大小45.5—57.5μm，外壁厚3—4μm，网穴圆—卵圆形，大小均匀，直径2.0—2.5μm，间距2—4μm，绕周边70—80个穴。

产地层位 山西宁武，本溪组、山西组；山西保德，太原组；甘肃靖远，羊虎沟组中段。

特异疏穴孢 *Foveosporites distinctus* Zhu, 1999

（图版20，图22，23）

1999 *Foveosporites distinctus* Zhu，朱怀诚，33页，图版2，图2，3，6。

描述 赤道轮廓圆三角形—圆形，大小60(75)87μm，三射线清晰，简单，直，长2/3—3/4R；外壁厚3—6μm，远极面和近极面均饰以稀疏的穴，穴圆形或椭圆形，穴径4—12μm，穴间外壁平滑，穴间距 < 10μm；赤道轮廓线平滑—微凹凸不平（据朱怀诚，1999，除图小修外）。

注释 本种以其外壁厚实与疏穴典型为特征。

产地层位 新疆塔里木盆地，东河塘组。

穿孔疏穴孢 *Foveosporites foratus* Ouyang, 1986

（图版110,图17）

1982 *Foveosporites* sp. A, Ouyang, p. 72, pl. 2, fig. 5.

1986 *Foveosporites foratus* Ouyang,欧阳舒,57页,图版Ⅶ,图19。

描述 赤道轮廓圆形,近极面低平,远极面凸出,全模(图版110,图17)48μm;三射线清楚,单脊状,宽约1μm,伸达赤道轮廓;在赤道部位可能具弓形脊,完整,宽可达2—3μm,于射线末端处凹入;外壁在远极—赤道可能稍厚,表面具中等密度穴,穴径约1μm,但不少穴互相沟通而呈壕穴状,最长达3μm,穴间距1.5—3.0μm,远极面穴之间的脊隆起,呈细波状;黄—棕色。

比较与讨论 本种与 *Eupunctisporites chinensis* Ouyang and Li 略微相似,但后者孢子较大(68—83μm),外壁穴圆且均匀分布,穴径1—2μm。*Foveosporites* 属中则无其他种可与之比较。

产地层位 云南富源,宣威组下段—上段。

孔凹疏穴孢 *Foveosporites futillis* Felix and Burbridge, 1967

（图版110,图6, 18）

1967 *Foveosporites futillis* Felix and Burbridge, p. 377, pl. 57, fig. 13.

1984 *Foveolatisporites futillis* Felix and Burbridge,高联达,344页,图版136,图24。

1990 *Foveolatisporites futillis* Felix and Burbridge,张桂芸,见何锡麟等,311页,图版4,图14,15。

描述 赤道轮廓圆三角形,大小40—45μm;三射线明显,直,简单,长为4/5R或几达赤道边缘,有时微分裂,有时具窄唇,每侧宽1.5—2.0μm;孢子表面覆以大小近等、排列规则、形状圆形的穴;穴径1.5—2.0μm,深1.5μm,穴间距2—4μm,在边缘呈凹网状;外壁厚约1μm;呈黄色。

比较与讨论 按原作者描述,当前种为圆三角形,大小42—50μm;三射线细直,长2/3—4/5R,无唇;外壁细密穴状,穴径1.0—1.5μm,间距1—3μm。黑岱沟的标本除外壁较薄外,其他特征与模式种相似。

产地层位 山西宁武,本溪组;内蒙古清水河煤田,太原组;内蒙古准格尔旗黑岱沟,本溪组。

雕刻疏穴孢 *Foveosporites glyptus* Zhu, 1993

（图版110,图7, 32）

1993 *Foveosporites glyptus*,朱怀诚,263页,图版65,图18,21。

描述 赤道轮廓圆三角形—亚圆形,大小32—28μm (测7粒);三射线简单,细直,近达赤道,微弱或不明显,外壁厚1.0—1.5μm,轮廓线平整,近极面光滑,远极面外壁具不规则形状的穴,雕刻状、月牙形、三角形等,长2—6μm,穴间距稳定,2.5—3.0μm,外壁穴间平滑。

比较与讨论 本种以其特殊的雕刻状穴为特征区别于属内其他种。

产地层位 甘肃靖远,羊虎沟组。

刻穴疏穴孢 *Foveosporites insculptus* Playford, 1962

（图版110,图43, 44）

1962 *Foveosporites insculptus* Playford, p. 85, pl. 85, figs. 3—5.

1993 *Foveosporites insculptus* Playford,朱怀诚,264页,图版66,图1,2,5,8。

1996 *Foveosporites insculptus*,朱怀诚,见孔宪祯等,图版45,图5。

描述 赤道轮廓圆三角形—亚圆形,大小54(65.8)75μm(测5粒);三射线微弱或不明显,简单,细直,长1/2—2/3R;外壁厚2.5—5.0μm,厚度在同一标本的赤道上不稳定,多数为2.5—3.5μm,轮廓线平整—细波状,表面饰以稀疏细穴,孔径比较稳定,直径0.5—1.5μm,间距不等,一般2—5μm。

比较与讨论 当前标本与最初从斯匹次贝尔根下石炭统获得的这个种略相似,差别在于后者轮廓为圆形,个体稍大(63—97μm,平均78μm),射线较长(3/5—4/5R)而清楚,尤其是外壁穴纹较密且深(2μm),多少互相连接,呈狭壕状,但不构成负网状结构。左云标本形态、纹饰与模式种颇相似,但个体较小(约

56μm)。

产地层位 山西左云，太原组；甘肃靖远，红土洼组—羊虎沟组下段。

连接疏穴孢（新联合） *Foveosporites junior* (Bharadwaj) Zhu and Ouyang comb. nov.

（图版110，图19, 28）

1957 *Foveolatisporites junior* Bharadwaj, p. 93, pl. 25, figs. 8—10.

1984 *Foveolatisporites junior* Bharadwaj，高联达，345 页，图版 136，图 27。

1984 *Foveolatisporites junior* Bharadwaj，王蕙，图版 2，图 7。

描述 赤道轮廓圆形，大小 55—60μm；由于纹饰覆盖，三射线不易见，见时长 2/3R；孢壁较厚，黄色，表面覆以凹穴纹饰，穴圆形，直径 2—3μm，凹穴间距 2. 0—2. 5μm，在焦距升起时，可见有些凹穴彼此连接并呈小网状，在轮廓线边缘呈微齿状。

比较与讨论 按原作者的描述，轮廓近圆形，大小 42—52μm，绕周边脊约 40 枚，高 0. 5μm，穴卵圆—多角形，穴径 2—3μm，小穴 1μm，间距 2—3μm。高联达（1984）归入 *Foveolatisporites shanxiensis* 的标本（图版 136，图 28, 29）与 *Foveosporites junior* 很相似，但以穴相对较稀而不同。

产地层位 河北开平煤田，开平组；山西宁武，太原组；内蒙古准格尔旗龙王沟，本溪组；宁夏横山堡，上石炭统。

小型疏穴孢（新联合） *Foveosporites minutus* (Gao) Zhu and Ouyang comb. nov.

（图版110，图8）

1984 *Foveolatisporites minutus* Gao，高联达，345 页，图版 136，图 26。

描述 赤道轮廓三角形，三边微凸，大小 30—40μm，全模 30μm；三射线直伸至三角顶部，射线具唇，唇宽 3—4μm；孢壁厚，黄色，表面具细凹穴；穴圆形，直径 2—3μm，间距 2—3μm。

比较与讨论 描述的标本以个体小、射线具粗唇而与属内其他种相区别。

产地层位 内蒙古清水河煤田，太原组。

类网疏穴孢 *Foveosporites reticulatus* Gao, 1988

（图版110，图20, 33）

1988 *Foveosporites reticulatus* Gao，高联达，195 页，图版 2，图 24。

1988 *Foveosporites incertus* (Andreyeva) Gao，高联达，196 页，图版 2，图 25。

描述 赤道轮廓三角形，三边略凸出，角部浑圆，大小 44—55μm，全模 44μm；三射线清楚，简单或具唇，伸达角部；外壁中厚，表面具形状大小不一的穴，穴径 1. 0—1. 5μm 或 2—3μm，偶尔拉长可达 5μm，或互相壕连，间距 2—5μm，同一标本的穴径或间距差距并不大；在轮廓线上凹穴略呈缺刻状；棕色。

比较与讨论 与 *F. appositus* Playford, 1971 (p. 28, 29, pl. 10, fig. 1) 外形相似，但后者穴间呈脊状凸起而有所不同；与 *F. inscupterus* Playford, 1962 (p. 601, pl. 85, figs. 3—5) 有些相似，但后者以圆形、壁厚、个体大（63—97μm）而不同。

注释 同义名表中，原鉴定为 *F. incertus* (Andreyeva) in Luber and Waltz, 1941 (p. 73, pl. 5, fig. 83) 的标本，大小 55μm，轮廓与 *F. reticulatus* 相近，三射线亦伸至角部，仅穴纹较粗大，考虑到产自相同地层，归入同一种内。这样处理的另一个原因是，按苏联作者描述，具环的 *Zonotriletes incertus* Andreyeva, 大小 75μm，轮廓卵圆形，即使并非有环孢子，其描述中提及纹饰为“瘤”（tubercles），且三射线长仅本体的 1/3R，经常不见，这些也与靖远标本无关。

产地层位 甘肃靖远，臭牛沟组。

稀疏穴孢(新联合) *Foveosporites spanios* (Wang) Ouyang and Zhu comb. nov.

(图版110,图21, 35)

1982 *Foveolatisporites spanios* Wang,王蕙,图版3,图6。

1984 *Foveolatisporites spanios* Wang, 48页,王蕙,图版2,图8。

1984 *Foveolatisporites shanxiensis* Gao,高联达,344页,图版136,图28,29。

1987a *Vestispora* cf. *quasiarcuata* (Kosanke) Wilson and Venkatachala,廖克光,566页,图版139,图1。

1990 *Foveolatisporites shanxiensis* Gao,张桂芸,见何锡麟等,311页,图版4,图13。

描述 赤道轮廓圆三角形—圆形,角部浑圆,大小34—48μm;三射线微弱,裂缝状,长2/3—3/4R,常在一支射线的末端角部翘起并加厚;近极面光滑,远极面具圆形小穴,直径1—2μm,分布稀疏,间距2—3μm;壁薄,致密。

比较与讨论 新种穴径较大、分布稀疏,以此特征与其他种相区别。

产地层位 河北开平煤田,开平组;内蒙古准格尔旗龙王沟,本溪组;宁夏横山堡,上石炭统。

螺旋疏穴孢(新联合) *Foveosporites spiralis* (Gao) Ouyang comb. nov.

(图版110,图22)

1984 *Punctatisporites spiralis* Gao,高联达,396页,图版150,图7。

描述 赤道轮廓亚圆形,大小45—55μm,全模48μm;三射线长2/3—3/4R,射线两侧具粗壮唇,向末端变粗并微分叉,射线棱裂缝状并直穿分叉末端;外壁颇厚,表面具不太规则的坑穴,颇密,穴径或其长多在1.5—2.5μm之间,穴之间所余外壁不宽,原描述为"围绕射线顶点略呈螺旋状排列";轮廓线上微凹凸或近平滑;棕色。

比较与讨论 本种与 *Verrucosisporites pseudoreticulatus* Balme and Hennelly, 1956 (p. 250, pl. 4, figs. 42—44)有些相似,但后者具很明显的网瘤,轮廓线上凹凸显著。将本种迁入 *Foveosporites* 属是因其穴纹较大而清晰,不是 *Punctatisporites* 属中所谓的点穴状(punctate)。

产地层位 山西宁武,上石盒子组。

三角疏穴孢(新联合) *Foveosporites triangulatus* (Gao) Ouyang and Zhu comb. nov.

(图版110,图9, 10)

1983 *Foveolatisporites triangulatus* Gao,高联达,500页,图版114,图33,34。

描述 赤道轮廓三角形—圆三角形,大小32—35μm,全模32μm;三射线直伸角部,常裂开;孢壁厚,暗褐色,表面具近圆形的凹穴,直径2—4μm,间距4—7μm。

比较与讨论 此新种与 *Stenozonotriletes dissideus* Ischenko,1958 有些相似,但后者个体大(55—75μm),壁厚,凹穴形状也不相同。

产地层位 贵州贵阳乌当,旧司组。

三蹄疏穴孢(新联合) *Foveosporites trigyroides* (Wang) Zhu and Ouyang comb. nov.

(图版110,图11)

1982 *Foveolatisporites trigyroides* Wang,王蕙,图版3,图7。

1984 *Foveolatisporites spanios* Wang,王蕙,98页,图版2,图9。

描述 赤道轮廓圆三角形,三边微凸出,角部圆,大小22—37μm;三射线细弱不清楚,长2/3—3/4R;壁薄,厚<1μm,近极面光滑,远极面具稀疏的小穴,直径近1μm;近极面射线间有3个蹄形褶皱,大小约为12×9μm,环宽约2μm,环形褶皱大多向外开口,不封闭;黄色。

比较与讨论 新联合以近极面射线间部有3个向外开口的蹄形褶皱而定名,外壁具疏穴,以此特征与其他种相区别。

产地层位 宁夏横山堡,羊虎沟组。

浅平疏穴孢 *Foveosporites vadosus* Lu, 1999

（图版20,图1—5;图版54,图7, 8）

1999 *Foveosporites vadosus* Lu,卢礼昌,58页,图版6,图18,19;图版17,图10—14。

描述 大小32.8—50μm,全模标本37.4μm;赤道轮廓圆形或近圆形,侧面观近极面低锥角形,远极面强烈凸出或近半圆形;三射线可见至清楚,简单或具窄唇(宽约1μm),直,长4/7—7/10R;接触区常清楚,接触区界线部位常具弧形褶皱,甚者呈环状;外壁洞穴状,穴的大小与形状多变异,穴径0.5—1.5μm,罕见超过2μm,穴形近圆或不规则,穴底浅平,赤道轮廓线上反映甚微;赤道与远极外壁厚0.8—1.2μm,接触区外壁略薄(较亮些);黄棕或浅橙棕色。

比较与讨论 本种以其洞穴细小、穴底浅平及具弧状或环状褶皱为特征而与下列各种不同:*F. pellucidus* Playford and Helby, 1968的洞穴较大(0.5—8.0μm)、较深(2μm),孢体也较大(51—85μm);*F. appositus* 的外壁图案由小穴、窄而短的壕穴与将穴隔开的宽"脊"组成,即除了"穴"外,还有"壕"。

注释 该类标本在黑山头组3,4层颇多,特别是4层。

产地层位 新疆和布克赛尔,黑山头组3,4层。

沾化疏穴孢 *Foveosporites zhanhuaensis* Zhou, 1980

（图版110,图12）

1980 *Foveosporites zhanhuaensis* Zhou,周和仪,30页,图版9,图31。

描述 赤道轮廓圆三角形,角部浑圆,全模36μm;三射线长近达赤道;外壁厚2.5μm,表面具穴,多椭圆形,大小3×2μm,穴间距2.5μm或更宽;棕色。

比较与讨论 本种以个体小、穴相对较大与属内其他种区别。

产地层位 山东沾化,石盒子群。

真穴孢属 *Eupunctisporites* Bharadwaj, 1962 emend. Ouyang and Li, 1980

模式种 *Eupunctisporites poniatiensis* Bharadwaj, 1962;印度,上二叠统。

属征 小孢子,赤道轮廓圆形—圆三角形;三射线清楚,具薄唇,长度接近或等于孢子半径,顶和顶脊线不高,末端或具弓形脊,构成明显接触区;外壁中等厚度,明显呈穴状,穴主要限于远极—赤道,颇均匀分布,轮廓线微波状;模式种全模大小88μm。

比较与讨论 修订后属征增加了2点内容,即部分孢子具弓形脊和穴主要限于远极—赤道,这2点在原全模上亦多少可见;此外,三射线较长,也与 *Vestispora* 不同。

亲缘关系 可能属石松纲(比较现代的 *Lycopodium pjlegmaria* L. 的孢子);而 *Vestispora* 主要产自楔叶类。

贵州真穴孢(新联合) *Eupunctisporites guizhouensis* (Gao) Ouyang comb. nov.

（图版110,图34, 45）

1989 *Foveolatisporites guizhouensis* Gao,高联达等,9页,图版1,图17。

1995 *Foveosporites nigracristatus* Hou and Song,侯静鹏、宋平,175页,图版20,图20,21。

描述 赤道轮廓近圆形,大小50—70μm,全模60μm(图版110,图34);三射线接近孢子半径长,具唇,宽约4μm,射线末端具微凹入的可能是完全的弓形脊,沿亚赤道延伸,接触区明显;外壁中厚,表面主要是远极面和赤道部位具颇均匀且细密的穴,穴多圆形,偶尔互相沟通,穴径1.0—1.5μm,穴之间外壁宽与穴径相近或稍宽,绕周边穴65—70个,在轮廓线上穴明显;黄棕色。

比较与讨论 *F. guizhouensis* 原归入 *Foveolatisporites* 属,鉴于后者为 *Vestispora* 的晚出同义名,必须迁入其他属。而此种与最初从云南富源早三叠世卡以头组获得的 *Eupunctisporites chinensis* Ouyang and Li, 1980(宋之琛等,2000,185页,图版43,图35—37)颇为相似,仅以穴径和穴间距较小而与后者有别,故不能排除同种的可能性。*F. guizhouensis* 原描述的"穴径 1.5—2.5μm,穴间距 3—6μm"(果真这样,则与后者简直无法区别)可能欠准确,因为绕周边穴的数目基本可数出来(约 65 个),如按原描述及圆周率计算,绕周边最多可见 30 多个穴(参见照片),所以 *F. guizhouensis* 原描述的穴径和穴间距值可能偏大。侯静鹏等(1995)从浙江建立的种 *Foveosporites nigracristatus*,除个体稍大(68—82μm)外,其细密的穴、具唇的三射线和弓形脊的存在都与 *Eupunctisporites guizhouensis* (Gao)相近,更考虑到时代亦相差不大,故归入同一种内;*Foveosporites* 属无弓形脊。

产地层位 浙江长兴煤山,堰桥组;贵州凯里;早二叠世梁山组。

冠脊孢属 *Camptotriletes* (Naumova) Potonié and Kremp, 1954

模式种 *Camptotriletes corrugatus* (Ibrahim) Potonié and Kremp, 1954;德国,上石炭统下部(Westfal B/C)。

属征 三缝同孢子和小孢子;赤道轮廓三角形—亚圆形,射线长度不一;外壁纹饰为不规则、不定形的条带,上有冠状栉突起;条带长短不一,有时分叉相连,但不构成真正的网纹;轮廓线波状—齿状,基部切面较顶部宽。

比较与讨论 本属以隆起条纹不构成真正的网纹而与 *Convolutispora*, *Reticulatisporites* 和 *Microreticulatisporites* 等属区别。

植物亲缘关系 栉羊齿 *Senftenbergia* (al. *Pecopteris*) *pennaeformis* Brongniart (Potonié and Kremp, 1956, Ⅲ; Remy, 1957) 或真蕨类的孢子(Traverse, 1988)。

颊带冠脊孢 *Camptotriletes bucculentus* (Loose) Potonié and Kremp, 1955

(图版 18,图 7, 8;图版 110,图 13, 14)

1934 *Verrucosi-sporites bucculentus* Loose, p. 154, pl. 7, fig. 15.

1955 *Camptotriletes bucculentus* (Loose) Potonié and Kremp, p. 104, pl. 16, figs. 287, 288.

1960 *Camptotriletes bucculentus* (Loose) Potonié and Kremp, Imgrund, p. 167, pl. 14, figs. 52, 53.

1967 *Camptotriletes bucculentus* (Loose), Smith and Butterworth, p. 199, pl. 12, figs. 1, 2.

1984 *Camptotriletes bucculentus* (Loose),高联达,348 页,图版 137,图 16。

1997b *Camptotriletes bucculentus*,卢礼昌,图版 1,图 25;图版 2,图 5。

1999 *Camptotriletes bucculentus*,卢礼昌,51 页,图版 1,图 17。

描述 赤道轮廓三角形,角部略浑圆,孢子大小 47—70μm;三射线几伸达孢子边缘,多开裂,唇壁厚约 0.5μm;外壁颇厚,表面具 2μm 宽的、多少变圆的弓形隆起,靠近射线处弓形隆起变宽,约 4μm,包围三射线,呈镶边状;亮棕色。

比较与讨论 *C. bucculentus* (Loose)的全模在形态、大小(47.5μm,但幅度为 45—75μm)上与开平标本颇相似,但其颊冠状的纹饰略尖些,然而很难有理由再分种。高联达从山西宁武本溪组获得的此种与 Imgrund 的描述差别较大,鉴定应作保留。

产地层位 河北开平,唐家庄组—赵各庄组;山西宁武,本溪组;新疆准噶尔盆地,呼吉尔斯特组;新疆和布克赛尔,黑山头组 4 层。

褶脊冠脊孢 *Camptotriletes corrugatus* (Ibrahim) Potonié and Kremp, 1955

(图版 18,图 6)

1933 *Reticulati-sporites corrugatus* Ibrahim, p. 35, pl. 5, fig. 41.

1955 *Camptotriletes corrugatus* (Ibrahim) Potonié and Kremp, p. 104, pl. 16, figs. 189, 190.

1999 *Camptotriletes corrugatus*,卢礼昌,52 页,图版 10,图 10。

比较与讨论 与前述 *C. bucculentus* 的主要区别是纹饰较粗、突起较明显。大小 46.8μm。

产地层位 新疆和布克赛尔,黑山头组 5 层。

皱脊冠脊孢(比较种) *Camptotriletes* cf. *corrugatus* (Ibrahim) Potonié and Kremp, 1955

(图版110,图41, 42)

1955 *Camptotriletes corrugatus* (Ibrahim) Potonié and Kremp, p. 104, pl. 16, figs. 289, 290.

1982 *Camptotriletes* cf. *corrugatus* (Ibrahim) Potonié and Kremp,蒋全美,614页,图版395,图289,290。

描述 赤道轮廓近圆形,大小28—30μm;具三射线,因纹饰遮掩,常难以看清楚;外壁表面具不规则的、不定形的条状脊,宽5—7μm,上有冠桦桩突起,高低不一,有时分叉相连,但不构成真正的网纹;轮廓线齿状,基部宽于顶部,末端钝或微尖,绕周边约15枚齿突;深棕色。

比较与讨论 当前孢子与*C. corrugatus* (Ibrahim) Potonié and Kremp, 1955 (p. 104, 40—50μm)有些相似,但以个体较小、纹饰相对较粗壮且互相连接者较多与后者差别较大,暂定为比较种。

产地层位 湖南宁远、邵东,大塘阶测水段、石磴子段。

圆齿冠脊孢 *Camptotriletes crenatus* Liao, 1987

(图版110,图3)

1987a *Camptotriletes crenatus* Liao,廖克光,560页,图版137,图11。

描述 赤道轮廓三角形,全模33μm;三射线伸达角端,唇高约3μm,宽1μm;远极具相连且呈脊状的钝锥,基径2—3μm,高约3μm,末端多钝圆,绕周边突起不到20枚;黄棕色。

比较与讨论 此种以射线长且具唇、纹饰末端钝圆及个体较小而与属内其他种区别。

产地层位 山西宁武,下石盒子组。

波纹冠脊孢 *Camptotriletes cripus* Hou and Wang, 1986

(图版110,图36)

1986 *Camptotriletes cripus* Hou and Wang,侯静鹏、王智,84页,图版21,图19。

描述 赤道轮廓圆三角形,三边强烈凸出,角部浑圆,大小62μm;三射线不甚清楚,长度不一,近等于半径或直达赤道,两侧具窄唇,因纹饰影响而呈微波状;外壁较厚,表面具不规则的波状条纹,长短不一,宽3—5μm,有时相连,呈开放网状,在轮廓线上呈不规则波状;黄棕色。

比较与讨论 本种以具较宽的波状条纹并有些相连而与属内其他种区别。

产地层位 新疆吉木萨尔大龙口,梧桐沟组。

帕氏冠脊孢 *Camptotriletes paprothii* Higgs and Streel, 1984

(图版110,图4)

1984 *Camptotriletes paprothii* Higgs and Streel, p. 169, pl. 1, figs. 9—16.

1989 *Camptotriletes paprothii*, Hou J. P., p. 135, pl. 41, fig. 20.

描述 赤道轮廓亚圆形—亚三角形,大小36μm;三射线不清楚,隐约可见,几伸达赤道;远极面和赤道部位具块瘤、棒瘤或密布的蠕脊,基宽1. 2—3. 6μm,高约2μm;外壁厚1—2μm,赤道轮廓线约有33枚凸出的锥瘤(刺)。

比较与讨论 本种以个体小、纹饰成分相对独立的偏多且蠕状皱脊较少而与属内其他种区别。

产地层位 贵州代化,打屋坝组底部。

多变冠脊孢 *Camptotriletes polymorphus* Kaiser, 1976

(图版110,图37)

1976 *Camptotriletes polymorphus* Kaiser, p. 117, pl. 8, fig. 9.

描述 赤道轮廓凹边三角形,大小45—53μm,全模53μm;三射线简单,直,长约2/3R;外壁厚1. 0—1. 5μm,整个表面具柔弱纹饰,大部分为冠状脊,部分呈网状或蠕瘤状、皱瘤状—颗粒状,纹饰(高约0. 5μm)多变,不仅标本之间如此,同一孢子上亦然,近极面纹饰明显较弱甚至几乎消失;棕黄色。

比较与讨论 本种孢子因纹饰特征明显、多变而易与属内其他种区别。

产地层位 山西保德，下石盒子组。

稀疏冠脊孢 *Camptotriletes rarus* Lu, 1988

（图版18，图20）

1988 *Camptotriletes rarus* Lu，卢礼昌，143页，图版33，图9。

描述 赤道轮廓宽圆三角形或近圆形，大小60—74μm，全模标本64μm；三射线清楚，简单，直，末端尖，伸达赤道边缘；外壁表面覆以脊状突起纹饰，分布稀疏，不规则，多少弯曲或呈波状，长短不一，很少分叉，互不连接；在赤道区，脊的基部较宽，为2—8μm，突起高3—6μm，顶端尖或凹凸不平（呈鸡冠状）；脊状突起在三射线区明显退化成分散的短脊或其他小突起物；外壁同质，表面光滑，厚约1μm；在赤道轮廓线上突起10—13枚；浅黄棕色。

比较与讨论 当前种外壁脊状突起纹饰分布稀疏，互不连接，与下列各种的主要区别是：*C. corrugatus* 和 *C. bacculentus* 脊状突起较致密（边缘突起20枚或更多枚），且局部常连接成不规则网纹；与 *C. superbus* Neves（1961）的区别在于后者孢子个体较大（75—125μm）。

产地层位 云南沾益史家坡，海口组。

拟网冠脊孢 *Camptotriletes reticuloides* Geng, 1987

（图版110，图38；图版111，图6）

1987 *Camptotriletes reticuloides* Geng，耿国仓，28页，图版2，图4，5。

描述 赤道轮廓亚圆形，大小57—64μm，全模标本64μm（图版111，图6）；三射线单细，长1/2—2/3R；外壁厚约2μm，近极射线周围接近光滑，远极面和赤道—亚赤道近极部表面具颇规则、细窄的蠕虫状栉瘤，有些略弯曲，相连或分叉，构成很不完整的似网状图案，在轮廓线上略不平整；棕黄色。

比较与讨论 *C. variegatus* Geng 冠状栉瘤粗大，不均匀，基部较多连接；*C. bacculentus* 脊低，栉瘤细，更不像网；*C. verrucosus* 栉瘤粗大且大小不规则。

产地层位 甘肃环县和华池、宁夏盐池，山西组。

粗壮冠脊孢 *Camptotriletes robustus* Lu, 1999

（图版51，图12—14；图版53，图12，13）

1999 *Camptotriletes robustus* Lu，卢礼昌，52页，图版4，图2—6。

描述 赤道轮廓宽圆三角形—近圆形；大小32.8—39.0μm，全模标本34μm；三射线常被唇遮盖，唇微弯曲，宽1.5—3.0μm，至少伸达赤道附近；赤道外壁厚约2μm；纹饰主要由小块瘤、钝锥刺及其连接而成的短脊组成；脊弯曲，长短不一，有时分叉，但不构成网状图案，一般长2.5—4.5μm，基宽1.5—2.5μm，脊高1—2μm，脊背平圆、钝凸，偶见尖，间距常小于脊宽；纹饰主要分布于赤道区与远极面，近极面纹饰显著减弱或退化成分散的小突起；罕见褶皱，赤道轮廓线不规则，凹凸不平，突起27—36枚；浅棕—棕色。

比较与讨论 当前种以其体小、脊粗且较密以及具唇为主要特征而与 *Camptotriletes* 属的其他种不同。苏格兰早石炭世（Visean）的 *C. cristatus* Sullivan and Marshall, 1966 与本种颇相近，但其冠脊主要是由锥刺连接而成的；而 *C. bucculentus* 的纹饰则由皱纹与似瘤状突起组成，孢体也较大（45—75μm）。

产地层位 新疆和布克赛尔，黑山头组5，6层。

丽饰冠脊孢 *Camptotriletes superbus* Neves, 1961

（图版111，图7，22）

1961 *Camptotriletes superbus* Neves, p. 257, pl. 31, fig. 8.

1993 *Camptotriletes superbus* Neves，朱怀诚，264页，图版66，图9；图版67，图16，21。

描述 赤道轮廓三角形,圆三角形,大小 65—75μm(测 3 粒);三射线简单,细直,长 2/3—3/4R;外壁厚 2.5—3.0μm,赤道轮廓具 20 枚左右锥刺状突起,外壁表面饰以不连续脊,脊高 0.5—2.5μm,长 1—20μm,似网状。

比较与讨论 据 Neves 描述,此种大小 75—125μm,全模 119μm;赤道轮廓亚圆形,三射线长约 3/4R;外壁饰以不规则的、相互隔离的亚锥瘤的脊状纹饰。

产地层位 甘肃靖远,红土洼组—羊虎沟组中下段。

三角形冠脊孢 *Camptotriletes triangulatus* Lu, 1997

(图版 18,图 19)

1997a *Camptotriletes triangulatus* Lu,卢礼昌,194 页,图版 2,图 4。

描述 赤道轮廓近三角形,角部宽圆或钝凸,三边几乎平直至微凸或内凹;大小 56.0—71.8μm,全模标本 58.5μm;三射线可见至清楚,窄,具唇,宽 2.5—4.5μm,顶部高略小于宽,朝末端逐渐或略微变低,长 2/3—4/5R;外壁厚约 1.5μm(或不足),具不规则点穴状结构,多褶皱;皱脊长短不一,末端钝,彼此不构成网状图案,或偶见个别网穴,长脊多折曲,常位于赤道或赤道附近,宽 1.5—2.2μm,高略小于宽,近光面,平脊背,短脊分布不规则,宽度均匀或不等,形状多变,但不具明显突起;黄棕或浅棕色。

比较与讨论 本种以其明显的三角形和皱脊顶部平为特征而与该属的其他种不同。前述 *C. bucculentus* 和 *C. corrugatus* 的皱纹分别具似瘤状突起和明显突起,并且赤道轮廓均呈圆形。

产地层位 湖南界岭,邵东组。

异变冠脊孢 *Camptotriletes variegatus* Geng, 1987

(图版 111,图 21)

1987 *Camptotriletes? variegatus* Geng,耿国仓,27 页,图版 2,图 6,7。

描述 赤道轮廓近圆形,近极面低平,远极面强烈凸出,全模 84μm;三射线清楚,具窄唇或微开裂,长在 1/2—2/3R 之间,可能具弓形脊并连接射线末端;外壁颇厚,远极面—赤道—亚赤道近极区具形态、大小、高低多变的瘤—锥瘤,有些基部相邻或相连成不规则脊条或岛屿状图案,纹饰之间空白不大,多呈穴—穴缝状,轮廓线不平整,有少量较大锥瘤状突起;近极接触区内近平滑,至少瘤状纹饰在此强烈减弱;棕色。

注释 原作者还将一粒三角形的、远极—赤道具辐射状脊条的、大小仅约 60μm(据照片测)的孢子归入本种内,未必可靠,故本书未收入。

比较与讨论 本种以纹饰很不规则、栉瘤相连不似冠脊以及可能存在接触区而与属内其他种不同。

产地层位 甘肃环县、宁夏灵武,山西组。

瘤栉冠脊孢 *Camptotriletes verrucosus* Butterworth and Williams, 1958

(图版 111,图 1)

1958 *Camptotriletes verrucosus* Butterworth and Williams, p. 368, pl. 2, figs. 2, 3.

1976 *Camptotriletes verrucosus* Butterworth and Williams, Kaiser, p. 116, pl. 8, fig. 8.

1988 *Camptotriletes verrucosus*,高联达,图版Ⅱ,图 18。

1995 *Camptotriletes verrucosus*,阎存凤等,图版 1,图 18。

描述 赤道轮廓亚圆形,大小 50—55μm;三射线的唇粗壮,横切面楔形,宽 1—2μm,高 3—4μm,直,延伸至 3/4R 处突然终结;外壁厚 1.5—2.0μm,整个表面具平坦的、面积较大的突起,高 1—2μm,纹饰更多地是成行排列并互相交叉成长的条带,孢子轮廓线因纹饰而呈波状;棕黄色。

比较与注释 保德此种标本与 *C. bucculentus* Potonié and Kremp, 1955 (p. 104, pl. 16, figs. 287, 288) 的全模标本(fig. 287)颇相似,但与另一标本则明显不同。本种原作者描述为:大小 40—65μm,三射线长 ≥2/3R,轮廓线不规则或呈波状。廖克光(1987)建立的山西宁武石盒子群 *C. verrucosus* Liao 为具环孢子,乃

Vesiculatisporites undulatus Gao 的晚出同义名。

产地层位 山西保德，石盒子群；甘肃靖远，臭牛沟组；新疆准噶尔盆地，滴水泉组。

瓦溪冠脊孢(比较种) *Camptotriletes* cf. *warchianus* Balme, 1970

(图版 111，图 2, 3, 28)

1970 *Camptotriletes warchianus* Balme, p. 327, pl. 3, figs. 12, 13.

1984 *Camptotriletes warchianus* Balme，高联达，399 页，图版 151，图 3，7。

1990 *Camptotriletes* sp. cf. *C. warchianus* Balme, Ouyang and Utting, p. 72, pl. Ⅰ, fig. 21.

描述 赤道轮廓三角形，三边平直或微凹入，大小 48—60μm；三射线简单，长为 2/3R；孢壁厚，表面具不规则的锥刺(瘤)和块瘤混杂纹饰，有时分离，有时连接或彼此交错，连接时宽≥2μm，高 1—3μm，并形成不规则脊状物，在轮廓线上呈刺瘤凸起；黄褐色。

比较与讨论 Balme 从西巴基斯坦二叠系发现的种，原描述为：轮廓三角形，角部颇圆，边直至微凸；三射线清楚，几伸达赤道，常开裂；外壁厚 2—4μm，远极面和近极面具形状多变的紧密排列的粗纹饰，以低平、弯曲冠脊状突起为主，由相邻的粗锥瘤的基部融合而成，有时为亚棒状或分离的锥瘤状，突起高 1—3μm。高联达描述并直接鉴定为此种的标本纹饰较 Balme 原描述的细弱，轮廓线上突起不那么明显；欧阳舒等(Ouyang and Utting, 1990)从长兴下青龙组采集的标本纹饰较符合原特征，但边微凹，射线似较短：在这 2 种情形下，种的鉴定都应作保留。

产地层位 山西宁武，上石盒子组；浙江长兴，青龙组。

石盒子孢属 *Shihezisporites* Liao, 1987

模式种 *Shihezisporites labiatus* Liao；山西宁武，上石盒子组。

属征 小孢子球形，赤道轮廓亚圆形，已知种大小 51—70μm；三射线清楚，较短，长约 1/2R；外壁薄，偶具褶皱，表面具狭窄隆起的细脊条，多作弧形弯曲，互相交错组成大的网状纹饰；轮廓线光滑；浅黄—黄色。

比较与讨论 本属以射线较短、外壁薄、其上网脊细窄而与 *Reticulatisporites* 属区别；与 *Vestispora* 也有些相似，但收缩的外壁内层和三射线上方的圆盖原作者未提及，从照片上看也不敢肯定，所以难以确定是否为后者的晚出同义名，本书暂采用之。但本属是否能成立，仍是一个问题：泥盆纪的 *Retusotriletes impressus* Lu, 1980，早石炭世的 *Dictyotriletes admirabilis* Playford, 1963(此种亦见于陕西铜川晚三叠世铜川组)，二叠纪的湖南龙潭组的 *Hunanospora* Chen, 1978，还有中生代的 *Ordosisporites* 都与其相似。

具唇石盒子孢 *Shihezisporites labiatus* Liao, 1987

(图版 111，图 4, 17)

1987a *Shiheziesporites labiatus* Liao，廖克光，559 页，图版 136，图 11。

1987a *Shiheziesporites reticulatus* Liao，廖克光，559，560 页，图版 136，图 10。

描述 赤道轮廓近圆形，大小 51—70μm，全模 51μm，副模 70μm；三射线较短，长≤1/2R，或具薄唇，高 2—3μm；外壁厚约 1μm，偶具褶皱，表面具细窄的低矮脊条，宽约 0.5μm，不规则相连或交错，构成多边形的大网状纹饰，网格大小 25—30μm；高倍镜下，外壁具细密点状结构；轮廓线平滑；浅黄—黄色。

比较与讨论 参见属下比较。

注释 与本种相比，原作者在本属下建立的 2 种 *S. labiatus* 和 *S. reticulatus*，二者仅大小相差约 20μm，从描述和图片看，其他特征无重要区别，且二者皆产自同一地层组，故本书合并之，并选择第一个描述的种名作有效名。

产地层位 山西宁武，上石盒子组。

囊盖孢属 ***Vestispora*** **(Wilson and Hoffmeister, 1956) emend. Wilson and Venkatachala, 1963**

同物异名 *Foveolatisporites* Bharadwaj, 1955, *Novisporites* Bharadwaj, 1957, *Cancellatisporites* Dybova and Jachowicz, 1957, *Glomospora* Butterworth and Williams, 1958.

模式种 *Vestispora profunda* Wilson and Hoffmeister, 1956;美国(Oklahoma),上石炭统下部(Early Pennsylvanian)。

属征 辐射对称孢子,球形或亚球形,一般压扁,呈圆形或卵圆形,已知大小45—90μm,模式种全模70.2μm;具三射线,长1/3—1/2R;孢子由一外壁外层和一具三射线的外壁内层(内本体)组成,本体与外壁外层脱离,除在近极面的圆盖区或靠近其边缘相连以外;圆形口盖(circular operculum)为孢子直径的1/3—1/2;外壁外层纹饰变化,有光面、粗糙、略呈同心状的脊或网状、穴状等;内层通常光滑,但有褶皱,类似不同图案的脊。原修订属征中提及,口盖近达孢子总直径的1/3是不确切的,因模式种下注明全模70.2μm,而口盖为35.4×40.8μm,应为大于或等于1/2R,虽有的种仅直径的1/3左右;其次,Wilson和Venkatachala(1963)所示的几个种的照片显示,在内层上的三射线长度大体等于口盖的半径,此点很重要,因别的网穴面孢子中三射线长度无此限制。

比较与讨论 本属以外壁内层三射线且上方具圆形口盖而与其他网穴面孢子属区别。*Foveolatisporites* Bharadwaj, 1955属,正式出版于1956年12月,Kosanke和Brokaw(1950)描述其模式种*F. fenestratus* (Kosanke and Brokaw)时,未提圆形口盖,但照片上仍隐约可见;Venkatachala和Bharadwaj (1962)从法国获得的此种也见到口盖,他们另描述的2种皆显示此特征,实为*Vestispora* Wilson and Hoffmeister, 1956的晚出同义名,与*Vestispora*为同义名的还有另外几个属(Wilson and Venkatachala, 1963)。*Vestispora*属在欧美地区较常见,在我国,典型的具圆盖的孢子相对少见,这是有点奇怪的,因为*Vestispora*主要产自楔叶类,而此类植物在我国石炭纪—二叠纪是很多的。以往被我们归入*Foveolatisporites*的孢子(欧阳舒,1964;高联达,1984),由于未见圆盖和清楚的本体,或射线较长,改归*Vestispora*很困难,归入别的属也欠妥,似乎有建新属的必要。但本书仍将其置于广义的*Foveosporites*等属中。

注释 Dettmann (1963)在三缝孢类、单缝孢类之后还并列了脐盖孢类(Hilates),Smith和Butterworth (1967)的书中在其下仅列了*Vestispora*一属,未免太不对称,故本书未采用。

植物亲缘关系 楔叶纲(Sphenopsida)。

棱脊囊盖孢 *Vestispora costata* (Balme) Bharadwaj, 1957

(图版111,图18,19)

1952 *Endosporites costatus* Balme, p. 178, text-fig. 1f.

1957b *Vestispora costata*, Bharadwaj, p. 118, pl. 24, figs. 36—40.

1967 *Vestispora costata* (Balme) Spode in Smith and Butterworth, p. 295, pl. 25, figs. 1, 2.

1987 *Vestispora? costata* (Balme) Spode,高联达,图版9,图11。

1989 *Vestispora costata* (Balme) Bharadwaj, Zhu, pl. 2, fig. 28.

1993 *Vestispora costata* (Balme) Bharadwaj,朱怀诚,301页,图版82,图19。

描述 赤道轮廓卵圆形,大小65×83μm;本体卵圆形,三射线不明显,壁厚约1μm,表面点状—光滑;外壁外层饰以细脊,彼此平行或交叉,呈"似网状"(reticuloid),脊宽1—2μm,外壁外层厚0.5—1.0μm。

比较与讨论 本种以外层稍透明、相对较窄细的脊有时微呈螺旋状排列而与属内其他种区别。

产地层位 甘肃靖远,红土洼组—羊虎沟组。

显穴囊盖孢(新联合) *Vestispora distincta* (Ouyang) Ouyang comb. nov.

(图版111,图27)

1964 *Foveolatisporites distinctus* Ouyang,欧阳舒,497页,图版V,图3。

描述 赤道轮廓圆形,子午轮廓卵圆形,大小81(101)113μm (量15粒),全模106μm; 三射线清晰,简单，细，长约1/2R，其上方外层上似具一亚圆形口盖；外壁内层很可能收缩成本体，但因外层较厚，界线不明显；外层厚3—4μm，表面具不规则凸网，直径3—5μm，具近圆形或三角形的漏斗状网穴，有时穴之间沟通，呈狭壕状，中央一般具一略圆或微拉长且微弯的小穴，穴之间脊基宽4—6μm，向末端变细，绕周边约50个，轮廓线明显呈齿状；深棕色。

比较与讨论 本种以穴之间脊较粗壮、穴略呈漏斗状及本体和圆盖不够清晰而与属内其他种（Wilson and Venkatachala，1963）区别；以穴之间脊较宽而与 *Microreticulatisporites* 各种区别；*Verrucosisporites* 属则以明显的块瘤纹饰为特征与本种区别。

产地层位 山西河曲，下石盒子组。

叠瓦囊盖孢 *Vestispora imbricata* Geng，1985

（图版111，图12，14）

1985b *Vestispora imbricata* Geng，耿国仓，657页，图版1，图2，3。

描述 小孢子轮廓圆形或球形，常被压扁，大小80—90μm，全模90μm（图版111，图12）；中心体具三射线痕，常不易看见，长达中心体内缘；中心体（囊盖）外缘可见3—4条粗脊，旋转绕曲，或呈屈弓形；孢子表面具粗肋条，叠瓦状排列，编织成不规则大网孔或否，或交叉，覆盖中心体；边缘因肋凸出而不平整。

比较与讨论 本种与 *V. magna* 和 *V. costata*（Balme）Bharadwaj 相似，但后两种肋条从不旋转为叠瓦排列。属内其他种以肋条较细或近光面可与当前种区别，此种囊盖似乎也相对较大。

产地层位 内蒙古鄂托克旗，羊虎沟组；甘肃环县、宁夏盐池、灵武、石嘴山，太原组。

光面囊盖孢 *Vestispora laevigata* Wilson and Venkatachala，1963

（图版111，图8，9）

1963 *Vestispora laevigata* Wilson and Venkatachala，p. 98，pl. Ⅰ，figs. 8—11.

1987 *Punctatisporites coronatus* Butterworth and Willams，1958，高联达，图版1，图8。

1993 *Vestispora laevigata*，朱怀诚，301页，图版82，图21，22。

1993 *Vestispora laevigata* Wilson and Venkatachala，Zhu，pl. 5，fig. 16.

描述 赤道轮廓卵圆形—圆形；大小70—73μm；开口处可见本体三射线，简单，细直，常不明显，长约1/3R，本体壁薄，表面多光滑，有时轻微褶皱似外壁外层纹饰，外壁外层光滑，有时可见稀少而不明显的线纹。

比较与讨论 *V. profunda* Wilson and Hoffmeister，1956 在远极面和近极面均有明显的亚赤道部略呈同心状的网脊；*V. fenestrata*（Kosanke and Brokaw）Bharadwaj，1955 和其他种的外壁外层上具发育的脊包围穴；*V. laevigata* 以外层大体上为光面区别于其他种。

产地层位 甘肃靖远，红土洼组—羊虎沟组。

大粒囊盖孢 *Vestispora magna*（Butterworth and Williams）Wilson and Venkatachala，1963

（图版111，图13）

1954 *Reticulatisporites magnus* Butterworth and Williams，p. 756，pl. 17，figs. 5，6；text-figs. 1，5.

1957b *Novisiporites magnus* Bharadwaj，p. 121.

1963 *Vestispora magna*，Wilson and Venkatachala，p. 99.

1993 *Vestispora magna*，朱怀诚，301页，图版82，图20。

1993 *Vestispora magna*，Zhu，pl. 5，fig. 15.

描述 赤道轮廓卵圆形—圆形，大小78×93μm；本体三射线常不明显，简单，细，长约1/4R，本体壁薄，表面多平滑；外壁外层表面网状纹饰，初级网脊明显，最宽达5μm，相连成粗网，赤道线上脊突明显，侧面观锥瘤状，外侧多圆，高1—2μm，次级网亦发育，构成不规则网孔，常椭圆形，孔径大小5μm；外壁外层厚1.5—2.0μm。

比较与讨论　甘肃靖远标本与当初描述的英国上石炭统(Westphalian)的 *Reticulatisporites magnus* Butterworth and Williams (67—127μm)颇为相似,此种以网脊较粗、网穴大(常非多角状)而与其他种区别。此种以三射线短、圆盖小且通常不易识别与其他种不同。

产地层位　甘肃靖远,红土洼组—羊虎沟组。

奇异囊盖孢(新联合)　*Vestispora mirabilis* (Gao) Ouyang comb. nov.

(图版 111,图 10, 15)

1984 *Reticulatisporites mirabilis* Gao,高联达,407 页,图版 153,图 5,6。

描述　赤道轮廓圆形,大小 60—75μm,全模 75μm(图版 111,图 15);三射线细直,微开裂,长 1/3—1/2R;孢子外壁内层薄,收缩成所谓的"本体",三射线可能在其近极,其上方似具一圆形口盖,直径 <30μm;外壁外层稍厚,表面具圆形—椭圆形网,从射线顶向赤道微呈叠瓦状排列,穴径 10—15μm,网脊宽 1.5—2.5μm,在轮廓线上多少呈波状;黄色。

比较与讨论　原作者建此新种时同时指定了 2 个全模(805 页,图版 153,图 5,6),恐为笔误,其中只有 1 个标本(图 6)保存较好,可作为全模,上述描述即主要据此标本。从其分离的内层、短的三射线、外层网脊特征和隐约可见的圆盖来看,属于 *Vestispora* 的可能性是很大的。本种以其外壁外层颇特殊的网状纹饰区别于 *Vestispora* 属的其他种。原作者也指出,"暂归入 *Reticulatisporites* 属",待"深入研究后确定其归属"。*Reticulatisporites* 属网脊粗壮,网脊之间有网膜,与 *Vestispora* 是很不同的。另外,高联达(1984, 407 页,图版 153,图 3)鉴定的河北开平下二叠统大苗庄组的 *Reticulatisporites* sp. ,其外壁内层、圆盖和短射线似乎也隐约可见,很可能也属于 *Vestispora*, 与本种亦颇相似,但因未见实物标本,不能肯定地将它归入该种。

产地层位　山西宁武,上石盒子组。

石盒子囊盖孢　*Vestispora shiheziensis* Liao, 1987

(图版 111,图 25, 26)

1987a *Vestispora shiheziensis* Liao,廖克光,566 页,图版 139,图 2—4。

描述　赤道轮廓圆形,大小 43—46μm,全模标本(本书代为指定,图版 111,图 25)46μm, 射线长 1/2R;射线周围具一直径约 20μm 的近圆形的壁盖;外壁外层薄,表面具宽和高约 1μm 的旋脊,间距多 15—20μm,分叉并和与之垂直的短脊相连,构成不甚规则的网纹;内层壁很薄,经常难以辨别;黄色。

比较与讨论　本种与描述的德国上石炭统的 *V. brevis* Bharadwaj, 1957(p. 119, pl. 24 , figs. 43, 44)颇相近,但以旋脊之间有明显垂直相交的短脊与后者有别。

产地层位　山西宁武,下石盒子组下部。

弯曲囊盖孢　*Vestispora tortuosa* (Balme) Spode ex Smith and Butterworth, 1967

(图版 111,图 23, 24;图版 112,图 25)

1952 *Reticulatisporites tortuosa* Balme (in part), text-fig. ld.

1957 *Vestisporites tortuosa* (Balme) Bharadwaj, p. 119.

1957 *Cancellatisporites cancellatus* Dybova and Jachowicz, p. 111, pl. 24, figs. 1—4.

1967 *Vestisporites tortuosa* (Balme) Spode ex Smith and Butterworth, p. 299, p1. 26, figs. 1, 2.

1982 *Vestispora tortuosa*,王蕙,图版Ⅲ,图 15,16。

1987 *Vestispora fortuosus* (sic!),高联达,图版 9,图 13,14。

1987 *Vestispora fenestrata* (Kosanke and Brokaw) Wilson and Venkatachala 1963,高联达,图版 9,图 10。

1990 *Vestispora tortuosa*,张桂芸,见何锡麟等,330 页,图版Ⅺ,图 2。

描述　三缝小孢子,极面轮廓近圆形,大小 80—96μm;射线直,具唇,长为本体半径的 1/4;在射线周围可见一圆形环,即囊盖,从此开裂后在顶部留下环状痕;本体光滑,周壁表面具网状纹饰,网脊宽 8—4μm,高 2μm,网孔呈多边形,网孔壁薄,网眼大小为 8 ×21μm;外壁厚 2.5μm;孢子呈棕色。

比较与讨论 据 Smith 和 Butterworth (1967),本种大小 56—100μm,脊宽 1.0—2μm,高 1.0—1.5μm,常分叉、交结,稍呈网状,网穴多角形。以其分叉和稍隆凸的脊区别于 *V. costata*;*V. pseudoreticulata* Spode 外层具中等密度的小穴和发育良好的次生网纹。高联达(1987)鉴定的与此种产出层位相同的 *V. fenestrata*(图版 9,图 10)也应与 *V. tortuosa* 同种。王蕙鉴定的 *V. tortuosa* 外观上呈粗糙—颗粒状,可能是次生(处理提取不纯的岩矿颗粒)现象,否则,与此种有别。

产地层位 内蒙古准格尔旗黑岱沟,山西组;甘肃靖远,红土洼组;宁夏横山堡,上石炭统。

央脐三缝孢属 *Psomospora* Playford and Helby, 1968

模式种 *Psomospora detecta* Playford and Helby, 1968;澳大利亚,上石炭统(Westphalian—Stephanian)。

属征 辐射对称小孢子,非腔,无环;无口器或近极面中央具脐状薄壁区(hilum);三射线可见;轮廓凸边亚三角形—亚圆形;近极极区外壁相对薄,其边沿大致与总轮廓一致;外壁基本上光面;脐区(hilum)或为近极薄壁区沿射线开裂的结果,因而脐区可由外壁内的一亚三角形开口或三射状开裂组成,很少超出脐区界线;模式种大小 35—54μm。

比较与讨论 *Coptospora* 的脐区在远极面;*Cappasporites* 的整个近极面外壁薄,而远极面的中央壁加厚。

轮状央脐三缝孢(?) *Psomospora*? *anulata* Geng, 1985

(图版 111,图 5)

1985a *Psomospora anulatus* Geng,耿国仓,211 页,图版 I,图 25。

描述 三缝小孢子,无环,赤道轮廓近圆形,大小 39—45μm;射线被一窄而微弯的唇覆盖,长约 1/2R;接触区的大部有一小的加厚三角圆盘,色暗,边缘透明,直径约 20μm,厚 1.5μm 左右,光滑。

比较与讨论 本种以近极脐区外壁增厚色较深与 *Psomospora* 的模式种(圆三角形)*P. detecta* 有所不同,故有保留地归入该属。

产地层位 甘肃环县、宁夏石嘴山,太原组。

粗网孢属 *Reticulatisporites* (Ibrahim, 1933) Potonié and Kremp, 1954

模式种 *Reticulatisporites reticulatus* Ibrahim, 1933;德国鲁尔,上石炭统下中部(Westfal B)。

同义名 *Corbulispora* Bharadwaj and Venkatachala, 1961.

属征 三缝同孢子和小孢子,模式种大小 75—90μm;三射线常难见,外壁具粗网纹;网脊高,在轮廓线上明显凸出,网脊与网脊之间由膜壁连接。

Neves (1964)修订属征中,强调孢子赤道具环,而且环有分异成 3 层的现象,即紧挨或微贴覆本体的内层加厚带(据照片,色较暗且坚实)、环绕赤道的加厚带,以及这二者之间的外壁较薄的同心带;大网脊或脊条主要在远极面;与 *Knoxisporites* 和 *Cincturasporites* 的区别主要是:极压保存时,后 2 属的环无三分趋势。

比较与讨论 *Dictyotriletes* 网脊相对低平,无膜状物连接。Bharadwaj 和 Venkatachala (1961, p. 24)建立 *Corbulispora* 属,主要区别特征是射线具粗壮的唇,但这一特点显然不能作为划分属的标准,故本书视其为 *Reticulatisporites* 的晚出同义名(Ouyang and Chen, 1989)。

注释 采用了德国人 Krutzsch 提供的重新照的模式种全模相,Smith 和 Butterworth (1967, p. 220, pl. 14, fig. 16)也同意 Neves 的定义,还提到此属和 *Cincturasporites* 皆为具环孢子,已由 Hughes, Dettmann 和 Playford (1962)做的显微切片所证明。Hughes 和 Playford (1961)还向 CIMP 做了报告;不过,Playford(1962)关于斯匹次卑尔根岛下石炭统的孢粉著作中几个 *Reticulatisporites* 种仍归无环类;而 Oshurkova (2003)说,将此属归入有环类是错误的。笔者认为 *R. reticulatus* 是否真具赤道环,还有待确定,不过,这个形态属已知种数甚多,从图片和描述看,既有具环的,也有无环的。本书按传统办法,将其与 *Knoxisporites* 一同归入无环类之末。

植物亲缘关系 比较 *Sclerocelyphus oviformis* Mamay, 1954 及 *Eoptesidangium*,原始真蕨类? 及真蕨纲。

棒形粗网孢 *Reticulatisporites baculiformis* Lu, 1999

(图版 22,图 6—8)

1999 *Reticulatisporites baculiformis* Lu,卢礼昌,59 页,图版 10,图 11,12,14—16。

描述 赤道轮廓圆形—近圆形,大小 48. 4—61. 5μm,全模标本 59. 3μm;三射线可见至清楚,简单,直,约等于孢子半径长;外壁具网状纹饰,网脊光滑,宽 1. 5—3. 5μm,一般较低矮,但网结(或网脊相交处)突起颇明显,并呈长棒状,在赤道部位尤其明显;棒两侧上部宽,并略大于脊宽,顶端平截或钝凸,表面光滑,长 6. 2—9. 4μm;网穴不规则多边形,穴径 4. 7—10. 4μm;三射线区网纹显著减弱或退化成不规则短脊状突起(低矮);外壁厚 1. 5—3. 0μm,罕见褶皱;浅棕色—深棕色;赤道轮廓线棒状或长齿状,突起 42—51 枚。

比较与讨论 本种的形态特征与常见于欧美地区(Visean—Namurian 期)的 *R. papillatus* (Naumova) Playford, 1971 有些相似,但后者网结突起顶部明显膨大,并呈蘑菇状或乳头状。

产地层位 新疆和布克赛尔,黑山头组 4 层。

美丽粗网孢 *Reticulatisporites bellulus* Zhou, 1980

(图版 112,图 7, 26)

1980 *Reticulatisporites bellulus* Zhou,周和仪,30 页,图版 9,图 26。

1989a *Reticulatisporites reticulatus* auct. non Ibrahim,廖克光,563 页,图版 137,图 27。

描述 赤道轮廓近圆形,全模大小 95μm(图版 112,图 26);三射线可能开裂,伸达外壁内沿或稍短;外壁厚实,表面具粗网纹,网脊粗且高,宽多数 3—8μm,高 7. 5—15. 0μm,基部常互相融合成类环状,在轮廓线上明显凸出,网穴直径大多 14—18μm,多边形;网脊之间由膜壁相连;棕色。

比较与讨论 本种以外壁厚实、网脊粗壮而与属内其他种不同。廖克光鉴定的 *R. reticulatus* 与原全模差别太大,因赤道类环状色暗的一圈很厚实,似更接近本种,但孢子相对较小(71μm),在轮廓线上网脊并不高凸,故有疑问地归入本种。

产地层位 山西宁武,本溪组;山东沾化,太原组。

格子粗网孢 *Reticulatisporites cancellatus* (Waltz) Playford, 1962

(图版 21,图 24—26;图版 112,图 8, 9)

1938 *Azonotriletes cancellatus* Waltz in Luber and Waltz, p. 13, pl. 1, fig. 8; pl. 5, fig. 73.

1941 *Azonotriletes cancellatus* Waltz in Luber and Waltz, p. 32, pl. 2, fig. 20; p. 100, pl. 8, fig. 131.

1955 *Sphenophyllotriletes cancellatus* (Waltz) Luber, p. 41, pl. 4, figs. 78a, b,79.

1962 *Reticulatisporites cancellatus* (Luber) Playford, p. 579, pl. 82, figs. 11—13; pl. 83, figs. 1, 2.

1985 *Corbulispora cancellata* (Waltz) Bharadwaj and Venkatachala,高联达,图版 5,图 5。

1987a *Reticulatisporites cancellatus*,欧阳舒等,54 页,图版 6,图 22,23。

1987 *Corbulispora cancellata* (Waltz) Bharadwaj and Venkatachala,高联达,图版 3,图 29。

1987a *Reticulatisporites cancellatus* (Waltz) Playford,欧阳舒、陈永祥,54 页,图版Ⅵ,图 22, 23。

1989 *Reticulatisporites cancellatus*, Ouyang and Chen, pl. 3, fig. 11; pl. 5, figs. 10, 11.

1994a *Corbulispora cancellata*,卢礼昌,图版 2,图 36,37。

1995 *Reticulatisporites cancellatus*,卢礼昌,图版 1,图 13。

描述 句容标本赤道轮廓近圆形,大小 54 (60) 82μm(测 10 粒);三射线具唇,颇粗壮或甚窄,常开裂,伸达外壁内沿;外壁厚 1. 5—2. 5μm,最厚处可达 8μm(网脊所在),网状纹饰颇发达,脊宽 2. 0—7. 5μm,一般为 2. 5—5. 0μm,高 2—7μm,大多 3—5μm,网穴亚圆形—不规则多圆形,有时互相沟通,穴径 3—17μm,大多 5—10μm,网脊顶部钝圆—微斜切,有时网结处脊更膨大,绕周边 15—20 枚突起;棕黄—棕色。

比较与讨论 此种与 Luber 和 Waltz (1941, pl. 2, fig. 20,据放大倍数测,大小约 75μm)及 Luber (1955, fig. 78;大于 100μm)描述标本的大小虽不同,但 2 个标本的三射线都具粗壮的唇;据 Luber(1955)描述,赤道轮廓圆形,大小 120—130μm,外壁颇厚,棕黄色;外壁表面具突网,网结处为更大突起,网穴略呈方格状—多角形,但亦有很不规则者,绕赤道轮廓有网脊突起 10—14 枚,末端微尖或钝圆;三射线被波状增厚所包围,长约 2/3R。Playford 给的大小为 70—132μm,外壁厚 2—6μm(不包括网脊),网脊粗且高(宽 3—6μm,高 10μm),网穴穴径 6—40μm,多角形(他将此种范围扩大了,详见欧阳舒、陈永祥,1987,54 页)。高联达(1987,图版 3,图 29;约 76μm)鉴定的甘肃靖远及 Ouyang 和 Chen(1987,pl. 5, figs. 5,6)鉴定的江苏高骊山组的此种,较为接近 Luber 和 Waltz 的另一图(1941, pl. 5, fig. 73),而不像 Playford(1962)所列(p. 597, pl. 82, figs. 11—13; pl. 83, figs. 1, 2)。本种网脊颇粗壮,是区别于羊虎沟组的 *D. mediareticulatus* 的主要特点。

产地层位 江苏南京龙潭,五通群擂鼓台组上部;江苏句容,五通群擂鼓台组上部—高骊山组;湖南界岭,邵东组;湖南锡矿山,邵东组—下孟公坳组;贵州睦化,打屋坝组底部;甘肃靖远,靖远组。

肥脊粗网孢 *Reticulatisporites carnosus* (Knox) Neves, 1964

(图版 111,图 11;图版 112,图 20)

1950 *Cirratriradites carnosus* Knox, p. 329, pl. 19, fig. 290.

1958 *Knoxisporites carnosus* (Knox) Butterworth and Williams, p. 369, pl. 2, figs. 8—10.

1964 *Reticulatisporites carnosus* (Knox) Neves, p. 1067.

1967 *Reticulatisporites carnosus* (Knox) Neves, Smith and Butterworth, p. 220, pl. 14, figs. 11, 12.

1987 *Reticulatisporites carnosus*,高联达,图版 5,图 19。

1993 *Reticulatisporites carnosus*,朱怀诚,277 页,图版 70,图 15。

描述 赤道轮廓圆三角形—亚圆形,边部外凸,角部圆钝;大小 46 × 53μm;具赤道环,宽 5—10μm,角部略宽,环分化为 3 个带,环内缘向本体近极面赤道超覆,形成一薄环,宽 2.0—2.5μm,本体圆三角形,角部浑圆,三射线清晰,简单,直,微开,伸达环内缘;外壁厚适中,远极面大致对应近极面辐间区有一 Y 形加厚脊,宽 3.5—5.0μm,外侧浑圆,直或曲,其余部分光滑。

比较与讨论 当初 Knox 描述的该种孢子(100—120μm),表面光滑,环宽达 20—30μm,轮廓线不平整,角部肿胀。Smith 和 Butterworth(1967)描述的大小为 62(80)94μm。Butterworth 和 Williams(1958)为此种选了另一个全模标本,特征是圆三角形—亚圆形,轮廓线赤道平滑,偶尔不平或波状;三射线简单,直达环内沿;环分为三带,外壁中厚,光面或内颗粒状,偶尔辐射加厚。靖远标本除个体较小外,其他特征与本种相似,但高联达鉴定的标本,三射线具粗壮唇。

产地层位 甘肃靖远,红土洼组。

加厚粗网孢 *Reticulatisporites crassipterus* (Kedo, Naumova in Litt.) Gao, 1980

(图版 112,图 2, 15)

1963 *Dictyotriletes crassipterus* Naumova in litt., Kedo, p. 53, pl. 3, fig. 90.

1980 *Reticulatlsporites crassipterus* (Kedo) Gao,高联达,599 页,图版 3,图 5。

1985 *Reticulatlsporites crassipterus*,高联达,64 页,图版 5,图 9。

描述 赤道轮廓圆形,大小 50—60μm;三射线细长,长约 2/3R;壁厚,黄褐色,外壁表面具不规则的多角形网穴,网穴直径 8—12μm,网脊不规则,呈波浪形凸起于孢子边缘。

比较与讨论 当前标本与 *Dictyotriletes crassipterus* 大小形态颇相似,仅以网穴相对较大有些差别。

产地层位 贵州睦化,打屋坝组底部;甘肃靖远,前黑山组。

纹饰粗网孢 *Reticulatisporites decoratus* Hoffmeister, Staplin and Malloy, 1955

(图版 112,图 14)

1955 *Reticulatisporites decoratus*, Hoffmeister, Staplin and Malloy, p. 395, pl. 38, fig. 15.

1990 *Reticulatisporites decoratus* Hoffmeister, Staplin and Malloy,张桂芸,见何锡麟等,314 页,图版 5,图 6。

描述 赤道轮廓亚圆形,大小 60 ×48μm;本体亚圆形,大小 50.4 ×43.2μm;三射线可见,细,直,具窄唇(宽 2μm),长约 2/3R;孢子表面具粗网状纹饰,网脊宽 5—8μm,高 1—6μm,网脊横断面呈三角形,凸出于本体赤道边缘之外,脊间由膜壁相连,边缘呈波状,网孔大,呈多边形(五边形),网穴直径 10—15μm,大者达 16—20μm;本体上网穴间有小瘤粒。

比较与讨论 当前标本与记载的美国下石炭统上部的 *R. decoratus* 大小纹饰特征接近,仅网脊较后者粗壮。

产地及层位 内蒙古准格尔旗房塔沟,本溪组。

盘形粗网孢 *Reticulatisporites discoides* Lu, 1999

(图版 22,图 1—5)

1999 *Reticulatisporites discoides* Lu,卢礼昌,59 页,图版 2,图 17。

描述 赤道轮廓多呈近圆形,罕见正圆形,大小 67—75μm,全模标本 70.2μm,副模标本 73.3μm;三射线柔弱,常仅可识别,简单,长 3/5—4/5R;外壁厚 1.5—2.0μm,赤道外壁表面具网状纹饰;网脊低矮,窄,宽仅 1.0—1.5μm,网结突起高,呈短棒状,长 2.5—3.2μm,网穴常不完全(封闭),不规则,穴径 1.5—4.0μm;近极面纹饰显著减弱,常仅见颇为柔弱的分散小突起(宽约 0.5μm,高约 1.5μm);孢子远极中央区外壁较薄(较亮),并呈同心圆状内凹(?),远极面观(孢子)酷似圆盘形;浅棕—棕色。

比较与讨论 本种以其远极中央区外壁较薄、内凹,并呈圆盘状为特征而与 *Reticulatisporites* 的各种不同。前述的 *R. baculiformis*,虽然网脊交结处也具明显的棒状突起,但突起较高(6.2—9.4μm),呈长棒状,网穴也较大(穴径达 4.7—10.4μm)且完全,远极外壁厚薄均匀并外凸。归入本种的标本,网脊并不"粗",宽仅 1.0—1.5μm,将其置于 *Dictyotriletes* Naumova emend. Potonié and Kremp, 1954 范畴内似也适合,但考虑到网结突起较高,所以在此仍按先前(卢礼昌,1984,144 页)区分 *Dictyotriletes* 与 *Reticulatisporites* 两形态属的依据,而作了现今的归属。

产地层位 新疆和布克赛尔,黑山头组 4 层。

清楚粗网孢 *Reticulatisporites distinctus* Lu, 1999

(图版 22,图 9—13)

1999 *Reticulatisporites distinctus* Lu,卢礼昌,59 页,图版 8,图 1—3,11,12。

描述 赤道轮廓近圆形,子午轮廓宽圆形,大小 69.5—109.0μm,全模标本 78μm,副模标本 70.8μm;三射线清楚可见,长 3/5—4/5R,接触区较明显,区内外壁具低矮而粗壮的脊状突起或呈变异加厚,侧面观呈瓶盖状凸起,高 1.4—4.0μm,表面微凹凸不平,其范围常略小于三射线区;接触区周围表面网纹较弱,其余外壁表面网状纹饰发育较完全,网脊光滑,粗细均匀,基宽 2—4μm,网结突起高一般为 3.0—7.8μm,最高可达 20μm,侧面观常呈棍棒形,罕见锥角形,其间或由不完全膜状物连接,网穴多边形,穴径大可达 12.5—23.4μm;外壁表面光滑,具粗颗粒—细瘤状内结构,壁厚 2.3—3.7μm,罕见褶皱;赤道周边凹穴 12—19 个;棕—深棕色。

比较与讨论 本种以其特殊的接触区及发育较完全的网纹为特征而与下列各种不同:*R. cancellatus* 的唇虽有时由似瘤状物组成,但孢壁结构不同;*R. reticulatus* (Ibrahim) Ibrahim, 1933 网纹虽较发育,但其网脊宽常大于突起高(Smith and Butterworth, 1967, p. 222)。

注释 本种外壁尤其接触区,在透光显微镜下酷似小瘤状纹饰,但扫描电子显微照片清楚表明,孢壁表面除网脊突起外,并无其他明显突起物的存在。

产地层位 新疆和布克赛尔,黑山头组 5 层。

埃姆斯粗网孢 *Reticulatisporites emsiensis* Allen, 1965

（图版21，图27）

1965 *Reticulatisporites emsiensis* Allen, p. 705, pl. 97, figs. 9—11.

1973 *Dictyotriletes emsiensis* (Allen) McGregor, p. 42, pl. 5, fig. 15.

1983 *Reticulatisporites emsiensis*，高联达，501页，图版110，图6。

1987 *Reticulatisporites emsiensis*，高联达等，403页，图版175，图17。

1994 *Dictyotriletes emsiensis*，王怿，327页，图版2，图10（部分）。

描述 赤道轮廓圆三角形—近圆形，三边凸出，角部浑圆；大小32—56μm；三射线不清楚；外壁厚2—3μm，近极面表面光滑；远极面和赤道部位表面具网状纹饰，网穴呈多角形或圆形，网脊直或微弯曲，脊背钝—尖，基部宽2—5μm，高2—3μm，穴径4—8μm，远极面上具12—32个网眼，赤道部位具12—19个；赤道轮廓线略波状；棕黄色。

比较与讨论 该种的全模标本（Allen, 1965, p. 706, pl. 97, figs. 9, 10）圆形，大小72μm；三射线简单，长2/3R；壁厚4μm，近极面颗粒纹饰非常稀疏，远极网纹脊宽（基部）2—3μm，向上变窄，高5—8μm，穴宽12—20μm。

注释 最初描述的此种采自Emsian地层（Allen, 1965）；Richardson和McGregor（1986）认为，此种最早出现于Siegenian；该种是PE（*Verrucosisporites polygnalis-Dictyotriletes emsiensis*）组合的重要标志分子。

产地层位 贵州独山，丹林组上段；云南文山，坡脚组；甘肃迭部，当多组。

高脊粗网孢 *Reticulatisporites excelsus* Ouyang, 1986

（图版112，图16）

1986 *Reticulatisporites excelsus* Ouyang，欧阳舒，58页，图版Ⅵ，图11。

描述 赤道轮廓近圆形，子午轮廓略呈宽椭圆形，已知大小87—90×65—69μm，全模87×65μm；三射线可能存在，或开裂，伸达外壁内沿（?）；孢壁不厚，小于2μm，表面具不规则、不完全的粗网纹饰，网脊基宽5—7μm，高可达9—13μm，脊背变尖细，网脊之间由发达的网膜相连，网穴不规则多角形，穴径达11μm或更大，网和网膜在远极和赤道较发育，至近极较低矮，网膜近乎光滑，本体表面还具极细颗粒状结构；棕—黄色。

比较与讨论 本种与欧美石炭系的*R. reticulatus* Ibrahim (Potonié and Kremp, 1955, p. 112, pl. 16, figs. 310—312)及*R. muricatus* Kosanke, 1950 (p. 27, pl. 4, fig. 7; Smith and Butterworth, 1967, p. 197, pl. 11, figs. 25, 26)略相似，但其以网脊宽度从基部至顶部变化较大、网穴相对较多、穴径较小而与后两种有别。

产地层位 云南富源，宣威组下段。

不规则粗网孢（新联合） *Reticulatisporites irregulatus* (Gao) Ouyang and Zhu comb. nov.

（图版112，图17，18）

1980 *Corbulispora irragula* (sic!) Gao，高联达，60页，图版3，图7，8。

描述 赤道轮廓圆形，大小55—70μm，壁厚，黄褐色；三射线细长，等于孢子半径的3/4；孢子表面覆以不规则旋状筐形网，网脊宽4—6μm，高4—5μm，凸起于孢子轮廓线的边缘，网脊之间具薄膜。

比较与讨论 本种与白俄罗斯下石炭统的*R. magnus* (Kedo) Byvscheva比较，轮廓相似，但后者网脊大，不增厚，且大小达70—95μm。此种与同样产自前黑山组的*R. nefandus*颇为相似，甚至两者可能为同种，仅前者网脊和网结上突起较为细弱而有点区别。

此种迁入*Reticulatisporites*，并把原错拼拉丁种名*irragula*改为*irregulatus*而成*R. irregulatus*后，仍易与*R. irregularis* Kosanke相混淆，不过，后者以大小达80—126μm、网纹大而不相同，已被迁入*Vestispora*属。

产地层位 甘肃靖远，前黑山组。

大穴粗网孢 *Reticulatisporites lacunosus* Kosanke, 1950

（图版 112，图 21，22）

1950 *Reticulati-sporites lacunosus* Kosanke, p. 26, pl. 5, fig. 5.

1955 *Reticulatisporites lacunosus* Kosanke, Potonié and Kremp, p. 112.

1984 *Reticulatisporites lacunosus* Kosanke，高联达，348 页，图版 137，图 13。

1986 *Reticulatisporites lacunosus*，杜宝安，图版Ⅱ，图 12。

1987 *Reticulatisporites lacunosus*，高联达，26 页，图版 5，图 5。

1989 *Reticulatisporites lacunosus*，朱怀诚，图版 1，图 31。

描述 据 Kosanke（1950）描述，赤道轮廓亚圆形，大小 80—101μm，全模 92μm；具三射线，长 >1/2R，但因网脊遮掩常不清楚；外壁厚 >2μm，粗网状，网穴很大，大小 20—40μm，网脊高达 8—10μm，常折叠。

比较与讨论 当前标本与原描述标本比较，除个体较小（约 70μm）、外壁似稍厚（4—5μm）外，其他特征颇接近，故作同种处理。

产地层位 河北开平煤田，赵各庄组；甘肃平凉，山西组；甘肃靖远，红土洼组。

大网粗网孢 *Reticulatisporites macroreticulatus*（Naumova）Gao, 1985

（图版 112，图 3）

1963 *Archaezonotriletes macrotreticulatus* Naumova in Kedo, p. 75, pl. 8, figs. 180—185.

1985 *Reticulatisporites macroreticulatus*（Naumova）Gao，高联达，63 页，图版 5，图 3。

描述 赤道轮廓圆形或亚圆形，大小 70—80μm；壁厚，褐色；三射线长约 2/3R，射线两侧具窄唇；孢子表面具多角形（四—五边形）网穴，网脊粗厚，宽 4—6μm，网穴直径 8—16μm，网脊间具网膜。

比较与讨论 当前标本与 *Dictyotriletes trivialis* Naumova in Kedo（1963）有相似之处，但后者以网脊粗厚，网孔大而与前者不同。

产地层位 贵州睦化，打屋坝组。

大型粗网孢 *Reticulatisporites magnidictyus* Playford and Helby, 1968

（图版 22，图 14—17）

1968 *Reticulatisporites magnidictyus* Playford and Helby, p. 110, pl. 10, figs. 7—10.

1999 *Reticulatisporites magnidictyus*，卢礼昌，58 页，图版 9，图 1，3—5。

描述 赤道轮廓圆形—长圆形，侧面观近极面低锥形，远极面半圆球形，大小 96.7—148.0μm；三射线可见，简单或微开裂，长约为 3/4R；外壁厚实，具点穴状—细颗粒结构，赤道与远极外壁厚 2.5—8.0μm，近极外壁尤其三射线区外壁较薄，厚 1.5—3.5μm，整个外壁表面覆以网状纹饰；网纹在近极—赤道区与远极面发育较完全，在三射线区明显弱化或颇不完全；网脊高低不平，网穴大小不一，基宽 2.5—3.5μm，脊高 10.6—18.6μm，脊背尖或钝，表面微粗糙—小突起状，穴多边形或不规则，穴宽一般为 15.6—29.3μm，最宽可达 33.8—39.5μm；绕赤道轮廓线网穴 12—20 个；标本浅—深棕色。

比较与讨论 当前种以网脊高、网穴大为特征而与本属的其他种不同。在此归入 *R. magnidictyus* 的新疆标本与澳大利亚石炭系（Italia Road Formation）的同种标本（Playford and Helby, 1968），在形态与纹饰等特征方面极为相似，仅后者的孢子相对略小（75—111μm，平均 95μm）。

产地层位 新疆和布克赛尔，黑山头组 4 层。

具缘粗网孢 *Reticulatisporites magnus*（Kedo）Byvscheva, 1972

（图版 112，图 23）

1963 *Dictyotriletes magnus* Naumova in litt., Kedo, p. 55, pl. 4, fig. 15.

1980 *Reticulatisporites magnus*（Naumova）Gao，高联达，59 页，图版 3，图 2。

描述 赤道轮廓圆形，大小 70—80μm；三射线长 1/2—2/3R；孢子表面具多角形网穴，网穴直径 15—

25μm，网脊宽3—4μm，高5—8μm，凸起于孢子边沿，网脊之间具网膜。

产地层位 甘肃靖远，前黑山组。

小型粗网孢 *Reticulatisporites minor*（Naumova）Lu，1994

（图版23，图13—15）

1953 *Dictyotriletes minor* Naumova，p. 28，pl. 2，fig. 7.

1987 *Dictyotriletes minor*，高联达等，402页，图版175，图7，8。

1994 *Reticulatisporites minor*（Naumova）Lu，卢礼昌，图版2，图22，23。

1995 *Reticulatisporites minor*，卢礼昌，图版2，图5。

描述 赤道轮廓近三角形，大小36—42μm（不含纹饰）；三射线柔弱，直，伸达赤道附近；外壁厚2μm左右（赤道区），表面具粗网纹；网脊宽约1.5μm，一般突起高等于或略大于脊宽，赤道区网结（或网脊相交处）突起更明显，甚者呈角刺状，基宽2.0—3.5μm，高达2.5—4.5μm（少数），网穴为不规则多边形—近圆形，大小2.2—4.5μm，穴底低平；赤道轮廓线呈不规则锯齿状；突起14—19枚。

产地层位 江苏南京龙潭，五通群擂鼓台组上部；湖南界岭，邵东组；甘肃迭部，当多组。

较小粗网孢（新联合） *Reticulatisporites minutus*（Gao）Ouyang and Zhu comb. nov.

（图版112，图4）

1980 *Corbalispora*（sic！）*minutus* Gao，高联达，59页，图版3，图6。

描述 赤道轮廓亚圆形，大小50—60μm；三射线常不清楚，清楚时等于孢子半径长；外壁表面具不规则多边形的网脊，在网脊转折处变粗增厚，直径15—18μm，脊宽3—5μm，于孢子边沿凸起呈峰脊。

比较与讨论 当前孢子与 *R. subalveolaris* Sullivan 比较，个体略小，网脊也不相同。

产地层位 甘肃靖远，前黑山组。

窄脊粗网孢 *Reticulatisporites muricatus* Kosanke，1950

（图版112，图5，11）

1950 *Reticulatisporites muricatus* Kosanke，p. 27，pl. 4，fig. 7.

1960 *Reticulatisporites muricatus* Kosanke，Imgrund，p. 166，pl. 15，figs. 74，75.

1967 *Dictyotriletes muricatus*（Kosanke）Smith and Butterworth，p. 197，pl. 11，figs. 25，26.

1980 *Reticulatisporites* cf. *muricatus* Kosanke，Ouyang and Li，pl. 1，fig. 11.

1984 *Reticulatisporites muricatus*（Kosanke）Smith and Butterworth（sic！），高联达，348页，图版137，图14；图版153，图2。

1990 *Reticulatisporites muricatus* Kosanke，张桂芸，见何锡麟等，313页，图版5，图5。

1985 *Reticulatisporites muricatus* Kosanke in Gao，p. 348，pl. 153，fig. 2.

1993 *Dictyotriletes muricatus*（Kosanke），朱怀诚，262页，图版65，图2，3。

描述 按原作者描述，赤道轮廓圆形，已知大小81.9 × 96.6μm，全模91.2μm；三射线清楚，具窄唇，长1/2—2/3R；外壁厚2—4μm（不包括脊），表面网状，网穴大而浅，脊则较高，穴直径可达20μm，一般10—12μm，脊高8—10μm，宽仅2μm，常折叠或弯扭；网脊之间由网膜相连。

比较与讨论 同义名表中鉴定为此种的我国标本与原模式相比，有大小偏大（80—120μm，Imgrund）或略偏小（51—80μm或70—80μm，朱怀诚、高联达）的情况，但其他特征相近，在网脊高而窄、网穴大而浅这两点上颇为相似，但网膜在有的标本上并不太清楚，保存所致（?）。Potonié 和 Kremp（1955，p. 112）认为 *R. muricatus* 可能是 *R. reticulatus* Ibrahim 的同义名，Smith 和 Butterworth（1967，p. 198）则认为后者以具环而与前者有所不同，如前所述，这一点本书未能苟同；倒是 *R. muricatus* 的网脊网膜较高，也许可作为二者的区别的特征，Potonié 等对此也认为可能与次生的"侵蚀现象"相关，他们之所以未将 *R. muricatus* 正式列入 *R. reticulatus* 的同义名，只不过出于慎重考虑（因未能将美国、德国标本作直接对比）。

产地层位 河北开平，唐家庄组；山西宁武，太原组；山西朔县，本溪组；内蒙古准格尔旗黑岱沟，太原组;甘肃靖远,羊虎沟组。

船格粗网孢 *Reticulatisporites nefandus* (Kedo) Gao, 1980

(图版 112,图 10)

1963 *Dictyotriletes nefandus* Kedo, p. 54, pl. 4, fig. 94.

1980 *Reticulatisporites nefandus* (Kedo) Gao,高联达,59 页,图版 3,图 4。

描述 赤道轮廓圆形,大小 70—85μm;三射线长 1/2—2/3R;外壁表面具不规则多边形网穴,网穴直径 10—20μm,网脊不平整,呈波浪形,厚 4—7μm,高 4—5μm,凸起于孢子边沿,网脊之间具网膜。

比较与讨论 当前标本与原描述(100μm,三射线长为 3/4R)的这个种网格纹饰特征极为相似,但缺乏后者外壁表面的小圆瘤纹饰。

产地层位 甘肃靖远,前黑山组。

盾脊粗网孢 *Reticulatisporites peltatus* Playford, 1962

(图版 112,图 12, 13)

1961 *Reticulatisporites peltatus* Playford, p. 599, pl. 84, figs. 1—4.

1989 *Reticulatisporites peltatus*, Ouyang and Chen, p. 456, pl. 5, figs. 5, 6.

描述 赤道轮廓圆形—圆三角形,大小 65—70μm;三射线简单,细直,伸达外壁内沿,常被纹饰遮掩而难见;外壁颇厚,达 3—4μm(纹饰除外),具粗大网状纹饰,网脊基部稍宽,多 4—7μm 不等,网结处常具突起,高 5—15μm,向上或徐徐变窄,末端常膨大,部分呈盾头—蘑菇状,绕轮廓线突起 11—17 枚;局部网脊之间由网膜(?)相连;网穴形状很不规则,大多穴径 5—20μm 不等;黄棕色。

比较与讨论 当前标本与最初描述的斯匹次卑尔根岛下石炭统的 *R. peltatus* 略相似,后者大小 50(77)105μm,网脊宽 2. 0—5. 5μm,高 2—3μm,多角形网穴穴径 6—46μm(平均 14μm),在网结处发育颇长的突起,长 6—15μm(平均 8μm),基宽 4. 0—6. 5μm,膨大的端部直径 5—13μm,即粗网纹饰(包括网脊、网穴)相对较规则,盾端膨大较普遍,网脊之间似无网膜连接,显示出差别。

产地层位 江苏句容,高骊山组。

珍珠粗网孢 *Reticulatisporites perlotus* (Naumova) Ouyang and Chen, 1987

(图版 168,图 6)

1953 *Archaeozonotriletes perlotus* Naumova, p. 87, pl. XIV, fig. 2.

1987 *Reticulatisporites perlotus* (Naumova) Ouyang and Chen,欧阳舒、陈永祥,52 页,图版 3,图 26。

描述 赤道轮廓圆形,大小 30μm;三射线不清楚;外壁厚约 1μm,具相对颇粗大的网状纹饰,网脊宽约 2. 5μm,高 2. 0—2. 5μm,包围多角形网穴,穴径 5—14μm,网脊在赤道部位大致同心状相连,构成一赤道缘脊,宽约 2. 5μm,网脊在赤道轮廓上略呈锥形,顶端锐圆,绕周边约 10 枚;棕黄色。

比较与讨论 当前标本与俄罗斯地台上泥盆统的 *Archaeozonotriletes perlotus* Naumova, 1953 基本一致,后者大小 30—40μm,仅其赤道部位外壁可能稍厚些。

产地层位 江苏句容,五通群擂鼓台组下部。

多孔粗网孢 *Reticulatisporites polygonalis* (Ibrahim) Smith and Butterworth, 1967

(图版 112,图 19;图版 113,图 7)

1932 *Sporonites polygonalis* Ibrahim, in Potonié, Ibrahim and Loose, p. 447, pl. 114, fig. 8.

1933 *Laevigati-sporites polygonalis* Ibrahim, p. 19, pl. 1, fig. 8.

1934 *Reticulati-sporites polygonalis* Ibrahim, Loose, p. 115, pl. 7, fig. 16.

1955 *Knoxisporites polygonalis* Potonié and Kremp, p. 117, pl. 16, fig. 318; text-fig. 33.

1964 *Reticulatisporites polygonalis* Ibrahim, Neves, p. 1066.

1967 *Reticulatisporites polygonalis* Ibrahim, in Smith and Butterworth, p. 221, pl. 14, fig. 13.

1983 *Reticulatisporites polygonalis*,高联达,501 页,图版 115,图 9, 10;图版 116,图 3。

1984 *Reticulatisporites polygonalis*,高联达,347 页,图版 137,图 10。

1989 *Reticulatisporites polygonalis*,Zhu,pl. 3, fig. 6.

1987 *Reticulatisporites polygonalis*,高联达,图版 5,图 17。

1993 *Reticulatisporites polygonalis*,朱怀诚,277 页,图版 71,图 1—3。

描述 赤道轮廓多边形,轮廓线平整,微大波状,大小 70—90μm;赤道环宽 10—18μm,明显分化为内、中、外 3 个带,内带较外带宽,二者之间为透亮带;三射线清晰,简单,直,具窄唇,高 0. 5—1. 5μm,几伸达环;外壁厚 1—2μm,远极面纹饰发育,近极面纹饰较弱,纹饰形态不均一,远极面为一三叉状加厚带,或包围一亚三角形空白区,自远极面向辐间区呈带状加厚,少量宽度大体一致的网脊与之连接,构成不规则多角形的大网,加厚带宽 3—7μm,外壁表面点具或光滑。

比较与讨论 据 Smith 和 Butterworth (1967)描述,此种大小 79 (91) 102μm,全模 108μm,主要特征是环分 3 个带,内厚外薄;三射线简单具唇,长 1/2—2/3R,远极为具三射线型辐射脊(中部或中空),在辐间区中部与环连接呈隆凸状;近极亦可有与射线方向一致的脊状加厚;外壁中厚,光面或粗糙。我国靖远上石炭统的此种与欧洲标本较为相似,而我国内蒙古清水河煤田本溪组的这个种,因环未明显分 3 个带,远极增厚脊纤细,差别较大。

产地层位 山西保德,太原组;内蒙古清水河煤田,本溪组;贵州贵阳乌当,旧司组;甘肃靖远,红土洼组—羊虎沟组。

假窄脊粗网孢 *Reticulatisporites pseudomuricatus* Peppers, 1970

(图版 112,图 1, 24)

1964 *Reticulatisporites* sp. ,欧阳舒,498 页,图版 V,图 7。

1970 *Reticulatisporites pseudoreticulatus* Peppers, p. 113, pl. 9, figs. 16, 17.

1976 *Reticulatisporites pseudomuricatus* Peppers, Kaiser, p. 124, pl. 11, fig. 1, 2.

1984 *Reticulatisporites pseudomuricatus*,高联达,406 页,图版 153,图 1。

1987 *Reticulatisporites pseudomuricatus*,高联达,图版 3,图 27, 28。

描述 赤道轮廓圆形,大小 40—50μm;三射线简单,无唇,几乎直,长约 2/3R;外壁厚 2—3μm(不包括网脊),光滑,整个表面具完全网纹,网脊到三射线附近仍不减弱,膜状网脊高约 4μm,弯曲,包围不同大小的多角形网穴,直径 5—20μm;棕黄色。

比较与讨论 据 Kaiser(1976)描述,当前标本与 *R. pseudomuricatus* Peppers 颇为相近,但缺失 Peppers 所描述的环;可能他所说的环乃是颇稳定的外壁连接带的一种光学效应。*R. muricatus* 与本种颇似,但个体大得多。欧阳舒(1964)记载的山西下石盒子组的 *Reticulatisporites* sp. ,除标本稍大(58μm),射线具较壮的唇外,其他特征与 Kaiser 鉴定的种相近,虽 Kaiser 描述的标本无唇,但从其照片看,是具窄唇的,故归入同义名表内;而且,原 Peppers 描述的标本最大直径亦达 61μm。高联达描述的山西标本达 68μm,亦归入同种内。本种与 *R. muricatus* 的区别是后者大得多(82—97μm)。

产地层位 山西保德,山西组—石盒子群;山西宁武,山西组;山西河曲,下石盒子组;甘肃靖远,红土洼组。

规则粗网孢 *Reticulatisporites regularis* Zhou, 1980

(图版 113,图 4, 5)

1978 *Reticulatisporites* sp. 1,谌建国,405 页, 图版 118,图 19。

1980 *Reticulatisporeites regularis* Zhou,周和仪,30 页,图版 9,图 24。

1986 *Reticulatisporites regularis*,杜宝安,图版Ⅱ,图 8。

1987 *Reticulatisporites regularis*,周和仪,10 页,图版 2,图 10。

描述 赤道轮廓圆形,大小 43—63μm,全模 43μm(图版 113,图 4);三射线单细,或开裂,长 1/2—2/3R,

因纹饰遮掩有时难见;外壁颇薄,厚约 1μm,表面具网状纹饰,在全模标本上排列稍规则,网脊宽 2.0—2.8μm,高 2—4μm,网穴多角形,穴径 4—6μm,绕周边网脊突起约 20 枚,网脊之间由网膜相连;黄色。

比较与讨论 本种以孢子和网穴偏小、排列稍规则而与属内其他种不同;与 *R. pseudomuricatus* Peppers 在大小及网纹特征上有些相似,但后者外壁厚,有些网穴大得多。与全模相比,湖南标本稍大,三射线大致可见,网膜更发育,但鉴于网纹特征基本相似,且产出层位时代相同,故合并描述之。

产地层位 河南范县,上石盒子组;湖南邵东保和堂,龙潭组;甘肃平凉,山西组。

标准粗网孢 *Reticulatisporites reticulatus* Ibrahim, 1933

(图版 113,图 22, 23)

1933 *Reticulati-sporites reticulatus* Ibrahim, p. 33, pl. 1, fig. 3.

1938 *Azonotriletes reticulatus* (Ibrahim), Luber in Luber and Waltz, pl. 14, figs. 14—16.

1967 *Reticulati-sporites reticulatus* (Ibrahim), Smith and Butterworth, p. 222, pl. 14, figs. 14—16.

1983 *Reticulatisporites reticulatus*,高联达,502 页,图版 115,图 1。

1984 *Reticulatisporites reticulatus*,高联达,347 页,图版 137,图 11,15。

1985 *Reticulatisporites reticulatus*, Gao, pl. 2, fig. 11.

1993 *Reticulatisporites reticulatus*,朱怀诚,277 页,图版 70,图 16a—c,17,18a—c。

描述 赤道轮廓圆三角形—圆形,轮廓线多边形—波形,大小 67.5(82.3)100.0μm(测 5 粒);具赤道环,宽 7—20μm,分化为内、中、外 3 个带,内、外带明显,中带不明显;三射线清晰,简单,直,具窄唇,微呈脊状,长 1/2—2/3R;外壁厚适中,远极面自赤道环向近极方向呈加厚带状延伸较短,远极面纹饰发育,自环外带向远极方向呈加厚带状延伸,横向相连呈网状,网脊宽 2.0—4.5μm,高 2—10μm,个别标本达 18μm,外侧扁平、圆钝或刃状,穴径 10—25μm,穴内点—细粒纹饰,赤道环周边具网脊突 8—10 枚。

比较与讨论 据 Potonié 和 Kremp (1955)描述,轮廓圆形—多角形,大小 75—90μm,全模 81μm,三射线长约 1/2R,轮廓线上网脊突起 15—17 枚,近极面网穴约 15 个,多角形或不规则,网脊之间由网膜相连。

产地层位 山西宁武,本溪组;山西保德,太原组;内蒙古清水河煤田,本溪组;贵州贵阳乌当,旧司组;甘肃靖远,红土洼组—羊虎沟组。

标准粗网孢(比较种) *Reticulatisporites* cf. *reticulatus* Ibrahim, 1933

(图版 113,图 19, 24)

1932 *Sporonites reticulatus* Ibrahim in Potonié, Ibrahim and Loose, p. 447, pl. 14, fig. 3.

1933 *Reticulati-sporites reticulatus* Ibrahim, p. 33, pl. 1, fig. 3.

1955 *Reticulatisporites reticulatus* Ibrahim, Potonié and Kremp, p. 113, pl. 16, figs. 306—308.

1978 *Reticulatisporites* sp. 2,谌建国,405 页,图版 119,图 1。

1986 *Reticulatisporites*? sp.,欧阳舒,58 页,图版Ⅵ,图 14。

描述 赤道轮廓亚圆形,大小 60—79μm;三射线难见或清楚,简单或具窄唇,长约 2/3R;外壁厚 3—5μm,表面具粗网纹饰,在远极面中央有一圈增厚或三臂状辐射脊,由此辐射或分叉成粗大网纹,脊宽粗细不很匀,宽多约 5μm,伸出外壁高可达 6μm 以上,网穴不规则多角形,穴径 20—30μm;网脊之间由网膜相连;棕—黄色。

比较与讨论 原全模上远极面也有一圈增厚脊,由此发射、分叉成大网,但我国华南上述标本网脊较粗、轮廓线上脊突数量(少于 10 枚,对应原描述的 15—17 枚)较少,故定为比较种。

产地层位 湖南邵东保和堂,龙潭组;云南富源,宣威组下段。

离层粗网孢 *Reticulatisporites separatus* Lu, 1999

(图版 23,图 5—7)

1999 *Reticulatisporites separatus* Lu,卢礼昌,60 页,图版 8,图 4;图版 9,图 12,13。

描述 赤道轮廓圆形—近圆形,大小96.7—130.5μm,全模标本125.7μm;三射线不清楚至清楚,直,简单,长略大于1/2R,外壁分为2层,内层较薄,厚1.5—2.0μm,表面光滑,或具内结构,极面观外层不同程度分离;外层较厚,厚达3.0—4.5μm,表面粗糙—小疙瘩状,近极—赤道区及远极面具网状纹饰;网脊表面粗糙,基部较宽,达2.5—4.0μm,往上逐渐变窄,至顶端锐尖或钝凸,突起颇高,可达17.2—23.4μm,其间常由膜状物连接;膜状物半透明,表面粗糙至粗颗粒状,在赤道区最为发育,甚者呈假环状;网穴较大,呈不规则圆形或多边形,穴径10.9—26.5μm,三射线区网穴较小,宽仅2—5μm,网脊相对较宽(可大于邻近穴宽),但突起颇低;赤道轮廓线近圆滑(因具网膜所致),绕周边具凹穴12—17个;罕见褶皱;棕黄(膜)—深棕色(孢壁与网脊)。

比较与讨论 本种以其外壁2层、网脊颇高、网穴宽大及网膜明显等为特征而与其他种不同。如前述 *R. magnidictyus* 虽然个体较大(134—148μm),但脊间不具膜状物; *R. distinctus* 的膜状物发育不完全,且网脊较低。

产地层位 新疆和布克赛尔,黑山头组4层。

齿状粗网孢 *Reticulatisporites serratus* Gao and Hou, 1975

(图版21,图17—19)

1975 *Reticulatisporites serratus* Gao and Hou,高联达等,207页,图版7,图6a—d。

1975 *Dictyotriletes serrulatus* Gao and Hou,高联达等,209页,图版7,图15。

1983 *Reticulatisporites serratus*,高联达,502页,图版110,图4,5。

1987b *Reticulatisporites serratus*,欧阳舒等,图版3,图8,9。

1994 *Reticulatisporites serratus*,卢礼昌,图版2,图16,17。

描述 赤道轮廓近圆形—圆形,大小38—42μm;三射线甚弱或不清楚,偶见开裂(长约3/4R);外壁厚约1.5μm,表面覆以不规则网状纹饰;网脊宽1.0—1.5μm,突起在赤道较明显,并呈锥刺状(宽2—3μm),高可达1.5—3.0μm,网穴呈不规则多边形,穴径一般为3—5μm,大者可达6—9μm;赤道轮廓线呈颇不规则的细锯齿状。

比较与讨论 本种以赤道轮廓线呈不规则细锯状为特征,与 *R. minor* 的主要区别是,后者轮廓倾向于三角形,赤道边缘的突起更粗、更高。

注释 *Dictyotriletes serulatus* Gao and Hou, 1975的特征与 *Reticulatisporites serratus* 近乎一致,尤其是彼此的全模标本,二者均具不规则细齿状的赤道轮廓线。

产地层位 江苏宝应,法门阶末;江苏南京龙潭,五通群擂鼓台上部;贵州独山,丹林组上段。

似网粗网孢 *Reticulatisporites similis* (Kedo) Gao, 1985

(图版113,图8, 13)

1963 *Dictyotriletes similis* Kedo, p. 55, pl. 4, fig. 96.

1985 *Reticulatisporites similis* (Kedo) Gao,高联达,图版4,图27;图版5,图1,2。

描述 赤道轮廓圆形,大小70—90μm,壁厚;三射线简单,长3/4R;孢子表面具多角形(四—六边形)网穴,网穴直径14—20μm,脊厚4—6μm,在轮廓线上呈锥刺状凸起,网脊间由网膜连接;褐黄色。

比较与讨论 贵州睦化标本与 *R. fimbriatus* Winslow (van der Zwan, 1980, pl. 8, fig. 6)特征相似,但与原作者Winslow(1962, pl. 14, figs. 1—3)描述的标本有很大差异,后者网脊粗厚,在轮廓线上呈锯齿形,而前者无此特征。本种以网脊顶端常变窄而与 *R. cancellatus* 区别。

产地层位 贵州睦化,打屋坝组底部。

亚蜂巢粗网孢 *Reticulatisporites subalveolaris* (Luber) Oshurkova, 2003

(图版113,图9)

1938 *Azonotriletes subalveolaris* Luber, in Luber and Waltz, p. 25, pl. 5, fig. 72.

1941 *Azonotriletes subalveolatus* Luber, in Luber and Waltz, p. 100, pl. 9, fig. 132.

1964 *Corbulispora subalveolaris* (Luber) Sullivan, p. 368, pl. 59, figs. 3, 4.

1980 *Corbulispora simila* (sic!) (Kedo) Gao,高联达,图版3,图9。

1980 *Gorgonispora multiplicita* (Kedo) Gao,高联达,60页,图版Ⅲ,图11。

1985 *Corbulispora subalveolaris* (Luber) Sullivan,高联达,63页,图版5,图4,7。

1987a *Corbulispora subalveolaris*,廖克光,图版136,图1。

2003 *Reticulatisporites subalveolaris* (Luber) Oshurkova, p. 102.

描述 据 Oshurkova (2003),最初描述的哈萨克斯坦下石炭统的此种大小50—90μm;据 Sullivan (1964),此种大小61(65)68μm,三射线常被遮掩,有时具粗平唇,宽达7μm,长≥3/4R,网脊高约5μm,网穴多角形,多为12—15μm,网结处加厚,绕周边脊突14—20枚。

比较与讨论 前黑山组标本与模式标本大体相似,仅个体稍大。高联达(1980)鉴定的前黑山组的 *Corbulispora simila* (sic! 应为 *similis*) (Kedo) Gao 与 Sullivan 鉴定的 *C. subalveolaris* 颇相似,仅网纹封闭程度稍差;高联达(1980)描述的标本 *Gorgonispora multiplicita* 为无环孢,不能归入 *Gorgonispora* 属,定为当前种较为合适。

产地层位 山西宁武,本溪组下部;贵州睦化,王佑组格董关层底部;甘肃靖远,前黑山组。

亚丰厚粗网孢 *Reticulatisporites subamplectus* (Kedo) Gao, 1980

(图版113,图25)

1963 *Dictyotriletes subamplectus* Kedo, p. 53, pl. 3, fig. 89.

1980 *Reticulatisporites subamplectus* (Kedo) Gao,高联达,58页,图版2,图15。

描述 赤道轮廓圆形,大小60—80μm;三射线等于孢子半径长;外壁表面具不规则的多边形大网孔,网孔直径12—18μm,网脊不平整,厚4—5μm。

比较与讨论 当前标本与白俄罗斯下石炭统(Tournaisian)的 *Dictyotriletes subamplectus* 的大小(72μm)及纹饰形态颇为近似。仅最初描述提及三射线长为1/3R,有些差别。因网脊明显凸出于轮廓线,故迁入 *Reticulatisporites* 属。

产地层位 甘肃靖远,前黑山组。

过渡粗网孢 *Reticulatisporites translatus* Lu, 1988

(图版23,图8—10)

1988 *Reticulatisporites translatus* Lu,卢礼昌,144页,图版18,图1—3,5。

描述 赤道轮廓不规则近圆形,大小60.8—78.0μm;三射线清楚,简单,直,末端尖,长4/5—13/15R;外壁表面光滑,(无纹饰处)厚约1.5μm,网纹限于远极面与赤道区,网脊基部尤其网结基部相当宽,其相应部位外壁显得明显加厚,网脊基宽5.5—9.4μm,甚者可达15μm左右,网脊上半部较窄,宽仅1.5—2.0μm,顶部尖或钝凸,脊高3.1—7.8μm,侧面观呈锥瘤状(网结);网穴规则呈多边形,穴径大,最大可达26.5—37.4μm,穴底微内凹;赤道轮廓呈稀疏且不规则的锯齿状,边缘突起5—8枚;近极面光滑;浅棕—棕色(局部)。

注释 本种以网结基部相当宽与相应部位外壁明显加厚为特征。

产地层位 云南沾益史家坡,海口组。

普通粗网孢 *Reticulatisporites trivialis* (Kedo) Oshurkova, 2003

(图版21,图13;图版113,图10,11)

1963 *Dictyotriletes trivialis* Kedo, p. 52, pl. 4, figs. 87, 88.

1980 *Dictyotriletes trivialis* (Naumova) Kedo,高联达,58页,图版Ⅱ,图14,16。

1985 *Dictyotriletes trivialis*,高联达,58页,图版5,图6。

1994 *Dictyotriletes trivialis*,卢礼昌,58 页,图版 2,图 30。

2003 *Reticulatisporites trivialis* (Kedo) Oshurkova, p. 103.

描述 据标本照片,赤道轮廓亚圆形,大小 50—55μm;三射线因纹饰遮掩不易见,长约 2/3R;外壁厚约 2μm,表面(包括近极面)具中等大小多角形网穴,穴径 6—10μm,多为 7—8μm,网脊基宽和高 2—4μm,末端多钝圆或微尖,绕周边脊突 15—20 枚,局部网脊之间由网膜相连。

比较与讨论 当前标本与白俄罗斯下石炭统(杜内阶)的 *Dictyotriletes trivialis* (60μm)大小、形态相近,可能因网纹在孢子两面皆发育,故 Oshurkova 将其迁入 *Reticulatisporites*。

产地层位 江苏南京龙潭,五通群擂鼓台组中部;贵州睦化,王佑组格董关层底部;甘肃靖远,前黑山组。

变异粗网孢 *Reticulatisporites varius* Lu, 1999

(图版 23,图 1—4)

1999 *Reticulatisporites varius* Lu,卢礼昌,60 页,图版 8,图 5,6;图版 9,图 2,6,7。

描述 赤道轮廓圆形—不规则圆形;大小 96.7—148.0μm,全模标本 112.3μm;三射线可识别,清楚,直,简单,末端或尖,长 3/7—4/5R;外壁相当厚实(赤道与远极外壁常等厚),厚达 5μm 左右,三射线区较薄,厚约 3μm,整个外壁表面具网状纹饰与次一级小突起;网纹在近极—赤道区与远极面较发育,网脊粗细多变,一般基宽 3.0—4.7μm,网结基宽 4.7—7.8μm,高 4—11μm,侧面观呈锥角—锥瘤形,表面常具柔弱的小突起物,网穴较大,常呈不规则多边形或近圆形,穴宽 9.4—20.3μm;网纹在三射线区较柔弱或退化为分散的小突起物;次一级小突起物主要由低锥刺、粗颗粒、小圆瘤或块瘤等组成,分布不规则,疏密多变;外壁罕见褶皱;棕—深棕色。

比较与讨论 本种的形态特征与前述 *R. distinctus* 极为相似,但后者以具特殊的三射线区及发育较完全的网纹为特征,与 *R. reticulatus* 的主要不同在于该种网脊低矮,表面光滑。

产地层位 新疆和布克赛尔,黑山头组 5 层。

瘤唇粗网孢 *Reticulatisporites verrucilabiatus* Ouyang and Chen, 1987

(图版 23,图 12)

1987a *Reticulatisporites verrucilabiatus* Ouyang and Chen,欧阳舒等,55 页,图版 6,图 24,25。

描述 赤道轮廓近圆形,近极面较平,远极面凸出,大小 63—80μm,全模 66μm;三射线清楚,具发达的唇,唇或多或少由瘤组成,或开裂,在裂缝两侧的总宽可达 8—10μm,近达赤道;近极面亦具中等密度的瘤,直径 1.5—6.0μm,大多为 3—4μm;远极面和亚赤道部位具网状纹饰,网脊宽 4—6μm,高 3—4μm,网穴略呈矩形—不规则多边形,穴径 5—17μm,亚赤道部位的一圈网穴较大,其网脊呈离心状且大致平行于赤道排列,靠近极一侧的网脊常相连呈类环状;棕黄—深棕色。

比较与讨论 当前标本与 *R. cancellatus* 相当接近,特别在网纹较密、近极面特征被遮掩时,二者不易区分,但本种以近极面具颇发达的瘤状纹饰和唇亦由瘤组成而与后者有别。

产地层位 江苏句容,五通群擂鼓台组上部。

瘤脊粗网孢 *Reticulatisporites verrucosus* Gao, 1984

(图版 113,图 1)

1984 *Reticulatisporites verrucosus* Gao,高联达,406 页,图版 152,图 57。

描述 赤道轮廓圆形,大小 50—60μm,全模 55μm;三射线因被纹饰遮掩常不易见,长 2/3—3/4R;外壁颇厚,表面具网,网脊由瘤组成,厚薄不均,一般在网脊交叉处瘤较凸出,瘤径和高 3—4μm,网穴多角形,多为四—六边形,不规则,穴径 6—8μm,在轮廓线上,网脊由薄网膜彼此连接;棕色。

比较与讨论 本种以网脊特别是连接处具明显瘤突而与产自河南上石盒子组的 *R. regularis* Zhou, 1980 区别。

产地层位 山西宁武，上石盒子组。

陆氏孢属 *Knoxisporites* Potonié and Kremp, 1954

模式种 *Knoxisporites hageni* Potonié and Kremp, 1954；德国鲁尔，上石炭统（Westfal B/C）。

属征 三缝小孢子，赤道轮廓圆形—圆三角形；具三射线，简单或具唇；外壁一般偏厚，纹饰仅由少数粗壮脊或外壁加厚条带所构成，主要分布于远极面，由3条较简单的加厚带构成（*instarrotulae* 型），在极点连接处仿佛三射线，从连接处辐射伸向赤道，有时在赤道上与一赤道壁圈联合，联合处可微膨胀，此种膨胀可略呈片状伸向近极；赤道壁圈常延至近极面，形成一与赤道平行的脊圈（*polygonalis* 型）；远极辐射脊有时只有3条，正好在三射线之间，远极加厚带汇合处，或有一近圆形未加厚的空白区（*hageni* 型）；有时未加厚处扩大，呈三角形—多角形；甚至扩大到只有与赤道平行处有一加厚带，从这里开始好几个部位有加厚片微伸向近极（*trinodis* 型）。

比较与讨论 *Reticulatisporites* 的网脊先在远极分叉，并形成网纹，以此与本属区别。

植物亲源关系 卷柏目（?）。

分歧陆氏孢 *Knoxisporites dissidius* Neves, 1961

（图版113，图2，3）

1961 *Knoxisporites dissidius* Neves, p. 266, pl. 33, figs. 4, 6.

1984 *Knoxisporites dissidius* Neves，高联达，349页，图版137，图18。

1993 *Knoxisporites dissidius* Neves，朱怀诚，275页，图版70，图9，14。

描述 赤道轮廓五—六角形，具环，宽4—5μm，孢子大小45—60μm；三射线不明显，简单，细直，约伸达环内缘，远极面自环对应辐间区中间向远极方向外壁呈带状延伸加厚，在远极附近横向相连，形成一不规则的环，加厚带宽4—6μm，向赤道方向渐细，外侧浑圆；外壁厚度适中，表面光滑或具点状纹饰。

比较与讨论 据Neves描述，此种大小50—80μm，全模70μm，赤道轮廓近六角形，轮廓线不规则；孢子本体轮廓圆三角形；孢子远极面为三射线新增厚，而中央（远极面）不增厚（圆形—三角形空白区）；近极面在环内射线末端有二次增厚；环缘微不规则凹凸。我国鉴定为此种的标本远极面三射线脊中间薄壁区不清楚，环的宽窄或形态也不相同，似应作保留。

产地层位 山西宁武，太原组；内蒙古清水河，太原组；甘肃靖远，红土洼组。

巧变陆氏孢 *Knoxisporites dedaleus* (Naumova) Lu, 1994

（图版34，图1—3，13）

1953 *Archaeozonotriletes dedaleus* Naumova, p. 129, pl. 19, fig. 11.

1987b *Reticulatisporites dedaleus* (Naumova) Ouyang and Chen，欧阳舒等，图版4，图5。

1994 *Knoxisporites dedaleus* (Naumova) Lu，卢礼昌，174页，图版4，图26，27，37。

1995 *Knoxisporites dedaleus*，卢礼昌，图版3，图3。

描述 赤道轮廓近圆形，外缘圆滑至轻度宽凹凸状，大小48—62μm；三射线不常清楚，有时微开裂，长1/2—1R；远极外壁具加厚的多条宽脊，并彼此融合或围成颇为圆滑的凹穴，整个图案呈网状；脊宽4.5—7.0μm，高2.5—3.5μm，顶部宽圆，表面光滑；凹穴多呈不规则四边形—长圆形，宽6.5—10.5μm，长13—27μm，共计5—7个凹穴（极面观）；近极面无凸脊与凹穴，表面光滑—微粗糙；赤道环宽3.5—5.0μm，均匀，平滑。

注释 这种网状图案也可理解为是由极区同心状加厚带与辐射状加厚脊所构成的。除极区同心状加厚带外，本种共具4—6条辐射状加厚脊。此类孢子常出自泥盆–石炭系界线层。

产地层位 江苏宝应，五通群擂鼓台组；江苏南京龙潭，五通群擂鼓台组中、上部；湖南界岭，邵东组。

甘肃陆氏孢 *Knoxisporites gansuensis* Gao, 1988

（图版 113，图 26，27）

1988 *Knoxisporites gansuensis* Gao，高联达，197 页，图版 4，图 10，11。

描述 赤道轮廓圆形—亚圆形，大小 95—115μm，全模 115μm；具厚的赤道环，加厚不均，厚 8—12μm，深褐色；三射线直伸至环的内缘，不明显；远极区具 3 条带并伸至近极区形成四—六边形的空隙区，条带宽 6—8μm，不规则；孢子表面平滑。

比较与讨论 本种与 *K. literatus*（Waltz）Playford（1961，p. 134，pl. 9，fig. 12）外形有某些相似，但赤道环和条带不同。

产地层位 甘肃靖远，臭牛沟组。

霍氏陆氏孢 *Knoxisporites hageni* Potonié and Kremp, 1954

（图版 113，图 18）

1955 *Knoxisporites hageni* Potonié and Kremp, p. 116, pl. 16, fig. 316.

1984 *Knoxisporites hageni* Potonié and Kremp，高联达，349 页，图版 137，图 19。

描述 赤道轮廓由于受挤压，略呈多边形，大小 60—75μm；射线清晰，直达环的内缘；远极面具 3 条辐射加厚条带并延伸至近极区，彼此交叉连接形成多角形（四—五边形）的、薄的空穴区，空穴区偶见细点状纹饰，条带顶端加厚变粗，宽 8—12μm；色深，棕褐色。

比较与讨论 *K. hageni*（原描述大小为 74—80μm）的特征是远极面具粗壮的三射线形辐射脊，中间具圆形空穴区，脊末端肿大但并不延伸至近极面，以此区别于属内其他种。

产地层位 山西宁武，本溪组。

藤网陆氏孢 *Knoxisporites hederatus*（Ischenko）Playford, 1963

（图版 113，图 14，15）

1956 *Euryzonotriletes hederatus* Ishchenko, p. 58, 59, pl. 10, fig. 121.

1963 *Knoxisporites hederatus* Playford, p. 634, pl. 90, figs. 9—12.

1985 *Knoxisporites hederatus*（Ischenko）Playford，高联达，65 页，图版 5，图 14。

1993 *Knoxisporites hederatus*，朱怀诚，275 页，图版 70，图 19。

描述 赤道轮廓近圆形，具环，宽 6.0—7.5μm，轮廓线缓波形，大小 70μm；三射线简单，微开裂，长达环内缘；在远极面，自环向远极方向对应辐间区延伸出 3 条加厚带，在远极横向相连，形成一大的圆环，环半径约为孢子半径的 2/3，加厚带宽稳定，4—5μm；外壁厚适中，光滑或具点状纹饰。

比较与讨论 与 Ischenko 当初描述的顿巴斯下石炭统的此种（大小 85—90μm，环宽 12—15μm）相比，个体较小，环和加厚带均较窄。

产地层位 甘肃靖远，红土洼组；贵州睦化，打屋坝组底部。

轮形陆氏孢 *Knoxisporites instarrotulae*（Hörst）Potonié and Kremp, 1955

（图版 113，图 12，28）

1955 *Knoxisporites instarrotulae*（Hörst）Potonié and Kremp, p. 116; text-fig. 31.

1955 *Knoxisporites instarrotulae*（Hörst）Potonié and Kremp, Hörst, p. 170, pl. 23, fig. 57.

1955 *Knoxisporites* sp., *Hoffmeister*, Staplin and Malloy, pl. 2, fig. 18.

1976 *Knoxisporites triradiatus* Hoffmeister, Staplin and Malloy, Kaiser, p. 125, pl. 11, fig. 3.

1962 *Knoxisporites instarrotulae*（Hörst）Potonié and Kremp，欧阳舒，89 页，图版Ⅳ，图 1，3；图版Ⅸ，图 8，12。

1978 *Knoxisporites instarrotulae*，谌建国，406 页，图版 118，图 21，22。

1980 *Knoxisporites instarrotulae*，周和仪，30 页，图版 9，图 28，30；图版 10，图 1。

1982 *Knoxisporites instarrotulae*，蒋全美等，606 页，图版 404，图 2，3。

1984 *Knoxisporites instarrotulae*，高联达，350 页，图版 137，图 20。

1987 *Knoxisporites instarrotulae*，周和仪，图版2，图25，26。

1987a *Knoxisporites instarrotulae*，廖克光，562页，图版137，图28。

1995 *Knopxisporites instarrotulae*，吴建庄，339页，图版51，图18。

描述 赤道轮廓圆形—圆三角形，大小62—100μm，通常70—80μm；射线清晰，长达赤道脊圈的内沿，末端或微分叉；外壁厚，无纹饰，但远极面有3条很宽的辐射加厚条带，与赤道脊圈构成椭圆—透镜形的薄壁透亮区；棕色—深棕色。

比较与讨论 本种以远极面加厚条带相对简单区别于属内其他种（参见属征）。

产地层位 山西宁武，本溪组—石盒子群；浙江长兴，龙潭组；河南范县，石盒子群；河南项城，上石盒子组；湖南韶山、邵东、浏阳，龙潭组。

不完全陆氏孢 *Knoxisporites imperfectus* Lu，1994

（图版34，图7—9）

1994a *Knoxisporites imperfectus* Lu，卢礼昌，171页，图版3，图30—32。

描述 赤道轮廓近圆形，大小65.5—83.5μm，全模标本81μm，副模标本77.2μm；三射线不常见，长约2/3R（或稍短），多少具唇，低矮，最宽可达6.0—7.8μm；纹饰限于远极面，主要由蠕瘤状的脊或圆脊与低块瘤（时多时少）组成；脊粗壮，宽5.0—7.5μm，3—7条，但罕见彼此连接成封闭状的穴或成环状加厚；块瘤表面光滑，基部轮廓近圆形—长圆形，最大基宽4.0—14.5μm，高<1μm，分布不规则，稀疏或偶见局部接触；近极面光滑至粗糙；赤道环宽7.5—12.5μm；外壁光滑、厚实（不可量）；棕—深棕色。

比较与讨论 本种纹饰由蠕脊和低瘤组成，且以蠕脊不交结但可连接成穴为特征。*Lophozonotriletes concentrious*（Byvscheva）Higgs et al.，1988虽也具类似的脊与瘤，但其以脊常呈同心状分布而与本种有所不同。

产地层位 江苏南京龙潭，五通群擂鼓台组。

标记陆氏孢 *Knoxisporites literatus*（Waltz）Playford，1963

（图版34，图4，5；图版113，图16，17）

1938 *Zonotriletes literatus* Waltz, in Luber and Waltz, p. 18, pl. 2, fig. 21; pl. A, fig. 11.

1956 *Euryzonotriletes literatus*, Ischenko, p. 52, pl. 9, fig. 108.

1956 *Anulatisporites literatus*, Potonié and Kremp, p. 11.

1957 *Cincturasporites literatus*, Hacquebard and Barss, p. 23, pl. 3, figs. 2—5.

1963 *Archaeozonotriletes literatus* (Waltz) Naumova in litt., Kedo, p. 75, pl. 8, figs. 188—190.

1963 *Knoxisporites literatus* (Waltz), Playford, p. 634, pl. 90, figs. 7, 8.

1971 *Knoxisporites literatus* (Waltz) Playford, Kaiser, p. 147, pl. 39, figs. 10, 11.

1978 *Knoxisporites literatus* (Waltz), Playford, p. 134, pl. 9, figs. 11, 12.

1980 *Knoxisporites literatus* (Waltz) Playford，高联达，图版3，图3。

1985 *Knoxisporites literatus*，高联达，66页，图版5，图15，16。

1987a *Knoxisporites literatus*，欧阳舒等，58页，图版6，图13。

1987b *Knoxisporites literatus*，欧阳舒等，图版4，图18，19。

1987 *Knoxisporites literatus*，高联达，图版5，图17。

1988 *Knoxisporites literatus* 高联达，图版Ⅳ，图13，14。

1989 *Knoxisporites literatus*, Ouyang and Chen, pl. 3, fig. 2.

1989 *Knoxisporites literatus*, Ouyang and Chen, pl. 2, fig. 24; pl. 3, fig. 2.

1993 *Knoxisporites hederatus* Playford，朱怀诚，276页，图版70，图7，8。

1993 *Knoxisporites literatus*，何圣策等，图版1，图12，15；图版2，图7。

1994 *Knoxisporites literatus*，卢礼昌，图版4，图24，25。

1996 *Knoxisporites literatus*，王怿，图版6，图10。

2000 *Knoxisporites lieratus*，詹家祯，见高瑞祺等，图版2，图18。

描述 赤道轮廓圆三角形，边部外凸，角部钝，宽圆，大小32.5—74.0μm；具窄环，宽3—5μm，三射线明显，直，几伸达赤道环，具宽平且发达的唇，平行于射线，一侧宽 4—5μm，其间常有一成行排列的内点—细穴；外壁厚度适中，远极面具有几条（多于 3 条）表面光滑、截面近圆形的加厚带，不规则分布，疏松连接，宽 4—11μm，除唇外，表面光滑。

比较与讨论 按 Playford (1963) 描述，此种大小 56—102μm，本体 42—74μm，环宽 8—19μm，与 Ischenko(1956) 描述的 *Euryzonotriletes literatus* 相近。高联达鉴定的靖远的此种中，以前黑山组标本更为接近最先描述的顿巴斯盆地下石炭统的这个种。

产地层位 江苏句容，擂鼓台组上部；江苏宝应，五通群擂鼓台组上部—顶部；江苏南京龙潭，五通群擂鼓台组上部；浙江富阳，西湖组；湖南锡矿山，邵东组、孟公坳组下部；贵州睦化，打屋坝组底部；西藏聂拉木，亚里组；甘肃靖远，前黑山组、红土洼组—羊虎沟组、臭牛沟组；新疆塔里木盆地和田河井区，巴楚组。

圈脊陆氏孢 *Knoxisporites notos* Gao, 1984

（图版 113，图 6，21）

1984 *Knoxisporites notos* Gao，高联达，407 页，图版 153，图 7。

1990 *Knoxisporites notos* Gao，张桂芸，见何锡麟等，316 页，图版 V，图 13，15。

描述 赤道轮廓亚圆形，大小 20—45μm；三射线单细，隐约可见，长约 1/2R 或近达赤道边沿；外壁表面除加厚部外光滑，远极面具一圈加厚脊，其直径大于孢子直径的 1/2，宽约 5μm，3 条微加厚的条带由此呈辐射状延伸至近极面，呈新月形增厚；在此圈脊中央还有一直径 8—9μm 的亚圆形增厚斑；棕—黄色。

比较与讨论 本种以个体较小、远极圈脊的辐射脊不很显著、延至近极呈新月形而与属内其他种区别。

产地层位 山西宁武，上石盒子组；内蒙古准格尔旗黑岱沟，山西组。

多角陆氏孢 *Knoxisporites polygonalis* (Ibrahim) Potonié and Kremp, 1955

（图版 114，图 19，20）

1932 *Sporonites polygonalis* Ibrahim in Potonié, Ibrahim and Loose, p. 447, pl. 14, fig. 8.

1933 *Laevigati-sporites polygonalis* Ibrahim, p. 19, pl. 1, fig. 8.

1934 *Reticulati-sporites polygonalis* Ibrahim, Loose, p. 155, pl. 7, fig. 16.

1955 *Knoxisporites polygonalis* (Ibrahim) Potonié and Kremp, p. 117, pl. 16, fig. 318; text-fig. 33.

1960 *Knoxisporites polygonalis* (Ibrahim) Potonié and Kremp, Imgrund, p. 168, pl. 15, figs. 76, 77.

1964 *Reticulatisporites polygopnalis*, Neves, p. 1066.

1967 *Reticulatisporites polygonalis*, Smith and Butterworth, p. 221, pl. 14, fig. 13.

1980 *Knoxisporites polygonalis*, Ouyang and Li, pl. 3, fig. 2.

1984 *Knoxisporites trinodis* (Hörst) Potonié and Kremp，高联达，37 页，图版 137，图 17。

1988 *Reticulatisporites carnosus* (Knox) Neves, 1964，高联达，图版 IV，图 6。

描述 赤道轮廓亚圆形—或多或少多角形，大小 70—90μm，全模 108μm；三射线多开裂，伸达近极环状隆起的边沿，长约 2/3R，唇明显可见；环状隆起平均宽约 6μm，高约 3μm，边缘平均宽 8μm；外壁表面略呈点穴状—颗粒状，远极面见一极区多角形的脊，由此放射出粗壮的网脊，宽 2—4μm，伸达赤道；轮廓线平滑；暗棕色。

比较与讨论 本种以远极面包围多角形薄壁区的辐射脊区别于属内其他种。Potonié 和 Kremp (1955, p. 116) 认为开平标本小得多，可能是另一种，但按 Potonié 等的原描述，*K. polygonalis* 的大小为 80—110μm，Imgrund (1960) 描述的开平标本大小为 70—90μm（靖远标本稍大），因整个形态和增厚带很相似，故仍以归入该种为妥。

产地层位 河北开平，唐山组；山西宁武，本溪组；甘肃靖远，臭牛沟组。

原始陆氏孢 *Knoxisporites pristicus* Sullivan, 1968

（图版 34，图 14，15；图版 113，图 20）

1968 *Knoxisporites pristicus* Sullivun, p. 127, pl. 27, figs. 1—5.

1985 *Knoxisporites pristicus* Sullivun, 高联达, 65 页, 图版 5, 图 12。

1999 *Knoxisporites pristinus*, 卢礼昌, 64 页, 图版 21, 图 10, 11。

描述 赤道轮廓多角圆形, 大小 55—134μm; 具赤道环, 加厚不均, 在 8—12μm 之间, 褐色; 三射线简单, 直伸至环带处, 射线两侧具唇, 唇发育, 顶部与末端最宽, 可达 24—32μm; 远极区具大网, 与近极区的三射线间条带连接, 形成三角形的环圈; 近极表面覆以小颗粒纹饰。

比较与讨论 当前标本与 Sullivan (1968) 描述的苏格兰杜内阶 *K. pristinus* 的特征颇为相似, 仅前者 (134μm) 较后者 (60—103μm) 的个体要大。

产地层位 贵州睦化, 打屋坝组底部; 新疆和布克赛尔, 黑山头组 4 层。

轮环陆氏孢 *Knoxisporites rotatus* Hoffmeister, Staplin and Malloy, 1955

(图版 114, 图 1, 10)

1955 *Knoxisporites rotatus* Hoffmeister, Staplin and Malloy, p. 390, pl. 37, fig. 13.

1989 *Knoxisporites rotatus* Hoffmeister, Staplin and Malloy, Zhu, pl. 3, fig. 9.

1993 *Knoxisporites rotatus* Hoffmeister, Staplin and Malloy, 朱怀诚, 276 页, 图版 70, 图 12。

描述 赤道轮廓圆形, 大小 35×45μm; 赤道环窄, 宽 2.5—4.0μm; 三射线清晰, 简单, 直, 微呈脊状, 几伸达环内缘; 外壁厚度适中, 近极面光滑, 远极区周围有一多边形—圆形的加厚环, 此环与赤道环间由 3—6 条辐射状加厚带相连, 宽 3—4μm, 低平。

比较与讨论 我国甘肃靖远靖远组的标本与产自美国下石炭统上部的 *K. rotatus* 的全模标本 (52—65μm) 大小形态较为相似, 仅远极面增厚脊圈较窄。

产地层位 甘肃靖远, 红土洼组。

六射陆氏孢 *Knoxisporites seniradiatus* Neves, 1961

(图版 34, 图 20; 图版 114, 图 14, 15)

1961 *Knoxisporites seniradiatus* Neves, p. 267, 268, pl. 33, fig. 5.

1983 *Knoxisporites seniradiatus* Neves, 高联达, 500 页, 图版 114, 图 11。

1993 *Knoxisporites seniradiatus* Neves, 朱怀诚, 277 页, 图版 70, 图 10。

描述 赤道轮廓近圆形, 大小 50—112μm; 具赤道环, 宽 2.5—3.5μm; 三射线清晰, 明显, 伸达赤道环内缘, 射线两侧具发达的唇, 单片唇宽 6—7μm; 外壁厚度适中, 远极面对应辐间区各有一辐射状加厚带, 在远极汇合, 呈 "Y" 形, 与射线在远极面的投影夹角约 60°; 镜下呈 6 条 "射线" 状, 表面点—光滑。

比较与讨论 据 Neves 描述, 此种大小 60—105μm, 全模 88μm; 本体轮廓亚圆形, 远极面具三射状加厚条带, 与近极面三射线或呈 60° 角度交叉, 射线具粗壮唇。与 *K. triangularis* Higgs et al., 1988 的主要区别为, 该种远极面有 3 条脊状加厚带且不呈辐射状而呈三角形图案排列, 其三角顶部与环衔接。Playford (1976) 置于 *K. literatus* 名下的部分标本 (pl. 5, fig. 6) 的 3 条加厚带也呈三角形图案排列, 特征与 *K. triangulatus* 一致, 归入后一种似较适合; 而归入同一种中的另一部分标本 (Playford, 1976, pl. 5, figs. 5, 7), 其加厚带的特征则与 *K. seniradiatus* 的特征相同, 改归于该种似较妥。

产地层位 贵州贵阳乌当, 旧司组; 甘肃靖远, 羊虎沟组中段; 新疆和布克赛尔, 黑山头组 5 层。

斯蒂芬陆氏孢 (比较种) *Knoxisporites* cf. *stephanephorus* Love, 1960

(图版 114, 图 2; 图版 115, 图 11)

1960 *Knoxisporites stephanephorus* Love, p. 118, pl. 2, figs. 1, 2.

1961 *Knoxisporites* cf. *stephanephorus* Love in Barss, pl. 26, figs. 13, 14.

1987 *Knoxisporites stephaonephorus*, 高联达, 图版 5, 图 15。

1987a *Knoxisporites* cf. *stephanephorus*, 廖克光, 563 页, 图版 137, 图 5, 10。

1988 *Knoxisporites stephanephorus*, 高联达, 图版 4, 图 7。

1993 *Knoxisporites stephanophorus*，朱怀诚，图版Ⅱ，图 25.

1990 *Knoxisporites* cf. *stephaonepherus*，张桂芸，见何锡麟等，316 页，图版 137，图 5，10。

描述 赤道轮廓亚圆形—圆三角形，大小 28—35μm；三射线清楚，长约 2/3R；远极中部有一宽度大致与赤道环相当的外壁加厚圈，有时在同心圈与环圈之间见到短而厚的相连脊条；远极圈中心尚有一小的圆形加厚；黄棕色。

比较与讨论 当前标本与见于苏格兰上石炭统中部（Westphalian）的 *K. stephanepherus* Love，1960（p. 118，pl. 2，figs. 1，2；40—90μm）形态有些相似，但个体小得多，故定为比较种。

产地层位 山西宁武，太原组、山西组；山西柳林三川河，下石盒子组；内蒙古准格尔旗黑岱沟，太原组；甘肃靖远，靖远组。

三角陆氏孢 *Knoxisporites triangulatus* Zhang，1990

（图版 114，图 11，17）

1990 *Knoxisporites triangulatus* Zhang，张桂芸，见何锡麟等，317 页，图版 5，图 16，17。

描述 赤道轮廓略呈三角形—圆三角形，大小 43—52μm，全模 50. 4μm（图版 114，图 11）；三射线清楚，直，具加厚唇，唇宽 4—5μm，直伸边缘；具赤道环，环宽 4—5μm；远极面具 3 条加厚条带并经赤道伸向近极，在赤道环内缘形成一与赤道环平行的内环，环宽 4—5μm；外壁光滑或具内颗粒状纹饰；棕色。

比较与讨论 当前标本与 *K. stephanephorus* 特征很近似，但在大小和三角形轮廓方面，可与后者区别。

产地层位 内蒙古准格尔旗黑岱沟，山西组。

三射陆氏孢 *Knoxisporites triradiatus* Hoffmeister，Staplin and Malloy，1955

（图版 34，图 6，18；图版 114，图 12，22）

1955 *Knoxisporites triradiatus* Hoffmeister，Staplin and Malloy，p. 391，pl. 37，figs. 11，12.

1982 *Knoxisporites triradiatus*，王蕙，图版 3，图 12。

1986 *Knoxisporites triradiatus*，杜宝安，图版Ⅲ，图 5。

1988 *Knoxisporites triradiatus*，高联达，图版 4，图 12。

1993 *Knoxisporites triradiatus*，朱怀诚，图版 70，图 13。

1999 *Knoxisporites triradiatus*，卢礼昌，64 页，图版 5，图 7，8。

描述 赤道轮廓近圆形，大小 50—92μm；三射线两侧具发达的唇，单片唇宽 2—3μm，延伸至赤道环圈的内沿或近达赤道；外壁远极具 3 条辐射脊，宽 4—5μm，延伸至近极，并在此区变宽，与外壁赤道脊圈融合成厚环，宽 10. 0—15. 6μm，在辐射脊与环圈之间为薄壁区；轮廓线基本平滑；棕色。

比较与讨论 除孢子个体有时小于全模（80μm）和三射线唇较发达外，当前标本与最初描述的 *K. triradiatus* 基本一致；本种与 *K. instarrotulae* 相似，但以三射线具发达的唇及孢子较小而与后者区别。

产地层位 甘肃平凉，山西组；甘肃靖远，臭牛沟组—红土洼组；宁夏横山堡，上石炭统；新疆和布克赛尔，黑山头组 5 层。

球棒孢属 *Cordylosporites* Playford and Satterthwait，1985

模式种 *Cordylosporites sepositus* Playford and Satterthwait，1985；澳大利亚波拿巴湾盆地，下石炭统（Visean）。

属征 辐射对称，三缝小孢子；赤道轮廓圆—凸边亚三角形；三射线简单或具唇；外壁覆以完全至不完全网纹，但典型的网纹在接触区内减弱或缺失；网脊以冠脊状的形态变异突起为特征，常以圆—钝的突起类型呈现，如棒、桩与瘤等，此特征性纹饰在接触区和/或网穴内也可能存在。

比较与讨论 本属以上述特征性纹饰与 *Reticulatisporites* 不同，其冠脊突起在网脊交结处最为显著，并常呈乳头状或蘑菇状凸起。

蘑菇形球棒孢 ***Cordylosporites papillatus*** **(Naumova) Playford and Satterthwait, 1985**

(图版14,图22, 23)

1938 *Aptea papillata* Naumova, p. 27, pl. 3, fig. 2.

1971 *Reticulatisporites papillatus* (Naumova) Playford, p. 31, 32, pl. 10, figs. 11, 12.

1985 *Cordylosporites papillatus* (Naumov) Playford and Satterthwait, p. 145, pl. 6, figs. 8—10.

1988b *Reticulatisporites papillatus*,卢礼昌,见蔡重阳等,1988,图版3,图30,31。

1994 *Reticulatisporites papillatus*,卢礼昌,图版2,图32,33。

1995 *Cordylosporites papillatus*,卢礼昌,图版2,图20。

1996 *Cordylosporites papillatus*,王怿,图版3,图4。

描述 赤道轮廓近圆形—椭圆形,大小50—67μm;三射线仅可辨别,伸达赤道附近;远极面与近极—赤道区具较粗的完全或不甚完全的网状纹饰,网脊光滑,脊宽1.5—2.5μm,网穴不规则多边圆形—长圆形,穴宽5—9μm(长可达12—15μm),网脊交接处具明显的蘑菇状或乳头状突起,顶部钝凸、宽圆或超半圆形,表面光滑至微粗糙,宽4—8μm,茎杆宽1.5—3.0μm,整个突起高2.5—4.0μm;接触区内网脊较弱或其顶部特征明显减弱;赤道外壁厚约2μm,表面光滑。

注释 该标本不如澳大利亚维宪期的 *C. papillatus* (Playford and Satterthwait, 1988, p. 145)的个体大[69(91)152μm],但形态特征颇相似。

产地层位 江苏南京龙潭,五通群擂鼓台组中部;湖南界岭、锡矿山,邵东组。

周壁三缝孢属 ***Perotrilites*** **(Erdtmann, 1945, 1947) ex Couper, 1953**

模式种 *Perotrilites granulatus* Couper, 1953;新西兰,下侏罗统(Liassic)。

属征 单个,不等极三缝孢子;轮廓三角形—球形,被一明显的周壁包裹;孢子本体或周壁光滑或具纹饰。模式种全模大小60μm(不包括周壁)。R. Potonié 增加的描述:三射线略伸达本体赤道,本体外壁尤其远极面具纹饰,如瘤、刺等,周壁膜状,形状不规则。

比较与讨论 长期以来,本属归周壁亚类,作为形态属使用。但 Evans (1970)又修改了本属定义,将周壁解释为宽的赤道膜环,三射线具窄唇,伸达膜环边沿,本体(外壁内层)中厚,外层(即膜环)很薄,本体远极面有不同纹饰,大小63—113μm(Oshurkova, 2003)。

注释 R. Potonié (1956) 将本属名错拼为 *Perotriletes*,影响了许多人。Couper 最早将其拼作 *Perotrilites*。

时代分布 几乎全球,中、晚泥盆世—侏罗纪。

凸起周壁三缝孢? ***Perotrilites ?aculeatus*** **Owens, 1971**

(图版48,图1)

1971 *Perotrilites aculeatus* Owens, p. 65, pl. 20, figs. 4—7.

1987 *Perotrilites aculeatus*,高联达、叶晓荣,419页,图版180,图1。

描述 赤道轮廓圆形或亚圆形,大小43μm;三射线长1/2—2/3R,常裂开;外壁坚厚,远极及赤道发育有似网状褶皱;周壁呈膜状包围本体,宽3—5μm,光滑或有褶皱,在接触区有细颗粒或小瘤粒纹饰。

注释 该种的主要特征是周壁具分散与尖锐的小刺(罕见颗粒);其次为孢子较大(64.5—102.3μm; Playford, 1971, p. 65)。显然,甘肃迭部的标本与上述种的特征相去较远,故对此种的鉴定作了保留。

产地层位 甘肃迭部,当多组。

纤弱周壁三缝孢 ***Perotrilites delicatus*** **Zhu, 1993**

(图版114,图8, 9)

1993 *Perotrilites delicatus* Zhu,朱怀诚,265页,图版65,图22—24,26,27。

1993 *Perotrilites delicatus* Zhu, pl. 4, figs. 21—26.

1995 *Perotrilites delicatus* Zhu, pl. 1, fig. 2.

1996 *Perotrilites delicatus* Zhu,朱怀诚,151 页,图版 3,图 10,14。

描述 周壁孢,本体赤道轮廓圆三角形—圆形,大小 38.0(44.0)47.5μm(测 5 粒);三射线微弱或不明显,简单,细直,近伸达本体赤道;外壁厚 1.0—1.5μm,轮廓线细齿形,表面覆以排列紧密的点—细粒纹饰,粒径≤1μm,基部多分离,间距一般小于或等于 1.5μm;周壁膜状,透明,厚 < 1μm,不明显,表面光滑—细粒状,包裹不紧密,赤道处超出本体 1.0—2.5μm,膜上具网,网孔多角形,孔径 5—10μm,一般 7—10μm,网脊宽 1μm 左右,不超过 1.5μm。

比较与讨论 本种与 *P. perinatus* Hughes and Playford 相似,区别在于后者个体较大,周壁无真正的网饰。

产地层位 甘肃靖远,红土洼组;新疆塔里木盆地,巴楚组。

大型周壁三缝孢 *Perotrilites magnus* Hughes and Playford, 1961

(图版 114,图 21)

1961 *Perotrilites magnus* Hughes and Playford, p. 33, pl. 2, figs. 5, 6.

1993 *Perotrilites magnus* Hughes and Playford,朱怀诚,图版 67,图 2。

描述 赤道轮廓圆三角形—圆形,大小 72.5 × 97.5μm;周壁薄,透明,光滑—内颗粒纹饰,紧包本体;三射线明显,细直,时微开裂,长 2/3R(本体半径),外壁薄,1.0—1.5μm,点—内颗粒纹饰,褶皱数条。

比较与讨论 最初描述的本种大小达 98—156μm,靖远标本个体较小。

产地层位 甘肃靖远,红土洼组。

周壁三瘤孢属 *Peritrirhiospora* Ouyang and Chen, 1987

模式种 *Peritrirhiospora laevigata* Ouyang and Chen, 1987;江苏句容,上泥盆统(Famennian)。

属征 具周壁三缝小孢子,赤道轮廓三角形—圆三角形;三射线清楚、简单或具窄唇,有时开裂,长 2/3—1R;近极三射线之间具 3 个明显凸起的瘤,基部轮廓亚圆形—椭圆形;外壁较厚,表面光滑或呈点穴状,被较薄的半透明周壁包围,周壁光滑,有时部分或全部脱落。模式种大小 62—100μm[据欧阳舒等(1987a)略有修订]。

比较与讨论 本属孢子以具周壁而不同于 *Trirhiospora* Ouyang and Chen (1987);*Leonispora* Cramer and Diez (1975, p. 342)为腔状孢,其三射线(在外壁外层上)伸达外层边沿可以证明这一点,而本属孢子三射线在周壁包裹的孢子本体上,极压标本也从未见射线长度大于本体半径的,可见它们性质完全不同。

光面周壁三瘤孢 *Peritrirhiospora laevigata* Ouyang and Chen, 1987

(图版 66,图 10)

1987a *Peritrirhiospora laevigata* Ouyang and Chen,欧阳舒等,69 页,图版 10,图 8—10。

描述 赤道轮廓三角形,三边微凹或外凸,角部浑圆,大小 54—102μm,全模标本 100μm;本体大小 54—88μm;三射线清楚或可辨,简单或具窄唇,长为孢子本体半径的 2/3 以上,经常伸达角部,直或微弯曲,有时微开裂;三射线之间的顶部区或接触区近中央具 3 个亚圆形—椭圆形的瘤状突起,直径或长轴长 10—19μm;本体外壁厚 2—4μm,表面光滑,并被周壁完全包围;周壁较薄,常半透明,在赤道轮廓上超出本体 2.5—8.5μm,轮廓线波状或平整,周壁上无纹饰,常具方向不定的窄褶皱,有时互相重叠交叉,少数标本上周壁部分或全部脱落,后一种情况下,本体上仍残留射线痕迹;本体一般棕色,周壁黄色[据欧阳舒等(1987a)略有修订]。

比较与讨论 本种孢子以本体外壁和周壁表面皆光滑无饰而区别于 *P. punctata*,同时又以孢子较小,本体外壁光面而区别于 *P. magna*。

产地层位 江苏句容,五通群擂鼓台组下部。

大型周壁三瘤孢 *Peritrirhiospora magna* Ouyang and Chen, 1987

(图版66,图13, 15)

1987a *Peritrirhiospora magna* Ouyang and Chen,欧阳舒等,70页,图版10,图13;图版11,图1—3。

描述 赤道轮廓三角形—圆三角形,三边近平直至强烈凸出,角部宽圆,本体大小109—134μm,全模标本(包括周壁)134μm;三射线清楚,单细或稍开裂,长5/7R至伸达外壁内沿,大致在接触区中部具3个大的瘤状突起,基部轮廓亚圆形—椭圆形,直径12—19μm(或长轴19—36μm);外壁颇厚,厚2.5—5.0μm,大多为4—5μm,表面具颇密鲛点状、细颗粒状或穴状纹饰,粒径≤1μm,穴径1.0—2.5μm;周壁包围整个本体,厚可达1.5—2.5μm,表面光滑,常具较大型条带状褶皱,可全部脱落;本体棕—深棕色,周壁黄色[据欧阳舒等(1987a)略有修改]。

比较与讨论 本种以个体大而区别于属内的其他种。

产地层位 江苏句容,五通群擂鼓台组下部。

穴纹周壁三瘤孢 *Peritrirhiospora punctata* Ouyang and Chen, 1987

(图版66,图3, 4)

1987a *Peritrirhiospora punctata* Ouyang and Chen,欧阳舒等,70页,图版10,图4—7。

描述 孢子本体赤道轮廓三角形,三边微凹、微凸或基本平直,角部宽圆或微锐圆,大小(本体)49—88μm,全模标本78μm(包括周壁),副模标本(本体)80μm;三射线清楚,细直,常微开裂,长在3/4R以上,经常伸达本体角部外壁内沿;三射线顶部区或接触区近顶部具3枚颇大的瘤状突起,基部轮廓亚圆形—椭圆形,基径7—12μm,偶达椭圆形20μm(或长轴有时达12—34μm),一般在同一标本上大小相差不大;外壁厚1—3μm,大多为2.5—3.0μm,偶见在角部微增厚,具典型的明显而致密的穴状结构,穴径0.5—1.0μm,光切面上见穴穿透整个外壁层,呈内棒状,在轮廓线上微凹凸不平;在全模标本上见一周壁层包围整个本体,赤道轮廓超出本体7—12μm,厚度稍薄于本体外壁,光面,在大多数标本上周壁已脱落;黄—深棕色[据欧阳舒等(1987a)略有修改]。

比较与讨论 本种以其本体外壁具明显典型的穴状结构区别于前述 *P. laevigata* 及 *Trirhiospora subracemis*;又以孢子较小区别于同一产地层位的 *Peritrirhiospora magna*。

产地层位 江苏句容,五通群擂鼓台组下部。

周壁三瘤孢(未定种) *Peritrirhiospora* sp.

(图版66,图1, 2)

1997a *Velamisporites* sp.,卢礼昌,图版4,图9。

注释 当前标本的特征表明,与其置于 *Velamisporites* 的范畴,还不如改归 *Peritrirhiospora* 内较适合。仅见1粒,本体大小约20μm。

产地层位 湖南界岭、邵东,邵东组。

网面周壁孢属(新修订) *Peroretisporites* (Lu) Lu emend. nov.

模式种 *Peroretisporites distalis* Lu, 1980;云南沾益,中泥盆统晚期(Givetian)。

修订属征 辐射对称三缝孢,中央体(赤道)轮廓亚三角形—亚圆形,全模标本大小(不含周壁)132μm,中央体完全被既薄又透明的周壁包裹;外壁相当厚实,远极面覆以网状纹饰,近极面无明显纹饰;周壁表面光滑或具细小的纹饰与褶皱。

注释 本属以外壁厚实与网纹限于远极面为特征而有别于其他周壁孢属。

远极网面周壁孢 *Peroretisporites distalis* Lu, 1980

(图版66,图5, 6)

1980b *Peroretisporites distalis* Lu,卢礼昌,22页,图版9,图5—7,插图1。

描述 中央本体赤道轮廓亚三角形—亚圆形,前者常是一角钝尖,两角钝圆,三边鼓出;大小(除周壁外)105—132μm,全模标本132μm;三射线清楚,直,等于或接近于本体半径长,唇发育,宽和高9—16μm;中央本体近极面无纹饰,远极面具网状纹饰,网穴多为四边形、五边形或不规则,穴径较大,一般10—20μm,大者可达30—40μm,网脊较粗,基宽4μm左右,脊背钝尖或不规则,高10—15μm(赤道区略高);本体外壁相当厚实,厚6—10μm,表面光滑,具细内颗粒状—海绵状结构,完全被周壁所包围;周壁明显透明,薄,具细皱纹,表面光滑或局部见少量锥刺,细内颗粒状结构清楚。

注释 本种以其本体外壁相当厚实以及网纹较粗壮、网穴颇大且限于远极面而与其他具周壁孢属分子不同。

产地层位 云南沾益龙华山,海口组。

膜壁孢属 *Velamisporites* Bharadwaj and Venkatachala, 1962

模式种 *Velamisoirites rugosus* Bharadwaj and Venkatachala, 1962;斯匹次卑尔根岛,下石炭统。

属征 三缝孢,具一厚的外壁,整个表面又被一层周壁包裹;轮廓亚圆形;三射线显著;本体外壁近光面,壁厚,被一颗粒状的周壁覆盖,表面褶皱形成皱纹—假网状外观;模式种大小120—160μm。

比较与讨论 本属以其孢子外壁厚实,并被一周壁完全包裹为特征。该特征与*Diaphanospora* Balme and Hassell emend. Evans, 1970颇相似,但后者内层厚度与结构变化明显,常在近极—赤道部位加厚。广义的*Perotrilites*可涵盖*V. rugosus*,但其模式种产自中生代地层,故需建一新属。*Proprisporites*稍呈瓣状,周壁褶皱呈线状。

分布时代 中国、斯匹次卑尔根、英格兰、爱尔兰与澳大利亚;泥盆—石炭纪(尤其早石炭世)。

短辐射膜壁孢 *Velamisporites breviradialis* Geng, 1985

(图版114,图16)

1985a *Velamisporites breviradialis* Geng,耿国仓,212页,图版Ⅰ,图24。

描述 赤道轮廓圆形,大小48—64μm(包括周壁),全模63μm;三射线因周壁覆盖不清楚,长约1/2R;周壁呈薄膜状包裹本体,轮廓线上超出本体部位不宽,具10—16条长短不一且一般颇细的辐射脊,偶尔弯曲;本体外壁薄,表面粗糙或具细皱纹—假网状纹饰。

比较与讨论 本种以本体具细皱纹—假网状纹饰和周壁具细辐射脊区别于本属其他种或*Perotrilites*属的种。

产地层位 陕西吴堡,太原组。

大同膜壁孢 *Velamisporites datongensis* Ouyang and Li, 1980

(图版114,图26, 27)

1980 *Velamisporites datongensis* Ouyang and Li, p. 8, pl. Ⅱ, figs. 1, 2.

描述 赤道轮廓亚圆形,大小98(106)123μm(最小64μm),全模116μm(图版114,图26);三射线清楚或仅可见,或具唇,宽≤2μm,伸至外壁内沿;外壁厚,达4(7)11μm,表面具颗粒或瘤,直径1—6μm,中等密度,或相互连接成长的或亚网状的脊;外壁被一层周壁(?)所包围,周边微凹凸或呈结节状扭曲,从外壁内沿至周边外沿,间距15—25μm;棕黄—黄色。

比较与讨论 本种与描述的下石盒子组的*Verrucosisporites reticuloides* Ouyang, 1964有些相似,但后者个体较大(127—156μm),纹饰较粗大且连接成亚网状图案;此外,归入本种的个别标本[如Ouyang and Li (1980, pl. Ⅱ, fig. 1)]与具环孢子[如*Cincturasporites intestinalis* Hibbert and Lacey (1969, pl. 81, figs. 12, 13)]略相似,但其他特征与上面描述的一致,故归入同种内。

产地层位 山西朔县,本溪组。

锥刺膜壁孢(新联合) *Velamisporites conicus* (Lu) Lu comb. nov.

(图版60,图15, 16)

1980b *Perotriletes conicus* Lu,卢礼昌,22 页,图版9,图1—3。

1988 *Perotriletes conicus*,卢礼昌,177 页,图版12,图6,7。

描述 中央本体赤道轮廓亚圆形,大小67—81μm,全模标本72μm;三射线清楚,简单或微开裂,直,长约为本体的2/3R;外壁厚实,在赤道厚约4. 5μm,近极外壁表面微粗糙或无明显突起纹饰;赤道与远极外壁具稀疏的锥刺状纹饰,基部轮廓近圆形或不规则圆形,基径1. 5—3. 5μm,略大于高,彼此间距通常略小于基宽至大于基宽,但常不超过基宽的2倍;整个本体完全被一周壁所包裹;周壁颇薄,几乎透明,常易破损,偶见细长的褶皱,细内颗粒状,表面具稀散的小刺—锥刺状纹饰,较本体的纹饰略小且稀,周边轮廓线呈不规则的稀、低、钝的齿状突起。

比较与讨论 本种与 *Indotriradites explanatus* (Luber) Playford, 1971 形态特征与纹饰组成颇相似,但 *I. explanatus* 的外壁两层,腔状,且外层延伸形成赤道环,其内沿部相当厚实,而内层厚则不足1μm。

产地层位 云南沾益龙华山、史家坡,海口组。

强皱膜壁孢 *Velamisporites irrugatus* Playford, 1978

(图版68,图12, 13)

1995 *Velamisporites irrugatus*,卢礼昌,图版4,图11。

1999 *Velamisporites irrugatus*,卢礼昌,80 页,图版27,图8。

描述 赤道轮廓宽圆三角形;三射线可见,长约4/5R;内层清楚,厚约1μm,点穴状,无纹饰;外层膜状,透明,多皱,完全包裹内层(内孢体),轮廓不定形;皱脊主要分布在远极面,多弯曲,两端尖,宽2—3μm,长12—22μm,很少相互交结;内层浅棕色,外层浅黄色;大小53—78μm(内孢体)。

产地层位 湖南界岭,邵东组;新疆和布克赛尔,黑山头组4层。

光滑膜壁孢 *Velamisporites laevigatus* (Lu) Lu, 1994

(图版62,图7, 8)

1980b *Perotriletes laevigatus* Lu,卢礼昌,22 页,图版11,图23,24。

1994 *Velamisporites laevigatus* (Lu) Lu,卢礼昌,图版6,图5,6。

注释 因孢壁厚实,并被一周壁完全包裹是 *Velamisporites* 的特征而非 *Perotriletes* 所有,故将原先被卢礼昌(1980)归于 *Perotriletes laevigatus* 名下的标本改归于 *Velamisporites laevigatus*(卢礼昌,1994)名下。孢子大小38—48μm,全模标本45μm;外壁厚约1. 5μm;周壁光滑,透明,多皱。

产地层位 江苏南京龙潭,五通群擂鼓台组上部;云南沾益龙华山,海口组。

周壁膜壁孢 *Velamisporites perinatus* (Hughes and Playford) Playford, 1971

(图版66,图11, 12;图版114,图13, 18)

1961 *Perotriletes perinatus* Hughes and Playford, p. 33, pl. 2, figs. 7—10.

1962 *Perotriletes perinattts* Playford, p. 602, pl. 85, figs. 6, 7.

1963 *Perotriletes perinatus*, Playford, p. 33, pl. X, fig. 5.

1971 *Velamisporites perinatus* Hughes and Playford, Playford, p. 52.

1976 *Velamisporites perinatus*, Playford, p. 47, pl. 11, fig. 7.

1978 *Velamisporites perinatus*, Playford, p. 143, pl. 12, fig. 14.

1987a *Velamisporites perinatus*,欧阳舒、陈永祥,67 页,图版7,图12。

1993 *Perotrilites perinatus* Hughes and Playford,朱怀诚,265 页,图版67,图1, 3。

1999 *Velamisporites perinatus*,卢礼昌,81 页,图版27,图9—11。

描述 赤道轮廓亚圆形,大小67—83μm,三射线单细,长2/3—4/5R;外壁厚2. 5—3. 0μm,表面平滑;周壁薄,厚不足1μm,半透明,表面具极细密而均匀的颗粒纹饰,粒径约0. 5μm,周壁包围整个本体,最宽仅超出其轮廓线3μm,具少量小褶皱;本体棕黄色,周壁浅黄色。

比较与讨论 当前标本与斯匹次卑尔根群岛、加拿大和澳大利亚早石炭世的 *V. perinams* (Hughes and Playford)虽有一些差异,但在孢子大小、外壁较厚和具颗粒状周壁等主要特征上二者是相似的,应当在这个种的变异范围之内。本种与 *V. irrugatus* 较相似,但后者内层较单薄,褶皱较明显;前者几乎遍布全球,后者至今仅见于澳大利亚与中国;前者见于上泥盆统—石炭系,后者见于下石炭统。

产地层位 江苏南京龙潭,五通群擂鼓台组下部;江苏句容,高骊山组;湖南界岭,邵东组;湖南锡矿山,邵东组;甘肃靖远,红土洼组—羊虎沟组;新疆和布克赛尔,黑山头组4层。

美丽膜壁孢 *Velamisporites pulchellus* Ouyang and Chen, 1987

(图版66,图9, 14)

1987a *Velamisporites pulchellus* Ouyang and Chen,欧阳舒等,67页,图版9,图12—18。

描述 非腔状孢子,赤道轮廓圆形—亚圆形,大小51—80μm,全模标本80μm;三射线清楚或可辨,两侧常具唇,总宽一般1.5—2.5μm,偶可达9μm,但并不很厚,长3/4—1R;外壁厚1.0—1.5μm,表面光滑,其外具一层半透明的周壁(厚约为1.0μm),包围整个孢子;周壁具许多宽度较均匀的皱脊(宽常为1—2μm,少数可达3—5μm),常弯曲缠结,构成精致的图案或呈亚网状,在轮廓线上呈不规则波状—曲线形凸起,周壁有时大部分或整个脱落;黄—微棕色(欧阳舒等,1987a, 67页)。

比较与讨论 本种孢子以形状、大小,三射线特别是特征性的周壁结构区别于本属其他种或 *Rugospora* Neves and Owens, 1966 属的种(后一属为腔状孢)。

产地层位 江苏句容,五通群擂鼓台组。

皱壁膜壁孢 *Velamisporites rugosus* Bharadwaj and Venkatachala, 1962

(图版114,图23, 24)

1961 *Velamisporites rugosus* Bharadwaj and Venkatachasla, p. 25, pl. 4, figs. 52—55.

1987a *Velamisporites rugosus*,欧阳舒等,66页,图版11,图6;图版12,图2—4。

2000 *Remysporites*? sp. ,詹家祯,图版2,图20。

描述 本种是 *Velamisporites* 的模式种,特征参见属征;赤道轮廓亚圆形—卵圆形,大小100—112μm,本体80—105μm;三射线一般模糊,单细,长约本体4/5R;本体外壁较厚,光面或微粗糙;周壁薄,厚<1μm,表面具细密、均匀的颗粒纹饰,粒径0.5—1.0μm,具许多大小不等、方向不定的次生褶皱;周壁超出本体轮廓2—22μm;本体常棕色,周壁黄色。新疆的标本(约120μm,长径约80μm)周壁发达,超出本体的部分宽≤20μm,壁厚约1μm,许多中大褶皱,辐射延伸,颗粒纹饰在轮廓线上微显粒凸。

比较与讨论 与北欧下石炭统的 *V. rugosus* 颇为相似,仅后者周壁上的颗粒纹饰可能稍粗而有些差别;与 *Perotrilites magnus* Hughes and Playford, 1961 (p. 33, pl. 2, fig. 15)亦颇相似,但后者周壁光滑—内颗粒状,且紧贴本体。

产地层位 江苏句容,高丽山组;新疆塔里木盆地和田河井区,卡拉沙依组。

离层膜壁孢? *Velamisporites*? *segregus* Ouyang and Chen, 1987

(图版59,图18;图版60,图9)

1987a *Velamisporites*? *segregus* Ouyang and Chen,欧阳舒等,69页,图版12,图6,11。

描述 赤道轮廓亚圆形,大小43—54μm,全模54μm;三射线清楚,长3/4—1R(R指本体半径),或具窄唇,宽2.2—2.5μm,有时简单,开裂;外壁内层(本体)壁较厚(约2.5μm),颜色较深;外层[周壁(?)]厚1.5—2.5μm,表面细鲛点或细密颗粒状,粒径0.5—1.0μm;外层局部离开本体,宽可达4—6μm;本体棕—暗棕色,周壁(?)棕黄色[据欧阳舒等(1987a, 69页)略有修改]。

比较与讨论 当前孢子以其较厚的内层(外壁)区别于 *Geminospora* 属的其他种;以其并不薄的外层[周

壁(?)]和细密纹饰及孢子大小等特征区别于 *Velamisporites*。

产地层位 江苏句容,五通群擂鼓台组下部。

简单膜壁孢 *Velamisporites simplex* Ouyang and Chen, 1987

(图版67,图22;图版168,图10)

1987 *Velamisporites simplex* Ouyang and Chen,欧阳舒、陈永祥,68页,图版13,图23。

描述 赤道轮廓三角形,三边微凸或凹入,角部浑圆,大小85(103.5)124μm(测7粒),全模(图版168,图10)114μm;本体轮廓略同孢子总轮廓,大小73—90μm;三射线清楚,微开裂,长为本体半径的3/4—4/5;本体壁厚2.0—2.5μm,在接触区微增厚,表面光滑或点穴状;本体被一层周壁所包围,周壁厚1—2μm,光面或细点状,常具褶皱,赤道部位与本体距离(即宽)5—16μm;本体棕色,周壁深黄色。

比较与讨论 本种以其大小和简单光滑的周壁等特征区别于属内其他种。

产地层位 江苏句容,五通群擂鼓台组下部。

近奇异膜壁孢 *Velamisporites submirabilis* (Jusheko) Lu, 1994

(图版69,图20)

1963 *Hymenozonotriletes submirabilis* Jusheko in Kedo, p.66, pl.6, figs.135—137.

1988 *Perotriletes submirabilis* (Jusheko) Gao,高联达,231页,图版8,图10。

1994 *Velamisporites submirabilis* (Jusheko) Lu,卢礼昌,175页,图版3,图37。

注释 本种以其外壁不甚厚实,褶皱较多,表面微粗糙—细皱脊状为特征,大小幅度60—88μm(Kedo, 1963, p.66)。

产地层位 江苏南京龙潭,五通群擂鼓台组上部;西藏聂拉木,章东组。

蠕脊膜壁孢(比较种) *Velamisporites* cf. *vermiculatus* Felix and Burbridge, 1967

(图版114,图25;图版115,图23)

1987a *Velamisporites* cf. *vermiculatus* Felix and Burbridge,欧阳舒、陈永祥,66页,图版11,图4,5;图版12,图1。

描述 赤道轮廓亚圆形—卵圆形,大小104—139μm(测3粒),本体轮廓与孢子轮廓大致一致,大小90—109μm;三射线模糊,可能近伸达本体边沿;本体外壁稍厚,厚度难测,表面光滑—微粗糙,周壁较薄,颜色较浅,具细密、均匀的颗粒纹饰,直径0.5—1.0μm,个别标本纹饰似互相连接构成细穴,穴径0.5—1.0μm,偶尔还见个别小瘤,直径达2.0—2.5μm,周壁表面常具许多弯曲的蠕虫状脊,脊宽2.5—4.0μm,最宽可达7.5μm,或多或少相互交织,轮廓线上具波状—小脊状突起;周壁超出本体轮廓8—20μm;本体棕色,周壁黄色。

比较与讨论 当前标本与美国俄克拉何马州下、中石炭统的 *V. vermiculatus* Felix and Burbridge, 1967 (p.380, p1.59, fig.1)略相似,但后者周壁一般光滑,偶具颗粒,故种的鉴定作了保留;与斯匹次卑尔根群岛下石炭统的 *V. rugosus* Bharadwaj and Venkatachala 亦颇相似,但后者周壁为密皱纹状(而非增厚的蠕脊),故有区别(参阅下一种)。英国维宪阶上部的 *Rugospora corporata* var. *verrucosa* Neville, 1968(p.450, p1.3, figs.2, 3)以周壁上脊之间有较多而粗大的(3.5—5.0μm)瘤而与本种有所不同。

产地层位 江苏句容,高丽山组。

瘤面膜壁孢 *Velamisporites verrucosus* Ouyang and Chen, 1987

(图版115,图25,28)

1987a *Velamisporites verrucosus*,欧阳舒、陈永祥,68页,图版14,图19,20。

描述 赤道轮廓亚圆形—圆三角形,大小128—173μm(测7粒),全模标本168μm(图版115,图25);本体轮廓不规则圆形,大小96—117μm;三射线可见,具唇,宽3—4μm,边沿不平整,长约为本体半径的4/5,外壁内层(体)较厚,厚约2.5μm,表面具圆瘤或块瘤状纹饰,颇密,直径2—5μm,偶尔更大,轮廓线略呈波状;外壁外层较薄,具大褶皱,包围整个本体,具很密的顶端较平的块瘤纹饰,瘤呈多边形—亚圆形,直径2—4μm,密集,构成不规则负网状;有些纹饰为粗颗粒,粒径1.0—1.5μm;本体深棕色,周壁棕黄色。

比较与讨论 从表面上看,本种全模标本与英格兰老红砂岩(中泥盆世)中的 *Samarisporites megaformis* Richardson, 1965(p. 582, pl. 92, fig. 6)颇相似,但深入比较则区别很大:后者外壁外层(环)与本体间距大致相等,其块瘤纹饰较粗(6—16μm),末端有时有刺或仅有单独的锥刺,且孢子亦较大(184—254μm),不但不同种,属亦不同。当前孢子以其大小、三射线和特征性的纹饰区别于属内其他种。

产地层位 江苏句容,高骊山组。

邻近膜壁孢 *Velamisporites vincinus* Ouyang and Chen, 1987

(图版69,图22)

1987a *Velamisporites vincinus* Ouyang and Chen,欧阳舒等,68页,图版12,图10。

描述 赤道轮廓亚圆形,全模标本107μm,本体轮廓与周壁(?)轮廓基本一致,大小88μm;三射线清楚,简单,微开裂,长接近伸达本体内沿;本体壁厚和周壁厚各约2.5μm,表面皆光滑,但具大小不等的次生圆形洞穴,在周壁超出本体部分(宽6—9μm)次生穴尤多,互相紧挨;本体棕色,周壁黄昏色。

比较与讨论 本种以其大小、周壁厚度及其与本体的距离和无纹饰而区别于属内其他种。

产地层位 江苏句容,五通群擂鼓台组下部。

西藏膜壁孢(新联合) *Velamisporites xizangensis* (Gao) Lu comb. nov.

(图版48,图2)

1983 *Perotriletes xizangensis* Gao,高联达,210页,图版8,图2。

注释 原图像表明:孢子赤道轮廓宽圆三角形,三射线可见,伸达内孢体边缘;内孢体轮廓与孢子赤道轮廓接近一致,大小约52μm,壁厚约1.5μm,在轮廓线(局部)上呈稀散的颗粒凸起;周壁似具窄脊,且局部连接呈不规则网状。

产地层位 西藏聂拉木,波曲组。

异皱孢属 *Proprisporites* Neves, 1958

模式种 *Proprisporites rugosus* Neves, 1958;英国北斯塔福德郡(N. Staffordshire),上石炭统(Namurian/Westphalian)。

属征 三缝孢,赤道轮廓圆三角形;本体被一薄的光面周壁覆盖,周壁褶成长的褶皱;褶皱之间为宽的空隙面,尤其在远极面;赤道轮廓上褶皱突出,故在轮廓线上呈城垛状或粗齿状;褶皱与赤道平行处宛如囊状。

比较与讨论 本属以周壁褶长且相对定形,部分辐射排列并凸出于轮廓线而与其他具周壁属区别。

大型异皱孢 *Proprisporites giganteus* Zhu, 1993

(图版115,图17,20)

1993 *Proprisporites gigantus* (sic) Zhu,朱怀诚,226页,图版66,图11a,b,12—14。

描述 孢子赤道轮廓圆三角形—亚圆形,角部宽圆;大小95×110—112×142μm(测6粒),全模标本100.0×127.5μm;本体圆三角形,角部宽圆,轮廓线平整,三射线简单,直,常微开裂,长几达本体赤道;外壁厚1.0—1.5μm,光滑或具点状纹饰。本体被一囊状膜所包裹,膜褶成一系列多少平行的脊,远极面具脊5—10条,直或弧状弯曲,宽2—4μm,高一般4.5—5.5μm,在赤道处超出本体最大7—10μm,似环状,脊长可超过孢子直径,多数大于半径长,有时由于保存等原因,脊呈断续延伸,但仍可辨别出为成行平行排列。

比较与讨论 本种以其个体较大的特征与属内其他种区别。

产地层位 甘肃靖远,红土洼组—羊虎沟组下段。

网状异皱孢 *Proprisporites reticulatus* Lu, 1981

(图版 66,图 7, 8)

1981 *Proprisporites reticulatus* Lu,卢礼昌,107 页,图版 6,图 3,4。

描述 赤道轮廓不规则圆三角形—近圆形,大小(周壁除外)56—78μm,全模标本 74μm,三射线在本体上,常开裂,伸达赤道附近;本体外壁薄,厚 1.0—1.5μm,内点状,表面光滑,或多或少具皱纹;周壁较本体外壁稍薄,完全包裹本体,透明,厚度不均匀,厚常小于 1μm,褶皱众多,细长,凸起(高约 1μm)或交织成不规则网状图案,有时在轮廓线上呈"缘"状结构。

比较与讨论 本种以周壁褶皱细长、微凸或交织成不规则网状图案为特征而与属内其他种不同。

产地层位 四川渡口,上泥盆统下部。

辐射异皱孢 *Proprisporites radius* Chen, 1978

(图版 114,图 28)

1978 *Proprisporites radius* Chen,谌建国,406 页,图版 119,图 6。

描述 赤道轮廓圆或扁圆形,因周壁褶皱而形状不规则,并略呈辐射状,大小 54—72μm,全模 70 × 58μm;三射线;中央本体近圆形,大小 58 ×47μm;外壁光滑,具不规则细脊,为膜状周壁所包裹,周壁强烈褶皱,褶皱略呈辐射状散布;浅黄色。

比较与讨论 本种以略呈辐射状排列的周壁褶皱、在轮廓线上突起不明显而与属内其他种区别。

产地层位 湖南湘潭韶山,龙潭组。

韶山异皱孢 *Proprisporites shaoshanensis* Chen, 1978

(图版 114,图 29)

1978 *Proprisporites shaoshanensis* Chen,谌建国,406,407 页,图版 119,图 2。

描述 赤道轮廓圆三角形—圆形,大小 64—70μm,全模 64μm;三射线不明显,细曲,长约 1/2R;中央本体大小 53μm,壁厚 1.5μm,光滑,具不规则细脊条(照片上的亮带);本体为很薄的周壁紧裹,周壁强烈褶皱,于三射线的末端成束地分布,构成孢子局部边缘的城垛状轮廓;棕—黄色。

比较与讨论 本种与 *P. rugosus* Neves 有些相似,但后者本体上有粗粒纹饰,周壁褶皱是长而不规则的,故二者有显著区别。

产地层位 湖南湘潭韶山,龙潭组。

三肩孢属 *Tantillus* Felix and Burbridge, 1967

模式种 *Tantillus triquetrus* Felix and Burbridge, 1967;美国俄克拉何马州(Oklahoma);下、上石炭统之交(Springer Formation)。

属征 辐射对称三缝孢,赤道轮廓三角形,三边凹入,角端变圆—微尖出,模式种大小 16.5—25.0μm;三射线简单,并不总能见到,见时长约 2/3R;外壁不厚,表面光滑—颗粒状,在远极面具三角形增厚,其三边较孢子本体三边更凹入,末端膨大形成肩部,肩宽与孢子角部宽度相等,这一增厚是本属的鉴别特征,在同一标本上三角区可显示出不同变化,如盾状、盘状、T 形等;孢子本体角部超出远极增厚的角端,给人以厚角或耳角的假象。

注释 原属征将三角形增厚解释为"位于远极面;孢子角部的 T 形肩状构造由此 3 个壁状增厚的末端膨胀而形成"。对此,我们感到疑惑:将那种"三角形增厚"区解释为"近极面伴随三射线的唇"是否更合理些? 因为原作者提供的照片上,其中一个标本中的三射线(唇)略穿越 T 形界线,且此所谓的"肩"脊似乎是绕孢子角部的圈状增厚而非仅在远极面增厚。这一解释也较为适合目前我国发现的类似孢子。

比较与讨论 原作者提及,本属与 *Stellisporites* Alpern, Girardwau and Trolard, 1958 有些相似,但后者无

远极增厚或明显的T形结构。此属与中生界的 *Cibotiumspora* 如何区别仍有待研究。

固定三肩孢 *Tantillus perstantus* Gao, 1989

(图版114,图3)

1989 *Tantillus perstantus* Gao,高联达等,9页,图版1,图28。

描述 赤道轮廓三角形,三边微凹入,三角部钝圆,大小28—42μm,全模30μm;三射线细缝状,直,伸至角部增厚内沿或微进入其内;三射线之间具一三角形暗色接触区,其表面具不大的起伏不平的瘤状纹饰;三角部帽状增厚(似厚角)呈深褐色。

比较与讨论 此种与 *T. triquetrus* Felix and Burbridge, 1967 (p. 383, pl. 65, figs. 4, 5) 略相似,但个体较后者大,且T形加厚更靠角端,三角形加厚的三边不凹入,可能在近极面。

产地层位 贵州凯里,梁山组。

三角三肩孢 *Tantillus triangulatus* Du, 1986

(图版114,图4, 5)

1986 *Tantillus triangulatus* Du,杜宝安,289页,图版Ⅰ,图25,26。

描述 赤道轮廓三角形,三边微凹,角端稍锐圆或浑圆,大小26—28μm,全模26μm(图版134,图5); 三射线细直,长约1/2R;垂直于远极面凹边三角形增厚末端的T形脊近平直或弯向中心部;外壁薄,表面光滑;棕—黄色。

比较与讨论 本种与本属模式种 *T. triquetrus* 有些相似,但后者三边深凹并致使孢子几呈三瓣状。

产地层位 甘肃平凉,山西组。

三棱三肩孢(比较种) *Tantillus* cf. *triquetrus* Felix and Burbridge, 1967

(图版114,图6, 7)

1967 *Tantillus triquetrus* Felix and Burbridge, p. 383, pl. 65, figs. 4, 5.

1986 *Tantillus triquetrus* Felix and Burbridge,杜宝安,289页,图版Ⅰ,图24。

1987b *Triolites scabratus* Geng,廖克光,图版22,图12。

1993 *Tantillus triquetrus*,朱怀诚,270页,图版68,图28—30。

描述 赤道轮廓三角形,三边深凹,角部锐圆—近浑圆,大小约22μm;三射线可见,但长度不明;远极面(?)似有亚三角形增厚,其末端有增厚的T形脊或不规则褶脊;外壁薄,光面无纹饰;棕黄色。

比较与讨论 与最初描述的美国石炭系中部的 *T. triquetrus* Felix and Burbridge, 1967 在大小、总体外观上颇为相似,但后者远极面三角形增厚特别清楚,这一点至少在山西标本上不明显,故种的鉴定作了保留。

产地层位 山西平朔矿区,太原组上部—下石盒子组下部;甘肃平凉,山西组;甘肃靖远,红土洼组—羊虎沟组。

星状孢属 *Stellisporites* Alpern, 1958

模式种 *Stellisporites inflatus* Alpern, 1958;法国洛斯灵(Lothringen),上石炭统(Westfal D)。

属征 赤道轮廓凹边三角形,模式种全模大小27μm;三射线单细;耳状体膀胱状,较大,呈膜状。

比较与讨论 耳状体不像 *Triquitrites* 属那样局部增厚成厚角或呈铲状或膜片状,而是膨大颇似气球状,且较 *Triquitrites* 模式种大得多。

粒面星状孢 *Stellisporites granulatus* Liao, 1987

(图版115,图13)

1987b *Stellisporites granulatus* Liao,廖克光,206页,图版22,图8。

描述 赤道轮廓三裂片状，三边中部深凹，角部膨大呈桃形，角端浑圆或微尖，全模大小 20μm；三射线清楚，具颇粗唇，隆起且微弯曲，长约 3/4R；外壁表面具大小约 1μm 的颗粒纹饰，绕周边约 35 枚。

比较与讨论 *S. inflatus* 以角部膨大呈球形且外壁无纹饰与本种区别。

产地层位 山西平朔矿区，山西组。

球角星状孢 *Stellisporites inflatus* Alpern, 1958

（图版 115，图 14，15）

1958 *Stellisporites inflatus* Alpern, p. 78, pl. 1, fig. 14.

1980 *Stellisporites inflatus* Alpern, 欧阳舒、李再平，160 页，图版 2，图 30，31。

1982 *Stellisporites inflatus* Alpern, Ouyang, p. 74, pl. 3, fig. 5.

1986 *Stellisporites inflatus* Alpern, 欧阳舒，60 页，图版 Ⅱ，图 11。

描述 赤道轮廓亚三角形，三边深凹，略呈三瓣状，三瓣端部（角部）钝圆或中央略凸出，几乎膨大成半球形；大小 25—28μm；三射线单细但清楚，窄脊状，长 2/3—4/5R，同一标本上有时不等长，个别一支接近角部；外壁厚 2—3μm，在角部尤清晰，表面光滑；灰棕色。

比较与讨论 本种与法国上石炭统中部（Westphalian D）的一种即本属模式种 *S. inflatus* 颇为相似，后者大小 27μm，但其外壁稍薄。

产地层位 云南宣威，卡以头组。

小星状孢 *Stellisporites parvus* (Ischenko) Du, 1986

（图版 115，图 16）

1956 *Trilobozonotriletes parvus* Ischenko, p. 97, pl. 19, fig. 234.

1986 *Stellisporites parvus* (Ischenko) Du comb. nov.，杜宝安，图版 Ⅰ，图 27。

描述 赤道轮廓三角形，三边深凹，角部浑圆，大小约 23μm；三射线具窄唇，接近伸达赤道；外壁薄，表面微粗糙，在角部膨大，呈小球状；黄色。

比较与讨论 本种由于形态更接近 *Stellisporites* 属，故杜宝安（1986）作了新联合，将本种从原 *Trilobozonotriletes* 属迁入到 *Stellisporites* 属；它与 *S. inflatus* 略相似，但以个体较小、角部膨胀不那么强烈而与后者有别。不过，*Trilobozonotriletes parvus* 最初见于顿涅茨克下石炭统上部，角部膨大不呈典型小球状。

产地层位 甘肃平凉，山西组。

耳角孢属 *Ahrensisporites* Potonié and Kremp, 1954

模式种 *Ahrensisporites guerickei* (Hörst) Potonié and Kremp, 1956；中欧博伊滕（Beuthen），上石炭统中下部（Westfal A）。

属征 三缝同孢子或小孢子，赤道轮廓近三角形，角部由于弓形褶皱而具外壁隆起；弓形褶皱半圆形，向三射线间部靠近，故褶皱弧向赤道展开，赤道轮廓的 3 边构成 3 条弧的弦。

比较与讨论 中、新生代属 *Concavisporites* 三角部亦有类似的弓形褶皱，但不如本属中的那么明显，且三射线末端的外壁隆起或不清楚。

隅角耳角孢 *Ahrensisporites angulatus* (Kosanke) Potonié and Kremp, 1956

（图版 115，图 8，27）

1950 *Triquitrites angulatus* Kosanke, p. 38, pl. 8, fig. 8.

1956 *Ahrensisporites angulatus* (Kosanke) Potonié and Kremp, p. 97.

1984 *Ahrensisporites angulatus* (Kosanke) Potonié and Kremp, 高联达，354 页，图版 138，图 14。

1990 *Ahrensisporites angulatus*，张桂芸，见何锡麟等，319 页，图版 6，图 3。

描述 赤道轮廓三角形，三边微向内凹入或凸出，大小 56—58μm；三射线伸至弓形弧的内缘，常裂开；

间三射线具3条弧形条带,向三角顶部延伸并与三角顶部的条带彼此连接而构成3条弓形弦,厚5—6μm,深褐色;孢壁薄,厚2—3μm,黄褐色,表面覆以细颗粒状纹饰,颗粒排列不规则。

比较与讨论 Kosanke(1950)最初描述此种孢子大小66—75μm,全模71.9μm,弓脊加厚为33—42μm,宽可达8μm,壁厚2.25—3.50μm,无纹饰,三射线具唇,不宽。本种以弓脊加厚带基本不超出孢子角部而与*A. guerickei*区别。

产地层位 山西宁武,本溪组;内蒙古准格尔旗龙王沟,本溪组。

斑点耳角孢 *Ahrensisporites contaminatus* Gao, 1987

(图版115,图24, 26)

1987 *Ahrensisporites contaminatus*,高联达,215页,图版4,图23,24。

描述 赤道轮廓三角形—亚三角形,三边近平,直或微凸出,大小40—60μm;间三射线三边具3条弧形的细弱条带,沿孢子边缘呈波形分布,条带在三角顶部加厚,厚2—4μm,似耳角结构;三射线直伸至耳角内缘;壁厚,深黄色,表面覆以不清晰的斑点结构。

比较与讨论 此种与*A. guerickei* var. *ornatus* Neves, 1958有某些相似之处,但后者具粗壮弓形脊条带而不同。

产地层位 甘肃靖远,红土洼组。

双重耳角孢 *Ahrensisporites duplicatus* Neville, 1973

(图版115,图3)

1973 *Ahrensisporites duplicatus* Neville, in Neves et al., p. 34, pl. 1, figs. 14, 15.

1984 *Ahrensisporites duplicatus* Neville,高联达,355页,图版138,图17。

描述 赤道轮廓三角形,三边向内强烈凹入,形成三片形,大小28—35μm;三射线简单,伸达赤道边缘;间三射线区域具3条厚1—2μm的条带,向三角顶部延伸并与三角顶部的弧形条带连接而形成弓形弦,在三角顶部弓形弦加厚,深褐色;孢壁薄,黄色。

比较与讨论 描述的标本因角部显著加厚与*Triquitrites*属的种有些类似,但由于前者在间三射线区具有弧形的弓形带,因此置于*Ahrensisporites*属更为适宜。

产地层位 山西宁武,太原组。

桧氏耳角孢 *Ahrensisporites guerickei* (Hörst) Potonié and Kremp, 1954

(图版115,图1, 2)

1943 *Triletes* (Zonales) *guerickei* Hörst, Diss., Abb. 58—64.

1955 *Ahrensisporites guerickei* (Hörst) Potonié and Kremp, p. 178, pl. 23, figs. 58, 59, 61—64.

1980 *Ahrensisporites* cf. *guerickei* (Hörst) Potonié and Kremp, Ouyang and Li, pl. 1, figs. 13, 16.

1983 *Ahrensisporites guerickei*,邓茨兰等,图版1,图5。

1984 *Ahrensisporites guerickei*,高联达,355页,图版138,图16,18—20。

1985 *Ahrensisporites guerickei*, Gao, pl. 1, fig. 13.

1987a *Ahrensisporites guerickei*,廖克光,图版136,图3,4。

1987 *Ahrensisporites guerickei*,高联达,图版1,图25, 26。

1989 *Ahrensisporites guerickei*, Zhu, pl. 2, fig. 18.

1990 *Ahrensisporites guerickei*,张桂芸,见何锡麟等,320页,图版6,图4,5。

1993 *Ahrensisporites guerickei*,朱怀诚,266页,图版67,图6—11,13。

1995 *Ahrensisporites guerickei*, Zhu, pl. 1, fig. 20.

1996 *Ahrensisporites guerickei*,朱怀诚,图版46,图12—14。

描述 赤道轮廓三角形,边部直—微凸,角部截状,圆形,有时呈波形,大小32.5(41)50μm(本体)(测14粒);三射线简单,细直,伸达耳脊,耳脊明显,呈不间断脊状或冠状,在角部超出赤道轮廓,脊宽,高5—

8μm,超出赤道部分达15—30μm,脊表面光滑—波形,外壁厚1—2μm,表面光滑或具点—细粒纹饰,有时在脊间有稀疏瘤。

比较与讨论 廖克光(1987a)鉴定的此种两个标本中,仅一个大小为35μm的形态与本种较为接近,勉强可归入此种。我国石炭—二叠纪的此种,形态与Hörst最初描述的图片颇为相似,仅大小有点差别(后者24—50μm)。

产地层位 河北开平,赵各庄组;山西宁武,本溪组;山西保德,太原组;山西朔县,本溪组—太原组;内蒙古鄂托克旗,本溪组;内蒙古准格尔旗,太原组;甘肃靖远,靖远组—红土洼组—羊虎沟组。

桧氏耳角孢具饰变种 *Ahrensisporites guerickei* var. *ornatus* Neves, 1961

(图版115,图7, 12)

1961 *Ahrensisporites guerickei* var. ornatus Neves, p. 263, pl. 32, fig. 11.

1982 *Ahrensisporites* cf. *guerickei* (Hörst) Potonié and Kremp,王蕙,135页,图版3,图17—19。

1984 *Ahrensisporites querickei* var. ornatus Neves,高联达,355页,图版138,图15。

1993 *Ahrensisporites querickei* var. ornatus Neves,朱怀诚,266页,图版67,图14,15。

描述 赤道轮廓三角形,边部直—微凸,角部截状或圆,大小61—91μm;三射线简单,细直,长2/3—3/4R,常微开裂;外壁厚1—2μm,远极面外壁强烈褶皱呈耳状,多少连续,偶在辐间区间断,在角部超出赤道5—12μm,耳脊表面光滑—点状,轮廓线波形,外壁表面饰以点、粒、不规则瘤。

比较与讨论 按Neves的原描述,除耳状增厚(远极面)之外,尚有不规则的圆形纹饰(瘤—粒),大小65—80μm,全模77μm;我国鉴定为此变种的标本纹饰较弱。

产地层位 河北开平煤田,赵各庄组;山西宁武,本溪组;内蒙古清水河煤田,太原组;甘肃靖远,红土洼组—羊虎沟组;宁夏横山堡,上石炭统。

厚角孢属 *Triquitrites* (Wilson and Coe) Potonié and Kremp, 1954

模式种 *Triquitrites arculatus* Wilson and Coe, 1940;美国艾奥瓦州,上石炭统(Westfal D)。

属征 三缝同孢子或小孢子,赤道轮廓多少为三角形,模式种大小40—49μm,全模标本45μm;角部外壁或只微微加厚而色暗[厚角(valves)],或为小而尖或圆的不太大的凸出物,即耳状体;有时厚角之间由薄的赤道环连接起来。

比较与讨论 *Tripartites* (Schemel) Potonié and Kremp, 1954的耳状体多呈膜片状,更宽大,大多明显长于半径,且有可能因膜状性质而起皱边(Krauselung)。

亲缘关系 真蕨类(马通科,里白科)。

叠加厚角孢 *Triquitrites additus* Wilson and Hoffmeister, 1956

(图版115,图21, 22)

1956 *Triquitrites additus* Wilson and Hoffmeister, p. 24, pl. 3, figs. 6—9.

1970 *Triquitrites additus* Wilson and Hoffmeister, Peppers, p. 116, pl. 10, fig. 12.

1980 *Triquitrites additus* Wilson and Hoffmeister, Ouyang and Li, pl. 1, fig. 17.

1984 *Triquitrites shanxiensis*, Gao,高联达,351页,图版138,图1,2。

1984 *Triquitrites additus* Wilson and Hoffmeister,高联达,656页,图版138,图5,6。

1985b *Triquitrites digitus* Geng,耿国仓,352页,图版1,图18, 19。

1987a *Triquitrites additus* Wilson and Hoffmeister,廖克光,图版137,图35, 36。

1993 *Mooreisporites additus* (Wilson and Hoffmeister) Zhu,朱怀诚,269页,图版68,图18。

描述 赤道轮廓三角形,边或多或少凹入或近平直,大小38—42μm;三射线伸达厚角内缘,射线间外壁或微增厚成一三角区;外壁厚约1μm,具内点状结构,在角部不规则增厚,增厚的端部有时呈浅齿状分裂,端部浑圆或具少量棒状突起,直径2—6μm,长4μm;棕黄色。

比较与讨论 按原作者描述,此种孢子大小35—45μm,三射线具唇;主要特征是厚角不太发育,与少量指突或瓣突共生或被其模糊化;外壁除上述指突以外光滑。我国鉴定为此种的标本大多不够典型。高联达(1984)建立的种 *T. shanxiensis* 的副模标本(图版138,图2)大小48μm,其他形态尤其是厚角上少量指突与 *T. additus* 亦接近,故迁入后一种内;同样,耿国仓(1985b)建立的种 *T. digitus* 厚角亦有少量指突,形态介于 *T. additus* Wilson and Hoffmeister, 1956 的图版3中图8,9之间。

产地层位 河北开平,开平组、赵各庄组;山西宁武,本溪组—太原组;山西保德,本溪组;甘肃环县,羊虎沟组;甘肃靖远,红土洼组;宁夏灵武,羊虎沟组。

弓形厚角孢 *Triquitrites arculatus* Wilson and Coe, 1940

(图版115,图6)

1940 *Triquitrites arculatus* Wilson and Coe, p. 185, fig. 8.

1944 *Triquitrites arculatus* Wilson and Coe, Schopf, Wilson and Bentall, p. 47.

1956 *Triquitrites arculatus* Wilson and Coe, Potonié and Kremp, p. 87.

1984 *Triquitrites arculatus* (Wilson and Coe),高联达,408页,图版153,图12。

描述 赤道轮廓三角形,三边凹入,微呈弓形,大小49—50μm;三射线简单,为孢子半径长,常开裂;外壁不厚,但角部增厚,呈耳状,厚3—5μm,宽12—16μm,表面平滑或具细点状结构。

比较与讨论 当前标本虽保存欠佳,但与记载的美国上石炭统(Westfal B—D)的此种孢子颇为相似,故归入同种。Schopf 等(1944, p. 47)称原模式标本近极面和远极面上具中等密度—稀疏的块瘤状斑点(增厚区),可能是过度浸解所致;从 Peppers(1970, p. 117, pl. 11, fig. 1)鉴定的此种的一个比较种(仅较小,22. 8—32. 5μm)来看,确为光面。

产地层位 河北开平煤田,大苗庄组。

弱饰厚角孢 *Triquitrites attenuatus* Ouyang, 1986

(图版115,图9,10)

1986 *Triquitrites attenuatus* Ouyang,欧阳舒,61页,图版Ⅵ,图15,16。

描述 赤道轮廓三角形,三边略对称凹入,角部浑圆或平圆或不规则平截状,大小49—53μm,全模53μm;三射线清楚,窄脊状,宽<1μm,伸达或接近厚角内沿;外壁厚1. 5—3. 0μm,向角部增厚,至厚角部达5—7μm,远极表面微粗糙或细内颗粒状,在轮廓线上无明显表现,近极面尤为光滑;棕—棕黄色。

比较与讨论 *T. tribullatus* (Ibrahim) Potonié and Kremp, 1955 (p. 90, pl. 18, figs. 319—322)三边基本上不凹入且无纹饰;*T. pannus* (Imgrund) Imgrund, 1960 (p. 170, pl. 15, fig. 78)大小62μm,三边仅微凹入,角部相对较尖,厚角显示内网结构;*T. brasonii* Wilson and Hoffmeister, 1956 (p. 24, pl. 3, figs. 1—5)孢子较小(30—42μm),厚角较发育,三边常不凹入或仅两边不对称凹入。当前种形态上与它们不同,与浙江长兴和湖南邵东等地龙潭组的 *T. micrografifer* 则略相似,但以缺乏明显的稀细颗粒而与后者有别。

产地层位 云南富源,宣威组上段。

耳状厚角孢 *Triquitrites auriculaferens* (Loose) Potonié and Kremp, 1956

(图版115,图5)

1932 *Sporonites auriculaferens* Loose in Potonié, Ibrahim and Loose, p. 45, pl. 18, fig. 39.

1934 *Valvisi-sporites auriculaferens*, Loose, p. 152.

1956 *Triquitrites auriculaferens* (Loose), Potonié and Kremp, p. 88, pl. 17, fig. 328.

1993 *Triquitrites auriculaferens* (Loose) Potonié and Kremp,朱怀诚,267页,图版67,图25。

描述 赤道轮廓三角形,边部外凸,角部圆钝,大小36—40μm;三射线清晰,简单,细直或微曲,窄唇不明显,长3/4R;外壁厚1—2μm,轮廓线平整,表面平滑,外壁在角部轻微加厚,致使赤道角部微凸,呈耳状。

比较与讨论 与此种全模(圆三角形)相比,当前标本更倾向于圆形,角部增厚不像全模那样明显凸出于轮廓线。

产地层位 甘肃靖远，红土洼组。

棒饰厚角孢 *Triquitrites bacidus* Gao, 1984

（图版116，图9）

1984 *Triquitrites bacidus* Gao，高联达，409页，图版153，图16。

描述 赤道轮廓三角形，边多少凹入或近平直，角部浑圆，大小45—55μm，全模50μm；三射线长为R，常开裂；外壁厚约2μm，在角部微增厚，厚3—4μm，表面具颇稀疏的以棒瘤为主的纹饰，基宽2.0—2.5μm，高3—5μm，末端钝圆或微尖或近平截，轮廓线上具柱形或小锥状突起。

比较与讨论 本种与 *T. spinosus* Kosanke（1943）有些相似，但后者表面为刺状纹饰，其角部增厚与前者也有所不同。

产地层位 山西宁武，上石盒子组。

美丽厚角孢 *Triquitrites bellus* Wu, 1995

（图版115，图18，19）

1995 *Triquitrites bellus* Wu，吴建庄，342页，图版51，图25，27。

描述 赤道轮廓三角形，三边略凹入，大小55μm（如按作者所注放大倍数，实际似应为76μm）；三射线细直，有时开裂，长约3/4R；三角部具增厚的耳角，宽20—24μm，厚9—13μm，与厚3—5μm的外壁相连；外壁表面粗糙，远极面或具低矮而粗大的平瘤；深棕色。

比较与讨论 本种与 *T. sinensis* Ouyang, 1962 颇相似，但后者外壁表面具明显的块瘤状纹饰。

产地层位 河南项城，上石盒子组。

布氏厚角孢 *Triquitrites bransonii* Wilson and Hoffmeister, 1956

（图版115，图4；图版116，图1）

1956 *Triquitrites bransonii* Wilson and Hoffmeister, p. 24, pl. 3, figs. 1—5.

1982 *Triquitrites bransonii* Wilson and Hoffmeister，王蕙，图版3，图20，21。

1984 *Triquitrites bransonii*，高联达，351页，图版137，图25，26。

1987 *Triquitrites bransonii*，高联达，图版1，图20。

1993 *Triquitrites bransonii*，朱怀诚，267页，图版67，图17，24，29—31。

1996 *Triquitrites bransonii*，朱怀诚，见孔宪桢等，图版46，图20。

描述 赤道轮廓三角形，边部微凸或微凹，角部圆钝；大小34（37.1）42.5μm（测11粒），少数可达55—65μm；角部加厚呈耳状、垫状，不同标本形态变化大，宽10—20μm，高（超出赤道）5—10μm；三射线简单，细直，长几达本体赤道；外壁厚1.0—1.5μm，表面光滑或具细粒纹饰，粒径<1μm。

产地层位 河北开平煤田，赵各庄组；山西左云、宁武，本溪组—太原组；山西保德，本溪组；甘肃靖远，红土洼组—羊虎沟组；宁夏横山堡，上石炭统。

布氏厚角孢（比较种） *Triquitrites* cf. *bransonii* Wilson and Hoffmeister, 1956

（图版116，图14）

1978 *Triquitrites* cf. *bransonii* Wilson and Hoffmeister，谌建国，407页，图版119，图10。

1983 *Triquitrites* cf. *bransonii* Wilson and Hoffmeister，蒋全美等，607页，图版406，图21。

1997 *Triquitrites bransonii* Wilson and Hoffmeister，唐锦秀，图版19，图19。

描述 赤道轮廓三角形，三边凹入颇深，角部常浑圆，大小40—43μm；三射线细直或微开裂，伸达厚角内沿或近角边；外壁颇厚，在角部增厚，宽达8μm，其端部无明显分异；浅黄色。

比较与讨论 与最先描述的 *T. bransonii* Wilson and Hoffmeister, 1956（p. 24, pl. 3, figs. 1—5）略相似，

但后者三边常不凹入或仅两边不对称凹入,故定为比较种;保德标本与本种外形相似,但照片欠清晰。

产地层位 山西保德,太原组;湖南石门青峰,梁山组。

曲丘厚角孢 *Triquitrites clivoflexuosus* Kaiser, 1976

(图版116,图15, 16)

1976 *Triquitrites clivoflexuosus* Kaiser, p. 120, 121, pl. 9, fig. 11.

1984 *Lophotriletes triangulatus* Gao,高联达,333 页,图版134,图32。

1986 *Triquitrites clivoflexuosus* Kaiser,杜宝安, 图版Ⅱ,图24。

描述 赤道轮廓三角形,三边微凹,大小40—45μm,全模40μm;三射线简单,直,近达赤道;外壁不很厚,在远极面、赤道及微成厚角的外壁上具大的块瘤纹饰(每个标本上40—60枚),块瘤宽和高3—5μm,单个或多个(多通过其基部相连)构成弯曲的小丘,近极面仅有个别很平的突起;棕黄色。

比较与讨论 *T. sculptilis* (Balme 1952) Smith and Butterworth, 1967(pl. 12, figs. 10, 15)与本种颇接近,但 *T. sculptilis* 是个有争议的种。Gupta (1969, p. 172, 173, pl. 32, figs. 73, 74) 作了详尽讨论,认为 *T. sculptilis* 是 *T. trigonus* (Ibrahim) Gupta 的同义名。这个种与 *Lophotriletes triangulatus* Gao (高联达,1984, 333 页,图版134,图32)颇为相似,后者的厚角亦微显,区别仅在于后者纹饰更粗壮,似亦可迁入 *Triquitrites* 属,甚至可将两种合并为一种。

产地层位 山西保德,下石盒子组;甘肃平凉,山西组。

锥瘤厚角孢 *Triquitrites conicus* Zhou, 1980

(图版116,图10)

1980 *Triquitrites conicus* Zhou,周和仪,31 页,图版10,图2。

描述 赤道轮廓三角形,三边微凹,角部钝圆—近平截,全模大小43μm;三射线细长,长约3/4R;外壁颇厚,表面具锥瘤—钝刺纹饰,并以锥瘤为主,排列颇密,基宽约3μm,高2—3μm,末端钝或微尖,在角部锥瘤较粗,基部融合成宽4—6μm 的厚角;黄棕色。

比较与讨论 本种以锥瘤—钝刺纹饰区别于属内其他种。

产地层位 山东垦利,上石盒子组。

大同厚角孢 *Triquitrites datongensis* Ouyang and Li, 1980

(图版116,图30)

1980 *Triquitrites datongensis* Ouyang and Li, p. 8, pl. Ⅰ, fig. 14.

描述 赤道轮廓三角形,三边凹入,角部钝截,全模58μm;三射线清楚,长约2/3R;厚角强烈发育,长约14μm,宽26—30μm,延伸至远极5—8μm;外壁厚约3μm,表面光滑;棕黄—暗黄色。

比较与讨论 本种以特征性的厚角和辐间区较厚的外壁与属内其他种区别。*T. tribullatus Ibrahim* 以不甚发育的厚角(角部加厚,仅微膨胀,有时呈两瓣状,外壁厚度未提及; Sullivan and Neves, 1964)与本种不同;*T. triturgidus* (Loose) Schopf, Wilson and Bentall 角部变圆;*T. pulvinatus* Kosanke 个体较小(41—52μm),厚角与辐间区外壁成角度;*T. panus* (Imgrund) 则个体小,厚角短且很薄。

产地层位 山西朔县,本溪组。

华丽厚角孢 *Triquitrites decorus* Gao, 1984

(图版116,图11, 35)

1984 *Triquitrites decorus* Gao,高联达,409 页,图版153,图17,18。

描述 赤道轮廓三角形,三边微凹凸或平直,大小55—60μm,全模约55μm(图版116,图11);三射线直,具窄唇,或开裂,长约3/4R;外壁较薄,表面尤其远极面和近极面角部具大小不一的不规则锥瘤—瘤状纹饰,基宽和高一般 3—4μm,在角部增多,增厚并融合成厚角,其端部呈波状凸出,个别为锥刺状;黄褐色。

比较与讨论 本种与 *T. conicus* Zhou,1980 较为相似,但以孢子较大、三边多不凹入、三射线具唇而与后者有别。

产地层位 山西宁武,上石盒子组。

无边厚角孢 *Triquitrites desperatus* Potonié and Kremp, 1956

(图版 116,图 2, 17)

1956 *Triquitrites desperatus* Potonié and Kremp, p. 89, pl. 17, figs. 323, 324.

1984 *Triquitrites desperatus* Potonié and Kremp,高联达,352 页,图版 138,图 7。

描述 赤道轮廓三角形,三边向内凹入,大小 40—50μm;三射线伸至耳角缘,常裂开;三角部具加厚的耳角,宽 20—24μm,顶部凸起,高 4—8μm,黄褐色;孢壁薄,黄色,表面平滑,有时覆以细点状纹饰。

比较与讨论 当前标本与 *T. desperatus* Potonié and Kremp, 1956 模式种标本(原描述大小 25—35μm)颇为相似,仅以个体稍大、厚角较高而与后者有些差异。

产地层位 山西宁武,本溪组。

盘状厚角孢(比较种) *Triquitrites* cf. *discoideus* Kosanke, 1950

(图版 116,图 13)

1950 *Triquitrites discoideus* Kosanke, p. 39, pl. 8, fig. 3.

1993 *Triquitrites* cf. *discoideus*,朱怀诚,267 页,图版 67,图 20。

描述 赤道轮廓三角形,边部外凸,角部尖;大小 57. 5μm;三射线清晰,简单,细直,长 2/3—3/4R;外壁厚 2. 5—3. 0μm,轮廓线平滑—微齿状(角部除外),角部加厚,其上光滑或具锥瘤,外壁表面饰以稀疏的锥瘤。

比较与讨论 当前标本形态特征与 *T. discoideus* Kosanke, 1950 相似,唯个体略小,不及后者(63. 0—74. 5μm)大。*T.* cf. *pulvinatus* Kosanke, 1950 (Alpern and Streel, 1972, p. 240, p1. 1, fig. 14)与当前标本相似,后者以其瘤饰可区别于前者。*T. crassus* Kosanke (1950, p. 38, p1. 8, fig. 6)以其外壁较厚而与本种区别。

产地层位 甘肃靖远,红土洼组。

微显厚角孢 *Triquitrites dividuus* Wilson and Hoffmeister, 1956

(图版 116,图 3, 18)

1960 *Triquitrites tumulosus* Imgrund, p. 169, pl. 15, fig. 80 (non the holotype).

1970 *Triquitrites dividuus* Wilson and Hoffmeister, Peppers, p. 116, pl. 10, fig. 16.

1986 *Triquitrites kaipingensis* Du,杜宝安,290 页,图版 Ⅱ,图 22。

描述 赤道轮廓三角形,三边微凸或平直,角部宽圆—钝圆,大小 42μm;三射线细直,或具窄唇,末端尖,有时微开裂,长约 3/4R;外壁薄,厚约 1μm,光面,角部微增厚,达 4μm 左右,不超出孢子轮廓线;黄色。

比较与讨论 本种以孢子较小、射线较短尤其角部增厚不发达且基本不超出孢子轮廓线等特征区别于属内其他种。Imgrund (1960)原描述的大小为 58—60μm,指定的全模(pl. 15, fig. 82)似具环及粗壮唇,可能为 *Sinulatisporites* 的变异形式,未归入本种内,故其图版 15 的图 80 被作为选模。

产地层位 河北开平,唐家庄组;甘肃平凉,山西组。

光面齿裂厚角孢 *Triquitrites findentis* Wu, 1995

(图版 116,图 4, 19)

1995 *Triquitrites findens* Wu,吴建庄,342—343 页,图版 52,图 1—7。

描述 赤道轮廓三角形,三边一般深凹,呈三瓣状,角部平截但多开裂,大小 32—39μm,全模 33μm(图版 116,图 19);三射线简单,具窄唇,或微开裂,长 1/2—2/3R,或伸达厚角内沿;外壁薄,表面多光滑,偶尔粗糙—微颗粒状,外壁在角部颇强烈增厚,可达5—10μm,末端多深裂或浅裂;棕黄色。

注释 原用拉丁种名(形容词)*findens*(裂开的)属第三变格法,词干和词尾应有所改变,故这里改为*findentis*;又为便于与下面的齿裂厚角孢区别,译中文种名时,前面加了"光面"二字。

比较与讨论 本种与*T. incisus* Turnau, 1970(亦见Kaiser, 1976)颇为相似,但后者具明显纹饰,可以区别。

产地层位 河南临颖,上石盒子组。

帽状厚角孢 *Triquitrites galeatus* Zhou, 1980

(图版116,图12)

1980 *Triquitrites galeatus* Zhou,周和仪,31页,图版10,图6。

1987 *Triquitrites galeatus* Zhou,周和仪,10页,图版2,图11。

描述 赤道轮廓三角形,三边微凸或平直,全模大小57μm;三射线细直,微裂,伸达厚角内沿;外壁厚约2μm,表面具中等密度的小瘤状纹饰,基宽≤2μm,高≤1.2μm,厚角呈盔状,宽可达14μm,厚约10μm,末端钝圆—近平截或微尖出,无分异;棕黄色。

比较与讨论 本种以轮廓几呈正三角形、纹饰和角部增厚相对较窄小而与属内其他种区别。

产地层位 山东沾化,上石盒子组。

甘肃厚角孢 *Triquitrites gansuensis* Gao, 1987

(图版116,图31)

1987 *Triquitrites gansunensis* Gao,高联达,215页,图版4,图21(原书种名拼写有误)。

描述 极面轮廓三角形,三边平整或微内凹,大小50—70μm,全模62μm,辐间区壁厚,褐色;具厚的耳角结构,厚6—8μm,在辐间区几乎连接;三射线伸达赤道边沿,射线两侧具薄唇;孢子表面覆以不规则的瘤状纹饰,基部不连接,大小6×3μm。

比较与讨论 本种与*T. crassus* Kosanke(1950, p. 38, pl. 8, fig. 6)特征有些相似,但以三边微凹、耳角钝圆而与后者不同。

产地层位 甘肃靖远,红土洼组—羊虎沟组。

贵州厚角孢 *Triquitrites guizhouensis* Hou, 1989

(图版116,图7,8)

1989 *Triquitrites guizhouensis* Hou J. P., in Ji Qiang et al., p. 140, pl. 43, figs. 13—15.

描述 赤道轮廓三角形,大小20—27μm,全模27μm(图版116,图7),三边多少凹入,角部平圆,偶尔近平截或钝尖,常具加厚的耳角,但不凸出轮廓线之外;三射线简单,直,具窄唇,伸达耳角内缘;赤道尤其远极面具少量锥瘤,顶视直径1—5μm,光切面上宽、高1—5μm,轮廓线上包括边角处偶有表现。

比较与讨论 本种以个体小特别是远极面具锥瘤纹饰而与属内其他种不同。

产地层位 贵州代化,打屋坝组底部。

河南厚角孢 *Triquitrites henanensis* Wu, 1995

(图版116,图37,38)

1995 *Triquitrites henanensis* Wu,吴建庄,344页,图版52,图19,20。

描述 赤道轮廓三角形,三边微凹,大小64—67μm,全模67μm(图版116,图37);三射线简单,伸达厚角内沿,常开裂;外壁厚约3μm,表面具颇密的锥瘤—锥刺—块瘤纹饰(据照片判断),基径和高≤3μm,基部间距窄,偶尔相连,末端钝圆或微尖或近平截,轮廓线上有明显反映,在角部较发育;厚角与外壁相连,宽约24μm,厚5—10μm;棕黄色。

比较与讨论　本种与 *T. galeatus* Zhou, 1980 颇相似,但以个体较大、角部宽钝圆以及纹饰较发育且多样而与后者有别;*T. sinensis* Ouyang, 1962 三边凹入较强,厚角较不发育,纹饰以细瘤为主。

产地层位　河南临颖,上石盒子组。

华北厚角孢　*Triquitrites huabeiensis* Wu, 1995

(图版 116,图 20, 21)

1995 *Triquitrites huabeiensis* Wu,吴建庄,342 页,图版 51,图 23,26。

描述　赤道轮廓三角形,三边微凹,角部宽钝圆或不规则平截,大小 50μm;三射线细直或具窄唇,伸达厚角内沿,即约 3/4R;外壁厚约 1. 5μm,表面光滑或微粗糙;厚角宽 21—26μm,厚 6—12μm,角端微凹凸或明显浅齿裂,端顶浑圆;棕色。

比较与讨论　本种与 *T. findentis* Wu, 1955 相似,但以个体较大、三边不深凹、厚角齿裂不深与后者有别;以外壁不具纹饰而与 *T. incisus* Turnau, 1970 区别。

产地层位　河南柘城,上石盒子组。

湖南厚角孢　*Triquitrites hunanensis* Chen, 1978

(图版 116,图 36)

1978 *Triquitrites hunanensis* Chen,谌建国,407 页,图版 119,图 7。

描述　赤道轮廓三角形,三边深凹,略呈三瓣状,大小 65—77μm,全模 77μm;三射线伸至厚角内沿,因纹饰影响而微弯曲,有时微开裂;外壁颇厚(3—5μm),表面具密集块瘤纹饰,形状不甚规则,直径一般 3—5μm,基部相邻或相连,顶端浑圆;外壁在角部增厚成厚角,厚 6—9μm,其宽度较大,端部钝圆或显瘤突;棕色。

比较与讨论　本种以颇粗壮密集的块瘤纹饰、不很厚的厚角区别于属内其他种,但仅以个体稍大、纹饰较粗壮而与 *T. sinensis* Ouyang 相区别。

产地层位　湖南浏阳官渡桥、邵东保和堂,龙潭组。

齿裂厚角孢　*Triquitrites incisus* Turnau, 1970

(图版 116,图 22, 25)

1970 *Triquitrites incisus* Turnau, p. 180, pl. 11, figs. 2, 5.

1987a *Triquitrites incisus*,廖克光,561 页,图版 137,图 33。

1990 *Tripartites* (sic!) *incisus* Turnau,张桂芸,见何锡麟等,319 页,图版 6,图 2。

描述　赤道轮廓三角形,三边内凹,三角顶平截,大小 58—65μm;三射线细直,长,伸达三角加厚带内沿,加厚带弧形,宽 12μm,与三边加厚(宽 4μm)相连接,形成一个圆三角形的本体;弧形加厚带的外缘具不规则的浅裂,呈犬齿状,亦有少数呈长刺状;本体内部表面具细网状纹饰,网穴穴径 1—4μm 不等,呈长条形壕隙状,基宽 1μm,排列不规则;黄棕色。

产地层位　山西宁武,山西组、下石盒子组;内蒙古准格尔旗龙王沟,本溪组。

齿裂厚角孢(比较种)　*Triquitrites* cf. *incisus* Turnau, 1970

(图版 116,图 24)

1970 *Triquitrites incisus* Turnau, p. 180, pl. 11, figs. 2, 5.

1986 *Triquitrites incisus* Turnau,杜宝安,图版Ⅱ,图 16。

1986 *Triquitrites* cf. *incisus* Turnau,杜宝安,图版Ⅱ,图 28。

1995 *Triquitrites* cf. *incisus*,吴建庄,342 页,图版 51,图 24。

2000 *Triquitrites stenogis*, in Zhu Z. H. et al. (eds.), p. 259, pl. 2, fig. 5.

描述　赤道轮廓三角形,三边深凹,呈三瓣状,角部平圆或微凹凸,大小 33—44μm;三射线清楚,具细窄唇,伸达或近达厚角内沿,或开裂;外壁薄,厚约1μm,表面平滑或微粗糙,远极面具不明显纹饰,如细颗粒或低平瘤,轮廓线上(除角部)无显著表现,在角部增厚达3—6μm(不包括向极面延伸部分,常不明显);浅黄—黄色。

比较与讨论 当前标本与 *T. incisus* Turnau 颇为相似,但以角部增厚基本无齿裂而与后者有些差别,故定为比较种。

产地层位 河南临颍,上石盒子组;甘肃平凉,山西组。

界首厚角孢 *Triquitrites jieshouensis* Wu, 1995

(图版116,图27, 34)

1995 *Triquitrites jieshouensis* Wu,吴建庄,343页,图版52,图9。

1995 *Triquitrites bransonii* Wilson and Hoffmeister,吴建庄,344页,图版52,图21,22。

描述 赤道轮廓三角形,三边深凹,几呈三瓣状,全模标本大小54μm;三射线细直,或微开裂,至少伸达角部增厚内沿;外壁厚≤2μm,表面[远极面(?)]具低平、粗细不一的不规则块瘤纹饰,辐间区轮廓线上无明显表现;外壁在角部强烈增厚,其厚(高)常达射线中部至瓣端的1/3左右,端部微不平整;棕褐色。

比较与讨论 本种以孢子个体较大、耳角特别发达而与属内其他种区别。吴建庄(1995)归入 *T. bransonii* 的2个标本更为接近本种,故迁入本种内。

产地层位 安徽太和、河南临颍,上石盒子组。

靖远厚角孢 *Triquitrites jinyuanensis* Gao, 1987

(图版116,图28)

1987 *Triquitrites jinyuanensis*,高联达,214页,图版4,图15。

描述 赤道轮廓三角形,三边平整,大小45—60μm,全模52μm;外壁厚2—3μm,褐色;三射线直达本体边缘;具不规则的耳角,呈半圆形,顶端起伏不平,呈波浪形,深褐色,基径28—32μm,高8—10μm;外壁表面覆以小刺瘤纹饰。

比较与讨论 此种与 *T. tribullatus* (Ibrahim) Schopf, Wilson and Bentall (1944, p. 47)外形有些相似,但后者轮廓呈三瓣形,表面平滑而不同。

产地层位 甘肃靖远,红土洼组。

凯氏厚角孢 *Triquitrites kaiserii* Playford, 2008

(图版116,图23, 29)

1974 *Triquitrites incisus* auct. non Turnau 1970, Kaiser, p. 118, pl. 9, figs. 7—9.

2008 *Triquitrites kaiseri* Playford, p. 20, pl. 3, fig. 15; pl. 14, figs. 1a, b, 2.

描述 赤道轮廓三角形,三边凹或近平直,大小45—55μm;三射线具微增厚且不清楚的唇,直,伸达或近达厚角内缘,末端可有分叉的缝;外壁厚约0.7μm,在三边形成层次清楚的缘,厚约1μm,与厚角相连;厚角平均厚约5μm,在远极和赤道呈裂片状凸出,轮廓线上呈波状—齿状,在孢子中心部位,此突起的基部明显消失(有时呈网穴状),孢子远极面为颗粒状—低矮锥刺状,近极面具平波状纹饰。

比较与讨论 Inosova 等(1971, p. 116—124, pl. 1, fig. 133)从苏联顿涅茨克盆地上石炭统上部获得的 *Mooreisporites* aff. *inusitatus* (Kosanke) Neves, 1961 与 Kaiser(1974, pl. 9, fig. 9)鉴定的种完全一致,当属同种;但 Kosanke (1950, p. 39, pl. 8, fig. 7) 原描述的标本,三射线短,厚角部纹饰稀少修长,有些呈羊角状;Playford 认为 Kaiser 鉴定的 *Triquitrites incisus* 与从波兰上石炭统最初采集的此种是不同的,主要是后者轮廓基本上是三瓣状的,且远极纹饰也不同;所以他为中国和新几内亚二叠系的标本建一种(见上列同义名)。其他近似的种有:*Triquitrites exiquus* Wilson and Kosanke, 1944; *T. tricuspis* (Hörst) Potonié and Kremp, 1955 (p. 175, pl. 21, fig. 34); *Platyptera trilingus* (Hörst) Schulz, 1967。但它们的厚角上纹饰情况不太明了,其远

极面无锥刺,近极面无波状纹饰。

产地层位 山西保德,石盒子群。

光面厚角孢 *Triquitrites laevigatus* Wu, 1995

(图版116,图32, 33)

1995 *Triquitrites laevigatus* Wu,吴建庄,344 页,图版 52,图 17,18。

描述 赤道轮廓三角形,三边内凹,大小 42—45μm(据放大倍数测算,似应为 51—54μm,图版 116,图 32,为全膜);三射线清楚,具颇发达的唇,微高起,宽约 2μm,有时开裂,延伸至厚角内沿;外壁厚 3—5μm,光面,向角部增厚成耳角,但厚度不大,4—7μm,端部钝圆或近平截,局部微凹凸;棕褐色。

比较与讨论 本种以孢子偏大、外壁较厚但角部增厚不很强烈且无明显齿裂、三射线具较发达的唇与类似种如 *T. findentis* Wu 区别。

产地层位 河南临颍,上石盒子组。

平滑厚角孢 *Triquitrites leiolitus* Bharadwaj, 1957

(图版5,图1, 2)

1957 *Triquitrites leiolitus* Bharadwaj, p. 122, pl. 25, fig. 61.

1994 *Triquitrites leiotritus* (sic),卢礼昌,图版 1,图 13,14。

描述 赤道轮廓三角形,三边内凹—微外凸,三角宽圆,大小 44—48μm;三射线开裂明显,且均匀,宽约 4. 0—4. 5μm,末端钝凸,周边尤其顶部外壁加厚(色深)显著,伸达 3/5—2/3R 处;外壁厚≤2μm,表面平滑,三角增厚宽 18—28μm,长 6—10μm,边缘圆滑,无异变;浅棕—棕色。

产地层位 江苏南京龙潭,五通组擂鼓台组下部。

细粒厚角孢 *Triquitrites micrograni fer* Ouyang, 1962

(图版116,图26;图版117,图22)

1962 *Triquitrites microgranifer* Ouyang,欧阳舒,90 页,图版Ⅳ,图 6,7;图版Ⅸ,图 10。

1965 *Triquitrites microgranifer* Ouyang,欧阳舒,图版Ⅳ,图 10。

1978 *Triquitrites microgranifer*,谌建国,407 页,图版 119,图 3,4。

1982 *Triquitrites microgranifer*,蒋全美等,607 页,图版 406,图 17,18。

?1986 *Triquitrites microgranifer*,杜宝安,图版Ⅱ,图 14。

1995 *Triquitrites microgranifer*,吴建庄,343 页,图版 52,图 12。

描述 赤道轮廓三角形,三边凹入,大小 47—60μm,全模 53μm(图版 116,图 26);三射线清楚,细直或微开裂,伸达赤道或厚角外壁内沿;外壁厚约 3μm,在角部增厚达 5μm,端部波状或局部微凹凸,表面具较稀而细的圆颗粒纹饰,偶尔具微刺状颗粒,直径≤1μm,在轮廓线上微显;棕黄—浅黄色。

比较与讨论 本种以厚角较薄、无明显分异尤其外壁具稀颗粒与属内其他种不同。

产地层位 浙江长兴,龙潭组;河南临颍,上石盒子组;湖南邵东保和堂、韶山、浏阳官渡桥,龙潭组。

小厚角孢 *Triquitrites minutus* Alpern, 1958

(图版116,图5, 6)

1958 *Triquitrites minutus* Alpern, p. 77, pl. 1, figs. 9, 10.

1970 *Triquitrites minutus* Alpern, Peppers, p. 116, pl. 10, fig. 14.

1987 *Triquitrites minutus* Wu and Wang,吴建庄、王从凤,187 页,图版 29,图 21,22。

描述 赤道轮廓三角形,三边微凹,角部钝圆或锐圆,大小 12—14μm;三射线细直,有时开裂,长约 3/4R;外壁薄,在角部微增厚,达 2—3μm,表面光面—微粗糙—不明显细颗粒,轮廓线光滑;浅黄—黄色。

比较与讨论 当前标本大小、形态与 *T. minutus* Alpern (1958; 15—25μm) 近似,但以个体更小一点、纹饰也稍不明显而与后者略有差别,鉴于 *T. minutus* Wu and Wang, 1987 与 *T. minutus* Alpern, 1958 重名,且为无效的晚出同名,故在差别不大的情况下,为避免起新种名,将其作为晚出同义名处理。此外,*T. minutus* Venkatachala, Beju and Kar, 1969 亦为当前种名的晚出同名,故也无效。

产地层位 河北武清,山西组。

长椭圆厚角孢 *Triquitrites oblongus* Wang, 1984

(图版 117,图 23)

1982 *Triquitrites oblongus* Wang,王蕙,图版 3,图 22。

1984 *Triquitrites oblongus* Wang,王蕙,99 页,图版 2,图 17。

描述 赤道轮廓呈近六角形,角部轮廓线平直或微弱凸出,三边平直或微凹入,大小 30—54μm,全模 54μm;三射线简单,裂缝状,直伸达孢子内部边缘;外壁薄,小于 1μm,半透明,表面微粗糙;孢子角部具长椭圆形的耳状体,色暗,宽 12—34μm,放射方向长 3—12μm;体黄色。

比较与讨论 当前标本以长椭圆形—矩形的耳状体与属内其他种区别。

产地层位 宁夏横山堡,上石炭统。

装饰厚角孢 *Triquitrites ornatus* Wang, 1984

(图版 117,图 10)

1982 *Triquitrites ornatus* Wang,王蕙,图版 3,图 27。

1984 *Triquitrites ornatus* Wang,王蕙,99 页,图版 2,图 20。

描述 具耳环孢子,本体棕黄色,轮廓近三角形,三边平直,大小 34—51μm,全模 34μm;三射线裂缝状,简单,直达孢子角部;孢壁厚 2.0—2.5μm,细点—细粒纹饰;孢子 3 个角部加厚,深棕色,具辐射褶皱,使耳状体外部轮廓呈小波浪状,大小 6.8—14.0 × 14—20μm。

比较与讨论 当前种以本体具粒纹、耳状体具辐射褶皱且边缘呈小波浪状与属内其他种区别。

产地层位 宁夏横山堡,上石炭统。

尖耳厚角孢 *Triquitrites oxyotus* Wang, 1984

(图版 117,图 5,9)

1982 *Triquitrites oxyotus* Wang,王蕙,图版 3,图 23。

1984 *Triquitrites oxyotus* Wang,王蕙,99 页,图版 2,图 18。

1984 *Triquitrites mitrulatus* Gao,高联达,353 页,图版 138,图 11。

描述 具耳环孢子,本体黄色,凹边三角形,大小 29—48μm,全模 29μm;三射线简单,直达耳状体;外壁薄,小于 1μm,光滑—细点状,角部具尖顶、分叉的小耳状体;棕色。

比较与讨论 当前孢子以个体小、边凹、耳状体呈分叉的尖顶为特征与属内其他种区别。*T. mitrulatus* 大小 38—48μm,全模 41μm,与当前种很相似。由于 *T. oxyotus* 发表在先,故将 *T. mitrulatus* 归入前者。

产地层位 山西宁武,本溪组;宁夏横山堡,上石炭统。

毡状厚角孢 *Triquitrites pannus* (Imgrund) Imgrund, 1960

(图版 117,图 24, 43)

1952 *Valvasisporites pannus* Imgrund, p. 47.

1960 *Triquitrites pannus* (Imgrund) Imgrund, p. 170, pl. 15, fig. 78.

1984 *Triquitrites pannus* (Imgrund) Imgrund,高联达,408 页,图版 153,图 13。

描述 赤道轮廓三角形,三边微凹,全模 62μm(图版 117,图 43);三射线几伸达赤道,线形,无特别分异;外壁可能较厚,厚度不详,表面平滑,微鲛点状,角部具短而薄的厚角,厚角显内网状结构,可能由窄而薄的膜状圈相互连接所致;棕色。

比较与讨论 *T. crassus* Kosanke, 1950 (p. 38, pl. 8, fig. 6)的大小和形态与本种相似,但其以明显的锥瘤纹饰与后者区别。高联达(1984)从开平大苗庄组采集并定为此种的标本大小(60—70μm)、外壁表面结构和射线长度与上述 Imgrund 的描述特征相近,仅角部增厚较宽钝(宽 20—24μm,厚 10—14μm)。

产地层位 河北开平,赵各庄组、大苗庄组。

副船首厚角孢 *Triquitrites paraproratus* Zhou, 1980

(图版 117,图 11, 14)

1980 *Triquitrites paraproratus* Zhou,周和仪,31 页,图版 10,图 5,7—9,11,13。

1982 *Triquitrites paraproratus* Zhou,周和仪,144 页,图版 1,图 14,15。

1995 *Triquitrites paraproratus* Zhou,吴建庄,341 页,图版 51,图 21。

描述 赤道轮廓三角形,三边内凹,大小 25—35μm,全模 35μm(图版 117,图 14);三射线细直,长约 3/4R;外壁厚 1. 5—2. 0μm,在角部呈耳状增厚,达 3—6μm, 其边缘微波状,由于三边内凹且角部增厚较宽,所以两角的间距较小,约为孢子直径的 1/3,表面具细颗粒—小瘤状纹饰。

比较与讨论 本种与 *T. proratus* Balme, 1970 (p. 332, pl. 3, figs. 6—8) 相似,但后者外壁表面平滑,角部增厚边缘波状起伏明显。

产地层位 山东沾化、垦利、河南临颖,上石盒子组。

花瓣厚角孢 *Triquitrites petaloides* Wang, 1984

(图版 117,图 25)

1982 *Triquitrites petaloides* Wang,王蕙,图版 3,图 25,26。

1984 *Triquitrites petaloides* Wang,王蕙,99 页,图版 2,图 19。

描述 具耳环孢子,体黄色,轮廓近三角形,三边直,总轮廓大小 36—52μm,全模 44μm;三射线裂缝状,简单,伸达孢子角部的耳状体;角部耳状体棕色,呈瓣状,自底部向外膨大,高约 10μm,长 20—24μm;外壁薄,小于 1μm,表面具点—细粒状纹饰。

比较与讨论 本种以膨大的花瓣状耳状体与属内其他种区别。

产地层位 宁夏横山堡,上石炭统。

先前厚角孢 *Triquitrites priscus* Kosanke, 1950

(图版 117,图 12, 40)

1950 *Triquitrites priscus* Kosanke, p. 39, pl. 8, fig. 4.

1960 *Triquitrites priscus* Kosanke, Kaiser, p. 118, pl. 8, figs. 11—13.

描述 赤道轮廓三角形,三边凹入,角部浑圆或略呈穹隆状、颇薄但甚高的增厚区仅在轮廓线上微显现;大小 40—45μm;三射线简单,长约 2/3R;外壁厚 1. 5—2. 0μm(赤道),表面具颗粒和锥刺,宽约 0. 5μm,远极面较密而粗壮。

比较与讨论 Kosanke (1950) 最初描述此种时提及的穹隆状增厚或弓形增厚(arcuate thickenings)亦仅在角部微显,但增厚较当前标本(可能与其扫描照片有关)稍明显,其他如大小、形态都颇相近。此种以增厚不明显且大致不超出角部轮廓线而与属内其他种区别。

产地层位 山西保德,太原组—下石盒子组。

伸长厚角孢 *Triquitrites protensus* Kosanke, 1950

(图版 117,图 15, 26)

1950 *Triquitrites protensus* Kosanke, p. 40, pl. 8, fig. 2.

1960 *Triquitrites protensus*, Imgrund, p. 169, pl. 15, fig. 79.

1984 *Triquitrites protensus*,高联达,351 页,图版 137,图 24。

1985 *Triquitrites protensus*, Gao, p. 39, pl. 8, fig. 3.

1993 *Triquitrites protensus*,朱怀诚,267 页,图版 67,图 28。

描述 据 Imgrund (1960)照片所示,赤道轮廓三角形,边多少凹入或近平直,大小 35μm;三射线清楚,或具微高起的唇,微开裂,伸达近角部;外壁厚度不详,但可能不薄,表面平滑或偶具稀疏的锥状突起(尤在角部或近角部),角部似从近极面增厚,角顶部近平截或中部凸出。高联达(1984)描述的标本大小达 40—50μm,厚角高 15—20μm,宽 10—12μm,其他特征与前述的基本一致。

比较与讨论 Kosanke(1950)提到此种孢子最重要的特征是,辐间区边缘具弓脊状增厚,似起源于近极面,宽 10. 5μm,其中 4. 2μm 超出孢子本体,长亦为 10. 5μm,种名"伸长 *protensus*" 即可能指厚角伸出本体的部分,他所说的弓脊状增厚可能就是唇。

产地层位 河北开平,赵各庄组、开平组;山西宁武,本溪组、太原组;山西保德,本溪组;甘肃靖远,红土洼组—羊虎沟组中下段。

规则厚角孢 *Triquitrites regularis* Wu, 1995

(图版 117,图 20, 27)

1995 *Triquitrites regularis* Wu,吴建庄,343 页,图版 52,图 8,10,11。

描述 赤道轮廓三角形,三边浅凹或中等程度凹入,大小 43—53μm,全模 53μm(图版 117,图 27);三射线细直,伸达耳角内沿,常开裂,末端尖;外壁薄,表面近光滑或具细颗粒状纹饰,轮廓线上多无明显表现;耳角中厚,锐尖或钝圆或宽平,端部平整或微凹凸;棕黄色。

比较与讨论 本种与 *T. tribullatus* (Ibrahim) Potonié and Kremp,1955 相似,但以孢子三边皆凹入、三射线无唇、外壁有时微显颗粒与后者不同。

产地层位 河南临颍、柘城,上石盒子组。

网纹厚角孢 *Triquitrites reticulatus* Gao, 1984

(图版 117,图 19, 30)

1984 *Triquitrites reticulatus* Gao,高联达,408 页,图版 153,图 15。

?1987 *Triquitrites reticularis* Wu and Wang,吴建庄、王丛凤,图版 29,图 24,25。

?1995 *Triquitrites reticulatus* Wu,吴建庄,图版 50,图 26。

2000 *Triquitrites irreticulatus* Zheng in Zhu et al., p. 259, pl. 2, fig. 3.

描述 赤道轮廓三角形,三边平或微凹凸,全模 60μm(图版 117,图 30);三射线细直,伸达厚角内沿,有时开裂;外壁不厚,表面具清楚的网状纹饰,网多边形(四—六边形),网脊窄(1. 0—1. 5μm),高≤1μm,网孔大,不均一,大者达 6—10μm,网孔内有细点—细颗粒状纹饰;外壁在角部增厚成小的厚角,宽和高≤10μm,角端微尖或钝圆;黄褐色。

比较与讨论 本种以清楚、粗大的网纹和小的厚角区别于属内其他种,但原仅描述了 1 个标本,变异幅度不明。国内其他作者鉴定的此种孢子(吴建庄,1995)或另定的类似种 *T. reticularis* Wu and Wang(吴建庄、王丛凤,1987)的共同之处是都具网状纹饰和小的厚角,前者三边明显凹入,射线具唇,后者孢子较小(40—60μm),网纹相对不太明显,因产出层位相同,暂将二者有疑问地归入同一种内。Zheng G. G. 建立冀中上石盒子组的 *T. irreticulatus* 时认为,新种与 *T. reticulatus* Gao 的区别是"后者网穴形状和大小不均匀",但原描述就是"不均一",从照片看,确为同种。

产地层位 河北武清、山西宁武、河南项城,上石盒子组。

皱脊厚角孢 *Triquitrites rugulatus* Ouyang, 1986

(图版 117,图 31, 34)

1978 *Triquitrites* sp. 1,谌建国,408 页,图版 119,图 14.

1980 *Triquitrites rugulatus* ex Ouyang, 1979,周和仪,32 页,图版 10,图 12,13,18。

1982 *Triquitrites* sp. B, Ouyang, p. 72, pl. 2, fig. 13.

1982 *Triquitrites rugulatus* Ouyang,蒋全美等,608 页,图版 406,图 14。

1986 *Triquitrites rugulatus*,欧阳舒,61 页,图版Ⅵ,图 17—22。

1987 *Triquitrites rugulatus*,周和仪,图版 2,图 8。

描述 赤道轮廓三角形,三边略凹入,角部近钝圆—微尖—近平截,大小 52(60)67μm,全模 63μm(原图版Ⅵ,图 20);三射线清楚,窄脊状,微弯曲或开裂,伸达或近达厚角内沿;外壁厚 2—3μm,在角部增厚可达 5—7μm,表面(主要在远极面—赤道)具大小、形状不一的锥瘤、瘤或锥刺状纹饰,常相连,呈皱脊状或亚网状,甚至形成颇规则的网纹,基宽约 2μm,脊高 1.0—1.5μm,脊峰尖、钝尖或圆,轮廓线上常呈钝锯齿状,纹饰在角部常较粗壮,形成较粗大的块瘤状网脊,构成小穴、网状或负网状结构;深棕色—棕黄色。

比较与讨论 本种与 *T. sinensis* Ouyang 略相似,但后者纹饰为凸饰或块瘤纹饰,并不连接成皱脊状或亚网状纹饰,可以区别。

产地层位 河南范县,上石盒子组;湖南邵东,龙潭组;云南富源,宣威组下段—上段。

刻饰厚角孢 *Triquitrites sculptilis* (Balme) Smith and Butterworth, 1967

(图版 117,图 1)

1952 *Triquitrites scuptilis* Balme, p. 181, text-fig. 1g.

1967 *Triquitrites sculptilis* (Balme) Smith and Butterworth, p. 204, p1. 12, figs. 10—15.

1993 *Triquitrites sculptilis* (Balme) Smith and Butterworth,朱怀诚,268 页,图版 67,图 27。

描述 赤道轮廓三角形,边部直—微凸,角部圆钝或截钝,大小 33×35μm;三射线简单,细直,长 3/4R;外壁厚约 1μm,赤道轮廓线不规则齿形,角部加厚形态不一,外壁近极面光滑,远极面饰以锥刺、锥瘤,基部多少相连,似网状。

比较与讨论 本种与 *T. spinosus* Kosanke 相似,区别在于后者个体偏大。

产地层位 甘肃靖远,红土洼组。

山东厚角孢 *Triquitrites shandongensis* Zhou, 1980

(图版 117,图 37)

1980 *Triquitrites shandongensis* Zhou,周和仪,32 页,图版 10,图 10。

1987 *Triquitrites shandongensis* Zhou,周和仪,11 页,图版 2,图 15。

描述 赤道轮廓三角形,三边强烈凹入,全模 74μm;三射线简单,微开裂,伸达厚角内沿;外壁厚约 3.2μm,角部增厚可达 10μm,端部不平整,表面具小锥瘤状纹饰,基宽约 3μm,向末端收缩至 1μm,高≤3.7μm,角部增厚处锥瘤较粗,有些相连,呈块瘤状;棕黄色。

比较与讨论 本种纹饰与 *T. sinensis* Ouyang 近似,但以个体较大、三边深凹,纹饰相对较细弱,角部增厚较大而与后者不同。

产地层位 山东沾化,上石盒子组。

山西厚角孢 *Triquitrites shanxiensis* Gao, 1984

(图版 117,图 32, 33)

1984 *Triquitrites shanxiensis* Gao,高联达,351 页,图版 138,图 1,2。

描述 赤道轮廓三角形,三边平整,全模大小 60μm(图版 117,图 33);三射线细而直,伸至耳角内缘;三角部耳角状,有时由瘤组成,顶端具瘤状突起,深褐色;孢壁厚约 2.3μm,黄褐色,表面平滑。

产地层位 山西宁武,本溪组。

相似厚角孢 *Triquitrites similis* Gupta, 1969

(图版117,图41)

1969 *Triquitrites similis* Gupta, p. 174, pl. 32, figs. 77, 78.

1987a *Triquitrites similis* Gupta, 廖克光,561页,图版136,图25。

描述 赤道轮廓三角形,三边颇凹入,大小30μm;三射线单细,伸达厚角内沿或更长些;外壁薄,约1μm,表面具细颗粒纹饰,直径≤0.5μm,在轮廓线上微显;外壁在角部增厚,宽13—17μm,高6—8μm,端部近平截,微显粒状突起;棕黄色。

比较与讨论 当前标本与从波兰上石炭统(Westfal D)及美国相当地层获得的 *T. similis* Gupta 大小、形态颇为相似,仅后者(25—45μm)外壁较光滑至具点穴状纹饰。

产地层位 山西宁武,下石盒子组。

华夏厚角孢 *Triquitrites sinensis* Ouyang, 1962

(图版117,图35,36)

1962 *Triquitrites sinensis* Ouyang,欧阳舒,90页,图版Ⅳ,图8;图版Ⅸ,图13。

1962 *Triquitrites* cf. *exceptus* Potonié and Kremp, 欧阳舒,90页,图版Ⅳ,图12。

1976 *Triquitrites sinensis* Ouyang, Kaiser, p. 118, pl. 9, fig. 10.

1978 *Triquitrites sinensis*,谌建国,408页,图版119,图8,9。

1982 *Triquitrites sinensis*,蒋全美等,608页,图版406,图15,19,22。

1982 *Triquitrites incisus* Turnau,蒋全美等,607页,图版24,图24,25。

1986 *Triquitrites sinensis*,欧阳舒,60页,图版Ⅷ,图2,3。

1987a *Triquitrites sinensis*,廖克光,561页,图版136,图14。

1990 *Triquitrites sinensis*,张桂芸,见何锡麟等,318页,图版Ⅴ,图21。

1995 *Triquitrites sinensis*, 吴建庄,343页,图版52,图13,14。

描述 赤道轮廓三角形,三边略凹入,角部近浑圆或近平截,角端局部浅凹凸;大小45—62μm,全模52μm(图版117,图35);三射线单细,伸达厚角内沿或更长些,或微开裂;外壁厚2—3μm,角部增厚一般5—9μm,表面[主要在远极面和赤道(?)]具中等密度或颇密的粗细不匀的瘤—锥瘤—块瘤纹饰,基宽1—4μm,在角部可达2—5μm,高达1—2μm,纹饰间距1—2μm,在有些标本上因保存差,纹饰变细弱,在轮廓线上表现不太明显,有些标本的轮廓线上突起可达40枚;黄—棕色。

比较与讨论 本种形态与 *T. microgranifer* Ouyang 相似,但以具瘤而非颗粒与后者有别;与 *T. nonqueickii* Hörst, 1955 (Butterwoth et al., 1958, pl. 18, fig. 5) 也略相似,但后者角部加厚加宽,其中有放射状线条;与 *T. brevipulvinatus* Bharadwaj, 1957(p. 122, pl. 25, fig. 64) 亦颇接近,但其远极面无 *T. sinensis* 的特征性锥形纹饰;*T. exceptus* Potonié and Kremp, 1955 (p. 89, pl. 17, fig. 330) 虽亦具瘤状纹饰,但其孢子三边凹入更浅,纹饰较弱,三射线较短,角部增厚较小。

产地层位 山西保德,下石盒子组;山西宁武,石盒子组;内蒙古准格尔旗黑岱沟,本溪组;浙江长兴,龙潭组;河南临颍,上石盒子组;湖南浏阳、邵东、长沙、宁乡,龙潭组;云南富源,宣威组。

刺纹厚角孢 *Triquitrites spinosus* Kosanke, 1943

(图版117,图3)

1943 *Triquitrites spinosus* Kosanke, p. 128, pl. 3, fig. 2.

1950 *Triquitrites spinosus* Kosanke, pl. 8, fig. 5.

1984 *Triquitrites spinosus* Kosanke,高联达,353页,图版138,图10。

1987 *Triquitrites spinosus*,高联达,图版4,图19。

1993 *Triquitrites spinosus*,朱怀诚,图版67,图18,19,22,23。

描述 赤道轮廓三角形,三边微向内凹入或扁平,大小35—51μm;三射线直伸至耳角内缘,弯曲;三角加厚的耳角由刺瘤组成,耳角略宽于三角顶部;孢壁厚,黄褐色,表面覆以不规则且大小不均的刺瘤纹饰,大小刺瘤的高与基部宽相等,大者5—6μm,小者2—3μm。

比较与讨论 按原作者描述,此种孢子呈三角形,大小45—55μm,表面具稀刺瘤纹饰;三射线长约2/3R,具窄唇;孢壁厚1—2μm,角部增厚,角端和赤道边缘具少量瘤刺—锥刺。被我国作者鉴定为此种的标本,与1943年的全模标本相比,仅产自山西宁武太原组(高联达,1984)的较为相似(图版117,图3),其纹饰亦较Kosanke原描述的多。

产地层位 河北开平煤田,赵各庄组;山西宁武,太原组;内蒙古清水河煤田,太原组;甘肃靖远,红土洼组—羊虎沟组中部。

刺纹厚角孢(比较种) *Triquitrites* cf. *spinosus* (Kosanke) Helby, 1966

(图版117,图4)

1943 *Triquitrites spinosus* Kosanke, p. 128, pl. 3, fig. 2.

1950 *Triquitrites spinosus* Kosanke, pl. 8, fig. 5.

1966 *Triquitrites spinosus* Kosanke, Helby, p. 665.

1976 *Triquitrites spinosus* Kosanke, Kaiser, p. 119, pl. 9, fig. 6.

描述 据Kaiser提供的照片,孢子赤道轮廓三角形,三边平或微凹凸,大小约40μm;三射线具唇,几伸达外壁内沿;外壁厚,厚达2—4μm,由于远极面纹饰基部相连,外壁显得更厚,表面尤其远极面—赤道具块瘤—刺状纹饰(个别纹饰为棒瘤),粗大,基部常相连,呈冠状,顶部有时突然延伸出一刺或收缩变窄尖而形成锥刺,有些为独立的刺,高达3μm,在轮廓线上表现明显,向近极面纹饰减弱;因纹饰在角部较粗壮,呈类厚角状,即非典型的厚角;棕色。

比较与讨论 当前标本与*T. spinosus* Kosanke, 1950有些相似,如具冠状瘤—刺,厚角不典型,但以纹饰在远极面更粗厚,有些为独立的刺而与后者有相当大的差别,故定为比较种。Kaiser (1976, p. 119)亦提及,Kosanke (1950)未给描述,仅据照片而归入此种的标本与*T. spinosus* Kosanke,1943全模标本无法比较。我国上石炭统的被鉴定为这个种的标本(40—51μm)亦以定比较种较好。

产地层位 山西保德,山西组。

亚圆厚角孢 *Triquitrites subrotundus* Ouyang and Li, 1980

(图版117,图16, 17)

1980 *Triquitrites subrotundus* Ouyang and Li, p. 9, pl. Ⅰ, fig. 15.

描述 赤道轮廓圆三角形,三边微凸凹,角部浑圆,全模大小50μm(图版117,图16);三射线清楚,微弯曲,具不规则窄唇,延伸至外壁内沿;外壁厚4—5μm,在角部射线末端增厚达8μm长,但不明显伸出轮廓线之外;表面光滑或微粗糙;棕色—暗棕色(角部)或金黄色(中部)。

比较与讨论 本种与*T. ornatus* Dybova and Jachowicz, 1957相似,但后者个体较大(65μm)、外壁较薄;与*T. tumulosus* (Imgrund)的有些标本(Imgrund, 1960, pl. 15, fig. 80)亦可比较,但后者的全模为具环孢,三射线唇更发育,本书已将其归入*Sinulatisporites*属。

产地层位 山西朔县,本溪组。

张驰厚角孢 *Triquitrites tendoris* Hacquebard and Barss, 1957

(图版117,图6, 7)

1957 *Triquitrites tendoris* Hacquebard and Barss, p. 18, pl. 2, figs. 18, 19.

1976 *Triquitrites tendoris* Hacquebard and Barss, Kaiser, p. 119, pl. 8, figs. 14, 15.

1982 *Triquitrites tendoris*,黄信裕,图版1,图25。

1982 *Triquitrites* sp. ,黄信裕,图版1,图21。

1982 *Triquitrites ornatus* Dybova and Jachowicz,黄信裕,图版1,图23。

1993 *Triquitrites tendoris*,朱怀诚,268页,图版67,图26。

描述 赤道轮廓三角形,三边内凹,大小37—45μm;三射线简单或具窄唇,长约2/3R;外壁厚适中,辐间区厚2.5—3.0μm,内界清晰,向角部延伸增厚达3—5μm,色变深或暗;外壁表面微粗糙,角部具细颗粒;棕黄色。

比较与讨论 本种最初的描述为:三边浅凹、角部浑圆,大小45—58μm;三射线具窄唇,深入厚角内,厚角高9.6—12.8μm,连接厚角的类环状增厚带平均宽6.5μm,在接触区内点穴状,其余部位为光面。原描述提及当前种与 *Simozonotriletes* 和 *Tendosporites* 类似,只因厚角弧形加厚明显,才归入 *Triquitrites*。我国归入此种的标本,与之比较,大多数差别甚大;只有定为 *T. ornatus* 的福建标本(图版117,图6)与之较为近似,但其大小不到30μm。

产地层位 山西保德,下石盒子组;甘肃靖远,羊虎沟组;福建长汀陂角,梓山组。

整洁厚角孢 *Triquitrites tersus* Hou and Song, 1995

(图版117,图18)

1995 *Triquitrites tersus* Hou and Song,侯静鹏、宋平,176页,图版21,图14。

描述 赤道轮廓三角形,三边深凹使孢子呈三瓣状,大小38—52μm,全模46μm;三射线直,具窄唇,长1/2—2/3R;外壁厚2—3μm,在角部增厚达6μm,角部近浑圆或平圆,端部因纹饰而略凹凸;外壁表面具颇密的锥瘤—瘤刺纹饰,基宽多2—3μm,高1—2μm,有时角部锥瘤更粗壮;黄棕色。

比较与讨论 本种大小、壁厚及纹饰特征与 *T. sinensis* Ouyang 相似,但以赤道轮廓三瓣状而与后者有别;与 *T. hunanensis* Chen 更为相似,仅以孢子略小、三瓣状轮廓更为典型而与后者区别。

产地层位 浙江长兴,龙潭组。

跳马涧厚角孢 *Triquitrites tiaomajianensis* Jiang, 1982

(图版117,图28,29)

1982 *Triquitrites tiaomaensis* Jiang,蒋全美等,608页,图版406,图26—29。

1995 *Triquitrites tiaomaensis* Jiang,吴建庄,341页,图版50,图30。

描述 赤道轮廓三角形,三边平直或微凹,角部锐圆—近平截—浑圆,大小46—55μm,全模52μm(图版117,图28);三射线清楚,因纹饰而微弯曲,伸达厚角内沿;外壁厚2—3μm,在角部增厚达4—6μm,耳角大多数宽度不大,表面具颇密且形状不规则的块瘤,一般直径2—3μm,有些基部相连而略呈皱脊状;棕黄色。

比较与讨论 本种纹饰与 *T. rugulatus* Ouyang 相近,但以轮廓基本上呈正三角形、角部多较尖锐以及耳角较小而与后者区别。

产地层位 湖南长沙,龙潭组;河南项城、柘城,上石盒子组。

三枕厚角孢 *Triquitrites tribullatus* (Ibrahim) Schopf, Wilson and Bentall, 1944

(图版117,图8,42)

1932 *Sporonites tribullatus* Ibrahim, in Potonié, Ibrahim and Loose, p. 448, pl. 15, fig. 13.

1933 *Laevigati-sporites tribullatus* Ibrahim, p. 20, pl. 2, fig. 13.

1934 *Valvisi-sporites tribulattus* (Ibrahim) Loose, p. 152, pl. 7, fig. 21.

1938 *Azonotriletes tribullatus* (Ibrahim) Luber, in Luber and Waltz, pl. 7, fig. 88

1944 *Triquitrites tribullatus* (Ibrahim) Schopf, Wilson and Bentall, p. 47.

1955 *Triquitrites tribullatus* (Ibrahim) Potonié and Kremp, p. 90, pl. 17, figs. 319—322.

1962 *Triquitrites tribullatus* (Ibrahim) Potonié and Kremp,欧阳舒,89页,图版Ⅳ,图9;图版Ⅸ,图14。

1976 *Triquitrites tribullatus*, Kaiser, p. 120, pl. 9, fig. 1.

1984 *Triquitrites tribullatus*,高联达,352页,图版138,图8。

1987a *Triquitrites tribullatus*,廖克光,561页,图版136,图18。

1993a *Triquitrites tribullatus*,朱怀诚,图版1,图8。

1993b *Triquitrites tribullatus*,朱怀诚,268 页,图版 68,图 1—8。

1995 *Triquitrites tribullatus* Gao,吴建庄,343 页,图版 52,图 15,16。

描述 据 Potonié 和 Kremp(1955)描述,赤道轮廓三角形,大小 40—70μm,全模 62μm;三射线大致伸达耳角;外壁颇厚,表面和轮廓线光滑,但具不清楚的细点状结构,尤其在耳角部;由外壁增厚而形成的耳角仅微肿胀,呈枕垫状(故 Ibrahim 起种名 *tribullatus*),耳角近中部或微显凹;棕色。我国记载的此种标本,大小 39—60μm,其他主要特征与上述特征基本一致,仅角部增厚或略有不同。

比较与讨论 由于除全模外,Potonié 和 Kremp(1955)在此种内还纳入了别的标本,形态(如边微凹,耳角有时凸出于边外)不太一致,加之总体上形态简单(三角形,光面,厚角不太发育),所以此种被广泛用于晚古生代不同时代。

产地层位 山西宁武,本溪组、太原组;山西柳林,太原组;山西保德,本溪组、上石盒子组;浙江长兴,龙潭组;河南临颖,上石盒子组;甘肃靖远,羊虎沟组。

三胀厚角孢 *Triquitrites triturgidus* (Loose) Schopf, Wilson and Bentall, 1944

(图版 117,图 13, 39)

1932 *Sporonites triturgidus* Loose in Potonié, Ibrahim and Loose, p. 449, pl. 17, fig. 325.

1934 *Valvisisporites triturgidus* (Loose) Loose, p. 151.

1944 *Triquitrites triturgidus* (Loose) Schopf, Wilson and Bentall, p. 47.

1956 *Triquitrites triturgidus* (Loose) Potonié and Kremp, p. 91, pl. 17, fig. 325.

1984 *Triquitrites triturgidus*,高联达,353 页,图版 138,图 9。

1987a *Triquitrites triturgidus*,廖克光,561 页,图版 136,图 24。

描述 赤道轮廓三角形,三边略凹入,角部钝圆或微尖,大小 42—46μm;外壁薄,表面具中等密度颗粒或细瘤纹饰,或近平滑,在轮廓线上微显;三射线简单,细直,或微开裂,伸达角部增厚基部或进入其内部;外壁厚 2—3μm,在角部强烈增厚,占每瓣长的 1/2 左右;深棕—黄色。

产地层位 山西宁武,本溪组—山西组。

三瓣厚角孢(比较种) *Triquitrites* cf. *trivalvis* (Waltz) Potonié and Kremp, 1956

(图版 117,图 21)

1938 *Zonotriletes trivalvis* Waltz in Luber and Waltz, p. 18, pl. 4, fig. 41.

1993 *Triquitrites* cf. *trivalvis* (Waltz) Potonié and Kremp,朱怀诚,269 页,图版 68,图 20。

描述 赤道轮廓三角形,边部微凹—微凸,大小 45 × 50μm,本体 40μm;三射线简单,细直,长几达本体赤道;外壁厚 1. 0—1. 5μm,角部加厚明显,宽 10—13μm,高(超出本体赤道)10—14μm,外侧轮廓线齿形,侧向微膨大,外壁表面光滑。

比较与讨论 当前标本与 *T. trivalvis* (Waltz) Potonié and Kremp, 1956 (Luber and Waltz, 1938, p1. 4, fig. 41; Potonié and Kremp, 1956, p. 88)相似,差别在于前者外壁略薄,角部加厚侧向膨大亦不及后者明显。

产地层位 甘肃靖远,羊虎沟组。

变异厚角孢 *Triquitrites variabilis* Gao, 1984

(图版 118,图 24)

1984 *Triquitrites variabilis* Gao,高联达,351 页,图版 138,图 3。

描述 赤道轮廓三角形,三边凹入或平直,大小 38—45μm,全模 40μm;三射线细,直伸至耳角的内缘,常裂开;角部具乳瘤状耳角,瘤高 6—8μm,末端多圆形,每个角处 2—4 枚,在轮廓线边缘也有个别瘤或锥刺,但不如角部粗壮;孢壁厚 3—4μm,表面平滑;黄褐色。

比较与讨论 描述的标本与 *T. sculptilis* Balme (1952)在纹饰特征上有些相似,但在孢子轮廓和耳角加厚方面不同。

产地层位 山西宁武,本溪组。

具瘤厚角孢 *Triquitrites verrucosus* Alpern, 1958

(图版117,图2, 38)

1958 *Triquitrites verrucosus* Alpern, p. 77, pl. 1, fig. 6.

1986 *Triquitrites verrucosus* Alpern,杜宝安,图版Ⅱ,图17,18。

1987 *Triquitrites verrucosus* Alpern,廖克光,561页,图版136,图26。

描述 赤道轮廓三角形,三边微凹,角部钝圆或微尖,大小32—40μm;外壁不厚,小于2μm,但在角部略增厚,或因瘤在角部较密集、基部相连而呈厚角状,最厚约5μm;三射线明显,直,微开裂,伸达外壁内沿,有时似具唇,其边缘不平整;外壁表面具中等大小瘤状纹饰,在远极面稍密,基部直径多2—3μm,不高,轮廓线上具角部微波状起伏;棕—黄色。

比较与讨论 Alpern (1958) 最初从法国上石炭统(Stephanian中部)获得的此种,大小35—50μm,全模46μm;山西组孢子与之相比,颇为相似,仅纹饰较多且在角部更粗壮。

产地层位 山西宁武,上石盒子组;甘肃平凉,山西组。

连垣厚角孢 *Triquitrites vesiculatus* Du, 1986

(图版118,图1, 2)

1986 *Triquitrites vesiculatus* Du,杜宝安,290页,图版Ⅱ,图20。

1986 *Triquitrites* cf. *vesiculatus* Du,杜宝安,290页,图版Ⅱ,图21。

描述 赤道轮廓三角形,三边基本平直,大小30—38μm,全模35μm(图版118,图1);三射线细直,伸达角部,具弓缘增厚或否;远极面具瘤,不规则,略拉长,宽2—3μm;角部瘤近球形,相邻,轮廓波状,或无分异的瘤而有薄的耳角,高约4μm,有时同一标本上1—2个角部几不增厚;赤道部外壁不厚,但亦偶显小瘤或微增厚,连向厚角基部;棕—黄色。

比较与讨论 本种与 *T. verrucosus* 相近,但以角部增厚与边部相连,且边部偶有瘤状突起而与之有别。

产地层位 甘肃平凉,山西组。

周口厚角孢 *Triquitrites zhoukouensis* Wu, 1995

(图版118,图30)

1995 *Triquitrites zhoukouensis* Wu,吴建庄,342页,图版50,图27。

描述 赤道轮廓三角形,三边深凹,角部钝圆,全模47μm;三射线直,简单或微裂,伸达厚角内缘;外壁厚约2μm,表面具大小不等的锥瘤纹饰,基部相邻或相连,基宽多大于高,一般直径2—5μm,末端微尖,在轮廓线上略有表现,角部增厚由多圆凸的瘤组成,瘤之间凹入;棕褐色。

比较与讨论 本种与 *T. spinosus* Kosanke, 1943(高联达,1984)略相似,但后者三边内凹不明显,增厚的耳角不发育。

产地层位 河南项城,上石盒子组。

长汀孢属 *Changtingispora* Huang, 1982

模式种 *Changtingispora simplex* Huang, 1982;福建长汀,下石炭统上部(Visean—Namurian A)。

属征 极面轮廓三角形;三射线清楚,长1/2—2/3R,有明显的缝或开裂;三角形两边的外壁较薄,明显内凹;另一边(可能包括远极面)强烈加厚,向外凸出;角部钝圆或呈截形,角部加厚,其中两个加厚角与加厚边连成一体;外壁光滑、粗糙或具颗粒、钝刺等纹饰;模式种大小30—35μm。

比较与讨论 本属与 *Triquitrites*, *Simozonotriletes* 和 *Murospora* 多少相似,但以外壁一边包括远极面强烈加厚而与它们区别。

简单长汀孢 *Changtingispora simplex* Huang, 1982

（图版118,图3, 4）

1982 *Changtingispora simplex* Huang,黄信裕,157页,图版Ⅱ,图1,2。

描述 一般特征见属征。孢子大小30—35μm,全模35μm(图版118,图3);强烈加厚的一边宽10—12μm,即约占孢子直径的1/3;外壁光滑或微粗糙,加厚区呈黑色,其余部分呈褐黄色。

产地层位 福建长汀,梓山组。

美丽长汀孢 *Changtingispora pulchra* Huang, 1982

（图版118,图5, 6）

1982 *Changtingispora pulchra* Huang,黄信裕,158页,图版Ⅱ,图3,4。

1989 *Changtingispora pulchra* Huang, Zhu H. C. , pl. 3, fig. 16。

描述 一般特征见属征。孢子大小27—33μm,全模27μm(图版118,图6);三角形的两边较薄,厚约3.5μm,另一边强烈加厚,宽7—10μm,向外凸出;外壁加厚部分具细钝刺,其余外壁粗糙或具细颗粒纹饰。

比较与讨论 当前种与*C. simplex*相似,但以具颗粒—细钝刺纹饰与后者区别。

产地层位 福建长汀,梓山组;甘肃靖远,靖远组。

叉角孢属 *Mooreisporites* Neves, 1958

模式种 *Mooreisporites fustis* Neves, 1958;英格兰,上石炭统(Namurian/Westphalian)。

属征 三缝同孢子或小孢子,轮廓三角形;角部具棒瘤或钝锥状突起,这些成分常在基部融合成垫状脊,位于赤道或附近,一般朝向远极面;在赤道位置这些垫状脊给人以角部外壁增厚的假象;较小的棒瘤或锥瘤不规则分布于近极面和远极面;模式种孢子大小60—90μm。

比较与讨论 *Triquitrites*以其角部显著增厚(厚角)与本属区别。

分布时代 欧美区、华夏区,土耳其;石炭纪。

棒饰叉角孢 *Mooreispoorites fustis* Neves, 1958

（图版118,图38, 44）

1958 *Mooreisporites fustis* Neves, p. 7, pl. 1, figs. 1, 2; text-fig. 2.

1988 *Mooreisporites fustis* Neves,高联达,图版Ⅱ,图4,5。

1988 *Mooreisporites inusitatus* (Kosanke) Neves,高联达,图版Ⅱ,图3,7。

描述 据Neves(1958)描述,孢子大小60—90μm;三射线长为1/2R;角部饰以颇发育的棒瘤,类似纹饰亦见于外壁其余部位。同义名表中所列的2种靖远标本,大小60—80μm,二者纹饰特征相近,仅个别标本三边有两边稍凹入,它们与模式标本颇为相似,故一并归入*M. fustis*;*M.* (al. *Triquitrites*) *inusitatus* (Kosanke 1950) Neves 1958,按Kosanke原描述和图片,除角部棒突稀少但明显外,其余外壁呈颗粒状,至少无明显而众多的棒状纹饰。

产地层位 甘肃靖远,臭牛沟组。

明亮叉角孢 *Mooreisporites lucidus* (Artüz) Felix and Burbridge, 1967

（图版118,图25, 31）

1957 *Tripartites lucidus* Artüz, p. 249, pl. 4, fig. 29.

1958 *Tripartites lucidus* Artüz, p. 243, pl. 7, fig. 42.

1967 *Mooreisporites lucidus* (Artüz) Felix and Burbridge, p. 369, pl. 56, fig. 1.

1988 *Mooreisporites lucidus*,高联达,图版Ⅱ,图2。

1993 *Mooreisporites lucidus*,朱怀诚,270页,图版68,图11a,b。

描述 赤道轮廓三角形,边部内凹,本体圆三角形,边部近直,角部圆钝,大小50×55μm;三射线清晰,简单，细直，几伸达本体赤道；外壁在角部加厚并延伸，呈鹿角状，其角状突起横截面多少呈椭圆形，超出本体角部最长达12.5μm，宽达20μm，外壁厚1.0—1.5μm，具点状结构或光滑。

比较与讨论 本种与美国下石炭统—上石炭统之交的 *M. lucidus* 大小（约 65μm ）形态相似，仅后者孢子角部棒状纹饰基部融合成的所谓厚垫（pads）较粗壮（10 × 20—15 × 30μm，其上的棒状纹饰亦较显著。

产地层位 甘肃靖远，臭牛沟组—红土洼组。

三盔叉角孢 *Mooreisporites trigallerus* Neves, 1961

（图版118，图32）

1961 *Mooreisporites trigallerus* Neves, p. 256, pl. 31, fig. 5.

1987 *Mooreisporites trigallerus* Neves，高联达，图版4，图13。

描述 赤道轮廓三角形，大小55—80μm，全模77μm；三射线短，长1/2R；孢子本体角部，多在基部具相互融合的棒瘤状纹饰，其余外壁饰以细而稀疏的锥刺，高8—10μm。

比较与讨论 甘肃靖远标本与全模标本相比，形态大体相似，角部纹饰也相似，至于外壁上是否有小锥刺，从照片上看不清楚。

产地层位 甘肃靖远，靖远组下段。

三瓣孢属 *Trilobosporites*（Pant, 1954）ex R. Potonié, 1956

模式种 *Trilobosporites*（al. *Concavisporites*）*hannonicus*（Delcourt and Sprumont, 1955）R. Potonié, 1956；比利时埃诺（Hainaut），下白垩统（Wealden）。

属征 赤道轮廓三角形，三边凹入，模式种全模大小50μm；三射线在全模标本上长约2/3R；外壁细网状或瘤状，赤道角部圆，增厚，即具厚角；模式种上的所谓弓形带，或只不过是由射线的开裂而产生的。

比较与讨论 本属与古生界的 *Triquitrites* 很相似，仅后一属角部加厚较凸出，或可将其时代分布作为区分这两属的主要依据。

原始三瓣孢 *Trilobosporites primitivus* Ouyang, 1986

（图版118，图11）

1986 *Trilobosporites primitivus* Ouyang，欧阳舒，51页，图版Ⅴ，图12。

描述 赤道轮廓三角形，三边微凹入，全模大小40μm；三射线可见，伸达角部，大部分规则对称开裂，呈亚三角形；外壁厚约1.5μm，表面具锥瘤、锥刺或短棒纹饰，在近极和辐间区以锥刺为主，很细密，基宽可达0.5μm，高<0.5μm，在角部纹饰较发育，以锥瘤或锥刺为主，基宽可达2.5μm，高约2μm，夹以少数棒瘤，基部常密挤或相连，故呈伪厚角状；棕黄色。

比较与讨论 本种与本书描述的 *Neoraistrickia* 的几种可能相关，但因纹饰细弱，而较粗者集中于角部，归入该属是不妥的；同样，标准的 *Trilobosporites* 角部不明显增厚，具瘤状或细网状纹饰，将本种归入该属亦颇勉强。

产地层位 云南富源，宣威组上段。

三片孢属 *Tripartites*（Schemel, 1950）Potonié and Kremp, 1954

模式种 *Tripartites vetustus* Schemel, 1950；美国达吉特州（Dagget），下石炭统。

属征 三缝同孢子或小孢子，赤道轮廓近三角形；外壁三角部较 *Triquitrites* 属更加扩大，形成很大的、膜片形或铲形的耳状体，故赤道轮廓三瓣状或三叶状；有时耳状体辐射褶皱（因系膜状性质），在这种情况下，耳状体较短，但却更宽些，正常的膜片状或铲状的耳状体可被一窄的赤道环连接起来。

比较与讨论 *Triquitrites* 中的耳状体大多呈枕垫状,无铲形的或膜片状的,也无皱边。Sullivan 和 Neves (1964, p. 1088) 对 *Triquitrites* 及其相关属作了比较研究,认为 *Tripartites* 属全模标本的远极具褶[内、外层脱离所致(?)],且与角部辐射状远极外壁褶皱相连,可作为本属的重要特征。

亲缘关系 真蕨类(马通科,里白科)。

金色三片孢 *Tripartites aucrosus* Hou and Song, 1995

(图版 118,图 7, 8)

1995 *Tripartites aucrosus* Hou and Song,侯静鹏、宋平,176 页,图版 21,图 22,23。

描述 赤道轮廓三角形,三边较短,稍凹入,大小 30—36μm(测 4 粒),全模 34μm(图版 118,图 7);三射线清楚,直,顶端微升高,两侧具唇,总宽 2—4μm,延伸至角部内缘;角部较宽,呈平浑圆形或平屋顶状,角部微增厚,与角端相距 4—6μm,向两侧延伸,微呈耳状;外壁不厚,表面具不规则的细颗粒和稀锥刺纹饰,刺基宽 2—3μm,高约 4μm,在角部增厚的内侧附近具较密集或稍粗大的锥瘤一刺;金黄色。

比较与讨论 本种以角部宽而矮、厚角内缘纹饰较密集等特征而与 *Tripartites* 或 *Triquitrites* 属内其他种不同。

产地层位 浙江长兴煤山,龙潭组。

美丽三片孢 *Tripartites bellus* Hou and Song, 1995

(图版 118,图 9)

1995 *Tripartites bellus* Hou and Song,侯静鹏、宋平,176 页,图版 21,图 18。

描述 赤道轮廓三角形,三边深凹,呈三裂片状,裂片略呈扇形,全模大小 32μm;三射线具粗壮唇,顶部最宽处约 6μm,向末端稍变窄,长达或接近厚角内缘;体壁较薄,具细内颗粒结构;角部具增厚的耳环,其宽(厚)可达 4—8μm,向两侧渐收缩而变窄;厚角因增厚程度不同而呈块瘤—锥瘤状,基宽可达 6μm,高可达 8μm,故角端或呈波状;棕—黄色。

比较与讨论 本种以较深的裂片、粗壮的唇和角部外壁增厚不均匀而与属内其他种不同。

产地层位 浙江长兴煤山,龙潭组。

皇冠状三片孢 *Tripartites coronatus* Zhou, 1980

(图版 118,图 10)

1980 *Tripartites coronatus* Zhou,周和仪,33 页,图版 10,图 24。

描述 赤道轮廓三角形,三边深凹,角部钝,呈略为菱形的三瓣状或三叶状,全模大小 34μm;三射线简单,长达孢子角部内缘;外壁厚约 1.2μm,表面具小锥瘤状纹饰,基宽 <2μm,高约 2μm,在角部,外壁扩大成皇冠状膜片,高 × 宽为 10×22μm;棕—黄色。

比较与讨论 本种角部大半呈较发达的三膜片状(而非加厚)或三叶状,故不归入 *Triquitrites*,且以外壁具小锥瘤纹饰而区别于属内其他种。

产地层位 河南范县,石盒子群。

冠状三片孢小型变种 *Tripartites cristatus* Dybova and Jachowicz var. *minor* Ouyang, 1986

(图版 118,图 15;图版 119,图 19)

1978 *Tripartites cristatus* Dybova and Jachowicz,谌建国,408 页,图版 119,图 11。

1982 *Tripartites cristatus*, Ouyang, p. 70, pl. 1, fig. 24.

1982 *Tripartites cristatus*,蒋全美等,608 页,图版 406,图 1—11。

1984 *Tripartites orientalis* Gao,高联达,409 页,图版 153,图 19。

1986 *Tripartites cristatus* var. *minor* Ouyang,欧阳舒,62 页,图版Ⅶ,图 8—11,13。

1995 *Tripartites cristatus*,吴建庄,341 页,图版 51,图 19,20。

描述 赤道轮廓三角形，三边略深凹，呈三裂片状或盾状，大小26(31)35μm(测8粒)，变种全模30μm(图版119，图19)；三射线单细，或开裂，伸达厚角内沿，有时顶部具微增厚的三角形区；中央本体外壁较薄，厚约1μm，或具细内颗粒(?)，偶见瘤；角部耳状增厚，宽可达5—6μm，分别向两侧(体三边)延伸，汇合处构成近凵形缺刻，其间有时具圆瘤状充填物，其直径可达3—4μm，有时在一边甚至完全相连，构成几乎完整的环边，耳角内常见辐射裙褶状增厚，其外缘为极细颗粒状或低矮钝锥刺状或锯齿状或浅波状，在边环和角部及本体附近有时可见少量圆丘状或瘤状突起；棕黄—黄色。

比较与讨论 与波兰下、中石炭统的 *T. cristatiformis* Jachowicz, 1964 或其早出同义名 *T. cristatus* Dybova and Jachowicz, 1957 颇为相似，但后者大小皆在45μm以上，甚至达45—65μm，在这方面差别较大。本书将45μm以上的有关孢子(如蒋全美等，1982，608页，图版406，图1—11的一部分，湖南长沙、浏阳县，龙潭组)归入后一种内。高联达(1984)从山西宁武获得的 *T. orientalis* 大小仅28—30μm，形态与 *T. cristatus* 一致，大小则与本变种的全模相当，故合并入 *T. cristatus* var. *minor*。

产地层位 山西宁武，上石盒子组；河南项城，上石盒子组；湖南长沙、浏阳，龙潭组；云南富源，宣威组下段—卡以头组。

戈拉顿三片孢 *Tripartites golatensis* Staplin, 1960

(图版118，图19)

1960 *Tripartites golatensis* Staplin, p. 27, pl. 5, figs. 15, 16.

1987a *Tripartites golatensis* Staplin，廖克光，562页，图版136，图12。

描述 赤道轮廓三角形，三边略凹入，角部近浑圆或微截形，大小46μm；三射线细直，稍隆起，末端深入耳部，射线两侧具唇，总宽达6μm；外壁不薄，具内颗粒结构，辐间区边缘平整，三角部呈铲形，宽21μm，边缘呈不规则齿状；棕黄色。

产地层位 山西宁武，本溪组底部。

湖南三片孢 *Tripartites hunanensis* Jiang and Hu, 1982

(图版118，图12，13)

1982 *Tripartites hunanensis* Jiang and Hu，蒋全美等，609页，图版395，图31—34；图版396，图33，35—38。

描述 赤道轮廓三角形，角部浑圆或近截形，三边多凹入，或在同一标本上见1—2边近平直，大小40—52μm，全模45μm(图版118，图12)；三射线可见，有时开裂，长为1/3R或伸达耳环内沿；角部增厚成耳环，较宽，具强烈辐射褶皱，故角端呈锥刺—锥瘤状，辐间区环宽5—10μm，与加厚的角部连接，边缘亦具不规则刺状纹饰，轮廓线锯齿状；深棕色。

比较与讨论 本种以三边凹入或近平直尤其角部褶皱强烈及边缘具刺状纹饰区别于属内其他种。

产地层位 湖南宁远冷水铺煤矿，大塘阶测水段；湖南新邵佘田桥，大塘阶石蹬子段。

奇异三片孢(新联合) *Tripartites mirabilis* (Gao) Zhu and Ouyang comb. nov.

(图版118，图42)

1983 *Triquitrites mirabilis* Gao，高联达，509页，图版115，图18。

描述 赤道轮廓三瓣状，大小50—60μm，全模60μm；三射线直伸厚角内侧，常裂开；角部具耳角，耳角顶部具刺瘤状突起，或凹凸不平，耳角之间连接为赤道环加厚；外壁表面覆以瘤状突起。

比较与讨论 此种与 *Trilobozonotriletes incisotribobus* Naumova 轮廓相似，但后者耳角加厚小而窄，本体平滑。

产地层位 贵州贵阳乌当，旧司组。

奇特三片孢 *Tripartites paradoxus* Huang, 1982

（图版 118,图 14, 26）

1982 *Tripartites paradoxus* Huang,黄信裕,158 页,图版 I ,图 36, 37。

描述 极面轮廓三瓣状或三裂片状,大小 45—55μm,全模 45μm(图版 118,图 14);三射线多不清楚;角部具鸡冠状耳环;耳环加厚不十分明显;外壁表面粗糙。

比较与讨论 本种以角部具鸡冠状耳环、耳环加厚不十分明显以及本体相对较小而区别于属内其他种。

产地层位 福建长汀陂角,梓山组。

褶纹三片孢 *Tripartites plicatus* Gao, 1984

（图版 118,图 17, 18）

1984 *Tripartites plicatus* Gao,高联达,353 页,图版 138,图 12。

1990 *Tripartites* cf. *plicatus* Gao,张桂芸,见何锡麟等,319 页,图版 6,图 1。

描述 赤道轮廓三瓣形,三边微内凹,大小 35—40μm,全模 38 × 40μm(图版 118,图 17);三射线细长,直伸至耳角的内沿,具唇;角部具扇形的耳角,耳角边缘有时深裂,宽 26—30μm,高 10—12μm,深黄色;孢壁薄,黄色,表面具细点状结构。

比较与讨论 本种与 *T. vetustus* Schemel, 1950 有些相似,但前者的耳角呈扇形,后者的耳角呈钝圆形。

产地层位 山西宁武,本溪组;内蒙古准格尔旗,本溪组。

粗糙三片孢(新联合) *Tripartites scabratus* (Geng) Zhu and Ouyang comb. nov.

（图版 118,图 27）

1985b *Concavitrilobates scabratus* Geng,耿国仓,655 页,图版 I ,图 17。

描述 赤道轮廓深凹成三片(瓣)状,全模 46μm;三片大小大致相等,呈铲形,角端平截或宽弓形,无加厚耳状体;三射线很细,唇不易见;外壁薄,厚 <1μm,近极面光滑,远极面粗糙。

比较与讨论 本种以无厚角区别于 *Triquitrites*,以无发达的环和三片靠拢的耳状体区别于 *Trilobates* 等属,亦以三片状结构区别于 *Concavisporites* 属。耿国仓根据一粒保存欠佳的孢子建立的属,本书未采纳,而将他的种迁入 *Tripartites* 形态属内。

产地层位 内蒙古鄂托克旗,羊虎沟组。

特别三片孢(比较种) *Tripartites* cf. *specialis* Jachowicz, 1960

（图版 118,图 20）

1978 *Tripartites* cf. *specialis* Jachowicz,谌建国,408 页,图版 119,图 12。

1982 *Tripartites* cf. *specialis* Jachowicz,蒋全美等,609 页,图版 406,图 13。

描述 赤道轮廓三角形,三边凹入,角部近钝圆,大小 50—54μm;三射线细长,伸达耳角内沿;外壁除赤道和角部外不厚,体中央部位[远极面(?)]具颗粒状纹饰,在辐间区也增厚成环,宽达 9μm,与三角部的厚角(宽 12—14μm)相连接;角部加厚区辐射褶皱强烈,黑色,形成角端部齿状轮廓;棕黑—黄色。

比较与讨论 当前种与 *T. specialis* Jachowicz, 1960 比较,后者射线较短(中央体的 2/3R),开裂,故定为比较种。

产地层位 湖南邵东保和堂,龙潭组。

舌形三片孢 *Tripartites trilinguis* (Hörst) Smith and Butterworth, 1967

（图版 118,图 16, 36）

1943 *Tripartites* (Zonales) *trilinguis* Hörst (thesis), pl. 7, figs. 55, 56.

1955 *Tripartites trilinguis*, Hörst, p. 176, pl. 23, figs. 55, 56.

1956 *Tripartites trilinguis*, Potonié and Kremp, p. 92.

1957 *Tripartites cristatus*, Dybova and Jachowiez, p. 141, pl. 36, figs. 3, 4.

1957 *Tripartites rugosus*, Dybova and Jachowicz, p. 139, pl. 35, figs. 1—4.

1957 *Tripartites trifoliatus* Dybova and Jachowiez, p. 140, pl. 36, figs. 1, 2

1958 *Tripartites ianthina* Butterworth and Williams, p. 373, pl. 3, figs. 7, 8.

1967 *Tripartites trilinguis* Smith and Butterworth, p. 208, pl. 13, figs. 7—9.

1987 *Tripartites trilinguis* Smith and Butterworth,高联达,图版4,图12。

1989 *Tripartites trilinguis*, Zhu, pl. 3, fig. 26.

1993 *Tripartites trilinguis*,朱怀诚,269页,图版68,图22。

描述 赤道轮廓三叶形,大小40—60μm;三射线简单,细直,长2/3—3/4R;外壁厚约1μm,角部加厚肥大,宽圆,上有放射状排列的折痕或皱纹,轮廓线细齿形,宽20.0—27.5μm,高或长(射线方向)2.0—3.5μm,对应边部切割深,远极面在本体角部常具发育较好的颗粒纹饰,粒径<1μm,间距<2μm,近极面光滑。

产地层位 甘肃靖远,靖远组—羊虎沟组下段。

三片三片孢 *Tripartites tripertitus* (Hörst) Potonié and Kremp, 1955

(图版118,图21)

1943 *Triletes* (Reticulati) *tripertitus* Hörst, Diss, Abb. 79.

1955 *Tripartites tripertitus* (Hörst) Potonié and Kremp, p. 179, pl. 24, fig. 79.

1983 *Tripartites tripertitus* (Hörst) Potonié and Kremp,高联达,508页,图版115,图12。

描述 赤道轮廓三角形,大小45—55μm;三射线直伸耳角内侧,射线两侧具加厚的唇;角部具耳状加厚,其顶扁平,宽18—25μm,耳状加厚在三射线区彼此连接,仅比耳角加厚部分略窄。

比较与讨论 按Hörst(1955, pl. 24, fig. 79)重新发表的全模,此种主要特征是三瓣状,瓣窄小,厚角高且厚实(黑色)。贵州标本与全模标本的特征差距较大。

产地层位 贵州贵阳乌当,旧司组。

瘤面三片孢 *Tripartites verrucosus* Gao, 1983

(图版118,图35, 41)

1983 *Tripartites verrucosus* Gao,高联达,508页,图版115,图16,17。

描述 赤道轮廓三角形,三边明显内凹,呈三瓣状,大小50—60μm,全模55μm(图版118,图41);三射线伸至耳环的内侧;三角具耳状加厚,未端具刺瘤突起,耳角在辐间区彼此连接成环,并明显变窄;外壁表面为长椭圆形的块瘤。

比较与讨论 本种与*T. nonguerickei*有些相似,但以三角末端具刺瘤突起,外壁表面也具块瘤与后者区别。

产地层位 贵州贵阳乌当,旧司组。

古型三片孢 *Tripartites vetustus* Schemel, 1950

(图版118,图22, 28)

1950 *Tripartites vetustus* Schemel, p. 242, pl. 40, fig. 11.

1967 *Tripartites vetustus* Schemel, Smith and Butterworth, p. 209, pl. 13, figs. 4, 5.

1982 *Tripartites vetustus* Schemel,王蕙,图版3,图28。

1982 *Tripartites vetustus*,高联达,图版1,图34。

1982 *Tripartites vetustus*,黄信裕,图版1,图34。

1983 *Tripartites vetustus*,高联达,508页,图版115,图13—15。

1987 *Tripartites vetustus*,高联达,508页,图版4,图10,14。

1989 *Tripartites vetustus*, Zhu, pl. 3, p. 29.

描述 孢子赤道轮廓三角形,三边明显内凹,呈三瓣状,大小 48—58μm;三射线直伸至耳角内侧,射线两侧具唇状加厚的暗色接触区;孢子耳角具扇形加厚,耳角顶端有不规则的刺状突起;孢子本体表面平滑或偶见细点状纹饰。

比较与讨论 欧美此种孢子大小 30—50μm,它与 *T. nonquerickei* 的区别在于其外壁薄且光滑,在厚角之间没有明显的外壁连接;耳角的辐射脊褶皱可能在远极。

产地层位 福建长汀陂角,梓山组;贵州贵阳乌当,旧司组;甘肃靖远,红土洼组—羊虎沟组;甘肃靖远,臭牛沟组;宁夏横山堡,上石炭统。

环形弓脊孢属 *Ambitisporites* Hoffmeister, 1959

模式种 *Ambitisporites avitus* Hoffmeister, 1959;利比亚,下志留统。

属征 辐射对称三缝孢,赤道轮廓亚圆形—圆三角形;外壁光滑或具纹饰;三射线清楚,简单,有时具窄唇,微高起,但唇宽不及 *Gravisporites* 属下孢子唇的宽度;孢子具增厚的外壁赤道带(crassitude),宽度均一或在射线末端微变宽;拟环的宽度为 1/10—1/5R;拟环和孢子表面具相同或不同的纹饰图案;去除拟环厚度,外壁厚 1—3μm;模式种大小 35—65μm。

比较与讨论 此属与 *Retusotriletes* 颇接近,但后者弓形脊虽清楚,但不呈环状,其包围的近极区面积,明显小于整个近极区的面积。

厚环环形弓脊孢 *Ambitisporites avitus* Hoffmeister, 1959

(图版 12,图 5;图版 72,图 4)

1959 *Ambitisporites avitus* Hoffmeister, p. 332, pl. 1, figs. 1—8.

1973 *Ambitisporites avitus*, Richardson and Ioannides, p. 277, p1. 5, figs. 1—8.

1975 *Ambitisporites avitus*, Smith, pl. 1, figs. a—f.

1986 *Ambitisporites avitus*, Richardson and McGregor, p1. 1, fig. 1.

1993 *Ambitisporites avitus*, Wellman, p. 56, p1. 4, figs. 9—11.

1997 *Ambitisporites avitus*,王怿、欧阳舒,225 页,图版 I,图 5,8。

描述 赤道轮廓圆形—亚圆形,大小 43—67μm(测 4 粒);三射线清楚,简单,直或稍弯曲,伸达赤道环内缘;赤道部位加厚形成环,在射线末端部位较厚,一般为 3. 8—7. 8μm,辐间区的赤道环较窄,一般为 2. 5—3. 0μm;外壁表面光滑,未见褶皱;棕色。

比较与讨论 当前标本与产自利比亚下志留统的 *A. avitus* Hoffmeister (pl. 1, figs. l—8)在大小、形态、射线和赤道环的特征上基本一致。

产地层位 贵州凤岗,下志留统。

薄环环形弓脊孢 *Ambitisporites dilutus* (Hoffmeister) Richardson and Lister, 1969

(图版 12,图 2)

1959 *Punctatisporites? dilutus* Hoffmeister, p. 334, p1. 1, figs. 9—13.

1969 *Ambitisporites dilutus* (Hoffmeister) Richardson and Lister, p. 229.

1975 *Ambitisporites dilutus*, Richardson and Ioannides, p. 277, pl. 6, figs. 1—5.

1986 *Ambitisporites dilutus*, Richardson and McGregor, p1. 1, fig. 2.

1987 *Ambitisporites dilutus*,高联达、叶晓荣,414 页,图版 170,图 19,20。

1993 *Ambitisporites dilutus*, Wellman, p. 56, p1. 5, figs. 1, 2, 4.

1997 *Ambitisporites dilutus*,王怿、欧阳舒,225 页,图版 I,图 4。

描述 赤道轮廓亚三角形,三边凸出,角部尖圆,大小 30—38μm(测 3 粒);射线明显,开裂,未见唇,伸达赤道环内沿;赤道部位加厚成环,辐间区宽 1—2μm,射线末端宽 2. 0—2. 5μm;表面光滑或具细小颗粒,直径≤0. 5μm;棕黄色。

比较与讨论 当前标本与产自利比亚下志留统的 *Punctatisporites*? *dilutus* Hoffmeister (p. 334, pl. 1, figs. 9—13)在形态、射线、赤道环等特征上十分相似。Richardson 和 Lister(1969, p. 229)以其具有赤道环而将其归于 *Ambitisporites*。当前标本与 *A. dilutus* 的特征一致,当属同种。与 *A. avitus* Hoffmeister (p. 332, pl. 1, figs. 1—8)相比,它们的特征十分相近,唯后者的赤道环明显且厚。

产地层位 贵州凤岗,下志留统;甘肃迭部下吾那沟,普通沟组。

薄环环形弓脊孢(比较种) *Ambitisporites* cf. *dilutus* (Hoffmeister) Richardson and Lister, 1969

(图版 12,图 3,4)

1969 *Ambitisporites* cf. *dilutus* (Hoffmeister) Richardson and Lister, p. 229, pl. 40, fig. 3.

1997 *Ambitisporites dilutus*,王怿、欧阳舒,225 页,图版 I,图 1—3。

描述 赤道轮廓圆形,大小 32—45μm(测 6 粒);射线清楚,直或微弯曲,具唇,宽 1—2μm,伸达赤道环内沿;外壁在近极区较薄,厚 <1μm,赤道部位加厚成环,宽一般为 3—6μm,射线末端赤道环略宽于辐间区;外壁表面光滑或具细小颗粒,直径 <0. 5μm;棕色。

产地层位 贵州凤岗,下志留统。

无脉蕨孢属 *Aneurospora* Streel, 1964

模式种 *Aneurospora goensis* Streel, 1964;比利时,中泥盆统。

属征 不等极三缝孢,赤道轮廓圆三角形;近极面四合体形,远极面半球形;射线直,具窄唇,在末端汇合处翻转并形成微高起的宽高一致的冠;此冠变宽然后分叉成弓形脊,靠近赤道,在此处每支弓形脊侧向过渡成环;环窄(1/6R),色暗,透光镜下可见,内界不甚清楚;在反射光镜下,环在近极面微高起,似一增厚带,尤在弓形脊处变宽,在二分叉末端包围一略凹陷的小三角形;环在远极面不易鉴别;模式种大小 40—60μm;外壁主要是远极面具小锥刺,高约 1μm,间距 3—5μm。

比较与讨论 与本属相比,*Lycospora* 无弓形脊,*Cadiospora* 三射线粗壮,无真正的环。

亲缘关系 泥盆纪,原裸子植物无脉蕨(如 *Aneurophyton germanicum*)或 *Archaeopteris*;也可能与石松纲的 *Leclerqia* 相关。

弱唇无脉蕨孢 *Aneurospora asthenolabrata* (Hou) Lu, 1994

(图版 29,图 26—32)

1982 *Retusotriletes asthenolabrata* Hou,侯静鹏,87 页,图版 1,图 5,7。

1985 *Retusotriletes triverrucosus* Gao,刘淑文等,118 页,图版 322,图 1。

1993 *Retusotriletes asthenolabrata*,文子才等,图版 1,图 16,17。

1994 *Aneurospora asthenolabrata* (Hou) Lu,卢礼昌,图版 5,图 34—39。

1995 *Aneurospora asthenolabrata*,卢礼昌,图版 3,图 4。

1996 *Retusotriletes asthenolabrata*,王怿,图版 1,图 14,15。

1999 *Aneurospora asthenolabrata*,朱怀诚,66 页,图版 1,图 15—17。

描述 赤道轮廓圆三角形—近圆形,大小 40—65μm,全模标本 55μm;三射线常清楚,直,具窄唇,宽 1μm 左右(末端稍宽),伸达赤道附近并向两侧延伸;赤道环窄,最宽处约 3. 5μm,其内缘界线不清楚或与外壁呈逐渐过渡关系;近极(接触区)外壁较薄(较亮),常凹陷,表面粗糙,在透光镜下具明显的内颗粒状结构;其余外壁略厚,但常不足 2μm,常具条带状褶皱,扫描图片表明褶皱常位于亚赤道与赤道部位;射线夹角顶部常见 3 个小瘤状突起物,基部轮廓近圆或椭圆形,直径 2. 2—4. 5μm,一般在 2—3μm 之间;浅棕黄—深棕色。

产地层位 江苏南京龙潭,五通群观山段—擂鼓台组;江西全南,翻下组;湖北长阳,黄家磴组;湖南锡矿山、界岭,邵东组;新疆塔里木盆地莎车,奇自拉夫组。

中华无脉蕨孢 *Aneurospora chinensis* (Ouyang and Chen) Wen and Lu, 1993

（图版29，图24，25；图版118，图33，34）

1982 *Cymbosporites parvibasilaris* (Naumova)，侯静鹏，83页，图版1，图22。

1983 *Geminospora nanus* (Naumova)，高联达，200页，图版3，图21（部分）。

1983 *Cymbosporites formosus* (Naumova)，高联达，200页，图版16，图17。

1987 *Cymbosporites formosus*，杨云程，152页，图版27，图27，28。

1987a *Cymbosporites chinensis* Ouyang and Chen，欧阳舒等，64页，图版15，图20—24。

1993 *Aneurospora chinensis* (Ouyang and Chen) Wen and Lu，文子才等，315页，图版2，图23，24。

描述 小孢子，赤道轮廓宽圆三角形—近圆形，大小21.6(23.8)31.2μm（测24粒）；三射线常清楚，简单，或具窄唇（宽不足2μm）；伸达赤道附近；近极—赤道外壁常具不同程度的加厚，并呈不规则的环状（内界常不清楚），宽达1.8—4.5μm；近极面无纹饰或仅具3个小突起；远极面覆以小刺或颗粒—细瘤状纹饰，基部宽1.0—1.5μm（略大于高），密度中等，基部彼此分离或仅局部连接，在赤道轮廓线上反映不明显；浅—深棕色。

注释 将欧阳舒等(1987a)描述的 *Cymbosporites chinensis* 转移至 *Aneurospora* 属，主要是因为归入 *Cymbosporites* 属的分子其赤道与远极外壁是呈栎状加厚的，而 *Aneurospora* 分子的外壁仅在近极—赤道部位呈不规则加厚（在同一标本上厚薄不均或宽窄不等）。

产地层位 江苏句容，五通群擂鼓台组下部；江西全南，翻下组—刘家矿组；湖南锡矿山，欧家冲组；西藏聂拉木，波曲组上部。

刺猬无脉蕨孢 *Aneurospora erinacesis* Wang, 1996

（图版29，图22，23）

1996 *Aneurospora erinacesis* Wang，王怿，23页，图版3，图18，19。

描述 赤道轮廓三角形—圆三角形，三边凸出，角部浑圆或略尖，大小41—46μm，全模标本42μm；三射线明显，直，具窄唇，宽1.5—2.0μm，伸达赤道，末端两侧与弓形脊连接；弓形脊不发育或不完全；外壁主要在近极—赤道部位常具不规则加厚，宽2—4μm，在同一标本上宽度不一，内界不清，其他部位外壁厚约1μm；远极面—赤道具小锥瘤状纹饰；纹饰分子基部圆形、椭圆形，基径1—3μm，高1—3μm，顶部浑圆或尖锐，分布较均匀，间距0.5—2.0μm，一般1—2μm；孢子赤道轮廓线呈锯齿状；棕黄色。

比较与讨论 本种以个体的大小、不发育的弓形脊和纹饰的特征区别于 *Aneurospora* 中的其他种；与俄罗斯地台上泥盆统的 *Acanthotriletes erinaceus* Naumova, 1953 相比，两者形态、大小、纹饰均相近，唯后者赤道外壁未加厚。

产地层位 湖南锡矿山，邵东组中下部。

葛依无脉蕨孢 *Aneurospora goensis* Streel, 1964

（图版29，图3，4）

1964 *Aneurospora goensis* Streel, p. 248, pl. 1, figs. 16—20.

1985 *Aneurospora goensis*，高联达，70页，图版6，图13。

1987 *Aneurospora goensis*，高联达等，413页，图版178，图14，15。

1988 *Aneurospora goensis*，高联达，221页，图版5，图11。

描述 赤道轮廓钝角凸边三角形，大小34—50μm；三射线常因唇遮盖而不清楚，唇宽3—5μm，伸达赤道附近；近极—赤道部位常因外壁加厚而呈亚赤道环状，环不规则，宽2.5—6.0μm；外壁表面尤其是远极面和赤道区具细弱的刺—粒状纹饰，宽与高常不超过0.5μm；罕见褶皱。

比较与讨论 该种首见于比利时上泥盆统(Frasnian)，在欧美地区常见于 Givetian—Frasnian 阶。极面观其形态特征以及纹饰组成，与 *Cymbosporites* 属的某些种如 *C. unatus* Bharadwaj et al.，*C. septalis* (Jusheko) Lu var. *minor* (Kedo) Lu, 1994 略相似，但该两种的赤道外壁具栎状加厚。

产地层位 贵州睦化，王佑组格董关层底部；西藏聂拉木，章东组；甘肃迭部，下吾那组—蒲莱组。

葛氏无脉蕨孢 *Aneurospora greggsii* (McGregor) Streel, 1974

(图版 29,图 11—13, 33)

1964 *Retusotriletes greggsii* McGregor, p. 8, pl. 1, figs. 1—10.

1974 *Aneurospora greggsii* (McGregor) Streel in B. B. S. T., p. 24, pl. 16, figs. 6—15.

1975 *Apiculiretusispora greggsii*,高联达、侯静鹏,192 页,图版 3,图 6。

1983 *Aneurospora greggsii*,高联达,198 页,图版 9,图 8,9。

1985 *Aneurospora greggsii*,高联达,70 页,图版 6,图 11,12。

1987a *Aneurospora greggsii*,欧阳舒等,203 页,图版 1,图 7—13。

1988 *Aneurospora greggsii*,高联达,221 页,图版 5,图 9。

1990 *Aneurospora greggsii*,高联达,图版 2,图 8。

1993 *Aneurospora greggsii*,文子才等,315 页,图版 2,图 21,22。

1994 *Aneurospora greggsii*,卢礼昌,图版 3,图 10。

1996 *Aneurospora greggsii*,王怿,图版 3,图 16,17。

描述 赤道轮廓钝角三角形—圆三角形,近极面常低平至微凹陷,远极面略凸出,大小 23.2—60.0μm,一般为 32—45μm;三射线常清楚,具窄唇(宽约 2μm),微曲至直,伸达赤道附近,末端向两侧略加宽,并延伸成弓脊状增厚,致使近极—赤道部位外壁呈不规则亚赤道环状,宽 1.5—4.5μm 不等,一般为 2—3μm;近极外壁较薄(亮),其余外壁厚 1.0—1.5μm;纹饰限于远极面与赤道部位,纹饰分子主要由小锥刺、长刺(顶端尖或钝)与细颗粒状突起组成,突起高 0.5—1.0μm(罕见大于或等于 2μm),基部宽略小于高,分布致密,在赤道轮廓线上反映微弱;外壁具 1—3 条褶皱;黄—浅棕色。

注释 首先,该种标本最初见于加拿大(Alberta)中泥盆统 Givetian 阶(Greggs et al., 1962; McGregor, 1964),其后在世界各地中—上泥盆统甚至石炭系底部(少)均有发现,在我国主要见于上泥盆统上部(Famennian);其次,该种标本的大小幅度变化颇大,据 McGregor(1964, p. 8, 9)测量(Givetian 期)202 粒标本,在 60—113μm 之间,常见 75—105μm;Streel(1974, p. 24)自 Givetian 顶部至 Frasnian 顶部统计,前者为 37—112μm,后者为 22—52μm。对此,McGregor(1964)认为:归入该形态种的标本可能含有 2 个(或更多的)自然种;而 Streel(1974)则认为这是沉积分选作用的结果。此外,Streel(1974)将具外壁外层[或周壁(?)]的某些分子(pl. 16, figs. 6, 10)也归入该形态种。

此种的最高层位可到 Tn1b 底部(PL 带)。前述 *A. goensis* 的纹饰较本种的更稀。

产地层位 江苏南京龙潭、江苏句容,五通群擂鼓台组上部;江西全南,翻下组;湖南涟源,邵东组;湖南锡矿山,邵东组与孟公坳组;贵州独山,丹林组上段;贵州睦化,王佑组格董关层底部;西藏聂拉木,波曲组、章东组与亚里组。

江苏无脉蕨孢 *Aneurospora jiangsuensis* Ouyang and Chen, 1987

(图版 29,图 8—10)

1987b *Aneurospora jiangsuensis* Ouyang and Chen,欧阳舒等,203 页,图版 1,图 17—20。

描述 赤道轮廓圆三角形或亚三角形,近极面低凹,远极面强烈凸出,大小 44—60μm,全模标本 49μm;三射线清楚,常具粗壮、隆起的唇,宽(或高)一般 2.5—4.5μm,偶见 6.5μm,局部高度不一,微弯曲—波状,末端略增厚、膨大,或呈典型弓形脊状;弓形脊发育完全,沿赤道延伸成窄环,环宽 3—4μm,有时内界不清楚;外壁厚约 1μm,表面鲛点状,远极面具一弧形或亚同心状褶皱和较稀的刺状纹饰,并自远极向赤道减弱,至近极面缺失;刺状纹饰基宽 1.5—2.5μm,高 1.5—3.0μm,少数可达 4.5μm,彼此间距常小于或略大于基宽,末端尖;黄—浅棕色。

比较与讨论 本种以孢子较大、纹饰稀疏而与 *A. greggsii* 区别;以更稀的刺和较粗壮的唇而与 *A. goensis* 区别;以具环、纹饰在轮廓线上无明显反映而与 *Apiculiretusispora* 属的种不同。

产地层位 江苏宝应,法门阶顶部。

稀刺无脉蕨孢 *Aneurospora rarispinosa* Wen and Lu, 1993

(图版 29,图 7, 19)

Cf. 1986 *Archaeozonotriletes* laetus Sergeeva, in Richardson et al. , pl. 17, fig. 7.

1993 *Aneurospora rarispinosa* Wen and Lu,文子才等,316 页,图版 3,图 9,20。

描述 赤道轮廓近三角形,角部宽圆,三边微凸,大小 18.7—31.2μm,全模标本 30μm;三射线柔弱或不清楚,长 2/5—3/4R;近极—赤道外壁加厚不规则,内缘界线不清楚或与周围外壁呈渐变关系,其余外壁厚 1.0—1.5μm;远极面与赤道区具分布稀散与不均匀的锥刺状突起,突起粗壮、坚实,表面光滑,基部近圆,基宽 1.5—3.2μm,高 1.0—2.8μm,顶端钝凸或尖,彼此间距一般大于基宽,可达基宽的 2.0—3.5 倍;接触面无明显纹饰,绕赤道边缘突起 8—12 枚;外壁偶见褶皱;棕—深棕色。

比较与讨论 本种以其射线柔弱、锥刺纹饰粗壮且稀疏为特征。英国上泥盆统的 Cf. *Archaeozonotriletes laetus* (Richardson et al. , 1986, pl. 17, fig. 7)与本种的特征基本一致,归入同一种似较合适;*Aneurospora acuta* 与本种也有些近似,其主要区别是该种带环较明显,纹饰基部较宽而顶端常锐尖(甚或为双型纹饰分子)。

产地层位 江西全南,三门滩组。

粗糙无脉蕨孢 *Aneurospora scabela* (Naumova in Kedo) Lu, 1994

(图版 29,图 1, 2)

1963 *Archaeozonotriletes scabelus* Naumova in Kedo, p. 68, pl. 7, fig. 157.

1994 *Aneurospora scabela* (Naumova in Kedo) Lu,卢礼昌,图版 4,图 3,4。

描述 赤道轮廓钝角—圆角三角形,大小 25—31μm;三射线清楚,具窄唇,伸达赤道;近极—赤道区外壁不规则增厚(厚薄不等、宽窄不一),近极中央区表面光滑,赤道与远极表面具微细与致密分散的刺—粒状纹饰,粒宽与高均不足 1μm,在赤道轮廓线上反映甚微。

比较与讨论 该种标本的赤道外壁加厚不像具栎状加厚的特征,而更倾向近极—赤道外壁不规则加厚,即出现不等宽、不等厚及内缘界线模糊的现象。因此其特征更符合 *Aneurospora* 的定义。

产地层位 江苏南京龙潭,五通群擂鼓台组。

小刺无脉蕨孢 *Aneurospora spinulifer* Wen and Lu, 1993

(图版 29,图 14—18)

1993 *Aneurospora spinulifer* Wen and Lu,文子才等,316 页,图版 3,图 1—5。

1995 *Aneurospora spinulifer*,卢礼昌,图版 3,图 1。

描述 赤道轮廓钝角三角形,大小 23.4—34.3μm,全模标本 24.3μm;三射线简单或具唇(宽 1.0—2.5μm),伸达赤道附近,顶部或具 3 个小瘤;近极—赤道外壁明显加厚,甚者呈似环状,但其内缘界线常模糊不清,宽度也多变(在同一标本上),一般宽 2—3μm;远极和赤道外壁表面具小锥刺或刺状纹饰,锥刺基宽 1.0—1.5μm,长不小于基宽,往顶部渐变窄至末端尖,稀密不一,最大间距可达 4.5μm,也见几乎接触或局部接触现象;接触区表面无纹饰,外壁很少褶皱;绕赤道边缘具 15—27 枚突起,并呈不规则且或稀或密的小锯齿状;浅—深棕色。

比较与讨论 本种以近极—赤道外壁加厚明显与分散的小锥刺为特征。它与 *A. greggsii* 的主要不同是,后者的纹饰组成为小刺—粒状突起,而且颇柔弱。

产地层位 江西全南,翻下组;湖南界岭,邵东组。

塔里木无脉蕨孢 *Aneurospora tarimensis* Zhu, 1996

(图版 29,图 20, 21)

1996 *Aneurospora tarimensis* Zhu,朱怀诚,66 页,图版 1,图 13,14。

描述 赤道轮廓圆三角形—亚圆形,大小 27—45μm,全模标本 41μm;三射线清楚,具窄唇,呈脊状,高约1.5μm，几乎伸达赤道；近极面顶部有3个瘤状突起，基部近圆形，基径2—3μm；外壁厚1.0—1.5μm，赤道轮廓线平整，外壁在近极—赤道区不规则加厚（色暗），表面点状—光滑，常见窄条状褶皱2—3条。

比较与讨论 本种以个体较小区别于形态相似的 *A. asthenolabrata*，以近极—赤道外壁轻微加厚区别于 *Retusotriletes pulcherus* Zhu, 1996。

产地层位 新疆塔里木盆地莎车，奇自拉夫组。

半环无脉蕨孢（比较种） *Aneurospora* cf. *semizonalis* (McGregor) Lele and Streel, 1969

（图版29，图5，6）

1987b *Aneurospora* cf. *semizonalis* (McGregor) Lele and Streel，欧阳舒等，203页，图版1，图14—16。

描述 赤道轮廓圆三角形—亚圆形，大小33—44μm；三射线清楚，具唇，宽（高）2.0—3.5μm，伸达赤道轮廓或环的内沿，未见明显弓形脊；外壁较薄，厚≤1μm，或具同心状褶皱一条（环内侧），在赤道或亚赤道部位增厚，宽2.0—4.5μm，在同一标本上可不等宽，表面细密颗粒状—鲛点状，粒径≤0.5μm，在轮廓线上无明显表现；黄色—棕色。

比较与讨论 当前标本与 *A. semizonalis* (McGregor) Lele and Streel, 1969 (Streel in B. B. S. T., 1974, pl. 16, fig. 5) 略相似，但 McGregor (1964, pl. 2, figs. 3, 4) 最初描述的这个种的孢子弓形脊稍明显，纹饰（颗粒、细瘤）亦略粗些。

产地层位 江苏宝应，（相当于）擂鼓台组下部或底部。

背饰盾环孢属 *Streelispora* Richardson and Lister, 1969

模式种 *Streelispora newportensis* (Chaloner and Streel) Richardson and Lister, 1969；英国，上志留统。

属征 辐射对称的三缝孢子，或多或少具赤道盾环；以盾环为界的接触区清楚；孢子远极面具颗粒、锥刺、长刺或双型纹饰，近极面光滑，或在辐间区具乳头状突起或多种其他纹饰。

比较 *Cymbosporites* Allen (1965) 和 *Geminospora* Balme emend. Playford, 1983 的纹饰，虽然一般也限于远极面，但它们分别为栎型孢子与腔状孢子。

分布时代 中国、英国，主要见于早泥盆世。

纽波特背饰盾环孢 *Streelispora newportensis* (Chaloner and Streel) Richardson and Lister, 1969

（图版44，图11）

1968 *Granulatisporites newportensis* Chaloner and Streel, p. 92, pl. 19, figs. 7, 8.

1969 *Streelispora newportensis* (Chaloner and Streel) Richardson and Lister, p. 230, pl. 41, figs. 3—9.

1987 *Streelispora newportensis*，高联达、叶晓荣，414页，图版170，图21。

1993 *Streelispora newportensis*，高联达，图版1，图7。

描述 赤道轮廓钝角凸边三角形，近极面低锥角形，远极面近半圆球形，描述标本大小25μm；三射线可见，具窄唇（宽1μm），长2/3—3/4R，3个小接触区明显，其内3个小瘤状突起不明显（基宽2—4μm）；具窄的赤道环，宽1—2μm；孢子（远极外壁）表面具粗颗粒或小瘤纹饰（高联达、叶晓荣，1987，414页）。

注释 本种以赤道盾环窄（宽1—2μm）、三射线顶部具3个小突起并为切线与辐射褶皱所围绕以及远极面纹饰由锥刺或双型锥刺组成等为特征。

产地层位 甘肃迭部，下普通沟组；新疆西准噶尔，克克雄库都克组。

沾益背饰盾环孢 *Streelispora zhanyiensis* Lu, 1980

（图版44，图12）

1980b *Streelispora zhanyiensis* Lu，卢礼昌，25页，图版11，图20。

描述 全模标本赤道轮廓亚圆形，大小45μm；三射线清楚、波状，具窄唇，并朝辐射方向逐渐增宽，至射线末端部位宽约2μm,至少伸达盾环内沿;盾环略偏近极,宽3—5μm;以盾环为界的接触区表面光滑至微粗糙,中央区微下凹,外缘部位略上凸并呈火山口状;近极—赤道区与整个远极面覆以致密的颗粒状纹饰;纹饰分子基宽0.5—1.0μm,彼此分散(间距不大于基宽)或局部接触,顶部钝;远极外壁厚1.0—1.5μm;棕黄色。

比较与讨论 本种以近极中央区呈火山口状凸起以及盾环偏向近极为特征,与纹饰组成相同但盾环位于赤道的 *S. granulata* Richardson and Lister, 1969 相区别。

产地层位 云南沾益龙华山,海口组。

杂饰盾环孢属 *Synorisporites* Richardson and Lister, 1969

模式种 *Synorisporites downtonensis* Richardson and Lister, 1969;英国(England),下泥盆统(L. Downtonian)。

属征 辐射对称的三缝孢子;弓形脊完全、显著,近构成一赤道盾环;接触区清楚,光滑或在辐间区具乳头状突起(或多种纹饰);远极面具块瘤和/或网脊纹饰。

比较与讨论 本属与 *Verruciretusispora* 属有某些相似,但后者仅具弓形脊而不具赤道盾环,接触区外壁光滑或纹饰退化;*Streelispora* 属虽亦具盾环,但远极面具颗粒、锥刺、长刺或双型纹饰。

分布时代 中国、英国等;泥盆纪。

小杂饰盾环孢 *Synorisporites minor* Ouyang and Chen, 1987

(图版29,图36—38)

1987a *Synorisporites minor* Ouyang and Chen,欧阳舒等,56页,图版4,图20,21。

1994 *Synorisporites minor*,卢礼昌,图版5,图3,4。

描述 赤道轮廓亚三角形—近圆形,大小27—42μm,全模标本36μm;三射线清楚,直,简单,或具唇,顶部宽可达4.5μm,向末端迅速变尖细,一般唇很窄,有时开裂,长3/5R至伸达环的内缘;外壁较薄,厚约1μm,在远极面和赤道部位具圆瘤状或锥瘤状纹饰,直径多为4.0—5.5μm,最小者不足2μm,最大可达11μm,高略小于基宽,顶部浑圆或微尖;纹饰分子在远极面分布不甚规则,间距多变,一般为2—6μm不等,部分瘤基部相邻甚至互相连接并融合,呈冠状,在赤道部位基部明显融合并形成赤道环,环宽3—6μm,近极面光滑或纹饰明显减弱;棕—深棕色。

比较与讨论 本种以个体较小、纹饰基部相连和赤道环清楚而与 *S. varius* Ouyang and Chen, 1987a 相区别。它与俄罗斯地台吉维特期的 *Acanthotriletes uncatus* Naumova,1953 有些相似,但后者以纹饰相对较柔弱且末端多尖及环(?)("外壁很厚")的性质可疑而与当前种有所不同。

产地层位 江苏句容、南京龙潭,五通群擂鼓台组下部。

变异杂饰盾环孢 *Synorisporites varius* Ouyang and Chen, 1987

(图版56,图9,10)

1987a *Synorisporites varius* Ouyang and Chen,欧阳舒等,56页,图版Ⅳ,图14—19。

描述 赤道轮廓圆三角形—圆形,大小38—53μm,全模标本46μm;三射线可见,常具窄唇,宽小于或等于1.5μm,有时开裂,长2/3R至伸达外壁内沿;弓形脊不清楚,但接触区清楚,表面光滑至微粗糙;外壁在近极面较薄,赤道部位较厚,在有些标本上略呈环状,宽可达3—5μm,远极面和赤道部位具块瘤、圆瘤纹饰,基部轮廓圆、卵圆或不规则形,直径一般为3—7μm,少量更小(2.5μm)或更大(10μm,甚至更大),高一般为2—5μm,但在同一标本上纹饰大小相对较均匀,少数基部相互连接融合,大多数间距为3—7μm,远极面瘤的数目不足20枚,个别标本较密,其间略呈不规则负网状,赤道部位瘤较密,顶部多圆、锥圆或略平截,在轮廓线上反映明显;棕黄—深棕色。

比较与讨论 本种以特征性的纹饰和大小等区别于 *Synorisporites* 属的其他种和 *Lophozonotriletes* 属。

当前标本与澳大利亚波拿巴湾上泥盆统顶部的 *Lophozonotriletes varionodosus* Playford，1982a（p. 154，figs. j—n，特别是 n，即全模标本）略微相似，但后者以孢子较大（44—71μm）、瘤的形状相对多变且较密（远极—赤道可达 30—40 枚）、环较明显而与前者不同；与云南龙华山吉维特阶的 *S. verrucatus* Richardson and Lister（卢礼昌，1980，26 页，图版Ⅳ，图 11—13）也略相似，但后者纹饰较密，形状较不规则。

产地层位 江苏句容，五通群擂鼓台组下部。

瘤面杂饰盾环孢 *Synorisporites verrucatus* Richardson and Lister，1969

（图版 56，图 11—13）

1969 *Synorisporites verrucatus* Richardson and Lister，p. 233，pl. 40，figs. 10—12.

1980b *Synorisporites verrucatus*，卢礼昌，26 页，图版 4，图 11—13。

1993 *Synorisporites verrucatus*，高联达，图版 1，图 9。

描述 赤道轮廓圆三角形—近圆形，大小 43—54μm；远极面半圆球形，近极面微内凹；三射线可见至清楚，直，简单，或具窄唇（宽约 1μm），接近孢子半径长或稍短；弓形脊不清楚，但以纹饰为界的（侧面标本）接触区清楚；盾环可识别，宽 3—6μm；近极外壁薄，表面微粗糙，侧面观 3 个小接触区微下凹，近极—赤道区和整个远极面覆以块瘤状纹饰；纹饰分子基部轮廓圆形或不规则圆形，顶部宽圆或微凸，表面光滑，基部或彼此分隔，或相互连接呈"块瘤堆"状，基宽 4—7μm；外壁厚度因纹饰密挤而不可量，但可见远极外壁较近极外壁厚得多；红棕色。

比较与讨论 描述的标本与 *S. verrucatus* 的全模标本（Richardson and Lister，1969，pl. 40，fig. 10）的形态特征颇为接近，二者仅以后者个体稍小（24μm）而略异。

注释 本种以远极半球的纹饰由相当大的圆瘤组成为特征。

产地层位 云南沾益龙华山，海口组；新疆西准噶尔，乌吐布拉克组。

窄环孢属 *Stenozonotriletes*（Naumova，1937）emend. Hacquebard，1957

模式种 *Stenozonotriletes conformis* Naumova，1953；苏联（Kaluga，Russian platform），上泥盆统（Frasnian）。

属征 三缝孢子，辐射对称，模式种大小 35—40μm；赤道轮廓三角形、亚圆形或圆形；三射线不一定都清楚，射线长，长至少达 3/4R；赤道环窄轮胎状，宽大多不超过 1/5R，切面浑圆（非楔形）；中央体内颗粒状、点穴状或光面，环上基本光滑至微粗糙。

比较与讨论 本属以具浑圆的赤道缘边（limbus）而非楔形的环与 *Lycospora* 等属区别。此种增厚的缘边并不跨到中央体上，此外 *Lycospora* 还具颗粒纹饰，射线伸入环内。

角状窄环孢 *Stenozonotriletes angulatus* Gao，1978

（图版 38，图 19）

1978 *Stenozonotriletes angulatus* Gao，高联达，356 页，图版 45，图 5。

描述 标本保存欠佳；赤道轮廓宽圆三角形，所描述的标本大小为 38μm；三射线伸达环内缘，具唇，宽 2—3μm；带环宽 3—4μm；孢子表面平滑或具细点纹饰；种的大小幅度为 38—50μm（高联达，1978，356 页）。

产地层位 广西六景，下泥盆统那高岭段。

圈脊窄环孢 *Stenozonotriletes circularis* Zhu，1989

（图版 118，图 23）

1987 *Stenozonotriletes circularis* Zhu，in Li Xingxue et al.，pl. 4，figs. 21，22.

1989 *Stenozonotriletes circularis* Zhu，p. 221，pl. 4，figs. 2a，b，8.

1993 *Stenozonotriletes circularis* Zhu，朱怀诚，274 页，图版 69，图 24。

描述 赤道轮廓三角形—圆三角形，大小 37. 5—50. 0μm，全模 47. 5μm；三射线清晰，细直，几伸达环的内沿；本体三角形，边部外凸，角部圆，远极面具一环圈状增厚脊，其直径≤1/2 孢子直径，内径较小，其间为非增厚区；具窄环，宽 4—5μm，环有时分为两带，外缘多较薄；外壁包括环表面具细点状纹饰；深棕—黄棕色。

比较与讨论 本种被正式描述的时间是 1989 年。*S. circularis* 和 *S. rotundus* 远极面都有一圆形加厚，区别在于前者为环圈状，后者为实心块。

产地层位 甘肃靖远，靖远组—红土洼组。

光亮窄环孢 *Stenozonotriletes clarus* Ischenko, 1958

（图版 38，图 7；图版 118，图 29）

1958 *Stenozonotriletes clarus* Ischenko, p. 86, pl. 11, fig. 136.

1980b *Stenozonotriletes clarus*，卢礼昌，23 页，图版 7，图 1。

1984 *Stenozonotriletes clarus* Ischenko，高联达，357 页，图版 138，图 32。

1988 *Stenozonotriletes clarus*，卢礼昌，115 页，图版 16，图 1。

1993 *Stenozonotriletes clarus* Ischenko，朱怀诚，274 页，图版 69，图 19。

描述 赤道轮廓亚圆形，大小 41—85μm；三射线细，直伸至环的内缘，射线两侧具窄唇，偶见裂开；具窄的赤道环，厚 2. 5—10. 0μm，加厚均匀，黄褐色；孢子表面平滑或偶见内点状结构。

比较与讨论 本种最初描述大小为 45—50μm，我国被定为此种的标本大小 47. 5—80. 0μm 不等，环宽约 1/5R。

产地层位 山西宁武，太原组；云南沾益龙华山、史家坡，海口组；甘肃靖远，红土洼组—羊虎沟组中下部。

坚窄环孢 *Stenozonotriletes conformis* Naumova, 1953

（图版 38，图 8，9；图版 118，图 37）

1953 *Stenozonotriletes conformis* Naumova, p. 36, pl. 3, fig. 15; p. 70, pl. 10, figs. 11, 12; p. 100, pl. 15, figs. 31, 32; p. 130, pl. 19, figs. 12—14.

1983 *Stenozonotriletes conformis*，高联达，507 页，图版 110，图 17。

1983 *Stenozonotriletes conformis*，高联达，197 页，图版 2，图 20。

1985 *Stenozonotriletes conformis* Naumova，高联达，69 页，图版 6，图 4。

1987a *Stenozonotriletes conformis*，欧阳舒等，58 页，图版 13，图 18，19。

1987a *Stenozonotriletes conformis*，高联达，69 页，图版 6，图 4。

1987 ? *Stenozonotriletes conformis*，高联达等，405 页，图版 176，图 8。

1997b *Stenozonotriletes conformis*，卢礼昌，图版 1，图 13。

描述 赤道轮廓三角形，圆三角形或圆形，大小 35—70μm；赤道环厚 2. 5μm，褐色；三射线直，具窄唇，宽 2—5μm；孢子表面平滑或具细点结构。

产地层位 江苏句容，五通群擂鼓台组下部；云南曲靖，徐家冲组；贵州睦化，打屋坝组底部；西藏聂拉木，波曲组上部；甘肃迭部，蒲莱组（中、上泥盆统）；新疆准噶尔盆地，呼吉尔斯特组。

分离窄环孢 *Stenozonotriletes diedros* Gao, 1984

（图版 118，图 43，45）

1984 *Stenozonotriletes diedros* Gao，高联达，410 页，图版 153，图 22，23。

1990 *Stenozonotriletes diedros* Gao，张桂芸，见何锡麟等，320 页，图版 6，图 7。

描述 赤道轮廓圆三角形，大小 70—90μm，全模 70μm（图版 118，图 45），副模 90μm；三射线简单，细而直，长约 2/3R，略开裂，末端开叉，三射线之间的接触区颜色较暗（褐色）；外壁薄，表面平滑，偶有褶皱，具窄的赤道环，环宽 5—7μm，副模似由几层（?）叠加而成；黄—棕色。

比较与讨论 本种与 *S. extensus* var. *major* Naumova, 1953（p. 72, pl. X, fig. 19）有些相似，但后者个体较小（50—60μm），三射线较长且末端无分叉，无暗色接触区。

产地层位 山西宁武，上石盒子组；内蒙古准格尔旗房塔沟，山西组。

塔形窄环孢? *Stenozonotriletes*? *excurreus* Gao and Hou, 1975

(图版 38,图 18)

1975 *Stenozonotriletes excurreus* Gao and Hou,高联达、侯静鹏,214 页,图版 8,图 21。

描述 赤道轮廓钝角凸边三角形,大小 60—70μm;三射线伸达环内缘;带环厚实,宽 8—10μm;外壁表面覆有不规则的点状、细颗粒状纹饰。本种最主要的特征是,3 个小接触区均有一明显的三角形或塔形加厚(高联达、侯静鹏,1975)。

注释 因孢子的带环宽度达 8—10μm,远远超出 1/5R,故其属的鉴定在此有所保留。

产地层位 贵州睦化,丹林组下段。

平展窄环孢较大变种 *Stenozonotriletes extensus* var. *major* Naumova, 1953

(图版 38,图 22)

1953 *Stenozonotriletes extensus* var. *major* Naumova, p. 37, pl. 3, fig. 20; p. 72, pl. 10, fig. 19.

1975 *Stenozonotriletes extensus* var. *major* Naumova,高联达等,213 页,图版 8,图 18。

1976 *Stenozonotriletes extensus* var. *major*,卢礼昌、欧阳舒,32 页,图版 3,图 9。

1983 *Stenozonotriletes extensus*,高联达,507 页,图版 110,图 16。

描述 赤道轮廓钝凸—宽圆三角形,大小 50—60μm;三射线常清楚,微开裂,具窄唇,伸达带环内缘或稍短;带环宽 3—5μm;外壁表面光滑或具点穴状结构,罕见褶皱;浅棕或黄棕色。

注释 Naumova(1953)按大小幅度的不同将 *Stenozonotriletes extensus* 分成"大、中、小"3 个变种,*S. extensus* var. *major* 的大小为 50—65μm(p. 37)或 50—60μm(p. 72)。据此,将高联达(1983)的 *S. extensus*(50—60μm)划归 var. *major* 似较妥。

产地层位 贵州独山,丹林组上段;云南曲靖,徐家冲组与翠峰山组西山村段。

平展窄环孢中型变种 *Stenozonotriletes extensus* var. *medius* Naumova, 1953

(图版 38,图 12, 13)

1953 *Stenozonotriletes extensus* var. *medius* Naumova, p. 37, pl. 3, fig. 19.

1975 *Stenozonotriletes extensus* var. *medius*,高联达、侯静鹏,213 页,图版 8,图 16a,b。

1976 *Stenozonotriletes extensus* var. *medius*,卢礼昌、欧阳舒,32 页,图版 3,图 7,8。

1991 *Stenozonotriletes extensus*,徐仁、高联达,图版 1,图 21。

注释 Naumova(1953)将本变种的大小幅度定为 45—50μm(p. 37)与 35—45μm(p. 72),其他特征与 *S. extensus* var. *major* 大体相同。徐仁、高联达(1991)置于 *S. extensus* 名下的标本大小约为 42μm,故将其改归入 var. *medius*。

产地层位 贵州独山,丹林组上段与舒家坪组;云南曲靖,徐家冲组;云南东部,海口组。

容易窄环孢 *Stenozonotriletes facilis* Ischenko, 1956

(图版 119,图 20, 37)

1956 *Stenozonotriletes facilis* Ischenko, p. 73, pl. 14, figs. 162—164.

1976 *Stenozonotriletes facilis* in Barss, pl. 5, fig. 15.

1980 *Stenozonotriletes facilis* Ischenko,高联达,图版 3,图 15。

1990 *Stenozonotriletes facilis* Ischenko,张桂芸,见何锡麟等,321 页,图版Ⅵ,图 12。

描述 赤道轮廓圆三角形—圆形,大小 40—53μm;孢子具窄赤道环,宽度 4—5μm,描述标本大小 52μm,环宽 5μm;赤道环加厚均匀,边缘平滑;三射线清晰,细直,具窄唇,唇宽 1μm,长为 2/3R,不达环内缘,且在射线末端稍有扩大;本体光滑或具内颗粒;孢子深黄色,环上颜色由内向外加深,呈黄褐色。

比较与讨论 本种原包括了 40—75μm 的圆形薄环(环宽≤5μm)孢子,三射线或具窄唇,长≥1/2R,表面光滑或鲛点状。

产地层位 内蒙古准格尔旗龙王沟，本溪组；甘肃靖远，前黑山组。

粒面窄环孢 *Stenozonotriletes granifer* Zhang, 1990

（图版 119，图 38，46）

1990 *Stenozonotriletes granifer* Zhang，张桂芸，何锡麟等，321 页，图版 6，图 10，11。

描述 赤道轮廓圆三角形，大小 48—52μm，全模标本 48μm（图版 119，图 38）；三射线细，直，有时不易见，伸达赤道边缘，甚至达赤道环内缘；具窄的赤道环，环宽 6—8μm，与本体界线分明；表面覆以细粒状纹饰，粒径 1.0—1.5μm，间距 1μm；棕色。

比较与讨论 当前种与 *S. marginellus* (Luber) Gao, 1984 相似，但后者轮廓为圆形且表面光滑。

产地层位 内蒙古准格尔旗黑岱沟，山西组。

增厚窄环孢 *Stenozonotriletes inspissatus* Owens, 1971

（图版 38，图 26，27）

1971 *Stenozonotriletes inspissatus* Owens, p. 37, pl. 10, figs. 3, 6, 10.

1980b *Stenozonotriletes inspissatus*，卢礼昌，23 页，图版 7，图 2，3。

1999 *Stenozonotriletes inspissatus*，卢礼昌，66 页，图版 30，图 7，11。

描述 赤道轮廓钝角凸边三角形—圆形，大小 57.5—78.0μm；三射线伸达环内缘或稍短，部分标本射线末端具两小分叉，环的宽度较均一，且厚实，宽 5.0—6.5μm；外壁表面光滑或微粗糙；棕色。

产地层位 云南沾益龙华山，海口组；新疆和布克赛尔，黑山头组 5 层。

内棒窄环孢 *Stenozonotriletes interbaculus* Lu, 1980

（图版 38，图 20，30）

1980b *Stenozonotriletes interbaculus* Lu，卢礼昌，24 页，图版 11，图 16，17。

描述 赤道轮廓圆三角形—亚圆形，大小 43—81μm，全模标本 70μm；三射线清楚且直，多少具唇，至少伸达环内缘，环宽 5—10μm；外壁厚度不可量，具致密的内棒状结构，表面微粗糙至细鲛点状；浅棕—棕色。

比较与讨论 较前述的 *S. insipissatus* 和 *Geminospora punctata*，不同的是前者环虽宽厚，但外壁不具内棒状结构；后者虽具内棒状结构，但孢子具腔并且外壁外层呈栎状加厚。

产地层位 云南沾益龙华山，海口组。

壮唇窄环孢？ *Stenozonotriletes*? *labratus* Gao and Hou, 1975

（图版 38，图 23，24）

1975 *Stenozonotrieltes labratus* Gao and Hou，高联达、侯静鹏，214 页，图版 8，图 20a，b。

1975 *Stenozonotriletes flexuosus* Gao and Hou，高联达、侯静鹏，214 页，图版 8，图 22。

描述 赤道轮廓钝角凸边三角形，或宽圆三角形，大小 56—68μm（高联达等，1975，图版 8，图 20a，b）；三射唇粗壮、均匀，宽 5—6μm，伸达环内缘；带环厚实，宽 8—10μm，内缘界线清楚，外缘局部呈低而宽的波状；3 个小接触区清楚，区内外壁常具块状或扇形加厚；外壁远极面具低矮的圆形块瘤；孢子平面平滑或有细点状纹饰或覆有细颗粒（高联达、侯静鹏，1975）。

注释 *S. flexuosus* Gao and Hou, 1975 的形态特征及大小幅度等均与 *S. labratus* 颇接近，故在此将二者视为同种；它们的带环宽度均明显大于 1/5R，尤其是它们各自的全模标本（高联达、侯静鹏，1975，图版 8，图 20b 与图 22），故本书对其属的鉴定有所保留。

产地层位 贵州独山，舒家坪组、丹林组上段。

光滑窄环孢 *Stenozonotriletes laevigatus* Naumova, 1953

(图版38,图21)

1953 *Stenozonotriletes laevigatus* Naumova, p. 70, pl. 10, figs. 9, 10; p. 111, pl. 17, fig. 5.

1983 *Stenozonotriletes laevigatus*,高联达,507 页,图版 110,图 18,19。

1987 *Stenozonotriletes laevigatus*,高联达、叶晓荣,405 页,图版 167,图 12。

描述 赤道轮廓近圆形,大小 55—70μm;三射线清楚,直,常开裂且两侧具窄唇,单片唇宽 1.5—3.0μm,伸达或接近伸达环内缘;环光亮,圆滑,宽 4—5μm;黄棕色。

比较与讨论 当前标本与 Naumova(1953)描述的 *S. laevigatus* 较接近,但后者以环略宽,三射线不具唇,且部分标本的射线较短(Naumova, 1953, pl. 10, figs. 9, 10)而有别。

产地层位 云南禄劝,坡脚组;甘肃迭部,当多组。

光面窄环孢(新联合) *Stenozonotriletes levis* (Ouyang) Ouyang comb. nov.

(图版 119,图 29, 43)

1964 *Lycospora? levis* Ouyang,欧阳舒,498 页,图版 V,图 14。

1987a *Simozonotriletes* cf. *cingulatus* Artüz,廖克光,564 页,图版 137,图 3。

描述 赤道轮廓三角形,三边微凸出,角部近浑圆,大小 50(62)62μm(测 10 粒),全模 56μm(图版 119,图 43);具窄的赤道环,宽 5.5—7.0μm;三射线清楚,具 4—5μm 宽的唇,微高起,两侧微不平整,末端截形或微分叉,长达或接近赤道环内侧;表面平滑无纹饰,外壁很薄;棕—棕黄色。

比较与注释 此种原被存疑地归入 *Lycospora*,考虑到后者环的切面多为楔形,且个体较小,具颗粒纹饰,而按 Hacquebard(1957),广义的 *Stenozonotriletes* 可包括三角形孢子,故迁入之。本种以三角形轮廓、环窄(不超过 1/5R)、射线具平行于边沿的唇及外壁表面光滑区别于 *Stenozonotriletes* 其他种。廖克光鉴定的 *S.* cf. *cingulatus*(56μm)与本种相似,只不过孢子表面(包括环)粗糙些。*S. cingulatus* Artüz, 1957 的 1—2 边微凹入。

产地层位 山西河曲,下石盒子组;山西宁武,上石盒子组。

拟鳞木窄环孢
Stenozonotriletes lycosporoides (Butterworth and Williams) Smith and Butterworth, 1967

(图版 118,图 39, 40)

1958 *Anulatisporites lycosporoides* Butterworth and Williams, p. 378, pl. 3, figs. 28, 29.

1967 *Stenozonotriletes lycosporoides*, Smith and Butterworth, p. 218, pl. 14, figs. 5, 6.

1993 *Stenozonotriletes lycosporoides* (Butterworth and Williams) Smith and Butterworth,朱怀诚,274 页,图版 70,图 2—6。

描述 赤道轮廓圆三角形—亚圆形;大小 28(33.8)37.5μm(测 6 粒);具窄环,宽 3—6μm,为 1/5—1/4R,轮廓线平滑,内界明显或过渡;三射线清晰,简单,直,具窄唇,微呈脊状,伸达赤道环内缘,表面光滑或具微弱颗粒纹饰,粒径 <0.5μm。

比较与讨论 本种全模大小 33μm,当前标本形态、大小皆与之相似,当属该种。

产地层位 甘肃靖远,红土洼组—羊虎沟组。

具缘窄环孢 *Stenozonotriletes marginellus* (Luber) Gao, 1984

(图版 119,图 40)

1938 *Zonotriletes marginellus* Luber in Luber and Waltz, p. 26, pl. 6, fig. 74.

1984 *Stenozonotriletes marginellus* (Luber) Gao,高联达,357 页,图版 138,图 31。

描述 赤道轮廓三角形,三边向外明显凸出,三角钝圆,大小 50—60μm;三射线细长,直伸至三角顶,常裂开;具窄的赤道环,厚 2—4μm,环加厚均匀,黄褐色;孢子表面覆以不规则的细粒点状纹饰。

产地层位 河北开平,赵各庄组。

多粒窄环孢 *Stenozonotriletes millegranus* Naumova, 1953

（图版38,图15）

1953 *Stenozonotrieltes millegranus* Naumova, p. 73, pl. 10, fig. 22.

1988 *Stenozonotrieltes milleganus*,高联达,216页,图版4,图11。

描述 赤道轮廓近圆形,大小35—45μm;三射线伸达环内缘,具窄唇或加厚;环宽3—5μm;外壁含环表面覆以小颗粒纹饰,或具褶皱。

注释 上述标本与Naumova(1953)首次描述的*S. millegranus*形态颇接近,二者仅以后者的孢体略小(25—30μm)而不同。

产地层位 西藏聂拉木,上泥盆统章东组。

较小窄环孢 *Stenozonotriletes minor* Jiang and Hu, 1982

（图版119,图3,63）

1982 *Stenozonotriletes minor* Jiang and Hu,蒋全美等,609页,图版396,图12,13。

描述 赤道轮廓圆形或圆三角形,大小25—30μm,全模28μm(图版119,图3);三射线长,具唇,伸达带环内沿;赤道带环窄,厚仅2—3μm,在同一标本上厚薄似不匀;外壁薄,偶具褶皱,具细内颗粒结构,轮廓线微不平整;暗棕—棕黄色。

比较与讨论 本种大小形态与*S. extensus* var. *minor* Naumova,1953 (p. 72, pl. X, fig. 21)接近,但后者三射线无唇;*Punctatisporites minutus*无环。

产地层位 湖南邵东佘田桥,大塘阶石磴子段。

奇异窄环孢 *Stenozonotriletes mirus* Zhang, 1990

（图版119,图28,41）

1990 *Stenozonotriletes mirus* Zhang,张桂芸,见何锡麟等,320页,图版6,图8—9。

描述 赤道轮廓三角圆形,三边略凸,角部钝圆,大小40—50μm,全模45μm(图版119,图28);三射线未见顶端相汇,而于半径1/2处开始,直伸赤道环内缘,具唇,唇宽8μm (每侧),长1/2R;中央区外壁变薄,呈一近圆形变薄区;孢子具赤道环,宽4μm;远极区具粒状纹饰,也有少数小瘤,粒径1μm,瘤的基径为4μm;棕色。

比较与讨论 本种以其特殊的射线区别于该属其他种。

产地层位 内蒙古准格尔旗黑岱沟,本溪组;内蒙古准格尔旗房塔沟,太原组。

具饰窄环孢 *Stenozonotriletes ornatus* Naumova, 1953

（图版38,图17）

1953 *Stenozonotriletes ornatus* Naumova, p. 74, pl. 11, figs. 1, 2.

1987 *Stenozonotriletes ornatus*,高联达、叶晓荣,405页,图版176,图9—11。

1997 *Stenozonotriletes ornatus*,卢礼昌,图版4,图23。

注释 本种主要特征是,外壁具弹头状或似米粒状纹饰,并近呈辐射状排列(极面观)。

产地层位 甘肃迭部,当多组;新疆准噶尔盆地,呼吉尔斯特组。

穿孔窄环孢(比较种) *Stenozonotriletes* cf. *perforatus* Playford, 1962

（图版119,图30）

1976 *Stenozonotriletes* cf. *perforatus* Playford, Kaiser, p. 121, pl. 9, fig. 13。

描述 赤道轮廓圆三角形,大小45—55μm;三射线清楚,两侧具窄唇,在末端分叉或增厚膨大,略呈枕垫状;外壁中厚,具不密的小穿孔;赤道环窄,厚薄均匀,宽约3μm;棕—黄色。

比较与讨论 当前标本与Playford从斯匹次卑尔根岛下石炭统发现的*S. perforatus* Playford, 1962

(p. 607, pl. 86, figs. 8, 9; text-fig. 5e)的全模标本基本一致,几乎可视为同种,但当前标本又以三射线具粗壮的端部与后者有所不同。

产地层位 山西保德,上石盒子组。

小窄环孢 *Stenozonotriletes pumilus* (Waltz) Ischenko, 1952

(图版38,图1—5;图版119,图12, 21)

1941 *Zonotriletes pumilus* Waltz, in Luber and Waltz, p. 56, pl. 4, figs. 63a, b.

1952 *Stenozonotriletes pumilus* (Waltz) Ischenko, p. 57, pl. 15, fig. 137.

1953 *Stenozonotriletes pumilus* (Waltz), Naumova, p. 36, pl. 3, fig. 16.

1982 *Stenozonotriletes clarus* Ischenko, identified by Huang X. Y., 黄信裕,图版Ⅱ,图28。

1983 *Stenozonotriletes pumilus*,高联达,507页,图版114,图10。

1987a *Stenozonotriletes pumilus*,欧阳舒等,59页,图版14,图14—18。

1988 *Peltosporites* sp.,卢礼昌,126页,图版6,图7,8。

1993 *Stenozonotriletes pumilus*,高联达,图版1,图24。

1999 *Stenozonotriletes pumilus*,卢礼昌,67页,图版14,图1,2。

描述 赤道轮廓三角形—圆三角形,大小27—40μm;三射线清楚,简单或具唇,唇宽可达1.5—3.0μm,长约4/5R或伸达环内缘;外壁厚1.0—1.5μm,表面光滑或微粗糙至鲛点状,赤道环宽一般为2.0—2.5μm,偶可达4—5μm,有时在环的内侧还有一弧形褶皱;黄—棕色。

比较与讨论 归入该种的中国标本与在苏联中、晚泥盆世—早石炭世地层中发现的 *S. pumilus* (Waltz)基本相似,仅后者孢子更小(最初描述25—30μm, Naumova描述的最大为30μm,一般15—20μm);与 *S. rasilis* Kedo, 1963(p. 83, pl. 10, fig. 227)亦略相似,但后者三射线唇颇发达,且孢子较大(53μm)。

产地层位 江苏句容,五通群擂鼓台组下部;福建长汀陂角,梓山组;贵州贵阳乌当,旧司组;云南沾益史家坡,海口组;新疆西准噶尔,乌吐布拉克组;新疆和布克赛尔,黑山头组5层。

光窄环孢 *Stenozonotriletes rasilis* Kedo, 1963

(图版38,图10, 11;图版119,图31)

1963 *Stenozonotriletes rasilis* Kedo, p. 83, pl. 10, fig. 227.

1985 *Stenozonotriletes rasilis*,高联达,68页,图版6,图3。

1987b *Stenozonotriletes rasilis*,欧阳舒、陈永祥,图版3,图10,11。

描述 赤道轮廓三角形或圆三角形,大小40—50μm;具窄的赤道环,厚3—4μm,黄褐色;三射线直伸至环的内缘,射线两侧具唇和突起;孢子表面平滑或内点结构。

产地层位 江苏宝应,五通群擂鼓台组下部;贵州睦化,打屋坝组底部。

弓形脊窄环孢 *Stenozonotriletes retusus* Gao, 1984

(图版119,图51)

1984 *Stenozonotriletes retus* (sic) Gao,高联达,358页,139页,图1。

描述 赤道轮廓三角形,三边微凸出,大小60—75μm,全模70μm;三射线长2/3—3/4R,射线前端有似弓形脊状的弧形突出,但似非真正的弓形脊;具窄的赤道环,环厚4—5μm,加厚均匀,有时可见两层环;孢子表面覆以不明显的点状突起。

比较与讨论 描述的标本因三射线顶端有似弓形脊的条带而与 *Retusotriletes* Naumova(1953)有些类似,但后者的弓形脊清楚,常彼此连接,而前者三射线前端仅仅是加厚,似乎不是真正的弓形脊。

产地层位 山西宁武,太原组。

结实窄环孢 *Stenozonotriletes robustus* Zhu, 1999

(图版38,图6)

1999 *Stenozonotriletes robustus* Zhu,朱怀诚,331页,图版1,图5。

描述 赤道轮廓三角形,边直—外凸,角部圆钝,大小35.0—37.5μm,全模标本35μm;环宽度稳定,厚实,光滑,宽4—5μm;三射线清楚,直,伸达环内缘,沿射线两侧外壁呈低宽带状加厚,总宽7—8μm,长达赤道环外缘;外壁厚度适中,表面光滑。

比较与讨论 本种以发达的沿射线两侧分布的加厚带为特征,以个体较小区别于 *Murospora dubitata* Higgs, 1975(p. 397—398, pl. 3, figs. 18, 19)。

注释 全模标本似具两层外壁,且内层在赤道区与外层(带环内缘)略分离。

产地层位 新疆塔里木盆地北部,东河塘组。

圆垫窄环孢 *Stenozonotriletes rotundus* Wang emend. Zhu, 1989

(图版119,图22, 23)

1984 *Stenozonotriletes rotundus* Wang,王蕙,图版Ⅲ,图35。

1984 *Stenozonotriletes rotundus* Wang,王蕙,100页,图版Ⅱ,图26。

1987 *Gansusispora tetraverrucosa* Gao,高联达,217页,图版6,图13。

1987 *Gansusispora mammilla* Gao,高联达,217页,图版6,图14—16。

1988 *Gansusispora mammilla* Gao,高联达,图版Ⅲ,图27。

1989a *Stenozonotriletes rotundus* Wang emend. Zhu, pl. 3, figs. 14, 19, 20.

1993 *Stenozonotriletes rotundus* Wang emend. Zhu,朱怀诚,274页,图版69,图20—23。

1993 *Stenozonotriletes rotundus*, Zhu, pl. 4, figs. 2, 3.

1995 *Stenozonotriletes rotundus*, Zhu, pl. 1, figs. 14, 22—25.

2000 *Stenozonotriletes robustus*, Tao, in Zheng et al., p. 260, pl. 2, figs. 17, 18.

描述 赤道轮廓三角形,三边多凸出,角部宽圆或微锐圆,大小30—41μm(35—40μm或38—50μm),据放大倍数,全模大小为38μm;具赤道环,宽4—8(10)μm,在同一标本上宽度相对稳定,仅角部有时稍宽,为实环,有些标本或有内暗外亮(即切面当为楔形)现象,但内暗带多无整齐的外沿;本体(外壁内层)轮廓与整个孢子轮廓基本一致,多为圆三角形;三射线明显,简单,直,有时可见裂缝,具唇,或粗壮或细薄,长>1/2R至伸达本体赤道甚至进入环内;外壁厚1—2μm,表面光滑至细粒状,偶见细瘤,但远极面对应射线末端部位有时各具一加厚块,近中央部位多为圆形实心加厚区,环表面平滑或微粗糙;黄棕—深黄色。

比较与讨论 王蕙(1984)据宁夏标本建立此种时,提及"远极面中央有一圆形加厚",高联达(1987)据靖远标本建立一属 *Gansusispora*,其模式种 *G. tetraverrucosa* 的主要特征是近极面"三射线顶端和三射线中点"共有4枚"指形块瘤";朱怀诚(Zhu, 1987, 1993)稍后研究靖远大量标本后发现,在王蕙、高联达各自建立的种之间存在过渡类型,即除对应射线中央的远极面(不是近极面)有一圆形增厚外,对应射线末端(也在远极面)各有一指状或蹼状增厚。但这一特征很不稳定,有时仅呈辐射粗线状,甚至在同一标本上很难见到,在有些标本上仅在射线所指的角部环上不同程度增厚(增厚中央部位与射线末端有时错位),也就是王蕙所说的"角部带环略有加厚"。因而朱怀诚(Zhu, 1989)正式修订了王蕙的种征(上面描述稍作补充),扩大了其内涵(显然也包含了 *Gansusispora mammilla* Gao);但被高联达定为此种的图版12图5[图版说明上另定作 *Tumulispora rarituberculata* (Luber) Potonié, 1956]的同一标本,未列入同义名表,因为在该扫描照片上近极面射线末端,不计可能的肿大,还有5个以上圆瘤,且无一个在中央,与 *S. rotundus* 不同,恐怕也不是 *T. rarituberculata*(参见本书该种下)。这样一来,高联达的种就成了 *S. rotundus* Wang 的晚出同义名;又因 *Gansusispora tetraverrucosa* 是 *Gansusispora* 属的模式种,就连带该属也不能成立了。另外,此类孢子可能与 *Stereisporites* 属下的某个亚属如 *S.* subgen. *Distverrusporis* Krutzsch, 1963 形态纹饰相同,似乎可将此亚属提升为属用于这类孢子(参照 *S. circularis* 种下)。

产地层位 河北苏桥,石炭—二叠系;甘肃靖远,臭牛沟组、红土洼组—羊虎沟组;宁夏横山堡,上石炭统。

简单窄环孢 *Stenozonotriletes simplex* Naumova, 1953

（图版 38，图 25）

1953 *Stenozonotriletes simplex* Naumova, p. 36, pl. 3, fig. 17; p. 69, pl. 10, fig. 3; p. 100, pl. 15, fig. 33; p. 112, pl. 17, fig. 7; p. 130, pl. 19, figs. 16, 17.

1997b *Stenozonotriletes simplex*，卢礼昌，图版 4，图 22。

注释 据 Naumova（1953）的记载与描绘：本种以三射线简单为特征；孢子赤道轮廓钝角或凸角三角形，大小一般为 30—40μm，罕见 50—60μm；带环常较厚实；孢壁表面光滑至微粒状；多见于以晚泥盆世为主的泥盆—石炭纪地层。

产地层位 新疆准噶尔盆地，呼吉尔斯特组。

中华窄环孢 *Stenozonotriletes sinensis* Zhu, 1989

（图版 119，图 1，11）

1989 *Stenozonotriletes sinensis* Zhu, p. 220, pl. 3, figs. 4a, 5a, 10.

1993 *Stenozonotriletes sinensis*, pl. 4, figs. 1, 6.

1995 *Stenozonotriletes sinensis*, pl. 1, figs. 11, 12.

描述 轮廓三角形，边直或微凸，角端锐圆或近平截，大小 24—27μm（测 7 个标本），全模 27μm（图版 119，图 1）；三射线清楚，直，有时弯曲，唇宽 1.5μm，延伸至内沿，长 1/2—3/5R；环宽 5.0—7.5μm，在辐射方向具 3 个圆形加厚，表面光滑；本体轮廓圆—亚圆形，远极具粗粒块瘤纹饰。

比较与讨论 本种与 *S. rotundus* 相似，但以远极面中央缺乏圆形加厚块而与后者区别。

产地层位 甘肃靖远，红土洼组。

坚实窄环孢 *Stenozonotriletes solidus* Ouyang and Chen, 1987

（图版 38，图 28，29）

1987a *Stenozonotriletes solidus* Ouyang and Chen，欧阳舒等，60 页，图版 14，图 10，11。

1994 *Stenozonotriletes solidus*，卢礼昌，图版 1，图 24，25。

描述 赤道轮廓亚圆形，大小 49—72μm，全模标本 63μm；三射线清楚，常具粗壮的唇，宽≤4.5μm，伸达环的内缘，末端或膨大；外壁较厚，厚度不易测，常具鲛点状、点穴状结构，环宽 5—8μm，厚约 6μm（侧压标本），环轮廓线平滑；深棕色。

比较与讨论 当前标本以孢子较大、三射线唇较发达与 *S. glabellus* 有别；以环相对较宽、唇较发育而区别于 *S. stenozonalis*（Waltz）Ischenko（1958）。

产地层位 江苏句容，五通群擂鼓台组下部；江苏南京龙潭，五通群擂鼓台组上部。

显唇窄环孢 *Stenozonotriletes spetcandus* Naumova, 1953

（图版 38，图 14）

1953 *Stenozonotriletes spetcandus* Naumova, p. 74, pl. 11, fig. 3.

1988 *Stenozonotriletes spetcandus*，高联达，216 页，图版 4，图 8。

描述 赤道轮廓近圆形，大小 40—55μm；三射唇较发育，最宽可达 5—6μm，并伴随射线伸达带环内缘；环宽 3—4μm；外壁表面（含环面）平滑或具细点粒状结构（高联达，1988）。

注释 本种以三射唇相当宽厚为特征。

产地层位 西藏聂拉木，上泥盆统章东组。

显唇窄环孢（比较种） *Stenozonotriletes* cf. *spetcandus* Naumova, 1953

（图版 119，图 44）

1987a *Stenozonotriletes* cf. *spetcandus* Naumova，廖克光，562 页，图版 137，图 29。

描述 赤道轮廓圆三角形，大小 64μm；三射线具颇粗壮的唇，伸达环的内沿；赤道环窄，宽 4—5μm；外壁和环光面无纹饰;黄棕色。

比较与讨论 当前标本与从苏联泥盆系获得的 *S. spetcandus* Naumova, 1953 (p. 74, pl. 11, fig. 3)在大小、具唇等方面略相似,但后者(大小 55—65μm)以轮廓线不规整[微呈多边形,保存关系(?)]与当前标本不同,故种的鉴定应作保留。

产地层位 山西宁武,山西组。

硬窄环孢 *Stenozonotriletes stenozonalis* (Waltz) Ischenko, 1958

(图版 119,图 66)

1941 *Zononotriletes stenozonalis* Waltz, in Luber and Waltz, p. 77, pl. 6, fig. 91.

1958 *Stenozonotriletes stenozonalis* Waltz, Ischenko, p. 86, pl. 10, fig. 135.

1984 *Stenozonotriletes stenozonalis* (Waltz) Ischenko,高联达,358 页,图版 138,图 31。

描述 赤道轮廓亚圆形,大小 100—120μm;三射线长约 2/3R,偶见裂开;具窄的赤道环,厚 6—8μm,加厚均匀;孢子表面覆以较规则的粒点状纹饰,粒点重叠排列,基部彼此连接。

比较与讨论 当前标本大小和形态与 Luber 和 Waltz (1941)描述的本种颇为相似,后者大小为 100μm,环宽约 10μm,但 Ischenko(1958)所描述的此种大小仅 50—65μm,且形状接近于圆三角形。

产地层位 山西宁武,太原组。

三角窄环孢 *Stenozonotriletes triangulus* Neves, 1961

(图版 119,图 24)

1961 *Stenozonotriletes triangulus* Neves, p. 268, pl. 33, figs. 7, 8.

1993 *Stenozonotriletes triangulus* Neves,朱怀诚,275 页,图版 76,图 5。

1995 *Stenozonotriletes triangulus*,闫存凤等,图版 2,图 2,3。

描述 赤道轮廓三角形,边部微凹,角部圆钝,大小 40μm;赤道环宽 4—6μm,轮廓线平整,表面光滑,三射线明显,具发达的唇,一侧宽 1—2μm,伸达赤道环内缘,并与环相连;外壁厚适中,表面饰以细粒,粒径 0. 5—1. 0μm。

比较与讨论 Neves(1961, p. 268, p1. 33, figs. 7, 8)描述的标本外壁表面具内点状纹饰,当前标本除表面见有细粒纹饰外,其余特征与前者相当。

产地层位 甘肃靖远,红土洼组—羊虎沟组。

膨大窄环孢 *Stenozonotriletes tumidus* Chen, 1978

(图版 119,图 62)

1978 *Stenozonotriletes tumidus* Chen,谌建国,409 页,图版 119,图 19。

1982 *Stenozonotriletes tumidus* Chen,蒋全美等,610 页,图版 404,图 7。

描述 赤道轮廓圆形或圆三角形,全模大小 94 × 82μm;三射线伸达环的内沿,具很窄的唇,末端稍有膨大;外壁厚度不均一,在射线顶端附近略加厚,在赤道稍均匀并加厚成环,环宽 6—8μm;在本体和环上无纹饰;棕黄色。

比较与讨论 本种以孢子较大、射线末端微膨大而与属内其他种区别。

产地层位 湖南邵东保和堂,龙潭组。

环带窄环孢 *Stenozonotriletes zonalis* Naumova, 1953

(图版 38,图 16)

1953 *Stenozonotriletes zonalis* Naumova, p. 73, pl. X, fig. 25.

1975 *Stenozonotriletes* (?) *zonalis*,高联达、侯静鹏,213 页,图版 8,图 17a, b。

注释 本种以三射唇[除末端小部分较宽外,其余大部分(约为长度的 5/6)均较窄]以及外壁呈点穴状为特征；置于该种名下的贵州独山的标本（高联达、侯静鹏，1975），其三射唇的特征恰好相反，为“顶端加厚”，故其种的鉴定应有所保留。

产地层位 贵州独山，丹林组上段。

沙氏孢属 *Savitrisporites* Bharadwaj, 1955

模式种 *Savitrisporites triangulus* Bharadwaj, 1955；德国萨尔，上石炭统上部（Stephanian C）。

属征 赤道轮廓三角形，三边平直，模式种全模大小60μm；三射线清楚，射线多少伸达带环内沿；带环由近平坦、部分圆化的锥刺组成，锥刺在基部相互联合，在赤道三角圆形—钝截形的角部略微加厚；近极面近平滑，远极面具纹饰。

比较与讨论 本属以三角部微增厚可与耳环系中的分子比较，但耳环系中没有这样的带环；具带环的分子中，*Bellispores* 有与其相似的但为裂片状的环，*Callisporites* 中带环几乎光滑。

粗糙沙氏孢 *Savitrisporites asperatus* Sullivan, 1964

（图版119，图25，26）

1993 *Savitrisporites asperatus* Sullivan，朱怀诚，277页，图版71，图5，6。

描述 赤道轮廓三角形，边部外凸，角部尖或略钝，大小31—36μm；赤道环不明显，宽3—5μm，三射线简单，细直，几伸达赤道环内沿，沿射线两侧外壁加厚，呈低平带状，一侧宽2—3μm；外壁厚1.5—2.0μm，远极面外壁加厚成平行孢子在赤道边排列的栉齿状瘤，瘤宽2—3μm，高1.0—2.5μm。

产地层位 甘肃靖远，红土洼组—羊虎沟组中下段。

脊饰沙氏孢（比较种） *Savitrisporites* cf. *camptotus* (Alpern) Venkatachala and Bharadwaj, 1964

（图版119，图45）

1987a *Savitrisporites camptotus* (Alpern) Venkatachala and Bharadwaj，廖克光，563页，图版137，图21。

描述 赤道轮廓近圆形，大小61—64μm；三射线清楚，具薄唇，长达赤道环内沿；赤道环似由锥瘤组成，故轮廓线近波状，宽≤10μm；近极面粗糙或稍具小刺，远极面具钝锥，相连成脊，且微呈同心状；棕黄色。

注释 从此孢子照片看，究竟是具环孢还是腔状孢，难以判断；以上描述来自原鉴定者。

比较与讨论 当前标本与 *S. camptotus* (Alpern) Venkatachala and Bharadwaj, 1964 (p. 179, pl. 10, figs. 135—137）略相似，但后者为实在的环且边沿轮廓线平滑，与西欧上石炭统中上部的另一作者定义的 *S. camptotus* (Alpern) Doubinger 同一种比较，则差别更大，后者不但呈三角形，且其远极面（？）的脊条几乎呈 *Cicatricosisporites* 状（Clayton et al., 1977, pl. 21, fig. 13; pl. 22, fig. 6）。所以至少种的鉴定要作保留。

产地层位 山西宁武，下石盒子组顶部。

小沙氏孢 *Savitrisporites minor* Jiang and Hu, 1982

（图版119，图8，64）

1982 *Savitrisporites minor* Jiang and Hu，蒋全美等，612页，图版396，图5—9。

描述 赤道轮廓三角形，三边凸出，大小20—28μm，全模28μm（图版119，图64）；三射线清楚，具唇，伸达带环；带环由平坦锥刺或圆锥刺组成，锥刺在基部相互融合，形成棕色的带环，带环在角部稍厚，在边部锥刺长而尖，而角部刺平坦且稀少，远极面具刺或粒状纹饰，近极面平滑，轮廓线齿状；黄棕色。

比较与讨论 本种以带环在角部稍厚、边部纹饰稍发达以及个体很小而与属内其他种区别。*Lycospora* 以具楔环、颗粒纹饰为主。

产地层位 湖南邵东佘田桥，大塘阶石蹬子段。

坚果沙氏孢 *Savitrisporites nux* (Butterworth and Williams) Smith and Butterworth, 1967

（图版119,图39, 50, 61）

1958 *Callisporites nux* Butterworth and Williams, p. 377, pl. 3, figs. 24, 25.

1964 *Savitrisporites nux* Sullivan, p. 373, pl. 60, figs. 1—5.

1967 *Savitrisporites nux* Smith and Butterworth, p. 223, pl. 15, figs. 1—3.

1987 *Savitrisporites nux* Smith and Butterworth,高联达,图版5,图22,23;图版11,图7。

1993 *Savitrisporites nux*,朱怀诚,227页,图版71,图4, 7, 9—11, 13。

1995 *Savitrisporites nux*,闫存凤等,图版2,图6。

描述 赤道轮廓三角形,边部外凸,角部钝尖,圆钝,大小48.0(54.1)65.0μm(测7粒);赤道环宽4.0—7.5μm,三射线简单、细直,约伸达赤道环内沿,近极面三角锥状凸出,沿射线两侧外壁加厚隆起,一侧宽5—10μm;远极面具由基部愈合、外侧圆钝的瘤组成的数列平行于赤道的脊,每条脊宽(及高)2.0—3.5μm,外壁厚1.5—2.0μm。

比较与讨论 本种与 *S. triangulus* Bharadwaj 在大小形态与和纹饰特征方面颇为相似,区别仅在于后者的环在角部较厚,特别是三射线无发达的唇伴随。从SEM(扫描电子显微镜)照片(高联达,1987)看,靖远标本似乎与中生代白垩纪大量出现的 *Cicatricosisporites* 有些相似,值得注意。

产地层位 甘肃靖远,红土洼组—羊虎沟组中下段。

齿环孢属 *Bellispores* Artüz, 1957

模式种 *Bellispores bellus* Artüz, 1957;土耳其宗古尔达克(Zonguldark),上石炭统(Westphalian)。

属征 三缝同孢子或小孢子,三角形;三边微凹,角部略圆;孢子表面通常光滑,亦常具微弱内点穴状结构;沿赤道边具一环,环宽约1/2R;环光滑,沿周边有许多不甚规则的齿刻;射线伸达环内侧,被薄唇包围;模式种大小34—45μm。

比较与讨论 Sullivan (1964)修订了当前属的属征,但并未明确环的存在,而三射线之外还有3条辐射脊(Jansonius and Hills, 1976, Card 246)。Oshurkova(2003)虽也引用了Sullivan(1964)的属征,但她肯定了窄环的存在,3条辐射脊在远极面(与射线方向一致),远极面包括环和脊皆具穴,近极面光滑,轮廓线微不平整。这与Sullivan所述的颇不同。

分布时代 欧美区、华夏区,土耳其;主要在石炭纪。

华丽齿环孢 *Bellispores nitidus* (Hörst) Sullivan, 1964

（图版119,图13, 14）

1943 *Triletes nitidus* Hörst (thesis), pl. 8, fig. 81.

1955 *Lycospora nitida*, Potonié and Kremp in Hörst, p. 181, pl. 24, figs. 81.

1956 *Lycospora nitida*, Potonié and Kremp, p. 101.

1964 *Bellispores nitidus* (Hörst) Sullivan, p. 375.

1987 *Bellispores nitidus*,高联达,图版5,图21。

1993 *Bellispores nitidus* (Hörst) Sullivan,朱怀诚,279页,图版70,图20。

描述 赤道轮廓三角形,边部近直,角部钝圆,轮廓线细波形—细齿形,大小37.5μm;具窄环,内界明显或过渡,宽2.5—4.0μm,环似由排列紧密的裂片组成;三射线简单,细直,几伸达环内缘,远极面对应射线位置有3条加厚带,两侧齿形,宽7—8μm,长达赤道环,孢子表面细粒、细瘤、穴状纹饰。

产地层位 甘肃靖远,红土洼组。

鳞木孢属 *Lycospora* (Schopf, Wilson and Bentall) Potonié and Kremp, 1954

模式种 *Lycospora micropapillata* (Wilson and Coe) Schopf, Wilson and Bentall, 1944;美国艾奥瓦州,上石炭统(Des Moines Series, Westphalian)。

属征 三缝同孢子或小孢子，赤道轮廓三角形—近圆形，三边不凹入；环绕赤道有一圈带环，即赤道环，带环在赤道横切面上呈楔形，其高可超过基宽的2倍，因带环向外变薄，孢子的侧面观呈透镜形；带环在赤道边沿有时平滑，但一般粗糙至微波状；中央本体颗粒状或内颗粒状，有时很明显；环上的颗粒或内颗粒也清晰可见；三射线清楚，直，粗壮，且向末端不变尖或微变尖，往往伸至带环以内，至少伸至本体边沿；大小通常在45μm以下，最大60μm。

比较与讨论 *Gravisporites* 射线高起，颗粒较细，且环为较厚实的盾环(Crassitude)。*Lycospora* 与其他具环属种表现出一定的亲缘关系，但其以带环切面多呈楔形、射线常伸入环内等特征易与其他属区别。

亲缘关系 石松纲乔木鳞木类(Lepidodendraceae Lepidospermales)。

注释 Bharadwaj(1957a)讨论了本属的形态结构并与略类似的属作了比较，他指出，此属的环有3个类型——1. 实环，2. 楔环，3. 膜状环，1与3无内外带之分。鉴于此类孢子的射线几乎都延伸至环上甚至伸达边沿，他还推测，环实际上是射线区的一部分，且可能由弓形脊演变而来。

至20世纪70年代初期，文献中归入本属的已有100余种，除少量同义名和10多个不宜归入该属者之外，大量种名仍被使用，而形态上又多少相似，所以种的鉴定颇为困难。对这样一个大属，要在其大量标本同时出现于某个组合内的情况下识别形态种的界线尤为困难，更不用说弄清它与自然种的关系了。通常是按孢子大小、纹饰特征和赤道环发育程度来分种，尤其是环宽与孢子半径的比颇为重要，当然这要建立在数量统计、对比的基础上(Smith and Butterworth, 1967)。Somers(1972)曾对本属内一些种作过归纳整理，但也不尽人意(例如，他在 *Lycospora pusilla* (Ibrahim) emend., p. 66, pl. Ⅸ—Ⅻ下列了15个同义名种和20多个很可能的同义名种，未必能得到广泛认可)；特别是考虑到植物大化石仅 *Lepidodendron* 一属，我国已记载60多种，但华夏区的鳞木类与欧美鳞木类同中有异，其中所谓东方鳞木类叶痕较大，普遍缺乏下通气痕，时代分布也长得多，所以分散孢子种的鉴定更复杂。基于上述考虑，对于有些作者在本属下建立的种，我们也尽量保留。有些作者将本属名直译为石松孢，不太合适，因为这与中新生代的 *Lycopodiumsporites* 的译名雷同。

轮状鳞木孢 *Lycospora annulata* Zhang, 1990

(图版119，图4, 5)

1987a *Lycospora annulata* Zhang，张桂芸，325页，图版7，图11—13。

描述 赤道轮廓圆形、圆三角形，大小24—30μm，描述标本26.4—28.8μm，全模约27.5μm；三射线清楚或不清楚，细，直，简单，伸达赤道内缘；孢子具赤道环，环宽4—6μm，向外变薄，环与本体界线分明；本体及环上均覆盖以细颗粒状纹饰，粒径细小，小于1μm，基部有时相连，圆形，间距1μm；轮廓线细小，具紧密凸起的颗粒；棕黄色。

比较与讨论 本种以外壁在本体部位较厚且不透明区别于 *Densosporites anulatus*；以个体小，本体远极面外壁不薄区别于 *Lycospora* 属的其他种。

产地层位 内蒙古准格尔旗黑岱沟，本溪组。

本溪鳞木孢? *Lycospora? benxiensis* Liao, 1987

(图版119，图32, 47)

1987a *Lycospora benxiensis* Liai，廖克光，565页，图版138，图10—12。

描述 赤道轮廓三角形，三边凸，角部钝圆或微尖，大小55—59μm，全模(本书代选，图版119，图47)约55μm，副模(本书代选，图版119，图32)约59μm，本体轮廓与总轮廓基本一致；三射线具隆起的唇，伸达本体角端；近极射线长1/2—2/3R，围绕顶端的外壁增厚成三角形暗色区；赤道环内外形成暗明两圈，即环向外突然变薄，二者宽度大致相等，但薄环向角部稍变窄；本体光滑或具内点粒状结构；暗棕—棕黄色。

比较与讨论 本种环的结构类似于 *Lycospora*，即切面为楔形，但环的外圈有向角部变窄趋势，又有点像 *Rotaspora*，不过，后者环无内厚外薄之分，故存疑地归入 *Lycospora* 属。本种以射线顶端周围具三角形暗色区而不同于属内其他种。

产地层位 山西宁武,本溪组。

薄环鳞木孢 *Lycospora bracteola* Butterworth and Williams, 1958

(图版 119,图 27;图版 120,图 9)

1958 *Lycospora bracteola* Butterworth and Williams, p. 375, pl. 3, figs. 26,27.

1967 *Stenozonotriletes*? *bracteolus* (Butterworth and Williams) Smith and Butterworth, p. 217, pl. 14, figs. 1—4.

?1984 *Lycospora bracteola*,高联达,361 页,图版 140,图 8。

1987a *Lycospora bracteola*,廖克光,565 页,图版 138,图 8。

描述 赤道轮廓圆形—圆三角形,大小 31—40μm;赤道环薄,但宽可达 3—5μm;本体壁不厚,三射线单细,或具窄唇,直或微弯曲,总宽 2—3μm,末端达环内沿,或呈弓形脊状与环连接;外壁表面具细颗粒纹饰,中等密度或颇稀,轮廓线微齿状;黄棕色。

比较与讨论 廖克光(1987a)和高联达(1984,图版 140,图 8;按放大倍数约 40μm)鉴定的孢子与 *L. bracteola* 原全模多少相似,仅后者颗粒大小介于前述二者之间;高联达另一标本(1984,图版 140,图 7)的环和弓形脊颇清楚,但大小近 100μm,可能属 *Crassispora*,其不明显的细弱纹饰或许是保存所致。耿国仓(1987,30 页,图版 3,图 5)鉴定的 *Crassispora bracteola* 未必可信,因为其大小达 68—74μm,射线唇粗壮,环厚达 10—15μm,与原描述特征差别太大,但他将其归入 *Crassispora* 很可能是正确的。Smith 和 Butterworth(1967)记载的此种大小为 36—54μm,全模 45μm,环宽 3—6μm。他们认为环的结构非楔形,即从内到外厚度大体一致,不宜归入 *Lycospora*,而颗粒纹饰(高约 1μm)又偏粗,故存疑地归入 *Stenozonotriletes*,本书未采用他们的意见。此种与 *Lycospora granulata* 的区别是前者环较宽;与 *Crassispora minuta* Gao 的区别是后者纹饰为细锥刺而非颗粒。

产地层位 山西宁武,太原组—山西组。

短小鳞木孢 *Lycospora brevis* Bharadwaj, 1957

(图版 119,图 58, 59)

1957 *Lycospora brevis* Bharadwaj, p. 103, pl. 27, figs. 6, 7.

1982 *Lycospora brevis* Bharadwaj,蒋全美等,610 页,图版 395,图 1;图版 396,图 10。

1996 *Lycospora brevis*,王怿,图版 6,图 17。

描述 赤道轮廓圆三角形,大小 20—25μm;三射线具唇,边缘具不规则小瘤或颗粒,伸达赤道;具赤道带环,颇窄,宽 3—4μm;体壁稍薄,偶有小褶皱,连环表面皆具细平颗粒纹饰;轮廓线微波状;棕黄色。

比较与讨论 当前标本与 *L. brevis* Bharadwaj 颇相似,后者大小 18—22μm;本种以个体特小区别于 *L. brevijuga*;与 *L. pusilla* 相比,后者个体较大,且有有特征性的褶皱发育。

产地层位 湖南宁远冷水铺煤矿、邵东佘田桥,大塘阶测水段—石蹬子段;湖南锡矿山,孟公坳组。

细齿鳞木孢 *Lycospora denticulata* Bharadwaj, 1957

(图版 119,图 34, 36)

1957 *Lycospora denticulata* Bharadwaj, p. 103, pl. 27, fig. 9.

1987a *Lycospora denticulata* Bharadwaj,欧阳舒、陈永祥,61 页,图版 XV, 图 8—11。

1996 *Lycospora denticulata*,王怿,图版 6,图 18。

描述 赤道轮廓三角形—圆三角形,大小 24(27)32μm(测 7 粒);三射线清楚,直,具窄唇,宽 1.0—1.5μm,深达环的内沿,末端常尖锐;外壁薄,厚 <1μm,具一赤道环,宽 2—4μm,常具色较暗的内带,表面具颇密的小刺状、颗粒状纹饰,直径和高 <1μm,在轮廓线上呈细锯齿状;黄色。

比较与讨论 当前孢子形态与萨尔煤田维斯发期的 *L. denticulata* 基本一致,仅后者射线稍单细;与 *L. tenuispinosa* 相比,前者环较宽且具色暗的内带,外壁常无褶皱。

产地层位 山西保德,下石盒子组;江苏句容,高骊山组;湖南锡矿山,孟公坳组。

粒面鳞木孢(比较种) *Lycospora* cf. *granulata* Kosanke, 1950

(图版119,图42, 52)

1960 *Lycospora granulata* Kosanke, Imgrund, p. 171, pl. 15, figs. 85, 86.

1982 *Lycospora granulata*,黄信裕,图版Ⅱ,图7,8。

1983 *Lycospora granulata*,高联达,505页,图版115,图7,8。

1983 *Lycospora granulata*,邓茨兰等,图版Ⅰ,图13。

1984 *Lycospora microgranulata* Bharadwaj,高联达,362页,图版140,图14—16。

1986 *Lycospora*? *granulata*,欧阳舒,63页,图版Ⅶ,图27。

1987a *Vallatisporites communis* Sullivan,廖克光,567页,图版139,图5,6。

1993 *Lycospora granulata*,朱怀诚,89页,图版76,图14—16,21,22(部分)。

1996 *Lycospora granulata*,孔宪祯等,图版46,图18。

2000 *Lycospora granulata*,詹家祯,见高瑞祺等,图版2,图16。

描述 赤道轮廓三角形,三边凸出,角部钝圆或微尖,大小30—54μm;三射线具唇,粗细不等,多数宽达2—4μm,伸达环内;环大致分内外两层,总宽4—7μm,偶尔更宽些,多见外缘较薄或稍透明;孢子表面具不规则的、颇密的颗粒或低矮的小锥刺,基部直径0.5—2.5μm,多为1—2μm,轮廓线不平整或微齿状;棕黄色。

比较与讨论 按 *L. granulata* Kosanke, 1950(p. 45, pl. 10, figs. 4, 6)原模式标本和描述,此种大小30—41μm,全模37.8μm,三射线具唇,环很窄(a small equatorial ridge),外壁厚约2μm,表面呈粗颗粒状。我国被定为此种的标本与之相比,具颗粒纹饰这一特征是相似的,但总是有这样那样的区别,如孢子大小、颗粒大小或是否单唇、唇的宽窄,主要是环一般都较宽;仅同义名表中所列的 *L. microgranulata* Bharadwaj,从图片看,环较窄细,相对更接近 Kosanke 的原义。Smith 和 Butterworth (1967, p. 247, pl. 20, figs. 1—3)在鉴定英国石炭系的类似标本时,曾提及纹饰较 Kosanke 说的粗(直径≤2.5μm),故在种名前加了问号(*L.* ?*granulata*)。由于前述原因,我们也对种的鉴定作了保留。Somers(1972)将不少种并入他修订的 *L. pusilla* Ibrahim 之内,其中也包括了 *L. granulata* 和 *L. microgranulata*,虽然他也提及这是暂时的处理办法。

产地层位 河北开平煤田,本溪组—赵各庄组;山西宁武,太原组;山西保德,本溪组—太原组;内蒙古鄂托克旗,本溪组;内蒙古清水河,太原组;福建长汀陂角,梓山组;贵州贵阳乌当,旧司组;云南富源,宣威组上段;甘肃靖远磁窑,红土洼组—羊虎沟组;新疆塔里木盆地和田河井区,卡拉沙依组。

齿环鳞木孢(比较种) *Lycospora* cf. *lobulata* Staplin, 1960

(图版119,图10, 65)

1959 *Lycospora lobulata* Staplin, p. 19, pl. 4, fig. 11.

1972 *Lycospora lobulata* Staplin, Somers, p. 83, pl. Ⅲ, fig. 10(?); pl. Ⅳ, fig. 3.

1982 *Lycospora lobulata*,黄信裕,图版Ⅱ,图6。

1982 *Lycospora verrucosa* Kosanke(sic!),黄信裕,图版Ⅱ,图10。

描述 当前标本大小25—28μm,圆三角形—亚圆形;三射线具唇,环缘略呈齿状或齿裂外有平整外缘相连,但其余外壁瘤状纹饰或较繁多或基本未见,与全模标本似有相当大的差别,故定为比较种。

比较与讨论 据 Somers (1972)描述,此种全模产自加拿大下石炭统上部,圆三角形,大小约29μm;三裂缝清楚,局部具细瘤状唇,宽约2μm,伸达环的内沿或微进入环内;环由基部多相连的齿瘤组成,齿大小不一,大者5×4μm,轮廓线上的齿刻浅,局部可见平整光滑的膜状外缘,绕周边约20枚;瘤在孢子中部变细弱(颗粒)。

注释 由于其纹饰特征,Somers 似倾向于将其归入 *Secarisporites* Neves, 1961;但 Staplin 认为此种虽标本很少,但不可能是 *Lycospora uber* Staplin, 1960 的畸异分子,有待更多标本发现方能重新考虑其归属。

产地层位 福建长汀陂角,梓山组。

小鳞木孢 *Lycospora minuta* (Ischenko) Somers, 1972

(图版119,图9)

1956 *Euryzonotriletes minutus* Ischenko, p. 52, pl. 8, fig. 106.

1972 *Lycospora minuta* (Agrali) Somers, pl. Ⅲ, fig. 12.

1984 *Lycospora* cf. *rugosa* Schemel,王蕙,图版Ⅱ,图27。

描述 赤道轮廓三角形,大小约22.5μm;三射线细弱,隐约可见,近达本体边沿;赤道环较厚,色暗,宽3—4μm,即约1/3R;外壁表面鲛点—细粒状。

比较与讨论 当前标本大小、形态与从俄罗斯下石炭统记载的 *Euryzonotriletes minutus* Ischenko 较为相似,但原描述提及环在角部稍变薄(从图106看,至少在一个角上并非如此)。因此,Oshurkova(2003, p. 343)将本种存疑地归入 *Ambitisporites* 属;否则,此种名是 *Lycospora minuta* (Wilson and Coé, 1941) Schopf, Wilson and Bentall, 1944 的晚出异物同名。*L. rugosa* Schemel 呈圆形。

产地层位 宁夏横山堡,上石炭统。

宁夏鳞木孢 *Lycospora ningxiaensis* Wang, 1984

(图版119,图54)

1982 *Lycospora ningxiaensis* Wang,王蕙,图版Ⅳ,图9—11(裸名)。

1984 *Lycospora ningxiaensis* Wang,王蕙,100页,图版Ⅱ,图30。

描述 赤道轮廓亚圆形—圆形,偶尔圆三角形,大小25—30μm,全模28μm;三射线细,有时不明显,有时具窄唇,微弯曲,长1/2—2/3R;外壁薄,厚<1μm,表面具粗糙—细点状纹饰;赤道偏近极一边具1—2μm宽的窄环,环上或附近具粗粒—小瘤突起或形状不规则的瘤,大小3.4—6.0μm;浅黄色。

比较与讨论 本种以偏近极有窄的、具粗粒或小瘤的带环而与 *L. orbicula* 等区别。本种形态并不甚符合 *Lycospora* 属的属征,鉴于归入 *Lophozonotriletes* 更不妥,故暂按原作者意见处理。

产地层位 宁夏横山堡,中上石炭统。

瘤粒鳞木孢 *Lycospora noctuina* Butterworth and Williams, 1958

(图版119,图53, 55)

1958 *Lycospora noctuina* Butterworth and Williams, p. 376, pl. 3, figs. 14, 15.

1967 *Lycospora noctuina*, Smith and Butterworth, p. 248, pl. 20, figs. 4—6.

1984 *Lycospora noctuina*,高联达,362页,图版140, 图13。

1988 *Lycospora noctuina*,高联达,图版Ⅴ,图5。

1993 *Lycospora noctuina*,朱怀诚,289页,图版76,图29,34。

1994 *Lycospora noctuina*,卢礼昌,图版4,图16,17。

描述 赤道轮廓圆三角形,大小30—42μm;赤道环宽4—10μm,即1/4—1/3R,内带厚实,色暗,宽约为环总宽的1/2,外带色浅,膜状,轮廓线细齿状;三射线明显,具窄唇,直或微弯,总宽2—3μm,伸达环内甚至环边;中央本体外壁薄,远极面具粗粒、块瘤或皱瘤,瘤宽达2μm,间距<2μm,环缘光滑或细颗粒状;黄棕色。

比较与讨论 当前标本与 Smith 和 Butterworth(1967)扩充定义并描述的 *L. noctuina* 很相似,仅未见到环的外带有时存在"小圆形或辐射拉长的空隔区";本种以环较宽尤其远极面具粗粒和块瘤而与属内其他种区别。

产地层位 河北开平煤田,赵各庄组(煤9);山西宁武、内蒙古清水河,太原组;山西保德,本溪组;江苏南京龙潭,五通群擂鼓台组下部;甘肃靖远,臭牛沟组,红土洼组—羊虎沟组下段。

小环鳞木孢 *Lycospora orbicula* (Potonié and Kremp) Smith and Butterworth, 1967

(图版119,图33, 35)

1955 *Cyclogranisporites orbiculus* Potonié and Kremp, p. 63, pl. 13, figs. 179—183.

1967 *Lycospora orbicula* (Potonié and Kremp) Smith and Butterworth, p. 429, pl. 20, figs. 16—19.

1982 *Lycospora orbicula*,王蕙,图版Ⅳ, 图 7,8。

1982 *Lycospora orbicular*,黄信裕,图版Ⅱ,图 13。

1982 *Lycospora micrograulata* Bharadwaj,黄信裕,图版Ⅱ,图 5。

1987a *Lycospora orbicula*,廖克光,565 页,图版 138,图 6,7。

1987c *Lycospora orbicula*,廖克光,图版 2,图 25,26。

1993a *Lycospora orbicula*,朱怀诚,290 页,图版 76,图 24,30,35。

1996 *Lycospora orbicula*,朱怀诚,153 页,图版Ⅱ,图 153。

描述 赤道轮廓近圆形—圆三角形,大小 23—33μm;三射线清楚,单细或具窄细唇,伸达或近达赤道,末端或具不完全弓形脊;带环很窄,有时不明显,宽 1—2μm,即 1/10—1/8R,内界有时不清晰;外壁薄,厚 0.5—1.0μm,细颗粒(粒径≤0.5μm)状纹饰主要见于赤道和远极面,近极面纹饰减弱或光滑;淡黄色。

比较与讨论 当前标本与 Smith 和 Butterworth(1967)修订并描述的新联合 *L. orbicula* 略相似,后者主要特征是孢子小、轮廓基本圆形、环窄和近极面无明显纹饰,在西欧基本上见于上石炭统中下部(Westphalian A—D)。本种与 *Cyclogranisporites pressoides* Potonié and Kremp 很相似,区别在于后者无赤道环。

产地层位 山西宁武,本溪组下部;山西平朔矿区,太原组—下石盒子组;福建长汀陂角,梓山组;甘肃靖远,红土洼组—羊虎沟组;宁夏横山堡中、上石炭统;新疆塔里木盆地,卡拉沙依组。

透明鳞木孢 *Lycospora pellucida* (Wicher) Schopf, Wilson and Bentall, 1944

(图版 119,图 56, 57)

1934 *Sporites pellucidus* Wicher, p. 186, pl. 8, fig. 29.

1944 *Lycospora pellucida* (Wicher) Schopf, Wilson and Bentall, p. 54.

1956 *Lycospora pellucida*, Potonié and Kremp, p. 102, pl. 17, figs. 341—344.

1960 *Lycospora* cf. *pellucida*, Imgrund, p. 171, pl. 15, fig. 88.

1967 *Lycospora pellucida*, Smith and Butterworth, p. 250, pl. 20, figs. 7—9.

1982 *Lycospora pellucida*,黄信裕,图版Ⅱ,图 11。

1993a *Lycospora pellucida*,朱怀诚,290 页,图版 76,图 26,28,31—33,36—38。

1993b *Lycospora pellucida*, Zhu, pl. 6, figs. 7, 8.

1995 *Lycospora pellucida*, Zhu, pl. 1, fig. 6.

描述 赤道轮廓圆三角形—亚圆形,大小 30—41μm;赤道环内界明显,环宽 4—8μm,多 5—7μm,宽为 1/4—1/3R;明显或不明显,分为内带和外带,内带厚实,色暗,宽 1/3—1/2R,外带薄,色淡或透明,轮廓线微齿状;三射线清晰,具窄唇,直,偶尔弯曲,伸达环内缘或环边;外壁薄,本体和环表面具颇密细颗粒,粒径 0.5—1.0μm,间距 <1.5μm;深黄色。

比较与讨论 当前标本与 Potonié 和 Kremp (1956)描述或 Smith 和 Butterworth (1967)扩充的内涵特征基本一致。本种与 *L. noctuina* 的区别在于它在近极和远极都缺乏任何粗大纹饰。Smith 和 Butterorth(1967)认为 *L. punctata* Kosanke, 1950, *L. pseudoannulata* Kosanke, 1950, *L. micrograulata* Bharadwaj, 1957a 皆为 *L. pellucida* 的晚出同义名,因为在他们看来,点穴状、颗粒状纹饰在其他特征相似的情况下很难作为划分种的可信基础;Bharadwaj (1957a)显然把 *L. pseudoannulata* 的环解释为膜状,缺乏厚实内带,但其图像和原描述(外壁厚在 2—3μm 之间)似不支持他的解释;此外,这几个种的环宽大多为 1/4—1/3R。

产地层位 河北开平煤田,本溪组—太原组;福建长汀陂角,梓山组;甘肃靖远磁窑,红土洼组—羊虎沟组。

假环鳞木孢(比较种) *Lycospora* cf. *pseudoannulata* Kosanke, 1950

(图版 119,图 48, 60)

1962 *Lycospora* cf. *pseudoannulata* Kosanke,欧阳舒,92 页,图版Ⅲ,图 15。

1978 *Lycospora* cf. *pseudoannulata*,谌建国,410 页,图版 119,图 15。

1982 *Lycospora* cf. *pseudoanulata*，蒋全美，610 页，图版 404，图 15。

1987a *Lycospora pseudoannulata*，廖克光，565 页，图版 138，图 21。

描述 赤道轮廓三角形—圆三角形，大小 32—40μm；三射线明显，单细或具窄唇，伸达环内或其边沿；赤道环宽 5—7μm，隐约分内外两带，内带常较厚实，色暗些；本体外壁不厚，表面具细颗粒纹饰或近光滑；棕黄—淡黄色。

比较与讨论 本种与最初从美国上石炭统获得的 *L. pseudoannulata* Kosanke，1950（p. 45，pl. 10，fig. 7）略相似，后者大小 30—42μm，全模 42μm；但本同义名表中所列种又表现出这样那样的区别，如射线唇的有无，环的内外带分异的程度，纹饰明显与否；与美国标本相比，仍有颇大差异，如后者环外带较宽且具许多小穿孔等。故有保留地归入此种内。

产地层位 山西宁武，本溪组；浙江长兴，龙潭组；湖南石门青峰，栖霞组马鞍段。

点穴鳞木孢 *Lycospora punctata* Kosanke，1950

（图版 119，图 2）

1950 *Lycospora punctata* Kosanke，p. 45，pl. 10，fig. 3.

1984 *Lycospora punctata* Kosanke，王蕙，图版 4，图 12。

1984 *Lycospora punctata*，王蕙，图版 2，图 31。

描述 赤道轮廓三角形，三边凸出，角部钝圆—微尖，大小约 26μm；三射线具唇，向末端变尖，深入环内；赤道环楔形，宽 3—4μm，内带色暗，向外变薄，在角部可明显看出，轮廓线基本平整；本体外壁不厚，点穴状（?）。

比较与讨论 当前标本与 *Lycospora punctata* 颇相似，不过，据 Kosanke 描述，此种大小 30—42μm，全模 38μm，而 Bharadwaj（1957b）则认为大小一般为 30μm。与模式标本相比，当前标本个体稍小，且唇较发达。

产地层位 宁夏横山堡，上石炭统。

弱唇鳞木孢 *Lycospora pusilla*（Ibrahim）Schopf，Wilson and Bentall，1944

（图版 54，图 11；图版 119，图 15，17）

1932 *Sporonites pusillus* Ibrahim in Potonié，Ibrahim and Loose，p. 448，pl. 15，fig. 19.

1933 *Zonales-sporites pusillus* Ibrahim，p. 32，pl. 2，fig. 20.

1938 *Zonotriletes pusillus*（Ibrahim），Waltz in Luber and Waltz，pl. 3，fig. 33；pl. 8，fig. 105.

1944 *Lycospora pusilla*（Ibrahim）Schopf，Wilson and Bentall，p. 54.

1956 *Lycospora pusilla*（Ibrahim）Schopf，Wilson and Bentall，Potonié and Kremp，p. 103，pl. 17，figs. 351—354.

1960 *Lycospora* cf. *pusilla*，Imgrund，p. 126，pl. 15，figs. 83，84.

1967 *Lycospora pusilla*，Smith and Butterworth，p. 251，pl. 20，figs. 10—12.

1980 *Lycospora pusilla*，周和仪，34 页，图版 10，图 29—33。

1984 *Lycospora pusilla*，高联达，362 页，图版 140，图 9。

1984 *Lycospora pellucida*（Wicher），高联达，363 页，图版 140，图 17—19。

1985 *Lycospora pusilla*，Gao，pl. 2，fig. 23.

1985 *Lycospora pusilla*，高联达，图版 6，图 2；图版 10，图 8。

1987 *Lycospora pusilla*，周和仪，图版 2，图 21，28。

1990 *Lycospora pusilla*，朱怀诚，见何锡麟等，325 页，图版Ⅶ，图 15，16。

1993 *Lycospora pusilla*，朱怀诚，290 页，图版 76，图 18—20，23。

?1999 *Lycospora pusilla*，卢礼昌，65 页，图版 5，图 11。

描述 赤道轮廓近圆形—圆三角形，大小 27—40μm；赤道具窄的带环，宽 2—5μm，即占孢子半径的 1/9—1/5；三射线有时开裂，具薄唇，伸入环内；外壁表面具细密颗粒纹饰，粒径 0.5—1.0μm，轮廓线上微不平整；黄棕色。

比较与讨论 按原描述，此种特征为：大小 25—40μm，全模 38μm；射线直，细弱，饰以细颗粒；带环宽约 1/9R;轮廓线为颇规则的微缺刻状,外壁颗粒状(Potonié and Kremp, 1956)。后来,Smith 和 Butterworth 描述此种英国标本时,提及环宽约 3μm,即 1/9—1/5R。本种大小、纹饰与 *L. granulata* 相似,但以射线无显著唇与后者区别,以环较窄区别于属内其他种;*L. denticulata* Bharadwaj 的环也不宽,但内暗外明分带明显,且外壁表面具小刺、颗粒纹饰。被 Kaiser (1976) 鉴定为 *L. pusilla* (Ibrahim) Somers, 1972 的我国山西标本,其大小达 40—47μm,三射线长仅 2/3R,外壁表面具细密锥刺,未明确提及赤道环,仅描述为"外层厚 1. 5μm";吴建庄鉴定的 *L. pusilla* 确属 *Lycospora*,但亦具锥刺纹饰:所以与原全模差别较大,至少种的鉴定应作保留。被 Imgrund(1960)保留地鉴定为此种的标本颗粒纹饰稍偏细,描述中提及的"有时为颗粒—块瘤的过渡",恐为观察、解释所致。我国还有一些此种的记录,因与原模式标本相差较大,未列入同义名表。

注释 种名 *pusilla* 是细小、细弱之意,鉴于本种全模标本大小达 38μm,与 *L. granulata* 等的全模大小相当,所以不宜译为"小鳞木孢"。因本种主要特征是唇弱和环窄,"弱唇"与原意亦不矛盾,故改译之。此种(甚至整个 *Lycospora* 属)在西欧始现于维宪阶底部,是所谓的 Pu 带的代表分子(Clayton et al. , 1977),在我国始现的时代可能要早得多。

产地层位 河北开平煤田,本溪组—赵各庄组(煤 14—17);山西宁武,本溪组—太原组;山西保德,本溪组;内蒙古清水河煤田、准格尔旗黑黛沟,太原组(煤 9);山东沾化,太原组—山西组;贵州睦化,打屋坝组底部;甘肃靖远,红土洼组—羊虎沟组;新疆和布克赛尔,黑山头组。

圆形鳞木孢 *Lycospora rotunda* Bharadwaj, 1957

(图版 119,图 16, 49)

1957a *Lycospora rotunda* Bharadwaj, p. 103, pl. 27, figs. 10—12.

1977 *Lycospora rotunda* (Bharadwaj) Somers, in Clayton et al. , pl. 17, fig. 15.

1978 *Lycospora rotunda* Bharadwaj,谌建国,410 页,图版 119,图 16。

1982 *Lycospora rotunda*,蒋全美等,610 页,图版 404,图 11,12。

1982 *Lycospora verrucosa* Kosanke (sic!), 黄信裕,图版Ⅱ,图 9。

1984 *Lycospora rotunda*,高联达,361 页,图版 140,图 5,6,10,11。

1985 *Lycospora rotunda*, Gao, pl. 2, fig. 22.

1985 *Lycospora rotunda* (Bharadwaj) Somers, pl. 2, fig. 22.

?1986 *Lycospora rotunda*,杜宝安,图版Ⅱ,图 32。

1986 *Lycospora rotunda*,唐善元,图版Ⅰ,图 39。

1987c *Lycospora rotunda* (Bharadwaj) Somers,廖克光,图版 2,图 27。

1988 *Lycospora rotunda* (Bharadwaj) Somers,高联达,图版Ⅴ,图 4。

1993a *Lycospora granulata* Kosanke,朱怀诚,289 页,图版 76,图 17。

1993a *Lycospora pellucida* (Wicher),朱怀诚,图版 76,图 27。

描述 赤道轮廓圆形或微三角圆形,大小 32—40μm;三射线具较低平但有一定宽度的唇,伸达环的边缘;孢子中央体圆形,具赤道环,内圈颜色稍暗,总宽 4—7μm,在角部较宽;外壁具颇密至有一定间距的锥刺—颗粒状纹饰,基宽约 2μm,末端微尖或钝,在轮廓线上呈刺或粒状凸起;黄—棕黄色。

比较与讨论 Bharadwaj 建立此种时特别强调轮廓圆形,其孢子大小、纹饰与 *L. granulata* 相似。我国所鉴定的此种标本(见同义名表),在大小、形态上与之颇为相似,但纹饰有时以锥刺为主;甘肃靖远被定为 *L. granulata* 的一个标本与 Clayton 等(1977)鉴定的 *L. rotunda* 最为接近。产自福建长汀的 *L. verrucosa*,鉴定者应为 Staplin (1960),原指射线边缘具瘤(所以 Steplin 在属名后加了?),其余外壁基本光面,所以种的鉴定有误,从照片看,更似 *L. rotunda*。

产地层位 河北开平,开平组—赵各庄组;山西平朔矿区,晋祠组;山西宁武、甘肃平凉,太原组—山西组;山西保德,太原组;内蒙古准格尔旗黑岱沟,本溪组;福建长汀陂角,梓山组;湖南湘中,测水组;湖南韶山区韶山、邵东保和堂、宁乡炭坝,龙潭组;甘肃靖远,臭牛沟组、羊虎沟组。

褶皱鳞木孢 *Lycospora rugosa* Schemel, 1951

（图版54,图9, 10）

1951 *Lycospora rugosa* Schemel, p. 747; text-fig. 4.

1999 *Lycospora rugosa*,卢礼昌,66 页,图版5,图9,10。

注释 大小42. 5μm(仅1粒);纹饰除细颗粒外,尚有窄而长的皱脊,分布不规则,但不交结成网状图案;粒径常小于1μm,脊宽约1μm(或不足),脊长多变,但不延伸至环面;环内侧部分较外侧部分厚,宽约2μm。

比较与讨论 本种与 *L. pusilla* 颇相似,但其以具皱脊而与后者不同。

产地层位 新疆和布克赛尔,黑山头组6层。

亚三角鳞木孢 *Lycospora subtriquetra* (Luber) Potonié and Kremp, 1956

（图版119,图6, 7）

1938 *Zonotriletes subtriquetrus* Luber, pl. Ⅵ, fig. 85.

1941 *Zonotriletes subtriquetrus* Luber, in Luber and Waltz, p. 111, pl. Ⅸ, fig. 146.

1956 *Lycospora subtriquetra* (Luber) Potonié and Kremp, p. 101.

1987 *Lycospora subtriquetra*,高联达,图版6,图23,24。

1987a *Lycospora rotunda* (Bharadwaj) Somers,廖克光,565 页,图版138,图14。

1988 *Lycospora subtriquetra*,高联达,图版5,图6。

描述 赤道轮廓圆三角形,角部浑圆,大小35—43μm;外壁表面具颗粒纹饰,在赤道部位具带环,宽≤4μm,纹饰在赤道部位较发达,以致环的外缘仿佛微呈流苏状,小球—锥饰轮廓线;三射线清楚,具唇,至少伸达环内沿;棕黄色。

比较与讨论 当前标本与从哈萨克斯坦下石炭统获得的 *L. subtriquetra* 基本相似,唯后者个体较小(30—35μm),环稍窄,唇亦较细。廖克光(1987a)鉴定的 *L. rotunda*,大小35μm,更近于三角形,环窄,纹饰与本种相似,故迁入。

产地层位 山西宁武,本溪组;甘肃靖远,臭牛沟组、“靖远组下段”(红土洼组)。

小刺鳞木孢 *Lycospora tenuispinosa* Ouyang and Chen, 1987

（图版120,图2, 3）

1987a *Lycospora tenuispinosa* Ouyang and Chen,欧阳舒、陈永祥,61 页,图版15,图1—4。

描述 赤道轮廓三角形—圆三角形,近极面颇低平,远极面强烈凸出,大小21(28)32μm(测20粒),全模标本31μm(图版120,图2);三射线清楚,具窄唇,宽1. 0—1. 5μm,微弯曲,伸达或近达赤道轮廓;外壁薄,厚<1μm,远极面常具若干方向不定的褶皱,赤道与近极面交界处常增厚成一窄环,厚1. 0—1. 5μm,侧面观清晰可辨;外壁表面和环上具颇密的细刺纹饰,基宽0. 5—l. 0μm,高与基宽大致相当或稍长些,末端常尖锐,在轮廓线上微呈锯齿状;浅黄—黄色。

比较与讨论 本种以很窄(1/10—1/9R)的赤道环、小刺纹饰和远极面具褶皱而区别于 *Lycospora* 属的其他种,它与萨尔煤田维斯发阶的 *L. denticulata* Bharadwaj, 1957(p. 103,pl. 27,fig. 9)较为相似,但后者环较宽(1/6—1/5R),三射线唇更窄且不弯曲,孢子远极面常无褶皱。本种与本书的 *Apiculiretusispora hunanensis* (Hou)亦颇相似,但以具真正的赤道环、远极面多褶皱、近极面不光滑而与后者有别。

产地层位 江苏句容,高骊山组。

珠节鳞木孢 *Lycospora torquifer* (Loose) Potonié and Kremp, 1956

（图版120,图10）

1932 *Sporonites torquifer* Loose in Potonié, Ibrahim and Loose, p. 450, pl. 18, fig. 43.

1934 *Reticulati-sporites torquifer* Loose, p. 154.

1956 *Lycospora torquifer* (Loose) Potonié and Kremp, p. 104, pl. 17, figs. 355—359.

1984 *Lycospora torquifer* (Loose),王蕙,图版Ⅳ,图5,6。

描述 赤道轮廓三角形—圆三角形,大小30—34μm;具赤道带环,环宽3—4μm,即约1/4R,分内外两层,内层色暗;三射线清楚,具窄唇,微开裂,伸达环内或其边沿,因纹饰唇缘不平整;外壁中厚,表面具颇密且粗的颗粒纹饰,粒径1.0—1.5μm,轮廓线缺刻状或至少不平整;黄棕色。

比较与讨论 当前标本形态颇似 *L. torquifer*,据 Potonié 和 Kremp(1956)描述,此种大小30—40μm,全模35.5μm,射线盖层(唇)具树皮状(borkig)纹饰,环宽约1/4R,轮廓线缺刻—齿状;此种较接近 *L. granulata*,但后者个体较大,颗粒亦较粗。本种外壁较 *L. pusilla* 似厚些,后者环相对更窄。

产地层位 宁夏横山堡,中上石炭统。

念珠鳞木孢(比较种) *Lycospora* cf. *torulosa* Hacquebard, 1957

(图版120,图11, 12)

1980 *Lycospora torulosa* Hacquebard,高联达,图版Ⅴ,图1,2,4。

描述 赤道轮廓圆三角形,大小40—45μm;三射线单细,或因纹饰遮掩不甚清楚或开裂,伸达环内;赤道环宽3—5μm,本体边缘[环内带(?)]色似较暗,表面具颗粒—细瘤纹饰,不很密,在轮廓线上呈微波状(据图片描述)。

比较与讨论 当前标本与 *L. torulosa* Hacquebard, 1957(p. 312, pl. 2, fig. 11)略相似,后者据原作者描述,大小41—53μm,中央区具中、粗颗粒—细瘤纹饰,最大直径可达3μm,环宽3—6μm,切面楔形;但高联达(1980, 图版Ⅴ,图1,2,4)鉴定的 *L. torulosa* 与之相比,总体形象并不特别相似,如加拿大标本射线末端似具弓形脊,看不出环的内外分带等,故种的鉴定作了保留。

产地层位 甘肃靖远,前黑山组。

三瘤鳞木孢(新联合) *Lycospora triverrucosa* (Gao) Ouyang comb. nov.

(图版120,图1)

1989 *Angulisporites triverrucosa* Gao,高联达等,9页,图版1,图19。

描述 赤道轮廓三角形,角部呈锐角,三边凸出,大小34—45μm,全模38μm;具赤道环,宽5—6μm,"环与本体接触处加厚,呈深褐色,环外缘变薄,呈黄褐色";三射线具窄唇,宽2—3μm,微弯曲,延伸达环的顶端;射线之间顶部具3个近圆形的乳突(interadial papillae),直径3—5μm;孢子表面具细点状结构。

比较与讨论 本种原归入 *Angulisporites* Bharadwaj, 1954,但原作者提及该属孢子带环中部增厚,侧面观呈菱形,向内外两侧变薄,且其模式种全模大小达84μm;Jansonius 和 Hills (1976)则倾向于此属与 *Densosporites* 同义,为腔状孢。而当前孢子的环,据上述描述中引号中所提特征,显然是内厚外薄,切面观当呈楔形,更接近 *Lycospora* 的特征,孢子大小也如此,故迁入之。本种以无颗粒状纹饰而与该属其他种不同。本种射线之间的乳突被有些作者解释为四孢体接触时所留物质,有些作者则认为这些乳突是发育在外壁内层上的。

产地层位 贵州凯里,梁山组。

肥实鳞木孢(比较种) *Lycospora* cf. *uber* (Hoffmeister, Staplin and Malloy) Staplin, 1960

(图版120,图7, 13)

1955 *Cirratriradites uber* Hoffmeister, Staplin and Malloy, p. 383, pl. 36, fig. 24.

1960 *Lycospora uber*, Staplin, p. 20, pl. 4, figs. 13, 17, 18, 20.

1978 *Lycospora* cf. *uber* (Hoffmeister et al.),谌建国,410页,图版119,图17。

1982 *Lepidozonotriletes tarsus* Jiang and Hu,蒋全美等,611页,图版395,图6—8;图版396,图18,20—22。

1999 *Lycospora uber*,卢礼昌,66页,图版1,图24。

描述 赤道轮廓圆三角形,大小48μm;三射线具窄唇,微弯曲,伸达角部环的内沿或微进入环内;赤道带环较宽,达7—8μm,平滑无纹饰,横切面楔形,但偏厚的基部并不形成有明显分界的暗色内带;本体微凸边三角形,壁薄,厚约1μm,光滑;淡黄—黄色。

比较与讨论 与最初从美国下石炭统上部获得的 *Cirratriradites uber* Hoffmeister, Staplin and Malloy, 1955 相对较相似,后者大小28—42μm,但本体上具细颗粒状纹饰;与 *L. uber*(Hoffmeister et al.)Staplin, 1960(见 Somers, 1972, p. 38, pl. Ⅰ, fig. 29; pl. Ⅱ, figs. 18, 19; pl. Ⅻ, fig. 1,尤其 pl. Ⅱ, fig. 19)差别则更大,后者大小28—39μm,"全模"(Staplin 指定,不合国际法规)赤道环内暗外亮两层分异明显,三射线具粗壮的唇,新疆标本(34. 3μm)与之较相似。

产地层位 湖南石门青峰,栖霞组马鞍段;新疆和布克赛尔,黑山头组。

美丽鳞木孢 *Lycospora venusta* (Loose) Potonié and Kremp, 1956

(图版120,图14)

1932 *Zonales-sporites venustus* Loose, pl. 18, fig. 36.

1956 *Lycospora venusta* (Loose) Potonié and Kremp, p. 101.

1987a *Lycospora venusta* (Loose),廖克光,565页,图版138,图9。

描述 赤道轮廓三角形,大小44—48μm;三射线具唇,宽约3μm,高2μm,伸达孢子角端;赤道环窄,宽3—4μm,但隐约可见外带很薄且透明;远极面具不完全网状纹饰,网穴穴径2—7μm;棕黄色。

比较与讨论 当前标本远极面具网纹,这一重要特征与 Loose 当初所描绘的孢子基本一致,但以赤道环分内外两层、三射线具唇而与后者有些不同。廖克光(1987)在描述中提及"远极外壁向外扩张而构成一伸出本体的赤道膜环,环宽8μm",使人难以理解,因为从照片上看,有两边赤道部位具窄环。因此,本种鉴定需要更多的标本支持。

产地层位 山西宁武,本溪组。

糙环孢属 *Asperispora* Staplin and Jansonius, 1964

模式种 *Asperispora naumovae* Staplin and Jansonius, 1964;加拿大西部,中泥盆统上部(Givetian)。

属征 赤道轮廓亚圆形—亚三角形,全模大小66μm;外壁两层,外层近极面无明显突起纹饰,赤道环与远极面外层具锥刺、块瘤,乳突状纹饰,远极面大部分纹饰顶部都有一明显的乳突,且纹饰基部常相互融合;三射线清楚,射线多少伸达带环内沿;环相对较窄。

比较与讨论 本属与 *Spinozonotriltes* Hacquebard, 1957 的区别在于本属远极面具特征性的基部相互融合的乳突纹饰。*Cristatisporites* (Potonié and Kremp) 的近极面以及外壁内层纹饰都与本种有明显差异,并且前者的赤道环相对较宽。

分布时代 中国、加拿大等;中泥盆世—早石炭世。

锐刺糙环孢 *Asperispora acuta* (Kedo) van der Zwan, 1980

(图版33,图1—5)

1963 *Archaeozonotriletes acutus* Kedo, p. 71, pl. 7, fig,167.

1980b *Asperispora acuta* (Kedo) van der Zwan, p. 226, pl. 13, figs. 1—5.

1983 *Asperispora acuta*,高联达,201页,图版4,图13。

1987a *Dibolisporites upensis*,欧阳舒等,45页,图版7,图10—12。

1988 *Archaeozonotriletes acuta*,蔡重阳等,图版1,图24(部分)。

1988 *Asperispora* cf. *acuta*, Lu and Wicander, p. 132, pl. 4, fig. 3.

1993 *Asperispora acuta*,文子才等,315页,图版2,图26—29。

1994 *Asperispora acuta*,卢礼昌,图版5,图5—7。

1996 *Cristatisporites acutus* (Higgs et al.) Wang,王怿,25页,图版3,图22,23。

描述 赤道轮廓近三角形(角部宽圆,三边近平至凸)—近圆形,大小一般为28—36μm,很少大于

50μm；三射线常清楚，简单，直，伸达环内缘；外壁两层，内层常不清楚，少数标本（极面观）的内层与外层局部略有分离，外层近极面无明显凸起纹饰，赤道环与远极外层具大锥刺或小锥瘤状纹饰，基部轮廓近圆形或不甚规则，常见基宽2—4μm，高1—2μm，分布相当稀疏，彼此间距1.5—5.0μm，罕见局部接触，顶部钝凹至尖；赤道环宽2.5—4.8μm，边缘突起12—18枚，呈不规则的锯齿状；罕见褶皱；浅—深棕色。

比较与讨论 本种以纹饰粗大与分布稀疏为特征而与*Asperispora*属的其他种不同。

产地层位 江苏句容，五通群擂鼓台组下部；江苏宜兴（丁山），五通群中部；江苏南京龙潭，五通群擂鼓台组下部；江西全南，翻下组；湖南锡矿山，邵东组；西藏聂拉木，波曲组上部。

角饰糙环孢 *Asperispora cornuta* Lu, 1999

（图版33，图11，12）

1971 *Densosporites* sp.，*D.* cf. *aculeatus*，Playford，p. 39，pl. 14，figs. 3，4.

1999 *Asperispora cornuta* Lu，卢礼昌，61页，图版10，图1—4。

描述 赤道轮廓近三角形，角部钝—宽圆，三边直—外凸；大小62.4—71.8μm；三射线柔弱、弯曲、简单或具薄膜状唇，伸达环内缘附近；近极面无明显纹饰，赤道和远极面具明显的锥角状纹饰；纹饰在赤道区较粗、较密，基部宽3.0—4.7μm，长3.0—6.2μm，顶部尖，末端呈小针状，长1—3μm（常断落），远极面纹饰相对较细、较稀，基部常互不接触，一般宽2μm左右，罕见超过3μm，长2.5—3.5μm；带环宽仅3.6—6.4μm，内缘界线不清楚，外缘突起42—50枚；外壁薄，常破损；浅—深棕（环）色。

比较与讨论 本种以其锥角状纹饰为特征而与*Asperispora*属其他种不同。

注释 本种的外壁为两层，但内层界线常不清楚，仅在赤道区，当内外层局部分离时才可见。Playford描述的*Densosporites* sp.，*D.* cf. *aculeatus* Playford，1963部分标本（1971，p. 39，pl. 14，figs. 3，4），无论是形态特征、纹饰组成，还是大小幅度均与本种极为相似，故将其移置*A. cornuta*名下。

产地层位 新疆和布克赛尔，黑山头组4层。

小刺糙环孢 *Asperispora decumana* (Naumova) Lu, 1997

（图版33，图13，14）

1953 *Archaeozonotriletes decumanus* Naumova，p. 82，pl. XIII，fig. 2.

1997 *Asperispora decumana* (Naumova) Lu，卢礼昌，304页，图版3，图20，21。

描述 赤道轮廓宽圆三角形—近圆形，大小65.0—71.5μm；三射线颇弱或仅见微裂缝，长1/2—2/3R，三射线角顶或具顶部突起，基部圆形，直径10—13μm；内层不清楚；外层远极面具小锥刺或刺—粒状纹饰；纹饰呈辐射状分布，基宽1.2—1.8μm，高等于或略小于宽，至少不明显大于宽，彼此间距常在1—3μm之间，顶端锐或钝；膜环颇窄，但厚实，宽2.5—5.0μm；赤道轮廓呈不规则或不完全的小齿状；偶见窄而长的褶皱。

比较与讨论 据*Archaeozonotriletes* Naumova emend. Allen，1965的定义，该属仅接纳以外壁表面光滑无饰、加厚厚度明显不均匀且最大厚度位置多变为特征的分子。*Asperispora*属外壁外层远极面具纹饰，膜环颇窄，而*Archaeozonotriletes decumanus* Naumova，1953既具窄环，又具纹饰，所以将其改归入*Asperispora*内。

产地层位 新疆准噶尔盆地，呼吉尔斯特组。

大刺糙环孢点穴变种（新联合）
Asperispora macrospinosa (Jushko) var. *punctata* (Jushko in Kedo, 1963) Lu comb. nov.

（图版33，图6）

1963 *Archaeozonotriletes marcrospinosa* Jushko var. *punctata* Jushko in Kedo，p. 73，pl. 7，figs. 177—179.

1988 *Calyptosporites granulatus* Gao，高联达，229页，图版6，图22。

描述 赤道轮廓亚三角形，三边平直—微凸，角部钝凸或钝尖，大小37—45μm；三射线颇弱，简单，伸达内孢体边缘；内孢体（内层）轮廓与孢子赤道轮廓近乎一致，极面观与外层明显分离，并略偏中心，大小21—

24μm,近光面,厚 < 1μm;外层表面(除近极中央区外)覆以稀疏的长刺—锥刺状纹饰,彼此间距小于至略大于基部宽,基部轮廓不规则,略呈长圆形,宽 2—4μm,朝顶部变窄至顶端尖,长 2. 5—4. 8μm(赤道区纹饰),表面光滑;带环坚实,宽 5—7μm,具明显的点穴状结构,内缘界线明显(或清楚),外缘具 9—13 枚刺状突起;浅—深棕色。

注释 当前标本带环坚实,较中央体(内层)厚实得多,内孢体大小为 21—24μm;而 *Calyptosporites* 的外层为囊或环囊,且不具缘(limbus),其模式种的全模标本大小为 208μm,内孢体大小 114μm。因而,当前标本不宜置于 *Calyptosporites*,其形态、纹饰与大小等特征与 *Asperispora macrospinosa* var. *punctata* 颇相似,以"*Asperispora*"取代"*Archaeozonotriletes*"是因为赤道部位外壁呈环状,而非栎状加厚。

产地层位 西藏聂拉木,章东组。

尖顶糙环孢 *Asperispora mucronata* Lu, 1999

(图版 33,图 15—17)

1999 *Asperispora mucronata* Lu,卢礼昌,62 页,图版 16,图 8—11。

描述 赤道轮廓钝角凸边三角形,大小 81. 1—101. 4μm,全模标本 98. 6μm;三射线颇弱,有时不清楚,至少伸达环内缘;外壁两层:内层较薄,厚不足 1μm,多皱,由其形成的内孢体仅在与外层分离明显时才可见,外层较厚,但常不可量,点穴—小刺—粒状,远极面(包括环面)具棒—刺状纹饰,分布稀疏且不均匀,环面外缘附近纹饰较弱、较稀;棒—刺基部轮廓多少呈圆形,刺干呈短棒或圆筒形,顶部变窄并拉长至末端尖,基宽 1. 5—3. 0μm,全长 2. 5—6. 0μm;近极面无明显纹饰;带环厚实,较窄,宽 10. 0—12. 5μm,约为 1/4R,内缘界线不明显,近外缘较薄,其上的细刺—粒状纹饰较清楚,轮廓线近平滑至不规则细齿状;浅黄棕—棕色。

比较与讨论 本种以棒—刺状纹饰为特征而与下列各种不同:*A. scabra* 和 *A. verrcosa* Lu 的纹饰成分分别为具刚毛的钝锥刺与块瘤;同一产地同层位的 *A. undulata* Lu,1999 的形态特征与本种可比较,但纹饰分子较大(85. 8—120. 0μm),且为双型纹饰,即由"圆形块瘤加顶部小刺"组成。

产地层位 新疆和布克赛尔,黑山头组 4 层。

纳氏糙环孢 *Asperispora naumovae* Staplin and Jansonius, 1964

(图版 44,图 16, 17)

1964 *Asperispora naumovae* Staplin and Jansonius, p. 107, pl. 19, figs. 5, 6.

1997 *Asperispora naumovae*,卢礼昌,图版 3,图 12,13。

描述 赤道轮廓圆三角形—亚圆形,大小 48—66μm;三射线具唇,隆起,延伸不超出中央本体的边缘;外壁两层,外层与内层在赤道部分离形成环,外壁内层较薄,厚不足 1μm,外层较厚,表面具锥刺、蠕瘤纹饰,纹饰基宽 2—3μm,纹饰顶端多尖锐,偶见个别纹饰顶部具小毛刺,远极面蠕瘤状纹饰较发育,有时纹饰相互连接,呈不规则脊状;轮廓线呈不规则齿状。

产地层位 新疆准噶尔盆地,呼吉尔斯特组。

糙面糙环孢 *Asperispora scabra* Lu, 1981

(图版 33,图 7, 8)

1981 *Asperispora scabra* Lu,卢礼昌,113 页,图版Ⅶ,图 17,18。

描述 赤道轮廓圆形—圆三角形,大小 58—74μm,全模标本 74μm;三射线清楚,直,窄细,多少具唇,伸达带环内缘;外壁两层,内层界限常不清楚,外层远极面(包括带环)常具钝锥刺状纹饰;纹饰分子低矮,具刚毛且修长(有时脱落),在带环上最发育,长达 4—6μm,基部彼此常不接触,基宽一般为 2—4μm,近极面粗糙,无明显纹饰;带环较窄,宽 5. 6—6. 7μm,或具刚毛状边缘;橙黄—棕色(带环)。

比较与讨论 本种与 *A. naumovae* Staplin and Jansonius 有些相似,但后者纹饰为瘤(warts),局部常连接成脊,其上刚毛钝尖,带钩。

产地层位 四川渡口,上泥盆统。

波状糙环孢 *Asperispora undulata* Lu, 1999

(图版33,图18—20)

1999 *Asperispora undulata* Lu,卢礼昌,62页,图版10,图17,18;图版16,图1,2。

描述 赤道轮廓圆形或近圆形,子午轮廓近极面低锥角形,远极面强烈凸出至半圆球形;大小85.7—120.0μm,全模标本90μm;三射线清楚,柔弱,直,伸达环内缘;外壁两层:内层常不清楚,颇薄,厚0.5—0.8μm,多褶皱,无纹饰,与外层多少分离,近极外层较薄(不可量),远极外层较厚,可达3—4μm,具明显的点穴—海绵状结构,外层远极面及带环边缘具不规则圆形块瘤状纹饰,远极面纹饰一般较分散,但有时可见3—5枚连接成脊,带环上的纹饰较发育,较粗大而致密;所有纹饰分子基部均较厚实,上部较薄弱,半透明至透明,表面光滑或具纵向小脊,顶部圆或宽圆,末端具一小刺(常断落不见);块瘤基宽2.0—6.2μm,高2—4μm,顶端小刺长0.5—1.0μm;带环厚实,几乎由拥挤、紧靠的纹饰组成,宽6.2—9.4μm,内缘界线清楚,外缘轮廓呈不规则波状或凹凸不平;橙棕—深棕色。

比较与讨论 本种以纹饰的特征性而与该属的其他种不同。*Neogemina*? *hispida* Lu (1999)的纹饰类型及特征与当前种极为相似,但该种的孢子具腔,故归属也不同。

产地层位 新疆和布克赛尔,黑山头组4—6层。

瘤面糙环孢 *Asperispora verrucosa* Lu, 1981

(图版67,图10, 14)

1981 *Asperispora verrucosa* Lu,卢礼昌,113页,图版Ⅶ,图20,21。

描述 赤道轮廓近圆形—圆形,大小58—74μm,全模标本74μm;三射线清楚,隐约可见唇,至少伸达带环内缘;外壁两层:内层(本体)厚约1.5μm,表面光滑,与外层界线常不清楚,外层远极面覆以大小不一的块瘤,基部宽6—12μm,低矮,高仅1—2μm,顶部或平或具小刺,瘤间空隙或间距相当窄(常不足1μm)或局部彼此融合,近极面无明显纹饰;带环几乎由块瘤彼此融合、加厚而成,宽4.5—9.0μm,内侧部分多少与本体重叠,内缘界线不甚规则,外缘近似平滑或呈宽微波状,其上有时可见稀散的小刺,高约1μm;棕黄—浅棕色。

比较与讨论 本种与*A. scabra*的区别在于后者为低矮的钝锥刺,较稀疏,带环较窄,或具刚毛状边缘。

产地层位 四川渡口,上泥盆统。

皱脊具环孢属 *Camptozonotriletes* Staplin, 1960

模式种 *Camptozonotriletes vermiculatus* Staplin, 1960;加拿大,下石炭统。

属征 三缝小孢子,赤道轮廓三角形—亚圆形,侧面观透镜形;三射线具隆起的唇;具赤道环,内厚外薄,周边外缘略呈膜状;孢子本体具蠕脊状—块瘤状纹饰,在远极面更明显;模式种大小60—70μm。

比较 *Lycospora*孢子个体较小,纹饰亦细小,以颗粒为主;*Savitrisporites*的远极面纹饰略呈同心状,但在轮廓线上有明显波突。

近极皱脊具环孢 *Camptozonotriletes proximalis* Lu, 1997

(图版36,图20—22)

1997 *Camptozonotriletes proximalis* Lu,卢礼昌,195页,图版2,图5—7。

描述 赤道轮廓宽圆三角形—近圆形,近极面低锥角形,远极中央区近半圆球形;大小50.5—71.8μm,全模标本57.5μm;三射线可辨至清楚,直或微弯曲,简单或具窄唇,单片唇宽1.0—2.5μm,等于或接近孢子半径长;赤道环宽3.8—4.5μm,表面光滑,同一标本上环的宽度与厚度基本一致;皱脊状纹饰限于近极面,并在中央区最为集中;极面观,皱脊多呈宽U字形,少数为不规则褶皱,但不构成网状图案;皱脊表面光滑,基部宽 1.2—3.5μm,顶部钝凸或宽圆,末端钝或微分叉,高 0.5—2.0μm;外壁表面光滑,细颗粒状结构较明显,在过度浸解的标本上表面微粗糙,甚者呈小刺粒状;远极(中央区)外壁厚 2.0—3.2μm,表面光滑无饰;赤道轮廓线圆滑;浅—深棕色。

比较与讨论 本种以纹饰限于近极面为特征而与 *Camptozonotriletes* 的其他种不同;极面观,本种孢子与 *Bascaudaspora* 属的分子类似,但该属分子的纹饰限于远极面而非近极面。

产地层位 湖南界岭,邵东组。

蠕虫状皱脊具环孢(比较种) *Camptozonotriletes* cf. *vermiculatus* Staplin, 1960

(图版 69,图 13)

1960 *Camptozonotriletes vermiculatus* Staplin, p. 21, pl. 4, fig. 25.

1993 *Camptozonotriletes* cf. *vermiculatus*,文子才等,图版 3,图 28。

注释 该种带环以外侧部分较内侧部分薄并略宽为主要特征(Staplin, 1960)。江西全南标本不具此特征,故种的签定有所保留。大小约 48μm。

产地层位 江西全南,三门滩组。

皱脊具环孢(未定种) *Camptozonotriletes* sp.

(图版 6,图 20;图版 24,图 26)

1997b *Camptozonotriletes* spp. ,卢礼昌,图版 4,图 6—8。

注释 带环厚实,边缘略不规则,凹凸不平,宽 2.5—4.0μm,内缘界线清楚,与孢体之间具一狭窄的透明圈(宽圆三角形),纹饰由圆瘤、块瘤及其连接成的蠕瘤组成;孢子大小 41.5—52.0μm。

产地层位 新疆准噶尔盆地,呼吉尔斯特组。

背网环孢属 *Bascaudaspora* Owens, 1983

模式种 *Bascaudaspora canipa* Owens,1983;英国,石炭系(Namurian)。

属征 辐射对称具环无腔或具腔三缝孢,赤道轮廓圆形;三射线直,简单或偶具窄唇,伸达环的内沿,接触区不明显;外壁中等厚,赤道部位具环,环不厚,远极面和环上具规则细网纹饰,近极面光滑;轮廓线因网纹而微不均匀;模式种大小 40—77μm。

比较 *Orbisporis* Bharadwaj and Venkatachala, 1961 以环特宽、三射线具粗壮唇、远极面网脊呈条带状而与本种不同。

小丘背网环孢 *Bascaudaspora collicula* (Playford) Higgs, Clayton and Keegan, 1988

(图版 35,图 1, 2)

1971 *Cristatisporites colliculus* Playford, p. 40, pl. 14, figs. 1, 2; pl. 15, figs. 1—6.

1988 *Bascaudaspora collicula* (Playford) Higgs, Clayton and Keegan, p. 65, pl. 7, figs. 15—17.

1994a *Bascaudaspora collicula*,卢礼昌,图版 3,图 14,15。

描述 赤道轮廓宽圆三角形—近圆形,大小 38.5—42.0μm;三射线不清楚至可见,简单或具窄唇,唇宽 1.5—2.5μm,朝末端逐渐变宽,伸达环内缘附近;赤道环宽 3.0—4.5μm,外缘平滑至不规则凹凸不平;脊微弯曲,不规则,常分叉或局部接触而构成完全或不完全的网纹;网脊宽约 2μm,高不大于宽,穴宽 3.5—5.0μm,长可达 7—9μm;以环内缘为界的近极面无纹饰;罕见褶皱;棕黄—棕色。

比较与讨论 描述标本的特征与产自爱尔兰泥盆-石炭系界线层(Higgs et al. , 1988)的 *B. collicula* 较相似,仅孢体稍小而略异。

注释 描述标本的内外层分离常不清楚,腔即使可辨别,也甚窄与微弱。

产地层位 江苏南京龙潭,五通群擂鼓台组中上部。

细网背网环孢(新种) *Bascaudaspora microreticularis* Lu sp. nov.

(图版43,图28—30)

1993 *Bascaudaspora* sp. 2,文子才、卢礼昌,图版3,图7,8。

描述 赤道轮廓钝角凸边三角形,全模标本54μm;三射线清楚,直,具窄唇,唇宽约3μm,边缘微凹凸不平,长等于内孢体半径,顶部三圆瘤状突起颇明显,直径5—7μm;内孢体(内层)可识别至清楚,轮廓与孢子赤道轮廓一致,极面观与外层略分离,空腔颇窄;网状纹饰限于远极面与赤道边缘,近极面(含环面)光滑无饰;网纹规则,脊基宽常在1.5—2.5μm之间,甚至可达3μm左右,赤道轮廓线上的突起高一般不小于基宽,朝顶部逐渐变窄,至顶端钝凸(少数钝尖),网穴多为近圆形,穴径一般1.5—2.0μm,最长可达3μm;带环厚实,宽度均匀,宽4—6μm(不含脊高);浅—深棕色。

比较与讨论 本新种以网纹致密、网穴细小、带环厚实以及三圆瘤状突起明显为特征而与*Bascaudaspora*属的其他种不同。

注释 标本仅一粒,但保存极佳,且特征与众不同,故建一新种。

产地层位 江西全南,三门滩组。

三角形背网环孢 *Bascaudaspora triangularis* (Gao and Hou) Lu, 1994

(图版35,图4)

1975 *Dictyotriletes triangularis* Gao and Hou,高联达、侯静鹏,209页,图版7,图14a, b。

1983 *Dictyotriletes triangularis*,高联达,498页,图版110,图10。

1985 *Reticulatisporites tschernyschensis* (Jusheko and Kedo, 1963) Chen and Ouyang,陈永祥等,图版4,图1。

1987a *Dictyotriletes triangularis*,高联达等,402页,图版175,图13,14。

1993 *Bascaudaspora* sp. 1,文子才、卢礼昌,图版3,图6。

1994a *Bascaudaspora triangularis*,卢礼昌,图版3,图17。

描述 赤道轮廓近三角形,大小40—50μm(个别约90μm:陈永祥、欧阳舒,1985,图版Ⅳ,图1);三射线常不易见;远极面具大穴、粗脊的网纹,穴近圆形—多边形,穴径常在8—12μm之间,脊宽2.5—4.5μm,高1.5—3.0μm,顶部宽圆至钝凸;环厚实,宽3—6μm,轮廓线不规则,凹凸不平,表面光滑;浅—深棕色。

比较与讨论 本种以脊粗、穴大且较规则为特征而与*B. submarginata*不同。

产地层位 江苏南京龙潭,五通群擂鼓台组上部;江苏句容,上泥盆统(Famennian);贵州独山,丹林组;甘肃迭部,中、下泥盆统,当多组。

近缘背网环孢 *Bascaudaspora submarginata* (Playford) Higgs, Clayton and Keegan, 1988

(图版24,图27;图版37,图8)

1964 *Dictyotriletes submarginata* Playford, p. 29, pl. 8, figs. 9—13.

1988 *Bascaudaspora submarginata* Higgs, Clayton and Keegan, p. 65, pl. 7, figs. 19, 20.

1994a *Bascaudaspora submarginata*,卢礼昌,图版6,图37。

1996 *Dictyotriletes triviablis Naumova*,王怿,图版3,图3。

描述 赤道轮廓钝角凸边三角形,大小约50μm;三射线清楚,微弯曲,被窄唇覆盖,唇宽1.5—2.0μm,伸达环内缘;中央近极面无明显纹饰,赤道和远极面具似网状或皱脊状纹饰,网脊宽约1.5μm,高等于或略大于宽,顶部钝凸或微尖,穴形很不规则,大小多变,常在1—6μm之间;环由赤道上的网脊膨胀和(或)局部融合而成,厚实,宽约5.5μm,边缘呈不规则、凹凸不平或缺刻状。

注释 该种以远极面具网状、似网状—皱脊状纹饰以及赤道环厚实为特征而与*Bascaudaspora*属的其他种不同。王怿(1996)记载湖南锡矿山的*Dictyotriletes triviablis*的标本与Higgs等(1988)描述的*B. submarginata*更为接近,将其归入*D. trviablis*还不如归入*B. submarginata*较适合。

产地层位 江苏南京龙潭,五通群擂鼓台组中部;湖南锡矿山,邵东组。

异孔孢属 *Heteroporispora* Jiang, Hu and Tang, 1982

模式种 *Heteroporispora foveota* Jiang, Hu and Tang, 1982;湖南中南部,下石炭统(Visean)。

属征 具环三缝小型孢子,赤道轮廓圆形、圆三角形或三角形,模式种大小32—53μm;三射线一般清楚,或具唇,伸达环的内沿,或与环融合;远极面具一圆形—亚三角形的较大空白区,为不同宽度的加厚环圈所包围,其边沿不清楚,或伸出不规则的略呈辐射状的脊;此圈外缘尤其在赤道环与此圈之间具大小不等、疏密不一的穴,分布不甚规则,偶有成圈趋势;其余外壁包括环表面光滑。

比较与讨论 本属以远极面具被加厚圈包围的近圆形空白区与 *Distanulisporites* Klaus, 1960 有些相似,但以具环以及远极外壁表面具穴而与后者不同;*Knoxisporites* 的远极加厚有时虽然也有圆形空白区,但有加厚脊伸出,构成稀而大的网穴,无本属那样的小穴;*Foveosporites* 无环、无远极加厚包围的大洞穴。

注释 本属初建时,包括2种,后唐善元(1986)在此属下又建立了5种,加上黄信裕早于蒋全美等建的种 *Distanulisporites subtriangulus* Huang, 1982,共8种,全出自华南下石炭统,彼此差别不大,似乎代表孢子的不同保存状态(有些小穴可能为次生),或发育成熟阶段有异,如命名取"合"的立场,全都可以合并为一种,即 *H. subtriangula* (Huang);考虑到此类孢子明显具环,似有成立属的必要,本书取折中态度,压缩成4种。此外,拉丁文 *pori* 意为"孔",用在古生代孢子不大合适,尤其是远极面加厚圈包围的乃是*Distalnulisporites*或 *Knoxisporites* 型的未加厚的空白区,与"穴"混为一谈则更欠妥,属名也很难准确翻译。

偏环异孔孢 *Heteroporispora deformis* Tang, 1986

(图版120,图15, 20)

1986 *Heteroporispora deformis* Tang,唐善元,199页,图版1,图45,46。

1986 *Heteroporispora arcus* (sic!) Tang,唐善元,199页,图版1,图47,48。

1986 *Heteroporispora rectangularis* Tang,唐善元,200页,图版1,图58,59。

描述 赤道轮廓不对称三角形或圆三角形,大小28—40μm,全模40μm(图版120,图15);三射线具典型粗壮唇,向末端变尖,伸达环内沿,偶尔呈弓脊状分叉;赤道环宽4—12μm,在同一标本上宽度不一,略呈偏环状;远极面中央具空洞,直径≤6μm,近极面朝上保存时,因三射线顶部唇汇聚区大,此空洞区被掩盖;远极环圈不很清楚,宽4—7μm,在环圈和赤道带环之间有不规则分布的小穴,有微呈两圈的趋势;棕黄色。

比较与讨论 本种与 *H. foveota* 相似,但以三射线唇粗壮、小穴不那么明显尤其同一标本赤道环厚度明显不一而与后者区别。

注释 *H. arcus* 与 *H. deformis* 没有多少差别,仅射线可能因保存面不同而显示出顶区不同,故合并之;此外,拉丁文种名 *arcus* 为名词,形容词应为 *arcuatus*;*H. rectangularis* 三射线亦具粗唇,其"T形"现象似为保存挤压状态。

产地层位 湖南双峰测水,测水组。

穴面异孔孢 *Heteroporispora foveota* Jiang, Hu and Tang, 1982

(图版120,图21, 22)

1982 *Heteroporispora foveota* Jiang, Hu and Tang,蒋全美等,616页,图版395,图13,20—24;图版396,图27—31。

1986 *Heteroiporispora foveota*,唐善元,图版1,图52—54,56,57。

1986 *Heteroporispora circinata* Tang,唐善元,图版1,图49,50。

1986 *Heteroporispora* sp. ,唐善元,图版2,图2—4。

描述 赤道轮廓圆形、圆三角形或三角形,大小32—53μm,全模45μm(图版120,图22);具三射线,长为2/3R或伸达带环;远极面中央具大的空洞,洞沿清楚,圆形或圆三角形,直径6—12μm;在洞的边缘具环圈,宽6—8μm;赤道边缘具带环,宽小于或等于远极加厚圈,但内界因受小洞穴干扰,常不很清楚,有些标本的环颇窄;在远极面,穴主要分布于圈缘和环内缘,尤其二者之间较透亮的一带,稍有排成两圈的趋势,共有穴20—40个,穴近圆形或狭卵圆形,直径1—3μm不等;轮廓线平滑或微波状。

比较与讨论 本种以三射线不很明显,远极环圈外缘和赤道带环内缘界线不分明尤其小穴一般相对大而多、有呈两圈分布的趋势而与属内其他种区别。

产地层位 湖南宁远冷水铺煤矿、邵东佘田桥,测水组。

宁远异孔孢 *Heteroporispora ningyuanensis* Jiang, Hu and Tang, 1982

(图版 120,图 18, 19)

1982 *Heteroporispora ningyuanensis* Jiang, Hu and Tang,蒋全美等,616 页,图版 395,图 15—19。

1986 *Heteroporispora ningyuanensis* Jiang et al. ,唐善元,图版 1,图 51,55。

描述 赤道轮廓圆三角形—近圆形,大小 30—40μm,全模 40μm(图版 120,图 19);三射线清楚,全模标本具窄唇,伸达带环内沿,有时末端分叉;带环宽 5—8μm,在同一标本上宽度略有变化,内界一般清晰;远极面中央具大的空洞,圆形或圆三角形,直径 6—12μm,内界清楚,为宽 6—8μm 的亚圆形或三角形加厚圈所环绕,外缘不整齐划一,甚至可能有少量不规则短辐射脊伸出;有少量小穴不规则分布在环缘尤其亮带,轮廓线平滑;黄棕色。

比较与讨论 本种以三射线明显、远极环圈增厚更明显尤其是小穴少而与 *H. foveota* 等区别。

产地层位 湖南宁远冷水铺煤矿,测水组。

亚三角异孔孢(新联合) *Heteroporispora subtriangularis* (Huang) Zhu and Ouyang comb. nov.

(图版 120,图 16, 17;图版 123,图 2, 3)

1982 *Distalnulisporites subtriangulus* Huang,黄信裕,158 页,图版 2,图 14,15。

1986 *Heteroporispora compta* Tang,唐善元,图版 2,图 1。

描述 赤道轮廓三角形—亚三角形,大小 30—35μm,全模 30μm;三射线清楚,伸达赤道环内沿;赤道环宽 2. 5—3. 0μm;远极面环圈宽 5—6μm,外缘边界不平整,包围一亚圆形空白区,直径 6—8μm;远极面尤其赤道环和远极环圈之间有大小不等的穴;其余外壁表面光滑或微粗糙。

比较与讨论 本种以赤道环特别窄区别于属内其他种。

产地层位 福建长汀陂角,梓山组;湖南双峰测水,测水组。

网环孢属 *Retizonospora* Lu, 1980

模式种 *Retizonospora punicoida* Lu, 1980;云南沾益,中泥盆统上部(Givetian)。

属征 辐射对称,网环三缝小孢子;赤道轮廓亚圆形—圆形;三射线清楚;网状纹饰限于近极面与远极—赤道区,在赤道尤其发育,并构成一网环;远极外壁相当厚实,表面(不含环面)光滑无纹饰。

比较与讨论 本属以网纹限于近极面与远极—赤道区,并具一网环为特征而与其他具网、具环的各属不同。*Chelinospora* Allen, 1965 为网栎孢属,且远极面纹饰发育;*Peroretisporites* Lu, 1980 仅具周壁而不具网环,且网纹主要在远极面;*Bascaudaspora* Owens, 1983 虽具带环,但网纹在远极面非常清楚与完全。

石榴网环孢 *Retizonospora punicoida* Lu, 1980

(图版 46,图 19, 20)

1980b *Retizonospora punicoida* Lu,卢礼昌,25 页,图版 6,图 18,19。

描述 赤道轮廓亚圆形,近极面略微内凹,远极面半圆球形,大小 58—68μm,全模标本 68μm;三射线可见至清楚,简单,至少伸达环内缘;网状纹饰限于近极面与赤道区,在赤道区最发育,并形成一明显的赤道网环,环宽 10—14μm;网穴多边形或不规则,穴径 7—10μm,穴底微内凹,穴脊高约 2μm,常不大于基宽,脊背窄,脊结处具小刺或小锥刺状突起,不具网膜或其他附加物;网纹在三射线区内较柔弱或不清楚;远极外壁较三射线区外壁厚许多,且厚度均匀,厚 4. 0—5. 5μm,同质,光滑;赤道轮廓线呈不规则锯齿状;棕—深棕色。

比较与讨论 本种以具网环与远极面光滑无饰为特征而与其他具网纹的任何分子不同；侧面观孢子形态酷似一朵盛开的石榴花。

产地层位 云南沾益，中泥盆统海口组。

背饰波环孢属 *Callisporites* Butterworth and Williams, 1958

模式种 *Callisporites nux* Butterworth and Williams；苏格兰，下石炭统上部（Upper Mississippian）。

属征 三缝同孢子或小孢子，赤道轮廓三角形或亚三角形，三边微凸、直或微凹，角部略圆；具窄而坚实的龙骨状带环；纹饰略呈同心状分布，与射线和赤道边近平行，纹饰常伸达环部，使轮廓线略呈波状；模式种大小40—65μm。

比较与讨论 *Lycospora* 环不完全坚实，轮廓趋于圆形，纹饰更显眼；*Savitrisporites* 的环在角部微增厚，纹饰在近极面和远极面有所分异。

注释 Sullivan（1964）重新观察了全模，称其纹饰限于远极面，而 *Savitrisporites* 中所谓的"微增厚的角部"很难作为属的区别特征，所以他认为 *Callisporites* 是 *Savitrisporites* 的晚出同义名。拉丁文 *callis* 为狭窄的、石路之意。

脑纹背饰波环孢 *Callisporites cerebriformis*（Zhou）Zhu and Ouyang, 2002

（图版120，图32，33）

1980 *Densosaporites cerebriformis* Zhou，周和仪，34页，图版11，图2—4。

1982 *Densosporites cerebriformis* Zhou，周和仪，144页，图版Ⅰ，图3，4，7，8。

1984 *Cirratriradites* sp.?，高联达，415页，图版155，图17。

1987 *Densosporites cerebriformis* Zhou，周和仪，图版2，图19。

2000 *Camptotriletes*? sp.，侯静鹏、欧阳舒，图版Ⅰ，图11。

2002 *Callisporites cerebrisporites*（Zhou）Zhu and Ouyang，朱怀诚、欧阳舒等，60页，图版Ⅱ，图11—14。

描述 赤道轮廓三角形—圆三角形，大小48（54）60μm（测5粒），个别达72μm，原全模60μm（图版120，图33），副模56μm；三射线清楚，具窄唇，宽或高1—3μm，常微弯曲，伸达赤道或近赤道；环宽5—10μm，内界有时模糊，轮廓线平整或波状，在有的标本上，环的外缘似微变薄，外壁其余部位不厚，环与外壁细密颗粒—内网状；近极面不凹入，无纹饰，远极面微凸，具不规则脑纹—蠕瘤状条带，宽2—4μm，在远极面局部尤其中部较密，多数为长且弯曲的脊，脊间窄壕状，宽常小于1μm，偶尔作同心状排列或沿辐射方向多少连续而微呈亚网状，个别网穴直径可达5μm；黄色—棕色。

比较与注释 本种形态特别是纹饰变异颇大，但其以远极面脑纹—蠕脊状纹饰和窄的、内界多不清晰的环为主要特征易与其他属种区别。它相对更接近 *Callisporites* 属，似为中生代的 *Asseretospora* 和 *Contignisporites* 属的先驱分子。

产地层位 天津张贵庄，上石盒子组—孙家沟组；山西宁武、柳林，上石盒子组、孙家沟组；河南范县，上石盒子组。

套环孢属 *Densosporites*（Berry）Butterworth, Jansonius, Smith and Staplin, 1964

模式种 *Densosporites covensis* Berry, 1937；美国田纳西州（Tennessee）；下石炭统（Mississippian）。

同义名 *Anulatisporites*（Loose）Potonié and Kremp, 1954.

属征 三缝孢子；赤道轮廓凸边三角形—亚圆形；外壁2层：内层（中央本体）薄，光面或微粗糙，三射线不清楚，顶区有时存在乳头状接触点，外层近极面平凸或因环而微高出中央近极区；三射脊微弱或粗壮，有时以其末端与环区连接；近极面一般无纹饰或纹饰细弱（除有些种内，环饰作扇形延伸至近极面以外），近极区中央微粗糙或颗粒状，环上为颗粒、刺或锥瘤；远极面中央区的纹饰通常与远极环表面有所分别，一般为颗粒状，环光滑，或呈颗粒状、刺状、锥瘤状、块瘤状等；环内空穴（"棒"）极少或无（Smith and Butterworth,

1967, p. 238)。

比较与讨论 *Cingulizonates* 以环呈双环状（内高外低或内厚外薄）而与本属有别；*Cristatisporites* 的纹饰呈乳头状或坚刺状，且有一圈突起环绕外壁外层容易脱落的中央近极区。

注释 本书未采用 Potonié 和 Kremp（1954）的修订，因为它排除了本属模式种 *Densosporites covensis*（错误地被视为与 *Radiizonates faunus* 同义）和其他无纹饰种［他们将其归入 *Anulatisporites*（Loose）Potonié and Kremp, 1954 属］。随着本属属征的修订（根据模式种），*Anulatisporites* 变成了多余的属（以上皆据 Smith and Butterworth, 1967）。

亲缘关系 石松纲（如水韭目 Isoetales, *Sporangiostrobus*）。

轮状套环孢 *Densosporites anulatus* (Loose) Smith and Butterworth, 1967

（图版 35，图 8；图版 120，图 6，23）

1932 *Sporonites anulatus* Loose in Potonié, Ibrahim and Loose, p. 451, pl. 18, fig. 44.

1944 *Densosporites anulatus* (Loose) Schopf, Wilson and Bentall, p. 40.

1950 *Densosporites reynoldsburgensis* Kosanke, p. 33, pl. 6, figs. 9—11.

1955 *Anulatisporites anulatus* (Loose) Potonié and Kremp, p. 112, pl. 17, figs. 365—372.

1957 *Anulatisporites anulatus* (Loose) emend. Dybova and Jachowicz, pl. 42, figs. 1—4.

1976 *Densosporites anulatus* (Loose) Smith and Butterworth, p. 239, pl. 19, figs. 5, 6.

1980 *Densosporites anulatus*，周和仪，34 页，图版 11，图 17—24。

1984 *Densosporites anulatus*，高联达，365 页，图版 140，图 24—26。

1985 *Densosporites anulatus*，高联达，74 页，图版 7，图 3。

?1985 *Densosporites spitsbergensis* Playford，高联达，74 页，图版 7，图 3。

?1986 *Densosporites anulatus*，杜宝安，图版 2，图 42。

1987 *Densosporites anulatus*，高联达，图版 12，图 3。

?1987a *Densosporites anulatus*，廖克光，563 页，图版 137，图 26。

1988 *Densosporites annulatus*，高联达，图版Ⅶ，图 12。

1990 *Densosporites anulatus*，张桂芸，见何锡麟等，327 页，图版Ⅶ，图 18—21。

1990 *Densosporites spitsbergensis*，高联达，图版Ⅰ，图 20。

1993 *Densosporites anulatus*，朱怀诚，288 页，图版 74，图 19。

?1995 *Densosporites anulatus*，吴建庄，345 页，图版 53，图 6，7。

1996 *Densosporites anulatus*，朱怀诚，见孔宪祯等，图版 45，图 17。

1999 *Densosporites anulatus*，卢礼昌，95 页，图版 14，图 6，10。

描述 赤道轮廓亚圆形—亚三角形，大小 36—65μm；三射线不明显或单细，偶具窄唇，伸达环的内沿，射线之间顶区偶具 3 个乳突；围绕颜色较浅的本体有一赤道环，环宽 1/3—1/2R，颜色较深，环或本体多光滑无纹饰，轮廓线平滑；深棕—黄色。

比较与讨论 本种最初描述大小 35—60μm，全模仅 37.5μm。其他特征是：环宽相对一致且光滑，具鳞片状结构；轮廓线平滑，中央区比环透亮得多；内颗粒模糊；三射线多不易见。与全模标本相比，我国标本多数的环偏窄；二叠系标本差别更明显些，如有的具颇粗的唇，有的环似有内外层之分，故归入此种应存疑。贵州睦化的分别被鉴定为 *D. anulatus* 和 *D. spitsbergensis* 的标本特征接近，很难分开，而 *D. spitsbergensis* 的环有分内暗外亮两带的趋势，远极面和环上具明显的刺（Playford, 1963, p. 627, pl. 89, figs. 1—5），这是睦化标本没有的；参见 *D. frederecii* 种下比较。

产地层位 河北开平，开平组；山西宁武，太原组（?）—下石盒子组；山西左云，太原组；内蒙古准格尔旗黑岱沟、龙王沟，本溪组；山东沾化、博兴，太原组—石盒子群；河南项城，上石盒子组（?）；湖南新化，孟公坳组；?贵州睦化，打屋坝组底部；甘肃靖远，臭牛沟组、红土洼组；甘肃平凉，下石盒子组（?）；新疆和布克赛尔，黑山头组 3—6 层。

美丽套环孢 *Densosporites bellulus* Geng, 1985

(图版 120,图 34, 35)

1985b *Densosporites bellulus* Geng,耿国仓,656 页,图版 I ,图 7—8。

描述 赤道轮廓圆三角形,大小 54—76μm,全模约 60μm(代选,图版 120,图 34);三射线痕清晰,具细窄的唇,伸达赤道环内;赤道环不均匀加厚,宽 14—18μm,大多似小于 1/2R,其内缘厚,外缘变薄呈膜状,颜色由棕黑色—暗棕色;本体外壁较薄,且多少透亮,主要在远极面具不规则褶皱或不连续的皱脊,轮廓线不平整。

注释 本书将原作者归入本种的图版 I 的图 5—6 改归至 *D. reticuloides*,另外 2 个标本保留。

比较与讨论 *D. reticulatus* Dybova and Jachowicz 外壁具细网;*D. irregularis* Dybova and Jachowicz 只在远极面具不规则皱脊;*D. reticuloides* 的环内外圈分带明显,近极面点粒状,远极面具较大拟网纹饰。

产地层位 内蒙古鄂托克旗、甘肃环县、宁夏盐池、灵武、石嘴山区,羊虎沟组。

等腰套环孢 *Densosporites bilateralis* Liao, 1987

(图版 120,图 40, 44)

1987a *Densosporites bilateralis* Liao,廖克光,563 页,图版 137,图 17,18。

描述 赤道轮廓呈等腰三角形,全模 64μm(图版 120,图 40);三射线单细,长 2/3R,至少伸达环内沿;中央本体(外壁内层)薄,透亮,具细点穴状结构;赤道环宽约 12μm,即稍大于 1/3R,色暗,轮廓线基本平滑;暗棕—浅黄色。

比较与讨论 本种孢子以近等腰的形态、本体特薄区别于 *Densosporites* 属的其他种;因三边多近平直,不宜归入 *Simozonotriletes*;因其环在边部和角部大致等厚不宜归入 *Murospora*。

产地层位 山西宁武,山西组。

优雅套环孢 *Densosporites concinnus* (Owens) McGregor and Camfield, 1982

(图版 75,图 24)

1971 *Samarisporites concinnus* Owens, p. 45, pl. 12, figs. 7—9.

1982 *Densosporites concinnus* (Owens) McGregor and Camfield, p. 34, pl. 6, figs. 13, 14, 18, 19.

1987 *Densosporites concinnus*,刘淑文、高联达,406 页,图版 176,图 16。

描述 赤道轮廓宽圆三角形,大小 84μm;三射线具唇,唇宽约 3μm,伸达环内缘;带环厚实,不透明,宽约 24μm,内缘界线不甚清楚,外缘轮廓线不规则锯齿状;外壁远极面(含环面)与赤道边缘具粗大的锥刺—刺状纹饰;纹饰分子基宽 5—8μm,高约等于基宽,基部彼此常连接,顶端钝凸或钝尖(参见刘淑文等,1987,406 页)。

注释 描述标本保存欠佳,其带环的结构等几乎分辨不清;Owens(1971,p. 45)首次描述的 *Samarisporites concinus* 的纹饰略较细小(宽与高分别为 2—4μm 与 3—7μm)。

产地层位 甘肃迭部,下吾那组。

锥刺套环孢 *Densosporites conicus* Lu, 1988

(图版 75,图 1—3)

1988 *Densosporites conicus* Lu,卢礼昌,158 页,图版 5,图 19,20;图版 11,图 9;图版 27,图 10。

描述 赤道轮廓近圆形—圆形,侧面观,近极面尤其中央区略微内凹,远极面强烈鼓出,大小 48. 4—56. 2μm,全模标本 54. 6μm,副模标本 53. 8μm;三射线清楚至可识别,柔弱,直,伸达带环边缘;外壁两层,内层较薄(厚约 1μm),表面光滑,由其形成的内孢体轮廓与孢子赤道轮廓接近一致,直径 28. 1—34. 3μm,外层较厚(2—3μm),远极表面具锥刺状纹饰,并在赤道区较粗壮,极面观呈辐射状排列,分布稀疏,或基部彼此连接,甚者连接成脊,基宽 4. 0—8. 6μm,突起高 3. 0—4. 7μm,顶端钝凸;近极表面(包括环面)光滑或具细柔的刺—粒状突起(高约0.5μm);带环厚薄不均,通常内侧部分较外侧部分略厚(颜色相应地由内向外逐渐变浅),宽度较均匀,宽7.8—10.9μm,边缘微凹凸不平或参差不齐;罕见褶皱;浅黄棕—深棕色。

比较与讨论 与 *Densosporites anulatus* 的形态特征颇相似,其主要区别在于后者外壁表面光滑、无纹饰。

产地层位 云南沾益史家坡,海口组。

蠕瘤套环孢(新种) *Densosporites convolutus* Lu sp. nov.

(图版75,图7, 28, 29)

1997a *Densosporites* sp.,卢礼昌,图版4,图19。

1997a *Tamulispora* sp.,卢礼昌,图版4,图20,21。

描述 赤道轮廓亚三角形,角部钝凸至宽圆,三边平直至微凸,大小41.4—58.8μm,全模标本53μm;三射线可辨别,多少弯曲,唇窄;朝末端或略增宽(宽<2μm),伸达或略超越环内沿,远极极区周围外壁具不规则蠕瘤状的脊,脊宽6—10μm,高3.0—4.5μm,顶部宽圆,表面点穴状至极微小的刺—粒状(<0.5μm);远极极区外壁具稀散的小圆瘤,基径2.0—3.5μm,高明显小于宽;远极环面尤其是内侧部分为蠕瘤状的脊所占领或覆以低矮与分离的小瘤,外侧部分无明显突起纹饰,外缘轮廓线圆滑;带环宽8.5—10.0μm;近极表面无饰,中央区略微凹下。

比较与讨论 本新种以远极极区周围外壁具蠕瘤状的脊为特征而与 *Densosporites* 属的其他种不同,也与 *Tumulispora* 属的分子相区别。

产地层位 湖南界岭,邵东组。

心形套环孢 *Densosporites cordatus* Lu, 1981

(图版75,图23, 27)

1981 *Densosporites cordatus* Lu,卢礼昌,109页,图版6,图11,12。

描述 赤道轮廓似心形或亚三角形,一角明显钝尖,另二角钝凸或宽圆,三边多少外凸,大小77.4—88.6μm,全模标本78.4μm;内孢体轮廓近圆形,为一明显的中央较薄区,大小38—43μm,壁厚约1μm;三射线可见,简单或微具唇,伸达环上或环缘;环厚实,内侧部分较外侧部分略厚,其近极表面粗糙,远极表面具小锯刺或低刺状纹饰或不规则双型纹饰,突起高(于环缘上)1—2μm,宽约1μm;环内半部分具辐射状肌理结构;环不等宽,辐射区较辐射间区略宽,宽度一般大于相应位置的内孢体半径长,环缘微粗糙;浅棕黄(中央区)—深棕色(环内侧)。

比较与讨论 本种的形态特征与 *D. diatzetus* Playford, 1963 较相似,但后者带环具辐射状凹槽。

产地层位 四川渡口,上泥盆统。

厚实套环孢 *Densosporites crassus* McGregor, 1960

(图版75,图10, 11)

1960 *Densosporites crassus* McGregor, p. 36, pl. 13, fig. 8.

1981 *Densosporites crassus*,卢礼昌,108页,图版6,图7,8。

1995 *Densosporites crassus*,卢礼昌,图版4,图6。

描述 赤道轮廓钝角凸边三角形,大小67—78μm;内孢体轮廓近圆形,大小36—42μm;三射线清楚或可见,简单,或具窄唇(宽约1.5μm),或微开裂,伸达环外缘;外壁内层(内孢体)厚约1μm,表面光滑,外层较内层略厚(不可量),于赤道部位延伸、加厚成带环;环不等宽,辐射区较辐间区略宽,可达16—22μm;近极中央区与环面粗糙;棕黄—棕色。

比较与讨论 *D. crassus* 与上述 *D. cordatus* 彼此均具类似的形态特征,但后者以个体较大、带环相对较宽并具肌理状结构而与前者不同。

产地层位 湖南界岭,邵东组;四川渡口,上泥盆统。

环皱套环孢(新联合) *Densosporites cricorugosus* (Gao and Hou) Lu comb. nov.

(图版35,图5)

1975 *Punctatisporites cricorugosus* Gao and Hou,高联达、侯静鹏,187 页,图版2,图5。

描述 孢子赤道轮廓圆形或近圆形,褐黄色,壁较厚,三射线简单,常裂开,射线长等于孢子2/3R,孢子表面具点状纹饰,沿孢壁周围形成环形的褶叠。

产地层位 贵州独山、都匀,丹林组上段。

坚硬套环孢 *Densosporites duriti* Potonié and Kremp, 1956

(图版120,图41, 42)

1956 *Densosporites duriti* Potonié and Kremp, p. 117, pl. 18, figs. 383, 384.

1993 *Densosporites duriti*,朱怀诚,288 页,图版77,图1,4。

描述 赤道轮廓三角形,三边凸,角部尖或略钝,大小65—75μm;本体圆三角形,角部圆钝,三射线明显,具窄唇,伸达本体赤道;赤道环和本体表面饰以锥刺纹饰,基部近圆形,直径不等,末端钝尖;环宽约2/5R,轮廓线上呈不规则低矮锥刺状;深棕—棕色。

比较与讨论 此种原描述大小45—70μm,全模68μm,中央区[远极面(?)]锥刺15—20枚;与 *D. aseki* Potonié and Kremp 等种的区别是后者环厚更均一,尤其环上具大量清楚的长刺。我国标本显然较接近 *D. duriti*。*D. sphaerotriangularis* 纹饰较细弱。

产地层位 甘肃靖远,红土洼组。

林神套环孢 *Densosporites faunus* (Ibrahim) Potonié and Kremp, 1956

(图版120,图45)

1932 *Sporonites faunus* Ibrahim in Potonié, Ibrahim and Loose, p. 447, pl. 14, fig. 4.

1933 *Zonales-sporites faunus* Ibrahim, p. 28, pl. 1, fig. 4.

1956 *Densosporites faunus* (Ibrahim) Potonié and Kremp, p. 117, pl. 18, figs. 385—392.

1984 *Densosporites faunus* (Ibrahim) Potonié and Kremp,王蕙,图版Ⅳ,图16,17。

1984 *Densosporites faunus*,王蕙,图版Ⅱ,图34。

描述 赤道轮廓三角形,三边多少凸出,角部略浑圆,大小59—63μm;三射线可见,具窄唇,伸达环的内沿或进入环内,或因保存关系难见;具赤道环,分内暗外亮两带,总宽10—15μm,即略小于或等于孢子半径,内带稍厚或两带近乎相等,环因受到侵蚀(?)而显得轮廓线参差不齐;本体轮廓三角形—亚圆形,表面粗糙—颗粒状。

比较与讨论 当前标本与最初从德国上石炭统(Westphalian B 上部)获得的 *D. faunus* 大小(50—70μm, 74μm)、形态基本一致,仅三射线唇不显著。Potonié 和 Kremp 图示的8个标本,有一定变异幅度,特别是颗粒纹饰,仅在个别标本上较清楚。

注释 种名 *faunus* 可能来自 Faunus——神话传说中 Latinus 之父,森林和牧人的保护神,而 Latinus 则为 Laurentians 传说中的国王——故原译"动物",现改译为"林神"。

产地层位 宁夏横山堡,上石炭统。

弗氏套环孢 *Densosporites frederecii* (Potonié and Kremp) Lu, 1999

(图版41,图3;图版120,图24, 30)

1955 *Anulatisporites fredereci* Potonié and Kremp, p. 113, pl. 17, figs. 374—375.

1989 *Anulatisporites fredereci* Potonié and Kremp,侯静鹏、沈百花,104 页,图版13,图23。

1993 *Densosporites* sp.,朱怀诚,289 页,图版75,图23, 24。

1999 *Densosporites frederecii* (Potonié and Kremp) Lu,卢礼昌,96 页,图版14,图5。

描述 赤道轮廓三角形,三边凸出,大小60μm;三射线清楚,具薄唇,至少伸达环的内沿;赤道环带较宽,约15μm,即1/2R,颜色较深,局部向外变薄,环上无纹饰,但赤道轮廓线局部不平整;中央本体壁薄,轮廓近圆三角形,表面平滑,或具细内颗粒,相对透明;棕黄色。

比较与讨论 从靖远获得的 *Densosporites* sp. ,大小65—70μm,三射线具窄唇,但伸达环沿,环宽约等于本体半径,向外缘变薄。新疆标本大小48. 4—56. 5μm。当前标本与最先从德国鲁尔地区上石炭统获得的此种形态特征基本一致,后者大小50—70μm。*D. anulatus* (Loose) Smith and Butterworth, 1967 个体较小,通常30—50μm,三射线常不清楚。

产地层位 山西保德,下石盒子组;甘肃靖远,红土洼组;新疆乌鲁木齐芦草沟,锅底坑组;新疆和布克赛尔,黑山头组。

柔弱套环孢 *Densosporites gracilis* Smith and Butterworth, 1967

(图版75,图4, 5, 15, 16)

1967 *Densosporites gracilis* Smith and Butterworth, p. 240, pl. 19, figs. 7, 8.

1994a *Densosporites gracilis*,卢礼昌,图版4,图8,9。

1996 *Densosporites gracilis*,王怿,图版4,图1,2。

1999 *Densosporites gracilis*,卢礼昌,95页,图版14,图13(部分)。

描述 赤道轮廓宽圆三角形,大小36. 5—47. 8μm,三射线至少伸达环内缘;近极面无纹饰,中央区清楚,区内外壁较带环薄许多;远极面具纹饰,且分异明显:中央区以粗颗粒—小瘤为主,稀密不匀,大小各异,形状多变,一般基宽1. 5—3. 0μm,很少超过4μm,低矮(高不可量),朝赤道方向明显减弱,至赤道区以细颗粒占优势;带环内侧部分较外侧部分厚实,总宽8. 0—12. 5μm,内缘界线明显,外缘微凹凸不平;浅—深棕色。

注释 本种以纹饰类型多种(颗粒、小瘤、蠕虫状、小锥刺或小锥瘤等)、带环较宽(常大于1/3R)、内侧部分较厚、外侧部分较薄以及外缘轮廓不规则等为特征而有别于 *Densosporites* 属的其他种。

产地层位 江苏南京龙潭,五通群擂鼓台组中上部;湖南锡矿山,孟公坳组;新疆和布点克赛尔,黑山头组5层。

颗粒套环孢 *Densosporites granulosus* Kosanke, 1950

(图版76,图14, 15)

1950 *Densosporites granulosus* Kosanke, p. 32, pl. 6, fig. 8.

1999 *Densosporites granulosus*,卢礼昌,95页,图版14,图26,27。

描述 本种以近极和远极面均具颗粒纹饰为特征,纹饰分子在近极面较稀、较小(粒径约0. 5μm),在远极面相对较密、较粗,粒径达1μm左右,并夹有少许小刺;带环相当厚实,表面粗糙至树皮状,宽11. 5—14. 8μm,内缘界线明显,外缘呈不规则细波状或小齿状;浅—深棕色;大小71. 8—85. 8μm。

产地层位 新疆和布克赛尔,黑山头组4,5层。

中等套环孢(比较种) *Densosporites* cf. *intermedius* Butterworth and Williams, 1958

(图版120,图29)

1958 *Densosporites intermedius* Butterworth and Williams, p. 379, pl. 3, figs. 38, 39.

1955 *Densosporites tenuis* Hoffmeister, Staplin and Malloy, p. 387, pl. 36, figs. 18, 19, 23.

1987 *Densosporites intermedius*,高联达,图版7,图10。

描述 赤道轮廓亚三角形,三边多少凸出,角部近浑圆,大小约50μm;形态大体相似于该种特征:圆—圆三角形,大小35—60μm,全模56μm;中央本体薄,无纹饰,或微颗粒状;三射线不常见,延伸至本体边沿;环宽约为1/2R,分化为内带和外带,内带宽且厚,色较暗,轮廓不规则,或微瓣片状,有时轮廓线上微波—刺状,边缘外带色较浅,内外带之间无明显整齐的分界;暗棕—棕黄色。

比较与讨论 高联达(1987)的标本未经描述,虽然与当前种有些相似,但他的标本远极面似乎具较粗大的纹饰,轮廓线上亦有反映,所以定为 *D. intermedius* 应作保留。此种很可能为 *D. tenuis* Hoffmeister et al. ,

1955，但后者为无效名，因与 *D. tenuis*（Loose，1932）Potonié and Kremp，1956 为异物同名（homonym），而后者已被迁入 *Radiizonates*，故应该用 *Densosporites intermedius*。值得一提的是，Playford（1963）为 *Zonotriletes intermedius* Waltz in Luber and Waltz，1941（p. 27，pl. 5，fig. 68）起了一个新名 *Densosporites diatretus* nom. nov.，显然是为了避开同名（异物）的 *D. intermedius* Butterworth and Williams，不过，如果 Waltz（1941）的种确属 *Densosporites*，则其种名有优先权。

产地层位 甘肃靖远，红土洼组。

厚唇套环孢 *Densosporites labrosus* Zhou，1980

（图版 120，图 39）

1980 *Densosporites labrosus* Zhou，周和仪，34 页，图版 11，图 8。

描述 赤道轮廓三角形，三边微凸，角部浑圆或锐圆，全模 72μm；三射线具发达的唇，宽 4—6μm，末端膨大，微呈弓形脊状，伸达赤道并与环融合；本体（外壁内层）厚度不明，但不透明，远极面可能具颗粒—细瘤纹饰，赤道环宽约 11μm，即小于 1/3R，表面光滑；深棕—黄棕色。

比较与讨论 本种以具粗壮的唇、孢子偏大区别于 *Densosporites* 属内其他种。

产地层位 河南范县，上石盒子组。

裂片套环孢 *Densosporites lobatus* Kosanke，1950

（图版 120，图 25，26）

1950 *Densosporites lobatus* Kosanke，p. 32，pl. 6，figs. 4，5.

1990 *Densosporites lobatus*，张桂芸，见何锡麟等，328 页，图版Ⅶ，图 24；图版Ⅷ，图 1。

描述 赤道轮廓圆三角形，大小 40—48 × 54—60μm；本体外壁较薄，约 1.5μm 厚，赤道部具环，呈宽度不整齐的内暗外亮两圈，内带宽 3—8μm，外带宽 4—7μm，总宽≤1/2R，两带外缘皆分裂边呈参差不齐的裂片—锯齿状；三射线清楚，简单或具唇，伸达环的暗边缘；近极和远极表面具较稀颗粒状纹饰，粒径约 2μm；棕色—浅黄色。

比较与讨论 与 Kosanke（1950）原模式标本相比，当前标本环的暗带稍窄，本体外壁纹饰按文字描述有些不同，Kosanke 提及的是蠕虫状，有点像网状。照片不清楚，依从张桂芸的鉴定结果。

产地层位 内蒙古准格尔旗龙王沟，本溪组。

六孔桥套环孢（新联合） *Densosporites liukongqiaoensis*（Gao）Lu comb. nov.

（图版 75，图 8，9）

1983 *Archaeozonotriletes liukongqiaoensis* Gao，高联达，503 页，图版 110，图 21。

1983 *Archaeozonotriletes* sp.，高联达，图版 110，图 22（部分）。

描述 赤道轮廓亚三角形，角部多少低锥角形（极面观），三边微外凸，大小 40—50μm；三射线至少伸达环内缘；中央区轮廓与赤道轮廓大体一致，区内外壁［近极面（?）］较带环薄许多，表面光滑；带环厚实，基本等宽，宽 15—25μm，外缘明显，表面光滑；"古铜绿色"（高联达，1983，503 页）。

注释 *Archaeozonotriletes* 最主要的特征是外壁加厚的位置与厚度多变，而 *Densosporites* 分子的带环等宽或基本等宽，同时还具"缘"。在这一点上，*Archaeozonotriletes liukongqiaoensis* 似乎更接近 *Densosporites* 属的分子，因此建立当前新联合。

产地层位 云南禄劝，下泥盆统坡脚组。

洛里套环孢（比较种） *Densosporites* cf. *lori* Bharadwaj，1957

（图版 119，图 18；图版 120，图 4，5）

1957a *Densosporites lori* Bharadwaj，p. 104，pl. 27，figs. 19—20.

1982 *Densosporites lori* Bharadwaj,蒋全美等,613 页,图版 396,图 14—16。
1983 *Lycospora granianellatus* Staplin,高联达,505 页,图版 115,图 5—6。
1989 *Densosporites lori* Bharadwaj,王蕙,279 页,图版Ⅰ,图 11—17。
1989 *Lycospora granulata* Kosanke,王蕙,279 页,图版Ⅰ,图 22—25。
1995 *Lycospora pusilla* (Ibrahim) Somers,阎存凤等,图版 1,图 23。

描述 赤道轮廓圆三角形,大小 25—35μm,偶尔可达 42μm;三射线具颇粗强唇,宽 2—4μm,伸达环内甚至其边沿;赤道带环宽 6—8μm,即占 1/2R 左右,厚实,无内外带之分;外壁表面粗糙或具颗粒—小瘤状纹饰,有时瘤基部相连,轮廓线不平整或微波状;黄棕—深棕色。

比较与讨论 王蕙试图以纹饰粗细来划分同义名表中所列两个种,将前者定为 *D. lori*,但该种环内圈色暗、具辐射状条纹,外圈薄、透明,三射线单细,至少无粗强唇,外壁上具少量锥刺,区别很大,归入此种至少应作保留。阎存凤等鉴定的 *Lycospora pusilla* 的环很宽,且个体达 40μm,归入该种欠妥;其他同义名表中所列标本三射线具粗强唇是一致的。*Lycospora granianellatus* Staplin,1960 的全模显示,环相对不厚实(色不暗),且均匀分为两层,三射唇也不很发达。

产地层位 湖南邵东佘田桥,大塘阶石蹬子段;贵州贵阳乌当,旧司组;新疆准噶尔盆地,滴水泉组。

马鞍套环孢 *Densosporites ma'anensis* Chen, 1978

(图版 120,图 46)

1978 *Densosporites ma'anian* Chen,谌建国,412 页,图版 120,图 3。
1982 *Densosporites ma'anian* Chen,蒋全美等,613 页,图版 405,图 3。

描述 赤道轮廓圆三角形,大小 65—75μm,全模 71μm;三射线具唇,蛇曲状,末端略膨大,伸达本体边缘或环的内圈;外壁包括环上平滑,本体壁不厚,透明;外壁外层在赤道强烈增厚成厚环,隐约可见内外两圈,内圈宽 4μm,外圈宽 8μm,二者之间有不明显变薄的壕,环的总宽接近 1/2R;黄色。

注释 原作者将上述环的内圈解释为"外壁内层"即本体,厚达 4μm,但又提及"透明",如本体真有 4μm 厚,则不大可能"透明"。种名 *ma'anian* 欠妥,按拉丁文地名作种本名,通常用形容词,*ma'an* 的形容词形式应为 *ma'anensis* 或 *ma'anicus*,本书改用前者。

比较与讨论 本种与 *D. paranulatus* 相似,但以孢子个体大一个级别和环相对宽些而与后者区别。

产地层位 湖南石门青峰,栖霞组马鞍段。

细脑纹套环孢 *Densosporites micicerebriformis* Zhou, 1980

(图版 120,图 27)

1980 *Densosporites micicerebriformis* Zhou,周和仪,35 页,图版 11,图 12。

描述 赤道轮廓亚三角形,三边凸,角部钝圆或锐圆,全模大小 41μm;三射线长达赤道,具薄唇,微弯曲;外壁内层(体)不很薄,赤道具环,宽约 10μm,即约 1/2R,远极表面具皱纹,在赤道部位皱纹排列较规则,呈放射状,在极区还夹生小瘤或小颗粒,或它们相连成短皱状纹饰,皱纹宽 1—2μm;黄棕色。

比较与讨论 本种孢子以皱纹细、略呈放射状等特征而与 *Callisporites cerebriformis*(Zhou)区别。

产地层位 河南范县,上石盒子组。

奇异套环孢 *Densosporites mirus* Zhou, 1980

(图版 120,图 31, 47)

1980 *Densosporites mirus* Zhou,周和仪,35 页,图版 11,图 5—7,9—11。
1987 *Densosporites mirus*,周和仪,11 页,图版 2,图 14,16,17。

描述 赤道轮廓圆三角形,三边凸,角部钝圆或微尖,侧面观近透镜形,大小 60—73μm,全模 73μm(图版 120,图 47);三射线长达本体赤道,但不伸入环外圈内,往往开裂;环宽 5—12μm,但全模上两圈环总宽达 13μm;在环的内沿和中央体之间为一窄的变薄带,所以环颇似单气囊膨胀所形成的囊缘,表面光滑。

注释 与 *D. ma'anensis* 的情形相同,周和仪显然将本体周边的一圈视作本体的一部分而非环(射线"不伸入环内",而全模上可明显见到射线伸达环的内圈边沿),但从其全模标本看,赤道环有几乎相等的两圈,且有两圈窄壕,将内圈解释为环似更好,这样,环的总宽就大于 1/3R。本种与 *D. ma'anensis* 的不同之处在于本体壁较厚,不透亮。*Geminospora* 为腔状孢子,且有明显纹饰。

产地层位 山东沾化,本溪组—太原组。

副轮状套环孢 *Densosporites paranulatus* Ouyang, 1986

(图版 120,图 28, 49)

1964 *Densosporites anulatus* (Loose) Potonié and Kremp,欧阳舒,500 页,图版Ⅴ,图 15。

1978 *Densosporites anulatus* (Loose),谌建国,412 页,图版 119,图 28。

1980 *Densosporites anulatus* (Loose),周和仪,34 页,图版 11,图 17—24(大部分)。

1982 *Densosporites* sp. A, Ouyang, p. 70, pl. 1, fig. 30.

1986 *Densosporites paranulatus* Ouyang,欧阳舒,66 页,图版Ⅶ,图 15,16。

1987 *Densosporites anulatus* (Loose),周和仪,图版 2,图 23,24。

描述 赤道轮廓三角形—圆三角形,大小 37—63μm,全模 40μm(图版 120,图 49);三射线清楚,偶尔开裂,具唇,末端有时作鼓锤状或蹼状增厚,或微分叉,伸达环的内沿;本体偏薄,但厚度难测,赤道具一发达的环,宽 6. 5—10. 0μm,角部或稍厚些,环的内侧具一圈三角形或亚圆形的宽 4μm 的增厚带,或赤道环由两圈组成,通常内薄外厚,偶尔内圈稍厚,二者的间距(壕)或窄而均匀,或宽窄不一;本体和环皆平滑,无明显纹饰;棕色(体)—深棕(环)色。

比较与讨论 本种与欧洲石炭系常见的 *D. anulatus* 颇为相似,但后者轮廓为圆三角形—亚圆形,三射线常细弱,且赤道环无内外圈之分,不难区别。

产地层位 山西河曲,下石盒子组;山东沾化、博兴,太原组—石盒子群;湖南邵东保和堂,龙潭组;云南富源,宣威组上段。

微小套环孢 *Densosporites parvus* Hoffmeister, Staplin and Malloy, 1955

(图版 76,图 20;图版 120,图 43)

1955 *Densosporites parvus* Hoffmeister, Staplin and Malloy, p. 386, pl. 36, fig. 21.

1983 *Densosporites parvus*,高联达,图版 115,图 30。

1999 *Densosporites parvus*,卢礼昌,96 页,图版 14,图 28。

描述 孢子赤道轮廓三角形,角圆;本体轮廓与孢子外形相同,大小 32—40μm;三射线直伸至环的内缘;具厚的赤道环,环厚相当于孢子半径长的 1/2;孢子表面覆以细颗粒的纹饰,粒径 0. 8—1. 5μm,赤道轮廓线细钝齿状。

产地层位 贵州贵阳乌当,旧司组;新疆和布克赛尔,黑山头组 5 层。

内延套环孢 *Densosporites penitus* Ouyang and Chen, 1987

(图版 75,图 12—14)

1987b *Densosporites penitus* Ouyang and Chen,欧阳舒等,206 页,图版 4,图 6—10。

描述 赤道轮廓圆三角形—亚圆形,大小 46—59μm,全模标本 51μm;三射线清楚,具唇,宽 1. 5—2. 5μm,至少伸达孢子边沿;外壁在本体部位薄,厚≤1μm,远极中部或亚赤道部位常具一弧形或同心状褶皱,在赤道增厚可达 4—6μm,并向近极和远极亚赤道部位延伸,故极面观总宽达 4—12μm,最宽甚至达 16μm,在同一标本上常不等宽,有些标本可见不等厚的内圈,即环向亚赤道延伸的投影,外壁表面具鲛点—细密颗粒状纹饰,粒径 0. 5—1. 0μm,远极面或具少量不规则分布[次生(?)]的圆瘤状纹饰,直径 2—3μm;黄—棕色。

比较与讨论 本种以孢子较大、唇较粗壮、外壁在赤道部位并不特别增厚和其宽度常不均一等特征而有别于欧美石炭系常见的 *D. anulatus*(Loose)及 *Densosporites* 属的其他种。

产地层位 江苏宝应,五通群擂鼓台组。

精致套环孢 *Densosporites pius* Lu, 1999

(图版75,图19—22)

1999 *Densosporites pius* Lu,卢礼昌,97 页,图版13,图7—11。

描述 赤道轮廓钝角凸边三角形,侧面观,近极中央区略微凹下,远极面强烈凸出,大小 68.6—78.0μm,全模标本 73μm;三射线较柔弱,直,简单或具窄唇,唇宽 1—2μm,伸达赤道附近;外壁两层:内层清楚,薄,光滑,极面观与外层紧贴或仅局部分离,外层较内层厚实(不可量),或具点穴状—细颗粒结构,在赤道区延伸并加厚成环;纹饰仅限于远极面(环面在内),主要由小瘤状突起组成,并夹有小锥刺等次一级纹饰,分布不规则,一般呈分散状且较稀疏,彼此间距常大于其基宽,有时也可见局部(2—4 枚)接触或连接成短串珠状或低冠脊状纹饰,某些标本带环内侧部位纹饰较外侧部位密集,而外缘则反映较柔弱;小瘤基部轮廓近圆形,基径 1—3μm,突起高 1.0—2.5μm,顶部钝圆或不规则钝凸,表面光滑至微粗糙;带环较厚实,宽 12.5—17.2μm,内缘界线清楚,外缘轮廓近于圆滑;浅棕—棕色。

比较与讨论 本种以小瘤状纹饰为特征而不同于当前属的其他种;早石炭世常见的 *D. spitsbergensis*(1963, p. 627)的形态特征虽与本种较近似,但它的纹饰组成为刺。

产地层位 新疆和布克赛尔,黑山头组5,6层。

假环套环孢 *Densosporites pseudoannulatus* Butterworth and Wiliams, 1958

(图版75,图6)

1958 *Densosporites pseudoannulatus* Butterworth and Wiliams, p. 379, pl. 3, figs. 42, 43.

1994a *Densosporites pseudoannulatus*,卢礼昌,图版4,图15。

描述 赤道轮廓近圆形,大小约 40μm;三射线不清楚;内孢体轮廓与孢子赤道轮廓一致,近边缘具微弱、窄细的褶皱,中央区特亮,(内孢体)很薄(不可量);带环相当厚实,宽度均匀,宽约 10μm,表面光滑,环外缘平滑;浅黄—深棕色。

注释 *D. pseudoannulatus* 以均匀、厚实的带环以及无明显突起纹饰为特征;从龙潭采集的标本与此特征基本一致。

产地层位 江苏南京龙潭,五通群擂鼓台组上部。

稀刺套环孢 *Densosporites rarispinosus* Playford, 1963

(图版76,图8, 17, 18)

1963 *Densosporites rarispinosus* Playford, p. 631, pl. 89, figs. 18—21; text-fig. 10d.

1993 *Densosporites rarispinosus*,文子才等,图版4,图23。

1994 *Densosporites rarispinosus*,卢礼昌,图版4,图10,11。

1996 *Densosporites rarispinosus*,王怿,图版5,图5—7。

1997a *Densosporites rarispinosus*,卢礼昌,图版1,图8,9。

注释 本种以远极面具分布稀散与不规则的刺状纹饰为特征。纹饰分子高 1—6μm,基部轮廓圆形或亚圆形,基径 0.5—3.0μm,于赤道边缘常有突起;除纹饰外,内孢体与带环光滑至细弱的点穴状;带环朝辐射方不变薄,其颜色较内孢体暗许多。孢子大小 37—67μm,内孢体 18—33μm(详见 Playford, 1963, p. 630)。上列同义名表中所提及的中国各地材料均与上述特征相符,仅产出层位略低。

产地层位 江苏南京龙潭,五通群擂鼓台组上部;江西全南,三门滩组下部;湖南界岭,邵东组;湖南锡矿山,邵东组。

华丽套环孢(比较种)

Densosporites cf. *regalis* (Bharadwaj and Venkatachala) Smith and Butterworth, 1976

(图版120,图36;图版121,图37)

1961 *Cristatisporites regalis* Bharadwaj and Venkatachala, p. 33, pl. 6, figs. 101—104.

1963 *Densosporites spitsbergensis* Playford, p. 627, pl. 89, figs. 1—5.

1976 *Densosporites regalis* (Bharadwaj and Venkatachala) Smith and Butterworth, p. 242, pl. 19, figs. 13—15.

1987 *Densosporites regalis* (Bharadwaj and Venkatachala),高联达,图版7,图13, 14。

描述 赤道轮廓亚三角形—亚圆形,角部钝但微尖出,大小63—74μm;中央本体较透亮,赤道具环,宽12—24μm,在角部稍宽些,总宽略≤1/2R,局部边缘稍透明;主要在远极面具锥刺纹饰,基宽和高4—8μm,末端钝尖,少量亦出现于环边尤其角部,向近极面纹饰减弱或缺乏;三射线清楚,或具细唇,延伸至环内;黄—黄棕色。

比较与讨论 当前标本与 *D. regalis* 相比,远极面纹饰大体相似,但原全模标本大小达95μm,环宽达18—26μm,在角部甚至达35μm,常大于1/2R,且近极面明显颗粒状;而Smith and Butterworth(1967)鉴定的这个种,不仅远极面,而且环沿尤其环的内缘具众多粗强锥刺。总的来讲,我国的上述孢子偏小,环较窄,纹饰在环上不甚发育,只能定为比较种。

产地层位 甘肃靖远,红土洼组。

拟网套环孢 *Densosporites reticuloides* Ouyang and Li, 1980

(图版120,图37, 38)

1980 *Densosporites reticuloides* Ouyang and Li, p. 9, pl. Ⅱ, figs. 6, 7.

1983 *Densosporites reticulatus* Gao,邓茨兰等,图版1,图17。

1984 *Densosporites reticuloides*,王蕙,图版Ⅳ,图14,15。

1984 *Cirratriradites reticulatus* Gao,高联达,368页,图版141,图10, 12。

1985 *Cirratriradites reticulatus* Gao, pl. 3, fig. 8.

1985b *Densosporites bellulus* Geng,耿国仓,656页,图版Ⅰ,图5,6。

1987 *Densosporites reticulatus* Gao,高联达,197页,图版7,图9—11。

1987a *Densosporites reticuloides*,廖克光,563页,图版137,图12,13。

1989 *Densosporites reticuloides*, Zhu, pl. 4, fig. 19.

1990 *Cirratriradites reticulatus* Gao,张桂芸,328页,图版Ⅷ,图328。

1993a *Densosporites reticuloides*,朱怀诚,288页,图版76,图2—4,6—131。

1993b *Densosporites reticuloides*, Zhu, pl. 5, figs. 9,13.

1994 *Densosporites reticuloides*,唐锦秀,见尚冠雄,图版19,图15。

1995 *Densosporites reticuloides*, Zhu, pl. 1, figs. 17, 18, 21.

1996 *Densosporites reticuloides*,朱怀诚,见孔宪祯等,图版46,图22。

描述 赤道轮廓三角形—圆三角形,偶尔微多边状,三边凸,角部尖出或钝,大小52—80μm(测34粒),全模55μm(图版120,图38);具明显赤道环,宽7—17μm,在同一标本上宽度不悬殊,但角部多稍宽,相当于1/3—2/5R,内带厚实、色暗,约占环总宽的1/2;外带薄且多少透明,有时向赤道外侧渐薄,截面呈楔形,轮廓线略呈波状;三射线清楚,具细窄唇,直或微弯曲,高可达1.0—1.5μm,延伸至环内甚至达环边,偶尔在三射线顶部有3个接触点;本体外壁中厚,近极面点—粒状纹饰,远极面包括环上具多条细脊,对应每边有3—6条,与赤道近垂直,主要在远极面区间内,脊游离或互相连接成不完全网纹,脊切面近锥形,外缘刃状,基宽2—4μm,高1—3μm;网穴大,不规则多边形,脊之间外壁光滑—细点状;黄棕色。

比较与讨论 本种以远极面具特征性的拟网状纹饰与 *Densosporites* 属内其他种区别;其特征虽有这样那样的变化,如网脊粗细和游离程度、环的厚薄、轮廓线波状的强弱等,但其不完全网纹和环的特征使其容易识别。同义名表中所列种,包括高联达(1984,1987)分别归入两个属的一种 *reticulatus*,显然都是 *reticuloides* 的同义名(朱怀诚,1993a)。

产地层位 山西朔县、宁武，本溪组—太原组；山西保德，太原组；内蒙古准格尔旗龙王沟、黑黛沟，本溪组；内蒙古鄂托克旗、甘肃环县、宁夏盐池等地，羊虎沟组；甘肃靖远，红土洼组—羊虎沟组；宁夏横山堡，中上石炭统。

近圆套环孢 *Densosporites rotundus* Lu, 1981

（图版75，图17，18）

1981 *Densosporites rotundus* Lu，卢礼昌，108页，图版6，图9，10。

描述 赤道轮廓近圆形，大小67—78μm，全模标本78μm；三射线可见，简单或微裂，等于内孢体半径长；内孢体（内层）薄（厚约1μm），表面光滑无饰，轮廓与孢子赤道轮廓近乎一致，大小34.5—39.0μm，并与带环内沿多少分离；带环相当厚实且均匀，宽13—16μm，表面光滑至微粗糙，或呈似海绵—鲛点状结构（在浸解过头的标本上）；外层表面光滑或具内点穴状结构，近极中央区或具弧形状褶皱，并略微平行于环内沿，区内较带环明亮许多；棕黄—浅棕色。

比较与讨论 本种的外壁和带环特征与前述的 *D. crassus* 颇相似，但后者以赤道轮廓倾向于三角形、三射线较长（等于孢子半径长）、带环不等宽而不相同。

产地层位 四川渡口，上泥盆统。

偏侧套环孢 *Densosporites secundus* Playford and Satterthwait, 1988

（图版76，图16）

1988 *Densosporites secundus* Playford and Satterthwait, p. 6, pl. 3, figs. 2—4.

1995 *Densosporites secundus*，卢礼昌，图版4，图12。

描述 赤道轮廓近圆形，大小76μm；三射线可识别（被唇遮掩），唇较发育，边缘微曲，一般宽3—4μm，最宽（近末端）可达7—8μm，等于内孢体半径长；内孢体轮廓与赤道一致，大小58μm，与环内缘不等距分离（0—2μm）；带环近乎等厚与等宽，内缘界线明显，外缘具不规则突起；远极外层具稀散的锥刺—锥瘤状突起，基部轮廓近圆形，基径3—8μm，高3—4μm（赤道部位），顶部钝凸，罕见尖，间距1—5μm；近极外层表面粗糙，内层光滑。

比较与讨论 当前描述标本（1粒）与 Playford 和 Satterthwait（1988, p. 6）首次描述的 *D. secundus* 在形态、纹饰与大小等方面均接近一致，属同种。

产地层位 湖南界岭，邵东组。

简单套环孢 *Densosporites simplex* Staplin, 1960

（图版35，图6，7；图版121，图27）

1960 *Densosporites simplex* Staplin, p. 24, pl. 5, fig 6.

1987a *Densosporites simplex* Staplin，廖克光，563页，图版137，图25。

1999 *Densosporites simplex*，卢礼昌，96页，图版14，图3，4。

描述 赤道轮廓三角形，角部钝圆，大小48μm；三射线单细，具窄唇，伸达环内沿或稍进入环内；外壁内层较薄，故中央体部位颜色稍浅；赤道环宽9—12μm，即为2/5—1/2R；本体部位点穴状，环上光滑，轮廓线平滑；深棕—棕黄色。

比较与讨论 当前标本与最初从加拿大下石炭统上部获得的 *D. simplex* 颇为相似，仅后者稍小（30—40μm），油镜下远极面和环上呈细颗粒状。本种以三角形轮廓、射线明显、中央体部位不很透亮而与 *D. anulatus* 区别；以个体较小、环相对较窄且无刺凸状纹饰分异而与 *D. triangularis* Kosanke 不同；以赤道轮廓更倾向于三角形、远极面具细小的颗粒为特征而与 *D. granulosus* Kosanke, 1950 不同，后者虽然也具颗粒纹饰，但孢体较大（71.8—85.8μm），轮廓倾向于圆形。

产地层位 山西宁武，下石盒子组；新疆和布克赛尔，黑山头组3—6层。

中华套环孢 *Densosporites sinensis* Geng, 1987

（图版 121，图 28，32）

1984 *Densosporites ruhus* Kosanke，高联达，365 页，图版 140，图 28。

1987 *Densosporites sinensis* Geng，耿国仓，30 页，图版 3，图 7，8。

描述 赤道轮廓凸边三角形—亚圆形，大小 59—70μm，全模 59μm（图版 121，图 28）；三射线单细，或具窄唇，有时微弯曲，或微开裂，伸达环内；赤道环在全模上可呈均匀的层状（4—5 层），总宽达 13—15μm，即宽≤1/2R；外壁内层（本体）稍薄，故偶见褶皱，且较透亮，外层包括环表面粗糙至颇密而均匀的小颗粒状，粒径和高 <1μm，轮廓线上微不平整或呈细粒状凸起，偶尔末端微尖；棕黄色。

比较与讨论 本种以环呈多层状、外壁表面具细颗粒纹饰和细长三射线区别于属内其他种。高联达鉴定的 *D. ruhus* Kosanke, 1950（p. 33, pl. 6, fig. 6）与原模式标本相比差别太大，后者环厚实，未见分层，轮廓线上见不规则粗锥瘤，而其明显的多层更接近 *D. sinensis*，故迁入之。

产地层位 河北开平，赵各庄组；山西宁武、内蒙古清水河，太原组；宁夏横山堡，山西组。

圆三角套环孢 *Densosporites sphaerotriangularis* Kosanke, 1950

（图版 120，图 8，48）

1950 *Denso-sporites sphaerotriangularis* Kosanke, p. 33, pl. 6, fig. 7.

1967 *Densosporites sphaerotriandularis*, Smith and Butterworth, p. 242, pl. 19, figs. 20—23.

1989 *Densosporites sphaerotriangularis*, Zhu, pl. 4, fig. 15.

1993 *Densosporites sphaerotriangularis*，朱怀诚，289 页，图版 75，图 12，18—20。

1995 *Densosporites sphaerotriangularis*, Zhu, pl. 1, fig. 13.

描述 赤道轮廓三角形，三边凸出，角部钝或圆钝，大小 30. 0（38. 8）50. 0μm；具环，宽 7—15μm，即 2/5—1/2R，在同一标本上边部稳定，角部略宽，内侧厚故色暗，外侧相对透亮；本体多少圆三角形，三射线不明显，简单，伸达赤道环内沿，有时在角部对应射线末端见射线痕迹；外壁薄，点穴—细粒状纹饰，偶见细瘤，粒径 0. 5—1. 0μm；暗棕—深黄色。

比较与讨论 按原作者（Kosanke, 1950），此种大小 46—59μm，全模 50. 4μm，外壁表面具稀少乳头状小突起，环宽 12. 5—14. 7μm，三射线细弱，伸达环的暗带：本种即以环内暗外亮现象更明显与 *D. triangularis* 有别，且后者外壁表面具颗粒—蠕瘤状纹饰，环上点穴—稀刺状，三射线更不清楚。Smith and Butterworth（1967）提及西欧维斯发阶 C—D 期暗煤中大量出现 *Densosporites*，*D. sphaerotriangularis* 大小 26—60μm，平均 47—50μm，近极面颗粒状，远极面块瘤状，轮廓线不规则，波状，具刺或块瘤，并称与 *D. duriti* Potonié and Kremp, 1956（p. 117, pl. 18, figs. 383, 384；纹饰较粗强锥刺）存在着过渡形式，故应并入同一种内。我国石炭系的这个种，与这些描述相比，有这样那样的差别（如有的环较窄、纹饰较细弱等），但主要特征相似。王蕙（1989）从新疆滴水泉组获得的 *D. sphaerotriangularis*，因射线具粗壮的唇，未必属于这个种。

产地层位 甘肃靖远，红土洼组—羊虎沟组。

具刺套环孢 *Densosporites spinifer* Hoffmeister, Staplin and Malloy, 1955

（图版 35，图 9，10）

1955 *Densosporites spinifer* Hoffmeister et al., p. 386, pl. 34, figs. 16, 17.

1995 *Densosporites spinifer*，卢礼昌，图版 4，图 3。

描述 赤道轮廓钝角凸边三角形，大小 45μm；三射线不完全清楚，至少伸达环内沿；带环厚度基本均匀（除刺外），宽约 9μm，内界清楚，外缘锯齿状；中央区清楚，轮廓与孢子赤道轮廓一致，大小约为 25μm，在透光镜下呈网状图案（由纹饰基部彼此连接所致）；刺状纹饰在赤道线上最为清楚，以小刺为主，基宽 1. 5—2. 5μm，高 2. 0—3. 5μm，顶端钝尖或锐尖，有时微弯曲，基部分离或局部接触；黄—棕色（环）。

注释 本种以带环厚度基本均匀与边缘刺状突起略显著为特征；本描述标本与该特征相符，仅后者刺较长（2—6μm），但不影响将其归入本种。

产地层位 湖南界岭，邵东组。

具刺套环孢（比较种） *Densosporites* cf. *spinifer* Hoffmeister, Staplin and Malloy, 1955

（图版76，图21）

1999 *Densosporites* cf. *spinifer*，卢礼昌，97页，图版14，图29。

注释 仅见1粒，大小39μm；远极环面上的刺不如全模标本（Hoffmeister et al., 1955, pl. 36, fig. 16）典型与明显。

产地层位 新疆和布克赛尔，黑山头组5，6层。

斯匹次卑尔根套环孢 *Densosporites spitsbergensis* Playford, 1963

（图版76，图5）

1963 *Densosporites spitsbergensis* Playford, p. 627, pl. 89, figs. 1—5.

1999 *Densosporites spitsbergensis*，卢礼昌，96页，图版14，图15。

注释 本种孢子以远极面具分散的刺状突起为特征；刺基部宽1—3μm，高略大于基宽。仅见2粒（62.4—65.5μm）；与爱尔兰泥盆—石炭系的同种标本最相似（Higgs et al., 1988）。

产地层位 新疆和布克赛尔，黑山头组4—6层。

外薄套环孢 *Densosporites tenuis* Hoffmeister, Staplin and Malloy, 1955

（图版76，图1，2，6，7）

1955 *Densosporites tenuis* Hoffmeister et al., p. 387, pl. 36, figs. 18, 19, 23.

1995 *Densosporites capistratus*，卢礼昌，图版4，图7。

1996 *Densosporites capistratus*，王怿，图版5，图1—3。

描述 赤道轮廓钝角凸边三角形，大小35.6—52.0μm；三射线清楚，大多具窄唇（宽约2μm或不足），至少伸达环内缘；带环表面粗糙，内侧部分较外侧部分厚实，两者为逐渐过渡关系，总宽5.6—14.0μm；中央体（内层）轮廓与赤道轮廓一致，大小20—22μm，部分标本的中央体与环内缘略有分离；中央区表面具细刺—粒状纹饰。

注释 湖南的这些标本与Hoffmeister等（1955）首次描述的*D. tenuis*的特征颇接近，仅后者的带环稍宽（12—19μm）而略异，但不影响其归入该种名下。

产地层位 湖南界岭，邵东组；湖南锡矿山，邵东组。

三角套环孢 *Densosporites triangularis* Kosanke, 1950

（图版121，图1）

1950 *Denso-sporites triangularis* Kosanke, p. 34, pl. 7, fig. 1.

1958 *Densosporites spongeosus* Butterworth and Williams, p. 380, pl. 3, figs. 40, 41.

1967 *Densosporites triangularis*, Smith and Butterworth, p. 244, pl. 19, figs. 16, 17.

1984 *Densosporites spongeosus*，高联达，315页，图版140，图29。

1985 *Densosporites triangularis*, Gao, pl. 3, fig. 1.

描述 赤道轮廓圆三角形，大小48—64μm；三射线不清楚，或简单、细直，伸达环内沿；赤道环厚，宽度约1/2R，向赤道边略变薄，边缘具刺状或锯齿状突起；中央本体具细点状（有时为颗粒状或瘤状）纹饰；棕—黄色。

比较与讨论 据原作者（Kosanke, 1950）描述，此种大小52—62μm，全模58.8μm；三射线很不清楚，环宽12.6—18.9μm（角部），即大于1/2R，约为55%R；中央部位外壁表面颗粒—蠕瘤状，环上点穴—稀刺状。Smith和Butterworth（1967）认为*D. spongeosus* Butterworth and Williams, 1958与本种相同，无法区别，他们提及本种大小为40—65μm。我国被鉴定为上述两“种”的标本（见同义名表）与之相比，主要特征一致。此种以环缘具刺状突起与 *D. sphaerotriangularis* 区别。高联达(1987,图版7,图12)从靖远红土洼组获得的 *D. triangularis*,因具较粗的唇,可能不属于此种。

产地层位 河北开平,赵各庄组;山西宁武,太原组。

三层套环孢 *Densosporites trilamellatus* Lu, 1981

(图版76,图10, 11)

1981 *Densosporites trilamellatus* Lu,卢礼昌,109页,图版6,图13,14。

描述 赤道轮廓近圆形或钝角凸边三角形,大小78.4—89.6μm,全模标本89.6μm;内孢体轮廓与孢子赤道轮廓接近一致,大小40—56μm;三射线常被唇遮盖,唇宽1.5—2.5μm,微曲,伸达带环边缘;外壁3层:内层(内孢体)由内里层与内表层组成,内里层厚约1μm,表面光滑,常见褶皱,并常围绕中央区,呈窄而长的弧形,甚至呈同心圆状排列,内里层与内表层(极面观)略分离,内表层较内里层略厚,在其外缘附近呈弧形加厚或褶皱,并呈内环状,宽3—4μm,外层朝赤道方向延伸成环,带环宽13—18μm,具明显的海绵状—细粒状结构,表面粗糙或具颗粒、小瘤和其他小突起,高1—2μm,基宽略大于高,环轮廓线细波状,有时呈不规则小齿状;浅棕黄—棕色。

比较与讨论 *D. trilamellatus* 以外壁由3层组成而区别于 *Densosporites* 属的其他种。

产地层位 四川渡口,上泥盆统。

顶凸套环孢 *Densosporites tripapillatus* Staplin, 1960

(图版76,图13)

1960 *Densosporites tripapillatus* Staplin, p. 24, pl. 5, figs. 4, 5.

1982 *Densosporites* sp.,侯静鹏,图版2,图7。

注释 首先,本种以射线连接处顶部具3个小顶突为特征而与 *Densosporites* 的其他种不同。侯静鹏(1982)置于 *Densosporites* sp. 名下的湖南锡矿山邵东组的标本与上述特征颇相符,当迁移至 *D. tripapillatus* 内。其次,该标本赤道轮廓钝角凸边三角形,大小约48μm;三射线清楚,具窄唇(宽约1μm),伸达带环内缘;带环厚实,表面光滑,宽略大于中央区半径长;中央区较带环明亮很多。

产地层位 湖南锡矿山,邵东组。

顶凸套环孢(比较种) *Densosporites* cf. *tripapillatus* Staplin, 1960

(图版76,图12)

1953 *Stenozonotriletes formosus* Naumova, p. 72, pl. 10, fig. 18.

1987 *Stenozonotriletes formosus*,高联达、叶晓荣,407页,图版176,图13。

注释 Naumova(1953)首次描述为 *Stenozonotriletes formosus* 的标本是以壁厚、环窄(宽约为4/9R)、射线短(长约1/2R)与具小三角形深色接触区为特征。而甘肃标本(高联达等,1987,图版176,图13)带环颇宽(约2/5R)、三射线较长(至少等于内孢体半径长),也未见深色接触区,与上述 *S. formosus* 的特征相去甚远,也不宜归入 *Stenozonotriletes*;其特征似可与 *D. tripapillatus* 比较,但"三顶突"不明,故有保留地归入该种。

产地层位 甘肃迭部当多沟,下、中泥盆统当多组。

可变套环孢 *Densosporites variabilis* (Waltz) Potonié and Kremp, 1956

(图版75,图25, 26;图版76,图9)

1938 *Zonotriletes variabilis* Waltz in Luber and Waltz, p. 20, pl. 4, figs. 44—46.

1956 *Densosporites variabilis* (Waltz) Potonié and Kremp, p. 116.

1993 *Densosporites variabilis*,文子才等,图版4,图7,8。

1997 *Densosporites rariabilis* (sic!),卢礼昌,图版1,图17。

注释 本种以近极环面内侧部位具辐射状排列的浅凹穴或沟为特征。江西全南翻下组的标本(文子才等,1993,图版4,图7,8)正好具此特征。*D. diatretus* Playford, 1963 的带环虽也具类似的特征,但还具小结或小瘤状加厚。

产地层位 江西全南,上泥盆统翻下组;湖南界岭,邵东组。

变缘套环孢 *Densosporites variomarginatus* Playford, 1963

(图版76,图19)

1963 *Densosporites variomarginatus* Playford, p. 629, pl. 89, figs. 9—13.

1995 *Densosporites variomarginatus*,卢礼昌,图版4,图24。

描述 赤道轮廓亚三角形,大小约50μm;三射线明显开裂并延伸至末端或接近内孢体(本体)边缘;内孢体宽圆三角形,大小约34μm,表面光滑,厚<1μm,局部与环内缘略有分离;带环厚实,但不等宽(在同一标本上),在4.5—9.0μm之间,具辐射状排列的针刺状与肋条状的内结构,前者较稀少,后者较密集(局部),环表面光滑,边缘平滑至轻度凹凸不平。

比较与讨论 本种以带环具明显的内结构、环外缘常不规则、凹凸不平及其宽度变化多端为特征;当前标本符合此特征,略微不同的是孢体较Playford(1963)首次描述为*D. variomarginatus*的标本(44—102μm)偏小,但仍不影响将其归入该种。

产地层位 湖南界岭,邵东组。

异缘套环孢(比较种) *Densosporites* cf. *variomarginatus* Playford, 1963

(图版121,图33)

1984 *Densosporites variomarginatus* Playford,高联达,366页,图版140,图30。

描述 赤道轮廓三角形,大小66×70μm;三射线延伸至环的内沿,但常不易见;具赤道环,其厚为1/2R,深褐色,隐约可见分几层,其表面有稀疏的颗粒纹饰,基部彼此不连接;中央本体外壁薄,呈黄色,表面具细点状纹饰;轮廓线上呈波状凸起。

比较与讨论 当前标本与从斯匹次卑尔根岛下石炭统获得的*D. variomarginatus* Playford(1963, p. 629, pl. 89, figs. 9—13)的个别标本(同前,如其图10,13之间)有些相似,但后一种以环上略呈辐射状的不均匀增厚为主要特征,所以种的鉴定应作保留。

产地层位 山西宁武,太原组。

新化套环孢 *Densosporites xinhuaensis* Hou, 1982

(图版76,图3,4)

1982 *Densosporites xinhuanensis*(sic) Hou,侯静鹏,89页,图版2,图5。

1993 *Densosporites xinhuanensis*(sic) Hou,何圣策等,图版2,图9,10。

1995 *Densosporites xinhuanensis*(sic) Hou,卢礼昌,图版3,图9。

注释 *D. xinhuaensis*的全模标本,赤道轮廓宽圆三角形,大小约36μm;三射线不清楚;带环窄,宽约3.5μm,光面,外缘光滑或局部凹凸不平,内缘界线清楚;中央区较带环明亮许多,并可见不规则与稀散分布的刺瘤状纹饰的投影,宽×长的最大量度为2×3μm,间距1—5μm。浙江富阳(何圣策等,1993)和湖南界岭(卢礼昌,1995)几粒标本与上述特征基本符合,彼此当为同种。

产地层位 浙江富阳,西湖组下段;湖南锡矿山,邵东组上部;湖南界岭,邵东组。

链环孢属 *Monilospora* Hacquebard and Barss, 1957

模式种 *Monilospora moniliformis* Hacquebard and Barss, 1967;加拿大,下石炭统。

属征 辐射对称三缝孢子,轮廓圆三角形—圆形,有一赤道环,环薄,有时膜状,宽10—20μm,边沿具加厚的缘;模式种的缘边厚不均一,而由许多近似瘤状的段片组成,宛如项链;三射线长1/2—2/3R;环与本体皆光面，孢壁一般薄；模式种大小 64—86μm。

注释与比较 Staplin (1960)修订了本属定义，主要体现在：孢子本体完全被一囊套(capsula)包裹，在本体赤道凸出颇远，囊套一般薄而稍离本体近极面和远极面之上，发育程度参差不齐，通常具凹痕，外沿常呈强烈波状；三射线经过囊套的凹痕而达本体之外沿，长 1/2—1R；在保存好的标本中，孢子整个构造颇厚。他还认为被 Hacquebard 和 Barss 定为 *M. moniliformis*, *Tendosporites subcrenatus*, *Densosporites subserratus* 的标本很可能为同一种的不同保存状态。然而，Jansonius 和 Hills (1976)则称 Staplin(1960)的具囊套的分子是否确属 *Monilospora s. s.* (狭义)仍不能肯定，也许应归入 *Densosporites* 或为一新属。本属以环缘细密波状与其他属区别。

具缘链环孢 *Monilospora limbata* Ouyang and Chen, 1987

(图版 168，图 13)

1987 *Monilospora limbata* Ouyang and Chen，欧阳舒、陈永祥，77 页，图版 15，图 42。

描述 腔状孢，赤道轮廓三角形，三边平或微内凹，角部波圆，大小 105(119)143μm(测 5 粒)，全模 118μm(图版 168，图 13)；本体轮廓与孢子轮廓大体一致，大小 97μm(全模标本)；三射线清楚，微弯曲并开裂，长为本体半径的 3/5—4/5；外壁内层(体)薄，表面光滑，在接触区内有 3 个近椭圆形的增厚，大小达 17 × 20μm；外壁外层表面无纹饰，外壁在远极和赤道部位膨胀，构成一环状构造，离本体宽 5—15μm，其赤道边沿具一增厚的缘边，厚达 3.0—3.5μm，并作波状起伏；本体棕色，外壁外层黄色。

比较与讨论 当前孢子以本体相对较大、接触区具 3 个突起以及环缘作大波状起伏而与本属模式种 *M. moniliformis* Hacquebard and Barss, 1957 有所不同；以孢子为腔状而非周壁孢与本书的 *Peritrirhiospora* 属的各种不同。

产地层位 江苏句容，五通群擂鼓台组上部。

变异链环孢(比较种) *Monilospora* cf. *mutabilis* Staplin, 1960

(图版 121，图 2，34)

1960 *Monilospora mutabilis* Staplin, p. 28, pl. 6, figs. 1—7, 9.

1983 *Monilospora mutabilis*，高联达，506 页，图版 116，图 5—8。

1985 *Monilospora triungensis* Playford，高联达，77 页，图版 7，图 20。

描述 孢子赤道轮廓圆形，大小 55—66μm；本体圆三角形，其表面平滑，三射线直伸至环的外缘；具赤道环，环加厚不均；孢子环的外缘具细颗粒状纹饰，外缘呈波浪形。

比较与讨论 从贵州下石炭统采集的标本(40—60μm)，虽与北欧下石炭统的 *M. triungensis* Playford (1963, p. 641, pl. 92, figs. 2, 3)有点相似，但也有重大差别，后者大小达 80 (97) 117μm，尤其是其赤道环有分化为暗、亮(膜状)两带的趋势，且其外部呈不规则褶扇状(scalloped)，褶“梗”之间常凹入，该褶脊在 3 个角部相对较集中；Playford 在比较中提到 *M. triungensis* 与 *M. mutabilis* Staplin, 1960 相似，仅前者个体大于后者。据此，将贵州标本亦归入后一种内。

产地层位 贵州睦化，打屋坝组底部。

墙环孢属 *Murospora* Somers, 1952

模式种 *Murospora kosankei* Somers, 1952；加拿大新斯科舍(Nova Scotia)，石炭系(Lower Jubiler Seam)。

同义名 *Westphalensisporites Alpern*, 1958, p. 78.

属征 赤道轮廓三角形，三边多凹入；带环与 *Simozonotriletes* 中的相似，但不如后者孢子三角部总是宽而浑圆，有时反较窄而呈弧形(蹼形)；三射线伸达带环；外壁平滑，部分在角部有颗粒；模式种全模大小 30μm。

比较与讨论 见 *Simozonotriletes* 属下。

注释 Playford(1962, p. 608) 同意 Staplin(1960, p. 28, 29)的意见，认为 *Murospora* Somers, *Simozonotriletes* (Naumova) 和 *Westphalensisporites* 3 个属应为同义名，都包括三角形的、具赤道带环的孢子，环的厚薄或

宽窄常有较明显的变化,不足以划分为不同的属。因 *Murospora* 有优先权,故应采用。对于上述 3 个属是否为同义名的问题,学界尚有争议。最早是 Hacquebard 和 Barss (1957) 提出 *Murospora* 与 *Simozonotriletes* 是同义名,前者优先,因后者是 Potonié 和 Kremp 于 1954 年才使之有效的。Bharadwaj 和 Venkatachala (1961) 倾向保留 *Murospora* 和 *Simozonotriletes* 作为独立的属,同时又接受 *Murospora* 与 *Westphalensisporites* 可能为同义名的意见。他们的见解为 Smith 和 Butterworth (1967) 所认同。争议主要是由这些属"环"的性质[赤道环栎碟形或箱匣形(cingulum, patella, capsula)]的难以肯定引起的。Oshurkova (2003) 认为 *Simozonotriletes* 与 *Murospora* 的不同之处在于,除其三边凹入相对强烈外,其环是所谓厚实环(crassitude),而后者是带环(cingulum, 外壁在赤道向外延伸并稍变薄),据此,她修订了前一属的定义;她也认为 *Westphalensisporites* 是 *Murospora* 的晚出同义名。本书同时采用了 *Murospora* 和 *Simozonotriletes* 两个属名,由于上述原因,也为了减少新联合名,对原作者的归属一般不作更动。

扩张墙环孢 *Murospora altilis* (Hacquebard and Barss) Liao, 1987

(图版 121, 图 40)

1957 *Cincturasporites altilis* Hacquebard and Barss, p. 25, pl. 3, fig. 8.

1987a *Murospora altilis* (Hacquebard and Barss) Liao, 廖克光, 562 页, 图版 137, 图 9。

描述 赤道轮廓圆三角形—亚圆形,大小 69μm;三射线清楚,具窄唇,伸达环的内沿;本体轮廓三角形至亚圆形,直径≥40μm,相对较为透明;赤道环较宽,达 18—22μm;体与环表面平滑—微粗糙[次生(?)],轮廓线平滑—微不平整甚至大波状;深棕—棕黄色。

注释 以 *Cincturasporites altilis* Hacquebard and Barss, 1957 作为模式种的 *Cincturasporites* Hacquebard and Barss, 1957 属与 *Murospora* 属的区别在于后者三边常凹入,而 *Densosporites* 的环有从亚赤道到赤道逐渐增厚(盾环)的趋势,其三射线也不具明显的唇,*Cincturasporites* 则是突然增厚的带环。

比较与讨论 最初从加拿大下石炭统获得的 *C. altilis* 为亚三角形,大小达 90—130μm,环叠覆本体较宽,本体外壁厚约 3μm,点穴—颗粒状。严格来讲,将山西标本置于该种应作保留。

产地层位 山西宁武,太原组—山西组。

耳状墙环孢(比较种) *Murospora* cf. *aurita* (Waltz) Playford, 1962

(图版 121, 图 3, 4)

1962 *Murospora aurita* (Waltz) Playford, p. 609—613, pl. 87, figs. 1—6; text-fig. 6a—q.

1986 *Murospora aurita* (Waltz), 唐善元, 图版 Ⅱ, 图 18, 19。

1987a *Murospora* cf. *aurita* (Waltz) Playford, 廖克光, 562 页, 图版 137, 图 30。

? 1988 *Murospora aurita* (Waltz), 高联达, 图版 Ⅶ, 图 9。

描述 赤道轮廓三角形,角部宽圆或锐圆,大小约 40μm;三射线可能具较宽唇(照片不清楚),伸达环内沿;在同一标本上环宽 3—7μm 不等,局部呈波状;棕—深棕色。

比较与讨论 Playford (1962) 从斯匹次卑尔根岛下石炭统获得的此种标本大小 45(68)94μm,主要特征是具特别发达的唇、很厚的环,且多在角部或边部有不规则耳垂状增厚,有时甚至使孢子轮廓也颇不规则。当前标本与之相比,总体上差别较明显,可能代表不同的种,因发现标本少,暂按廖克光意见,定为比较种。

产地层位 山西宁武,上石盒子组;湖南测水双峰,测水组;甘肃靖远,臭牛沟组。

弯曲墙环孢 *Murospora camptoides* Gao, 1987

(图版 121, 图 5)

1987 *Murospora campta* Gao, 高联达, 218 页, 图版 7, 图 5。

描述 赤道轮廓三角形,大小 40—60μm,全模 48μm;三边多少向内凹入,三角近平截,本体与外形相同;具赤道厚环,环与本体在接触处加厚,色深褐色,赤道环呈多层状,在三角顶端窄,向内凹入呈 V 字形;三射线直伸至环的内缘，射线两侧具窄唇，略覆以不清晰的小粒点纹饰。

比较与讨论 此种与 *M. sulcata*（Waltz）颇为相似，尤其描述中提及的赤道环条纹状，但似比后者孢子个体小，三边微内凹；与 *Murospora intorta*（Waltz）Playford（1962，p. 609，pl. 86，figs. 12，13）亦有相似之处，但后者以环无层状结构、表面平滑而不同；与 *Murospora kosankei* Somers（1952）比较，外形轮廓和内部结构均不相同。

注释 *M. campta* 种名出自希腊词根 *campto-*（弯曲），如用作生物种本名（形容词），则需用拉丁化的词尾，如-*oides*，-*odes* 等，故应改为 *camptoides*；同理，下面的 *M. lygista* 应改为 *M. lygistoides*。

产地层位 甘肃靖远，靖远组。

对褶墙环孢 *Murospora conduplicata*（Andreyeva）Playford，1962

（图版 121，图 29，30）

1941 *Zonotriletes conduplicatus* Andreyeva in Luber and Waltz，p. 38，pl. 7，fig. 113.

1956 *Simozonotriletes conduplicatus*（Andreyeva）Ischenko，p. 89，pl. 17，figs. 206，207.

1962 *Murospora conduplicata*（Andreyeva）Playford，p. 613，pl. 86，figs. 14，15.

1976 *Murospora conduplicata*，Kaiser，p. 121，pl. 9，fig. 12.

1983 *Murospora conduplicata*，王蕙，图版 3，图 33。

1983 *Murospora conduplicata*，高联达，506 页，图版 116，图 10。

1985 *Murospora conduplicata*，高联达，71 页，图版 6。

1988 *Murospora conduplicata*，高联达，图版Ⅳ，图 23。

描述 赤道轮廓三角形，三边中等程度凹入，角部较窄且锐圆，大小 45—50μm；三射线裂缝状，接近伸达角部环内沿；赤道环窄，宽度基本均匀（3—4μm，偶尔 5μm）；外壁表面平滑；棕—黄色。

比较与讨论 当前孢子（图版 121，图 30）与 Playford（1962）描述的 *M. conduplicata* 特别是其图版 86 图 15 的标本完全一致。这是 Kaiser 的意思，实际上，Andreyeva 最先描述的俄罗斯标本大小 50μm，赤道环宽达 7. 5μm，即达 1/3R。

产地层位 山西保德，下石盒子组；贵州睦化，打屋坝组底部；贵州贵阳乌当，旧司组；甘肃靖远，臭牛沟组；宁夏横山堡，上石炭统。

湖南墙环孢 *Murospora hunanensis* Tang，1986

（图版 121，图 31，35）

1986 *Murospora hunanensis*，唐善元，200 页，图版 2，图 9，10。

描述 赤道轮廓三角形，大小 50—56μm，全模 50μm（图版 121，图 35）；三射线具唇，宽 5—8μm，不变尖，伸达环；环的宽度变化大，角部强烈加宽，要比辐间区宽 1/2 以上，在辐间区平均宽约 8μm；角部的环具大的齿状突起；本体近圆形，光滑，大小 30μm。

比较与讨论 与本种相似的 *M. aurita*，其以外缘平滑、无齿状突起而与本种区别；*Triquitrites trivalvis* 的角部有巨大的蘑菇状加厚，但是不具墙环，和本种显然不同。

产地层位 湖南双峰测水，测水组。

柯氏墙环孢 *Murospora kosankei* Somers，1952

（图版 121，图 6，36）

1952 *Murospora kosankei* Somers，p. 21，fig. 13a.

1984 *Murospora kosankei* Somers，高联达，369 页，图版 141，图 16—18。

1985 *Murospora kosankei*，Gao，pl. 2，fig. 15.

1987 *Murospora kosankei*，高联达，图版 6，图 25。

1990 *Murospora kosankei*，张桂芸，见何锡麟等，321 页，图版 7，图 10，22。

1993 *Murospora kosankei*，朱怀诚，287 页，图版 74，图 17，18。

描述 赤道轮廓三角形—圆三角形，边部外凸或内凹，角部圆或钝尖或近平截，大小 27—60μm；具环，宽4—6μm或8—12μm，对应边部中间常轻微加厚，轮廓线呈不规则波状；本体三角形，边部内凹或外凸，角部多钝尖，三射线清晰，简单，细，微呈脊状，伸达环内缘；外壁薄，表面具点—微粒纹饰。

比较与讨论 本种原全模标本(加拿大上石炭统)大小仅30μm，我国石炭系被鉴定为此种的孢子，部分达40—60μm，其他特点也显示出较多变化。

产地层位 河北开平，赵各庄组；山西宁武，本溪组；山西保德，本溪组—太原组；内蒙古准格尔旗黑岱沟，本溪组；甘肃靖远，靖远组、红土洼组—羊虎沟组。

光面墙环孢 *Murospora laevigata* Liao, 1987

(图版121，图13，15)

1987a *Murospora laevigata* Liao，廖克光，562页，图版137，图31，32。

描述 赤道轮廓三角形，三边多少凹入，角部近平截或锐圆，大小33—42μm，全模42μm(图版121，图13，本书代为指定)；三射线简单，伸达角部环的内沿；赤道环边部稍偏向近极面，因而形态上有点相似，但此特征并不稳定；环宽3—7μm不等，在角部往往稍厚；本体和环表面平滑，偶尔本体表面有颗粒[次生(?)]；暗棕—棕黄色。

比较与讨论 本种以个体较小、环在角部稍厚及其顶端多平截而与 *Murospora* 属的其他种或 *Simozonotriletes* 属的种不同。

产地层位 山西宁武，太原组。

弯曲墙环孢 *Murospora lygistoides* Gao, 1984

(图版121，图14，18)

1984 *Murospora lygista* Gao，高联达，370页，图141，图19，20。

描述 赤道轮廓三角形，三边内凹，三角呈浑圆或近平截，大小40—50μm，全模40μm；具赤道环，环在三角部的加厚较宽，三角顶的环宽8—10μm，辐间区环宽4—6μm，三角顶具颗粒纹且呈波状凸起；三射线直伸至环的内缘，常裂开；孢子中央本体覆以细点状纹饰。

比较与讨论 描述标本与 *M. kosankei* Somers, 1952 有些相似，但前者个体比后者小，环的加厚也不相同。

注释 见 *Murospora camptoides* 注释。

产地层位 山西宁武，本溪组。

微小墙环孢 *Murospora minuta* Gao, 1985

(图版121，图7，17)

1985 *Murospora minuta* Gao，高联达，71页，图版6，图16，17。

描述 赤道轮廓三角形或亚三角形，角部钝圆，大小40—45μm；三边微内凹；具窄的赤道环，环在间三射线区厚于三角顶，厚4—6μm，黄褐色；三射线直伸至环的内缘，沿三射线接触区加厚，凸起，常弯曲；孢子表面平滑或具不清晰的内点结构。

比较与讨论 本种与 *M. sublobata* (Waltz) Playford (1962, p. 613, pl. 86, figs. 17—19)比较，外形有些相似，但区别在于后者赤道环局部加厚。

产地层位 贵州睦化，打屋坝组底部。

短尖墙环孢 *Murospora mucronata* Gao, 1984

(图版121，图20)

1984 *Murospora mucronata* Gao，高联达，370页，图版141，图21。

描述 赤道轮廓三角形，三边平整或微内凹，大小50—60μm，全模大小约60μm(包括纹饰)；具赤道环，环宽 8—12μm，黄褐色；三射线细直，长等于孢子本体半径，常开裂；孢子表面覆以短刺瘤纹饰，其基部宽 6—8μm，高 8—10μm，顶端圆形。

比较与讨论 描述的种以具有短刺瘤而与本属的其他种相区别。

产地层位 山西宁武，本溪组。

结实墙环孢 *Murospora salus* Gao, 1988

（图版 121，图 23，26）

1988 *Murospora salus* Gao，高联达，198 页，图版 5，图 1，2。

描述 赤道轮廓三角形，三边凹入部形态不规则，大小 50—70μm（据照片测得）；赤道环厚 5—10μm，在三角顶部呈耳角状，顶端扁平或弯曲；辐间区具柱形或棒形结构，有时彼此连接或分裂；环与本体在接触处加厚，深褐色；三射线细，直伸至三角顶，有时裂开，三射线唇似由细瘤组成；孢子表面平滑或有不规则的瘤状物，远极区显著。

比较与讨论 当前标本与 *M. conduplicata* (Andreyeva) Playford (1963, p. 613, pl. 86, figs. 14—16) 外形有些相似，但后者三射线辐间区无柱形或棒形结构。

产地层位 甘肃靖远，臭牛沟组。

糙面墙环孢 *Murospora scabrata* Ouyang, 1986

（图版 121，图 21，22）

1986 *Murospora scabrata* Ouyang，欧阳舒，64 页，图版Ⅷ，图 12，13。

描述 赤道轮廓三角形，三边微凹凸，角部不规整，大小 60—66μm，全模 60μm（图版 121，图 21）；三射线具唇，顶部及其附近宽可达 2.5μm，向末端变窄细，伸达环的内沿，其外伴以发达的弓形堤；本体外壁不厚，但在赤道强烈增厚，构成宽达 5—11μm 的环，其外沿波状或缺刻状，常在射线端部（角部）因缺刻而变窄；本体和环的表面粗糙，具颇密、大小形状不甚规则的颗粒，直径一般小于 1μm，基部有时相连成小穴；黄（体）—棕（环）色。

比较与讨论 本种以具相当密的、大小形状不甚规则的颗粒而与 *Murospora* 属内其他种不同。

产地层位 云南富源，宣威组上段。

条纹墙环孢（比较种） *Murospora* cf. *strigata* (Waltz) Playford, 1962

（图版 121，图 11，12）

1987a *Simozonotriletes strigatus* (Waltz) Ischenko，廖克光，563 页，图版 137，图 7，8。

描述 赤道轮廓三角形，三边微凸凹，角部浑圆、低平或锐圆，大小 46—65μm；三射线单细，长等于半径或略短；本体轮廓与整个孢子轮廓基本一致，具内点穴状结构；赤道环可分成大致相等的 3 层，外层及里层色暗而中间层较为透明，总宽 7—10μm；轮廓线平滑。

比较与讨论 无论与最先描述的俄罗斯下石炭统的 *Zonotriletes strigatus* Waltz in Luber and Waltz, 1941 (p. 19, pl. 3, fig. 41) 还是后来从斯匹次卑尔根岛下石炭统获得的 *Murospora strigata* (Waltz) Playford, 1962 (p. 615, pl. 86, figs. 20, 21) 相比，当前标本确有相似之处，但其孢子和本体轮廓的三边并无较规则对称的凹入，与 Playford（1962）描述的该种［60（70）82μm］相比，个体也较小，所以改定为比较种。

产地层位 山西宁武，太原组顶部。

具肋墙环孢 *Murospora strialatus* Geng, 1985

（图版 121，图 25）

1985a *Murospora strialatus* Geng，耿国仓，211 页，图版Ⅰ，图 2。

描述 赤道轮廓三角形，边直到微凸，角端凹，大小 62—70μm，全模 68μm；射线清楚，几达环内缘；环较厚,宽 10—14μm;本体圆三角形,具彼此平行的细肋(约 12 条);外壁光滑,厚 2—3μm。

比较与讨论 当前孢子的主要特征是本体具彼此平行的细肋。

产地层位 甘肃环县,太原组。

排纹墙环孢(新联合) *Murospora sulcata* (Waltz) Ouyang and Liu comb. nov.

(图版 121,图 10, 38, 39)

1938 *Zonotriletes sulcatus* Waltz in Luber and Waltz, p. 18, pl. 2, fig. 20.

1941 *Zonotriletes sulcatus* Waltz in Luber and Waltz, p. 43, pl. 3, fig. 42.

1984 *Densosporites reynoldsburgensis* Kosanke,高联达,366 页,图版 141,图 2。

1987 *Murospora varia* Staplin,高联达,图版 6,图 26。

1987 *Murospora altilis* (Hacquebard and Barss) Liao,廖克光,562 页,图版 137,图 4。

2003 *Cincturasporites sulcatus* (Waltz) Oshurkova, p. 142.

描述 赤道轮廓圆三角形—亚圆形,大小 75—84μm;三射线简单,无粗唇,或开裂,伸达环的内沿;本体近三角形,体壁较薄,较为透明,远极面可能有瘤状纹饰,但轮廓线基本平滑;赤道环厚实,宽达 18—21μm,即约本体的 1/2R,最具特征性的是此环呈排纹状,即显示出宽度均匀的各 4—5 条的平行肋纹和肋间(相对暗/亮即厚/薄的结构);深棕—棕黄色。

比较与讨论 高联达、廖克光先后将本书图版 121 中图 38,39 的两个标本鉴定为不同的属种。如本书图版所示,它们的共同特征明显,当属同种,归入苏联下石炭统的 *Zonotriletes sulcatus* Luber 更好。此外,高联达从甘肃获得的 *Murospora varia*(本书图版 121,图 10),标本保存不好,局部破损,但其本体壁稍厚,外盾环局部的多条纹结构仍隐约可见,与 *M. varia* 很不同,却与图版 121 中图 38,39 有相似性,故作同种处理。至于归属,*Cincturasporites* 的模式种 *C. altilis* Hacquebard and Barss, 1957,其全模也产自下石炭统,种大小达 90—130μm,超过一般的 *Densosporites* 的种赤道环和本体远极面外壁厚度不匀。本书认为廖克光将 *Cincturasporites altilis* 归入 *Murospora* 是可取的,同样将 *Zonotriletes sulcatus* 归入该属也较合理。

产地层位 山西宁武,太原组;甘肃靖远,红土洼组下部。

三凹墙环孢 *Murospora tribullata* Gao, 1987

(图版 121,图 24)

1987 *Murospora tribullata* Gao,高联达,218 页,图版 7,图 6。

描述 赤道轮廓三角形,大小 45—60μm,全模 56μm;三边微向内凹入,本体与外形相同;赤道环加厚奇特,在三角顶似耳角加厚,呈深褐色;环与本体接触处具条带加厚,深黄色;三射线直伸至环的内缘,射线两侧具深色加厚区,常裂开;孢子表面覆以不清晰的内点结构。

比较与讨论 此种与 *M. varia* Staplin(1960, p. 30, pl. 6, figs. 16—18)外形有相似之处,但后者环厚,形状也不同。

产地层位 甘肃靖远,红土洼组。

变化墙环孢 *Murospora varia* Staplin, 1960

(图版 121,图 16)

1960 *Murospora varia* Staplin, p. 30, pl. 6, figs. 16—18.

1998 *Murospora varia*,张桂芸,见何锡麟等,32 页,图版 8,图 4。

1982 *Murospora varia* Staplin,黄信裕,图版 2,图 24,25。

描述 赤道轮廓三角形,大小 42—85μm,本体三角形,大小 36—80μm;赤道环分异成两圈,内环厚,呈脊状,宽 4—8μm,角部稍窄,外环薄,厚 4—6μm;三射线清楚,直,两侧具窄唇,宽 2—3μm,射线直伸达赤道环内缘;孢子表面具不规则的粒状纹饰或粗糙。

比较与讨论 Staplin (1960)最先描述的加拿大下石炭统的此种孢子大小 50—69μm,最具特征性的是环绕本体的宽膜环,沿赤道延伸不甚规则,角部或边上局部呈深色加厚,使孢子轮廓呈不规则亚圆形—亚三角形。我国所见标本未必与此种同种。

产地层位 内蒙古准格尔旗黑岱沟,本溪组;福建长汀陂角,梓山组。

维斯发孢属 *Westphalensisporites* Alpern, 1958

模式种 *Westphalensisporites irregularis* Alpern, 1958;法国,上石炭统(Westphalian D)。

属征 小的三角形孢子,明显具三缝,具一很宽的环,轮廓多少不规则;模式种大小25—45μm。

比较与讨论 本属以较宽的和更平展的环与 *Simozonotriletes* 区别,但 Bharadwaj 和 Venkatachala (1962)认为此属是 *Murospora* 的晚出同义名。

分布时代 欧美区、华夏区,石炭纪。

不规则维斯发孢 *Westphalensisporites irregularis* Alpern, 1958

(图版121,图19)

1958 *Westphalensisporites irregularis* Alpern, p. 78, pl. 1, figs. 15—17.

1984 *Westphalensisporites irregularis*,高联达,360页,图版139,图16。

描述 赤道轮廓三瓣形,三边向内强烈凹入,大小40—50μm;具赤道环,环宽6—8μm,在三角顶部加厚更明显,黄褐色;三射线直伸至环的内沿,有时裂开;孢子表面平滑或具内点状结构。

比较与讨论 据 Alpern 描述,三角形,三边多少凹入,大小25—45μm,全模35μm;三射线伸达环内沿;赤道环很厚,但厚度和纹饰变化大,有时厚颇均匀且光滑,有时具一至多枚突起;中央本体部位较透亮,三边也略凹入,所占面积比例颇小,接触区颇光滑,周边以一圈棕色三角带为标志,围绕细单射线点穴状;环的外壁比中央部位厚得多。宁武标本虽然环的厚度不如模式标本发达,但形态、大小与法国上石炭统(Westphalian D)的这个种仍颇相似。

产地层位 山西宁武,本溪组。

盖环孢属 *Canthospora* Winslow emend. Lu, 1981

模式种 *Canthospora patula* Winslow, 1962;美国(Ohio),上泥盆统—下石炭统。

属征 具环三缝孢,赤道轮廓不规则圆形至圆形;三射线清楚至可见,简单或具唇,约等于本体半径长或稍短;外壁两层,内层(本体)薄,至少在赤道部位与外层略分离,外层较内层略厚,表面一般无纹饰,在赤道区加厚并延伸成环;带环厚实或不规则,内侧部分或多(于近极面)或少(于远极面)覆盖本体,致使带环(内侧部分)具不规则同心圆状结构;某些标本,远极面具小块瘤或一中央凸起物;全模标本大小132μm。

比较 本属与 *Densosporites* 和 *Murospora* 属虽近似,但仍具明显差别:*Densosporites* 的带环虽然也颇厚实,但较规则,常具各种纹饰;*Murospora* 的带环虽不具纹饰,但呈三角形,且较窄角部、三边内凹。

分布时代 中国、美国等;晚泥盆世、早石炭世。

展开盖环孢 *Canthospora patula* Winslow, 1962

(图版71,图9, 10)

1962 *Canthospora patula* Winslow, p. 68, pl. 15, figs. 4, 6.

1981 *Canthospora patula*,卢礼昌,110页,图版6,图15。

1994 *Canthospora patula*,卢礼昌,图版5,图40。

描述 赤道轮廓近圆形或不规则圆形,大小77—82μm;三射线或微开裂,抑或被唇遮盖,唇顶部略凸起,中部宽5—7μm,末端较窄,等于或略大于本体半径长;外壁内层(本体)薄,厚约1μm,极面观,与外层略分离;外层较内层略厚,表面无纹饰,在赤道加厚与延伸成环;带环厚实,宽度不均匀,最宽可达12μm,最窄为5—7μm,环内侧部位常具不规则同心圆状结构;浅棕至棕色。

注释 本种的全模标本较大(132μm),归入该种的四川与南京的标本较小,但其他特征与之颇接近。

产地层位 江苏南京龙潭,五通群;四川渡口,上泥盆统。

凹环孢属 *Simozonotriletes* (Naumova, 1939) Potonié and Kremp, 1954

模式种 *Simozonotriletes intortus* (Waltz) Potonié and Kremp, 1954;苏联,下石炭统(Tournaisian—Visean)。

属征 三缝同孢子或小孢子,模式种全模大小 45μm;赤道轮廓三角形,三角部浑圆,三边凹入;三射线很尖,多少伸达带环;带环宽而平滑,似无纹饰或内结构,环在三角部较三边一般要宽(高)些。

比较与讨论 本属仅以角部带环较宽且整齐而与 *Murospora* 属相区别。

注释 Oshurkova (2003, p. 144)说 Potonié 和 Kremp (1954)首次选 *S. intortus* (Waltz)作为当前属的模式种,"但他们错误地确定了孢子的赤道结构为带环(cingulum)"。此种在俄文文献中首先给予描述的是 Ischenko (1956),他提及此种本体大小 55—60μm,环宽 10—12μm。Waltz 和 Ischenko 都认为此属孢子"具一宽的加厚的缘边(fringe)"。*Simozonotriletes* 与 *Murospora* 两个属的主要区别是,前者的孢子赤道结构是厚缘或盾环(crassitude),而后者为带环(cingulμm)。孢子极面观时,要确定其赤道结构的构形是很困难的,所以要记住的是,外壁外层,若成 crassitude,通常是厚实的,若成 cingulum,则较薄,甚至沿赤道轮廓变得更薄。考虑到实际鉴定中鉴别环的性质的困难,包括对 crassitude 和 cingulum 两词的理解问题,例如 Playford 和 Dettmann (1996, p. 238; text-fig. 9)理解的 cingulum"带环"恰恰等于 Oshurkova 的 crassitude "盾环",所以本书未采用 Oshurkova 对 *Simozonotriletes* 属的修订定义。

弓形凹环孢 *Simozonotriletes arcuatus* Ischenko, 1958

(图版 121,图 8, 9)

1958 *Simozonotriletes arcuatus* Ischenko, p. 90, pl. 11, fig. 146.

1983 *Simozonotriletes arcuatus* Ischenko subsp. *paputus* Gao,高联达,516 页,图版 115,图 19。

1989 *Simozonotriletes arcuatus*, Zhu, pl. 4, figs. 1, 5.

1993 *Simozonotriletes arcuatus*,朱怀诚,284 页,图版 74,图 15, 16。

1995 *Simozonotriletes arcuatus*, Zhu, pl. 2, figs. 35, 36.

描述 赤道轮廓三角形,角部圆钝或截状,边部近直,微凹或微凸,大小 40—50μm;具膜状环,环在角部略窄,宽 3. 0—4. 5μm,边部较宽,宽 5. 0—7. 5μm,轮廓线细齿状,环内有时具放射状辐肋,表面具稀疏颗粒,粒径 0. 5—1. 0μm,角部因轻微加厚而色暗;本体三角形,边部内凹,角部圆钝,三射线简单,细直或微弯,几乎延伸至厚角部内沿;外壁厚 0. 5—1. 0μm(不含纹饰),表面饰以粗粒—细瘤纹饰,粒径 1—2μm,基部分离,间距 0. 5—2. 5μm。

比较与讨论 我国石炭系被鉴定为 *S. arcuatus* 的种与最初描述的苏联德涅伯-顿涅茨克下石炭统(Visean)的这个种在大小、形态、纹饰、环厚等特征上基本一致,但有些标本环也是内厚外薄,环上的瘤或凹凸之间呈流苏状。

产地层位 贵州贵阳乌当,旧司组;甘肃靖远,靖远组—红土洼组。

厚凹环孢 *Simozonotriletes crassus* Zhou, 1980

(图版 122,图 8)

1980 *Simozonotriletes crassus* Zhou,周和仪,33 页,图版 10,图 26。

描述 赤道轮廓三角形,三边微凹,角部浑圆,全模标本大小 46μm;三射线清楚,具窄唇,伸达带环;环宽约 8μm,在角部和三边凹的部分略宽些,达 10—12μm;体和环的表面平滑,无纹饰或内结构;棕色。

比较与讨论 本种与本属模式种 *S. intortus* 有些相似,但以三射线较长且具窄唇、三边凹入较浅而与之区别。

产地层位 河南范县,石盒子群。

实环凹环孢 *Simozonotriletes densus* Zhu, 1993

(图版 122,图 41, 42)

1993 *Simozonotriletes densus* Zhu,朱怀诚,285 页,图版 75,图 4—7。

描述 赤道轮廓三角形,边部多外凸,偶内凹,角部圆钝,大小 70(78)90μm(测 5 粒),全模标本 75μm(图版 122,图 41);具环,环在边部一般较窄,宽 6—8μm,角部较宽,达 11—15μm,约为 1/4R,环内厚外薄,自环内缘向本体多少超覆,呈薄窄环状,宽 1.0—2.5μm,环外缘常具薄片状突起,尤以角部较发育;本体圆三角形,边部直—外凸,角部宽圆,三射线清晰,简单,细直,伸达环内缘,外壁厚适中,近极面点状—光滑,远极面具细粒—瘤状纹饰,基径 1—6μm,高 1—4μm,间距 3—12μm。

比较与讨论 本新种以环坚实,并且具裂片状突起为特征。*S. verrucus* Zhu(Zhu H. C., 1989, p. 220, pl. 3, figs. 17, 30)在形态上相似,但不呈完整环状。

产地层位 甘肃靖远,羊虎沟组下段。

双层凹环孢 *Simozonotriletes duploides* Ouyang and Chen, 1987

(图版 37,图 1, 2)

1987a *Simozonotriletes duploides* Ouyang and Chen,欧阳舒等,60 页,图版 14,图 3—6。

描述 赤道轮廓三角形,三边微凹入,角部浑圆至微尖,大小 51—70μm,全模标本 62μm;三射线直,清楚,单细或具薄唇,伸达外壁内沿;外壁在接触区内稍有增厚,在赤道最厚,形成一环状构造,宽 3—9μm,一般分为两层,大致等厚,表面光滑或点穴状;深黄—深棕色。

比较与讨论 本种与 *Trirhiospora strigata* 可能有亲缘关系,在孢子形态上仅以接触区没有 3 个明显的突起而与后者有别。

产地层位 江苏句容,五通群擂鼓台组下部。

双带凹环孢 *Simozonotriletes duplus* Ischenko, 1956

(图版 122,图 5)

1956 *Simozonotriletes duplus* Ischenko, p. 93, pl. 17, fig. 216.

1962 *Murospora dupla* Playford, p. 614, pl. 86, fig. 22; text-fig. 8a.

1993 *Simozonotriletes duplus* Ischenko,朱怀诚,285 页,图版 74,图 20。

描述 赤道轮廓三角形,边部内凹,角部圆,大小 40μm;具环,宽 5—7μm,明显分为内带和外带,两带间隙小,环角部常因轻微加厚而色暗;三射线清晰,简单,细直,伸达环内缘;外壁厚适中,表面点状—光滑。

比较与讨论 当前标本形态与 Ischenko 当初描述的 *S. duplus*(60μm)一致,但个体较小(两者大小分别为 40μm 对 43—60μm),赤道环也较后者(厚 8—10μm)稍薄。

产地层位 甘肃靖远,羊虎沟组下段。

华丽凹环孢 *Simozonotriletes elegans* Gao, 1988

(图版 122,图 14, 15)

1988 *Simozonotriletes elegans* Gao,高联达,196 页,图版 3,图 9,10。

1988 *Simozonotriletes brevispinosus* Gao,高联达,图版 3,图 12。

描述 赤道轮廓三角形,三边凹入,角部浑圆,大小 45—65μm,全模约 48μm(图版 122,图 15);本体轮廓与总轮廓基本一致,但三边凹入较深,有时甚至呈三瓣状;三射线清楚,简单,直伸至环的内沿,有时开裂;赤道环宽,宽约 2/5R,与本体接触处呈颜色变深(深棕色)的圈带,宽 3—6μm,往外多少呈膜环状;外壁表面(包括环)的刺粒—短刺纹饰独立或基部连接,基径 1—2μm,高 2—3μm;轮廓线上刺—齿状。

注释 同义名表中的两种形态、大小相近,仅纹饰粗细上稍有差别,且产自相同层位,故合并之。促使本书如此处理的原因还有一个,即 *S. brevispinosus* Gao, 1988 乃是 *S. brevispinosus* (Waltz) Kedo and Jushko,

1966 的晚出同名，因此无效。后者原名为 *Zonotriletes brevispinosus* Waltz in Luber and Waltz，1938（pl. 4，fig. 54），无描述；但 Kedo（1966，p. 95，pl. 8，figs. 162—165）使其合法化了，其大小为 50—60μm，轮廓线上刺较多且密。

产地层位　甘肃靖远，臭牛沟组。

旋扭凹环孢　*Simozonotriletes intortus*（Waltz）Potonié and Kremp，1954

（图版 122，图 10，11）

1938 *Zonotriletes intortus* Waltz in Luber and Waltz，pl. 2，fig. 24.

1941 *Simozonotriletes intortus* Waltz in Luber and Waltz，p. 41，pl. 3，fig. 36.

1954 *Simozonotriletes intortus*，Potonié and Kremp，p. 159.

1956 *Simozonotriletes intortus*，Ischenko，p. 88，pl. 1—7，fig. 204.

1962 *Murospora intortus*，Playford，p. 609，pl. 86，figs. 12，13.

1982 *Simozonotriletes intortus*（Waltz）Potonié and Kremp，黄信裕，图版 2，图 23。

1983 *Simozonotriletes intortus*，朱怀诚，285 页，图版 75，图 3。

1984 *Simozonotriletes intorta*（Waltz）Playford，王蕙，图版Ⅳ，图版 1，2。

1987 *Simozonotriletes intortus*，高联达，图版 6，图 1—3。

1989 *Simozonotriletes intortus*，Zhu，pl. 4，fig. 17.

1990 *Murospora intorta*（Waltz）Playford，张桂芸，见何锡麟等，327 页，图版Ⅶ，图 23。

描述　赤道轮廓三角形，边部近直，微凹—微凸，角部圆钝，大小 62.5 × 73.0μm；环宽度不均匀，宽 5—10μm，约 1/4R；本体轮廓与孢子轮廓相当，射线清晰，细直，伸达环内缘，自环向本体轻微超覆，对应射线末端环加厚而色暗，表面点—细粒状。

比较与讨论　甘肃靖远被鉴定为此种的标本，大小与原全模（72μm）相近，但三边凹入较浅，也不那么规整。

产地层位　山西保德，太原组；内蒙古准格尔旗黑岱沟，本溪组；福建长汀陂角，梓山组；甘肃靖远，红土洼组—羊虎沟组。

小唇凹环孢　*Simozonotriletes labellatus* Wang，1984

（图版 122，图 3，4）

1982 *Simozonotriletes labellatus* Wang，王蕙，图版 3，图 31，32。

1982 *Simozonotriletes radiatus* Wang，王蕙，图版 3，图 29，30。

1984 *Simozonotriletes labellatus* Wang，王蕙，99 页，图版 2，图 23。

1984 *Simozonotriletes radiatus* Wang，王蕙，99 页，图版 2，图 22。

1987a *Cingulizonates benxiensis* Liao，廖克光，566 页，图版 138，图 18，19。

1987b *Simozonotriletes benxiensis*（Liao）Liao，图版 26，图 9，10。

1989 *Simozonotriletes radiatus*，Zhu，pl. 4，figs. 3，16.

1993 *Simozonotriletes labellatus* Wang，朱怀诚，285 页，图版 75，图 10，11，13—17。

1993 *Simozonotriletes labellatus* Wang，Zhu，pl. 4，figs. 16，17.

1995 *Simozonotriletes labellatus*，王永栋，710 页。

描述　赤道轮廓三角形，边部多内凹，偶微凸，角部圆钝，大小 29.5(32.4)36.0μm（测 9 粒）；赤道环宽 6.5—7.5μm，长 1/3—2/5R，可明显分为内、外 2 带：内带厚实，色深，边部宽约为环总宽的 1/3，角部多少加厚，宽达 1/2 环总宽，偶达总宽的 2/3，外带薄，半透明；本体三角形，边部内凹，角部浑圆；三射线清晰，简单，具窄唇，陡起，弯曲，几伸达本体赤道；外壁薄，点—细粒状，偶具微弱锥刺；淡黄。

比较与讨论　王蕙（1984）建立此种时，描述标本大小为 22—30μm，当前标本除个体略大外，其余特征与之均一致。*S. radiatus* Wang（王蕙，1984，99 页，图版 2，图 22）与 *S. labellatus* Wang 在全模标本产地及层位上一致（王蕙，1982），两者差别亦不明显，因此，前者可能为后者的异名。*Cingulizonatus benxiensis* Liao（廖克光,1987a,566 页,图版 138,图版 18,19;朱怀诚,1993;王永栋,1995)和 *Tantillus triquetrus* Felix and Burbridge, 1967 (高联达,1984,356 页,图版 138,图 29)在形态特征上均与当前标本相似,后者亦与其种征相差甚远,两者均可能为当前种的同种异名;另外,*Simozonotriletes intortus* var. *polymorphosus* Sullivan,1958(Felix and Burbridge, 1967, p. 387, pl. 58, fig. 17; text-fig. 3)也与当前标本十分相似。

产地层位 山西宁武,本溪组;山西保德,本溪组;甘肃靖远,红土洼组;宁夏横山堡,上石炭统。

陂角凹环孢 *Simozonotriletes pijiaoensis* Huang, 1982

(图版 122,图 30, 31)

1982 *Simozonotriletes pijiaoensis* Huang,黄信裕,158 页,图版 2,图 18—22。

描述 极面轮廓三角形或凹边三角形,大小 35—55μm,全模 40μm(图版 122,图 31);三射线近伸达带环;带环内缘在三边的中部明显向三射线顶点凸出,使本体呈凹边三角形;外缘具短刺或小锥瘤状纹饰,使轮廓呈不规则的锯齿状;环在三边中部比角部或宽或窄,三边外缘平直或内凹;本体表面粗糙或具粒状纹饰。

比较与讨论 本种与 *S. robustus* 的区别主要在于后者环在角部明显宽厚,环外无缘且无明显纹饰。

产地层位 福建长汀陂角,梓山组。

平朔凹环孢(新名) *Simozonotriletes pingshuoensis* (Liao) Liu nom. nov.

(图版 122,图 25, 26)

1987b *Simozonotriletes crassus* Liao,廖克光,207 页,图版 26,图 6—8。

描述 赤道轮廓三角形,三边平直或微内凹或微波状,大小 38—41μm,全模 38μm(图版 122,图 26);中央本体小,大小 21μm,三边强烈内凹,呈三瓣状,角端缓圆或平圆;三射线简单,具窄唇,或呈细裂缝状,延伸至本体端部,但全模上延伸至环缘,有时在本体角端射线所指方向显示指状增厚;本体壁不厚,赤道膜环宽多大于本体半径(但不超过 12μm),其内圈颜色常较暗,外圈宽大于环宽的 2/3,但内外分层并不明显,膜环上局部具稀的小穴;本体和环上无纹饰。

比较与注释 本种原名 *S. crassus* Liao, 1987 为 *S. crassus* Zhou, 1980 的晚出异物同名,无效,故另起新名。此种以本体三边明显凹入、环相对较宽、内外带分异不明显区别于 *S. labellatus*。

产地层位 山西平朔矿区,本溪组。

假多带凹环孢 *Simozonotriletes pseudostriatus* Zhu, 1993

(图版 122,图 20, 36)

1993 *Simozonotriletes pseudostriatus* Zhu,朱怀诚,286 页,图版 75,图 1a,b,2。

描述 赤道轮廓三角形—圆三角形,边部直—外凸,角部圆钝,大小 55—70μm,全模 70μm(图版 122,图 36);具不规则赤道环,轮廓线呈不规则波—齿状,边部较窄,宽 15—4μm,角部较宽,宽 6—10μm,系由一系列同心状带构成,环在边部常因外带发育不全而变窄,角部分带较多,一般 3—4 层,外带表面(在角部存在)饰以锥刺,基部常相连,呈脊状,刺基宽 1. 0—2. 5μm,高 0. 5—1. 5μm,末端尖或钝尖;三射线清晰,简单,细直,伸达环内缘,外壁厚适中,近极面点状—光滑,远极面不规则分布有稀疏锥瘤、锥刺,基径 3—9μm,高 1. 5—7. 0μm,彼此分离;浅棕色。

比较与讨论 *S. duplus* Ischenko, 1956 和 *S. striatus* Ouyang and Li, 1980 与当前种相似,赤道环均有分带现象,区别在于当前种的赤道环分带现象以角部发育较齐全为特征,另外孢子表面具锥状纹饰。*Triquitrites nodosus* Neves (1961, p. 263, pl. 33, fig. 1)在形态上与当前种相似,但赤道环在角部无明显的分带现象。

产地层位 甘肃靖远,红土洼组。

粗强凹环孢 *Simozonotriletes robustus* Jiang and Hu, 1982

（图版 122,图 16, 24）

1982 *Simozonotriletes robustus* Jiang and Hu,蒋全美等,612 页,图版 395,图 35—37;图版 396,图 32。

描述 赤道轮廓三角形,三边内凹,角部浑圆或近平圆,大小 45—55μm,全模 55μm;三射线细弱,伸达带环;带环粗强,宽 8—15μm,在三角部较边部要宽,色深,表面平滑,具细内颗粒[次生(?)];深棕—棕黄色。

比较与讨论 本种与 *Murospora aurita* (Waltz)有些相似,但以三射线无粗强唇而与其不同;以粗强的环、环在角部宽而与 *Simozonotriletes* 属内其他种不同。

产地层位 湖南宁远冷水铺煤矿,大塘阶测水段;湖南邵东佘田桥,大搪阶石蹬子段。

条纹凹环孢 *Simozonotriletes striatus* Ouyang and Li, 1980

（图版 122,图 37, 43）

1980 *Simozonotriletes striatus* Ouyang and Li, p. 9, pl. Ⅱ, figs. 3, 4.

1982 *Murospora strigatus* (Waltz) Playford,王蕙,图版Ⅲ,图 34。

1989 *Simozonotriletes striatus* Ouyang and Li, Zhu, pl. 4, fig. 13.

1995 *Simozonotriletes striatus* Ouyang and Li, Zhu, pl. 1, fig. 10.

描述 赤道轮廓三角形,三边微凹,大小 66(72)80μm(测 4 粒),全模 75μm(图版 122,图 43);三射线清楚,伴随中等程度发育的唇,其边缘不平整,延伸至外壁内沿,长约 1/2R,全模的唇端更加厚,呈蹼状,与角部外壁相连;外壁厚 4—6μm,无明显纹饰,但被一颇发育的、薄的、有时呈膜状的赤道膜环包围,宽 15—18μm,浅黄色,具 8—10 条细弱条纹,呈平行的圈状排列,条纹宽和间距约 1μm;棕黄色。

比较与讨论 本种以膜环具特征性的多条平行条纹区别于 *Simozonotriletes* 属内其他种,如 *S. strigatus* (Waltz) Ischenko。王蕙鉴定的 *Murospora strigatus*,因环上有多条细纹,很可能也是本种的变异形式。

产地层位 山西朔县,本溪组;甘肃靖远,羊虎沟组;宁夏横山堡,上石炭统。

波氏孢属 *Potoniespores* Artüz, 1957

模式种 *Potoniespores bizonales* Artüz, 1957;土耳其,宗古尔达克,上石炭统(Westphalian A)。

属征 三缝同孢子或小孢子,赤道轮廓圆三角形,具赤道膜环;本体三角形,周边具暗色缘边[环(?)],其内具相互略平行的细条纹[这是 R. Potonié 的解释,Artüz 原未提及,她对内带用的是 Gürtelzone(腰带),外带用的是 Flügel(翼带)];三射线可见,伸达暗色缘边内沿;外壁表面光滑或微弱细内点穴状;膜环很宽,接近 1/2R,无结构,一边具 V 形凹缩(R. Potonié 认为是保存状态,可能无分类价值);模式种大小 62—75μm,全模 70μm。

比较与讨论 *Simozonotriletes* 和 *Murospora* 具厚实的带环而非膜环。Playford (1963, p. 643)也将本属归入膜环类,他认为本属的赤道环带明显分异为内厚(暗)外薄(膜环状,相对透明)的两带才是本属区别于 *Murospora* 等属的主要特征。

分布时代 主要在北半球,早石炭世—晚石炭世早期。

双带波氏孢 *Potoniespores bizonales* Artüz, 1957

（图版 122,图 35）

1957 *Potoniespores bizonalis* Artüz, p. 254, pl. 6, fig. 47.

1988 *Potoniespores delicatus* Playford 1962, identified by Gao L. D. ,高联达,图版 6,图 8。

描述 三缝膜环孢子,赤道轮廓三角形,三边微凹入,角部宽圆,全模标本 90μm,本体轮廓与总轮廓基本一致,大小 50—55μm;三射线清楚,至少伸达本体赤道暗圈的内沿;膜环很宽,在角部稍宽于边部,分为暗色内带(即本体赤道增厚暗色的一圈)和膜状的较透亮的外带,总宽 25—32μm,暗带宽 10—12μm,亮带宽 16—22μm,亮带宽大约为环总宽的 2/3;环上具少量(总数 10—12 条)辐射状的褶脊,多不甚明显,清楚者伸达赤道边；本体和环上无明显纹饰，可能具点穴状内(?)结构(笔者据照片描述)。

比较与讨论 此标本原鉴定为与北欧(挪威斯匹次卑尔根岛)下石炭统发现的 *P. delicatus* Playford (1963, p. 643, pl. 91, figs. 12, 13)同种，但后者大小仅50—69μm，全模54μm，尤为不同的是，其环的暗色内带占环总宽的1/2—2/3，与当前标本正相反，而且其膜环也不如我国此标本那么薄而典型；与本属模式种(土耳其, Westaphalian A) *P. bizonales* Artüz, 1957 反而很相似，除后者个体稍小(62—75μm)外，很难找出可靠的区别；此靖远标本与之稍有不同的是环上的辐射褶，如果这是一个稳定特征，则可能代表一新种。Oshurkova (2003)在此属下列了8种，苏联的有5种，但环的内暗色带都较窄或个体很小；而她未列入的下石炭统的 *Zonotriletes eurynotus* Andreyeva in Luber and Waltz, 1941 (pl. 7, fig. 112)倒与靖远标本形态很相似，但其环内圈暗色带也窄。

产地层位 甘肃靖远，臭牛沟组。

柔弱波氏孢 *Potoniespores delicatus* Playford, 1963

(图版122，图38)

1963 *Potoniespores delicatus* Playford, p. 643, pl. 91, figs. 12, 13.

1987 *Potoniespores delicatus* Playford，高联达，图版9，图2。

描述 据原作者描述，此种轮廓三角形，与本体轮廓一致，大小50—69μm；三射线简单，直，长略小于本体半径；本体光面至内点状，角部圆，三边明显凹入至微凹；赤道环光面，明显分为内暗外亮的两个带：外带薄，稍微透明，有时褶皱或折凹，内带宽占整个环宽的1/2—2/3。

比较与讨论 靖远组标本(大小约70μm)与在斯匹次卑尔根群岛下石炭统发现的标本颇为相似，差别有3点：一是环与本体分界不那么明显；二是环的外带宽于内带；三是本体不是典型的三角形。

产地层位 甘肃靖远，红土洼组。

整环孢属 *Cingulatisporites* (Thompson and Pflug) emend. R. Potonié, 1956

模式种 *Cingulatisporites levispeciosus* Pflug, 1953；德国汉诺威(Hannover)；?丹尼阶—古新统(?Danian—Paleogene)。

属征 赤道轮廓圆三角形，模式种全模36μm；三射线多少伸达带环，不深入环内；带环宽度相等，宽小于孢子最大直径的1/5；外壁光面具微纹饰。

比较与讨论 石炭系的 *Simozonotriletes* (Maumova, 1937)，其环在角部通常比在边上宽，且其边多凹入，以此与本属区别。

邵东整环孢(新种) *Cingulatisporites shaodongensis* Ouyang and Chen sp. nov.

(图版123，图38)

1978 *Cingulatisporites* sp. 1，谌建国，412页，图版119，图29。

1982 *Cingulatisporites* sp. 1，蒋全美等，611页，图版404，图23。

描述 赤道轮廓三角形，三边平直，角部略尖，全模大小60μm；三射线清楚，具颇粗唇，长等于孢子半径；带环坚实，深棕色，内层宽5—7μm，在射线末端变窄，外层宽4.7μm，宽度无变化；本体壁不厚，颜色较浅(黄色)；体和环上无纹饰。

比较与讨论 本新种以赤道环由内、外两层组成区别于 *Cingulatisporites* 属内其他种。

产地层位 湖南邵东保和堂，龙潭组。

瘤环孢属 *Lophozonotriletes* (Naumova, 1953) emend. R. Potonié, 1958

模式种 *Lophozonotriletes lebedianensis* Naumova, 1953；苏联米特辛斯克(Mitsensk)；上泥盆统(Famennian)。

属征 三缝小孢子,模式种大小 40—75μm;赤道轮廓亚圆形,三射线伸达带环内侧;外壁尤其带环上见许多大锥瘤—刺,或亦有块瘤,呈瘤环状,在接触区瘤较稀疏,在环上大小不一。

比较与讨论 本书将此属作广义的形态属使用,以其赤道轮廓亚圆形而与 *Multinodisporites* 等属区别。

注释 Oshurkova (2003)重新指定 *L. scrurrus* Naumova, 1953(p. 38, pl. 3, figs. 22, 23; 35—40μm)作为本属模式种,她根据对 Naumova 原意的理解,在属征中特别强调了两点:一是孢子赤道具窄环(轮廓线上呈环—瘤状);二是整个孢子外壁外层具节瘤(tuberculous or warty)纹饰。而 R. Potonié, 1958 似乎倾向于瘤仅限于远极面和赤道。

棒状瘤环孢 *Lophozonotriletes baculiformis* Lu, 1981

(图版 34,图 16, 17, 19)

1981 *Lophozonotriletes baculiformis* Lu,卢礼昌,112 页,图版 7,图 15,16。

1988 *Lophozonotriletes baculiformis* Lu,卢礼昌,153 页,图版 20,图 1,2。

描述 赤道轮廓近圆形或不规则圆形,大小 57.0—100.8μm,全模标本 100.8μm,三射线清楚,单细,直,伸达带环内缘;外壁为宽棒瘤—块瘤所覆盖,分布不均匀,常在赤道区某一局部特别稠密和粗大,致使同一标本上的带环宽度或外壁厚度相差颇大,棒瘤基部较顶端略宽,一般宽 4—9μm,高 7—13μm,表面光滑,末端近平截,近极面纹饰明显减弱至更小、更稀;带环宽窄不一,一般宽 9—13μm,轮廓线呈不规则轮齿状;黄棕或浅棕色。

比较 *L. torosus* 具圆瘤状纹饰,*L. curvatus* 具稀疏的块瘤状纹饰,均与本种不同。具类似纹饰而不具环的分子可归入 *Raistrickia levis* Lu, 1981 或 *R. incompleta* Lu, 1981 等。

产地层位 四川渡口,上泥盆统下部(Frasnian);云南沾益史家坡,海口组。

旋隐刺瘤环孢 *Lophozonotriletes circumscriptus* Ischenko, 1956

(图版 122,图 17)

1956 *Lophozonotriletes circumscriptus* Ischenko, p. 85, pl. 16, figs. 192—194.

1985 *Lophozonotriletes circumscriptus* Ischenko,高联达,67 页,图版 5,图 22。

描述 赤道轮廓三角形—圆三角形,大小 40—55μm;赤道环厚 4—5μm,褐色;三射线常被纹饰掩盖,不易见,可见时伸达赤道边缘,偶裂开;孢子表面覆以不规则的刺瘤纹饰,分布不均一,在近极赤道区分布较密,刺瘤基部宽 2—3μm,高 1—2μm,前端锐尖或变凸,在轮廓线边缘具瘤状突起,刺瘤间具点状结构。

比较与讨论 此种最初描述大小 35—65μm,环窄,三射线长 1/2—2/3R,外壁表面和环上具小的相对稀疏的瘤,此标本与 *L. tuberculatus* Kedo(1958, p. 89, pl. 10, fig. 48)有相似之处,但赤道环和纹饰有所不同;与 *L. involutus* Kedo(1963, p. 89, pl. 10, p. 249)比较,后者瘤的个体较大,其他特征也不同。

产地层位 贵州睦化,打屋坝组底部。

同心瘤环孢 *Lophozonotriletes concentricus* (Byvscheva) Higgs, Clayton and Keegan, 1988

(图版 34,图 10)

1976 *Conventricisporites concentricus* Byvscheva, p. 83—85, pl. 17, figs. 1—5.

1988 *Lophozonotriletes concentricus* (Byvscheva) Higgs, Clayton and Keegan, p. 67, pl. 8, figs. 7—10.

1994 *Lophozonotriletes concentricus*,卢礼昌,图版 3,图 26。

描述 赤道轮廓亚圆形—凸边三角形,大小 56—63μm;三射线不甚清楚,简单,有时开裂,伸达环内缘附近;近极面光滑,远极面具褶皱与大小不一并多少呈圆形的块瘤;褶皱蚯蚓状,围绕极区呈不规则的同心圆状—螺旋状分布,褶皱宽 2.5—4.0μm,边缘不规则凹凸不平;块瘤大小(宽)1.0—2.5μm,分布稀疏,且不规则;带环宽 3.5—5.5μm,光滑,均匀。

注释 本书描述的标本与 Higgs 等(1988)置于 *L. concentricus* 名下的标本的形态特征颇相似,并与其中一粒标本(pl. 8, fig. 10)最相似。

产地层位 江苏南京龙潭,五通群擂鼓台组上部。

同心瘤环孢(比较种)
Lophozonotriletes cf. *concentricus* (Byvscheva) Higgs, Clayton and Keegan, 1988

(图版35,图13, 14)

1994 *Lophozonotriletes* sp. cf. *L. concentricus*,卢礼昌,图版1,图27,28。

注释 归入该比较种名下的江苏南京龙潭标本,其远极面的纹饰特征不如 *L. concentricus* 的明显。

产地层位 江苏南京龙潭,五通群擂鼓台组上部。

围棚瘤环孢 *Lophozonotriletes concessus* Naumova, 1953

(图版74,图6, 7)

1953 *Lophozonotriletes concessus* Naumova, p. 75, pl. 11, figs. 7, 8.

1988 *Lophozonotriletes concessus*,高联达,213页,图版2,图15。

1997a *Lophozonotriletes concessus*,卢礼昌,图版4,图10,11。

描述 赤道轮廓圆三角形,大小57.7μm;三射线清楚,直,具窄唇,唇宽1.5—3.0μm,伴随射线伸达环内缘,带环宽(含纹饰)4.5—5.5μm,外缘轮廓线呈不规则宽齿状;纹饰主要分布于远极环面(主要在环缘)与外壁远极面,以圆棒瘤为主,基宽2—3μm,高2.5—3.5μm,顶部钝凸或钝圆,表面光滑,分布密集,但基部常不连接或仅局部接触。

比较与讨论 当前标本与 Naumova (1953)描述的 *L. concessus*(pl. XI, fig. 8)极为接近,归入该种名下是适宜的。

注释 西藏章东组的 *L. concessus* 的标本(高联达,1988,图版2,图15)似未显示出瘤环。

产地层位 新疆准噶尔盆地,呼吉尔斯特组。

连接瘤环孢 *Lophozonotriletes contextus* Gao, 1983

(图版48,图12)

1983 *Lophozonotriletes contextus* Gao,高联达,493页,图版108,图9。

描述 孢子赤道轮廓三角形,大小60—75μm;射线长为4/5R;环厚6μm左右,黄褐色;孢子表面有不规则的刺瘤,基部相连接;刺瘤在三射线附近较小,向赤道区增大(高联达,1983)。

注释 原图照显示:环甚明显;纹饰除稀散的小"刺瘤"外,局部呈圆筒状,颇粗壮(据图测量,基部直径10—12μm,高略大于基径),顶端近于平整或微凹凸不平(顶宽约8μm)。小"刺瘤"(据图测量)基部宽2—4μm,高几乎等同于基宽,个别纹饰分子或稍大点。

产地层位 云南禄劝,坡脚组。

拟厚壁瘤环孢 *Lophozonotriletes crassoides* Chen, 1978

(图版122,图18, 19)

1978 *Lophozonotriletes crassoides* Chen,谌建国,411页,图版119,图18,23。

1982 *Lophozonotriletes crassoides* Chen,蒋全美等,611页,图版405,图18,19。

描述 赤带轮廓圆形—圆三角形,大小52—60μm,全模60μm(图版122,图19);三射线长约2/3R,具窄唇,微弯曲,末端或膨大略呈蹼形,伸达环的内沿;带环宽3—6μm,赤道环不厚,由于瘤在环上或其附近着生,故孢子轮廓线呈波状,在远极面亦具颇稀的瘤,轮廓近圆形或卵圆形,直径多在6μm左右;暗黄—棕色。

比较与讨论 本种以瘤排列不紧密、射线较粗壮而与 *L. crassatus* Naumova, 1953 相区别。

产地层位 湖南邵东保和堂、浏阳官渡桥,龙潭组。

弯曲瘤环孢 *Lophozonotriletes curvatus* Naumova, 1953

(图版41,图11, 12)

1953 *Lophozonotriletes curvatus* Naumova, p. 77, pl. 11, fig. 17; p. 131, pl. 19, figs. 25—30.

1982 *Lophozonotriletes curvatus*,侯静鹏,图版2,图20。

1985 *Lophozonotriletes curvatus*,高联达,67页,图版5,图12。

1997b *Lophozonotriletes curvatus*,卢礼昌,图版3,图22,23。

描述 赤道轮廓宽圆三角形,大小50—71μm;三射线可见至清楚,简单或微具唇,伸达带环内缘或稍短;带环宽4.5—6.7μm,外缘轮廓线呈不规则钝齿状—波状;纹饰主要限于远极面与赤道区,并以块瘤为主,或稀或密,大小不一,基宽3.3—8.0μm,高略小于其宽,顶端钝凸、钝尖或不规则鼓起;近极面尤其三射线区内纹饰明显减弱,而带环上(有的标本)则较集中;浅棕—深棕色。

产地层位 湖南锡矿山,邵东组;贵州睦化,王佑组格董关层底部;新疆准噶尔盆地,呼吉尔斯特组。

环瘤瘤环孢 *Lophozonotriletes cyclophymatus* Hou, 1982

(图版122,图13)

1987 *Lophozonotriletes cyclophymatus* Hou,侯静鹏,88页,图版2,图3。

描述 孢子赤道轮廓近圆形或圆三角形,浅褐色,大小37—52μm(测量5粒),全模标本39μm;三射线简单,长度相当于1/2—2/3R,长短不一,末端略分叉;具较为均一的赤道环带,宽为5μm;孢壁表面分布有均匀的瘤状纹饰,沿着加厚的环带内侧较规则排列,瘤呈圆形或锥刺状,其直径为2.3μm,个别可达4.6μm,瘤的宽度与高度约相等,在厚环带的外侧也具有刺瘤纹饰,凸出轮廓线不明显。

比较与讨论 描述的标本比*L. rarituberculatus*(Lub.)Kedo(1963,90页,图版Ⅱ,图252)的环带宽。

产地层位 湖南锡矿山地区欧家冲剖面,邵东组上部。

切割瘤环孢 *Lophozonotriletes excisus* Naumova, 1953

(图版42,图4;图版74,图5)

1953 *Lophozonotriletes excisus* Naumova, p. 52, pl. Ⅺ, fig. 18.

1985 *Lophozonotriletes excisus*,高联达,67页,图版5,图20。

1996 *Lophozonotriletes excisus*,王怿,图版2,图16,17。

描述 赤道轮廓钝角—宽圆三角形,大小38—55μm;三射线可辨别,简单,有时微开裂,长2/3—4/5R;纹饰主要分布在赤道环与远极面上,以顶部近平截与钝凸的块瘤为主,基部宽3.5—7.5μm,高2.5—4.0μm;纹饰分子在环边缘较密集,且局部多连接,于远极面(以环内缘为界)更为稀疏,罕见彼此接触;棕色(带环)。

比较与讨论 本种纹饰以顶部近平截的块瘤为主而有别于以钝锥状突起为主的*L. curvatus*。

产地层位 湖南锡矿山,邵东组—孟公坳组;贵州睦化,王佑组格董关层底部。

法门瘤环孢 *Lophozonotriletes famenensis* (Naumova) Gao, 1980

(图版122,图23, 39)

1953 *Archaeozonotriletes famenensis* Naumova, p. 117, pl. 17, figs. 31—34.

1963 *Archaeozonotriletes famenensis*, Kedo, p. 72, pl. 7, fig. 170.

1980 *Lophozonotriletes famenensis* (Naumova) Gao,高联达,61页,图版2,图1,2。

描述 赤道轮廓三角形,三角为圆角,三边向外强烈凸出,大小45—60μm;三射线细长,直伸至环的内沿;孢子表面覆以大小均等的圆形瘤,直径4—5μm,分布较稀;环厚达4—6μm;褐黄色。

比较与讨论 当前标本与俄罗斯地台泥盆系的*Archaeozonotriletes famenensis* Naumova (40—50μm)略相似,但瘤饰相对较细,有的标本环的内界不清楚,且不如模式标本的厚度均匀。

产地层位 甘肃靖远,前黑山组。

粒状瘤环孢 *Lophozonotriletes grumosus* Naumova, 1953

（图版 74，图 8）

1953 *Lophozonotriletes grumosus* Naumova, p. 75, pl. 11, fig. 10.

1997b *Lophozonotriletes grandis*，卢礼昌，图版 3，图 9。

描述 赤道轮廓宽圆三角形，大小 55.6μm；三射唇清楚，宽 3—4μm，顶部高 5—7μm，朝末端逐渐降低，至末端高仅 1.5μm 左右，伸达环内缘；带环宽约 3.5μm，轮廓线近平滑至微凹凸不平，纹饰以圆瘤状突起为主，主要分布在带环与远极面上；纹饰分子基部轮廓近圆形，基径 2.7—3.6μm，高通常略小于基宽，顶部拱圆，光滑，分布致密，但基部常不接触；浅棕—棕色。

比较与讨论 当前标本的形态特征及纹饰组成均与 Naumova（1953）描述的俄罗斯地台上泥盆统下部的 *L. grumosus* 颇为相似，仅后者不具唇。

注释 通过再次观察、对比表明：卢礼昌（1997）原先归入 *L. grandis* 的标本特征更接近 *L. grumosus* 的特征，现予以更正。

产地层位 新疆准噶尔盆地，呼吉尔斯特组。

乳头状瘤环孢 *Lophozonotriletes mamillatus* Lu, 1988

（图版 41，图 14，15）

1988 *Lophozonotriletes mamillatus* Lu，卢礼昌，155 页，图版 21，图 6；图版 25，图 3。

描述 赤道轮廓近圆形或不规则圆形，大小 46.8—54.6μm，全模标本 54.6μm；三射线可见，简单，微弱，伸达带环内缘；带环较窄，且宽度不一，宽 3.1—9.4μm；三射线区外壁较薄，表面无纹饰，其余外壁具小瘤（或乳头）状突起，分布相当稀疏，其间距常远远大于纹饰本身的基部宽；纹饰基部较窄，为短茎状突起，宽约 7.8μm（或稍大），突起高 6.2—10.9μm；外壁表面光滑至微粗糙，或具点状内结构，罕见褶皱；某些标本，外壁局部虽具不规则加厚，但甚薄，也不明显；绕赤道轮廓线突起 4—9 枚；黄棕—深棕色。

比较与讨论 本种以外壁具瘤状或乳头状纹饰与分布相当稀疏为特征，此特征与 *Pustulatisporites* 极为相似，但后者为无环孢子；与 *Lophozonotriletes* 其他种的差别，则在于其纹饰分散、稀疏以及外壁局部加厚甚薄。

产地层位 云南沾益史家坡，海口组。

居中瘤环孢 *Lophozonotriletes media* Tougourdeau-Lantz, 1967

（图版 41，图 7）

1967 *Lophozonotriletes media* Tougourdeau-Lantz, p. 52, pl. 2, fig. 6.

1997b *Lophozonotriletes media*，卢礼昌，图版 3，图 8。

描述 赤道轮廓不规则亚三角形，大小 57.8μm；三射线不甚清楚，伸达环内缘；赤道环同其上纹饰发育不均，故宽窄不一，宽在 2.5—7.8μm 之间；纹饰形态、分布状态与大小幅度变化均颇大（在同一标本上）；近极中央区以相当稀疏的小圆瘤为主，基宽 2—6μm（大于高），间距常大于基宽；近极—赤道与环面上纹饰以不规则块瘤为主，基部连接，甚者融合，环上突起宽 6—12μm（或更宽），高 4.5—8.2μm，顶部钝凸—宽圆凸，表面光滑；浅棕—棕色。

比较与讨论 当前标本与法国晚泥盆世早期（Frasnian）的 *L. media* 的全模标本在形态、纹饰与大小等特征上均颇接近，应为同种。

产地层位 新疆准噶尔盆地，呼吉尔斯特组。

中等瘤环孢 *Lophozonotriletes mesogrumosus* (Kedo) Gao, 1980

（图版 122，图 44）

1963 *Lophotriletes mesogrumosus* Kedo, p. 51, pl. 4, fig. 82.

1980 *Lophotriletes mesogrumosus* (Kedo) Gao,高联达,61 页,图版 2,图 3。

描述 三射线小孢子,赤道轮廓圆形,大小 55—70μm;环厚 6—8μm,深褐色;本体颜色常较浅,射线见时直伸至环的内缘;孢子表面覆以中等大小(4—6μm)规则的圆瘤,分布较稀。

比较与讨论 与白俄罗斯杜内阶原全模相比,暗色的环较清楚,远极面圆瘤稍细,然而总的特征与之大致相似。

产地层位 甘肃靖远,前黑山组。

尖头瘤环孢 *Lophozonotriletes mucronatus* Gao, 1983

(图版 48,图 11)

1983 *Lophozonotriletes mucronatus* Gao,高联达,494 页,图版 108,图 11。

1983 *Lophozonotriletes grumosus* Naumova,高联达,493 页,图版 108,图 10。

描述 赤道轮廓宽圆三角形,大小 55—75μm;三射线可辨别或可见,简单,至少伸达环内缘;纹饰以锥瘤为主,分布于远极面(含环面)以及环缘;纹饰分子基部轮廓近圆形—圆长形,基径 8—10μm,高 10μm 左右,顶部钝凸或钝尖,末端偶见小刺(长约 1μm),间距(远极区)为基径的 1/10—1/5;环面(远极)纹饰较密,基部连接或拥挤,环宽 6—8μm,环缘不规则锥齿状;黄棕色。

比较与讨论 本种以粗壮的锥瘤状突起为特征而与 *Lophozonotriletes* 属的其他种不同。

注释 与 *L. mucronatus* 同产地层位并被归入 *L. grumosus* Naumova,1953 的标本,其形态特征及纹饰组成与当前种颇相似,故在此一并置于 *L. mucronatus* 名下描述。

产地层位 云南禄劝,海口组。

不清晰瘤环孢 *Lophozonotriletes obsoletus* Kedo, 1963

(图版 122,图 27)

1963 *Lophozonotriletes obsoletus* Kedo, p. 86, pl. 10, fig. 237.

1985 *Lophozonotriletes obsoletus* Kedo,高联达,67 页,图版 5,图 21。

描述 赤道轮廓三角形—圆三角形,大小 38—45μm;具窄环,环厚 2—4μm,褐色;三射线直伸至环的内缘,射线两侧具窄的唇;孢子表面覆以不规则的、大小不均的刺状瘤,排列稀疏,基部彼此不连接,宽 3—4μm,高 2—3μm,前端钝尖或变凸。

产地层位 贵州睦化,打屋坝组底部。

多形瘤环孢 *Lophozonotriletes polymorphus* (Naumova) Lu, 1988

(图版 34,图 11, 12)

1953 *Archaeozonotriletes polymorphus* Naumova, p. 78, pl. XI, figs. 19—21.

1981 *Lophozonotriletes curvatus*,卢礼昌,112 页,图版 5,图 8。

1988 *Lophozonotriletes polymorphus*,卢礼昌,153 页,图版 20,图 3,4。

1997b *Lophozonotriletes polymorphus*,卢礼昌,图版 3,图 7。

描述 赤道轮廓近三角形—不规则圆形,大小 56. 0—68. 6μm;三射线清楚,简单或开裂,伸达带环内缘;带环明显,厚实,但宽窄不一,一般宽为 3. 2—6. 2μm,最宽可达 10. 9—17. 2μm;外壁纹饰以低矮的锥瘤状突起为主,分布稀疏,大小不等,表面光滑,基部较宽,达 12. 5—17. 2μm,向顶部逐渐变窄,至顶端钝凸,突起高 4. 7—6. 2μm,赤道区纹饰较集中,或局部明显集中,基部彼此延伸,并连接成带;近极面纹饰显著减弱;近极中央区外壁较带环薄(亮);赤道轮廓线呈不规则粗锯齿状或钝齿状,边缘突起 9—12 枚;外壁厚度常不可量;棕色—深棕色。

产地层位 四川渡口,上泥盆统;云南沾益史家坡,海口组;新疆准噶尔盆地,呼吉尔斯特组。

稀瘤瘤环孢 *Lophozonotriletes raritüberculatus* (Luber) Kedo, 1957

(图版74,图3, 4;图版122,图12, 32)

1941 *Zonotriletes rarituberculatus* Luber in Luber and Waltz, p. 10, pl. 1, fig. 5; pl. 5, fig. 76.

1956 *Euryzonotriletes rarituberculatus* (Luber) Ishehenko var. *triangulatus* Ischenko, p. 51, pl. 8, fig. 104.

1953 *Lophozonotriletes rarituberculatus* Naumova, p. 76, pl. 11, fig. 11.

1957 *Lophozonotriletes rarituberculatus*, Kedo, p. 1166.

1961 *Lophozonotriletes triangulatus*, Hughes and Playford, p. 35, 36, pl. 3, figs. 3—7.

1963 *Lophozonotriletes rarituberculatus*, Playford, p. 638, pl. 91, figs. 8, 9; text-fig. 9b.

1993 *Lophozonotriletes rarituberculatus* (Luber) Kedo,朱怀诚,279页,图版71,图21。

1994 *Lophozonotriletes rarituberculatus*,卢礼昌,图版4,图28,29。

描述 赤道轮廓圆三角形,角部钝,圆钝或宽圆,边部外凸,大小43.0—51.5μm;环厚实,宽3.5—5.8μm,内界清楚,外缘圆滑或局部具低矮的拱突或钝突,轮廓线平滑—缓波形;三射线简单,直,两侧具唇,唇顶部宽2.5—4.0μm,长3/4R,几达赤道环内缘;近极面无明显突起纹饰,远极面覆以圆瘤状纹饰;纹饰分子基部轮廓近圆形,基径3—10μm,并略大于高,顶部钝凸,表面光滑,彼此间距略小于至略大于基宽,偶见局部接触;浅棕—棕色。

产地层位 江苏南京龙潭,五通群擂鼓台组上部;甘肃靖远,羊虎沟组中段。

蒂曼瘤环孢 *Lophozonotriletes timanicus* (Naumova) Lu, 1988

(图版33,图9, 10)

1953 *Archaeozonotriletes timanicus* Naumova, p. 81, pl. Ⅻ, fig. 14.

1982 *Archaeozonotriletes timanicus* McGregor and Camfield, p. 20, pl. Ⅲ, fig. 15.

1988 *Lophozonotriletes timanicus* (Naumova) Lu,卢礼昌,154页,图版20,图5,6,12。

描述 小孢子,赤道轮廓不规则圆形,大小68.6—78.0μm;三射线清楚或不完全清楚,简单,伸达带环内缘;带环宽度不均匀,局部(纹饰较粗大或较集中处)宽可达7.8—11.1μm,或更宽(达30μm),一般宽4.0—5.5μm;外壁厚度在同一标本上常多变,最大厚度常在赤道或赤道附近,局部厚可达17.2—25.0μm,赤道—近极外壁较薄,厚仅2.3—5.0μm;纹饰主要由大锥刺或锥瘤状突起组成,分布不均,大小和形状多变,一般基宽6—9μm,高5—7μm,顶端多半钝尖,较大基宽可达13—23μm,高11—19μm,顶端形态多不规则,且较毛糙;三射线区纹饰显著减弱或缺失;赤道轮廓线呈不规则锯齿状,突起15—21枚;罕见褶皱;浅棕—深棕色。

比较与讨论 本种与 *L. polymorphus* 较为近似,但后者纹饰以低矮的锥瘤状突起为主,分布稀疏(边缘突起9—12枚),彼此不宜归入同种;此外,McGregor 和 Camfield(1982)置于 *Archaeozonotriletes timanicus* 种下描述的部分图照(pl. Ⅲ, fig. 15)与当前标本极为相似。

产地层位 云南沾益史家坡,海口组。

珠状瘤环孢 *Lophozonotriletes torosus* Naumova, 1953

(图版41,图13)

1953 *Lophozonotriletes torosus* Naumova, p. 76, pl. 11, fig. 12.

1981 *Lophozonotriletes torosus*,卢礼昌,112页,图版7,图14。

描述 赤道轮廓近圆形,大小60.5—71.9μm;三射线清楚,简单,多数伸达带环内缘;带环的宽(或厚)度常因纹饰大小和疏密程度不同而异,一般宽6—11μm;外壁覆以乳头状、瘤状或圆丘状突起纹饰,分布稀疏或局部集中,突起高常大于基宽,一般高为5—7μm,其间常见少数小刺;近极面尤其三射线区内,纹饰显著变小、变稀,外壁厚约1.5μm;棕黄色。

比较与讨论 俄罗斯地台上泥盆统的 *L. curvatus* 的纹饰为不规则的细块瘤,赤道轮廓多为三角形,带环较窄;前述 *L. baculiformis* 的纹饰为宽棒瘤—块瘤状突起,以此与本种区别。

产地层位 四川渡口,上泥盆统。

珠状瘤环孢法门变种 *Lophozonotriletes torosus* Naumova var. *famenensis* Naumova, 1953

(图版74,图1, 2, 14)

1953 *Lophozonotriletes torosus* Naumova var. *famenensis* Naumova, p. 119, pl. 17, fig. 40.

1983 *Lophozonotriletes grandis*,高联达,199 页,图版4,图6。

1991 *Lophozonotriletes grandis*,徐仁、高联达,图版1,图4。

1995 *Lophozonotriletes torosus* Naumova var. *famenensis*,卢礼昌,图版3,图7。

描述 赤道轮廓宽圆三角形—近圆形,大小 38—49μm;三射线不清楚至可识别,单细,直,伸达环内缘附近;带环边缘及远极区具稀散的乳瘤状突起;纹饰分子基部轮廓近圆形,大小 4—8μm,高 2. 5—5. 0μm,顶部钝凸、宽圆或平截(极少数),基部分散;带环厚实,宽 6—8μm,轮廓线呈不完全或不规则轮齿状;棕或深棕色。

注释 被置于 *L. grandis* Naumova, 1953 名下描述的西藏聂拉木布波曲组的标本(高联达,1983),其形态特征、纹饰组成以及大小幅度均更接近 *L. torosus* var. *famenensis*,将其移至该种内似较适合。

产地层位 湖南界岭,邵东组;云南东部,海口组;西藏聂拉木,波曲组。

块状瘤环孢 *Lophozonotriletes verrucosus* Lu, 1988

(图版74,图9, 10)

1988 *Lophozonotriletes verrucosus* Lu,卢礼昌,157 页,图版19,图13;图版21,图7,10。

描述 赤道轮廓近圆形或不规则圆形,大小 56. 2—65. 5μm,全模标本 56. 2μm;三射线通常清楚,简单,直,偶见末端具小分叉,伸达带环内缘或附近;带环由不完全连接的块瘤组成,其宽窄和厚薄不尽相同,一般宽 3. 9—9. 4μm;外壁表面纹饰主要由大块瘤组成,分布较稀,不均匀,大小不等,基部宽 5. 5—10. 9μm,常大于突起高,顶端平圆或宽圆,表面光滑;某些标本常具极少数大锥刺或锥瘤,其间具窄脊;近极面尤其三射线区内,纹饰显著减弱或缺失,外壁厚 1. 6—2. 0μm;赤道轮廓线呈不规则宽波状,边缘突起 7—9 枚;棕—深棕色。

比较与讨论 本种纹饰以块瘤为主,它与下列两种的区别在于:*L. baculiformis* 以棒瘤为主;*L. polymorphus* 以低矮的锥瘤为主。

产地层位 云南沾益史家坡,海口组。

瘤面瘤环孢(新联合) *Lophozonotriletes verrucus* (Zhu) Zhu comb. nov.

(图版122,图21, 22)

1989 *Simozonotriletes verrucus* Zhu,朱怀诚,图版4,图25。

1989 *Simozonotriletes verrucus* Zhu, p. 220, pl. 30, figs. 17, 30.

1993 *Simozonotriletes verrucus* Zhu,朱怀诚,286 页,图版75,图8,9。

1995 *Simozonotriletes verrucus* Zhu, pl. 1, figs. 15, 16, 19.

描述 赤道轮廓圆三角形—圆形,大小 43—70μm;三射线简单,细直,长 2/3—3/4R,常因表面纹饰掩盖而不明显;外壁厚 1. 5—2. 0μm,近赤道处外壁向外不同程度延伸,呈不连续环状,宽 5—8μm,外壁表面覆盖瘤状纹饰,瘤基部圆形、多边形、不规则圆形,直径 1—7μm,高 1—4μm,末端圆、尖或截状,基部多分离,向近极方向纹饰减弱。

比较与注释 本种以具有特有的、不完整的赤道环而与属内其他种区别。此种孢子三边外凸与 *Simozonotriletes* 相差较大,故归入 *Lophozonotriletes* 属,建立新联合。

产地层位 甘肃靖远,靖远组—羊虎沟组。

泡状瘤环孢 *Lophozonotriletes vesiculosus* Lu, 1999

（图版39，图11，12）

1999 *Lophozonotriletes vesiculosus* Lu，卢礼昌，65页，图版10，图7，8。

描述 赤道轮廓圆形或近圆形，大小57.7—67.0μm，全模标本59μm；三射线可见至清楚，直，简单，常微开裂，至少伸达带环内缘附近；纹饰由圆瘤组成，圆瘤较规则且粗大，基部轮廓近圆形，直径6.0—12.5μm，高4.5—7.8μm，侧面轮廓半圆形，非均质；基部颇厚实，几乎不透明，顶部较单薄，半透明，似泡状，并具不规则细脉状或囊茎状结构；远极面纹较稀散，彼此不或仅局部接触，接触区内纹饰或较弱，赤道区纹饰较密集且粗大；带环由基部互相连接的圆瘤组成，其内缘界线清楚，外缘轮廓线呈波状，宽与厚较均匀，宽4.7—8.6μm；外壁表面粗糙—细颗粒状，厚度中等，罕见褶皱；浅棕—深棕色。

比较与讨论 本种与 *L. lebedianensis* Naumova（1953）及 *L. proscurrus* Kedo（1963）的主要区别在于纹饰较规则、粗大与非均质；与 *L. verrucosus* Lu（卢礼昌，1988）的主要不同是，后者纹饰为块瘤，并且大小不等、分布不均，由其组成的带环的宽窄与厚薄也不尽相同。

产地层位 新疆和布克赛尔，黑山头组5层。

竹山瘤环孢 *Lophozonotriletes zhushanensis* Hou, 1982

（图版123，图27）

1987 *Lophozonotriletes zhushanensis* Hou，侯静鹏，88页，图版2，图2。

描述 赤道轮廓圆三角形，大小39—48μm（测量4粒），全模48μm；本体呈圆三角形，大小18μm；三射线不显著，简单，直延伸至环的内缘；环宽10μm，约为直径的1/4；纹饰主要集中于远极面的极区，刺瘤直径3.5μm，沿着环的边缘约有15个瘤刺，高3—4μm，基宽2.3μm；除刺瘤纹饰外，体壁还有细粒纹饰。

比较与讨论 此种与 *L. curvatus* Naumova（1953，pl. 11，fig. 17）有些相似，但前者环带较宽，且纹饰较集中在远极面的极区。

产地层位 湖南锡矿山地区欧家冲剖面，邵东组上部。

瘤面具环孢属 *Verrucizonotriletes* Lu, 1988

模式种 *Verrucizonotriletes distalis* Lu, 1988；云南沾益，中泥盆统上部（Givetian）。

属征 辐射对称、具环三缝小孢子，赤道轮廓三角形，三边近直或略凹凸不平，角部钝凸；侧面观，近极面低锥角形，远极面半圆球形；三射线常被唇遮盖，唇发育，但不强烈隆起，伸达环缘；带环表面光滑，厚实，不等宽，辐射区（角部）较宽，辐间区较窄；纹饰限于近极与远极中央区，近极中央区以锥刺（瘤）为主，分布较稀，远极中央区以细块瘤为主，分布较密，彼此拥挤、连接，甚者呈蠕瘤状；模式种大小78.0—87.4μm。

比较与讨论 *Costazonoriletes* Lu, 1988虽也具类似的形态特征与纹饰组成，但其因带环等宽，并具明显的肋条状结构而有别。

远极瘤面具环孢 *Verrucizonotriletes distalis* Lu, 1988

（图版35，图16—18）

1988 *Verrucizonotriletes distalis* Lu，卢礼昌，163页，图版12，图9；图版14，图1—3；图版21，图1；插图7。

描述 赤道轮廓明显三角形，三边接近平直，但常微凹凸不平，角部钝凸（或尖），大小78.0—87.4μm，全模标本87μm；三射线常因唇遮盖而不清楚，唇发育，但不强烈隆起，粗壮，有时开裂，宽5—8μm，高3.5—7.0μm，于环面或略变窄、减低，伸达环缘附近或边缘，带环厚实，不等宽，辐射区宽15.6—25.5μm，辐间区宽8.3—12.5μm，表面光滑，边缘不规则宽波状；近极中央区纹饰以锥刺或钝锥瘤为主，基部宽3.8—7.5μm，突起高2.8—4.5μm，彼此常不接触；远极中央区纹饰以不规则圆块瘤为主，宽2.8—5.9μm，高2—3μm，表面光滑，顶部钝凸或拱圆，基部彼此常连接或局部融合，呈蠕瘤状；外壁厚实（常不可量），罕见褶皱；棕—深棕色。

产地层位　云南沾益史家坡，海口组。

三角瘤面具环孢　*Verrucizonotriletes triangulatus* Lu, 1988

（图版35，图11，12，15）

1988 *Verrucizonotriletes triangulatus* Lu，卢礼昌，163页，图版7，图8，15，16；图版14，图4，5；图版15，图8。

描述　赤道轮廓钝三角形，大小68.6—80.7μm，全模标本73.3μm；近极面低锥角形，远极面半圆球形；三射线具唇，光滑，透明，微凸，唇宽3.0—4.5μm，末端钝或尖，伸达环缘；带环光滑，透明，无纹饰，不等宽，辐射区宽15.6—26.5μm，辐间区宽仅3.0—7.1μm，纹饰主要分布在两极中央区，以不规则块瘤为主，分布颇密，基部轮廓多角形，彼此连接或融合，甚者连成蠕瘤状脊或复式脊，单个瘤宽2.3—4.7μm，高1.0—1.5μm，顶凸或尖；偶见褶皱；棕—深棕色。

比较与讨论　本种以两极中央区的纹饰组成各不相同（近极中央区以锥瘤或锥刺为主，远极中央区则以不规则块瘤为主）与前述 *V. distalis* 区别（卢礼昌，1988，163页）。

产地层位　云南沾益史家坡，海口组。

肋环孢属　*Costazonotriletes* Lu, 1988

模式种　*Costazonotriletes latidentatus* Lu, 1988；云南沾益史家坡，海口组。

属征　辐射对称、具环三缝小孢子，赤道轮廓近三角形—近圆形；侧面观，近极面低锥角形，远极面扁半圆球形；三射线常因唇遮盖而不清楚，唇发育，凸起至强烈隆起，并呈风帆状或叶片状，末端伸达带环；带环厚实，等宽，表面光滑，或具辐射状宽脊条状突起（近极面），宽齿状或肋条状内结构明显；侧面观，环外缘多少钝凸；外壁厚，近极外壁中央区常较厚（暗），表面具纹饰，主要由圆瘤、块瘤以及宽脊或蠕瘤等组成，分布致密；宽脊或蠕瘤常呈辐射状排列，并有时延伸至赤道，其余瘤状纹饰的形状和大小不规则或多变，其顶端或具次一极小刺突起；远极（极区）外壁表面光滑或具各种瘤状突起；模式种大小57.1—92.9μm。

比较与讨论　本属与中泥盆世晚期的 *Verrucizonotriletes* Lu（1988）在形态特征方面彼此较近似，但后者带环的宽度不一，即辐射区明显较宽，辐间区相对较窄，同时，三射唇从未见强烈隆起。泥盆纪的另一形态属 *Emphanisporites* McGregor（1960）虽具类似的辐射状肋纹，但不具带环。

分布时代　云南沾益史家坡，中泥盆世晚期（Givetian）。

宽齿肋环孢　*Costazonotriletes latidentatus* Lu, 1988

（图版74，图11—13）

1988 *Costazonotriletes latidentatus* Lu，卢礼昌，161页，图版12，图10，11，13，14；图版13，图1，2；插图5。

描述　赤道轮廓不规则凸边三角形，角顶钝凸，三边外凸或有时见局部内凹，大小57.1—92.9μm，全模标本62μm；三射线常被唇遮盖，唇厚实，微凸起，顶部高9.4—12.6μm，宽5.0—9.7μm，表面光滑，伸达带环内缘至外缘；带环宽厚，宽度较均匀，宽4.7—9.1μm，通常具明显的宽齿状内结构，并呈紧密的辐射状排列，带环近极表面光滑或具脊条状突起，边缘平滑或呈不规则波状；纹饰限于近极中央区，以脊条状或不规则蠕瘤状突起为主，分布致密，呈辐射状排列且不同程度伸达带环，脊条或蠕瘤基部宽4—6μm，顶端平凸，高1.0—1.5μm，远极面无明显纹饰；极面观，中央区外壁或因纹饰（近极面）存在而显得较厚（色较深）；罕见褶皱；浅棕—深棕色。

产地层位　云南沾益史家坡，海口组。

船形肋环孢　*Costazonotriletes navicularis* Lu, 1988

（图版74，图15—17）

1988 *Costazonotriletes navicularis* Lu，卢礼昌，161页，图版11，图4，5；图版13，图3—6，9，10；图版15，图1，3，4；插图6。

描述　赤道轮廓凸边三角形，大小65.5—81.0μm，全模78μm，副模标本63μm；三射唇发育并强烈隆起，透明，表面光滑，微波状，或具点状内结构；侧面观，唇隆起呈风帆状或三叶片状，隆起高（顶部）常不短于孢子极轴长的2/3，末端伸达带环边缘；带环厚实，可量厚度达3.9—7.8μm，宽度接近均匀，一般宽7.5—9.4μm，边缘钝凸或似盾凸，表面光滑；远极外壁表面或光滑或具瘤状突起纹饰，纹饰形态、大小、高低均多变；近极表面纹饰形态、分布等特征与 *C. latidentatus* 很相似；外壁罕见褶皱；浅棕—深棕色。

产地层位 云南沾益史家坡，海口组。

瘤面肋环孢 *Costazonotriletes verrucosus* Lu, 1988

（图版74，图18—20）

1988 *Costazonotriletes verrucosus* Lu，卢礼昌，162页，图版11，图3；图版12，图12；图版13，图7，8，11；图版15，图2。

描述 赤道轮廓近三角形—近圆形，大小64.8—85.8μm，全模69μm，副模标本76.6μm；三射线通常仅在超氧化的标本上清楚（或可见），唇较发育，但不强烈隆起，顶部高9.0—13.4μm，末端较低、较窄，一般宽5.8—7.2μm，表面光滑，微弯曲或波状，常伸达赤道边缘；带环厚实，表面光滑，边缘平滑或不规则，凹凸不平，宽5.1—10.3μm；近极中央区，外壁表面具不规则细块瘤或小圆瘤状纹饰，大小不等，分布致密，基部彼此常连接，一般基宽1.5—3.8μm，顶部钝凸，圆，罕见尖，突起高1.2—2.3μm；远极表面光滑至具低矮、稀疏的小瘤状突起或内结构；近极中央区外壁因纹饰密挤而显得较厚（常不可量），远极外壁较薄；罕见褶皱；浅棕—深棕色。

比较与讨论 本种形态特征与 *C. latidentatus* 极为相似，但纹饰不相同，后者为脊条或不规则蠕瘤状突起；与 *C. navicularis* 明显不同的是三射唇不强烈隆起。

产地层位 云南沾益史家坡，海口组。

葛埂孢属 *Gorganispora* Urban, 1971

模式种 *Gorganispora magna*（Felix and Burbr.）Urban, 1971, p. 121, pl. 29, figs. 8—9；美国俄克拉何马州（Oklahoma），下石炭统上部（U. Mississippian）。

属征 辐射对称三缝孢子，赤道轮廓圆—圆三角形，侧面观近极面微平凸，远极面强烈凸出；三射线具粗壮唇，略呈波状，接触区内或具稍细纹饰；外壁赤道部位具不规则波状增厚，构成宽窄不等的环；远极面具蠕脊—瘤状纹饰，偶尔分叉，纹饰可延伸至赤道环；模式种全模大小121μm。

比较与讨论 本属以远极面纹饰复杂、赤道环厚薄不规则与其他带环类孢子属区别。

蠕瘤葛埂孢 *Gorganispora convoluta*（Butterworth and Spinner）Playford, 1976

（图版72，图5，6）

1967 *Orbisporis convolutus* Butterworth and Spinner, p. 9, pl. 1, figs. 19, 20.

1976 *Gorganispora convoluta*（Butterworth and Spinner）Playford, p. 31, pl. 6, figs. 12—17.

1988b *Gorganispora convoluta*，卢礼昌，见蔡重阳等，图版2，图20（未描述）。

1994 *Gorganispora convoluta*，卢礼昌，图版3，图35。

1999 *Gorganispora convoluta*，卢礼昌，63页，图版17，图15，16。

描述 赤道轮廓近圆形，大小91.0—98.3μm；三缝微开裂，微曲，长约为1/2R，简单或具唇，两侧唇似由壮脊或瘤组成，宽8—12μm，边缘波状；带环似偏于近极面，等宽或不等宽，一般宽10.0—12.5μm，最宽可达15—22μm；远极面纹饰为光滑、宽圆至伸长的脊（明显而不规则）或块瘤，脊宽4.8—17.0μm，高3.5—11.0μm，块瘤基宽3.9—7.8μm，高不可量；近极面除三射线区外，无明显突起纹饰；棕或深棕色。

比较与讨论 本种特征与 *Camptozonotriletes robertsii* Playford, 1971 颇相似，但后者不具明显的唇或似唇状的纹饰（壮脊或瘤）；与 *Reticulatisporites cancellatus*（Waltz）Playford, 1962 及 *Convolutispora harlandii* Playford, 1962 也较相似，但它们不具带环。

产地层位 江苏宜兴（丁山），五通群下部；江苏南京龙潭，五通群擂鼓台组上部；新疆和布克赛尔，黑山头组5层。

繁瘤孢属 *Multinodisporites* Khlonova, 1961

模式种 *Multinodisporites praecultus* Khlonova;苏联(Vakh 河盆地),古近系(Danian)。

属征 圆三角形孢子,三边凸或直,模式种大小 15—35μm;轮廓线不均匀瓣突状,瘤突高约 5μm,互相连接,略呈环状;外壁近极面射线周围表面平滑,厚不包括瘤突约 1μm,连瘤在内可达 6μm,远极面具少量圆瘤;三射线长,具窄唇,微弯曲;黄—黄棕色(据 Jansonius and Hills, 1976, Card 1727 并参考全模绘图)。

比较与讨论 本属与 *Lophozonotriletes* Naumova, 1953 的瘤环纹饰有些相似,但后者模式种为圆形。原作者 Khlonova 将此属与卷柏 *Selaginella*(Knox, 1950)的某些现代孢子种比较,但卷柏属孢子形态变化大,与好几个化石分散孢子属皆可比较。

连接繁瘤孢 *Multinodisporites junctus* Ouyang and Li, 1980

(图版 122,图 28, 29)

1980 *Multinodisporites junctus* Ouyang and Li,欧阳舒、李再平,136 页,图版Ⅲ,图 15,16。

1982 *Multinodisporites junctus*, in Ouyang, p. 79, pl. 4, figs. 22, 23.

1986 *Multinodisporites junctus*,欧阳舒,67 页,图版Ⅶ,图 24。

描述 赤道轮廓圆三角形,侧面观宽透镜形,远极面强烈凸出,大小 36—43μm,全模 38μm(图版 122,图 28);三射线具微高起的唇,宽约 2μm,接近伸达赤道;外壁薄,厚约 1μm,远极和赤道覆以串珠状圆瘤纹饰,有时略成行分布,远极瘤直径 6—8μm,或多而低平,互相连接,其间为穴壕状,靠近赤道者小,穴径 3—6μm,至赤道部位又稍大,一般 4—5μm,基部互相连接,构成赤道环;近极面光滑;棕—黄色。

比较与讨论 本种以孢子稍大、串珠状瘤较规则且在远极面多而连接、射线较粗壮而与此属模式种 *M. praecultus* Khlonova 区别。

产地层位 云南富源,宣威组下段—卡以头组。

曲脊繁瘤孢 *Multinodisporites sinuatus* Ouyang, 1986

(图版 122,图 33, 34)

1986 *Multinodisporites sinuatus* Ouyang,67 页,图版Ⅵ,图 12,13。

描述 赤道轮廓亚圆形,大小 42—43μm,全模 42μm(图版 122,图 34);三射线可见,或具宽可达 2μm 的唇,向末端变尖细,至少伸达环的内沿;远极外壁厚约 2μm,近极较薄,远极面具弯曲的脊瘤,略呈串珠状或肠结状,部分相连,部分游离,宽可达 3—5μm;瘤在赤道互相融合成环,宽 5. 0—7. 5μm,轮廓线上局部呈齿状,其间为穴或齿槽;近极面较低平且无纹饰;深棕色。

比较与讨论 本种与 *M. junctus* 的区别在于后者纹饰较多而密或略成行分布;与 *Polycingulatisporites rhytismoides* Ouyang and Li 亦略相似,但以远极瘤不连接成封闭的圆圈而与后者有别。

产地层位 云南富源,宣威组下段—上段。

杯环孢属 *Patellisporites* Ouyang, 1962

模式种 *Patellisporites meishanensis* Ouyang, 1962;浙江长兴,龙潭组。

同义名 *Collarisporites* Kaiser, 1976.

属征 三缝小孢子,赤道轮廓近圆形—圆三角形,近极面相对低凹,远极面强烈凸出,模式种大小 50—60μm,全模 51μm;三射线明显,具唇,末端或分叉,伸达环的内沿或赤道环内;外壁不厚,表面无纹饰,在赤道偏近极增厚成环,宽窄或高低不一,故在轮廓线上常呈不规则波状。

比较与讨论 本属与波环孢属 *Sinulatisporites* Gao, 1984 有些相似,但后者模式种全模为三角形,唇特粗壮,末端特膨大,尤其是赤道环厚实且呈"瘤环"状,二者是可以区别开的;与 *Clavisporis* Bharadwaj and Venkatachala, 1961 的区别是后者的环在正赤道区(不偏近极),且环基部较厚(内圈暗),环外侧分裂成若干棒状裂片。Kaiser(1976)以 *C. crispus Kaiser* 为模式种建立的 *Collarisporites* 属,显然是 *Patellisporites* 的晚出同义名,因而是无效的。他选的模式种 *Collarisporites crispus* 与 *Patellisporites* 属的模式种 *P. meishanensis* 也完全一致(见种下比较)。

明亮杯环孢 *Patellisporites clarus* (Kaiser) Jiang, 1982

(图版 122,图 40)

1976 *Collarisporites clarus* Kaiser, p. 123, pl. 10, fig. 8.

1982 *Patellisporites clarus* (Kaiser) Jiang,蒋全美等,614 页,图版 407,图 12。

描述 赤道轮廓近圆形,大小 50—80μm,全模 55μm;三射线具窄唇(原文为"横切面矮楔形,或缩小为缝状"),直,长约 1/2R;具赤道环(原文为"膜环"),宽 5—10μm,内沿平滑,外沿略不规则;远极面外壁厚约 1.5μm,作半球形凸出,多具次生褶皱。

比较与讨论 与 *P. meishanensis* 的区别在于本种环不作粗强波状起伏。

产地层位 山西保德,石盒子群;湖南长沙跳马涧,龙潭组。

湖南杯环孢 *Patellisporites hunanensis* Chen, 1978

(图版 122,图 1, 2)

1978 *Patellisporites hunanensis* Chen,谌建国,414 页,图版 120,图 4,9。

1982 *Patellisporites hunanensis* Chen,蒋全美等,64 页,图版 407,图 1,2,16。

描述 赤道轮廓圆三角形,大小 39—42μm,全模 42μm(图版 122,图 2);三射线明显,细曲,具唇,高起,射线末端膨大如水滴状,有时分叉,伸达环的内沿;偏近极的赤道环呈三角形,大小多约 7μm,深棕色,轮廓线多少呈波状;本体表面平滑;黄色。

比较与讨论 本种以赤道环呈三角形而与属内其他种不同。

产地层位 湖南邵东保和堂、韶山区韶山、长沙跳马涧,龙潭组。

梅山杯环孢 *Patellisporites meishanensis* Ouyang, 1962

(图版 122,图 6, 9)

1962 *Patellisporites meishanensis* Ouyang,欧阳舒,92 页,图版Ⅲ,图 13,16,17;图版Ⅸ,图 7,11。

1976 *Collarisporites crispus* Kaiser, p. 124, pl. 10, figs. 9, 10.

1978 *Patellisporites meishanensis* Ouyang,谌建国,414 页,图版 120,图 7, 8。

1982 *Patellisporites meishanensis* Ouyang,周和仪,图版 1,图 25。

1982 *Patellisporites meishanensis* Ouyang,蒋全美等,615 页,图版 407,图 4—9。

1984 *Patellisporites meishanensis* Ouyang,高联达,410 页,图版 154,图 6—11。

1986 *Patellisporites meishanensis* Ouyang,欧阳舒,66 页,图版Ⅷ,图 5—9。

描述 赤道轮廓亚圆形—圆三角形,大小 40—66μm,全模 51μm(图版 122,图 6);三射线明显,具唇,直或微弯曲,延伸至环的内沿或延伸至环上,与环融合,末端多略膨大,或分叉;外壁表面无纹饰,光面或细点状,赤道环宽 5—20μm,在射线末端常较厚或高,轮廓线上常呈不规则波状;棕—黄色。

比较与讨论 本种与原命名卡以头组的 *P. robustus* Ouyang and Li, 1980[本书将其作为 *P. sinensis* (Kaiser)的晚出同义名]颇相似,后者仅以环较粗壮、宽度在同一标本上变化较小、轮廓线大波状不明显及具较发达的唇而与前者区别。

产地层位 山西保德,下石盒子组顶部—上石盒子组;山西宁武,上石盒子组;浙江长兴,龙潭组;河南范县,上石盒子组;湖南长沙、邵东,龙潭组;云南富源,宣威组下段—卡以头组。

中国杯环孢(新联合) *Patellisporites sinensis* (Kaiser) Ouyang comb. nov.

(图版 123,图 39, 40)

1976 *Collarisporites sinensis* Kaiser, p. 16, pl. 10, fig. 11.

1978 *Patellisporites robustus* Ouyang and Li,谌建国,414 页,图版 120,图 6,10,11。

1980 *Patellisporites robustus* Ouyang and Li,欧阳舒、李再平,134 页,图版Ⅲ,图 3,4。

1982 *Patellisporites robustus* Ouyang and Li,蒋全美等,615 页,图版 407,图 23,24。

1982 *Patellisporites clarus* Jiang,蒋全美等,614 页,图版 407,图 11。

描述 赤道轮廓近圆形、圆三角形或心形,近极面较低平,远极面强烈凸出,大小 50(59)71μm(测 9 粒),全模 50μm;三射线清楚,具粗壮的唇,隆起甚高,宽达 3—5μm,有时不规则或微弯曲,大多在末端呈指状或三角洲状增厚,或明显分叉,一般伸达环的内沿或稍短;带环粗壮,位于赤道偏近极,宽 4—13μm,一般 5—9μm,在同一标本上宽度稍有变化,轮廓线上局部为浅大波状,环的内界有时不清晰;中央本体壁薄,偶具褶皱,光面至细点状,颜色较浅;环深棕—棕色,本体棕—黄色。

比较与讨论 参见 *P. meishanensis* 种下。欧阳舒等(1980)所建种 *P. robustus* Ouyang and Li,当时主要强调其具粗壮的唇和带环,但此次经仔细比较后,认为它与 *Collarisporites sinensis* Kaiser, 1976 差别不大(虽 *P. robustus* 原全模大小 64μm,而 *C. sinensis* 全模仅 50μm,在后者的描述中,还提及"远极面外壁厚约 2μm ……具同心状次生褶皱"),应予以合并,以 Kaiser 的种名优先。

产地层位 山西保德,下石盒子组;湖南邵东保和堂、长沙跳马涧,龙潭组;云南富源,卡以头组。

跳马杯环孢 *Patellisporites tiaomaensis* Jiang, 1982

(图版 122,图 7;图版 123,图 32)

1982 *Patellisporites tiaomaensis* Jiang,蒋全美等,615 页,图版 407,图 13—15,17—19。

1982 *Patellisporites clarus* Jiang,蒋全美等,614 页,图版 407,图 10。

描述 赤道轮廓圆形—圆三角形,子午轮廓半圆形,大小 37—46μm,全模 41μm(图版 123,图 32);三射线长约 2/3R,具唇,高起,末端常分叉,接触区凹入;偏近极具赤道环,宽 3—6μm,射线末端方向多稍厚;本体和环上平滑;棕—黄色。

比较与讨论 本种以射线较短且通常不伸达带环及环的轮廓线无明显波状起伏区别于属内其他种。

产地层位 湖南长沙跳马涧,龙潭组。

链瘤杯环孢 *Patellisporites verrucosus* Chen, 1978

(图版 123,图 21,41)

1978 *Patellisporites verrucosus* Chen,415 页,图版 120,图 5。

1982 *Patellisporites hormos* Jiang,蒋全美等,615 页,图版 407,图 20—22。

描述 赤道轮廓圆形—圆三角形,子午轮廓超半圆形,近极面低平,远极面强烈凸出,大小 40—49μm,全模 43μm,副模标本(蒋全美等,图版 123,图 41)49μm;三射线清楚,具唇,伸达环的内沿;赤道环偏近极,故有时其直径颇小于赤道直径,由大多相连的串珠状瘤组成,副模标本上宛如项链,环宽 4—7μm,但有的标本瘤环特征并不如此典型,甚至个别瘤偏离环部位而分布于亚赤道;本体其余部位外壁表面平滑或无明显纹饰;深棕—棕黄色。

比较与讨论 本种以特征性的瘤环区别于属内其他种。蒋全美建立的种虽被合并入 *P. verrucosus* Chen,但她所选的全模标本(本书用作副模)和指出的"瘤环犹如项链",仍使我们对此种孢子的环的形态特征和变异有更全面的了解。

产地层位 湖南长沙跳马涧、邵东保和堂,龙潭组。

波环孢属 *Sinulatisporites* Gao, 1984

模式种 *Sinulatisporites shansiensis* (Kaier) Geng, 1987 = *Sinulatisporites sinensis* Gao, 1984;山西保德,下石盒子组。

属征 三缝小孢子,赤道轮廓三角形,三边略凸出,角部浑圆或微尖或近平截;三射线清楚,具唇,常颇粗壮,多微弯曲,向末端增厚或膨大呈拳头状或枕垫状,延伸至赤道环或进入环内并与之融合,甚至微伸出角部;外壁表面(包括环上)一般平滑或具细点—粒状结构,远极面偶尔具瘤或隆起条带;赤道环一般厚实,顶部具或多或少的瘤状肿胀—突起,轮廓线多少呈波状。

比较与讨论 本属模式种原归入 *Gravisporites* (Kaiser, 1976),后者虽具厚实的环,但环上无瘤的分化,三射线亦具唇,末端却不膨大,而且外壁表面具细密颗粒纹饰;*Sinulatisporites* 与 *Savitrisporites* Bharadwaj, 1955 较为相似,后者的带环亦由圆化的锥瘤组成,锥瘤在基部互相融和,环在角部微增厚,但后者的三射线不具粗壮的唇。*Gulisporites* 是无环具唇的孢子属。

注释 高联达(1984)以 *Sinulatisporites sinensis* Gao 作模式种建立的这个属,是华夏区二叠系一个很重要的属(欧阳舒等,1999),也是他第一个指出 Imgrund(1960)建立的 *Triquitrites tumulosus*,从其特征看,“与 *Triquitrites* 毫无相似之处”,“应归 *Sinulatisporites* 属”;然而,遗憾的是,当时他未提及 Kaiser (1976)从山西保德二叠系(下石盒子组)获得的 *Triquitrites tumulosus* 及新建的种 *Gravisporites shansiensis* Kaiser,以及他本人建立的2个新种[另一种是 *S. shanxiensis* Gao, 1984,与 *G. shansiensis* Kaiser, 1976 仅差一个字母,这一点在后来张锡麒等(2005)的文章中被忽略了,这种情况,按 ICBN 乃为“拼缀异体”,后出的种名被视为无效名,无论是同物同名或异物同名(周志炎,2007)]与这2个种之间的关系。欧阳舒等(1983)在讨论孢子花粉的形态多样性时举了几个例子,其中之一是“*Gravisporites*” *shansiensis* Kaiser,他提到“将此种归入 *Gravisporites* 也不很好,暂从 Kaiser”。首先将 Kaiser 这个种归入 *Sinulatisporites* 属的是耿国仓(1987)。张锡麒等(2005)专门讨论了本属的时空分布及其地层意义,他们列出的目前归入本属的已有十来个“种”,然而,从欧阳舒等(1983)和张锡麒等(2005)的讨论和孢子图版看,种的划分极为困难,例如,张锡麒等不同意欧阳舒归入 *S. shansiensis* Kaiser 变异范围的某些标本(图版Ⅰ,图6—8)“确实不宜归入”*Sinulatisporites* 属,“因为它们均不具瘤组成的赤道环和射线两侧条带在三角顶端未呈拳头状”,所以对于欧阳舒列的7个标本(该文旨在说明瘤环和唇及远极纹饰由弱到强的过渡性质)中,他们认为图版Ⅰ图9应归入 *S. shanxiensis* Gao,而图10—12可定为 *S. sinensis* Gao。他们虽未提及这2个种如何区别,但从欧阳的原图版看,显然他们理解的 *S. shanxiensis* 是以环瘤特征不如 *S. sinensis* 那样明显、轮廓线上呈强波状而不同。尽管笔者并不认同他们的观点,例如,在他们归入 *S. sinensis* Gao 的一个标本(图版Ⅰ,图13)上,唇末端并无“拳头状”肿胀,归入 *S. shanxiensis* 的有的标本(如图版Ⅰ,图3)与原 *S. sinensis* (高联达,1984,图版154,图13)的全模标本也很接近,表明这2个种的划分是多么勉强,但为了方便实用,仍保留了这2个种;不过,不是高联达起的2个种名,而是 *Sinulatisporites tumulosus* (Imgrund, 1960) Gao,1984 = *S. shanxiensis* Gao, 1984 和 *S. shansiensis* (Kaiser, 1976) Geng, 1987 = *S. sinensis* Gao, 1984。

张锡麒等(2005)提及,近年来,我国孢粉工作者根据形态特征上的微小差异,在本属下建立了不少种,如:*S. henanensis* Wu, 1995 (河南周口山西组);*S. elegans* Li, 2000 (冀中地区山西组);*S. hebeiensis*, *S. suqiaoensis*, *S. expansus*, *S. vesicuia*(冀中地区下石盒子组);*S. corrugatus* Geng, 1987(鄂尔多斯盆地下石盒子组);*S. calliosus*, *S. macrorugosus*(陕甘宁盆地山西组)。以上所列种除 *S. henanensis* 和 *S. corrugatus* 有描述和照片及 *S. elegans* 具照片外,其他均无种的描述和照片,不符合国际法规要求,不能成立。*S. henanensis* Wu,1995(吴建庄,346页,图版53,图23)的描述中提及“粗颗粒纹饰”,因只见一粒标本,恐为一种保存状态,这一解释似乎也适用于高联达在原属征中提到的具点、粒状“纹饰”。

此外,本书认为 *Costatisporites* Geng(耿国仓,1987,29页)难以成立,理由是:其模式种 *C. labiatus* Geng (1987,图版2,图27,28;插图1)形态颇似有些作者鉴定的 *Gulisporites cochlearis*(如高联达,1984,图版154,图1,3,4),或介于 *Sinulatisporites*(远极面偶具瘤或隆起条带)和 *Gulisporites* 之间,其模式照片(图27)显示不出远极面“7—11条平行脊”,其插图上的“环”宽被夸大了,反而像腔状孢,更难解释远极面的平行脊;而另一照片(图28)平行肋条倒是颇清楚,但根本无环,且其一支“唇”状射线的长度远超出孢子半径长,所以三射线性质难定,更不像是与图27同属种的孢子,难以佐证该属成立。

栉瘤波环孢 *Sinulatisporites corrugatus* Geng, 1987

（图版 123，图 22，28）

1987 *Sinulatisporites corrugatus* Geng，耿国仓，29 页，图版 3，图 1—2a，b。

描述 赤道轮廓三角形—不规则亚三角形，大小 49—59μm；三射线被厚唇包围，唇宽大于高，扭曲，伸达赤道；近极面光滑，远极面—赤道具疏密不一的瘤，扁到圆的块瘤，直径 5.0—7.5μm，在赤道上少数瘤基部微分离，但大多基部相连，构成赤道环，环宽 5—8μm，瘤的大小、形态多不规则，末端钝圆或微尖或斜截，故轮廓线呈不规则波状或齿状；暗棕—棕黄色。

比较与讨论 本种以环瘤基部有时分离、轮廓线不规则起伏与 *Sinulatisporites* 的其他两种不同；以具粗壮唇不同于 *Lophozonotriletes* 属内种。

产地层位 山西柳林、陕西吴堡、甘肃环县、宁夏横山堡，下石盒子组。

山西波环孢 *Sinulatisporites shansiensis* (Kaiser) Geng, 1987

（图版 123，图 45，47）

1976 *Gravisporites shansiensis* Kaiser, p. 122, pl. 10, figs. 5, 6.

1980 *Gravisporites shansiensis* Kaiser，周和仪，40 页，图版 14，图 16—17，20—23。

1983 "*Gravisporites*" *shansiensis* Kaiser，欧阳舒等，32 页，图版 Ⅰ，图 10—12。

1984 *Sinulatisporites sinensis* Gao，高联达，411 页，图版 154，图 13，14。

1986 *Gravisporites shansiensis* Kaiser，杜宝安，图版 Ⅱ，图 36。

1987a *Camptotriletes sinensis* Liao，廖克光，560 页，图版 137，图 15，16。

1987b *Vesiculatisporites sinensis* (Gao) Liao comb. nov.，廖克光，图版 2，图 16。

1987b *Vesiculatisporites masculosus* Gao，廖克光，图版 2，图 23。

1987 *Sinulatisporites shansiensis* (Kaiser) Geng，耿国仓，29 页，图版 3，图 3。

1987a *Camptotriletes verrucosus* Liao auct. non Butterworth and Williams，廖克光，560 页，图版 137，图 1，6。

1993 *Vesiculatisporites sinensis* (Liao) Liao，朱怀诚，图版 Ⅱ，图 28—30，32—37。

1995 *Sinulatisporites sinensis* Gao，吴建庄，346 页，图版 53，图 22，24。

1996 *Vesiculatisporites sinensis* (Liao)，朱怀诚，见孔宪祯等，图版 46，图 1—3，5—7。

2000 *Sinulatisporites shansiensis* (Kaiser) Ouyang, in Zheng et al.（郑国光等），pl. 1, figs. 11—18.

2000 *Sinulatisporites shansiensis* (Kaiser) Ouyang，高瑞祺等，图版 5，图 15，21。

2005 *Sinulatisporites sinensis* Gao，张锡麒等，312 页，图版 Ⅰ，图 10—13，21，25，27，28。

2005 *Sinulatisporites* cf. *sinensis*，张锡麒等，312 页，图版 Ⅰ，图 15，18，20，24，29。

2005 *Sinulatisporites* cf. *shanxiensis* Gao，张锡麒等，312 页，图版 Ⅰ，图 14。

描述 赤道轮廓近三角形，三边略凸出，角部近钝圆或微尖，大小大多在 50—60μm 之间，全模标本（Kaiser, 1976, pl. 10, fig. 5）原描述为 35μm，但按放大倍数实测，应约为 50μm（图版 123，图 45），副模标本（高联达，1984，图版 154，图 13）实测约 65μm（图版 123，图 47）；近极面相对低平，三射线具粗壮、隆起的唇，一般宽 3—5μm，偶可达 6—8μm，高 3—4μm，直或微波状，常向离心方向微增宽，末端膨大、肿胀呈拳头状或枕垫状，伸达环的内沿或环上甚至与角部隆起融合；外壁较厚，在赤道部位增厚成厚实的环，宽 6—8μm，有时可达 8—14μm（包括瘤基部以上的突起），瘤的基部融合，顶部呈瘤状分异，轮廓线上略呈大波状；外壁大多平滑—微粗糙，但远极面—赤道有时具瘤或其相连的脊条，瘤直径 5—12μm；暗黄—暗棕色。

比较与讨论 本种与 *S. tumulosus* 很相似，但以环瘤较发达、轮廓线上大波状倾向较明显而与后者区别。

注释 本种三射线粗壮、隆起，宽 3—5μm，直或微弯曲，伸达赤道，末端为枕垫状（polsterförmigen），增厚或变宽，轮廓线上波状突起较明显，这些特征与高联达描述 *S. sinensis* 或属征中提到的特征基本一致，此外，Kaiser（1976）原描述中还提及"远极面具 1—2 条弧形的隆起条带，宽 5μm，但在标本之间发育强度不一，甚至缺失"；高联达（1984）在 *S. sinensis* 下的描述中也提到"椭圆形的暗色体"，显然也为远极面的瘤；廖克光（1987a）建立的 *Camptotriletes sinensis*（后归入 *Vesiculatisporites*）的波状瘤环特征仍可辨认，其远极面的脊条更清楚，所以也归入本种内。

产地层位 华北地台地区（河北、山西、山东、河南、宁夏），太原组上部尤其山西组—下石盒子组，偶尔见于上石盒子组（张锡麒等，2005）；山西柳林三川河，下石盒子组。

肿唇波环孢 *Sinulatisporites tumulosus* (Imgrund) Gao, 1984

（图版123，图24，25）

1960 *Triquitrites tumulosus* Imgrund, p. 169, pl. 15, figs. 81, 82.

1976 *Triquitrites tumulosus* Imgrund, Kaiser, p. 120, pl. 9, figs. 3—5.

1983 "*Gravisporites*" *shansiensis* Kaiser，欧阳舒等，图版Ⅰ，图6—9。

1984 *Sinulatisporites tumulosus* (Imgrund) Gao，411页。

1984 *Sinulatisporites shanxiensis* Gao，高联达，411页，图版154，图12。

1987 *Sinulatisporites shansiensis* (Kaiser) Geng，耿国仓，29页，图版3，图4。

1995 *Sinulatisporites henanensis* Wu，吴建庄，346页，图版53，图23。

2000 *Sinulatisporites elegans* Li, in Zheng et al.（郑国光等），图版1，图10。

2005 *Sinulatisporites shanxiensis* Gao，张锡麒等，312页，图版Ⅰ，图1—5，22，23。

2005 *Sinulatisporites* cf. *shanxiensis* Gao，张锡麒等，312页，图版Ⅰ，图6—9，19，26。

描述 赤道轮廓三角形，三边凸出，偶尔微凹，大小35—70μm，全模60μm，副模50μm（Kaiser，1976，pl. 9，fig. 3；本书图版123，图24）；三射线大多具粗壮唇，直或微弯曲，末端增厚膨大，呈拳头状或枕垫状，常延伸至环上；赤道环厚实，宽多为8—12μm，但有些标本赤道环窄，厚仅3—6μm，顶视观赤道环上瘤的分异不明显，故轮廓线上波状起伏或瘤突不明显，或瘤突数量很少，三射唇在末端增厚膨大也不如全模标本上那么明显；远极面无显著纹饰；暗棕—黄棕色。

比较与讨论 本种以赤道环轮廓线上波状起伏不明显或瘤突很少且较低平而与 *S. sinensis* 区别；当初 Imgrund 将他建的种与 *Triquitrites pulvinatus* Kosanke，1950（p. 39，pl. 8，fig. 1）比较，实际上，后者的枕垫状厚角强大，与相对较不发育的三射唇无关；Kaiser 则将其与 *Leiotriletes ornatus* Ischenko（cf. Playford，p. 575，pl. 78，figs. 7，8）比较，主要是看重唇增厚而忽略了有环与无环的区别。

注释 据 Imgrund（1960），本种赤道轮廓圆形—三角形，角部宽圆，大小58—60μm，全模60μm；外壁厚度不详，可能较厚；三射线具唇，伸达赤道，或开裂，射线直，线形；外壁表面颗粒—块瘤状（但 Kaiser 认为光面无纹饰），外壁外层在射线末端作肿瘤状增厚，构形不均等；图版123图25（全模）外壁似仅在赤道增厚，局部具次生褶皱，轮廓线上微凹凸不平；棕色。被 Imgrund（1960）归入 *Triquitrites tumulosus* 内的有3个标本，其中图版15图80可能真的属于 *Triquitrites*，而他选的全模（图版15，图82）肯定是具瘤环的孢子，所以高联达将此种归入 *Sinulatisporites* 是正确的，其大小为60μm；"三射线具宽唇，伸达赤道；外壁颗粒—块瘤状，外壁外层在射线末端作肿瘤状增厚，构形不均等，图82似仅在赤道增厚……"［颗粒纹饰被 Kaiser（1976）否定］。Kaiser（1976）虽未再描述该种，但对种 *tumulosus* 的鉴定当无问题，从他给的3个图像（据测，大小35—50μm）看，此种环清楚而厚实（他们之所以将此种归入 *Triquitrites*，显然是因为射线唇末端在角部肿胀造成"厚角"的假像所致，但 *Triquitrites* 属的模式种并无赤道环），轮廓线上波纹不明显，三射线唇特发育，末端肿胀也很强烈，与 Imgrund 的全模特征一致。高联达（1984）建立的 *Sinulatisporites shanxiensis*，全模（图版154，图12）大小64μm，亦为凸边三角形，"具赤道环，环由不十分显著的瘤组成，厚8—10μm，三射线两侧具加厚的粗条带，条带在三角顶增厚，呈拳头形……"，他说的条带即唇，可见与 Imgrund 的种难以区划开来。*S. elegans* Li，2000（in Zheng et al.，pl. 1，fig. 10）与张锡麒等鉴定的 *S.* cf. *shanxiensis* 之一（图版Ⅰ，图26）很相似，因瘤突少，亦归入 *S. tumulosus*。

Imgrund 指定的全模标本"外壁似仅在赤道增厚"，确实具环，其波状边缘也隐约可见，角部因唇凸而造成的角部凸出就更显著，波状厚环的特征在 Kaiser 鉴定的图版9图3—4上的 *Triquitrites tumulosus* 尤为明显。

产地层位 华北地台地区，主要在山西组—下石盒子组。例如，河北苏桥，下石盒子组；河北开平，唐家庄组；山西轩岗煤矿，山西组；山西保德，下石盒子组（层F）；山东新汶、兖州、肥城、济宁、巨野等地，山西组—

下石盒子组；甘肃、陕西、宁夏，山西组—下石盒子组；河南周口，山西组。

泡环孢属 *Vesiculatisporites* Gao, 1984

模式种 *Vesiculatisporites masculosus* Gao, 1984；山西宁武，下石盒子组。

属征 三缝小孢子，赤道轮廓三角形，模式种大小50—60μm；具赤道环，环由不十分规则至颇规则的椭圆形瘤连接而成，一般不很厚，本体与环界线清楚；三射线直，伸至环的内沿，射线具窄唇；孢子表面具疏密不一的块瘤。

比较与讨论 本属与 *Lophozonotriletes* Naumova 有相似之处，即环由瘤连接而成，但后者模式种亚圆形，三射线很少具唇；与 *Sinulatisporites* 的区别是后者的瘤在赤道上连成环的趋势不明显。

雄壮泡环孢 *Vesiculatisporites masculosus* Gao, 1984

（图版123，图30）

1984 *Vesiculatisporites masculosus* Gao，高联达，412页，图版154，图16。

描述 赤道轮廓三角形或圆三角形，大小50—60μm，全模50μm；三射线长几乎延伸至本体边缘，射线具窄唇，微弯曲；具赤道环，厚6—9μm，棕褐色；本体与环界线分明，孢子表面具大的块瘤纹饰，有呈同心形排列的趋势，向赤道边缘瘤增大，直径8—10μm，椭圆形，光切面上呈锥瘤状，顶端多浑圆或微尖，轮廓线上作不规则波状起伏，波突 <10 枚。

比较与讨论 本种与 *Lophozonotriletes rarituberculatus* Naumova, 1953 (pl. Ⅺ, fig. 11)和 *L. concessus* Naumova, 1953 (pl. Ⅺ, fig. 8)有一些相似之处，但这2个种的块瘤结构、排列以及孢子构形是不同的。

产地层位 山西宁武，下石盒子组。

齿瘤泡环孢 *Vesiculatisporites meristus* Gao, 1984

（图版123，图26，31）

1984 *Vesiculatisporites meristus* Gao，高联达，412页，图版154，图15，17。

1993 *Vesiculatisporites meristus*，朱怀诚，图版Ⅱ，图15，22。

1996 *Vesiculatisporites meristus*，朱怀诚，见孔宪祯等，图版46，图7，8。

描述 赤道轮廓三角形，三边微凸，角部浑圆或微尖，大小40—60μm，全模40μm（图版123，图26），副模57μm；三射线简单，延伸至环的内沿，具窄唇，总宽4—5μm；本体表面[远极面(?)]围绕三射线的顶块瘤有呈同心状排列的趋势；具赤道环，环与本体界线清楚，环由大的块瘤连接而成，厚6—8μm，瘤顶端多钝圆，瘤之间有时从基部（环内沿）分离，轮廓线上近齿状；黄棕色。

比较与讨论 本种与 *Lophozonotriletes tylophorus* Naumova, 1953 (pl. Ⅺ, fig. 13)在瘤的组成结构上有相似之处，但后者是锥瘤，且无瘤组成的环。

产地层位 山西柳林三川河，下石盒子组；山西宁武，下石盒子组；山西左云，山西组。

三角泡环孢 *Vesiculatisporites triangularis* Zhu, 1993

（图版123，图7，23）

1993 *Vesiculatisporites triangularis* Zhu，朱怀诚，118页，图版Ⅱ，图18—20。

1996 *Vesiculatisporites triangularis* Zhu，朱怀诚，263页，图版46，图9，13。

描述 赤道轮廓三角形，边平直—微凸，角部尖，大小41—55μm，全模51μm（图版123，图23）；环很窄，轮廓线缓齿—微波状；三射线明显，具发达的唇，隆起呈脊板状，高3—4μm，伸至赤道；外壁表面点状—光滑。

比较与讨论 本种以很窄的环和赤道轮廓相对呈正三角形区别于属内其他种。

产地层位 山西柳林三川河，下石盒子组；山西左云，山西组。

波状泡环孢 *Vesiculatisporites undulatus* Gao, 1984

(图版 123,图 34, 46)

1984 *Vesiculatisporites undulatus* Gao,高联达,413 页,图版 154,图 20。

1987a *Camptotriletes verrucosus* Liao,廖克光,560 页,图版 137,图 1,6。

描述 赤道轮廓三角形,三边微凸或近平直,角部锐圆或钝圆,大小 55—65μm,全模 60μm(图版 123,图 34),副模 60μm(图版 123,图 46);三射线清楚,具窄唇,但高可达 3—4μm,直或微弯曲,伸达环的内沿;赤道和远极面具瘤状纹饰,在赤道瘤基部多相连成环,瘤基宽 4—6μm,高 3—5μm,末端多浑圆,故轮廓线上具颇规则波状;棕黄色。

注释 廖克光较晚建立的种 *Camptotriletes verrucosus*(全模 60μm,图版 137 图 1)无疑与 *Vesiculatisporites undulatus* 同种,从她提供的图像如图版 137 图 1 看,瘤环的特征是清楚的,故不能归入 *Camptotriletes*;她的标本表明,其他瘤很可能局限于远极面。

产地层位 河北开平煤田,大苗庄组;山西宁武,下石盒子组顶部—上石盒子组下部。

原始凤尾蕨孢属 *Propterisispora* Ouyang and Li, 1980

模式种 *Propterisispora sparsus* Ouyang and Li, 1980;云南富源,卡以头组。

属征 同孢子或小孢子,赤道轮廓三角形—圆三角形,模式种大小 30—42μm;三射线清楚,伸达环的内沿,周围具发达的弓缘增厚;赤道环不规则,局部增厚成少数瘤状突起;远极面具少量细弱纹饰(细瘤至块瘤),近极面光滑或至少无明显纹饰。

比较与讨论 本属与法国晚石炭世的 *Westphalensisporites* Alpern, 1958 略相似,但后者环较宽,尤其是射线周围缺乏弓缘增厚;*Pteridacidites* Sah, 1967(布隆迪,更新统)的赤道环为光面,三射线无发达的弓形堤;*Kyrtomisporis* Mädler,1964(德国,上三叠统)的全模标本圆三角形,大小达 65μm,与本属的不同之处在于其外壁表面具低平的乳瘤,且弓形堤特别厚实、粗壮(欧阳舒,1986,68 页)。

植物亲缘关系 凤尾蕨科(Pteridaceae)(?)[比较现代的 *Pteris madagascarica* var. *lathyropteris* (Christ) Tardieu-Blot, 1963 的原位孢子,与本分散孢子属形态颇相似]。

稀瘤原始凤尾蕨孢 *Propterisispora sparsa* Ouyang and Li, 1980

(图版 123,图 13, 14)

1980 *Propterisispora sparsus* Ouyang and Li,欧阳舒、李再平,135 页,图版Ⅲ,图 8—11。

1982 *Propterisispora sparsus* Ouyang and Li, Ouyang, p. 70, pl. 1, fig. 9.

1986 *Propterisispora sparsus*,欧阳舒,68 页,图版Ⅶ,图 1,5。

描述 赤道轮廓三角形,三边近平直或微凸凹,角部钝或颇尖,大小 30(36)42μm,全模 35μm(参见图版 123,图 13);三射线清楚,呈细窄唇状,伸达环的内沿,周围被发达的弓缘增厚包围,有时构成所谓的"盘",宽可达 7μm;具赤道环,宽一般 4—6μm,局部不规则增厚成少量瘤状突起,通常 1—2 个较明显,全模在 3 边中部各具一较大突起,最大直径达 7μm,有的标本上甚至更宽,有时 3 边中有 1—2 边呈波状,或有 1—2 个角部伸出凸起;个别标本远极面亦具稀疏瘤状纹饰;黄棕—深棕色。

比较与讨论 本种与波兰下侏罗统的所谓 Cf. *Lygodium flexuosus* SW = *Lygodiumsporites solidus* R. Potonié (Rogalska, 1956, pl. 4, fig. 1)略相似,但其瘤和角部增厚较粗壮,环也较宽且不规则。

产地层位 云南富源,宣威组下段—卡以头组。

小瘤原始凤尾蕨孢 *Propterisispora verruculifera* Ouyang, 1986

(图版 123,图 15, 16)

1982 *Propterisispora* sp. A, Ouyang, p. 72, pl. 2, fig. 10.

1986 *Propterisispora verruculifera* Ouyang,欧阳舒,69 页,图版Ⅶ,图 2—4。

描述 一般形态同 *P. sparsa*,但角部较尖,孢子大小 30(33)37μm(测 8 粒),全模 37μm(图版 123,图 16);三射线清楚,具微高起的唇,宽可达 1.0—1.5μm,伸达角部外壁内沿;近极面具发达的弓形堤,宽 2—4μm,作三角形包围(但不紧密)三射线,向射线末端逐渐汇合靠拢,汇合端有时凸出体外可达 2—3μm,甚至 5μm;环不厚,厚 2.0—3.5μm,局部外壁厚仅 1μm,环与远极面具小瘤或颗粒,基径 2—3μm,高 1—2μm,偶尔更大,末端多钝圆,基部与环常无明显分界,有时远极面中部具一直径达 3μm 的瘤斑;弓形堤上亦具类似纹饰,但往往微弱得多,其外轮廓线常凹凸不平,有时略呈肠结状;黄—黄棕色。

比较与讨论 本种孢子以环较薄、弓形堤与射线明显分离作三角形区包围射线及纹饰较细弱而与 *P. sparsa* 相区别。例如,按弓形堤特征,此种未尝不可以归入 *Kyrtomisporis* Mädler, 1964 属,但考虑到它与 *P. sparsa* 的关系颇密切,有时镜下难以划分,分别归入不同的属欠妥,故仍将其纳入 *Propterisispora* 属内。

产地层位 云南富源,宣威组下段—上段。

棒环孢属 *Clavisporis* Bharadwaj and Venkatachala, 1962

模式种 *Clavisporis spitzbergensis* Bharadwaj and Venkatachala, 1962;斯匹次卑尔根(Spitsbergen),下石炭统。

属征 辐射对称三缝具环孢子,轮廓圆形,模式种大小 90—112μm;三射线简单或具窄唇,直,长等于本体半径,无明显接触区;外壁内层(中央体)中厚,无纹饰,具点粒状结构;外壁外层在本体赤道处增厚成环,切面观楔形,即基部较厚(内圈色暗),向外变薄并分裂成棒瘤—裂片状突起,轮廓线齿状。

比较与讨论 本属以赤道环内厚外薄及轮廓圆形与 *Monilospora* Hacquebard and Barss 区别;*Patellisporites* 赤道环偏近极,接触区明显,环不分为内暗外相对透亮的两圈。

花开棒环孢 *Clavisporis florescentis* Chen, 1978

(图版 123,图 35)

1978 *Clavisporis florescentis* Chen,谌建国,411 页,图版 119,图 26。

1982 *Clavisporis florescentis* Chen,蒋全美等,611 页,图版 404,图 19。

描述 赤道轮廓圆形,近极面低平,全模 62μm;三射线细,伸达带环内沿;中央体壁光滑;赤道带环宽约 12μm,光滑,基部一圈增厚相连,约占环宽一半,色深,外缘色稍浅,略分裂,但彼此靠拢,如葵花花瓣状或齿状,齿裂的宽度和深度略有变化;黄棕—黄色。

比较与讨论 本种以开裂但不分离的带环外缘而与属内其他种不同。

产地层位 湖南石门青峰,栖霞组马鞍段。

不规则棒环孢 *Clavisporis irregularis* Liao, 1987

(图版 123,图 29, 43)

1987a *Clavisporis irregularis* Liao,廖克光,564 页,图版 138,图 1—3。

?1987a *Patellisporites meishanensis* auct. non Ouyang, 廖克光,564 页,图版 137,图 2。

描述 赤道轮廓不规则亚圆形—圆三角形,近极面低凹,远极面圆凸,大小 56—79μm,全模 79μm(图版 123,图 43);本体圆三角形,三射线简单或具窄唇,长伸达本体赤道;赤道环偏于近极一侧,宽 13—15μm,外缘约环总宽的 1/2,其基部多融合相连,往上裂成不规则的瘤状或蘑菇状,轮廓线上裂突约 10 枚,末端多浑圆,偶尔近平截,另 1/2 宽度覆于赤道和近极面上;近极面平滑或内斑点状,远极面亚赤道或有 3—4 个直径约 5μm 的瘤饰;棕—黄色。

比较与讨论 本种以赤道环内圈较宽且色暗、环外缘呈不规则裂片状而与 *C. florescentis* 区别。

注释 被廖克光(1987a)鉴定为 *Patellisporites meishanensis* 的相同层位孢子,其赤道环较宽,虽轮廓线为大浅波状,但分内暗外亮的两圈,它似乎更接近 *Clavisporis irregularis*,尽管其环外缘并不呈裂片状分开,由此也表明形态属在系统分类上的局限。本书将其存疑地归入后一种内。

产地层位 山西宁武，上石盒子组。

波状棒环孢(新联合) *Clavisporis undatus* (Yu) Ouyang comb. nov.

(图版 123，图 8，36)

1983 *Patellisporites undatus* Yu，邓茨兰等，33 页，图版 2，图 5。

1983 *Clavisporis shandongensis* Ouyang，欧阳舒、黎文本，32 页，图版 I，图 13—18。

1986 *Patellisporites undulatus* Du，杜宝安，290 页，图版 II，图 25，26。

1987a *Clavisporis torulosus* Liao，廖克光，564 页，图版 138，图 3，4。

描述 赤道轮廓圆形，因环的分化而变形，远极面凸出，近极面相对低平，大小 45—64μm(包括纹饰)，全模 45μm；本体外壁薄，厚 1.0—1.5μm，或具小褶皱，光面至微粗糙，远极面偶具个别瘤状突起；亚赤道位具环，内界可辨或清晰，多显示内、外两圈的分异，外缘呈膜状，但二者间常无明显分界，总宽度变化大，达 4—16μm，外圈多分异，呈裂瓣—棒瘤状，其数目、大小和形态多变，并表现出由不甚发育至极发育的一系列变异，多呈齿状，宽 3—18μm 不等，一般 5—7μm，高 3—10μm，向上或膨大，少数呈圆锥形，端部近浑圆或近平截或中部微凹入，间距不一，有时相连成片，个别标本射线所指方向呈铲状；三射线可见，常具唇状薄膜，宽或高可达 1.5—2.5μm，伸达或接近环的内沿，有时开裂，个别孢子上一支射线末端显示出蹼状增厚；浅黄—黄(体)—棕黄—淡黄(环)色。

比较与讨论 此种孢子与 *C. spitsbergensis* Bharadwaj and Venkatachala 略相似，但后者大小达 90—112μm，三射线较细弱，其纹饰分异不如本种强烈；此外也与 *Patellisporites meishanensis* 相似，唯后者环的内外无明显分异，轮廓线呈大波状而非齿状。

注释 郁秀荣在 *Patellisporites* 属下建立此种时(邓茨兰等，1983 年 3 月)仅作了简单描述，且未指定全模标本；其后我们在研究 *Clavisporis* 孢子形态变异时指定了全模标本，建立了一个新种 *C. shandongensis* Ouyang(欧阳舒、黎文本，1983 年 6 月)，从其形态看，应为前者的同物异名。本书保留了郁秀荣的种名，并选她们的图版 2 图 5 作全模(本书图版 123，图 8)，欧阳舒等的原全模(图版 I，图 18；本书图版 123，图 36)作副模。杜宝安(1986)建立的 *Patellisporites undulatus Du* 似亦应归入本种内。

产地层位 山西宁武，山西组—石盒子群；内蒙古准格尔旗，石盒子群；山东兖州，山西组；甘肃平凉，山西组—石盒子群。

耳瘤孢属 *Secarisporites* Neves, 1961

模式种 *Secarisporites lobatus* Neves, 1961；英格兰(England)，纳缪尔阶(Namurian)。

属征 三缝同孢子或小孢子，赤道轮廓亚圆形、卵圆形—亚三角形；外壁外层膨胀成一系列瓣状突出，仿佛呈一外膜环或亚环；外环不连续，在球茎状瓣突之间常呈深缺刻状；远极面饰以稀脊或瘤；模式种大小 55—85μm。

比较与讨论 本属与 *Convolutispora* 的主要区别在于后者的蠕脊在赤道部位叠加融合成一颇规则的、微不连续的缘边，而本属孢子纹饰在赤道上为球突—耳瓣状，本体轮廓清楚，离纹饰圈颇远。

分布时代 英格兰，石炭纪；中国甘肃、山西宁武，晚石炭世。

异地耳瘤孢 *Secarisporites remotus* Neves, 1961

(图版 123，图 6，17)

1961 *Secarisporites remotus* Neves, p. 262, pl. 32, figs. 8, 9.

1987 *Secarisporites remotus* Neves，高联达，图版 3，图 24。

1989 *Secarisporites remotus* Neves, Zhu, pl. 2, fig. 3.

1993 *Secarisporites remotus* Neves，朱怀诚，264 页，图版 65，图 20a，b。

描述 赤道轮廓近圆形，大小 35 × 38μm；三射线不明显，简单，细直，长 3/4R；外壁厚 1—2μm，表面覆盖耳状或叶状(瓣状)瘤,基部分离或以细脊相连,外侧宽圆,宽1—5μm,高1—4μm,末端多膨大。

比较与讨论 按Neves(1961)描述,此种孢子大小35—50μm,全模46μm;赤道轮廓三角形—亚圆形;外壁饰以窄脊或细瘤以及相对较大的圆形—亚圆形块瘤,高2—8μm,宽可达12μm,在轮廓线上呈大小不同的圆瓣状,三射线细,伸达本体轮廓线。

产地层位 山西保德,本溪组—山西组;甘肃靖远,靖远组—红土洼组—羊虎沟组中段。

具环锚刺孢属 *Ancyrospora* Richardson emend. Richardson, 1962

模式种 *Ancyrospora grandispinosa* Richardson,1960;英国(England),中泥盆统(Givetian下部)。

属征 辐射对称三缝小孢子或大孢子,赤道轮廓圆形、亚圆形、三角形、亚三角形—扇形与不规则形;三射唇常隆起为一顶部突起物;外壁外层在赤道边缘延伸为一厚实带环或假环;外层常厚实,表面具刺状突起,其顶部两分叉;内层厚度多变。

比较 *Ancyrospora*, *Hystricosporites*与*Nikitinsporites*是泥盆纪颇具特征的3个形态属,它们的共同点是均具锚刺状突起物,不同的是*Hystricosporites*不具带环或假环,*Nikitinsporites*虽也具类似环状结构或假环(卢礼昌、欧阳舒,1978,72页),但为一大孢子属(模式种大小390—610μm)。

分布时代 世界各地,泥盆纪。

锐刺具环锚刺孢 *Ancyrospora acuminata* Lu, 1980

(图版51,图1—4)

1980b *Ancyrospora acuminata* Lu,卢礼昌,29页,图版7,图14—16。

1988 *Ancyrospora acuminata*,卢礼昌,191页,图版25,图1,2;图版27。

1994 *Ancyrospora* sp.,徐仁、高联达,图版2,图3。

描述 赤道轮廓亚三角形—圆三角形或亚圆形,大小81—139μm,全模标本113μm;内孢体轮廓圆三角形—圆形,大小47.0—54.6μm;三射线有时清楚,细长,弯曲,唇发育,顶部常略高起(3—6μm),朝末端逐渐变低与变窄,一般宽2—5μm,伸达赤道边缘,或稍短;内层(内孢体)薄,轮廓与赤道近乎一致,表面光滑,有时可见与外层略有分离;外层于赤道部位延伸成一宽的赤道环,环面粗糙,宽度不一,辐射区宽(不含刺)36—40μm,辐间区18—27μm,外缘锯齿状,突起37—42枚;环厚(内侧部分)11—16μm;远极面与带环远极—赤道表面具明显凸起的锚刺状纹饰;远极极区以长刺为主,分布较稀,基部很少连接,基宽2.5—5.0μm,顶部由小茎及其末端两分叉组成,高1—3μm,宽约0.5μm,锚刺全长7—11μm;环面以低锥刺为主,基部彼此常连接,基宽3—9μm,高3—8μm,末端两分叉不甚明显;浅棕—棕色。

比较与讨论 *A. arguta* (Naumova) Lu, 1980的环内侧部分较外侧部分要厚许多;*A. langii* (Taug-Lantz) Allen, 1965的锚刺较粗壮,末端两分叉也较明显。

产地层位 云南沾益龙华山、史家坡,海口组。

长瓶形具环锚刺孢? *Ancyrospora*? *ampulla* Owens, 1971

(图版51,图5)

1971 *Ancyrospora ampulla* Owens, p. 73, pl. 24, figs. 1—4.

1987 *Ancyrospora ampulla*,高联达、叶晓荣,425页,图版183,图2。

描述 孢子大小122μm(不含刺);三射唇窄条带状,高约14μm,长约5/6R;刺状突起基部直径19.6μm,高22.4μm,顶部尖或分叉、弯曲(高联达等,1987,425页)。

注释 *A. ampulla* Owens(1971, p.73)首次描述的标本:赤道轮廓圆三角形—亚圆形,大小90—132μm(不含纹饰),内孢体大小39.6—66.0μm;赤道环宽15—41μm;突起形态多变,或为宽基、尖顶的锥刺或为较短的棒,所有突起均具一窄的两分叉或多分叉的末端;突起高7.6—15.0μm,基宽3.0—7.6μm,两分叉末端宽2.5—3.0μm;赤道边缘突起达30枚(两突起之间无明显内凹)。由此可见,将上述甘肃标本归入

A. ampulla 内似应作保留。

产地层位 甘肃迭部，下、中泥盆统。

锚刺具环锚刺孢锚刺变种 *Ancyrospora ancyrea* var. *ancyrea* Richardson, 1962

（图版 51，图 7）

1944 *Triletes ancyreus* Eisenack, p. 110, pl. 2, fig. 2; pl. 1, figs. 7, 8.

1962 *Ancyrospora ancyrea* var. *ancyrea* Richardson, p. 177, pl. 25, figs. 6, 7; text-figs. 5, 6, 10B.

1983 *Ancyrospora ancyrea ancyrea*，高联达，502 页，图版 112，图 3—5。

1994 *Ancyrospora ancyrea* var. *ancyrea*，徐仁、高联达，图版 2，图 4。

注释 当前种主要特征为：外壁外层在赤道不规则延伸；刺状突起基部宽，刺干细茎状，末端两分叉细长、柔弱。归入该种名下的云南禄劝的标本（高联达，1983，图版 112，图 5）似较云南沾益的标本（徐仁、高联达，1994，图版 2，图 4）更接近上述特征。

产地层位 云南禄劝，西冲组；云南沾益，海口组。

角状具环锚刺孢 *Ancyrospora angulata* (Tiwari and Schaarschmidt) McGregor and Camfield, 1982

（图版 51，图 6）

1975 *Calyptosporites angulatus* Tiwari and Schaarschmidt, p. 44, pl. 26, figs. 4, 5; pl. 27, fig. 1; text-fig. 33.

1982 *Ancyrospora angulata* (Tiwari and Schaarschmidt) McGregor and Camfield, p. 16, pl. 2, fig. 8; text-fig. 16.

1994 *Ancyrospora angulata*，徐仁、高联达，图版 3，图 10（未描述）。

描述 赤道轮廓亚三角形；大小幅度：① 德国艾菲尔阶标本为 90—140μm，刺长 4—8μm；② 加拿大北极区（?）中艾菲尔阶标本为 103—154μm，刺长 5—20μm。

注释 本种以刺顶尖，或具微弱的锚状两分叉而与 *Ancyrospora* 属的其他种不同。置于 *A. angulata* 名下的云南标本（徐仁等，1994，图版 3，图 10）与上述加拿大北极区标本较接近。

产地层位 云南沾益，海口组。

锯刺具环锚刺孢 *Ancyrospora arguta* (Naumova) Lu, 1980

（图版 51，图 8，9；图版 55，图 12）

1953 *Hymenozonotriletes argutus* Naumova, p. 67, pl. 9, fig. 9.

1980b *Ancyrospora arguta*，卢礼昌，29 页，图版 7，图 12，13。

1988 *Ancyrospora arguta*，卢礼昌，190 页，图版 26，图 1；图版 29，图 2；插图 13。

描述 赤道轮廓钝角凸边三角形，大小 72—105μm；内孢体轮廓圆三角形，大小 48—62μm；三射线清楚或不完全清楚，多少具唇，唇宽 2.5—4.0μm，顶部高 3—7μm，朝末端逐渐降低，伸达环外缘附近；外壁 2 层：内层清楚，表面光滑，并与外层紧贴，外层于赤道部位延伸成环，环内侧部分较外侧部分厚许多，总宽不大于内孢体半径长，常在 15—22μm（不含刺长）之间；环缘为不规则锯齿状，缺刻多为不规则宽 U 字形；刺状突起限于远极面及环缘部位；纹饰分子于远极面较小、较稀，基部多不连接，于环面较大、较密，基部连接，顶端常具一柔弱的小突起（高 < 1μm），末端略微膨大，呈两分叉趋势，但常易断落；刺高略小于基宽，分别为 3—5μm 与 4—7μm；近极面无明显突起纹饰。

注释 当前种的模式标本（Naumova, 1953, pl. 9, fig. 9）同时具备“带环”和“锚刺”的特征，与从云南采集的标本特征接近，彼此当为同种。

产地层位 云南沾益，海口组。

棒槌状具环锚刺孢 *Ancyrospora baccillaris* Lu, 1988

（图版 51，图 10，11）

1988 *Ancyrospora baccillaris* Lu，卢礼昌，193 页，图版 25，图 9，10；插图 17。

描述 赤道轮廓宽圆三角形—近圆形，大小134.0—166.9μm，全模标本138.8μm；三射线清楚至可识别，直或微弯曲，多少被唇遮盖，唇低矮，宽3—8μm（末端较窄），伸达带环边缘；外壁由2层组成：内层（形成一内孢体），界线常不清楚，可见界线与孢子赤道轮廓接近一致，大小约67μm，表面光滑，厚1.5—2.0μm，外层紧贴内层，近极面（包括带环）无纹饰，表面较粗糙，中央区边缘具不规则环状加厚，带环边缘和整个远极面具锚刺状纹饰，分布稀疏，表面粗糙，偶见小粒和小刺，内颗粒状结构清楚；刺干在远极区，以长圆锥状为主（其间偶见小刺），基部彼此常不连接，较窄，宽仅2—3μm，刺干长9—12μm，带环远极面及其边缘刺干以圆锥状为主，相邻基部彼此接触或融合，基部宽9—17μm，突起高6—11μm；所有刺的顶端均具一小茎，小茎透明，光滑，粗细均匀，直径1.5—2.0μm，长3—4μm，其末端微微膨胀或分叉不明显，呈小棒槌状或火柴棒状，但常断落不见；带环较宽，宽度均匀，宽31—36μm，边缘呈不规则锯齿状，突起17—22枚；外壁厚实；浅棕—橙棕色。

比较与讨论 本种形态、大小特征与加拿大上泥盆统的 *A. ampulla* Owens（1971，p. 73）较为接近，但差异更为明显，即后者带环宽度不均匀、纹饰形态多变、刺末端两分叉较明显，并见多分叉；*A. argata* 则以顶端凸起的茎较短（不足1μm）且粗细不均匀（上部明显较下部粗）而不同于当前种。

产地层位 云南沾益史家坡，海口组。

分裂具环锚刺孢 *Ancyrospora bida* (Naumova) Obukhovskaya et al., 1993

（图版52，图11）

1953 *Archaeotriletes bidus* Naumova, p. 52, pl. 6, figs. 5, 6.

1981 *Hystricosporites* sp. of Lu，卢礼昌，106页，图版5，图7。

1986 *Ancyrospora bida* (Naumova) Obukhovskaya, in Avkhimovitch et al., 1953.

1993 *Ancyrospora bida* Obukhovskaya et al., p. 86, pl. 12, fig. 10.

描述 赤道轮廓亚圆形，大小84—92μm，侧面观，近极面平凸，远极面近半圆球形；三射线不清楚；近极—赤道区与整个远极面具粗壮的锚刺状纹饰，基部宽9—16μm，朝顶部逐步变窄，刺干粗棒状或喇叭状，下半部呈空心状，表面多少光滑，上半部呈实心状，表面可见颇细弱的小刺，高（或长）22—46μm，顶端两分叉，基部略微膨大并呈小三角形（侧面观），末端两分叉明显，叉长3.5—6.7μm；近极面（不含环）无明显突起纹饰；内层（内孢体）常不清，外层厚实（不可量），表面略粗糙；由外层延伸成环的内界欠清楚，环宽约17μm；浅—深棕色。

注释 当前标本的形态及纹饰特征与 Naumova（1953）描述的 *Archaeotriletes bidus*（pl. 6, fig. 6）颇接近，将其归入当前种较为适合。

产地层位 四川渡口，上泥盆统。

连接具环锚刺孢 *Ancyrospora conjunctiva* Lu, 1988

（图版53，图3—6）

1988 *Ancyrospora conjunctiva* Lu，卢礼昌，197页，图版32，图7—10；插图22。

描述 大孢子，赤道轮廓近圆形，大小405.6—468.0μm，全模标本448μm；三射线具唇，在接触区内突起高12.5—31.0μm，微弯曲或波状，宽12—22μm，朝末端逐渐变窄至尖，伸达接触区边缘；接触区界线清楚，呈宽钝角三角形，三边稍内凹，区内外壁略微隆起，表面无明显纹饰；接触区以外的外壁表面尤其近极环面具辐射状细条纹，环缘及整个远极面具锚刺状纹饰；环缘纹饰因相邻锚刺彼此接触，甚至完全融合而呈低矮的锥刺状突起；远极面纹饰多呈长圆锥状或宽喇叭状突起，基部分散（中央区）或接触，基宽13.6—25.0μm，高（长）27.0—35.7μm，顶端小茎长3—5μm，末端分叉长1.5—3.0μm，分叉多弯曲并呈倒勾状，带环厚实，宽89—125μm，边缘呈不规则细锯齿状，突起34—42枚。

注释 标本描述仅以电子扫描照片为依据。

产地层位 云南沾益史家坡，海口组。

齿状具环锚刺孢 *Ancyrospora dentata* (Naumova) Lu, 1980

(图版52,图4—6)

1953 *Hymenozonotriletes dentatus* Naumova, p. 68, pl. 9, fig. 10.

1980b *Ancyrospora dentata* (Naumova) Lu,卢礼昌,28 页,图版7,图9—11。

描述 赤道轮廓亚圆形或亚三角形—不规则,大小52—80μm;三射线常不清楚或被外层褶皱所掩盖,微曲,宽2.0—5.5μm,至少伸达环上或赤道附近;内层所形成的内孢体界线不甚清楚,轮廓(极面观)与赤道轮廓大体一致,大小30μm左右;外层在赤道延伸成环,环厚实,宽度不甚均匀,一般宽11—15μm,具内点—鲛点状结构,边缘锯齿状,周边突起31—40枚,缺刻为不规则V字形;近极—赤道区与整个远极面具锥刺状纹饰,密度中等,大小均匀,基部彼此不接触(除环缘外),宽4—9μm,突起高2.5—4.5μm,顶端具一小茎状物,长1.2—1.8μm,末端尖或微膨胀或呈两分叉趋势,小茎常脱落不见。

注释 Naumova (1953)首次描述的 *Hymenozonotriletes dentatus* 与 *Ancyrospora grandispinosa* Richardson, 1960 的特征基本一致,突起末端的两分叉虽未被描绘,但很可能存在,见本书 *Ancyrospora incisa* 名下的"注释"所述;而当前描述标本与 *Hymenozonotriletes dentatus* Naumova,1953 的特征又颇相似,故将其归于 *Ancyrospora dentata* (Naumova) Lu, 1980 名下。

产地层位 云南沾益龙华山,海口组。

深裂具环锚刺孢 *Ancyrospora dissecta* Lu, 1988

(图版53,图7—11)

1988 *Ancyrospora dissecta* Lu,卢礼昌,197 页,图版31,图1—3,7—11;图版33,图12,13;插图23。

描述 大孢子,赤道轮廓亚圆三角形—不规则形,大小485—575μm,全模标本550μm;三射线清楚,直或微弯曲,简单或具窄唇[皱脊(?)],伸达接触区边缘(或不及);接触区界线清楚,轮廓亚三角形,角部宽圆或圆凸,三边略内凹,区内外壁略微隆起,表面微粗糙或具极小的细刺;环缘及整个远极面具锚刺状纹饰,并呈辐射状排列,刺干坚实,尖指状,赤道边缘刺干较远极面的略粗、略长,两侧近于平行,并常见彼此接触,甚者几乎完全融合,单个刺基宽21.8—36.0μm,长58—89μm,表面光滑至具窄的纵条纹状(下部较明显),顶部钝凸或钝尖,顶端小茎长6.2—10.9μm,颇柔弱,末端两分叉长2—3μm,但常随小茎断落不见;远极中央区纹饰彼此分离,朝远极—赤道区逐渐缩小至彼此接触甚至融合;带环厚实,宽56—104μm,远极环面具辐射状排列的细皱纹,环缘不规则长齿(刺)状,缺刻呈深浅不一的V字形,突起28—36枚;外壁两层,内层(内孢体)常不清楚,外层厚实(不可量);浅棕—深棕色。

比较与讨论 本种以锚刺呈尖指状及带环缺刻多呈深浅不一的V字形为特征而与 *Ancyrospora* 属的其他种不同。

产地层位 云南沾益史家坡,海口组。

清楚具环锚刺孢 *Ancyrospora distincta* Lu, 1988

(图版53,图1,2)

1988 *Ancyrospora distincta* Lu,卢礼昌,198 页,图版11,图1;图版32,图1(部分);插图24。

描述 赤道轮廓宽圆三角形—亚圆形,大小169—385μm,全模标本195μm,副模标本273.4μm;三射线清楚,常被三射皱脊覆盖,皱脊发育,弯曲或波状,常在接触区内较粗壮,高18—35μm,宽约20μm,向赤道逐渐变窄至末端尖,伸达环缘;接触区界线清楚,表面光滑至微粗糙,接触区尤其边缘部位常略高起,界线与赤道轮廓接近一致;外壁两层:内层(内孢体)厚3—4μm,极面观局部与外层分离,外层厚实(不可量),近极环面点穴状至微粗糙,辐射状细条纹颇柔弱,环外缘及整个远极面具锚刺状纹饰,环缘锚刺基部宽大,彼此接触或不完全联合,宽16.8—40.0μm,刺干以圆锥状为主,表面光滑或具微弱的细条纹,刺长24.5—52.4μm,顶部小茎长1.5—3.0μm,末端微膨胀,或呈两分叉趋势(侧面观),小茎常易断脱;带环厚实,宽75—120μm,环缘呈参差不齐的锯齿状,周边突起22—30枚;深棕色或黑不透明。

比较与讨论 就接触区与近极环面的特征而言,*A. distincta* 与 *A. dissecta* 两者较相似,但后者以个体较大(485—575μm),环缘突起为长齿(刺)状,且缺刻呈深浅不一的 V 字形而明显不同于前者。

产地层位 云南沾益西冲、史家坡,海口组。

叉支具环锚刺孢 *Ancyrospora furcula* Owens, 1971

(图版 52,图 1, 15)

1971 *Ancyrospora furcula* Owens, p. 71, pl. 23, figs. 1—4; text-fig. 12.

1987 *Ancyrospora furcula*,高联达、叶晓荣,424 页,图版 182,图 5—8;图版 183,图 3,6。

1996 *Ancyrospora furcula*,朱怀诚、詹家祯,157 页,图版 3,图 17。

1999 *Ancyrospora furcula*,朱怀诚,图版 4,图 10,16。

描述 赤道轮廓三角形、圆三角形—近圆形,大小 60—105μm;三射线清楚,直,具唇,宽约 8μm,伸达或接近伸达内孢体边缘;外壁两层:内层薄至中等厚,轮廓与孢子赤道轮廓基本一致,外层近极中央区光滑,具稀疏的细颗粒—小锥刺纹饰,远极面及赤道环具锚刺状纹饰;纹饰分子在赤道部位较粗、较长,且基部(侧面)彼此多融合;锚刺基部膨大,宽 4—14μm,长 10—28μm,末端着生两分叉、三分叉至多分叉的短刺,末端宽 1—4μm。

比较与讨论 新疆标本与 Owens(1971)首次描述的加拿大北极群岛上泥盆统(Frasnian—Famennian)的 *A. furcula* 形态特征及大小幅度均较接近,应为同种。该种与 *Ancyrospora* 其他种的主要区别为其突起末端多为三分叉甚至多分叉。

产地层位 甘肃迭部,下中泥盆统;新疆塔里木盆地莎车,东河塘组、奇自拉夫组。

锐裂具环锚刺孢 *Ancyrospora incisa* (Naumova) Lu, 1988

(图版 52,图 2, 3)

1953 *Hymenozonotriletes incisus* Naumova, p. 68, pl. 9, fig. 11.

1988 *Ancyrospora incisa* (Naumova) Lu,卢礼昌,192 页,图版 22,图 1,7;插图 16。

描述 赤道轮廓不规则三角形,大小 85. 0—124. 5μm;三射线有时清楚,唇低矮,顶部高约 6μm,宽 3. 0—4. 9μm,伸达带环外缘附近;外壁两层:内层(形成内孢体)较薄,厚约 1. 5μm,表面似光滑,具内点—细颗粒状结构,由其形成的内孢体轮廓与孢子赤道轮廓接近一致,大小 42. 0—46. 8μm;外层较厚(常不可量),紧贴内层,表面微粗糙(偶见局部粗颗粒状),具较明显的内颗粒—粗鲛点状结构,近极面无纹饰,接触区边缘具不规则、不均匀加厚,带环边缘和整个远极面具锚刺状突起,突起在带环边缘较密、较粗,在远极面较稀、较细,刺干以圆锥状为主,表面粗糙(尤其下部),偶见小突起(如小刺),边缘突起基宽 9. 0—12. 5μm,高 7—11μm,顶部钝凸,末端小茎及其分叉均很柔弱,并常断落不见;带环厚实,基本等宽,宽 18. 7—25. 0μm,边缘锯齿状,突起 19—26 枚;罕见褶皱;浅棕—深棕色。

注释 Naumova(1953)描述俄罗斯地台上泥盆统下部的 *Hymenozonotriletes incisus* 时,不论是她的描述,或是绘图都未提及或显示纹饰末端具两分叉;但从形态上来看,将该种的孢子归入 *Ancyrospora* 似较适合。Guennel(1963, p. 257)也曾认为他的 *Ancyrospora simplex* 与模式种 *A. grandispinosa* Richardson (1962, p. 181)的主要区别在于刺末端不分叉,但后来 Urban(1969, p. 122)证实了 *A. simplex* 刺末端不仅具分叉,而且有时还可见多分叉。

产地层位 云南沾益史家坡,海口组。

锐裂具环锚刺孢(亲近种) *Ancyrospora* aff. *incisa* (Naumova) Lu, 1980

(图版 52,图 12—14;图版 55,图 11)

1953 *Hymenozonotriletes incisus* Naumova, p. 68, pl. 9, fig. 11.

1980b *Ancyrospora* aff. *incisa*,卢礼昌,28 页,图版 7,图 5—8。

1981 *Ancyrospora* aff. *incisa*,卢礼昌,114 页,图版 8,图 6。

描述 赤道轮廓亚三角形—亚圆形,大小 47—103μm;三射线可辨别至清楚,为 1/3—1/2 内孢体半径长,常被外层三射皱脊所覆盖,皱脊伸达带环边缘附近;内层常仅在破损标本上可见,与孢子赤道轮廓基本一致,其半径常大于带环宽度,表面光滑,厚约1.5μm;极面观,外层与内层紧贴;外层在近极中央区较薄(亮),界线清楚,近圆形,直径约为2/3R,中央区以外的外层朝赤道方向延伸并加厚成环,环宽10—18μm;锚刺状纹饰主要分布于远极面(含环面)与带环边缘;锚刺基部膨大,向顶部急剧变窄、变尖,末端两分叉甚小或不明显;纹饰分子基宽3.5—9.0μm,长4—7μm,带环边缘突起20—25枚,锯齿状,内凹或缺刻呈不规则宽U字形;棕黄(中央区)—棕色(带环)。

比较与讨论 *A.* aff. *incisa* 的形态特征与 *A. dentata* 较接近,但后者刺状纹饰较细、较密,环缘突起达31—40枚,环缘缺刻多呈V字形,故两者又有明显差别。

产地层位 四川渡口,上泥盆统;云南沾益龙华山,海口组。

掩饰具环锚刺孢 *Ancyrospora involucra* Owens, 1971

(图版52,图9,10)

1971 *Ancyrospora involucra* Owens, p. 24, pl. 24, figs. 5, 6; pl. 25, figs. 1, 2; text-fig. 14.

1994 *Ancyrospora involucra*,徐仁、高联达,图版2,图1(未描述)。

1998 *Ancyrospora involucra*,朱怀诚,图版2,图9,14。

1999 *Ancyrospora involucra*,朱怀诚,97页,图版4,图18(=1998,图版2,图14)。

描述 赤道轮廓圆三角形—近圆形,大小89—120μm;三射线清楚或不清楚,直,具唇,伸达内孢体边缘;赤道与远极外壁覆以锚刺状纹饰;纹饰分子基部宽4—7μm(在环缘稍宽),长10—30μm,末端为两分叉至多分叉;远极锚刺基部彼此多分离,在赤道则常相连或融合;赤道环宽,但颇坚实,厚4.5—12.0μm;沿环外缘突起17—21枚。

注释 锚刺顶部除两分叉外,还常见多分叉。中国标本的外壁未见"周壁"[保存原因(?)],而与被Owens(1971)描述为 *A. involucra* 的那些标本略不同。被高联达等(1987)置于 *A. involucra* 名下描述的标本,其锚刺的特征似乎更接近 *A. melvillensis* 的纹饰分子。

产地层位 云南禄劝,海口组;新疆塔里木盆地,东河塘组;新疆塔里木盆地莎车,奇自拉夫组。

兰氏具环锚刺孢 *Ancyrospora langii* (Taugourdeau-Lantz) Allen, 1965

(图版55,图7)

1960 *Archaeotriletes langii* Taugourdeau-Lantz, p. 145, pl. 3, figs. 33, 34, 39.

1965 *Ancyrospora langii* (Taugourdeau-Lantz) Allen, p. 743, pl. 106, figs. 5—7.

1998 *Ancyrospora langii* (Taugourdeau-Lantz) Allen,朱怀诚,图版1,图18(未描述)。

描述 赤道轮廓亚三角形—亚圆形,大小76—91μm;三射线常仅可识别,约等于内孢体半径长,常被外层皱脊覆盖,皱脊弯曲,顶部宽4—7μm,朝赤道方向逐渐变窄直至尖,伸达环上;近极—赤道区与整个远极面具锚刺状突起纹饰,突起基部宽3.0—6.5μm,向上逐渐变窄,至近顶部宽1—2μm,刺干长8.5—16.8μm(远极面纹饰),末端两分叉甚弱,常断落不见;内层及其形成的内孢体界线有时可辨别,厚1.0—1.5μm,轮廓与孢子赤道轮廓近乎一致;外层近极中央区表面无明显突起纹饰,朝赤道方面延伸成环或假环,内点—细颗粒状,环宽16—22μm,边缘呈不规则锯齿—犬齿状,周边突起28—42枚;棕黄—棕色。

比较与讨论 归入 *A. langii* 名下的新疆标本与首次见于法国上泥盆统下部的同种标本(Taugourdeau-Lantz, 1960)的特征颇相似,仅后者个体略大(105—130μm)、纹饰也相对稍粗(基宽9.5μm)而有些差别,当属同种。

产地层位 新疆塔里木盆地,东河塘组。

较大具环锚刺孢? *Ancyrospora*? *majuscula* Lu, 1988

(图版56,图7,8)

1984 *Ancyrospora*(?) sp. B,欧阳舒,77页,图版Ⅱ,图20。

1988 *Ancyrospora*(?) *majuscula* Lu,卢礼昌,196 页,图版 29,图 1,6;插图 21。

描述 赤道轮廓近三角形,三边微凸,角部钝凸或平凸,大小 156.0—218.5μm,全模标本 187μm,副模标本 218.5μm;三射线可识别至清楚,直,简单或具唇,宽(在带环上量)4.8—7.8μm,伸达带环边缘;内层较薄,厚约 1.5μm,表面光滑,由其形成的内孢体轮廓与孢子赤道轮廓基本一致,大小 64—87μm;外层较厚(常不可量),表面光滑至粗糙,内点—颗粒状结构明显,紧贴内层,近极面无纹饰,接触区常加厚,其范围常超出内孢体边缘,界线明显,与其周围外壁呈突变关系;赤道边缘和整个远极面具刺状突起纹饰,其表面性质和内部结构与外壁外层一致,远极面刺干基部较窄,宽 3—5μm,长 6—8μm,顶端小茎柔弱,末端微微膨大;带环边缘纹饰较粗壮,基部较宽,可达 7.8—16.8μm,刺干较修长(长略等于基部宽),长达 9—17μm,顶端也具一小茎,光滑,透明,下粗上细,并弯曲呈鹰嘴状,长 1—2μm,末端无明显分叉,常断落不见;带环厚实,宽窄不一致:辐射区较宽,达 54.6—62.4μm,辐间区较窄,仅 39.0—46.8μm,表面光滑,颗粒状内结构较外壁明显,边缘具不规则锯齿状突起,其间缺刻为宽 U 字形,突起 38—45 枚;罕见褶皱;浅黄—深棕色。

比较与讨论 本种与苏联中泥盆统上部的 *Hymenozonotriletes praetervisus* Naumova (1953, p. 40, pl. 4, fig. 8)较为相似,但大小幅度相差甚大,后者仅 80—100μm;按孢子形态和纹饰以及带环较宽、内孢体较小等特征,或可归入 *Ocksisporites* Chaloner(1959),但其孢子个体太小,还不如该属模式种 *O. maclarenii* Chaloner (1959)内孢体的大小(240—290μm);现归入 *Ancyrospora* 似乎也有点勉强,因为刺末端锚状两分叉不明显(或仅微微膨胀),但又无其他更为合适的归属,所以属的鉴定作了保留。

产地层位 黑龙江密山,黑台组;云南沾益史家坡,海口组。

梅尔维尔具环锚刺孢 *Ancyrospora melvillensis* Owens, 1971

(图版 52,图 8;图版 80,图 21)

1971 *Ancyrospora melvillensis* Owens, p. 72, pl. 23, figs. 5, 6.

1981 *Ancyrospora melvillensis*,卢礼昌,114 页,图版 8,图 3—5。

1985 *Ancyrospora melvillensis*,刘淑文、高联达,图版 2,图 18。

1987 *Ancyrospora melvillensis*,高联达、叶晓荣,424 页,图版 128,图 3,4,9,10。

1988 *Ancyrospora melvillensis*,卢礼昌,190 页,图版 17,图 4;图版 24,图 5;图版 27,图 2;图版 28,图 3,4;图版 31,图 12,13。

1999 *Ancyrospora* cf. *melvillensis*,卢礼昌,61 页,图版 12,图 15。

描述 赤道轮廓圆三角形—亚三角形,大小 72—115μm;三射线常可见,约等于内孢体半径长,一般被外层皱脊覆盖,皱脊弯曲,伸达环缘;内层(内孢体)不甚清楚,可见者壁厚约 1.5μm,轮廓圆三角形,大小 40—56μm;赤道区与整个远极面具锚刺状纹饰;纹饰分子于环缘较粗壮,多呈圆锥状,基部多少接触或融合,基宽 9.5—17.0μm,高 9—28μm,朝顶部逐渐变窄,直至呈小茎状,末端两分叉甚弱,叉长 1—2μm(常断落不见);纹饰分子于远极中央区多呈长棒状,分布稀散,间距常不小于基宽,基宽 5—8μm,长 7.5—11.0μm,顶部常弯曲,末端两分叉甚微;近极中央区无明显突起纹饰;带环内侧部分较外侧部分或者稍厚,环宽 17—28μm,环缘呈不规则锯齿状,周边突起 15—20 枚;浅—深棕色。

比较与讨论 上列同义名表中诸标本与 Owens(1971)首次描述的加拿大北极区梅尔维尔上泥盆统的该种特征近乎一致。

产地层位 湖北长阳,黄家磴组;四川渡口,上泥盆统下部;云南沾益史家坡,海口组;甘肃迭部,当多组;新疆和布克赛尔,黑山头组 4 层。

犬齿具环锚刺大孢 *Ancyrospora penicillata* Lu, 1988

(图版 56,图 1—4)

1988 *Ancyrospora penicillata* Lu,卢礼昌,199 页,图版 23,图 5;图版 30,图 1—4;插图 26。

1989 *Nikitinsporites* sp.,高联达,图版 2,图 6(未描述)。

描述 大孢子,赤道轮廓圆三角形—近圆形,大小 230—452μm,全模标本 400μm;三射线细长,但常被外层皱脊覆盖,皱脊多少弯曲,顶部高11—17μm,宽15—32μm,朝末端降低、减窄,微波状,伸达赤道附近;内层(内孢体)不清楚;外层近极面无明显突起纹饰,环缘及整个远极面具锚刺状纹饰,并呈辐射状分布;刺基部宽21—36μm,刺干棒状或长刺状,表面光滑至具细条纹状内结构或突起,刺干长4.6—101.0μm,顶部钝尖或窄凸,宽约5μm,顶端具一小茎,长约5μm,宽2μm左右,末端两分叉,长2—3μm,但常随小茎断落而缺失;带环厚实,宽75—123μm,环面特征性与刺表面的颇相似,环缘犬齿状,周边突起36—45枚;壁厚;棕色。

比较与讨论 本种锚刺的特征与 *Ancyrospora dissecta* 较相似,但后者以个体较大(485—575μm)及接触区清楚而有别于前者。

注释 高联达(1988,图版2,图6)报道的湘西北和鄂西云台观组的 *Nikitinsporites* sp. 的特征表明,将其归入 *Ancyrospora penicillata* 内似较适合。

产地层位 湘西北和鄂西,中泥盆统云台观组;云南沾益史家坡,海口组。

美丽具环锚刺孢 *Ancyrospora pulchra* Owens, 1971

(图版56,图5,6)

1971 *Ancyrospora pulchra* Owens, p. 75, pl. 25, figs. 3—5; pl. 26, figs. 1, 2; text-fig. 15.

1988 *Ancyrospora pulchra*,卢礼昌,190页,图版22,图4;图版30,图5。

描述 赤道轮廓亚圆形或宽圆三角形,大小101.0—124.8μm;三射线常因外层皱脊遮盖而不清楚,皱脊粗壮,突起明显,顶部高达27μm,宽约14μm,朝辐射方向逐渐降低、变窄,伸达赤道边缘;内层厚约2μm,由其形成的内孢体轮廓与孢子赤道轮廓接近一致,可量大小约75μm;外层紧贴内层,表面光滑至微粗糙,具细颗粒状结构,在赤道部位延伸成环;环缘及整个远极面覆以锚刺状突起纹饰,纹饰分子于远极面分布较稀,基部球茎状,彼此常不接触,宽约10μm,往上迅速变窄,刺干呈细棒状,顶端锐凸,表面光滑,长约8μm,末端两分叉甚小,常断落不见;纹饰分子于环缘分布较密,突起圆锥状,基部宽9.0—12.5μm,突起高11.0—15.6μm,顶端收缩显著,并延伸呈小茎状;小茎透明、柔弱、易断,长3—5μm,末端两分叉甚弱小,叉长约1.5μm(或不足);近极尤其中央区,表面无明显突起纹饰;带环坚实、颇窄,宽仅10μm左右,边缘呈锯齿状,突起17—23枚;浅—深棕色。

比较与讨论 描述标本与Owens(1971)首次报道的 *A. pulchra* 的特征颇接近,仅后者以刺末端除两分叉外,尚有三分叉与多分叉而略异,但不影响归入 *A. pulchra*。

产地层位 云南沾益史家坡,海口组。

粗壮具环锚刺孢 *Ancyrospora robusta* Lu, 1981

(图版54,图5,6)

1981 *Ancyrospora robusta* Lu,卢礼昌,114页,图版9,图9,10。

1981 *Ancyrospora* cf. *acuminata* Lu,卢礼昌,114页,图版8,图1,2。

描述 赤道轮廓三角形、亚三角形—圆三角形,大小85—132μm,全模标本89.6μm,副模标本98.6μm;三射线常因外层皱脊覆盖而不清楚,皱脊高起或起伏与微曲,顶部高5—8μm,宽5—7μm,朝辐射方向略微减低、变窄,至少伸达环面;外壁两层:内层较薄,由其形成的内孢体近圆形,大小56—64μm,但多数不清楚(外层厚与纹饰粗所致),外层较厚,近极面粗糙—鲛点状,刺状突起不明显,近极—赤道区与整个远极面具喇叭状或粗棒刺状纹饰;纹饰分子相当粗壮、坚实,基部宽9—13μm,朝顶部迅速变窄(宽1.8—3.0μm),长18—29μm,表面近光面或微粗糙,顶端着生一小茎,长约2μm,其末端两分叉明显,叉长3.0—4.5μm(常易断落);带环厚实且窄,宽仅4.5—6.7μm,边缘犬齿状,突起23—32μm;浅棕—棕色。

比较与讨论 当前标本与苏格兰老红砂岩中的 *Ancyrospora longispinosa* Richardson, 1962 特征较为接近,但大小幅度区别明显,后者孢体大达180—236μm,刺状突起也相对较高(70—120μm),分叉长达8—16μm。

产地层位 四川渡口,上泥盆统下部。

简单具环锚刺孢　*Ancyrospora simplex* (Guennel) Urban, 1969

(图版54,图1, 2;图版55,图6)

1963 *Ayrospora simplex* Guennel, p. 257, pl. 1, fig. 13.

1969 *Ancyrospora simplex* (Guennel) Urban, p. 122, pl. 3, figs. 1—12.

1987 *Ancyrospora simplex*,高联达、叶晓荣,425页,图版183,图5。

1988 *Ancyrospora simplex*,卢礼昌,189页,图版24,图3;图版28,图9,10;图版33,图5。

描述　赤道轮廓亚三角形—亚圆三角形,大小101—148μm;三射线常在近极中央区较清楚,或多或少被外层皱脊所覆盖,皱脊膜状,透明,微弯曲或波状,伸达环缘附近;外壁两层:内层较薄,厚1.5—3.0μm,表面光滑至粗糙,常见内颗粒状结构,由其形成的内孢体多呈宽圆三角形,大小45—54.6μm,外层紧贴内层,除近极中央区外,近极—赤道区与整个远极面具圆锥状突起纹饰;纹饰分子于远极面尤其是在环缘上,相当粗壮,基部接触或融合,基宽11—22μm,高9—17μm,下部微粗糙,上部较光滑,顶部锐尖,并延伸为一小茎;小茎长2—3μm,柔弱,透明,易断,末端分叉甚微或仅微膨大,外层远极中央区纹饰多为长喇叭状或刺状,分布稀疏,较环上纹饰瘦小许多,基部宽3.0—4.5μm,长8—11μm,末端无明显分异现象;带环厚实(不透明),宽度较均匀,宽25—30μm,内缘界线明显,与中央区呈突变关系,中央区较明亮,环缘锯齿状,周边突起19—25枚;浅黄—深棕色。

比较与讨论　当前标本与Guennel(1963)首次描述的*A. simplex*形态特征、纹饰组成及大小幅度均颇接近,仅后者以全模突起较稀疏、环缘锯齿状突起约15枚而略异,但仍属同种;与*A. robusta*的区分在于其纹饰突起为喇叭状(或粗棒刺状)以及末端两分叉明显。

产地层位　云南沾益西冲、史家坡,海口组;甘肃迭部,当多组—鲁热组。

环球状具环锚刺孢　*Ancyrospora stellizonalis* Lu, 1988

(图版55,图1, 2)

1988 *Ancyrospora stellizonalis* Lu,卢礼昌,194页,图版29,图4,5;插图18。

描述　赤道轮廓亚圆形,大小(不含刺)78—104μm,全模标本92μm,副模101μm;子午轮廓环球形,极轴长约80μm,近极面略超半圆球形(由内孢体近极面与三射皱脊共同隆起所致),远极近半圆球形,赤道区为带环所环绕;三射线于中央区可见,常被外层皱脊覆盖,皱脊呈三叶片状隆起,隆起在中央区等高,约10μm,于环面上明显或骤然降低,伸达环缘附近;外壁两层:内层厚2.5—3.0μm,表面粗糙,内颗粒状结构清楚,由其形成的内孢体清楚,轮廓圆形(侧面观双凸),大小54—60μm,外层紧贴内层,厚度不可量,表面微粗糙至不规则粗粒状(远极面),近极面无明显突起纹饰;赤道部位及整个远极面具锚刺状纹饰;锚刺基部膨大并呈圆锥状,相邻基部常接触(主要在环外侧或边缘),基宽6—9μm,向顶部迅速变窄,至中、上部两侧接近平行,宽2—3μm,呈长棒(刺)状,长9—13μm,顶端钝凸,并着生一小茎;小茎柔弱,长1.5—3.0μm,宽常不足1.5μm,末端分叉甚微,且常断落不见;带环厚实,尤其内侧部位,最厚可达18—26μm,内缘界线显著,与中央区呈突变关系,外缘不规则棒刺状,突起18—24枚;罕见褶皱;浅橙棕—深棕色。

比较与讨论　本种以皱脊呈三叶片状隆起、带环相当厚实与子午轮廓呈环球状为特征而与*Ancyrospora*的其他种不同。

产地层位　云南沾益史家坡,海口组。

条纹具环锚刺孢　*Ancyrospora striata* Lu, 1988

(图版54,图3, 4)

1988 *Ancyrospora striata* Lu,卢礼昌,194页,图版28,图1,2;插图19。

描述　赤道轮廓亚三角形—近圆形,大小78—106μm,全模标本90.5μm;三射线常因外层皱脊遮盖而不清楚,皱脊显著,宽窄不一,一般宽7—8μm,伸达环缘附近;外壁两层:内层较薄,厚约1.5μm,由其形成的内孢体轮廓多为亚圆形,大小31—39μm,外层较厚(不可量),紧贴内层,近极—赤道区与整个远极面具粗大的刺状突起，突起以圆锥状为主，相当坚实，表面光滑至微粗糙，内条纹状结构明显，条纹顺突起方向分布，突起基部彼此常接触或不规则融合，基宽12.5—17.0μm，突起高等于或略小于基宽，顶部钝凸或圆凸，偶尔尖，并着生一小茎，小茎宽<1μm，长1—2μm，末端分叉不甚明显，且常随小茎断落而缺失，外层近极面尤其是中央区，表面粗糙，也具颗粒状—细条纹状结构，但不具明显的突起纹饰；带环因其边缘突起高低不等与缺刻凹下深浅多变而不规则，环宽不均匀(宽度)，一般大于内孢体半径长，为28—34μm，环内侧部分通常较外侧部分略厚(色较深或不透亮)，粗条纹状或串珠状结构较明显，辐射排列也较分明，环周边呈不规则锯齿状，突起14—23枚；罕见褶皱；棕—深棕色。

比较与讨论 本种特征与 *A. simplex* 较接近，但后者环较窄，且较均匀，突起不具明显的条纹状或串珠状结构；在外层结构尤其是刺状突起的内结构等方面，本种与 *A. penicillata* Lu, 1988 极为相似，但后者孢体较前者大许多(230—525μm)。

产地层位 云南沾益史家坡、西冲，海口组。

亚圆形具环锚刺孢 *Ancyrospora subcircularis* Lu, 1980

(图版55，图8—10)

1980b *Ancyrospora subcircularis* Lu，卢礼昌，30页，图版8，图1—4。

1988 *Ancyrospora subcircularis*，卢礼昌，191页，图版8，图6；图版22，图5，6；图版23，图4；图版25，图7，8；插图15。

1988 *Ancyrospora* cf. *subcircularis*，卢礼昌，192页，图版26，图4。

描述 赤道轮廓多为近圆形、圆形，少数宽圆三角形，大小91—117μm，全模标本101μm，内孢体38μm；三射线细长，可见，多少被外层皱脊遮盖，并伸达环缘附近；外壁两层：内层可辨别至清楚，厚1.5—2.0μm，由其形成的内孢体甚小，轮廓与孢子赤道轮廓近乎一致，其半径总是小于环宽，外层紧贴内层，整个远极面具刺状突起纹饰，表面微粗糙或具鲛点状结构，刺基部宽4.0—5.5μm，长(高)8—12μm，往顶部逐渐或不规则变窄，近顶部宽1.8—2.5μm，顶端呈小茎状延伸，长约2μm，末端两分叉甚微且常易断落；带环及其边缘突起以低矮的锥刺为主，基宽大于刺高，分别为6—9μm与4.9—7.8μm，顶端小茎及其末端两分叉多数不见(断落)；带环宽25—48μm，副模标本环宽大于其内孢体直径长，环外缘轮廓线呈低矮与宽间距小的锯齿状，突起26—35枚；罕见褶皱；浅棕黄色(环)—棕色。

比较与讨论 本种以(内孢)体小、环宽、环缘突起低矮与稀疏为特征而与 *Ancyrospora* 的其他种不同。

产地层位 云南沾益龙华山、史家坡，海口组。

细茎状具环锚刺孢 *Ancyrospora tenuicaulis* Lu, 1988

(图版55，图3—5)

1988 *Ancyrospora tenuicaulis* Lu，卢礼昌，195页，图版26，图9；图版27，图7，8；图版29，图3；插图20。

1994 *Ancyrospora magulata*，徐仁、高联达，图版3，图10。

1998 *Ancyrospora* sp.，朱怀诚，图版2，图4。

描述 赤道轮廓近三角形—宽圆三角形，大小74.8—120.0μm，全模标本82.7μm；三射线在中央区较清楚，延长部分不清楚，常被外层皱脊所覆盖，皱脊膜状，半透明，低矮，多少弯曲，超越内孢体，伸达环缘附近；外壁两层：内层厚1.5—2.0μm，表面光滑，由其形成的内孢体轮廓与孢子赤道轮廓大体一致，大小45—55μm，外层较内层略厚(常不可量)，并紧贴内层；近极表面粗糙，不具突起纹饰；带环边缘及整个远极面具锚刺状突起纹饰，远极面纹饰呈分散状分布，刺干以长刺状或长圆锥状为主，基部较窄，宽仅3—4μm，长5.0—7.8μm，近光面，顶端小茎宽约1μm，长3μm左右，柔弱并略下弯，末端两分叉长1.0—1.5μm；环缘纹饰以圆锥状突起为主，基部彼此融合，突起表面尤其基部表面粗糙，具颗粒状或由颗粒组成的串珠状结构，并沿突起延伸方向排列，基部宽7.8—11.0μm，高6—12μm，顶端小茎及其末端分叉颇弱，易断落；带环内侧部分较外侧部分厚实，两者之间呈过渡关系，环不等宽，辐射区宽23—39μm，辐间区宽20—28μm，环缘不规则锯齿状，突起17—21枚；罕见褶皱；浅棕—深棕色。

比较与讨论 此种带环内侧部分较外侧部分厚实为明显的“双型”带环，此特征与 *A. arguta* 颇相似，但后者带环厚与薄之间为突变关系；本种的形态特征及大小幅度与 *A. baccillaris* 也颇接近，但后者带环厚薄较均匀，且赤道轮廓倾向于圆形。

产地层位 云南沾益史家坡，海口组；新疆塔里木盆地，东河塘组。

具环锚刺孢（未定种） *Ancyrospora* sp.

（图版 49，图 4）

描述 孢子赤道轮廓圆三角形，大小 150—180μm，本体轮廓与孢子外形相同；射线长为 R；本体表面覆以不规则的瘤状纹饰；环气室其基部宽（8—15μm），顶部为分叉的刺，此标本大部分不分叉，刺高 15—25μm。

比较与讨论 该未定种与 *Archaeozonotriletes atavus* Naumova, 1953 相比，主要差异是二者个体大小和刺的特征不同。

产地层位 云南禄劝，海口组；新疆和布克赛尔，黑山头组 4 层。

埃伦娜孢属 *Elenisporis* Archangelskaya in Byvscheva, Archangelskaya et al., 1985

模式种 *Elenisporis biformis* (Arch.) Archangelskaya, 1985；俄罗斯地台，下泥盆统（Emsian）。

属征 辐射对称三缝孢子，赤道轮廓圆形或圆三角形；三射线简单或具唇；外壁两层，彼此在远极或略有分离或相互紧贴，不具任何空腔；赤道环相当窄，边缘细齿状；外层厚实，远极面无纹饰或具多种小纹饰，由颗粒、锥刺、小瘤与其他分子组成；近极面覆以肋状脊（ribs）或肠状脊（rolls），脊有时由多串小瘤组成，但未必总是清楚可见；脊的一端紧靠射线，另一端伸达环内缘；内层无纹饰。

比较 *Emphanisporites* 也具类似的肋脊，但其脊的排列方向是自近极极区朝赤道方向呈辐射状延伸，同时大多也不具赤道环。

不清楚埃伦娜孢（新种） *Elenisporis indistinctus* Lu sp. nov.

（图版 77，图 4）

1997b *Elenisporites* (sic) *biformis* (Archangelskaya) Archangelskaya，卢礼昌，图版 2，图 12。

描述 赤道轮廓亚三角形，角部钝凸，三边微凸，大小 45—51μm；三裂缝清楚，直，伸达环内缘或不及；赤道环宽 2—3μm，外缘平滑；外壁近极面覆以肋状脊，自射线两侧向赤道方向延伸，直达环内缘或不及，每两两射线间 6—8 条脊，每条脊宽 2—3μm，间距总是小于脊宽；外壁远极面光滑无饰；浅棕色。

比较与讨论 *E. biformis* 孢子较大（64—120μm），外壁远极面具细小的点穴状或致密的颗粒状纹饰，环外缘为致密的细齿状。显然，本书描述的标本不宜置于该种名下，故另建新种。

注释 是外壁两层不明显的分离还是仅一层，在当前标本上尚难以区分，但肋脊排列方向与 *Elenisporis* 特征相符。

产地层位 新疆准噶尔盆地，呼吉尔斯特组。

壕环孢属 *Canalizonospora* Li, 1974

模式种 *Canalizonospora canaliculata* Li, 1974；四川绵竹，垮洪洞组。

属征 轮廓三角形三缝孢，近极接触区具完整的弓形堤状加厚；赤道和远极外壁表面具条瘤，条瘤相互连接构成各种坑穴图案，在赤道上连接，呈环状。

比较与讨论 本属与 *Crassortitriletes* Germraad, Hopping and Muler, 1968, *Synorisporites* Richardson and Lister, 1968, *Trubasporites* Vavrdova, 1964 在远极纹饰等方面颇相近，但本属以近极具弓形堤状加厚而有别。

二叠壕环孢? *Canalizonospora*? *permiana* Wang, 1987

(图版 123,图 18)

1987 *Canalizonospora permiana* Wang,王蓉,48 页,图版 1,图 22。

描述 赤道轮廓圆三角形,全模 39μm;三射线直,具窄唇,伸达赤道;外壁在远极面和赤道具条瘤,条瘤不规则弯曲,互相连接成不甚完整的负网或坑穴;在赤道部位瘤较粗短,排列紧密,形成一瘤环,与内侧之间似有细窄的凹壕;在远极面中央似具一圆形斑块;黄棕色。

比较与讨论 本种在瘤环和纹饰特征上与 *Canalizonospora* 有些相似,但以近极无弓形堤(kyrtom)而与后一属中生代其他种(宋之琛、尚玉珂等,2000)不同,且属的鉴定亦作了保留。

产地层位 安徽界首,石千峰组中段。

夹环孢属 *Exallospora* Playford, 1971

模式种 *Exallospora coronata* Playford, 1971;澳大利亚,下石炭统。

属征 三缝小孢子,辐射对称;非腔状,具环,除赤道环外,靠远极边有一圈绕极的环状突起,故极面观有时略呈夹环状;轮廓亚三角形—圆形;三射线至少延伸至赤道边沿的一半或伸至环内侧,环宽、厚大体一致,在有些标本上很稳定;赤道环和远极环圈状突起光面,其余部位为瘤状,主要是块瘤纹饰;模式种大小 58—88μm。

比较与讨论 *Nexuosisporites* Felix and Burbrêdge, 1967 属的纹饰为紧密排列的蠕瘤,且限于远极面;*Knoxisporites* 在加厚脊之间无其他纹饰。

参照:冠状夹环孢 Cf. *Exallospora coronata* Playford, 1971

(图版 123,图 33, 44)

1971 *Exallospora coronata* Playford, p. 36, pl. 12, figs. 12—14.

1980 *Exallospora coronata* Playford,高联达,57 页,图版 I,图 22。

1988 *Exallospora coronata*,高联达,图版 5,图 16。

2000 *Exallospora coronata*,詹家祯,见高瑞祺等,图版 2,图 25。

描述 据 Playford 描述,赤道带环宽 5—12μm,在同一标本上宽度颇均匀;远极面圆形环圈状脊宽 5—18μm,包围的区域 40—50μm;外壁在近、远极面厚 3—4μm,密布块瘤—皱瘤。

比较与讨论 高联达(1980)在鉴定此种标本时,未给描述,据图照,大小约 75μm,其形状和块瘤纹饰也与此种相似,但看不出清楚的赤道环(高联达将此属种归入无环孢亚类,与 Playford 所给属征不一致),所以本属种的鉴定似应作保留。从新疆塔里木盆地获得的此种标本(约 50μm),孢子构形与属征较相似,但主要为颗粒纹饰而非块瘤;阎存凤等(1995,图版I,图 13)从新疆准噶尔盆地下石炭统获得的这个种就更成问题。

产地层位 甘肃靖远,前黑山组、臭牛沟组;新疆塔里木盆地和田河井区,卡拉沙依组。

远极环圈孢属 *Distalanulisporites* Klaus, 1960

模式种 *Distalnulisporites punctus* Klaus, 1960;奥地利亚平宁东部(Alpine),三叠系(Carnian)。

属征 三缝小孢子,赤道轮廓圆形—圆三角形,无环或类似的赤道分异;三射线长于 1/2R,可伸达赤道,常直,无明显加厚或偶具窄边,其末端可分叉而形成不明显的弓形脊;最具特征性的是远极面的一圈圆形宽同心加厚,其直径和宽度很大;纹饰粒状、短辐射加厚或裂缝状变薄、点状同心带状等,远近极均有分布;近极面粗糙至粒状、瘤状或其他结构,从不具一同心圈。

比较与讨论 *Parmulisporis* Bai, 1983 的远极具盾状区、实心,与本属同心环圈不同。

小远极环圈孢(新联合) *Distalanulisporites minutus* (Gao) Ouyang comb. nov.

(图版 123,图 9)

1984 *Knoxisporites minutus* Gao,高联达,408 页,图版 153,图 11。

描述 赤道轮廓圆三角形，大小36—45μm；具赤道环，宽3—4μm，黄棕色；远极面具一圈亚圆形增厚，宽度仅稍窄于赤道环，脊圈内是一未加厚的空隙区；三射线简单，细长，伸至赤道环的内沿；除环和脊圈外，外壁薄，偶具褶皱，表面平滑。

比较与讨论 原作者描述的"远极面具3条加厚的条带，条带彼此连接，并沿赤道伸至近极形成一三角形的脊圈"，殊难理解，从此种孢子照片看，应如上描述：这从原将此种与 *Limatulasporites fossulatus* 比较也得到佐证，因比较中说后者的远极圆形加厚"呈实体而不是空隙区"[*Distalanulisporite*s Klaus, 1960 原描述无环，但 Krutzsch(1963)将此属作为 *Stereisporites* 属下好几个亚属中的一个，这些亚属基本上都具环，因最初 *Stereisporites* Thomson and Pflug, 1953 的描述中即提及孢子"角部微增厚"]。

产地层位 山西宁武，上石盒子组。

拟匙叶远极环圈孢？ *Distalanulisporites*? *noeggerathioides* Wang, 1987

（图版123，图10）

1987 *Distalanulisporites noeggerathioides* Wang，王蓉，48页，图版1，图25。

描述 赤道轮廓圆形，全模大小53μm；三射线细直，长约2/3R；远极面亚赤道位具一圈外壁增厚，宽4—5μm；外壁外层薄，但在赤道部位隐约见局部微增厚，不过，似非真正的赤道环，近极表面无纹饰，远极和赤道具斑点—细颗粒状纹饰，轮廓线微不平整；黄—棕色。

比较与讨论 当前标本与 *Limatulasporites* 有点相似，但远极亚赤道位的一圈增厚并未延伸到远极中部，且个体大得多；原作者将其与 *Noeggerathiopsidozonotriletes* Luber 比较，显然是受到 R. Potonié(1958)不顾 Luber 先选的全模标本另作无效选择的结果的影响，而这个属后被证明为单囊三缝孢子，近极面具辐射褶皱(Ouyang et al., 2000)，所以是不相干的。*Distalanulisporites* 属内尚未见可比较的其他种。

注释 王蓉(1987)建立此种时，图示了2个标本，一个是全模(即她的图版1，图25；本书图版123，图10)，另一个(图版1，图26)大小约60μm，具褶皱状加厚构成的环，与其全模颇不相同，且很可能为腔状孢子，故未归入该种内。本种准确的形态解释还需要更多的标本证实。

产地层位 安徽界首，石千峰组下部。

背光孢属 *Limatulasporites* Helby and Foster, 1979

模式种 *Limatulasporites limatulus* (Playford) Helby and Foster, 1979；塔斯马尼亚(Poatina)，下三叠统。

属征 三缝孢子，辐射对称，轮廓亚圆形—圆三角形；具带环，远极中部具外壁加厚区；射线隐约可见至清楚，至少伸达环的内沿，两侧具低矮窄薄直至微弯曲的唇；接触面通常界以清楚的弓形脊(完全或不完全)和较薄的外壁，具低矮的颗粒或其他突起纹饰；外壁其余部位(包括环上)光面；带环明显，在单个标本上厚度或宽度基本一致(Foster, 1979)。

比较与讨论 *Polycingulatisporites* 和 *Taurocusporites* 与 *Limatulasporites* 的区别是它们都有环绕远极加厚区的一圈清楚的增厚脊；*Annulispora* 有一环绕远极的脊，且具环，但近极面无纹饰。*Nevesisporites* 虽有相似的近极面结构和纹饰，但远极中部无加厚区；*Discisporites* 无环。

分布时代 澳大利亚、欧亚大陆，二叠纪—三叠纪，主要是晚二叠世—早三叠世。

壕圈背光孢 *Limatulasporites fossulatus* (Balme) Helby and Foster, 1979

（图版123，图1，37，42）

1970 Nevesisporites fossulatus Balme, p. 335, pl. 3, figs. 1—5.

1979 *Limatulasporites fossulatus* (Balme) Helby and Foster in Foster, p. 51, pl. 13, figs. 1—3.

1986 *Limatulasporites fossdulatus* (Balme) Helby and Foster，侯静鹏、王智，86页，图版25，图32—34。

2004 *Limatulasporites fossulatus* (Balme)，侯静鹏，图版3，图5—7。

描述 赤道轮廓圆形，大小24.8—34.5μm(测12粒)；三射线清晰，细长，具窄唇，直或微波状，伸达带环内沿,末端具弓形脊状分叉;外壁薄,近极面平滑或具细点状纹饰,远极面具大的亚圆形的加厚区,赤道具带环,宽2.5—3.0μm;在带环与远极加厚区之间有一圈壕沟;黄棕色。

比较与讨论 除近极纹饰稍弱外,当前标本与同义名表中所列澳大利亚的此种形态一致;此种与 *L. limatulus* 的区别是后者近极面具明显颗粒等纹饰。

产地层位 新疆吉木萨尔大龙口,锅底坑组。

多环孢属 *Polycingulatisporites* Simoncsicus and Kedves, 1961

模式种 *Polycingulatisporites circulus* Simoncsicus and Kedves, 1961;匈牙利,上侏罗统。

属征 同孢子或小孢子,赤道轮廓圆形—圆三角形,模式种大小35—50μm;具赤道环,远极有一圈以上的同心状环圈,有时在赤道环上具辐射纹,远极面除增厚环圈外光滑;三射线清楚。

比较与讨论 *Annulispora* 与 *Distalanulisporites* 是双—单环圈状的,前一属除赤道环外,远极仅具一圈增厚;后一属则无赤道环,至少很不明显,仅显一圈远极增厚,所以 *Polycingulatisporites* 与这2个属是可以区别的(欧阳舒、李再平,1980)。

环绕多环孢 *Polycingulatisporites convallatus* Wang, 1984

(图版123,图4, 5)

1982 *Polycingulatisporites convallatus* Wang,王蕙,图版3,图23。

1984 *Polycingulatisporites convallatus* Wang,王蕙,图版2,图38。

1993 *Polycingulatisporites convallatus* Wang,朱怀诚,281页,图版71,图14,15,18—20。

描述 赤道轮廓圆三角形,大小23.0—37.5μm,全模28μm(图版123,图4);三射线明显,简单或微棱脊状,几乎伸达赤道边缘;外壁薄,厚<1μm,近极面光滑,赤道区加厚成环,宽4—5μm;远极面中心部位有一深色圆形突起,直径为5—7μm,圆形突起到赤道盾环之间的远极面上具一同心环状加厚,宽4—6μm,赤道盾环和远极环轮廓清楚,互不重叠;黄—棕黄色。

比较与讨论 本种以个体小、外壁光滑—点状、2个环的厚度大致相等、赤道环在射线末端不变薄与本属内其他种相区别。

产地层位 甘肃靖远,红土洼组—羊虎沟组中下部。

斑痣多环孢 *Polycingulatisporites rhytismoides* Ouyang and Li, 1980

(图版123,图19, 20)

1980 *Polycingulatisporites rhytismoides* Ouyang and Li,欧阳舒等,137页,图版3,图17,18。

1984 *Knoxisporites notos* Gao,高联达,407页,图版153,图7。

1984 *Knoxisporites minutus* Gao,高联达,408页,图版153,图11。

1984 *Polycingulatisporites rhytismoides* Ouyang and Li,欧阳舒,69页,图版Ⅶ,图21—23。

1993 *Polycingulatisporites rhytismoides*,朱怀诚,281页,图版71,图23。

描述 赤道轮廓近圆形,大小31—45μm,全模34μm(图版123,图19);三射线具薄唇或单细,直或微弯曲,伸达带环内沿或角部;带环宽2—7μm,一般5—6μm,在同一标本上或厚薄不一,有时在射线末端微变窄;远极亚赤道部位具一圈稍薄的脊带,宽亦可达4—5μm,边缘或不平整;远极面中央具一近圆形或圆三角形的疤状增厚,直径5—11μm;黄—棕黄色。

产地层位 山西宁武,上石盒子组;云南富源,卡以头组。

盔环孢属 *Galeatisporites* Potonié and Kremp, 1954

模式种 *Galeatisporites galeatus* (Imgrund, 1952) Potonié and Kremp, 1954;河北开平,上石炭统。

属征 具环三缝同孢子或小孢子;带环由相当粗壮的锥刺—刺的基部互相融合构成;接触区占据近极

面的绝大部分,表面略平滑或具纹饰;远极面覆以块瘤、锥刺或瘤状纹饰,分布稀疏;模式种全模标本较大,约 114μm。

比较 *Asperispora* Staplin and Jansonius, 1964 以带环相当窄、纹饰较致密、具刚毛而与本属不同。参见 *Crassispora galeata* (Imgrund)下讨论。

分布时代 河北开平,上石炭统;四川、云南,上泥盆统。

光刺盔环孢 *Galeatisporites laevigatus* Lu, 1981

(图版 9,图 9, 10)

1981 *Galeatisporites laevigatus* Lu,卢礼昌,114 页,图版 7,图 19,22,23。

描述 赤道轮廓近圆形,大小 56. 0—73. 9μm,全模标本 73. 9μm;三射线清楚,简单或具窄唇,伸达环内缘;环由锥刺基部彼此融合加厚而成,宽约 7μm;锥刺于赤道与亚赤道区更为粗壮与致密,基宽 3—5μm,突起高 2—3μm,表面光滑,顶部钝凸,赤道边缘 48—65 枚;远极外壁厚约 2μm,表面相当粗糙至光滑,近极中央区外壁较薄,表面或具稀散的小刺;浅棕—棕色。

注释 描述标本的特征与 *Galeatisporites* 的定义近乎一致。

产地层位 四川渡口,上泥盆统。

盾环孢属 *Crassispora* (Bharadwaj) Sullivan, 1964

模式种 *Crassispora kosankei* (Potonié and Kremp) Bharadwaj, 1957;德国萨尔,上石炭统(Westphalian D)。

属征 辐射对称三缝同孢子或小孢子,轮廓圆形—卵圆形或圆三角形;外壁外层细至粗内点穴状(infrapunctate);盾状增厚(crassitudinous thickening)出现于赤道;远极面具锥刺或偶尔刺状纹饰,近极面无纹饰;外壁内层薄而透明,其轮廓罕见,边沿与孢子赤道轮廓一致;三射线顶区之间 3 个乳突常见,尤其是在过度浸解的标本上更清楚;三射线多不清楚,有时伴以褶皱(Sullivan,1964,p. 375)。

比较与讨论 本属较接近 *Gravisporites* 属,但以三射线不很发达以及锥刺纹饰与后者区别。

注释 按 Bharadwaj (1957)原描述,锥刺纹饰见于整个外壁,所以 Sullivan (1964)实际上修改了该属定义。在大多数情况下,本属赤道环薄而宽,内界常不分明,所以容易被经验不足者误定为无环孢子,如本属模式种,最初被归入 *Planisporites*,又如 Imgrund(1960)定的 *Apiculatisporites latigranifer* (Loose),欧阳舒(1962)定的 *Acanthotriletes adornatus* Ouyang 等。

植物亲缘关系 石松纲封印木类(*Sigillariostrobus ciliatus* Rettschlag and Remy, 1954 的原位孢子与此属分散孢子相似)。

装饰盾环孢(新联合) *Crassispora adornata* (Ouyang) Ouyang comb. nov.

(图版 123,图 12)

1962 *Acanthotriletes adornatus*,欧阳舒,88 页,图版Ⅲ,图 6,9;图版Ⅸ,图 4。

描述 赤道轮廓圆三角形,近极面低平,远极面凸出,大小 70—90μm,全模 82μm(图版 123,图 12);三射线清晰,细长或具窄唇,微弯曲,伸达环内缘或几达赤道,末端多少呈弓形脊状,且与赤道环融合;环内界不甚清楚,宽 6—8μm;外壁厚 1—2μm,至少远极表面和环上具颇稀的刺状—锥刺状纹饰,高≤3μm,宽≤2μm,基宽偶尔大于高,末端常尖,沿赤道轮廓有 30—50 枚刺;棕色。

比较与讨论 本种以个体较小、射线唇不粗壮、刺的基径较小区别于 *C. galeata*,以唇不粗壮、纹饰更稀及外壁无海绵状或斑点状结构而与 *C. orientalis* 区别。

产地层位 浙江长兴,龙潭组。

盔甲盾环孢(新联合) *Crassispora galeata* (Imgrund) Ouyang comb. nov.

(图版124,图18)

1952 *Tuberculatisporites galeatus* Imgrund, p. 32, pl. 3, fig. 70.

1956 *Galeatisporites galeatus* (Imgrund) Potonié and Kremp, p. 106; text-fig. 44.

1960 *Galeatisporites galeatus* (Imgrund), Imgrund, p. 172, pl. 14, fig. 46.

描述 赤道轮廓圆形—微三角形,全模114μm;三射线几伸达赤道,不很直,具唇,宽约4μm,陡斜,顶部高起呈膜片状,末端与偶尔出现的弓形脊融合,内射线较窄;赤道上具明显环圈,其上具锥刺,锥刺尖,基宽大于高,圆锥形,锥刺末端角度≥30°,有时顶端具小尖刺,这些尖刺可能亦属于外壁外层而非周壁,绕周边刺35—45枚;外壁很厚,结构为点穴状,在赤道环基部尤为清楚,近极面无纹饰;仅在远极面具刺或锥刺,稀且规则,不很尖,刺之间空间或有其他外壁结构;棕—棕黄色(据Imgrund, 1960,稍作整理)。

注释、比较与讨论 Imgrund建立的这个种,因图像不很清楚,加之当时仅描述一个标本,描述又有点模糊、繁琐,如一方面说"环上具锥刺",另一方面又说"刺的基部相连而成……赤道环",又如说环"窄而高起",却不提其宽度(实际上与*Crassispora*属环的宽度不容易测相关;有时环在赤道所占面积颇宽,向近极和远极方向延伸,且与相邻外壁为渐变关系,故环的内界常不清晰);故促使以此种作模式建立一属*Galeatisporites* Potonié and Kremp,1954,并仿其照片画了一解析图(此图多少表现出环由刺基部相连而成,但不正确)。有趣的是,一向严谨的Potonié和Kremp(1954, 1956)在他们的属征后并未与其他属作比较;还有一个值得注意的现象是,此属的建立恰与徐仁教授开创中国孢粉事业同年,至今已60余年,但中国孢粉学工作者几乎未用过此属名。现在看来,这个种肯定是属于*Crassispora*的,甚至与*C. orientalis*很相近(外壁点状结构、射线具颇强唇、弓形脊、稀锥刺),仅以其个体较大、锥刺基部较粗大、赤道轮廓上见末端颇尖锐甚至呈二型的纹饰而与后者不同。*C. maculosa*射线较短,纹饰为粒—刺。

产地层位 河北开平煤田,开平组。

大型盾环孢 *Crassispora gigantea* Zhu, 1993

(图版124,图19, 20)

1993 *Crassispora gigantea* Zhu,朱怀诚,283页,图版73,图1,4。

描述 赤道轮廓圆三角形—亚圆形,大小105.0(125.3)138.0μm(测3粒),全模125μm(图版124,图19);具盾环,内界不明显,宽13—20μm,约为1/4R,三射线明显,直或微弯,具发达的唇,带状,唇高2—10μm,几伸达赤道,外壁厚度适中,表面饰以细粒纹饰,粒径0.5—1.0μm。

比较与讨论 本种以个体较大区别于*C. kosankei* (Potonié and Kremp) Bharadwaj, 1957,以表面具细粒(粒径<2μm)而非粗粒刺区别于*C. maculosa* (Knox) Sullivan, 1964。

产地层位 甘肃靖远,羊虎沟组中段。

不完全盾环孢 *Crassispora imperfecta* Lu, 1988

(图版40,图13, 14)

1988 *Crassispora imperfecta* Lu,卢礼昌,166页,图版3,图14—16。

1995 *Crassispora imperfecta*,卢礼昌,图版2,图27。

1997 *Crassispora imperfecta*,卢礼昌,图版3,图27。

描述 赤道轮廓宽圆三角形—近圆形,大小65.5—81.3μm,全模标本67μm;三射线常清楚,具发育不均匀或不完全的唇,常见射线末端两侧明显加厚、加宽,总宽可达7.8—11.0μm,或有一唇较薄、较弱甚至缺失,伸达盾环内缘;盾环厚实,其内缘界线常模糊不清,或与相邻外壁呈逐渐过渡关系,宽7.0—9.4μm;内层常不清楚,外层具点穴状—细颗粒状内结构,纹饰通常限于远极面,主要由低矮的锥刺组成,分布稀疏(其间距常不小于纹饰基部宽),锥刺基部宽1.6—4.0μm,突起高仅1μm左右,在赤道轮廓线上反映甚弱;近极表面无明显纹饰;外壁较厚实(常不可量),罕见褶皱;浅棕—深棕色。

比较与讨论 本种与 *C. maculosa* 和 *C. kosankei* 的形态特征可比较,但纹饰组成不同,其纹饰由颗粒和锥刺组成,再者它们的带环较窄也有区别。

产地层位 湖南界岭,邵东组;云南沾益史家坡,海口组;新疆准噶尔盆地,呼吉尔斯特组。

不完全盾环孢(比较种) *Crassispora* cf. *imperfecta* Lu, 1988

(图版40,图21)

1988 *Crassispora* cf. *imperfecta* Lu,卢礼昌,166页,图版8,图3。

描述 近侧压标本,近极面低锥角形,远极面半圆球形,大小90.5μm;三射唇粗壮,微高起,宽8—10μm,伸达赤道边缘;外壁厚实,具内点状结构,在赤道呈明显的盾状加厚,宽达10μm左右,纹饰限于远极面,以不规则圆瘤—小圆丘状突起为主,分布稀疏,相邻纹饰基部彼此常不接触,单个分子基部直径达7—12μm,突起低矮,高仅1.5—2.0μm,顶部钝圆;近极面无纹饰,表面光滑;未见褶皱;浅棕—橙棕色。

注释 仅见1粒,且标本较大,纹饰较粗,故种的鉴定有保留。

产地层位 云南沾益史家坡,海口组。

变厚盾环孢?(新联合) *Crassispora*? *inspissata* (Gao) Lu comb. nov.

(图版48,图10)

1978 *Stenozonotriletes inspissatus* Gao,高联达,356页,图版45,图6。

描述 赤道轮廓宽圆三角形,大小50μm;三射唇发育,叶片状,顶部高约13μm,朝末端逐渐降低,近末端高仅6μm,伸达赤道或略超出赤道;带环厚实,内缘界线尚清楚,外缘轮廓光滑,宽度基本均匀(约10μm);外壁表面光滑至细点粒状。

注释 该标本(高联达,1987)似乎不宜置于 *Stenozonotriletes* 属,因其环宽明显地超出1/5R;同时,*S. inspissatus* Gao, 1987(图版45,图6)为 *S. inspissatus* Owens, 1971的晚出异物同名,无效,因此本书另建立一新联合。

产地层位 广西六景,下泥盆统那高岭组。

柯氏盾环孢
Crassispora kosankei (Potonié and Kremp) Bharadwaj emend. Smith and Butterworth, 1967

(图版40,图9,10;图版123,图11;图版124,图17)

1955 *Planisporites kosankei* Potonié and Kremp, p. 71, pl. 13, figs. 208—213.

1957 *Planisporites ovalis* Bharadwaj, p. 86, pl. 23, figs. 9, 10.

1957b *Crassispora ovalis* Bharadwaj, p. 126, pl. 25, figs. 73—76.

1957b *Crassispora kosankei* (Potonié and Kremp) Bharadwaj, p. 127.

1957a *Apiculatisporites apiculatus* (Ibrahim), Dybova and Jachowicz (non sensu Ibrahim), p. 87, pl. 15, figs. 1—4.

1967 *Crassispora kosankei* (Potonié and Kremp) Bharadwaj, 1957 emend. Smith and Butterworth, p. 234, pl. 19, figs. 2—4.

?1984 *Crassispora kosankei*,王蕙,图版Ⅳ,图18。

1985 *Crassispora kosankei*, Gao, pl. 3, fig. 6.

1987a *Crassispora kosankei*,廖克光,566页,图版138,图17。

1988 *Crassispora kosankei*,卢礼昌,166页,图版3,图13。

1989 *Crassispora kosankei*, Zhu, pl. 3, fig. 32; pl. 4, fig. 12.

1993a *Crassispora kosankei*,朱怀诚,283页,图版74,图1—14。

1993b *Crassispora kosankei*, Zhu, pl. 3, fig. 2.

1994 *Crassispora kosankei*,卢礼昌,图版5,图30,31。

1994 *Crassispora kosankei*,卢礼昌,68页,图版17,图1,2。

1994 *Crassispora kosankei*,唐锦秀,图版19,图5。

1995 *Crassispora kosankei*, Gao, pl. 3, fig. 6.

?1995 *Crassispora kosankei*,吴建庄,344 页,图版 53,图 2。

1996 *Crassispora kosankei*,朱怀诚,152 页,图版Ⅱ,图 6。

描述 根据 Smith 和 Butterworth (1967) 的修订:"轮廓圆形—亚圆形或卵圆形;赤道面观近透镜形,由于赤道部位的盾状增厚,形状稍有扭曲;三射线简单,接近伸达轮廓,通常不明显,或在极区开裂呈三角形;外壁具细颗粒状或点穴状内结构,远极面覆以小锥刺,高或宽很少超出 2μm,分布不规则,基部不互相接触,在轮廓线上锥刺突起间距可达 5μm;在近极面,纹饰缺乏或大为减弱;外壁在增厚带颜色较极区为暗。"他们汇总多个数据得出大小幅度为 40—85μm。原 Potonié 和 Kremp(1955)给的特征是:"大小 68—85μm,全模 79.8μm;三射线几乎见不到,赤道轮廓上具 100 枚以上锥刺……";Bharadwaj"鉴于其赤道外壁微微增厚",所以将此种迁入 *Crassispora*。从有关图像看,此赤道环相对较薄而宽,只不过环的内界多不分明,即环与亚赤道外壁是逐渐过渡的,纹饰的确较细密,按圆周率计算,其锥刺基宽应在 1μm 左右,因 Potonié 和 Kremp 在描述中提到:"在很细的锥刺之间还可安置相同大小的锥刺。"

比较与讨论 此种与 *Crassispora orientalis* 之间有过渡形式存在,但以射线较单细、纹饰较细密而与后者区别。

产地层位 华北各地,主要在太原组—山西组;河北开平,赵各庄组;山西宁武,本溪组—石盒子群;内蒙古准格尔旗黑岱沟,本溪组、太原组;内蒙古清水河煤田,太原组;江苏南京龙潭,擂鼓台组上部;河南项城,上石盒子组;云南沾益史家坡,海口组;甘肃靖远,靖远组—羊虎沟组;宁夏横山堡,中上石炭统;新疆和布克赛尔,黑山头组 4,5 层;新疆塔里木盆地,卡拉沙依组。

斑点盾环孢 *Crassispora maculosa* (Knox) Sullivan, 1964

(图版 124,图 10, 12)

1950 *Verrucoso-sporites maculosus* Knox, p. 318.

1955 *Crassispora maculosa* (Knox) Potonié and Kremp, p. 78.

1964 *Crassispora maculosa* (Knox) Sullivan, p. 376.

1967 *Crassispora maculosa*, Smith and Butterworth, p. 235, pl. 18, figs. 7, 8; pl. 19, fig. 1.

1984 *Crassispora maculosa*,高联达,361 页,图版 140,图 1—3。

?1987 *Crassispora maculosa*,高联达,图版 5,图 5,6。

1988 *Crassispora maculosa*,高联达,图版 3,图 15。

1989 *Crassispora maculosa*, Zhu, pl. 3, fig. 24.

1990 *Crassispora maculosa*,张桂芸,见何锡麟等,324 页,图版Ⅶ,图 4,5。

描述 赤道轮廓圆形或亚圆形,大小 74—120μm;三射线清楚,具唇,宽 3—5μm,长 1/2—4/5R,有时开裂呈亚三角形;赤道环偏薄,但所占纬幅或较大,因孢子压缩倾斜,有时显得较宽;外壁显细密内颗粒结构,远极面具刺—粒纹饰,即突起末端钝圆或微尖,较稀,分布不甚规则,轮廓线上微粒—刺状;棕黄色。

比较与讨论 据 Smith 和 Butterworth (1967),本种选模产自苏格兰 Namurian A,大小 121μm,已知大小 76—121μm,多在 90μm 以上;三射线具窄唇,弯曲,长 1/2—3/4R;环窄,微弱发育;外壁具细密颗粒状内纹饰,近极面光滑,远极面具颇规则分布的粒—刺,高不超过 2μm。我国被归入此种的标本,如同义名所列,与之相比,有这样那样的差别,有的射线较长,有的则环偏宽[保存位置所致(?)],但斑点状结构和粒刺纹饰是一致的。本书遵从原作者的鉴定意见,将同义名所列属种归入同一种内。本种以较大的个体、粒刺纹饰区别于 *C. orientalis* 等。

产地层位 河北开平,开平组和赵各庄组;山西保德,本溪组;甘肃靖远,臭牛沟组、靖远组—红土洼组;内蒙古准格尔旗黑岱沟,本溪组;内蒙古清水河,太原组。

小盾环孢 *Crassispora minuta* Gao, 1984

(图版 124,图 15, 21)

1980 *Crassispora kosankei* (Potonié and Kremp),周和仪,36 页,图版 12,图 10,11,15,16。

1984 *Crassispora minuta* Gao,高联达,414 页,图版 155,图 9。

1987 *Crassispora kosankei* (Potonié and Kremp),周和仪,图版 2,图 33。

1987 *Crassispora hebeiensis* Wu and Wang,吴建庄、王从凤,187 页,图版 29,图 35。

描述 赤道轮廓圆三角形,大小 39—52μm,全模大小 52μm(图版 124,图 15);三射线常不清楚,但具窄唇,直或微弯曲,伸达环的内缘,末端分叉并形成弓形脊,与环融合,环宽约 5μm,但与本体逐渐过渡,即内界不甚清晰;外壁表面具稀疏的小锥刺纹饰,轮廓线齿状或微波状;棕黄色。

比较与讨论 本种与 *C. orientalis* 等有些相似,但以个体小、锥刺较小与之有别。

产地层位 河北武清,下石盒子组;山西宁武,上石盒子组;山西保德,下石盒子组;山东沾化,太原组—石盒子群。

东方盾环孢 *Crassispora orientalis* Ouyang and Li, 1980

(图版 124,图 7, 8)

1960 *Apiculatisporites latigranifer* (Loose) Imgrund, p. 164, pl. 14, figs. 43—45.

1976 *Anapiculatisporites classicus* Kaiser, p. 107, pl. 5, figs. 9—13.

1978 *Crassispora latigranifer* (Loose) Ouyang,谌建国,415 页,图版 118,图 3。

1980 *Crassispora kosankei* (Potonié and Kremp) Bharadwaj,欧阳舒、李再平,160 页,图版Ⅲ,图 5—7。

1980 *Crassispora orientalis* Ouyang and Li, p. 10, pl. Ⅱ, fig. 5.

1980 *Crassispora latigranifer* (Loose) Zhou,周和仪,36 页,图版 12,图 1—8。

1982 *Crassispora orientalis* Ouyang and Li, in Ouyang, pl. 1, fig. 21.

1982 *Crassispora latigranifer* (Loose),蒋全美等,616 页,图版 403,图 2。

1983 *Crassispora zhunquiensis* He,邓茨兰等,33 页,图版 1,图 14,15。

1984 *Crassispora kosankei* (Potonié and Kremp) Bharadwaj,高联达,360 页,图版 139,图 19。

1984 *Crassispora mucronata* Gao,高联达,360 页,图版 139,图 17,18。

1985a *Gravisporites rugularis* Geng,耿国仓,211 页,图版 1,图 3,4。

1985b *Crassispora labiata* Geng,耿国仓,656 页,图版Ⅰ,图 22。

1986 *Crassispora orientalis*,欧阳舒,64 页,图版Ⅷ,图 11,14—16。

1986 *Crassispora orientalis*,杜宝安,图版Ⅱ,图 34。

1987a *Anapiculatisporites classicus* Kaiser,廖克光,图版 135,图 21,22。

1987a *Crassispora orientalis*,廖克光,566 页,图版 138,图 16。

1987 *Crassispora* sp.,周和仪,图版 2,图 34。

1987 *Crassispora kosankei* (Potonié and Kremp) Bharadwaj,高联达,图版 5,图 28。

1990 *Crassispora kosankei* (Potonié and Kremp),张桂芸,见何锡麟等,324 页,图版Ⅶ,图 2,3。

1993a *Crassispora kosankei* (Potonié and Kremp),朱怀诚,图版 73,图 13,14;图版 74,图 13,14。

1993a *Crassispora orientalis* Ouyang and Li,朱怀诚,284 页,图版 73,图 3,5,6,8—12,15。

1993b *Crassispora kosankei* (Potonié and Kremp) Bharadwaj, Zhu, pl. 3, figs. 10, 12.

1994 *Crassispora orientalis*,唐锦秀,图版 19,图 6。

1995 *Crassispora orientalis* Ouyang and Li, Zhu, pl. 2, figs. 7, 8.

1995 *Crassispora kosankei* (Potonié and Kremp),吴建庄,344 页,图版 53,图 1,3,4。

1996 *Crassispora orientalis* Ouyang and Li,朱怀诚,见孔宪祯等,图版 46,图 21,23;图版 47,图 1。

?2000 *Crassispora orientalis*,詹家祯,见高瑞祺等,图版 2,图 5。

描述 赤道轮廓圆形—圆三角形,侧面观近极面不如远极面凸出强烈,多沿近—远极方向压扁,大小 58(77)85μm(测 11 粒),偶达 90μm 以上,全模 78μm(图版 124,图 7);三射线具不同程度发育的唇,宽 1.5—4.0μm,隆起,常不很直,有时开裂,一般伸达环的内沿,射线末端或多或少具弓形脊,或与赤道环融合;外壁厚约 1.5μm,偶具颇大褶皱,具极细密点状或海绵状结构,偶尔在三射线顶部两射线之间隐约可见接触点;外壁在赤道部位增厚成盾环,宽 5—12μm,即占 1/7—1/4R,一般在 1/5—1/4R 之间,环的内界常不分明;表面具较稀但分布颇均匀的锥刺及个别的瘤或颗粒,基宽 1.0—1.5μm,偶达 2μm,高 0.5—1.0μm,末端钝或浑圆,间距 2—6μm,一般 2—4μm,绕周边 50—60 粒;棕黄—黄色。

比较与讨论 根据山西朔县本溪组的模式标本建立的此种与 *C. kosankei* 相似,但以下述特征区别于后一种:(1)三射线一般具颇发达的唇,而欧洲石炭系的这个种三射线往往不清楚(Potonié and Kremp, 1955, p. 71, pl. 13, figs. 208—213; Smith and Butterworth, 1976, p. 234, pl. 19, figs. 2—4);(2)纹饰较稀疏,*C. kosankei* 的纹饰细而密,原描述绕周边约 100 枚锥刺;(3)盾环常较宽。*C. maculosa* 孢子较大(100—120μm),也与本种不同。

注释 Imgrund (1960)鉴定的 *Apiculatisporis latigranifer* (Loose),与该种全模标本(Potonié and Kremp, 1955, pl. 14, fig. 244)是不能相比的,后者无环,而前者的环相当清楚,显然是属于 *Crassispora* 的;Kaiser(1976)将 Imgrund 鉴定的 *Apiculatisporis latigranifer* 作为他的 *Anapiculatisporites classicus* 的同义名似乎也欠妥,因前者环清楚,纹饰较细,近极面未必无锥刺。高联达(1984)建立的种 *Crassispora mucronata* Gao, 除个体稍大(90—95μm)外,三射线具唇(宽 4—6μm),前端分叉(即上面描述中的弓形脊),表面具稀疏"瘤粒","顶端短尖"(即锥刺为主),这些特征与 *C. orientalis* 特征基本一致;还有耿国仓(1985b)建的 *C. labiata* Geng(可能 = *Gravisporites rugularis* Geng, 1985a; 73—92μm),大小 84—92μm,三射线具"厚唇",具颗粒纹饰,偶见分散的短锥刺,也难以与 *C. orientalis* 划分开来,故一并归入同一种内。朱怀诚(1993)鉴定的 *C. orientalis* 变异幅度较大,包括大小[53(75)90μm]、纹饰粗细、环的厚薄、唇的宽窄,所列 9 个图像,大部分当属这个种的。

产地层位 河北开平煤田,赵各庄组;山西朔县、保德,本溪组—太原组;山西宁武,本溪组—太原组;山西轩岗煤田,太原组;山西左云,本溪组—山西组;内蒙古准格尔旗黑岱沟,本溪组—太原组;山东沾化,太原组—山西组;河南项城、柘城,上石盒子组;湖南邵东保和堂,龙潭组;云南富源,宣威组下段—卡以头组;甘肃靖远,靖远组下段—红土洼组—羊虎沟组;甘肃平凉,山西组;甘肃环县,宁夏盐池、石炭井,羊虎沟组;新疆塔里木盆地和田河井区,卡拉沙依组。

小型盾环孢 *Crassispora parva* Butterworth and Mahdi, 1982

(图版 40,图 3, 4)

1982 *Crassispora parva* Butterworth and Mahdi, p. 496, pl. 3, figs. 1—6.

1993 *Crassispora parva*,文子才等,图版 3,图 11,12。

描述 赤道轮廓宽圆三角形,大小 17—24μm;三射线清楚,微裂或具窄唇(宽约 1μm),至少伸达环附近;顶部常见乳头状小突起;盾环宽 2μm 左右,边缘几乎近于平滑;纹饰限于远极面,呈刺—粒状,甚小(不可量);内层不清楚,外层具短脊状褶皱。

注释 本种以孢子较小为特征而与 *Crassispora* 其他种不同,本种最初描述的大小幅度为 13(16)22μm,全模 21μm。

产地层位 江西全南,刘家塘组。

褶皱盾环孢 *Crassispora plicata* Peppers, 1964

(图版 124,图 16)

1964 *Crassispora plicata* Peppers, p. 17, pl. 1, fig. 18; pl. 2, figs. 1, 2.

1970 *Crassispora plicata* Peppers, p. 120, pl. 11, figs. 16—19.

1986 *Crassispora plicata*,杜宝安,图版Ⅱ,图 35。

描述 赤道轮廓圆三角形,大小 46μm;三射线具窄唇,伸达环内或末端微显弓形脊,三射线之间顶部有 3 个乳突;环不宽,仅 3—5μm,内界不清晰;外壁不厚,有小褶皱,具点状内结构,至少远极面—赤道具低矮小锥刺纹饰,不密,轮廓线上显微刺突起;黄棕色。

比较与讨论 Peppers(1970)提及本种大小 32—76μm,重要特征是射线之间的乳突和外壁褶皱的存在,在这两点上当前标本是与之相似的,但环较原模式标本清楚。不过,Peppers 在引用 Sullivan(1964)的观点(称近极面无锥刺纹饰、三射线顶区具 3 个乳突是 *Crassispora* 所有种的特征)时说,假如他的说法可靠,则 *C. plicata* 可能是 *C. ovalis* 或 *C. kosankei* 的同义名。据我们的观察,乳突出现的情况较少,近极面无纹饰是否

为 *Crassispora* 的一个稳定特征,因沿极轴保存的机会常见,有时并不容易判断,所以用了 Peppers 的种名。

产地层位 甘肃平凉,山西组。

细粒盾环孢 *Crassispora punctata* Wang, 1984

(图版 124,图 6, 22)

1982 *Crassispora punctata* Wang,王蕙,图版Ⅳ,图 19—20(裸名)。

1984 *Crassispora punctata* Wang,王蕙,100 页,图版Ⅱ,图 36。

1987 *Crassispora microgranulata* Gao,高联达,216 页,图版 6,图 7。

描述 赤道轮廓圆三角形,大小 59—96μm,全模 62μm(图版 124,图 22);三射线清楚,具窄唇,宽 1—2μm,几乎伸达角部边沿,末端或分叉,形成不完全弓形脊;赤道具盾环,宽 4—10μm;外壁不厚,常具少量褶皱,表面(包括环上)具中等密度点状—细颗粒纹饰,偶尔末端微尖,在近极面纹饰减弱;深棕(环)—棕黄(体)色。

比较与讨论 同义名表中所列两种孢子形态极相似(见本书图版),当属同一种,因王蕙的种名发表在先,故采用之。本种与 *C. uniformis* 颇相似,区别是后者全模标本上三射线微弱不明显;*C. orientalis* 纹饰较粗而稀。

产地层位 甘肃靖远,“靖远组上段”(高联达,1987)大致 =“红土洼组”上段(李星学等,1993);宁夏横山堡,中上石炭统。

疏离盾环孢 *Crassispora remota* Lu, 1988

(图版 40,图 1, 2)

1988 *Crassispora remota* Lu,卢礼昌,167 页,图版 6,图 5,6。

描述 赤道轮廓圆三角形,角部宽圆,三边平直至微外凸,大小 45. 2—48. 6μm,全模标本 46. 8μm;三射线通常清楚,直或微弯曲,有时具唇(宽 1—2μm)或褶皱,伸达赤道边缘;内层不完全清楚,薄,具皱;外层在赤道区呈盾状加厚,盾环宽 9. 4—12. 5μm,其内缘界线不清楚,或与相邻外壁为逐渐过渡关系;纹饰限于远极面,以低矮的锥刺为主,分布稀疏不均匀,基部彼此常不接触,大小不等,一般基底宽为 0. 5—1. 5μm,刺高 0. 5—1. 0μm;纹饰在赤道边缘反映常不明显,边缘突起 24—42 枚;近极面,光滑无饰;罕见褶皱;浅棕—棕色。

比较与讨论 本种与云南婆兮泥盆系的 *Crassispora* sp. (Bharadwaj, 1957, p. 126)非常接近,但后者三射线不清楚,纹饰看起来一般较弱小;*C. kosankei* 的赤道轮廓多呈圆形或近圆形,且孢体一般较大。

产地层位 云南沾益史家坡,海口组。

刺粒盾环孢 *Crassispora spinogranulata* Wang, 1996

(图版 40,图 5—7)

1996 *Crassispora spinogranulata* Wang,王怿,24 页,图版 2,图 26—28。

描述 赤道轮廓圆形—亚圆形,近极面较远极面凸度大,大小 58—63μm,全模标本 58μm;三射线隐约可见,直,伸达盾环内沿;外壁厚 1. 5—1. 7μm,在赤道部位加厚构成盾环,宽 5—9μm,较稳定,单一,但内界较模糊;近极表面具颗粒状纹饰,直径 1. 0—1. 2μm,分布较稀,间距 1—10μm,一般 2. 5—5. 0μm;远极及赤道部位具锥刺状纹饰,基部呈圆形,直径 1. 5—2. 5μm,长 0. 5—4. 2μm,分布较密,间距 2. 5—3. 5μm;棕黄色。

比较与讨论 本种以近极面具颗粒状纹饰、远极面具锥刺状纹饰区别于 *Crassispora* 属内其他种;与 *Spinozonotriletes* 的种相比,后者刺状纹饰,近极区无纹饰,赤道为带环而非盾环。

产地层位 湖南锡矿山,邵东组和孟公坳组。

斯匹次卑尔根盾环孢 *Crassispora spitsbergense* Bharadwaj and Venkatachala, 1962

（图版37,图15, 16;图版124,图3）

1962 *Crassispora spitsbergense* Bharadwaj and Venkatachala, p. 28, pl. 5, figs. 87, 88.

1989 *Crassispora spitsbergense*,王蕙,279 页,图版1,图9。

1994 *Crassispora spitsbergense*,卢礼昌,图版3,图24—26。

描述 孢子轮廓卵圆形—近圆形,大小45—63μm;三射线微弱,常常不易辨认;赤道区有坚实、色暗的盾环,宽10—12μm;孢子极区外壁较薄,表面粗糙—粒状纹饰。

比较与讨论 当前标本与 *C. spitsbergense* 大小和形态特征基本一致。

产地层位 江苏南京龙潭,五通组群擂鼓台组上部;新疆准噶尔盆地克拉美丽地区,滴水泉组。

皱环盾环孢 *Crassispora trychera* Neves and Ioannides, 1974

（图版40,图8;图版124,图2, 13）

1974 *Crassispora trychera* Neves and Ioannides, p. 78, pl. 7, figs. 6—8.

1976 *Crassispora trychera* Neves and Ioannides, Clayton et al., pl. 8, fig. 2.

1985 *Crassispora trychera*,高联达,69 页,图版6,图7,8。

1994a *Crassispora trychera*,卢礼昌,图版5,图32。

描述 赤道轮廓钝角凸边三角形,大小50.5—58.5μm;三裂缝清楚,具唇,单片唇宽约3μm,伸达盾环内缘;外壁内、外层分离不清楚,外层远极面具稀散的锥刺状纹饰;纹饰分子基宽0.7—2.5μm,高(长)0.8—2.8μm,基部多半分散,仅局部接触;亚赤道部位常具弓脊状褶皱,并常与赤道联合;盾环宽2—6μm,不均匀(因褶皱所致),外缘轮廓线平滑或局部呈小钝齿状。

比较与讨论 当前标本以三射线具明显的唇而与本种全模有些差别,但其他特征相似。

产地层位 江苏南京龙潭,五通群擂鼓台组上部;贵州睦化,打屋坝组底部。

小瘤盾环孢 *Crassispora tuberculiformis* Ouyang and Chen, 1987

（图版124,图5, 9）

1987a *Crassispora tuberculiformis* Ouyang and Chen,欧阳舒、陈永祥,57 页,图版XIII,图6;图版XVI,图1—3。

描述 赤道轮廓亚圆形—卵圆形,子午轮廓略呈透镜形,大小58(65)70μm(测6粒),全模标本61μm(图版124,图9);三射线模糊或可见,长2/3—3/4R,有时具窄唇,宽2—3μm,向末端变窄,常微开裂;外壁内层较薄,光面,有时或多或少脱离外壁外层;外壁外层不厚,常具褶皱,在赤道部位微增厚,构成一盾环,边界常不分明,宽可达3—5μm;在远极面和赤道具颇稀的小瘤纹饰,基宽1—2μm,高接近基宽,末端多浑圆,基部间距1—7μm,一般为3—6μm;在上述纹饰之间和近极表面为细密颗粒纹饰或鲛点状结构;黄—深黄色。

比较与讨论 当前标本与石炭系常见的 *C. kosankei* 有些相似,但后者孢子外壁纹饰为小锥刺而非小瘤,且未见外壁内层,环相对亦较清楚。

产地层位 江苏句容,高骊山组。

均一盾环孢 *Crassispora uniformis* Zhu, 1989

（图版124,图1, 4）

1989 *Crassispora uniformis* Zhu, pl. 3, figs. 21, 22.

1993 *Crassispora uniformis* Zhu,朱怀诚,284 页,图版73,图7。

1995 *Crassispora uniformis*,阎存凤等,图版 I,图19—21。

1996 *Crassispora uniformis*,朱怀诚,见孔宪祯等,图版46,图17。

描述 赤道轮廓亚圆形—圆形,全模65μm(图版124,图4);盾环内界常不清晰,环宽5—9μm;三射线微弱不明显,直,几伸达赤道;外壁厚适中,具褶皱1—2条,表面饰以颇均匀分布的细粒—锥粒纹饰,基径0.5—1.0μm,高<1μm,间距0.5—1.0μm,基部分离,轮廓线细波状—细齿状。

比较与讨论 本种以较均匀、细密的纹饰以及三射线不明显区别于 *Crassispora* 属内其他种。

产地层位 山西左云,太原组;甘肃靖远,靖远组、红土洼组。

变异盾环孢 *Crassispora variabilis* Lu, 1999

(图版 40,图 19, 20)

1999 *Crassispora variabilis* Lu,卢礼昌,68 页,图版 16,图 3—7。

描述 赤道轮廓钝角凸边三角形—近圆形,大小 85. 8—109. 0μm,全模标本 94μm;三射线可见至清楚,直或曲,常被唇遮盖,唇较厚实,两侧边缘凹凸不平,宽 1. 5—4. 5μm,伴随射线几乎伸达赤道;具弓形脊,发育完全或否,位于赤道边缘;赤道与远极面纹饰组成即使在同一标本上也丰富多彩,主要由不规则小块瘤、锥刺、棒刺、棒(或桩)组成,彼此分散或局部连接(甚者呈短脊状),小块瘤基宽 2. 3—4. 0μm,高 1—2μm,顶部宽圆,棒刺较柔弱,常弯曲,基宽约 2μm,长 5—8μm,末端尖或微膨胀至呈两分叉趋势,小锥刺常位于赤道区,较壮实,基宽常大于高,宽 2. 5—5. 0μm,顶端钝凸,棒(或桩)较结实,宽 1—2μm,长 2. 3—4. 5μm;近极面纹饰缺失或很不明显;盾环内缘界线不甚清楚,外缘轮廓线凹凸不平,盾环宽 4. 5—9. 4μm;多数标本外壁层分异不清楚,仅极少数可见 2 层(内层薄、光面);罕见褶皱;橙—深棕色。

比较与讨论 当前种以射线清楚、唇厚实、具弓形脊以及纹饰组成多种多样为特征而与澳大利亚下石炭统的 *C. sculpulosa* Playford, 1971 不同,后者纹饰为块瘤和小刺。

产地层位 新疆和布克赛尔,黑山头组 5,6 层。

剑环孢属 *Balteusispora* Ouyang, 1964

模式种 *Balteusispora textura* Ouyang, 1964;山西河曲,下石盒子组。

属征 中等大小的小孢子,模式种大小 61—87μm;赤道轮廓圆形或三角圆形,近极面平凸,远极面强烈凸出;三射线清晰,单细,伸达本体边沿或微伸入环内;中央本体略圆形,壁薄,远极面无明显纹饰,但近极面有波纹状—辐射状细皱脊;具宽度基本均一的赤道环,宽为 1/4—1/3R;环内穴状或斑点状(infrapunctate)。

比较与讨论 *Lycospora* 较小,三射线多伸入环内,具颗粒状纹饰;*Cadiospora*(60—100μm)与本属区别较大,射线末端明显分叉,且一般视为厚壁而非赤道环;*Patellisporites* 的赤道环宽度不一,轮廓线上波状;而 *Stenozonotriletes* 的环较窄(绝大部分种小于 1/5R)。

糙粒剑环孢(新联合) *Balteusispora graniverrucosa* (Tao) Ouyang comb. nov.

(图版 125,图 22)

2000 *Macropatellisporites graniverrucosus* Tao in Zheng et al. , p. 260, pl. 2, fig. 16.

描述 赤道轮廓圆三角形—亚圆形,全模标本 102. 6μm;近极面低平,远极面强烈凸出,以致标本稍斜压时即超出赤道环外;赤道环相对窄,宽 2—5μm 不等;三射线呈不甚规则窄唇,微皱曲,伸达环内沿,向末端稍膨大或分叉或与环融合;外壁不厚,表面粗糙不平,具点穴结构,近极面局部粒瘤状较明显,或呈脊状,微呈辐射状排列;轮廓线微波状。种名拉丁文 *graniverrucosus* 是"颗粒—块瘤状"之意,但原描述中未提及块瘤或瘤,故种名勉强译为糙粒状。

比较与讨论 此种与产自相同地点层位的 *B. regularis* Yan 颇为相似,如果发现标本多,也许有过渡类型将二者联系起来,目前仅以个体稍大、环较窄尤其外壁表面粗糙、具明显点穴而与后者区别。

产地层位 河北苏桥,下石盒子组。

规则剑环孢(新联合) *Balteusispora regularis* (Yan) Ouyang comb. nov.

(图版 124,图 14)

2000 *Macropatellisporites regularis* Yan in Zheng et al. , p. 260, pl. 2, fig. 14.

描述 赤道轮廓圆三角形—亚圆形,近极面低平,远极面强烈凸出,以致在标本稍斜压时远极边凸出赤道轮廓之外，全模标本94.9μm；赤道环实在，相对较窄，宽度略不均匀，5—10μm不等，即1/9—1/5R；射线具窄唇，向末端微膨大，并与环融合；外壁不厚，远极面光滑，近极面接触区内具很细的、分布不太规则的辐射状条痕，有将外壁切割成低平“肋条”的趋势。

比较与讨论 本种与同样发现于下石盒子组（山西河曲）的 *B. textura* Ouyang, 1964 颇为相似，后者大小61（71）87μm，但环相对较宽（1/4—1/3R），环内呈点穴状，有时弓形脊明显，接触区内辐射状肌理多少弯曲，似乎可以区别开来。同时可见，*Macropatellisporites* Tan and Tao 实际上是 *Balteusispora* 的晚出同义名。

产地层位 河北苏桥，下石盒子组。

辐皱剑环孢 *Balteusispora textura* Ouyang, 1964

（图版124，图11；图版125，图6，18）

1964 *Balteusispora textura* Ouyang，欧阳舒，501页，图版Ⅴ，图11—13。

1987a *Balteusispora textura* Ouyang，廖克光，566页，图版138，图25，26。

1987a *Stenozonotriletes micipalmipedites*（Zhou）Liao，廖克光，562页，图版137，图23。

描述 赤道轮廓圆形或三角圆形，子午轮廓略呈透镜形，大小61（71）87μm（测30粒），全模75μm（图版125，图6）；三射线清晰，纤细，微弯曲和高起，具薄唇，长达本体轮廓线，末端或尖或钝，有时与一发达的弓形脊（？）连接，接触区明显；中央本体外壁薄，色较浅（淡黄色），近极面从三射线顶处辐射出微弯曲的不规则外壁肌理或众多皱脊，其余部位无明显纹饰；赤道环宽度基本均一，宽为1/3—1/4R，棕色，环具细密内点穴状结构。

比较与讨论 廖克光鉴定的 *Stenozonotriletes micipalmipedites* 中具环的一个标本（56μm）与 *Balteusispora textura*（欧阳舒，1964，图版Ⅴ，图13）很相似，只不过近极面皱脊更不明显。

产地层位 山西河曲、宁武，下石盒子组—上石盒子组。

壮环孢属 *Brialatisporites* Gao, 1984

模式种 *Brialatisporites spinosus* Gao, 1984；山西宁武，上石盒子组。

属征 赤道轮廓圆三角形—亚圆形，子午轮廓近极面相对低凹，远极面圆凸，模式种大小110—135μm；具弓形脊和赤道环，环有向外变薄的膜状倾向；三射线清楚，具唇，延伸至弓形脊或环的内沿或伸入环内；本体和环具点穴状—细颗粒状纹饰，主要在远极面和赤道区具稀而偏长的细棘刺纹饰。

比较与讨论 本属以具弓形脊、近极面低凹、射线顶部无3个接触点以及稀疏的长刺纹饰区别于 *Crassispora*；以具赤道环和近极无突起纹饰区别于 *Apiculiretusispora*。

背刺壮环孢 *Brialatisporites iucundus*（Kaiser）Gao, 1984

（图版125，图1，12）

1976 *Anapiculatisporites iucundus* Kaiser, p. 14, pl. 6, figs. 1—3.

1980 *Anapiculatisporites iucundus* Kaiser，周和仪，23页，图版7，图14，15；图版8，图1—4。

1984 *Brialatisporites incundus*（sic）（Kaiser）Gao，高联达，416页，图版155，图19；图版156，图1。

1987 *Anapiculatisporites iucundus* Kaiser，周和仪，图版2，图1，9。

1987a *Anapiculatisporites iucundus* Kaiser，廖克光，557页，图版135，图27，28。

描述 赤道轮廓亚三角形，三边凸出，角部浑圆或微尖，远极面半球形，近极面接触区凹入，大小60—140μm，全模（图版125，图1）80μm；三射线清楚，具或窄或宽而高起的唇，伸达或近达赤道，大多数标本上具清楚的弓形脊和赤道环，环向边缘有变薄趋势，宽可达5—7μm或12—16μm；外壁厚约1.5μm，细点穴状，远极面和弓形脊上具长刺纹饰，颇稀，刺长5—8μm，基宽1.5—2.0μm，末端多尖，可能有光滑的外壁内层，一般难以辨别；棕—黄色。

比较与讨论 本种以个体大、纹饰长、外壁疏松、点穴状，以及具弓形脊和环等特征区别于属内其他种。

高联达(1984)认为此种为具环孢子,不同意将其归入 *Anapiculatisporites* 属,故归入他建的 *Brialatisporites* 属,本书同意他的建议;但他描述的标本较大(120—140μm),环亦较宽(12—16μm),他未提及此种孢子具弓形脊,这在原模式上或周和仪(1980)鉴定的此种孢子照片上是清楚可见的;尽管如此,他记载的这个种与 Kaiser 所建种当属同种的变异范围。

注释 拉丁词 *iucundus* 乃"令人愉悦"之意,这里改用表示纹饰之词。

产地层位 山西保德,上石盒子组;山西宁武,山西组、石盒子群;河南范县,石盒子群石千峰组。

棘刺壮环孢 *Brialatisporites spinosus* Gao, 1984

(图版 126,图 27)

1984 *Brialatisporites spinosus* Gao,高联达,416 页,图版 156,图 2。

描述 赤道轮廓三角形,三边强烈凸出,大小 110—135μm;具弓形脊(?)和膜状赤道环,环与本体接触处较厚,深棕色,内界不很清楚,向赤道边缘逐渐变薄,宽 10—14μm;三射线几为孢子半径之长,具窄唇,常开裂;外壁表面底层具细颗粒纹饰,排列紧密,第二组为棘刺,末端常弯曲,排列较稀,基宽 2—3μm,高 5—7μm;深棕—棕黄色。

比较与讨论 本种以孢子表面致密的颗粒纹饰和刺不明显凸出轮廓线而与 *B. iucundus* (Kaiser)不同。

产地层位 山西宁武,上石盒子组。

丽环孢属 *Callitisporites* Gao, 1984

模式种 *Callitisporites sinensis* Gao, 1984;山西宁武,上石盒子组。

属征 三缝小孢子,赤道轮廓圆三角形—近圆形,模式种大小 50—65μm;三射线具唇,直或微弯曲,末端膨大或分叉,延伸至环的内沿或逐渐过渡消失于环内;赤道偏近极具赤道环,表面具小锥刺状或颗粒状纹饰,基部不连接,近极面较低凹,纹饰在此区减弱或消失。

比较与讨论 本属与 *Crassispora* (Bharadwaj)有些相似,但后者纹饰见于整个孢子表面,包括近极面,而且其赤道环在亚赤道区与孢子其余外壁为逐渐过渡关系,即环的内界常不清晰。

颗粒丽环孢 *Callitisporites granosus* Gao, 1984

(图版 125,图 21, 23)

1984 *Callitisporites granosus* Gao,高联达,414 页,图版 155,图 5,6。

1990 *Callitisporites granosus*,张桂芸,见何锡麟等,324 页,图版 7,图 6。

描述 赤道轮廓圆三角形—近圆形,大小 60—70μm,全模 65μm(图版 125,图 23);三射线具唇,宽窄不一,直,末端多膨大,偶尔分叉,延伸至环内沿;环较宽,延伸至近极亚赤道区,扫描图像上环表面局部似具极细窄皱脊,略呈不封闭的格子状或辐射状,轮廓线上显示颗粒状突起,因无透射光图像,纹饰详情不明(原描述很简单),但显示不出由颗粒组成的赤道带环。

比较与讨论 本种与 *C. sinensis* Gao 的区别在于纹饰非刺而可能是颗粒[远极面和环上(?)]。从内蒙古获得的此种,三射线唇窄细,几乎难辨,末端也未见膨大或分叉,纹饰为细匀颗粒。

产地层位 山西宁武,上石盒子组;内蒙古准格尔旗黑岱沟,山西组。

中华丽环孢 *Callitisporites sinensis* Gao, 1984

(图版 125,图 2, 3)

1984 *Callitisporites sinensis* Gao,高联达,414 页,图版 155,图 1—4。

描述 赤道轮廓圆三角形—近圆形,大小 50—65μm,全模 65μm(图版 125,图 2);三射线具唇,直或微弯曲,末端不同程度膨大或分叉,延伸至环的内沿或伸至环内,与环逐渐过渡至消失;赤道偏近极具赤道环,宽 10—16μm,内界常清晰;主要在赤道环和远极面具小锥刺或粒状纹饰,基部不连接,顶端尖,基宽 2—

3μm，高4—5μm；纹饰在较低凹的近极面减弱或消失（光面）；黄棕色。

比较与讨论 原属征描述中提及“环表面覆以小锥刺或刺粒状纹饰……孢子表面平滑”，但从作为该属模式种的本种图版125图2上看，纹饰并不限于环上，至少远极面也有类似纹饰。本种与西欧上石炭统的 *Lundbladispora gigantea*（Alpern）Doubinger（见 Clayton et al.，1977，pl. 21，fig. 12）略相似，但后者赤道环内带较暗，外带在赤道轮廓线上呈较长刺矛组成的一圈，且射线末端不膨大或分叉；*Lundbladispora* 属显示出典型的中孢体。

产地层位 山西宁武，上石盒子组。

膜环孢属 *Hymenozonotriletes*（Naumova）Potonié，1958

模式种 *Hymenozonotriletes polyacanthus* Naumova，1953；苏联卡卢加（Kaluga），中泥盆统（Givetian）。

同义名 ?*Pseudoclavisporis* Liao，1987a.

属征 三缝小孢子，模式种大小80—90μm；赤道轮廓三角形；具膜环，膜环分离成不等长的条带；外壁覆以锥刺或长刺。

比较与讨论 *Densosporites* 具厚带环，但不分离成膜状条带；*Kraeuselisporites* 有赤道上紧密接触的锥刺，性质与带环相当。

注释 此属先后有3个不同的模式种和定义：（1）ex Mehta（1944），模式种为印度二叠纪的 *H. triangularis* Mehta，1944；（2）ex R. Potonié（1958），模式种为 *H. polyacanthus* Naumova，1953；（3）ex Ischenko（1952，不是 aumova，1953），模式种为 *H. rarus* Naumova，1953。现在一般将此属理解为腔状泥盆纪孢子［周壁膜具粗刺（perispore with coarse spines）］，而不是种子蕨的单囊花粉（Jansonius and Hills，1976）。由此也可看出，R. Potonié 属征中说的“膜环”也未必可靠。鉴于下面描述的孢子本体“为巨厚的外壁纹饰层所包围”（廖克光，1987a，564页），与现在一般理解的 *Hymenozonotriletes* 一致，所以本书仿周和仪（1980），暂仍用此属名；*Pseudoclavisporis* Liao，1987 形态结构还不大清楚［膜环（?）、周壁（?）、网膜（?）］，是否有必要独立建属，有待对更多标本的详细研究。

锥瘤膜环孢 *Hymenozonotriletes acutus* Zhou，1980

（图版125，图13，16）

1980 *Hymenozonotriletes acutus* Zhou，周和仪，36页，图版13，图3—6。

1987 *Hymenozonotriletes acutus* Zhou，周和仪，11页，图版2，图31；图版3，图1，2。

描述 赤道轮廓三角形—三角圆形，角部浑圆，大小87—106μm，全模87μm［图版125，图13，按周和仪（1980）注明放大800倍，但周和仪（1987）改为484倍，差别很大，描述文字却未改动，此87μm按484倍测量］；三射线具薄唇，宽约2μm，长达本体赤道，未伸入环内，两射线之间顶部似具小的深色接触点；环宽约25μm，角部可达35μm，具内网状结构；远极表面密布着小锥瘤、锥刺状纹饰；棕黄—黄色。

比较与讨论 此种孢子形态还不够清楚，虽描述为“环”，但其“内网状结构”表明其有属腔状或假（?）单囊孢子的可能性；归入此种的个别标本（如周和仪，1987，图版13，图2）与 *Radiizonates solaris* Kaiser，1976（p. 127，pl. 11，figs. 10，11）亦颇相似，但从全模标本看，本种以三射线具颇粗壮的唇且长达本体边沿、本体赤道缺乏颜色较深暗的一圈、环上也缺乏颇规则的辐射脊而与后者不同。

产地层位 山东沾化，太原组。

角状膜环孢 *Hymenozonotriletes angulatus* Naumova，1953

（图版77，图5）

1953 *Hymenozonotriletes angulatus* Naumova，p. 65，pl. 8，fig. 21.

1995 *Hymenozonotriletes angulatus*，卢礼昌，图版2，图4。

描述 赤道轮廓亚三角形，大小42.5—47.5μm；三射线清楚，两侧具唇，单片唇宽约2μm，伴随射线伸达赤道；内层较外层略厚（约1μm），外层在赤道延伸成膜环，环窄，宽仅2.5—4.0μm，具明显的内颗粒状结构；远极面具3条加厚带，在极点相互交结，并呈辐射状延伸直至赤道，与近极面三射线错位对称；加厚带粗壮、厚实，每条宽达3.5—6.5μm，末端有时在赤道连合处微微外凸，并略呈角状。

比较与讨论 湖南标本与俄罗斯地台上泥盆统下部的 *H. angulatus*（Naumova，1953，pl. 8，fig. 21）在形态特征与大小幅度方面均十分相似，甚至近乎相同，无疑应为同一种。

产地层位 湖南界岭，邵东组。

古型膜环孢？ *Hymenozonotriletes*? *antiquus* Gao, 1978

（图版77，图6）

1978 *Hymenozonotriletes antiquus* Gao，高联达，356页，图版45，图11。

描述 赤道轮廓亚三角形，角顶钝锐，三边微外凸，大小32μm；内孢体较厚（色较深），轮廓与孢子赤道轮廓近乎一致；具加厚的膜环，宽8—10μm，表面具细点状纹饰，并似具宽齿状内结构。

注释 可惜标本保存欠佳，特征不祥，属的鉴定似应有所保留。

产地层位 广西六景，下泥盆统那高岭组。

矮粒膜环孢 *Hymenozonotriletes brevimammus* Naumova, 1953

（图版77，图9，10）

1953 *Hymenozonotriletes brevimammus* Naumova，p. 39，pl. 4，fig. 3.

1995 *Hymenozonotriletes granulatus*，卢礼昌，图版1，图21（未描述）。

描述 赤道轮廓钝角凸边三角形，大小53.5—60.0μm；三射唇粗壮、厚实，宽3.5—4.5μm，伸达赤道或赤道附近，末端常略有膨胀；本体轮廓与孢子赤道轮廓近乎一致，厚1.5—2.0μm（内层）；外层表面粗糙至颗粒状，在赤道延伸成膜环；膜环宽10—12μm，周边微粗糙；罕见褶皱。

注释 再次观察与对比的结果表明，原先（卢礼昌，1995）置于 *H. granulatus*（Naumova）Jushko（1963，in Kedo）名下的湖南标本，其特征更接近于 *H. brevimammus*，故在此给予纠正。

产地层位 湖南界岭，邵东组。

洞穴膜环孢 *Hymenozonotriletes caveatus* Ouyang and Chen, 1987

（图版78，图11）

1987a *Hymenozonotriletes caveatus* Ouyang and Chen，欧阳舒等，78页，图版15，图39。

描述 赤道轮廓圆三角形，全模标本大小110μm，本体（外壁内层）轮廓三角形，大小73μm；三射线清楚，单细，微弯曲并开裂，接近伸达本体壁内沿；本体壁厚约2.5μm，其赤道内侧具一弧形褶皱，表面光滑，在接触区中央具3个接触点，其中2个模糊，1个直径达12μm；外壁外层厚约2μm，在远极和赤道部位强烈膨胀，在赤道部位距本体边沿宽≤20μm，表面为穴纹状结构，分布较稀，圆—椭圆形，直径1—2μm，有些穴互相沟通而呈壕状；本体棕色，外壁外层棕黄色。

比较与讨论 当前孢子的外壁外层较厚，与本体的间距相对稳定，似为腔状孢而非周壁孢，故与 *Peritrirhiospora* 各种不同；它以外壁外层的穴纹状结构等特征而区别于 *Hymenozonotriletes* 属内其他种。

产地层位 江苏句容，五通群擂鼓台组下部。

三角形膜环孢 *Hymenozonotriletes deltoideus* Gao, 1978

（图版77，图7）

1978 *Hymenozonotriletes deltoideus* Gao，高联达，357页，图版45，图12。

描述 赤道轮廓三角形，描述标本大小40μm；内孢体轮廓与孢子赤道轮廓基本一致，大小（半径）约为20μm，环宽18—20μm，内缘（表面）具不规则刺状突起，环外缘平滑；三射线具唇（窄且厚），伸达赤道（高联达,1978)。

产地层位 广西六景,下泥盆统那高岭组。

扁平膜环孢 *Hymenozonotriletes explanatus* (Luber) Kedo, 1963

(图版80,图18, 19;图版125,图7, 10)

1941 *Zonotriletes explanatus* Luber, in Luber and Waltz, p. 18, pl. 1, fig. 4.

1963 *Hymenozonotriletes explanatus* (Luber) Kedo, p. 67, pl. 6, figs. 144—147.

1975 *Kraeuselisporites hibernicus* Higgs, pl. 6, figs. 11, 12.

1976 *Hymenozonotriletes explanatus* (Luber) Kedo, Playford, p. 37, pl. 8, figs. 1—3.

1977 *Hymenozonotriletes explanatus*, Clayton et al., p. 28, pl. 4, figs. 9, 10; pl. 5, fig. 13.

1978 *Hymenozonotriletes explanatus*, Turnau, morpho-type Ⅰ, p. 12, pl. 5, figs. 16, 19, 20; morpho-type Ⅱ, p. 13, pl. 5, fig. 18.

1979 *Hymenozonotriletes explanatus*, van der Zwan, pl. 15, figs. 1, 2.

1983 *Hymenozonotriletes explanatus*,高联达,206 页,图版6,图14—19。

1985 *Hymenozonotriletes explanatus*,高联达,见侯鸿飞等,79 页,图版8,图7。

1987b *Hymenozonotriletes explanatus*,欧阳舒等,210 页,图版Ⅳ,图27,28。

1991 *Indotriradites explanatus* (Luber) Playford, p. 103, pl. 3, figs. 17, 18.

1999 *Hymenozonotriletes explanatus*,卢礼昌,98 页,图版27,图13。

描述 赤道轮廓圆三角形,子午轮廓近极面凹入(角部翘起),远极面半球形,大小73—95μm(不包括纹饰),本体轮廓与孢子轮廓大体一致,大小68—78μm;三射线具高起的唇,总宽2.5—4.5μm,微弯曲,末端微变窄,长约4/5R或延伸至赤道边缘;外壁外层厚达2.0—2.5μm,表面具稀疏的刺—瘤,基径1.0—4.5μm,高1.5—6.0μm,末端尖锐或钝凸,刺之间为细密颗粒—块瘤—乳突纹饰,粒径≤1μm,常相互连接成不规则小穴;外壁外层在赤道部位延伸成环,宽2—5μm不等,有时在角部较发育,环上纹饰与本体上相同;黄—棕色。

比较与讨论 当前标本与Kedo(1963, pl. 6, figs. 144—147)描述的这个种(特别是fig. 146 = Turnau, 1978 的类型Ⅰ)形态较相似,但她的图145本体外壁很厚,环较宽,有缘且与本体距离相等,这与前者有较大差别,Turnau(1978)将后者称为形态类型Ⅱ;异名表上将2个类型归入同一种内。它与Streel和Traverse(1978, 特别是pl. Ⅰ, figs. 1, 2)从美国Altoona Tn1a—Tn2记载的*H. explanatus*形态几乎完全一致。从图版125图10侧面保存的孢子判断,此种(类型Ⅰ)确为具环而非腔状的孢子。假如上述Turnau的类型Ⅱ(以及Kedo, 1963, pl. 6, fig. 25等)为腔状孢,则需另建种名并归入别的属。此种广泛分布于北半球许多地区和澳大利亚,从Tn1b下部到Tn3下部(Clayton et al., 1977;即晚泥盆世末—早石炭世杜内期)。Playford (1991, p. 103)将本种归入*Indotriradites* (Tiwari) Foster, 1979,但Oshurkova (2003)不赞成,她提议将*explanatus*这个种归入*Grandispora*不是没有道理的,只因为传统习惯用法,本书未作改动。

产地层位 江苏宝应,五通群擂鼓台组最上部;贵州睦化,王佑组董格关层底部;西藏聂拉木,波曲组上部;新疆和布克赛尔,黑山头组4,5层。

长刺膜环孢 *Hymenozonotriletes longispinus* Lu, 1999

(图版77,图18—20)

1999 *Hymenozonotriletes longispinus* Lu,卢礼昌,99 页,图版13,图1—3。

描述 赤道轮廓凸边三角形(不规则),大小47.8—78.5μm,全模标本62.4μm;三射线不清楚或仅可识别,约等于内孢体半径长,三射脊[唇(?)]或发育,宽3.0—5.5μm,突起高约5μm,超越中央区伸达赤道附近;外壁2层:内层甚薄、光滑,由其形成的内孢体轮廓与孢子赤道轮廓大体一致,并有时可见与环内缘局部分离,近极外层中央区较薄,表面粗糙或具不规则突起,其外围外壁较厚实,突起更明显,环面光滑(较薄部分),远极外层尤其中央区及其周围具明显的长刺纹饰,其密度与大小均多变,一般刺基部不膨胀,刺干两侧近于平行,宽1.0—1.5μm,长3.0—9.4μm,顶部明显收缩,并延伸呈柔弱的小刺;小刺长

1.0—1.5μm,弯曲,易断,末端尖;带环内厚外薄,相差悬殊,界线分明,加厚部分为环宽的1/3—1/2,外侧较薄部分透明至膜状,细内结构依稀可见,环总宽11—14μm,边缘平滑至微凹凸不平;浅棕黄—深棕色(加厚部分)。

比较与讨论 本种以刺长为特征,与 *H. scorpius* (Balme and Hassell) Playford, 1971 的形态特征颇相似,但它的纹饰为锥刺且基部较膨大(宽3—7μm); *H. polyancanthus* Naumova, 1953 的纹饰类型与本种的较近似,但在赤道轮廓线上突起较当前种更为明显。

产地层位 新疆和布克赛尔,黑山头组5层。

较大膜环孢 *Hymenozonotriletes major* Lu, 1999

(图版77,图21,22)

1999 *Hymenozonotriletes major*,卢礼昌,99页,图版12,图11,12。

描述 赤道轮廓圆形或近圆形,大小96.7—139.0μm,全模标本112.3μm;三射线可见至清楚,约等于内孢体半径长,或具三射脊[唇(?)],最宽达3.5—5.0μm,超越中央区延伸至赤道或赤道附近;外壁两层:内层颇薄(厚约0.5μm),多皱,微粒状清楚,由其组成的内孢体轮廓与孢子赤道轮廓基本一致,并与环内缘不规则分离[内层褶皱所致(?)],外层远极面(包括环面)具小刺与细颗粒纹饰,分布较密,但基部常不连接,小刺基宽约1μm,长2.0—3.5μm,顶端锐尖,在赤道轮廓线上突起稀少,外层近极面粗糙至细颗粒状;带环内厚外薄,分界明显,加厚部分较窄,其余部分较宽,总宽19.5—25.0μm;棕黄—深棕色(加厚部分)。

比较与讨论 本种以孢子较大、纹饰甚小为特征。*H. medius* Naumova, 1953 的形态特征及纹饰组成与本种的似颇接近,但其个体较小(60—70μm)、纹饰相对较粗,且为锥刺;与 *Kraeuselisporites hibernicus* Higgs, 1975 的主要区别是,后者的带环(外侧部分)显得薄很多,纹饰除刺、粒外,尚具细冠脊与皱脊。

产地层位 新疆和布克赛尔,黑山头组4层。

茂山膜环孢 *Hymenozonotriletes maoshanensis* Gao, 1983

(图版78,图10)

1983 *Hymenozonotriletes maoshanensis* Gao,高联达,514页,图版113,图6。

描述 赤道轮廓亚圆形,大小110—160μm。描述标本:内孢体柔弱,甚小,轮廓与孢子赤道轮廓大致相同,大小(直径)约为1/2R;三射线具唇,伸达赤道;孢子表面(外层)覆以不规则小网纹;膜环甚宽,可达42μm左右,表面除小网纹外,局部可见刺状突起(基宽2.0—2.5μm,高3—4μm),坚实,钝尖。

产地层位 云南禄劝,下泥盆统坡脚组。

棒粒膜环孢(新联合) *Hymenozonotriletes microgranulatus* (Gao) Zhu and Ouyang com. nov.

(图版125,图11)

1985 *Grandispora microgranulata* Gao,高联达,81页,图版9,图2。

描述 赤道轮廓三角形—亚三角形,大小60—80μm,全模70μm;具赤道膜环,环宽1/4—1/3R,本体与环之间界线明显;孢壁厚,黄褐色;三射线粗壮,直伸至三角顶;外壁表面覆以排列紧密的棒粒纹饰,交错排列,在轮廓线上具颗粒突起。

比较与讨论 *Grandispora* 的主要特征是腔状孢,外层具刺状纹饰;从原作者的描述(膜环具“棒粒”纹饰)看,两点皆不适宜归入 *Grandispora*,这从原作者的比较也可看出,他提及的 *Hymenozonotriletes brevimammus*, Oshurkova, 2003 仍然归入 *Hymenozonotriletes*; *Lophozonotriletes fastuosus* Naumova 的原属名是 *Lophotriletes*,该种孢子明显是无腔的。故将此种迁入 *Hymenozonotriletes*。

产地层位 贵州睦化,打屋坝组底部。

多刺膜环孢 *Hymenozonotriletes polyacanthus* Naumova, 1953

(图版78,图9)

1953 *Hymenozonotrieltes polyacanthus* Naumova, p. 41, pl. 4, figs. 11, 12.

1985 *Grandispora polyacanthus* (Naumova) Gao,高联达,见侯鸿飞等,80页,图版8,图9。

描述 极面轮廓三角形,大小90—120μm,照片标本大小110μm;具赤道膜环,环为1/3—1/2R,环与本体接触处加厚;黄褐色;三射线直伸至三角顶,射线两侧具窄的条带加厚;孢子表面覆以小刺纹饰,分布较稀,基部不连接,彼此交错排列,基部宽4—6μm,高8—10μm,弯曲,前端钝尖,在轮廓线上具小刺突起。

注释 鉴于本种为*Hymenozonotrieltes*的模式种,而*Grandispora*为腔状孢,因此贵州的标本(高联达,1985)仍归入*H. polyacanthus*较适合。

产地层位 贵州睦化,王佑组格董关层底部。

散离膜环孢 *Hymenozonotriletes praetervisus* Naumova, 1953

(图版81,图7, 10)

1953 *Hymenozonotriletes praetervisus* Naumova, p. 40, pl. 4, fig. 8.

1999 *Hymenozonotriletes praetervisus*,卢礼昌,98页,图版26,图3,4。

描述 赤道轮廓凸边三角形,一角钝凸,两角宽圆,大小98.6—114.0μm;三射线具唇,宽2.5—4.0μm,超越内孢体伸达带环上;内层清楚,甚薄(约0.5μm厚),多褶皱,光滑无饰,与外层(环内缘)多少分离,由其构形的内孢体轮廓与孢子赤道轮廓一致;外层在赤道延伸成环,环颇宽,内缘部分(占环宽的1/4—1/3)明显较厚,其余部分较薄,环宽14—21μm,外缘呈颇稀的细齿状;外层远极面(包括环面及其边缘)具刺状突起纹饰,分布稀散,基部常不接触;小刺分子,基部略有膨胀,宽1—3μm,上部颇窄,修长,直,顶端尖,宽约0.5μm(罕见超过1μm),长2.3—4.5μm,在赤道轮廓线上反映明显,突起60—84枚;外层近极面纹饰明显减弱,常为小刺—粒状突起,宽与高均不足1μm,细颗粒状内结构明显;浅—深棕色。

比较与讨论 本种标本在形态特征、纹饰组成及大小幅度等方面,与Naumova(1953)首次描述的俄罗斯地台中泥盆统上部的*H. praetervisus*标本最为接近,唯一不同的是后者环内侧部分不见加厚。

产地层位 新疆和布克赛尔,黑山头组4层。

原美丽膜环孢 *Hymenozonotriletes proelegans* Kedo, 1963

(图版125,图4, 19)

1996 *Hymenozonotriletes proelegans* Kedo,朱怀诚,154页,图版3,图7,8。

描述 赤道轮廓三角形—亚圆形,轮廓线不规则大波形;大小56—62μm;三射线明显或不明显,简单,直或微曲,长伸达赤道;外壁内层薄,轮廓线与孢子一致,表面具点状—光滑纹饰;外壁外层薄,表面放射状排列小褶皱,膜环宽2—6μm,表面点状—光滑。

比较与讨论 本种以个体略大区别于形态相似的*H. elegans* (Waltz) Naumova, 1953。

产地层位 新疆塔里木盆地,巴楚组。

易变膜环孢 *Hymenozonotriletes proteus* Naumova, 1953

(图版78,图3)

1953 *Hymenozonotriletes proteus* Naumova, p. 40, pl. 4, fig. 5.

1991 *Grandispora spinosa* (Naumova) Gao,徐仁、高联达,图版2,图7。

注释 本种以孢子轮廓三角形、内孢体边缘明显加厚(极面观)且其半径小于膜环宽以及外壁表面覆以稀疏的小瘤状纹饰为主要特征。按Oshurkova(2003),此种被归入*Calyptosporites*:首先,被置于*Grandispora spinosa* (Naumova) Gao, 1983名下的标本(徐仁、高联达,1991,图版2,图7)与上述特征十分接近,改迁入*Hymenozonotriletes proteus*似较妥;其次,*Grandispora spinosa* (Naumova) Gao, 1983为*G. spinosa* Hoffmeister et al., 1955 的晚出异物同名,应无效。

产地层位 云南东部,海口组。

稀刺膜环孢 *Hymenozonotriletes rarispinosus* Lu, 1994

(图版 77,图 1—3)

1994a *Hymenozonotriletes rarispinosus* Lu,卢礼昌,193 页,图版 6,图 19—22。

1995 *Hymenozonotriletes rarispinosus*,卢礼昌,图版 3,图 18(未描述)。

1996 *Hymenozonotriletes rarispinosus*,王怿,图版 5,图 8—12。

描述 赤道轮廓宽圆三角形—近圆形,大小 32.5—51.5μm,全模标本 43.2μm;三射线可见至清楚,略短于内孢体半径长,有时伴有唇,宽 1.5—3.5μm;内层厚约 1μm,表面具小刺—粒状纹饰,极面观与外层(环内缘)略有分离,外层远极表面微粗糙,具海绵状或粗点穴状结构,赤道边缘或具稀散的刺状突起,近极表面无明显突起纹饰;纹饰主要分布在远极区及其周围加厚区(环内半部),并常在加厚区最发育,其余部分(环外半部)明显减稀、变弱,且一般不超出赤道边缘;纹饰分子基部宽 2.0—4.5μm,高 3.5—6.5μm,朝顶端逐渐变尖而呈长锥刺—长钉刺状,光滑、坚实,基部间距 2.0—9.5μm,罕见相互接触;带环内半部较外半部厚许多,厚薄之间多为过渡关系,环宽常略小于内孢体半径长;赤道轮廓线一般较圆滑,或偶见局部呈齿状凸起;浅—深棕色。

比较与讨论 本种以带环明显内厚外薄与突起纹饰坚实、分布稀疏且不均匀为特征。此特征与 *H. scorpius*(Balme and Hassell)Playford(1967, p. 38, pl. 7, figs. 12—16)较相似,但后者为双型纹饰,且孢子大得多(63—99μm),因此彼此不应归入同一种。

产地层位 江苏南京龙潭,五通群擂鼓台组下—中部与中—上部;湖南界岭,邵东组;湖南锡矿山,孟公坳组。

稀少膜环孢 *Hymenozonotriletes rarus* Naumova, 1953

(图版 77,图 12)

1953 *Hymenozonotriletes rarus* Naumova, p. 61, pl. Ⅷ, fig. 8.

1975 *Hymenozonotriletes rarus*,高联达、侯静鹏,219 页,图版 10,图 9。

描述 赤道轮廓亚三角形,角部宽钝凸,三边微外凸,大小 60—70μm;内孢体轮廓近圆形,大小约 40μm;外层表面覆以不规则网状纹饰,网穴大,呈长多边形,穴径 6—10×2—3μm,网脊粗,宽约 2μm,高约 1.5μm 或稍高(高联达等,1975,图版 10,图 9 测量);三射线约为孢子半径长。

注释 归入 *H. rarus* 的贵州标本与 Naumova(1953)最初描述的俄罗斯地台上泥盆统下部的该种特征和大小均颇相似,仅前者的脊较粗、较稀,同归该种应无异议。

产地层位 贵州独山,下泥盆统舒家坪组。

直形膜环孢 *Hymenozonotriletes rectiformis* Naumova, 1953

(图版 61,图 10)

1953 *Hymenozonotriletes rectiformis* Naumova, p. 114, pl. 17, fig. 20.

1983 *Hymenozonotriletes rectiformis*,高联达,515 页,图版 111,图 8。

描述 赤道轮廓宽钝角凸边三角形或近亚圆形,大小 50—60μm;内孢体轮廓与孢子赤道轮廓一致;三射线伸达赤道附近;膜环颇窄,宽仅(或不足)4μm,其内缘与内孢体略微分离,并见很窄的加厚(呈深色)与小刺状突起,膜环表面具稀散的点粒状纹饰,外缘轮廓线上反映甚弱。

注释 就形态特征而言,当前标本似乎更接近 *H. mancus* Naumova, 1953(p. 63, pl. 8, fig. 17),唯一的区别是后者赤道轮廓为圆形,而 *H. rectiformis* 为三角形。本种曾被 van der Zwan(1980)归入 *Auroraspora*。

产地层位 云南禄劝,下泥盆统坡脚组。

指状膜环孢(新联合) *Hymenozonotriletes reticuloides* (Ouyang) Liu comb. nov.

(图版125,图17, 20)

1964 *Verrucosisporites reticuloides* Ouyang,欧阳舒,494页,图版Ⅳ,图1—6。

1980 *Hymnenozonotriletes digitus* Zhou,周和仪,37页,图版13,图1。

1987a *Pseudoclavisporis radiatus* Liao,廖克光,564页,图版138,图13,23。

1984 *Verrucosisporites reticuloides* Ouyang,高联达,401页,图版151,图20。

1990 *Verrucosisporites reticuloides* Ouyang,张桂芸,见何锡麟等,308页,图版Ⅳ,图4,5。

1996 *Pseudoclavisporis radiatus*,朱怀诚,见孔宪祯等,261页,图版47,图1。

描述 赤道轮廓圆三角形—圆形,大小127(141)156μm,全模127μm(图版125,图20);三射线明显,有时不易看清,直,长几乎等于本体半径;外壁较厚,约5μm,2层,外层显著厚于内层,表面具不规则的小块瘤纹饰,块瘤细密,有些相连而呈拟网状;赤道上具膜环,包围网脊在轮廓线上的指状突起,一般宽7μm,最宽可达12.5μm,高20μm左右,最高达25μm,其上具横的节纹,颇似手指;暗棕—棕黄色。

比较与讨论 廖克光(1987a)建立的属种 *Pseudoclavisporis radiatus* 与周和仪(1980)描述的标本,从照片和部分描述内容看,似属于同一属种,如其大小103—120μm,有一厚15—25μm的纹饰层包围着本体(即周和仪的膜环),纹饰层外缘呈棒状或蘑菇状凸起,直径4—10μm不等,出现裂环及大网状影像(即周和仪所说的指状、拟网),只不过,廖克光未提及块瘤纹饰,不过,她指出 *Verrucosisporites reticuloides* Ouyang,1964可归入她建立的属,而后者以块瘤纹饰为主。赤道上所见膜状物究竟是网膜还是赤道环,有待今后对孢子切片进行观察才能确定该种的归属。

产地层位 山西宁武,山西组—上石盒子组;山西河曲,下石盒子组;内蒙古准格尔旗黑岱沟,山西组35层;内蒙古准格尔旗房塔沟,山西组;山东垦利,上石盒子组。

蝎尾刺膜环孢 *Hymenozonotriletes scorpius* (Balme and Hassell) Playford, 1967

(图版77,图13, 14)

1962 *Hymenozonotriletes scorpius* Balme and Hassell, p. 16, pl. 3, figs. 8—11.

1976 *Hymenozonotriletes scorpius* (Balme and Hassell) Playford, p. 37, pl. 7, figs. 12—16; text-fig. 5b.

1999 *Hymenozonotriletes scorpius*,卢礼昌,98页,图版13,图4,5。

描述 赤道轮廓钝角凸边三角形,大小57.7—81.0μm;三射线不清楚至可见,伸达带环内缘;中央区清楚,区内边沿外壁较带环内侧部分厚许多;内孢体(内层)与环内缘多少分离,薄,表面光滑;远极面(包括环面及其边缘)具锥刺状纹饰,分布稀疏,但不规则,基宽1.5—4.0μm,高2.0—5.5μm,顶部钝,末端常具一极小的刺(宽0.5—0.8μm,高1.5—2.5μm),呈蝎尾状;环内侧部分厚,外侧部分薄,彼此关系或为突变或为渐变,宽度大致相等,总宽12.5—15.6μm,外缘轮廓线微凹凸不平至不规则细齿状;近极中央区表面粗糙至小刺—粒状,环面近光面,外壁点穴状或细颗粒状,内层与近极中央区外层或具脊状或细长条状褶皱;棕黄—深棕色。

比较与讨论 本种以蝎尾状的刺为特征而有别于 *Hymenozonotriletes* 的其他种,与 *H. longispinus* 的主要区别则在于后者的纹饰为长刺状突起(3.0—9.4μm)。

注释 本种主要见于澳大利亚上泥盆统与下石炭统(Balme and Hassell, 1962; Playford, 1976);北半球罕见,在我国尚属首次报道。

产地层位 新疆和布克赛尔,黑山头组5层。

刺状膜环孢 *Hymenozonotriletes spinulosus* Naumova, 1953

(图版78,图2)

1953 *Hymenozonotriletes spinulosus* Naumova, p. 63, pl. 8, fig. 14.

1975 *Hymenozonotriletes spinulosus*,高联达、侯静鹏,219页,图版10,图4,5。

描述 赤道轮廓圆三角形,大小90—110μm;内孢体轮廓与孢子赤道轮廓相近,大小60—80μm;三射线细长,等于孢子半径长;外壁外层覆以细而稀的刺(详见高联达等,1975)。

注释　本种以外层表面具分布规则且大小均匀的小刺为特征；小刺长约2.5μm（常不超过3μm），宽略小于2μm，彼此间距常为基宽的2倍左右（据Naumova, 1953, pl. 8, fig. 14测量）；环缘呈颇规则的细锯齿状。

产地层位　贵州独山，舒家坪组。

坚实膜环孢　*Hymenozonotriletes striphnos* Gao, 1983

（图版78，图4）

1983 *Hymenozonotriletes striphnos* Gao，高联达，515页，图版111，图12。

描述　赤道轮廓钝角凸边三角形，大小110—125μm。标本照片显示：三裂缝标志在内孢体上清楚，微弯曲，超越内孢体的延长部分不清楚；内孢体轮廓与孢子赤道轮廓接近一致，内孢体具一赤道环与亚赤道环，两环厚实，近平等宽，宽约15μm，彼此被一窄的亮圈分隔；膜环薄，透明，具不规则曲线状褶皱，边缘波状，宽10—14μm。

产地层位　云南禄劝，海口组。

柔弱膜环孢　*Hymenozonotriletes tenellus* Naumova, 1953

（图版77，图11）

1953 *Hymenozonotriletes tenellus* Naumova, p. 66, pl. 9, fig. 3.

1985 *Hymenozonotriletes tenellus*，高联达，79页，图版8，图5。

1996 *Hymenozonotriletes tenellus*，王怿，图版5，图13。

描述　赤道轮廓钝角凸边三角形，大小42.5—60.0μm；三射线长等于R，两侧具窄的条带加厚；内孢体与膜环接触处具窄的加厚，轮廓与孢子赤道轮廓接近一致；膜环薄，宽约1/2R；孢子表面覆以小网点结构（据高联达，1985，79页，本节略有修补）。

注释　所描述标本的形态特征与首次描述的俄罗斯地台上泥盆统下部的*H. tenellus* Naumova, 1953颇相似（其外壁被描述为鲛点状，大小60—75μm），孢子略偏小，尤其锡矿山标本，仅42.5μm。

产地层位　湖南锡矿山，邵东组；贵州睦化，王佑组格董关层底部。

变异膜环孢　*Hymenozonotriletes variabilis* Naumova, 1953

（图版78，图13）

1953 *Hymenozonotriletes variabilis* Naumova, p. 61, pl. 8, fig. 9.

1975 *Hymenozonotriletes variabilis*，高联达、侯静鹏，218页，图版10，图3。

描述　赤道轮廓亚三角形，大小（据图照测量）约100μm，内孢体轮廓圆形，大小约80μm；三射线可识别，微开裂，约等于内孢体半径长；外壁表面弱细粒状，赤道轮廓线上无明显反映；赤道膜环不等宽；内孢体较膜环色深。

注释　首次描述的俄罗斯地台上泥盆统（Frasnian顶部）的*H. variabilis* Naumova, 1953：赤道轮廓近圆形，大小50—90μm；三射线简单，伸达赤道；内孢体多皱；膜环基本等宽，表面呈稀散的细点粒状。与*H. varius*最主要的区别为，后者内层相对较薄（不具内环状结构）。

产地层位　贵州独山，丹林组。

多变膜环孢　*Hymenozonotriletes varius* Naumova, 1953

（图版80，图14）

1953 *Hymenozonotriletes varius* Naumova, p. 38, pl. 4, fig. 1.

1983 *Hymenozonotriletes ?varius*，高联达，515页，图版3，图11。

1985 *Hymenozonotriletes varius*，高联达，79页，图版8，图6。

描述　赤道轮廓宽锐角凸边三角形，大小约62μm；三射线可辨别，伴随唇伸达赤道；内层厚实，颜色较深，内孢体轮廓与孢子赤道轮廓接近一致；膜环宽1/3—1/2R，常褶皱；孢子表面平滑或具内点状结构（高联达,1985,略有修改)。

注释 本种以内层相当厚实(呈内环状),膜环光滑、单薄、窄以及边缘不规则波状为特征,大小80—95μm(Naumova, 1953)。归于当前种的云南禄劝坡脚组的标本(高联达,1983),似乎与上述特征不甚符合,其种的鉴定似应作保留。

产地层位 贵州睦化,王佑组格董关层底部。

瘤面膜环孢 *Hymenozonotriletes verrucosus* Gao, 1983

(图版78,图1)

1983 *Lophozonotriletes* cf. *tylophorus* Naumova,高联达,494页,图版108,图7(部分)。

1983 *Hymenozonotriletes verrucosus* Gao,高联达,515页,图版113,图5。

描述 赤道轮廓钝角凸边三角形,大小90—100μm(含纹饰),三射线可识别至清楚,曲或直,简单或微开裂,等于内孢体半径长;内孢体圆三角形—亚圆形,大小42—48μm(据图照测量,以下皆同);孢子表面具瘤,为圆瘤—圆锥瘤,在远极中央区内较小、较稀,以圆瘤为主,基宽4.5—7.0μm,略大于高,彼此间距3.5—6.0μm,环面及环缘以大锥瘤为主,环面纹饰基宽7.5—16.0μm,高6.0—8.5μm,间距1.5—3.0μm,环缘突起基宽7.5—16.0μm,高5.5—8.5μm,(基部)延伸、联合,表面微粗糙,具稀散的、次一级小刺—粒状纹饰(高与宽均不足1μm),顶部钝圆—圆凸;膜环宽度不一:辐射区(24—32μm)较辐间区宽(20—28μm),环内沿界线可见,圆滑,外缘呈不规则齿状—凹凸不平,周边突起15—22枚;中央区外壁较膜环稍薄(极面观)。

注释 本种以远极中央区与环面上瘤状突起的大小、形态与密度多变为特征。

产地层位 云南禄劝,海口组。

褶膜孢属 *Hymenospora* Neves, 1961

模式种 *Hymenospora palliolata* Neves, 1961;英格兰,石炭系(Namurian)。

属征 三缝同孢子或小孢子,赤道轮廓圆—亚圆形;在三射线区,外壁外层贴触外壁内层;此外,外壁外层呈深壕状,而沿凹壕方向两膜片仍然接触;在压扁的孢子上,外壁外层凸出本体边沿,呈光面膜环状;模式种大小70—105μm。

注释 本属膜环状外观完全是由外壁外层在本体边沿凸出,外环与射线的相关位置并不一定位于赤道造成的,而这一些是带环或膜环类孢子的基本特征。

比较与讨论 本属以膜壁超出本体宽度相对较均匀区别于 *Perotrilites*。

皱纹褶膜孢(比较种) *Hymenospora* cf. *caperata* Felix and Burbridge, 1967

(图版125,图5;图版126,图1)

1971 *Hymenospora* cf. H. *caperata*, Playford, p. 51, pl. 17, figs. 9—15.

1971 *Hymonospora* cf. H. *caperata*, Urban, p. 125, pl. 30, figs. 8, 9.

1977 *Hymenospora* cf. H . *caperata*, Playford, p. 78, pl. 12, fig. 13.

1978 *Hymenospora* cf. H. *caperata*, Playford, p. 102, pl. 12, figs. 5—8.

1987a *Hymenospora* cf. *caperata* Felix and Burbridge,欧阳舒、陈永祥,76页,图版13,图14,15,22。

描述 赤道轮廓圆三角形—亚圆形,大小52—58μm(测3粒),本体轮廓与孢子轮廓大体一致,大小40—45μm;三射线可见或模糊,单细,或具粗大的唇,宽可达12μm,伸达本体边沿;本体壁(外壁内层)稍厚,厚度不能测,光面或微粗糙;外壁外层包围整个本体,薄,厚<1μm,表面纹饰呈极细点穴状—颗粒状,颇密,粒径≤0.5μm,赤道上超出本体4—8μm,呈环状构造,具许多辐射状皱纹,大多延伸至环内或环的边沿,轮廓线近波状至近平滑;本体棕色,"环"黄色。

比较与讨论 当前标本与澳大利亚昆士兰维宪阶的 *H.* cf. H. *caperata* Felix and Burbridge (Playford,

1978)形态大体一致,本书图版125图5与Playford的图版12图6几乎完全相同,但原作者描述该种时提及本体为细点穴状,三射线不清楚,故种的鉴定亦仿Playford作了保留。加拿大滨海省维宪阶的?*Secarisporites* spp.(Barss, 1967, pl. Ⅵ, figs. 19—28)的一部分标本和白俄罗斯普里皮亚季(Pripyat)盆地杜内阶的*Hymenozonotriletes famenensis* Kedo, 1963(p. 59, pl. Ⅴ, fig. 109)以及我国甘肃靖远前黑山组的*Fastisporites minuta* Gao(高联达,1980,62页,图版Ⅳ,图4—8)都有可能属于此种。

产地层位 江苏句容,高骊山组。

梳冠孢属 *Cristatisporites* (Potonié and Kremp) Butterworth, Jansonius, Smith and Staplin, 1964

模式种 *Cristatisporites indignabundus* (Loose) Potonié and Kremp, 1954;德国鲁尔,上石炭统(Westphalian B)。

属征 三缝孢子,轮廓亚圆形—亚三角形;外壁2层:内层常不清楚,无纹饰或具细纹饰,保存时几乎充满了整个外层空腔,外层中央近极区具小纹饰,通常被一圈疏松的钢刺(setae)、锥刺(apiculae)、颗粒或小穴所环绕;三射线脊或缝常不清楚,其末端即上述的一刺圈,钢刺之外的膜环光面或具分散颗粒或小锥刺,假如远极纹饰延伸至赤道边缘,孢子边缘不规则,如具细而分散的突起或强烈的缺刻,远极纹饰显著,常为乳突(mammoid)或瘤,部分瘤的末端呈刺状;外壁外层内面可为坑穴状(foveolate)或泡状(vacuolate)(据Butterworth et al.,见Smith and Butterworth,1967,p. 253);模式种大小50—80μm,全模52.5μm。

比较与讨论 本属以远极面的显著纹饰区别于其他属。修订属征乃基于远极与近极的纹饰区别,以及外壁分2层。*Vallatisporites*的许多种,其带环内侧部分也具加厚现象,但它以洞穴状结构的存在为主要特征;*Kraeuselisporites*的若干种,近极与远极面也具不同的纹饰,但远极面纹饰在远极中央区及其周围最为集中,而远极—赤道部位及赤道边缘的纹饰则不甚明显。

分布时代 欧美,以早石炭世为主;中国,中、晚泥盆世—石炭纪—二叠纪。

植物亲缘关系 石松纲(Chaloner, 1962)。

阿尔珀梳冠孢(比较种) *Cristatisporites* cf. *alpernii* Staplin and Jansonius, 1964

(图版72,图1—3;图版83,图11, 12)

描述 大小81.0(86.4)99.0μm。

产地层位 新疆和布克赛尔,黑山头组4层。

棒刺梳冠孢 *Cristatisporites baculiformis* Lu, 1999

(图版39,图18, 19)

1999 *Cristatisporites baculiforis* Lu,卢礼昌,91页,图版13,图6,13;图版19,图6。

描述 赤道轮廓钝角凸边三角形—近圆形,大小72—98μm,全模标本90μm;三射线可见至清楚,约等于内孢体半径长,常被三射脊遮盖,脊在极区较弱,其延长部分较强,低矮,宽2.0—3.5μm,至少伸达赤道附近;外壁两层:(极面观)内层带不清楚(因外层加厚所致),外层分异性较大;近极中央区较薄,表面微粗糙,具分散的颗粒或长颗粒状突起,环面无明显突起纹饰,环内缘附近不规则加厚,远极外层通常较近极中央区的略厚,表面(包括环面)粗糙至小凹穴状,并具明显的棒刺状纹饰;棒刺主要集中在远极中央区及其周围,分布不规则,长短不一致,一般长7.8—12.1μm,基部宽2.5—4.0μm,基部彼此常连接成不规则冠脊或梳脊,朝上部逐渐变窄至顶端钝凸,罕见锐尖;(远极)环面外侧部分棒刺较弱或缺失,罕见超越赤道延伸(突起);带环靠近内缘部分较厚,其余部分较薄,宽15.7—23.4μm,内缘界线不甚清楚,外缘轮廓圆滑或不规则凹凸不平(非刺尖突起);浅棕—深棕色。

比较与讨论 本种以棒刺状纹饰及其基部彼此连接成脊为特征而与本属其他种不同;与*C. echinatus* Playford, 1963的区别是后者的纹饰为锥刺或刺(长仅1.5—5.0μm)。

产地层位 新疆和布克赛尔，黑山头组 5 层。

棒刺梳冠孢（比较种） *Cristatisporites* cf. *baculiformis* Lu, 1999

（图版 36，图 27）

1999 *Cristatisporites* sp. 1，卢礼昌，94 页，图版 13，图 12。

注释 大小 86μm（仅见 1 粒）。除纹饰为单一的短棒外，其他特征与 *C. baculiforis* 大致相似。

产地层位 新疆和布克赛尔，黑山头组 5 层。

锥饰梳冠孢 *Cristatisporites conicus* Lu, 1999

（图版 72，图 9，10；图版 83，图 3，4）

1999 *Cristatisporites conicus* Lu，卢礼昌，91 页，图版 11，图 3—6。

描述 赤道轮廓近三角形，角部宽圆或钝凸，三边外凸，大小 99.8—118.6μm，全模标本 101.4μm；三射线常清楚，直，伸达内孢体边缘，外层三射脊较发育，脊基部较厚实，宽 3—5μm，隆起部分较薄弱，半透明，顶部高 9—14μm，朝末端逐渐减低，伸达赤道附近，外壁两层：内层常不清楚或仅局部可见（与外层分离部分），厚约 1μm，外层分异性较大，近极中央区较薄，表面光滑并具相当稀散的小刺状纹饰，远极中央区较厚，表面粗糙至颗粒状，纹饰粗大，突起明显，赤道外层延伸，加厚成环；远极中央区纹饰以圆锥（瘤）状突起为主，分布稀疏，或 2—3 枚基部彼此连续，突起基部轮廓近圆形，直径 3.5—6.2μm，突起高常略小于基宽，表面微粗糙，呈细颗粒状，顶部圆或钝凸，末端小针（长约 1μm）状突起常断落不见；远极环面，纹饰较（远极）中央区的发育得拥挤、粗大与长，由钝圆锥—长圆锥（或筒）状突起和顶端小针（刺）组成，赤道纹饰最密，甚者彼此完全融合而仅剩顶部突起及其顶端小刺（1.5—2.5μm），突起高（大于基部宽）可达 4.7—7.8μm，其他特征与中央区纹饰相同；带环厚实，较窄，宽仅 11.0—17.2μm，为 1/5—1/3R，带环内缘与中央区界线常不清楚，外缘轮廓呈不规则波状或明显凹凸不平；浅棕—深棕色。

注释 本种以纹饰由圆锥（瘤）—长圆锥（或筒）状突起和顶端小针（刺）组成为特征。

产地层位 新疆和布克赛尔，黑山头组 4 层。

连接梳冠孢 *Cristatisporites connexus* Potonié and Kremp, 1955

（图版 73，图 1；图版 125，图 9）

1955 *Cristatisporites connexus* Potonié and Kremp, p. 106, pl. 16, figs. 291—293.

1976 *Cristatisporites solaris* Potonié and Kremp, Smith and Butterworth, p. 253, pl. 20, figs. 20, 21.

1989 *Cristatisporites connexus* Potonié and Kremp，王蕙，280 页，图版 1，图 30。

1994 *Cristatisporites connexus*，卢礼昌，图版 4，图 14。

1997a *Cristatisporites connexus*，卢礼昌，图版 4，图 12。

描述 孢子轮廓圆三角形，大小 30—58μm；三射线粗，伸达带环；极区外壁薄，近极面光滑—粗糙—具粒状纹饰，带环与远极区外壁具瘤（直径 1.5—2.0μm）—棒瘤状（高 2.0—3.5μm，底径 2μm 左右）突起，带环外缘具不规则的脊状或鸡冠状突起。

比较与讨论 据 Smith 和 Butterworth（1976）描述，本种大小 41—67μm，一般 47—58μm，全模 56μm，远极面和环缘纹饰为锥刺—近棒瘤，常互相连接成冠脊，绕周边约 30 枚；环厚实，中央本体部位较透明。被勉强定为此种的新疆标本保存不好。

产地层位 江苏南京龙潭，擂鼓台组上部；湖南界岭，邵东组；新疆准噶尔盆地克拉美丽，滴水泉组。

细齿梳冠孢 *Cristatisporites denticulatus* Lu, 1999

（图版 44，图 26—29）

1999 *Cristatisporites denticulatus* Lu，卢礼昌，92 页，图版 20，图 8—13。

描述 赤道轮廓圆角凸边三角形—近圆形，大小 61.5—84.2μm，全模标本 68.7μm；三射线常被外层三射脊遮盖,脊发育,但不强烈隆起,膜状,直或曲,高 3.5—7.0μm,宽 3—4μm,伸达赤道或赤道附近;外壁 2 层:内层薄,厚不足 1μm,有时沿三射线开裂,由其形成的内孢体轮廓清楚,极面观与外层紧贴或不同程度分离;外层较厚(不可量),具明显的点穴状—海绵状结构,近极和远极面以及环缘均具分散的小突起;突起主要由柔弱的小刺和(或)小锥刺组成,分布稀疏,基部常不接触,带环边缘纹饰较远极面的似乎略发育,基宽 1.0—1.5μm,高 2.3—4.7μm,直或曲,末端尖,不分叉,近极面(主要为中央区)小刺较弱、较稀;带环内侧部分较厚,外侧部分较薄,并朝赤道逐渐减薄,呈明显的双型环,宽 12.5—17.0μm,约为 1/5R,内缘界线清楚,外部边缘不规则细齿状,突起 35—42 枚;浅棕—深棕色。

注释 本种以带环较宽并呈明显的双型环与稀疏、柔弱的小刺状纹饰为特征。

产地层位 新疆和布克赛尔,黑山头组 4 层。

指状梳冠孢 *Cristatisporites digitatus* Lu, 1997

(图版 44,图 22—24)

1997a *Cristatisporites digitatus* Lu,卢礼昌,95 页,图版 4,图 13—18。

描述 赤道轮廓钝角凸边三角形—近圆形,大小 42.6—66.5μm,全模标本 62.5μm;三射线可见至清楚,简单或具窄唇(宽 1.5—2.2μm),至少伸达环内缘,顶部常具 3 个小突起,宽 1.5—2.2μm;外壁 2 层,彼此分离不明显,厚度难测量;纹饰限于远极面,以指状突起为主,并在环面上最发育,呈辐射状分布,基部彼此常不接触,宽 1.0—1.8μm,长 3.8—5.5μm,顶端钝凸,罕见超出赤道,次一级稀散的小刺—粒状突起主要见于环面;带环内侧部分较外侧部分厚(暗)很多,但不如外侧部分宽,呈明显的双型环,总宽为孢子半径的 1/3—1/2;环内缘界线清楚,常超覆于内孢体(内层)边缘(极面观),外缘轮廓线微粗糙至平滑;浅棕—深棕色。

比较与讨论 本种以纹饰为指状突起而有别于其他种:*C. connexus* 的纹饰为粗壮的锥刺状突起;*C. bacutiformis* 的纹饰虽为棒刺状突起,但刺干颇长(7.8—12.1μm),孢子也较大(72.1—98.3μm)。

产地层位 湖南界岭,邵东组。

小刺梳冠孢 *Cristatisporites echinatus* Playford, 1963

(图版 73,图 10, 11)

1963 *Cristatisporites echinatus* Playford, p. 367, pl. 91, figs. 1—4; text-fig. 10f.

1987 *Cristatisporites? echinatus* Gao and Ye,高联达、叶晓荣,416 页,图版 178,图 18。

1999 *Cristatisporites echinatus*,卢礼昌,90 页,图版 18,图 9,10。

描述 赤道轮廓凸边三角形,大小 78.0—84.2μm;三射线可见,伸达内孢体边缘;外层三射脊清楚,发育均匀,波浪状,宽约 2μm,高 3.5—5.0μm,伸达赤道边缘;内层依稀可见,光滑无饰,与外层(环内缘)紧贴(极面观);外层远极面具刺状突起纹饰,基部或接触,轮廓圆形,宽 1.5—3.0μm,长 2—3μm,顶端具一小刺;外层近极面光滑,偶见极为稀散的小刺(宽约 1μm,高 1.5μm);带环外侧部分较薄、透明,其余部分较厚实,细颗粒状结构较明显,环宽约 14μm,外缘细齿状;浅—深棕色。

注释 *C. echinatus* Gao and Ye, 1987 为 *C. echinatus* Playford, 1963 的晚出同义名,应作废,故在此有保留地归入 *C. echinatus* Playford, 1963 名下。

产地层位 甘肃迭部,下、中泥盆统当多组;新疆和布克赛尔,黑山头组 4 层。

坚固梳冠孢 *Cristatisporites firmus* Lu, 1997

(图版 73,图 5—7)

1982 *Cristatisporites* sp.,侯静鹏,图版 2,图 10。

1997b *Cristatisporites firmus* Lu,卢礼昌,306 页,图版 1,图 27,28。

描述 赤道轮廓多为宽圆三角形,罕见近圆形,大小 65—78μm,全模标本 74.5μm;三射线常可辨别,直,至少伸达环内缘,有时微裂,两侧或具薄唇;外壁两层:内层常不清楚或与外层(极面观)分离不明显,外层分异性较大,近极中央区较薄,并常下陷或破损,表面光滑无饰,环缘附近或具皱脊;远极外层较厚,表面覆以瘤状突起纹饰,赤道外层延伸、加厚成带环;远极中央区纹饰为瘤,基部轮廓多呈圆形,多角形较少,基宽3.0—4.8μm,高小于基宽,分布致密,基部多少接触,表面光滑,顶部平凸—钝凸,顶端或具刺—粒状小突起;纹饰在远极环面甚发育(更密、更长),并导致带环明显增厚;带环内缘界线清楚,宽度均匀,宽常在10.5—13.5μm之间,外缘轮廓线几乎平整或略具凹槽(卢礼昌,1997b,306页)。

比较与讨论 本种以圆瘤纹饰及其顶端具微小的粒或刺为特征而与其他种不同。

产地层位 湖南锡矿山,邵东组;新疆准噶尔盆地,呼吉尔斯特组。

粗糙梳冠孢 *Cristatisporites indolatus* Playford and Satterthwait, 1988

(图版126,图12,13)

1988 *Cristatisporites indolatus* Playford and Satterthwait, p. 4, pl. 2, figs. 1—10.

1987 *Cristatisporites indolatus* Playford and Satterthwait,高联达,图版6,图28。

1996 *Cristatisporites menendezii* (Menéndez and Azcuy) Playford,朱怀诚,156页,图版3,图12,19,20。

描述 赤道轮廓圆三角形—亚圆形,大小58—80 μm;三射线可辨,常不明显,具唇,总宽4—6μm,高4—5μm,长可伸达孢子赤道,赤道环宽1/6—1/4R,环内界多不明显,轮廓线呈不规则缺刻形;远极面覆盖多少不规则的粗纹饰,为基部较宽的锥刺、棒瘤,基部侧面常愈合成不结网的短蠕瘤;纹饰自远极向赤道方向有不断增强的趋势。

产地层位 新疆塔里木盆地,巴楚组。

靖远梳冠孢 *Cristatisporites jinyuanensis* Gao, 1988

(图版126,图14,15)

1988 *Cristatisporites jiayuanensis* Gao,高联达,198页,图版5,图8—10。

描述 赤道轮廓三角形—亚三角形,大小70—100μm,本体与外形相同;本体与赤道膜环接触处加厚重叠,呈深褐色;三射线常被纹饰覆盖,不常见,可见时几等于本体半径之长;孢子表面覆以不规则的瘤状纹饰,向赤道边缘变小成刺瘤、棘刺或刺,彼此交错、重叠,轮廓线上呈刺瘤凸起。

比较与讨论 本种与 *Kraeuselisporites mitratus* Higgs, 1975 有某些相似之处,但后者纹饰特征不同;与 *Cristatisporites indignabundus* (Loose) Potonié and Kremp, 1954 比较,后者以刺粗壮而不同。

产地层位 甘肃靖远,臭牛沟组。

镶边梳冠孢 *Cristatisporites limitatus* Ouyang and Chen, 1987

(图版73,图8,9)

1987a *Cristatisporites limitatus* Ouyang and Chen,欧阳舒等,61页,图版16,图10,11。

1995 *Cristatisporites limitatus*,卢礼昌,图版1,图26。

1996 *Cristatisporites limitatus*,王怿,图版5,图18,19。

描述 赤道轮廓亚三角形,三边微凸或近平直,角部略尖出或狭圆,大小51—66μm(不包括纹饰),全模58μm,本体(内层)轮廓与孢子赤道轮廓大体一致,大小39—51μm;三射线可见,微具唇,长等于本体半径;外层在赤道部位构成一发达的环,环的内侧部位具一圈暗带,宽3—5μm,外侧部位较透明,宽4.5—9.0μm,在角部常稍宽些,在远极中央部位具不规则瘤状纹饰,基宽2—4μm,高≤3—5μm,末端变窄,多钝圆,往往互相连接,在环上纹饰以锥瘤为主,基宽2—3μm,高2—4μm,末端钝尖或钝圆,基部常相连或融合,呈冠状(cristate),轮廓线上呈锯齿状;棕黄色。

比较与讨论 本种孢子与苏格兰中泥盆统的 *C. orcadensis* Richardson, 1960 (p. 58, pl. 14, fig. 12)略微相似,但以环的内圈颜色特深、锥刺末端较钝和孢子较小而与后者有别。

产地层位 江苏句容，五通群擂鼓台组下部；湖南界岭，邵东组；湖南锡矿山，邵东组。

门氏梳冠孢 *Cristatisporites menendezii* (Menéndez and Azcuy) Playford, 1978

（图版126，图26，29）

1972 *Ancistrospora verrucosa* Menéndez and Azcuy, p. 162, 163, pl. 1, figs. 1—6; pl. 3, figs. 3—5.

1978 *Cristatisporites menendezii* (Menéndez and Azcuy) Playford, p. 137, p1. 10, figs. 3—6.

1996 *Cristatisporites menendezii* (Menéndez and Azcuy) Playford，朱怀诚，156页，图版I，图14，15。

描述 赤道轮廓三角形，边部直或外凸，角部圆钝，大小64—75μm；三射线直或微弯，具窄唇，宽及高2—3μm，长伸达环内缘；外壁内层常不明显，远极面及赤道区域饰以特征明显的块瘤及其上的二级纹饰——小锥刺或细粒；块瘤排列紧密并常沿赤道在基部相连，呈冠脊状，貌似赤道加厚；瘤基部圆形—不规则多边形，高（长）4—8μm，外侧圆钝或平钝，在其上着生高<2μm的锥刺、小刺或粒。

比较与讨论 本种以块瘤在赤道部位基部或多或少愈合呈连续的“赤道环”及其双型纹饰为特征而与属内其他种区别。

产地层位 新疆塔里木盆地，巴楚组。

小刺梳冠孢 *Cristatisporites microspinosus* Gao, 1987

（图版126，图28）

1987 *Cristatisporites microspinosus* Gao，高联达，217页，图版7，图2。

描述 赤道轮廓三角形—亚三角形，三角为圆角，三边微凸，大小100—140μm，图照标本110μm，具膜状赤道环，宽度等于本体半径，本体深褐色，膜环黄褐色；环与本体接触区加厚，深褐色，具不规则放射条带，直伸至赤道边缘；三射线常被纹饰覆盖，不常见，可见时约为半径之长；孢子表面覆以密集的小刺粒纹饰，交错排列，基部连接或不连接，基部宽1.5—2.5μm，高2—4μm，轮廓线上呈齿状。

比较与讨论 此种与*C. indignabundus* (Loose) Staplin and Jansonius (1964, p. 108)外形轮廓相似，而后者以孢子表面具较大的不规则的刺瘤纹饰而不同；与*Cristatisporites* type A (Hoffmeister, Staplin and Malloy, 1955, p. 384, pl. 37, fig. 1)相似，但后者以无放射条带、纹饰小而不同。

产地层位 甘肃靖远，靖远组。

小型梳冠孢？ *Cristatisporites*? *minutus* Gao and Ye, 1987

（图版78，图12）

1987 *Cristatisporites minutus* Gao and Ye，高联达等，417页，图版179，图2，3。

描述 三射线小孢子，赤道轮廓圆三角形；三射线简单，细而直，长约等于孢子半径的5/6，伸至环的内缘；射线末端分叉形成弓形脊且与环相连；孢子接触区明显，表面纹饰细小，一般直径在1μm左右，高0.5—0.7μm，呈尖刺状，孢子侧面观半球形，膜环及远极表面纹饰为小锥刺或棒刺，刺密集，基部常连接，顶部尖锐或呈毛刺状；孢子大小30—50μm，全模标本大小38μm（高联达等，1987，417页）。

比较与讨论 本种以个体直径微小、具尖细的毛刺纹饰区别于其他种。

注释 扫描图照（高联达等，1987，图版179，图2，3）显示，带环似不呈“城垛状加厚”，故属的鉴定在此作了保留。

产地层位 甘肃迭部，当多组。

盔刺梳冠孢 *Cristatisporites mitratus* (Higgs) Ouyang and Chen, 1987

（图版73，图2—4）

1975 *Kraeuselisporites mitratus* Higgs, p. 401, pl. 6, figs. 18—20.

1987b *Cristatisporites mitratus*，欧阳舒等，207页，图版3，图27—32。

1996 *Cristatisporites reticulatus* Wang,王怿,26 页,图版 5,图 16,17。

描述 赤道轮廓三角形至亚圆形,近极面低平,远极面凸出,大小 34—66μm(不包括纹饰);三射线清楚或可见,常具唇,宽 1.5—3.5μm,伸达环内沿;外壁厚 1—2μm,主要在远极和赤道部位具锥刺—长刺—大头棒(pilate)状纹饰,基部轮廓圆—卵圆形,直径 2.0—2.5μm,偶可达 3—4μm,高 2.5—5.0μm,偶见 10μm,末端尖、钝尖或稍膨大,且具一小顶刺,有些刺末端具小的二分叉,纹饰基部在远极常数个相邻或连接呈冠状—蠕脊状—破网状,在赤道更为密挤,并借膜状物相互结成赤道环或膜环,环宽 2.5—5.0(7.0)μm,内界常不整齐,刺之间表面为细密点状,近极面细点状至颗粒状;外壁内层薄,厚 0.5—1.0μm,光面,有时脱离外层构成本体[似非真正的腔状孢(?)],大小 36—43μm;黄至棕色。

比较与讨论 当前标本与爱尔兰 Wexford 的 Porter's Gate 组上部(相当于 Tn2 上部到 Tn3 下部)的 *Kraeuselisporites mitratus* Higgs, 1975 (pl. 6, figs. 18—20,特别是 fig. 20)颇相似;后者的刺上端有时亦二分叉,有些标本则以纹饰较稀、膜环较明显而与我们的标本差别较大;因此种孢子似与真正腔状的 *Kraeuselisporites* 不同,所以本文宁可用 *Cristatisporites* 这一属名(欧阳舒等,1987b,207 页)。

注释 王怿(1996)描述的 *C. reticulatus* Wang 的标本,其纹饰组成与网状图案等与本种的标本相差无几或极为相似,故在此将其归入 *C. mitratus* 名下。

产地层位 江苏宝应,五通群擂鼓台组;湖南锡矿山,邵东组下部。

毡毛梳冠孢 *Cristatisporites pannosus* (Knox) Butterworth and Smith, 1976

(图版 126,图 11)

1950 *Densosporites pannosus* Knox, p. 326, pl. 18, fig. 267.

1987a *Cristatisporites pannosus* (Knox) Butterworth and Smith,廖克光,565 页,图版 138,图 20。

描述 赤道轮廓三角形,三边微凸,角部或钝或稍锐,大小 71μm,刺长 5—7μm;据 Knox 描述和图像,此种大小 50—75μm;三射线具粗壮唇,延伸至环的边缘;外壁表面细刺状;赤道环宽,轮廓线上呈粗大的不规则刺—齿状。

比较与讨论 当前标本与 Butterworth 和 Smith (1976)鉴定的 *C. pannosus* 较为接近;与 *C. indignabundus* (Smith and Butterwoth, 1976, p. 254)的区别是后者远极面具瘤,环缘现短小锥刺。

产地层位 山西宁武,下石盒子组石滩段。

杂饰梳冠孢 *Cristatisporites permixtus* Gao, 1987

(图版 126,图 24)

1987 *Cristatisporites permistus* (sic) Gao,高联达,218 页,图版 7,图 3。

描述 赤道轮廓三角形,三边凸出,大小 100—120μm,全模 104μm;本体与外形相同,具膜状赤道环,环的宽度等于本体半径;本体与环接触处具不规则的放射条带且直伸至赤道边缘,条带基部宽 6—8μm,形体多样,前端变尖,弯曲或分叉;孢子表面覆以排列紧密的小刺粒纹饰,交错排列,常不规则,基部彼此连接,轮廓线上呈小齿状。

比较与讨论 此种与 *Radiisonales aligarens* (Knox) Staplin and Jansonius(1964, p. 106)略相似,主要区别是后者具有放射细条纹,有时具网孔结构;与 *Kraeuselisporites ornatus* (Nevevs) Owens, Mishell and Marshall (1976, p. 153, pl. 2, figs. 2—4)相似之处甚多,但后者以放射条带小、孢子表面具内点或小刺而不同。

注释 种名 *permistus* 疑为 *permixtus*(混杂)之误拼。

产地层位 甘肃靖远,靖远组。

稀少梳冠孢 *Cristatisporites rarus* Lu, 1999

(图版 72,图 7, 8)

1999 *Cristatisporites rarus* Lu,卢礼昌,92 页,图版 19,图 1,2。

描述 赤道轮廓圆三角形—近圆形,大小 132.7—163.8μm,全模标本 145.1μm;三射线不清楚至可见,简单,等于内孢体半径长,外层或具三射脊并伸达赤道附近;外壁两层:内层较薄(厚 0.5—0.8μm),多皱,与外层(在赤道部位)不规则分离,外层相当厚实,中央区常因此而不透光,赤道外层厚 2—3μm,具点状或细颗粒状结构;小锥刺纹饰主要分布于远极半球与赤道边缘,远极中央区较密,远极环面较稀,环外缘更为稀少(间距达 5.0—18.5μm),锥刺基宽约 2μm,高 1.5—2.0μm,顶端尖并延伸成一小茎(或刺),高 <1μm;近极面(包括环面)无明显经纬度饰;带环相对较单薄与狭窄,宽仅 16.0—23.4μm,为孢子半径长的 1/5—1/3,内缘界线不清楚,外部边缘刺状突起 36—45 枚;浅棕—深棕色。

比较与讨论 *C. spiculiformis* Lu, 1999 的纹饰成分也为小刺,但孢子赤道轮廓更接近于三角形,且带环厚实得多。高联达与叶晓荣(1987)曾在甘肃迭部当多组发现 *Cristatisporites* 的若干新种,其中包括 *C. echinatus*, *C. microspinosus* 与 *C. multispinosus* 等,但因其标本保存欠佳,难以详细对比。

产地层位 新疆和布克赛尔,黑山头组 4 层。

萨尔梳冠孢 *Cristatisporites saarensis* Bharadwaj, 1957

(图版 125,图 8;图版 126,图 20)

1957 *Cristatisporites saarensis* Bharadwaj, p. 105, pl. 27, figs. 24—28.

1973 *Cristatisporites saarensis*, Grebe, p. 67, pl. 11, figs. 1, 2.

1976 *Cristatisporites saarensis*, Kaiser, p. 126, pl. 11, figs. 7, 8.

描述 赤道轮廓圆形,大小 35—40μm;三射线简单,直,伸达环的内沿;外壁两层,具带环,整个表面具锥状纹饰:外壁内层厚约 0.7μm,光滑,外壁外层在赤道厚 3—4μm,即增厚成带环;锥形纹饰在远极面很密,向近极面减少变稀,仅射线周围空白,锥刺大多连成冠脊(cristae),很少有单个的,有时锥刺(高 1.5μm)末端很钝,近似颗粒;黄棕色。

比较与讨论 当前标本与 Bharadwaj(1957)的模式标本中的图 27,28 特别一致;Grebe(1973)给出的本种在德国鲁尔地区的分布是 Westphalian B 中部(常见)—Westphalian C 上部(个别)。

产地层位 山西保德,上石盒子组。

简单梳冠孢 *Cristatisporites simplex* Lu, 1999

(图版 73,图 12—15)

1999 *Cristatisporites simplex* Lu,卢礼昌,93 页,图版 20,图 1—5,14。

描述 赤道轮廓圆三角形—近圆形,大小 52.5—74.9μm,全模标本 71.7μm;三射线等于内孢体半径长,常被外层三射脊遮盖,脊直或曲,顶部高 4—7μm,宽 2.5—4.0μm,至少伸达环内缘;外壁两层:内层可见至清楚,厚不足 1μm,光面,无明显纹饰与结构,极面观与外层常紧贴或仅局部分离,外层较内层略厚,点穴状结构明显,远极中央区外层厚约 1.5μm,近极中央区较薄,纹饰稀少且小;纹饰主要分布于远极面,赤道边缘罕见,以简单的小刺为主,分布稀或密,但基部彼此常不接触,稀者间距可为基宽的 3—5 倍或更大,基宽 1.2—1.8μm,高 1.6—2.5μm;带环较窄,等宽(于同一标本上)不等厚(内侧部分较厚,外侧部分较薄,近边缘最薄),宽 9.2—12.5μm;远极环面尤其外侧部分,纹饰显著减弱,以小刺—粒状突起为主,近极环面无明显纹饰,环内缘界线常略超覆内孢体上,外缘轮廓线近于圆滑,至少无明显突起;浅棕—深棕色。

比较与讨论 本种的特征、大小及纹饰等均与 *C. denticulatus* Lu, 1999 接近,主要区别在于后者环外缘具明显的突起纹饰,边缘呈细齿状,赤道轮廓更接近于三角形。

产地层位 新疆和布克赛尔,黑山头组 4 层。

向日梳冠孢(比较种) *Cristatisporites* cf. *solaris* (Balme) Butterworth and Smith, 1989

(图版 126,图 22, 23)

1952 *Densosporites solaris* Balme, text-fig. 1a, b.

1956 *Densosporites solaris* Balme, Potonié and Kremp, p. 119, pl. 18, figs. 380, 381.

1976 *Cristatisporites solaris* (Balme) Butterworth and Smith, Smith and Butterworth, p. 255, pl. 20, figs. 24—29.

1989 *Cristatisporites solaris* (Balme) Butterworth and Smith, 王蕙, 278 页, 图版 1, 图 27—29。

描述 孢子轮廓三角形—圆三角形,大小 26—45μm;三射线伸达带环内;近极区外壁光滑—细点状,远极区有小瘤状突起;带环窄,宽 2—4μm,具小瘤。

比较与讨论 据 Smith 和 Butterworth (1976)描述,本种大小 36—65μm,一般 42—49μm;三射线伸达环内沿;中央本体外壁薄,细点穴状,具小瘤纹饰;赤道带环宽 4—11μm,通常 7μm;环外缘齿凸状或拉长呈刺凸状,长约 4μm。新疆被定为此种的标本偏小,赤道轮廓上刺凸不明显。当前标本与 Butterworth 和 Smith (1964)修订的该种特征有较大出入:首先当前标本的环未见分带,而 Butterworth 和 Smith(1964)描述的标本的环多明显分为内、外两带,外带为膜状;其次当前标本本体之上较为光滑,而 Butterworth 和 Smith (1964)描述的标本本体之上多有清晰的瘤状纹饰。因此暂定为比较种。

产地层位 新疆准噶尔盆地克拉美丽,滴水泉组。

针刺梳冠孢 *Cristatisporites spiculiformis* Lu, 1999

(图版 72, 图 11, 12)

1999 *Cristatisporites spiculiformis* Lu, 卢礼昌, 93 页, 图版 12, 图 1—3。

描述 赤道轮廓钝角凸边三角形,大小 98.0—131.7μm,全模 109.2μm;三射线清楚,直,伸达内孢体边缘,外层三射脊近似膜状,半透明,宽 2.5—4.0μm,突起高 9—14μm,近末端骤然变低,至少伸达环内缘;外壁两层:内层常不完全清楚,厚约 1μm,极面观与外层紧贴或仅局部分离,罕见完全分离,外层特征与 *C. conicus* Lu, 1999 颇相似,也具较大的分异性;纹饰成分以小刺为主,有时夹少许小锥刺,远极面纹饰分布较稀,彼此间距一般为 1—3μm,基宽 1.0—1.5μm,长 1.5—2.0μm,近极面纹饰显著减弱且更稀,并呈弱小的刺—粒状,带环远极面及其边缘的小刺相对较粗、较长、较密,基宽 1—2μm,长 1.5—3.5μm,带环近极—赤道部位小刺较细弱、较稀疏;带环颇窄,宽仅 14.0—17.2μm,为 1/4—1/3R,内侧部分较厚,外侧部分较薄(边缘最薄),呈明显的双型环,内缘界限清楚,并略超覆内层边缘,外部边缘呈不规则细齿状;棕黄—深棕色。

比较与讨论 本种的形态特征和大小幅度与 *C. echinatus* Playford, 1963 较相似,但后者以带环较宽、纹饰大小与分布都较均匀而略异。

产地层位 新疆和布克赛尔,黑山头组 4 层。

变异梳冠孢 *Cristatisporites varius* Lu, 1999

(图版 73, 图 16—19)

1999 *Cristatisporites varius* Lu, 卢礼昌, 93 页, 图版 20, 图 6, 7, 15, 16。

描述 赤道轮廓近圆形,大小 65.5—74.0μm,全模标本 67.1μm;三射线可见,等于内孢体半径长,常被三射脊遮盖,顶部突起高 6—10μm,一般宽 3—4μm,伸达赤道附近;外壁两层:内层常可识别或(在与外层分离情况下)清楚,厚 0.5—0.8μm,近光面,无结构,或具褶皱,极面观与外层紧贴或因褶皱而不规则分离,外层具明显的点穴状结构,不同部位的厚度与纹饰组成均多变;近极中央区最薄弱,易破损,表面微粗糙,近极环面相当毛糙或具不规则且柔弱的小突起物,远极中央区(外层)较厚实,表面具分散的似盔刺状纹饰(即基部球茎状,顶端具小刺),基宽 1.0—1.5μm,顶部钝凸或圆,顶端小刺极不明显(高 <0.5μm),且易断落,在透光显微镜下呈颗粒—小瘤状;纹饰分子朝环外缘逐渐减弱,于边缘附近呈相当低矮的刺—粒状;带环内厚外薄,宽 10.0—12.4μm,内缘界线与中央区呈过渡关系,并常超覆中央区,外缘轮廓线上无明显突起物;浅黄棕—棕色。

比较与讨论 本种形态特征与 *C. simplex* 颇接近,但后者以简单的小刺为主(而不是似盔刺状纹饰),且分布常颇稀疏(间距可达纹饰基宽的 3—5 倍或更稀)。

产地层位 新疆和布克赛尔,黑山头组 4 层。

梳冠孢(未定种) *Cristatisporites* sp.

(图版 39,图 17)

1999 *Cristatisporites* sp. 2,卢礼昌,94 页,图版 16,图 12。

注释 仅见 1 粒,大小 89μm,纹饰由小瘤、短棒瘤与小锥瘤多种成分组成。

产地层位 新疆和布克赛尔,黑山头组 5 层。

稀饰环孢属 *Kraeuselisporites* (Leschik) Jansonius, 1962

模式种 *Kraeuselisporites dentatus* Leschik, 1955;瑞士巴塞尔(Basel),上三叠统(Keuper)。

属征 赤道轮廓圆三角形—近圆形,模式种全模 49μm;三射线细弱但一般清楚,伸达环内沿;中央本体圆形—三角圆形,表面具粗壮的锥刺或瘤,排列不很密,或稀而孤立分布;本体赤道具膜环;Scheuring (1974) 的修订属征主要强调:非腔状具环三缝孢,近极面外壁无纹饰,但可有点穴—内网状结构,本体和环的远极面具不密的纹饰,如刺、锥刺、棒瘤、块瘤、颗粒等纹饰,轮廓线平整或齿—刺状。

比较与讨论 *Styxisporites* Cookson and Dettmann,1958 以膜环上无纹饰而与本属区别。*Kraeuselisporites* 的上述属征与 *Cristatisporites* R. Potonié and Kremp emend. Butterworth et al. , 1964 的极为相似,但彼此仍有明显差异:前者纹饰主要集中在远极中央区及其周围,并且分布较稀疏,后者则分布于整个远极面与赤道,且排列紧密。

宽大稀饰环孢 *Kraeuselisporites amplus* Lu, 1999

(图版 79,图 10, 11)

1999 *Kraeuselisporites amplus* Lu,卢礼昌,101 页,图版 21,图 1—3。

描述 辐射对称、具环三缝小孢子,赤道轮廓近圆形—宽圆三角形,大小 95. 2—150. 0μm,内孢体 50—64μm,全模标本 121. 7μm,内孢体 51. 5μm;三射线柔弱或不清楚,约等于内孢体半径长,或具三射脊,脊窄,膜状,不规则弯曲或起伏,高 3—5μm,至少伸达环面上;外壁两层:内层可见至清楚,薄,厚 0. 5—0. 8μm,点穴状,或具褶皱,极面观与外层略有分离或局部明显分离,赤道腔颇窄或不连续,外层较内层略厚,表面微粗糙,点穴状至海绵状结构清楚,近极面无纹饰或中央区具稀散与柔弱的小刺—粒状突起,远极中央区及其周围具明显突起的长刺,并在中央区边缘或带环内沿部位最为集中,且呈辐射状排列,分布稀疏,基部彼此不或仅局部接触;长刺下部较粗壮、坚实,表面微粗糙,宽达 2. 3—6. 2μm,上部较窄、较弱,且光滑、透明,易曲、易断,末端尖,全长 7. 8—18. 7μm,远极环面上常见数量极少的次一级小刺(长 1—3μm),但罕见位于赤道;带环相当宽,并常大于内孢体半径长,一般宽 30. 0—40. 6μm,颇薄,透明,结构清晰;偶见褶皱;浅棕黄—棕色。

比较与讨论 本种的形态特征及纹饰组成类似于英格兰下石炭统(纳缪尔期)的 *K. echinatus* Owens et al. , 1976,尤其是其再造图(fig. 1)所显示的特征最为相似,但后者内孢体较大(54—82μm)、带环较窄(10. 0—32. 5μm),并且带环宽总是小于内孢体半径长。

产地层位 新疆和布克赛尔,黑山头组 3—5 层。

明显稀饰环孢 *Kraeuselisporites argutus* Hou and Wang, 1986

(图版 126,图 2, 3)

1986 *Kraeuselisporites argutus* Hou and Wang,侯静鹏、王智,85 页,图版 21,图 24;图版 25,图 27。

描述 赤道轮廓近圆形,大小 43—60μm(测 15 粒),全模 56μm(图版 126,图 2);三射线一般延伸至赤道外层,两侧具窄唇,顶端升高;内层(本体)较厚实,在外层与本体赤道接触处具有窄的增厚带,宽约 3μm,表面具锥刺纹饰,刺基宽 1. 5μm,高 1—3μm,向近极纹饰减弱;外壁外层在赤道延伸为膜环,宽约 5μm,纹饰为细刺或颗粒状;棕黄—黄色。

比较与讨论 本种与 *K. spinulosus* 很相似,但以内层厚实和具有相对较粗的锥刺而与后者区别。

产地层位 新疆吉木萨尔大龙口,梧桐沟组。

刺饰稀饰环孢 *Kraeuselisporites echinatus* Owens, Mishell and Marshall, 1976

(图版126,图16)

1976 *Kraeuselisporites echinatus* Owens, Mishell and Marshall, p. 148, pl. 1, figs. 1—6; pl. 2, fig. 1.

1993 *Kraeuselisporites echinatus* Owens, Mishell and Marshall,朱怀诚,292页,图版77,图3。

描述 赤道轮廓圆三角形—亚圆形,大小110μm;侧面观近极面微凸,远极面外凸明显呈半圆形;外壁分为外壁外层和外壁内层:外壁内层形成圆三角形—亚圆形的中央本体,大小78μm,外壁外层完全包裹中央本体并在赤道处向外延伸呈环状,环宽25—35μm,在赤道角处较宽致使孢子轮廓呈三角形,外壁外层在远极面加厚并向本体赤道外轻微延伸,使得赤道环呈现厚而色深的内带和薄而色浅的外带,外壁外层和外壁内层多少紧贴;三射线明显,直,伸达本体赤道,外壁外层对应射线位置褶皱呈唇状并常掩盖射线,外壁内层薄而光滑,外壁外层厚度不定,表面粗糙,赤道环常有放射状排列的辐条,远极面饰以特征的刺,基部微膨大,基宽1.5—6.0μm,长5—15μm,末尖,基部多分离,赤道环上刺相对稀少。

比较与讨论 当前孢子形态、大小和纹饰特征皆与当初从英格兰纳缪尔阶获得的此种孢子比较相似。

产地层位 甘肃靖远,羊虎沟组。

增厚稀饰环孢 *Kraeuselisporites incrassatus* Lu, 1999

(图版79,图5,6)

1999 *Kraeuselisporites incrassatus* Lu,卢礼昌,101页,图版22,图1—3。

描述 辐射对称具环三缝小孢子,赤道轮廓近圆形或不规则圆三角形,大小87.6—110.8μm,全模标本96.7μm;三射线柔弱,可见,等于内孢体半径长,常被三射脊[唇(?)]遮盖,脊窄、低、弱、曲,伸达赤道或赤道附近;外壁两层:内层可见到清楚,薄,厚常不足1μm,由其形成的内孢体轮廓常呈圆形,极面观与外层略有分离,赤道腔窄(约2μm),常不连续,外层较内层略厚(不可量),表面微粗糙到小刺—粒状,近极面无明显纹饰,中央区颇薄,远极面具粗大突起纹饰,并主要集中在中央区及其周围,近似同心圆状或辐射状排列,分布稀疏,基部彼此不或仅局部接触;纹饰主要由不规则圆瘤状或锥瘤状突起组成,基部轮廓不规则圆形,基径4—10μm,高3—11μm,表面小刺—粒状,顶部拱圆或钝凸并具加厚,顶端具1枚(偶见2枚或多枚)小刺(长0.8—2.0μm);带环单薄,均匀,相当宽(常明显大于内孢体半径长),一般宽25.0—34.3μm,除点穴状—海绵状结构外,尚具明显的细条纹或纤维状结构,并呈辐射状排列(但常不伸达环缘),轮廓平滑至细点状;浅棕色。

比较与讨论 本种以特征性纹饰及膜环具辐射状排列的细条纹状或纤维状结构为特征而与*Kraeuselisporites*属的其他种不同。

产地层位 新疆和布克赛尔,黑山头组3,4层。

帽状稀饰环孢 *Kraeuselisporites mitratus* Higgs, 1975

(图版80,图15,16)

1975 *Kraeuselisporites mitratus* Higgs, p. 401, pl. 6, fig. 18.

1999 *Kraeuselisporites mitratus*,卢礼昌,100页,图版22,图4—7。

描述 孢子赤道轮廓宽圆三角形,大小84.0—101.4μm;三射线依稀可见,伸达内孢体边缘,或具三射脊,并延伸到环面上;内层薄,无纹饰,局部与环内缘分离;外层远极面(包括环面)具明显的刺状突起与颗粒纹饰,并在中央区外围或环面内半部最为发育(排列较密,分子较粗、较长);刺较粗壮,表面微粗糙,基部宽4—9μm,往上逐渐变窄,至顶部突然收缩并延伸出一小刺,突起高7.5—12.0μm,小刺长2.0—4.5μm,颗粒直径约1μm;近极中央区表面光滑或具相当稀散与柔弱的小突起(高1.0—1.5μm);带环宽度均匀或在辐射区(角部)略宽,一般宽17.2—21.8μm,常沿内部边缘略有加厚或明显加厚,并形成一加厚环圈,其余部分较薄,环外缘细齿状;外壁内颗粒状,罕见褶皱;棕黄—深棕色。

比较与讨论 新疆的标本与 Higgs(1975)首次描述的爱尔兰的 *K. mitratus* 的特征颇相似,仅后者的孢子略小(53—67μm)。

产地层位 新疆和布克赛尔,黑山头组 4 层。

具饰稀饰环孢 *Kraeuselisporites ornatus* (Neves) Owens, Mishell and Marshall, 1976

(图版 126,图 21)

1961 *Cirratriradites ornatus* Neves, p. 269, pl. 33, fig. 3.

1976 *Kraeuselisporites ornatus*, Owens, Mishell and Marshall, p. 153, pl. 2, figs. 2—4.

1993 *Kraeuselisporites ornatus* (Neves) Owens, Mishell and Marshall,朱怀诚,292 页,图版 77,图 6。

描述 赤道轮廓圆三角形—亚圆形,大小 75.0 × 87.5μm;侧面观近极面近平,远极面外凸,呈半圆形;外壁分为外壁外层和外壁内层:外壁内层构成一圆三角形—圆形的内本体,外壁外层完全包裹本体,并在赤道处外延形成一膜环,环宽 15—20μm,约为孢子半径的 2/5,外壁外层内点状,在远极面加厚并超过本体赤道边缘,致使赤道环明显分为厚而色深的内带和薄而色浅的外带;外壁外层和外壁内层有时紧密贴近,有时不同程度地在远极面分离;三射线明显,直,伸达本体赤道,常被外壁外层对应射线的褶皱掩盖,该褶皱可延至环角;外壁内层薄而光滑,外壁外层厚度不定,远极面饰以锥瘤和刺饰,基径 0.5—5.0μm,高或长 1—6μm,赤道环饰有稀疏微小的锥瘤。

比较与讨论 本种与 *K. echinatus* 相似,但以相对较细弱的锥刺或刺而与后者区别。

产地层位 甘肃靖远,羊虎沟组下段。

小刺稀饰环孢 *Kraeuselisporites spinulosus* Hou and Wang, 1986

(图版 126,图 4, 9)

1986 *Kraeuselisporites spinullous* Hou and Wang,侯静鹏、王智,85 页,图版 21,图 21,23。

1999 *Kraeuselisporites spinulosus* Hou and Wang, in Ouyang and Norris, p. 31, pl. Ⅳ, figs. 6—8.

2003 *Kraeuselisporites spinulosus* Hou and Wang,欧阳舒等,图版 16,图 1;图版 102,图 11。

描述 赤道轮廓圆形—圆三角形,大小 37—52μm,全模 48.3μm(图版 126,图 4);三射线清晰,细长,略相当于 3/4R 或伸达赤道,两侧具唇,顶端升高,宽约 3μm,向末端逐渐变细;中央本体轮廓与孢子总轮廓基本一致,主要在本体具小刺为主辅以颗粒纹饰,向近极面纹饰变稀;外壁外层呈膜状包围本体,宽约 6μm,表面亦具细粒刺纹饰,但轮廓线上尖突不很明显;棕黄—黄色。

比较与讨论 本种以细刺粒纹饰、环内带不甚清楚但颜色较暗区别于 *K. spinosus* Jansonius, 1962 (p. 47, pl. 11, fig. 22)。原种名错拼为 *spinullous*,按国际法规要求,1999 年改正。

产地层位 新疆吉木萨尔大龙口,梧桐沟组、锅底坑组。

近三角形稀饰环孢 *Kraeuselisporites subtriangulatus* Lu, 1999

(图版 79,图 1—4)

1999 *Kraeuselisporites subtriangulatus* Lu,卢礼昌,101 页,图版 21,图 4—6;图版 22,图 11,12。

描述 辐射对称具环三缝小孢子,赤道轮廓近三角形(角部钝凸,三边鼓出),大小 90.5—109.0μm,全模标本 96.7μm;三射线常柔弱或不清楚,等于内孢体半径长,三射脊可辨别,至少伸达环面;外壁两层:内层薄,厚 0.5—0.8μm,褶皱,由其形成的内孢体清楚,轮廓与孢子赤道轮廓近于一致,至少在赤道区与外层不规则分离,外层较内层略厚(不可量),内点穴状至细颗粒状结构清楚,近极面无纹饰,或仅中央区具小刺—粒状突起,远极面具明显突起纹饰,并在中央区及其周围最集中(基部彼此常不接触);远极纹饰成分通常由两部分组成:中央区以基部为球茎状的盔刺为主,中央区外围以棒刺为主,一般基宽 3.5—5.5μm,突起高 4.7—7.8μm,远极面其余部分有时具次一级小刺(高仅 1μm 左右),数量稀少;带环等宽,内侧部分较外侧部分或略厚,宽常不超过内孢体半径长,一般为 17.2—20.0μm,外缘轮廓平滑;浅棕色。

比较与讨论 本种以赤道轮廓更接近于三角形、孢体较小、带环较窄而与 *K. amplus* 区别；以带环不具辐射状排列的细条纹状或纤维状结构而与 *K. incrassatus* 不同。

产地层位 新疆和布克赛尔，黑山头组 4 层。

稀饰环孢(未定种) *Kraeuselisporites* sp.

(图版 126，图 25)

2000 *Kraeuselisporites* sp.，见高瑞祺等，图版 2，图 23。

描述 赤道轮廓三角形，三边凸出，角部微尖，大小 84μm，本体约 50μm，膜环宽 16—20μm；三射线清楚，具唇，宽 1.5—4.0μm，伸达角部体环的内沿；本体轮廓与总轮廓基本一致，外壁稍厚，表面[远极面(?)]具细瘤—刺纹饰，赤道具颜色较深的一圈[环(?)]，宽 4—6μm，此外，环沿赤道延伸成宽的膜环，表面脊条—瘤刺纹饰多数呈辐射状，脊侧向有时不规则连接，瘤基宽 2—3μm，末端多尖，绕周边约 60 枚。

产地层位 新疆塔里木盆地和田河井区，卡拉沙依组。

墩环孢属 *Tumulispora* Staplin and Jansonius, 1964

模式种 *Tumulispora variverrucata* (Playford) Staplin and Jansonius, 1964；斯匹次卑尔根(Spitsbergen)，下石炭统。

属征 三缝孢子，赤道轮廓圆形—亚三角形；外壁 2 层：外壁内层不清楚，外层近极面光滑或具细纹饰，远极面具单个中央加厚块或 2/3 面积内具小瘤，呈多样排列；射线裂缝清楚，简单，长小于中央本体半径；赤道环宽不一，向外变薄，往往具较暗的内带；模式种大小 42—68μm。

比较与讨论 本属以远极面具墩瘤或圆瘤区别于 *Murospora*，*Simozonotriletes*，*Tendosporites* 和 *Densosporites* 等属，*Lophozonotriletes* 属，无论 R. Potonié(1958)指定的模式和给出的属征或 Oshurkova(2003)另行指定的模式，都是瘤—环状。

分布时代 几乎全球，晚泥盆世—早三叠世。

圆瘤墩环孢(新联合) *Tumulispora cyclophymata* (Hou) Lu comb. nov.

(图版 39，图 10)

1982 *Lophozonotriletes cyclophymatus* Hou，侯静鹏，88 页，图版 2，图 3。

描述 赤道轮廓近圆形，大小 37—52μm，全模标本 39μm；三射线可见，简单，长短不一，末端略分叉，常不足中央区半径长；带环内缘界线清楚，外缘轮廓常较圆滑，宽度均一，宽 4.8—5.6μm；纹饰以圆瘤为主，锥瘤次之，分布限于远极面，并于中央区最为明显，瘤基部轮廓多呈圆形或近圆形，大小较均一，基径常在 2.3—3.8μm 之间，偶见大于 4.5μm，高等于或略小于基宽，顶端圆或钝凸，表面光滑，基部分离或局部接触，彼此间距明显小于基宽；浅棕色。

产地层位 湖南锡矿山，邵东组上部。

齿墩环孢 *Tumulispora dentata* (Hughes and Playford) Turnau, 1975

(图版 48，图 8，9)

1961 *Lophozonotriletes dentatus* Hughes and Playford, p. 36, pl. 3, figs. 8—10.

1975 *Tumulispora dentata* (Hughes and Playford) Turnau, pl. 5, fig. 1.

1978 *Tumulispora dentata*, Turnau, pl. 3, figs. 10, 12.

1985 *Tumulispora dentata*，高联达，76 页，图版 7，图 11—14；图版 10，图 9—11。

描述 赤道轮廓三角形—亚三角形，大小 50—70μm；三射线常不可见，见时伸至环的内缘；具赤道环，加厚不均，厚 6—8μm，深褐色；孢子表面覆以大小不均的块瘤和刺瘤纹饰，瘤基部宽 4—10μm，长 6—20μm，高 4—10μm，轮廓线上同时可见块瘤和刺瘤突起。

产地层位 贵州睦化，王佑组格董关层底部。

马利弗肯墩环孢 *Tumulispora malevkensis* (Kedo) Turnau, 1978

（图版 126，图 6，7）

1963 *Tumulispora malevkensis* Kedo, p. 87, pl. 10, figs. 240, 241.

1977 *Tumulispora malevkensis* Naumova in Kedo, Clayton et al., pl. 5, fig. 7.

1978 *Tumulispora malevkensis* (Kedo) Turnau, pl. 3, fig. 8.

1982 *Tumulispora malevkensis* (Kedo), Clayton et al., pl. 1, fig. 11.

1985 *Tumulispora malevkensis* (Kedo)，高联达，76 页，图版 7，图 15；图版 8，图 1。

描述 极面轮廓圆三角形，少数标本三角形，大小 40—50μm；三射线简单，长等于本体半径的 2/3；具赤道环，厚 4—6μm，加厚不均，黄褐色；孢子表面覆以较规则的块瘤纹饰，块瘤圆形或长圆形，基部宽 6—8μm，长 8—12μm，高 4—6μm，顶部钝圆，基部彼此不连接，在轮廓线上呈圆块瘤凸起。

产地层位 贵州睦化，打屋坝组底部。

整齐墩环孢 *Tumulispora ordinaria* Staplin and Jansonius, 1964

（图版 39，图 4—7）

1964 *Tumulispora ordinaria* Staplin and Jansonius, p. 110, pl. 20, figs. 22, 24.

1987 *Archaeozonotriletes* sp.，高联达、叶晓荣，图版 177，图 2。

1997a *Tumulispora ordinaria*，卢礼昌，图版 2，图 9—12。

描述 赤道轮廓近圆形，大小 45—62μm；三射线常开裂，至少伸达环内缘；环厚实，宽 4.5—10.0μm，内沿界线明显，外缘轮廓微粗糙至柔弱的细齿状；近极中央区外壁沿三射线开裂，形成一颇大的三角形空缺区；远极中央区外壁具一界线清晰的圆形加厚或圆形块瘤，大小 12—32μm，最大厚度可达 5—7μm，表面光滑，其余外壁点穴状结构清楚，局部尚具小刺—粒状纹饰，并在赤道轮廓线上略有反映。

注释 本种以远极中央区外壁仅具一清晰的圆形加厚或圆形块瘤为特征而与 *Tumulispora* 属的其他种不同。

产地层位 湖南界岭，邵东组；甘肃迭部，当多组。

稀瘤墩环孢 *Tumulispora rarituberculata* (Luber) Potonié, 1966

（图版 39，图 1—3；图版 126，图 8；图版 127，图 14）

1941 *Zonotriletes rarituberculatus* Luber in Luber and Waltz, p. 10, 30, pl. 1, fig. 5; pl. 5, fig. 76.

1956 *Euryzonotriletes rarituberculatus* (Luber) var. *triangulatus* Ischenko, p. 51, pl. 8, fig. 104.

1956 *Lophozonotriletes rarituberculatus* (Luber) Kedo, p. 33, pl. 4, figs. 23—25.

1961 *Lophozonotriletes triangulatus* Hughes and Playford, p. 35, 36, pl. 3, figs. 3—7.

1963 *Lophozonotriltes rarituberculatus* (Luber) Kedo, Playford, p. 638, 639, pl. 91, figs. 8, 9.

1966 *Tumulispora rarituberculata* (Playford) R. Potonié, p. 85, pl. 7, fig. 81.

1982 *Lophozonotriletes malevkensis* (Kedo) Turnau，侯静鹏，图版 2，图 1。

1982 *Lophozonotriletes rarituberculatus* (Luber)，侯静鹏，图版 2，图 4。

1982 *Lophozonotriletes rarituberculata* (Luber)，黄信裕，图版 Ⅱ，图 17。

1985 *Tumulispora rarituberculata* (Luber)，高联达，76 页，图版 7，图 8—10。

1988 *Tumulispora rarituberculata* (Luber)，高联达，图版 4，图 1，5。

1988 *Tumulispora rarituberculata* (Luber), Avchimovitch et al., p. 173, pl. 3, figs. 12, 13.

1989 *Tumulispora rarituberculata* (Luber), Hou J. P., pl. 43, fig. 24.

1991 *Tumulispora rarituberculata* (Luber) Playford, p. 101, pl. 3, figs. 12—15.

1993 *Lophozonotriletes rarituberculatus*，何圣策、欧阳舒，图版 1，图 8。

1993 *Tumulispora malevkensis*，文子才、卢礼昌，图版 3，图 27。

1994a *Tumulispora* cf. *rarituberculata* (Luber) Potonié，卢礼昌，图版 4，图 21，22。

1996 *Tumulispora rarituberculata*，王怿，图版 4，图 5。

描述 据原作者最初描述，从俄罗斯掸曼半岛泥盆－石炭系之交的煤中发现的此种，圆三角形，大小

52—56μm，本体 34—45μm；三射线具简单、光滑缘边，伸达环的内沿；环相对较窄，宽 7—10μm，但具少数大小、形状不规则的瘤突；本体远极面具少量大小不规则的瘤。

注释 Hughes 和 Playford (1961)将 *Euryzonotriletes rarituberculatus* var. *triangulatus* Ischenko 提升为种，但在收到 Luber 和 Waltz (1941)著作之后，Playford (1962—1963)改变了主意，认为他在同义名表中所列皆为同种。据 Playford(1991)描述，*Tumulispora rarituberculata* 的主要特征是赤道轮廓凸边亚三角形—近圆形，边沿为完全至不规则波状或缺刻状，大小常在 30—80μm 之间；三射线简单，直至微曲，通常伸达环内沿距离的 2/3—4/5，偶见伸达环内沿；瘤状纹饰显著且粗大，在远极中央区与围绕环区发育，或仅限于(远极)中央区；纹饰分子分布规则或不规则，且绝大多数呈分离状，基部轮廓圆形、亚圆形或圆长形，纹饰大小在同一标本上多少一致或不同，常见高 2—3μm(罕见达 6μm)，最大基径 2—18μm，间距可达 10μm，环宽(同一标本上)基本一致，为孢子大小的 1/10—1/5；近极与瘤之间的远极外壁表面光滑，或具稀散/细小的颗粒或锥刺。本种的已知地理分布范围甚广，包括中国在内的北半球以及澳大利亚，主要产于上泥盆统最顶部—下石炭统，特别是杜内阶。靖远臭牛沟组标本与 Playford (1963)图版所列酷似，无疑同种。

比较与讨论 从福建梓山组获得的此种大小仅约 36μm，环也较窄(5—6μm)，环缘瘤突不明显，但远极面确有少量瘤状纹饰，勉强可定为此种，尤其与顿涅茨克盆地杜内阶的 *Euryzonotriletes rarituberculatus* var. *triangulatus* Ischenko 更接近，后者大小 35—50μm，环宽 10—15μm，边缘无瘤突；高联达(1988)从甘肃靖远采集的此种标本，个别个体较大(80μm)。

产地层位 浙江富阳，西湖组；福建长汀陂角，梓山组；江西全南，三门滩组—翻下组；湖南锡矿山，邵东组；贵州睦化、代化，打屋坝组底部；甘肃靖远，臭牛沟组。

近圆墩环孢 *Tumulispora rotunda* Lu, 1999

(图版 39，图 13—16)

1999 *Tumulispora rotunda* Lu，卢礼昌，68 页，图版 26，图 7—11。

描述 赤道轮廓圆三角形—近圆形，大小 78.0—90.5μm，内孢体 51.5—57.7μm，全模标本 85.8μm，内孢体 56.2μm；三射线简单，柔弱，等于内孢体半径长，有时伴有外层皱脊[唇(?)]，伸达赤道；外壁 2 层：内层薄，表面光滑，或具褶皱，极面观与外层紧贴，外层分异明显，近极中央区较薄，常破损或开裂，表面无纹饰，其余部分较厚，环面(近极面)较粗糙，远极面具颇粗壮的瘤状或土丘状纹饰；纹饰分子在远极中央区常呈分散状，在环面(内半部)上彼此多连接，朝赤道方向明显减弱或退化(于远极环面外半部)，突起基部轮廓近圆形，基径 4.7—9.4μm，顶部拱圆或钝凸，高 4—7μm，表面粗糙，末端具一极不明显的小刺(常断落)；带环内缘界线清楚，外缘轮廓较圆滑，环宽度均匀，宽为 15.6—17.2μm，略小于内孢体半径长；外壁与纹饰表面相当粗糙或呈明显点穴状；浅—深棕色。

比较与讨论 本种以粗壮的瘤或丘状纹饰为特征。与欧美下石炭统的 *T. variverrucata* 的特征较接近，但该种的个体较小[Playford, 1963: 42(55)68μm; Staplin and Jansonius, 1964: 32(45)68μm; Byvshava, 1968: 45—75μm]，且纹饰较稀疏、较细小。

产地层位 新疆和布克赛尔，黑山头组 4，5 层。

膨胀墩环孢 *Tumulispora turgiduta* Gao, 1985

(图版 48，图 17，18)

1985 *Tumulispora turgiduta* Gao，高联达，75 页，图版 7，图 5，6。

描述 赤道轮廓宽圆三角形，大小 76—95μm(不含突起)；三射线可辨别或开裂，伸达环内缘；锥瘤状突起限于远极面(含环面)与环缘，锥瘤粗壮，基部轮廓近圆形，基径(远极中央区)9—16μm，突起高 7.5—10.0μm，间距略小于基宽，顶部钝凸；环边缘突起常较远极中央区的更粗大，宽 12—22μm，高 5.5—8.5μm，顶部钝圆至钝凸，偶见钝尖，基部连接或融合；所有纹饰分子表面粗糙至细刺—粒状，近极中央区与纹饰之间的外壁具次一级的小粒、小刺；赤道环厚实，宽 16—22μm（纹饰除外），环缘呈不规则粗锯齿状；棕色（带环）。

比较与讨论 本种以不规则粗锥瘤状突起纹饰为特征而与 *Tumulispora* 属的其他种不同。

产地层位 贵州睦化，王佑组格董关层底部。

变瘤墩环孢 *Tumulispora variverrucata* (Playford) Staplin and Jansonius, 1964

（图版 126，图 10，17）

1963 *Lophozonotriletes variverrucata* Playford, p. 640, pl. 91, figs. 6, 7.

1964 *Tumulispora variverrucata* (Playford) Staplin and Jansonius, pl. 20, figs. 9—13, 16—19, 21—23.

1980 *Tumulispora variverrucata*, van der Zwan, p. 224, 225, pl. 11, figs. 7, 8.

1985 *Tumulispora variverrucata*，高联达，75 页，图版 7，图 7。

1988 *Tumulispora variverrucata*，高联达，图版 4，图 3，4。

1999 *Tumulispora variverrucata*，卢礼昌，67 页，图版 14，图 24，25。

描述 赤道轮廓三角形—亚三角形，本体圆形，大小 31.5—60.0μm；具赤道肿环，厚 6—10μm，深褐色；三射线常不可见，见时等于本体半径之长；本体表面覆以大的圆形瘤，排列规则，宽 4—6μm，高 3—5μm，基部不连接。

比较与讨论 Playford (1963) 最初描述的斯匹次卑尔根岛下石炭统的本种（42—68μm），其主要特征是本体色稍浅于环，远极面具清楚的块瘤，有时具棒瘤，不规则地分布于本体和环上；瘤常分离，但有时基部融合，瘤大小、形态和分布不规则，高 1—7μm，宽 2—12μm；近极面光滑或点穴状。*T. rarituberculata* 瘤少，在远极面分布规则。甘肃靖远臭牛沟标本颇为接近上述特征。

产地层位 贵州睦化，打屋坝组底部；甘肃靖远，臭牛沟组；新疆和布克赛尔，黑山头组 5 层。

竹山墩环孢 *Tumulispora zhushanensis* (Hou) Wen and Lu, 1993

（图版 39，图 8，9）

1982 *Lophozonotriletes zhushanensis* Hou，侯静鹏，88 页，图版 2，图 2。

1993 *Tumulispora zhushanensis* (Hou) Wen and Lu，文子才等，316 页，图版 3，图 26。

描述 赤道轮廓宽圆三角形，大小 31.2—50.0μm，一般在 35—40μm 之间；三射线可识别至清楚，细长，伸达环内缘；赤道环宽 8.0—11.5μm，厚实，内缘界线清楚，外缘轮廓线呈不完全圆滑—不规则波状；圆瘤状突起主要分布在远极中央区，其次为环内缘区；纹饰分子基部轮廓圆形或近圆形，基径 3.5—6.3μm，高 2.5—4.0μm，顶端钝圆，表面光滑，间距常不大于基宽；近极面与远极中央区突起之间的外壁表面粗糙至细粒状；浅棕—深棕色（瘤与环）。

比较与讨论 当前种与 *T. rarituberculata* 可比较，但后者三射线常小于中央区半径长，带环也较窄（常不足孢子直径的 1/5）。

产地层位 江西全南，翻下组；湖南锡矿山，邵东组上部。

丘环孢属 *Clivosispora* Staplin and Jansonius, 1964

模式种 *Clivosispora variabilis* Staplin and Jansonius, 1964；加拿大西部，上泥盆统下部。

属征 具环三缝小孢子，赤道轮廓亚圆形—不规则形；三射线清楚，不延伸至赤道；外壁 2 层：内层平滑，与外层紧贴，外层厚实，近极面光滑或具细小纹饰，远极面具若干颇大的瘤；带环宽一般小于 1/2R，其横面呈钝圆形；已知种的直径一般不超过 80μm；时代范围为 Givetian—Tournaisian。

比较与讨论 *Clivosispora* 以外壁外层极厚、远极瘤很大而与 *Tumulispora* 区别，与 *Lophozonotriletes* 也颇接近，彼此均有环、有瘤，但后者瘤的形态多变（在同一标本上），在带环上尤其如此，同时近极面也常具明显突起物（于接触区较稀、较小）。

多瘤丘环孢 *Clivosispora verrucata* McGregor, 1973

（图版37，图11）

1973 *Clivosispora verrucata* McGregor, p. 54, pl. 7, figs. 4, 5, 10.

1987 *Clivosispora verrucata*，高联达、叶晓荣，408页，图版177，图8。

1995 *Clivosispora verrucata*，卢礼昌，图版3，图8。

描述 赤道轮廓宽圆三角形—亚圆形，大小35—51μm；内孢体轮廓与孢子赤道轮廓一致，并与环内缘略有分离，大小约36μm；三射线可辨别，长约2/3R；环宽4—8μm，外缘轮廓不规则，凹凸不平；纹饰限于远极面与赤道，以块瘤—瘤为主；瘤基部轮廓近圆形—不规则圆形，基径3—6μm，高1.5—4.0μm，顶部平截至钝凸，排列致密，间距约2μm，甚或局部接触；棕色。

比较与讨论 本种以远极面与赤道具块瘤—瘤状纹饰为特征，描述标本与McGregor（1973）首次描述的*C. verrucata*的标本形态特征和纹饰组成颇相似，仅纹饰分子较小（宽2—11μm，高9μm），但不影响归于该种。

产地层位 湖南界岭，邵东组；甘肃迭部，当多组。

缘环孢属 *Craspedispora* Allen, 1965

模式种 *Craspedispora craspeda* Allen, 1965；斯匹次卑尔根（Spitsbergen），下泥盆统（Emsian）。

属征 三缝小孢子，赤道轮廓亚圆形—圆三角形；三射线常清楚，简单或伴有唇；中央区被一辐间区的窄环所环绕，除中央区外，近极—赤道区与远极面均具纹饰；模式种大小35—42μm，全模标本41μm。

注释 模式种*C. craspeda* Allen（1965, pl. 97, fig. 23）的全模标本表明，该属征中提及的"窄膜环"（narrow zona）酷似弓形脊加厚与延伸所致，此特征在辐射区尤其突出；而"中央区"极为可能是以弓形脊为界的接触区。

北极缘环孢 *Craspedispora arctica* McGregor and Camfield, 1982

（图版69，图9）

1982 *Craspedispora arctica* McGregor and Camfield, p. 28, pl. 5, figs. 5—9; text-fig. 38.

1987 *Craspedispora arctica*，高联达等，404页，图版175，图19—22；图版178，图4，5。

描述 本种的主要特征是：带环宽度不均，辐射区较辐间区的（宽1.2—5.0μm）更窄或缺失；纹饰主要由基宽和/或顶钝的锥刺组成，罕见颗粒与小刺，并限于远极面与赤道（含带环）；孢子大小49—59μm；纹饰分子宽与高1.0—1.5μm，间距1—2μm（McGregor and Camfield, 1982, p. 28）。

比较与讨论 归入*C. arctica*的甘肃标本（高联达、叶晓荣，1987）与上述特征基本吻合，仅纹饰组成及基部特征略异；小锥刺状突起"基部相互连接，常形成似网状结构"。

产地层位 甘肃迭部当多沟，当多组。

刺环孢属 *Spinozonotriletes* (Hacquebard, 1957) Neves and Owens, 1966

模式种 *Spinozonotriletes uncatus* Hacquebard, 1957；加拿大新斯科舍，下石炭统（Mississippian, Horton Group）。

属征 辐射对称三缝腔状膜环孢子，轮廓圆三角形或三角形，三边微凸，角部浑圆，具窄的膜环；三射线具厚唇，微波状，长等于中央本体半径；外壁在赤道区分出层次，此种分层有时延伸至近极和远极半球；外壁外层薄，形成窄而薄的赤道膜环，外壁内层薄；外壁未见内结构，但具刺状纹饰，密布于远极面—赤道区，近极面光滑；孢子轮廓线因纹饰而不平整；模式种大小82—148μm。

注释 Neves和Owens（1966）的修订属征强调了孢子具腔，并以"外壁外层"取代了原属征（Hacquebard, 1957, p. 315）中的"周壁"，进而指明了外壁外层在厚度与结构等方面存在明显的分异，这是可取的。但修订属征所说的内、外层分离程度多变，在无切片的情况下一般是难以定论的，除非有保存甚佳的侧压标本为佐证。无论如何,归入本属的孢子应既有腔又具环、纹饰限于远极面与赤道区并以锥刺或刺为主。

比较与讨论 本属以远极面—赤道部位具刺状纹饰而与 *Discernisporites* (Neves) Neves and Owens 区别。Hacquebard (1957) 原在属征中提及,"中央本体边沿不清楚",对此,R. Potonié (960)评述道:"所谓'中央本体'可能为一不太清楚的'中孢体'……如有'中央本体'存在,则 *Spinozonotriletes* 必须归入 *Grandispora*,如连'中孢体'也没有,则宜与 *Ibrahimispores* 合并。"本书暂将此属作广义的形态属(即具环、具刺、无稳定的中央本体)使用。

锥刺刺环孢 *Spinozonotriletes apiculus* Geng, 1985

(图版 126,图 18)

1985b *Spinozonotriletes apiculus* Geng,耿国仓,657 页,图版 1,图 13。

描述 赤道轮廓三角形,三边微凸或近平直,大小 51—57μm,全模 57μm(图版 126,图 18);三射线痕不清楚,被发育的厚唇包围,唇宽大于高;赤道环宽 5—8μm,均匀加厚;赤道环和远极面均饰以稀的锥刺,分布常不均匀,接触区光滑;中心体与带环界线明显。

比较与讨论 本种以刺较粗大、唇宽厚区别于属内其他种。

产地层位 甘肃环县,羊虎沟组。

凯氏刺环孢(新种) *Spinozonotriletes kaiserii* Ouyang sp. nov.

(图版 126,图 5, 19)

1976 *Spinozonotriletes* sp. B, Kaiser, p. 128, pl. 12, figs. 1, 2.

描述 赤道轮廓亚三角形,大小 40—45μm,全模 40μm(图版 126,图 5);膜状三射线高约 5μm,微弯曲,接近伸达赤道;两层壁具环孢子;外壁厚约 1. 5μm,整个表面具细颗粒,远极和赤道具粗壮刺、锥刺或棒瘤,基宽 3—5μm,高 5—8μm,横切面圆形—长卵圆形;刺的基部多相连,构成宽窄不一的环;在这些大纹饰成分之间还有小锥刺,基宽和高 1. 0—1. 5μm;外壁内层颇薄,约 1μm,光面,被外层紧紧包裹,外层在赤道构成不同宽度的环,最大宽度 5—7μm;黄棕色。

比较与讨论 本新种以赤道环在同一标本上厚薄不匀、粗壮锥刺或棒瘤及膜状三射线与属内其他种不同。

注释 本新种名是赠给德国孢粉学家 Kaiser 的,他是保德剖面的首位孢粉研究者,而有关岩石标本是我国地质学前辈王竹泉先生于 1920 年采集的。

产地层位 山西保德,上石盒子组。

最大刺环孢 *Spinozonotriletes maximus* Lanniger, 1968

(图版 37,图 17)

1968 *Spinozonotriletes maximus* Lanniger, p. 148, pl. 25, fig. 7.

1975 *Spinozonotriletes maximus*,高联达、侯静鹏,222 页,图版 12,图 4,5。

描述 赤道轮廓亚三角形,角部圆,三边多少外凸,大小 120—145μm;内孢体轮廓与孢子赤道轮廓近乎一致,大小在 90—110μm 之间;三射线不清楚至可识别,等于内孢体半径长,相应的外层皱脊伸达带环边缘;带环宽 12—22μm;远极面与环缘具长刺状突起,刺长 11—29μm,宽 2. 0—3. 5μm(据照片测量),上部较窄,顶端尖;近极面无明显突起纹饰。

比较与讨论 当前标本的形态特征、大小幅度及纹饰组成均与 Lanniger(1968)描述的 *S. maxinus* 的标本颇相似,仅纹饰较后者(宽 6—9μm)要窄。

产地层位 贵州独山,舒家坪组。

蜥蜴刺环孢 *Spinozonotriletes saurotus* Higgs, Clayton and Keegan, 1988

（图版37,图9, 10）

1988 *Spinozonotriletes saurotus* Higgs, Clayton and Keegan, p. 77, pl. 15, figs. 1—3, 7; text-fig. 28c.

1996 *Spinozonotriletes saurotus*,王怿,图版2,图22,23。

描述 孢子赤道轮廓凸边三角形,边缘锯齿状,大小31.3—38.8μm;三射线可见至清楚,直,简单,至少伸达环内缘;外壁两层:内层隐约可见,轮廓与孢子赤道轮廓一致,外层具盔刺,主要分布于远极与赤道边缘;纹饰分子基部轮廓近圆形,基径2.3—4.0μm,略小于高,顶端钝尖至锐尖,基部彼此接触或不接触,直至间距可大于基宽;带环窄,且宽度不甚均一,宽2.3—4.5μm;棕色。

注释 见于爱尔兰LL-BP生物带的*S. saurotus*大小幅度为35(44)53μm;刺与盔刺的基宽3—8μm,高可达14μm。

产地层位 湖南锡矿山,邵东组—孟公坳组下部。

宋氏刺环孢(新种) *Spinozonotriletes songii* Ouyang sp. nov.

（图版127,图1, 2）

1976 *Spinozonotriletes pilosa* (Kosanke) Kaiser, p. 128, 129, pl. 11, fig. 12.

1976 *Spinozonotriletes* sp. A, Kaiser, p. 128, pl. 11, figs. 13, 14.

描述 赤道轮廓圆形—亚圆形,大小30—40μm,全模(Kaiser, pl. 11, fig. 12)40μm(图版127,图1),副模40μm(图版127,图2);三射线单细,或具唇,伸达3/5R或接近赤道;外壁2层:外层厚1.0—1.5μm,在赤道部位构成膜环,向外变薄,易于剥落,表面尤其远极和赤道具长刺纹饰,基宽1.5—5.0μm,高5—8μm,总数约40枚,单个生长,不坚实,末端多尖,但有时钝或断落,大刺之间及近极面还具小刺,基宽和高0.5—1.0μm,外壁内层薄,厚0.5—0.7μm,光面,大部分与外层紧贴,局部分离呈中孢体状;棕黄色。

比较与讨论 本新种与*S. kaiserii*相似,但以长刺较纤细、环较薄近乎膜状而与后者有别。Kaiser原将产自上石盒子组的3个标本中的1个(pl. 11, fig. 12)定为美国石炭纪的*Raistrickia pilosa* Kosanke, 1950 (p. 48, pl. 11, fig. 12),并迁入*Spinozonotriletes*属,笔者认为欠妥:一方面,因Kosanke在描述他的新种时,虽提及"长刺"(long spines),但从图影看,大多是棒,不是锥刺(一般基宽2—3μm,长10—12μm),而且未见中孢体(这一点在Kaiser的pl. 11中fig. 12标本上是清楚的)和环,所以他作的种的鉴定是欠妥的;另一方面,他提供的这3个标本,无论从描述或图像看,都是很相似的,故本书宁可选择他的图版11图12作全模和图版11图13作副模(环稍清楚些),合并他的描述,建一新种,将这3个标本归入同一种内。

产地层位 山西保德,上石盒子组。

细刺刺环孢 *Spinozonotriletes tenuispinus* Hacquebard, 1957

（图版37,图14）

1957 *Spinozonotriletes tenuispinus* Hacquebard, p. 316, pl. 3, figs. 6, 7.

1999 *Spinozonotriletes tenuispinus*,卢礼昌,86页,图版17,图5。

注释 仅见1粒(71.8μm),其特征与*S. tenuispinus*颇接近,个体略小,刺状纹饰较弱(宽1.5—2.5μm,长3—5μm),仍适合该种。

产地层位 新疆和布克赛尔,黑山头组5层。

爪刺刺环孢? *Spinozonotriletes*? *unguisus* (Tschibrikova) Gao, 1983

（图版48,图16）

1963 *Archaeozonotriletesunguisus* Tschibrikova, p. 427, pl. 10, figs. 5, 6.

1983 *Spinozonotriletes unguisus* (Tschibrikova) Gao,高联达,517页,图版112,图2。

注释 首见于苏联西巴什基尔中泥盆统上部(Givetian)的*Archaeozonotriletes unguisus* Tschibrikova,1963的标本:大小250—350μm;远极面具强突起物(高15—20μm),其形状、粗细与长短(在同一标本上)均多变,多数弯曲,基部宽,向顶端多少变尖;近极面无明显突起;环宽大致均等,边缘不规则锯齿状;孢子赤道轮廓圆形或圆三角形,表面深鲛点状;棕色。

云南禄劝,下泥盆统坡脚组(?)被鉴定为 *S. unguisus* 的标本(高联达,1983,图版 112,图 2)较小[150—190μm(?)],突起物形似喇叭状,顶端具一小针状物,长 3—4μm(在赤道边缘多脱落),末端微胀或呈两分叉趋势,加之孢子具环等特征,似乎更像 *Ancyrospora* 的成员。

产地层位 云南禄劝,坡脚组(?)。

穴环孢属 *Vallatisporites* Hacquebard, 1957

模式种 *Vallatisporites vallatus* Hacquebard, 1957;加拿大新斯科舍省,下石炭统(Mississippian, Horton Group)。

属征 模式种全模 61μm,三缝孢子,辐射对称,近极面观亚三角形,三边凸出;三射线有时清楚,射线不伸入带环内;中央本体薄弱,轮廓线清楚,亚圆形—圆三角形;带环在中央区外加厚成窄的脊,以具一圈孔穴(pits)为特征,从脊至赤道,"周壁"变薄为环,在本体边缘与"周壁脊"之间宽数微米不等,最多达 8μm,呈"沟"或"壕沟状"(rampart like)的一圈;中央本体覆以颗粒、细刺或瘤;环内可有细棒和刺,由"周壁脊"辐射伸出,向外逐渐变弱,至边缘颇透明;已知大小 55—84μm。

比较与讨论 本属结构似 *Densosporites*,但中央本体与带环间有一清楚的"壕沟状"区以及一圈孔穴是其区别点。

亲缘关系 石松纲(鳞木目,水韭目)。

纤毛穴环孢 *Vallatisporites ciliaris* (Luber) Sullivan, 1964

(图版 81,图 1, 2)

1938 *Zonotriletes ciliaris* Luber in Luber and Waltz, pl. 6, fig. 82.

1964 *Vallatisporites ciliaris*, Sullivan, p. 370, pl. 59, figs. 14, 15; text-fig. 3.

1999 *Vallatisporites ciliaris*,卢礼昌,103 页,图版 23,图 1—4。

描述 赤道轮廓宽圆三角形,偶见近圆形,大小 70.2—84.2μm,内孢体 40.0—46.8μm;三射线依稀可见,直,等于内孢体半径长,三射脊常清楚,宽 2—3μm,伸达赤道;内层清楚,光面,单薄(厚 0.5—0.8μm),多褶皱(常位于边缘附近),或沿射线开裂,极面观与环内缘多少分离;外层较内层厚实(常不可量),点穴状结构明显;纹饰主要由小刺组成,并限于远极面尤其远极中央区及其周围,赤道区少见;小刺致密,基宽 1—2μm,长 2—5μm,常弯曲,顶端尖;近极面无明显突起纹饰;带环以具明显的长穴状结构为特征,穴自环内缘向外缘呈辐射状延伸,穴长几乎等于环宽,穴宽常超过穴间距,环宽 11.0—15.6μm,似具缘,轮廓线平滑至不规则细齿状;浅棕—深棕色。

比较与讨论 当前种以带环具长而宽的"洞穴"为特征而不同于 *Vallatisporites* 的其他种:*V. verrucosus* Hacquebard, 1957 的穴形卵圆或长圆,穴径较小;*V. valltus* Hacquebard, 1957 的穴更弱小,并紧靠环内缘部位。当然,它们的纹饰组成也各自不同(详见下述 *V. vallatus*)。

产地层位 新疆和布克赛尔,黑山头组 4 层。

蠕瘤穴环孢 *Vallatisporites convolutus* Lu, 1999

(图版 81,图 3, 4, 11, 12;图版 83,图 5, 6)

1999 *Vallatisporites convolutus* Lu,卢礼昌,106 页,图版 25,图 6—13。

描述 赤道轮廓近三角形,三边几乎平直至明显外凸,角部钝凸或宽圆,大小 75.0—92.2μm,内孢体 40.6—45.2μm,全模标本 88.4μm;三射线颇柔弱,等于内孢体半径长,或具三射脊[唇(?)],脊不规则,弯曲,高低不平,宽度不一,顶部高 4.0—7.2μm,一般宽 2.0—4.5μm,伸达赤道;外壁内层薄,具皱,光面,与外层或不规则分离(极面观);外层近极中央区较薄,常内凹或破损,表面具稀散的小刺,其余部分尤其带环内侧部分较厚,表面无纹饰;外层远极面具蠕瘤状纹饰,分布主要限于或略微超出中央区,蠕瘤短而曲,形似春蚕,彼此分散或接触,单个长8—12μm,基部宽3.5—5.5μm,高3—4μm,表面光滑,顶部钝圆至宽平,其上常见小锥刺(宽与高约0.5μm),环面外侧(远极面)纹饰明显减弱,但小锥刺仍颇明显;带环内缘界线,在透光镜下清楚,外缘轮廓凹凸不平,环宽基本一致,宽17.0—21.7μm;厚度多变,内侧部分较厚,外侧部分较薄,中间部分由长穴状结构所占据,穴形长米粒状,辐射状紧密排列,穴长5—8μm,穴间距小于穴宽(0.5—1.0μm),在透光镜下呈纤维状;外层与纹饰均具点穴状结构;棕—深棕色。

比较与讨论 本种的纹饰组成在透光镜下与 *V. verrcosus* Hacquebard, 1957 颇近似,但在扫描镜下则明显不同,为蠕瘤和小刺;带环结构与 *V. ciliaris* (Luber) Sullivan,1964 的较接近,但后者纹饰成分为刺。

产地层位 新疆和布克赛尔,黑山头组4,5层。

角饰穴环孢 *Vallatisporites cornutus* Lu, 1999

(图版81,图8, 9)

1999 *Vallatisporites cornutus* Lu,卢礼昌,106页,图版26,图1,2,12。

描述 赤道轮廓宽圆三角形—近圆形,大小93.7—106.0μm,内孢体30.0—45.2μm,全模标本101μm;三射线柔弱,且常被三射脊[唇(?)]遮盖,脊直或曲,高2—3μm,宽约2μm,至少伸达赤道附近;内层清楚,厚约1μm,表面无纹饰,极面观与外层常呈等距分离,外层表面粗糙至细颗粒状,近极面无明显突起纹饰;纹饰限于远极面,主要由三角状突起和顶端小刺组成,于(远极)中央区最为密集,并呈辐射状排列,基部彼此多少接触,宽约2μm,高3—4μm,顶端小刺不明显,易断落;带环厚实、等宽,宽18.7—23.0μm,其他特征与 *V. convolutus* 的(带环)近似;浅棕—深棕色。

比较与讨论 *V. cornutus* 与 *V. convolutus* 都是"双型"纹饰,但前者为三角状突起和顶端小刺,后者则由蠕瘤与顶部小锥刺组成,彼此成分相异。

产地层位 新疆和布克赛尔,黑山头组4层。

冠脊穴环孢 *Vallatisporites cristatus* Lu, 1999

(图版82,图3—6)

1999 *Vallatisporites cristatus* Lu,卢礼昌,106页,图版24,图1—5,8,9。

描述 赤道轮廓近三角形,三边外凸,角部钝或圆,大小82.6—101.0μm,内孢体40.7—58.0μm,全模标本87.5μm;三射线常不清楚或仅可识别,伸达内孢体边缘,三射脊[唇(?)]发育完全或不完全,直或曲,顶部高6.0—8.2μm,宽0.4—4.0μm,常超越内孢体伸达赤道;外壁内层薄,具皱,近光面,极面观与外层略有分离,但不规则;外层结构及分异性与前述 *V. convolutus* 相似;除近极中央区及其周围具相当柔弱而稀疏的小刺(基部宽约0.5μm,长约1μm)外,明显的突起纹饰限于远极面,并在中央区及其周围最发育,主要由冠脊状突起组成;冠脊长短不一、起伏不平,脊峰锐尖,高2.5—4.0μm,脊谷微凹或宽平,宽3.5—5.0μm,弯曲,不分叉或仅短分叉,但从不连接成网;远极环面(外侧)纹饰明显减弱,甚至以分散状的小锥刺占优势;带环特征也与 *V. convolutus* 颇相似,仅穴状结构较逊色(较短、较窄);带环宽16.2—20.0μm,外缘轮廓线较平滑;浅棕—深棕色。

产地层位 新疆和布克赛尔,黑山头组4层。

雅丽穴环孢 *Vallatisporites elegans* Zhu, 1999

(图版78,图6, 7)

1999a *Vallatisporites* sp. A,朱怀诚,图版2,图12,13。

1999b *Vallatisporites elegans* Zhu,朱怀诚,333页,图版2,图1,5。

描述 赤道轮廓三角形,边部外凸,角部窄圆钝,大小58—87μm,全模标本66μm;三射线常不明显,具窄唇,直或微曲,伸达赤道;本体明显或不明显,轮廓与赤道轮廓一致,半径3/4—4/5R;外壁外层在赤道外延形成环带,内带分布多少具放射状紧密排列的坑穴,其间被很窄的壁分开;外带略厚,轮廓线呈不规则齿形,远极面及赤道区饰以排列紧密的厚实锥瘤、刺瘤,基宽及高2—5μm,向末端收缩均匀,末端圆钝,基部相邻或相连,间距<6μm,赤道区相对较密。

比较与讨论 本种以不规则齿形轮廓线为特征,以纹饰较小区别于 *V. solidus*。

产地层位 新疆塔里木盆地,东河塘组。

和丰穴环孢 *Vallatisporites hefengensis* Lu, 1999

(图版82,图7—10)

1999 *Vallatisporites hefengensis* Lu,卢礼昌,107页,图版27,图1—7。

描述 赤道轮廓钝(或圆)角凸边三角形,罕见圆形,大小96.7—117.0μm,内孢体46.8—57.5μm,全模标本117μm;三射线柔弱,等于内孢体半径长,常被三射脊[唇(?)]遮盖,脊单薄至厚实,顶部较高,高达4.7—11.0μm,末端较低,一般宽2.5—5.0μm,直或微弯曲,伸达赤道附近;外壁2层:内层清楚,厚约1μm,近光面,有时褶皱并常位于边缘附近,极面观与外层常完全分离,但穴腔较窄且不等宽(在同一标本上),宽在3—6μm之间,外层较厚(不可量),点穴状结构明显,近极面或具稀散的小刺(粒),远极面具细小的纹饰,并在中央区及其周围最集中;纹饰成分主要由细颗粒组成,或点缀着小刺,颗粒高与宽1.0—1.5μm,罕见超过2μm,分布致密,甚者彼此连接,但不连成脊,环(远极)面纹饰颇零星;带环分异明显:内侧部分颇厚,呈一连续的暗色圈,外侧部分较窄,无"缘",两者之间具清晰的长穴状结构(约占整个环宽的1/2),并呈辐射状排列,穴间距常小于穴宽(1—2μm),光学投影酷似辐射状纤维结构;带环较宽,约为孢子半径长的1/2,常在24.9—29.6μm之间,内缘界线明显,外缘轮廓线几乎圆滑至微凹凸不平;浅棕—深棕色。

比较与讨论 *V. hefengensis* 的带环与 *V. convolutus* 的带环极为相似,但彼此纹饰组成差别甚大,前者为"粒",后者为"瘤";*V. vallatus* Hacquebard (1957, p. 312)的纹饰组成,虽然与本种的较近似(细颗粒与小锥刺),但纹饰分子分布颇稀,间距达2—3μm,且孢体较小(60—70μm),小穴状结构甚弱(仅在高倍镜下可见)。

产地层位 新疆和布克赛尔,黑山头组3,4层。

间断穴环孢 *Vallatisporites interruptus* (Kedo) Lu, 1999

(图版80,图9, 17)

1963 *Trematozonotriletes interruptus* Kedo, p. 78, pl. 9, fig. 202.

1999 *Vallatisporites interruptus* (Kedo) Lu,卢礼昌,105页,图版33,图11,12。

描述 赤道轮廓不规则三角形,三边平直或外凸,角部钝凸至宽圆,大小69.2—75.0μm,内孢体34.3—36.0μm;三射线常不清楚或仅可识别,等于内孢体半径长,或具三射脊[唇(?)],脊薄、窄,伸达赤道附近;外壁两层:内层厚略小于1μm,或具褶皱,由其形成的内孢体轮廓与孢子赤道轮廓不一致(常呈近圆形),并与外层多少分离,外层较内层略厚,点穴状结构明显,近极面无明显纹饰,远极面中央区具小圆瘤状纹饰,分散或局部接触,基部轮廓多少呈圆形,基径2—4μm,高约2μm,顶部钝凸或拱圆,其余(远极面)部分具小刺或小棒刺,稀疏、柔弱、弯曲,基宽约1μm,长2—3μm;带环不等宽,辐射区较宽,达23.4—30.0μm,辐间区较窄,宽仅12.5—20.0μm,但都略大于内孢体半径长,长穴状结构明显,致密、辐射状排列;环内缘界线常仅可辨别,外缘为不规则细齿状至微凹凸不平;浅棕—棕色。

比较与讨论 本种以孢体较小、带环较宽(且不等宽)为特征而与该属其他种不同。

注释 *Trematozonotriletes interruptus* Kedo (1963, pl. 9, fig. 202)的绘图表明,其带环具穴状结构(长穴,而非孔穴),因此将其改归入 *Vallatisporites*,并加以修订(明确远极面具纹饰)。此外,窄而长的穴间距,在穴呈辐射状紧密排列的情况下,常易与"纤维状结构"混淆(在光学镜下);其主要区别在于:长穴间距两端常呈两分叉,而长穴本身末端则呈钝凸或锐尖状。

产地层位 新疆和布克赛尔，黑山头组4，5层。

细小穴环孢 *Vallatisporites pusillites* (Kedo) Dolby and Neves, 1970

（图版82，图1，2）

1957 *Hymenozonotriletes pusillites* Kedo, p. 22, pl. 1, fig. 1 (pars).

1962 *Cirratriradites hytricosus* Winslow, p. 41, pl. 18, fig. 5.

1970 *Vallatisporites pusillites* (Kedo), Dolby and Neves, p. 639, pl. 2, figs. 1—4.

1983 *Vallatisporites pusillites*，高联达，208页，图版7，图13—15。

1985 *Vallatisporites pusillites*，高联达，84页，图版9，图11—16。

1990 *Vallatisporites pusillites*，高联达，图版2，图14，15。

1999 *Vallatisporites pusillites*，卢礼昌，103页，图版24，图6，7。

1999 *Vallatisporites pusillites*，朱怀诚，图版4，图8。

注释 孢子大小40—61μm，内孢体28.0—38.5μm，本种以其远极面具盔刺(galeate spines)纹饰为特征而与*V. vallatus*及*V. verrucosus*不同；本书记载的标本的盔刺基部宽3μm左右，顶端小刺长约2μm，较西欧同种标本的纹饰分子略小；带环上的辐射状空穴较明显，并沿加厚带外缘分布，成为带环内厚外薄之间的分界标志，也是颇重要的特征之一。

值得提及的是*V. pusillites*为西欧*Vallatisporites pusillites* – *Retispora lepidophyta* (PL)带(时代相当于Fa2d—Tn1a)的带分子之一(Clayton et al., 1977)。在中国也常见于上泥盆统最顶部。

产地层位 湖南新化、邵东组下部；湖南石门，梯子口组下部；贵州睦化，王佑组格董关层底部；西藏聂拉木，波曲组；新疆和布克赛尔，黑山头组3，4层；新疆南部莎车，奇自拉夫组。

细小穴环孢(比较种) *Vallatisporites* cf. *pusillites* (Kedo) Dolby and Neves, 1970

（图版82，图11—13）

1987b *Vallatisporites* cf. *pusillites*，欧阳舒等，206页，图版3，图20，21。

1999 *Vallatisporites* cf. *pusillites*，卢礼昌，104页，图版25，图1—5。

注释 新疆标本大小72.2μm，纹饰特征似乎介于长锥刺与盔刺之间，或更倾向于后者，但不甚典型，所以种的鉴定有保留。

描述 赤道轮廓三角形—圆三角形，大小47—56μm(不包括纹饰)，本体轮廓与孢子轮廓大体一致，大小41—42μm；三射线不清楚，可能伸达本体角端，本体壁颇厚，达2.5—3.0μm，在赤道部位延伸成环，环宽5—7μm，环与本体间为一圈较透亮带，宽3—4μm，其间具不规则小穴；本体和环上皆具中等密度至略稀的锥刺—锥瘤状纹饰，基宽2.5—4.5μm，高2.0—4.5μm，绕周边15—20枚，锥刺之间为较密细颗粒—小穴状纹饰，直径1.0—1.5μm；棕色。

比较与讨论 当前标本与文献中广泛记载的*V. pusillites*(如Kedo, 1963, pl. 6, figs. 138—142, 尤其是figs. 138, 141; Dolby, 1970, pl. 14, fig. 9)略相似，但以刺较粗壮、环内侧的壕穴状结构不很典型而有些区别；此外，与苏联哈萨克斯坦早石炭世的*Lycopodizonotriletes applicatus* Luber, 1955 (p. 48, pl. 6, fig. 122)也很相似，后者的一部分标本可能与*Vallatisporites pusillites* (Kedo)同种。

本种的垂直分布据Clayton等(1977)的意见，主要限于Fe2d—Tn1b，是PL带(*Vallatisporites pusillites* – *Retispora lepidophyta*)的首要分子。在应2井亦与*R. lepidophyta*同层出现。

产地层位 江苏宝应，应2井擂鼓台组；新疆和布克赛尔，黑山头组4层。

丘饰穴环孢 *Vallatisporites pustulatus* Lu, 1999

（图版79，图7—9）

1999 *Vallatisporites pustulatus* Lu，卢礼昌，107页，图版23，图9—12。

描述 赤道轮廓钝角凸边三角形—近圆形，大小92.0—96.7μm，内孢体45.2—57.7μm，全模标本

93.6μm；三射线柔弱，等于内孢体半径长，三射脊[唇(?)]窄，膜状，不规则曲扭，顶部高3—5μm，朝末端减低、变尖，伸达赤道附近；外壁内层厚不足1μm，褶皱，光滑，内点状，极面观与外层不规则分离；外层较内层略厚，表面粗糙至细颗粒状，近极面无明显突起纹饰，远极面(包括环面)和赤道具稀疏与粗大的土丘状或馒头状突起，顶部并具一小刺；突起基部轮廓近圆形，基径4.7—7.0μm，高3.0—4.7μm，表面微粗糙，顶部拱圆或钝凸状，其上小刺弯曲，易断，长1—2μm；带环厚实，宽12.5—17.2μm，穴状结构不如前述 *V. convolutues* 或 *V. hefengensis* 的明显，且环内侧部分无明显加厚，外缘轮廓线具不规则荸荠状突起，边缘突起30—38枚；棕色。

比较与讨论 本种以纹饰为土丘状突起、顶端有小刺与带环厚实且分异不明显为特征而与其他种不同。本书记载的 *V. verrucosus* Hacquebard, 1957 虽然纹饰较粗大，有的基部轮廓也呈圆形，但顶端不具小刺并限于远极中央区及其周围；*V. convolutus* 的纹饰顶端虽具次一级小锥刺，但主要纹饰分子为蠕瘤。

产地层位 新疆和布克赛尔，黑山头组4层。

背网穴环孢(新种) *Vallatisporites semireticulatus* Ouyang sp. nov.

(图版127，图3，4)

1976 *Vallatisporites* sp., Kaiser, p. 129, pl. 12, figs. 3, 4; text-fig. 53a—c.

描述 赤道轮廓圆形—亚三角形的具环孢子，全模标本50μm(Kaiser, 1976, pl. 12, figs. 3, 4)；膜环内具一排辐射延伸的大坑穴，直径3—5μm，其内侧为一带环，宽3—5μm，内界清晰，包围孢子中央区；中央区外壁内层薄，厚约1μm，被外壁外层(环和膜环，总厚4—8μm)紧密包围；外壁在远极面具很特征的网状纹饰，网脊(宽和高均为1.5—3.0μm)上有乳头状突起(连网脊高3—5μm)；三射线具窄唇，微弯曲，伸达带环内沿或进入膜环近达赤道缘，或具弓形脊；黄棕色。

注释 Kaiser原描述带环和膜环构成的外壁外层厚约2μm，但据放大倍数测算，他给的图照和插图53b都显示出应为4—8μm；此外，三射线特征也是我们补充的。

比较与讨论 Kosanke (1950)曾从伊利诺斯州 (Pennsylvanian)描述过2种与山西标本上在膜环区具类似坑穴的孢子，即 *Cirratriradites diformis* 和 *C. rotatus*(Kosanke, 1950, p. 35, 36, pl. 7, figs. 3, 5)，他确实提及这2种具远极网纹，但未提及坑穴，而坑穴在他给的图照上可以识别，也许他将其视为网穴。无论如何，这2种具宽得多的膜环，“坑穴”或辐射条带较不规则，与本新种是不同的。*Vallatisporites* 和 *Cirratriradites* 虽有些相似，但共性不大，也许可通过膜环上的辐射条带(*Cirratriradites*)或真正的坑穴(*Vallatisporites*)划分开来。高联达(1984，364页，图版140，图23)鉴定的山西宁武本溪组的 *Vallatisporites* sp. (62μm)似乎与本种有相似之处，因描述中提到“具膜状环，其边缘……具空穴区。孢子表面覆以不规则的网瘤纹饰”，但其远极面的网穴(?)似乎细小许多。

产地层位 山西保德，上石盒子组。

实心穴环孢 *Vallatisporites solidus* Zhu, 1999

(图版78，图8)

1999 *Vallatisporites solidus* Zhu，朱怀诚，333页，图版2，图10，13。

描述 赤道轮廓凸边钝角三角形，大小80—85μm，全模标本80μm；三射线常不明显，具窄唇，直或微曲，伸达赤道边缘；本体明显或不明显，轮廓与孢子赤道轮廓一致，半径为3/4—4/5R；外壁外层在赤道处外延形成环带，环宽不稳定，轮廓线为不规则大齿形，环内带为多少放射状排列的密穴，外带不明显；远极面及赤道饰以排列紧密的锥瘤、刺瘤，基宽5—10μm，高3—12μm，向末端收缩均匀，末端实心，圆钝，基部相连或相邻，间距<10μm，赤道部位纹饰较密，常愈合。

比较与讨论 本种以纹饰较粗壮而区别于同产地同层位的 *V. elegans* Zhu, 1990。

产地层位 新疆塔里木盆地，东河塘组。

多刺穴环孢 *Vallatisporites spinulosus* Lu, 1999

（图版 83, 图 1, 2）

1999 *Vallatisporites spinulosus* Lu, 卢礼昌, 108 页, 图版 23, 图 5—8; 图版 24, 图 10, 11。

描述 赤道轮廓圆三角形—近圆形, 大小 80.7—124.8μm, 内孢体 50.0—54.6μm, 全模标本 101.4μm, 副模标本 88.6μm; 三射线相当柔弱或不清楚, 等于内孢体半径长, 常被三射脊[唇(?)]遮盖, 脊单薄至宽厚, 不规则凸起或弯曲, 高 4.2—11.0μm(近末端较低), 宽 3.0—7.8μm, 几乎伸达赤道; 外壁两层: 内层薄, 厚不足 1μm, 表面光滑, 无细小纹饰或内结构, 与外层不等距分离或不规则收缩(除三射线区彼此黏附外), 外层较厚, 远极中央区厚达 3μm 左右, 表面粗糙或凹凸不平, 点穴—似海绵状结构明显; 近极、远极面均被纹饰覆盖, 近极面以小刺为主, 分布甚稀, 分子颇小(长罕见超过 1μm); 远极面以小棒—刺为主, 分布较密, 刺干坚实, 顶部钝凸, 末端或具一小刺(常断落不见), 刺干基宽 0.8—1.4μm, 长 1.4—3.1μm; 带环内侧部分较外侧部分厚与窄许多, 全宽 14.2—23.4μm, 长穴状结构不如前述 *V. convolutus* 或 *V. hefengensis* 的明显; 浅棕—深棕色。

比较与讨论 本种以近极与远极两面均具纹饰为特征而与其他种不同。

产地层位 新疆和布克赛尔, 黑山头组 4 层。

近壁状穴环孢(比较种) *Vallatisporites* cf. *paravallatus* Zhou, 2003

（图版 127, 图 15）

1993 *Vallatisporites* sp., 朱怀诚, 293 页, 图版 77, 图 12。

2003 *Vallatisporites paravallatus* Zhou, 周宇星, 见欧阳舒等, 223 页, 图版 14, 图 1; 图版 16, 图 8—10, 13。

描述 赤道轮廓三角形, 边部外凸, 角部略钝, 大小 70μm; 具环, 宽 13—20μm, 角部较宽, 约 1/2R, 表面具坑穴, 多少呈椭圆形, 长轴方向放射状排列, 穴间具点—细粒纹饰; 本体圆三角形—圆形, 赤道外壁略厚, 三射线微弱或不明显, 简单, 细直, 伸达本体赤道, 并向赤道环角延伸, 外壁厚适中, 表面具点—细粒纹饰。

比较与讨论 靖远标本与新疆北部下石炭统和布克河组上部的 *V. paravallatus*(尤其是其图版 16, 图 13, 约 80μm)颇相似, 仅个体稍小(70μm)、纹饰较细。

产地层位 甘肃靖远, 红土洼组—羊虎沟组下段; 新疆北部, 和布克河组上部。

模式穴环孢 *Vallatisporites vallatus* Hacquebard, 1957

（图版 81, 图 5, 6, 13）

1957 *Vallatisporites vallatus* Hacquebard, p. 312, pl. 2, fig. 12.

1964 *Vallatisporites vallatus*, Staplin and Jansonius, p. 112, pl. 21, figs. 1—6.

1988b *Vallatisporites vallatus*, 卢礼昌, 见蔡重阳等, 图版 3, 图 40, 41(未描述)。

1999 *Vallatisporites vallatus*, 卢礼昌, 104 页, 图版 26, 图 5, 6。

描述 孢子大小 62.5—88.9μm, 内孢体 40—55μm。

注释 Staplin 和 Jansonius (1964)以观察全模标本为基础, 对 *V. vallatus* 所作的重新描述, 进一步详述了外壁外层的性质, 并明确指出外层具小穴, 而小穴在带环上的反映(清晰而窄细的光亮"线")似乎代表了近极环面上的"凹槽"。本书归入该种的标本与他们的重新描述基本吻合, 略有不同的是沿带环内侧加厚较明显, 纹饰以小锥刺为主并夹有细颗粒; 与 *V. pusillites* 的不同之处是该种纹饰为盔刺。

产地层位 新疆和布克赛尔, 黑山头组 3, 4 层。

块瘤穴环孢 *Vallatisporites verrucosus* Hacquebard, 1957

（图版 83, 图 7—10）

1957 *Vallatisporites verrucosus* Hacquebard, p. 313, pl. 2, fig. 13.

1964 *Lycospora torulosa* Playford, p. 35, pl. 10, fig. 6.

1983 *Vallatisporites verrucosus*, 高联达, 208 页, 图版 7, 图 16, 18。

1985 *Vallatisporites verrucosus*,高联达,84 页,图版 9,图 8—10。

1999 *Vallatisporites verrucosus*,卢礼昌,104 页,图版 22,图 8—10。

描述 大小 66.3—99.8μm,内孢体 45.1—64.8μm。

比较与讨论 *V. verrucosus* 与 *V. vallatus* 的区别在于两者纹饰不同:前者以块瘤为特征,其基部有时连接成弯曲的脊,顶端偶见小刺;后者以锥刺与颗粒为特征,罕见刺(长不足 3μm)。

注释 对于归入本种的标本,笔者以下列两点为依据:(1)带环穴状结构明显;(2)纹饰以块瘤状突起为主。扫描照片清楚表明:纹饰限于远极面,中央区以块瘤为主,中央区外围至赤道附近以瘤为主,并且由中央区向赤道区逐渐减小、加密之势,甚者呈脊状;块瘤分子较大,基宽 3.0—5.5μm,高 2—4μm,顶部宽圆或钝凸,瘤较小,基宽 2—4μm,高 1.5—2.5μm,顶部圆,近赤道部位有时可见次一级的小锥刺,赤道罕见纹饰;内层很薄,表面光滑无饰或具极微细结构,与外层略有分离;外层较内层厚实得多(不可量),点穴状结构明显。与欧美同种标本比较表明:中国新疆和丰标本个体较大,带环较宽(15.0—17.5μm),洞穴较明显,但其主要形态特征及纹饰组成与 *V. verrucosus* Hacquebard, 1957 的定义相符。

产地层位 贵州睦化,王佑组格董关层底部;西藏聂拉木,波曲组;新疆和布克赛尔,黑山头组 3,4 层。

垒环孢属 *Vallizonosporites* Doring, 1965

模式种 *Vallizonosporites vallifoveatus* Doring, 1965;德国,下白垩统(Wealden)。

属征 具环三缝小孢子,具穴状或穴网状近极和远极中央区以及凸饰成分,如刺、锥刺、棒瘤等;三射线延伸未超出本体;模式种大小 48—70μm。

比较与讨论 *Aequitriradites* 的三射线延伸至轮廓线,中央区呈明显网状。

时代分布 侏罗纪—白垩纪。

小刺垒环孢 *Vallizonosporites spiculus* Zhou, 1980

(图版 127,图 8)

1980 *Vallizonosporites spiculus* Zhou,周和仪,38 页,图版 13,图 12。

描述 赤道轮廓圆三角形,三边凸,角部浑圆,全模大小 56μm;三射线开裂,伸达环的内沿;环厚,内界不特别清晰,宽 5—10μm;外壁表面具刺状纹饰,基宽约 2μm,高 2—3μm,末端尖,个别钝,但在赤道轮廓线上无明显表现;棕色。

比较与讨论 本种与 *V. vallifoveatus* Doring, 1965(p. 60, pl. 13, figs. 1, 2)相似,但后者环薄。

产地层位 河南范县,上石盒子组。

辐脊膜环孢属 *Radiizonates* Staplin and Jansonius, 1964

模式种 *Radiizonates aligerens* (Knox) Staplin and Jansonius, 1964;英国,上石炭统(Westphalian A)。

属征 三缝孢子,亚三角形—亚圆形;外壁两层;膜环内部微高出中央近极区平面,除明显的辐射脊或肋脊(costae)外,膜环外部薄得多;膜环在远极表面以进入中央远极区的辐射纹或肋(striae or ribs)为特征,中央远极区还常具颗粒或块瘤(Staplin and Jansonius, 1964, p. 106)。

比较与讨论 本属以环的外部具强烈辐射脊及不清楚的外壁内层与 *Cingulizonates* 区别;*Cirratriradites* 具膜环,外壁外层在远极部位较其余部位要厚(Hughes, Dettmann and Playford, 1962, p. 251;见 Smith and Butterworth, 1967, p. 263)。

不规则辐脊膜环孢 *Radiizonates irregulatus* Wang, 1996

(图版 69,图 16—18)

1996 *Radiizonates irregulatus* Wang,王怿,28 页,图版 6,图 13,14。

1996 *Radiizonates regulatus* Wang,王怿,29 页,图版 5,图 15。

描述 赤道轮廓三角形—圆三角形,大小67—90μm,内孢体轮廓与孢子赤道轮廓近乎一致,大小32—55μm;三射线可见至清楚,或具唇,宽2.5—4.0μm,向末端略变窄,等于内孢体半径长;带环内侧部分较厚实,宽4—5μm,外侧部分宽7.5—12.5μm,由内侧部分伸出的脊组成,并构成完全或不完全的网纹,网穴圆形或不规则,穴径1.0—7.5μm,网脊上常具圆瘤,大小2.0—2.5μm;赤道边缘网脊末端相互连接,或因保存欠佳而呈"游离"状,致使赤道轮廓线参差不齐;外壁厚1.0—1.5μm,远极面具瘤纹,大小2.0—2.5μm,基部延伸或局部相互连接成不规则网纹;近极面粗糙,具颗粒状纹饰与褶皱;棕黄色。

注释 *R. regulatus* Wang, 1996也以赤道部位的放射脊相互相交结成网以及远极区具瘤(王怿,1996,29页)为特征,而与之前描述的*R. irregulatus* Wang, 1996十分相似,且大小幅度(68—85μm)也接近一致,同时又产自同一产地与层位,故在此视为同种,并统一在*R. irregulatus*名下。

产地层位 湖南锡矿山,邵东组与孟公坳组。

龙潭辐脊膜环孢 *Radiizonates longtanensis* Lu, 1994

(图版69,图1—4)

1975 *Archaeozonotriletes micromanifestus* var. *minor* Naumova,高联达、侯静鹏,217页,图版9,图19。

1994 *Radiizonates longtanensis* Lu,卢礼昌,174页,图版4,图20;图版5,图10—16。

1996 *Radiizonates camarosus* Wang,王怿,27页,图版6,图7—9。

描述 赤道轮廓多为近圆形,少见三角形,子午轮廓近极面低锥角形(中央区或微内凹),远极面近半圆球形,大小32.0—54.6μm,全模标本39.5μm;三射线常被(外层)皱脊覆盖,脊不总是直的,等宽,朝末端略变窄,一般宽1.5—2.5μm,罕见超过3μm,至少伸达环内缘;三射脊顶部高常略大于其宽,约3μm,朝辐射方向逐渐降低;外壁2层,内层有时可见,薄(厚<1μm),表面光滑或微粗糙,极面观与外层(环内缘)略有或不完全分离,外层近极面(含环面)光滑无饰,远极面(不含环面)具分散的短棒状或细茎状纹饰;纹饰分子宽不足1μm,高(长)1—2μm,顶端钝,偶见尖;远极外壁厚1.5—2.5μm,罕见褶皱;极面观带环呈棒(或条脊)状与长穴状相间的结构,并呈辐射状排列,棒长4.0—7.2μm,宽约1.5μm,棒间穴宽略大于棒宽,其顶底的呈封闭状,穴长略小于环宽,环表面及其外缘光滑;棕—深棕色。

比较与讨论 *Geminospora punctata* Owens, 1971的外层结构颇似本种带环结构,但明显不同的是,前者不具环。湖南锡矿山邵东组和孟公坳组产出的*Radiizonates camarosus* Wang(王怿,1996,27页,图版Ⅵ,图7—9)与*R. longtanensis*特征十分相似,虽然前者个体较大(62—92μm),但当属同种。产自贵州独山龙洞水组的*Archaeozonotriletes micromanifestus* var. *minor*的标本(高联达等,1975,图版9,图19)与*Radiizonates longtanensis*的特征最为接近,将其改归后一种似较适合。

产地层位 江苏南京龙潭,五通群擂鼓台组中—上部;湖南锡矿山,邵东组和孟公坳组下部。

大辐脊膜环孢 *Radiizonates major* Zhang, 1990

(图版127,图26, 27)

1990 *Radiizonates major* Zhang,张桂芸,见何锡麟等,329页,图版8,图10,11。

描述 极面轮廓圆三角形,大小120—151μm,全模151μm(图版127,图27);孢子具赤道部膜环,环宽24—26μm;膜壁上具放射状、粗细不一、距离不等的由细条纹组成的束状褶皱,在边缘弯曲相连组成一加厚的赤道缘,呈波浪状,膜壁表面光滑;本体圆三角形—圆形,边缘不甚平整,三射线较弱,简单,长等于本体半径;本体光滑或具粒状纹饰,边缘微加厚或具多同心褶皱,微呈环状,宽5—8μm;本体棕色,膜环淡黄色。

比较与讨论 当前标本与山西保德石盒子组的标本*R. solaris* Kaiser, 1976(p.127, pl.11, figs.9—11)特征相似,但后者以形状规则、个体较小与本种不同。

产地层位 内蒙古准格尔旗黑岱沟,太原组。

放射辐脊膜环孢 *Radiizonates radianus* Wang, 1996

(图版69,图19)

1996 *Radiizonates radianus* Wang,王怿,28页,图版5,图14。

描述 赤道轮廓亚三角形,大小60—72μm,内孢体轮廓与孢子赤道轮廓一致,大小28—32μm;三射线有时清楚,具唇,宽1—2μm,等于内孢体半径长;外壁内层厚0.5—1.0μm,外层厚1.5—2.0μm,在赤道部位延伸成环;带环内侧部分较暗(厚),宽2—4μm,外侧部分较亮(薄),宽8—17μm,并具辐射状排列的脊,脊宽约1μm,间距1.5—2.0μm,脊不或分叉,局部相交呈网状,网穴不规则或略呈多角形,穴宽4.0—7.5μm,脊顶圆凸,有时钝尖,赤道轮廓线参差不齐;瘤状纹饰覆盖远极面(中央区),基部轮廓圆形,基径1—2μm,间距0.5—2.0μm;近极表面(中央区)光滑或具粒状纹饰[结构(?)];棕黄色。

产地层位 湖南锡矿山,邵东组。

网饰辐脊膜环孢 *Radiizonates reticulatus* Zhu, 1993

(图版127,图18,19)

1993 *Radiizonates reticulatus* Zhu,朱怀诚,293页,图版78,图2a,b,3a,b,4a,b。

描述 赤道轮廓三角形—圆三角形,边部外凸,角部钝尖或圆钝,大小68—80μm(测3粒),全模80μm;赤道环宽15—25μm,边部较宽,角部略窄,分为内带和外带,内带略厚,色深,其宽为环总宽的1/3—1/2,外带色浅,膜状,轮廓线波状;内带向本体轻微超覆,自环内带向外带延伸出明显的放射状排列的条带、条纹或条脊,极少分叉;本体圆三角形,近极面常不易保存完全,保存好时,可见三射线,简单,细直,窄唇,一侧宽1.0—1.5μm,伸达环内缘;远极面外壁覆以发育良好的粗网纹饰,网穴形状、大小变化明显,脊宽1—5μm,孔不规则圆形—多边形,孔径4.0—12.5μm,有时网脊汇合处增大,呈瘤结状,表面穴内点状—光滑。

比较与讨论 本种以明显的放射状排列的条脊而置入 *Radiizonates* 属,以远极面发育的粗网纹饰区别于属内其他种。*Densosporites reticuloides* Ouyang and Li, *Cirratriradites gracilis* Zhu 和 *C. shinenesis* Zhu 的远极面均具网状纹饰,与当前种相似,区别在于:*Densosporites reticuloides* 的网纹为不完全的网纹(网脊多不相连),*Cirratriradites gracilis* 网脊纤细不明显,*C. sinensis* 的网纹为粗网,形态与当前种相似,但其环上放射状排列的条纹微弱或不明显,可以区别。

产地层位 甘肃靖远,羊虎沟组中段。

日光辐脊膜环孢 *Radiizonates solaris* Kaiser, 1976

(图版127,图20,21)

1976 *Radiizonates solaris* Kaiser, p. 127, pl. 11, figs. 9—11.

1987b *Vallatisporites vacuolatus* Liao,廖克光,206页,图版24,图15。

1996 *Radiizonates solaris* Kaiser,孔宪祯等,图版47,图4,7,8。

描述 赤道轮廓三角形—亚圆形,腔状孢,大小80—115μm,全模100μm(Kaiser, 1976, pl. 11, fig. 10, 11);三射线简单,短,长约为本体半径的2/3;中央本体即外壁内层由2层构成,光滑,各厚约3μm(赤道部位测);外壁外层表面具不规则颗粒,在本体的近极和远极区紧贴于内层上,在距本体赤道1/3处开始与内层分离,且膨胀成轮胎状气囊;气囊因埋藏、石化挤压而形成次生的特征性的辐射脊(褶皱),深入至本体区1/3处;棕—棕黄色。

注释 据刘锋(2007)对保德相同剖面的研究,本种大小37(62)75μm(测10粒),他认为Kaiser(1976)描述的标本"很多尺寸都有问题";这一结论也得到了廖克光(1987b)的证实,她描述的本种标本大小也仅为38—40μm,但形态特征与Kaiser的图照特征一致。Kaiser所谓的"气囊"实为膜环,外带内辐射脊之间的许多空洞(穴)也不是什么次生现象。

比较与讨论 本种与 *R. aligerens* (Knox) 有些相似,但以孢子外壁内层较厚及"囊"上辐射脊较少而与后者有别。

产地层位　山西保德，太原组—下石盒子组(层 F，A，I)，在下石盒子组上部(层 I)尤为典型；山西平朔矿区，下石盒子组。

刺状辐脊膜环孢(新联合)　*Radiizonates spinosus* (Liao) Ouyang and Zhu comb. nov.

(图版 127，图 22)

1987a *Spinozonotriletes spinosus* Liao，廖克光，567 页，图版 139，图 8。

描述　赤道轮廓亚圆形，本体圆三角形，大小 102—107μm，全模 107μm；三射线可见，伸达体缘；膜环超出本体轮廓 14—20μm，一般约 16μm，环基在本体亚赤道，环具不甚规则的辐射脊或褶，宽≤2μm，大多延伸至环缘，但不凸出于轮廓线；本体壁较厚，远极尤其赤道可能具长刺，基宽≤4μm，长 11—20μm；黄棕—黄色。

比较与讨论　本种原被归入 *Spinozonotriletes* 属，但后一属模式种 *S. uncatus* Hacquebard，1967 的长刺是长在膜环上的，本种的刺则未超出膜环轮廓线，所以很可能膜环大多是辐射脊或褶，改归 *Radiizonates* 更合适些。此种以膜环的辐射脊或褶细且不甚规则、膜环赤道下方可能具长刺而与属内其他种区别。

产地层位　山西宁武，本溪组。

条纹辐脊膜环孢　*Radiizonates striatus* (Knox) Staplin and Jansonius，1964

(图版 127，图 5，6)

1950 *Cirratriradites striatus* Knox，p. 330，pl. 19，fig. 289.

1957 *Densosporites marginata* Artüz，p. 252，pl. 6，fig. 42.

1958 *Densosporites striatus*，Butterworth and Williams，p. 380，pl. 3，fig. 36.

1964 *Radiizonates striatus* (Knox) Staplin and Jansonius，p. 106.

1967 *Radiizonates striatus*，Smith and Butterworth，p. 265，pl. 21，figs. 17—19.

1993 *Radiizonates striatus*，Smith and Butterworth，朱怀诚，294 页，图版 78，图 8，9。

描述　赤道轮廓三角形—圆三角形，边部外凸，角部圆钝，大小 42—45μm；赤道环宽 10—14μm，角部略宽，相当于 1/2—3/5R，分为内带和外带：外带薄，色浅，宽约为环总宽的 1/2，内带厚，色深，向本体轻微超覆，环上具明显的放射状条纹、条带和条脊，其间呈椭圆形穴状；本体壁薄，三射线简单，细直，伸达环内带，远极面具点—细粒纹饰。

比较与讨论　当前种以环内带具辐射纹且较外带宽与 *R. tenuis* 区别。

产地层位　山西保德，下石盒子组；甘肃靖远，羊虎沟组中下段。

陡环孢属

Cingulizonates (Dybova and Jachowicz) Butterworth，Jansonius，Smith and Staplin，1964

模式种　*Cingulizonates bialatus* (Waltz) Smith and Butterworth，1967；俄罗斯，下石炭统。

属征　三缝孢子，凸边三角形—亚圆形；外壁 2 层：中央本体(外壁内层)薄，光面，外层复杂，中央近极区薄，具细纹饰至光面，三射脊或缝清楚，但单细，伸达陡环(cuesta)的内沿；陡环明显高起，其内有时具泡穴；膜环的外部明显低于陡起的内部，有时具纹饰；在切面上，膜环的外部变得相对尖细、单薄；外层的远极面一般分异成两部，即中央远极区(一般颗粒状或块瘤状)和膜环(Butterworth et al.，1964，p. 105)。

比较与讨论　本属以陡环的存在区别于其他具环属，*Radiizonates* 以环内具辐射脊而不同。cuesta 通常指单面为陡崖，另一面为较平缓的斜坡，对形容孢子的环特征而言，即指环的内圈较高陡，故译作“陡环”，而外圈较薄，也即内暗外亮的两圈。这一特征实际上并非本属特有，所以 R. Potonié 对本属是否有单独成立的价值持开放态度。

植物亲缘关系　石松纲(Chaloner，1958b)。

双带陡环孢 *Cingulizonates bialatus* (Waltz) Smith and Butterworth, 1967

(图版36,图23, 24;图版58,图9, 10;图版127,图13, 28)

1938 *Zonotriletes bialatus* Waltz in Luber and Waltz, p. 22, pl. 4, fig. 51.

1941 *Zonotriletes bialatus* var. *undulatus* Waltz in Luber and Waltz, p. 66, pl. 5, fig. 71a, b.

1941 *Zonotriletes bialatus* var. *costatus* Waltz in Luber and Waltz, p. 66, pl. 5, fig. 72.

1956 *Densosporites bialatus* (Waltz) Potonié and Kremp, p. 114.

1956 *Hymenozonotriletes bialatus* var. *undulatus* (Waltz) Ischenko, p. 63, pl. 12, figs. 135—137.

1957 *Cingulizonates tuberosus* Dybova and Jachowicz, p. 171, pl. 53, figs. 1—4.

1958 *Densosporites striatus* (Knox) Butterworth and Williams, p. 380, pl. 3, fig. 36.

1967 *Cingulizonates bialatus* (Waltz) Smith and Butterworth, p. 260, pl. 21, figs. 3, 4.

1984 *Cingulizonates* sp. ,高联达,图版141,图14。

1987 *Cingulizonates bialatus* (Waltz),高联达,图版12,图8—9;图版7,图16。

1993 *Cingulizonates bialatus*,文子才等,图版4,图16,17。

1994 *Cingulizonates tuberosus* Dybova and Jachowicz,卢礼昌,图版4,图18,19。

描述 赤道轮廓三角形,三边向外凸出,三角呈锐角,大小32—58μm;三射线直伸至加厚的赤道环内缘,其宽2—3μm;在赤道区域的环带,宽5—10μm,呈深褐色,赤道外缘的环带薄,呈黄色,二者界线分明,内环存在少数褶皱状突起伸入外环,中央本体覆以不规则的、分布不均的颗粒等突饰。

比较与讨论 据Smith和Butterworth (1967) 转述原作者的描述,本种特征是:大小70—80μm,或25—60μm,本体20—35μm,环宽10—25μm;本体圆形—三角形或卵圆形,三射线少见,略短于本体半径;环薄,宽,具波状表面和不规则边缘;内环加厚,光面或具条纹,有时具棒—刺突起伸入薄的外环内。

产地层位 山西宁武,本溪组;江苏南京龙潭,五通群擂鼓台组上部;江西全南,翻下组;甘肃靖远,靖远组。

间棒陡环孢
Cingulizonates capistratus (Hoffmeister, Staplin and Malloy) Staplin and Jansonius, 1964

(图版127,图9, 10)

1955 *Densosporites capistratus* Hoffmeister, Staplin and Malloy, p. 386, pl. 36, figs. 14, 15.

1964 *Cingulatizonates capistratus* (Hoffmeister et al.) Staplin and Jansonius, p. 105.

1967 *Cingulatizonates* cf. *capistratus*, in Smith and Butterworth, p. 261, pl. 21, figs. 5, 6.

1984 *Cingulatizonates capistratus*,高联达,369页,图版141,图6。

1987 *Cingulatizonates capistratus*,高联达,图版7,图15。

1990 *Cingulatizonates* cf. *capistratus*,张桂芸,见何锡麟等,328页,图版8,图5。

描述 赤道轮廓亚三角形,大小60—70μm;三射线具窄脊,延伸至赤道环的内缘;赤道区域的环带可分为3带:内带厚,中带加厚各种各样,有放射条纹,各式棒状和桔节状隆起,外带薄而透明,其表面有时可见小锥刺纹饰;中央本体表面颗粒状。

比较与讨论 据最初描述,本种大小41—61μm,全模46μm,主要特征是环分3带,内带厚,中带厚度不一,由辐射状的棒组成,外带薄且透明,本体表面颗粒状,外带有时有稀小锥刺。我国被鉴定为本种的标本与模式标本相比有这样那样的区别,有的与被Smith和Butterworth (1967)鉴定为此种相似种的标本相对较相似,所以严格地讲,皆应作保留。

产地层位 山西轩岗煤田,太原组;内蒙古龙王沟,本溪组;甘肃靖远,红土洼组。

披甲陡环孢 *Cingulizonates loricatus* (Loose) Butterworth and Smith, 1964

(图版36,图14, 15)

1932 *Sporonites loricatus* Loose in Potonié, Ibrahim and Loose, p. 450, pl. 18, fig. 42.

1934 *Zonales-sporites loricatus* Loose, p. 151.

1944 *Densosporites loricatus*, Schopf, Wilson and Bentall, p. 40.

1964 *Cingulizonates loricatus* (Loose), Butterworth and Smith in Butterwoth et al., p. 1053, pl. 2, fig. 4.

1999 *Cingulizonates loricatus*,卢礼昌,87页,图版14,图22,23。

描述 孢子赤道轮廓宽圆三角形—不规则圆形,大小42.0—48.4μm;三射线可见至清楚,简单或具窄唇,唇宽2—3μm,伴随射线至少伸达环内缘,环内侧部分较外侧部分厚且宽,内侧部分宽5—7μm,外侧部分宽3—4μm;近极中央区外壁薄,表面光滑或略具皱脊,远极外壁尤其中央区,具颗粒状突起纹饰(并偶见小瘤),基宽约1μm,在内半部环的外缘反映较明显,呈细锯齿状,在外半部边缘几乎无反映,呈平滑状;浅—深棕色。

注释 本种以带环内半部较外半部厚且宽以及彼此界线清楚(呈突变关系)为特征。不具这一特征的类似分子应归入 *Densosporites*。

产地层位 新疆和布克赛尔,黑山头组4—6层。

披甲陡环孢(比较种) *Cingulizonates* cf. *loricatus* (Loose) Butterworth and Smith, 1964

(图版36,图16—18)

1999 *Cingulizonates* cf. *loricatus*,卢礼昌,88页,图版14,图7—9。

注释 大小47.5—48.4μm;特征与前述 *C. loricatus* 较接近,仅带环加厚部分被一壕沟状窄环分成两部分而略异。

产地层位 新疆和布克赛尔,黑山头组5,6层。

海绵状陡环孢 *Cingulizonates spongiformis* Lu, 1988

(图版71,图11—13)

1988a *Cingulizonates spongiformis* Lu,卢礼昌,157页,图版11,图7;图版14,图14—16。

描述 赤道轮廓宽圆三角形—近圆形,大小107.6—132.6μm,全模标本110.8μm,副模标本126.4μm;三射线常不清楚或仅可识别,伸达内孢体边缘;外壁2层:内层较薄,厚1.5—2.0μm,表面光滑,由其形成的内孢体界线常不清楚,可见者轮廓与孢子赤道轮廓近乎一致,大小87.8—98.3μm,外层相当厚实(常不可量),表面至少远极面和环缘可见细刺—粒状纹饰;纹饰分子分布致密、不规则,基部宽常小于1μm,突起高(环缘上)1.0—1.5μm;带环内侧部分略厚,朝辐射方向逐渐变薄,致使整个带环呈明显的双环型,总宽11—20μm,边缘呈微弱与不规则的细锯齿状;罕见褶皱;浅棕—深棕色。

比较与讨论 归入本种的标本与 *C. landessi* Staplin and Jansonius, 1964 有某些相似点,但明显不同的是,后者孢子小许多,仅为60—73μm,并且其内层(内孢体)界线常清楚。

产地层位 云南沾益史家坡,海口组。

三角陡环孢 *Cingulizonates triangulatus* Lu, 1999

(图版36,图28—31)

1999 *Cingulizonates triangulatus* Lu,卢礼昌,88页,图版29,图16,17;图版30,图12,13。

描述 赤道轮廓钝角凸边三角形,大小70.2—95.8μm,全模标本78μm;三射线可见至清楚,简单或具薄唇,至少伸达中央区边缘;外壁2层:内层厚约1μm,光面,极面观与外层不同程度分离,外层近极中央区较薄,表面无明显纹饰,远极中央区(外层)较厚,约2μm,整个远极面(包括环面)被分散的刺状纹饰覆盖;纹饰由修长的刺状突起组成,分布致密,但基部彼此常不接触,基部宽0.8—1.2μm,刺干长3—4μm,柔弱,弯曲,顶部或略微膨大,末端尖;带环内侧部分较厚实(暗),外侧部分薄许多,呈明显的双型环,带环宽窄不一,辐射区(角部)较窄,宽6.0—7.8μm,辐间区较宽,宽10—12μm,内缘界线清楚,外缘或呈细齿状;浅棕—深棕色。

比较与讨论 本种以轮廓三角形及带环宽窄不一为特征而与 *Cingulizonates* 其他种不同。

产地层位 新疆和布克赛尔,黑山头组 4 层。

坑穴膜环孢属 *Cirratriradites* Wilson and Coe, 1940

模式种 *Cirratriradites saturni* (Ibrahim) Schopf, Wilson and Bentall, 1944;德国鲁尔,上石炭统(Westfal B/C)。

属征 三缝小孢子,赤道轮廓多少三角形—圆三角形;三射线粗壮,伸达环的外缘;膜环宽,在三射线末端常更宽;极区有一个或数个凹穴(foveae);模式种全模大小 69.5μm,此属大小通常 40—100μm。

比较与讨论 *Lycospora*, *Densosporites*, *Cingulizonates*, *Cristatisporites* 等属的孢子以楔形的带环(即内厚外薄)区别于本属。

植物亲缘关系 石松纲卷柏目(如 *Selaginellites*)。

异形坑穴膜环孢 *Cirratriradites difformis* Kosanke, 1950

(图版 36,图 25, 26)

1950 *Cirratriradites difformis* Kosanke, p. 35, pl. 7, fig. 3.

1999 *Cirratriradites difformis*,卢礼昌,89 页,图版 13,图 14,15。

描述 赤道轮廓钝凸—圆三角形,大小 85.8μm,内孢体约 40μm;三射线可见,具窄唇,伸达环缘;内层不清楚;外层远极面具网状纹饰,并有小瘤状突起物点缀;网纹主要限于(远极)中央区,网脊宽 1.5—3.0μm,高约 2μm,网穴多边形,典型的穴宽 5.5—12.5μm,小瘤圆,宽约 2μm,略小于高,环面(远极)上仅见(由中央区延伸至的)短脊(不具网穴)与小刺—粒状突起;近极面无明显突起纹饰;环粗糙至颗粒状,薄,宽约 14μm;极面观内孢体与环内缘接触处明显加厚,并呈连续的环圈状,宽约 3μm,环外缘微凹凸不平;浅—深棕色。

比较与讨论 本种以远极中央区具网穴宽大的网状图案为特征而不同于 *Cirratriradites* 属的其他种。

产地层位 新疆和布克赛尔,黑山头组 5 层。

扇形坑穴膜环孢 *Cirratriradites flabelliformis* Wilson and Kosanke, 1944

(图版 127,图 16, 17)

1944 *Cirratriradites flabelliformis* Wilson and Kosanke, p. 330, pl. 1, fig. 6.

1956 *Cirratriradites flabelliformis*, Potonié and Kremp, p. 127.

1984 *Cingulizonates* sp.,高联达,图版 141,图 13。

1984 *Cirratriradites flabelliformis*,高联达,367 页,图版 141,图 5—7,9。

1985 *Cirratriradites flabelliformis*, Gao, pl. 3, fig. 9.

描述 赤道轮廓三角形,三边向外强烈凸出,三角呈圆角,大小 80—82μm;本体与外形轮廓相同,具膜状赤道环,环宽与本体半径相等,膜环薄,黄色,本体厚,黄褐色;三射线细长,或具粗壮唇,至少延伸至本体赤道;具不规则的小穴,在膜环与本体亚赤道接触处呈现许多细密放射条纹,延伸至赤道边缘。

比较与讨论 据原作者 Wilson 对全模重新拍的照片(*Catalog of Fossil Spores and Pollen*, v. 17, p. 144),重要的特征之一是膜环与本体亚赤道接触的颜色较暗(占本体半径的 1/3—1/2),呈现出许多均匀细密的辐射状细条纹(延伸至环,乃至其赤道边缘),三射线似不具粗壮唇,我国被鉴定为此种的标本在这两点上与全模有较大差别。然而,Potonié 和 Kremp(1956)视本种远极面具坑穴,Smith 和 Butterworth (1967) 则认为此种应归入 *C. saturni*。高联达(1984)鉴定的本溪组的 *Cingulizonates* sp. 与全模较为接近。

产地层位 山西宁武,本溪组;山西轩岗煤田,太原组。

纤细坑穴膜环孢 *Cirratriradites gracilis* Zhu, 1993

(图版 127,图 23, 24)

1993 *Cirratriradites gracilis* Zhu,朱怀诚,290 页,图版 77,图 7a—c,8a,b,9—11。

描述　赤道轮廓三角形—圆三角形，边部外凸，角部钝突，大小75.0(91.4)102.5μm(测7粒)，全模标本100μm(图版127，图23)；具赤道环，明显分为内带和外带；内带厚，色深，宽约1/3R，系由外壁在远极面近赤道区加厚和外壁在赤道处向外延伸组成，镜下颜色均一，两部分无明显界线，整个赤道环宽约2/3R(含远极面加厚部分)或2/5—1/2R(不含远极面加厚部分)，表面为低平锥瘤，基宽6—8μm，末端尖或钝，长1—2μm；外带薄，半透明，与内带界线不明显，陡状减薄，膜状，其上具放射状排列的细辐肋，外带宽1/3R，轮廓线细齿形，表面具细粒—细锥刺，基径及高均不超过1μm(有时因保存差异，表面纹饰在某些标本上不太明显)；本体圆三角形，角部宽圆，三射线明显，直，唇明显，脊状，最高可达5μm，伸达赤道环，外壁厚适中，远极面对应边部中间近赤道处有3个多少平行于赤道延长线的加厚条，长约为宽的2倍，在远极附近形成；多少呈三角形的透亮区，自环向远极延伸数条微弱的细脊，一般宽0.5—1.0μm，偶可达2—5μm，高一般小于1μm，偶达2μm，透明，彼此分离或相连，似网状，孔径5—10μm；外壁具点状纹饰。

比较与讨论　本种以远极面赤道处稳定的加厚块和远极透亮区微弱的网脊为特征区别于属内其他种。*Densosporites reticuloides* Ouyang and Li, 1980(Syn. *Cirratriradites reticulatus* Gao, 1984)以个体较小及特征明显的网脊纹饰易于区别。

产地层位　甘肃靖远，红土洼组—羊虎沟组下段。

纤缘坑穴膜环孢　*Cirratriradites leptomarginatus* Felix and Burbridge, 1967

(图版127，图29)

1967 *Cirratriradites leptomarginatus* Felix and Burbridge, p. 402, pl. 61, fig. 9.

1993 *Cirratriradites leptomarginatus* Felix and Burbridge，朱怀诚，291页，图版79，图10。

描述　赤道轮廓三角形，边部外凸，角部尖或钝尖，大小37.5×45.0μm；具环，膜状，宽4.5—6.5μm，角部略宽，轮廓线细齿形，环表面具点—细粒纹饰；本体三角形，边部外凸，角部圆钝，三射线清晰明显，直，偶微曲，具窄唇，脊状，伸达赤道环角，外壁厚适中，表面具细粒纹饰，粒径0.5—1.5μm，基部多分离。

比较与讨论　当前标本与当初从美国上石炭统获得的 *C. leptomarginatus*(63.5μm)形态相似，三射线唇也窄，膜环也窄，与原描述中提及的膜环具微增厚的边缘(1.5μm)、三射线长仅为4/5R有些差别。

产地层位　甘肃靖远，红土洼组。

透明坑穴膜环孢　*Cirratriradites pellucidus* Gao, 1984

(图版127，图11)

1984 *Cirratriradites pellucidus* Gao，高联达，415页，图版155，图18。

描述　赤道轮廓三角形或圆三角形，大小48—55μm，全模50μm；三射线具颇发达的唇，等于半径长；近极面(?)三射线顶部有3个坑穴，坑穴呈圆形；赤道环薄，常透明，与本体接触处稍加厚，宽约10μm；孢子表面具细点状纹饰；棕黄—黄色。

比较与讨论　本种以环不宽、坑穴不甚明显区别于属内其他种。

产地层位　山西宁武，上石盒子组。

花瓣坑穴膜环孢　*Cirratriradites petaloniformis* Hou and Wang, 1986

(图版127，图12)

1986 *Cirratriradites petaloniformis* Hou and Wang，侯静鹏、王智，86页，图版21，图27。

描述　赤道轮廓三角形，三边基本平直，角部近浑圆，全模55μm；三射线具细窄唇，呈微波状，伸达环的内沿；本体三角形，颇厚实，三边微凸出，厚>1/2R；外壁外层在赤道构成膜环，宽8—12μm，在角部较宽，在环基连接处有一圈加厚的褶皱带，宽约3μm；本体具颗粒—小刺状纹饰，环的内侧具略呈放射状的刺状纹饰；棕黄—棕色。

比较与讨论　本种与 *C. splendus* Balme and Hennelly, 1956 有些相似，但以个体略大、在膜环内侧具放射状细刺纹饰而与后者区别。

产地层位 新疆吉木萨尔大龙口，锅底坑组。

点状坑穴膜环孢 *Cirratriradites punctatus* Dybova and Jachowicz, 1957

（图版 127，图 7）

1957 *Cirratriradites punctatus* Dybova and Jachowicz, p. 178, pl. 58, figs. 1, 2.

1984 *Cirratriradites punctatus* Gao，高联达，368 页，图版 141，图 8。

描述 赤道轮廓三角形，三边向外凸出，大小 40—50μm；具赤道膜环，呈黄色，其宽为本体半径的 1/2；本体厚，黄褐色；三射线细，直伸至赤道，前端微加厚；远极面对应三射线顶点有时可见 3 个凹穴；孢子表面覆以细点状纹饰。

比较与讨论 当前标本与最初从波兰上石炭统（Westphalian C）获得的 *C. punctatus* 的全模（75—80μm）形态相似，尤其是膜环超出本体部分较窄这一点，但个体较后者小得多。

产地层位 山西宁武，本溪组。

奇异坑穴膜环孢 *Cirratriradites rarus* (Ibrahim) Schopf, Wilson and Bentall, 1944

（图版 127，图 25；图版 128，图 33）

1933 *Zonales-sporites rarus* Ibrahim, p. 29, pl. 6, fig. 53.

1944 *Cirratriradites rarus* (Ibrahim) Schopf, Wilson and Bentall, p. 44.

1956 *Cirratriradites rarus* (Ibrahim) Schopf, Wilson and Bentall, Potonié and Kremp, p. 127, pl. 19, figs. 416—418.

1984 *Cirratriradites rarus* (Ibrahim) Schopf, Wilson and Bentall，高联达，图版 141，图 15。

1987 *Cirratriradites rarus* (Ibrahim)，高联达，图版 8，图 1。

描述 赤道轮廓亚圆形—三角形，三边向外凸出，三角呈圆角，大小 60—80μm；具膜状赤道环，环宽为本体半径的 2/5，黄色，环向外有逐渐变薄之势；本体壁厚，褐色；三射线直伸至环内，射线两侧具窄唇；孢子表面覆以不规则的、分布不均的瘤或疤状突起，其直径一般为 4—5μm，宽 2—3μm，基部彼此不连接。

比较与讨论 当前标本大小、环和三射线的特征与最初描述的德国鲁尔区上石炭统（Weatphalian B）的 *C. rarus*（全模 60μm）基本一致，而山西宁武的标本的亚圆形环在角部凹入，在另一角很窄很可能是由于保存状况造成的。

产地层位 山西宁武，本溪组；甘肃靖远，红土洼组。

土星坑穴膜环孢 *Cirratriradites saturni* (Ibrahim) Schopf, Wilson and Bentall, 1944

（图版 128，图 29，34）

1932 *Sporonites saturni* Ibrahim in Potonié, Ibrahim and Loose, p. 448, pl. 15, fig. 14.

1933 *Zonales-sporites saturni*, Ibrahim, p. 30, pl. 2, fig. 14.

1938 *Zonotriletes saturni* (Ibrahim) Luber in Luber and Waltz, pl. 8, fig. 102.

1944 *Cirratriradites saturni* (Ibrahim) Schopf, Wilson and Bentall, p. 44.

1956 *Cirratriradites saturni*, Potonié and Kremp, p. 128, pl. 18, figs. 411—415.

1967 *Cirratriradites saturni*, Smith and Butterworth, p. 258, pl. 21, figs. 1, 2.

1984 *Cirratriradites saturni*，高联达，367 页，图版 141，图 4。

1987 *Cirratriradites saturni*，高联达，图版 4，图 2。

1993 *Cirratriradites saturni*，朱怀诚，图版 77，图 2，5。

描述 赤道轮廓三角形—圆三角形，边部外凸，角钝（夹角 >90°），大小 75—100μm；赤道环宽约为孢子半径的 1/2，向外楔状减薄，轮廓线不规则—细齿状，环薄，其上具放射状排列的细条或细脊，表面具点、细粒、锥刺纹饰；本体轮廓三角形，三射线明显，直，唇脊状，宽可达 6—8μm，伸达赤道环角部，外壁厚适中，远极面外壁加厚，仅在远极附近留下一近圆形未加厚部分——透亮区，坑穴状，直径 17μm 左右，外壁具点—细粒纹饰。

比较与讨论 当前标本大小、形态和远极面为坑穴等特征与 *C. saturni* 基本一致，Smith 和 Butterworth (1967)认为据远极面具 1 个坑穴或 3 个坑穴不足以划分为不同的种。本种以膜环上具放射条纹与其他种区别。

产地层位 山西宁武，太原组；甘肃靖远，红土洼组。

土星坑穴膜环孢(比较种)
Cirratriradites cf. *saturni* (Ibrahim) Schopf, Wilson and Bentall, 1944

(图版 128，图 24，25)

1995 *Cirratriradites saturni* (Ibrahim) Schopf, Wilson and Bentall，吴建庄，346 页，图版 53，图 14，16—18。

描述 赤道轮廓三角形或微三角圆形，大小 70—76μm；三射线具唇，直或微弯曲，伸达赤道轮廓；中央本体与孢子赤道轮廓基本一致，本体壁中厚，至少远极面具颗粒或块瘤纹饰(图版 128，图 24)；个别标本显示收缩的外壁内层[中孢体(?)]及近极射线顶区之间的 3 个接触点(图版 128，图 25)；具膜环，较本体薄，在角部稍宽(图版 128，图 25)，轮廓线上微不平整—不规则齿状；棕—黄色。

比较与讨论 吴建庄(1995)鉴定此种时未给描述、比较，图像也不够清晰，所以很难准确地进行补充描述，从其图像看，图版 53 图 16，17 显示极区似有一小的圆形坑穴，但这一点难以肯定，在其他 2 个标本上却未见到，甚至其中一个标本上出现中孢体(?)。总体来看，与 Potonié 和 Kremp (1956, p. 128, pl. 18, figs. 411—415) 或 Smith 和 Butterworth(1967, p. 258, pl. 21, figs. 1,2) 鉴定的 *C. saturni* 虽有一定的相似性，但差别仍颇明显，故本书改定为比较种。

产地层位 河南临颍，上石盒子组。

中华坑穴膜环孢 *Cirratriradites sinensis* Zhu, 1993

(图版 128，图 26，31)

1993 *Cirratriradites sinensis* Zhu，朱怀诚，291 页，图版 78，图 1a，b。

描述 赤道轮廓三角形，边部外凸，角部夹角约 90°，全模标本大小 87.5μm；赤道环宽约 1/3R，环明显分为内带和外带，内带厚实，色深，宽为环总宽的 2/5—1/2，表面具稀疏锥刺，基宽 2—3μm，高 0.5—1.5μm，末端尖或圆钝，外带膜状，半透明，具放射状排列的细条，轮廓线细齿形，常由于较薄而不易完整保存；本体圆三角形，角部宽圆，三射线明显，直，具窄唇，伸达赤道环角，外壁厚度适中，远极面自环内带向远极方向延伸出 7—9 条细脊，彼此相连或分离构成不完全的网，脊基宽及高均为 2—4μm，外侧刃状，截面三角形，孔多边形，孔径 10—25μm，近极面具点状纹饰。

比较与讨论 当前标本以发育的网脊区别于形态非常相似的 *C. gracilis* Zhu, 1993，以环具放射状条纹与 *Densosporites reticuloides* Ouyang and Li 相区分。

产地层位 甘肃靖远，红土洼组—羊虎沟组。

楔膜孢属 *Wilsonisporites* (Kimyai, 1966) emend. Ouyang, 1986

模式种 *Wilsonisporites woodbridge* Kimayi, 1966；美国，上白垩统(Raritan Formation)。

修订属征 三缝同孢子或小孢子，赤道轮廓近三角形或亚圆形，模式种大小 38—53μm；本体轮廓三角形，三边平直或凸出，近极或远极外壁无明显纹饰，如粗颗粒、瘤、皱脊等，但可具细网或细颗粒等；三射线可见，微高起的窄唇伸达角部；本体赤道具膜环，辐间区(interradial)较宽，向孢子角部变窄甚至间断，膜环内具内棒或网脊等支持物，往往从环基部辐射伸出。

比较与讨论 属征经修订后，本属以赤道具膜环而非带环和三射线无弓形堤可与 *Camarozonosporites* Pant ex R. Potonié, 1956(模式种产自德国白垩系)区别；以本体(包括远极面)无明显纹饰而区别于 *Zebrasporites* Klaus, 1960(奥地利，上三叠统)或 *Trizonites* Mädler, 1964(德国，上三叠统)，后两属远极面具明显皱脊;*Camarozonotriletes* Naumova ex Ischenko, 1952 的环较厚实,且其模式种(苏联,泥盆系)的环及本体上皆具明显纹饰。

辐脊楔膜孢 *Wilsonisporites radiatus* (Ouyang and Li) Ouyang, 1982

(图版 128,图 18, 19)

1980 *Camarozonosporites radiatus* Ouyang and Li,欧阳舒、李再平,137 页,图版Ⅲ,图 12—14(图 13 为全模)。

1982 *Wilsonisporites radiatus* (Ouyang and Li) Ouyang, p. 79, pl. 4, fig. 13.

1986 *Wilsonisporites radiatus* (Ouyang and Li),欧阳舒,70 页,图版Ⅶ,图 18。

描述 赤道轮廓亚圆形—圆三角形,大小 26—40μm,全模 34μm;三射线具薄唇,微高起并弯曲,伸达膜环内沿或角部;膜环宽 2.0—7.0μm,一般 4—6μm,即 1/4—1/2R,在三射线末端处常多少变薄甚至间断;中央本体轮廓亚圆形—近三角形,大小 17—28μm,具极细的网状纹饰,穴径≤0.5μm;本体赤道或具棘刺状网脊伸入膜环内,其中下部常具辐射状的、有时颇致密的细内棒或颗粒—网脊状结构,其轮廓线微不平整或作缺刻状,偶见稀颗粒—锥刺状纹饰;中央本体黄棕色—浅棕黄色,膜环棕黄—淡黄至透明。

比较与讨论 本种与西伯利亚下三叠统的 *Euryzonotriletes microdiscus* var. *fimbriata* Kara-Murza, 1960 (pl. 1, fig. 10) 颇为相似,后者大小约 30μm,本体相对较小,射线有时较短,表现出一定的区别,因无描述,难以详细比较。

产地层位 云南富源,宣威组上段—卡以头组。

翅环孢属 *Samarisporites* Richardson, 1965

模式种 *Samarisporites* (*Cristatisporites*) *orcadensis* (Richardson) Richardson, 1965;苏格兰,中泥盆统。

属征 辐射对称具膜环三缝孢子;纹饰限于远极面,由锥形—圆锥形的突起和块瘤组成,顶端常带有小锥刺或短刺;纹饰成分或清楚地分离排列成同心图案或互相结合成规则的行、组或结合为不规则的蠕虫状组堆。

比较与讨论 *Samarisporites* 是泥盆系的一个形态属,它与常见于石炭系的 *Cristatisporites* 较相似,但前者带环内侧部分通常不具加厚,而这种加厚特征正是 Butterworth 等(1964)给予后者的修订属征中所强调的;*Cymbosporites* Allen, 1965 的某些种与本属的孢子也较相似,但该属的分子具赤道—远极,而不是赤道环;*Verruciretusispora* Owens, 1971 虽也具类似特征的纹饰,但不具带环。

锥刺翅环孢 *Samarisporites concinnus* Owens, 1971

(图版 80,图 5)

1971 *Samarisporites concinnus* Owens, p. 45, pl. 12, figs. 7—9; pl. 13, figs. 1—3.

1980b *Samarisporites concinnus*,卢礼昌,26 页,图版 7,图 17。

1983 *Samarisporites concinnus*,高联达,208 页,图版 7,图 12。

1990 *Samarisporites concinnus*,高联达,图版 2,图 4。

描述 赤道轮廓亚三角形—近圆形,大小 64—80μm;三射线清楚,伸达带环内缘,常被外层皱脊覆盖,内孢体轮廓与孢子赤道轮廓基本一致,彼此紧贴;锥刺限于远极面(含环面),分布较密,基部不接触或局部接触,在环上刺高与基宽约 2μm;带环宽 18—22μm,其内侧部分较厚实(色深),外侧部分较单薄(色浅),边缘接触小齿状。

注释 被归入 *S. imaequus*(McGr.)Owens, 1971 的标本(高联达,1990,图版 2,图 3),其特征似乎更接近当前种。

比较与讨论 *S. triangulatus* Allen, 1965 的纹饰分子也为锥刺,但其带环的宽度很不均匀(在同一标本上);辐射区(角部)最宽,辐间区最窄或仅可认识。

产地层位 湖南石门,梯子口组;贵州睦化,王佑组格董关层底部;云南沾益龙华山,海口组;西藏聂拉木，波曲组上部。

异瘤翅环孢 *Samarisporites heteroverrucosus* Lu, 1980

（图版 80，图 10，22）

1980b *Samarisporites heteroverrucosus* Lu，卢礼昌，27 页，图版 8，图 6，8，9。

1988 *Samarisporites heteroverrucosus*，卢礼昌，157 页，图版 20，图 7，8。

描述 赤道轮廓近圆形—圆形，近极面微凸或略呈低锥形，远极面半圆球形，大小 87.4—139.0μm，全模标本 94μm；三射线常因唇或外层皱脊覆盖而不清楚，皱脊[唇(?)]宽 2.5—4.5μm，并略大于高，表面有时呈不规则微波状，伸达赤道环缘；内孢体轮廓与孢子赤道轮廓近乎一致，但通常不甚清楚（因外层纹饰所致）；近极外层表面微粗糙至细颗粒状，远极区表面具不规则圆瘤状或块瘤状纹饰，纹饰分子基部彼此常不接触，宽 2—4μm，顶部微凸，高常不足 2μm，极区以外（含环面）的纹饰分子朝辐射方向略变小，并多少呈辐射状连接与构成不规则蠕脊状或蠕虫状图案；带环宽度多变，于辐射区多少增宽或外凸，辐间区较窄，一般宽 6—10μm，最宽达 15μm，近极环面平滑或微粗糙，环缘微凹凸不平；浅棕—深棕色。

比较与讨论 *S. triangulatus* Allen, 1965 虽具类似的带环特征，但纹饰为锥刺而不是圆瘤或块瘤。

产地层位 云南沾益龙华山、史家坡，海口组。

微刺翅环孢？ *Samarisporites? microspinosus* Ouyang and Chen, 1987

（图版 80，图 20）

1987a *Samarisporites? microspinosus* Ouyang and Chen，欧阳舒等，72 页，图版 13，图 21。

描述 赤道轮廓三角形，三边略凸出，角部尖出，全模标本大小 70μm，本体轮廓与孢子赤道轮廓基本一致，仅角部钝圆，大小 50μm；三射线模糊，单细，伸达外壁外层角部；外壁内层（体）薄，光面，外壁外层厚度亦不足 1μm，包围整个本体，具方向不定的褶皱，表面具极细小与密集的刺状纹饰，刺基部直径约 0.5μm，高 0.5—1.0μm，在赤道部位呈一环状，环宽约 8μm，在 3 个角部尖出，宽达 6—10μm；黄色。

比较与讨论 本种孢子以外壁外层具极细密的刺区别于 *Samarisporites* 属的其他种；又以外壁外层在角部尖出和孢子大小及纹饰特征区别于 *Velamisporites* 或 *Calyptosporites* 属的其他种。

产地层位 江苏句容，五通群擂鼓台组下部。

褶皱翅环孢 *Samarisporites plicatus* Gao, 1983

（图版 78，图 5）

1983 *Samarisporites plicatus* Gao，高联达，207 页，图版 7，图 11。

描述 赤道轮廓亚三角形，大小 60—70μm；三射线可见，微曲，伸达角顶；外壁两层，内层与外层至少在赤道部位或可见略有分离；带环外缘呈透明状，其余部分厚实，总宽 7—10μm；以环内缘为界的中央区清楚（较宽）；孢子表面覆以刺状纹饰；纹饰分子在赤道呈锥刺状，最大基宽 4—6μm（据照片测量），并略大于高。

产地层位 西藏聂拉木，波曲组上部。

小刺翅环孢 *Samarisporites spiculatus* Ouyang and Chen, 1987

（图版 80，图 6）

1987a *Samarisporites spiculatus* Ouyang and Chen，欧阳舒等，73 页，图版 15，图 41。

描述 赤道轮廓三角形，三边凸出，角部收缩变尖，全模标本大小 64μm；本体轮廓近圆形，大小 40μm；三射线清楚，具粗壮的唇，宽 4μm，伸达角顶；外壁 2 层：内层厚度不明，表面无明显纹饰，外层厚约 1μm，在赤道部位延伸而成环，环宽 7—15μm，在三角部最宽，表面具细密锥刺纹饰分子，基宽和高约 1μm，末端尖，轮廓线上小刺明显；棕色。

比较与讨论 本种孢子以粗壮的唇和外层上的小刺纹饰区别于 *Samarisporites* 属的其他种。

产地层位　江苏句容，五通群擂鼓台组下部。

三角翅环孢　*Samarisporites triangulatus* Allen, 1965

（图版 80，图 11—13）

1965 *Samarisporites triangulatus* Allen, p. 716, pl. 99, figs. 1, 2.

1980b *Samarisporites triangulatus*，卢礼昌，27 页，图版 8，图 5，10。

1982 *Cristatisporites triangulatus*, McGregor and Camfield, p. 29.

1988 *Samarisporites triangulatus*，卢礼昌，156 页，图版 8，图 8—10。

1999 *Samarisporites triangulatus*，卢礼昌，102 页，图版 28，图 7—9，12，13。

描述　赤道轮廓常呈锐角三角形，大小 63.2—100.0μm，多数为 70μm 左右；本体轮廓圆三角形—近圆形，大小 48.4—57.5μm；三射线可见至清楚或被外层皱脊掩盖，皱脊光滑，多少隆起（在环面上尤其明显），一般宽 3—5μm，甚者可达 8μm，高常小于宽，末端常翘起并伸达环缘；环薄，不等宽，辐射区 9.4—12.0μm，最宽可达 26μm，辐间区 3.0—4.9μm，甚者达 10μm；外壁 2 层：内层厚 1.0—1.5μm，表面无纹饰，与外层紧贴或仅在赤道区偶见局部分离，外层近极环面光滑，接触区粗糙或凹凸不平，远极中央区具大锥刺或小锥状纹饰；纹饰分子排列密集，不规则，基部或接触，基宽 1.5—3.5μm，高常不超过宽，顶部钝（顶端或具小刺）或锐；环棕黄色，孢体浅棕—棕色。

注释　本种孢子过去主要见于中国与欧美各国（南半球至今尚无报道）的中泥盆世晚期及晚泥盆世早期，即吉维特期与弗拉斯期的沉积中（卢礼昌，1988，156 页，表 2），在早石炭世杜内期沉积中的出现尚属首次。

产地层位　云南沾益龙华山、史家坡，海口组；新疆和布克赛尔，黑山头组 5 层。

翅环孢（未定种）　*Samarisporites* sp.

（图版 80，图 7，8）

描述　大小 50.0(53.1)54.6μm（测 3 粒）。

产地层位　新疆和布克赛尔，黑山头组 5 层。

原冠锥瘤孢属

Procoronaspora (Butterworth and Williams) emend. Smith and Butterworth, 1967

模式种　*Procoronaspora ambigua* Butterworth and Williams, 1958；苏格兰（Scotland），石炭系（Namurian）。

同义名　*Tricidarisporites* Sullivan and Marshall, 1966.

属征　三缝同孢子或小孢子，赤道轮廓三角形，边直或凸，角部浑圆；三射线清楚，长约 3/4R，有时具唇；外壁薄、中厚或厚，远极面具细长刺、锥刺或棒瘤纹饰，延伸至赤道辐间区并可在此变粗大些，角部光滑或细颗粒状；三射线之间区域可有褶皱，但不常见（Smith and Butterworth, 1967）。

比较与讨论　与 *Anapiculatisporites* 的区别在于远极纹饰延伸至赤道辐间区，且纹饰在此比远极粗大；与 *Diatomozonotriletes* 的区别在于赤道辐间区纹饰成分较小且不构成冠环（corona）；与 *Anaplanisporites* 的区别在于其角部无纹饰，或虽有纹饰，但小一个级别。Love (1960) 提及本属纹饰限于远极面和辐间区，且初始的冠环也不存在，故他建议将此属归入刺粒面系（Apiculati），得到某些孢粉学家的认可。

分布时代　主要在欧美区，早石炭世尤其维宪期—纳缪尔早期；乌克兰顿涅茨克、哈萨克斯坦，早石炭世；华夏区华北，晚石炭世。

拟原冠锥瘤孢

Procoronaspora ambigua (Butterworth and Williams) Smith and Butterworth, 1967

（图版 128，图 35，37）

1958 *Procoronaspora ambigua* Butterworth and Williams, p. 384, p1. 4, figs. 1—3; text-fig. 4.

1967 *Procoronaspora ambigua* (Butterworth and Williams) Smith and Butterworth, p. 163, pl. 6, figs. 25—27.

1993 *Procoronaspora ambigua* (Butterworth and Williams) Smith and Butterworth,朱怀诚,247 页,图版 59,图 31—33。

描述 赤道轮廓圆三角形—亚圆形;大小 27.0—32.5μm(测 3 粒);三射线明显,简单,直,具窄唇,脊状,脊宽(含射线)1.0—2.5μm,约伸达赤道;外壁厚 1.0—1.5μm,对应辐间赤道外壁较厚,呈楔状盾环,远极面及赤道覆盖排列均匀的锥瘤、锥刺,基宽 1—2μm,高 1—2μm,末尖或圆钝,基部分离,间距 1—2μm,周边具刺突 20—35 枚。

产地层位 甘肃靖远,红土洼组—羊虎沟组中段。

密刺原冠锥瘤孢 *Procoronaspora dumosa* (Staplin) Smith and Butterworth, 1967

(图版 128,图 10, 11)

1960 *Granulatisporites? dumosus* Staplin, p. 16, pl. 3, figs. 15—17.

1967 *Procoronaspora dumosa* (Staplin) Smith and Butterworth, p. 164, pl. 6, figs. 28—30.

1993 *Procoronaspora dumosa* (Staplin) Smith and Butterworth,朱怀诚,248 页,图版 60,图 9—11。

描述 赤道轮廓三角形,边部外凸—内凹,角钝,大小 28—31μm;三射线清晰,简单,细直,具窄唇,微呈脊状,长几达赤道;外壁薄,厚 0.5—1.0μm,半透明,近极面点状—光滑,远极面及赤道饰以刺毛状纹饰,在赤道边部刺毛较长,达 5μm,向赤道角部方向渐短,角部平整无饰,远极面毛刺长 1.5—2.5μm,基部多圆形,基径 0.5—2.0μm,间距 1—2μm。

比较与讨论 与模式标本相比,归入本种的标本有些以三边多少凹入而稍有差别,大小、纹饰特征基本一致。本种以外壁较厚区别于属内其他种。

产地层位 甘肃靖远,红土洼组。

簇生原冠锥瘤孢 *Procoronaspora fasciculata* Love, 1960

(图版 128,图 1, 21)

1960 *Procopronaspora fasciculata* Love, p. 112—113, pl. 1, fig. 2; text-fig. 2.

1974 *Tricidarisporites fasciculatus* (Love), Neves and Ioannides, pl. 6, figs. 4, 6.

1985 *Tricidarisporites fasciculatus* (Love),高联达,61 页,图版 4,图 19,20。

1987 *Tricidarisporites fasciculatus* (Love), Hou J. P., p. 138, pl. 43, fig. 11.

描述 赤道轮廓三角形,三边平直或微内凹,大小 35—50μm;三射线简单,伸达角端;近极面或近极辐间区具细锥刺纹饰,刺基分离或融合,基宽 1.5—2.0μm,高 2—3μm,末端尖锐,有排列成行的趋势;外壁颇厚;黄棕色。

产地层位 贵州睦化、代化,打屋坝组底部。

具唇原冠锥瘤孢(新种) *Procoronaspora labiata* Zhu sp. nov.

(图版 128,图 2, 3)

1993 *Procoronaspora* sp.,朱怀诚,248 页,图版 59,图 34a,b,35。

1993 *Procoronaspora odontopetala* Zhu,朱怀诚,248 页,图版 60,图 4—6。

描述 赤道轮廓三角形,边部近直—微凸,角部钝尖,大小 35—37μm,全模 37μm(图版 128,图 2);三射线明显,简单,直,具唇,宽 1—2μm(射线一侧),长几达赤道;外壁厚 1.0—1.5μm,远极面及赤道饰以锥刺—锥瘤,基部近圆形,基径 0.5—2.0μm,高 0.5—2.0μm,末端圆钝或尖,基间距 0.5—2.5μm,近极面及赤道角部平滑。

比较与讨论 本新种与 *P. williamii* Staplin (1960, p. 17, pl. 3, fig. 22)和 *P. serratus* (Playford) Smith and Butterworth (Playford, 1963, p. 589, pl. 80, figs. 16—19; Smith and Butterworth, 1967, p. 165, pl. 6, figs. 32—34)均较相似,区别在于本种近极三缝有唇状加厚,赤道周边刺突较少。

产地层位 甘肃靖远,羊虎沟组中段。

齿瓣原冠锥瘤孢 *Procoronaspora odontopetala* Zhu, 1993

(图版 128,图 6, 7)

1993a *Procoronaspora odontopetala* Zhu,朱怀诚,248 页,图版 60,图 2—6。

1993b *Procoronaspora odontopetala* Zhu,朱怀诚,图版Ⅰ,图 17,18。

描述 赤道轮廓三角形,边部近直,微凹或微凸,角部圆钝,大小 27.0(30.2)35.0μm(测 5 粒),全模标本 27μm(图版 28,图 7);三射线简单,细直,接近伸达赤道,外壁厚 0.5—1.0μm,远极有一加厚块,并沿其周边外壁在远极呈辐射状加厚,构成梅花形或齿轮形图案,远极面及赤道边部覆以锥刺,基部多圆,基径 2.0—3.5μm,高 1.0—3.5μm,末端尖,基部分离,间距 1—3μm,赤道角部光滑无纹饰,近极面光滑,赤道周边具刺突 16—20 枚。

比较与讨论 本种以孢子远极面有一轮状加厚及角部基本无锥刺区别于属内其他种。

产地层位 甘肃靖远,红土洼组上段—羊虎沟组中段。

齿状原冠锥瘤孢(比较种) *Procoronaspora* cf. *serrata* (Playford) Smith and Butterworth, 1967

(图版 128,图 36)

1962 *Anapiculatisporites serratus* Playford, p. 589, pl. 80, figs. 16—19.

1967 *Procoronaspora serrata* (Playford) Smith and Butterworth, p. 165, pl. 6, figs. 32—34.

1987a *Procoronaspora* cf. *serrata* (Playford) Smith and Butterworth,廖克光,557 页,图版 135,图 20。

描述 赤道轮廓三角形,大小约 23μm;据 Smith 和 Butterwoth (1967, p. 165, pl. 6, figs. 32—34) 描述,大小 33—61μm,近极面光滑,远极面和赤道辐间区具粗壮、均匀、密集、基宽(2—4μm)且略呈六角形、颇长(2.5—6.0μm)的末端尖的刺,沿角部变小、变稀。

比较与讨论 当前标本与原描述的苏格兰下石炭统上部的此种相比,虽有些相似(如锥刺纹饰与孢子大小相比尚粗壮、角部纹饰减弱、三射线不清楚等),但总体上看,无论孢子大小、纹饰粗细,都要小一个等级以上,故至少种的鉴定应作保留。

产地层位 山西宁武,本溪组。

厚膜环孢属 *Pachetisporites* Gao, 1984

模式种 *Pachetisporites kaipingensis* Gao, 1984;河北开平煤田,赵各庄组。

属征 辐射对称三缝小孢子,赤道轮廓三角形—亚三角形,三边平整或略向外凸出,三角顶常呈内凹弧形;本体轮廓与孢子总轮廓基本一致;本体三边与膜环相叠处呈梭形,膜环宽约本体半径的 1/2;三射线具粗壮唇,延伸至膜环角端且略扩大呈倒锥形;本体表面具不规则多边形网纹,膜环薄,具细点状纹饰;模式种大小 90—115μm。

比较与讨论 本属与 *Cirratriradites* 颇为相似,以缺乏极区的 1—3 个颇大坑穴而与后者区别;但 *Cirratriradites tenuis* Peppers, 1970 (p. 122, 123, pl. 12, figs. 10, 11;73.1—105.6μm)并无坑穴,故朱怀诚曾将其迁入 *Pachetisporites* 成新联合种 *P. tenuis* (Peppers) Zhu, 1993,见下文。

开平厚膜环孢 *Pachetisporites kaipingensis* Gao, 1984

(图版 128,图 12, 23)

1984 *Pachetisporites kaipingensis* Gao,高联达,371 页,图版 142,图 7,8。

1990 *Pachetisporites kaipingensis* Gao,张桂芸,见何锡麟,329 页,图版 8,图 6,9。

描述 赤道轮廓三角形,三边平凸,角端常呈拳头状凸出,因膜环角端脱落常呈内弧形或近平截;大小 90—115μm,全模 115μm(图版 128,图 12),本体 90μm,据刘锋(2007)描述,大小 99(128)140μm,本体 75—110μm;膜环宽 15—20μm,在角部延长可达 20—30μm;三射线具唇,宽 3—5μm,延伸至膜环角端,在顶部和端部略增厚、扩大;本体与膜环接触处相叠呈狭梭形或加厚呈类环状,颜色较深;膜环点—粒状,轮廓线上微不平整，本体表面[远极面(?)]具多边形网状纹饰，穴径3—5μm。

比较与讨论 本种以个体偏大尤其是本体表面具网状纹饰而与 *P. tenuis* (Peppers) Zhu 区别，后者原作者强调两组褶皱，一是沿三射线的，二是沿本体三边远极的，还强调环缘具稀疏小刺。

注释 本种构形还不太清楚，Oshurkova(2003)将 *Cirratriradites* 属归入腔状具环—膜环孢，即本体(外壁内层)具窄环，外壁外层为腔状膜环，似乎亦可应用于本属；此外，本种的变异幅度(包括纹饰，究竟发育于整个表面还是主要在远极面)也有待进一步确定。

产地层位 河北开平煤田，赵各庄组；山西保德，太原组；内蒙古准格尔旗黑岱沟，太原组。

薄厚膜环孢 *Pachetisporites tenuis* (Peppers) Zhu, 1993

(图版128，图28，32)

1970 *Cirratriradites tenuis* Peppers, p. 122, pl. 12, figs. 10, 11.

1993 *Pachetisporites tenuis* (Peppers) Zhu，朱怀诚，293页，图版78，图5，6，7a，b。

描述 赤道轮廓三角形，边部外凸，角部截钝，微凹；孢子大小68—105μm(测3粒)；具膜环，本体三角形，边部微凸，角部略钝；三射线简单，细直，伸达赤道角，沿射线两侧有2条加厚带，一侧最宽可达3μm，至本体角部加粗外延呈倒锥状，外壁厚1.0—1.5μm，轮廓线平滑，点状纹饰，远极面近赤道处向外膜状延伸成膜环，与本体赤道位重叠呈梭形，梭形重叠区对应赤道边部中间最宽达8.0—12.5μm，向角部渐窄至角部消失，边外的膜在角部与加厚带延伸直到锥形相连，呈一V字形缺口，膜环超出本体最宽为5.0—12.5μm，膜薄而透明，轮廓线平整—微齿形，内点状。

比较与讨论 本属形态介于 *Balteosporites* Peppers, 1970 和 *Cirratriadites* Wilson and Coe, 1940 之间，但 *Balteosporites* 的模式种膜环外侧有增厚的边缘，且膜环上的辐射条纹稳定，模式种大小仅24.4—32.5μm，且膜环在本体角部常消失。*Cirratriradites* 极区常有坑穴。

产地层位 甘肃靖远，红土洼组。

楔环孢属 *Rotaspora* Schemel, 1950

模式种 *Rotaspora fracta* Schemel, 1950；美国犹他州，下石炭统(Mississippian)。

属征 三缝孢子，轮廓圆—亚圆形，中央本体亚赤道三角形，角部圆，三边凸或凹入；外壁相对薄，光面，点穴状，颗粒状或块瘤状，本体和环上不一定都有相同纹饰；赤道环在辐间区最厚，在角部很窄；环在周边增厚形成窄的缘边；三射线微短于孢子半径，唇稳定，无大变化；大小幅度25—50μm，模式种28—35μm。

比较与讨论 Smith 和 Butterworth(1967)修订的属征是：孢子辐射对称，三缝，具膜环；轮廓圆形—亚圆形；射线简单，通常几乎等于本体半径长；膜环宽沿辐射方向可变薄；在未压扁状态下，膜环若宽，则可从赤道向下指向远极面并在那儿形成所谓的“圆领”(collar)；压扁的结果则是在辐射位置呈宽膜环，在本体远极面角部窄，而在辐间区水平方向凸出；纹饰(光面至块瘤)在本体和环上可不相同；外壁相对较厚(环的译文比较令人费解，实际上，从图照看，膜环似有两个层次，即在远极面是角部较宽，在赤道部位是辐间区较宽)。

分布时代 欧美区、华夏区，石炭纪。

刻痕楔环孢 *Rotaspora crenulata* Smith and Butterworth, 1967

(图版128，图17，20)

1967 *Rotaspora crenulata* Smith and Butterworth, p. 227, pl. 15, figs. 12—14.

1993 *Rotaspora crenulata* Smith and Butterworth，朱怀诚，图版71，图8a，b，12a，b。

描述 赤道轮廓圆三角形，边部外凸，角部宽圆，具楔环，大小40—50μm；本体三角形，边部多少直，角部圆钝，三射线简单，直，约伸达本体赤道，但不伸入环；环在角部较窄，宽1—3μm，边部较宽5—8μm，本体及环表面均饰以细粒、锥粒，本体上颗粒略粗，环轮廓线细齿状，粒径0.5—1.0μm，偶达1.5μm，高约

0. 5μm,基部分离,排列紧密。

比较与讨论 当前标本与最初描述的英国下石炭统维宪阶的这个种(29—41μm,全模34μm)颇为相似,但个体较后者稍大,本体表面较粗糙,辐间区楔环不那么典型,在角部不缺失。

产地层位 甘肃靖远,红土洼组。

弱饰楔环孢 *Rotaspora fracta* (Schemel) Smith and Butterworth, 1967

(图版128,图13, 14)

1950 *Rotaspora fracta* Schemel, p. 242, pl. 40, figs. 8.

1967 *Rotaspora fracta* Smith and Butterworth, p. 227, pl. 15, figs. 8—11.

1993 *Rotaspora fracta* (Schemel) Smith and Butterworth,朱怀诚,280页,图版70,图21—23。

2000 *Rotaspora fracta* (Schemel),詹家祯,见高瑞祺等,图版2,图17。

描述 赤道轮廓圆三角形,边部外凸,角部圆钝,大小29—40μm;具楔环,对应辐射区边部中间最宽7—10μm,角部较窄,宽1—3μm;本体三角形,边部多少内凹,角部圆钝,三射线微弱不明显,长2/3—3/4R;环及本体表面光滑,点—微粒纹饰,粒径<0. 5μm,轮廓线平滑—微齿状。

比较与讨论 当前标本与英国维宪阶的这个种略相似,后者大小27—40μm,唯独其环(本体三射线方向较窄)在赤道增厚,尤其在辐间区方向翻转交切构成近圆形轮廓,此特点在靖远标本上多少不明显。

产地层位 甘肃靖远,红土洼组;新疆塔里木盆地和田河井区,卡拉沙依组。

粒状楔环孢 *Rotaspora granifer* Gao, 1987

(图版128,图15, 16;图版129,图27, 28)

1987 *Rotaspora granifer* Gao,高联达,215页,图版5,图4,5。

1993 *Reinschospora granifer*,朱怀诚,图版68,图26,27,31—36。

1993 *Reinschospora granifer*, Zhu, pl. 4, figs. 11,12.

描述 赤道轮廓略三角形—圆形,大小33—50μm;本体三角形,三边平直或微凹入,外壁薄,但赤道部位颜色多稍深;三射线清晰,常具唇,顶部高起,伸达角部;辐间区亚赤道位伸出细棘刺,末端多愈合,呈膜片状,略呈半透镜形,辐间区中部最宽(高),向角部减薄甚至消失,以致孢子的轮廓呈近圆形;种名中"粒状"原指楔环表面"不规则的刺粒纹饰",但这也可能是小辐射条纹("棘刺")的基底或顶部的光学效应所致;轮廓线平整—微粒凸状;棕(本体)—黄(环)色。

比较与讨论 与*R. knoxi* Butterworth and Williams(1958, p. 378, pl. 3, figs. 21—23)外形相似,但后者以呈厚的楔环状,表面平滑而不同。本种的膜环虽有时内部显示出鳍状辐射纹理,但楔环整体完整,所以归入*Rotaspora*属较适合。

产地层位 甘肃靖远,红土洼组—羊虎沟。

内饰楔环孢 *Rotaspora interonata* Lu, 1981

(图版80,图1—4)

1981 *Rotaspora interonata* Lu,卢礼昌,110页,图版7,图1—4。

描述 赤道轮廓近圆形,大小39—49μm,全模标本42μm;三射线清楚,直,简单,或多少具唇(宽2. 0—4. 5μm),伸达本体边缘,罕见伸至带环上;本体三角形,三边多少凸出,角部钝尖或钝凸,具内点状、颗粒状或小圆瘤状结构,分布均匀、致密或稀疏,某些标本的本体与带环内缘完全或不完全分离;带环在辐射区最窄,而在辐间区最宽,可达4. 5—6. 7μm,常为辐射区的2倍或3倍,表面光滑,赤道边缘厚约1. 5μm;罕见褶皱;橙黄(本体)—浅黄色。

比较与讨论 本种与下列2种的区别是:美国西部犹他州下石炭统(Mississippian)的*R. fracta* Schemel, 1950的全模和副模标本的本体三边不外凸,而内凹;苏格兰下石炭统的*R. knoxi* Butterworth and Williams,

1950 虽然本体三边凸出，但不具任何内结构，射线也较短。

产地层位 四川渡口，上泥盆统下部。

诺克斯宽楔环孢 *Rotaspora knoxii* Butterworth and Williams, 1958

（图版 128，图 8, 22）

1950 *Knox*, p. 157; text-fig. 5.

1958 *Rotaspora knoxi* Butterworth and Williams, p. 378, pl. 3, figs. 21—23.

1967 *Rotaspora knoxi*, Smith and Butterworth, p. 228, pl. 15, figs. 15—17.

1983 *Rotaspora knoxi*，高联达，图版 114，图 26，27。

1986 *Rotaspora knoxi*，唐善元，图版 I，图 38。

1987 *Rotaspora knoxi*，高联达，图版 5，图 27。

描述 孢子赤道轮廓三角形，大小 25—40μm；本体三瓣形，三边明显内凹；三射线长等于孢子的半径，常裂开；具楔形的赤道环，环的三边明显加厚而在角部变窄；孢子表面具细点状纹饰。

比较与讨论 靖远红土洼组的标本（图版 128，图 22）与 *R. knoxii* 较为相似，而贵州旧司组被定为此种的标的本因本体三边明显凹入，较为近似 *R. fracta*（Schemel）ememd. Smith and Butterworth。据 Smith 和 Butterworth（1967），英国下石炭统上部（Visean—Namurian A）的此种：轮廓三角形，边凸，角部宽圆；大小 26（32）44μm，全模 40μm；本体三角形，圆度稍差；射线简单，直，2/3—3/4 本体半径长；膜环在辐间区最宽，在角部变窄；环具窄的缘边；外壁光滑，本体较透明。湘中标本与之相比，形态和楔环特征相似，但楔环外部是否为具窄缘的膜环，从照片上看不清楚，种的鉴定似应作保留。此种以个体较小、外壁较厚、本体轮廓不凹入与 *R. fracta* 区别。

产地层位 湖南双峰测水，测水组；甘肃靖远，红土洼组。

大楔环孢 *Rotaspora major* Gao, 1987

（图版 128，图 27, 30）

1987 *Rotaspora major*，高联达，216 页，图版 5，图 26。

1993 *Rotaspora major* Gao，朱怀诚，280 页，图版 71，图 16，24，25。

描述 赤道轮廓圆三角形—亚圆形，大小 62.5—67.0μm；具楔环，轮廓线平滑，向本体轻微超覆，环最宽（在辐间区边部中间）达 4—15μm，角部相对较窄，宽 1—3μm；本体略三角形，边部微凸，角部尖或圆钝，三射线清晰，简单，细直，具窄唇，微呈脊状，长 2/3—3/4R；外壁厚 1.0—1.5μm，个别标本更薄（朱怀诚，1993，图版 71，图 16），偶见褶皱，表面光滑—点状。

比较与讨论 与靖远组全模标本相比，红土洼组标本楔环厚，表面具不规则细点状纹饰。

产地层位 甘肃靖远，靖远组—红土洼组。

坚固楔环孢 *Rotaspora ochyrosa* Gao, 1984

（图版 129，图 24）

1984 *Rotaspora ochyrosa* Gao，高联达，357 页，图版 138，图 30。

描述 赤道轮廓亚圆形，大小 70—85μm，全模约 80μm（图版 129，图 24）；具厚的楔环，楔环在辐间区厚 5—8μm，向三角顶端逐渐变薄，直至全部消失；三射线简单，直伸至三角顶，有的标本三射线可与延伸至三角顶的环连接，形成弓形脊，孢子表面覆以不规则的细点状纹饰。

比较与讨论 当前标本比 *R. knoxi* Butterworth and Williams, 1958 和 *R. fracta* Schemel, 1950 个体大，楔环厚而壮。

产地层位 山西宁武，本溪组。

具饰楔环孢属 *Camarozonotriletes* Naumova, 1939 ex Staplin, 1960

模式种 *Camarozonotriletes devonicus* Naumova, 1953;俄罗斯地台,上泥盆统(Frasnian)。

属征 辐射对称具赤道膜环三缝孢子,轮廓三角形—圆三角形;本体部分三角形,三边凹入或平直;三射线简单或具唇,长几等于半径;中央本体外壁内层中厚,膜环基部较厚;膜环在辐间区较发育,而在角部减弱甚至间断;外壁表面无纹饰或具瘤;轮廓线平滑或因纹饰组成而凹凸不平;模式种大小30—35μm。

比较与讨论 本属与 *Rotaspora* Schemel 颇相似,但以膜环较厚尤其在靠本体周围有窄的加厚带、环在角部更强烈减缩以及纹饰可能存在而与后者区别(Oshurkova, 2003)。

凸边具饰楔环孢 *Camarozonotriletes convexus* Lu, 1988

(图版36,图1—4)

1988 *Camarozonotriletes convexus* Lu,卢礼昌,151页,图版22,图12—15。

描述 赤道轮廓宽圆三角形—近三角形,大小21.8—31.2μm;三射线清楚,具唇或顶部加厚并形成一小三角形暗色区,或顶部开裂成一小三角形较亮区,伸达带环内缘或带环外缘附近;带环宽度不一致:辐间区最宽,宽4—5μm,向两侧逐渐变窄,至辐射区(角顶)最窄,宽仅2—3μm或更窄;外壁表面具颗粒—小锥刺状纹饰,主要分布在远极面和赤道(辐间区)边缘,相当稀疏,基部圆,直径2.0—2.5μm,高常小于基宽,约1.5μm或更低,在赤道轮廓线上反映也不一致:辐射区较微弱,甚至不见,辐间区较明显,边缘突起9—21枚;近极表面光滑;罕见褶皱;浅棕—深棕色;全模标本31.2μm。

比较与讨论 本种的纹饰与北极加拿大(Melville Island)中泥盆统(吉维特阶)的 *C. parvus* Owens (1971)基本相同,但后者的纹饰粒度更小(粒径仅约0.5μm,高一般小于1μm),而密度则更大;与俄罗斯地台上泥盆统下部的 *C. devonicus* Naumova, 1953也接近一致,但后者纹饰相对较粗,分布较密,突起也较明显。因此 *C. convexus* 应与后2种不同。

产地层位 云南沾益史家坡,海口组。

筛穴具饰楔环孢 *Camarozonotriletes fistulatus* Du, 1986

(图版128,图4, 5)

1986 *Camarozonotriletes fistulatus* Du,杜宝安,290页,图版Ⅲ,图2,3。

描述 赤道轮廓圆三角形,大小39—48μm,全模42μm(图版128,图5);三射线直,具窄唇,伸达环的内沿;赤道环宽4—10μm,细穴状,在孢子边部增宽,向角部窄缩,在楔环内部有增厚的一圈,外缘或较薄,呈膜状;外壁内层(本体)较薄,厚约1μm,表面粗糙;棕—黄色。

比较与讨论 本种以环细穴状区别于属内其他种。

产地层位 甘肃平凉,山西组。

微粒具饰楔环孢 *Camarozonotriletes microgranulatus* Lu, 1981

(图版36,图6—8)

1981 *Camarozonotriletes microgranulatus* Lu,卢礼昌,111页,图版7,图8—10。

1988 *Camarozonotriletes microgranulatus* Lu,卢礼昌,150页,图版21,图18,19。

描述 赤道轮廓圆三角形或钝角三角形,大小31.4—49.3μm,全模标本34μm;三射线在顶部加厚区清楚,在该区以外的延长部分不清楚,伸达赤道附近;本体轮廓近三角形,三边多少内凹或平直,角部浑圆,壁厚约1μm,表面光滑或微显粗糙;孢子近极中央外壁上具小三角形加厚区;远极面纹饰以小颗粒为主,粒径约0.5μm,甚密;带环较窄,辐间区宽1.0—2.5μm,辐射区常不足1μm或脱落,带环外缘多少平滑或在辐间区具微小突起,高约0.5μm;浅黄—浅棕色。

比较与讨论 本种轮廓与 *C. parvus* Owens, 1971有些相似,但后者带环较宽(辐间区宽3—4μm),且不具小三角形加厚区;与 *C. convexus* Lu, 1988也较接近,但该种的孢子较小,通常不足30μm,而带环则较宽

(分别为4—5μm与2—3μm)。

产地层位 四川渡口,上泥盆统;云南沾益史家坡,海口组。

钝刺具饰楔环孢 *Camarozonotriletes obtusus* Naumova, 1953

(图版36,图5)

1953 *Camarozonotriletes obtusus* Naumova, p. 89, pl. 14, 9a.

1975 *Camarozonotriletes obtusus*,高联达等,218页,图版9,图17。

1991 *Camarozonotriletes devonicus*,徐仁等,图版1,图11。

描述 赤道轮廓三角形,三边微凸,角部钝圆,大小30—35μm;三射线不常清楚,略短于内孢体半径长;外壁远极面和环缘,尤其辐间区环缘,具刺—粒状纹饰,分布稀疏或密度中等,基部直径1.0—2.5μm,高略小于基宽,顶部钝凸,罕见尖;带环在辐间区最宽,为1/4—2/7R,于辐射区最窄,宽仅为辐间区环宽的1/3左右;赤道轮廓线钝齿状或不规则微凹凸不平;棕黄—棕色(环)。

比较与讨论 当前标本与Naumova (1953)描述的俄罗斯地台上泥盆统下部的*C. obtusus*的特征与大小极为相似,将其归入*C. obtusus*较适合。

注释 本描述系据高联达、侯静鹏(1975)的描述内容及图照显示的综合。此外,两处(高联达、侯静鹏,1975,图版9,图17与高联达,1983,图版3,图6)*C. obtusus*的图照出自同一标本。

产地层位 贵州独山,丹林组下段;云南沾益、曲靖,穿洞组、海口组。

小型具饰楔环孢 *Camarozonotriletes parvus* Owens, 1971

(图版36,图11—13)

1971 *Camarozonotriletes parvus* Owens, p. 40, pl. 11, figs. 1—4.

1981 *Camarozonotriletes parvus*,卢礼昌,110页,图版7,图5—7。

1987 *Camarozonotriletes parvus*,高联达等,405页,图版176,图6。

1997b *Camarozonotriletes parvus*,卢礼昌,图版4,图1。

描述 赤道轮廓圆三角形,三边略凸出至平直,角部宽圆,大小36—47μm;本体赤道轮廓近三角形,三边常略微内凹,或因收缩而与赤道环多少分离;三射线清楚,直,微开裂,等于孢子半径长或稍短;带环在辐间区最宽,约3.5μm,向辐射区逐渐变窄,至辐射区(角部)最窄,宽仅1.0—1.5μm,甚者几乎消失;孢子近极面光滑或纹饰微弱,整个远极面和带环边缘(主要在辐间区)具颗粒—小锥刺状纹饰,分布或多或少均匀、致密,但彼此常不相互接触,高1.0—1.5μm,略大于基宽;浅棕黄色。

比较与讨论 四川渡口的标本与Owens (1971)首次描述的北极群岛中泥盆统上部*C. parvus*的标本极为近似,当属同种。

产地层位 四川渡口,上泥盆统(Frasnian);甘肃迭部,当多组;新疆准噶尔盆地,呼吉尔斯特组。

小型具饰楔环孢(比较种) *Camarozonotriletes* cf. *parvus* Owens, 1971

(图版29,图34, 35)

1971 *Camarozonotriletes parvus* Owens, p. 40, pl. 11, figs. 1—4.

1976 *Camarozonotriletes* cf. *parvus*,卢礼昌、欧阳舒,32页,图版3,图20,21。

描述 赤道轮廓圆三角形,大小25—31μm,中央本体赤道轮廓亚三角形;三射线清楚,多少具唇,约3/4 R至接近本体半径长;赤道带环于三边中部最宽,约3.5μm,往角部方向逐渐变窄,至射线末端前最窄,约1.5μm;近极面光滑或纹饰显著减弱,远极面和带环赤道上覆以颗粒—锥刺状纹饰,稠密,一般高约1μm,略大于基宽,在某些标本上,带环边沿上纹饰似以小锥刺为主,大小不一,分布不均匀;在角部较小、较少,而在角部以外的带环边沿上则较大(高约1.5μm)、较多,显得颇密,以致基部彼此拥挤、连接。

比较与讨论 当前标本与*C. parvus* Owens, 1971的特征较接近,差别在于后者纹饰更显著、更稠密,带环不那么明显,因此种的鉴定作了保留。

产地层位 云南曲靖翠峰山,下泥盆统徐家冲组。

西克斯特具饰楔环孢 *Camarozonotriletes sextantii* McGregor and Camfield, 1976

(图版36,图19)

1976 *Camarozonotriletes sextantii* McGregor and Camfield, p. 12, 13, pl. 4, figs. 13, 14, 16—18.

1994 *Camarozonotriletes sextantii*,王怿,327页,图版2,图13。

描述 赤道轮廓三角形,三边凸出,大小38—43μm;三射线清楚,直,接近于本体半径长,具唇,最宽处在近极点,宽2—4μm,向赤道变窄;中央本体轮廓三角形,角部钝尖,大小32—37μm;外壁厚1—2μm,在赤道延伸成赤道带环,带环在三射线末端前显著变窄,宽2—3μm,三边中部最宽,达7—9μm;近极表面光滑,远极和赤道部位具小刺或棒瘤状纹饰,高2—3μm,基部宽1—2μm,间距0.5—1.0μm,纹饰在赤道部位的角部变小;带环表面具不规则齿状突起;棕黄色。

比较与讨论 当前标本与McGregor和Camfield (1976, pl. 4, figs. 13, 14, 16—18)描述的这个种的形态、射线和赤道部位的结构较相似,唯当前标本的个体偏小(原描述为37—60μm),纹饰相对比较单一;与*C. parvus* Owens相比,后者具有小的纹饰(王怿,1994,327页)。

产地层位 云南文山,坡脚组。

三角形具饰楔环孢 *Camarozonotriletes triangulatus* Lu, 1988

(图版36,图9, 10)

1988 *Camarozonotriletes triangulatus* Lu,卢礼昌,151页,图版29,图9,10。

描述 赤道轮廓明显三角形,三边直至略微外凸,角顶钝凸或平凸,大小35.9—43.7μm,全模标本43.7μm;三射线清楚,微弯曲,唇发育,粗壮,光滑透明,宽度基本均匀,一般2—7μm,伸达赤道边缘或附近;外壁具细颗粒或小刺状纹饰,主要限于远极面和近极辐射区赤道边缘,分布均匀、致密,但基部彼此常不接触,粒径1.0—1.5μm,高约0.5μm,小刺基部宽常不足1μm,高1.0—1.5μm,近极外壁表面无纹饰;极面观纹饰在辐间区边缘反映较明显,在辐射区(角顶)反映较微弱或缺失;带环在辐间区较宽,达3.0—4.7 μm,在辐射区较窄,仅1.5—3.0μm;某些标本带环内缘界线不甚清楚,但带环颜色较相邻部分略深[较厚(?)];外壁较薄,厚仅1.0—1.5μm,罕见褶皱;棕黄—浅棕色。

比较与讨论 本种与下列各种的主要区别在于:*C. microgranulatus* 轮廓为宽圆三角形或近圆形,三射线不完全清楚,近极中央区外壁常呈小三角形加厚区;*C. convexus* 孢子明显较小(仅21.8—31.2μm),有的标本也具小三角形加厚区。

注释 按定义,*Camarozonotriletes* 的带环在三射线末端前强烈变窄甚至脱落,但在上述种的标本中,这种反映并不强烈,这或许是由于孢子赤道轮廓本身呈明显的三角形所致,其归属问题还有点疑问。

产地层位 云南沾益史家坡,海口组。

辐间棘环孢属 *Diatomozonotriletes* Naumova, 1939 ex Playford, 1962

模式种 *Diatomozonotriletes saetosus* (Hacquebard and Barss) Hughes and Playford, 1962;加拿大西北地区,下石炭统上部(U. Mississippian)。

属征 三缝小孢子,本体赤道轮廓三角形或亚三角形;射线清楚,长,简单或具唇;体壁周边几乎全被明显的膜环所环绕[冠环(corona)],由许多粗壮、多为从本体赤道边辐射出来分离的刚刺组成;棘刺在辐间区中部特别发育,向角部逐渐变小,至角端强烈减弱甚至缺失;棘刺尖或钝,可部分融合,但总是能见到分离现象;本体常具纹饰,尤其在远极面。

比较与讨论 *Reinschospora* 以鳍环由细得多的刚刺密聚而成与本属不同;Oshurkova (2003)则认为本属与*Rotaspora* 和 *Camarozonotriletes* 的区别在于其赤道冠环是由粗壮且分离的棘刺组成的,这一点也是与 *Reinschospora*

的区别所在，后者的此类鳍刺并非外壁外层在赤道的延伸物，而是源起于近极面亚赤道位较柔弱的纹饰成分。

分布时代 欧美区、华夏区，石炭纪尤其早石炭世。

靖远辐间棘环孢 *Diatomozonotriletes jinyuanensis* Gao，1987

（图版128，图38）

1987 *Diatomozonotriletes jinyuanensis* Gao，高联达，216页，图版5，图23。

描述 赤道轮廓三角形，三边微内凹或微外凸，大小90—120μm，全模100μm；本体壁厚3—5μm，褐色；三射线具粗壮唇，直伸三角顶，三角形接触区显著；辐间区三边具粗壮的棒刺，基部不连接，宽3—5μm，顶端变窄或扁平，每边10—12粒，向三角顶端变小，以致消失；孢子具不清晰的斑点纹饰。

比较与讨论 描述的种与 *D. ubertus* Ischenko（1958，p. 96，fig. 13）外形结构相似，但后者以棒刺短且粗壮而不同。

产地层位 甘肃靖远，靖远组。

鬃齿辐间棘环孢 *Diatomozonotriletes jubatus*（Staplin）Playford，1963

（图版129，图19）

1960 *Reinschospora jubata* Staplin，p. 23，pl. 5，figs. 7，8.

1963 *Diatomozonotriletes jubatus*（Staplin）Playford，p. 646.

1983 *Diatomozonotriletes jubatus*（Staplin）Playford，高联达，511页，图版115，图25。

描述 赤道轮廓三角形，角圆，三边明显内凹，大小42—50μm；三射线直伸角顶；孢子本体边缘具细长的刚刺纹饰，刚刺在辐间区中部较三角顶部长，局部刚刺之间有薄膜连接。

产地层位 贵州贵阳乌当，旧司组。

小齿辐间棘环孢 *Diatomozonotriletes minutus* Gao，1983

（图版128，图9）

1983 *Diatomozonotriletes minutus*，Gao，高联达，511页，图版115，图22。

描述 赤道轮廓三瓣形，三边强烈内凹，角部钝圆或变尖，大小25—30μm；三射线长2/3R，具唇；赤道辐间区具细而短的梳刺纹饰，刺长2—3μm，基部偶有连接。

比较与讨论 此种以个体特小区别于本属的其他种。

产地层位 贵州贵阳乌当，旧司组。

珍奇辐间棘环孢 *Diatomozonotriletes mirabilis* Gao，1988

（图版129，图32，33）

1988 *Diatomozonotriletes mirabilis* Gao，高联达，197页，图版3，图17，21。

描述 赤道轮廓三瓣形，三边向内强烈凹入，3个角呈盘形，大小75—90μm，全模80μm（图版129，图33）；壁厚，褐色；辐间区具锥刺纹饰，基部不连接，基部直径3—5μm，高8—12μm，末端钝，偶尔也有尖的，每边8—10个；三射线长4/5R，在三角顶具一排较规则的小颗粒纹饰。

比较与讨论 本种与 *D. saetosus*（Hacquebard and Brass）Hughes and Playford（1961，p. 40，pl. 4，figs. 14，15）比较，前者轮廓特殊；与 *D. ubertus* Ischenko（1958，p. 96，pl. 13，fig. 164）的轮廓和刺均不相同。

产地层位 甘肃靖远，臭牛沟组。

乳齿辐间棘环孢 *Diatomozonotriletes papillatus* Gao，1983

（图版129，图26，30）

1983 *Diatomozonotriletes papillatus* Gao，高联达，115页，图26，27。

1988 *Diatomozonotriletes papillatus* Gao，高联达，197页，图版3，图22。

描述 赤道轮廓三角形,大小30—35μm;本体三角形,三边微凸,厚,呈暗褐色;孢子边缘具棒刺状或柱状纹饰,棒刺顶端加厚变粗,呈乳头状。

比较与讨论 此种与 *D. curiosus* (Waltz) Ischenko, 1958 相似,但后者个体稍大(大小 45—55μm)、刺粗壮;与 *Diatomoaonolniletes ubertus* lschenko,1958 外形相似,但后者以辐间区的刺粗壮而不相同。

产地层位 贵州贵阳乌当,旧司组;甘肃靖远,臭牛沟组。

篦齿辐间棘环孢 *Diatomozonotriletes pectinatus* Gao, 1983

(图版 129,图 2, 31)

1983 *Diatomozonotriletes pectinatus* Gao,高联达,511 页,图版 115,图 21。

1985 *Diatomozonotriletes pectinatus* Gao,高联达,71 页,图版 6,图 18。

描述 赤道轮廓三角形,三边直平,大小 32—38μm;三射线粗壮,射线两侧具加厚的唇,射线直伸角顶部;本体外缘具小锥刺,在辐间区粗壮,向三角顶逐渐变细;本体表面具细颗粒或锥刺状纹饰。

比较与讨论 此种与 *Tricidarisporites fasciculatus* (Love) Sullivan and Marshall, 1966 有些相似,但后者的孢子边缘具刺瘤状突起。

产地层位 贵州贵阳乌当,旧司组;贵州睦化,打屋坝组底部。

硬刺辐间棘环孢 *Diatomozonotriletes saetosus* (Hacquebard and Barss) Hughes and Playford, 1961

(图版 129,图 13)

1957 *Reinschospova saetosus* Hacquebard and Barss, p. 41, pl. 6, fig. 3.

1961 *Diatomozonotriletes saetosus*, Hughes and Playford, p. 40, p1. 4, figs. 14,15.

1993 *Diatomozonotriletes saetosus* (Hacquebard and Barss) Hughes and Playford,朱怀诚,273 页,图版 69,图 16。

描述 赤道轮廓近圆形,具棘刺环,大小 67. 5μm;本体三角形,边部内凹,角部圆钝;三射线明显,具窄唇,一侧宽 1. 0—1. 5μm,几伸达赤道,末端分叉,外壁厚 1. 0—1. 5μm,赤道处偏近极面着生片刺,基宽 3—7μm,分离,末端横向延伸愈合呈膜环状,环最宽达 20μm。

比较与讨论 本种以辐间区具膜环而与 *D. mirabilis* 区别,但不排除后者膜环有脱落的可能,若如此,则两者可能为同种。

产地层位 甘肃靖远,红土洼组。

亚灿辐间棘环孢 *Diatomozonotriletes subspeciosus* Gao, 1983

(图版 129,图 3, 8)

1983 *Diatomozonotriletes subspeciosus* Gao,高联达,512 页,图版 115,图 20,24。

描述 赤道轮廓三角形,三边微向内凹,大小 45—55μm;本体轮廓与孢子外形相同,并具锥刺状突起或刺状环,每边的锥刺 10—12 个。

比较与讨论 此种与 *D. pectinatus* Gao 外形相似,但后者梳刺粗壮,前端分叉。

产地层位 贵州贵阳乌当,旧司组。

三线辐间棘环孢(比较种) *Diatomozonotriletes* cf. *trilinearius* Playford, 1963

(图版 129,图 23)

1989 *Diatomozonotriletes* cf. *trilinearius* Playford, Zhu, pl. 3, fig. 23.

1993 *Diatomozonotriletes* cf. *trilinearius* Playford,朱怀诚,273 页,图版 69,图 17。

描述 赤道轮廓三角形,边部外凸,角部略钝,大小 62μm;三射线简单,细直,约伸达赤道;外壁厚 0. 5—1. 0μm,远极微加厚,对应三射线,远极面有 3 条辐射状加厚脊,长约 2/3R,系由短小裂片组成,赤道边向外延伸出短细毛刺,最长达 5. 5μm,直径 0. 5—1. 5μm,彼此分离,间距 1. 0—1. 5μm。

比较与讨论 当前标本与 *D. trilinearius* Playford(1963, p. 649, pl. 9, figs. 12—14)形态相似,不同点在于前者远极面 Y 形脊系由裂片而非后者的毛刺组成,且后者辐间区棘刺较长,近极三射线具唇且清楚;*D. ubertus* Ischenko(1956, p. 96, p1. 13, fig. 164)在远极面具一加厚块,这一特征与当前标本相似,但后者以远极面具 Y 形加厚可与之区别。

产地层位 甘肃靖远,红土洼组。

结实辐间棘环孢 *Diatomozonotriletes ubertus* Ischenko, 1956

(图版 129,图 5, 22)

1956 *Diatomozonotriletes ubertus* Ischenko, p. 100, pl. 19, fig. 242.

1983 *Diatomozonotriletes ubertus* Ischenko,高联达,512 页,图版 115,图 23。

1988 *Diatomozonotriletes papillatus* Gao,高联达,197 页,图版 3,图 18—20。

描述 赤道轮廓三角形,大小 40—50μm;三边微内凹,角部钝圆或锐圆;三射线细长,直伸三角顶;本体边缘具梳刺状的刺环,刺基部彼此连接,有的刺在分析过程中脱落,仅留下其基部的印痕。

比较与讨论 与描述的乌克兰顿涅茨克盆地维宪阶的种比较,当前标本本体外壁似稍厚,棘环有时延伸至角部,并未完全消失,但总的特征颇为相似。

产地层位 贵州贵阳乌当,旧司组;甘肃靖远,臭牛沟组。

鳍环孢属 *Reinschospora* Schopf, Wilson and Bentall, 1944

模式种 *Reinschospora speciosa* (Loose) Schopf, Wilson and Bentall, 1944;德国鲁尔,上石炭统(Westphalian B)。

属征 三缝同孢子或小孢子,赤道轮廓亚三角形或正三角形,角部浑圆;偏赤道或偏近极有一互相连接至分离的梳纹(fimbriae)构成的膜环或冠环,膜环在本体三边中部最宽,在三角部最窄或完全消失。

比较与讨论 本属与 *Diatomozonotriletes* (Naumova) Playford 的区别仅在于后者的冠环由相对较粗的、强烈发育的刚刺(setae)组成,其他特征都很相似(Smith and Butterworth, 1967, p. 211)。

植物亲缘关系 真蕨类(?)。

纤弱鳍环孢 *Reinschospora delicata* Zhu, 1993

(图版 129,图 4, 9)

1993 *Reinschospora delicata* Zhu,朱怀诚,271 页,图版 69,图 4,6—9。

描述 赤道轮廓三角形,边部内凹,角部钝尖或圆钝,大小 41.0(49.2)60.0μm(测 5 粒),全模标本 45μm(图版 129,图 4);自赤道或近极—赤道处向赤道方向延伸出纤细短刺,线状,透明—半透明,直径 0.5—1.0μm,辐间区最长达 2.5—5.5μm,末端多圆或截钝,少数刺状,基部分离,直或弯曲,间距 <1.5μm,向角部方向渐短,甚至消失;三射线明显,简单,细直,具不明显窄唇,几伸达本体赤道,外壁厚 0.5—1.5μm,表面光滑—具点状纹饰。

比较与讨论 当前新种以刺纤细、柔弱为特征区别于属内其他种。

产地层位 甘肃靖远,红土洼组—羊虎沟组。

扩大鳍环孢 *Reinschospora magnifica* Kosanke, 1950

(图版 129,图 15, 17)

1950 *Reinschospora magnifica* Kosanke, p. 42, pl. 10, fig. 2.

1983 *Reinschospora magnifica*,邓茨兰等,图版 1,图 18,19。

1984 *Reinschospora magnifica*,高联达,356 页,图版 138,图 22,23。

1985 *Reinschospora magnifica*, Gao, pl. 2, fig. 16.

描述 赤道轮廓三角形,三边向内强烈凹入,三角呈圆角,大小 50(60)70μm;三射线简单,伸达本体边沿,常裂开;辐间区边缘具梳刺,并形成鳍环,刺长 10—14μm,基宽 2. 0—2. 5μm,前段弯曲;外壁薄,黄色,表面平滑或具细点状结构。

比较与讨论 按原作者描述,此种孢子大小 69—78μm,全模 71. 5μm,辐间区鳍刺长≤25μm,其一半长源于本体,角部梳刺长≤4μm,两支射线之间有约 50 枚分离的鳍刺,故整个孢子轮廓几乎呈圆形;高联达鉴定的此种,孢子本体三边凹入较深,梳刺较短,其占本体近极部位亦较窄,与全模标本有一定差别。

产地层位 山西宁武,本溪组;山西保德,本溪组;内蒙古清水河煤田,太原组;内蒙古准格尔旗,太原组。

点饰鳍环孢 *Reinschospora punctata* Kosanke, 1950

(图版 129,图 20, 21)

1950 *Reinschospora punctata* Kosanke, p. 43, pl. 101, fig. 1.

1984 *Reinschospora punctata* Kosanke,高联达,356 页,图版 138,图 24。

1993 *Reinschospora punctata*,朱怀诚,271 页,图版 68,图 37—39。

1997 *Reinschospora punctatus*,唐锦秀,图版 19,图 14。

描述 赤道轮廓圆三角形,边部近直,角部略钝,大小 60. 0(64. 9)70. 0μm(测 4 粒);具鳍环,系由本体赤道延伸的毛刺组成,刺基宽 1. 0—1. 5μm,基部分离,间距 <1. 5μm,末端截钝—圆钝,多二分叉,对应边部中央刺最长达 10—15μm,向角部渐短,甚至消失;本体三角形,边部近直,微凹或微凸,角尖—略钝,三射线简单,细直,几伸达赤道;外壁薄,厚 0. 5—1. 0μm,表面点状—光滑。

比较与讨论 据原作者描述,此种孢子大小 60—74μm,全模 67μm,主要特征是孢壁明显呈点穴状,鳍刺仅占孢壁数微米;与 *R. bellitas* Bentall, 1944 颇相似,但以点粒纹饰与后者区别。我国被定为此种的标本,三射线或具唇,外壁有时光滑,与原全模有些区别。

产地层位 山西宁武,本溪组—山西组;甘肃靖远,红土洼组。

特别鳍环孢 *Reinschospora speciosa* (Loose) Schopf, Wilson and Bentall, 1944

(图版 129,图 10, 18)

1934 *Alati-sporites speciosus* Loose, p. 151, pl. 7, fig. 1.

1944 *Reinschospora bellitas* Bentall in Schopf, Wilson and Bentall, p. 53, fig. 2.

1955 *Reinschospora speciosa* (Loose) Schopf, Wilson and Bentall, in Potonié and Kremp, p. 132, pl. 19, fig. 419.

1967 *Reinschospora speciosa* (Loose), Smith and Butterworth, p. 211, pl. 13, figs. 13, 14.

1980 *Reinschospora speciosa* (Loose),周和仪,37 页,图版 13,图 13。

1984 *Reinschospora speciosa* (Loose),高联达,355 页,图版 138,图 21。

1988 *Reinschospora triangularis* Kosanke,高联达,图版Ⅲ,图 16。

1988 *Reinschospora speciosa* (Loose),高联达,图版Ⅲ,图 23。

1993 *Reinschospora speciosa* (Loose),朱怀诚,272 页,图版 69,图 1—3。

1997 *Reinschospora speciosa* (Loose),唐锦秀,见尚冠雄等,图版 19,图 13。

?2000 *Reinschospora speciosa* (Loose),詹家祯,见高瑞祺等,图版 2,图 11。

描述 赤道轮廓三角形,本体三边内凹,角部浑圆,大小 43(48)52μm;赤道部位略偏近极具精致的鳍状环,在本体三边的中部最宽,约 14μm,在角部消失;三射线细直,长几乎等于 R;本体外壁厚约 2μm,表面光滑;棕—黄色。

比较与讨论 除个体较小(本种全模 81μm)外,当前标本与同义名表中所列此种基本形态相似,与 *R. triangularis* 的区别在于后者本体三边直、不凹入,三射线具唇,鳍环的梳纹明显分离。

产地层位 华北各地,太原组;山西保德,本溪组—太原组;山东沾化,山西组;甘肃靖远,臭牛沟组;新疆塔里木盆地和田河井区,卡拉沙依组。

三角蜡环孢 *Reinschospora triangularis* Kosanke, 1950

（图版 129,图 11, 14）

1950 *Reinschospora triangularis* Kosanke, p. 43, pl. 9, figs. 6, 7.

1967 *Reinschospora triangularis* Kosanke, in Smith and Butterworth, p. 212, pl. 13, figs. 15, 16.

1984 *Reinschospora triangularis* Kosanke,高联达,356 页,图版 138,图 25—28。

1985 *Reinschospora triangularis*, Gao, pl. 2, fig. 17.

1987a *Reinschospora triangularis*,廖克光,562 页,图版 136,图 2,8。

1987 *Reinschospora triangularis*,高联达,图版 5,图 1。

1989 *Reinschospora triangularis*, Zhu, pl. 13, fig. 5.

1990 *Reinschospora triangularis*,张桂芸,见何锡麟等,321 页,图版 6,图 14。

1993 *Reinschospora triangularis*,朱怀诚,272 页,图版 69,图 5,10—15。

1993 *Reinschospora triangularis*, Zhu, pl. 5, fig. 14.

描述 赤道轮廓三角形,本体三边平直或微凹凸,角部锐或微圆,大小 47—61μm;三射线具粗壮唇,射线或呈裂缝状,伸达角端;鳍环在赤道辐间区较宽,在角部不发育,梳纹或刚刺从赤道近极面伸出,多分离,末端有时微膨成小结节(knobs);本体外壁中厚,光面,油镜下呈微颗粒状。

比较与讨论 当前标本虽个体稍小(原全模 74μm),但其他主要特征与同义名表中所列此种基本一致;至于与 *R. speciosa* 的区别,参见该种下的比较;*R. punctata* Kosanke, 1950 (p. 43, pl. 10, fig. 1) 的唇较细弱,本体外壁点穴状。

产地层位 河北开平,赵各庄组;山西宁武,本溪组下部;山西保德,本溪组—太原组;内蒙古准格尔旗,黑岱沟组、太原组;甘肃靖远,靖远组—羊虎沟组。

栎环孢属 *Tholisporites* Butterworth and Williams, 1958

模式种 *Tholisporites scoticus* Butterworth and Williams, 1958;苏格兰(Scotland),上石炭统(Limestone Group, Namurian)。

同义名 *Lepyrisporites* Chen, 1978.

属征 三缝同孢子或小孢子;中央本体在整个远极面被一厚的皿垫(patina)所包被,此增厚还可延伸至近极亚赤道处,仅留下近极面相对小的空薄区,其上有 3 条射线;皿垫在赤道增厚,向远极微变薄;孢子赤道轮廓圆形,侧面观远极轮廓半圆形,近极面凸或金字塔状(Smith and Butterworth, 1958)。

比较与讨论 本属以远极外壁增厚区别于 *Densosporites* 及类似属,后者外壁在远极面要比在赤道区薄得多。

注释 谌建国(1978)以湖南石门栖霞组的 *Lepyrisporites jiangnanensis* 作模式建立的属,即壳环孢属 *Lepyrisporites* Chen,其属征是:"三缝小孢子或同孢子;赤道轮廓近圆形,子午轮廓矩形,具奇特的赤道—远极外壁增厚,向远极强烈拉长作圆筒状;近极区开口(裸露),三射线大多柔弱;中央本体外壁薄,平滑无纹饰"。属征中一方面提及"子午轮廓矩形",另一方面又说带环"向远极强烈拉长"、"作圆筒状",殊难理解。他在模式种的描述中以图版 120 图 16 作"壳环"、"如圆筒状"的例子,说该孢子"自壳环的近极端至远极端长达 45μm",但从照片来测量,没有拉这么长(仅约 20μm),即使长如他所说,仍短于赤道轴长(近 60μm),怎么能算"圆筒状"呢? 因此本属孢子本质上仍属栎环类(patinati),而且与本属属征很难区别,所以本书将其视为 *Tholisporites* 的晚出同义名。

库尔栎环孢库尔变种

Tholisporites chulus (Cramer) McGregor var. *chulus* (Richardson and Lister) McGregor, 1973

（图版 47,图 5—7）

1966b *Retusotriletes chulus* Cramer, p. 74, pl. 2, fig. 14.

1969 *Archaeozonotriletes chulus* Richardson and Lister var. *chulus* Richardson and Lister, p. 235, pl. 43, figs. 1—6.

1973 *Tholisporites chulus* (Cramer) McGregor var. *chulus* (Richardson and Lister) McGregor, p. 56, pl. 7, figs. 13—15.

1976 *Tholisportes chulus* var. *chulus*,卢礼昌等,33 页,图版 3,图 10—13。

1987 *Tholisportes chulus* var. *chulus*,高联达等,409 页,图版 170,图 18。

1993 *Archaeozonotriletes chulus* var. *chulus*,高联达,图版 1,图 18,22。

描述 赤道轮廓近圆形—近三角形,大小 27—69μm;三射线常清楚,具唇,但不甚完全,宽 1.5—3.0μm,伸达赤道栎环内缘;近极中央区界线明显,轮廓与孢子赤道轮廓一致,区内外壁薄,厚约 1μm,某些标本沿中央区边缘具弧形或同心状褶皱;其余外壁尤其赤道外壁呈明显的栎状加厚,厚 3.0—4.5μm,向远极略减薄,表面光滑—点穴状;浅—深棕色。

比较与讨论 当前标本与英国上志留统和下泥盆统的 *T.* (al. *Archaeozonotriletes*) *chulus* var. *chulus* (Richardson and Lister, 1969)的特征颇相似,应属同种。

产地层位 四川若尔盖,普通沟组;云南曲靖翠峰山,徐家冲组;新疆准噶尔盆地,乌吐布拉克组。

致密栎环孢 *Tholisporites densus* McGregor, 1960

(图版 47,图 11, 12)

1960 *Tholisporites densus* McGregor, p. 37, pl. 13, figs. 6, 7.

1980b *Tholisporites densus*,卢礼昌,30 页,图版 5,图 9,10。

1988 *Tholisporites densus*,卢礼昌,171 页,图版 6,图 2,3。

描述 赤道轮廓圆形或接近圆形,大小 38.0—52.2μm;三射线可见至清楚,简单,长 3/5—4/5R;栎在赤道区最厚,达 3.0—4.5μm,远极区次之;近极外壁尤其中央区外壁最薄(不可量),某些标本沿中央区边缘呈弧形状,甚者呈同心圆状褶皱;外壁同质,表面光滑;浅—深棕色。

比较与讨论 当前标本与 McGregor(1960)首次描述的加拿大北极群岛泥盆系的 *T. densus*(p. 37, pl. 13, figs. 6, 7)的形态特征颇相似,仅后者以具"膜盖状结构"与个体较大(全模标本 69μm)而略异。

产地层位 云南沾益龙华山、史家坡,海口组。

背厚栎环孢 *Tholisporites distalis* Lu, 1981

(图版 47,图 21, 25)

1981 *Tholisporites distalis* Lu,卢礼昌,115 页,图版 8,图 8,9。

1988 *Tholisporites distalis*,卢礼昌,170 页,图版 16,图 6,7。

描述 赤道轮廓圆形或接近圆形,大小 69—99μm,全模标本 99μm;三射线清楚,直,微开裂,伸达赤道附近;外壁仅一层,表面光滑,三射线区外壁较薄,厚 1.5—2.3μm,其余外壁较厚,尤其远极外壁加厚强烈,于极区最厚,可达 5—10μm,朝赤道区略减薄,厚 3—8μm,呈明显栎状结构;标本常呈偏极压状保存;浅棕—深棕色。

比较与讨论 本种以远极外壁最厚并朝赤道与赤道—近极区逐渐减薄为特征而与 *Tholisporites* 属的其他种不同。

产地层位 四川渡口,上泥盆统;云南沾益史家坡,海口组。

内点状栎环孢 *Tholisporites interopunctatus* Lu, 1988

(图版 47,图 13, 14)

1960 *Tholisporites punctatus* McGregor, p. 38, pl. 13, fig. 10.

1980b *Tholisporites punctatus*,卢礼昌,31 页,图版 5,图 11。

1988 *Tholisporites interopunctatus* Lu,卢礼昌,171 页,图版 16,图 4,5。

描述 赤道轮廓圆形或接近正圆形,大小 38—58μm,全模标本 51.5μm;三射线可见至清楚,简单,长 3/5—4/5R;外壁呈明显的栎状,于三射线区最薄,厚仅 1.5—2.0μm,赤道区次厚,为 3.0—4.5μm,远极区最厚,达 4.5—5.5μm,栎外表面光滑,内表面呈明显的点穴—颗粒状结构;罕见褶皱;棕—深棕色。

比较与讨论 *T. interopunctatus* 与 *T. distalis* 的形态特征颇相似，但不相同的是，前者外壁内表面具明显的点穴—颗粒状结构，后者则无此特征，且孢体较大(69—99μm)。

产地层位 云南沾益龙华山、史家坡，海口组。

江南栎环孢(新联合) *Tholisporites jiangnanensis* (Chen) Ouyang comb. nov.

(图版 129，图 16，25)

1978 *Lepyrisporites jiangnanensis* Chen，谌建国，417 页，图版 120，图 13，15—17。

1982 *Lepyrisporites jiangnanensis* Chen，蒋全美等，617 页，图版 405，图 5—9。

描述 赤道轮廓圆形，大小 58—70μm，全模 63μm，子午轮廓超半圆形；三射线柔弱，弯曲，长可达中央本体边沿；外壁在远极—近极亚赤道部位增厚，在赤道部位尤厚，呈坚实、致密的赤道盾环状，最宽达 14μm，表面平滑；中央体壁薄，平滑，近极面平凹，远极面略凸出；黄色。

比较与讨论 本种与 *T. scoticus* 略相似，但后者个体较小(35—52μm)，赤道环更宽，赤道轮廓和远极面上具少量小粒—刺瘤状纹饰(Smith and Butterworth，p. 268)。

产地层位 湖南石门青峰，栖霞组马鞍段。

小型栎环孢 *Tholisporites minutus* Lu，1999

(图版 47，图 8—10)

1999 *Tholisporites minutus* Lu，卢礼昌，73 页，图版 1，图 13—15；图版 29，图 4，5。

描述 赤道轮廓近圆形，大小 36.0—51.5μm，全模标本 39μm；三射线柔弱或不清楚，长 2/5—3/5R；外壁一层，表面光滑，在赤道呈栎状加厚，厚 4.0—5.5μm，朝远极区逐渐减薄，于极区厚约 1.5μm，近极中央区外壁最薄(厚度不可量)且凹陷，表面粗糙或具细颗粒状结构；赤道附近常具弧形褶皱，甚者呈同心环状；棕黄—棕色。

比较与讨论 *T. minutus* 与 *T. chulus* var. *chulus* 的主要区别为，后者三射线常具唇，赤道轮廓接近于三角形。

产地层位 新疆和布克赛尔，黑山头组 3—6 层。

暗色栎环孢 *Tholisporites scoticus* Butterwoth and Williams，1958

(图版 129，图 7，34)

1958 *Tholisporites scoticus* Butterwoth and Williams，p. 382，pl. 3，figs. 48—50.

1984 *Tholisporites scoticus* Butterwoth and Williams，高联达，366 页，图版 141，图 1。

1988 *Tholisporites scoticus* Butterwoth and Williams，高联达，图版 4，图 16。

描述 赤道轮廓圆形或圆三角形，大小 40μm；远极面中央本体外缘具加厚的栎状环，环在远极半球的大部分区域加厚，但向近极则稍微变薄；三射线常不明显，可见时等于孢子本体半径长；外壁表面平滑或具近细点状结构。

比较与讨论 作为此属模式种，特征参见上述属征。甘肃靖远标本大小约 40μm，近极裸露区较透亮，亚圆形，长径约 20μm，三射线可能伸达栎环内沿(因壁太厚照片不清楚)，外壁外层(栎环)在赤道尤其远极加厚特明显，厚达 8—12μm，表面平滑—微粗糙，轮廓线平整—微波状，与苏格兰模式标本颇相似，当属同种。

产地层位 山西宁武，太原组；甘肃靖远，臭牛沟组。

分离栎环孢 *Tholisporites separatus* Lu，1981

(图版 47，图 26，27)

1981 *Tholisporites separatus* Lu，卢礼昌，115 页，图版 9，图 1，2。

描述 赤道轮廓圆形或近圆形，大小 94—114μm，全模标本 96μm；三射线清楚至可见，直，简单，伸达内孢体边缘附近；外壁 2 层：内层(内孢体)较薄，近光面或光面，常因收缩而与外层(至少在赤道部位)多少分离，甚者呈中孢体状，外层同质，光滑，常在赤道与赤道亚区强烈加厚，并呈明显的栎状或栎环状，厚度均匀或否，栎厚(或环宽)9.0—15.9μm，向远极与接触区逐渐减薄，于三射区最薄，厚仅 1.5μm 左右；区内可见褶皱，不规则；标本多为极压保存；浅黄棕—棕色。

比较与讨论 *T. separatus* 以孢体较大、内层与外层分离以及栎的形态与位置的特征而与 *Tholisporites* 属的其他种明显不同，如：*T. distalis* 的孢体虽然也较大，但栎的最大厚度在远极，标本呈偏极压保存；*T. densus* 栎的最大厚度虽也位于赤道区，但孢体小(38.0—52.5μm)许多。

产地层位 四川渡口，上泥盆统。

网栎孢属 *Chelinospora* Allen, 1965

模式种 *Chelinospora concinna* Allen, 1965；挪威斯匹次卑尔根(Spitsbergen)，中泥盆统(Givetian)。

属征 三缝小孢子，赤道轮廓圆形—圆三角形；三射线清楚，通常长，简单或具窄的褶皱；外壁 1 或 2 层，非腔状，近极薄，赤道和远极区具栎状加厚，其厚度或均一，不均一时最厚在赤道或在远极区；栎网状或穴网状，接触区光面或具退化的网脊(muri)、颗粒和锥刺纹饰。

比较与讨论 *Chelinospora* 以栎表面具网状纹饰为特征而与其他具栎环孢子属不同。

分布时代 中国、挪威斯匹次卑尔根群岛等，中泥盆世。

优雅网栎孢 *Chelinospora concinna* Allen, 1965

(图版 48，图 5)

1965 *Chelinospoa concinna* Allen, p. 728, pl. 101, figs. 12—20.

1991 *Chelinospoa concinna*，徐仁、高联达，图版 1，图 7。

注释 Allen (1965)称其归入 *C. concinna* 名下的部分标本(pl. 101, figs. 19, 20)为腐蚀的标本；当前云南标本的特征与之较相似。

产地层位 云南沾益，海口组。

猴儿山网栎孢(新联合) *Chelinospora houershanensis* (Gao and Hou) Lu comb. nov.

(图版 42，图 5)

1975 *Reticulatisporites houershanensis* Gao and Hou，高联达、侯静鹏，208 页，图版 7，图 8。

描述 赤道轮廓圆形，大小 45—55μm；三射线长 3/4R；孢壁厚，黄褐色，表面具多边形(近六边形)的网，网穴直径 6—8μm，网脊宽 1.0—1.5μm，高 2—4μm，网脊在孢子边缘凸起呈锯齿状。

比较与讨论 当前标本与 *Dictyotriletes devonicus* Naumova (1953, pl. 7, fig. 25) 的一般特征相似，但后者网穴略大，网脊厚。

产地层位 贵州独山，丹林组上段。

不规则网栎孢 *Chelinospora irregulata* Lu, 1980

(图版 42，图 1—3)

1980b *Chelinospora irregulata* Lu，卢礼昌，34 页，图版 6，图 7，8。

1988 *Chelinospora irregulata*，卢礼昌，172 页，图版 7，图 1—4。

描述 赤道轮廓近三角形—近圆形，大小 32—47μm，全模标本 47μm；三射线通常清楚，简单，伸达中央区内缘；外壁表面除三射线区外，具很不规则且不完全的网状纹饰，网脊宽和高均不足 1μm，网穴大小多变，常在 3—16μm 之间，脊背尖，在赤道边缘具小刺状或小锥刺状突起；外壁栎状加厚很不均匀，最大厚度常在赤道区某一局部，一般厚在 5—12μm 之间，最厚可达 19—22μm；赤道轮廓线呈不规则裂齿—大锯齿状；棕—

深棕色。

比较与讨论 本种以孢子较小以及栎表面的网纹很不规则且不完全为特征而与 *Chelinospora* 属的其他种不同。

注释 赤道栎的内缘界线常颇清楚，多为钝角凸边三角形。

产地层位 云南沾益龙华山、史家坡，海口组。

大穴网栎孢 *Chelinospora larga* Lu, 1988

（图版 42，图 15—17）

1988 *Chelinospora larga* Lu，卢礼昌，173 页，图版 19，图 1—3；图版 33，图 4。

描述 赤道轮廓不规则圆形，大小 60.8—88.9μm，全模标本 82.7μm；三射线常清楚，简单，顶部多少开裂，末端尖，长 1/6—1/5R；网栎厚一般为 3.9—9.4μm，局部（位置多变）厚可达 12.5—15.6μm；在亚赤道区（近极—赤道区和远极—赤道区）网脊基部明显加宽，厚可达 7.8—18.7μm，朝上逐渐变窄，突起高 7.5—12.5μm，表面光滑或顶部（脊背）具细珠状突起，网穴多角形—不规则圆形，穴径可达 14.0—34.3μm；三射线区网纹明显减弱或缺失；赤道轮廓线具既大又稀的锥齿状突起，边缘网穴 7—11 个；罕见褶皱；棕黄—浅棕色。

比较与讨论 *C. rarireticulata* Lu, 1980 的网穴也较大（10—22μm），但其网脊较窄（宽仅 1.0—1.5μm），栎也相对较薄（一般厚 3—6μm）。

产地层位 云南沾益史家坡，海口组。

舌缘网栎孢 *Chelinospora ligulata* Allen, 1965

（图版 42，图 10）

1965 *Chelinospora ligulata* Allen, p. 729, pl. 102, figs. 1—7.

1988 *Chelinospora ligulata*，卢礼昌，172 页，图版 22，图 3。

描述 赤道轮廓宽圆三角形，大小 51.5—67.1μm；三射线常因纹饰遮盖而不清楚，可见者简单，直，伸达中央区边缘或稍短；近极—赤道区与远极面外壁呈栎状加厚，表面具不规则网状纹饰；三射线区外壁较薄，表面网纹明显退化或仅见残余的小瘤或小刺；赤道区栎厚（含网脊）11—14μm，网脊粗，基底宽约 5μm，突起高 6.3—9.4μm，顶端钝凸或尖，表面光滑或具稀散的小刺—粒状纹饰；穴形不规则，穴底略内凹，穴径 4.9—7.0μm；浅棕—深棕色。

比较与讨论 当前标本与 Allen (1965, p. 729) 首次描述的西斯匹次卑尔根中泥盆统上部的 *C. ligulata* 的形态特征以及大小幅度均十分近似；与 *C. regularis* 的区别是，后者赤道轮廓多呈圆形或近圆形，其侧压标本显示：网栎厚度及其变化比较规则，即最大厚度在远极区，并向赤道、赤道—近极区逐渐减薄。而据 Allen (1965) 的描述，当前种栎的最大厚度或在赤道区抑或在远极区。

产地层位 云南沾益史家坡，海口组。

密网网栎孢 *Chelinospora multireticulata* Lu, 1980

（图版 40，图 15—18）

1980b *Chelinospora multireticulata* Lu，卢礼昌，34 页，图版 6，图 9，10。

1994a *Chelinospora multireticulata*，卢礼昌，172 页，图版 19，图 7，8，15，16。

描述 赤道轮廓亚圆形—圆形，大小 60.0(64.3)78.0μm，全模标本 71μm；三射线可见，简单，细，直，长 3/4—5/6R；外壁 1 层，近极区略薄，赤道与远极外壁呈栎状加厚，其最大厚度或在赤道，厚 7—11μm，通常于射线末端部位显得更厚实些；外壁表面覆以网状纹饰，网穴多为五边形，穴径小，宽 4—7μm，网脊高 1.0—2.5μm，宽仅 1μm 左右，脊背锐尖或钝尖，在赤道轮廓线上常具 23—26 枚低锥刺状或刺状突起；浅棕—深棕色。

比较与讨论 本种以较规则的细网状图案而与 *Chelinospora* 属的其他种不同。

产地层位 云南沾益龙华山、史家坡,海口组。

暗色网栎孢(新联合) *Chelinospora nigrata* (Naumova) Lu comb. nov.

(图版46,图17,18)

1953 *Dictyotriletes nigratus* Naumova, p. 28, pl. 2, fig. 8.

1983 *Dictyotriletes nigratus*,高联达,498页,图版110,图9。

1985 *Dictyotriletes nigratus*,刘淑文等,图版2,图6。

1987 *Dictyotriletes nigratus*,高联达等,402页,图版175,图11。

描述 赤道轮廓近三角形—宽圆三角形,大小31.5—55.0μm;三射线可识别,直,简单,伸达赤道附近;网栎主要位于赤道或赤道局部,栎厚(含网脊)4.5—9.2μm;网脊基部宽2.0—3.2μm(局部网脊交结处稍宽),脊高2.0—4.2μm,脊顶钝尖或钝凸(少数);网穴不规则四边形或五边形,穴径4—10μm,赤道轮廓线上可见8—14个凹穴;外壁厚约1.5μm。

注释 无论是 Naumova (1953)最初报道的俄罗斯地台中泥盆统上部的 *Dictyotriletes nigratus*,还是高联达等(见上述异名表)归入该种的标本,其赤道部位的外壁或多或少均具栎状加厚,故在此将它们重新组合成 *Chelinospora nigrata*。*Reticulatisporites houershanensis* Gao and Hou, 1975 也符合上述特征,故一并归到 *Chelinospora nigrata* 名下。

产地层位 湖北长阳,黄家磴组;贵州独山,丹林组;甘肃迭部,当多组。

坚实网栎孢 *Chelinospora ochyrosa* Lu, 1980

(图版42,图18,19)

1965 *Chelinospora concinna* Allen, pl. 101, figs. 15, 16 (parts).

1980b *Chelinospora ochyrosa* Lu,卢礼昌,35页,图版6,图12,13。

描述 赤道轮廓近圆形或不规则近圆形,大小34.3—78.0μm,全模标本76μm;三射线清楚至可识别,直,微开裂,简单或略具窄唇,伸达中央区边缘或稍短;外壁1或2层,呈栎状加厚,表面覆以不规则网状纹饰;网纹主要分布于近极—赤道区和整个远极面,在三射线区明显减弱,或不甚完全,或仅为残余小刺状突起;网穴多角形,不规则,大小不一,常见穴径7—22μm,穴底平或微内凹,网脊低矮,高仅1.0—2.5μm,基部宽1.5—3.0μm,脊背尖,在孢子轮廓线上常呈锥刺状或局部锥角形;栎状加厚于近极—赤道区与远极面最为厚实(厚度多变),最大厚度或在远极(厚7—10μm),或在赤道某一局部(最厚可达12μm),向三射线区逐渐变薄(厚仅2—4μm);浅棕—深棕色。

比较与讨论 *C. ochyrosa* 与 *C. larga* 的主要区别在于后者网穴甚大(最大可达14.0—34.3μm),另外,它的赤道轮廓线较规则,呈稀疏的大锥齿状;Allen (1965)归入 *C. concinna* 的部分标本(pl. 101, figs. 15, 16),其形态特征更接近当前种,而与 *C. concinna* 的全模标本(Allen, 1965, pl. 101, figs. 12, 13)相差较远。

产地层位 云南沾益龙华山,海口组。

稀网网栎孢 *Chelinospora rarireticulata* Lu, 1980

(图版41,图8—10)

1980b *Chelinospora rarireticulata* Lu,卢礼昌,34页,图版6,图5,6。

1988 *Chelinospora rarireticulata*,卢礼昌,173页,图版19,图9,12。

描述 赤道轮廓圆形—近圆形,大小51.4—80.0μm,全模标本65μm;三射线多半仅可见,简单,长5/8—3/4R;远极外壁呈栎状加厚,厚度不均匀,最大厚度或在远极区或在赤道区,但常因界线不清楚而不可量,一般厚3—6μm;外壁表面网纹不规则,其最大特征是网脊低(高约1.5μm)、窄(宽仅1.0—1.5μm),网穴大(10—22μm),网穴底平,表面光滑,脊背浑圆或钝尖;网纹在远极面较近极面发育完全,于三射线区域内则残缺不全;孢子轮廓线上网穴 11—15 个;浅棕色。

比较与讨论 本种以网脊低窄与网穴大为特征而不同于 *Chelinospora* 属的其他种。

产地层位 云南沾益,海口组。

规则网栎孢 *Chelinospora regularis* Lu, 1988

(图版 47,图 22—24)

1980b *Chelinospora ligulata* Allen,卢礼昌,33 页,图版 6,图 1—4。

1988 *Chelinospora regularis* Lu,卢礼昌,173 页,图版 19,图 6,10,17,18。

描述 赤道轮廓圆形或近圆形,大小 56. 0—101. 4μm,全模标本 79. 6μm,副模标本 81. 1μm;三射线常不清楚或仅可辨别,简单,顶部微裂,末端尖,长 5/7—3/4R;外壁呈栎状加厚,表面具网状纹饰;栎厚度的分异性明显:由近极—赤道区(厚 10—18μm)朝远极区逐渐增厚,至远极区最厚,可达 14—24μm,与此相反,三射线区则最薄,厚 4. 0—5. 5μm;网脊宽和高的变化与外壁厚度的变化近乎一致,即赤道—近极区网脊宽与高分别为 1μm 与 3. 0—4. 5μm,赤道区分别为 2—3μm 与 7—8μm,远极面分别为 5. 5—7. 0μm 与 8—10μm,而三射线区网纹似发育不完全,并常为长刺或棒刺状突起所代替,突起基宽约 1. 5μm,高 2. 0—3. 5μm;网穴于近极—赤道区较清楚,多呈不规则五—六边形(或多边形),穴径 7. 5—14. 0μm;黄棕—棕色。

比较与讨论 本文描述的 *C. regularis* 与西斯匹次卑尔根中泥盆统上部的 *C. ligulata* Allen, 1965 差别较明显,主要为:后者网栎形态不规则,且其最大厚度位置多变;同时,其全模标本赤道轮廓为圆三角形,孢体也较小(58μm),赤道栎相对较厚,为 15—16μm。

产地层位 云南沾益龙华山、史家坡,海口组。

粗脊网栎孢 *Chelinospora robusta* Lu, 1988

(图版 45,图 14, 15)

1988 *Chelinospora robusta* Lu,卢礼昌,174 页,图版 19,图 4,5。

描述 赤道轮廓不规则圆形,大小 67. 0—85. 8μm,全模标本 70. 2μm;三射线一般清楚,简单,直或微曲,偶尔微裂,末端尖(偶见两分叉),有时不等长,或伸达中央区边缘;栎状加厚在赤道区与远极面较明显,常见厚度为 4. 7—15. 6μm,局部更厚,在近极面则明显减薄;外壁表面覆以不规则网纹,在近极—赤道区较发育,在三射线区明显减弱,或仅呈分散的小锥刺状突起,甚至缺失;网脊基宽一般为 2. 0—4. 5μm,高小于或等于基宽,局部网脊尤其在彼此相交处相当粗壮,基宽可达 9. 4—21. 8μm,突起高 10. 9—15. 6μm,往上逐渐变窄,至顶端钝凸或钝尖;网脊表面光滑,顶端部位或具次一级细小突起,或微粗糙;网壳常不完全与不规则,穴底浅平—微内凹,通常穴底直径较穴顶直径小许多,前者常在 3. 5—9. 0μm 之间,后者最大可达 20μm 左右;赤道轮廓线局部平滑—不规则锯齿状,边缘突起 11—15 枚;浅—深棕色。

比较与讨论 *C. robusta* 与 *C. larga* 在形态与网栎特征方面彼此略有相似之处,但不同的是,后者网纹较规则,网脊较单薄,网穴较完全,常为多角形—不规则圆形,穴径较大,常在 14. 0—34. 4μm 之间。

产地层位 云南沾益史家坡,海口组。

光面栎环孢属 *Leiozonotriletes* Hacquebard, 1957

模式种 *Leiozonotriletes* Hacquebard, 1957;加拿大新斯科舍省,下石炭统(Mississippian)。

属征 辐射对称三缝孢,赤道轮廓亚圆形或圆三角形;三射线模糊或清楚,可具很发达的唇,射线长 2/3—1R;中央本体轮廓偶尔不甚清楚,与孢子总轮廓常不一致;周壁(perispore)厚,超出本体边沿并构成较厚实的环(flange);周壁上无纹饰,但可有内结构,如内颗粒、点穴等;轮廓线因此平滑或微波状;模式种大小 103—144μm。

比较与讨论 *Archaeozonotriletes* 属征太宽,无甚意义,故单独另建一属。R. Potonié(1960)称此属包含的

分子可归入 *Archaeozonotriletes*（Naumova, 1953）R. Potonié, 1958，但如果后者是1958年才合法化的，则其应为 *Leiozonotriletes* 的晚出同义名（Jansonius and Hills, 1976, Card 1473）。按 Allen（1965）修订的 *Archaeozonotriletes* 的定义，将其视为远极—赤道具加厚的栎状孢子。

分布时代 全球，晚泥盆世—早石炭世。

延展光面栎环孢 *Leiozonotriltes extensus* Ouyang and Chen, 1987

（图版168，图12）

1987 *Leiozonotriltes extensus* Ouyang and Chen，欧阳舒、陈永祥，77页，图版14，图8。

描述 赤道轮廓三角形，三边微凸，角部钝圆，大小68—70μm（测3粒），全模标本70μm（图版168，图12）；本体轮廓圆三角形，大小43μm；三射线清楚，具唇，宽3.5—4.0μm，微开裂，长等于本体半径；本体（外壁内层）壁厚，表面微粗糙，外壁外层光滑，赤道边缘厚约2.5μm，包围整个本体，在远极和赤道膨胀，并构成一舒展的宽膜环，宽12—17μm，轮廓线因具小褶皱而略呈波状；本体棕色，环黄色。

比较与讨论 本种与苏联早石炭世的 *Euryzonotriletes tersus*（Waltz）（Ischenko, 1956, p. 49, pl. Ⅷ, fig. 100）略相似，但后者三射线单细，环的边沿显示出小穴纹凹凸，本体颜色不深于环。

产地层位 江苏句容，五通群擂鼓台组。

擂鼓台光面栎环孢 *Leiozonotriletes leigutaiensis* Ouyang and Chen, 1987

（图版168，图11）

1987 *Leiozonotriletes leigutaiensis* Ouyang and Chen，欧阳舒、陈永祥，77页，图版12，图13。

描述 赤道轮廓三角形，三边平或微凹，角部宽圆或狭圆，已知大小90—100μm，全模100μm（图版168，图11）；本体轮廓三角形，三边微凸，角部浑圆，大小68μm；与外壁外层间距≤20μm，构成一赤道环；三射线清楚，单细，直，或多或少开裂，3/4—4/5本体半径长；本体壁厚约2.5μm，在近极接触区内微增厚，表面光滑；外壁外层厚1.0—2.5μm，具次生的小穴和大穴；本体棕色，“环”黄色。

比较与讨论 当前孢子显然为腔状孢而非真正的具环孢，但它接近 *Leiozonotriletes* Hacquebard 的程度较甚于接近 *Velamisporites* Bharadwaj and Venkatachala 的程度，故归入前一属；它与乌克兰顿巴斯早石炭世的 *Euryzonotriletes multicavatus* Ischenko, 1956（p. 50, pl. Ⅷ, fig. 103）有些相似，但后者本体外壁具细密穴纹，孢子亦较小。

产地层位 江苏句容，五通群擂鼓台组下部。

古栎环孢属 *Archaeozonotriletes*（Naumova）emend. Allen, 1965

模式种 *Archaeozonotriletes variabilis* Naumova, 1953；俄罗斯地台，中上泥盆统（Gevitian—Frasnian）。

属征 三缝小型孢子，轮廓圆形—亚三角形；射线通常长，简单或具唇；外壁单层或双层，非腔状，光面或点穴状；远极面栎凸状；栎凸可均厚或在远极区最厚；模式种大小50—55μm，有很厚的远极栎凸，故常侧面保存，也给人不规则环印象。Naumova（1953, p. 30）的原属征中提及：“周壁（即环）和外壁光面或具不同纹饰，如瘤、刺等，并据此分种。”

比较与讨论 Oshurkova（2003, p. 199）将本属模式种 *A. variabilis* 归入具腔栎形系（Patinacaviti Oshurkova and Pashkevich, 1990）下的 *Tholisporites* Butterworth and Williams, 1958属，后者以无明显纹饰和栎突在赤道也很发育（可理解为腔不那么典型）而与 *Cymbosporites* 等属区别。显然，她不赞成用属名 *Archaeozonotriletes*，也许是因为 Naumova 的这个属过于庞杂（1953年即包括了50多种），包括有环无环、有腔无腔、膜环假囊、有纹饰无纹饰等（多数种有纹饰）。但如果按国际法规，*Archaeozonotriletes* Naumova, 1953 早于 *Tholisporites*，应有优先权，至于内容，是可以修订（如狭义化）的。

注释 本属的主要特征是栎环常偏离孢子中心。随着研究的不断深入与资料的不断丰富，可归入本属的分子,其外壁加厚多半不规则与不均匀,其最大厚度也并非在远极区,而是位置(不含近极区)多变、形态各异;同时,某些具粒、刺等纹饰的分子也被置于本属内。

分布时代 主要在北半球,常见于中—晚泥盆世。

锐尖古栎环孢 *Archaeozonotriletes acutus* Kedo, 1963

(图版42,图8,9)

1963 *Archaeozonotriletes acutus* Kedo, pl. 7, fig. 167.

1997a *Archaeozonotriletes acutus*,卢礼昌,图版4,图1,2。

描述 赤道轮廓近圆形,大小42—45μm;三射线清楚,简单,直,长约3/5R;外壁表面具颇稀疏的小锥瘤状纹饰;纹饰基部轮廓圆形,基径1.5—3.0μm,高1—2μm,顶端锐尖,表面光滑,间距1—6μm;外壁在赤道区与赤道亚区略呈栎状加厚,并呈不规则带环状;带环内沿界线与其周围外壁常为过渡关系,栎环宽(厚)5.5—8.0μm;某些标本内层在赤道部位与外层略有分离。

比较与讨论 描述标本与 *A. acutus* Kedo (1963)在形态特征、纹饰组成及其分布图案等方面均颇相似,只是后者个体略大(60μm)。

产地层位 湖南界岭,邵东组。

古老古栎环孢 *Archaeozonotriletes antiquus* Naumova, 1953

(图版48,图6,7)

1953 *Archaeozonotriletes antiquus* Naumova, p. 83, pl. 13, fig. 10.

1987 *Archaeozonotriletes antiquus*,高联达、叶晓荣,408页,图版177,图3,5。

描述 赤道轮廓圆三角形,大小50—80μm;三射线简单,等于本体半径长;本体轮廓与孢子赤道轮廓近乎一致;栎环接近等宽,环宽10—12μm,表面覆以粗颗粒;深棕色(高联达等,1987,408页)。

比较与讨论 本种以栎环近乎等宽为特征而与 *A. variabilis* 中的某些标本不同。

注释 Naumova (1953)最初描述的俄罗斯地台上泥盆统下部的 *A. antiquus* 的标本外壁"表面光滑至微鲛点状",而非"粗颗粒",故与之略有差异。

产地层位 甘肃迭部,中、上泥盆统蒲莱组—上泥盆统擦阔合组。

耳形古栎环孢 *Archaeozonotriletes auritus* Lu, 1980

(图版41,图4—6)

1980b *Archaeozonotriletes auritus* Lu,卢礼昌,32页,图版5,图7,8。

1988 *Archaeozonotriletes auritus*,卢礼昌,168页,图版25,图4,11。

描述 赤道轮廓近圆形或不规则圆形,大小40.0—57.5μm,全模标本45μm;三射线清楚或可见,简单,直,长3/4—4/5R;外壁1或2层,表面光滑,外壁呈耳状加厚并常在赤道局部最凸出;极面观加厚基宽略大于顶宽,基宽14—38μm,顶部宽平或微凸,表面光滑,加厚厚度(或高突起)总是小于其基宽;浅棕—深棕色。

比较与讨论 *A. auritus* 以外壁具耳状加厚为特征而与 *Archaeozonotriletes* 属的其他种不同。

产地层位 云南沾益龙华山、史家坡,海口组。

膨胀古栎环孢 *Archaeozonotriletes dilatatus* Gao, 1983

(图版48,图4)

1983 *Archaeozonotriletes dilatatus* Gao,高联达,201页,图版4,图11。

描述 赤道轮廓亚三角形或亚圆三角形,大小60—72μm;三射线不清楚;外壁表面尤其赤道区,具稀疏、低矮的锥瘤状或块瘤状突起,高4—5μm,基宽3—4μm,彼此分散,顶部尖或钝圆;赤道栎环厚实,宽10—14μm,外缘轮廓线呈不规则宽波纹状,突起约13枚;深棕色(高联达,1983,201页)。

产地层位 西藏聂拉木,波曲组。

深裂古栎环孢 *Archaeozonotriletes dissectus* Lu, 1988

(图版41,图20, 21)

1988 *Archaeozonotriletes dissectus* Lu,卢礼昌,170页,图版18,图12,15。

1997b *Archaeozonotriletes dissectus*,卢礼昌,图版3,图6。

描述 赤道轮廓多角形或不规则,大小87.4—118.4μm,全模标本87.4μm;三射线常清楚,微具唇,偶见开裂,伸达或几乎伸达中央区边缘;外壁除三射线区外,呈不规则栎状加厚,并常开裂,且裂口深大,将栎分割,呈大块瘤状或土块状,其最大厚度位置多变,常见于赤道或远极局部,最厚可达20.3—43.7μm,甚者可超过中央区半径长,顶部平截或钝凸,表面光滑或具狭窄和低矮的脊(高和宽均为1μm左右),分布稀疏,不规则;近极中央区外壁较薄(亮),常具小瘤状等突起物,突起基部宽约4μm,高约5.5μm,顶部圆凸;赤道轮廓线明显凹凸不平或呈"七棱八角"状;浅棕—深棕色。

比较与讨论 *A. dissectus* 与 *A. distinctus* 的栎状特征较近似,但后者以赤道轮廓与近极中央区的轮廓均较规则(圆三角形—近圆形),栎的最大厚度常位于赤道,并构成相当厚实与不均匀的赤道环而又有别。

产地层位 云南沾益史家坡,海口组;新疆准噶尔盆地,呼吉尔斯特组。

清楚古栎环孢 *Archaeozonotriletes distinctus* Lu, 1988

(图版41,图18, 19)

1988 *Archaeozonotriletes distinctus* Lu,卢礼昌,168页,图版17,图12;图版18,图11,13,14。

描述 赤道轮廓宽圆三角形—近圆形,大小81.0—98.3μm,全模标本98.3μm;外壁内缘界线(近极中央区)清楚,规则,多呈近圆形,大小54.6—64.0μm;三射线常清楚,简单,直,伸达中央区边缘;近极中央区外壁较薄,表面常具不规则小瘤状或脊状突起物;中央区以外的外壁呈明显栎状加厚,栎厚薄不均匀,常具深"沟状"减薄或开裂状(横切面观,呈V形)结构,栎最大厚度多位于赤道,并常构成明显而厚实(但不均匀)的赤道环,局部最大厚度(或环宽)可达21.3—32.8μm,最小厚度仅3.1—4.9μm,表面光滑,多裂;浅棕—深棕色。

比较与讨论 本种与下列各种的主要区别在于:*A. variabilis* 的栎厚和栎位置多变,但不开裂;*A. auritus* 的外壁(局部)加厚呈耳状,栎状结构不甚明显;*A. dissectus* 的孢子轮廓常呈多角形,外壁(栎)常开裂成大块瘤,环状结构不明显。

产地层位 云南沾益史家坡,海口组。

不完全古栎环孢 *Archaeozonotriletes incompletus* Lu, 1988

(图版41,图16, 17)

1988 *Archaeozonotriletes incompletus* Lu,卢礼昌,169页,图版17,图11;图版18,图8。

描述 赤道轮廓近宽圆三角形,大小78.0—85.6μm,全模标本85.6μm;近极中央区轮廓(外壁内缘界线)圆三角形—近圆形,大小34.3—84.4μm;三射线常可见,简单,直,伸达中央区边缘;栎状加厚在赤道区最明显,但不甚均等,最大厚度可达14—31μm;其余外壁很薄,三射线区最薄;表面不具纹饰;浅棕—深棕色。

比较与讨论 本种的形态特征与 *A. distinctus* 颇相似,但其栎环更不完整。

产地层位 云南沾益史家坡,海口组。

不规则古栎环孢(新联合) *Archaeozonotriletes irregularis* (Lu) Lu comb. nov.

(图版42,图13, 14)

1988 *Lophozonotriletes irregularis* Lu,卢礼昌,154页,图版17,图1—3,10;图版2,图10。

描述 具栎环三缝孢,赤道轮廓常因外壁不规则加厚而不定形,大小67.1—98.3μm,全模标本82.7μm;三射线可见至清楚,简单,直,伸达赤道内缘;外壁1或2层,内层厚约1.5μm,具内点状或内颗粒状结构,与外层常紧贴,极面观圆三角形—近圆形,大小 42. 1—56. 2μm;外层或外壁不规则栎状加厚相当明显,其厚度、宽度、形态均变化不定,最大厚度位置常见于赤道一侧或赤道远极局部,突起高(最大厚度)常接近于或小于孢体中央区直径长,一般在 23. 0—40. 6μm 之间,基部宽常大于突起高与顶部宽,呈不规则厚块状加厚,表面具齿状、齿瘤状或不规则突起,分布稀或密,齿状突起在同一标本上的高度近乎一致,高 11—15μm,两侧接近平行,宽 5—11μm,表面光滑,顶端平截;栎环即使在同一标本上,其厚薄与宽窄都很不一致,变化幅度可达 6. 0—40. 6μm,故极压标本常呈明显的偏心状;棕色—深棕色。

注释 当前种的标本,其加厚的特征更接近于 *Archaeozonotriletes* 而非 *Lophozonotriletes*,故建立新联合。

产地层位 云南沾益史家坡,海口组。

圆形古栎环孢 *Archaeozonotriletes orbiculatus* Lu, 1988

(图版 42,图 11, 12)

1988 *Archaeozonotriletes orbiculatus* Lu,卢礼昌,169 页,图版 17,图 9,13;图版 18,图 6,7,9,10。

1992 *Cyrtospora cristifera* (Luber) van der Zwan var. *cristifera*, pl. 21, figs. 2, 8.

描述 赤道轮廓近长圆形,大小 71. 8—90. 5μm,全模标本 85. 8μm;三射线常清楚或可见,直,简单或略具唇或开裂,伸达中央区边缘;外壁 2 层:内层薄,厚 1. 0—1. 5μm,由其形成的内孢体轮廓近圆形—圆三角形,大小 37. 4—48. 2μm,表面光滑,具内点—细颗粒状结构,通常与外层紧贴;外层具强烈球栎状加厚,并呈半圆球形或超半圆球形鼓出,多数位于赤道一侧或赤道—远极局部,最大厚度(或突起高)常大于内孢体半径长,为 25. 1—31. 2μm,宽度即圆球状突起直径,略大于内孢体直径长,表面常较圆滑;其余外壁表面,尤其三射线区,常具小瘤状突起,分布稀疏、不规则突起,基部宽 6. 0—9. 4μm,高 5μm 左右;在某些标本上还可见不规则的脊状突起,但无论如何不构成网纹;棕—深棕色(或不透明)。

比较与讨论 本种外壁加厚的形态与 *A. variabilis* 较近似,但后者的栎形、栎位与栎厚均变化不定;*A. distinctus* 虽然外壁也强烈加厚,但常具深大裂口,致使孢子赤道轮廓常呈明显的多角形。

比较与讨论 按外壁突起形态归入 *A. orbiculatus* 的分子,似乎也可归入 *Cyrtospora* Winslow 内,但其突起表面不具纹饰,而且最大厚度的位置多变(不仅仅限于远极),因此,未将这些分子归入 *Cyrtospora* 属内。正因为如此,本章节将 Braman 和 Hills (1992)归入 *C. cristifera* (Luber) van der Zwan,1979 var. *cristifera* 的部分标本(pl. 21, figs. 2, 8)改归入本种内。

产地层位 云南沾益史家坡,海口组。

多形古栎环孢(比较种) *Archaeozonotriletes* cf. *polymorphus* Naumova, 1953

(图版 129,图 12)

1950 *Archaeozonotriletes polymorphus* Naumova, p. 78, pl. 11, figs. 19—21.

1985 *Archaeozonotriletes* cf. *polymorphus*,高联达,74 页,图版 7,图 1。

描述 赤道轮廓三角形—亚三角形,大小 40—55μm;远极赤道区具杯栎环,加厚不均,厚 8—12μm,棕褐色;本体常中空,不中空时三射线简单,直伸至环的内沿;孢子表面覆以粗壮的刺瘤纹饰,基部连接或不连接,排列较紧密,在轮廓线上呈刺瘤凸起,末端有时弯曲。

比较与讨论 当前标本栎环特征明显,归入 *Archaeozonotriletes* 当可,但与描述的俄罗斯地台弗拉阶的种 *A. polymorphus* 相比差别较大,后者的"环"有分"暗—亮"内、外 2 层的趋势,其纹饰以条带状瘤突为主,外圈以不规则的波—城垛状为特征,所以最多也只能鉴定为比较种。

产地层位 贵州睦化,打屋坝组底部。

半亮古栎环孢 *Archaeozonotriletes semilucensis* Naumova, 1953

(图版 48,图 3)

1953 *Archaeozonotriletes semilucensis* Naumova, p. 84, pl. 13, fig. 15.

1975 *Archaeozonotriletes semilucensis*,高联达、侯静鹏,216 页,图版 9,图 10。

描述 赤道轮廓圆三角形,大小 50—60μm;三射线伸达内孢体边缘;内孢体轮廓与孢子赤道轮廓近乎一致,并与环内缘略有分离;孢子表面覆有细颗粒纹;栎环厚 8—12μm(高联达等,1975,216 页)。

产地层位 贵州独山,下泥盆统丹林组。

灿烂古栎环孢 *Archaeozonotriletes splendidus* Lu, 1981

(图版 42,图 20—23)

1981 *Archaeozonotriletes splendidus* Lu,卢礼昌,116 页,图版 9,图 6—8;图版 10,图 4。

1988 *Archaeozonotriletes splendidus*,卢礼昌,168 页,图版 17,图 14。

描述 赤道轮廓不规则宽三角形,大小 64—101μm,全模标本 81μm;三射线可见,简单,常伸达内孢体边缘;外壁 2 层:内层薄,厚约 1μm,具颗粒结构,极面观与外层分界清楚或彼此多少分离;外层厚薄不均,近极中央区较薄,其余部分不规则加厚,并常在赤道区特厚,一般在 9—20μm 之间,具明显的内针穴状结构,分布规则、致密,并呈辐射状排列,穴径约 1μm,几乎贯穿整个外壁外层(未穿透表面);极压标本犹如光芒四射的奖章;外壁表面光滑或具稀疏的皱脊或局部具刺状突起;橙棕—棕色。

比较与讨论 本种以外壁具辐射状、内针穴状结构为特征而区别于 *Archaeozonotriletes* 属的其他种。*Densosporites striatiferus* Hughes and Playford (1961, p. 35, pl. 2, figs. 16—18)虽具类似的辐射状图案,但该图案由条纹组成(而非针穴结构),并且分布限于带环而非整个外壁层。

产地层位 四川渡口,上泥盆统;云南沾益史家坡,海口组。

蒂曼古栎环孢 *Archaeozonotriletes timanicus* Naumova, 1953

(图版 42,图 6, 7)

1953 *Archaeozonotriletes timanicus* Naumova, p. 81, pl. 12, fig. 14.

1997b *Archaeozonotriletes timanicus*,卢礼昌,图版 3,图 18,19(未描述)。

描述 赤道轮廓亚圆形,大小 43—49μm;三射线可见,微开裂,伸达栎环内缘;接触区小,外壁薄,近极—赤道区与整个远极面覆以不规则、不均匀的块瘤与脊状纹饰,并组成或"堆积"成栎,栎厚(环宽)4.5—9.0μm;其余外壁厚约 2μm,表面光滑。

比较与讨论 *A. timanicus* 以栎表面具块瘤状纹饰为特征而与 *A. variabilis* 不同。

产地层位 新疆准噶尔盆地,呼吉尔斯特组。

多变古栎环孢 *Archaeozonotriletes variabilis* (Naumova) Allen, 1965

(图版 41,图 1, 2)

1953 *Archaeozonotriletes variabilis* Naumova, p. 30, pl. Ⅱ, figs. 12, 13.

1965 *Archaeozonotriletes variabilis* (Naumova) Allen, p. 721, pl. 100, figs. 3—6.

1980b *Archaeozonotriletes variabilis*,卢礼昌,31 页,图版 5,图 1—4。

1981 *Archaeozonotriletes variabilis*,卢礼昌,116 页,图版 9,图 3—5。

1985 *Archaeozonotriletes variabilis*,高联达,73 页,图版 6,图 30,31。

1987 *Archaeozonotriletes variabilis*,高联达等,407 页,图版 176,图 22。

1988 *Archaeozonotriletes variabilis*,卢礼昌,168 页,图版 13,图 4;图版 21,图 5;图版 23,图 11。

1991 *Archaeozonotriletes variabilis* (Naumova) Allen var. *gigantus* Gao,见徐仁等,图版 2,图 2。

1991 *Archaeozonotriletes variabilis*,徐仁等,图版 2,图 1。

1997b *Archaeozonotriletes variabilis*,卢礼昌,图版 3,图 17。

1999 *Archaeozonotriletes variabilis*,卢礼昌,96 页,图版 1,图 12。

描述 赤道轮廓多为不规则三角形与亚圆形,少数呈四边形至不定形,大小 40—108μm;三射线常清楚,简单或具窄唇或多少开裂,伸达内孢体边缘;内孢体宽圆三角形—圆形,大小 25—58μm,有时在赤道与外层略有分离或局部分离,外层同质、点穴状,表面光滑,呈栎状加厚;栎的形状、厚度与位置(最大厚度)均变化不定，于近极中央区最薄，厚 1. 0—2. 5μm，赤道部位或近极—赤道区及远极—赤道区的某一局部最厚，可达 4. 0—4. 5μm；栎环的宽度即使在同一标本上也很不一致，故栎环常呈明显的偏离孢子中心状，其宽常在 5—31μm 之间；浅棕黄—深棕色。

比较与讨论 *A. variabilis* 以栎形、栎位与栎厚变化不定以及栎最大厚度一般不超过内孢体半径长为特征而与 *Archaeozonotriletes* 属的其他种不同。

注释 *A. variabilis* 的地理分布甚广，几乎遍及全球；地质时代为以中泥盆世晚期为主的中—晚泥盆世。

产地层位 四川渡口，上泥盆统；贵州睦化，王佑组格董关层底部；云南禄劝，坡脚组；云南沾益龙华山、史家坡，海口组；甘肃迭部，擦阔合组；新疆准噶尔盆地，呼吉尔斯特组；新疆和布克赛尔，黑山头组 5 层。

杯栎孢属 *Cymbosporites* Allen, 1965

模式种 *Cymbosporites cyathus* Allen, 1965；挪威斯匹次卑尔根，中泥盆统（Gevitian）。

属征 辐射对称三缝孢子，赤道轮廓圆—圆三角形，模式种大小 53—80μm；三射线长，一般具唇；外壁近极面光滑，赤道和远极面杯栎状，此种加厚或均厚或远极最厚；表面具锥刺、刺或颗粒等纹饰。

比较与讨论 *Archaeozonotriletes* 为光面或点穴状的杯栎加厚，而 *Tholisporites* 只有细纹饰。

分布时代 多见于北半球，主要为泥盆纪，尤其是中、晚泥盆世。

弓脊杯栎孢 *Cymbosporites arcuatus* Bharadwaj, Tiwari and Venkatachala, 1971

（图版 43，图 22—24）

1971 *Cymbosporites arcuatus* Bharadwaj, Tiwari and Venkatachala, p. 159, pl. 3, figs. 60—63.

1988 *Cymbosporites arcuatus*，卢礼昌，175 页，图版 16，图 11，12。

1997b *Cymbosporites arcuatus*，卢礼昌，图版 3，图 1，2。

描述 赤道轮廓多呈近圆形，大小 37. 4—48. 8μm；三射线清楚，具唇，并朝末端逐渐加宽，常见一射线末端两侧分叉，延伸而呈弓脊状，唇一般宽 1. 5—3. 0μm，伸达赤道附近；赤道和远极外壁呈明显的栎状加厚，厚 2. 5—6. 7μm；栎表面具纹饰，以不规则细颗粒为主，分布稀疏，基部彼此常不接触，粒径约 0. 5μm，突起低矮，在孢子轮廓线上反映甚弱；近极外壁表面无纹饰，中央区界线清楚，与周围外壁常呈突变关系，区内外壁明显较薄，并略微内凹，罕见褶皱；浅棕—深棕色。

注释 Bharadwaj 等（1971）描述的云南婆兮泥盆系标本中的 *C. arcuatus* 的纹饰为“细块瘤状”，其大小不足 1μm；为便于与真正具细块瘤的 *C. microverrucosus* Bharadwaj et al.，1971 相区别，将前者的“细块瘤”纹饰描述为“不规则细颗粒”（卢礼昌，1988）似较妥。

产地层位 云南婆兮，泥盆系；云南沾益，海口组；新疆准噶尔盆地，呼吉尔斯特组。

棒饰杯栎孢 *Cymbosporites bacillaris* Lu, 1994

（图版 43，图 11—13）

1994a *Cymbosporites baccillaris* Lu，卢礼昌，172 页，图版 5，图 20—22。

描述 赤道轮廓钝角凸边三角形—近圆形，子午轮廓近极面微内凹，远极面外凸至近半圆球形，大小 45. 0—74. 5μm，全模标本 53. 2μm；三射线常仅可辨别或不清楚，简单或偶见窄唇（常不完全），伸达栎环内缘附近；近极中央区外壁甚薄，表面无纹饰，远极外壁尤其赤道—远极外壁呈明显的栎状加厚，最厚达 3. 5—5. 7μm；远极面覆以致密的棒状纹饰，基部分散或连接，甚者呈网穴状；棒纹基部宽 1. 5—2. 5μm，往上逐渐变窄，顶端钝凸或近于平切，偶见尖，棒长 2. 5—3. 5μm；外壁不见或偶见褶皱；棕—深棕色。

比较与讨论 *C. baccillaris* 以纹饰为棒状而与纹饰为小锥刺的 *C. conatus* 及纹饰为细块瘤的 *C. microverrucosus* 不同。

产地层位 江苏南京龙潭，五通群擂鼓台组上部。

美丽杯栎孢 *Cymbosporites bellus* Zhu, 1999

（图版 43，图 8—10）

1999 *Cymbosporites bellu* Zhu，朱怀诚，332 页，图版 1，图 1—3。

描述 赤道轮廓三角形—圆三角形，大小 30—45μm，全模标本 34μm；三射线清楚，具唇，总宽 1.5—2.0μm，伸达或几乎伸达赤道边缘；近极外壁薄，接触区表面光滑(?)；在赤道部位外壁略增厚，构成一赤道栎环，宽 2—5μm，内界常不清楚；远极面和赤道部位饰以多少同心状排列的锥瘤，基部圆形、椭圆形，基径 1—3μm，高 1—2μm，顶端尖，基部分离，或侧面相连呈线脊状，基间距 <2.5μm，赤道区纹饰较密。

比较与讨论 *C. bellus* 以锥瘤基部侧向相连呈线脊状为特征而与具类似纹饰的属内其他种不同。

产地层位 新疆塔里木盆地，东河塘组。

碟形杯栎孢 *Cymbosporites catillus* Allen, 1965

（图版 43，图 25—27）

1965 *Cymbosporites catillus* Allen, p. 727, pl. 100, figs. 11, 12.

1981 *Cymbosporites catillus*，卢礼昌，117 页，图版 10，图 1，2。

1999 *Cymbosporites catillus*，卢礼昌，69 页，图版 14，图 18，19。

描述 赤道轮廓近三角形，三边略凸出，大小 50—65μm；三射线不清楚；近极中央区外壁薄，光滑，其余外壁呈栎状加厚，在赤道区呈明显的带环状，宽约 4.5μm，表面以颗粒—细瘤状纹饰为主，偶见刺状突起，分布致密，不规则，基宽 1.0—2.5μm，高 2.5μm，具明显的内点—细颗粒状结构；浅棕黄—棕色。

比较与讨论 *C. catillus* 与 *C. cyathus* 在形态特征方面彼此较近似，但纹饰组成各不相同，后者为锥刺，而非前者的颗粒—细瘤。

产地层位 四川渡口，上泥盆统；新疆和布克赛尔，下石炭统黑山头组(底部)。

中华杯栎孢 *Cymbosporites chinensis* Ouyang and Chen, 1987

（图版 43，图 4—7）

1978 *Cymbosporites parvibasilaris* (Naumova) Gao，见潘江、王士涛等，图版 14，图 11—16。

1982 *Cymbosporites parvibasilaris*，侯静鹏，图版 2，图 22。

?1983 *Geminospora parvibasilaris*，高联达，200 页，图版 3，图 19，25。

?1983 *Geminospora nanus*，高联达，200 页，图版 3，图 20—23(部分)。

1987a *Cymbosporites chinensis* Ouyang and Chen，欧阳舒等，64 页，图版 15，图 20—24。

1996 *Cymbosporites chinensis*，王怿，图版 2，图 14，15。

描述 赤道轮廓三角形—圆三角形，大小 29—34μm(不包含纹饰)，全模 29μm；三射线清楚，具唇，宽 1.0—1.5μm，直或微弯曲，伸达孢子角部或环的内沿；外壁在近极面较薄，光滑，远极和赤道部位稍厚，具颇致密的锥刺、短棒瘤或颗粒状纹饰，基宽 1.0—1.5μm，高 1.0—2.0μm，末端形态多变，尖、钝尖、钝圆、平截或斜切，基部间距 1—2μm，轮廓线上为刺齿状；赤道具一窄环，宽 2—4μm；黄—棕黄色。

比较与讨论 本种孢子以具明显的赤道环、纹饰以锥刺或短棒为主而与 *C. promiscuus* Ouyang and Chen, 1987 有所不同。

产地层位 江苏句容，五通群擂鼓台组下部；湖南锡矿山，上泥盆统欧家冲中段与邵东组；云南曲靖，翠峰山组西山村段；西藏聂拉木，波曲组(上部)。

圆瘤杯栎孢 *Cymbosporites circinatus* Ouyang and Chen, 1987

（图版 43，图 19—21）

1987a *Cymbosporites circinatus* Ouyang and Chen，欧阳舒等，65 页，图版 15，图 25—28。

1993 *Cymbosporites circinatus*，文子才等，图版 3，图 13，14。

描述 赤道轮廓亚三角形—亚圆形，大小 29—53μm，全模标本 53μm；三射线清楚，具唇，宽 1.5—

2.0μm，向末端多变尖，伸达或近达赤道边缘；近极中央区外壁薄，区内光面，在赤道部位增厚构成一环，环宽3—6μm，有时具一颜色较深的内带；在远极面和赤道（包括环）具中等密度或较稀的圆瘤纹饰，基部直径1.5—3.0μm，向顶部变窄或微膨大，末端多钝圆或微尖，或近乎平截，基部间距多为2—3μm，个别标本远极面纹饰较稀，间距可达4—6μm，赤道部位纹饰常较密，基部甚至相连或融合，绕赤道轮廓突起25—45枚；深黄—棕色。

比较与讨论 *C. circinatus* 以特征性的圆瘤状纹饰而区别于 *C. dimerusi* 等种。孤立地看，将本种归入 *Cymbosporites* 属是很勉强的，但鉴于它在总的孢子形态上与归入 *Cymbosporites* 属的其他种仍有类似之处，产出层位也相当，故暂时仍归入 *Cymbosporites* 属（欧阳舒、陈永祥，1987b，15页）。

产地层位 江苏句容，五通群擂鼓台组下部；江西全南，中泥盆统三门滩组。

锥刺杯栎孢 *Cymbosporites conatus* Bharadwaj et al., 1971

（图版43，图16—18）

1971 *Cymbosporites conatus* Bharadwaj et al., p. 158, pl. 2, figs. 48—54.

1988 *Cymbosporites conatus*，卢礼昌，175页，图版1，图21，22；图版23，图11，14。

1994 *Cymbosporites conatus*，卢礼昌，图版5，图8，9。

1997b *Cymbosporites conatus*，卢礼昌，图版3，图5。

1999 *Cymbosporites conatus*，卢礼昌，70页，图版1，图25。

描述 赤道轮廓近圆形—宽圆三角形，大小18.7—46.8μm；三射线清楚，具唇，两侧微弯曲，近顶部一般较宽，达2.5—3.5μm，向末端逐渐变窄，常见一射线末端的唇较发育，并向两侧明显延伸，致使相应部位外壁显得略厚，几乎伸达赤道边缘；赤道和远极外壁栎状加厚明显，在赤道显得最厚，并常在某一辐射区更明显，一般厚5.6—6.7μm，甚者可达7.8—10.9μm；近极中央区界线不甚明显，与周围外壁呈逐渐过渡关系；栎表面具纹饰，以小锥刺为主，分布不规则，基部彼此分离或接触，基宽1.5—2.5μm，略大于突起高，在赤道轮廓线上呈细锯齿状，不规则，且柔弱，突起29—54枚；近极外壁较薄，表面不具纹饰；罕见褶皱；浅棕—深棕色。

比较与讨论 本种形态特征与 *C. microverrucosus* 和 *C. arcuatus* 接近，但纹饰类型各不相同，后两种分别为小块瘤和颗粒，并且它们栎的内缘界线均较明显。

产地层位 江苏南京龙潭，五通群擂鼓台组；云南婆兮，泥盆系；云南沾益史家坡，海口组；新疆准噶尔盆地，呼吉尔斯特组；新疆和布克赛尔，黑山头组4，5层。

圆锥杯栎孢 *Cymbosporites coniformis* Lu, 1997

（图版43，图33—35）

1997b *Cymbosporites coniformis* Lu，卢礼昌，305页，图版4，图27—29。

描述 赤道轮廓近圆形—宽圆三角形，大小55.0—77.8μm，全模标本65μm；三射线常清楚，等于中央区半径长，具唇，且厚实，表面光滑，自顶部朝末端略渐变窄，单片唇宽1.8—3.5μm（近顶部）；近极中央区界线不很清晰，区内外壁较薄（不可量），表面无纹饰；赤道与远极外壁呈栎状加厚，并在赤道区最厚，厚6.5—8.5μm；栎表面覆以瘤状与圆锥状突起物；纹饰分子在远极中央区以不规则的小圆瘤为主，彼此基部不接触或仅局部接触，基部宽1.8—3.0μm，高常不大于基宽，顶部钝凸，表面光滑；纹饰在赤道栎上较密、较粗（宽3μm左右），且高常略大于宽，并呈圆锥状，顶端较钝；赤道轮廓线略呈微波状或微凹凸不平；罕见褶皱。

比较与讨论 *C. coniformis* 与常见于中、上泥盆统的 *C. microverrucosus* 较相似，但后者个体较小（常不大于40μm），同时，近极中央区界线颇清楚，且区内具纹饰；与 *C. cyathus* 的主要区别是其纹饰成分不是块瘤和圆锥瘤，而是基部多角形的锥刺，并常具一小的顶刺；而 *C. circinatus* 的纹饰为圆瘤，且分布较稀（间距多为2—3μm，甚者达4—6μm）。

产地层位 新疆准噶尔盆地，呼吉尔斯特组。

肿环杯栎孢 *Cymbosporites cordylatus* Ouyang and Chen, 1987

（图版 43,图 1—3）

1987a *Cymbosporites cordylatus* Ouyang and Chen,欧阳舒等,64 页,图版 15,图 12—15。

1988 *Archaeozonotriletes* sp. ,高联达,222 页,图版 5,图 14。

描述 赤道轮廓亚三角形—近圆形,近极面较低平,远极面凸出,大小 26—34μm,全模标本 27μm;三射线清楚,具窄唇,宽 1—2μm,直或微弯曲,等于半径长,末端常膨大,并多少向两侧延伸构成不完全弓形脊;外壁在近极面较薄,在赤道部位不规则增厚,常呈断续延伸的团块状,但不凸出轮廓线,构成赤道环,环宽 2—7μm 不等,内界局部不甚清楚,在同一标本上宽度常不一致;远极面和赤道具细密颗粒纹饰,粒径 0. 5—1. 0μm,有时略呈负网状,轮廓线上突起不明显;深黄—深棕色。

比较与讨论 本种以赤道部位具团块状增厚、三射唇末端膨大和个体小等特征区别于 *Cymbosporites* 和 *Aneurospora* 属的其他种。

产地层位 江苏句容,五通群擂鼓台组下部;西藏聂拉木,章东组。

杯形杯栎孢 *Cymbosporites cyathus* Allen, 1965

（图版 43,图 31, 32）

1965 *Cymbosporites cyathus* Allen, p. 725, pl. 101, figs. 8—11.

1980b *Cymbosporites cyathus*,卢礼昌,32 页,图版 5,图 19—21。

1981 *Cymbosporites cyathus*,卢礼昌,116 页,图版 10,图 3。

1986 *Cymbosporites cyathus*,叶晓荣,图版 2,图 26。

1988 *Cymbosporites cyathus*,卢礼昌,174 页,图版 30,图 8,9。

1991 *Cymbosporites cyathus*,徐仁、高联达,图版 1,图 27。

1995 *Cymbosporites cyathus*,卢礼昌,图版 3,图 5。

1997b *Cymbosporites cyathus*,卢礼昌,图版 4,图 12,21。

1999 *Cymbosporites cyathus*,卢礼昌,69 页,图版 14,图 21。

描述 赤道轮廓圆三角形—亚圆形,大小 52—78μm;三射线可见或不完全清楚,简单或具窄唇(不规则),宽 1. 5—3. 0μm,伸达中央区内缘;近极中央区轮廓与孢子赤道轮廓一致或接近一致,区内外壁薄,常微内凹,表面光滑或具皱脊,尤其沿中央区边缘,近极—赤道和远极外壁加厚呈栎形,赤道部位栎厚 6—12μm,表面覆盖以锥刺为主的刺状或棒状纹饰,基部连接或不连接,基宽 1. 5—4. 0μm,高略大于或小于基宽;浅棕—深棕色。

比较与讨论 本种以锥刺纹饰为主要特征而与形态特征近似的纹饰为块瘤的 *C. magnificus* var. *magnificus* 不同。

注释 上列(异名表)中国标本与 Allen(1965)首先描述的西斯匹次卑尔根中泥盆统上部(Givetian)的 *Cymbosporites cyathus*(Allen, 1965, pl. 101, figs. 8—11)的形态特征及大小幅度均颇相似或接近,仅部分标本的纹饰较稀少与较弱小而略异,但不妨为同种。

产地层位 湖南邵东,邵东组;四川渡口,上泥盆统下部;云南沾益龙华山、史家坡,海口组;新疆和布克赛尔,黑山头组 4 层。

华美杯栎孢 *Cymbosporites decorus* (Naumova) Gao, 1988

（图版 44,图 1）

1953 *Archaeozonotriletes decorus* Naumova, p. 35, pl. 3, figs. 11, 12.

1988 *Cymbosporites decorus* (sic) (Naumova) Gao,高联达,217 页,图版 4,图 15。

描述 赤道轮廓圆三角形,大小 40—60μm;三射线两侧具薄而窄的唇,几乎等于孢子半径长;赤道栎厚 3—4μm;刺粒纹饰基部常不接触,粒径 1. 5—3. 0μm,在赤道边缘呈刺状凸起;浅—深棕色(高联达,1988,217 页)。

产地层位 西藏聂拉木，章东组。

厚环杯栎孢 *Cymbosporites densus* Ouyang and Chen, 1987

（图版 76，图 22，23）

1987a *Cymbosporites densus* Ouyang and Chen，欧阳舒等，64 页，图版 15，图 16—19。

描述 赤道轮廓亚三角形—亚圆形，近极面较低平，远极面较强烈凸出，大小 24—32μm，全模标本 32μm；三射线清楚，具窄唇，宽 1.0—1.5μm，直或微弯曲，伸达赤道环内沿，三射线顶部常具 3 个接触点，外壁在近极面很薄，远极面厚可达 1.5μm，在赤道部位强烈增厚，构成一厚环，环宽 3—6μm；远极面和赤道部位具细密颗粒状纹饰，粒径和高 0.5—1.0μm，其间有时呈负网状，轮廓线上微凹凸不平；深黄—棕黄色。

比较与讨论 本种以较厚而规则的赤道环、三射唇末端不膨大和 3 个接触点的经常存在为特征而与 *C. cordylatus* 不同。

产地层位 江苏句容，五通群擂鼓台组下部。

齿状杯栎孢 *Cymbosporites dentatus* Lu, 1980

（图版 44，图 2—4）

1980b *Cymbosporites dentatus* Lu，卢礼昌，33 页，图版 5，图 22—24。

1988 *Cymbosporites dentatus*，卢礼昌，176 页，图版 31，图 4。

描述 赤道轮廓钝角凸边三角形，大小 45.0—65.5μm，全模标本 50μm；三射线可见清楚，简单，直，伸达中央区边缘；近极中央区轮廓与孢子赤道轮廓近乎一致，区内外壁厚≤1μm，表面光滑或无明显突起纹饰，赤道和远极外壁，尤其赤道外壁，呈栎状加厚，栎厚 4—10μm，表面覆以齿状纹饰与少数锥刺，基部多连接，基宽 1—4μm，高 1.5—4.5μm，顶端钝圆或钝尖；赤道轮廓线呈不规则窄齿状；浅—浅棕色。

比较与讨论 本种以齿状纹饰为特征而有别于 *Cymbosporites* 属的其他种。

产地层位 云南沾益龙华山、史家坡，海口组。

瘤刺杯栎孢 *Cymbosporites dimerus* Ouyang and Chen, 1987

（图版 44，图 5—8）

1987a *Cymbosporites dimerus* Ouyang and Chen，欧阳舒等，65 页，图版 15，图 29—33。

1994 *Cymbosporites dimerus*，卢礼昌，图版 5，图 23。

描述 赤道轮廓圆三角形—亚圆形，子午轮廓略呈透镜形，近极面微凸起，远极面强烈凸出，大小 28—53μm，全模标本 46μm；三射线清楚，具唇，宽 1.5—3.0μm，直或微弯曲，伸达或近达赤道；外壁在近极面薄，光面，在赤道部位略增厚，构成一赤道环，环宽 2—6μm，内界有时不清晰；远极面和赤道部位具瘤、刺二型纹饰，瘤基宽 1—5μm，高 1.0—2.5μm，顶端具一小刺，刺高 1.0—2.5μm，末端尖，瘤基部间距常为 1—2μm，在赤道部位密集，相邻或相连；深黄—棕色。

比较与讨论 本种以特征性的瘤、刺二型纹饰区别于 *Cymbosporites* 属内其他种；它与澳大利亚昆士兰维宪期的 *Dibolisporites microspicatus* Playford（1978，p. 120，pl. 5，figs. 1—9）略微相似，但后者无环，其二型纹饰较为细密。

产地层位 江苏句容、江苏南京龙潭，五通群擂鼓台组。

双形杯栎孢 *Cymbosporites dimorphus* Lu, 1999

（图版 44，图 18—21）

1999 *Cymbosporites dimorphus* Lu，卢礼昌，图版 29，图 6，7，11—14。

描述 赤道轮廓宽圆三角形，罕见圆形，子午轮廓近极面内凹，远极面外凸—近半圆形，大小 86—

114μm,全模标本109μm;三射线颇柔弱或不清楚,唇罕见(可见者宽2—3μm),伸达中央区边缘;外壁2层:内层不清楚至可见,相当薄,厚仅0.5—0.8μm,表面光滑,极面观与外层紧贴或偶见局部分离,外层较厚,分异明显,近极中央区最薄,常内凹,且易破损,赤道与远极区加厚呈栎状,栎厚而不严实,近似海绵状,赤道区最宽,可达12.5—18.7μm,远极区次之,厚5—7μm;外层近极面纹饰颇不明显,呈小刺—粒状突起,分布致密,宽与高一般不超过0.5μm;远极面纹饰以颗粒状突起为主,或夹有小刺,分布稀疏或致密,颗粒基宽0.8—1.5μm,高约1μm(或不足),小刺基宽常不足1μm,长1—3μm,柔弱,易断;在赤道轮廓线上反映甚微;罕见褶皱;浅—深棕色。

比较与讨论 当前种以栎厚而不严实与孢体较大为特征而不同于 *Cymbosporites* 属的其他种。例如,*C. catillus* 的形态特征虽与之有些近似,但外壁同质,纹饰为颗粒或小块瘤,孢体也较小(34—50μm)。

产地层位 新疆和布克赛尔,黑山头组4层。

迪顿杯栎孢 *Cymbosporites dittonensis* Richardson and Lister, 1969

(图版44,图13—15)

1969 *Cymbosporites dittonensis* Richardson and Lister, p. 241, pl. 41, figs. 11—13.

1976 *Cymbosporites dittonensis*,卢礼昌、欧阳舒,34页,图版3,图17—19。

1993 *Cymbosporites dittonensis*,高联达,图版1,图25。

描述 赤道轮廓亚圆形—圆三角形,大小45—49μm;三射线可见,直或微曲或具窄唇,伸达近极中央区边缘;中央区轮廓与孢子赤道轮廓基本一致,区内外壁薄,表面光滑,靠近边缘常具弓脊状褶皱;近极—赤道与远极外壁强烈加厚并呈栎形,赤道部位栎厚4—7μm,表面纹饰由块瘤与锥刺组成,基部常彼此连接而呈蠕瘤状或串珠状,单个纹饰分子基部宽约3μm,高约2μm,顶部圆形或尖凸;赤道轮廓线呈不规则小波状;黄棕色。

产地层位 云南曲靖翠峰山,徐家冲组;新疆西准噶尔,乌吐布拉克组。

刺粒杯栎孢 *Cymbosporites echinatus* Richardson and Lister, 1969

(图版44,图25)

1969 *Cymbosporites echinatus* Richardson and Lister, p. 239, pl. 42, figs. 1—5.

1993 *Cymbosporites echinatus*,高联达,图版1,图21。

1994 *Cymbosporites echinatus*,王怿,328页,图版1,图24。

描述 赤道轮廓圆三角形—亚圆形,大小42—60μm;三射线清楚,直或微曲,具窄唇,宽0.5—1.0μm,等于2/3—3/4R;近极中央区界线清楚,轮廓与孢子赤道轮廓一致,区内外壁薄,厚约1μm,表面光滑;近极—赤道与远极外壁呈栎状加厚,赤道区最厚,可达3—4μm,表面具锥刺;纹饰分子基部轮廓圆形,基径2—3μm,高2—5μm,顶端尖,间距一般为2—5μm,最宽达8μm;赤道轮廓线呈细齿状。

比较与讨论 当前标本与威尔士下泥盆统的 *C. echinatus* Richardson and Lister 的形态特征、纹饰组成及大小幅度均颇相似,唯后者纹饰略较粗与分布较密(局部彼此接触)。

产地层位 云南文山,坡松冲组;新疆西准噶尔,乌吐布拉克组。

法门杯栎孢 *Cymbosporites famenensis* (Naumova) Lu, 1994

(图版44,图9,10)

1953 *Retusotriletes famenensis* Naumova, p. 110, pl. 16, fig. 44.

1994 *Cymbosporites famenensis* (Naumova) Lu,卢礼昌,175页,图版5,图17,18。

描述 赤道轮廓近圆形,大小40—50μm;三射线常被唇覆盖,唇直或微曲,宽2.0—3.2μm,朝末端略有加宽,长约2/3R,末端与弓形脊连接;以弓形脊为界的接触区明显,区内外壁较其余外壁薄(亮),表面无明显突起纹饰;接触区以外的外壁,表面具粗颗粒或小圆瘤—小锥瘤状纹饰;纹饰分子基部轮廓近圆形,宽

1.5—2.5μm,高1.0—1.5μm或稍长,表面光滑,顶部钝凸或宽圆,间距常不小于基宽,偶见局部连接;赤道外壁加厚显著,呈栎环状,栎环厚度较均一(在同一标本上),厚一般为4—6μm,甚者可达6—10μm。

比较与讨论 当前标本与Naumova(1953)描述的*Retusotriletes famenensis*较为相似;与侯静鹏(1982)描述的*Apiculiretusispora flexuosa*也较近似,但它的近极—赤道外壁不具栎状加厚,而*R. famenensis*既具纹饰又具栎状加厚。

注释 本种的特征以较稀的小圆瘤—小锥瘤状纹饰为主,以及赤道栎厚较均一。

产地层位 江苏南京龙潭,五通群擂鼓台组。

优美杯栎孢 *Cymbosporites formosus* (Naumova) Gao, 1983

(图版45,图1, 2, 24)

1953 *Archaeozonotriletes formosus* Naumova, p. 118, pl. XVII, figs. 35, 36.

1983 *Cymbosporites formosus*,高联达,200页,图版3,图16—18。

1990 *Cymbosporites formosus*,高联达,图版2,图6。

1997a cf. *Cymbosporites formosus*,卢礼昌,图版4,图4。

描述 赤道轮廓宽圆三角形—近圆形,大小40—50μm;三射线常不清楚或仅可辨别,三射皱脊有时明显,微凸并弯曲,伸达赤道附近;接触区表面粗糙,无明显突出纹饰,赤道与远极面覆以粗粒或小圆瘤状纹饰,基部很少接触,基宽2.0—3.2μm或5—8μm,并略大于高,顶部圆或钝凸,罕见尖;赤道外壁呈栎状加厚,宽4.5—8.0μm;赤道轮廓线呈不规则细齿状;浅—深棕色。

比较与讨论 本种与*C. microverrucosus*有些近似,但后者以弓形脊为界的接触区明显,区内外壁具突起纹饰,并与远极面纹饰的特征性相似;与*C. conatus*的主要区别是,后者的纹饰以小锥刺为主。

产地层位 湖南涟源界岭,邵东组(段);西藏聂拉木,波曲组上部、章东组。

大杯栎孢内孢型变种 *Cymbosporites magnificus* (Owens) var. *endoformis* (Owens) Lu, 1988

(图版45,图9—11)

1960 *Lycospora magnifica* forma *endoformis* McGregor, p. 24, pl. 12, figs. 9, 10.

1971 *Verruciretusispora magnifica* var. *endoformis*, Owens, p. 24, pl. 5, fig. 7.

1981 *Verruciretusispora magnifica* var. *endoformis*,卢礼昌,103页,图版Ⅳ,图10,11。

1988 *Cymbosporites magnificus* var. *endoformis*,卢礼昌,176页,图版Ⅵ,图15。

1999 *Cymbosporites magnificus* var. *endoformis*,卢礼昌,70页,图版28,图3。

描述 赤道轮廓宽圆三角形—近圆形,大小69—90μm;外壁2层,内层强烈收缩呈一中孢体,轮廓与赤道轮廓一致,大小约为孢子半径长;其他特征及层位均与*C. magnificus* var. *magnificus*基本一致。

产地层位 四川渡口,上泥盆统下部;云南沾益,海口组;新疆和布克赛尔,黑山头组5层。

大杯栎孢大变种 *Cymbosporites magnificus* (Owens) var. *magnificus* (Owens) Lu, 1988

(图版45,图12, 13;图版129,图35)

1960 *Lycospora magnifica* McGregor, p. 35, pl. 12, fig. 5; pl. 13, figs. 2—4.

1971 *Verruciretusispora magnifica* var. *magnifica* Owens, p. 22, pl. 5, figs. 1—6.

1980b *Verruciretusispora magnifica* var. *magnifica*,卢礼昌,17页,图版3,图1—3,5—8。

1981 *Verruciretusispora magnifica* var. *magnifica*,卢礼昌,103页,图版4,图3—6。

1982 *Cymbosporites magnificus* McGregor and Camfield, p. 32, pl. 6, figs. 4, 5.

1983 *Verruciretusispora magnifica* var. *magnifica*,高联达,195页,图版2,图6,7。

1985 *Verruciretusispora magnifica* var. *magnifica*,刘淑文等,图版2,图8。

1987 *Verruciretusispora magnifica* var. *magnifica*,欧阳舒等,40页,图版8,图2。

1987 *Verruciretusispora magnifica* var. *magnifica*,高联达等,图版174,图17。

1988 *Cymbosporites magnificus* var. *magnificus*,卢礼昌,176页,图版6,图9,12—14。

1991 *Cymbosporites magnificus*,徐仁等,图版1,图28。

1996 *Cymbosporites magnificus*,朱怀诚等,153页,图版1,图19。

1997 *Cymbosporites magnificus* var. *magnificus*,卢礼昌,图版4,图19,20。

1999 *Cymbosporites magnificus* var. *magnificus*,卢礼昌,图版28,图1,2,14。

描述 赤道轮廓近三角形—近圆形,近极面微凸或微凹,远极面外凸,呈近半圆形,大小一般为60—85μm,最大达100—112μm;三射线清楚,多少具唇,微弯曲,宽2—6μm,伸达赤道边缘或附近;弓形脊明显,并多少与赤道重叠,赤道外壁加厚,呈环栎状,宽4—10μm;接触区等于或略小于近极面,表面无明显纹饰,外壁较远极的薄;赤道与远极表面覆以块瘤状纹饰,分布致密,基部轮廓不规则,常彼此连接成粗蠕虫或蠕瘤状组群,基宽2—5μm,高1—2μm,罕见大于2μm,长可达11μm;纹饰分子的顶部在远极区多为平圆,在赤道区则近拱圆—钝尖,尖者顶端常具一小刺(高约0.5μm);外壁厚不可量,罕见褶皱;浅—深棕色。

比较与讨论 McGregor和Camfield(1982)描述的*C. magnificus*不仅包括具中孢体的分子,而且被他们视为*Cymbosporites*的模式种。该种与本书描述的*C. magnificus* var. *magnificus*的概念不完全相同。

产地层位 江苏句容,擂鼓台组下部;湖北长阳,黄家磴组;四川渡口,上泥盆统下部(Frasnian);云南沾益,海口组;西藏聂拉木,波曲组上部;甘肃迭部,当多组;新疆和布克赛尔,黑山头组4,5层;新疆塔里木盆地,巴楚组。

细粒杯栎孢 *Cymbosporites microgranulatus* Lu, 1997

(图版45,图18—22)

1986 *Aneurospora greggsii* Turnau, pl. Ⅸ, fig. 9.

1997a *Cymbosporites microgranulatus* Lu,卢礼昌,196页,图版3,图8—12。

描述 赤道轮廓钝三角形—宽圆三角形,大小44.8—58.5μm,全模标本47.5μm,副模标本44.8μm;三射线常被粗壮的唇所掩盖,唇表面光滑,发育均匀,基部宽2.6—5.5μm,高接近等于宽,顶部拱圆,伴随射线伸达赤道附近;赤道与远极外壁呈栎状加厚,在赤道最厚,且呈环状,宽3.3—6.2μm,远极栎(外壁)厚2.5—3.2μm,表面具细圆珠状(或粒状)纹饰,分布致密,但基部彼此很少交结,粒径0.7—1.2μm,顶部近圆形或钝凸,表面近光滑;接触区界线清楚,区内外壁较远极外壁薄得多(无法测量),表面微粗糙,并略下凹;近极环面光滑无饰;赤道轮廓线几乎光滑(透光图像)至细串珠状(扫描图像);罕见褶皱;黄棕—深棕色。

比较与讨论 本种以具细圆珠状(或粒状)纹饰和分布致密为特征而区别于*Cymbosporites*属的其他种。被Turnan(1986)归入*Aneurospora greggsii*名下的标本(1986, pl. Ⅸ, fig. 9),其形态特征与大小均与当前标本颇为相似,归入本种似较合适。这是因为*Aneurospora*属仅包含近极—赤道外壁不规则(不等厚、不等宽)加厚的分子。

产地层位 湖南邵东,邵东组。

细瘤杯栎孢 *Cymbosporites microverrucosus* Bharadwaj, Tiwari and Venkatachala, 1971

(图版45,图4—8)

1971 *Cymbosporites microverrucosus* Bharadwaj et al., p. 157, pl. 2, figs. 37—43.

1980b *Apiculiretusispora microverrucosa* (Bharadwaj et al.) Lu,卢礼昌,15页,图版3,图9,10,16—18。

1981 *Apiculiretusispora microverrucosa*,卢礼昌,103页,图版3,图12,13。

1988 *Cymbosporites microverrucosus*,卢礼昌,175页,图版5,图13—17;图版10,图9—11。

1994 *Cymbosporites microverrucosus*,卢礼昌,图版4,图7。

1996 *Apiculiretusispora microverrucosa*,王怿,图版2,图6,9。

1997b *Cymbosporites microverrucosus*,卢礼昌,图版3,图3,4。

1999 *Cymbosporites microverrucosus*,卢礼昌,70页,图版12,图6—8;图版14,图20。

描述 赤道轮廓多呈圆形或近圆形,偶见宽圆三角形,大小25.0—46.8μm;三射线清楚,或具唇,宽

1.6μm 或 2μm 左右,长约等于孢子半径长或稍短;赤道和远极外壁呈明显的栎状加厚,在赤道区厚 3.5—4.7μm;远极区栎表面具纹饰,以细块瘤或小圆瘤为主,或间夹小刺状突起;块瘤基部轮廓不规则,最大基宽 1.6—2.0μm,并略大于突起高,基部彼此很少接触,偶见局部连接,呈串珠状或小蠕虫状,顶部钝圆,基上或具小刺;纹饰在远极—赤道区似较粗壮、拥挤,赤道边缘常呈微波状,局部细齿状(瘤上具小刺所致);近极中央区界线清楚,与周围外壁呈突变关系,区内外壁微内凹,表面具明显的小圆瘤—细块瘤状纹饰(特征与远极栎面纹饰相似),其余表面(除三射线末端前极小部分外)光滑、无纹饰,罕见褶皱;浅黄棕—深棕色。

产地层位 四川渡口,上泥盆统下部;云南婆兮,泥盆系;云南沾益龙华山、史家坡,海口组;新疆准噶尔盆地,呼吉尔斯特组;新疆和布克赛尔,黑山头组 3—6 层。

小杯栎孢 *Cymbosporites minutus* Ouyang and Chen, 1987

(图版 46,图 1—5)

1987a *Cymbosporites minutus* Ouyang and Chen,欧阳舒等,66 页,图版 16,图 12,13。

1987b *Cymbosporites minutus*,欧阳舒等,图版 3,图 4,5,15,16。

1994 *Cymbosporites minutus*,卢礼昌,图版 5,图 1,2。

描述 赤道轮廓圆三角形,大小 27—34μm,全模标本 32μm;三射线清楚,具唇,宽 1.0—2.5μm,微弯曲,伸达赤道;近极面外壁较薄,光面或鲛点状,赤道和远极面具瘤、刺二型纹饰,瘤基宽 1.0—2.5μm,高 1—2μm,末端具一很小的顶刺;纹饰在远极面颇稀,在赤道部位较密,基部相邻或融合构成一类环状构造;深黄—深棕色。

比较与讨论 本种以个体小和二型纹饰等特征而区别于 *Cymbosporites* 属的其他种。

产地层位 江苏句容、宝应与南京龙潭,五通群擂鼓台组下部。

钝角杯栎孢 *Cymbosporites obtusangulus* Lu, 1997

(图版 45,图 16, 17)

1997b *Cymbosporites obtusangulus* Lu,卢礼昌,305 页,图版 4,图 15—17。

1997b *Cymbosporites furmosus*,卢礼昌,图版 4,图 14。

描述 赤道轮廓钝角凸边三角形,大小 50—70μm,全模标本 55.2μm;三射线清楚,或微裂,唇实厚,单片唇宽:近顶部 3.5—6.2μm,末端 1.0—2.3μm,伴随射线伸达赤道内缘;赤道与远极外壁呈栎状加厚,栎在赤道最厚实,厚达 6.2—9.0μm;栎表面纹饰以小圆瘤或块瘤为主,分布致密,但相邻基部很少接触,基宽常在 1.5—3.2μm 之间,顶部微凸,高约 1μm;近极中央区外壁较薄(亮),表面无明显纹饰;赤道轮廓线粗糙至细微波状;外壁沿中央区边缘有时褶皱;黄棕—深棕色。

比较与讨论 本种的纹饰组成与 *C. microverrucosus* 颇相似,但后者的赤道轮廓以圆形或近圆形占绝对优势,近极中央区较清楚,且区内具纹饰;与 *C. coniformis* 的主要差别是,中央区界线不甚清楚,纹饰分子在不同部位的形状、大小与密度不尽相同。

产地层位 新疆准噶尔盆地,呼吉尔斯特组。

浅色杯栎孢 *Cymbosporites pallida* (McGregor) Lu, 1997

(图版 46,图 9—11)

1960 *Lycospora pallida* McGregor, p. 36, fig. 11; pl. 13, fig. 1.

1971 *Verruciretusispora pallida* (McGregor) Owens, p. 24, pl. 6, figs. 1—4.

1980b *Verruciretusispora pallida*,卢礼昌,16 页,图版 2,图 19,21;图版 3,图 4。

1997b *Cymbosporites pallida*,卢礼昌,图版 3,图 14(未描述)。

描述 赤道轮廓圆三角形—近圆形,近极面略凹陷,远极面明显凸出至近半圆球形,大小 49—76μm;三射线常清楚,多少具唇并微凸起,一般宽约 1.5μm,朝赤道逐渐变窄、变低,约等于孢子半径长或略短;近极中央区外壁薄,表面无明显纹饰,赤道与远极外壁呈栎状加厚,赤道栎常较远极栎略厚,赤道栎厚为 3.5—

7.8μm,远极栎厚约3.5μm,表面覆以粗颗粒或小瘤状纹饰;纹饰分子基部轮廓多为圆形,基径1.0—2.5μm,略大于高,顶部圆凸,末端或具一小刺;纹饰间距0.5—2.5μm,很少为零;赤道轮廓线微凹凸不平;罕见褶皱;浅—深棕色。

注释 归入当前种的孢子赤道与远极外壁呈栎状加厚,且在赤道区较厚,即其特征为栎环而非楔环,也非弓形脊在近极—赤道部位加厚所致,故将这类分子归入 *Cymbosporites* 较置于 *Lycospora* 或 *Verruciretusispora* 似更适合。

产地层位 云南沾益龙华山,海口组;新疆准噶尔盆地,呼吉尔斯特组。

杂饰杯栎孢 *Cymbosporites promiscuus* Ouyang and Chen, 1987

(图版46,图6—8)

1987a *Cymbosporites promiscuus* Ouyang and Chen,欧阳舒等,63页,图版15,图5—7。

描述 赤道轮廓圆三角形—不规则亚圆形,大小27—34μm(不包括纹饰),全模标本34μm;三射线单细或具很窄的唇,伸达或近达赤道边缘;外壁在近极面较薄且半透明,纹饰点穴—鲛点状,远极和赤道部位外壁稍厚,表面具纹饰;纹饰主要由瘤或块瘤组成,基部轮廓近圆形—不规则多边形,直径1.0—2.5μm,基部有时互相连接成短而弯曲的脊,间距一般为1—2μm,高≤2μm,末端形态多变,或因膨大而钝圆,或近平截,或钝尖,或微呈锯齿状,少数瘤末端具尖的顶刺,偶尔在赤道部位连生,但不构成连续的环;黄—棕黄色。

比较与讨论 当前孢子与 *C. chinensis* 相比,以纹饰较粗壮而多变、孢子无环而有别。

产地层位 江苏句容,五通群擂鼓台组下部。

丘疹杯栎孢 *Cymbosporites pustulatus* (Naumova) Gao, 1988

(图版46,图12)

1953 *Archaeozonotriletes pustulatus* Naumova,35页,图版3,图10。

1988 *Cymbosporites pustulatus* (Naumova) Gao,高联达,217页,图版4,图16。

描述 赤道轮廓钝角或圆角凸边三角形,大小50—70μm,描述标本大小58μm;三射线两侧具条带加厚,宽3—4μm,高1—2μm,伸达环内缘;具赤道栎环,厚4—5μm,棕黄色;外壁表面具较大的刺粒纹饰,基部宽2—3μm,突起高3—5μm,顶部钝凸或尖,基部间距最大可达10.0—13.5μm,纹饰分子在接触区(三射线区)不十分发育。

注释 本种以纹饰稀少为特征。

产地层位 西藏聂拉木,上泥盆统章东组。

皱脊状杯栎孢 *Cymbosporites rhytideus* Lu, 1988

(图版46,图21,22,28)

1988 *Cymbosporites rhytideus* Lu,卢礼昌,177页,图版10,图6—8;图版21,图11—13。

描述 赤道轮廓三角形—近圆形,大小70.2—82.7μm,全模标本81.1μm;三射线细柔或不清楚,唇在三射线顶部较弱或缺失,朝末端逐渐加强,至末端最发育(或粗壮),并略微凸起,最宽约3μm,伸达中央区边缘;赤道和远极外壁呈明显的栎状加厚,赤道栎厚可达7.8—12.5μm,表面光滑,远极栎表面具锥刺状纹饰,分布不规则,基部彼此常连接成脊,脊较短、较窄,或彼此交结成不规则网状结构,单个纹饰基部略等于突起高,为1.0—2.3μm,顶端尖;赤道边缘呈不规则细锯齿状,突起为47—75枚;近极外壁表面光滑,无纹饰,中央区界线清楚,与周围外壁常呈突变关系,区内外壁明显较薄,常微内凹或破损;罕见褶皱;浅棕黄—深棕色。

比较与讨论 *C. rhytideus* 的形态和纹饰与 *C. conatus* 某些特征近似,但后者孢子较小(35.9—46.8μm),三射线较长,唇较发育;纹饰基部常不接触,更不连接成脊,近极中央区界线不明显。

产地层位 云南沾益史家坡,海口组。

齿状杯栎孢 *Cymbosporites serratus* Gao, 1988

（图版 46，图 29）

1988 *Cymbosporites serratus* Gao，高联达，217 页，图版 4，图 17—19。

描述 赤道轮廓亚三角形，角部宽圆，三边外凸，大小 30—50μm；三射线直，伸达环内缘；具赤道栎环，厚 2—4μm，孢子表面覆以不规则的瘤粒状纹饰，排列较紧，基部连接；赤道轮廓线呈齿状。

注释 原标本照片（高联达，1988）显示：孢子的接触区明显，区内表面微粗糙或为极细小的颗粒状，明显的纹饰突起限于接触区以外的孢壁表面，且在接触区界线或弓形脊上较粗大，呈小锥瘤状。

产地层位 西藏聂拉木，章东组。

细刺杯栎孢 *Cymbosporites spinulifer* Lu, 1999

（图版 46，图 23—27）

1999 *Cymbosporites spinulifer* Lu，卢礼昌，71 页，图版 11，图 9，10；图版 29，图 1—3，15。

描述 赤道轮廓圆三角形—近圆形，大小 62. 4—70. 2μm，全模标本 64μm；三射线不清楚或仅可识别，至少伸达中央区边缘；外壁 2 层：内层常清楚，相当薄，厚不足 1μm，多褶皱，表面光滑，极面观与外层不同程度分离，外层分异性较大，近极面无纹饰，点穴状，中央区常破损，赤道与远极区呈栎状加厚，并在赤道区最厚（色最深），形似环状，宽 5. 0—7. 5μm，远极表面覆以柔弱的小刺纹饰与少量的小棒，分布致密，并超出赤道延伸；小刺基宽 1. 0—2. 3μm，长 2—3μm，末端尖，小棒两侧近于平行，宽不足 1μm，长一般为 2μm 左右；边缘呈不规则细齿状，突起为 64—88 枚；浅黄棕—深棕色。

比较与讨论 *C. spinulifer* 与 *C. dimorphus* 的形态特征彼此颇相似，但纹饰组成各不相同，前者为刺，后者为粒，孢子大小幅度也相差悬殊，后者 86—140μm，与 *C. catillus* Allen, 1965 的形态特征也较近似，但该种的纹饰为颗粒或小瘤，且外壁仅 1 层。

注释 部分标本或具三射脊［唇（？）］，但不易保存（因近极中央区外层极薄、易损），常仅在赤道栎面上略有残存。

产地层位 新疆和布克赛尔，黑山头组 4，5 层。

塔里木杯栎孢 *Cymbosporites tarimense* Zhu, 1999

（图版 46，图 13—15）

1999 *Cymbosporites tarimense* Zhu，朱怀诚，331 页，图版 1，图 6—11，13—15，19。

描述 赤道轮廓圆三角形—亚圆形，近极面微凸起，远极面强烈凸出呈半圆形，大小 40—67μm，全模标本 60μm；三射线清楚，具窄唇，总宽 1. 5—3. 0μm，直或微弯曲，几乎伸达赤道，末端与弓形脊相连；赤道部位外壁增厚呈栎环状，宽 5—7μm，内界清楚或与周围外壁呈过渡关系；近极面外壁薄，接触区表面光滑—点状，常见有平行于赤道分布的弓形褶皱；远极面及赤道区覆以排列较密的锥瘤、颗粒，大小参差不齐，基径 0. 5—1. 5μm，高 0. 5—2. 0μm，末端尖或圆钝，基部分离，间距 $<3\mu m$。

比较与讨论 本种以表面纹饰大小不均一为特征。*Dilbolisporites mucronatus* Ouyang and Chen, 1987 与当前种形态很相似，区别在于前者表面饰以大小均一的刺。

产地层位 新疆塔里木盆地北部，东河塘组。

平顶杯栎孢 *Cymbosporites truncatus*（Naumova）Gao, 1988

（图版 46，图 16）

1953 *Archaeozonotriletes truncatus* Naumova, p. 34, pl. 3, fig. 7.

1985 *Archaeozonotriletes truncatus*，高联达，见侯鸿飞等，73 页，图版 6，图 26。

1988 *Cymbosporites truncatus*（Naumova）Gao，高联达，217 页，图版 4，图 14。

1988 *Archaeozonotriletes truncatus*，高联达，223 页，图版 5，图 17。

描述　赤道轮廓钝角凸边三角形,大小 38—40μm;三射唇明显,宽 3—4μm,微曲,直达环内缘;孢子表面覆以小颗粒,或疤点纹饰,外壁在赤道部呈栎状加厚,厚度不均匀,一般厚 4—10μm,棕色,接触区外壁较栎环薄(亮)许多(高联达,1985,73 页与 1988,217 页)。

注释　原种征(Naumova, 1953, p. 34)纹饰成分为小瘤;种的大小幅度为 40—45μm。

产地层位　贵州睦化,上泥盆统王佑组格董关层底部;西藏聂拉木,下石炭统亚里组、上泥盆统章东组。

环状杯栎孢　*Cymbosporites zonalis* Lu, 1994

(图版 47,图 1—4)

1994 *Cymbosporites zonalis* Lu,卢礼昌,172 页,图版 3,图 31—34。

描述　赤道轮廓近三角形—近圆形,大小 30—39μm,全模标本 36μm;三射线相当柔弱或仅可识别,伸达中央区边缘;近极中央区界线清楚,区内外壁较薄,凹或破损至缺失,表面无纹饰,其余外壁呈栎状加厚,并在赤道区最厚,达 2. 8—4. 0μm,呈带环状;刺状突起限于远极面与赤道边缘,分布颇稀疏,最大间距可为突起基宽的 3—5 倍;纹饰分子表面光滑,质地坚实,基宽 2. 0—3. 5μm,高 2. 5—4. 0μm,朝顶端迅速变尖,赤道轮廓线上突起 17—24 枚,呈不规则锯齿状;浅—深棕(赤道栎)色。

比较与讨论　本种以近极中央区界线清楚,刺状突起颇坚实、稀疏为特征。就形态特征与纹饰组成而言,本种与 *Asperispora acuta* (Kedo) van der Zwan, 1980 颇相似,但后者为赤道环而非杯栎,且纹饰分子较粗壮,分布较致密;与前述 *Cymbosporites pustulatus* 的形态特征可比较,但该种以孢子较大(50—70μm)、射线两侧具条带状加厚(宽 3—4μm)而有别。

产地层位　江苏南京龙潭,五通群擂鼓台组下—中部。

新栎腔孢属　*Neogemina* Pashkevich in Dubatolov, 1980

模式种　*Neogemina angaria* Pashkevich, 1980.

属征　辐射对称、具腔三缝小孢子;赤道轮廓圆形、圆三角形或椭圆形;三射线简单或具唇,直或曲,常不超越内层边缘;外壁 2 层,腔状:内层与外层分离(除三射线区彼此粘贴外),且与外层不对称;远极外层较厚,近极外层较薄,在某些标本上甚至缺失;远极面纹饰由弱小的节瘤(nodules)、刺或小桩组成,近极面纹饰几乎完全缺失;孢子大小 60—80μm,内孢体 40—65μm(Jansonius and Hills, 1983, Card 4004)。

比较与讨论　*Neogemina* 与泥盆纪形态属 *Geminospora* Balme emend. Playford, 1983 十分相似,其主要差别为:后者近极与远极外层均相当厚实,赤道外层尤其如此,前者仅远极外层较厚实而近极外层则颇为薄弱,甚至薄到不复存在的程度。Pashkevich (1980)称该特征为鳞木类小孢子所特有。

分布时代　西伯利亚、中国新疆;泥盆纪—石炭纪,早石炭世。

蓬松新栎腔孢?　*Neogemina*? *hispida* Lu, 1999

(图版 70,图 21—24)

1999 *Neogemina*? *hispida* Lu,卢礼昌,85 页,图版 11,图 11—14。

描述　三缝小孢子,赤道轮廓圆三角形—近圆形,大小 67—80μm,内孢体 41. 5—56. 0μm;全模标本 78μm,内孢体 53. 5μm;三射线常不清楚或仅可辨别,等于内孢体半径长,或具三射脊[唇(?)],但常仅见末端部分(位于环面上),伸达赤道或赤道附近;外壁 2 层:内层清楚,薄,厚约 0. 8μm,近光面或具细长褶皱,极面观与外层多少分离,赤道腔基本等宽,常在 2—5μm 之间,外层近极无明显纹饰,中央区甚薄弱或缺失,远极与赤道外层相当厚,但质地松散(不实),呈点穴—细颗粒状结构,表面具类似乳头状突起物,其顶端具一小刺;赤道外层厚可达 7—11μm,呈假环状,纹饰基部彼此常不接触,其间距有时可大于基部宽,基部轮廓近圆形,基径 2. 5—4. 7μm,突起高 1. 5—2. 5μm,顶部拱圆或钝凸,表面微粗糙,末端小刺长 2—3μm,赤道区纹饰较拥挤,边缘呈不规则尖齿状;浅—深棕色。

比较与讨论 本种的形态特征及大小幅度与苏联下石炭统的 *N. angaria* Pashkevich,1980 的较相似,但彼此纹饰组成不同:前者为似乳头状突起,且顶端具一小刺;后者则为小瘤,分布致密。本种鉴定有保留,因为该种的远极外层虽然较厚,但厚而不实,呈"蓬松状"或海绵状。所有这些与该属特征不尽相同,但又似相近,所以保留地归入该属。

注释 纹饰分子与外壁外层特征均似海绵状或不坚实。

产地层位 新疆和布克赛尔,黑山头组 4 层。

弓凸孢属 *Cyrtospora* Winslow, 1962

模式种 *Cyrtospora cristifer* (Luber) van der Zwan, 1979;俄罗斯 Timan 半岛,泥盆系。

属征 三缝小孢子,赤道轮廓近三角形—近圆形;三射线清楚,简单,伸达赤道附近;近极面平滑,远极面不规则膨胀(intumescent)或具块状体和小瘤,并构成外壁的组成部分;膨胀或块状体大,厚 27μm,宽 20—45μm。

比较与讨论 本属孢子以外壁不规则加厚为特征。下列诸属也具类似特征,但又不尽相同:*Archaeozonotriletes* Naumova emend. Allen, 1965 的外壁虽具块状加厚,但孢子具环;*Cornispora* Staplin and Jansonius, 1961 的外壁(局部)加厚不为块状而呈角状;*Torispora* Blame, 1952 的外壁也具明显的局部加厚,但孢子类型不同,为单缝孢类。

分布时代 北半球,中、晚泥盆世与早石炭世。

冠状弓凸孢 *Cyrtospora cristifer* (Luber) van der Zwan, 1979

(图版 47,图 18—20)

1941 *Azonotriletes cristifer* Luber in Luber and Waltz, p. 139, pl. 1, fig. 10.

1957 *Lophozonotriletes cristifer*, Kedo, p. 32, pl. 4, fig. 15.

1962 *Cyrtospora clavigera* Winslow, p. 67, pl. 22, figs. 18—20.

1966 *Tholisporites cristifer*, Luber, pl. 42, fig. 9.

1971 *Anisozonotriletes cristifer*, Byvscheva, p. 101, pl. 1, figs. 19—22.

1978 *Lophozonotriletes cristifer*, Clayton et al., p. 138, pl. 1, fig. 12.

1979 *Cyrtospora cristifer* (Luber) van der Zwan, p. 3, pl. 11, figs. 1—5; pl. 3, figs. 4, 5.

1983 ?*Archaeozonotriletes variabilis gigantus* Gao,高联达,503 页,图版 110,图 24。

1988 *Lophozonotriletes cristifer*,卢礼昌,152 页,图版 25,图 5,6。

1999 *Lophozonotriletes cristifer*,卢礼昌,72 页,图版 1,图 18,19。

2003 *Cyrtospora cristifer*,欧阳舒、王智等,228 页,图版 9,图 6—8。

描述 赤道轮廓常因外壁不规则加厚而不定形,最小 29μm,大小 40.6—76.4μm;三射线常清楚至可见,简单或微具唇,有时开裂,略小于中央区半径长;近极中央区轮廓近三角形至近圆形,区内外壁较薄,表面光滑,具点状结构;中央区以外的外壁常具局部加厚或突起,形态多变,其最大厚度或在赤道或在远极,厚度(或突起高)常大于基部宽,可达 9.4—32.0μm,表面尤其顶部常具小瘤状突起物;罕见褶皱;浅棕—深棕色。

注释 本种标本首见于苏联蒂曼(Timan)地区的上泥盆统(Luber and Waltz, 1941);在中国,中泥盆统上部(卢礼昌,1988)与泥盆-石炭系过渡层(卢礼昌,1999)中均先后有报道;在南半球至今尚无报道。

产地层位 云南禄劝,坡脚组;云南沾益史家坡,海口组;新疆和布克赛尔,洪古勒楞组—黑山头组 4 层;新疆吉木萨尔,滴水泉组下部。

角状孢属 *Cornispora* Staplin and Jansonius, 1961

模式种 *Cornispora varicornata* Staplin and Jansonius, 1961;加拿大西部,上泥盆统(Famennian)。

属征 单缝至三缝小孢子,以其侧向具 1—4(或更多)个粗大而厚实的角状附加物或突起物为特征;外壁似1层,表面光滑,个别种的角状突物具锥刺或块瘤状突起物;模式种大小82—120×21—34μm,孢腔一般为肾形,外壁厚1.5—2.0μm。

比较 归入本属的孢子,其外壁局部突起(加厚)与 *Cyrtospora* Winslow, 1962 分子的外壁膨胀很相似,但它们的位置和形态各不相同:*Cornispora* 的外壁突起常位于赤道区,顶部锐,呈角状;*Cyrtospora* 的外壁则多位于远极面,顶部钝,呈块状;归入 *Archaeozonotriletes* 的分子,外壁呈明显的栎状加厚,具环且与孢子极点偏心状。以上各属的主要共同点是,孢子不对称,外壁不等厚。详见表1.1。

分布时代 北半球,主要为中、晚泥盆世。

表1.1 *Cornispora* 与有关属的某些特征对比表

属名	赤道轮廓	最大厚度或突起		环或栎环	外壁	其他特征	辨别特征
		位置	形状				
Lophozonotriletes Naumova emend. Potonié, 1958	不规则圆形—三角形	赤道	瘤状	明显不等宽	表面具瘤或瘤状突起	纹饰大小不一、分布不均	瘤和环
Tholisporites Butterworth and Williams, 1958	圆形或近圆形	赤道或远极	似盾环状	基本等宽	无纹饰	近极或具膜盖	栎较规则
Cornispora Staplin and Jansonius, 1961	多角形或不规则	赤道	角状	无	具角状突起	孢子单缝至三缝	突起角状粗大而坚实
Cyrtospora Winlsow, 1962	近圆形—近三角形	远极	块状	?	局部呈块状突起	远极膨胀不规则	突起顶部具次一级纹饰
Archaeozonotriletes Naumova emend. Allen, 1965	圆形、近圆形—近三角形	远极或赤道	块状	偏心状	1或2层	突起表面不具纹饰	带环呈偏心状

(据卢礼昌,1988,并略有修订)

长颈瓶状角状孢 *Cornispora lageniformis* (Lu) Lu, 1988

(图版47,图15—17)

1980b *Cornispora lageniformis* Lu,卢礼昌,32页,图版5,图5,6。

1988 *Cornispora lageniformis* (sic) (Lu) Lu,卢礼昌,134页,图版2,图11;图版11,图8;图版25,图12。

描述 孢子轮廓长颈瓶形或梨形,大小58×40—78×47μm,全模标本78×47μm;中央区近圆形,大小34.0—43.8μm;三射线清楚,直,简单或微具唇,单片唇宽约1μm或不足,长2/5—4/5R;外壁2层:内层紧贴外层,界线不清楚或仅可见,外层局部(主要在赤道区)明显加厚,并强烈凸起或拉长,致使孢子轮廓呈长瓶形或梨形,其最大厚度或突起高可达14—24μm;外层赤道厚2.5—4.0μm,表面光滑,内点状结构;罕见褶皱;浅—深棕色。

比较与讨论 当前种与 *Cyrtospora cristifer* 的形态特征有些近似,但后者突起物(局部加厚)多呈"块"状,且表面常具次一级的小突起物。

注释 苏联作者 Nazarenko (1965)将具"角状"突起物类型的孢子按"角"的数量划分为 *Conispora monocornata*, *C. bicornata* 与 *C. tricornata* (Avkhimovitch et al., 1993, pls. 22—24)3种。其中,*C. tricornata* 似与 *Conispora* 的模式种 *C. varicornata* Staplin and Jansonius, 1961 重叠,显然欠妥。

产地层位 云南沾益龙华山、史家坡,海口组。

菱环孢属 *Angulisporites* Bharadwaj, 1954

模式种 *Angulisporites splendidus* Bharadwaj, 1954;德国普法尔茨(Pfalz),上石炭统(Stephanian C)。

属征 赤道轮廓三角形,三边凸出,角部微尖;三射线具窄唇,延伸至环的边沿;可能为腔状孢,中央本体较密实,以一薄的线条与一宽而较透亮的“赤道环”清楚界定;赤道环中部有增厚壁的较暗带;外壁透明,细颗粒状或皱纹状,中厚;假如次生褶皱存在,则限于中央本体;赤道环似在赤道,尽管仍构成三射线的一部分(主要根据 Bharadwaj,1955 的重新描述);模式种大小 70—95μm,全模 84μm。

注释 Bharadwaj (1954)原描述中提及此属孢子带环的中部增厚,侧面观呈菱形,向内外两侧变薄。Jansonius 和 Hills (1976,Card 102)认为此属不是具环孢,而是腔状孢或具囊孢,形态结构类似 *Endosporites*;意即所谓“菱环”可能相当于 *Endosporites* 的环囊周边的“缘带”(limbus)。他们所描述的模式图与 R. Potonié (1958)的模拟图稍有不同。

比较与讨论 本属以环较宽、个体大区别于 *Lycospora*。

不等菱环孢 *Angulisporites inaequalis* Lu, 1999

(图版 71,图 1—6)

1999 *Angulisporites inaequalis* Lu,卢礼昌,86 页,图版 15,图 1—6。

描述 赤道轮廓宽圆三角形—近圆形,大小 70. 2—95. 2μm,全模标本 85μm;三射线柔弱,有时清楚,伸达内孢体边缘,外层三射脊常清楚,薄(窄),直或曲,顶部突起高 3—7μm,伸达赤道;外壁 2 层:内层很薄(厚约 0. 5μm),多褶皱,由其形成的内孢体界线清楚,极面观与外层不规则分离,外层点穴状,厚薄不一,中央区较薄,带环区较厚,纹饰柔弱、微细且近极与远极面均有分布,主要由极细小的刺组成;远极面小刺相对较明显,分布稀疏、均匀,间距至少为刺宽的 3—5 倍,小刺长略大于基宽,为 0. 6—1. 0μm,罕见超过 1. 5μm,近极面纹饰颇不显著,且更为稀少;带环不等宽,也不等厚,通常辐射区(角部)较窄,宽 5. 5—13. 0μm,辐间区较宽,达 6. 2—15. 8μm,内侧部分较外侧部分略厚(色较深),环内缘界线清楚,外缘轮廓平滑或仅局部具极小(刺)突起;浅棕—棕色。

比较与讨论 本种的形态特征与 *A. splendidus* Bhardwaj, 1954 较近似,但扫描照片清晰表明,其纹饰成分是由极细小的刺组成的(而不是细颗粒),并以带环不等厚、不等宽为特征而与后者不相同。*Camarozonotriletes* Naumova emend. R. Potonié, 1958,虽然带环也不等宽,但宽、窄相差甚大(辐射区的宽度有时等于零),同时孢子也小许多(模式种仅 30—35μm)。

注释 无论孢子的大小、形态结构,当前标本与本属这个模式种相比皆有较大差别(参见属征),所以此种的鉴定尚待更多标本证实。

产地层位 新疆和布克赛尔,黑山头组 4 层。

不等菱环孢(比较种) *Angulisporites* cf. *inaequalis* Lu, 1999

(图版 71,图 7, 8)

注释 经再次观察表明,原置于 *A.* cf. *splendidus* Bharadwaj, 1954 名下描述的标本(卢礼昌,1999,87 页,图版 15,图 8—10)归属欠妥,现将其改归 *A.* cf. *inaequalis* 名下似较适合。该类型孢子较大,大小 104. 5—112. 3μm;纹饰以小刺状突起为主。其总的面貌与 *A. inaequalis* Lu,1999 的特征颇接近,只是个体略大,内层略厚,内、外层(极面观)分离不甚明显,故种的鉴定有所保留。

产地层位 新疆和布克赛尔,黑山头组 4 层。

灿烂菱环孢 *Angulisporites splendilus* Bharadwaj, 1954

(图版 129,图 1)

1954 *Angulisporites splendilus* Bharadwaj, p. 516; text-fig. 4.

1984 *Angulisporites splendilus* Bharadwaj,高联达,364 页,图版 140,图 22。

1985 *Angulisporites splendilus* Bharadwaj, Gao, pl. 2, fig. 14.

描述 赤道轮廓三角形,三角渐尖,三边向外凸出,大小 45—60μm;三射线清晰,其长为孢子的半径,具加厚的条带,其宽为 3—4μm;本体厚,深褐色,本体和孢子外形轮廓之间有一条透明的界线,环带加厚不均,呈暗褐色;近极面接触区明显,环带外缘非常类似同壁的薄膜,色较深;孢壁厚,褐色;孢子表面覆以细颗粒纹饰。

产地层位 山西宁武,本溪组。

皱脊孢属 *Rugospora* Neves and Owens, 1966

模式种 *Rugospora corporata* Neves and Owens, 1966;英格兰,下石炭系统上部(Naumurian A—C)。

属征 三缝腔状小孢子;外壁2层,仅在射线区叠覆,赤道轮廓亚圆—卵圆形;外壁内层薄,光面,常不清楚,在极区位置呈亚圆形色较暗区;外壁外层具特征性的细块瘤纹饰,且常呈现系列褶皱,使孢子呈现不规则皱纹外观;由于外壁外层的性质,三射线多不清楚;射线简单,几乎延伸至本体边沿,唇细薄;模式种大小105—175μm。

注释 赤道轮廓倾向于圆形;外壁2层:内层薄、光滑,外层以多脊状褶皱与表面具细小的瘤状纹饰为特征;三射线常不清楚;模式种大小105—175μm,内孢体66—102μm。Turnan(1978, p. 11)修订了 *Rugospora* 的属征,主要扩增了外壁外层不具纹饰的类似形态分子。

比较与讨论 *Rhabdosporites* Richardson emend. Marshall and Allen, 1982 的形态与结构等特征与本属的颇近似,但其纹饰成分为低矮的棒、锥刺和颗粒。*Velamisporites* 具皱褶及纹饰的外壁外层,似更完整地叠覆于外壁内层,相对乃非腔状或微腔状。

分布时代 欧美区、华夏区,主要见于石炭纪。

尖褶皱脊孢 *Rugospora acutiplicata* Ouyang and Chen, 1987

(图版59,图16, 17)

1987a *Rugospora acutiplicata* Ouyang and Chen,欧阳舒等,71页,图版12,图7—9。

描述 腔状孢,赤道轮廓圆三角形—亚圆形,大小58—66μm,全模标本43μm;本体大小43—48μm,轮廓大致与外层轮廓一致;三射线常模糊不清,单细,有时开裂,伸达本体边缘;内层(本体)厚1.0—1.5μm,表面光滑,外层较薄,厚1.0μm,光滑或具极小鲛点状结构,具褶皱,宽2—4μm,末端常尖,大多数略呈辐射状排列;外层除近极贴着内层外,其余部位膨胀,构成腔室;赤道腔宽5—15μm(常为5—10μm);本体黄色,外层浅黄色。

比较与讨论 本种与 *R. polyptycha* Neves and Ioannides, 1974 有些相似,但后者以外层稍厚、褶皱较多且坚实、末端不尖而有所区别。

产地层位 江苏句容,五通群擂鼓台组上部。

糙面皱脊孢 *Rugospora arenacea* Ouyang and Chen, 1987

(图版130,图13)

1987a *Rugospora arenacea* Ouyang and Chen,欧阳舒、陈永祥,70页,图版17,图12。

描述 赤道轮廓亚圆形—卵圆形,常因孢子多皱而变形,大小(长轴)110—153μm(测15粒),全模标本133μm(图版130,图13),本体轮廓亦为亚圆形—卵圆形,大小92—94μm,但其长轴方向不一定与孢子总长轴方向一致;三射线可辨或模糊,或具唇,宽约2.5μm,向末端稍变窄,长约为本体长轴的1/2;外壁内层(本体)厚约2μm,远极面和赤道可能具小瘤或颗粒状突起,外壁外层厚1.0—1.5μm,在远极面和赤道部位膨胀,并构成赤道环囊,环囊宽12—34μm,表面为形状不甚规则的小瘤至粗颗粒纹饰,基部轮廓亚圆形—多边形,直径1.0—2.5μm,高<1μm,端部多浑圆或微尖,排列较密,相互不连接,略呈负网状;外壁外层还具相当多的方向不定但大而长的褶皱;本体棕色,囊深黄色。

比较与讨论 当前孢子与西欧、北美中泥盆统下部—上泥盆统下部的 *Rhabdosporites langii* (Eis.)(Richardson, 1960, p. 54, pl. 14, figs. 8, 9; McGregor, 1979, pl. 2, fig. 9; McGregor and Gamfield, 1982, p. 59, pl. 17, figs. 6—11, 13)略相似,但后一种孢子外壁外层纹饰一般以细棒瘤为主,环囊上具一窄的缘边

(limbus),有些作者鉴定的标本三射线具粗壮唇或本体壁很薄,总之,与当前标本仅表面上有些相似。*Rugospora* 属的模式种 *R. corporata* Neves and Owens 的外壁外层上为较粗大的块瘤(4μm)纹饰。苏格兰狄南特阶的 *Rugospora* sp. A (Neves and Ioannides, 1974, p. 80, pl. 8, fig. 6)与当前标本相比,本体相对较大。

产地层位 江苏句容,高骊山组。

疏松皱脊孢 *Rugospora corporata* Neves and Owens, 1966

(图版 130,图 20, 25)

1966 *Rugospora corporata* Neves and Owens, p. 353, pl. 2, figs. 4, 5.

1987 *Rugospora corporata* Neves and Owens,高联达,图版 8,图 16。

1993 *Rugospora corporata* Neves and Owens,朱怀诚,266 页,图版 67,图 4;图版 69,图 25。

1993 *Rugospora corporata* Neves and Owens, Zhu, pl. 6, fig. 16.

描述 赤道轮廓圆形,大小 75—120μm;三射线简单,细直,长 3/4R,多微弱不明显,外壁厚 2—3μm,轮廓线平整—微齿状,外壁内层点—微粒纹饰,外层松散状,壁薄,点—微粒纹饰,褶皱发育,蠕虫状,皱宽 1—5μm,长度不等,彼此相连或分离,呈松散网状。

比较与讨论 描述的英国 Namurian 阶的种大小 105—175μm,内层本体大小 66—102μm,与孢子轮廓颇不一致,最重要的特征是褶脊上有瘤串,直径≤4μm,而且褶脊高可达 30μm,宽 3—6μm。

产地层位 甘肃靖远,红土洼组。

波状皱脊孢(比较种) *Rugospora* cf. *cymatilus* Allen, 1965

(图版 59,图 21, 22)

1980b *Rhabdosporites* cf. *cymatilus* Allen,卢礼昌,20 页,图版 4,图 8。

1999a *Rhabdosporites* cf. *cymatilus* Allen,卢礼昌,181 页,图版 2,图 15。

描述 具腔三缝小孢子,赤道轮廓圆形—亚圆形,内层轮廓与其基本一致,大小 64—72μm;三射线常不清楚,长 2/3—3/4R;外壁覆以脊状褶皱,形状和分布多半不规则,仅在赤道部位略呈辐射状分布,宽 1. 8—3. 0μm,高约 2μm,表面光滑;外壁表面多少粗糙至内颗粒状结构,厚 2—4μm;浅棕色。

比较与讨论 *Rhabdosporites cymatilus* Allen, 1965 (pl. 104, figs. 5, 6)的全模标本的脊状褶皱较规则,波状,多少呈辐射状;当前标本的褶皱不如前者规则,发现也少,所以有保留地归入该种名下。

产地层位 云南沾益龙华山、史家坡,海口组。

曲脊皱脊孢 *Rugospora flexuosa* (Jushko) Streel in Becker et al., 1974

(图版 59,图 19)

1960 *Trachytriletes flexuosus* Jushko, table 1, fig. 4.

1974 *Rugospora flexuosa* (Jusheko) Streel in Becker et al., p. 27, pl. 21, figs. 8—11.

1988 *Rugospora flexuosa*,蔡重阳等,图版 2,图 5。

1990 *Rugospora flexuosa*,高联达,图版 1,图 15。

1994 *Rugospora flexuosa*,卢礼昌,图版 3,图 28。

1997 *Rugospora flexuosa*,卢礼昌,图版 4,图 13。

描述 孢子赤道轮廓宽圆三角形,大小 57. 2—67. 0μm;三射线可识别至清楚,简单或具薄唇,微曲,几乎伸达赤道;外壁 2 层:内层较外层厚实,两者之间的赤道腔颇窄或不明显,外层表面覆以众多的脊状褶皱,并有时呈不规则或不完全的辐射状分布,其上具明显的小瘤状突起,甚者呈串珠状排列;褶脊宽 1. 5—2. 5μm,长总是大于宽,突起高 1—2μm;赤道轮廓呈不规则的钝齿状或宽窄不一的微波状。

注释 本种标本在西欧常与 *Retispora lepidophyta* 共生,并为 PL 带的特征分子之一(Clayton et al., 1977, p. 6)。显然,其时代意义不言而喻。

产地层位 江苏宜兴丁山,擂鼓台组上部;江苏南京龙潭,五通群擂鼓台组上部;湖南新化,邵东组;新疆准噶尔盆地,呼吉尔期特组。

粒饰皱脊孢
Rugospora granulatipunctata(Hoffmeister, Staplin and Malloy) Higgs, Clayton and Keegan, 1988

(图版130,图5, 6)

1955 *Cirratriadites granulatipunctatus* Hoffmeister, Staplin and Malloy, p. 382, 383, pl. 37, fig. 2.

1967 *Hymenozonotriletes granulatipunctatus*, Byvscheva, p. 24, pl. 3, figs. 8—10.

1975 *Auroraspora granulatipunctatus*, Turman, p. 516, pl. 5, figs. 8,9.

1988 *Rugospora granulatipunctata* (Hoffmeister, Staplin and Malloy) Higgs, Clayton and Keegan, p. 72, pl. 12, figs. 4, 5.

1996 *Rugospora granulatipunctata*, Higgs, Clayton and Keegan,朱怀诚,152页,图版3,图2,6。

描述 赤道轮廓圆三角形—亚圆形,大小40—42μm;三射线明显,简单,直或微曲,具极窄的唇,长伸达外壁外层赤道;外壁外层似小蠕瘤状或小皱状褶皱,不规则或放射状排列,皱宽0.5—1.5μm,长2—10μm;外壁内层明显,为孢子直径的4/5—5/6,表面光滑—细粒状。

比较与讨论 当前标本大小、形态和纹饰特征与最初描述的美国下石炭统上部的标本颇为一致,仅有的标本上三射线的唇较后者粗壮。

产地层位 新疆塔里木盆地,巴楚组。

靖远皱脊孢 *Rugospora jingyuanensis* Gao, 1980

(图版130,图21, 23)

1980 *Rugospora jingyuanensis* Gao,高联达,61页,图版3,图16—18。

1980 *Rugospora punctata* (Kedo) Gao,高联达,61页,图版4,图3。

描述 三射线小孢子,赤道轮廓圆形,本体与外形轮廓相同;孢子全模78μm(图版130,图21);本体外侧具薄而柔皱的环,孢子表面由挤压而形成的平行于射线的放射条纹不规则,前端分叉变尖。

产地层位 甘肃靖远,前黑山组。

微小皱脊孢 *Rugospora minuta* Neves and Ioannides, 1974

(图版59,图3—5;图版129,图6, 29)

1974 *Rugospora minuta* Neves and Ioannides, p. 79, pl. 8, figs. 7, 8.

1980b *Rugospora* cf. *cymatilus* Allen,卢礼昌,20页,图版4,图8,9。

1993 *Rugospora minuta* Neves and Ioannides,朱怀诚,265页,图版66,图3,4,6,7。

1995 *Rugospora minuta* Neves and Ioannides, Zhu, pl. 1, figs. 3, 4.

1996 *Rugospora minuta* Neves and Ioannides,朱怀诚,图版3,图3,9。

1999 *Rugospora minuta*,卢礼昌,77页,图版9,图10,11。

描述 赤道轮廓圆三角形—圆形,大小30(41)67μm;三射线多不明显,直—微曲,伸达本体赤道,外壁内层光滑,外壁外层光滑—内点状,褶皱形态及排列方向不定,但在赤道处多少呈放射状排列,近极面较远极面纹饰微弱,皱脊简单或分叉,宽1—2μm,多为1.0—1.5μm,高1—2μm。

比较与讨论 *R. polyptycha* Neves and Ioannides, 1974的形态、结构及纹饰等诸方面均与当前种的特征颇相似,但前者以孢子个体较大、外层具纵向的(槽)沟(longitudinal groove)并将褶皱分开而不同。

产地层位 云南沾益,龙华山组;甘肃靖远,红土洼组和羊虎沟组;新疆准噶尔盆地,呼吉尔斯特组;新疆和布克赛尔,黑山头组4层;新疆塔里木盆地,巴楚组、卡拉沙依组。

多皱皱脊孢 *Rugospora polyptycha* Neves and Ioannides, 1974

(图版130,图15, 19)

1974 *Rugospora polyptycha* Neves and Ioannides, p. 80, pl. 8, figs. 2, 5.

1996 *Rugospora polyptycha* Neves and Ioannides,朱怀诚,152页,图版3,图15,16,18。

描述 赤道轮廓三角形—亚圆形,大小 60—68μm;三射线常被掩盖而不明显,直或微弯曲,长伸达赤道;外壁外层内点状,超出本体(外壁内层)赤道可达 12μm,褶皱呈小蠕瘤或脊状,多少呈放射状排列,近极区纹饰减弱;外壁内层光滑。

注释 本种最初描述时大小 48(76)110μm,本体大小 33.0—93.5μm,褶脊多且颇粗壮,宽≤6.5μm,大多较短,可分叉。

产地层位 新疆塔里木盆地,巴楚组。

束环三缝孢属(修订) *Fastisporites*(Gao, 1980) emend. Zhu and Ouyang

模式种 *Fastisporites minutus* Gao, 1980;甘肃靖远,下石炭统。

修订属征 小型三缝孢子,赤道轮廓亚圆形—圆三角形;三射线因外壁褶皱遮挡,常不很清楚,有时三裂缝可见,几伸达本体赤道;本体(外壁内层)轮廓与孢子轮廓多一致,有时因外层发育或褶皱程度不同而略有偏差;本体所在部位颜色较深,表明内层不薄,且远极面可能有纹饰[瘤、块瘤(?)];外壁外层包裹整个本体,厚薄因种而异,薄者略呈膜状,至少在近极面叠覆内层,常超出本体赤道部位(最宽达本体半径的 1/3)呈类环状;最具特征性的是外壁外层常强烈褶皱,多辐射状,使孢子轮廓线凹凸不平或近波状;模式种大小 45—70μm。

注释与比较 本属建于 1980 年,但作者当时未指定模式种,也未给属征(非单型属)和属的比较,是不符合《国际植物命名法规》的无效名。归入该属下的还有另一种,即 *F. proelegans* (Kedo) Gao[其中归入此种的一个标本(图版Ⅳ,图 11)似应归入模式种 *F. minutus*] = *Hymenozonotriletes proelegans* Kedo, 1963 (p. 63, pl. Ⅴ, fig. 128)],后者产自白俄罗斯下石炭统杜内阶,是作为周壁孢子描述的,轮廓线上周壁呈连续的花瓣状("齿饰")。本书虽代为指定模式种,并修订了属征,使其合法化,但原描述为"膜环"孢子,笔者认为属腔状孢的可能性更大(因外层包裹整个内层),但这样一来,与 *Rugospora*, *Velamisporites* 等属颇为相似,也许以所谓褶皱(不是次生)更粗壮、呈辐射状分布可与之区别。

分布时代 全球性分布,以石炭纪为主。

小束环三缝孢 *Fastisporites minutus* Gao, 1980

(图版 130,图 7, 16)

1980 *Fastisporites minutus* Gao,高联达,62 页,图版Ⅳ,图 4—8。

描述 赤道轮廓亚圆形—圆三角形,大小 45—58μm,全模 48μm(图版 130,图 16);外壁 2 层:本体(外壁内层)较厚而色深,轮廓与孢子总轮廓基本一致,远极面可能具纹饰[瘤、块瘤或放射状脊条(?)],三射线有时可见,近伸达本体赤道;外壁外层包裹整个本体,多略呈膜状,本体表面覆以不规则的放射状条带突起,本体外侧具不规则的放射状条带形成的膜状环,放射束基部较宽,顶端钝尖或浑圆,轮廓线锯齿—波状。

比较与讨论 本种与 *F. proelegans* (Kedo)相似,仅以个体较小而与后者区别。

产地层位 甘肃靖远,前黑山组。

原雅束环三缝孢 *Fastisporites proelegans* (Kedo) Gao, 1980

(图版 130,图 11, 18)

1963 *Hymenozonotriletes proelegans* Kedo, p. 63, pl. Ⅴ, fig. 128.

1980 *Fastisporites proelegans* (Kedo) Gao,高联达,62 页,图版 4,图 9—11。

描述 赤道轮廓亚圆形—圆三角形,大小 60—75μm(据放大倍数测 62—68μm);外壁外层稍厚,超出本体部位不呈膜状,从本体伸出的辐射褶(脊)颇粗壮,绕周边 15—20 条,呈宽波状,波峰多浑圆,或辐射褶脊较窄,多由顶端具窄缘的"环"所环绕,其宽为 5—8μm。

比较与讨论 本种以外壁外层较厚实(非膜状)和个体大些与 *F. minutus* 区别。

产地层位 甘肃靖远,前黑山组。

科拉特孢属 *Colatisporites* Williams in Neves et al., 1973

模式种 *Colatisporites decorus* (Bharadwaj and Venkatachala) Williams, 1973;挪威斯匹次卑尔根,下石炭统。

属征 辐射对称腔状三缝孢子,轮廓圆形、亚圆形—卵圆形;射线简单或具窄唇,直或微波状;射线长>1/2R;弓形脊存在或不存在;外壁内层薄,光面;内层边沿大致与赤道总轮廓一致;腔有不同程度的变化,外壁外层可能在近极和远极面都叠覆于内层;外壁外层明显呈内点穴状,无纹饰或具小纹饰(刺、锥刺、棒瘤);如有纹饰,则主要在远极面,但可微微延伸至近极面;接触区无纹饰;褶皱很少见;模式种大小40—52μm。

比较与讨论 *Schulzospora* 以两侧对称(即外壁外层呈椭圆形)、本体与总轮廓很少一致而不同。*Tholisporites* 不是腔状孢。

注释 本属属级以上归类还是问题,因对2层外壁的接触方式了解还不完全。在江苏句容五通群和高骊山组中,存在一类腔状孢子(非周壁孢),其形态与 *Colatisporites*, *Auroraspora* 和 *Retispora* 略可以比较;有几个种,鉴于本体较大、三射线较短,归入 *Colatisporites* 更为适宜,虽然与原属征并不完全一致。

装饰科拉特孢
Colatisporites decorus (Bharadwaj and Venkatachala) Williams in Neves et al., 1973

(图版130,图8)

1961 *Tholisporites decorus* Bharadwaj and Venkatachala, p. 39, pl. 10, figs. 142—146.

1973 *Colatisporites decorus* (Bharadwaj and Venkatachala) emend. Williams in Neves et al., p. 41, pl. 2, figs. 11—13.

1988 *Colatisporites decorus* (Bharadwaj and Venkatachala) Neves,高联达,图版6,图9。

描述 据 Williams 修订,此种腔状孢子轮廓圆形—亚圆形—卵圆形,大小40—75μm,一般53μm,本体所占总面积的85%—94%;三射线简单,或具细矮唇,直或稍弯曲,长多大于本体半径的1/2,可延伸至本体边沿;外壁内层(体)薄,光面,边界清楚,与总轮廓多少一致;腔度变化不定,外壁外层可能在近极面和远极面叠覆内层,粗壮点(粒)穴状(当初被 Bharadwaj and Venkatachala 解释为栗状孢)。

比较与讨论 靖远标本大小约73μm,其他特征与上述描述基本一致。*C. denticulatus* 以具明显纹饰而不同。

产地层位 甘肃靖远,臭牛沟组。

齿状科拉特孢 *Colatisporites denticulatus* Neville, 1973

(图版130,图14, 17)

1973 *Colatisporites denticulatus* Neville, in Neves et al., p. 41, pl. 2, figs. 14—16.

1974 *Colatisporites denticulatus* Neville, in Neves and Ioannides, pl. 7, fig. 9.

1983 *Colatisporites denticulatus* Neville,高联达,504页,图版116,图1,2。

描述 赤道轮廓圆三角形,大小50—65μm;三射线细长,直伸环的内缘,射线两侧具加厚的窄唇;外壁表面具规则的小刺粒状纹饰,锥刺基部彼此连接。

比较与讨论 按 Neville (1973) 最初描述:此种大小43(59)72μm,为腔状孢;外壁内层光面;外壁外层密内点穴状,纹饰(密布刺、锥刺、棒瘤和颗粒)主要在远极面和近极亚赤道区,高达2μm,其基部在赤道缘边几乎相连。贵州标本保存欠佳,描述为具"环"孢子,其"小刺粒状纹饰"、"锥刺激部彼此连接"及"腔状构形"(图版130,图17)在照片上可以辨别。

产地层位 贵州贵阳乌当,旧司组。

扩展科拉特孢 *Colatisporites expansus* Ouyang and Chen, 1987

（图版37，图13）

1987a *Colatisporites expansus* Ouyang and Chen，欧阳舒、陈永祥，80页，图版17，图13。

描述 赤道轮廓卵圆形，全模标本大小（长轴长）128μm，本体轮廓亚圆形，大小80μm；三射线不清楚，长小于本体半径；外壁内层（本体）表面无明显纹饰，在赤道部位呈一环圈状增厚，宽约10μm，颜色较暗；外壁外层厚<1μm，具若干次生褶皱，表面具颗粒或亚网状纹饰，粒径或穴径<1μm，此层在远极和赤道部位膨胀，并构成一宽的赤道环囊，宽15—28μm；本体棕—黄色，囊黄色（据欧阳舒等，1987a，80页，略有修订）。

比较与讨论 本种孢子以本体相对较小、赤道具一圈增厚和环囊较宽而与 *C. reticuloides* 不同；以外层褶皱较少，特别是纹饰为亚网状而与 *Rugospora arenacea* 不同（据欧阳舒等，1987a，80页，略有修订）。

产地层位 江苏句容，五通群擂鼓台组下部。

拟网科拉特孢 *Colatisporites reticuloides* Ouyang and Chen, 1987

（图版37，图6，7）

1987a *Colatisporites reticuloides* Ouyang and Chen，欧阳舒、陈永祥，80页，图版7，图5；图版16，图15；图版17，图4，6，9，11。

描述 赤道轮廓圆形、亚圆形—宽卵圆形，长轴长58—106μm，全模标本96μm，本体轮廓与孢子赤道轮廓基本一致，长轴46—88μm；三射线一般清楚，多具唇，宽3—7μm，常开裂，长为本体半径的2/3至接近伸达本体边缘；本体（外壁内层）壁厚1—2μm，表面光滑；外壁外层薄，厚1.0—1.5μm，具褶皱，表面为均匀细密的颗粒或亚网状纹饰，粒径或穴径<1μm，外壁外层除在近极部位与外壁内层贴生外，在远极和赤道部位膨胀，并构成环囊，环囊宽5—17μm，大多为5—10μm；本体棕色，外壁外层（囊）黄色。

比较与讨论 本种以具亚网状纹饰而与后述的 *C. spiculifer* 不同。

产地层位 江苏句容，五通群擂鼓台组下部。

小刺科拉特孢 *Colatisporites spiculifer* Ouyang and Chen, 1987

（图版37，图4，5）

1987a *Colatisporites spiculifer* Ouyang and Chen，欧阳舒、陈永祥，79页，图版17，图1—3。

描述 赤道轮廓椭圆形—卵圆形，长轴长73—102μm，全模标本94μm，本体轮廓与孢子轮廓基本一致，长轴48—58μm；三射线可辨，或具窄唇，常见2条较明显，并略连成一直线，第三条较短或退化仅留痕迹，有时开裂，长者接近伸达本体轮廓线；外壁内层（本体）厚约1.5μm，表面平滑，外层厚<1μm，自本体基部常辐射伸出少量褶皱，包围整个本体，在远极和赤道部位膨胀，并构成赤道环囊，宽12—32μm，表面具细密小刺纹饰，基宽和高均小于1μm，末端颇尖锐，基部常互相连接，呈负网状或包围一小穴；本体深棕色，"囊"黄色（据欧阳舒等，1987a，79页，略有修订）。

比较与讨论 本种与美国俄克拉何马州下石炭统的 *Auroraspora solisortus*（Felix and Burbridge, 1967, p. 411, pl. 62, fig. 11）颇为相似，但后者纹饰为小颗粒；与白俄罗斯普里皮亚季（Pripyat）盆地法门阶的 *Hymenozonotriletes poljessicus* Kedo, 1957（p. 25, pl. Ⅲ, figs. 5—7）也很相像，但后一种的纹饰为"小瘤"。

产地层位 江苏句容，五通群擂鼓台组下部。

亚粒科拉特孢 *Colatisporites subgranulatus* Ouyang and Chen, 1987

（图版130，图24，26）

1987a *Colatisporites subgranulatus* Ouyang and Chen，欧阳舒、陈永祥，图版16，图17，20。

描述 赤道轮廓亚圆形—宽椭圆形，子午轮廓近极面较平，远极面强烈凸出，已知大小102—107×83—95μm，全模标本（图版130，图24）102×83μm；极面观本体轮廓与孢子轮廓基本一致，大小约95μm；三射线可见或清楚，具窄唇，宽2—3μm，长1/2—3/5R，末端变尖细；外壁由大致等厚的2层组成，即外壁内层（中央本体）和外壁外层：内层光面，仅在近极面与外层相连，在压扁后见一大的透镜形褶皱，外层厚<1μm，具若干

方向不定的次生褶皱，在赤道和远极脱离内层，极面观构成一环囊，宽 12—17μm，此层表面为细密、均匀的细颗粒或不完全细网状图案，粒径或穴径 0.5—1.0μm；本体棕色，环囊黄色。

比较与讨论 当前孢子与苏联作者记述的泥盆系—石炭系 *Hymenozonotriletes* 属的一些种略相似，但由于原描述和绘图简单，难作确切对比：(1) *H. varius* Naumova, 1953 (p. 38, pl. Ⅳ, fig. 1)的本体外壁特厚，三射线具发达唇，“周壁”透亮，与当前描述的标本很不相同，但另一作者鉴定的这个种(Kedo, 1957, p. 20, pl. 2, fig. 5)与当前的标本却有些相似，然而，其孢子大小仅 40—65μm；(2) *H. rugosus* Naumova, 1953 的(p. 114, pl. 17, fig. 6)孢子大小仅 40—55μm，但 *H. rugosus* var. *major* Umnova (Raskatova, 1973, pl. Ⅹ, fig. 6)近达 100μm，与当前标本较为相近，可惜未查到描述文献；(3) *H. submirabilis* (Luber) Jusheko in litt. (Kedo, 1963, p. 66, pl. Ⅵ, figs. 135—137)大小 60—88μm，外层表面为“鲛点状”。此外，当前标本与 *Endosporites endorugosus* Hoffmeister, Staplin and Malloy, 1955 (p. 387, pl. 37, fig. 5)也略相似，但后者单囊较透明，有不少小褶皱由本体辐射伸出，孢子较小(84μm)，本体相对更小。

产地层位 江苏句容，高骊山组。

卵囊孢属 *Auroraspora* Hoffmeister, Staplin and Malloy, 1955

模式种 *Auroraspora solisortus* Hoffmeister, Staplin and Malloy, 1955；美国伊利诺伊州，肯塔基州，下石炭统(Mississippian)。

属征 赤道轮廓亚圆形；中央本体近极面观亚三角形—亚圆形；气囊包围孢子本体，宽度基本一致，因很薄，故通常从本体辐射出若干小褶皱；本体光滑，颗粒状或细网状；气囊柔弱，透明，光滑；三射线具中等发育的唇，隆起成窄脊，延伸至或几乎至本体边沿；本体壁稍厚，颜色较深，气囊很薄，透明无色；模式种大小 61—78μm。

注释 Richardson (1960)修订了本属的定义，主要有 3 点：一是本属孢子周囊无囊缘(limbus)，与 *Endosporites* 相区别；二是气囊辐射褶皱可细可粗，粗者不规则甚至与射线搅合延伸至气囊边沿；三是气囊表面光滑，但内面颗粒—点穴状。此外，还提及射线长 1/3—1R(本体半径)。

比较与讨论 参见 *Noeggerathiopsidozonotriletes* 属下。

分布时代 主要在欧美区、华夏区，亦见于亚安加拉区及澳大利亚、土耳其、利比亚等，泥盆纪—石炭纪(尤其是中、晚泥盆世，早石炭世)。

粗糙卵囊孢 *Auroraspora asperella* (Kedo) van der Zwan, 1980

(图版 59，图 1)

1974 *Archaeozonotriletes asperellus* Kedo, p. 55, pl. 13, fig. 12.

1980b *Auroraspora asperella* (Kedo) van der Zwan, p. 137—139, pl. 2, figs. 1—12; pl. 3, figs. 1, 2.

1995 *Auroraspora asperella*，卢礼昌，图版 3，图 13。

注释 本种以具多种颗粒纹饰为特征，并划分出 3 个变种，即 var. A，var. B 与 var. C。现将它们的主要特征列表如表 1.2 所示：

表 1.2

变种名称	赤道轮廓	大小幅度(μm)	纹饰成分	区分特征
var. A	凸边亚三角形	18(27)37	微细颗粒(0.5μm)	轮廓接近于三角形
var. B	凸边圆三角形	24(33)40	颗粒(1μm)	轮廓倾向于圆形，颗粒较粗
var. C	凸边亚三角形	22(27)35	微细颗粒(0.5μm)	唇颇发育(宽 2—4μm)

上列对比结果表明，当前标本的特征更接近于 var. C。

产地层位 湖南界岭，邵东组。

锥刺卵囊孢 *Auroraspora conica* Zhu, 1999

（图版 59,图 13）

1999 *Auroraspora conia* (sic) Zhu,朱怀诚,71 页,图版 3,图 12。

描述 孢子赤道轮廓亚圆形—圆形,大小 40—70μm,全模标本 58μm;三射线清楚,开裂,唇窄或不明显,伸达内孢体边缘;内层厚 1—2μm,轮廓清楚并与孢子赤道轮廓一致,直径为 2/3—3/4R,表面平整—粗糙;外层厚 1.0—1.5μm,基部分离或相连,间距一般小于 4μm,有时可见柔弱的褶皱。

比较与讨论 当前标本因表面具锥刺纹饰,暂置于 *Auroraspora* 属。该种与 *A. corporiga* Higgs et al., 1988 相似,区别仅在于后者为颇细的颗粒,而前者则为锥刺、棒瘤纹饰。

产地层位 新疆塔里木盆地莎车,奇自拉夫组。

粒饰卵囊孢 *Auroraspora corporiga* Higgs, Clayton and Keegan, 1988

（图版 59,图 10, 11）

1988 *Auroraspora corporiga* Higgs, Clayton and Keegan, p. 69, pl. 9, figs. 13—16, 20.

1999 *Auroraspora corporiga*,朱怀诚,70 页,图版 3,图 5,9。

描述 赤道轮廓亚圆形—圆形,大小 35—62μm;三射线清楚,具窄唇,长几乎伸达内层边缘;外层薄,很少褶皱,有时内颗粒状,远极表面粗糙至具不规则分布的细粒,基部分离或相连,直径 <0.5μm,在赤道轮廓线上反映不明显;内层清楚,直径约为孢子直径的 4/5 或更大,表面光滑,在赤道附近可见一同心状分布的弧形褶皱。

比较与讨论 本种以内层具同心状褶皱及外层具颗粒纹饰为特征而有别于 *A. panda* Turnau, 1978。

产地层位 新疆塔里木盆地莎车,奇自拉夫组。

美丽卵囊孢 *Auroraspora epicharis* Zhu, 1999

（图版 59,图 14, 15）

1999 *Auroraspora epicharia* (sic) Zhu,朱怀诚,71 页,图版 3,图 15,16。

描述 赤道轮廓近三角形,角部浑圆,三边微凸至平直,大小 45—80μm,全模标本 66μm;三射线可辨别至清楚,直,具唇,宽约 3μm,几乎伸达本体边缘;内层表面粗糙至点状,厚 1—2μm;沿边缘具一明显的加厚带,最宽可达 7μm,呈环形或三角形;极面观内层于辐间区与外层紧贴,在辐射区与外层呈月牙形分离,故本体轮廓似为孢子赤道轮廓的“内切圆”;外层多少呈海绵状内结构,表面平整至光滑,或具稀疏分布的细粒、小锥刺(基径 <0.5μm),厚度不可量。

比较与讨论 本种以本体圆形、孢子(外层)赤道轮廓三角形及前者“内切”后者为特征而与 *Auroraspora* 属的其他种不同。

产地层位 新疆塔里木盆地莎车,奇自拉夫组。

透明卵囊孢 *Auroraspora hyalina* (Naumova) Streel in Becker et al., 1974

（图版 59,图 12）

1953 *Hymenzonotriletes hyalinus* Naumova, p. 113, pl. 17, figs. 14, 15.

1974 *Auroraspora hyalina* (Naumova) Streel in Becker et al., p. 26.

1999 *Auroraspora hyalina*,朱怀诚,70 页,图版 4,图 9。

描述 赤道轮廓圆三角形—近圆形;三射线不清楚或清楚,简单或具窄唇,伸达本体边缘;大小 30—74μm;内层直径为孢子直径的 2/3—3/4,厚 1—2μm,表面光滑至粗糙;外层多少呈海绵状内结构,壁薄,厚度不易确定,在赤道区常褶皱,在射线两侧有时略有加厚。

比较与讨论 本种与 *A. macra* 形态相似,区别在于前者个体稍小,外层较薄。

产地层位 新疆塔里木盆地莎车,奇自拉夫组。

靖远卵囊孢 *Auroraspora jingyuanensis* Gao, 1980

(图版 130,图 9, 10, 12, 22)

1980 *Auroraspora triquetita* Gao,高联达,62 页,图版 4,图 18。

1980 *Auroraspora trilobata* Gao,高联达,62 页,图版 4,图 19,20。

1980 *Auroraspora jingyuanensis* Gao,高联达,63 页,图版 4,图 21,22。

描述 赤道轮廓近圆形—圆三角形,大小 60—85μm,全模约 70μm(图版 130,图 22);本体(外壁内层)很薄,但轮廓一般清楚,圆形—圆三角形,大小 35—50μm;三射线细,有时呈裂缝状或细单脊状,直或微弯曲,延伸至本体轮廓线,射线边沿或周围有时具不规则外壁增厚,在末端有时开叉进入环内,近极面辐间区常具细辐射纹理;赤道环即外层在极区较薄,角部增厚,在辐间区或偶尔在射线方向凹入,单个孢子微呈三瓣—六瓣状,但这一特征并不规则稳定,环的外沿常具窄的缘边;本体远极面细点穴—粒状。

比较与讨论 本种与 *A. macra* 相似,但以赤道环轮廓线上常凹入而与后者不同。

产地层位 甘肃靖远,前黑山组。

较大卵囊孢 *Auroraspora macra* Sullivan, 1968

(图版 59,图 6;图版 77,图 8;图版 125,图 14, 15;图版 130,图 1, 2)

1967 *Aurospora* sp. A, Staplin, p. 20, pl. 4, fig. 19.

1968 *Auroraspora macra* Sullivan, p. 124, pl. 27, figs. 6—10.

1977 *Auroraspora macra*, in Clayton et al. , pl. 1, fig. 6; pl. 2, fig. 6; pl. 6, fig. 14; pl. 8, fig. 22.

1978 *Auroraspora macra*, Turnau, pl. 4, figs. 7, 8.

1979 *Auroraspora macra*, van der Zwan, p. 134, pl. Ⅰ, figs. 2,4,6; p. 254, pl. XV, fig. 10.

1980 *Auroraspora macra*,高联达,62 页,图版 4,图 4—8,12,13,16,17。

1985 *Auroraspora macra*,高联达,72 页,图版 6,图 19。

1986 *Auroraspora macra*,唐善元,图版Ⅱ,图 34,35。

1987b *Auroraspora macra*,欧阳舒等,图版Ⅳ,图 11—15。

1988 *Auroraspora macra*,高联达,72 页,图版 6,图 19。

1989 *Auroraspora macra*, Ouyang and Chen, pl. 6, fig. 9.

1993 *Auroraspora poljessica* (Kedo) Streel,文子才等,图版 3,图 17。

1993 *Auroraspora macra*,文子才等,图版 3,图 15,16。

1994 *Auroraspora macra*,卢礼昌,图版 3,图 21。

1995 *Auroraspora macra*,卢礼昌,图版 3,图 9。

1995 *Hymenozonotriletes elegans* (Waltz) Namnova,卢礼昌,图版 1,图 17。

1996 *Auroraspora macra*,王怿,图版 6,图 6。

1996 *Auroraspora macra*,朱怀诚,70 页,图版 3,图 3,13。

1996 *Hymenozonotriletes elegans* (Waltz) Namnova,朱怀诚,154 页,图版 3,图 4,11。

1999 *Auroraspora macra*,卢礼昌,73 页,图版 3,图 22。

描述 赤道轮廓亚圆形—圆三角形,大小 39(48)60μm(测 17 粒),本体轮廓大体与总轮廓一致,大小 29(36)51μm,即占孢子直径的 3/4—5/6;三射线清楚,具唇,宽 2—4μm,伸达或近达本体边缘,末端稍变窄但不变尖;外壁内层(体)较薄,厚 0. 5—1. 0μm,表面平滑至微粗糙;外层表面海绵—细内颗粒状,具较密的小锥刺—颗粒状纹饰,呈腔状包围整个本体,赤道轮廓上宽 3—12μm 不等,通常 4—6μm,有时具辐射状肌理或褶皱,其外缘可多少具增厚(颜色较深)的一圈,内界常不清晰,宽可达 3. 0—4. 5μm;本体棕色,环囊黄—深黄色;泥盆系标本大小 33. 0—62. 4μm。

比较与讨论 试图将 *Auroraspora* 属内有关种如 *A. macra*, *A. hyalina* 和 *A. asperella* (Kedo)等区别开来,目前看来相当困难; *A. hyalina* (Naumova)孢子较小(30—40μm),外壁外层较薄且无增厚的缘。本书暂按 Clayton 等(1977)的意见, 将 *A. macra* 作为一个广义种使用。本种已在欧美、苏联和中国许多地区发现,据 Clayton 等(1977)总结,其分布时限是从晚法门期—维宪早期,主要出现于早石炭世杜内期地层,如在我国甘肃前黑山组,可达组合含量的 22%—39%(高联达,1980)。卢礼昌(1995)和朱怀诚(1996)分别从湖南界岭邵东组和塔里木盆地巴楚组发现的 *Hymenozonotriletes elegans*（本书图版 125，图 14，15 及图版 77，图 8），由于与 Luber 和 Waltz（1941，p. 15，pl. 3，fig. 32）描述的该种（大小 120μm，圆三角形，本体和环上无辐皱或肌理）差别较大，故改定为 *A. macra*。

产地层位 江苏宜兴丁山，五通群上段；江苏南京龙潭，擂鼓台组上部；江苏宝应，五通群擂鼓台组顶部；江苏句容，高丽山组；江西全南，三门滩组下部；湖南测水双峰，测水组；湖南界岭、湖南锡矿山，邵东组；贵州睦化，打屋坝组底部；西藏聂拉木，波曲组；甘肃靖远，前黑山组；新疆和布克赛尔，黑山头组 3—5 层；新疆塔里木盆地莎车，奇自拉夫组；新疆塔里木盆地，巴楚组。

苍白卵囊孢 *Auroraspora pallida*（Naumova）ex Ouyang and Chen, 1987

（图版 130，图 3，4）

1953 *Hymenozonotriletes pallidus* Naumova, p. 114, pl. 17, figs. 18, 19.

1957 *Hymenozonotriletes hyalinus* Naumova, in Kedo, p. 21, pl. Ⅱ, fig. 8.

1963 *Hymenozonotriletes pallidus* Naumova, in Kedo, p. 61, pl. Ⅴ, figs. 117, 118.

1967 ? *Lycospora* spp., in Barss, pl. 5, figs. 105, 106.

1980 *Perotrilites pallidus*（Naumova）Gao，63 页，图版Ⅴ，图 8。

1987b *Auroraspora pallida*（Naumova）Ouyang and Chen，欧阳舒、陈永祥，图版Ⅳ，图 25，26。

描述 赤道轮廓圆形—圆三角形，已知大小 37μm（仅见 2 粒）；中央本体轮廓大体与孢子轮廓一致，大小 30—33μm；三射线清楚，细直，伸达或近达本体边沿，有时微开裂或具唇；外壁内层（体）厚≤1μm，表面平滑，外层厚 1.0—1.5μm，呈腔状包围本体，超出其轮廓宽 2.0—4.5μm，边缘可增厚，表面具细密、均匀的小锥刺—颗粒状纹饰，基宽和高皆小于 1μm，末端圆或微尖，轮廓线上微显凸起；本体深黄色，“环”黄色。

比较与讨论 当前标本与 *A. pallida* 颇相似，后者大小 20—40μm，但江苏标本具细密、均匀的小锥刺—颗粒状纹饰，而这些特征在苏联作者简略的描述中并未提及。

产地层位 江苏宝应，五通群擂鼓台组顶部。

坚实卵囊孢 *Auroraspora solisortus* Hoffmeister, Staplin and Malloy, 1955

（图版 131，图 22）

1955 *Auroraspora solisortus* Hoffmeister, Staplin and Malloy, p. 381, pl. 37, fig. 3.

1983 *Auroraspora solisortus* Hoffmeister, Staplin and Malloy，高联达，510 页，图版 116，图 23。

1987 *Auroraspora solisortus*，高联达，图版 7，图 17。

描述 据 Hoffmeister 等（1955）描述：孢子亚圆形—亚三角形，大小 61—78μm，全模 67×61μm，本体小，仅 32×21μm，小于 1/2R；三射线具细唇，几乎伸达本体边缘；本体外壁较厚，色较暗，光面；膜环较宽，透明，常具小褶皱，超出本体达 13—19μm，细颗粒状，无内网。

比较与讨论 从贵州和甘肃获得的这个种，大小、形态与模式标本相似，但前者照片不清楚，描述中未提及本体大小，且与膜环颜色上似无明显差异，后者本体相对较大，壁厚与膜环相近，膜环宽度窄，故种的鉴定存疑。

产地层位 贵州贵阳乌当，旧司组；甘肃靖远，靖远组。

三角卵囊孢 *Auroraspora triquetra* Gao, 1980

（图版 131，图 17，23）

1980 *Auroraspora triqutita*（sic）Gao，高联达，62 页，图版 4，图 18。

2000 *Auroraspora triqutita* Gao，詹家祯，见高瑞祺等，图版 2，图 15。

2000 *Rugospora* cf. *polyptycha* Neves and Ioannides，詹家祯，见高瑞祺等，图版 2，图 13。

描述 赤道轮廓亚圆形—圆三角形，在射线中央顶点方向的辐间区常呈缺刻状，大小 65—70μm，全模约 65μm；三射线单细但清楚，延伸至环囊内缘；环囊宽一般 8—10μm，在同一标本上宽窄不一；本体（外壁内层)壁较薄,轮廓亚圆形;外层内网—点穴状,具细弱颗粒—细脑纹状肌理或方向不定褶皱,环囊缺刻略呈V形,其外沿宽5—20μm不等。

比较与讨论 本种总的特征与*A. macra*相似,主要区别是环囊在射线之间赤道部位断裂,而环囊在射线指向的“角部”加厚,这种加厚并非*Triquitrites*型的耳角加厚。

注释 形容词“三角形的”宜用*triquetra*,故改动原种名。

产地层位 甘肃靖远,前黑山组;新疆塔里木盆地和田河井区,卡拉沙依组。

新疆卵囊孢 *Auroraspora xinjiangensis* Zhu, 1999

(图版59,图8, 9)

1999 *Auroraspora xinjiangensis* Zhu,朱怀诚,71页,图版3,图17;图版4,图13。

描述 赤道轮廓近圆形—圆形,大小58—70μm,全模标本68μm;三射线清楚,具窄唇,开裂,伸达赤道;外壁内层(本体)边缘轮廓亦与孢子赤道一致,直径为孢子直径的3/4—4/5,壁厚1—2μm,表面光滑至粗糙;外层厚1.0—1.5μm,赤道厚实,在缘与本体之间时见有栅栏状内结构;外层或具褶皱。

比较与讨论 本种以外壁外层具栅栏状内结构为特征区别于属内其他种;*A. epicharis*与当前种相似,区别在于前者孢子赤道轮廓多少呈三角形,外壁外层呈海绵状;*A. macra*以外壁外层为海绵状内结构,*A. hyalina*以个体较小等特征与当前种区别。

产地层位 新疆塔里木盆地莎车,奇自拉夫组。

透明孢属 *Diaphanospora* Balme and Hassell, 1962

模式种 *Diaphanospora riciniata* Balme and Hassell, 1962;西澳大利亚,上泥盆统(Famennian)。

属征 三缝小孢子,赤道轮廓圆三角形—圆形;三射线在本体上通常清楚,唇或很发育;外壁2层:内层(本体)相当厚,光滑,粗糙或颗粒状,模式种的全模标本本体具一稍微加厚的赤道环,外层(周壁)薄,半透明,一般紧贴于本体,表面点穴状并具不规则分布的细皱纹。

讨论 Evans (1970)对本属和*Perotrilites*等属作了某些修订,主要是将周壁称为脱离内层的外壁外层,此远极面略呈腔状。一般说来,周壁与外壁的概念是不相同的。在此将周壁理解为完全包围孢子的一膜状物或膜套,它不像孢子外壁那样具有一定的形状或轮廓;化石孢子都是以外壁形式保存着,而具周壁的孢子仅仅是其中的一部分;同时,绝大多数孢子的外壁都较周壁要厚。

分布时代 中国、澳大利亚等国,主要为晚泥盆世。

厚实透明孢 *Diaphanospora crassa* Lu, 1981

(图版59,图25, 26)

1981 *Diaphanospora crassa* Lu,卢礼昌,107页,图版6,图5,6。

描述 赤道轮廓近圆形,大小81—96μm,全模标本81μm;三射线在本体上,清楚,直或微弯曲,多少具唇,并常在射线末端较发育,宽3—4μm,伸达本体边缘;本体外壁相当厚实,可达3.5—4.7μm,具点—小颗粒状结构,表面光滑或微粗糙,全模标本局部具小刺—粒状纹饰;周壁薄、半透明或具海绵状结构,表面无纹饰,至少在近极面与内层紧贴,在赤道部位近似等距膨胀,宽3—5μm;似有这样的倾向,即唇较发育的分子,周壁也较明显。

比较与讨论 本种与澳大利亚西部坎宁(Canning)盆地上泥盆统的*D. riciniata* Balme and Hassell (1962, p. 22)有某些近似,但后者本体较小(42—50μm),周壁更明显,表面多细皱纹。

产地层位 四川渡口,上泥盆统。

扁平透明孢 *Diaphanospora depressa* (Balme and Hassell) Evans, 1970

(图版59,图2, 7)

1962 *Pulvinispora depressa* Balme and Hassell, p. 11, pl. 2, figs. 1—4; text-fig. 3.

1970 *Diaphanospora depressa* (Balme and Hassel) Evans, p. 68.

1993 *Diaphanospora depressa*,文子才等,图版3,图18。

1995 *Diaphanospora depressa*,卢礼昌,图版3,图14。

描述 赤道轮廓宽圆三角形—圆形,大小35. 0—36. 5μm;三射线清楚,简单,直,约3/5内孢体半径长,末端强烈内凹并与加厚的弓形脊(?)连接;弓形脊颇发育且完全,3个小接触区呈超半圆球形并略微下凹;内层(本体)轮廓呈圆角凹边三角形,表面相当粗糙;外层表面微粗糙至不明显的颗粒状,厚约1μm;浅棕黄—棕色。

比较与讨论 中国标本与澳大利亚上泥盆统的 *Pulvinispora depressa* Balme and Hassell, 1962相似,仅以纹饰不明显与孢子较小而略异。

注释 个别标本未见外层。

产地层位 江西全南,三门滩组;湖南界岭,邵东组。

腔壁孢属 *Diducites* van Veen, 1981

模式种 *Diducites plicabilis* van Veen, 1981;爱尔兰,上泥盆统—下石炭统(Famennian—Tournaisian)。

属征 腔状三缝孢,赤道轮廓亚圆形—圆三角形—卵圆形—不规则形,模式种大小38(53)80μm,外壁内层(本体)占整个孢子的比例为50%—94%,平均为72%,与总轮廓一致或不一致,光滑,坚实或褶皱,无明显内结构,壁厚常不易见,很少清楚;三射线几伸达赤道轮廓,简单,或微伴以加厚或褶皱,通常清楚;外壁外层,近极面与内层贴连,轮廓与总轮廓一致或不一致,同质或具内结构,内沿难见至清楚,外沿边界清楚;外壁外层与外内层相连,或部分甚至全部脱离,同质至具内结构,表面光滑,厚度难测,可能很薄,也许在三射痕之上微厚些,以其相对透明度识别;有些种褶皱扭曲,常使孢子多少呈皱纹状,近极面皱纹无序至辐射排列,远极面无序至偶尔辐射排列。

注释 van Veen在该属下(或complex of *Diducites mucronatus* morphon下)详细描述了4种,但他对外壁分层用的是一般名词(wall, inner wall, inner layer of outer wall, outer layer of outer wall),不是一般孢粉学家常用的专门术语(exine, intexine, exoexine),译文容易引起误解,因为孢粉内壁(intine)通常是不能在化石状态下保存的;此外,他对本种[甚至属(?)]外壁(即通常的外壁外层)分层的解释是他的一家之言,他所谓的"外壁内层在近极面叠触内壁,轮廓线与总轮廓一致",不如称外壁内层为本体或中孢体(mesosporoid),而外壁外层大致为1层(一般无脱离现象),只不过分异为颜色稍暗的底层和稍透明的表层,其间为近3μm厚的海绵状内结构层,这样反而容易理解;当前属征亦如图照所显示的,确为腔状孢子;拉丁文diducere原作者注明是"分开"(to part, to divide)的意思,所以译为腔壁孢。

比较与讨论 本属以光面的壁分为2层、赤道轮廓上显示出不同透明度区别于表面相似的腔状孢子(如 *Endosporites*)或外壁内光滑至不规则网状、外面细刺状的 *Spencerisporites* 及 *Auroraspora*(单囊、内结构细颗粒);*Dibrochosporites* Urban, 1968的外壁外层由网穴大小不一的内、外2层组成。

平滑腔壁孢 *Diducites poljessicus* (Kedo) emend. van Veen, 1981

(图版69,图14;图版131,图1, 27)

1957 *Hymenozonotriletes poljessicus* Kedo, p. 25, pl. 3, figs. 6—8.

1981 *Diducites poljessicus* (Kedo) van Veen, p. 271, pl. 4, figs. 1—4, 6.

1982 *Diducites poljessicus*,高联达,82页,图版8,图15,16。

1988 *Diducites poljessicus*, in Avchimovitch et al., p. 172, pl. 4, fig. 3.

1993 *Auroraspora* sp.,朱怀诚,图版78,图10,13。

1993 *Auroraspora poljessica* (Kedo) Streel,文子才、卢礼昌,图版Ⅲ,图17。

1999 *Diducites poljessicus*,朱怀诚,72页,图版3,图11。

描述 van Veen以*H. poljessicus* Ischenko (1957)的图版Ⅲ图6作选模标本,修订了本种种征:腔状三缝孢,外壁分为2层,总轮廓圆三角形—卵圆形或不规则亚圆形;大小38(56)80μm,本体20(43)60μm,占孢子面积比例为50%—94%,平均为72%;内壁(体)亚圆形、圆三角形—不规则形,通常与总轮廓不一致,光面,常褶皱,可能薄,三射线几伸达其赤道,简单,常清楚;外壁内层厚度不明,外界清晰;外壁外层,极面观内点穴状或内网状,可能很薄,透明度稍好,超出内层轮廓线3μm,褶皱微呈皱纹状,不影响赤道轮廓(略简化,"本体"或"体"字是译者加的)。

比较与讨论 本种以本体亚圆形、所占面积比例较高且有褶皱、外壁外层厚且具海绵状内结构、孢子比较坚实而与属内其他种区别。上列同义名表中的靖远标本大小50—53μm;新疆标本大小50—70μm;睦化标本大小58μm,相对呈三角形,本体与外壁外层轮廓一致,鉴定似应保留。

产地层位 江苏句容,五通群擂鼓台组上部;江西全南,翻下组;贵州睦化,打屋坝组底部;甘肃靖远,红土洼组—羊虎沟组;新疆塔里木盆地莎车,奇自拉夫组。

旋脊腔壁孢 *Diducites versabilis* (Kedo) van Veen, 1981

(图版69,图6)

1957 *Hymenozonotriletes versabilis* Kedo, p. 25, pl. 3, fig. 4.

1980 *Diducites versabilis* (Kedo) van Veen, p. 268, 269, pl. 2, figs. 5, 6; pl. 3, figs. 1—6, 9.

1999 *Diducites versabilis*,朱怀诚,72页,图版4,图5。

描述 赤道轮廓亚圆形,大小42—52μm;三射线清楚或不清楚,直或微弯,长达外壁内层(本体)边缘;内层清楚,无褶皱,轮廓与赤道基本一致,直径为2/3—3/4R,厚度不易确定,表面光滑至粗糙;外层在赤道及远极面饰以弯曲的褶皱,向赤道呈放射状排列,褶皱宽0.5—2.0μm,高不易测量;外壁外层未能保存薄膜。

比较与讨论 当前标本除未见薄膜外,其余特征均与van Veen(1981)描述的*D. versabilis*相符。

产地层位 新疆塔里木盆地莎车,奇自拉夫组。

厚壁具腔孢属 *Geminospora* Balme emend. Playford, 1983

模式种 *Geminospora lemurata* (Balme) Playford, 1983;西澳大利亚,上泥盆统。

属征 辐射对称三缝小孢子,外壁2层,腔状,赤道轮廓近三角形—近圆形,罕见椭圆形;侧面观孢子双凸至接近平凸,即远极面强烈凸出,近极面锥角形至几乎平凸;三射线清楚,具唇或否,约等于内孢体半径长;弓形脊通常发育,外壁外层特别是赤道外层相当厚实,赤道与远极外层表面具小锥刺和刺以及(或者)颗粒纹饰,纹饰分子可能因保存不佳而变得钝凸或不清楚,内层较外层要薄许多,在近极与外层紧贴,在赤道和远极与外层不同程度地分离;由内层形成的内孢体界线多少清楚;极面观内孢体占孢腔的60%—98%,其位置与赤道多少对称。

注释 归入本属的孢子以外壁外层相当厚实为特征而有别于其他具腔孢属。原属征(Balme, 1962, p. 4)的纹饰为颗粒、低锥刺和内棒,为此,Owens (1971, p. 59)曾根据他手头资料建议扩大其范围(包括块瘤与刺以及光面与点穴状的孢子在内),但Playford (1983, p. 315)的修订属征仍限于"小锥刺、刺和(或)颗粒"。其理由是,若扩大了"假囊"(pseudosaccate)孢子的纹饰范围,将会导致与某些类似属的部分重叠。笔者认为(并被资料证明),Owens当时的建议不无道理,作为属而言,其纹饰范围不宜像种那样过窄。因此,在下列有关种的比较或讨论方面,本书仍将提及非"刺、粒"纹饰的某些种名;事实上,*G. punctata* Owens, 1971与*G. verrucosa* Owens, 1971等种名仍被不同作者沿用。

植物亲缘关系 原裸子植物(见欧阳舒、王智等,2003,227页)。

分布时代 中国、欧美与澳大利亚,中、晚泥盆世—早石炭世。

甘肃厚壁具腔孢 *Geminospora gansuensis* Gao and Ye, 1987

（图版 70,图 1, 27）

1987 *Geminospora gansuensis* Gao and Ye,高联达等,412 页,图版 177,图 19—22。

描述 赤道轮廓近三角形或圆三角形,大小 32—43μm;三射线简单或具窄唇,直,长 2/3—3/4R;外壁 2 层:赤道外层厚 3—4μm,近极—赤道区与远极区外壁表面具刺—粒状纹饰,基宽 1.0—1.5μm,高 0.5—1.0μm,顶端尖,基部彼此不或接触,接触区表面纹饰退化或减弱,内层薄,厚不足 1μm,多少褶皱,表面无纹饰,极面观内层与外层分离,赤道腔连贯;宽 2—6μm。

比较与讨论 本种的纹饰分子与 *G. lemurata* 的有些近似,但后者以接触区及其特征颇清楚或明显而相异。

产地层位 甘肃迭部,当多组—蒲莱组。

锥刺厚壁具腔孢小型变种 *Geminospora lasius* (Naumova) Owens var. *minor* (Naumova) Lu, 1995

（图版 70,图 17）

1953 *Archaeozonotriletes lasius* Naumova var. *minor* Naumova,32 页,图版 2,图 20。

1971 *Geminospora lasius* (Naumova) Owens, p. 59,60.

1995 *Geminospora lasius* (Naumova) Owens var. *minor* (Naumova) Lu,卢礼昌,图版 4,图 13。

描述 赤道轮廓近圆形,大小 68.5μm;三射线清楚,具唇,单片唇宽约 2μm,长等于内孢体半径;内层厚约 1.5μm,呈穴状结构,边沿附近具细长的弓脊状褶皱,极面观与外层近乎等距分离,腔宽 3—4μm;外层较厚实,赤道外层厚约 3μm,表面具锥刺状纹饰,基部分散至微接触,宽 2—3μm,高 1.5—2.5μm,顶端尖或钝,赤道轮廓线上突起 58—64 枚。

比较与讨论 本变种标本首次见于俄罗斯地台中泥盆统上部(Naumova, 1953),本书标本在形态特征及纹饰组成上与其颇相似,仅以个体略大与三射线具唇而略异。

产地层位 湖南界岭,邵东组。

神奇厚壁具腔孢 *Geminospora lemurata* (Balme) Playford, 1983

（图版 70,图 7, 8）

1962 *Geminospora lemurata* Balme, p. 5, pl. 1, figs. 5—10.

1983 *Geminospora lemurata* (Balme) Playford, p. 316, figs. 1—9.

1983 *Geminospora lemurata*,高联达,200 页,图版 4,图 1,2。

1988 *Geminospora lemurata*,卢礼昌,164 页,图版 15,图 12。

1991 *Geminospora lemurata*,徐仁等,图版 1,图 26。

1996 *Geminospora lemurata*,王怿,图版 5,图 4。

1997a *Geminospora lemurata*,卢礼昌,图版 4,图 7,8。

1999 *Geminospora lemurata*,卢礼昌,85 页,图版 11,图 8。

描述 赤道轮廓宽圆三角形,大小 55.0—70.2μm;三射线清楚,微开裂,至少伸达内孢体边缘;外壁 2 层:内层较薄,厚 <1μm,表面近似光滑,与外层在赤道部位多少分离,但空腔不明显,外层较厚,赤道—近极区厚 3.9μm,赤道—远极区厚约 6μm;外壁表面除三射线区外,覆以细颗粒状纹饰,分布致密,但彼此常不接触,轮廓近圆,粒径略小于 1μm;浅棕—棕色。

比较与讨论 当前种的定义较宽,既有三缝孢子,又有很少数的双缝和单缝孢子;本书归入该种的标本,仅为三缝孢子,且数量较少,但特征与西澳大利亚同种的部分标本(Playford, 1983, p. 314, fig. 2: M—O, A—L)极为相似,这部分标本的内层与外层(在赤道上)的分离程度不如另一部分的明显或完全。

产地层位 湖南锡矿山,邵东组;湖南界岭,邵东组;云南沾益史家坡,海口组;云南华宁,一打得组;西藏聂拉木,波曲组上部;新疆和布克赛尔,黑山头组 4 层。

小齿厚壁具腔孢 *Geminospora microdenta* Lu, 1988

（图版70,图2—4）

1988 *Geminospora microdenta* Lu,卢礼昌,165页,图版17,图5—7。

描述 赤道轮廓近圆形—圆形,大小34.3—46.8μm,全模标本46.8μm;三射线常清楚,微弯曲,简单或具窄唇,唇宽1.0—1.5μm,伴随射线伸达或接近伸达赤道;弓形脊柔弱,但发育完全;以弓形脊为界的接触区清楚;外壁2层,腔状:内层(内孢体)薄,厚不足1μm,表面光滑,边缘界线常清楚或可见,与外层赤道轮廓接近一致;外层较内层厚实,赤道外层厚可达3.5—6.4μm(包括纹饰);纹饰以低矮的细锥刺为主,偶见小刺或细颗粒,分布致密,但基部彼此常不连接,基径一般约1μm(罕见超过2μm),高常小于1μm,在赤道轮廓线上反映较弱或不明显;接触区外壁(外层)较薄,表面无明显纹饰,褶皱少见;棕—棕黄色。

比较与讨论 本种与 *G. lemurata* 有些近似,但后者孢子较大(平均50μm),赤道轮廓倾向于三角形,内层常因程度不等地收缩而与外层(除近极三射线区外)分离,并包括极少数双缝(dilete)或单缝的分子在内;与 *G. punctata* 的主要区别在于后者具明显的穴状结构。

产地层位 云南沾益,海口组。

显微显厚壁具腔孢小变种
Geminospora micromanifestus var. *minor* (Naumova) McGregor and Camfield, 1982

（图版70,图6）

1953 *Archaeozonotriletes micromanifestus* var. *minor* Naumova, p. 32, pl. 2, fig. 19.

1982 *Geminospora micromanifestus* var. *minor* (Naumova) McGregor and Camfield, p. 40, pl. 8, figs. 14, 15, 19—22.

1985 *Geminospora regularis*,刘淑文等,120页,图版2,图11。

1989 *Endosporites micromanifestus* Hacquebard, in Ouyang and Chen, pl. 4, fig. 10.

1987 *Geminospora micromanifestus* var. *minor*,高联达等,412页,图版178,图2。

描述 赤道轮廓宽圆三角形—近圆形,大小48—55μm;三射线常清楚,有时微开裂,简单或具低矮的窄唇,直,伸达内孢体边缘;外壁2层:赤道外层厚2.5—4.0μm;近极—赤道与远极区表面具细颗粒状纹饰,粒径宽和高约1μm(或不足),致密,但彼此基部常不接触,其余外层表面微粗糙,内层薄,厚约1.5μm,表面无纹饰,极面观与外层分离,其轮廓与孢子赤道轮廓基本一致或略呈偏心状;赤道腔多半连贯,宽1.5—3.2μm;罕见褶皱;浅棕—棕色。

注释 据 McGregor 和 Camfield (1982, p. 40)描述,本种以纹饰分子为界的接触区清楚,区内无纹饰和近极—赤道及远极区具细小的颗粒、锥刺、棒或小刺(基部宽与突起高0.5—1.0μm)及其间距不小于0.5μm(罕见2μm)为特征而与 *Geminospora* 属的其他种不同。

产地层位 江苏宝应,擂鼓台组顶部;湖北长阳,黄家磴组;甘肃迭部当多沟,蒲莱组。

小木钉厚壁具腔孢? *Geminospora*? *micropaxilla* (Owens) McGregor and Camfield, 1982

（图版69,图12）

1971 *Rhabdosporites micropaxilla* Owens, p. 49, pl. 15, figs. 4, 6 (pars).

1982 *Geminospora*? *micropaxilla* (Owens) McGregor and Camfield, p. 41, pl. 8, figs. 16—18; pl. 9, figs. 1—3; text-fig. 58.

1997a *Geminospora*? *micropaxilla*,卢礼昌,图版1,图5。

描述 赤道轮廓宽圆三角形—近圆形,大小64.0—77.5μm;三射线可辨别,伸达内孢体边缘,三射皱脊清楚,微弯曲,宽1.5—2.0μm,伸达赤道;外壁2层:内层清楚,近光面,厚2—3μm,多褶皱,与外层分离(极面观),轮廓与孢子赤道轮廓基本一致;赤道腔连贯,宽3—5μm,外层厚3—4μm(赤道区),表面微粗糙。

注释 其外层(除接触区外)具锥刺、棒和颗粒[McGregor and Camfield (1982, p. 41)],宽与高(或长)通常不足0.5μm,在某些标本上形成一种粗糙的结构。当前标本纹饰分子显示不清楚,故种的鉴定有保留。

产地层位 湖南界岭,邵东组。

多枝厚壁具腔孢 *Geminospora multiramis* Lu, 1997

(图版 70,图 18, 19, 25, 26)

1997a *Geminospora multiramis* Lu,卢礼昌,197 页,图版 3,图 1—4。

描述 赤道轮廓近圆形,子午轮廓近极面低锥角形,远极面近半圆球形,大小 42.6—66.5μm,全模标本 61.2μm;三射线被唇掩盖,唇直,很少弯曲,光滑,粗壮,宽 2.2—4.5μm,等于或略小于孢子半径长,末端两侧或与弓形脊连接;弓形脊发育完全,厚实,几乎完全位于赤道;外壁 2 层:内层可见,轮廓与孢子赤道轮廓基本一致,极面观与外层分离颇明显,外层近极面微粗糙至点穴状,3 个小接触区常下陷;远极被一簇簇多分叉小突起所覆盖,每簇多分叉小突起呈多枝珊瑚状或仙人掌状,基部分散或相互连接,基部窄长条形,宽约 1μm,长 2.5—4.5μm,突起高 1.5—3.2μm,顶端小分叉高常不足 1μm;赤道腔明显、连续,宽 1/4—1/3R;近极外层薄(不可量),远极外层尤其赤道外层相当厚实,厚可达 3.0—4.5μm,未见褶皱;浅棕—深棕色。

比较与讨论 本种以纹饰为多枝珊瑚状突起为特征,以此区别于 *Geminospora* 属的其他种。它与同层位(邵东组)产出的 *G. spongiata* Higgs et al.(卢礼昌,1995,图版 4,图 15)形态特征颇相似,但其纹饰为细颗粒与小锥刺(偶见)。本种与常见于中、晚泥盆世的 *G. lemurata* 的不同之处在于后者纹饰为单型分子。

产地层位 湖南界岭,邵东组。

穴状厚壁具腔孢 *Geminospora punctata* Owens, 1971

(图版 69,图 10, 11)

1971 *Geminospora punctata* Owens, p. 61, pl. 19, figs. 1—9.

1980b *Geminospora punctata*,卢礼昌,21 页,图版 5,图 12—16。

1983 *Geminospora compacta*,高联达,504 页,图版 111,图 3。

1988 *Geminospora punctata*,卢礼昌,164 页,图版 26,图 11,12。

1991 *Geminospora compacta*,徐仁等,图版 1,图 25。

描述 赤道轮廓圆形—近圆形,大小 50—72μm;三射线常清楚,简单,长 2/3—4/5R;外壁 2 层:内层薄,与外层一般无明显分离,外层厚实,在远极区最厚,其厚可达 7—9μm,赤道区次厚,3—6μm,向近极区逐渐减薄,至三射线区明显变薄;表面穴状、致密,穴径约 1μm,由表及里逐渐扩大,贯穿整个外层,穴与穴之间呈内棒状结构,在极压标本上尤为显著,"棒头"直径略大于穴口直径;在某些标本上,外壁表面(或局部)粘有不规则的囊状物(?),不成层,在三射线区域内微弱或缺失;橙褐色。

比较与讨论 当前标本与 Owens (1971)描述的加拿大北极群岛上泥盆统的 *G. punctata* 相当接近,只是后者以部分标本的内层与外层分离较明显而略异。

产地层位 云南禄劝,坡脚组;云南曲靖,穿洞组;云南沾益史家坡,海口组。

海绵状厚壁具腔孢 *Geminospora spongiata* Higgs, Clayton and Keegan, 1988

(图版 68,图 15)

1988 *Geminospora spongiata* Higgs et al., p. 77, pl. 14, figs. 11—15.

1994a *Geminospora spongiata*,卢礼昌,图版 6,图 36。

1995 *Geminospora spongiata*,卢礼昌,图版 4,图 15。

1995 ?*Stenozonotriletes extensus* var. *major* Naumova,卢礼昌,图版 4,图 10。

描述 赤道轮廓近圆形,大小 54—58μm;三射线清楚,直,具唇,唇宽 4μm,伴随射线伸达赤道附近,外壁 2 层:赤道外壁外层厚实,宽 3.5—4.2μm,远极表面与赤道边缘覆以致密的小颗粒纹饰,纹饰分子基部轮廓圆形,宽与高近乎相等,为 0.8—1.2μm,顶部圆凸,基部彼此常不接触,近极表面无明显突起纹饰,内层常清楚,薄(厚<1μm),极面观与外层多少分离,轮廓与孢子赤道轮廓接近一致,但常呈偏心状,赤道腔宽 1/5—1/2R;浅棕—深棕色。

比较与讨论 当前标本在形态特征及纹饰组成等方面与 Higgs 等(1988)描述的爱尔兰泥盆—石炭系的 *G. spongiata* 最为接近,仅后者较小(32—53μm)而略异;与 *G. multiramis* 的形态特征也颇相似,但彼此纹饰组成不同；与 *G. lemurata* 的不同是，后者外壁（外层）厚许多。

产地层位 江苏南京龙潭，五通群擂鼓台组上部；湖南界岭，邵东组。

斯瓦尔巴德厚壁具腔孢 *Geminospora svalbardiae* (Vigran) Allen, 1965

（图版 70，图 5）

1964 *Lycospora svalbardiae* Vigran, p. 23, pl. 3, figs. 4, 5; pl. 4, figs. 1, 2.

1965 *Geminospora svalbardiae* (Vigran) Allen, p. 696, pl. 94, figs. 12—16.

1997b *Geminospora svalbardiae*，卢礼昌，图版 2，图 14。

描述 赤道轮廓近圆形，大小 55μm；三射线清楚，简单，直，微开裂，伸达内孢体边缘；内层薄，厚约 1μm，在赤道部位至少局部与外层略分离；赤道外层厚 2.0—3.5μm，远极外层具颗粒状纹饰；纹饰分子彼此分散或基部连接呈短脊状，粒径 1.5—2.0μm，高约 1μm，顶端钝凸；沿边缘具大型弓脊状褶皱；浅—深棕色。

比较与讨论 当前标本与 Allen (1965) 描述的西斯匹次卑尔根中泥盆统的 *G. svalbardiae* 的标本 (pl. 94, figs. 12—16) 尤其是与图 15 极为相似，唯后者裂缝较开而略异。

产地层位 新疆准噶尔盆地，呼吉尔斯特组。

塔里木厚壁具腔孢 *Geminospora tarimensis* Zhu, 1999

（图版 70，图 12，13）

1999 *Geminospora tarimensis* Zhu，朱怀诚，74 页，图版 3，图 1—3。

描述 赤道轮廓三角形—圆三角形，大小 40.0(47.4)53.0μm；三射线清楚或不明显，时微开裂，直或微曲，唇总宽约 2μm，长约 3/4R 或更长，末端与弓形脊连接；外壁外层在赤道部位加厚，加厚区内界不易确定，厚实或海绵状，外壁外层光滑—粗糙；外壁内层厚 1.0—1.5μm，轮廓与孢子赤道轮廓不一致，圆形，直径为孢子直径的 2/3—4/5，表面光滑—点状。

比较与讨论 本种以孢子赤道轮廓三角形与内层圆形为特征。*G. spongiata* Higgs et al. (1988, p. 77, pl. 14, figs. 11—15) 与当前种大小相当，区别在于前者赤道轮廓为圆形。

产地层位 新疆塔里木盆地莎车，奇自拉夫组。

小结节厚壁具腔孢 *Geminospora tuberculata* (Kedo) Allen, 1965

（图版 70，图 11）

1955 *Archaeozonotriletes tuberculatus* Kedo, p. 35, pl. 5, figs. 6, 7.

1965 *Geminospora tuberculata* (Kedo) Allen, p. 696, pl. 94, figs. 10, 11.

1991 *Geminospora tuberculata*，徐仁等，图版 1，图 24。

描述 赤道轮廓近圆形，大小约 54μm（据照片测量）；三射线清楚，直，伸达内孢体边缘，具窄唇，单片唇宽 0.5—1.2μm，朝赤道略微变窄；内层厚不足 1μm，在赤道部位与外层不等距分离，腔宽 0.5—2.5μm（或稍宽），赤道外层厚 1.5—2.0μm；赤道边缘与远极面具小颗粒状纹饰，排列致密，基部或连接成短脊，小粒基宽约 1μm，略大于高，顶端钝凸；未见褶皱。

比较与讨论 当前标本与 *G. tuberculata* (Allen, 1965) 在形态特征与纹饰组成方面均很近似，唯后者内层多皱而略异。

产地层位 云南东部，海口组。

可爱厚壁具腔孢 *Geminospora venusta* (Naumova) McGregor and Camfield, 1982

（图版 70，图 9，10）

1953 *Archaeozonotriletes venustus* Naumova, p. 32, pl. 2, fig. 21.

1982 *Geminospora venusta*? (Naumova) McGregor and Camfield, p. 42, pl. 9, figs. 14, 15.

1997b *Geminospora venusta*，卢礼昌，图版 3，图 10，11。

描述 赤道轮廓圆三角形,角部宽圆,三边微凸或平直(中部),大小52—61μm;三裂缝清楚,弯曲,两侧具窄唇,单片唇宽1.5—2.5μm,末端两分叉,伸达内孢体边缘;内层厚约1.5μm,偶见褶皱,在赤道区略与外层分离,并形成一连贯的窄腔,宽1.5—2.5μm;赤道外层厚3—4μm,接触区表面光滑或微粗糙,近极—赤道区与远极面具粗颗粒状纹饰,且赤道区较远极面的略粗大,基部常接触,基宽1.5—2.5μm,高1.0—1.5μm,顶端拱圆至钝凸;内孢体轮廓与孢子赤道轮廓一致;浅—深棕色。

比较与讨论 新疆标本与Naumova (1953)描述的俄罗斯地台中泥盆统上部的*Archaeozonotriletes venustus*的主要特征、大小幅度等均颇相似,唯后者三射线简单与内孢体呈偏心状而略异。

产地层位 新疆准噶尔盆地,呼吉尔斯特组。

瘤面厚壁具腔孢 *Geminospora verrucosa* Owens, 1971

(图版70,图16, 20)

1971 *Geminospora verrucosa* Owens, p. 63, pl. 19, figs. 10—12.

1980b *Geminospora verrucosa*,卢礼昌,21页,图版5,图17,18。

描述 赤道轮廓亚圆形—亚三角形,大小49—72μm,三射线大多清楚,简单,等于内孢体半径长;外壁2层,彼此无明显分离;外层厚实,近极—赤道部位和整个远极面覆以不规则块瘤状或(少数)锥瘤状纹饰,块瘤顶端多半平或圆,基部彼此连接,并构成不规则网状图案,纹饰基宽3.0—5.5μm,高约3μm,近极面纹饰显著减弱;远极外层最厚可达6—9μm,赤道区厚3.0—4.5μm;外壁不具内结构;橙棕色。

比较与讨论 当前标本与在加拿大北极群岛晚泥盆世地层中发现的*G. verrucosa* Owens, 1971较相似:外层与内层无明显分离,外层不具点穴状结构。

注释 *G. verrucosa*与*G. punctata*是Owens (1971)建立的2个种。其纹饰成分虽超出了"小锥刺、刺和/或颗粒"(Playford, 1983, p. 315)的范围,但仍被不同作者沿用,本书也不例外。

产地层位 云南沾益龙华山,海口组。

厚壁具腔孢(未定种) *Geminospora* sp.

(图版70,图14, 15)

1999 *Geminospora* sp.,卢礼昌,84页,图版7,图13,14。

描述 大小59.3—78.0μm(测3粒)。

比较与讨论 本种纹饰较*G. lemurata* (Balme) Playford, 1971的纹饰略粗,较*G. verrucosa* Owens, 1971的略细且略低矮(尤其图版7,图13),标本又甚少,故未能定种名。

产地层位 新疆和布克赛尔,黑山头组5层。

棒面具腔孢属 *Rhabdosporites* Richardson emend. Marshall and Allen, 1982

模式种 *Rhabdosporites langiii* (Eisenack) Richardson, 1960;英国英格兰(England),中泥盆统(Givetian)。

属征 辐射对称具腔三缝小孢子,赤道轮廓圆形—三角形;外壁2层:内层光滑,仅在近极与外层紧贴,其余部分与外层分离,外层具缘或否,表面覆以低矮的棒、锥刺和颗粒状纹饰;模式种全模标本大小174μm (Eisenack, 1944, pl. 2, fig. 4),内孢体132μm。

Marshall和Allen(1982)修订的*Rhabdosporites*属征的孢子纹饰类型较杂且外层常具缘等特征,这与*Geminospora* Balme emend. Playford, 1983的某些分子很相似,但这些分子外壁外层相当厚实,它在赤道边缘上的反映是壁厚而不是缘宽,彼此很不相同。

分布时代 加拿大、英国与中国等,泥盆纪。

兰氏棒面具腔孢 *Rhabdosporites langii* (Eisenack) Richardson, 1960

（图版 48,图 15）

1944 *Triletes langii* Eisenack, p. 112, pl. 2, fig. 4.

1960 *Rhabdosporites langii* (Eisenack) Richardson, p. 54, pl. 14, figs. 8, 9.

1983 *Rhabdosporites langii*,高联达,516 页,图版 113,图 7。

1987 *Rhabdosporites langii*,高联达等,418 页,图版 179,图 8。

注释 Richardson(1960, p. 54)给予 *R. langii* 的特征为:辐射对称三缝孢子,大小 95—190μm,中央体 67—154μm;囊(外层——笔者注)覆以细棒(rods),长 0.5—1.0μm。

徐仁、高联达(1991)记载的云南东部曲靖地区 *R. langii* 的标本(图版 2,图 14)与高联达(1983,516 页)从云南禄劝发现的该种标本(图版 113,图 7)为同一标本。该标本大小约 130μm(据图像测量)。本种表面覆以细斑点状纹饰,环表面为细颗粒纹饰……(高联达,1983)。

产地层位 云南禄劝,坡脚组;甘肃迭部,鲁热组。

微桩棒面具腔孢 *Rhabdosporites micropaxillus* Owens, 1971

（图版 48,图 13, 14）

1971 *Rhabdosporites micropaxillus* Owens, p. 49, pl. 15, figs. 3—7.

1987 *Rhabdosporites micropaxillus*,高联达、叶晓荣,418 页,图版 179,图 6,7。

1988 *Rhabdosporites micropaxillus*,卢礼昌,181 页,图版 15,图 10,11。

描述 赤道轮廓宽圆三角形—近圆形或因褶皱呈不规则圆形,大小 75—104μm,内孢体 65—85μm;三射线不清楚至清楚,微曲,具薄唇,长接近或等于内孢体半径;外壁 2 层,腔状,内孢体清楚,表面光滑,轮廓与孢子赤道轮廓基本一致,有些标本多少呈偏心状;外层,除三射线区外,表面覆以致密、分布均匀的小桩(或柱)状与细刺—粒状纹饰,基部宽 0.5—1.0μm,高≤1μm,在赤道轮廓线上反映甚微;远极外层常具次生弧形褶皱;赤道外层厚 1—2μm,缘不明显;浅棕—棕色。

比较与讨论 当前标本除外壁赤道缘不甚明显外,其他特征与 Owens(1971)描述的加拿大北极群岛中泥盆统 Weatherall 组(Givetian)的 *R. micropaxillus* 的特征大体相符。

注释 置于当前种名下描述的还有西藏聂拉木,上泥盆统章东组的标本(高联达,1988,231 页,图版 8,图 14—15),孢子表面平滑或小颗粒纹饰,大小 65—80μm。

产地层位 云南沾益史家坡,中泥盆统海口组;甘肃迭部,下、中泥盆统当多组—中泥盆统鲁热组。

沟环棒面具腔孢 *Rhabdosporites zonofossulatus* Lu, 1981

（图版 65,图 15, 16）

1981 *Rhabdosporites zonofossulatus* Lu,卢礼昌,106 页,图版 6,图 1,2。

描述 赤道轮廓近圆形—圆形,大小 74—78μm,全模标本 78μm;三射线柔弱,简单,几乎伸达赤道边缘;外壁至少 2 层:内层(内孢体)相当薄,厚约 0.5μm,表面点状,在赤道部位呈环状加厚,加厚线脊状,微曲,总宽 4.5—6.7μm,其上具一环形小"沟",似将加厚一分为二,沟甚窄,或多或少规则,外层也很薄,表面具致密、规则的细颗粒或具细褶皱和皱纹;腔较窄,极面观宽仅为孢子 1/4R 左右;浅棕黄—棕色。

比较与讨论 云南沾益龙华山中泥盆统(Givetian)的 *R. zonatus* Lu, 1980(卢礼昌,1980,20 页,图版 4,图 10)的本体也具环状加厚,但其上无环状小"沟"。

产地层位 四川渡口,上泥盆统下部。

蔷囊孢属 *Calyptosporites* Richardson, 1962

模式种 *Calyptosporites velatus* (Eisenack) Richardson, 1962;爱沙尼亚,中泥盆统。

属征 辐射对称三缝单囊孢子,被一囊(bladder)完全包围,囊不具缘;赤道轮廓凸边亚三角形,中央体圆三角形—亚三角形;囊表面纹饰由尖锥刺或刺组成,沿射线部位常见褶皱;全模标本大小208μm,中央体114μm,锥刺长1μm。

注释 *Calyptosporites* 是因 *Cosmosporites* Richardson, 1960 无效而重新命名的(Richardson, 1962, p. 192)。原属征(Richardson, 1960, p. 52)中的刺顶部常两分叉,在此被删除,因为具此特征的分子常被视为 *Ancyrospora* 的成员。

分布时代 欧、亚地区,主要为泥盆纪。

小型蔷囊孢 *Calyptosporites minor* Wang, 1996

(图版37,图3)

1996 *Calyptosporites minor* Wang,王怿,24页,图版4,图11。

描述 赤道轮廓三角形—亚圆形,大小46—52μm;中央体圆形,大小23.4—42.0μm;三射线可见,直,具唇,宽2.0—2.5μm,伸达中央体内缘;纹饰主要由颗粒状与刺状突起组成,颗粒分布在刺之间;颗粒基部圆,粒径0.5—1.0μm,刺颇稀疏,基部也多少呈圆形,基径1.5—3.0μm,长3.5—8.0μm,顶端钝尖或锐尖,赤道轮廓线突起2—8枚;棕黄色。

注释 由于 *Calyptosporites* 属的其他种通常颇大(大于200μm),当前标本仅46—52μm,归入此属尚存疑问。

产地层位 湖南锡矿山,邵东组上部和孟公坳组。

罩膜蔷囊孢 *Calyptosporites velatus* (Eisenack) Richardson, 1962

(图版37,图18)

1944 *Triletes velatus* Eisenack, p. 108, pl. 1, figs. 1—3.

1960 *Cosmosporites velatus* (Eisenack) Richardson, p. 52, pl. 14, fig. 4.

1962 *Calyptosporites velatus* (Eisenack) Richardson, p. 192.

1975 *Calyptosporites velatus*,高联达,侯静鹏,222页,图版12,图3。

1983 *Calyptosporites velatus*,高联达,570页,图版111,图13。

1991 *Calyptosporites velatus*,徐仁、高联达,图版2,图10。

描述 赤道轮廓钝角凸边亚三角形,大小100—160μm,中央体轮廓与孢子赤道轮廓大体一致,大小68—100μm;三射线清楚但常被外层(囊)褶皱覆盖,皱脊薄,透明,弯曲或波状,于中央体范围内宽4.5—8.0μm,超出该范围的延伸部分较窄,至赤道边缘尖;囊表面覆以小锥刺—长锥刺状纹饰,分布稀疏,基部彼此间距常大于刺基宽;基宽1.5—4.0μm,高1.0—6.5μm,顶端钝或尖(小锥刺);偶见褶皱;黄棕—棕色。

比较与讨论 当前标本较 *C. velatus* 的全模标本(208μm)要小,而其纹饰分子则较粗大(1μm);其他特征与 *C. velatus* 基本一致。

产地层位 贵州独山,舒家坪组;云南禄劝,坡脚组;云南东部(?),穿洞组—海口组(下部)。

碟饰孢属 *Discernisporites* Neves, 1958

模式种 *Discernisporites irregularis* Neves, 1958;英国英格兰斯塔福德(Staffordshire),上石炭统(Namurian—Westphalian)。

属征 三缝同孢子或小孢子,轮廓三角形—亚圆形;三射线长1/2—3/4R,常有褶皱伴随其延伸至赤道;近极面围绕极部常有一三角形接触(?)区,由于其结构或纹饰分异,呈现出环状外观;远极和近极外壁薄,光滑至内点穴状;模式种大小50—100μm。

注释 Neves和Owens (1966) 修订了此属征,改动有几点:①明确本属为腔状孢;②孢子凸边三角形,内层(本体)常亚圆形;③外壁内、外层光面,或具内点穴、内颗粒状结构,接触面或具纹饰;④三射线具薄唇,靠近近极常强烈弯曲。

比较与讨论 *Endosporites* 为单"囊",具内网或内颗粒,囊沿具"缘"。但有些作者将原先归入 *Endosporites*

的种改归此属，如 *E. macromanifestus* Hacquebard 和 *E. micromanifestus* Hacquebard（ = *Discernisporites concentricus* Neves，见 Jansonius and Hills，1976）。

缩小碟饰孢 *Discernisporites deminutus* Lu，1997

（图版67，图1，2）

1988 *Retusotriletes flectus* Gao，高联达，201 页，图版 1，图 5。

1997 *Discernisporites deminutus* Lu，卢礼昌，196 页，图版 2，图 24，25。

描述 赤道轮廓宽圆三角形，大小 36.2—48.0μm，全模标本 41.2μm；三射线清楚，微弯曲，具窄唇（宽约 2μm），伸达赤道，近角顶常具 3 个小突起；外壁 2 层：内层界线清楚，厚不足 1μm，表面无纹饰，极面观与外层多少分离，轮廓与孢子赤道轮廓基本一致；赤道腔常连续但颇窄，宽仅为 1/6—1/5R，外层较厚，赤道外层厚 1.5—2.2μm，表面微粗糙至微细颗粒状，粒近圆形，粒径约 0.5μm，颇低矮，在赤道轮廓线上反映甚微；常具 1—3 条细条带状褶皱，略呈弧形分布；黄棕—棕色。

比较与讨论 本种以个体甚小与纹饰甚微为特征，以此区别于 *Discernisporites* 属内其他种。江苏南京龙潭地区五通群（卢礼昌，1994a）与湖南界岭邵东组（卢礼昌，1995）产出的 *D. micromanifestus*（Hacquebard）Sabry and Neves，虽然其个体较欧美地区的同种标本小许多，但赤道腔较宽（一般不小于 1/3R），且射线顶部不具 3 个小突起，同时外壁外层也不具纹饰，故本种与其不能等同。

注释 被高联达（1988）归入 *Retusotriletes flectus* Gao，1988 的西藏标本，其特征与当前种的标本颇相似，故将其改归于本种名下。

产地层位 湖南界岭，邵东组；西藏聂拉木，章东组。

大透明碟饰孢 *Discernisporites macromanifestus*（Hacquebard）Higgs，Clayton and Keegan，1988

（图版67，图13）

1957 *Endosporites macromanifestus* Hacquebard，p. 317，pl. 3，figs. 14，15.

1960 *Auroraspora macromanifestus*（Hacquebard）Richardson，p. 50.

1987 *Auroraspora macromanifestus*，高联达、叶晓荣，419 页，图版 180，图 3，4。

1988 *Discernisporites macromanifestus*（Hacquebard）Higgs，Clayton and Keegan，p. 76.

1991 *Auroraspora macromanifestus*，徐仁、高联达，图版 2，图 15。

1995 *Auroraspora macromanifestus*，卢礼昌，图版 4，图 17。

描述 赤道轮廓钝角凸边三角形，大小 84—110μm；三射线可见，长等于内孢体半径，上覆三射脊[唇（?）]，单片唇宽 1.5—2.5μm，直或微曲，伸达赤道或赤道附近；内孢体轮廓可辨别，与孢子赤道轮廓近乎一致，大小 48—60μm，常被外层完全包裹；外层粗糙至颗粒状，常见 1—3 条不规则褶皱；内、外层之间的赤道腔宽 16.5—28.0μm，辐射区的宽度似乎较辐间区的略宽，外缘轮廓线微粗糙。

比较与讨论 当前标本的大小比 *Endosporites macromaniferstus* Hacquebard，1957 的全模标本（150μm）要小些（Richardson，1960，p. 50），其他特征与之基本相符。

产地层位 湖南界岭，邵东组；云南东部，海口组（上段）；甘肃迭部，鲁热组。

小透明碟饰孢 *Discernisporites micromanifestus*（Hacquebard）Sabry and Neves，1971

（图版67，图3—7；图版131，图8，24）

1957 *Endosporites micromanifestus* Hacquebard，p. 317，pl. 3，fig. 18.

1958 *Discernisporites concentricus* Neves，p. 5，pl. 3，fig. 7.

1960 *Auroraspora micromanifestus*（Hacquebard）Richardson，p. 51，pl. 14，figs. 1，2.

1963 *Hymenozonotriletes granulatus*，Kedo，p. 63，pl. 5，figs. 125—127.

1963 *Endosporites micromanifestus*，Playford，p. 652，pl. 93，figs. 17，18.

1971 *Endosporites micromanifestus*，Playford，p. 52，pl. 17，fig. 17.

1971 *Discernisporites micromanifestus* (Hacquebard) Sabry and Neves, p. 1445, pl. 3, fig. 11.

1980 *Discernisporites micromanifestus*,高联达,图版Ⅴ,图 18。

1983 *Discernisporites micromanifestus*,高联达,512 页,图版 116,图 21。

1983 *Discernisporites micromanifestus*,高联达,207 页,图版 7,图 1—3,7,8。

1985 *Discernisporites micromanifestus*,高联达,83 页,图版 8,图 17—19。

1987 *Discernisporites micromanifestus*,高联达,图版 9,图 1。

1988 *Discernisporites micromanifestus*,高联达,图版 6,图 14。

1988 *Discernisporites micromanifestus*,卢礼昌,见蔡重阳等,图版 2,图 16,17(未描述)。

1986 *Discernisporites micromanifestus*,唐善元,图版 2,图 31,32。

1988 *Discernisporites micromanifestus*, in Gao, pl. 3, fig. 28.

1989 *Endosporites micromanifestus*, in Ouyang and Chen, pl. 4, fig. 10.

1993 *Discernisporites micromanifestus*,文子才、卢礼昌,图版Ⅳ,图 18,19。

1993 *Discernisporites micromanifestus*,何圣策、欧阳舒,43 页,图版 4,图 1。

1994 *Discernisporites micromanifestus*,卢礼昌,图版Ⅵ,图 9。

1995 *Discernisporites micromanifestus*,卢礼昌,图版 3,图 12。

1996 *Discernisporites micromanifestus*,朱怀诚,155 页,图版Ⅱ,图 7,10,15。

1996 *Endosporites micromanifestus*,王怿,图版Ⅵ,图 19,20。

1997b *Spelaeotriletes microgranulatus* var. *minor*,卢礼昌,图版 2,图 20,21。

1999 *Discernisporites micromanifestus*,卢礼昌,81 页,图版 31,图 2,14。

2003 其余同义名见欧阳舒、王智等,230 页。

描述 赤道轮廓三角形,边部外凸,角部钝尖,大小 42—80μm;三射线明显,具唇,总宽(高)2—6μm,长伸达孢子赤道;本体(外壁内层)明显,轮廓线与孢子一致,半径长约为孢子总半径的 2/3,表面光滑;外壁外层薄,偶尔见有褶皱,表面光滑或具点、细粒或瘤状纹饰。

注释 高联达(1983)与卢礼昌(1997)分别报道的 *Calyptosporites* sp. 1 与 *Spelaeotriletes microgranulatus* var. *minor* Byrscheva 均较接近于 *Discernisporites micromanifestus*。此外当前种的中国标本大小幅度大多为 42—60μm,内孢体 18.7—35.0μm,与欧洲(Higgs et al., 1988, p. 76;55—110μm)或北美(Hacquebard, 1957, p. 317;58—100μm)的同种标本相比则显得小许多。

比较与讨论 本种以个体较小区别于 *D. macromanifestus* (Hacquebard) Higgs, Clayton and Keegan(1988)。

产地层位 江苏南京龙潭、宜兴丁山,五通群;江苏宝应,五通群擂鼓台组中上部;浙江富阳,西湖组;江西全南,三门滩组下部、翻下组;湖南界岭,邵东组;湖南锡矿山,邵东组—孟公坳组中下段;湖南双峰,测水组;贵州贵阳乌当,旧司组;贵州睦化,打屋坝组底部;甘肃靖远,前黑山组、臭牛沟组、红土洼组;西藏聂拉木,章东组;新疆和布克赛尔俄姆哈,和布克河组上段;新疆和布克赛尔,黑山头组 4 层;新疆克拉玛依,车排子组—佳木河组。

顶突碟饰孢 *Discernisporites papillatus* Lu, 1999

(图版 67,图 15—19)

1995 *Discernisporites papillatus*,卢礼昌,图版 4,图 14。

1999 *Discernisporites papillatus* Lu,卢礼昌,81 页,图版 32,图 1—5。

描述 赤道轮廓圆三角形—圆形,不具缘,大小 58.8—72.0μm,全模标本 67μm;三射线颇弱,等于内孢体半径长,(外层)或具三射脊[唇(?)],射线顶部常具 3 个小突起;外壁 2 层:内层内孢体清楚,很薄,厚仅 0.5μm 左右,表面光滑,无内结构,极面观与外层仅略有分离,赤道腔连续,颇窄,其宽仅为 1/8—1/5R,内孢体大小 43.7—67.0μm,外层点穴状柔弱,清晰,近极中央区(接触区)外层较薄,其余部分较厚,赤道区厚约 1.5μm,常具褶皱,并多位于赤道附近;浅棕—棕色。

比较与讨论 新疆准噶尔盆地,呼吉尔斯特组的 *Densosporites deminutus* Lu, 1997 虽然也具类似的形态特征,但个体较小(36.2—48.0μm),且壁(外层)表面粗糙—细粒状而非点穴状。

产地层位 湖南界岭，邵东组；新疆和布克赛尔，黑山头组3，4层。

可疑碟饰孢 *Discernisporites suspectus* Lu, 1997

（图版67，图11，12）

1997a *Discernisporites suspectus* Lu，卢礼昌，197页，图版2，图15，16。

描述 赤道轮廓宽圆三角形—近圆形，大小64.5μm—125.0μm，全模标本74.5μm；三射线被唇覆盖，唇呈叶片状隆起，基部宽2.2—3.8μm，高7.2—12.6μm，近末端略降低，脊部宽波状，伸达赤道；外壁2层：内层薄弱（厚<1μm），界线可辨或清楚，极面观与外层分离，其轮廓与孢子赤道轮廓基本一致，外层厚实，赤道外层厚2.5—4.2μm，具明显的点穴状结构，表面微粗糙或具极细的粒状纹饰；赤道腔连续，宽为1/6—2/5R；三射线两侧各具一行丘珍状纹饰或小圆瘤，每行4—6枚，基径5.0—7.5μm，高约0.5μm，间距为纹饰基部宽的1—3倍；常具褶皱，其宽窄、长短、方位与数量均多变；浅—深棕色。

比较与讨论 本种以三射线两侧各具一行丘珍状纹饰为特征。它与 *D. deminutus* Lu, 1997 的主要区别在于，除具丘珍状纹饰外，同时孢体较大，外壁外层较厚，赤道腔也较宽。

产地层位 湖南界岭，邵东组。

平常碟饰孢 *Discernisporites usitatus* Lu, 1997

（图版67，图8，9）

1997a *Discernisporites usitatus* Lu，卢礼昌，197页，图版3，图13，14。

描述 赤道轮廓宽圆三角形—近圆形，大小48.2—66.5μm，全模标本52.5μm；三射线清楚，微弯曲，或具窄唇（宽1.5—3.2μm），等于或略小于孢子半径长，3个小突起依稀可辨；外壁2层：内层可见至清楚，厚0.8—1.2μm，极面观与外层不等距分离，轮廓与孢子赤道轮廓近乎一致；外层厚1.8—2.5μm，具细颗粒内结构，表面微粗糙；赤道腔窄，宽0.8—4.5μm；褶皱不规则，长短不一，数量不等，分布零乱；孢子轮廓线圆滑；黄棕或浅棕色。

比较与讨论 本种以具不规则褶皱为特征。它与 *D. deminutus* Lu, 1997 的主要区别在于外壁褶皱不规则，内、外层分离不等距，孢体也较大；与 *D. suspectus* Lu, 1997 的主要区别为三射线两侧不具丘珍状纹饰。

产地层位 湖南界岭，邵东段。

变异碟饰孢 *Discernisporites varius* Lu, 1999

（图版67，图20，21；图版68，图1—4）

1995 *Discernisporites varius*，卢礼昌，图版1，图27（未描述）。

1999 *Discernisporites varius* Lu，卢礼昌，82页，图版32，图9—14。

描述 赤道轮廓近圆形—正圆形，不具缘，大小78.8—103.0μm，内孢体64.0—76.4μm，全模标本85.5μm；三射线通常清楚，简单或具窄唇（宽约2μm），直，伸达赤道附近，射线末端两侧或微微加厚并呈短鹰嘴状隆起；外壁2层或3层；内层薄，厚约0.5μm，极面观与外层不同程度分离，赤道腔连续，窄或不等宽（在同一标本上），最宽不超过孢子半径长的1/5，三射线区内凹，外层较薄，其余部位较厚；赤道区厚1.0—1.5μm，在透光显微照片中呈致密的细点状，在扫描显微照片上（局部放大）呈明显的小穴状或不规则细网穴状；有的标本的外壁由3层组成，最外2层彼此紧贴或不明显地局部分离；常具不规则带状褶皱；浅棕—棕色。

注释 当年，卢礼昌（1995，图版1，图27）的 *Discernisporites varius* Lu, 1994（未描述）是 *Punctatisporites varius* sp. nov.（卢礼昌，1994）的笔误，特此纠正。*Discernisporites varius* Lu, 1999 为有效种名。

产地层位 湖南界岭，邵东组；新疆和布克赛尔，黑山头组3，4层。

大腔孢属 *Grandispora* Hoffmeister, Staplin and Malloy, 1955

模式种 *Grandispora spinosa* Hoffmeister et al., 1955；美国肯塔基州，下石炭统（Mississippian）。

属征 辐射对称三缝腔状孢子;极面观外壁内层和外层轮廓在同一标本上基本一致,但不同标本之间可变化,呈圆形—凸边亚三角形;射线简单或具唇,常达本体边沿,唇则一般达或几达孢子赤道,且在标本压缩时常不规则褶皱;外壁明显 2 层,除三射线区很可能叠覆外,外层与内层分离形成腔,腔的大小即内、外层分离程度不一,外层和内层的相对厚度也是变化的,然而 2 层厚度大致相等,内层光滑,外层远极面具简单的(不分叉)明显的纹饰即刺和/或锥刺,向近极面纹饰减弱或缺失(据 Playford, 1971 重述);模式种大小 100—143μm。

比较与讨论 本属属征还有其他作者作过修订,如 Neves 和 Owens (1966), Gupta (1969), McGregor (1974)(Jansonius and Hills, 1976, Card 1167)。如 R. Potonié(1960)早年猜想的那样,他们有一点是一致的,即认为本属与 *Spinozonotriletes* Hacquebard, 1957 为同义名;Playford (1971)还认为 *Calyptosporites* 也是当前属的晚出同义名,McGregor 之后还加上 *Samarisporites*。如单纯按原作者描述,*Spinozonotriletes* Hacquebard,"本体边沿不清楚",周壁(perispore)或环(flange)厚实,具粗壮的刺,似非腔状孢,但这可能是观察解释问题。不过,Oshurkova(2003)还是将此属与 *Grandispora* 分别处理,后者腔明显得多,前者虽亦归环腔类,但环(外层)厚实,腔很狭小。

分布时代 几乎全球,泥盆纪—石炭纪、二叠纪。

顶刺大腔孢 *Grandispora apicilaris* Ouyang and Chen, 1987

(图版 60,图 7, 8)

1987a *Grandispora apicilaris* Ouyang and Chen,欧阳舒等,75 页,图版 16,图 5—9。

1987b *Grandispora apicilaris*,欧阳舒等,197 页,图版 4,图 3,4。

描述 赤道轮廓三角形,三边平或微凸,角部狭圆或尖出,大小 58—73μm,全模标本 58μm;内孢体轮廓亚圆形—圆三角形,大小 34—44μm,部分可达 50—60μm;三射线清楚,具粗壮的唇,宽达 4—7μm,直或弯曲,伸达赤道;外壁内层薄,光滑,外层在赤道部位厚 1.0—1.5μm,远极面和赤道部位具较稀的刺状纹饰,基宽 1.5—2.5μm,高 3—9μm,常在近顶部突然收缩变尖,末端尖锐呈烛焰状,刺基部间距大多 4—8μm,绕周边 20—25 枚;外层在远极和赤道部位与内层脱离,并构成一环状结构,分离间距 4—10μm;刺之间表面和近极面光滑—细鲛点状;黄—棕色。

比较与讨论 本种孢子以三角形轮廓、粗壮的三射唇和烛焰状纹饰与 *Grandispora* 属的其他种区别。

产地层位 江苏句容、宝应,五通群擂鼓台组下部。

短齿大腔孢 *Grandispora brachyodonta* (Naumova) Gao, 1988

(图版 60,图 4)

1953 *Hymenozonotriletes brachyodontus* Naumova, p. 115, pl. 17, fig. 21.

1988 *Grandispora brachyodonta* (Naumova) Gao,高联达,226 页,图版 6,图 12,13。

描述 赤道轮廓钝角凸边三角形,描述标本 46μm(据照片测量,以下皆同),内孢体轮廓与孢子赤道轮廓近乎一致,大小约 30μm;三射线可辨别,伸达内孢体边沿,其上覆有三射皱脊,伸至角顶;颗粒状纹饰限于外层远极面,粒径常不足 2μm,并略大于高,顶端钝凸—宽圆,基部分散或多少连接;在赤道轮廓线上反映微弱。

比较与讨论 描述标本总体特征与俄罗斯台地上泥盆统上部的 *Hymenozonotriletes brachyodontus* 的标本颇接近,不同的是,后者赤道边缘具稀疏、低矮的小齿状突起。

产地层位 西藏聂拉木,章东组。

具刺大腔孢 *Grandispora comitalia* Gao, 1988

(图版 60,图 1, 2)

1988 *Grandispora comitalia* Gao,高联达,225 页,图版 6,图 6—8。

描述 赤道轮廓圆三角形,大小 40—60μm;三射唇明显,直或微弯曲,有时微裂,总宽 2.5—4.0μm(据照片测量),直达赤道;内孢体轮廓与孢子赤道轮廓几乎一致,并具一明显的环状加厚(色颇深),宽为1/4—1/3R;赤道腔明显,基本等宽,宽度约1/4R;极面观近极中央区具明显的细粒状或刺—粒状纹饰,赤道边缘可见小刺和/或锥刺状纹饰,基宽1.5—2.5μm,高2—3μm,顶端尖或钝尖;外层在赤道部位似具一加厚圈,宽(厚)约2μm(据照片显示)。

产地层位 西藏聂拉木,章东组。

角刺大腔孢 *Grandispora cornuta* Higgs, 1975

(图版60,图10, 11)

1975 *Grandispora cornuta* Higgs, p. 398, pl. 4, figs. 4—6.

1983 *Grandispora cornuta* (?),高联达,203页,图版5,图11。

1988 *Grandispora cornuta*,高联达,228页,图版7,图9—11,14,15。

1990 *Grandispora cornuta*,高联达,图版1,图13;图版2,图20。

1995 *Grandispora cornuta*,卢礼昌,图版4,图19。

描述 赤道轮廓近圆形—凸边三角形,大小52—75μm;三射线常清楚,直或微曲,简单或具窄唇(约2μm),伸达内孢体边缘,末端两侧与不完全弓形脊连接;赤道腔常连贯,腔宽1/8—1/3R;外层厚1—3μm,赤道区和远极面具明显的刺状纹饰;刺分布稀散、均匀,赤道边缘突起12—22枚;刺分子基部宽大或膨胀,直径3—6μm,朝顶端骤然或均匀变窄,至末端尖,长5—20μm;内层常清楚,厚约1μm,边缘附近(极面观)常具同心圆状或弓脊状褶皱。

比较与讨论 本种以内层边缘具同心圆状或弓脊状褶皱为特征而与 *Grandispora* 属的其他种不同;*Spinozonotriletes uncatus* Hacquebard, 1957 虽然有类似的形态特征与纹饰组成,但它具一亮的赤道环,且孢体较大(82—148μm)。

产地层位 湖南邵东,邵东组;西藏聂拉木,章东组。

齿状大腔孢(比较种) *Grandispora* cf. *dentata* (Naumova) Gao, 1983

(图版63,图7)

1953 *Hymenozonotriletes dentatus* Naumova, p. 68, pl. 9, fig. 10.

1983 *Grandispora dentata* (Naumova) Gao,高联达,205页,图版6,图9,10。

1988 *Grandispora devonicus* var. *punctata* Gao,高联达,224页,图版5,图33。

1988 *Grandispora setosa* (Kedo) Gao,高联达,224页,图版5,图33。

描述 赤道轮廓亚三角形,大小45—60μm;三射线常不易见;内层(内孢体)轮廓与孢子赤道轮廓接近一致,具小颗粒状结构,内孢体半径长略大于腔宽;外层表面为刺瘤状纹饰,在赤道轮廓线上反映明显,基宽3—5μm,常略大于高;黄褐—褐色(高联达,1983,205页与1988,229页)。

注释 归入 *G. dentata* 的西藏标本(高联达,1983)与俄罗斯地台的 *Hymenozonotriletes dentatus* Naumova, 1953 特征颇相似;彼此的差异是,后者的内孢体明显较小,其半径长仅为腔宽的1/2,故将其有保留地置于该种名下。同时,同义名表中的 *Grandispora devonicus* var. *punctata* (Jushko) Gao, 1988 与 *G. setosa* (Kedo) Gao, 1988 也具有类似特征,或也可归入 *G.* cf. *dentata*。

产地层位 西藏聂拉木,上泥盆统章东组。

标志大腔孢 *Grandispora dilecta* (Naumova) Gao, 1983

(图版60,图3)

1953 *Hymenozonotriletes dilectus* Naumova, p. 60, pl. 8, fig. 3.

1983 *Grandispora dilecta* (Naumova) Gao,高联达,204页,图版6,图3。

注释 *G.* (al. *Hymenozonotriletes*) *dilecta* (Naumova) Gao 除"孢子表面覆以规则颗粒纹饰紧密排列"外,其内孢体边缘还具刺状纹饰(极面观)。这一特征在 Naumova 的描图(1953, pl. 8, fig. 3)与高联达的照片

(1983,图版6,图3)中均具清楚的显示,应属同种。

产地层位 西藏聂拉木,波曲组。

稀刺大腔孢 *Grandispora dissoluta* Lu, 1999

(图版60,图17—20)

1999 *Grandispora dissoluta* Lu,卢礼昌,75页,图版33,图14—17。

描述 赤道轮廓常呈近圆形,罕见正圆形,大小93.6—97.0μm,内孢体50.0—54.6μm,全模标本93.6μm;三射线柔弱,等于内孢体半径长,常被三射脊遮盖,脊低凸,弯曲,宽2.5—4.5μm,伸达赤道附近;外壁2层:内层厚约1μm,表面粗糙至细颗粒状,由其形成的内孢体界线清楚,并与孢子赤道轮廓一致;外层较内层厚实,表面粗糙至近似海绵状,近极面尤其中央区表面较粗糙,但无明显突起纹饰,赤道区与远极面具明显的刺状纹饰;单一纹饰分子在赤道区主要由锥刺和顶端小针刺构成,基部彼此接触或融合,锥刺基部宽3—6μm,高2—3μm,顶端小针刺颇弱,常断落不见,可见者长一般为1.6—3.0μm,甚者可达5μm左右,赤道轮廓线上突起40—54枚;远极面以长刺或棒刺为主,分布较稀,基部彼此常不接触,基部宽1.0—1.5μm,刺干长3.0—5.5μm,刺干宽约1μm,两侧近于平行,末端尖;罕见褶皱;浅棕—深棕色。

比较与讨论 本种的形态特征及大小幅度与 *G. spinosa* Hoffmeister et al., 1955的较接近,但以纹饰组成较单一(仅为长刺)且分布颇稀(间距8—25μm)而异;与 *G. minuta* 及 *G. psillata* 不同的是,这两种的孢子小许多。

产地层位 新疆和布克赛尔,黑山头组4层。

清楚大腔孢? *Grandispora? distincta* Lu, 1988

(图版60,图13,14)

1988 *Grandispora distincta* Lu,卢礼昌,179页,图版12,图1—5。

描述 赤道轮廓多呈近圆形—三角形,子午轮廓近极中央区明显内凹(其余部分微凸),远极面半圆球形,大小65.5(75.9)87.4μm,全模标本78μm;三射唇伴随射线伸达赤道附近,微凸起,波状,发育不均,常见一射线末端及两侧的唇分外粗壮,甚者可略超越赤道并高起,突起高一般约5μm,宽2.5—5.0μm;外壁2层:内层相当厚实,厚约4.5μm,但常不可量,外层与内层紧贴并较内层薄许多,在赤道区呈环状延伸,光滑、透明,边缘不规则或凹凸不平,厚1.5—2.0μm;纹饰以小锥刺为主,主要限于远极面,分布稀散,基宽2.4—6.7μm,高2.0—3.5μm,末端呈小刺状,高1—3μm;间距小于至略大于基宽;近极表面无纹饰;赤道轮廓细锯齿状,突起约30枚;浅棕黄—棕色。

注释 因孢子赤道腔不明显,故在此对其属的鉴定有所保留。

产地层位 云南沾益史家坡,海口组。

道格拉斯大腔孢 *Grandispora douglastownense* McGregor, 1973

(图版62,图17)

1973 *Grandispora douglastownense* McGregor, p. 62, pl. 8, figs. 8, 9, 12—14.

1975 *Grandispora douglastownense*,高联达、侯静鹏,221页,图版12,图1。

1987 *Grandispora douglastownense*,高联达、叶晓荣,420页,图版180。

1991 *Grandispora douglastownense*,徐仁、高联达,图版2,图8。

注释 孢体较大,可达111—195μm;刺状纹饰突起明显,限于远极面,分布稀散,刺基部轮廓亚圆形,基径1.5—5.5μm,高(长)3—17μm,一般刺长至少为基宽的3倍,刺下部两侧平行或朝顶部略变窄,顶端圆或尖……是 *G. douglastownense* 的主要特征(McGregor, 1973, p. 62)。云南东部穿洞组(徐仁、高联达,1991)的标本较贵州独山丹林组(高联达、侯静鹏,1975)的标本更接近于上述特征。

产地层位 贵州独山,丹林组上段;云南东部,穿洞组;甘肃迭部,当多组。

刺纹大腔孢　*Grandispora echinata* Hacquebard, 1957

（图版 60，图 12a，b；图版 61，图 15，18；图版 62，图 21；图版 131，图 18，19）

1957 *Grandispora echinata* Hacquebard, p. 317, pl. 3, fig. 17.

1967 *Grandispora echinata* Hacquebard, Barss, pl. 2, fig. 9.

1977 *Grandispora echinata* Hacquebard, in Clayton et al., pl. 7, figs. 21, 22.

1980 *Grandispora echinata* Hacquebard，高联达，图版 2，图 21。

1983 *Grandispora echinata*，高联达，202 页，图版 5，图 10。

?1985 *Grandispora trichacanthusa* (Luber) Gao comb. nov.，高联达，81 页，图版 9，图 3。

1985 *Grandispora echinata*，高联达，图版Ⅵ，图 12。

1987 *Grandispora echinata*，高联达，图版 8，图 11。

1989 *Grandispora* cf. *echinata*, Ouyang and Chen, pl. 1, fig. 23; pl. 2, fig. 16.

1989 *Grandispora echinata*, Zhu, pl. 3, fig. 2.

1993 *Grandispora echinata*，朱怀诚，295 页，图版 79，图 2，3；图版 89，图 10。

1994 *Grandispora echinata*，卢礼昌，图版 5，图 27。

1996 *Grandispora echinata*，朱怀诚，图版 3，图 2。

1999 *Grandispora echinata*，卢礼昌，74 页，图版 19，图 7—9。

描述　赤道轮廓三角形，边部外凸，角部钝圆，大小 42.0—132.6μm；单囊腔，腔壁厚 0.5—1.0μm，表面饰以小的锥刺，基宽 0.5—1.5μm，长 0.5—2.0μm，末端尖或钝尖，基部分离，间距 1—3μm；中央本体赤道轮廓与孢子一致，壁薄，表面点状—光滑，三射线明显或不明显，简单，直或微曲，唇窄而不明显，射线长伸达本体赤道或 2/3—1R，有时射线褶皱延伸至环囊边缘。

比较与讨论　*G. spinosa* Hoffmeister et al. (1955) 的孢子个体较大（100—143μm），刺较粗壮（长 2—8μm）；贵州睦化的 *G. triacanthusa* (Luber)，根据照片，显然为具腔孢子（60μm），描述为"刺粒纹饰"，"轮廓线上呈锯齿形"，归入 *Grandispora* 当无问题；但 *Azonotriletes triacanthus* Luber in Luber and Waltz, 1941 是无环无腔的，所以 Oshurkova (2003) 将此种归入 *Horriditriletes*。因此，本书宁可将睦化的此种孢子保留定作 *Grandispora echinata*。江苏南京龙潭五通群擂鼓台组下部的标本较小，约 42μm。相比而言，新疆和布克赛尔的标本则较大，达 113.5—132.6μm。

产地层位　江苏南京龙潭，五通群擂鼓台组下部；贵州睦化，打屋坝组底部；西藏聂拉木，波曲组；甘肃靖远，前黑山组—靖远组—红土洼组、臭牛沟组；新疆和布克赛尔，黑山头组 4 层；新疆塔里木盆地，巴楚组。

优美大腔孢　*Grandispora eximius* (Naumova) Gao, 1985

（图版 61，图 2）

1953 *Hymenozonotriletes eximius* Naumova, p. 66, pl. 9, fig. 4.

1985 *Grandispora eximius* (Naumova) Gao，高联达，见刘淑文、高联达，120 页，图版 2，图 15。

描述　赤道轮廓宽圆角凸边三角形或近圆形，大小 65—85μm；三射线伸达赤道或具窄唇；内孢体轮廓与孢子赤道轮廓一致，半径约 1/2R，壁（内层）厚约 2μm（或不足）；赤道腔明显，宽 8—11μm；孢子表面覆以稀的瘤，瘤基部轮廓近圆形，基径 1.8—2.5μm，高等于或略小于宽（基径长），间距常在 2—6μm 之间，罕见接触，顶部钝凸或微尖，在赤道轮廓线上反映不甚明显或仅局部可见；外层厚等于或略大于内层厚。

注释　上述中的各项量度（除大小外）均系据照片（高联达，1985，图版 2，图 15，×560）测算的数据。

产地层位　湖北长阳，黄家磴组。

匀刺大腔孢　*Grandispora facilisa* (Kedo) Gao, 1988

（图版 61，图 3；图版 131，图 13，14）

1956 *Hymenozonotriletes facilis* Kedo, p. 24, pl. 3, fig. 2.

1971 *Grandispoea notensis* Playford, p. 48, pl. 16, figs. 15—17.

1980 *Grandispora notensis* Playford，高联达，图版 5，图 20。

1988 *Grandispora facilisa* (Kedo) Gao,高联达,226 页,图版 6,图 14。

描述 赤道轮廓三角形—圆三角形,大小 70—90μm;本体壁较薄,和膜环之间不显著,黄褐色,膜环边缘加厚,3—5μm;三射线几乎等于孢子半径之长,常开裂;孢子表面具不规则的刺瘤状纹饰,呈星点状,在赤道边缘呈刺瘤状。

比较与讨论 与首见于西澳大利亚波拿巴湾盆地下石炭统的此种(70—75μm)颇为相似,仅当前标本稍小(约 68μm)、刺末端尖锐程度稍逊有些差别。

产地层位 西藏聂拉木,章东组;甘肃靖远,前黑山组。

法门大腔孢 *Grandispora famenensis* (Naumova) Streel, 1974

(图版 61,图 1)

1953 *Archaeozonotriletes famenensis* Naumova, p. 117, pl. 17, figs. 31—34.

1974 *Grandispora famenensis* (Naumova) Streel in B. B. S. T., p. 26, pl. 19, figs. 9—11.

1983 *Grandispora famenensis* (Naumova) Streel,高联达,205 页,图版 6,图 8。

描述 赤道轮廓圆三角形,本体轮廓与赤道轮廓一致;孢子大小 58—68μm;具膜状环,其宽为 1/2R 左右;本体与膜环间的界线不很清晰,本体色深,呈黄褐色;三射线直伸至三角顶,射线两侧具唇,其厚 3—5μm;孢子表面覆以不规则的粒瘤状纹饰。

产地层位 西藏聂拉木,波曲组上部。

叉饰大腔孢 *Grandispora furcata* Lu, 1997

(图版 61,图 7, 8)

1997a *Grandispora furcata* Lu,卢礼昌,198 页,图版 1,图 15,16。

描述 赤道轮廓宽圆三角形—近圆形,大小 55. 8—66. 5μm,平均 60. 4μm,全模标本 58. 5μm;三射线可见至清楚,简单或具窄唇,宽 1. 6—3. 8μm,长等于内孢体半径;外壁 2 层:内层清楚,厚 1. 2—1. 8μm,极面观与外层明显分离,但不等距,由其形成的内孢体轮廓与孢子赤道轮廓基本一致;赤道腔宽窄不均,宽为 1/7—1/5R,外层较内层厚实,厚达 2—3μm,赤道和远极表面具稀散的棒刺状突起,末端常见 2—3 个小分叉;突起基部宽 1. 8—3. 5μm,少许稍宽,往上逐步或略微变窄,长 3. 5—5. 2μm,顶部分叉或钝凸,基部间距常超过基宽的 2—3 倍;外壁内颗粒状结构明显,表面微粗糙或具次一级的小突起,常沿一射线开裂并延伸至远极面;近极面无明显突起纹饰;赤道轮廓线呈不规则长齿状;罕见褶皱;棕—深棕色。

比较 当前种以叉状纹饰为主要特征而有别于 *Grandispora* 属的其他种。爱尔兰上泥盆统—下石炭统的 *G. cornuta* Higgs (Higgs et al., 1988)的形态特征虽与 *G. furcata* 颇为接近,但它的纹饰分子为角状突起,末端尖且不分叉。

产地层位 湖南界岭,邵东段。

纤细大腔孢 *Grandispora gracilis* (Kedo) Streel, 1974

(图版 61,图 4—6; 图版 62,图 3)

1957 *Archaeozonotriletes gracilis* Kedo, p. 29, pl. 4, fig. 2.

1974 *Grandispora gracilis* (Kedo) Streel, in Becker et al., p. 26, pl. 19, figs. 1—3.

?1983 *Grandispora gracilis*,高联达,203 页,图版 5,图 17。

1987a *Grandispora gracilis*,欧阳舒等,74 页,图版 13,图 4,5,7,10—12。

1996 *Grandispora gracilis*,王怿,图版 4,图 16,17。

描述 赤道轮廓凸边三角形—近圆形,大小 47—64μm,内孢体轮廓与孢子赤道轮廓大体一致,大小 37—56μm;三射唇宽 1. 0—2. 5μm,伴随射线伸达赤道或稍短;外壁内层厚 <1μm,表面光滑或呈极细小的鲛点状;外层厚约 1μm,赤道与远极面具瘤、刺二型纹饰;纹饰分子分布稀疏、均匀,瘤基部轮廓亚圆形,基径 1. 5—2. 5μm,偶达 6μm,顶部具一小刺,总高 2. 5—5. 0μm,甚者 6—10μm,或不具顶刺,仅于突起高

的1/2处骤然收缩，变尖成一单个的长刺；基部间距常为3—5μm，偶见大于10μm；有时较密甚至彼此相邻与相触，绕赤道轮廓线突起15—25枚；赤道腔宽3—9μm；外壁少见褶皱；黄—棕黄色（据欧阳舒等，1987a，略有修订）。

产地层位 江苏句容，五通群擂鼓台组下部；湖南锡矿山，邵东组；西藏聂拉木，波曲组。

克氏大腔孢 *Grandispora krestovnikovii*（Naumova）Gao，1985

（图版61，图12）

1953 *Hymenozonotriletes krestovnikovii* Naumova，p. 67，pl. 9，fig. 7.

1985 *Grandispora krestovnikovii*（Naumova）Gao，高联达，120页，图版2，图16。

注释 据高联达描述及其照片显示，赤道轮廓近圆形，大小80—100μm；三射线隐约可见，长等于内孢体半径长，由内层构成的内孢体轮廓与孢子赤道轮廓基本一致，厚约2μm，似具点状结构；外层厚不大于内层，表面覆以分布不均但形态规则的"刺瘤"状纹饰，纹饰分子相当坚实，基部轮廓多少近圆形，基宽1.8—2.7μm，突起高略大于宽，表面光滑，顶部锥刺状或小锥瘤状，基部很少接触，间距常在1.5—3.0μm之间，甚者5—8μm，绕赤道轮廓线突起约45枚；赤道腔几乎等宽，宽8.0—10.7μm；黄褐色。

产地层位 湖北长阳，黄家磴组。

大刺大腔孢点穴变种
Grandispora macrospinosa（Jushko）Wen and Lu var. *punctata*（Jushko）Wen and Lu，1993

（图版62，图2）

1963 *Archaeozonotriletes macrospinosus* Jushko var. *punctata* Jushko，in Kedo，p. 73，pl. 7，figs. 177—179.

1988 *Spinozonotriletes* sp.，蔡重阳等，图版2，图22（部分）。

1993 *Grandispora macrospinosa*（Jushko）Wen and Lu var. *punctata*（Jushko）Wen and Lu，文子才、卢礼昌，317页，图版2，图25。

注释 Kedo（1963）描述的 *Archaeozonotriletes macrospinosus* var. *punctatus* 的标本仅具腔而非环（pl. 7，figs. 177—179），故将其移入 *Grandispora*。归入同义名表中的江西与江苏标本，形态特征与纹饰组成均颇相似，应属同一种，即 *G. macrospinosa* var. *punctata*；它们的大小幅度为18.7—30.5μm。

产地层位 江苏南京龙潭擂鼓台，五通群擂鼓台组下—中部；江西全南，三门滩组。

中等大腔孢 *Grandispora medius*（Naumova）Gao，1985

（图版63，图6）

1953 *Hymenozonotriletes medius* Naumova，p. 60，pl. Ⅷ，fig. 5.

1985 *Grandispora medius*（Naumova）Gao，121页，图版2，图17。

描述 赤道轮廓圆三角形，大小55—65μm；三射线长为R，两侧具加厚的条带，宽2—3μm；孢子表面覆以不规则的小刺瘤状纹饰，在轮廓线上呈齿状（据刘淑文等，1985，121页，略有修订）。

产地层位 湖北长阳，黄家磴组。

微刺大腔孢 *Grandispora meonacantha*（Naumova）Gao，1983

（图版62，图4）

1953 *Hymenozonotriletes meonacanthus* Naumova，p. 63，pl. 8，fig. 16.

1983 *Grandispora meonacantha*（Naumova）Gao，高联达，203页，图版5，图13。

1988 *Grardispora* sp.，高联达，227页，图版7，图1，2（部分）。

注释 Naumova（1953，p. 63）的文字描述与照片（pl. 8，fig. 16）表明：被她归于 *Hymenozonotriletes meonacanthus* 名下的分子为具腔三缝小孢子，赤道轮廓宽圆角三角形或近圆形，大小70—80μm；三射线清楚，简单，直，长原来为R；内层较外层厚实，由其构成的内孢体轮廓与孢子赤道轮廓基本一致，其半径约为孢子半径长的2/3；外层覆以相当稀散的小刺，间距为基宽的1.5—5.0倍；基宽常不足1μm，高略大于宽，末端尖，在赤道轮廓线上反映微弱,边缘突起约 48 枚;赤道腔清晰,宽 1/4—1/3R。归入 *Grandispora meonacantha* 的西藏标本略小(37.5—50.0μm)、刺略粗(宽 1.7—3.0μm,高 1—2μm),但其总的面貌特征、纹饰组成及纹饰特征等均与 *Hymenozonotriletes meonacanthus* 颇相似,故不影响其种的归属。

产地层位 西藏聂拉木,波曲组。

中泥盆大腔孢 *Grandispora mesodevonica* (Naumova) Gao, 1985

(图版 62,图 19)

1953 *Hymenozonotriletes mesodevonicus* Naumova, p. 39, pl. 4, fig. 2.

1985 *Grandispora mesodevonicus* (Naumova) Gao,高联达,121 页,图版 2,图 22。

描述 赤道轮廓因褶皱不规则近圆形,大小 100—120μm,三射线不清楚;赤道腔明显,极面观几乎等宽,宽约 17.5μm(据图像测量,×560);外壁外层较内层薄,具皱,表面覆以不规则的小颗粒纹饰,照片显示又似具稀散的粗钝刺状纹饰,其基部近圆形,基径约 4μm(测量同上),顶部钝凸,高略小于基径;内孢体轮廓与孢子赤道轮廓近乎一致,大小约 55.4μm(测量,同上),颜色较外层深许多;赤道轮廓线局部具不规则钝齿状。

注释 当前标本的形态特征、纹饰组成与大小幅度与 Naumova (1953)首次描述的 *Hymenozonotriletes devonicus* 的标本十分接近,当为同种。

产地层位 湖北长阳,黄家磴组。

小体大腔孢 *Grandispora minuta* Lu, 1999

(图版 79,图 12—14)

1999 *Grandispora minuta* Lu,卢礼昌,75 页,图版 21,图 7—9。

描述 赤道轮廓宽圆三角形,大小 32.8(34.8)32.4μm,内孢体 28—32μm,全模标本 34.3μm,内孢体 30μm;三射线柔弱,常被三射脊(唇)遮盖,伸达内孢体边缘(或附近),脊窄、直或微曲,伸达赤道附近,外壁内层厚约 0.5μm,表面光滑无饰,内孢体轮廓与孢子赤道轮廓一致;赤道腔较窄,宽仅 2μm 左右;外层厚约 1μm,近极—赤道部位与远极面具稀疏的小刺纹饰,纹饰分子基部略膨大或近似球茎状,宽约 2μm,上部较窄,顶端尖锐,刺全长 2—3μm,间距常在 2—4μm 之间,甚者宽达 10μm 左右,罕见接触,赤道边缘突起高 24—30μm;近极表面无明显纹饰;浅橙棕色。

比较与讨论 本种以孢体较小为特征而与 *Grandispora* 属的其他种不同。

产地层位 新疆和布克赛尔,黑山头组 4 层。

多皱大腔孢(新种) *Grandispora multirugosa* Lu sp. nov.

(图版 61,图 16, 17)

1999 *Spelaeotriletes obturus* Higgs, 1975,卢礼昌,79 页,图版 17,图 3,4,8,9。

描述 赤道轮廓亚三角形,角顶钝凸至宽圆,三边微外凸,大小 78.0—95.7μm,内孢体 53—67μm,全模标本 84μm;三射线常不清楚或仅可识别,约等于内孢体半径长,内层可见至清楚,颇薄(厚 <1μm),多皱,由其形成的内孢体轮廓与孢子赤道轮廓基本一致或因褶皱不尽一致,极面观与外层分离,但腔较窄,宽常小于 10μm;外层远极面与赤道区具致密、分散的小锥刺与小桩状纹饰,锥刺低矮,基宽与突起高近乎相等,为 1.0—1.5μm,小桩宽约 1μm,长 1—2μm,顶端圆或微膨大,间距一般不大于基宽,偶见局部接触;弓形脊不完全或绝大部分位于赤道,接触区面积几乎等于近极面,区内无纹饰;赤道部位外层相当厚实(深棕色),并呈带环状,宽可达 3—6μm,其余部位颇薄,常具不规则带状褶皱,故孢子形态不甚规则或多变;浅—深棕色。

比较与讨论 本新种以赤道外层相当厚实并呈带环状,其余外层与整个内层又相当单薄且多褶皱,以及纹饰细小、分布致密为特征而与 *Grandispora* 属的其他种不同。

注释 这些标本原被置于 *Spelaeotriletes obturus* Higgs, 1975 名下描述(卢礼昌,1999),现觉不妥,因此重新描述并另立新名 *Grandispora multirugasa* Lu 取代之。

产地层位 新疆和布克赛尔,黑山头组4层。

多刺大腔孢 *Grandispora multispinosa* Gao, 1983

(图版61,图9, 11)

1983 *Grandispora multispinosa* Gao,高联达,204页,图版6,图1,2,12,13。

1983 *Grandispora crassis* (Kedo?) Gao,高联达,202页,图版5,图9,12。

描述 赤道轮廓亚三角形,大小45—55μm;三射线常被外层放射状皱脊遮盖,皱脊微曲、略凸,长为3/4—4/5R;内层(内孢体)清楚,轮廓与孢子赤道轮廓基本一致;外层厚1.0—1.5μm,近极—赤道区与整个远极面覆以小刺状纹饰;纹饰分子基部宽约1μm,高等于或略小于基宽,间距常大于基宽,甚者可达3—4μm;罕见褶皱。

注释 *G. multispinosa* 与 *G. crassis* 的照片似乎表明,它们的形态特征与纹饰组成并无多少差异存在,故在此将后者合并于前一种名下描述。

产地层位 西藏聂拉木,波曲组上部。

显著大腔孢(新名) *Grandispora notabilis* Zhu nom. nov.

(图版62,图1)

1974 *Grandispora* sp. A, Streel, in Becker et al., pl. 19, figs. 4—6.

1999a *Grandispora* sp.,朱怀诚,图版Ⅳ,图6。

1999b *Grandispora uniformis* Zhu,朱怀诚,332页,图版1,图4。

描述 赤道轮廓圆三角形—亚圆形,大小28—40μm(测7粒),全模标本36μm;三射线可辨,简单,具窄唇(总宽1—2μm),直或微曲,伸达角顶部轮廓线;外壁内层(本体)壁薄,光面,直径约为孢子直径的4/5;外壁外层厚1.0—1.5μm,远极面和赤道区具均匀分布的颗粒、锥粒,基径及高均为0.5—1.5μm,末端圆钝或尖,基部分离,间距1.0—2.5μm。

比较与讨论 当前孢子与卢礼昌(1994)建立的 *Spelaeotriletes granulatus* Lu(卢礼昌,1994,172页,图版Ⅵ,图13—15)非常相似,区别仅在于后者具发达的弓形脊,接触区明显且相对较大。

注释 *G. uniformis* Zhu, 1999 为 *G. uniformis* Hou, 1982 的晚出异物同名,应予废弃,现用另一新种名取代原种名,即 *G. notabilis* Zhu nom. nov.。

产地层位 新疆塔里木盆地北部,东河塘组。

杂饰大腔孢 *Grandispora promiscua* Playford, 1978

(图版62,图14—16)

1978 *Grandispora promiscua* Playford, p. 141, pl. 12, figs. 12—17.

1999 *Grandispora promiscus*,卢礼昌,75页,图版33,图8—10。

描述 赤道轮廓钝角凸边三角形,大小43.7—56.2μm,内孢体31—39μm;三射线清楚,直,简单,或具薄唇,唇透明,叶片状,突起高3—5μm,末端低矮,伸达赤道附近;内层清楚,厚约1μm,轮廓与孢子赤道轮廓一致(或偏离中心),表面光滑无饰;外层略厚,远极面与赤道区具明显的刺状纹饰;纹饰分子在远极面较稀、较弱,在赤道区较粗、较长、较密,基宽1.5—3.0μm,长3—5μm,某些分子基部略膨大,顶部明显收缩并拉长成一末端小刺;赤道轮廓线上突起42—64枚;近极面无明显突起纹饰;罕见褶皱;浅棕色。

比较与讨论 当前种与 *G. echinata* 的主要区别为,纹饰相对较粗、较长,尤其在赤道区,且分布不规则(密度多变,即使在同一标本上)。本书归入 *G. promiscua* 的标本较其全模标本(Playford, 1978, pl. 12, fig. 12; 83μm)偏小,纹饰也相对较弱,但与其种征基本相符,故仍归该种。

产地层位 新疆和布克赛尔,黑山头组4层。

多变大腔孢 *Grandispora protea* (Naumova) Moreau-Benoit, 1980

(图版 62,图 20)

1953 *Hymenozonotymenozonotriletes proteus* Naumova, p. 40, pl. 4, fig. 5.

1965 *Calyptosporites proteus* (Naumova) Allen, p. 735, pl. 103, figs. 10, 11.

1980 *Grandispora protea* (Naumova) Moreau-Benoit, p. 37, pl. 11, fig. 6.

1983 *Hymenozonotriletes proteus*,高联达,513 页,图版 111,图 10。

描述 赤道轮廓亚三角形,角部宽凸,三边微凸或几乎平直,大小 134μm;三射线被略隆起与弯曲的皱脊[唇(?)]覆盖,宽约 3μm,超越内孢体伸达赤道附近;内层(内孢体)清楚,内点状,厚约 2μm,内孢体轮廓与孢子赤道轮廓接近一致,大小 63μm;外层较内层略薄,内点状,褶皱,纹饰限于远极面与赤道边缘,以钝刺或锥刺或短棒状突起为主,末端偶见小刺,纹饰分子基宽约 2.5μm,高略大于基宽,间距常为基宽的 3—5 倍;赤道腔不等宽,辐射区最宽,可达 38—45μm,辐间区最窄,宽仅 22—26μm,内、外缘轮廓线不甚规则。

比较与讨论 当前标本(高联达,1983)与俄罗斯地台中泥盆统上部的 *Hymenozonotriletes proteus* Naumova (1953)及挪威西斯匹次卑尔根吉维特阶的 *Calyptosporites proteus* (Naumova) Allen, 1965 的标本特征均颇接近,彼此同种应无多大问题。

产地层位 云南禄劝,中泥盆统西冲组。

平滑大腔孢 *Grandispora psilata* Lu, 1999

(图版 62,图 9—11, 18)

1999 *Grandispora psilata* Lu,卢礼昌,76 页,图版 33,图 1—7,33。

描述 赤道轮廓宽圆三角形,大小 46.8—57.7μm,内孢体 29.6—40.6μm,全模标本 55.4μm,内孢体 37.4μm;三射线可见,直,伸达内孢体边缘,常被外层窄而薄的三射状皱脊覆盖,脊直或不规则弯曲,伸达赤道附近至边缘;外壁 2 层:内层薄,厚常小于 1μm,表面光滑,由其形成的内孢体清楚,轮廓与孢子赤道轮廓近乎一致,并与外层不等程度分离;外层较厚,远极区厚 1.5—2.5μm,近似细颗粒状结构,近极区较薄,表面微粗糙,无明显突起纹饰;纹饰主要分布在远极面并由小刺组成,分布相当稀疏,间距常大于基宽;小刺弯曲,基部宽 1.0—1.5μm,罕见超过 2μm,长 2.0—2.3μm,顶端尖;远极—赤道区纹饰较弱小,至赤道边缘无明显突起,即轮廓线较平滑;外壁罕见褶皱;棕黄色。

比较与讨论 当前种与 *G. spiculifera* Playford, 1976 颇接近,但后者赤道轮廓更接近于圆形,纹饰分布也较密集;与 *G. echinata* Hacquebard, 1957 的主要区别在于外壁外层较厚,纹饰分布不规则,且外层在赤道延伸呈假环状。

注释 侧压标本清楚表明:除三射线区外,内、外层彼此分离——孢子具腔与外层超越内层在赤道部位延伸呈假环状。

产地层位 新疆和布克赛尔,黑山头组 3,4 层。

棒刺大腔孢 *Grandispora rigidulusa* Gao, 1988

(图版 131,图 21)

1988 *Grandispora rigidulusa* Gao,高联达,199 页,图版 6,图 14。

描述 赤道轮廓三角形—亚三角形,大小 50—70μm,全模 58μm;本体与外形相同,角部浑圆,三边强烈凸出;三射线粗壮,直伸至三角顶;孢子表面覆以棒瘤纹饰,棒瘤形体不规则,大小差异较大,基部彼此不连接,基部直径 2—4μm,高 4—6μm,顶端直平或变钝。

比较与讨论 与 *G. spinosa* Hoffmeister, Staplin and Malloy, 1955 外形轮廓相同,但后者以刺小、分布稀疏而不同;与 *G. echinata* Hacquehard, 1957 比较,后者以刺小且分布紧密而不同。

产地层位 甘肃靖远,臭牛沟组。

蜥蜴大腔孢 *Grandispora saurota* (Higgs, Clayton and Keegan) Playford and McGregor, 1993

(图版63,图15)

1988 *Spinozonotriletes saurotus* Higgs, Clayton and Keegan, p. 77, pl. 15, figs. 1—3, 7; text-fig. 28.

1993 *Grandispora saurota* Higgs, Clayton and Keegan, in Playford and McGregor, p. 38, pl. 17, figs. 1—11.

1995 *Grandispora saurota*,卢礼昌,图版3,图10。

描述 赤道轮廓宽圆三角形,大小30—62μm,内孢体26—52μm;三射线可见至清楚,简单,直,伸达赤道附近;内层薄(厚<1μm),不甚清楚,与外层多少分离,轮廓与孢子赤道轮廓近乎一致;外层较厚,2—3μm,内颗粒状至粗糙,纹饰主要限于远极面和赤道区,以刺和锥刺为主,分布不规则,基部罕见接触,基宽1.5—3.5μm,高大于宽,顶端尖或钝;赤道轮廓线上突起15—28枚;近极面光滑至粗糙;偶见褶皱。

比较与讨论 本种与*G. echinata*有些相似,但后者以纹饰分布较规则(相当均匀)而不同。

产地层位 湖南界岭,邵东组。

清晰大腔孢 *Grandispora serenusa* (Kedo) Gao, 1983

(图版61,图13, 14)

1957 *Archaeozonotriletes serenus* Kedo, p. 28, pl. 3, fig. 25.

1983 *Grandispora serenusa* (Kedo) Gao,高联达,205页,图版6,图11。

1997 *Grandispora serena* (Kedo) Lu,卢礼昌,图版2,图13,14。

描述 赤道轮廓宽圆三角形,大小60—90μm,内孢体轮廓与孢子赤道轮廓一致,大小54—74μm;三射皱脊[唇(?)]宽3—6μm,伸达赤道或稍短;赤道腔颇窄,宽仅3.0—5.5μm;环似具缘[外层厚(?)],厚2.0—3.5μm;纹饰限于远极面与环边缘,分布相当稀疏;纹饰分子以粗粒—小(锥)瘤状突起为主,基部轮廓近圆形,宽1.5—3.0μm,顶部钝凸(偶见钝尖),高2.5—4.5μm,间距常为基宽的1.5—4.0倍,在赤道轮廓线上反映不甚明显。

比较与讨论 当前描述标本的形态特征及大小幅度与Kedo(1957)首次描述的*Archaeozonotriletes serenus*较相似,仅以三射唇(?)较长以及腔似较窄而略异,但不影响将其归为同种。

注释 *G. serena* (Kedo) Lu, 1997应废弃,因*G. serenusa* (Kedo) Gao, 1983在先。

产地层位 湖南界岭,邵东组;西藏聂拉木,波曲组。

稀饰大腔孢 *Grandispora sparsa* Ouyang, 1984

(图版63,图16)

1984 *Grandispora sparsa* Ouyang,欧阳舒,78页,图版2,图1,2。

描述 轮廓三角形—亚圆形,大小115—150μm,全模标本137μm;中央本体(内层)亚三角形—亚圆形,大小63—78μm;环囊(外层)在赤道和远极部位脱离本体,宽一般为30μm,在角部微宽些,除具次生较大且不规则的洞穴外,具较细匀网状结构,远极和赤道具稀疏的刺—锥刺,基宽4—7μm,高2—4(6)μm,末端钝圆或尖,无二分叉,但两侧偶见小突起分异,刺间距一般为10—20μm;三射线可能具唇,伸达孢子角部;暗灰黄—棕黄色。

比较与讨论 该种的某些特征与云南沾益史家坡中泥盆统海口组的*Ancyrospora*? *majusckula* Lu, 1988颇相似,但后者近极中央区的外层明显加厚,且超覆内孢体边缘轮廓,赤道边缘纹饰较远极面纹饰要粗壮许多,孢体也较大(全模标本187μm,最大分子大于200μm)。

产地层位 黑龙江密山,黑台组。

多刺大腔孢 *Grandispora spinosa* Hoffmeister, Staplin and Malloy, 1955

(图版3,图18;图版131,图9)

1955 *Grandispora spinosa* Hoffmeister, Staplin and Malloy, p. 388, pl. 39, figs. 10, 14.

1993 *Grandispora spinosa*,朱怀诚,295页,图版79,图4。

1995 *Grandispora eximius* (Naumova) Lu,卢礼昌,图版3,图5(未描述)。

描述 赤道轮廓圆形—卵圆形,大小70—110μm,本体50—80μm;中央本体圆三角形—圆形,三射线清晰,直,几伸达赤道,壁厚1.0—1.5μm,表面光滑—点状;腔壁厚0.5—1.0μm,表面饰以刺饰,基部直径0.5—2.5μm,长0.5—4.0μm,基部分离,对应射线位置腔壁呈Y形褶皱。

比较与讨论 与原模式标本相比,当前标本仅个体稍小,刺不那么粗长(2—8μm)。

产地层位 湖南界岭,邵东组;甘肃靖远,羊虎沟组下段。

多刺大腔孢(比较种) *Grandispora* cf. *spinosa* Hoffmeister, Staplin and Malloy, 1955

(图版63,图12, 13)

1955 *Grandispora spinosa* Hoffmeister, Staplin and Malloy, p. 388, pl. 39, figs. 10, 14.

1999 *Grandispora* cf. *spinosa* Hoffmeister et al.,卢礼昌,76页,图版17,图6,7。

注释 当前孢子的纹饰组成及其分布特征与*G. spinosa*很接近,但个体较小(71—78μm),且内层边缘似具加厚,甚至呈环圈状,故保留地置于该种名下。

产地层位 新疆和布克赛尔,黑山头组4层。

小刺大腔孢 *Grandispora spinulosa* (Naumova) Gao, 1983

(图版63,图14)

1953 *Hymenozonotriletes spinulosus* Naumova, p. 63, pl. 8, fig. 14.

1983 *Grandispora spinulosa* (Naumova) Gao,高联达,205页,图版6,图6。

注释 被高联达(1983)置于*G. spinulosa*下描述的标本,其形态特征及纹饰组成与俄罗斯地台的*Hymenozonotriletes spinulosus*大致相似,但西藏标本的内孢体界线不甚清楚,孢体较小(60—75μm),较俄罗斯地台的标本(100—125μm)小许多。

产地层位 西藏聂拉木,波曲组、章东组。

锥刺大腔孢(新联合) *Grandispora subulata* (Ouyang and Chen) Lu comb. nov.

(图版63,图1—4)

1987b *Acanthotriletes* (?) *subulatus* Ouyang and Chen,欧阳舒等,204页,图版2,图7,8。

1994 *Spelaeotriletes subulatus* (Ouyang and Chen) Lu,卢礼昌,图版6,图25—27。

描述 赤道轮廓圆三角形—近圆形,近极面低平,远极面凸出,大小34—43μm(不含纹饰);三射线可见至清楚,简单或具窄唇(宽1—2μm),伸达赤道;外壁内层厚1.0—1.5μm,与外层分离常不明显、不完全(极面观),表面光滑,内孢体轮廓与孢子赤道轮廓一致;赤道外层厚约2μm,赤道与远极外层表面具刺—锥刺状纹饰;纹饰分子基部轮廓圆形—卵圆形,基径2—3μm,高3—5μm,末端钝或尖,间距常小于至略大于基宽,绕赤道轮廓线突起17—22枚;近极表面细点—颗粒状,粒径不足0.5μm;黄—浅棕色。

注释 更多的标本表明,归入当前种的分子,其外壁确为2层;按原作者(欧阳舒等,1987b,204页)的意见,"如有本体存在则应归入*Grandispora*",故在此作一新联合种。

产地层位 江苏宝应(应2井),五通群擂鼓台组;江苏南京龙潭,五通群观山组、擂鼓台组下部。

小钩刺大腔孢(新联合) *Grandispora uncinula* (Ouyang and Chen) Lu comb. nov.

(图版60,图5, 6)

1987a *Dibolisporites uncinulus* Ouyang and Chen,欧阳舒、陈永祥,46页,图版7,图9。

1988 *Grandispora eminesa* (sic) Gao,高联达,228页,图版7,图13,16。

描述 赤道轮廓多为近圆形,大小44—60μm,全模标本44μm(欧阳舒等,1987a,图版7,图9);三射线清楚,常开裂,长等于或略小于内孢体半径;外壁2层,内、外层或等厚(约1μm)或内层较外层略厚;内孢体轮廓与孢子赤道轮廓基本一致;赤道腔窄,宽1.5—3.0μm;瘤—刺状纹饰限于赤道部位与整个远极面,分布相当稀疏,且不规则,间距4—7μm或更宽,为基宽的3—8倍,绕孢子轮廓线约20枚,或仅6—11枚;瘤—刺纹饰分子基部宽1.5—2.0μm或更宽,高2—4μm(赤道部位的较低矮),顶部具一小刺,高约1.5μm;纹饰分子之间的外壁与近极表面具极细密颗粒纹饰,宽和高各约0.5μm,并构成负网—点穴状图案;棕黄色(据欧阳舒等,1987与高联达,1988,略作修订)。

注释 本新联合种以瘤、刺二型纹饰为特征而与 *Grandispora* 属的其他种不同。原归于 *Dibolisporites uncinulus* 名下描述的标本(欧阳舒等,1987a,46页,图版7,图9),现确认孢壁为2层,且形态特征、纹饰组成及大小幅度均与高联达(1988)建立的 *Grandispora eminensa* 极为相似。再者,它们产出的层位均相当于法门阶。故此,现将该两种组成一新联合种。

产地层位 江苏句容,五通群擂鼓台组下部;西藏聂拉木,章东组。

均匀大腔孢 *Grandispora uniformis* Hou, 1982

(图版62,图5,6;图版131,图2,3)

1982 *Grandispora uniformis* Hou,侯静鹏,89页,图版2,图15,16。

描述 赤道轮廓为圆三角形,大小25—28μm(测量5粒),全模标本28μm,本体14—21μm。三射线清楚,简单,可延伸至孢壁外层;孢壁边缘宽为1.5—2.3μm;孢壁表面覆盖密集、均匀的细刺与小锥刺纹饰,高与宽均小于1μm,在赤道轮廓线上反映甚微。

比较与讨论 描述的孢子与 *G.* sp. (Barss, 1977, p. 44, pl. 17, figs. 7, 8)相似,但后者个体大且纹饰细;与 *G. debilis* Playford(1971, p. 47, pl. 17, figs. 7, 8)相似,但后者以有褶皱而相区别。

产地层位 湖南锡矿山,邵东组上部。

缘膜大腔孢 *Grandispora velata* (Richardson) McGregor, 1973

(图版63,图18)

1960 *Cosmosporites velatus* Richardson, p. 52, pl. 14, fig. 4.

1962 *Calyptosporites velatus* Richardson, p. 192.

1973 *Grandispora velata* (Richardson) McGregor, p. 61, pl. 8, figs. 10, 11.

1987 *Grandispora velata*,高联达、叶晓荣,420页,图版180,图8。

注释 甘肃标本显示:赤道轮廓不规则亚三角形,大小115μm;赤道腔宽15—30μm;内孢体轮廓与孢子赤道轮廓大体一致,外层表面具稀疏的小锥刺状纹饰(赤道轮廓线上)。它与苏格兰中老红砂岩产出的 *G. velata* (Rich.) McGregor, 1973的特征基本相同,仅后者的孢子较大(108—208μm)而有区别,但归于该种名下仍可取。

产地层位 甘肃迭部,鲁热组。

真实大腔孢 *Grandispora vera* (Naumova) Gao, 1981

(图版61,图19,20)

1953 *Hymenozonotriletes verus* Naumova, p. 40, pl. 4, fig. 6.

1981 *Grandispora vera* (Naumova) Gao, p. 19, pl. 3, fig. 1.

注释 据Naumova (1953, p. 40, pl. 4, fig. 6)的描述与照片:赤道轮廓宽圆三角形—近圆形,大小55—60μm;三射线具唇,单片唇宽1.3—2.7μm,边缘宽波状,伴随射线伸达赤道附近,末端尖;内层厚约2μm,由其形成的内孢体轮廓与孢子赤道轮廓接近一致,半径约为3/4R;外层较内层薄许多,表面覆以小刺—小锥刺状纹饰,纹饰分子基宽1.0—1.5μm,高大于或等于宽,顶端尖或钝,间距为基宽的3—5倍;赤道轮廓线稀锯齿状,边缘突起46—50枚;赤道腔清楚,宽度均匀,宽约1/4R(或稍窄)。云南禄劝陂脚组标本的特征与 *Hymenozonotriletes verus* 颇相似(除孢体稍大外),归入同一种较合适。

产地层位 云南禄劝,坡脚组。

普通大腔孢 *Grandispora vulgaris* (Naumova) Gao, 1988

(图版63,图8)

1953 *Hymenozonotriletes vulgaris* Naumova, p. 40, pl. 4, fig. 7.

1988 *Grandispora vulgaris* (Naumova) Gao,高联达,225页,图版6,图1。

注释 *Hymenozonotriletes vulgaris* Naumova, 1953 的标本以内孢体边缘(极面观)具明显带环加厚与孢子表面粒状为主要特征。西藏标本与该特征基本吻合,仅该孢子(55—65μm)较前者(70—75μm)略小及内带环状加厚不如前者的明显而略异。

产地层位 西藏聂拉木,章东组。

五通大腔孢 *Grandispora wutongiana* Ouyang and Chen, 1987

(图版63,图19,20)

1987a *Grandispora wutongiana* Ouyang and Chen,欧阳舒等,75页,图版5,图24;图版7,图13,14。

1994 *Grandispora wutongiana*,卢礼昌,图版5,图33。

描述 赤道轮廓三角形,三边略凸出,角部钝圆或微尖,大小一般97—124μm,全模102μm,少数约60μm;三射线呈强烈高起的唇,基部宽2—5μm,往上呈薄膜状延伸,高可达8—16μm,延伸至孢子角部;本体(外壁内层)轮廓亚圆形—圆三角形,轮廓线常不清楚,大小可能为80μm左右(全模标本上本体大小只有52μm,可能为收缩保存之故);外壁外层包围整个本体,超出本体轮廓20—30μm,具一颜色较暗的缘边,宽4—6μm,表面覆以较密而均匀的小锥刺纹饰,基宽和高约1μm,末端尖锐,保存好时纹饰在轮廓线上清晰可见;棕色。

比较与讨论 本种的形态特征接近于 *G. velata* (Playford, 1971; McGregor and Camfield, 1982; Richardson, 1960),后者的垂直分布为早泥盆世西根期—晚泥盆世弗拉斯期(McGregor, 1979),它与本种的区别在于孢子较大[119(162)265μm],纹饰较粗壮且多样化(刺、锥刺、颗粒),分布较稀,本体轮廓较清楚。

注释 江苏南京龙潭擂鼓台组上部的同种标本仅60μm左右。

产地层位 江苏句容,五通群擂鼓台组下部;江苏南京龙潭,五通群擂鼓台组上部。

小慕大腔孢 *Grandispora xiaomuensis* Wen and Lu, 1993

(图版63,图9—11)

1993 *Grandispora xiaomuensis* Wen and Lu,文子才等,317页,图版3,图21—24。

描述 赤道轮廓圆三角形—近圆形,大小17.8—26.5μm,内孢体15.6—24.3μm,全模标本20.3μm,内孢体18.7μm;三射线不清楚至清楚,简单或具窄唇(宽1.0—1.5μm),等于内孢体半径长;外壁2层:内层清楚,厚约1μm,与外层至少在赤道区分离明显,但腔较窄,宽仅为内孢体半径长的1/7—1/5,轮廓与孢子赤道轮廓基本一致,外层较内层略薄,远极与赤道区表面具小锥刺或夹有细颗粒,锥刺基宽略大于高,基宽0.8—1.5μm,末端钝或锐,分布稀疏且不均一,赤道轮廓线呈不规则细齿状,突起35—55枚;近极面无突起纹饰;外层或具褶皱;棕黄—棕色。

比较与讨论 本种以个体小、锥刺夹细粒纹饰分布稀疏且不均一为特征;与本文记载的 *G. gracilis* 及 *G. echinata* 的主要区别是,前者纹饰以小刺为主,后两者纹饰分布较稀疏且均匀,粒度也较小。

产地层位 江西全南,翻下组;湖北长阳,黄家磴组。

大腔孢(未定种1) *Grandispora* sp. 1

(图版63,图17)

1988 *Grandispora* sp.,卢礼昌,180页,图版20,图9。

描述 极面观内层与外层轮廓均呈宽圆三角形或近三角形,大小138μm;三射线不清楚,被三放射状外层褶皱所覆盖,几乎伸达赤道边缘;内层表面无纹饰,由其形成的内孢体界线仅隐约可见,其半径约为相对部位孢子半径的3/5,外层具内点状结构,除近极中央区外,表面覆以稀疏的刺状纹饰,但多脱落不见,可见锥刺基部宽5.6—7.8μm,向上逐渐变窄,高6.7—9.0μm,顶端常具一小针或小刺,弯曲,末端尖或具两分叉趋势,高3—4μm;浅棕—浅棕黄色。

产地层位 云南沾益史家坡,海口组。

大腔孢(未定种2) *Grandispora* sp. 2

(图版63,图5)

1988 *Grandispora verrucosa* Gao,高联达,225页,图版5,图35。

注释 *G. verrucosa* Gao, 1988与高联达、叶晓荣(1987)稍前建立的 *G. verrucosa* Gao and Ye, 1987为同名异物,故前者应予废弃。被高联达(1988)归入 *G. verrucosa* 名下的标本与 *Hymenozonotriletes krestovnikovii* Naumova (1953, p. 67, pl. 9, fig. 7)的形态特征及纹饰组成颇相似,仅前者的孢体较小(45—55μm),后者的孢体较大(90—100μm)而略异。*H. krestovnikovii* 的主要特征为,极面观内、外层轮廓均呈亚三角形、腔状,三射皱脊[唇(?)]等于孢子半径;孢子"表面"(主要为远极外层)具稀散的瘤状纹饰;腔宽小于内孢体半径长。

产地层位 西藏聂拉木,章东组。

网膜孢属 *Retispora* Staplin, 1960

模式种 *Retispora florida* Staplin, 1960;加拿大西部,下石炭统上部(Chesterian)。

属征 三缝腔状小孢子,赤道轮廓三角形—圆形;三射线简单,不清楚,顶突有时可见;外壁由2层组成:内层形成内孢体,厚实,少皱,外层紧贴内孢体,并朝赤道延伸成腔;外层近极面微细颗粒或皱纹状,远极面为颗粒—点穴状—强烈的网纹状,偶见褶皱;模式种孢子大小37—60μm,本体29—39μm。

注释 本属以远极面具明显的网纹为特征而与其他具腔三缝孢属不同。

分布时代 全球,晚泥盆世为主,有的种亦见于早石炭世。

盔形网膜孢 *Retispora cassicula* (Higgs) Higgs and Russell, 1981

(图版65,图10, 14)

1975 *Hymenozonotriletes cassiculus* Higgs, p. 399, pl. 5, figs. 1—3.

1978 *Spelaeotriletes cassiculus* (Higgs) Turnau, p. 11, pl. 5, fig. 3.

1981 *Retispora cassicula* (Higgs) Higgs and Russell, p. 38.

1995 *Retispora cassicula*,卢礼昌,图版3,图24。

1995 *Retispora lepidophyta*,卢礼昌,图版4,图22。

1996 *Retispora lepidophyta*,朱怀诚,图版1,图13。

1997 *Retispora cassicula*,朱怀诚,73页,图版4,图15。

描述 赤道轮廓亚圆形—圆三角形;三射线不甚清楚,(外层)三射皱脊有时可见,宽3—4μm,伸达赤道边缘,有时与弓形脊末端连接;弓形脊不完全;外壁外层表面具低矮的网脊状纹饰,脊宽1—3μm,高约2μm,脊常常有小锥刺状纹饰,网穴多不规则,穴径不小于至明显大于脊宽;赤道边缘常见一浅色的薄带(zona),宽3—6μm;内孢体轮廓与孢子赤道轮廓一致或不完全一致,半径为1/2—2/3孢子半径长,与外层至少在近极区紧贴;褶皱多见于外层;孢子大小70—130μm,内孢体56—74μm。

比较与讨论 本种以个体较大(全模标本约140μm,据Higgs, 1975, pl. 5, fig. 3测量)、网脊较粗为主要特征而与形态及纹饰极为相似的 *R. lepidophyta* 不同。

产地层位 湖南界岭,邵东组;新疆塔里木盆地莎车,奇自拉夫组。

鳞皮网膜孢 *Retispora lepidophyta* (Kedo) Playford, 1976

(图版65,图7, 12, 13)

1957 *Hymenozonotriletes lepidophytus* Kedo, p. 24, pl. 2, figs. 19—21.

1974 *Spelaeotriletes lepidophytus* (Kedo) Streel in Becker et al., p. 26.

1976 *Retispora lepidophyta* (Kedo) Playford, p. 45, pl. 10, figs. 1—15.

1983 *Retispora lepidophyta*,高联达,202 页,图版 4,图 12,16,17;图版 5,图 1,4—8。

1987b *Retispora lepidophyta*,欧阳舒等,208 页,图版 3,图 36,37(部分)。

1988 *Retispora lepidophyta*,蔡重阳等,图版 2,图 36。

1988 *Retispora lepidophyta*,高联达,图版 5,图 19,20。

1993 ?*Retispora lepidophyta*,何圣策、欧阳舒,图版 1,图 5。

1995 *Retispora crassicula*,卢礼昌,图版 3,图 24。

1999 *Retispora lepidophyta*,朱怀诚,73 页,图版 4,图 12,14,17。

1997 *Retispora lepidophyta*, Yang W. P., p. 4, pl. 1, figs. 5—8.

2003 *Retispora lepidophyta*,欧阳舒、王智等,231 页,图版 10,图 14。

描述 赤道轮廓圆三角形—近圆形,大小 30—70(94)μm;三射线可识别至清楚,直或微曲,常具薄唇,伸达赤道附近或边缘,末端或与弓形脊连接;弓形脊柔弱,且常不完全;外壁 2 层:内层形成一中央体(内孢体),光滑至细颗粒状,极面观其轮廓与孢子赤道轮廓大体一致,为孢子直径长的 1/2—3/4;外层远极面具网至蜂穴—蠕虫状纹饰,网脊宽 0. 5—2. 0μm,高约等于宽,其上常具小刺状突起,某些标本或因保存欠佳或因化学腐蚀作用的破坏而呈不规则的短脊或小瘤与小锥刺状;网穴形状与大小多变,即使在同一标本上也如此,通常为不规则多边形,少数为圆形或近圆形,穴径一般为 1. 5—4. 0μm,罕见小于或等于 0. 5μm 或大于 5μm;膜环(腔)宽常小于中央体(内孢体)半径的 1/2,赤道缘不常明显;外壁或具褶皱;浅棕—深棕色。

比较与讨论 *R. lepidophyta* 颇具地层意义,它是划分泥盆系与石炭系界线的重要化石之一。资料表明,该分子不仅地理分布甚广,且地质时限颇短,仅限于泥盆系最顶部(Owens and Streel, 1967);新近被进一步认为,该分子最终消失似乎是一个自始至终标志泥盆 - 石炭系界线的、无处不在的孢粉事件(G. Playford, 1991)。同时,Higgs 和 Streel(1984)研究德国 Hasselbachtal 剖面的小孢子组合表明:代表泥盆纪沉积结束的 LN 小孢子带与代表石炭纪沉积开始的 VI 小孢子带,它们的分界线位于产 *Siphonodella sulcata*(84 层)层面以下 14cm 处。很显然,以陆生植物的孢子化石 *Retispora lepidophyta* 和以海相牙形刺化石 *Siphonodella sulcata* 为依据所确认的泥盆 - 石炭系界线,彼此基本吻合。因此,*Retispora lepidophyta* 也是划分泥盆 - 石炭系界线最重要的标志化石之一。

典型的 *R. lepidophyta* 分子在我国西藏聂拉木(高联达,1983,1988)、云南西部(Yang W. P. et al., 1997)以及塔里木盆地(未刊资料)等地区先后均有报道或发现。类似 *R. lepidophyta* 的某些小个体的分子,在苏、皖、湘、赣以及南疆等区域上泥盆统法门阶地层中均有发现,并被它们的报道者当作划分泥盆 - 石炭系界线的标准分子。对此,方晓思等(1993)与卢礼昌(1994)皆持有不同的观点[详见 *Spelaeotriletes hunanensis* (Fang et al.) Lu 名下讨论(卢礼昌,1994,471—473 页)]。

产地层位 江苏宜兴丁山,擂鼓台组;浙江富阳,西湖组;云南西部,龙巴组;西藏聂拉木,波曲组、章东组;新疆塔里木盆地莎车,奇自拉夫组;新疆和布克赛尔俄姆哈,和布克赛尔下段—上段底部。

鳞皮网膜孢小变种

Retispora lepidophyta (Kedo) Playford var. *minor* Kedo and Golubtsov, 1971

(图版 65,图 8)

1971 *Retispora lepidophyta* var. *minor* Kedo and Golubtsov (van der Zwan, 1980, p. 255).

1983 *Retispora lepidophyta* var. *minor*,高联达,202 页,图版 5,图 2,3。

1987a *Retispora lepidophyta* var. *minor*,欧阳舒、陈永祥,73 页,图版 13。

描述 赤道轮廓圆三角形,大小 37—45μm;三射线清楚,简单或具窄唇,伸达赤道附近,弓形脊柔弱或窄,位于赤道附近;内层轮廓与赤道基本相同,厚度常不可量;外层远极面具致密细小的穴状或细网状纹饰,穴径常不大于 1μm;膜环宽 6—8μm。

比较与讨论 这一孢子与 *R. lepidophyta* 有共同之处,如腔状、三射线伸达角部和弓形脊的存在等,但与典型的 *R. lepidophyta* 有一定的区别,主要是穴纹较小,所以属、种的鉴定似应作保留;尽管如此,它与文献中记载的某些标本(如 Clayton et al.,1977,图版4,图14;van der Zwan,1980,图版XVII,图8;高联达,1983,20页,图版5,图2,3)仍颇相似,按大小和形态,更为接近 *R. lepidophyta* var. *minor* Kedo and Golubtsov, 1971 (van der Zwan, 1980, p. 255)。

本种见于世界上许多地区的上泥盆统(法门阶上部—杜内阶下部)。在五通群所有分析样品中,只见2粒有点疑问的 *R. lepidophyta* var. *minor*。此外,西藏聂拉木下石炭统亚里组中的类似标本,高联达(1988)也将其归入 *R. lepidophyta* var. *minor* 名下。

注释 欧阳舒、陈永祥(1987b)认为,他们置于 *R. lepidophyta* var. *minor* 种名下描述的2粒标本"有点疑问","所以属、种的鉴定似应作保留",在此也有同感。似乎有这么一种倾向:特征与 *R. lepidophyta* (Kedo) Playford, 1976 相似、个体较之要小的某些标本常被归入 *R. lepidophyta* var. *minor* 范畴或与之比较。最初被描述的 *R. lepidophyta* var. *minor* 的标本产于白俄罗斯法门阶(Dankov—Lebedyan 层)的上部(Kedo and Golubtsov, 1971),其后类似的标本在南、北半球的相当层位均陆续有报道,我国也不例外。但该种的详细特征及大小幅度尚有待进一步研讨。

产地层位 江苏句容,五通群擂鼓台组下部;西藏聂拉木,波曲组。

网膜孢(未定种) *Retispora* sp.

(图版65,图9)

1999 *Retispora* sp.,卢礼昌,77页,图版15,图7。

注释 标本保存良好,但仅见1粒(73.3μm),其形态特征与纹饰组成似乎介于前述 *R. cassicula* 与 *R. lepidophyta* 之间,但三射线明显开裂呈三角形,网穴小许多且外壁多皱。

产地层位 新疆和布克赛尔,黑山头组6层。

隆德布拉孢属 *Lundbladispora* (Balme, 1963) Playford, 1965

模式种 *Lundbladispora willmontti* Balme, 1963;澳大利亚科卡蒂页岩,下三叠统(Scythian)。

属征 三缝孢子,大小 <150μm;外壁腔状,由具微细结构的外壁外层包裹着薄壁的外壁内层;外层的近极部分较远极部分薄,且有一窄的赤道增厚;外层表面粗糙,海绵状,远极面具小锥刺、刺或颗粒等纹饰,近极面无纹饰或减弱;外壁内层薄,光滑,在近极顶部常具3个小乳头状突起;内层与外层的赤道轮廓相比,常在偏心位置。

比较与讨论 本属按原作者定义是包括无纹饰和具纹饰两类的,经 Playford (1965) 修订后,将无纹饰的分子排除在外,并归入 *Densoisporites* 属内;不过,对这2个属的具体应用还存在分歧(欧阳舒、李再平,1980)。*Kraeuselisporites* 是具环的而非腔状的孢子。

植物亲缘关系 卷柏目(Selaginales)(?)。

常见隆德布拉孢 *Lundbladispora communis* Ouyang and Li, 1980

(图版131,图15,20)

1980 *Lundbladispora*? *communis* Ouyang and Li,139页,图版III,图20—23。

1982 *Lundbladispora*? *communis* Ouyang and Li, Ouyang, p. 79, pl. 4, fig. 11.

1986 *Lundbladispora*? *communis* Ouyang and Li,欧阳舒,69页,图版VII,图30。

描述 赤道轮廓圆三角形—近圆形,侧面观近扁透镜形;大小48—68μm,全模68μm(图版131,图15);三射线较粗壮,常具唇,宽可达3—4μm,较直,长约2/3R至伸达赤道轮廓,顶部可见3个接触点;外壁由2层组成:内层薄,偶具褶皱,无纹饰,形成中孢体,大体与总轮廓一致,极面观离层的宽度可达1/4—1/3R(7—11μm);外层厚度不易测,可能小于2μm,在赤道部位无明显增厚,表面细密点—海绵状;此外,在远极面和赤道甚至整个表面具低矮锥刺—细刺—颗粒纹饰,基宽1.0—1.5μm,长≤1μm,偶可达1.5μm;末端多钝,分布较稀,间距一般2—3μm,有时达5—7μm;有些标本纹饰较细密,轮廓微锯齿状;此种标本常沿极轴方向压扁;棕—暗棕色。

比较与讨论 本种与加拿大下三叠统的 *Aculeispores variabilis* Jansonius, 1962 (p. 49, pl. 11, figs. 35—39)略微相似,但后者三射线较微弱,外层近极细颗粒状,远极颗粒较粗且在赤道常带刺,在赤道还有微增厚的缘边(limbus)。

产地层位 云南富源,宣威组上段—卡以头层。

完整隆德布拉孢 *Lundbladispora emendatus* Hou and Shen, 1989

(图版131,图4)

1989 *Lundbladispora*? *emendatus* Hou and Shen,侯静鹏、沈百花,105页,图版13,图24。

描述 赤道轮廓近圆形,全模大小48μm;三射线清楚,长而直,具唇,顶端略升高,宽约5μm,向末端逐渐变细,略1.6μm,伸达孢子赤道;外壁内层(中孢体)很薄,无纹饰,与外层之间构成狭的腔距;外壁外层不厚,但在赤道增厚呈窄环状,厚≤5μm,表面具小锥刺纹饰,基宽1.0—1.5μm,长0.8—1.2μm,在赤道部位刺较稀疏,轮廓线齿状;黄色。

比较与讨论 本种与 *L. polyspinosus* 略相似,但中孢体相对较大,射线的唇不那么发达,锥刺较细且稀疏些。

产地层位 新疆乌鲁木齐芦草沟,锅底坑组。

小隆德布拉孢? *Lundbladispora*? *minima* Ouyang, 1986

(图版131,图26)

1986 *Lundbladispora*? *minima* Ouyang,欧阳舒,70页,图版Ⅶ,图17。

描述 赤道轮廓圆形,全模35μm;三射线单细,长约1/2R,或作三角形开裂,接触区顶部微暗且具3个接触点;外壁薄,厚约1μm,多褶皱,有的似围绕接触区范围[内层极薄的中孢体(?)]作同心状分布,表面具极细鲛点或颗粒状纹饰,几不能辨,轮廓线上仅微有表现;棕黄—淡黄色。

比较与讨论 本种以三射线较短特别是其间具3个乳突(接触点)而与 *Cyclogranisporites* 属的种不同;以孢子较小、不呈典型的 *Lundbladispora* 形态而与该属其他种区别,虽然中孢体的存在是很可能的,但属的鉴定仍作了保留。

产地层位 云南富源,宣威组上段。

多刺隆德布拉孢 *Lundbladispora polyspinus* Hou and Shen, 1989

(图版131,图11)

1989 *Lundbladispora polyspinosus* Hou and Shen,侯静鹏、沈百花,105页,图版13,图22。

描述 赤道轮廓圆三角形,中孢体亚圆形,全模大小53μm,其中孢体48μm;三射线细长,具窄唇,总宽约3μm,末端变细,伸达本体赤道或略超出;外壁外层稍厚,表面具较密的细锥刺,基宽约2.1μm,长1.6μm;赤道环较窄,宽≤6μm,锥刺向赤道部位略有减少;黄褐色。

比较与讨论 本种与 *Kraeuselisporites* 的某些种如 *K. spinulosus* Hou and Wang,表面上有些相似,但后者不是具中孢体的腔状孢子,而是本体具环的孢子,而且 *K. spinulosus* 刺较小,也较稀。

产地层位 新疆乌鲁木齐芦草沟,锅底坑组。

弱饰隆德布拉孢 *Lundbladispora subornata* Ouyang and Li, 1980

(图版131,图7, 10)

1980 *Lundbladispora subornata* Ouyang and Li,欧阳舒、李再平,139页,图版Ⅲ,图24,25。

1986 *Lundbladispora subornata* Ouyang and Li,侯静鹏、王智,86页,图版26,图2。

描述 赤道轮廓凸边三角形,角部常钝圆,大小31—56μm,全模39μm(图版131,图7);三射线具发育程度不一的唇，伸达或近达赤道轮廓，顶部偶见 3 个小乳突；外壁由较薄的 2 层组成：内层脱离外层形成中孢体，轮廓与总轮廓大体一致，离层在赤道部位宽 3—7μm，外层在赤道部位无明显增厚，表面具致密点状—海绵状结构和细密颗粒—锥刺—刺状纹饰，直径和高分别为小于或等于 1.0μm 和 0.5μm。（欧阳舒等，1980）

比较与讨论 新疆的此标本大小约 50μm，特征与上述所引基本一致，仅唇更为发达。

产地层位 云南富源，卡以头组；新疆吉木萨尔大龙口，锅底坑组。

假鳞木孢属 *Pseudolycospora* Ouyang and Lu, 1979

模式种 *Pseudolycospora inopsa* Ouyang and Lu, 1979；河北开平，赵各庄组。

属征 三缝小孢子或同孢子，赤道轮廓近三角形—圆三角形；三射线单细，可见或难见，直，伸达孢子赤道；亚赤道具窄环，宽 1/6—1/5R；外壁薄，外壁内层常脱离外层呈向心方向收缩成一中孢体；外层和环表面无纹饰，但因具微弱结构如点穴—内颗粒等使孢子呈海绵状外观；在近极接触区内具少量略呈辐射状或 V 形的褶皱；轮廓线基本平滑；模式种大小 26—42μm。

比较与讨论 本属与 *Balteusispora* 较为相近，但后者轮廓圆形，孢子较大，环亦较宽（1/4—1/3R）；*Lycospora* 的环多较宽，且环的切面多楔形，外壁具颗粒等明显纹饰；*Lundbladispora* 与本属的不同在于个体大得多，中孢体存在是稳定特征，近极区常有 3 个乳突（接触点）；*Stenozonotriletes* 的轮廓圆形，是个广义的形态属。

弱小假鳞木孢 *Pseudolycospora inopsa* Ouyang and Lu, 1979

（图版 132，图 4，5）

1979 *Pseudolycospora inopsa* Ouyang and Lu, in Ouyang, p. 2, pl. Ⅰ, figs. 3—5; text-figs. 3, 4.

1985 *Radiizonates radiatus* Gao, pl. 2, fig. 25.

1985 *Pseudolycospora inopsa* Ouyang and Lu, in Ouyang, p. 164, pl. Ⅰ, figs. 3—5; text-figs. 3, 4.

描述 赤道轮廓圆三角形，子午轮廓透镜形，大小 26（36）42μm（测 18 粒标本），全模 42μm；三射线单细，仅可见或难见，伸达孢子赤道；亚赤道具一窄环，宽 1/6—1/5R（2—4μm），有时具微不平整边沿；外壁薄，外壁内层最薄，常与外层脱离成一中孢体，轮廓圆三角形，约为孢子直径的 1/2；射线之间区域各有 1—2 个 V 字形或辐射状褶皱，或具 1 个接触点；外壁外层（包括环）细密内点穴—内颗粒状；浅黄色—透明。

比较与讨论 参见属下。

产地层位 河北开平赵各庄，赵各庄组下部 12 煤；山西宁武、保德，太原组。

辐射假鳞木孢 *Pseudolycospora radialis* Wang, 1984

（图版 131，图 5，6）

1982 *Pseudolycospora radialis* Wang，王蕙，图版Ⅳ，图 21，22（裸名无描述）。

1984 *Pseudolycospora radialis* Wang，王蕙，100 页，图版Ⅱ，图 37。

1984 *Glyptispora radiata* Gao，高联达，363 页，图版 140，图 20。

1984 *Knoxisporites minutus* Gao，高联达，408 页，图版 153，图 11。

描述 赤道轮廓三角形—圆三角形，大小 26—37μm；三射线细弱微弯曲，一般不易辨认，伸达带环外沿；孢壁内、外层分离，形成同心中孢体，轮廓形状与总轮廓一致，大小 16—21μm；孢子具窄带环，宽 3—5μm；外壁薄，远极表面（？）分布有放射状条纹，自中心向边缘可见 1 次或 2 次分叉；孢子轮廓线微波状；棕黄色。

比较与讨论 此种与 *P. inopsa* Ouyang and Lu, 1979 极为相似，但后者 V 字形放射褶皱在近极面射线之间，而本种是在远极面（？）具自中心向外放射的 1 次或 2 次分叉的条纹。

产地层位 山西宁武，太原组；宁夏横山堡，上石炭统。

刻纹孢属 *Glyptispora* Gao, 1984

模式种 *Glyptispora radiata* Gao, 1984；中国山西宁武，上石炭统太原组。

属征 三缝具环腔状小孢子，赤道轮廓三角形—圆三角形，本体（外壁内层）轮廓与孢子一致；外壁外层具窄赤道环，宽1/5—1/4R，内带颜色较深；三射线单细，直，延伸至带环内沿，射线顶区具3个暗色接触点（小乳突）；外壁外层远（?）极面具放射状条纹，从三射线顶端向辐间区方向直伸至赤道边缘，每边8—10条，很清晰，其余表面平滑或细点穴状—细颗粒状。

比较与讨论 本属与 *Lycospora* 有些相似，但后者非腔状孢，赤道环较厚实，外壁具颗粒纹饰，无辐射条纹；与 *Pseudolycospora* Ouyang and Lu（Ouyang, 1979, 1985, pl. 1, figs. 3,4）更为相似（将来甚至可能被证明为同义名），但后者腔状形式不稳定，辐射褶皱或纹理按原描述限于近极面。

分布时代 华夏区，石炭纪。

小粒刻纹孢 *Glyptispora microgranulata* Gao, 1984

（图版131，图25）

1984 *Glyptispora microgranulata*，高联达，364页，图版140，图21。

描述 赤道轮廓三角形—圆三角形，大小25—35μm，全模30μm；本体与外形轮廓相同，深黄褐色；三射线细，由于纹饰覆盖常不易见，见时射线直伸至环的内缘；具赤道环，环厚为孢子半径的1/5—1/4，环带与本体之间距为半径的1/6—1/5；远极面具细的放射条纹，条纹延伸至赤道边缘，在间三射线的每边有15—18条，条纹不仅细，而且较直；近极面观三射线顶端具3个椭圆形凸起的接触点；孢子表面覆以细颗粒纹饰。

比较与讨论 本种以小颗粒状纹饰区别于 *G. radiata*；以腔状和外层辐射刻纹、射线顶端的3个接触点及薄的带环区别于 *Lycospora pusilla*。

产地层位 山西宁武，本溪组。

异环孢属（新修订） *Dissizonotriletes* (Lu, 1981) Lu emend. nov.

模式种 *Dissizonotriletes acutangulatus* Lu, 1981；四川渡口，上泥盆统下部（Frasnian）。

修订属征 辐射对称具环三缝小孢子；赤道轮廓亚三角形，近极面金字塔形，远极面半圆球形；三射线常被唇掩盖，唇相当发育，甚者强烈隆起；外壁2层：由内层形成的中孢体具环，轮廓近圆形，与孢子赤道轮廓不尽一致，外层厚实，近光面或具微细突起；带环光滑，厚实，不等宽（于辐射区大于辐间区）；模式种大小83—112μm。

比较 本属以内孢体具环为特征而与其他具环孢属不同。*Rotaspora* 的带环虽也不等宽，但其宽度在辐射区最窄而非最宽。

锐角异环孢 *Dissizonotriletes acutangulatus* Lu, 1981

（图版77，图16, 17）

1981 *Dissizonotriletes acutangulatus* Lu，卢礼昌，111页，图版7，图11，12。

描述 赤道轮廓亚三角形，三边微外凸，角部微钝尖—钝凸，大小83—112μm，全模83μm；侧面观近极面金字塔形，远极面近半圆球形，极轴长约105μm；三射线等于内孢体半径长，三射唇相当发育，粗壮，厚实，宽8—9μm，伸达环外缘（其中一条可能因保存原因而脱落不见）；侧压标本，三射唇自末端朝顶部逐渐至强烈隆起，高约50μm，顶部钝凸，光滑；外壁2层：内层厚1.5—2.5μm，近光面，具明显的细颗粒状结构，由其形成的内孢体近圆形，大小56—74μm；侧面观仅于射线区与外层紧贴，具（内）赤道环，环厚实、均一，宽6.7—11.0μm，外层较内层厚实，表面光滑—密集的细粒状结构，侧面观外层各部位（近极、赤道与远极）的厚度近乎均一，厚4.5—6.0μm；带环厚实，宽窄不一，辐射区（角部）最宽，可达22—29μm，辐间区最窄，仅9—13μm宽；棕黄—浅棕色。

产地层位 四川渡口,上泥盆统下部。

窄异环孢 *Dissizonotriletes stenodes* Lu, 1981

(图版77,图15)

1981 *Dissizonotriletes stenodes* Lu,卢礼昌,111 页,图版 7,图 13。

描述 赤道轮廓亚三角形,三边近乎平直或微凸,角部钝尖或锐凸,全模标本大小 77.4μm;三射线可见,微弯曲,略短于内孢体半径长,唇单薄并呈叶片状,半透明,光滑,顶部突起高约 13.5μm,朝辐射方向逐渐降低,近末端高仅 2.5—4.0μm,伸达赤道边缘;内孢体宽圆三角形,大小 65μm,(内)环宽 5.5—6.7μm;外层(包括赤道环)表面微粗糙至弱颗粒状,具内点—海绵状结构;带环宽窄不一,辐射区宽 6.7—13.5μm,辐间区较窄,宽仅 3.5μm;棕黄色。

注释 仅见 1 粒标本,但特征明显,与模式种 *D. acutangulata* 的主要区别在于:三射唇相对较单薄,并呈叶片状,本体较大,带环较窄。

产地层位 四川渡口,上泥盆统。

腔网孢属 *Orbisporis* Bharadwaj and Venkatachala, 1962

模式种 *Orbisporis muricatus* Bharadwaj and Venkatachala, 1962;挪威斯匹次卑尔根,下石炭统。

属征 亚圆形小型孢子;三射线长约 3/4R;具增厚的唇,在近极面末端伸入加厚的环内,从环伸出若干短增厚,使其能与赤道之间保持颇宽距离;远极面光滑或具环圈状或不规则状厚脊,构成宽大空隙;赤道似具增厚部;外壁近光面;模式种大小 90—100μm。

注释与比较 本属形态不甚清楚,是否为腔状孢不肯定,仅有一破损标本显示有腔而无环,假如模式种构形与之类似,则与 *Reticulatisporites* 明显不同;此外,射线唇末端连接的一圈似乎较 *Reticulatisporites* 厚且色更暗,模式种远极面纹饰类似 *R. angulatus*;还有一种 *Orbisporis orbiculatus*,确为具腔孢子,远极面则无纹饰。

网瘤腔网孢 *Orbisporis muricatus* Bharadwaj and Venkatachala, 1961

(图版131,图12)

1961 *Orbisporis muricatus* Bharadwaj and Venkatachala, p. 30, pl. 3, fig. 41.

1988 *Orbisporis muricatus* Bharadwaj and Venkatachala,高联达,图版 4,图 15。

描述 据原作者描述,此种轮廓近圆形,大小 90—100μm;三射线具颇粗唇,宽(厚)达 3μm,但在顶部和末端可达 5μm,延伸至本体环边缘并与之融合;远极面具不规则大网穴,网脊部分辐射延伸并支撑腔外的外层,外面光滑。

比较与讨论 靖远标本远极面为网纹分布颇似 *O. muricatus*,但三射线有无唇不清楚。贵州打屋坝组底部的此种(高联达,1985,66 页,图版 5,图 18),无论从文字描述或照片上来看都不能比较。

产地层位 甘肃靖远,臭牛沟组。

斯潘塞孢属 *Spencerisporites* Chaloner, 1951

同义名 *Microsporites* Dijkstra, 1946.

模式种 *Spencerisporites karczewskii* (Zerndt,1934) Chaloner, 1951;波兰,上石炭统(Westphalian)。

属征 孢子具球形本体及膨胀的周囊;本体宽 100—200μm,赤道平面圆形,但与此平面垂直,略扁平;本体壁颇薄(约 2μm),具三射脊;本体赤道被一膨胀的囊所包围,在三射脊方向较宽,故整个孢子呈三角形;囊的边沿具一薄的角质层,形成缘边(marginal flange);模式种大小 252—343μm。

注释 Potonié 和 Kremp (1954, 1956)曾认为 *Microsporites* Dijkstra, 1946 比 *Spencerisporites* 有优先权,理

由是他们认为 Chaloner (1951)未给属征。但 Felix 和 Parks (1959)不以为然,说 Chaloner 指定了模式种,且指出 *Microsporites* 当时并无属征,是 Dijkstra 临时用的一个名字;而且认为 *S. karczewskii* 是 *S. radiatus* (Ibrahim, 1932)的晚出同义名。同年稍早,Winslow 提出本属的模式种应为 *S. radiatus* (Ibrahim) Winslow, 1959,之后 Smith 和 Butterworth (1967)采用了他们的意见。

比较与讨论 *Endosporites* 以孢子较小、假囊与本体接触方式不同区别于本属。

亲缘关系 石松纲;*Spencerites* Scott (Chaloner,1951)。

分布时代 欧美区、华夏区,石炭纪。

放射斯潘塞孢 *Spencerisporites radiatus* (Ibrahim) Felix and Parks, 1959

(图版 132,图 18, 19)

1932 *Sporonites radiatus* Ibrahim in Potonié, Ibrahim and Loose, p. 449, pl. 16, fig. 25.

1933 *Zonales-sporites radiatus* Ibrahim, p. 28, pl. 3, fig. 25.

1934 *Triletes karczewskii*, Zerndt, p. 27, pl. 31, fig. 3.

1944 *Triletes radiatus*, Schopf, Wilson and Bentall, p. 240.

1944 *Endosporites? karczewskii*, Schopf, Wilson and Bentall, p. 45.

1946 *Microsporites karczewskii*, Dijkstra and van Vierssen Trip, p. 64, pl. 4, fig. 40.

1951 *Spencerisporites karczewskii*, Chaloner, p. 862; text-figs. 1, 2, 6, 7.

1955 *Endosporites(?) radiatus*, Dijkstra, p. 342, pl. 45, fig. 54.

1956 *Microsporites radiatus*, Potonié and Kremp, p. 156, pl. 20, figs. 449, 450.

1959 *Spencerisporites radiatus*, Felix and Parks, p. 362, pl. 1, figs. 1—4; pl. 2, figs. 1—4.

1993 *Spencerisporites radiatus* (Ibrahim) Felix and Parks,朱怀诚,294 页,图版 79,图 15a,b。

描述 赤道轮廓亚三角形,角部圆,边部直—微外凸,大小 245(269)270μm;中央本体近圆形—亚三角形,大小 126—152μm;体壁厚约 2μm,主要在近极面辐间区具不很清晰的放射状细条纹;三射线脊状,薄,略弯曲,长达本体赤道并略微外延,唇宽(或高)10—12μm,最窄达 2—3μm;膜环具细密网状纹饰,赤道有一圈缘边(limb),有时呈同心褶皱状,宽 5—6μm,颜色较为透明,环宽 72—120μm。

比较与讨论 当前标本与 Potonié 和 Kremp (1956)所描述的(270—440μm,全模 330μm)特征相近,仅个体稍小,本体周边一圈呈褶皱状;不过,他们将此种归入 *Microsporites* Dijkstra, 1946。

产地层位 山西保德,本溪组—太原组;甘肃靖远,羊虎沟组。

环囊孢属 *Endosporites* Wilson and Coe, 1940

模式种 *Endosporites ornatus* Wilson and Coe, 1940;美国(Iowa),上石炭统(Westphalian, Des Moines Series)。

属征 具单囊的三缝小孢子,中央本体在赤道切面上呈微三角形—圆形,被围绕赤道的宽带状的气囊所包围;气囊的赤道轮廓亦为圆形—微三角形,被一窄缘所环绕;真正的三射线伸达中央本体的赤道,但沿延长方向有时有细弱的射线痕伸达气囊的赤道,这以其不明显而与内部的三射线不同,不能视为真正的三射线;模式种全模大小 92.5μm (R. Potonié, 1956)。

注释 Smith 和 Butterworth (1967)给的属征是:三缝假囊小孢子,其外壁内层与外壁外层在远极面分离;在极压情况下,外壁内层(中央本体)被假囊所包围,二者皆为圆形或圆三角形;三射线不延伸至本体赤道之外;气囊通常有一缘边。"缘边"这一特征当初 Wilson 和 Coe 并未提及。关于本属气囊的内、外结构或纹饰,学界似未取得一致意见:Kosanke(1950)在描述本属时说"气囊外面可为光滑—颗粒状—点穴状,而内面为粗点穴状或网状",Wilson(1960)则称"气囊壁厚 1—2μm,内面和外表面皆为细网状"。

比较与讨论 *Florinites* 以囊无缘边,无或仅有很柔弱的几乎看不到的短三射线及气囊内网穴较大而区别,*Endosporites* 的内网状更像内颗粒状;*Auroraspora* 中央本体壁较厚,而气囊壁则薄且透明。Jansonius 和 Hills (1976) 认为 *Angulisporites* Bharadwaj 是腔状孢,可能是 *Endosporites* 的同义名,假如前者赤道环并非如原作者所解释的是菱环状(即环内外两侧皆薄、中间厚),而是环囊边缘等厚的窄缘(limbus),则 Jansonius 等的意见是可取的；至少该属下面描述的“*Angulisporites splendidus* Bharadwaj”（该属模式种）可迁入 *Endosporites* 属。

植物亲缘关系 石松纲（所谓的“*Lepidostrobus zea*”，见 Chaloner，1953a，1958a；R. Potonié，1956）。

华美环囊孢 *Endosporites elegans* Ouyang and Chen，1987

（图版 69，图 5）

1987a *Endosporites elegans* Ouyang and Chen，欧阳舒等，72 页，图版 17，图 5。

描述 赤道轮廓近圆形，大小 43—51μm，全模标本 49μm；本体轮廓圆形，大小 38—42μm；三射线清楚，具窄唇，宽约 1.5μm，伸达外壁外层赤道，顶部具 3 个接触点，近椭圆形，大小约 3×5μm；本体壁（内层）薄，厚 <1μm，表面光滑；外壁外层亦薄，具方向不定的次生褶皱，表面为细密、均匀的颗粒状或亚网状纹饰，粒径或穴径厚为 0.5μm；本体黄色，外壁外层浅黄色（欧阳舒等，1987a）。

比较与讨论 *E. medius* Lu，1999 也具类似的特征，但其以赤道轮廓接近于三角形、赤道缘较明显、褶皱罕见等而异。

产地层位 江苏句容，五通群擂鼓台组下部。

美丽环囊孢 *Endosporites formosus* Kosanke，1950

（图版 131，图 16，30）

1950 *Endosporites formosus* Kosanke，p. 36，pl. 7，fig. 9.

1987a *Endosporites formosus* Kosanke，廖克光，570 页，图版 141，图 12，13。

?1988 *Cristatisporites microspinosus* Gao，高联达，199 页，图版 5，图 11。

1994 *Endosporites ornatus* Wilson and Coe，唐锦秀，图版 19，图 32。

描述 赤道轮廓圆三角形，大小 112—114μm，特征与 Kosanke 描述的相仿：具一宽的周囊，全模 117.5×105.0μm，本体 63.0×54.6μm，已知大小幅度 101—122μm；本体和囊上常具褶皱；本体壁为点穴状，而气囊内纹饰为粗点穴—细网状；三射线清楚，唇高起，延伸至本体边沿；气囊局部增厚相当于弓形脊；本体壁不超过 2μm 厚，气囊薄得多。

比较与讨论 本种首见于美国伊利诺伊州上石炭统，个体一般小于 *E. globiformis*，环囊宽度（与本体半径相比）也窄些；以形状和纹饰区别于 *E. ornatus* Wilson and Coe，1940，后者初描述为“外壁颗粒状”。Potonié 和 Kremp（1956，p. 161）认为本种在形态与 *E. ornatus* 几乎无法区别，不过，Kosanke 指定的全模标本上，其本体周围有一圈粗壮的囊基带（kraftigen Basisstreifen），以此似乎可与后者区别。

注释 靖远下石炭统的新种，大小 120μm，形态与当前种很接近，似为具环囊而非 *Cristatisporites* 型的具环孢子，照片上可见均匀细密的网穴，作者描述的“小刺粒纹饰”可能是网脊的（?）一种保存状态。

产地层位 华北各地，太原组；山西宁武，本溪组；甘肃靖远，臭牛沟组。

球状环囊孢 *Endosporites globiformis*（Ibrahim）Schopf，Wilson and Bentall，1944

（图版 131，图 28，29）

1932 *Sporonites globiformis* Ibrahim in Potonié，Ibrahim and Loose，p. 447，pl. 14，fig. 5.

1933 *Zonales-sporites globiformis* Ibrahim，p. 28，pl. 1，fig. 5.

1938 *Zonotriletes globiformis*（Ibrahim）Luber in Luber and Waltz，pl. 8，fig. 103；pl. B，fig. 30.

1944 *Endosporites globiformis*（Ibrahim）Schopf，Wilson and Bentall，p. 45.

1956 *Endosporites globiformis*（Ibrahim）Schopf，Wilson and Bentall，in Potonié and Kremp，p. 161，pl. 20，figs. 459—461.

1987a *Endosporites globiformis*，廖克光，570 页，图版 141，图 14。

1996 *Endosporites globiformis*，朱怀诚，见孔宪祯等，263 页，图版 47，图 10。

描述 赤道轮廓近圆形，因保存挤压而变形，大小 100—158μm；特征相近于 Potonié 和 Kremp（1956）对本种的描述：赤道轮廓近圆形，大小 110—160μm，全模 131μm，三射线伸达本体边沿，有时顺射线方向有气囊褶皱;最重要的是,气囊在本体外的一圈,其宽度明显大于本体半径,如本体半径与气囊宽度的比为12:20或13:21,就是说,气囊很宽,但未达到本体半径的2倍;外壁外层一般紧贴于本体上,气囊具内颗粒;棕黄色。

比较与讨论 本种较 *E. ornatus* 个体要大,气囊也相对宽许多;与 *E. zonalis* 的区别是后者气囊宽度小于本体半径;*E. angulatus* Wilson and Coe 和 *E. vesicatus* Kosanke 可能都属于 *E. globiformis*。

注释 Kaiser (1976, p. 130, pl. 12, fig. 6)鉴定的山西石盒子群的 *E. globiformis*,如按上述 Potonié 和 Kremp (1956)给的描述,则此鉴定不妥当。其照片标本外壁外层上具细密、均匀的颗粒纹饰,尤其是其本体外气囊宽大体略小于本体半径长,故改归 *E. punctatus* Gao。

产地层位 山西宁武、左云、保德,本溪组—太原组。

颗粒环囊孢 *Endosporites granulatus* Gao, 1980

(图版132,图10)

1980 *Endosporites granulatus* Gao,高联达,64页,图版5,图19。

描述 赤道轮廓三角形,大小60—75μm;具膜环,宽约为1/2R,黄色;三射线具唇,伸达孢子边缘,常裂开;孢子表面具分布均匀的细颗粒纹饰。

比较与讨论 本种形态与 *Discernisporites micromanifestus* 略相似,但以孢子表面覆以分布均匀的细颗粒纹饰而与后者区别。

产地层位 甘肃靖远,前黑山组。

透明环囊孢透明亚种 *Endosporites hyalinus hyalinus* (Naumova) Gao, 1983

(图版132,图2,3)

1953 *Hymenozonotriletes hyalinus* Naumova, p. 117, pl. 17, figs. 14, 15.

1983 *Endosporites hyalinus hyalinus* (Naumova) Gao,高联达,513页,图版111,图7;图版116,图18,19。

描述 孢子赤道轮廓圆三角形,大小30—50μm;三射线长等于孢子本体的半径;本体轮廓与孢子外形相同;环囊宽等于或大于本体半径;孢子表面具细刺粒状纹饰。

产地层位 贵州贵阳乌当,旧司组;云南禄劝,坡脚组。

透明环囊孢杜内亚种 *Endosporites hyalinus tournensis* (Kedo) Gao, 1983

(图版132,图1,6)

1963 *Hymenozonotriletes hyalinus tournensis* Kedo, p. 60, pl. 5, figs. 113—119.

1983 *Endosporites hyalinus tournensis* Gao,高联达,513页,图版116,图16,17。

描述 孢子赤道轮廓圆三角形—椭圆形,大小40—50μm;三射线长等于本体半径;本体外侧具环囊,气囊宽度等于孢子本体的半径,本体色深,黄褐色;个别孢子射线可伸达环囊内;孢子表面具细点状纹饰。

产地层位 贵州贵阳乌当,旧司组。

中型环囊孢 *Endosporites medius* Lu, 1999

(图版68,图8—11)

1988 *Discernisporites sullivanii* (non Higgs and Clayton, 1984), Higgs et al., p. 76, pl. 14, fig. 5.

1999 *Endosporites medius* Lu,卢礼昌,82页,图版31,图9—13。

描述 赤道轮廓钝角—宽圆三角形,大小50—67μm,内孢体39.0—48.4μm,全模标本65.5μm,内孢体46.8μm;三射线颇柔弱,或仅依稀可辨,伸达内孢体边缘,顶部常见3个小突起,(外层)或具三射脊[唇(?)],宽1.5—4.0μm,伸达赤道或赤道附近;外壁2层:内层清楚,厚约1μm,轮廓与孢子赤道轮廓近乎一致,外层完全包裹内层,点穴—细内颗粒状,赤道轮廓为一明显的缘所环绕,缘宽约2μm(或稍宽),表面平滑;赤道腔连续,有时不等宽,即辐间区较辐射区略宽,一般宽 3. 0—7. 8μm;罕见褶皱;棕—深棕色。

注释 *Discernisporites sullivanii* 以缺顶突、无缘、有饰(颗粒与锥刺)、外壁多皱为特征而区别于本种;而 Higgs 等(1988)描述该种的部分标本(pl. 14, fig. 5),其形态特征及大小幅度均与 *Endosporites medius* Lu, 1999 相似,故将其归入*E. medius* 名下。

产地层位 新疆和布克赛尔,黑山头组 4,5 层。

完全环囊孢 *Endosporites perfectus* Lu, 1999

(图版 68,图 5—7)

1999 *Endosporites perfectus* Lu,卢礼昌,83 页,图版 31,图 1,3—6。

描述 赤道轮廓近圆形或圆三角形,大小 70. 0—80. 4μm,内孢体 45. 8—54. 6μm,全模标本 76. 4μm;三射线常清楚,等于或略小于内孢体半径长,顶部或具 3 个小突起(外层)或具相应的三射脊[唇(?)],脊高 2—3μm,宽 2. 0—4. 5μm,伸达赤道;外壁 2 层:内层薄,厚常不足 1μm,界线清楚,轮廓与孢子赤道轮廓一致或略偏中心,外层完全包裹内层,表面近光滑—微粗糙,点穴状结构在浸解过头的标本上尤其清楚,赤道轮廓具缘且清楚,宽 2—3μm,轮廓线平滑;赤道腔连续,等宽,宽达 9. 4—14. 8μm;褶皱常见于远极外层;浅棕—棕色。

比较与讨论 与 *E. medius* 的主要区别为,本种的赤道腔宽度较大且均匀(同一标本上),除个体较大外。

产地层位 新疆和布克赛尔,黑山头组 4,5 层。

点粒环囊孢 *Endosporites punctatus* Gao, 1984

(图版 132,图 14, 15)

1976 *Endosporites globiformis* (Ibrahim) Schopf, Wilson and Bentall, in Kaiser, p. 130, pl. 12, fig. 6.

1984 *Endosporites punctatus* Gao,高联达,416 页,图版 158,图 11,12。

描述 赤道轮廓近圆形或圆三角形,本体轮廓与之基本一致,全模大小 115μm(图版 132,图 14),副模 85μm,本体大小 65—60μm;三射线简单,约等于本体半径长,常微开裂;外壁外层与内层(本体)厚≤2μm,在本体近极相贴,在赤道和远极彼此分离,为腔状孢,并在赤道构成环囊,环囊宽 20—25μm,即略短于本体半径长;外层在赤道部位具放射状褶皱,表面具细密、均匀的颗粒纹饰(高和粒径均为 0. 3—0. 5μm),颗粒之间几呈负网状,在本体周边(囊基)色稍深(棕色),内层光滑。

注释 Kaiser 描述的标本大小约 100μm,与 *E. punctatus* Gao 很相似,他提及外层表面为细密、均匀的颗粒纹饰,而高联达描述为“细网点状纹饰”,从轮廓线上看,有微小突起,Kaiser 也说“呈细负网状”,这只是镜下观察过细纹饰或结构的困难导致的解释问题。

比较与讨论 本种在大小、形态及环囊与本体半径宽度比方面与 *E. zonalis* (Loose) Knox, 1950 很相近(Potonié and Kremp, 1956, p. 163, pl. 20, figs. 455—457, fig. 455 为原全模),但后者全模上的周囊具缘边,外壁外层稍厚,纹饰或结构更细弱;本种以孢子较大、环囊相对较宽区别于 *E. granulatus*。

产地层位 山西宁武,上石盒子组;山西保德,石盒子群。

圆形环囊孢(比较种) *Endosporites* cf. *rotundus* (Ibrahim) Schopf, Wilson and Bentall, 1944

(图版 132,图 11)

1933 *Zonale-sporites rotundus* Ibrahim, p. 31, pl. 8, fig. 73.

1984 *Endosporites ornatus* Wilson and Coe,高联达,417 页,图版 158,图 13。

描述 赤道轮廓微三角圆形,大小按照片标本约 70μm,本体轮廓与整个孢子轮廓一致,大小约 48μm;三射线简单,长约 2/3R,常开裂;周囊在本体外宽约 16μm,即约本体半径的 2/3;孢子表面具细粒点状纹饰,分布较均匀;壁薄,外层具褶皱;黄色。

比较与讨论 原作者将上石盒子组的此标本直接定为 *E. ornatus*,但首见于美国艾奥瓦州(Des Moines

Series, Westphalian)的这个种,据 Potonié 和 Kremp (1956),大小 90—120μm,三射线具唇,等于本体半径长,其气囊宽度大体等于或微长于本体半径,与山西标本差别较大。按大小,此标本与 *E. rotundus* (Ibrahim) Schopf, Wilson and Bentall, 1944 较为接近,后者大小 63—81μm,环囊宽度在同一标本上变化较大,射线也单细,孢壁同样薄且具褶皱,所以改定为后者的比较种。

产地层位 山西宁武,上石盒子组。

多皱环囊孢 *Endosporites rugosus* Lu, 1999

(图版 68,图 14, 16)

1999 *Endosporites rugosus* Lu,卢礼昌,83 页,图版 13,图 7,8。

描述 赤道轮廓近圆形或圆三角形,但常因褶皱而不规则;大小 81.5—103.0μm,内孢体 68.0—86.7μm,全模标本 85.8μm;三射线可识别至清楚,常被三射脊[唇(?)]遮盖,脊顶部较宽亦高,宽达 5—8μm,末端较窄亦低,与射线一样,常不超越内孢体界线;外壁 2 层,多皱,内层薄,界线清楚,轮廓似乎更接近于三角形(极面观);赤道腔在辐射区较辐间区常略窄,一般宽 5—11μm,赤道缘明显,宽 2.5—3.8μm;其他特征与 *E. perfectus* 近似,但后者赤道腔的宽度较均匀,内层未见褶皱。

比较与讨论 本种以外壁尤其是内层多褶皱与三射脊延伸不超越内孢体界线为特征而不同于 *E. medius*, *E. perfectus* 等其他种。

产地层位 新疆和布克赛尔,黑山头组 4,5 层。

坚实环囊孢(新联合) *Endosporites solidus* (Gao) Lu comb. nov.

(图版 69,图 7, 8)

1985 *Discernisporites solidus* Gao,高联达,见刘淑文、高联达,121 页,图版 2,图 20。

描述 赤道轮廓钝角三角形,大小 55—65μm;三射线被唇覆盖,唇厚实,宽 3—4μm,伸达赤道;内孢体轮廓与孢子赤道轮廓一致,大小 3/5—3/4R;外层表面至少在赤道与远极面,具细颗粒状纹饰,分布致密,但基部彼此分离,粒径约 0.5μm,并略大于高,赤道轮廓线呈甚弱的细波状;赤道腔清楚,宽度均匀,宽≤4.2μm,缘边显著,厚实,厚约 2.2μm(据图像测量)。

比较与讨论 本种与前述 *D. deminutus* Lu, 1997 相比较,虽然彼此的外壁结构特征颇为相似,但各自的赤道轮廓与大小幅度不尽相同。

注释 上述湖北长阳标本,因缘边明显,颗粒细小,置于 *Discernisporites*,还不如归入 *Endosporites* 属内更妥,故在此建立新联合。

产地层位 湖北长阳,黄家磴组;新疆和布克赛尔,黑山头组 5 层。

灿烂环囊孢(比较种) *Endosporites* cf. *splendidus* (Bharadwaj) Jansonius and Hills, 1976

(图版 132,图 13)

1986 *Angulisporites splendidus* Bharadwaj,杜宝安,图版Ⅱ,图 39。

描述 赤道轮廓圆三角形,大小约 70μm,中孢体轮廓与总轮廓基本一致,大小约 45μm;三射线具很窄的唇,直,伸达环囊缘边的内侧(?)或至少达中孢体边沿,顶部可能有 3 个接触点;外壁内层薄,但周边具褶皱,无明显纹饰;环囊总宽 10—15μm,角部或稍宽,具厚的囊"缘边",宽 4—5μm;环囊呈细内(?)网—颗粒状;棕黄色。

比较与讨论 当前标本与 *Angulisporites splendidus* Bharadwaj, 1954 (p. 516, text-fig. 4) 确颇相似,但是腔状孢的倾向更明显,其环囊显然不是如原作者所解释的"带环"两侧变薄。考虑到当前种原为 *Angulisporites* 的模式种(全模 84μm,德国上石炭统上部),国际上仍有人承认(e. g., Oshurkova, 2003)此属名,且山西标本囊缘与本体之间"离层"较宽,孢子个体及本体皆较小,故本书改定为比较种;参见 *Endosporites* 属下比较。

产地层位 甘肃平凉,山西组。

掩盖环囊孢　*Endosporites velatus* (Naumova) Wang, 1996

(图版 69, 图 15)

1953 *Hymenozonotriletes velatus* Naumova, p. 61, pl. 8, fig. 6.

1996 *Endosporites velatus* (Naumova) Wang, 王怿, 26 页, 图版 6, 图 16。

描述　赤道轮廓三角形,三边凸出,角部浑圆,大小 65—82μm,本体轮廓与孢子赤道轮廓一致,大小 45—50μm;三射线清楚,直或微弯,具唇,宽 3.5—4.0μm,长为 R;本体壁薄,厚约 1.0μm,外壁外层在赤道部位延伸成环,宽 10—12μm;外层具缘,宽 1—2μm,环上具有一定数量的褶皱,宽 1—6μm,呈不规则弧形,环和本体上具细小颗粒纹饰,粒径≤0.5μm,轮廓线呈波状;棕黄色。

比较与讨论　当前标本与产自俄罗斯地台上泥盆统的 *Hymenozonotriletes velatus* Naumova 在形态和环的特征上基本一致,唯后者个体较小(50—60μm),射线弯曲,环表面的褶皱较发育。因标本具囊缘,不似 *Hymenozonotriletes*, 故将其归于 *Endosporites*。当前种与 *E. elegans* Ouyang and Chen (1987, 72 页, 图版 17, 图 5) 相比,后者个体较小(43—51μm),射线间具接触点,环囊表面为次生褶皱。

注释　此种名为 *E. velatus* Leschik, 1956(德国上二叠统)的晚出异物同名,但同义名表所列 Naumova 的种名有优先权。

产地层位　湖南锡矿山,邵东组下部。

新疆环囊孢(新联合)　*Endosporites xinjiangensis* (Gao) Lu comb. nov.

(图版 69, 图 21)

1993 *Amicosporites xinjiangensis* Gao, 高联达, 199 页, 图版 1, 图 29。

描述　赤道轮廓宽圆三角形或因褶皱而不规则,大小 100—200μm;三射线可辨别至清楚,简单或两侧具窄唇,伸达赤道内缘;外壁 2 层:外层薄,多皱,具赤道缘,内层较外层略厚,可达 3—5μm,轮廓近圆形,描述标本大小约 65μm;孢子表面平滑或内点状;黄褐—深褐色。

注释　*Amicosporites* Cramer, 1966 的主要特征为:外壁 1 层,远极面具一亚圆形的脊(并非内层带环)。新疆西准噶尔,乌吐布拉克组 *A. xinjiangensis* 的标本(高联达, 1993)具内孢体或本体且外层具缘,故将其迁入 *Endosporites* 属。

产地层位　新疆准噶尔盆地,下泥盆统乌吐布拉克组。

环状环囊孢　*Endosporites zonalis* (Loose) Knox, 1950

(图版 132, 图 12, 17)

1934 *Zonales-sporites zonalis* Loose, p. 148, pl. 7, fig. 5.

1950 *Endosporites zonalis* (Loose) Knox, p. 332.

1956 *Endosporites zonalis* (Loose) Knox, in Potonié and Kremp, p. 163, pl. 20, figs. 455—457.

1980 *Endosporites zonalis* (Loose), 周和仪, 45 页, 图版 19, 图 2。

1987 *Endosporites zonalis* (Loose), 周和仪, 图版 3, 图 20。

1996 *Endosporites zonalis* (Loose), 朱怀诚, 见孔宪祯等, 263 页, 图版 47, 图 9。

描述　赤道轮廓近圆形或微三角圆形,山东标本大小约 115μm,中央本体轮廓与整个孢子轮廓基本一致,大小约 65μm;三射线长等于本体半径,微开裂,沿射线方向可有褶皱延至囊上;囊最多宽 33μm,即稍长于本体半径长,囊具细内网状结构,且具囊缘;棕—黄色。

比较与讨论　当前标本与 Potonié and Kremp (1956) 描述的(90—100μm,全模 95μm)相似,但左云标本大小仅 70μm。本种与 *E. punctatus* 相似,但以气囊具囊缘与后者有别。

产地层位　山西左云,本溪组;山东沾化,本溪组。

腔状混饰孢属　*Spelaeotriletes* Neves and Owens, 1966

模式种　*Spelaeotriletes triangulus* Neves and Owens, 1966;英格兰,下石炭统(Namurian A)。

属征 三缝腔状小型孢子;外壁2层,仅在近极面,一般是三射线区叠触;孢子赤道轮廓凸边三角形或因次生褶皱卵圆形;通常沿近、远极方向保存;外壁外层光滑至内点穴状,具混合型纹饰组成,包括细锥刺、颗粒和块瘤,侧向不同程度融合形成不规则脊;纹饰密度多变,主要在远极面,在辐间区超覆近极面;接触面大,无纹饰;三射线长,常与外层褶皱相伴,具不完全弓形脊。外壁内层即本体膜状,轮廓圆形,周边具次生褶皱,辐间区可剥离;模式种大小101—175μm,本体50—108μm。

比较与讨论 *Calyptosporites* 和 *Rhabdosporites* 的纹饰成分分别为刺和棒;*Aculeispores* 的轮廓亚圆形,缺乏清楚的弓形脊;*Endosporites* 构形相似,但无外纹饰。本属名来自拉丁文 spelaeus(洞、穴),然而,此属个体较小的种与 *Retispora* 如何区别,有待研究。

沙质腔状混饰孢 *Spelaeotriletes arenaceus* Neves and Owens, 1966

(图版132,图9, 16)

1966 *Spelaeotriletes arenaceus* Neves and Owens, p. 316, pl. Ⅱ, figs. 1—3.

1985 *Spelaeotriletes arenaceus*,高联达,79—80页,图版8,图8。

1989 *Spelaeotriletes arenaceus*, Hou J. P., p. 141, pl. 43, fig. 27.

描述 赤道轮廓亚三角形—亚圆形,大小51—100μm;腔状"膜环"孢子,本体轮廓与总轮廓基本一致,亚圆形—亚三角形,壁较厚,色暗;三射线不清楚;外壁外层薄,表面具细颗粒—刺粒纹饰,轮廓线上呈小突状。

产地层位 贵州睦化、代化,打屋坝组底部。

具带腔状混饰孢 *Spelaeotriletes balteatus* (Playford) Higgs, 1975

(图版73,图20;图版132,图8;图版133,图6)

1962 *Spinozonotriletes balteatus* Playford, p. 657, pl. 95, figs. 4—6.

1964 *Crassispora balteata*, Sullivan, p. 376.

1971 *Grandispora balteatus* Playford, p. 46.

1975 *Spelaeotriletes balteatus* (Playford) Higgs, p. 400, pl. 6, fig. 10.

1986 *Spelaeotriletes* cf. *balteatus* (Playford),唐善元,图版Ⅱ,图33。

1996 *Spelaeotriletes balteatus* (Playford) Higgs,朱怀诚,155页,图版2,图11,16。

1999 *Spelaeotriletes balteatus*,卢礼昌,78页,图版33,图18。

描述 赤道轮廓圆三角形,大小78—100μm;三射线明显或不明显,常伴以窄而曲的唇,并伸达弓形脊;近极面除射线末端以外区域光滑,远极面覆盖规则排列的小刺、锥刺和颗粒,基宽1.5—2.0μm,高2.5—4.0μm,基部分离,有时基部相连呈皱脊状;外壁内层可辨,但常不明显,赤道轮廓线与孢子相当,半径为孢子半径的1/2—3/5R,赤道部位经常色暗。

注释 中国标本与挪威斯匹次卑尔根下石炭统的同种标本(Playford, 1963, pl. 95, figs. 4—6)最相似,其赤道附近也具一加厚圈。该加厚圈被Playford(1963, p. 657)描述为缘(limbus),但他的标本表明,该缘并非环绕赤道,而是位于赤道内侧(附近);同时,也不像Sullivan(1964, p. 256)和Higgs等(1988, p. 73)所说的,可能是弓形脊在赤道附近的反映,因为看不出射线末端两侧具与弓形脊的特有连接形式,即内凹V字形。

比较与讨论 本种与 *Grandispora echinata* Hacquebard 和 *Discernisporites micromanifestus* (Hacquebard)常同层产出,形态也相似。主要区别为当前种具弓形脊,而 *Grandispora echinata* 不具弓形脊,本体相对外壁外层不明显,表面刺饰发育;*Disernisporites micromanifestus* 本体明显,纹饰微弱,亦不具弓形脊。

产地层位 湖南双峰测水,测水组;新疆和布克赛尔,黑山头组4层;新疆塔里木盆地,巴楚组。

圆齿腔状混饰孢 *Spelaeotriletes crenulatus* (Playford) Higgs, Claytan and Keegan, 1988

(图版62,图12, 13)

1963 *Grandispora crenulatus* Playford, p. 11, pl. 2, figs. 8—10.

1970 *Discernisporites crenulatus* Clayton, p. 583, pl. 2, figs. 2—4.

1988 *Spelaeotriletes crenulatus* Higgs, Claytan and Keegan, p. 73, pl. 13, fig. 4.

1994 *Spelaeotriletes crenulatus*,卢礼昌,图版3,图11,12。

1995 *Spelaeotriletes crenulatus*,卢礼昌,图版3,图18。

1999 *Spelaeotriletes crenulatus*,卢礼昌,78页,图版18,图11,12。

描述 赤道轮廓圆三角形—近圆形,大小36—50μm;三射线可见至清楚,简单或微具唇,至少伸达内孢体边缘;内层厚不足1μm,轮廓与孢子赤道轮廓近乎一致,与外层略微或局部分离(极面观时);外层厚2.0—3.2μm,远极面和赤道区具致密的颗粒纹饰,或偶见小锥刺,粒径为0.8—1.2μm,高度约1μm,在赤道轮廓线上反映甚弱;近极面纹饰明显减弱或很不显著;罕见褶皱,棕色。

比较与讨论 当前标本与 *S. crenulatus* 的全模标本(Playford, 1963, pl. 2, fig. 10)最相似;也与 Clayton (1966, p. 583, 584)和 Higgs 等(1988, p. 73)描述的同种标本颇接近,彼此归于同一种是无疑的,问题是归于哪个属较适合,如果有显微切片表明它们的远极外壁也像赤道外壁那样厚,那么,归于 *Geminospora* 属似较适合。

产地层位 江苏南京龙潭,五通群擂鼓台组上部;湖南界岭,邵东组;新疆和布克赛尔,黑山头组4层。

贝壳腔状混饰孢 *Spelaeotriletes crustatus* Higgs, 1975

(图版7,图12;图版65,图17, 18)

1975 *Spelaeotriletes crustatus* Higgs, p. 399, pl. 6, figs. 7—9; non pl. 6, figs. 4—6.

1977 *Spelaeotriletes exiguus* Keegan, p. 556, pl. 4, figs. 7—10.

1988 *Spelaeotriletes resolutus*,高联达,229页,图版8,图6,7。

1988 *Spelaeotriletes crustatus* Higgs et al., pl. 13, figs. 8, 9.

1988 *Spelaeotriletes exiguus*,卢礼昌、蔡重阳等,图版1,图32,33;图版2,图7,8(未描述)。

1990 *Spelaeotriletes crustatus*,高联达,图版1,图28。

1994a *Spelaeotriletes crustatus*,卢礼昌,图版6,图18。

1995a *Spelaeotriletes crustatus*,卢礼昌,图版3,图23。

1999 *Spelaeotriletes crustatus*,卢礼昌,79页,图版17,图17。

描述 赤道轮廓圆角凸边三角形—近圆形,大小47—82μm;三射线常清楚,直,顶部或开裂,简单或具窄唇(约1.5μm宽),长约4/5R或稍长,末端与弓形脊连接;外壁2层,极面观内、外层完全分离,并形成连贯的赤道腔,腔宽一般为1/5R左右;赤道外层厚约3μm,以弓形脊为界的接触区略小于近极面,表面接近粗糙,其余外层表面为颗粒状纹饰;纹饰分子基部轮廓近圆形或不规则,基宽1.0—1.5μm,高接近等于基宽,彼此分散,罕见连接成脊;内层薄、光滑,轮廓常清楚并与孢子赤道轮廓接近一致,边缘常见大型褶皱并多少呈同心状排列;有时可见3个顶突。

比较与讨论 江苏南京龙潭擂鼓台组产出的 *S. granulatus* Lu, 1994 虽也具颗粒纹饰,但以孢体较小(32.6—40.0μm),且内层无特征性褶皱而有别于本属。

产地层位 江苏南京龙潭,五通群擂鼓台组中上部;江苏宜兴丁山,五通群擂鼓台组中部;湖南界岭、新化,邵东组;西藏聂拉木,章东组;新疆和布克赛尔,黑山头组4层。

堆集腔状混饰孢? *Spelaeotriletes*? *cumulum* Higgs and Streel, 1984

(图版35,图20)

1984 *Spalaeotriletes*? *cumulum* Higgs and Streel, p. 169, pl. 4, figs. 17—19.

1995 *Grandispora cumula*,卢礼昌,图版3,图22。

描述 赤道轮廓近圆形,大小96—108μm;三射线常被外层宽厚的褶皱覆盖,伸达赤道边缘并略凸出;内层厚约1.5μm,至少在赤道与外层多少分离或不完全分离,轮廓与孢子赤道轮廓基本一致;外层细内颗粒状,远极面具稀疏、低矮的块瘤;纹饰分子基部轮廓近圆形,基径4.2—8.0μm,高常不足1μm,间距1.5—6.0μm;外层近极面覆以致密的粗颗粒状纹饰;偶见带状褶皱。

比较与讨论 当前标本与德国北部"莱茵页岩"泥盆-石炭系界线层(LN—VI 孢子带)的 *S. cumulum* 分子主要特征颇为相似,仅后者的孢体略小(50—70μm)。

产地层位 湖南界岭,邵东组。

具刺腔状混饰孢 *Spelaeotriletes echinatus* (Luber in Kedo) Ouyang and Chen, 1987

(图版64,图19,20;图版132,图7;图版133,图18)

1961 *Hymenozonotriletes echinatus* (Luber) Kedo, p. 64, pl. 5, fig. 130.

1987b *Spelaeotriletes echinatus* (Luber) Ouyang and Chen,欧阳舒等,208 页,图版Ⅲ,图17—19。

1988 *Archaeozonotriletes lasius* Naumova,高联达,222 页,图版5,图12。

1988 *Archaeozonotriletes famenensis* Naumova,高联达,222 页,图版5,图16。

1994 *Spelaeotriletes echinatus* (Luber) Ouyang and Chen,卢礼昌,图版6,图23,24。

描述 赤道轮廓三角形—圆三角形,近极面较低平,远极面凸出,大小32—41μm(测5粒);三射线清楚,具唇,宽1.5—2.5μm,直或微弯曲,伸达或近达孢子角端,末端微显弓形脊,外壁内层(体)薄,厚<0.5μm,光面;外壁外层厚0.5—1.0μm,在远极面和赤道膨胀,极面观呈环状,宽2.5—6.0μm,在同一标本上宽度颇均一,表面(远极和赤道)具颇密的刺状纹饰,基部轮廓近圆形,直径1.0—1.5μm,末端尖或钝尖,有时若干纹饰相连成行或呈亚网状—微洞穴状(图版132,图7),轮廓线上呈细齿状;黄色。

比较与讨论 当前标本与白俄罗斯普里皮亚季(Pripyat)盆地 Tn1a + Tn1b 下部的 *Hymenozonotriletes echinatus* (Luber) Kedo 基本一致,仅后者稍大(40—46μm),当属同种。Kedo(1963)虽注明此种命名者为 Luber,但未提出处;不知是否为 *Lepidozonotriletes echinatus* Luber, 1955 (p. 44, pl. 5, fig. 100),后者轮廓圆形,大小30μm,有接触区,区外具明显的刺状纹饰,只有绘图而无照相,难以确切比较;Oshurkova (2003)将此种归入 *Lycospora*。当前孢子与苏格兰下石炭统的 *Spelaeotriletes microspinosus* Neves and Ioannides, 1974 (p. 81, pl. 8, figs. 1, 3)也很接近,甚至可能为同种;后者大小31(41)50μm,弓形脊较明显,刺亦稍长。

产地层位 江苏宝应,高骊山组、下石炭统底部;江苏南京龙潭,五通群擂鼓台组上部;湖南锡矿山,邵东组—孟公坳组下部;西藏聂拉木,章东组。

翻下腔状混饰孢 *Spelaeotriletes fanxiaensis* Lu, 1997

(图版64,图7,8)

1993 *Spelaeotriletes* sp.,文子才、卢礼昌,图版Ⅳ,图9—12(未描述)。

1997a *Spelaeotriletes fanxiaensis* Lu,卢礼昌,199 页,图版2,图17—19。

描述 赤道轮廓钝角凸边三角形,大小28.5—40.0μm,全模标本37.8μm;三射线清楚,直或微弯曲,唇窄,宽1.5—2.2μm,伸达内孢体边缘,近顶部常具3个小突起,其基部宽1.8—3.2μm;外壁2层:内层清楚,厚约1μm(或稍厚),极面观与外层分离不明显或仅局部分离,外层厚1.0—1.5μm,远极面具很小的锥刺,分布致密,但彼此基部罕见接触,且间隙相通,呈负细网状结构,锥刺基部宽0.5—0.8μm,略大于突起高,在赤道轮廓线上反映甚弱;近极面至少接触区表面无纹饰;腔常不连续,且颇窄,宽仅为1/10—1/8R;外壁褶皱,多呈条带状,分布不规则;浅棕色。

比较与讨论 本种与江苏南京龙潭五通群的 *S. granulatus* Lu, 1994 的主要区别是:后者的赤道轮廓为近圆形,纹饰为颗粒,且不具顶部突起。

产地层位 江西全南,三门滩组、翻下组;湖南界岭,邵东组。

颗粒腔状混饰孢 *Spelaeotriletes granulatus* Lu, 1994

(图版64,图4—6)

1994a *Spelaeotriletes granulatus* Lu,卢礼昌,172 页,图版6,图13—15。

描述 赤道轮廓近圆形,大小32.6—40.0μm,全模标本36μm;三射线清楚,微弯曲,唇宽(宽约2μm),

等于内孢体半径长，末端两侧或与弓形脊连接；极面观内层与外层分离完全，但常不等距，腔宽为1/6—1/4R，内孢体（内层）轮廓与孢子赤道轮廓基本一致，厚约1μm，表面无纹饰；外层较内层厚，赤道外层厚1.8—3.2μm；纹饰限于远极面与近极—赤道区，以分散的细颗粒为主，其间夹有小刺，颗粒基部轮廓近圆形，粒径1.5—2.2μm，高不足1μm，彼此间距常在1.2—2.0μm之间；三射线区表面光滑无饰；孢子赤道轮廓线微波状，外壁很少褶皱；棕或深棕色。

比较与讨论 本种的形态特征及大小幅度与 *S. minutus* Butterworth and Mahdi, 1982 (p.500, pl.4, figs.1—4, 7, 8) 较接近，但后者纹饰组成较杂，除颗粒外，尚有锥刺和小刺，同时孢子近极区具顶突与辐射状排列的细皱脊，因此不属同一种。

产地层位 江苏南京龙潭，五通群擂鼓台组。

异形腔状混饰孢 *Spelaeotriletes heteromorphus* Lu, 1997

（图版64，图26—29）

1997a *Spelaeotriletes heteromorphus* Lu，卢礼昌，199页，图版3，图15—17。

1997a *Spelaeotriletes rarus*，卢礼昌，199页，图版3，图5—7。

描述 赤道轮廓钝角凸边三角形或宽圆三角形—近圆形，子午轮廓近极面略微凹陷至低锥角形，远极面半圆球形—超半圆球形，大小45.5—65.0μm，极轴长42.5—61.2μm，全模标本56.5μm，极轴长42.5μm，副模标本31.2μm，极轴长35.5μm；三射线常被唇遮盖，唇宽2.5—3.5μm，顶部高略大于宽，末端略较低、较窄，伸达赤道附近，三射线顶部常具3个小突起；外壁2层：内层清楚，厚1—2μm，除三射线区与外层紧贴外，其余部分，尤其远极区与外层完全分离，甚者呈中孢体状（侧面观），轮廓与孢子外部轮廓一致，大小约为孢子直径的4/5或略大，外层近极面微粗糙，常略凹下或凹凸不平；赤道具缘，缘厚实，光滑，厚1.5—3.5μm；远极面具小桩、小棒、钝锥刺或其他小突起；纹饰基部分散或彼此接触，宽1.0—2.5μm，高等于或略大于宽；罕见褶皱；浅—深棕色。

注释 重新观察与对比表明：原先将侧压标本与极压标本分别归入 *S. heteromorphus* 与 *S. rarus* 两种欠妥，实际上，这两种分子的形态特征与纹饰组成彼此是一致的，现取前者、弃后者，并将后者改归于 *S. heteromorphus* 名下。

产地层位 湖南界岭，邵东组。

湖南腔状混饰孢 *Spelaeotriletes hunanensis* (Fang et al.) Lu, 1994

（图版65，图1—6，11）

1978 *Hymenozonotriletes lepidophytus* Kedo，潘江等，252，256页，图版15，图1—15。

1982 *Spelaeotriletes lepidophytus* (Kedo) Streel in Becker et al.，侯静鹏，83—86页，图版2，图13。

1987a *Retispora lepidophyta* var. *minor*，欧阳舒、陈永祥，13，14，75页，图版13，图9，13。

1987b *Retispora lepidophyta* var. *minor*，欧阳舒、陈永祥，208页，图版3，图33，34。

1987b *Retispora lepidophyta*，欧阳舒、陈永祥，208页，图版3，图35（部分）。

1988 *Retispora lepidophyta*，蔡重阳等，189页，图版3，图4—6。

1988 *Retispora* cf. *lepidophyta*，蔡重阳等，189页，图版3，图36—39。

1990 *Retispora lepidophyta*，高联达，58—64页，图版2，图10—12。

1993 ? *Retispora lepidophyta*，文字才、卢礼昌，317页，图版3，图13—15。

1993 *Retizonomonoletes hunanensis* Fang et al.，方晓思等，736页，图版1，图1—3。

1994b *Spelaeotriletes hunanensis* (Fang et al.) Lu，卢礼昌，471页，图版1，图1—15；图版2，图1—15。

描述 辐射对称具腔三缝小孢子，大小34.3—74.8μm，平均45.4μm，内孢体15.6—32.0μm，赤道轮廓宽圆三角形—近圆形，或因次生褶皱而呈卵圆形或不规则形，子午轮廓近极面呈低拱圆形（极压高7—8μm），远极面接近半圆球形；三射线常不清楚或不完全清楚至仅可辨别，伸达赤道附近或边缘，有时可见其末端两侧与界线模糊或柔弱的弓形脊连接，或有时可见三射线部位具1—3条窄的皱脊[唇(?)]，突起高

0.8—3.2μm;外壁2层:内层厚约1μm,表面光滑无饰,其中形成的内孢体轮廓清楚(色较深),并与孢子赤道轮廓基本一致,与外紧贴仅限于近极中央区,其余绝大部分与外层完全分离,并呈相当明显的空腔状,外层较内层略薄(厚常小于1μm),表面光滑至微粗糙,具致密的内点穴状结构,接触区几乎等于近极面,区内表面光滑无饰或偶见局部小突起,其余表面(主要为远极面)覆以小刺状突起纹饰,突起高0.5—0.7μm,基部宽略小于突起高,分布不均匀,即使在同一标上其密度也多变,彼此分离,或三五成群的基部彼此侧向相连而构成短的冠脊,并局部呈网状或连接成不完全至完全的网状图案;纹饰分子自基部向顶部略变窄,至顶部呈碟形或圆盘形膨胀,继而迅速收缩,再延伸成细小的刺(常易断落),并构成双型纹饰分子;次生褶皱多见于外层,尤其近极外层,常呈窄而长的条带状,而且大多数的标本仅具1条,并横穿近极面或近极中央区,在普通透射显微镜下观察,很有可能被认为是单缝孢的特征;赤道轮廓线常呈柔弱或不规则细齿状;黄—浅棕色(内孢体)。

比较与讨论 将同一标本甚至同一部位的2种图照,即电子扫描显微图照与普通光学显微图照进行对比,结果表明:归入 *S. hunanensis* (Fang and al) Lu 名下描述的标本,确实是具腔三缝小孢子;纹饰为双型类型,分散或基部多少彼此接触或连接成长短的冠脊状突起,冠脊相互串连或交结又投影成不规则完全或不完全的网状图案(显微透光图照),因此常误认为(包括笔者在内)其结构与图案特征可与 *Retispora lepidophyta* 对比,并进而有或无保留地归入该种名下。其实两者并非同一属种的分子,详情见表1.3。

很显然,归入 *Spelaeotriletes hunanensis* 的分子,不宜置于 *Retispora lepidophyta* 名下描述,之所以常被误读,至少有下列几种原因:①这两种分子的外壁内、外层分离的程度或特征颇为相似或相同;②研究手段或工具有限;③具有相近似的地质时限,现有资料(包括未刊资料)表明,可归入 *S. hunanensis* 的分子,迄今为止仅限于晚泥盆世晚期,即法门期的沉积,因此该种被认为是划分研究地区泥盆-石炭系界线的标志或重要参照因子。

表1.3

属种名称 / 对比项目	*Retispora lepidophyta*(Kedo) Playford, 1976	*Spelaeotrilets hunanensis* (Fang et al.) Lu, 1994
三射线	常清楚或不清楚,唇发育	不清楚至可见,有时具1—3条窄脊[唇(?)]
外壁外层	厚1.5—2.5μm	厚常 <1μm
外壁内层	厚1—2μm	较外层略厚
主要纹饰	网穴状;网穴圆至长圆形,穴径0.7—6.0μm,网脊宽0.5—2.0μm,顶部平滑	双型刺状突起,分散或连接呈冠脊状,脊宽与高均不足1μm,顶端山峰状,基部或连接呈网穴状
乳头状小突起	有时可见	总是不见
次生褶皱	罕见或无	常具1条,且多位于近极面
大小幅度	孢子大小27(68)112μm, 内孢体25(43)70μm	孢子大小34.3(46.4)74.8μm, 内孢体15.6(21.2)32μm

产地层位 江苏句容、宝应、南京龙潭、宜兴丁山,五通群擂鼓台组;江西全南,三门滩组;湖南界岭,邵东组。

不等形腔状混饰孢 *Spelaeotriletes inaequiformis* Lu, 1994

(图版64,图23—25)

1994a *Spelaeotriletes inaequiformis* Lu,卢礼昌,173页,图版6,图33—35。

描述 赤道轮廓近三角形,角部钝凸,三边微凸或有时直,子午轮廓近极面低锥角形,远极面半圆球形;大小46.0—69.2μm,内孢体大小31.2—46.8μm,全模标本53.2μm(内孢体37.2μm);三射线常被窄唇[或皱脊(?)]遮盖,微弯曲或直,宽2.0—3.2μm,伸达赤道或赤道附近;外壁内层厚1.5—2.5μm,由其构成的内孢体轮廓多少呈圆形,而与孢子赤道轮廓不一致,表面具不规则小突起纹饰(小刺、锥刺等),极面观内层与外层分离明显，但不等距；外层厚2.0—3.5μm，接触区表面无纹饰，远极表面具纹饰，主要由分散的锥刺和小锥瘤组成，锥刺基宽2—3μm，高1.0—1.5μm，赤道区纹饰尤其是射线末端及其两侧的纹饰较粗壮、密集，并由小锥瘤（或瘤）或与顶端小刺等双型分子组成，锥瘤基宽2.3—3.1μm，高1.6—2.3μm，顶部钝凸，高略小于基宽，末端小刺长1μm左右；赤道轮廓线呈不规则锯齿状；外壁罕见褶皱，浅—深棕色。

比较与讨论 当前种以内层厚并具纹饰，以及内孢体轮廓与孢子赤道轮廓明显不同为特征。就形态特征和纹饰组成而言，此种与 *S. triangulus* Neves and Owens, 1966（p. 345, pl. 1, figs. 1—3）较近似，但该种的个体大（101—175μm）许多，不宜归于同一种。

产地层位 江苏南京龙潭，五通群擂鼓台组上部。

微刺腔状混饰孢 *Spelaeotriletes microspinosus* Neves and Ioannides, 1974

（图版64，图1—3）

1974 *Spelaeotriletes microspinosus* Neves and Ioannides, p. 81, pl. 8, figs. 1, 3.

1997a *Spelaeotriletes microspinosus*，卢礼昌，图版2，图22，23。

1999 *Spelaeotriletes microspinosus*，朱怀诚，74页，图版4，图2—4，7。

描述 赤道轮廓三角形，大小26—40μm，三射线常清楚，简单或有时微开裂，直或微曲，伸达内层（内孢体）边缘，其上皱脊伸达赤道，末端或与弓形脊连接，顶部3个乳头状突起常可见；内层薄、光滑，在远极面常具1—3条窄的褶皱，与外层分离明显；腔宽1/5—1/3R；赤道与远极外层表面密布微细小刺，高1—3μm，大于基宽，末端尖或截钝，间距不足2μm，接触区表面光滑。

产地层位 湖南界岭，邵东组；新疆塔里木盆地莎车，奇自拉夫组。

微刺腔状混饰孢（比较种） *Spelaeotriletes* cf. *microspinosus* Neves and Ioannides, 1974

（图版133，图27）

1983 *Spelaeotriletes* cf. *microspinosus*，高联达，516页，图版116，图22。

描述 赤道轮廓圆三角形，大小50—70μm；射线长等于本体半径；本体轮廓与孢子外形相同，有时变曲；孢壁薄，常褶皱；孢子远极面具不规则的小锥刺纹饰。

比较与讨论 当前标本与 *S. microspinosus* Neves and Ioannides, 1974 的全模类似，但后者锥刺短而分布稀，故定比较种。

产地层位 贵州贵阳乌当，旧司组。

钝饰腔状混饰孢 *Spelaeotriletes obtusus* Higgs, 1975

（图版64，图33）

1975a *Spelaeotriletes obtusus* Higgs, p. 400, pl. 6, figs. 1—3.

1995 *Spelaeotriletes obtusus*，卢礼昌，图版3，图20。

1995 *Apiculatisporis* sp.，卢礼昌，图版2，图2。

描述 赤道轮廓钝角凸边三角形—近圆形，大小70—76μm；三射线可辨别至清楚，直，唇宽1.5—2.5μm，有时末端及其两侧略有加厚，略短于内孢体半径，几乎伸达其赤道附近，外壁外层厚1.5—2.5μm，纹饰主要限于远极面，以钝锥刺为主，短棒次之，分布相当稀疏，纹饰分子基部轮廓近圆形，基径1.5—2.5μm，高1—3μm，彼此间距1.5—4.0μm，甚者可达8μm，近极面（除辐射区边缘）无纹饰；内层可见，薄，光滑，至少在赤道与外层分离，腔较窄，轮廓与赤道大体一致；外层常具褶皱。

比较与讨论 当前标本的特征与爱尔兰老红砂岩产出的 *S. obtusus* Higgs（1975a, p. 400）较为接近，仅后者纹饰似较密集而略异，但仍属同种。

注释 原置于 *Apiculatisporis* sp. 名下的标本（卢礼昌，1995，图版2，图21）外壁为2层，改归 *Spelaeotriletes obtusus* 较适合。

产地层位 湖南界岭，邵东组。

东方腔状混饰孢 *Spelaeotriletes orientalis* Zhu, 1999

（图版 64，图 21，22）

1999a *Spelaeotriletes orientalis* Zhu，朱怀诚，74 页，图版 2，图 2，3。

描述 赤道轮廓亚三角形，大小 54—60μm；全模标本 58μm；三射线清楚，简单，直，唇很窄，伸达外壁内层边缘，并延伸至赤道末端与弓形脊相连；接触区较大，表面光滑；内层薄而不明显，内孢体轮廓亚圆形—圆形，为孢子直径的 2/3—3/4，沿内孢体边缘发育环状排列褶皱，表面光滑—点状；外层在角部加厚明显，远极面饰以强烈内颗粒纹饰，纹饰分子排列紧密，粒径 0.5—1.0μm，彼此分离或相连。

比较与讨论 本种以具强烈内颗粒纹饰为特征而与其他种区别。

产地层位 新疆塔里木盆地莎车，奇自拉夫组。

苍白腔状混饰孢 *Spelaeotriletes pallidus* Zhu, 1999

（图版 64，图 17，18）

1999 *Spelaeotriletes pallidus* Zhu，朱怀诚，74 页，图版 3，图 4，7，8。

描述 赤道轮廓亚三角形，大小 35—48μm，全模标本 40μm；三射线可见至清楚，简单或时微开裂，直或微曲，伸达内层（内孢体）边缘，其上皱脊伸达赤道附近，末端或与弓形脊连接，顶部 3 个乳头状突起常能见及；内层与外层分离明显，轮廓与孢子赤道轮廓大体一致，大小为孢子直径的 1/2—2/3，表面光滑；赤道与远极外层表面有密布微小的锥刺与少量颗粒，基径 1.0—1.5μm，高 0.5—1.0μm，顶端尖，间距 <2.5μm，接触区表面光滑；褶皱 1—3 条。

比较与讨论 本种与前述 *S. microspinosus* 的形态特征颇相似，但后者以个体略小（26—40μm）、刺较长（1—3μm）而有别于本种。

产地层位 新疆塔里木盆地莎车，奇自拉夫组。

贵重腔状混饰孢 *Spelaeotriletes pretiosus* (Playford) Neves and Belt, 1970

（图版 64，图 32）

1964 *Pustulatisporites pretiosus* Playford, p. 19, pl. 4, figs. 5—7; pl. 5, fig. 1; text-fig. 1a.

1970 *Spelaeotriletes pretiosus* (Playford) Neves and Belt, p. 1241.

1988 *Spelaeotriletes pretiosus* Higgs et al., p. 74, pl. 13, figs. 16—19.

1995 *Spelaeotriletes pretiosus*，卢礼昌，图版 3，图 19。

描述 赤道轮廓宽圆三角形，大小约 80μm；三射皱脊清楚，微曲，伸达赤道附近，末端两侧与弓形脊连接；圆瘤状纹饰分布稀疏，并限于远极面与赤道边缘，瘤基径 3.0—4.5μm，高 1.5—2.5μm（赤道边缘凸起），顶部宽圆或钝凸，偶见尖，间距 1—4μm，罕见基部接触；接触区几乎等于近极面，表面无纹饰；内孢体可识别，轮廓与孢子赤道轮廓一致，大小 50μm 左右；外壁细颗粒状，赤道外壁较厚（色较深，可能因弓形脊与之重叠所致），极面观外壁较薄（较亮），细颗粒状较清楚；赤道轮廓线呈低矮的波状；浅棕—棕色。

比较与讨论 描述标本的形态特征及大小幅度更接近于爱尔兰同种（Higgs et al., 1988）的标本，而较 Playford（1964）描述的标本[平均值 149μm（125 标本）]小许多。

产地层位 湖南界岭，邵东组。

贵重腔状混饰孢较小变种（新变种）

Spelaeotriletes pretiosus (Playford) Neves and Belt var. *minor* Lu var. nov.

（图版 64，图 30，31）

1964 *Pustulatisporites pretiosus* Playford, p. 19, pl. 4, figs. 5—7; pl. 5, fig. 1.

1970 *Spelaeotriletes pretiosus* (Playford) Neves and Belt, p. 1241.

1994 *Spelaeotriletes pretiosus*,卢礼昌,图版6,图31,32。

1996 *Spelaeotriletes pretiosus*,王怿,图2,图24。

注释 当前标本大小37.5—48.0μm,全模标本48μm。其大小幅度仅为 *S. pretiosus* (Playford) Neves and Belt 的大小幅度(98—195μm)的1/3左右;其他特征近乎一致,因此建一新变种。

产地层位 江苏南京龙潭,五通群擂鼓台组中部;湖南锡矿山,邵东组。

辐射腔状混饰孢 *Spelaeotriletes radiatus* Zhu, 1999

(图版64,图15, 16)

1999 *Spelaeotriletes radiatus* Zhu,朱怀诚,333页,图版1,图12,16,17。

描述 赤道轮廓亚圆形—圆形,大小36—62μm,全模标本48μm;三射线明显或不明显,简单,直,伸达本体边缘,沿射线两侧外壁轻微褶皱;外壁内层(本体)轮廓与孢子赤道轮廓一致,半径约为2/3R,表面点状—光滑;外层较内层薄,褶皱常见,近极接触区点状—粗糙,赤道区及远极面覆盖细刺,多少呈放射状排列,刺基径0.5—1.0μm,长0.5—3.0μm,末端尖,排列紧密,基部相邻或相连。

比较与讨论 本种以其刺多少呈放射状排列为特征,以接触区不明显区别于 *S. microspinosus* Neves and Ioannides (1974, p. 81, pl. 8, figs. 1, 3)。

产地层位 新疆塔里木盆地北部,东河塘组。

再分腔状混饰孢 *Spelaeotriletes resolutus* Higgs, 1975

(图版64,图9—11)

1975a *Spelaeotriletes resolutus* Higgs, pl. 6, figs. 4—6.

1988 *Spelaeotriletes resolutus*, Higgs et al., p. 74, pl. 13, figs. 10, 11, 15.

1993 *Spelaeotriletes resolutus*,文子才、卢礼昌,图版4,图3—6。

1994a *Spelaeotriletes resolutus*,卢礼昌,图版5,图38,39。

1995 *Spelaeotriletes resolutus*,卢礼昌,图版3,图11。

描述 赤道轮廓钝角三角形—圆三角形,大小32—43μm;三射线常清楚,直,具窄唇,宽1.5—2.5μm,伸达赤道或赤道附近,末端与弓形脊连接;弓形脊因绝大部分位于赤道而显得不完全;外壁外层厚约1μm,接触区表面无突起纹饰,赤道与远极区主要覆以小锥刺纹饰;纹饰分子分散或局部接触,基部轮廓近圆形,宽0.5—1.5μm,高略小于宽,顶端尖,赤道边缘呈小锯齿状;内层厚约等于外层厚,但边缘常具弧形褶皱,甚者彼此重叠而显得较厚,表面无纹饰;极面观与外层分离,内孢体轮廓与孢子赤道轮廓接近一致(或略圆),大小26.5—32.0μm;腔连续,宽为1/5—1/3R,有的标本存在顶突。

注释 爱尔兰老红砂岩中的 *S. resolutus* Higgs, 1975个体较大(47—68μm),纹饰组成较杂,除小锥刺外,尚有小桩与短棒等。

产地层位 江苏南京龙潭,五通群擂鼓台组下—中部;江西全南,三门滩组;湖南界岭,邵东组。

多刚毛腔状混饰孢 *Spelaeotriletes setosus* (Kedo) Lu, 1994

(图版64,图12—14)

1963 *Archaeozonotriletes setosus* Kedo, p. 74, pl. 8, figs. 180, 181.

1994a *Spelaeotriletes setosus* (Kedo) Lu,卢礼昌,175页,图版6,图28,29。

1995 *Spelaeotriletes setosus*,卢礼昌,图版2,图3。

描述 赤道轮廓宽圆三角形—近圆形,大小36—44μm;三射线清楚,直或微曲,具窄唇,顶部较窄,朝末端略增宽,最宽常不足2μm,等于内孢体半径长;内孢体(内层)轮廓与孢子赤道轮廓大体一致,厚0.5—1.5μm,大小28.0—33.5μm,至少在赤道部位与外壁外层不等距分离(或收缩);外壁外层厚(赤道区)1.5—2.5μm,三射线区无纹饰,赤道与远极区表面具稀散的刺状纹饰;纹饰分子基部轮廓近圆形,宽1.5—3.0μm,

高略大于宽，顶端钝凸或钝尖，彼此间距常大于基宽，罕见褶皱。

注释 被Kedo(1963)首次置于*Archaeozonotriletes setosus* Kedo(1963)名下描述的标本，具腔，无环，纹饰刺状，故将其移至*Spelaeotriletes*属内，并作补充描述。

产地层位 江苏南京龙潭，五通群擂鼓台组下—中部；湖南界岭，邵东组。

拥挤腔状混饰孢 *Spelaeotriletes spissus* Lu, 1999

（图版3，图14，15）

1999 *Spelaeotriletes spissus* Lu，卢礼昌，79页，图版28，图10，11，15。

描述 辐射对称具腔三缝小孢子；赤道轮廓圆三角形—近圆形，子午轮廓近极面低锥角形，远极面半圆球形；三射线常因外层褶皱[唇(?)]掩盖而不清楚，褶皱高3—5μm，宽2—3μm，多少弯曲，伸达赤道附近；内层薄(厚不足1μm)且不甚清楚，由其形成的内孢体依稀可辨，极面观与外层完全分离，轮廓与孢子赤道轮廓基本一致，侧面观仅在三射线区与外层黏附；外层较厚实(接触区除外)，赤道区外层厚3.2—4.3μm(纹饰除外)，或具点穴状结构；纹饰限于远极面，主要由壮实、低矮的钝锥刺组成，分布致密或拥挤，致使基部彼此或融合成不规则的冠脊或短脊状突起；赤道区纹饰似较发育，锥刺基部宽2.0—4.3μm，高1.5—3.5μm，表面光滑，顶端钝凸；近极面纹饰明显减弱，仅为细小的刺—粒状突起，且分布稀疏；赤道轮廓线呈不规则钝齿状或凹凸不平；棕—深棕色；大小98.3—114.7μm，内孢体67.0—74.9μm；全模标本109μm，内孢体68.6μm。

比较与讨论 本种以外壁(外层)厚实与纹饰壮实、拥挤并连接成脊为主要特征而不同于*S. protiosus* (Playford) Neves and Belt, 1970，它的形态特征虽与当前种颇相似，但纹饰成分为低矮的圆瘤，且分布稀疏；*S. obtusus* Higgs, 1975的纹饰为颇柔弱的小桩或小棒状突起，彼此差异明显。此外，个体较大的*Cymbosporites magnificus* var. *magnificus* (Owens) Lu(卢礼昌，1988)与当前种在形态特征与纹饰组成方面，彼此较相似，但该种的外壁通常仅1层，并在赤道与远极呈栎状加厚，因此归属不同。

注释 赤道外壁外层的厚度可能因弓形脊与赤道重叠及其加厚而显得厚实(色特深)许多。

产地层位 新疆和布克赛尔，黑山头组5层。

三角腔状混饰孢 *Spelaeotriletes triangulatus* Neves and Owens, 1966

（图版3，图19）

1966 *Spelaeotriletes triangulatus* Neves and Owens, p. 345, pl. 1, figs. 1—3.

1995 *Spelaeotriletes triangulus* (sic)，卢礼昌，图版3，图21。

描述 赤道轮廓凸边三角形，角部钝凸，大小约116μm，内孢体界限清楚，表面光滑，轮廓与孢子赤道轮廓一致，大小77μm左右；三射线被外层褶皱[唇(?)]遮盖，褶皱超越内孢体伸达赤道附近，末端两侧与弓形脊连接；弓形脊除射线末端两侧小部分外，其余大部分位于赤道；纹饰以小瘤状突起占优势，主要限于远极面、赤道边缘与近极面辐射区的顶端；小瘤基宽1.0—3.5μm，高(赤道边缘突起)1—2μm，基部分离或局部连成短脊；小瘤间不规则地点缀着小刺—粒状突起；接触区表面无纹饰；浅棕—棕色。

注释 仅见一粒，且标本略有破损，但其特征及大小均与*S. triangulus* Neves and Owens, 1996颇接近，归于该种应不成问题。

产地层位 湖南界岭，邵东组。

三翼粉属 *Alatisporites* Ibrahim, 1933

模式种 *Alatisporites* (al. *Sporonites*) *pustulatus* Ibrahim, 1933；德国鲁尔，上石炭统(Westphalian B/C)。

属征 三缝小孢子，在近极面的每两条Y线之间及除一极区以外的远极，外层脱离内层并扩展成气囊，故气囊有3个，它们在近极直伸到Y射线和顶，即在近极仅以射线彼此分开，在远极留有一有限的外壁空白区在中部可分裂成 6 瓣或更多片;模式种全模 73μm。

注释 本属属征仅据模式种,实际上有些种的气囊仅在赤道附近,近、远极皆有较大空白区,且远极面可能有纹饰。

亲缘关系 科达类或松柏类[继 Grauvogel-Stamm,1978 在法国浮日山斑砂统上部的 *Voltzia* 植物群中,从松柏类 *Willsiostrobus cordiformis* Grauvogel-Stamm and Schaarschimidt 发现 *Alatisporites* 型原位花粉之后,孟繁松等(1993)在三峡区中三叠统巴东组的 *Willsiostrobus* 中也发现了一种 *Alatisporites* 型花粉;但这些花粉的气囊是具网纹的,似乎与 *Alatisporites* 并不同,有待比较研究];石松类(?)。

分布时代 主要在欧美区—华夏区,晚石炭世。

六瓣三翼粉(比较种) *Alatisporites* cf. *hexalatus* Kosanke, 1950

(图版 133,图 1, 2)

1950 *Alatisporites hexalatus* Kosanke, p. 23, 24, pl. 4, fig. 5.

1984 *Alatisporites hexalatus*,高联达,381 页,图版 146,图 6,7。

1984 *Alatisporites trialatus* Kosanke,高联达,381 页,图版 146,图 5。

描述 本体赤道轮廓三角形,边凸或微凹,壁薄,黄色;辐间区具 3 个气囊,大体上各分离为二,故总数达 6 瓣(囊);气囊与本体接触处常有不规则褶皱,呈放射状分布;孢子表面平滑或偶有细点状纹饰,大小 50—65μm。

比较与注释 据 Kosanke 原描述,本种的主要特征是:本体亚三角形,三边微凹,全模大小 78. 6μm,本体 53. 1μm,每一辐间区有 2 个气囊(共 5—6 囊),但本体角部无囊,本体和囊光滑—极细颗粒状,体壁 1. 5—2. 0μm,气囊约 1μm。当前标本与之相比,除个体较小外,气囊有时在角部相连,辐间区气囊大小较悬殊,故改定为比较种。另外,被高联达(1984)鉴定为 *A. trialatus* 的标本(图版 146,图 5)(40—50μm)与鉴定为 *A. hexalatus* 的同一图版上的图 7 似乎为同一标本(即本书的图版 133,图 1, 2),图版说明中注明了该标本产自本溪组,与文字描述后的产地层位(太原组)不一致。*A. trialatus* 3 个囊大,在近极面三射线附近相邻,与 *A. hexalatus* 很不同。

产地层位 山西宁武,本溪组。

霍氏三翼粉 *Alatisporites hoffmeisterii* Morgan, 1955

(图版 133,图 3, 4)

1955 *Alatisporites hoffmeisterii* Morgan, p. 37, pl. 2, fig. 1.

1967 *Alatisporites hoffmeisterii*, in Smith and Butterworth, p. 279, pl. 23, figs. 9, 10.

1993 *Alatisporites hoffmeisterii*,朱怀诚,296 页,图版 80,图 1a,b,4,5。

描述 大小 50. 0(56. 3)60. 0μm(测 4 粒);本体轮廓亚三角形,外壁厚 2—4μm,表面饰以细瘤—块瘤纹饰,瘤宽 2—4μm,外侧多钝圆;三射线常明显,简单,细直,略伸达本体赤道;主要在辐间区具 3 组气囊,浅裂或深裂不连接,故囊的数目有变化,为 6—8 个,囊壁薄,厚 0. 5—1. 0μm,表面点状—光滑。

比较与讨论 与描述的美、英上石炭统的此种主要形态、纹饰和气囊数目颇相似(Smith and Butterworth, 1967),仅后者全模标本较大,达 98μm(平均 45—75μm),气囊光滑—细颗粒状。

产地层位 甘肃靖远,羊虎沟组。

膨胀三翼粉(比较种) *Alatisporites* cf. *inflatus* Kosanke, 1950

(图版 133,图 23)

1952 *Alatisporites* cf. *inflatus* Kosanke, Imgrund, p. 52, pl. 5, fig. 126a,b.

1960 *Alatisporites* cf. *inflatus*, Imgrund, p. 181, pl. 16, fig. 91; text-fig. 7.

描述 大小132μm,棕黄色,赤道轮廓因3个气囊而呈3瓣状;中央本体子午轮廓近圆形,外壁厚度不明,但不薄;3个气囊的构型配合很好,因标本子午面保存而能看到;气囊完全包围近极半球。远极面原来孢壁裸露,即此处外壁外层未与内层分离膨胀成气囊。在近极面的极上,气囊聚合于一点,以致近极半球全被包围。气囊之间为Y线之所在,这些射线伸到对面即远极,其末端恰在气囊分离处,即相当射线的裂缝,其上气囊仍与体连生,说得确切些,前者部分与本体分离;气囊轮廓线上不全光滑,局部呈小锥刺状;顶视密布小颗粒;中央本体轮廓线尤其远极裸露带略粗糙。

比较与讨论 *A. inflatus* Kosanke, 1950(p. 24, pl. 4, fig. 2)大小达123—150μm,与开平标本一致,与Kosanke的理解相反,气囊的着生线也可能与开平标本显示的一致;气囊据Kosanke提及为"明显颗粒状",而未提及小刺。*A. pustulatus* 个体较小(70—90μm),3个气囊也在Y线处汇合,但气囊基常具褶皱,轮廓线几平滑,仅偶尔见细颗粒,顶视呈很小点穴状;中央本体近三角形,具规则小网穴,远极面具裸露区。

产地层位 河北开平煤田,赵各庄组。

裸露三翼粉 *Alatisporites nudus* Neves, 1958

(图版133,图5)

1985 *Alatisporites nudus* Neves, p. 10, pl. 3, fig. 9.

1988 *Alatisporites nudus* Neves, 高联达,图版5,图15。

描述 据Neves描述,此种大小40—60μm,全模55μm;主要特征是孢子小,圆三角形本体和气囊皆无纹饰或结构(光滑);3个囊在赤道上相邻。

比较与讨论 与最初从英国纳缪尔阶-维斯发阶之交描述的这个种相比,甘肃标本大小(约50μm)相近,有2个囊也相邻,但整体上标本保存差,本体和囊有无纹饰或结构从照相上看不清楚,严格说鉴定应作保留。

产地层位 甘肃靖远,臭牛沟组。

点穴三翼粉 *Alatisporites punctatus* Kosanke, 1950

(图版133,图10, 15)

1950 *Alatisporites punctatus* Kosanke, p. 24, pl. 4, fig. 4.

1980 *Alatisporites* sp. (cf. *A. punctatus* Kosanke), Ouyang and Li, pl. Ⅲ, fig. 2.

1993 *Alatisporites punctatus*,朱怀诚,296页,图版80,图7。

描述与比较 据Kosanke,本种的主要特征是,全模标本102μm,本体较大(70.5—79.0μm),三射线无唇,气囊叠覆本体仅5μm,本体壁厚4—5μm,表面凹蠕虫状(obvermiculate),3个气囊,浅裂或颇深裂,壁薄(0.75—1.25μm),细颗粒状;我国被鉴定为此种的靖远标本,大小105μm,本体相对偏小(50μm),具细颗粒纹饰,三射线具窄唇;倒是山西朔县保留地定为此种的标本(大小约92μm,本体68μm),体壁表面呈穴—凹蠕虫状,其他特征与原全模标本极相似,故直接改定此种。廖克光(1987,574页,图版145,图1)定为的*A.* cf. *punctatus* Kosanke宁武本溪组的标本,保存不好,大小仅66μm,气囊在本体两个角部相连,是否属*Alatisporites*难以肯定。

产地层位 山西朔县,本溪组;甘肃靖远,红土洼组。

丘疹三翼粉 *Alatisporites pustulatus* Ibrahim, 1933

(图版133,图7, 8)

1932 *Sporonites pustulatus* Ibrahim in Potonié, Ibrahim and Loose, p. 448, pl. 14, fig. 12.

1933 *Alati-sporites pustulatus* Ibrahim, p. 32, pl. 1, fig. 12.

1956 *Alatisporites pustulatus*, in Potonié and Kremp, p. 155, pl. 19, figs. 445—448.

1987a *Alatisporites pustulatus*,廖克光,574页,图版145,图2。

1987 *Alatisporites pustulatus*,高联达,图版6,图12。

1993 *Alatisporites pustulatus*,朱怀诚,296 页,图版 80,图 2,3,6a,b,8,9。

描述 三囊三缝小孢子,大小 50.0(66.2)105.0μm,本体 40.0(46.7)59.0μm(测 13 粒);本体三角形,角部钝圆,边部近直,微凸或微凹,外壁厚适中,表面具较致密且规则的瘤,向赤道方向渐粗,轮廓线细齿状;三射线简单,直,伸达本体赤道;气囊几乎包围了整个近极面,在射线两侧与本体相连,远极面在极区附近(约 1/2R)未被气囊包围而裸露;气囊壁薄,点—细粒纹饰,轮廓线平滑—粗糙(朱怀诚,1993)。廖克光描述的此种标本(57—92μm),本体和囊上似乎也有较明显的颗粒纹饰。

比较与讨论 当前标本囊和体构形、大小、形态与本种模式标本(Potonié and Kremp, 1956)相近,但后者本体[仅远极面(?)]和气囊皆具细颗粒内纹饰而非瘤,故种的鉴定似应作保留。

产地层位 山西宁武,本溪组;山西保德,本溪组;甘肃靖远,靖远组—红土洼组—羊虎沟组。

褶皱三翼粉 *Alatisporites rugosus* Zhang, 1990

(图版 133,图 20)

1990 *Alatisporites rugosus* Zhang,张桂芸,见何锡麟等,345 页,图版Ⅻ,图 8,10。

描述 赤道轮廓凹边三角形或略呈三瓣状,大小 45—57μm,全模 45μm(图版 133,图 20);本体轮廓三角形,三边平或内凹,角部钝圆,大小 40—55μm;三射线细,直,或具窄唇,唇宽 1.5—2.0μm;气囊叠覆本体辐间区,呈弓形,宽 3—5μm,表面粗糙或粗网状;3 个气囊,壁厚约 1μm,呈半圆、肾形或椭圆形,大小 36—45×16—25μm,表面粗糙并具辐射状小褶皱多条,有时褶皱弯曲形成不规则网纹;黄—棕黄色。

比较与讨论 本种与 *A. trialatus* Kosanke 形态相近,但后者全模达 98.2μm,本体 50—65μm,本体壁厚达 2—4μm,囊基叠覆本体部较宽且长,褶皱不呈辐射状。

产地层位 内蒙古准格尔旗龙王沟、黑岱沟,本溪组。

三胀三翼粉 *Alatisporites trialatus* Kosanke, 1950

(图版 133,图 9, 11)

1950 *Alatisporites trialatus* Kosanke, p. 25, pl. 4, fig. 3.

1967 *Alatisporites trialatus*, Smith and Butterworth, p. 280, pl. 23, figs. 13—15.

1983 *Alatisporites trialatus*,邓茨兰等,图版 2,图 10。

1984 *Alatisporites trialatus*,王蕙,图版Ⅴ,图 23。

描述 孢子极面亚三角形,三边凸角,三角圆角,大小 40—50μm;近极面近三射线间具一椭圆形气囊,壁薄,常褶皱;孢子表面平滑或具有细点状纹饰。

比较与讨论 据 Kosanke(1950)、Smith 和 Butterworth(1967)描述,本种的主要特征是,全模 98.2μm,本体亚三角形,三边微凹,角部宽圆,体壁厚 2—4μm,光面,气囊膨胀度相对大,壁厚 2μm,点穴状;鉴定的我国宁夏的此种标本与全模标本颇相似;内蒙古标本(约 80μm),三射线似具唇,气囊膨胀度不那么大。

产地层位 内蒙古鄂托克旗,本溪组;宁夏横山堡,上石炭统。

光面单缝孢属 *Laevigatosporites* Ibrahim, 1933

模式种 *Laevigatosporites* (al. *Sporonites*) *vulgaris* (Ibrahim, 1932) Ibrahim, 1933;德国鲁尔,上石炭统(Westphalian B/C)。

属征 赤道轮廓椭圆形、侧面观肾形的单缝小孢子,射线直,外壁无纹饰,或具不明显的内部结构,远极面作微弧形凸出,极轴比赤道轴短得多。

比较与讨论 *Latosporites* 远极面强烈凸出,赤道轮廓呈宽椭圆形—圆形。*Laevigatosporites* 这一主要用于古生代的形态属以外壁一般较薄弱而与具相似形态的中、新生代属相区别。

注释 光面单缝孢子的分种是件难事。Potonié 和 Kremp (1956) 建议以大小作为划分的主要依据;他们定义 *L. minimus* 为 25—35μm(全模 21μm),*L. medius* 为 35—45μm(全模 42.1μm),*L. desmoinesensis* 为 45—

70μm(60μm),*L. vulgaris* 为 70—100μm(全模 69.5μm),*L. maximus* 为 100—130μm(122μm);这种人为确定的分种幅度,使用起来虽颇方便,却免不了引起分歧,如对 *L. vulgaris*, *L. desmoinesensis* 及 *L. minor* 等的取舍问题,至今学术界仍不统一。还有些作者根据其他一些特征建立不少种。

Bharadwaj(1957a)将 *L. vulgaris minor* Loose, 1934 提升为种,且将 Potonié 和 Kremp 作为新联合的作者。Smith 和 Butterworth (1967)一方面指出了 Bharadwaj 这样做的错误,另一方面他们又将此种直接表示为 *L. minor* Loose, 1934,这也是不正确的,应表示为 *L. minor* (Loose) Bharadwaj, 1957。Bharadwaj 提出的此种大小为 45—65μm,Smith 和 Butterworth 提议为 35—64μm,而 Loose 的全模大小为 58.5μm,所以 Potonié 和 Kremp (1956) 将 *L. vulgaris minor* 归入 *L. desmoinesensis* 的同义名内,认为二者无法区别。Smith 和 Butterworth (1967)则认为 *L. desmoinesensis* (Wilson and Coe, 1941)原提及的大小幅度为 60—75μm, 几乎与 *L. vulgaris* 相同,所以他们将 *L. desmoinesensis* 视作 *L. vulgaris* Ibrahim, 1933 的同义名。本书基本上采用 Potonié 和 Kremp (1956)的方案。

Alpern 和 Doubinger (1973)主要根据法国石炭纪的标本并结合原全模标本等,对晚古生代的单缝孢子属种作了归纳整理,共分 8 属:*Laevigatosporites*, *Punctatosporites*, *Torispora*, *Thymospora*, *Spinosporites*, *Striatosporites*, *Columinisporites*, *Extrapunctatosporis*;有不少属被视为上述各属的同义名,如 *Latosporites*, *Lunalasporites*, *Stripites*, *Renisporites* = *Laevigatosporites*; *Crassosporites* = *Torispora*; *Speciososporites*, *Granulatosporites*, *Tuberculatosporites* = *Punctatosporites*; *Pericutosporites*, *Pectosporites* = *Thymospora*,其中 *Tuberculatosporites*, *Pericutosporites*, *Pectosporites* 是 Imgrund 根据我国材料建立的属,的确,后两个属是不能成立的(理由在相关处再说)。涉及种,这两位作者显然也持"合"的观点。例如,将当时已有的 100 余"种"单缝孢合并为 23 种;*Laevigatosporites* 属下 27 种,只保留了 3—4 种(13 种迁到另几个属),实际上描述了小、中、大 3 种,即 *L. perminutus* (长 12—25μm,宽 10—22μm,宽/长为 0.6—1.0), *L. vulgaris* (长 30—90μm,宽 23—52μm,宽/长为 0.4—1.0),*L. maximus* (长 85—150μm,宽 55—90μm, 宽/长为 0.6),因而她们新定义的 *L. vulgaris*,就将前人定的近 20 个"种"都归入其中,包括了大小、宽/长比值、射线长度、宽度(是否具唇)、外壁厚度变化幅度都很大,以及表面光滑或粗糙的孢子。这样宽的定义,虽不无道理,但实践上恐怕也难尽如人意,故本书并未完全采用。

亲缘关系 主要为楔叶纲、真蕨类;少量产自种子蕨类甚至石松类(R. Potonié, 1962; Traverse, 1988; Balme, 1995)。

分布时代 全球,古、中生代。

狭窄光面单缝孢 *Laevigatosporites angustus* Du, 1986

(图版 133,图 26)

1986 *Laevigatosporites angustus* Du,杜宝安,291 页,图版Ⅲ,图 18。

描述 赤道轮廓豆形,大小 36—60 × 16—21μm,全模大小 37 × 16μm;单射线长为孢子总长的 3/4;外壁薄,光面。

比较与讨论 当前标本虽大小幅度与 *L. minor*(35—64μm,全模 58.5μm)相同,且 Smith 和 Butterworth (1964, pl. 24, fig. 3)鉴定的此种孢子也颇"狭长",但鉴于 Potonié 和 Kremp (1956, p. 139) 将 *L. vulgaris minor*(其全模远极面颇膨大,极面观宽椭圆形)作为 *L. desmoinesensis* 的同义名,而后一种名相对较通用,故保留这一新种名。本种较 *L. vulgaris* 小,而较 *L. minimus* 大;以特狭长形态区别于属内其他种。

产地层位 甘肃平凉,山西组。

粗糙光面单缝孢 *Laevigatosporites asperatus* Jiang, 1982

(图版 133,图 13, 14)

1982 *Laevigatosporites asperatus* Jiang,蒋全美等,618 页,图版 409,图 3—5,9。

1995 *Laevigatosporites asperatus* Jiang,吴建庄,347 页,图版 54,图 5。

描述 赤道轮廓宽椭圆形—亚圆形,大小 55—69 × 50—60μm,全模 69 × 60μm(图版 133,图 13);单射线长为孢子长轴的 1/2—3/4;外壁厚 2—4μm,表面粗糙,具内颗粒结构,轮廓线基本平滑;黄棕色。

比较与讨论 本种以外壁较厚、表面粗糙区别于属内其他种。原归入本种的大部分标本外壁表面及轮廓线皆具不规则细颗粒纹饰,归入 *Punctatosporites* 属更好,但鉴于全模基本为光面,暂保留原归属。

产地层位 河南临颍,上石盒子组;湖南长沙跳马涧,龙潭组。

叉缝光面单缝孢 *Laevigatosporites bisectus* Zhang, 1990

(图版 133,图 12, 24)

1990 *Laevigatosporites bisectus* Zhang,张桂云,见何锡麟等,332 页,图版Ⅸ,图 14,15,18。

描述 赤道轮廓椭圆形,大小 40—58 × 60—80μm,全模 40 × 60μm;单射线细,简单或具窄唇,长接近于孢子长轴长的 4/5,末端分叉,其长约为长轴长的 1/5,夹角 60°—90°;外壁薄,厚约 1μm,有时具少量褶皱,表面光滑;淡黄色。

比较与讨论 本种以射线末端分叉区别于属内其他种。

产地层位 内蒙古准格尔旗黑岱沟,本溪组。

厚壁光面单缝孢 *Laevigatosporites callosus* Balme, 1970

(图版 133,图 17, 25)

1970 *Laevigatosporites callosus* Balme, p. 346, pl. 6, figs. 16—18.

1980 *Laevigatosporites callosus*,欧阳舒、李再平,160 页,图版Ⅲ,图 26,27。

1982 *Laevigatosporites callosus*,蒋全美等,618 页,图版 409,图 6。

描述 侧面观肾形,近极面较平,远极面强烈凸出,大小 68(74)78 × 42(54)65μm 或 50 × 41μm;单射线具唇,宽 1—4μm,其间裂缝多清楚,长为长轴长的 1/2—2/3;外壁 2—4μm,有时远极加厚,表面平滑,或具细内颗粒;深棕—棕黄色。

比较与讨论 当前标本与 *L. callosus* Balme 颇相似,仅远极外壁微增厚的标本发现较少。

产地层位 湖南长沙跳马涧,龙潭组;云南富源,卡以头组。

得梅因光面单缝孢
Laevigatosporites desmoinesensis (Wilson and Coe) Schopf, Wilson and Bentall, 1944

(图版 133,图 16, 21)

1934 *Laevigato-sporites vulgaris minor* Loose, p. 158, pl. 7, fig. 12.

1940 *Phaseolites desmoinesensis* Wilson and Coe, p. 182, pl. 1, fig. 4.

1944 *Laevigato-sporites desmoinesensis* (Wilson and Coe) Schopf, Wilson and Bentall, p. 37.

1950 *Laevigato-sporites punctatus* Kosanke, p. 30, pl. 5, fig. 3.

1955 *Laevigatosporites desmoinesensis* Potonié and Kremp, p. 139, pl. 19, figs. 425—428.

1957a *Laevigatosporites minor* (Loose), Bharadwaj, p. 109, pl. 29, figs. 8, 9.

1960 *Laevigatosporites desmoinesensis*, Imgrund, pl. 16, figs. 99, 100.

1962 *Laevigatosporites medius* Kosanke,欧阳舒,94 页,图版Ⅴ,图 1。

1978 *Laevigatosporites ovalis* Kosanke,谌建国,418 页,图版 121,图 8。

1980 *Laevigatosporites desmoinesensis*,周和仪,40 页,图版 15,图 2—4。

1982 *Laevigatosporites ovalis* Kosanke,蒋全美等,图版 408,图 13—15。

1983 *Laevigatosporites vulgaris* (Ibrahim) Alpern and Doubinger,高联达,518 页,图版 116,图 28,29。

1984 *Laevigatosporites vulgaris* (Ibrahim),高联达,372 页,图版 142,图 11,12;图版 143,图 3—5,14,15。

1985 *Laevigatosporites vulgaris* (Ibrahim),高联达,85 页,图版 9,图 17。

1986 *Laevigatosporites desmoinesensis*,杜宝安,图版Ⅲ,图 14。

1987a *Laevigatosporites vulgaris* (Ibrahim) Potonié and Kremp,廖克光,567 页,图版 139,图 11。

1990 *Laevigatosporites vulgaris* (Ibrahim) Alpern and Doubinger(部分),张桂芸,见何锡麟等,331 页,图版Ⅸ,图 4,5,7,8,10。

1993 *Laevigatosporites minor* Loose,朱怀诚,298 页,图版 80,图 10—15。

1993 *Laevigatosporites vulgaris* Ibrahim,朱怀诚,图版Ⅱ,图 9。

1993 *Laevigatosporites desmoinesznsis*,唐锦秀,图版 19,图 24。

1996 *Laevigatosporites minor* Loose,朱怀诚,见孔宪祯等,图版 48,图 6。

描述 赤道轮廓近椭圆形,侧面观肾形,大小(长轴)45—70μm;单射线简单,或具不很粗壮的唇,长为 1/2—3/4 孢子主轴长;外壁薄,厚一般为 1.0—1.5μm,常具褶皱,表面光滑无纹饰,有时具细微内结构;黄—浅棕黄色。

比较与注释 本种孢子较 *L. vulgaris* 小,但大于 *L. medius*。一方面,将 *L. vulgaris minor* Loose 提升为种是从 Bharadwaj (1957)才开始的,比大小幅度相同的 *L. desmoinesensis*(Wilson and Coe, 1940)晚,后者优先。*L. ovalis* 的全模大小 63μm,Potonié 和 Kremp (1956)将其作为 *L. vulgaris* 的同义名,但 Kosanke 原提及 *L. ovalis* 的大小幅度为 45—65μm,何况谌建国、蒋全美(除其图版 408,图 22 较大,不排除属 *Leschikisporis*? sp.)记载的湖南的 *L. ovalis* 大小仅大于 60μm,不如当作 *L. desmoinesensis* 的同义名。另一方面,光面单缝孢几个主要种,在本书有关种名下,同义名表肯定是不全面的。一是考虑本书的篇幅限制;二是有些文献中仅列图版无描述(包括大小),或未注明具体层位,如吴建庄、王从风(1987)的图版 30,图 6[河北中部,山西组(?)]:*Laevigatosporites vulgaris* (Ibrahim),按放大倍数(×480)测量,其长轴仅 49μm,按本书标准,应归入 *L. desmoinesensis*,类似例子不少,不一一列举了。这样一来,产地层位也就难以全面。

产地层位 主要见于华北地区,上石炭统—二叠系;河北开平,赵各庄组—唐山组(3—17 层);山西宁武,本溪组—石盒子群;山西柳林,太原组;山西左云,太原组上部—山西组;内蒙古准格尔旗,本溪组—山西组;山东博兴,太原组;甘肃平凉,山西组;甘肃靖远,红土洼组—羊虎沟组。华南可能有属本种的标本发现,如浙江长兴,龙潭组;湖南长沙等,龙潭组;贵州贵阳乌当、睦化,下石炭统旧司组、打屋坝组底部。

甘肃光面单缝孢(新联合、新名) *Laevigatosporites gansuensis* (Zhu) Zhu comb. nov. and nom. nov.

(图版 134,图 6,7)

1993 *Latosporites punctatus* Zhu,朱怀诚,299 页,图版 81,图 12,13;图版 82,图 1。

描述 赤道轮廓椭圆形,侧面观超半圆形—卵圆形,大小(长×高)85.0(99.5)107.5×60.0(67.8)85.0μm,全模(图版 134,图 7)107.5×85.0μm;单缝简单,细直,长不小于孢子长轴的 2/3;外壁厚,2—3μm,分为内、外 2 层,外层均质,内层为紧密排列垂直于表面的小短柱构成,表面呈强烈的内点状—内颗粒状纹饰,表面平滑,偶见褶皱;棕黄色。

比较与讨论 当前种原定为 *Latosporites punctatus*,因其全模侧面观远极面凸出不特别强烈,而极面观为椭圆形,故以迁入 *Laevigatosporites* 属较妥,但这样一来,就与 *Laevigatosporites punctatus* Kosanke, 1950(p. 30, pl. 5, fig. 3)同名,而且形态也颇相似,后者外壁厚可达 2μm,也被描述为"明显点穴状"(distinctly punctate),虽然后者已被迁入 *Punctatosporites*(Alpern and Doubinger, 1973),不过,其全模仅 44μm,大小幅度 35—51μm,显然相差太大,且为避免混淆起见,故将我国标本另建立新种名。

产地层位 甘肃靖远,红土洼组—羊虎沟组。

匣缝光面单缝孢 *Laevigatosporites holcus* Ouyang and Li, 1980

(图版 134,图 1,20)

1980 *Laevigatosporites holcus* Ouyang and Li, p. 11, pl. Ⅰ, fig. 24.

1987a *Laevigatosporites holcus*,廖克光,567 页,图版 139,图 21。

描述 赤道轮廓宽椭圆形,子午轮廓肾形,大小 99(109)121×78(88)102μm(测 10 粒),全模 100×87μm(图版 134,图 1);外壁通常厚 3—4μm,偶尔达 8μm,表面光滑;单射线清楚,稍短于孢子长轴的

1/2，位于变薄的孢壁（或外壁内层）区内（上），此薄壁区宽达（4）6—14μm，呈凹匣状，其两端钝圆，微长于单缝长；暗棕—棕色。

比较与讨论 本种孢子以单射线周围外壁变薄呈凹匣状区别于属内其他种。

产地层位 山西朔县、宁武，本溪组。

短唇光面单缝孢 *Laevigatosporites labrosus* Jiang，1982

（图版133，图19，22）

1982 *Laevigatosporites labrosus* Jiang，蒋全美等，618页，图版408，图9，10。

描述 赤道轮廓宽卵圆形—椭圆形，大小40—48×35—36μm，全模40×36μm（图版133，图19）；单射线粗短，具唇，宽2—3μm，长为孢子主轴长的1/3；外壁薄，厚约1μm，具细内颗粒，表面基本平滑；棕黄色。

比较与讨论 本种以单射线短且具唇区别于属内其他种。

产地层位 湖南长沙跳马涧，龙潭组。

线形光面单缝孢 *Laevigatosporites lineolatus* Ouyang，1962

（图版134，图2，3）

1962 *Laevigatosporites lineolatus* Ouyang，欧阳舒，93页，图版Ⅴ，图13—15；图版Ⅹ，图5，9。

1978 *Laevigatosporites lineolatus*，谌建国，417页，图版121，图7。

1980 *Laevigatosporites lineolatus* Ouyang and Li，pl. Ⅰ，fig. 21.

1980 *Laevigatosporites lineolatus*，周和仪，40页，图版15，图5—10。

1982 *Laevigatosporites lineolatus*，蒋全美等，618页，图版408，图19。

1986 *Laevigatosporites lineolatus*，欧阳舒，71页，图版Ⅸ，图1—3。

1986 *Laevigatosporites lineolatus*，杜宝安，图版Ⅲ，图16。

1987 *Laevigatosporites lineolatus*，周和仪，图版3，图8。

1987a *Laevigatosporites lineolatus*，廖克光，567页，图版139，图10。

描述 赤道轮廓椭圆形—微宽的宽椭圆形，侧面观大致呈肾形；大小55—80×72—101μm，全模55×81μm（图版134，图2）；单射线细，线形，清楚，偶具薄唇，长为孢子长轴的1/2—2/3；外壁薄，厚<1μm，常有一至数条褶皱，多纵向展布，表面平滑，高倍镜下见极细内颗粒结构；黄色。

比较与讨论 此种孢子大小接近 *L. vulgaris*，但以外壁较薄、多褶皱、单射线细、线形而与后者区别。

产地层位 山西宁武，本溪组—石盒子群；山西朔县，本溪组；浙江长兴，龙潭组；山东博兴、沾化，太原组—石盒子群；湖南邵东，龙潭组；云南富源，宣威组下段—上段；甘肃平凉，山西组。

长唇光面单缝孢 *Laevigatosporites longilabris* Ouyang，1962

（图版134，图4，8）

1962 *Laevigatosporites longilabris* Ouyang，欧阳舒，93页，图版Ⅴ，图3，4；图版Ⅹ，图4。

1964 *Laevigatosporites longilabris*，欧阳舒，501页，图版Ⅵ，图3。

1978 *Laevigatosporites longilabris*，谌建国，417页，图版121，图1。

1982 *Laevigatosporites longilabris*，蒋全美等，618页，图版408，图23，26。

描述 赤道轮廓椭圆形，子午轮廓豆形，大小51—75×83—109μm，全模72×98μm（图版134，图8）；单射线长达两端，缝之间具发达的唇，总宽≤12μm，一般中间部分宽，至两端变窄，两唇沿单缝张开时宛若萌发沟状态，唇上有极细的内颗粒结构；外壁薄，厚≤1μm，偶有褶皱，表面平滑至微粗糙；黄色。

比较与讨论 本种以孢子具长单缝且其两边具发达的唇而与属内其他种不同。山西河曲的标本原被定为比较种，因唇上无内颗粒，但发现标本少，暂直接归入此种。

注释 欧阳舒（1962，图版5，图15）从龙潭组还鉴定了一种 *L.* cf. *maximus*，其大小60×120μm，外壁厚2μm，射线长达主轴的4/5，两侧也有宽唇，唇上也有内颗粒，这2个特征是 *L. maximus* 所没有的，所以很可能

仍属 *L. longilabris* 的变异范围内。

产地层位 山西河曲,下石盒子组;浙江长兴,龙潭组;湖南邵东保和堂、长沙跳马涧,龙潭组。

巨大光面单缝孢 *Laevigatosporites major* Venkatachala and Bharadwaj, 1964

(图版 134,图 24)

1964 *Laevigatosporotes major* Venkatachala and Bharadwaj, p. 251, pl. 12, figs. 174, 175.

1987a *Laevigatosporites major*,廖克光,567 页,图版 139,图 17。

描述 赤道轮廓近椭圆形,因多褶皱而变形,大小 184 × 103μm;单射线清楚,直,长约 2/3 主轴长;外壁薄,厚≤1μm,常有大小、方向不定的若干褶皱,多数为纵向展布,表面粗糙,具细内颗粒,轮廓线上大部基本平滑,但局部显示小颗粒纹饰,是浸解所致,亦或本有纹饰,有待更多标本确证;微棕黄色。

比较与讨论 本种模式标本大小 130—150μm,全模 140μm,个体大于 *L. maximus*(100—130μm)。

产地层位 山西宁武,本溪组。

大型光面单缝孢 *Laevigatosporites maximus* (Loose) Potonié and Kremp, 1956

(图版 134,图 10, 21)

1934 *Laevigato-sporites vulgaris maximus* Loose, p. 158, pl. 7, fig. 11.

1956 *Laevigatosporites maximus* (Loose) Potonié and Kremp, p. 138, pl. 19, figs. 420, 421.

1978 *Laevigatosporites maximus* (Loose) Potonié and Kremp,谌建国,417 页,图版 121,图 6。

1980 *Laevigatosporites maximus* (Loose), Ouyang and Li, pl. Ⅰ, fig. 20.

1982 *Laevigatosporites maximus* (Loose),蒋全美等,618 页,图版 409,图 11—14。

1984 *Laevigatosporites maximus* (Loose),高联达,373 页,图版 143,图 6—10。

1985 *Laevigatosporites maximus* (Loose), Zhu, pl. 2, fig. 12.

1987a *Laevigatosporites maximus* (Loose),廖克光,567 页,图版 139,图 7。

1990 *Laevigatosporites maximus* (Loose),张桂芸,见何锡麟等,332 页,图版Ⅸ,图 16,17。

1993a *Laevigatosporites maximus* (Loose),朱怀诚,297 页,图版 81,图 1,2,5。

1993b *Laevigatosporites maximus* (Loose), Zhu, pl. 6, fig. 14.

1993 *Laevigatosporites maximus* (Loose),唐锦秀,图版 19,图 25。

1996 *Laevigatosporites maximus* (Loose),朱怀诚,见孔宪祯等,图版 47,图 3。

描述 赤道轮廓椭圆形—宽椭圆形,子午轮廓肾形,大小 100.3—137.5μm;单射线清楚,简单或具窄唇,常作缝状裂开,2/3—3/4 长轴长;外壁偏薄,厚 1—2μm,常具少量褶皱,表面平滑或具细内点结构;黄色。

比较与讨论 我国被归入此种的孢子与原模式标本(全模 122μm, Potonié and Kremp, 1956)大小、形态基本一致,仅有些标本远极面凸出更强烈。*L. vulgaris* 个体较小。鉴定的云南富源宣威组 *L.* cf. *maximus* 的几个标本(欧阳舒,1986,图版Ⅸ,图 4,9—10),尽管大小属本种范围,达 105—110μm,但其他特征与模式标本差别颇大:如图 9 外壁表面具不清楚的平行细弱条痕(可能为次生或 *Striolatospora*? sp.);图 10 单射线呈细脊状,两侧具外壁变薄的壕沟状结构(有点像 *L. holcus*);图 4 射线很短(1/3 长轴长),孢子外形似鞋状,原定为本种的比较种。

产地层位 山西朔县,本溪组;山西宁武,本溪组—石盒子群;山西保德,太原组;山西左云,下石盒子组;内蒙古清水河,太原组;内蒙古准格尔旗房塔沟,山西组;湖南石门青峰,栖霞组;湖南邵东保和堂、长沙跳马涧,龙潭组;甘肃靖远,红土洼组—羊虎沟组。

中大光面单缝孢 *Laevigatosporites medius* Kosanke, 1950

(图版 134,图 19, 22)

1950 *Laevigato-sporites medius* Kosanke, p. 29, pl. 16, fig. 2.

1956 *Laevigatosporites medius* Kosanke, in Potonié and Kremp, p. 138, pl. 19, fig. 423.

1960 *Laevigatosporites medius*, Imgrund, p. 172, pl. 16, figs. 96—98.

1980 *Laevigatosporites medius*,周和仪,40 页,图版 15,图 17。

1982 *Laevigatosporites medius*,蒋全美等,619 页,图版 408,图 18,21;图版 409,图 8。

1984 *Laevigatosporites minor* Loose,王蕙,图版Ⅳ,图 27。

1984 *Laevigatosporites minimus* (Wilson and Coe),高联达,417 页,图版 156,图 15。

1986 *Laevigatosporites medius*,杜宝安,图版Ⅲ,图 11。

1987 *Laevigatosporites medius*,周和仪,图版 3,图 10。

1990 *Laevigatosporites vulgaris* (Ibrahim),张桂芸,见何锡麟等,331 页,图版Ⅸ,图 12。

1993a *Laevigatosporites vulgaris* (Ibrahim),朱怀诚,图版Ⅱ,图 9。

1993b *Laevigatosporites medius*,朱怀诚,297 页,图版 80,图 20—22。

1993 *Laevigatosporites vulgaris*,卢礼昌,图版 6,图 2。

1996 *Laevigatosporites vulgaris*,王怿,图版 6,图版 15。

描述 赤道轮廓椭圆型,侧面观豆形,大小 32.0—50.0×27.5—35.0μm;单射线简单,直,清楚,长为 1/2—3/4 长轴;外壁厚 0.5—2.0μm,光滑至细点状,偶有褶皱;黄—微棕黄色。

比较与讨论 本种孢子原定大小 35—45μm,比 *L. desmoinesensis* 小,但上列同义名表中的个别标本已达 50μm,对人为划分的种而言,这种大小、形态的交叉是常见的。蒋全美等鉴定的 *L. medius* 有一个标本(图版 408,图 20),其不但大于 50μm,且很可能是三缝孢。

产地层位 河北开平,唐家庄—唐山组(17—3 层);山西柳林,太原组;内蒙古准格尔旗黑岱沟,本溪组;江苏南京龙潭,五通群擂鼓台组上部;山东博兴,太原组;湖南邵东保和堂、长沙跳马涧,龙潭组;湖南锡矿山,邵东组;甘肃平凉,山西组;甘肃靖远,红土洼组—羊虎沟组;宁夏横山堡,上石炭统。

小光面单缝孢 *Laevigatosporites minimus* (Wilson and Coe) Schopf, Wilson and Bentall, 1944

(图版 134,图 15, 16)

1940 *Phaseolites minimus* Wilson and Coe, p. 183, fig. 5.

1944 *Laevigato-sporites minimus* (Wilson and Coe) Schopf, Wilson and Bentall, p. 37.

1956 *Laevigatosporites minimus* (Wilson and Coe), Potonié and Kremp, p. 138, pl. 19, fig. 424.

1960 *Punctatosporites nanulus* (Imgrund) Potonié and Kremp, Imgrund, p. 175, pl. 16, figs. 108, 109.

1962 *Laevigatosporites minimus*,欧阳舒,93 页,图版Ⅵ,图 10;图版Ⅹ,图 13。

1978 *Laevigatosporites minimus*,谌建国,418 页,图版 121,图 11。

1982 *Laevigatosporites minimus*,蒋全美等,619 页,图版 408,图 1。

1984 *Laevigatosporites minimus*,高联达,417 页,图版 156,图 15。

1984 *Laevigatosporites minor* Loose,王蕙,图版Ⅳ,图 28。

1986 *Laevigatosporites minimus*,欧阳舒,71 页,图版Ⅸ,图 5,6。

1986 *Laevigatosporites minimus*,杜宝安,图版Ⅲ,图 10。

1987a *Laevigatosporites minimus*,廖克光,567 页,图版 139,图 15。

1993 *Laevigatosporites vulgaris*,文子才等,图版 4,图 24。

1996 *Laevigatosporites minimus*,朱怀诚,见孔宪祯等,图版 47,图 5;图版 48,图 3。

描述 赤道轮廓椭圆形,侧面观肾形,大小 24—33×15—21μm;单射线细,或具窄唇,长为 1/2—2/3 长轴,偶尔微裂;外壁不厚,不超过 1μm,很少褶皱,表面平滑,至少无明显纹饰,在高倍镜下或具极细密颗粒,轮廓线光滑或微不平整;淡黄—黄色。

比较与讨论 本种孢子以个体较小(20—35μm)区别于属内其他种,但 *L. perminutus* Alpern, 1958 更小(12—25μm, 全模 15×12μm)。高联达(1984)鉴定的 *L. minimus*,大小 32×21μm(但按放大 1500 倍,应为 37×21μm,故将其归入 *L. medius*)。*Punctatosporites minutus* 具明显颗粒纹饰。*Punctatosporites nanulus* (Imgrund)因外壁具颗粒状内结构而被 Alpern 和 Doubinger (1973, p. 36)改归 *L. vulgaris*,但 *Punctatosporites nanulus* 大小仅 24—32μm,全模 28μm,其包卷较窄的形态当为保存状态,本书将其迁入 *L. minimus*。

产地层位 河北开平,赵各庄组—唐家庄组;山西宁武,本溪组至石盒子群;山西左云,太原组;山西轩岗,山西组;浙江长兴,龙潭组;江西全南,三门滩组(下部);湖南邵东、长沙,龙潭组;云南富源,宣威组—卡以头组;甘肃平凉,山西组;宁夏横山堡,中上石炭统。

强壮光面单缝孢 *Laevigatosporites robustus* Kosanke, 1950

(图版 134,图 9, 11)

1950 *Laevigato-sporites robustus* Kosanke, p. 30, pl. 5, fig. 9.

1978 *Laevigatosporites robustus*,谌建国,418 页,图版 121,图 2。

1982 *Laevigatosporites robustus*,蒋全美等,619 页,图版 408,图 24。

1986 *Laevigatosporites robustus*,杜宝安,图版Ⅲ,图 15。

1993a *Latosporites robustus* (Kosanke) Potonié and Kremp,朱怀诚,299 页,图版 81,图 9—11。

1993a *Latosporites planorbis* (Imgrund) Potonié and Kremp,朱怀诚,298 页,图版 81,图 3,4,6。

描述 赤道轮廓宽椭圆形,侧面观远极面强烈凸出,大小 80—118 ×73—90μm;单射线清楚,细直,长约孢子长轴的 2/3,常微裂成缝;外壁厚≤2μm,表面光滑或具细匀内点,轮廓线基本平滑,有时具褶皱;棕黄色。

比较与讨论 Potonié 和 Kremp (1956, p. 138)称此种与 *L. maximus* 的区别仅在于其远极面强烈凸出,Alpern 和 Doubinger (1973)则称可能是 *L. maximus* 的变种,故她们将此种迁入 *Latosporites* 属。杜宝安(1986)鉴定的此种颇典型,无疑应归入此种。Kosanke (1950)原指定此种全模大小 101. 8 ×73. 5μm,大小平均幅度 85—120μm。朱怀诚鉴定的 *L. planorbis*,因极面轮廓不呈球形,平均长轴长达 84. 5μm,亦迁入此种内。

产地层位 湖南邵东,龙潭组;甘肃平凉,山西组;甘肃靖远,红土洼组—羊虎沟组。

普通光面单缝孢 *Laevigatosporites vulgaris* Ibrahim, 1933

(图版 134,图 5, 13)

1932 *Sporonites vulgaris* Ibrahim in Potonié, Ibrahim and Loose, p. 448, pl. 15, fig. 16.

1933 *Laevigato-sporites vulgaris* Ibrahim, p. 39, pl. 2, fig. 16.

1934 *Laevigato-sporites vulgaris major* Loose, p. 158, pl. 7, fig. 6.

1950 *Laevigato-sporites ovalis* Kosanke, p. 29, pl. 5, fig. 7.

1960 *Laevigatosporites vulgaris* Ibrahim, Imgrund, p. 173, pl. 16, fig. 101.

1962 *Laevigatosporites desmoinesensis* (Wilson and Coe), 欧阳舒,94 页,图版Ⅴ,图 2。

1964 *Laevigatosporites desmoinesensis*,欧阳舒,501 页,图版Ⅵ,图 2。

1973 *Laevigatosporites vulgaris*, Alpern and Doubinger, p. 27—30(part).

1980 *Laevigatosporites vulgaris*,周和仪,40 页,图版 15,图 11。

1982 *Laevigatosporites vulgaris*,蒋全美等,图版 408,图 16,25。

1984 *Laevigatosporites vulgaris* (Ibrahim) Alpern and Doubinger(部分),高联达,372 页,图版 142,图 9,10;图版 143,图 1,2。

1987b *Laevigatosporites vulgaris* (Ibrahim),廖克光,图版 27,图 27。

1990 *Laevigatosporites vulgaris* (Ibrahim),张桂芸,见何锡麟等,331 页,图版Ⅸ,图 9。

1993 *Laevigatosporites vulgaris*,朱怀诚,298 页,图版 80,图 16—19。

1993 *Laevigatosporites vulgaris*,唐锦秀,图版 19,图 21;图版 20,图 7。

1996 *Laevigatosporites vulgaris*,朱怀诚,见孔宪祯等,264 页,图版 48,图 1。

描述 赤道轮廓椭圆形,侧面观豆形或肾形,大小(主轴长)70—100μm,偶尔略小于或大于两端值;单射线简单,或具不明显唇,常微开裂,长 2/3—3/4 主轴长,外壁厚 1—2μm,偶见褶皱,表面无纹饰,光滑或微点状;黄—棕黄色。

比较与讨论 本种较 *L. maximus* 小,而大于 *L. desmoinesensis*。Alpern 和 Doubinger 修订的此种(1973, pl. Ⅵ, figs. 13—26; pl. Ⅶ, figs. 1—12; pl. Ⅷ, figs. 1—10),范围太大,本书未采用(参见 *Laevigatosporites* 属征下的注释)。

产地层位 主要见于华北上石炭统—二叠系。例如:河北开平,赵各庄组—唐家庄组;山西宁武、保德、娄烦地区、平朔矿区,本溪组—上石盒子组;山西河曲,下石盒子组;山西保德,山西组;内蒙古清水河,太原组;内蒙古准格尔旗房塔沟,山西组;山东博兴,太原组;甘肃靖远,红土洼组—羊虎沟组。在华南见于浙江长兴,龙潭组;湖南长沙跳马涧,龙潭组。

银川光面单缝孢 *Laevigatosporites yinchuanensis* Wang, 1984

(图版 134,图 23)

1982 *Laevigatosporites yinchuanensis* Wang,王蕙,图版Ⅳ,图 29,30。

1984 *Laevigatosporites yinchuanensis* Wang,王蕙,101 页,图版Ⅱ,图 43。

描述 赤道轮廓宽椭圆形,侧面观近肾形;大小(长轴)30—50μm,全模 48 × 28μm;单射线裂缝状,细弱,有时难见,长 1/2—2/3 孢子长轴;外壁薄,厚 < 1μm,常有褶皱,表面光滑—细点状,具细长、分布极不规则的不明显的条纹;浅黄色。

比较与讨论 本种以孢壁薄而光滑、具轻微的不规则交叉分布的细条纹区别于属内其他种;*L. striatus* Alpern (1959) 具明显纵向条痕,已被归入 *Striatosporites*(Alpern and Doubinger, 1973)。

产地层位 宁夏横山堡,本溪组。

横圆单缝孢属 *Latosporites* Potonié and Kremp, 1954

模式种 *Latosporites* (al. *Laevigatosporites*) *latus* (Kosanke) Potonié and Kremp, 1954;美国伊利诺伊州,上石炭统(Pennsylvanian)。

属征 赤道轮廓宽椭圆形—近圆形的单缝小孢子,侧面观近远极极轴的长度为赤道面长轴的一半甚至等长;外壁平滑无纹饰,偶有内部微细结构。

比较与讨论 参考 *Laevigatosporites* 属下。

亲缘关系 参考节羊齿 *Pecopteris* 的一种孢子囊群 *Asterotheca meriana* 中发现的孢子(Bharadwaj and Singh,1959)。

无花果状横圆单缝孢 *Latosporites ficoides* (Imgrund) Potonié and Kremp, 1956

(图版 134,图 12, 14)

1952 *Laevigatosporites ficoides* Imgrund, p. 61, text-fig. 2.

1956 *Latosporites* (*Laevigatosporites*) *ficoides* (Imgrund) Potonié and Kremp, p. 140.

1960 *Latosporites ficoides* (Imgrund) Imgrund, p. 174, pl. 16, fig. 104.

1987a *Latosporites ficoides*,廖克光,567 页,图版 140,图 6。

描述 赤道轮廓亚圆形,子午轮廓近极面平或微凹,远极面强烈凸出呈超半球形,大小 40—80μm,全模(长轴)60μm(图版 134,图 14);单射线清楚,具窄唇,多开裂,大于 2/3 纵轴长(原描述为大于近极面长轴半径的 2/3,显然不妥);外壁不厚,外壁结构几不能见,具次生褶皱,轮廓线平滑;黄色。

比较与讨论 本种与 *Laevigatosporites* 属的种和 *Latosporites* 属的其他种的主要区别在于其远极面强烈凸出呈超半球形;与 *L. latus* 虽相似,但前者外壁薄,故次生褶皱较多。

产地层位 河北开平煤田,唐家庄组;山西宁武,太原组上部。

球形横圆单缝孢 *Latosporites globosus* (Schemel) Potonié and Kremp, 1956

(图版 134,图 17, 18)

1951 *Laevigatosporites globosus* Schemel, p. 748, text-fig. 2.

1956 *Latosporites globosus* (Schemel) Potonié and Kremp, p. 140.

?1984 *Laevigatosporites perminutus* Alpern 1958,高联达,373 页,图版 143,图 11,12。

1984 *Latosporites globosus*,王蕙,图版Ⅱ,图 46。

1984 *Laevigatosporites latus* (Kosanke) Potonié and Kremp,王蕙,图版Ⅳ,图 31。

1986 *Latosporites globosus*,杜宝安,图版Ⅲ,图 12。

1990 *Laevigatosporites globosus* (Schemel),张桂芸,见何锡麟等,333 页,图版Ⅸ,图 20—22。

1996 *Latosporites globosus*,朱怀诚,见孔宪祯等,264 页,图版 48,图 9,14。

描述 赤道轮廓宽椭圆—亚圆形,大小 30—38 ×23—36μm;单射线清楚,常开裂,长在 1/2—2/3 长轴之间;外壁厚 1—2μm,表面平滑至微粗糙;棕黄色。

比较与讨论 本种以个体小区别于 *L. latus*;但 Peppers (1970, p. 125) 指出 *L. globosus*, *L. punctatus* Kosanke, *Punctatisporites orbicularis* Kosanke, *P. obliquus* Kosanke 这 4 个种形态、纹饰相似,很难区别。Schemel (1951)也曾提及难以划分,他还说:"假如不涉及裂缝性质的话,某些标本属于哪个种,甚至属,可能都成问题。"据 Peppers 的意见,*L. punctatus* 是单缝的,*L. globosus* 有单缝也有三缝,*P. orbicularis* 的三射线几乎等于半径长。在油镜下,后 3 种纹饰几乎相同,仅 *P. orbicularis* 外壁稍薄、纹饰微粗点。按原描述,*Laevigatosporites punctatus* 大小 35—51μm,*L. globosus* 大小 19—30μm,*P. obliquus* 大小 31—46μm,*P. orbicularis* 大小 35—51μm。Peppers 统计 100 粒标本后,得出的幅度是:*L. globosus* 16—30μm, *P. obliquus* 32—41μm。从原全模标本看,*P. orbicularis* 和 *P. obliquus* 的三射线是很清楚的。*L. punctatus* 的全模达 44μm。高联达(1984)鉴定的 *Laevigatosporites perminutus* Alpern, 大小 20—30μm(按放大倍数测,为 40—43μm),存疑地归入 *L. globosus*;*L. perminutus* 为 15—25μm,全模仅 15 ×12μm。

产地层位 山西宁武、左云,太原组—山西组;内蒙古清水河,太原组—山西组;甘肃平凉,山西组;宁夏横山堡,太原组。

典型横圆单缝孢 *Latosporites latus* (Kosanke) Potonié and Kremp, 1956

(图版 135,图 17, 20)

1950 *Laevigato-sporites latus* Kosanke, p. 29, pl. 5, fig. 11.

1956 *Latosporites latus* (Kosanke) Potonié and Kremp, p. 141, pl. 19, figs. 436, 437.

1960 *Latosporites latus*, Imgrund, p. 174, pl. 16, fig. 107.

1964 *Laevigatosporites* cf. *latus*,欧阳舒,502 页,图版Ⅵ,图 4。

1980 *Latosporites latus*, Ouyang and Li, pl. Ⅰ, fig. 22.

1982 *Laevigatosporites latus*,谌建国,418 页,图版 121,图 13,14。

1982 *Latosporites latus*,蒋全美等,619 页,图版 408,图 11,12,17。

1984 *Punctatosporites rotundus* (Bharadwaj) Alpern and Doubinger,高联达,375 页,图版 144,图 12,13,16。

1984 *Laevigatosporites latus*,王蕙,图版Ⅱ,图 44。

1986 *Laevigatosporites latus*,杜宝安,图版Ⅲ,图 13。

描述 赤道轮廓宽椭圆—亚圆形,侧面观远极面强烈凸出;大小(长轴)40—88μm;单射线清楚,简单或具很窄唇,多呈裂缝状,长为 1/2—3/4 孢子长轴;外壁多数不是很薄,厚 1—2μm,或具褶皱,表面平滑或细点状;淡黄—黄色。

比较与讨论 此种原全模 63μm,Potonié 和 Kremp (1956)给的大小幅度为 60—90μm,我国已被鉴定为此种的标本除大小或有出入外,其他特征一致。高联达(1984)鉴定的 1 种圆形粒面孢,长轴约 40μm,4 个中有 3 个照片标本未显示清楚纹饰,而远极面凸出颇强烈,故也归入本种下。*L. globosus* 个体较小。

产地层位 河北开平煤田,赵各庄组;山西朔县,本溪组;山西宁武,太原组;山西河曲,下石盒子组;湖南湘潭、邵东、长沙诸县,龙潭组;甘肃平凉,山西组;宁夏横山堡,太原组。

李氏横圆单缝孢(新种) *Latosporites leei* Ouyang sp. nov.

(图版 135,图 1)

1962 *Latosporites* sp. (sp. nov.),欧阳舒,95 页,图版Ⅴ,图 12,13;图版Ⅹ,图 11。

描述 轮廓呈微不对称的卵圆形或略呈矩形,大小 40—55 ×50—60μm,全模 54 ×45μm(图版 135,图 1);单射线清晰,细,与孢子长轴垂直,偏向一端,其长度为长轴的 1/2 左右;外壁薄,厚 <1μm,表面平滑无纹饰,似具极细内颗粒结构;微绿黄色。

比较与讨论 本新种以单射线与孢子长轴垂直而与所有已知光面单缝孢子种不同;假如把长轴方向解

释为远极面强烈凸出拉长所致，*Latosporites* 属中也无这样极端的例子。

产地层位 浙江长兴，龙潭组。

巨大横圆单缝孢 *Latosporites major* Chen, 1978

（图版 135，图 32）

1978 *Latosporites major* Chen，谌建国，419 页，图版 121，图 3。

1982 *Latosporites major* Chen，蒋全美等，619 页，图版 409，图 10。

描述 赤道轮廓亚圆形，全模大小 130×121μm；单射线两边具粗壮唇，总宽约 10μm，向末端略开叉，长稍大于 1/2 孢子长轴；外壁≤3.6μm，表面平滑无纹饰，轮廓线平整；淡黄—黄色。

比较与注释 在 *Latosporites* 属中，本种以个体大，尤其是外壁较厚、射线具粗唇而与其他种区别。必须指出，本种名起得不理想，因存在 *Laevigatosporites major* Venkatachala and Bharadwaj, 1964（达 184μm，椭圆形，壁薄；见前文该种下），假如像有的作者那样（例如 Alpern and Doubinger, 1973；Oshurkova, 2003），不同意将 *Latosporites* 从 *Laevigatosporites* 中划分出来作为一个独立的属，则此名就会成为 *Laevigatosporites major* 的异物同名。

产地层位 湖南邵东保和堂，龙潭组。

极小横圆单缝孢 *Latosporites minutus* Bharadwaj, 1957

（图版 135，图 7）

1957a *Latosporites minutus* Bharadwaj, p. 110, pl. 29, figs. 12, 13.

1984 *Latosporites minutus* Bharadwaj，王蕙，图版Ⅳ，图 32。

1984 *Latosporites minutus*，王蕙，图版Ⅱ，图 45。

描述 赤道轮廓近圆形，大小约 18μm；单裂缝清楚，长约 2/3 孢子长轴；外壁厚≤1.5μm，表面平滑无纹饰，或具内点—粒状结构；黄色。

比较与讨论 除外壁稍厚、射线稍长（原描述为“大小 12—18μm，圆形，单射线多少小于 1/2 半径，外壁薄”）外，主要特征基本一致。Helby (1966) 认为 *Punctatosporites minutus* Ibrahim, 1933 以颗粒纹饰与本种区别，Alpern 和 Doubinger (1973) 则认为 *Latosporites minutus* 可能是 *Punetatosporites minutus* 的晚出同义名。

产地层位 宁夏横山堡，羊虎沟组—太原组。

扁平横圆单缝孢 *Latosporites planorbis* (Imgrund) Potonié and Kremp, 1956

（图版 135，图 29，30）

1952 *Laevigatosporites planorbis* Imgrund, p. 60, pl. 6, figs. 156—158.

1956 *Latosporites* (*Laevigatosporites*) *planorbis* (Imgrund) Potonié and Kremp, p. 140.

1960 *Latosporites planorbis*, Imgrund, p. 174, pl. 16, figs. 102, 103.

1987a *Latosporites planorbis*，廖克光，567 页，图版 140，图 8，13。

1993a *Latosporites robustus* (Kosanke) Potonié and Kremp，朱怀诚，299 页，图版 81，图 7，8。

描述 赤道和子午轮廓近圆形，或因褶皱而变形，大小 84—112μm，全模 84μm；单射线 1/2—2/3 最大半径长，线形，有时微弯曲，常开裂；外壁不厚，未见内结构，但有时呈云雾状（wolkig makuliert），轮廓线平滑。

比较和注释 当前种与 *L. ficoides* 和 *L. latus* 的区别在于其赤道和子午轮廓皆近圆形，且个体较大；后二者子午轮廓上近极面颇平直。廖克光鉴定的此种主要特征与此一致，但似具细密内颗粒[保存所致(?)]，不过，Imgrund 的原照片 103 显示的也并非光面。

产地层位 河北开平煤田，唐家庄组—赵各庄组；甘肃靖远，红土洼组—羊虎沟组。

双褶单缝孢属 *Diptychosporites* Chen, 1978

模式种 *Diptychosporites polygoniatus* Chen, 1978；湖南邵东，上二叠统。

属征 单缝小孢子，极面椭圆形—宽椭圆形，或稍呈六边形，侧面观肾形；单射线清晰，射线一侧常有垂直的横向裂缝,长度略小于射线的一半,较细;外壁平滑无纹饰,在射线两端有一对外壁加厚褶,呈纺锤形或新月形,这种加厚褶在孢子中的位置固定,具一定形态,对称或不对称出现。

比较与讨论 *Torispora* 和 *Macrotorispora* 以外壁加厚、没有固定的形态和位置而与本属有别。

肾形双褶单缝孢 *Diptychosporites nephroformis* Chen, 1978

(图版 135,图 2, 6)

1978 *Diptychosporites nephroformis* Chen,谌建国,422 页,图版 122,图 9,10。

1982 *Diptychosporites nephroformis* Chen,蒋全美等,622 页,图版 412,图 5,6,8。

描述 赤道轮廓不规则卵圆形,侧面观肾形,大小 76—106 × 52—73μm,全模 106 × 73μm;单射线长约孢子纵轴的 2/3,具唇;射线两端有一对对称的加厚褶,新月形;外壁平滑无纹饰;黄色。

比较与讨论 与 *Laevigatosporites densus* Alpern, 1959 有些相似,但她描述的外壁构造为"有 1 条或 2 条纵长和横向的褶条"。不过,Alpern 和 Doubinger (1973)将 *L. densus* 作为广义的 *L. vulgaris* 的同义名之一,在她们所列图版上归入 *L. vulgaris* 者确有具 2 条横向褶皱的(ibid., pl. Ⅶ, fig. 3; pl. Ⅷ, fig. 6)。

产地层位 湖南邵东保和堂,龙潭组。

多角双褶单缝孢 *Diptychosporites polygoniatus* Chen, 1978

(图版 135,图 3, 4)

1978 *Diptychosporites polygoniatus* Chen,谌建国,421,422 页,图版 122,图 2,4,6。

1982 *Diptychosporites polygoniatus* Chen,蒋全美等,622 页,图版 412,图 1,2,4。

描述 极面轮廓微六边形—扁圆形,大小 45—56 × 44—64μm,全模 45 × 50μm(图版 135,图 3);孢子纵轴小于横轴;单射线细直,长为纵轴的 2/3—4/5,插入加厚褶,止于加厚褶的外缘,有的标本射线中部的一侧具横向垂直裂缝,其长≤射线长度的 1/2;外壁平滑无纹饰;射线两端各有一个纺锤形或梭形的加厚褶,宽 12—14μm,对称,色暗,加厚褶的内缘界线清晰,外壁界线有时不清晰;黄色。

比较与讨论 当前种与 *Azonomonoletes enucleatus* Ischenko, 1952 有些相似,但后者为长椭圆形,最大轴是纵轴,个体较大,射线无横向开裂。

产地层位 湖南邵东保和堂,龙潭组。

粒面单缝孢属 *Punctatosporites* Ibrahim, 1933

模式种 *Punctatosporites minutus* Ibrahim, 1933;德国鲁尔,上石炭统(WestphalianB/C)。

属征 单缝小孢子,极面略呈椭圆形,侧面椭圆形—肾形;外壁具颗粒纹饰,故轮廓线粗糙。

比较与讨论 本属以明显的颗粒纹饰与 *Laevigatosporites*, *Latosporites* 等属区别。与 *Laevigatosporites* 属下种的划分相似,大小是一个重要标志(但种与种之间的大小常常交叉,还得结合其他特征,如形态、射线长短、外壁厚薄、颗粒粗细等):*P. pygmaus* (Imgrund), 15—30μm (全模 18μm,下同),射线长约 1/2 长轴; *P. minutus* Ibrahim, 21—28μm(25.5μm),单射线长,有时几达赤道; *P. nanulus* (Imgrund), 24—32μm (28μm),射线长 2/3—3/4 长轴; *P. granulatus* Bharadwaj, 25—30μm (27μm),射线短,小于 1/3 长轴; *P. granifer* Potonié and Kremp, 25—35μm (30μm),单射线长,有时几达赤道; *P. scabellus* (Imgrund), 28—40μm (40μm),射线较长; *P. major* Bharadwaj, 50—60μm(60μm),射线长约 2/3 长轴。

注释 Alpern 和 Doubinger (1973)将粒面具环单缝孢 *Speciososporites* Potonié and Kremp, 1954 作为 *Punctatosporites* 的晚出同义名,从其模式种 *S. bilateralis* (Loose) Potonié and Kremp(1956, p. 147, pl. 19, fig. 438)的描述和全模图照看,确非具环孢子,但看不出是单缝或三缝孢;同样,将 *S. specialis* (Imgrund 1952) Potonié and Kremp, 1956 归入 *Punctatosporites* 也有问题,因其全模(Imgrund, 1960, pl. 16, fig. 116)不像单缝孢,倒像单沟的 *Cycadopites*(也许可作为旁证的是,Imgrund 全文中没有鉴定出任何一种 *Cycadopites*),所以本书未列入 *specialis* 这个种。

亲缘关系 观音座莲目(Marattiales, *Pecopteris*, *Scolecopteris*, *Marattiopsis*), 石松类(*Lycostrobus scotti*; Nathorst, 1908)。

带状粒面单缝孢(比较种) *Punctatosporites* cf. *cingulatus* Alpern and Doubinger, 1967

(图版135,图21)

1958 *Speciososporites minutus* Alpern, p. 82.

1973 *Punctatosporites cingulatus* Alpern and Doubinger, p. 49—51, pl. 13, figs. 1—23.

1984 *Punctatosporites cingulatus*,高联达,375页,图版144,图19。

1987a *Punctatosporites cingulatus*,廖克光,图版139,图13。

描述 赤道轮廓椭圆形—近圆形,大小20—42μm,宽/长约0.65;单射线清晰,细长或具窄唇,长接近孢子长轴长;外壁颇厚,达3—4μm,似假环,偶见褶皱,表面具细密的颗粒—小锥点状纹饰;棕黄色。

比较与讨论 Alpern 和 Doubinger(1973)修订的本种特征是:大小仅15—28μm,平均20μm,宽/长约0.65; 有时圆形,但大多为卵圆形;外壁饰以细颗粒或小锥粒刺,直径<0.5μm;单射线清楚,细;假环总是存在,常有褶皱和加厚,有些标本上出现一中孢体,其界线容易确定;有时外缘增厚趋向一真环,环变较窄时则成一沟(pl. 13, figs. 3, 4, 21)。廖克光鉴定的标本,与 *P. cingulatus*(如 Alpern and Doubinger, 1973, pl. 13, fig. 5)颇相似,但大小达38μm,且外壁稍薄;而高联达鉴定的此种,从照片看,有些相似,不过,形态难以解释,故定为比较种。

产地层位 山西宁武,本溪组。

华南粒面单缝孢(新名) *Punctatosporites huananensis* Ouyang nom. nov.

(图版135,图28, 33)

1962 *Punctatosporites major* Ouyang,欧阳舒,95页,图版Ⅵ,图7;图版Ⅹ,图3。

1978 *Punctatosporites major*,谌建国,422页,图版122,图11。

1982 *Punctatosporites major*,蒋全美等,623页,图版410,图18。

描述 赤道轮廓宽椭圆形,侧面观微凹,肾形,大小100—136×65—95μm,全模110×84μm(图版135,图28);单射线可见,长约为孢子长轴的2/3,或受纹饰干扰而呈波状;外壁颇厚,达6—8μm,表面粗糙,密布不规则的颗粒纹饰,偶有呈短刺状者,纹饰基部常相连,顶视给人以粗糙的脑纹状印象;黄棕色。

比较与讨论 本种以外壁很厚、纹饰较粗而与宁夏上石炭统的 *P. major* Wang 不同。

注释 本新种的最初名 *P. major* Ouyang 以及王蕙的 *P. major* Wang, 1984,皆为 *P. major* Bharadwaj(1957, pl. 30, figs. 1,2)的晚出异物同名(junior homonyms)。后者大小(长轴)仅50—60μm,孢壁不厚,表面为明显均匀细颗粒纹饰,基径和高为1μm,显然不同种。Alpern 和 Doubinger(1973, p. 36)则将 *L. major* Bharadwaj, 1957 作为 *Extrapunctatosporis microtuberosus* Agrali and Akyol, 1967 的同义名,而后一属属征中提及的"小孢子具饰有大小均匀的(外)点穴状纹饰的孢壁,故孢子轮廓线呈微颗粒状。孢壁有时(局部地)亦呈细颗粒状或仅鲛点状(nur chagren punctat)",就更显出不同了(笔者甚至怀疑 Bharadwaj 建的这个种,如2个标本的照片所示,是不是单缝孢仍是问题! 其全模标本若为侧面观,则不应呈完整的两侧对称的椭圆形,若为极面观,孢子中部又见不到单缝的痕迹;另一标本更似三缝孢! 不过,这需要对原材料作重新观察方能证实)。因此,在 Bharadwaj 的种名被证明无效前,前述的我国的2个种名应由新的名称代替。

产地层位 浙江长兴,龙潭组;湖南邵东保和堂,龙潭组。

大型粒面单缝孢 *Punctatosporites magnificus* Lu, 1999

(图版86,图5, 6)

1999 *Punctatosporites magnificus* Lu,卢礼昌,109页,图版34,图3—6。

描述 孢子两侧对称,赤道轮廓宽椭圆形或卵圆,子午轮廓豆形或略呈半圆形;赤道长轴长90.5—

96.7μm，极轴长56.3—70.0μm，全模标本90μm；单缝清楚，具唇，唇厚实，光滑，单片唇宽1.5—2.5μm，末端尖或两分叉并与弓形脊连接，为孢子长轴长的3/5—3/4；接触区可见至清楚；外壁点穴状结构明显，表面微粗糙至细颗粒状；颗粒主要分布于远极面与接触区以外的近极—赤道区，排列不规则，粒径约0.8μm，罕见超过1μm，略大于高，在轮廓线上反映甚弱；外壁厚约2μm，常具1—2条或多条不规则褶皱；浅棕—棕色。

注释 本种以内结构明显、纹饰细小以及较大的幅度为特征。

产地层位 新疆和布克赛尔，黑山头组4层。

小粒面单缝孢 *Punctatosporites minutus* Ibrahim, 1933

（图版135，图9，10）

1933 *Punctato-sporites minutus* Ibrahim, p. 40, pl. 5, fig. 33.

1938 *Azonomonoletes minutus* (Loose) Luber in Luber and Waltz, pl. 8, fig. 112.

1956 *Punctatosporites minutus* Ibrahim, Potonié and Kremp, p. 143, pl. 19, figs. 439—441.

1960 *Punctatosporites minutus*, Imgrund, p. 174, pl. 16, figs. 105, 106.

1973 *Punctatosporites minutus* (Ibrahim) Alpern and Doubinger, p. 41—44, pl. XI (in part).

1978 *Punctatosporites minutus*，蒋全美等，623页，图版408，图2—6。

1980 *Punctatosporites minutus*，周和仪，42页，图版16，图24，25，30—32。

1984 *Punctatosporites minutus*，高联达，375页，图版144，图23，24。

1987 *Punctatosporites minutus*，周和仪，图版3，图11。

1990 *Punctatosporites minutus*，张桂芸，见何锡麟等，333页，图版X，图3，9。

2003 *Punctatosporites minutus*，欧阳舒、朱怀诚，图版Ⅱ，图15。

描述 赤道轮廓椭圆形，大小21—28×15—21μm，偶尔长达34μm；单射线细，长为1/2—2/3孢子长轴长；外壁薄厚约1μm，表面粗糙至细密颗粒状，粒径和高≤0.5μm；淡黄色。

比较与讨论 当前标本与Potonié和Kremp (1956)描述的大小、形态颇为一致，当属同种。Alpern和Doubinger (1973)修订的此种特征较宽，虽大小幅度相近（15—30μm），但在形状、壁厚、射线长度方面多有变化，她们将*Latosporites minutus* Bharadwaj, *P. scabellus* Imgrund和*Laevigatosporites papillatus* Peppers, 1964视作本种“很可能的同义名”。

产地层位 河北开平，开平组—赵各庄组；山西宁武，本溪组—太原组；内蒙古准格尔旗黑岱沟，本溪组（16层）、太原组上部；山东沾化，太原组；河南范县，上石盒子组；湖南长沙，龙潭组。

宁夏粒面单缝孢（新名） *Punctatosporites ningxiaensis* Liu nom. nov.

（图版135，图34）

1984 *Punctatosporites major* Wang，王蕙，图版Ⅳ，图36。

1984 *Punctatosporites major* Wang，王蕙，101页，图版Ⅲ，图1。

描述 赤道轮廓宽椭圆形，侧面观豆形，但近极面平，远极面凸出颇强烈，大小（长轴）62—146μm，全模144μm（图版135，图34）；单射线简单，有时开裂，长为孢子长轴的2/3；外壁厚1—2μm，表面粗糙，具细颗粒纹饰，轮廓线微不平整；黄色。

比较与讨论 本种原名*P. major*为*P. major* Bharadwaj, 1957的晚出异物同名，应无效，故代起新名*P. ningxiaensis*。此种全模大小接近前面描述的*P. huananensis* nom. nov.，但后者近极面微凹，外壁很厚，纹饰为不规则粒刺，其基部多相连，顶视呈脑纹状；详见该种下的比较与讨论。

产地层位 宁夏横山堡，羊虎沟组—太原组。

粗粒粒面单缝孢 *Punctatosporites papillus* Zhou, 1980

（图版135，图18）

1980 *Punctatosporites papillus* Zhou，周和仪，42页，图版16，图19。

1987 *Punctatosporites papillus* Zhou，周和仪，11 页，图版 3，图 3。

?1984 *Punctatosporites granifer* Potonié and Kremp，王蕙，图版Ⅳ，图 34。

描述 赤道轮廓椭圆形，全模标本 47 ×38μm；单射线长为孢子长轴的 2/3；外壁厚约 1.2μm，表面密布着颗粒—锥粒状纹饰，其直径约 2μm，高约 2.5μm，近极面颗粒较细；黄色。

比较与讨论 本种以纹饰较粗密区别于属内其他种，其大小接近 *P. punctatus*（Kosanke），但后者纹饰也细小（原归 *Laevigatosporites* 属）。王蕙（1984）鉴定的宁夏横山堡上石炭统的 *P. granifer*，长轴约 40μm，其照相显示颗粒纹饰亦较粗，归入 *P. papillus* 存疑。

产地层位 河南范县，上石盒子组。

点穴粒面单缝孢 *Punctatosporites punctatus*（Kosanke）Alpern and Doubinger，1973

（图版 135，图 19，22）

1950 *Laevigatosporites punctatus* Kosanke，p. 30，pl. 5，fig. 3.

1973 *Punctatosporites punctatus*（Kosanke）comb. and emend. by Alpern and Doubinger，p. 38.

1978 *Punctatosporites punctatus*（Kosanke）Chen，谌建国，422 页，图版 122，图 3。

1984 *Punctatosporites punctatus*（Kosanke），高联达，375 页，图版 144，图 20—22。

描述 赤道轮廓椭圆形，大小 36—50 ×36—40μm，描述标本 49 ×38μm；单射线长为孢子长轴的 2/3，开裂；外壁厚约 1μm，具很细颗粒纹饰；浅黄色。

比较与讨论 当前标本与 Kosanke（1950）描述的大小、形态相近，仅颗粒稍明显些，参见 *Laevigatosporites gansuensis* Zhu 种下。Potonié 和 Kremp（1956，p. 139）将 *L. punctatus* 作为 *L. desmoinesensis* 的同义名；是 Alpern 和 Doubinger（1973）首先将此种归入 *Punctatosporites* 的；本书采用了她们的新联合，但修订的定义太宽，未用。Kaiser（1976，p. 131，pl. 12，figs. 13—16）鉴定的山西下石盒子组的 *P. punctatus*（Kosanke）var. *oculus*（Smith and Butterworth）Alpern and Doubinger 是成堆的孢子或孢子囊，单个孢子长轴 20—30μm，外壁厚 1.5μm，有增厚趋势，从光滑到细颗粒状的都有；形态不详，本书未列。Kosanke（1950）的全模标本 44 ×35.7μm，大小 35—51μm；同义名表中列的高联达（1984）图示的此种标本，大小（长轴）35—45μm。

产地层位 河北开平煤田，赵各庄组；湖南邵东，龙潭组。

矮小粒面单缝孢 *Punctatosporites pygmaus*（Imgrund）Potonié and Kremp，1956

（图版 135，图 8，23）

1952 *Granulatosporites pygmaus* Imgrund，p. 63，pl. 7，figs. 174—179.

1956 *Punctatosporites pygmaus*（Imgrund）Potonié and Kremp，p. 142.

1960 *Punctatosporites pygmaus*，Imgrund，p. 175，pl. 16，figs. 110—113.

描述 赤道轮廓近卵圆形—椭圆形，大小（长轴）15—30μm，全模 18μm（图版 135，图 8）；单射线宽约 1μm，长为长轴的 1/2；外壁薄，有时具次生褶皱，整个表面覆以密而均匀的细颗粒（直径 <1μm），轮廓线因颗粒而微不平整；黄色。

比较与讨论 *P. scabellus*（*P. granifer*）以较长的单射线（部分几达赤道）和相对较大的个体而与 *P. pygmaus* 区别。*P. minutus* 的全模 25.5μm，单射线较长。

产地层位 河北开平煤田，唐家庄组—赵各庄组。

圆形粒面单缝孢（比较种） *Punctatosporites* cf. *rotundus*（Bharadwaj）Alpern and Doubinger，1973

（图版 135，图 15，16）

1957 *Punctatosporites rotundus* Bharadwaj，p. 111，pl. 29，figs. 16—19.

1962 *Latosporites* sp.（?sp. nov.），欧阳舒，95 页，图版Ⅴ，图 5—8；图版Ⅹ，图 12。

1973 *Punctatosporites rotundus*（Bharadwaj）Alpern and Doubinger，p. 51—54，pl. ⅩⅣ（part）.

1995 *Punctatosporites punctatus*（Kosanke），吴建庄，347 页，图版 54，图 2，3。

描述 赤道轮廓近圆形,大小40—60μm;单射线短,只及孢子直径的1/3或稍长,有时呈窄唇状;外壁厚1—2μm,表面具很细的颗粒纹饰,至多微粗糙;棕黄色。

比较与讨论 按Alpern和Doubinger(1973)修订描述,轮廓亚圆形—卵圆形,16—35μm,平均24μm;单射线清楚,直、弯曲或两缝状;外壁颇厚,饰以细锥粒,其直径(约2/3μm)≥高度;宽/长常大于0.8,微有呈假环或局部增厚趋势。在形状、壁厚、射线特征上,定义仍很宽。原Bharadwaj(1957a)给的特征是,大小20—24μm,全模23μm;球形—亚球形;单射线长>1/2直径;沿周边约40颗粒。产自我国龙潭组或上石盒子组的这种圆形颗粒面单缝孢子,比原全模标本大得多,且大于修订定义的上限,故很勉强地归入该种。*P. punctatus*(Kosanke)为偏宽椭圆形。

产地层位 浙江长兴,龙潭组;河南临颍,上石盒子组。

粗糙粒面单缝孢 *Punctatosporites scabellus* (Imgrund) Potonié and Kremp, 1956

(图版135,图24,25)

1952 *Granulatisporites scabellus* Imgrund, p. 64, pl. 7, figs. 188—193.

1956 *Punctatosporites scabellus* (Imgrund) Potonié and Kremp, p. 142.

1956 *Punctatosporites granifer* Potonié and Kremp, p. 142, pl. 19, figs. 442, 443.

1962 *Punctatosporites* cf. *minutus* Ibrahim,欧阳舒,图版Ⅵ,图5,6。

1973 *Punctatosporites granifer* (Potonié and Kremp) Alpern and Doubinger, p. 44, pl. 12, figs. 1—37(in part).

1976 *Punctatosporites granifer* (Potonié and Kremp), Kaiser, p. 17, pl. 13, figs. 1, 2.

1984 *Punctatosporites granifer* (Potonié and Kremp),高联达,374页,图版144,图9,10,14,15,18。

1984 *Punctatosporites rotundus* (Bharadwaj) Alpern and Doubinger,高联达,375页,图版144,图17。

1984 *Thymospora obscurus* (Kosanke) Wilson and Venkatachala,高联达,378页,图版145,图9。

1984b *Punctatosporites granifer* Potonié and Kremp,王蕙,图版Ⅲ,图47。

1986 *Punctatosporites scabellus* (Imgrund),欧阳舒,75页,图版Ⅸ,图7。

1986 *Punctatosporites scabellus* (Imgrund),杜宝安,图版Ⅲ,图17。

1987a *Punctatosporites granifer*,廖克光,567页,图版139,图9,12。

1987a *Punctatosporites minutus* (Ibrahim) Alpern and Doubinger,廖克光,568页,图版139,图14。

1990 *Punctatosporites granifer* (Potonié and Kremp),张桂芸,见何锡麟等,333页,图版Ⅲ,图1,2,4—6。

1995 *Punctatosporites minutus* (Ibrahim),吴建庄,348页,图版54,图7。

1995 *Punctatosporites granifer* (Potonié and Kremp),吴建庄,347页,图版54,图6。

1996 *Punctatosporites granifer* (Potonié and Kremp),朱怀诚,见孔宪祯等,图版48,图10。

描述 赤道轮廓卵圆形—近圆形,大小(长轴)28—40μm,全模40μm(Imgrund, 1960, pl. 16, fig. 15);单射线细,常呈细裂缝状,偶尔具窄唇,长1/2—2/3孢子长轴,有时几伸达端部;外壁厚1—2μm,偶可达2.5μm,很少有次生褶皱;表面具细密颗粒状纹饰,轮廓线因颗粒微呈齿状;黄棕色。

比较与讨论 Kaiser(1976)鉴定的*P. granifer*,大小35—45×30—35μm;单射线清楚,细,长约孢子长轴的2/3;外壁厚约2.5μm,整个表面具很细的锥粒刺,其高和基宽0.3—0.5μm。他提及该种与Alpern和Doubinger(1973, p. 44—49, pl. 12, figs. 1—37)图示的法国(Frankreichs)上石炭统的*P. granifer*的代表尤其是其图10, 16, 25, 28和33特别相似。原Potonié和Kremp(1956)描述的大小为25—35μm。廖克光(1987a)和吴建庄(1995)鉴定、图示(皆未描述)的标本大小分别为24—29μm(按大小,归入*P. minutus*较好,但因其单射线有一旁枝,故归此种)和38—50μm。不过,Alpern和Doubinger(1973)给*granifer*的新定义是:轮廓大致卵圆或圆形;孢子大小(长轴)14—42μm,宽/长为0.6—1.0,平均0.79;单缝清楚,细窄,长度不一,常直,有时两缝状(diletoid),射线不伸达赤道,但倾向二分叉而与之平行;外壁一般薄,有时加厚,有呈假环趋势;纹饰清楚,大小、密度规则,由小锥粒—刺组成,直径1/3—1/2μm,平均每$10\mu m^2$有15枚纹饰。定义太宽,本书未采用。廖克光鉴定的*L. minutus*,大小达37μm,超出了Alpern和Doubinger修订的定义(其大小为15—30μm),而与*P. scabellus*的大小范围(28—40μm)较为接近,与被她们归入*P. granifer*的有些标本(1973, pl. Ⅻ, figs. 23, 24)也很相似,故改定为*P. scabellus*。欧阳舒(1962)保留鉴定的*P.* cf. *minutus*,达

39—29μm,同样处理。高联达(1984)鉴定一具点粒状纹饰的标本为 *Thymospora obscura*,当初 Kosanke (1950, p. 29, pl. 16, fig. 6;28—34μm)虽描述该种为点穴状纹饰,但据其图照,纹饰要比高联达(1984)描述的标本粗壮得多(互相连接的瘤—脊瘤,轮廓线上明显稀波状),这从他本人说的"本种与 *L. thiessenii* 和 *L. pseudothiessenii* 密切相关"也可看出。故将高联达(1984)描述的标本归入本属种。

注释 Alpern 和 Doubinger(1973, p. 36)一方面将 *P. scabellus*(Imgrund, 1952)当作 *P. granifer* 的同义名,另一方面在 *P. granifer* 的同义名表中又未将 *P. scabellus* 归入,却列了 *P. pygmaus* (Imgrund),而末一种原描述大小仅 15—30μm,全模仅 18μm(Alpern and Doubinger, 1973 重新拍的照 pl. Ⅻ, fig. 15,按放大标尺,约 22μm)。Alpern 等的矛盾可能与 Imgrund (1960)在 *P. scabellus* 种下的比较中的笔误(将 *P. scabellus* 写成 *P. pygmaus*)有关。总之,情况相当混乱。Imgrund (1960)本人却将 *P. granifer* Potonié and Kremp,1956 当作 *P. scabellus* 的同义名,他显然认为他的种名在 1952 年已建立了,Potonié 等(1956, p. 142)只不过将其归入另一属(新联合)罢了,他的种名理当优先。本书认可他的做法,不但因为种名 *scabellus* 较早,即使在 Potonié 和 Kremp (1956)的专著中,此种名还排在 *granifer* 之前,所以,按有关规定,没有理由弃 *scabellus* 而用 *granifer*,除非它们并非同种;此外,*scabellus* 的全模标本产自中国,对比、鉴定更为直接,也是值得采用的另一因素。Alpern 等还将 *Speciososporites plicatus* Alpern, 1957, *S. minor* Alpern, 1957, *S. triletoides* Alpern, 1957,以及 *Punctatosporites pygmaus* Imgrund,1960 等作为 *P. granifer* 的同义名。

产地层位 河北开平,赵各庄组—开平组;山西宁武,本溪组—太原组;山西朔县,本溪组;山西保德,山西组—下石盒子组(F, I 层);内蒙古准格尔旗黑岱沟,本溪组;浙江长兴,龙潭组;河南临颍,上石盒子组;云南宣威,宣威组下段—卡以头组;甘肃平凉,山西组;宁夏横山堡,羊虎沟组—太原组。

美丽粒面单缝孢 *Punctatosporites venustus* Liao, 1987

(图版 135,图 27, 31)

1987b *Punctatosporites venustus* Liao,廖克光,207 页,图版 28,图 4,5。

描述 赤道轮廓椭圆形,子午轮廓豆形,大小(长轴)80—110μm,全模(图版 135,图 27)110μm;单射线清楚,简单,长 >2/3 孢子长轴;外壁厚约 1. 5μm,表面具星点状颗粒纹饰,其直径约 1μm,高 <1μm,颇为稀疏,轮廓线上微波状,颗粒在近极面减弱。

比较与讨论 本种以稀疏的小星点状颗粒纹饰区别于属内其他种。

产地层位 山西平朔矿区,山西组。

外点穴单缝孢属 *Extrapunctatosporites* Krutzsch, 1959

模式种 *Extrapunctatosporis extrapunctatoides* Krutzsch, 1959;德国盖塞尔谷,始新统(Lutetian)。

属征 无环单缝小孢子,具均匀、致密的外点穴状外壁表面,故轮廓微颗粒状;局部孢壁为颗粒状或鲛点—点穴状;模式种大小 50—60μm。

比较与讨论 本属与 *Intrapunctatosporis Krutzsch*,1967 属[重新指定模式种 *I. pliocaenicus* Krutzsch, 1967,原为 *I. ellipsoideus* (Pflug, 1953),其后证明为外小穴状,因而与属征矛盾]的区别是后者呈内穴状。

豆形外点穴单缝孢 *Extrapunctatosporites fabaeformis* (Agrali and Akyol) Alpern and Doubinger, 1973

(图版 135,图 26)

1967 *Extrapunctatosporites fabaeformis* Agrali and Akyol, p. 5, pl. Ⅰ, fig. 19.

1973 *Extrapunctatosporites fabaeformis* (Agrali and Akyol) Alpern and Doubinger, p. 96, pl. 23, figs. 1—3.

1984 *Extrapunctatosporites fabaeformis*,高联达,380 页,图版 146,图 2。

描述 子午轮廓略呈豆形,有时远极面强烈凸出而呈半球形,大小(长轴)约 95μm;单射线可见,微开裂,长约 2/3 孢子长轴;外壁厚,赤道光切面显示 6—8μm 呈假环状的缘边,因具外点穴,故表面显示亮点及其间的斑点—内颗粒纹饰,有时因腐蚀而呈亚光面,轮廓线平滑。

比较与讨论 当前标本的形态、大小(原全模 84 ×67μm)与描述的土耳其上二叠统此种颇相似,差别在于后者外壁外穴较多且更粗大而明显。不过,Alpern 和 Doubinger (1973)将另两种即 *E. ovalis* Agrali and Akyol 和 *E.* (*Speciososporites*) *maximus* (Agrali and Akyol)都归入此种内,而后者外壁外穴很少。

产地层位 河北开平煤田,赵各庄组。

穴面单缝孢属 *Foveomonoletes* van der Hammen, 1954 ex Mathur, 1966

模式种 *Foveomonoletes breviletes* Mathur, 1966;印度卡奇,可能为古新统。

属征 穴面单缝孢,模式种全模大小 28 ×39μm,豆形,单射线清楚,具唇,外壁厚 2.5μm,穴状,轮廓线波状。

比较与讨论 *Punctatosporites* 不具清楚的穴,而是呈点穴状(punctate),以此与本属区别。

锐穴穴面单缝孢 *Foveomonoletes foveolatus* Geng, 1985

(图版 135,图 5)

1985a *Foveomonoletes foveolatus* Geng,耿国仓,212 页,图版 Ⅰ,图 15。

描述 单缝孢子,赤道轮廓椭圆形,侧面观略肾形—豆形,近极面微低凹,远极面稍凸出,全模大小约 50 ×30μm;射线长约 2/3 长轴长,具薄唇;外壁厚约 3μm,表面具分散的颇稀的穴,穴径约 0.7μm,形状和稀密不甚规则;轮廓线基本平整或微显凹凸。

比较与讨论 当前种与模式种 *F. breviletes* Mathur, 1966 (pl. Ⅰ, fig. 1)略相似,但后者个体较小(长轴仅 39μm),射线较细短(约 1/2 长轴),尤其是穴较深,即穴间外壁凸起强烈,故轮廓线明显呈波状。

产地层位 陕西米脂,太原组。

细网单缝孢属 *Hazaria* Srivastava, 1971

模式种 *Hazaria sheopiariae* Srivstava, 1971;加拿大艾伯塔省(Alberta),上白垩统顶部(Maastrichtian)。

属征 单缝孢,侧面观豆形;外壁厚,纹饰网状,网脊细,网穴大;网角处形成的突起形态多变。

比较与讨论 本属以网脊细、网穴大和具网结突起区别于 *Microfoveolatosporis* 属。

网纹细网单缝孢 *Hazaria reticularis* Zhou, 1980

(图版 136,图 7)

1980 *Hazaria reticularis* Zhou,周和仪,43 页,图版 17,图 11。

1987 *Hazaria reticularis* Zhou,周和仪,11 页,图版 3,图 19。

描述 赤道轮廓椭圆形,侧面观豆形,全模标本大小 75 ×53μm;单射线可见,长为孢子长轴的 1/2—2/3;外壁厚约 2μm,表面具细网状纹饰,网脊宽 1.5—2.0μm,网穴 1.2—4.0μm,为不规则多角形。

比较与讨论 本种网状纹饰与 *H. sheopiariae* Srivastava (1971, p. 258, pl. 2, fig. 1)相似,但后者较小,仅 40—56μm,且壁较厚(4μm),网脊窄(0.8μm),网穴稍大(1.2—5.0μm),当为不同种。

产地层位 河南范县,上石盒子组。

网面单缝孢属 *Reticulatamonoletes* Lu, 1988

模式种 *Reticulatamonoletes angustus* Lu, 1988;云南沾益史家坡,中泥盆统上部。

属征 两侧对称单缝孢子,赤道轮廓椭圆形,侧面观豆形或肾形;单缝可见至清楚,长约等于孢子长轴;外壁厚实,表面具明显的网状纹饰,网脊粗,网穴大,主要分布于近极—赤道区和整个远极面;模式种大小为 78.0—90.5 ×46.8—60.8μm。

比较 此属与同时代的单缝孢属 *Archaeoperisaccus* Naumova emend. McGregor, 1969 的形态特征有某些

相似之处，但彼此差异更为明显：归入本属的分子，其外壁厚实，仅 1 层，不具腔，不成囊；同时，它的网脊粗，网穴大，*Archaeoperisaccus* 的某些分子即使具网状纹饰，也相当细弱。

分布时代 云南沾益史家坡，中泥盆世晚期。

窄脊网面单缝孢 *Reticulatamonoletes angustus* Lu, 1988

（图版 85，图 5—8）

1988 *Reticulatamonoletes angustus* Lu，卢礼昌，182 页，图版 34，图 13—17；插图 6。

描述 赤道轮廓椭圆形—宽椭圆形，侧面观轮廓豆形或肾形，赤道大小 78.0—90.5 × 46.8—60.8μm，全模标本 78.0 × 60.8μm；单射线一般清楚至可见，常具唇，宽 2.3—3.0μm，约等于孢子长轴；外壁厚实，远极外壁通常较厚，在 2—6μm 之间，近极外壁（尤其射线区）较薄，厚 1.5—4.0μm，表面光滑至相当粗糙（近极面）；网状纹饰主要分布于近极—赤道区和整个远极面，近极面纹饰明显减弱或仅见稀散的小锥刺突起［退化了的网脊（?）］或缺失；网脊粗，基部宽 3—4μm，往上逐渐变窄至顶端钝凸或钝尖，突起高（在赤道边缘）4.9—9.4μm，表面光滑至内点状；网穴大，常呈不规则四边形至多边形，一般穴径 9—16μm，最大可大于 20μm，穴底浅，微内凹，远极面穴深 3—4μm；网膜清楚，完全，透明；赤道轮廓线呈不规则波状，其间为网膜相连，边缘凹穴 16—24 个，罕见褶皱；浅棕—棕色。

比较与讨论 本种与 *R. robustus* 的形态较近似，但前者以网纹不典型或不规则、网脊明显较粗壮（基部宽 7.8—14.0μm）、网穴较大（19—31μm）而有别。

产地层位 云南沾益史家坡，海口组。

粗网网面单缝孢 *Reticulatamonoletes robustus* Lu, 1988

（图版 85，图 13—16）

1988 *Reticulatamonoletes robustus* Lu，卢礼昌，183 页，图版 34，图 9—12。

描述 赤道轮廓宽椭圆形—卵圆形，赤道大小 87.4—115.4 × 62.4—71.8μm，全模标本 93.6 × 71.8μm；单射线在强光束下清楚至可识别，具唇，宽 1.6—5.5μm，常超越单射线末端，向赤道附近延伸；外壁厚实，偏极压标本，赤道—近极区外壁厚约 5μm，赤道—远极区外壁厚 6.2μm，表面光滑、半透明，外壁内表面具细弱的刺粒状纹饰；刺粒纹饰不典型或不规则，分布限于近极—赤道区和整个远极面，网脊粗壮，表面光滑，内点状至细颗粒状结构或很清楚，网脊基宽 7.8—14.0μm，高（赤道区）11.0—18.7μm，顶部平凸或微凸，网穴宽大，常呈多边形或不规则，最大穴径 19—31μm；网穴平浅，赤道轮廓线微凹凸不平，边缘凹穴 11—17 个，罕见褶皱；浅棕—深棕色。

产地层位 云南沾益史家坡，海口组。

大网单缝孢属 *Schweitzerisporites* Kaiser, 1976

模式种 *Schweitzerisporites maculatus* Kaiser, 1976；山西保德，中、上二叠统。

属征 赤道轮廓近卵圆形，子午轮廓豆形，模式种大小 60—90μm；单缝孢，单缝有时不见；具 2 层壁，表面大网状纹饰；外壁内层薄，被具网纹的外壁外层紧密包围。

比较与讨论 本属以封闭的多角形大网区别于已知单缝孢各属。*Striatosporites* 虽局部也显示出开放的网纹，但其主脊纹多与孢子长轴平行，其网穴也沿长轴方向拉长且不封闭，而且还有许多细脊与之垂直，所以是不同的属。

注释 本属名原为 Kaiser 赠荣誉给他的导师、德国古植物学家 Schweitzer H. J. 的，直译应为“希威泽孢”，现取形态译法。

斑点大网单缝孢 *Schweitzerisporites maculatus* Kaiser, 1976

（图版136,图1, 2, 12）

1976 *Schweitzerisporites maculatus* Kaiser, p. 134, pl. 14, figs. 1—5.

1987a *Columinisporites maculatus* (Kaiser) Liao,廖克光,569页,图版140,图2。

描述 轮廓近卵圆形—豆形,大小60—97μm,全模据放大倍数测约60μm(图版136,图12);单射线一般可见,裂缝约4/5孢子纵轴长,具窄唇,宽1—2μm;孢子具2层壁,外壁内层厚约0.5μm,光滑,被网状外壁外层(厚约1μm)紧密包裹,整个表面的网纹由大的网穴和较柔弱的齿状网脊构成;网脊高2—3μm,多角形(多为六角形)的网穴的长径常与孢子纵轴平行,网穴长20—30μm;廖克光鉴定的本种,孢子表面确显粗糙—斑点状。

比较与讨论 与Jardine (1974, pl. 1, figs. 1,2)拍摄的扎伊尔二叠系加蓬(Garbon)组的"单缝孢No. 1"和"孢型No. 1 "可能同种。本种少数标本显示略不规则网纹(如图版136,图2),可能会与 *Vestispora costata* (Balme 1952) Bharadwaj, 1957和 *V. cancellata* (Dybova and Jachowicz) Wilson and Venkatachala, 1963混淆,特别在难以确定是三缝还是单缝的情况下。

产地层位 山西保德,石盒子群;山西宁武,山西组。

盾环单缝孢属 *Crassimonoletes* Singh, Srivastava and Roy, 1964

模式种 *Crassimonoletes surangii* Singh, Srivastava and Roy, 1964;印度,下白垩统(煤)。

属征 卵圆形小型孢子,侧面观远极面明显凸出,近极面平至微凸,模式种大小100—130×70—80μm;单射线显著,具厚唇,高起,皱波状;外壁内颗粒状(值得注意的是:原属征中未提及赤道具环,虽从其插图看,外壁稍厚,但是否限于赤道,不得而知)。

比较与讨论 *Laevigatosporites*, *Latosporites* 和 *Monolites* 外壁较薄,单射线简单,个体较小,单射线中部微凹或有另一支射线分叉而出,外壁颗粒状。

宽唇盾环单缝孢? *Crassimonoletes*? *lastilabris* Wang, 1985

（图版135,图13, 14）

1985 *Crassimonoletes latilabris* Wang,王蕙,667页,图版Ⅰ,图6—8。

描述 赤道轮廓卵圆形—椭圆形,侧面观近极面平直或略凸出,远极面弓出呈半圆形,大小30—64×18—46μm(测23粒),全模38×26μm(图版135,图14);单缝明显粗壮加厚,唇宽2—5μm,长约孢子长轴的2/3—3/4,直或微弯曲,隆起;外壁粗糙,具细点—细粒纹饰,在赤道位置具盾状加厚,形成盾环,宽2—5μm,于射线的两端略有翘起加厚,弓形脊明显。

比较与讨论 本种与模式种 *C. surangii* 的区别是个体小,赤道外壁较厚,唇与两端加厚部相连。

注释 此种孢子形态结构尚不清楚,它与最初建立的苏联北极地区泰梅尔盆地二叠系的属 *Iunctella* Kara-Murza, 1952至少表面上有些相似(如王蕙的图版Ⅰ,图8,比较 *I. mirabilis* Ouyang and Norris, 1988, p. 205—208, pl. Ⅲ, fig. 8),但后者(裸子植物花粉)远极面"隆脊"的两侧薄壁区更明显。无论如何,本种归入 *Crassimonoletes* 是应作保留的,因原属征并未提及环的存在。

产地层位 新疆塔里木盆地,棋盘组、克孜里奇曼组。

湖南单缝孢属 *Hunanospora* Chen, 1978

模式种 *Hunanospora splendida* Chen, 1978;湖南邵东保和堂、韶山区韶山,龙潭组。

属征 单缝小型孢子,近球形或多面体形—球形,侧面观略椭圆形,模式种大小50—60μm;单射线简单;由于孢子以等球形体紧密堆集方式丛生,造成外壁的特殊构造:孢子与相邻孢子叠触处外壁较薄,相对透明,称明亮区;明亮区之间具长短不一的弧形条带,称弧形脊。明亮区形状多样,如四边形、五边形、六边形等；弧脊断面为等腰三角形，其交叉点是大小不一的三角形；外壁光滑或具瘤状纹饰。

比较与讨论 以上属征完全依照谌建国(1978)的论述，在比较中他提及几位国外作者发现的具类似构造的孢子，如 *Laevigatosporites striatus* Alpern, 1959，但此种乃椭圆形—肾形，且原作者后来(Alpern and Doubinger, 1973, p. 25)也认为这些标本可能是 *Striatosporites*；Kosanke(1950)在 *Reticulatisporites* 属下鉴定的几个种内有些种是三缝的；更重要的从加拿大东部早石炭世的 *Dictyotriletes admirabilis* Playford, 1963(p. 29, pl. Ⅷ, figs. 5—8)，除具明显的三缝外，确具类似形态和构造，但 Playford 描述为："具宽大网穴的网状纹饰在近极和远极半球都发育。稀、很矮、窄、微弯的网脊(muri)包围形状不同的大网穴(lumina)。网脊高、宽很少超过0.5μm，但通常界线清楚。脊常在赤道区相连；偶尔在交接点上微膨大。除脊外，外壁光滑至细密颗粒状，3—4μm 厚。周边褶皱常与脊共存。"谌建国认为这些作者"把这类孢子的构造作为纹饰"，是不正确的，他称有关标本上的"透明区和弧形脊如同孢子的唇或弓形脊一样，是孢壁的构造，而非纹饰"，故对有类似形态的单缝孢，他建立此属。此外，他还将其与 *Lithangium indicum* Pant and Nautiyal, 1960 的原位孢子(其描述中未提及是单缝或三缝)比较，说"如果这类孢子作为分散孢子发现，可归入本属"[而 Balme (1995)是将其与分散孢子属 *Columinisporites* 比较的]；同样，谌建国的图照标本包括全模标本，因其孢子团射线的性质所限很难看清楚。

烂漫湖南单缝孢 *Hunanospora florida* Chen, 1978

(图版136，图18，23)

1978 *Hunanospora florida* Chen，谌建国，427 页，图版123，图15，16。

描述 孢子多边形或圆形，大小50—65μm，全模54×50μm(图版136，图18)；单射线，长约孢子长轴的1/2—2/3，或具横向裂缝；外壁具明亮区及弧形构造，表面具小型块瘤，直径3.5—5.0μm，高<2μm，外形圆、椭圆或不规则，散布密度远极较近极为大；外壁厚3μm；黄色。

产地层位 湖南邵东保和堂，龙潭组。

灿烂湖南单缝孢 *Hunanospora splendida* Chen, 1978

(图版136，图8，9)

1978 *Hunanospora splendida* Chen，谌建国，427 页，图版123，图6—10。

描述 孢子多面体或球形，极面观多边形或近圆形，大小50—60μm，全模52×56μm(图版136，图8)；单射线简单，长1/2—2/3 孢子长轴，有时在射线中部有向一侧射出的裂缝，长度接近射线长度的1/2；明亮区呈三边形、四边形或六边形，弧形脊交叉的结点有时扩大为三角形的加厚区；外壁平滑无纹饰；黄色。

产地层位 湖南邵东保和堂、韶山区韶山，龙潭组。

云南孢属 *Yunnanospora* Ouyang, 1979

模式种 *Yunnanospora radiata* Ouyang, 1979；云南富源，上二叠统。

属征 两侧对称单缝小孢子，赤道轮廓近椭圆形，子午轮廓近豆形，模式种大小35—48×22—41μm；近极面具接触区，界线明显，区内无明显纹饰，但具清楚的辐射条纹；接触区外至远极面，具有颇发育的各种纹饰，如锥刺、锥瘤、刺毛等。

比较与讨论 本属以近极面接触区内有特征性的辐射纹、接触区外有很发育的纹饰区别于所有其他单缝孢属。

辐纹云南孢 *Yunnanospora radiata* Ouyang, 1979

(图版135，图11，12)

1979 *Yunnanospora radiata* Ouyang, p. 7, pl. Ⅱ, figs. 21—27; text-fig. 15.

1982 *Yunnanospora radiata*, Ouyang, p. 72, pl. 2, fig. 12.

1985 *Yunnanospora radiata*, Ouyang, p. 170, pl. 2, figs. 21—27; fig. 15.

1986 *Yunnanospora radiata*,欧阳舒,78 页,图版 X,图 17—22。

描述 赤道轮廓近椭圆形,子午轮廓肾形,近极面低平、中部或微凹,远极面强烈凸出,大小(不包括纹饰)35(43)48×22(32)41μm(测 12 粒),全模 40×26μm(图版 135,图 12);单射线常可见,围以颇发达的唇或覆以粗壮的脊状隆起,或仅在两侧微增厚,有时开裂,长 1/2—2/3 长轴,末端(或一端)有时作弓脊状开叉;接触区大小不一,一般占 1/2—2/3 近极面总宽,区内无明显纹饰,但具细弱颇清楚的辐射状条纹,断续延伸,略向中部汇聚;外壁颇厚,厚 1.5—2.0μm,在接触区外至远极表面覆以形态多变的纹饰,以锥刺、锥瘤或低矮棒瘤为主,基宽约 1μm,偶尔更宽,高一般 0.5—1.0μm,末端尖、钝尖或略平截至微膨大,锥刺等纹饰多以平缓角度向上延伸,至顶部突然收缩变尖,有时延长成明显的刺毛,高可达 2—3μm,纹饰颇密,间距 1—2μm,偶达 3μm,绕周边在 60 枚以上;棕黄—灰黄色。

注释 本属种自发表后,收到 Balme(1979, 9 月 11)来信并附一照片,照片中的孢子与当前孢子极为相似,“几乎可以肯定”的是同种的标本亦见于西澳大利亚甘宁盆地上二叠统(Liveringa Formation);仅就照片看来,二者实难区分。云南出现与冈瓦纳二叠纪相同种的孢子是很有趣的,似乎表明此种乃同孢植物所产。

产地层位 云南富源,宣威组下段—上段。

和丰单缝孢属 *Hefengitosporites* Lu, 1999

模式种 *Hefengitosporites separatus* Lu, 1999;新疆和布克赛尔,下石炭统下部。

属征 两侧对称单缝小孢子;单射线可见至清楚,简单或具唇,长为孢子赤道长轴的 4/7—3/4;赤道轮廓椭圆形—卵圆形,子午轮廓豆形—半圆形;外壁 2 层,较薄,分离不明显,内层光滑无饰,具内点穴状结构,外层无或具明显突起纹饰;纹饰分子的形状、大小与密度多变,主要由长刺、锥刺或小锥瘤等与次一级小突起组成;接触区隐约可见,区内纹饰明显退化或缺失;已知诸种大小幅度最大赤道长轴 62.4—120.0μm,极轴 48.4—86.0μm;全模标本 120μm(极轴 78μm)。

比较 本属以外壁 2 层与外层具多种纹饰等为特征而不同于晚古生代其他单缝孢属,如 *Tuberculatosporites* 的纹饰分子虽然较粗大,但外壁仅 1 层,且孢子较小(常不足 50μm);石炭纪—二叠纪的两个单缝孢属,*Perinomonoletes* Krutzsch, 1967 与 *Perocanoidospora* Ouyang and Lu(欧阳舒、卢礼昌,1980),虽然外壁为 2 层(描述为外壁与周壁),但它们的外层(周壁)均无明显的突起纹饰,仅分别具次生褶皱与焦叶脉状结构。

分离和丰单缝孢 *Hefengitosporites separatus* Lu, 1999

(图版 86,图 9—12)

1999 *Hefengitosporites separatus* Lu, 卢礼昌,112 页,图版 35,图 5—11。

描述 赤道轮廓卵圆形—宽椭圆形,子午轮廓肾形或豆形;大小 98.6—120.0×59.3—86.8μm,全模标本 109.0×82.7μm;单射线清楚,直,具唇,最宽可达 2.5—6.0μm,长约为孢子赤道长轴的 1/2—3/5;接触区常可识别(较亮);外壁 2 层:内层厚约 1μm,表面光滑,无纹饰,具内点穴状结构,与外层分离,但不明显,外层厚 1—2μm,质地或疏松,易破损,甚至脱落,表面粗糙,并覆以锥刺、长刺—棒刺状纹饰,尚夹杂有次一级小刺等,分布不均,基部不连,大小不一;锥刺基宽 2.3—4.0μm,高 2.0—3.5μm,顶端尖或钝,长刺(或棒刺),基宽 1.5—2.5μm,罕见超过 3μm,刺干长 3.0—6.3μm,直或曲,顶钝,偶见尖;接触区内纹饰较弱小与稀散,赤道轮廓线不规则锯齿状,突起 26—42 枚;外层常具条带状褶皱,分布不规则;浅—深棕色。

比较与讨论 本种较为集中地反映了 *Hefengitosporites* 的特征,并以孢子颇大,内、外层分离,外层较疏松等特征而与属内其他种不同。

该种标本,在黑山头组 5,6 层尤其是 5 层 AEJ351-11 样品中最为丰富;由于它的首次与大量的出现,其时代意义目前还难以估量,但眼下至少可视它为地方性较强的一种标志分子。

产地层位 新疆和布克赛尔,黑山头组5,6层。

紧贴和丰单缝孢 *Hefengitosporites adppressus* Lu, 1999

(图版86,图1, 2, 8)

1999 *Hefengitosporites adppressus* Lu,卢礼昌,111页,图版35,图1,2.

描述 赤道轮廓宽椭圆形,子午轮廓肾形,大小62.4—78.0×48.4—56.0μm,全模标本62.4×48.4μm;单缝常被唇遮盖,唇厚实,光滑,宽3.5—8.0μm,为孢子赤道长轴的3/4—5/6;外壁2层:内层不甚清楚,厚约1μm(或不足),表面光滑,无纹饰,极面观与外层近似紧贴;外层厚1.0—1.5μm,表面覆以稀疏的刺状纹饰;纹饰主要由刺、锥刺与次一级小刺—粒组成;刺基部宽1.0—2.5μm,长3—6μm,顶端尖或钝,或微微膨大并呈两分叉趋势;锥刺低矮,基部宽2.3—4.0μm,顶部常骤然收缩,并延伸呈小茎或小针状物,长达3—6μm,射线两侧部位(接触区)色较浅或亮,纹饰明显退化或缺失;赤道轮廓线呈不规则尖齿状,突起17—36枚;棕色。

比较与讨论 本种以内层与外层几乎紧贴以及孢体较小为特征而不同于内、外层彼此分离的 *H. separatus* Lu, 1999。本种的纹饰组成和大小幅度等方面与 *Tuberculatosporites xingjiangensis* 颇接近,但后者外壁仅1层。*T. medius* Lu,1994(110页,图版34,图9)为 *T. medius* Zhou,1980的晚出异物同名,无效;从其大小、形态、纹饰看,似与 *H. adpressus* 同种,故合并之。

注释 无论是极压标本,还是侧压标本,内、外层关系似合似离,但局部而有限的分离又确实表明外壁为2层。

产地层位 新疆和布克赛尔,黑山头组5层。

半球形和丰单缝孢 *Hefengitosporites hemisphaericus* Lu, 1999

(图版86,图3, 4)

1999 *Hefengitosporites hemisphaericus* Lu,卢礼昌,112页,图版34,图7,8.

描述 赤道轮廓短椭圆形或近圆形,子午轮廓近极面平,远极面半圆球形至略超半圆球形;大小73.3—93.6×57—64μm,全模标本78×64μm;单射线可见,柔弱,简单,直,约为孢子赤道长轴的3/5;外壁2层,彼此紧贴或分离不明显,内层不清楚至清楚,表面无纹饰,厚不足1μm,外层也很薄,表面具小刺与锥刺状纹饰,分布稀或密,但基部彼此常不连接;刺粗壮,基宽1.5—3.0μm,长2.5—4.5μm,顶部收缩,末端尖;锥刺基部宽约2μm,长常不大于宽,顶端具一小针刺,长2—3μm(或更长);单射线两侧无明显突起纹饰;在赤道轮廓线上反映不明显至不规则细齿状,突起42—60枚;浅棕或橙棕色。

比较与讨论 本种以赤道轮廓倾向于圆形、远极面半圆球形为特征而与 *Hefengitosporites* 的其他种不同。

产地层位 新疆和布克赛尔,黑山头组5层。

刺面单缝孢属 *Tuberculatosporites* Imgrund, 1952

模式种 *Tuberculatosporites anycystoides* Imgrund, 1952;中国(开平),上石炭统—下二叠统3—12层。

属征 单缝同孢子和小孢子,模式种大小(长轴)30—50μm;赤道轮廓多少呈椭圆形,侧面椭圆形—肾形;外壁覆以不太密的刺状(锥刺—刺)纹饰,或类似锥瘤的形状,但颇稀疏。

注释 按Imgrund (1960, p. 176)的定义,*Tuberculatosporites* 既包括具锥刺—刺状纹饰的分子,也包含某些具类似块瘤或瘤的分子;为便于区分与应用,卢礼昌(1999)曾建议,将外壁单层、表面具刺状纹饰的分子归入 *Tuberculatosporites* 的范畴,将外壁双层、表面具刺状突起的分子归入 *Hefengitosporites* Lu, 1999,而将具块瘤或类似于块瘤或瘤的分子,不论其分布稀或密,统归 *Thymospora* 名下。

比较与讨论 本属以刺状纹饰相对较稀疏区别于 *Spinosporites* Alpern, 1958。

亲缘关系 参考 *Nephrodium spinulosusm* (Greguss, 1941, pl. 1, fig. 12);又观音座莲目的 *Scolecopteris*

(Traverse, 1988)。

尖锐刺面单缝孢 *Tuberculatosporites acutus* Ouyang, 1962

(图版136,图3, 10;图版137,图21)

1962 *Tuberculatosporites acutus* Ouyang,欧阳舒,95页,图版Ⅵ,图14,15;图版Ⅹ,图15。

1978 *Tuberculatosporites acutus*,谌建国,421页,图版122,图8,14,17。

1982 *Tuberculatosporites acutus*,蒋全美等,424页,图版413,图12,13,16。

1986 *Polypodiidites* sp. (sp. nov.),欧阳舒,77页,图版Ⅹ,图7,16。

描述 赤道轮廓椭圆形,侧面观肾形,大小55—82×35—77μm,全模75μm(图版136,图10);单射线细而明显,有时具窄唇,长为长轴的1/2—3/4;外壁厚,厚1.5—4.5μm,表面(主要在远极面—赤道)具突饰—瘤刺纹饰,刺的基部粗壮,其宽度大于高度,接近末端时才突然变尖,绕赤道轮廓15—20余枚刺;除纹饰外,其余外壁因保存关系(?)显示出极细内颗粒结构,略呈海绵状;棕色。

比较与讨论 本种以孢子个体较大、外壁厚、瘤刺较稀且基宽大于高等特征区别于属内其他种。

产地层位 浙江长兴,龙潭组;湖南邵东、长沙,龙潭组;云南富源,宣威组下段—上段。

不匀刺面单缝孢 *Tuberculatosporites anicystoides* Imgrund, 1952

(图版136,图5, 25)

1952 *Tuberculatosporites anicystoides* Imgrund, p. 66, pl. 7, fig. 201.

1960 *Tuberculatosporites anicystoides* Imgrund, p. 176, pl. 16, figs. 121, 122.

描述 赤道轮廓近卵圆形—椭圆形,大小30—50μm,全模36μm(图版136,图25);单射线1/2—2/3长轴长,有时难见;外壁表面具锥刺—长刺,长1.5—3.0μm,刺间距4—6μm,局部较密。

比较与讨论 *Spinosporites spinosus* Alpern, 1958(Alpern and Doubinger, 1973, p. 81, pl. XIX, figs. 1—8)大小幅度达25—58μm,但其形状不同(不规则亚圆形),刺多且密,单射线常难以见到。廖克光(1987a,图版141,图11)鉴定的山西宁武轩岗矿区下石盒子组的一种 *T.* cf. *anicystoides* Imgrund,长轴53μm,射线很长(几达两端),刺亦较密;与 *T. medius* Zhou 的区别是后者外壁厚,纹饰细密得多。

产地层位 河北开平,唐家庄组—赵各庄组。

硬壁刺面单缝孢 *Tuberculatosporites duracinus* Ouyang and Li, 1980

(图版136,图6)

1980 *Tuberculatosporites duracinus* Ouyang and Li, p. 11, pl. Ⅲ, fig. 11.

描述 赤道轮廓宽椭圆形—近菱形,子午轮廓宽肾形或略卵圆形;大小66(72)77×59(65)72μm(测4粒),全模75×66μm;外壁[环(?)]很厚,达11(16)18μm,结构粗糙,表面具细密而低矮的锥刺—齿状纹饰,高≤1.5μm,宽1—2μm,纹饰常互相融合,表面观呈点穴状;单射线清楚,伸达外壁内沿;深棕—棕色。

比较与讨论 此种以具很厚的包围整个孢子的外壁区别于所有具纹饰的单缝孢子属的其他种,因纹饰倾向刺凸,故仍归入 *Tuberculatosporites* 属。

产地层位 山西朔县,本溪组。

均匀刺面单缝孢 *Tuberculatosporites homotubercularis* Hou and Wang, 1986

(图版136,图16, 17)

1986 *Tuberculatosporites homotubercularis* Hou and Wang,侯静鹏、王智,86页,图版21,图25,26。

2003 *Tuberculatosporites homotubercularis*,欧阳舒等,图版102,图17。

描述 赤道轮廓椭圆形,侧面观肾形,大小45—70×40—46μm,全模70×40μm(图版136,图16);单射线清楚,具窄唇,长约孢子长轴的2/3;外壁厚约2μm,远极和亚赤道部位表面具致密但彼此分离的锥刺,刺基直径1—2μm,高约2.5μm,末端尖;近极面纹饰减弱或呈颗粒状;棕黄色。

比较与讨论 本种以特征性的纹饰且此纹饰在近极面大为减弱而与属内其他种不同。

产地层位 新疆吉木萨尔大龙口,梧桐沟组。

不纯刺面单缝孢 *Tuberculatosporites impistus* Ouyang, 1986

(图版136,图11)

1986 *Tuberculatosporites impistus* Ouyang,欧阳舒,75页,图版Ⅹ,图9。

描述 赤道轮廓宽椭圆形,子午轮廓肾形,全模57×47μm;单射线单细,微裂,长约1/2长轴长;外壁厚约2μm,表面具粗细不匀的低矮锥刺或锥瘤为主纹饰,不太密,基宽可达1.0—1.5μm,高<1μm,有些更小,末端钝、尖或斜切,或微不平整,略显分叉,间距多在3—6μm之间,绕周边纹饰少于30枚,纹饰向近极面减少,此外具细点状内结构,表面略呈海绵状;棕黄色。

比较与讨论 此种与卡以头组的 *T. iniquus* Ouyang and Li(欧阳舒、李再平,1980,140页,图版Ⅲ,图37)略相似,但以纹饰较粗且稍稀、末端多不尖、外壁表面略呈海绵状而与后者有别。

产地层位 云南富源,宣威组上段。

大头刺面单缝孢 *Tuberculatosporites macrocephalus* Lu, 1999

(图版86,图13, 14)

1999 *Tuberculatosporites macrocephalus* Lu,卢礼昌,110页,图版34,图11,12。

描述 赤道轮廓宽椭圆形或卵圆形,子午轮廓肾形或豆形;大小(长×宽)124.8—146.0×74.9—98.6μm,全模标本140×94μm;单缝清楚,唇发育,常开裂,单片唇宽3.5—5.0μm,略超越射线末端延伸,单缝长85.8—109.0μm,为长轴长的3/5—4/5;外壁相对较薄,厚仅1.5—2.0μm,易开裂或破损,表面具相当稀疏的刺状突起;纹饰似两型分子,基部较宽,2.0—2.5μm,高略小于基宽,顶端颇窄,为一毛发状小刺(易断落),长2μm左右,整个突起形似大头针状,彼此间距常为基宽的2—4倍;纹饰分子在射线两侧部位较为弱小;外壁或具褶皱;棕—深棕色。

比较与讨论 归入本种的孢子,以个体颇大与大头针状纹饰为特征而与 *Tuberculatosporites* 的其他种明显不同。

产地层位 新疆和布克赛尔,黑山头组3,4层。

中大刺面单缝孢 *Tuberculatosporites medius* Zhou, 1980

(图版136,图13)

1962 *Tuberculatosporites*? sp.,欧阳舒,96页,图版Ⅵ,图13。

1980 *Tuberculatosporites medius* Zhou,周和仪,42页,图版17,图1,2,6—8。

1982 *Tuberculatosporites medius*,周和仪,145页,图版1,图12,13。

1987 *Tuberculatosporites medius*,周和仪,图版3,图4。

描述 赤道轮廓卵圆形,大小50(56)76×33(44)56μm(测15粒),全模据照相测72×50μm;单射线长为孢子长度2/3;外壁厚3.7—5.0μm,表面密布刺状—颗粒状纹饰,刺基宽约1μm,高1.5μm,末端尖或钝;棕黄色。

比较与讨论 此种外形颇似 *Punctatosporites huananensis*,但后者个体很大(大于100μm),且纹饰多为颗粒状,偶尔呈刺状,有所不同。

产地层位 浙江长兴,龙潭组;山东沾化、河南范县,上石盒子组。

微刺刺面单缝孢 *Tuberculatosporites microspinosus* Ouyang and Li, 1980

(图版136,图20, 24)

1980 *Tuberculatosporites microspinosus* Ouyang and Li,欧阳舒、李再平,140页,图版Ⅳ,图9,13。

1982 *Tuberculatosporites microspinosus*, Ouyang, p. 79, pl. 4, fig. 18.

1986 *Tuberculatosporites microspinosus*,欧阳舒,75 页,图版 10,图 8。

描述 赤道轮廓近卵圆形,子午轮廓略呈肾形,近极面低平,大小(长轴)38—65μm(测 4 粒),全模 65×55μm(图版 136,图 20);单射线具窄唇,1/2—2/3 长轴长;外壁厚 1.5—3.0μm,表面具细密、均匀的锥刺纹饰,高≤0.5μm 或稍长些,基宽大致与高度相等,末端尖细,轮廓线微锯齿状;棕色。

比较与讨论 与卡以头组的 *T. iniquus* 相比,本种以纹饰较细而均匀、孢壁一般较厚而有别。

产地层位 云南富源,宣威组上段—卡以头组。

较小刺面单缝孢 *Tuberculatosporites minor* Chen, 1978

(图版 136,图 14)

1978 *Tuberculatosporites minor* Chen,谌建国,423 页,图版 122,图 13。

1982 *Tuberculatosporites minor*,蒋全美等,624 页,图版 413,图 8。

描述 赤道轮廓椭圆形,子午轮廓略呈肾形,全模标本大小 58×41μm(图版 136,图 14);单射线清晰,长为孢子长轴的 2/3;外壁表面覆以密集的瘤刺,基部宽,接近顶端突然变尖,由于刺瘤的基部紧挤,显微镜镜筒向下构成网状印象;深黄色。

注释 原描述不够清楚,瘤基部紧挤为何构成凸网状,是多角形块瘤上长刺还是锥瘤,有些末端变尖成刺还是凸网的结点上的凸刺?需要更多标本加以证实。

比较与讨论 本种以瘤刺纹饰和网状印象区别于属内其他种。

产地层位 湖南邵东保和堂,龙潭组。

针纹刺面单缝孢(新联合)

Tuberculatosporites raphidacanthus (Liao) Ouyang and Zhu comb. nov.

(图版 136,图 22, 27)

1987b *Spinosporites raphidacanthus* Liao,廖克光,207 页,图版 27,图 24,25。

描述 赤道轮廓宽卵圆形,大小 71—78×60—65μm,全模 71μm(图版 136,图 22);单射线清楚,常开裂,长约 2/3 孢子长轴;外壁厚约 1.5μm,淡黄色,远极和赤道附近具针柱状纹饰,直径 1.0—1.5μm,长 8—20μm 不等,间距 10—25μm,分布稀疏;其余表面光滑。

比较与讨论 本种以特殊的纹饰和较大的个体区别于刺面单缝孢子其他种(此种孢子的针状纹饰尚待更多标本证实,不排除其他属周壁脱落后保存的可能性等);由于 *Spinosporites* 的模式种具密刺,故将此种迁入另一属。

产地层位 山西平朔,太原组—山西组。

邵东刺面单缝孢 *Tuberculatosporites shaodongensis* Chen, 1978

(图版 136,图 21, 26)

1978 *Tuberculatosporites antheros* Chen,谌建国,423 页,图版 123,图 2。

1978 *Tuberculatosporites shaodongensis* Chen,谌建国,423 页,图版 122,图 12。

1982 *Tuberculatosporites antheros*,蒋全美等,624 页,图版 413,图 19。

1982 *Tuberculatosporites shaodongensis*,蒋全美等,624 页,图版 413,图 4。

描述 赤道轮廓近椭圆形—宽卵圆形,大小 74—88×62—75μm,全模 88×75μm(图版 136,图 26);单射线清晰,细长,长为孢子长轴的 1/2—3/4;外壁表面具大个锥刺,基部很宽,一般 4—7μm,可达 10μm,基部相连成大块瘤,或呈叠瓦状排列,顶尖或钝圆,刺长可达 2—3μm;棕色。

比较与讨论 本种以很大锥刺、基部多相连甚至呈块瘤状而与属内其他种区别。

产地层位 湖南邵东保和堂、韶山区韶山,龙潭组。

新疆刺面单缝孢(新名) *Tuberculatosporites xinjiangensis* Lu nom. nov.

(图版86,图7)

1999 *Tuberculatosporites medius* Lu,卢礼昌,110页,图版34,图9。

描述 赤道轮廓椭圆形或卵圆形,子午轮廓豆形—近半圆形,大小64.7—84.0×46.5—62.4μm,全模标本78.0×57.7μm;单缝清楚,简单或具薄唇,直,末端不分叉,为孢子长轴长的3/5—7/10;外壁厚实,赤道外壁厚2.0—2.5μm,或具内点状结构,表面覆以稀疏的锥刺与小刺状纹饰,锥刺基宽1.5—3.0μm,高1—3μm,小刺高1—2μm(略大于宽),射线两侧外壁较薄,纹饰较弱;赤道轮廓线上刺状突起26—34枚;棕色。

比较与讨论 产自中国开平下二叠统的*T. anicystoides* Imgrund(1960, p. 176, pl. 16, figs. 121, 122),虽然纹饰也为锥刺—刺状(高1.5—3.0μm),但孢子较小(30—50μm),且标本欠佳,轮廓线上部分突起物似呈短棒或小锥瘤状;与前述*T. macrocephalus*的主要区别是,本种孢子小许多,而外壁则相对厚许多。

注释 *T. medius* Lu, 1999为*T. medius* Zhou, 1980的无效晚出异物同名,应予以废除,本书另起新种名替换。

产地层位 新疆和布克赛尔,黑山头组5层。

密刺单缝孢属 *Spinosporites* Alpern, 1958

模式种 *Spinosporites spinosus* Alpern, 1956;法国(Loire盆地),下二叠统(Autunian)。

属征 轮廓多角形、卵圆形或狭长形,模式种已知大小25—55μm,全模50×58μm;单射线由于纹饰而难见;外壁具许多规则而细密的刺,中等刺长1—2μm,每8μm长有5—10枚刺;纵横褶皱常见(Alpern and Doubinger, 1973)。

比较与讨论 本属以孢子轮廓多近圆形或不规则多边形、单射线难以见到特别是细密的刺而与*Tuberculatosporites*属区别。

亲缘关系 栉羊齿类(如*Pecopteris permica* Nemejc的星囊蕨*Asterotheca*,见Barthel, 1967)。

佩氏密刺单缝孢 *Spinosporites peppersii* Alpern and Doubinger, 1973

(图版136,图4)

1964 *Laevigatosporites spinosus* Peppers, p. 25, pl. 3, figs. 11, 12.

1973 *Spinosporites peppersi* Alpern and Doubinger, p. 83, pl. 19, figs. 31—34.

1984 *Spinosporites peppersi* Alpern (sic!),高联达,376页,图版144,图25。

描述 据Peppers(1964)描述,两侧对称,单缝,轮廓椭圆形,大小16.2—22.7×12.9—17.8μm,平均19.2×15.2μm;单射线清楚,直,常开裂,长几等于孢子纵轴长;外壁具粗刺,直径和长约1.5μm,其末端微圆,两三枚刺一般被低矮不规则的脊连接起来;每一主刺顶端为一细小尖刺,长约1μm,但在油镜下反而难以见到;主刺之间间距1—2μm,绕孢子周边约35枚。

比较与讨论 本种名乃Alpern和Doubinger(1973)为*Laevigatosporites spinosus* Peppers, 1964起的新种名,它与*Tuberculatosporites spinosus*的区别是孢子个体较小,外壁较厚、常无褶皱,刺基部较粗、末端尖锐。高联达记载的标本大小约22μm,轮廓近圆形,纹饰亦较*T. spinosus*粗,但末端尖锐者不如原模式标本的那么多。

产地层位 河北开平煤田,赵各庄组。

模式密刺单缝孢 *Spinosporites spinosus* Alpern, 1958

(图版136,图15, 19)

1958 *Spinosporites spinosus* Alpern, p. 81, pl. 2, fig. 41.

1973 *Spinosporites spinosus*, Alpern and Doubinger, p. 81, pl. XIX, figs. 1—8.

1976 *Spinosporites spinosus*, Kaiser, p. 132, pl. 13, fig. 7.

1984 *Spinosporites spinosus*，高联达，376 页，图版 144，图 26。

描述 轮廓卵圆形—亚圆形，大小(长轴)25—30μm；单缝，射线简单，直，伸达 4/5 长轴；外壁厚约 1.2μm，表面覆以很密的细刺，基宽 0.5—1.0μm，高 0.8—1.5μm；黄色。

比较与讨论 原描述本种大小 25—55μm，与 *Tuberculatosporites* 的区别是形状、大量刺和单射线难见；与 *Punctatosporites* 的某些种如 *P. granifer* 的区别是刺较长、外壁常见褶皱、孢子轮廓不规则。

产地层位 河北开平，开平组—赵各庄组；山西保德，山西组；山西宁武、内蒙古清水河，本溪组—太原组。

赘瘤单缝孢属 *Thymospora* (Wilson and Venkatachala) Alpern and Doubinger, 1973

模式种 *Thymospora thiessenii* (Kosanke, 1943) Wilson and Venkatachala, 1963；美国俄亥俄州，上石炭统(Pittsburg coal seam no. 8)。

同义名 *Verrucososporites* (Knox, 1950) Wilson and Venkatachala, 1963, *Pericutosporites* Imgrund, 1952.

修订属征 单缝孢子，赤道轮廓卵圆形—圆形，子午面观半球形、豆形或梨形；单缝细窄，无唇或有唇但发育不好，长度多变且常被纹饰扭曲；纹饰成分包括块瘤、蠕瘤、冠瘤，一般融合或连接，有时可形成加厚块(crassitudes, 2—30μm)，冠瘤可呈齿状，有时见若干颗粒；远极面有时较凸出，纹饰比近极面更发育；孢子大小 14—45μm，短长轴的比值 0.7—0.9；偶尔具形成假环的趋势或略呈 *Torispora* 状，主要由纹饰非常发育所致。

比较与讨论 本属与 *Polypodiidites* (Ross 1949) R. Potonié, 1966 等属形态有交叉现象(欧阳舒、李再平，1980，141 页)，大小也许可作为划分种的重要特征之一。*Thymospora* 大小为 14—52μm，大多 20—35μm，而 *Polypodiidites* 通常 50—100μm，且其宽长比值常略小于 *Thymospora*，即侧面观多呈肾形，较平的近极面纹饰强烈减弱或缺失。

注释 Knox(1950)未指定模式种，而她首次描述的种 *Verrucososportites abditus* (Loose) Knox 已被 Schopf, Wilson 和 Bentall (1944)迁入 *Raistrickia*，且为三缝孢。Potonié 和 Kremp (1954)修订了 *Verrucososporites*，将其局限于单缝孢，他们选了 *Laevigatosporites obscurus* Kosanke, 1950 作模式种。狭义的 *Verrucososporites* Knox 与 Potonié 和 Kremp (1954)修订的属不同，实际上是建立了一个同名异物的属，与《国际植物命名法规》(ICBN)矛盾，所以 Wilson 和 Venkatachala (1963)重新起一属名。

Alpern 和 Doubinger (1973)将 *Pericutosporites* Imgrund, 1952 以及 *Pectosporites* Imgrund, 1952 作为 *Thymospora* 的晚出同义名，前一属这样处理是对的，但后一属的模式种 *P. qualiformis* Imgrund, 1952 全模标本(Imgrund, 1960, p. 177, pl. 16, fig. 124)并未显示出 *Thymospora* 的表面块瘤特征，也难确定是否为别的属；而 Imgrund (1960)确立的模式种的另两个图(pl. 16, figs. 123, 125)似为三缝孢，尤其图 125，肯定是 *Lycospora*。无论如何，中国孢粉学者半个世纪来从未用过这一属名(疖环单缝孢 *Pectosporites*)，Potonié 和 Kremp (1956)的复原图(p. 148, text-fig. 68)未必可靠。总之，这个属名很可能是无效的。

植物亲缘关系 真蕨类莲座目(如树蕨 *Psaronius*)。

分布时代 主要见于欧美区、华夏区及澳大利亚；欧美区以晚石炭世为主(Westphalian C—Stephanian)，华夏区则在早二叠世仍颇多。

钝角赘瘤单缝孢 *Thymospora amblyogona* (Imgrund) Wilson and Vekatachala, 1963

(图版 137，图 17)

1952 *Verrucososporites amblyogonus* Imgrund, pl. 7, fig. 200.

1956 *Verrucososporites amblyogonus*, Potonié and Kremp, p. 144.

1960 *Verrucososporites amblyogonus*, Imgrund, p. 176, pl. 16, fig. 120.

1963 *Thymospora amblyogonus* (Imgrund) Wilson and Venkatachala, p. 76, pl. Ⅰ, fig. 8.

1973 *Thymospora amblyogona* (Imgrund) Alpern and Douninger, p. 68, pl. 27, fig. 16.

描述 赤道轮廓宽卵圆形—亚圆形,全模标本大小(长轴)28μm;单射线长约2/3长轴长,常开裂,唇清楚可见,陡斜向上;外壁厚,整个表面覆以块瘤状纹饰,强烈分异;瘤的间距约1μm,部分圆形,部分长方形,其表面钝平,或具颗粒,轮廓线上因有约14枚瘤而很分异;棕色。

比较与讨论 *T. obscurus*(Kosanke)和 *Verrucososprites pseudothiessenii*(Kosanke)中的纹饰不明显分异成单个的瘤。Alpern 和 Doubinger (1973, p. 74, p. 77)将本种同时作为后一种以及 *Thymospora thiessenii* 的同义名之一(似不合逻辑和法规,因 Imgrund 只描述了一个全模标本),但 Kosanke 原描述 *pseudothiessenii* 大小为26—46μm,全模37.8×29.4μm,并称它与 *thiessenii*(原提及为14—24μm)仅以个体较大、纹饰上有少许不同相区别。

产地层位 河北开平煤田,唐家庄组。

皱缩赘瘤单缝孢 *Thymospora marcida* Chen, 1978

(图版137,图1)

1978 *Thymospora marcida* Chen,谌建国,424页,图版123,图13。

1982 *Thymospora marcida* Chen,蒋全美等,623页,图版413,图14。

描述 孢子近球形,大小58—60μm,全模58μm;单射线细,长为孢子长轴的2/3,于射线中部一侧常有垂直射线的横向裂缝;外壁厚3.3μm,表面具低矮块瘤,基部直径2.5μm,往往相连,高约1μm,光切面上仅显示微波状轮廓线;近极区中部平滑;黄色。

比较与讨论 本种以个体大些、纹饰在轮廓线上凸出不明显区别于 *Thymospora* 其他种;以孢子球形区别于 *Polypodiidites* 等单缝孢属种。

产地层位 湖南邵东保和堂,龙潭组。

大型赘瘤单缝孢 *Thymospora maxima* Zheng, 2000

(图版137,图2)

2000 *Thymospora maximum* Zheng in Zheng et al., p. 260, pl. 3, fig. 6.

描述 赤道轮廓椭圆形,子午轮廓近豆形,远极面较凸;全模大小61.5×32.3μm;具单射线,长为长轴的2/3—3/4;外壁厚2.5—3.0μm,表面具大小相对均匀的瘤—瘤刺,互相连接成脊,包围细且形状不规则的小穴,瘤末端钝尖或钝圆,其顶端有时具一小刺,刺长0.5—1.5μm。

比较与讨论 本种大小、形态与 *Thymospora marcida* 相近,但后者单射线清楚,且有第二条短射线从其中央伸出,射线周围几无纹饰,且瘤状纹饰较细弱、末端无刺。

产地层位 河北苏桥,下石盒子组。

中生赘瘤单缝孢 *Thymospora mesozoica* Ouyang and Li, 1980

(图版137,图10,11)

1980 *Thymospora mesozoica* Ouyang and Li,欧阳舒、李再平,142页,图版3,图33,34。

1982 *Thymospora mesozoica*, Ouyang, p. 70, pl. 1, figs. 34, 35.

1986 *Thymospora mesozoica*,欧阳舒,76页,图版10,图13,14。

描述 赤道轮廓宽椭圆形—微卵圆形,大小24(28)40×19(22)37μm(测15粒),全模长28μm(图版137,图11);单射线清楚,颇直,常开裂,长>2/3长轴至接近全长;外壁厚1.5—3.0μm,表面(主要是远极面和赤道)具锥瘤、块瘤、脊瘤或蠕瘤纹饰,高1—2μm,基宽2—6μm,其间呈穴状—狭壕状,穴径或壕宽可达0.5—1.0μm,绕周边纹饰15—20枚,向末端常变细呈圆锥形,个别标本远极面瘤的基部相连而成加厚部,高达5μm;棕黄—黄棕色。

比较与讨论 本种大小近似 *T. pseudothiessenii*,但后者纹饰更粗壮,脊瘤常相连,往往包围较大坑穴。

产地层位 云南宣威,宣威组下段—卡以头组。

假齐氏赘瘤单缝孢 *Thymospora pseudothiessenii* (Kosanke) Wilson and Venkatachala, 1963

(图版 137,图 15, 16)

1950 *Laevigatosporites pseudothiessenii* Kosanke, p. 30, pl. 5, fig. 10.

1956 *Verrucososporites pseudothiessenii* (Kosanke) Potonié and Kremp, p. 144.

1956 *Pericutosporites potoniei* Imgrund, Potonié and Kremp, p. 148.

1960 *Pericutosporites potoniei* Imgrund, p. 178, pl. 16, figs. 126—128.

1963b *Thymospora pseudothiessenii* (Kosanke) Wilson and Venkatachala, p. 125—132, pl. Ⅰ, Ⅱ.

1973 *Thymospora pseudothiessenii* (Kosanke) Wilson and Venkatachala emend. Alpern and Doubinger, p. 75—77, pl. XⅧ.

1980 *Thymospora pseudothiessenii* (Kosanke) Wilson and Venkatachala,周和仪,42 页,图版 16,图 26—29,33—36。

1984 *Thymospora pseudothiessenii*,高联达,377,378 页,图版 145,图 4,6—8。

1984 *Thymospora thiessenii*,高联达,图版 157,图 21。

1987 *Thymospora pseudothiessenii*,周和仪,图版 3,图 6。

1987 *Thymospora pseudothiessenii*,杜宝安,图版 3,图 25。

1987a *Thymospora pseudothiessenii*,廖克光,568 页,图版 139,图 22。

1987b *Thymospora pseudothiessenii*,廖克光,图版 27,图 9。

1990 *Thymospora thiessenii*,张桂芸,见何锡麟等,334 页,图版Ⅹ,图 13。

1993 *Thymospora pseudothiessenii*,朱怀诚,见孔宪祯等,图版 48,图 7,8。

2003 *Thymospora thiessenii*,欧阳舒等,图版Ⅱ,图 20—22。

描述 Alpern 和 Doubinger (1973)修订的本种特征主要是:赤道轮廓卵圆形—圆形,子午面观豆形、梨形或不规则形;大小(长×宽)20.0(30.2)45.0×14.0(22.7)33.0μm,宽/长为 0.7;单射线存在,有时不见,细,无唇,长度变化,一般被纹饰遮掩和扭曲,偶尔二分叉;远极面更凸出,纹饰也比近极面发育;具假环(pseudocingulum,*Pericutosporites* 型)或加厚区(crassitude,*Torispora* 型)的也常见;纹饰包括蠕瘤、皱瘤、冠脊,有时纹饰因融合而形成大加厚块(可达 30μm);由于互相连接,单个主纹饰的尺度难测;在高倍镜下,有时纹饰上部呈齿状或刺状,小颗粒有时不规则分布在块瘤之间。

比较与讨论 被她们归入此种同义名的种有:*Pericutosporites potoniei* (Imgrund) Potonié and Kremp, 1956, *Thymospora amblyogona* (Imgrund) Potonié and Kremp, 1956, *Verrucososporitres cingulatoides* Alpern, 1958, *Thymospora verrucosa* (Alpern, 1958) Wilson and Venkatachala, 1963, *T. perverrucosa* (Alpern, 1959) Wilson and Venkatachala, 1963, *Torispora perverrucosa* (Alpern, 1959) Wilson and Venkatachala, 1963。本书并未全部仿照此做法。Wilson 和 Venkatachala (1963b)对 *Thymospora pseudothiessenii* 的形态变化作了研究(观察 1000 标本),他们发现 4 个类型互相过渡:① 块瘤规则分布;② 块瘤不规则分布;③ 块瘤簇集于赤道(*Pericutosporites potoniei* Imgrund 型);④ 块瘤在孢子一侧或一端形成新月形或宽矩形的增厚部(*Torispora verrucosa* Alpern 型)。Alpern 和 Doubinger (1973)对此种定义作了修订,但她们对 *T. thiessenii* 的特征定义仅作了补充:纹饰由块瘤、蠕瘤或多少连接且几近网状的冠脊组成;在标本保存好时,冠脊上部呈齿状,甚至可带锥刺或小刺,有时块瘤之间有细颗粒;主纹饰宽 2—3μm,因互相连接,长不可测;大小(长×宽)16.88—20.52×13.74—16.66μm(测 100 标本,原描述 14—24μm)。从她们提供的图版看,两个种的孢子大小和纹饰粗细并不难区别。我国被定为 *T. pseudothiessenii* 的标本大小(长轴)在 28—40μm 之间,其他特征亦略可比较;*Pericutosporites potoniei* Imgrund(26—42μm)的"环"实际上是块瘤中下部相连的结果;*Thymospora mesozoica* Ouyang and Li 仅以射线较长而清楚稍微有些区别。

注释 高联达的 *Thymospora pseudothiessenii*(山西宁武太原组)的(1984,377—378 页,图版 145,图 4)标本与其图版 157 图 21 的标本(内蒙古清水河山西组)为同一标本,种名和产地层位皆不同;又图版 145 图 9(山西宁武太原组)的 *T. obscura* 与图版 157 图 26(山西轩岗山西组)的 *T. thiessenii* 亦为同一标本,产地层位不同。

产地层位 河北开平煤田,赵各庄组—唐家庄组;山西宁武,太原组(3 号煤);山西保德,下石盒子组;山西平朔矿区,太原组、山西组;山西左云,太原组;山西宁武、内蒙古清水河,太原组、山西组;内蒙古准格尔旗黑岱沟，太原组上部(6 号煤)；山东沾化、博兴，太原组—石盒子组；甘肃平凉，山西组。

齐氏赘瘤单缝孢 *Thymospora thiessenii* (Kosanke) Wilson and Venkatachala, 1963

(图版 137，图 12，13)

1943 *Laevigatosporites thiessenii* Kosanke, p. 125, pl. 3, fig. 1a, b.

1973 *Thymospora thiessenii*, Alpern and doubinger, p. 72—74, pl. XVII, figs. 1—20.

1978 *Thymospora reticulata* (Alpern) Wilson and Venkatachala，谌建国，425 页，图版 122，图 15，16。

1984 *Thymospora thiessenii*，高联达，378 页，图版 145，图 5。

1984 *Thymospora pseudothiessenii*，高联达，图版 157，图 22—24。

1987a *Thymospora thiessenii*，廖克光，568 页，图版 139，图 23。

1987b *Thymospora thiessenii*，廖克光，图版 27，图 8。

1990 *Thymospora thiessenii*，张桂芸，见何锡麟等，334 页，图版 X，图 10—12，14。

1993 *Thymospora thiessennii*，朱怀诚，见孔宪祯等，图版 48，图 7，8。

2003 *Thymospora pseudothiessenii* and *T. amblyogona*，欧阳舒等，图版 II，图 27—30。

描述 参见 *T. pseudothiessenii* 的描述；同义名表中所列我国标本大小在 22—28μm 之间，因大小、纹饰相对偏小，故归入本种范围内。

比较与讨论 参见 *T. pseudothiessenii*。Alpern 和 Doubinger (1973, p. 74) 将 *T. verrucosa* Alpern 和 *T. reticulata* Alpern 作为 *T. thiessenii* 的同义名，理当尊重 Alpern 本人的合并。

产地层位 山西宁武，太原组(3 号煤)；山西平朔矿区，山西组；山西左云，太原组；内蒙古准格尔旗黑岱沟，太原组上部(6 号煤)；内蒙古清水河，太原组；湖南邵东，龙潭组。

瘤面斧形孢属(新修订) *Thymotorispora* (Jiang, 1982) Ouyang emend. nov.

模式种 *Thymotorispora margara* Jiang, 1982；湖南长沙，上二叠统。

同义名 *Tuberculatotorispora* Jiang, 1982.

修订属征 赤道轮廓椭圆形，模式种大小 67—80 × 50—61μm；单射线明显，长 1/2—2/3 孢子长轴长；外壁颇厚，表面具粗大块瘤—锥刺纹饰，基部直径多在 5—10μm 之间或更大，相邻、相连或互相分离，绕轮廓线具不规则瘤状—锥刺状突起，15—25 枚，末端圆、钝尖—尖、斜截—齿状，纹饰在近极接触区内减弱；除纹饰外，外壁局部主要在一端增厚，大小、形状不定，边界不清，故呈云雾状。

比较与讨论 本属孢子的纹饰类型颇似 *Thymospora*(Alpern and Doubinger, 1973)，但以个体大、外壁加厚稳定出现与后者有别。在 *Thymospora* 属中(已知 15 种以上)，绝大部分种个体大小 < 52μm(多在 25—35μm 之间)，且无外壁增厚区。在大小上，唯一的例外是 *T. concentrica* Habib, 1966，达 60—90μm，但此种无外壁增厚，且块瘤低矮，轮廓线上突起不明显；就外壁加厚而言，唯一的例外是出现在 *T. pseudothiessenii* 中的少量标本上，但此种大小仅 26—46μm。*Thymospora* 中有些种如 *T. pseudothiessenii*，纹饰多变，包括块瘤、蠕瘤、锥瘤，基部往往相连，有些末端还有小刺等，所以本书将蒋全美(1983)建立的 2 个属 *Thymotorispora* Jiang 和 *Tuberculatotorispora* 合并，而取 *Thymotorispora* 一名，以示与 *Thymospora* 的关联(当时如起属名 *Macrothymospora* 也许更好，与 *Macrotorispora* 对称)；她所示的 2 个属的纹饰区别，最多只能作为分种的特征。此属以孢子一端外壁略增厚与 *Polypodiidites* 区别。

分布时代 华夏区，二叠纪。

尖锥瘤面斧形孢(新联合) *Thymotorispora acuta* (Jiang) Ouyang comb. nov.

(图版 137，图 31，35)

1982 *Tuberculatotorispora acuta* Jiang，蒋全美等，622 页，图版 413，图 1—3。

描述 赤道轮廓椭圆形，大小 67—88 × 50—75μm，全模 67 × 50μm(图版 137，图 31)；单射线明显，长约孢子长轴的 2/3；外壁一端增厚呈团块状，但大小、形状不一，大部分在孢子本体轮廓线内，与射线一端相连；

外壁表面具锥瘤—块瘤为主的纹饰，基部较粗，且有时互相连接使赤道光切面上局部或一边外壁较厚，末端钝尖或微圆或不规则，向近极面纹饰减弱，轮廓线上突起多低平且不规则；深棕色。

比较与讨论 本种在形状、大小、外壁增厚等特征上与 *T. margara* 很相似，仅以纹饰较低平、末端钝尖者略多而与后者有些不同，故将其迁入 *Thymotorispora* 属内。不排除二者，甚至包括 *Polypodiidites* (al. *Thymospora*) *margarus*(Chen)，出自同一种母体植物的可能性。

产地层位 湖南长沙，龙潭组。

珍珠瘤面斧形孢 *Thymotorispora margara* Jiang, 1982

(图版137，图3，4)

1982 *Thymotorispora margara* Jiang，蒋全美等，622页，图版413，图5—7。

描述 赤道轮廓近椭圆形，大小67—80×50—61μm，全模80×60μm(图版137，图3)；单射线明显，长为孢子长轴的1/2—2/3，微开裂；外壁在孢子一端明显增厚，但大小有限，形状不规则，不大超出孢子轮廓；外壁表面具珍珠状—块瘤状纹饰，大小、形状不一，直径一般5—10μm，基部宽，高略小于基宽，顶端圆、钝圆，少数微尖或平截，偶尔双凸状，基部有时相连，故光切面上外壁厚薄不一，轮廓线上突起高低很不均匀，绕周边20枚以上；深棕色。

比较与讨论 本种以不规则块瘤为主区别于 *T. acuta*；又以射线的一端具云雾状外壁加厚结构而与 *Polypodiidites margarus* Chen 区别。

产地层位 湖南长沙，龙潭组。

凸瘤水龙骨孢属 *Polypodiidites* Ross, 1949

模式种 *Polypodiidites senonicus* Ross, 1949；瑞典南部阿森(Asen)，上白垩统(Senonian)。

属征 单缝孢子，豆形；外壁具高块瘤，即不甚规则的、粗大的、部分呈钝锥形的突起，其基部或为多角形，瘤之间呈负网状，块瘤部分高度大于宽度，但至少部分呈倾斜穹隆状，有时隆凸伸向近极方向。

比较与讨论 *Polypodiisporites* 的块瘤较平，仅微穹隆状，故轮廓线上无强烈不规则凸出，其负网也很清楚。R. Potonié(1966)曾修订 *Polypodiidites* 属定义，将若干瘤面单缝孢属，包括 *Polypodiisporites* Potonié, 1934 ex 1956，并入此属内(欧阳舒、李再平，1980，141页)，本书仿《中国孢粉化石》(第一卷)(宋之琛等，1999)仍用老定义。*Thymospora* 以个体小(小于52μm，一般20—40μm)、块瘤较密、基部多少连接呈蠕虫状或皱瘤状而与本属区别。

亲缘关系 水龙骨科(Polypodiaceae)等。

煤沼凸瘤水龙骨孢(新联合) *Polypodiidites anthracis* (Chen) Ouyang comb. nov.

(图版137，图22，28)

1978 *Thymospora anthracis* Chen，谌建国，424页，图版123，图1，4。

1982 *Thymospora anthracis* Chen，蒋全美等，623页，图版413，图17，18。

描述 赤道轮廓椭圆形，侧面观豆形，远极面强烈凸出，近极面微凸；大小77—85×65—71μm，全模85×65μm(图版137，图28)；单射线长约孢子长轴的3/4，在射线一侧有时有横向裂缝[甚至有2条(?)]；远极—赤道面具丰满的大瘤，其间杂以多样的小瘤，大瘤最大者高5—7μm，直径10μm，顶部圆形，一般瘤的直径6—8μm，有时基部相连；近极面纹饰减弱或缺失；棕黄色。

比较与讨论 本种形态、大小稍似 *P. reticuloides* Ouyang, 1986，但后者瘤状纹饰复杂得多，其基部多互相连接呈似网状，明显不同。

注释 本种大小远超出 *Thymospora* 属的上限，故迁入 *Polypodiidites* 属。种名 *anthracis* 原意为“石炭”，容易误解为石炭纪，故勉强改译为“煤沼”，意指龙潭组含煤地层。

产地层位 湖南韶山区韶山、邵东保和堂，龙潭组。

富源凸瘤水龙骨孢 *Polypodiidites fuyuanensis* Ouyang, 1986

（图版137，图5, 23）

1980 *Polypodiidites fuyuanensis* ex Ouyang, 1979 (MS)，周和仪，41页，图版15，图18，19。

1986 *Polypodiidites fuyuanensis* Ouyang，欧阳舒，76，77页，图版X，图3，5，6。

1987 *Polypodiidites fuyuanensis*，周和仪，图版3，图5。

描述 赤道轮廓卵圆形，子午轮廓肾形，大小（不包括纹饰）57（64）70μm（测5粒），全模70×45μm（图版137，图23）；单射线可见，具窄唇，略呈单脊状，宽小于1μm，长约孢子长轴的2/3；外壁厚1.5—2.5μm，与纹饰无明显分界，且受其影响而在同一孢子上厚薄不一，表面具锥瘤、锥刺、棒瘤或块瘤，基宽可达2.5—8.0μm，高2—4μm，末端钝圆、钝尖或近截形，顶部常有一较小的颗粒或锥刺或并列数个颗粒状突起，粗大纹饰之间或有小纹饰间生，有时瘤的基部略相连且与孢子远极弧近平行而呈冠脊状，纹饰一般较稀，向近极面减弱或接近光面，轮廓线上较大突起15—20枚；黄棕—深棕色。

比较与讨论 *P. perplexus* Ouyang and Li 纹饰末端分异更复杂，且纹饰较密；与南方龙潭组所见的 *Tuberculatosporites acutus* Ouyang 亦略相似，但后者纹饰较细弱，且末端常尖锐。

产地层位 河南范县，上石盒子组；云南富源，宣威组上段。

珍珠凸瘤水龙骨孢（新联合） *Polypodiidites margarus* (Chen) Ouyang comb. nov.

（图版137，图27）

1978 *Thymospora margara* Chen，谌建国，424页，图版123，图3。

1982 *Thymospora margara* Chen，蒋全美等，623页，图版413，图11。

描述 赤道轮廓椭圆形，侧面观豆形，大小76—83×60—63μm，全模83×60μm，蒋全美等图示标本据测约110×70μm；单射线清晰，长为孢子长轴的2/3，具宽唇；表面密布粗壮珍珠状块瘤，大小不一，一般直径5—10μm，高略小于基宽，顶端多圆，有时略膨大，有些略呈锥形；纹饰在远极面—赤道部位密挤，向近极射线周围强烈减弱甚至无；黄棕色。

比较与讨论 本种与 *P. fuyuanensis* Ouyang 有些相似，但后者个体较小，纹饰亦较稀、小且形态多样。

产地层位 湖南邵东保和堂，龙潭组。

复杂凸瘤水龙骨孢 *Polypodiidites perplexus* Ouyang and Li, 1980

（图版137，图24，34a, b）

1980 *Polypodiidites perplexus* Ouyang and Li，欧阳舒、李再平，141页，图版Ⅳ，图1a, b。

1987a *Polypodiidites perplexus*，廖克光，568页，图版139，图27。

描述 赤道轮廓椭圆形，侧面观近肾形，大小68—83μm，全模83×58μm（图版137，图34）；单射线清楚，具窄唇，长约1/2孢子长轴；外壁2层，内层薄，外层厚，包括纹饰达4—9μm，远极和赤道部位具粗大不规则块瘤纹饰，末端或略圆，或微尖呈锥刺状，或稍呈锯齿状，或宽的末端另有小刺；块瘤基宽5—11μm，基部密挤或相连，块瘤之间偶具小刺，平面观形状不规则，近极面纹饰细弱或近乎光面，轮廓线不规则缺刻状；深棕—棕黄色。

比较与讨论 本种大小接近 *P. margarus* (Chen)，但后者纹饰较粗大，全模上末端多圆，亦不那么密挤，略呈负网状。廖克光鉴定的本种（74μm），其孢子纹饰亦颇复杂、密挤，但射线似较长。

产地层位 山西宁武，上石盒子组；云南富源，卡以头组。

美好凸瘤水龙骨孢(新联合) *Polypodiidites pulchera* (Chen) Ouyang comb. nov.

(图版137,图32, 33)

1978 *Thymospora pulchra* Chen,谌建国,424页,图版123,图5,11,12。

1982 *Thymospora pulchra* Chen,蒋全美等,623页,图版412,图9,12,13。

描述 赤道轮廓宽椭圆形,大小70—75×61—66μm,全模71×61μm(副模,图版137,图32);单射线长为孢子长轴的3/4,射线中部一侧常有横向裂缝,以与射线夹角60°—90°方向射出,裂缝短于射线长的1/2;外壁厚2.0—4.1μm,厚薄不均的积云状外壁上缀以数量不多的乳头状瘤,高约2.5μm,基宽略大于高;这些小瘤往往成串排列,造成网脊状印象;孢子暗黄色。

比较与讨论 本种以外壁厚薄不均、特征性的乳头状纹饰较细区别于属下其他种。因其大小远大于 *Thymospora* 的上限,故迁入 *Polypodiidites* 属内。

产地层位 湖南邵东保和堂、韶山区韶山,龙潭组。

似网凸瘤水龙骨孢 *Polypodiidites reticuloides* Ouyang, 1986

(图版137,图25, 26)

1986 *Polypodiidites reticuloides* Ouyang,欧阳舒,76页,图版X,图1,2。

描述 赤道轮廓近宽椭圆形,子午轮廓肾形,已知大小96—105×75—65μm,全模105×65μm(图版137,图25);单射线清楚,开裂,长略大于2/3长轴长;外壁厚2—3μm,与纹饰层无明显分界,总厚在7—10μm之上,表面为复杂的锥瘤、块瘤或棒瘤纹饰,基宽可达8—15μm,往往从顶部至基部平缓地下延,或因互相融合使确切基宽难测,末端多钝尖,或近浑圆或略平截至很不规则,基部常相互连接,略呈似网状,顶部还有少而不规则的、颜色较浅的锥刺或颗粒或并列呈锯齿状(局部未见),高可达1.0—1.5μm,整个纹饰向近极面减弱或很不发育,绕周边少于20枚;深棕色。

比较与讨论 本种与最早描述的云南卡以头组的 *P. perplexus* Ouyang and Li (1980, 141页,图版Ⅳ,图la,b)略相似,但以孢子较大、单射线较长特别是纹饰略呈拟凸网状图案与后者有别。

产地层位 云南富源,宣威组上段—卡以头层。

斧形孢属 *Torispora* (Balme, 1952) emend. Alpern and Doubinger, 1973

模式种 *Torispora securis* Balme, 1952;英国不列颠,上石炭统(Westphalian C)。

同义名 *Crassosporites* Alpern, 1958.

属征 单缝小型孢子,由略有不同的两部分组成,一部分较透明,另一部分是较暗的增厚部;大小(长轴)25—70μm;单射线常可见,简单,线形,有时弯曲,不规则或三射状,方向不一;轮廓卵圆、梨状、齿状、栗状或冠状,因增厚部的发育程度和方位而扭曲多变,增厚部比透明部小得多或大得多,并可呈环带状;透明部可被假环包围;外壁光滑,或小颗粒状、颗粒状,或具锥瘤、块瘤,整个孢子皆具纹饰,但一般仅在透明部可见。

注释 Alpern 和 Doubinger (1973)作出上述修订属征,并对原先归入该属的10多种作了归纳,仅保留了3种:① 光面的 *T. laevigata* Bharadwaj, 1957[= *T. undulata* Dybova and Jachowicz, 1957(部分) = *T. recta* Dybova and Jachowicz(部分)];② 点穴—颗粒状的 *T. securis* (Balme) Alpern et al., 1965[= *Crassosporites punctatus* Alpern, 1958 = *C. triletoides* Alpern, 1958 = *Torispora speciosa* Dybova and Jachowicz, 1957 = *T. recta* Dybova and Jachowicz, 1957(部分) = *T. undulata* Dybova and Jachowicz, 1957(部分),还有一变种 *T. securis* var. *granulata* = *T. granulata* Alpern 1958];③ 锥刺—细块瘤的 *T. verrucosa* Alpern 1958。不难看出,Alpern 和 Doubinger (1973)又修正了 Alpern, Doubinger and Hörst (1965)的观点(欧阳舒,1986,72页),当时他们保留了5种,这次则将 *T. perverrucosa* Alpern, 1959 迁入 *Thymospora pseudothiessenii*;还将 *Torispora granulata* 降为 *T. securis* 的变种。

比较与讨论 本属以外壁增厚部的存在区别于其他单缝孢属。不过,增厚部的成因及其在系统分类上是否有意义是一个有争议的问题,甚至 *Torispora* 是不是真正的孢子或仅为孢子囊壁如 *Bicoloria* Hörst, 1957

的组成部分，以往也有过不少争议（欧阳舒，1962；Ouyang and Lu，1980）。其余参见 *Macrotorispora* 属下。

亲缘关系 栉羊齿类（Pecopterids；见 Laveine，1969—1970）。

分布时代 世界各地，但主要在欧美区—华夏区；晚石炭世—三叠纪。

光面斧形孢 *Torispora laevigata* Bharadwaj，1957

（图版137，图9，14）

1957 *Torispora laevigata* Bharadwaj，p. 112，pl. 16，figs. 1—15.

1976 *Torispora laevigata*，Kaiser，p. 131，pl. 13，fig. 3a，b.

1978 *Torispora laevigata*，谌建国，419页，图版121，图12。

1980 *Torispora laevigata*，周和仪，41，42页，图版16，图9—14。

1984 *Torispora laevigata*，高联达，374页，图版144，图6；图版157，图19。

1986 *Torispora laevigata*，欧阳舒，73页，图版Ⅸ，图12，14，15。

1987 *Torispora laevigata*，周和仪，图版3，图14。

1987a *Torispora laevigata*，廖克光，568页，图版139，图18。

1987c *Torispora laevigata*，廖克光，图版2，图33。

1990 *Torispora laevigata*，张桂芸，见何锡麟等，335页，图版Ⅹ，图20，21。

1995 *Torispora laevigata*，吴建庄，348页，图版54，图9，12。

1995 *Torispora securis*（Balme）Alpern et al.，吴建庄，348页，图版54，图10。

1996 *Torispora securis*，朱怀诚，见孔宪祯等，265页，图版48，图4。

描述 赤道轮廓不规则卵圆形—壶形，本体（透明部）亚圆形—椭圆形，大小20—37（40）×15—27μm；单射线可见或清晰，长为孢子长轴的1/2—4/5；外壁一般薄，厚1.0—1.5μm，表面光滑，偶具次生小穴；增厚部多在孢子一端（侧），形状多变，大小（长或厚）小于或接近于本体长的1/2，其末端平滑或具瘤而略呈波状凸起，有时延伸至远极甚至基本上在远极；暗棕—黄色。

比较与讨论 Alpern和Doubinger（1973）描述此种大小为24—32×22—28μm。本种以孢子本体部位光滑而区别于属内其他种。

产地层位 河北开平，开平组—赵各庄组；山西宁武，本溪组、上石盒子组；山西平朔矿区，太原组；山西保德、轩岗、娄烦，本溪组；山西保德，太原组—下石盒子组；内蒙古准格尔旗黑岱沟，本溪组（16层）；内蒙古清水河煤田，本溪组—太原组；山东沾化，石盒子群；河南临颖、柘城，上石盒子组；湖南邵东，龙潭组；云南富源，宣威组下段—卡以头组。

斧状斧形孢 *Torispora securis*（Balme）Alpern，Doubinger and Hörst，1965

（图版137，图29，30）

1952 *Torispora securis* Balme，p. 183，fig. 3a.

1962 *Torispora* cf. *securis*，欧阳舒，98页，图版Ⅵ，图9，图版Ⅹ，图7，8.

1965 *Torispora securis*（Balme）Alpern，Doubinger and Hörst，p. 570，pl. 1，2，figs. 1—25.

1973 *Torispora securis*，Alpern and Doubinger，p. 59—62，pl. XV，figs. 1—22.

1976 *Torispora securis*，Kaiser，p. 132，pl. 13，figs. 4—6.

1978 *Torispora securis*，谌建国，419页，图版121，图4，5。

1980 *Torispora securis*，周和仪，42页，图版16，图15—18，21，22。

1980 *Torispora*? sp.，周和仪，38页，图版13，图9。

1980 *Torispora securis* Ouyang and Lu，p. 6，pl. Ⅰ，figs. 8—11，14，17—20.

1980 *Torispora securis*，Ouyang and Li，pl. Ⅲ，fig. 9.

1982 *Torispora securis*，蒋全美等，620页，图版410，图2，3，5，6，8，11，14。

1982 *Torispora reticulata* Jiang（sp. nov.），蒋全美等，620页，图版410，图7，9。

1984 *Torispora securis*，高联达，374页，图版144，图2—5；图版157，图18，30。

1984 *Macrotorispora minuta* Gao，高联达，418页，图版157，图20。

1984 *Torispora granulata* Alpern，王蕙，图版Ⅴ，图 5。

1986 *Torispora securis*，欧阳舒，73 页，图版Ⅸ，图 13，16，17。

1986 *Torispora securis*，杜宝安，图版Ⅲ，图 22。

1986 *Torispora granulata*，杜宝安，图版Ⅲ，图 23。

1987 *Torispora securis*，周和仪，图版 3，图 15，17。

1987a *Torispora securis*，廖克光，568 页，图版 139，图 19，20，24。

1990 *Torispora securis*，张桂芸，见何锡麟等，335 页，图版Ⅹ，图 15—19，22，25—30。

1994 *Torispora securis*，唐锦秀，图版 19，图 9，10。

1995 *Torispora laevigata* Bharadwaj，吴建庄，348 页，图版 54，图 8。

1996 *Torispora securis*，朱怀诚，见孔宪祯等，265 页，图版 48，图 5。

描述 赤道轮廓近椭圆形、足掌形—斧形、箱匣形—亚圆形，大小 19—58 × 16—34μm；单射线细，直，简单，可见或清晰，长为孢子长轴的 1/2—2/3，大多平行孢子纵轴，偶尔方向不同，或呈三射状；外壁在本体部位厚≤2μm，表面多为细颗粒纹饰，少量为很细密锥刺—瘤，边缘微不平整；增厚部多在孢子一端，大小形态多变，偶尔在整个远极—赤道面，端部平整或不平整；增厚部棕色，其余部位浅黄色。

比较与讨论 本种包括 2 个亚种，即 *T. securis* var. *securis* 和 *T. securis* var. *granulata*，以具明显纹饰而与 *T. laevigata* 不同，以纹饰相对细弱而区别于 *T. verrucosa*。

注释 ① Alpern 和 Doubinger（1973）原描述大小为 25—55 × 20—30μm，Kaiser（1976）描述的保德孢子偶可达 70μm。② 根据湖南标本建立的种 *T. reticulata* Jiang, 1982，其细网纹可能为颗粒—细瘤的假象，鉴于其轮廓线上纹饰细微，故迁入 *T. securis*；而且此名与 *Torispora reticulata* Hörst, 1961 雷同，无论是同物同名或异物同名，皆为无效名。③ 高联达（1984，图版 144，图 3）鉴定的 *T. securis*，产地层位是宁武本溪组，与该书图版 157 图 18 可能为同一标本，但后者样品号为 X - 1 - 15（7），产地层位估计为轩岗山西组。该书中定名为 *Macrotorispora minuta* Gao 的标本大小为 51 × 34μm，似具细颗粒纹饰，故亦迁入 *T. securis*。

产地层位 华北，本溪组—石盒子群（本溪组尤常见）；华南，二叠系（主要见于龙潭组及其相当地层）[此种在欧美区见于晚石炭世（Westphalian B—Stephanian 上部）]；山西宁武，本溪组—石盒子群；山西朔县，本溪组；山西左云，太原组下部；山西保德，太原组—石盒子群（层 F，I，G，K）；内蒙古准格尔旗黑岱沟、房塔沟，本溪组（11，16，13 层）；山东沾化，本溪组；山东沾化、堂邑、垦利，河南范县，石盒子群；河南临颍，上石盒子组；浙江长兴，龙潭组；湖南，二叠系；湖南浏阳、邵东、长沙，龙潭组；云南富源，宣威组下段—卡以头组；甘肃平凉，山西组；宁夏横山堡，上石炭统。

瘤面斧形孢 *Torispora verrucosa* Alpern, 1958

（图版 137，图 6，7）

1958 *Torispora verrucosa* Alpern, p. 155, fig. 324.

1973 *Torispora verrucosa*, Alpern and Doubinger, p. 63, pl. 16, figs. 16—24.

1978 *Torispora verrucosa*，谌建国，419 页，图版 121，图 10。

1982 *Torispora verrucosa*，蒋全美等，620 页，图版 410，图 10。

1984 *Torispora verrucosa*，高联达，374 页，图版 144，图 7，8；图版 157，图 16，17。

1984 *Torispora verrucosa*，王蕙，图版Ⅴ，图 6。

1986 *Torispora verrucosa*，杜宝安，图版Ⅲ，图 24。

1987a *Torispora verrucosa*，廖克光，568 页，图版 133，图 31，32。

1990 *Torispora verrucosa*，张桂芸，见何锡麟等，335 页，图版Ⅹ，图 23，24。

1996 *Torispora verrucosa*，朱怀诚，见孔宪祯等，265 页，图版 48，图 11。

描述 赤道轮廓近卵圆形—矩形，大小 28—48 × 20—25μm；单射线细直或微弯，有时不明显，长为孢子纵轴的 1/2—3/4；增厚部在孢子一端，大小形状多变，占整个孢子纵轴的 1/4—1/2 不等，未增厚部位外壁中厚；整个孢子具粗颗粒—细块瘤，瘤基部或相连；深棕—黄色。

比较与讨论 Alpern 和 Doubinger（1973）原描述本种大小 30—45μm，本种以具较粗壮纹饰容易与属内其他种区别,以增厚部较发育、位置相对稳定与 *Thymospora pseudothiessenii* 不同。

产地层位 河北开平煤田,开平组煤 13;山西宁武、保德、内蒙古清水河煤田,本溪组—太原组;内蒙古准格尔旗黑岱沟,山西组 6 煤;湖南邵东,龙潭组;甘肃平凉,山西组;宁夏横山堡,上石炭统。

大斧形孢属 *Macrotorispora* (Gao ex Chen, 1978) emend. Ouyang and Lu, 1980

模式种 *Macrotorispora* (al. *Torispora*) *gigantea* (Ouyang 1962) Gao ex Chen,1978;浙江长兴,上二叠统(龙潭组)。

同义名 *Dikranotorispora* Jiang, 1982.

修订属征 单缝孢子,纵轴长 70—160μm 不等,赤道轮廓卵圆形、椭圆形或亚圆形,子午轮廓似肾形,但整个轮廓常由于增厚部的不同位置和形状而变形;单射线通常清楚,简单或具唇,有时在末端二分叉;外壁薄至颇厚,局部(孢子一端、远极、亚赤道或亚近极)强烈或偶尔微弱增厚成一增厚部(crassitude),有时构成假环;外壁具内结构,表面光滑或具细纹饰(Ouyang and Lu, 1980)。

比较与讨论 本属以个体大于 70μm 区别于 *Torispora*;但这 2 个属在大小上可能存在交叉现象。例如,一方面,Alpern, Doubinger 和 Hörst (1965)在修订 *Torispora* 属征时已提及大小幅度为 25—70μm;另一方面,华北被定为 *Macrotorispora minuta* Gao (高联达,1984,418 页,图版 157,图 20)的标本,据描述大小(长轴)为 51μm,而 *Macrotorispora* (al. *Torispora*) *media* 最初描述的大小为 60—85μm,因此将前者迁入了 *Torispora*。值得注意的是,*Macrotorispora* 基本上是华夏区特有的,在二叠纪以前的地层中从未发现过。

巨大斧形孢 *Macrotorispora gigantea* (Ouyang) Gao ex Chen emend. Ouyang and Lu, 1980

(图版 138,图 16, 17)

1962 *Torispora giganteus* Ouyang,欧阳舒,97 页,图版Ⅴ,图 14;图版Ⅵ,图 1,2;图版Ⅹ,图 1,2。

1978 *Macrotorispora gigantea* (Ouyang) Gao ex Chen,谌建国,420 页,图版 122,图 5。

1978 *Macrotorispora cathayensis* Chen,谌建国,420 页,图版 121,图 17;图版 122,图 1。

1978 *Macrotorispora ovata* Chen,谌建国,421 页,图版 122,图 7。

1980 *Torispora giganteus* Ouyang,周和仪,41 页,图版 16,图 1,2。

1980 *Macrotorispora gigantea* (Ouyang) Gao ex Chen, in Ouyang and Lu, p. 3, 4, pl. Ⅰ, figs. 24, 26, 28, 31; pl. Ⅱ, figs. 1—8; pl. Ⅲ, figs. 1—8.

1982 *Macrotorispora gigantea*,蒋全美等,62 页,图版 410,图 4;图版 411,图 2,3,5,6。

1982 *Dikranotorispora fusus* Jiang,蒋全美等,621 页,图版 411,图 1,7。

1982 *Macrotorispora leschika* (sic) Jiang,蒋全美等,620 页,图版 411,图 8。

1983 *Macrotorispora ovata* Chen,蒋全美,621 页,图版 410,图 16,17。

1983 *Dikranotorispora fusus* Jiang,621 页,图版 411,图 1,7。

1984 *Macrotorispora gigantea*,高联达,419 页,图版 158,图 4。

1986 *Macrotorispora* cf. *gigantea*,欧阳舒,74 页,图版Ⅸ,图 22。

1995 *Macrotorispora gigantea*,吴建庄,348 页,图版 54,图 17,18,20,21,26。

1995 *Dikranotorispora fusus* Jiang,吴建庄,349 页,图版 54,图 19。

描述 赤道轮廓卵圆形或近椭圆形,常因增厚部的位置和形状而变形,大小 100(132)160 × 65μm (测 60 标本),全模 154 × 110μm(欧阳舒,1962,图版 5,图 14),副模(Ouyang and Lu, 1980, pl. Ⅲ, fig. 2)146 × 83μm;单射线清楚,3/5—2/3 孢子本体长轴长,简单或具唇,唇可二分叉或在末端微增厚;外壁一般厚 4—6μm,在近极区稍薄,但在远极、亚赤道或一端或多或少强烈增厚,可形成假环状构造或增厚区,其厚 6—31μm 不等,通常 16—22μm;表面光滑至微粗糙,或局部具细密锥刺—颗粒,轮廓线上微齿状,高倍镜下呈海绵状或不规则内结构状。

比较与讨论 根据对湖南浏阳大量标本的观察,此类孢子的增厚部的位置、大小和形状不能作为种的划分的依据。在发育于孢子一端和亚赤道呈假环状的增厚部之间,存在一系列过渡形式(Ouyang and Lu, 1980, pl. Ⅱ, Ⅲ)。例如,*M. cathayensis* Chen,与最初被定为 *Torispora giganteus* 这个种的一个标本(欧阳舒,

1962,图版Ⅹ,图1)形态极相似;*Dikranotorispora fusus* Jiang, 1982 的原描述是以明显的两端对称加厚而与 *Macrotorispora* 区别(实际上,所列2张照片,乃亚赤道位呈假环状增厚),*M. leschika* Jiang 以"射线向一侧分叉"与其他种区别(仅见一标本)。总之,与 *Torispora securis* 情形相似(Alpern and Doubinger, 1973, pl. ⅩⅤ, figs. 1—22),增厚部的位置、大小和形状有多样变化,萌发器虽以单射线为主,也有拟三射线状或不规则的;同样,*Thymospora pseudothiessenii* 中的外壁也偶有局部增厚现象。如果能发现较多标本,上述区别特征都较稳定,在大小上也能划出单独的变异的幅度值,地层分布也有不同就更好,则种属的划分、建立是可取的。*Macrotorispora* 增厚部的变化可能与成因有关。Wilson 和 Venkatachala (1963b) 在讨论 *Thymospora pseudothiessenii* 中第4类型(块瘤在一端或一侧形成新月形或宽矩形的增厚区)时说,"增厚一边代表外壁部分暴露在孢子囊的周边,增厚的形状、大小和方位似与孢子在孢子囊的位置相关。所有本文几个类型的孢子很可能都出自 *Bicoloria* Hörst, 1957 型孢子囊";而 Guennel 和 Neavel (1961) 则认为"*Torispora* 的外壁增厚颇与角质化的方式(manner)相似"。当初,Balme(1952)在描述 *Torispora securis* 时也曾说,"本种有的孢子观察到成堆出现,乃在不成熟状态;在此种情形下,末端增厚要不显著得多(仅以窄新月形肿胀为代表)。所以很可能,增厚的大部是发生在从四孢体脱离之后"。因此,本书对这个种作了广义的处理。此种以个体特大区别于 *M. media*,以增厚部较发育区别于 *Macrotorispora laevigata*。

亲缘关系 目前尚未发现与之匹配的原位孢子。但鉴于 *Torispora*(至少一部分)原位孢子产自栉羊齿类(Pecopterids),即真蕨(如莲座蕨目辉木科 Marattiales, Psaroniaceae)和少量种子蕨,而 *Macrotorispora gigantea* 的增厚变异与 *Torispora securis*, *T. laevigata* 等如此相似,大小也有交叉过渡,我国石炭纪—二叠纪栉羊齿类很发育,限于我国二叠纪的东方栉羊齿组也有7种以上,则可推测,属这类植物的可能性不能排除。

产地层位 山西宁武,上石盒子组;浙江长兴,龙潭组;河南范县、临颍、项城、柘城,上石盒子组;湖南韶山、湘潭、邵东、浏阳、宁乡、长沙,龙潭组;云南富源,宣威组下段—卡以头组。

光面大斧形孢 *Macrotorispora laevigata* (Gao ex Chen, 1978) emend. Ouyang and Lu, 1980

(图版138,图12, 18)

1978 *Macrotorispora laevigata* Gao ex Chen,谌建国,421页,图版121,图18。

1978 *Macrotorispora ovata* Chen,谌建国,421页,图版122,图7。

1978 *Macrotorispora ovata* Chen,谌建国,422页,图版122,图7。

1978 *Macrotorispora laevigata* Gao ex Chen emended by Ouyang and Lu, p. 5, pl. Ⅰ, figs. 29, 30.

1980 *Macrotorispora laevigata*, Ouyang and Lu, p. 5, 6, pl. Ⅰ, figs. 29, 30.

1982 *Macrotorispora ovata*,蒋全美等,621页,图版410,图16, 17。

描述 大小105—140μm(长轴),全模133×90μm(图版121,图12),赤道轮廓椭圆形—卵圆形,子午轮廓肾形,远极面强烈凸出;单射线清楚,简单或具唇;外壁颇厚,4.5—8.0μm,厚颇均匀,加厚部如出现,也不太显著,且一般在射线末端及其周围;表面光滑—微粗糙,或具内结构,有时局部具细密锥刺—颗粒,可能是次生;黄—棕黄色。

比较与讨论 本种以既无显著的增厚部亦无纹饰区别于 *M. gigantea* 等种。*M. ovata* Chen,按原描述,其卵圆形微增厚部位于射线一端周围,因二者其他特征很相似,很难划分为不同的种,而且考虑到增厚部成因问题(参阅 *M. gigantea* 下讨论),故将其作为 *M. laevigata* 的同义名。此外,*M. ovata* 的全模标本,从侧面观照片看,赤道—远极部位似有云雾状的微微增厚;蒋全美等(1982,图版410,图17)鉴定的一个标本也显示出向孢子一端逐渐增厚;否则,如根本无增厚,就应归入 *Laevigatosporites* 属了。

产地层位 河南临颍,上石盒子组;河南平顶山,二叠系;湖南韶山、邵东、浏阳、长沙,龙潭组。

中大斧形孢 *Macrotoripora media* (Ouyang) Chen, 1978

(图版137,图8, 19)

1962 *Torispora medius* Ouyang,欧阳舒,97页,图版Ⅴ,图14;图版Ⅵ,图1,2;图版Ⅹ,图6.

1978 *Macrtotorispora media* (Ouyang) Chen,谌建国,421 页,图版 121,图 16。

1978 *Macrotorispora arcuata* Chen,谌建国,420 页,图版 121,图 15。

1980 *Torispora medius* Ouyang,周和仪,41 页,图版 16,图 3—8,20。

1980 *Macrotorispora media*, Ouyang and Lu, p. 4, 5, pl. Ⅰ, figs. 32, 33, 35.

1980 *Macrotorispora bidixa* (Ouyang,1979, MS) Ouyang and Lu, p. 6, 7, pl. Ⅰ, fig. 27.

1986 *Macrtotorispora bidixa* (Ouyang 1980) Ouyang and Lu,欧阳舒,74 页,图版Ⅸ,图 11。

1982 *Macrotorispora media*,蒋全美等,62 页,图版 411,图 4。

1984 *Macrotorispora media*,高联达,418 页,图版 158,图 1,2。

1984 *Macrotorispora cathayensis* Chen,高联达,418 页,图版 158,图 3。

1986 *Macrotorispora media*,欧阳舒,74 页,图版Ⅸ,图 20,21。

1995 *Macrotorispora media*,吴建庄,349 页,图版 54,图 22—24。

1995 *Macrotorispora ovata* Chen,吴建庄,348 页,图版 54,图 15,16,25。

描述 赤道轮廓近卵圆形,侧面观近肾形,大小(长轴)60—100μm,一般 70—80μm,全模 82 × 58μm(欧阳舒,1962,图版 6,图 6);单射线多清楚,长为孢子长轴的 1/2—2/3,简单或具唇,偶尔末端分叉;外壁具细密颗粒—锥刺,偶尔小锥瘤或棒瘤纹饰或近光滑,轮廓线微齿状或近平滑;外壁厚 2—10μm,大多 4—7μm,常在孢子一端不等增厚呈一明显的增厚盾,厚通常 10—28μm,有时在远极增厚,或偶尔一端—亚赤道增厚呈假环状;深棕—黄色。

比较与讨论 本种个体较 *M. gigantea* 小,且大多数纹饰更明显,增厚部多在一端且较少变化。山西宁武被定为 *M. cathayensis* 的标本纵轴长仅约 86μm,吴建庄(1995)鉴定的 *M. ovata*,因其图 15,16 纹饰稍明显,增厚部较 *M. ovata* 描述发育范围大得多,而图 25 大小仅 72μm;*M. arcuata* Chen,大小 94—98μm,射线末端分叉呈弓形脊状,外壁在一端增厚,具颗粒纹饰。同样,欧阳舒等建立或新联合的 *M. bidixa* 与之相似,大小仅 85 × 75μm,特征是单射线具唇,两端亦作弓脊状分叉,外壁在远极和一端微增厚,表面粗糙,仅发现一个标本,与 *M. media* 区别也不大,不足以建种,故皆迁入本种内。

产地层位 山西宁武,上石盒子组;浙江长兴,龙潭组;河南范县、柘城,上石盒子组;湖南邵东、韶山,龙潭组;云南富源,宣威组下段—卡以头层。

细纹单缝孢属 *Stripites* Habib, 1968

模式种 *Stripites arcuatocostatus* Habib, 1968;美国弗吉尼亚(Virginia),上石炭统(Pennsylvanian 上部)

属征 两侧对称单缝孢子,轮廓长卵圆形,但因边沿褶皱可不对称;具光滑且相对较宽的外壁肋条状加厚,一般沿长轴延伸,覆盖整个外壁,分隔肋条的凹纹很细窄;肋条可呈弓形或与孢子长轴平行;单射线直,长约 2/3 长轴长,偶尔呈倾向加厚的褶皱而开裂;模式种大小 55—75μm,全模 73 × 45μm。

比较与讨论 当前属与 *Striolatospora gracilis* Ouyang and Lu 颇为相似,但 *Striolatospora* 的模式种 *S. multifasciata* Chou 以其明显肋条凸起于轮廓线上而与 *Stripites* 不同。

中华细纹单缝孢 *Stripites sinensis* Liao, 1987

(图版 137,图 18, 20)

1987b *Stripites sinensis* Liao,廖克光,207 页,图版 27,图 19—21。

描述 赤道轮廓宽卵圆形,子午轮廓近豆形,近极面平,远极面强烈凸出,大小(长)55—76 × 33—57μm,全模约 75μm(图版 137,图 18);单射线清晰,长约孢子长轴的 2/3;外壁厚约 1. 5μm,除接触区外,赤道—远极面具沿长轴方向延伸并弯曲环绕的 5—6 条细窄的凹纹(striae),将外壁分隔为 2—4μm 宽的低平肋条,轮廓线上几不显突起;其余外壁光滑—内颗粒状。

比较与讨论 当前标本外壁凹纹弯曲与 *Stripites* 稍接近些,但以凹纹—肋条环绕接触区之外的整个孢子(故两端可见交叉现象)而与该属模式种及 *Striolatospora gracilis* 等不同。

产地层位 山西平朔矿区,山西组。

条纹单缝孢属 *Striolatospora* Ouyang and Lu, 1979

模式种 *Striolatospora multifasciatus* Zhou, 1980;山东沾化,下石盒子组。

属征 单缝孢子,赤道拟卵圆形,子午轮廓豆形;单射线可见或清晰;外壁无纹饰,但具若干条带或条痕(canali),与孢子长轴平行,偶尔可分叉连接;轮廓线规则齿凸状或平滑;模式种大小80—135μm。

比较与讨论 本属下有一种 *S. gracilis* 略与 *Kendosporites* Surange and Chandra, 1974 的2张图照相似,但另2种,即本属模式种 *S. multifasciatus* 和 *S. rarifasciatus* 则与之很不相同。总的来讲,本属以明显而且高起的脊或颇规则排列的条痕、无外壁的"内点穴状"结构而与之有别。鉴于 Jansonius 和 Hills (1976, Card 1836)认为在 *Kendosporites* 的照相上"看不到条纹或线状图案",并考虑到古植物和古地理方面的原因,故宁可建一新属将这几个中国种包括进去。Playford 和 Dino (2000, p. 23)也认为 *Kendosporites* 的模式种似无条带或条痕,可归入 *Laevigatosporites*;他们还认为 *Stripites* Habib, 1968, *Guptaesporites* Pashuck in Pashuck and Gupta, 1979 及 *Striolatospora* 有可能是因 *Striatosporites* 的保存上的变化,即缺失了垂直粗脊的细条纹,仅将其猜想转载于此。*Stripites*,据 Habib(1968)属征模式种描述,外壁具脊条状加厚的宽占孢子宽的1/5(轮廓线上并无脊条凸出),其间为细窄的凹痕。*Schizaeoisporites* R. Potonié ex Delcourt and Sprumont, 1955,其模式种产自德国始新统,亦具规则、互相平行的条带或肋条(肋条之间有狭"沟"),但它们常在两端聚合,或呈螺旋状排列;此属主要特征是肋条相对较宽而厚实,它们绝大部分占孢子面积的1/2—2/3,多数种肋条交叉或螺旋状排列(宋之琛等,1999,图版50—52;2000,图版102,图1—17),而 *Striolatospora* 的条带或条痕颇稀,合占1/2甚至2/3孢子面积,且不呈螺旋状排列。最初描述的美国得克萨斯州下二叠统(狼营统)的 *Schizaeoisporites microrugosus* Tschudy and Kosanke, 1966 (p. 63, pl. 1, figs. 19, 20) 与 *Striolatospora* 有些相似,吴建庄、王从凤(1987)认为,*Schizaeoisporites* 一属广泛发现于世界各地的白垩纪—第三纪地层,并为白垩纪的标志化石,在侏罗纪以前的地层中并未发现,因此将 *microrugosus* 归入此属并不妥当,条痕缺乏规则性或条数稀少均与 *Schizaeoisporites* 属征不符,所以他们作了新的联合,即 *Striolatospora microrugosa* (Tschudy and Kosanke) Wu and Wang,其实,蒋全美(1982)早先已如此处理;本书同意他们的联合(参见 *Striatosporites* 属下此种)。

优美条纹单缝孢(新联合) *Striolatospora bellula* (Chen) Ouyang comb. nov.

(图版138,图1,6)

1978 *Schzaeoisporites bellulus* Chen,谌建国,425页,图版124,图1,2。

描述 赤道轮廓宽椭圆形,大小84—94×69—72μm,全模84×69μm(图版138,图6);单射线长约孢子长轴的2/3,射线两侧有平行的加厚条带;外壁薄,平滑,具均匀纤细的脊条10条,突出于外壁之上,宽约0.5μm,微弯曲,大致平行长轴方向展布,脊条在接近长轴两端时两两相交,然后汇聚于长轴末端。

比较与讨论 谌建国(1978)在介绍了 *Schzaeoisporites* 属征之后提及他暂归该属的具细线状脊条的几个种"可能是一新属"(参见 *Striolatospora* 属下讨论)。本种与 *S. gracilis* 及 *S. microrugosa* 都有些相似,但以其外壁较薄、条带细窄特别是单射线周边颜色较暗或有细条带包围而区别。

产地层位 湖南邵东,龙潭组。

纤细条纹单缝孢 *Striolatospora gracilis* Ouyang and Lu, 1979

(图版138,图2,3)

1979 *Striolatospora gracilis* Ouyang and Lu, p. 4, pl. Ⅱ, figs. 5, 6; text-fig. 10.

?1984 *Schizaeoisporites microrugosus* Tschudy and Kosanke,高联达,417页,图版156,图14。

?1984 *Laevigatosporites striatus* Alpern,高联达,313页,图版143,图13。

1985 *Striolatospora gracilis* Ouyang and Lu, p. 167, pl. 2, figs. 5,6; text-fig. 10.

1986 *Striolatospora gracilis*,杜宝安,图版Ⅲ,图21。

1989 *Striolatospora gracilis*, Zhu, pl. 3, fig. 31.

描述 赤道轮廓近卵圆形—宽卵圆形,子午轮廓多少呈豆形,大小66(88)100×65(73)86μm(测4粒),全模90×68μm(图版138,图2);单射线清楚,单细或微粗壮,直,3/4—4/5孢子长轴长;外壁厚2—4μm,表面光滑但具6—8条纤细条带或条痕,与单射线平行,几乎伸达端部,但不聚合;黄—棕色。

比较与讨论 此种以平行孢子长轴的条痕多成狭壕状(故轮廓线上无齿状凸起)而与 *S. rarifasciatus* 区别。高联达(1984)鉴定的山西宁武的 *Schizaeoisporites microrugosus*,形态、大小和条纹特征更像 *S. gracilis*[虽其近极面(?)条痕稍密],轩岗的 *L. striatus* 照片上仅显示几条与长轴平行的凹痕,故暂存疑作 *S. gracilis* 的同义名处理。

产地层位 河北开平唐家庄,赵各庄组(12层煤);山西轩岗,太原组;山西宁武,上石盒子组;甘肃靖远,靖远组;甘肃平凉,山西组。

明亮条纹单缝孢 *Striolatospora lucida* (Chen) Jiang, 1982

(图版138,图7, 9)

1978 *Schzaeoisporites? lucidus* Chen,谌建国,425,426页,图版124,图4。

1982 *Striolatospora lucida* (Chen) Jiang,蒋全美等,625页,图版414,图4,9。

描述 赤道轮廓亚圆形—椭圆形,大小58—84×46—58μm,全模80×68μm(图版138,图9);单射线,射线两侧外壁有褶皱;外壁薄,透明,平滑,具平行长轴的脊条10条,粗1.0—1.5μm,脊条大多在具长轴末端1/4处即行交汇,最终汇合于末端,或正反两面交织呈菱形投影;因为孢子形变,脊条略呈螺旋状印象;黄色。

比较与讨论 本种与 *S. bellula*(Chen)有些相似,但以脊条较粗、脊条交汇点距孢子中部很近[少数可能分叉连接(?)]而与后者区别。

产地层位 湖南邵东、长沙,龙潭组。

大条纹单缝孢 *Striolatospora major* Jiang, 1982

(图版138,图13, 14)

1982 *Striolatospora major* Jiang,蒋全美等,625页,图版414,图10—12,14—16。

描述 赤道轮廓略卵圆形,侧面观豆形,大小97—125×53—80μm,全模约100×64μm(图版138,图14);单射线长约孢子纵轴长的1/2;外壁具与孢子长轴略平行的脊条,约10条以上,至少向一端聚合,脊条宽2—6μm,在同一标本上宽度大致均匀,大多数标本上脊条之间间距大于其宽度,6—10μm不等,局部可见脊条高(不超过4μm)出轮廓线,末端不尖,近浑圆;在全模标本上(侧面观)可见近极面大部光滑[纹饰层剥落(?)];此外,整个孢子表面给人以粗糙—颗粒—鲛点状印象。

比较与讨论 本种大小与 *S. multifasciuata* 相似,但以外壁粗糙、脊条稍窄不呈披针形、数目也可能较多且向端部明显汇聚而与后者不同,以个体大、脊条较粗密而与 *S. bellula* 不同。

产地层位 湖南长沙、邵东,龙潭组。

小褶条纹单缝孢 *Striolatospora microrugosa* (Tschudy and Kosanke) Jiang, 1982

(图版138,图8, 10)

1966 *Schizaeoisporites microrugosus* Tschudy and Kosanke, p. 63, pl. 1, figs. 19, 20.

1978 *Schizaeoisporites* cf. *microrugosus*,谌建国,426页,图版124,图3。

1982 *Striolatospora microrugosa* (Tschudy and Kosanke) Jiang,蒋全美等,625页,图版414,图3。

1987 *Striolatospora microrugosa* (Tschudy and Kosanke) Wu and Wang,吴建庄、王从风,187页,图版30,图4,5。

1987 *Schizaeoisporites microrugosus* Tschudy and Kosanke,高联达等,图版2,图12。

2005 *Schizaeoisporites microrugosus* Tschudy and Kosanke, in Zhu et al., pl. Ⅲ, fig. 11.

描述 据 Tschudy 和 Kosanke (1966, p. 63, pl. 1, figs. 19,20),单缝孢子,近椭圆形,侧面观肾形,大小60—100×40—60μm,全模81×60μm;裂缝或单射线不清楚;外壁薄,表面具窄的互相连接(anastomosing)的纵脊,宽约2μm;脊横切面三角形,高1—2μm。

注释 从本种的全模、副模图照看,细条带与长轴大致平行,仅少数在中部有分叉连接现象,不过,难以排除孢子压扁后两面条带呈交叉连接的可能。该全模两面各有7—8条细条带(总共15—16条),且在一端有聚合趋势,所以不能以条带数目或条带是否聚合作为与*Schizaeoisporites*的区别特征。

比较与讨论 我国一些作者鉴定的*S. microrugosus*,以同义名表中所列与美国得克萨斯州下二叠统原模式标本较相近,虽有些标本(吴建庄等,1987)的个体偏小(42—48×28—30μm);其他如高联达(1987)及朱怀诚、欧阳舒等(Zhu et al.,pl. Ⅲ, fig. 11)鉴定的*Schizaeoisporites microrugosus*则不那么可靠,前者形态更接近*Striolatospora gracilis*,后者条带较原模式标本粗而密,鉴定为*microrugosus*至少要作保留,也很可能为一新种。此种与*S. gracilis*的区别是后者条纹多呈条痕状,数量较少,互相平行不连接。

产地层位 河北邯郸,山西组;湖南石门青峰,梁山组;贵州凯里,梁山组;新疆塔里木盆地,棋盘组。

小条纹单缝孢 *Striolatospora minor* Jiang, 1982

(图版138,图4,5)

1982 *Striolatospora minora* (sic!) Jiang,蒋全美等,625页,图版414,图5—8,13。

描述 赤道轮廓椭圆形,侧面观豆形,大小42—60×30—38μm,全模55×38μm(图版138,图4);单射线清楚,长为孢子长轴的2/3;外壁具6条以上细窄的条纹,宽1.5μm左右,大致与射线平行,向末端汇聚,间距远大于条纹宽度;外壁具内颗粒,轮廓线基本平滑。

注释 原作者描述"外壁具一组平行射线的条痕,有时还有另一组细肋条痕与其斜交",从照片上看不出条痕(canali,外壁外层凹壕或缺失),只有脊条(ridges或ribs),所谓斜交很可能是孢子两面脊条所引起。

比较与讨论 本种以个体特小区别于属内其他种。

产地层位 湖南长沙,龙潭组。

多条带条纹单缝孢 *Striolatospora multifasciata* Zhou, 1979

(图版138,图11,15)

1979 *Striolatospora multifasciatus* Chou, in Ouyang, p. 4, pl. Ⅱ, fig. 8; text-figs. 8, 9.

1980 *Striolatospora multifasciatus* Zhou,周和仪,43,44页,图版18,图6,8—10。

1982 *Striolatospora multifasciatus*,周和仪,145页,图版Ⅰ,图5,9。

1984 *Striolatospora shanxiensis* Gao,高联达,419页,图版158,图7。

1985 *Striolatospora multifasciatus*, in Ouyang, p. 167, pl. 2, fig. 8; text-figs. 8, 9.

1987 *Striolatospora multifasciatus*,周和仪,图版3,图12。

描述 赤道轮廓卵圆形,横(端视)赤道面观近圆形,大小(长×宽)80—135×50—98μm(测30粒),全模115×98μm(图版138,图15);单射线显或不显;外壁厚约1.5μm,具内网状结构,表面光滑,但布有条带9—12条,与孢子长轴大致平行,端视轮廓线上呈大体等距的齿凸状,条带呈披针形,中间宽约7.5μm,两端窄,约2μm,条带上往往又有3条细条纹;黄色。

比较与讨论 本种以孢子较大、具较多的条带而与*S. rarifasciata*区别,以较多且粗大的条带与*S. gracilis*区别。从河北开平下二叠统描述的*S. shanxiensis* Gao(高联达,1984),大小110×70μm,平行主轴的粗条带数目亦较多[个别可能开叉(?)],局部呈方格状也许为孢子挤压所致,很可能是*S. multifasciatus*的同义名。

产地层位 河北开平,大苗庄组;山东沾化,下石盒子组。

船状条纹单缝孢(新联合) *Striolatospora nauticus* (Kaiser) Ouyang comb. nov.

(图版139,图11,19)

1976 *Columinisporites nauticus* Kaiser, p. 132, pl. 13, figs. 10—13.

1987a *Columinisporites nauticus*,廖克光,569页,图版140,图1。

描述 赤道轮廓宽卵圆形,两端钝圆,大小(长轴长)60—95μm,全模95μm(图版139,图19);单射线为简单的缝,不清楚,长约1/4纵轴长;外壁厚约1μm,远极面和赤道区具与长轴方向一致的近平行脊条,总共

12—14 条,基宽 1—2μm,高 2—3μm,间距多大于基宽,仅有时在中部分叉相连,在两端汇聚,脊如此隆高,以致有时几可称之为冠脊,近极面大部分光滑无纹饰;黄棕色。

比较与讨论 当前标本与 *S. multifasciatua* 相似,但以近极面无脊条、脊条不呈披针形而与后者有别;与 Clendening (1974, p. 8, pl. 3, figs. 10—16)描述的美国弗吉尼亚州西部下二叠统 *Columinisporites* sp. 的标本特征一致,当属同种。因本种纵向条带之间无与之垂直的细密条纹,故迁入 *Striolatospora*。

产地层位 山西保德,山西组—下石盒子组;山西宁武,下石盒子组。

少条带条纹单缝孢 *Striolatospora rarifasciata* Zhou, 1979

(图版 139,图 13, 14)

1979 *Striolatospora rarifasciatus* Chou, in Ouyang, p. 4, pl. Ⅱ, fig. 7.

1980 *Striolatospora rarifasciatus* Zhou,周和仪,44 页,图版 17,图 12—17。

1982 *Striolatospora rarifasciatus*,周和仪,145 页,图版Ⅰ,图 6,10,11。

1984 *Striolatospora rarifasciatus*,高联达,336 页,图版 146,图 1。

1985 *Striolatospora rarifasciatus* Chou, in Ouyang, p. 167, pl. 2, fig. 7.

1984 *Columinisporites peppersi* Alpern and Doubinger, identified by Gao,高联达,379 页,图版 145,图 11,12。

1986 *Striolatospora rarifasciatus*,杜宝安,图版Ⅲ,图 20.

1987a *Columinisporites peppersi* Alpern and Doubinger, identified by Liao,廖克光,569 页,图版 140,图 7。

1990 *Striolatospora gracilis* Ouyang and Lu,张桂芸,336 页,图版Ⅹ,图 33。

描述 赤道轮廓卵圆形,端视轮廓短卵圆形,大小(长 × 宽)60(74)96 × 40(64)74μm(测 20 粒),全模 90 × 65μm(图版 139,图 13);单射线显或不明显,长约为孢子长轴的 1/2;外壁厚 1.5μm,表面光滑—内颗粒状,其上布有条带 6—8 条,呈披针形,中部宽约 7.5μm,两端窄约 2μm,条带上又有 3 条细条纹,呈细弱内网状;黄色。

比较与讨论 本种以个体略小、条带少与 *S. multifasciata* 区别(但产自相同地点、层位,其他特征十分近似,采取"合"的立场者也许会将此两种合并,果真如此,则模式种 *S. multifasciata* 优先)。张桂芸鉴定的 *S. gracilis*,因具 5—6 条"条带"(宽 4—5μm)而非"条痕"或"纤细条带",故迁入本种内。本种与产自法国下二叠统(Autunian 中部)的 *Columinisporites peppersi* Alpern and Doubinger, 1973(p. 94, pl. 22, figs. 5, 6)颇为相似,后者大小 90—115 × 70—80μm,宽/长为 0.7,亦具偏稀的平行长轴的条带,但其宽仅 1.5—4.0μm,至少在一端明显汇聚,"未见单射线",故未必同种。

产地层位 河北开平煤田,赵各庄组(8 煤);山西轩岗,太原组;山西宁武,下石盒子组;内蒙古准格尔旗黑岱沟,本溪组(18 煤)、太原组(8,9 煤);山东沾化,下石盒子组;甘肃平凉,山西组。

线纹单缝孢属 *Stremmatosporites* Gao, 1984

模式种 *Stremmatosporites xuangangensis* Gao, 1984;山西轩岗煤矿,下二叠统山西组。

属征 单缝小孢子,极面轮廓宽椭圆形—亚圆形,近极面近平,远极面强烈凸出;单射线明显或不清楚;外壁整个表面具大量大致与长轴平行的细线状条纹,缠绕孢子本体,并随孢子形状变化而呈弯曲状。

比较与讨论 *Striatosporites* Bharadwaj, 1954(= *Columinisporites* Peppers, 1964 等属)以具两组互相垂直的条纹与本属不同;*Striolatospora* 条纹稀、间距大,*Schizaeoisporites* 条带粗壮、厚实,并常在孢子长轴两端聚合,或呈螺旋状排列,都与本属不同(参见 *Striolatospora* 属下)。

轩岗线纹单缝孢 *Stremmatosporites xuangangensis* Gao, 1984

(图版 139,图 22)

1984 *Stremmatosporites xuangangensis* Gao,高联达,419 页,图版 158,图 6。

描述 赤道轮廓宽椭圆形—亚圆形,侧面观近极面稍平,远极面强烈凸出,大小(长 × 宽)100—135 × 80—110μm,全模 130 × 110μm;单射线简单,直,长为 1/2—2/3 孢子长轴;外壁不厚,约 2μm,整个表面覆以大量、大致与长轴平行的细线状条纹,在孢子的一个侧面观,可见40—45条,其间距比条纹本身还窄,表明条纹宽1.0—1.5μm,似乎微呈同心状(大多微弯向近极)排列;黄色。

产地层位 山西轩岗煤矿,山西组。

周壁单缝孢属 *Perinomonoletes* Krutzsch, 1967

模式种 *Perinomonoletes pliocaenicus* Krutzsch, 1967;北欧,上新统。

属征 单缝孢,光面小孢子,具一层周壁包围孢子外壁,周壁常具褶皱;模式种40—50μm。

比较与讨论 *Peromonoletes* Couper, 1953 的模式种 *P. bowenii* 很可能是 *Verrucatosporites* 而非具周壁的孢子。

分布时代 南、北半球,石炭纪—二叠纪—中生代为主。

光面周壁单缝孢 *Perinomonoletes laevigatus* Ouyang and Lu, 1979

(图版139,图15, 18)

1979 *Perinomonoletes laevigatus* Ouyang and Lu, p. 6, pl. Ⅱ, figs. 1, 2; text-fig. 5.

1985 *Perinomonoletes laevigatus* Ouyang and Lu, p. 169, pl. 2, fig. 2; text-fig. 5.

描述 赤道轮廓拟卵圆形,子午轮廓近豆形,大小109—140μm(测3标本),全模109×72μm(图版139,图15),本体92×62μm;单射线可见,长1/2—2/3孢子长轴;本体裹以透明的周壁,超出本体10—18μm宽,显示出许多不规则方位的次生褶皱;外壁薄,1—2μm,表面光滑;周壁具细点穴—内网结构;淡黄色—透明。

比较与讨论 本种以孢子较大、本体光滑和透明周壁具细内结构与属内其他种不同。

产地层位 河北开平赵各庄,赵各庄组下部。

梯纹单缝孢属 *Striatosporites* Bharadwaj emend. Playford and Dino, 2000

模式种 *Striatosporites major* Bharadwaj, 1954;德国普法尔茨,上石炭统(Stephanian)。

同义名 *Columinisporites* Peppers, 1964, *Perocanoidospora* Ouyang and Lu, 1979.

修订属征 孢子两侧对称,单缝;缝通常不很清楚,有时难见;轮廓卵圆形—椭圆形,两端略圆;子午轮廓肾形—平凸形,远极面明显凸出;外壁2层:内层与外层相互紧贴(非腔状),偶尔准腔状,外层网状,特征性地具两组脊,较粗而更高起的脊互相连接形成粗大而开放的网纹,其网穴趋向拉长,而且像凸脊那样,多少与长轴平行;另一组为细密得多的脊,与纵脊近乎垂直相交,因而介于其间的窄壕横贯一级大网穴。

比较和讨论 Bharadwaj (1954, p. 516; 1955, p. 131, 132)的属征中将纹饰称为在外壁上的两类"凹痕",但模式种图照和其后(Bharadwaj et al., 1976)描述的 *Striatosporites brazilensis* 和 *S. maranhaoensis* 的图照表明该属孢子的纹饰基本上是变化的网状或穴网状,具粗细两类脊,后者"看起来像鱼骨",尤其在 *S. braziensis* 中。Peppers (1964)忽略了比他早10年的 Bharadwaj 的文章,又建一属 *Columinisporites*,但该属所据的孢子化石形态上无疑与 *Striatosporites* 一致。的确,Helby (1966)认为 Peppers (1964)的 *Columinisporites* sp. 1,2 与 *Striatosporites major*(模式种)是无法区别的。Alpern 和 Doubinger (1973, p. 86)宣称 Helby (1966)事实上是提议修订 *Striatosporites* 的定义及其与 *Columinisporites* 的重新合并。而实际上显然不是这样,虽然有这种可能性,即这2个属是可以合并的,按 Helby 的观点也是解释得通的。根据对有关文献的检阅,以及对 *C. heyleri* Doubinger emend. 的形态变异的详细研究,Playford 和 Dino(2000a)得出结论,继续使用 *Columinisporites* 是不适当的。*Perocanoidospora* Ouyang and Lu, 1979 是 *Striatosporites* 的又一个同义名,其模式种 *Perocanoidospora clatratus* (Kaiser)则如 Foster (1979, p. 64)所述,是 *Columinisporites heyleri* 的晚出同义名。他们还认为,*Stripites* Habib, 1968, *Guptaesporites* Pashuck in Pashuk and Gupta, 1979 和 *Striolatospora* Ouyang and Lu, 1979,这3个属有可能为 *Striatosporites* 因保存所致的不同形式(preservational variants)(即主要缺失细的横向脊);然而,这几个属是否能成立,还有待模式种的形态(尤其形态变异)研究提供详细的信息。*Kendosporites* Surange and Chandra, 1974 很可能有一部分是与 *Striatosporites* 同义的,但其模式种似无条纹,看来可归入 *Laevigatosporites*。

注释 欧阳舒等(1979)当时之所以建新属,是因为发现"焦叶状"(或"鱼骨状")的结构是长在一层他们解释为"周壁"的外壁外层之内的(有脱离孢子本体的残片为证),而且误解了 Helby(1966)的观点,以为他将 *Columinisporites* Peppers, 1964 视作 *Striatosporites* Bharadwaj, 1954 的晚出同义名,实际上他仅将 Peppers (1964, p. 16, pl. 1, figs. 13, 14)的 *Columinisporites* sp. 1, 2 作为 *Striatosporites major* Bharadwaj, 1954 的同义名,而 *Striatosporites* 的属征中明确提到外壁"条痕状",所以他们选择了 *Columinisporites clatratus* Kaiser 作模式种建立 *Perocanoidospora* 属。

亲缘关系 有节类(楔叶穗目 Bowmanitales a. k. a. ,楔叶目 Sphenophyllaes; Taylor, 1986, Balme, 1995)。

分布时代 欧美区、华夏区、冈瓦纳区,晚石炭世维斯发期—二叠纪(但在我国甘肃靖远,最早出现于纳缪尔晚期)。

海氏梯纹单缝孢 *Striatosporites heylerii* (Doubinger) comb. and emend. Playford and Dino, 2000

(图版 139,图 12, 16)

1964 *Columinisporites* 1 and 2, pl. 1, figs. 13, 14.

1968 *Columinisporites heyleri* Doubinger, p. 6, pl. Ⅳ, figs. 1—5.

1976 *Columnisporites* (sic) *clatratus* Kaiser, p. 133, pl. 13, figs. 14—16.

1976 *Striatosporites brazilensis* Bharadwaj, Kar and Navale, p. 73, pl. 2, figs. 32—35.

1976 *Striatosporites maranhaoensis* Bharadwaj, Kar and Navale, p. 73, pl. 2, figs. 36—38.

1979 *Perocanoidospora clatratus* (Kaiser) emend. Ouyang and Lu in Ouyang, p. 5, pl. 1, figs. 7—13; text-fig. 6.

1980 *Perocanoidospora clatratus* (Kaiser),周和仪,44 页,图版 18,图 1—5,7。

1982 *Perocaoidospora clatratus*,周和仪,图版Ⅱ,图 34。

1987a *Perocanoidospora clatrata* (Kaiser) Ouyang and Lu,廖克光,569 页,图版 140,图 3—5。

1987a *Perocanoidospora striolata* Liao,廖克光,图版 140,图 12a,b。

1987a *Columinisporites heyleri*,廖克光,569 页,图版 139,图 29,30。

1987a *Schizaeoisporites lucidus* Chen,廖克光,569 页,图版 145,图 20。

1987a *Schizaeoisporites costatus* (Alpern 1959) Liao,廖克光,569 页,图版 145,图 11,12。

1984 *Columinisporites clatratus* Kaiser,廖克光,378 页,图版 145,图 1—3,17。

1984 *Columinisporites kaipingensis* Gao,高联达,420 页,图版 158,图 8—10。

1990 *Columinisporites clatratus*,张桂芸,见何锡麟等,336 页,图版Ⅹ,图 34,35。

2000a *Striatosporites clatratus* (Kaiser) Playford and Dino, p. 23.

2000b *Columinisporites heyleri* (Doubinger) Playford and Dino (partim), p. 23, pl. 7, figs. 6—16.

描述 赤道轮廓卵圆形—纺锤形,子午轮廓豆形,大小(长轴)80—145μm,平均 108 × 69μm,全模 81μm,副模 87 × 62μm;单射线在外壁外层(或"周壁")脱落后容易见到,长 3/4 — 4/5 孢子长轴;外壁内层厚约 2μm,光面,外层即纹饰层,紧贴于内层之上,有时稍脱离,使孢子呈准腔状;外层在远极和赤道—近极接触区的一部分具 6—8 条粗壮的脊条纹饰(宽 2—4μm,高 4—8μm),切面呈楔形,与孢子长轴近平行,并在两端几乎聚合,有时分叉并相互连接成开放的网纹,在近极面脊条纹饰可能减弱或消失;另有许多细条纹(很细的脊条),略与纵脊垂直并相连,其宽约 1μm,间距(即狭壕)多为 2—4μm,偶达 8μm;外壁外层较疏松、稍透明,有时超出本体 5—12μm;金黄—棕黄(本体)—浅黄色(外壁外层)。

修订特征 两侧对称,单缝;轮廓卵圆形—椭圆形,两端略圆,常呈亚梯形;赤道观呈凹凸、平凸或微双凸形,具强烈凸出的远极面;射线几不能见,简单,但偶尔具外壁褶缘,长为 3/5—2/3 孢子纵轴;外壁总厚 2—3μm(不包括凸饰),2 层:一外纹饰层(外壁外层),通常直接与光面、均质的外壁内层接触,网状外壁外层的纹饰,典型的包括两组脊,其相对明显度和方向都不同,纹饰发育于孢子表面之上的大部分(近极接触面占整个近极面的 2/3—4/5,则纹饰常缺失或大为减弱);粗脊一般与孢子长轴略平行,少数情况下互相连接形成粗大而开放的网纹，脊的基宽可达4.5μm，向上变尖细成窄冠脊（可达6μm高），侧面观略透明；细而密的脊连接粗脊并与之近乎垂直，即横贯被粗脊包围的粗大网穴的短轴，细脊约1μm高，1—2μm宽，互相被狭壕（宽1.0—2.5μm）分隔；大小（极面观长×宽）65(86)112×42(58)81μm（测40标本），极点直径为48(59)70μm。

比较与讨论 当前标本与 *Columinisporites heyleri* (Doubinger) Alpern and Doubinger, 1973 较相似，Playford 和 Dino(2000a)将其归入他们作的新联合及修订种征的 *Striatosporites heyleri* 之内；Playford（个人通讯，2005）称法国、中国和巴西等地的，他归入该种的标本形成互相过渡的形态单元，难以划分为不同的种，虽然他也承认 Doubinger 和 Kaiser 的全模标本照相不大好；对笔者向他征求意见的问题（*S. clatratus* Kaiser 似可成为一独立的种），他说："对你很有理由提出的问题的肯定答案只有分别对法国和中国山西的模式标本作很细致的再研究才能得出。"因笔者原大体赞成 Kaiser 的意见，即他的种与 *Columinisporites heyleri* 是不同的。Kaiser 曾说，与他的种最相近的是 *C. heyleri*，"然而后者的细条纹一般是略与粗脊平行，而不是垂直的"，尽管有些言过其实，*C. heylerii* 中粗细脊的垂直关系虽然不如中国和巴西标本那么清楚，但有些标本上局部确有垂直（如 Alpern and Doubinger, 1973, pl. 21, figs. 5, 8—10）或斜交（ibid., pl. 21, figs. 6, 7）的；Kaiser 的贡献是他注意到除粗脊外，还有些细脊条是与粗脊条平行的。这点在 *C. heyleri* Doubinger, 1968 的全模标本（又见于 Alpern and Doubinger, 1973, p. 92, pl. 21, fig. 4）中尤为清楚，其照相上看不清那组横向细脊，而其纵脊在侧面观的一面有10条以上，大多与长轴平行，它们与暗色的、构成开放网纹的粗壮脊（即使同源或同性质）不在一个级别内，其数量又如此之多；其粗脊比中国标本更粗壮，且分叉、连接较明显，与孢子长轴平行的现象则较弱。综合地看，*Striatosporites clatratus* 似乎是可与之划分开来的。不过，鉴于中国标本与巴西标本真的很难区别，所以遵照 Playford 和 Dino (2000a)的定种方案；*Columinisporites kaipingensis* Gao, 1984 也很难与 *C. clatratus* 区别开来。*Striatosporites ovalis* (Peppers)及其可能的同义名 *Columinisporites pristinus* Gupta, 1970 与 *C. heyleri* (Doubinger)的主要区别是前两者个体较小，粗脊之间互相连接更少。

注释 欧阳舒等(1979)描述的河北开平标本大小87(108)134×62(69)91μm，而 Kaiser (1976)原描述的孢子长轴80—145μm（所以 Playford 认为当前标本比巴西标本大33μm）。为了便于读者参考，将 Playford 和 Dino (2000a, p. 22—24)的修订特征等也转载如上。廖克光鉴定的 *S. costatus* (Alpern)大小仅44×29μm，而 Alpern 原描述的 *Laevigatosporites costatus* 达70—90μm（全模88μm）、纵脊3—4条；而且山西标本除纵脊外，其中一个标本照相还隐约看到横向垂直脊纹，与 *S. heyleri* 很相似，虽个体很小，也可归入 *S. heyleri* 之内。

产地层位 河北开平煤田，赵各庄组最上部—大苗庄组；山西保德，太原组、下石盒子组（层Ⅰ）；山西宁武，本溪组—太原组下部（5号煤）—下石盒子组；山西宁武和内蒙古清水河煤田，太原组；内蒙古准格尔旗黑岱沟，太原组（8,9号煤）。

较大梯纹单缝孢 *Striatosporites major* Bharadwaj, 1954

（图版140，图22，23）

1954 *Striatosporites major* Bharadwaj, p. 517, figs. 5, 6.

1955 *Striatosporites major* Bharadwaj, pl. 2, fig. 11.

1973 *Striatosporites major*, Alpern and Doubinger, p. 87, pl. XX, figs. 1—3.

1984 *Striatosporites pfalzensis*，高联达，377页，图版144，图32。

描述 赤道轮廓宽梭形，长轴长度为45—70×95—130μm；单缝从长轴一端伸至另一端，或不小于长轴的3/4，射线两侧很少有加厚的唇；孢壁透明呈黄褐色，在不同方向常见褶皱；孢子表面具较少并呈宽带形的条纹，条纹平行于单裂缝；另一组条纹多而细，同第一组条纹彼此斜交，两组条纹在孢子本体中部明显可见，条纹的颜色比孢壁的颜色更清晰，在轮廓线边缘条纹空缺或呈锯齿状。

比较与讨论 Bharadwaj (1954)描述此种孢子大小 120—160 × 90—120μm,全模 140 × 94μm;但 Alpern and Doubinger (1973) 重新研究了模式标本后,扩大了其大小范围,即 80—160 × 80—120μm,她们还将 *S. pfalzensis* 归入同一种内。保德标本偏小(45—70μm),但纹饰相近。高联达(1984)根据 1—2 个标本建立的相同产地层位的种 *S. latus* Gao(图版 144,图 29)和 *S. medius* Gao(图版 144,图 30, 31), 大小分别为 92 × 80μm 和 70—80μm,描述中提及它们都具有"两组条纹",也可能是本种的保存状态不同所致。因标本保存欠佳,本书未列入这些新种。

产地层位 山西宁武和保德、内蒙古都清水河煤田,太原组。

卵圆梯纹单缝孢 *Striatosporites ovalis* (Peppers) Playford and Dino, 2000

(图版 139,图 7, 10)

1964 *Columinisporites ovalis* Peppers, p. 16, pl. Ⅰ, figs. 11, 12; text-fig. 3.

1973 *Columinisporites ovalis*, in Alpern and Doubinger, p. 91, pl. XXI, figs. 1, 2.

1976 *Columinisporites ovalis*, in Kaiser, p. 132, pl. 13, figs. 8, 9.

1987a *Columinisporites ovalis*,廖克光,568 页,图版 139,图 28。

1987a *Columinisporites heyleri* (Doubinger) Alpern and Doubinger,廖克光,568,569 页,图版 139,图 29,30。

1987a *Stripites erectus* Habib,廖克光,568 页,图版 139,图 25。

1987 *Columinisporites ovalis*,Zhu H. C. , pl. 4, fig. 14.

1990 *Columinisporites ovalis*,张桂芸,见何锡麟等,337 页,图版XI,图 1。

1993 *Columinisporites ovalis* Peppers,朱怀诚,299 页,图版 82,图 4,8。

2000a *Striatosporites ovalis* (Peppers) Playford and Dino, p. 24.

描述 赤道轮廓椭圆形,侧面观肾形,大小(长 × 宽)37—85 × 36—60μm;单缝多不明显,长略短于孢子长轴;外壁厚 1. 0—1. 5μm,偶见褶皱,表面具纵横两个方向棱脊,纵向者较粗,与长轴平行,脊宽 1. 0—2. 5μm,高约 1μm,5—10 条,分叉或不分叉,在纵棱间为垂直向排列的狭壕和条纹间细密长方格状纹饰,宽 0. 5—1. 0μm,间距 <2μm,互相平行;条纹有时不明显,但仍可辨别。

比较与讨论 Peppers 1964 原描述大小 37. 3(47. 7)51. 9 × 30. 2(33. 7)34. 4μm,此种与 *S. heylerii*(大于 80μm)的区别主要是孢子较小、粗脊条分叉较少,以及(就中国的 *S. clatratus* = *S. heylerii* 标本而言)外壁外层或周壁不明显超出内层(本体)。Kaiser(1976)鉴定的 *Columinisporites ovalis*,大小 45—65μm,多数 60μm,比原美国伊利诺伊州滨夕法利亚系上部所产模式标本大。我国一些孢子个体更大而形态却很接近 *Striatosporites ovalis* 的屡有发现(如高联达,1984,379 页,图版 45,图 15,约 90μm,河北开平,煤田开平组;朱怀诚,见孔宪祯等,1996,265 页,图版 48,图 19,约 84μm,山西左云,本溪组—太原组:本书将这些标本定为 *S.* cf. *ovalis*)。廖克光鉴定的 *Columinisporites heylerii* 大小仅 51—65μm,形态也颇似 *Striatosporites ovalis*,以及 *Stripites erectus*,照相上隐约可见垂直条纹,亦迁入后者之内。

产地层位 河北开平,赵各庄组;山西宁武,本溪组、山西组—下石盒子组;山西保德,太原组、下石盒子组层Ⅰ;内蒙古准格尔旗黑岱沟,太原组;甘肃靖远,红土洼组—羊虎沟组中下部。

肋纹单缝孢属 *Taeniaetosporites* Ouyang, 1979

模式种 *Taeniaetosporites yunnanensis* Ouyang, 1979;云南富源,上二叠统。

属征 两侧对称单缝小孢子,赤道轮廓宽椭圆形—近卵圆形;单射线有时可见,中部折凹,延伸至环的内沿;环亚赤道位发育,宽为孢子短轴的 1/4—1/5;远极面至少有 2 条肋与长轴平行,其端部常见近圆形—亚三角形的疤状增厚;外壁表面和环上无其他明显纹饰;黄—棕色。

比较与讨论 已知单缝孢各属中,迄今未见相似的分子。至于当前标本有无可能代表双囊具肋花粉气囊脱落后的本体,看来可能性是不大的,因单缝与肋纹并不在孢子的同一面上。

云南肋纹单缝孢 *Taeniaetosporites yunnanensis* Ouyang, 1979

(图版 139,图 5, 6)

1979 *Taeniaetosporites yunnanensis* Ouyang, p. 8, pl. 2, figs. 3, 4.

1980 *Polycingulatisporites rhytismoides* Ouyang and Li,欧阳舒、李再平,137 页,图版Ⅲ,图 19。

1982 *Taeniaetosporites yunnanensis*, Ouyang, p. 79, pl. 4, fig. 19.

1985 *Taeniaetosporites yunnanensis* Ouyang, p. 170, pl. 2, figs. 3, 4; text-figs. 11, 12.

1986 *Taeniaetosporites yunnanensis* Ouyang,欧阳舒,78 页,图版Ⅸ,图 18,19。

描述 一般特征见属征;大小(长轴长)33(37)43μm,全模 37 × 30μm(图版 139,图 5),可清楚地看到单射线,其中央明显折凹,伸达长轴两端环的内沿;外壁不厚,但在赤道增厚成环,宽 5—7μm,向长轴两端变薄,有时略呈缺刻状,即射线末端所向的部位;在远极常具 2 条与长轴方向一致的纵肋,宽 4—7μm,或微作结肠状弯曲,其长略短于长轴,有时在肋的一端或两条肋汇合处具 1—2 个疤状增厚,圆形—圆三角形,直径 5—8μm,肋有时斜向割切而微呈分叉状;外壁与环上无明显纹饰,但可有细点穴状内结构;黄—棕色。

注释 本种至今仅发现数粒标本,形态较难解释,不能排除其他可能性,如可能为少肋花粉的本体。

产地层位 云南富源,宣威组下段—上段。

具环粒面单缝孢属 *Speciososporites* Potonié and Kremp, 1954

模式种 *Speciososporites bilateralis* (Loose) Potonié and Kremp, 1954;德国鲁尔,上石炭统(Westphalian B)。

属征 单缝同孢子或小孢子,赤道轮廓略呈椭圆形;单射线颇长,向顶部微高起(因近极面略隆起);具明显的带环,高一般不超过孢子长轴的 1/8,除其上很细纹饰外,带环造形均匀,绕赤道几为相等的高和宽;外壁纹饰颗粒状,细块瘤状—细网状。

比较与讨论 *Thymospora* 亦有具假环或拟环的种,但其纹饰以相对较大的块瘤或蠕瘤为主;*Punctatosporites cingulatus* Alpern and Doubinger (1973, p. 49—51, pl. 13, figs. 1—23)个体很小,仅 15(20)28μm,以此与本属区别。

注释 Alpern 和 Doubinger (1973)认为 *Speciososporites* 乃 *Punctatosporites* 的同义名,其模式种 *Speciososporites bilateralis* 可能是 *Punctatosporits granifer* 的同义名。的确,Loose 的原全模标本(Potonié and Kremp, 1956, pl. 19, fig. 438)颗粒纹饰明显,是否具环看不清楚;而且在本书编者看来,是否为单缝孢子也是问题,所以这个属的成立很成问题。鉴于我国确有具环和细纹饰的单缝孢,且归入 *Punctatosporites* 亦欠妥当,本书暂用之。

谌氏具环粒面单缝孢(新种) *Speciososporites chenii* Ouyang sp. nov.

(图版 139,图 17)

1978 *Speciososporites* sp.,谌建国,427 页,图版 124,图 6。

1982 *Speciososporites* sp.,蒋全美等,626 页,图版 412,图 16。

描述 赤道轮廓椭圆形,全模标本大小 110 × 85μm;单射线长几达带环内沿;具不很窄的厚实带环,宽约 8.2μm(即约短轴半径的 1/5);外壁厚,沿长轴方向有褶皱,表面具颗粒纹饰,轮廓线略不平整;棕色。

比较与讨论 本种以具清楚的赤道环、个体较大和射线长区别于 *Thymospora* 和 *Punctatosporites* 的其他种。有无可能属 *Macrotorispora* 值得今后注意。

注释 谌建国(1978)发现并描述的这个种,因仅见一粒标本,特征了解受局限,故未起新种名——这种严谨态度是可取的。鉴于其形态、大小较特别,照相颇清楚,弃之可惜,本书故收入之并建一新种。其形态、纹饰变异幅度有待发现更多标本及扫描照像的补充研究。

产地层位 湖南邵东保和堂,龙潭组。

中华具环粒面单缝孢 *Speciososporites sinensis* Zhu, 1993

（图版 139,图 3, 4）

1993 *Speciososporites sinensis* Zhu,朱怀诚,300 页,图版 82,图 9,12—18。

描述 具环单缝孢,赤道轮廓椭圆形,侧面观半圆形;大小(长 × 高)45. 0(56. 4)65. 0 × 35. 0(47. 4) 58. 0μm(测 8 粒),全模 62. 5 ×47. 5μm（图版 139,图 4);赤道环于射线两端部位较宽,环宽 5—11μm 单缝明显,沿射线两侧外壁呈唇状加厚,一侧宽 1—3μm,对应射线末端截状,射线为孢子长轴的 2/3—3/4,多直偶曲,接触区外壁略薄、色浅;外壁厚 3—5μm,环及外壁表面光滑—点状,偶见微弱颗粒,粒径 <0. 5μm。

比较与讨论 当前标本以其环于射线两端部位较宽为特征,现据其微弱颗粒纹饰置于 *Speciososporites* 属内,此类型标本在中国湖南晚二叠世地层曾有发现(蒋全美,1982,621 页)。*Dikranotorispora fusus* Jiang(蒋全美,1982,621 页,图版 411,图Ⅰ,7)以其个体较大可与当前种明显区分。

产地层位 甘肃靖远磁窑,红土洼组—羊虎沟组。

古周囊孢属 *Archaeoperisaccus* (Naumova) Potonié, 1958

模式种 *Archaeoperisaccus menneri* Naumova, 1953;苏联俄罗斯地台(Russian Platform),上泥盆统(Frasnian)。

属征 单气囊孢子,中央本体椭圆形,具一纵长褶皱或裂缝,它或不延伸达本体两端,或伸达气囊;气囊仅沿萌发器方向强烈膨胀,致使孢子呈纺锤形;模式种大小 20—30μm,但描述中提及,中央本体 20—25 × 40—42μm,气囊 30—32 ×75—80μm。

注释 Potonié (1958)曾为 *Archaeoperisaccus* 属指定了模式种并修订了属征;目前,我们暂用 McGregor (1969)修订的属征。这个属的分布及时代,国外的报道似乎限于北半球,并主要为上泥盆统下部(Frasnian),甚至被认为是该地质时期的标准分子(Owens and Richardson, 1972)。我们多年来的工作结果表明:在我国云南、四川、贵州、新疆等地区的泥盆系中均含有大量 *Archaeoperisaccus* 属的分子,其地质时代可延至中泥盆世晚期(Givetian)。

比较与讨论 本属形态较接近 *Potonieisporites* 和 *Aratrisporites*,但 *Potonieisporites* 的气囊呈明显内网状,已证明属松柏类。本属与三叠纪的 *Aratrisporites* (Leschik)形态有某些近似,但仍存在明显的区别:囊状外壁多为海绵状,表面粗糙,或不规则的细网状,即使具刺状纹饰,也低矮得多,不如 *Aratrisporites* 属的修长;此外,两者的形态也略有不同,前者一端较浑圆,一端较尖细,且中央本体一般较细小。

亲缘关系 石松纲(参见 McGregor, 1969; Allen, 1980;*Aratrisporites* 属下讨论)。

分布时代 全球,晚泥盆世早期(Frasnian)为主;我国,常见于中泥盆世晚期(Givetian;卢礼昌,1980, 1988),偶见于华北下石盒子组(欧阳舒,1964)。

粗糙古周囊孢 *Archaeoperisaccus cerceris* Gao and Ye, 1987

（图版 84,图 1, 2）

1987 *Archaeoperisaccus cerceris* Gao and Ye,高联达、叶晓荣,421 页,图版 184,图 2,5,8。

描述 赤道轮廓不规则卵圆形或椭圆形,大小 79 ×57μm;单射线不清楚或仅可辨别;本体轮廓多呈卵圆形;囊状外壁表面具细颗粒状纹饰,在孢子轮廓线上呈小齿状凸起;时有褶皱。

产地层位 甘肃迭部,鲁热组。

修长古周囊孢 *Archaeoperisaccus elongatus* Naumova, 1953

（图版 84,图 3）

1953 *Archaeoperisaccus elongatus* Naumova, p. 91, pl. 14, fig. 16.

1989b *Archaeoperisaccus elongatus*,高联达,图版 1,图 11,12。

1991 *Archaeoperisaccus elongatus*,徐仁、高联达,图版 2,图 13。

描述　赤道轮廓长卵圆形,大小 95—107 × 48—52μm;单射线常被外壁皱脊遮盖,皱脊修长,伸达赤道附近或边缘,宽 3—4μm,近末端稍窄;本体轮廓与孢子赤道轮廓近乎一致,大小 58.5 × 33.5μm,壁厚 1.0—1.5μm,表面平滑;囊状外层厚度略小于内层,表面具稀散的细颗状纹饰,粒直常不超过 1μm;纹饰分子颇弱,分布不均,基部不或仅局部接触,接触区表面常具细长的褶皱。

注释　当前种的形态特征及其大小幅度与 *A. menneri* Naumova, 1953 颇接近,唯后者赤道轮廓略较修长而已。

产地层位　四川龙门山,土桥子组;云南东部,海口组。

广西古周囊孢 *Archaeoperisaccus guangxiensis* Gao, 1989

(图版 84,图 4, 5)

1989 *Archaeoperisaccus guangxiensis* Gao,高联达,202 页,图版 1,图 14—16。

描述　赤道轮廓宽卵圆形,大小 102—128 × 78—86μm;单射线被外层皱脊覆盖,皱脊宽 8—12μm,朝两端逐渐变窄,至末端钝尖,伸达赤道附近或稍长,颜色较外层深许多;外层厚约 1.5μm,常具不规则且柔弱的皱纹,表面覆以细粒状或刺粒状纹饰,在轮廓线上反映甚微;本体轮廓宽椭圆形,长 62—68μm,表面平滑;浅棕黄—棕色(高联达,1989,202 页)。

比较与讨论　本种以较宽大的个体与厚实的皱脊而与 *Archaeoperisaccus* 属的其他种不同。

产地层位　广西象州,应堂组;广西融安,东岗岭组。

模糊古周囊孢 *Archaeoperisaccus indistinctus* Lu, 1988

(图版 85,图 9—11)

1980a *Archaeoperisaccus* cf. *scabratus*,卢礼昌,图版 1,图 2—5。

1980b *Archaeoperisaccus* cf. *scabratus*,卢礼昌,37 页,图版 9,图 8,9。

1988 *Archaeoperisaccus indistinctus*,卢礼昌,184 页,图版 34,图 7,8。

1989b *Archaeoperisaccus ovalis*,高联达,图版 1,图 2—4。

描述　赤道轮廓卵圆形,大小 76.4—102.5 × 58.0—68.0μm,内孢体轮廓与孢子赤道轮廓近乎一致,但界线模糊不清,大小 51.5—62.4 × 29.0—34.3μm;单缝常被外层皱脊遮盖,皱脊明显而宽厚,中部宽 6—10μm,向两端略变窄,并延伸至赤道或赤道附近,近末端宽 2.0—3.5μm;内层厚约 1μm,表面光滑,由其形成的内孢体隐约可见,极面观,与外层显著分离;外层不比内层厚,表面微粗糙、细颗粒状内结构明显,负网状结构清楚,具褶皱数条,并有时与孢子短轴近平行排列,但不等距、不等长,一般长 30—42μm,宽 2.0—3.5μm;浅黄—浅黄棕色。

注释　本种以孢壁内、外层均很薄,内层(内孢体)界线模糊不清为特征。*A. ovalis* Naumova, 1953 虽也具类似的赤道轮廓,但内层(内孢体)界线清楚,外层不具与短轴近平行的褶皱;其他近似种也是如此。

产地层位　云南沾益龙华山、史家坡,海口组;四川龙门山,土桥子组(上泥盆统)。

小锚刺古周囊孢 *Archaeoperisaccus microancyrus* Lu, 1981

(图版 84,图 9, 10)

1981 *Archaeoperisaccus microancyra* (sic) Lu,卢礼昌,117 页,图版 10,图 9,10。

描述　赤道轮廓宽卵圆形,全模标本 110 × 85μm;单射线被外层皱脊遮盖;皱脊明显,色深,直,宽约 4.5μm,朝两端微变窄,伸达赤道边缘;外壁 2 层:内层薄,厚约 1.5μm,表面光滑,由其形成的内孢体轮廓与孢子赤道轮廓近乎一致,大小 90 × 60μm,极面观,内层与外壁强烈分离并呈明显的赤道腔状,近极外层具颇明显的椭圆形加厚接触区;其余表面尤其赤道区及远极面,具末端两分叉的锚刺状纹饰,锚刺基部彼此常不接触,基宽 2μm 左右,刺长 4.5—6.7μm,向上逐渐变窄,至分叉处宽约 1μm,小叉尖细,柔弱,长 1.0—1.5μm,表面光滑;浅棕黄—棕色。

注释 本种以具颇明显的接触区与锚刺状纹饰为特征而不同于 *Archaeoperisaccus* 属的其他种。

产地层位 四川渡口,上泥盆统。

小刺古周囊孢 *Archaeoperisaccus microspinosus* Gao and Ye, 1987

(图版 84,图 11, 12)

1987 *Archaeoperisaccus microspinosus* Gao and Ye,高联达、叶晓荣,421 页,图版 184,图 5,6。

描述 赤道轮廓略呈宽椭圆形,大小 110—118 × 78—84μm,单射线可辨别,常被外层皱脊遮盖;皱脊带状,不如 *A. guangxiensis* 的那样清楚与规则;内孢体轮廓与孢子赤道轮廓大体一致,但界线不甚分明,小刺突起至少在孢子赤道轮廓线上清晰可见,刺基宽 1. 0—1. 5μm,高约 2μm,彼此间距小于至略大于其基宽,偶见局部接触;浅棕—深棕色(高联达等,1987)。

比较与讨论 本种以发育的末端不分叉的小刺纹饰为特征而区别于 *Archaeoperisaccus* 属的其他种。前述 *A. microancyrus* 的纹饰为末端两分叉。

产地层位 甘肃迭部,当多组。

卵形古周囊孢 *Archaeoperisaccus oviformis* Lu, 1980

(图版 84,图 13—16)

1980a *Archaeoperisaccus oviformis* Lu,卢礼昌,502 页,图版 1,图 8—10。

描述 赤道轮廓与内孢体轮廓均为卵圆形—宽卵圆形,大小分别为 82—90 × 62—64μm 与 38—60 × 25—35μm,全模标本 85 × 64μm;单射线简单或微具唇,直,长为内孢体长轴长的 2/3—3/4,但常被外层皱褶遮盖,皱脊窄,均匀,宽 3—5μm,伸达赤道边缘;内层(内孢体)界线清楚,表面光滑,厚 1. 5—2. 5μm,与"囊环"内缘略分离;外层表面粗糙,具海绵状至鲛点状内结构;囊环宽常大于相应内孢体半径长,两者之比约为 4:3。

注释 本种以内层较厚实、界线清楚以及内孢体较小为主要特征而与 *Archaeoperisaccus* 属的其他种明显不同。

产地层位 云南沾益西冲,海口组。

皱纹古周囊孢 *Archaeoperisaccus rugosus* Gao and Ye, 1987

(图版 84,图 8)

1987 *Archaeoperisaccus rugosus* Gao and Ye,高联达、叶晓荣,422 页,图版 184,图 7。

注释 本种的全模标本的内孢体颇大,约 72 × 56μm(据图像 × 500 测量;以下同),而孢子仅为 90 × 70μm;外层薄,透明,多褶皱并具"稀疏的小突起"。其实该外层特征与前述 *A. cerceris* 的外层颇相似,仅该种的内孢体略小而已。此外,*A. rugosus* Gao, 1989 是 *A. rugosus* Gao and Ye, 1987 的晚出同义名,而原置于该种名下描述的标本(高联达,1989,图版 1,图 8,9)因显示的特征欠佳,故未列入本种。

产地层位 甘肃迭部,鲁热组、当多组。

粗糙古周囊孢 *Archaeoperisaccus scabratus* Owens, 1971

(图版 85,图 1, 2)

1979 *Archaeoperisaccus scabratus* Owens, p. 69, pl. 21, figs. 7—13.

1987 *Archaeoperisaccus clyperdus* Gao and Hou,高联达、叶晓荣,422 页,图版 184,图 4。

1988 *Archaeoperisaccus scabratus*,卢礼昌,183 页,图版 34,图 6。

1989 *Archaeoperisaccus scabratus*,高联达,图版 1,图 6。

描述 赤道轮廓椭圆形或卵形,大小 89 × 69μm,内孢体 60 × 29μm;单缝可见,直,被半透明皱脊覆盖,皱脊中部最宽,可达 10μm,向两端逐渐变窄,超越内孢体伸达赤道附近;内层(内孢体)薄,表面光滑,界线清楚与孢子赤道轮廓基本一致,外层也薄,表面微粗糙;极面观,内、外层分离不明显;囊环宽约 16μm,海绵—内颗粒状结构较其他部位更明显,赤道轮廓线上常具微弱的细颗粒状突起;浅棕色。

比较与讨论 本种的形态特征与上述 *A. oviformis* 很相似,但后者外层在赤道区与内层常完全分离;与 *A. indistinctus* 的区别在于,后者内层界线不清楚,外层常具短轴方向的褶皱。

注释 *A. clyperdus* Gao and Hou ,1987 的主要特征与 *A. scabratus* 的颇相似,在此将其合并于后者。

产地层位 湖北松滋,(上泥盆统)梯子口组;云南沾益史家坡,海口组;甘肃迭部,当多组。

多刺古周囊孢 *Archaeoperisaccus spinollosus* Gao and Ye, 1987

(图版 84,图 7)

1987 *Archaeoperisaccus spinollosus* (sic) Gao and Ye,高联达、叶晓荣,422 页,图版 184,图 3。

注释 本种的赤道轮廓与上述 *A. microspinosus* 不尽相同,为近似纺锤形,而非宽椭圆形,但其他特征和纹饰组成则可与之比较(高联达等,1987)。

产地层位 甘肃迭部,当多组。

西冲古周囊孢 *Archaeoperisaccus xichongensis* Lu, 1980

(图版 85,图 3, 4, 12)

1980a *Archaeoperisaccus xichongensis* Lu,卢礼昌,501 页,图版 1,图 6,7。

描述 赤道轮廓多呈不规则椭圆形,即一端宽圆或浑圆,另一端则明显钝凸或钝尖;孢子大小 95—113 ×65—80μm,内孢体 49—58 ×33—43μm;全模标本 100 ×65μm(内孢体 57 ×33μm);单射线简单,直,接近伸达内孢体边缘,常被外层皱脊遮盖;皱脊一般宽 4—6μm,近末端略窄,伸达赤道边缘;外壁 2 层,内层(内孢体)界线清楚或不甚清楚,表面光滑,厚约 2μm,极面观,与外层分离明显并呈腔状。

比较与讨论 本种外层及囊环特征颇近似前述的 *A. oviformis*,但当前种的内孢体较大、囊环较窄,内孢体半径长常大于其延长方向的环宽,两者(半径长: 囊环宽)的比约为 4: 3,而不是 *A. oviformis* 的 3: 4。此即为这两种的主要区别。

产地层位 云南沾益西冲、龙华山,海口组。

古周囊孢(未定种 1) *Archaeoperisaccus* sp. 1

(图版 84,图 6)

1953 *Archaeoperisaccus mirandus* Naumova, p. 90, pl. 14, fig. 11.

1989b *Archaeoperisaccus mirandus* Naumova,高联达,图版 1,图 13。

1991 *Archaeoperisaccus granulatus* Gao,徐仁、高联达,图版 2,图 12。

注释 *A. mirandus* Naumova, 1953 的赤道轮廓为宽椭圆形,外层不具单缝皱脊,赤道环几乎等宽,当前云南标本轮廓为卵圆形,皱脊非常明显,环不等宽,显然其特征与 *A. mirandus* 的种征不符,不宜归入该种;此外,被分别归于 *A. granulatus* 与 *A. mirandus* 的标本(高联达,1989b;徐仁、高联达,1991)实为同一标本,故在此将其暂作 *Archaeoperisaccus* sp.

产地层位 云南沾益,海口组。

古周囊孢(未定种 2) *Archaeoperisaccus* sp. 2

(图版 140,图 25)

1964 *Archaeoperisaccus* sp. (sp. nov.),欧阳舒,504 页,图版Ⅶ,图 1。

描述 赤道轮廓椭圆形,大小 112 ×81μm,本体轮廓略呈纺锤形,大小 65. 5 ×37. 0μm;本体中央有一与孢子纵轴平行的长裂缝,其痕迹伸达本体端部或稍入囊内;气囊和本体均具极细而均匀的内网(?)纹饰,网穴网脊直径约 0. 5μm,轮廓线平整;棕黄色。

比较与讨论 此孢子可能为一新种,因仅见一粒,暂未定种名;它以个体大、整个孢子显示出细海绵状结构与其他种不同。Naumova (1953)描述的归入此属的8种孢子,大小20—80μm不等。

产地层位 山西河曲,下石盒子组。

离层单缝孢属 *Aratrisporites* (Leschik) Playford and Dettmann, 1965

模式种 *Aratrisporites parvispinosus* Leschik, 1955;瑞士巴塞尔,上三叠统(Keuper)。

同义名 *Saturnisporites* Klaus, 1960,*Chasmatosporites* Nilsson, 1958(part).

属征 单缝小孢子,两侧对称;孢壁2层,腔状,由一外结构层(纹饰层)疏松地包围(仅近极接触)一均质的内层;纹饰层表面具微细图案(由结构成分排列而成)以及颗粒、锥刺、小刺、长刺和刚毛等突起纹饰;裂缝封闭在高起的唇内,唇为纹饰层在近极的延伸(Playford and Dettmann, 1965, p. 153)。

比较与讨论 当前属与泥盆纪的 *Archaeoperisaccus* 颇相似,但后者外壁外层(?)仅在赤道部位脱离,是所谓的囊状结构(McGregor, 1960),且在射线两端强烈延伸。

亲缘关系 石松纲(如 *Lycostrobus*, *Cylostrobus*, *Pleuromeia* 等)(欧阳舒、李再平,1980,142页)。

二叠离层单缝孢 *Aratrisporites permicus* Wang, 1985

(图版139,图20, 21)

1985 *Aratrisporites permica* Wang,王蕙,667页,图版Ⅰ,图3—5。

描述 赤道轮廓椭圆形—宽椭圆形,大小34—62×28—40μm(测6粒),全模50×32μm(图版139,图20);外壁2层,分离,外层为纹饰层,具粒状—刺状突起,突起基底直径和高约1μm,外层松散地包围内层(中央本体),在近极面外壁外层贴于内层上;单射线具粗壮唇,宽4—7μm,隆起,射线附近纹饰减弱。

比较与讨论 本种以2层壁间空腔窄区别于 *A. fischeri* (Klaus,1960) Playford and Dettmann, 1965和 *A. scabratus* Klaus, 1960,以表面具细粒—刺区别于 *A. paenulatus* Playford and Dettmann, 1965。

注释 欧阳舒等(1980)根据有关原位孢子材料层推测,石松类从泥盆纪的孢子囊化石 *Kryshtofovichia* (产生 *Archaeoperisaccus* 型小孢子)及早期中生代的 *Lycostrobus*—*Cylostrobus*—*Pleuromeia*(产生 *Aratrisporites* 型小孢子)至现代的水韭(如 *Isoetes sinensis* Palmer 产生具离层的单缝小孢子),构成一个演化系列。所以二叠纪发现 *Aratrisporites* 很有连锁意义,虽然此属在三叠纪地层意义更大。

产地层位 新疆塔里木盆地棋盘-杜瓦地区,克孜里奇曼组—塔哈奇组。

云南离层单缝孢 *Aratrisporites yunnanensis* Ouyang and Li, 1980

(图版139,图1, 2)

1980 *Aratrisporites yunnanensis* Ouyang and Li,李再平,143页,图版Ⅳ,图5—8,14。

1986 *Aratrisporites yunnanensis*,欧阳舒,79页,图版Ⅹ,图11,12。

描述 赤道轮廓近椭圆形,侧面观略透镜形,近极面凸出或近低平,远极面强烈凸出;大小(包括纹饰)38(52)60×30(43)48μm(测10粒),全模52×40μm(图版139,图1),在二叠系近顶部发现的一粒46×38μm;单射线伸达本体端部或接近达孢子赤道边沿,具唇宽3—5μm,边缘多不平整,多少弯曲,特别是在中部常折凹,个别标本上射线中部还分出一条与其近乎垂直的不明显的射线,构成“假三缝”结构;外壁2层:厚度等于或稍厚于外层的内层无纹饰,在远极和赤道与外层多少分离,轮廓颇明显,与总轮廓大体一致,有时见其赤道部位具微增厚的一圈,宽可达5μm,外层颇薄,1. 0—1. 5μm厚,仅在赤道部位具窄的增厚;2层表面平滑至点状,在近极呈海绵状,此外,外层具颇均匀分布的锥刺至小刺、长刺,基部直径1—2μm,长1—3μm,基部常较粗,向上突然尖细甚至呈纤丝状,亦有基部至末端无大变化而略呈棒状者;有些标本纹饰极细而稀,或因保存关系;纹饰在远极尤其赤道较发育,在近极减弱或缺失,间距2—5μm,绕周边约40枚;内层与外层相离一般为5—6μm,有时亦见微分离者;淡黄、棕黄—棕色。

比较与讨论 本种与塔斯马尼亚岛中、上三叠统的 *A. strigosus* Playford 较相似,但以外壁内层较厚、轮廓线清晰可见、所在部位颜色较深、总形状更趋宽椭圆形、纹饰稍稀而与后者有别。

产地层位 云南富源,宣威组上段近顶部—卡以头组;与本种类似分子亦见于浙江长兴,下青龙组。

网面无缝孢属 *Maculatasporites* Tiwari, 1964

模式种 *Maculatasporites indicus* Tiwari, 1964;印度,下二叠统(Barakar Stage)。

属征 轮廓圆形—亚三角形无缝孢子,整个孢子表面具网;网脊宽均匀或不均匀,网穴大小和形状变化;网脊在轮廓线上微凸出;孢子轮廓线平滑或微波状;模式种大小40—65μm。

比较与讨论 *Reticulatisporites* 具明显三射线,粗网主要在远极面;*Reticulatasporites* (Ibrahim) Potonié and Kremp, 1954 具粗大网纹,网内又有二级细网。

分布时代 冈瓦纳区(印度、澳大利亚),早二叠世;欧美区、华夏区,石炭纪。

点穴网面无缝孢 *Maculatasporites punctatus* Peppers, 1970

(图版139,图9)

1970 *Maculatasporites punctatus* Peppers, p. 110, pl. 8, figs. 21,22.

1993 *Maculatasporites punctatus*,朱怀诚,301页,图版82,图23。

描述 赤道轮廓圆形,无缝,大小40μm;外壁较厚,5—7μm(含纹饰),表面覆以瘤—坑状纹饰,高焦面呈网状,瘤宽2.5—5.0μm,间距1.0—2.5μm,外壁内层光滑。

比较与讨论 当前标本与美国上石炭统的 *M. punctatus* 大小、形态近似,但后者内、外层分异较清楚,纹饰较规则整齐,绕周边穴25—30个,显然没有描述的那么粗大(直径2—4μm,间距3μm)。

产地层位 甘肃靖远,羊虎沟组。

套网无缝孢属 *Reticulatasporites* (Ibrahim,1933) Potonié and Kremp, 1954

模式种 *Reticulatasporites facetus* Ibrahim, 1933;德国鲁尔,上石炭统(Westphalian)。

属征 无缝真菌孢子遗迹(?);赤道轮廓亚圆形,轮廓线平滑至微波状;表面具颇粗网纹,较大的网穴又被几乎等宽的网脊分成较细的网穴;网脊常分叉交结,多呈弧形或类似图案,多少与轮廓平行,或螺旋状;模式种大小42—55μm。

比较与讨论 以网纹较复杂与 *Maculatasporites* 区别。

分布时代 欧美区、华夏区,石炭纪。

粗网套网无缝孢 *Reticulatasporites atrireticulatus* Staplin, 1960

(图版139,图8)

1989 *Reticulatasporites atrireticulatus*,王蕙,278页,图版1,图1。

描述 孢子轮廓圆形,轮廓线有波状起伏,大小38μm;外壁厚2—4μm,暗棕色,表面具粗网纹,网脊厚3—5μm,网穴形状不规则,4—10μm。

产地层位 新疆准噶尔盆地克拉美丽地区,滴水泉组上段。

雅致套网无缝孢 *Reticulatasporites facetus* Ibrahim, 1933

(图版140,图24, 28, 29)

1933 *Reticulata-sporites facetus* Ibrahim, p. 38, pl. 5, fig. 36.

1938 *Azonaletes facetus*, Luber in Luber and Waltz, pl. 8, fig. 110.

1955 *Reticulatasporites facetus* (Ibrahim) Potonié and Kremp, p. 30, p1. 11, fig. 104.

1985b *Reticulatasporites facetus* Ibrahim，耿国仓，658 页，图版 1，图 10—12。

1993 *Reticulatasporites facetus* Ibrahim，朱怀诚，302 页，图版 79，图 7，8，11—13。

描述 孢子轮廓近圆形，轮廓线不规则波状；大小 40.0(55.7)63.0μm(测 5 粒)；无肯定的射线，外壁厚 1.0—1.5μm，表面具网状纹饰，网系由多少放射状排列的辐脊与一平行于周边[赤道(?)]的环脊交叉形成，环半径为孢子半径长的 1/3—1/2，环脊宽 3—7μm，其余的网脊宽 1—5μm，高 1.0—1.5μm，近环处相对较粗，至周边低而宽平，网孔多角形，直径 6—9μm；在赤道处(?)常见有一薄缘，透明或半透明，宽 0.5—2.0μm，孔内点状纹饰。

比较与讨论 当前标本形态、大小与最初描述的德国上石炭统(Westphalian B 上部)的 *R. facetus*(42—55μm)相似，但外膜比 Ibrahim 所说的"2—3μm 宽的外膜[周壁(?)]"变化大，有时宽许多。不过，本书图版 140 图 24 标本与原模式图颇为相似。

产地层位 甘肃靖远，红土洼组—羊虎沟组；宁夏灵武、内蒙古鄂托克旗，羊虎沟组。

穴面套网无缝孢 *Reticulatasporites foveoris* Geng，1987

(图版 140，图 13，16)

1987 *Reticulatasporites foveoris* Geng，耿国昌，28 页，图版 2，图 2，3。

描述 赤道轮廓亚圆形—圆三角形，大小 34—51μm，全模 51μm(图版 140，图 16)；外壁具大小不等、形状不一的网纹—穴状纹饰，穴径 4—7μm，网脊低而平，宽 2.5—4.0μm；轮廓线不平整至波状；棕黄色。

比较与讨论 本种孢子与模式种 *R. facetus* 有些相似，但以赤道轮廓圆三角形而非圆形、网穴较小而与之区别。

产地层位 山西柳林，山西组、下石盒子组；陕西吴堡，山西组。

凹饰套网无缝孢 *Reticulatasporites lacunosus* Felix and Burbridge，1967

(图版 140，图 26)

1967 *Reticulatasporites lacunosus* Felix and Burbridge，p. 378，pl. 58，figs. 1，2.

1993 *Reticulatasporites lacunosus*，朱怀诚，302 页，图版 79，图 14。

描述 孢子赤道轮廓卵圆形，大小 85×95μm，未见有射线，表面饰以网状纹饰，网孔多边形—不规则圆形，孔径 2—5μm，脊宽 1—3μm，高 1—3μm，外壁较厚，轮廓线不规则细波形。

产地层位 甘肃靖远，红土洼组。

塔西佗套网无缝孢 *Reticulatasporites taciturnus* (Loose) Potonié and Kremp，1955

(图版 140，图 8，14)

1932 *Sporonites taciturnus* Loose，in Potonié，Ibrahim and Loose，p. 450，pl. 18，fig. 38.

1934 *Zonola-sporites taciturnus* Loose，p. 147.

1955 *Reticulatasporites taciturnus* (Loose) Potonié and Kremp，p. 30，pl. 11，fig. 105a，b.

1984 *Reticulatasporites taciturnus* (Loose) Potonié and Kremp，王蕙，图版 1，图 1。

1989 *Reticulatasporites atrireticulatus*，王蕙，279 页，图版 1，图 2。

描述 按原作者描述，此种大小 36.0—46.5μm，全模 46.5μm，亚圆形—卵圆形；外壁厚 2—3μm，在赤道达 4μm，赤道壁外还有 4μm 宽的窄膜边包围，网穴多，亚圆形—卵圆形。

比较与讨论 当前标本与德国鲁尔地区的 *R. taciturnus* 模式标本相比，大小、形态相近，唯独网穴较不规则，大小不一，有些差别。

产地层位 宁夏横山堡，上石炭统；新疆准噶尔盆地克拉美丽地区，滴水泉组。

科达粉属 *Cordaitina* Samoilovich，1953

模式种 *Cordaitina uralensis* (Luber) Samoilovich，1953；苏联，二叠系。

同义名 *Circella* Luber, 1939, *Cordaitozonaletes* Luber, 1955 (part), *Noeggerathiopsidozonaletes* Luber, 1955(部分), *Latensina* Luber ex manuscript but used by Alpern, 1958, *Libumella* (Luber 1939) Dibner, 1971, *Pseudocircella* Djupina, 1974.

实际上, Luber (1939)在 *Annularina*, *Circelliella* 等属名下命名的有些种亦属于 *Cordaitina*, 不过, 这些属名 Luber 和 Waltz (1941)未使用, 更不为人所注意罢了。

属征 单气囊花粉, 轮廓圆形—卵圆形; 赤道部位外壁外层分离且膨胀形成气囊, 气囊内网、内颗粒—鲛点状, 常呈辐射不规则条纹状排列; 本体壁一般不厚, 近极无射线或仅具短小的三射线或中央微折凹的短单缝。

比较与讨论 本属单囊仅在赤道发育, 而 *Florinites* 气囊在赤道部位极为发育, 仅在远极的小部及近极的大部未膨胀; 但极面观保存时, 二者有时难以区分, 划分的参考标志参见别处(欧阳舒、李再平, 1980, 144页; Oshurkova, 2003, p. 231)。

亲缘关系 科达类, 尤其安加拉—亚安加拉的科达类。

分布时代 几乎各大植物群区(但在安加拉—亚安加拉区尤其丰富多彩), 晚石炭世(至迟从 Moscovian 起)—二叠纪, 三叠纪中晚期已少见。

环状科达粉 *Cordaitina annulata* Hou and Wang, 1990

(图版 140, 图 21, 27; 图版 161, 图 23)

1984 *Cordaitina uralensis* (Luber) Samoilovich, 高联达, 422 页, 图版 160, 图 3。

1984 *Cordaitina spongiosa* (Luber) Samoilovich, 高联达, 423 页, 图版 160, 图 7。

1990 *Cordaitina annulata* Hou and Wang, 侯静鹏、王智, 26 页, 图版 3, 图 15。

2003 *Cordaitina annulata*, 欧阳舒、王智等, 235 页, 图版 35, 图 5—7。

描述 单气囊花粉赤道轮廓圆形—卵圆形, 大小(70)88—118μm; 本体与花粉轮廓一致, 大小 60—80μm; 体壁一般较薄, 常因周囊覆盖而边界不清楚, 具内网结构, 穴径约 0.5μm; 近极面有时可见短小三缝, 射线之间区域或微增厚; 周囊在赤道部位包围本体, 宽 12—22μm, 与本体重叠部分窄; 囊壁不厚, 具辐射状褶皱, 轮廓线凹凸不平, 囊壁具内网结构, 脊、穴≤2μm; 浅棕黄色, 本体色较气囊浅。

比较与讨论 本种以模式标本个体较大, 有时具短小三缝, 囊与本体重叠部分很窄, 囊具辐射褶皱或较粗肌理和穴径与 *C. uralensis* 等种区别。宁武上石盒子组的两种 *Cordaitina*, 大小 70—90μm, 单囊稍窄, 具明显辐射肌理, 接近 *C. annulata* 的程度更甚于 *C. uralensis*, 故归入前一种内。

产地层位 山西宁武, 上石盒子组; 新疆吉木萨尔、乌鲁木齐, 芦草沟组; 新疆木垒孔雀坪, 金沟组; 新疆克拉玛依市, 车排子组。

短三缝科达粉 *Cordaitina brachytrileta* Hou and Wang, 1986

(图版 140, 图 11)

1986 *Cordaitina brachytrileta* Hou and Wang, 侯静鹏、王智, 88 页, 图版 26, 图 4。

描述 赤道轮廓亚圆形, 全模大小 38μm, 本体 26μm, 轮廓清楚; 近极面具清楚的三射线, 微开裂, 裂缝短, 不等长, 最长仅约本体半径的 1/3, 具明显的色较深的三角形小接触区; 本体壁薄, 气囊在赤道包围本体, 囊宽 6—8μm, 较厚实, 具细匀内网结构; 黄棕色。

比较与讨论 本种与 *C. tenurugosa* 有些相似, 但后者轮廓呈椭圆形, 近极面无三射线, 囊具辐射状肌理。

产地层位 新疆吉木萨尔大龙口, 锅底坑组。

普通科达粉 *Cordaitina communis* Hou and Wang, 1986

(图版 140,图 10, 20)

1986 *Cordaitina communis* Hou and Wang,侯静鹏、王智,89 页,图版 26,图 7,16。

描述 赤道轮廓圆形—卵圆形,大小 41—55 × 35—40μm,全模 55 × 40μm(图版 140,图 20);本体 30—35 × 21—28μm,与气囊界线清楚,与囊基重叠部分极窄;气囊于赤道部位包围本体,宽约等于花粉直径的 1/5;囊壁略厚,色深,具规则内(?)网结构。

比较与讨论 本种与 *C. uralensis* 相似,但以个体小、环囊窄而与后者区别;与 *C. tenurugosa* 相比较,后者单囊具辐射状肌理。

产地层位 新疆吉木萨尔大龙口,锅底坑组。

锥粒科达粉 *Cordaitina conica* Liao, 1987

(图版 140,图 18, 19)

1987a *Cordaitina conicus* Liao,廖克光,371 页,图版 142,图 5,6。

描述 单囊花粉,赤道轮廓微三角形—圆形,大小 61—66μm,全模 61μm(代为指定图版 140,图 19);本体轮廓常不清晰,大致呈圆三角形,壁薄,颜色相对较浅,中央具短小三射线,长约 1/3R;气囊宽 10—12μm,与本体亚赤道叠覆部分约占其宽度的 1/2,超出本体部(offlap)宽 3—5μm,在射线末端有变窄趋势;外壁外层在近极面显细锥刺状纹饰,在远极面为粒状纹饰。

比较与讨论 本种以轮廓微三角形—圆形、较细密而均匀的突起纹饰(锥刺—颗粒)与属内其他种区别;与法国下二叠统的 *C. trileta* (Alpern) Hart, 1965(p. 92, text-fig. 215)有些相似,后者大小 70μm,中央本体具细颗粒纹饰,三射线短于 1/3R,但其轮廓为圆形,囊超出本体部分要宽得多(3:1)。

产地层位 山西宁武,上石盒子组。

大网科达粉(比较种) *Cordaitina* cf. *grandireticulata* Schatkinskaja, 1958

(图版 140,图 15)

1958 *Cordaitina grandireticulata* Schatkinskaja, p. 104—108.

1966 *Cordatina grandireticulata* Schatkinskaja ex Sivertseva, in"Paleopalynology" vol. Ⅲ, pl. 55, fig. 2.

1978 *Cordaitina grandireticulata* Schatkinskaja,谌建国,428 页,图版 124,图 10。

1982 *Cordaitina grandireticulata*,蒋全美等,426 页,图版 415,图 13。

描述 赤道轮廓椭圆形,本书描述标本大小 163 × 95μm,中央本体 112 × 32μm,周囊宽 32μm;单气囊,外壁表面粗糙,似块瘤状,轮廓线微凹凸不平,具分化不明显的网穴,本体透明,具颗粒状纹饰,在气囊与本体间有一圈凸起的赤道脊,宽 3—4μm;棕—黄色。

注释 据 Oshurkova(2006 年 3 月)告知,本种于 1958 年最初发表时,只在总结表上给了一个素描图,无描述,但 Schatkinskaja 说,从 Sakmarian 期沉积中所见的所有花粉"气囊外壁上都有很大的穴状纹饰";其后,Sivertseva(1966)用了这个种名,并附图,但仍未描述。Oshurkova 的意思是,这种所谓大穴是花粉保存的次生伤害的结果,而 Sivertseva 给的图似为 *Potonieisporites*。总之,因笔者手中无上述文献,这里暂仿谌建国鉴定但改作保留,此花粉形态目前只能归入 *Cordaitina* 或 *Potonieisporites*。

比较与讨论 本种以花粉个体特大、周囊宽度大于本体半径的 1/2 以及气囊肌理粗糙等与属内其他种不同(因原只描述一个标本,所以本种的变异幅度及其形态特征有待发现更多标本补充)。

产地层位 湖南邵东保和堂,龙潭组。

双生科达粉 *Cordaitina gemina* (Andreyeva) Hart, 1965

(图版 140,图 5)

1956 *Zonaletes geminus* Andreyeva, p. 256, 257, pl. LIV, fig. 74a.

1965 *Cordaitina gemina* (Andreyeva) Hart, p. 91, text-fig. 214.

1976 *Cordaitina uralensis* (Luber) Samoilovich, Kaiser, p. 136, pl. 14, fig. 8.

描述 赤道轮廓圆形,大小60—70μm;单囊不宽,包括与中央本体赤道重叠部分(宽 > 暗带)宽8—12μm,重叠部分≤1/2总宽,具辐射状—皱纹状—海绵状结构;本体轮廓清楚,外壁内层厚约2μm,构成气囊的外层在本体区变薄,呈细皱纹—颗粒状,紧贴于本体内层之上;三射线不清楚。

注释 原描述中提及囊可能为Scheuring(1974)概念上的"原囊"(即具明显的辐射肌理),但从照相看,并不典型;同时,原描述还提到外壁外层在赤道透光下为一暗色圈(dunkler ring),这一解释未必正确,很可能是在近极赤道囊与体的接触基或囊的着生带,远极基则对应偏内。

比较与讨论 *C. uralensis* 无明显的暗色囊—体接触圈,所以将Kaiser鉴定的标本改定为 *C. gemina* (Andreyeva) Hart,后者最初发现自库兹涅茨克盆地上二叠统,其中一个新联合的选模标本气囊内侧暗圈很明显。

产地层位 山西保德,上石盒子组。

近皱纹科达粉 *Cordaitina pararugulifera* Wang, 2003

(图版140,图6, 17;图版161,图21)

1941 *Zonaletes rugulifer* Luber, in Luber and Waltz, p. 178, pl. XV, fig. 250b.

1986 *Cordaitina rugulifer* (Luber) Samoilovich,侯静鹏、王智,89页,图版26,图10,11。

1990 *Cordaitina rugulifera* (Luber), Ouyang and Norris, p. 34, pl. V, fig. 5.

2003 *Cordaitina pararugulifera* Wang,王智,见欧阳舒等,236页,图版33,图12;图版34,图3,11,14;图版35,图3。

描述 赤道轮廓亚圆形—不规则卵圆形,大小86—120μm,全模110μm(图版140,图6);本体轮廓大体与总轮廓一致,大小70—100μm;体壁薄,具内网结构,穴径0.5—1.0μm;周囊包围本体赤道,宽度约为花粉半径的1/3或直径的1/5,囊基清楚,具内网结构,穴径大小在不同标本上有变化,有时微显辐射状肌理;较具特征性的是单囊周边具增厚的缘,宽3.4—8.0μm不等,但在同一标本上厚颇均匀;棕黄色。

比较与讨论 本种与 *C. rugulifera* 颇相似,但以周囊宽度相对稍窄,特别是周囊赤道边具明显增厚的缘而与后者区别;王智将 *Zonaletes rugulifer* Luber, 1941的图250b归入此种即据此特征。此外,高联达(1984, 425页,图版161,图2)记载的山西宁武下石盒子组中的 *Schopfipollenites plicatus* Gao,其轮廓近纺锤形,大小(长轴)约120μm,壁厚10—12μm,本体与坚实的气囊为渐变关系,此外,除描述中的"气囊"有悖于 *Schopfipollenites* 的属征之外,标本照相也未显示出该属的其他特征(单缝、原始远极沟和沟褶);从照片看,其属于 *Cordaitina*(有点像 *C. rugulifer*)的可能性更大。

产地层位 新疆克拉玛依,车排子组;新疆吉木萨尔,平地泉组、泉子街组、锅底坑组。

轮状科达粉 *Cordaitina rotata* (Luber) Samoilovich, 1953

(图版140,图7, 12;图版160,图8)

1941 *Zonaletes rotatus* Luber, in Luber and Waltz, p. 70, pl. 15, fig. 248a—c.

1953 *Cordaitina rotata* (Luber) Samoilovich, p. 33.

1955 *Noeggerathiopsidozonaletes rotatus* (Luber) Luber, p. 75, pl. 8, figs. 165, 166.

1956 *Zonaletes rotatus* (Luber), Andreyeva, p. 253, pl. 51, fig. 62.

1971 *Cordaitina rotata* (Luber), Varjukhina, p. 94, pl. 9, fig. 3.

1984 *Cordaitina triangularis* (Mehta, 1944) Hart, 1965,高联达,423页,图版160,图6。

1986 *Cordaitina rotata* (Luber),侯静鹏、王智,88页,图版22,图7,10。

2003 *Cordaitina rotata* (Luber),王智,见欧阳舒等,236页,图版35,图9,14,17。

描述 赤道轮廓圆形—卵圆形,大小40—71μm,本体轮廓与花粉总轮廓一致,大小24—48μm;近极面有时可见短小三射线;外壁薄,具细内网—细颗粒,内网穴极,脊长≤0.5μm;周囊在赤道部位包围本体,囊宽约等于花粉直径的1/4,囊基与体重叠部分较窄,具颇规则的辐射褶和内网结构,网穴沿辐射方向拉长,大小约1.0×0.5μm，有时互相连通，轮廓线微凹凸不平；棕黄至浅黄色。

比较与讨论 本种以周囊在同一标本上宽度颇均匀、与本体叠覆部分窄及具辐射褶而与属内其他种区别。Hart (1965)联合的种 *C. triangularis*(Mehta)，三射线明显，长≤2/3本体半径，原归入 *Nuskoisporites* 属，本书认为，*Cordaitina* 和 *Nuskoisporites* 的体-囊构形(configuration)很不相同(Klaus, 1963, text-fig. 13)：宁武的标本(70μm)显然是属于 *Cordaitina* 的，其颇窄的周囊具明显的辐射纹理，与 *C. rotata* 很相似。

产地层位 山西宁武，上石盒子组；新疆克拉玛依车排子井区，车排子组；新疆和布克赛尔夏子街井区，乌尔禾组下亚组；新疆吉木萨尔，平地泉组、芦草沟组、泉子街组、梧桐沟组。

窄缘科达粉 *Cordaitina stenolimbata* (Luber) Hou and Wang, 1990

(图版140，图1，2；图版160，图6)

1939 *Circella stenolimbata* Luber, p. 90, index "P2" on fig. 1, pl. A.

1941 *Zonaletes angustelimbatus* Luber, in Luber and Waltz, p. 177, pl. XV, fig. 249a—c.

1941 *Zonaletes stipticus* Luber, in Luber and Waltz, p. 178—179, pl. XV, fig. 251a.

1952 *Circella stenolimbata* Luber, in Kara-Murza, p. 79, pl. 4, fig. 3; pl. 18, figs. 1, 5, 6.

1955 *Cordaitozonaletes stipticus* (Luber), Luber, pl. Ⅷ, fig. 164.

1980 *Cordaitina radialis* Ouyang and Li，欧阳舒、李再平，145页，图版Ⅳ，图15。

1986 *Cordaitina radialis*，欧阳舒，80，81页，图版Ⅺ，图3。

1986 *Cordaitina duralimita* Hou and Wang，侯静鹏、王智，87页，图版22，图4，5。

1990 *Cordaitina stenolimbata* (Luber), Ouyang and Norris, p. 36.

1990 *Cordaitina rugulifera* (Luber) Samoilovich, Ouyang and Norris, p. 34, pl. Ⅴ, fig. 4.

2003 *Cordaitina angustelimbata* (Luber) Wang, Ouyang et al., p. 492, pl. 34, figs. 4, 7; pl. 35, figs. 12, 16.

描述 赤道轮廓亚圆形，或因保存关系呈卵圆形，大小43—78×25—55μm；本体轮廓与花粉轮廓基本一致，但边界有时不清，外壁薄，具细匀内颗粒或内网结构，穴径1.0—1.5μm；周囊壁厚实，内网状，偶尔具辐射褶，但囊宽度很窄，宽3—8μm，大多4—6μm，即多小于1/4R，在同一标本上宽度变化不大，囊基部与本体边缘叠覆部分较窄；棕黄色，周囊颜色较深。

比较与讨论 Ouyang 和 Norris (1990)曾将 *C. angustelimbatus* Luber, 1941 当作 *C. rugulifera* Luber, 1941 的同义名，但正如王智(欧阳舒等，2003)指出的，Luber(1955)仅将她早年归入 *rugulifer* 的4个标本中的1个(fig. 250c)归入该种名下，即间接指定了全模标本，按此标本周囊较宽，故不能笼统地将原 *rugulifer* 归入 *angustelimbatus* 之中。一方面，Hart (1965)将 *C. stenolimbata* 和 *C. stiptica* 当作 *C. angustelimbatus* 的同义名，是可行的，但他选取了后一种名，与优先原则不符；另一方面，他将这3种归入 *Nuskoisporites* 就更令人难以置信，因为后者本体与囊构形不同，且具三射线。本书将 *Cordaitina radialis* 和 *C. duralimita* 视为 *C. stenolimbata* 的同义名，是因为它们都以很窄的周囊为特征，难以区别；而且 *C. angustelimbatus*，*C. radialis* 和 *C. duralimita* 等名的始建都较 *C. stenolimbata* 为晚。

注释 关于 *C. stenolimbata* Luber, 1939 的出处，以往作者大多标的不正确[如 Hart，1965 标为 *C. stenolimbata* Luber and Waltz, pl. 4, fig. 1；侯静鹏、王智，1990 标为 Luber, 1939, 6页，图版A，图1；只有 Kara-Murza，1952 标注正确，她还用了标记(index)一词，是因为 Luber 的89页上原图下标的是"图1，图版1"，共排了21个孢粉图，但却未给序号，而代之以反映类别的英文字母，如 *C. stenolimbata* 下标的是"P2"]。此种唯一的图照表明它当属 *Cordaitina*，据比例测大小约80μm，周囊宽约8μm，即囊宽仅约花粉半径的1/5。有趣的是，*Zonaletes angustelimbatus* Luber in Luber and Waltz, 1941(p. 177, pl. XV, fig. 249a—c)的正式描述中，其中第一个图(249a)与前述的 *Cordaitina stenolimbata* Luber, 1939 的那个图"P2"非常相似，假如不是出自同一孢子的话。但在文字描述中大小却标为50μm(据图版放大比例，应为75μm)，周囊宽("环"fringe)小于1/4花粉半径，无射线。所以 Kara-Murza 将 *Zonaletes angustelimbatus* 当作 *Cordaitina stenolimbata* 的同义名是完全正确的，至于她鉴定的 *C. stenolimbata* 并建立几个新亚种是否都合适，那是见仁见智的问题。

产地层位 云南富源，宣威组上段—卡以头组；新疆北部克拉玛依，佳木河组；新疆尼勒克，铁木里克组;新疆托里,库吉尔台组;新疆和布克赛尔,乌尔禾组下亚组;新疆阜康,红雁池组;新疆吉木萨尔,泉子街组、梧桐沟组。

亚轮状科达粉 *Cordaitina subrotata* (Luber) Samoilovich, 1953

(图版140,图3, 4;图版161,图22)

1953 *Cordaitina subrotata* (Luber) Samoilovich, pl. Ⅱ, fig. 10.

1984 *Cordaitina marginata* (Luber 1941) Hart,高联达,422页,图版160,图2。

1984 *Cordaitina ornata* Samoilovich,高联达,422页,图版160,图4。

1990 *Cordaitina subrotata*,侯静鹏、王智,图版3,图10。

1990 *Cordaitina stenolimbata* (Luber) Hou and Wang,侯静鹏、王智,25页,图版3,图5。

2003 *Cordaitina subrotata*,王智,包括其他同义名,见欧阳舒等,237,238页,图版34,图1,2,8,10。

描述 赤道轮廓近圆形,大小66—76μm;本体轮廓与总轮廓基本一致,边界通常可辨,近极面有无三射线,从照相看难以肯定;最显著的特点是周囊与本体叠覆部分大致为囊总宽(10—12μm)的1/2,且具辐射褶皱或肌理,具内网结构。

比较与讨论 被高联达(1984)分别鉴定为 *C. marginata* 和 *C. ornata* 的2个标本,产自相同地点、层位,大小相近,囊的结构及与本体叠覆部分比例皆相似,定 *Cordaitina* 当无问题,但很可能为同一种(而且 *marginata* 已被归入 *Noeggerathiopsidozonotriletes* 属,而 *Cordaitina ornata*,据原作者指定全模标本,早已被俄罗斯作者归入 *Crucisaccites* 属),与属内其他种比较起来,此种较为接近 *C. subrotata* (Luber)(王智、欧阳舒等,2003),但 Samoilovich 原绘图标本中央本体部位空白,假如不是本体脱落所致,则当前标本(本体部位有外壁外层保存)显示出一定区别,种的鉴定应作保留。

产地层位 山西宁武,上石盒子组;新疆吉木萨尔大龙口,芦草沟组;新疆乌鲁木齐石人子沟,芦草沟组;新疆玛纳斯一碗泉,下仓房沟群。

细皱科达粉 *Cordaitina tenurugosa* Hou and Wang, 1986

(图版140,图9;图版141,图22)

1986 *Cordaitina tenurugosa* Hou and Wang,侯静鹏、王智,88页,图版22,图11;图版26,图5,6。

描述 赤道轮廓椭圆形,大小45—50×31—33μm(测5粒),全模43×31μm(图版141,图22);本体与气囊界线清楚,体壁薄,具细内网或颗粒结构;周囊在赤道部位包围本体,宽6—8μm,即花粉的1/3—1/4R,稍厚实,具细辐射褶和细网纹饰,轮廓线微不平整。

比较与讨论 本种以轮廓椭圆形与 *C. rotata* 区别;与 *Zonomonoletes turboreticulatus* var. *granulatus* Samoilovich,1953(p. 54, pl. Ⅺ, fig. 4)也有些相似,但后者因具单射线、气囊较窄、辐射褶较粗、本体与囊上皆具颗粒而不同。

产地层位 新疆吉木萨尔大龙口,梧桐沟组。

三缝科达粉(比较种) *Cordaitina* cf. *trileta* (Alpern) Hart, 1965

(图版141,图7)

1965 *Cordaitina trileta* (Alpern) Hart, p. 92; text-fig. 215.

1987a *Latensina* cf. *triletus* Alpern,廖克光,571页,图版142,图14。

描述 据 Hart(1965),赤道轮廓圆形,大小70μm;中央本体圆形,具短三射线,长≤1/3本体半径;本体具细颗粒纹饰,周囊超出本体轮廓的部分与重叠部分宽度的比约3:1,囊的总宽度约为花粉直径的1/5。

比较与讨论 当前标本轮廓近卵圆形,大小约80μm,与 *C. trileta* 较为相似,但廖克光(1987a)未给描述,形态细节不详,故仿她定为比较种。

产地层位 山西宁武,上石盒子组。

乌拉尔科达粉 *Cordaitina uralensis* (Luber) Samoilovich, 1953

(图版 141,图 8, 9;图版 160,图 7)

1941 *Zonaletes uralensis* Luber, in Luber and Waltz, p. 154, 155, pl. 13, fig. 213.

1953 *Cordaitina* (Luber) Samoilovich, p. 27, pl. 13, fig. 2.

1954 *Cordaitales* (Latensina) *uralensis* (Luber) Zoricheva and Sedova, pl. 5, fig. 1.

1955 *Cordaitozonaletes uralensis* (Luber) Luber, p. 73, pl. 8, fig. 161.

1962 *Florinites uralensis* (Luber) Ouyang, 欧阳舒,98 页,图版Ⅶ,图 2,3;图版Ⅺ,图 4。

1978 *Cordaitina uralensis* (Luber),谌建国,428 页,图版 124,图 8。

1982 *Cordaitina uralensis* (Luber), Ouyang, p. 72, pl. 2, fig. 6.

1986 *Cordaitina uralensis* (Luber),欧阳舒,80 页,图版Ⅺ,图 4,7。

1986 *Cordaitina uralensis* (Luber),侯静鹏、王智,图版 22,图 2;图版 26,图 8,14。

1987a *Cordaitina uralensis* (Luber),廖克光,571 页,图版 142,图 17。

2003 *Cordaitina uralensis* (Luber),包括其他同义名,王智,见欧阳舒等,238 页,图版 33,图 3;图版 35,图 4,8,10,13。

描述 据 Luber 描述,赤道轮廓圆形—卵圆形,全模标本 70μm;周囊相对较宽(据图测量,约 1/3 半径),颜色较本体深;周囊是环状气囊腔,压扁后,气囊扁平并部分与本体重叠;本体外壁表面光滑或微粗糙;囊网状—鲛点状;无射线裂缝;棕—黄色。

比较与讨论 记载的我国此种标本多为亚圆形,少数因保存原因卵圆形,大小 73—107μm 不等,大多大于 80μm;本体轮廓与花粉轮廓基本一致,颜色较浅,具细内网或细内颗粒;周囊大多在花粉半径的 1/3—1/2 之间,具细内穴或网穴,偶尔具细弱辐射纹理;相对而言,它们更接近 *C. uralensis*。本种以本体部位多近圆形、透明,囊与体一般无明显接触基(与体重叠部分不明显),气囊无较粗的辐射纹理与比较种如 *C. rotatus*, *C. rugulifer* 等区别。

产地层位 山西宁武,石盒子群;浙江长兴,龙潭组;湖南浏阳、邵东,龙潭组;云南富源,宣威组上段;新疆准噶尔盆地西北缘,佳木河组—乌尔禾组;新疆准噶尔盆地东部井下,平地泉组;新疆准噶尔盆地南缘,塔什库拉组—锅底坑组。

变异科达粉 *Cordaitina varians* (Sadkova) Hart, 1965

(图版 141,图 1, 2)

1941 *Zonotriletes varians* Sadkova in Luber and Waltz, p. 143, pl. Ⅻ, fig. 196.

1953 *Zonotriletes* cf. *varians* Sadkova, in Samoilovich, pl. Ⅺ, fig. 10.

1965 *Cordaitina varians* (Luber and Waltz) Hart, p. 88; text-fig. 206.

1984 *Cordaitina varicus* (sic!) (Luber and Waltz) Hart,高联达,422 页,图版 159,图 18。

1986 *Cordaitina* sp. 1,侯静鹏、王智,89 页,图版 26,图 12。

描述 赤道轮廓亚圆形,大小 60μm;中央本体轮廓与花粉轮廓基本一致,"具细颗粒纹饰;三射线微弱,短于 1/3 本体半径;气囊壁鲛点状,具细微辐射褶,气囊总宽约为花粉直径的 1/5,其超出本体部分大致与本体叠覆部分相当或略窄一些"(Hart, 1965);轮廓线缘不平整。

比较与讨论 山西宁武标本大小、本体颜色较暗与 Sadkova 描述一致,但周囊上颇发育的辐射褶皱却与 *Zonotriletes verus* Sadkova(Luber and Waltz, 1941, p. 143, pl. Ⅻ, fig. 195)较为接近,不过,后一种周囊要宽得多。原描述中提及"三射线难见"。新疆锅底坑组的 *Cordaitina* sp. 1(74μm),与 Sadkova 的原描述和绘图亦略可比较,但囊稍窄,辐射褶皱不很明显(原描述为"轻微辐射褶,致使囊缘呈贝壳状扇形褶皱",图上画的也不甚明显),与体重叠部分局部较宽,可定为比较种。

注释 本种的建立者 Hart 标为 Luber and Waltz, 1941,在同义名表上又标为 Samoilovich, 1956(实为 1953 定的比较种),都是不正确的,而 *Zonotriletes varians* Naumova, 1947 为当前种的异物同名。

产地层位 山西宁武,上石盒子组;新疆吉木萨尔大龙口,锅底坑组。

弗氏粉属 *Florinites* Schopf, Wilson and Bentall, 1944

模式种 *Florinites antiquus* Schopf (in Schopf, Wilson and Bentall, 1944)；美国艾奥瓦州，上石炭统(Westphalian C)。

属征 单气囊花粉；气囊宽，包围除近极面的大部分和远极面的小部分本体，极面观呈周囊状；花粉总轮廓多呈椭圆形，本体近圆形，其最大直径与两端气囊宽度之和略相等；近极外壁外层上偶有很不明显的短三射线，一般不见；在远极外壁外层未膨胀处见不甚清楚的萌发褶；气囊无"缘"，具内网结构，网穴较中部者为大。模式种全模71μm。

注释 原属征中提到除远极区一部分外，气囊包围整个本体，但Taylor(1973, p. 769, pl. 96, fig. 5)的切片研究表明，气囊在赤道部位极为发育，仅在远极的小部分和近极的大部分未膨胀。很可能两种情况都有。

比较与讨论 与*Cordaitina*比较，区别在于后者气囊仅在赤道膨胀，且常具辐射纹理。

亲缘关系 主要为科达类；松柏类。

分布与时代 全球(欧美区、华夏区较多)，晚石炭世—二叠纪。

古老弗氏粉(比较种) *Florinites* cf. *antiquus* Schopf, 1944

(图版141，图11，31；图版160，图4)

1944 *Florinites antiquus* Schopf, in Schopf, Wilson and Bentall, p. 58, 59, fig. 4.

1950 *Florinites antiquus*, in Kosanke, pl. 12, figs. 7, 8.

1956 *Florinites antiquus*, in Potonié and Kremp, p. 168, pl. 21, figs. 463, 464; text-fig. 74.

1978 *Florinites* cf. *antiquus* Schopf，谌建国，428页，图版124，图7。

1984 *Florinites* cf. *antiquus*，高联达，384页，图版147，图5，6。

1986 *Florinites* cf. *antiquus*，欧阳舒，79页，图版11，图1。

1990 *Florinites antiquus*，张桂芸，见何锡麟等，340页，图版Ⅻ，图4。

描述 赤道轮廓宽椭圆形，大小102—117×71—95μm；本体轮廓亚圆形，大小54—70μm，横轴稍长于纵轴，外壁薄，厚<1μm，未见萌发结构；包围本体的单囊在两端稍宽，大于20μm，细密内网状，穴、脊宽<1μm，在本体上网纹更细，或具方向不定的褶皱；浅黄—微棕黄(体)或黄色。

比较与讨论 云南(欧阳舒，1986)和湖南(谌建国，1978)的此比较种形态、大小相近，但后者气囊网纹较粗；二者皆略与常见于欧美石炭系的*F. antiquus*和*F. pumicosus*相似，据Potonié和Kremp (1956, p. 168, 169)，前一种以具清楚的中央本体与后者(大小80—100μm)区别，这样看来，我国的标本接近*F. antiquus*的程度较甚，不过，*F. antiquus*花粉较小(65—90μm)，中央本体相对较小，更倾向圆形，故仍定为*F. antiquus*的比较种。高联达(1984)鉴定的*F. antiquus*，大小60—75μm，相对更接近此种。山西的*F. antiquus*(杜宝安，1986；未描述)，形态相近，但大小据测仅65μm，本体不够清楚，宜迁入*C. pumicosus*。张桂芸(何锡麟，340页，图版Ⅻ，图4)鉴定的*F. antiquus*，大小100×55μm，气囊在本体周围色较暗，也应保留。

产地层位 河北开平煤田，赵各庄组；内蒙古准格尔旗黑岱沟，山西组(35层)；湖南邵东保和堂，龙潭组；云南富源，宣威组上段。

圆形弗氏粉 *Florinites circularis* Bharadwaj, 1957

(图版141，图3，4)

1957 *Florinites circularis* Bharadwaj, p. 116, pl. 30, figs. 15, 16.

1984 *Florinites pellucidus* (Wilson and Coe)，高联达，384页，图版147，图8。

1984 *Florinites antiquus* Schopf，高联达，384页，图版147，图5，6。

描述 据Bharadwaj (1957)，赤道轮廓圆形，大小65—85μm，全模70μm；本体轮廓清楚，近圆形，大小30—35μm，壁薄，未见三射线；周囊宽度均匀，内网状，可具次生褶皱。

比较与讨论 本种与*F. antiquus*最接近，但花粉形状不同，后者近椭圆形。被高联达(1984)鉴定为*F. pellucidus*的一个标本，大小70μm，但轮廓更接近圆形，与*F. circularis*更相似些，故归入后一种内；另外，高联达(1984)鉴定的 *Florinites antiquus* 个体较小,轮廓颇圆,与 *F. circularis* 较为相近,而高联达(1984)鉴定的 *F. circularis*(1984,385 页,图版 147,图 13)为椭圆形,本体欠清楚,宜归入 *F. pumicosus*。

产地层位 山西宁武,太原组。

温和弗氏粉 *Florinites eremus* Balme and Hennelly, 1955

(图版 141,图 26)

1955 *Florinites eremus* Balme and Hennelly, p. 96, pl. 5, figs. 45, 48.

1978 *Florinites eremus*,谌建国,429 页,图版 124,图 16。

1979 *Florinites eremus*, Foster, p. 65, pl. 20, fig. 8.

描述 赤道轮廓近圆形,大小 110μm,中央本体 56—60μm;具周囊,内网状,除远极外,本体全为气囊所包围;本体界限不明显,仅以周边囊与体的颜色较深的接触带可辨认;黄色。

比较与讨论 中国的当前种与澳大利亚二叠系的标本颇相似,但后者个体稍小,为 61(79) 98μm,本体相对较小,特别是其气囊远极基明显,并从基辐射出较粗的网脊,较大的网穴(2—3μm)亦沿辐射方向拉长[原囊(?)](Foster, 1979),这些特点在我国湖南标本上并不明显,所以严格讲,定为此种应作保留。

产地层位 湖南邵东、浏阳,龙潭组。

弗洛林弗氏粉 *Florinites florinii* Imgrund, 1952

(图版 141,图 5, 6;图版 160,图 3)

1952 *Florinites florini* Imgrund, figs. 132—136.

1960 *Florinites florini* Imgrund, p. 179, pl. 16, figs. 94, 95.

1980 *Florinites florini*,周和仪,7 页,图版 21,图 3,4,6—8,10—12,14,15。

1984 *Florinites minutus* Bharadwaj,高联达,421 页,图版 159,图 12。

1984 *Florinites* cf. *florini*,王蕙,图版Ⅴ,图 12。

1986 *Florinites florini*,杜宝安,图版Ⅲ,图 29。

1986 *Florinites mediapudense* (Loose),朱怀诚,见孔宪祯等,图版 48,图 22,23,26,27(部分)。

1987a *Florinites florini*,廖克光,570 页,图版 141,图 8。

1987 *Florinites florinii*,高联达,图版 9,图 3。

1994 *Florinites florinii*,唐锦秀,图版 19,图 26—28;图版 20,图 9,10;图版 30,图 32。

描述 赤道轮廓圆形—微卵圆形,大小 50—80μm,全模 46μm;中央本体不大,轮廓线不清楚,大小为 12. 5—30. 0 × 12. 5—27. 5μm,一般为 15μm;周囊宽约为本体的半径或直径,体和囊上皆为细匀内网状,网穴 <1μm;个别标本上见假三射线。

比较与讨论 本种以本体轮廓不清楚与 *F. mediapudens* 区别。湖南的 *F. subrotatus* (Luber) Chen (= *Azonaletes subrotatus* Luber, 1941)(谌建国,429 页,图版 124,图 12),轮廓圆形,大小仅 39—42μm,本体轮廓不清楚,远极面(?)具 2 条对弧状褶皱,这最后一点与 *Azonaletes subrotatus* 有些相似,但后者原描述(Luber and Waltz, p. 181)大小达 73μm,外壁细斑—鲛点状;而湖南标本是明显内网状,显然是不同的:相对而言,它与 *Florinites florinii* 更像些,可定为其比较种。此外,*Azonaletes subrotatus* 已被 Samoilovich (1953) 归入 *Cordaitina* 属。

产地层位 华北各地,太原组—下石盒子组;河北开平,唐家庄组—开平组(3—14 层);山西宁武,本溪组、山西组;山西左云,太原组;山东沾化、博兴、堂邑,本溪组—石盒子群;湖南邵东,龙潭组;甘肃平凉,山西组;甘肃靖远,上石炭统红土洼组;宁夏横山堡,上石炭统。

年轻弗氏粉 *Florinites junior* Potonié and Kremp, 1956

(图版 141,图 12, 13;图版 160,图 10)

1956 *Florinites junior* Potonié and Kremp, p. 168, pl. 21, figs. 466, 467.

1984 *Florinites junior*,高联达,384 页,图版 147,图 7,10。

1987a *Florinites junior*,廖克光,569, 570 页,图版 141,图 1,6。

1990 *Florinites junior*,张桂芸,见何锡麟等,338 页,图版Ⅺ,图 7—9,14,15(部分)。

1993 *Florinites junior*,朱怀诚,303 页,图版 82,图 24。

1996 *Florinites junior*,朱怀诚,见孔宪祯等,266 页,图版 49,图 1,5,8。

1997 *Florinites junior*,唐锦秀,图版 19,图 29—31。

描述 据 Potonié 和 Kremp (1956)描述,赤道轮廓多少卵圆形或近圆形,轮廓线光滑或微波状,大小 70—90μm,全模 87μm;中央本体清楚;周囊宽大于本体半径,本体半径与囊宽的比约 3:4,内网清楚。

比较与讨论 我国被归入 *Florinites* 的此种标本,以廖克光(1987a)所鉴定的最为接近,但其大小达 81—114μm;张桂芸(何锡麟等,1990)鉴定的,大小仅 46—76μm,大多本体不太清楚,归入 *F. junior* 有些勉强,归入 *F. pumicosus* 则个体太小;*F. antiquus* 以其相对较窄的周囊(宽度约等于本体半径长)与本种区别。

注释 本种名 *junior* 直译为"年轻",其他译法如"小"、"幼小"、"中空"都不大好,因其全模达 87μm,大小在中等之上,且本体清楚,并非中空。

产地层位 华北各地,太原组;河北开平煤田,赵各庄组;山西宁武,太原组—石盒子群;山西左云,太原—山西组;山西保德,太原组;内蒙古准格尔旗黑岱沟,太原组 8,9 煤—山西组;内蒙古准格尔旗房塔沟,山西组 6 煤;甘肃靖远,红土洼组—羊虎沟组下段。

柳别尔弗氏粉(比较种) *Florinites* cf. *luberae* Samoilovich, 1953

(图版 141,图 15)

1986 *Florinites* cf. *luberae* Samoilovich,侯静鹏、王智,90 页,图版 22,图 13。

描述 赤道轮廓椭圆形,大小 93×60μm,本体轮廓圆形,大小约 52μm;本体边沿具囊基与本体接触的缘带,宽约 3μm,此外还有不定形状和方向的褶皱,以及从囊基部放射出的少量辐射褶,本体远极部分未被气囊全部包围;气囊均匀细内网状,两端宽度较大。

比较与讨论 当前标本与最初描述的西乌拉尔下二叠统空谷阶的 *F. luberae* Samoilovich, 1953(p. 42, pl. 8, fig. 2a,b,尤其 fig. 2b)颇相似,但后者大小仅为 44—46×30—40μm,故定为比较种。此种可信的代表在北疆首见于塔什库拉组,详见有关专著(欧阳舒、王智等,2003)。

产地层位 新疆吉木萨尔大龙口,梧桐沟组。

中等弗氏粉 *Florinites mediapudens* (Loose) Potonié and Kremp, 1956

(图版 141,图 14, 18;图版 161,图 7)

1934 *Reticulata-sporites mediapudens* Loose, p. 158, pl. 7, fig. 8.

1956 *Florinites mediapudens* (Loose) Potonié and Kremp, p. 169, pl. 21, figs. 468—471.

1980 *Florinites mediapudens*,周和仪,48 页,图版 21,图 13,16。

1984 *Florinites mediapudens*,高联达,385 页,图版 147,图 16。

1987 *Florinites mediapudens*,高联达,图版 9,图 4。

1987 *Florinites mediapudens*,朱怀诚,见孔宪祯等,226 页,图版 48,图 22,23,26,27(部分)。

描述 据 Potonié 和 Kremp (1956)描述,赤道轮廓略卵圆形,轮廓线基本平滑,大小 50—65μm,全模 60μm;中央本体大多清楚,未见三射线;周囊宽度相当或微短于本体半径长;描述并拍照的开平的标本大小约 75μm,特征与前述相近。

比较与讨论 本种比 *F. pumicosus*, *F. antiquus* 和 *F. junior* 个体小,是从德国鲁尔地区发现的此属中最小的;中央本体比 *F. florinii* 清楚。Bharadwaj(1957a)建立的萨尔煤田的 2 个个体较小种,即 *F. ovalis* (48—65μm), *F. minutus* (35—45μm),前者以清楚的本体,并且其长轴与花粉长轴垂直、气囊远极基间距狭窄为特征,后者以本体颜色较深、囊与体的接触带增厚呈类环状和个体最小与其他种区别,*F. milloti* 也很小,但其本体相对不清楚。

产地层位 河北开平，开平组；山西左云，太原组；山西保德，本溪组；山东垦利、堂邑、博兴，太原组—上石盒子组；甘肃靖远，红土洼组下部。

密罗特弗氏粉 *Florinites millottii* Butterworth and Williams, 1954

（图版141，图21，24；图版161，图6）

1954 *Florinites millotti* Butterworth and Williams, p. 760, pl. 26, fig. 9.

1970 *Florinites millotti*, in Peppers, p. 132, pl. 14, fig. 4.

1978 *Florinites millotti*，谌建国，429页，图版124，图14。

1983 *Florinites millotti*，蒋全美等，415页，图版415，图6。

1984 *Florinites millotti*，王蕙，图版Ⅴ，图13。

1987 *Florinites millotti*，高联达，图版8，图14。

描述 湖南标本赤道轮廓宽椭圆形，大小50×39μm；中央本体近圆形，横轴稍长于纵轴，大小24μm，轮廓清晰，本体赤道部位（囊基）外壁增厚；单气囊内网状。

比较与讨论 据Butterworth and Williams（1954），轮廓近椭圆形，大小30（39）49×23（30）37μm，全模37×29μm；本体形状、大小多变，卵圆形—椭圆形—近圆形，13—35×16—32μm或大小约20μm，长轴多与花粉纵轴垂直；囊、体皆薄，厚可能小于1μm，细内网状，远极“沟”（本体无囊区）卵圆或椭圆，其较大直径与花粉纵轴垂直，但很不清楚。当前标本与此相比，差别在于囊壁和体壁较厚。*F. minutus* 本体清楚，壁较厚。

产地层位 山西保德，本溪组；湖南邵东保和堂，龙潭组；甘肃靖远，靖远组；宁夏横山堡，上石炭统。

小弗氏粉 *Florinites minutus* Bharadwaj, 1957

（图版141，图28，30；图版160，图13）

1957a *Florinites minutus* Bharadwaj, p. 117, pl. 31, figs. 6, 7.

1984 *Florinites minutus*，高联达，421页，图版159，图12，16。

?1984 *Florinites visendus* (Loose)，高联达，385页，图版147，图14，15。

1980 *Florinites mediapudens* (Loose)，周和仪，48页，图版21，图5，9。

1987 *Florinites mediapudens*，周和仪，图版4，图8，12。

描述 据Bharadwaj（1957a）描述，本种轮廓卵圆形—亚圆形，大小35—45×25—35μm；本体轮廓清楚，略亚圆形，大小15—20μm；周囊包围本体，但在全模上囊与体周边接触呈一类环状暗色带。

比较与讨论 山东被定为 *F. mediapudens* 的部分较小标本（36—45μm），大小与 *F. minutus* 相近，本体周边也有囊与本体接触的暗带，但后者亚圆形；河北开平的此种以及 *F. visendus*（仅35—50μm，原定义150—175μm，差别太大），本体缺乏类环状暗带，故严格讲，归入 *F. minutus* 内都应有保留。山东标本的本体长轴与 *F. ovalis* 特点相符，但后者气囊远极基间距狭窄。

产地层位 河北开平煤田，赵各庄组、大苗庄组；山西宁武，太原组、上石盒子组；山西保德，太原组—山西组；山东垦利、堂邑、博兴，太原组—上石盒子组。

宁武弗氏粉 *Florinites ningwuensis* Gao, 1984

（图版141，图10，16）

1984 *Florinites ningwuensis* Gao，高联达，421页，图版160，图1。

1990 *Florinites ningwuensis*，张桂芸，见何锡麟等，339页，图版Ⅻ，图2。

描述 赤道轮廓椭圆形，本体轮廓略与花粉轮廓基本一致，卵圆形；全模（图版141，图16）约80×66μm，本体约52×40μm，气囊宽12—14μm；本体壁厚，深褐色，表面细点状纹饰；气囊包围远极全部和近极大部分，细内网状，轮廓线平整。

比较与讨论 本种以本体壁颇厚与 *F. antiquus* 和 *F. pellucidus* 不同。

产地层位 山西宁武，上石盒子组；内蒙古准格尔旗黑岱沟，山西组。

卵圆弗氏粉 *Florinites ovalis* Bharadwaj, 1957

（图版 141，图 27，29；图版 160，图 16）

1957 *Florinites ovalis* Bharadwaj, p. 116, pl. 31, figs. 1—3.

1980 *Florinites productus*，周和仪，48 页，图版 21，图 19，20。

1983 *Florinites* sp. 1，蒋全美等，627 页，图版 415，图 9。

1986 *Florinites minutus* Bharadwaj，侯静鹏、王智，90 页，图版 26，图 3。

描述 据 Bharadwaj（1956）描述，卵圆形，大小 48—65μm，全模 51×36μm；本体清楚，卵圆形，其长轴与花粉长轴垂直；无囊的一面，"即很可能的远极面具囊基褶，囊基间距为狭缝状，有时此处稍变宽，基褶卷起"。我国作者鉴定的 *F. ovalis* 中，只有周和仪鉴定的山东 *F. productus* 的部分标本勉强符合这些特征，个体大小也相当（大于或等于 52μm）；湖南的 *Florinites* sp. 1 和新疆的 *F. minutus* 的标本，本体卵圆形，远极面中央似有一狭缝，归入此种稍好。

注释 以上描述中双引号内一句为本书编者结合原描述和图照作的解释。

比较与讨论 本种以远极基间距很窄区别于 *F. productus*。

产地层位 山东垦利、堂邑、博兴，太原组—上石盒子组；湖南长沙跳马涧，龙潭组；新疆吉木萨尔大龙口，锅底坑组。

小体弗氏粉 *Florinites parvus* Wilson and Hoffmeister, 1956

（图版 141，图 19，20；图版 160，图 1）

1956 *Florinites parvus* Wilson and Hoffmeister, p. 16, pl. Ⅳ, figs. 11, 12.

1976 *Florinites parvus*, Kaiser, p. 137, pl. 15, fig. 1.

1984 *Florinites ovalis* Bharadwaj，高联达，384 页，图版 147，图 9。

1987a *Florinites paralletus* Liao，廖克光，570 页，图版 141，图 2，4，5。

1987a *Florinites* cf. *pumicosus*，廖克光，570 页，图版 141，图 7。

1995 *Florinites* sp.，吴建庄，349 页，图版 56，图 1。

描述 赤道轮廓椭圆形—亚圆形，纵轴较长，大小 55—65μm，廖克光命名的新种全模 62μm；本体外壁很薄，常具褶皱，轮廓一般清楚，长轴与花粉长轴一致，大约 30μm；气囊宽度稍大于 1/2 或等于 3/4 本体长轴；气囊和本体部位皆为细匀内网结构，网脊≤0.5μm，网穴近 1μm，局部可达 2μm 以上［保存关系（?）］。

比较与讨论 廖克光（1987a）建立的种 *F. paralletus*，其依据是该种气囊［或本体周边（?）］"呈檐状加厚，故本体周围可见到一圈浅色的薄壁区"，这一特点在全模上可见，在其他 2 个标本上（图版 141，图 4，5）却不见，显然不是一稳定特征；此外，这个种与 Kaiser 鉴定的 *F. parvus* 大小、形态非常接近，难以区别，故一同归入后一种内。Wilson 和 Hoffmeister（1956）原描述大小 50—58×40—45μm，本体近圆形，大小 18—23μm，显得本体相对颇小。高联达（1984）鉴定的 *F. ovalis*，本体也很小，但与 *F. ovalis* 的原描述（如本体卵圆，长轴与花粉纵轴垂直，远极囊基褶间呈狭缝状）差别太明显，故改定为 *F. parvus*。Kaiser（1976）甚至提到他鉴定的 *F. parvus* 与 *F. mediapudens* 及 *F. junior* 的全模亦颇一致；但前者周囊相对稍窄，后者个体较大。*F. pumicosus* 个体较大，本体相对亦较大，虽轮廓线有时很不清楚。不过，我国上述同义名表中所列标本，本体纵轴长于横轴，与 *F. parvus* 仍有些差别。*F. antiquus* 较大，近 90μm。

产地层位 河北开平，赵各庄组；山西保德，上石盒子组；山西宁武，山西组；河南临颍，上石盒子组。

透明弗氏粉 *Florinites pellucidus*（Wilson and Coe）Wilson, 1958

（图版 141，图 25）

1958 *Florinites pellucidus*（Wilson and Coe）Wilson, p. 100, fig. 3.

1984 *Florinites pellucidus*，高联达，384 页，图版 147，图 1。

描述 据 Wilson（1958）描述，赤道轮廓椭圆形—宽卵圆形，大小 70—76×50—58μm，中央本体 30—36×20—25μm，选模标本大小 72.5×57.5μm，本体 35×25μm；周囊宽（18.7—16.3μm）略大于本体半径长和

宽，即本体偏小，细内网状。

注释 建立 *Endosporites pellucidus* Wilson and Coe，1940 时，因材料欠佳，未给照相，是手绘图（本体上还绘了三射线）；Wilson（1958）对此种模式标本重新研究，发现其归属不对，应改归 *Florinites* 属下，明确标了"新联合"，并对当年描述的几个属的绝大多数种（11/12）作了补充照相，在图版说明中标注了大小幅度等。但在两种情况下，描述都很简单，也未作比较。例如，*Endosporites pellucidus* 原描述为"与 *E. ornatus* 相似，但其大小仅其一半，大小 47—57μm，中央本体 25—36μm，在 Des Moines Series 煤中颇丰富"，也未提到与 *Florinites antiquus*（全模约 71μm，与本种选模接近）等的区别。所以这个种使用起来很困难，本书将 *F. pellucidus* 本体相对较小作为与 *F. antiquus* 的区别特征。高联达（1984）鉴定的此种有 2 张图照，一个 70μm，一个 110μm，后者归入本种。

产地层位 山西宁武，太原组。

横长弗氏粉 *Florinites productus* Zhou，1980

（图版 141，图 17，23）

1980 *Florinites productus* Zhou，周和仪，48 页，图版 20，图 17，18，21，22。

1984 *Florinites diversiformis* Kosanke，高联达，385 页，图版 147，图 17。

1987 *Florinites productus* Zhou，周和仪，图版 4，图 18，23，28。

描述 赤道轮廓椭圆形，向纵轴方向扩展，大小 52—70 × 34—56μm，全模约 52 × 38μm；中央本体清楚，圆形—椭圆形，大小 22—28 × 20—28μm，有时横轴稍长于纵轴，或偶尔相反；周囊包围中央本体，向两端拉长，宽达 12—22μm，几乎等于本体直径，远极基具新月形基褶，基褶之间间距［薄壁区或无囊区（?）］≥本体直径的1/2；气囊内网状。

比较与讨论 本种与 *F. ovalis* 相似，但以气囊远极基之间间距宽而与后者区别；此外，与 *Vesicaspora fusiformis* 之间存在过渡形式。高联达（1984）鉴定的山西的 *F. diversiformis* Kosanke，1950 与原全模标本差别太大，改归 *Florinites productus* 下，因其大小仅约 70 × 56μm，本体纺锤形，长轴与花粉长轴垂直，气囊远极基褶之间间距近达本体纵轴 1/2，与 *F. productus* 较相似；而 *F. diversiformis* 大小达 126—139μm，具残留三缝，本体壁厚达 2. 0—2. 5μm，黄棕色，远极囊基褶（?）很厚，其间为狭缝状。

产地层位 山西宁武，太原组；河南范县，上石盒子组。

飞扬弗氏粉 *Florinites pumicosus*（Ibrahim）Schopf，Wilson and Bentall，1944

（图版 142，图 9，10；图版 160，图 9）

1932 *Sporonites pumicosus* Ibrahim，Potonié，Ibrahim and Loose，p. 447，pl. 14，fig. 6.

1938 *Zonaletes pumicosus*（Ibrahim）Luber，in Luber and Waltz，pl. 8，fig. 110.

1944 *Florinites*（?）*pumicosus*（Ibrahim）Schopf，Wilson and Bentall，p. 59.

1950 *Florinites antiquus* Kosanke，partim，e. g.，pl. 12，fig. 6.

1955 *Florinites pumicosus*（Ibrahim），Potonié and Kremp，p. 169，pl. 21，figs. 472—475.

1960 *Florinites pumicosus*，Imgrund，p. 178，pl. 16，fig. 93.

1976 *Floinites pumicosus*，Kaiser，p. 137，pl. 14，figs. 10—12.

1984 *Florinites pumicosus*，高联达，384 页，图版 147，图 11，12。

1984 *Floinites circularis* Bharadwaj，高联达，385 页，图版 147，图 13。

1986 *Florinites antiquus* Schopf et al.，杜宝安，图版 3，图 30。

1990 *Florinites pumicosus*（Ibrahim），张桂芸，见何锡麟等，图版XI，图 11—13。

描述 据 Potonié 和 Kremp（1956）描述，赤道轮廓近圆形—卵圆形，大小 80—100μm，全模短宽椭圆形，长轴 92. 5μm；中央本体约占花粉直径或长轴的 1/2，轮廓线很不清楚，甚至不见；周囊宽略小于花粉中央本体半径；气囊细内网状，穴径 1—2μm；未见三射线。

比较与讨论 *F. antiquus*（图版 160，图 9）仅以清楚的中央本体与本种区别。我国被鉴定为此种的标本，以 Kaiser（1976）和张桂芸（1990）鉴定的本种与全模和 Potonié 和 Kremp（1955，pl. 21，fig. 474）较为接近，虽大小有些出入，为 60—130μm；Imgrund（1960）鉴定的则接近圆形。

产地层位 河北开平煤田，开平组（赵各庄组，煤 12）—赵各庄组（煤 3 至煤 14）；山西宁武，太原组；山西保德，上石盒子组；内蒙古准格尔旗黑岱沟，太原组—山西组。

孑遗弗氏粉 *Florinites relictus* Ouyang and Li，1980

（图版 142，图 5，19）

1980 *Florinites relictus* Ouyang and Li，欧阳舒、李再平，145 页，图版Ⅳ，图 11。

1982 *Florinites relictus*，Ouyang，pl. 4，fig. 24.

1986 *Florinites relictus*，欧阳舒，80 页，图版Ⅺ，图 2，3。

描述 小单囊花粉，赤道轮廓亚圆形—宽椭圆形，大小 29—32（51）×26—40μm，全模 32×30μm（图版 142，图 19）；本体近圆形，外壁薄，轮廓线可见或清楚，直径约总大小的 1/2；具极细内网，本体区网穴≤0. 5μm，周囊上较粗，但不超过 1μm，偶具小褶皱；浅黄色。

比较与讨论 本种以花粉特小、本体相对较大区别于属内其他种。*F. florinii* 本体相对要小，且轮廓不清楚，气囊网穴更明显；*F. millottii* 的本体长轴与花粉纵轴垂直，远极无囊区卵圆形。

产地层位 云南富源，宣威组上段—卡以头组。

可见弗氏粉 *Florinites visendus*（Ibrahim）Schopf，Wilson and Bentall，1944

（图版 142，图 21，22）

1933 *Reticulata-sporites visendus* Ibrahim，p. 39，pl. 8，fig. 66.

1944 *Florinites*（?）*visendus*（Ibrahim）Schopf，Wilson and Bentall，p. 60.

1956 *Florinites visendus*（Ibrahim），Potonié and Kremp，p. 170，pl. 21，figs. 476，477.

1978 *Florinites elegans* Wilson and Kosanke，谌建国，429 页，图版 124，图 9。

1989 *Florinites visendus*，Zhu，pl. 4，fig. 20.

描述 赤道轮廓宽卵圆形，大小 142—182×102—121μm，中央本体边界并不太清楚，78—82μm；本体为横宽的椭圆形，纵轴长为花粉长的 1/3；周囊明显内网状；靖远标本亚圆形，长轴长约 170μm。

比较与讨论 据 Potonié 和 Kremp（1956）的描述，此种特征为：轮廓近圆形—卵圆形，大小 150—175μm，全模 165μm，中央本体不清楚，周囊内网穴径在囊区比在本体区大些。湖南标本与之相比，除本体轮廓大致可辨外，其他特征颇相似，故改归该种。*F. elegans* 全模达 197×135μm，后来的研究证明本体具单缝，故已改归 *Potonieisporites elegans*（Wilson and Kosanke）Wilson and Venkatachala（1964，p. 67，figs. 1，2）。山西河曲的 *F.* cf. *visendus*（欧阳舒，1964，图版Ⅵ，图 7，8），大小 212—135×152—123μm，平均 160×127μm（测 15 粒）；本体清楚，颜色较深（棕黄），近椭圆，与花粉长轴平行或近圆形，大小 92（77）62μm，壁较薄，厚 1—2μm，常褶皱，多脱落而留一略圆的空白区；周囊细内网状，穴径 <1μm，向边缘和本体部位变细；轮廓线平整或微粗糙。浙江龙潭组鉴定的 *F.* cf. *elegans*（欧阳舒，1962，98 页，图版Ⅶ，图 1），大小达 228×185μm，未见单缝，似乎也应改定 *F.* cf. *visendus*。*F. similis* Kosanke，1950 个体较小，124—142μm。总之，我国二叠系所见的个体大的单囊花粉，与已描述的国外石炭系相应种相比，总有这样那样的区别，很可能是不同的种，出自科达类或松柏类的不同种的母体植物，有待今后更深入的研究。

产地层位 河北开平煤田，赵各庄组（煤 9）；山西宁武，太原组；山西河曲、保德，下石盒子组；浙江长兴，龙潭组；湖南邵东、浏阳，龙潭组；甘肃靖远，靖远组。

褶边弗氏粉（比较种） *Florinites* cf. *volans*（Ibrahim）Potonié and Kremp，1956

（图版 142，图 17）

1978 *Florinites volans*（Ibrahim）Potonié and Kremp，谌建国，429 页，图版 125，图 17。

描述 赤道轮廓宽卵圆形，大小 90—140×61—91μm，描述标本 120×90μm（据倍数测约 140×82μm）；

单气囊内网状，网脊稍粗，网穴多互相沟通；中央本体略呈三角形，大小约 70μm，赤道边具宽的囊基褶与本体接触的厚实暗色带，宽达 12—18μm，中央“裸露区”亦呈三角形，其上似乎显示出短三射线残迹。

比较与讨论 当前标本原被直接定为 *F. volans*（谌建国，1978），标本大小、形态略可与 *F. volans* (Ibrahim) Potonié and Kremp (1956, p. 170, pl. 21) 比较，后者 150—175μm，全模 165μm，但其中央本体短卵圆形，体壁较薄，四周具宽窄不一的暗色褶皱，短三缝颇清楚，差别较大，故改定为比较种。

产地层位 湖南浏阳、邵东，龙潭组。

脐粉属 *Umbilisaccites* Ouyang, 1979

模式种 *Umbilisaccites elongatus* Ouyang, 1979；云南富源，宣威组下段。

属征 较大的双（?）气囊花粉，单束型，赤道轮廓长卵圆形，赤道轴远长于极轴；中央本体清楚，狭卵圆形，外壁不很厚，外层与内层（体）不同程度脱离，在长轴两端赤道—远极部位尤为明显且略膨胀，构成囊状结构，但与本体相交无明显角度，故极面观几不显二囊特征，仅在远极隐约可见与花粉长轴平行的囊褶，其中部为不规则形状的外壁变薄区；外壁内棒或点穴状，表面粗糙；棕色。

比较与讨论 本属与印度二叠系的 *Ranigangiasaccites* Kar, 1969 略相似，但以较长本体和颇清楚的外壁变薄区而与后者有别。

伸长脐粉 *Umbilisaccites elongatus* Ouyang, 1979

（图版 142，图 6，7）

1979 *Umbilisaccites elongatus* Ouyang, p. 9, pl. 2, fig. 32.

1982 *Umbilisaccites elongatus* Ouyang, p. 79, pl. 4, fig. 3.

1986 *Umbilisaccites elongatus*，欧阳舒，81 页，图版Ⅺ，图 26。

描述 参见属征；总大小（长×宽）90—132×55—60μm，全模 132×60μm；外壁内层（体）薄，其轮廓与整个花粉轮廓大体一致；外层与内层脱离，最窄处（短轴两侧）仅 4μm，向两端离层逐渐增宽，最宽（端部中央）达 10—13μm，在远极—赤道两端构成二囊状构形，在远极具与花粉长轴平行的囊褶，其中部为不规则形状的透亮外壁变薄区（萌发区）所间隔，薄壁区长约 17μm；外层内为很难描述的肌理颇粗的内棒状、点穴状或海绵状结构，一直延伸到表面，故轮廓线和表面皆粗糙不平，透亮区内为棒粒状或点穴状；未见三缝或单缝；棕色。

产地层位 云南富源，宣威组下段。

中大脐粉? *Umbilisaccites? medius* Ouyang, 1986

（图版 142，图 3）

1986 *Umbilisaccites? medius* Ouyang，欧阳舒，81 页，图版Ⅺ，图 23。

描述 赤道轮廓长卵圆形—纺锤形，总大小（长×宽）67—76×35—52μm，本体 55—62×28—45μm，全模 67×35μm；本体轮廓与外层轮廓基本一致，并与其不同程度脱离，一般在两端脱离较宽，达 7μm，在两侧仅 3μm，故略呈二囊状，有的标本上远极基明显凹入，其间可能为不规则形状的萌发区；内层薄，厚 <1μm，在赤道部位或微增厚，光滑或细点穴状，穴径 <0.5μm，可具褶皱；囊上肌理较粗，网状，穴径 0.5—1.0μm；棕黄—黄色。

比较与讨论 本种以花粉较小、远极无囊褶及气囊网纹较细而与 *U. elongatus* 区别；以外层在赤道部位相连、气囊不明显而与 *Bactrosporites ovatus* 不同。

产地层位 云南富源，宣威组上段。

连脊粉属 *Iunctella* Kara-Murza, 1952

模式种 *Iunctella ovalis* Kara Murza, 1952；俄罗斯（泰梅尔盆地），下二叠统上部—上二叠统。

同义名 *Annulisaccus* Wang, 1987.

属征 赤道轮廓卵圆形,宽豆形或椭圆形;花粉赤道周边常增厚成带状,高出薄而下凹的本体;沿本体纵轴有一增厚带或褶,与花粉本体两端的增厚部分融合,此纵向带中部一般加宽;本体外壁致密,光滑或粗糙,黄色;未见单缝;模式种花粉大小(长轴)30—50μm,黄色或棕黄一棕色。

比较与讨论 Kara-Murza(1952)从泰梅尔盆地二叠系建立了5个属,即 *Planella*(单型属),*Protopicea*,*Protopodocarpus*(故 *Protopicea* Bolkhovitina 和 *Protopodocarpus* Bolkhovitina 可能是其晚出异物同名或同义名),以及与本书相关的 *Iunctella* 和 *Pseudocircella*。在 *Iunctella* 属下有2种,即 *I. ovalis*, *I. rotunda*, *I. marginielata*, *I. sejuncta*, *I. rotundata*;在 *Pseudocircella* 属下有5种,即 *P. perplexa* 和 *P. rugosa*。Ouyang 和 Norris(1988)详细讨论了这2个属的问题,并建议另指定该属下首先描述的种 *P. perplexa* 作 *Pseudocircella* 的模式种,因为如按 Kara-Murza 原指定的 *P. rugosa*(远极面具纵向增厚脊带),就难以与 *Iunctella* 区别。这样一来,*Iunctella* 便可以其远极增厚脊及其两侧的薄壁区与 *Pseudocircella* 区别开来,后者较像单囊,个体较大(60—95μm)。将此属归入单囊类成问题,因其形态介于 *Cordaitina* 和 Schuurman(1976, pl. Ⅰ, figs. 1, 2, 4)鉴定的 *Ovalipollis* 之间,但后者外壁外层囊状。

亲缘关系 裸子植物。Kara-Murza 原将此属花粉与种子蕨 *Dolerotheca*(Schopf, 1948)的原位花粉比较,但不可信,因后者原位花粉为 *Schopfipollenites* 型,个体大,具折凹的单缝,远极面具原始单沟。

分布时代 安加拉区、华夏区,二叠纪—三叠纪。

安徽连脊粉(新联合) *Iunctella anhuiensis* (Wang) Ouyang comb. nov.

(图版142,图1)

1987 *Annulisaccus anhuiensis* Wang,王蓉,51页,图版3,图17。

1987 *Annulisaccus taenites* (sic) Wang,王蓉,51页,图版3,图18。

描述 赤道轮廓卵圆形,大小75.0—82.5×32.5—36.2μm,因挤压而一端变窄;气囊偏远极呈环带状包围本体;本体椭圆形,壁薄,细点状—网状;本体中部[远极(?)]具一加厚的脊带,宽约占花粉宽的1/3,其两侧为薄壁区;气囊最宽处在花粉长轴两端,约20μm(按,即与中脊融合处),在两侧宽仅6.2μm,囊壁不规则网纹。

比较与讨论 王蓉(1987)建立的属 *Annulisaccus*,以 *A. anhuiensis* 作模式种,但此种据原描述(部分)和全模照相,所谓"带状单囊"难以理解,从模式种照片看,似为环带状,中央有一纵向单脊,完全可归入 *Iunctella* 属。此种形态、大小介于 *I. ovalis*, 尤其是 *I. ovalis* f. *nigrata* Kara-Murza 和 *I. marginiielata* Kara-Murza(1952, p. 69, pl. 14, fig. 4; p. 70, pl. 14, figs. 5, 6)及 *I. mirabilis* Ouyang and Norris, 1988(p. 206, pl. Ⅲ, figs. 6—8)之间,后者大小97(113)129μm(中生代一书中未收入)。此属花粉从早二叠世晚期至早三叠世,大小可能递增。

产地层位 安徽界首,石千峰组中段。

条带连脊粉(新联合) *Iunctella taeniata* (Wang) Ouyang comb. nov.

(图版142,图2)

1987 *Annulisaccus taenites* (sic) Wang,王蓉,51页,图版3,图18。

描述 赤道轮廓椭圆形,全模标本大小(长×宽)82.5×32.5μm;本体椭圆形,大小60.0×32.5μm,内斑点纹饰,壁薄,远极面(?)具纵向脊条,总宽约为花粉宽的1/4,似乎有两分的趋势,与本体两端所在囊融合使此区囊较宽,脊条两侧可能具薄壁区;气囊着生于本体赤道部位,略偏远极,呈环带状包围本体,不规则内网纹饰。

比较与讨论 本种大小、形态与 *I. anhuiensis* (Wang)颇相似,仅以本体纵向脊条有二分趋势、两侧薄壁区不那么明显与后者有别。

产地层位 安徽界首,石千峰组中段。

十字粉属 *Crucisaccites* Lele and Maithy, 1964

模式种 *Crucisaccites latisulcatus* Lele and Maithy, 1964;印度,二叠系。

属征 单囊花粉,轮廓圆形—卵圆形,本体清楚,圆形—亚椭圆形;气囊包围本体大部,仅在近极和远极面之间各具两侧对称的空白带;两面无囊区互相垂直;单射线或存在;本体外壁在无囊区显然较薄,具开裂趋势;囊基附近具或不具囊基褶皱;囊为内网结构;模式种大小200—260μm(Jansoinus and Hills, 1976, Card 665)。

比较与讨论 *Corisaccites* Venkatachala and Kar, 1966 被描述为双囊花粉,本体外壁较厚,近极面具纵裂("沟")使本体裂成两瓣;气囊近级基在本体赤道,远极基偏内,直,与纵裂垂直,双囊之间为无囊区。但 *Crucisaccites* 与 *Corisaccites* 究竟如何区别,有待研究(王智,见欧阳舒等,2003)。

四方十字粉 *Crucisaccites quadratoides* (Zhou) Hou and Song, 1995

(图版142,图12;图版143,图7;图版160,图2)

1964 Polysaccites-type (gen. et sp. nov.),欧阳舒,506页,图版Ⅷ,图1—4。

1978 ?*Lueckisporites virkkiae* (Potonié and Klaus),谌建国,430页,图版124,图11。

1980 *Corisaccites quadratoides* Zhou,周和仪,63页,图版29,图11—15,17。

1982 *Corisaccites quadratoides* Zhou,周和仪,图版Ⅱ,图26,27。

1984 *Corisaccites alutas* Venkatachala and Kar,高联达,427页,图版162,图1,2。

1986 *Corisaccites quadratoides*,杜宝安,图版Ⅲ,图49。

1987a *Corisaccites quadratoides*,廖克光,571页,图版142,图9,11,12。

1995 *Crucisaccites quadratoides* (Zhou) Hou and Song,侯静鹏、宋平,177页,图版23,图27。

1995 *Corisaccites alutas*,吴建庄,352页,图版56,图15。

描述 单气囊花粉,赤道轮廓微矩形—近圆形—卵圆形,大小(长轴)目前已知有两组数据,小者68—90μm,大者106—149μm;本体轮廓亚圆形—宽卵圆形,但由于外壁薄,容易脱落或破损,或因大部被囊包围,其准确大小和壁厚不易测到;气囊壁(外壁外层)较厚,从赤道包围本体近极面和远极面的大部分,极面压扁保存时,常造成周囊在本体中部相交并呈小"井"字形空白区,其内未见射线;气囊内结构粗糙,细网状—颗粒状,在囊的外缘(4—9μm宽),肌理较粗,或微呈栅状;黄—棕黄色。

比较与讨论 周和仪建立的这个种曾被归入 *C. ornatus*(欧阳舒、王智等,2003)。的确,本种个体较小类型与 *Cordaitina ornata* Samoilovich, 1953(p. 28, 29, pl. Ⅲ, fig. 1a, b;此种其后已被 Dibner,1971 归入 *Crucisaccites*)颇相似,据原描述,后者大小63—66×56—60μm(62—94μm,据王智),但其中央"井"字空白区较大,且有时具单缝,单囊厚度清楚,较薄,内结构较细,故本书仍保留了 *quadratoides* 这一种名。张璐瑾所建种 *Crucisaccites quadratus* Zhang (1990, p. 186, pl. 3, figs. 2—4, 6, 7, 17)的大部分,"井"字空白区较大,似应归入 *C. ornatus*。

注释 欧阳舒(1964)最初描述我国山西下石盒子组此类"多气囊"花粉时,怀疑其为四囊花粉,两两相交构成"井"字,但由于侧面压缩变形颇剧,难以正确解释其结构,故未给属种名。Balme(1970, p. 379)在研究西巴基斯坦二叠—三叠系孢粉时鉴定了一种 *Corisaccites alutas* Venkatachala and Kar, 1966,将上述山西标本也存疑地归入其同义名表内,并说欧阳舒描述的标本与 *C. alutas* 相似,虽然它们的个体比至今其他作者描述的该种都要大(138—149μm),且似有较粗的外壁外层结构;然而,将它们归入 *Corisaccites* 是没有多少问题的。不过,本书未采用他的意见,因为 *Corisaccites* 是明显两气囊的。而我国发现的此类花粉,与安加拉—亚安加拉的 *Crucisaccites* (*Cordaitina*) *ornata*(Samoilovich)关系更为密切,王智的扫描电镜研究也证明其为单囊花粉(王智,见欧阳舒等,2003,247页,图版36,图4)。此外,廖克光(1987a,571页,图版142,图7;图8则为双囊花粉)建立的种 *Corisaccites elongatus* Liao,其全模标本肯定属单气囊的 *Crucisaccites*,大小虽接近 *C. variosulcatus*,但近、远极囊基所构成的"井"字中央方形区大小则介于后者与 *C. ornatus* 之间;这一标本与欧阳舒(1964,图版Ⅷ,图8)归入多气囊类型的一粒标本大小、形态相近,且皆产自下石盒子组,可能为 *C. quadratoides* 的不成熟的花粉,因所见个体太少,暂不作独立的种处理。

产地层位 山西河曲，下石盒子组；山西宁武，上石盒子组；浙江长兴煤山，龙潭组；河南范县，石盒子群；河南柘城，上石盒子组；湖南邵东，龙潭组；甘肃平凉，山西组。

变沟十字粉 *Crucisaccites variosulcatus* Djupina, 1971

（图版 142，图 23，24；图版 160，图 15）

1971 *Crucisaccites variosulcatus* Djupina, p. 68, pl. 1, figs. 1—9.

1983 *Crucisaccites urumuqiensis* Zhang, p. 332, pl. 2, figs. 22, 25.

1983 *Crucisaccites xinjiangensis* Zhang, p. 331, pl. 2, fig. 26.

1990 *Crucisaccites urumuqiensis* Zhang, p. 186, pl. 1, figs. 34—37.

1989 *Crucisaccites? xinjiangensis*，侯静鹏、沈百花，112 页，图版 14，图 2，3。

2003 *Crucisaccites variosulcatus*，欧阳舒、王智等，248 页，图版 36，图 8，15；图版 37，图 6。

描述 单气囊花粉，赤道轮廓略呈矩形或多边形，大小（长轴）42—60μm；本体轮廓常不清，气囊包裹了本体大部分，极面观近极基（二者之间或被称为开裂或“沟”）与远极基构成“井”字形，中间未被包围的本体区（裸露区）很小，方形或窄隙状；囊壁薄且表面光滑，内网结构不清楚；棕黄色。

比较与讨论 本种以个体一般较小，尤其“井”字中央所在的方形区通常小而与 *C. ornatus*（63—66μm）区别。*C. urumuqiensis* Zhang, 1983 原描述大小 42—52μm，在与 *C. xinjiangensis* Zhang, 1983（大小 52—63μm）比较时提及，与后者颇相似，区别仅在于其个体小，外壁光面；但同时 Zhang（1990）鉴定的 *C. urumuqiensis*，包括了大于 70μm 的标本（e. g., pl. 1, figs. 36, 37），所以大小很难作为划分此两种的标准，至于外壁纹饰，这类单囊花粉通常都是内网状，清楚程度与保存相关，所以本书不但同意将 *C. urumuqiensis* 当作 *C. variosulcatus* 的晚出同义名，而且将 *C. xinjiangensis* 的全模标本（52μm）也并入其中[Zhang（1983）原归 *C. xinjiangensis* 的标本（pl. 2, fig. 19）已被归入 *C. limbalis* Wang, 2003；原归 *C. urumuqiensis* 的标本（pl. 2, fig. 23）则似为双囊花粉]。

产地层位 新疆准噶尔盆地，二叠系；新疆吉木萨尔，芦草沟组至梧桐沟组；新疆沙丘河—帐篷沟井区，平地泉组；新疆玛纳斯—碗泉，下仓房沟群；新疆和布克赛尔，乌尔禾组下亚组；新疆托里，库吉尔台组；新疆乌鲁木齐，锅底坑组。

井字双囊粉属 *Corisaccites* Venkatachala and Kar, 1966

模式种 *Corisaccites alutas* Venkatachala and Kar, 1966；西巴基斯坦，二叠系。

属征 双气囊花粉，微双束型；本体清楚，圆形—近卵圆形，纵轴稍长，帽厚，具细密基粒棒，表面观粗点状，被一清楚的中央纵向开裂（cleft）分成两瓣，其间露出薄而透明的外壁内层；气囊新月形或横长卵圆形，在远极面分开，微膨胀，似贴覆于本体，囊壁（外壁外层）亦厚，结构与帽同；远极“沟”（cappula）窄，为透明的外壁内层，与囊分异明显（Balme, 1970）。

比较与讨论 参见 *Crucisaccites* 属下；本属与 *Guttulapollenites* Goubin, 1965 也有点相似，后者亦为双囊，但轮廓为相对较完整的圆形，近极面被纵向开裂分成 2—4 条肋，有时外壁内层上露出短单射线。

分布时代 冈瓦纳植物群区、华夏区，二叠纪。

中等井字双囊粉 *Corisaccites medius* Wu, 1995

（图版 142，图 4，20）

1995 *Corisaccites medius* Wu，吴建庄，352 页，图版 56，图 13，14。

描述 双气囊花粉，赤道轮廓亚圆形，大小 45—48 × 35—39μm，全模 48 × 39μm（图版 142，图 20）；本体宽椭圆形，大小 30—36 × 28—30μm，具细颗粒状纹饰；近极面具一条较直的开裂（“沟”）与长轴平行将帽分为两瓣，沟宽 3.0—5.7μm，其间外壁内层薄，色浅而透明；气囊半月形—新月形，着生于本体远极面两端，在本体赤道两侧相邻或交接或微凸出本体略呈双束状，具内网结构；深棕褐色。

比较与讨论 当前标本以个体小、双囊双束状不明显及远极基间距较宽与 *C. alutas* 不同；与 *Crucisaccites variosulcatus* 也略相似，但后者为单囊花粉，轮廓线上具共有的囊缘，“井”四角部为周囊呈内包、卷褶状(欧阳舒、王智等，2003)。

产地层位 河南柘城，上石盒子组。

压紧井字双囊粉 *Corisaccites naktosus* Gao, 1984

(图版 142，图 8)

1984 *Corisaccites naktosus* Gao，高联达，427 页，图版 161，图 11。

描述 赤道轮廓椭圆形—亚圆形，全模标本 72 × 52μm；本体轮廓与花粉轮廓基本一致，帽厚 5—6μm，一纵向开裂(“沟”)将其分为两部分，沟宽 ≤8μm，向两端变窄，外壁内层裸露部分薄且透明；双气囊基本位于远极，但在本体赤道部位以窄的离层相连，远极基平直或微凸，间距 12—16μm，其间颜色亦稍浅；本体和气囊似具内(？)栅状结构或颗粒纹饰，轮廓线不平整。

比较与讨论 当前标本与 *C. alutas* 有些相似，但以双气囊非双束状且在本体赤道相连紧靠、远极基之间间距较宽、本体和气囊纹饰(？)或结构更粗糙而与之不同。

产地层位 山西宁武，上石盒子组。

粗糙井字双囊粉 *Corisaccites scaber* Zhou, 1980

(图版 142，图 15)

1980 *Corisaccites scaber* Zhou，周和仪，63 页，图版 29，图 7，8，10。

1987 *Corisaccites scaber*，周和仪，图版 4，图 29。

描述 赤道轮廓近圆形—宽卵圆形—微矩形，大小 55.0—77.5 × 60.0—75.0μm，全模 77.5 × 60.0μm；本体圆形至横椭圆形，58 × 68μm，帽厚 5—9μm，具细密内栅状结构，中部有一简单的窄的纵向开裂(“沟”)将本体外壁外层分为两瓣，沟边沿微波状，沟内壁薄，透明，颜色浅；气囊近半圆形，大小 21—40 × 53—75μm，着生于本体两侧，内网—内颗粒状，囊边缘肌理粗，厚 5—9μm，与本体表面结构相同；气囊远极基基本平直，间距约 25μm，即占花粉总长近 1/3，此区颜色浅，粗糙，结痂状。

比较与讨论 当前标本与 *C. alutas* 颇相似，但以气囊非双束状、本体近极开裂很窄、花粉较小及远极薄壁区表面粗糙或呈结痂状而与之有别。

产地层位 山东垦利，上石盒子组。

滴囊粉属 *Guttulapollenites* Goubin, 1965

模式种 *Guttulapollenites hannonicus* Goubin, 1965；马达加斯加，上二叠统。

属征 双囊，偶尔四囊花粉，轮廓近圆形；帽厚，被纵向开裂分成 2—4 条(块)宽条带；有些标本在近极面裸露的外壁内层上有一短的单缝；帽(外壁外层)密栅纹状，表面观很细网状；外壁内层薄，透明；极面观气囊几成半球形，在远极面分离，几乎覆盖了整个远极面，囊壁亦厚，结构与帽同；气囊在远极面被一窄“沟”(裸露的外壁内层)分隔；气囊几不膨胀(Balme，1970)。

注释 Venkatachala，Goubin 和 Kar (1967)曾修订此属属征，他们认为此乃四囊花粉；Balme(1970，text-fig. 6)虽不否认四囊标本的存在，但他认为大多数当为双囊，应归双囊具肋类，并绘了一半侧面观的形态再造(解释)图，不过，他也提及此属花粉因极轴难定，解释起来是有难度的。

比较与讨论 本属以气囊不甚膨胀、在本体赤道以窄囊相连而与其他具肋花粉属区别。

分布时代 冈瓦纳区(非洲、西巴基斯坦、印度、西澳大利亚、南极大陆东部)，主要晚二叠世，偶出现于早二叠世或早三叠世，甚至晚三叠世；华夏区，晚二叠世；欧美区(如荷兰 upper Bunter，Visscher，1966， pl. 20, fig. 6)，晚二叠世—早三叠世。

花苞滴囊粉 *Guttulapollenites hannonicus* Goubin, 1965

（图版 142，图 14）

1965 *Guttulapollenites hannonicus* Goubin, p. 1431, figs. 1, 2; pl. 5, figs. 5—8.

1970 *Guttulapollenites hannonicus*, Balme, p. 377, fig. 6; pl. 14, figs. 4—7.

1984 *Guttulapollenites hannonicus*，高联达，428 页，图版 162，图 3。

描述 双囊花粉，赤道轮廓圆形，大小 75—85μm；帽厚 2—4μm，被薄壁裂痕分开成粗壮的肋瓣；气囊远极基互相靠近，其间为不宽的薄壁区或“沟”；帽缘（外壁外层）具致密的辐射基粒棒状结构，表面观细网状；本体轮廓可辨，与花粉总轮廓基本一致，远极面绝大部分被半圆形气囊覆盖；囊壁厚约 5μm，结构与帽同，在本体赤道部位或相连。

比较与讨论 当前标本大小形态与 *G. hannonicus* 很相似（Balme, pl. 14, fig. 7)，当属同种。参见属下比较与讨论。

产地层位 山西宁武，上石盒子组。

波托尼粉属 *Potonieisporites* Bharadwaj, 1954

模式种 *Potonieisporites novicus* Bharadwaj, 1954；德国普法尔茨，上石炭统（Stephanian C）。

同义名 *Hoffmeisterites* Wilson, 1962.

属征 单气囊的花粉，赤道轮廓椭圆形—卵圆形，本体近极未被气囊包围，有与长轴平行的一条直缝（有时很短小)，椭圆形—圆形，有两组次生褶皱，气囊内网状；模式种全模大小 140μm。

注释 通常认为，本属为单囊花粉，但有些种内气囊远极基界定的薄壁区或囊基褶的存在，表明它们为单囊—双囊的过渡状态，甚至偶尔呈明显双囊的（欧阳舒、王智等，2003）。

比较与讨论 本属与 *Limitisporites* 存在过渡形式，仅以单囊倾向强烈而与后者区别。Bharadwaj (1964) 修订本属属征，内涵有所扩大，包括了赤道轮廓圆形的单囊单缝花粉；单射线直或弯或折，且可具细窄或厚唇；本体外壁薄或厚，光面，具或不具结构；在远极，单囊与本体的接触带为与花粉长轴垂直的两条褶皱显示，表明基本上是单囊，但有双囊趋势。

亲缘关系 松柏类。

分布时代 全球，石炭纪—二叠纪，在早石炭世末开始出现。

巴氏波托尼粉 *Potonieisporites bharadwaji* L. Remy and W. Remy, 1961

（图版 142，图 18）

1961 *Potonieisporites bharadwaji* L. Remy and W. Remy, p. 500, pl. 4, figs. 4—6.

1984 *Potonieisporites bharadwaji*，高联达，424 页，图版 164，图 1。

1986 *Potonieisporites bharadwaji*, Broutin, p. 99, pl. XX, figs. 5—8。

描述 赤道轮廓宽卵圆形，大小 130 × 90μm；本体轮廓近圆形，大小 80 × 76μm；在本体赤道缘边［近极基(?)］具暗色带宽约 4μm，对应偏内亦具与花粉长轴大体垂直的［远极(?)］基褶；本体近极具单裂缝，有时不清楚，明显时长约 3/4 本体半径；本体和气囊皆为细内网状，在气囊上稍明显些。

比较与讨论 据 Broutin（1964）转述，Remy 定义的本种的主要特征是，轮廓圆或略卵圆形，中央本体大小（长、宽）达气囊范围的 2/3，本体轮廓并不以靠近气囊的褶皱界定，单射线裂缝长达本体长轴的 95%—100%；当前标本与 Broutin 鉴定的西班牙西南部下二叠统的此种颇相似，但后者单射线几伸达本体边沿，有时具唇，常开裂。

产地层位 山西宁武，上石盒子组。

北方波托尼粉(新联合) *Potonieisporites borealis* (Hou and Shen) Ouyang comb. nov.

(图版142,图11, 13;图版160,图12)

1986 *Potonieisporites simplex* Wilson,侯静鹏、王智,90页,图版22,图9。

1989 *Vestigisporites borealis* Hou and Shen,侯静鹏、沈百花,107页,图版14,图1。

1989 *Alisporites paracommunis* Hou and Shen,侯静鹏、沈百花,108页,图版11,图24。

1990 *Limitisporites* sp. ,侯静鹏、王智,图版7,图10。

2003 *Potonieisporites xinjiangensis* Wang,欧阳舒等,255页,图版27,图10,11;图版28,图8;插图7.16。

描述 赤道轮廓近圆形—椭圆形,大小(长×宽)75—119×65—98μm;本体椭圆形,大小47—64×68—78μm(横轴长于纵轴);本体壁薄,轮廓线有时不清楚,但在赤道部位(气囊近极基部位)略加厚,界定本体与囊分野,有时此增厚带张裂呈菱形或四边形;近极面具单裂缝,裂缝很短(短于10μm,通常6—8μm),周围略加厚而色暗;周囊在花粉两端较宽,在两侧多被离层相连,有时则呈双囊状;远极基亦凹入,与近极基相比偏内,包围薄壁区;本体与囊皆具细内网结构,本体网纹更细,囊的网纹在两端可略变粗。

比较与讨论 当前标本与最先从美国上二叠统发现的 *P. simplex* Wilson, 1962(p.14, 15, pl. Ⅲ, fig.13)有些相似,后者大小85—125μm,本体55—72μm,但其本体壁较厚(2—3μm,颜色较囊稍深),单射线较长(20—32μm,即为1/2—2/3本体半径长),且本体基本上为圆形,远极面未见薄壁区,所以综合看,二者区别颇大,应为不同的种。侯静鹏等(1989)定为 *P. simplex* 的标本(75×65μm)与同书中新建的种 *Vestigisporites borealis* 差别很小,只不过后者稍大(119×98μm,本体64×78μm)。此外,*Potonieisporites xinjiangensis* Wang, 2003与 *P. borealis* 也很相似,虽然个体更大(108—142×72—123μm,全模136×103μm),但主要特征是一致的,而且,同义名表中所列种的模式标本都产自梧桐沟组,故本书将其合并,且按文字描述排列先后选用种名 *borealis*。不过,综合有关标本,可以肯定,它们都是单囊的,有时在花粉两侧离层也颇宽,单射线又很短,归入 *Vestigisporites* 属欠妥,故仿王智(2003),归入 *Potonieisporites*。至于 *Alisporites paracommunis* Hou and Wang, 1989,其形态尤其本体周围的菱形褶皱与 *P. xinjiangensis* Wang 的全模(欧阳舒、王智等,2003,图版28,图8)也很相似,而个体大小介于75—142μm之间,其全模本体中上部短小的微V形的黑点似为单射线之所在。本种与 *P. turpanensis* Hou and Wang 仅以后者个体更大(模式标本165—172μm)、本体轮廓多为近圆形有所不同,但二者之间存在过渡形态,对“种”的划分如采取“合”的做法,归入同一种也未尝不可;之所以保留 *P. turpanensis*,是因为其引用已颇广泛。

产地层位 新疆吉木萨尔大龙口,芦草沟组、梧桐沟组;新疆乌鲁木齐仓房沟、芦草沟,芦草沟组、红雁池组、梧桐沟组。

美丽波托尼粉 *Potonieisporites charieis* Ouyang and Li, 1980

(图版143,图10)

1980 *Potonieisporites charieis* Ouyang and Li, p.12, pl. Ⅱ, fig.13。

描述 赤道轮廓卵圆形—宽椭圆形,大小(长×宽)218(253)266×145(178)200μm(测5粒);中央本体123—127×95—116μm,全模266×186μm(图版143,图10);本体亚圆形或横轴稍短于纵轴,外壁薄,有时具褶皱,但绕赤道微增厚;近极面具清楚的单射线,两侧外壁微增厚,常开裂,长35—41μm(即约1/3本体纵长);单囊很发育,具细密点穴或内网结构,网脊宽1.0—1.5μm,穴径≤1μm,常见囊基部辐射出小的皱脊肌理;本体外壁具更细内网状—点穴状结构,脊、穴径围约0.5μm;棕黄—黄色。

比较与讨论 本种与 *P. grandis* (Luber) Wang(欧阳舒、王智等,2003,250页,图版28,图9,13)颇相近,但后者大小154(177)228μm,本体横轴长于纵轴,单射线稍短(1/4—1/3本体纵轴),且中部微折凹;与 *P. elegans* (Wilson and Kosanke) Wilson and Venkatachara (1964, p.67, figs.1, 2)也略相似,但以花粉较大、单射线较短及本体周边外壁增厚与后者有别,后者全模197×135μm,本体远极面(?)具4条略呈同心状交叉分布的大褶皱。

产地层位 山西朔县,本溪组。

雅致波托尼粉 *Potonieisporites elegans* (Wilson and Kosanke) Wilson and Venkatachala, 1964

(图版143,图2, 11;图版160,图5)

1944 *Florinites elegans* Wilson and Kosanke, p. 330, fig. 3.

1964 *Potonieisporites elegans* (Wilson and Kosanke) Wilson and Venkatachala, p. 67, figs. 1, 2.

1993 *Florinites elegans*,朱怀诚,302页,图版83,图1,2。

1993 *Potonieisporites* sp. ,朱怀诚,303页,图版84,图1,3,4;图版85,图8—10(部分)。

描述 单气囊花粉,气囊卵圆形,大小(长轴×短轴)155. 0(171. 0)182. 5 × 107. 5(112. 5)117. 5μm(测3粒);囊壁薄,厚0. 5—1. 0μm,点—内网状纹饰,本体明显,赤道轮廓椭圆形,长轴方向与气囊一致,大小(长×宽)90. 0(104. 0)125. 0×62. 5(71. 0)79. 0μm,外壁厚1. 0—1. 5μm,表面点—光滑,纵向(长轴方向)具一单缝,长略短于本体纵长,微开裂,沿裂缝两侧外壁呈带状加厚,一侧宽13—20μm,向两端渐窄。

比较与讨论 当前标本大小、形态与 *P. elegans*(全模197μm)略可比较,但单射线不清楚、褶皱一条或多条呈带状辐射延伸至囊上,故种的鉴定似应保留。同义名表中所列 *P.* sp. ,平均大小达171×113μm,单射线清楚,部分属这个种。张桂芸鉴定的内蒙古本溪组的 *Florinites elegans*(何锡麟等,1990,339页,图版Ⅻ,图1),因本体圆形,三射线直,长等于本体半径的1/2,可能非本属种。

产地层位 甘肃靖远,红土洼组。

大波托尼粉 *Potonieisporites grandis* Tschudy and Kosanke, 1966

(图版143,图1)

1966 *Potonieisporites grandis* Tschudy and Kosanke, p. 69, pl. 20, figs. 50, 52—54.

1984 *Potonieisporites novicus*,高联达,424页,图版160,图13。

描述 据Tschudy和Kosanke (1966)描述,赤道轮廓卵圆形—椭圆形,大小105—132×72—110μm;本体卵圆形—亚圆形,大小81—94×42—67μm;本体棕—暗棕色,具清楚的单射线,延伸本体全长,典型的伴随唇,与唇相邻有纵长褶皱,本体近极赤道边缘可有囊与本体叠覆带;气囊内网状。

比较与讨论 高联达(1984)定为 *P. novicus* 的一个标本,据放大倍数测量,大小约134×114μm,本体83×86μm,其主要特征为花粉大小(约130μm)、本体纵轴稍长、色较暗、单射线伴随唇纵贯本体全长(Tschudy等所说的邻近唇的纵向褶皱,似乎是唇开裂的结果,否则应为本体两侧的囊基褶,距唇颇远),与 *P. grandis* Tschudy and Kosanke,1966更为相似,故将其迁入该种内。但后一名称可能是 *P. grandis* (Luber, 1955) Wang的异物同名(欧阳舒、王智等,2003)。至于被高联达(1984)定为 *P. grandis* Tschudy and Kosanke的一个标本(高联达,1984,423页,图版160,图9),大小仅60μm,归入此种,似乎更应作保留。

产地层位 山西宁武,上石盒子组。

细齿波托尼粉(比较种) *Potonieisporites* cf. *microdens* (Wilson) Jansonius, 1976

(图版144,图1)

1962 *Hoffmeisterites microdens* Wilson, p. 16, pl. 3, fig. 4.

1976 *Potonieisporites microdens* (Wilson) Jansonius, p. 1264.

1997 *Potonieisporites* sp. ,朱怀诚,52页,图版3,图5。

描述 赤道轮廓略椭圆形,本体微菱形—亚圆形,大小(长×宽)126×82μm;本体76×76μm;外壁厚1. 0—1. 5μm,周边色稍暗,表面点粒状纹饰,近极面见微裂的短缝,直,长约本体纵轴长的1/3,裂缝两侧外壁微增厚;气囊近极基亚赤道位,远极基清晰,并具镰状基褶,囊基间距为本体纵轴长的1/2—1/3;囊壁厚0. 5—1. 0μm,内网状。

比较与讨论 当前标本原被定为 *Potonieisporites* sp. (朱怀诚,1997),与美国中上二叠统的 *Hoffmeisterites microdens* Wilson, 1962(p. 16, pl. Ⅲ, fig. 4)大小、形态颇相似,后者130—140×80—92μm,本体75—81×65—72μm,远极气囊基2条镰状基褶也很清楚,但其间距仅本体纵轴长的1/3,单射线周围外壁未见增厚,气囊在两侧离层较宽,故种的鉴定作了保留。种名“细齿”指本体周边局部微齿状,在当前标本亦可见,但这一特征是靠不住的,可能是囊的网脊造成的假象。Jansonius (Jansonius and Hills,1976)最早认出 *Hoffmeisterites* 乃 *Potonieisporites* 的晚出同义名。

产地层位 新疆塔里木盆地,棋盘组。

忽视波托尼粉(比较种) *Potonieisporites* cf. *neglectus* Potonié and Lele, 1959

(图版 142,图 16)

1959 *Potonieisporites neglectus* Potonié and Lele, p. 30, 31, pl. 2, figs. 60—63; pl. 3, figs. 64, 65.

1984 *Potonieisporites neglectus*,高联达,424 页,图版 160,图 10。

1986 *Potonieisporites neglectus*, Broutin, p. 98, pl. XXI, figs. 3—5, 8, 9.

描述 赤道轮廓卵圆形,大小 70 × 50μm;本体 38 × 44μm,横轴稍长于纵轴,绕赤道边缘具囊与体叠覆的暗色圈,宽 7—10μm;本体表面具小点状纹饰,近极面具单裂缝,直伸至本体边缘;气囊具细内网结构。

比较与讨论 当前花粉与首见于印度石炭—二叠系冰碛层(talchir shales)的 *P. neglectus* 有些相似,但后者大小达 104—176μm,全模 176 × 120μm,且囊在两侧宽度较大,所以只能定为比较种。此种与 *P. novicus* 的区别在于前者本体形状略呈梯形,且气囊在纵轴两端的宽度相对于两侧要小一些。

产地层位 山西宁武,上石盒子组。

新波托尼粉 *Potonieisporites novicus* Bharadwaj, 1954

(图版 143,图 6, 9;图版 160,图 17)

1954 *Potonieisporites novicus* Bharadwaj, p. 520, 521, fig. 10.

1976 *Potonieisporites elegans* (Wilson and Kosanke) Habib 1966, Kaiser, p. 138, pl. 15, fig. 8.

1980 *Potonieisporites novicus*,周和仪,46 页,图版 20,图 2,3。

1984 *Potonieisporites novicus*,高联达,424 页,图版 160,图 11,12;图版 161,图 6。

?1984 *Potonieisporites saarensis* Bharadwaj,1955,高联达,146 页,图 15。

1987 *Potonieisporites novicus*,高联达,图版 10,图 1。

1987 *Potonieisporites novicus*,周和仪,图版 3,图 21。

1987a *Florinites similis* Kosanke,廖克光,570 页,图版 141,图 3。

2000 *Potonieisporites* sp., Zhan J. Z. in Gao R. Q. et al. (ed.), pl. 2, fig. 24.

描述 赤道轮廓椭圆形或卵圆形,大小(长轴)100—150μm;本体轮廓椭圆形—近圆形,大小 66—80 × 66—70μm,表面具细点纹饰,具两组褶皱,内圈褶皱呈卵圆形—近矩形,与花粉长轴垂直;近极面具单裂缝,常裂开,几等于半径之长;周囊包围本体赤道,细内网状。

比较与讨论 对最先从德国上石炭统上部发现的这个种,Bharadwaj(1954)给的描述是:单囊所环绕的小型孢子卵圆形,中央本体椭圆形或卵圆形,大小 90—140μm,全模 140μm;本体壁薄,透明,较大,约为总大小的 2/3,在平压状态,显示出由次生褶皱构成的两个同心圈,外圈环绕本体近赤道边,另一圈在此圈之内;本体的近极面未被囊包围,其上具伴以清楚且略高起唇的单裂缝,长约为整个花粉长的 1/3;气囊具内网,浅棕色。

注释 高联达(1984)鉴定为此种的标本除图版 160 图 12 与原全模颇相似外,其他 2 个标本,虽本体偏小或其长轴与花粉长轴垂直,单射线长度不明(无论图照或上文所引描述),暂仿原作者亦归入本种内。而图版 160 图 13,其大小、射线特征(具唇,开裂且贯穿本体全长)更接近 *P. grandis*,故迁入后一种。他鉴定的甘肃靖远的此种与原全模更为接近。此外,他定的 *P. saarensis* Bharadwaj, 1955 一名,是 Bharadwaj 一时糊涂,误用 *saarensis*,因他文字中标明此种乃 Bharadwaj (1954)所创本属模式种,即图版说明上标的 *novicus*;故本书将其存疑归入后者。廖克光(1987a)鉴定的 *Florinites similis* Kosanke,大小 120μm,远极囊基之间矩形间距明显,近极具贯穿本体中部的"缝—唇",以及 Kaiser (1976)鉴定的 *P. elegans*,大小仅 135μm,其褶皱等形态也更接近 *P. novicus*。据我们的观察经验,Bharadwaj 的所谓内圈褶皱,实际上是气囊的远极基褶皱,即大多数 *Potonieisporites* 远极的一部分也未被气囊包围,有时甚至呈双囊—单囊的过渡状态;周和仪鉴定的此种,气囊远级基甚至完整地包围一卵圆形萌发区。新疆塔里木盆地卡拉沙依组的 *Potonieisporites* sp.，似乎最接近 *P. novicus* 的，涉及该组时代问题，参见石炭系一章有关讨论。

产地层位　山西宁武，下石盒子组；山西保德，上石盒子组；河南范县，石盒子群；甘肃靖远，红土洼组下段；新疆塔里木盆地和田河井区，卡拉沙依组。

圆波托尼粉 *Potonieisporites orbicularis* Zhou, 1980

（图版 144，图 6）

1980 *Potonieisporites orbicularis* Zhou，周和仪，46 页，图版 20，图 4。

描述　赤道轮廓近圆形，全模标本大小 130 × 118μm；本体圆形，大小 69μm，近极面具单缝，周围色较深，长约等于本体半径；本体近极（？）靠赤道一圈具颜色较暗的囊与本体叠加带；单囊宽 28—34μm，内网清楚。

比较与讨论　本种与新疆北部石炭纪的 *P. rotundus* Wang, 2003 有些相似，但以个体稍大，特别是本体圆形、射线较长、远极面未见 2 条平行的囊基褶而与后者区别。

产地层位　河南范县，上石盒子组。

小波托尼粉 *Potonieisporites parvus* Zhou, 1980

（图版 143，图 3）

1980 *Potonieisporites parvus* Zhou，周和仪，46 页，图版 19，图 7。

描述　赤道轮廓椭圆形，全模标本大小 54 × 28μm；本体 30 × 22μm；近极面具单缝，缝周围外壁颜色较深，长为本体长轴的 1/2；气囊单囊状，长轴两端较宽，约等于本体的半径，在两侧单囊以窄的离层相连，具细内网结构。

比较与讨论　本种以个体特小、单射线具唇、本体无明显褶皱体系区别于属内其他种。

产地层位　河南范县，上石盒子组。

吐鲁番波托尼粉 *Potonieisporites turpanensis* Hou and Wang, 1990

（图版 144，图 4，7；图版 160，图 14）

1989 *Potonieisporites* cf. *novicus* Bharadwaj，侯静鹏、沈百花，106 页，图版 12，图 8。

1990 *Potonieisporites turpanensis* Hou and Wang，侯静鹏、王智，26 页，图版 6，图 19；图版 7，图 1。

1990 *Sulcatisporites santaiensis* Hou and Wang，侯静鹏、王智，28 页，图版 7，图 3，4。

1997 *Potonieisporites turpanensis*，朱怀诚，52 页，图版Ⅲ，图 7；图版Ⅳ，图 10。

2003 *Potonieisporites turpanensis*，欧阳舒、王智等，254 页，图版 26，图 1，2，4—8。

描述　赤道轮廓卵圆形，大小（长 × 宽）126—172 × 78—130μm；本体轮廓略卵圆形（原全模近圆形），纵轴较横轴长或相反，大小 76—120 × 75—128μm；近极面中部有一条较短的单缝，长为本体纵轴长的 1/5—1/3，两侧或具暗色缘甚至唇；外壁具内网结构，网穴约 1μm；气囊包围本体赤道附近及部分远极面，远极面外壁外层未膨胀区（裸露区）略小于近极面；极面观气囊超出本体宽度在纵向上为 20—40μm，在横向上为 4—8μm；近极基位于亚赤道位，囊壁在此褶叠呈宽约 5μm 的暗色圈；近囊基部位有辐射褶，向外消散，轮廓线平整；具内网结构，在花粉长轴两端网穴较大，穴径 1—2μm，其余部位穴径≤1μm；棕黄色。

比较与讨论　本种与 *P. panjimuensis* Wang 较相似，区别在于后者本体近极面具粗大的环形褶皱，远极面气囊有明显分化为双囊的趋势（其余详见欧阳舒、王智等，2003）。侯静鹏等建立的 *Sulcatisporites santaiensis*，从图照看，本体中央隐约可见很短的单缝和其周边外壁增厚的暗色斑，且更像单囊花粉，总的特征包括大小与 *Potonieisporites turpanensis*（同上书，254 页，插图 7.15）相似，故并入该种。见 *P. borealis* 种下讨论。

产地层位　新疆准噶尔盆地南缘，井井子沟组—梧桐沟组；新疆塔里木盆地叶县，棋盘组。

萨氏粉属 *Samoilovitchisaccites* Dibner, 1971

模式种 *Samoilovitchisaccites turboreticulatus* (Samoilovich) Dibner, 1971;苏联(乌拉尔西坡),下二叠统上部(Kungurian)。

属征和比较 见欧阳舒、王智等,2003,257 页。

分布时代 主要在亚安加拉区和安加拉区,晚石炭世—二叠纪;华北二叠纪有个别可疑代表。

乱网萨氏粉 *Samoilovitchisaccites turboreticulatus* (Samoilovich) Dibner, 1971

(图版 143,图 4)

1953 *Zonomonoletes turboreticulatus* Samoilovich, p. 54, pl. XI, fig. 14.

1971 *Samoilovitchisaccites turboreticulatus* (Samoilovich) Dibner, p. 54, pl. 10, fig. 6.

1984 *Samoilovitchisaccites turboreticulatus* (Samoilovich) Dibner,高联达,423 页,图版 160,图 8。

描述 赤道轮廓宽椭圆形,大小(长×宽)44×32μm;中央本体亚圆形,近极面具短三裂缝痕迹,略似单裂缝,表面具细点状纹饰;单气囊,但有两囊趋势,即外壁外层在花粉纵轴两端、尤其远极较明显与内层分离,呈新月形,与本体重叠部分色较深,远极基内凹,包围一薄壁区,约占本体纵轴长的 1/2,在赤道两侧仅以窄的离层相连;囊在纵向两端超出本体不超过 5μm,壁不厚,细内网—鲛点状。

比较与讨论 原 Samoilovich 描述本种大小为 36—50×38—40μm,当前标本与之相比,大小、形态颇相似,但西乌拉尔标本气囊包裹本体(亚赤道—赤道)较宽,本体尤其囊缘(rim)为致密乱网状,所以严格讲,定为此种应作保留;此外,与新疆北部铁木里克组所见的 *S. stenozonalis* Wang, 2003 也颇相似,但后者以气囊为原囊(辐射状网纹)结构而与前者有别;此种最可信的标本见于新疆塔什库拉纪上部(欧阳舒、王智等,2003,图版 35,图 2)。

产地层位 山西宁武,上石盒子组;新疆北部,塔什库拉组。

许氏孢属 *Schulzospora* Kosanke, 1950

模式种 *Schulzospora rara* Kosanke;美国伊利诺伊州,上石炭统(Westphalian A)。

同义名 *Dilobozonotriletes* Naumova, 1939.

属征 具明显三射线和赤道椭圆形气囊的小孢子(前花粉),大多沿近—远极方向压扁;中央本体轮廓圆形;近卵圆形的气囊虽在赤道两对边变窄(有时微有双囊倾向),但仍显示出连续围绕中央本体的形态;本体和气囊纹饰相同;模式种 80—112μm,全模 109.2μm。

比较与讨论 本属是前花粉或较原始的裸子植物花粉,以清楚的三射线和单囊—双囊过渡的椭圆形轮廓区别于其他属。但 Oshurkova (2003)认为其气囊无细网结构、远极面也无沟,而这两点是花粉的标志,所以她将其与 *Endosporites*, *Retispora*, *Lundbladispora* 等归入假囊系(Pseudosacciti Oshurkova and Pashkevich, 1990);不过,这几个属都是石松类的孢子。

亲缘关系 种子蕨,如 *Simplotheca silesiaca* R. and W. Remy(1955)。

分布时代 主要在欧美区、华夏区,早石炭世—晚石炭世早期(Visean—Bashikirian)。

曲囊许氏孢 *Schulzospora campyloptera* (Waltz) Hoffmeister, Staplin and Malloy, 1955

(图版 144,图 3, 8)

1938 *Zonotriletes campylopterus* Waltz in Luber and Waltz, p. 16, pl. 3, fig. 39; pl. A, fig. 15.

1941 *Zonotriletes campylopterus* Waltz in Luber and Waltz, p. 86, pl. 7, fig. 104.

1955 *Schulzospora campyloptera* (Waltz) Hoffmeister, Staplin and Malloy, p. 396.

1977 *Schulzospora campyloptera*, Clayton et al., pl. 10, fig. 32; pl. 12, fig. 16.

1988 *Schulzospora campyloptera* (Waltz),高联达,图版 5,图 20。

1988 *Schulzospora rara* Kosanke,高联达,图版 5,图 17。

描述 靖远组标本赤道轮廓长椭圆形,双气囊前花粉,大小 100 × 50μm;本体近圆形,大小 55 × 50μm;本体上三射线不清楚,有时可见开裂;气囊小于半圆形,囊基与本体纵向两端分异不明显,在两侧基本上无离层相连;本体点穴状,气囊点穴—细内网状,具小褶皱。

比较与讨论 本种以花粉轮廓长椭圆形、三射线较短或不清楚与 *S. rara* Kosanke 有别,后者本体正圆形、相对大,三射线清楚,囊在两侧明显有离层相连。*S. elongata* Hoffmeister, Staplin and Malloy (60. 8 ×30. 5μm)气囊颗粒状—细网状,在本体两侧有明显的稍宽的离层相连。

产地层位 甘肃靖远,臭牛沟组、靖远组。

眼状许氏孢 *Schulzospora ocellata* (Hörst) Potonié and Kremp, 1956

(图版 145,图 15, 16)

1954 *Triletes ocellatus* Hörst, p. 191, pl. 21, fig. 40a, b.

1956 *Schulzospora ocellata* (Hörst) Potonié and Kremp, p. 166.

1956 *Schulzospora ocellata* (Hörst) Potonié and Kremp, Hörst, p. 159, pl. 21, fig. 40a, b.

1977 *Schulzospora ocellata* (Hörst), Clayton et al. , pl. 12, fig. 15.

1988 *Schulzospora ocellata* (Hörst),高联达,图版 5,图 18,19。

描述 Hörst (1955)描述此种长轴长 61—130μm,主要特征是具内颗粒纹饰;赤道轮廓卵圆形—圆形,中央本体壁薄,大小 25—59μm;三射线几乎伸达本体边缘,不等长;气囊亚圆形—卵圆形。

比较与讨论 靖远标本大小 110—124μm,较模式种大小偏大,其他特征较为相似。

产地层位 甘肃靖远,臭牛沟组。

稀少许氏孢 *Schulzospora rara* Kosanke, 1950

(图版 143,图 5)

1950 *Schulzospora rara* Kosanke, p. 53, 54, pl. 13, figs. 5—8.

1977 *Schulzospora rara*, Clayton et al. , pl. 9, fig. 23; pl. 11, fig. 24; pl. 17, fig. 20.

2000 *Schulzospora rara* Kosanke, Zhan J. Z. in Gao R. Q. et al. (ed.), pl. 2, fig. 8.

描述 塔里木标本赤道轮廓卵圆形,大小 94 × 64μm;本体亚圆形,相对较大,大小约 60μm,三射线清楚,多少开裂,长 > 2/3R,壁厚(?)(赤道一圈)2—3μm;单囊清楚,沿花粉长轴方向作新月形,超出本体最长约 17μm,细内网状,在本体两侧以窄的离层(宽约 2μm)相连。

比较与讨论 当前标本在已知属内各种中最接近 *S. rara*,后者全模 109. 2 × 81. 9μm,最小仅 80μm,但其射线较短(但超过 1/2R)。本种最初见于美国上石炭统,但在欧洲主要是分布在晚维宪期—纳缪尔期 A 的,最高可到维斯发早期。

产地层位 新疆塔里木盆地和田河井区,卡拉沙依组。

内袋腔囊孢属 *Endoculeospora* Staplin, 1960

模式种 *Endoculeospora rarigranulata* Staplin, 1960;加拿大西部,下石炭统(Chesterian)。

属征 辐射对称三缝孢;赤道轮廓圆形,孢子本体全被气囊包围;本体纹饰缺如或细弱;气囊光滑—细颗粒状,但某些种内主要在远极面有分散的颗粒或块瘤;三裂缝不清楚,长度一般小于本体半径,但常被气囊上的褶皱遮掩;本体清楚,其大小相对于气囊颇大,占孢子总直径的 2/3—3/4;基本上沿近极—远极方向压扁保存;模式种大小 70—85μm。

比较与讨论 *Endosporites* 的假囊为内点穴—网状,其囊相对于本体较大且无外纹饰;*Grandispora* 为厚壁假囊,具粗壮的刺状纹饰。

注释 Turnau (1975)修订了本属特征,主要为下述几点:腔状膜环、假囊孢子(zonate and pseudosaccate);外壁 2 层,至少在赤道和远极半球分开;外壁外层中厚,形成假囊但无囊缘,外壁内层较薄,成为中央本体;纹饰无,或有颗粒、瘤、棒刺等纹饰,主要在远极面;轮廓线不平整。

格氏内袋腔囊孢 *Endoculeospora gradzinskii* Turnau, 1975

(图版 143,图 8)

1975 *Endoculeospora gradzinskii* Turnau, p. 518, pl. 7, figs. 1—3.

1980 *Endoculeospora gradzinskii*, Turnau, pl. 4, fig. 16.

1979 *Endoculeospora gradzinskii*, van der Zwan, p. 144, pl. V, figs. 1, 2.

1981 *Endoculeospora gradzinskii*, van der Zwan, pl. 15, fig. 8.

1985 *Endoculeospora gradzinskii*,高联达,82 页,图版 8,图 14。

描述 赤道轮廓三角形—圆形,大小 80—95μm;孢子本体紧靠膜环,膜环为 2/5 半径宽,黄褐色;三射线不清楚,可见时等于半径之长;孢子表面具密集的细粒纹饰,有的标本呈细点状结构。

产地层位 贵州睦化,打屋坝组底部。

匙叶粉属 *Noeggerathiopsidozonotriletes* (Luber, 1955) emend. Ouyang and Wang, 2000

模式种 *Noeggerathiopsidozonotriletes psilopterus* (Luber) Luber, 1955;苏联(Kuznetsk 盆地),上石炭统(Alykaev—Mazurovsky 组)。

同义名 *Psilohymena* Hart and Harrison, 1973.

属征 单气囊三缝小型孢子,赤道轮廓常三角圆形;外壁外层薄,膜状且透明,内部光滑或极细网状,外部光滑,全部或部分地贴覆于中央本体(外壁内层)的近极和远极面,但在赤道部位脱离本体并膨胀成一单囊,近极面具辐射褶;中央本体轮廓与整个孢子轮廓一致。

比较与讨论 本属与 *Auroraspora* Hoffmeister, Staplin and Malloy, 1955 较相近,但后者辐射褶较细弱,且主要限于赤道囊上,而囊内面结构更清楚(模式种原描述为囊细颗粒状),其囊比本体半径宽得多(等于或长于本体半径),即本体相对较小。*Guthoerlisporites* Bharadwaj, 1954 可能为 *Wilsonites* Kosanke, 1950 的晚出同义名,其以圆形—卵圆形轮廓、本体上具略呈同心状褶皱和内网状气囊与本属不同。*Remysporites* Butterworth and Williams, 1958 的特征是轮廓圆形—卵圆形,气囊细网状,本体位置多少偏离中央,且缺乏稳定的褶皱系。*Remysporites*, *Guthoerlisporites* 和 *Wilsonites* 3 属关系密切(Playford and Dettmann, 1965),但它们很可能是腔状孢,气囊在远极和赤道膨胀。*Endosporites* Wilson and Coe, 1940 的"囊"在赤道边具"缘"(limbus),外壁外层缺乏稳定的辐射褶,且为石松纲孢子。

注释 关于本属命名的历史沿革[包括为什么 Hart 和 Harrison (1973)建立的属 *Psilohymena* 为本属的晚出同义的无效名]、时空分布及亲缘关系等均有详细讨论(Ouyang et al. ,2000);本属在新疆北部上石炭统下部丰度很高,有好几种(欧阳舒、王智等,2003)。本属名太长,不能作为将其废弃的充分理由,倒是原建立者 Luber (1955)以后不再用此属名,似乎与国际法规应废弃名条款一致,待考。Oshurkova (2003)用了 *Psilohymena* 一名。新疆克拉玛依乌尔禾组下亚组的种 *Endosporites sinensis* Zhang (1990, p. 184, pl. 8, figs. 6, 7)的同义名中,原作者列入了 *Lycopodiacidites* sp. Zhang (1983, pl. 1, figs. 17—19),但后者已被当作 *Noeggerathiopsidozonotriletes multirugulatus* (Hou and Wang) Wang, 2003 的同义名(欧阳舒、王智等,2003,262 页),所以那个种是 *Endosporites multirugulatus* Hou and Wang, 1986 的晚出同义名,应无效。此外,从相同地点、地层,Zhang L. J. (1990, p. 184, pl. 8, figs. 1—5)还鉴定了一种最初从西南非下二叠统(Karru Sandstein)描述的 *Endosporites eminens* Leschik (1959, p. 61, pl. 2, fig. 18)。的确,二者是有些特点相似,如西南非与北疆标本,大小比为 165∶125—156;都有三射线,延伸至本体边沿;外壁外层皆囊状,具细网。但是,它们之间也有重要区别,如西南非的全模标本宽椭圆形,周囊在极面纵轴方向宽达 45μm,横轴方向 30μm,本体大小 60μm,即囊宽≥本体半径长;北疆标本多圆三角形,囊宽相对一致(据放大倍数测 15—25μm),小于本体半径长,即本体较大(不小于 100μm),且有些标本上囊与本体亚赤道接触处(如 Zhang, 1990, pl. 8, figs. 1, 3, 5)具辐射褶皱,这后一点是 *Noeggerathiopsidozonotriletes* 属的重要特征;而且,Leschik (1959)原描述中提及他的标本周囊(randsaum)沿边具微弱的"缘"(limbus),

这是 *Endosporites* 的主要特征之一。所以本书认为北疆的这个种很可能为 *Noeggerathiopsidozonotriletes* 属的一新种，北疆以往被定为该属的一些种，大小皆达不到 125—156μm。

亲缘关系 种子蕨前花粉(?)或石松纲(?)。

时代分布 基本上限于安加拉区和亚安加拉区；早石炭世维宪晚期—三叠纪，但主要分布于晚石炭世早中期(Bashkirian—Moscovian)。

多皱匙叶粉 *Noeggerathiopsidozonotriletes multirugulatus* (Hou and Wang) Wang, 2003

(图版 144，图 11，12；图版 159，图 7)

1983 *Lycopodiacidites* sp. Zhang L. J., pl. Ⅰ, figs. 17—19.

1986 *Endosporites multirugulatus* Hou and Wang，侯静鹏、王智，87 页，图版 22，图 1。

1990 *Endosporites multirugulatus*，侯静鹏、王智，图版 3，图 1。

1993 *Remysporites multirugulatus* (Hou and Wang) Wang，欧阳舒等，253 页，图版Ⅰ，图 5。

1997 *Endosporites multirugulatus*，朱怀诚，52 页，图版Ⅰ，图 11，13。

2005 *Noeggerathiopsidozonotriletes multirugulatus*, in Zhu, Ouyang et al., p. 185, pl. Ⅰ, fig. 8.

描述 赤道轮廓三角形—亚圆形，大小 62—74μm，本体轮廓与总轮廓一致，大小 42—52μm；近极面具三射线，细长，直，具唇，并不同程度开裂，伸达本体赤道，接触区多少增厚；赤道—囊基部位外壁常增厚，形成宽为 2—5μm 的暗带；周囊宽 10—15μm，囊基部位具紧密排列的辐射褶皱，向外沿逐渐消散，轮廓线平整—微粗糙，本体外壁与囊壁具颗粒—内网状结构，网穴约 0.5μm；棕黄色。

比较与讨论 本种与 *N. psilopterus* (Luber) Luber, 1955 (p. 71, pl. Ⅶ, figs. 143, 144；全模见 Luber and Waltz, p. 145, pl. Ⅻ, fig. 148) 较为相似，但以从本体至周囊具颇密集的辐射状褶皱、本体接触区外壁增厚与后者区别。

产地层位 新疆北部托里县，南明水组；新疆阜康北三台，巴塔玛依内山组；新疆乌鲁木齐县祁家沟，奥尔图组；新疆克拉玛依，芦草沟组；新疆吉木萨尔大龙口，梧桐沟组；新疆塔里木盆地叶城棋盘，棋盘组。

雷氏孢属 *Remysporites* Butterworth and Williams, 1958

模式种 *Remysporites magnificus* (Hörst) Butterworth and Williams, 1958；德国西上石勒森(W. Oberschlesien)，石炭系(Namurian A)。

属征 大，圆形—卵圆形的单囊三缝孢子(花粉)；中央本体清楚，轮廓圆形，与整个花粉直径相比颇大；本体壁薄，气囊包围除近极面外的中央本体；气囊赤道边沿简单，无缘边、颈锥体等的任何变化结构；囊光滑—细外网状，坚实，除中央部位因挤压而出现褶皱外，很少褶皱；三射线清楚，具窄唇，1/3—1R(R 指本体半径长)；模式种全模 106μm。

比较与讨论 Playford 和 Dettmann (1965) 认为，本属可能与早出名 *Guthorerlisporites* Bharadwaj, 1954 形态上不能区别，而这两属又与 *Wilsonites* Kosanke 难以区别；他们还把一些形态近似 *Endosporites*、具规则六角形的内网但囊无缘边的孢子归入 *Guthoerlisporites*。本属以假囊外纹饰和不具囊缘与 *Endosporites* 区别。其他方面详见 *Noeggerathiopsidozonotriletes* 属。

亲缘关系 Butterworth 和 Williams (1958) 建立此属时是将其与种子蕨 *Paracalathiops stachei* (Stur) Remy 的原位花粉比较的，但后者花粉较大(195—255μm)，三射线较短(部分短于本体半径 1/2)。不过，Hörst (1955) 原归入 *Endosporites magnificus* 的花粉大小可达 84—250μm，体棕色，囊浅黄色(厚 2—3μm)，具网纹(穴径 2—8μm)。

大型雷氏孢 *Remysporites magnificus* (Hörst) Butterworth and Williams, 1958

(图版 144，图 9，13；图版 160，图 11)

1943 *Triletes* (*Zonales*) *magnificus* Hörst (thesis), fig. 37.

1955 *Endosporites magnificus* (Hörst) Potonié and Kremp, p. 194, pl. 21, fig. 37.

1956 *Endosporites magnificus* (Hörst) Potonié and Kremp, p. 161.

1958 *Remysporites magnificus* (Hörst) Butterworth and Williams, p. 386, pl. 4, figs. 7—9; text-fig. 6.

1976 *Remysporites magnificus*, Smith and Butterworth, p. 278, pl. 23, fig. 8.

1987 *Remysporites magnificus*,高联达,图版8,图4。

1993 *Remysporites magnificus*, Zhu, pl. Ⅱ, fig. 11.

1996 *Remysporites magnificus*,朱怀诚,151页,图版Ⅰ,图13。

描述 赤道轮廓亚圆形—圆形,轮廓线平整,大小108—136μm;三射线明显或不明显,直,微呈脊状,长约为本体半径的1/3;本体圆形,外壁厚适中;假囊平整—微细网状纹饰,囊壁薄,中央部位或周囊上多褶皱。

比较与讨论 据Smith和Butterworth(1976),本种在欧洲少量见于维宪期—纳缪尔期,大小84—249μm,大多在137μm以上,但全模106μm;我国记载的标本大小108—136μm,其他特征大体与原描述(见属征)相似,只是单囊褶皱主要不在中央部位。

产地层位 甘肃靖远,靖远组—红土洼组;新疆塔里木盆地,卡拉沙伊组。

斑点雷氏孢 *Remysporites stigmaeus* Gao, 1987

(图版144,图10)

1987 *Remysporites stigmoeus* (sic) Gao,高联达,219页,图版8,图5。

描述 赤道轮廓圆形—圆三角形,本体与外形相同,大小100—150μm,全模122μm(图版144,图10);具膜状单囊,单囊与本体接触处具不规则的长形条带沿本体边缘分布;本体厚,深褐色,单囊,黄褐色;三射线粗壮,直伸至本体边缘,射线两侧具窄唇,弯曲;孢子表面覆以细斑点结构,轮廓线上呈小粒点凸起。

比较与讨论 此种与*R. magnificus* (Hörst) Butterworth and Williams (1958, p. 386, pls. 7—9)外形相似,但后者表面为虫迹状结构,射线细弱而不同;与*R. albertensis* Staplin (1960, p. 35, pl. 8, figs. 8, 10)相比,后者以表面平滑、无任何纹饰而不相同。

产地层位 甘肃靖远,红土洼组。

威氏粉属 *Wilsonites* (Kosanke, 1950) Kosanke, 1959

模式种 *Wilsonites vesicatus* (Kosanke 1950) Kosanke, 1959;美国伊利诺伊州,上石炭统(Westphalian C—D)。

属征 具三射线的单气囊小孢子,轮廓圆形;中央本体的三射线明显,常不伸达本体赤道,气囊包围了孢子的整个远极面以及几乎整个近极面;模式种大小69—81μm。

比较与讨论 与*Endosporites*比较,本属赤道轮廓圆形,三射线不伸达本体赤道,中央本体不明显,气囊基本无缘。*Guthorerlisporites* Bharadwaj, 1954可能为本属的同义名(Balme, 1995)。

注释 Kosanke(1959)根据他人提示,*Wilsonia* Kosanke, 1950一名早已用于别的生物,故为晚出的异物同名(homonym),所以改其名为*Wilsonites*。

亲缘关系 种子蕨前花粉(?)。

分布时代 欧美区,石炭纪;华夏区,石炭纪—二叠纪。

柔弱威氏粉 *Wilsonites delicatus* (Kosanke) Kosanke, 1959

(图版145,图10, 18;图版159,图9)

1950 *Wilsonia delicata* Kosanke, p. 54, 55, pl. 14, fig. 4.

1957 *Wilsonia delicata*, Bharadwaj, p. 115, pl. 30, fig. 14.

1959 *Wilsonites delicatus* (Kosanke) Kosanke, p. 700.

1984 *Wilsonites delicatus*,高联达,381页,图版146,图10—12。

1987 *Wilsonites delicatus*,高联达,图版9,图6。

1987a *Wilsonites* cf. *delicatus*,廖克光,570页,图版141,图9;图版142,图1。

1993a *Wilsonia delicata*,朱怀诚,303 页,图版 89,图 8。

描述　赤道轮廓卵圆形—圆形,大小 80—120μm(或大于 95μm);囊壁薄,厚 1.0—1.5μm,内颗粒—内网状;本体壁薄弱,有时具小褶皱或周边囊基部同心褶,轮廓多不明显,近圆形,大小 50—60μm;三射线微弱或清晰可见,简单细直,或具窄唇,伸达本体赤道。

比较与讨论　本种初描述特征主要是:具三射线的前花粉,轮廓圆形,大小 92.4μm;本体亚圆形,大小 56.7μm,并不在单囊中央;三射线清楚,唇略高起,近达本体边沿;气囊内网状,本体近极面大部分似未被囊覆盖,表面光滑—细颗粒状,囊周边似具窄的微增厚的缘。Bharadwaj (1957)将 *Wilsonites* 几个种作了如下划分:*W. vesicatus* 个体较小,69—81μm;*W. delicatus* 大小幅度 81—98μm,平均 < 90μm,三射线较长且具唇;*W. kosankei* Bharadwaj,85—112μm,平均 > 90μm,三射线较短,< 1/2R,无唇;前两种产自上石炭统中部(略相当于 Westphalian D),而末一种产自上石炭统上部(Stephanian C)。当前标本保存欠佳,按大小和射线长度定为 *W. delicatus*。廖克光(1987a)鉴定的上石盒子组的相似种,标本达 100μm,三射线伸达本体近边缘,或具唇,亦归此种。

产地层位　山西宁武,本溪组—太原组、上石盒子组;甘肃靖远,靖远组—红土洼组。

柔弱威氏粉(比较种)　*Wilsonites* cf. *delicatus* (Kosanke) Kosanke, 1959

(图版 144,图 5)

1990 *Wilsonia delicata* Kosanke,张桂芸,见何锡麟等,338 页,图版Ⅺ,图 6。

描述　赤道轮廓椭圆形,大小 70—80 × 54—63μm,图照的标本 79.2 × 62.4μm;本体椭圆形,具颗粒状纹饰,轮廓线不很分明,但可辨,大小 34—48 × 24—25μm,图照标本约 48 × 36μm;三射线颇清楚,长度稍小于本体半径;气囊除近极小部分外,全部包围本体,囊壁厚 1.0—1.5μm,内(?)网状,网穴"多呈多角圆形,穴径 2—8μm,由内向外有增大趋势,并呈放射状排列"(双引号内按原描述,但照相上看不清楚)。

比较与讨论　当前标本按大小似应归入 *W. vesiculatus*,但后者轮廓圆形,全模标本上三射线具高起的唇,与 *W. delicatus* 也有些相似,但后者本体外壁厚实,轮廓明显,个体也较大(81—98μm),故仿原作者,定为其比较种。

产地层位　内蒙古准格尔旗黑岱沟,太原组(煤 8)。

短暂威氏粉(比较种)　*Wilsonites* cf. *ephemerus* Tschudy and Kosanke, 1966

(图版 145,图 14)

1966 *Wilsonites ephemerus* Tschudy and Kosanke, p. 67, pl. 2, figs. 36, 37.

1984 *Wilsonites ephemerus*,高联达,420 页,图版 159,图 2。

描述　赤道轮廓圆形—亚圆形,本体轮廓与外形基本一致,大小 75—90μm,图照标本 85μm,本体 45μm,囊超出本体的宽≤26μm;三射线易见,长约 3/4R;气囊具小网纹饰,但网脊似乎有辐射发散的趋势,在本体周边具同心褶皱。

比较与讨论　按原作者描述,此种大小仅 48—62μm,气囊为细内网状,偶有小褶皱,当前标本与其副模标本(Tschudy and Kosanke, 1966, pl. 2, fig. 37)略相似,鉴于大小差一个等级,气囊的网纹也不太像,故定为比较种。

产地层位　山西宁武,上石盒子组。

泡囊威氏粉　*Wilsonites vesicatus* (Kosanke) Kosanke, 1959

(图版 145,图 12, 20)

1950 *Wilsonia vesicatus* Kosanke, p. 54, pl. 14, figs. 1—3.

1959 *Wilsonites vesicatus* (Kosanke) Kosanke, p. 700.

1984 *Wilsonites vesicatus* (Kosanke),高联达,420 页,图版 158,图 14。

1987 *Wilsonites vesicatus* (Kosanke),高联达,图版9,图9。

描述 单气囊花粉,赤道轮廓圆形—椭圆形,大小80—100μm,图照标本100μm(图版145,图20,按照片放大倍数测量不到80μm);本体轮廓与外形不很一致,边界有时欠清楚,直径超过花粉半径;三射线不太清楚,伸达本体边沿;气囊具细内网结构,贴覆于本体近极面的大部或全部,在赤道—远极部位脱离本体且膨胀;标本常沿近—远极方向压扁。

比较与讨论 按Kosanke (1950)原描述,此种大小69—81μm,本体壁厚2.5μm,光滑—颗粒状,囊壁厚1.5—2.0μm;当前标本的本体壁似乎较薄,虽主要特征一致,此标本大小更接近 *W. delicatus* (Kosanke, 1950, p. 54, 55, pl. 14, fig. 4),但后者本体壁更厚实些(2—3μm),且气囊可能在本体亚赤道位开始膨胀,故本体周边有近乎同心的褶皱。

产地层位 内蒙古清水河煤田,山西组;甘肃靖远,红土洼组。

顾氏粉属 *Guthoerlisporites* Bharadwaj, 1954

模式种 *Guthoerlisporites magnificus* Bharadwaj, 1954;德国普法尔茨,上石炭统(Stephanian C)。

属征 赤道轮廓圆形—卵圆形的小型孢子;中央本体明显可见,圆形—圆三角形,其壁强烈褶皱;本体的近极面裸露,其上有清楚的三射线痕,射线不伸达中央本体的赤道;气囊内网状,无缘或赤道加厚带,囊壁多无褶皱;模式种全模40μm。

比较与讨论 本属很像 *Endosporites*,其区别在于:中央本体强烈褶皱,短射线和气囊缺乏缘边或赤道加厚带。*Wilsonites* (Kosanke) Kosanke, 1959仅以不清楚和无褶皱的中央本体以及细弱的三射线痕区别之,Jansonius和Hills (1976)甚至认为本属可能为 *Wilsonites* 的晚出同义名。*Nuskoisporites* 以颇圆的形状、小三射线痕、无褶皱的中央本体以及赤道具厚缘而不同。

颇大顾氏粉 *Guthoerlisporites magnificus* Bharadwaj, 1954

(图版145,图19)

1954 *Guthoerlisporites magnificus* Bharadwaj, p. 519, fig. 8.

1984 *Guthoerlisporites magnificus* Bharadwaj,高联达,382页,图版146,图13。

描述 赤道轮廓亚圆形—卵圆形,大小125—135μm;本体近椭圆形,壁薄,常有许多条褶皱;三裂缝为本体半径的3/4,清晰可见;周囊具细网纹饰,网孔不规则,在赤道区域网穴增大,网脊变粗。

比较与讨论 本种首见于德国上石炭统且描述为:轮廓圆形—卵圆形,大小80—110×95—125μm;中央本体圆形—圆三角形,大小50—60μm。宁武标本图照上射线不清楚,暂从作者描述和鉴定(其他研究过本溪组的文献中尚无本种记载)。

产地层位 山西宁武,本溪组。

三缝顾氏粉 *Guthoerlisporites triletus* (Kosanke) Loboziak, 1971

(图版144,图2)

1950 *Florinites triletus* Kosanke, p. 50, pl. 12, figs. 3, 4.

1971 *Guthoerlisporites triletus* (Kosanke) Loboziak, p. 87, pl. 13, fig. 11.

1987a *Guthoerlisporites triletus* (Kosanke),廖克光,570页,图版141,图10。

描述 两侧对称的单囊花粉,大小63×33μm;本体近圆形,大小约38μm,深棕色;近极有短小的三射线状裂口;气囊内网状,在远极的附着带常伴有两对互相垂直的褶,颜色较本体稍浅。

比较与讨论 当前标本形态、大小与首见于美国上石炭统的 *F. triletus* Kosanke(1950)略相似,但本体相对稍大,气囊在两侧膨胀不那么宽。

产地层位 山西宁武,山西组—下石盒子组。

洁囊粉属 *Candidispora* Venkatachala, 1963

模式种 *Candidispora candida* Venkatachala, 1963；德国萨尔，上石炭统。

属征 宽椭圆形—卵圆形或偶尔圆形小型孢子；本体清楚，亚圆形—卵圆形或圆三角形；压扁标本上本体通常由一厚实或窄薄的缘边所界定；本体近极面裸露，具清楚的三射线，低矮，唇细薄，两支射线伸达赤道并成钝角，第三支较短，与另两支略成直角；本体一般具块瘤状纹饰；气囊形状一致，表面光滑，里面内网状，包围颇宽网穴，囊无囊缘。

比较与讨论 *Guthoerlisporites* 具等角的三射线和规则加厚的本体；*Nuskoisporites* 的囊具囊缘；*Potonieisporites* 有完整的单射线。各自与本属区别。

分布时代 欧美区、华夏区，石炭纪。

均等洁囊粉 *Candidispora aequabilis* Venkatachala and Bharadwaj, 1964

（图版 145，图 11）

1964 *Candidispora aequabilis* Venkatachala and Bharadwaj, p. 186, 187, pl. 15, fig. 220; pl. 16, figs. 221—223.

1984 *Candidispora aequabilis*，高联达，383 页，图版 147，图 3。

描述 极面轮廓卵形或椭圆形，大小 110 × 70μm，本体圆三角形，色深，黄褐色，大小 50 × 40μm；近极面具 3 条印痕，印痕等于本体半径之长；气囊表面具多角形细网纹饰。

比较与讨论 当前标本与法国上石炭统（Westphlian D—Stephanian）的 *C. aequabilis*，特别是与其全模有些相似，但后者个体较大（120—150μm），特别是本体轮廓线明显，其亚赤道周边具 1—2 条清楚的同心圆形褶皱，外壁细瘤状，体—囊颜色无暗—浅差异，所以此种的鉴定似应作保留。

产地层位 山西宁武，太原组。

瓣囊粉属 *Bascanisporites* Balme and Hennelly, 1956

模式种 *Bascanisporites undulosus* Balme and Hennelly, 1956；澳大利亚新南威尔士州（New South Wales），二叠系。

属征 具单气囊，中央本体的赤道轮廓圆形或椭圆形；三射线短，外壁平滑或具细微颗粒；气囊只着生为一窄的赤道带，其赤道通常多少呈瓣状（裂片状），但大致仍为圆形，气囊细内网状；全模 75μm。

比较与讨论 本属以气囊上无颗粒、气囊无深裂、三射线短区别于 *Perianthospora* Hacquebard and Barss, 1957。

弯曲瓣囊粉 *Bascanisporites undulosus* Balme and Hennelly, 1956

（图版 145，图 6，17）

1956 *Bascanisporites undulosus* Balme and Hennelly, p. 256, pl. 10, figs. 81—83.

1965 *Bascanisporites undulosus*, Hart, p. 95, pl. 10, fig. 1.

1979 *Bascanisporites undulosus*, Foster, p. 67, pl. 21, figs. 3—6.

1984 *Bascanisporites undulosus*，高联达，424 页，图版 161，图 14；图版 162，图 6，7。

描述 单气囊花粉，赤道轮廓亚圆形—微矩形—瓣状，大小 64—100μm；本体轮廓圆形—三角圆形，壁厚约 2μm，近极面具一短小三射线，周围外壁微增厚；气囊或有大波状—瓣状趋势，着生于本体赤道，细内网状。

比较与讨论 当前标本与 *B. undulosus* 相似，但有些标本较大。Foster（1979）给出的大小是 60—63μm 或 48（63）80μm。

产地层位 山西宁武，上石盒子组。

侧囊粉属 *Parasaccites* Bharadwaj and Tiwari, 1964

模式种 *Parasaccites korbaensis* Bharadwaj and Tiwari, 1964;印度,二叠系。

属征 单气囊花粉或孢子,轮廓圆形、亚圆形或卵圆形;本体圆形—亚圆形,轮廓清楚或不清楚,外壁薄,具许多小褶皱,或中厚无褶皱,细内网状;三射线微弱或不清楚,射线长为1/2—2/3本体半径,唇细,棱脊状;气囊宽度均匀,通常宽为本体半径的1/3—2/3,但在两侧对称的卵圆形标本上在两侧较窄,囊在近极和远极面亚赤道位接触,两面皆有无囊区;囊细内网状,网脊常辐射状排列、拉长;模式种大小125—150μm。

比较与讨论 *Nuskoisporites* 的单囊具囊缘或颜色较深周边带,三射线较长;*Vestigisporites* 为双囊且倾向远极(Jansonius and Hills, 1976; Card 1889)。

分布时代 冈瓦纳区(印度、巴西、刚果),二叠纪;亚安加拉区(如新疆北部),晚石炭世—二叠纪。

侧称侧囊粉 *Parasaccites bilateralis* Bharadwaj and Tiwari, 1964

(图版145,图13)

1964 *Parasaccites bilateralis* Bharadwaj and Tiwari, pl. 2, fig. 12.

1965 *Parasaccites bilateralis*, Tiwari, pl. 4, fig. 73.

1990 *Parasaccites bilateralis* Tiwari (sic!), Zhang, p. 185, pl. 2, fig. 23.

描述 单囊粉,赤道轮廓卵圆形,两侧对称,大小96×67μm;中央本体亚圆形,隐约可见;三射线微弱;气囊接触于本体两面亚赤道;囊细内网状,网脊近辐射排列。

比较与讨论 在花粉形状、气囊与本体接触特点等方面,当前标本与印度西Bakaro煤田Barakar组的 *P. bilateralis*(Tiwari, 1965)完全一致。

产地层位 新疆克拉玛依,乌尔禾组下亚组。

克拉玛依侧囊粉 *Parasaccites karamayensis* Zhang, 1990

(图版145,图8, 9;图版159,图5)

1966 *Parasaccites* sp., pl. 1, figs. 9—11.

1990 *Parasaccites karamayensis* Zhang, L. J., p. 185, pl. 2, figs. 20—22.

描述 单囊花粉,赤道轮廓圆形或亚圆形,大小70—83μm,全模约83μm(图版159,图5);气囊接触于本体近极和远极面亚赤道,两面皆有相等的无囊区,即囊的接触状态大致相当;中央本体清楚,网状;三射线简单,细弱,延伸至近本体半径的2/3处;气囊网状,赤道区多少具辐射褶。

比较与讨论 本种与印度下冈瓦纳系(Barakar Formation)的 *P. bilateralis* Tiwari, 1965颇相似,但以本体网纹较粗、外壁较厚和三射线可见与后者区别。

产地层位 新疆克拉玛依,乌尔禾组下亚组。

维尔基粉属 *Virkkipollenites* Lele, 1964

模式种 *Virkkipollenites triangularis* (Mehta) Lele, 1964;印度,二叠系。

属征 单囊花粉,赤道轮廓圆形—圆三角形,本体轮廓与花粉总轮廓不一定一致,多数壁薄,具细内网结构;三射线微弱或不见,射线不伸达本体边沿,长度或不等;气囊在近极面接触于本体赤道,在远极面沿一略窄的亚赤道带接触,本体无环圈状褶皱;囊内网结构,表面平滑或具褶皱,轮廓线平滑或波状;模式种大小65—125μm。

比较与讨论 本属与 *Plicatipollenites* 的区别是后者本体在远极囊基附近具一环圈状褶皱。

分布时代 冈瓦纳区,二叠纪;亚安加拉区(如新疆北部),晚石炭世—二叠纪。

革质维尔基粉(亲近种) *Virkkipollenites* aff. *corius* Bose and Kar, 1966

(图版145,图1, 4;图版159,图8)

1990 *Virkkipollenites* aff. *corius* Bose and Kar, Zhang L. J., p. 185, pl. 2, figs. 6, 7, 9, 12, 13.

描述 单囊花粉，赤道轮廓亚圆形—圆形，大小 42—60μm；中央本体色较囊浅，通常细内网状，有时颗粒状；大多数标本上三射线不清楚，当勉强可见时，伸达约 1/2 花粉半径长；气囊与本体在近极面赤道、远极面亚赤道接触，接触带不甚清楚；气囊内网状，发育良好，由于许多小辐射褶皱而呈皱边状。

比较与讨论 当前标本与非洲刚果下二叠统的 *V. corius* Bose and Kar, 1966 (p. 79, pl. 21, figs. 1, 2)颇相似，差别是前者个体较小。

产地层位 新疆克拉玛依，乌尔禾组下亚组。

中国维尔基粉 *Virkkipollenites sinensis* Zhang, 1990

（图版 145，图 5, 7；图版 159，图 11）

1990 *Virkkipollenites sinensis* Zhang L. J., p. 185, pl. 2, figs. 8, 11, 14, 16, 17.

描述 单囊花粉，赤道轮廓亚圆形—圆三角形，大小 47—63μm，全模标本约 48μm（原著图版 2，图 8）；中央本体表面瘤状—颗粒状；三射线可见或模糊，接近伸达本体赤道；气囊与本体接触，在近极面位于赤道，远极面沿窄的亚赤道带分布，但无另一本体环圈状褶皱；气囊网状，赤道区具辐射褶皱。

比较与讨论 当前标本可与印度下二叠统（或上石炭统—下二叠统）Talchir 层的 *V. mehtae* Lele (1963, p. 159, 160, pl. 2, fig. 16)比较，但以中央本体纹饰较粗糙而与后者有别。

产地层位 新疆克拉玛依，乌尔禾组下亚组。

棋盘粉属 *Qipanapollis* Wang, 1985

模式种 *Qipanapollis talimensis* Wang, 1985；新疆塔里木盆地，下二叠统。

属征 单气囊花粉，赤道轮廓圆形—亚圆形，子午轮廓凸镜状；中央本体椭圆形，近极面具单缝，裂缝状，沿本体长轴方向延伸；单气囊包围了本体，近极基为内边缘着生；气囊具内网结构，在赤道边缘有明显的加厚缘边，表面具褶皱。

比较与讨论 本属以具单缝而非三缝与 *Nuskoisporites* 区别；*Varlamoffites ovatus* Bose and Kar, 1966 的气囊在近极和远极皆具着生带，气囊无加厚的缘边与本属不同。

注释 本属花粉形态特征有待进一步的明晰，从王蕙和高联达两位的模式标本看，二者的中央本体皆有赤道增厚，单囊的基部亦具一不很厚的赤道增厚圈，囊内具辐射状的条纹肌理。*Qipanapollis* 与印度二叠系常见的几个单囊属如 *Plicatipollenites* 等如何区别，很值得今后注意。

塔里木棋盘粉 *Qipanapollis talimensis* Wang, 1985

（图版 144，图 14；图版 146，图 13, 15, 16）

1984 ?*Potonieisporites shanxiensis* Gao，高联达，382 页，图版 146，图 14。

1985 *Qipanapollis talimensis* Wang，王蕙，668 页，图版 I，图 27—29。

描述 赤道轮廓椭圆形—亚圆形，大小 140—203 × 126—160μm（测 15 粒），全模 143 × 133μm（图版 146，图 16）；中央本体轮廓清楚，椭圆形，大小 90—110 × 60—93μm，近极具裂缝状单缝，有时开裂，沿本体长轴方向延伸，长为本体长轴的 1/2 或更长；气囊包围本体，近极基在本体内边缘着生，近极带色暗，位置有时偏斜，宽 12—18μm，气囊远极游离并包住本体；极面位置可见气囊最外缘具暗色缘边，宽 10—20μm。

比较与讨论 从山西本溪组发现的 *Potonieisporites shanxiensis*（高联达，1984），其全模大小 142 × 118μm，本体约 115 × 90μm，从其描述和图照看，形态结构和大小与当前种较为相似，又因为属名是跟着模式种的，故王蕙的种名不能取消。以明显的气囊具赤道边缘、气囊在远极包住本体等特征完全不同于 *Varlamoffites ovatus* Bose and Kar, 1966。

注释 这一奇特的花粉类型形态结构还不很清楚，从其侧面保存图看，单囊在赤道位，并不倾向远极，与 *Nuskoisporites* 很不相同，后者作伞盖或漏斗状；气囊是否在远极膨胀不得而知；所谓气囊的赤道缘边从图版146的图15,16看,不像真正的“缘”,而是囊内基粒棒局部密集的结果(?)。此外,二者之间囊“腔”宽度差别很大,对图16周囊外圈基部很窄的暗色带如何解释、本体的外沿在何处也因而难以确定。

产地层位 山西宁武,本溪组;新疆塔里木盆地,克孜里奇曼组—塔哈奇组。

铁杉粉属 *Tsugaepollenites* Potonié and Venitz, 1934 ex R. Potonié, 1958

模式种 *Tsugaepollenites* (al. *Sporonites*) *igniculus* (Potonié) Potonié and Venitz, 1934;德国,中新统。

同义名 *Tsugapollenites* Raatz 1937, 1938, *Zonalapollenites* Pflug in Thomson and Pflug, 1953.

属征 赤道轮廓近圆形,具赤道位置的环囊;环囊窄,呈波纹状的辐射褶皱;轮廓线不规则,为波状—齿状;中央本体的外壁呈皱状,即覆盖着不规则的略扭曲的网脊—瘤状纹饰,全模35μm。

注释 关于本属与其他两个同义名的沿革及何者优先的问题详见Jansonius和Hills (1976, Card 3093, 3094, 3265);对其形态特征也有不同理解,如Dettmann (1963)给的属征,就提及“赤道具单囊花粉,无口器;近极面四孢体痕(三辐射脊)清楚或仅微弱可见……远极极区外壁通常比近极区薄”。

比较与讨论 *Enzonalasporites*的纹饰较细。

瘤状铁杉粉 *Tsugaepollenites tylodes* Wang, 1985

(图版145,图3)

1985 *Tsugaepollenites tylodes* Wang,王蕙,668页,图版Ⅰ,图19。

描述 赤道轮廓近圆形,大小49—69μm(测13粒),全模60μm;近极面似具三射状四孢体痕(?),表面布满瘤状突起,形状极不规则,多为长条状,大小2×4—3×6μm;赤道部位具环囊,宽6—8μm,略呈皱状的辐射褶皱,边缘为波状;远极面纹饰明显减弱,成为一较大薄壁区。

比较与讨论 本种与加拿大下三叠统的*Tsugaesporites jonkeri* Jansonius, 1962略相似,但后者个体小(30—50μm),表面瘤状突起相对大,大小变化也大,整个给人以花菜状感觉,且该种因弓形脊和三射线的存在,已被归入*Verrucosisporites*属(Ouyang and Norris, 1999)。

产地层位 新疆塔里木盆地,棋盘组。

努氏粉属 *Nuskoisporites* (Potonié and Klaus, 1954) emend. Klaus, 1963

模式种 *Nuskoisporites dulhuntyi* Potonié and Klaus, 1954;奥地利阿尔卑斯(Alpen),上二叠统。

修订属征 具三缝单囊花粉,赤道轮廓近圆形—卵圆形,侧面观略呈伞盖状;中央本体由外壁内层定形,极面观多圆形,子午面观略透镜形。三射线清楚,裂缝穿透外壁内层和外层,射线长平均值约为1/3中央本体半径,不伸达边沿。外壁外层在近极面紧贴本体,在其赤道附近开始脱离本体并膨胀成同心状的、边上横切面呈泡圆(非真正的“缘”)的单囊,气囊在远极面或大或小的区域上贴覆于本体(外壁内层)上,故极面观有1—2个近圆形暗色区。外壁外层内棒状(切面观)—不规则内网状(顶视),气囊膨胀部的外壁外层(离层)之内的基粒棒明显拉长,而在近极膨胀处基粒棒基部分叉如此紧密相邻,以致顶视观颇宽的气囊可见相当清楚的内界。贴覆中央本体部位的外壁外层较薄。本属大小幅度80—280μm (Klaus, 1963)。

比较与讨论 *Trizonaesporites* Leschik, 1956与本属相似,其花粉中央的内圈有时在本属中也出现,但以三射线长(几伸达本体边沿)、封闭的裂缝而区别。*Microsporites*以三角形的赤道轮廓和长的三射线而不同;*Endosporites*也以长的三射线(至少伸至本体赤道)不同,其本体和囊皆为三角形,囊在远极膨胀(腔状孢子)。

亲缘关系 松柏纲(Clement-Westerhof, 1974)。

分布时代 欧美区、华夏区、冈瓦纳区,二叠纪—三叠纪。

冠状努氏粉？ *Nuskoisporites*? *coronatus* (Imgrund) Imgrund, 1960

(图版145,图2)

1960 *Nuskoisporites coronatus* (Imgrund) Imgrund, p. 180, pl. 16, fig. 92.

描述 赤道轮廓圆形—多角形,全模标本50μm(据图测,似为70μm);外壁厚,中央本体无褶皱,三射线几不能见;气囊上有辐射状的膜褶;轮廓线因偶尔显凸起而凹凸;棕红色。

比较与讨论 当前标本描述并拍照的从澳大利亚新南威尔士二叠系煤层中未命名分子(Dulhunty, 1945—46, p. 156, pl. 7, fig. 34)颇相似,而后者大小达150μm;Dulhunty亦强调,射线仅在保存较好的标本上才能见到,但其壁褶描述仅超出本体少许。Balme 和 Hennelly (1956)描述的澳大利亚二叠系一种即 *N. gondwanensis* 类似本种,然无须将开平标本纳入此种,因后者保存不好,故仍保留 *N. coronatus* 一名。

注释 Imgrund(1952)原将此标本归入 *Endosporites* 属,但 Potonié 和 Kremp (1955, p. 172)提及此种可能属于 *Nuskoisporites*,于是 Imgrund 在1960年改归入 *Nuskoisporites* 属,但从其照片和过分简略的描述看,实在并未显示出该属的主要特征,故至少属的鉴定要打大问号。甚至可能不是孢子花粉,因其略微可与廖克光(1987a,575页,图版145,图15)描述的山西太原组一种疑源类 *Radialetes denticulatus* 相似。

产地层位 河北开平,赵各庄组。

杜汗提努氏粉 *Nuskoisporites dulhuntyi* Potonié and Kremp, 1954

(图版146,图8;图版159,图14)

1954 *Nuskoisporites dulhuntyi* Potonié and Klaus, pl. 10, fig. 5.

1963 *Nuskoisporites dulhuntyi*, Klaus, p. 263, pl. 2, figs. 4, 5.

1980 *Nuskoisporites dulhuntyi*,周和仪,45页,图版19,图5。

1976 *Nuskoisporites dulhuntyi*, Kaiser, p. 36, pl. 14, fig. 7.

1987 *Nuskoisporites dulhuntyi*,周和仪,图版3,图23。

描述 据 Klaus(1963),轮廓圆形—微卵圆形,大小80—180μm;中央本体极面观略圆形,颜色或较气囊为暗;三射线较短,常开裂,最长约为1/3本体半径,大多为其1/8—1/3,裂缝宽可达2—5μm,末端不尖;单囊倾向远极面,侧视呈漏斗状,气囊不宽,8—10μm,为1/3—1/2本体半径,虽不具"缘",但具气囊壁离层厚度而成的一圈暗色投影,离层之间呈明显腔状,远极面贴覆于本体壁(内层)相对较小部位,有时构成圆形—多角形轮廓;近极面气囊不规则细内网状,远极面纹饰亦细,但较近极面略粗,网纹不完全,多少呈辐射状。

比较与讨论 根据内网结构和短而宽裂的具圆锥形末端裂缝的三射线,当前标本(据放大倍数测约110μm)与南阿尔卑斯上二叠统所见的 *N. dulhuntyi* 颇相似。Clark (1965, p. 330, pl. 40, figs. 1, 2)记载的英国上二叠统此种的标本,从图照看,似为另一种。印度二叠系的 *Plicatipollenites diffusus* Lele, 1964 (e. g., Maithy, 1967, p. 270, pl. 1, figs. 5, 6),从图照判断,同样属 *Nuskoisporites dulhuntyi*(Kaiser, 1976)。

注释 被周和仪(1980)鉴定为此种的标本(图版146,图8)与 Kaiser (1976)鉴定的该种颇为相似,但花粉稍大,达149μm,且短三射线很单细,本体相对小些。

产地层位 山西保德,上石盒子组;河南范县,上石盒子组。

冈瓦纳努氏粉 *Nuskoisporites gondwanensis* Balme and Hennelly, 1956

(图版146,图3)

1956 *Nuskoisporites gondwanensis* Balme and Hennelly, p. 253, pl. 6, figs. 62—65; pl. 7, figs. 66, 67.

1976 *Nuskoisporites gondwanensis*, Kaiser, p. 135, pl. 14, fig. 6.

描述 据图照,赤道轮廓亚圆形—卵圆形,大小约105μm,本体轮廓近圆形,大小约50μm;三射线清楚,微开裂,长7—8μm,≤1/3本体半径;气囊超出本体的宽≤30μm,周边未见增厚的"缘",具内(?)网纹饰,轮廓线上微不平整,网纹肌理作明显辐射状。

比较与讨论　当前标本与同义名表中所列的 *N. gondwanensis* Balme and Hennelly, 1956（特别是其 figs. 64, 65）很一致。Imgrund（1960）将 *N. coronatus* 在与 *N. gondwanensis* 作比较时，否定了其一致性，这是对的，但他的标本保存不好，其中央本体远极面也不是游离的，而是被"气囊"所覆盖，并具辐射肌理状结构（见该种下注释）。

产地层位　山西保德，石盒子群。

厚壁努氏粉 *Nuskoisporites pachytus* Gao, 1984

（图版 146，图 5, 11）

1984 *Nuskoisporites pachytus* Gao，高联达，421 页，图版 159，图 3，4。

描述　赤道轮廓圆形，中央本体轮廓与总轮廓基本一致，大小 110—120μm；本体大小约 80μm，全模 120μm（图版 146，图 11）；三射线存在，但不清楚，长可能超过本体半径的 1/2—2/3；环穴气囊沿赤道包围本体，气囊宽度为本体半径的 1/2—1；近极和远极面各保留气囊贴覆本体（内层）的大小不等的圆形区，后者很小；本体壁厚，表面覆以小粒点纹饰，气囊具内（?）网纹饰，向赤道方向，网穴增大，网脊增粗。

比较与讨论　当前标本与 *N. klausii* Grebe, 1957（pl. 1, fig. 3）有些相似，但后者个体较大，达 130μm（据 Klaus, 1963, 180—280μm，平均约 220μm），三射线清楚，长约 1/2 本体半径，本体和射线区色较暗。

产地层位　山西宁武，上石盒子组。

辐脊单囊粉属 *Costatascyclus* Felix and Burbridge, 1967

模式种　*Costatascyclus crenatus* Felix and Burbridge, 1967；美国俄克拉何马州，上下石炭统之交（Springer Formation）。

属征　两侧对称孢子，赤道轮廓椭圆形，模式种大小 110—165μm；本体大小 60—84μm；单气囊，由于保存方位、挤压有时呈双囊状；中央本体轮廓圆形—椭圆形，气囊内网状；近极面本体裸露，远极面环绕本体周边具辐射脊，局部延伸至气囊；具单缝，偶尔为残留三缝状。

比较与讨论　本属与 *Rhizomaspora* Wilson, 1962 略相似，但后者肯定是双囊的。本属即 Wilson（1965）所谓的孢型 D Sporomorph D（Springer Formation）。

刻痕辐脊单囊粉（比较种） *Costatascyclus* cf. *crenatus* Felix and Burbridge, 1967

（图版 147，图 10, 11）

1984 *Costatascyclus* sp.，高联达，424 页，图版 160，图 14。

1984 *Costatascyclus crenatus*，王蕙，图版 5，图 14。

1984 *Costatascyclus crenatus*，王蕙，图版 3，图 13。

描述　山西标本赤道轮廓椭圆形，大小 140×82μm；本体大小 80×50μm，亦呈椭圆形，厚，棕色；气囊包围本体远极面的大部和近极面的一部，近极面单裂缝不清楚，隐约可见不规则缝状开裂，长不超过本体纵轴的 1/3；本体远极具辐射脊，局部似延伸至囊；气囊内网状。

比较与讨论　当前标本原被鉴定为 *Costatascyclus* sp.（高联达，424 页，图版 160，图 14），与本属模式种 *C. crenulatus* 大小、形态略相似，但以辐射脊似较细弱、众多，其所占本体远极面（?）宽度大，单缝不清楚等与后者有相当区别，故定为比较种。此外，被王蕙（1984，图版 V，图 14）直接鉴定为 *C. crenulatus* 的标本，未给描述，从图照看，双囊倾向很明显，本体辐射脊不清楚，种的等同，更应作保留。

产地层位　山西宁武，上石盒子组；宁夏横山堡，上石炭统。

葛蕾孢属 *Grebespora* Jansonius, 1962

模式种　*Grebespora concentrica* Jansonius, 1962；加拿大，下三叠统。

属征　无缝小孢子或花粉；赤道轮廓圆形，具同心状褶皱；外壁很薄，单层，无结构，纹饰小；模式种大小

20—55μm,全模 45μm;模式种上偶尔见细小三射线痕,亚赤道圈同心褶皱 1—4μm 宽;外壁表面光滑—粗糙。

比较与讨论 本属与 *Tsugaepollenites* 有点相似,但以外壁无明显突起纹饰而与其有别。

格氏葛蕾孢 *Grebespora greerii* (Clapham) Jansonius, 1976

(图版 146,图 14)

1970 *Paludospora greerii* Clapham, p. 30, pl. 2, fig. 36.

1976 *Grebespora greerii* (Clapham) Jansonius in Jansonius and Hills, Card 1871.

1985 *Grebespora greerii* (Clapham) Wang,王蕙,669 页,图版 I,图 18。

描述 花粉轮廓圆形—亚圆形,大小 40—52μm;外壁薄,厚约 1μm,平滑—粗糙,未见射线;接近赤道轮廓线处有同心状弯曲褶皱,有时连在一起呈同心环状,有时分成几个小的褶皱;接近孢子轮廓线处,有辐射棒状突起 7—10 枚。

比较与讨论 当前标本与美国 Oklahoma 上二叠统的 *Paludospora greerii*(48μm)大小、形态颇为一致,仅其同心褶皱不如后者距轮廓线远。Jansonius(1976)已注明此种可归入 *Grebespora*。

产地层位 新疆塔里木盆地,克孜里奇曼组—塔哈奇组。

聚囊粉属 *Vesicaspora* (Schemel, 1951) Wilson and Venkatachala, 1963

模式种 *Vesicaspora wilsonii* Schemel, 1951;美国艾奥瓦州,上石炭统(Westphalian C)。

属征 花粉两侧对称,极面观卵圆形—圆形;中央本体球形,远极面观时多不见,斜侧面和近极面观清楚;中央本体出露部分光滑—颗粒状;近极面观和远极面观单气囊为卵圆形—圆形,表面光滑,内网状,在赤道部位包围中央本体,近极帽和远极沟裸露,斜压和侧压标本上气囊倾向远极;沟纺锤形或不规则轮廓,与花粉长轴成直角地几乎贯穿整个中央本体(Wilson and Venkatachala, 1963, p. 142)。模式种大小 43—48μm。

注释 本属花粉实际上是介于单囊和双囊花粉之间的,R. Potonié(1958, p. 59, pl. 7, figs. 6—8)和 Kaiser(1976, p. 140)都将其归入双囊类,因双囊仅在两侧被微弱的外壁外层(离层)连接起来;但大多数作者将其归入单囊花粉。以 *Schansisporites inclusus* 作模式种(山西保德下石盒子组)建立的属 *Schansisporites* Kaiser (1976, p. 139),其属征如下:双气囊,具纵向卵圆形或菱形的本体;远极面具清楚的近纺锤形的沟或两边平行的狭窄或缝状沟;气囊具海绵状—网状结构;模式种大小 90—105μm。该属内原包括两种,即 *S. inclusus* 和 *S. insectus* Kaiser(双束型),本书将前者归入 *Vesicaspora* 属,后者迁入 *Platysaccus* 属,即 *Schansisporites* 没有独立成属的必要。作者原称对此属有特征意义的是沟的存在,然而他本人也不敢肯定那样形态不同的沟在个体发育即遗传上是否稳定;此外,单或双气囊花粉中"沟"或薄壁区的存在并不少见。

比较与讨论 本属以纺锤形远极沟与花粉长轴垂直而与其他单囊属区别;以囊基向远极更强烈聚合而与 *Pityosporites* 等属区别。

亲缘关系 松柏类和种子蕨类。

分布时代 全球,石炭纪—二叠纪。

顶生聚囊粉 *Vesicaspora acrifera* (Andreyeva) Hart, 1965

(图版 146,图 10, 12;图版 159,图 6)

1956 *Coniferaletes acriferum* Andreyeva, p. 269, pl. LX, fig. 117.

1965 *Vesicaspora ariferum* (Andreyeva) Hart, p. 73, fig. 172.

1986 *Vesicaspora acriferum*,侯静鹏、王智,95 页,图版 27,图 20。

2003 *Vesicaspora acrifera*,欧阳舒、王智等,273 页,图版 40,图 5,7。

描述 单—双囊过渡型花粉,基本单束型,大小(长×宽)50×46μm;本体卵圆形,大小 26×36μm,即横轴较长,外壁薄;赤道部位囊基所在呈色较暗的新月形增厚;气囊大于半圆形,大小 21 ×48μm,位于赤道偏远极,远极基微凹入,基距约为 1/3 本体长;本体与囊皆为均匀细内网状,穴、脊≤0.5μm;浅黄—黄色。

比较与讨论 当前标本与苏联库兹涅茨克上二叠统的 *Conferaletes acriferum* Andreyeva 形态、大小颇相似,仅气囊膨胀度稍大与后者有些差别。

产地层位 新疆吉木萨尔大龙口,梧桐沟组。

古聚囊粉 *Vesicaspora antiquus* Gao, 1984

(图版 146,图 7)

1984 *Vesicaspora antiquus* Gao,高联达,389 页,图版 148,图 13。

描述 单—双囊过渡型花粉,轮廓椭圆形,本体近圆形;全模大小(长×高)70×36μm,本体 38×20μm,中央为一近圆形裸露区,在近极面亚赤道加厚,向气囊逐渐变薄;气囊大于半圆形,微倾向远极面,二者之间有 V 形薄壁区;本体表面具细点状纹饰,气囊细内网状。

比较与讨论 上述描述主要根据原作者(长×高,意味着全模乃侧面观保存)略加改动,但这样一来,本体中央的一圈又难以解释;原描述极面轮廓椭圆形,本体圆形,但长高比例反差大,侧面观如何知道是圆形?这再次证明,根据保存不好的个别标本建立新种,形态特征难以正确解释,让使用者无所适从。本种与廖克光(1987b)鉴定的 *V. wilsonii* 略相似,只是后者的裸露区[薄壁区(?)]为椭圆形。

产地层位 河北开平,赵各庄组。

纺锤聚囊粉 *Vesicaspora fusiformis* Zhou, 1980

(图版 146,图 6, 9)

1978 *Vesicaspora* sp. 2,谌建国,435 页,图版 126,图 12。

1980 *Vesicaspora fusiformis* Zhou,周和仪,58 页,图版 25,图 11—20,22。

1982 *Vesicaspora fusiformis*,周和仪,147 页,图版Ⅱ,图 1—3。

描述 赤道轮廓卵圆形,大小 42(46)74×27(33)41μm(测 30 粒),全模 46×32μm(图版 146,图 6);本体横椭圆形—卵圆形,13—26×20—32μm,表面颗粒状,气囊近极基亚赤道位,远极基对应偏内,在横向赤道部位以窄的离层相连,若以远极基为界,气囊大于半圆形,所测囊的大小为 14—30×20—41μm;近极基投影显示远极为纺锤形薄壁区,但远极基间距窄,其间为狭缝状沟;囊壁细内网状。

比较与讨论 本种与 *Sulcatisporites ovatus* (Balme and Hennelly) Bharadwaj 颇相似,但以气囊大于半圆形即在两端膨胀度较大与后者区别;与 *Vesicaspora platysaccoides* 亦颇相似,后者仅以气囊略似蝶囊粉而与后者不同。

产地层位 河南范县,上石盒子组;湖南韶山,龙潭组。

大聚囊粉 *Vesicaspora gigantea* Zhou, 1980

(图版 147,图 6, 7)

1980 *Vesicaspora giganteus* Zhou,周和仪,58 页,图版 26,图 7,11,12;图版 27,图 1,6,9。

1980 *Vesicaspora longa* Zhou,周和仪,58 页,图版 26,图 1,5。

描述 单囊花粉,两侧对称,极面观椭圆形,个体大,大小 124—195×82—118μm,全模 138×86μm(图版 147,图 7);本体在远极面位置时不明显,在近极、斜压或侧压时清楚,大小(52)76—80×(54)78—84μm,近圆形—短卵圆形,表面光滑—细颗粒状;除近极和远级萌发沟区外,其赤道部分亦为气囊所包围;气囊极面卵形至椭圆形,表面内网状。

比较与讨论 当前标本的构形与 *V. wilsonii*(全模 48μm)颇相似,但以个体大得多而与后者区别;本种与 *V.* cf. *gigantea* 大小相近,但以本体近圆形、气囊在两侧相连的离层较窄,尤其远极变薄区("沟")形状不甚稳定而与后者区别。周和仪(1980)建立的种 *V. longa*,大小与本种相近,仅以外形扁椭圆形及气囊强烈地向长

轴两端扩展与 *V. gigantea* 区别:按扁的现状与保存压缩相关,而囊在两端膨胀程度上的差异对这样大的花粉而言是不足以作为分种的依据的,何况二者出自相同地点、地层,故本书将它们合并到原作者建立的 *V. gigantea* 之内。

产地层位 山东沾化,本溪组—太原组。

大聚囊粉(比较种) *Vesicaspora* cf. *gigantea* Zhou, 1980

(图版 147,图 8, 12;图版 159,图 17)

1964 *Florinites*? sp. c,欧阳舒,503 页,图版Ⅵ,图 9。

1964 *Florinites* sp. a,欧阳舒,503 页,图版Ⅵ,图 12。

1964 *Florinites*? sp. d,欧阳舒,503 页,图版Ⅵ,图 11。

1984 *Primuspollenites levis* Tiwari,高联达,433 页,图版 163,图 10。

描述 赤道轮廓宽卵圆形,周囊在两端强烈膨胀,沿本体长轴两侧离层发育,但有时轮廓线在一侧作微大波状凹入,大小 110—218 ×72—150μm;中央本体明显,略呈卵圆形—近圆形,其长轴与花粉长轴垂直,大小 43—65 ×47—109μm,即其纵(短)轴≤1/3 花粉长轴;气囊近极基亚赤道位,远极基强烈偏内,与本体重叠部分呈新月形,包围一近卵圆形萌发沟或变薄区,其宽为本体宽的 1/3—1/2;周囊细内网状,网脊在本体周缘微辐射状;棕黄—淡黄色。

比较与讨论 参见 *V. gigantea* 下比较;当前标本以花粉偏大,尤其本体远极面具清楚的沟或变薄区与属内其他种区别;与本书归入 *Potonieisporites novicus* 的个别标本也略相似,但以本体横轴较长、近极缺乏单射线而与后者有别。被高联达(1984)鉴定为 *Primuspollenites levis* Tiwari 的标本(102μm),很可能与河曲标本同种。印度的 *Primuspollenites* Tiwari (1964, p. 255, pl. 1, fig. 9)属(以 *P. levis* 作模式种)的属征中有一重要特征,即本体外壁近极面具细至清楚的近多角形的负网状图案,我国这类大的单囊单沟花粉不具备此特征,有可能为一新种,宜归入 *Vesicaspora*。

注释 *Primuspollenites* 的属征:双囊—单囊过渡型花粉,两面对称,或由于两囊侧向连续而呈卵圆形;中央本体清楚,竖卵圆形或菱形—亚圆形;本体外壁细内点穴状,无纹饰,近极面具微弱至清楚的多角形拟负网状条纹图案;气囊近极基略搭本体,即亚赤道接触,倾向远极,远极基对应偏内,常沿本体长轴加厚,包围一宽窄不一的清楚的纺锤形远极沟;气囊在两侧以离层相连,有时在本体两端所向明显凹入,使囊呈两瓣状;囊细—粗内网状,有时套网状;模式种大小 94—165μm。

产地层位 山西河曲,下石盒子组;山西宁武,上石盒子组。

包容聚囊粉(新联合) *Vesicaspora inclusa* (Kaiser) Ouyang comb. nov.

(图版 146,图 4)

1976 *Schansisporites inclusus* Kaiser, p. 139, pl. 16, fig. 6.

描述 赤道轮廓近椭圆形,大小 90—105μm,全模 105μm;本体轮廓近似菱形,长/宽约 1. 25,外壁厚约 2μm,外层厚 1—2μm;“双囊”即从两侧包围本体的气囊具海绵状—内网状结构,略倾向远极,囊基不清楚,构成气囊的外壁外层在近极面和远极沟区变薄,且紧贴外壁内层,网状结构向中央变成细点穴状;远极沟近纺锤形,长度小于本体横轴全长。

比较与注释 本种以花粉轮廓长椭圆形、本体相对颇大、远极沟短于本体横轴等特点区别于 *Vesicaspora* 其他种。

产地层位 山西保德,下石盒子组。

大型聚囊粉 *Vesicaspora magna* Ouyang and Li, 1980

(图版 147,图 9)

1980 *Vesicaspora magna* Ouyang and Li, p. 2, pl. Ⅲ, fig. 1.

描述 赤道轮廓宽椭圆形，已知大小146—162×200—204μm，全模200×146μm（图版147，图9），中央本体109×84μm（长×宽）；单囊颇发育，在赤道和亚赤道膨胀，不完全网状，网脊≤1μm，网穴直径1—2μm，从气囊基部辐射出小褶脊，“离层”在两侧膨胀，宽达18—24μm；中央本体椭圆形，其长轴与花粉长轴垂直；外壁内层薄，亦为细内网状结构，网脊、网穴<1μm；远极面具颇宽的沟，沟缘由气囊的清楚的远极基界定，沟宽达18（？）34—40μm，微呈矩形，两端钝圆或不规则；微金黄—浅黄色。

比较与讨论 本种以个体特大、沟宽和侧面离层较宽区别于属内其他种。

产地层位 山西朔县，本溪组。

内蒙古聚囊粉 *Vesicaspora neimenguensis* Zhang, 1990

（图版149，图22）

1990 *Vesicaspora neimongensis*（sic！）Zhang，张桂芸，343页，图版12，图14，15。

描述 单—双囊过渡型花粉，赤道轮廓椭圆形，大小（长×宽）144—192×120—132μm，本体79—96×103—120μm；全模144×120μm（图版149，图22），本体79×103μm（此大小尺度或所注放大倍数不对，二者必居其一！按图版说明，图14×600，长应8.64cm，实仅4.5cm，即约310倍，本书以其文字描述为准）；本体卵圆形，纵轴短于横轴，其赤道周边［囊基接触带（？）］略加厚，颜色较暗，宽4—6μm，表面细内网—细粒状；气囊沿纵向膨胀，具辐射纹理，内网状，网穴拉长，穴径1×2—3μm，从内向外增大，囊在本体两侧以宽窄不一的离层相连；花粉黄色，本体所在［包括远极薄壁区或沟（？）］色较浅。

比较与讨论 当前标本与 *V. gigantea* Zhou 大小、形态相近，但因所给花粉大小有问题，加上周和仪所发表照相不清楚，确切对比很难。从其所给大小幅度看，这个种本体是近圆形的，且与气囊边界不清，也无加厚带，似可区别。

注释 种名拼成 *neimongensis* 欠妥，现改为 *neimenguensis*。

产地层位 内蒙古准格尔旗黑岱沟，山西组。

卵形聚囊粉 *Vesicaspora ooidea* Ouyang, 1986

（图版146，图1，2）

1986 *Vesicaspora ooidea* Ouyang，欧阳舒，84页，图版Ⅺ，图6。

1995 *Vesicaspora ooidea* var. *minor* Hou and Song，侯静鹏、宋平，177页，图版22，图20。

描述 小至中等大小的单囊花粉，赤道轮廓宽椭圆形，大小46—78×40—53μm，全模78×53μm（图版146，图1）；本体32×30μm，沟约3×19μm；中央本体近圆形，纵轴或横轴稍长，外壁不厚，但颜色较深，其结构或与外层在该部位未分离相关，故均为点穴—内网状，穴径0.5（体）—1.0μm（囊），在囊上有时互相沟通，囊基部位具网脊相连的辐射纹，囊在两侧相连的离层颇宽；本体远极具一未被气囊包围（或被窄的囊基褶所包围）的外壁变薄区，狭卵圆形或狭纺锤形，其中央具一窄沟，沿花粉横轴延伸；棕（体）—黄色（囊）。

比较与讨论 本种以花粉轮廓宽椭圆形、离层较宽、远极沟很窄等特征与属内其他种区别。

产地层位 浙江长兴，龙潭组；云南富源，宣威组上段。

蝶囊聚囊粉 *Vesicaspora platysaccoides* Zhou, 1980

（图版147，图2，5；图版159，图12）

1980 *Vesicaspora platysaccoides* Zhou，周和仪，58页，图版25，图21，23，27。

1990 *Vesicaspora platysaccoides*，张桂芸，见何锡麟等，342页，图版12，图12。

1990 *Vesicaspora* cf. *platysaccoides*，同上，图版12，图13。

2003 *Vesicaspora platysaccoides*，欧阳舒、王智等，274页，图版39，图15。

描述 单囊花粉，赤道轮廓宽卵圆形、微哑铃状，大小44—69×25—42μm；本体近圆形—椭圆形，横轴较长，大小18—29×22—34μm，全模65×42μm（图版147，图2），近极亚赤道位具新月形外壁增厚，表面具细颗粒纹饰;气囊外形略似蝶囊粉,宽度较大,大小 20—34 × 30—50μm;在花粉横轴本体赤道部位相连部分微内凹;远极基略内凹,包围一较狭的远极沟;囊壁细内网状。

比较与讨论 本种以气囊轮廓略呈蝶囊状而与属内其他种区别。

产地层位 内蒙古房塔沟、黑岱沟,山西组 6 煤;山东沾化、河南范县,上石盒子组;新疆北部木垒,金沟组。

粗糙聚囊粉 *Vesicaspora salebrosa* Gao, 1987

(图版 149,图 19, 23)

1987 *Vesicaspora salebra* (sic) Gao,高联达,220 页,图版 10,图 6,7。

1987a *Vesicaspora wilsonii*,廖克光,572 页,图版 143,图 18。

描述 单—双囊过渡型花粉,赤道轮廓椭圆形,全模(图版 149,图 19)长轴长 100μm,宽 70μm;本体大小 64μm,气囊基接触于本体亚赤道,使本体周边大部颜色稍深,气囊超出本体的长≤28μm,并在本体一侧或两侧以宽窄不一的离层相连;本体轮廓卵圆形,横轴长于纵轴,表面具点状结构,其远极面(?)具颇宽的卵圆形或纺锤形薄壁区;气囊细内网状。

比较与讨论 本种与 *V. wilsonii* 形态相似,但以个体较大区别于后者。廖克光(1987a)鉴定的 *V. wilsonii* 大小达 88—94 × 66—68μm,比模式标本大一倍,归入 *V. salebrosa* 较好。

注释 拉丁文 *salebra* 为名词,形容词为 *salebrosus*,故作了改动。

产地层位 山西宁武,山西组—石盒子群;甘肃靖远,红土洼组。

威氏聚囊粉 *Vesicaspora wilsonii* Schemel, 1951

(图版 147,图 3, 4)

1951 *Vesicaspora wilsonii* Schemel, p. 749, figs. 1, 3.

1976 *Vesicaspora wilsonii*, Kaiser, p. 140, pl. 16, figs. 2, 3.

1980 *Vesicaspora* cf. *wilsonii*, Ouyang and Li, pl. Ⅲ, fig. 7.

?1984 *Vesicaspora antiquus* Gao,高联达,389 页,图版 148,图 13。

1987a *Kosankeisporites unicus* (Kosanke) Wu and Wang,吴建庄、王从风,188 页,图版 30,图 31。

1987b *Vesicaspora wilsonii*,廖克光,图版 29,图 9。

描述 参见本属属征;Kaiser (1976) 未给描述,从图照看,赤道轮廓宽卵圆形,据放大比例测大小约 58 × 45μm,本体轮廓可能为椭圆形,大小约 23 × 38μm,横轴长于纵轴;气囊大于本体,在本体一侧以宽的离层相连;远极面具纺锤形薄壁区;气囊内网状。

比较与讨论 当前标本构形与 *V. wilsonii* 相似,大小相差不大(后者 43—48μm);与 *V. fusiformis* 和 *V. platysaccoides* 的区别是后两种具窄沟。吴建庄等(1987)鉴定的 *Kosankeisporites unicus*(Kosanke)的两个标本(图版 30,图 31, 32),图 32 显然是属于 *Vesicaspora* 的(另图 31 可能是 *Pityosporites*),且与 *V. wilsonii* 或 *V. fusiformis* 颇相似;此外,无论 *Illinites* (Kosanke,1950) Jansonius and Hills,1976 或其同义名 *Kosankeisporites* Bharadwaj,1956(模式种都是 *Illinites unicus*),其主要特征是近极面具内条纹,为外围环状壕沟所包围。高联达(1984)定的种 *Vesicaspora antiquus*(长 70μm)标本保存不好,描述与图照有矛盾,殊难解释,但与廖克光(1987b)鉴定的 *V. wilsonii* 略相似,故亦保留归入此种。

产地层位 河北武清,上石盒子组;河北开平,赵各庄组;山西保德,下石盒子组;山西宁武,山西组—上石盒子组。

新疆聚囊粉 *Vesicaspora xinjiangensis* Hou and Wang, 1986

(图版 147,图 1)

1986 *Vesicaspora xinjiangensis* Hou and Wang,侯静鹏、王智,95 页,图版 22,图 15。

描述 赤道轮廓卵圆形,全模大小 75 × 58μm;本体轮廓圆形,大小 55μm,外壁薄,在赤道周边具近极囊基增厚带或着生褶,宽 3—8μm 不等,远极基对应偏内,呈不明显新月形,包围一纺锤形薄壁区;气囊≤半圆形，两端超出本体10—15μm，在两侧仅以窄的（2—3μm）离层相连；本体与囊具有细粒或细网纹，气囊纹饰稍大于本体纹饰。

比较与讨论 本种以具清楚的纺锤形萌发沟和本体周围具不显著的加厚褶皱带而与 *V. magnalis*（Andreyeva）Hart，1965（p. 73，fig. 171）区别；与 *V. wilsonii*（Schemel）Wilson and Venkatachala，1963 的区别是后者个体略小（40—50μm，本体 30—35μm），萌发沟较窄。

产地层位 新疆吉木萨尔大龙口，梧桐沟组。

桑尼粉属 *Sahnisporites* Bharadwaj，1954

模式种 *Sahnisporites saarensis* Bharadwaj，1954；德国普法尔茨，上石炭统（Westphalian）。

属征 双气囊花粉，无四孢体痕；中央本体近菱形—近椭圆形，近极面具一纵"沟"，延伸本体全长，末端或变宽；远极无气囊的薄壁区透镜形；模式种全模约90μm（据 Bharadwaj，1974 修订特征，Jansonius and Hills，1976，Card 2479）。

比较与讨论 以气囊无远极基褶、薄壁区纺锤形与 *Gardenasporites* 区别。

萨尔桑尼粉 *Sahnisporites sarrensis* Bharadwaj，1954

（图版148，图1）

1954 *Sahnisporites sarrensis* Bharadwaj，p. 521，pl. 2，fig. 15.

1976 *Sahnisporites sarrensis* Bharadwaj，Kaiser，p. 140，pl. 15，fig. 9.

描述 双囊花粉，赤道轮廓近椭圆形，大小（长轴）60—70μm；本体菱形，"单射线"颇粗壮，开裂，几延伸至本体全长，外壁外层厚约1μm，海绵状内网的穴径2—7μm，平均约5μm；两气囊在一侧以5μm宽的离层相连，而在另一侧连接处宽仅1—2μm；气囊网纹粗大；气囊远极基内凹，包围一近卵圆形薄壁区，其纵向宽稍大于本体长的1/3。

比较与讨论 保德标本与 *S. saarensis*（全模长90μm）关系如此密切，无疑可归入该种。本种以囊远极基无明显基褶，本体菱形，近极单缝状开裂直、两侧微增厚，以及气囊网纹粗大与属内其他种或 *Gardenasporites* 和 *Limitisporites* 属的种不同。

产地层位 山西保德，石盒子群。

中华桑尼粉 *Sahnisporites sinensis* Gao，1984

（图版148，图4）

1984 *Sahnisporites sinensis* Gao，高联达，386页，图版148，图2。

描述 双气囊花粉，极面轮廓椭圆形，全模（长×宽）58μm×32μm；本体近菱形，大小30×20μm，近极面沿长轴方向具一单裂缝，表面具内点状结构；气囊大于半圆形，表面平滑或具内网孔结构；花粉本体，气囊表面平滑或内网孔结构；描述的花粉大小58μm，宽32μm，本体大小30μm，宽20μm。

比较与讨论 本种与 Kaiser（1976）鉴定的 *S. saarensis* 大小接近，形态亦颇相似，差别在于两囊在本体中央两边相连的离层没有后者中那么明显。此粒花粉保存欠佳，单裂缝在照相上看不清楚，似具很细的不规则方向延伸的条痕（？），有待更多标本发现。

产地层位 山西宁武，太原组。

残缝粉属 *Vestigisporites*（Balme and Hennelly，1955）Tiwari and Singh，1984

模式种 *Vestigisporites rudis* Balme and Hennelley，1955；澳大利亚新南威尔士（New South Wales），二叠系。

属征 双囊花粉；中央本体整个近极面显示出内网状结构（外壁外层），裸露的光滑区未见到；近极面具一残留的四孢体痕;气囊在近极为赤道接触,在两侧通常有离层相连,倾向远极面,远极基之间为无囊区;气囊接触的远极带无褶皱伴随;气囊内网状。

比较与讨论 本属以气囊基缺乏褶皱带区别于 *Limitisporites*(欧阳舒、王智等,2003;Jansonius and Hills,1976, Card 3213)。

分布时代 全球,首现于晚石炭世,主要在二叠纪。

华美残缝粉 *Vestigisporites elegantulus* Hou and Wang, 1986

(图版 148,图 11, 13)

1986 *Vestigisporites elegantulus* Hou and Wang,侯静鹏、王智,92 页,图版 23,图 4。

1986 *Vestigisporites dalongkouensis* Hou and Wang,侯静鹏、王智,92 页,图版 23,图 9。

2002 *Vestigisporites elegantulus* Hou and Wang,欧阳舒等,270 页,图版 32,图 8,12,14,15。

描述 两气囊花粉,赤道轮廓略卵圆形,大小(长×宽)113 (119) 131 ×72 (75) 82μm,本体 49 (55) 59 × 45 (50) 64μm,气囊 45 (51) 56 ×72 (75) 82μm,超出本体长 25—37μm(测 5 粒),全模 112 ×75μm(图版 148,图 11);本体轮廓亚圆形,外壁中厚,帽缘厚 2—4μm,细匀内网状—点穴状,穴、脊≤0.5μm;近极面中部具一小单缝,约 1/4 本体长,或单缝状开裂延伸至本体全长,或具一亚三角形薄壁区。气囊大于半圆形,位于本体赤道偏远极,在赤道两侧或一侧有发达的离层(宽 6—10μm)相连,自远极基放射出很多强弱不一的辐射褶,延伸气囊大部,远极基平直或内凹,包围一略呈矩形—卵圆形薄壁区;囊细匀致密内网状(不完全网纹);穴、脊≥0.5μm;棕黄色。

比较与讨论 当前标本与大龙口梧桐沟组所见的同义名表中所列的 2 种在大小、形态上基本一致,二者应合并为一种,因为 *V. elegantulus* 的模式标本上亦可见到贯穿本体全长的开裂,鉴于 *V. elegantulus* 描述在先,故本书采用这一种名。

产地层位 新疆吉木萨尔五彩湾井区,平地泉组;新疆吉木萨尔大龙口,梧桐沟组;新疆三台大龙口,梧桐沟组;新疆和布克赛尔夏子街井区,乌尔禾组下亚组。

小短残缝粉 *Vestigisporites minor* Zhou, 1980

(图版 148,图 16)

1980 *Vestigisporites minor* Zhou,周和仪,49 页,图版 22,图 4。

描述 赤道轮廓椭圆形,全模标本 33 ×20μm;本体近圆形,大小 17.5μm,表面细颗粒纹饰;近极面具单缝,长为本体长度的 1/3;气囊半圆形,大小 13 ×19μm,两囊相距约 6.2μm,约为本体长的 1/3,在本体赤道两侧连接,细内网状。

比较与讨论 当前花粉以个体特小区别于属内其他种。

产地层位 山东沾化,太原组。

卵形残缝粉 *Vestigisporites ovatus* Zhou, 1980

(图版 148,图 3, 5)

1980 *Vestigisporites ovatus* Zhou,周和仪,49 页,图版 22,图 5,8,9。

1982 *Vestigisporites ovatus*,周和仪,145 页,图版 I,图 32,33。

1987 *Vestigisporites ovatus*,周和仪,图版 4,图 6,7。

1996 *Vestigisporites ovatus*,朱怀诚,见孔宪祯等,图版 49,图 9。

描述 轮廓单维管束型,大小 55—58 ×40—48μm,全模 58 ×48μm(图版 148,图 3);本体近圆形,大小 18—38 ×23—40μm,近极具单缝,长 20μm;两气囊相距较近,在两侧相连呈单囊状,网纹清楚;在远极两囊近平直,但可见,间距很窄。

比较与讨论 本种与 *V. hennellyi* Hart, 1960 (Hart, 1965, p. 78, text-fig. 186)有些相似,但后者个体大

(67—103μm),单缝更短,气囊远极基间距较宽。左云标本大小、形态相近,但单缝不清楚。

产地层位 山西左云,上石盒子组;河南范县,上石盒子组。

托玛斯残缝粉 *Vestigisporites thomasii* (Pant) Hart, 1965

(图版148,图8)

1965 *Vestigisporites thomasi* (Pant, 1955) comb. nov. Hart, p. 79; text-fig. 187.

1984 *Vestigisporites methoris* Hart, 1960,高联达,428页,图版161,图12。

描述 单束型双囊花粉,轮廓椭圆形,描述标本大小70—90μm,宽42μm,气囊大小30μm,高28μm;本体近圆形,大小42μm,近极有一条单缝连接两气囊,表面内点结构;气囊半圆形,与本体大小大致相等,强烈发育,着生线清晰可见;两囊在本体赤道两侧似有离层相连。

比较与讨论 高联达(1984)将当前标本(似为侧面保存)定为*V. methoris*,但此种据Hart (1965, p. 78, text-fig. 185)描述,本体"具一短的单射线";而该书内,单缝连接两气囊的只有*V. thomasi*,后者大小78—88μm,本体大小44—57μm,与山西标本大致相似,故迁入此种内。

产地层位 山西宁武,上石盒子组。

横向残缝粉 *Vestigisporites transversus* Hou and Wang, 1990

(图版148,图21, 22)

1976 *Potonieisporites balmei* (Hart) Bharadwaj, Faddeeva, pl. 5, figs. 2, 4.

1990 *Vestigisporites transversus* Hou and Wang,侯静鹏、王智,28, 29页,图版7,图6, 7。

2003 *Vestigisporites transversus*,欧阳舒、王智等,280, 281页,图版31,图3,4,10—13。

描述 赤道轮廓宽椭圆形,总长133—144μm,全模144μm(图版148,图21);本体近圆形,大小(长×宽)73—83×80—87μm,近极具单裂缝,纵贯本体全长;外壁较厚,体壁具细粒—细网纹饰,赤道多少增厚呈色较暗的一圈;气囊大于半圆形,大小48—53×55μm,在两侧多少相连,囊壁具规则细内网纹饰,基部偶见有褶皱。

比较与讨论 本种因花粉囊基无双向的褶皱系,离层在两侧有时很窄,故不宜归入*Potonieisporites*属;与*Vestigisporites thomasi* (Pant) Hart轮廓近似,但以个体大、本体外壁厚而区别;Faddeeva (1976)的鉴定是不正确的,因其单缝很长,与*Potonieisporites balmei*(Hart, p. 79, text-fig. 188)的种征不符(欧阳舒等,2003)。

产地层位 新疆乌鲁木齐附近,梧桐沟组;新疆克拉玛依车排子井区,佳木河组;新疆奇台双井子,巴塔玛依内山组。

沾化残缝粉 *Vestigisporites zhanhuaensis* Zhou, 1980

(图版149,图3)

1980 *Vestigisporites zhanhuaensis* Zhou,周和仪,49页,图版22,图3。

1987 *Vestigisporites zhanhuaensis*,周和仪,12页,图版4,图5。

描述 轮廓微双维管束形,全模标本长40μm;本体近圆形,大小20×18μm,近极面具单缝,为本体长的1/3,表面具细颗粒纹饰;气囊大于半圆形,亦大于本体,大小16×24μm,两囊相距7.5μm,约为本体长的1/3,在远极面呈矩形薄壁区,在本体赤道两侧微相连,细内网状。

比较与讨论 本种以个体小、本体远极具矩形薄壁区等与属内其他种区别。由于当前标本双囊远基皱明显,本种归入*Limitisporites*较好,之所以不作改动,是因为目前所知标本太少。

产地层位 山东沾化,上石盒子组。

直缝二囊粉属 *Limitisporites* Leschik, 1956

模式种 *Limitisporites rectus* Leschik, 1956;德国纽霍夫(Neuholf),上二叠统(Zechstein)。

属征 两气囊花粉,具退化的 Y 痕,构形为纵向单裂缝;气囊的接触线在镰形弯曲的横向褶皱靠近极部的边沿(内侧),全模大小约 65μm。

比较与讨论 本属以单射线直、气囊基褶明显与 *Jugasporites* Leschik, *Gardenasporites* Klaus 区别。据 Klaus(1963)意见,*Limitisporites* 以外壁内层上有裂缝,其上为封闭的外壁外层条带与 *Gardenasporites* 有别,但此见解并未被广泛认可;也许 *Gardenasporites* 单裂缝较宽可作区别特征。关于 *Limitisporites*, *Jugasporites* 同义与否及其取舍的详细讨论参见欧阳舒、王智等(2003,282, 283 页)。

分布时代 全球,晚石炭世—二叠纪,主要是二叠纪。

具帽直缝二囊粉 *Limitisporites crassus* Zhou, 1980

(图版 148,图 2)

1980 *Limitisporites crassus* Zhou,周和仪,54 页,图版 24,图 28。

描述 轮廓微双维管束型,全模标本大小(总长)80μm;本体椭圆形,大小 50 ×43μm,纵轴长于横轴,帽厚 2. 5μm,具细颗粒纹饰;具单缝;气囊半圆形,小于本体,32 ×44μm;两囊相距约为本体长度的 1/4,网状纹饰。

比较与讨论 本种以个体大、双束型、帽厚和二囊间距较窄区别于属内其他种。此种照相太不清楚,有待更多标本发现。

产地层位 河南范县,上石盒子组。

纤弱直缝二囊粉(新联合) *Limitisporites delicatus* (Zhu) Zhu and Ouyang comb. nov.

(图版 148,图 12;图版 149,图 16;图版 159,图 4)

1985 *Limitisporites* sp. , Gao, pl. 4, fig. 15.

1993 *Alisporites delicatus* Zhu,朱怀诚,304 页,图版 85,图 1—4。

1993 ?*Limitisporites* sp. 1,朱怀诚,308 页,图版 87,图 8,10,11。

描述 单束—微双束型双囊花粉,靖远标本大小(长 × 宽)122. 5(131. 9)150. 0 ×75. 0(79. 4)87. 5μm,本体亚圆形—椭圆形,大小 80—100 ×75—80μm(测 4 粒),多数纵轴稍长,全模 140. 0 ×87. 5μm(图版 149,图 16),副模标本 105 ×65μm(图版 159,图 4);本体壁不厚,厚 0. 5—1. 5μm,表面点穴状,大部半透明,但赤道部位(帽缘)多少增厚,轮廓清楚,在中部或亚赤道具 2 条(或 1 条更明显)纵向褶脊,其间为平行且颇宽或形状不规则的外壁外层(?)缺失带或裂隙,纵贯本体全长;气囊大于半圆形,近极基亚赤道位,远极基对应偏内,多具囊基褶,二者间距(薄壁区或沟区)约本体长的 1/4,囊壁厚度与大部体壁相当,细内网状。

比较与讨论 本种形态、大小与北疆上石炭统—下二叠统的 *Gardenasporites isotomus* Ouyang(欧阳舒等,2003,294 页,图版 48,图 13—15)或下二叠统的 *Limitisporites basifixus* Ouyang(欧阳舒等,2003,283 页,图版 47,图 12,13)略相似,但以本体纵向开裂不甚规则或较宽、气囊远极基距较窄,或以纵向裂隙而非单缝状而与它们区别。鉴于近极面具纵裂隙,归入 *Alisporites* 欠妥,故迁入 *Limitisporites* 内。同义名中的 *Limitisporites* sp. 1,本体亚赤道位常有两条平行的细纵脊,二者之间有一短单缝(1/2 本体长),其他差别可以解释为变异范围之内,可能与 *L. delicatus* 同种。

产地层位 山西宁武,本溪组;甘肃靖远,红土洼组。

宽直缝二囊粉 *Limitisporites eurys* (Gao) Zhu emend. , 1993

(图版 148,图 19, 20;图版 159,图 3)

1984 *Limitisporites latus* Gao,高联达,391 页,图版 148,图 22。

1985 *Limitisporites eurys* Gao, p. 422, pl. 4, fig. 16.

1993 *Limitisporites eurys* (Gao) Zhu emend. ,朱怀诚,306 页,图版 86,图 4—6,10。

描述 双囊花粉,单束—微双束型,极面观椭圆形,纵轴长于横轴,全模 112 ×60μm(图版 148,图 20),靖远标本 102. 0(120. 6)145. 0 ×60. 0(73. 3)85. 0μm(测 9 粒);本体亚圆形,大多横轴较长,大小 60—85μm,

外壁薄,略透明,光面—细点状,色稍浅于气囊,近极面具一纵向的裂缝或颇宽的开裂,近规则或不定形,长约为本体纵轴的1/2或全长;气囊半圆形或小于半圆形,近极基在本体近赤道部位,远极基对应偏内,近平直或微凸出,虽不明显,但仍可辨别,囊基间距约为本体长的1/3—3/5,囊壁细内网—点穴状。

比较与讨论 本种形态、大小与新疆北部早、晚石炭世之交阿恰勒河组的 *Gardenasporites boleensis* Ouyang (欧阳舒等,2003,293页,图版49,图16,17)颇为相似,区别仅在于后者本体(和气囊)壁较厚,颜色不浅于气囊,纵向开裂大多较宽(3—5μm)而规则。

注释 同义名表中前两个种名,所据为同一全模标本,1984年正式发表的 *Limitisporites latus* 虽较早,但 *L. latus* Leschik, 1956更早,无论其为同物同名或异物同名,*L. latus* Gao, 1984皆无效,所以高联达(1985)另起种名为 *L. eurys*。此种气囊缺乏明显的远极基褶,只因靖远标本纵向裂缝较细,勉强归入 *Limitisporites*。

产地层位 山西宁武,本溪组;甘肃靖远,羊虎沟组。

靖远直缝二囊粉 *Limitisporites jingyuanensis* Zhu, 1993

(图版148,图14, 17;图版159,图13)

1993 *Limitisporites jingyuanensis* Zhu,朱怀诚,308页,图版89,图1,2。

1995 *Limitisporites jingyuanensis* Zhu, pl. Ⅱ, figs. 10, 11.

描述 单束型双气囊花粉,极面轮廓卵圆形,总大小(长×宽)127.5—135.0×92.5—95.0μm(测2粒),全模135×95μm(图版148,图17),本体近圆形,横宽略大于纵长,大小75.0—87.5×92.5—95.0μm,外壁薄,近极有一单缝,微弧形,开裂,长约为本体纵轴长的1/3,外壁点—光滑;气囊小于半圆形,基宽略小于本体长轴,侧面分离,远极基明显,基褶月牙形,囊基间距为本体长的1/2—3/5,囊壁薄,内细网纹。

比较与讨论 本种全模的形态、大小与北疆二叠系的 *L. basifixus* Ouyang (欧阳舒等,283页,图版47,图12, 13,全模128×110μm)颇为相似,但后者以近极面单裂缝贯穿本体全长,两囊远极基距较窄(1/6—1/3本体长)而与 *L. jingyuanensis* 区别。

产地层位 甘肃靖远,红土洼组。

精致直缝二囊粉 *Limitisporites lepidus* (Waltz, 1941) Hart, 1965

(图版148,图10;图版149,图20;图版159,图10)

1941 *Pemphygaletes lepidus* Waltz, Luber and Waltz, 1941, p. 185, pl. 16, fig. 260.

1965 *Limitisporites lepidus* (Waltz) Hart, p. 80; text-fig. 191.

?1984 *Limitisporites monstruosus*,高联达,390页,图版148,图12。

1986 *Limitisporites monstruosus* (Luber) Hart 1965,侯静鹏、王智,92页,图版24,图6。

?1993 *Limitisporites lepidus*,朱怀诚,307页,图版87,图4—7,18。

2003 *Limitisporites lepidus* (Waltz),欧阳舒等,286页,图版46,图10,17,20,21。

描述 赤道轮廓略双维管束型,大小(长×宽)83×56μm;本体近圆形或卵圆形,大小53×55μm;近极面具短单裂缝,其两侧略加厚,长度等于本体半径的1/2;气囊略半圆形或耳状,略小于本体,在本体两端对生,远极基具增厚基褶,间距约为1/3本体长;气囊具均匀细内网,本体表面粗糙或细、内穴网状。

比较与讨论 侯静鹏、王智(1986,92页,图版24,图版6)在北疆发现的 *L. monstruosus*,在大小和单缝两侧具外壁增厚两点上与 *L. monstruosus* (Luber) Hart, 1965相似,但 Luber(Luber and Waltz, 1941, p. 148, pl. 12, fig. 202;70μm)原描绘的图基本上为单束型,故欧阳舒等(2003)将其迁入 *L. lepidus* 内。靖远标本形态相近,大小75.0(83.6)100.0×35(49)66μm(测7粒),但本体多纵长,外壁较厚,赤道区微增厚,点状—内细颗粒状,保留归入本种。山西的 *L. monstruosus* 为双束型(花粉长约56μm)。

产地层位 山西宁武,太原组;甘肃靖远,红土洼组—羊虎沟组;新疆吉木萨尔,梧桐沟组、平地泉组;新疆乌鲁木齐乌拉泊,塔什库拉组上部。

光滑直缝二囊粉 *Limitisporites levis* Zhu, 1993

(图版148,图9, 18)

1993 *Limitisporites levis* Zhu,朱怀诚,307页,图版87,图1—3。

描述 单束型双气囊花粉,极面轮廓椭圆形,总大小(长×宽):85.0(93.3)100.0×57.0(64.3)75.0μm;本体椭圆形,横向长略大于纵向长,大小(纵×横)47(51)57×53.0(57.3)62.0μm,外壁薄,色浅,近极有一方向与纵轴一致的单缝,微呈弧形弯曲,常开裂,长约为本体纵轴长的2/3,表面点状—光滑;气囊半圆形—新月形,基部在赤道两侧不收缩,侧面多少分离但间距小,囊宽与本体横长相当,远极基多不明显,远级基最大间距小于本体纵轴长的1/3,囊壁薄,内细网—点状,网脊略粗,呈絮状。

比较与讨论 本种以花粉本体外壁很薄、基本光面与 *Limitisporites* 和 *Gardenasporites* 属内其他种区别。

产地层位 甘肃靖远,羊虎沟组。

最小直缝二囊粉 *Limitisporites minor* Zhou, 1980

(图版148,图6, 7)

1980 *Limitisporites minor* Zhou,周和仪,54页,图版24,图1,2。

描述 轮廓单维管束型,大小(长×宽)26—31×18—20μm;本体近圆形,18—20×20μm,气囊略半圆形,大小12—14×20μm;全模31×20μm(图版148,图6);本体近极面具细单缝,几乎纵贯本体全长;气囊对生于本体两端,倾向远极,远极基间距很窄,3—5μm;囊壁和体壁皆不厚,囊为细内网状。

比较与讨论 本种以花粉个体小、气囊小于或等于本体和单束型轮廓区别于属内其他种。

产地层位 河南范县,上石盒子组。

小直缝二囊粉 *Limitisporites minutus* Gao, 1984

(图版148,图15;图版149,图2)

1984 *Limitisporites minutus* Gao,高联达,390页,图版148,图21。

1990 *Limitisporites minutus* Gao,张桂芸等,340页,图版Ⅻ,图7;图版XIII,图22,23。

描述 双囊花粉,赤道轮廓椭圆形,大小(长×宽)45—55×30—42μm,全模据放大倍数测46×30μm(图版148,图15);本体近圆形,横轴或稍长,大小25—34μm,近极面具一贯穿本体纵长的细裂缝或缝褶,壁不厚(1.5μm),表面细点状;气囊大于或等于半圆形,在本体两侧以或多或少的离层相连,近极基在本体赤道,远极基具典型的狭柳叶状基褶,界之以窄的薄壁区或沟(为本体长的1/4—1/3)或呈狭缝状,囊壁(2μm)细内网状。

比较与讨论 本种形态与 *L. minor* 相近,但以个体较大、气囊大于本体与后者区别(上述花粉大小等综合了同义名两个数据,但内蒙古标本气囊远极基无基褶)。南阿尔卑斯上二叠统的 *L. parvus* Klaus, 1963 (p. 286, pl. 6, fig. 25; 42×31μm),远极基褶和基距较宽,气囊向两端变狭些。

产地层位 山西宁武,太原组;内蒙古准格尔旗黑岱沟,山西组。

畸形直缝二囊粉 *Limitisporites monstruosus* (Luber) Hart, 1965

(图版150,图12)

1941 *Pemphygaletes monstruosus* Luber in Luber and Waltz, p. 148, pl. Ⅻ, fig. 202.

1965 *Limitisporites monstruosus* (Luber) Hart, p. 80; text-fig. 190.

1985 *Piceaepollenites monstruosus* (Luber) Wang,王蕙,669页,图版1,图26。

描述 单束型,赤道轮廓卵圆形,总大小(长×宽)80—130×62—86μm;中央本体横长椭圆形,大小50—66×59—80μm,气囊大于半圆形,约35—48×62—86μm;本体帽厚2μm,表面粗糙具细粒纹饰,近极面中央似具一短且透明的单射状开裂,周围外壁微增厚;气囊近极基亚赤道位,远极基对应稍偏内,具带状基褶,间距约为本体长的1/3,囊内网状。

比较与讨论　当前标本除有的个体稍大外，其他特征与首见于苏联库兹涅茨克二叠系的这个种相同，当属同种。

产地层位　新疆塔里木盆地，棋盘组—塔哈奇组。

畸形直缝二囊粉(比较种)　*Limitisporites* cf. *monstruosus* (Luber) Hart, 1965

（图版 149，图 17，18；图版 159，图 2）

1978 *Limitisporites* cf. *monstruosus* (Luber) Hart，谌建国，434 页，图版 126，图 3。

1993 *Vestigisporites* sp. 1，朱怀诚，306 页，图版 85，图 7。

2003 *Limitisporites* cf. *monstruosus*，欧阳舒等，286 页，图版 46，图 14。

描述　双囊单束型，赤道轮廓略椭圆形，大小 92 × 65μm（图版 149，图 18）；中央本体椭圆形，大小 54 × 63μm，外壁较厚，具基本上为直的单裂缝，几乎延伸本体全长，两侧或一侧外壁微增厚；气囊半圆形，在本体赤道两侧以窄离层相连，远极基大致平直，或具窄的基褶，基距约本体长的 1/3，囊壁内网状；黄色（图版 159，图 2）。

比较与讨论　湖南标本与首见于西伯利亚库兹涅茨克二叠系的 *Pemphygaletes monstruosus* Luber in Luber and Waltz, 1941（p. 148, pl. Ⅻ, fig. 202）颇相似，但后者单射线短且被一纺锤形增厚圈包围，故仅定作比较种。同义名表中，靖远标本（110—150μm）与新疆标本（87—116μm）颇相似，但以个体较大、气囊微呈双束型有点差别。

产地层位　湖南邵东，龙潭组；甘肃靖远，红土洼组—羊虎沟组；新疆准噶尔盆地，芦草沟组—梧桐沟组。

长圆直缝二囊粉　*Limitisporites oblongus* Gao, 1984

（图版 149，图 1）

1984 *Limitisporites oblongus* Gao，高联达，430 页，图版 163，图 16，17。

描述　赤道轮廓长椭圆形，单束型，大小（长 × 宽）80—95 × 50—55μm，本体 54—58 × 48—50μm，纵轴较长，气囊 40—44 × 40—45μm；全模标本 95 × 50μm；本体帽厚 2—3μm，表面细点状纹饰；气囊位于本体两端，被本体近极面一条不清楚的单裂缝连接；气囊大于半圆形，表面覆以不清晰的小网孔纹饰，远极基具增厚基褶，间距约本体长的 1/3。

比较与讨论　本种以单束型轮廓、增厚的远极囊基褶、较短的囊基距和不清楚的单缝与 *L. elongatus* Ouyang, 2003 区别。

产地层位　山西宁武，上石盒子组。

圆体直缝二囊粉　*Limitisporites orbicorpus* Zhou, 1980

（图版 149，图 14，15）

1980 *Limitisporites orbicorpus* Zhou，周和仪，54 页，图版 24，图 21，22，24。

描述　轮廓基本为单维管束型，大小（总长）60—66μm，全模 60μm（图版 149，图 14）；本体近圆形，大小 35—38 × 38—40μm，帽厚约 2μm，表面具细弱颗粒纹饰，近极面具单缝；气囊半圆形，小于本体，大小 25—28 × 38—43μm，气囊近极基赤道位，远极基对应偏内，具明显柳叶状或带状基褶，囊基间距约为本体长的 1/3，细内网状。

比较与讨论　本种以本体近圆形、气囊远极基具明显增厚基褶、基距较宽、气囊纵向膨胀度较大区别于 *L. granulatus* (Leschik, 1956) Hart, 1965（p. 81, text-fig. 192）。

产地层位　河南范县，上石盒子组。

羽囊直缝二囊粉(新联合)　*Limitisporites pinnatus* (Kruzina) Zhu and Ouyang comb. nov.

（图版 150，图 14，19；图版 158，图 29；图版 159，图 1）

1976 *Gardenasporites pinnatus* Kruzina, in Inosova, Shvartsman and Kruzina, p. 228, pl. 14, fig. 3.

1984 *Kosankeisporites robustus* Gao,高联达,387 页,图版 148,图 5。

1993 *Kosankeisporites zhongweiensis* Wang,王永栋,63 页,图版Ⅶ,图 9。

1995 *Gardenasporites pinnatus* Krusina, Wang, pl. 4, fig. 13.

1997 *Vestigisporites* sp. ,朱怀诚,54 页,图版Ⅳ,图 13。

2003 *Limitisporites* sp. B,欧阳舒、王智等,290 页,图版 46,图 13,16。

描述 单束型或微双束型双囊花粉,赤道轮廓略椭圆形,大小(长×宽)110—167×67—100μm;本体轮廓亚圆形或纵轴稍短卵圆形,外壁稍厚于囊,细网状—点穴状,近极面具一单缝,或微开裂,为 1/2—2/3 本体长;气囊大于半圆形,近极基赤道位,有时微增厚甚至呈窄弧状,远极基对应偏内,具颇发育的镰形基褶,宽 4—11μm,近平直或内凹,基距(薄壁区)1/2—2/3 本体长,呈矩形;囊壁内网状,在本体周围者较细密,网脊宽约 0.5μm,网穴≥1μm,多沿辐射方向拉长,甚至局部呈现出辐射纹理;本体细网不明显,可具少量大小、方向不定的褶皱;棕黄(本体)—黄色(囊)。

比较与讨论 当前标本与乌克兰顿涅茨河盆地下二叠统的 *Gardenasporites pinnatus* Kruzina, 1976 较为相似,后者大小 95—122μm,然其气囊略小于本体,双束态势却微明显些;在花粉大小、形态和粗强的远极基褶等特征上,本种与 *Potonieisporites panjimuensis* Wang(欧阳舒等,2003,252 页;133—176μm)很相似,但以典型的双囊花粉形式而与后者区别。本种由于其单缝较短而与单缝一般延伸至本体边缘的 *Gardenasporites* 属差别较大,因此迁入 *Limitisporites* 属;高联达(1984)建立的种 *Kosankeisporites robustus*(全模 140×82μm),无论描述或图照皆未显示 *Kosankeisporites* 属的特征,气囊具远极基褶,本体中部的破裂处可能出自单裂隙,相对更接近 *Limitisporites* 的当前种。

产地层位 山西宁武,太原组;宁夏中卫,红土洼组上部—羊虎沟组下部;新疆准噶尔盆地伊宁潘吉木,铁木里克组;新疆塔里木盆地叶城棋盘,棋盘组。

舟形直缝二囊粉 *Limitisporites pontiferrens* (Kaiser) Ouyang, 2003

(图版 149,图 24)

1976 *Walikalesaccites pontiferrens* Kaiser, p. 141, pl. 15, fig. 11; text-fig. 56.

描述 赤道轮廓宽卵圆形,双囊花粉,但在一侧以稍宽的离层相连,大小(长)55—70μm,全模 70μm;本体外壁薄,约 0.7μm 厚,横卵圆形—纺锤形,近极面二囊之间单射线因外壁外层褶皱而呈桥梁状,末端常分叉;气囊半球形,具海绵—网状内结构;气囊远极基平直,包围一狭长沟,远极基褶存在,但不很明显;囊区和本体外壁外层的结构几乎相同(细内网状)。

比较与讨论 *Walikalesaccites* Bose and Kar, 1966 的模式种 *W. ellipticus* 为典型双束型,气囊远大于本体,远极基无基褶,沟凸透镜形,山西标本与之相比,不但不可能同种,甚至归入该属亦未必妥当,所以作了新联合 *Limitisporites* cf. *pontiferrens* (Kaiser) Ouyang(欧阳舒等,2003,287 页,图版 48,图 8)。新疆的标本与后一种很相似,因沟区较宽,鉴定作了保留。

产地层位 山西保德,下石盒子组。

点饰直缝二囊粉 *Limitisporites punctatus* Zhu, 1993

(图版 149,图 5, 25;图版 159,图 16)

1993 *Limitisporites punctatus* Zhu,朱怀诚,307 页,图版 83,图 6;图版 87,图 9,12,14,15。

描述 单束—微弱双束型双气囊花粉,极面观椭圆形—微菱形,纵向长大于横向长,侧面常外凸;总大小(长×宽)60.0(68.5)87.5×37.5(41.1)45.0μm(测 5 粒),全模 70×40μm(图版 149,图 25);本体椭圆形,纵轴长于横轴,大小 35.0(44.2)55.0×35.0(40.1)45.0μm,外壁较厚,厚 1.5—2.0μm,赤道部位往往有一内界明显的实心环,宽度稳定,近极有一弧形弯曲的短缝,长约为本体纵轴长的 1/3,外壁表面点状—光滑;气囊极面观多少呈三角形,宽略小于本体横轴长,基部在赤道两侧多不收缩,侧面分离,偶见有离层相连,远极基间距为1/3—1/2 本体纵轴长,囊壁较厚,较本体颜色略浅,云絮状,内点—细网状纹饰,囊壁外侧多不平整。

比较与讨论 本种与北疆车排子组的 *L. pristinus* Ouyang(欧阳舒等,2003,图版46,图4,9)形态、大小颇相似,但以总轮廓较扁长、本体纵轴长于横轴、其赤道部位增厚圈较不规则,以及气囊颜色略浅于本体、远极基未见基褶等特点与后者不同。

产地层位 甘肃靖远,红土洼组—羊虎沟组。

四方直缝二囊粉 *Limitisporites quadratoides* Liao, 1987

(图版149,图4)

1987a *Limitisporites quadratoides* Liao,廖克光,572页,图版143,图8,9。

描述 单维管束或微双维管束型二囊粉,全模标本总长77×36μm;本体近椭圆形,大小28×33μm,横轴较长,近极具短小的单裂缝;本体赤道具对生气囊,大小约30×36μm,近极基赤道位,远极基稍偏内,囊基褶微增厚;远极基平直或微内凹,包围一矩形或纺锤形薄壁区;囊大于半圆形,粗内网状,常具放射状纹理。

比较与讨论 本种气囊着生方式似 *Labiisporites*,但后者模式种气囊在两侧以离层相连,故从原作者,将其归入 *Limitisporites*。此种以典型的远极矩形薄壁区,但缝不很长区别于属内其他种。

产地层位 山西宁武,上石盒子组。

模式直缝二囊粉 *Limitisporites rectus* Leschik, 1956

(图版149,图11, 12, 21)

1956 *Limitisporites rectus* Leschik, p. 133, pl. 21, fig. 15.

1984 *Limitisporites rectus*,高联达,429页,图版162,图9。

2000 *Limitisporites* sp. ,詹家祯,见高瑞祺等,图版2,图19。

2003 *Limitisporites rectus*,(其他同义名亦见)欧阳舒、王智等,288页,图版46,图5。

描述 赤道轮廓近卵圆形,基本为单束型或单—双束过渡型;山西宁武标本(图版149,图12)大小(长×宽)76×50μm,本体40×50μm,气囊36×50—58μm;本体卵圆形或近圆形,表面细点状纹饰,近极具一直的单缝,稍长于囊的远极基距;气囊大于半圆形,细内网状;远极基具增厚的柳叶状基褶,囊基距约为1/3本体长。

比较与讨论 当前标本除一个气囊与体相交成更明显角度、本体横轴稍长外,在其他特征上与 *L. rectus* 很相似,故归入该种内。Hart(1965)将本属模式种 *L. rectus* 当作 *L. monstruosus* (Luber) Hart, 1965 的晚出同义名,且选择后者作新的模式种,此建议虽得到了 Oshurkova (2003)的支持,但本书未采用。理由是原 Luber (Luber and Waltz, 1941)描述 *monstruosus* 的标本单射线较短(1/5—1/3 本体长)、其周围具一增厚圈。詹家祯(2000)描述的标本个体略大(大小90×70μm,本体70×50μm,气囊34—36×68—70μm),但花粉构形颇相似。

产地层位 山西宁武,上石盒子组;新疆塔里木盆地和田河井区,卡拉沙依组;新疆乌鲁木齐乌拉泊,塔什库拉组上部。

菱体直缝二囊粉 *Limitisporites rhombicorpus* Zhou, 1980

(图版149,图6, 7;图版159,图15)

1978 *Lueckisporites* sp. 1,谌建国,430页,图版124,图13。

1980 *Limitisporites rhombicorpus* Zhou,周和仪,55页,图版24,图3—18。

1982 *Limitisporites rhombicorpus*,周和仪,146页,图版Ⅰ,图24,29,30。

1984 *Lueckisporites sejunctus* Gao,高联达,432页,图版163,图5。

1986 *Limitisporites rhombicorpus*,侯静鹏、王智,91页,图版24,图15。

1987 *Limitisporites rhombicorpus*,周和仪,图版4,图21。

1987a *Chordasporites rhombiformis* Zhou,1980,廖克光,573页,图版143,图7。

1995 *Limitisporites rhombicorpus*,吴建庄,350 页,图版 56,图 2。

1995 *Lueckisporites virkkiae* Potonié and Klaus,吴建庄,351 页,图版 55,图 17。

1996 *Limitisporites rhombicorpus*,朱怀诚,见孔宪祯等,266 页,图版 49,图 7,10,12。

1996 *Gardenasporites rhombiformis* (Zhou) Zhu,朱怀诚,见孔宪祯等,267 页,图版 49,图 3,4,15。

描述 赤道轮廓多少呈双维管束型,大小(长×宽)30(35)64×24—39μm;本体近圆形至菱形,大小 18—32×21—34μm,气囊大于本体,大小 17—28×24—39μm,全模 47×35μm(图版 149,图 6);本体近极面中央具单缝,在多数标本上似纵贯本体全长,有时微开裂;气囊大于半圆形,横轴宽多长于本体,有时在两侧多少相连,细内网状;囊远极基褶增厚多不明显,囊基距 2—8μm,即颇窄。

比较与讨论 本种与 *L. lepidus* 多少相似,但以花粉个体较小,气囊远极基距窄,单裂缝较长与后者有别。吴建庄(1995)鉴定的 *L. virkkiae* 中,其图版 55 图 17 与周和仪的 *L. rhombicorpus* 全模(1980, 图版 24,图 14)极为相似。

产地层位 山西宁武,上石盒子组;山西左云,下石盒子组;河南范县、山东堂邑,石盒子群;河南柘城、临颍,上石盒子组;湖南浏阳官渡桥,龙潭组;新疆吉木萨尔大龙口,梧桐沟组。

折缝二囊粉属 *Jugasporites* (Leschik, 1956) Klaus, 1963

模式种 *Jugasporites delasaucei* (Potonié and Klaus) Leschik, 1956;阿尔卑斯盐岭,中、上二叠统。

属征 二囊花粉,具折凹的或弯曲的单射线或退化的三射线;远极面气囊接触处可具横向褶皱;本体外壁外层颗粒状;围绕内层裂缝的呈圆形—卵圆形至拉长的区域上外壁外层强烈退化,甚至完全缺失,全模 80μm。

比较与讨论 本属仅以单裂缝折凹或弯曲而与 *Limitisporites* 区别,二者关系密切,有些作者将其视为同义名(见 *Limitisporites* 属下讨论)。

分布时代 全球,以二叠纪为主。

似粒状折缝二囊粉(新联合) *Jugasporites isofrumentarius* (Chen) Ouyang comb. nov.

(图版 149,图 8, 9;图版 157,图 11)

1978 *Limitisporites isofrumentarius* Chen,谌建国,433 页,图版 126,图 11。

1984 *Limitisporites strabus* Gao,高联达,391 页,图版 148,图 24。

1989 *Limitisporites strabus*,侯静鹏、沈百花,108 页,图版 12,图 6。

描述 赤道轮廓椭圆形,全模大小 67×44μm(图版 149,图 8);本体圆形,大小 44μm,具折凹的、略呈"人"字形的双射线(脊),明显高起,长约本体直径的 2/3,至本体边缘逐渐消失;气囊小于半圆形,近极基亚赤道位,远极基不清楚,间距略大于本体长的 1/2,两囊在一侧或以窄的离层相连,具细内网状结构;黄色。

比较与讨论 此种与本属模式种 *J. delasaucei* 有些相似,但后者本体卵圆形,纵轴短得多,尤其是其折凹的裂缝周围外壁外层缺失。谌建国(1984)将他的种与松柏类一种鳞杉 *Ullmannia frumentaria* 的原位花粉(Potonié and Schweitzer, 1960)进行比较。同义名表中所列与谌建园描述的种相近。

产地层位 山西宁武,太原组;湖南邵东保和堂,龙潭组;新疆乌鲁木齐芦草沟,梧桐沟组。

古老折缝二囊粉(新联合) *Jugasporites vetustus* (Gao) Zhu and Ouyang comb. nov.

(图版 150,图 9, 10)

1987 *Vestigisporites vetustus* Gao,高联达,219 页,图版 10,图 4。

1993 *Jugaspoites* sp. ,朱怀诚,305 页,图版 86,图 8, 9。

描述 略单束型双气囊花粉,极面轮廓椭圆形,本体与外形相同,气囊半圆形;本体近极面加厚,形成帽,向气囊方向逐渐变薄;近极面本体表面具三射线退化所形成的纵向开裂,其一侧折凹,伸至本体长轴边沿;气囊在本体两端具囊基增厚带,内网稍粗而明显;全模(长×宽)100×60μm,本体长轴60μm,气囊36×62μm(图版150,图9)。

比较与讨论 由于囊基褶的存在以及三射状开裂一侧折凹,故迁入 *Jugasporites* 属。本种与 *J. delasaucei* 有些相似,但以囊基距宽与后者有别。朱怀诚鉴定的 *Jugasporites* sp. 产自相同地点,大小也相近(107—110μm),但本体壁较厚,折凹的射线也不那么明显,囊基距约本体纵轴长的1/3,存疑归入本种内。

产地层位 甘肃靖远,靖远组—红土洼组。

假二肋粉属 *Gardenasporites* Klaus, 1963

模式种 *Gardenasporites heisseli* Klaus, 1963;奥地利,上二叠统。

属征 双囊单缝花粉,赤道轮廓略长卵圆形;本体圆或卵圆,外壁薄,颜色不深于气囊,外壁内层上无单缝,气囊远极基可伴有基褶;本体外壁外层近极面明显内点穴状、内颗粒状—内网状或类似结构;作为属的特征的是,近极具一纵贯全长的开裂(rent),将近极帽分成对等的两半,但帽在赤道部位渐过渡成具细点穴的一层,覆盖本体远极面;气囊新月形—超半球形,与本体相交无明显角度,但有时亦清楚交错。

比较与讨论 *Lueckisporites* 以本体帽较厚、颜色较深、在纵向开裂的帽之下的外壁内层上还有一较短的单缝与本属不同。

博乐假二肋粉(比较种) *Gardenasporites* cf. *boleensis* Ouyang, 2003

(图版150,图15, 16)

1993 *Gardenasporites pinnatus*,朱怀诚,309页,图版88,图1—4,6—10(少数标本)。

1997 *Gardenasporites* cf. *pinnatus* Kruzina,朱怀诚,54页,图版3,图2。

2003 *Gardenasporites boleensis* Ouyang,欧阳舒等,293页,图版16,17。

描述 单束—微双束型,大小(长×宽)110×65μm;本体近圆形,大小70μm,外壁厚约1μm,点状纹饰,近极面有一纵向开裂的单缝,不很直,几乎伸至本体全长,将本体近极分割成两半,沿裂缝两侧外壁微弱加厚呈带状;气囊半圆形,基部在赤道两侧微收缩,囊宽略小于本体横长,远极基明显,呈增厚带状,囊基距约为1/3本体长;囊壁薄,细内网状。

比较与讨论 当前标本以单缝较长且延伸至本体边缘而与乌克兰顿涅茨克盆地下二叠统的 *G. pinnatus* Kruzina (Inosova, Kruzina and Shvartsman, 1976, pl. 14, fig. 3)区别。

产地层位 甘肃靖远,红土洼组—羊虎沟组;新疆塔里木盆地,棋盘组。

细痕假二肋粉 *Gardenasporites delicatus* Ouyang, 1986

(图版150,图1)

1986 *Gardenasporites delicatus* Ouyang,欧阳舒,90页,图版Ⅷ,图5。

描述 赤道轮廓近长椭圆形,总大小(长×宽)75(87)100×40(45)52μm,本体58—70×40—52μm,囊15(17)20×18(28)37μm,全模91×44μm;本体宽椭圆形—椭圆形,纵轴长于横轴,壁薄,厚<1μm,具细弱内网,穴径达0.5μm,近极具一清楚的或隐约可见的条痕(单缝),纵贯本体全长或微分叉;两气囊位于赤道微偏向远极,单个囊大于半圆形—近圆形,其长为花粉粒总长的1/5—1/4,近极基与本体接触微具角度或平滑过渡,远极基间距颇大,具细弱内网,穴径一般略小于体壁上者;常具若干以纵向为主的较长褶皱;微淡黄色或微棕黄色。

比较与讨论 本种以本体壁薄、具细弱纵向条痕、气囊网纹较细而与该属其他种有别;与 *Bactrosporites ovatus* Ouyang 形态颇相近,但以其气囊倾向远极稍强烈,尤其是近极具一条裂痕而有所不同。

产地层位 云南富源,宣威组上段。

界首假二肋粉 *Gardenasporites jieshouensis* Wang, 1987

（图版150，图5，11；图版158，图19）

1987 *Gardenasporites jieshouensis* Wang R.，王蓉，50页，图版3，图1，2。

1995 *Lueckisporites virkkiae* Potonié and Kremp，吴建庄，351页，图版55，图9。

描述 双束型，轮廓略椭圆形，大小（总长）97.5—112.5μm，全模112.5μm；本体椭圆形，大小67.5—68.7×50.0μm，壁薄，细密内颗粒状—不完全内网纹饰，近极外壁外层被一宽≤7.5μm的开裂分成对等的两半，"沟"内未见单缝；气囊大于半球形，远极基不明显，细内网纹略呈辐射状，囊基部与本体邻近或接触处微增厚。

比较与讨论 本种大小、形态与 *Lueckisporites virkkiae* 相似，但以体壁不厚、单裂之内无短单射线而与之不同；与 *G. heisselii* 也有些相似，但后者气囊网纹粗大、远极基褶明显。吴建庄鉴定的 *Lueckisporites virkkiae* 中，有的标本与此种很相似，亦迁入之。

产地层位 安徽界首，石千峰组下段；河南临颍，上二叠统。

宽裂假二肋粉 *Gardenasporites latisectus* Hou and Wang, 1986

（图版150，图18）

1986 *Gardenasporites latisectus*，侯静鹏、王智，93页，图版23，图3。

描述 赤道轮廓卵圆形，但两侧中部微凹，全模165×109μm；本体近圆形，大小95×101μm，横轴稍长，近极中部具一平行纵轴的宽裂缝，直伸达体的两端，向端部变尖，壁薄，开裂边缘微褶叠；气囊近半圆形，大小（长×宽）50×109μm，对生，近极基赤道位，远极基稍偏内，凹入，间距很宽[大于2/3本体长（?）]；体—囊具均匀细粒状—细内网结构，穴径约1μm。

比较与讨论 本种与 *G. heisseli* Klaus（1963, p. 296, pl. 10, figs. 41, 42）的区别在于后者气囊相对较长、网纹粗大。

产地层位 新疆吉木萨尔大龙口，梧桐沟组。

廖纳氏假二肋粉（比较种） *Gardenasporites* cf. *leonardii* Klaus, 1963

（图版149，图10；图版150，图17）

1987a *Gardenasporites* cf. *leonardii*，廖克光，572页，图版143，图1，3。

描述 花粉总长69—82μm；本体横椭圆形，大小49×69μm，即横轴较长，近极有一平行花粉长轴的单缝，将本体平分为两部分，外壁为不完全细网状；气囊大于或等于半圆形，大小（长×宽）38×64μm，沿远极基常有色较暗的基褶。

比较与讨论 当前标本（廖克光，1987a）与阿尔卑斯二叠系的 *G. leonardii* Klaus, 1963（p. 297, 298, pl. 11, figs. 46, 47）大小、形态（包括本体横椭圆形）有些相似，但后者气囊网纹多角形、网脊较粗强、气囊远极基间距较宽。

产地层位 山西宁武，下石盒子组。

长纹假二肋粉 *Gardenasporites longistriatus* Ouyang, 1983

（图版150，图2，6；图版158，图20）

1964 *Limitisporites* sp.，欧阳舒，图版Ⅶ，图11。

1980 *Limitisporites* cf. *moersensis* (Grebe) Klaus, Li and Ouyang, p. 9, pl. 3, fig. 23.

1983 *Gardenasporites longistriatus* Ouyang, in Li and Ouyang, p. 33, pl. Ⅱ, figs. 11—14.

1987b *Gardenasporites* cf. *firmus* Li and Ouyang，廖克光，572页，图版144，图4，7。

描述 基本为单束型两囊花粉，略椭圆形或近卵圆形，总大小（长×宽）68（78）95×40（47）55μm；本体32（37）42×35（43）50μm，气囊27（36）41×40（47）54μm（测7粒），全模78×48μm（图版150，图6）；中央本体卵圆形—亚圆形，一般长小于宽，壁薄，厚<1μm，极细内网状，穴径≤0.5μm，近极外层具一纵向裂纹

(rent),纵贯本体全长,且常不成直线延伸至气囊端部,在囊上有时呈褶皱状或褶痕状;气囊大于半圆形,远极基近平或内凹,包围一清楚的沟,沟宽8—13μm,即占本体长的1/5—1/3,近极基在赤道偏近极,囊为不规则细内网穴(穴径≤1μm)状—坑穴状(穴径可达2μm),两气囊有时在本体两侧或一侧为窄的离层相连;淡黄—微棕黄色。

比较与讨论 在已知相关两囊花粉属中,迄未见到本体单裂纹延伸至囊的端部的,故本属的鉴定似应作保留;本种以此特征区别于 *Gardenasporites* 属内其他种;*Limitisporites moersensis* (Grebe) Klaus 以近极裂缝不进入气囊、囊在两侧略相连而不同。廖克光(1987b,572页,图版144,图4,7)鉴定的 *Gardenasporites* cf. *firmus* Li and Ouyang,其本体相对较小,似乎更接近 *G. longistriatus*,但个体大(142—200μm),归入后者同样要作保留。

产地层位 山西河曲,下石盒子组;山西宁武,石盒子群;山东兖州,山西组上部。

大型假二肋粉 *Gardenasporites magnus* Hou and Wang, 1990

(图版150,图8)

1990 *Gardenasporites magnus* Hou and Wang,侯静鹏、王智,29页,图版2,图2。

描述 赤道轮廓双维管束型,总长81—98μm,全模98μm;本体近圆形,大小42×48μm,横轴稍长,体壁较厚,赤道部位宽约3μm,具细内网纹;本体近极外壁外层开裂而成单裂缝,几乎纵贯本体全长;气囊大于半圆形,亦大于本体,大小(长×宽)36—38×56—58μm,着生于赤道偏远极,超出本体部分较宽(大于气囊长的2/3),远极基间距<1/2本体长,囊亦为细内网状。

比较与讨论 本种与 *G. heisseli* Klaus (1963, p. 296, pl. 10, figs. 41, 42) 较为相似,但后者以本体(全模)相对较大、单裂较宽、气囊基有增厚基褶、囊的网纹(网脊网穴)粗大而不同。

产地层位 新疆乌鲁木齐乌拉泊,乌拉泊组。

新月假二肋粉 *Gardenasporites meniscatus* Ouyang, 1986

(图版150,图3, 7;图版158,图21)

1982 *Protohaploxypinus* sp. , Ouyang, p. 74, pl. 3, fig. 16.

1986 *Gardenasporites meniscatus* Ouyang,欧阳舒,89页,图版XIII,图3,4。

描述 赤道轮廓近卵圆形,总大小(长×宽)55—85×38—47μm,中央本体亚圆形—宽椭圆形,大小38—70(?)×38—47μm,气囊10—15×37μm,全模55×38μm(图版150,图7);本体壁较薄,厚<1μm,但轮廓尚清晰,近极具一条单缝状开裂,纵贯本体全长;气囊位于本体赤道,在两侧以窄的离层相连,两端膨胀明显,当为两气囊,囊基欠清楚;本体与囊皆为细内穴—网状结构,穴径0.5—1.0μm;棕黄色。

比较与讨论 本种以本体外壁薄、近极具一单缝状开裂、气囊作新月形并与体平滑过渡、以窄的离层相连而与属内其他种不同。

产地层位 云南富源,宣威组上段。

小假二肋粉 *Gardenasporites minor* Ouyang, 1986

(图版149,图13)

1982 *Gardenasporites* sp. C, Ouyang, p. 74, pl. 3, fig. 23.

1986 *Gardenasporites minor* Ouyang,欧阳舒,90页,图版XIII,图2。

描述 小两囊花粉,赤道轮廓狭椭圆形,全模标本大小(长×宽)37×20μm;本体26×20μm,气囊10×17μm,囊基间距17μm(约为本体长的2/3);本体轮廓不规则椭圆形,纵轴略长于横轴,外壁稍厚,厚度不易测,帽部可能达1.5μm,表面粗糙,具极细密的颗粒纹饰,粒径和高皆约0.5μm,近极具一单缝状开裂,宽约3μm,向两端变细,纵贯本体全长;气囊位于本体赤道偏向远极,与体相交平滑过渡,远极基与体接触部位具近新月形基褶,细内网状,穴径约0.5μm,少数因互相沟通可达1μm;棕黄(体)—淡黄(囊)色。

比较与讨论 本种以花粉很小、体壁稍厚及具新月形基褶而与属内其他种包括 *G. meniscatus* 等相区别。

产地层位 云南富源，宣威组上段。

延展假二肋粉 *Gardenasporites protensus* Hou and Wang, 1990

（图版 150，图 13；图版 151，图 26）

1990 *Gardenasporites protensus* Hou and Wang，侯静鹏、王智，29 页，图版 4，图 10，16。

描述 赤道轮廓宽椭圆形，单束型，大小（总长）100—106μm，全模 106μm（图版 151，图 26）；本体轮廓宽椭圆形或因挤压略呈矩形，大小（长 × 宽）56—63 × 58—70μm，中部具一单裂缝纵贯本体全长；气囊着生于赤道偏远极，呈半圆形，大小（长 × 宽）31—38 × 60—70μm，囊壁薄，近极基赤道位，远极基对应稍偏内，具增厚基褶，平直或微凹凸，囊基间距 1/3—1/2 本体纵长，其间为略呈矩形薄壁区；气囊规则细内网状，穴径约 1μm，本体上结构相似或稍细。

比较与讨论 本种以较大的个体和远极矩形薄壁区而与属内其他种区别；与新疆二叠系的 *G. bilabiatus* Ouyang（欧阳舒、王智等，293 页，图版 49，图 4，6，8，10，15）大小、形态颇相似，但后者以单缝两侧具明显的唇、远极基距较宽而不同。

产地层位 新疆吉木萨尔大龙口，芦草沟组；新疆乌鲁木齐妖魔山，红雁池组。

波纹假二肋粉 *Gardenasporites subundulatus* Hou and Wang, 1990

（图版 151，图 17）

1990 *Gardenasporites subundulatus* (sic) Hou and Wang，侯静鹏、王智，29 页，图版 6，图 12。

描述 赤道轮廓双束型—微哑铃形，全模标本总长 95μm（图版 151，图 17）；本体近圆形，大小 41—45μm，近极具细单裂缝，延伸本体全长；体壁略厚，表面具较粗的颗粒状或小瘤状纹饰，略呈辐射状排列；气囊大小 33—38 × 55—63μm，大于本体，超半圆形，向基部收缩，着生于赤道偏远极，近基部具放射状细褶皱，远极基情况不明；气囊在本体赤道部位或以窄离层相连，囊壁具细内网，穴径≤1. 6μm。

比较与讨论 本种与 *Platysaccus crassiexinus* Hou and Wang 略相似，但以本体近极具清楚的单裂缝而与后者不同。

产地层位 新疆吐鲁番盆地桃树园，梧桐沟组。

尼德粉属 *Nidipollenites* Bharadwaj and Srivastava, 1969

模式种 *Nidipollenites monoletus* Bharadwaj and Srivastava, 1969；印度尼德普尔（Nidpur），下三叠统。

属征 双囊花粉，微双束型；中央本体纺锤形—亚圆形或横卵圆形，有时沿赤道具近极褶皱，壁薄，轮廓消散，常具一单缝；气囊近极基沿赤道接触，远极基凹入，包围一或宽或窄的纺锤形沟；囊壁薄至中厚，内网粗或细，网脊中厚，网穴多角形，大或有时小；模式种大小 107—127μm。

比较与讨论 本属以气囊远极基无明显基褶、远极面具略呈纺锤形的沟与 *Limitisporites* 区别；*Satsangisaccites* 有一远极窄沟，且气囊非双束型，甚至有点单囊趋势。

小脊尼德粉 *Nidipollenites lirellatus* Wang, 1985

（图版 151，图 27，30）

1985 *Nidipollenites lirellatus* Wang，王蕙，668 页，图版 I，图 20，21。

描述 赤道轮廓略呈亚圆形—宽椭圆形，或微双束型，花粉总长 62—107μm（测 50 粒），全模 94 × 66μm（图版 151，图 27）；中央本体近圆形或横长椭圆形，大小 46—56 × 50—70μm，近极外壁粗糙—细粒纹饰，具单裂缝，伸达本体边沿；气囊半圆形或略大于半圆形，偏向远极，远极囊基靠拢，间距［沟（?）］很窄；气囊大小与本体大小近似，具内网结构。

比较与讨论 本种以个体小、远极囊基基距窄、气囊网穴小区别于本属模式种。

产地层位 新疆塔里木盆地棋盘,棋盘组—克孜里奇曼组。

对囊单缝粉属 *Labiisporites* (Leschik, 1956) emend. Klaus, 1963

模式种 *Labiisporites granulatus* Leschik, 1956;瑞士,上二叠统。

属征 双囊单缝花粉,赤道轮廓卵圆形,侧面观略豆形;两囊对生,即不位于远极,但在赤道两侧以或窄或宽的离层相连;远极具横长卵圆形萌发沟,被囊基所包围;本体外壁外层细内颗粒—内网状,在近极面较厚,内结构亦略粗;外壁外层具单缝或薄壁带(a slit or thin area),偶尔外壁内层上具一小单缝(据 Jansonius and Hills, 1976, Card 1422,简化)。

比较与讨论 *Limitisporites* 气囊不是对生于赤道,其模式种两囊在赤道两侧无相连的离层,且具明显远极基褶。至于 Klaus 提到的其单缝多在外壁内层上,在实际观察中除 *Lueckisporites* 属外很难辨别。虽此属模式种经重新研究,证明其单缝很短小,但本书从原作者使用该属,包括了具长缝的类型,因两囊多有离层相连,归入也很勉强。

宽椭圆对囊单缝粉 *Labiisporites manos* Gao, 1984

(图版 151,图 22)

1984 *Labiisporites manos* Gao,高联达,429 页,图版 162,图 8。

描述 赤道轮廓宽椭圆形,全模大小 100×72μm;本体窄椭圆形,大小 50×60μm,外壁厚,棕褐色,表面具小颗粒纹饰,近极面具一清晰的单裂缝,开裂,几乎纵贯本体全长,甚至伸至囊上;气囊近极基赤道位,远极基靠近极区,可能具增厚的囊基褶,包围一狭纺锤形远极沟,其宽约本体长的 1/4;囊在赤道两侧以离层相连,具不规则细网纹饰,网穴在赤道边缘增大,呈拉长的多角形。

比较与讨论 本种略似 *L. granulatus* Leschik,但以个体大、本体壁较厚、单缝明显开裂、气囊在两侧以离层相连且具远极基褶而与后者不同。

产地层位 山西宁武,上石盒子组。

小型对囊单缝粉 *Labiisporites minutus* Gao, 1984

(图版 150,图 4;图版 151,图 18)

1984 *Labiisporites minutus* Gao,高联达,429 页,图版 162,图 10。

1984 *Labiisporites* sp.,高联达,429 页,图版 162,图 11。

描述 赤道轮廓椭圆形,全模大小 60×31μm(图版 150,图 4);本体轮廓微菱形,大小 32×28μm,外壁薄,表面具内点状结构,近极中部具一条带状脊,纵贯本体全长,甚至稍延伸至囊上;气囊大于半圆形,与本体接触处呈新月形,其间为一纺锤形沟区;囊壁不薄,细内网状,网脊稍粗。

比较与讨论 本种以菱形的本体轮廓、近极为条带状脊而非单缝或单裂而与 *L. manos* 不同。高联达(1984)鉴定的相同地点、层位的 *Labiisporites* sp.,除个体稍大(90×60μm)外,其他特征与此种很相似,当属同种。

产地层位 山西宁武,上石盒子组。

瓦里卡尔粉属 *Walikalesaccites* Bose and Kar, 1966

模式种 *Walikalesaccites ellipticus* Bose and Kar, 1966;非洲(刚果瓦里卡尔地区),二叠系。

属征 双囊花粉,双维管束型,单缝,两侧对称;轮廓椭圆形,但在两侧中部(二囊汇合处)微收缩凹入;中央本体清楚,相对较小,横轴稍长,细内网状;单射线清楚,近等宽,直或微不直,一般延伸至本体全长;气囊近极基沿赤道接触,远极基靠近极部;两囊基之间为一清楚的凸透镜形的远极沟(sulcus);气囊远大于本体,细内网状;模式种大小(长)65—75μm(Jansonius and Hills, 1976, Card 3237)。

比较与讨论 本属以气囊远大于本体、典型双束型、远极基无增厚基褶和具远极沟区别于 *Limitisporites* 和 *Gardenasporites* 等属。

分布时代 全球,主要在二叠纪。

椭圆瓦里卡尔粉 *Walikalesaccites ellipticus* Bose and Kar, 1966

(图版 151,图 12, 13;图版 158,图 13)

1966 *Walikalesaccites ellipticus* Bose and Kar, p. 102, pl. 26, fig. 1.

1976 *Walikalesaccites ellipticus*, Kaiser, p. 141, pl. 15, fig. 10.

1980 *Limitisporites shandongensis* Zhou,周和仪,55 页,图版 24,图 25,26,29。

1984 *Lueckisporites sejunctus* Gao,高联达,432 页,图版 163,图 4。

1986 *Limitisporites rhombicorpus* auct. non Zhou,杜保安,图版Ⅲ,图 45。

1987 *Limitisporites shandongensis*,周和仪,12 页,图版 4,图 20,25。

1987a *Walikalesaccites ellipticus*,廖克光,572 页,图版 143,图 4, 5a, b。

1987a *Walikalesaccites pontiferrens* auct. non Kaiser,廖克光,572 页,图版 143,图 6。

描述 赤道轮廓双维管束型,大小(长 × 宽)75—93 × 46—73μm,本体近圆形,大小 37—43 × 35—58μm,气囊半圆形—近圆形,33—38 × 46—73μm,全模约 75 × 55μm;本体表面具颗粒状纹饰,近极面中部具一细直单缝,几乎纵贯本体全长;气囊远大于本体,全模标本上囊的横轴长远大于本体横轴,在两侧两囊相邻或几相连;囊的远极基不很清楚,未见基褶,囊基距较窄(1/4—1/3 本体长),为薄壁区[或沟(?)]所在;囊为细内网状。

比较与讨论 周和仪建立的种全模标本(本书图版 158,图 13)大小、形态与非洲下二叠统(Sakmarian)的 *W. ellipticus* Bose and Kar, 1966 很相似,区别仅在于后者具凸透镜状的清楚的远极沟,关于此点,周和仪原未给描述,所供照相也不够清晰,但从其 1980 年发表的图版 24 图 25 看,似有一纺锤形沟,故将此种作为 *ellipticus* 的晚出同义名。Kaiser(1976)描述并定为此种的标本(50—70μm),亦为典型双束型,但气囊在两侧有点间隔,本体外壁厚约 1μm,表面光滑或细点穴状,气囊具海绵状—内网状结构,远极基多少内凹,界以一卵圆形或带状沟;但其网脊似较粗。杜保安鉴定的 *Limitisporites rhombicorpus*,大小近 60μm,但其他特征更接近 *Walikalesaccites ellipticus*。廖克光鉴定的 *W. pontiferrens*,形态介于此种与 *W. ellipticus* 之间,因气囊与体呈双束型,故改归后一种。高联达(1984)建立的种 *Lueckisporites sejunctus* Gao, 1984(432 页,图版 163,图 4,5),其全模(本书图版 151,图 12)形态与 *Limitisporites shandongensis* Zhou 很相似,仅花粉稍小(70μm),但后一大小在 *Walikalesaccites ellipticus* 原描述幅度内,虽其照相未显示出近极面的单缝状开裂;差别是,高联达所选全模上其远极基距沟区(?)最宽近 1/4 本体长,因标本略倾斜,否则,也可能略呈梭形,故也并入 *W. ellipticus* 之内;而图 5 标本本体略呈菱形,单裂缝清楚,两囊基距相邻,故将其归入 *Limitisporites rhombicorpus* Zhou 之内。

产地层位 山西宁武、保德,上石盒子组;河南范县,上石盒子组;甘肃平凉,山西组。

皱囊粉属 *Parcisporites* Leschik, 1956

模式种 *Parcisporites annectus* Leschik, 1956;瑞士,上三叠统。

属征 气囊不完全发育,通常双囊,部分标本上呈不规则轮廓的环囊状,未见三射线;模式种全模大小 30μm。

比较与讨论 以双气囊很不发育、有时呈皱环囊状与其他具囊花粉区别;以近极无真正的三射痕与 *Triadispora* 区别。

亲缘关系 松科泪杉属(*Dacrydium*)(?)罗汉松科(?)。

分布时代 全球,二叠纪—中生代。

瘤状皱囊粉　*Parcisporites verrucosus* Zhou, 1980

(图版 151,图 1)

1980 *Parcisporites verrucosus* Zhou sp. nov. ,周和仪,63 页,图版 29,图 21。

1987 *Parcisporites verrucosus*,周和仪,13 页,图版 4,图 33。

描述　微倾向双囊花粉,全模标本大小 46 × 36μm,本体圆形,大小约 32μm,帽厚 3.0—7.5μm,表面具瘤,极区瘤碎小,赤道区的较大,瘤径约 2.5μm;气囊约 20 × 33μm,在两端膨胀度较两侧大,其结构和纹饰略似铁杉属(Tsuga)的环囊皱褶,呈波浪形边缘,具粒网状。

比较与讨论　本种与本属模式种 *P. annectus* 略相似,但以本体纹饰较粗大、囊更倾向环囊状、总轮廓不那么椭圆而与后者区别。

产地层位　河南范县,上石盒子组。

开通粉属　*Vitreisporites* Leschik emend. Jansonius, 1962

模式种　*Vitreisporites signatus* Leschik, 1955;瑞士巴塞尔,上三叠统(Keuper)。

同义名　*Caytonipollenites* Couper, 1958, *Caytonialespollenites* Plausch, 1958.

属征　花粉很小,模式种全模 28μm;包括气囊的赤道轮廓椭圆形,气囊不或几乎不超出于该椭圆体;十分微弱的 Y 痕可能存在(Jansonius 的修订属征中未包括三缝分子)。

比较、亲缘关系与注释　本属虽为形态属,但多认为可与开通目的雄性球果 *Caytonanthus arberi* (Thomas), *C. kochi* Harris 和 *C. oncodes* Harris 的原位孢子比较,作为双囊花粉,其最重要特征是个体小,一般为 25—30μm,多为单束型,远极无沟,但偶尔可有薄壁区。本属模式种上是否有三射线,仍有争议,虽多数人说没有,且因此视其为 *Vitreisporites pallidus*(Reissinger)的同义名(Balme, 1970;Foster, 1979)。

分布时代　全球,二叠纪—中生代。

隐体开通粉　*Vitreisporites cryptocorpus* Ouyang and Li, 1980

(图版 151,图 32, 33;图版 158,图 26)

1980 *Vitreisporites cryptocorpus* Ouyang and Li,欧阳舒等,149 页,图版Ⅳ,图 25,26。

1986 *Vitreisporites cryptocorpus*,欧阳舒,86 页,图版Ⅺ,图 21。

描述　赤道轮廓略椭圆形,总大小(长 × 宽)25—31 × 18—23μm,本体 10—15 × 9—15μm,气囊 10—13 × 18—22μm(测 9 粒),全模 27 × 22μm(图版 151,图 33);本体小,近球形,可沿横轴或纵轴略伸长,外壁较薄,细点穴—内网状,几不可辨;气囊细点穴—内网状,穴径 < 1μm,位于赤道偏远极,在两侧多少相连,故本体常被包围,远极基褶一般明显,宽 3—4μm,中部略凹入,呈狭椭圆形—卵圆形包围远极变薄区;浅黄—灰黄色。

比较与讨论　本种与 *V. pallidus*(Reissinger)颇接近,但以气囊在两端较发育、本体多呈球形且整个被包围和轮廓多作宽椭圆形而与后者区别。

产地层位　云南富源,宣威组下段—卡以头组。

苍白开通粉　*Vitreisporites pallidus* (Reissinger) Nilsson, 1958

(图版 151,图 28, 29;图版 158,图 27)

1950 *Pityosporites pallidus* Reissinger, p. 109, pl. 15, figs. 1—5.

1955 *Vitreisporites signatus* Leschik, p. 53, pl. 8, fig. 10.

1958 *Vitreisporites pallidus* (Reissinger) Nilsson, p. 78, pl. 7, figs. 12—14.

1980 *Vitreisporites pallidus*,周和仪,57 页,图版 25,图 5—10。

1980 *Vitreisporites parvus* Zhou sp. nov. ,周和仪,57 页,图版 25,图 1—4。

1982 *Vitreisporites pallidus*,周和仪,图版Ⅱ,图 16,23—25,30。

1984 *Vitreisporites signatus*,高联达,431 页,图版 162,图 17—20。

1986 *Vitreisporites pallidus*,侯静鹏、王智,99 页,图版 23,图 12;图版 27,图 29。

1986 *Vitreisporites pallidus*,欧阳舒,85 页,图版Ⅺ,图 19, 20。

1986 *Vitreisporites pallidus*,杜宝安,图版Ⅲ,图 39。

1987a *Vitreisporites pallidus*,廖克光,573 页,图版 143,图 11。

1995 *Vitreisporites signatus*,吴建庄,352 页,图版 56,图 4,7, 8。

2003 *Vitreisporites pallidus*,欧阳舒、王智等,297 页,图版 76,图 15—17。

其他同义名见 Balme, 1970, p. 382;欧阳舒,1986,85 页。

描述 赤道轮廓略椭圆形,总大小(长×宽)据部分作者提供数据为 23—40μm;本体椭圆形,一般横轴较长,表面光滑或具点穴—细颗粒,未见三射线痕;气囊大于或等于半圆形,大小 10—20×15—23μm,细内网状,在本体两端赤道—亚赤道位常具暗色[基褶(?)]带,在远极可见宽窄不一的略呈纺锤形的薄壁区,囊在本体两侧常不相连。

比较与讨论 我国被鉴定为 *V. pallidus* 或 *V. signatus* 的大多数标本与原模式特征一致,但少量标本大小可达 40μm,周和仪(1980)建立的种 *V. parvus*,大小 21—24μm,仍在 *V. pallidus* 的范围内(如 Balme, 1970 给的大小范围是 20—32μm);谌建国(1978,434 页,图版 126,图 7)鉴定的 *V.* cf. *signatus* 达 43μm,且本体近球形,未列入同义名内。

产地层位 山西宁武,下石盒子组顶部—上石盒子组;山东垦利,上石盒子组;河南范县、柘城、临颖,上石盒子组;湖南邵东,龙潭组;云南富源,宣威组下段—卡以头组;甘肃平凉,山西组;新疆乌鲁木齐,芦草沟组;新疆吉木萨尔大龙口,梧桐沟组—锅底坑组。

克氏粉属 *Klausipollenites* Jansonius, 1962

模式种 *Klausipollenites schaubergerii* (Potonié and Klaus) Jansonius, 1962;奥地利,二叠系。

属征 单束型双囊花粉,赤道轮廓平整,子午轮廓微呈豆形;气囊较小,呈新月形—半圆形;Klaus(963)澄清了本属几个主要特征是:纵长卵圆形的本体;气囊的外壁外层与本体的外壁外层无明显分异;外壁外层向远极渐变薄成一界线不分明的薄壁区;气囊小且稍坚实;气囊有在赤道两侧相连趋势,故略呈单囊状;模式种大小 25—75μm。

比较与讨论 本属以气囊小且小于本体、作新月形或半圆形等区别于其他双囊属,如 *Pityosporites* 等。

分布时代 主要见于北半球,二叠纪—早三叠世。

球体克氏粉(亲近种) *Klausipollenites* aff. *decipiens* Jansonius, 1962

(图版 151,图 7, 23;图版 158,图 10)

1962 *Klausipollenites decipiens* Jansonius, p. 57, pl. 12, figs. 33—35.

1980 *Klausipollenites* aff. *decipiens*,欧阳舒、李再平,161 页,图版 4,图 23,24。

1986 *Klausipollenites* aff. *decipiens*,侯静鹏、王智,98 页,图版 27,图 31,32。

描述 赤道轮廓椭圆形,子午轮廓近豆形,大小(长×宽)据放大倍数测为 68—76×45—35μm;本体近球形,大小 50—42×45—35μm,近极(?)面具一纵向褶皱;气囊略半圆形,大小 20—30×35—38μm,小于本体,超出本体部分颇窄,12—14μm;囊近极基赤道位,远极基近平直或不明显凹凸,其间为较宽(不小于 1/3 本体长)的本体薄壁区;本体和囊皆为细点穴—内网状,但在囊上穴径(不超过 1μm)稍明显些。

比较与讨论 当前标本较云南卡以头组的 *K.* aff. *decipiens* 个体稍大,远极囊基距更宽,故更接近首见于加拿大的 *K. decipiens* Jansonius。

产地层位 云南富源,卡以头组;新疆吉木萨尔大龙口,锅底坑组。

粒网克氏粉 *Klausipollenites retigranulatus* Zhou, 1980

(图版 151,图 2)

1980 *Klausipollenites retigranulatus* Zhou,周和仪,60 页,图版 28,图 5。

1987 *Klausipollenites* sp. ,周和仪,图版 4,图 17。

描述 赤道轮廓短宽椭圆形,全模标本大小(长×宽)41×35μm;本体近圆形但横轴较长,大小28×35μm,帽薄,粒网状;气囊小新月形或接近半圆形,大小10×25μm,着生于本体两端赤道附近,略趋向远极,着生基不很明显,远极基间距宽,约22μm,网纹清楚。

比较与讨论 本种以花粉个体特小、本体横轴较长、气囊在两端强烈收缩区别于属内其他种。

产地层位 河南范县,上石盒子组。

褶脊克氏粉 *Klausipollenites rugosus* Zhu, 1993

(图版151,图31, 34;图版158,图22)

1993 *Klausipollenites rugosus* Zhu,朱怀诚,303页,图版84,图9,11,12。

描述 单维管束型—微弱双维管束型双气囊花粉,长大于宽,椭圆形,侧面外凸;总长(L)(通过双气囊)115(139)155μm(测5粒),总宽(T)65.0(73.3)77.5μm,全模155×74μm(图版151,图31);本体呈椭圆形,纵向延长,大小[长(L)×宽(T)]63.0(78.2)93.0×53.0(68.3)77.5μm,外壁厚1.0—1.5μm,表面点状—光滑,近极面有3—5条褶脊,梭形,多少与长轴方向一致,皱中部最宽达12μm,伸达本体长轴两端,有时在气囊上亦有微弱皱脊状延伸,无缝;气囊呈半圆形或新月形,基宽58μm左右,小于本体横长(宽),长60—65μm,在赤道两端不收缩或微收缩,两侧明显分离,远极基清楚,月牙形,最宽可达12μm,间距宽为本体纵轴长的1/3—1/2,囊壁薄,细点状—内细网状。

比较与讨论 本种与下述的 *K. senectus* 大小相似,但以气囊在两端膨胀度较大、与本体并非都平滑过渡,以及近极面常具2—3条纵向的、颇发达的褶脊而与后者有别。

产地层位 甘肃靖远,红土洼组—羊虎沟组下段。

邵伯格克氏粉 *Klausipollenites schaubergerii* (Potonié and Klaus) Jansonius, 1962

(图版151,图24, 25;图版158,图9)

1954 *Pityosporites schaubergeri* Potonié and Klaus, p. 536, pl. 10, figs. 7, 8.

1962 *Klausipollenites schaubergeri* (Potonié and Klaus) Jansonius, p. 55.

1963 *Klausipollenites schaubergeri*, Klaus, p. 334, pl. 19, figs. 92, 93.

1986 *Klausipollenites schaubergeri*,侯静鹏、王智,98页,图版27,图27,28。

1999 *Klausipollenites schaubergeri*, Ouyang and Norris, p. 38, pl. Ⅵ, figs. 3—5.

其他同义名见 Balme, 1970, p. 385; Ouyang and Norris, 1999, p. 38 和欧阳舒、王智等,2003,299页。

描述 单维管束型双囊粉,赤道轮廓长椭圆形,大小(长×宽)78—83×38—48μm;本体轮廓纵长椭圆形,体壁薄,赤道部位微增厚,宽约3μm,具细点穴—内网状结构;气囊半圆形或新月形,大小35×28—31μm,在两端多少收缩,两侧相连;远极基不甚清楚,其间为宽窄不一的薄壁区;气囊亦为细点穴—内网状,穴径约1μm。

比较与讨论 当前标本在主要特征上与 *K. schaubergerii* 一致,当属同种,以本体长椭圆形与 *K. decipiens* 区别。

产地层位 新疆吉木萨尔大龙口,锅底坑组—韭菜园组;新疆塔里木盆地,杜瓦组(本种通常被视为欧美区、华夏区、亚安加拉区上二叠统的标志分子,虽少量亦延伸至下三叠统,如新疆北部锅底坑组上部—韭菜园组,浙江长兴青龙组)。

古老克氏粉 *Klausipollenites senectus* Ouyang and Li, 1980

(图版151,图21)

1980 *Klausipollenites senectus* Ouyang and Li, p. 13, pl. Ⅲ, fig. 8.

描述 单束型双囊花粉,赤道轮廓卵圆形,全模(长×宽)124×86μm,中央本体95×86μm,气囊约35×76μm;气囊在赤道膨胀,其长的1/2超出本体,在两侧与本体平滑过渡,小于半圆形,具细密点穴状—内网状；本体外壁细而均匀的内网状，穴径 <0.5μm，纵向次生褶皱可能存在；棕黄（囊）—浅黄（体）色。

比较与讨论 本种以个体大、远极基之间间距较宽及气囊颜色较深而与 *K. schaubergeri* 等种区别。

产地层位 山西朔县，本溪组。

单束松粉属 *Abietineaepollenites* Potonié, 1951 ex Delcourt and Sprumont, 1955

模式种 *Abietineaepollenites microalatus* (Potonié) Delcourt and Sprumont, 1955；德国，中新统。

属征 赤道轮廓卵圆形，帽如 *Pinuspollenites* 中那样很不发育，与后者一样，气囊在近极接触于赤道，近半圆形，在两端倾向远极萌发区；萌发区多宽于 *Alisporites*；此型花粉与 *Pinus* 的单束组相似；模式种大小 48—57μm。

比较与讨论 本属以个体较小、帽薄区别于 *Piceaepollenites*；以单束型区别于 *Pityosporites* 和 *Pinuspollenites*。

亲缘关系 松科（Pinaceae）。

分布时代 全球，晚二叠世，主要是中、新生代。

舟体单束松粉 *Abietineaepollenites lembocorpus* Ouyang, 1986

（图版 151，图 3，16）

1982 *Abietineaepollenites* sp. A, Ouyang, p. 70, pl. 1, fig. 38.

1986 *Abietineaepollenites lembocorpus* Ouyang，欧阳舒，86 页，图版Ⅺ，图 8，9。

描述 赤道轮廓卵圆形—亚圆形，总大小（长×宽）30—45×31—42μm，本体 20—22×25—35μm，气囊 14—20×30—42μm，全模 40×32μm（图版 151，图 3）；本体横轴长于纵轴，略呈舟形，壁薄，<1μm，具细内网，穴径约 0.5μm；气囊大致为半圆形，有时在花粉两侧以窄离层（2.5—4.0μm）相连，内网状，网脊和穴稍粗大，约 1μm，有些穴互相沟通；囊基平直或微内凹，囊基间距 2.8—5.0μm，有时呈明显沟状；淡黄色。

比较与讨论 本种以花粉较小、本体舟形及长宽比值而与单束松粉属其他种区别。*Falcisporites sublevis* 个体较大（全模 58μm），远极囊基距较宽。必须指出，*Abietineaepollenites* 属的模式种产自中生界，其亲缘关系（松亚科）较为肯定；这里作为形态属使用。

产地层位 云南富源，宣威组下段—卡以头组。

葵鳞羊齿粉属 *Pteruchipollenites* Couper, 1958

模式种 *Pteruchipollenites thomasii* Couper, 1958；英国，侏罗系。

属征 双囊花粉，基本上为单维管束型，赤道轮廓近椭圆形；本体轮廓圆形—亚圆形，有时宽大于长或相反，外壁粗糙—细内网，或具不明显帽；气囊位于赤道微偏远极，大于半圆形，与体相交无明显角度，细内网状，穴径 <3μm（一般 1—2μm）；囊基之间或具外壁变薄区，但无明显远极沟；模式种大小 45（60）78μm。

比较与讨论 本属与 *Piceaepollenites* R. Potonié, 1931 和 *Abietineaepollenites* R. Potonié, 1951 相似，但以气囊偏向远极不明显、网穴细和本体近极无特别增厚的帽而与后两属区别；本书将大于 70μm 的单束双囊花粉归入 *Piceaepollenites*。

亲缘关系 种子蕨，如 *Pteruchus*（?）。

分布时代 二叠纪，主要是中生代。

开通型葵鳞羊齿粉 *Pteruchipollenites caytoniformis* Zhou, 1980

（图版 151，图 19，20）

1980 *Pteruchipollenites caytoniformis* Zhou，周和仪，60 页，图版 28，图 1—4。

描述 单维管束型双囊粉，总大小（长×宽）42—53×20—28μm，全模约 45×26μm（图版 151，图 20）；本体卵圆形，横轴较长，大小 14—18×20—28μm，表面具稀疏颗粒；气囊椭圆形，大于本体，大小

18—23 × 21—28μm，远极基微内凹或近平直，间距 6—8μm（即约 1/2 本体长），其间为薄壁区；囊细内网状穴径≤1μm。

比较与讨论 当前花粉的形状和气囊着生位置与 *Vitreisporites*（包括其模式种 *V. signatus* 或 *V. pallidus*）颇似，但个体稍大些，故归入 *Pteruchipollenites*。

产地层位 山东垦利、河南范县，上石盒子组。

网体葵鳞羊齿粉 *Pteruchipollenites reticorpus* Ouyang and Li, 1980

（图版 151，图 14，15；图版 158，图 8）

1980 *Pteruchipollenites reticorpus* Ouyang and Li，欧阳舒、李再平，150 页，图版Ⅴ，图 3，4，7，9。

1980 *Pteruchipollenbites reticorpus*，周和仪，60 页，图版 27，图 2—5，7，8，11，12。

1982 *Pteruchipollenites reticorpus*, Ouyang, p. 79, pl. 4, fig. 27.

1982 *Pteruchipollenites reticorpus*，周和仪，图版Ⅱ，图 31，35。

1982 *Pteruchipollenites reticorpus*，蒋全美等，632 页，图版 417，图 19，20。

1986 *Pteruchipollenites reticorpus*，欧阳舒，87 页，图版Ⅻ，图 18—20。

1986 *Pteruchipollenites reticorpus*，侯静鹏、王智，99 页，图版 27，图 10。

1986 *Pteruchipollenites* cf. *reticorpus*，侯静鹏、王智，99 页，图版 27，图 9。

1987a *Pteruchipollenites reticorpus*，廖克光，573 页，图版 143，图 21。

1995 *Pteruchipollenites reticorpus*，吴建庄，352 页，图版 56，图 3，12。

描述 一般单维管束型，赤道轮廓近椭圆形—宽椭圆形，总大小（长 × 宽）42—68 × 30—48μm；本体 27—38 × 30—48μm，气囊 20—35 × 23—45μm，远极基距 5（12）15μm，体与囊交叠部分长 6（11）20μm，全模标本 68 × 48μm（图版 151，图 14）；本体外壁较薄，厚 1—2μm，具极细点穴—细内网结构，穴径≤0.5μm，有些标本上明显穴状，穴径≤1μm，轮廓线平滑至微不平整；气囊位于赤道微偏远极，大于半圆形，穴状—内网状，多不规则，穴 1—2μm；远极基凸、凹、平直者皆有，故其间距不稳定，平均约 1/3 本体长，或包围一外壁变薄区但无明显沟；黄—棕黄色。

比较与讨论 本种与 *Falcisporites sublevis* 颇为相似，区别仅在于远极基多变化，其间薄壁区不明显。侯静鹏等（1986，图版 27，图 10，23）鉴定的 *Pteruchipollenites reticorpus*，其中图 10 薄壁区明显颇似 *Falcisporites sublevis*，不过，气囊网纹稍粗大，仍归入 *F. reticorpus* 同义名内，但图 23 似乎应归 *Vesicaspora*。

产地层位 山西宁武，山西组—石盒子群；安徽太和，山东垦利，河南范县、临颖等地，上石盒子组；湖南长沙跳马涧，龙潭组；云南富源，宣威组上段—卡以头组；新疆吉木萨尔大龙口，锅底坑组。

镰褶粉属 *Falcisporites* (Leschik, 1956) emend. Klaus, 1963

模式种 *Falcisporites zapfei* (Potonié and Klaus, 1954) Klaus，1963；奥地利，上二叠统。

属征 单束型双囊花粉，轮廓卵圆形或拉长；中央本体圆形—卵圆形，近极外壁外层无肋纹；远极具颇清楚的与花粉长轴垂直的沟，近达边沿，末端宽圆；气囊几乎对生，几不倾向远极，半圆形或更小，囊基远极接触线短于本体直径，近囊基处常有窄的新月形褶皱；外壁外层在近极面仅微增厚，但内结构通常较远极面清楚；模式种大小 55—105μm（Klaus, 1963）。

比较与讨论 *Klausipollenites* 缺乏清楚的远极沟和囊基褶皱，且两囊在赤道多少相连；*Paravesicaspora* 具近菱形本体，本体外壁外层厚，气囊也在赤道由粗的内结构带连接。

本属与 *Alisporites* 的区别主要在于后者气囊较倾向远极，且与本体相交有一定角度。有些作者并不赞成 *Falcisporites* 属的成立，有关讨论见欧阳舒、王智等（2003，302 页）和 Balme（1970）。

亲缘关系 种子蕨、松柏类。

分布时代 以欧美区、华夏区为主，晚石炭世—中生代，主要是二叠纪—三叠纪。

属征 大体上像 *Cedrus libani* 的花粉，模式种大小 51—56μm（不包括气囊），但以相对较大的气囊宽松地从两侧包围花粉远极面—本体而与 *Pinus* 区别；模式种帽颇厚。

比较与讨论 本书将此属当作形态属用，与 *Abiespollenites* 的区别是后者大于 100μm。

分布时代 北半球，以中、新生代为主。

透亮雪松粉 *Cedripites lucidus* Ouyang, 1986

（图版 152，图 3，17）

1982 *Cedripites* sp. A, Ouyang, p. 72, pl. 2, fig. 29.

1986 *Cedripites lucidus* Ouyang, 87 页，图版Ⅻ，图 23，24。

描述 赤道轮廓可能为长椭圆形，子午轮廓略长卵圆形，远极面中部多少凹入，总大小（长 × 高）57—97 × 22—48μm；本体 44—88 × 10—35μm，全模 97 × 48μm（图版 152，图 17）；本体外壁极薄，近乎透明，光面，在高倍镜下可见不易察觉的细密内网，穴径≤0.5μm；两气囊整个位于远极面，与本体赤道两端圆滑过渡，往往一个囊分化较好，略近圆形，与另一囊无明显分界，气囊约占整个花粉高的 1/2，具内颗粒或网脊状结构，或为不完全的细内网，肌理较本体内者粗，穴达 0.5—1.0μm；气囊尤其本体及帽缘与囊交界处具大小不等的褶皱；半透明（体）、淡黄—黄（囊）色。

比较与讨论 本种以本体外壁特薄而近乎透明、两气囊在远极几乎相连与 *C. pensilis* Ouyang and Li 等相区别。

产地层位 云南富源，宣威组上段。

松型粉属 *Pityosporites* (Seward, 1914) Manum, 1960

模式种 *Pityosporites antarcticus* Seward, 1914；南极洲，中生界上部［侏罗系（?）—白垩系］。

同义名 *Pinuspollenites* Raatz, 1938 ex Potonié, 1958.

属征 双囊花粉，气囊接触于本体腹面（远极面），且与其明显交错，大部分张离，向其基部收缩；在背面囊基达本体赤道或微超出，在腹面为一颇窄的沟所分离；气囊网状；体壁光面或仅微具纹饰，厚度适中，向囊基无显著增厚；模式种全模总长 84μm（Manum, 1960）。

比较与讨论 本属全模标本为一种木化石硅质围岩的切片侧面标本，最初未作描述，故长期以来在不同意义上使用；即使 Manum 的上述修订属征，也不无争议，因乃侧面标本，沟是否存在难以判断，是单束或双束也不易确定。本书将此属作稍广义的理解，即单束、双束（但不像 *Platysaccus* 那么典型）皆可，气囊大于半圆形，明显倾向远极（欧阳舒等，1980，149 页；2003，304 页；宋之琛等，2000，422 页）。

亲缘关系 松柏类。

分布时代 全球，晚石炭世—早期中生代。

完全松型粉（新联合） *Pityosporites entelus* (Hou and Wang) Ouyang comb. nov.

（图版 152，图 18）

1986 *Abiespollenites entelus* Hou and Wang, 侯静鹏、王智，100 页，图版 24，图 3。

描述 微双束型，轮廓近椭圆形，全模标本大小（长 × 宽）73 × 51μm（图版 152，图 18），本体近圆形，大小 46 × 51μm，气囊 25—30 × 37—42μm；本体壁不厚，粒—网状；气囊卵圆形，小于本体，位于赤道偏远极，近极基不清［亚赤道位（?）］，远极基直或微凸，基褶窄，其间间距约 15μm，即约本体长的 1/3，表面具细网纹。

比较与讨论 *Abiespollenites* 的模式种达 110μm，宋之琛等（2000）收录的 *Abiespollenites* 属的分子大小多大于 100μm，是与现代 *Abies* 相似的花粉。新疆此种花粉相对更接近 *Pityosporites*，故作一新联合。与 *P. shandongensis* (Zhou) 的区别是远极基间距较宽、基褶仅微发育。

产地层位 新疆吉木萨尔大龙口，梧桐沟组。

扩张松型粉 *Pityosporites expandus* Kaiser, 1976

（图版152,图11, 12）

1976 *Pityosporites expandus* Kaiser, p. 138, pl. 15, figs. 12—14.

1984 *Pityosporites antarcticus* Seward, identified by Gao,高联达,386页,图版148,图1。

1987a *Pityosporites expandus*,廖克光,572页,图版143,图17。

1987b *Pityosporites expandus*,廖克光,图版29,图12。

1990 *Pityosporites* cf. *expandus*,张桂芸,见何锡麟等,343页,图版12,图19。

1990 *Pityosporites* cf. *delasaucei* Potonié and Klaus,张桂芸,见何锡麟等,344页,图版13,图5。

描述 赤道轮廓纵长卵圆形,大小(长轴)72—105μm,全模105μm(图版152,图11);具微弱的、常不能鉴别的纵向延伸的单缝,直,约4/5本体长;气囊海绵—网状内结构,是原囊还是真囊不明,但扫描照片显示,海绵状内结构似未完全充满气囊[真囊(?)],构成囊的外壁外层覆盖远极部分者厚约0.7μm,亦为内网状;覆盖近极部分者很薄,是细点穴片状层,厚仅0.3μm,如小褶皱所显示;本体(外壁内层厚约1μm)光面,顶视时呈圆形—长方形,侧面观作梯形;气囊侧面观呈球形,微倾向远极,双囊被本体远隔,囊基互相平行。

比较与讨论 本种以纵长形态和远隔的气囊与本属其他种区别。高联达(1984)鉴定的 *P. antarcticus* 大小约56μm,虽有些相似,但此种模式(大小84μm)是发现于南极白垩系的硅化木切面中,主要从植物地理区系考虑,不如将其归入 *P. expandus*。本种的单缝有待更多标本证实。

产地层位 河北开平煤田,赵各庄组(煤12);山西保德,石盒子群;山西宁武,山西组—石盒子群;内蒙古准格尔旗黑岱沟,山西组。

小松型粉 *Pityosporites minutus* Wang, 1987

（图版152,图1）

1987 *Pityosporites minutus* Wang,王蓉,49页,图版2,图1。

描述 单束型,赤道轮廓近椭圆形,大小(纵长)37.5—50.0μm,全模50μm;本体近圆形,大小25—28μm,壁很薄,表面细颗粒状纹饰;气囊大于半圆形,近极基赤道位,明显倾向远极,远极基内凹,具窄的镰形基褶,包围卵圆形本体薄壁区,基距最宽处大于本体长的2/3;气囊极细内网状。

比较与讨论 本种以花粉个体小、体壁和囊壁皆薄、气囊明显倾向远极及远极基包围宽卵圆形薄壁区而与属内其他种不同;与 *Alisporites tenuicorpus* Balme, 1970(p. 394, pl. 15, figs. 1—4)也有些相似,但后者个体更小,为28(33)41μm,尤其是其新月形气囊仅微倾向远极,远极基间距稍窄,本体和囊的细内网—点穴结构较清楚。

产地层位 安徽界首,石千峰组下段。

斜倾松型粉(新联合) *Pityosporites obliquus* (Kara-Murza) Ouyang comb. nov.

（图版152,图19）

1952 *Protopodocarpus obliquus* Kara-Murza, p. 103, pl. 23, fig. 5.

1990 *Platysaccus obliquus* (Kara-Murza) Hou and Wang,侯静鹏等,27页,图版3,图11。

描述 赤道轮廓近椭圆形,总长108μm;本体近圆形或横轴稍长,大小56×61μm,外壁较厚,赤道部位[部分为近极基(?)]具近封闭的暗色圈带;气囊大于或等于半圆形,大小41×56μm,远极基平或微凹,间距较宽,约1/2本体长;本体和囊皆具细网纹,从囊基部发射出少量褶皱。

比较与讨论 当前标本与泰梅尔盆地上二叠统的 *P. obliquus* Kara-Murza, 1952形态特征相近,如总轮廓不完整、局部有折凹,两侧轮廓不对称、不呈典型的双束型等,但后者大小75—95μm,气囊与本体界线不太清楚,尤其至少一个气囊大于本体,故原作者将其视作可与现代罗汉松科的花粉相比较而建的属种(*Protopodocarpus obliquus*);不过,Oshurkova(2003)认为该属下只有部分种是与 *Platysaccus* 同义的,查Kara-Murza原著(p. 96—98, p. 30 or p. 103, p. 101),在 *Protopodocarpus* 属下共建了5个种,即①*P. splendidus*,②*P. anulatus*,③*P. subperfectus*,④*P. obliquus*,⑤*P. velatus*;Oshurkova对种④,⑤未表态,但将种①,②归入 *Platysaccus*,而将种③归入 *Pityosporites*,后者气囊也大于本体,只不过囊与本体相交无明显夹角,所以本书也将 *P. obliquus* 归入 *Pityosporites*。此外,

Protopodocarpus Bolkhovitina, 1956 显然是一个晚出的无效名(可能是异物同名)。

产地层位 新疆吉木萨尔大龙口,芦草沟组。

拟松松型粉 *Pityosporites pinusoides* Zhou, 1980

(图版 152,图 9)

1980 *Pityosporites pinusoides* Zhou,周和仪,57 页,图版 25,图 24。

描述 侧面观双维管束形,全模标本长 55μm;本体轮廓卵圆形,大小 34 ×26μm,纵轴较长,外壁稍厚,表面粗糙,颗粒—网状;气囊近球形,小于本体着生于本体两端,近极基赤道位,明显倾向远极,与本体相交成明显角度,在远极两气囊相距约 8μm,即约本体长的 1/4,网纹清楚。

比较与讨论 本种以双束型、个体小,尤其是体壁稍厚、表面粗糙与属内其他种区别;与 *Pityosporites tongshani* Imgrund(全模 50μm)颇相似,但后者本体表面不如此粗糙,且其远极基距宽得多。

产地层位 河南范县,石盒子组。

山东松型粉(新联合) *Pityosporites shandongensis* (Zhou) Ouyang comb. nov.

(图版 152,图 20, 21)

1980 *Pinuspollenites shandongensis* Zhou sp. nov. ,周和仪,62 页,图版 29,图 1, 2, 6, 9。

描述 花粉略双束型,长 68—88μm,全模 68μm;本体椭圆形,大小 38—50 ×45—70μm,气囊半圆形—卵圆形,大小 30—43 ×52—68μm;本体横轴较长,具帽或帽不显著,表面粒网状;气囊强烈倾向远极,近极基不明显[赤道位(?)],远极基清楚,具颇宽暗色基褶带,中部多少凸出,其间间距颇窄,2—8μm 不等,具网状纹饰。

比较与讨论 本种以气囊大小、形态不对称且强烈倾向远极、远极基具颇宽的基褶增厚及整个花粉表面给人以粗糙感而与 *Pityosporites* 属内其他种不同。以气囊有时小于本体不同于 *Platysaccus* 各种。

产地层位 河南范县,上石盒子组。

唐山松型粉 *Pityosporites tongshani* Imgrund, 1952

(图版 152,图 7, 27;图版 158,图 24)

1960 *Pityosporites tongshani* Imgrund, p. 180, pl. 15, figs. 86, 90.

1984 *Limitisporites ningwuensis* Gao,高联达,390 页,图版 148,图 17—19。

描述 全模标本大小 54μm(图版 152,图 7);赤道轮廓因双囊("两瓣状")而略呈双束型;本体轮廓近圆形,具次生褶皱,外壁厚度不明,可能薄,表面微"纸浆状"(makuliert,据照片,笔者认为应为点穴—内网状),无特别纹饰;两个内网状的气囊[远极面上(?)]的间距约为本体长的 1/3。

比较与讨论 高联达(1984)记载的 *Limitisporites ningwuensis*,原描述为"远极具一条加厚的褶皱,长度大约与本体相等",3 张图照(2 张为扫描)中不见此特征,仅图 18(图版 158,图 24)中远极面显示一短小褶皱,显然为次生,大小据放大倍数测 52—66μm,双囊清楚,与本体相交略显角度,很可能为一般的双囊花粉,加之原作者建立此种时未指定全模标本,故归入 *Pityosporites tongshani* 之内。

产地层位 河北开平煤田,赵各庄组—唐家庄组;山西宁武,本溪组—太原组。

威斯发松型粉(比较种) *Pityosporites* cf. *westphalensis* Williams, 1955

(图版 152,图 13, 14;图版 158,图 6)

1955 *Pityosporites westphalensis* Williams, p. 467, pl. Ⅵ, figs. 1—6; text-figs. 1,2.

1984 *Pityosporites westphalensis*,王蕙,图版Ⅲ,图 19,20。

1984 *Pityosporites westphalensis*,高联达,386 页,图版 147,图 18。

1990 *Pityosporites westphalensis*,张桂芸,343 页,图版 12,图 16—18。

1995 *Pityosporites westphalensis*, Wang Y. D. , pl. 4, figs. 8, 11.

描述 据 Williams(1955,据图照和文字稍作改动),双囊花粉,基本上单束型,赤道轮廓略椭圆形,总大小(长×宽)38.7(47.0)50.8×32.7(36.9)43.6μm,总高29.0(39.2)43.6μm;本体36.0(38.3)40.0×32(34)36μm,气囊20—31×37μm,囊超出本体的长≤10μm;本体大致圆形,沿花粉长轴稍拉长,宽接近花粉全宽(囊宽稍大于本体宽),近极面光滑—细颗粒状;气囊大于半圆形(面积小于本体),在本体两边不连接,近极基赤道位,强烈倾向远极,远极基明显,颇平直,间距窄,宽为本体长的1/7—1/6,为明显的沟(或薄壁区),其两端稍宽;气囊表面光滑或细粒状,具颇粗强内网。

比较与讨论 我国作者鉴定的此种,与上述模式材料相比,有这样那样的差别,如花粉大小(大者60—80μm)、气囊大小与形态(有些气囊偏小,或大于本体,如张桂芸,图版13,图2,3,或图4;或不强烈倾向远极)、远极沟情况不明等,故种的等同应作保留;只有宁夏的几个标本较为相似。此种在英国上石炭统(Westphalian A上部 — D)似乎是唯一较常见的双囊花粉。

产地层位 山西宁武,太原组;内蒙古准格尔旗黑岱沟,太原组—山西组;内蒙古准格尔旗房塔沟,太原组;宁夏横山堡,上石炭统;宁夏中卫,红土洼组上部—羊虎沟组下部。

蝶囊粉属 *Platysaccus* (Naumova, 1939) Potonié and Klaus, 1954

模式种 *Platysaccus papilionis* Potonié and Klaus, 1954;奥地利,上二叠统。

属征 双气囊花粉,无三射线或外壁外层裂缝,亦无明显的远极萌发区;赤道轮廓哑铃形;中央本体亚圆形—椭圆形;气囊大多超过半圆形,比中央本体大得多;本体最大直径与总长度的比约为1∶3;因气囊大于半球形,其着生线不是位于气囊最长直径上,而是沿一较短的弦线上;气囊通常倾向远极,颇清楚的内网状;模式种大小33—200μm,全模101μm。

注释 Naumova (1939)建立此属时,特征一栏仅一句话:具两囊的松柏类花粉,气囊平展。1952年,Ischenko是第一个将有关种归入此属的,他提及Naumova的早年属征,从而使其有效化(validated);Potonié和Klaus(1954)也使此属名有效化,并指定了模式种,给出了新的(实际上是修订的)属征。

比较与讨论 本属以气囊明显大于本体、往往呈哑铃形而与*Pityopsporites*不同;关于这两个属的取舍参见欧阳舒、王智等(2003,304页)。

翼状蝶囊粉 *Platysaccus alatus* (Luber) Hou and Wang, 1990

(图版152,图10,28;图版158,图5)

1952 *Protopodocarpus alatus* (Luber) Kara-Murza, p. 30, pl. 6, figs. 6, 7.

1965 *Pityosporites alatus* (Luber) Hart, p. 56; text-fig. 128.

1990 *Platysaccus alatus* (Luber) Hou and Wang comb. nov.,侯静鹏等,28页,图版6,图10。

1999 *Platysaccus alatus* (Luber) Ouyang and Norris, comb. nov. (sic!), p. 42, pl. Ⅶ, figs. 1—3.

2003 *Platysaccus alatus* (Luber) Oshurkova comb. nov. (sic!), p. 253.

描述 赤道轮廓蝶形,总长46—57μm;本体轮廓近圆形,大小21—26μm,纵轴可稍长,外壁在赤道部位较厚,表面粗糙—粒网状;气囊大于本体,对生于赤道两侧,大小(长×宽)21—28×20—37μm,囊基线平直或微凸,间距窄;囊具细内网,基部具辐射褶皱。

比较与讨论 当前标本与俄罗斯泰梅尔盆地下二叠统的*P. alatus* (Luber) Kara-Murza, 1952颇相似,后者大小40—65μm;与*Platysaccus minor* Wang也相似,仅以本体外壁较厚、囊远极基间距稍宽与之区别。

注释 关于*alatus*这一种名的由来,Hart (1965)标为*Pemphygaletes alatus* Kara-Murza, 1952;而Kara-Murza (1952)在该书30页上标的是*Protopodocarpites alatus* (Luber),在31页上的比较中提及*Pemphygaletes alatus* Luber(参考文献列的却是Samoilovich, 1949,图35b),在132页图版6中却标为*Protopodocarpus alatus* (Luber) gen. and sp. nov. (sic!)。Samoilovich (1953, pl. Ⅶ, figs. 3a—c和pl. Ⅻ, fig. 3)也标为*Protopodocarpus alatus* (Luber)。所以本书相信此种名确出自*Pemphygaletes alatus* Luber。被Kara-Murza鉴定为此种的标本都是没有肋条的(Samoilovich归入该种下的则不然),本书在这点上同意Hart (1965)的鉴定。并且此新联合种的作者应为侯静鹏等(1990),而不是侯静鹏、沈百花(1989)采用Sauer (1965)或Chuvashov和

Djupina(1973)的建议将此种归入 *Striatopodocarpites* 属下。

产地层位 新疆吉木萨尔大龙口,梧桐沟组、锅底坑组上部—韭菜园组。

联基蝶囊粉 *Platysaccus conexus* Ouyang and Li, 1980

(图版 152,图 22, 23;图版 158,图 18)

1980 *Platysaccus conexus* Ouyang and Li,欧阳舒、李再平,152 页,图版Ⅳ,图 32,37。

1982 *Platysaccus conexus*,蒋全美等,632 页,图版 418,图 6,8。

描述 双维管束型,总大小(长×宽)70—78×50—53μm;本体 30—32×27—28μm,气囊 30—37×43—53μm,全模 92×65μm(图版 152,图 23);本体轮廓圆形—亚圆形,细点状—微粗糙,轮廓线微不平整,外壁较薄,但稍厚于气囊,故色较深;气囊超半圆形,大于本体具肌理稍粗的内网结构,穴脊 0.5—1.0μm,比本体表面明显得多;囊远极基互相紧靠,由基部辐射出少量细弱皱纹;棕黄(体)—黄(囊)色。

比较与讨论 湖南的 *P. conexus* 标本中,有 2 粒(图版 418,图 6, 8)很可能同种,但另 2 粒(图 3,5)则明显具远极内凹的囊基,其间为(最宽约本体纵轴长的 1/3)卵圆形薄壁区;此外,湖南标本气囊壁偏厚,并非近似薄膜状,且内网结构较粗壮、明显,所以严格讲,此种的鉴定似应作保留。

产地层位 湖南长沙跳马涧,龙潭组;云南富源,卡以头组。

厚壁蝶囊粉 *Platysaccus crassexinius* Hou and Wang, 1990

(图版 152,图 24, 25)

1990 *Platysaccus crassexinius* Hou and Wang sp. nov.,侯静鹏、王智,27 页,图版 4,图 4,5。

描述 赤道轮廓近椭圆形—微双维管束型,大小(总长)102—120μm,全模 120μm(图版 152,图 25);本体轮廓近圆形,大小 55—62μm,外壁较厚,宽 4μm,呈波纹状,表面具粗粒状纹饰;气囊大于或等于本体,大小(长×宽)41—50×51—64μm,着生在赤道两侧偏远极,囊壁略薄,具细内网,近基部具放射状褶皱。

注释 从全模标本照相看,所谓"本体外壁较厚,宽 4μm,呈波纹状",似有误,实际上可能是双囊远极基在赤道—亚赤道的基褶壁增厚并相连呈波状,且不是封闭的一圈。

比较与讨论 本种以本体具颗粒纹饰、气囊远极基褶皱壁增厚相连区别于属内其他种;与 *P. sincertus* 相比,后者花粉粒呈哑铃状,气囊远大于本体;*P. crassicorpus* 个体小得多,本体色较深。

产地层位 新疆吉木萨尔大龙口,芦草沟组。

厚体蝶囊粉 *Platysaccus crassicorpus* Wang, 1987

(图版 152,图 2)

1987 *Platysaccus crassicorpus* Wang,王蓉,49 页,图版 2,图 13。

描述 赤道轮廓略呈哑铃形,全模总大小 57.5×32.5μm;本体近圆形,大小 27.5×32.5μm,外壁颇厚,故颜色暗、结构不明;气囊大于本体,囊壁较薄,具细内网结构,囊基具放射状褶皱,远极基微凸,基距 <1/3 本体直径。

比较与讨论 当前标本与德国镁灰岩组的 *P. umbrosus* Leschik, 1956(p. 136, pl. 22, fig. 6)有些相似,但后者个体小(30—45μm)。

产地层位 安徽界首,石千峰组中段。

切沟蝶囊粉(新联合) *Platysaccus insectus* (Kaiser) Ouyang comb. nov.

(图版 152,图 4, 6)

1976 *Schansisporites insectus* Kaiser, p. 140, pl. 16, figs. 4,5; text-fig. 55.

1987a *Schansisporites* cf. *insectus*,廖克光,572 页,图版 143,图 10。

描述 双束型,赤道轮廓近狭卵圆形—微哑铃形,大小 70—85μm,全模 75μm(图版 152,图 4);本体卵圆形，纵轴较长，坚实，偶具褶皱；外壁外层厚1—2μm（除囊），表面光滑—粗糙，远极面具一窄沟，末端钝截，沟长略等于本体横轴长；外壁内层厚2—3μm；气囊超半球形，宽超过本体宽，略倾向远极，远极基平直，间距很窄（即沟或薄壁区），具海绵—网状内结构。

产地层位　山西保德，下石盒子组；山西宁武，上石盒子组下部。

非凡蝶囊粉　*Platysaccus insignis*（Varyukhina）Ouyang and Utting，1990

（图版152，图5，8）

1970 *Lebachia insignis* Varyukhina，pl. Ⅰ，figs. 8，9.

1971 *Lebachia insignis* Varyukhina，p. 109，pl. Ⅻ，fig. 6a，b.

1990 *Platysaccus insignis*（Varyukhina）Ouyang and Utting，p. 98，99，pl. Ⅲ，figs. 16，17.

描述　双束型，赤道轮廓近卵圆形，但两侧多少凹入，总大小（长×宽）50—60×31—38μm；本体28—29×28—32μm，气囊23—26×31—38μm，超出本体长11—16μm；本体轮廓亚圆形，壁厚约1μm，周边具薄的增厚带［囊近极基（?）］，表面细网状—亚颗粒状；气囊位于赤道，但倾向远极，大于本体，远极基平直或微内凹，间距为1/5—1/4本体长；气囊外壁较薄，细内网状，网穴、脊径围约0.5μm。

比较与讨论　在形态、大小上，当前标本与苏联欧洲部分东北部二叠系—三叠系的 *Lebachia signis* Varyukhina，1971很相似，故归入同种内；考虑到将植物名 *Lebachia* 应用于分散双囊花粉欠妥，而将其迁入 *Platysaccus* 属。本种与 *P. alatus*（Luber）也有些相似，但后者气囊在两侧不相连。

产地层位　浙江长兴煤山，长兴组—青龙组下部。

吉木萨尔蝶囊粉　*Platysaccus jimsarensis* Hou and Wang，1986

（图版152，图26，29）

1986 *Platysaccus jimsarensis* Hou and Wang，侯静鹏、王智，96页，图版23，图7。

1990 *Platysaccus* cf. *leschiki* Hart，1965，侯静鹏、王智，27页，图版6，图8。

描述　赤道轮廓哑铃形，全模标本总长130μm（图版152，图26）；本体圆形，大小52μm，体壁不厚，但在赤道部位（尤其本体两侧）具增厚的帽缘（也可能是两囊在赤道部位相连的囊壁增厚），宽约7μm，帽上具细网纹；气囊近梨形，向囊基部收缩，远大于本体，宽约本体的1.5倍，大小（长×宽）约62×77μm；囊基不清楚，多少凸出，间距约10μm，即约本体长的1/5；囊壁颇厚，具细网纹，由囊基放射出多少不等的颇粗壮的褶皱，宽多达5μm，近达或达囊沿。

注释　被侯静鹏等（1990）鉴定为 *P.* cf. *leschiki* Hart，1965（p. 60，text-fig. 139）的标本，与上述全模产地、层位相同，大小、形态也基本一致，差别在于其本体为横椭圆形，两囊在本体一侧以显著的离层相连，远极基清楚，内凹，薄壁区宽近达本体纵长的1/3。而产自东非二叠系的 *P. leschiki*，气囊并不在赤道相连，也无粗壮褶皱，且远极基间距近1/8本体长，所以不如直接定为 *P. jimsarensis*，前述的差异反而补充了本种的变异范围。

比较与讨论　当前标本大小、形态与 *P. papilionis* 颇相似，但以气囊向基部强烈收缩、囊壁较厚、具粗壮辐射褶皱，且在本体两侧赤道相连而与之区别。

产地层位　新疆吉木萨尔大龙口，梧桐沟组。

小蝶囊粉　*Platysaccus minor* Wang，1985

（图版153，图21，22）

1985 *Platysaccus minus*（sic）Wang，王蕙，669页，图版Ⅰ，图13，14。

描述　轮廓近哑铃形，总长35—50μm（测30粒），全模45μm（图版153，图21）；中央本体圆形或亚圆形，大小20—25μm，色暗；气囊大于本体，近极基附着于近赤道位，远极基互相靠近，呈直线狭缝状；气囊内网状，或具放射状褶皱。

比较与讨论　本种以个体偏小、囊的远极基互相靠近而与 *P. papilionis* 和 *P. alatus* 区别。

产地层位　新疆塔里木盆地皮山杜瓦地区，棋盘组—克孜里奇曼组。

长方形蝶囊粉　*Platysaccus oblongus* Hou and Wang, 1986

（图版 153，图 10，11）

1986 *Platysaccus oblongus* Hou and Wang，侯静鹏、王智，96 页，图版 27，图 5，6。

描述　赤道轮廓长椭圆形，长宽比值略超过 2∶1，总大小（长×宽）76—83×35—38μm；本体 36—38×33—35μm，气囊 31—33×28—35μm，全模 76×35μm；本体近圆形，外壁薄，囊近极基亚赤道位，与体重叠部分具增厚褶带；气囊远极基对应偏内，或亦具基褶带，微内凹或近平直，间距为 1/4—1/3 本体长，似为薄壁区；囊与体壁皆为点穴—细网状。

比较与讨论　本种与 *P. queenslandi* de Jersey (Balme, 1970, p. 399, pl. 16, figs. 11—13) 形态略似，但后者气囊相对较大且囊壁较厚、网纹较粗、本体帽缘较厚。

产地层位　新疆吉木萨尔大龙口，锅底坑组。

标准蝶囊粉　*Platysaccus papilionis* Potonié and Klaus, 1954

（图版 153，图 12，13；图版 158，图 4）

1954 *Platysaccus papilionis* Potonié and Klaus, p. 540, pl. 10, figs. 11, 12.

1964 *Platysaccus* sp.，欧阳舒，505 页，图版Ⅶ，图 2。

1972 *Platysaccus papilionis* Potonié and Klaus, pl. Ⅵ, fig. 7.

1980 *Platysaccus* cf. *papilionis*，欧阳舒、李再平，161 页，图版Ⅳ，图 34；图版Ⅴ，图 5。

1980 *Platysaccus* sp. 1，周和仪，62 页，图版 29，图 5。

1984 *Platysaccus papilionis*，高联达，431 页，图版 163，图 2。

1986 *Pityosporites papilionis*，杜宝安，图版Ⅲ，图 36。

1986 *Platysaccus* cf. *papilionis*，侯静鹏、王智，96 页，图版 23，图 8；图版 24，图 7。

1993 *Platysaccus* sp.，朱怀诚，305 页，图版 83，图 9。

2003 *Platysaccus papilionis*，欧阳舒等，306 页，图版 79，图 10，14，15，18，19，22。

描述　原作者描述本种大小 33—200μm，全模 106μm，哑铃形，近极无缝，远极无明显薄壁区，气囊远大于本体，大多在远极较为接近；本书将此种当作形态种。我国已记载的（包括保留鉴定的）此种大小 76—124μm 不等，远极基间距多窄，有时稍宽（达 1/4—1/3 本体长），或气囊具从基部放射出小褶纹；但周和仪鉴定的 *Platysaccus* sp. 1，本体表面粗粒状，可能为保存关系，其他特征相近，亦归入同义名表内。

比较与讨论　参见 *P. jimsarensis* 种下。

产地层位　山西河曲、宁武，下石盒子组—上石盒子组；河南范县，上石盒子组；云南富源，卡以头组；甘肃平凉，山西组；甘肃靖远，红土洼组—羊虎沟组；新疆乌鲁木齐，芦草沟组—红雁池组；新疆木垒，金沟组；新疆吉木萨尔，梧桐沟组—锅底坑组；新疆克拉玛依井下，车排子组—风城组。

松囊蝶囊粉　*Platysaccus phaselosaccatus* (Lakhanpal, Sah and Dube) Chen, 1978

（图版 153，图 6）

1960 *Alisporites phaselosaccatus* Laknanpal, Sah and Dube, p. 116, pl. 2, figs. 24—26.

1978 *Platysaccus phaselosaccatus* (Lakhanpal et al.) Chen，谌建国，437 页，图版 126，图 9。

描述　赤道轮廓近哑铃形，大小（长×宽）78×58μm；本体椭圆形，大小 47×40μm，无三射线痕迹；气囊大于半圆形，亦大于本体，具清晰的内网；气囊在远极靠近，间距很窄。

比较与讨论　除个体略小外，当前标本与印度二叠系的 *Alisporites phaselosaccatus* 的全模（92×73μm）很相似；然而，因无远极薄壁区，且花粉轮廓蝶形，归入 *Alisporites* 是不妥的，故迁入 *Platysaccus* 属；但从图照看，此粒花粉近极面具平行肋纹的可能性[即属 *Striatopodocarpites*（?）]不能排除。

产地层位　湖南邵东保和堂，龙潭组。

平展蝶囊粉 *Platysaccus plautus* Gao, 1984

（图版153,图1, 2）

1984 *Platysaccus plautus* Gao,高联达,391页,图版148,图16。

1989 *Platysaccus plautus*,侯静鹏、沈百花,110页,图版14,图12。

描述 赤道轮廓近哑铃形,大小46—56μm,全模标本据放大倍数测56×42μm(图版153,图2);本体椭圆形,大小20—24×30μm,横轴长于纵轴,外壁不厚,但在两端囊基接触处或具暗色带,表面点状;气囊半圆形,大于本体,呈耳状包围本体,即在本体两侧相邻甚至以窄的离层相连,构成浅V形轮廓线,囊极与本体接触处有时具辐射状或不规则细褶皱,囊壁不厚,细内网状;气囊远极基在全模上凸出,几乎相接;新疆标本与全模差异之处在于远极基凹入,间距约本体纵向长的1/3。

比较与讨论 本种与 *P. papilionis* 有些相似,但后者两囊更膨胀且近圆形,在本体两侧不相邻更不相连;大小、形态与 *P. conexus* 亦颇为相似,但以气囊并非似薄膜状、在本体两侧两囊不显深V状相离,以及本体颜色不那么明显偏暗而与后者有别。

产地层位 河北开平煤田,赵各庄组;新疆乌鲁木齐芦草沟,锅底坑组。

棋盘蝶囊粉 *Platysaccus qipanensis* Zhu, 1997

（图版153,图7, 18）

1997 *Platysaccus qipanensis* Zhu,朱怀诚,53页,图版Ⅲ,图1,3。

描述 双束型,大小(长×宽)107—120×56—78μm,全模120×78μm(图版153,图18);本体圆形,大小44—56μm,表面具小瘤状纹饰,多少呈辐射状排列,在赤道部位外壁较厚,轮廓不规则波状,近极面中间有一纵向的薄壁透亮区;气囊肾形,大于本体,大小78×42—52μm(全模),着生于本体赤道两端偏远极,本体两侧气囊可有窄离层相连,囊壁细网状,囊基部具辐射状褶纹,基间距约为本体纵轴长的1/3。

比较与讨论 本种与侯静鹏、王智(1986、1990)描述的新疆北部的几种颇相似,彼此主要区别在于:*P. jimsarensis* 本体相对较小,且赤道部位外壁并不厚;*P.* cf. *leschiki* 本书已将其归入 *P. jimsarensis*,本体上也无纵向开裂区;*P. sincertus* Hou and Wang, 1990 形态特征与本种非常相似,仅以本体横椭圆形、气囊相对更大相区别(从照相看,本体近极面中央似乎也有一短单缝状开裂,如果能证实,则本种可能为其晚出同义名);*Vestigisporites elegantulus* Hou and Wang = *V. dalongkouensis* Hou and Wang(欧阳舒、王智等,2003,279页)两囊在本体两侧有发达的离层(宽6—10μm),几近单囊状,本体表面无瘤状纹饰。

产地层位 新疆塔里木盆地,棋盘组。

山西蝶囊粉 *Platysaccus shanxiensis* Gao, 1984

（图版153,图3, 14）

1984 *Platysaccus shanxiensis* Gao sp. nov. ,高联达,431页,图版163,图1;图版164,图2。

描述 赤道轮廓哑铃形,全模大小(长×宽)64×42μm(图版153,图3);本体圆形,大小30μm,气囊36×42μm;本体表面具细点状纹饰,远极面具一条带,与长轴平行,连接两气囊;气囊对生,近极基亚赤道位,远极基对应稍偏内,平或微内凹,间距为本体纵向长的1/5—1/4;气囊与本体接触处呈新月形或近半圆形暗色区,囊壁薄,细内网状。

比较与讨论 本种以本体远极面(?)具纵向条带区别于 *P. papilionis* 等种。

产地层位 山西宁武,上石盒子组。

健全蝶囊粉 *Platysaccus sincertus* Hou and Wang, 1990

（图版153,图8）

1990 *Platysaccus sincertus* Hou and Wang sp. nov. ,侯静鹏、王智,27页,图版3,图16。

描述 赤道轮廓哑铃形,总长78—110×71—75μm,中央本体45—60×38—54μm;全模标本100×

75μm(图版153,图8),本体44×60μm,气囊41—59×71—75μm;本体卵圆形,横轴远大于纵轴长,外壁在赤道部位增厚达3—4μm,轮廓线略呈波状,表面具小瘤状纹饰,微呈辐射状排列;气囊远大于本体,呈耳状对生于本体两端,略偏远极,超出本体部分远大于叠覆本体部分,[远极(?)]囊基平或微凸,间距≤1/3 本体长,具细内网结构,穴径1.0—1.2μm,有时沿网脊辐射方向融合拉长。

比较与讨论 本种与俄罗斯泰梅尔盆地上二叠统的 *Protopodocarpus velatus* Kara-Murza (1952, p.101, pl.23, fig.1)略相似,但后者气囊与本体宽度相近,不如本种悬殊,其本体表面无纹饰,据描述,远极面可能具薄壁区("沟"),从囊与本体接触基处放射出许多小褶皱(参见 *P. qipanensis* Zhu 种下)。

产地层位 新疆乌鲁木齐妖魔山,红雁池组。

波缘蝶囊粉 *Platysaccus undulatus* Ouyang and Li, 1980

(图版153,图4, 5;图版158,图17)

1980 *Platysaccus undulatus* Ouyang and Li,欧阳舒、李再平,151 页,图版Ⅴ,图1,2。

1982 *Platysaccus undulatus*,蒋全美等,632 页,图版418,图2,4,7。

描述 赤道轮廓蝶形,总大小(长×宽)68—78×47—53μm;本体30—43×28—40μm,气囊30—37×47—53μm,全模72×47μm(图版153,图4);本体轮廓近圆形或横轴稍长,外壁较厚,尤其在赤道部位明显增厚构成颇厚的帽缘,轮廓线波状—缺刻状;气囊大于半圆形,单个囊远大于本体,有时在本体两侧互相靠近或稍相连,细内网结构,网穴多在1—2μm之间,自囊基辐射出若干褶皱;远极基内凹或偶尔平直,似具基褶增厚,其间距为本体长的1/4—1/3,无沟;棕—棕黄色。

比较与讨论 湖南标本除气囊网纹较粗大、气囊远极基褶呈增厚带状外,其他特征与云南卡以头组的此种极相似,故归入同种。

产地层位 湖南长沙跳马涧,龙潭组;云南富源,卡以头组。

具沟双囊粉属 *Sulcatisporites* (Leschik, 1956) Bharadwaj, 1962

模式种 *Sulcatisporites interpositus* Lechik, 1956;瑞士巴塞尔,上三叠统(Keuper)。

属征 两侧对称双囊花粉,轮廓单束型;中央本体横卵圆形,其轮廓几难辨别;气囊接触本体近极赤道位,远极基亚极道位,接触线等于本体横轴长,囊基之间间距窄,常形成与花粉纵轴垂直的沟褶,沟区窄,壁薄,远极沟清楚;近极面无裂缝;气囊(外壁外层)中厚,中央本体外壁内层薄;无纹饰;外壁外层结构网状,内层细网状或不可辨;气囊内网状,中央本体鲛点状或缺失;花粉轮廓线平整;模式种全模大小(长×宽)约62×58μm。

较早修订的属征 双囊花粉,具近圆的中央本体和短的远极囊;气囊仅占花粉轮廓内的小部,故不影响其近圆形轮廓;气囊在赤道被外壁离层连接,仅在二囊间留下一条很窄的沟;近极外壁可增厚成帽(cappa)(Madler, 1961, p.63)。

比较与讨论 以中央本体轮廓不甚清楚、远极基横向基褶的存在、其间间距窄和沟清楚而与 *Alisporites* 区别;以花粉轮廓通常为近圆形—卵圆甚至圆形、中央本体横轴较长、两囊在两侧相连不显著、远极基距窄和沟清楚而与 *Vesicaspora* 区别。但是,Tiwari(1973)对本属模式标本重新研究后,认为主要特征是本体轮廓厚、近极面上有短单裂缝至双裂缝(monolete to bilete slit),可与他以 *Vesicaspora maxima* Hart,1960 作模式种为"冈瓦纳分子"新建的属 *Scheuringipollenites* 区别;他甚至倾向同意 Scheuring 的看法,即认为 *Sulcatisporites interpositus* 实际上是 *Ovalipollis* 的畸形(abnormal)分子。对后一点,本书并不完全赞同。

分布时代 全球,二叠纪—三叠纪。

卡以头具沟双囊粉 *Sulcatisporites kayitouensis* Ouyang, 1986

(图版153,图9)

1986 *Sulcatisporites kayitouensis* Ouyang,欧阳舒,84 页,图版Ⅻ,图8。

描述 赤道轮廓卵圆形或亚圆形,花粉粒、本体和囊都是横轴长于纵轴,大小 47—51 ×55—60μm;本体 35—36 ×54—60μm,气囊 25—31 ×55—65μm,全模 51 ×60μm(图版 153,图 9);本体纺锤形,壁不厚,表面微粗糙,具细内网,穴径≤0.5μm;气囊主要在远极膨胀,肌理厚实粗糙,网穴 0.5—1.0μm,偶互相沟通;远极基凸出,在中部互相靠近(间距仅 2.5μm)或重叠,向两侧距离拉宽可达 5—10μm;近极基不甚清晰,囊与本体在两侧相交有一定角度,无明显离层相连,在两端气囊长小于本体半径长;暗棕(囊)色—淡黄(萌发区)色。

比较与讨论 当前标本与苏联维留依盆地(J_2—K_1)的 *Pseudopicea rotundiformis* (Mal.) Bolchovitina, 1956,特别是下白垩统的 *Piceites enodis* Bolchovitina, 1956 (pl. 16, fig. 174)略可比较,但 *P. rotundiformis* 气囊主要在两端接触本体,远极基不明显,且具细直的狭沟,而 *P. enodis* 气囊网纹粗大,远极基平直,且这两种花粉大小都较我们的标本大,难以视为同种。

产地层位 云南富源,卡以头组。

光明具沟双囊粉 *Sulcatisporites luminosus* Hou and Wang, 1986

(图版 153,图 17, 19)

1986 *Sulcatisporites luminosus*,侯静鹏、王智,94 页,图版 22,图 19;图版 23,图 11。

描述 赤道轮廓宽卵圆形,大小(长×宽)73—85 ×58—70μm(测 10 粒),全模 88 ×70μm(图版 153,图 19);中央本体狭卵圆形,大小 25 ×70μm;外壁薄,具细颗粒纹饰;气囊略呈半圆形,大小略大于或等于本体,大小 31—38 ×55—60μm;远极囊基明显,其间具清楚的萌发沟,沟窄,直,延伸至赤道两侧;囊细网纹—细粒状,穴径 <1μm。

比较与讨论 本种与西巴基斯坦下二叠统的 *S. nilsoni* Balme, 1970(p. 396, pl. 19, figs. 1—3)略近似,但后者以花粉较大,达 93(130)155μm、气囊壁较厚(3—4μm)、网穴较大(1—4μm)、囊基间距较窄而相区别。

产地层位 新疆吉木萨尔大龙口,泉子街组—梧桐沟组。

大型具沟双囊粉?(新联合) *Sulcatisporites*? *major* (Liao) Ouyang comb. nov.

(图版 153,图 23, 26;图版 158,图 25)

1987a *Pteruchipollenites major* Liao,廖克光,573 页,图版 144,图 1—3。

描述 双囊花粉,赤道轮廓宽椭圆形,大小(长×宽)122—160 ×90—122μm,全模 160 ×122μm(图版 153,图 26);本体轮廓不清楚,略椭圆形,大小 62—84 ×90—118μm,纵轴较短,即其长轴与花粉长轴垂直;气囊大于半圆形,极面观对称位于本体两边,颇膨胀,大小 50—60 ×90—122μm,推测气囊大部位于远极,有时在本体赤道两侧相连,全模(本书代选廖克光,1987,图版 144,图 1)160 ×122μm;本体壁薄,在极部细内网状,向囊基部变粗;气囊壁厚于本体,厚≤2μm,颇粗内网状,网穴 2—3μm,在囊基部之内变细;气囊远极基界线不分明,大致内凹,包围一多少呈狭卵形—卵圆形薄壁区,最大宽度 20—55μm,即 1/3—1/2 本体纵轴长,其间未见清楚萌发沟。

注释 原作者描述很简单,且未指定全模标本;因此种与 *S. nilssoni* 相似,且气囊明显倾向远极,故保留地迁入 *Sulcatisporites* 属。

比较与讨论 本种与西巴基斯坦下二叠统的 *S. nilssoni* Balme, 1970(p. 396, pl. 19, figs. 1—3)颇相似,后者大小 93—155μm,本体亦为横椭圆形,远极面亦具椭圆形薄壁区(虽原作者描述为远极基之间的薄壁区 cappula <5μm 宽,两边平行,按 Balme 本意,cappula 是指气囊远极基之间区域,多为薄壁区,但非真正的沟;对本种而言,他的这一解释是具争议的:因为从侧面标本看,两气囊在赤道部位相连,在其中央部下方,两囊呈∧形张开,则∧的底为沟,∧的喇叭口为本体薄壁区的破落开口,这样解释也无不可),气囊网纹亦较粗大;但本种以本体轮廓不清楚、远极薄壁区较宽、囊壁稍薄区别于 *S. nilssoni*。

产地层位 山西宁武,石盒子群。

卵圆双囊具沟粉(比较种) *Sulcatisporites* cf. *ovatus* (Balme and Hennelly) Bharadwaj, 1962

(图版153,图15, 16;图版158,图12)

1962 *Sulcatisporites ovatus* (Balme and Hennelly) Bharadwaj, p. 97, pl. 19, figs. 249—251.

1970 *Sulcatisporites ovatus* (Balme and Hennelly), Balme, p. 395, pl. 15, figs. 7—9.

1978 *Vesicaspora* cf. *ovata* (Balme and Hennelly) Hart,谌建国,435页,图版126,图4。

1984 *Sulcatisporites ovatus* (Balme and Hennelly) Balme,1970(sic!),高联达,430页,图版162,图13。

1989 *Sulcatisporites* sp. cf. *S. ovatus* (Balme and Hennelly) Bharadwaj,侯静鹏、沈百花,109页,图版12,图3。

1995 *Sulcatisporites ovatus* (Balme and Hennelly),吴建庄,352页,图版56,图5。

描述 单—双囊过渡型花粉,赤道轮廓宽椭圆形,大小52—67×44—60μm;本体横椭圆形,大小35—38×50—52μm;气囊半圆形,在两侧或以窄的离层相连,细内网状;气囊近极基亚赤道位,有新月形外壁增厚,远极基平直,界定一狭缝状萌发沟,有时穿越本体横轴伸达气囊边沿。

比较与讨论 我国被直接鉴定为或保留定为 *S.* (al. *Florinites*) *ovatus* (Balme and Hennelly) Bharadwaj, 1962(p. 97, pl. 19, figs. 249—251)的标本(如同义名所列)与产自澳大利亚的这个种的模式标本略相似,该种最显著特点是本体横狭椭圆形、远极沟窄呈狭缝状,花粉大小倒是变化较大[如 Hart, 1965: 39—74μm; Balme, 1970: 46(65)74μm; Foster, 1979: 27(38)48μm],与之相比,我们有些标本本体稍圆些,或囊在两侧以较宽离层相连,故笼统定为比较种。此种也有人归入 *Scheuringipollenites* 属(Foster, 1979)。

产地层位 山西宁武,上石盒子组;安徽太和,上石盒子组;湖南邵东,龙潭组;新疆乌鲁木齐芦草沟,梧桐沟组。

阿里粉属 *Alisporites* (Daugherty) Jansonius, 1971

模式种 *Alisporites opii* Daugherty, 1941;美国亚利桑那州(Arizona),上三叠统。

属征 双囊具沟花粉,赤道轮廓卵圆形—宽卵圆形;帽不强烈增厚,但与囊明显分异;囊在近极接触于赤道区,但在远极与本体一部交叠;气囊远极基尚明显,包围一外壁变薄区(cappula),变薄区延伸至赤道;远极面具一条较窄的沟,由外壁褶皱(与远极基平行)反映出来;本体具清楚的外壁内层;气囊通常不强烈悬挂于远极,具细网(Jansonius,1971, p. 355)。

注释 对原文"但在远极多少强烈地与本体中央部交叠"(似与"气囊通常不强烈悬挂于远极"矛盾)、"气囊远极基不太明显",笔者不甚同意,故上述属征中这两句稍作改动。

比较与讨论 本属以远极薄壁区内有沟区别于 *Pityosporites* = *Pinuspollenites* 和其他松柏型双囊花粉;以气囊与本体关系多少呈双束型(微呈三套圈状)而与一些单束型具沟花粉,如 *Sulcatisporites* 和 *Scheuringipollenites* 等区别。*Pteruchipollenites* 有远极薄壁区,但无沟。

耳囊阿里粉 *Alisporites auritus* Ouyang and Li, 1980

(图版153,图24, 25)

1980 *Alisporites auritus* Ouyang and Li,欧阳舒、李再平,155页,图版Ⅴ,图20a, b。

1980 *Alisporites auritus*,周和仪,59页,图版26,图10。

1982 *Alisporites auritus*,周和仪,图版Ⅴ,图6。

描述 双维管束型,全模大小50×39μm;本体31×39μm,气囊21—19×27—25μm;本体近卵圆形,外壁较薄,约1μm厚,具鲛点状结构,轮廓线微不平整;气囊略呈心形或耳形,小于本体,与本体相交成明显角度,囊基或收缩,细内网状,网穴<1μm;本体远极中部具一横贯其全宽的清晰的沟,宽4—5μm,两侧略平行,端部微变宽或钝圆,沟缘与囊基之间尚有一段距离;黄色。

比较与讨论 与 Holowitz(1973, p. 198, pl. 6, fig. 2)鉴定的西亚中、上三叠统的 *A. ovatus* Jansonius 颇相似,但这一鉴定不可靠,因为原鉴定的加拿大二叠系 *A. ovatus* (Balme and Hennelly) Jansonius (1962, p. 58, pl. 13, figs. 1—5)轮廓为卵圆形,是单维管束型,且囊基间距之间仅有薄壁区;此外上述西亚标本纵轴似长于横轴,与我国此种也不相同。周和仪鉴定的 *A. auritus*,大小总长约 31μm,本体 20×36μm,表面粒状;气囊略似耳状,小于本体,大小 14—16×26—28μm,内网状;两囊远极基间距约 5μm,形成一条远极沟。与原描述相比,无论大小、囊与本体相交程度或“沟”的构形上,都有相当差别,严格讲,种的等同应作保留。

产地层位 河南范县,上石盒子组;云南富源,卡以头组。

南方阿里粉 *Alisporites australis* de Jersey, 1962

(图版 154,图 11;图版 158,图 16)

1962 *Alisporites australis* de Jersey, p. 8, 9, pl. 2, fig. 14; pl. 3, figs. 3, 4.

1979 *Alisporites australis*, Foster, p. 72, pl. 25, figs. 1—4.

1984 *Alisporites australis*,曲立范,585 页,图版 176,图 13。

2003 *Alisporites australis*,欧阳舒等,图版 82,图 5。

描述 据 Foster(1979)描述:远极具沟双囊粉;单维管束—微双维管束型;赤道轮廓卵圆形;本体清楚,帽外壁外层薄,细内点穴—内网状;外壁内层微厚于外壁外层,在囊两端囊基部之下呈弧形褶皱;囊倾向远极,轮廓大于半圆形,与本体叠覆部分新月形,粗内网状;远极囊基间距 1/2—2/3 本体长,细内网状;其间具清楚的沟,宽 2—10μm,具外壁外层微增厚的沟缘,中部稍窄,两端微变宽,或两边大致平行;沟区外壁外层很薄,无结构;大小(长)54(76)96μm,本体 28(39)52×31(48)75μm,囊 16(32)43μm。

比较与讨论 新疆标本在大小(70—85μm)、形态和远极沟等特征上与澳大利亚二叠系—三叠系所见颇相似,当属同种。*Falcisporites stabilis* Balme, 1970 以本体大多圆形或纵轴较长、囊壁较厚、囊的网纹多较粗与本种有别。

产地层位 山西兴县瓦塘,和尚沟组;新疆吉木萨尔大龙口,锅底坑组。

梭沟阿里粉 *Alisporites fusiformis* Ouyang and Li, 1980

(图版 154,图 15, 16;图版 158,图 11)

1980 *Alisporites fusiformis* Ouyang and Li,欧阳舒、李再平,155 页,图版Ⅴ,图 27,34。

1984 *Sulcatisporites ovatus* (Balme and Hennelly),高联达,430 页,图版 162,图 14。

描述 单维管束型,赤道轮廓近卵圆形,总大小(长×宽)75—84×68—70μm;本体 52×60—70μm,气囊 35—38×60—68μm,全模 84×70μm(图版 154,图 16);中央本体略呈卵圆形,外壁薄,厚≤1μm,故颜色不深于甚至浅于气囊;细点穴—内网状,穴径≤0.5μm;气囊位于赤道两端,微偏远极,不规则点穴—内网状,穴径≤1μm;远极基可见,微凹入,其间距为本体长的 1/4—1/3,包围一略呈纺锤形的外壁变薄区,构形与沟相似;黄—淡黄色。

比较与讨论 本种与澳大利亚下、中三叠统的 *A. townrovii* Helby, 1966 (p. 68, pl. 2, figs. 28—32, 34, 35)有些相似,但后者远极沟较窄,沟缘明显增厚成所谓的“唇”,显然不同。被高联达(1984)鉴定为 *Sulcatisporites ovatus* 的两个标本,其中一个(图版 162,图 14,据放大倍数测,长轴约 70μm)具纺锤形沟,与 *S. ovatus* 差别较大,故改归 *Alisporites fusiformis*。

产地层位 山西宁武,上石盒子组;云南富源,卡以头组。

格氏阿里粉(比较种) *Alisporites* cf. *grauvogelii* Klaus, 1964

(图版 153,图 20)

1980 *Alisporites* cf. *grauvogeli* Klaus,侯静鹏、沈百花,109 页,图版 16,图 23。

描述 赤道轮廓近亚圆形,大小(长×宽)56.6×58.3μm;本体近卵圆形,横轴较长,大小 40×50μm,体壁具细点纹饰;气囊呈半圆形,大小 35×53μm,具细内网结构,近极基亚赤道位,远极基对应偏内,囊基间距约为本体长度的 1/3,其间似有宽 5—8μm 的远极沟。

比较与讨论　当前标本与 *A. grauvogeli* Klaus, 1964 及云南卡以头组的 *A.* cf. *grauvogeli*(欧阳舒、李再平, 1980,161 页,图版 5,图 19)略相似,但沟似较清楚,不过,标本保存欠佳,故侯静鹏等(1989)将其定为比较种。

产地层位　新疆库车,比尤勒包谷孜群。

芦草沟阿里粉　*Alisporites lucaogouensis* Hou and Shen, 1989

(图版 154,图 1, 2)

1989 *Alisporites lucaogouensis* Hou and Shen,侯静鹏、沈百花,108 页,图版 14,图 7,8。

描述　赤道轮廓近卵圆形,全模标本大小(长×宽)41×31μm(图版 154,图 1);本体 23×31μm,气囊 18—20×26—28μm;本体卵圆形,横轴较长,外壁薄,近赤道边沿具"帽缘"[或近极囊基壁增厚(?)],厚约 2—3μm,具内点状结构;气囊稍大于半圆形,近极基亚赤道位,远极基对应偏内,囊倾向远极,与体相交略成角度;远极基之间具一窄沟,宽约 5μm;气囊细内网状,网穴<1μm。

比较与讨论　本种与 *A. saarensis* Bharadwaj (1957, p. 117, pl. 3, figs. 14, 15)略相似,但以本体赤道部位加厚、远极囊基间距稍大而与其区别。与 *A. communis* Ouyang(欧阳舒、王智等,2003, 315 页,图版 81,图 7—10,13,14)也略相似,但后者本体多圆形,远极囊基间距(或沟区)较宽,呈卵圆形。

产地层位　新疆乌鲁木齐芦草沟,梧桐沟组。

菱形阿里粉　*Alisporites paramecoformis* Hou and Shen, 1989

(图版 154,图 12)

1989 *Alisporites paramecoformis* Hou and Shen,侯静鹏、沈百花,109 页,图版 14,图 17。

描述　单束型,赤道轮廓近菱形,全模标本大小(长×宽)65×60μm;本体约 40×60μm,气囊 23—25×38—40μm;本体椭圆形,横轴明显长于纵轴,外壁较薄,具细点状纹饰;气囊小于本体,向两端收缩,超出本体部分小于半圆呈新月形,近极基亚赤道位,具颜色较深囊基褶,远极基对应偏内,凹入或近平直,包围一透明的透镜状沟;囊壁较厚,具内网,穴径 1. 0—1. 5μm,向本体部位变细。

比较与讨论　本种以本体大、气囊小和透镜形远极沟区别于 *Alisporites* 或 *Falcisporites* 属内其他种。

产地层位　新疆乌鲁木齐芦草沟,锅底坑组。

褶皱阿里粉(比较种)　*Alisporites* cf. *plicatus* Jizba, 1962

(图版 154,图 3)

1989 *Alisporites* cf. *plicatus* Jizba,侯静鹏、沈百花,109 页,图版 14, 图 14。

描述　赤道轮廓宽椭圆形,大小(长×宽)55×38μm;本体 25×30μm,气囊 18—20×35μm;椭圆形,横轴较长,外壁薄,沿赤道两端增厚的[帽缘(?)]褶,宽 1. 0—1. 5μm;气囊略半圆形,与本体[近极(?)]重叠部分约为体长的 1/4,近极基似具暗色囊基褶,远极基对应偏内,尚清楚,近平直或微凹入,囊基间距(或沟区)约本体长的 1/3;囊明显内网状,穴径 1. 0—1. 5μm。

比较与讨论　当前标本与 *A. plicatus* Jizba, 1962(p. 884, pl. 124, figs. 51—53)的全模形态相近,但后者个体较大,气囊网穴亦较大,故定为比较种。

产地层位　新疆乌鲁木齐芦草沟,锅底坑组。

矩形阿里粉　*Alisporites quadrilateus* Zhu, 1993

(图版 154,图 13, 17;图版 158,图 23)

1993 *Alisporites quadrilateus* Zhu,朱怀诚,304 页,图版 84,图 2,5,13。

描述　双束型双气囊花粉,纵长大于横宽,矩形;总长[纵轴长(L)]75. 0(92. 5)115. 0μm (测 4 粒),总宽[横轴长(T)]57. 5(69. 4)75. 0μm,全模 100×75μm(图版 154,图 17);本体椭圆形,横轴长大于纵轴长,大小 27.5(42.5)50.0 × 55(62)75μm,外壁厚 1.0—1.5μm,内点状,远极有一横沟,梭形,长约为本体横长的 2/3,近极外壁常破裂;气囊近矩形,宽等于或略大于本体横长,55—75μm,气囊纵长与本体纵长相当,30.0—47.5μm;赤道两端微收缩,两侧分离,远极基不清楚,囊壁薄,膜状,褶皱多少呈着生于本体两端的放射状肌理,内细网纹。

比较与讨论 当前种以其轮廓多少四边形、本体横轴较长的椭圆形、气囊亦呈矩形且具放射状褶脊为特征,而与属内其他种区别。

产地层位 甘肃靖远,红土洼组。

山西阿里粉 *Alisporites shanxiensis* Gao, 1984

(图版 154,图 7)

1984 *Alisporites shanxiensis* Gao,高联达,430 页,图版 163,图 21。

描述 赤道轮廓近椭圆形,全模(本书代指定)总大小(据放大倍数测)80 × 50μm;本体椭圆形,横轴大于纵轴长,外壁薄,表面内点状结构;气囊略半圆形,倾向远极,近极基亚赤道位,具囊基褶,远极对应偏内,远极基基本平直,间距(本体薄壁区)1/4—1/3 本体纵长,有一萌发沟,常不清楚;气囊细内网状。

注释 原作者建此种时提供了两个照相标本,但未指定全模;其图版 163 图 22 标本特征更不清楚,气囊似小于半圆形,本体较大,似为 *Klausipollenites*,本种特征尚待更多标本予以补充。

比较与讨论 本种与 *A. australis* de Jersey, 1962 有些相似,但以本体壁薄、沟不那么清楚与后者有别。

产地层位 山西宁武,下石盒子组。

华丽阿里粉 *Alisporites splendens* (Leschik) Foster, 1979

(图版 154,图 4, 5;图版 158,图 3)

1956 *Sulcatisporites splendens* Leschik, p. 137, pl. 22, fig. 10.

1979 *Alisporites splendens* (Leschik) Foster, p. 73, 74, pl. 25, figs. 9, 10.

1984 *Alisporites splendens*,高联达,388 页,图版 148,图 8,9。

1990 *Platysaccus imperspicuus* (Andreyeva) Wang and Hou comb. nov.,侯静鹏、王智,28 页,图版 6,图 11。

描述 双囊花粉,赤道轮廓近椭圆形,单维管束型或微双维管束型,大小(长 × 宽)50—60 × 32—34μm;本体 30 × 32—34μm,气囊 20—28 × 20—30μm;本体轮廓近卵圆形,横轴长于纵轴,外壁薄,但在两端赤道位外壁多少增厚,呈暗(黄棕)色带,表面细点状;气囊近半圆形,不规则细内网状,远极基尚清楚,平直或内凹,囊基间距(即薄壁区或沟)≤1/3 本体纵长。

比较与讨论 当前标本的形态和沟区的存在与德国苦灰统的 *Sulcatsporites splendens* Leschik, 1956 颇相似,故同意 Foster(1979)将其归入 *Alisporites* 属,但不赞成他的似乎过宽的种的内涵;Hart(1965)将此种归入 *Vesicaspora*,并视其为 *V. acrifera* (Andreyeva)的同义名,但因为当前标本两气囊明显,在两侧无离层相连,故本书未采用。被鉴定为 *Platysaccus* (*Coniferaletes*) *imperspicuus* (Andreyeva, 1956, p. 270, pl. 60, fig. 118; 80μm)的新疆标本具清楚的纺锤形沟区,与 Hart (1965)描述的纺锤形薄壁区不清楚的 *Pityosporites imperspicuus* 不一致,故改归入当前种。吴建庄(1995,350 页,图版 56,图 11)鉴定的河南柘城上石盒子组此种,是典型的双束型花粉,似应归入 *Platysaccus*。

产地层位 河北开平煤田,赵各庄组;山西宁武,太原组;新疆吐鲁番盆地桃树园,梧桐沟组。

似带阿里粉 *Alisporites taenialis* Wang, 1985

(图版 154,图 8, 30)

1985 *Alisporites taenialis* Wang,王蕙,668 页,图版 1,图 24,25。

描述 双囊花粉,赤道轮廓双维管束型,大小(总长)91—141μm(测 28 粒),全模 120μm(图版 154,图 30);中央本体椭圆形,横轴较长,51—62 × 63—75μm,帽(缘)厚 3—4μm,表面粗糙—细颗粒状;气囊大于或等于半圆形,大小小于或等于本体,内网状,从基部辐射出少量皱纹,极面观两气囊之间在本体的侧面有一细条带连接,侧面观条带亦明显,宽约 2μm;气囊近极基亚赤道—赤道位,远极基对应稍偏内,其间间距(远极本体变薄区) >1/2 本体长。

注释 原描述中的所谓侧面观的条带(图 8),很可能不是真正的"条带"(taenia),而是连接两气囊之间的不稳定的褶皱。

比较与讨论 本种花粉以本体周边具增厚的缘边、气囊具粗壮的辐射状皱纹而与美国二叠系的 *A. aequus* Wilson (1962, p. 27, 28, pl. Ⅲ, figs. 5, 6; 98—154μm)区别。

产地层位 新疆塔里木盆地,棋盘组—克孜里奇曼组。

薄体阿里粉(比较种) *Alisporites* cf. *tenuicorpus* Balme, 1970

(图版 154,图 27, 29;图版 158,图 28)

1982 *Pityosporites hunanensis* Jiang,蒋全美等,630 页,图版 417,图 1—4。

描述 赤道轮廓椭圆形,即基本为单束型,大小 33—36 ×23—24μm,指定全模 33 ×23μm;本体轮廓近圆形,或横轴稍长,壁薄,表面近光滑或点穴—细内网状;气囊极面观近新月形,稍厚于本体(大于 1μm),细内网状,囊基具窄的内凹基褶(色暗),包围一卵圆形薄壁区,其宽约本体长的 1/2,较为透明。

比较与讨论 当前标本在大小、形态特征上与西巴基斯坦二叠系的 *A. tenuicorpus* Balme, 1970(p. 394, pl. 15, figs. 1—4)颇为相似,差别在于后者气囊细内网均匀且清楚,故定为比较种;蒋全美(1982)原描述此种具一窄沟,从照片上看不出,如果属实,就更表明不能归入 *Pityosporites*。

产地层位 湖南长沙跳马涧,龙潭组。

原始松粉属 *Protopinus* (Bolchovitina, 1952) ex Bolchovitina, 1956

模式种 *Protopinus vastus* Bolchovitina, 1956;俄罗斯(维留依盆地),下侏罗统。

同义名 *Pseudopicea* (Bolch. 1952) ex Bolchovitina, 1956, *Protopodocarpus* (Bolch. 1952) ex Bolchovitina, 1956, *Protoabietipites* Maljavkina, 1964 (partim).

属征 单束型双囊花粉;气囊包围除远极变薄区以外的整个本体,但在两端较发育;两囊的远极基颇明显,互相平行,横贯花粉粒全部宽度,囊基之间为本体外壁变薄区(leptoma),无远极沟;本体光面,或具微弱结构、纹饰,气囊内网状。

比较与讨论 *Protopinus* 与 *Vesicaspora* 的区别在于前者更倾向于二囊,尤其是互相平行的远极基包围本体变薄区,其间无沟;*Pseudowalchia* 的模式种产自下白垩统,更倾向于单囊,其远极基在花粉两侧无明显表现,花粉大得多(欧阳舒、李再平,1980,153, 154 页)。

分布时代 全球,二叠纪—中生代。

不对称原始松粉 *Protopinus asymmetricus* Ouyang, 1986

(图版 154,图 9, 10;图版 158,图 2)

1978 *Pityosporites* cf. *granulatus* Leschik, 1956,谌建国,435 页,图版 126,图 13。

1986 *Protopinus asymmetricus* Ouyang,欧阳舒,82 页,图版 12,图 7,9—11。

描述 赤道轮廓近卵圆形,两侧略凹入,沿中央横切面常不对称,总大小(长×宽)53—66 ×34—39μm;本体 25—33 ×33—35μm,气囊 20—30 ×34—49μm(测 6 粒),全模 66 ×43μm(图版 154,图 9);本体轮廓近圆形或略卵圆形,壁薄,常小于 1μm,但赤道部位有时显出帽缘增厚,最宽可达 2. 5μm,表面呈细内网状或穴状,穴径约 0. 5μm,有时不明显,或呈细匀颗粒状;气囊大于半圆形,有时两个囊不对称,在两侧或多或少以离层相连,远极基往往一条更清晰,略内凹或近平直,包围纺锤形或沟状薄壁区(最宽 5—8μm),其间为更细密而不明显的内网;气囊内网状,穴径 0. 5—1. 0μm,有时不规则或沿纵轴方向拉长或相互沟通,远极基沿囊方向可辐射出若干皱纹状肌理；微棕黄（体）—黄（囊）色。

比较与讨论　本种花粉以不对称形态和囊基间距很窄而与 *P. fuyuanensis* 区别。湖南的 *P.* cf. *granulatus*，除花粉两侧不凹入外，其他特征与本种相似，故并入之。

产地层位　湖南邵东、宁乡，龙潭组；云南富源，宣威组上段。

圆体原始松粉 *Protopinus cyclocorpus* Ouyang, 1986

（图版 154，图 6，28；图版 158，图 1）

1980 *Protopinus cyclocorpus* Ouyang，1979（sic!），周和仪，50 页，图版 23，图 1，2。

1982 *Protopinus* sp. A, Ouyang, p. 70, pl. 1, figs. 36, 37.

1982 *Protopinus cyclocorpus*，周和仪，图版Ⅱ，图 14，18。

1987 *Protopinus cyclocorpus*，周和仪，图版 4，图 24。

1986 *Protopinus cyclocorpus* Ouyang，欧阳舒，82 页，图版Ⅺ，图 10—18。

描述　赤道轮廓亚圆形，花粉粒总大小（长×宽）35（39）53×32（38）43μm，本体 25（27）30×25（30）40μm（测 12 粒），全模 45×43μm（图版 154，图 6）；本体轮廓圆或亚圆形，壁薄，小于 1μm，在赤道部位或微增厚可达 2μm 宽，或微具褶皱，细内网或点穴状，穴径约 0.5μm；气囊微大于半圆形，细内网状，穴径 0.5—1.0μm，基部可见细弱辐射状纹理；远极囊基平直或略凹凸，间距（变薄区）窄，1—5μm；囊在两端膨胀超出本体可达 4—8μm，在两侧或多或少以离层相连，其宽一般 2—3μm，偶可达 5—10μm，故整个花粉轮廓平滑过渡，略呈单囊状；棕黄—淡黄色。

比较与讨论　本种以花粉小、整个轮廓圆形—亚圆形而与 *Protpinus* 属其他种区别；与 *Abietineaepollenites lembocorpus* 以花粉两侧具离层、本体轮廓略圆而不同。

产地层位　河南范县，上石盒子组；云南富源，宣威组下段—卡以头组。

富源原始松粉 *Protopinus fuyuanensis* Ouyang and Li, 1980

（图版 154，图 19，20；图版 157，图 27）

1980 *Protopinus fuyuanensis* Ouyang and Li，欧阳舒、李再平，图版Ⅴ，图 16；图版Ⅵ，图 1，4。

1982 *Protopinus fuyuanensis*, Ouyang, p. 74, pl. 3, fig. 20.

1986 *Protopinus fuyuanensis*，欧阳舒，82 页，图版Ⅻ，图 2。

描述　单维管束型或微呈双维管束型，赤道轮廓近宽椭圆形，两侧中部或凹入；气囊在两侧多少相连，离层宽 3—6μm，故本体仿佛位于“周囊”的中央；总大小（长×宽）72—93×63—55μm，本体 35—58×42—55μm，气囊 28—35×55—65μm，全模 82×63μm（图版 154，图 20），远极外壁变薄区占本体长的 1/3—1/2 或达 30×45μm；本体外壁较薄，轮廓近圆形—椭圆形；气囊小于或大于半圆形，其远极基明显或微弱可见，平直或内凹，其间为本体外壁变薄区；本体与气囊均为细内网—点穴状结构，气囊上穴径≤1μm，本体上更细；微棕黄（囊）—浅黄（体）色。

产地层位　云南富源，卡以头组。

小原始松粉（新联合） *Protopinus minor* (Wang) Ouyang comb. nov.

（图版 154，图 22，23）

1985 *Protoabietipites minor* Wang H.，王蕙，669 页，图版Ⅰ，图 11，12。

描述　双囊花粉，赤道轮廓椭圆形，大小 35—54×28—35μm，全模 41×30μm（图版 154，图 23）；中央本体圆或卵圆形，大小 20—32×18—30μm，近极面粗糙，细粒—细网纹饰；两气囊几乎包围了本体，呈半圆形或略大于半圆形，远极基之间有狭窄的薄壁区；气囊在花粉两侧赤道部位连续，气囊细内网状。

比较与讨论　花粉大小和一般形态与 *P. cyclocorpus* 很相似，仅以椭圆形轮廓与后者不同。因 Maljavkina（1964）的属名 *Protoabietipites* 出现较 *Protopinus* 晚，且俄罗斯其他作者也不用，故将王蕙（1985）定的种改归后一属内。

产地层位　新疆塔里木盆地,棋盘组—克孜里奇曼组。

休伦粉属　*Scheuringipollenites* Tiwari, 1973

模式种　*Scheuringipollenites maximus* (Hart 1960) Tiwari, 1973;坦噶尼喀(Tanganyika),二叠系。

属征　单束型双囊粉,无任何射线、痕纹之类;中央本体薄,通常不清楚,有时具可辨轮廓;气囊小于或等于半圆形,无间断与本体逐渐过渡,侧面位置时气囊互相靠近,强烈倾向远极;气囊远极接触线多细弱,可伴以囊基褶,互相靠近,气囊结构内网状。模式种大小75—130×55—100μm。

比较与讨论　本属与 *Sulcatisporites* 的区别在于有柔弱、薄且难见到的中央本体,以及本体之上无射线痕或裂缝;另一可比较的属 *Vesicaspora* 则具一清楚的沟、轮廓清楚的本体及单囊状的构形,即近极接触亚圆形;*Alisporites* 有清楚、厚的本体,清楚的沟以及近球形的气囊,虽气囊小于本体。

分布时代　冈瓦纳区、欧美区、华夏区,二叠纪—三叠纪。

大休伦粉(比较种)　*Scheuringipollenites* cf. *maximus* (Hart) Tiwari, 1973

(图版154,图25, 26)

1986 *Sulcatisporites* sp. 1,侯静鹏、王智,94页,图版22,图8。

1986 *Sulcatisporites potoniei* (Lakhanpal, Sah and Dube) Rigby and Hekel,侯静鹏、王智,95页,图版23,图5。

描述　赤道轮廓近圆形,大小(长×宽)80—95×80—98μm;本体轮廓不明显,很可能椭圆形,横轴较长,纵轴长约60μm(?),外壁薄,表面观细点状;气囊近半圆形,大小38—40×80—88μm,着生于赤道,大部分在远极;远极基平直或微凸出,具囊基褶,宽≤8μm,囊基间距或薄壁的沟区宽≤10μm,在两侧或一侧稍变宽;囊为细内网状,穴径≤1μm。

比较与讨论　当前标本形状接近 *S. maximus*(Tiwari, 1973, text-fig. 2a, b = *Vesicaspora maxima* Hart, 1960, p. 10,11, pl. 3, fig. 33),但后者个体大些[全模128×122μm;但 Foster (1979)给的大小幅度为70(82)100μm],远极沟区较窄,故定为比较种。Foster (1979)认为 *Pityosporites potoniei* Lakhanpal et al., 1960 轮廓略呈方形,有时微双束状,且本体小。侯静鹏等定的这两个标本形态相似,且出自相同地层,故归入 *Scheuringipollenites* 同一种内。

产地层位　新疆吉木萨尔大龙口,梧桐沟组。

卵圆休伦粉　*Scheuringipollenites ovatus* (Balme and Hennelly) Foster, 1975

(图版154,图14, 18)

1955 *Florinites ovatus* Balme and Hennelly, p. 96, pl. 5, figs. 49—52.

1960 *Vesicaspora ovatus* (Balme and Hennelly) Hart, p. 11, pl. 5, figs. 41, 42.

1965 *Vesicaspora ovata*, Hart, p. 73; text-fig. 170.

1975 *Scheuringipollenites ovatus* (Balme and Hennelly) Foster, p. 145, pl. 6, figs. 5, 6.

1979 *Scheuringipollenites ovatus*, Foster, p. 76, pl. 26, figs. 13—17.

1985 *Jansoniuspollenites ovatus* Wang,王蕙,669页,图版Ⅰ,图9, 10。

描述　双囊花粉,赤道轮廓宽卵圆形—近圆形,总大小(长×宽)49—82×42—68μm(测14粒);原指定全模60×60μm(图版154,图14),本体狭椭圆形,大小约25×55μm,除远极薄壁区外,颜色较暗,外壁细内(?)网状;气囊小于或等于半圆形,内网状,近极基赤道—亚赤道位,远极基对应稍偏内,平直或微内凹,其间间距(薄壁区)很窄,宽5—10μm;气囊在本体一侧或以离层相连。

比较与讨论　王蕙(1985)建立种 *Jansoniuspollenites ovatus* 时已提及,"当前标本与 *Florinites ovatus* Balme and Hennelly, 1955 的标本有相似之处,唯后者轮廓为横长(即本书的纵长)椭圆形,目前尚不能肯定它们是同一种花粉";然而,如同义名表中所列的 Foster (1979, pl. 26, figs. 13—17 中的 figs. 13, 16)即包括了花粉轮廓近圆形的标本,Hart(1965)在描述中也提及花粉纵轴稍长或圆形;何况其他如大小、本体形状、气囊细内网状和较窄的远极囊基距与 *Scheuringipollenites ovatus* (Balme and Hennelly)很相似,所以将王蕙的种作为后者的晚出同物同名处理。*Jansoniuspollenites* Jain, 1968 的模式种 *J. cacheutensis* Jain 花粉轮廓纵长椭圆形,气囊向两端强烈膨胀,且网纹粗大,所以,新疆的标本归入此属不如归入 *Scheuringipollenites* 合适。

产地层位 新疆塔里木盆地,克孜里奇曼组—棋盘组。

斑点休伦粉(新联合) *Scheuringipollenites peristictus* (Gao) Ouyang comb. nov.

(图版 154,图 21)

1984 *Sulcatisporites peristictus* Gao,高联达,430 页,图版 162,图 21。

描述 双囊花粉,单束型,赤道轮廓椭圆形—亚圆形,横轴较长,全模大小 46 ×52μm;中央本体薄,轮廓常不清楚,与花粉总轮廓大体一致,横轴较长;气囊近极基不清楚,基本位于远极,小于半圆形,细内网状,有些互相沟通,顶视斑点状;远极基平直或微凸,其间为薄壁区或沟区,宽 6—10μm,向两端变宽。

比较与讨论 本种沟的形态与 *S. triassicus* (Bharadwaj and Srivastava) Tiwari, 1973 (text-fig. 5;约 70 × 72μm) 和 *S. maximus* (Hart) Tiwari, 1973(p. 109, text-fig. 2a, b;128 ×122μm)多少有些相似,个体大小则介于二者之间;除大小相差较大外,后两个种轮廓更接近于圆形,*S. maximus* 囊的远极基距明显窄些。

注释 当前标本数量太少,花粉构形并不清楚,仅从照相看,因主沟的两侧似有短小的侧沟,不排除属 *Eucommiidites* 的可能。

产地层位 山西宁武,上石盒子组。

梭形休伦粉(比较种) *Scheuringipollenites* cf. *tentulus* (Tiwari) Tiwari, 1973

(图版 155,图 24)

1986 *Sulcatisporites* sp. 2,侯静鹏、王智,94 页,图版 23,图 6。

描述 赤道轮廓椭圆形—梭形,横轴长于纵轴,大小 66—70 ×66—86μm;本体轮廓近卵圆形,轮廓不明显,大小约 30 ×86μm,外壁薄;气囊近半圆形,大小 30 ×86μm,着生于赤道,但大部在远极,两端略收缩;远极基清楚,具加厚褶,宽约 6.6μm,中部凸出,互相靠近,囊基之间为薄壁的沟区,宽 5—16μm,即向两侧变宽;本体和囊皆具均匀细内网,网穴≤1μm。

比较与讨论 当前标本与被 Tiwari (1973, text-figs. 1—5)归入本属的几个种相比,从远极沟的形状看,当前标本与 *S. maximus* (Hart, 1960) 和 *S. triassicus* (Bharadwaj and Srivastava,1969)较相似,但此两种花粉轮廓皆为近圆形(后者气囊网穴内具棒);以花粉轮廓而论,当前标本更接近印度下冈瓦纳系 Barakar 组的 *S. tentulus* (Tiwari, 1968) Tiwari (1973, text-fig. 3; 约 50 ×64μm),但后者个体稍小,远极沟较窄,故定为比较种。

产地层位 新疆吉木萨尔大龙口,梧桐沟组。

逆沟粉属 *Anticapipollis* Ouyang, 1979

模式种 *Anticapipollis tornatilis* (Chen, 1978) Ouyang, 1979;湖南韶山官渡桥,龙潭组。

属征 双囊花粉,单束型,子午轮廓多少椭圆形;两小气囊并未清楚分化至清楚分化,稍倾向远极或位于远极,与本体平滑过渡或微成角度;最具特征性的是界线清楚的、与花粉长轴平行的远极沟的存在,几乎伸达本体全长;本体和囊皆为细内网状;模式种大小 45—88μm。

比较与讨论 模式种原为 *Ovalipollis*? *tornatilis* Chen, 1978,实际上与 *Ovalipollis* 很可能没有关系(Scheuring, 1976)。本属以远极纵长沟的存在区别于所有双气囊花粉属。

分布时代 华北,早二叠世晚期—晚二叠世晚期;华南,晚二叠世早期尤为常见。

长大逆沟粉 *Anticapipollis elongatus* Zhou, 1980

(图版155,图10, 11, 27)

1980 *Anticapipollis elongata* Zhou,周和仪,60页,图版28,图17—20。

1982 *Anticapipollis elongata*,周和仪,147页,图版Ⅱ,图22。

1984 *Anticapipollis gausos* (sic!) Gao,高联达,434页,图版163,图18,19。

1987 *Anticapipollis elongata*,周和仪,图版4,图52。

1987 *Anticapipollis longus* Wu and Wang,吴建庄、王从凤,187页,图版30,图42。

1995 *Anticapipollis elongatus*,吴建庄,354页,图版56,图28—30。

1995 *Anticapipollis gausos*,吴建庄,354页,图版56,图25,27。

2000 *Anticapipollis schizonsis* Li, Zheng et al., pl. 3, fig. 23.

描述 花粉长且大,多侧面保存,单束型,近极面略凸,远极面微凹,赤道轮廓近椭圆形,大小(长×高或宽)100—210×30—66μm(测50粒),全模210μm(图版155,图27);本体75—184×28—66μm,近极面具帽,呈小网状结构;远极面与长轴平行的沟内,内网纹较细弱,色浅,沟长等于本体长,张开或微张开,宽2—10μm;气囊小,略呈新月形,近极基赤道位,囊偏向远极,远极基不太明显但仍可辨,不收缩,基距1/4—1/3本体长,两囊之间有宽窄不一的离层;囊壁结构与本体相同。

比较与讨论 本种以个体较大、体-囊构形呈单束型、囊呈较狭长新月形等区别于 *A. gibbosus* 和 *A. tornatilis*。*A. gausos* Gao(图版163,图19标明山西组,扫描图18标明上石盒子组)原未指定全模,从两张图照看,显然其图19形态更清楚,此标本达110μm,体-囊构形与本种一致。

产地层位 河北武清,下石盒子组;山西宁武,山西组—上石盒子组;山东堂邑、河南范县柘城,上石盒子组。

拱背逆沟粉 *Anticapipollis gibbosus* Zhou, 1980

(图版155,图6, 22)

1980 *Anticapipollis gibbosa* Zhou,周和仪,60页,图版28,图16。

1980 *Anticapipollis micigibbosa* Zhou,周和仪,61页,图版28,图13,14。

1982 *Anticapipollis gibbosa* Zhou,周和仪,147页,图版Ⅱ,图19,20。

1987 *Anticapipollis gibbosa*,周和仪,图版4,图41。

描述 花粉粒多侧面保存,长56—105μm;本体豆形,中央部位(近极)拱起,大小54—100×25—42μm,全模105μm,副模74μm(图版155,图22);背部帽明显,内网结构清楚,腹部具与长轴方向一致的沟,宽2—6μm,几乎等于本体长度,弱颗粒—弱网状;气囊颇小,近半圆形—新月形,大小26—40×12—18μm,着生于本体两端远极部位,二者之间有窄的外壁外层相连,囊与本体相交或成明显角度(侧面观),内网结构和本体同。

比较与讨论 本种以本体近极面强烈拱起、帽较厚、气囊显著分化、远极基相距不远而与 *A. tornatilis* 区别。周和仪(1982)将原归 *A. micigibbosus* 的全模标本(1980,图版28,图13;本书将其作为副模)改归 *A. gibbosus*,意味着她本人取消了 *micigibbosus* 这一种名,本书完全同意。

产地层位 河南范县,上石盒子组。

中等逆沟粉(新联合) *Anticapipollis medius* (Chen) Ouyang comb. nov.

(图版155,图9)

1978 *Bactrosporites medius* Chen,谌建国,431页,图版125,图7。

描述 赤道轮廓棒状,总长110—134μm,全模110×45μm(图版155,图9);本体圆柱状,壁厚<2μm,光滑或微粗糙,具少量不定向褶皱,远极面壁更薄;两气囊位于本体两端,微倾向远极,略半球形,大小20—25×40μm,内网状;两囊远极基距近4/5本体长,其间本体上为一纵向沟,两侧具外壁增厚的沟缘或沟褶,仅局部裸露,一端见明显喇叭状张开。

比较与讨论 本种形态与 *A. tornatilis* 相似,但以个体较大、圆柱状轮廓、气囊分化稍明显及远极纵沟具沟褶而与其不同(参考 *Bactrosporites* 属下)。

产地层位 湖南韶山,龙潭组。

矩形逆沟粉 *Anticapipollis rectangularis* Ouyang, 1986

(图版 154,图 24)

1986 *Anticapipollis rectangularis* Ouyang,欧阳舒,88 页,图版Ⅻ,图 21。

描述 赤道轮廓和子午轮廓近椭圆形,近极面略凸出,总大小(长×宽)83—95×40—45μm;本体 60—80×38—43μm,囊 12—15×28—30μm(测 3 粒),全模 83×40μm(图版 154,图 24);本体轮廓矩形或宽椭圆形,壁薄不足 1μm 厚,近极无裂缝,远极面具大的近长矩形的萌发区,宽占本体宽的 1/2 左右,两端几乎延伸到气囊远极基之间;气囊小于或接近于半圆形,位于本体赤道两端,与体相交无角度,且无离层在两侧相连,囊基平直;体与囊皆为细密内网结构,但在远极和气囊上略变粗,穴径达 1μm,常拉长且互相沟通;棕黄色。

比较与讨论 本种以花粉粒较大、远极纵沟为长方形而与 *A. tornatilis* 有别;*Bactrosporites ovatus* Ouyang 无远极沟。

产地层位 云南富源,宣威组上段。

网体逆沟粉 *Anticapipollis reticorpus* Zhou, 1980

(图版 155,图 7, 23)

1978 *Cedripites* sp. 1,谌建国,436 页,图版 126,图 16。

1980 *Anticapipollis reticorpa* Zhou,周和仪,61 页,图版 28,图 12,13。

描述 花粉多侧面保存,单束型—微双束形,长 96—110μm,全模 96μm(图版 155,图 7);本体纵长椭圆形,大小 70—88×40—50μm,近极面具帽,厚约 2μm,表面具内网结构,远极面(腹面)弱内网或微粒状,色浅,与背部具明显界线,形成一条与长轴方向一致的向赤道弯曲的沟,等于本体全长,宽 2—7μm;气囊半圆形,大小 16—28×40—50μm,着生于本体两端,基本在远极,二者之间或以颇宽的外壁外层相连,两囊基距窄,为本体长的 1/6—1/4,内网结构与本体同。

比较与讨论 本种以个体稍大尤其气囊相对更大与 *A. gibbosus* 和 *A. tornatilis* 区别。

产地层位 山东堂邑、河南范县,上石盒子组;湖南浏阳,龙潭组。

柔嫩逆沟粉(新联合) *Anticapipollis tener* (Chen) Ouyang comb. nov.

(图版 155,图 13, 14)

1978 *Ovalipollis*? *tener* Chen,谌建国,432 页,图版 125,图 13,14。

描述 花粉侧面轮廓略椭圆形,但一面凸出,一面较平,大小 72—100×35—40μm,全模 72×35μm(图版 155,图 13);中央本体光滑柔嫩或具不厚的帽,鲛点状—细内网状;两气囊在远极—赤道相连,与本体交界(着生线)为连续向上弯曲的弧形帽缘,其间局部或呈现本体上的纵长远极沟,两囊分化痕迹仅以远极面中部的凹谷表现,囊壁内网清晰;淡黄—黄色。

注释 在图版说明上,原作者注明图版 125 图 14 为全模,图 13 为副模。但在描述中,两粒花粉的照片中,较小的一粒即图 13 被称作全模,而这一标本显然是属于 *Anticapipollis* 的,只不过本体远极纵沟大部被囊掩盖(两端喇叭口状展开仍可辨),这是可以理解的,因为气囊基本上位于远极,像裙边一样(只在中部有两囊分化迹象),故纵沟极易掩盖;图 14 则颇难解释,其近极面低平甚至微凹,可能是保存关系,气囊在远极膨胀度较大。故本书据其描述以图 13 为全模。

比较与讨论 本种以气囊在远极面颇发达且两囊分化不明显区别于 *Anticapipollis* 其他种。另外,谌建国(1978,432 页,图版 125,图 15)鉴定的 *Ovalipollis* cf. *lunzensis* Klaus,“单囊”倾向也颇明显,但远极纵沟隐弱可见,喇叭口清楚,虽花粉稍小(61×33μm),很可能也属此种。

产地层位 湖南韶山、浏阳,龙潭组。

喇叭逆沟粉 *Anticapipollis tornatilis* (Chen) emend. Ouyang, 1979

（图版155，图1，16；图版157，图15）

1978 *Ovallipollis? tornatilis* Chen，谌建国，432页，图版125，图10—12。

1979 *Anticapipollis tornatilis* (Chen) Ouyang, p. 8, pl. 2, figs. 28—31; text-fig. 13.

1980 *Anticapipollis tornatilis* (Chen) Ouyang，周和仪，图版28，图6—11。

1982 *Anticapipollis* sp.，蒋全美等，629页，图版416，图13。

1985 *Anticapipollis tornatilis* (Chen) emend. Ouyang, p. 171, pl. 2, figs. 28—31; text-fig. 13.

1995 *Bactrosporites minutus* Wu and Qian，吴建庄，353页，图版56，图17，18，22。

描述 花粉常作侧面或半侧面保存，子午轮廓狭椭圆形—微矩形，沿长轴赤道切面两侧（极）不对称，近极面凸出，远极面近平；两个小气囊位于赤道—远极，与体平滑过渡，分化不明显，有时甚至难以辨认；总大小（长×高）45(63)89×18(27)40μm（测10粒），本体或"帽"48—66×15—27μm，囊4—9×12—20μm，原指定全模（谌建国，1978，图版125，图10）大小89×39μm，但此标本不典型，故以谌建国指定的副模（谌建国，1978，图版125，图11＝本书图版155，图16）作全模，大小约84×40μm；本体壁薄，或具小褶皱，具细匀内网，穴和网脊0.5—1.0μm，远极具一与花粉长轴平行的纵沟，宽2—6μm，向两端特别是一端呈喇叭口形—亚三角形或微开叉状，侧面观沟端作镰刀状弯向赤道，此处即体与囊分界之所在；囊小于半圆形，未显著分化，其长约整个花粉粒全长的1/10，网穴较本体上者更细弱；淡黄色。

比较与讨论 从云南富源长兴期地层发现的标本与谌建国描述的 *Ovalipollis? tornatilis* 主要特征一致。原描述中提及"近极有不明显的裂缝"，但这一特征从其选择的全模上是很难看出的，而从他给的另两个图上却可以清楚地看出远极面的一条纵沟，且其形态与云南标本一致，故可肯定它们是同种的，虽然湖南标本稍大（72—89×29—39μm）些。

产地层位 山东堂邑、沾化，河南范县、柘城，上石盒子组；湖南韶山、长沙，龙潭组；云南富源，下宣威组。

肥逆沟粉（新联合） *Anticapipollis uber* (Chen) Ouyang comb. nov.

（图版155，图2，12；图版157，图6）

1978 *Bactrosporites uber* Chen，谌建国，432页，图版125，图8。

1995 *Bactrosporites uber* Chen，吴建庄，353页，图版56，图19，20。

1995 *Bactrosporites microsaccoides* Wu and Qian，吴建庄，353页，图版56，图16，23。

描述 花粉圆柱状，全模大小72—82×32—52μm（图版155，图12）；本体宽椭圆形，大小64×52μm，"近极具一纵长的裂缝，裂口较宽，长等于囊基宽"（此描述如属实，很可能为远极纵沟，虽照相上看不清）；气囊略半球形，小于本体，约24×40μm，近极基赤道位，远极基对应稍偏内，或具基褶，基线近平直，间距约4/5本体长，囊壁内网结构清晰；黄棕色。

比较与讨论 吴建庄（1995）建立的种 *Bactrosporites microsaccoides*，大小56—76μm，颜色较暗的气囊的着生方式与当前种全模相似，仅以远极沟较明显而与模式种有所差别，当属同种。本种以本体相对宽短、远极面宽的开裂和色较暗气囊、其远极基处多少增厚与属内其他种区别。

产地层位 河南柘城，上石盒子组；湖南韶山，龙潭组。

棒形粉属 *Bactrosporites* Chen, 1978

模式种 *Bactrosporites shaoshanensis* Chen, 1978；湖南韶山，龙潭组。

属征 双囊花粉，纵轴长，气囊位于本体两端，对生，基本不偏向远极，囊基距约为花粉总长的2/3或更长，因本体轮廓圆柱形，故花粉轮廓呈棒形；本体近极帽略增厚，表面粗糙或光滑，无裂缝，远极面壁较薄，透明光滑，无沟或无明显的、定形的沟。

注释 原属征中提及本体中央"沿纵长方向有一裂缝"，但这一特征从全模标本上看不出，其副模标本（谌建国，1978，图版125，图6）倒是有一颇清楚的狭勺状开裂，长稍大于本体长的1/2，本书将其解释为远极面不定形的沟。而原作者归入本属的 *B. medius* Chen，则显然是具定向的远极沟的，故迁入 *Anticapipollis* 属。

比较与讨论 本属与 *Anticapipollis* 之间似有过渡类型存在（有可能产自类似的甚至同种的母体植物），但以远极面无纵贯本体全长的沟与之区别；以本体轮廓为长圆柱形与 *Klausipollenites* 区别。

分布时代 中国，二叠纪（尤其华南龙潭组及其相当地层）。

膜壁棒形粉 *Bactrosporites diptherus* Ouyang, 1986

（图版155，图17，18）

1986 *Bactrosporites diptherus* Ouyang，欧阳舒，85页，图版XIII，图6，11。

描述 赤道轮廓狭长椭圆形—圆柱形，总大小（长×宽）78—117×33—55μm；本体63—80×25—44μm，气囊18—27×27—40μm（测3粒），全模117×45μm（图版155，图18）；本体轮廓近椭圆形—狭圆柱形，壁很薄，厚<1μm，略呈膜状，在远极有时见一大小不规则的纵向裂口或外壁变薄区，略呈三角形；外壁外层常具方向不定的较多小褶皱，在赤道两端膨胀为气囊；两囊仅微倾向远极，远极基常不清晰，向中部略收缩，囊基间距大，囊与本体平滑过渡或微具角度，囊长为整个花粉粒长的1/5—1/4；体与囊在色泽和内结构上无明显分界，皆为细内网状，穴径约0.5μm，局部光滑几不能见；微淡黄—微棕黄色。

比较与讨论 本种以花粉较大、长宽比值较高而与 *B. ovatus* 相区别；*B. shaoshanensis* 与本种标本略相似，但其以本体外壁较厚、气囊网纹结构与本体有明显分异而不同。

产地层位 云南富源，宣威组上段。

小囊棒形粉（新联合） *Bactrosporites microsaccites* (Gao) Ouyang comb. nov.

（图版155，图19）

1984 *Valiasaccites microsaccitus* Gao，高联达，434页，图版163，图20。

描述 赤道轮廓长椭圆形，全模大小（长×宽）62×25μm（图版155，图19）；本体椭圆形，大小46×25μm，气囊不大，小于或等于半圆形，大小12—14×18—20μm；本体远极面具单沟（裂缝），为1/2半径长，表面小点状纹饰，囊微倾向远极，与本体重叠部分为新月形。

比较与讨论 *Valiasaccites* Bose and Kar (1966, p. 45, pl. 11, fig. 3；又见 Jansonius and Hills, 1976, Card 3153）属的主要特征是双囊花粉的本体两侧各具一条纵脊（two longitudinal lateral ridges，即两条纵向侧肋，原作者在与近极具单缝的 *Limitisporites* 比较时明确提到，后者缺乏侧脊 = 肋 taeniae），近极面具单射线（不长于1/2本体半径），多少清楚，或缺失。在高联达（1984）鉴定的 *Valiasaccites microsaccitus* 的标本上未发现上述关键特征，加之其标本形态与棒形粉属颇相似，故迁入该属，但此标本扫描照相不够清楚，形态细节有待更多标本发现。

产地层位 山西轩岗煤矿，山西组。

卵状棒形粉 *Bactrosporites ovatus* Ouyang, 1986

（图版155，图3，4；图版157，图14）

1984 *Valiasaccites validus* Bose and Kar, identified by Gao，高联达，434页，图版163，图13—15。

1986 *Bactrosporites ovatus* Ouyang，欧阳舒，85页，图版XII，图17。

描述 赤道轮廓近椭圆形，子午轮廓略呈豆形，近极面凸出，远极面低平，总大小68(74)84×26(32)38μm，本体50—65×26—38μm，气囊14—15×19—25μm（测5粒），全模75×38μm（图版155，图3）；本体轮廓近矩形—圆柱形，壁薄不足1μm，具细密内网结构，穴径≤0.5μm，近极未见裂缝，远极面有时具一不规则形状的透亮区，或作剑形开裂；两气囊着生于本体赤道，与本体分化尚明显，但仅以平直的囊基和本体上的网纹分隔，基与囊平滑过渡；单个气囊接近或微大于半圆形，其长与花粉粒总长之比约1∶5，故二囊远隔，囊壁细内网状，穴径约0.5μm；黄色。

比较与讨论 高联达（1984）文中定为 *Valiasaccites* 的模式种 *V. validus* Bose and Kar(1966)的花粉，大小

80—90×32—36μm，本体44—48μm，气囊22—24μm，其图版163图13（80×32μm）远极面中部具不定向的窄缝状“单沟”，各方面与 *Bactrosporites ovatus* 颇相似，故归入同种。产自刚果二叠系的 *Valiasaccites validus* 大小达180—200μm，尤其是本体具边肋，近极具短单缝，是本质上不同的属种，参见 *Bactrosporites microsaccitus* 下讨论。

产地层位 山西宁武，上石盒子组；云南富源，宣威组上段。

韶山棒形粉 *Bactrosporites shaoshanensis* Chen, 1978

（图版156，图26，27）

1978 *Bactrosporites shaoshanensis* Chen，谌建国，431页，图版125，图5，6。

描述 一般特征见属征；双囊单束型，大小（总长）123—153μm，全模130×41μm（图版156，图27）；本体长约95μm，近极帽略增厚，远极面壁薄，近透明，很可能具方向不定的沟，开裂，长大于本体长的1/2；气囊大于半球形，其基宽等于或略小于本体，内网结构清晰；黄—棕黄色。建此种时仅附2粒花粉的照相，二者囊的结构等有相当差异，全模因保存关系（如褶皱），原作者说的近极单缝看不出，而副模标本（图版156，图26）的开裂更似远极沟。总之，本种的确切形态特征有待更多标本的发现。

比较与讨论 以花粉个体较大、轮廓长圆柱形、气囊不倾向远极、无沟或存在不定形远极沟区别于 *Anticapipollis uber*（Chen）。

产地层位 湖南韶山、邵东保和堂，龙潭组。

单脊粉属 *Chordasporites* Klaus, 1960

模式种 *Chordasporites singulichorda* Klaus, 1960；奥地利，三叠系（Carnian）。

属征 双囊花粉；近极面具一明显的脊或外壁增厚带（chorda）；此带通常连接气囊基，或呈褶皱状延伸到囊上，有时则不到囊基，脊常多少扭曲，但沿其长度并无缝状开裂，也无包围单缝的两瓣唇；它逐渐过渡到囊基；气囊通常倾向远极，留下一薄壁无纹饰或仅有微弱纹饰的外壁区未被覆盖，而近极面具略厚些的外壁外层，具清楚的内结构，偶尔沿脊周围有窄的变薄带；模式种大小（总长）70—80μm。

比较与讨论 Jansonius 和 Hills（1976）认为本属也许可与 *Colpectopollis* Pflug, 1953 比较，但后者气囊很小，在赤道两侧相连，整个花粉赤道和侧面轮廓椭圆形。

分布时代 欧美区、华夏区、亚安加拉区，晚石炭世—三叠纪，主要在二叠纪。

简短单脊粉 *Chordasporites brachytus* Ouyang and Li, 1980

（图版155，图8，15）

1980 *Chordasporites brachytus* Ouyang and Li，欧阳舒、李再平，146页，图版Ⅳ，图22。

1989 *Chordasporites brachytus*，侯静鹏、沈百花，107页，图版14，图18。

描述 新疆标本赤道轮廓椭圆形，大小58×25μm；本体近圆形，大小33×35μm，气囊略半圆形，大小20—23×28—31μm；体壁较薄，表面细点纹饰，近极具不太直的条带（脊），几乎纵贯本体全长，宽≤3.3μm；气囊半圆形，小于本体，具细内网结构，与本体相交无明显角度；气囊近极基赤道位，远极基略平直或微内凹，基距为1/3—1/2本体长。

比较与讨论 新疆标本大小、形态与云南的 *C. brachytus* 相似，虽后者（全模，图版155，图8）单脊原描述长约22μm（约本体长的1/2），本体39×40μm，但据照相测单脊长似为30μm，一端伸达本体赤道，另一端短些。高联达（1984）描述的 *Limitisporites strabus* Gao, 1984，其全模标本图版148图23无论单缝或单脊皆不清楚，副模图24则单脊很明显，归入 *Chordasporites* 较好，其大小约60×43μm，与 *C. brachytus* 全模63×40μm相近。

产地层位 河北开平，赵各庄组；山西宁武，太原组；云南富源，卡以头组；新疆乌鲁木齐，锅底坑组。

圆体单脊粉 *Chordasporites orbicorpus* Zhou, 1980

（图版 155，图 25，26）

1980 *Chordasporites orbicorpus* Zhou，周和仪，56 页，图版 24，图 27，30，31。

描述 赤道轮廓双维管束型，大小（总长）82—90μm，全模 82μm（图版 155，图 26）；本体近圆形，大小 40—54×44—55μm，帽厚约 2μm，具颗粒纹饰，近极中央有一条加厚脊，纵贯本体全长，宽 5—6μm；气囊超半圆形，33—40×45—55μm，近极基赤道位，远极基对应偏内，直或内凹，间距 10—16μm（多为本体长的 1/3）；囊壁细内网状。

比较与讨论 本种以花粉个体大（×250）、气囊超半圆形和轮廓双束型区别于属内其他种。

产地层位 河南范县，石盒子群。

东方单脊粉（比较种） *Chordasporites* cf. *orientalis* Ouyang and Li, 1980

（图版 155，图 20）

1982 *Chordasporites* cf. *orientalis* Ouyang and Li, 1980，蒋全美等，633 页，图版 418，图 9。

描述 单一双维管束过渡型，总大小 80×43μm，中央本体 47×37μm，气囊 37×44μm；本体轮廓椭圆形，纵轴长于横轴，外壁薄，厚约 1μm，极细点穴状，近极具一宽约 5μm 的加厚条带，几乎伸达本体全长，向两端变窄；气囊近圆形，内网状，略呈双束状与本体相交，远极基几乎相邻（?）（气囊远极基，原作者未描述，从照相看，气囊似为两个球状体，近极基亚赤道位，远极基邻近，说明气囊强烈倾向远极）。

比较与讨论 原作者将此标本保留地定作 *C.* cf. *orientalis*（欧阳舒、李再平，145 页，图版Ⅳ，图 18，19），因后者气囊超半圆形，超出本体部分窄，本体相对宽圆；而 *C. singulichorda* 的远极基相距很远。

产地层位 湖南长沙跳马涧，龙潭组。

小囊单脊粉 *Chordasporites parvisaccus* Zhou, 1980

（图版 155，图 5；图版 156，图 1）

1980 *Chordasporites parvisaccus* Zhou，周和仪，56 页，图版 25，图 28。

1987 *Chordasporites parvisaccus*，周和仪，13 页，图版 4，图 14。

1987 *Chordasporites parvus* Wang，王蓉，50 页，图版 3，图 5。

描述 赤道轮廓椭圆形，基本为单束型，全模（总长）46μm（图版 156，图 1），副模 46.5μm；本体轮廓椭圆形，大小 33×28μm，近极具加厚的单脊，宽 3.0—2.3μm，纵贯本体全长；体壁薄，光面—细点状；气囊小，半圆形，大小 14.0—18.7×20.0—28.7μm，囊基平直或微凸，间距 1/3—1/2 本体长，囊壁不厚，细内网状。

比较与讨论 本种以花粉小、气囊亦小、宽不超过本体宽而与属内其他种不同（王蓉建的种与周氏所建难以区别，本书引王蓉原全模标本为副模）。

产地层位 安徽界首，石千峰组；山东沾化，上石盒子组。

菱形单脊粉 *Chordasporites rhombiformis* Zhou, 1980

（图版 155，图 21；图版 156，图 2）

1980 *Chordasporites rhombiformis* Zhou，周和仪，56 页，图版 25，图 29，32。

1982 *Chordasporites rhombiformis*，周和仪，146 页，图版Ⅱ，图 7，8。

1986 *Chordasporites rhombiformis*，杜宝安，图版Ⅲ，图 46。

描述 赤道轮廓略双束型，大小（总长）42—48μm，全模 42μm（图版 155，图 21）；本体近圆形—菱形，大小 25—32×20—27μm，具帽，微颗粒状，近极中部有一条纵贯本体全长的加厚脊；气囊略半圆形，大小 18—20×28—32μm，囊宽多超过本体宽，与本体相交或成角度，气囊远极基相距较近，仅 2—6μm，内网状。

比较与讨论 本种以花粉小、本体多少呈菱形、气囊宽度多大于本体和远极基距窄与属内其他种区别。

产地层位 山东垦利、河南范县，上石盒子组；甘肃平凉，山西组。

波状单脊粉 *Chordasporites sinuosus* Liao, 1987

（图版 156,图 25）

1987a *Chordasporites sinuous* (sic) Liao,廖克光,573 页,图版 143,图 13。

描述 双囊花粉,赤道轮廓宽椭圆形,全模标本大小(总长)105×64μm;本体卵圆形,大小 38×48μm,横轴较长,近极中部有一宽约 2μm 的脊索,中部隆起而顺延方向于末端常以褶皱形式而伸向赤道部;气囊远大于本体,大小 64×55μm,偏向远极,远极基平,具带状基褶,基距窄,宽约本体长的 1/6;两囊在赤道部位或以宽的离层相连,囊壁不薄,“粗网状结构”(可能为细内网状,若干粗大的穴可能是次生的)。

比较与讨论 本种以垂直于长轴的椭圆形本体、弯曲的脊索和较大的气囊区别于属内其他种。

产地层位 山西朔县,下石盒子组顶部。

细薄单脊粉 *Chordasporites tenuis* Wang R. , 1987

（图版 156,图 3, 8）

1987 *Chordasporites tenuis* Wang,王蓉,50 页,图版 3,图 6,7。

描述 赤道轮廓略椭圆形,大小 49—80×38.0—58.7μm,全模 80.0×58.7μm(图版 156,图 8);本体近椭圆形或亚圆形,纵轴或稍长,外壁稍厚于气囊,呈细网状结构;本体中部有一窄脊纵贯本体达两个囊基,脊宽约 1μm,凸起;气囊略半圆形,近极基亚赤道位,远极基对应偏内平直或微凹凸,囊基距(薄壁区)为本体长的1/4—1/3。

比较与讨论 本种以细而隆起的脊区别于属内其他种。

产地层位 安徽界首,石千峰组中下段。

拟罗汉松三囊粉属 *Podosporites* Rao, 1943

模式种 *Podosporites tripakski* Rao, 1943;印度比哈尔(Bihar),侏罗系。

属征 三气囊花粉,略像现代罗汉松科的小球松;三气囊明显偏向远极,囊具细内网结构;在侧面切面,本体常与靠近极边的一大半相连;本体外壁在近极较远极厚;本体赤道轮廓亚三角形;全模标本约 30μm。

比较与讨论 本属与产自南印度洋凯尔盖朗岛(Kerguelen)第三系的 *Microcachryidites* (Cookson) ex Couper, 1953 的模式种颇相似,具体如何区别,仍是问题。本书之所以用 *Podosporites*,是因为此属名建立较早,且其模式种产自侏罗纪;此名原被译为拟小球松粉属,现改译成罗汉松三囊粉属。

亲缘关系 松柏类[罗汉松科(?),如似现代的 *Microcachrys*]。

分布时代 南半球为主,二叠纪—中新生代(主要在中新生代)。

普通拟罗汉松三囊粉(新联合) *Podosporites communis* (Hou and Wang) Ouyang comb. nov.

（图版 156,图 9）

1990 *Alatisporites? communis* Hou and Wang,侯静鹏、王智,25 页,图版 1,图 2。

描述 三囊花粉,全模标本大小约 60μm;本体赤道轮廓近圆形,大小 48μm,近极面无三射线,体壁在赤道部位厚约 2μm,具均匀的细粒—细网纹饰;气囊近圆形或扇形,近极基亚赤道位,倾向远极,基部多少收缩,在远极面与本体重叠部分仅稍窄于其超出本体部分,囊大小不等,27—30×29—36μm,最小者直径约 20μm;囊基与本体接触部分略增厚,偶具基褶,气囊网纹穴径大于本体网纹穴径,穴径约 1.2μm。

比较与讨论 当前种不具三射线,故不宜归入 *Alatisporites*,宁可迁入 *Podosporites* 属,以个体大、本体壁较厚、气囊大小悬殊等区别于 *Podosporites* 属其他种或 *Microcachryites* 属的种。

产地层位 新疆乌鲁木齐附近,乌拉泊组。

角囊粉属 *Triangulisaccus* Ouyang and Zhang, 1982

模式种 *Triangulisaccus henanensis* Ouyang and Zhang, 1982;河南登封,下三叠统。

属征 较小的三气囊花粉,赤道轮廓三角形;气囊着生于赤道,极面观构成三角形花粉的角部,与本体相交无明显的交角;本体轮廓亚圆形—亚三角形,无四分体痕,体壁与气囊皆为穴—网状。

比较与讨论 已知三囊花粉属中,赤道轮廓无较正规三角形的。*Dacrycarpites* Cookson and Pike, 1953(模式种新生代)和 *Podosporites* Rao, 1943(模式种侏罗纪),其三囊明显倾向远极,与本体相交呈套圈状;模式种产自美国上二叠统的 *Trochosporites* Wilson, 1962,本体具发达的赤道环,气囊与本体相交亦成明显角度。

河南角囊粉(比较种) *Triangulisaccus* cf. *henanensis* Ouyang and Zhang, 1982

(图版 156,图 10)

1986 *Triangulisaccus* cf. *henanensis* Ouyang and Zhang,侯静鹏、王智,108 页,图版 26,图 18。

描述 赤道轮廓三角形,三边多少凹入,大小约 51μm;本体轮廓亚圆形,大小 31μm,体壁薄,但与囊重叠部位略增厚,表面具极细内网或点穴状;气囊略呈半圆形,基本着生于赤道—亚赤道,远极基稍偏内,与本体赤道相交或以窄的离层平滑过渡,或成角度,两两气囊亦可以窄的离层相连;气囊大小不等,18×31—15×23μm,细内网纹较本体上清楚。

比较与讨论 当前标本(侯静鹏、王智,1986,108 页,图版 26,图 18)与河南下三叠统的 *T. henanensis* Ouyang and Zhang, 1982(欧阳舒、张振来,1982,694 页,图版Ⅲ,图 3,4)大小、形态略相似,差别在于个别气囊与本体相交成明显夹角,故保留归入该种。

产地层位 新疆吉木萨尔大龙口,锅底坑组。

原始角囊粉 *Triangulisaccus primitivus* Hou and Wang, 1986

(图版 156,图 23, 24)

1986 *Triangulisaccus primitivus* Hou and Wang,侯静鹏、王智,108 页,图版 26,图 19,20。

描述 赤道轮廓圆三角形,边平直或凸出,大小(长×宽)75—78×50—58μm;本体近卵圆形,大小 51—61×50μm,全模 75×50μm(图版 156,图 24),本体长 50μm;本体壁薄,未见 Y 形之类接触痕,具细粒—细网纹饰;3 个气囊,相对较小,半圆形,大小 20×28—36μm,位于亚赤道(与本体叠覆的囊基部位微增厚),但明显倾向远极,极面观与本体构成三角形,但无很明显的相交角度,囊在本体赤道可有窄的离层相连;囊壁具规则的网纹,穴径 0.5—1.0μm。

比较与讨论 本种以不很规则的三角形轮廓和大小不均匀的气囊而与 *T. henanensis* Ouyang and Zhang, 1982(693 页,图版 3,图 4)区别。

产地层位 新疆吉木萨尔大龙口,锅底坑组。

假贝壳粉属 *Pseudocrustaesporites* Hou and Wang, 1990

模式种 *Pseudocrustaesporites wulaboensis* Hou and Wang, 1990;新疆乌鲁木齐附近乌拉泊,中二叠统。

属征 赤道轮廓近三角形或亚圆形,本体轮廓三角形;单气囊—三气囊过渡类型,气囊着生于赤道并环绕本体,但囊瓣发育部分的基部基本位于本体的三边,有的气囊分化完全,呈独立单囊状;囊基部环绕本体具增厚基褶带,囊壁和体壁具细网—细粒状纹饰;模式种花粉较大,达 123—132μm。

比较与讨论 本属以花粉较大、气囊分化不显著与无缝三囊花粉属区别;与 *Triangulisaccus* Ouyang and Zhang, 1982(欧阳舒等,2003,324 页,误拼为 *Triangulisaccites*)有些相似,但后者花粉个体小,尤其是气囊着生于花粉本体角部而非边上;与 *Trochosporites* Wilson, 1962 相比,后者花粉小,本体近圆形,三囊分化较明显,近极面具一不规则开裂。

分布时代 新疆北部,二叠纪。

乌拉泊假贝壳粉 *Pseudocrustaesporites wulaboensis* Hou and Wang, 1990

（图版 156,图 28, 31）

1990 *Pseudocrustaesporites wulaboensis* Hou and Wang,侯静鹏等,33 页,图版 1,图 1,3。

描述 一般特征见属征;大小 123—132μm,全模 132μm(图版 156,图 31);本体大小约 84μm,角部浑圆,在赤道囊基部位具增厚的褶皱带,宽约 13μm,近极面无裂缝;气囊着生于赤道微偏远极,分化较完全的气囊与本体间有明显夹角;气囊略呈半圆形或耳状,基长 64—86μm,高 34—44μm,囊与囊间多有宽窄不一的离层相连,囊壁具规则的细网纹。

比较与讨论 本种与 *Triangulisaccus boleensis* Wang, 2003(欧阳舒等,324 页)颇相似,但后者以花粉稍小(65—100μm),尤其本体为亚圆形而有别;尽管如此,二者间将来发现过渡形式是可能的,果真如此,则两种需合并。

产地层位 新疆乌鲁木齐乌拉泊,乌拉泊组。

条纹单囊粉属 *Striomonosaccites* Bharadwaj, 1962

模式种 *Striomonosaccites ovatus* Bharadwaj, 1962;印度,上二叠统。

属征 单囊花粉,赤道总轮廓亚圆形—圆形;中央本体圆形,壁薄;外壁细内网状,近极面具纵向的、简单的或分叉的条纹,远极面无囊壁;气囊位于本体赤道周边;模式种大小 100—110μm。

比较与讨论 本属花粉以本体近极面条纹细弱、低平且不很明显及本体部位颜色浅与 *Striatomonosaccites* Efremova in Bolkhovitina et al. , 1966 区别。以单气囊无二囊倾向与 *Striatolebachiites* Varjukhina and Zauer in Varjukhina, 1971 区别。

分布时代 全球,以二叠纪为主。

精致条纹单囊粉 *Striomonosaccites delicatus* Hou and Wang, 1986

（图版 156,图 22）

1986 *Striomonosaccites delicatus* Hou and Wang,侯静鹏、王智,91 页,图版 26,图 22。

描述 赤道轮廓亚圆形或圆三角形,全模标本大小 67μm;本体轮廓亚圆形,大小 32μm,壁薄,颜色浅于气囊,近极面具极细密的许多条纹,似由细点状相连接而成,排列不甚规则,因似两组[近极和远极(?)]细条纹相交;单气囊在赤道部位包围着本体,微分化,即三"边"中部有点凹入,囊宽约 20μm,略厚实;囊基不清楚,与本体重叠部较窄,具细点穴—内网状结构,网脊相连略呈辐射状细纹理。

比较与讨论 本种以本体具细密点—粒条纹而区别于属内其他种。*S. ovatus* Bharadwaj, 1962 (p. 88, pl. 7, fig. 107)个体较大(100—110μm)、条纹较稀(5—7),明显不同。侯静鹏等(1986,91 页,图版 24,图 5)鉴定同一地点地层的 *Striomonosaccites* sp. 1 与本种差别不大,很可能同种。

产地层位 新疆吉木萨尔大龙口,梧桐沟组。

多肋勒巴契粉属 *Striatolebachiites* Varjukhina and Zauer in Varjukhina, 1971

模式种 *Striatolebachiites varius* Zauer, 1965;苏联西乌拉尔地区索利卡姆斯克(Solikamsk),二叠系。

属征及比较 见欧阳舒、王智等,2003(329 页)。

注释 此属最早为 Zauer (1965)建立,她当时发表了几个种的图照,但未给描述,后 Varjukhina (1971)指定了模式种,并给了属征。

亲缘关系 种子蕨,松柏类(?)。

分布时代 主要为亚安加拉区 - 安加拉区,上石炭统—二叠系。

小多肋勒巴契粉 *Striatolebachiites minor* Wang, 2003

（图版 156,图 4, 5）

1987 *Striatopodocarpites* sp.，王蓉,52 页,图版 3,图 8。

1989 *Striatopodocarpites alatus* (Luber) Zauer,1965;Chuvashov and Djupina, 1973, pl. 30, fig. 2,侯静鹏、沈百花,111 页,图版 15,图 5。

2003 *Striatolebachiites minor* Wang,王智,见欧阳舒等,331 页,图版 42,图 4,5;图版 44,图 6,7。

描述 基本上为单囊花粉,赤道轮廓宽椭圆形,大小(长 × 宽)43 × 33μm;本体 21 × 26μm,气囊宽 33μm,全模 55 ×43μm;本体外壁颇厚,颜色较深,轮廓卵圆形,横轴较长,近极具 6 或 7 条低平肋,肋宽 3—4μm,肋间很窄,肋纹不很清楚,体壁为隐粒状纹饰;气囊略有双囊趋势,因远极面具囊基褶,间距接近 1/3 本体长,但气囊在花粉两侧以离层(3—4μm)相连,其中部或微凹入;囊壁点穴—海绵状。

比较与讨论 当前标本特征更接近 *Striatolebachiites* 属,与产自吉木萨尔井下平地泉组的 *S. minor* Wang, 2003 的模式标本(尤其是其图版 44,图 6)很相似,故改定为此种。参见 *Platysaccus alatus* (Luber) 种下。廖克光(1987,571 页,图版 142,图 3)鉴定的山西宁武 *Vestigisporites granulosus* Singh, 1964,照相不太清楚,似为单—双囊过渡花粉,且本体上有数条纵向肋纹,与本种有些相似,但个体较大(84 ×56μm)(*S. minor* 最先描述大小为 54—72μm)。

产地层位 安徽界首,石千峰组中段;新疆乌鲁木齐芦草沟,锅底坑组。

单束多肋粉属 *Protohaploxypinus* (Samoilovich, 1953) emend. Hart, 1964

模式种 *Protohaploxypinus latissimus* (Luber and Waltz, 1941) Samoilovich, 1953;苏联(西乌拉尔 Solikamsk 地区),二叠系。

同义名 *Striatopinites* Sedova, 1956, *Striatopiceites* Sedova, 1956, *Striatites* Pant, 1956, *Faunipollenites* Bharadwaj, 1963(in Hart, 1965)。

属征 具肋双囊花粉,轮廓单束型或微双束型;本体圆形或卵圆形,或横轴或纵轴可稍长;近极面具 4 条以上肋纹;气囊半圆形,或略小于或微大于半圆形;囊壁内网状;远极基长等于或微小于本体横轴长;远极基距≤2/3 本体长。

比较与讨论 本属以基本上为单束型区别于 *Striatopodocarpites*。

亲缘关系 种子蕨(如盾籽目、舌羊齿目),少部分松柏类。

时代分布 全球,晚石炭世—二叠纪为主,少量延伸至三叠纪—侏罗纪[本属包括其他双囊多肋粉如 *Striatoabieites* 等在华北地区的可靠记录似从山西组开始(如杜宝安,1986;廖克光,1987a;朱怀诚,见孔宪祯等,1996;朱怀诚,1993),从甘肃靖远红土洼组鉴定出的两粒 *Protohaploxypinus* 存疑]。

广泛单束多肋粉 *Protohaploxypinus amplus* (Balme and Hennelly) Hart, 1964

（图版 156,图 11）

1955 *Lueckisporites amplus* Balme and Hennely, pl. 3, fig. 26.

1965 *Protohaploxypinus amplus*, Hart, p. 28; text-fig. 58.

1986 *Protohaploxypinus limpidus* (Balme and Hennelly) Balme and Playford,侯静鹏等,100 页,图版 28,图 16。

描述 据 Hart (1965)描述,轮廓微双束型—单束型;本体近极面具 10—12 条肋;本体圆形,或横轴较长;气囊半圆形或微大于本体;囊远极基距≤1/3 本体长;原作者描述此种大小 84—131μm。

比较与讨论 当前标本除个体较小(约 60μm)外,其他特征与上面描述一致。此种以双束型不明显而与 *P. limpidus* 区别。

产地层位 新疆吉木萨尔,锅底坑组。

粗糙单束多肋粉 *Protohaploxypinus asper* Zhou, 1980

（图版156,图6）

1980 *Protohaploxypinus aspera*（sic）Zhou,周和仪,51页,图版23,图10。

描述 单束型,赤道轮廓宽卵圆形,全模标本长33μm;本体轮廓椭圆形,约19×22μm,横轴较长,帽厚1.5μm,近极面具肋8条左右,其上布有粗粒纹;气囊小于本体,大小15×21μm,两囊基距约6μm,即近1/3本体长;囊壁网纹。

比较与讨论 本种花粉以单束型轮廓和相对小的气囊与*P. suchonensis*（Sedova,1956）Hart, 1964有些相似,但以个体甚小、气囊基距较窄、本体上有较粗颗粒纹饰而与后者有别。

产地层位 河南范县,上石盒子组。

厚帽单束多肋粉 *Protohaploxypinus crassus* Zhou, 1980

（图版156,图12, 29）

1980 *Protohaploxypinus crassa*（sic）Zhou,周和仪,51页,图版23,图11,12。

1982 *Protohaploxypinus crassus*,周和仪,145页,图版Ⅰ,图23,28。

1987 *Protohaploxypinus crassus*,周和仪,图版4,图11。

1986 *Protohaploxypinus* sp. 1,侯静鹏等,102页,图版29,图9。

2003 *Protohaploxypinus crassus*,詹家祯,见欧阳舒等,337页,图版53,图9。

描述 赤道轮廓椭圆形,单维管束型,大小(长×宽)51—58×37—44μm,全模51×37μm(图版156,图29);本体椭圆形,大小25—36×37—48μm,"帽厚"约3.7μm,近极面具肋8或9条,宽约3μm,彼此略平行,其上布有细粒,肋间隙很窄;气囊超半圆形,大于本体,20—26×37—41μm,近极基赤道位,具增厚基褶,远极基近平直,基部亦具带状基褶,宽约3.7μm,二者互相靠近,间距仅3—5μm;囊壁稍薄于本体,细内网纹清楚。

比较与讨论 本种以个体相对较小、帽缘较厚、气囊着生线直而明显,远极基距窄和本体横椭圆形与属内其他种区别。侯静鹏等(1986)鉴定的*Protohaploxypinus* sp. 1大小约55μm,除偶尔微双束型外,其他特征与此种颇相似。*P. limpidus*倾向双束型,本体近圆形,肋条数目较少(6—8);*P. amplus*花粉个体大。

产地层位 山东沾化、河南范县,石盒子群;新疆和布克赛尔,乌尔禾下亚组;新疆吉木萨尔,锅底坑组。

斜纹单束多肋粉 *Protohaploxypinus diagonalis* Balme, 1970

（图版156,图21）

1970 *Protohaploxypinus diagonalis* Balme, p. 364, 365, pl. 10, figs. 6—8.

1984 *Protohaploxypinus diagonalis*,高联达,426页,图版161,图4。

描述 单束型,赤道轮廓宽椭圆形—亚圆形,大小56×50μm;本体壁薄,轮廓不清楚,横卵圆形,大小36×50μm,近极面具部分斜列的细窄肋隙,简单或分叉,分成8条或8条以上肋,不很明显;气囊略半圆形,倾向远极,远极基平或微凸,其间距约1/4本体长;囊壁稍厚于本体,约1.2μm,具细内网结构,穴径约1μm,本体上结构更细。

比较与讨论 当前标本与西巴基斯坦二叠系的*P. diagonalis* Balme颇相似,差别是后者轮廓为宽椭圆形,肋纹较少(4—8肋隙分成5—9条肋),气囊远极基距稍窄些。本种以斜行的肋隙、不甚明显的肋条区别于属内其他种。

产地层位 山西宁武,上石盒子组。

谜津单束多肋粉 *Protohaploxypinus enigmatus*（Maheshwari）Jardine, 1974

（图版156,图18, 19）

1984 *Protohaploxypinus enigmatus*（Maheshwari）Jardine, p. 88, 89, pl. 5, figs. 6—8.

1984 *Protohaploxypinus enigmatus*（Maheshwari）,高联达,426,427页,图版164,图5,6。

描述 基本上为单束型,赤道轮廓宽椭圆形,大小(长)80(85)90μm,本体轮廓近圆形,大小(长×宽)

58(68)80×45(60)75μm；本体纵轴稍长，壁薄，但帽缘[近极基(?)]一圈增厚达3μm，近极面具颇密且细的肋条12条左右，肋宽约2μm，肋间隙约1μm，偶尔见分叉，延伸本体全长；气囊大于或等于半圆形，远极基平直或内凹，间距约本体长的1/2；囊壁细内网状，在本体部位结构更细。

比较与讨论 当前标本与苏联北德维纳盆地上二叠统(lower Kazanian)的 *P. diviensis* (Sedova, 1956) Hart, 1964(见 Hart, 1965, p. 27, text-fig. 57)颇相似，后者(68.8μm)本体帽呈现10—12条肋，囊的远极基距为1/2—2/3本体长，差别是其本体横轴稍长。

产地层位 山西宁武，上石盒子组。

宽缘单束多肋粉 *Protohaploxypinus eurymarginatus* Wang H., 1985

(图版156，图7, 30)

1985 *Protohaploxypinus eurymarginatus* Wang H.，王蕙，668页，图版Ⅰ，图22,23。

描述 单束型或略呈双束型，赤道轮廓宽椭圆形，大小(总长)45—65μm(测9粒)，全模60μm(图版156，图30)；中央本体近圆形，大小28—39μm，近极面具6—7条肋，宽2—5μm，帽厚2—3μm，在赤道一圈尤为明显("宽缘")；本体近极中央具单缝，长10—15μm，明显，中间常折凹；气囊略大于半圆形，远极囊基直，间距为本体长轴的1/5—1/4；囊壁内网状。

比较与讨论 本种以帽厚、近极具折凹的单缝状肋间隙区别于属内相似种，如 *P. perfectus*, *P. sewardi* (Virkki, 1938) Hart, 1964等；之所以不将其归入 *Striatopodocarpites*，是因为双束型不特别明显，气囊基也不短于本体直径。

产地层位 新疆塔里木盆地，棋盘组—塔哈奇组。

完整单束多肋粉 *Protohaploxypinus expletus* Hou and Wang, 1990

(图版156，图17, 20)

1990 *Protohaploxypinus expletus* Hou and Wang，侯静鹏、王智，30页，图版2，图13。

2003 *Protohaploxypinus expletus*，詹家祯，见欧阳舒等，339页，图版54，图4。

描述 单束或略双束型，赤道轮廓近椭圆形，大小(总长)65—98μm，全模78μm(图版156，图17)；本体近圆形，大小41μm，近极帽分成8条纵向肋条，宽各约3μm，分布颇均匀，在赤道部位体壁较厚；气囊略半圆形，向基部微收缩，着生于赤道偏远极，远极基直或微内凹，或具增厚基褶，间距宽为本体长的1/3—1/2；囊壁细内网状。

比较与讨论 本种以花粉长度约为宽度的2倍以及体壁较厚、本体与气囊大小近相等且略呈双束型相交而与属内其他种区别。

产地层位 新疆乌鲁木齐乌拉泊，乌拉泊组；新疆克拉玛依井下，佳木河组。

肥胖单束多肋粉(比较种) *Protohaploxypinus* cf. *fertilis* Zhan, 2003

(图版157，图28, 29)

1984 *Protohaploxypinus varius* (Bharadwaj) Balme, 1970，高联达，426页，图版161，图5,7,8。

描述 赤道轮廓宽椭圆形—亚圆形，总大小(长×宽)70—90×68—78μm；本体轮廓大致与花粉轮廓一致，近极面帽厚约1μm，为大致平行、偶尔斜行的细肋隙分隔成8—10条肋，延伸至本体两端；气囊略半圆形，大小30—38×68—72μm，囊壁稍厚于本体，达1—2μm，可能为原囊，顶视穴网—点粒状；近极基赤道位，气囊绝大部分位于远极，远极基微凹凸或近平直，间距为1/6—1/5本体长；大多标本上，气囊不超出本体轮廓，个别的可超出本体3—6μm(主要在本体两端)。

比较与讨论 当前标本原被定为 *P. varius* (Bharadwaj) Balme, 1970 (p. 365, pl. 10, figs. 4, 5)，但后者气囊超出本体两端很远，本体区域小于花粉面积的1/2，气囊网纹清楚、网穴粗大，囊的远极基距宽(相当于本体纵长的1/2)，显然是不同的；在花粉形态和气囊基本上位于远极面上，这些标本与 *P. fertilis* Zhan(詹家祯，见欧阳舒等，2003，339，340 页，图版 54，图 7，11，12；图版 55，图 4；插图 7.59）颇相似，但后者花粉较大，气囊超出本体稍多，肋纹不这么清楚，囊的远极基很窄，故种的鉴定应作保留。

产地层位 山西宁武，上石盒子组。

锤体单束多肋粉 *Protohaploxypinus fusiformis* Hou and Wang, 1990

（图版 157，图 20，30）

1990 *Protohaploxypinus fusiformis* Hou and Wang，侯静鹏、王智，30 页，图版 2，图 5。

2003 *Protohaploxypinus fusiformis*，詹家祯，见欧阳舒等，340 页，图版 55，图 3。

描述 赤道轮廓宽卵圆形，大小（长×宽）72—83×60—86μm，全模 83×60μm（图版 157，图 20）；本体小，41×60μm，纺锤形，横轴远长于纵轴，壁稍厚，色略深，近极帽具 7—8 条肋，表面具细点纹饰；气囊略大于半圆形，36×60μm，着生于赤道偏远极，近极基赤道位，远极基偏内，呈带状或披针形增厚，内基线直或微凹，囊基间距约为本体纵长的 1/4；囊壁均匀细内网状。

比较与讨论 本种与 *P. goraiensis*（Potonié and Lele）Hart, 1964（Hart, 1965, p. 29, text-fig. 61）尤其 *P. bharadwajii* Foster, 1979（p. 87, pl. 29, figs. 6—10）皆相似，但以个体较小、本体纺锤形及囊远极基距较宽与前者区别，以近极帽无"不规则发育的冠缘"（irregularly developed marginal crest of cappa）而勉强与后者区别。

产地层位 新疆乌鲁木齐乌拉泊，乌拉泊组；新疆克拉玛依井下，车排子组。

球状单束多肋粉 *Protohaploxypinus globus*（Hart）Hart, 1964

（图版 156，图 15，16）

1960 *Lunatisporites globus* Hart, pl. 1, fig. 15.

1965 *Protohaploxypinus globus*, Hart, p. 30; text-fig. 64.

1987a *Protohaploxypinus globus*，廖克光，573 页，图版 143，图 19，20。

描述 单束型，赤道轮廓宽椭圆形，大小（长轴）49—58μm；本体近圆形，纵轴或稍长，大小 36—39μm，近极面具大致平行的纵肋约 6 条，宽 4—5μm，偶尔分叉，肋间隙窄，但中央一间隙较深且略宽；气囊半圆形，偏向远极，远极基具镰形增厚基褶，间距较窄，不超过 1/5 本体长，甚至颇为靠近；囊壁具细内网结构。

比较与讨论 本种以中央肋间较明显（称之为近极纵向沟未必正确）区别于属内其他种。

产地层位 山西宁武，山西组—石盒子群。

平伸单束多肋粉 *Protohaploxypinus horizontatus* Hou and Wang, 1990

（图版 157，图 21）

1990 *Protohaploxypinus horizontatus* Hou and Wang，侯静鹏、王智，31 页，图版 5，图 8。

2003 *Protohaploxypinus horizontatus*，詹家祯，见欧阳舒等，342 页，图版 55，图 7，10。

描述 赤道轮廓椭圆形，大小 82—121×40—56μm，全模 121×52μm（图版 157，图 21）；本体轮廓椭圆形，大小 52—68×40—56μm，纵轴较长，近极帽具平行于花粉纵轴的密集的肋纹 9—14 条，向本体两端局部微收缩；气囊半圆形，大小 23—43×38—54μm，远极基清楚，平直，基距≥1/2 本体长；囊壁具均匀细内网结构，穴径约 1.2μm。

比较与讨论 本种以单束型形态和较多的纵肋纹区别于 *Striatoabieites striatus*（Luber and Waltz）Hart；以肋条数目较多、囊基距较窄和气囊膨胀度较大区别于 *S. elongatus*（Luber）Hart。

产地层位 新疆吉木萨尔，芦草沟组；新疆克拉玛依井下，佳木河组、风城组。

偏窄单束多肋粉 *Protohaploxypinus latissimus*（Luber and Waltz）Samoilovich, 1953

（图版 156，图 13；图版 157，图 22）

1941 *Pemphygaletes latissimus* Luber in Luber and Waltz, p. 63, pl. 13, fig. 221.

1953 *Protohaploxypinus latissimus*（Luber and Waltz）Samoilovich, pl. 4, fig. 4.

1964 *Protohaploxypinus latissimus*, Hart, p. 1179, fig. 5.

1980 *Protohaploxypinus latissimus*,周和仪,51 页,图版 23,图 13,14。

1986 *Protohaploxypinus latissimus*,侯静鹏、王智,100 页,图版 24,图 11。

2003 *Protohaploxypinus latissimus*,詹家祯,见欧阳舒等,344,345 页,图版 55,图 18。

描述 单束型,赤道轮廓椭圆形,大小(全长)63—68μm;本体宽卵圆形—近圆形,横轴或纵轴稍长,43—46×40—48μm,帽厚 2—4μm,具肋 10 条左右,其上为点—粒状;气囊小于本体,略半圆形,大小 27—29×43—45μm,近极基赤道位,远极基对应偏内,具窄但略增厚的基褶,间距 16—18μm,不小于 1/3 本体长;囊壁薄,细匀内网状。

比较与讨论 本种以肋条数目较多区别于 *P. perfectus*。侯静鹏等(1986)鉴定的本种以单束型、本体大于气囊、肋条较多与 Luber 最初描述的 *P. latissimus* 相似,而与 *P. limpidus* 不同。

产地层位 河南范县,上石盒子组;新疆克拉玛依井下,车排子组—风城组;新疆和布克赛尔夏子街井区,乌尔禾组下亚组;新疆吉木萨尔大龙口,梧桐沟组—锅底坑组;新疆吉木萨尔沙丘河—帐篷沟、五彩湾井区,平地泉组。

长形单束多肋粉 *Protohaploxypinus longiformis* Hou and Shen, 1989

(图版 157,图 23)

1989 *Protohaploxypinus longiformis* Hou and Shen,侯静鹏、沈百花,110 页,图版 15,图 7。

描述 单束型,赤道轮廓宽椭圆形,颇长,全模标本(长×宽)70×48μm;本体 58×48μm,气囊 23—25×38μm;本体轮廓宽椭圆形—亚圆形,近极帽上具 10 条左右的肋纹,有时分叉,肋宽 3. 3—6. 0μm,肋间隙清楚,直或微弯,此外在中部还有一增厚脊,几乎纵贯本体全长,中部宽约 7μm;气囊小于本体,半圆形,近极基不明显,远极基微凸,具增厚基褶宽约 5μm,基距约本体长的 1/2;囊壁薄,色浅,细内网状。

比较与讨论 本种大小形态、肋条数目和远极基距与 *P. diviensis* (Sedova, 1956) Hart, 1964 (Hart, 1965, p. 27, text-fig. 57)较相似,但以本体近极中部具一增厚脊和囊基具增厚基褶与后者有别。

产地层位 新疆乌鲁木齐芦草沟,锅底坑组。

椭体单束多肋粉 *Protohaploxypinus ovaticorpus* Zhou, 1980

(图版 157,图 1—3)

1980 *Protohaploxypinus ovaticorpa* (sic) Zhou,周和仪,51 页,图版 23,图 6—9。

1982 *Protohaploxypinus ovaticorpus*,周和仪,146 页,图版Ⅰ,图 20—22。

1986 *Protohaploxypinus ovaticorpus*,侯静鹏、王智,100 页,图版 24,图 14。

1987 *Protohaploxypinus ovaticorpus*,周和仪,图版 4,图 15。

描述 单束型,赤道轮廓椭圆形,大小(全长)43—53μm,全模(图版 157,图 2,1987 年重新指定)53μm;本体圆形—椭圆形,大小 22—28×25—33μm,横轴多较长,近极帽厚约 2μm,分为 6—7 条肋,宽约 3μm,彼此大致平行,具细粒网状纹饰;气囊略呈半圆形,大小 20×28—35μm,着生线等于本体的宽度,远极基距 5—12μm,即颇窄,囊壁细网状。

比较与讨论 本种形态、肋条数目和气囊远极基距与 *P. volaticus* (Ischenko, 1952) Hart, 1964 (Hart, 1965, p. 31, text-fig. 65)颇相似,但后者个体较大(全模 74μm),本体有横狭椭圆形趋势,气囊相对较大。

产地层位 河南范县,上石盒子组;新疆吉木萨尔大龙口,梧桐沟组—锅底坑组。

小囊单束多肋粉 *Protohaploxypinus parvisaccatus* Zhou, 1980

(图版 157,图 5)

1980 *Protohaploxypinus parvisacca* (sic) Zhou,周和仪,52 页,图版 23,图 15。

1987 *Protohaploxypinus* sp. C,周和仪,图版 4,图 10。

描述 单束形,赤道轮廓宽卵圆形,全模大小(长×宽)40×31μm(图版 157,图 5);本体轮廓亚圆形,大小 28 ×26μm，帽厚约 2μm，具肋 8 条，肋宽约 2.5μm，其上布有颗粒纹；气囊小于本体，小于或等于半圆形，大小 13 ×25μm，与本体相交无角度，远极基清楚，微凹凸，间距约 12μm，约为本体长的 1/2；囊壁细网清楚。

比较与讨论 本种以花粉小、气囊尤小、远极基距颇宽区别于属内其他种；以两囊分化较清楚、囊基较宽区别于 *P. asper* Zhou。

产地层位 河南范县，上石盒子组。

完全单束多肋粉 *Protohaploxypinus perfectus* (Naumova) Samoilovich, 1953

（图版 157，图 13，16，17）

1952 *Platysaccus perfectus* (Naumova) var. *substriatus* Kara-Murza, p. 99, pl. 22, fig. 5.

1953 *Protohaploxypinus perfectus* (Naumova) Samoilovich, pl. 12, fig. 1a, b.

1962 *Lueckisporites prolixus* (Luber 1941) Ouyang，欧阳舒，99 页，图版Ⅶ，图 6，7；图版Ⅺ，图 6，7。

1965 *Protohaploxypinus perfectus* (Naumova ex Kara-Murza 1952), Hart, p. 27; text-fig. 55.

1978 *Orotohaploxypinus volaticus* (Ischenko) Hart，谌建国，433 页，图版 126，图 2。

1982 *Protohaploxypinus volaticus* (Ischenko) Hart，蒋全美等，629 页，图版 417，图 27。

1986 *Protohaploxypinus* cf. *perfectus*，侯静鹏等，101 页，图版 28，图 22；图版 29，图 10。

1997 *Protohaploxypinus perfectus*，朱怀诚，55 页，图版Ⅳ，图 8。

描述 单束型，赤道轮廓卵圆形，大小（长 × 宽）50—110 ×43—79μm；本体近圆形，大小 47μm，近极帽分化为 6—8 条肋；气囊略半圆形，远极基明显，间距为本体纵长的 1/3—1/2，囊壁细内网状（朱怀诚，1997）。

注释 Hart (1965) 称 *P. perfectus* 的种名当出自 Naumova 的手稿，很可能由 Kara-Murza (1952) 首先有效发表为 *P. perfectus* (Naumova) var. *substriatus* var. nov.，其唯一的图版 22 图 5 应为全模。但 Kara-Murza 著作的 99 页的比较中提到：此变种接近 *P. perfectus* (Naumova) *striatus* Samoilovich（1949，图版Ⅲ，图 27b）。可见，*perfectus* 这一种名在 1949 年已由 Samoilovich 发表，似乎应有优先权，因 Samoilovich（1949，1953）两著作题目相同，先发表的至少也有图版及说明。不过，Samoilovich 1953（pl. Ⅵ，fig. 1a—c）如同 1949（pl. Ⅲ，fig. 27a—c）一样，在此种下分别都发表了 a—c 3 个图，推测为重复发表的 3 粒花粉，它们在肋条数目和是否平行、囊基间距等特征上差别颇大；Samoilovich (1949) 是否指定全模不得而知，在无法找到此文献情况下，本书暂遵照 Hart (1965) 的意见。

比较与讨论 当前标本与 *P. perfectus*，尤其 Samoilovich（1953）所记载的颇为相似，当为同种，此种以肋条数目较少与 *P. latissimus* 区别。欧阳舒（1962）鉴定的 *Lueckisporites prolixus* (Luber)（50—78μm，7—9 条肋，囊基距为 1/3—1/2 本体长），显然与 Kara-Murza（1952）的 *Protohaploxypinus perfectus* var. *substriatus* 更为接近，因其气囊远极基间距比 Samoilovich（1953，图版Ⅵ，图 2a）记载的 *P. prolixus* 要宽，而原 Luber 描述的 *P. prolixus* 肋条数目不详；谌建国（1978）记载的 *P. volaticus*，大小约 70 ×50μm，单束型，具纵肋 8—10 条，远极基微内凹，具增厚基褶，间距约 1/3 本体长，更接近于 *P. perfectus*，因 *P. volaticus* 的本体为狭椭圆形，肋条较少（6 条），气囊远极基距很窄，且模式产自上石炭统。侯静鹏等鉴定的 *P.* cf. *perfectus*，分别可与 Samoilovich（1953）的图版Ⅵ图 1a，b 比较。

产地层位 浙江长兴，龙潭组；湖南邵东，龙潭组；新疆塔里木盆地皮山杜瓦，普司格组；新疆克拉玛依井下，车排子组—风城组；新疆吉木萨尔，锅底坑组；新疆吉木萨尔三台大龙口，上芨芨槽群；新疆吉木萨尔沙丘河—帐篷沟，平地泉组；新疆伊宁、察布查尔，铁木克里组。

网体单束多肋粉 *Protohaploxypinus reticularis* Zhou, 1980

（图版 157，图 4）

1980 *Protohaploxypinus reticularis* Zhou，周和仪，52 页，图版 23，图 16。

1987 *Protohaploxypinus* sp.，周和仪，图版 4，图 16。

描述 单束型，赤道轮廓宽卵圆形，全模大小（长 × 宽）43 ×33μm（图版 157，图 4）；本体近圆形，大小 28 ×33μm，帽厚约 2.5μm，具肋 10 条左右，肋宽 <2.5μm，其上布有粒—网状纹；气囊半圆形，大小 18 ×

33μm,稍小于本体,两囊基距为本体长的1/3—1/2;囊壁细网状。

比较与讨论 本种以花粉个体稍大、本体肋条数目较多、气囊稍大、远极基具微增厚基褶区别于 *P. asper* 和 *P. parvisaccatus*。

产地层位 河南范县,石盒子群。

萨氏单束多肋粉(比较种) *Protohaploxypinus* cf. *samoilovichiae* (Jansonius) Hart, 1964

(图版157,图12, 18, 25)

1986 *Protohaploxypinus* cf. *samoilovichii* (Jansonius 1962) Hart,侯静鹏等,102页,图版29,图8;图版30,图7。

1995 *Striatites taihenensis* Wu,吴建庄,351页,图版55,图15,19。

描述 单束型至微双束型,大小(总长)约85μm;本体轮廓椭圆形—亚圆形,本体纵轴多较长,近极帽不厚,分成6—8条肋,延伸本体全长,肋条之间间隙多在1—2μm之间,中间一条稍宽;气囊大于半圆形,囊的最大宽度稍超过本体,近极基亚赤道位,远极基偏内,略平直或内凹,间距大致为本体长的1/3,此区颜色稍浅;本体和囊壁皆细内网状,在囊上结构稍粗。

比较与讨论 新疆标本与 *P. samoilovichiae* (Jansonius)颇相似,但以肋条较窄而有些差别。本种6肋条者接近 *Lunatisporites pellucidus* (Goubin),但后者远极区更透亮,肋条之间间隙较宽;与 *Lunatisporites adnexus* Ouyang 亦颇相似,不过,后者花粉个体较大,本体近极仅4条肋,囊基距部位颜色与囊所在基本一致(欧阳舒等,2003,408页,图版51,图18,19)。吴建庄(1995)建立的石千峰组一种 *Striatites taihenensis* Wu,形态颇似 *Protohaploxypinus samoilovichiae*,仅个体较小,全模大小53×41μm(图版157,图25),也保留地归入此种内。

产地层位 安徽太和,石千峰组;新疆吉木萨尔,锅底坑组。

苏霍纳单束多肋粉 *Protohaploxypinus suchonensis* (Sedova) Hart, 1964

(图版157,图7, 24)

1956 *Striatopiceites suchonensis* Sedova, p. 248, pl. 41, fig. 7.

1965 *Protohaploxypinus suchonensis* (Sedova), in Hart, p. 26; text-fig. 54.

1984 *Protohaploxypinus limpidus* (Balme and Hennelly) Balme, 1970,高联达,427页,图版161,图9,10。

1986 *Protohaploxypinus minor* (Klaus) Hou and Wang,侯静鹏等,100页,图版28,图12。

1995 *Protohaploxypinus* cf. *microcorpus* (Schaarschmidt, 1963),吴建庄,350页,图版55,图3。

1995 *Protohaploxypinus* cf. *suchonensis*,吴建庄,350页,图版55,图12。

描述 单束型,赤道轮廓宽椭圆形,新疆标本大小(长×宽)61×45μm,本体36×45μm,气囊19×40μm;本体横轴较长,体壁薄约1μm,近极面具10—14条颇均匀的细肋,宽约1.5μm,肋隙不很狭,延伸本体全长;气囊略半圆形—新月形,小于本体,近极基赤道位,远极基偏内,具增厚基褶,间距约本体长的2/3,囊壁细内网状。

比较与讨论 当前标本除肋条数目较多外,其他特征如形态及大小、囊与本体比例等,皆与苏联 Dvina 盆地上二叠统所见的 *P. suchonensis* (见 Hart, 1965; 6—8条肋)颇相似。高联达(1984, 427页,图版161,图9,10)记载的 *P. limpidus* (Balme and Hennelly) Balme, 1970 大小80×60μm,主要特征也是本体相对较大,气囊小,呈新月形或明显小于半圆形,远极基距较宽,原文称"具6—8条肋纹"(照相上不清楚,从图10看似乎肋纹细密,不只8条),至少可保留地定为 *P.* cf. *suchonensis*,如吴建庄(1995,图版55,图12)。Balme (1970, p. 362, pl. 10, figs. 1—3)鉴定的 *P.* cf. *suchonensis*(长43—64μm)的最主要特征是,本体面积与两囊面积比相对较小,气囊半圆形,网穴清楚,直径1—2μm,远极基平直,基距约1/4本体长;山西宁武标本显然与此种不同。

产地层位 山西宁武,上石盒子组;河南淮阳,石千峰组;新疆吉木萨尔大龙口,锅底坑组。

塔里木单束多肋粉 *Protohaploxypinus tarimensis* Zhu, 1997

(图版157,图19, 26)

1997 *Protohaploxypinus tarimensis* Zhu,朱怀诚,55页,图版Ⅳ,图3,6。

描述 单束型,赤道轮廓椭圆形,大小(长×宽)88—102×56—62μm,全模102×62μm;中央本体近圆形,大小56—62μm,近极面具肋10—14条,肋条内点状,局部不规则,偶尔分叉;气囊半圆形,具内网结构,近极基赤道位,远极基具月牙状或带状增厚基褶,内凹或近平直,其间为纺锤形或近矩形薄壁区,典型的在中部较宽,占本体纵长的2/5—1/2。

比较与讨论 本种大小、形态与 *P. samoilovichiae* (Jansonius) Hart, 1964 (Jansonius, 1962, p. 67, pl. 14, figs. 9—11; Hart, 1965, p. 31, text-fig. 66) 和 *P. jacobii* (Jansonius) Hart, 1964 (Jansonius, 1962, p. 67, pl. 5, fig. 58; Hart, p. 31, text-fig. 67)皆颇相似,但以肋条数目较多,远极基具增厚基褶、间距较宽而与前者区别,以单束型和远极基乃月牙形而非梭形及肋间隙较窄与后者区别。

产地层位 新疆塔里木盆地皮山杜瓦,普司格组—杜瓦组。

雅致单束多肋粉 *Protohaploxypinus venustus* Wang R., 1987

(图版157,图31)

1987 *Protohaploxypinus venustus* Wang R.,王蓉,51页,图版3,图10。

描述 单束型—微双束型,赤道轮廓略椭圆形,全模标本总长95μm;本体近圆形,大小62.5×72.5μm,近极面具弧形弯曲的肋条18—20条,肋条宽多为3.7μm,肋间窄,由于肋条向两端弧形弯曲,几达本体轮廓时中断或汇聚使本体轮廓线呈波状,近极中部肋条呈现交叉的投影,肋条上具颗粒—不规则短条状纹饰;气囊近半圆形,大小37.5×70.0μm,小于本体,囊基等于或稍小于本体横轴长,故局部与囊相交略显角度,远极基可见,基距为1/3—1/2本体长;囊壁均匀内网状。

比较与讨论 本种以肋条数目多略似见于北疆梧桐沟组的 *P. longiletus* Zhan(詹家祯,见欧阳舒等,2003,345页,图版55,图26),但后者以肋条在中部斜交、具单缝而不同;肋条多与 *Striatoabieites richteri* (Klaus, 1955)略似,但以肋条弯曲、气囊远极基间距较窄而与后者区别。

产地层位 安徽界首,石千峰组中段。

短矛单束多肋粉 *Protohaploxypinus verus* (Efremova,1966) Hou and Wang, 1990

(图版157,图8—10)

1980 *Striatohaplopinus verus* (Efremova) Dibner, pl. 1, fig. 7; pl. 3, fig. 4.

1990 *Protohaploxypinus verus* (Efremova) Hou and Wang,侯静鹏、王智,30页,图版2,图3,6,10。

2003 *Protohaploxypinus verus*,詹家祯,见欧阳舒等,352页,图版58,图1,2,13。

描述 赤道轮廓椭圆形—卵圆形,大小60×40μm(图版157,图9);本体卵圆形—近圆形,约35×40μm,近极帽上有7或8条肋纹,多平行于花粉长轴,延伸本体全长,少量肋条因肋间分叉而呈楔形,宽窄不太均匀,多数3μm左右;气囊略呈半圆形,大小21—26×35—40μm,近极基赤道位,远极基偏内,具增厚的基褶,间距约本体长的1/3或稍宽;外壁具较规则的细网纹,穴径≤1μm。

比较与讨论 本种与 *P. rhomboeformis* (Poluchina, 1960) Hart, 1964 (Hart, 1965, p. 30, text-fig. 63)相似,但以本体不呈狭椭圆形、气囊不一定都大于本体而与后者有别。

产地层位 新疆乌鲁木齐乌拉泊,乌拉泊组、塔什库拉组;新疆尼勒克,晓山萨依组;新疆克拉玛依井下,车排子组、佳木河组。

普遍单束多肋粉 *Protohaploxypinus vulgaris* (Efremova) Hou and Wang, 1990

(图版158,图15)

1973 *Striatodipollenites vulgaris* (Efremova) Chuvashov and Djupina, pl. 27, fig. 8.

1990 *Protohaploxypinus vulgaris* (Efremova) Hou and Wang,侯静鹏等,31 页,图版 6,图 14。

描述 赤道轮廓微双束型,大小(长×宽)43—61×40μm;本体轮廓近圆形,大小约 36μm,近极帽具约 8 条平行于纵轴的肋纹,壁较厚,具细粒纹;气囊近半圆形,大小 20×40μm,近极基赤道位,远极基稍偏内,未见增厚基褶,基距颇宽,大于 1/2 本体长;囊壁具细点穴—内网结构。

比较与讨论 本种与 *P. sewardii* (Virkki 1938) Hart, 1964 (Hart, 1965, p. 28, text-fig. 59)相似,但以肋条不很明显及气囊远极基距较宽而与其区别。

产地层位 新疆吉木萨尔,梧桐沟组。

冷杉型多肋粉属 *Striatoabieites* Sedova, 1956 emend. Hart, 1964

模式种 *Striatoabieites brickii* Sedova, 1956;俄罗斯北部(Pinega 河),二叠系(Kungurian— Kazanian)。

同义名 *Striatodiplopinites* Abramova and Marchenko, 1960 ex Varjukhina, 1971, *Sinosaccites* Zhang L. J., 1983.

属征 双囊具肋花粉,双束型;中央本体圆形或纵向拉长,近极帽显示 6 条以上肋;气囊远极基等于或稍短于本体横轴长;气囊小于本体,其横轴大致等于本体横轴,通常半圆形;气囊远极基间距宽,一般不小于1/2 本体纵轴长。

比较与讨论 经修订后,本属主要以气囊小于本体、远极基距较宽和双束型轮廓稍弱与 *Striatopodocarpites* 区别。*Protohaploxypinus* 经修订后,以单束型轮廓和较窄的气囊远极基距与本属不同。*Sinosaccites* Zhang L. J. (1983, p. 339, 340)是个单型属,即当时仅包含一种(模式种 *S. lipidus*),从其图照看,显然是属于 *Striatoabieites* 属的。

亲缘关系 种子蕨、松柏类(?)。

分布时代 全球,主要在晚石炭世—二叠纪。

颗粒冷杉型多肋粉 *Striatoabieites granulatus* Zhou, 1980

(图版 161,图 1, 2)

1980 *Striatoabieites granulatus* Zhou,周和仪,53 页,图版 23,图 26—28,30。

描述 赤道轮廓近椭圆形或稍哑铃形,大小(总长)57—68μm,本体 32—40×32—35μm,气囊略小于或偶大于本体,大小 22—25×32—35μm,原全模照相欠佳,故代选其图版 23 图 30(本书图版 161,图 1)作副模(长 67μm);本体亚圆形—略椭圆形,具帽,厚约 3μm,具纵肋 11—12 条,宽约 2μm,其上布有颗粒;气囊大于或等于半圆形,细内网状,远极基距约 1/3 本体长。

比较与讨论 当前花粉形态介于 *Striatoabieites* 和 *Protohaploxypinus* 之间,归属遵照原作者建议。本种以囊基间距窄区别于 *Striatoabieites* 其他种,以多为双束型区别于 *Protohaploxypinus* 的种;此外,以肋上不具网纹区别于 *S. brickii*,又以肋少区别于 *S. duivenii* (Jansonius, 1962) Hart, 1964(20—30 条)。

产地层位 河南范县,石盒子群。

离普冷杉型多肋粉(新联合) *Striatoabieites lipidus* (Zhang) Ouyang comb. nov.

(图版 161,图 3, 4, 16)

1983 *Sinosaccites lipidus* Zhang L. J., p. 340, pl. 4, figs. 16—18, 32.

描述 赤道轮廓近椭圆形,囊远小于本体,与本体相交多成角度(略双束型);总长 60—64μm,体(长×宽)38—45×30—34μm,囊 21—25×18—28μm;全模约 60×38μm(图版 161,图 3);本体椭圆—卵圆形,外壁两层,约 2μm 厚,在远极面赤道宽宽地加厚(约 7μm 宽),包围中央圆形薄壁区,近极面具 5(9)(?)—15 条纵向肋条,宽约 2μm,多少波状,表面粗糙且微呈节瘤状;气囊亚圆形或半圆形,网状,倾向远极面,基部多少收缩,两囊远极基距为 1/2—2/3 本体长。

注释 原全模(图版4,图18,图17为同一标本)照相主要聚焦于远极面,故近极面肋条看不清(图18勉强可数出9条左右),原作者描述为5条(2μm宽,数目与本体宽38μm太不一致)靠不住;从该种另一标本扫描图32看,纵肋约15条,且肋间很窄。此外,种名*lipidus*,拉丁文中无此词,词根*lip*意为"油脂"、"缺乏",故种名只得音译。

比较与讨论 本种与新疆北部主要是二叠系的*S. rugosus* Zhan(詹家祯,见欧阳舒等,2003,363页)颇为相似,如后者或存在的"帽缘"(4.5—8.0μm),特征性皱状肋条(6—11条),但其个体较大(长81—97μm),肋条较宽(2.3—9.6μm)。此外,侯静鹏等(1990,32页,图版5,图5)鉴定的妖魔山芦草沟组的*S. parviextensisaccus* (Samoilovich) Hou and Wang(98μm)宜归入*Striatoabieites rugosus*内,因大小、形态与其一致,而原*Protocedrus parviextensisaccus* Samoilovich(1953, p. 38, pl. Ⅶ, fig. 1a—d),因其全模照相标本(图版Ⅶ,图1b)远极面具一粗壮横肋,不宜归入*Striatoabieites*,已被归入*Hamiapollenites*(詹家祯,见欧阳舒等,379页);Samoilovich(1953)绘图所示的其他3个标本(fig. 1a, c, d),皆无远极横肋,至少两个可归入*Striatoabieites*,其中fig. 1d似宜归入*S. rugosus*。

产地层位 新疆乌鲁木齐妖魔山,芦草沟组。

多肋冷杉型多肋粉(比较种)
Striatoabieites cf. *multistriatus* (Balme and Hennelly, 1955) Hart, 1964

(图版161,图8, 9)

1980 *Striatoabierites* cf. *brickii* auct. non Sedova, 1956,周和仪,52页,图版23,图21—25。

1982 *Striatoabieites* cf. *brickii*,周和仪,图版Ⅰ,图21。

1987 *Striatoabieites* cf. *brickii*,周和仪,图版4,图30。

描述 单束型至微双束型,大小(总长)60—85μm;本体轮廓近圆形,纵轴或横轴较长,大小38—50×40—49μm,帽厚约2.5μm,分成15—16条肋,肋间窄,肋宽约2μm,相互平行,纵贯本体全长,有时不太明显,肋极细内网状;气囊大于或等于半圆形,大小25—33×41—47μm,远极基平直或略凹,或具窄的囊基褶,间距20—26μm,即不小于1/2本体长;囊壁内网状。

比较与讨论 当前标本尤其周和仪最初鉴定的*S.* cf. *brickii*的大多数标本确属*Striatoabieites*,但因*S. brickii*的全模达120.6μm,肋条达12条,而中国标本个体偏小,且多肋特征尚清楚,更为接近*S. multistriatus*;周和仪(1987)重复发表的归入*S.* cf. *brickii*的标本,远极薄壁区(囊基距)却为宽卵形或亚圆形,归入*S. multistriatus*同样是应作保留的。

产地层位 山东堂邑、沾化、垦利,河南范县,上石盒子组。

里氏冷杉型多肋粉 *Striatoabieites richterii* (Klaus) Hart, 1964

(图版161,图10, 11, 13, 15, 17)

1955 *Lueckisporites richteri* Klaus, p. 778, pl. 33, figs. 1—3.

1963 *Strotersporites richteri* (Klaus) Wilson 1962, in Klaus, p. 316, pl. 15, figs. 76, 77.

1964 *Striatoabieites richteri* (Klaus) Hart, p. 1186; text-fig. 41.

1986 *Striatoabieites richteri* (Klaus),侯静鹏、王智,106页,图版29,图2,3。

1986 *Striatoabieites leptosetus* Hou and Wang,侯静鹏、王智,106页,图版29,图4,6。

1997 *Striatoabieites multistriatus* (Balme and Hennelly) Hart,朱怀诚,56页,图版Ⅳ,图9。

其他同义名见欧阳舒等,2003,363页。

描述 赤道轮廓单束型—双束型,大小(长×宽)78—108×41—53μm;中央本体近圆形,纵轴略长,大小46—65×36—56μm,近极帽具12—20条肋,中部肋之间常具更明显的外壁外层开裂(或缺失)缝,将本体分成两半,其间外壁内层上偶可见较短的单缝;气囊25—63×38—51μm,略呈半圆形或微呈耳状,囊基稍短于或等于本体横轴长,近极基赤道位,远极基对应偏内,近平直或明显内凹,间距为1/2—2/3本体长;囊壁细内网状。

比较与讨论　塔里木盆地的 *S. multistriatus* 的标本（图版 161，图 11），除气囊远极基间距稍窄（2/5 本体长）、具柳叶形基褶外，其他如大小（94 × 50μm，本体 54 × 50μm）在上述幅度之内，近极亦具纵贯本体全长的狭缝状开裂，其形态介于 *S. richterii* 和 *S. multistriatus* 之间，但后者个体较小（原描述 46—61μm），且与 Foster（1979，pl. 34，figs. 1—13）鉴定的 *S. multistriatus* 差别较大，故迁入前一种内。侯静鹏、王智（1986）建立种 *S. leptosetus* 时说："其与 *S. richterii* 相似，仅以体上具有细裂缝，囊基间距较宽而相区别。"实际上，*S. richterii* 的全模（又载于 Klaus，1963，p. 316，pl. 15，fig. 76）上即具所谓单缝状开裂，描述中也明确提及，本体近极面主裂（Hauptlaesur）将本体分为两半，外壁内层上具一细纵缝，其长 < 1/3 本体长，所以，建立此种的理由难以成立。

产地层位　新疆吉木萨尔大龙口，锅底坑组；新疆塔里木盆地皮山杜瓦，普司格组。

瘤体冷杉型多肋粉（新联合）　*Striatoabieites uviferus* (Zhang) Ouyang comb. nov.

（图版 161，图 5，12，14）

1983 *Striatopodocarpites uviferus* Zhang L. J.，p. 340，pl. 5，figs. 21—23.

描述　单束至略双束型，赤道轮廓近卵圆形或微哑铃形，大小（总长）47—72μm，全模约 69μm（图版 161，图 5），本体（长 × 宽）41—50 × 30—37μm，气囊 17—35 × 32—42μm；本体轮廓宽卵圆形，纵轴长于横轴，近极面具 6—10 条纵向肋纹，肋条上具瘤状或颗粒状纹饰，宽 3—5μm；气囊略半圆形，小于本体，着生于赤道，倾向远极，远极基小于或等于本体横轴长，远极基距颇宽，不小于 1/2 本体长。

比较与讨论　当前标本以气囊小于本体，囊基距较宽，归入 *Striatoabieites* 属较妥。此种以近极肋上呈瘤状或颗粒状而与属内其他种区别。

产地层位　新疆乌鲁木齐妖魔山，芦草沟组。

罗汉松型多肋粉属　*Striatopodocarpites* Sedova，1956

模式种　*Striatopodocarpites tojmensis* Sedova，1956 emend. Hart，1964；苏联北德维纳盆地，上二叠统（lower Kazanian）。

同义名　*Strotersporites* Wilson，1963，*Lahirites* Bharadwaj，1963，*Urumqisaccites* Zhang L. J.，1983.

其他同义或部分同义名见 Hart，1965（p. 32）。

属征　双囊多肋花粉，轮廓强烈或中等程度双束型，常呈哑铃状；气囊远极基短于中央本体横轴长；本体圆形—微卵圆形，近极帽分成 4 条以上纵向肋条；气囊大小明显大于本体，且大于半圆形；气囊在少数情况下在本体两侧相连。

比较与讨论　本属经修订后以强烈的双束形轮廓、大于半圆的气囊和相对较小的本体区别于 *Protohaploxypinus*。

分布时代　全球，晚石炭世—三叠纪，主要在二叠纪。

亲缘关系　种子蕨，松柏类（小部分）。

美丽罗汉松型多肋粉　*Striatopodocarpites amansus* Hou and Shen，1989

（图版 161，图 18）

1989 *Striatopodocarpites amansus* Hou and Shen，侯静鹏、沈百花，111 页，图版 15，图 4。

描述　双束型，赤道轮廓哑铃形，全模大小（长 × 宽）96 × 70μm，本体 45 × 48μm，气囊 43—50 × 67—70μm；本体近圆形，外壁在赤道部位略增厚，赤道轮廓线呈波纹状，近极帽分成 20 多条细密的肋纹，纵贯本体全长；气囊大于半圆且呈耳状，其远极基较平直"发育"，囊基间距较窄，约 3μm；囊壁具网状纹饰。

比较与讨论　本种与 *S. fusus*（Balme and Hennelly）Potonié，1958 的轮廓很相似，但以本体相对稍大、肋纹密集而与后者不同，与同样产自锅底坑组的 *S. dalongkouensis* Zhan（詹家祯，见欧阳舒等，2003，386 页，图版59,图16;插图7.98)更为相似,但后者本体表面密布细瘤状纹饰(侯静鹏等未描述此特征,但提及“轮廓线呈波纹状”)、气囊远极基间距较宽(1/6—2/5本体长),似乎可以区别,究竟二者是否同种,有待今后更多标本的发现。

产地层位 新疆乌鲁木齐芦草沟,锅底坑组。

古老罗汉松型多肋粉 *Striatopodocarpites antiquus* (Leschik) Potonié, 1958

(图版161,图19, 20)

1956 *Taeniaesporites antiquus* Leschik, p. 134, pl. , fig. 4.

1964 *Striatopodocarpites antiquus* (Leschik) Potonié, in Clarke, p. 339, pl. 22, figs. 1, 2.

1986 *Striatopodocarpites antiquus*,侯静鹏、王智,103页,图版29,图1。

1989 *Striatopodocarpites* cf. *antiquus*,侯静鹏、沈百花,111页,图版15,图2。

描述 双束型,花粉大小116×70μm;本体轮廓近圆形,大小66×58μm,气囊41×60μm;本体周边具增厚的褶皱带,宽≤16μm,帽分成细密的肋纹,排列不十分规则;气囊半圆形或耳状,囊基略凹入,侧面观不显著,囊间变薄区约28μm(大于1/3本体长),具细网纹饰。

比较与讨论 当前标本与*S. antiquus*很相似,差别是后者气囊网纹较粗。

产地层位 新疆吉木萨尔、乌鲁木齐芦草沟,锅底坑组。

格子罗汉松型多肋粉(比较种)
Striatopodocarpites cf. *cancellatus* (Balme and Hennelly, 1955) Hart, 1965

(图版162,图7, 8, 32)

1984 *Striatopodocarpites cancellatus* (Balme and Hennelly) auct. non Balme, 1970,高联达,435页,图版164,图7—9。

1986 *Striatopodocarpites cancellatus*,侯静鹏、王智,104页,图版30,图17。

1989 *Striatopodocarpites* cf. *cancellatus*,侯静鹏、沈百花,110页,图版12,图9。

描述 双束型,赤道轮廓哑铃形,大小58—65μm;本体圆形—亚圆形,大小33μm,帽中厚,分成7—9条肋,直或微弯曲,肋纹具隐细粒纹或细点状纹饰;气囊多大于半圆形,亦多大于本体,大小23—33×40—37μm;气囊远极基平直,基距为1/4—1/3本体长;囊壁具细网纹(侯静鹏等,1986,1989)。

比较与讨论 本种原描述40—70μm,近极帽显示出6条肋(Balme, 1970描述5—8条;Foster, 1979描述5—10条),远极基间距窄,通常约1/5本体长(Hart, 1965, p. 34, text-fig. 71)或更窄,故种的鉴定作了保留。高联达(1984)所定此种,或肋条不清楚,或肋数较多(14条),或囊基距较宽,也宜保留。

产地层位 山西宁武,上石盒子组;新疆吉木萨尔,梧桐沟组—锅底坑组。

直基罗汉松型多肋粉 *Striatopodocarpites compressus* Ouyang and Li, 1980

(图版162,图10, 12, 25)

1980 *Striatopodocarpites compressus* Ouyang and Li,欧阳舒等,146页,图版Ⅳ,图30。

1982 *Striatopodocarpites compressus*,蒋全美等,633页,图版418,图15—17。

1986 *Striatopodocarpites compressus*,侯静鹏、王智,104页,图版29,图20。

描述 双束型,总大小60—78×46—68μm;中央本体38—33×38—60μm,气囊24—39×46—68μm,全模78×63μm(图版162,图25);本体圆形或近卵圆形,横轴可略长于纵轴,帽稍厚,周缘厚2μm,轮廓线波状至缺刻状,具8—10条肋纹,纵贯本体全长,多少弯曲,部分分叉;气囊大于半圆形,远极基多近乎平直,间距为1/6—1/4本体长;囊壁极细密内网状;黄棕色。

比较与讨论 湖南标本略似*S. compressus*,但以两气囊大小、形态不甚对称和气囊网脊、网穴粗壮并非如原描述的“极细密内网状”而与后者有些差别,严格讲,鉴定此种应作保留。侯静鹏等(1986)鉴定的此种,气囊远极基距较宽(约1/3本体长)。*S. cancellatus* (Balme and Hennelly, 1955) Hart, 1965花粉较小,本体相对更小(21—32μm),仅具6条肋。

产地层位 湖南长沙跳马涧,龙潭组;云南富源,卡以头组;新疆吉木萨尔,锅底坑组。

混合罗汉松型多肋粉 *Striatopodocarpites conflutus* Hou and Wang, 1990

(图版 162,图 13)

1990 *Striatopodocarpites conflutus* Hou and Wang,侯静鹏、王智,32 页,图版 2,图 20。

描述 双束型,赤道轮廓哑铃形,全模大小(总长)71μm;本体赤道轮廓亚圆形,纵轴较长,大小 36 ×31μm,近极帽显示 6—8 条纵肋,肋宽窄颇均匀,远极具一宽的横肋纹,但不显著;气囊近圆形,大小约 33μm,远极基凸出,微具基褶,间距约为本体长的 1/3,气囊与本体叠覆部分远小于与本体相离(offlap)部分。

比较与讨论 本种以圆形气囊、其远极基强烈凸出、基距较宽、远极面隐约见一横肋纹与 *Striatopodocarpites* 属内其他种区别;与克拉玛依井下车排子组被鉴定为 *Hamiapollenites rarus* Zhan 的标本(詹家祯,见欧阳舒等,2003,381 页,图版 70,图 18,21,非全模标本)有点相似,但后者本体外壁更厚,肋条较少。

产地层位 新疆乌鲁木齐乌拉泊,乌拉泊组。

较大罗汉松型多肋粉(新联合) *Striatopodocarpites grandis* (Zhang) Ouyang comb. nov.

(图版 162,图 30, 33)

1983 *Urumqisaccites grandis* Zhang L. J. , p. 341, pl. 9, figs. 1, 3.

描述 赤道轮廓略呈双束型,全模标本 118 ×80μm(图版 162,图 30);中央本体椭圆形,大小 60 × 70μm,横轴较长,气囊 50—60 ×80μm;本体帽缘[气囊近极基褶(?)]稍厚,呈带状或窄镰状,最宽处 5—7μm,近极面具 7—15 条纵向肋,各宽约 3. 5μm,肋表面鲛点状和起伏状,本体外壁颗粒状或细网状;气囊大于半圆形,大小大于或等于本体,远极基平直或微凸,具颇宽的柳叶状基褶,二者之间间距窄,1/7—1/5 本体长,向一端或两端变宽。

注释 张璐瑾(Zhang L. J. , 1983)以本种作模式种建立一属 *Urumqisaccites*,但此种的全模标本(pl. 9, fig. 1)显然是两气囊的双束型(即她所谓的轮廓"多少呈蝴蝶状")的具肋花粉,与 *Striatopodocarpites* 无法区别,故迁入后一属内。此外,她归入此种的另一粒花粉(pl. 8, fig. 5),显然是单气囊的 *Potonieisporites*,这样也就可解释她的描述中提到的近极面"横向萌发沟"(即本书的"纵向",实际是单缝)。

比较与讨论 本种图照肋条不很清楚,如果真如原描述的具"7—15 条"肋,则与 *Striatopodocarpites balmei* Sukh Dev, 1961(Hart, 1965, text-fig. 77)(6—8 条肋)或 *Protohaploxypinus amplus* (Balme and Hennelly, 1955) Hart, 1964(10—12 条肋)略可比较,但以气囊远极基具粗强的囊基褶而与它们不同。

产地层位 新疆乌鲁木齐妖魔山,芦草沟组。

延长罗汉松型多肋粉 *Striatopodocarpites lineatus* Hou and Wang, 1986

(图版 162,图 18, 22)

1986 *Striatopodocarpites lineatus*,侯静鹏、王智,103 页,图版 28,图 20,21。

描述 双束型,赤道轮廓近椭圆形;大小(长×宽)75—80 ×36—45μm;本体 36—48 ×33—42μm,气囊 30—31 ×41—45μm,全模 75 ×45μm,但不如图版 28 图 20(80 ×41μm)清楚,故建议选其作副模(本书图版 162,图 18);本体近圆形—宽椭圆形,纵轴或稍长,近极帽分成 6—8 条肋纹,肋的宽窄较均匀,有的标本上肋纹不清楚,具细粒纹饰;气囊大于半圆形,与体相交多少成角度,着生于赤道两端,略偏远极,远极基平直或微凹入,间距约 1/3 本体长;囊壁薄,具细网纹,近基部略显辐射细纹。

比较与讨论 本种与 *Striatopodocarpites rarus* (Bharadwaj and Salujha) Balme, 1970 (p. 367, 368, pl. 12, figs. 10—12)有点相似,但后者气囊远大于本体,本体具缘边,气囊网脊较粗壮;*S. crassus* Ouyang and Li, 1980 (47 页,图版Ⅳ,图 33)为 *S. crassus* Singh, 1964 的晚出同义名或异物同名,无效,产自卡以头组的此种个体略小,本体外壁厚,帽上肋纹不伸达帽缘内。

产地层位 新疆吉木萨尔，锅底坑组。

潘特罗汉松型多肋粉 *Striatopodocarpites pantii* (Jansonius) Balme, 1970

（图版162，图17）

1962 *Striatites samoilovichii* var. *pantii* Jansonius, p. 68, pl. 14, figs. 14, 15.

1965 *Strotersporites pantii* (Jansonius) Goubin, p. 1424, pl. 2, figs. 7, 8.

1970 *Striatopodocarpites pantii* (Jansonius) Balme, p. 368, pl. 12, figs. 7—9.

1986 *Striatopodocarpites pantii*，侯静鹏、王智，104页，图版29，图13。

描述 微双束型，赤道轮廓椭圆形，大小（长×宽）91×46μm；本体轮廓近圆形或椭圆形，大小53×44μm，体壁略厚，近极帽显示12—14条肋，肋低平不十分清楚，排列不甚规则，其上具细点纹饰；气囊大于半圆形或微呈半圆形—新月形，约31×46μm，近极基赤道位，远极基对应偏内，具内凹的镰形基褶，宽4—5μm，二者间距约2/5本体长；囊壁具细网纹。

比较与讨论 当前标本与Balme（1970）描述的西巴基斯坦二叠系的这种花粉在大小、形态和远极基褶等特征上颇相似，不过，他提及具"5—9条肋"（但从他的图版12，图8上看，似在9条以上），气囊壁较厚（3μm），网脊、网穴较粗大，有些差别。

产地层位 新疆吉木萨尔，锅底坑组。

健全罗汉松型多肋粉（新联合）
Striatopodocarpites sincerus (Hou and Shen) Ouyang comb. nov.

（图版162，图14，23，26，29）

1989 *Striatoabieites sincerus* Hou and Shen，侯静鹏、沈百花，111页，图版15，图9。

2003 *Striatopodocarpites lucaogouensis* Zhan，欧阳舒等，390页，图版59，图8，11—14。

描述 双束型，轮廓略哑铃形，全模长73×43μm（图版162，图14），副模98×66μm（图版162，图26）；本体近圆形，大小40—56μm，沿赤道部位略加厚，厚1.5—2.0μm，近极面具有16—20条细密肋纹，部分分叉，具不很清楚的颗粒纹饰；气囊大于半圆形，面积大体等于本体，远极基小于本体宽，基本平直，间距为本体长的1/4—1/3，内网状。

比较与讨论 *Striatoabieites sincerus* Hou and Wang, 1989（锅底坑组）与其同一地点（梧桐沟组）的 *Striatopodocarpites lucaogouensis* Zhan, 2003当属同一种，只不过后者稍大，70—98×53—66μm，从其全模插图（图7.101）看，本体赤道也有一圈不均匀增厚，其他特征也一致，故将后者迁入前一种内；至于归属，显然詹家祯的处理更合理，故作一新联合。

产地层位 新疆乌鲁木齐芦草沟，梧桐沟组—锅底坑组。

多变罗汉松型多肋粉 *Striatopodocarpites varius* (Leschik) emend. Hart, 1964

（图版162，图16，21）

1959 *Taeniaesporites varius* Leschik, p. 69, 70, pl. 3, fig. 24.

1965 *Striatopodocarpites varius* (Leschik), in Hart, p. 34; text-fig. 73.

1995 *Striatopodocarpites henanensis* Wu，吴建庄，351页，图版55，图11，18。

描述 微双束型，大小64—74×45—58μm；本体34—39×37—48μm，气囊28—30×45—48μm；本体近卵圆形，横轴长于纵轴，轮廓线微波状，近极外壁在赤道边缘达4μm，具6—8条肋纵贯本体全长，肋条微弯曲；气囊大于半圆形，亦大于本体，远极囊基似具增厚囊基褶，基距约1/3本体长；囊壁内网状结构；棕黄色。

比较与讨论 当前标本保存欠佳，似乎不宜建新种，尤其是从原作者所给描述和图照看，它们与 *S. varius* (Leschik)颇相似，故归入该种；不过，后者全模大小达90μm，气囊远极基无明显基褶。*S. tojmensis* (Sedova, 1956) emend. Hart, 1964与 *S. varius* 也颇似，但以本体中间两条肋较粗壮而有别。

产地层位 河南淮阳,石千峰组。

浙江罗汉松型多肋粉 *Striatopodocarpites zhejiangensis* Hou and Song, 1995

(图版 162,图 19)

1995 *Striatopodocarpites zhejiangensis* Hou and Song,侯静鹏、宋平,177 页,图版 23,图 22。

描述 双束型,赤道轮廓略哑铃形,全模大小 92 × 58μm;本体近圆形或宽椭圆形,大小 53 × 48μm,外壁略厚,近极帽分成 6—8 条肋,纵贯本体全长,分布颇均匀,宽 4—6μm,肋间较窄;气囊大于半圆形,大小 42 × 58μm,远极基较平直,间距约为本体长的 1/4;囊壁不规则内网状,穴径 1. 0—1. 5μm;本体内网结构更细。

比较与讨论 本种大小、形态与 *S. octostriatus* Hart, 1960(Hart, 1965, p. 36, text-fig. 76)颇相似,但后者肋为 8 条,远极基距 <1/4 本体长,且其本体相对更小。

产地层位 浙江长兴煤山,龙潭组。

哈姆粉属 *Hamiapollenites* (Wilson, 1962) emend. Zhan, 2003

模式种 *Hamiapollenites saccatus* Wilson, 1962;美国俄克拉何马州,中二叠统(Flowerpot Formation)。

同义名 *Striatosaccites* Jizba, 1962, *Paucistriatosaccites* Zauer ex Djupina, 1975, *Protowelwitschiapollis* Zhang, 1983.

属征 双囊花粉,本体圆形、卵圆形或椭圆形,表面平滑或具明显纹饰,近极帽显示 2 条以上纵肋纹,肋平行或微斜交纵轴排列,近极中部或见单缝;远极面具 1 条或多条横肋纹,一般与纵肋纹垂直,横肋纹也可延伸至近极帽上;气囊小于本体,半圆形或亚圆形,位于本体两端或偏向远极。

比较与讨论 欧阳舒等(2003)565 页上应同 370 页标为 *Hamiapollenites exolescus* (Zhang, 1983) Hou and Wang, 1990;565 页上 *H. exilis* (Zhang) Hou and Wang, 1990 标的也不对,因是詹家祯首先将 *Protowelwitschiapollis* 当作 *Hamiapollenites* 的同义名,故其模式种理所当然地可表示为 *H. exilis* (Zhang, 1983) Zhan, 2003。这样一来,它就成了 *H. exilis* Koltchina, 1980 的晚出异物同名,因而无效。另一方面,*Protowelwitschiapollis exolescus* 和 *P. exilis* 形态很相似,如果确为同种的话,则可标为 *Hamiapollenites exilis* (Zhang) Hou and Wang, 1990。

分布时代 几乎全球,晚石炭世—早三叠世,主要在二叠纪,在亚安加拉区分异度尤高。

优美哈姆粉(新联合) *Hamiapollenites elegantis* (Zhang) Ouyang comb. nov.

(图版 162,图 11, 20, 24, 31)

1983 *Protowelwitschiapollis elegetis* (sic!) Zhang L. J., p. 335, and *P. elagetis* (sic!) on pl. 6, figs. 14, 16, 19, 20.

描述 赤道轮廓纺锤形—亚菱形,大小(总长)58—78μm,全模约 75μm(图版 162,图 31);本体大小 46—58 × 43—50μm,气囊大小(长 × 宽)16—28 × 32—37μm;本体轮廓椭圆形,外壁厚约 2μm,2 层,近极面具 10—14 条肋纹,各宽 2—3μm,肋纹细网状;远极面中部具一横肋,宽 5—7μm,与近极面纵肋垂直,在其中部可分裂为 2 条,边界不特别清楚;气囊小,位于本体两端,小于或等于半圆形,与本体平滑过渡;囊壁网状,网脊明显。

注释 此种拉丁种名在原描述文字中拼为 *elegetis*,在图版说明上拼为 *elagetis*,字典上皆查不到,正确拼法应为 *elegantis*(优雅)。

比较与讨论 本种花粉大小、形态与 *H. multistriatus* Zhan(见欧阳舒等,2003,376 页,图版 67,图 16,17)颇为相似,唯后者近极面具 14—16 条纵肋,有点差别;而且,在本种原描述中,还提及与近极面纵向肋纹垂直的,还有"许多发育不好的纵向(即本书的横向)肋纹",但此点在标本照相上看不出来,如果描述正确,则本种可成立;如不正确,则很可能与 *H. multistriatus* 同义,而且后一名有优先权。

产地层位 新疆乌鲁木齐妖魔山,芦草沟组。

纤细哈姆粉 *Hamiapollenites gracilis* Zhang, 1983

(图版 162,图 9, 27, 28)

1983 *Hamiapollenites gracilis* Zhang, p. 337, 338, pl. 4, figs. 8—10.

描述 赤道轮廓略哑铃形,大小(总长)45—52μm,全模 52μm(图版 162,图 9);本体大小(长×宽)40—45×21—29μm,气囊大小(长×宽)21—25×23—27μm;本体椭圆形,纵向延伸,具互相成直角交叉的两组肋纹;本体大部分(除远极面中部外)具约 8 条肋;近极面纵肋 7—9 条,但被横肋遮掩,通常其中 1 条(偶尔 2 条)穿过远极面,其他肋条则被气囊遮盖;纵肋或横肋宽约 4μm;肋条表面饰以颗粒状纹饰;气囊亚圆形,网状,微大于本体,两端微超出本体轮廓,基本上位于远极面,两囊远极基距窄。

注释 原作者对本种描述与一般孢粉学者和本书对双囊花粉的纵横定向正相反。当前描述将原描述按本书定向改过来(否则成了近极面具横肋),以使全书花粉描述的定向统一。值得注意的是原作者的定向(即两囊延伸方向为横向)法,少数国外孢粉学者也曾使用,但他们称这类花粉"总宽"多少,而不是"总长"多少(Balme, 1970),这样前后描述才一致。

比较与讨论 本种以气囊基本上在远极面、超出本体轮廓部分很窄及远极面横向肋条可为 1 条至多条而与属内其他种区别。原作者在文中指定了 2 个全模标本,本书按其图版说明为图版 4 图 10。

产地层位 新疆乌鲁木齐妖魔山,芦草沟组。

矮小哈姆粉 *Hamiapollenites humilis* Zhang, 1983

(图版 162,图 1—3;图版 163,图 1)

1983 *Hamiapollenites humitis* (sic!) Zhang, p. 337, pl. 4, figs. 1—7, 11, 12 while *H. humilis* on plate explanation.

描述 赤道轮廓略椭圆形,气囊小于本体,与体平滑过渡或成一定角度,大小(总长)37—50μm,全模约 45μm(图版 162,图 3);本体大小(长×宽)28—40×23—31μm,气囊 14—20×17—24μm;本体圆形—椭圆形,纵轴多较长,近极帽分成 4—6 条纵肋,远极面具 1 或 2 条粗壮的横肋,与纵肋垂直,肋宽 3—5μm,肋表面光滑或粗糙;气囊亚圆形,微倾向远极面,远极基多微凸,间距较宽,约 1/2 本体长,通常基部收缩,从囊基显示出辐射脊;囊壁网状,网脊明显。

比较与讨论 本种与 *H. extumidus* Hou and Wang, 1990(詹家祯,见欧阳舒等,2003,371 页,图版 67,图 1—4, 7, 11, 13)较为相似,但后者个体较大(总长 62—65μm),近极面纵肋较多(9—12 条)。

产地层位 新疆乌鲁木齐妖魔山,芦草沟组。

粗糙哈姆粉 *Hamiapollenites impolitus* Zhang, 1983

(图版 163,图 7, 14—16)

1983 *Hamiapollenites impolitus* Zhang, p. 339, pl. 5, figs. 13—16, 18, 19.

描述 赤道轮廓略呈椭圆形,囊与体平滑过渡或成角度相交,大小(总长)63—77μm,全模约 70μm(图版 163,图 14);本体(长×宽)50—60×41—52μm,气囊 20—30×35—47μm;本体宽椭圆形,纵轴稍长,近极面具 4—7 条纵肋,肋间(隙)明显,甚至颇宽,远极面中部具一粗壮横肋,偶尔稍分开,肋和气囊上细网状,给人以粗糙感觉;气囊近圆形—半圆形,远极基收缩,多凸出,其长大多小于本体最大宽度,基距为 1/3—1/2 本体长。

比较与讨论 本种与 *Hamiapollenites limbalis* Zhang sp. nov. 很相似,唯一差别是本种肋条细网状,而 *H. limbalis* 的肋条光滑并具增厚的线状边缘。它与 *H. fengchengensis* Zhan, 2003 也颇相似,但后者个体大(90—120μm)。

产地层位 新疆乌鲁木齐妖魔山,芦草沟组。

宽条哈姆粉(新联合) *Hamiapollenites latistriatus* (Zhou) Ouyang comb. nov.

(图版162,图15)

1980 *Costapollenites latistriatus* Zhou,周和仪,65页,图版30,图18。

1982 *Costapollenites latistriatus* Zhou,周和仪,149页,图版Ⅱ,图17。

1987 *Costapollenites latistriatus*,周和仪,图版4,图38。

描述 全模标本破损,大小(长×宽)约45×43μm;本体近球形,外壁厚1.2μm,近极具肋12条,宽2.5—3.7μm,其上布有细密颗粒;远极面中部具粗壮横肋,宽约8μm;两小气囊位于远极面,略呈新月形,纵向≤10μm,囊基距宽>1/2花粉总长(原描述"赤道两端缺乏气囊",但从照相看,很可能有小气囊,不过未超出本体轮廓)。

比较与讨论 当前标本存在气囊和远极粗壮横肋,归入 *Hamiapollenites* 较归之于 *Costapollenites* 或 *Vittatina* 好,故作一新联合。此种与北疆上二叠统的 *Hamiapollenites ovatus* Zhan(詹家祯,见欧阳舒等,2003,378页,图版68,图18;图版70,图7,11)颇相似,但后者本体横轴明显长于纵轴,呈横卵圆形,气囊稍较发育且超出本体轮廓。

产地层位 河南范县,上石盒子组。

线带哈姆粉 *Hamiapollenites linearis* Zhang, 1983

(图版162,图4—6)

1983 *Hamiapollenites linearis* Zhang, p. 336, 337, pl. 3, figs. 6—9.

描述 赤道轮廓(全模)略卵圆形,大小(总长)40—60μm,全模约46μm(图版162,图4),本体(长×宽)36—49×28—50μm,气囊16—20×20—35μm;本体亚圆形或卵圆形,多数横轴较长,外壁薄,2层,厚1.7—2.0μm,外层光滑,内层粗糙,近极面具7—9条纵肋,各宽约2.5μm;远极面中部具一横肋,宽6—7μm,横肋细带状,但两边微增厚,有时气囊脱落,则可见3条横肋(实际上,其全模气囊并未脱落,远极中部横肋也可解释为一条横肋分成两细条带,另两条可能为气囊远极基褶);气囊小,远小于本体,薄,网状,倾向远极,远极基距>1/2本体纵长。

比较与讨论 本种大小、形态与 *H. ovatus* Zhan(詹家祯,见欧阳舒等,2003,378页)颇相似,但后者近极面肋条较多(13—16条)且密,气囊更小,远极横肋无分成两线带现象。

产地层位 新疆乌鲁木齐妖魔山,芦草沟组。

金缕粉属 *Auroserisporites* Chen, 1978

模式种 *Auroserisporites hunanensis* Chen,1978;湖南韶山,上二叠统。

属征 双囊花粉,本体长,气囊小,故整个花粉宽长比值在1/4—1/3之间;本体长纺锤形,布满纵向肋和肋间"沟",且又为横向"沟"所切割,构成细网格状,宛如"金缕衣",故名;远极中部两条加厚肋,构成顶脊;气囊不发育,略偏向远极,大于半球形,位于花粉两端,彼此远离,囊基距很大(从图照看,此种花粉远极面亦具一纵向沟,沟端亦具喇叭状开口;远极面是否也有肋条,需扫描镜照相证实);模式种大小136—141×36—38μm。

比较与讨论 本属花粉形态与 *Anticapipollis* Ouyang 颇相似,但后者无肋纹;以远离的小气囊和"逆沟"(纵向沟)的存在区别于 *Striatoabieites*。

湖南金缕粉 *Auroserisporites hunanensis* Chen, 1978

(图版163,图8, 10, 22, 23)

1978 *Auroserisporites hunanensis* Chen,谌建国,431页,图版125,图1—4。

描述 赤道轮廓长柱状,大小136—141×36—38μm,全模136×38μm(图版163,图10,22);气囊大于半球形,宽≤35μm,有时萎缩,囊壁内网状,着生于本体两端,与本体相交有一定角度,囊基距很宽,约为本体长的 3/4；本体长纺锤状，大小 116 × 38μm，宽长比约 1/3，满布平行长轴的"沟肋"，伸达本体两端，远极面有 5—6 对；肋较沟宽，较厚，色暗，凸出如节瘤状；远极中央的两肋加厚，强烈高起，显示孢子顶脊；沟宽约 1.5μm，微波状，透明，常向两侧伸出横向小沟，造成网纹印象。

注释 本种肋纹的描述欠清晰，"布满"和远极有"5—6 对"沟肋有点矛盾。何况一般双囊具纵肋花粉，肋和肋间(不是真正意义上的沟)都在近极面。远极纵向单沟的存在，从谌建国的图版 125 图 3，4 局部可清楚看出。所以，本种花粉有可能是近极面密布肋纹，远极面具单沟，参见属征下评述。

产地层位 湖南韶山，龙潭组。

伊利粉属 *Illinites* (Kosanke, 1950) emend. Jansonius and Hills, 1976

模式种 *Illinites unicus* Kosanke, 1950；美国伊利诺伊州，上石炭统。

同义名 *Kosankeisporites* Bharadwaj, 1956, *Complexisporites* Jizba, 1962.

属征及比较 双囊花粉，最重要的特征是本体近极面外壁外层中具凹痕，形成内条纹，条纹可二分叉[非三缝遗迹(?)]，并与本体内的环状壕沟相连包围条纹区(欧阳舒等，2003，397 页)。*Illinites*(Kosanke, 1950)经 Jansonius 和 Hills (1976)重新观察全模标本后修订的属征与 *Kosankeisporites* 和 *Complexisporites* 同义。

亲缘关系 种子蕨。

分布时代 欧美区、华夏区、亚安加拉区，晚石炭世—早二叠世。

华美伊利粉(比较种) *Illinites* cf. *elegans* Kosanke, 1950

(图版 163，图 2，28)

1950 *Illinites elegans* Kosanke, p. 52, pl. 1, figs. 1, 2.

1956 *Kosankeisporites elegans* (Kosanke) Bharadwaj, p. 137.

1970 *Kosankeisporites elegans* (Kosanke) Peppers, p. 133, pl. 14, fig. 6.

1976 *Kosankeisporites elegans* (Kosanke), junior synonym of *Illinites* -Jansonius.

1984 *Kosankeisporites elegans* (Kosanke) Bharadwaj，高联达，387 页，图版 148，图 4。

?1987 *Kosankeisporites elegans* (Kosanke)，高联达，图版 10，图 5。

描述 据 Kosanke, Bharadwaj 和 Peppers 等人的描述，此种的主要特征是：总大小(长)56—67μm，全模 51 × 63μm，气囊大于半圆形且稍大于本体；本体椭圆形，纵轴短于横轴，近极面外壁具壕—皱脊或条纹，不规则或大致纵贯本体，或有颇清楚的三缝痕迹，其外被一圈凹壕所包围；远极面具狭椭圆形的沟，被气囊远极基包围。本种以本体横椭圆形、远极面具较狭的沟与 *I. unicus* 区别。

比较与讨论 宁武的 *Kosankeisporites elegans* 的两个标本中，有一个大小(58μm)、形态及窄的远极沟与 *Illinites elegans* 相似，但原描述中只提及近极面具"薄的弯曲小褶皱"，未提及条纹和包围条纹的一圈壕状结构，照相上也看不清楚，故至少种的鉴定应保留。靖远的此种未作描述，且图照不太清晰，就更难判断。考虑到朱怀诚对靖远石炭系发表的许多图版中，并未出现 *Illinites* 的这个种，相反，这一标本倒是与朱怀诚(1993)鉴定的 *Gardenasporites pinnatus* Kruzina 有些相似。

产地层位 山西宁武，太原组；甘肃靖远，红土洼组。

?单一伊利粉 ?*Illinites unicus* Kosanke, 1950

(图版 163，图 18—20)

1966 ?*Illinites unicus* Kosanke, in Helby, p. 679—681, pl. 9, figs. 1—3.

1976 *Illinites unicus* Kosanke, in Kaiser, p. 142, pl. 16, figs. 11.

1984 *Vestigisporites* sp.，王蕙，图版Ⅴ，图 15。

1986 *Vestigisporites ovatus* auct. non Zhou，杜宝安，图版Ⅲ，图 47。

1987a *Illinites unicus*，廖克光，571 页，图版 143，图 2。

描述 双囊花粉，赤道轮廓宽卵圆形，大小 65—85μm；本体横卵圆形，近圆形的接触区被一细而透亮的圆圈状壕沟所包围,接触区内还有略不规则的纵向延伸的 4 条透亮线;远极部分地可见一柔弱的横缝[(?)沟](据 Kaiser)。

比较与讨论 当前标本与本属模式种 *I. unicus* 是有些相似(如 Kaiser 扫描照相图 11 显示的圆圈状壕沟),但同一标本(?)的透射镜照相(图 10)近极面上似乎有 7—8 条纵肋,颇似 *Protohaploxypinus*,与欧美地区常见的 *Illinites unicus* 不同(见 Helby, 1966, pl. 8, figs. 9—18)。本书仅将 Kaiser(1976, pl. 16, fig. 11)归入此种下,但对种的鉴定作了保留;廖克光鉴定的山西宁武本溪组的 *I. unicus*(图版 163,图 20),大小 82μm,照相欠清楚,且未给描述。同义名表中的 *Vestigisporites* sp.(图版 163,图 19)和 *V. ovatus*(图版 163,图 18)倒是与 *Illinites unicus* 有些相似。关于本种的讨论详见欧阳舒等(2003,398 页)。

产地层位 山西宁武、保德,下石盒子组;甘肃平凉,山西组;宁夏横山堡,上石炭统;新疆北部,佳木河组。

叉肋粉属 *Vittatina* (Luber, 1940; Samoilovich, 1953) Wilson, 1962

模式种 *Vittatina subsaccata* Samoilovich, 1953;俄罗斯西乌拉尔契尔登地区(Cherdyn' area),下二叠统(Kungurian)。

同义名 *Aumancisporites* Alpern, 1958, *Striatoluberae* Hart, 1963, *Ventralvittatina* Koloda, 1989.

属征 两侧对称具肋纹花粉,轮廓通常卵圆形—亚圆形,不具囊,或两端具很小的雏囊,或横向外壁褶,远极面无沟,或具薄壁区或宽的单沟;近极面通常无射线,但有时可见简单、短的单射线或三射线残迹;外壁外层厚,内层薄几不能辨,近极面具纵肋 7—20 条,几乎延伸纵轴全长,肋纹圆至平,有时二分叉或变尖,互相平行,在末端常汇聚,偶尔绕至端部远极面,因而呈交叉状;肋条光滑—细点穴状、颗粒状、瘤状或网状,远极面或光滑或颗粒状,或具一颇宽横肋;轮廓线平整或微波状;模式种近纺锤形,大小 50—66μm。

注释 本属最先由 Wilson(1962 年 2 月)指定 *V. subsaccata* Samoilovich, 1953 为模式种,并给了属征;同年稍晚,Jansonius 亦选该种为模式种,也厘定了属征。对本属形态特征,作者间的解释存在分歧,如囊的有无,近极射线的有无或性质,远极面沟的有无,乃至本属的归类,归原始沟类 Praecolpates Potonié and Kremp, 1954,多沟褶类 Polyplicates Erdtman, 1952,多脊谷类 Costates Potonié, 1970,甚至双囊具肋类 Disaccistriatiti 的 Multistriatiti(Hart, 1963;欧阳舒等,2003;因其与 *Striatoabieites*, *Hamiapollenites* 等关系密切,存在过渡类型,尽管 *Vittatina* 部分种无囊)的都有。本书综合各家特别是参照 Oshurkova 的较详细的历史叙述,并结合自身的经验,作出上面的属征介绍。

比较与讨论 本属以不具气囊或仅有很小的气囊与其他双囊具肋花粉属区别。*Costapollenites* 以本体颜色较暗、两端具窄囊且在赤道两侧相连而区别。与 *Weylandites* Bharadwaj and Srivastava, 1969 的区别见该属下。笔者将 *Vittatina* 作广义用。以 *Zonaletes vittifer* Luber (1941)为模式种建立的属 *Ventralvittatina* Koloda, 1989 (p. 60)中,尽管 *V. vittifer* 赤道外壁较厚,但所述的属征与 *Vittatina* 基本一致,故未得到学术界承认(Utting, 1994; Oshurkova, 2003)。此外,Koloda (1989)一方面明确提到肋纹在近极,也提到 *ventral* 是"腹面"(远极)之意,所以这一属名容易误导;她归入该属的 *V. vittifer* 与北疆的 *V. gigantea* Wang(75—105μm,见欧阳舒等,2003)颇相似,但个体小得多(47.0—62.8μm)。

亲缘关系 同 *Protohaploxypinus* s. l. 等双囊具肋花粉,主要出自种子蕨类,如盾籽蕨目(Peltaspermales)。

分布时代 全球分布,广义的 *Vittatina* 始于亚安加拉晚石炭世早期,但主要在二叠纪,少量见于早三叠世。

肋纹叉肋粉 *Vittatina costabilis* Wilson, 1962

(图版 163,图 9, 17, 21)

1962 *Vittatina costabilis* Wilson, p. 25, pl. Ⅲ, fig. 12.

1963 *Vittatina costabilis*, Klaus, p. 339, pl. 20, figs. 94—96.

1985 *Costapollenites costabilis* (Kosanke) Wang,王蕙,670 页,图版 Ⅰ,图 15。

1986 *Vittatina costabilis*,侯静鹏、王智,109 页,图版 24,图 20;图版 30,图 15。

1986 *Vittatina subsaccata* Samoilovich,侯静鹏、王智,109 页,图版 30,图 16。

描述 赤道轮廓宽卵圆形,大小(长×宽)60—70×50—53μm;外壁点穴状,近极面具平行于长轴的肋纹 14—16 条,向两端汇聚或逐渐变窄而尖灭;有的标本远极面具 3—4 条细肋纹,与近极面的肋纹垂直,中间常具 1 条横肋,有时仅隐约可见。

比较与讨论 当前标本与首见于美国中上二叠统(Flowerpot Formation)的 *V. costabilis* Balme 很相似,仅外壁表面点穴或粗糙纹饰更为明显,可能是保存关系。大龙口的 *V. subsaccata*,标本破损,照相上看不清"极小气囊",而远极具外壁增厚的 1 条横肋,故宁可归入 *V. costabilis*。

产地层位 新疆吉木萨尔大龙口,梧桐沟组—锅底坑组;新疆塔里木盆地杜瓦,棋盘组—克孜里奇曼组。

范县叉肋粉 *Vittatina fanxianensis* Zhou, 1980

(图版 163,图 24)

1980 *Vittatina fanxianensis* Zhou,周和仪,66 页,图版 30,图 20。

1982 *Vittatina fanxianensis*,周和仪,149 页,图版Ⅱ,图 32。

1987 *Vittatina fanxianensis*,周和仪,图版 4,图 35。

描述 赤道轮廓卵圆形,全模标本 31×25μm;近极面上具不很清楚的 5—7 条肋,中部有 2 条肋间(窄隙)可见延伸花粉全长,肋表面具颗粒纹饰;远极面具 2 条粗壮的横肋,宽 5—6μm。

比较与讨论 原作者描述:"本体 18×25μm;气囊位于花粉两端,宽 10—13μm,其与本体的着生线为 2 条直的加厚带。"但从全模照相看,肋条很可能延伸花粉全长,因而不像是二囊花粉。如果原描述正确,则两囊各占花粉总长的 1/3 左右,那么,此种就应归入 *Protohaploxypinus* 了。本种以肋条少、无气囊及远极面具 2 条粗壮横肋区别于属内其他种。

产地层位 河南范县,上石盒子组。

球形叉肋粉(新联合) *Vittatina globosa* (Zhou) Ouyang comb. nov.

(图版 163,图 3, 25, 26)

1980 *Costapollenites globosus* Zhou,周和仪,64 页,图版 30,图 2—9。

1980 *Costapollenites gracilis* Zhou,周和仪,65 页,图版 30,图 1。

1982 *Costapollenites globosus*,周和仪,148 页,图版Ⅱ,图 10,31,33,34。

1987 *Costapollenites globosus*,周和仪,图版 4,图 42,43。

1995 *Costapollenites globosus*,吴建庄,354 页,图版 56,图 6。

描述 赤道轮廓近圆形,大小 26—39μm,全模 30μm(图版 163,图 25);外壁厚约 2μm,两层清楚,近极面具肋 8—12 条,肋宽 2. 0—3. 7μm,其上布有内颗粒;远极(?)中央的加厚带,宽约 5μm,但肋的中央有时不加厚,或微开裂成凹隙,其两侧各加厚 2. 5μm,或成两条横肋;赤道两端未见气囊。

比较与讨论 本种全模似乎选得不够理想,但因确未见气囊(周和仪,1982,图版Ⅱ,图 10 也许稍接近 *Costapollenites*),故不能归入 *Costapollenites* 属。一方面,周和仪显然把远极面的加厚横肋作为该属的主要特征,但是,这与 *Costapollenites* 的模式种特征不符;另一方面,自从 Jansonius(1962),Hart(1964)之后,远极具横肋的不少种已归入 *Vittatina*,所以宜将此种迁入此属。此种以花粉球形、个体小、肋条相对较宽与 *Vittatina* 其他种不同。*Costapollenites gracilis* 与 *C. globosus* 很相似,仅肋条较细(宽 1. 2—2. 0μm),故归入同一种内。

产地层位 山东垦利,上石盒子组;河南范县、项城,上石盒子组。

链瘤叉肋粉(新联合) *Vittatina margelis* (Zhang) Ouyang comb. nov.

(图版 163,图 4, 5, 11, 30, 31)

1983 *Protowelwitschiapollis margelis* Zhang, p. 333, pl. 3, figs. 11—19, 21—23, 27.

1990 *Costapollenites margelis* (Zhang) Hou and Wang,侯静鹏、王智,33,34 页,图版 5,图 11。

描述 不具囊或仅有小囊的具肋粉,赤道轮廓亚圆形—圆形,子午轮廓亚圆形—宽豆形,远极面凸出不如近极面强烈,大小(长 × 宽)30—60 × 33—55μm,全模约 48 × 55μm(图版 163,图 30);气囊位于本体两端略偏远极面,大多标本气囊不甚发育,在极面观两端呈窄新月形,远极基近平直或不同程度凹凸,基距很宽,为本体长的 2/3—3/4,囊壁网状;"本体壁薄,2 层,厚约 1.5μm,近极面和赤道表面具两组肋纹,互相成直角相交;远极面具 16—20 条横肋纹,各宽 1.5—3.0μm;纵肋一般为横肋切割,形成瘤或垂直的短肋纹,瘤大小 1.2—3.5μm(通常约 2μm);远极外壁较近极薄;远极面中部具一垂直加厚带,宽约 7μm,有时由 3—5 条肋纹组成"。

注释 上面描述中引号内的直接引文很难使人弄明白,因极面和纵横定向互相矛盾,且纵、横的用意有时与原作者对此类花粉定向产生矛盾;从其侧面观图照(图版 163,图 11),远极面除中部一条横肋外,似无其他肋。从全模放大图(图版 163,图 30)看,近极面肋确有由瘤组成肋或被条痕切割成瘤的趋势。此外原作者的图版 3 所列此种 11 个标本,有的具明显的气囊(图 18),大部分,包括全模标本,按 Wilson 等人的观点,并非真正的气囊,有的标本具明显的远极沟或薄壁区,故可能不只一种。

比较与讨论 本种与模式种 *V. subsaccata* 颇相似,但以远极面中部具一明显横肋而与其有别;与 *V. costabilis* 也相似,但以有时两小囊的存在尤其近极面纵肋呈链瘤状而不同。

产地层位 新疆乌鲁木齐妖魔山、吉木萨尔大龙口,芦草沟组。

细纹叉肋粉 *Vittatina striata* (Luber) Samoilovich, 1953

(图版 163,图 6, 12, 13, 29)

1941 *Azonaletes striatus* Luber, in Luber and Waltz, p. 62, pl. XIII, fig. 218.

1953 *Vittatina striata* (Luber) Samoilovich, pl. VIII, fig. 6; pl. IX, fig. 2.

1985 *Vittatina xinjiangensis* Wang,王蕙,670 页,图版 I,图 16,17。

1986 *Vittatina striata* (Luber),侯静鹏、王智,109 页,图版 30,图 14。

1994 *Vittatina striata* (Luber), Utting, p. 64, pl. 8, figs. 21—24.

2003 *Vittatina striata*,包括其他同义名,见欧阳舒、王智等,402 页。

描述 赤道轮廓椭圆形,大龙口标本大小 70 × 58μm(图版 163,图 29);近极面具平行长轴的细密肋纹,20 多条,有些分叉,两端隐约可见垂直纹理;外壁表面(包括肋条)粗糙—细颗粒状;远极面具宽大薄壁区,其外包括周边颜色较深;轮廓线微不平整。

比较与讨论 大龙口标本与同义名表中所列基本一致,与 *V. vittifera* 的区别在于后者肋纹较粗、外壁赤道部位较厚。王蕙(1985)建立的塔里木盆地的种 *V. xinjiangensis* Wang,全模 59 × 44μm(图版 163,图 13),近极具约 18 条纵肋,从照相看,远极面亦具宽大薄壁区,外壁粗糙或具粒纹,主要特征与 *V. striata* 一致;稍有差别的是远极面具与纵肋垂直的 1—3 条条痕,但不稳定,故宜归入当前种。

产地层位 新疆吉木萨尔大龙口,锅底坑组;新疆塔里木盆地杜瓦,棋盘组—塔哈奇组。

亚囊叉肋粉 *Vittatina subsaccata* Samoilovich, 1953

(图版 164,图 1, 2, 7, 8, 35, 36)

1953 *Vittatina subsaccata* Samoilovich, p. 44, pl. IX, figs. 4a, b.

1986 *Vittatina* cf. *cincinnata* (Luber) Hart, 1964,欧阳舒,92 页,图版XIII,图 15。

2003 *Vittatina subsaccata* Samoilovich,欧阳舒、王智等,402 页,图版 74,图 6,8,10,23 等。

描述 云南标本赤道轮廓纺锤形,大小 61 × 47μm(图版 164,图 8);外壁较厚,近极面具大致与长轴平行的纵肋,共 10 多条,宽 2.0—3.5μm,或因分叉而变窄,在两端略聚合,局部与对面肋条斜交;两端外壁较薄,且略膨大些,宛如 2 个小囊状结构;远极面有无薄壁区或沟不清楚;棕黄—淡黄色。

比较与讨论 当前标本与 *V. subsaccata* Samoilovich 大小、形态较为相似,只不过"雏囊"壁更明显些。定 *V. cincinnata* (Luber) 或 *V. striata* (Luber) 皆不可,因为这两种皆无囊。

产地层位 云南富源，宣威组上段；新疆北部，芦草沟组—红雁池组、泉子街组。

腰带叉肋粉 *Vittatina vittifera*（Luber）Samoilovich，1953

（图版163，图27；图版164，图3，4，6，9，10，37）

1941 *Zonaletes vittifer* Luber，in Luber and Waltz，p. 156，pl. 13，fig. 217.

1953 *Vittatina vittifer*（Luber）f. *minor* Samoilovich，p. 45，pl. Ⅷ，fig. 5.

1953 *Vittatina vittifer*（Luber）f. *cinctutus* Samoilovich，p. 46，pl. Ⅹ，fig. 2a，b.

1953 *Vittatina vittifer*（Luber），Samoilovich，pl. Ⅷ，fig. 4a—d.

1984 *Vittatina vittifer* Luber 1951（sic!），高联达，436页，图版164，图11。

1987a *Vittationa fusiformis*（Zhou）Liao，廖克光，574页，图版145，图9，10。

2003 *Vittatina vittifera*，欧阳舒、王智等，403，404页，图版74，图1—5等。

描述 赤道轮廓卵圆形，大小34×22μm（图版163，图27）；外壁在赤道部位稍厚，偶具褶皱；近极面具16—18条大致平行于长轴的肋纹，在长轴末端常聚合，条纹间平滑。

比较与讨论 当前标本与同义名表中所列基本一致，但不同作者对此种的理解有的也差别很大，参见属下讨论（Koloda，1989）。被廖克光（1987，图版164，图3）鉴定为 *Vittatina fusiformis*（Zhou）comb. nov. 的标本，大小54×42μm，形态特征更接近 *V. vittifera*，与周和仪的 *Costapollenites fusiformis* 原义不同。

产地层位 山西宁武，上石盒子组；新疆吉木萨尔大龙口，芦草沟组—梧桐沟组。

绕肋粉属 *Weylandites* Bharadwaj and Srivastava，1969

模式种 *Weylandites indicus* Bharadwaj and Srivastava，1969；印度尼德普尔（Nidpur），下三叠统上部（?）。

同义名 *Paravittatina* Balme，1970.

属征 两侧对称至圆形或卵圆形花粉；远极面有不少密布的垂直或斜交的条纹，与一宽矩形或双凸形沟的两边稍弯地平行；远极面与近极面的许多（10—20条）横向条纹连续，此等横向条纹包围透镜形区或纺锤形的加厚的帽，帽位置不定；横向条纹通常无或偶尔有垂直分裂，条纹之间外壁小瘤状。

比较与讨论 *Vittatina* 缺乏条纹束之间的透镜形或近哑铃形的帽，但有或多或少连续的赤道缘带（strip），近极肋纹从不明显绕向远极面。本属似乎局限于南半球（Janonius and Hills，1976，Card 3244）；Bharadwaj 也认为不应与北半球的 *Vittatina* 混淆。虽然文字很难表达清楚，但笔者总感到 *Weylandites* 的条纹绕圈现象与北半球的已知绝大多数种不大一样；更不必提到 Bharadwaj 特别强调的其肋纹束之间的纺锤形和哑铃形的外壁增厚了。不过，Foster（1979）理解的 *Weylandites* 比较广，他认为 *Vittatina* 与 *Weylandites* 的区别在于，前者的肋纹是局限在近极面的，而 *Weylandites* 的单个肋条是完整地环绕整个花粉粒的，因而，在极面观时，近极面和远极面就像分别各有一套肋纹互相垂直，这样，他就把南、北两半球的凡是有交叉肋纹的都归入 *Weylandites* 了。此外，他还把南半球的几个种如 *Decussatisporites lucifer* Bharadwaj and Salujha，1964，*Vittatina africana* Hart，1966，*Weylandites indicus* Bharadwaj and Srivastava，1969 都作为 *W. lucifer*（Bharadwaj and Salujha）Foster，1975 的晚出同义名，其中，末一联合种即成了 *Weylandites* 的模式种。Utting（1994）也称 *Weylandites* 以近远极皆具肋纹但无气囊而与 *Vittatina* 区别。在处理这2个属的关系上，Oshurkova（2003）的态度是矛盾的，一方面，她所述区别特征与 Foster 的意见基本一致，另一方面，她在 *Vittatina* 名下列的同义名 *Striatoluberae* Hart，1963（模式种即 *Azonaletes striatus* Luber）和 *Paravittatina* Balme，1970（模式种即 *Decussatisporites lucifer* Bharadwaj and Salujha）都是有交叉肋纹的；她还将 *Azonaletes striatus* 同时归到2个属中。笔者并不完全认同 Foster 的意见，远极是否有交叉的横肋不能作为划分属的标准，如 *Vittatina costabilis* Wilson，*V. lata* Wilson 之类，显然不同于南半球的那些种，与 *Hamiapollenites* 的关系是很密切的。本书之所以决定采用 *Weylandites* 一名，是因为我国确发现肋条明显绕圈的个别种，交叉肋纹并不限于端部或远极中部。

注释 因为本书将 *A. striatus* Luber 等归入 *Vittatina*，而后者已习惯性地被译为叉肋粉属，所以将 *Weylandites*（原作者是为纪念德国古植物学家 H. Weyland 教授的）译为绕肋粉属。

非洲绕肋粉(比较种) *Weylandites* cf. *africanus* (Hart) Foster, 1979

(图版164,图21)

1980 *Vittatina* sp.,周和仪,67页,图版30,图29。

1982 *Vittatina* sp.,周和仪,151页,图版Ⅱ,图42。

1987 *Vittatina* sp.,周和仪,图版4,图47。

描述 赤道轮廓宽椭圆形,大小(长×宽)约34×28μm,花粉外壁不厚,具2组细肋条,近极面帽纵向地分成约12条,宽1.0—1.5μm,远极面分3个区,至少在中区具清楚的横向细肋条6条,肋和肋间宽约1μm,在两端各约1/3纵向区是否还有横肋不清楚。

比较与讨论 当前标本与首见于南非下二叠统(Ecca Series)的 *Vittatina africana* Hart, 1966 (p. 37—42, text-figs. 2—8)略相似(尤其text-fig. 4),原描述主要特征是:单束型轮廓,无气囊;近极帽分成9—22条肋,远极面纵向分成3个区,两端区大致相同大小,中央区略小;各端区具2—7条横肋,向内肋条稍宽。花粉大小20—70×10—60μm,大多数30—50×20—40μm,可见大小相近,横向分3个区也相似,不同的是河南标本在花粉中部具横向肋纹,这一现象只见于Hart的插图4;可能与肋条纵横缠绕的变异相关。无论如何,种的鉴定应作保留。*V. cincinata* (Luber) Hart, 1964与*V. africana*颇相似,也具2组肋,远极也分3个区,但其两端区较短,其间的距离要宽得多。

产地层位 河南范县,上石盒子组。

筛状绕肋粉(新联合) *Weylandites cribratus* (Samoilovich, 1953) Ouyang comb. nov.

(图版164,图11)

1953 *Vittatina striata* Luber var. *cribrata* Samoilovich, p. 45, pl. Ⅸ, fig. 3.

1984 *Vittatina striata* Luber var. *cribrata*,高联达,435页,图版164,图10。

描述 当前标本大小60×40μm,形态与Samoilovich从西乌拉尔早中二叠统(Kungurian—Kazanian)发现,并在*Vittatina striata*下描述的变种*cribrata*颇为相似,后者大小(长)60—80μm,赤道轮廓卵圆形,外壁具斜交的2组肋纹,与长轴也成一定角度,肋条宽于肋间,轮廓线微波状;此外,外壁具颗粒纹饰。此变种与*V. striatus*的区别是肋纹斜交。考虑到*V. striata*,无论Luber的原图(Luber and Waltz, 1941, pl. ⅩⅢ, fig. 218),或Samoilovich(1953, pl. Ⅸ, fig. 2a,c)或Utting鉴定的(1994, pl. 8, figs. 21—24),远极皆具薄壁区或宽沟,而沟外包括赤道一圈外壁较厚,肋纹在两端部或中部相对垂直相交,故将此变种提升为种并归入*Weylandites*。

比较与讨论 当前标本与Samoilovich发现的变种*cribrata*虽颇相似,但肋纹似偏细。这一变种与现代一种希指蕨*Schizaea laevigata* (Selling, 1944, pl. ⅩⅦ, figs. 3, 4)孢子在形态上似乎可以比较,但属裸子植物尤其是种子蕨可能性较大。

产地层位 山西宁武,上石盒子组。

光亮绕肋粉(比较种) *Weylandites* cf. *lucifer* (Bharadwaj and Salujha) Foster, 1975

(图版164,图5, 26, 27)

1980 *Vittatina* sp.,周和仪,图版30,图27,32。

1984 *Paravittatina lucifer* (Bharadwaj and Salujha) Balme,高联达,437页,图版164,图15。

1984 *Vittatina cincinnata* (Luber ex Samoilovich 1953),高联达,436页,图版164,图16。

1984 *Vittatina costabilis* Wilson,高联达,436页,图版164,图12。

描述 花粉粒球形—亚球形,大小40—50μm;外壁具绕圈状(looped)或交叉状肋纹,半个球面上多于10条,个别标本交叉主要在两端;远极可能有单沟[sulcus(?)],但不明显;轮廓线微缺刻状或平整。

比较与讨论 当前标本形态还不很清楚,比较而言,与*W. lucifer* (B. and S.) (Bharadwaj and Salujha, 1964, p. 213, pl. 12, figs. 169—171; Foster, 1979, p. 102, pl. 37, fig. 7)或*Vittatina cincinnata* (Luber) (Samoilovich, 1953, pl. Ⅹ, fig. 1)多少有些相似,但后两者全模远极面都有单沟或薄壁区,肋纹绕圈也多少有些

不同,考虑到 Foster 认为 *Vittatina cincinnata* 是 *Weylandites lucifer* 的同义名,故定作 *W. lucifer* 的比较种。高联达(1984)在翻译 *Paravittatina* Balme, 1970(Balme 本人在 409 和 410 页脚注中已注明他的属是 *Weylandites* 的客观晚出同义名)属征或描述 *Paravittatina lucifer* 时,将"*monosulcate*"、"*sulcus*"(单沟)译成"单侧囊"、"侧囊"("囊"是 saccus,并无"侧"之意),显然是笔误;*Weylandites* 是无囊的。此外,*Vittatina costabilis* Wilson, 1962 近极面肋较宽(2—4μm),远极具一清楚增厚的横肋,与 *Weylandites lucifer* 等无关。

产地层位 山西宁武,上石盒子组;河南范县,上石盒子组。

缘囊叉肋粉属 *Costapollenites* Tschudy and Kosanke, 1966

模式种 *Costapollenites ellipticus* Tschudy and Kosanke, 1966;美国得克萨斯狼营(Wolfcamp, Texas),下二叠统(Wolfcampian)。

属征 花粉或前花粉,两侧对称,赤道轮廓椭圆形,由一本体、帽和一沿赤道相连的小气囊组成;近极帽暗棕色,具 8—11 条粗肋,间以肋隙并与花粉长轴平行,可见一弯曲的单射线口器;远极面具 1 条或多条横肋,与近极肋垂直;气囊包围本体,虽貌似双囊,但在赤道两侧肯定有连接带;气囊外表光滑,内面颗粒状,形成的图案显示确定的网纹;模式种 59—73 ×40—49μm。

比较与讨论 本属以暗色的本体和在赤道边微膨胀的囊可与 *Vittatina* 区别(Jansonius in Jansonius and Hills, 1976, Card 620)。

纺锤缘囊叉肋粉 *Costapollenites fusiformis* Zhou, 1980

(图版 164,图 13)

1980 *Costapollenites fusiformis* Zhou,周和仪,64 页,图版 30,图 10—12,14,15。

1982 *Costapollenites fusiformis* Zhou,周和仪,148 页,图版 Ⅱ,图 28,29。

1987 *Costapollenites fusiformis*,周和仪,图版 4,图 44。

描述 赤道轮廓椭圆形,两侧对称,大小 42—50 ×27—31μm(测 6 粒),全模约 40 ×30μm(图版 164,图 13);外壁厚 1.0—1.5μm,两层明显,表面具 9—12 条肋,平行花粉长轴,肋宽 2.0—2.5μm,肋间细窄,具内颗粒结构;气囊在两端仅微膨胀,但在另一标本上(周和仪,1982,图版 Ⅱ,图 29,可作副模)可见呈新月形,与体平滑过渡,同样,囊壁(即两层的外层)在两侧亦相连;远极面中部具不很清楚发达的横肋,宽约 5μm,与近极纵肋垂直(原描述"未见气囊",但作者又将她的种归入 *Costapollenites*,且与其模式种比较)。

比较与讨论 本种与 *C. ellipticus* Tschudy and Kosanke, 1966 颇相似,但以个体较小、肋较细窄、本体壁稍薄与后者区别。

产地层位 河南范县,上石盒子组。

宽条缘囊叉肋粉 *Costapollenites impensus* Zhou, 1980

(图版 164,图 12, 39)

1980 *Costapollenites impensus* Zhou,周和仪,65 页,图版 30,图 16,17。

1982 *Costapollenites impensus* Zhou,周和仪,149 页,图版 Ⅱ,图 12,13。

1987 *Costapollenites impensus*,周和仪,图版 4,图 39。

1987a *Vittatina impensus* (Zhou) Liao,廖克光,574 页,图版 145,图 19。

描述 赤道轮廓宽椭圆形—亚圆形,大小 47—61 ×38—50μm,全模 50μm;外壁厚 2μm,近极面具 12 条纵肋,宽 2—3μm,少量分叉或呈楔形,肋间细窄,纵贯本体全长,在两端基本不汇聚;外壁外层在远极面有呈双囊趋势,在全模上具窄的远极基褶,二者间距很宽,约 1/2—2/3 本体长;但全模外壁外层("囊壁")在赤道两侧亦微膨胀,最宽可达 4—5μm,在另一标本上此层较窄,且颜色较浅。

注释 原作者描述"远极(?)中央的加厚肋带较宽,12—18μm,赤道两端的气囊不显",照相上横贯本体的远极肋似颇宽,种名 *impensus*(译为"宽条")。周和仪在 1987 年重新发表此种时,只列了 1 张照片(即

1980,图版30,图17;本书图版164,图39),而非原指定的全模(1980,图版30,图16);鉴于她在1980年发表的许多新种,其中大部分在1982,1987年又部分地发表为新种,对本种而言,可认为1987年所列照片是原作者重新指定了全模。

比较与讨论 当前标本兼具 *Vittatina* 和 *Costapollenites* 的特征,两囊趋势更接近 *Vittatina*,但外壁外层在赤道两侧微膨胀又像 *Costapollenites*,本书从原作者归入 *Costapollenites*。此种与 *Vittatina subsaccata* 有些相似,但以肋条数目较少,且在两端不汇聚而与之有别;以气囊在远极面有两囊趋势区别于 *Costapollenites* 属的其他种。被廖克光鉴定为本种的标本(图版145,图19),大小达68×48μm,远极面同样有两囊趋势,中部似有薄而宽的横肋,但外壁外层在赤道两侧无膨胀相连现象,故她将本种归入 *Vittatina* 不无道理,鉴于前述理由,仍仿周和仪归属。

产地层位 山西宁武,上石盒子组;河南范县,石盒子群。

多肋缘囊叉肋粉(新联合) *Costapollenites multicostatus* (Zhou) Ouyang comb. nov.

(图版164,图23—25)

1980 *Vittatina multicostata* Zhou,周和仪,66页,图版30,图21,23—25。

1980 *Vittatina lunata* Zhou,周和仪,66页,图版30,图19。

1980 *Vittatina salva* Zhou,周和仪,66页,图版30,图35。

1980 *Vittatina perisaccoides* Zhou,66页,图版30,图22,26。

1982 *Vittatina multicostata* Zhou,周和仪,149页,图版Ⅱ,图35,36,38。

1984 *Vittatina minor* Gao,高联达,436页,图版164,图13,14。

1987 *Vittatina multicostata*,周和仪,图版4,图34,36。

1987 *Vittatina* spp.,周和仪,图版4,图37,48。

描述 赤道轮廓椭圆形或纺锤形,大小30—51×23—29μm;中央本体椭圆形—亚圆形,大小25—28×23—28μm,全模约42×26μm(图版164,图24);近极帽加厚(故本体色较深),分成16—20条肋,其上布有细颗粒;气囊小,位于本体两端,宽3.0—7.5μm,但向赤道两侧多少相连,在有的标本上很明显,几呈周囊状;囊壁薄,色较浅,具颗粒—网纹。

比较与讨论 周和仪(1980)根据一破损标本建的另一种 *Vittatina lunata*,以肋条较少、气囊远极基具新月形的增厚基褶而与本种区别,鉴于其他特征如大小、形态和联囊的趋势皆相似,似乎可归入同一种内,因本种除帽缘一圈较宽外,联囊趋势也明显,形态与其归入 *V. multicostata* 的一个标本(1980,图版30,图25)也颇相似,且这几种产出地点层位相同。本种以两小囊在赤道两侧多少相连区别于 *Vittatina*,故迁入 *Costapollenites* 属。它以较小个体、细窄的肋和肋间及透明的气囊区别于 *Costapollenites* 的其他种。周和仪在1987年将 *Vittatina perisaccoides* Zhou sp. nov. 改定为 *Vittatina* sp.。*V. minor* Gao 与 *V. multicostatus* Zhou 的全模很相似,大小(40×28μm,本书选其图13作副模,图版164,图25)也接近,"膜状气囊"很清楚,在两侧微相连,故归入同一种内。

产地层位 山西宁武,上石盒子组;河南范县,上石盒子组。

薄囊缘囊叉肋粉(新联合) *Costapollenites tenulus* (Zhang) Ouyang comb. nov.

(图版164,图38)

1983 *Protowelwitschiapollis tenulus* Zhang L. J., p. 336, pl. 6, fig. 21.

描述 赤道轮廓略卵圆形,全模总长85μm(图版164,图38);本体(长×宽)74×50μm,气囊20×27μm;本体轮廓卵圆形,纵轴较长,颜色较深,近极面具纵向肋条10—12条,各宽2.0—2.5μm,肋间(隙)明显,大多为1—2μm,向两端微汇聚;气囊很小,颜色浅于本体,在两端超出本体部分小于或等于8μm,可能为两囊花粉,囊略半圆形或卵圆形,与本体基本平滑过渡,但气囊在赤道周边相连的可能性不能排除;本体远极面横肋隐约可见。

比较与讨论 此种以本体色暗和大小形态、囊在赤道周边可能相连与 *C. ellipticus* 的模式种 *C. ellipticus* Tschudy and Kosanke, 1956 略相似,但以气囊在两端较明显、有两囊趋势及远极横肋不那么明显而与后者有别;与 *Vittatina subsaccata* Samoilovich f. *connectivalis* Zauer, 1965(王智,见欧阳舒等,2003,403 页,图版 74,图 9,12,13,15,16)也颇相似,但以个体稍大、肋间较宽、本体近极面(或肋)颗粒状纹饰不那么显著而与后者区别。

产地层位 新疆乌鲁木齐妖魔山,芦草沟组。

横肋缘囊叉肋粉?(新联合) *Costapollenites*? *transversus* (Zhou) Ouyang comb. nov.

(图版 164,图 22)

1980 *Vittatina*? *transversa* Zhou,周和仪,67 页,图版 30,图 36。

1987 *Vittatina*? *transversa* Zhou,周和仪,13 页,图版 4,图 46。

描述 赤道轮廓椭圆形,全模标本 45 × 25μm;中央本体椭圆形,大小 38 × 25μm,具帽,其上布有很多垂直于花粉长轴的肋条约 25 条,宽约 1μm,表面具粗糙颗粒状纹饰;本体纵轴两端具小气囊,近球形,微双束型,与体呈角度相交,但在赤道有相连、包围本体趋势,囊壁网状。

比较与讨论 从照相和花粉构形看,应为两气囊,远极面具一明显单沟;在原作者比较中,除提及具横肋外还有纵肋。当前标本的形态、大小、横肋纹及单沟与 *Decussatisporites* Leschik, 1956 的模式种(瑞士上三叠统)*D. delineatus* Leschik, 1956 颇相似,但后者无气囊;*Costapollenites* 中从未见过有如此众多垂直于单沟的横肋纹的种,故存疑归入该属。本种以存在很多横肋区别于 *Vittatina* 属的种或 *Costapollenites* 属的其他种。

产地层位 河南范县,上石盒子组。

二肋粉属 *Lueckisporites* (Potonié and Klaus, 1954) emend. Jansonius, 1962

模式种 *Lueckisporites virkkiae* Potonié and Klaus, 1954;奥地利,上二叠统。

属征 双囊花粉,气囊倾向远极,在近极接触于赤道;近极面具多少增厚的外壁外层,中部被一纵向开裂分成两半,在极端情况下,这两半(帽)膨胀程度甚至可超过气囊;在此开裂带之内的外壁内层上有一短且微弯的单射线[本属属征 R. Potonié, 1958, Klaus, 1963, Bharadwaj, 1974 都作过修订,本书采用 Jansonius (1962)建议,稍简化、改动]。

比较与讨论 本属以近外壁帽偏厚、其下外壁内层上有一小单缝与 *Gardenasporites* 区别。

亲缘关系 松柏类。

时代分布 全球,二叠纪(局部地区延至早三叠世),尤其晚二叠世;但原始记录见于亚安加拉区上石炭统下部。

光面二肋粉? *Lueckisporites*? *levis* Ouyang, 1986

(图版 164,图 14)

1986 *Lueckisporites*? *levis* Ouyang,90 页,图版 13,图 1。

描述 赤道轮廓略呈双束型,中等大小,全模(长 × 宽)73 × 38μm;本体 46 × 34μm,囊 25 × 33—38μm;本体轮廓近卵圆形,壁厚,厚度不可量,暗棕色,表面光滑,近极面具一条直而窄的单缝状开裂,其一侧似略增厚,几乎纵贯本体全长;气囊倾向远极,远极基略收缩,与本体相交具一定角度,囊基间距达 1/2 本体长,囊膜亦颇厚实,但薄于本体,棕黄色,细内网穴状,穴径 <1μm,有时沿长轴方向相连,囊基部具辐射状皱纹。

比较与讨论 本种花粉大小、形态略似南阿尔卑斯上二叠统下部的 *L. microgranulatus* Klaus, 1963 (p. 303, pl. 12, figs. 56, 57),后者本体外壁亦有光滑者,但其开裂较宽,其间内层上有一短单缝,故不可能同种,而且,按修订属征,属的鉴定亦需作保留,虽其本体外壁厚更接近 *Lueckisporites*。

产地层位 云南宣威,卡以头组。

二叠二肋粉？ *Lueckisporites*? *permianus* Gao, 1984

（图版164，图31）

1984 *Lueckisporites permianus* Gao，高联达，1984，432页，图版163，图8。

描述 赤道轮廓明显双束型，大小（长轴）75—86μm，全模86μm；本体轮廓椭圆形，大小34×44μm，横轴长于纵轴；体壁薄，颜色不深于气囊，近极面具透明的肋条将本体分离为两个豆形体，肋条窄，前端分叉（所谓透明的肋条，当为外壁外层的单缝状开裂或缺失，而非增厚的肋条，此开裂在两端叉裂），气囊大于半圆形，且大于本体，大小44×60μm，近极基赤道位，远极基对应偏内，微凸，无明显基褶，间距约1/3本体长；囊壁细内网状，体壁结构更细。

比较与讨论 *L. singhii* Balme, 1970（p. 376, pl. 13, figs. 1—3）单束型—微双束型，其近极面开裂（cleft）很宽，有所不同。本种本体外壁薄，开裂内无短小单缝，颇接近 *Gardenasporites* 属，但其本体近极的分割状态，又与 *Lueckisporites* 有些相似，故存疑地归入后一属内。

产地层位 山西宁武，上石盒子组。

维尔基二肋粉 *Lueckisporites virkkiae* Potonié and Klaus, 1954

（图版164，图15，16，32—34；图版165，图1—7）

1980 *Lueckisporites virkkiae* Potonié and Klaus，曲立范，198页，图版61，图14。

1986 *Lueckisporites virkkiae*，侯静鹏、王智，107页，图版30，图8—11。

1986 *Lueckisporites virkkiae*，曲立范等，160页，图版34，图12。

1990 *Lueckisporites virkkiae*, Ouyang and Utting, p. 98, pl. Ⅴ, figs. 1—4.

1997 *Lueckisporites virkkiae*，朱怀诚，57页，图版Ⅳ，图4，5，7。

1995 *Lueckisporites virkkiae*，吴建庄，图版55，图10。

1999 *Lueckisporites virkkiae*, in Ouyang and Norris, pl. Ⅶ, fig. 16.

2003 *Lueckisporites virkkiae*，包括其他同义名见欧阳舒、王智等，405，406页，图版47，图3，10，11；图版49，图2，9，12，14；图版50，图1—4，24。

2005 *Lueckisporites virkkiae*, in Zhu H. C. et al., pl. Ⅱ, fig. 1; pl. Ⅳ, figs. 1, 2.

描述 单束型或略呈双束型，赤道轮廓近卵圆形或囊与体相交具角度，大小（长×宽）52(63)98×36(41)58μm，本体35(43)54×30(37)48μm，气囊19(24)36×36(40)58μm，超出本体长6(11)14μm（测10粒）；本体轮廓圆形—卵圆形，纵轴有时长于横轴，外壁内层很薄，厚<1μm，外层亦不厚，一般≤1μm，偶尔可见到较疏松的帽缘，厚可达2.0—2.5μm，近极中部外层常开裂成近对称的两瓣，裂隙宽窄不一，最宽达3—5μm，个别标本上裂隙所在的内层裸露带内有一小单缝状裂口；气囊常大于半圆形，位于赤道微倾向远极，远极基大致平直或微凹凸，间距［12(18)26μm］1/3—1/2本体长；外壁外层（体和囊）皆为内网状—点穴状（可能为原囊），穴、脊多小于1μm，有些穴沿辐射方向拉长；棕黄—黄（体）—浅黄（囊）色。

比较与讨论 当前标本与首见于德国上二叠统（Zechstein）的 *L. virkkiae* Potonié and Klaus, 1954（p. 534, pl. 10, figs. 1，3）相比，主要形态特征基本一致，后者大小35—90μm，全模标本60μm，仅其帽较厚。其后欧洲作者记载的这个种，帽厚这一特点更为突出，且大多在两瓣外层之间（内层上）可见到一短小的单缝（Visscher, 1971）。自从本种建立后，已在北半球和南半球许多国家发现，被视为上二叠统的标志分子（Visscher，1973），虽然上石炭统已有这个种的可疑记载（如 Inosova et al., 1974, pl. Ⅲ, fig. 11；又如北疆归入 *Gandenasporites anticus*（Kruzina）和 *G. isotomus* Ouyang 的产自上石炭统下部的车排子组的种），至下三叠统仍有存在，如东格陵兰（Balme，1979），马达加斯加（Goubin, 1965），奥地利（Singh, 1964），苏联乌拉尔地区（Tuzhikova, 1983）。在我国 *Lueckisporites virkkiae* 同样如此，在华北主要见于石千峰组及其相当地层，在华南少量出现于龙潭组［如同在华北上石盒子组（高联达等，1984，432页，图版163，图6，7，24）］，较多见于长兴组；出现于早三叠世的例子，如新疆的韭菜园组（曲立范、王智，1986），浙江长兴的下青龙组（Ouyang and Utting，1990）。有些作者将它在下三叠统的出现解释为再沉积的结果（Balme，1979），对此，我们至少应持保留态度。

产地层位 华北，偶见于上石盒子组，常见于石千峰组（狭义上等于孙家沟组）及其相当地层；华南，偶见于龙潭组，常见于长兴组及其相当地层；新疆北部，芦草沟组、梧桐沟组—锅底坑组；新疆皮山杜瓦，普司格组上部，局部地区延伸至下三叠统，如新疆韭菜园组，浙江长兴下青龙组，但有人解释为再沉积产物。

盾脊粉属 *Scutasporites* Klaus, 1963

模式种 *Scutasporites* Klaus, 1963；南阿尔卑斯，上二叠统。

属征 双囊单缝花粉，中央本体圆形—卵圆形，外壁内层光滑—细颗粒状，通常无横向褶皱，近极面具一平行纵轴的窄单缝，不伸达本体边沿，常直，偶尔微弯曲，从不折凹；单缝之上的外壁外层具较粗的内结构，形成两边界线清楚的较宽条带，条带整个过渡至气囊；本体其余外壁外层结构较细；气囊对生或微倾向远极（Klaus, 1963）。

比较与讨论 本属以中部条带较宽、有时呈三肋趋势与 *Chordasporites* 区别（详见欧阳舒等，2003，406—408 页）。

亲缘关系 松柏类。

分布时代 亚安加拉区、欧美区、华夏区，以晚二叠世为主。

清楚盾脊粉（新联合） *Scutasporites argutus* (Hou and Wang) Ouyang comb. nov.

（图版 164，图 17）

1990 *Gardenasporites argutus* Hou and Wang，侯静鹏、王智，30 页，图版 7，图 8。

描述 赤道轮廓椭圆形，囊与体接触基本平滑过渡（单束型），大小（总长）104—110μm，全模 104μm；本体略宽椭圆形，大小 42×75μm，横轴较长，体壁薄，近极中部具一宽约 10μm 的脊，延伸本体全长，脊的中部具一很细的"单裂缝"（因标本保存略斜，全模照相上"单裂缝"不在正中央），除中央脊外，赤道两侧外壁外层也略显纵向条带倾向，此等外层或脊上"具细粒纹饰"；气囊近极基赤道位，远极基对应偏内，微凹凸，囊基距约1/4—1/3本体长，囊壁具均匀细内网纹饰。

比较与讨论 本种与 *S. xinjiangensis* 很相似，但以气囊纵向膨胀较强、细单缝清楚、气囊远极基间距较窄与后者有别。之所以将此种归入 *Scutasporites* 属，是因为此属正是以较宽的盾脊、其间有单缝为特征的；而 *Gardenasporites* 是以外壁外层的纵向开裂或缺失为特征的。

产地层位 新疆吉木萨尔大龙口，梧桐沟组。

新疆盾脊粉 *Scutasporites xinjiangensis* (Hou and Wang) Ouyang, 2003

（图版 164，图 18，20，29，30）

1986 *Gardenasporites xinjiangensis* Hou and Wang，侯静鹏、王智，93 页，图版 24，图 9，10。

1972 *Taeniaesporites ortisei* auct. non Klaus, in Molin and Koloda, pl. 21, fig. 1.

1980 *Scutasporites* sp. cf. *S. unicus* Klaus, Balme, p. 32, 33, pl. 21, fig. 1.

1993 *Scutasporites xinjiagensis* (Hou and Wang) Ouyang et al.，欧阳舒等，图版 3，图 18。

1997 *Gardenasporites xinjiangensis*，朱怀诚，55 页，图版Ⅲ，图 6，8。

1999 *Scutasporites* sp. cf. *S. unicus* Klaus, Ouyang and Norris, pl. Ⅶ, figs. 18—20.

2003 *Scutasporites xinjiangensis* (Hou and Wang) Ouyang，欧阳舒、王智等，407，408 页，图版 52，图 7—9，11，15。

2005 *Scutasporites xinjiangensis*, Zhu H. C. et al., pl. Ⅱ, fig. 2; pl. Ⅳ, fig. 3.

描述 单束型，赤道轮廓宽卵圆形，大小（长×宽）68—88×50—60μm；本体 40—54×50—54μm，气囊 24—30×48—54μm，超出本体长 13—20μm；据侯静鹏等，大小 62—85×50—68μm；本体轮廓略宽卵圆形，纵轴较短，外壁薄，厚≤1μm，近极面中部具一薄而宽的外壁外层条带或盾状脊，宽约 20μm（1/2 本体宽），纵贯本体全长，其两侧的部分外层可能缺失，但在赤道边缘仍发育，中部条带下窄小单缝隐约可见；气囊小于或等于半圆形,近极基在赤道边,远极基稍偏内,略凸出或微凹,基距 > 1/2 本体长;外壁外层(囊和体)皆为细内网—点穴状,穴、脊在本体上较细(不超过 0.5μm),在气囊上小于 1μm;黄—浅黄色。

比较与讨论 欧阳舒等虽在 1993 年已将此种归入 *Scutasporites*,但当时未说明理由且未作比较,故以 2003 年著作为准。

产地层位 新疆吉木萨尔大龙口,芦草沟组、梧桐沟组—锅底坑组、韭菜园组;新疆塔里木盆地皮山杜瓦,普司格组—下三叠统(笔者在鉴定江苏龙潭组野外样品时曾见到个别标本)。

四肋粉属 *Lunatisporites* (Leschik, 1956) emend. Scheuring, 1970

模式种 *Lunatisporites acutus* Leschik, 1956;瑞士巴塞尔(Basel),上三叠统(Keuper)。

同义名 *Taeniaesporites* Leschik, 1956, *Striatisaccus* Madler, 1964, *Taeniaepollenites* Visscher, 1966.

修订属征 本体外壁外层呈宽或细网状条带,纵向延伸,可再分隔或分叉;体壁近极面帽有被中央的纵向稍宽开裂分隔成两束条带的趋势,其间内层上有短的纵向单裂缝;气囊远极基之间有一沟;大多数标本为 4 条肋(偶尔 5—6 条或更多),其间距较宽。

比较与讨论 本属以基本为 4 条肋区别于 *Scutasporites*, *Protohaploxypinus* 等属,外壁内层有无短小单缝不是此属的决定性特征(de Jersey, 1979, p. 22),Ouyang 和 Norris(1988)及 Jansonius 和 Hills (1976,2826—2828, Card 1530, 1531)等认为 Scheuring (1970)的研究肯定了先前几位作者的见解,即 *Taeniaesporites* 的模式种 *T. kraeuselii* 为 *Lunatisporites acutus* 的同义名,故本书采用了 *Lunatisporites* 这一属名代替曾广泛使用的 *Taeniaesporites*。

亲缘关系 松柏类。

分布时代 全球,晚石炭世已有原始类型,主要为二叠纪—三叠纪。

克氏四肋粉 *Lunatisporites acutus* (Leschik) Bharadwaj, 1962

(图版 164,图 19;图版 165,图 11)

1956 *Taeniaesporites acutus* Leschik, p. 58, pl. 7, fig. 24.

1956 *Taeniaesporites kraeuseli* Leschik, p. 59, pl. 8, fig. 1.

1962 *Taeniaesporites acutus* = *T. kraeuseli*, in Bharadwaj, p. 93.

1970 *Lunatisporites acutus* (Leschik) Scheuring, p. 51.

1984 *Taeniaesporites kraeuseli*,曲立范、苗淑娟,见苗淑娟等,570 页,图版 172,图 5,6。

1986 *Taeniaesporites kraeuseli*,侯静鹏、王智,106 页,图版 30,图 6。

描述 单束型—微双束形,赤道轮廓多少卵圆形—椭圆形,模式标本大小(总长 57—60μm);本体亚圆形—卵圆形,大小(长轴)30 × 27μm,纵轴或横轴稍长,体壁厚约 2μm,近极面具 4—6 条肋,多纵贯本体全长,大体有分为两束的趋势,中间肋间(隙)较宽,达 6.5—10.0μm,其间外壁内层上有一短或折凹的单缝,其他肋间窄;气囊 18—23 × 30—36μm,略大于半圆形或宽新月形,远极基清楚,或略增厚,多少内凹,基距为 1/4—1/3 本体纵长;囊壁内网结构致密,与本体重叠部分颜色较深(据 Leschik 对两种的描述和 Jansonius and Hills, 1976 所供素描图编写)。

比较与讨论 新疆标本与当前描述对照,花粉个体较大(约 95μm),本体中间肋隙窄些(即使其下有单缝也看不见),其他特点颇相似,随原作者定为此种(见属下 2 个同义名种取舍的讨论)。

产地层位 河北平泉,下板城组;山西兴县,和尚沟组;新疆吉木萨尔大龙口,锅底坑组。

磨损四肋粉(比较种) *Lunatisporites* cf. *detractus* Kraeusel and Leschik, 1955

(图版 164,图 28)

1987 *Lunatisporites* cf. *detractus*,王蓉,52 页,图版 3,图 11。

描述 单束型双囊花粉,赤道轮廓卵圆形,大小 37.5 × 25.0μm;本体卵圆形,大小 17.5 × 25.0μm,气囊和本体互相叠覆处约6.2μm,颜色较暗;近极表面具3条以上肋纹,中间2条最为明显,肋条宽2.5μm;气囊新月形,大小15×25μm,囊壁细内网状。

比较与讨论 此标本以长宽比例较小与 *L. detractus* Kraeusel and Leschik, 1955(p. 57, pl. 7, figs. 22, 23)有些差别,故定为比较种。

产地层位 安徽界首,石千峰组。

透明四肋粉(新联合) *Lunatisporites pellucidus* (Goubin) Ouyang comb. nov.

(图版165,图12)

1965 *Protohaploxypinus pellucidus* Goubin, p. 1423, pl. 2, figs. 4—6.

1970 *Taeniaesporites pellucidus* (Goubin) comb. nov., Balme, p. 373, pl. 13, figs. 8—10.

1986 *Taeniaesporites pellucidus* (Goubin),侯静鹏、王智,107页,图版30,图5。

描述 单束型,大小(总长)79—102μm;本体界线不清楚,纵长卵圆形;近极外壁厚约1μm,被3条宽裂隙分成4条主肋,又可分叉;外壁外层明显内网状,内层薄,透明,许多标本上缺失;气囊半球形—宽新月形,倾向远极,囊壁厚1—2μm,内网状,网穴1—4μm;远极基距约1/3本体长,其间壁薄而透明。

比较与讨论 与当前描述相比,新疆标本(约120μm)与之颇相似,差别在于新疆标本肋条之间间距较窄,囊基之间透明度稍弱。

产地层位 新疆吉木萨尔大龙口,锅底坑组。

正方四肋粉(新联合) *Lunatisporites quadratus* (Qu and Wang) Ouyang comb. nov.

(图版165,图13, 17, 18)

1986 *Taeniaesporites quadratus* Qu and Wang,曲立范、王智,160页,图版35,图2,6。

1997 *Taeniaesporites quadratus*,朱怀诚,56,57页,图版Ⅲ,图4。

描述 赤道轮廓近方圆形或亚圆形,大小(长×宽)60—104×60—96μm,全模60×57μm(图版165,图13);中央本体近圆形,大小58—88×60—94μm,横轴较长,近极面具4条平行纵轴的宽肋,中间2条颜色较深,肋宽15—28μm,肋间距颇窄,1—3μm;气囊小于本体,约为本体长的1/2,近极基赤道位,远极基接近中部,凸或近平直,基距<1μm,但向端部变宽;囊壁细网状。

比较与讨论 当前标本形态(图版165,图17)与北疆烧房沟组的 *Taeniaesporites quadratus*(图版165,图13,18)颇相似,仅以个体较大、肋条相对较宽而有些差别。

产地层位 新疆塔里木盆地皮山杜瓦,普司格组;新疆吉木萨尔大龙口,烧房沟组。

对称四肋粉(新联合) *Lunatisporites symmetricus* (Hou and Wang) Ouyang comb. nov.

(图版165,图8)

1986 *Taeniaesporites symmetricus* Hou and Wang,侯静鹏、王智,107页,图版30,图3。

描述 单维管束型,赤道轮廓近椭圆形,全模标本大小(长×宽)58×33μm;本体近椭圆形,大小31×33μm;近极帽分隔为4条较均匀的纵向宽肋条,肋宽5—10μm,肋间凹隙明显,直延伸至本体边沿,宽约1.6μm;帽(肋)上具颗粒纹饰;气囊半圆形,大小20×33μm,远极基大体平直,间距13μm(大于1/3本体长);囊壁细网状,穴径约1.5μm。

比较与讨论 此种与 *L. tersus* Ouyang(欧阳舒等,2003,410页,图版50,图5—11)颇相似,但后者个体较大(73—84μm),气囊远极基距较宽,囊壁网纹较细,有时远极面隐约可见横肋。

产地层位 新疆吉木萨尔大龙口,锅底坑组。

贝壳粉属 *Crustaesporites* Leschik, 1956

模式种 *Crustaesporites globosus* Leschik, 1956;德国富尔达(Fulda),上二叠统(Zechstein)。

属征 类似 *Fuldasporites* 的三气囊花粉,但无 Y 痕;本体近极面具多条肋纹;三气囊基本位于本体赤道,有时三气囊以离层相连,略呈单囊状,囊壁内网状;气囊基部常具基褶或增厚,颜色常暗;模式种全模大小 110μm(本属征据 R. Potonié, 1958 和 Jansonius, 1962 编写,后者曾修订本属属征,将其视为单囊花粉)。

比较与讨论 *Trochosporites* Wilson, 1962 以本体赤道具一圈缘带(marginal zone)并由暗内圈和膜状外圈组成及其近极面无平行肋纹而与本属区别。

分布时代 欧洲,中晚二叠世;亚安加拉区(如新疆北部),晚石炭世—二叠纪。

纤细贝壳粉 *Crustaesporites gracilis* Zhang, 1983

(图版 165,图 14—16)

1983 *Crustaesporites gracilis* Zhang, p. 330, pl. 1, figs. 23, 25; pl. 9, fig. 6.

描述 总长 60—115μm;本体长 55—80μm,气囊(长 × 宽)30—65 × 20—40μm,全模 115μm(图版 165,图 16);花粉具一进化的(evolutive)气囊或在细胞分裂进程中的 3—4 个气囊[3—4 sacci in progress of cell division(?)];本体亚圆形,近极面具 2 组肋条,成锐角交叉;肋条约 3μm 宽;本体边缘外壁增厚,宽 5—8μm;气囊椭圆或肾形,网状,网脊明显,网穴多角形。

注释 以上描述据原作者英文译出。

比较与讨论 本种与产于乌鲁木齐附近乌拉泊组的 *C. speciosus* Hou and Wang(侯静鹏、王智,1990,33 页,图版 1,图 8,15)很相似,但原描述中的"近极面具 2 组肋条,成锐角交叉"这一特点从照相上看不清楚,如确定近极面上仅一组肋,则与后者同义,且有优先权。本种以肋纹多且较纤细而与 *C. globosus* 区别。

产地层位 新疆乌鲁木齐妖魔山,芦草沟组。

夏氏粉属 *Schopfipollenites* Potonié and Kremp, 1954

模式种 *Schopfipollenites ellipsoides* (Ibrahim) Potonié and Kremp, 1954;德国,上石炭统。

同义名 *Zonalosporites* Ibrahim, 1933, *Monoletes* (Ibrahim) Schopf et al., 1944.

属征 较大的小孢子(前花粉),至少 100μm,赤道和子午轮廓近卵圆形;近极面具长的单缝,中部常微折凹,或单缝状开裂,末端作三角状扩展;在单缝的对面即远极面也有平行于长轴的隆起带(umbo),其两侧各界以一条沟褶;模式种大小 350—500μm。

附注 在 Potonié 和 Kremp(1956, p. 182, 183)引用 *Schopfipollenites* 的属征中,称孢子一面沿纵轴方向有一小沟褶,即沟(ein schwache falte = furche),另一面沿纵轴有隆起带,其两侧界以宽的褶壁:前者在他们的插图 84 上注明"近极面 = 隆起带面";而在图 85 上注明"远极面"(图 84 的注中,"= 隆起带面"显然是错误的,因为隆起带是与 2 条纵向褶壁在同一面的),之所以加引号,是因为他们对孢子的极性持谨慎存疑态度。Schopf 等(1944)在修订 *Monoletes* 的特征时提到,"最值得注意的特征是单裂缝线的近中部微成角度的折凹",折凹处有时伸出的短射线乃是三射线的痕迹,单裂缝两端偶尔微微发育弓形脊;Winslow 在 *Monoletes* spp. (1959, p. 62, pl. 14, figs. 1—10)的描述中提到,远极纵向褶皱多存在,但有时并不与长轴平行,"所有见到的标本都有中部折凹的单缝,有些似乎还有第三条(从折凹处伸出的短的)裂缝",大小范围 200—500μm。Oshurkova(2003)对本属特征的理解大体同上,包括明确提到的单射线,但她将远极面两沟褶之间区域解释为"微弱显现的单沟";此外,她根据苏联和西欧几个可归入本属的种,标出属的大小范围为 52.0—206.8 × 32.0—137.8μm,与最初模式种全模大小 350μm 出入较大。总之,上述属征关于极性和单缝是综合多数人的解释。

比较与讨论 Schopf 等(1944)修订的 *Monoletes* 为此属同义名,但 *Monoletes* Ibrahim,1933 按原定义及全模标本均不宜于这类花粉,故 Potonié 和 Kremp(1954)建立 *Schopfipollenites* 一名,并将 *Monoletes* 作为孢子类别单位;不过,R. Potonié(1970)又称 *Monoletes*, *Schopfipollenites* 和 *Cymbospora* 皆为 *Zonalosporites* Ibrahim, 1933 的晚出同义名。有的古植物学家仍用 *Monoletes* 一名(Taylor et al., 2009)。

亲缘关系 种子蕨,主要为髓木目 Medulloales[如 *Dolerophyllum* (*Dolerotheca*), *Wittleseya*, *Codonotheca*(?)]。

分布时代 全球,但主要在欧美区、华夏区,早石炭世晚期(Serpukhovian)—二叠纪。

椭圆夏氏粉中体变种 *Schopfipollenites ellipsoides* var. *corporeus* Neves, 1961

(图版 165,图 21)

1961 *Schopfipollenites ellipsoides* var. *corporeus* Neves, pl. 34, fig. 5.

1967 *Schopfipollenites ellipsoides* var. *corporeus*, in Smith and Butterworth, p. 310, 311, pl. 27, figs. 3, 4.

1976 *Zonalosporites* (*Schopfipollenites*) *ellipsoides* var. *corporeus* (Neves) Kaiser, p. 134, pl. 15, figs. 2, 3.

描述 赤道轮廓近卵圆形,大小 155—170μm;单缝,单囊孢子;气囊(外壁外层厚 5—2μm)具很细的海绵状—细穴状内结构,而本体(外层内层厚约 3μm)光滑;整个孢子表面顶视时为细点穴状;本体色较暗,轮廓清楚,较大,与狭窄的气囊无紧密联系;中央本体上具一单射线,作为主轴的"褶皱"从近赤道一端延伸至另一端,在本体单射线之上的外壁外层不规则开裂。

注释 Neves (1961)从纳缪尔阶中选作全模的孢子,与保德标本相比,显示出较之与 Smith 和 Butterworth (1967)从维斯发阶 B 记载的相似性要差些。全模被描述为光滑—细点穴状,而 Smith 和 Butterworth 的标本上内点穴状纹饰要清楚得多。

译注 Kaiser 将此种描述为"单囊",又归入单缝孢类,都不妥当,显然一般作者将此类种子蕨(前)花粉解释为原始单沟更为正确。此外,Kaiser 描述中"气囊(外壁内层在赤道厚度为 5—2μm)"中的外壁内层显然为外壁外层的笔误。

产地层位 山西保德,上石盒子组。

椭圆夏氏粉(比较种) *Schopfipollenites* cf. *ellipsoides* (Ibrahim) Potonié and Kremp, 1954

(图版 165,图 20)

1984 *Schopfipollenites ellipsoides* auct. non (Ibrahim) Potonié and Kremp,高联达,425 页,图版 160,图 15。

描述 赤道轮廓多少椭圆形,大小(纵轴长)120μm;远极面具 2 条很宽的外壁褶,其间为较透亮的薄壁区,显然为单沟,向两端变宽,中部互相靠近;据标本照相,未见近极面单裂缝;外壁表面显示细点状结构。

比较与讨论 当前标本原描述中提及孢子两面都有"沟褶","与 *S. ellipsoides* (Ibrahim) Potonié and Kremp(1954)的主要区别是前者沟褶不清楚,其他结构也不同";笔者认为,此标本属于 *Cycadopites* 的可能性不能排除,现仍按原作者意思,归入 *Schopfipollenites*,但因此种原全模达 350μm,一面"细沟褶"(单缝)清楚,一面具 2 条外壁褶,之间为隆起带而非薄壁区,与高联达(1984)描述的该种有些差别,因此种的鉴定应作保留。

产地层位 山西宁武,上石盒子组。

山西夏氏粉 *Schopfipollenites shansiensis* Ouyang, 1964

(图版 165,图 10, 19;图版 166,图 17, 21, 22)

1964 *Schopfipollenites shansiensis* Ouyang,欧阳舒,506 页,图版Ⅷ,图 5,6。

1976 *Zonalosporites* (*Schopfipollenites*) *shansiensis* (Ouyang) Kaiser, p. 135, pl. 15, figs. 4—7.

1984 *Schopfipollenites punctatus* Gao,高联达,425 页,图版 161,图 1。

1984 *Cordaitina sinensis* Gao,高联达,422 页,图版 160,图 5。

描述 赤道轮廓椭圆形—宽椭圆形,大小 116—240 × 82—189μm,平均大小 137 × 126μm,全模 212 × 153μm(图版 165,图 19);近极面具发达的单射线,长约 4/5 长轴长或几达末端,在中央微弯曲折凹,有薄唇,或开裂,末端微尖或钝;远极面两侧或具 2 条略平行的褶皱,其宽 3—14μm,长稍大于长轴的 1/2;外壁厚,达 5—11μm,光切面上见其内部由细密而均匀的栅状结构组成,投影顶视为细密点状,轮廓线平整,或因保存关系而凹凸不平;黄—棕黄色。

比较与讨论 高联达(1984)建立的 *S. punctatus* Gao,全模大小 210×128μm,其弯曲开裂的单射线及其他特征,包括"表面细点状"也与上面描述的相同,故将其当作 *S. shansiensis* 的晚出同义名;此外,同书中的 *Cordaitina sinensis* Gao(本书图版166,图17),因其宽椭圆形,外壁内的均匀、细密的栅状结构(更清楚),远极也有沟褶,很有可能是 *S. shansiensis* 的同义名。本种以外壁内具细密、均匀的栅状结构不同于属内其他种。它与一种种子蕨 *Codonotheca caduca* Schopf, 1948(p. 716, pl. 114, fig. 12)的原位花粉颇相似,后者大小(长轴)约 300μm。Kaiser(1976)认为 Smith 和 Butterworth (1967, pl. 27, fig. 2) 鉴定的 *Schopfipollenites ellipsoides* (Ibrahim)可能属于 *S. shansiensis*。

产地层位 山西河曲,下石盒子组;山西保德,石盒子群;山西宁武,下石盒子组—上石盒子组。

希娃夏氏粉 *Schopfipollenites shwartsmanae* Oshurkova, 2003

(图版167,图16, 18)

1976 *Schopfipollenites parvus* Shwartsman (auct. non *S. parvus* Leschik, 1959) in Inosova et al., p. 79, pl. 7, fig. 2.

1984 *Schopfipollenites shanxiensis* Gao (auct. non *S. shansiensis* Ouyang, 1964),高联达,388 页,图版148,图10, 11。

2003 *Schopfipollenites shwartsmanae* nom. nov. Oshurkova, p. 269.

描述 赤道轮廓宽卵圆形或椭圆形,大小(长轴长)90—140μm,原指定全模 140μm;远极面具大致平行的外壁褶,宽数微米至 10μm,间距宽窄在不同标本上有变化,从 1/3 至 1/2 花粉宽,接近延伸至两端;近极面在全模上似乎有一很微弱的单缝;外壁厚 2—3μm,具细点状结构,但外壁光切面未见栅状辐射纹理。

比较与讨论 据河北标本建立的种 *S. shanxiensis* Gao,与从乌克兰顿涅茨河盆地上石炭统上部描述的 *S. parvus* Shwartsman, 1976(狭椭圆形,远极面 2 条褶皱间距较窄,近极面单缝较清楚)构形、大小(全模 125×62μm)基本一致,故将其归后一种之内;但后一种名与 *S. parvus* Leschik, 1959 为晚出异物同名,无效,所以 Oshurkova(2003)重新命名为 *S. shwartsmanae*。此外,*S. shanxiensis* Gao, 1984 是 *S. shansiensis* Ouyang, 1964 的"拼缀异体"的晚出同名,而且是异物同名,后者全模达 212μm,外壁厚,其内具致密的栅状辐射结构,显然是不同的种。

产地层位 河北开平煤田,开平组、赵各庄组。

袋粉属 *Marsupipollenites* Balme and Hennelly, 1956

模式种 *Marsupipolenites triradiatus* Balme and Hennelly, 1956;澳大利亚新南威尔士州,二叠系。

属征 单沟状花粉;赤道轮廓圆形、亚圆或卵圆形;近极面具多少清楚的三射线或双射线的裂痕,射线为 1/3—1/2 半径长,简单,无唇;近极外壁外层加厚,内棒状,呈网—点穴状;增厚的外壁外层覆盖部分远极面,但远极中央区壁薄,多少透明,无明显肌理结构;远极面多少凹入,类似单沟花粉的单沟,偶尔像铁杉型花粉的亚圆形沟;模式种大小 40—75μm(据 Pocock and Jansonius 重述,Jansonius and Hills, 1976,Card 1607)。

注释 Balme (1970) 修订的属征如下:轮廓长卵圆形或亚圆形;单沟花粉,卵圆形标本上远极沟拉长,且中部较两端窄;轮廓亚圆形时,此沟呈宽卵圆形—近圆形;近极面总是具小三射线,但有时不清楚;外壁基柱层状(columellate),具小而密的变圆的结构成分;外壁内的成分不规则分布或排列成大致平行的横向成行的伪条带(similating taenia)。

比较与讨论 分散孢子属中,同时具此 3 个特征(单沟、三射线、结构外壁)者尚未见到。Oshurkova (2003)将此属定义又作了修订,把近极具单缝或不具任何射线的分子都归入该属内,这样,她就扩大了本属的内涵,导致她将苏联作者用的一些属如 *Gingkgocycadophytus* Samoilovich, 1953, *Bennettites* Medvedeva, 1960, *Coniferites* Sivertseva, 1966 和 *Subsacculifer* Luber(Kara-Murza, 1952; Djupina, 1982)的一部分(种)及 *Ginkgaletes* Luber, 1955 归入或等同于 *Marsupipollenites*。她不同意有关作者将沟侧或周边的沟褶解释为气囊,这很可能是正确的,但把没有射线的类型也归入该属就值得商榷。笔者认为,如 Balme (1970) 归入

Marsupipollenites 属的模式标本的图照显示孢粉化石都是有三射线的,考虑到植物地理分区背景不同,冈瓦纳的器官属用在北半球应更慎重,所以对我国已被鉴定为本属的标本作了保留。

顶盖袋粉? *Marsupipollenites*? *tecturatus* (Imgrund) Imgrund, 1960

(图版 166,图 1, 2)

1960 *Marsupipollenites tecturatus* (Imgrund) Imgrund, p. 182, pl. 13, figs. 3, 4.

描述 赤道轮廓亚圆形,全模大小 96μm(图版 166,图 1);近极面具三射线,长 >2/3R,宽约 4μm,褶叠,末端有时分叉,内射线很窄,线形;外壁不厚,远极面常具 2 条平行的粗壮褶,顶视微点穴状,轮廓线平滑。

比较与讨论 *Marsupipollenites* 的模式种三射线短,本种也可归入 *Praecolpates* Potonié and Kremp, 1954。Potonié and Kremp(1955)将本种归入 *Punctatisporites* 属。本种描述中,未明确提及远极沟,那 2 条褶皱也未尝不可能是远极面凸出且受埋藏挤压所致,个别标本很难定论;此外,外壁也未见明显内结构,所以,属的鉴定应作保留。

产地层位 河北开平,唐家庄组。

苏铁粉属 *Cycadopites* (Wodehouse,1935) Wilson and Wibster, 1946

模式种 *Cycadopites follicularis* Wilson and Wibster, 1946;美国蒙大拿州(Montana),古新统。

同义名 *Entylissa* Naumova 1939 ex Ischenko, 1952, *Ginkgocycadophytus* Samoilovich, 1953.

属征 花粉轮廓椭圆形,其长 2 倍于宽,模式种 39—42×18—21μm,全模 18×39μm;具单沟,几乎贯穿花粉粒全长,在末端张开,在中部沟缘常闭合甚至重叠;外壁薄但坚实,可具不同结构,但一般颇光滑。

比较与讨论 *Ginkgocycadophytus* Samoilovich, 1953 的模式种亦为 *G. caperatus* (al. *Azonaletes* Luber, 1941),因而为 *Entylissa* Naumova, 1939 ex Ischenko, 1952 的晚出同义名,二者形态与 *Cycadopites* 相似,但模式种具颗粒(原描述为鲛点状)。Oshurkova(2003)认为以花粉的形状(末端尖或浑圆)、沟端张闭及纹饰的有无可区别 *Cycadopites* 和 *Entylissa*,但她绘的 *Cycadopites* 图似乎与 R. Potonié(1958)所引用的 *C. caperatus* 图照不大相同,而 *Entylissa* 一名在国际上并不通用。

亲缘关系 苏铁纲、银杏纲。虽然现代的 *Cycas* 和 *Ginkgo* 的单沟花粉有些差别,如前者沟端常张开,而后者沟多在两端闭合,沟缘有时呈波状,外壁常具纹饰,但在化石状态下,二者的区分是困难的,所以 *Cycadopites* 一般当形态属使用,而 *Ginkgocycadophytus* 这一属名干脆把二者联系在一起。

分布时代 全球,石炭纪—二叠纪—新生代,偶见于泥盆纪(?)。

皱沟苏铁粉 *Cycadopites caperatus* (Luber) Hart, 1965

(图版 165,图 9;图版 166,图 3, 4)

1941 *Azonaletes caperatus* Luber in Luber and Waltz, p. 182, pl. XVI, fig. 256a, b.

1955 *Cycadoletes caperatus* (Luber) Luber, p. 76, pl. VIII, figs. 170, 171.

1965 *Cycadopites caperatus* (Luber) Hart, p. 106; text-fig. 257.

1980 *Cycadopites* sp., 周和仪,68 页,图版 30,图 43。

1986 *Entylissa caperatus* (Luber) Potonié and Kremp,杜宝安,图版 3,图 27。

1987 *Cycadopites* sp., 周和仪,图版 4,图 55。

1990 *Cycadopites caperatus*,张桂芸,见何锡麟等,347 页,图版 13,图 19。

描述 赤道轮廓纺锤形,两端钝圆,长 42—59μm,宽 20—34μm;单沟清楚,具沟褶,沟缘在中部相邻或稍重叠,向两端变宽,纵贯全长;外壁厚约 1.5μm,表面光滑—微颗粒状。

比较与讨论 本种原描述大小 25—40μm,表面网状—鲛点状(Hart, 1965 改为颗粒状),当前标本尤其上石盒子组标本,大小、形态与其非常相似。本种以外壁稍厚、沟在中部不宽与 *C. conspicuus* 区别。

产地层位 内蒙古准格尔旗黑岱沟，太原组；河南范县，上石盒子组；甘肃平凉，山西组。

卡氏苏铁粉（比较种） *Cycadopites* cf. *carpentierii* (Delcourt and Sprumont) Singh, 1964

（图版 166，图 5，23）

1986 *Cycadopites* cf. *carpentieri* (Delcourt and Sprumont)，欧阳舒，92 页，图版 13，图 21，22。

描述 赤道轮廓狭纺锤形—纺锤形，大小 78—83 × 25—60μm；外壁不厚，仅 1.0—1.5μm，表面基本平滑或内颗粒状；单沟纵贯花粉全长，沟褶大部相邻或局部重叠，沟在一端增宽或张开。

比较与讨论 当前标本一般形态特征与中生代的 *Monosulcites carpentieri* Delcourt and Sprumont, 1955 (p. 54, fig. 14) 颇相似，仅外壁稍薄、单沟仅在一端张开而有些差别；*Cycadopites caperatus* (Luber, 1941) 花粉两端浑圆，模式标本大小 25—40μm，表面鲛点—颗粒—网状。

产地层位 云南富源，宣威组上段。

连接苏铁粉 *Cycadopites conjunctur* (Andreyeva) Hart, 1965

（图版 166，图 6）

1956 *Azonaletes conjunctur* Andreyeva, p. 564, pl. 57, fig. 100.

1965 *Cycadopites conjunctur* (Andreyeva) Hart, p. 109; text-fig. 262.

1967 *Cycadopites conjuctur* (Andreyeva), Barss, pl. 38, fig. 29.

1983 *Entylissa conjunctura* (Andreyeva) Oshurkova, p. 279.

1990 *Cycadopites conjunctur* (Andreyeva)，张桂芸，见何锡麟等，346 页，图版 13，图 11。

描述 赤道轮廓纺锤形，大小 42—50 × 10—18μm；具远极单沟，长等于花粉长轴，末端不张开；外壁厚 0.8μm，表面光滑；浅黄色。

比较与讨论 本种最初描述大小 35—45μm，而当前标本达 42—50μm，大小比较接近于 *C. glaber* (43μm) 和 *C. cymbatus* (42—54μm)，但 *C. glaber* 沟两端张开，*C. cymbatus* 表面具颗粒纹饰。

产地层位 内蒙古准格尔旗房塔沟，太原组。

显粒苏铁粉 *Cycadopites conspicuus* Zhou, 1980

（图版 166，图 8，9）

1980 *Cycadopites conspicuus* Zhou，周和仪，67 页，图版 30，图 50。

1986 *Cycadopites granulatus* Ouyang，欧阳舒，92 页，图版 13，图 18。

描述 赤道轮廓纺锤形—近椭圆形，大小 37—69 × 17—39μm，全模 69 × 39μm（图版 166，图 8）；外壁薄，厚≤1μm，表面具清楚、均匀和中等密度的颗粒，粒径和高约 1μm，局部连接呈亚网状；远极单沟明显，宽裂，向两端或一端变窄。

比较与讨论 本种以宽沟和外壁表面具清楚细匀颗粒而与本属其他种区别。欧阳舒（1986）建立的 *Cycadopites granulatus* Ouyang 为 *C. granulatus* de Jersey, 1964 的异物同名（homonym），无效，故将其归入 *C. conspicuus* 之内，但个体较后者为小。

产地层位 河南龙王庙，石盒子群；云南富源，宣威组上段。

舟状苏铁粉 *Cycadopites cymbatus* Balme and Hennelly, 1956

（图版 166，图 16，19，20）

1984 *Cycadopites cymbatus*，高联达，437 页，图版 164，图 18，20—22。

描述 赤道轮廓椭圆形、纺锤形或梭形，末端狭钝圆或略尖，大小（长）64—100μm；具远极沟，常褶皱或增厚，有时彼此重叠；沟为长轴之长，末端多微张开，内卷褶边常叠交或闭合或邻近；外壁表面平滑或具内点状结构；黄褐色。

产地层位 山西宁武，上石盒子组。

真穴苏铁粉 *Cycadopites eupunctatus* Ouyang, 1986

（图版 166,图 10）

1986 *Cycadopites eupunctatus* Ouyang,欧阳舒,93 页,图版 13,图 20。

描述 赤道轮廓近卵圆形,已知大小 33—35 ×26—28μm,全模 35 ×28μm;壁厚 1. 0—1. 5μm,两层或微相隔离,因而共可达 3μm 宽,具细匀内穴结构,穴径可达 0. 5μm,另或具若干次生圆形洞穴;单沟纵贯全长,沟裂窄或达 1. 0—2. 5μm,沟褶大致平行,向一端或两端微变宽,端部浑圆或近扇形;浅黄色。

比较与讨论 当前标本与美国上白垩统下部 *Punctamonocolpites* 的模式种即 *P. scaphoformis* Pierce, 1961 (p. 47, pl. 3, fig. 86)略相似,但以花粉个体和外壁穴径较小、沟裂较窄和花粉两端钝圆而与后者有别。

产地层位 云南富源,宣威组上段。

小舟苏铁粉 *Cycadopites follicularis* Wilson and Webster, 1946

（图版 166,图 7）

1946 *Cycadopites follicularis* Wilson and Webster, p. 274, pl. 1, fig. 7.

1984 *Cycadopites follicularis*,高联达,438 页,图版 164,图 19。

描述 赤道轮廓椭圆形或纺锤形,大小 32 ×18μm;远极沟等于花粉长轴长,在沟中部微内卷,有时闭合,末端张开,有时微变窄;外壁薄,表面平滑。

产地层位 山西宁武,上石盒子组。

大苏铁粉 *Cycadopites giganteus* Geng, 1987

（图版 166,图 18）

1987 *Cycadopites giganteus* Geng,耿国仓,30 页,图版 3,图 39。

描述 赤道轮廓梭形,两侧对称,两端钝圆—近平截,大小 76—90 ×31—34μm,全模 90 ×34μm(图版 166,图 18);远极单沟达花粉长轴两端,开裂,但中部靠近,末端作喇叭状张开;外壁不厚,具点穴—内颗粒,表面近平滑—微粗糙。

比较与讨论 当前标本以个体较大、纹饰不显、表面近光滑区别于晚古生代其他种。古、中生代单沟粉中,有个别种个体也较大,如古生代的 *Bennettites excellus* Medvedeva, 1960 [p. 57, pl. 12, fig. 12; pl. 17, fig. 12;此种被 Oshurkova (2003)归入 *Entylissa*],最大达 85μm,但其外壁厚,沟裂宽;中生代的 *C. percarinatus* (Bolkhovitina) Pu and Wu, 1985 可达 100μm(宋之琛、尚玉珂等,2003,518 页),但其外壁也较厚,且具明显颗粒纹饰。

产地层位 陕西吴堡,山西组—下石盒子组;宁夏灵武,山西组。

光面苏铁粉 *Cycadopites glaber* (Waltz) Hart, 1965

（图版 166,图 15）

1941 *Azonaletes glaber* Waltz in Luber and Waltz, p. 183, pl. 16, fig. 257.

1956 *Azonaletes glaber* Waltz, in Andreyeva, p. 266, pl. 58, fig. 103a—e.

1965 *Cycadopites glaber* (Luber and Waltz) Hart, p. 108; text-fig. 261.

1985a *Cycadopites pachyrrachis* (Andreyeva 1956) Geng,耿国仓,212 页,图版 I,图 5。

描述 赤道轮廓宽卵形,大小 27 ×30μm;远极单沟开裂,略呈矩形,在末端微变宽,宽 4—5μm,几伸达花粉长轴末端,沟缘不增厚,亦无沟褶;外壁不厚,表面光滑。

比较与讨论 当前花粉与被 Andreyeva 鉴定为 *Azonaletes glaber* 的个别标本(图 103b)颇为相似,后者约 30μm,轮廓亚圆形,沟亦为矩形,但稍宽(耿国仓将他的标本定为 *Cycadopites pachyrrachis* (Hart) comb. nov. 不知根据什么,因 Hart(1965)以 *Marsupipollenites fasciolatus* Balme and Hennelly, 1956 建立属 *Pakhapites* 的模式种特征中,明确提及此单沟花粉近极面具纵向的约 15 条肋和肋纹,而 *P. pachyrrachis*(Andreyeva, 1956)则具 7—9 条纵肋和肋纹,这从 Andreyeva 的图 101 或 Hart 的图 253 中也能清楚看出。

产地层位 甘肃环县,太原组。

金特戊苏铁粉 *Cycadopites kimtschuensis* (Medvedeva) Hou and Wang, 1990

(图版 166,图 14)

1957 *Bennettites kimtschuensis* Medvedeva, p. 56, pl. 12, fig. 9.

1990 *Cycadopites kimtschuensis* (Medvedeva) comb. nov. ,侯静鹏等,34 页,图版 4,图 17。

描述 赤道轮廓略纺锤形,大小 58 × 17μm,两端收缩变窄;单沟清楚,直伸至花粉两端,沟边沿具褶叠,在中间相叠更明显;外壁不厚,具细颗粒纹饰,轮廓线微微平整。

比较与讨论 与 Medvedeva (1960)描述的俄罗斯 Tongusk 盆地上二叠统这个种(35—60μm)较为相似,虽她提到纹饰为"细瘤状"。

产地层位 新疆乌鲁木齐妖魔山,红雁池组。

纵纹苏铁粉 *Cycadopites linearis* Zhang, 1990

(图版 166,图 11—13)

1990 *Cycadopites linearis* Zhang L. J. , p. 184, pl. 1, figs. 17, 18, 24.

描述 赤道轮廓近椭圆形,末端近浑圆或微平截,大小 32—38 × 15—27μm,全模约 38 × 27μm(原作者指定的全模为两粒交叠的花粉,此大小是稍大的一粒,外壁表面似具细颗粒);远极单沟明显,长达两端,中部窄甚至沟缘靠拢,向端部变宽;外壁饰以纵向条纹。

比较与讨论 本种以外壁具纵向条纹易与属内其他种区别(原作者未说明条纹的性质,是外壁凸饰还是内结构,有几条? 照相不够清楚,有待研究,否则,与 *C. caperatus* 等难以区别)。

产地层位 新疆克拉玛依东北夏子街,乌尔禾组下亚组。

巨大苏铁粉(新联合) *Cycadopites major* (Zhang) Ouyang comb. nov.

(图版 167,图 19, 21)

1990 *Entylissa major* Zhang,张桂芸,见何锡麟等,347 页,图版 13,图 16,17。

描述 轮廓纺锤形,两端因远极沟张开而平截,大小为 80—95 × 40—58μm(8 粒),全模 93. 6 × 55. 2μm(图版 167,图 19);具单沟,中部窄,3—10μm,两端张开 20μm 左右;外壁厚 3μm,表面光滑或具内颗粒结构。

比较与讨论 当前标本形态略似于内蒙古中生界的 *C. percarinatus* (Bolkhovitina) Pu and Wu, 1985(宋之琛、尚玉珂等,2000,518 页,图版 162,图 34),后者大小亦达 100 × 40μm,但其赤道轮廓从中部向两端逐渐变锐,两端锐圆,而本种全模两端近截形,可以区别。

产地层位 内蒙古准格尔旗黑岱沟,本溪组、山西组。

小型苏铁粉 *Cycadopites minimus* (Cookson) Pocock, 1970

(图版 167,图 8)

1947 *Monosulcites minimus* Cookson, p. 135, pl. 15, figs. 47—50.

1970 *Cycadopites minimus* (Cookson) Pocock, p. 108, pl. 26, figs. 11—16.

1982 *Cycadopites minimus*,欧阳舒、张振来,图版 1,图 29—31。

1986 *Cycadopites minimus*,侯静鹏、王智,110 页,图版 30,图 19。

描述 赤道轮廓近纺锤形,两端变狭或微尖,大小约 44 × 24μm;远极沟清楚,大部分微开裂,向一端稍变宽;外壁不厚,约 1μm,表面光滑,具点穴状结构。

比较与讨论 当前标本与同义名表中所列颇为接近,姑且仿原作者的鉴定。大小与 *C. caperatus* (Luber)和 *C. glaber* (Luber)也相近,但前者沟褶在中间交叠,在两端圆开,外壁亚颗粒状;后者较肥胖,完全光面。其实新疆标本最接近的是苏联泰梅尔盆地二叠系被定名为 *Monoptycha cycadiformis* Naumova var. *permica* Kara-Murza, 1952(p. 93, pl. 21, figs. 1—3,9,13)的花粉。

产地层位 新疆吉木萨尔大龙口,锅底坑组。

特小苏铁粉 *Cycadopites parvus* (Kara-Murza) Djupina, 1974

(图版167,图9, 10)

1952 *Entylissa parva* Kara-Murza, p. 83, pl. 19, fig. 4.

1971 *Entylissa parva*, Valjukhina, pl. 31, fig. 10.

1986 *Cycadopites* sp. [Cf. *C. nitidus* (Balme)],欧阳舒,1986,92页,图版13,图16,17。

描述 赤道轮廓近纺锤形,大小18—25×12—17μm;外壁薄,厚<1μm,具少量次生穴;远极单沟纵贯花粉全长,中部或具沟褶,相连或微重叠,沟端部略扩大增宽,或无明显沟褶,沟裂稍宽;微浅黄色。

比较与讨论 当前花粉以特小而与苏联泰梅尔盆地二叠系的 *Entylissa parva* Kara-Murza,1952一致,后者原描述也是15—25μm,只不过提及沟宽,但Valjukhina(1971)把沟窄的也归入此种内。与中生界常见的 *Cycadopites nitidus* (Balme) Pocock, 1970形态也有些相似,但后者较大,最初描述为33—46×19—26μm。

产地层位 云南富源,宣威组上段。

后褶苏铁粉 *Cycadopites retroflexus* (Luber) Hart, 1965

(图版167,图11, 12, 17)

1941 *Azonaletes retroflexus* f. *cinctus* Luber, in Luber and Waltz, p. 179, pl. 16, fig. 252b.

1953 *Ginkgocycadophytus retroflexus* (Luber) Samoilovich, pl. Ⅲ, fig. 7a, b.

1955 *Ginkgaletes retroflexus* f. *cinctus*, Luber, pl. 8, fig. 168.

1965 *Cycadopites retroflexus* (Luber) Hart, p. 107; text-fig. 258.

1983 *Cycadopites labrosus* Zhang L. J. , p. 330, pl. 1, figs. 29, 31.

1984 *Marsupipollenites triradiatus* auct. non Balme and Hennelly, identified by Gao,高联达,437页,图版164,图17。

描述 赤道轮廓椭圆形或圆矩形,两端近平截,大小30—35×21—25μm;远极面单沟清楚,延伸花粉全长,在中部沟窄,末端呈喇叭状变宽;外壁2层,外层在沟的两侧各具一颇宽大的半椭圆形—狭透镜形的"褶皱"(crumplings, folds)或加厚;外壁表面平滑—粗糙。

比较与讨论 Luber(1941)描述苏联Kuznetsk盆地二叠系的 *Azonaletes retroflexus* 时,提及其大小为60—85μm,而在此名下图版中列了2个类型,即f. *cinctus* 和f. *minor*(未分别描述),但她后来(1955)描述f. *cinctus* 时提到为40—60μm; Kara-Murza (1952)归入 *retroflexus* 的描述大小为30—60μm。当前标本最接近 *C. retroflexus* f. *cinctus*,与一般意义上的 *retroflexus* 无法区别。此外,Hart(1965)将 *Azonaletes caperatus* Luber var. *labrosus* Andreyeva, 1956(p. 66, pl. 58, fig. 102c)作为 *Cycadopites retroflexus* 的同义名,如将 *labrosus* 提升为独立的种,则 *C. labrosus* Zhang与其同名了。

注释 对沟两侧的沟褶,最初Luber因在此类"褶"上观察到网状—鲛点状结构,将其解释为像现代松柏类花粉的囊状物,并用了 *Subsacculifer* Luber,1939一名[因未指定模式种,无属征,此名未得到公认,只有Kara-Murza (1952)在此属下下另建一变种 *arctica*]。Oshurkova(2003)将 *retroflexus* 和几个变种都归入 *Marsupipollenites*,本书认为后一属模式种虽为单沟类花粉,但近极面具三射线,且其外壁内具棒状结构,像所谓"基柱层"(columella,见Balme and Hennelly, 1956),而 *retroflexus* 是无射线的,所以仿Hart (1965)。高联达(1984)鉴定的 *Marsupipollenites triradiatus*,大小55×40μm,未见三射线,表面具细颗粒纹饰,与原作者这个模式种颇不同,而与同义名表中所列基本一致,特别是与苏联库兹涅茨克上二叠统的 *Azonaletes retroflexus* f. *cinctus* Luber(in Luber and Waltz, 1941, pl. 16, fig. 252b)和 *Marsupipollenites retroflexus* (Luber)(in Faddeeva, 1990, pl. 28, figs. 17, 18)非常相似,难以区别。

产地层位 山西宁武,上石盒子组;新疆乌鲁木齐妖魔山,芦草沟组。

刺纹苏铁粉 *Cycadopites spinosus* (Samoilovich) Du, 1986

(图版 167,图 28)

1953 *Ginkgocycadophytus caperatus* (Luber) var. *spinosus* Samoilovich, p. 31, pl. Ⅰ, fig. 6.

1978 *Cycadopites spinosus* (Samoilovich) Du,杜宝安,图版Ⅲ,图 28。

描述 据 Samoilovich(1953)描述,从西乌拉尔下二叠统(Artinskian)发现的此型花粉,全模 63 ×26μm,轮廓长椭圆形,末端微尖;沟沿在中部几乎连接,也有不同程度分离的,向两端变宽;在花粉外缘和沟缘,有时有双轮廓线;外壁表面具短细刺(瘤—刺状纹饰);深黄色。

比较与讨论 当前标本大小约 58 ×28μm,大小、形态和纹饰与 Samoilovich 定的变种基本一致,仅沟在中部具色稍暗的沟褶、向末端不明显变宽而与之有些差别;*C. spinosus* 以花粉较大和具刺状纹饰而与 *C. caperatus*(Luber)不同,后者表面光滑或鲛点—亚颗粒状;Hart(1965)不同意将 Samoilovich 的变种归入 *C. caperatus* 种下,故杜宝安将其提升为种。

产地层位 甘肃平凉,山西组。

瘤面苏铁粉(新联合) *Cycadopites verrucosus* (Zhang) Ouyang and Zhu comb. nov.

(图版 167,图 13, 14, 22)

1990 *Entylissa verrucosa* Zhang,张桂芸,见何锡麟等,346 页,图版 13,图 13,14,18。

描述 赤道轮廓纺缍形,大小 31—54 ×60—90μm;具单沟,有或无折叠,有时可达 12—19μm 宽,沟中间窄,两端变宽开裂;外壁厚 1. 5—2. 0μm,沟表面具瘤、棒瘤,瘤基径 2—3μm,间距 1—2μm;有的标本瘤大小不一,有的则呈较均一圆形,且较高,似棒状。

产地层位 内蒙古准格尔旗黑黛沟,本溪组—山西组。

唇沟粉属 *Cheileidonites* Doubinger, 1957

模式种 *Cheileidonites potoniei* Doubinger, 1957;法国德卡泽威尔(Decazeville),上石炭统(Stephanian)。

属征 小孢子或花粉;轮廓多少长卵圆形;具单沟,宽度变化,几乎延伸至花粉全长,沟清楚地由外壁褶(明显唇状)界定;外壁内点穴状;模式种大小 18—25 ×10—13μm。

比较与讨论 R. Potonié 不顾模式种以他的姓命名,认为此属难以与其他单沟诸属区别。

分布时代 几乎全球,石炭纪—二叠纪。

开平唇沟粉 *Cheileidonites kaipingensis* Gao, 1984

(图版 167,图 20, 23, 24, 26)

1984 *Cheileidonites kaipingensis* Gao,高联达,392 页,图版 148,图 25,26。

1993 *Cheileidonites kaipingensis*,朱怀诚,392 页,图版 89,图 6,11,12。

描述 赤道轮廓梭形,两端锐尖,远极面具较长的沟,其长与总长相当,沿沟两侧有两条褶皱,皱薄,呈唇状,向末端渐细,花粉壁薄,厚 0. 5—1. 0μm,表面点状—光滑,总长 100—130μm(测 3 粒),总宽 35—45μm,全模标本 100 ×40μm(图版 167,图 24)。

比较与讨论 北疆石炭系的 *Cycadopites*? *prolongatus* Ouyang(欧阳舒等,2003,416 页,图版 84,图 10—13,25)与本种颇相似,但前者以花粉更狭长、外壁稍厚且为细网状而不同。

产地层位 河北开平煤田,赵各庄组;甘肃靖远,红土洼组。

宽沟粉属 *Urmites* Djupina, 1974

模式种 *Urmites incrassatus* Djupina, 1974;乌拉尔西坡,二叠系(Artinskian—Kazanian)。

属征 辐射或两侧对称花粉,具一大的沟状薄壁区,无任何四孢体痕;极面轮廓圆形、卵圆形或圆方形—三角形;轮廓线平整;近极面增厚的外壁延伸至远极面的周边部,并形成 2 条窄而坚实的褶皱,与侧轴平行,或3条聚合的褶皱;远极面未增厚部分大,几与花粉半径相等,此薄壁区为宽卵圆形、圆方形或三角形,其颜色较浅,有时凹入;近极面外壁点穴状—不清楚网状,远极面光滑、点穴状、鲛点状或细网状。

比较与讨论 与 *Entylissa* (= *Cycadopites*) 属以体形、宽薄壁区、厚的外壁和2条坚实褶皱相区别。*Punctamonoaperturites* 更圆,薄壁区较小。

斜形宽沟粉 *Urmites obliquus* (Kara-Murza) Ouyang, 2003

(图版167,图15, 25, 27, 29)

1952 *Subsacculifer obliquus* Kara-Murza, pl. 3, figs. 1, 2.

1973 *Gingkocycadophytus obliquus* (Kara-Murza) Chuvashov and Djupina, p. 20, pl. 3, fig. 19.

1990 *Cycadopites obliquus* (Kara-Murza) Hou and Wang,侯静鹏、王智,34页,图版5,图25。

2003 *Urmites obliquus* (Kara-Murza) Ouyang,欧阳舒、王智等,419页,图版84,图27—29;图版85,图45。

描述 赤道轮廓近宽椭圆形,两端钝圆或近平直,大小51—110×38—68μm;单沟宽13—30μm,两端微变宽,两边略平行,延伸至花粉两端;外壁不厚,表面点穴—细网状。

比较与讨论 除外壁稍薄以外,当前标本与 *Subsacculifer obliquus* Kara-Murza, 1952 颇相似,至于原描述中的沟区"外壁表面光滑"和沟外的"囊状增厚"("非典型气囊")恐怕是观察、解释问题。Oshurkova(2003)将 *S. obliquus* 归入 *Marsupipollenites*。

产地层位 新疆乌鲁木齐妖魔山,芦草沟组;新疆托里阿希列,南明水组;新疆克拉玛依百口泉—乌尔禾井区,车排子组—风城组;新疆阜康三工河,塔什库拉组上部。

横纹单沟粉属 *Decussatisporites* Leschik, 1956

模式种 *Decussatisporites delineatus* Leschik, 1956;瑞士,上三叠统(Carnian)。

属征 单沟花粉,赤道轮廓卵圆形—纺锤形;沟窄,延伸至两端,末端不膨胀;具纵向和横向条纹;模式种全模大小40×26μm(Jansonius, 1962在修订属征时提到横条纹在近极面,远极面在沟和赤道之间有或无纵向条纹)。

比较与讨论 Klaus(1960)将此属模式种归入 *Lagenella* Maljavkina, 1949 ex Klaus, 1960,理由是横条纹的存在不足以与后者划分开来。后者全模上似无横条纹。

多肋横纹单沟粉? *Decussatisporites? mulstrigatus* Hou and Wang, 1986

(图版167,图3, 5—7)

1986 *Decussatisporites? mulstrigatus* Hou and Wang,侯静鹏、王智,110页,图版30,图21—24。

描述 赤道轮廓卵圆形或狭纺锤形,大小35—45×18—28μm,全模45×18μm(图版167,图7);萌发沟清楚,窄长卵圆形,延伸至两端,沟的末端不扩大;远极面上具有数条平行长轴的肋纹,宽约3μm,肋间具凹隙相隔,(近)极面具有斜交于长轴向的细线纹,分布较均匀。

比较与讨论 本种与本属模式种 *D. delineatus* Leschik 的区别在于远极平行于长轴的是肋条而非条纹,故保留地归入该属(从原作者列的几个图照看,此种属 *Ephedripites* 的可能性不能排除)。当前种与陕西和尚沟组的 *Cycadopites? striatus* Ouyang and Norris, 1988(p. 219, pl. Ⅴ, figs. 15—18)也有些相似,但后者个体较大,长45—70μm,沟两侧具增厚的沟褶(宽5—8μm)和其他纵向条纹而非肋条,且无横向条纹。

产地层位 新疆吉木萨尔大龙口,锅底坑组。

麻黄粉属 *Ephedripites* Bolchovitina, 1953 ex Potonié, 1958 emend. Krutzsch, 1961

模式种 *Ephedripites mediolobatus* Bolchovitina, 1953 ex Potonié, 1958;苏联,白垩系。

属征 参见宋之琛等(1999,242页)。Krutzsch先后将此属分成3个亚属,即①麻黄粉亚属 *Ephedripites* subgen. *Ephedripites* Krutzsch, 1960 [有颇多或很多肋(8—20条),部分地沿长轴旋向排列,"凹沟"内无Z字形线，无侧向分叉；像沟裂的单开裂很少见］；②双穗亚属 *E.* subgen. *Distachyapites* Krutzsch, 1961［肋的数目较少(3—8 条)，肋之间具特征性的 Z 字线，肋通常直或微弯曲；我国下三叠统已有可靠记载］；③螺旋麻黄粉亚属 *E.* subgen. *Spiralipites* Kruztsch, 1970［具许多条旋肋，排列呈菱形网格状，无 Z 字线，多见于上白垩统］。

比较与讨论 本属花粉有时容易与希指蕨孢属 *Schizaeoisporites* 混淆，特别是在后者的单射线不能见到的情况下，虽然原属征中提及本属孢子肋条在两端汇聚，但在实际鉴定中，将与现代植物的真正亲缘关系看得更重，这样，最重要的区别在于 *Ephedripites* 是辐射对称的，而 *Schizaeoisporites* 如同现代的 *Schizaea* 的孢子，是两侧对称的，其侧面观呈肾形。

分布时代 全球，中、新生代为主，二叠纪可能已有先驱分子。

显粒麻黄粉 *Ephedripites conspicuus* Zhou, 1980

（图版 167，图 1）

1980 *Ephedripites conspicuus* Zhou，周和仪，64 页，图版 30，图 37。

描述 花粉轮廓椭圆形，全模标本大小 42 × 24μm；外壁厚约 2μm，显示出 3—5 条肋，与长轴方向一致，肋间的“凹沟”明显，其底线多透亮，表面具颗粒状纹饰。

比较与讨论 本种以较少的肋条和颗粒纹饰与属内其他种区别。

产地层位 河南范县，上石盒子组。

细肋麻黄粉 *Ephedripites subtilis* Zhou, 1980

（图版 167，图 2，4）

1978 *Gnetaceaepollenites* cf. *multistriatus* Jansonius，谌建国，438 页，图版 126，图 18。

1980 *Ephedripites subtilis* Zhou，周和仪，64 页，图版 30，图 38。

1982 *Ephedripites fanxianensis* Zhou，周和仪，148 页，图版 Ⅱ，图 43。

1987 *Ephedripites fanxianensis*，周和仪，图版 4，图 50。

描述 花粉轮廓椭圆形，全模标本 42 × 37μm（图版 167，图 2）；外壁厚约 1μm，具与主轴平行的 20 条肋，宽约 1μm，与“沟”相间排列，向两端有汇聚趋势；狭纺锤形的单沟可能存在，由加厚的或不封闭的两条褶壁界定；未见单射线。

比较与讨论 本种以很细的肋和肋间区别于 *Ephedripites* 属内其他种。与麻黄亚属的模式种 *E. mediocris*（全模 66μm）较为相似，但以花粉个体较小、肋条数较多与后者不同。

产地层位 河南范县，上石盒子组；湖南邵东保和堂，龙潭组。

蝽状藻属 *Reduviasporonites* Wilson, 1962

模式种 *Reduviasporonites catenulatus* Wilson, 1962；美国俄克拉何马州，二叠系。

同义名 *Chordecystia* Foster, 1979, *Tympanicysta* Balme, 1980.

属征 微体化石，单个细胞或双细胞，或多细胞呈链状保存的化石较为常见；单个细胞轮廓鼓形—亚四边形，少量卵圆形，大多数呈圆柱形；细胞外壁厚 0.5—1.5μm，平滑，在细胞两端连接处带状加厚，加厚宽 4—5μm，单个细胞内部有时可见不规则黑色的细胞质或其他内含残留物。

分布时代 几乎全球，主要在晚二叠世—早三叠世。

系带蝽状藻 *Reduviasporonites chalastus* (Foster) Elsik, 1999

（图版 168，图 14—17）

1979 *Chordecystia chalasta* Foster, p. 109, 110, pl. 41, figs. 3—9; text-fig. 22.

1979 ?*Brazilea helbyi* forma *gregata* Foster, p. 112, pl. 41, figs. 1, 2.

1980 *Tympanicysta stoschiana* Balme, p. 22—24, pl. 1, figs. 3—7; Afonin et al., 2001, p. 484—486, figs. 1, 2A—C, E, F.

1990 *Tympanicysta stoschiana* Balme, Ouyang and Utting, p. 18, pl. 8, figs. 2, 9, 10.

1998 *Tympanicysta stoschiana* Balme, Ouyang and Norris, p. 52, pl. 10, figs. 16—19.

1999 *Reduviasporonites stoschianus* (Balme) Elsik, p. 40, pl. 1, figs. 1—24.

1999 ?*Reduviasporonites stoschianus* (Balme) Elsik, in Wood and Elsik, p. 46—48, pl. 1, figs. 1—9; pl. 2, figs. 1—7.

2007 *Reduviasporonites chalastus* (Foster) Elsik, 1999, 欧阳舒, 图版 I, 图 26, 27。

描述 有机壁微体化石,单细胞或两个以上细胞连接呈链状,有时 Y 状分叉;单个细胞轮廓亚四边形—鼓形,少量卵圆形,大多数细胞呈圆柱形,长约 23(30)35μm,宽约 25(26)27μm(测 20 粒),大者95—106 × 50—58μm;单个细胞外壁厚 0.5—1.5μm,平滑,在细胞两端连接处略微加厚,加厚宽 4—5μm,单个细胞内部有时可见一不规则圆形—卵圆形黑色细胞质残留物。

比较与讨论 当前标本以较大的单个细胞、细胞两端的边缘加厚以及亚四边形轮廓与 *R. catenulatus* Wilson, 1962 相互区别。关于本属种的沿革及其与二叠系末生物大灭绝的所谓关系详见有关评论(欧阳舒等, 2007)。

产地层位 山西保德,下石盒子组;浙江长兴,长兴组;新疆吉木萨尔大龙口,锅底坑组。

环圈藻属 *Chomotriletes* Naumova, 1939 ex Naumova, 1953

模式种 *Chomotriletes vedugensis* Naumova, 1953;苏联,上泥盆统。

属征 赤道轮廓略圆形,模式种大小 30—65μm;三射线无或极微弱;外壁表面尤其远极面具近同心状排列的圈脊,脊表面鲛点状,多黄色。

注释 本属在晚古生代地层中常见,属疑源类可能性较大。Naumova (1953) 在该属下仅描述一个种,按 ICBN 规则,此种即可视为模式种;但原书中附了 2 张标本图照, Potonié (1955) 指定其图版 7 图 21 为全模标本。

比较与讨论 本属与中生代常见的环纹藻属 *Circulisporites* de Jersey, 1962 如何区别还有点问题。但通常认为后者赤道轮廓具一不规则的开口, de Jersey 认为 *Circulisporites* 的同心纹更为连续。

稀肋环圈藻 *Chomotriletes rarivittatus* Ouyang and Chen, 1987

(图版 12, 图 18, 19)

1987a *Chomotriletes rarivittatus* Ouyang and Chen, 欧阳舒、陈永祥, 81 页, 图版 18, 图 13—15。

描述 赤道轮廓近圆形,大小 70—74μm;未见射线或其他萌发口器;在一极的中部具一亚圆形瘤状增厚,直径 2—9μm,环绕此中心点具少量多少作螺旋形排列的同心条带,条带宽 2—5μm,极面观只有 4—6 圈条带,在亚赤道部位排列稍密,有时一条与赤道轮廓重叠呈环状;其表面光滑或具细密鲛点状纹饰,轮廓线基本平滑;棕—黄色。

产地层位 江苏句容,五通群擂鼓台组。